U0217437

国家规划重点图书

水工设计手册

（第2版）

主　编　索丽生　刘　宁
副主编　高安泽　王柏乐　刘志明　周建平

第6卷　土石坝

主编单位　水利部水利水电规划设计总院
主　　编　关志诚
主　　审　林　昭　曹克明　蒋国澄

内容提要

《水工设计手册》（第 2 版）共 11 卷。本卷为第 6 卷——《土石坝》，共分 6 章，其内容分别为：土质防渗体土石坝、混凝土面板堆石坝、沥青混凝土防渗土石坝、其他类型土石坝、河道整治与堤防工程、灰坝。

本手册可作为水利水电工程规划、勘测、设计、施工、管理等专业的工程技术人员和科研人员的常备工具书，同时也可作为大专院校相关专业师生的重要参考书。

图书在版编目（CIP）数据

水工设计手册. 第6卷，土石坝 / 关志诚主编. -- 2版. -- 北京 : 中国水利水电出版社，2014.9(2023.12重印)
ISBN 978-7-5170-2493-4

Ⅰ. ①水… Ⅱ. ①关… Ⅲ. ①水利水电工程－工程设计－技术手册②土石坝－工程设计－技术手册 Ⅳ. ①TV222-62

中国版本图书馆CIP数据核字(2014)第209068号

书　　名	水工设计手册（第 2 版） 第 6 卷　土石坝
主编单位	水利部水利水电规划设计总院
主　　编	关志诚
出版发行	中国水利水电出版社 （北京市海淀区玉渊潭南路 1 号 D 座　100038） 网址：www.waterpub.com.cn E-mail：sales@mwr.gov.cn 电话：（010）68545888（营销中心）
经　　售	北京科水图书销售有限公司 电话：（010）68545874、63202643 全国各地新华书店和相关出版物销售网点
排　　版	中国水利水电出版社微机排版中心
印　　刷	涿州市星河印刷有限公司
规　　格	184mm×260mm　16 开本　54.75 印张　1813 千字
版　　次	1984 年 12 月第 1 版第 1 次印刷 2014 年 9 月第 2 版　2023 年 12 月第 3 次印刷
定　　价	**295.00** 元

凡购买我社图书，如有缺页、倒页、脱页的，本社营销中心负责调换

《水工设计手册》（第2版）

《水工设计手册》(第2版)

各卷卷目、主编单位、主编、主审人员

卷目		主编单位	主编	主审
第1卷	基础理论	水利部水利水电规划设计总院 河海大学	刘志明 王德信 汪德爟	张楚汉　陈祖煜 陈德基
第2卷	规划、水文、地质	水利部水利水电规划设计总院	梅锦山 侯传河 司富安	陈德基　富曾慈 曾肇京　韩其为 雷志栋
第3卷	征地移民、环境保护与水土保持	水利部水利水电规划设计总院	陈　伟 朱党生	朱尔明　董哲仁
第4卷	材料、结构	水电水利规划设计总院	白俊光 张宗亮	张楚汉　石瑞芳 王亦锥
第5卷	混凝土坝	水电水利规划设计总院	周建平 党林才	石瑞芳　朱伯芳 蒋效忠
第6卷	土石坝	水利部水利水电规划设计总院	关志诚	林　昭　曹克明 蒋国澄
第7卷	泄水与过坝建筑物	水利部水利水电规划设计总院	刘志明 温续余	郑守仁　徐麟祥 林可冀
第8卷	水电站建筑物	水电水利规划设计总院	王仁坤 张春生	曹楚生　李佛炎
第9卷	灌排、供水	水利部水利水电规划设计总院	董安建 李现社	茆　智　汪易森
第10卷	边坡工程与地质灾害防治	水电水利规划设计总院	冯树荣 彭土标	朱建业　万宗礼
第11卷	水工安全监测	水电水利规划设计总院	张秀丽 杨泽艳	吴中如　徐麟祥

《水工设计手册》
第1版组织和主编单位及有关人员

组织单位　水利电力部水利水电规划设计院

主 持 人　张昌龄　奚景岳　潘家铮

（工作人员有李浩钧、郑顺炜、沈义生）

主编单位　华东水利学院

主 编 人　左东启　顾兆勋　王文修

（工作人员有商学政、高渭文、刘曙光）

《水工设计手册》

第1版各卷（章）目、编写、审订人员

卷　目	章　　目		编 写 人	审 订 人
第1卷 基础理论	第1章	数学	张敦穆	潘家铮
	第2章	工程力学	李咏偕　张宗尧 王润富	徐芝纶　谭天锡
	第3章	水力学	陈肇和	张昌龄
	第4章	土力学	王正宏	钱家欢
	第5章	岩石力学	陶振宇	葛修润
第2卷 地质　水文 建筑材料	第6章	工程地质	冯崇安　王惊谷	朱建业
	第7章	水文计算	陈家琦　朱元甡	叶永毅　刘一辛
	第8章	泥沙	严镜海　李昌华	范家骅
	第9章	水利计算	方子云　蒋光明	叶秉如　周之豪
	第10章	建筑材料	吴仲瑾	吕宏基
第3卷 结构计算	第11章	钢筋混凝土结构	徐积善　吴宗盛	周　氐
	第12章	砖石结构	周　氐	顾兆勋
	第13章	钢木结构	孙良伟　周定荪	俞良正　王国周 许政谐
	第14章	沉降计算	王正宏	蒋彭年
	第15章	渗流计算	毛昶熙　周保中	张蔚榛
	第16章	抗震设计	陈厚群　汪闻韶	刘恢先
第4卷 土石坝	第17章	主要设计标准和荷载计算	郑顺炜　沈义生	李浩钧
	第18章	土坝	顾淦臣	蒋彭年
	第19章	堆石坝	陈明致	柳长祚
	第20章	砌石坝	黎展眉	李津身　上官能

<table>
<tr><th>卷　目</th><th colspan="2">章　　目</th><th>编 写 人</th><th>审 订 人</th></tr>
<tr><td rowspan="4">第 5 卷
混凝土坝</td><td>第 21 章</td><td>重力坝</td><td>苗琴生</td><td>邹思远</td></tr>
<tr><td>第 22 章</td><td>拱坝</td><td>吴凤池　周允明</td><td>潘家铮　裘允执</td></tr>
<tr><td>第 23 章</td><td>支墩坝</td><td>朱允中</td><td>戴耀本</td></tr>
<tr><td>第 24 章</td><td>温度应力与温度控制</td><td>朱伯芳</td><td>赵佩钰</td></tr>
<tr><td rowspan="6">第 6 卷
泄水与过
坝建筑物</td><td>第 25 章</td><td>水闸</td><td>张世儒　潘贤德
沈潜民　孙尔超
屠　本</td><td>方福均　孔庆义
胡文昆</td></tr>
<tr><td>第 26 章</td><td>门、阀与启闭设备</td><td>夏念凌</td><td>傅南山　俞良正</td></tr>
<tr><td>第 27 章</td><td>泄水建筑物</td><td>陈肇和　韩　立</td><td>陈椿庭</td></tr>
<tr><td>第 28 章</td><td>消能与防冲</td><td>陈椿庭</td><td>顾兆勋</td></tr>
<tr><td>第 29 章</td><td>过坝建筑物</td><td>宋维邦　刘党一
王俊生　陈文洪
张尚信　王亚平</td><td>王文修　呼延如琳
王麟璠　涂德威</td></tr>
<tr><td>第 30 章</td><td>观测设备与观测设计</td><td>储海宁　朱思哲</td><td>经萱禄</td></tr>
<tr><td rowspan="6">第 7 卷
水电站
建筑物</td><td>第 31 章</td><td>深式进水口</td><td>林可冀　潘玉华
袁培义</td><td>陈道周</td></tr>
<tr><td>第 32 章</td><td>隧洞</td><td>姚慰城</td><td>翁义孟</td></tr>
<tr><td>第 33 章</td><td>调压设施</td><td>刘启钊　刘蕴琪
陆文祺</td><td>王世泽</td></tr>
<tr><td>第 34 章</td><td>压力管道</td><td>刘启钊　赵震英
陈霞龄</td><td>潘家铮</td></tr>
<tr><td>第 35 章</td><td>水电站厂房</td><td>顾鹏飞</td><td>赵人龙</td></tr>
<tr><td>第 36 章</td><td>挡土墙</td><td>甘维义　干　城</td><td>李士功　杨松柏</td></tr>
<tr><td rowspan="6">第 8 卷
灌区建
筑物</td><td>第 37 章</td><td>灌溉</td><td>郑遵民　岳修恒</td><td>许志方　许永嘉</td></tr>
<tr><td>第 38 章</td><td>引水枢纽</td><td>张景深　种秀贤
赵伸义</td><td>左东启</td></tr>
<tr><td>第 39 章</td><td>渠道</td><td>龙九范</td><td>何家濂</td></tr>
<tr><td>第 40 章</td><td>渠系建筑物</td><td>陈济群</td><td>何家濂</td></tr>
<tr><td>第 41 章</td><td>排水</td><td>韩锦文　张法思</td><td>瞿兴业　胡家博</td></tr>
<tr><td>第 42 章</td><td>排灌站</td><td>申怀珍　田家山</td><td>沈日迈　余春和</td></tr>
</table>

水利水电建设的宝典

——《水工设计手册》（第 2 版）序

《水工设计手册》（第 2 版）在广大水利工作者的热切期盼中问世了，这是我国水利水电建设领域中的一件大事，也是我国水利发展史上的一件喜事。3 年多来，参与手册编审工作的专家、学者、工程技术人员和出版工作者，花费了大量心血，付出了艰辛努力。在此，我向他们表示衷心的感谢，致以崇高的敬意！

为政之要，其枢在水。兴水利、除水害，历来是治国安邦的大事。在我国悠久的治水历史中，积累了水利工程建设的丰富经验。特别是新中国成立后，揭开了我国水利水电事业发展的新篇章，建设了大量关系国计民生的水利水电工程，极大地促进了水工技术的发展。1983 年，第 1 版《水工设计手册》应运而生，成为我国第一部大型综合性水工设计工具书，在指导水利水电工程设计、培养水工技术和管理人才、提高水利水电工程建设水平等方面发挥了十分重要的作用。

第 1 版《水工设计手册》面世 28 年来，我国水利水电事业发展迈上了一个新的台阶，取得了举世瞩目的伟大成就。一大批技术复杂、规模宏大的水利水电工程建成运行，新技术、新材料、新方法和新工艺广泛应用，水利水电建设信息化和现代化水平显著提升，我国水工设计技术、设计水平已跻身世界先进行列。特别是近年来，随着科学发展观的深入贯彻落实，我国治水思路正在发生着深刻变化，推动着水工设计需求、设计理念、设计理论、设计方法、设计手段和设计标准规范不断发展与完善。因此，迫切需要对《水工设计手册》进行修订完善。2008 年 2 月水利部成立了《水工设计手册》（第 2 版）编委会，正式启动了修编工作。在编委会的组织领导下，水利水电规划设计总院、水电水利规划设计总院和中国水利水电出版社 3 家单位，联合邀请全国 4 家水利水电科学研究院、3 所重点高等学校、15 个资质优秀的水利水电勘测设计研究院（公司）等单位的数百位专家、学者和技术骨干参与，经过 3 年多的艰苦努力，《水工设计手册》（第 2 版）现已付梓。

《水工设计手册》（第2版）以科学发展观为统领，按照可持续发展治水思路要求，在继承前版成果中开拓创新，全面总结了现代水工设计的理论和实践经验，系统介绍了现代水工设计的新理念、新材料、新方法，有效协调了水利工程和水电工程设计标准，充分反映了当前国内外水工设计领域的重要科研成果。特别是增加了计算机技术在现代水工设计方法中应用等卷章，充实了在现代水工设计中必须关注的生态、环保、移民、安全监测等内容，使手册结构更趋合理，内容更加完整，更切合实际需要，充分体现了科学性、时代性、针对性和实用性。《水工设计手册》（第2版）的出版必将对进一步提升我国水利水电工程建设软实力，推动水工设计理念更新，全面提高水工设计质量和水平产生重大而深远的影响。

当前和今后一个时期，是加强水利重点薄弱环节建设、加快发展民生水利的关键时期，是深化水利改革、加强水利管理的攻坚时期，也是推进传统水利向现代水利、可持续发展水利转变的重要时期。2011年中央1号文件《关于加快水利改革发展的决定》和不久前召开的中央水利工作会议，进一步明确了新形势下水利的战略地位，以及水利改革发展的指导思想、目标任务、基本原则、工作重点和政策举措。《国家可再生能源中长期发展规划》、《中国应对气候变化国家方案》对水电开发建设也提出了具体要求。水利水电事业发展面临着重要的战略机遇，迎来了新的春天。

《水工设计手册》（第2版）集中体现了近30年来我国水利水电工程设计与建设的优秀成果，必将成为广大水利水电工作者的良师益友，成为水利水电建设的盛世宝典。广大水利水电工作者，要紧紧抓住战略机遇，深入贯彻落实科学发展观，坚持走中国特色水利现代化道路，积极践行可持续发展治水思路，充分利用好这本工具书，不断汲取学识和真知，不断提高设计能力和水平，以高度负责的精神、科学严谨的态度、扎实细致的作风，奋力拼搏，开拓进取，为推动我国水利水电事业发展新跨越、加快社会主义现代化建设作出新的更大贡献。

是为序。

水利部部长 陈雷

2011年8月8日

序

经过500多位专家学者历时3年多的艰苦努力，《水工设计手册》（第2版）即将问世。这是一件期待已久和值得庆贺的事。借此机会，我谨向参与《水工设计手册》修编的专家学者，向支持修编工作的领导同志们表示敬意。

30年前，为了提高设计水平，促进水利水电事业的发展，在许多专家、教授和工程技术人员的共同努力下，一部反映当时我国水利水电建设经验和科研成果的《水工设计手册》应运而生。《水工设计手册》深受广大水利水电工程技术工作者的欢迎，成为他们不可或缺的工具书和一位无言的导师，在指导设计、提高建设水平和保证安全等方面发挥了重要作用。

30年来，我国水利水电工程设计和建设成绩卓著，工程规模之大、建设速度之快、技术创新之多居世界前列。当然，在建设中我们面临一系列问题，其难度之大世界罕见。通过长期的艰苦努力，我们成功地建成了一大批世界规模的水利水电工程，如长江三峡水利枢纽、黄河小浪底水利枢纽、二滩、水布垭、龙滩等大型水电站，以及正在建设的锦屏一级、小湾和溪洛渡等具有300米级高拱坝的巨型水电站和南水北调东中线大型调水工程，解决了无数关键技术难题，积累了大量成功的设计经验。这些关系国计民生和具有世界影响力的大型水利水电工程在国民经济和社会发展中发挥了巨大的防洪、发电、灌溉、除涝、供水、航运、渔业、改善生态环境等综合作用。《水工设计手册》（第2版）正是对我国改革开放30多年来水利水电工程建设经验和创新成果的总结与提炼。特别是在当前全国贯彻落实中央水利工作会议精神、掀起新一轮水利水电工程建设高潮之际，出版发行《水工设计手册》（第2版）意义尤其重大。

在陈雷部长的高度重视和索丽生、刘宁同志的具体领导下，各主编单位和编写的同志以第1版《水工设计手册》为基础，全面搜集资料，做了大量归纳总结和精选提炼工作，剔除陈旧内容，补充新的知识。《水工设计手册》（第2版）体现了科学性、实用性、一致性和延续性，强调落实科学发展观和人与自然和谐的设计理念，浓墨重彩地突出了生态环境保护和征地移民的要求，彰显了与时俱进精神和可持续发展的理念。手册质量总体良好，技术水平高，是一部权威的、综合性和实用性强的一流设计手册，一部里程碑式的出版物。相信它将为21世纪的中国书写治水强国、兴水富民的不朽篇章，为描绘辉煌灿烂的画卷作出贡献。

我认为《水工设计手册》（第2版）另一明显的特色在于：它除了提供各种先进适用的理论、方法、公式、图表和经验之外，还突出了工程技术人员的设计任务、关键和难点，指出设计因素中哪些是确定性的，哪些是不确定的，从而使工程技术人员能够更好地掌握全局，有所抉择，不致于陷入公式和数据中去不能自拔；它还指出了设计技术发展的趋势与方向，有利于启发工程技术人员的思考和创新精神，这对工程技术创新是很有益处的。

工程是技术的体现和延续，它推动着人类文明的发展。从古至今，不同时期留下的不朽经典工程，就是那段璀璨文明的历史见证。2000多年前的都江堰和现代的三峡水利枢纽就是代表。在人类文明的发展过程中，从工程建设中积累的经验、技术和智慧被一代一代地传承下来。但是，我们必须在继承中发展，在发展中创新，在创新中跨越，才能大大地提高现代水利水电工程建设的技术水平。现在的年轻工程师们一如他们的先辈，正在不断克服各种困难，探索新的技术高度，创造前人无法想象的奇迹，为水利水电工程的经济效益、社会效益和环境效益的协调统一，为造福人类、推动人类文明的发展锲而不舍地奉献着自己的聪明才智。《水工设计手册》（第2版）的出版正值我国水利水电建设事业新高潮到来之际，我衷心希望广大水利水电工程技术人员精心规划，精心设计，精心管理，以一流设计促一流工程，为我国的经济社会可持续发展作出划时代的贡献。

中国科学院院士
中国工程院院士 潘家铮

2011年8月18日

第 2 版 前 言

《水工设计手册》是一部大型水利工具书。自20世纪80年代初问世以来，在我国水利水电建设中起到了不可估量的作用，深受广大水利水电工程技术人员的欢迎，已成为勘测设计人员必备的案头工具书。近30年来，我国水利水电工程建设有了突飞猛进的发展，取得了巨大的成就，技术水平总体处于世界领先地位。为适应我国水利水电事业的发展，迫切需要对《水工设计手册》进行修订。现在，《水工设计手册》（第2版）经10年孕育，即将问世。

一

《水工设计手册》修订的必要性，主要体现在以下五个方面：

第一是满足工程建设的需要。为满足西部大开发、中部崛起、振兴东北老工业基地和东部地区率先发展的国家发展战略的要求，尤其是2011年中共中央国务院作出了《关于加快水利改革发展的决定》，我国水利水电事业又迎来了新的发展机遇，即将掀起大规模水利水电工程建设的新高潮，迫切需要对已往水利水电工程建设的经验加以总结，更好地将水工设计中的新观念、新理论、新方法、新技术、新工艺在水利水电工程建设中广泛推广和应用，以提高设计水平，保障工程质量，确保工程安全。

第二是创新设计理念的需要。30年前，我国水利水电工程设计的理念是以开发利用为主，强调“多快好省”，而现在的要求是开发与保护并重，做到“又好又快”。当前，随着我国经济社会的发展和生产生活水平的不断提高，不仅要注重水利水电工程的安全性和经济性，也更要注重生态环境保护和移民安置，做到统筹兼顾，处理好开发与保护的关系，以实现人与自然和谐相处，保障水资源可持续利用。

第三是更新设计手段的需要。计算机技术、网络技术和信息技术已在水利水电工程建设和管理中取得了突飞猛进的发展。计算机辅助工程

(CAE) 技术已经广泛应用于工程设计和运行管理的各个方面，为广大工程技术人员在工程计算分析、模拟仿真、优化设计、施工建设等方面提供了先进的手段和工具，使许多原来难以处理的复杂的技术问题迎刃而解。现代遥感（RS）技术、地理信息系统（GIS）及全球定位系统（GPS）技术（即“3S”技术）的应用，突破了许多传统的地球物理方法及技术，使工程勘探深度不断加大、勘探分辨率（精度）不断提高，使人们对自然现象和规律的认识得以提高。这些先进技术的应用提高了工程勘测水平、设计质量和工作效率。

第四是总结建设经验的需要。自 20 世纪 90 年代以来，我国建设了一大批具有防洪、发电、航运、灌溉、调水等综合利用效益的水利水电工程。在大量科学研究和工程实践的基础上，成功破解了工程建设过程中遇到的许多关键性技术难题，建成了举世瞩目的三峡水利枢纽工程，建成了世界上最高的面板堆石坝（水布垭）、碾压混凝土坝（龙滩）和拱坝（小湾）等。这些规模宏大、技术复杂的工程的建设，在设计理论、技术、材料和方法等方面都有了很大的提高和改进，所积累的成功设计和建设经验需要总结。

第五是满足读者渴求的需要。我国水利水电工程技术人员对《水工设计手册》十分偏爱，第 1 版《水工设计手册》中有些内容已经过时，需要删减，亟待补充新的技术和基础资料，以进一步提高《水工设计手册》的质量和应用价值，满足水利水电工程设计人员的渴求。

二

修订《水工设计手册》遵循的原则：一是科学性原则，即系统、科学地总结国内外水工设计的新观念、新理论、新方法、新技术、新工艺，体现我国当前水利水电工程科学研究和工程技术的水平；二是实用性原则，即全面分析总结水利水电工程设计经验，发挥各编写单位技术优势，适应水利水电工程设计新的需要；三是一致性原则，即协调水利、水电行业的设计标准，对水利与水电技术标准体系存在的差异，必要时作并行介绍；四是延续性原则，即以第 1 版《水工设计手册》框架为基础，修订、补充有关章节内容，保持《水工设计手册》的延续性和先进性。

三

为切实做好修订工作，水利部成立了《水工设计手册》（第2版）编委会和技术委员会，水利部部长陈雷担任编委会主任，中国科学院院士、中国工程院院士潘家铮担任技术委员会主任，索丽生、刘宁任主编，高安泽、王柏乐、刘志明、周建平任副主编，对各卷、章的修编工作实行各卷、章主编负责制。在修编过程中，为了充分发挥水利水电工程设计、科研和教学等单位的技术优势，在各单位申报承担修编任务的基础上，由水利部水利水电规划设计总院和水电水利规划设计总院讨论确定各卷、章的主编和参编单位以及各卷、章的主要编写人员。主要参与修编的单位有25家，参加人员约500人。全书及各卷的审稿人员由技术委员会的专家担任。

第1版《水工设计手册》共8卷42章，656万字。修编后的《水工设计手册》（第2版）共分为11卷65章，字数约1400万字。增加了第3卷征地移民、环境保护与水土保持，第10卷边坡工程与地质灾害防治和第11卷水工安全监测等3卷，主要增加的内容包括流域综合规划、征地移民、环境保护、水土保持、水工结构可靠度、碾压混凝土坝、沥青混凝土防渗体土石坝、河道整治与堤防工程、抽水蓄能电站、潮汐电站、鱼道工程、边坡工程、地质灾害防治、水工安全监测和计算机应用等。

第1、2、3、6、7、9卷和第4、5、8、10、11卷分别由水利部水利水电规划设计总院和水电水利规划设计总院负责组织协调修编、咨询和审查工作。全书经编委会与技术委员会逐卷审查定稿后，由中国水利水电出版社负责编辑、出版和发行。

四

修订和编辑出版《水工设计手册》（第2版）是一项组织策划复杂、技术含量高、作者众多、历时较长的工作。

1999年3月，中国水利水电出版社致函原主编单位华东水利学院（现河海大学），表达了修订《水工设计手册》的愿望，河海大学及原主编左东启表示赞同。有关单位随即开展了一些前期工作。

2002年7月，中国水利水电出版社向时任水利部副部长的索丽生提出了“关于组织编纂《水工设计手册》（第2版）的请示”。水利部给予了高度重视，但因工作机制及资金不落实等原因而搁置。

2004年8月，水利部水利水电规划设计总院、水电水利规划设计总院和中国水利水电出版社三家单位，在北京召开了三方有关人员会议，讨论修订《水工设计手册》事宜，就修编经费、组织形式和工作机制等达成一致意见：即三方共同投资、共担风险、共同拥有著作权，共同组织修编工作。

2006年6月，水利部水利水电规划设计总院、水电水利规划设计总院和中国水利水电出版社的有关人员再次召开会议，研究推动《水工设计手册》的修编工作，并成立了筹备工作组。在此之后，工作组积极开展工作，经反复讨论和修改，草拟了《水工设计手册》修编工作大纲，分送有关领导和专家审阅。水利部水利水电规划设计总院和水电水利规划设计总院分别于2006年8月、2006年12月和2007年9月联合向有关单位下发文件，就修编《水工设计手册》有关事宜进行部署，并广泛征求意见，得到了有关设计单位、科研机构和大学院校的大力支持。经过充分酝酿和讨论，并经全书主编索丽生两次主持审查，提出了《水工设计手册》修编工作大纲。

2008年2月，《水工设计手册》（第2版）编委会扩大会议在北京召开，标志着修编工作全面启动。水利部部长陈雷亲自到会并作重要讲话，要求各有关方面通力合作，共同努力，把《水工设计手册》修编工作抓紧、抓实、抓好，使《水工设计手册》（第2版）“真正成为广大水利工作者的良师益友，水利水电工程建设的盛世宝典，传承水文明的时代精品”。

修订和编纂《水工设计手册》（第2版）工作得到了有关设计、科研、教学等单位的热情支持和大力帮助。全国包括13位中国科学院、中国工程院院士在内的500多位专家、学者和专业编辑直接参与组织、策划、撰稿、审稿和编辑工作，他们殚精竭虑，字斟句酌，付出了极大的心血，克服了许多困难，他们将修编工作视为时代赋予的神圣责任，3年多来，一直是苦并快乐地工作着。

鉴于各卷修编工作内容和进度不一，按成熟一卷出版一卷的原则，逐步完成全手册的修编出版工作。随着2011年中共中央1号文件的出台和新中国成立以来的首次中央水利工作会议的召开，全国即将掀起水利水电工程建设的新高潮，修编出版后的《水工设计手册》，必将在水利水电工程建设中发挥作用，为我国经济社会可持续发展作出新的贡献。

本套手册可供从事水利水电工程规划、设计、施工、管理的工程技术人员和相关专业的大专院校师生使用和参考。

在《水工设计手册》（第2版）即将陆续出版之际，谨向所有关怀、支持和参与修订和编纂出版工作的领导、专家和同志们，表示诚挚的感谢，并祈望广大读者批评指正。

《水工设计手册》（第2版）编委会

2011年8月

第 1 版 前 言

我国幅员辽阔，河流众多，流域面积在 $1000km^2$ 以上的河流就有 1500 多条。全国多年平均径流量达 27000 多亿 m^3，水能蕴藏量约 6.8 亿 kW，水利水电资源十分丰富。

众多的江河，使中华民族得以生息繁衍。至少在 2000 多年前，我们的祖先就在江河上修建水利工程。著名的四川灌县都江堰水利工程，建于公元前 256 年，至今仍在沿用。由此可见，我国人民建设水利工程有悠久的历史和丰富的知识。

中华人民共和国成立，揭开了我国水利水电建设的新篇章。30 余年来，在党和人民政府的领导下，兴修水利，发展水电，取得了伟大成就。根据 1981 年统计（台湾省暂未包括在内），我国已有各类水库 86000 余座（其中库容大于 1 亿 m^3 的大型水库有 329 座），总库容 4000 余亿 m^3，30 万亩以上的大灌区 137 处，水电站总装机容量已超过 2000 万 kW（其中 25 万 kW 以上的大型水电站有 17 座）。此外，还修建了许多堤防、闸坝等。这些工程不仅使大江大河的洪涝灾害受到控制，而且提供的水源、电力，在工农业生产和人民生活中发挥了十分重要的作用。

随着我国水利水电资源的开发利用，工程建设实践大大促进了水工技术的发展。为了提高设计水平和加快设计速度，促进水利水电事业的发展，编写一部反映我国建设经验和科研成果的水工设计手册，作为水利水电工程技术人员的工具书，是大家长期以来的迫切愿望。

早在 60 年代初期，汪胡桢同志就倡导并着手编写我国自己的水工设计手册，后因十年动乱，被迫中断。粉碎“四人帮”以后不久，为适应我国四化建设的需要，由水利电力部规划设计管理局和水利电力出版社共同发起，重新组织编写水工设计手册。1977 年 11 月在青岛召开了手册的编写工作会议，到会的有水利水电系统设计、施工、科研和高等学校共 26 个单位、53 名代表，手册编写工作得到与会单位和代表的热情支持。这次会议讨论了手册编写的指导思想和原则，全书的内容体系，任务分工，计划进度和要求，以及编写体例等方面的问题，并作出了相应的决定。会后，又委托华东水利学院为主编单位，具体担负手册的编审任务。随着编写单位和编写人员的逐步落实，各章的初稿也陆续写出。1980年4月，由组织、主编和出版三个单位在南京召开了第1卷审稿会。同年8月，三个单位又在北京召开了与坝工有关各章内容协调会。根据议定的程序，手册各章写出以后，一般均打印分发有关单位，采用多种形式广泛征求意见，有的编写单位还召开了范围较广的审稿会。初稿经编写单位自审修改后，又经专门聘请的审订人详细审阅修订，最后由主编单位定稿。在各协作单位大力支持下，经过编写、审订和主编同志们的辛勤劳动，现在，《水工设计手册》终于与读者见面了，这是一件值得庆贺的事。

本手册共有42章，拟分8卷陆续出版，预计到1985年全书出齐，还将出版合订本。

本手册主要供从事大中型水利水电工程设计的技术人员使用，同时也可供地县农田水利工程技术人员和从事水利水电工程施工、管理、科研的人员，以及有关高校、中专师生参考使用。本手册立足于我国的水工设计经验和科研成果，内容以水工设计中经常使用的具体设计计算方法、公式、图表、数据为主，对于不常遇的某些专门问题，比较笼统的设计原则，尽量从简；力求与我国颁布的现行规范相一致，同时还收入了可供参考的有关规程、规范。

这是我国第一部大型综合性水工设计工具书，它具有如下特色：

（1）内容比较完整。本手册不仅包括了水利水电工程中所有常见的水工建筑物，而且还包括了基础理论知识和与水工专业有关的各专业知识。

（2）内容比较实用。各章中除给出常用的基本计算方法、公式和设计步骤外，还有较多的工程实例。

（3）选编的资料较新。对一些较成熟的科研成果和技术革新成果尽量吸收，对国外先进的技术经验和有关规定，凡认为可资参考或应用的，也多作了扼要介绍。

（4）叙述简明扼要。在表达方式上多采用公式、图表，文字叙述也力求精练，查阅方便。

我们相信，这部手册的问世将对我国从事水利水电工作的同志有一定的帮助。

本手册编成之后，我们感到仍有许多不足之处，例如：个别章的设置和顺序安排不尽恰当；有的章字数偏多，内容上难免存在某些重复；对现代化的设计方法如系统工程、优化设计等，介绍得不够；在文字、体例、繁简程度等方面也不尽一致。所有这些，都有待于再版时加以改进。

本手册自筹备编写至今，历时已近5年，前后参加编写、审订工作的有30多个单位100多位同志。接受编写任务的单位和执笔同志都肩负繁重的设计、科研、教学等工作，他们克服种种困难，完成了手册编写任务，为手册的顺利出版作出了贡献。在此，我们向所有参加手册工作的单位、编写人、审订人表示衷心的感谢，并致以诚挚的慰问。已故水力发电建设总局副总工程师奚景岳同志和水利出版社社长林晓同志，他们生前参加手册发起并做了大量工作，谨在此表示深切的怀念。

最后，我们诚恳地欢迎读者对手册中的疏漏和错误给予批评指正。

水利电力部水利水电规划设计院

华东水利学院

1982年5月

目　录

第2章 混凝土面板堆石坝

第3章 沥青混凝土防渗土石坝

第4章 其他类型土石坝

第5章 河道整治与堤防工程

第6章 灰　　坝

第1章

土质防渗体土石坝

本章以第1版《水工设计手册》第4卷土石坝中第十八章土坝、第十九章堆石坝第二节土防渗体堆石坝中的相关内容为基础，并根据我国近20年来碾压式土质防渗体土石坝的高速发展现状，对其进行修订和补充完善。

其内容调整和修订主要包括：

(1) 介绍了我国土质防渗体土石坝的发展现状及坝高超过100m的土质防渗体土石坝的基本情况，分析了此种坝型之所以能快速发展的主要原因。

(2) 提出了土质防渗体土石坝设计的基本要求及运用条件。

(3) 详细介绍了筑坝土石材料（包括黄土、红土、膨胀土及分散性土等特殊土）的工程性质、筑坝材料选择及填筑设计，增加了国内外土石坝工程（特别是我国某些土石坝工程）各种筑坝材料的试验成果及设计采用值，并重点介绍了采用砾石土做防渗体的工程实例及工程特性。

(4) 增加了保护黏性土反滤料的设计方法。

(5) 增加了特殊土坝基处理内容。

(6) 渗流计算一节介绍了不同边界条件的渗流计算方法，增加了渗透稳定计算内容。

(7) 稳定分析一节中除了介绍国内外常用的稳定计算方法和计算软件外，还介绍了“大坝抗滑稳定分项系数设计方法”。

(8) 在坝的应力变形计算中，增加了邓肯 $E-B$ 模型、$K-G$ 模型、弹塑性模型、修正剑桥模型、南水模型和河海大学椭圆一抛物双屈服面模型及以上各模型计算参数的确定方法。

(9) 增加了大坝抗震设计、土石坝的除险加固和安全监测设计的相关内容。

章主编　高广淳　孙胜利　王新奇

章主审　林　昭　殷宗泽

本章各节编写及审稿人员

节次	编　写　人	审稿人
1.1	高广淳	林　昭 殷宗泽
1.2	孙胜利	
1.3	高广淳	
1.4	郦能惠	
1.5	郦能惠　孙胜利	
1.6	李治明	
1.7	党振虎	
1.8	党振虎	
1.9	段世超	
1.10	陈洪天	
1.11	谢定松　郦能惠　王新奇	
1.12	蔡　红　李维朝　王新奇　陈洪天	
1.13	邵　宇　赵剑明　严祖文　郦能惠	
1.14	韩秋茸	
1.15	党雪梅	
1.16	王　跃	

第1章 土质防渗体土石坝

1.1 概　　述

土质防渗体土石坝系指坝体横断面防渗体材料由各类天然土料填筑而成。土质防渗体土石坝按施工方法分类有碾压式、水力冲填式和水中填土式三类；若按土质防渗体在坝体横断面内的位置则分为均质坝、心墙坝、斜心墙坝和斜墙坝四种。

在世界坝工建设中，土质防渗体土石坝是应用最广泛、发展最快的一种坝型。以我国的水利水电建设为例，20世纪80年代以前，土质防渗体土石坝主要为中低坝，100m以上的高坝仅有白龙江碧口水电站土石坝（101.8m）、石头河水库的土石坝（104.0m）。80年代以后，改革开放和经济的快速发展，极大促进了我国的水利水电建设。由于实施"西电东送"水电工程的要求和大江大河开发治理的需要，众多高土石坝正在建设、拟建和规划中，特别是在深厚覆盖层坝基、地质条件较差、地震烈度较高、场地条件较差、坝高较大（坝高250m以上）的坝址，多数选择了或拟选择土质防渗体土石坝。

自20世纪80年代以来，我国已建成的坝高超过100m的土质防渗体土石坝有：鲁布革水电站心墙堆石坝（103.8m）、黄河小浪底水库斜心墙堆石坝（160.0m）、陕西黑河引水工程黏土心墙砂砾石坝（127.5m）、狮子坪水电站砾石土心墙堆石坝（136.0m）、大渡河瀑布沟水电站砾石土心墙堆石坝（186.0m）及水牛家水电站心墙堆石坝（108.0m）；目前建设中的超高土石坝有：澜沧江糯扎渡水电站砾石土心墙堆石坝（261.5m）、大渡河长河坝水电站砾石土心墙堆石坝（240.0m）、大渡河上双江口水电站砾石土心墙堆石坝（314.0m）和雅砻江两河口水电站砾石土心墙堆石坝（295.0m）等，其中双江口坝和两河口坝系目前世界上在建的最高土质防渗体堆石坝。

除上述外，我国还在雅鲁藏布江支流年楚河上建成目前世界上海拔最高（坝顶高程4261.30m）、气候条件非常恶劣、地处高地震区的满拉水利枢纽心墙堆石坝（76.3m）。

我国部分坝高超过100m的土质防渗体土石坝的基本情况详见表1.1-1。

自20世纪80年代以来，特别是进入21世纪后，我国水利水电建设和高土石坝筑坝技术快速发展，在土质防渗体高土石坝的理论研究、科学试验、设计和筑坝技术方面已达到了世界领先水平。土质防渗体高土石坝在我国之所以能快速兴建，主要原因如下：

（1）土石坝断面大，坝底宽，其自重压力及水压力传递到坝基上，其应力较混凝土坝小得多，并且土石料承受坝基沉降能力大，因此对地基要求低。如黄河小浪底壤土斜心墙堆石坝、瀑布沟水电站心墙堆石坝均建基于厚达70余米的砂砾石覆盖层上。

（2）近年来对筑坝材料的研究有了很大的进展，如防渗体土料由黏土、壤土等发展到高坝采用砾石土等粗粒土。双江口水电站大坝、糯扎渡水电站大坝心墙均采用砾石土；瀑布沟水电站大坝心墙采用宽级配的砾石土填筑。目前，对于高土石坝和超高土石坝的土质防渗体多采用砾石土填筑，以减小防渗体的后期沉降和拱效应，已成为坝工设计者的共识。对于坝壳料，过去要求应为坚硬、新鲜的岩石，现在发展到利用软岩、风化岩及开挖料作为坝壳料，并尽量就近采料，利用开挖的石渣料上坝，做好挖填平衡设计，尽量做到开挖料的充分利用。例如糯扎渡水电站大坝，心墙上游坝壳内部在高程615.00～656.00m间和下游坝壳内部在高程631.00～750.00m间布置粗堆石料Ⅱ区，填筑强风化花岗岩和弱风化以下T_{2m}^{1}岩层的开挖料；小浪底大坝在下游坝壳高程152.00～240.00m间设置4C区，全部利用建筑物的开挖料填筑，填筑量达470万m^3。

（3）大型土石方施工机械设备的普遍应用，使规模巨大的土石方工程从开挖、运输到填筑施工都能实现机械化，能够在合理的工期内完成。如10～11.5m^3的单斗挖掘机，每小时产量2500m^3的斗轮式挖掘机，385～700HP❶的推土机，65～110t的自卸

❶ 1HP=735.499W

表 1.1-1　**我国部分坝高 100m 以上已建、在建土质防渗体土石坝基本情况表**

序号	坝名	所在河流	建设情况	坝高(m)	坝型	总库容(亿 m³)	装机容量(MW)	筑坝材料	地基处理	地震基本烈度	地震设防烈度	大坝断面					工程量(万 m³)
												坝顶宽(m)	坝顶长(m)	坝上游坡	坝下游坡	防渗体	
1	双江口	大渡河	在建	314.0	砾石土心墙坝	28.97	2000	心墙料为黏土料与花岗岩破碎料掺合料，掺合比为50%：50%。上游坝壳堆石料利用上游河口料场的石料，下游坝壳堆石料利用飞水岩料场的石料，并尽量利用枢纽建筑物的石方明挖可用料。明挖料岩性主要以花岗岩为主，位于弱风化、强卸荷—弱卸荷区	心墙部位覆盖层全部挖除，基岩进行帷幕灌浆	Ⅶ	8	16	648	上游坝坡1：2.0，高程2430.00m处设5m宽的马道	下游坝坡1：1.9，坝坡上设置上坝公路	心墙顶宽10m，上、下游坡比1：0.2	—
2	糯扎渡	澜沧江	2013年竣工	261.5	砾石土心墙坝	237.03	5850	心墙料为土料掺35%人工碎石的砾石土；心墙上、下游各设两层反滤，其宽度分别为4m和6m；堆石料Ⅰ区为花岗岩，Ⅱ区为强风化花岗岩和 T_{2m}^{1} 岩层料	心墙、反滤层建基于弱风化岩层上；铺盖灌浆孔深10m、5m；1～2排灌浆帷幕，其标准为<1Lu	Ⅷ	9	18	608.2	1：1.9	1：1.8	顶宽10m，上、下游坡比1：0.2	3494.55
3	长河坝	大渡河	在建	240.0	砾石土心墙坝	10.75	2600	天然冰水堆积碎砾石土作为心墙防渗料。花岗岩或花岗闪长岩爆破料作为坝壳料，尽量利用枢纽建筑物的石方明挖可用料	覆盖层65～70m，采用两道全封闭垂直混凝土防渗墙防渗。位于坝轴平面内的主防渗墙厚1.4m，深50m。副防渗墙位于下游，与主防渗墙相距14m，深50m。两道防渗墙下基岩均进行帷幕灌浆	Ⅷ	9	16	502.8	1：2.0	1：2.0	顶宽6.0m，上、下游坡比1：0.25	—

续表

序号	坝名	所在河流	建设情况	坝高(m)	坝型	总库容(亿 m^3)	装机容量(MW)	筑坝材料	地基处理	地震基本烈度	地震设防烈度	大坝断面					工程量(万 m^3)
												坝顶宽(m)	坝顶长(m)	坝上游坡	坝下游坡	防渗体	
4	瀑布沟	大渡河	2004年开工，2008年竣工	186.0	砾石土心墙坝	53.90	3300	心墙料为宽级配的坡残积风化砾石土；二层反滤为0.1～5mm和0.1～50mm；坝壳料为花岗岩和建筑物开挖料，d_{max}=800mm	河床两道厚1.2m防渗墙和灌浆廊道，墙间两排帷幕灌浆，心墙底范围内深8～10m的铺盖灌浆	Ⅶ	8	14	573	1∶2.0、1∶2.2	1∶2.0	顶宽6m，上、下游坡比1∶0.25	2400
5	小浪底	黄河	1991年开工，2000年竣工	160.0	壤土斜心墙坝	126.50	1800	斜心墙料为重粉质壤土；心墙下游反滤为0.1～20mm、5～60mm，心墙上游反滤为0.1～60mm；过渡料为0.1～250mm；坝壳堆石为硅质、钙硅质砂岩和建筑物的开挖料回采上坝	河床段设1.2m厚混凝土防渗墙，除河床深槽段外一排帷幕灌浆；基岩段铺盖灌浆和混凝土盖板厚0.3m	Ⅶ	8	15	1667	1∶2.6	1∶1.75	顶宽7.5m，上游坡比1∶1.2，下游坡比1∶0.5	5073
6	狮子坪	岷江一级支流杂谷脑河	2004年开工，2007年竣工	136.0	砾石土心墙坝	1.33	195	心墙料为砾石土d_{max}=60mm；反滤料为0.1～40mm；过渡料d_{max}=300mm；坝壳料为变质砂岩d_{max}=800mm	河床覆盖层厚90～102m，设厚1.3m混凝土防渗墙，墙下帷幕灌浆，下游坝壳基础进行深15m的振冲加固	Ⅶ	8	12	309.4	1∶2.0	1∶1.8	顶宽4.0m，上、下游坡比1∶0.25	580.8
7	石门	台湾淡水河	1964年竣工	133.0	心墙堆石坝	3.09	90	坝壳材料为河床沉积层大卵石，心墙土料取自河漫滩	坝基覆盖层厚23m，心墙部位挖至基岩	—	—	—	360	1∶2.5	1∶2.5	顶宽6m，上、下游坡比1∶0.25	705.9
8	曾文	台湾曾文溪	1973年竣工	133.0	心墙土石坝	7.08	50	大部分填筑材料为溢洪道的开挖料，石料强度较低，易于崩解，需先碾碎处理后按土料上坝填筑	心墙下部坝基用两排高压水泥灌浆构成防渗帷幕，帷幕深度为设计水头的0.7倍	Ⅷ	8	10	400	1∶3.0、1∶2.5	1∶2.5		929.6

续表

序号	坝名	所在河流	建设情况	坝高(m)	坝型	总库容(亿 m^3)	装机容量(MW)	筑坝材料	地基处理	地震基本烈度	地震设防烈度	大坝断面					工程量(万 m^3)
												坝顶宽(m)	坝顶长(m)	坝上游坡	坝下游坡	防渗体	
9	金盆	黑河	1996年开工，2003年基本竣工	128.9	心墙砂砾石坝	2.00	20	心墙料为含砾的粉质黏土；第一层为0.1～5mm的砂反滤，第二层为0.1～80mm混合料；坝壳为河床砂卵石	心墙建于岩基上，设主、副各1排帷幕灌浆，帷幕灌浆上、下游各设1～2排固结灌浆，孔深7m和9m。灌浆标准<3Lu	Ⅶ	8	11	440	1∶2.2	1∶1.8	顶宽7.0m，上、下游坡比1∶0.3，两岸处坡比1∶0.6	771.6
10	硗碛	东河	2002年10月开工，2007年5月竣工	125.5	砾石土心墙坝	2.12	240	心墙料为碎石土，最大粒径≤150mm；粒径>5mm的颗粒含量为20%～50%；<0.075mm的颗粒含量为15%；0.005mm的黏粒含量为5%～20%	河床段坝基1.2m防渗墙防渗	Ⅶ	8	10	457.2	1∶2	1∶1.8	顶宽4.0m，上、下游坡比1∶0.25	730
11	水牛家	涪江一级支流火溪河	2003年5月开工，2006年竣工	108.0	砾石土心墙坝	1.40	70	心墙料为砾石土，系含砾粉质黏土d_{max}=150mm；第一层反滤为0.1～40mm；第二层反滤为0.1～80mm；坝壳料为硅质岩石，d_{max}=800mm；过渡料d_{max}=300mm，采用天然砂砾石料筛分	河床采用1.2m厚防渗墙，最大深度32m，对覆盖层进行振冲处理；两岸坡基础设0.6m混凝土板，帷幕灌浆1～2排，灌浆标准<3Lu	Ⅷ	9	10	317	1∶2.0～1∶2.2	1∶1.8～1∶2.0	顶宽4.0m，上、下游坡比1∶0.2	483

续表

序号	坝名	所在河流	建设情况	坝高(m)	坝型	总库容(亿 m^3)	装机容量(MW)	筑坝材料	地基处理	地震基本烈度	地震设防烈度	大坝断面					工程量(万 m^3)
												坝顶宽(m)	坝顶长(m)	坝上游坡	坝下游坡	防渗体	
12	石头河	石头河	1974年开工，1981年竣工	104.0	黏土心墙砂砾石坝	1.47	49.5	心墙料为粉质黏土	坝基河床覆盖层为透水性极强的砂卵石，基岩构造裂隙发育，存在断层破碎带，右岸阶地有上、下游贯通的砂卵石层。基础处理措施主要有：在覆盖层较薄处，截水槽底挖至基岩。当覆盖层较厚时，截水槽作为其下混凝土防渗墙顶部与心墙连接延长渗径的结构措施	Ⅶ	8	10	590	1∶2.2、1∶2.5	1∶1.75、1∶1.6	顶宽6.0m，上游坡比1∶0.4，下游坡比1∶0.1、1∶0.4	835
13	鲁布革	黄泥河	1982年开工，1991年竣工	103.8	砾石土心墙坝	1.22	600	心墙料为坡残积红土和砂页岩全风化的砾石土；第一层反滤为0.1～20mm，第二层反滤为5～80mm；坝壳为白云岩石渣 d_{max}≤800mm；<5mm的颗粒含量<30%	心墙座在基岩上，心墙底宽范围铺盖灌浆，1排主帷幕，其两侧各设1排15m深副帷幕	Ⅵ	7	10	217.2	1∶1.8	1∶1.8	顶宽5.0m，上、下游坡比1∶0.175	220
14	碧口	白龙江	1969年开工，1976年竣工	101.8	黏土心墙坝	5.2	400	心墙料为黏土；上游坝壳下部为砂砾石，上部为堆石；下游坝壳为砂砾石、石渣和任意料	坝基1.3m厚防渗墙截渗	大于Ⅵ	7.5	8	297.5	1∶1.8 1∶2.3 1∶2.5	1∶1.7 1∶2.2 1∶2.5	顶宽4.0m，上游坡比1∶0.25，下游坡比1∶0.4、1∶0.25	400

卡车，57.5m^3 的铲运机，50～100t 汽胎碾及 17～26t 或更大的振动平碾和凸块振动碾等。上述大型机械设备的广泛应用，扩大了筑坝材料的利用范围，并提高了高土石坝和超高土石坝施工的效率、工程质量和经济性。

例如小浪底大坝施工时，采用的主要施工机械为：285～370HP 的推土机、5.1m^3 和 10.3m^3 的液压挖掘机、5.9m^3 和 10.7m^3 的液压装载机、载重36t、65t 的自卸汽车和 17t 的振动碾等。施工计划的周密安排和机械设备的科学调度，创造了最高日填筑强度 6.7 万 m^3（1999 年 1 月 22 日）、最高月填筑强度 158 万 m^3（1999 年 3 月）和最高年填筑强度 1636 万 m^3（1999 年）的记录。

（4）土石坝坝体计算理论和计算手段的巨大进步和日臻完善，使其计算成果已基本反映土石坝的运行性态；科学实验手段之完善，得以阐明土石材料的复杂特性，各种本构模型和参数更加接近实际；安全监测设备自动化程度的不断提高及观测资料精度的提高，使人们对土石坝工作性态有了更加清晰的认识，促进了土石坝设计理论和设计水平的提高。

（5）土质防渗体土石坝具有较好的抗震性能，在强震区建坝，此种坝型较为安全可靠。例如，长河坝水电站大坝、水牛家水电站大坝、糯扎渡水电站大坝、满拉水利枢纽大坝，均位于地震基本烈度Ⅷ度区，以上各坝均按 9 度地震设防；瀑布沟水电站大坝及黄河小浪底水利枢纽大坝等均位于地震基本烈度Ⅶ度区，按 8 度地震设防。

（6）伴随着高坝大库的出现，常需修建大泄量开敞式溢洪道及大泄量的导流、泄洪隧洞，而高边坡、大断面隧洞的开挖及支护、衬砌技术的发展，使修建这些建筑物的经济性及施工进度都有了明显提高，从而增加了土石坝的优越性。

1.2　设计基本要求

1.2.1　土石坝安全和功能的基本要求

土石坝作为水库枢纽工程的挡水建筑物，对其基本要求主要有安全和功能两方面。这两方面的基本要求包括坝顶高程、抗滑稳定、渗流（包括渗流量和渗流稳定）和变形要求。对于强震区，土石坝还应满足抗震要求。

1.2.1.1　坝顶高程

土石坝必须满足挡水的高度要求，否则将发生洪水漫顶，可能导致垮坝事故。坝顶高程要满足在最高水位以上再加上要求的超高。近些年进行的除险加固土石坝中，除泄洪能力不足外，因水库泥沙淤积使库容减小，致使坝顶高程不足被定为病险坝的所占比例较高，应引起足够重视。

1.2.1.2　抗滑稳定

土石坝必须满足设计规范规定的最小稳定安全系数标准要求。土石坝稳定分析的复杂性表现在三个方面：材料抗剪强度的复杂性和离散性；计算方法的复杂性和适用性；不同运用条件下不同工况的稳定性状的复杂性。只有解决好这三方面的问题，才能得到合理的稳定分析成果，正确评价土石坝的稳定安全性状。

1.2.1.3　渗流

1. 渗流量

多年的工程实践以及各版次的《碾压式土石坝设计规范》对于渗流量的控制没有明确的定量控制要求。根据开发目标不同，以渗漏量不明显影响工程效益而定。比如以防洪为主的水库对渗流量的要求就低一些；以蓄水供水、发电为主对渗流量的要求就高一些。抽水蓄能电站水库上库要求更高，往往进行全库盆防渗处理。调水工程的调节水库也往往进行全库盆防渗处理。

2. 渗透稳定

对渗透稳定的基本要求是所有渗流出口的渗透比降均应小于材料的容许比降。渗透破坏往往从坝体、坝基或接触面等内部开始，当外表能观察到明显的渗透破坏痕迹时，渗透破坏已经相当严重，处理不及时可能产生垮坝的恶性事故。从已建大坝统计可知，渗透破坏占土石坝失事和病险的比例都很高。因此渗透稳定对土石坝安全至关重要。

1.2.1.4　变形

对于变形控制，《碾压式土石坝设计规范》（SL 274—2001）规定"竣工后坝顶沉降量不宜大于坝高的 1%"。多年的工程实践经验表明，竣工后的沉降量小于坝高 1%者一般不产生明显的裂缝，大于 1%～3%者产生裂缝可能性较大。

设计中需要面对的问题是要控制不致产生大的变形和不均匀变形两方面的问题。控制不产生大变形的主要措施是充分了解筑坝材料的变形特性，进行合适的压实。大坝两相邻分区材料压实性能差别大、几何形状变化剧烈是产生不均匀变形的主要部位。尤其与岸坡和其他混凝土建筑物连接处，是比较容易发生不均匀沉降变形的部位，需要设计者给予重视。

1.2.1.5　抗震

地震对大坝的危害也表现在上述几个方面。地震沉降降低坝顶高程，地震液化降低可液化材料抗剪强度而导致坝体失稳，地震变形裂缝也存在导致集中渗漏的可能性，但主要是坝顶附近的振动损坏和地震液化等。

1.2.2 最大坝高及坝高划分

1.2.2.1 最大坝高

最大坝高能体现坝的规模及其在枢纽中的重要性。《水利水电工程等级划分及洪水标准》（SL 252—2000）规定土石坝坝高超过表 1.2-1 的指标时，可以提高一级。

表 1.2-1 水库大坝提级指标

级 别	坝高（m）
2	90
3	70

土石坝的坝高应从坝体防渗体（即不含混凝土防渗墙、灌浆帷幕、截水槽等坝基防渗设施）底部或坝轴线部位的建基面至坝顶（不含防浪墙），取其大者。

1.2.2.2 坝高划分

按坝高划分为低坝、中坝和高坝：最大坝高低于30m的为低坝，最大坝高 30～70m/100m[《碾压式土石坝设计规范》(SL 274—2001、DL/T 5395—2007)]为中坝，最大坝高在 70m/100m 以上者为高坝。

1.2.3 土石坝的运用条件

1.2.3.1 运用条件划分

对土石坝运用条件的划分主要是进行定性分析，难以像洪水标准那样做到采用概率统计方法确定，给予定量划分。但如果出现失误或定性不准确，对土石坝安全的影响不亚于其他任何设计的失误。运用条件划分的核心概念仍体现出“出现的几率和作用时间的长短”。根据上述原则，土石坝运用条件划分如下：

(1) 正常运用条件。

(2) 非常运用条件Ⅰ。

(3) 非常运用条件Ⅱ。

1.2.3.2 三种运用条件的区分界限

1. 正常运用条件与非常运用条件Ⅰ的区分界限

(1) 出现的几率。从出现的几率而言，按水利水电工程设计惯例，设计洪水频率作为区别正常运用条件和非常运用条件的界限。低于和等于设计洪水频率出现的工况为正常运用条件，反之为非常运用条件。

(2) 作用时间的长短。按作用时间长短，将正常蓄水位作为正常运用条件的一种典型工况。在工程建成后，这种工况作用时间相对较长且反复出现，以此作为判别作用时间长短的区分界限。

2. 非常运用条件Ⅰ与非常运用条件Ⅱ的区分界限

非常运用条件Ⅱ是指一些非常稀遇的工作状况，其每种正常运用工况都包含有地震。

1.2.3.3 三种运用条件下的工况

1. 正常运用条件下的工况

(1) 水库水位处于正常蓄水位和设计洪水位与死水位之间的各种水位的稳定渗流期。

(2) 水库水位在上述范围内经常性的正常降落。

(3) 抽水蓄能电站水库水位的经常性变化和降落。

上述三种典型工况包括水位和水位降落两方面的问题。大坝安全的分析任务就是从水位和水位降落两方面寻找最危险工况，进行定量计算。

(1) 库水位。水库处于高水位用于大坝下游坡稳定、应力应变及渗流计算等安全分析；低水位用于大坝上游坡稳定计算等安全分析。所谓低水位就是“不利水位”。一般而言，不利水位位于坝高 1/3 高度附近。坝体分区和筑坝材料性质多样复杂时，需要试算确定不利水位。

在采用某种水位时，需要分析该种水位是否能形成稳定渗流。相对于某一库水位，形成稳定渗流的滞后时间与筑坝材料渗透系数大小和防渗体厚度相关。在防渗体无质量缺陷的情况下，根据已建大坝的监测资料，形成稳定渗流的滞后时间一般为 20～40 天，有些坝形成稳定渗流的滞后时间更长。设计时，应通过论证分析确定库水位持续时间，再通过工程类比或根据坝体浸润线观测结果选用稳定渗流的滞后时间，最终决定是否作为大坝稳定计算的工况。

(2) 水位降落工况。水位降落工况是指库水位下降的速度快于坝体浸润线下降的速度，形成水位降落工况。

如何把握是否属于正常性降落仍应以“出现的几率”为原则，目前还不能像设计洪水那样定量确定，用以下几种典型情况为例说明。

1) 径流电站的水位降落。因为径流电站对上游来水不进行调节，其挡水水位随着来水量的变化而随时在变化。与前述的正常运用条件的设计洪水出现频率相比要高得多，可以认为属于水位经常性降落。

2) 抽水蓄能电站的水位降落。抽水蓄能电站的作用是削峰填谷，一般是晚上发电，白天将下库的水抽至上库，以备晚上发电用。上库的水位变化频度随库容和发电用水量的大小而变化，库水位降落是比较频繁的，可以认为是经常出现的水位降落。

3）水库供水、灌溉的水位降落。向城市和工矿企业供水以及供灌溉用水的水库，下泄水量及相应的水位降落一般年际之间有着周期性的变化，因此也应该作为经常性的正常水位降落。

4）宣泄洪水的水库水位降落。等于和低于设计洪水频率的洪水作为正常对待，相应的一般情况下的水位降落认为是经常性降落。

2. 非常运用条件Ⅰ

（1）施工期。施工期稳定包括纵向、横向施工分期的各种临时断面的稳定和填筑竣工后水库未蓄水时的稳定。均质坝施工期的断面形状、填筑上升速率等对稳定安全的影响均要考虑。

（2）校核洪水位下有可能形成稳定渗流的情况。校核洪水位下是否能形成稳定渗流与水位持续时间和浸润线形成时间有关。对于浸润线形成的滞后时间，设计时应根据防渗体土料的渗透特性和已建的类似工程类比综合分析确定。需要注意的是，只有当浸润线的形成时间短于库水位持续时间时，才可能形成稳定渗流，并考虑这种工况。

（3）水库水位的非常降落。有两类情况可以界定为水库水位的非常降落：第一种情况是自校核洪水位降落；第二种是在常遇水位下稀遇的水位降落。

一般情况下，水库在度汛期间，从校核洪水位降落的最大降落幅度是降落至汛限水位。当水库处于汛期末或后汛期，则降落到正常高水位。需要注意的是，只有在校核洪水位持续时间内形成了稳定渗流，当库水位降落时坝体浸润线又不能同步降落，设计时才考虑这种工况。

从正常蓄水位和其他较低的水位降落至死水位及其以下的大流量快速泄空等，显然也属于特殊的情况。一般是工程出现问题，为了水库的安全，需对工程检查或进行处理才会出现该种情况。设计中如果要考虑这种工况，应有具有说服力的论证。

3. 非常运用条件Ⅱ

非常运用条件Ⅱ是指在正常运用条件遭遇地震。但设计中，一般地震不与设计洪水相组合。尽管将设计洪水作为正常运用条件对待，但设计洪水出现的几率远比正常蓄水位出现的几率要小得多，而且设计洪水的持续时间相对都比较短，因此再与地震组合就显得太偏于保守。

1.3 坝轴线及坝型选择

1.3.1 坝址选择

在一个坝段内，坝址选择主要取决于地形和地质条件，同时必须结合枢纽布置、水库淹没、技术经济条件、建筑材料的分布、储量、质量情况、施工条件、对外交通条件等因素，进行充分调查研究，权衡利弊，综合考虑其技术经济条件后最终选定合理的坝址。

（1）地形条件是坝址选择中非常重要的条件之一。高山峡谷地形：河谷窄，山坡陡峻，坝轴线短，枢纽各建筑物只能紧凑布置在一起，并尽可能利用河流弯道；溢洪道常为岸边式，与坝肩紧靠；导流建筑物常采用隧洞。若受地形条件限制不能布置溢洪道时，也可采用隧洞泄洪。

丘陵地形：河谷宽，两岸山坡较平缓，若有垭口地形，可便于布置溢洪道。

平原地形：河道一般较顺直，无弯道可利用，溢洪道一般采用河岸式布置。

（2）坝址地质条件是坝址选择的另一个最重要条件之一。坝址地质条件是决定枢纽各建筑物的型式和布置的决定因素。如坝基为深厚覆盖层和软岩，会影响土石坝坝型选择和地基处理方案。在坝址比选阶段，必须将坝址地质特征分成若干地段，进行详细的地质勘探和研究，同时还应对库区的地质条件进行分析研究，进行全面的工程地质和水文地质条件评价。

（3）坝址附近建筑材料的分布、储量、质量、交通条件等对坝址选择也有较大影响。

（4）坝址选择中还应考虑库区淹没大小、施工条件，如：场内外交通、导流建筑物布置特别是泄洪建筑物的布置、施工总布置以及运行管理条件等，都是坝址选择应考虑的主要因素。

自20世纪末以及进入21世纪以来，我国已建、在建和拟建的土质防渗体高土石坝中，其枢纽布置具有以下突出特点：

1）高土石坝和大开挖相适应是枢纽布置突出的特点。如已建的小浪底水利枢纽，开挖土石方的利用率达到63%；在建的糯扎渡水电站，将开挖的土石方用于坝体和临时围堰的填筑，取得土石方挖填的总体平衡，从而使工程具有造价低、工期短、经济效益好等特点。

2）高土石坝大水库一般多采用表、深（底）孔组合泄洪方式。采用表孔溢洪道泄洪，利用深（底）孔泄洪排沙的组合泄洪方式，如小浪底、瀑布沟和糯扎渡水电站等工程。

3）施工导流和度汛一般均采用导流隧洞和底孔。为确保施工期度汛标准，除布置一条低高程导流洞外，往往还布置有高程相对较高的导流洞或专设底孔配合度汛。这些导流洞经改建后成为永久泄洪洞，提高了工程防洪调度运用的灵活性和枢纽工程的安全。

4）电站力求采用引水隧洞最短的地下式厂房。这种布置能减少调压设施，不仅有利于形成大坝和引水发电系统两个各有特色的施工系统，还便于分标、招标，更有利于整个枢纽工期的协调和提前。

1.3.2 坝轴线选择

坝址选定后，进行坝轴线的比选。根据坝址区的地形、地质条件、场地条件、建筑材料条件、坝型及坝基处理方式，枢纽中各建筑物（特别是泄洪建筑物）的布置、施工条件等，经多方案的技术经济比较后确定。

1. 地形及场地条件

地形是控制可能最大坝高、坝顶长、坝轴线位置、溢洪道、导流工程、电站工程、航道、出口控制等枢纽各建筑物布置的基本资料。选择坝轴线应注意以下几点：

（1）尽量利用横穿河谷的较短直线，以减少坝体的填筑工程量；尽量避免向下游的折线或弧线的地形。

（2）尽量选在两岸轮廓在坝体范围内向下游方向呈收缩状，以有利于坝的应力状态和坝的稳定。

（3）两岸坝肩山体要有足够的高度和厚度，以满足坝高要求和两坝肩的稳定。

良好的场地条件是指场地应便于布置枢纽各建筑物、便于布置施工场地、方便施工和运行管理等。

2. 工程地质和水文地质条件

（1）将可能筑坝的河段按地质特征分成若干个坝段，对各坝段进行全面比较，从中选优。

（2）对岩基的要求：

1）岩基要有足够的强度。

2）岩基的整体性要好，避开活动性断层；对严重风化和破碎软弱岩层，应认真研究坝基处理措施。

3）尽量避开可能造成滑动的含有软弱夹层的地层。

4）岩石要有足够的抗水性能。

（3）对软基的要求：软基包括河床冲洪积层、残积层、坡积层、冰积层及各种土基。在软基上建坝，一般应满足如下要求：

1）在细砂、软黏土等软基上修建土石坝时，应特别考虑地基的变形对大坝安全的影响。遇到这类地基，当避开有困难时，首先考虑挖除；其次再考虑其他加固处理措施。对于砂基还应判别地震液化的可能性。

2）如软基不均匀，应防止粗、细层之间出现接触冲刷或接触流失。

3）坝基有无发生滑动可能的软弱夹层，如淤泥层等。

4）坝基要有足够的抗水性，在水中不易溶解、不软化、无显著的体积和密度变化等。

5）坝基渗透水的渗透比降应小于其容许值。

水库库岸要有足够的稳定性，并无向邻谷或下游的明显的渗漏通道。同时应考虑水库蓄水后有无诱发地震的可能性或引起其他的次生灾害（如塌岸、滑坡等），或者对生态环境造成不利影响。

3. 筑坝材料对坝轴线选择的影响

坝轴线附近要有足够数量的、符合设计要求的防渗土料、石料、砂砾石料、砂等，同时其料场应便于开采和运输。

4. 枢纽布置、施工条件、经济技术及坝型等重要影响因素

（1）坝轴线选择要与枢纽布置、坝型和坝基条件一并考虑，各种条件和各建筑物之间往往相互矛盾，很难同时满足，应抓住主要矛盾，权衡轻重，进行详细的方案比选，从各方案中筛选出技术可行、经济合理的坝轴线。

（2）坝轴线选择中施工条件是重要影响因素之一。

1）由于宣泄施工洪水要求，需分期施工，或北方河流冰期时因冰块拥塞而造成壅水，因此，要选择较长的坝轴线。

2）由于施工布置和施工机械、施工道路等要求，要选择较长的坝轴线。

3）施工期长短也影响坝轴线的选择。

（3）坝轴线选择时，对每一条拟订的坝轴线都应进行经济技术指标的计算，并结合河流规划统一考虑，从中选优。特别是在国民经济及河流开发中占重要位置的工程，更是如此。

（4）坝轴线选择中一定要考虑对外对内交通方便，尤其是内部交通。上坝运输要考虑不同高程的交通条件，特别是采用大型机械化施工时，更应注意公路路面要平整、有足够的宽度，并能全天候通车。

内部交通道路设计要进行综合比较。对于峡谷中的工程，为解决场内交通，还应考虑利用坝坡斜马道作为上坝公路的适宜性。

（5）坝轴线选择时，还要考虑运行管理方便；对于寒冷地区，要考虑冰凌及泥沙对运行的影响。

总之，土石坝的坝轴线选择是一个全面的、综合性较强的工作，一定要选择几条可能的坝轴线，进行各坝轴线详细的地质勘探和研究，并分别进行枢纽布置、综合性的经济技术比较，才能进行全面评价，从

中选优。

5. 坝轴线型式

(1) 向上游弯曲的坝轴线。

1) 当具备上游河谷宽、下游河谷较狭窄的有利地形条件时，可将坝轴线布置成向上游弯曲的型式。此种坝型的坝轴线在水库蓄水时，防渗体向下游位移，防渗体在接近两岸部位互相挤压而呈压应力状态，类似如拱坝的应力状态，以避免接近岸边部位的防渗体因出现张性裂缝而形成渗漏通道。

2) 对于V形河谷，因岸坡变化，心墙防渗体的中间部位相对于岸边部位将产生较大的沉降差，使沿坝轴线方向的沉降斜率大于容许值，该部位易产生横向裂缝，危及坝的安全。为防止这种裂缝的产生，将坝轴线向上游弯曲，以减小不均匀沉降差，并使防渗体在水压力作用下呈压应力状态。

3) 对位于强震区的大坝，当发生沿坝轴线方向地震时，使坝体压缩，位于两岸部位的防渗体易引起张性裂缝，将坝轴线向上游弯曲，在受水压时发生地震，两岸呈受压状态，减少裂缝产生的几率。

防止防渗体裂缝，主要靠综合措施，仅靠坝轴线向上游弯曲还不能完全解决防渗体的裂缝问题。

近年来已很少采用这种向上游弯曲的坝轴线。

(2) 直线型坝轴线。坝轴线一般多采用直线型式。根据62座坝高100m以上土石坝坝轴线的形状统计，约53%的坝轴线采用直线型式。

(3) 特殊型式的坝轴线。由于地形、地质条件的限制及枢纽布置的需要，也有将坝轴线布置成向下游弯曲的、折线形的，甚至布置S形（如我国阿岗黏土心墙堆石坝、南水黏土斜墙堆石坝及法国谢尔蓬松心墙土坝、美国阿尔科瓦土石混合坝等）。这样的坝轴线布置，在防渗体的下游部位易引起张性裂缝，所以一般情况下不宜采用这种布置。当不得不采用时，必须经过充分论证，对防渗体精心设计，必要时采取特殊措施，如加厚防渗体、加强防渗体下游反滤层保护等措施。

对于副坝，其坝轴线可根据地质地形情况进行合理布置。

1.3.3 坝型比较与选择

1.3.3.1 坝型

根据防渗体在坝体横断面中的位置，本手册将土质防渗体土石坝坝型分为：

(1) 均质坝（见图1.3-1）。

(2) 心墙坝（见图1.3-2）。一般又分为窄心墙坝（心墙坡比陡于1：0.2）和宽心墙坝（心墙坡比一般缓于1：0.5）。

(3) 斜墙坝（见图1.3-3）。

(4) 斜心墙坝，即防渗体在坝横断面中介于心墙和斜墙之间的位置（见图1.3-4）。

1.3.3.2 坝型选择

坝型选择是大坝设计的主要任务之一。坝型选择的主要准则是：所选择的坝型应与坝址区的自然条件、工程地质与水文地质条件相适应；经济技术合理；充分利用当地的土石料；施工简便，并可尽量采

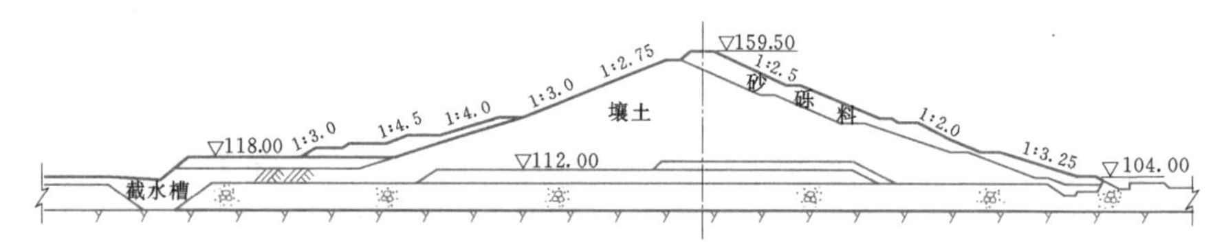

图1.3-1 岳城水库均质坝典型横剖面图（单位：m）

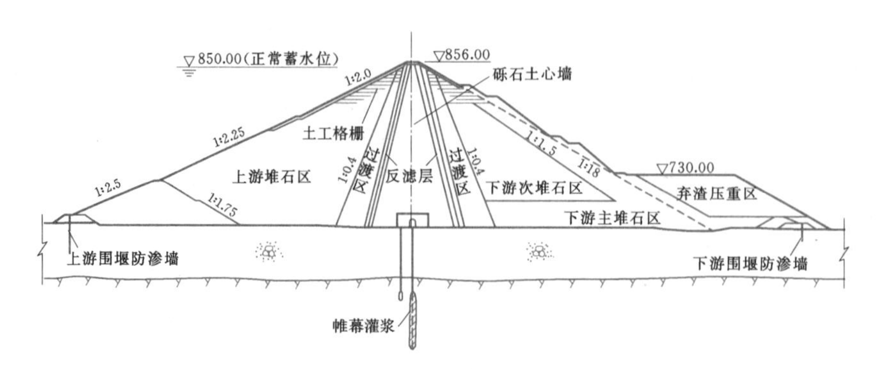

图1.3-2 瀑布沟水电站心墙坝典型横剖面图（单位：m）

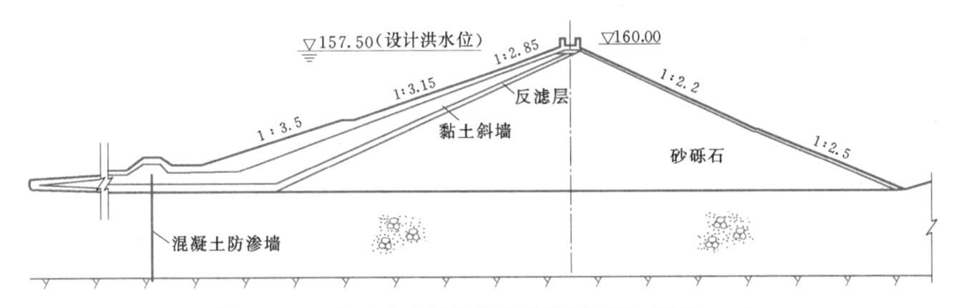

图 1.3-3 密云水库斜墙坝典型横剖面图（单位：m）

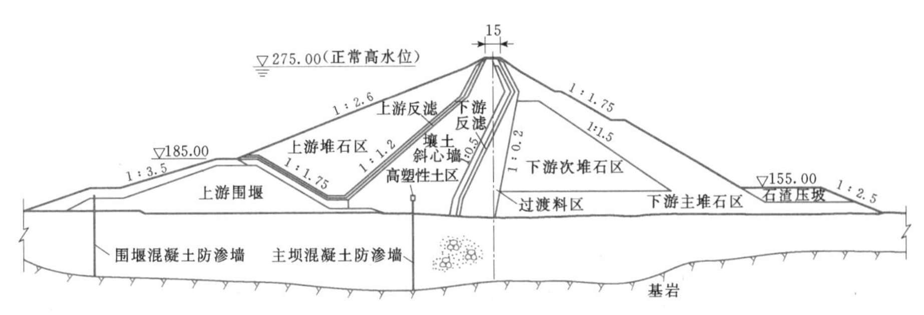

图 1.3-4 小浪底水利枢纽斜心墙坝典型横剖面图（单位：m）

用大型机械设备施工。

坝型选择一般分初选和终选两个阶段。初选时根据地形、地质条件、筑坝材料、基础处理措施、施工和运用条件等，选择若干种技术上可行的坝型进行比较，从中选择2～3种较优的坝型。终选阶段是对初选的2～3种坝型进一步进行技术经济比较，并进行初步的大坝断面设计，必要的计算分析，比较造价和运行费用，并结合其他各种因素和特点，最终选定坝型。

为便于坝型比选，现将各种坝型的优缺点及适用条件分述如下。

1. 均质坝

（1）均质坝坝体主要由一种材料组成。此种坝型因填土的各向异性，致使坝体的水平渗透系数 k_H 往往远大于垂直渗透系数 k_V。运用期，坝体浸润线高，对坝的稳定不利。一般根据填筑土料的渗透特性，可在坝内设置竖式排水、水平褥垫排水、棱体排水和贴坡排水等型式，见图1.3-5。

（2）均质坝有以下优点：

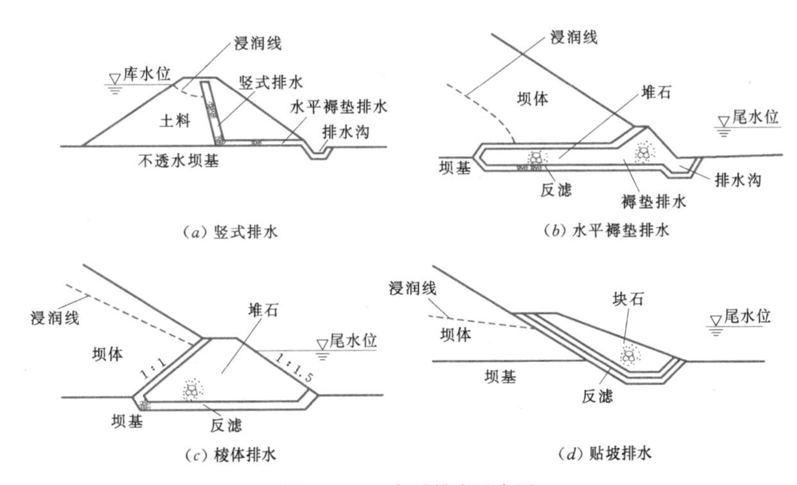

图 1.3-5 各种排水示意图

1）适宜建在任何岩石、砂砾石、河床冲积层、黏性土层等地基上，并可直接建于不透水地基上。

2）黏土、粉质壤土、壤土、含砾黏土及砾石土等土料，其含水率在塑限附近时，均可作为均质坝的筑坝材料。

3）上坝土料单一，施工干扰少，施工工序简单，便于机械化施工。

4）坝体便于与泄洪建筑物或其他非土质建筑物的衔接。

（3）均质坝的主要缺点：

1）一般坝坡较缓，坝体工程量大，可能增加工程造价，对高坝更为不利。

2）因采用黏性土料筑坝，在严寒及多雨地区，不宜选用该坝型。

3）对于库水位变幅大，库水位骤升骤降的水库，不宜采用此种坝型。

截至目前，我国建成的最高均质坝为海南省的松涛坝，其最大坝高81.5m。

2. 心墙坝

（1）心墙坝优点：

1）心墙坝较均质坝和斜墙坝的坝坡陡，工程量相对较小。当坝址附近防渗土料储量较少，或运输较远时，采用心墙坝可能是合适的。

2）采用截水槽、防渗墙、板桩、帷幕灌浆等措施处理时，心墙坝的防渗线较短，宜选用此坝型。

3）心墙坝抗震性能优于其他坝型。

4）心墙坝的心墙便于与岸坡、泄水建筑物或非土质建筑物的连接。

5）当运用要求库水位骤升骤降或库水位变幅大时，因坝壳为透水性大的土石料，利于坝的稳定，宜选用此坝型。

（2）心墙坝缺点：

1）心墙坡度较陡时，心墙与两侧坝壳可能出现不均匀沉降，易产生拱效应。

2）大坝施工时，要求心墙和其上下游两侧坝壳料平起填筑，各种坝料填筑相互牵制，因工作面小，施工干扰相对较大。

3）多雨地区，施工比较麻烦。

（3）心墙断面大小取决的因素：

1）防渗土料储量及施工条件。

2）土料的防渗性能。

3）心墙地基处理措施。

4）渗透稳定要求等。

截至目前，我国在建的最高的砾石土心墙坝为大渡河上的双江口砾石土心墙堆石坝（314.0m）、雅砻江上的两河口砾石土心墙堆石坝（295.0m）和澜沧江上的糯扎渡砾石土心墙堆石坝（261.5m）。

3. 斜墙坝

（1）斜墙坝优点：

1）当河床段坝基岩层风化很深，或冲积层深厚，防渗体达到新鲜岩层或不透水层有困难，采用水平铺盖作为坝基的防渗措施时，为便于与铺盖的连接，宜采用斜墙坝型。

2）由于防渗土料方量占坝体总方量的比例相对较小，适宜在严寒或多雨地区建此种坝型。可错开严寒或雨季，在此期间填筑坝壳，坝体施工干扰小。

（2）斜墙坝缺点：

1）抗震性能较心墙差。在地震作用下，斜墙容易裂缝或滑塌，危及坝的安全。

2）建在可压缩层地基上的斜墙，由于坝体变形，易使斜墙裂缝。

3）斜墙不利于与泄水建筑物和其他非土质建筑物的连接。如要连接，则在连接处附近宜将斜墙渐变为心墙。

4）斜墙坝的坝上游坡较平缓，坝体工程量较心墙坝大；斜墙与岸边的连接工程量大；当坝基布置灌浆帷幕时，帷幕线较心墙坝和斜心墙坝的帷幕线长，灌浆工程量大。

截至目前，我国已建成的有代表性的斜墙坝为北京密云水库白河主坝（坝高66.0m）、河北岗南水库大坝（坝高63.0m）以及台湾曾文溪上曾文坝（坝高133.0m）。

4. 斜心墙坝

斜心墙坝的优点和缺点介于心墙坝和斜墙坝之间，其应力条件优于心墙坝。

截至目前，我国已建成的最高斜心墙坝为高160m的黄河小浪底大坝。小浪底大坝采用斜心墙坝型，一是避开坝轴线上高45m的河床深槽基岩陡坎，有利于减小心墙在该部位的不均匀沉降，并减小混凝土防渗墙的施工难度；二是便于通过内铺盖和坝前淤积泥沙的连接，以充分利用天然铺盖作为坝基的辅助防渗措施，详见图1.3-4。

1.4　筑坝材料的基本性质

1.4.1　筑坝材料的物理性质

筑坝材料的物理性质包括：工程分类、含水率、密度、比重、颗粒级配、界限含水率和相对密度。

1.4.1.1　工程分类

筑坝材料的工程分类按照《土工试验规程》（SL 237—1999）中土的工程分类定名，但是按照水利水电行业的习惯方法有如下补充。

1. 粗粒料（粗粒土）分类

SL 237—1999 中分别以粒径200mm、60mm、

2mm、0.075mm 和 0.005mm 为界限将土分为漂石（块石）组、卵石（碎石）组、砾粒组、砂粒组、粉粒组和黏粒组，又以巨粒（漂石和卵石或块石和碎石）的含量或细粒的含量将巨粒土和含巨粒土、砾类土和砂类土分别定名，见表 1.4－1～表 1.4－4。

土中细粒组含量不小于 50％的土称细粒类土，土中粗粒组含量不大于 25％的土称为细粒土。粗粒组含量大于 25％且不大于 50％的土称为含粗粒的细粒土。

在水利水电行业，一般将上述表中的巨粒土、混合巨粒土、巨粒混合土、砾、含细粒土砾、细粒土质砾都统称为粗粒料或粗粒土。进而依据其成因、母岩性质、风化程度和颗粒级配的不同，将粗粒料又分为堆石料、砂砾石（或砂卵石）、软岩堆石料（简称软岩料）、风化料、砾石土（或称砾质土）。

表 1.4－1　　粒组划分

粒组统称	粒组划分		粒径 d 的范围（mm）
巨粒组	漂石（块石）组		$d>200$
	卵石（碎石）组		$200\geqslant d>60$
粗粒组	砾粒（角粒）	粗砾	$60\geqslant d>20$
		中砾	$20\geqslant d>5$
		细砾	$5\geqslant d>2$
	砂粒	粗砂	$2\geqslant d>0.5$
		中砂	$0.5\geqslant d>0.25$
		细砂	$0.25\geqslant d>0.075$
细粒组	粉粒		$0.075\geqslant d>0.005$
	黏粒		$d\leqslant 0.005$

表 1.4－2　　巨粒土和含巨粒土的分类

土　类	粒组含量		土代号	土名称
巨粒土	巨粒含量＞75％	漂石含量＞卵石含量	B	漂石（块石）
		漂石含量≤卵石含量	C_b	卵石（碎石）
混合巨粒土	50％＜巨粒含量≤75％	漂石含量＞卵石含量	BSI	混合土漂石（块石）
		漂石含量≤卵石含量	C_bSI	混合土卵石（块石）
巨粒混合土	15％＜巨粒含量≤50％	漂石含量＞卵石含量	SIB	漂石混合土（块石）
		漂石含量≤卵石含量	SIC_b	卵石混合土（碎石）

注　巨粒混合土可根据所含粗粒或细粒的含量进行细分。

表 1.4－3　　砾类土分类

土　类	粒组含量		土代号	土名称
砾	细粒含量＜5％	级配 $C_u\geqslant 5$，$1\leqslant C_c\leqslant 3$	GW	级配良好砾
		级配：不同时满足上述要求	GP	级配不良砾
含细粒土砾	5％≤细粒含量＜15％		GF	含细粒土砾
细粒土质砾	15％≤细粒含量＜50％	细粒组中粉粒含量≤50％	GC	黏土质砾
		细粒组中粉粒含量＞50％	GM	粉土质砾

表 1.4－4　　砂类土的分类

土　类	粒组含量		土代号	土名称
砂	细粒含量＜50％	级配：$C_u\geqslant 5$，$1\leqslant C_c\leqslant 3$	SW	级配良好砂
		级配：不同时满足上述要求	SP	级配不良砂
含细粒土砂	5％≤细粒含量＜15％		SF	含细粒土砂
细粒土质砂	15％≤细粒含量＜50％	细粒组中粉粒含量≤50％	SC	黏土质砂
		细粒组中粉粒含量＞50％	SM	粉土质砂

2. 细粒土分类

水利水电行业中关于细粒土和特殊土的分类和定名采用SL 237—1999和《水利水电工程地质勘察规范》(GB 50487—2008)的相关规定。

试样中有机质含量$5\% \leqslant O_u \leqslant 10\%$的土称有机质土。

细粒土应根据塑性图(见图1.4-1)分类。塑性图的横坐标为土的液限w_L,纵坐标为塑性指数I_P。塑性图中有A、B两条界限线。

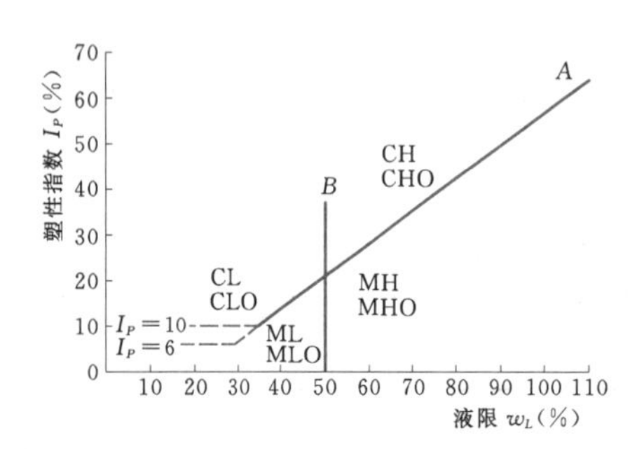

图1.4-1 塑性图

(1) A线方程式:$I_P=0.73(w_L-20)$。A线上侧为黏土,下侧为粉土。

(2) B线方程式为:$w_L=50$。$w_L \geqslant 50$为高液限,$w_L<50$为低液限。

细粒土应按塑性图中的位置确定土的类别,并按表1.4-5分类和定名。

表1.4-5 细粒土的分类

土的塑性指标在塑性图中的位置		土代号	土名称
塑性指数I_P	液限w_L(%)		
$\geqslant 0.73(w_L-20)$ 和$\geqslant 10$	$\geqslant 50$	CH	高液限黏土
	<50	CL	低液限黏土
$<0.73(w_L-20)$ 和<10	$\geqslant 50$	MH	高液限粉土
	<50	ML	低液限粉土

含粗粒土的细粒土先按表1.4-5规定确定细粒土名称,再按下列规定最终定名:

(1) 粗粒中砾粒占优势,称含砾细粒土,应在细粒土名代号后缀以代号G。

示例:CHG—含砾高液限黏土;

MLG—含砾低液限粉土。

(2) 粗粒中砂粒占优势,称含砂细粒土,应在细粒土名代号后缀以代号S。

示例:CHS—含砂高液限黏土;

MLS—含砂低液限粉土。

有机质土可按表1.4-5规定划分定名,在各相应土类代号之后缀以代号O。

示例:CHO—有机质高液限黏土;

MLO—有机质低液限粉土。

3. 特殊土分类

黄土、膨胀土和红黏土等特殊土类在塑性图中的基本位置见图1.4-2。我国黄土、膨胀土和红黏土在塑性图中的分布特征基本上符合图1.4-2,只是少数膨胀土的液限是在40%~50%之间,而不是50%以上;也有少数广西红黏土位于A线上。

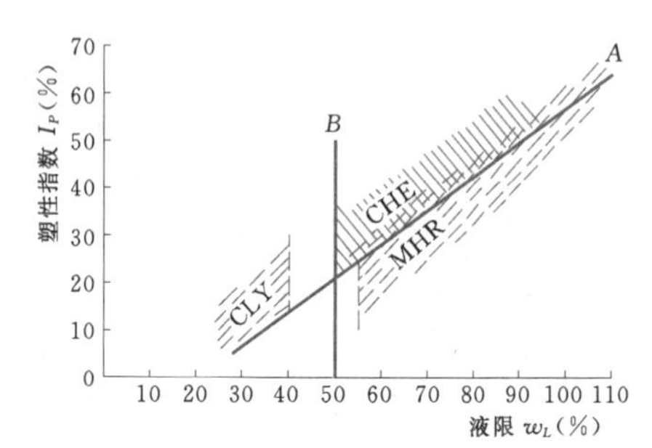

图1.4-2 特殊土在塑性图中的位置

CLY—低液限黏土(黄土);CHE—高液限黏土(膨胀土);MHR—高液限粉土(红黏土)

黄土、膨胀土、红黏土等特殊土的最终分类和定名尚应遵照相应的专门规范,SL 237—1999仅规定在塑性图中的基本位置和相应的土名。

1.4.1.2 密度试验方法

筑坝材料密度的定义和试验方法采用国家标准《土工试验方法标准》(GB/T 50123—1999)和行业标准SL 237—1999的规定,按下式计算湿密度ρ和干密度ρ_d:

$$\rho=\frac{m}{V} \tag{1.4-1}$$

$$\rho_d=\frac{\rho}{1+w} \tag{1.4-2}$$

式中 m——湿土质量,g;

V——环刀或试坑体积,cm^3;

w——湿土的含水率,%。

密度试验方法有环刀法、蜡封法、灌水法和灌砂法。环刀法适用于细粒土,蜡封法适用于易破裂土和形状不规则的土,灌水法和灌砂法适用于粗粒土。对于土质防渗体土石坝,细粒土防渗体或均质土坝采用环刀法,砾石土防渗体、风化料防渗体和粗粒料坝体(堆石、砂砾石、软岩等)采用灌水法和灌砂法。

为提高原位密度测定效率,细粒土采用核子射线法,粗粒土采用面波仪法和附加质量法,详见本手册第1卷、第2卷和相关专著。

1.4.1.3 比重测定方法

筑坝材料粒径不同,其比重测定方法不同。粒径小于 5mm 的土采用比重瓶法；对于粒径大于 5mm 的土，若其中粒径大于 20mm 的颗粒小于 10%时采用浮称法，其中粒径大于 20mm 的颗粒大于 10%时采用虹吸筒法，粒径小于 5mm 的部分仍用比重瓶法，取各粒径组加权平均值作为比重。

1.4.1.4 颗粒级配

依据颗粒大小，颗粒分析试验有下列四种方法：

（1）筛析法，适用于粒径大于 0.075mm 的土。

（2）密度计法，适用于粒径小于 0.075mm 的土。

（3）移液管法，适用于粒径小于 0.075mm 的土。

（4）若粗粒、细粒兼有，则分别采用筛析法及密度计法或移液管法，得出完整的颗粒大小分布曲线。

描述筑坝材料的颗粒级配特性，采用最大粒径 d_{max}、限制粒径 d_{60}、平均粒径 d_{50}、不均匀系数 C_u 和曲率系数 C_c。不均匀系数 C_u 和曲率系数 C_c 的计算公式如下：

$$C_u = \frac{d_{60}}{d_{10}} \tag{1.4-3}$$

$$C_c = \frac{d_{30}^2}{d_{60} d_{10}} \tag{1.4-4}$$

式中 C_u——不均匀系数；

C_c——曲率系数；

d_{60}——限制粒径，在颗粒大小分布曲线上小于该粒径的土含量占总土质量的 60%的粒径；

d_{10}——有效粒径，在颗粒大小分布曲线上小于该粒径的土含量占总土质量的 10%的粒径；

d_{30}——在颗粒大小分布曲线上小于该粒径的土含量占总土质量的 30%的粒径。

1.4.1.5 界限含水率

细粒土由于含水率不同，分别处于流动状态、可塑状态、半固体状态和固体状态。液限是细粒土呈可塑状态的上限含水率；塑限是细粒土呈可塑状态的下限含水率；缩限是细粒土从半固体状态继续蒸发水分过渡到固体状态、体积不再收缩时的界限含水率。

液限和塑限可用液限联合测定仪测定，液限也可用碟式液限仪测定；塑限可用搓滚法测定。缩限试验采用收缩器或环刀，测定收缩器或环刀中液限土样的质量、烘箱中烘干的干土总质量、用蜡封法测定干土体积，即可根据下式得到缩限：

$$w_s = w - \frac{v_0 - v_d}{m_d}\rho_w \times 100\% \tag{1.4-5}$$

式中 w_s——缩限，%；

v_0——湿土体积，即收缩器或环刀的容积，cm^3；

v_d——干土体积，cm^3；

w——湿土制备含水率，%；

m_d——干土质量，g；

ρ_w——水的密度，g/cm^3。

塑性指数 I_P 和液性指数 I_L 的计算公式如下：

$$I_P = w_L - w_P \tag{1.4-6}$$

$$I_L = \frac{w - w_P}{I_P} \tag{1.4-7}$$

式中 w_L——液限，%；

w_P——塑限，%；

w——天然含水率，%。

1.4.1.6 相对密度

相对密度是描述天然状态无黏性土的密实程度。用无黏性土处于最松状态的孔隙比与天然状态孔隙比之差和最松状态孔隙比与最紧密状态的孔隙比之差的比值来表示。用下式计算其相对密度：

$$D_r = \frac{e_{max} - e_0}{e_{max} - e_{min}} \tag{1.4-8}$$

式中 D_r——相对密度；

e_{max}——最大孔隙比；

e_{min}——最小孔隙比；

e_0——天然状态下的孔隙比。

相对密度 D_r 也可用干密度来计算，如下式所示：

$$D_r = \frac{(\rho_d - \rho_{dmin})\rho_{dmax}}{(\rho_{dmax} - \rho_{dmin})\rho_d} \tag{1.4-9}$$

式中 ρ_{dmax}、ρ_{dmin}——最大、最小干密度，g/cm^3；

ρ_d——天然状态下的干密度，g/cm^3。

1.4.1.7 结构性黏土的崩解

在选择具有结构性的黏性土作为土石坝的防渗土料时，要测定它在水中的崩解速度特性，结构性黏土在水中的崩解速度用湿化仪测定边长为 5cm 立方体土样在水中崩解速度。

1.4.2 筑坝材料的矿化性质

筑坝材料的矿化性质包括土的矿物组成、土的酸碱度、土中易溶盐含量、难溶盐含量、有机质含量、游离氧化铁含量和阳离子交换量等。

土的矿物组成特别是黏土矿物组成对其工程力学性质有明显影响，对于特殊土更是如此，因此要准确鉴定和量化分析土的矿物组成，鉴定方法主要有 X 射线衍射法、差热分析法、显微镜形貌观察法等。

1.4.3 筑坝材料的抗剪强度

1.4.3.1 库仑（Coulomb）强度公式

在一定应力范围，强度包线可以近似地用直线即库仑公式表示，即有下式：

$$\tau_f = c + \sigma\tan\varphi \tag{1.4-10}$$

式中　τ_f——抗剪强度，kPa；

σ——法向应力，kPa；

c——黏聚力，kPa；

φ——内摩擦角。

1.4.3.2　非线性抗剪强度

1. 邓肯（Duncan）表达式

邓肯假定强度包线通过坐标原点，内摩擦角 φ 随着周围压力 σ_3 而变化，即

$$\varphi = \varphi_0 - \Delta\varphi\lg\left(\frac{\sigma_3}{p_a}\right) \tag{1.4-11}$$

$$\tau_f = \sigma\tan\left[\varphi_0 - \Delta\varphi\lg\left(\frac{\sigma_3}{p_a}\right)\right] \tag{1.4-12}$$

式中　σ_3——周围压力，kPa；

p_a——一个大气压，约等于100kPa；

φ_0——周围压力 σ_3 等于一个大气压 p_a 时的 φ 值；

$\Delta\varphi$——周围压力 σ_3 等于10个大气压，即1MPa时 φ 的减小量。

2. 德迈罗（De. Mello）表达式

德迈罗进行的堆石料抗剪强度试验结果见图1.4-3，在对数坐标上抗剪强度 τ_f 与法向应力 σ 之间关系可以用直线表示。

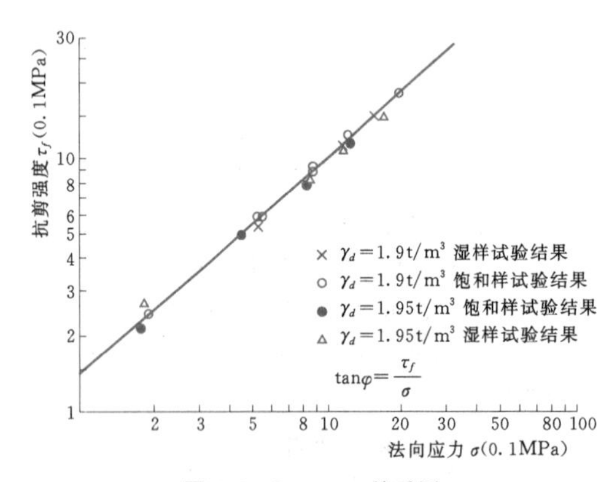

图1.4-3　τ_f—σ 关系图

因此德迈罗提出用幂函数来表示强度包线，即

$$\tau_f = A(\sigma)^b \tag{1.4-13}$$

式中　A、b——强度参数，A 为图1.4-3中剪应力 τ 轴上截距，b 为斜率。

按照莫尔—库仑理论得出抗剪强度参数，根据试样排水条件不同、不固结不排水剪（UU）、固结不排水剪（CU）和固结排水剪（CD）三种试验，分别得到抗剪强度参数 c_u、φ_u，c_{cu}、φ_{cu}，以及有效抗剪强度 c'、φ'，或有效抗剪强度 c_d、φ_d。抗滑稳定计算分析时应根据土石坝处于施工、建成、蓄水和库水位降落的不同时期以及选用的计算方法来选定相应的抗剪强度参数，详见《碾压式土石坝设计规范》（SL 274—2001、DL/T 5395—2007）。

1.4.4　筑坝材料的变形特性

1. 变形模量 E

变形模量是指筑坝材料试样在侧向无约束条件下受压缩时，竖向有效应力与竖向应变的比值。通常用三轴压缩试验来测定变形模量 E，也可以用压缩模量 E_s 来推算：

$$E = \frac{\sigma_1'}{\varepsilon_1} \tag{1.4-14}$$

式中　σ_1'——轴向有效应力，即有效大主应力，kPa；

ε_1——轴向应变。

2. 压缩模量 E_s

压缩模量是指筑坝材料试样在有侧限约束条件下受压缩时，竖向有效应力与竖向应变的比值。

变形模量 E 与压缩模量 E_s 的关系如下式所示：

$$E = \frac{(1+\mu)(1-2\mu)}{1-\mu}E_s \tag{1.4-15}$$

式中　μ——排水条件下筑坝材料的泊松比。

1.4.5　粗粒材料的浸水变形特性

粗粒料浸水变形特性的主要影响因素是母岩岩性、颗粒级配、粒径小于0.1mm颗粒含量、初始密实度（相对密度或孔隙比）、初始含水率、浸水时周围压力（或小主应力 σ_3）、浸水时应力水平（或主应力差）和浸水时应力状态等。

粗粒料浸水变形的机理是：浸水使粗粒料颗粒有一定程度的软化，浸水后颗粒比浸水前容易破碎，颗粒的软化和破碎使得粗粒料在受力状态下颗粒容易移动或滚动、结构重新调整，从而产生浸水变形。

由于上述这些原因，浸水变形产生以下规律性现象：

（1）砂砾石料浸水变形比堆石料小，硬岩堆石料浸水变形比软岩堆石料小。

（2）浸水使粗粒料颗粒之间增加了润滑，浸水后颗粒比浸水前容易移动或滚动，从而产生浸水变形。

（3）因为周围压力和应力水平越大时，浸水起到的润滑作用更加明显。因此一般来讲浸水变形随着周围压力（或小主应力）应力水平（或主应力差）的增大而增大。粗粒料的起始密实度和起始含水率越小，浸水使粗粒料颗粒软化、破碎和润滑的作用越大，导致浸水变形越大。

测定粗粒料的浸水变形特性，试验方法分为双线法和单线法两种。双线法是分别进行干样的三轴压缩

试验和饱和样试验，两者轴向应变和体积应变之差即浸水轴向应变和浸水体积应变。单线法是在不同固结应力和应力水平下浸水，直接测定浸水变形。土石坝都是先填筑坝体再蓄水运行，上游坝壳的浸水变形特性采用单线法测定比较适宜。

1.4.6 粗粒材料的流变特性

粗粒料的流变特性采用大型三轴压缩流变仪来测定，试样直径 300mm，试样高度 750mm，流变结果表明用指数函数来表示粗粒料的流变变形比较合适，即

$$\varepsilon(t)=\varepsilon_i+\varepsilon_f(1-e^{-\alpha t}) \tag{1.4-16}$$

式中 ε_i——瞬时变形；

ε_f——最终流变变形。

最终流变变形 ε_f 可分为最终体积流变 ε_{vf} 和最终剪切流变 ε_{sf}，根据上述的试验结果可以得出：

$$\varepsilon_{vf}=b\left(\frac{\sigma_3}{p_a}\right)^m \tag{1.4-17}$$

$$\varepsilon_{sf}=d\left(\frac{S_l}{1-S_l}\right) \tag{1.4-18}$$

式（1.4-16）～式（1.4-18）三个公式即构成粗粒料的流变模型，b、d、m、α 即为流变模型参数，其中 α 可以将试验结果用指数函数拟合时得出，b 即为一个大气压 p_a 时的最终体积流变，d 即为应力水平 S_l 为 0.5 时最终剪切流变。

粗粒料的流变主要是由于粗粒料接触点的错动、颗粒移动和颗粒破碎引起。随着周围压力增加，颗粒错动和破碎量增加，流变变形增大，剪应力对于颗粒移动和颗粒破碎同样有相当大的作用，因而最终体积流变量可采用如下形式：

$$\varepsilon_{vf}=\beta\left[\left(\frac{\sigma_3}{p_a}\right)^{m_c}+\left(\frac{q}{p_a}\right)^{n_c}\right] \tag{1.4-19}$$

即用式（1.4-19）代替式（1.4-17），用流变参数 β、m_c、n_c 代替 b、m 更为合理。

1.4.7 筑坝材料的渗透特性

1895 年法国科学家达西（H. Darcy）在粗砂渗流试验基础上，提出了下式所示的线性渗流定律，成为 100 多年来渗流研究的基础：

$$v=kJ \tag{1.4-20}$$

式中 v——渗流速度，cm/s；

k——渗透系数，cm/s；

J——渗透比降。

雷诺（Regnold）提出一个无量纲参数 Re 来反映水流状态，称为雷诺数，其定义为

$$Re=\frac{\rho vd}{\mu} \tag{1.4-21}$$

式中 ρ——流体（水）的密度；

v——流速；

μ——流体的黏滞系数；

d——流体通过管道的直径，对于土或粗粒料的渗流应该是孔隙形成通道的直径 d_e。

为了界定不同的水流状态，引入阻力系数 λ_k，如下式所示：

$$\lambda_k=\frac{gJn^2d_e}{v^2} \tag{1.4-22}$$

式中 g——重力加速度；

J——渗透比降；

n——土或粗粒料孔隙率；

v——渗流速度；

d_e——粗粒料的有效粒径。

d_e 可用下式计算：

$$d_e=1/\sum(P_i/d_i) \tag{1.4-23}$$

式中 P_i——粒径 d_i 所占质量的百分数；

d_i——土或粗粒料的各组粒径，$i=1, 2, \cdots, n$。

将国内外有关粗粒料的渗流试验资料综合整理，可得到图 1.4-4 所示的粗粒料的雷诺数 Re 与阻力系数 λ_k 之间的关系。

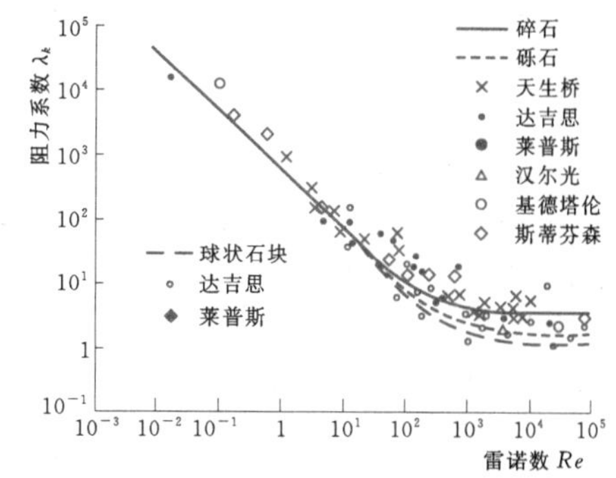

图 1.4-4 渗流阻力系数与雷诺数的关系

从图 1.4-4 可知，不同流态区的阻力系数可以用下列公式表示：

层流区 $$\lambda_k=\frac{800}{Re} \tag{1.4-24}$$

紊流区 $$\lambda_k=K_t \tag{1.4-25}$$

过渡区 $$\lambda_k=\frac{800}{Re}+K_t \tag{1.4-26}$$

式中 K_t——试验常数。

对于光滑圆石 $K_t=1$，对于半圆碎石 $K_t=2$，对于有棱角碎石 $K_t=4$。

粗粒料中渗流分为四个流态区：

（1）层流区：流体的流动阻力以黏滞力为主，惯性力可以略去不计，水头损失与流速呈线性关系，达

西定律完全适用。

(2) 非线性层流区：随着雷诺数 Re 增大，虽然仍保持层流状态，但是惯性力已不可忽略，渗流已偏离达西定律。

(3) 紊流过渡区：运动阻力以惯性力为主，水头损失与流速的平方近似地成比例。

(4) 完全紊流区：水头损失与流速的平方严格地成比例。

土质防渗体土石坝的防渗体和反滤层中的渗流是层流运动，达西定律是适用的。堆石与砂砾石坝体的雷诺数或阻力系数较高，其渗流属于过渡区或紊流区，达西定律并不适用。

1.4.8 筑坝材料的动力特性

1.4.8.1 动强度

土的动强度用振动三轴仪测试，粗粒料的动强度用大型振动三轴压缩仪测试，试样直径均为300mm，试样高度700～750mm，试料最大粒径为60mm。动荷载均采用电动液压伺服系统施加。

土和粗粒料的动强度与施加的动应力次数有关，不同固结应力比 k_c、不同周围压力 σ_{3c} 下的应力 σ_d 随着破坏振次 N_f 的增加而减小，在双对数坐标上两者之间基本上呈直线关系，即可用指数函数来拟合两者之间关系：

$$\sigma_d = AN_f^{-B} \qquad (1.4-27)$$

1.4.8.2 动力变形特性

土和粗粒料的动力变形特性包括动弹性模量和阻尼比以及动力残余变形特性。

1. 动弹性模量和阻尼比

动弹性模量 E_d 和阻尼比 λ 计算为

$$E_d = \frac{\sigma_d}{\varepsilon_d} \qquad (1.4-28)$$

$$\lambda = \frac{1}{4\pi}\frac{A}{A_s} \qquad (1.4-29)$$

式中　σ_d——动应力，kPa；

ε_d——动应变，%；

A——滞回圈 $ABCDA$ 的面积，cm^2；

A_s——三角形 OAE 的面积，cm^2，见图1.4-5。

阻尼比试验结果一般用在不同固结应力比 K_c 条件下阻尼比 λ 与动应变 ε_d 的关系曲线表示，见图1.4-6。

粗粒料动力特性有以下规律：动应变 ε_d 越大，动弹性模量 E_d 越小；周围压力 σ_3 越大，最大动弹性模量 $E_{d\max}$ 越大，两者之间的关系可用幂函数来表示，即有

$$\frac{1}{E_d} = a + b\varepsilon_d \qquad (1.4-30)$$

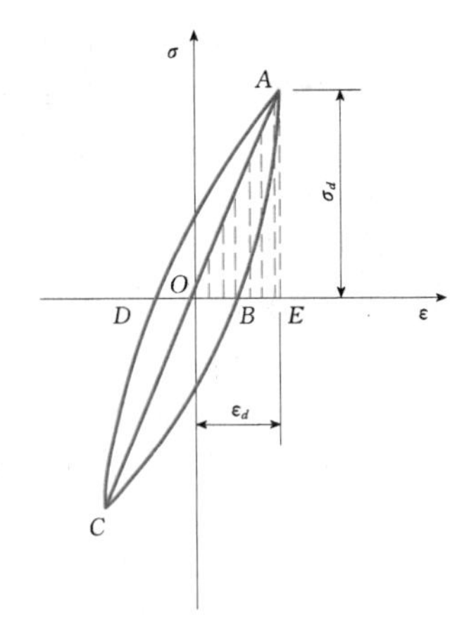

图1.4-5　应力应变滞回圈

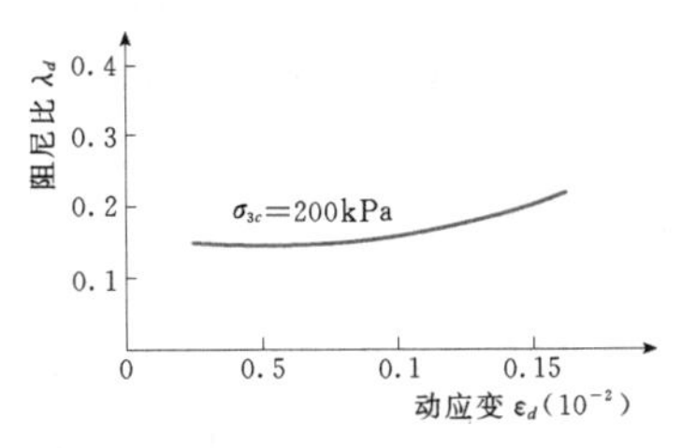

图1.4-6　阻尼比与动应变关系曲线

$$E_{d\max} = k_2' p_a \left(\frac{\sigma_3}{p_a}\right)^{n'} \qquad (1.4-31)$$

将式(1.4-31)代入式(1.4-30)可得

$$\frac{E_d}{E_{d\max}} = \frac{1}{1 + k_1'\bar{\varepsilon}_d} \qquad (1.4-32)$$

$$k_1' = k_2' b\sigma_3 \qquad (1.4-33)$$

$$\bar{\varepsilon}_d = \frac{\varepsilon_d}{\left(\frac{\sigma_3}{p_a}\right)^{1-n'}} \qquad (1.4-34)$$

式中　p_a——大气压力，kPa；

k_1'、k_2'、a、b、n'——常数，由试验得到；

$\bar{\varepsilon}_d$——归一化动应变。

其中 a 为动弹性模量 E_d 的倒数与动应变 ε_d 关系曲线中的截距，$1/a$ 即为最大动弹性模量 $E_{d\max}$。

令 $E_d/E_{d\max}=0.5$ 时归一化动应变为 $(\bar{\varepsilon}_d)_{0.5}$，则从式(1.4-32)可得

$$k_1' = \frac{1}{(\bar{\varepsilon}_d)_{0.5}} \qquad (1.4-35)$$

在弹性阶段，动剪切模量 G_d 与动弹性模量 E_d 之间有下列关系：

$$G_d = \frac{E_d}{2(1+\mu_d)} \qquad (1.4-36)$$

动剪应变 γ_d 和动应变 ε_d 有下列关系：

$$\gamma_d = (1+\mu_d)\varepsilon_d \qquad (1.4-37)$$

式中　μ_d——动泊松比。

令
$$k_2 = \frac{k'_2}{2(1+\mu_d)} \qquad (1.4-38)$$
$$k_1 = \frac{k'_1}{1+\mu_d} \qquad (1.4-39)$$

由式（1.4-33）、式（1.4-34）、式（1.4-36）～式（1.4-39）可得
$$G_d = \frac{k_2}{1+k_1\gamma_d} p_a \left(\frac{\sigma_3}{p_a}\right)^{n'} \qquad (1.4-40)$$

在动剪应变 $\gamma_d \rightarrow 0$ 时，即有最大动剪切模量 $G_{d\max}$：
$$G_{d\max} = k_2 p_a \left(\frac{\sigma_3}{p_a}\right)^{n'} \qquad (1.4-41)$$

同样有归一化动剪应变：
$$\bar{\gamma}_d = \frac{\gamma_d}{\left(\frac{\sigma_3}{p_a}\right)^{1-n'}} \qquad (1.4-42)$$

在动剪应变 $\gamma_d \rightarrow 0$ 时的阻尼比 λ 为最大阻尼比 $\lambda_{\max}$，两者之间关系可以下式表示：
$$\lambda = \frac{k_1\bar{\gamma}_d}{1+k_1\bar{\gamma}_d}\lambda_{\max} \qquad (1.4-43)$$

2. 动力残余变形特性

土和粗粒料的动力残余变形特性也用振动三轴试验仪测定，需要分别测定等向固结（$K_c=1$）和不等向固结（$K_c>1$）试样的动应变随振动次数 N 的变化。试验结果说明等向固结的试样主要发生残余体积应变 ε_{vr}，出现的少量残余剪切应变 γ_r 可以忽略不计；在不等向固结的试样中残余体积应变 ε_{vr} 和残余剪切应变 γ_r 都会发生。

绘制残余体积应变 ε_{vr} 和残余剪切应变 γ_r 与振次 N 的关系曲线，可以发现它们分别都呈对数关系，如式（1.4-44）、式（1.4-45）和图1.4-7所示。
$$\varepsilon_{vr} = A\lg(1+N) \qquad (1.4-44)$$
$$\gamma_r = B\lg(1+N) \qquad (1.4-45)$$
$$A = c_1\gamma_d^{c_2}\exp(-c_3S_l^2) \qquad (1.4-46)$$
$$B = c_4\gamma_d^{c_5}S_l^2 \qquad (1.4-47)$$

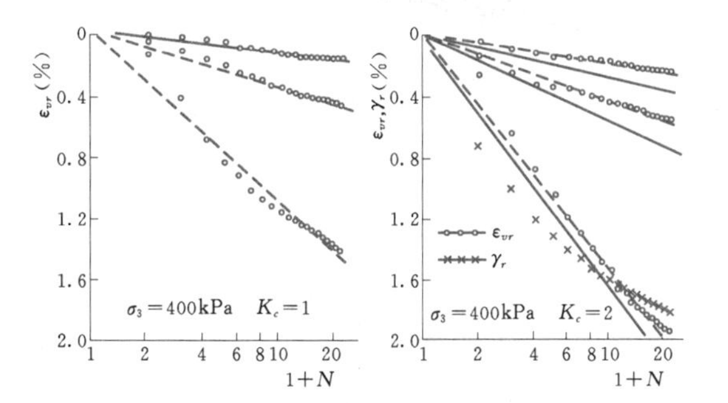

图1.4-7　残余体积应变和残余剪切应变与振次的关系

对于等向固结试样，$S_l=0$，式（1.4-46）、式（1.4-47）退化为：
$$A = c_1\gamma_d^{c_2} \qquad (1.4-48)$$
$$B = 0 \qquad (1.4-49)$$

用有限单元法计算堆石坝（或土石坝）的地震永久变形时，宜采用增量形式，从式（1.4-44）～式（1.4-47）可建立：
$$\Delta\varepsilon_{vr} = c_1\gamma_d^{c_2}\exp(-c_3S_l^2)\frac{\Delta N}{1+N} \qquad (1.4-50)$$
$$\Delta\gamma_r = c_4\gamma_d^{c_5}S_l^2\frac{\Delta N}{1+N} \qquad (1.4-51)$$

1.5　筑坝材料选择与填筑设计

1.5.1　基本原则和料场规划要求

筑坝材料选择直接影响大坝的经济技术指标。归纳起来，筑坝材料选择应遵循如下四项基本原则：

（1）选用筑坝材料的基本性能应与大坝不同分区和部位的功能要求相适应。同时在工程长期的运用中，其基本性能不应有明显的不利变化，即应“具有长期稳定性”。

（2）就地就近取材是对当地材料坝的一项基本要求。料场选择应以坝址处为中心，尽量采用近处料场的材料；在选择料场时，还应尽量少占或不占农田，对于既可开采土料又可开采堆石料或砂砾石等多种材料的综合利用料场应优先考虑多用堆石或砂砾石方案。一般情况下，应优先考虑建筑物开挖料的利用及库区被水淹没料场的材料。

（3）便于开采、运输和压实等要求。满足这一要求的筑坝材料有利于提高施工质量，提高工作效率，有利于加快施工进度，降低施工成本，降低工程投资。同时，为应对和处理施工中不可预见的特殊情况提供了有利条件。

（4）做好料场规划，对何处何种料何时开采开挖，何时填筑坝体何部位，进行详细计划安排，统一规划，统筹安排。做好枢纽建筑物开挖料利用工作和挖填平衡，尽量减少弃料，减小对环境的影响。

1.5.2　防渗土料选择和填筑设计

1.5.2.1　对防渗土料的一般要求

（1）防渗性能。标准击实后（下同），用于填筑均质坝的防渗料的渗透系数不大于 10^{-4}cm/s，用于填筑心墙和斜墙时不大于 10^{-5}cm/s。

（2）水溶盐含量。材料的工程性质应具有长期稳定性。如在长期稳定渗流作用下，不致因可溶盐溶滤

而形成渗流通道。易溶盐和中溶盐含量（按质量计）不大于3%。

（3）有机质含量。一般要求有机质含量（按重量计），均质坝不大于5%，心墙和斜墙坝不大于2%。超过此规定需进行论证。

（4）黏粒含量。黏粒含量为15%～30%是较好的防渗土料，一般不宜超过40%。黏粒含量太高的土料对含水率比较敏感，压实性能较差。若填筑含水率过高，碾压时由于孔隙压力增加对均质坝的施工期坝坡抗滑稳定影响较明显。黏粒含量低于10%的土料，渗透系数也可能满足要求，但其塑性降低，适应变形的能力稍差。

（5）塑性。塑性指数 $I_P=10\sim20$ 较好，但一般认为 $I_P>7$ 就可以作为防渗土料。塑性指数低的土料，对抗裂不利。

（6）渗透稳定性。渗透稳定性应满足以下两方面的要求：一是在渗流作用下有较好的抗渗透变形能力，即有较大容许渗透比降；二是有较强的抗冲蚀能力。一般黏性土的容许渗透比降均能满足要求。

（7）浸水与失水时体积变化小。

（8）抗剪强度。心墙坝和防渗体坡度较陡的斜心墙坝，坝坡稳定主要由坝壳材料控制，土料抗剪强度对稳定影响很小。对均质坝、斜墙坝、防渗体坡度很缓的斜心墙坝、厚心墙坝，土料的抗剪强度对坝坡的稳定影响就相对较大。

（9）压缩性。土料的压缩性大小的控制，需根据坝的高度、河谷宽高比、两岸坝肩坡度、防渗体边坡坡度及在坝体中位置等诸多因素决定。坝的高度越高及河谷狭窄、岸坡陡峻等均要求土料有较低的压缩性；对于心墙坝，心墙越窄越要求土料有较低的压缩性。同时，浸水压缩与非浸水压缩的压缩系数不要相差很大，否则水库蓄水后心墙可能产生较大的沉降，也可能因为过大的不均匀沉降而使防渗体产生裂缝。

上述对防渗料的一般要求中，渗透系数直接影响坝的防渗性能，必须满足。水溶盐含量和有机质含量与坝的安全有关，也应满足，其他要求则可以具体情况具体分析。比如黏粒含量要求，黏粒含量为15%～30%是较好的防渗料，但只要渗透系数能满足要求，黏粒含量低的土料也常被采用。因此现行的设计规范对土料的黏粒含量并未硬性规定。

上述对防渗土料的一般要求主要是针对细粒黏性土提出的，对于其他土料还有相应的要求。

1.5.2.2　一般黏性土选择

黏性土是指土的工程分类中的细粒土，分为黏土和粉土两大类。细粒土按照土的塑性指数 I_P 和液限 w_L 来分类，见表1.4-5。

黏性土在土质防渗体土石坝中是作为防渗体的填筑材料，一般适宜作为防渗体的黏性土的基本性质是：黏粒（<0.005mm）含量大于10%，最好在10%～40%范围内，塑性指数 I_P 在10～17之间，液限 $w_L<50\%$，属于低液限黏土或低液限粉土。这类黏性土压实后，渗透系数一般在 $i\times10^{-6}\sim i\times10^{-7}$ cm/s之间，黏聚力为10～50kPa，有效内摩擦角为20°～25°。

在选择防渗体土料时，首先应考虑渗透系数是否满足要求，其次还应研究其抗剪强度、压实特性、塑性、变形特性、抗渗强度以及抗冲蚀的能力等各种物理力学特性。

黏性土的渗透系数与黏粒含量、干密度、填筑含水率有关。黏粒含量是影响渗透系数的决定性因素，黏粒含量越高，渗透系数越小；干密度越大，渗透系数越小；填筑含水率越大，渗透系数会有所降低。

黏土颗粒的矿物成分对土料的性质起决定性的作用。矿物成分主要有高岭石、伊利石和蒙脱石，其对土料的物理力学性质影响各有不同：

（1）高岭石颗粒较粗，不易分散，与水相互作用不强烈，物理力学性质较稳定。

（2）蒙脱石颗粒大部分为薄片状，与水相互作用强烈，吸附性、收缩性和膨胀性都很大，由蒙脱石颗粒为主组成的黏性土透水性很小，压缩性较高、塑性大、物理力学性质不稳定。

（3）伊利石介于蒙脱石与高岭石之间。因此以蒙脱石为主时，液限一般大于50%。膨润土的液限可高达400%；高岭石为主时，液限小于50%。

黏性土的液限和塑性指数与黏粒含量有密切关系。某地区黏性土的液限与黏粒含量的关系见图1.5-1，塑性指数与黏粒含量的关系见图1.5-2。

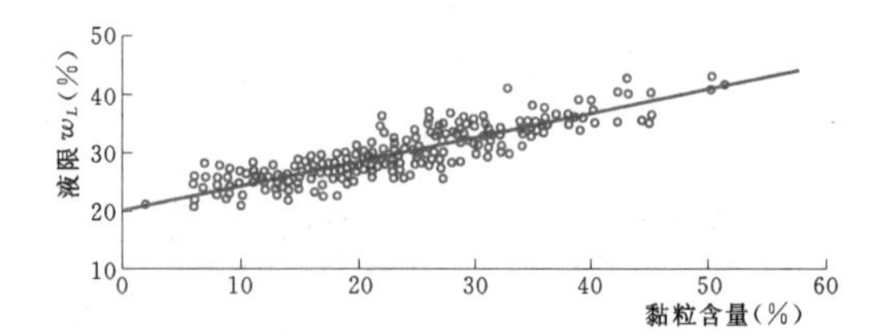

图1.5-1　某地区黏性土液限与黏粒含量关系

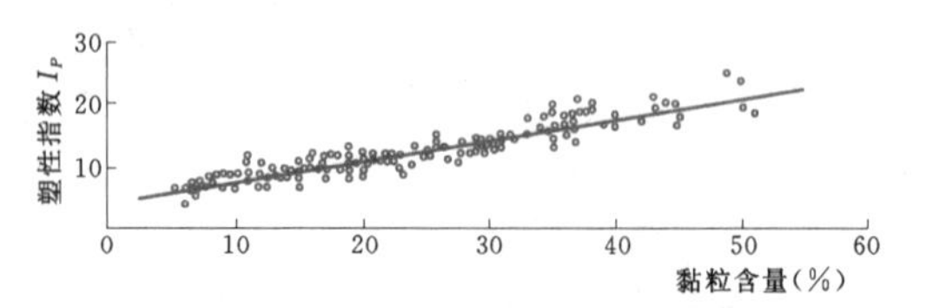

图1.5-2　某地区黏性土的塑性指数与黏粒含量关系

黏性土的压实特性是在某一含水率下压实的干密度最大，相应的值称为最大干密度与最优含水率，如图 1.5-3 所示。

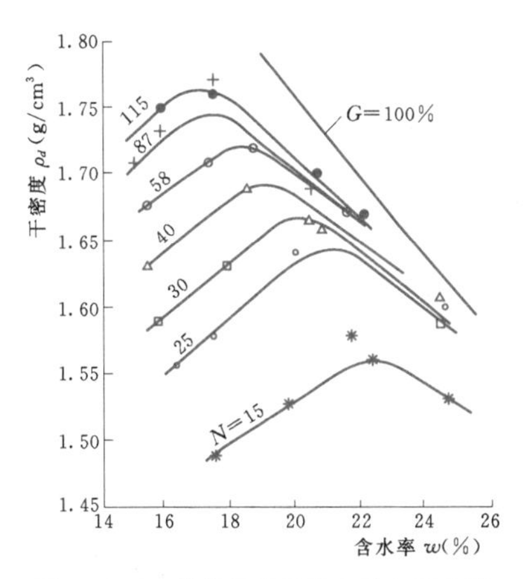

图 1.5-3 某地区粉质黏土的击实曲线

黏性土压实的最大干密度也与黏粒含量有关。当黏粒含量 20%左右时，最大干密度最高，随着黏粒含量的增加，最大干密度明显减小。部分土石坝的黏性土最大干密度与黏粒含量的关系见图 1.5-4。

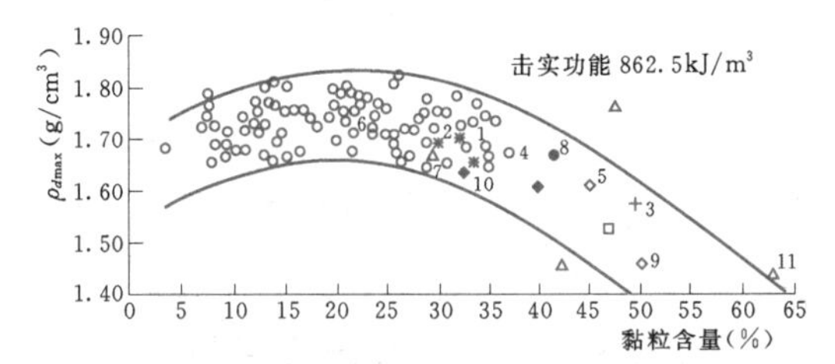

图 1.5-4 部分土石坝黏性土击实最大干密度与黏粒含量的关系（击实功能为 862.5kJ/m³）

1—石头河；2—碧口；3—以礼河；4—岳城；5—葛洲坝；6—岗南；7—清河；8—大伙房；9—横山；10—丹江口；11—阿岗

黏性土压实的最优含水率与塑限 w_P 密切相关。一般最优含水率 w_{OP} 与塑限 w_P 大致相同，部分土石坝的试验结果如图 1.5-5 所示。

黏性土本身的性质和压实程度对其抗渗强度有重要影响。在无反滤料保护的条件下，一般黏性土的临界渗透比降 $J_{B.KP}$ 和容许渗透比降 J_g 与黏粒含量、胶粒（d<0.002mm）含量、干密度、界限含水率（液限 w_L、塑性指数 I_P）和渗流出口保护程度有关。抗渗强度与液限之间关系试验结果见表 1.5-1。

当黏性土表面有粗颗粒时，则渗透破坏开始于与粗粒土体的接触面，土体呈整块流失，称为接触流土。决定接触流土抗渗强度的主要因素是黏性土的性质、密度和相邻粗粒料的孔隙直径。相邻粗粒料的孔

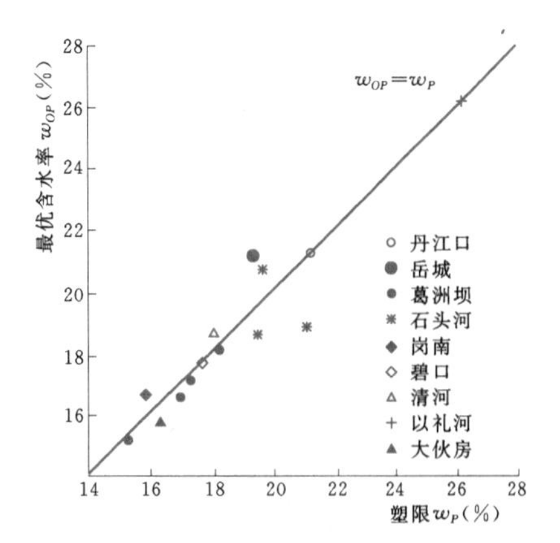

图 1.5-5 最优含水率 w_{OP} 与塑限 w_P 关系曲线

隙直径越小，抗渗强度越高，见表 1.5-2。此表为渗流向下时一般黏性土的接触抗渗强度，表中 D_{20} 为相邻粗粒层的等效粒径。

表 1.5-1 一般黏性土的抗渗强度

w_L (%)	50	40	30	≤26
$J_{B\cdot KP}$	3.8	2.8	2.1	1.6
J_g	1.9	1.4	1.1	0.8

表 1.5-2 渗流向下时一般黏性土的抗渗强度

D_{20} (mm)	<2.0	5	10	20	40	80
$J_{B.KP}$	110	100	72	53	11	3
J_g	45	40	30	20	4.0	1.2

黏性土防渗体应有反滤层保护。有反滤层保护时某些黏性土的抗渗强度可以达到 100 以上。反滤层的颗粒级配与黏性土的密度对黏性土的抗渗强度有显著影响。级配合理、密度较大，则黏性土的抗渗强度较高。石头河坝防渗体黏土在有反滤层保护时的抗渗强度与其压实干密度的关系见图 1.5-6。

黏性土的变形特性以压缩系数 a_{v1-2}（固结压力 0.1～0.2MPa 之间的压缩变形）表示。对于 100m 以下的土石坝，黏性土的压缩系数宜在 0.1～0.2MPa^{-1}之间。一般黏粒含量越高，压缩系数越大；黏性土干密度越大，压缩系数越小。

1.5.2.3 砾石土

1. 砾石土选择需研究的主要技术问题

砾石土是指同时含有粗粒（粒径大于 5mm）和细粒（粒径小于 5mm）的土，粗粒中砾粒（粒径 2～60mm）占优势，土的工程分类中称为含砾细粒土。

砾石土大致有天然砾石土、各种风化的母岩和软

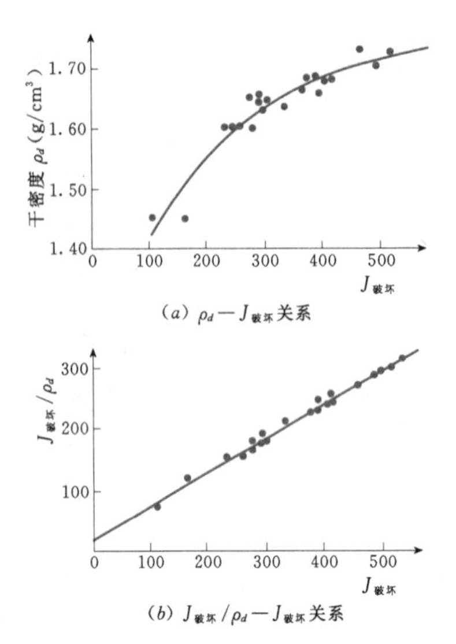

图 1.5-6　石头河土石坝心墙黏土的抗渗强度

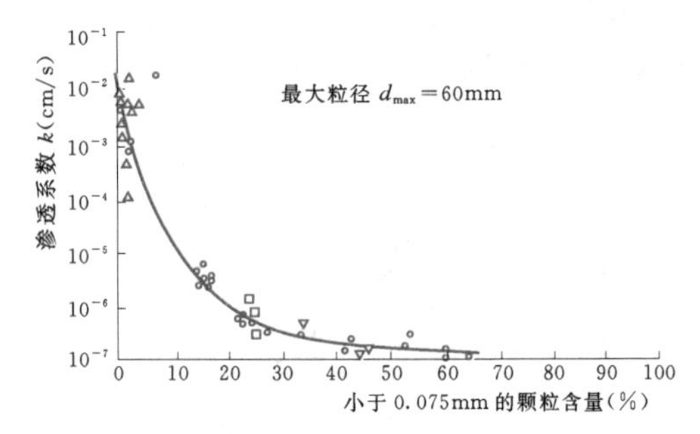

图 1.5-7　小于 0.075mm 的颗粒含量与砾石土渗透系数的关系

岩，碾压破碎形成的砾石土，以及人工掺和砾石土三大类：

（1）天然砾石土又有级配范围很宽（粒径 0.002～150mm）的冰碛土和经立面开采将各种母岩（如花岗岩、石灰岩、砂页岩和板岩等）所形成的表层残积土，以及残积土与下层全强风化岩屑混掺取得等。

（2）碾压破碎形成的砾石土是用兼有破碎和压实功能的碾压机械设备将一些软岩（如页岩、泥岩和板岩等）压碎、变细而得。

（3）通过人工方法将砾石、砂卵石或风化岩与细粒土料按一定比例混合而得。

砾石土物理力学性能与含砾量密切相关。一般而言，砾石含量小于 30%～40%时，砾石之间孔隙完全被细料（粒径小于 5mm）所冲填，在该砾石含量范围内，砾石土的渗透系数往往为最小。若砾石含量大于 30%～40%，而小于 60%时，由于砾石形成的骨架作用，使细料达不到最高的压实标准，同时也可能分布不均，因此随着砾石含量增加，渗透系数加大，但仍可满足防渗要求。当砾石含量超过 60%，由于细料含量少，在砾石孔隙中细料填不密实，砾石形成架空结构，渗透系数迅速变大，不能作为防渗料，但可填筑坝壳。试验证明砾石土的渗透系数与小于 0.075mm 的颗粒含量关系密切，见图 1.5-7。

20 世纪 60 年代以后国内外许多高土石坝采用砾石土作为防渗体材料，其工程实例见表 1.5-3。

国外堆石坝心墙土料颗粒级配曲线如图 1.5-8 所示。

选择砾石土填筑防渗体，还应了解其以下工程性质：

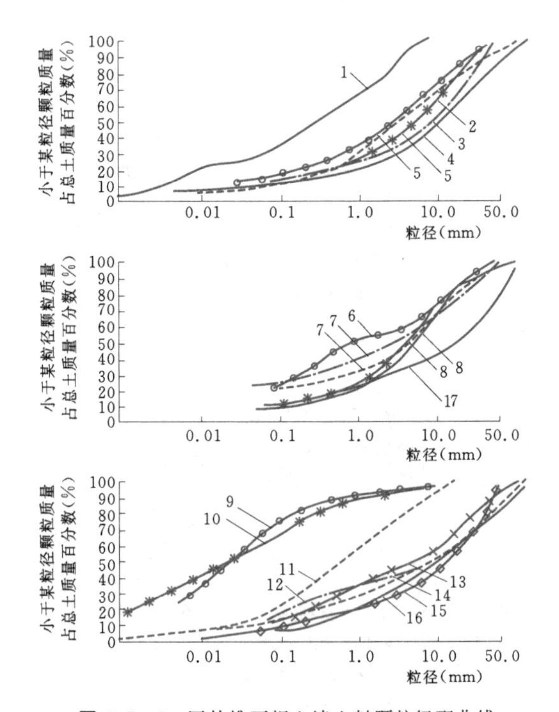

图 1.5-8　国外堆石坝心墙土料颗粒级配曲线

1—岩洞坝；2—御母衣坝；3—牧尾坝；4—大白川坝；5—鱼梁濑坝；6—喜撰山坝；7—九头龙坝；8—水洼坝；9—涅采华柯依托坝；10—英非尔尼罗坝；11—特赖斯赖特坝；12—库加尔坝；13—斯威夫特坝；14—马特马克坝；15—谢尔蓬松坝；16—泥山坝；17—波太基山坝

（1）压缩性。砾石土的压缩性小于一般黏性土，压缩系数大多小于 $0.1\mathrm{MPa}^{-1}$。当砾石含量小于 60%时，砾石土的压缩性随砾石含量增加而减小，这是高土石坝防渗体采用砾石土的重要原因之一。当砾石含量大于 60%～65%时，由于砾石架空，细粒土不易压实，导致其压缩性反而有所增大。

（2）压实特性。砾石土的压实特性具有黏性土的特征，在最优含水率时压实得到最大干密度，而且在砾石含量小于 60%时其压实的最大干密度随着砾石含

表 1.5-3　　国内外高坝用砾石土做防渗料实例

坝　名	国　家	坝高（m）	坝　型	防渗体材料	>5mm 砾石含量（%）	最大粒径（mm）	天然含水率（%）	最优含水率（%）	填筑干密度（g/m³）	内摩擦角（°）	黏聚力（kPa）	渗透系数（cm/s）	容许渗透比降	竣工年份
双江口	中国	314	心墙坝	黏土料与花岗岩破碎料掺合料，掺合比 1∶1	46	100	13.3	7.7	2.10	31	35	$(2\sim6)\times10^{-7}$	破坏 13.83	在建
长河坝	中国	240	心墙坝	天然冰水堆积碎砾石土作为心墙防渗料	50～56	200	—	6.8～7.3	新莲 2.18 汤坝 2.16	25 34.9	30 45	$(6.2\sim16.7)\times10^{-7}$	破坏 7.8～24.8	在建
糯扎渡	中国	261.5	心墙坝	立采混合土料掺花岗岩砾石	35	200	7.5～11.4	9.5～19.5	1.96	21.1	195	10^{-5}	—	2013
瀑布沟	中国	186	心墙坝	洪积亚区砾石土	20～50	80	5.5	6.5	2.25	30	40	10^{-5}	—	2008
硗碛	中国	125.5	心墙坝	冰缘冻融堆积的砾（碎）石土	40	150	4.3～17.0	9.0～13.3	平均 2.107	21.3	80	4.2×10^{-6}	—	2007
狮子坪	中国	136	心墙坝	冰碛碎石土	48～61	60	—	—	32	20	—	—	—	2007
水牛家	中国	108	心墙坝	坡洪积含砾粉质黏土和碎石土	<60	150	—	11.0～15.3	—	17.5～28.3	20～75	$4\times10^{-6}\sim2.5\times10^{-8}$	—	2006
鲁布革	中国	103.8	心墙坝	砂页岩风化坡残积红土掺砂页岩风化料	<40	—	30～34	27.7	1.4～1.56	—	—	$(1.22\sim5.14)\times10^{-5}$	—	—
努列克	塔吉克斯坦	317	心墙坝		35	150			2.0～2.3	24	2.0	10^{-6}	—	1980
麦卡	加拿大	245	斜心墙坝	冰碛土	25.0～47.5	200	—	—	—	—	—	10^{-7}	3.0	1973
齐维尔	哥伦比亚	237	斜心墙坝	中塑性黏土掺碎石块	55%大于 200 号筛	150	19～21	—	—	—	—	—	3.5	1974
奥洛维尔	美国	230	斜心墙坝	黏土掺砂卵石	45	75	8～14	—	2.2	14	30	—	1.7	1967
高濑	日本	176	心墙坝	黏土掺卵砾石	—	—	—	—	—	—	—	10^{-5}	—	1978
菲尔泽	阿尔巴尼亚	165.6	心墙坝	黏土掺砂卵石	30～35	60	—	—	—	—	—	10^{-7}	1.75	1977
特里尼提	美国	164	心墙坝	风化安山变质岩	64	75	13	15.0～17.1	1.76	—	—	—	—	1962
库加尔	美国	158	斜心墙坝	滑石风化岩	56	150	15	14.0～23.1	1.89	—	—	10^{-7}	—	1963

续表

坝名	国家	坝高(m)	坝型	防渗体材料	>5mm砾石含量(%)	最大粒径(mm)	天然含水率(%)	最优含水率(%)	填筑干密度(g/m³)	内摩擦角(°)	黏聚力(kPa)	渗透系数(cm/s)	容许渗透比降	竣工年份
郭兴能	瑞士	155	心墙坝	粒径小于100mm卵石掺11%黏土	55	75	—	6～8	2.0～2.4	—	—	10^{-7}	3.4	1961
给帕茨	奥地利	153	心墙坝	筛分山麓堆积土，卵石	37～64	80	8～14	6.5～7.0	2.1	29	10	2.4×10^{-7}	4.8	1965
斯威夫特	美国	153	心墙坝	细粒砾石土	50	100	10	12	1.9	—	—	2×10^{-5}	1.8	—
塔贝拉	巴基斯坦	148	斜墙铺盖	20%～40%壤土掺80%～60%级配均匀的砂卵石	38	150(斜墙) 75～300(铺盖)	—	—	—	—	—	$10^{-5}\sim10^{-6}$	—	—
涅采华柯依托	墨西哥	138	心墙坝	风化砾岩、砂岩黏土	—	—	25	16～28	1.65～1.79	22	0	—	—	1964
御母衣	日本	131	斜墙坝	黏土掺风化花岗岩混合料	40～63	75	8～14	12.5～18.5	2.05	33	55	10^{-5}	1.6	1960
泥山	美国	130	心墙坝	30%黏土掺70%砂砾石	61	125	—	16	1.7～1.8	—	—	5×10^{-8}	—	1941
长野	日本	128	斜心墙坝	坡积风化土	—	—	14～25	14～20	—	31	0	5×10^{-7}	—	1967
七仓	日本	125	心墙坝	角砾混合黏土	—	—	—	—	2.0	41	0	10^{-5}	—	1978
谢尔蓬松	法国	123.5	心墙坝	冰碛土风化石灰岩	54	150	11～14	11～12	1.86～2.00	>30	—	$10^{-6}\sim10^{-7}$	2.0	1957
乌达尔4级	加拿大	122	心墙坝	—	10～40	150	—	—	—	—	—	—	—	—
塞尼山	法国	120	心墙坝	—	52～65	150	—	—	—	—	—	2.1×10^{-6}	2.0	—
蒙谢尼	法国、意大利	120	斜墙坝	砾石土	56	150	—	—	—	—	—	2×10^{-6}	2.0	1970
玉原	日本	116	心墙坝	风化凝灰角砾岩	—	—	16.9	14.5～17.2	1.96	30	0	10^{-5}	—	1981
马特马克	瑞士	115	斜墙坝	冰碛土	36～58	100	—	3.5	2.4	>40	—	$10^{-5}\sim10^{-6}$	2.0	1967
鱼梁濑	日本	115	心墙坝	风化黏板岩	47	—	13～19	13.6～17.5	—	31	40	$10^{-5}\sim10^{-7}$	1.87	1965
波劳握令	澳大利亚	112	心墙坝	坡积土风化岩	—	—	10.1～23.1	—	1.68～2.06	—	—	10^{-8}	—	1969
布利安尼	英国	111	心墙坝	砾石土	25～45	150	—	—	—	—	—	—	2.0	—
希尔思溪	美国	104	心墙坝	砾石土	60	100	—	—	—	—	—	7×10^{-5}	2.0	—
胡特优维	挪威	93	心墙坝	—	40～60	200	—	—	—	—	—	—	<2.0	—

量增加而增大；但当砾石含量大于某值时，最大干密度反而随着砾石含量增加而减小。丹江口副坝和以礼河坝的砾石土最大干密度 $\rho_{d\max}$ 与砾石含量 P_5 的关系曲线见图 1.5-9。

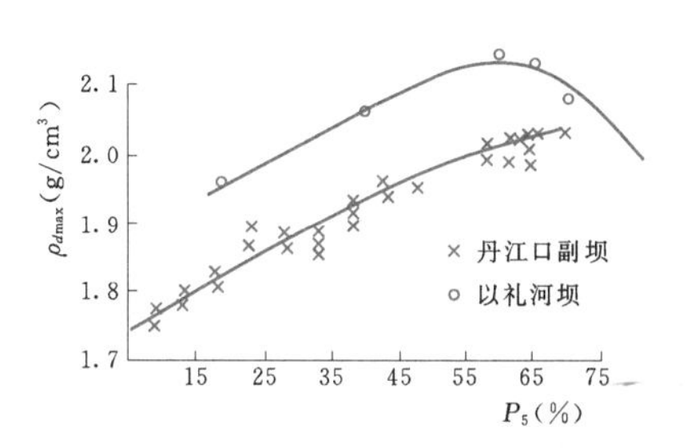

图 1.5-9 丹江口副坝、以礼河坝砾石土 $\rho_{d\max}$—P_5 关系曲线

瀑布沟坝在前期研究阶段，心墙砾石土—黑马 1 区料剔除大于 80mm 以上粗颗粒的洪积砾石土，曾采用大型击实仪（直径 300mm）在击实功能 862.5kJ/m³ 下的击实试验结果见图 1.5-10 和表 1.5-4。考虑到砾石土的防渗性能主要取决于小于 5mm 细料颗粒的密实度，为此提出用细料压实系数来确定填筑标准。

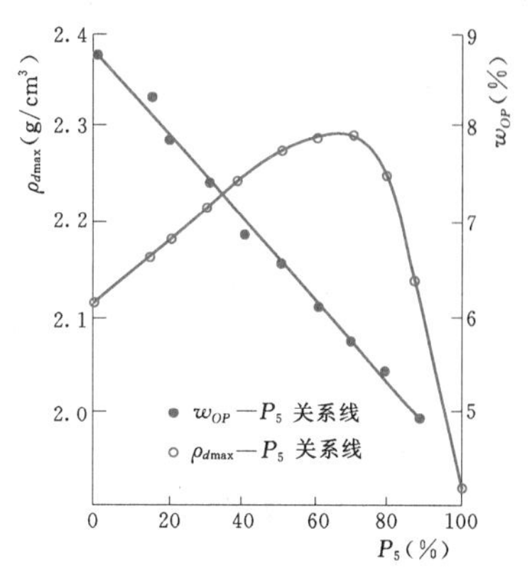

图 1.5-10 击实功能 862.5kJ/m³ 时击实试验成果

表 1.5-4 按击实功能 862.5kJ/m³ 拟定的填筑标准

粗粒(>5mm)含量	P_5(%)	0	15	20	30	40	50	60
全料击实最大干密度	$\rho_{d\max}$(g/cm³)	2.11	2.16	2.19	2.22	2.25	2.28	2.29
全料击实最大干密度时细料的干密度	$\rho'_{d\max}$(g/cm³)	2.11	2.11	2.11	2.09	2.04	2.00	1.90
校正系数	$\beta=\rho'_{d\max}/\rho_{d\max}$	1.00	0.98	0.96	0.94	0.91	0.88	0.83
按全料压实系数控制时全料干密度控制值	$D\rho_{d\max}(D=0.98)$	2.07	2.12	2.15	2.18	2.20	2.23	2.24
校正后压实系数	βD	0.98	0.96	0.94	0.92	0.89	0.86	0.81
按细料压实系数控制时细料干密度控制值	$\beta D\rho_{d\max}$	2.07	2.08	2.06	2.05	2.00	1.96	1.86
按细料压实系数控制时全料干密度控制值	ρ_d	2.07	2.12	2.15	2.18	2.20	2.23	2.27
设计最优含水率	w_{OP}(%)	8.7	8.5	7.9	7.4	6.9	6.5	6.3

（3）抗剪强度。砾石土的抗剪强度特性取决于砾石含量。当砾石含量小于 30%～40%时，粗粒的孔隙全部被细粒土冲填，砾石土的抗剪强度主要取决于细粒土的强度，当砾石含量大于 30%～40%时，其抗剪强度随砾石含量增加而提高；当砾石含量大于 60%～65%时，细粒土已不能冲填粗粒的孔隙，此时砾石土的抗剪强度主要取决于砾石的强度特性。某砾石土的抗剪强度指标与砾石含量关系见图 1.5-11。

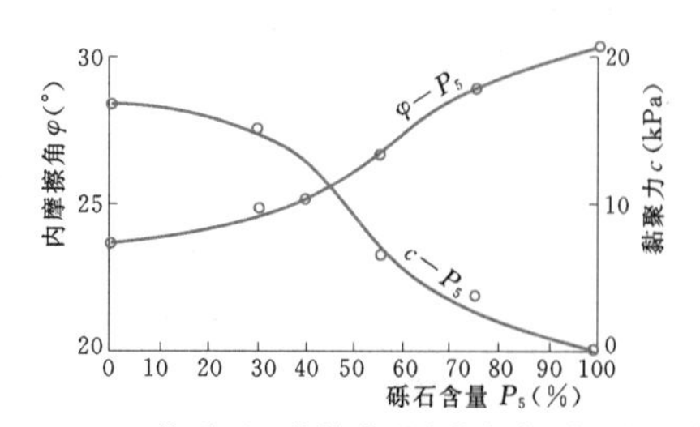

图 1.5-11 某砾石土的抗剪强度指标与砾石含量关系

（4）渗透性和渗透变形特性。砾石土的渗透变形稳定性不如一般黏性土。据国内外工程实践经验，砾石土容许渗透比降一般采用 2～3。砾石颗粒级配范围较宽，在渗流作用下细粒可能在粗粒形成的孔隙中移动，从而产生内部管涌。另一方面由于砾石土颗粒级配范围较宽，一旦发生裂缝，粗粒不易被渗流冲走，易形成自然反滤，使裂缝自愈。砾石土的抗渗比降主要取决于出口所用反滤层的粗细，反滤层较细，抗渗比降较大。所以高心墙堆石坝一般都设置两层反滤，至少是一层反滤层，一层过渡层。

瀑布沟坝心墙砾石土室内渗透试验结果见图 1.5

-12。从图可知，在击实功能分别是 604kJ/m³ 和 862.5kJ/m³ 时心墙砾石土的渗透系数与粗粒含量 P_5 的关系为：当粗粒含量 P_5 大于 50%或 60%时，渗透系数大于 10^{-5}cm/s。小于 0.1mm 颗粒含量与渗透系数 k 的关系见图 1.5-13。由图可以看出，随着含泥量的增加，渗透系数减小。当 0.1mm 颗粒含量大于 20%时，渗透系数小于 10^{-5}cm/s。因此瀑布沟坝心墙砾石土的设计标准是粗粒含量 P_5 为 50%±5%，小于 0.1mm 细粒土含量不小于 20%。

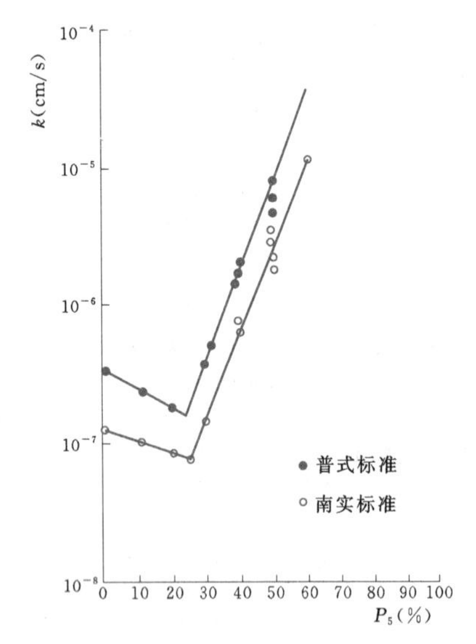

图 1.5-12　砾石含量 P_5 与渗透系数 k 关系

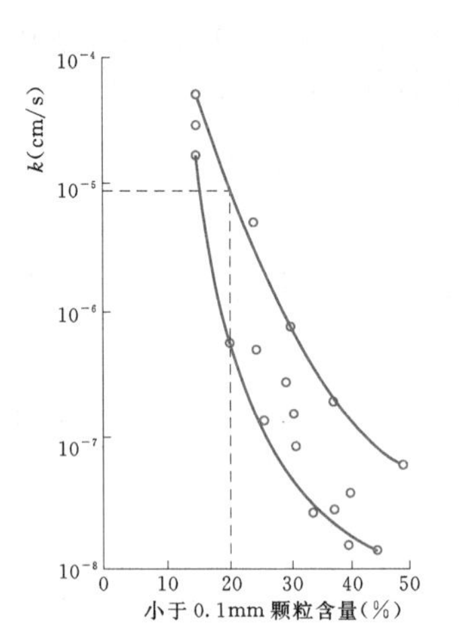

图 1.5-13　小于 0.1mm 颗粒含量与渗透系数 k 关系

瀑布沟坝心墙砾石土渗透变形试验结果见表 1.5-5 和表 1.5-6。在压实干密度较高（2.25～2.27g/cm³）时，若未设反滤层保护，在渗透比降较低时就发生渗透变形，有反滤层保护时临界渗透比降可提高到 55，破坏比降可提高到 100。因此采用砾石土防渗料必须做好反滤层的设计和施工。

表 1.5-5　**无反滤层保护时渗透变形试验结果**

试验编号	K_1	K_2	K_3	K_4
渗流方向	水平	垂直	水平	垂直
渗透系数（cm/s）	$(1.78\sim2.72)\times10^{-5}$	$(1.20\sim4.66)\times10^{-5}$	$(1.28\sim6.10)\times10^{-6}$	$(1\sim8)\times10^{-6}$
渗透比降 J	2.2～4.3	2.2～4.3	1～4	1～4

表 1.5-6　**下游有反滤层保护时渗透变形试验结果**

项　　目	渗透系数 k_{20}（cm/s）			临界比降 J_c			破坏比降 J_f		
D_r（%）	70	75	80	70	75	80	70	75	80
$\rho'_{d\max}$=2.27g/cm³ 基土		2.82×10^{-6}			8.0			≥14	
基土 2.27g/cm³，有细滤料保护	6.90×10^{-6}	5.90×10^{-6}	1.18×10^{-7}	10.0	9.3	55.0			>134
$\rho_{d\max}$=2.25g/cm³ 基土		3.00×10^{-6}							
基土 2.25g/cm³，有细滤料保护	2.69×10^{-6}	5.70×10^{-6}	6.32×10^{-6}	14.6					
基土 2.25g/cm³，有细滤料保护			5.82×10^{-6}		57				>100

2. 应用典型实例

(1) 天然砾石土。狮子坪坝心墙料采用坝址上游冰碛碎石土，剔除粒径大于 60mm 粗颗粒后，其砾石含量为 48.35%～60.94%，平均为 57.67%；小于 0.1mm 颗粒含量为 12.18%～25.27%，平均为 19.69%；小于 0.005mm 颗粒含量 4.67%～13.18%，平均为 6.74%；塑性指数 I_P 为 10.86。

水牛家坝心墙料采用坝址上游坡洪积含砾粉质黏土和碎石土，设计要求砾石含量小于 60%，小于 0.075mm 颗粒含量大于 15%，最大粒径 150mm。料场防渗土料试验结果是：最优含水率 11.0%～15.3%，黏聚力 20～75kPa，内摩擦角 17.5°～28.3°，压缩系数 a_{v1-2} 为 0.053～0.18MPa^{-1}，渗透系数 2.50×10^{-8}～4.06×10^{-6}cm/s，破坏比降 3.27～16.56。

瀑布沟大坝采用黑马 1 区料剔除大于 80mm 以上粗颗粒的洪积砾石土，小于 5mm 颗粒含量不小于 50%，小于 0.075mm 颗粒含量不小于 15%，施工中固定断面检测的渗透系数(3.20～7.50)×10^{-5}cm/s，无反滤保护临界渗透比降 2.70～4.70。

这三座坝均是采用天然砾石土筑坝的成功实例。

贵州省一些中型水利水电工程采用风化料作为防渗材料，其工程特性见表 1.5-7。

表 1.5-7　**贵州某些工程砾石土工程特性**

工程名称	试验编号	ϕ300 大型击实试验			ϕ500 大型压缩试验				ϕ300 直剪试验				渗透系数 (cm/s)
					饱和		非饱和		饱和		非饱和		
		限制粒径 (mm)	ρ_d (g/cm³)	w_{OP} (%)	$\alpha_{0.4\sim0.8}$ (MPa^{-1})	E_s (MPa)	$\alpha_{0.4\sim0.8}$ (MPa^{-1})	E_s (MPa)	φ (°)	c (kPa)	φ (°)	c (kPa)	
道塘水库	DF_1	≤60	1.550	14.50	0.035	51.90	—	—	12.40	63.70	20.60	39.20	3.10×10^{-6}
	DF_2	≤60	1.491	27.00	0.126	14.42	0.114	15.88	14.00	93.20	18.20	93.20	2.27×10^{-7}
	DF_3	≤60	1.492	27.35	0.058	31.42	—	—	11.00	98.10	15.90	93.20	3.03×10^{-4}
	DF_4	≤60	1.940	8.69	0.031	46.91	—	—	30.50	24.50	32.35	39.20	2.70×10^{-5}
榕江水库	YF_1	≤60	1.760	16.50	0.040	35.61	—	—	15.90	98.10	17.70	93.20	2.21×10^{-5}
	YF_2	≤60	1.620	17.50	0.034	48.60	—	—	27.70	88.29	—	—	1.67×10^{-5}
	YF_3	≤60	1.680	19.75	0.060	26.86	—	—	29.70	78.48	—	—	1.78×10^{-5}
王二河水库	WF_1	≤60	1.460	28.70	0.070	26.46	0.064	28.82	19.29	75.00	25.17	85.00	1.44×10^{-5}
	WF_2	≤60	1.440	28.50	0.080	24.01	0.067	28.33	24.70	100.00	29.25	95.00	1.17×10^{-5}

(2) 人工掺配砾石土。鲁布革坝心墙料采用坡残积红土和全风化砂页岩混合的砾石土（简称风化料），见图 1.5-14，天然含水率略大于最优含水率，可直接上坝填筑。碾压后砾石含量小于 40%，小于 0.1mm 颗粒含量大于 30%，渗透系数 $k\leqslant10^{-5}$ cm/s。

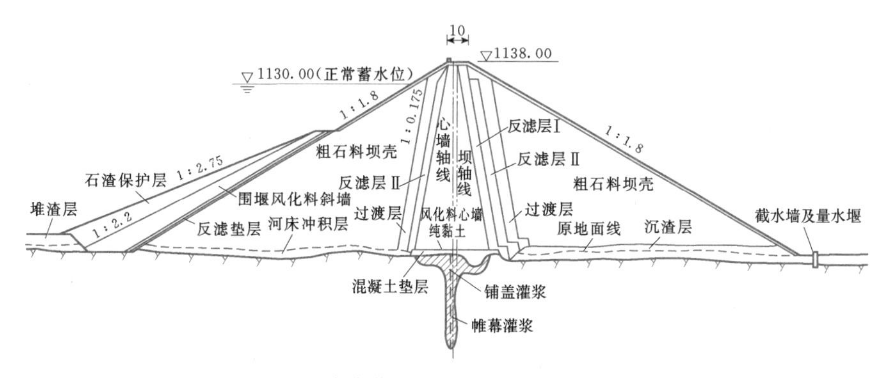

图 1.5-14　鲁布革心墙坝最大横剖面图（单位：m）

糯扎渡心墙堆石坝心墙填筑量 468.4 万 m³，选取农场土料场土料。料场土料自上而下为三层：坡积层黏土料、残积土料、含风化层的混合土料。为提高心墙料的变形模量和抗剪强度，采用在混合土料中人工掺加粒径 5～150mm 的弱风化角砾岩碎石。各种土料的物理性质见表 1.5-8。

人工掺配砾石土的击实试验、渗透试验、压缩试验和三轴抗剪强度试验结果分别见图 1.5-15～图 1.5-18。从图可知，在击实功能 1470kJ/m³ 下 $P_5<$ 40%时，砾石土干密度随砾石含量增加而显著增加；在砾石含量 60%～70%时最大干密度达到峰值。砾石含量小于 20%时，渗透系数在 $i\times10^{-7}$cm/s；随着砾石含量增加，渗透系数明显增大；在砾石含量小于 45%时，渗透系数均小于 10^{-6}cm/s。不同击实功能(1470kJ/m³ 和 2690kJ/m³）下击实的砾石土，砾石含量 18.8%～39.5%时临界渗透比降 60～250。砾石

表 1.5-8　　各种土料的物理性质

材料名称	组数	取值	比重	液限（%）	塑限（%）	小于某粒径（mm）土质量百分数（%）				
						60	5	2	0.075	0.005
黏土料	16	范围值	2.71～2.74	34.0～50.8	19.5～25.5	87.9～100	57.4～99.0	69.9～97.8	43.7～79.1	23.5～43.0
		平均值	2.73	42.3	22.5	98.1	83.7	81.2	59.3	35.6
残积料	20	范围值	2.70～2.78	29.0～44.0	16.0～23.0	86.7～100	59.7～88.6	56.7～86.3	34.3～55.9	12.6～29.3
		平均值	2.73	34.3	19.6	96.5	77.7	72.6	44.0	21.5
混合料	21	范围值	2.69～2.77	27.2～47.0	14.3～24.0	87.9～100	42.8～89.4	40.6～84.39	26.6～68.3	12.4～38.3
		平均值	2.72	34.4	19.1	95.1	76.0	69.9	44.3	21.7
混合料掺砾 35%	8	范围值	2.68～2.70	—	—	91.2～98.2	39.7～54.7	34.1～48.4	18.8～28.4	8.2～13.7
		平均值	2.69			94.3	50.0	42.7	23.6	10.7

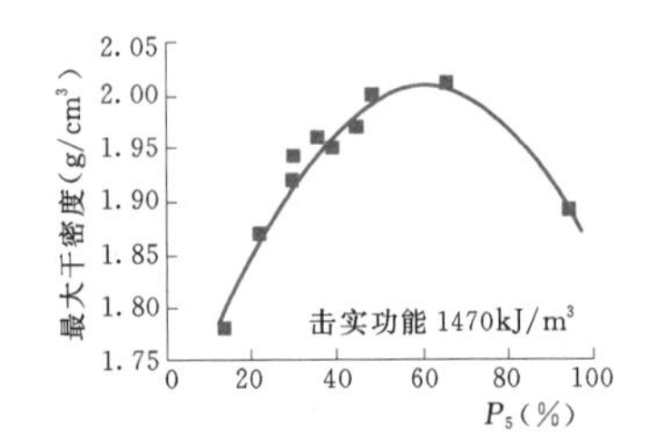

图 1.5-15　砾石土最大干密度与 P_5 关系

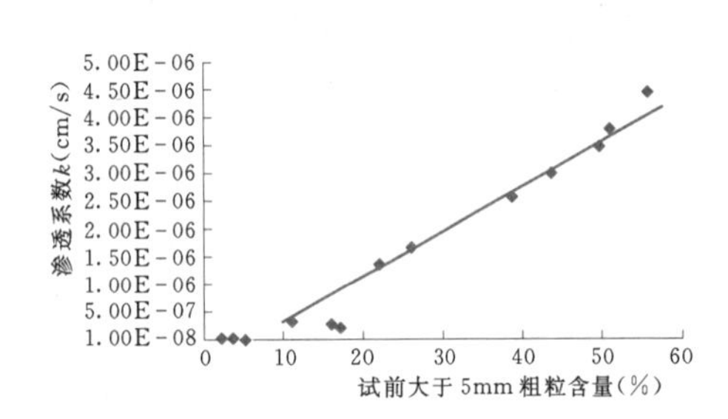

图 1.5-16　砾石土渗透系数 k 与 P_5 的关系

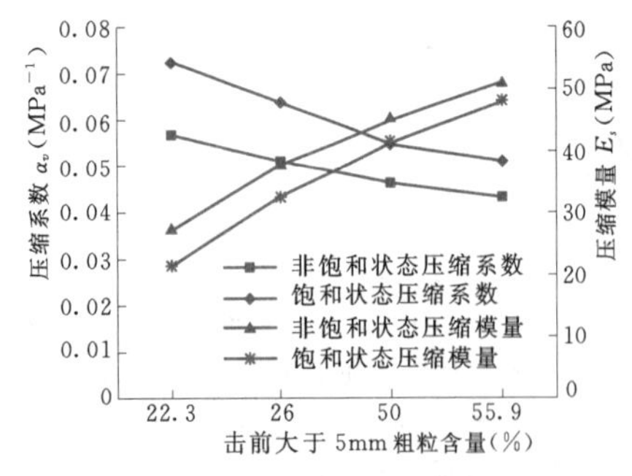

图 1.5-17　砾石土压缩系数 a_v 与击前 P_5 的关系

含量从22.3%增加至55.9%时，非饱和状态和饱和状态的砾石土压缩模量分别增加24.0MPa和

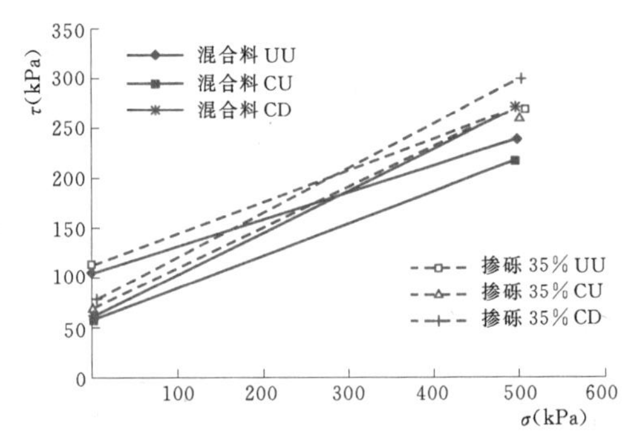

图 1.5-18　心墙土料的抗剪强度 τ—σ 关系

26.8MPa。混合料掺砾35%后，黏聚力提高6～18kPa，内摩擦角提高1°～5°。基于上述试验结果，糯扎渡坝心墙720.00m高程以上采用混合土料，720.00m高程以下采用混合土料掺砾35%的人工掺配砾石土。2011年1月，业主根据《糯扎渡水电站心墙堆石坝抗震深化研究专题报告》成果，为确保工程安全，大坝心墙720.00m高程以上仍采用掺砾土料填筑，坝顶附近坝坡采取加筋，由干砌石改为浆砌石护坡等抗震措施。

3. 砾石土选择技术要点

（1）《碾压式土石坝设计规范》（SL 274—2001、DL/T 5395—2007）对砾石土的要求如下：①粒径大于5mm的颗粒含量不宜超过50%；②最大粒径不宜大于150mm或铺土厚度的2/3；③0.075mm以下的颗粒含量不应小于15%；④填筑时不得发生粗料集中架空现象。

（2）当采用天然砾石土时，因其在料场级配分布不均匀，变异性较大。不同颗粒组成砾石土的物理力学性能和渗透性能都会有明显的差别。因此需要相对较多的勘探实物工作量，力求全面了解材料的颗粒组成情况，以便采取对应措施：

1）根据统计资料，填筑防渗体的砾石土最大粒径一般在75～150mm。在实际应用中，以控制最大粒径不超过铺土厚度的2/3为宜，以便能充分压实。当超径石含量很少时，可以采用人工和机械剔除；当超径石含量较多时，应考虑采用筛出。

2）粒径大于5mm的颗粒含量直接影响砾石土是否满足防渗要求。颗粒组成不同所能容许的粒径大于5mm的颗粒含量不同，大多在30%～60%。当料场不同部位的砾石土粒径大于5mm的颗粒含量差别较大时，首先分析能否采用合适的开采方式将其混合，如呈层状分布的含量差别，可采用立采或斜采方式混合后的级配；如果是平面分布不同，可采用混合堆存改善级配方法。

3）砾石土的渗透系数与小于0.075mm颗粒含量密切相关。一般情况下，当砾石土小于0.075mm颗粒含量小于10%时，渗透系数大于10^{-5}cm/s。一般要求小于0.075mm颗粒含量在15%～20%以上，但只要渗透系数满足要求，可以直接采用。在工程实践中，黏土质砾石土和粉土质砾石土均有采用。由于粉土质砾石土的临界渗透比降较低，级配不良时易发生渗透变形，工程实践中有发生渗透破坏的实例。因此当采用粉土质砾石土填筑防渗体时，应深入研究其渗透破坏特性，并做好反滤设计。

(3) 软岩和风化岩碾压形成的砾石土，在碾压前不适于作为防渗料，碾压后细颗粒增加，渗透性满足要求，才可以作为防渗体材料。这种材料的最突出特点是压实前后级配变化较大，需要及早研究，以便确定能否作为防渗料。应该特别注意的是其级配和物理力学指标应按压实后的级配设计。

(4) 人工掺合料各粒组掺合时，建议至少分为粒径大于5mm、5～0.075mm、粒径小于0.075mm三种进行掺合。先做试样配料试验，获得满足设计要求的砾石土级配包线。在备料场根据各组粒径材料含量逐层循环铺填。填筑时，采用立采方式将其掺合均匀后运输上坝。

1.5.2.4 特殊土

1. 黄土

黄土广泛分布于我国的华北和西北地区，其黏粒含量10%～25%，粉粒含量50%～70%，液限20%～33%，塑性指数7～17，天然干密度1.30～1.45g/cm^3。

湿陷变形是黄土主要特性。黄土的湿陷变形具有突变性、非连续性和不可逆性，对工程危害严重。黄土湿陷机理有两种观点：一是黏聚力降低或消失的假说，认为水膜楔入作用和胶结物溶解作用下，黏聚力破坏，同时结构也破坏；二是黏土颗粒膨胀和土粒间抗剪强度突然降低的假说。颗粒表面吸附水的增多导致黏土颗粒膨胀，使颗粒骨架分开，结构强度破坏而产生湿陷。

利用黄土作为筑坝材料，通过开挖破坏其垂直孔隙，再经过碾压密实，仍可成为合格的防渗料。我国华北、西北地区曾用黄土成功建成许多土石坝，根据各地区已建成的28座黄土坝设计指标统计，最优含水率16%～19%，最大干密度1.6～1.7g/cm^3，渗透系数$i\times10^{-5}\sim i\times10^{-7}$cm/s，内摩擦角20°～25°，黏聚力10～30kPa。

有些黄土含有较多礓石，属于难溶盐，对坝的安全没有威胁，不必硬性规定礓石的容许含量。黄土料场如有成层礓石，宜采用立面开采，使其与含礓石少的土层混掺，防止礓石层在坝面集中，蓄水后成为漏水通道。

一般黄土天然含水率远低于最优含水率，碾压前需加水处理。虽然可将黄土运至坝面再洒水，但不易均匀。一般在天然含水率稍低于最优含水率时才容许在碾压现场洒水，且应有良好的控制措施。若条件容许，最好在料场因地制宜划分畦块灌水，并控制灌水量。经灌水处理后的黄土天然含水率一般能保持在塑限附近，接近最优含水率。灌水后将表土刨松，待填筑时再按计划逐块开挖上坝。黄河上游刘家峡水电站黄土副坝即用该法在料场进行了加水处理。

对黏粒含量低、粉粒含量高、抗管涌冲蚀能力低的黄土，应注意做好反滤保护。用此类黄土筑坝，饱和后如遇地震还可能液化，防止地震液化的方法除碾压密实外，还可用透水料进行压盖，所需盖重厚度由动力试验和计算确定。

压实黄土湿陷性试验结果见图1.5-19，研究表明：

(1) 将黄土压实是减小其湿陷性的重要工程措施，即使压实含水率10%，当压实度为95%时，湿陷系数只有0.013，是压实度85%的1/3，成为非湿陷性土。

(2) 压实含水率是影响压实效果（减小湿陷性）的另一主要因素。压实含水率高于最优含水率2%～3%，在压实度85%～95%时，湿陷系数只有0.004～0.020。

因此采用黄土筑坝时必须控制压实含水率和提高压实度，并且进行设计干密度下压实黄土的湿陷试验，测定产生湿陷的临界含水率，据此确定压实黄土的填筑含水率。

新疆恰甫其海心墙堆石坝坝高108m，心墙料采用

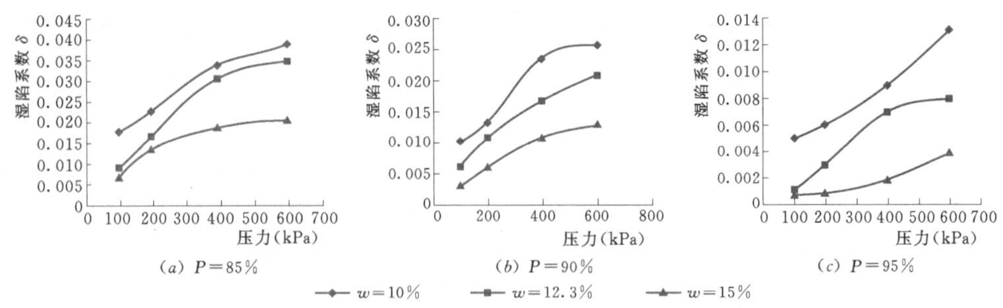

图 1.5-19　不同压实度与含水率下湿陷系数和压力关系

第四系上更新统风积黄土，黏粒含量13%～21%，粉粒含量65%～79%，液限24%～26%，塑限14%～16.5%，塑性指数8.5～11，最优含水率下压缩系数为0.071～0.092MPa^{-1}，内摩擦角为26.5°～31.0°，黏聚力60～100kPa，饱和状态下压缩系数为0.08～0.118MPa^{-1}，内摩擦角为20.0°～27.5°，黏聚力为30～50kPa，渗透系数为7.08×10^{-7}～4.77×10^{-6}cm/s，有反滤保护时临界渗透比降40～60，破坏渗透比降60～80，湿陷系数为3.5×10^{-4}。

室内击实试验结果表明：随着压实功能增大，得到的最大干密度增高；最大干密度受含水率影响很明显。碾压试验结果见图1.5-20。通过碾压试验确定采用16t凸块振动碾先静碾4遍，再振动碾6～8遍，然后再用20～30t气胎碾碾压2遍。铺土厚度30cm，含水率12.0%～13.5%。

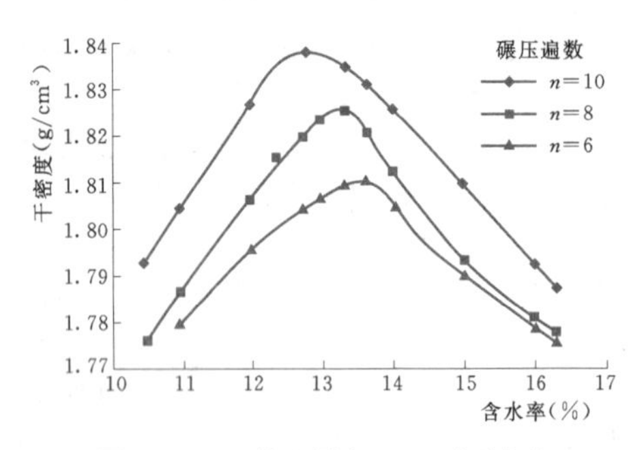

图 1.5-20　铺土厚度30cm时干密度与含水率关系曲线

小浪底斜心墙堆石坝是我国用黄土类土作为防渗土料的成功实例。其心墙料采用寺院坡等料场中、重粉质壤土。平均黏粒含量17.6%～25.0%，粉粒含量66.1%～70.1%，天然含水率20%，略高于最优含水率，液限为29.7%～36.2%，塑限为20.9%～21.8%，塑性指数为11.4～14.4，设计干密度1.69g/cm^3，最优含水率18.6%，室内试验得出其渗透系数为4.1×10^{-7}～0.4×10^{-8}cm/s。有效抗剪强度：黏聚力为20kPa，内摩擦角为25°，压缩系数为0.05～0.13MPa^{-1}。心墙填筑施工铺填厚度30～35cm，采用17t凸块振动碾碾压6遍，压实厚度20～25cm。

综上所述，在采用黄土填筑防渗体时，除应注意要满足对防渗土料的一般要求外，还应根据黄土的特殊性质研究应当采取的措施。根据小浪底大坝的经验，设计中应注意以下问题：

(1) 尽可能采用较高的压实度。采用较高压实度可确保黄土的原状结构得到彻底破坏。黄土的原状结构彻底破坏后，基本消除了其湿陷性；小浪底大坝心墙土料的设计压实度为100%。

(2) 填筑含水率应稍高于最优含水率。小浪底大坝心墙土料为中、低压缩性土。压缩试验表明，填筑含水率低于最优含水率时，浸水后沉降量和总沉降量均明显增大。

(3) 由于抗冲蚀性能差，应加强反滤保护。采用黄土筑坝时，应针对不同类型黄土的特性，采取相应措施，重视上述问题，黄土仍可成为合格的防渗料。

2. 红土

我国南方一些地区广泛分布由当地岩石在湿热条件下风化而成的坡残积红土，其性质与母岩有关。其中，以云南、贵州和广西地区由石灰岩、白云岩等风化而成的红土比较典型，其他如玄武岩、花岗岩和片麻岩等也会风化成红土，但性能有一定差异。

坡残积红土外观呈红色、褐红色、棕红色或红黄色和黄褐色，土层一般不厚，矿物成分主要为高岭石、伊利石和针铁矿等，胶体活动指标（指塑性指数和小于0.002mm胶粒含量之比）一般小于1，属于不活动或正常活动的黏土。pH值在4.5～7.0之间，这类土的黏粒含量有的高达50%～70%，液限一般在50%～80%之间，塑性指数为20～35。

此类土的天然含水率虽然高达30%～50%，但最优含水率及界限含水率也高；天然孔隙比大，往往大于1；天然干密度低，一般为1.2～1.4g/cm^3。红土不易压实，碾压后干密度一般仅为1.20～1.55g/

cm^3，有的甚至只有 1.15g/cm^3，再提高击实功能对增加干密度的作用并不显著。这是由于红土含有上述较为稳定的矿物成分、二价交换性阳离子及酸性介质的作用，使黏粒和胶粒部分均处于凝聚状态，形成表面粗糙的耐水团粒，影响土粒之间相互挤紧，故不易压实，但正由于此，其压缩性也小，填筑后沉降量不大。因此对于红土，可采用通常的碾压机具和碾压遍数，定出合理的压实标准即可。

如上所述，由于红土具有团粒结构，游离氧化铁胶结作用水稳性较好，其压缩性中等或中等偏低，强度较高，透水性不大，可作为防渗料。

我国南方某些红土物理力学性质见表 1.5-9。云南、四川等省玄武岩风化形成的红土的物理力学性质与云南、贵州、广西等省（自治区）石灰岩、白云岩等风化而成的红土有一定差异，但差异不大，两者对比见表 1.5-10。

云南、贵州、广西和广东等省（自治区）都有利用坡残积红土成功建成的土石坝。根据若干已建成工程统计，其压缩系数 α_{v1-2} 为 0.1～0.2MPa^{-1}，固结快剪内摩擦角为 21°～27°，黏聚力为 34～70kPa，渗透系数为 $i\times10^{-6}\sim i\times10^{-7}$cm/s。

广西百色水利枢纽料场红土天然状态物理性质如下：含水率 31%，湿密度 1.82g/cm^3，干密度 1.39g/cm^3，孔隙比 1.04，饱和度 84.7%，液性指数 0，液限 49.6%，塑限 31.0%，塑性指数 18.6，含砾量 32.2%。百色红土中细粒土的力学性质如下：最优含水率 28.0%，最大干密度 1.49g/cm^3，饱和快剪黏聚力为 51.8kPa，内摩擦角为 23.5°，非饱和状态压缩系数 0.14MPa^{-1}，渗透系数 3.38×10^{-7}cm/s。天然状态百色红土平均含砾量 32.2%，若适当掺加粗砾，含砾量小于 50%，抗剪强度提高到：黏聚力 139～148kPa，内摩擦角 24.3°～25.2°。表明百色红土适宜作为防渗土料。

云南省蒙自县的庄寨水库主坝，高 27m，填土干密度只有 0.94～1.30g/cm^3，含水率高达 38.0%～68.7%，下游坝坡仅 1∶1.7，坝下涵管出口经年遭受接触渗漏而不出浑水，坝坡迄今未出现剥蚀或塌落，表明红土有一定的抗冲刷能力。

庄寨、宣威等几座用红土建成的土坝，其筑坝红土抗剪强度见表 1.5-11。

采用红土填筑防渗体应注意以下问题：

（1）干燥脱水的不可逆性与设计指标的选用。红土干燥脱水的不可逆性也比一般黏土突出。研究表明：红土干燥后，比重、黏粒含量和塑限略有降低，液限和塑性指数降低较多，且烘干土长时间浸水后并不能恢复到原有性质。试验还表明，脱水干燥不可逆性对其力学性能也有较大的影响，用“由湿到干”和“由干到湿”两种不同方法制备的土样，在标准击实功能下，最优含水率相差 8.4%～3.7%，最大干密度相差−0.17～−0.04g/cm^3，前者的无侧限抗压强度是后者的 1.49～1.82 倍。但干燥脱水对土料的抗剪强度和渗透系数影响不明显。因此，采用红土筑坝，有必要研究其干燥脱水不可逆性对物理力学性能和碾压施工工艺的影响。

（2）用于高坝时压缩性问题。由于红土粒间结合力强而耐水，其干密度虽低，却具有中低压缩性。红土易压实。试验中再提高击实功能，对增加干密度的作用并不显著。但在高压力下，压缩变形并未停止，只是没有因团粒结构崩溃而突然下沉的现象。所以用于填筑高坝时，仍会有较大压缩变形，需要深入研究其在高压力作用下的变形规律，确保大坝安全。

3. 分散性土

采用分散性土筑坝，首先要鉴别其分散性。分散性土的判别方法或黏性土分散性的测定方法主要有双比重计试验（SCS）、针孔试验、碎块试验、孔隙水可溶盐试验等分别测定阳离子总量（TDS）、钠吸附比（SAR）和钠百分比（PS）4 种。

（1）双比重计（密度计）（double hydrometer test）试验（SCS）。进行两次比重计（密度计）试验测定黏粒含量，一次是加分散剂（浓度 6%双氧水、1%硅酸钠、4%六偏磷酸钠），测定黏粒含量 x_d；另一次是不加分散剂，土样在蒸馏水中抽气，然后来回摇晃使土颗粒自行分散，测定黏粒含量 x_n。用下式计算分散度 D：

$$D=\frac{x_n}{x_d}\times100\% \tag{1.5-1}$$

式中 D——分散度，%；

x_n——不加分散剂测得的黏粒含量，%；

x_d——加分散剂测得的黏粒含量，%。

《水利水电工程天然建筑材料勘察规程》（SL 251—2000）规定：分散度 $D<30\%$ 为非分散性土；分散度 $D=30\%\sim50\%$ 为过渡型土；分散度 $D>50\%$ 为分散性土。

美国水土保持局（SCS）判别高塑限无机黏土和低中塑限无机黏土为分散性土的标准分别是 $D>40\%$ 和 $D>50\%$，判别低塑限无机黏土和粉质黏土为分散性土的标准是 $D>35\%$。黑龙江省水利科学研究所洪有纬等判别黑龙江西部黏土的标准是：$D>30\%$ 为分散性土，$D=25\%\sim30\%$ 为半分散性土，$D<25\%$ 为非分散性土。马秀媛等判别官路水库土坝土料的标准是：$D>35\%$ 为高分散性土，$D>25\%$ 为分散性土，$D<17\%$ 为非分散性土。由此说明，对于不同成因和

表 1.5-9 国内红土物理力学性质

指标 地区	天然含水率 w (%)	天然孔隙比 e	天然饱和度 S_r (%)	液限 w_L (%)	塑限 w_P (%)	含水比 a_w	黏聚力 c (kPa)	内摩擦角 φ (°)	压缩模量 E_s (MPa)	压缩系数 a_v (MPa^{-1})
贵州六盘水	$\frac{32\sim65}{53}$	$\frac{1.12\sim1.66}{1.48}$	>97	$\frac{36\sim85}{59}$	$\frac{28\sim63}{36}$	$\frac{0.71\sim0.94}{0.82}$	$\frac{19\sim68}{34}$	$\frac{10\sim17}{12}$	$\frac{2.1\sim10.8}{5.1}$	$\frac{0.24\sim1.01}{0.48}$
贵州贵阳	30～54	1.02～1.41	>96	39～97	21～37	0.49～0.81	18～90	4～20	4.0～20.5	0.10～0.40
贵州遵义	31～58	0.93～1.47	>90	42～87	24～48	—	27～89	3.5～16.5	4.1～9.0	0.21～0.59
湖南株洲	29～60	0.84～1.78	99	47～62	22～30	0.48～1.20	2～14	8～15	2.0～9.2	0.21～1.14
广西柳州	34～52	0.99～1.50	>97	54～95	27～53	0.47～0.74	14～90	10～26	6.5～17.2	0.10～0.37
云南	27～55	0.90～1.60	>85	50～75	30～40	0.55～0.80	25～185	16～28	6.0～16.0	0.15～0.40
四川溪口	29～46	0.85～1.29	>39	39～70	22～36	—	—	—	—	—

注 表中分式中分子为最小值～最大值；分母为平均值。

表 1.5-10 玄武质红土与红土的物理力学性质对照

指标	粒组含量 (%) 粒径 (mm) 0.005～0.002	粒组含量 (%) 粒径 (mm) <0.002	天然含水率 w (%)	天然密度 ρ_0 (g/cm^3)	比重 G	饱和度 S_r (%)	孔隙比 e	液限 w_L (%)	塑限 w_P (%)	塑性指数 I_P	液性指数 I_L	含水比 a_w
玄武质红土一般值	17～18	20～22	41～57	1.69～1.77	2.88～3.10	89～96	1.30～1.88	53～71	36～53	14～23	−0.23～0.38	0.60～0.87
红土一般值	10～20	40～70	36～60	1.65～1.85	2.76～2.90	>80	1.10～1.70	60～110	30～60	25～50		0.50～0.75

指标	液塑比 I_r	三轴剪切 内摩擦角 φ (°)	三轴剪切 黏聚力 c (kPa)	无侧限抗压强度 q_u (kPa)	压缩系数 α_{1-2} (MPa^{-1})	压缩模量 $E_{s(0.1-0.2)}$ (MPa)	变形模量 E (MPa)	比例极限荷载 P_0 (MPa)	直接固结快剪 内摩擦角 φ (°)	直接固结快剪 黏聚力 c (kPa)	高压固结 P_c (kPa)
玄武质红土一般值	1.30～1.52	15～23	34.3～91.1	—	0.1568～0.7350	4.0～16.2	3.9～9.8	—	14～30	19.6～78.4	411.6～539.0
红土一般值	1.7～2.3	0～13	4.9～156.8	196～392	0.098～0.392	5.9～15.7	9.8～29.4	156.8～294.0	8～18	39.2～88.2	—

表 1.5-11　　筑坝红土抗剪强度指标表

坝　名	坝　高 (m)	抗　剪　强　度　指　标								备注
		不固结不排水				饱和固结不排水				
		c_u (kPa)	φ (°)	c' (kPa)	φ' (°)	c_{cu} (kPa)	φ_{cu} (°)	c' (kPa)	φ' (°)	
庄寨	27	35	5	5	31	12	21	16	28	
宣威	67	140	19	133	21.2	34	23.4	39	25	

不同矿物组成的分散性土，用分散度来判断是否是分散性土，其具体标准有所不同。

(2) 针孔试验 (pinhole test)。土样中轴向穿一直径 1.0mm 的针孔，在针孔试验装置内进行渗透试验，测定和观察各级水头下针孔土样冲蚀情况，用表 1.5-12 中指标确定土分散性类型。

表 1.5-12　针孔试验分散性分类标准

类　型	水头 (mm)	试验持续时间 (min)	最终流量 (mL/s)	流出水的混浊情况	最终孔径 (mm)
分散性土	50	5	1.0～1.4	混浊	≥2.0
	50	10	1.0～1.4	较混浊	>1.5
过渡性土	50	10	0.8～1.0	稍混浊	≤1.5
	180	5	1.4～2.7	较透明	—
	380	5	1.8～3.2	较透明	≥1.5
非分散性土	1020	5	>3.0	稍透明	<1.5
	1020	5	<3.0	透明	1.0

(3) 碎块试验 (crumb test)。碎块试验又称土块试验或土的崩解试验。碎块试验是一种简单的分散性试验方法，在室内和野外都能进行。试验方法是将 1cm^3 左右的土块轻轻放入盛有 2/3 杯蒸馏水的烧杯中，观察 5～10min 土块水解分散转入胶体悬浮在水中的情况，其分散性评价标准见表 1.5-13。

表 1.5-13　碎块试验评价土的分散性标准

类　型	浸水后土块特征
分散性土	土块水解后水混浊，土粒很快扩散到整个量杯底部，水呈雾状，经久不清
过渡性土	土块水解后四周微有混浊水，但扩散范围很小
非分散性土	无分散出胶粒的反应，土块水解后在量杯底部以细颗粒状平堆，水色清，或稍混浊后很快又变清

(4) 孔隙水可溶盐试验。将土样用蒸馏水拌和到液限含水率，用有过滤设备的真空吸水器抽出孔隙水样，测定孔隙水样中的钙 Ca^{2+}、镁 Mg^{2+}、钠 Na^+、钾 K^+ 四种金属阳离子。四种金属阳离子总量称为 TDS，以 $\frac{1}{n}$mmol/L 计。其中，钠离子 Na^+ 含量的百分数（钠百分比）称为 PS；吸附比是钠离子 Na^+ 含量与钙离子 Ca^{2+}、镁离子 Mg^{2+} 含量和之比值，称为 SAR。用土样孔隙水的阳离子总量 (TDS)、钠吸附比 (SAR) 和钠百分比 (PS) 依据图 1.5-21 来判别土的分散性类型。

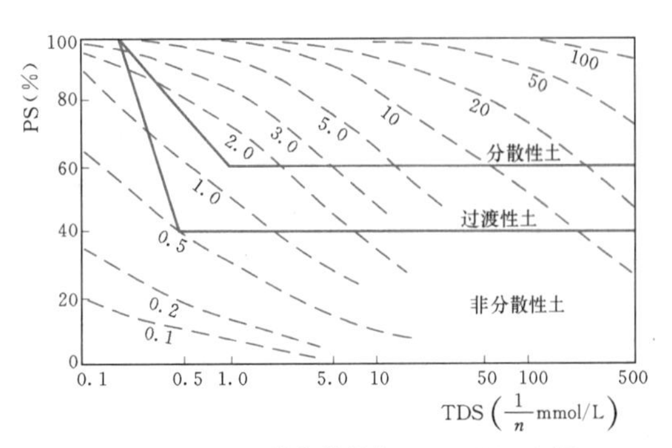

图 1.5-21　土的分散性与 TDS、PS、SAR 之间的关系（曲线上标注值均为 SAR）

国内外用钠吸附比 (SAR) 来判别分散性的经验值分别是：当孔隙水的阳离子总量 (TDS) 为 5 $\frac{1}{n}$mmol/L时，钠吸附比 (SAR) >2.7 为分散性土；而当 TDS 为 10 $\frac{1}{n}$mmol/L 时，SAR>4.2 为分散性土；当 TDS 为 100 $\frac{1}{n}$mmol/L 时，则 SAR>13 为分散性土。

我国黑龙江、新疆、宁夏、青海、陕西、山东、海南和江苏等省（自治区）都有分散性土，一些水利水电工程对筑坝材料的分散性进行了测试，典型的测定结果见表 1.5-14。

上述鉴定土的分散性的结果往往不完全一致，需要对试验结果进行综合分析判断以确定土的分散性。樊

表 1.5-14　我国部分水利水电工程土石坝筑坝土料分散性试验结果

工程名称	土样编号	粒组含量(%)			液限 w_L (%)	塑限 w_P (%)	塑性指数 I_P	土分类	分散度(SCS法)(%)	针孔试验				碎块试验		孔隙水中			原土中交换性钠离子含量ESP(%)	分散性综合判断
		2～0.075 mm	0.075～0.005 mm	<0.005 mm						作用水头(cm)	作用时间(min)	孔径(mm)	水色	室内试验全部坍塌经历时间	野外试验崩解经历时间	阳离子总量TDS $\left(\frac{1}{n}\text{mmol/L}\right)$	钠吸附比SAR	钠百分比PS(%)		
山西省上马水库大坝土料	94003	7.0	67.0	26.0	28.6	17.0	11.6	CL	58.46	5	10	椭圆形 3×4	混浊	1′	1′	6.221	2.561	50.46	11.39	分散性土
	94004	6.8	60.4	32.8	32.7	18.4	14.3	CL	48.17	5	10	长圆形 3×3.5	混浊	1′50″	1′	10.415	6.003	70.64	13.18	分散性土
	94005	11.0	67.5	21.5	26.3	16.0	10.3	CL	63.25	5	10	4×3	混浊	1′50″	50″	13.481	5.814	65.02	15.17	分散性土
	94006	4.8	65.0	30.2	30.0	16.4	13.6	CL	46.69	5	10	5×4	混浊	1′42″	1′	5.814	2.352	48.61	9.92	分散性土
	94007	5.8	66.6	27.6	30.8	17.2	13.6	CL	57.24	5	10	3×5	混浊	1′10″	1′	7.128	2.009	39.95	7.49	分散性土
	94008	46.8	52.8	29.5	50.3	25.2	25.1	CL	35.66	5	10	略大	较清	24h 无变化	—	6.977	4.257	65.19	8.56	分散性土
	94009	69.1	19.4	9.8	28.5	16.2	12.3	CL	72.16	5	10	5×7	混浊	2′10″	50″	7.267	5.622	73.29	12.41	分散性土
某大坝心墙土料	1	20	66.0	14.0	27.9	16.2	11.7	CL	50.0	5	10	2～4	混浊	水解后混浊，水呈雾状		3.58	0.6	18.8	5.7	分散性土
	2	14	58.5	27.5	34.8	21.4	13.4	CL	25.5	18	10	2～3	混浊	水解后有少量混浊		3.97	0.4	14.2	2.2	过渡性土
	3	29	59.0	12.0	29.4	12.8	16.6	CL	50.0	5	10	2～4	混浊	水解后混浊，水呈雾状		3.49	0.5	16.1	5.2	分散性土
	4	23	57.0	20.0	29.0	15.5	13.5	CL	42.5	18	10	2～3	混浊	水解后有少量混浊		10.57	0.4	7.9	2.4	过渡性土
	5	21	63.0	16.0	27.0	16.1	10.9	CL	53.1	5	10	2～5	混浊	水解后混浊，水呈雾状		3.61	0.3	10.9	3.3	分散性土
	6	26	56.0	18.0	24.3	15.6	8.7	CL	41.7	5	10	3～5	混浊	水解后混浊，水呈雾状		4.23	0.6	17.2	2.3	分散性土

续表

工程名称	土样编号	粒组含量(%)			液限 w_L (%)	塑限 w_P (%)	塑性指数 I_P	土分类	分散度(SCS法)(%)	针孔试验				碎块试验		孔隙水中			原土中交换性钠离子含量 ESP (%)	分散性综合判断
		2~0.075 mm	0.075~0.005 mm	<0.005 mm						作用水头(cm)	作用时间(min)	孔径(mm)	水色	室内试验全部坍塌经历时间	野外试验崩解经历时间	阳离子总量 TDS $\left(\frac{1}{n}\text{mmol/L}\right)$	钠吸附比 SAR	钠百分比 PS (%)		
班多水电站心墙土料	1	21.0	66.0	13.0	28.4	14.1	14.3	CL	38.5	5	10	5~8	混浊	分散性土		78.81	14.4	65.7	11.5	分散性土
	2	17.5	64.5	18.0	29.0	16.8	12.2	CL	38.9	5	10	4~10	混浊	过渡性土		110.52	14.9	61.3	14.1	分散性土
	3	20.0	70.0	10.0	28.4	15.4	13.0	CL	40.0	5	10	5~10	混浊	分散性土		81.23	20.4	76.3	17.2	分散性土
	4	15.0	72.5	12.5	28.0	15.4	12.6	CL	40.0	5	10	6~20	混浊	分散性土		88.53	17.3	70.1	11.5	分散性土
	5	12.0	67.5	20.5	29.5	14.5	15.0	CL	29.3	18	10	1	混浊	过渡性土		78.61	14.7	66.7	14.3	分散性土
青海某坝心墙土料		0	79.1~93.0	7.0~20.9	14.7~28.8	12.2~24.8	7.9~14.7	CL、ML	22.0~61.0	5 102	10 6~7	3~5 3~5	透明 混浊	5″小块剥落，30″部分坍塌，60″全部坍塌		78.1~98.2	6.2~7.0	38.6~38.9	2.8~3.6	非分散性土~过渡性土
新疆某坝心墙土料	T1	9.3	74.4	16.3	27.7	17.5	10.2	CL	22.0~22.7	18	—	2~3	混浊	水呈无雾状~微雾状		94~273	—	53.2~78.0	—	—
	T2	7.4	79.3	13.3	28.0	18.4	9.6	ML	33.3~41.2	18~38	—	3	混浊	水呈微雾状~雾状		46~230	—	56.5~69.9	—	—
	T3	9.3	76.5	14.2	26.6	16.6	9.9	ML	26.7~31.2	38	—	3	混浊	水呈雾状		108~249	—	66.5~71.4	—	—
新疆"635"大坝心墙土料	Ⅰ	—	—	31.4~53.8	28.9~42.1	21.2~42.1	10.9~18.9	CL	46.5	—	—	—	—	—		7.87	14.3	54.0	6.0	过渡性土
	Ⅳ	—	—	37~59	27.2~54.6	20.8~30.5	10.9~22.9	CL、CH	49.3	—	—	—	—	—		11.11	9.1	29.8	5.9	非分散性土
海南省岭落水库土坝	zk2	—	—	26.0	23.0	11.7	11.3	CL	53.6	4.9	9	2.8	混浊	土块周围雾状水		—	—	—	—	分散性土
	zk4	—	—	24.0	26.8	12.3	14.5	CL	84.7	5.3	11	4	混浊	雾状水		1.94	—	79.3	—	非分散性土
	zk5	—	—	15.5	21.5	13.4	8.1	ML	83.9	5.1	10	4	微混浊	雾状水		2.55	—	87.5	—	分散性土
	zk8	—	—	26.5	22.0	13.3	8.7	ML	103.3	5.3	9	4	混浊	雾状水		1.85	—	78.0	—	分散性土
	zk10	—	—	28.5	33.0	15.1	17.9	CL	77.3	5.6	9	2	微混浊	土块周围雾状水		1.01	—	77.7	—	分散性土

续表

工程名称	土样编号	粒组含量(%)			液限 w_L (%)	塑限 w_P (%)	塑性指数 I_P	土分类	分散度(SCS法)(%)	针孔试验				碎块试验		孔隙水中			原土中交换性钠离子含量 ESP(%)	分散性综合判断
		2~0.075mm	0.075~0.005mm	<0.005mm						作用水头(cm)	作用时间(min)	孔径(mm)	水色	室内试验全部坍塌经历时间	野外试验崩解经历时间	阳离子总量TDS $\left(\frac{1}{n}\text{mmol/L}\right)$	钠吸附比SAR	钠百分比PS(%)		
宁夏文家沟均质坝土料	w4	17.0	67.0	16.0	26.5	12.6	13.9	CL	31.3	5	5	2~3	混浊	土块周围少量水混浊		116.4	29.3	81.8	15.4	分散性土
	w6	10.5	68.0	21.5	27.4	13.8	13.6	CL	65.1	5	5	2~3	混浊	土块周围少量水混浊		34.4	21.5	88.2	16.4	分散性土
	w9	10.5	65.5	24.0	29.0	14.4	14.6	CL	2.1	18	5	2~3	稍混浊	水清		127.6	5.9	30.5	3.7	过渡性土
	w10	8.0	69.5	22.5	28.2	13.6	14.6	CL	35.6	18	5	2~3	稍混浊	土块周围少量水混浊		20.3	12.7	81.7	11.6	过渡性土
	w11	14.0	68.0	18.0	27.4	13.2	14.2	CL	38.9	5	5	2~3	混浊	土块水解后到杯底部，水雾状		17.8	17.9	90.1	12.7	分散性土
	w17	12.0	67.5	20.5	28.2	12.8	15.4	CL	4.9	18	5	2~3	稍混浊	水清		159.4	25.9	74.0	14.2	过渡性土
宁夏南坪均质坝土料	k16	4.2	68.2	27.6	29.0	15.2	13.8	CL	6.5	102	5	1	清	遇水崩解,水清		126.0	14.8	59.3	7.5	非分散性土
	k19	4.5	69.0	26.5	27.2	15.0	12.2	CL	11.5	102	5	1	清	遇水崩解,水清		150.5	17.2	61.3	6.5	非分散性土
	k30	5.0	61.2	33.8	28.5	15.2	13.3	CL	12.8	18	5	3	混浊	遇水崩解,水清		339.5	48.5	81.0	20.7	分散性土
	z10	3.5	76.5	20.0	30.0	17.5	12.5	CL	5.3	5	10	5~20	混浊	遇水崩解,水清		72.0	4.1	28.8	2.2	分散性土
某拟建坝心墙土料	x1	—	—	60.8	46.4	25.9	20.5	CL	64.1	102	—	1	清	无分散出胶粒反应,水清		361.7	21.1	53.3	14.1	非分散性土
	x2	—	—	25.0	24.0	16.0	8.0	ML	20.0	5	—	1.5	混浊	无分散出胶粒反应,水清		275.4	22.5	59.8	10.7	分散性土
	x3	—	—	48.0	39.5	22.5	17.0	CL	19.8	102	—	1	稍透明	无分散出胶粒反应,水清		269.6	17.9	52.4	9.5	非分散性土
	x4	—	—	19.0	26.1	16.3	9.8	ML	32.3	5	—	3.0	混浊	土块周围少量水混浊		57.4	1.9	15.6	1.1	分散性土
	x5	—	—	15.8	26.5	15.6	10.9	CL	20.5	5	—	2.5	混浊	土块周围少量水混浊		118.2	9.3	44.4	5.1	分散性土
	x6	—	—	18.5	26.2	14.2	12.0	CL	34.6	5	—	4.0	混浊	土块周围少量水混浊		307.3	33.0	70.5	12.7	分散性土
黑龙江南部引嫩工程	土2	—	—	29.0	27.1	—	11.8	CL	95.9	—	2.5	—	—	—		—	—	93.2	—	分散性土
	土3	—	—	22.8	24.5	—	7.8	ML	95.7	—	5	—	—	—		—	—	97.9	—	分散性土
	土4	—	—	19.0	22.9	—	8.2	ML	84.4	—	>20	—	—	—		—	—	86.5	—	分散性土
	土5	—	—	9.9	24.7	—	5.3	ML	60.0	—	>2.6	—	—	—		—	—	89.7	—	分散性土
	土6	—	—	38.2	37.2	—	19.4	CL	84.2	—	2	—	—	—		—	—	38.0	—	分散性土

恒辉等进行的某大坝心墙土料分散性试验就是一个典型实例，四种试验结果与综合判断的结果见表1.5-15。

表1.5-15　某拟建坝心墙土料分散性测定结果

土样编号	双比重计试验	碎块试验	针孔试验	孔隙水阳离子试验		综合判断
				钠吸附比SAR	钠百分比PS	
x1	分散性土	非分散性土	非分散性土	分散性土	过渡性土	非分散性土
x2	非分散性土	非分散性土	分散性土	分散性土	过渡性土	分散性土
x3	非分散性土	非分散性土	非分散性土	分散性土	过渡性土	非分散性土
x4	过渡性土	过渡性土	分散性土	非分散性土	非分散性土	分散性土
x5	非分散性土	过渡性土	分散性土	过渡性土	过渡性土	分散性土
x6	过渡性土	过渡性土	分散性土	分散性土	分散性土	分散性土

由于分散性土存在较多的可交换钠离子，很低的渗透流速即可将土粒冲蚀，具有比细砂或粉土还严重的被水流冲蚀的现象。分散原因主要是土颗粒间的斥力大于吸力。当与低盐浓度的水接触时，土体表面颗粒逐渐依次脱落。分散性土产生管涌的原因之一与其可溶盐含量有关，可溶盐含量越高越容易产生管涌，导致土坝、土堤产生管涌破坏。

分散性土的吸附性钠 Na^+ 离子是导致土在水中分散的重要原因，因此掺加适量的石灰对其进行改性处理是最常用的工程措施。黑龙江省水利科学研究所试验研究发现：掺入石灰可使分散性土变为非分散性土，掺量宜不大于3%；西北农林科技大学试验研究表明：宁夏南坪均质坝分散性土掺加1%石灰后变为非分散性土，针孔试验水头102cm持续5s，针孔孔径不变，出水清亮；青岛官路水库土坝分散性土掺加1%或1.5%石灰后变为非分散性土，掺石灰改性后土的最大干密度有所降低，但压缩性有所减小。新疆"635"大坝心墙土料掺加0.5%～1.0%石灰，可使心墙土料改性为非分散性土。

非分散性土的抗冲刷流速和抗冲刷比降与其黏粒含量和密度有关，黏粒含量越高、越密实，抗冲刷流速也越高，一般在50～300cm/s，抗冲刷比降大于2；分散性土的抗冲刷流速小于15cm/s，抗冲刷比降小于1；缺少中间粒径的分散性土，抗冲刷比降小于0.05。因此采用分散性土作为筑坝材料，最重要的工程措施是采用反滤层保护，防止其发生渗透变形破坏。例如宁夏文家沟水库用分散性土作为筑坝材料，若用反滤层保护，试验得知其渗透比降可达75～100。黑龙江南部引嫩工程采用细砂反滤层保护；阿根廷乌鲁姆心墙坝和伊朗塔里干心墙坝都是在心墙上、下游设置反滤砂层。

国内用分散性土筑坝的两个例子如下。山西省上马水库采用分散性黏土用水中倒土法筑坝，建成后该坝发生裂缝、坍塌和滑坡，横向裂缝多达700条，最大缝宽34～36cm，最大缝深6m，坍塌更是多达1000处。其根本原因是筑坝材料为分散性土，筑坝方法是水中倒土法，随着含水率增加，土的抗剪强度降低；坝体原状土的抗渗强度较低，其渗透破坏型式类似无黏性土。海南省岭落水库均质土坝1993年建成，1995年10月13日溃决，经试验分析溃坝原因是：筑坝材料为分散性壤土，抗渗强度低，热带暴雨使库水位迅速上升，坝顶附近4个断面下游坝坡有渗流出逸，逐渐冲蚀扩大导致溃决。1996年修复加固，上游坝坡块石护坡，表面灌注水泥砂浆后在其上覆盖15cm厚混凝土板。下游坝坡为草皮护坡，主河床段下游坝坡用5cm厚混凝土板护坡，但是下游坝坡多处出现冲沟、洞穴和渗水出逸，下游混凝土护坡板多处隆起和坍塌。说明该坝采取的工程措施仍没有解决分散性土的根本问题。

综上所述，采用分散性土筑坝通常采取以下工程措施：

（1）在分散性土中掺加1%～3%的石灰[$Ca(OH)_2$]或生石灰（CaO），对其进行改性。

（2）利用细砂做反滤层，进行保护。

（3）采用水泥浆或水泥砂浆、喷混凝土或现浇混凝土盖板等，认真处理分散性土与基岩接触面。

（4）将分散性土填筑在浸润线以上的干燥区。

（5）保护分散性土表面，防止产生裂缝等。

由于分散性土的上述特点，现行规范规定分散性土只能用于3级以下低坝。

4. 膨胀土

（1）膨胀土分类。膨胀土具有明显的吸水膨胀和脱水收缩的特性，这种土由多种矿物组成，以亲水性强的黏土矿物为主，其化学成分也较复杂，一般为含水的铝硅酸盐。判别膨胀土都是以土和水的相互作用程度为依据，有多种判别方法，尚未见统一。表1.5-16是一种以最大体积收缩率 e_s' 进行判别和分类的方法，供参考。

表 1.5-16　以最大体积收缩率 e'_s 进行膨胀土的分类

膨胀土等级	非膨胀土	弱膨胀土	中膨胀土	强膨胀土	特强膨胀土
体积收缩率 e'_s（%）	<8	8～16	16～23	23～30	>30

注　e'_s 为土样加水达到胀限含水率，使体积达到最大膨胀，再进行充分收缩所测得的最大体积收缩率。

《膨胀土地区建筑技术规范》（GBJ 112—87）是以自由膨胀率 F_s 进行膨胀土的判别和分类。自由膨胀率 F_s 是由人工制备的烘干土，在水中增加的体积与原体积之比，按下式计算：

$$F_s = \frac{V_W - V_0}{V_0} \tag{1.5-2}$$

式中　V_W——土样在水中膨胀稳定后的体积，cm^3；

V_0——土样原有体积，cm^3；

F_s——自由膨胀率，%。

$F_s<40\%$ 为非膨胀土，$40\%\leqslant F_s<65\%$ 为弱膨胀土，$65\%\leqslant F_s<90\%$ 为中膨胀土，$F_s>90\%$ 为强膨胀土。

美国垦务局（USBR）是以塑性指数、缩限、膨胀体变和胶粒（<0.001mm）含量来进行膨胀土的判别和分类，见表 1.5-17。

表 1.5-17　美国膨胀土分类标准

级别	塑性指数 I_P	缩限 w_s（%）	膨胀体变 δ_p（%）	胶粒（<0.001mm）含量（%）
极强	>35	<11	>30	>28
强	25～41	7～12	20～30	20～31
中	15～28	10～16	10～20	13～23
弱	<18	<15	<10	<15

膨胀土液限一般大于 40%，塑性指数大于 15～18，缩限小于 12%，黏粒含量 35%～60%，胶粒含量大于 15%～25%，在塑性图上的位置见图 1.4-2。

（2）膨胀土的工程特性。

1）反复胀缩特性。对于天然膨胀土，其膨胀量与天然含水率及干密度有关，如天然含水率小，干密度大，吸水后膨胀量也大。对于压实膨胀土，当干密度一定时，含水率愈小，吸水后膨胀量愈大；而在含水率一定时由于决定胀缩潜势的基础是固体颗粒的成分及其含量，干密度愈大，膨胀量也随之增大（但增量不多）。如填筑含水率略大于最优含水率，相应的膨胀量最小。

膨胀土天然含水率变化范围很大，一般为 13%～50%。干燥状态的膨胀土，具有较高的膨胀潜势；而含水率接近饱和状态的膨胀土，则具有较高的收缩潜势。

膨胀土中的矿物成分、粒度成分和交换阳离子成分对膨胀土胀缩潜势有很大关系。土的塑性反映了土粒与水相互作用的程度，液限和塑性指数这两个水理指标与胀缩指标有很好的相关性，液限和塑性指数越大，胀缩性也越大。

我国部分地区膨胀土的物理性质和反复胀缩特性见表 1.5-18。

随含水率变化，膨胀土体积呈往复周期性变化，形成了膨胀土最重要的特性——反复胀缩性。反复胀缩性规律表现在：①膨胀土随着胀缩循环次数的增加，膨胀达到稳定所需的时间缩短，膨胀量减少，膨胀速率加快；②膨胀土的缩胀变形不是完全可逆的，存在一种类似于塑性变形的膨胀量，即残余膨胀量；③相对膨胀率随胀缩循环次数增加而逐渐减少；④膨胀土的最大收缩率随胀缩循环次数的变化总趋势是下降的。

膨胀土的膨胀量 e_P 与作用在膨胀土上的垂直压力 P 有密切关系。随着垂直压力 P 的增大、膨胀量 e_P 减小；当 $P=100\sim200kPa$ 时，膨胀量 e_P 减小得最为显著。因此可在膨胀土上施加垂直压力以减小膨胀量。

2）抗剪强度。膨胀土抗剪强度一般比非膨胀土低，其抗剪强度取决于膨胀量。膨胀量愈大，膨胀后干密度愈小，抗剪强度也愈小，故用膨胀土填筑的坝，如表层不加压盖，任其吸水自由膨胀，则抗剪强度可降低很多。

据已建工程统计，击实后膨胀土最大干密度 $1.55\sim1.65g/cm^3$，最优含水率 20%～30%，饱和固结快剪内摩擦角 10°～22°，黏聚力 60～80kPa。

3）压缩性。天然状态的膨胀土孔隙比大多小于 1.0，一般在 0.5～0.9 范围内，少数略大于 1.0。天然状态下膨胀土的压缩系数在 $0.1\sim0.3MPa^{-1}$ 之间，属于低压缩性至中等压缩性。

击实膨胀土的压缩性较之相同含水率原状膨胀土的压缩性更大，反映出具有超固结特性。一旦破坏其原状结构，便不易击实到原来的密实状态，尤其是大面积填土，在块径大小不一的条件下，密实度更差，压缩性更大。

填筑膨胀土的压缩性能，与填筑条件有密切关系。当击实含水率一定时，压缩系数随击实干密度的增大而减小；当击实干密度一定时，压缩系数则随击实含水率的减小而增大。

4）渗透特性。膨胀土的膨胀性愈强，渗透系数愈小；膨胀土击实条件下的透水性较之原状土的透水性更小。击实后膨胀土渗透系数为 $i\times10^{-7}\sim i\times10^{-9}cm/s$。

（3）筑坝工程措施。利用膨胀土筑坝均为中低坝，对高坝应慎重。筑坝宜采用以下工程措施：

表 1.5-18　　我国部分地区膨胀土的物理性质及膨胀与收缩性指标

地　区	天然含水率 w (%)	密度 ρ (g/cm³)	孔隙比 e	液限 w_L (%)	塑性指数 I_P	<2μm 胶粒含量 (%)	自由膨胀率 (%)	膨胀率 (%)	膨胀力 (kPa)	线缩率 (%)
云南鸡街	24.0	2.02	0.68	50.0	25.0	48	79	5.01	103	2.97
云南蒙自	39.4	1.78	1.15	73.0	34.0	42	81	9.55	50	8.20
广西宁明	27.4	1.93	0.79	55.0	28.9	53	68		175	6.44
广西田阳	21.5	2.02	0.64	47.5	23.9	45	56	2.60	34	3.80
河北邯郸	23.0	2.00	0.67	50.8	26.7	31	80	3.01	56	4.48
河南平顶山	20.8	2.03	0.61	50.0	26.4	30	62	—	137	—
湖北襄阳	22.4	2.02	0.65	55.2	30.9	32	112	—	30	—
湖北枝江	22.0	2.01	0.66	44.8	24.3	31	51	—	94	—
陕西安康	20.4	2.02	0.62	50.8	30.5	25.8	57	2.07	37	3.47
陕西汉中	22.2	2.01	0.68	42.8	21.3	24.3	58	1.66	27	5.80
山东临沂	34.8	1.82	1.05	55.2	29.2	—	61	—	7	—
山东泰山	22.3	1.96	0.71	40.2	20.2	—	65	0.09	14	—
安徽合肥	23.4	2.01	0.68	46.5	23.2	30	64	—	59	—
江苏六合	22.1	2.06	0.62	41.3	19.8	—	33.3	0.76	14	9.38
江苏南京	21.7	2.04	0.63	42.4	21.2	24.5	56	—	85	—
四川成都(川师)	21.8	2.02	0.64	43.8	22.2	40	61	2.19	33	3.50
四川成都(龙潭寺)	23.3	1.99	0.61	42.8	20.9	38	90	—	39	5.90

1) 膨胀土上施加压力后可减少甚至消除膨胀量。心墙或斜墙坝的上下游坝壳，可起盖重作用，有助于消减膨胀量；在心墙或斜墙顶部一定厚度范围内填筑一般黏性土，或将膨胀土与非膨胀土掺合成非膨胀性土，使之不会因自重不够而遇水膨胀。对于均质土坝，宜在上下游坝面及坝顶一定厚度内填筑一般黏性土，或结合上下游护坡覆盖砂砾石或石渣、堆石等，利用其自重对下部的膨胀土加压，既可防止遇水膨胀，又可保护膨胀土，防止失水干裂。

2) 在靠近坝顶和上下游坝面自重压力较小可能遇水膨胀部位填筑的膨胀土，含水率宜略高于最优含水率2%～3%，干密度宜略低于最大干密度，以减少膨胀量。

3) 当用非膨胀土填筑心墙或斜墙时，可将膨胀土填在下游坝壳浸润线以上的干燥区。

湖北省霍河土坝、坝高67m，采用当地苹果园料场的中等偏高膨胀性黏土，其矿物成分以伊利石为主，其他依次为蛭石和高岭石。胶粒含量38%，黏粒含量55%，天然含水率19.5%～22.5%，天然干密度1.60～1.68g/cm³，液限为52.1%，塑限为25.4%，塑性指数为26.7，缩限为14.5%，体积收缩率为41.9%，自由膨胀率为95%。试验表明：霍河坝膨胀土在不同含水率下击实成不同干密度的试样时，其体积膨胀率随膨胀土所受荷载的增大而减小，体积膨胀率与荷载的对数值之间呈线性关系，据此可以预测膨胀土坝体的膨胀性状。从不同压实条件下的试验结果对设计施工提出的建议是：填筑含水率宜略高于最优含水率2%～4%，填筑干密度略低于最大干密度（0.96最大干密度）。

四川省升钟心墙石渣坝，坝高79m，心墙料采用膨胀土与非膨胀土掺合而成，用重型羊足碾压实，1982年建成，运行正常。升钟水库心墙料试验结果见表1.5-19。

我国用膨胀土筑坝的工程实例见表1.5-20。

表 1.5-19　　四川省升钟水库土坝心墙料物理力学性质试验成果

施工前后比较	黏粒含量 (%)	液限 w_L (%)	击　实		饱和固结快剪		碾压后渗透系数 k (cm/s)	自由膨胀率 F_s (%)	体积收缩率 C_s (%)
			最大干密度 $\rho_{d\max}$ (g/cm³)	最优含水率 w_{OP} (%)	黏聚力 c (kPa)	内摩擦角 φ (°)			
膨胀土	37.3	33.2	1.73	18.5	68	10.35	—	49.1	10.47
膨胀土与非膨胀土掺合后	30.8	25.0	1.71	16.1	32	19.9	—	27.0	—
掺合料施工碾压后	32.1	30.8	1.77	17.6	74	22.9	3.4×10^{-7}	30.0	—

表 1.5-20　膨胀土筑坝实例

坝名	所在地	坝型	坝高(m)	主要坝料	击实土(最优含水率,最大干密度)				坝坡		施工方法	竣工年份	运行情况
					内摩擦角(°)(饱和固结快剪)	黏聚力(kPa)(饱和固结快剪)	渗透系数(cm/s)	压缩系数(MPa^{-1})(相应垂直应力100～200kPa)	上游	下游			
鱼牧山	湖北竹山	心墙	67.0	中等强膨胀土	14.5	40	9.0×10^{-9}	0.16	1∶2.75～1∶4	1∶2.5～1∶3	碾压	1980	正常
谭家河	湖北郧县	心墙	43.0	中等强膨胀土	—	—	4.7×10^{-9}	0.28	1∶2～1∶3	1∶2～1∶3	碾压	1960	正常
巨家河	湖北郧县	心墙	43.0	强膨胀土	12.0	0	6.5×10^{-9}	0.16	1∶2.2～1∶3	1∶2～1∶2.5	碾压	1970	正常
红卫	湖北竹山	心墙	34.0	强膨胀土	11.7	85	3.8×10^{-7}	0.13	1∶3.25～1∶3.75	1∶2.5～1∶3	碾压	1966	正常
土沟	湖北郧县	均质坝	30.0	中等膨胀土	10.5	87	6.4×10^{-9}	0.12	1∶2	1∶1.5～1∶2.5	碾压	1968	1975年8月下游坡因边坡陡等原因发生两处滑坡
明钦	湖北竹山	斜墙	29.7	中等强膨胀土	22.0	32	8.4×10^{-9}	0.17	1∶2	1∶2	碾压	1965	正常
双丰	湖北竹山	均质坝	24.0	中等膨胀土	15.3	56	2.2×10^{-9}	0.14	1∶3～1∶3.5	1∶2～1∶3	碾压	1966	1974年8月下游坡因水沟渗透,发生局部滑坡,处理后正常
张沟	河南邓县	均质坝	21.0	中等膨胀土	12.3	73	7.1×10^{-9}	0.13	1∶2.5～1∶3.25	1∶2.5～1∶3	碾压	1982	正常
刘山	河南邓县	均质坝	18.0	中等膨胀土	14.3	75	5.5×10^{-9}	0.15	1∶2.5	1∶2.5	碾压	1967	1975年8月下游坡因坡过陡等原因发生两处滑坡,处理后正常
兰营	河南南阳	均质坝	16.0	弱膨胀土	19.6	70	3.7×10^{-9}	0.11	1∶2.5～1∶3	1∶2～1∶2.5	碾压	1968	正常
望花亭	河南南阳	均质坝	16.0	弱膨胀土	22.7	66	1.2×10^{-9}	0.28	1∶3	1∶2.5	碾压	1958	正常
七〇	四川简阳	均质坝	16.0	弱膨胀土	14.0	70	8.0×10^{-8}	0.20	1∶2～1∶2.5	1∶2～1∶2.5	碾压	1971	1979年4月下游坡发生一处局部滑坡
那文	广西南宁	均质坝	15.3	强膨胀土	9.3	46	2.0×10^{-7}	0.21	1∶2.5	1∶2.5	碾压	1972	正常
魏老河	安徽长丰	均质坝	13.5	中等膨胀土	16.5	42	3.6×10^{-9}	0.16	1∶7	1∶2.5	碾压	1959	正常
那生	广西田阳	均质坝	12.0	强膨胀土	12.0	55	1.3×10^{-8}	0.23	1∶2.5	1∶2.5	夯实	1953	正常,上游坡有1.5m高的凸起
永丰	安徽长丰	均质坝	12.0	中等膨胀土	17.0	44	2.0×10^{-7}	0.12	1∶3	1∶2.5	碾压	1968	正常
靳庄	河南南阳	均质坝	12.0	中等膨胀土	9.2	40	—	—	1∶2.5	1∶2.5	碾压	1964	正常
沙角	广西宁明	均质坝	11.5	强膨胀土	15.1	61	8.9×10^{-8}	0.31	1∶2	1∶2	碾压	1973	1975年秋上下游各发生一处滑坡
三里河	安徽长丰	均质坝	10.0	强膨胀土	14.0	51	—	—	1∶3	1∶2.5	碾压	1958	正常
长桥海	云南蒙自	均质坝	8.0	弱膨胀土	22.0	50	8.2×10^{-9}	0.19	1∶2～1∶2.5	1∶2～1∶2.5	碾压	1967	正常

1.5.2.5 填筑设计

1. 压实标准

SL 274—2001、DL/T 5395—2007 规定的填筑设计控制指标为压实度，规定“1、2 级坝和高坝的压实度应为 98%～100%，3 级中、低坝及 3 级以下的中坝压实度应为 96%～98%”。

在设计实践中，需要根据选定的压实度和试验得到的最大干密度，推求出土料的设计干密度，从而通过试验等方法推求其他设计指标。

在填筑施工中，可根据实际情况，选择压实度或干密度作为填筑的控制指标。

2. 压实度确定

压实度是根据不同级别大坝的安全度要求与投资的关系，人为确定一个安全标准。因此与确定大坝级别相关的安全和与投资大小相关的两类因素都是确定压实度需要考虑的因素。这两类因素可归纳为工程的等别、坝的高度、坝型、材料特性、坝址地震烈度和施工条件等，最终根据以上多种因素，经综合比较选定。

(1) 在设计规范规定的范围内选定。毋庸置疑，不同级别的大坝，其黏性土的压实标准均应在现行规范规定的压实度范围内选定。在压实度选定中，当具有某种特殊需要时，允许选定的压实度高于规范规定的压实度。但在任何情况下，均不允许低于规范规定的压实度。

(2) 坝的级别。对某一级别的坝，当坝高靠近上一级别或对于特别重要的工程，可以在相应级别规定的压实度范围内选取大值。

(3) 坝型。均质坝可在规定的范围内选较小的压实度。心墙和斜墙分区坝可以选较大的值。

(4) 土料的压实性能。选择压实度时还应研究压实土的压缩性能、渗透特性和抗剪强度特性等。首先，应考虑压实度的大小对压实土压缩性能的影响，选择合适的压实度，以减小坝体的沉降量和不均匀沉降量。对于土质防渗体分区坝，一般防渗土料的抗剪强度对坝坡稳定不起控制作用，可不作为选择压实度主要考虑的因素。对于一般黏性土，达到规范规定的压实度时，其渗透系数可满足防渗要求。

3. 最大干密度及最优含水率确定

(1) 代表性土样的选取。确定土料的最大干密度和最优含水率时，需要对料场土料分布、性能和开采使用计划有充分的了解，并据此选取代表性级配做击实试验，求取试样的最大干密度和最优含水率。对试验资料统计分析后，确定最大干密度和最优含水率。一般可选上下级配包线和平均级配包线做击实试验。如果一个土料场中有多种土料，其物理力学性能、压实性能有明显的差异，以至于影响到土料使用时，应对料场土料的开采方式及坝体填筑进行合理规划。当料场土料级配差别较大且需要分区或分层开采填筑时，应分别进行击实试验。如果混合开采上坝，则应采用混合土料的级配进行击实试验。

(2) 最大干密度和最优含水率试验。最大干密度和最优含水率由标准击实试验求得。一般黏性土有两种标准击实功能：粒径小于 5mm 的土料采用单位体积击实功能为 592.2kJ/m³，粒径小于 20mm 的土料采用单位体积击实功能为 2684.9kJ/m³。标准击实仪主要部件尺寸规格见表 1.5-21。试验方法见击实试验（SL 237—011—1999）。对于最大粒径小于 60mm 的砾石土，则采用单位体积击实功能为 591.9kJ/m³ 和 2688.2kJ/m³。击实功能可根据砾石土级配和坝高选用。这两种击实功能前者击锤重 15.5kg，后者击锤重 35.2kg，前者每层击数 44，后者每层击数 88。砾石土采用的大型击实仪主要部件尺寸规格见表 1.5-22。试验方法见粗颗粒土击实试验（SL 237—055—1999）。

表 1.5-21 击实仪参数表

试验方法	锤底直径 (mm)	击锤质量 (kg)	落高 (mm)	击实筒尺寸			护筒高度 (mm)
				内径 (mm)	筒高 (mm)	容积 (cm³)	
轻型	51	2.5	305	102	116	947.4	≥50
重型	51	4.5	457	152	116	2103.9	≥50

表 1.5-22 大型击实仪参数表

击锤质量 (kg)	锤底直径 (cm)	落高 (cm)	击实筒尺寸		装土层次	每层击数
			内径 (cm)	筒高 (cm)		
15.5	15	60	30	28.8	3	44
35.2	15	60	30	28.8	3	88

(3) 击实试验资料整理。击实试验得到的最大干密度不是一个常数，而是一个试验值系列。在确定设计采用的最大干密度时，根据样品试验值的具体情况而定。在初期设计阶段，可取试验值的算术平均值作为采用值；当料场各地质单元不同土料储量查明后，可按照料场储量和填筑规划，取加权平均值作为采用值。最优含水率的确定也采用类似的方法。

对某一种土料，击实试验提供一系列的单个土样的最大干密度和最优含水率值。由于试验土料本身性质的不均一性等多种原因，这一系列的试验值不可能完全相同。在设计过程中，应选择具有代表性的一个设计干密度值研究材料的抗剪强度、应力、变形等力学性质和渗透特性。

对于砾石土，由于其最大干密度随含砾量的不同而有较大差别，因此应分别求出在设计容许范围内不同含砾量的最大干密度，整理出不同含砾量与最大干密度的关系曲线。最终根据设计确定的含砾量，在曲线上查出相应的最大干密度值。

4. 推求设计干密度

当压实度和最大干密度确定后，可按下式计算出设计干密度：

$$\rho_{ds} = P\rho_{d\max} \tag{1.5-3}$$

式中 ρ_{ds}——设计干密度，g/cm³；

P——设计选定的压实度，%；

$\rho_{d\max}$——最大干密度，g/cm³。

5. 黄土填筑

用黄土填筑大坝时，需要将其原状结构彻底破坏，以免竣工后产生过大的沉降和不均匀沉降，因此应选择较高的压实度和稍高的含水率。小浪底土石坝采用的压实度为100%，填筑含水率比最优含水率高2%。

6. 砾石土填筑

通过击实试验确定不同级配砾石土的压实性能，选定设计压实度；并通过碾压试验确定相应的施工参数。

7. 设计的压实标准与施工控制压实标准之间的关系

设计确定压实标准的目的主要是按照此标准推求压实土的物理力学指标，以供计算分析用，同时也是今后确定施工控制压实标准的依据。因此设计采用的压实标准控制指标要不大于实际施工能达到的标准。

1.5.3 反滤料、过渡层料和排水体料的选择及填筑设计

1.5.3.1 基本要求

反滤料和过渡层料可利用天然或经过筛选的砂砾石料，也可采用块石、砾石轧制，或两者的掺合料。反滤料、过渡层料和排水体料，应符合下列要求：

（1）质地致密，抗水性和抗风化性能满足工程运用条件的要求。要求反滤料的母岩为饱和抗压强度大于30MPa的硬岩，软化系数高、抗风化能力强，以防施工碾压和运用中级配变化过大。采用砂砾石料筛分时，砂砾石中不应含有较多的软弱颗粒；若采用岩石轧制生产反滤料，则应选择新鲜岩石轧制，以免其继续风化使含泥量增大而影响反滤料的透水性等性能，同时还应控制针、片状颗粒含量。

（2）具有要求的透水性。反滤料一般应是自由透水的，要求的渗透系数 $k>10^{-3}$cm/s。反滤料渗透系数为被保护料的10～100倍以上，最好100倍以上。

（3）具有连续的级配。反滤料一般应为连续级配料，以提高其渗透稳定性。

（4）反滤料和排水体料粒径小于0.075mm的颗粒含量不超过5%。

1.5.3.2 级配设计

1. 保护无黏性土

无黏性土指黏粒含量（粒径小于0.005mm）不大于3%、塑性指数不大于3、颗粒间不具有黏结力的土。

被保护土和第一层反滤的特征粒径 d_{15}、d_{85} 和 D_{15} 应满足式（1.5-4）、式（1.5-5）的要求，同时要求两者不均匀系数（$\eta = d_{60}/d_{10}$ 及 D_{60}/D_{10}）不大于5～8，级配曲线形状最好相似。

$$\frac{D_{15}}{d_{85}} \leqslant 4 \sim 5 \tag{1.5-4}$$

$$\frac{D_{15}}{d_{15}} \geqslant 5 \tag{1.5-5}$$

式中 D_{15}——反滤料的特征粒径，小于该粒径的土占总土重的15%；

d_{15}、d_{85}——被保护土的粒径，小于该粒径的土分别占总土重的15%和85%。

式（1.5-4）是为了保护被保护土不会向反滤层流失，称为保土准则；式（1.5-5）是为了保证反滤料的透水性，也称为透水准则。公式同样适用于选择第二、第三层反滤，当选择第二层反滤时，以第一层反滤为被保护土；而选择第三层反滤时，以第二层反滤为被保护土。

设计时应根据被保护土的若干级配曲线求出粗限及细限级配曲线（即粗、细包线），根据保土和透水准则及不均匀系数小于5～8的条件，可分别求得反滤料粗、细限级配曲线。但应指出，此时为满足保土准则，D_{15} 及 d_{85} 应分别取自反滤粗限级配曲线及被保护土的细限级配曲线；为满足透水准则，D_{15} 及 d_{15} 应分别取自反滤细限级配曲线及被保护土的粗限级配曲线；即分别要求 $\frac{(D_{15})_1}{d_{85}} \leqslant 4 \sim 5$ 及 $\frac{(D_{15})_2}{d_{15}} \geqslant 5$，参见图1.5-22。要求实际反滤料级配应落在粗细限包线范围内。采用该法选定的反滤料偏于安全。

天然无黏性土往往不均匀系数较大，级配不连续，进行如下处理后，仍可用上述方法设计保护以下无黏性土的反滤料：

（1）对不均匀系数 $\eta>5\sim8$ 的非黏性被保护土，可取其粒径小于2～5mm的细粒部分的级配曲线作为

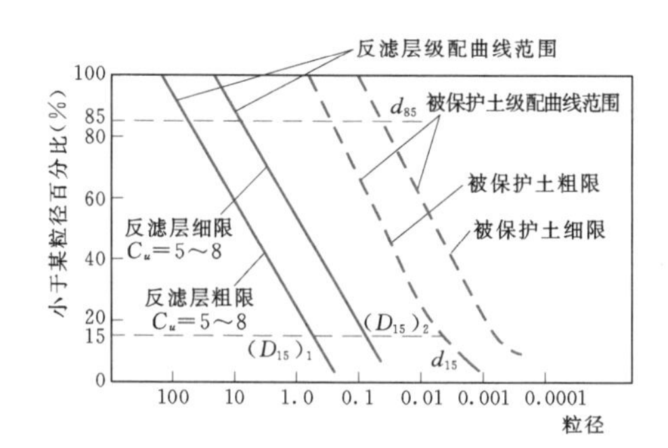

图 1.5-22 被保护土与反滤级配示意图

被保护土的级配曲线，求其 d_{15}、d_{85}，经过处理后的细料级配曲线，一般 $\eta<5\sim8$，再用上述方法设计反滤料。这样设计出的反滤能保护被保护土中细料不至流失。

（2）对于级配不连续的非黏性土，可以取平段（粒径一般 1～5mm 以下的细料）级配曲线的 d_{15}、d_{85}，作为被保护土的计算粒径，再用上面方法设计反滤料。

（3）当采用不均匀系数 $\eta>5\sim8$ 的天然砂砾料作为第一层反滤，可采用小于 5mm 的细粒部分的级配曲线上的 D_{15} 作为计算粒径，用上述方法设计。此时还要求天然砂砾料中大于 5mm 含量应小于 60%。这种简化处理的本意是：在大于 5mm 的粗料含量小于 60%的情况下，经压实之后，小于 5mm 的细料已成为主体，粗料孔隙已完全被细粒冲填（即砂包砾），无论是渗透性或防止被保护土流失，都是细料起作用，故可用细料级配的 D_{15} 作为计算粒径，进行反滤料设计。

对于重要土石坝，用上述方法确定反滤料的级配曲线后，还应通过反滤试验进行验证。

2. 保护黏性土

（1）满足被保护黏性土的细粒不会流失。根据被保护土小于 0.075mm 颗粒含量的百分数不同，而采用不同的方法。当被保护土含有大于 5mm 的颗粒时，则取其小于 5mm 颗粒的级配确定小于 0.075mm 的颗粒含量百分数及计算粒径 d_{85}；如被保护土不含有大于 5mm 颗粒时，则按全料确定小于 0.075mm 的颗粒含量及 d_{85}。

1）对于小于 0.075mm 的颗粒含量大于 85%的黏性土，按下式设计反滤层。

$$D_{15}\leqslant 9d_{85} \tag{1.5-6}$$

当 $9d_{85}<0.2$mm 时，取 D_{15} 等于 0.2mm。

2）对于小于 0.075mm 的颗粒含量为 40%～85%的黏性土，按下式设计反滤层。

$$D_{15}\leqslant 0.7\text{mm} \tag{1.5-7}$$

3）对于小于 0.075mm 颗粒含量为 15%～39%的黏性土，按下式设计反滤层。

$$D_{15}\leqslant 0.7+\frac{1}{24}(40-A)(4d_{85}-0.7) \tag{1.5-8}$$

式中 A——小于 0.075mm 颗粒含量，%。

若式（1.5-8）中 $4d_{85}<0.7$mm，应取 0.7mm。

（2）满足排水要求。以上三种黏性土还应符合下式，以满足排水要求。

$$D_{15}\geqslant 4d_{15} \tag{1.5-9}$$

式中，d_{15} 应为被保护黏性土全料的 d_{15}，若 $4d_{15}<0.1$mm 时，则应取 D_{15} 不小于 0.1mm。

1.5.3.3 防止分离要求

宽级配的反滤料在铺填中容易产生分离现象，分离严重的反滤料将失去保护被保护土的功能。因此对反滤料提出防止分离的要求，见表 1.5-23。

表 1.5-23 防止反滤料分离的准则 单位：mm

被保护土类别	$D_{10\min}$	$D_{90\max}$
所有类别	<0.5	20
	0.5～1.0	25
	1.0～2.0	30
	2.0～5.0	40
	5.0～10	50
	>10	60

$D_{90}<20$mm 左右的砂反滤料，一般不要求对其级配范围进行特别调整。对于具有反滤和排水双重功能的粗粒反滤料，D_{90}/D_{10} 的比率应随 D_{10} 粒径的增加而迅速减小。

1.5.3.4 设计步骤

第 1 步：用足够的土样绘制被保护土料的粒径级配曲线。

第 2 步：若被保护土不含大于 5mm 的颗粒，可直接进入第 4 步。

第 3 步：若被保护土含有大于 5mm 颗粒，按下述方法调整级配曲线。

（1）100 除以小于 5mm 颗粒的百分含量得一调整系数。

（2）将粒径 5mm 以下各粒组的百分数乘以调整系数。

（3）绘制这些调整后的百分数得到一新的级配曲线。

（4）用新的级配曲线确定第 4 步中所需通过 200 号筛（0.075mm）的百分数。

第4步：以粒径0.075mm以下含量的百分数为标准，按照表1.5-24将被保护土分类。

表1.5-24 被保护土分类

被保护土分类	小于200号筛(0.075mm)粒径的百分数(调整后)(%)	被保护土说明
1	>85	细粉土和黏土
2	40～85	砂、粉土、黏土及粉土质和黏土质砂
3	15～39	粉土质和黏土质砂或砾石
4	<15	砂和砂砾石

第5步：为满足滤土要求，按表1.5-25确定反滤层的容许D_{15max}。

表1.5-25 反滤准则（滤土）——D_{15max}

被保护土类别	滤土准则
1	$D_{15max} \leqslant 9d_{85}$(若$9d_{85}<0.2$mm，取0.2mm)
2	$D_{15max} \leqslant 0.7$mm
3	$D_{15max} \leqslant 0.7+\frac{1}{25}(40-A)(4d_{85}-0.7)$ A=调整后曲线通过200号筛的百分数 (若$4d_{85}<0.7$mm，取0.7mm)
4	$D_{15max} \leqslant 4d_{85}$(全料)

对于非关键部位（指防渗体下游反滤层以外）的反滤D_{15max}可以调整。对于被保护土为$d_{15}=0.03\sim0.1$mm的细粒土，取$D_{15max} \leqslant 0.5$mm；对于含砂量低的粉细砂（土壤分类塑性图1.4-1中A线以下），取$D_{15max}=0.3$mm可能是合适的。

第6步：如果渗透性是控制的必要条件，按表1.5-26确定容许的D_{15min}。

表1.5-26 反滤准则（排水）——D_{15min}

被保护土类别	排水准则
所有类别	$D_{15min} \geqslant 4d_{15}$（全料）(但$\geqslant$0.1mm)

第7步：反滤料的设计级配上、下包线带宽须相对地窄，以防采用间断级配的反滤料。调整第5步和第6步确定的反滤料的D_{15max}、D_{15min}，以使过筛率为60%粒料中的任一粒径最大与最小值的比率不大于5。标准见表1.5-27。

本步要求避免采用间断级配的反滤料。单从观察颗粒级配曲线就可分辨出间断级配材料。但是为规范起见，需要更多的控制措施。设计反滤料上、下级配包线时，用第1步到第6步得到的控制点，应按照下面的附加要求来减少采用间断级配反滤料的可能性。

表1.5-27 其他反滤设计准则

设计项目	准则
防止采用间断级配的反滤料	设计反滤料应满足过筛率为60%粒料中任一粒径的最大值与最小值的比率≤5
反滤料级配范围	不均匀系数≤6

第5步和第6步计算D_{15max}与D_{15min}之比值，若大于5，须调整使该比值不大于5。把D_{15max}作为控制点1，D_{15min}作为控制点2，进行第8步。

最终所决定的D_{15}粒径应在前述准则确定的范围内，还应遵循下列原则：

（1）为保证反滤层的排水功能，则应以D_{15max}确定反滤料带的设计。以D_{15max}为控制点，用其除以5得出D_{15min}，分别作为控制点1和2。

（2）对于非常细的被保护土或反滤处于最重要的功能区，应以D_{15min}确定反滤范围。以D_{15min}为控制点，将其乘以5得到D_{15max}，分别作为控制点1和2。

（3）在第5步和第6步中，最重要的是确定D_{15max}和D_{15min}的合适粒径范围，以便于从人工料场得到标准级配或从施工现场附近的天然料场选出设计范围内的级配。最终确定的D_{15max}和D_{15min}，应与料场材料相符，并确保其比率不大于5。

第8步：设计的反滤层级配不一定具有很宽的粒径范围，以免出现间断级配。调整反滤层的设计粒径范围，使反滤料上下包线不均匀系数$\eta \leqslant 6$。反滤料带的宽度还应满足过筛量60%粒料的任一最大与最小粒径之比小于等于5。

初始设计反滤层的η值为6。如果需要，最终设计时反滤料级配曲线可调整得陡一些，即η值可小于6，只要其滤土性和渗透性满足要求便可。

计算$D_{10max}=D_{15max}/1.2$（1.2的系数是由假定η为6，D_{15}与D_{10}连线的坡度确定的）。由$D_{10max}\times 6$计算出D_{60max}，把此点作为控制点3。

$D_{60max}/5$确定反滤层带细料的D_{60min}粒径，把此点作为控制点4。

第9步：按表1.5-28确定反滤的D_{5min}和D_{100max}粒径。把这两个点作为控制点5和6。

第10步：为减小施工中的分离，控制反滤料的D_{90max}和D_{10min}是重要的。用$D_{15min}/1.2$得初始的D_{10min}。用表1.5-23确定D_{90max}，把此点作为控制点7。

表 1.5-28　最大、最小粒径准则

被保护土类别	D_{100max}	D_{5min}
所有类别	< 75mm	0.075mm

D_{90}<20mm 左右的砂反滤料，一般不要求对其级配范围进行特别调整。对于具有反滤和排水双重功能的粗粒反滤料和砾石区，D_{90}/D_{10} 的比率应随 D_{10} 粒径的增加而迅速减小。

第 11 步：连接控制点 4、2 和 5，确定反滤料的上包线，连接控制点 6、7、3 和 1，确定反滤料的下包线，将上、下包线延至 100%，即为反滤料级配的初步设计成果。

第 12 步：设计反滤料与相邻穿孔管的关系应不小于表 1.5-29 的规定。

表 1.5-29　有相邻穿孔集水管的反滤准则

不可能发生涌浪和水力梯度剧烈变化的非关键排水部位	反滤料的 D_{85} 须≥穿孔集水管管径
可能发生涌浪和水力梯度剧烈变化的关键排水部位	反滤料的 D_{15} 须≥穿孔集水管管径

以上步骤提供了反滤层级配设计及其准则，从总体上提出了最需要的反滤特性。但是，在某些情况下，要求稍差的反滤层级配范围可能是更合适的。比如所定的级配标准更容易获得，或采用现场的反滤料更加经济等。经试验验证，能有效保护被保护土，且填筑施工中制定有效的防止分离措施，均为合格的反滤料。

某种情况下，从第 1～12 步得到的设计反滤层范围线可调整得陡一些，但调整须在上述设计范围线以内，以使小于 60%的料中最大、最小颗粒粒径比率不大于 5。调陡后反滤层的不均匀系数应不小于 2。

注意，上述不均匀系数的要求仅仅适用于设计反滤层的级配范围。在特定的范围内，不均匀系数大于 6，也是可以接受的。

按照上述设计步骤设计出的反滤料上下线包线各特征粒径控制点示意图见图 1.5-23。

必须指出的是，按以上设计步骤确定的反滤料仅仅是最终确定反滤料级配的主要依据，一般还需要经反滤试验验证后最终选定反滤料的级配。对于重要的土石坝和高坝均应进行反滤试验验证。

国外一些土石坝的反滤料颗粒级配曲线见图 1.5-24。

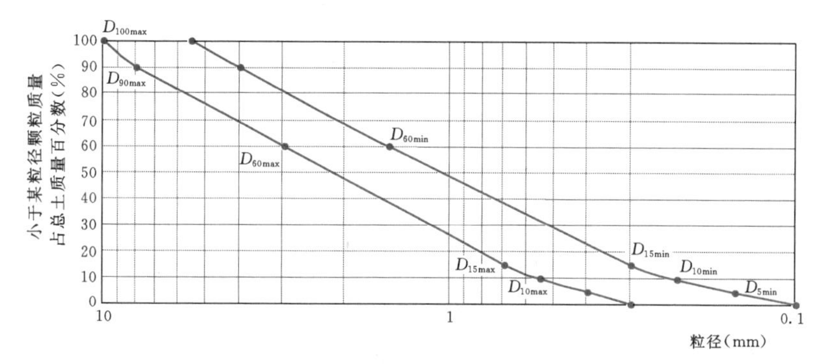

图 1.5-23　反滤设计控制点示意图

泸定水电站黏土心墙堆石坝反滤料和过渡料设计实例如下。心墙上下游反滤料 F1、F2 和坝基反滤料主要来自岔道料场。反滤料 F1 填筑技术要求：最大粒径不大于 20mm，D_{85}=2.7～9.5mm，D_{15}=0.12～0.4mm，小于 0.075mm 颗粒含量不大于 5%。反滤料 F2 填筑技术要求：最大粒径不大于 80mm，D_{85}=17～15mm，D_{15}=0.8～4.5mm，小于 0.075mm 土料含量不大于 5%，压实后相对密度控制在 0.8～0.9。过渡料饱和抗压强度应大于 40MPa，最大粒径不大于 300mm，D_{15}≤20mm，压实后渗透系数应大于 5×10^{-2} cm/s，小于 0.075mm 颗粒含量不大于 5%。上游过渡料小于 5mm 颗粒含量不大于 24%，下游过渡料小于 5mm 颗粒含量不大于 20%，压实后相对密度控制 D_r≥0.8，孔隙率不大于 20%。

1.5.3.5　填筑设计

SL 274—2001 规定砂砾料反滤层填筑的“相对密度宜为 0.70”，根据工程实际情况可以适当调整。在工程设计中需要注意以下几点。

1. 防渗体上下游两侧的反滤层

防渗体上下游两侧的反滤层除本身的反滤功能之外，往往还起到心墙土料与坝壳料之间的刚度过渡作用，不希望其密实度过高，因此相对密度可以采用 0.7。

2. 轧制的反滤料

轧制的反滤料往往有一定的针片状颗粒，压实过度会使颗粒破碎，改变其级配和透水性，因此不必采用过高的密实度，相对密度也可采用 0.7。

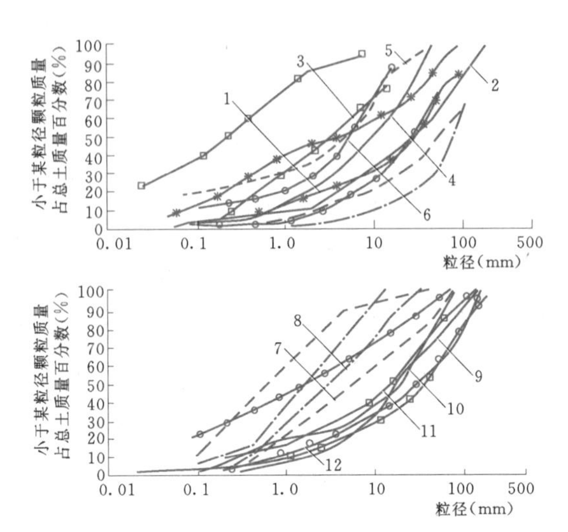

图 1.5-24　国外土石坝的反滤层及过渡区筑坝材料级配曲线

1—岩洞坝；2—御母衣坝；3—牧尾坝；4—鱼梁濑坝；5—九头龙坝；6—水洼坝；7—波太基坝；8—恰尔瓦克坝；9—英菲尔尼罗坝；10—努列克坝；11—盖伯契坝；12—库加尔坝

3. 有可能液化的部位

地震区的土石坝，如果反滤料 5mm 以下颗粒含量高，应验算其液化的可能性，并根据坝的地震设防烈度，确定相对密度。

1.5.4　坝壳料的选择及填筑设计

1.5.4.1　坝壳料的选择及分区

坝壳料是维持坝体稳定的主体，是采用材料类型最多的分区。随着大型、重型设备的应用，对坝壳料要求也越来越放宽。料场开采和枢纽建筑物开挖的砂砾石、石渣、砾石土等多种材料均可用于填筑坝壳。但对于不同性质的坝料应根据其特性分别填筑于坝的不同部位：

(1) 新鲜坚硬、软化系数较高、且能自由透水的硬岩堆石料、天然砂砾石料、卵石、漂石可填筑于坝壳的任意部位。

(2) 饱和抗压强度小于 30MPa 的软岩堆石料、风化料等多要求填筑于防渗体下游坝壳内下游水位以上的部位。

1.5.4.2　坝壳料的一般要求

1. 最大粒径

采用较大的最大粒径有利于提高堆石的密度和抗剪强度，对坝坡稳定有利。一般最大粒径为填筑层厚的 0.5～1.0，最大不超过铺填层厚。为便于控制压实质量、减小堆石的后期沉降，堆石最大粒径宜不超过填筑层厚的 3/4。

2. 堆石料级配

采用台阶式常规爆破开采的堆石料，一般通过爆破试验取得连续级配。设计上对堆石的级配没有严格的要求，要求过于严格时将提高开采成本，爆破开采时也不易控制。但有一定的 5mm 以下的颗粒含量有利于提高堆石的压实密实度，一般要求小于 5mm 的颗粒含量不超过 30%。

枢纽建筑物的开挖对爆破有特殊要求，不能像料场开采那样根据级配要求进行爆破设计。因此对于建筑物开挖料必须根据其岩性及实际级配特征因材设计。

3. 砂砾石级配

由于砂砾石料的颗粒形状和级配特点，一般容易压实到较高的密实度。当粒径小于 5mm 的颗粒含量约为 30%时，可以实现最优的压实。有统计资料表明，砂砾石料的压实干密度可达 2.20g/cm^3 左右。

与堆石料相比，砂砾石料的压缩变形相对较小。由于压缩变形模量与压缩变形量成反比，在相同垂直压力的条件下，砂砾石料的压缩模量大于堆石料。由于砂砾石料有良好的压实特性，且比堆石料更便于开采和造价较低，所以砂砾石料的应用广泛。

由于砂砾石料是一种天然筑坝材料，因此在材料选择时不宜对其级配提出过高的要求，而应根据其实际的材料特性进行设计。

一般要求砂砾石的含泥(<0.075mm)量小于 10%。

1.5.4.3　堆石料

堆石料被广泛用于填筑坝壳。由于采用重型振动碾及薄层压实技术，使石料的应用范围及料源扩大：从新鲜坚硬岩石到风化岩石及软岩；其料源除专用石料场外，现在更重视充分利用枢纽建筑物开挖的石渣料上坝，并据其特性，填筑在坝的不同部位。堆石料的母岩可以是火成岩、变质岩和沉积岩。花岗岩、闪长岩等强度高，是很好的堆石料，玄武岩、安山岩、流纹岩、中生界以前的砂岩、灰岩等都是较好的堆石料，凝灰岩、新生界砂岩、片麻岩甚至板岩、泥岩、片岩和页岩等都可作为堆石料。

堆石料作为筑坝材料时应考虑的主要工程特性是：母岩抗压强度、软化系数、颗粒级配、孔隙率、干密度、抗剪强度、荷载作用下变形特性、浸水变形特性、流变特性、渗透特性和动力特性等。

国内外 26 座土石坝堆石料级配范围统计结果见图 1.5-25。

近年来我国已建与在建的高心墙堆石坝坝壳堆石料主要工程特性见表 1.5-30。糯扎渡和双江口两座高心墙堆石坝的典型横剖面见图 1.5-26、图 1.5-27。

随着母岩的强度和风化程度不同，堆石料的性能

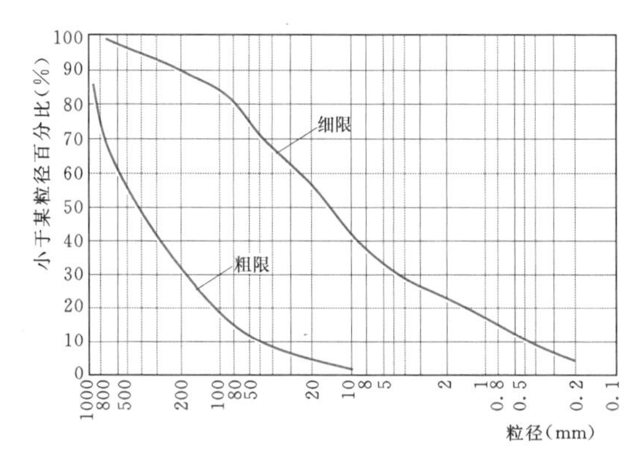

图 1.5-25　国内外 26 座土石坝堆石料级配范围

变化较大，使用也不同。对于压实的坚硬岩石，内摩擦角一般不小于 45°，中等质量岩石 40°～45°；对于页岩、黏土岩及泥板岩等软岩，一般为 25°～35°。石料的渗透系数与细料含量、母岩性质和孔隙率大小有关，硬岩堆石料一般为 $i\times10^{-1}\sim i\times10^{-2}$cm/s。

1. 硬岩堆石料

按照抗压强度分类，饱和抗压强度在 30MPa 以上的为硬岩。硬岩堆石料母岩抗压强度高、软化系数大、耐风化。采用台阶式爆破开采的硬岩堆石料的级配是连续的，细粒含量少，能自由排水（渗透系数大于 10^{-3}cm/s）。水库蓄水坝料饱和后的性质变化较小，是理想的坝壳填筑料，可以填筑坝壳的任意部位。

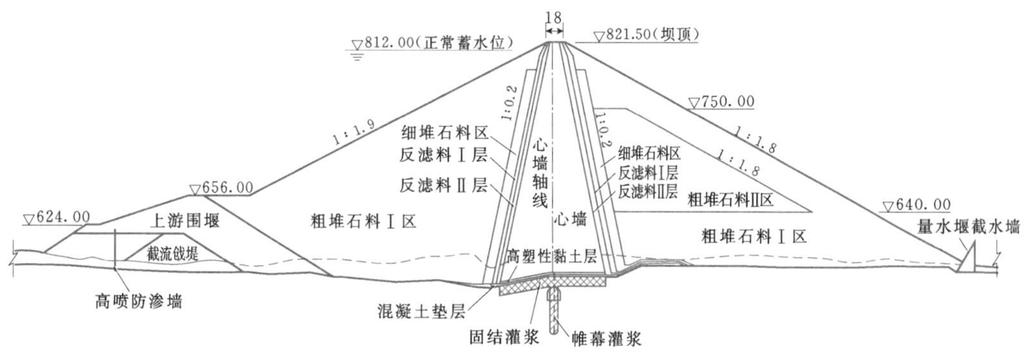

图 1.5-26　糯扎渡心墙堆石坝典型横剖面图（单位：m）

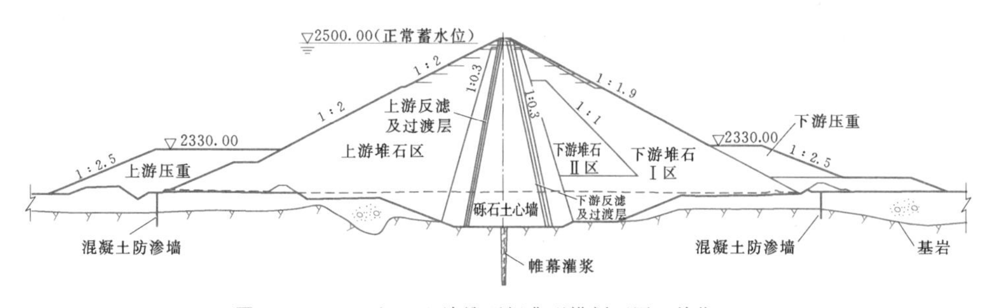

图 1.5-27　双江口心墙堆石坝典型横剖面图（单位：m）

填筑完成后，压缩变形也基本完成，后期沉陷量很小。大坝的安全性与经济性高。

我国已建坝的硬岩堆石料的抗剪强度和应力变形计算参数见表 1.5-31。从表 1.5-30 和表 1.5-31 可以看出：硬岩堆石料的抗剪强度较高，非线性抗剪强度指标范围是：$c=130\sim370$kPa，$\varphi=38°\sim44°$或 $\varphi_0=47°\sim61°$，$\Delta\varphi=4°\sim14°$；模量系数 $K=530\sim1530$，大多在 1000 左右，模量指数 $n=0.18\sim0.51$，大多在 0.25～0.35，体积模量系数 $K_b=190\sim1090$，大多在 400～600。

2. 风化石料和软岩

软岩分布广泛，代表性软岩有板岩、泥岩、泥质砂岩、千枚岩、泥质灰岩、页岩、泥灰质白云岩以及风化程度较高的砂岩、白云岩、安山岩、岩浆岩和花岗片麻岩等。软岩颗粒之间胶结程度较差，受气候环境影响（降雨、暴晒）和碾压施工，致使岩块崩解、颗粒破碎。由于软化系数较小，抗剪强度较低，碾压前后的级配变化较大。几种不同岩性的堆石碾压前后的级配变化见表 1.5-32。碾压前后级配的变化必然引起物理力学指标的变化，因此，应按压实后的级配确定材料的性能指标。

软岩堆石料、风化岩料和石渣用作坝壳或坝体填筑材料，国内外都有不少成功的工程实例，分别见表 1.5-33、表 1.5-34。

表 1.5-30　　我国已建与在建的高心墙堆石坝坝壳堆石料主要工程特性

坝名	建成年份	坝高(m)	母岩			颗粒级配			干密度 ρ_d (g/cm³)	孔隙率 n (%)	抗剪强度				应力变形计算参数	
			岩性	饱和抗压强度(MPa)	软化系数	d_{max} (mm)	<5mm含量(%)	≤0.075mm含量(%)			c (kPa)	φ (°)	φ_0 (°)	$\Delta\varphi$ (°)	K	n
小浪底	2000	160.0	钙硅质砂岩、泥质砂岩等	88.9、14.8～46.8	0.61、0.44～0.83	1000	25～30	<5	2.13～2.17(填筑)	—	0	40	52	8	700～840	0.43～0.50
瀑布沟	2008	186.0	花岗岩	—	—	800	5～10(设计) 10.7	0.7	2.14(设计) 2.15(填筑)	—	11.9 22.2	36.8(上游) 35.5(下游)		—	1076 875	0.37 0.34
糯扎渡	2013	261.5	Ⅰ区弱风化花岗岩，角砾岩；Ⅱ区弱风化沉积岩、强风化花岗岩	Ⅰ区 66.5～102、Ⅱ区 16.1～52	Ⅰ区 0.69～0.80、Ⅱ区 0.41～0.74	800	5～12	—	Ⅰ区 2.00、Ⅱ区 2.15	24、22	148、120	39.4、36.5	51.5、49.1	8.4、9.1	1425、1530	0.26、0.175
双江口	在建	314.0	上游变质砂岩夹板岩，下游花岗岩	坚硬		1000	<15	<5	2.10	≤24	—	—	41.8 50.7	3(上游) 8(下游)	1050 1034	0.25 0.28
长河坝	在建	240.0	花岗闪长岩	—	—	1000	10～25	0～5	2.13～2.16	≤20～23	35	40.1	48.1	7.1	1259	0.36
苗尾	在建	141.8	堆石Ⅰ弱风化砂岩+板岩(1∶1)、堆石Ⅱ弱风化砂岩+板岩(3∶7)、堆石Ⅲ弱风化片麻岩	弱风化砂岩58.2、弱风化板岩37.7、弱风化片麻岩72.2	弱风化砂岩0.86、弱风化板岩0.72、弱风化片麻岩0.84	500	3	—	堆石Ⅰ 2.13 堆石Ⅱ 2.16 堆石Ⅲ 2.07	—	115.6 116.7 190.8	36.6 36.3 38.4	47.1 46.8 52.6	7.7 7.6 10.1	568.9 519.4 1011.6	0.20 0.20 0.23

表 1.5-31　堆石料三轴压缩试验结果

工程名称	堆石料岩性	ρ_d (g/cm³)	抗剪强度				计算参数							
			c (kPa)	φ (°)	φ_0 (°)	$\Delta\varphi$ (°)	K	n	R_f	G	F	D	K_b	m
吉林台	晶屑凝灰岩、凝灰角砾岩	2.19	261	44.4	61.2	13.5	983	0.51	0.74	0.36	0.12	6.99	496	0.44
滩坑	火山集块岩+15%风化硬质胶结物	2.03	250	38.6	55.8	12.0	977	0.33	0.75	0.35	0.17	5.88	542	0.02
	火山集块岩+20%风化硬质胶结物	2.03	235	38.5	55.4	11.9	944	0.27	0.73	0.32	0.14	5.44	498	0.02
	火山集块岩+25%风化硬质胶结物	2.03	229	37.8	54.4	11.5	923	0.25	0.70	0.32	0.15	5.55	485	0.02
	火山集块岩+15%新鲜硬质胶结物	2.03	251	38.6	56.0	12.1	1000	0.30	0.75	0.36	0.18	6.10	575	0.01
	火山集块岩+20%新鲜硬质胶结物	2.03	238	38.5	55.8	12.1	961	0.27	0.73	0.36	0.15	4.72	503	0.05
	火山集块岩+25%新鲜硬质胶结物	2.03	231	38.1	54.7	11.5	966	0.25	0.73	0.32	0.11	4.51	488	0.06
仙游	主堆石 60%微风化+40%弱风化晶屑凝灰岩	2.10	149	39.5	51.0	8.6	785	0.21	0.73	0.36	0.21	4.42	256	0.11
	次堆石 1：30%微风化+70%弱风化晶屑凝灰岩	2.05	136	39.2	50.8	8.6	750	0.18	0.75	0.39	0.23	3.84	246	0.09
	次堆石 2：30%微风化+55%弱风化+15%强风化晶屑凝灰岩	2.00	139	38.8	50.3	8.8	618	0.21	0.72	0.32	0.14	3.63	201	0.16
	次堆石 3：30%微风化+50%弱风化+20%强风化晶屑凝灰岩	2.00	144	38.2	50.0	8.9	575	0.22	0.74	0.34	0.14	3.35	167	0.29
西龙池	主堆石料上包线、弱微风化灰岩	2.20	237	40.7	55.7	10.5	1135	0.23	0.72	0.45	0.19	3.85	709	0.03
	主堆石料中包线、弱微风化灰岩	2.16	252	40.2	56.2	11.1	1288	0.22	0.77	0.42	0.18	4.31	793	−0.05
	主堆石料下包线、弱微风化灰岩	2.10	253	38.3	55.2	11.7	1380	0.19	0.79	0.49	0.26	4.00	919	−0.14
	次堆石料灰岩爆破料上包线	2.08	184	40.0	53.1	9.4	794	0.22	0.75	0.33	0.16	4.36	255	0.17
	次堆石料灰岩爆破料中包线	2.00	200	39.5	53.4	9.9	776	0.21	0.76	0.37	0.21	4.16	298	0.08
	次堆石料灰岩爆破料下包线	1.90	207	38.3	53.3	10.7	725	0.17	0.75	0.41	0.27	4.14	365	−0.11
猴子岩	流纹岩垫层料	2.21	143.7	39.7	47.3	4.7	1023	0.38	0.68	0.41	0.08	3.50	600	0.40
	流纹岩堆石料	2.15	201.9	38.3	49.8	7.2	1109	0.24	0.64	0.32	0.10	5.73	420	0.26
	灰岩垫层料	2.30	169.5	40.2	49.3	5.7	1084	0.36	0.66	0.36	0.08	4.99	559	0.35
	灰岩堆石料	2.25	238.4	39.0	51.6	7.8	1364	0.23	0.70	0.36	0.13	5.49	660	0.11
	流纹岩反滤料	2.07	143.7	38.2	47.4	5.9	794	0.33	0.62	0.41	0.07	2.74	549	0.30
巴山	3BⅠ 主堆石料，微、弱风化含砾凝灰质砂岩	2.15	247	38.5	54.3	10.5	794	0.30	0.70	0.35	0.11	4.04	363	0.20
	3C 次堆石料:90%微、弱风化含砾凝灰质砂岩+10%强风化含砾凝灰质砂岩	2.13	215	39.8	53.3	8.7	716	0.36	0.61	0.40	0.26	6.25	289	0.33
	3C 次堆石料:80%微、弱风化含砾凝灰质砂岩+20%强风化含砾凝灰质砂岩	2.13	205	38.8	52.4	8.8	624	0.33	0.61	0.35	0.21	6.12	262	0.22
	3C 次堆石料:70%微、弱风化含砾凝灰质砂岩+30%强风化含砾凝灰质砂岩	2.13	219	38.0	51.9	9.1	556	0.36	0.63	0.38	0.26	5.92	240	0.20

续表

工程名称	堆石料岩性	ρ_d (g/cm³)	抗剪强度				计算参数							
			c (kPa)	φ (°)	φ_0 (°)	$\Delta\varphi$ (°)	K	n	R_f	G	F	D	K_b	m
江坪河	主堆石ⅢB2 冰碛砾岩	2.20			53.0	6.5	1167	0.50	0.85				662	0.11
	主堆石ⅢB3 冰碛砾岩	2.16			48.6	4.2	1062	0.51	0.83				594	0.21
	次堆石ⅢC1 冰碛砾岩	2.16			48.6	4.2	1062	0.51	0.83				594	0.21
	次堆石ⅢC2、ⅢC3 灰岩开挖料	2.16			48.3	5.2	898	0.38	0.81				393	0.06
马吉	混合岩垫层料	2.20	280.2	39.9	53.3	8.0	1380	0.33	0.66	0.38	0.13	6.99	1087	0.11
	混合岩主堆石料	2.10	261.7	38.4	52.2	8.4	1531	0.21	0.67	0.34	0.15	7.02	952	−0.05
	混合岩次堆石料	2.09	234.1	38.2	51.7	8.4	1496	0.20	0.64	0.37	0.17	6.47	745	−0.01
去学	灰岩、角砾状灰岩过渡Ⅰ区平均线	2.30	183.5	41.1	52.1	7.6	1122	0.28	0.72	0.41	0.22	5.97	567	0.06
	灰岩、角砾状灰岩过渡Ⅰ区下包线	2.22	199.4	40.0	52.3	8.0	1148	0.23	0.70	0.40	0.20	5.78	647	0.01
	灰岩、角砾状灰岩过渡Ⅱ区平均线	2.23	203.9	40.5	52.6	7.9	1161	0.24	0.72	0.41	0.23	5.85	580	0.01
	灰岩、角砾状灰岩过渡Ⅱ区下包线	2.15	203.7	39.4	52.6	8.8	1216	0.21	0.73	0.42	0.25	6.15	611	−0.04
	玄武质熔结角砾岩堆石Ⅰ区上包线	2.33	202.1	40.0	52.2	8.0	902	0.24	0.69	0.36	0.19	5.75	353	0.16
	玄武质熔结角砾岩堆石Ⅰ区平均线	2.26	216.4	39.2	52.3	8.5	912	0.21	0.73	0.37	0.21	5.54	398	0.06
	玄武质熔结角砾岩堆石Ⅰ区下包线	2.20	213.9	38.7	52.3	9.0	955	0.19	0.72	0.36	0.20	5.57	436	0.02
	玄武质熔结角砾岩堆石Ⅱ区上包线	2.29	212.1	39.6	52.3	8.3	923	0.23	0.69	0.38	0.21	5.47	415	0.09
	玄武质熔结角砾岩堆石Ⅱ区平均线	2.25	203.9	39.0	52.0	8.5	944	0.20	0.69	0.36	0.23	6.49	389	0.03
	玄武质熔结角砾岩堆石Ⅱ区下包线	2.20	206.4	38.7	52.3	9.0	966	0.19	0.71	0.36	0.19	5.29	412	0.03
羊曲	灰岩垫层料	2.25	295.1	40.8	54.8	8.7	1023	0.32	0.61	0.31	0.12	6.34	312	0.38
	灰岩过渡料	2.17	362.4	38.4	56.2	10.9	1439	0.23	0.72	0.34	0.13	5.75	792	0.02
	灰岩主堆石料	2.15	373.6	38.2	56.6	11.3	1412	0.22	0.72	0.35	0.16	6.07	772	−0.04
	灰岩下部次堆石料	2.15	353.3	38.0	56.2	11.2	1390	0.20	0.71	0.36	0.18	5.92	873	−0.11
	灰岩上部次堆石料	2.14	226.0	38.6	51.5	8.1	531	0.34	0.53	0.27	0.13	6.05	194	0.28
	灰岩上部次堆石料	2.19	227.8	39.5	51.8	7.7	716	0.25	0.55	0.28	0.14	6.25	250	0.24

表 1.5-32　软岩风化料料场碾压破碎率表

碾型	13.5t 羊足碾			28t 汽胎碾			联合碾
岩性	砂岩	砂泥岩	泥砂岩	砂岩	砂泥岩	泥砂岩	砂泥岩
碾前平均粗粒含量（%）	47.0	49.0	25.0	24.0	48.6	18.0	35.0
碾后平均粗粒含量（%）	3.0	13.9	5.5	9.3	19.0	11.2	21.2
破碎量（%）	44.0	35.1	19.5	14.7	29.5	6.8	33.8
破碎率（%）	93.6	71.6	78.0	61.3	60.7	37.8	61.5

注　粗粒指粒径大于5mm的颗粒。

表 1.5-33　国外软岩、风化岩料筑坝工程实例

坝名	坝型	坝高(m)	坝料	填筑方法	上游坡	下游坡	竣工年份
契伏(Chivor)	斜心墙坝	237.0	溢洪道开挖的石英岩、泥质板岩、千枚岩	薄层碾压	1∶1.8	1∶1.8	1980
卡赖尔(Kariers)	斜心墙坝	140.0	泥质板岩和千枚岩	薄层碾压	1∶1.9	1∶1.8	1974
夏城(Summer Sville)	斜心墙坝	121.0	中等硬度细粒砂岩和页岩	薄层碾压	1∶2.25	1∶1.75～1∶2.25	1965
鱼梁濑	心墙坝	115.0	黏板岩、砂岩、开挖石渣	薄层卸填	1∶2.5	1∶2.0	1965
濑户	斜心墙坝	110.5	砂岩、页岩和砂页岩互层	薄层碾压	1∶2.5	1∶2.0	1978
水洼	心墙坝	105.0	砂岩、页岩、开挖石渣	薄层卸填	1∶2.5	1∶2.0	1969
里恩伯里安(Liyn Brianne)	心墙坝	91.5	泥岩	层厚0.90m，13.5t振动碾，压4遍，加水	1∶2	1∶1.75	1973
大雪	心墙坝	86.5	黏板岩，开挖石渣d_{max}=800mm	薄层碾压	1∶2.2～1∶2.4	1∶1.9～1∶2.1	1975
安东	心墙堆石坝	83.0	风化花岗岩	薄层碾压			1976
寺内	心墙堆石坝	83.0	片岩d_{max}=1500mm	薄层碾压	1∶2.7	1∶2.1	1977
本泽	心墙坝	73.0	砂岩、黏板岩、河床砂砾石	薄层卸填	1∶3.5	1∶3～1∶3.5	1968
斯哈门达(Scammondon)	黏土斜墙坝	73.0	石炭纪砂岩	层厚0.9m，11.5t振动碾，压5遍	1∶1.8～1∶3.1	1∶1.8	1969
伊左比尔宁斯克	心墙坝	70.0	泥质板岩、粉砂岩	层厚0.4m，35t碾，静压10遍	1∶3	1∶3.5	1975
巴达里	心墙坝	48.0	页岩	层厚0.23m，13.5t碾静压4遍；层厚0.76m，8.5t振动碾碾压2遍	1∶3～1∶5	1∶2.25～1∶2.5	1965

注　摘自：①第十二届大坝会议论文集卷1，议题44，报告26：533-566；②第十二届大坝会议论文集卷1，议题44，报告33：646-666；③苏联，动力建设，1976年第4、9期。

表 1.5-34 国内软岩、风化岩料筑坝工程实例

坝名	所在地	坝高 (m)	坝型	总库容 (亿 m³)	坝体填筑方量 (万 m³)	坝料	抗剪强度指标		干密度 (g/cm³)	坝坡 (1:m)		竣工年份
							c(kPa)	φ(°)		上游 m	下游 m	
石头河	陕西	104.0	心墙	1.47	835	砂卵石，隧洞溢洪道开挖石渣	—	—	—	2.2	1.5,1.57,1.75	1989
碧口	甘肃	101.8	心墙	5.2	400	千枚岩、凝灰岩	30～32	—	2.00	1.8,2.3,2.5	1.7,2.2,2.5	1997
白莲河	湖北	69.0	心墙	11.0	131.4	花岗岩、风化砂	36	—	1.82	1.77,2.45,2.93,4.7	1.64,1.96,2.4	1960
澄碧河	广西	70.4	心墙	11.3	260	含砾土	—	—	—	2.25,3,3.5,4.0	2,3,4	1961
漳河	湖北	64.5	厚斜墙	20.0	418	代替料	34～42	—	1.76～2.05	3,3.5,3.75	3,3.5,4	1960
岗南	河北	62.0	斜墙	15.17	1070	风化料	—	—	—	2.75,3.0,4.0	2.25,2.75	1960
柘林	江西	62.0	心墙	74.0	334	石英砂岩、板岩石渣	23～28	5	1.80	2.75,3.0,3.0	2.5,2.75,3.0	1972
黄材	湖南	60.5	心墙	1.257	170	板岩、页岩风化土	—	—	—	3.0,4.0	2.5,4.0	1963
云溪	湖北	58.0	心墙	0.436	84.2	代替料	—	—	—	2,2.25,2.5,3.0	1.8,2.2,2.5	1971
张家岩	四川	52.0	厚斜墙	0.144	60	风化页岩	28	14	1.65～1.90	2.0,2.8,3.5,4.3	2.0,2.5,3.0	1972
占河	湖北	51.0	心墙	0.259	110	代替料	—	—	—	2.25,2.5,3.0	2,2.25,2.5	1972
前进	湖北	50.0	心墙	0.1585	93	代替料	—		—	2.5,2.75,3.0,3.5	2,2.25,2.5	1970
富水	湖北	45.0	心墙	—	—	风化页岩	25	—	—	—	—	1964
石盘	四川	43.0	心墙	—	—	强风化砂岩	25～36	—	1.85	—	—	1978
汤峪	陕西	39.5	斜墙	—	—	云母石英片岩	25.5～31.5	6～22	2.00	—		—
三岔	四川	35.0	斜墙	—	—	泥钙质胶结砂岩及砂质页岩	19	10	1.92	—	—	1976

注 湖北省的代替料有风化页岩、砂岩、花岗片麻岩等几种。

（1）颗粒破碎特性。软岩堆石料经过干湿循环，岩块崩解、颗粒破碎，鱼跳坝泥岩堆石料干湿循环2次和4次后，细粒（<5mm）含量从15%增加到20.6%和26.5%。水布垭坝砂页岩击实后细粒含量从2.0%～11.7%增加23.1%～34.9%。

（2）压实特性。软岩堆石料是由黏土矿物组成的岩类，呈现对含水率敏感的特征，且压实后可达到较高的干密度和较低的孔隙率。鱼跳坝泥岩堆石料压实最大干密度为2.28g/cm³，孔隙率为14%；盘石头坝风化页岩堆石料压实最大干密度为2.06g/cm³，孔隙率为24%。某些软岩堆石料的压实特性曲线见图1.5-28。

（3）渗透性。软岩堆石料的渗透特性较低，室内

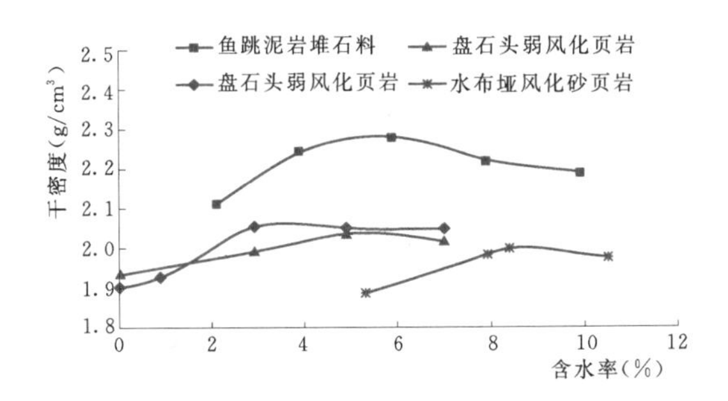

图1.5-28　软岩堆石料压实特性

试验测定的大坳坝砂岩堆石料与鱼跳坝泥岩堆石料的垂直渗透系数为 $i\times10^{-3}$cm/s，水平渗透系数为 $i\times10^{-2}$cm/s；碾压时软岩粗颗粒破碎，细粒含量增多，有时在压实层表面形成板结层，大坳坝填筑层上部板结层的渗透系数为 $5.0\times10^{-4}\sim4.3\times10^{-5}$cm/s，鱼跳坝填筑层现场渗透试验测得其水平渗透系数为 $1\times10^{-2}\sim4\times10^{-2}$cm/s，垂直渗透系数为 $3\times10^{-5}\sim7\times10^{-5}$cm/s。软岩堆石体的渗透特性的各向异性以及其垂直渗透系数较小的特征应予以重视，必要时应设置自由排水体以降低坝体浸润线，提高大坝的抗滑稳定与渗流稳定性。

（4）压缩变形特性。软岩堆石料的压缩变形特性与母岩抗压强度、颗粒级配、密度和饱和情况有关，软岩堆石料的压缩模量较低，例如饱和状态下大坳坝砂岩堆石料为21～62MPa、十三陵坝风化安山岩堆石料为19～52MPa、盘石头坝弱风化页岩堆石料为14～40MPa。但是风干状态下软岩堆石料的压缩模量要比饱和状态下高数倍。

（5）抗剪强度和应力变形特性。软岩堆石料的抗剪强度与周围压力 σ_3 之间也呈现非线性关系，其应力变形关系大都为应变硬化型。某些硬岩和软岩堆石料抗剪强度对比见表1.5-35。

表1.5-35　　**软岩和硬岩堆石料抗剪强度对比表**

坝　名	岩　性		试样条件		抗剪强度参数	
			干密度(g/cm³)	孔隙率(%)	φ_0(°)	$\Delta\varphi$(°)
大坳	软　岩	砂岩	2.04	23.0	46.6	9.0
鱼跳		泥岩	2.11	20.4	42.6	5.7
盘石头		弱风化页岩	1.94	28.9	44.0	11.4
盘石头		弱风化页岩	2.12	23.5	44.9	11.5
十三陵上池		风化安山岩	2.00	29.7	45.4	4.4
西北口	硬　岩	白云质灰岩	2.04	26.8	52.2	7.2
珊溪		凝灰岩	1.98	25.0	54.4	9.8
洪家渡		灰岩	2.22	18.7	57.0	13.1

（6）浸水变形特性。软岩堆石料具有明显的浸水变形特性。浸水变形量与其浸水时应力状态有关，浸水时小主应力 σ_3 越大，应力水平越高，则浸水变形量越大；软岩堆石料干密度越小，则浸水变形量越大。两种软岩堆石料的三轴浸水变形试验结果见表1.5-36。

因此采用软岩堆石料筑坝时，一方面应设置自由排水体、降低坝体浸润线，使其处于干燥状态；另一方面在坝体填筑时，应适当加水碾压，提高其压实干密度，减小坝体浸水变形量。

采用软岩堆石料筑坝时应进行合理的坝体分区设计，对于100m以上的高坝更是如此。软岩堆石料大多填筑在下游坝体浸润线以上的部位。如表1.5-33中的各坝，均将泥质板岩、千枚岩和页岩等软岩堆石料和石渣设置在下游坝体浸润线以上的部位。近年来，软岩堆石料也用于填筑在浸润线以下和上游坝体。

表 1.5-36 浸水变形试验结果

坝名	坝料	干密度 (g/cm³)	应力水平 $(\sigma_1-\sigma_3)_f$	浸水变形(%)		
				σ_3=0.2MPa	σ_3=0.4MPa	σ_3=0.8MPa
大坳	砂岩堆石料（平均级配）	2.04	0.30		1.71	
			0.50	2.24	3.27	3.67
			0.70		4.40	
		2.10	0.50		1.22	
鱼跳	泥岩堆石料（平均级配）	2.00	0.30		2.98	
			0.50	3.67	4.38	4.60
			0.70		6.22	
		2.11	0.50		2.51	

1994年建成的云南省张家坝水库砾质土心墙堆石坝是采用最差的软岩堆石料作为坝壳填筑料的成功实例。该坝最大坝高35.5m，泥岩堆石料的干抗压强度7.3～23.3MPa，遇水后很快崩解，软化系数小于0.1。对软岩堆石料颗粒级配要求：$d_{50}\leqslant$300mm，小于5mm颗粒含量不大于20%，铺厚0.6m，含水率10%左右，用12t振动碾碾压8遍，抗剪强度指标黏聚力为20kPa，内摩擦角为20°，渗透系数$k>5\times10^{-2}$cm/s。

1.5.4.4 砂砾石料

1. 一般特点

砂砾料是常用的坝壳料，其物理力学指标与级配中大于5mm的粗粒含量P_5有密切关系。当P_5为60%左右时，达到最大压实干密度。当$P_5>60\%$时，渗透系数一般为$10^{-2}\sim10^{-1}$cm/s；当$P_5<60\%$时，渗透系数一般为$10^{-2}\sim10^{-3}$cm/s。砂砾料中小于0.075mm的含泥量与其物理力学性质也有密切关系：当含泥量小于5%时，其渗透系数大于10^{-2}cm/s，当含泥量为10%～15%时，其渗透系数降至$10^{-3}\sim10^{-4}$cm/s，同时土粒易被渗流带走，临界渗透比降也随之降低。

2. 压实特性

砂砾石压实的最大干密度与砾石含量P_5有密切关系，一般砾石含量60%～80%的砂砾石的压实最大干密度较高。某些砂砾石的压实特性见图1.5-29。

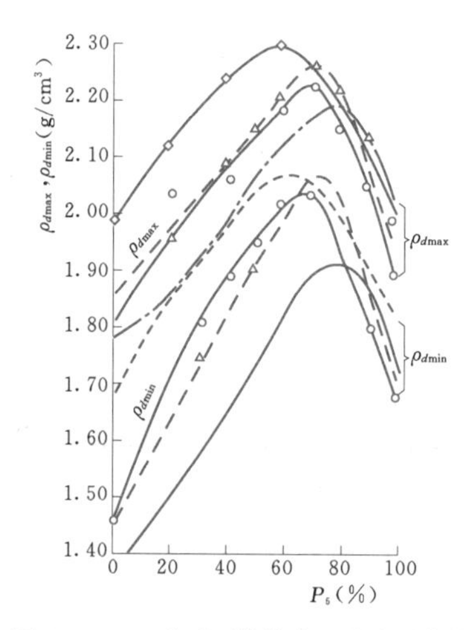

图 1.5-29 砂砾石的最大、最小干密度与砾石含量关系

砂砾石压实的最大干密度与最大粒径d_{max}有密切关系。在颗粒级配曲线上截取不同最大粒径、而其砾石含量P_5不变的砂砾石料做试验，可以看出：最大粒径越大，压实的最大干密度与最小干密度都越大，见图1.5-30，因此可以测定不同最大粒径砂砾石的压实特性，外延得到筑坝砂砾石的压实特性。

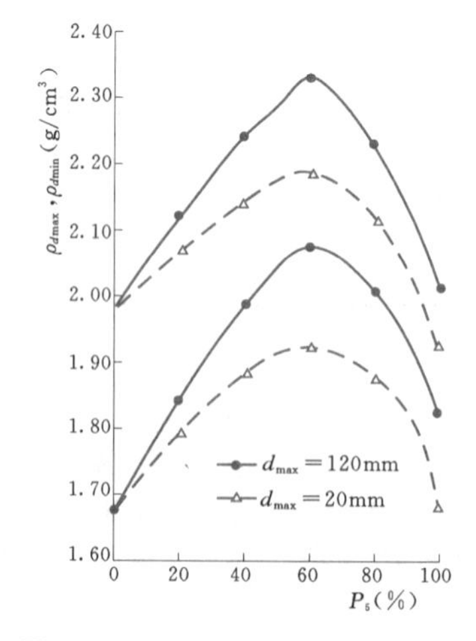

图 1.5-30 砂砾石最大粒径对最大、最小干密度的影响

3. 抗剪强度

砂砾石的抗剪强度与砾石含量 P_5 有密切关系，已建工程砂砾料设计采用的内摩擦角范围为 34°～38°。石头河坝砂砾石料抗剪强度与砾石含量的关系见图 1.5-31。

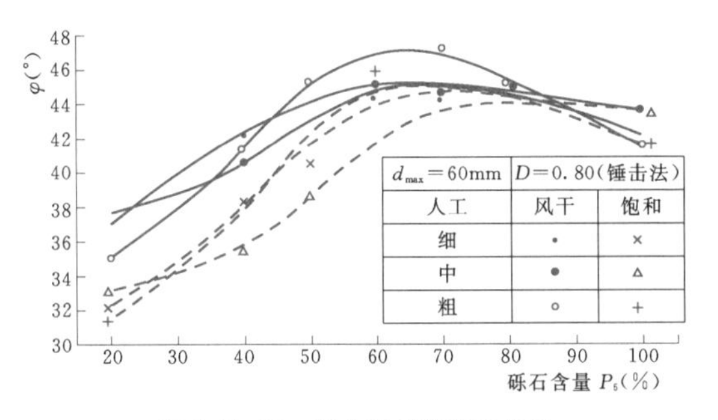

图 1.5-31　石头河坝砂砾石抗剪强度试验结果

国内外某些土石坝砂砾石的抗剪强度指标值见表 1.5-37。碧口坝砂砾石的现场实测休止角和室内三轴试验内摩擦角见表 1.5-38。

表 1.5-37　某些土石坝砂砾石的内摩擦角

坝　名	试验值	设计采用值
碧口	35°	水上 35°，水下 33°
横山	38°～41°	38°
毛家村		水上 37°
石头河	34.5°～42.9°	水上 37°，水下 35°
西明		41°
石门		39°～41°
谢尔蓬松		39°～41°
蒙谢尼		41°～43°
努列克	40°～47°	40°
奥洛维尔	38°	38°

表 1.5-38　碧口坝砂砾石的摩擦角与天然休止角

试验方法		各粒径范围的摩擦角（粒径：mm）				
		5～20	20～40	40～80	80～400	5～40
野外实测休止角	平均值	32.8°	32.6°	33.3°	38.8°	
	小值平均值	30.0°	31.5°	32.5°	34.4°	
三轴试验	平均值	34.2°	35.9°			36.3°
	小值平均值	32.2°	34.2°			34.1°

注　1. 野外实测休止角为干燥状态。
2. 试验干密度为 1.78～1.99g/cm³。

4. 变形特性与浸水变形特性

砂砾石的变形特性较好，密实的砂砾石的变形模量比许多堆石料要高。但是砂砾石在浸水时也产生变形，1965 年密云水库走马莊副坝砂砾石的现场大型浸水变形试验在国内首次揭示了有一定含泥量（<0.1mm 颗粒含量）时（该副坝砂砾石含泥量 10%～19%，白河主坝砂砾石含泥量 6%～8%）具有明显的浸水变形特性，其湿陷变形系数可达到 1.0%～1.2%。此试验结果为分析该副坝蓄水后产生裂缝的原因提供了技术依据。碧口砂砾石坝体蓄水时产生的浸水变形可从图 1.5-32 中蓄水后上游坝壳沉降与水平位移实测结果看出。

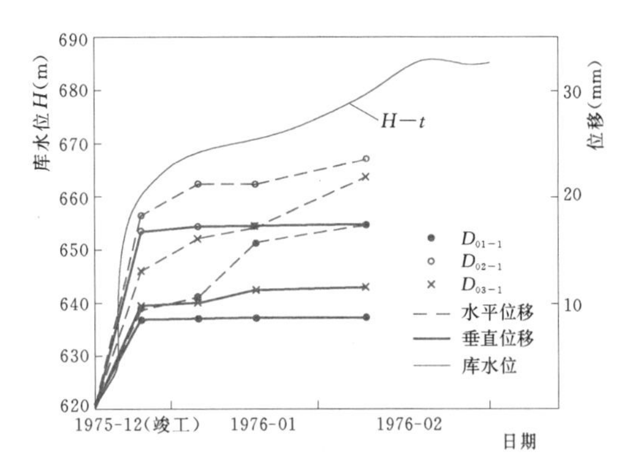

图 1.5-32　碧口坝上游砂砾石坝壳在蓄水时的实测变形

5. 渗透特性

砂砾石的含泥量对渗透系数有很大影响。其渗透系数大小取决于细粒填充粗粒之间孔隙的程度，当砾石含量 50%～60%、含泥量小于 5%时，渗透系数大于 10^{-2}cm/s，当含泥量 5%～15%时，渗透系数减小到 10^{-3}～10^{-4}cm/s。

砂砾石的渗透破坏型式和抗渗比降与砂砾石的颗粒级配特性（级配的连续性、不均匀系数、砾石含量等）有密切关系。某些砂砾石室内试验得到的临界渗透比降 J_c 与砾石含量 P_5 之间的关系见图 1.5-33。

6. 动力特性

饱和砂砾石在地震作用下颗粒重新排列、体积收缩，孔隙水压力增长，有时会导致砂砾石液化。砂砾石的动力特性（包括其液化特性）与砂砾石的颗粒级配和密实程度（相对密度）有密切关系。密云水库白河主坝砂砾石料的砾石含量 20%～70%，相对密度平均值 0.595，在 1976 年唐山地震时（坝址地震烈度Ⅵ度）产生滑坡。岳城水库大坝砂砾石的液化试验结果见图 1.5-34。不同砾石含量的砂砾石处于相对密度从 0.50～0.90 时，在循环荷载（动荷载）作用

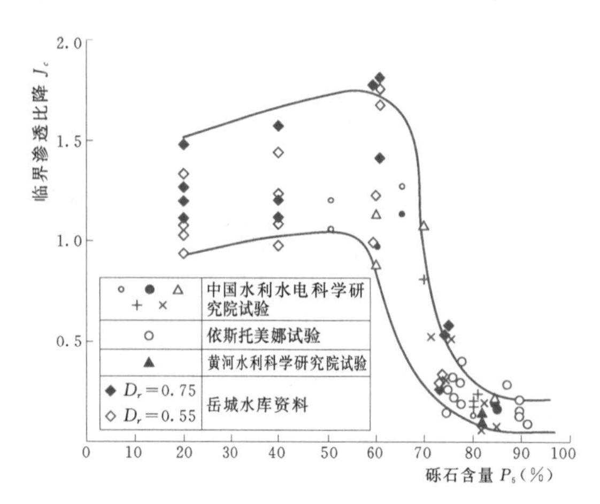

图 1.5-33　某些砂砾石的临界渗透比降 J_c 与砾石含量 P_5 的关系

下产生的振动孔隙水压力 u_d 与固结应力 σ_{cf} 的比值（称为液化度 K_1）有很大差别。试验表明，有足够的粒径大于5mm砾石含量，密实状态的砂砾石是不会产生地震液化的。

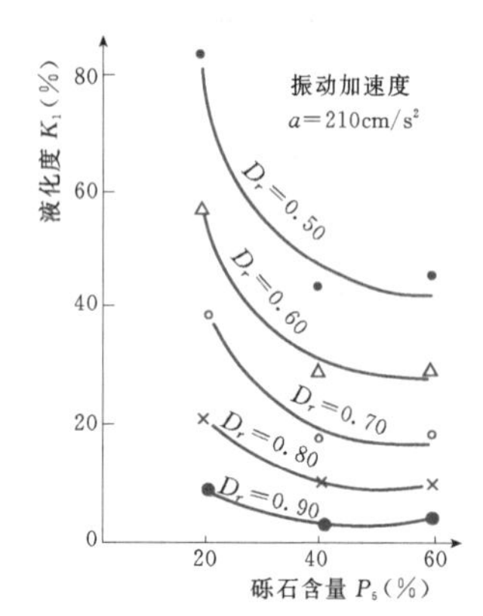

图 1.5-34　岳城水库大坝砂砾石振动液化试验结果

7. 采用砂砾石筑坝应注意的问题

综上所述，当采用砂砾石作为筑坝材料时要重视其颗粒级配特性，尤其是砾石含量和含泥量、细颗粒的冲填程度等。

根据以上所述砂砾石料的特性，在采用砂砾石料筑坝时，应注意以下问题：

(1) 级配的离散性是砂砾石料的最显著的特点。级配的差异使其物理力学特性存在差异，如有的砂砾石料可能是自由透水料，有的可能属于半透水料。

(2) 级配的不连续是砂砾石料不容忽视的特点。级配不连续砂砾石料的渗透稳定性是坝料设计的重点。

(3) 施工中的分离。砂砾石料颗粒的磨圆度好，颗粒间的咬合力较小，因此施工时极易产生分离，将导致填筑坝料的不均匀性。

与硬岩堆石料比较，砂砾石料有以下缺点，在采用砂砾石料筑坝时应引起注意：

(1) 硬岩堆石料是非冲蚀性材料，可自由排水，不存在渗透稳定问题。而砂砾石料的细颗粒在渗流作用下存在渗透破坏的可能性，需要可靠的渗流控制措施。

(2) 堆石料是有棱角的颗粒料，咬合力大，而砂砾石颗粒磨圆度好，颗粒间的咬合力较小，在低应力下的抗剪强度低于堆石料，其坝坡稍缓于堆石的坝坡。

一般情况下，当小于5mm颗粒含量大于35%～40%后，砂砾石的渗透系数可能为 $i\times10^{-3}\sim i\times10^{-4}$ cm/s。由于砂砾石料的透水性随其含砂量不同变化很大，当采用这种砂砾石料筑坝时需要注意：

(1) 库水位降落时，坝体浸润线很可能不能与库水位同步降落。

(2) 在饱和条件下，存在液化可能性。

如砂砾石中小于5mm颗粒小于30%，可能为管涌土，渗透稳定性往往成为渗流控制的突出问题，应引起重视。

8. 典型工程实例

黑河引水工程金盆水利枢纽大坝为黏土心墙砂砾石坝，最大坝高128.9m，是我国目前最高的土质防渗体砂砾石坝，标准断面见图1.5-35。设计要求坝壳砂卵石料填筑干密度2.24g/cm³；下游坝壳水上部位干密度2.22g/cm³，相对密度0.70。

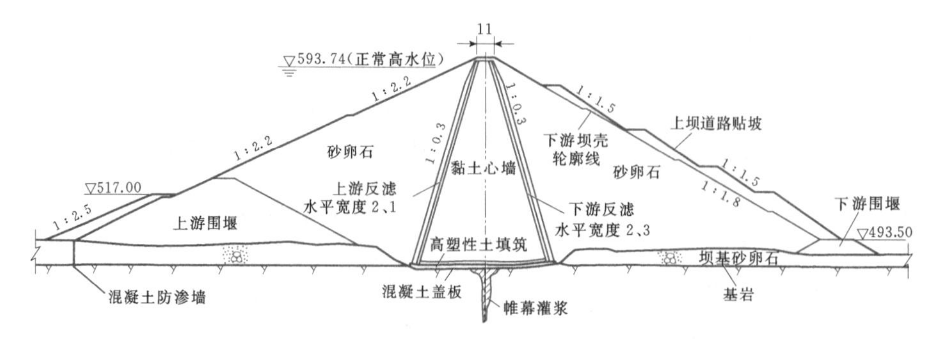

图 1.5-35　金盆心墙堆石坝标准剖面图（单位：m）

1.5.4.5　砂类土

砂类土的分类见表 1.4-4。

砂、含细粒土砂和细粒土质砂是按细粒含量（0.075mm 颗粒含量）的多少划分。当细粒含量小于等于 50%时，均属于砂类土，其渗透系数在 10^{-2}～10^{-4}cm/s 之间，内摩擦角一般为 28°～33°，密实状态砂土的内摩擦角甚至可以达到 40°以上，因此砂土常常用作土质防渗体土石坝的坝体（斜墙坝）或坝壳（心墙坝）。

砂类土的抗剪强度主要取决于其密实程度。密实状态的砂类土具有明显剪胀性，砂类土的抗剪强度与相对密度的关系见图 1.5-36。可以看出砂类土的抗剪强度随其密实度增加而显著增加。

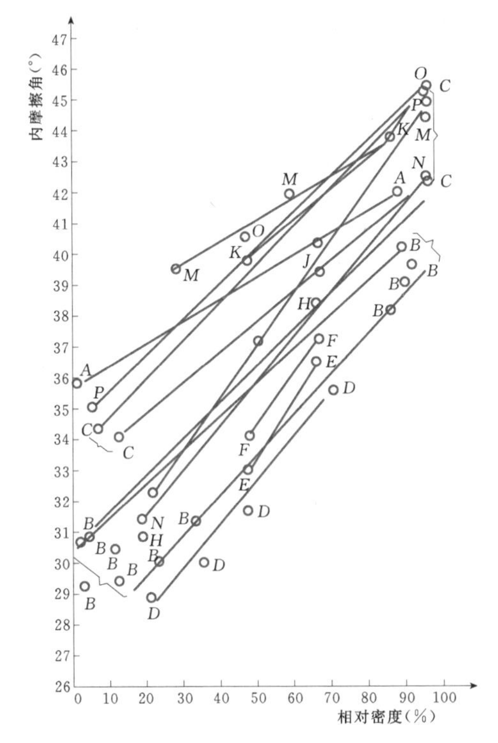

图 1.5-36　砂类土相对密度与内摩擦角的关系

A—尖棱状均匀细砂；B—从稍圆至稍带棱角的均匀细砂；C—棱角状均匀细砂；D—均匀中砂；E、F—粗砂；M—粗至细砂、夹卵石；N、O、P—粗至细砂

1.5.4.6　坝壳料填筑设计

1. *砂及砂砾石*

(1) 压实的控制指标。SL 274—2001、DL/T 5395—2007 规定砂砾石和砂的填筑标准宜以相对密度为设计控制指标，并符合下列要求：

1) 砂砾石的相对密度应不低于 0.75，砂的相对密度应不低于 0.70，反滤料宜为 0.70。

2) 砂砾石中大于 5mm 粗粒含量小于 50%时，应保证细料的相对密度也符合上述要求。

在施工现场，也常常根据设计选定的相对密度换算出干密度，作为压实控制标准。

对地震区的土石坝，要求浸润线以上材料的相对密度不低于 0.75，浸润线以下材料的相对密度则应根据设计烈度大小，选用 0.75～0.85。

(2) 压实设计的几个问题。

1) 在实际工程中，料场砂砾石的级配变化往往较大，因而其压实性能和物理力学性质也相应变化。据上述情况，在设计和施工中，常常采用不同级配的室内试验结果，整理出级配—干密度—相对密度关系曲线及相应级配砂砾石的设计参数。现场施工中，可根据现场挖坑取样测出的级配和干密度，查出相对密度以判断填筑质量是否满足要求。

2) 当砂砾石中大于 5mm 粗料含量小于 50%时，其小于 5mm 的细料已参与材料的骨架作用，细料对坝料性质的影响较大，因此要求要保证细料满足规定的相对密度要求。

2. *堆石料*

习惯上采用孔隙率作为堆石料填筑设计控制标准。一般情况下，岩性不同的堆石，压实后其孔隙率的变化范围较大，硬岩堆石料的孔隙率 20%～28%。在选择孔隙率时，需根据材料特性、坝高、坝型及坝体填筑部位经技术经济比较确定。在设计的初期阶段，可参照已建工程资料经类比后初步确定。以后随设计深度不同根据试验逐步修正。

一般情况下，母岩强度越高的堆石，细颗粒含量少，碾压过程中颗粒破碎现象不明显，可选择稍大的孔隙率，反之亦然。因此，选定堆石料的设计孔隙率应参照母岩强度、级配相近的已建工程的堆石料孔隙率资料选定。

当软岩含量较高时，堆石的压缩模量与孔隙率的大小密切相关。研究和工程实践表明，软岩堆石料充分压实后，孔隙率可达 20%以下。

1.5.5　填筑施工控制

SL 274—2001、DL/T 5395—2007 规定各种筑坝材料填筑的设计控制指标，在许多情况下仅作为施工填筑质量的检验标准。正式施工前，施工单位根据设计控制指标，通过现场碾压试验，确定相应的施工参数。正式填筑施工时，则采用压实施工参数，如碾压机械参数、填筑层厚度、碾压遍数等控制。

1. *黏性土施工控制*

近年来，黏性土压实多采用碾压效率较高的凸块震动碾，一般碾重 15～20t，填筑层厚为 0.25～

表 1.5-39　　部分已建工程的填筑设计指标表

工程名称	坝型	坝高(m)	建筑物级别	地震设防烈度(度)	防渗料	反滤料	过渡料	堆石料孔隙率 n,砂砾石料相对密度 D_r		
					压实度、干密度 ρ_d (g/cm³)	孔隙率 n 相对密度 D_r	孔隙率 n 相对密度 D_r	上游	内部	下游
小浪底水利枢纽	壤土斜心墙堆石坝	160.0	1	8	1.0	压实度 0.95	$n=22\%$	$n=24\%$		
西海水利枢纽	黏土心墙堆石坝	108.8	1	9	干密度 1.75	$D_r=0.85$	$D_r=0.85$	$n=20\%$	$D_r=0.85$	$n=20\%$
云龙水库	黏土心墙堆石坝	77.0	2	7	0.98	$D_r=0.70,0.75$	—	$n=24\%$		
金盆水利枢纽	黏土心墙砂砾石坝	128.9	1	8	湿法 0.99,干法 0.98	$D_r=0.80$	—	$D_r=0.80$	—	$D_r=0.70$
北河水利枢纽	黏土心墙砂砾石坝	70.6	1	7	0.99　0.98	$D_r=0.70$	$D_r=0.75$	$D_r=0.70,0.75$	$n=20\%$	$D_r=0.70,0.75$
五圩水库	黏土心墙砂砾石坝	35.0	3	7	0.96	无纺布,砂砾料	—	$D_r=0.75$		
东廓水库	黏土心墙砂砾石坝	29.5	3	7	0.96	$D_r=0.75$	—	$D_r=0.75$		
绰勒水利枢纽	壤土心墙砂砾石坝	21.65	2	6	0.98	粗砂,砂砾	—	$D_r=0.75$		
临淮港洪水控制工程	均质土坝	21.0	1	7	0.98	—	—	—		

表 1.5-40　　部分已建工程的主要施工碾压参数表

工程名称	碾压设备	防渗料		反滤、过渡料		坝壳料					
						上游		内部		下游	
		铺料厚度(cm)	碾压遍数	铺料厚度(cm)	碾压遍数	铺料厚度(cm)	碾压遍数	铺料厚度(cm)	碾压遍数	铺料厚度(cm)	碾压遍数
小浪底水利枢纽	17t 振动碾	35	6	反滤 25	反滤 2	100	6	100	6	100	6
				过渡 50	过渡 4						
西海水利枢纽	16t 振动碾	30	静 4+振 8	反滤 60	反滤 8	堆石	10	砂砾 60～80	8～10	堆石	10
				过渡 60	过渡 8～10	80～100		石渣 80～100	10	80～100	
云龙水库	16t 振动碾	25～30	8～10	50	静 4	100～120	8	风化料 60～80	8～10	100～120	8
金盆水利枢纽	18t 振动碾	15～20	汽胎碾 8	50	8	100	8	—	—	100	8
		23～27	8								
北河水利枢纽	15t 振动碾	25～30	16t 碾 6～8	50	6～8	铺料，厚 60～80，振碾 6～8 遍					
五圩水库	16t 振动碾	40	6～8	40	6～8	铺料，厚 60，振碾 6～8 遍					
东廓水库	14～18t 振动碾	35～40	6～8	35～40	6～8	铺料，厚 40～60，振碾 6～8 遍					
绰勒水利枢纽	18t 振动碾	60	6	60	16t 碾 6	18t 振动碾压实					
临淮港洪水控制工程	15～16t 振动碾	30～50	4～6	—	—	均质土坝					

表 1.5-41 部分已建工程坝体填筑质量检测成果

工程名称	检测项目	防渗料		反滤料		过渡料		坝壳料					
								上游		内部		下游	
		设计值/检测平均值 检测值范围	标准差/合格率(%)	设计值/检测平均值 检测值范围	标准差/合格率(%)	设计值/检测平均值 检测值范围	标准差/合格率(%)	设计值/检测平均值 检测值范围	标准差/合格率(%)	设计值/检测平均值 检测值范围	标准差/合格率(%)	设计值/检测平均值 检测值范围	标准差/合格率(%)
小浪底水利枢纽	ρ_d (g/cm^3)	满足压实度 1.0 的要求		平均值满足压实度 0.95 的要求		2.067/2.129 1.911～2.370	0.114/73	2.052/2.132 1.85～2.348	0.104/81.8	2.052/2.171 1.932～2.358	—/84.2	2.052/2.130 1.784～2.369	0.125/83.8
西海水利枢纽	ρ_d D_r n (%)	ρ_d1.75/1.79 1.75/1.89	0.02/100	D_r0.85/0.95 0.85～1.0	0.04/100	D_r0.85/0.93 0.85～1.0	0.04/100	n%20.0/17.53 15.8～19.1	—/100	D_r0.85/0.915 0.85～1.0	0.04/100	n%20.0/17.5 14.7～19.1	—/100
云龙水库	压实度 ρ_d n (%)	压实度 0.98/1.006 0.96～1.14	—/96.4	ρ_d2.0～2.15/2.08 1.98～2.17	—	—		n%24/22.44 —			—/—		
金盆水利枢纽	D_r	ρ_d1.64～1.7/1.71 1.64～1.90	—/100	0.8/0.86 0.8～1.0	0.03/100	—		0.8/0.86 0.8～1.0	0.04/100			0.7/0.79 0.7～1.0	0.05/100
北河水利枢纽	D_r	压实度 0.98～0.99/1.04 0.99～1.09	—/100	0.70/0.90 0.75～1.0	—/100	0.75/0.86 0.82～1.0	—/100	0.75/0.855 0.80～1.0	—/100	n%20/18.83 13.3～20.4	—/—	0.75/0.855 0.80～1.0	—/100
五圩水库	ρ_d (g/cm^3)	1.66～1.68/1.75 1.66～1.88	—/100	无纺布，砂砾料	—	—		D_r0.75/— —			—/100		
东廓水库	D_r	压实度 0.96/— —	—/100	0.75/— —	—/100	—		0.75/— —			—/100		
绰勒水利枢纽	ρ_d (g/cm^3)	1.73/1.77 1.73～1.80	—/100	1.75/1.77 1.75～1.81	—/100	1.90/1.92 1.90～1.95	—/100	2.13/2.19 2.13～2.29			—/100		
临淮港洪水控制工程	压实度	0.98/0.99 0.97～1.12	—/99.85	—		—		—					

0.40m，碾压6～10遍。

填筑含水率控制在最优含水率的－2%～＋3%之间。

2. 砂、砂砾石的施工控制

含砂量小的砂砾石料碾压宜加水，加水量一般为填筑量的20%。砂砾石料填筑层厚一般为0.30～0.60m。对于与防渗体相邻的反滤层，其填筑层厚度宜与防渗料的填筑层厚相同，以便实现平起填筑、跨缝碾压。

3. 堆石施工控制

堆石料用振动平碾碾压时，堆石料填筑层厚一般在0.60～1.20m。对于硬岩堆石料，填筑层厚多在0.80～1.00m。软岩含量高时，填筑层厚一般0.40～0.60m。14～18t振动平碾碾压6～8遍。随着技术发展，国内高土石坝填筑施工中采用的振动碾吨位增大至17～26t。堆石料碾压一般需要加水，加水量依其岩性、风化程度而异，一般不超过填筑量的15%。

1.5.6 工程实例

1.5.6.1 设计指标

部分已建工程的填筑设计指标见表1.5－39。

坝高314m、坝址设计地震动峰值加速度205*gal*的双江口心墙堆石坝的坝料填筑标准是：心墙砾石土压实度不小于99%，反滤料相对密度不小于0.85，相应孔隙率24.5%～26.5%，过渡料和堆石料孔隙率不大于24%。

坝高240m、坝址设计地震动峰值加速度359*gal*的长河坝心墙堆石坝的坝料填筑标准与双江口坝基本相同，堆石料孔隙率不大于25%。

坝高261.5m的糯扎渡心墙堆石坝人工掺合砾石土心墙料铺土厚度0.35m，19t振动凸块碾碾压8～10遍，堆石料铺料厚度1.2m，26t振动平碾压实，反滤料铺料厚度0.6m，静碾压2～4遍，细石料铺料厚度0.6m，26t振动平碾碾压6～8遍。

坝高101m的水牛家碎石土心墙堆石砂卵石坝，心墙料压实度不小于98%，反滤料相对密度不小于0.85，堆石坝壳料孔隙率不大于22%，砂卵石坝壳料相对密度不小于0.85。

1.5.6.2 施工碾压参数

填筑料的施工碾压参数与填筑料的级配及可碾性等因素有关，国内部分已建工程的主要施工碾压参数见表1.5－40。

1.5.6.3 坝体填筑质量检测成果

根据各工程的蓄水安全鉴定或初期运用自检报告，坝体填筑料的碾压质量主要检测成果见表1.5－41。

1.6 坝体结构

1.6.1 坝顶宽度

坝顶宽度首先要满足心墙或斜墙顶部及反滤过渡层布置的需要。在寒冷地区，壤土心墙或斜墙两侧需有适当厚度的保护层，以免冻裂。还应考虑施工的要求和运行检修防汛运输的需要，坝顶不宜太窄。如坝顶兼作公路，则路面及路肩宽度应按交通部门公路标准确定。

根据上述要求以及已建成坝的统计资料，坝顶宽度在下述范围为宜：

坝高30m以下，宜为5m；

坝高30～60m，宜为6～8m；

坝高60～90m，宜为8～10m；

坝高100m以上，宜用下式计算：

$$B = \sqrt{H} \tag{1.6-1}$$

式中 B——坝顶宽度，m；

H——坝高，m。

国内外部分土石坝工程坝顶宽度见表1.6－1。

1.6.2 坝顶超高

1.6.2.1 坝顶超高定义

水库静水位至坝顶或至稳定、坚固、不透水的防浪墙顶的高差，称为坝顶超高。坝顶超高不应包括由于沉降而预留的坝顶超填高度。坝顶超高应考虑在下列三种情况下，波浪不能漫过或溅过坝顶：①风浪在坝坡上爬高；②地震涌浪及坝顶因地震产生附加沉陷；③坝前库区两岸发生滑坡的涌浪。

坝顶超高包括风浪沿坝坡的爬高（波浪爬高）、坝前风壅高度和坝顶安全加高三部分，如图1.6－1所示，用下式计算：

$$y = R_p + e + A \tag{1.6-2}$$

式中 y——坝顶在静水位以上的超高，m；

R_p——最大波浪沿着坝坡的爬高，即设计波浪爬高，m，按1.6.3节计算；

e——最大风壅水面高度，m；

A——坝顶安全加高，m。

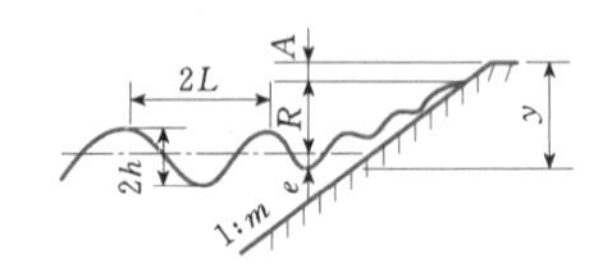

图1.6－1 坝顶超高示意图

表 1.6-1 国内外部分土石坝坝顶宽度统计表

序号	坝　名	国家（或地区）	修建时间（年）	坝　型	坝　高（m）	坝顶长（m）	坝顶宽度（m）
1	密云主坝	中国	1958～1960	斜墙坝	66.0	960	8
2	黄壁庄	中国	1958～1963	均质坝	30.7	8570	7.5
3	口头	中国	1958～1964	心墙坝	30.0	596.5	7
4	岳城	中国	1959～1970	均质坝	51.5	3570	10
5	西大洋	中国	1968～1972	均质坝	54.3	1774	5
6	碧口	中国	1969～1976	心墙坝	101.8	297.4	8
7	云州	中国	1969～1970	斜墙坝	43.0	180	6
8	石头河	中国	1974～1981	心墙坝	104.0	590	10
9	鲁布革	中国	1982～1991	心墙坝	103.8	217.2	10
10	小浪底	中国	1991～2000	斜心墙坝	160.0	1667	15
11	满拉	中国	1995～2000	心墙坝	76.3	287	10
12	徐村	中国	1996～2000	砾石土心墙坝	65.0	165	8
13	金盆	中国	1996～2003	心墙砂砾石坝	128.9	440	11
14	恰甫其海	中国	2001～2006	心墙坝	108.0	362	12
15	水牛家	中国	2003～2006	砾石土心墙坝	108.0	317	10
16	瀑布沟	中国	2004～2008	砾石土心墙坝	186.0	573	14
17	狮子坪	中国	2004～2007	砾石土心墙坝	136.0	309.4	12
18	糯扎渡	中国	2005～2013	砾石土心墙坝	261.5	608.2	18
19	双江口	中国	2010～	砾石土心墙坝	314.0	648	16
20	长河坝	中国	2010～	心墙坝	240.0	502.8	16
21	曾文	中国台湾	1965～1973	斜墙坝	133.0	400	10
22	高濑	日本	1971～1978	心墙坝	176.0	362	14
23	御母衣	日本	1957～1960	斜墙坝	131.0	405	12
24	下小鸟	日本	1970～1975	堆石坝	119.0	289.2	11
25	罗贡	塔吉克斯坦	1976～1985	斜心墙坝	325.0	650	20
26	努列克	塔吉克斯坦	1961～1980	心墙坝	300.0	704	20
27	特里	印度	1978～1990	心墙坝	260.5	585	20
28	塔贝拉	巴基斯坦	1968～1974	斜心墙坝	145.0	2745	9
29	拉格朗德Ⅱ	加拿大	1973～1980	斜心墙坝	160.0	2835	9.1
30	买加	加拿大	1965～1973	斜心墙坝	242.0	792	11
31	波太基山	加拿大	1963～1968	斜心墙坝	183.0	2040	12.1
32	奇科森	墨西哥	1974～1978	心墙坝	261.0	600	25
33	奥洛维尔	美国	1963～1968	斜心墙坝	230.0	2316	24.5
34	新美浓	美国	1970～1979	斜心墙坝	190.5	475	6.1
35	凯朋	土耳其	1966～1974	心墙坝	212.0	608	11
36	菲尔泽	阿尔巴尼亚	1971～1977	心墙坝	165.6	399	13
37	摩尔诺斯	希腊	1972～1976	心墙坝	126.0	815	10
38	阿斯旺	埃及	1960～1971	心墙坝	111.0	3830	40

1.6.2.2 风壅水面高度确定

当风沿水域吹向大坝时，使坝前静水位高出原来水位的垂直距离，称为坝前风壅高度。坝前风壅高度一般较小，但风速较大、吹程较长且水深较小时（如平原型水库）可能较大，可用下式计算：

$$e = \frac{kW^2D}{2gH_m}\cos\beta \tag{1.6-3}$$

式中 e——计算点处的风壅水面高度，m；

W——计算风速，m/s；

D——风区长度，m；

k——综合摩阻系数，取 3.6×10^{-6}；

g——重力加速度，取 9.81m/s²；

H_m——水域平均水深，m；

β——计算风向与坝轴线法线的夹角，(°)。

1.6.2.3 坝顶安全加高

按规定可不进行抗震设计的大坝的安全加高，可按表1.6-2取用。

表1.6-2 安全加高A值 单位：m

运用条件		坝的级别			
		1	2	3	4、5
设计		1.50	1.00	0.70	0.50
校核	山区、丘陵区	0.70	0.50	0.40	0.30
	平原、滨海区	1.00	0.70	0.50	0.30

按规定需要进行抗震设计的大坝，安全加高值A仍按表1.6-2采用，但应同时考虑地震涌浪高度和地震作用下的坝顶附加沉陷。只在水库正常运行水位时才考虑地震涌浪加地震附加沉陷或滑坡涌浪，非常运行水位时不必考虑这两种坝顶超高。

地震涌浪高度一般采用0.5～1.5m，按地震烈度大小和不同坝前水深选用大值、中值和小值。根据海城地震调查，Ⅷ～Ⅸ度地震区附加沉陷等于坝高的1.20%～1.44%；烈度较低时，附加沉陷相应减小。如坝基为软土和松砂，则其上部10～20m可按坝的附加沉陷比率计算。一般认为，地震涌浪加附加沉陷值为：对Ⅷ～Ⅷ度地震烈度的坝，坝高30～50m，采用2.0m；坝高50～100m，采用2～3m；坝高100～200m，采用3～5m；坝高200m以上，采用5～7m。对于填筑土料设计标准高、碾压密实的坝，且坝基没有软土和松砂的情况，上述地震附加沉陷量可适当减小。

当库区存在滑坡时，应根据地质勘探资料估算滑坡体的体积、滑速等，据以计算滑坡产生的涌浪高度，对于重要工程应做滑坡涌浪试验验证，但安全加高值A仍按表1.6-2采用。

1.6.3 设计波浪爬高计算

波浪爬高计算主要包括以下内容：①确定大坝采用的累积频率；②统计确定多年平均年最大风速；③确定风向和风区长度；④进行波浪要素计算；⑤平均波浪爬高计算；⑥设计波浪爬高计算。

1.6.3.1 累积频率

对于1级、2级和3级坝采用1%，对于4级、5级坝采用5%。

1.6.3.2 年最大风速

年最大风速是指水面上空10m高度处10min的平均风速的年最大值。距水面其他高度的风速按下式计算：

$$W_{10} = K_Z W_Z \tag{1.6-4}$$

式中 W_{10}——年最大风速；

K_Z——风速修正系数，按表1.6-3确定；

W_Z——距水面高度Z的最大风速。

表1.6-3 风速修正系数表

高度Z (m)	2	5	10	15	20
修正系数 K_Z	1.25	1.10	1.00	0.96	0.90

1.6.3.3 风向和风区长度

风向按水域计算点处八个方位角确定，其最大偏离允许在±22.5°以内。风区长度按下列情况确定：

（1）当沿风向两侧的水域较宽广时，可采用计算点到对岸的距离。

（2）沿风向有局部缩窄且缩窄处的宽度B小于12倍的计算波长时，可采用 $D=5B$，同时D不小于自计算点到束窄处的长度。

（3）当沿风向两侧水域较狭窄或水域形状不规则或有岛屿等障碍物时，应采用等效风区长度 D_e。如图1.6-2所示，自计算点A逆风向作主射线与水域边界相交，然后在主射线两侧每隔7.5°作射线，分别与水域边界相交，A点距各射线与水域边界交点的距离记为 $D_i(i=0、\pm1、\pm2、\pm3、\pm4、\pm5、\pm6)$，第i条射线与主射线的夹角为 $\alpha_i=i\times7.5°$。D_e 由下式确定：

$$D_e = \frac{\sum D_i\cos^2\alpha_i}{\sum\cos\alpha_i} \tag{1.6-5}$$

1.6.3.4 波浪要素计算

波浪要素包括平均波高、平均波长和平均周期。各种条件下平均波高、平均波长和平均周期一般均可

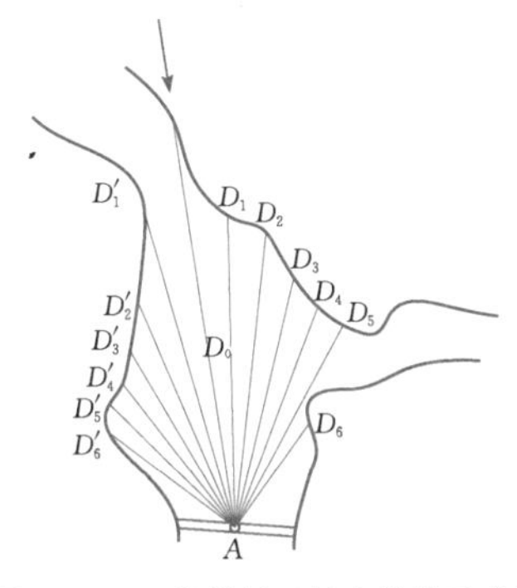

图 1.6-2 等效风区长度计算示意图

以按照莆田试验站公式计算，特殊条件下也可以采用鹤地公式、官厅公式计算。

1. 莆田试验站公式

$$\frac{gh_m}{W^2}=0.13\tanh\left[0.7\left(\frac{gH_m}{W^2}\right)^{0.7}\right]\times \tanh\left\{\frac{0.0018\left(\frac{gD}{W^2}\right)^{0.45}}{0.13\tanh\left[0.7\left(\frac{gH_m}{W^2}\right)^{0.7}\right]}\right\} \quad (1.6-6)$$

$$T_m=4.438h_m^{0.5} \quad (1.6-7)$$

式中 h_m——平均波高，m；

T_m——平均波周期，s；

H_m——水域平均水深，m，沿风向作出地形剖面图求得，计算水位应与相应设计状况下的静水位一致。

平均波长可按下式计算：

$$L_m=\frac{gT_m^2}{2\pi}\tanh\left(\frac{2\pi H}{L_m}\right) \quad (1.6-8)$$

对于深水波，即当 $H\geqslant 0.5L_m$ 时，式（1.6-8）可简化为

$$L_m=\frac{gT_m^2}{2\pi} \quad (1.6-9)$$

式中 L_m——平均波长，m；

H——坝迎水面前水深，m。

2. 鹤地公式

对于丘陵、平原地区水库，当 $W<26.5$m/s、$D<7500$m 时，波浪的波高和平均波长可采用鹤地水库公式计算：

$$\frac{gh_{2\%}}{W^2}=0.00625W^{1/6}\left(\frac{gD}{W^2}\right)^{1/3} \quad (1.6-10)$$

$$\frac{gL_m}{W^2}=0.0386\left(\frac{gD}{W^2}\right)^{1/2} \quad (1.6-11)$$

式中 $h_{2\%}$——累积频率为2%的波高，m。

3. 官厅公式

对于内陆峡谷水库，当 $W<20$m/s、$D<20000$m 时，波浪的波高和平均波长可采用官厅水库公式计算：

$$\frac{gh}{W^2}=0.0076W^{-1/12}\left(\frac{gD}{W^2}\right)^{1/3} \quad (1.6-12)$$

$$\frac{gL_m}{W^2}=0.331W^{-1/2.15}\left(\frac{gD}{W^2}\right)^{1/3.75} \quad (1.6-13)$$

式中，当 $gD/W^2=20\sim250$ 时，h 为累积频率5%的波高 $h_{5\%}$，m；当 $gD/W^2=250\sim1000$ 时，h 为累积频率10%的波高 $h_{10\%}$，m。

1.6.3.5 平均波浪爬高

1. 正向来波在单坡上的平均波浪爬高计算

（1）当 $m=1.5\sim5.0$ 时

$$R_m=\frac{K_\Delta K_w}{\sqrt{1+m^2}}\sqrt{h_mL_m} \quad (1.6-14)$$

式中 R_m——平均波浪爬高，m；

m——单坡的坡度系数，若坡角为 α，即等于 $\cot\alpha$；

K_Δ——斜坡的糙率渗透性系数，根据护面类型由表1.6-4查得；

K_w——经验系数，按表1.6-5查得。

表 1.6-4 糙率及渗透性系数 K_Δ

护面类型	K_Δ
光滑不透水护面（沥青混凝土）	1.0
混凝土或混凝土板	0.9
草皮	0.85～0.90
砌石	0.75～0.80
抛填两层块石（不透水基础）	0.60～0.65
抛填两层块石（透水基础）	0.50～0.55

表 1.6-5 经验系数 K_w

$\frac{W}{\sqrt{gH}}$	≤1	1.5	2	2.5	3	3.5	4	≥5
K_w	1.00	1.02	1.08	1.16	1.22	1.25	1.28	1.30

（2）当 $m\leqslant1.25$ 时

$$R_m=K_\Delta K_w R_0 h_m \quad (1.6-15)$$

式中 R_0——无风情况下，平均波高 $h_m=1.0$m 时，光滑不透水护面（$K_\Delta=1$）的爬高值，由表1.6-6查得。

表 1.6-6 R_0 值

m	0	0.50	1.00	1.25
R_0	1.24	1.45	2.20	2.50

（3）当 $1.25<m<1.5$ 时，可由 $m=1.25$ 和 $m=1.5$ 的计算值按内插法确定。

2. 正向来波在复坡上平均波浪爬高

（1）戗台上、下坡度一致，且戗台位于静水位上、下 $0.5h_{1\%}$ 范围内，其宽度为 $(0.5\sim2.0)h_{1\%}$ 时，波浪爬高应为按单一坡计算值的0.9～0.8倍；当戗台位于静水位上、下 $0.5h_{1\%}$ 以外，宽度小于 $(0.5\sim2.0)h_{1\%}$ 时，可不考虑其影响。

（2）戗台上、下坡度不一致，且位于静水位上、下 $0.5h_{1\%}$ 范围内时，可先按下式确定该坝坡的折算单坡坡度系数，再按单坡公式计算：

$$\frac{1}{m_e}=\frac{1}{2}\left(\frac{1}{m_{上}}+\frac{1}{m_{下}}\right) \tag{1.6-16}$$

式中　m_e——折算单坡坡度系数；

$m_{上}$——戗台以上坡度系数，$m_{上}\geqslant1.5$；

$m_{下}$——戗台以下坡度系数，$m_{下}\geqslant1.5$。

1.6.3.6　设计波浪爬高确定

正向来波不同累积频率下的设计波浪爬高 R_p 可由平均波高与坝迎水面前水深的比值和相应的累积频率 $P(\%)$ 按表1.6-7规定的系数计算求得。

表1.6-7　不同累积频率下的爬高与平均爬高比值（R_p/R_m）

h_m/H_m \ $P(\%)$	0.1	1	2	4	5	10	14	20	30	50
<0.1	2.66	2.23	2.07	1.90	1.84	1.64	1.53	1.39	1.22	0.96
0.1～0.3	2.44	2.08	1.94	1.80	1.75	1.57	1.48	1.36	1.21	0.97
>0.3	2.13	1.86	1.76	1.65	1.61	1.48	1.39	1.31	1.19	0.99

当来波波向线与坝轴线的法线成 β 夹角时，波浪爬高等于按正向来波计算爬高值乘以斜向来波折减系数 K_β。K_β 按表1.6-8确定。

表1.6-8　斜向来波折减系数 K_β

β（°）	0	10	20	30	40	50	60
K_β	1	0.98	0.96	0.92	0.87	0.82	0.76

1.6.3.7　坝前库区两岸发生滑坡的涌浪高

坝前库区两岸滑坡引起的涌浪对坝顶的影响应该计入坝顶超高。在考虑滑坡涌浪时，应与滑坡时的水位相组合。

1.6.4　坝坡和马道

1.6.4.1　影响坝坡的因素

（1）坝型及坝高。均质坝坝坡最缓，心墙坝上、下游多为透水坝壳，故上、下游坝坡较陡，斜墙坝则因斜墙采用黏性土，故其上游坡较下游坡缓。多种土质坝坝坡与坝体分区及各区料的性质有关。如有抗震要求，由于坝顶地震加速度比坝基大，因而在强震区有时将坝顶附近的坝坡设计成上缓下陡。

（2）与筑坝材料性质、坝基工程地质条件有关。

（3）满足施工及运用要求。对于均质土坝，施工期孔隙水压力通常较大，如填筑速度快，孔隙水压力不易消散，坝坡要缓些。水库如存在水库快速降落运用条件，对上游坝坡稳定不利，需要较缓坝坡。

根据防汛、观测、施工及交通等要求，需要设置马道或上坝公路而致使坝坡较缓。

1.6.4.2　坝坡坡率的确定

坝坡坡率根据坝体筑坝材料及坝基的工程地质条件和其物理力学指标通过稳定计算确定。根据筑坝材料，初步拟订坝坡时，可参考表1.6-9，然后通过坝坡稳定计算确定。

表1.6-9考虑的条件是坝基没有软弱土层或软弱岩层，不是强地震区，每级坡的高度在20m左右，如高度增大，则坡率要平缓一些。

在高山峡谷建坝，往往结合施工及运用要求，在坝下游坡上布置上坝公路。碧口土石坝用斜马道作为上坝交通道路，随着坝体升高把斜马道向上延伸，下游斜马道坡度为8.9%，上游斜马道坡度为11%。回头弯（180°转弯）路面宽14m。

1.6.5　坝体分区

所谓坝体分区，就是依据筑坝材料性质将其布置在坝体的不同部位，以满足大坝安全运用要求及经济、合理的目的。

土质防渗体土石坝坝体一般分为防渗体、反滤层、过渡层、坝壳、排水体和护坡等区。

1.6.6　防渗体结构

1.6.6.1　一般要求

1. 防渗体尺寸

土质防渗体的断面应满足控制渗透比降、下游浸润线和渗流量要求，并便于施工。其顶宽不宜小于3m，其最小底宽取决于防渗土料的容许渗透比降，对

表 1.6-9　　初估坝坡参考表

坝壳料种类		级配较差的砂砾石		级配良好的砂砾石		弱风化石渣		新鲜堆石		壤土(均质坝)	
碾压干密度(g/cm^3)		1.75～1.90		1.90～2.10		1.85～2.10		1.90～2.20		1.70～1.80	
坝坡		上游坡	下游坡	上游坡	下游坡	上游坡	下游坡	上游坡	下游坡	上游坡	下游坡
一级坡	心墙坝	1∶2.0	1∶2.0	1∶1.8	1∶1.75～1∶2.0	1∶1.2	1∶1.8	1∶1.75	1∶1.7	1∶2.0～1∶2.5	1∶2.0
	土斜墙坝	1∶2.5～1∶2.75	1∶2.0	1∶2.5～1∶2.75	1∶1.5～1∶1.75	1∶2.5～1∶2.75	1∶1.6～1∶1.8	1∶2.5～1∶2.75	1∶1.3～1∶1.5		
二级坡	心墙坝	1∶2.0～1∶2.5	1∶2.0～1∶2.5	1∶1.8～1∶2.0	1∶1.75～1∶2.0	1∶2.0～1∶2.5	1∶1.8	1∶1.75	1∶1.7	1∶2.5～1∶2.75	1∶2.0～1∶2.5
	土斜墙坝	1∶2.75～1∶3.0	1∶2.0～1∶2.5	1∶2.5～1∶3.0	1∶1.5～1∶1.75	1∶2.75～1∶3.0	1∶1.6～1∶1.8	1∶2.5～1∶2.75	1∶1.3～1∶1.5		
三级坡	心墙坝	1∶2.5～1∶3.0	1∶2.25～1∶2.75	1∶2.0～1∶2.5	1∶1.8～1∶2.0	1∶2.0～1∶2.5	1∶2.0	1∶1.75～1∶2.0	1∶1.7～1∶1.8	1∶2.75～1∶3.0	1∶2.5～1∶2.75
	土斜墙坝	1∶2.75～1∶3.25	1∶2.0～1∶2.5	1∶2.5～1∶3.0	1∶1.5～1∶1.75	1∶2.75～1∶3.0	1∶1.8～1∶2.0	1∶2.5～1∶2.75	1∶1.3～1∶1.5		
四级坡	心墙坝	1∶2.5～1∶3.0	1∶2.5～1∶2.75	1∶2.0～1∶2.5	1∶1.8～1∶2.0	1∶2.0～1∶2.5	1∶2.0	1∶1.75～1∶2.0	1∶1.7～1∶1.8	1∶3.0～1∶3.25	1∶2.5～1∶3.0
	土斜墙坝	1∶3.0～1∶3.5	1∶2.5～1∶2.75	1∶2.5～1∶3.0	1∶1.5～1∶1.75	1∶2.75～1∶3.25	1∶1.8～1∶2.0	1∶2.5～1∶2.75	1∶1.3～1∶1.5		
五级坡	心墙坝	1∶3.0～1∶3.25	1∶2.5～1∶2.75	1∶2.0～1∶2.5	1∶1.8～1∶2.0	1∶2.5～1∶2.75	1∶2.0	1∶1.75～1∶2.0	1∶1.7～1∶1.8	1∶3.25～1∶3.5	1∶2.75～1∶3.25
	土斜墙坝	1∶3.0～1∶3.5	1∶2.5～1∶2.75	1∶2.5～1∶3.0	1∶1.5～1∶1.75	1∶3.0～1∶3.5	1∶1.8～1∶2.0	1∶2.5～1∶2.75	1∶1.3～1∶1.5		

于黏土为(1/5～1/6)H，壤土为(1/4～1/5)H，轻壤土为(1/3～1/4)H，H为上下游水头差。根据国内外121座心墙、斜心墙统计，大部分底宽在(1～1/3)H范围。根据28座斜墙坝的统计，底宽大部分在(1/2～1/6)H范围内。国内外一些土石坝防渗体厚度的实例见表1.6-10。

2. 防渗体超高

防渗体顶部在静水位以上超高，对于正常运用情况(如正常蓄水位、设计洪水位)，心墙为0.3～0.6m，斜墙为0.6～0.8m；而对于非常运用水位(如校核洪水位)，防渗体顶部高程应不低于非常运用的静水位。如防渗体顶部设有稳定坚固、不透水又与防渗体紧密连接的防浪墙，则防渗体顶部高程应不低于正常运用的静水位。

防渗体顶应预留竣工后沉降超高。

3. 防渗体保护层

土质防渗体顶部和土质斜墙的上游应设保护层，防止冻胀和干裂。保护层可采用砂、砂砾石或碎石，其厚度不小于该地区冻深或干燥深度。

1.6.6.2　斜墙和心墙断面

斜墙和心墙的断面尺寸由填筑土料的容许渗透比降、坝坡稳定要求和施工要求三项因素确定。

堆石坝壳的斜墙，一般上游坡度为1∶1.5～1∶1.7，下游坡度为1∶1.1～1∶1.3。砂砾坝壳的斜墙，一般上游坡度为1∶2.0～1∶2.5，下游坡度为1∶1.5～1∶2.0；一般斜墙顶部都渐变为心墙，以便于与岸坡衔接。

防渗体底部与基岩连接时，应开挖截水槽，将全风化岩挖除，使其与坚硬、不冲蚀和可灌浆的岩石连接。若风化层较深时，高坝宜开挖到弱风化层上部，中、低坝可开挖到强风化层下部，在开挖的基础上对基岩面进行处理，如浇筑混凝土板或喷混凝土，或浇筑混凝土齿墙，或其他防渗材料。混凝土板、混凝土喷层或混凝土齿墙下面的岩石，用固结灌浆加固。截水槽底宽由容许渗透比降确定：轻壤土1.5～2.0，中壤土2.0～3.0，黏土2.5～5.0。

表 1.6-10　　一些土石坝防渗体厚度的实例

序号	坝名	国家	坝高 H (m)	坝型	防渗体底宽 B (m)	B/H	防渗体材料
1	糯扎渡	中国	261.5	心墙	111.8	0.43	砾石土
2	瀑布沟	中国	186	心墙	98	0.53	砾石土
3	小浪底	中国	160	斜心墙	80	0.50	壤土（黄土类土）
4	水牛家	中国	108	心墙	46.8	0.43	砾石土
5	狮子坪	中国	136	心墙	73.5	0.54	砾石土
6	黑河	中国	127.5	心墙	80	0.63	黏土、壤土
7	鲁布革	中国	103.8	心墙	38	0.37	风化料
8	窄口	中国	77	心墙	12	0.16	黏土
9	满拉	中国	76.3	心墙	49.2	0.64	砾石土、砾质土
10	徐村	中国	65	心墙	30	0.46	砾质土
11	陆浑	中国	55	斜墙	8	0.15	壤土
12	横山	中国	48.6	心墙	12	0.25	红土
13	柴河	中国	42	心墙	5	0.12	壤土
14	斯伐提文	挪威	125	心墙	25	0.20	冰碛土
15	布朗尼	美国	122	斜墙	12①	0.10	黏土
16	库加尔	美国	158	斜心墙	36.6	0.23	风化料
17	牧尾	日本	105	心墙	27	0.25	火山灰夹角砾
18	梯克维	南斯拉夫	113.5	斜心墙	23	0.20	壤土
19	卡里门采	南斯拉夫	92	斜心墙	20	0.22	壤土

①　按垂直厚度计。

1.6.7　反滤层和过渡层

1. 反滤层功能

反滤层设计包括选定颗粒级配、层数、厚度，使之满足以下要求：①被保护料不会流失，并不被细粒土淤堵；②有足够透水性使渗流顺畅排泄；③控制含泥量不超过5%；④当土质防渗体产生裂缝导致集中渗流，能拦阻土粒流失，使缝壁在渗水浸泡下坍塌自愈。

2. 反滤层的型式

反滤层型式示意见图1.6-3。其中Ⅰ型渗流方向由上而下，如土质斜墙后的反滤、均质坝的水平排水褥垫等。Ⅱ型渗流方向为自下而上，如地基渗流出逸处的反滤。Ⅲ型渗水沿相邻层接触面流动。对于渗流方向为水平、反滤层为垂直的型式（如减压井、竖式排水等的反滤层）属过渡型，可归为Ⅰ型。

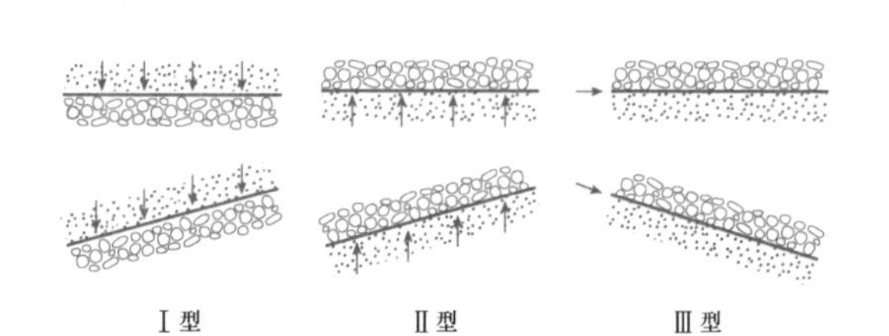

图 1.6-3　反滤层型式示意图

3. 反滤层厚度和层数

根据反滤过渡要求，反滤层数一般为1～3层。水平反滤层最小厚度为0.3m，垂直或倾斜反滤层最小厚度0.5m。如采用机械化施工，最小水平厚度视施工方法而定，一般不小于3m。

4. 过渡层

过渡层设置在两种刚度和颗粒级配相差较大的材料之间，以便起缓冲及过渡作用。

国内外一些高土石坝防渗体下游设反滤层和过渡层的情况见表1.6-11。

表 1.6-11　国内外高土石坝防渗心墙下游的反滤层和过渡层

序号	坝名	国家或地区	坝高(m)	下游侧反滤层及过渡层（区）							
				层数	每层水平厚度(m)			反滤层或过滤层			第一层反滤或过渡层材料(mm)
					1	2	3	1	2	3	
1	糯扎渡	中国	261.5	3	6	6	10	反滤层	反滤层	过渡层	0.1～20
2	瀑布沟	中国	186	3	6	9	—	反滤层	反滤层	过渡层	0.1～5
3	小浪底	中国	160	3	6	4	—	反滤层	反滤层	过渡层	0.1～20
4	狮子坪	中国	136	2	6	变厚	—	反滤层	过渡层		d_{15}=0.6～1
5	黑河	中国	127.5	2	2	3	—	反滤层	反滤层	—	0.1～5
6	水牛家	中国	108	2	6	变厚	—	反滤层	过渡层	—	0.1～40
7	鲁布革	中国	103.8	3	5	5	6	反滤层	反滤层	过渡层	0.1～20
8	云龙	中国	77	2	3	3	—	反滤层	反滤层	—	0.1～20
9	满拉	中国	76.3	3	1	变厚	3	反滤层	过渡层	过渡层	砂砾石
10	徐村	中国	65	2	3	3	—	反滤层	反滤层	—	—
11	石门	中国台湾	110	1	5	—	—	反滤层	—	—	筛选砂砾石
12	努列克	塔吉克斯坦	300	2	6	6～10	—	反滤层	反滤层	—	0.1～5
13	恰瓦斯克	俄罗斯	167	2	4	5.2	—	反滤层	反滤层	—	0.1～20
14	桑萨尔格	俄罗斯	125	1	—	—	—	过渡层	—	—	砂砾碎石层
15	热瓦里斯克	俄罗斯	102	1	6	—	—	反滤层	—	—	—
16	买加	加拿大	242	1	6.1	—	—	过渡层	—	—	砂砾层
17	契伏	哥伦比亚	237	1	—	—	—	过渡层	—		—
18	凯朋	土耳其	212	2	4	2		反滤层	反滤层	—	砂砾石
19	库加尔	美国	158	1	3.05	—	—	过渡层	—	—	卵砾石
20	英菲尔尼罗	墨西哥	148	2	2.5	—	—	反滤层	过渡层	—	0.1～10
21	马尔巴萨	墨西哥	137.5	2	—	—	—	反滤层	过渡层	—	砾质土
22	德本迪汗	伊拉克	135	3	3	3	3	反滤层	反滤层	过渡层	河床砂砾石
23	安布克劳	菲律宾	131	3	3	3	3	反滤层	反滤层	过渡层	—
24	牧尾	日本	106	1	2	—	—	反滤层	—	—	—
25	买苏尔	瑞士	101	2	—	—	—	过渡层	反滤层	—	—

1.6.8 坝体排水

坝体设置排水设施是为了降低坝体浸润线，减小坝体孔隙水压力，提高坝坡稳定性；控制渗流，防止渗透破坏，保护坝坡土，防止冻胀破坏。排水体应有足够排水能力，以保证能自由向下游排出全部渗水，并按反滤原则设计，保证渗透稳定。

坝体排水型式一般有：棱体排水、贴坡排水、坝内排水以及综合型排水（见图 1.3-5）。排水型式的确定取决于坝型、坝体及坝基材料性质、坝基工程地质及水文地质条件、下游尾水位、施工情况及排水设备材料、坝址区气象条件等，并通过技术经济比较选定。

1.6.8.1 棱体排水

棱体排水适用于下游有水的各种坝型及坝基。顶部高出最高尾水位及波浪在坡面的爬高。对 1、2 级坝不小于 1m，对于 3～5 级坝不小于 0.5m。顶部高程还应保证浸润线距坝面至少超过当地冻结深度。顶宽由施工及观测要求定，并不小于 1m。其内坡1∶1，外坡 1∶1.5 或更缓。

1.6.8.2 贴坡排水

贴坡排水也称表面式排水，由下游坝脚起沿下游坝坡铺筑。贴坡排水由块石（厚度不小于 0.4m）及反滤（每层厚不小于 0.2m）所组成。其主要作用是：保护浸润线以下坝体材料不被渗水带出沿坡面流失，防止浸润线以下坝体在靠近坝面处冻结，影响排水。如有尾水位，贴坡排水还可防止风浪冲刷坝坡。

贴坡排水适用于坝体浸润线不高、当地缺少石料的情况，其顶部应高于浸润线逸出点，使浸润线在当地冻结深度以下，且不小于下值：1、2 级坝 2m，3～5级坝 1.5m。贴坡排水底部应设排水沟或排水体，其深度应使下游水面结冻后，仍能保持足够排水断面。如下游有水，贴坡排水的设置应满足防浪护坡要求。

1.6.8.3　坝内排水

1. 水平褥垫排水

水平褥垫排水由堆石或卵砾石组成，外包反滤。从下游坝趾开始，成片连续沿坝体与坝基接触面水平伸入坝体。伸入长度由计算确定，对于不透水坝基上均质土坝，伸入长度最多为坝底宽的 1/2～1/3。这种排水能较多降低坝体浸润线，适用于下游无水情况。

在水平褥垫排水下游坝脚处应设排水沟，褥垫厚可按排泄 2 倍入渗量确定。

2. 网状排水

网状排水由与坝轴平行的纵向排水及垂直于坝轴的横向排水组成。排水体为堆石或卵砾石，外包反滤（见图 1.6－4）。这种排水适用于缺少排水材料情况。

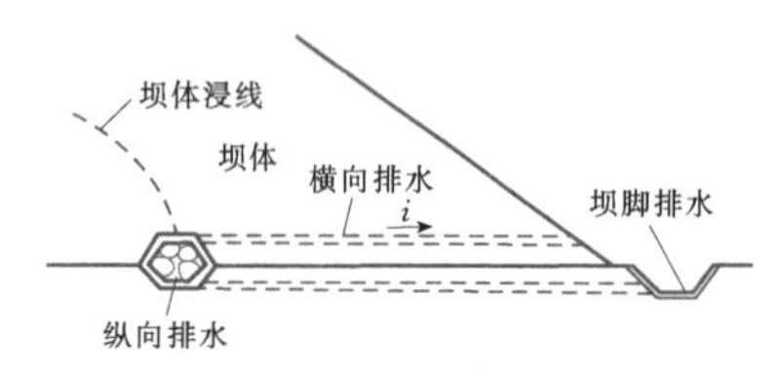

图 1.6－4　网状排水

纵向排水的厚度和宽度应由渗流计算确定。横向排水宽度应大于 0.5m、间距 30～100m，坡度由不产生接触冲刷确定，一般不大于 1%。如渗流量比较大，增大排水尺寸不经济，可在纵横向排水带核心埋置排水管，管径由渗流计算决定，但不得小于 200mm，管内流速应控制在 0.2～1.0m/s，管坡度不要大于 5%，管内充水不高于管径 0.8 倍。排水管应埋入反滤料中，排水管相互之间应留有缝隙，或在管壁上留孔，以收集渗水。缝宽或孔径由反滤计算确定。

3. 竖式排水

对不透水坝基上均质土坝，最好设竖式排水（或称上昂式排水，见图 1.3－5），截断坝体渗流，有效降低坝体浸润线，以提高下游坝坡稳定性。竖式排水可以是垂直的，也可以倾向上游或下游，其顶部高程宜等于或高于库水位 0.5～1.0m，其厚度由坝高及施工条件确定，但不小于 1.0m，底部接水平褥垫排水，将渗水排出坝外。由于均质土坝在施工期往往产生孔隙水压力，设竖式排水还可以降低施工期坝体孔隙压力。

4. 水平分层排水

有些均质土坝还在不同高程防渗体的上下游坝体设置若干层水平横向排水，层间高差一般 10m 左右，见图 1.6－5。设置横向排水不但可以降低施工期坝体孔隙压力，而且还可以在库水位下降时，改变上游坝体渗流方向，由向上游变为向下游，有利于上游坝坡稳定。

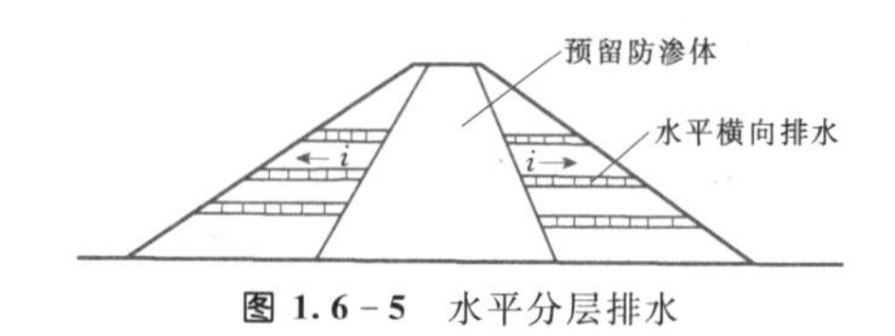

图 1.6－5　水平分层排水

5. 暗管式排水

在纵向设置堆石棱柱体式排水体，每隔 10m 左右设横向排水管，汇集纵向排水体的渗水，排出坝外，见图 1.6－6 (*a*)；横向排水管用混凝土管，也可用堆石棱柱体式排水体。这种型式的排水体因检修不便，故很少采用。

但当坝下游填筑压重平台时，或有变电站设备平台时，必须用暗管将纵向排水体的渗水引到下游河道或尾水渠，此时才采用暗管式排水体，见图 1.6－6 (*b*)。

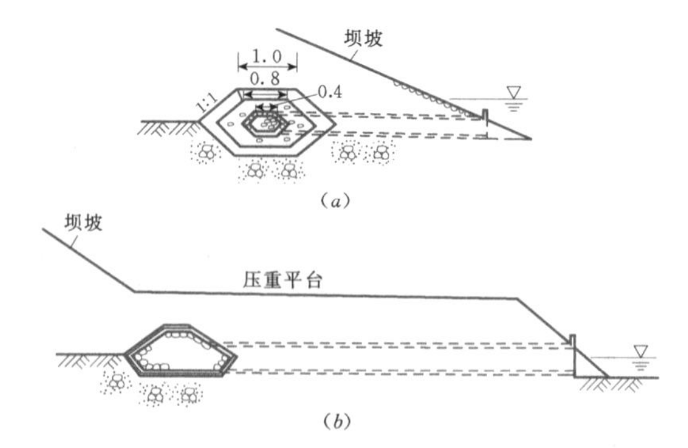

图 1.6－6　暗管式排水（单位：m）

1.6.8.4　综合型排水

由以上各种排水组成综合型排水，有下部为棱体排水、上部为贴坡排水，棱体排水上游接水平褥垫排水，水平褥垫排水上游端接竖式排水等。

1.6.9 护坡

1.6.9.1 上游护坡

常用的上游护坡型式有抛石、堆石、干砌石、浆砌石、混凝土（或钢筋混凝土）板或块、水泥土护坡等，护坡范围自坝顶至最低水位以下 2.5m，对 4 级以下坝可降为 1.5～2.0m，如最低水位不确定，应护至坝底。

1. 堆石（抛石）护坡

堆石（抛石）护坡是采用最广泛的护坡形式之一。硬岩堆石（抛石）坝壳的抛石护坡，一般不必设置垫层；而砂砾石坝壳，应设置垫层；当坝壳为抗水性较差、且易风化的软岩堆石时，应考虑设置垫层或保护层。

采用经过整理的堆石（抛石）护坡的石块质量和铺层厚度按以下 4 式确定：

$$Q_{50}=\frac{\rho_k h_s^3}{k(G-1)^3 m} \qquad (1.6-17)$$

$$Q_{max}=(3\sim4)Q_{50} \qquad (1.6-18)$$

$$Q_{min}=\left(\frac{1}{4}\sim\frac{1}{5}\right)Q_{50} \qquad (1.6-19)$$

$$t=1.10\left(\frac{Q_{max}}{\rho_k}\right)^{\frac{1}{3}} \qquad (1.6-20)$$

式中 Q_{50}——石块的平均质量，t；

ρ_k——石块的密度，t/m³；

Q_{max}、Q_{min}——石块的最大、最小质量，t；

h_s——有效波高，取累积频率为 14% 的波高，m；

k——系数，取 4.37；

G——石块比重；

m——坝坡坡度系数。

堆石（抛石）护坡可在堆石料场挑选适当块径和级配的石料，在堆石坝填筑时逐层抛填在上游坡范围内。对于硬岩坝壳堆石坝，也可将填筑层面上的大块石用推土机或反铲、抓石机等置于上游坡面，稍加整理，或者直接抛填于坡面。这种护坡适合于机械化施工的条件，能做到既快又省。

小浪底土石坝采用的是稍加整理的堆石护坡（见图 1.6-7），上游护坡块石级配根据风浪计算和工程类比确定，护坡粒径大于 700mm 的颗粒含量大于 50%，粒径小于 400mm 的颗粒含量不大于 10%。马来西亚的明光（Meng Kuang）坝采用的为未加整理的抛石护坡（见图 1.6-8）。

图 1.6-7 小浪底土石坝的上游堆石护坡

图 1.6-8 马来西亚的明光（Meng Kuang）坝抛石护坡

为防止风浪通过抛石空隙将坝体细颗粒淘刷出来，在抛石下面应设每层厚不小于 30cm 的反滤垫层。反滤垫层与坝体材料，以及与抛石之间都应满足反滤或过渡要求，层数及规格由计算确定。根据美国陆军工程师兵团对已运行 5～50 年的约 100 座土石坝调查，其中抛石护坡失败率仅 5%，而干砌石护坡失败率反而高达 30%。

根据工程经验，堆石护坡块石的块径、质量和层厚及抛石护坡石料尺寸和厚度可参考表 1.6-12。

表 1.6-12 堆石和抛石护坡的块径、质量和厚度

最大波高 (m)	中值粒径 D_{50} (cm)	堆石护坡		抛石(比重 2.6)护坡①	
		最大石块质量 Q_{max} (t)	护坡厚度 (cm)	最小抛石层厚度 (cm)	最小反滤层厚度 (cm)
0～0.6	25	0.091	40	30	15
0.6～1.2	30	0.227	45	45	15
1.2～1.8	38	0.680	60	60	23
1.8～2.4	45	1.130	75	75	23
2.4～3.0	52	1.810	90	90	30

① 最小抛石层厚度应大于最大抛石粒径，$D_{max}=1.5D_{50}$，$D_{min}=2.5$cm，具有良好级配；坝坡缓于 1∶1.5，可采用略小于表中所列数值。

2. 干砌石护坡

干砌石护坡要求将块石错缝竖砌，紧靠密实，塞垫稳固，大块封边，表面平整，注意美观，砌石下设垫层，其要求与抛石护坡相同。

砌石护坡在最大局部波浪压力作用下所需的换算球形直径和质量、平均粒径、平均质量和厚度按以下4式确定：

$$D = 0.85D_{50} = 1.018K_t \frac{\rho_w}{\rho_k - \rho_w} \frac{\sqrt{m^2+1}}{m(m+2)} h_p \qquad (1.6-21)$$

$$Q = 0.85Q_{50} = 0.525\rho_k D^3 \qquad (1.6-22)$$

当 $L_m/h_p \leqslant 15$ 时

$$t = \frac{1.67}{K_t} D \qquad (1.6-23)$$

当 $L_m/h_p > 15$ 时

$$t = \frac{1.82}{K_t} D \qquad (1.6-24)$$

式中　D——石块的换算球形直径，m；

Q——石块的质量，t；

D_{50}——石块的平均粒径，m；

Q_{50}——石块的平均质量，t；

t——护坡厚度，m；

K_t——系数，按表1.6-13查得；

ρ_k——块石密度，t/m^3；

ρ_w——水的密度，t/m^3；

h_p——累积频率为5%的波高，m，重要工程累积频率可适当提高。

表1.6-13　　系　数　K_t

m	2.0	2.5	3.0	3.5	5.0
K_t	1.2	1.3	1.4	1.4	1.2

3. 混凝土板护坡

混凝土板护坡一般采用现浇0.15～0.50m厚，尺寸为5m×5m～20m×20m的板块，或采用预制混凝土板和预制混凝土块的型式。混凝土护坡采用预制板，厚度一般为0.15～0.30m，尺寸为1.5m×2.5m～3.0m×3.0m，下设垫层，板上应设排水孔，预制混凝土块的尺寸由计算确定。现浇混凝土板护坡见图1.6-9；预制混凝土板（块）护坡见图1.6-10。近年来一些工程如安徽临淮岗、黄河西霞院及河南燕山水库等大坝，采用连锁式预制混凝土块护坡，效果良好。

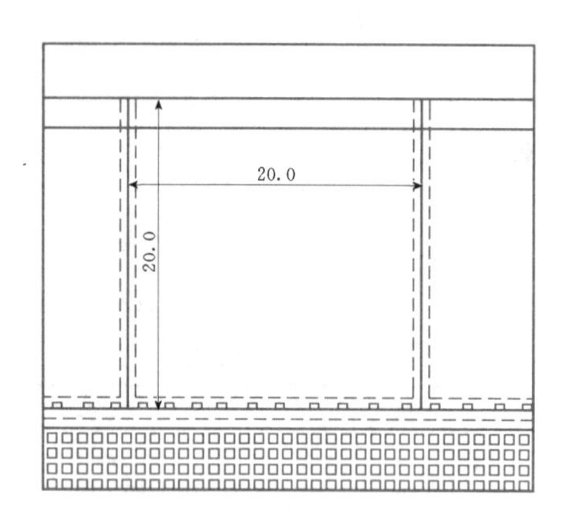

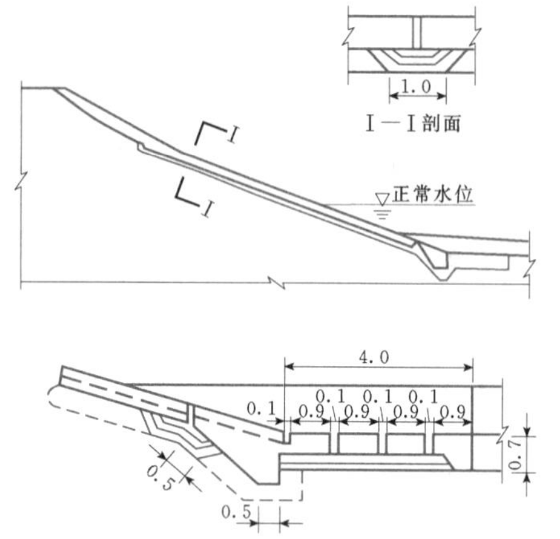

图1.6-9　现浇混凝土板护坡示意图（单位：m）

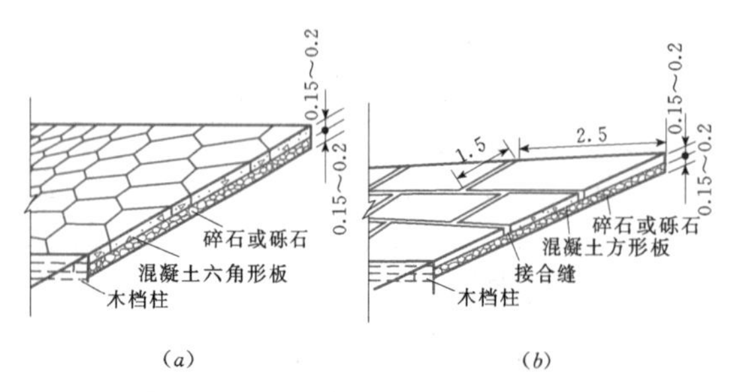

图1.6-10　预制混凝土板（块）护坡示意图（单位：m）

坡度系数 $m=2\sim5$ 时，混凝土护坡板在浮力作用下稳定的面板厚度可按下式计算：

$$t = 0.07\eta h_p \sqrt[3]{\frac{L_m}{b}} \frac{\rho_w}{\rho_c - \rho_w} \frac{\sqrt{m^2+1}}{m} \qquad (1.6-25)$$

式中　η——系数，对整体式大块护面板取1.0，对装配式护面板取1.1；

h_p——累积频率为1%的波高，m；

b——沿坝坡向板长，m；

ρ_c——板的密度，t/m^3。

混凝土板缝宽及排水孔径应选取适当，使得在风浪作用下垫层料不至于被淘刷流失。

采用钢筋混凝土板，可采用单层双向布筋，每向配筋率0.3%～0.4%。

4. 浆砌块石护坡

浆砌块石护坡也是国内常用的上游护坡。它能抵御更大的风浪淘刷，但需设排水孔，以排除垫层渗水。根据国内一些土石坝统计，浆砌块石护坡厚度一般为0.3～0.4m。

5. 水泥土护坡

水泥土作为上游护坡，是将砂中掺入7%～12%（重量比）的水泥，分层填筑于坝面作为护坡，厚度约为0.6～0.9m（水平厚度2～3m），在缺乏石料的地区使用，比较经济（见图1.6-11）。

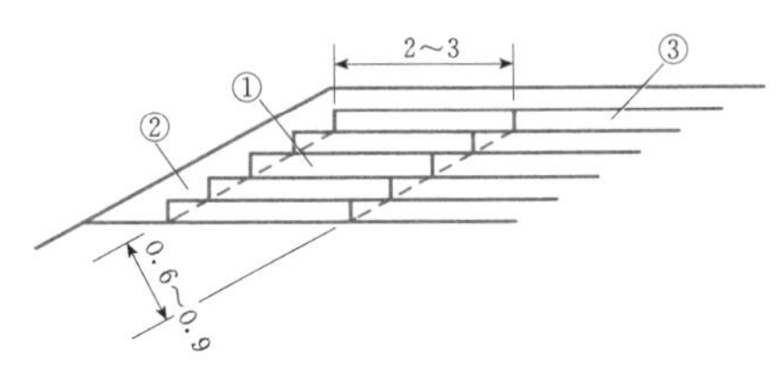

图1.6-11 水泥土护坡示意图（单位：m）
①—水泥土护坡；②—潮湿土壤保护层；
③—压实的透水土料

水泥土护坡设计要求如下：所用土壤以砂土和砾质土较好，土中有机质含量应符合大坝填筑土料要求，土的级配是最大粒径50mm，小于5mm颗粒含量占55%～60%，小于0.075mm颗粒含量占10%～25%。粗、中砂或砾质粗砂掺水泥7%的水泥土，7d龄期抗压强度约为7MPa，一年后抗压强度可达到15MPa。

表1.6-14为三种典型的水泥土的级配和配比。水泥含量以5.0%～9.5%为宜，水下部分水泥含量可减少1%～2%。寒冷地区，护坡在水库冰冻范围内，水泥含量应增加一些，常为8%～14%。

水泥土护坡是随着土坝的填筑逐层填筑压实的，每层压实后厚度不超过0.15m。

6. 其他护坡型式

我国的一些平原水库，库水浅，吹程大，需防护的面积也大，护坡屡遭破坏，有采用浆砌石护坡和防浪林台相结合的方法，如宿鸭湖水库，效果良好，而且有综合效益。

1.6.9.2 下游护坡

为了防止雨水冲刷坝坡或风吹散砂性坝坡、防止黏性土坝坡的冻胀、干缩以及鼠、蛇、兔、白蚁等破坏，一般下游坡应设护坡。但下游坡为硬岩堆石、卵砾石时，也可不设下游护坡。

表1.6-14 水泥土护坡的级配和水泥用量

标准干密度（g/cm³）	最优含水率（%）	液限（%）	塑性指数	<某粒径(mm)的粒组含量(%)				控制粒径(mm)		水泥含量（重量比，%）
				0.005	0.05	0.25	2	d_{10}	d_{80}	
1.99	10.5	19	4	11	20	41	79	0.004	0.5	6
2.22	7.8	无塑性	0	5	10	19	55	0.05	3.0	5
1.83	13.2	无塑性	0	11	44	94	100	0.004	0.06	9.5

若下游坝壳为风化严重或抗风化能力较弱的软岩、砂卵（砾）石，则可用卵（砾）石或碎石护坡，块径用0.2～1m，厚度0.4m左右。在1∶1.7～1∶1.8的坝坡上，卵石护坡不稳定，常用混凝土框格中填卵石护坡，见图1.6-12。

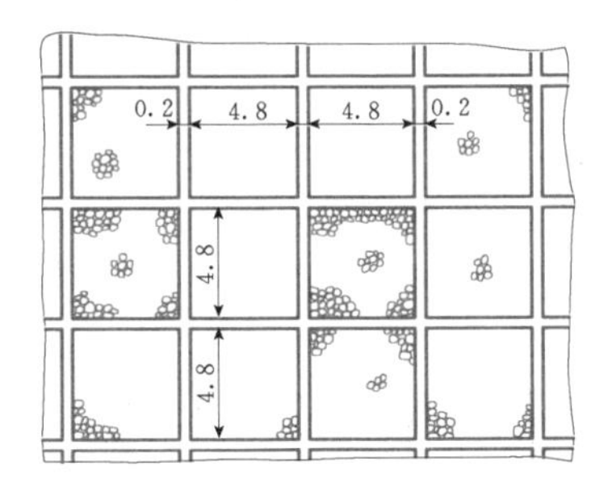

图1.6-12 混凝土框格填卵石护坡（单位：m）

下游为黏性土坝坡可以采用草皮护坡，也可采用卵（砾）石或碎石护坡。

草皮护坡是最经济的一种下游护坡，多用在温暖湿润地区。

土工网垫植草护坡比一般草皮护坡具有更高的抗冲能力，具有成本低、施工方便、恢复植被、美化环境等优点。

1.6.10 坝顶、坝面排水

1.6.10.1 坝顶排水

无防浪墙的坝顶，应成拱背状，分别向上、下游排水。有防浪墙的坝顶，应向下游倾斜，坡度2%～3%，将坝顶雨水排向下游坝面排水沟。

1.6.10.2 坝面排水

1. 排水沟布置和结构

下游坝坡应布置纵、横向排水沟。纵向排水沟

（与坝轴平行）一般设在各级马道内侧，采用明沟，以利清淤。沿坝长每隔50～200m设置一条横向排水沟，其总数一般不少于两条，横向排水沟自坝顶直至坝趾排水沟或最低尾水位以下。纵、横向排水沟互相连通，横向排水沟之间的纵向排水沟应从中间向两端倾斜（坡度$i=1\%\sim0.2\%$），以便将雨水排向横向排水沟。坝体与岸坡连接处一般应设置排水沟，以排除岸坡上流下来的雨水。排水沟通常采用浆砌块石或混凝土预制块。下游坝面排水布置见图1.6-13。

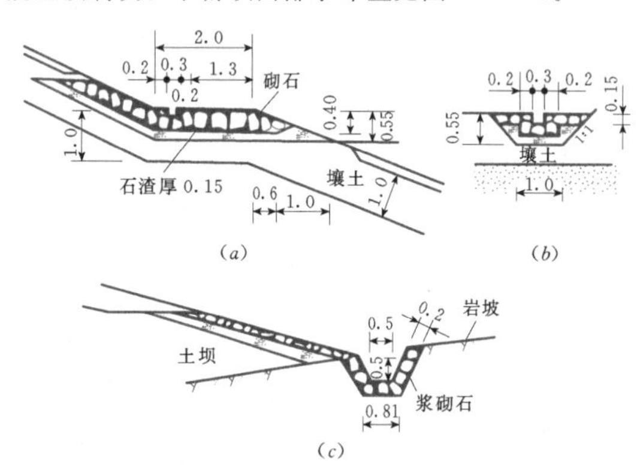

图1.6-13 下游坝面排水沟参考图（单位：m）

上游坡一般不设置排水沟，但正常高水位以上，坝坡与岸坡的连接处，也应考虑设置排水沟。

2. 排水沟断面设计

排水沟的断面以能通过表1.6-15所列的设计暴雨频率下，1h暴雨强度所产生的径流而不致满溢为准。

表1.6-15 排水沟设计暴雨频率

坝的级别	1	2	3	4、5
设计暴雨频率（%）	1	2	5	10

排水沟泄流量Q按下式确定：

$$Q=0.278\phi H_t F \tag{1.6-26}$$

式中 Q——排水沟设计泄量，m^3/s；

F——集雨面积，km^2；

H_t——设计频率时的暴雨强度，mm/h；

ϕ——径流系数，草皮护坡0.8～0.9，碎砾石或砂卵石护坡0.85～0.9，坝端岸坡则根据植被和坡度等因素确定。

排水沟过水断面面积由下式确定：

$$\omega=\frac{Qn}{i^{\frac{1}{2}}R^{\frac{2}{3}}} \tag{1.6-27}$$

式中 ω——排水沟过水断面积，m^2；

i——坡降；

R——水力半径，m；

n——糙率，一般浆砌石0.025，混凝土0.017，瓦管0.012。

按上述公式算出需要过水断面积，并留有适当余地。底宽及深度一般不小于0.20～0.40m。

1.6.11 坝顶构造

坝顶构造包括坝顶路面、防浪墙、电缆沟、栏杆以及路灯等，见图1.6-14。

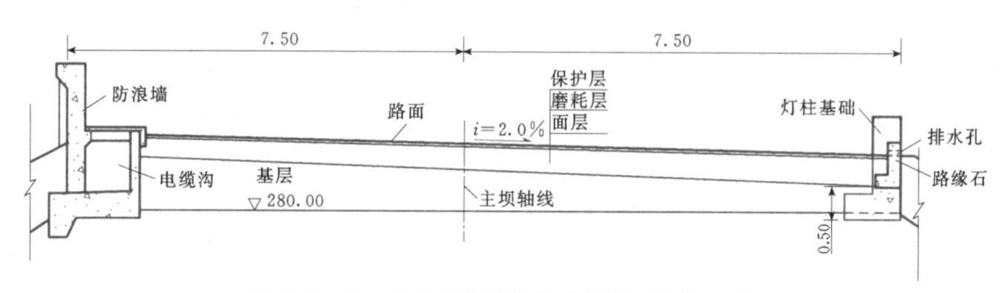

图1.6-14 小浪底坝顶构造示意图（单位：m）

1.6.11.1 坝顶路面

坝顶路面的类型有刚性、柔性两种。由于土石坝竣工后仍会有明显的沉降变形，采用柔性路面可以较好地适应变形。坝体裂缝反映到坝顶，由于柔性材料与坝体变形基本同步，可以马上反映出来，便于早发现、早处理，确保大坝安全。采用刚性混凝土路面，则没有这些优点。有些工程，在竣工时采用等级较低的柔性路面，待运用一定时间、大坝变形基本完成时再修筑较高等级或刚性的路面，不失为合理的选择。

柔性路面包括泥结碎石路面、嵌砌块石路面、预制混凝土砌块路面、沥青混凝土路面等；刚性路面主要指混凝土路面。坝顶路面结构和宽度取决于其用途，坝顶兼做公路时，按公路设计规范确定。现代大坝坝顶一般不建议作为公路用，考虑运输维修和防汛器材的车辆通行，坝顶仍应修筑路面；坝顶不应采用松散砂砾石或黏性土作为路面，不利于车辆通行。

1.6.11.2 防浪墙和路缘石

通常在坝顶上游侧设置防浪墙，下游侧设置路缘石。从传统的意义上讲，在最高静水位以上的坝顶设置防浪墙，主要是为了减少坝体填筑工程量。但近年来修建的很多大坝，也成为了风景旅游点，非专业人士登上坝顶游览的情况越来越多。在这种情况下，防浪墙也成为保障人身安全的结构措施之一。因此，防浪墙墙顶一般要高出坝顶1.0～1.2m。

防浪墙不作为挡水建筑物、只防浪花溅过时，波浪爬高以上的安全加高算到坝顶，防浪墙不算在安全加高值内。因此，这种防浪墙一般可以不作抗渗和力学计算。这类防浪墙可以采用浆砌石、现浇或预制钢筋混凝土结构，图1.6-15为几种典型布置。

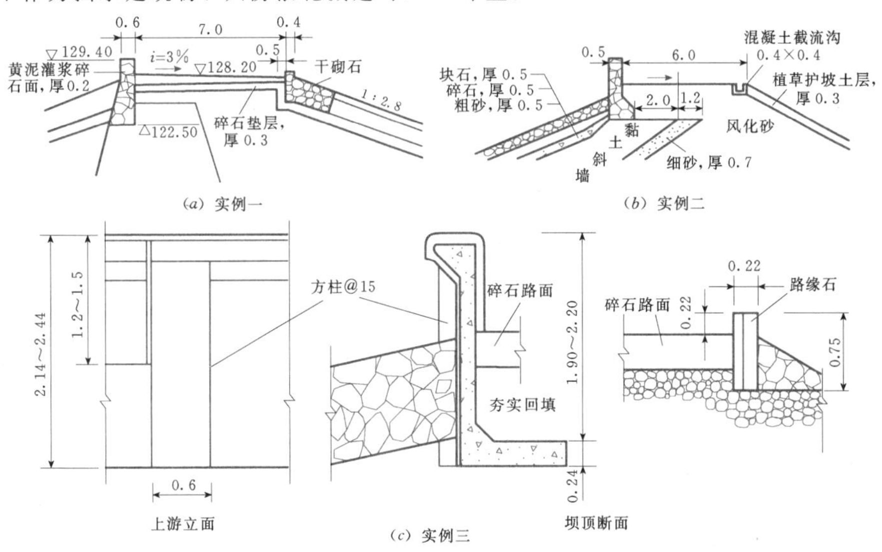

图1.6-15 典型防浪墙和路缘石布置（单位：m）

防浪墙作为挡水建筑物时，在波浪压力或静水压力作用下应满足以下要求：①墙底与土的接触面的抗滑稳定性；②墙的抗倾覆稳定性；③墙连同其底部及下游坝肩的局部滑动稳定性；④墙底与土接触面的渗透稳定性；⑤心墙或斜墙沉陷引起防浪墙底脱离土面时缝隙的止水或灌浆措施；⑥墙体本身不漏水；⑦墙的结构强度满足水工混凝土和钢筋混凝土设计规范的要求。在地震区，还应满足抗震稳定要求。

墙底与心墙或斜墙顶以及反滤层或坝壳顶的抗滑稳定计算，同水闸底板与闸基土层的抗滑稳定计算；墙的抗倾覆稳定，可参考挡土墙的抗倾覆稳定计算；墙连同坝肩与坝坡局部滑弧稳定计算，可把墙底应力作为滑裂土体顶部的超载，然后按圆弧滑裂面计算稳定安全系数。

墙底与心墙、斜墙顶部接触面的渗透稳定计算，可用莱因的加权渗径法计算，见图1.6-16。加权渗径长度L_a为

$$L_a = \frac{1}{3}(b_1 + b_2 + b_3) + 2S \quad (1.6-28)$$

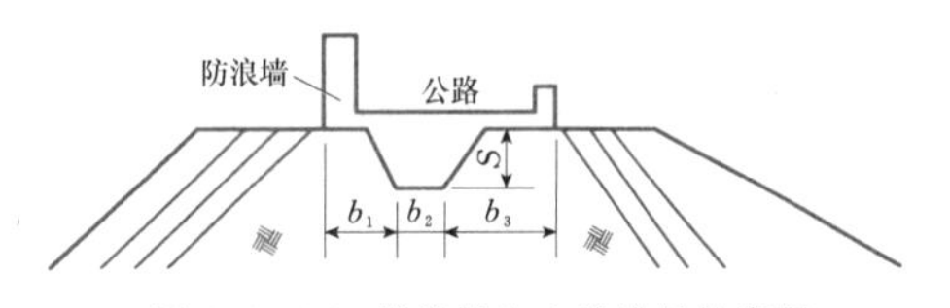

图1.6-16 防浪墙与心墙接触轮廓图

渗径长度应满足下式要求：

$$L_a \geqslant K_a H \quad (1.6-29)$$

式中 H——接触面承受的水头，m；

b_1、b_2、b_3、$2S$——防浪墙底面与防渗体接触渗径长度，m，当防浪墙底面为水平时，即为其底宽；

K_a——莱因经验系数，即容许单位渗径，见表1.6-16。

表1.6-16　莱因经验系数K_a

墙基土类	中砂	粗砂	细砂	砾石	粗砾石	大块、中块碎石和砾石混合	软黏土	中等硬度黏土	硬黏土	极硬黏土
K_a	6.0	5.0	4.0	3.5	3.0	2.5	3.0	2.0	1.8	1.6
K'_a	4.2	3.5	2.8	2.5	2.1	1.8	2.1	1.5	1.5	1.5

当墙底设有板桩和反滤层或排水孔时，容许单位渗径 K_a 可降低30%，降低后的容许值 K'_a 亦列于表1.6-16中。

当防浪墙底部的接触面有一部分与反滤层或坝壳砂卵石相接时，在计算加权渗径长度 L_a 时，只计黏性土部位的渗径，但容许单位渗径可采用 K'_a。

墙体本身应设伸缩缝，间距14～20m。伸缩缝内设止水片和沥青井，沥青井中应埋设电热钢筋或蒸汽管，以便发生不均匀沉降而使沥青井错开时，再加热溶化沥青。

防浪墙应按波浪压力、水压力、土压力等荷载根据《水工混凝土结构设计规范》(SL 191—2008) 计算其墙根截面的强度和配筋。

1.6.11.3 栏杆和路灯

高坝坝顶设置路灯、栏杆或其他防护设施是必要的。同时，为美化环境，要注意建筑艺术的处理。

1.7 砂砾石坝基处理

1.7.1 处理目的及处理措施

1.7.1.1 处理目的和方案选择

砂砾石坝基分为均质地基、双层地基和多层地基。均质地基级配和透水性都比较均匀，一般不会在下游产生承压水；双层地基的表层为弱透水层（如黏土、壤土等）、底层为强透水层（如砂卵石、卵砾石等）时，蓄水后因下游渗水出口受阻于弱透水层，便在强透水层中产生承压水，如不采取渗流控制措施，弱透水层可能被承压水顶穿，产生流土破坏；多层地基为强、弱透水层互成夹层，蓄水后可能形成几个承压水层，其渗透稳定条件更差。当地基中含有砂透镜体或夹砂层时，有可能产生震动液化或过大变形，影响坝的安全。

对砂砾石坝基应首先查明砂砾石覆盖层的平面和空间分布情况，以及级配、密度、渗透系数、容许渗透比降等物理力学指标。在地震区，还应进行标准贯入试验、剪切波速、动力特性等指标的测试。

在拟订砂砾石坝基的处理方案时，应达到以下目的：

(1) 保证坝基及下游土层的渗透稳定。

(2) 控制渗流量不超过容许值。

(3) 降低坝体浸润线。

(4) 改变砂砾石坝基的性质，使其达到设计所要求的变形及抗剪强度等要求。

(5) 减少坝下游的浸没等。

同时，还应根据坝型、坝高、工程的重要性、施工条件、施工机械设备能力及砂砾石层的特性选择几种技术上可行的方案，通过技术经济比较选定处理方案。

1.7.1.2 渗流控制措施的方式

砂砾石坝基渗流控制措施有以下几种方式。

1. 垂直防渗措施

(1) 明挖回填截水槽。

(2) 混凝土防渗墙（含高压旋喷灌浆防渗墙)。

(3) 灌浆帷幕。

(4) 上述两种或两种以上方式的组合。

2. 上游防渗铺盖

(1) 土质防渗铺盖。

(2) 土工膜防渗铺盖。

(3) 以上两者的结合。

3. 下游排水设施及盖重

(1) 水平排水垫层。

(2) 反滤排水沟。

(3) 排水减压井。

(4) 下游透水盖重。

(5) 反滤排水沟及排水减压井的组合。

以上三种砂砾石坝基渗流控制处理措施中，当技术条件可能而经济合理时，应优先采用可靠而有效地截断坝基渗透水流和解决坝基渗流控制问题的垂直防渗措施。

1.7.1.3 渗流控制措施的适用条件

1. 垂直防渗措施

垂直防渗措施选择的原则：①一般当砂砾石层深度小于20m时，宜采用明挖回填黏土截水槽；②当砂砾石深度在100m以内时，可采用混凝土防渗墙；③当砂砾石很深时，可采用灌浆帷幕；或上层采用明挖截水槽或混凝土截水墙，深层采用帷幕灌浆的形式。

(1) 土截水槽。当透水坝基深度小于20m时，可以采用明挖回填黏土或混凝土截水墙（槽)。当地质条件和施工条件允许时，截水槽的深度可加深。

土截水槽应采用与坝体防渗体相同的土料填筑，其压实度应不小于坝体同类土料，底宽根据回填土料的容许渗透比降、土料与基岩接触面抗渗流冲刷的容许渗透比降和施工条件确定。一般砂壤土的容许渗透比降取3，壤土取3～5，黏土取5～10。槽底的最小宽度按施工方法和施工机械而定，最小宽度不小于3m。土截水槽开挖边坡坡度，依地层条件一般取1：1.0～1：2.0。

土截水槽下游坡与地基接触面应符合反滤原则。如果地基土的透水性较截水槽土料的透水性大数百倍或更大，则两种土料之间必须设置反滤层，以防止截水槽土料在渗透作用下剥蚀，发生渗透破坏。也可在基岩表面浇筑一层混凝土盖板或喷混凝土。

土截水槽要求嵌入基岩或相对不透水层，一般不小于0.5m，所有全风化或严重节理裂隙破碎带均需清除。

（2）防渗墙。根据我国目前防渗墙施工的技术水平，当透水坝基深度小于130m时，可采用防渗墙防渗。防渗墙种类有：混凝土防渗墙、板桩灌注防渗墙、自凝水泥黏土防渗墙和高压旋喷灌浆防渗墙等。

砂砾石坝基中常用的防渗墙种类、施工方法、回填材料及适用条件见表1.7-1。

表1.7-1　防渗墙种类、施工方法、回填材料及适用条件

类型	施工方法	回填材料	适用条件	备注
桩柱式防渗墙	用冲击钻或其他方法打大直径钻孔，采用套管或泥浆固壁	用导管在泥浆下浇筑混凝土或黏土混凝土形成连续防渗墙	适用于各种地基，不论地下水位的高低，渗透比降>30，最大可达到100	桩柱的垂直度是施工中的主要问题，防止留下"天窗"
槽板式防渗墙	用冲击钻、抓斗或其他方法开挖槽孔，采用泥浆固壁			
板桩式防渗墙	将加厚的钢板桩按设计要求打至隔水层后，用液压拔桩器将钢板桩缓缓拔起，同时通过焊接在桩体上的灌浆管，自桩底灌注浆体，注满钢桩余出的空间	板桩灌注墙灌注的浆体一般为水泥膨润土砂浆	要求墙下、地基中无孤石，适用于较浅的坝基覆盖层（<10m）；墙体填料属柔性，厚度很小，一般仅10～30cm，容许渗透比降2～10	灌注墙耗用钢材很少，造价低，防渗效果较好，施工速度快
高喷灌浆防渗墙	采用高压水或高压浆液形成高压喷射流速，冲击、切割破碎地层土体，并以水泥基质浆液冲填掺混其中，形成桩柱或板墙状的凝结体，以提高坝基防渗或承载力	高喷灌浆浆液宜使用水泥浆，水灰比可为1.5∶1～0.6∶1。并可加入膨润土、黏土、粉煤灰、砂等掺合料	适用于淤泥质土、粉质黏土、粉土、砂土、砾石、卵（碎）石等松散透水地基	根据工程需要和地质条件，高压喷射灌浆可采用旋喷、摆喷、定喷三种方式。每种方式可采用三管法、双管法和单管法

（3）灌浆帷幕。当透水坝基为砂砾石冲（洪）积层时亦可采用灌浆帷幕进行坝基防渗处理。灌浆帷幕材料可采用水泥黏土浆或水泥砂浆。

2. 水平防渗、排水

（1）上游铺盖。铺盖是砂砾石坝基防渗措施之一，但不如防渗墙和灌浆帷幕效果好。它不能完全截断水流，但可增加渗径，减少坝基渗流的渗透比降和渗流量至容许范围。有时为了更有效地控制地下渗流，常与其他排水措施结合，形成综合防渗处理措施。上游铺盖的适用条件：

1）坝基不透水层埋藏较深，透水砂砾石层较厚，或埋藏深度虽然不大，但各种垂直防渗设施均不够经济合理。

2）工程对渗漏水量的要求不高，砂砾石地基的渗透稳定性较好。

3）坝址附近有足够数量、质量良好的黏性土料，且有填筑铺盖的施工条件。

铺盖防渗效果有一定限度，对高中坝、复杂地层、渗透系数较大和防渗要求较高的工程，应慎重选用。

建造铺盖的防渗材料一般采用黏性土，对中低坝也可采用土工膜。

（2）下游排水设施及透水盖重。下游排水设施及透水盖重种类包括：水平排水垫层、反滤排水沟、排水减压井以及坝趾下游透水盖重。应结合坝体及坝基地层性质选择下游排水设施及透水盖重适宜的方式。

3. 坝基加固

为防止大坝防渗体与坝基结合面发生集中渗流破坏，可对结合面进行浅层铺盖式固结灌浆加固处理。一般固结灌浆采用纯水泥浆液，水泥强度等级为32.5或以上；孔、排距2～3m，孔深：中低坝5～8m，高坝8～10m，最深不超过15m；灌浆压力0.3～0.5MPa，浆液水灰比可以采用1、0.6（或0.5）两个比级。灌浆按分序加密原则进行。坝基固结灌浆应与其他防渗措施组成综合防渗体系。如瀑布沟大坝，在心墙基础河床覆盖层基础进行浅层铺盖式固结灌浆，其孔排距均为3m，孔深8～10m，方格形排列。

4. 开挖、置换

砂砾石坝基中夹有砂层透镜体、砂土层等软弱结构（埋藏深度小于7.0m）时，一般采用局部开挖和置换方法进行处理。

当坝基中含有影响大坝稳定的软弱结构时可以采用振冲、强夯、碎石桩等进行置换加固，以减少坝基变形，提高地基的稳定性。

振冲法主要适用于砂土地基，对含漂石、块石、大粒径卵石的地基基本不适用。在砂土地基中最大振冲深度可达到30m（150kW电机功率），碎石桩桩径可达0.8～1.2m。

1.7.2　混凝土防渗墙

混凝土防渗墙是在松散透水地基中以泥浆固壁连续造孔成槽，在泥浆下浇筑混凝土而建成的地下连续墙，是保证地基渗透稳定和大坝安全的重要工程措施之一。几乎在所有的覆盖层地基均可建造防渗墙。与高压喷射灌浆和帷幕灌浆相比，防渗墙最为稳妥可靠。防渗墙的施工深度也越来越深，我国四川冶勒水电站1m厚防渗墙，二段墙深140m；黄河小浪底大坝坝基1.2m厚防渗墙，最大墙深82m；新疆下坂地大坝坝基1.0m厚，防渗墙深85m；四川泸定水电站坝基1m厚，防渗墙最大墙深110m，墙下及墙的两侧共布置4排帷幕灌浆；西藏旁多水利枢纽工程地处拉萨河流域中游河段，防渗墙墙体一个槽段最深201m，连接槽段拔管深度最深158m等。

我国部分刚性混凝土防渗墙墙深超过60m的工程情况见表1.7-2，我国部分塑性混凝土防渗墙墙深超过40m的工程情况见表1.7-3。

1.7.2.1　防渗墙设计需具备的基本资料

（1）坝体或围堰剖面及平面布置图。

（2）坝体不同运行工况下的上下游水位资料。

（3）坝体或围堰填料的物理力学指标、渗透系数及容许渗透比降。

（4）坝基覆盖层的地质剖面，坝基地层的物理力学指标、渗透系数及容许渗透比降。

（5）基岩的风化程度、物理力学指标、透水率等。

（6）地下水水位及水质分析资料。

（7）枢纽工程环境保护要求。

（8）枢纽工程附近混凝土主材及黏土、膨润土料源情况。

1.7.2.2　墙体结构设计

1. 防渗墙的布置与构造

（1）平面布置。防渗墙应用于坝基防渗时，墙体与防渗体相连接，故其轴线一般随防渗体的轴线进行布置。平面上，为避开不良地质条件或其他原因，防渗墙轴线可布置成折线或曲线型，但直线布置是最经济的。

（2）剖面设计。布置在坝基中的防渗墙可设计成封闭式或悬挂式。封闭式防渗墙可完全截断透水地基的渗流，而悬挂式防渗墙只能增加渗径，无法完全封闭透水地基的渗流。

高坝或堰体，有时布置两道防渗墙，这两道墙共同作用，按一定比例分担水头，如瀑布沟水电站大坝坝基采用两道各厚1.2m的防渗墙。这种布置一定要使水头分配合理，避免造成单道墙水头过大。

严寒地区防渗墙，在顶部冻土层以上可不浇筑混凝土，回填黏土或采用其他防渗型式。

（3）墙体构造。

1）防渗墙与防渗体的结合。防渗墙与防渗体相接时，为增加接触渗径的长度，防渗墙伸入防渗体内的长度宜为1/10坝高。高坝可适当降低，或根据渗流计算确定，低坝不应小于2m。在墙顶宜设置填筑含水率略大于最优含水率的高塑性土区。防渗墙与防渗体的连接，一般采用插入式或廊道式，如图1.7-1、图1.7-2所示。

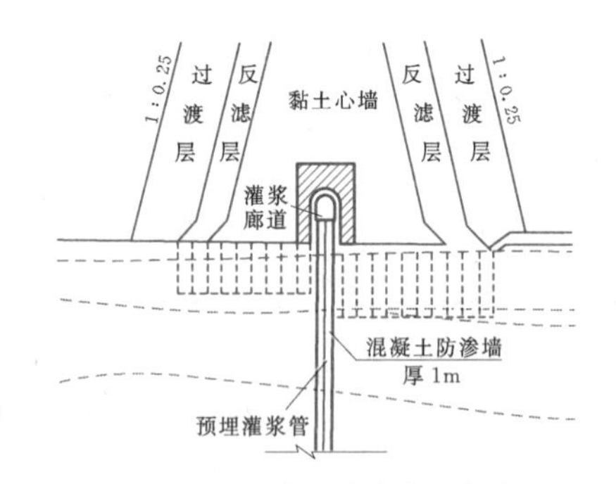

图1.7-1　插入式连接示意图

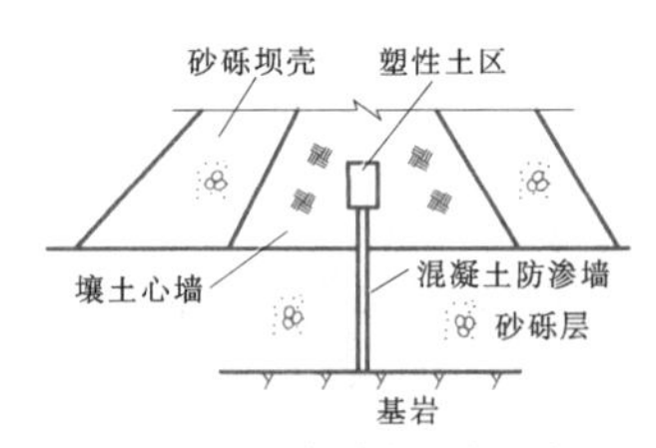

图1.7-2　廊道式连接示意图

伸入防渗体内的防渗墙多采用现浇方式，为改善与土体的结合，墙顶部位做成楔形。现浇墙与槽孔防渗墙间的连接，多采用键槽型式，也有加止水和插筋的。

当墙顶有灌浆或检查廊道时，一般是将墙插入廊道底板，两侧回填塑性材料。

2）防渗墙的入岩深度。防渗墙嵌入基岩深度，一般为0.5～1.0m，对风化较深或断层破碎带应根据其性状及坝高予以适当加深。

表 1.7-2 国内部分墙深超过 60m 的混凝土防渗墙工程情况

工程名称	地点	施工日期（年-月）	坝型	坝高（m）	覆盖层性质	墙顶长度（m）	最大墙深（m）	墙厚（m）	防渗墙混凝土设计指标	造孔进尺（m）	截水面积（m^2）
十三陵主坝	北京昌平	1969-12～1970-07	斜墙坝	29.0	砂卵石黏土层	487.0	60.0	0.8		28095	20790
黄羊河水库坝体加固	甘肃武威	1973-04～1974-09	心墙坝	52.0	砂卵石	76.0	64.4	0.8		6292	5430
柘林水库坝体加固	江西永修	1974-12～1977-11	心墙坝	62.0	无	591.0	61.2	0.8		34939	33000
牛头山坝体加固	浙江临海	1980-10～1984-04	沥青混凝土斜墙砂砾石坝	49.3	砂砾石	349.5	62.0	0.8		17283	13000
青狮滩坝体加固	广西桂林	1985-09～1987-07	土坝			230.0	61.3	0.8			13798
阿湖水库主坝	新疆阿图什	1987-08～1989-04	壤土心墙坝	33.0	砂卵石、崩塌体、漂卵石	182.8	67.0	0.8		6823	3654
下坂地	新疆喀什		沥青混凝土心墙坝	78.0	块石、卵砾石	260.0	85.0	1.0	$R_{180}=35$MPa W10		
小浪底主坝	河南孟津	1993-02～1998-03	斜心墙堆石坝	160.0	粉细砂、砂卵石	410.6	81.9	1.2	$R_{28}=35$MPa	15184	15642
冶勒水电站	四川石棉	2001-04～2002-11	沥青混凝土心墙堆石坝	125.5	卵砾石、粉质壤土、砾石土夹块石	703.0	140.0	1.0 1.2	$R_{28}=20$MPa		
狮子坪	四川阿坝州	2005-05～2006-09	砾石土心墙堆石坝	136.0	卵砾石、粉质壤土、砾石土夹块石		101.8	1.2	$R_{90}=30$MPa $R_{360}=40$MPa		
泸定	四川泸定县	2008-12～2009-05	黏土心墙堆石坝	84.0	卵砾石、砾石土、砂层等		106.0	1.0			
旁多	西藏	2010	沥青混凝土心墙堆石坝	72.3	砂砾石覆盖层		201.0	1.0	上部 C20 下部 C30		成墙面积 125000
瀑布沟	四川汉源	2005	砾石土心墙坝	186.0	砂砾石覆盖层		81.6	1.2	上游墙 C40 下游墙 C45		8292 8140
直孔	西藏	2003-07～2006-01	心墙坝	47.6	砂砾石覆盖层		79.0	0.8			

表 1.7-3　　国内部分墙深超过 **40m** 的塑性混凝土防渗墙工程情况统计表

工程名称	性质	所在地	建成年份	最大墙深(m)	墙厚(m)	成墙面积(m^2)	材料用量(kg/m^3)									物理力学指标		
							水泥	黏土	膨润土	粉煤灰	砂子	石子	水	外加剂	密度(kg/cm^3)	抗压强度(MPa)	弹性模量(MPa)	渗透系数(cm/s)
小浪底上游围堰	临时	河南	1994	73.4	0.8	13832	150		40		760	910	230		2090	3.8	221.6	3×10^{-7}
三峡二期主围堰	临时	湖北	1998	74.0	0.8 1.0	83450	180		100		1341	72	282	1.00		5.19	1032.7	3×10^{-7}
小江水库	永久	广西		42.0	0.6		160	80	30		763	827	260	0.83	2120	2.6	<500	10^{-7}
沙湾电站围堰	临时	四川		80.0	1.0		101		101	51	601	1158	515	2.30	2229	2.5	3000	$<10^{-7}$
岳城水库	永久	河北	1970	56.0	0.8	49000	199	57	28		835	860	245	2.85	2226	5.5		$<10^{-8}$
凤亭河水库	永久	广西	1997	52.6	0.7		160	125			848	782	275		2190	1.5～3	800～2500	10^{-7}
绿荫湖水库	永久	贵州	2003	47.8			160		80		848	848	260	0.60	2196	2.5	800～1000	10^{-7}
环洞庭湖平原水库	永久	湖南		40.0	0.2～0.8		160		80		848	848	260	0.66		2.5	800～1000	$(1\sim9)\times10^{-8}$
向家坝围堰	临时	四川	2005	81.8	0.8	51788	170	80			886	886	220	1.55		4.0	500～700	10^{-7}
石头河水库右坝肩	永久	陕西	2002	71.2	0.8		200		70		845	845	245	0.67		>3.0	500～800	
长潭大坝加固	永久	浙江	2003	68.0	0.8	17895	245		163		810	810	265	7.75		>5.0	<1200	10^{-7}

对于风化程度高、裂隙发育的岩石，一种是穿过破碎岩石伸入新鲜基岩；另一种则是伸入一定深度后下接灌浆帷幕进行处理。近年来的工程实践表明，设计越来越趋向于防渗墙本身的柔性化，墙底约束程度也趋于减弱。

3）防渗墙与高喷灌浆防渗墙的连接。有时，坝基的防渗结构，一部分采用混凝土防渗墙，相邻部分采用高喷灌浆防渗墙。防渗墙与高压喷射灌浆防渗墙连接时可采用搭接式或插入式见图 1.7-3，其搭接长度视承受的水头大小确定，一般为 3～8m。

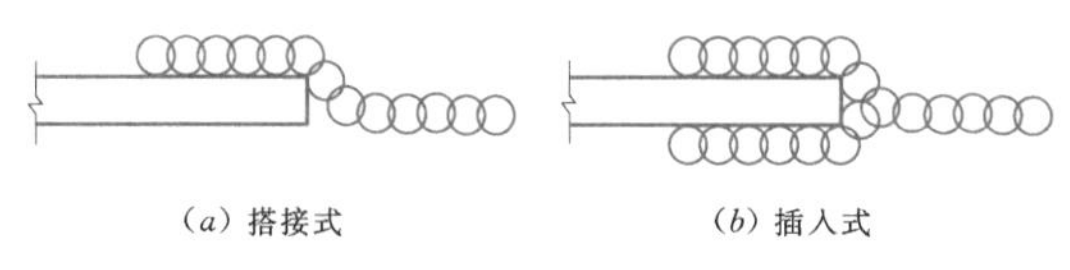

图 1.7-3 防渗墙与高喷帷幕的连接

4）防渗墙与岸坡及混凝土建筑物的连接。对于深部岩体，无论两岸的坡度怎样，都可以采用墙体入岩的方式连接。在岩体埋藏较浅的部位，可采用混凝土齿墙或黏土齿墙连接；防渗墙与混凝土建筑物连接时可预留槽孔位置，防渗墙槽孔施工完毕后将预留孔作端孔处理，进行刷洗后浇筑混凝土（见图 1.7-4）。

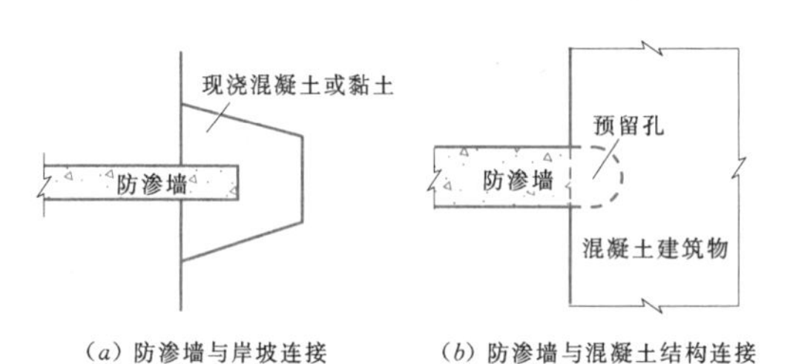

图 1.7-4 防渗墙与岸坡的连接

5）防渗墙拐点处的处理。对于水头较高和重要工程，防渗墙的拐点可能造成较大的应力集中，需进行局部加固，可采用旋喷桩或混凝土桩支顶，也可用施工短墙支撑（见图 1.7-5）。

2. 防渗墙的结构分析

防渗墙结构分析的目的是确定墙体的厚度及其与地基连接的形式。墙体厚度主要由防渗要求、抗渗耐久性、墙体应力和变形以及施工设备等因素确定，其中最重要的是抗渗耐久性和结构强度两个因素。

（1）按容许水力梯度确定。防渗墙在渗透作用下，其耐久性取决于机械力侵蚀和化学溶蚀作用，因为这两种侵蚀破坏作用都与水力梯度密切相关。目前防渗墙厚度主要据其容许水力梯度、工程类比和施工设备确定，即

$$\delta = \frac{H}{J_p} \tag{1.7-1}$$

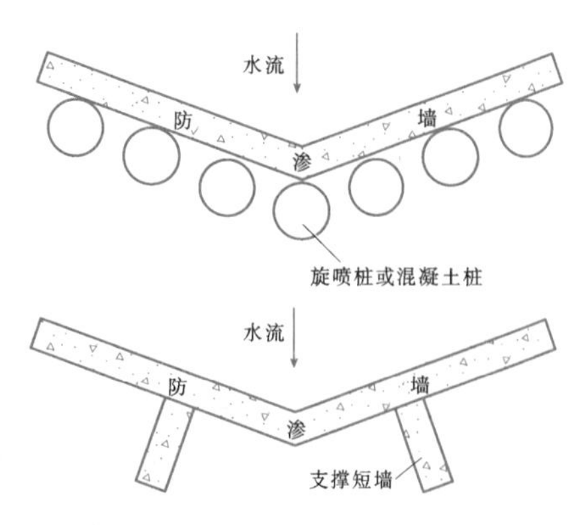

图 1.7-5 防渗墙拐点

$$J_p = \frac{J_{max}}{K} \tag{1.7-2}$$

式中 J_p——防渗墙的容许水力梯度；

J_{max}——防渗墙破坏时的最大水力梯度；

K——安全系数。

刚性混凝土防渗墙的 J_p 可达 80～100，塑性混凝土防渗墙的 J_p 多采用 50～60。

（2）按防渗墙的强度确定。作用在防渗墙上的荷载有墙的自重和墙上部土的重力、上下游的水压力和土压力，在地震时还有地震力，以及墙身上下游两侧砂砾石层压缩变形，对墙上下游两侧面产生的向下剪力等。根据防渗墙的结构型式和工作条件，主要可归纳为以下三种受力状态：

1）心墙坝下覆盖层中的防渗墙。其主要荷载是墙体承受上部心墙土体传来的荷重及水压力，主要受力作用是偏心受压。

2）斜墙坝下的防渗墙或土石坝补强、施工围堰等工程的防渗墙。这时上部土体的荷重不占主要地位，而静水压力起着主要作用，主要受力作用是弯曲作用。

3）上述两种状态下受地震荷载的情况。

防渗墙的应力状态还与施工和蓄水过程有关，当防渗墙上、下游的围土因受上部坝体的荷重而产生沉降时，先期建造的防渗墙两侧将产生向下的剪力，会使墙体承受远比墙顶荷载及墙身自重大很多的压力。

防渗墙两边有泥浆固壁形成的泥皮时，在一定程度上可减小围土与墙身之间的摩擦力，其摩擦系数在考虑墙面不平整后可假定为 0.2 左右。在进行防渗墙的结构分析时，应考虑泥皮的作用。

当墙体材料为塑性混凝土等塑性材料时，则应采用非线性有限元方法计算。

防渗墙的动力有限元分析，可采用直接积分法，求解在实测地震波形作用下的地震应力，计算中可考

虑墙体和围土材料的线性或非线性两种情况，其中非线性动力分析可采用等效非线性法。

3. 防渗墙的耐久性分析

(1) 防渗墙的溶蚀。

1) 防渗墙在长期水头作用下，混凝土中的氧化钙将不断被溶出，当氧化钙的溶出量达到混凝土中氧化钙总量的25%～30%时，强度将大幅度降低，渗透系数大幅度增大，严重影响防渗墙的正常工作。

2) 防渗墙混凝土中的氧化钙的溶出速度与墙体承受的渗透比降、混凝土的龄期、混凝土的渗透系数、构成混凝土的水泥与掺合料的品种和用量、外加剂的品种和用量、环境水的硬度等有关。在这些影响因素中最重要的是渗透比降和墙体的渗透系数。

3) 不同的墙体材料有着不同的极限渗透比降，H·贝伊尔给出的安全系数为2，该系数已被国内外的工程实践证明是适宜的。当按容许比降确定的墙厚，透过墙体渗出的水量极微，而溶出的氧化钙就更微不足道了。

4) 几种防渗墙墙体材料，其抗溶蚀性能由强到弱依次为：粉煤灰混凝土、普通混凝土、塑性混凝土、黏土混凝土、固化灰浆。

(2) 防渗墙使用年限估算。防渗墙使用年限估算以梯比利斯研究所公式应用较多。

渗水通过防渗墙混凝土使石灰淋蚀而丧失强度50%所需的时间 T (a) 为

$$T=\frac{acb}{k\beta J}$$

式中 a——淋蚀混凝土中的石灰，使混凝土的强度降低50%所需的渗水量，m^3/kg；根据苏联学者B.M. 莫斯克文研究，$a=1.54$ m^3/kg，按柳什尔的资料，$a=2.2$ m^3/kg；

b——防渗墙的厚度，m；

c——$1m^3$ 混凝土中的水泥用量，kg/m^3；

k——防渗墙渗透系数，m/a；

J——渗透比降；

β——安全系数，见表1.7-4。

表1.7-4 安全系数β

建筑物等级	大块结构 (b>2m)	非大块结构	
		在湿空气中硬化	在干空气中硬化
Ⅰ	10	20	100
Ⅱ	8	16	80
Ⅲ	6	12	60
Ⅳ	4	8	40

1.7.3 灌浆帷幕

1.7.3.1 砂砾石地基的可灌性

1. 根据可灌比

按照反滤层设计原理，用地基的颗粒级配曲线上含量为15%的粒径 D_{15} (mm) 与灌浆材料颗粒级配曲线上含量为85%的粒径 d_{85} (mm) 之比值来衡量地基的可灌性，此比值称为可灌比 M：

$$M=D_{15}/d_{85}$$

(1) 当 $M<5$，一般认为砂砾石地层接受灌浆的可能性很小。

(2) 当 $M=5\sim10$，用黏土水泥浆液不一定能灌好。

(3) 当 $M>10\sim15$，可灌注黏土水泥浆。

(4) 当 $M>15$，可灌注水泥浆液。

2. 根据粒径小于0.1mm的颗粒含量

砂砾石地基中粒径小于0.1mm的颗粒含量小于5%时，一般易接受水泥黏土浆液的有效灌注。但较均匀的砂，即使小于0.1mm的颗粒含量仅占3%时，因 $M<5$，仍不能接受水泥黏土浆液的有效灌注。

3. 根据地基的渗透系数

根据地层渗透系数 k (m/d) 的大小，选择不同的灌注材料：

(1) $k\geqslant800$，水泥浆液中可加入细砂。

(2) $k>150$，可灌注纯水泥浆液。

(3) $k=100\sim120$，可灌注加塑化剂的水泥浆液。

(4) $k=80\sim100$，可灌注加2～5种活性掺合料的水泥浆液。

(5) $k\leqslant80$，可灌注水泥黏土浆液。

4. 判别土层可灌性的颗粒级配曲线

判别土层可灌性的颗粒级配曲线如图1.7-6所示。

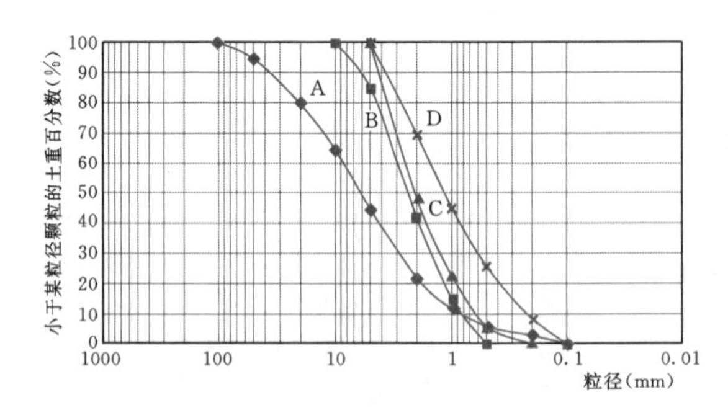

图1.7-6 判别土层可灌性的颗粒级配曲线

A—接受纯水泥浆液的土壤分界线；B—接受水泥黏土浆液的土壤分界线；C—接受一般水泥黏土浆液的土壤分界线；D—接受精细黏土与高细度水泥的混合浆或加化学剂的黏土浆的土壤分界线

1.7.3.2 帷幕设计原则

1. 帷幕的位置

(1) 与心墙连接。帷幕设置在心墙的下面，与防渗心墙相连。采用此种帷幕，须先进行灌浆，而后填筑坝体，或者设置专门的灌浆廊道，在廊道中灌浆。如糯扎渡大坝、瀑布沟大坝和泸定大坝等工程均是在专设的廊道中进行灌浆施工。

(2) 与斜墙连接。帷幕设置在斜墙或在斜墙向上游延伸的短铺盖下面，与防渗斜墙相连。采用此种帷幕，与坝体填筑施工相互干扰减少。如密云水库白河主坝。

(3) 与防渗铺盖连接。灌浆帷幕设置在防渗铺盖下面，与防渗铺盖相连。采用此种帷幕，可延长渗径，并可减少坝体填筑与灌浆施工的相互干扰。如岳城水库土坝。

2. 帷幕的型式

(1) 均厚式帷幕——在砂砾石层厚度不大的情况下，帷幕各排孔的深度相同。

(2) 阶梯式帷幕——在深厚的砂砾石层中，渗流比降随砂砾石层的加深而逐渐减小，设置帷幕时，多采用上宽下窄阶梯状的帷幕。

3. 帷幕的深度

(1) 全封闭式帷幕——帷幕穿过砂砾石层达到基岩，可以全部封闭渗流通道。深入基岩深度，应根据地质条件与工程具体情况确定，一般不宜小于5m。

(2) 悬挂式帷幕——帷幕没有穿过整个砂砾石透水层或与相对不透水层联结。若需采用此种帷幕形式，应对砂砾石层坝基及坝体的渗透稳定、渗透流量是否控制在容许范围内进行论证。一般情况下应尽量少用此种形式的帷幕。

4. 帷幕孔的孔距

灌浆孔距主要决定于砂砾石层的渗透性、灌浆压力、灌浆材料及浆液浓度等有关因素。灌浆孔距通常是通过灌浆试验确定，一般多为2～4m，以3m居多。

5. 帷幕的厚度

帷幕的厚度主要是根据幕体的容许渗透比降值确定，同时应保证帷幕本身不会发生机械管涌及化学管涌，在长期水流作用下，能抵抗渗透水的浸蚀。对一般水泥黏土浆，容许渗透比降值可采用3～4。也有容许渗透比降采用大于5的工程实例。

帷幕厚度计算公式如下：

$$T = \frac{H}{J}$$

式中 T——帷幕厚度，m；

H——最大设计水头，m；

J——帷幕的容许渗透比降。

1.7.3.3 灌浆方法

1. 打管灌浆法

将带花管的钻管直接打入砂砾石层，再将管内淤沙冲洗后进行灌浆。该法多用于灌浆深度不深的临时工程。

2. 套管灌浆法

将套管打入砂砾层，利用套管护壁，下入灌浆管，逐段上拔套管进行灌浆。

3. 循环钻灌法

在地面预埋孔口管，下入灌浆管，自上而下，钻一段灌一段。

4. 预埋花管法

在砂砾石层中，每隔一定距离埋设一段带孔眼的花管。孔眼外包橡皮箍，在花管与孔壁间填强度低的黏土水泥填料，灌浆管放入花管后，压力浆液顶开橡皮箍，通过开裂的填料进入砂砾层。本方法运用最广，优点是一次钻孔，孔内埋设花管不会塌孔，灌浆管在花管中上下移动，可灌任何一段，也可重复灌浆，施工方便；缺点是花管不能回收，浪费管材。

1.7.3.4 灌浆材料

灌浆材料主要为水泥、黏土或膨润土，应满足细度、稳定性和胶结能力、胶结强度等要求。在强透水层中灌浆，可掺入砂子、磨细矿渣、粉煤灰等掺合料。为了改善浆液性能，还可加入促凝剂、塑化剂等外加剂。水泥强度等级不低于32.5号，对于永久性防渗帷幕，水泥含量占总干料的20%～50%（重量），临时性防渗帷幕可以适当降低浆液中水泥含量。

水泥黏土浆的一般配比及性能见表1.7-5。

表1.7-5　水泥黏土浆的一般配比及性能

位置	性能					
	干料：水	配合比（水泥：黏土）	密度（kN/m³）	稳定性（g/cm³）	黏度（s）	失水率（%）
边排孔	1：1～1：3	35%：65%～40%：60%	14.8～12.1	<0.02	37～18	<2
中排孔	1：1～1：3	20%：80%～25%：75%	14.7～12.0	<0.02	37～18	<2

注 1. 黏度不能大于60s。
2. 原浆（泥浆）密度控制在14.0kN/m³。
3. 浓浆用于吸浆率大于100L/min，稀浆用于吸浆率小于50L/min。

1.7.3.5　灌浆试验

1. 试验目的

砂砾石地基的孔隙大，孔隙率高，渗透性强，如采用灌浆帷幕防渗，在设计和正式施工前，应先在现场选择适宜地段进行灌浆试验。通过试验，落实灌浆施工方法、选定合适的浆液、推荐合理的施工程序、施工工艺和灌浆压力；确定灌浆孔的排数、排距、孔距、孔深等；提出对钻孔和灌浆机械以及其他的机械设备的建议等。

2. 坝址地质条件调查

灌浆试验前，应实地勘察并细致地分析砂砾石层的分布、组成、性质、胶结、各地层的渗透性和颗粒级配等有关地质资料。

3. 确定灌浆试验区

选择具有代表性的地层，确定灌浆试验区。

孔位的布置形式可以是三角形、矩形、六角形、多排式（三排以上）、同心圆环状等，孔距可在2～4m范围内选择。总体布置原则：能逐步加密，对称，最后形成包围封闭，便于在中心打孔或挖坑进行取样、抽水检查。

4. 灌浆试验

（1）初选适宜的钻孔方法、灌浆方法、浆液种类及配比，在试验过程中实时调整。

（2）初期灌浆压力可由式（1.7-3）估算，在试验过程中调整至适宜的灌浆压力。

$$P=\frac{1}{1000}\beta\alpha T+\frac{1}{10}C\alpha\lambda h \qquad (1.7-3)$$

式中　P——灌浆压力，MPa；

β——系数，在1～3范围内选用；

T——盖重层厚度，m；

C——与灌浆次序有关的系数；一序孔，$C=1$；二序孔，$C=1.25$；三序孔，$C=1.5$；

α——与灌浆方式有关的系数；自下而上灌浆，$\alpha=0.6$；自上而下灌浆，$\alpha=0.8$；

λ——与地层结构有关的系数，如颗粒组成、渗透性等，λ值可在0.5～1.5范围内选用；结构疏松、渗透性强的，λ取低值；结构紧密、渗透性弱，λ取高值；

h——盖重层底板至灌浆段顶部的深度，m；当无盖重时，则自砂砾石表面算起。

（3）地表变形观测。在灌浆试验地区布置观测桩，组成观测网，灌浆前后，分别测量各观测桩的标高，根据各桩标高的变化测出地表的抬动变形情况。

1.7.4　铺盖与下游排水设施

1.7.4.1　铺盖设计

1. 设计原则

铺盖一般采用土料填筑，对中、低坝也可采用土工膜铺盖。

（1）铺盖长度和厚度应根据水头、透水层厚度以及铺盖和坝基土的渗透系数通过试验或计算确定。

（2）铺盖应由上游向下游逐渐加厚，铺盖前缘的最小厚度可取0.5～1.0m，末端与坝身防渗体连接处厚度由渗流计算确定，且应满足构造和施工要求。

（3）铺盖与坝基土接触面应平整、压实。当铺盖和坝基土之间不满足反滤原则时，应设反滤层。

（4）铺盖应采用相对不透水土料填筑，应在等于或略高于最优含水率下压实，其渗透系数应比坝基砂砾石层小100倍以上，并应小于10^{-5}cm/s。

（5）当利用天然土层作铺盖时，应详细查明天然土层及下卧砂砾石层的分布、厚度、级配、渗透系数和容许渗透比降等情况，论证天然铺盖的有效性，应特别注意层间关系是否满足反滤要求、天然土层有无缺失或过薄地段等问题。必要时可辅以人工压实、局部补充填土、利用水库淤积物等措施。对高坝或天然土层抗渗性差时应避免采用。

（6）由于壤土铺盖抗剪强度一般低于上游透水坝壳及坝基砂砾石层，成为上游坝坡抗滑稳定的相对薄弱部位，上游坝坡抗滑稳定计算时应考虑这个因素。

（7）铺盖宜进行保护，避免施工和运用期间发生干裂、冰冻和水流淘刷等。

（8）如两岸坡缓又有防渗要求，可将铺盖延伸上岸，形成盆形，将岸坡包住，作为两岸绕坝渗流的防渗措施。经常遇到铺盖在两岸同裂隙发育的岩石陡坡相接，则库水会经由裂隙向铺盖下面的坝基砂砾中渗漏，形成渗透短路，使铺盖失效，并可能沿铺盖与基岩接触面发生接触冲刷，故最好对岩石进行喷浆，或冲洗干净后用水泥砂浆堵缝，并局部增加铺盖厚度，延长接触渗径。如有可能，沿接触面浇筑混凝土盖板，并对下面岩石进行固结灌浆等。

（9）施工期在上游围堰和大坝铺盖间应留足够距离，以利于当围堰挡水时能顺畅排除基础渗水，防止形成承压水将铺盖顶破。如铺盖在施工期影响两岸地下水排泄，也应采取临时排水措施，然后在蓄水前将其封闭，以免形成渗水通道。

2. 土质铺盖厚度计算

铺盖各处的厚度根据铺盖的容许渗透比降J估算：

$$t=\frac{\Delta h_i}{J} \qquad (1.7-4)$$

式中　t——铺盖厚度，m；

Δh_i——铺盖任意点的水头差值；

J——铺盖土料的容许渗透比降。

在采用一般壤土修筑铺盖时，其下游端厚为$H/6 \sim H/8$（H为上下游水头差），但不小于2.5m。

3. 土工膜铺盖

土工膜铺盖具有经济、施工方便而且不透水性良好等优点，但应铺在平整无凹凸剧变或大漂砾成堆处，防止蓄水后压破。应做好土工膜黏结，并在表面铺土或砂砾进行保护。有关土工膜铺盖的构造要求详见《水利水电工程土工合成材料应用技术规范》（SL/T 225—98）。

4. 长度计算

铺盖有效长度按式（1.7-5）计算：

$$L_e = \sqrt{2\frac{K_f}{K_b}Tt_1} \tag{1.7-5}$$

式中 L_e——铺盖有效长度，m；

K_f、K_b——坝基及铺盖渗透系数，cm/s；

T、t_1——坝基砂砾石层厚及铺盖下游端厚，m。

铺盖长度一般采用$(6\sim8)H$，且不小于$5H$。国内部分中低土石坝的铺盖情况详见表1.7-6。

表1.7-6　国内部分中低土石坝工程的铺盖

水库名称	坝型	坝高(m)	铺盖长(m)	铺盖厚(m)		土料干密度(t/m³)	渗透系数(cm/s)	地基渗透系数(m/d)	设计渗透比降	铺盖方式
				前端	后端					
鸭河口	黏土心墙	32.0	224	0.5	4.0	1.65～1.70	5×10^{-7}	—	8	河床段
临城	黏土斜墙	33.0	130	1.0	3.0	1.70	5×10^{-7}	69～191	4～6	—
王快	黏土斜墙	62.0	200	1.0	6.0	1.65	1.5×10^{-5}	15～126	6	—
西大洋	均质	54.0	180	1.0	5.0	1.65	3.5×10^{-5}	7～30	6	—
黄壁庄主坝	均质	30.7	160	1.0	3.0	1.50	—	—	6	水中填土法
黄壁庄副坝	均质	19.0	160～400	0.9	3.0	1.60	10^{-5}	250	6	天然铺盖为主,人工加强
于桥	均质	22.8	200	1.0	2.5	1.32～1.66	$10^{-3}\sim10^{-4}$	9～15	6	天然铺盖为主
庙宫	均质	42.0	200	1.0	5.0	1.65	2.6×10^{-6}	130～150	6	—
邱庄	均质	24.5	200	1.0	3.0	—	$10^{-3}\sim10^{-4}$	16～326	6	天然铺盖为主
龙门	均质	39.5	200	1.0	3.0	—	$10^{-3}\sim10^{-4}$	32～86	6	—

注　王快、西大洋、黄壁庄等水库大坝运行中铺盖出现问题，改为垂直防渗。

1.7.4.2　下游排水设施及透水盖重

1. 反滤排水（暗）沟

双层结构透水坝基，当表层为不太厚的弱透水层，且其下的透水层较浅，渗透性较均匀时，宜将坝底表层挖穿做反滤排水暗沟，并与坝底的水平排水垫层相连，将水导出。如排水量较大，可用排水管将暗沟中的水导出。反滤排水暗沟更有利于削减坝基扬压力，增加下游坝坡稳定，但观测维修较困难，而且缩短了下部透水层渗径，增加渗水出逸坡降。反滤排水暗沟的位置宜设在距离下游坝脚1/4坝底宽度以内。

在下游坝脚处设置平行于坝轴线的反滤排水沟，以排泄下层透水层渗水，有效地降低坝体浸润线和坝基承压水头。沿沟四周与坝基接触面填反滤层，再在沟内填堆石或卵砾石，沟底宽应满足减压排水需要并方便施工，一般不小于1.0～2.0m。反滤排水沟宜同下游坝面排水沟分开，分别排水，避免排泄坝面雨水时将泥带入反滤排水沟中。

反滤排水沟不宜用于上部不透水层比较厚，或存在许多透水夹层和渗流集中带的多层结构砂砾石地基。

2. 减压井

对于表层弱透水层较厚，或透水层成层性较显著时，宜采用减压井深入强透水层；如表层不太厚，可结合减压井开挖反滤排水沟。

排水减压井系统设计应包括确定井径、井距、井深、出口水位，并计算渗流量及井间渗透水压力，使其小于容许值。同时应符合下列要求：

（1）出口高程应尽量低，但不得低于排水沟底面，以防排水沟内的泥沙进入井内。

（2）进水花管贯入强透水层的深度，宜为强透水层厚度的50%～100%。

（3）进水花管的开孔率宜为10%～20%。

（4）进水花管孔眼可为条形和圆形，进水花管外应填反滤料，反滤料粒径与条孔宽度之比应不小于1.2，与圆孔直径之比应不小于1.0。

（5）减压井周围的反滤层采用砂砾料或土工织物

均可。采用砂砾料作反滤料时，反滤料的粒径应不大于层厚的1/5，不均匀系数宜不大于5。

（6）蓄水后应加强观测，对效果达不到设计要求的地段可加密井系。

减压井由井管（滤管和引水管）及上部出水口组成。造井步骤：以冲击钻造孔，用清水固壁（用泥浆固壁会影响以后排水效果），下井管，回填井管与孔壁之间空隙（在滤管周围填反滤，在引水管周围如为强透水层填砂砾，如为弱透水层填土料），洗井，进行抽水试验，安装井口井帽。井管由滤管及引水管组成，滤管进入透水层，管周开孔用以进水，开孔面积占表面积的12%～15%，外包玻璃丝网或土工织物网。

井距、井径和井深通过计算确定，使位于减压井之间弱透水层底面上的水头 H_m（高出尾水位的测压管水头）不超过容许值。一般减压井与减压井之间透水层的水头最大，可在此处布设测压管。如发现水头超过设计值，可补打新井，以缩短孔距，降低压力。井距一般20～30m。

井径以保证出流能力和井的各种水头损失不致过大为宜，通常为150～300mm；对于强弱透水层互为夹层，其中存在几个强透水层的坝基，可以设一个减压井穿透各层，同时排泄各层渗水。如有条件，最好布设几个减压井，分别排泄各强透水层的承压水，以免遇到各层承压水的压力不同，形成各层间串水现象。

井口高程应高于排水沟中水位，以防沟中泥水倒灌，淤积减压井。

目前常用井管有无砂混凝土管、铸铁管、塑料井管等。无砂混凝土管易堵；包土工织物作反滤可减少淤堵。塑料井管轻便耐用，应是今后的发展方向。

滤管周围的反滤料，应根据地层砂砾料的级配确定。为减少淤堵，可在滤管与砾石反滤间设土工织物。

3. 透水盖重

在表层为弱透水层、下层为强透水层的双层坝基中，蓄水后强透水层渗水在下游出口受阻于弱透水表层，产生承压水，如弱透水层厚度不足以压住承压水，可能被顶穿，导致基础破坏。解决措施除设反滤、排水沟或减压井外，也可在下游坝趾铺设透水盖重，保护弱透水表层不被承压水顶破。

透水盖重多由砂、砂砾、堆石等透水料组成，必要时应在与弱透水层接触面铺反滤。透水压盖厚度按下式计算：

$$t=\frac{KJ_{a-x}t_1\gamma_w-(G_s-1)(1-n_1)t_1\gamma_w}{\gamma} \tag{1.7-6}$$

式（1.7-6）的适用条件为

$$J_{a-x}>(G_s-1)(1-n_1)/K \tag{1.7-7}$$

式中 J_{a-x}——表层土在坝下游坡脚点 a 至 a 以下范围 x 点的渗透比降，可按表层土上下表面的水头差除以表层土层厚度 t_1 得出（见图1.7-7）；

G_s——表层土的土粒比重；

n_1——表层土的孔隙率；

K——安全系数，取1.5～2.0；

t_1——表层土的厚度；

γ——排水盖重层的容重，水上用湿容重，水下用浮容重；

γ_w——水的容重。

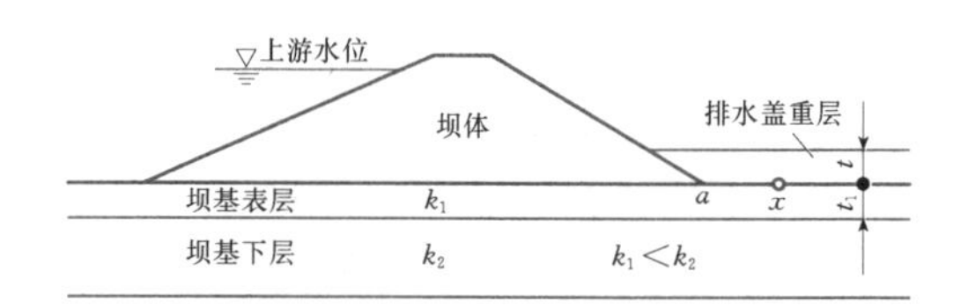

图1.7-7 排水盖重计算示意图

1.8 岩石坝基处理

1.8.1 岩石坝基处理要求

由于暴露于地表的岩层受到不同程度的风化和构造作用，改变了岩石性质，存在节理裂隙、断层破碎带、软弱夹层或化学溶蚀等，影响坝体和坝基的抗滑稳定或渗透稳定，导致地层有较大的渗漏量，影响水库效益，因此，应对此类岩石坝基进行处理，并应达到如下目的：

（1）为填筑坝体防渗材料准备均质基础。

（2）冲填空洞和不平整处以防止接触冲刷。

（3）加强坝体与基岩之间的衔接。

（4）改善坝基岩体的自然条件，减少渗漏，控制渗透压力和渗流量，提高强度，避免坝基岩层的不稳定。

由于风化岩层的性质各有特点，应经过详细的勘察、试验、技术经济比较，确定岩层的处理深度和范围。

（1）防渗体与基岩的接触表面处理：使防渗体与基岩能够紧密地结合，防止接触冲刷，处理措施包括开挖齿槽、混凝土齿墙（因齿墙周围土体不易压实，近年已少用）或混凝土盖板、固结灌浆、喷浆、表面缺陷处理、孔洞回堵及削坡处理等。

（2）岩基内部处理：改善岩基的自然条件，减少渗漏，控制渗透压力和渗流量，提高强度，避免坝基岩层的不稳定。处理措施包括防渗灌浆帷幕、软弱带的开挖、回填、置换以及反滤排水等。

1.8.2 坝基软弱带的处理

首先通过地勘工作查明软弱带的基本性质，如组成、规模、倾角、走向等，通过试验取得软弱带的物理力学性质指标、渗透特性和矿物化学成分等性能指标，据此采取相应的工程处理措施。

（1）开挖：如软弱带埋藏不深，可将其挖除，直达较完整岩石，并用防渗土料或混凝土回填。

（2）竖井：如软弱带为陡倾角，延伸较深，且组成为土质，可灌性较差，难用灌浆处理，可在软弱带中开挖竖井，回填土，形成一道板桩，以延长沿软弱带渗径，竖井深度由渗流计算确定，如图 1.8-1 所示。

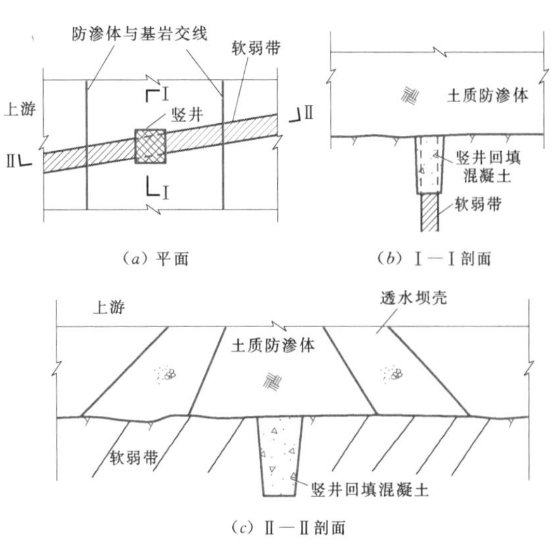

（a）平面　（b）Ⅰ—Ⅰ剖面　（c）Ⅱ—Ⅱ剖面

图 1.8-1　竖井处理软弱层示意图

（3）混凝土塞加灌浆：如软弱带由破碎岩体、砂等组成，具备灌浆条件，可在防渗体底部帷幕线与软弱带交叉处，将软弱带表层开挖后回填混凝土塞，厚 0.8～1.5m 即可，在软弱带倾向的一侧，设扩大混凝土盖板。通过混凝土塞和扩大混凝土盖板，对软弱带进行多排灌浆，形成比较宽的帷幕，起板桩作用，延长渗径，使软弱带的渗透比降小于容许值，帷幕深度由渗流计算确定，如图 1.8-2 所示。

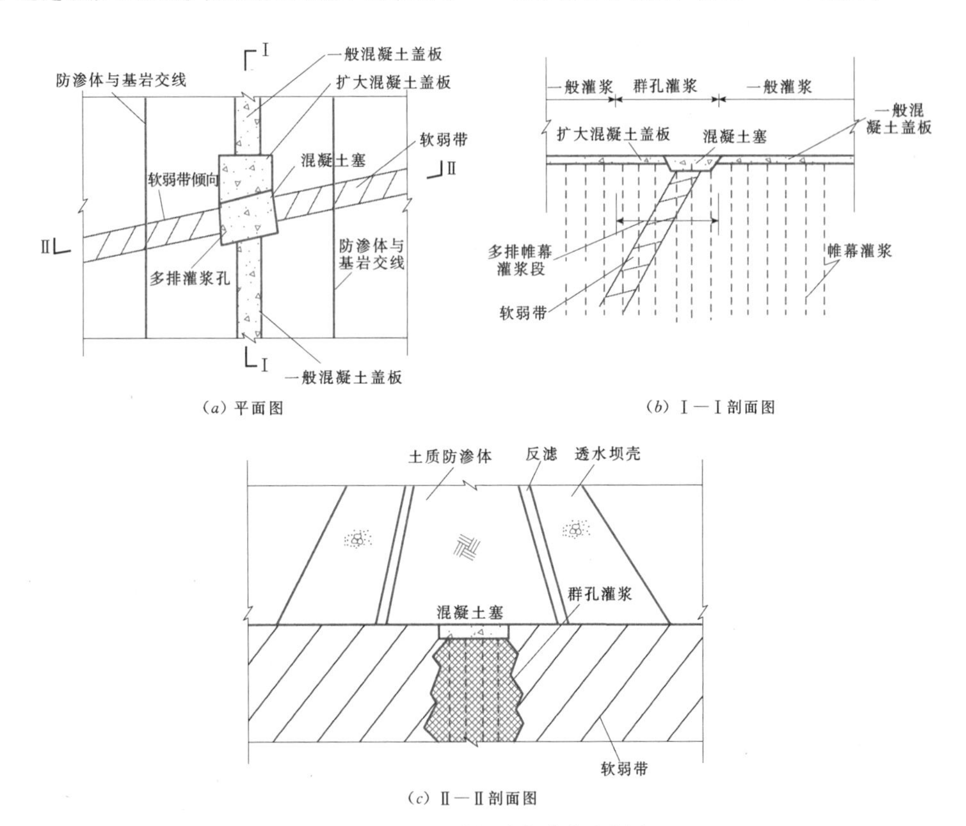

（a）平面图　（b）Ⅰ—Ⅰ剖面图　（c）Ⅱ—Ⅱ剖面图

图 1.8-2　混凝土塞加灌浆示意图

（4）铺盖加排水：当软弱带走向与防渗体轴线相交时，在软弱带部位局部扩大防渗体底宽，或向上游用土或混凝土铺盖，延长软弱带渗径，降低其渗透比降，同时在防渗体下游侧，渗流出口范围内，铺设一定宽度的反滤料保护。

(5) 综合方法：综合采用以上各种方法，如混凝土塞加多排孔灌浆等。在一些软弱带规模大、高坝和重要工程上应用较广泛。

1.8.3 坝基灌浆帷幕

1.8.3.1 灌浆的目的和基本要求

(1) 岩石基础灌浆防渗帷幕的基本要求，就是减少基础的渗漏。在某些情况下，防渗帷幕同时还具有固结地层之作用。

(2) 岩石基础中的防渗帷幕，应达到下述目的：

1) 限制坝下和绕坝所造成的渗漏以满足渗流控制的要求。

2) 防止大坝防渗体的细粒料经岩石基础内裂隙淘刷出逸而遭到破坏。

3) 降低大坝防渗体下游棱体内的静水压力或浸润线，借以保证基础或坝坡的渗透稳定和管涌或化学溶蚀作用方面的稳定性。

1.8.3.2 灌浆帷幕设计

灌浆帷幕设计应根据现场灌浆试验及室内浆液性能试验，确定灌浆孔距、灌浆压力、浆液稠度变化范围、浆液的各种基本性质以及钻孔与灌浆的各项技术经济指标，作为灌浆设计的重要依据。

当基岩裂隙宽度大于0.20mm，应采用水泥灌浆；裂隙宽度小于0.15mm应采用化学灌浆或超细(磨细)水泥灌浆。化学灌浆作为水泥灌浆的加密措施。

受灌地区的地下水流速不大于600m/d时，可采用水泥灌浆。大于此值时，可在水泥浆液中加速凝剂或采用化学灌浆，但灌浆的可行性及其效果应根据试验确定。

当地下水有侵蚀性时，应选择抗侵蚀性水泥或采用化学灌浆。化学灌浆应采用低毒或无毒材料，并分析是否会对环境造成污染。

1. 灌浆帷幕的位置

灌浆帷幕的位置应视防渗体的位置和地质条件而定，两者必须紧密连接，均质土坝的防渗帷幕一般设在离上游坝脚1/3～1/2坝底宽处。

2. 钻孔方向

帷幕灌浆的钻孔方向宜尽可能穿过坝基岩体主导裂隙。当主导裂隙与水平面所成的夹角不大时，宜采用垂直孔；反之，则宜采用斜孔，其倾斜方向应与主导裂隙的倾斜方向相反，并应结合施工条件确定。

3. 帷幕深度

(1) 坝基下存在相对不透水层，且埋藏深度不大时，帷幕应深入该层至少5m。

(2) 当坝基相对不透水层埋藏较深或分布无规律时，应根据渗流分析、防渗要求，并结合类似工程经验研究确定帷幕深度。

(3) 喀斯特地区的帷幕深度，应根据岩溶及渗漏通道的分布情况和防渗要求确定。

相对不透水层的标准，对于1级、2级坝和高坝，其透水率一般为3～5Lu；对于3级及其以下的中、低坝，一般为5～10Lu。

4. 帷幕厚度

帷幕厚度T可按下式计算。对深度较大的多排帷幕，根据渗流计算和已有的工程实例可沿深度逐渐减薄。

$$T = H/J \tag{1.8-1}$$

式中 H——最大设计水头，m；

J——帷幕的容许比降，对一般水泥黏土浆，可采用3～4。

5. 帷幕的排数、排距、孔距

防渗帷幕的排数、排距、孔距及灌浆压力，应根据工程地质条件、水文地质条件、作用水头及灌浆试验资料选定。

灌浆帷幕一般宜采用一排灌浆孔。对地质条件差、基岩破碎带部位和喀斯特地区宜采用两排或多排孔。对于高坝，根据基岩透水情况可采用两排或多排孔。多排灌浆帷幕孔宜按梅花形布置。

当帷幕由两排灌浆孔组成时，可将其中的一排钻孔灌至设计深度，另一排孔深可取设计深度的1/2左右。

帷幕排距、孔距一般为1.5～3.0m。

在施工过程中，排距、孔距和灌浆压力及浆液配比等灌浆参数还应该根据灌浆资料适时修正。

(1) 孔距与排距的关系：

$$d = 1.15L \tag{1.8-2}$$

(2) 孔距与浆液扩散半径的关系：

$$d = 1.73R \tag{1.8-3}$$

(3) 幕厚与排数、孔距的关系：

$$T = (0.87N - 0.29)d \tag{1.8-4}$$

(4) 帷幕排数与幕厚、孔距间的关系：

$$N = \frac{T}{0.87d} + \frac{1}{3} \tag{1.8-5}$$

式中 d——孔距，m；

L——排距，m；

R——浆液扩散半径，m；

N——帷幕排数；

T——帷幕厚度，m。

以上各关系式是在理想均匀条件下的理论计算成果。一般常用下述方法估算帷幕厚度：单排孔厚度约为孔距的70%～80%；多排孔厚度约为两边排孔之间的距离，再加上边排孔距的60%～80%，有时排距取为0.866～1.000倍孔距进行计算。

6. 灌浆压力计算

灌浆压力是控制灌浆质量的重要因素，无论固结灌浆或灌浆帷幕，都应使之不增大基岩裂隙、不抬动岩石或坝体、也不扩散到需要灌浆的区域以外。

确定岩层不同深度的灌浆压力值，应通过试验。当缺乏试验资料时可暂按式(1.8-6)、式(1.8-7)进行计算，在实际灌浆时，可视灌浆情况适时进行修正。

(1) 忽略盖重情况时：

$$P = P_0 + mh \tag{1.8-6}$$

式中 P——灌浆压力，MPa；

P_0——表层灌浆容许压力，MPa；

m——灌浆段顶板以上岩石每加厚1m所增加的灌浆压力，MPa；

h——灌浆段顶板以上岩石厚度，m。

以上 m 及 P_0 值可参照表1.8-1。

表1.8-1 m 及 P_0 值选用表 单位：MPa

岩石分类	岩性	m	P_0
Ⅰ	具有陡裂隙、低透水性、坚固大块结晶岩及岩浆岩	0.2～0.5	0.3～0.5
Ⅱ	风化的中等坚固块状结晶岩、变质岩或大块体、裂隙弱的沉积岩	0.1～0.2	0.2～0.3
Ⅲ	坚固的半岩性岩石、砂岩、黏土页岩、凝灰岩、强或中等裂隙的成层岩浆岩	0.05～0.10	0.15～0.20
Ⅳ	不很坚硬的半岩性岩石、软质石灰岩、胶结弱的砂岩及泥灰岩、较坚固但裂隙发育的岩石	0.025～0.050	0.05～0.15

(2) 有盖重情况时：

$$P_L = P + k\gamma h/1000 \tag{1.8-7}$$

式中 P_L——有盖重时的灌浆压力，MPa；

P——无盖重时，用各类公式计算出的灌浆压力，MPa；

γ——盖重层的容重，kN/m^3；

h——盖重层的厚度，m；

k——系数，可取1～3。

7. 帷幕设计标准

灌浆帷幕的设计标准应按灌后基岩的透水率控制，根据坝的级别和坝高确定。1级、2级坝及高坝透水率宜为3～5Lu，3级以下的中低坝透水率宜为5～10Lu。蓄水和抽水蓄能水库的上库可取低值，滞洪水库等可用高值。

灌浆完成后，应进行质量检查，检查孔宜布置在基岩破碎带、灌浆吸浆量大、钻孔偏斜度大等有特殊情况的部位和有代表性的地层部位，其数量宜为灌浆孔总数的10%，质量评定标准为是否满足灌浆帷幕的设计要求。

8. 灌浆帷幕伸入两岸的长度

依水文地质条件按下述原则之一确定：

(1) 至水库正常蓄水位与水库蓄水前两岸的地下水位相交处。

(2) 至水库正常蓄水位与相对不透水层在两岸的相交处。

(3) 如果缺少以上资料，则根据防渗要求，按渗流计算成果确定。

9. 其他

灌浆帷幕对水泥强度等级和浆液的要求、灌浆方法、灌浆结束标准等应按照《水工建筑物水泥灌浆施工技术规范》(DL 5148—2001) 的有关规定确定。

1.8.3.3 灌浆试验

1. 试验任务

(1) 论证坝基采用灌浆方法处理在技术上的可行性、效果上的可靠性和经济上的合理性。

(2) 推荐合理的施工程序、良好的施工工艺、合适的灌浆材料和最优的浆液配比。

(3) 提供有关的技术数据，如孔距、排距、防渗帷幕厚度和深度，选定灌浆压力，提出灌浆机械设备意见等，作为编制坝基灌浆设计和施工技术要求文件的依据。

2. 试验时间

灌浆试验工作一般是在工程的工程招标以后或当水工建筑物的位置已经基本确定的情况下进行。对一些重要的工程，或地基水文地质条件复杂，如有构造断裂、透水性严重、岩层特别软弱等，地基处理对坝型选择具有关键性的影响时，则在可行性研究设计阶段进行灌浆试验。

3. 试验内容

(1) 制定灌浆试验工作计划，编制灌浆试验技术任务书。

(2) 制定钻孔、冲洗、压水试验和灌浆工艺等技术要求和施工方法。

(3) 灌浆质量检查与灌浆效果鉴定的方法和标准。

(4) 灌浆材料、浆液及浆液结石等的物理、力学和化学性质的试验工作。

(5) 灌浆试验资料的整理分析，试验成果的解释及编写试验报告。

4. 试验地段选择

选择灌浆试验地段一般要考虑下面几个条件：

(1) 试验地段的地质情况应具有代表性。通常灌浆试验地段可考虑选在相当于未来灌浆地区所具有的中等偏劣的地质条件的地段。

(2) 灌浆帷幕试验地段，可以选在拟定的防渗帷幕的上游部位，当灌浆帷幕试验完毕后，即使灌浆质量未达到原规定要求，也不影响将来防渗帷幕的修建，同时，还可起到幕前深孔固结作用，有利于坝基的防渗。如果地质条件比较简单，对灌浆质量有把握时，灌浆试验地段也可选在拟定的防渗帷幕线上，这样所得到的灌浆成果资料，更符合实际地质条件。灌浆试验完毕后，本试验区即可作为防渗帷幕的一部分，可节省防渗帷幕工程量。

(3) 由于灌浆试验的目的不同，在地质条件复杂而差别又大的情况下，在筑坝区域内，可根据需要，按照实际地质情况，选择几个有代表性的地段进行试验。有些大型工程，当所在地区的地质条件复杂而又多变化时，为了不同的试验目的和各种技术措施的比较，常选择3～4个地段进行灌浆试验。

(4) 选择灌浆试验地段时也应考虑地形、供水情况、试验区的运输条件，是否受河流水情影响以及试验场地铺设的难易等。

1.8.4 固结灌浆

1.8.4.1 固结灌浆的目的

当坝基基岩较破碎、透水性较大时，除做灌浆帷幕外，宜同时进行固结灌浆处理。对于高坝及重要的大坝，一般在防渗体范围内坝基均布设固结灌浆，又称铺盖灌浆。当坝基存在以下情况时，需进行固结灌浆：

(1) 作为防渗体基础的表层岩石的完整性在全部或局部范围内有破坏，或岩层节理裂隙发育，需要减弱其透水性，以提高基岩的完整性时。

(2) 当防渗体截水槽基础岩层的完整性由于开挖爆破后受到破坏时。

(3) 由于对基础岩层的渗透稳定需要保证不受溶解或分解钙质的岩层，或防止有管涌危险发生的岩层时。

1.8.4.2 固结灌浆设计

1. 灌浆范围

固结灌浆范围决定于防渗体基础岩层的工程地质条件和岩层的完整程度、坝高及工程的重要性，可能是防渗体与基础接触面整个范围，或基础面积的大部分，或仅在灌浆帷幕轴线两侧布设。

2. 灌浆施工时间要求

坝基岩体性质差而又重要的大坝，最好在浇筑混凝土盖板前进行第一期低压固结灌浆，待混凝土盖板浇筑后，再用高压进行第二期灌浆，以提高固结灌浆效果。目前大多数工程在混凝土盖板浇筑完成后、帷幕灌浆前一次完成。

3. 灌浆孔布置和深度

灌浆孔的布置，可以采取梅花式的排列、也可以采取正方形或六角形的排列。如果基础岩层表面发现有明显的裂缝，则在施工中可沿着这些裂缝进行布孔。Ⅰ序孔距建议5～10m，然后根据灌浆情况，逐序加密。详见图1.8-3。

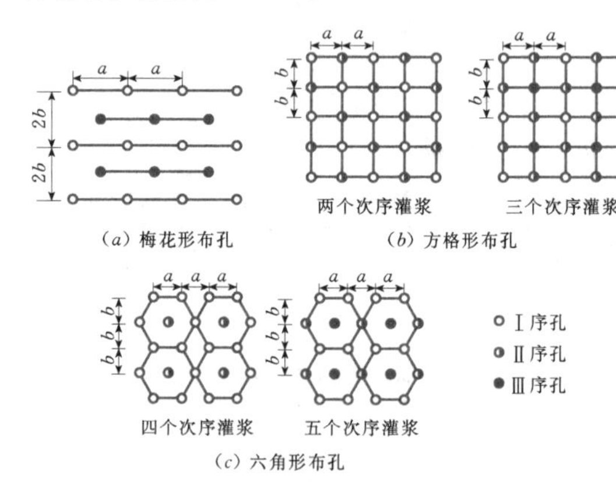

图1.8-3 固结灌浆孔位布置图（单位：m）
a—孔距；b—排距

根据地质情况，孔、排距可取2.0～4.0m，深度宜取5～10m。

4. 灌浆压力

固结灌浆压力，当无混凝土盖重时，初步可选用0.1～0.3MPa；当有混凝土盖重时，初步可选用0.2～0.5MPa，最终应通过灌浆试验确定。

5. 灌浆标准及检查

固结灌浆标准同帷幕灌浆。灌浆后应进行质量检查，检查孔的数量不宜少于固结灌浆孔总数的5%。

6. 其他

固结灌浆对水泥强度等级和浆液的要求、灌浆方法、灌浆结束标准等应执行DL/T 5148—2001的有关规定。

1.8.5 岩溶（喀斯特）处理

凡是碳酸盐类、硫酸盐类岩石，如石灰岩、白云岩、大理岩、石膏等，所含可溶盐受到地表水及地下水的溶蚀和溶滤作用后产生的沟槽、裂缝、溶洞和陷穴、凹地等现象，称为岩溶。在岩溶地区修坝建库应对岩溶的发育情况进行详细的勘察，并视情况进行处理，以免蓄水后引起大量漏水和渗透破坏。

地勘工作主要应查清岩溶的分布、规模、有无冲填物、冲填物的组成和物理力学性质等，并针对具体情况采取相应的工程措施。一般情况下可选择以下方法处理：

(1) 大面积溶蚀但未形成溶洞的可做铺盖防渗。

(2) 浅层的溶洞宜挖除或只挖除洞内的破碎岩石和冲填物，用浆砌石或混凝土或黏土等予以封闭。

(3) 深层的溶洞，可采用灌浆或做混凝土防渗墙处理。

(4) 防渗体下游必要时做排水设施。

(5) 库岸边处可用浆砌石、混凝土等防渗措施隔离。

(6) 有高流速地下水时，宜先灌砂卵石或采用模袋墙堵漏，再进行灌浆处理。

(7) 采用以上数项措施综合处理。

1.8.5.1 开挖

对于表面浅层溶洞进行爆破，开挖清除，回填混凝土或相对不透水土料予以封闭。

1.8.5.2 铺盖

对于中低坝，如岩溶不十分发育，又无大溶洞，地表仅呈面状或带状分布的渗漏通道，渗透水仅沿岩溶岩层的裂隙渗漏时，可修筑不透水土料铺盖，用水泥砂浆填缝或喷混凝土，或铺土工膜，其上填土砂保护层进行处理，或布设混凝土盖板。铺盖应与土质防渗体相接，向上游库区及两岸延伸展布，将岩溶封闭。

1.8.5.3 堵塞溶洞

对岩溶孔洞既大又集中的地段及被淋蚀严重的岩溶裂隙密集带，宜采用混凝土防渗墙。

若坝基岩溶溶洞埋藏较浅并已探明溶洞呈竖井或漏斗状，可直接挖除溶洞中的冲填物，经冲洗后按反滤原则，由下而上，由里向外回填块石、碎石、砂、土等予以封堵，在表面用干砌或浆砌石保护，也可采用混凝土封堵。如果是水平溶洞，可在洞口筑挡水墙。如果是埋藏较深的溶洞，且开挖有一定困难，可以打大口径钻孔，形成竖井，或开挖平洞直达溶洞，清除洞内冲填物，经清洗后，回填混凝土堵塞，同时预留灌浆孔进行回填灌浆，以填充混凝土与基岩间缝隙。

如贵州省猫跳河一级红枫电站，高 58m 的木板斜墙堆石坝，大坝齿墙部位发现一溶洞，系沿断层溶蚀扩大而成，洞深 2.5m，底部有少量黏土冲填。处理方法就是将黏土冲填物等冲洗干净，回填混凝土，并灌浆使之密实。窄港口坝在河床砂砾石层里用冲击钻打的第二道防渗墙就插入岸边 5m，深入基岩以下 25m，堵住了一个溶蚀洼槽。福建的安沙、湖北的黄龙滩、陕西的石头河均采用人工开挖方法（倒挂井），建成了混凝土防渗墙。

1.8.5.4 灌浆

灌浆是处理岩溶的常用方法。它适用于埋藏较深又不宜开挖，以岩溶裂隙发育为主的地层。对于大的溶洞采取堵的方法时，也常以灌浆作为辅助措施。应先查清溶洞分布和相对隔水层，有无冲填物及其可灌性。灌浆一般采用一排，孔距适当密些，灌浆深度一般为 $(1\sim2)H$（H 为水头），灌浆压力一般以 0.2～0.5MPa 开始，最大 3～5MPa，个别达到 6～8MPa。

采用灌浆方法时应注意：

(1) 加强调查和勘测工作，了解侵蚀基准面的位置，查明基岩中有无深厚的相对不透水层，详细绘制地质剖面和渗透剖面。

(2) 应尽量利用岩基中存在较厚的岩层如页岩、灰岩或其他透水性较小的岩层作为相对不透水层，并尽量避开构造较多的不利地段，以减少帷幕深度，降低处理费用，防渗效果也易得到保证。帷幕线的方向应与地下水位线垂直或有较大的交角，使帷幕线最短，同时帷幕孔应避免与主导溶蚀方向平行，避开大的溶洞。如乌江渡和红岩电站，就是根据这一原则布置帷幕的。

(3) 由于岩溶灌浆施工技术复杂，特别是岩溶发育，渗漏严重，处理工程量大时，施工前应选择代表性地段，进行灌浆试验，为设计、施工提供必要的设计指标。

(4) 对溶洞、溶隙中存在的冲填物是否清除及怎样清除，应视冲填物的性质及处理方法而定。当冲填物能起防渗作用的可以不清，如乌江渡灌浆采用 6～8MPa 的高压灌浆，在充泥岩溶地层建成了质量较高的防渗帷幕，灌后检查，岩石透水率降低至 1Lu。

1. 岩溶帷幕深度

岩溶帷幕深度根据溶隙和溶洞的发育情况、透水情况和坝高确定。除了帷幕底部要深入到相对不透水层外，还要伸到岩溶侵蚀基准面以下一定深度。如果相对不透水层或侵蚀基准面埋藏较深，是否允许悬挂，应由渗透计算、技术经济比较确定。

2. 帷幕厚度

目前倾向于根据溶洞、溶隙的发育情况，水头大小，并参照类似工程经验确定。一般在渗漏不严重地段设一排，渗漏较严重地段采用2～3排。

3. *岩溶灌浆材料*

岩溶灌浆材料有多种，在弱岩溶区多采用水泥灌浆或水泥黏土浆灌注。在岩溶发育，有大溶洞、大裂隙地带，灌浆材料除了水泥、黏土、膨润土、砂外，还可采用砾石、沥青、矿渣、粉煤灰、锯末，以及遇水体积能膨胀的材料，必要时掺加氯化钙、水玻璃等速凝剂，掺入无水碳酸钠增加浆液的流动性。如希腊的克瑞马斯塔心墙土石坝，采用水泥、膨润土、黏土、硅酸钠、氯化钙、碳酸钙、砂、小石及染色剂配制浆液，在地下水流速为0.37m/s的渗漏中仍能凝固，渗漏量由1.5m^3/s降至0.315m^3/s。

4. *岩溶地区的灌浆压力*

岩溶地区的灌浆压力一般由现场试验确定。起始压力一般0.2～0.5MPa，随深度逐渐提高，最大灌浆压力多数控制在3～5MPa。遇到溶洞一般应在低压下灌注稠浆，以减少材料消耗。过高的压力除会增加材料的消耗外，还有可能破坏地层。

1.8.5.5 筑墙隔离

在两岸边坡处的漏水溶洞，无论成群成片的或个别的，如堵塞困难，地形条件允许，可修筑浆砌石或混凝土围墙，将漏水通道与水库隔开，防止向溶洞漏水。如我国贵州省猫跳河百花水库右岸有一片渗漏洼地，就在库边修筑高9m、长44m的浆砌块石坝，将渗漏洼地隔离在水库之外。

1.8.5.6 截堵导排

截堵导排是将坝基（或附近）的泉水和渗水，以排水反滤等综合措施导出库外，以防止坝体和坝基产生渗透破坏。

我国官厅水库土坝采用了截堵导排的综合处理措施，成功地解决了坝基范围内的泉水和渗水问题。

1.9 特殊土坝基处理

1.9.1 软土

1.9.1.1 工程特性及建坝问题

所谓软土通常是指透水性小、压缩性高、抗剪强度较低、灵敏度较高的黏性土。这类土通常处于饱和状态，并含有大量的有机质，天然含水率往往大于液限，孔隙比大于1。鉴于软黏土具有的特点，当天然软黏土作为基础建坝时，工程条件较为恶劣。主要表现在以下方面：

（1）由于强度低，坝基容易产生局部塑性破坏和大坝整体性滑坡。

（2）容易产生较大的沉降变形和不均匀沉降，使坝体产生大的裂缝，破坏其整体性。

（3）由于渗透性小，排水固结速率慢，强度增长持续时间长，地基长期处于软弱状态。

（4）由于灵敏度高，施工期间存在扰动，容易使土体强度迅速降低，造成破坏。

软土地基工程特性恶劣，通常只能修建低坝。根据已建工程资料，其高度一般较少超过25m。国内几座建在软土上的土石坝有关资料见表1.9-1。

随着地基处理方法的发展和工艺水平的提高，建坝的高度也在提高。

表1.9-1　国内几座软黏土地基土石坝情况表

序号	工程名称	坝高(m)	地质条件	工程情况	地基处理方法	建造时间	运行情况
1	四明湖水库	16.55	第一层为黄褐色或灰色表土，厚3～5m；第二层为淤泥质黏土，厚7m左右；以下为砂砾石层，局部地段有厚数十厘米的泥炭	正常库容约8000万m^3，坝型原为黏土心墙、壤土坝壳，修复时增设黏土斜墙	镇压台法，镇压台长70m、厚6～7m	1958年动工，1966年最终建成	在施工过程中，1959年和1960年发生过两次滑坡；1963年8月基本建成时又发生一次滑坡；建成后运行正常
2	英雄水库	12.00	第一层为耕土，厚约1m；第二层为淤泥质黏土，厚约10m，局部地段有泥炭，最厚处约1.5m；第三层为砂层	库容约1000万m^3	镇压台法，二级镇压台，成凹形，上游镇压台长86m，厚2.25～6.25m，下游镇压台长95m，厚同上游	1958年动工，1972年最终建成	1965年7月，坝高8m时发生一次整体滑动；在修复和续建过程中，曾发生局部滑坡和裂缝，建成后运行正常

续表

序号	工程名称	坝高(m)	地质条件	工程情况	地基处理方法	建造时间	运行情况
3	杜湖水库	17.50	第一层为淤泥质黏土，厚约16 m，其中存在粉细砂夹层和含砾黏土透镜体；第二层为砂砾石层，厚度2～5m，含承压水；第三层为黏土及重粉质黏土，厚10m；第四层为砾石层	库容2400万m^3，坝型为壤土坝体、黏土斜墙	砂井预压法，砂井深12～14m，井径0.42m，间距3m，呈梅花形布置，上下游镇压台长分别为31m和32m，厚度为5.5m	1969年动工，1972年基本建成	施工过程中左坝头曾发生裂缝，后期施工中测压管出现承压水，设置减压井后效果良好；历时7年最大沉降量2.796m；建成后运行正常
4	湖漫水库	21.00	第一层为黏土，厚约2m；第二层为砂砾层，厚0.5～1.5m；第三层为黏土，厚2～3m；第四层为砂砾层，厚4～4.5m；第五层为淤泥质黏土，厚7～10m；以下为砂砾层	库容3100万m^3	镇压台法	1957年10月动工，1958年3月完成第一期工程，坝高14m；1958年8月开始第二期工程，同年11月最终建成	施工中产生两次垂直裂缝，建成后(1960年和1963年)又产生两次裂缝，裂缝位置均在两端坝头；走向基本上均与山坡平行，至1976年5月，最大沉陷量2.769m；建成后运行正常
5	溪口水库	22.87	第一层为表层土，厚1m；第二层为壤土，厚2～4m；第三层为淤泥质黏土，厚3～4m；以下为砂砾层	库容2000万m^3，坝型为黏土心墙、壤土坝壳	镇压台法，随断面不同采用一级或二级镇压台，长20～45m、高5～7.5m	1958年8月动工，1960年春完成第一期工程，坝高14.5m；1961年冬～1962年春第二期工程，坝高18m；1970年12月～1972年10月第三期工程，最终坝高22.87m(包括1m子埝)	1962年6月右坝头与山坡相接处曾发生横向裂缝；进行第三期工程时，1971年1月曾发生纵向裂缝；最大沉陷量1.248m；建成后运行正常
6	秀岭水库	17.80	第一层为壤土，厚2m；第二层淤泥质黏土，厚6m；其中夹有砂层，以下为卵石层	库容1200万m^3，均质坝	镇压台法，上游镇压台长12m、高5m；下游长10m、高4～4.5 m	1956年3月动工，至1957年6月完成第一期工程，坝高12m；1957年11月～1958年5月第二期工程，坝高16.8 m；1973年冬～1974年春进行加高，最终坝高17.8m	1957年第一次蓄水后，离右坝端100～190m处曾产生横向裂缝，最大沉陷量1.56m；建成后运行正常
7	桐溪水库	13.50	第一层为砂壤土，厚2～4m；第二层为淤泥质黏土，厚10～15m；以下为砂砾层	库容220万m^3，均质土坝	镇压台法，大坝上游镇压台长43.3m、高3.8m；下游镇压台长48.8m、高5.2～6.8m	1956年冬动工，至1957年9月，坝高9.8m；1957年10月～1958年9月，坝高12.5m；1959～1961年，加高到13.5m	1959年冬枯水位时，坝头与山坡连接处曾产生裂缝，走向与山坡近平行；内外镇压台与坝坡交接处亦曾产生纵向裂缝；1963～1964年在原裂缝部位再次产生裂缝，缝深比前次浅；最大沉陷4.148m；建成后运行正常

1.9.1.2　软土地基处理设计的主要内容

保证坝体稳定，防止发生过大沉降变形以控制坝体裂缝的产生，是软土基础上建坝应重点考虑的问题。为了保证软土基础上建坝安全，需要开展以下几方面的设计研究工作：

（1）查明软土层的分布情况和物理力学参数指标。

（2）对天然软土地基进行稳定分析及沉降计算，对工程建成后大坝运行情况进行预测。

（3）选择合适的软土地基加固处理措施。

（4）注重工程建设过程中的稳定和变形监测工作。

1.9.1.3　软土坝基处理方法

基础处理的目的主要是提高地基强度，降低压缩性，减少沉降及不均匀沉降，防止大坝产生滑动破坏和产生大的裂缝。常用的处理方法有换土法、设镇压台法、排水井法、铺设土工合成材料法等。

1.9.1.3.1　换土法

在软土层厚度不大时，可采用全部或部分挖除进行换填的处理方法。应尽量选用砂、砾石或碎石作为回填料，提高坝基持力层的物理力学性能。

1.9.1.3.2　设镇压台法

将土或砂、砂砾石、石渣等材料在堤坝上、下游两侧软土地基上回填成镇压台，形成反压荷载。镇压台的作用是增加潜在滑动体滑出段抗滑力，防止坝基软土侧向挤出而发生破坏，达到增加堤坝稳定性的目的。

采用镇压台的处理方法，国内外均广泛应用，一般用于坝高不超过 10～15m。如浙江湖陈港堆石堤，堤高 14m，镇压台厚 4m，地基上部为淤泥质黏土，厚 4.2m，含水率 56.8%，利用砂及石渣排水垫层处理，获得良好效果（见图 1.9－1）。采用镇压台处理也有坝较高的实例，如古巴的吉巴科亚坝，软土地基深 55m，坝高 32m，在坝脚采用大面积的填土压重(见图 1.9－2)。

一般情况镇压台厚度为坝高的 1/3～1/2，如果一级镇压台的厚度超过地基的容许承载力，应采用多级镇压台。镇压台宽度一般为坝高的 2～4 倍。最终

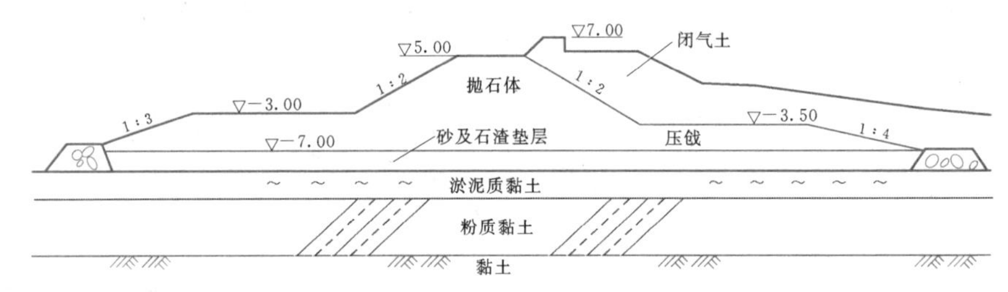

图 1.9－1　浙江湖陈港堆石堤断面图（单位：m）

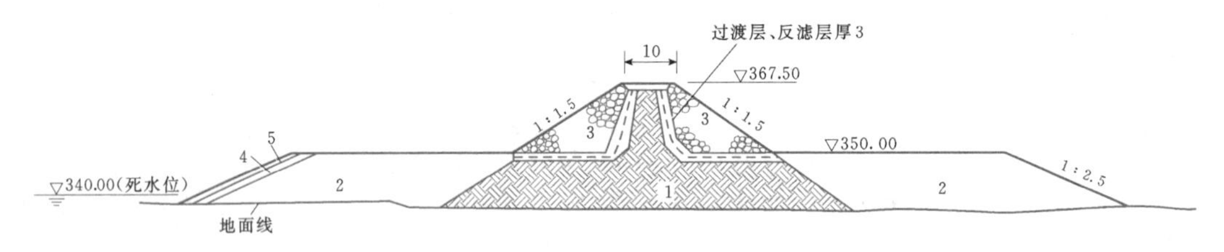

图 1.9－2　古巴吉巴科亚坝（单位：m）

1—碾压黏土；2—压重填土；3—块石；4—砂砾石；5—堆石

的镇压台宽度和厚度应通过稳定计算确定。

1.9.1.3.3　排水井法

在荷载作用下，饱和的软土将会产生排水固结，相应提高了其抗剪强度。堆载预压就是利用排水固结原理处理地基的一种方法。堆载预压过程中，如果地层中含有能够自由排水的通道，就会加速地基排水固结的过程。这种自由排水的通道，可通过设置排水砂井或塑料排水板实现。

1. 排水砂井

排水砂井的施工有打入法、射水法以及钻井成孔法等。排水砂井的填料应具有较高的透水性，同时又能防止砂井周围土的细颗粒进入砂井。根据工程实践经验，细砂透水性差而不易密实，以中粗砂为宜，有效粒径 d_{10}>0.1～0.3mm，不均匀系数 3～5。

我国的杜湖水库大坝坝基为厚约 15.5m 的淤泥质黏土，采用砂井排水法和镇压台法处理，砂井直径 0.42m，间排距 3.0m，井深 14.0m。经处理后地基的强度较处理前提高约 4 倍。

日本佐布里坝，软黏土地基深 8.0m，坝高 30.0m，用砂井排水法和填土压重法处理（见图 1.9－3）。

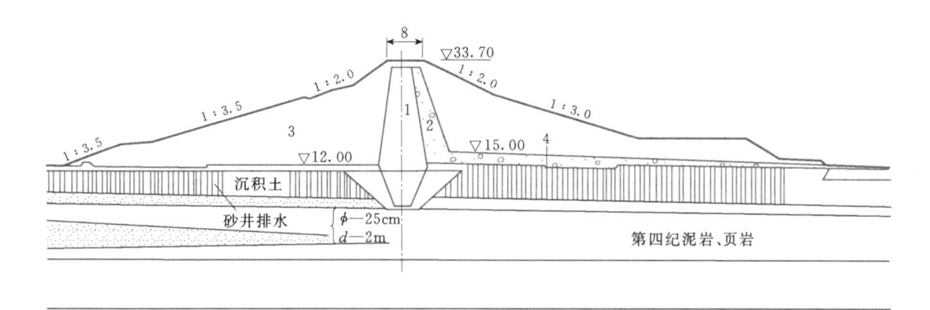

图 1.9-3　日本佐布里坝剖面图（单位：m）

1—心墙；2—反滤排水层；3—上游坝体；4—下游坝体

飞来峡水利枢纽位于广东省北江干流中游清远市境内，挡水建筑物有主坝和4座副坝组成。坝顶高程34.80m，坝顶长度2358.0m，最大坝高52.3m。2号副坝位于花岗岩风化土山洼中，地面高程13.00～17.00m，洼地中有：含腐木淤泥及淤泥质土，厚2～5m；黏土厚4～5m；总厚度3～9m，上游薄，下游厚。下部为花岗岩风化土。淤泥质土：标贯3击，含水率50%，孔隙比1.3～1.4，压缩系数0.8MPa^{-1}。不固结不排水剪$\varphi=1°43'$，$c=7\text{kPa}$，直接快剪$\varphi=5°$，$c=6\text{kPa}$。在原坝轴线上游，淤泥质土薄，挖除处理。坝轴线下游，淤泥质土厚，采用砂井预压排水固结方法处理。

1995年8月底，完成排水砂井，10月开始坝体填筑。1996年2月6日，坝体达到高程27.80m，在127天内，坝体填高10.6m。2月6日中午13时发现一条宽2mm的裂缝，其后迅速发展，宽度增大，裂缝两侧出现错台，至2月7日晨，错台达1.9m，下游坡带坝基发生坍滑。

坝体发生坍滑后，将坝轴线上移13m，上下游设反压平台，坝体上下游填筑碎石坝壳，排水棱体用盲沟将渗水排至下游等处理。按处理后的断面计算，坝坡稳定和渗流稳定都满足要求，水库蓄水后运行正常。

2. 塑料排水板法

我国1980年研制出塑料排水板，1981年研制成功我国第一台塑料排水板插板机，同年第一次在天津塘沽港软土加固工程中应用以来，塑料排水板由于具有质量可靠、施工方便、工效高、对土扰动小等优点，在国内得到迅速发展，有替代砂井、袋装砂井的趋势。

下面以马来西亚明光水库和澳门国际机场跑道工程说明塑料排水板的应用情况。

（1）明光坝。明光水库是明光抽水蓄水工程重要的组成部分，为马来西亚槟城的重要备用水源。大坝为“半均质”土坝，最大坝高36m，坝顶长度1006m，于1985年建成。

坝基覆盖层由风化花岗岩冲积土和残积土组成，厚度约20m。冲积土主要分布于河槽部位，含泥量大、强度低，在防渗体部位全部挖除，其上下游残积土覆盖层采用塑料排水板处理。坝基塑料排水板处理情况见图1.9-4。

（2）澳门国际机场跑道工程。

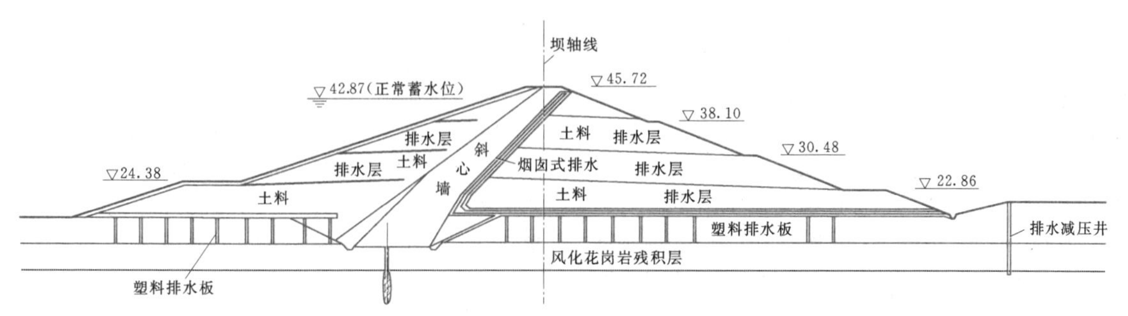

图 1.9-4　坝基塑料排水板加固剖面图（单位：m）

1）工程情况。澳门国际机场跑道填筑的人工岛上，岛长3590m，北宽269m，南宽381.5m。由于海底淤泥及下卧黏土层深厚，淤泥含水率大，压缩性高，强度低。在软弱地基上围海造地，修筑机场跑道，软基处理是一大难题。

2）地质条件。人工岛海域原地面高程为－2～－4m。南端地质条件复杂，地基构成分为三层：表层为淤泥及淤泥质黏土，厚约18m；中层为黏土、亚黏土和砂土，厚约40m；下层为花岗岩残积土。

3）设计参数。跑道区排水板孔排距2.0m；安全区1.5m。排水板最大插入深度，跑道区为35.5m，其中穿透19.5～25.5m的砂层；安全区最大插入深度为25.5m，其中砂层8.5m，淤泥层11.0m，黏土层6.0m。排水板预留长度0.2～0.3m。

4）材料主要性能指标。材料选用了马来西亚生产的FD4-EX型和中国南京生产的SPB-IC型塑料排水板。两种塑料排水板的技术性能指标见表1.9-2。

表1.9-2　FD4-EX型和SPB-IC型塑料排水板经济技术性能指标

型　号	产　地	复合抗拉强度(kN/100mm)	滤膜抗拉强度(kPa)	纵向通水量(cm^3/s)	滤膜孔径(μm)	滤膜渗透系数($\times10^{-4}$m/s)	外　形
FD4-EX	马来西亚	2±10%	450±10%	60	50～70	10～20	铆钉形
SPB-IC	中国南京	2.39	350	51.3	<70	3.4～6.8	并联十字形

1.9.1.3.4　铺设土工合成材料法

在位于软基上的堤坝地面铺设诸如土工织物、土工网、土工格栅等土工合成材料和砂石等组成加筋垫层，改善软土地基浅部的应力分布，提高地基强度和承载力，调整地基不均匀沉降。

对于软土地基有多种加固处理方法，以及多种加固处理方法的联合运用。鉴于软土地基的特殊性和复杂性，无论采用何种处理方法，铺设水平排水层，提高排水固结能力，以及在施工过程中进行分级填土、控制加荷速度，并进行有效的变形监测都是十分必要的。

务坪水库位于云南西北的华坪县境内，拦河坝为黏土心墙碾压堆石坝，设计坝高52 m，坝轴线长210m，坝体上游平均坡比1∶2.403，下游坡平均坡比1∶2.143，黏土心墙坡比1∶ 0.3。务坪大坝典型横剖面见图1.9-5。

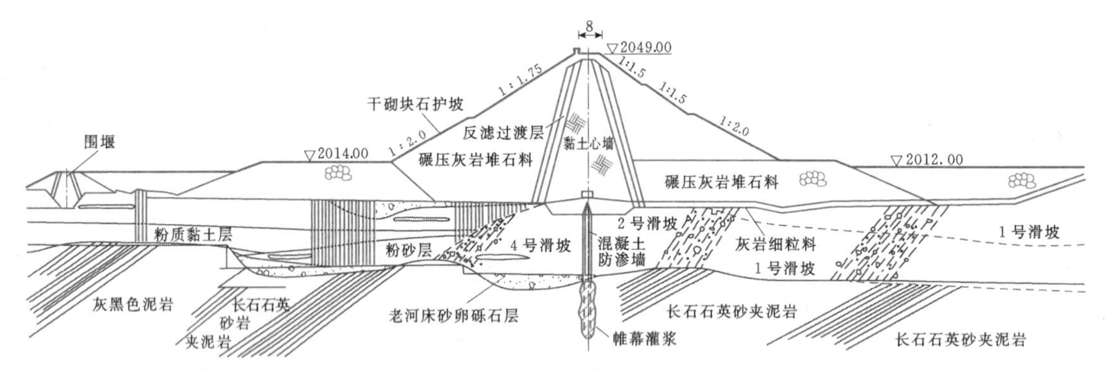

图1.9-5　云南务坪大坝典型横剖面图（单位：m）

务坪水库坝址区的地质条件十分复杂，分布着滑坡群和深厚湖积软土层。坝轴线上游左岸分布有体积达10万m^3的3号滑坡、9号滑坡，右岸分布有5号滑坡及可能滑坡体积达23万m^3的不稳定山体。右坝肩存在2号和4号滑坡，右坝肩下游侧为滑动面宽42m、体积123万m^3的1号滑坡。坝轴线上游分布着面积超过0.4km^2湖积层软土，其最大埋深33.0m，一般埋深达20.0m，而且这种软土远远没有达到自重固结，孔隙比在1.5～2.0之间，天然含水率一般为60%～80%，呈流塑状，不排水抗剪强度c_u不到20kPa。

在综合考虑各方面的因素和多个方案的对比论证之后，确定采用振冲碎石桩和预压固结相结合同时控制加载速率的处理方案。在1.51万m^2的软基上布置75kW和30kW两种振冲功率的碎石桩，碎石桩呈三角形分布。由于整个振冲区湖积层软基埋深及受力有一定的差别，因此将振冲区划分为主要应力区和次要应力区。主要应力区设计振冲桩置换率为40%，起保护作用的次要应力区，设计置换率为32%。具体的设计参数见表1.9-3。

表 1.9-3　务坪大坝地基处理振冲碎石桩设计参数表

振冲区域	振冲器类型	桩距(m)	排距(m)	桩数(根)	单位填料量(m^3/m)
主要应力区	30kW	1.6	1.40	380	≥0.891
	75kW	1.8	1.56	2501	≥1.125
次要应力区	30kW	1.8	1.56	1241	≥0.891
	75kW	2.0	1.73	1757	≥1.125

国内外软基筑坝工程实例见表 1.9-4。

1.9.2　湿陷性黄土

1.9.2.1　湿陷性黄土特性

具有遇水沉陷特性的黄土称为湿陷性黄土。天然黄土遇水后，其钙质胶结物被溶解软化，颗粒之间的黏结力遭到破坏，强度显著降低，土体产生明显沉陷变形。湿陷性黄土广泛分布于我国华北及西北广大地区。

1.9.2.2　湿陷程度的判别标准

黄土湿陷性用湿陷性系数判断。湿陷性系数为土样浸水后的附加沉陷量与土样原始高度的比值。计算公式如下：

表 1.9-4　国内外软基筑坝工程实例

工程名称	最大坝高(m)	地基情况	处理方法
云南务坪水库	52.0	厚 33m 的湖积软土与滑坡堆积体	振冲碎石桩，预压固结，分期施工
浙江慈溪杜湖水库	17.5	厚 16m 软黏土，含水率 45%，塑性指数 16，有效内摩擦角 28°	正三角形分布砂井，直径 0.42m，间距 3m
浙江绍兴汤浦水库	37.2	厚 3～5m 的淤泥质黏土	振冲碎石桩
Mildred Lake	11～43	厚≥1m 的泥炭土，长 120m(湖的西边)和 220m(湖的东边)，厚 1～4m 很软的有机粉土	挖除部分泥炭土，分期施工
Saskatchewan Rafferty	20 高，700 长	厚 20～24m 高塑性软土	袋装砂井
Forty Mile Coulee	东西两座坝均为 28	湖积软土，东部坝下厚 60m，西部厚 35m。塑限 18%～25%，有效内摩擦角 19.5°	分期施工，1∶8 的坡度，下游砂井排水

$$\delta_S = \frac{\Delta_S}{h_0}$$

式中　δ_S——湿陷性系数；

h_0——土样原始高度，mm；

Δ_S——在 300kPa 压力作用下，土样浸水后湿陷变形量，mm。

黄土湿陷性判别标准见表 1.9-5。

表 1.9-5　黄土湿陷性判别标准

名称		等级	湿陷性系数 δ_S
非湿陷性黄土		Ⅰ	$\delta_S \leqslant 0.01$
湿陷性黄土	弱湿陷性黄土	Ⅱ	$0.01 < \delta_S \leqslant 0.02$
	中等湿陷性黄土	Ⅲ	$0.02 < \delta_S \leqslant 0.07$
	强湿陷性黄土	Ⅳ	$\delta_S > 0.07$

1.9.2.3　湿陷性黄土坝基处理

湿陷性黄土坝基处理应综合考虑黄土层厚度、黄土性质和湿陷特性、施工条件，通过经济技术比较选定处理方案。常用处理方法有开挖回填、表面重锤夯实、预先浸水及强力夯实等。

湿陷性黄土地基处理，较为彻底的方法是开挖回填法。因此，当坝基沉降量主要由表层土产生，强湿陷性或强压缩性土层相对较薄时，应优先考虑挖除回填的处理方法。

1. 开挖回填法

开挖回填法是将地基的湿陷性黄土层全部或部分挖除，然后在土的最优含水率条件下将原土分层回填，碾压密实。采用开挖回填法处理黄土地基时，回填土的压实度应不低于坝体同类土料的压实标准。

万家寨引黄工程北干渠大梁调节水库，库容 1.03 亿 m^3，黄土厚心墙坝，最大坝高 46.5m，坝基为深厚的 Q_3 湿陷性黄土。处理方法为将心墙范围内深达 17m 的 Q_3 湿陷性黄土层全部挖除，使心墙坐落在 Q_2 黄土上，开挖方量达 130 万 m^3。

2. 表面重锤夯实法

重锤夯实法是将重锤提高到一定高度后，形成自由落体运动冲击地层，重复夯打，使黄土的密实度增大，改善土的物理力学性质，减少或消除黄土的湿陷性。

对于位于地下水位以上，饱和度不大于 0.6 的湿陷性黄土，如采用 2t 以上的重锤时，一般处理厚度为1.0～1.5m。

当表层黄土含水率较低时，则不易夯实；若含水率太高时，容易形成橡皮土。因此，在采用重锤夯实时，对地基黄土应控制含水率，可采用接近于0.6ω_L（土的流限）作为最优含水率。当表层黄土的天然含水率低于最优含水率2%时，需进行加水处理。

为了达到处理深度较大的目的，并取得较好的效果，通常应满足以下关系：

$$\frac{Q}{A} \geqslant 1.6; \quad \frac{Q}{D} \geqslant 1.8 \tag{1.9-1}$$

式中　Q——锤重，t；

A——锤的底面积，m^2；

D——锤的直径，m。

在实施前应进行夯实试验，以选定锤重、锤的尺寸、夯锤落距和夯实遍数等施工参数。

3. 预先浸水法

在坝体填筑之前，在坝基范围内向湿陷性黄土层中预先加水浸泡，通过浸水减少黄土的湿陷性。

当坝基黄土属于强或中等湿陷性，土层厚度较大，且坝基沉降量中以湿陷变形为主时，适宜采用预先浸水法处理。当湿陷性黄土层的厚度在15～20m以上时，可采用深层预先浸水法加速浸水过程。

采用预先浸水法处理湿陷性黄土时，为取得良好的效果，需要同时预压，并在预压过程中保持高的含水率。通常在坝体填筑时，通过沙沟、砂井等向坝基黄土层中补水，以便使黄土地基的大部分沉降变形在施工期完成。

预先浸水所需水量按下式估算：

$$Q = \eta A h n_a (S_{r_1} - S_{r_2}) \tag{1.9-2}$$

其中
$$n_a = \frac{\sum_{i=1}^{m} h_i n_i}{h}$$

式中　Q——预先浸水需水量，m^3；

η——考虑渗漏与蒸发损失的加大系数，一般采用1.1～1.2；

A——浸水面积，m^2；

h——预先浸水的土层厚，m；

n_a——土的平均孔隙率；

h_i、n_i——各层层厚、孔隙率；

S_{r_1}——预先浸水后需达到的饱和度；

S_{r_2}——天然状态土的饱和度。

4. 强力夯实法

采用比较重的夯锤（锤重一般为10t、15t、20t、30t等几种）以较大的落距（一般为10～40m）强力夯实湿陷性黄土坝基以提高其干密度。

夯实影响深度D与夯击能量E的关系按以下经验公式确定：

$$D = m\sqrt{E} = m\sqrt{QH} \tag{1.9-3}$$

式中　D——强夯加固影响深度，m；

Q——锤重，t；

H——落距，m；

m——经验系数，对于黄土取0.55。

5. 工程实例

对于湿陷性黄土，由于处理的复杂性，工程实例较少。岳城水库土坝坝基的湿陷性黄土采用部分开挖的处理方案。为了研究湿陷性黄土变形对大坝可能造成的不利影响，该工程做了大量研究工作，并在施工和运行过程中进行了变形监测。

岳城水库大坝为均质坝（见图1.3-1），最大坝高51.5m，坝长3750m，土石方填筑2800万m^3。大坝左岸0+000～0+600和右岸2+300～3+570坝基坐落在第四系具有湿陷性黄土层上。该工程1970年竣工，至今已运用40多年。

为研究坝基黄土沉陷变形对坝可能造成不利的影响，曾对黄土进行过室内和野外浸水试验等工作。黄土的物理性质见表1.9-6，室内浸水压缩试验成果见表1.9-7。

表1.9-6　　黄土的物理性质

项目	比　重	天然状态		流　限（%）	塑性指数 I_P	塑　限（%）	颗粒组成（%）			有机质含量（%）
		含水率（%）	干密度（g/cm³）				>0.05 mm	0.05～0.005 mm	<0.005 mm	
一般值	2.63～2.74	6.1～34.3	1.21～1.74	10.3～36.2	6.2～18.0	11.7～23.2	14～54	32～73	7～31	0.01～0.56
平均值	2.72	17.9	1.48	27.1	11.5	15.7	23	60	18	0.23

野外浸水前后黄土的含水率和干密度试验成果见表1.9-8，现场浸水试验实测沉陷量见表1.9-9。

上述试验成果说明：

（1）黄土压缩特性很显著，尤其是在最大坝高荷载作用下（约9kg/cm²），其相对压缩系数δ_p为9%～14%，为高压缩性黄土区。

（2）浸水后有湿陷性，其湿陷系数δ_{p_w}随压力的不同而不同。从试验成果可看到，在2～5kg/cm²的压力

表 1.9-7　　右岸黄土台地第一次室内浸水压缩试验成果表

桩 号	含水率(%)	干密度(g/cm³)	孔隙比 e_0	浸水前相对压缩系数 δ_p（%）与浸水后相对湿陷系数值 δ_{p_w}（%）										
				项目	压力 P (kg/cm²)									
					1	2	3	4	5	6	7	8	9	10
2+650	17.16	1.41	0.92	δ_p	2.10	5.91	8.44	10.67	11.53	12.50	13.10	13.77	11.08	11.74
				δ_{p_w}	—	5.20	—	2.00	—	0.10	—	1.10	—	0.91
2+750（上）	15.00	1.38	0.91	δ_p	2.68	5.12	6.22	7.77	8.57	—	—	9.76	—	—
				δ_{p_w}	2.48	3.23	—	3.47	—	—	—	1.79	—	—
2+750（下）	11.70	1.45	0.88	δ_p	1.67	3.31	4.57	6.25	7.03	8.04	7.93	8.63	9.11	9.90
				δ_{p_w}	—	4.30	1.50	—	—	2.10	—	—	—	2.80
2+900	15.60	1.48	0.64	δ_p	1.61	3.20	5.75	7.92	9.91	10.47	12.30	13.42	14.22	14.92
				δ_{p_w}	—	1.50	5.89	2.50	2.40	0.06	—	—	—	0.05
3+050	13.40	1.46	0.86	δ_p	2.67	5.13	7.40	9.63	13.17	14.61	—	—	—	—
				δ_{p_w}	—	6.21	5.79	3.84	4.87	4.71	—	—	—	—
3+200	1.56	1.46	0.86	δ_p	2.53	5.72	8.65	11.19	12.56	10.90	—	—	—	—
				δ_{p_w}	—	3.70	—	2.00	1.50	0.90	—	—	—	—

表 1.9-8　浸水前后黄土的含水率和干密度试验成果表

取样深度(m)	含水率（%）		干密度（g/cm³）	
	浸水前	浸水后	浸水前	浸水后
0.7	16.0	26.4	1.34	1.48
1.4	17.6	29.8	1.35	1.39
1.9	27.4	34.9	1.34	1.36
2.4	30.9	32.5	1.39	1.37
2.9	—	24.1	—	1.38

表 1.9-9　现场浸水试验实测沉陷量

总浸水时间(h)	平均湿陷量(cm)		备　注
	右 岸	左 岸	
2	0.850	0.525	平均沉陷量系指浸水时段间的沉陷量
4	0.625	0.325	
28	0.690	0.420	
150	0.620	0.383	
1128(47d)	—	19.600	

条件下，湿陷性系数较大，一般在2%～4%，最大为6%，按照《湿陷性黄土地区建筑规范》(GB 50025—2004)，当湿陷系数 $\delta_{p_w}\geqslant 0.015$ 时，应为湿陷性黄土。

(3) 从1.9-7表看到，压力达4kg/cm² 以后，湿陷系数有所减少，而坝的压力大于4kg/cm²。与相对压缩系数比，湿陷系数较小，说明该工程利用浸水湿陷的方法对减小坝基的沉降效果不大。

(4) 野外浸水试验说明短时间的浸水湿陷量不大，47d浸水湿陷值仅为19.6cm，约为土层的1.3%，野外浸水试验结果和室内浸水试验结果基本吻合。

根据以上试验结果，处理方案经过采取基础浸水湿陷，全部挖除湿陷系数 $\delta_{p_w}>2\%$ 的黄土和采取部分开挖比较，最后选定部分开挖处理方案。

该工程开挖后在黄土层顶部设沉降观测点，从填筑开始至蓄水运用以后连续进行沉降观测，各观测点观测成果见表1.9-10。

1959年底坝体开始填筑，1961年汛前临时断面达到148.00m高程，水库开始拦蓄洪水。沉陷观测结果说明：黄土坝基的沉陷变形主要受坝体荷载的作用，坝体填筑期间沉陷量占63%～82%；湿陷变形主要发生在第一次蓄水期间，湿陷变形量为5%～13%，湿陷性系数（按土层厚度计算）δ_{p_w} 为1.1%～1.8%，其后引起的湿陷变形量很少。

对湿陷性黄土地基，由于仅采取了部分开挖处理，因此在坝体施工期间，曾发生多处裂缝。较大的纵缝发生在1965年8月，在2+475～3+264桩号间，于高程150.00m发生裂缝，长789m，宽1～11mm，深0.1～3.0m。另一较大的纵缝发生于1964年5月8日，在2+984～3+066桩号间，坝轴线上游高程118.00～134.00m，缝长135m，宽1～25mm，深1～4m。对各种裂缝采取开挖灌浆处理。

表 1.9-10　　各观测点沉降观测成果表

桩号	黄土层厚(m)	坝填筑期地下水位(m)	坝体荷载(kg/cm²)	坝基沉陷变形量(cm)								相对压缩系数(%)
				总沉降		施工期沉降		湿陷变形		竣工后沉降变形		
				时段(年-月)	沉降量	沉降量	占总沉降的百分比(%)	沉降量	占总沉降的百分比(%)	沉降量	占总沉降的百分比(%)	
0+367(坝轴下7)	13.0	—	6.6	1960-05～1966-11	117.5	74.2	63	14.7	13	28.6	24	9.04
0+300(坝轴下35)	13.0	—	3.5	1962-02～1970-08	140.1	108.0	77	16.8	12	15.3	11	10.8
0+300(坝轴下70)	13.0	—	1.6	1962-02～1969-07	68.1	56.1	82	7.0	10	5.0	8	5.2
2+500(坝轴下7)	5.0	105.20	4.7	1960-01～1960-06	59.4	57.5	97	—	—	1.9	3	11.7
2+900(坝轴下7.7)	7.7	107.00	9.3	1960-04～1969-09	110.4	90.4	82	9.8	9	10.2	9	14.4
3+200(坝轴下7)	9.7	—	7.3	1960-01～1967-09	135.5	99.8	74	17.9	13	17.8	13	14.0
3+200	8.8	—	4.0	1962-02～1972-11	95.5	73.5	77	4.8	5	17.2	18	10.8
3+200(坝轴下50)	8.0	—	1.4	1962-02～1970-07	7.5	4.1	55	0.2	3	3.2	42	0.94

1.10 大坝防渗体与坝基岸坡及混凝土建筑物的连接

1.10.1 防渗体与坝基(含坝肩)的结合

1.10.1.1 土质防渗体与土质坝基及岸坡连接

(1) 坝断面范围内应清除坝基与岸坡上的草皮、树根、含有植物的表土、蛮石、垃圾及其他废料，并应将清理后的坝基表面土层压实。

(2) 坝体断面范围内的低强度、高压缩性软土及地震时易液化的土层，应清除或处理。

(3) 土质防渗体应坐落在相对不透水土基上，或经过防渗处理的坝基上。

(4) 坝基覆盖层与下游坝壳粗粒料（如堆石等）接触处，应符合反滤要求，如不符合应设置反滤层。

1.10.1.2 土质防渗体与岩石坝基及岸坡连接

(1) 坝断面范围内的岩石坝基与岸坡，应清除其表面松动石块、凹处积土和突出的岩石。

(2) 土质防渗体和反滤层宜与坚硬、不冲蚀和可灌浆的岩石连接。若风化层较深时，高坝宜开挖到弱风化层上部，中、低坝可开挖到强风化层下部，并应在开挖的基础上对基岩进行灌浆等处理。在防渗体范围内的岩基与岸坡表面按要求开挖清理完毕后，用风水枪尽量冲洗干净，对断层、张开节理裂隙逐条开挖清理，用混凝土或砂浆回填封闭。

基岩面宜设置混凝土盖板或喷混凝土层或铺一层水泥砂浆，其上填筑防渗体土料。视基岩和坝高情况在盖板下进行铺盖式(固结)灌浆或数排灌浆，保证接触面紧密结合，并冲填基岩表层的裂隙，以防止防渗体土料的接触冲刷。有顺河向节理时，更宜采用混凝土盖板和铺盖式灌浆措施。混凝土盖板可作为灌浆帽，以提高帷幕灌浆上部的灌浆质量；混凝土盖板还可提供平整的工作面，有利于提高结合面填土的压实质量。

岩石与防渗体的结合面，过去常用混凝土齿墙、齿槽以延长渗径，防止接触冲刷，如20世纪70年代的碧口土石坝。实践表明，混凝土齿墙不利于机械化施工，影响接触面的填土压实质量，倾向于取消。从鲁布革、小浪底等工程开始，现多采用在防渗体和上、下游反滤层底宽范围内或防渗体下一定宽度范围内设置混凝土盖板替代以上措施。

(3) 对失水很快风化的软岩（如页岩、泥岩等），开挖时宜预留保护层，待开始回填时，随挖除，随回填；或开挖后喷水泥砂浆或喷混凝土保护。

(4) 土质防渗体与基岩（或其上的混凝土盖板）接触处，在邻近接触面1～3m范围内（高坝采用大值）应填筑黏粒含量高、塑性好的接触黏土，其含水率略高于最优含水率（1%～4%）。在填土前应用黏土浆抹面。压实机具应尽量靠近岸边，有利于提高接触面的压实质量。靠近岸边一定范围内，应薄层摊铺，用轻型机具压实，压实度应适中，以利保持较高的塑性。如瀑布沟，在砾石土心墙与岸坡间填筑水平宽度3m的接触黏土；糯扎渡心墙坝在砾石土心墙与岸坡间填筑厚2m的接触黏土。

(5) 土质防渗体与岸坡连接处附近，宜扩大防渗体断面并加强反滤层保护。

1.10.1.3 岸坡的开挖要求

为防止两岸坝肩部位因不均匀沉降而导致防渗体的横向裂缝，危及坝的安全，对岸坡开挖要求为：

(1) 岸坡应大致平顺，不应成台阶状、反坡或突然变坡，岸坡自上而下由缓坡变陡坡时，变换坡度宜小于20°。

(2) 岩石岸坡不宜陡于1∶0.5。陡于此坡度时应有专门论证，并应采取相应工程措施。

由于近代高土石坝常修建在深山峡谷之中，两岸山高坡陡，要求削成一定的缓坡往往不可能或很不经济，因此，规定岩石岸坡不宜陡于1∶0.5。国内外25座坝防渗体与岩石岸坡连接情况见表1.10-1。

表1.10-1　土石坝防渗体与岩石岸坡连接坡度工程实例

序号	坝　名	坝高(m)	国　家	完工时间(年)	岸坡坡度	
					最　陡	平　均
1	小浪底	160	中国	2001	1∶0.75	—
2	石头河	104	中国	1981	1∶0.75～1∶1	—
3	碧口	101.8	中国	1976	1∶0.75～1∶0.5	—
4	密云白河主坝	66	中国	1960	右岸1∶0.75，左岸1∶0.5	—
5	高濑	176	日本	1978	70°，变坡角<22°，陡坎高度<1～2m	—
6	德本迪汗	135	伊拉克	1961	—	1∶1.35
7	安布克劳	131	菲律宾	1955	—	1∶1
8	特里	260.5	印度	1990	1∶0.36	—
9	客拉尔	134	墨西哥	—	1∶0.3	—
10	奇科森	261	墨西哥	1978	1∶0.1	—
11	卡那尔斯	156	西班牙	—	1∶0.33	—
12	买加	242	加拿大	1973	最陡70°，变坡角<20°	35°
13	波太基山	183	加拿大	1968	坝高140m以下1∶0.5	—
14	乌塔特4级	122	加拿大	1968	左岸1∶0.176	—
15	拉格朗德Ⅱ	160	加拿大	1980	<70°	—
16	拉格朗德Ⅲ	约100	加拿大	—	1∶0.2	—
17	瑞沃斯托克	125	加拿大	1983	70°，变坡角<20°	—
18	瓜维奥	247	哥伦比亚	1989	1∶0.2	—
19	契伏	237	哥伦比亚	1975	1∶0.65	—
20	奥洛维尔	230	美国	1968	1∶0.25～1∶0.5(76°～63°)	1∶0.4
21	新顿彼得勒	177	美国	1979	1∶0.3	—
22	布鲁梅隆	119	美国	1966	1∶0.6(59°)，局部1∶0.3(73°)	45°～60°
23	金字塔	114	美国	1974	1∶0.4(68°)	1∶1～1∶1.2
24	达特摩斯	180	澳大利亚	1979	1∶0.75	—
25	塔尔宾古	162	澳大利亚	1971	1∶0.75	—

图1.10-1是墨西哥奇科森堆石坝河谷纵剖面心墙填筑图。由图可见，不仅两岸岸坡结合坡度为1∶0.1，而且左岸的变坡坡率也很大。设计中采用了以下工程措施：①在坝中央最大坝高的区域，采用1C坝料，比最优含水率低0.8%，以降低沉降变形，减小与岸坡处不均匀变形；②在1C料周围填筑一层1W料，该料与1C料相同，仅填筑含水率比最优含水率高2%～3%，以增大这一过渡区域的极限拉应变，减小产生拉裂缝的可能性。该坝已建成30余年，运行良好，证明即使在较陡的岸坡情况下，只要采取合适的工程措施，也可以避免产生裂缝。

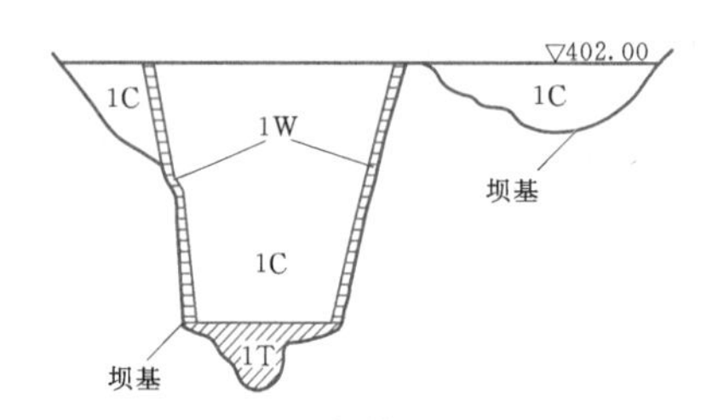

图1.10-1　奇科森坝纵剖面图

1T—用Tejeria料场的料，最优含水率；1C—用La Costilla料场的料，比最优含水率低0.8%；1W—同1C，比最优含水率高2%～3%

由表1.10-1可知：岸坡开挖最陡的为84°（1∶0.1），最缓的为53°（1∶0.75）。在80°（1∶0.176）以上的有2座，占8%；在68°～78°（1∶0.4～1∶0.2）之间的有10座，占40%；在63°～68°（1∶0.5～1∶0.4）有2座，占8%；在63°（1∶0.5）以下有9座，占36%。我国碧口水电站、小浪底大坝削坡要求一般为1∶0.75，局部为1∶0.5；密云水库白河主坝左岸为1∶0.5。

（3）土质岸坡宜不陡于1∶1.5。

（4）岸坡应能保持施工期稳定。

1.10.2　大坝防渗体与其他建筑物的结合

1.10.2.1　与混凝土建筑物的连接

坝体与混凝土坝的连接，可采用插入式、侧墙式（重力墩式或翼墙式等）或经过论证的其他型式。土石坝与船闸、溢洪道等建筑物的连接应采用侧墙式。为了防止沿接触面发生集中渗流，土质防渗体与混凝土建筑物的接触面应有足够的渗径。

一般来说，插入式较经济，所以高坝采用插入式较多。日本有几座坝，考虑土坝与混凝土建筑物的振动特性不同，担心地震时插入式产生裂缝，都采用侧墙式。

1. 插入式连接

我国采用插入式连接的有刘家峡黄土副坝和三道岭土坝等，都是将混凝土坝身或刺墙插入土坝内一段长度，分插入段和半插入段，见图1.10-2；刘家峡坝插入段长22.5m，相当于连接处坝高的1/2；三道岭坝插入段长度相当于连接处坝高的1/3。

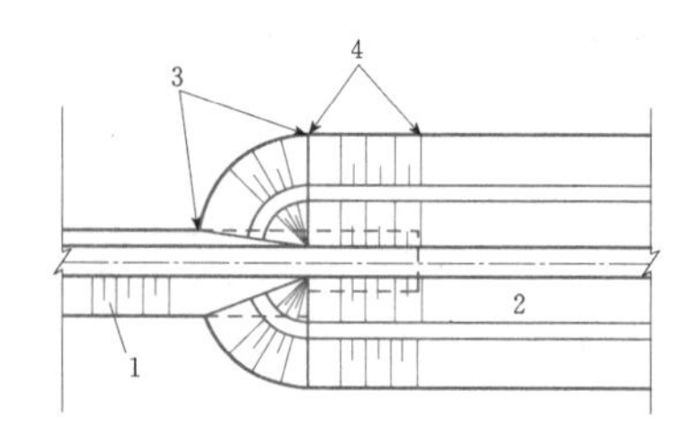

图1.10-2　插入式连接示意图

巴西圣西毛土石坝与混凝土坝连接段高度70m，土石坝与混凝土坝直接对接，接合坡度1∶0.125，心墙包裹混凝土坝的上游面，连接段平面图见图1.10-3。

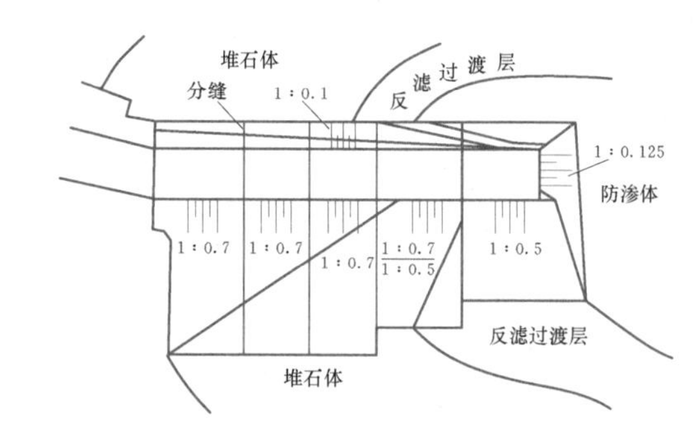

图1.10-3　巴西圣西毛坝体连接段平面图

插入式连接时垂直坝轴线的混凝土面与土坝连接坡度的工程实例见表1.10-2。

连接坡度最缓的是达昌坝，为1∶0.6，玛加特坝次之，为1∶0.25；最陡的是恩戈斯奇拉坝，坡面垂直，大部分接合坡度为1∶0.1。

2. 侧墙式连接

坝体与混凝土建筑物采用侧墙式连接时，土质防渗体与混凝土结合面的坡度不宜陡于1∶0.25。连接段的防渗体断面宜适当加大，或选用接触黏土填筑并充分压实，且应在结合面附近加强防渗体下游反滤层保护等。严寒地区应符合防冻要求。

侧墙式连接的工程实例见表1.10-3和图1.10-4。

日本永源寺坝，结构比较新颖，在重力坝末端做成凹的曲面，将土坝包住，期望有使裂缝闭合的楔效果，接合坡度1∶0.1。

1.10.2.2　坝下埋涵管

坝下埋设涵管应符合下列要求：

（1）坝下埋涵管宜坐落在岩基上，慎用非岩基坝下埋涵。对于中高坝，不应采用非岩基坝下埋涵。

（2）土质防渗体与坝下涵管连接处，应扩大防渗

表 1.10-2　　土石坝与混凝土坝插入式连接工程实例

坝　名	国家	连接段坝高（m）	土坝与混凝土面连接坡度	说　　明
刘家峡	中国	55		插入段 22.5m，半插入段 47.6m；防渗体包裹混凝土坝上下游面
三道岭	中国	—	—	插入段长为 1/3 坝高，防渗体包裹混凝土坝上下游面
圣西毛	巴西	70	1∶0.125	防渗体包裹混凝土坝上游面
土库鲁依	巴西	—	1∶0.1	—
达昌	韩国	约 59	1∶0.6	
瀑布	美国	25	1∶0.1	
瑞沃斯托克	加拿大	—	1∶0.1	心墙包裹混凝土坝上游，在平面上接触面与土坝轴线成 105°角
波太基山	加拿大	24.4	1∶0.11	心墙包裹混凝土坝上游面
考格伦	—	27.4	1∶0.11	在连接面装有压力盒，刚完工时压力盒读数约等于覆盖压力的 70%
恩戈斯奇拉	墨西哥	24.4	垂直	心墙覆盖混凝土坝上游面
玛加特	—	67.0	1∶0.25	无心墙覆盖

表 1.10-3　　土石坝与混凝土建筑物侧墙式连接工程实例

坝　名	国家	连接段坝高（m）	土坝与混凝土面连接坡度	说　　明
鲁布革	中国	—	1∶0.3	—
丹江口	中国	57.0	1∶0.25	有 4 个凸出 3m 的刺墙
横山	中国	23.1	1∶0.5～1∶0.65	导墙 1∶0.5，有一长 4.95m 刺墙，刺墙与心墙填土接合坡度 1∶0.65
碧流河	中国	54.3	1∶0.85	—
御所	日本	50.0	1∶0.7	—
四十四田	日本	—	1∶0.5～1∶1.0	十胜冲地震时受过烈度 5 度考验
永源寺	日本	68.0	1∶0.1	重力坝末端做成凹的曲面，将土坝包住，弯曲角度 120°，曲率半径 15m
丘吉尔瀑布	加拿大	36.0	1∶0.25	—

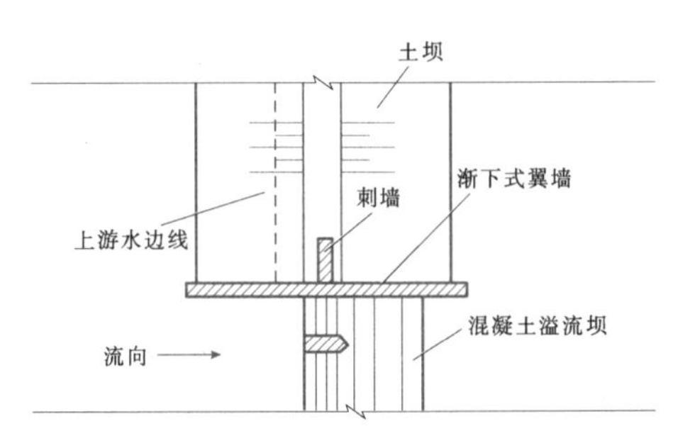

图 1.10-4　侧墙式连接布置示意图

体范围。

（3）涵管本身设置永久伸缩缝和沉降缝时，应做好止水，并应在接缝处设反滤层。对于中、高坝，两管节分缝处宜设置垫梁或圈梁。

（4）防渗体下游面与坝下涵管接触处，应做好反滤层，将涵管包围起来。

（5）坝下埋涵管宜采用明流涵管或涵管内铺设管道，不宜采用压力流涵管，应严格避免明满流交替。

坝下埋管过去都要求做截流环，因而给接触面上土的压实带来困难。近年来一般不做截流环，只是强调在下游部分做好反滤层，将涵管包起来，起“排水滤土”作用。

1.10.2.3　坝内廊道

1. 基岩面廊道

为排水、灌浆、监测和检修等方面需要设置的廊道，常布置在坝底基岩上，并宜将廊道全部或部分嵌入基岩内。

当帷幕灌浆需设置灌浆廊道时，沿基岩表面的廊道宜设在混凝土盖板下，并嵌入基岩内。如糯扎渡水电站大坝坝基灌浆廊道位于混凝土盖板下的基岩内，其断面为3.5m×3.5m。

2. 心墙土体内廊道

有时需在防渗体内布置廊道，以作观测等用。

(1) 努列克（Nurek）土石坝，为300m级高坝（坝顶高程920.00m，心墙混凝土垫层底部高程624.00m）。于1961年开工，1980年竣工，历时20年。坝址峡谷为砂岩和粉砂岩互层。心墙底部的河槽设有厚22～35m的混凝土垫座（图1.10-5中编号6所示），内有灌浆廊道，以完成深达100～150m的基岩灌浆。坝顶宽20m。心墙上游边坡1∶0.25，下游1∶0.25，见图1.10-5。心墙用含砾亚砂土填筑，限制最大粒径150mm，小于5mm细粒含量为65%，用

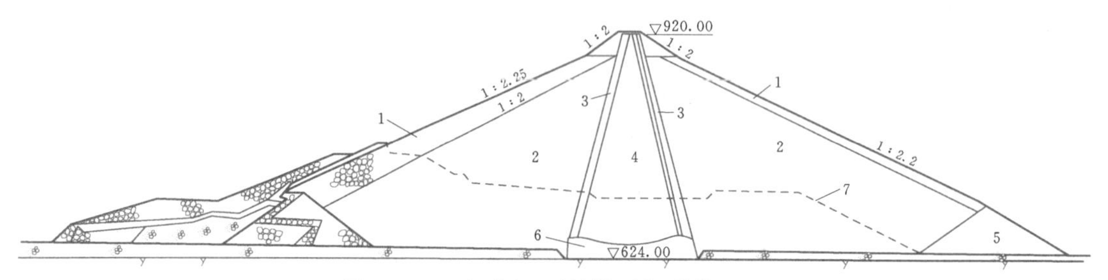

图1.10-5 努列克土石坝剖面图（单位：m）

1—堆石压重体；2—坝壳堆石；3—反滤层；4—心墙；5—下游堆石护脚；6—基础混凝土垫座；7—第一期坝体轮廓线

震动式气胎碾压实至干密度2.23g/cm³。

(2) 瀑布沟砾石土心墙坝建在最深约75m的覆盖层上。原方案防渗墙插入心墙内部深15m；两道防渗墙净距12m，灌浆、观测廊道位于两墙之间心墙底部以上10m处。廊道周围，防渗墙顶部及两侧填筑高塑性黏土，防渗墙上、下游两侧的心墙底部铺筑5m厚的高塑性黏土。该方案需对两道防渗墙之间的覆盖层及下部基岩进行帷幕灌浆，由于通过廊道灌浆的影响范围（特别是靠近基岩面范围附近）有限、施工难度较大，防渗效果差。

后经优化，采用"单墙廊道式+单墙插入式"连接方案（见图1.10-6）：即下游墙轴线移至坝轴线、墙顶直接同廊道相接，上游墙采用插入式与心墙连接。在廊道内通过两排预埋钢管对墙下基岩进行帷幕灌浆，同时在上游墙内预埋钢管，对墙底沉渣及基岩3～10m的浅层部位进行灌浆。通过三维渗流分析和三维应力应变分析，认为可满足防渗和结构强度要求。

混凝土防渗墙墙顶廊道应特别注意心墙底部灌浆廊道与两岸基岩灌浆廊道的连接设计，正确估计两者之间不同运行阶段的变形，采用可靠的止水方案，保证施工质量。

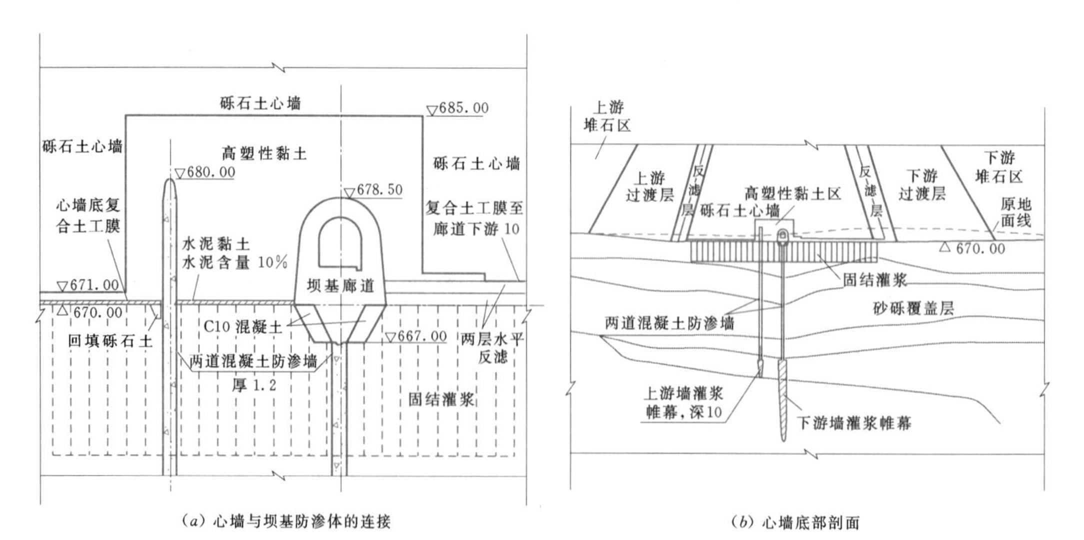

(a) 心墙与坝基防渗体的连接

(b) 心墙底部剖面

图1.10-6 瀑布沟电站大坝覆盖层坝基处理与廊道布置图（单位：m）

1.11 渗流计算

1.11.1 概述

对渗流进行计算是为了确定合理的坝体结构尺寸以及适宜的渗控措施。地下水渗流对水工建筑物的破坏过程不易从表面察觉，在发现问题后的补救措施实施困难。因此必须控制通过坝身和地基的渗流，以防止土体因受渗流作用发生危险的冲蚀、滑坡等破坏，以及因渗漏损失过大而使工程效益降低。渗流计算的任务是确定坝身浸润线位置，确定坝体和坝基各个部位的渗透比降，确定通过坝体、坝基的渗流量和绕坝渗流量，为选择合理的渗控设计方案或加固治理方案提供依据。

1.11.2 计算工况

渗流计算应考虑水库运行过程中出现的不利条件，包括以下水位组合情况：

(1) 上游正常蓄水位与下游相应的最低水位。

(2) 上游设计洪水位与下游相应的水位。

(3) 上游校核洪水位与下游相应的水位。

(4) 库水位降落时对上游坝坡最不利的情况。

各种土的渗透系数 k 值，可参考表 1.11-1。

表 1.11-1 各种土的渗透系数值 单位：cm/s

土的类别	k
粗砾	$10^{0}\sim5\times10^{-1}$
砂质砾	$10^{-1}\sim10^{-2}$
粗砂	$5\times10^{-2}\sim10^{-2}$
细砂	$5\times10^{-3}\sim10^{-3}$
粉质砂	$2\times10^{-3}\sim10^{-4}$
砂壤土	$10^{-3}\sim10^{-4}$
黄土(砂质)	$10^{-3}\sim10^{-4}$
黄土(泥质)	$10^{-5}\sim10^{-6}$
黏壤土	$10^{-4}\sim10^{-6}$
淤泥土	$10^{-6}\sim10^{-7}$
黏土	$10^{-6}\sim10^{-8}$

1.11.3 渗流计算的边界条件

第一类边界条件为边界上给定位势函数或水头分布，或称水头边界条件，为最常见的情况。考虑到与时间 t 有关系的非稳定渗流边界，需要在整个过程中标明边界条件的变化过程，此已知边界条件可写为

$$h|_{\Gamma_1} = f_1(x,y,z,t) \tag{1.11-1}$$

第二类边界条件为在边界上给出位势函数或水头的法向导数，或称流量边界条件。考虑到与时间 t 有关的边界时，此已知边界条件可写为

$$\left.\frac{\partial h}{\partial n}\right|_{\Gamma_2} = -v_n/k = f_2(x,y,z,t) \tag{1.11-2}$$

考虑到各向异性时，还可写为

$$k_x \frac{\partial h}{\partial x}l_x + k_y \frac{\partial h}{\partial y}l_y + k_z \frac{\partial h}{\partial z}l_z + q = 0 \tag{1.11-3}$$

式中 q——单位面积上穿过的流量，相当于 v_n；

l_x、l_y、l_z——外法线 n 与坐标间的方向余弦。

在稳定渗流时，这些流量补给或出流边界上的流量 q=常数，或相应 $\frac{\partial h}{\partial n}$=常数。不透水层面和对称流面以及稳定渗流的自由面，均属此类边界条件，即 $\frac{\partial h}{\partial n}=0$。非稳定渗流过程中，变动的自由面边界除应符合第一类边界条件 $h^*=Z$ 外，还应满足第二类边界条件的流量补给关系。

第三类边界条件为混合边界条件，是指含水层边界的内外水头差和交换的流量之间保持一定的线性关系，即

$$h + \alpha\frac{\partial h}{\partial n} = \beta \tag{1.11-4}$$

式中 α——正常数，它和 β 都是此类边界各点的已知数。

在解题时需要迭代法去满足水头 h 和 $\frac{\partial h}{\partial n}$ 之间的已知关系。

1.11.4 计算方法

土石坝渗流计算可分为流体力学解法和水力学解法两类，但广义的概念还包括图解法、数值计算法以及各种试验的方法等。渗流计算的有限元数值模拟基本原理请参照本手册第 1 卷 4.3 节土的渗流计算。

水力学解法是一种近似计算的方法。一般仅能得到渗流截面上平均的渗流要素，但因有计算简便以及较能适应各种复杂边界条件的优点，而在实际工程中被广泛采用。从精度而言，水力学解法也能满足工程的需要。此外，采用模型试验与数值模拟计算分析相互验证法也是一种较常见的方法，因此，本节所叙述的土坝渗流计算的方法，主要是水力学解法、模型试验与数值模拟计算分析相互验证法。

1.11.4.1 公式法

公式法一般只能得到渗流断面上的平均渗流要素，但计算简便，实际工程中广泛采用，积累了丰富的经验。公式法仅适用于边界条件不太复杂和级别较

低的坝。

1.11.4.2 数值解法

随着电子计算机和计算技术的发展，各种数值计算方法，如有限差分法、有限单元法、边界元法及其他算法在渗流计算中得到越来越广泛的应用。有限差分法使用比较早，在工程中应用广泛，计算机在工程中普遍应用以后，这种算法取得很大进展。有限单元法的基本思想很早就为人们所认识，只有在计算机广泛应用之后才得以迅速普及和发展。

我国早在20世纪70年代采用有限元技术对黄河小浪底水库心墙坝的稳定渗流问题进行了研究，计算结果表明与电阻网模拟试验结果比较一致。之后结合多个水库工程进行了非稳定渗流进行计算，并与电模拟试验进行对比分析，认识到有限单元法的很多优点，比如单元可任意大小、计算精度高、对边界适应性好以及能把计算方法编制成统一的标准化程序等。目前对各种类型的二维、三维稳定渗流和非稳定渗流、饱和与非饱和渗流、非达西流及各向异性岩体裂隙渗流等都能够采用有限单元法计算程序进行分析。

1.11.4.3 试验方法

电模拟试验是在水力学试验中应用比较普遍的方法，其基本原理是渗流场中的达西（Darcy）定律和电学中的欧姆（Ohm）定律具有相似的数学方程式，即

达西定律：

$$v=-k\frac{\partial h}{\partial s} \tag{1.11-5}$$

欧姆定律：

$$i=-\frac{1}{\rho}\frac{\partial u}{\partial s} \tag{1.11-6}$$

欧姆定律中，i为电流强度，ρ为电阻率，$\frac{\partial u}{\partial s}$为电压梯度。

在电模拟试验中，用导电溶液和导电纸模拟渗流场，用加有一定电压的铜条模拟第一类边界条件，用绝缘体模拟不透水面。通过量测域内点的电压来求解电场。

电模拟试验的优点是：可以对复杂的渗流域进行模拟；模型没有比尺效应，可根据设备状况定大小和电压等；试验设备简单，测试比较方便。

电模试验的缺点主要有：因为导电物是均匀的，所以只适用于各向同性的情况；对于渗流场内有不同的材料分区时，导电物的选取和连接比较困难；在有自由面时，因为自由面是未知的，而电模型中没有直接比拟重力的物理量，不能自然形成浸润线，因此必须在自由面加以电压边界条件。在试验中要不断调整自由面和边界电压，具有一定的复杂性，同时，下游溢出点的位置也难以正确地测定；在有水位变动时，情况更为复杂。

1.11.4.4 图解法

图解法即用绘制流网的方法来确定浸润线的方法。

流网法绘制有稳定渗流自由面的坝体流网步骤如下：

（1）按一般水力学方法或经验初步绘出坝体内的自由水面线。

（2）将上下游水面差根据需要分为若干等分，并作水平线和自由水面相交，得一系列交点。

（3）以上游水面线以下的坝坡线为流网的第一条等势线，以下游面以下的坝坡线为流网的最末一根等势线，并根据这两条等势线的变化趋势，在自由水面线和各交点处向下延伸作各条等势线。其起点处应与自由水面线正交。

（4）以自由水面线为第一条流线，以不透水地基为最末一条流线，根据流线的变化趋势，绘制中间流线。它们应满足与各等势线的正交要求，形成一组扭曲的正方形网格。

（5）检查初步绘制的流网图，根据正交条件，逐步调整网格，直至满足上述条件为止。

用流网法进行渗流场的计算，需要具有一定的经验和作图技巧。特别是在有自由面的情况下，网格和浸润线的调整会相互影响，具有一定的难度。

1.11.4.5 模型试验与数值模拟计算分析相互验证法

物理模拟方法是解决复杂渗流问题的一种模拟方法，其最大的特点是可以从试验中直接观察到渗流现象，较数值方法更为直观，但物理模拟方法工作量大、费用高，需要制作试验模型。若试验中试验数据或者现象观测得不够准确，则会对试验结果造成一定的误差。常见的试验研究方法有砂槽模型法、黏滞流模型法、水力网模型法、水力积分仪法、电模拟试验法和电阻网络模型法等。

电模拟试验也是物理模拟方法中常用的一种方法，它基于电场和渗流场符合同一形式的控制方程而进行求解。电模拟法目前主要采用两种模型，即导电液模型和电网络模型。为模拟更加复杂的渗流场，逐步发展了电网络模型方法。该方法的基本原理是基于网络电路问题的解和渗流场的数值解符合同一形式的差分方程或变分方程，目前在求解大型复杂渗流场中应用较多。

砂槽模型也是一种物理模拟方法。该方法实质上就是将自然界中的实体按照一定的比尺缩制成模型，

然后对各渗流要素进行观测，再将观测到的试验成果按同一模型比尺放大，从而得到与实体相对应的结果。砂槽模型试验不仅能够反映试验现象，而且能够反映非稳定渗流过程中的稳定情况。为了保证研究的模型能够模拟渗流的实际过程，砂槽模型的设计必须按照几何相似、运动相似、动力相似的原则，同时还要保证边界条件一致。

数值模拟计算分析法是在已知模型参数和定解条件下求解渗流控制微分方程，以获得渗流场水头分布和渗流量等渗流要素。它主要包括有限元法、边界元法、有限解析法、有限积分法、无限元分析法以及新近发展的数值流形法等。其中，有限元法无论从理论分析还是工程应用，从渗流均质各向同性到非均质各向异性，都是渗流计算中最成熟最完善的数值方法。

对于重要工程，可进行模型试验，并将模型试验结果与数值模拟计算分析结果对比，进行相互验证，反馈数值模拟计算分析时计算参数的选取，以便确定更合理的渗控方案。

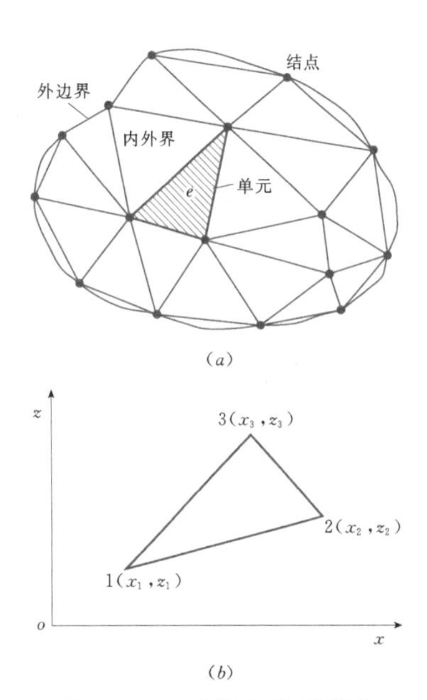

图 1.11-1 有限单元网格划分

1.11.4.6 计算模型建立和概化

随着计算机普及和发展，工程上大部分采用数值计算进行渗流分析。因此，下面以工程上应用最广泛的有限元渗流分析进行叙述。

1. 渗流场的离散与插值函数

首先对渗流场作网格划分，将渗流场划分为有限个小区域（单元）。一般来说，单元形状的选择取决于结构或总体求解域的几何特征及分析期望的精度等因素。对于平面问题最常用的是三角形单元，因为三角形单元划分灵活，能较好地适应渗流场复杂的边界形状和非均质土层。以下分析均以三角形单元为例。

单元的划分基本上与工程经验有关，可根据需要，在渗流比降较大或要求详细研究的部分，将单元划分得密些。如图 1.11-1 (a) 所示为将渗流场离散化为若干三角形单元的情况。

单元划分完成后，对单元和单元节点编号，对每个划分的单元（见图 1.11-1），其节点按逆时针编号为 1、2、3，相应坐标为 (x_1, z_1)、(x_2, z_2)、(x_3, z_3)。有限元法不是直接求解整个区域的水头函数，而是采用离散化的办法，把所求水头函数 h（整个区域连续可导）近似为单元内连续可导、整个区域连续的分区水头函数，从而求出整体水头函数的近似分布。

之后就可用不同的数学方法求解，得到各单元节点水头 h_i，然后可用有关公式求单元域内任一点水头值，从而得到有限元数值分析的解。对于三维渗流计算，方法是一样的。

计算中也可取四边形单元、等参元及多节点单元等。

通常情况下，有限元计算都是用计算机程序完成的。计算者应着重关注的问题是计算程序的选择、渗透参数的选定、边界条件的确定以及成果的合理分析。

2. 关于浸润线的确定

采用有限元法、边界元法及离散元法等数值计算方法求解无压渗流时，最困难的问题之一便是浸润线（渗流自由面）的确定。由于浸润线的位置事先是未知的，必须迭代求解。浸润线属于混合边界问题，必须同时满足水头边界条件（第一类边界条件）和流量边界条件（第二类边界条件）。较为准确地确定浸润线，对于正确计算渗流场、分析边坡稳定和渗透稳定等问题，具有十分重要的意义。

浸润线的求解方法主要分为水力学法、流网法、试验法和有限单元法。下面简单介绍一下目前常用的水力学法和有限单元法。

(1) 水力学法。对一些边界条件比较简单，渗流场为均质的情况下，可以使用水力学法。水力学法主要是对上游和下游坝段及流线作一些假定，将复杂的渗流域简化。一般对上游三角形坝段有平均流线法和矩形替代法，对下游三角形坝段有垂直等势线法、圆弧形等势线法、折线法、等势线法和替代法等。

(2) 有限元法。有限单元法是将实际的渗流场离散为有限个节点相互联系的单元体。首先求得单元体节点处的水头，同时假定在每个单元体内的渗透水头呈线性变化，进而求得渗流场中任一点处的水头和其他渗流要素。因此，采用有限元法确定土石坝坝体浸润线，不受边坡几何形状的不规则和材料的不均匀性限制，成果可靠性较高。

有限单元法的首要条件是将计算域离散，但对于有自由面的无压渗流，由于边界是未知的，计算域也未知。因此，计算结果的可靠性取决于能否正确地确定自由面。有自由面的渗流计算主要采用变动网格法和固定网格法。

1.11.5 渗透稳定计算

1.11.5.1 渗透稳定计算的内容

（1）判别土的渗透变形型式。

（2）判明坝和坝基土体的渗透稳定。

（3）判明坝下游渗流出逸段的渗透稳定。

1.11.5.2 渗透变形及其判别方法

1. 土体的渗透变形类型

根据土或粗粒料的渗透破坏机理，土体的渗透变形类型分为如下4种：

（1）流土型。在上升渗透水流作用下，局部土体或粗粒料的表面隆起、浮动或某一群颗粒同时起动流失的现象，称为流土。

（2）管涌型。在渗透水流作用下，土体或粗粒料中的细颗粒在孔隙通道中移动并被带出的现象，称为管涌。

（3）接触流失型。在层次分明、渗透系数相差很大的两层土或粗粒料中，当渗透水流垂直于层面时，细粒层中的细粒被渗透水流带入粗粒层孔隙中的现象，称为接触流失。

（4）接触冲刷型。渗透水流沿着两种颗粒组成不同的土层面或粗粒料层面带走细粒的现象，称为接触冲刷。

上述4种渗透破坏型式中，后两种发生在两种不同土层或粗粒料层面的接触面。对土或粗粒料本身的渗透破坏而言，破坏型式主要是流土型或管涌型，或两种型式的过渡型式。

土的渗透变形的判别应包括土的渗透变形类型的判别，流土和管涌的临界渗透比降的确定以及土的容许渗透比降的确定。

2. 细颗粒含量的确定方法

（1）级配不连续的土。级配曲线中至少有一个以上粒组的颗粒含量小于或等于3%的土，称为级配不连续的土。以上粒组在颗粒大小分布曲线上形成的平缓段的最大粒径和最小粒径的平均值或最小粒径作为粗、细颗粒的区分粒径 d，相应于该粒径的颗粒含量为细粒含量 P。

（2）连续级配的土。对于级配连续的土，区分粗粒和细粒粒径的界限粒径 d 按式（1.11－7）计算：

$$d=\sqrt{d_{70}d_{10}} \tag{1.11-7}$$

式中 d——粗细粒的界限粒径，mm；

d_{70}——小于该粒径的含量占总土重70%的颗粒粒径，mm；

d_{10}——小于该粒径的含量占土重的颗粒粒径，mm。

3. 无黏性土渗透变形类型的判别

（1）不均匀系数小于等于5的土可判为流土。

（2）对于不均匀系数大于5的土可采用下列方法判别：

1）流土：

$$P\geqslant 35\% \tag{1.11-8}$$

2）过渡型取决于土的密度、粒级和形状：

$$25\%\leqslant P<35\% \tag{1.11-9}$$

3）管涌：

$$P<25\% \tag{1.11-10}$$

（3）接触冲刷宜采用下列方法判别：

对双层结构地基，当两层土的不均匀系数均等于或小于10，且符合下式规定的条件时，不会发生接触冲刷。

$$\frac{D_{10}}{d_{10}}\leqslant 10 \tag{1.11-11}$$

式中 D_{10}、d_{10}——较粗和较细一层土的颗粒粒径，小于该粒径的土重占总土重的10%，mm。

（4）接触流失宜采用下列方法判别：

对于渗流向上的情况，符合下列条件将不会发生接触流失：

1）不均匀系数等于或小于5的土层：

$$\frac{D_{15}}{d_{85}}\leqslant 5 \tag{1.11-12}$$

式中 D_{15}——较粗一层土的颗粒粒径，小于该粒径的土重占总土重的15%，mm；

d_{85}——较细一层土的颗粒粒径，小于该粒径的土重占总土重的85%，mm。

2）不均匀系数等于或小于10的土层：

$$\frac{D_{20}}{d_{70}}\leqslant 7 \tag{1.11-13}$$

式中 D_{20}——较粗一层土的颗粒粒径，小于该粒径的土重占总土重的20%，mm；

d_{70}——较细一层土的颗粒粒径，小于该粒径的土重占总土重的70%，mm。

4. 流土与管涌的临界渗透比降确定方法

（1）流土型宜采用下式计算：

$$J_{cr}=(G_s-1)(1-n) \quad (1.11-14)$$

式中 J_{cr}——土的临界渗透比降；

G_s——土粒比重；

n——土的孔隙率（以小数计）。

（2）管涌型或过渡型可采用下式计算：

$$J_{cr}=2.2(G_s-1)(1-n)^2\frac{d_5}{d_{20}} \quad (1.11-15)$$

式中 d_5、d_{20}——占总土重的5%和20%的土粒粒径，mm。

（3）管涌型也可采用下式计算：

$$J_{cr}=\frac{42d_3}{\sqrt{\frac{k}{n^3}}} \quad (1.11-16)$$

式中 k——土的渗透系数，cm/s；

d_3——占总土重3%的土粒粒径，mm。

5. 无黏性土的容许渗透比降确定方法

（1）以土的临界渗透比降除以1.5～2.0的安全系数；当渗透稳定对水工建筑物的危害较大时，安全系数取2；对于特别重要的工程，安全系数取2.5。

（2）无试验资料时，可根据表1.11-2选用经验值。表中小值适用于1、2级建筑物，大值适用于3、4级建筑物。

表1.11-2　无黏性土容许渗透比降

容许渗透比降	渗透变形型式					
	流土型			过渡型	管涌型	
	$C_u\leqslant3$	$3<C_u\leqslant5$	$C_u\geqslant5$		级配连续	级配不连续
$J_{容许}$	0.25～0.35	0.35～0.50	0.50～0.80	0.25～0.40	0.15～0.25	0.10～0.20

注　本表不适用于渗流出口有反滤层情况。

1.12 稳定分析

1.12.1 计算工况

控制抗滑稳定的有施工期（包括竣工时）、稳定渗流期、水库水位降落期和正常运用遇地震等不同条件，一般按下列三种运用条件计算。

1. 正常运用条件（持久状况）

（1）正常运用条件下稳定渗流期的上、下游坝坡。

（2）正常运用条件下水库水位降落期的上游坝坡。

2. 非常运用条件Ⅰ（短暂状况）

（1）施工期的上、下游坝坡。

（2）非常运用条件下稳定渗流期的上、下游坝坡。

（3）非常运用条件下水库水位降落期的上游坝坡。

3. 非常运用条件Ⅱ（偶然状况）

正常运用条件下遇地震的上、下游坝坡。

1.12.2 计算断面选取

对某一坝段尽量选最危险断面作为典型断面。通常计算断面按以下原则选取：

（1）选取坝的最大断面。

（2）当坝基存在控制坝坡稳定的不利结构面、软弱夹层或覆盖层时，应当选取对应部位的断面。

（3）若坝基地层或筑坝土石料沿坝轴线方向不相同时，应分坝段进行稳定计算，确定相应的坝坡。

（4）当各坝段采用不同坡度的断面时，每一坝段的坝坡应根据该坝段中最大断面确定。

1.12.3 土体抗剪强度指标及其选用

1.12.3.1 土体抗剪强度指标的测定

土体抗剪强度指标的测定可参考表1.12-1。一般土的抗剪强度指标应采用三轴仪测定；对3级以下的中、低坝，可用直接慢剪试验测定土的有效强度指标；对于渗透系数小于10^{-7}cm/s或压缩系数小于0.2MPa^{-1}的土，也可用直接快剪试验或固结快剪测定其总强度指标。

1.12.3.2 土体抗剪强度指标的选用

土体抗剪强度指标的测定及选用可参考表1.12-1。

（1）在各种计算工况中，土体的抗剪强度均应采用有效应力方法，按下式计算：

$$\tau=c'+(\sigma-u)\tan\varphi'=c'+\sigma'\tan\varphi' \quad (1.12-1)$$

黏性土施工期应采用总应力法按下式计算：

$$\tau=c_u+\sigma\tan\varphi_u \quad (1.12-2)$$

黏性土库水位降落期应同时采用总应力法按下式计算：

$$\tau=c_{cu}+\sigma'_c\tan\varphi_{cu} \quad (1.12-3)$$

式中 τ——土体的抗剪强度，kPa；

c'、φ'——有效抗剪强度指标；

σ——法向总应力，kPa；

σ'——法向有效应力，kPa；

u——孔隙水压力，kPa；

c_u、φ_u——不排水剪总强度指标；

c_{cu}、φ_{cu}——固结不排水剪总强度指标；

σ'_c——库水位降落前的法向有效应力，kPa。

表 1.12-1　土体抗剪强度指标的测定和应用

控制稳定的时期	强度计算方法	土类		使用仪器	试验方法与代号	强度指标	试样起始状态
施工期	有效应力法	无黏性土		直剪仪	慢剪(S)	φ' $\Delta\varphi'$ φ'_0	填土用填筑含水率和填筑容重的土，坝基用原状土
				三轴仪	固结排水剪(CD)		
		黏性土	饱和度小于80%	直剪仪	慢剪(S)	c' φ'	
				三轴仪	不排水剪测孔隙压力(UU)		
			饱和度大于80%	直剪仪	慢剪(S)		
				三轴仪	固结不排水剪测孔隙压力(CU)		
	总应力法	黏性土	渗透系数小于10^{-7}cm/s	直剪仪	快剪(Q)	c_u φ_u	
			任何渗透系数	三轴仪	不排水剪(UU)		
稳定渗流期和水库水位降落期	有效应力法	无黏性土		直剪仪	慢剪(S)	φ' $\Delta\varphi'$ φ'_0	填土及坝基土同上，但要预先饱和，而浸润线以上的土不需饱和
				三轴仪	固结不排水剪测孔隙水压力(CU)或固结排水剪(CD)		
		黏性土		直剪仪	慢剪(S)	c' φ'	
				三轴仪	固结不排水剪测孔隙压力(CU)或固结排水剪(CD)		
水库水位降落期	总应力法	黏性土	渗透系数小于10^{-7}cm/s	直剪仪	固结快剪(R)	c_{cu} φ_{cu}	
			任何渗透系数	三轴仪	固结不排水剪(CU)		

（2）粗粒料非线性抗剪强度指标可按下式计算：

$$\varphi = \varphi_0 - \Delta\varphi \lg\left(\frac{\sigma_3}{p_a}\right) \qquad (1.12-4)$$

式中　φ——土体滑动面的摩擦角，(°)；

φ_0——一个大气压力下的摩擦角，(°)；

$\Delta\varphi$——σ_3 增加一个对数周期下 φ 的减小值，(°)；

σ_3——土体滑动面的小主应力，kPa；

p_a——大气压力，kPa。

（3）土质防渗体坝、沥青混凝土面板坝或心墙坝及土工膜斜墙坝或心墙坝，其抗剪强度应采用式（1.12-1）～式（1.12-3）确定。对于上述坝型中的1级高坝，有条件时，粗粒料可用式（1.12-4）确定的抗剪强度指标验算稳定。混凝土面板堆石坝的粗粒料应采用式（1.12-4）确定的抗剪强度指标进行稳定计算。

（4）当孔隙水压力可以比较容易地计算出来时，应该采用有效应力法；当孔隙水压力难以准确计算时，可采用总应力法。一般稳定渗流期应用有效应力法进行计算；施工期和水库水位降落期应当同时用有效应力法和总应力法进行对比计算，并选取较小值作为计算结果；如果用有效应力法确定填土施工期孔隙水压力的消散和强度增长时，可不与总应力法比较。

1.12.4　计算方法及其适用条件

1.12.4.1　计算方法

坝坡的抗滑稳定计算方法，当前主要分为刚体极限平衡法和基于有限元的强度折减法两大类。基于有限元的强度折减法因所需参数多、临界状态的判别没有统一的标准，判别准则难以定量等缺点，尚未得到广泛应用。

刚体极限平衡法依据计算滑面的形状可分为圆弧滑动计算方法（简称为圆弧法）和非圆弧滑动计算方法（简称为非圆弧法）两大类。常用圆弧法有瑞典圆弧（Fellenious）法、简化毕肖普（Simplified Bishop）法等；常用的非圆弧法有摩根斯顿-普赖斯（Morgenstern-Price）法和滑楔法等。

1. 圆弧滑动计算方法

圆弧滑动的抗滑稳定安全系数 K 可采用瑞典圆

弧法和简化毕肖普法进行计算。

（1）瑞典圆弧法：

$$K=\frac{\sum\{[(W\pm V)\cos\alpha-ub\sec\alpha-Q\sin\alpha]\tan\varphi'+c'b\sec\alpha\}}{\sum[(W\pm V)\sin\alpha+M_c/R]}\tag{1.12-5}$$

（2）简化毕肖普法：

$$K=\frac{\sum\{[(W\pm V)\sec\alpha-ub\sec\alpha]\tan\varphi'+c'b\sec\alpha\}[1/(1+\tan\alpha\tan\varphi'/K)]}{\sum[(W\pm V)\sin\alpha+M_c/R]}\tag{1.12-6}$$

式中 W——土条重力，kN；

Q、V——地震水平、垂直惯性力（正方向如图1.12-1所示），kN；

u——作用于土条底面的孔隙压力，kPa；

α——条块重力线与通过此条块底面中点的半径之间的夹角，(°)；

b——土条宽度，m；

c'——土条底面的有效应力抗剪强度指标中的黏聚力，kPa；

φ'——土条底面的有效应力抗剪强度指标中的摩擦角，(°)；

M_c——地震水平惯性力对圆心的力矩，kN·m；

R——圆弧半径，m。

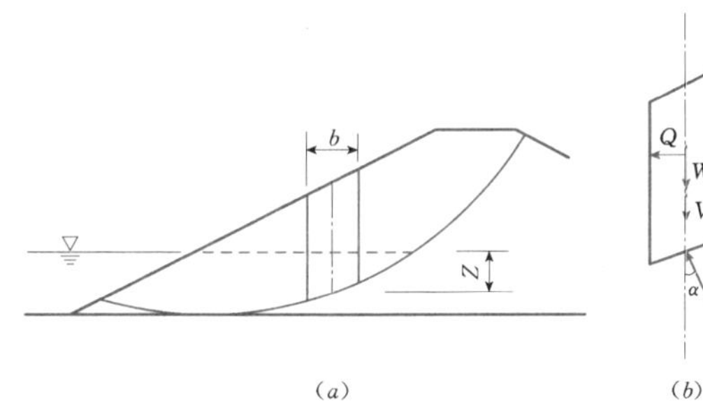

图 1.12-1 圆弧滑动条分法示意图

2. 非圆弧滑动计算方法

非圆弧滑动的抗滑稳定可采用下列公式所示的摩根斯顿-普赖斯法和滑楔法计算。

摩根斯顿-普赖斯法可用于任意滑动面，能满足所有平衡条件，并且收敛性较好。摩根斯顿-普赖斯法的基本假设是：条块间的法向力与剪切力的比值用条间力函数 $f(x)$ 与一个待定比例系数 λ 的乘积表示。根据单个条块竖直方向受力平衡和整个滑体力矩平衡条件，可以得到两个平衡方程，方程中含有安全系数 K 和比例系数 λ 两个未知数。由于这个方程组具有高度非线性，K 和 λ 的求解相当复杂。为此，一些学者提出各种各样的迭代方法来进行求解，但求解过程往往非常复杂，一般工程技术人员不易掌握。鉴于此，国内的科研技术人员对摩根斯顿-普赖斯法进行了改进，其中陈祖煜和朱大勇的改进方法应用较多。

（1）摩根斯顿-普赖斯改进法1。该法是陈祖煜对摩根斯顿-普赖斯法的改进，称为“改进法1”。

该方法计算简图见图1.12-2，计算采用的符号定义为

G、$G+\mathrm{d}G$——条块两侧的作用力；

E、$E+\mathrm{d}E$——条块两侧的水平作用力；

T——条块底的法向力；

N——条块底的切向力；

P——条块底的合力。

通过力和力矩平衡方程的推导求解，获得最终的计算公式见以下10式。

$$\int_a^b p(x)s(x)\mathrm{d}x=0\tag{1.12-7}$$

$$\int_a^b p(x)s(x)t(x)\mathrm{d}x-M_e+M_P=0\tag{1.12-8}$$

式中 $p(x)$——反映边坡几何特性和物理特性的函数；

$s(x)$——反映侧向力倾角 β 的特性的函数；

$t(x)$——反映条块力臂特性的函数。

$p(x)$、$s(x)$、$t(x)$ 的定义分别为

$$p(x)=\left(\frac{\mathrm{d}W}{\mathrm{d}x}+\frac{\mathrm{d}V}{\mathrm{d}x}+q+\frac{\mathrm{d}P}{\mathrm{d}x}\sin\theta\right)\sin(\tilde{\varphi}'-\alpha)-u\sec\alpha\sin\tilde{\varphi}'+\tilde{c}'\sec\alpha\cos\tilde{\varphi}'-\left[\frac{\mathrm{d}Q}{\mathrm{d}x}-\frac{\mathrm{d}P}{\mathrm{d}x}\cos\theta\right]\cos(\tilde{\varphi}'-\alpha)\tag{1.12-9}$$

$$s(x)=\sec(\tilde{\varphi}'-\alpha+\beta)\times\exp\left[-\int_a^x\tan(\tilde{\varphi}'-\alpha+\beta)\frac{\mathrm{d}\beta}{\mathrm{d}\zeta}\mathrm{d}\zeta\right]\tag{1.12-10}$$

$$t(x)=\int_a^x(\sin\beta-\cos\beta\tan\alpha)\times\exp\left[\int_a^\xi\tan(\tilde{\varphi}'-\alpha+\beta)\frac{\mathrm{d}\beta}{\mathrm{d}\zeta}\mathrm{d}\zeta\right]\mathrm{d}\xi\tag{1.12-11}$$

$$M_e=\int_a^b\frac{\mathrm{d}Q}{\mathrm{d}x}h_e\mathrm{d}x\tag{1.12-12}$$

$$M_P=\int_a^b\frac{\mathrm{d}P}{\mathrm{d}x}h_P\cos\theta\mathrm{d}x\tag{1.12-13}$$

$$\tilde{c}'=\frac{c'}{K}\tag{1.12-14}$$

$$\tan\tilde{\varphi}'=\frac{\tan\varphi'}{K}\tag{1.12-15}$$

$$\tan\beta=\lambda f(x)\tag{1.12-16}$$

式中 dx——土条宽度，m；

dW——土条重力，kN；

q——坡顶的外部竖向荷载，kPa；

M_e——地震水平惯性力对土条底部中点的力矩，kN·m；

dQ、dV——土条的地震水平、垂直惯性力（正方向如图1.12-2所示），kN；

α——条块底面与水平面的夹角，(°)；

β——土条侧面的合力与水平方向的夹角，(°)；

h_e——地震水平惯性力到土条底面中点的垂直距离，m；

M_P——外荷载对土条底部中点的力矩，kN·m；

h_P——外荷载合力到土条底面中点的垂直距离，m；

$f(x)$——$\tan\beta$的分布形状函数，一般可取为1；

λ——待定系数；

K——安全系数。

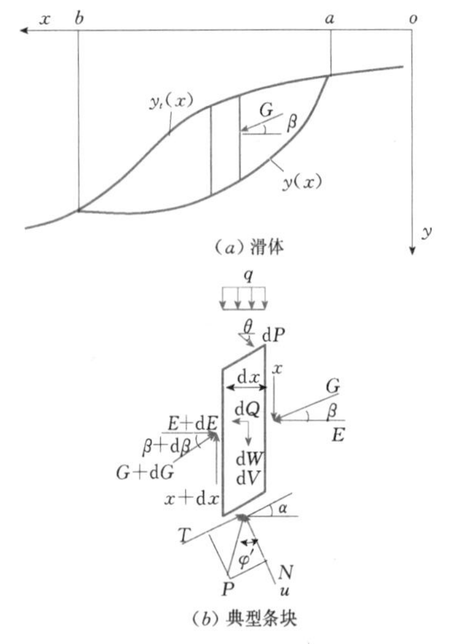

图1.12-2 摩根斯顿-普赖斯改进法1计算简图

式（1.12-7）和式（1.12-8）中包含一个未知数，即安全系数K，其隐含在$\tilde{\varphi}'$和$\tilde{c}'$中，另外还包含一个变量$\beta(x)$，假定其符合某一形状的分布，留下一个待定常数λ和K一起求解，即假定$\tan\beta=\lambda f(x)$。

（2）摩根斯顿-普赖斯改进法2。该法是朱大勇对摩根斯顿-普赖斯法的改进，称为“改进法2”。

图1.12-3（a）为一个具有任意形状滑面的边坡，作用于滑体上的力有自重、地震力、水压力和表面荷载。将滑体划分成许多垂直条块，其典型条块如图1.12-3（b）所示，其高度为h_i、宽度为b_i、底面倾角为α_i。第i个土条受如下8组力：

1）条块的自重W_i。

2）地震力K_cW_i，K_c是水平地震影响系数。

3）外力Q_i，与竖直方向成ω_i角（图1.12-3中所示为正）。

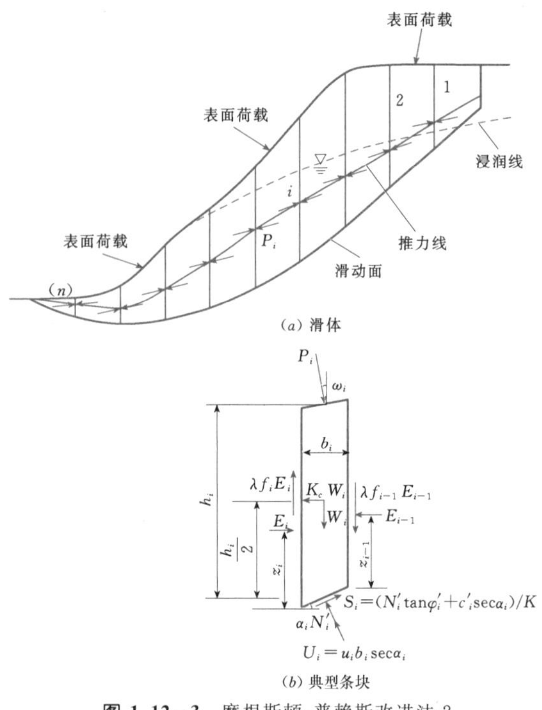

图1.12-3 摩根斯顿-普赖斯改进法2计算简图（滑体与典型条块）

4）孔隙水压力的合力U_i，$U_i=u_ib_i\sec\alpha_i$。

5）滑动面上有效法向力N_i'。

6）调用的抗剪强度S_i

$$S_i=(N_i'\tan\varphi_i'+c_i'b_i\sec\alpha_i)/K$$

式中 φ_i'、c_i'——有效摩擦角和沿滑动面的黏聚力。

7）条块间法向力E_i和E_{i-1}，作用于土条的左右两边，与底面的垂直距离分别是z_i和z_{i-1}。

8）条块间的剪切力λf_iE_i和$\lambda f_{i-1}E_{i-1}$；条块间法向力与剪切力的比值用函数$\lambda f(x)$来描述。

对于第i个条块的受力平衡，沿垂直和滑动面方向将力进行分解，得

$$N_i'=(W_i+\lambda f_{i-1}E_{i-1}-\lambda f_iE_i+Q_i\cos\omega_i)\cos\alpha_i+(-K_cW_i+E_i-E_{i-1}+Q_i\sin\omega_i)\sin\alpha_i-U_i \tag{1.12-17}$$

沿平行于滑面方向将力进行分解，得

$$(N_i'\tan\varphi_i'+c_i'b_i\sec\alpha_i)/K=(W_i+\lambda f_{i-1}E_{i-1}-\lambda f_iE_i+Q_i\cos\omega_i)\sin\alpha_i-(-K_cW_i+E_i-E_{i-1}+Q_i\sin\omega_i)\cos\alpha_i \tag{1.12-18}$$

将式（1.12-17）代入式（1.12-18）得到：

$$E_i[(\sin\alpha_i - \lambda f_i \cos\alpha_i)\tan\varphi_i' + (\cos\alpha_i + \lambda f_i \sin\alpha_i)K] = E_{i-1}[(\sin\alpha_i - \lambda f_{i-1}\cos\alpha_i)\tan\varphi_i' + (\cos\alpha_i + \lambda f_{i-1}\sin\alpha_i)K] + KT_i - R_i \quad (1.12-19)$$

其中

$$R_i = [W_i\cos\alpha_i - K_c W_i \sin\alpha_i + Q_i\cos(\omega_i - \alpha_i) - U_i] \times \tan\varphi_i' + c_i' b_i \sec\alpha_i \quad (1.12-20)$$

$$T_i = W_i\sin\alpha_i + K_c W_i\cos\alpha_i - Q_i\sin(\omega_i - \alpha_i) \quad (1.12-21)$$

实际上，R_i是除条间力之外的条块上所有力所提供的抗剪力之和，T_i是所有力产生的下滑力之和。式（1.12-19）可重写如下

$$E_i\Phi_i = \psi_{i-1}E_{i-1}\Phi_{i-1} + KT_i - R_i \quad (1.12-22)$$

其中

$$\Phi_i = (\sin\alpha_i - \lambda f_i\cos\alpha_i)\tan\varphi_i' + (\cos\alpha_i + \lambda f_i \sin\alpha_i)K \quad (1.12-23)$$

$$\Phi_{i-1} = (\sin\alpha_{i-1} - \lambda f_{i-1}\cos\alpha_{i-1})\tan\varphi_{i-1}' + (\cos\alpha_{i-1} + \lambda f_{i-1}\sin\alpha_{i-1})K \quad (1.12-24)$$

$$\psi_{i-1} = \frac{(\sin\alpha_i - \lambda f_{i-1}\cos\alpha_i)\tan\varphi_i' + (\cos\alpha_i + \lambda f_{i-1}\sin\alpha_i)K}{\Phi_{i-1}} \quad (1.12-25)$$

根据端部条件：$E_0=0$；$E_n=0$

再由式（1.12-22）推导安全系数K表达式：

$$K = \frac{\sum_{i=1}^{n-1}\left(R_i \prod_{j=i}^{n-1}\psi_j\right) + R_n}{\sum_{i=1}^{n-1}\left(T_i \prod_{j=i}^{n-1}\psi_j\right) + T_n} \quad (1.12-26)$$

式（1.12-26）为隐式方程，因为变量K在两边都出现，因此需要用迭代方法求解。

（3）滑楔法。

$$P_i = \sec(\varphi_{ei}' - \alpha_i + \beta_i)[P_{i-1}\cos(\varphi_{ei}' - \alpha_i + \beta_{i-1}) - (W_i \pm V_i)\sin(\varphi_{ei}' - \alpha_i) + u_i\sec\alpha_i\sin\varphi_{ei}'\Delta x - c_{ei}'\sec\alpha_i\cos\varphi_{ei}'\Delta x + Q_i\cos(\varphi_{ei}' - \alpha_i)] \quad (1.12-27)$$

$$c_{ei}' = \frac{c_i'}{K} \quad (1.12-28)$$

$$\tan\varphi_{ei}' = \frac{\tan\varphi_i'}{K} \quad (1.12-29)$$

式中 P_i——土条一侧的抗滑力，kN；
P_{i-1}——土条另一侧的下滑力，kN；
W_i——土条的重力，kN；
u_i——作用于土条底部的孔隙压力，kPa；
Q_i、V_i——地震水平、垂直惯性力（正方向如图1.12-4所示）；
α_i——土条底面与水平面的夹角，（°）；
β_i——土条一侧的P_i与水平面的夹角，（°）；
β_{i-1}——土条另一侧的P_{i-1}与水平面的夹角，（°）。

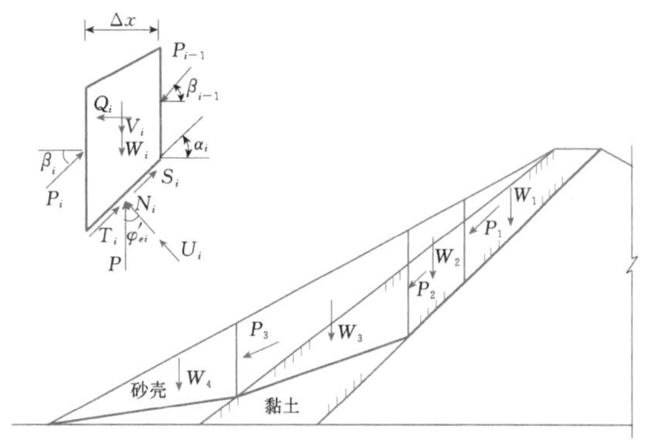

图1.12-4 滑楔法计算示意图

计算从顶部第一个条块（$i=1$）开始，其右侧$P_0=0$，按式（1.12-16）计算P_1，以此递推，获得最后一个条块（$i=n$）的左侧P_n值。反复调整K值直至$P_n=0$，此时即为K的计算值。

1.12.4.2 适用条件

1. 瑞典圆弧法

（1）适用于圆弧滑裂面，一般用于计算没有软弱土层或结构面的均质坝、厚斜墙坝和厚心墙坝，计算中不考虑条块间作用力，且数值分析不存在问题。

（2）计算出的安全系数在“$\varphi=0$”的分析中是完全精确的；对于圆弧滑裂面的总应力法，可得到基本正确的结果。

（3）当圆弧夹角和孔隙水压力均较大时，与毕肖普法的计算结果相差较大。

（4）在平缓边坡和高孔隙水压力情况下，有效应力法的计算结果偏小。

（5）此方法应用的时间长，积累了丰富的工程经验。一般得到的安全系数偏低，即偏于安全方面，故目前仍然是工程上常用的方法。

2. 简化毕肖普法

（1）适用于圆弧滑裂面，一般用于计算没有软弱土层或结构面的均质坝、厚斜墙坝和厚心墙坝，条块间侧向作用力为水平向，满足力矩平衡和竖向力的平衡，不满足水平向力的平衡，有时会遇到数值分析问题。

（2）得到的安全系数较瑞典法略高一些。如果使用简化毕肖普法计算出的安全系数反而比瑞典圆弧法小，那么可以认为简化毕肖普法的计算中出现了数值分析问题，这种情况下，瑞典圆弧法的计算结果好于简化毕肖普法。

（3）在圆弧滑裂面中，如果没有出现数值分析问

题，在所有条件下的计算结果都是精确的。

（4）计算精度较高，是目前工程中很常用的一种方法。

3. 摩根斯顿-普赖斯法

（1）适用于任意形状滑裂面，可以用于计算有软弱夹层、薄斜墙、薄心墙坝的坝坡稳定分析及任何坝型。满足力和力矩平衡且条间作用力为任意方向的条分法，是严格的极限平衡分析方法，但有时会遇到数值分析问题。

（2）若无数值分析问题，任何情况下计算出的结果都是精确的。

（3）一般认为若无数值分析问题，计算结果距离正确答案的误差不超过6%。

4. 滑楔法

（1）适用于折线形状滑裂面，条块间侧向作用力的倾角视具体方法的不同而有差异，满足每个土条和滑坡体整体力的平衡，但不满足力矩平衡，也有数值分析问题。

（2）对所假定的条间力方向极为敏感，条间力的假定不合适，将导致计算出的安全系数严重偏离正确值。

（3）当滑裂面为光滑曲线时，能给出和严格方法接近的安全系数；但当滑裂面为折线形时，计算结果与非圆弧滑面的严格计算方法计算出的结果有一定的差别，并且转折点越多，误差越大。

1.12.5 作用荷载的计算及选取

1.12.5.1 坝体的自重作用

（1）施工期，坝体条块为实重（设计干容重加含水率）。如坝基有地下水存在时，条块重 $W=W_1+W_2$。W_1 为地下水位以上条块湿重，W_2 为地下水位以下条块浮重。

（2）稳定渗流期，用有效应力法计算时，条块重 $W=W_1+W_2$。W_1 为外水位以上条块实重，浸润线以上为湿重，浸润线和外水位之间为饱和重；W_2 为外水位以下条块浮重。

（3）库水位降落期，用有效应力法计算时，应按降落后的水位计算条块重量，计算方法同稳定渗流期。用总应力法时，分子应采用库水位降落前条块重 $W=W_1+W_2$，W_1 为外水位以上条块湿重，W_2 为外水位以下条块浮重。分母应采用库水位降落后条块重 $W=W_1+W_2$，W_1 为外水位以上条块实重，浸润线以上为湿重，浸润线和外水位之间为饱和重；W_2 为外水位以下条块浮重。

1.12.5.2 静水压力

垂直作用于土石坝表面某点处的静水压力按下式计算：

$$p_w = \gamma_w H \tag{1.12-30}$$

式中 p_w——计算点处的静水压力，kN/m^2；

H——计算点处的作用水头，m，即计算水位与计算点之间的距离；

γ_w——水的容重，kN/m^3，一般采用9.81 kN/m^3，对于多泥沙河流应根据实际情况确定。

1.12.5.3 孔隙水压力

1. 施工期

（1）黏性填土。黏性填土或坝基土中某点在施工期的起始孔隙压力 u_0 可按下式计算：

$$u_0 = \gamma h \overline{B} \tag{1.12-31}$$

其中

$$\overline{B} = u/\sigma_1 \tag{1.12-32}$$

式中 γ——某点以上土的平均容重，kN/m^3；

h——某点以上的填土高度，m；

σ_1——大主总应力，kPa；

u——孔隙压力，kPa；

$\overline{B}$——黏性土施工期的孔隙水压力系数，宜根据三轴不排水试验中孔隙压力 u 和相应剪应力水平下 σ_1 计算。

黏性填土中孔隙压力消散计算宜采用太沙基公式计算：

$$\frac{\partial u}{\partial t} = C_V\left(\frac{\partial^2 u}{\partial x^2} + \frac{\partial^2 u}{\partial z^2}\right) + \overline{B}\frac{\partial \sigma_1}{\partial t} \tag{1.12-33}$$

式中 u——土体中某点 (x,z) 的孔隙压力，kPa；

t——时间，s；

$\overline{B}\dfrac{\partial \sigma_1}{\partial t}$——时间微量 dt 中，填土荷载增量 $d\sigma_1$ 所引起的孔隙压力增量；

C_V——土体的固结系数，通过消散试验确定，如属非饱和土体，通常改用 C_V' 表示。

有条件时也可采用比奥公式计算：

$$\left.\begin{aligned} -G\nabla^2 u_x + \frac{G}{1-2\mu}\frac{\partial \varepsilon_V}{\partial x} + \frac{\partial u}{\partial x} &= 0 \\ -G\nabla^2 u_z + \frac{G}{1-2\mu}\frac{\partial \varepsilon_V}{\partial z} + \frac{\partial u}{\partial z} &= -\gamma \\ \frac{k}{\gamma_W}\nabla^2 u - \frac{\partial \varepsilon_V}{\partial t} &= 0 \end{aligned}\right\} \tag{1.12-34}$$

式中 ∇^2——拉普拉斯算子；

G——土的剪切模量，kPa；

u_x、u_z——x、z 方向的位移；

u——孔隙压力，是 x、z 二向坐标与时间 t 的函数；

ε_V ——体应变；

k ——渗透系数，设二向同性，cm/s；

μ ——土的泊松比；

γ ——土的容重，kN/m³。

(2) 其他填土。对于饱和度大于 80% 和渗透系数介于 $10^{-7}\sim10^{-5}$ cm/s 的大面积填土，可计算施工期填土中孔隙压力的消散和强度的相应增长。

2. 稳定渗流期

稳定渗流期坝体和坝基中的孔隙水压力，应根据渗流计算结果确定坝体内的浸润线位置，绘制瞬态流网，确定孔隙水压力。

3. 水库水位降落期

(1) 无黏性土。根据渗流计算确定水库水位降落期间坝体内的浸润线位置，绘制瞬态流网，确定孔隙水压力。

(2) 黏性土。可假定孔隙水压力系数 $\overline{B}$ 为 1，近似采用下述公式计算。

1) 如图 1.12-5 所示，当水库水位降落到 B 点以下时，则坝内某点 A 的孔隙水压力可按下式计算：

$$u=\gamma_w[h_1+h_2(1-n_e)-h'] \tag{1.12-35}$$

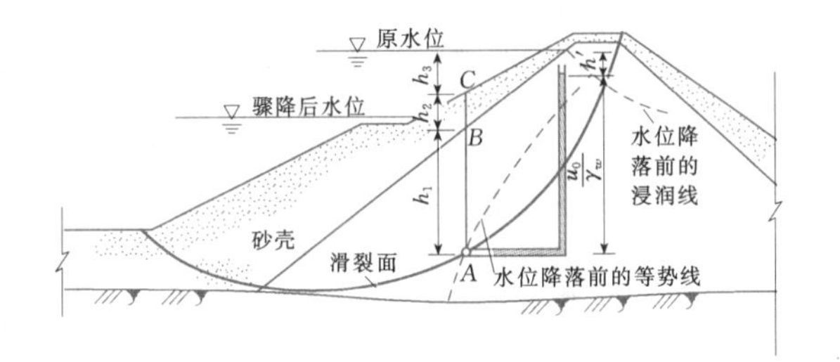

图 1.12-5 水库水位降落期黏性土中的孔隙压力

2) 当库水位降落在不同位置时，其孔隙水压力可用以下通用式计算：

$$u=u_0-(\Delta h_w+\Delta h_s n_e)\gamma_w \tag{1.12-36}$$

$$u_0=\gamma_w(h_1+h_2+h_3-h') \tag{1.12-37}$$

式中 u_0 ——库水位降落前的孔隙水压力，kPa；

Δh_w——A 点土柱的坝面以上库水位降落高度，m；

Δh_s——A 点土柱中砂壳无黏性土区内库水位降落高度，m；

h_1 ——A 点上部黏性填土的土柱高度，m；

h_2 ——A 点上部无黏性填土的土柱高度，m；

h_3 ——坝面以上至水面的高度，m；

n_e ——砂壳无黏性填土的有效孔隙率；

h' ——在稳定渗透期库水流达 A 点的水头损失值，m。

4. 其他

1 级、2 级坝及高坝的孔隙水压力宜通过实际观测来进行校核。

1.12.5.4 地震力

(1) 水平地震惯性力。采用拟静力法计算地震作用效应时，沿建筑物高度作用于质点 i 的水平向地震惯性力代表值按下式计算：

$$F_i=\alpha_h\zeta G_{Ei}\alpha_i/g \tag{1.12-38}$$

式中 F_i ——作用在质点 i 的水平向地震惯性力代表值，kN；

α_h ——水平向设计地震加速度代表值；

ζ ——地震作用的效应折减系数，除另有规定外，取 $\zeta=0.25$；

G_{Ei} ——集中在质点 i 的重力作用标准值，kN；

α_i ——质点 i 的动态分布系数；

g ——重力加速度，m/s²。

(2) 垂直地震惯性力。一般垂直地震惯性力 α_v 应取水平向设计地震加速度代表值的 2/3。总的地震作用效应也可将竖向地震作用效应乘以 0.5 耦合系数后与水平地震作用效应直接相加。

1.12.6 计算程序

现主要利用计算机进行土石坝抗滑稳定安全系数的计算，找出潜在滑面及对应的最小安全系数。

随着计算机技术的快速发展，近年来开发出了较多的土石坝边坡稳定分析软件。目前国内常用的专用土石坝边坡计算软件有中国水利水电科学研究院陈祖煜院士的“土质边坡稳定分析程序 STAB”，黄河勘测规划设计有限公司和河海大学共同编写的“土石坝稳定分析系统 HH-Slope”、“水利水电工程设计计算程序集——土石坝边坡稳定分析程序”。另外理正边坡稳定计算软件也在水利行业有所应用。

国内应用较广的国外软件是 GEO-SLOPE 公司的稳定分析软件 SLOPE/W。该软件同样可以计算各个时期的稳定，但在地震力施加方面与国内规范有一定差异，应用时应当注意。

1.12.7 稳定安全系数标准

土石坝稳定安全系数的选取标准与计算中所选用的方法有关。

(1) 采用计及条块间作用力的计算方法时，坝坡抗滑稳定的安全系数应不小于表 1.12-2 中规定的数值。

(2) 采用不计条块间作用力的瑞典圆弧法计算坝坡抗滑稳定安全系数时，对 1 级坝正常运用条件最小安全系数应不小于1.30，其他情况应比表1.12-2规定的数值减小8%。

(3) 采用滑楔法进行稳定计算时，若假定滑楔之间作用力平行于坡面和滑底斜面的平均坡度，安全系数应符合表1.12-2的规定；若假定滑楔之间作用力为水平方向，安全系数应符合第(2)条要求。

表1.12-2　坝坡抗滑稳定最小安全系数

运用条件	工程等级			
	1	2	3	4、5
正常运用条件	1.50	1.35	1.30	1.25
非常运行条件Ⅰ	1.30	1.25	1.20	1.15
非常运行条件Ⅱ	1.20	1.15	1.15	1.10

(4) 对于狭窄河谷中的高土石坝，抗滑稳定计算还可计及三向效应，求取最小安全系数值。

(5) 对于特别高的坝或特别重要的工程，最小安全系数的容许值可作专门研究确定。

1.12.8　大坝抗滑稳定分项系数设计法

1.12.8.1　概述

土石坝坝坡的稳定分析，历来采用定值设计法，即以经验为主的单一安全系数法。

采用概率极限状态设计原则进行工程结构设计，包括土石坝坝坡的稳定分析，可以更全面地考虑影响结构可靠性诸因素的客观变异性，为实现优化设计，在安全与经济之间选择最佳平衡创造了条件，已成为当前国际工程结构设计领域一个共同的发展趋向。

我国自1984年发布《建筑结构设计统一标准》(GBJ 68—84)后，相继发布了《工程结构可靠度设计统一标准》(GB 50153—92)、《水利水电工程结构可靠度设计统一标准》(GB 50199—94)等标准。水电系统相继发布了《水工建筑物荷载设计规范》(DL/T 5077—1997)、《混凝土重力坝设计规范》(DL/T 5108—1999)、《水工混凝土结构设计规范》(DL/T 5057—2009)等设计规范，使水工建筑物结构设计基本上转入概率设计法。《碾压式土石坝设计规范》(DL/T 5395—2007)将土石坝抗滑稳定分项系数设计法列为资料性附录，以便在需要用可靠度法计算坝坡稳定时使用。

以概率设计准则为基础，以可靠指标度量结构可靠性，采用以基本变量的标准值和分项系数表达的极限状态实用设计表达式进行设计，称为以概率理论为基础的极限状态设计法，简称概率极限状态设计法，或称分项系数设计法。

1.12.8.2　分项系数的确定

根据GB 50199—94的规定，参考有关规范抗滑稳定分析的经验，认为坝坡抗滑稳定计算的分项系数设置体系以五系数为好。

对于土石坝在施工期、稳定渗流期、水库水位降落期以及正常运用遇地震等4种工况下的稳定计算可采用下列设计表达式：

基本组合

$$\gamma_0 \psi S(\gamma_G G_k, \gamma_Q Q_k, \alpha_k) \leqslant 1/\gamma_d R(c'_k/\gamma_c, f'_k/\gamma_f, \alpha_k) \tag{1.12-39}$$

偶然组合

$$\gamma_0 \psi S(\gamma_G G_k, \gamma_Q Q_k, A_k, \alpha_k) \leqslant 1/\gamma_d R(c'_k/\gamma_c, f'_k/\gamma_f, \alpha_k) \tag{1.12-40}$$

式中　γ_0——结构重要性系数，反映不同工程等级的土石坝抗滑稳定安全度水平的差异；

ψ——设计状况系数，反映不同运行条件、不同荷载组合对土石坝抗滑稳定安全度水平的不同要求；

$S(\cdot)$——作用效应函数；

$R(\cdot)$——结构抗力函数；

γ_G——永久作用分项系数；

γ_Q——可变作用分项系数；

γ_c、γ_f——土体抗剪强度设计指标的材料性能分项系数；

c'_k、f'_k——土体有效应力抗剪强度指标的标准值；

γ_d——结构系数；

α_k——结构几何参数标准值；

A_k——偶然作用代表值，如地震作用等。

上述式中，用γ_0、ψ、$\gamma_G(\gamma_Q)$、$\gamma_c(\gamma_f)$、γ_d五个分项系数及基本变量的标准值组成概率极限状态设计法的表达式。

对五个分项系数分述如下。

1. 结构安全级别及结构重要性系数

根据水工结构的重要性和破坏后果的严重性，GB 50199—94将水工建筑物的结构安全级别划分为三级，见表1.12-3。

表1.12-3　水工建筑物的结构安全级别

水工建筑物的结构安全级别	水工建筑物级别
Ⅰ	1
Ⅱ	2、3
Ⅲ	4、5

参考SL 274—2001，各级坝安全系数间的比例关系，各级土石坝的结构重要性系数γ_0与结构安全

级别规定见表 1.12-4。

表 1.12-4 土石坝的结构安全级别及结构重要性系数

土石坝级别	土石坝的结构安全级别	结构重要性系数 γ_0
1	Ⅰ	1.1
2、3	Ⅱ	1.0
4、5	Ⅲ	0.9

2. 设计状况及设计状况系数

土石坝稳定分析宜考虑以下三种设计状况：

(1) 持久状况（正常运用条件）：正常蓄水位及经常运行的上游水位，或设计洪水位下，稳定渗流期的上、下游坝坡，以及水库水位经常性降落期的上游坝坡。

(2) 短暂情况（非常运用条件Ⅰ）：施工期的上、下游坝坡；非常运用洪水位下，稳定渗流期的上、下游坝坡；水库水位的非常降落的上游坝坡。

(3) 偶然状况（非常运用条件Ⅱ）：正常运用条件遇地震的上、下游坝坡。

参考现行规范不同设计状况安全系数的比值，设计状况系数 ψ 取值如下：

持久状况：1.00；

短暂状况：0.90；

偶然状况：0.85。

3. 作用分项系数

稳定计算时，应考虑的作用主要有土体自重、孔隙压力及地震作用等。有关作用的标准值或代表值可按 DL 5077—1997、DL 5073—2000 的规定计算。

(1) 地震作用分项系数：根据 DL 5073—2000 规定，地震作用分项系数 γ_E 应取为 1.0。

(2) 土体自重作用分项系数：DL 5077—1997 规定，土石坝抗滑稳定计算时，土体自重作用分项系数 γ_G 采用 1.0。

(3) 孔隙水压力作用分项系数：孔隙水压力是土石坝稳定分析中的主要作用力之一。包括：稳定渗流孔隙水压力，水库水位泄降产生的上游坝体孔隙水压力，施工填筑期在防渗土体（包括地基土层）内因加荷压缩产生的孔隙水压力（亦称超孔隙水压力）。各类孔隙水压力标准值在碾压式土石坝设计规范中均给出了计算公式。

孔隙水压力的作用分项系数可直接取 $\gamma_Q=1.0$。

4. 土体抗剪强度标准值的取值原则和材料性能分项系数的确定

按 DL/T 5395—2007 规定，土体抗剪强度的标准值宜按小值平均值确定。对高坝防渗土料，试验组数不少于 11 组，其中粗粒料不少于 6 组。中低坝可适当减少试验组数，结合工程经验，类比同类工程，按小值平均值的原则确定抗剪强度指标。每组试验不少于 4～6 个试样，分别采用不同的法向压力或围压，其最高法向压力或围压应根据坝高确定。

抗剪强度指标小值平均值的确定方法，详见 SL 274—2001 附录 D 和 DL/T 5395—2007 附录 E。

土体抗剪强度的设计值为其标准值除以相应的材料性能分项系数。

总应力
$$\tau = c + \sigma\tan\varphi$$
$$c = c_k/\gamma_c$$
$$\varphi = \varphi_k/\gamma_f$$

有效应力
$$\tau = c_k' + \sigma\tan\varphi_k'$$
$$c_k'/\gamma_c = c'$$
$$\varphi_k'/\gamma_f = \varphi'$$
$$\tan(\varphi_k'/\gamma_f) = \tan\varphi'$$

土体材料性能分项系数 γ_c、γ_f 的确定：

土体抗剪强度的材料性能分项系数 $\gamma_c=1.2$，$\gamma_f=1.05$。对于采用对数函数抗剪强度指标时，由于只用 Φ 表示，实际上，线性指标中的黏聚力（或称咬合力）c 已包含在 Φ 内，因此，抗剪强度材料性能分项系数为 $\gamma_f=1.10$。

5. 坝坡抗滑稳定目标可靠指标和结构系数

根据上述各项分项系数，通过坝坡抗滑稳定的可靠度校准分析研究，相应于结构安全级别为Ⅰ、Ⅱ、Ⅲ级的坝坡，抗滑稳定的目标可靠指标可分别取与 GB 50199—94 推荐的不同结构安全级别二类破坏的目标可靠指标相同，即目标可靠指标可分别取为 4.2、3.7 和 3.2。

按可靠度分析法与按工程经验校准法所确定的结构系数是非常接近的。基于不计条块间作用力的瑞典圆弧法进行坝坡抗滑稳定计算时，可取结构系数 $\gamma_d \geqslant 1.1$；基于计及条块间作用力的简化毕肖普法等方法进行坝坡抗滑稳定计算时，可取结构系数 $\gamma_d \geqslant 1.2$。

1.12.8.3 抗滑稳定计算方法

DL/T 5395—2007 将各种计算方法中的计算公式或计算简图中的作用力和抗力都分别乘以（或除以）相应的分项系数，把求单一安全系数 K 变成求结构系数 γ_d，因而要对原公式及简图作必要的转化。

1. 圆弧滑动

(1) 条块间侧向作用力为水平向的条分法（源自简化毕肖普法）：

$$\gamma_d = \frac{\sum\left[(W\cos\alpha - ub\sec\alpha)\dfrac{\tan\varphi'}{\gamma_f} + \dfrac{c'}{\gamma_c}b\sec\alpha\right][1/(1+\tan\alpha\tan\varphi'/\gamma_R)]}{\gamma_0\psi\sum W\sin\alpha} \tag{1.12-41}$$

$$\gamma_R = \frac{\gamma_0 \psi \gamma_d (1+\rho_c)}{\frac{1}{\gamma_f} + \frac{1}{\gamma_c}\rho_c} \qquad (1.12-42)$$

$$\rho_c = \frac{c' b \sec\alpha}{(W\sec\alpha - ub\sec\alpha)\tan\varphi'} \qquad (1.12-43)$$

(2) 不计条块间作用力的条分法（源自瑞典圆弧法，见图 1.12-1）：

$$\gamma_d = \frac{\sum\left[(W\cos\alpha - ub\sec\alpha)\frac{\tan\varphi'}{\gamma_f} + \frac{c'}{\gamma_c}b\sec\alpha\right]}{\gamma_0\psi\sum W\sin\alpha} \qquad (1.12-44)$$

式中　c'、φ'——土条底面的有效应力抗剪强度指标（标准值）；

γ_0——结构重要性系数，按 DL/T 5395—2007 附录 F.1.3 的规定采用；

ψ——设计状况系数，按 DL/T 5395—2007 附录 F.1.4 的规定采用；

γ_c、γ_f——土体抗剪强度指标的材料性能分项系数，$\gamma_c=1.2$，$\gamma_f=1.05$，对于堆石、砂砾石等粗粒料非线性抗剪强度指标（土体滑动面的摩擦角）的材料性能分项系数可取 $\gamma_f=1.1$；

γ_R——土条的相当安全系数，此处假定各作用分项系数为 1.0。

如材料抗剪指标采用非线性的对数函数式，材料性能分项系数仅有 $\gamma_f=1.1$，则

$$\gamma_R = \frac{\gamma_0 \psi \gamma_d (1+\rho_c)}{\frac{1}{\gamma_f} + \frac{1}{\gamma_c}\rho_c} = \gamma_0\psi\gamma_f\gamma_d$$

如材料性能分项系数 $\gamma_f=1.0$，则

$$\gamma_R = \frac{\gamma_0 \psi \gamma_d (1+\rho_c)}{\frac{1}{\gamma_f} + \frac{1}{\gamma_c}\rho_c} = \gamma_0\psi\gamma_d$$

式中　ρ_c——土条的黏聚力与摩擦力的比值；

γ_d——结构系数。

2. 非圆弧滑动

(1) 条块间作用力为任意方向的条分法［源自摩根斯顿-普赖斯改进法 1（见图 1.12-2）］。本法也可用于圆弧滑动。

$$\int_a^b p(x)s(x)\mathrm{d}x = 0 \qquad (1.12-45)$$

$$\int_a^b p(x)s(x)t(x)\mathrm{d}x = 0 \qquad (1.12-46)$$

$$p(x) = \left(\frac{\mathrm{d}W}{\mathrm{d}x} + q\right)\sin(\varphi'_e - \alpha) - u\sec\alpha\sin\varphi'_e + c'_e\sec\alpha\cos\varphi'_e \qquad (1.12-47)$$

$$s(x) = \sec(\varphi'_e - \alpha + \beta) \times \exp\left[-\int_a^x \tan(\varphi'_e - \alpha + \beta)\frac{\mathrm{d}\beta}{\mathrm{d}\zeta}\mathrm{d}\zeta\right] \qquad (1.12-48)$$

$$t(x) = \int_a^x (\sin\beta - \cos\beta\tan\alpha) \times \exp\left[\int_a^\xi \tan(\varphi'_e - \alpha + \beta)\frac{\mathrm{d}\beta}{\mathrm{d}\zeta}\mathrm{d}\zeta\right]\mathrm{d}\xi \qquad (1.12-49)$$

$$c'_e = \frac{c'}{\gamma_R} \qquad (1.12-50)$$

$$\tan\varphi'_e = \frac{\tan\varphi'}{\gamma_R} \qquad (1.12-51)$$

引入

$$\gamma_R = \frac{\gamma_0 \psi \gamma_d (1+\rho_c)}{\frac{1}{\gamma_f} + \frac{1}{\gamma_c}\rho_c} \qquad (1.12-52)$$

$$\rho_c = \frac{c'\mathrm{d}x\sec\alpha}{(\mathrm{d}W\sec\alpha - u\mathrm{d}x\sec\alpha)\tan\varphi'} \qquad (1.12-53)$$

$$\tan\beta = \lambda f(x) \qquad (1.12-54)$$

式中　$\mathrm{d}x$——土条宽度；

$\mathrm{d}W$——土条重力；

q——坡顶的外部竖向荷载；

α——条块底面与水平面的夹角；

β——土条侧面的合力与水平方向的夹角；

γ_R——土条的相当安全系数；

ρ_c——土条的黏聚力与摩擦力的比值；

$f(x)$——$\tan\beta$ 的分布形态函数，一般可取为 1.0，此时实际上就是斯宾塞法；

λ——待定系数；

γ_d——结构系数；

其余符号意义同前。

(2) 基于滑楔法的抗滑稳定计算公式（见图 1.12-4）：

$$P_i = \sec(\varphi'_{ei} - \alpha_i + \beta_i)\left[P_{i-1}\cos(\varphi'_{ei} - \alpha_i + \beta_{i-1}) - W_i\sin(\varphi'_{ei} - \alpha_i) + u_i\sec\alpha\sin\varphi'_{ei}\Delta x - c'_{ei}\sec\alpha_i\cos\varphi'_{ei}\Delta x\right] \qquad (1.12-55)$$

$$c'_{ei} = \frac{c'_i}{\gamma_R} \qquad (1.12-56)$$

$$\tan\varphi'_{ei} = \frac{\tan\varphi'_i}{\gamma_R} \qquad (1.12-57)$$

引入

$$\gamma_R = \frac{\gamma_0 \psi \gamma_d (1+\rho_c)}{\frac{1}{\gamma_f} + \frac{1}{\gamma_c}\rho_c} \qquad (1.12-58)$$

$$\rho_c = \frac{c'\Delta x\sec\alpha_i}{(W_i\sec\alpha_i - u\Delta x\sec\alpha_i)\tan\varphi'} \qquad (1.12-59)$$

式中 P_i——土条一侧的抗滑力；

P_{i-1}——土条另一侧的下滑力；

W_i——土条的重力；

u_i——作用于土条底部的孔隙水压力；

α_i——土条底面与水平面的夹角；

β_i——土条一侧的 P_i 与水平面的夹角；可假定为0°或坡面与滑面的平均坡角；

β_{i-1}——土条另一侧的 P_{i-1} 与水平面的夹角；可假定为0°或坡面与滑面的平均坡角；

γ_R——土条的相当安全系数；

ρ_c——土条的黏聚力与摩擦力的比值。

1.13 应力变形计算

1.13.1 概述

土石坝的应力应变计算，实际上是在本构模型的基础上，运用有限元法对土石坝进行应力和变形分析，计算坝体、地基以及与之相衔接的建筑物在自重、水荷载或者其他外部荷载下和各种不同工作条件下的应力、变形。从而定性地分析坝体是否发生塑性区及其范围、拉应力区及其范围、变形及裂缝、防渗体的水力劈裂等。

1.13.2 应力与应变以及破坏准则

1.13.2.1 应力

1. 应力张量

土体中一点的应力状态可表示为：

$$\sigma_{ij}=\begin{bmatrix}\sigma_x & \tau_{xy} & \tau_{xz}\\ \tau_{yx} & \sigma_y & \tau_{yz}\\ \tau_{zx} & \tau_{zy} & \sigma_z\end{bmatrix}=\begin{bmatrix}\sigma_{11} & \sigma_{12} & \sigma_{13}\\ \sigma_{21} & \sigma_{22} & \sigma_{23}\\ \sigma_{31} & \sigma_{32} & \sigma_{33}\end{bmatrix} \tag{1.13-1}$$

由于剪应力是成对的，故只有6个量是独立的。

2. 应力张量不变量

三个应力不变量的表达式如下：

第一应力不变量：

$$I_1=\sigma_x+\sigma_y+\sigma_z=\sigma_{kk} \tag{1.13-2}$$

第二应力不变量：

$$I_2=\sigma_x\sigma_y+\sigma_y\sigma_z+\sigma_z\sigma_x-\tau_{xy}^2-\tau_{yz}^2-\tau_{zx}^2 \tag{1.13-3}$$

第三应力不变量：

$$I_3=\sigma_x\sigma_y\sigma_z+2\tau_x\tau_y\tau_z+\sigma_z\sigma_x-\sigma_z\tau_{xy}^2-\sigma_y\tau_{yz}^2-\sigma_x\tau_{zx}^2 \tag{1.13-4}$$

3. 球应力张量和偏应力张量

应力张量可以分解为一个各方向应力相等的球应力张量和一个偏应力张量，即

$$\sigma_{ij}=\begin{bmatrix}\sigma_{11} & \sigma_{12} & \sigma_{13}\\ \sigma_{21} & \sigma_{22} & \sigma_{23}\\ \sigma_{31} & \sigma_{32} & \sigma_{33}\end{bmatrix}=\begin{bmatrix}\sigma_m & 0 & 0\\ 0 & \sigma_m & 0\\ 0 & 0 & \sigma_m\end{bmatrix}+\begin{bmatrix}\sigma_{11}-\sigma_m & \sigma_{12} & \sigma_{13}\\ \sigma_{21} & \sigma_{22}-\sigma_m & \sigma_{23}\\ \sigma_{31} & \sigma_{32} & \sigma_{33}-\sigma_m\end{bmatrix} \tag{1.13-5}$$

其中，球应力张量

$$\sigma_m=\frac{1}{3}\sigma_{kk}=\frac{1}{3}(\sigma_{11}+\sigma_{22}+\sigma_{33})=\frac{1}{3}(\sigma_1+\sigma_2+\sigma_3) \tag{1.13-6}$$

4. 八面体应力

将八面体上的应力分解为正应力和剪应力，则八面体正应力和八面体剪应力见以下2式。

$$\sigma_{oct}=s_xl+s_ym+s_zn=\frac{1}{3}(\sigma_1+\sigma_2+\sigma_3)=\sigma_m=\frac{I_1}{3} \tag{1.13-7}$$

$$\tau_{oct}=\sqrt{s_{oct}^2-\sigma_{oct}^2}-\frac{1}{3}[(\sigma_1-\sigma_2)^2+(\sigma_2-\sigma_3)^2+(\sigma_3-\sigma_1)^2]^{\frac{1}{2}}=\sqrt{\frac{2}{3}}J_2^{\frac{1}{2}} \tag{1.13-8}$$

土力学中常用另外两个应力不变量 p 和 q 来描述土体的应力状态，即

$$p=\sigma_{oct} \tag{1.13-9}$$

$$q=\sqrt{3J_2} \tag{1.13-10}$$

1.13.2.2 应变

与应力相类似，对应的应变也存在应变张量、应变张量不变量、球应变张量和偏应变张量以及八面体应变。

1. 应变张量

$$\varepsilon_{ij}=\begin{bmatrix}\varepsilon_{11} & \varepsilon_{12} & \varepsilon_{13}\\ \varepsilon_{21} & \varepsilon_{22} & \varepsilon_{23}\\ \varepsilon_{31} & \varepsilon_{32} & \varepsilon_{33}\end{bmatrix}=\begin{bmatrix}\varepsilon_x & \frac{1}{2}\gamma_{xy} & \frac{1}{2}\gamma_{xz}\\ \frac{1}{2}\gamma_{yx} & \varepsilon_y & \frac{1}{2}\gamma_{yz}\\ \frac{1}{2}\gamma_{zx} & \frac{1}{2}\gamma_{zy} & \varepsilon_z\end{bmatrix} \tag{1.13-11}$$

2. 应变张量不变量

$$I_{1\varepsilon}=\varepsilon_x+\varepsilon_y+\varepsilon_z=\varepsilon_{kk} \tag{1.13-12}$$

$$I_{2\varepsilon}=\varepsilon_x\varepsilon_y+\varepsilon_y\varepsilon_z+\varepsilon_z\varepsilon_x-\frac{1}{4}(\gamma_{xy}^2+\gamma_{yz}^2+\gamma_{xz}^2) \tag{1.13-13}$$

$$I_{3\varepsilon}=\varepsilon_x\varepsilon_y\varepsilon_z+\frac{1}{4}[\gamma_{xy}\gamma_{yz}\gamma_{zx}-(\varepsilon_x\gamma_{yz}^2+\varepsilon_y\gamma_{zx}^2+\varepsilon_z\gamma_{xy}^2)] \quad (1.13-14)$$

3. 球应变张量与偏应变张量

应变张量同样可分为球应变张量和偏应变张量：

$$\varepsilon_{ij}=\begin{bmatrix}\varepsilon_{11}&\varepsilon_{12}&\varepsilon_{13}\\\varepsilon_{21}&\varepsilon_{22}&\varepsilon_{23}\\\varepsilon_{31}&\varepsilon_{32}&\varepsilon_{33}\end{bmatrix}=\begin{bmatrix}\frac{\varepsilon_v}{3}&0&0\\0&\frac{\varepsilon_v}{3}&0\\0&0&\frac{\varepsilon_v}{3}\end{bmatrix}+\begin{bmatrix}\varepsilon_{11}-\frac{\varepsilon_v}{3}&\varepsilon_{12}&\varepsilon_{13}\\\varepsilon_{21}&\varepsilon_{22}-\frac{\varepsilon_v}{3}&\varepsilon_{23}\\\varepsilon_{31}&\varepsilon_{32}&\varepsilon_{33}-\frac{\varepsilon_v}{3}\end{bmatrix} \quad (1.13-15)$$

4. 八面体应变及应变 π 平面

在土力学中，人们习惯用如下三个应变参数表示八面体应变及 π 平面上的参数：

体应变

$$\varepsilon_v=\varepsilon_{kk}=\varepsilon_1+\varepsilon_2+\varepsilon_3=I_{1\varepsilon} \quad (1.13-16)$$

广义剪应变

$$\bar{\varepsilon}=\frac{\sqrt{2}}{3}[(\varepsilon_1-\varepsilon_2)^2+(\varepsilon_2-\varepsilon_3)^2+(\varepsilon_3-\varepsilon_1)^2]^{\frac{1}{2}} \quad (1.13-17)$$

应变罗德角

$$\tan\theta_\varepsilon=\frac{2\varepsilon_2-\varepsilon_1-\varepsilon_3}{\sqrt{3}(\varepsilon_1-\varepsilon_3)} \quad (1.13-18)$$

1.13.2.3 破坏准则

对土体，常用的破坏准则为莫尔-库仑（Mohr-Coulomb）准则。

坝体内部主应力算出以后，用莫尔-库仑破坏准则验算。

（1）对于空间问题，其准则为

$$\frac{1}{3}I_1\sin\varphi-\left(\cos\alpha+\frac{\sin\alpha}{\sqrt{3}}\sin\varphi\right)J_2^{1/2}+c\cos\varphi=0 \quad (1.13-19)$$

其中 $I_1=\sigma_x+\sigma_y+\sigma_z=\sigma_1+\sigma_2+\sigma_3$

$$J_2=\frac{1}{6}[(\sigma_1-\sigma_2)^2+(\sigma_2-\sigma_3)^2+(\sigma_3-\sigma_1)^2]$$

$$\alpha=\frac{1}{3}\sin^{-1}\left(-\frac{3\sqrt{3}}{2}\frac{J_3}{J_2^{3/2}}\right)$$

$$J_3=\frac{1}{27}(2\sigma_1-\sigma_2-\sigma_3)(2\sigma_2-\sigma_3-\sigma_1)(2\sigma_3-\sigma_1-\sigma_2)$$

式中 I_1——应力第一不变量；

J_2——偏应力第二不变量；

α——劳台应力角；

J_3——偏应力第三不变量；

φ——填土的内摩擦角，(°)；

c——黏聚力，kPa。

（2）对于平面问题，破坏准则为

$$(\sigma_1-\sigma_3)_f=\frac{2c\cos\varphi+2\sigma_3\sin\varphi}{1-\sin\varphi} \quad (1.13-20)$$

式中 $(\sigma_1-\sigma_3)_f$——破坏时的偏压力；

其他符号同前。

1.13.3 计算模型的选择

1.13.3.1 非线性弹性模型

目前土石坝工程上应用非线性弹性模型，主要的几种非线性弹性模型均属于变弹性模型，其模型的特点是直接将广义虎克定律写成增量形式：

$$\{\Delta\varepsilon\}=\boldsymbol{C}\{\Delta\sigma\} \quad (1.13-21)$$

同时假定弹性柔度矩阵 $\boldsymbol{C}$ 中所包含的弹性参数（E、μ、K、G）只是应力状态的函数，与应力路径无关。

式中，柔度矩阵 $\boldsymbol{C}$ 为

$$\boldsymbol{C}=\begin{bmatrix}C_1&C_2&C_2&0&0&0\\C_2&C_1&C_2&0&0&0\\C_2&C_2&C_1&0&0&0\\0&0&0&C_t&0&0\\0&0&0&0&C_t&0\\0&0&0&0&0&C_t\end{bmatrix}$$

求逆后的刚度矩阵 $\boldsymbol{D}$ 为

$$\boldsymbol{D}=\begin{bmatrix}D_1&D_2&D_2&0&0&0\\D_2&D_1&D_2&0&0&0\\D_2&D_2&D_1&0&0&0\\0&0&0&G_t&0&0\\0&0&0&0&G_t&0\\0&0&0&0&0&G_t\end{bmatrix}$$

其中，$C_t=1/G_t$；$C_1=1/9K_t+1/3G_t$；$C_2=1/9K_t-1/6G_t$；$D_1=K_t+4G_t/3$；$D_2=K_t-2G_t/3$。

式中 K_t、G_t——切线体积模量和切线剪切模量。

1. 邓肯-张（Duncan-Chang）双曲线模型

考特纳（Kondner）建议采用双曲线函数来拟合三轴压缩试验的 $(\sigma_1-\sigma_3)$—ε_a 试验曲线，σ_3 等于常数时：

$$\sigma_1-\sigma_3=\frac{\varepsilon_a}{a+b\varepsilon_a} \quad (1.13-22)$$

式中 a、b——试验常数。

将式（1.13-22）改写成：

$$\frac{\varepsilon_a}{\sigma_1-\sigma_3}=a+b\varepsilon_a \quad (1.13-23)$$

也即将图1.13-1 (a) 的试验曲线，改按图1.13

-1(*b*)的坐标绘出，那么 a、b 两个试验常数可从图1.13-1(*b*)直接得出。

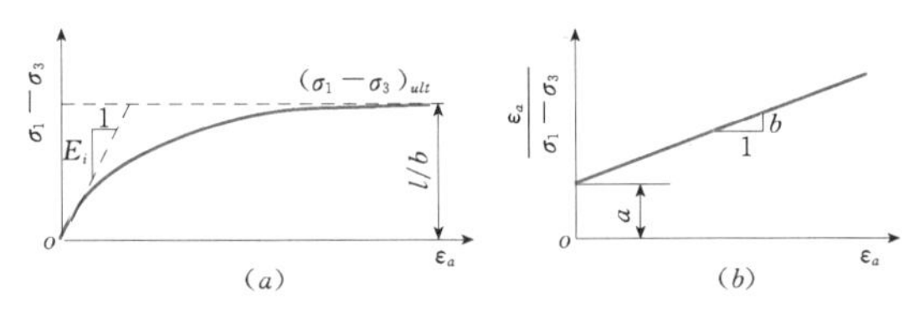

图1.13-1 双曲线形的应力—应变关系

邓肯-张建议将式(1.13-22)写成：

$$\sigma_1-\sigma_3=\frac{\varepsilon_a}{\dfrac{1}{E_i}+\dfrac{R_f\varepsilon_a}{(\sigma_1-\sigma_3)_f}} \quad (1.13-24)$$

其中起始切线弹性模量为

$$E_i=\frac{1}{a} \quad (1.13-25)$$

$$b=\frac{R_f}{(\sigma_1-\sigma_3)_f} \quad (1.13-26)$$

式中 R_f——破坏比。

R_f 定义是：

$$R_f=\frac{(\sigma_1-\sigma_3)_f}{(\sigma_1-\sigma_3)_{ult}}=\frac{\text{破坏时强度}}{(\sigma_1-\sigma_3)\text{的极限值}} \quad (1.13-27)$$

R_f 值一般在0.75～1.00之间。

随着试验时 σ_3 值的不同，试验曲线也将不同。邓肯-张认为，这些曲线都可用式(1.13-24)表示，只是其中的 E_i 值随 σ_3 而变动。他们建议采用：

$$E_i=Kp_a\left(\frac{\sigma_3}{p_a}\right)^n \quad (1.13-28)$$

式中 p_a——大气压力；

K、n——试验常数。

因为切线弹性模量

$$E_t=\frac{\partial(\sigma_1-\sigma_3)}{\partial\varepsilon_a}$$

即

$$E_t=\frac{1/E_i}{\left[\dfrac{1}{E_i}+\dfrac{R_f\varepsilon_a}{(\sigma_1-\sigma_3)_f}\right]^2}$$

故从式(1.13-24)可得：

$$\varepsilon_a=\frac{\sigma_1-\sigma_3}{E_i\left[1-\dfrac{R_f(\sigma_1-\sigma_3)}{(\sigma_1-\sigma_3)_f}\right]}$$

代入上式得 $$E_t=(1-R_fS)^2E_i \quad (1.13-29)$$

式中 S——应力水平。

$$S=\frac{\sigma_1-\sigma_3}{(\sigma_1-\sigma_3)_f} \quad (1.13-30)$$

根据摩尔-库仑破坏准则，将式(1.13-20)代入式(1.13-29)、式(1.13-30)，可得切线弹性模量公式：

$$E_t=\left[1-\frac{R_f(1-\sin\varphi)(\sigma_1-\sigma_3)}{2c\cos\varphi+2\sigma_3\sin\varphi}\right]^2E_i \quad (1.13-31)$$

卸荷和重复加荷时弹性模量值为 E_{ur}

$$E_{ur}=K_{ur}p_a\left(\frac{\sigma_3}{p_a}\right)^n \quad (1.13-32)$$

K_{ur} 值也应通过试验测定，一般情况 $K_{ur}>K$。

起始泊松比 μ_i

$$\mu_i=G-F\lg\left(\frac{\sigma_3}{p_a}\right) \quad (1.13-33)$$

式中 G、F——试验常数。

切线泊松比 μ_t

$$\mu_t=\frac{\mu_i}{(1-D\varepsilon_a)^2} \quad (1.13-34)$$

式中 D——试验常数。

或将式(1.13-28)和式(1.13-31)代入式(1.13-34)可得

$$\mu_t=\frac{G-F\lg(\sigma_3/p_a)}{\left\{1-\dfrac{D(\sigma_1-\sigma_3)}{Kp_a(\sigma_3/p_a)^n[1-R_f(\sigma_1-\sigma_3)(1-\sin\varphi)/(2c\cos\varphi+2\sigma_3\sin\varphi)]}\right\}^2} \quad (1.13-35)$$

如果计算所得的 μ_t 值大于0.5，则可采用 $\mu_t=0.49$，作为计算的依据。因为式(1.13-35)的计算值常偏大，故有人建议用下式计算：

$$\mu_t=\mu_i+(\mu_{tf}-\mu_i)\frac{\sigma_1-\sigma_3}{(\sigma_1-\sigma_3)_f} \quad (1.13-36)$$

式中 μ_{tf}——破坏时切线泊松比。

由式(1.13-28)、式(1.13-31)～式(1.13-34)或式(1.13-36)组成了邓肯-张 $E-\mu$ 模型，该模型的计算参数有 c、φ、K、n、R_f、G、D、F 和 K_{ur}。

基于邓肯 $E-\mu$ 模型计算所得的坝体水平位移与实测值相比偏大较多，计算所得的面板拉应力区域和拉应力值也明显偏大，因而目前已很少采用。

邓肯等人又提出了邓肯 $E-B$ 模型，其切线弹性模量 E_t 仍是与 $E-\mu$ 模型相同，即仍采用式(1.13-28)、式(1.13-31)和式(1.13-32)。而用切线体积模量 B_t 来替代切线泊松比 μ_t：

$$B_t=K_bp_a\left(\frac{\sigma_3}{p_a}\right)^m \quad (1.13-37)$$

式中 p_a——大气压；

K_b——体积模量系数；

m——切线体积模量 B_t 随围压 σ_3 增加而增加的幂次。

初始切线体积模量

$$B_i=\frac{\sigma_1-\sigma_3}{3\varepsilon_v} \quad (1.13-38)$$

对于粗粒料常用式(1.13-39)表示其强度包线：

$$\varphi = \varphi_0 - \Delta\varphi \lg\left(\frac{\sigma_3}{p_a}\right) \qquad (1.13-39)$$

因而表示邓肯 E—B 模型的计算公式是式（1.13－28）、式（1.13－31）、式（1.13－32）、式（1.13－37）和式（1.13－34），该模型的计算参数是 φ_0、$\Delta\varphi$、K、n、R_f、K_b、m 和 K_{ur}。

2. 改进的 Naylor K—G 模型[97,98]

改进的 Naylor K—G 模型采用体积模量 K 和剪切模量 G 这两个参数作为变弹性参数：

$$K_t = K_i + \alpha_k \sigma_m \qquad (1.13-40)$$

$$G_t = G_i + \alpha_G \sigma_m + \beta_G \sigma_s \qquad (1.13-41)$$

式中　K_i、G_i、α_k、α_G、β_G——模型的参数。

在等向压缩条件下，$\Delta\varepsilon_v = \Delta\sigma_m / K_t$；在 $\sigma_m = \text{const}$ 的剪切条件下，$\Delta\varepsilon_s = \Delta\sigma_s / 2G_t$，两者积分后得：

$$\varepsilon_v = \varepsilon_{v1} + \frac{1}{\alpha_k}\ln(K_i + \alpha_k \sigma_m) \qquad (1.13-42)$$

$$\varepsilon_s = \varepsilon_{s1} + \frac{1}{2\beta_G}\ln(G_i + \alpha_G \sigma_m + \beta_G \sigma_s) \qquad (1.13-43)$$

改进的 Naylor K—G 模型具有较为简单的形式，但是，其参数需通过非常规的等向压缩试验和 $\sigma_m = \text{const}$ 的剪切试验确定。

3. 清华非线性解耦 K—G 模型[100]

非线性解耦 K—G 模型，采用八面体应力不变量 p、q 描述堆石的应力应变关系。同时，在堆石加载的应力应变关系中，模型将多种基本因素对土体变形的耦合作用分解成几个应力不变量的简单函数组合，并通过引入应力比 η 的函数项，反映了应力路径的影响和堆石的剪缩特性。

清华非线性解耦 K—G 模型的切线体积模量和切线剪切模量表达式如下：

$$K_t = K_i (1+\eta)^{-m} p_a \left(\frac{p}{p_a}\right)^{1-H} \qquad (1.13-44)$$

$$G_t = G_i \eta^{-c}\left(1 - \frac{\eta}{\eta_u}\right) p_a \left(\frac{q}{p_a}\right)^{1-A} \qquad (1.13-45)$$

式中　η——应力比，$\eta = q/p$；

η_u——极限应力比。

1.13.3.2　弹塑性模型

弹塑性模型是将应变增量分成弹性和塑性两部分，即

$$\{\Delta\varepsilon\} = \{\Delta\varepsilon^e\} + \{\Delta\varepsilon^p\} \qquad (1.13-46)$$

相应的，弹塑性应力应变的一般关系式可写为

$$\{\Delta\sigma\} = \boldsymbol{D}_{ep}\{\Delta\varepsilon\} = \boldsymbol{D}(\{\Delta\varepsilon\} - \{\Delta\varepsilon^p\}) \qquad (1.13-47)$$

式中，弹性应变 $\{\Delta\varepsilon^e\}$ 按虎克定律计算，而塑性应变 $\{\Delta\varepsilon^p\}$ 的一般计算式则为

$$\{\varepsilon^p\} = \Delta\lambda\left\{\frac{\partial g}{\partial \sigma}\right\} \qquad (1.13-48)$$

式中，$\Delta\lambda$ 代表塑性应变增量的大小，$\left\{\frac{\partial g}{\partial \sigma}\right\}$代表塑性应变增量的方向。前者的计算规则称为硬化规律，后者的计算规则称为流动法则，而弹性应变与塑性应变的分界则由屈服面定义。

弹塑性矩阵 $\boldsymbol{D}_{ep}$ 的表达式为

$$\boldsymbol{D}_{ep} = \boldsymbol{D} - \frac{\boldsymbol{D}\left\{\frac{\partial g}{\partial \sigma}\right\}\left\{\frac{\partial f}{\partial \sigma}\right\}^{\mathrm{T}}\boldsymbol{D}}{\boldsymbol{A} + \left\{\frac{\partial f}{\partial \sigma}\right\}^{\mathrm{T}}\boldsymbol{D}\left\{\frac{\partial g}{\partial \sigma}\right\}} \qquad (1.13-49)$$

目前，应用较多的双屈服面模型是沈珠江和殷宗泽各自提出的双屈服面模型。

1. 修正剑桥模型

修正剑桥模型的屈服方程为

$$\left(1 + \frac{q^2}{M^2 p^2}\right) p = p_0 \qquad (1.13-50)$$

式中　M——参数；

p_0——p—q 平面内屈服轨迹与 p 坐标轴交点的坐标值（见图 1.13－2）。

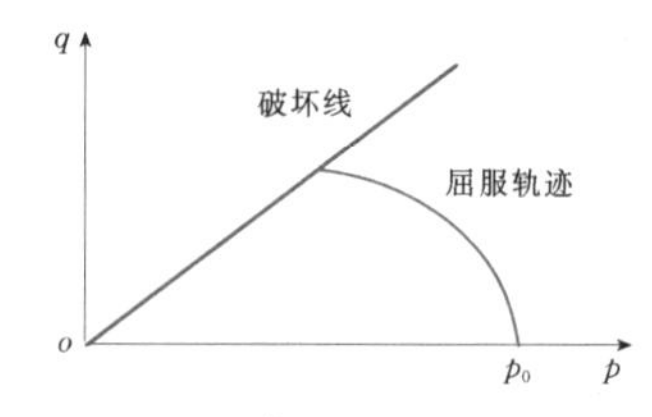

图 1.13－2　修正剑桥模型的屈服面

考虑到土体硬化规律后，p_0 可表示为

$$p_0 = p_a \mathrm{e}^{\left(\frac{1+e_a}{\lambda - k}\varepsilon_v^p\right)} \qquad (1.13-51)$$

式中　λ——e—lg$p$ 平面内的初始压缩曲线的斜率；

k——回弹或再压缩曲线的斜率；

p_a——大气压力；

e_a——$p = p_a$ 时的土体孔隙比。

2. 南水模型

南京水利科学研究院沈珠江院士建议采用双屈服面作为加荷—卸荷的判别准则，将塑性应变增量 $\delta\varepsilon_{ij}^p$ 分成两部分，即

$$\delta\varepsilon_{ij}^p = (\delta\varepsilon_{ij}^p)_1 + (\delta\varepsilon_{ij}^p)_2 \qquad (1.13-52)$$

相应每一部分都有一个屈服面，当采用正交流动规则时

$$\delta\varepsilon_{ij} = \delta\varepsilon_{ij}^e + A_1 \delta f_1 \frac{\partial f_1}{\partial \sigma_{ij}} + A_2 \delta f_2 \frac{\partial f_2}{\partial \sigma_{ij}} \qquad (1.13-53)$$

式中　A_1、A_2——相应于屈服面 f_1 和 f_2 的塑性系数。

沈珠江建议采用下列椭圆函数和幂函数来分别表示两个屈服面的屈服函数，如图 1.13－3 所示。

$$\left.\begin{aligned} f_1 &= p^2 + r^2 q^2 \\ f_2 &= \frac{q^s}{p} \end{aligned}\right\} \tag{1.13-54}$$

式中　p、q——八面体法向应力和八面体剪应力；

r、s——由岩土材料特性确定的参数，r 为椭圆的长短轴之比，s 为幂次。

$$p = \frac{1}{3}(\sigma_1 + \sigma_2 + \sigma_3) = \frac{I_1}{3} \tag{1.13-55}$$

$$q = \frac{1}{\sqrt{2}}[(\sigma_1 - \sigma_2)^2 + (\sigma_2 - \sigma_3)^2 + (\sigma_3 - \sigma_1)^2]^{\frac{1}{2}} = \sqrt{\frac{3}{2}S_{ij}S_{ij}} = \sqrt{3J_2} \tag{1.13-56}$$

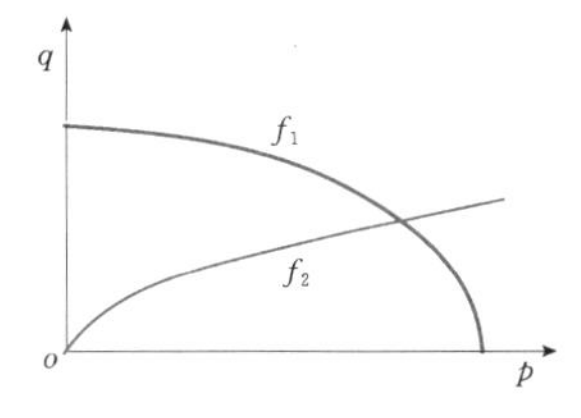

图 1.13－3　南水模型的双屈服面

假定两个塑性系数 A_1 和 A_2 为应力状态的函数，与应力路径无关，因此它们可以通过室内简单应力路径的试验结果来确定。

在常规三轴压缩试验条件下，有：$\delta\varepsilon_2 = \delta\varepsilon_3$，$\delta p = \delta\sigma_1/3$，$\delta q = \delta(\sigma_1 - \sigma_3)$，$\delta\varepsilon_v = \delta\varepsilon_1 + 2\delta\varepsilon_3$。

因而有

$$\delta f_1 = 2\left(\frac{p}{3} + r^2 q\right)\delta\sigma_1 \tag{1.13-57}$$

$$\delta f_2 = \frac{q^s}{p}\left(\frac{s}{q} - \frac{1}{3p}\right)\delta\sigma_1 \tag{1.13-58}$$

采用正交流动法则，可得

$$\frac{\delta\varepsilon_1}{\delta\sigma_1} = \frac{1}{E} + \frac{1}{9}(1 + 3r^2\eta)^2 A_1 + \frac{1}{9\eta}(3s - \eta)^2 A_2 \tag{1.13-59}$$

$$\frac{\delta\varepsilon_v}{\delta\sigma_1} = \frac{1 - 2v}{E} + \frac{1}{3}(1 + 3r^2\eta)A_1 + \frac{1}{3\eta}(3s - \eta)A_2 \tag{1.13-60}$$

假定切线弹性模量
$$E_t = \frac{\delta\varepsilon_1}{\delta\sigma_1} \tag{1.13-61}$$

切线体积比
$$\mu_t = \frac{\delta\varepsilon_v}{\delta\varepsilon_1} \tag{1.13-62}$$

可以得出塑性系数 A_1 和 A_2 的表达式

$$A_1 = \frac{\eta\left(\frac{9}{E_t} - \frac{3\mu_t}{E_t} - \frac{3}{G_e}\right) + 2s\left(\frac{3\mu_t}{E_t} - \frac{1}{B_e}\right)}{2(1 + 3\eta r^2)(s + \eta^2 r^2)} \tag{1.13-63}$$

$$A_2 = \frac{\left(\frac{9}{E_t} - \frac{3\mu_t}{E_t} - \frac{3}{G_e}\right) - r^2\eta\left(\frac{3\mu_t}{E_t} - \frac{1}{B_e}\right)}{2(3s - \eta)(s + \eta^2 r^2)} \tag{1.13-64}$$

其中
$$\eta = \frac{q}{p}$$

G_e 和 B_e 分别为弹性剪切模量和弹性体积模量，可按下式计算：

$$G_e = \frac{E_{ur}}{2(1 + \mu)};\quad B_e = \frac{E_{ur}}{3(1 - 2\mu)} \tag{1.13-65}$$

式中　μ——弹性泊松比，可取 0.3；

E_{ur}——卸荷回弹模量。

式（1.13－63）、式（1.13－64）中切线弹性模量 E_t 和切线体积比 μ_t 为该模型的两个基本变量，沈珠江认为在土和粗粒料常规三轴试验中偏差应力（$\sigma_1 - \sigma_3$）与轴向应变 ε_1 关系仍然可以采用邓肯-张模型的双曲线关系，则切线弹性模量 E_t 的表达式与式（1.13－28）和式（1.13－29）相同。

而对于体应变 ε_v 与轴向应变 ε_1 关系，为了描述土体和堆石体的剪胀特性，沈珠江建议采用由图 1.13－4 所示的抛物线来描述，则可得 μ_t 为

$$\mu_t = 2c_d\left(\frac{\sigma_3}{p_a}\right)^{n_d}\frac{E_i R_f}{(\sigma_1 - \sigma_3)_f}\frac{1 - R_d}{R_d}\times\left(1 - \frac{R_f S}{1 - R_f S}\frac{1 - R_d}{R_d}\right) \tag{1.13-66}$$

式中　c_d——对应 σ_3 等于单位大气压力时的最大收缩应变；

n_d——收缩体应变随 σ_3 的增加而增加的幂次；

R_d——发生最大收缩时的 $(\sigma_1 - \sigma_3)_d$ 与偏应力的渐近值 $(\sigma_1 - \sigma_3)_{ult}$ 之比。

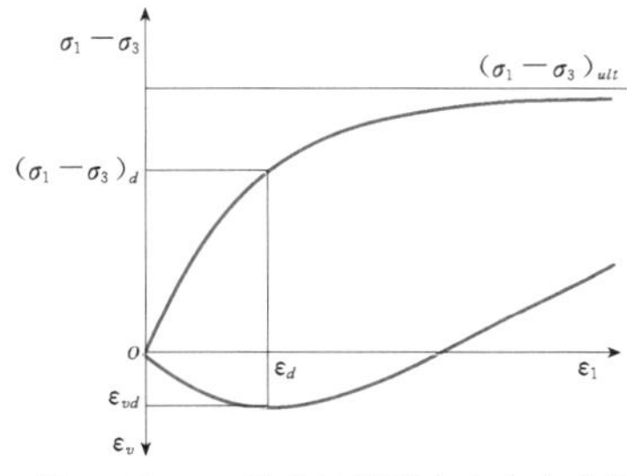

图 1.13－4　沈珠江模型应力应变曲线

双屈服面弹塑性模型有 8 个模型参数，分别为 c、φ（或 φ_0、$\Delta\varphi$）、K、n、R_f、R_d、c_d 和 n_d，也可由常规三轴试验结果整理得出。

对于卸荷情况，卸荷和重复加荷的回弹模量仍按式（1.13－28）计算，“南水”双屈服面弹塑性模型的加卸荷准则如下：

（1）如果 $F_1 > F_{1\max}$、$F_2 > F_{2\max}$，则为全加荷 A_1

>0、$A_2>0$。

（2）如果 $F_1>F_{1\max}$、$F_2\leqslant F_{2\max}$ 或 $F_1\leqslant F_{1\max}$、$F_2>F_{2\max}$，则为部分卸荷 $A_2=0$ 或 $A_1=0$。

（3）如果 $F_1\leqslant F_{1\max}$、$F_2\leqslant F_{2\max}$，则为全卸荷 $A_1=A_2=0$。

3. 河海大学椭圆—抛物双屈服面模型

殷宗泽建议的双屈服面表达式为

$$f_1=p+\frac{q^2}{M_1^2(p+p_r)}=\frac{h\varepsilon_v^p}{1-t\varepsilon_v^p} \tag{1.13-67}$$

$$f_2=\frac{aq}{G}\left[\frac{q}{M_2(p+p_r)-q}\right]^{1/2}=\varepsilon_s^p \tag{1.13-68}$$

其中
$$G=k_G p_a\left(\frac{p}{p_a}\right)^n$$

式中　p_r、M_1、M_2、h、t、a、k_G、n——参数；

f_1、f_2——椭圆和抛物线，且分别为塑性体积应变和塑性剪应变的等值面。

1.13.3.3　本构模型的应用评价

目前土石坝计算大多采用邓肯模型、双屈服面弹塑性模型和清华非线性解耦 $K-G$ 模型，尤以邓肯模型和南水双屈服面弹塑性模型的应用较为普遍。邓肯模型的 $E-\mu$ 模式在计算堆石体的应力变形时，其计算结果不甚合理，目前在土石坝的计算分析中已使用不多，而是采用邓肯模型的 $E-B$ 模式。若需更全面的反映堆石的剪缩（胀）特性，则以双屈服面弹塑性模型较优。

邓肯模型参数少、参数的物理意义较为明确，从常规三轴试验就可得到计算参数，因此该模型应用较多，也有较为丰富的类比计算成果。清华非线性解耦 $K-G$ 模型主要特点是通过考虑 p、q 的耦合作用，反映了堆石的剪缩性，同时还考虑了应力路径的影响，但是需要进行不同应力路径的单调加载试验才能得到该模型的计算参数，这就限制了此模型的推广应用。双屈服面弹塑性模型则是考虑了堆石体应力应变关系的塑性应变部分，它可以较为充分地反映出堆石的剪缩（胀）特性。将计算结果与大坝实际观测资料相比可以发现：邓肯模型、双屈服面弹塑性模型和非线性解耦 $K-G$ 模型计算的坝体变形分布规律均比较符合实际，邓肯模型计算的坝体沉降与实际观测结果较为接近，但水平位移偏大。双屈服面弹塑性模型和非线性解耦 $K-G$ 模型计算的坝体位移比较符合实际。

1.13.4　计算参数的选取

有限元计算的模型参数宜由试验测定，并结合工程类比选用。

1.13.4.1　邓肯-张模型

1. 邓肯-张 $E-\mu$ 模型参数

邓肯-张 $E-\mu$ 模型有 8 个参数，即 R_f、K、n、G、F、D 和强度指标 c、φ。这 8 个参数确定方法如下。

（1）强度指标 c、φ：一般可根据土体三轴固结排水剪切试验，由莫尔-库仑破坏准则确定。需要注意的是，这里的强度指标应为有效强度指标，为表示方便，没有采用 c' 和 φ'。同样，应力也应该是有效应力。因此，固结排水剪切试验确定的 c、φ 可直接应用，也可采用测孔隙水压力的固结不排水剪切试验确定的有效强度指标。在缺乏三轴试验资料时，也可借用直剪试验的慢剪指标。在进行有效应力分析时，不固结不排水剪指标、固结不排水总应力强度指标或直剪的快剪、固结快剪指标理论上是不适合使用的。若采用有限元总应力分析法，对渗透性较低且荷载施加较快的情况，可近似针对实际情况取用这些总应力强度指标，但这时其他参数是很难确定的。

对堆石料等粗粒土，考虑到由于颗粒破碎等原因引起的强度非线性，其内摩擦角常用下式表示：

$$\varphi=\varphi_0-\Delta\varphi\lg\frac{\sigma_3}{p_a} \tag{1.13-69}$$

式中　φ_0、$\Delta\varphi$——试验参数。

必须注意，如果使用式（1.13-69）计算摩擦角，则黏聚力 c 一般应该为 0；相反，如果 $c>0$，则意味着采用线性强度指标，这时的内摩擦角应取常数，$\Delta\varphi$ 应为 0。确定 φ_0、$\Delta\varphi$ 的方法是将不同 σ_3 下的三轴 CD 试验得到的莫尔圆画出，对每个莫尔圆作过原点的切线，如图 1.13-5（a）所示，点绘这些切线倾角 φ 与 $\lg(\sigma_3/p_a)$ 关系，并用直线拟合，如图 1.13

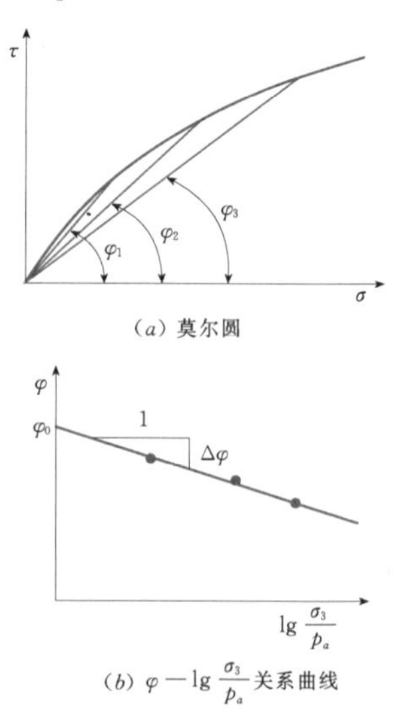

图 1.13-5　φ_0 和 $\Delta\varphi$ 的确定

-5 (b) 所示，得截距 φ_0，斜率 $\Delta\varphi$。

(2) 参数 K 和 n：可利用 $(\sigma_1-\sigma_3)$—ε_a 试验曲线确定。假定 $(\sigma_1-\sigma_3)$—ε_a 为双曲线的关系，则 $\varepsilon_a/(\sigma_1-\sigma_3)$—$\varepsilon_a$ 关系应为直线。其斜率为 b，截距为 a。a 即是初始切线模量的倒数，即 $a=1/E_i$。试验表明，E_i 随 σ_3 变化。点绘 $\lg(E_i/p_a)$ 和 $\lg(\sigma_3/p_a)$ 关系，用直线拟合，如图 1.13-6 所示，其截距为 $\lg K$，斜率为 n。

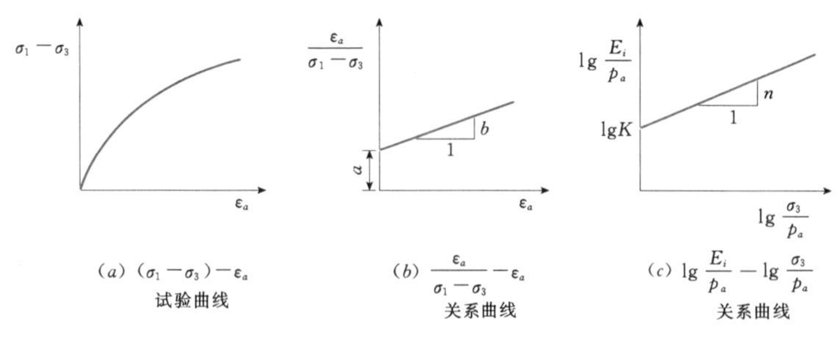

图 1.13-6 参数 K 和 n 的确定

图 1.13-6 (b) 中直线的斜率为 $b=1/(\sigma_1-\sigma_3)_u$，则 $(\sigma_1-\sigma_3)$—ε_a 双曲线关系中当 $\varepsilon_a\to\infty$ 时 $(\sigma_1-\sigma_3)$ 的渐近值即为 $(\sigma_1-\sigma_3)_u$。因此，由 b 值可确定 $(\sigma_1-\sigma_3)_u$，从而由下式求得 R_f：

$$R_f=\frac{(\sigma_1-\sigma_3)_f}{(\sigma_1-\sigma_3)_u} \qquad (1.13-70)$$

参数 R_f 称为破坏比。试验表明，对不同的 σ_3，R_f 值不同，一般取平均值。

(3) 参数 G、F、D：用于确定泊松比，是根据 ε_a—$(-\varepsilon_r)$ 试验曲线确定。点绘 $-\varepsilon_r/\varepsilon_a$—$(-\varepsilon_r)$ 关系，如图 1.13-7 (a) 所示，并拟合直线，其斜率为 D，截距为 ν_i。不同 σ_3 下 D 的数值变化不大，故可取平均值；而 ν_i 的大小随 σ_3 变化明显。点绘不同 σ_3 下 ν_i 与 $\lg(\sigma_3/p_a)$ 试验点，如图 1.13-7 (b) 所示，并用直线拟合，其斜率和截距分别为 F 和 G。

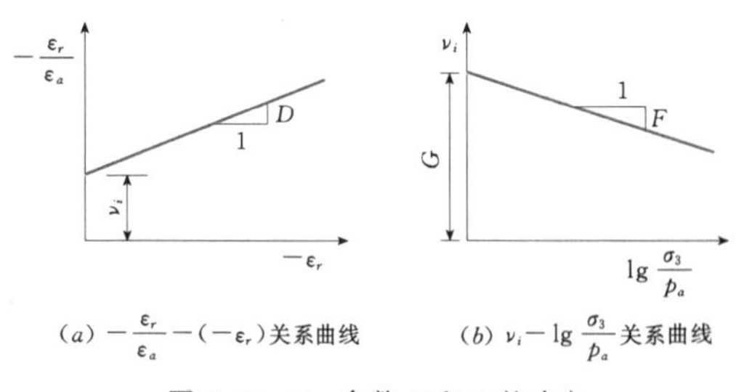

图 1.13-7 参数 F 和 G 的确定

土体具有显著的弹塑性性质，即加载和卸荷时表现出的变形模量不同。对卸荷和再加荷的情况，可由回弹试验测定弹性模量。如图 1.13-8 所示，OA 为加荷状态的应力应变关系曲线，其斜率为 E_t；而卸荷与再加荷的曲线有差异，存在一个回滞环，可近似假定它们一致，且为一直线，如 AB 所示，其斜率为 E_{ur}。它具有卸荷再加荷情况下弹性模量的物理意义，称为回弹模量。一般假定 E_{ur} 不随 $(\sigma_1-\sigma_3)$ 变化，但

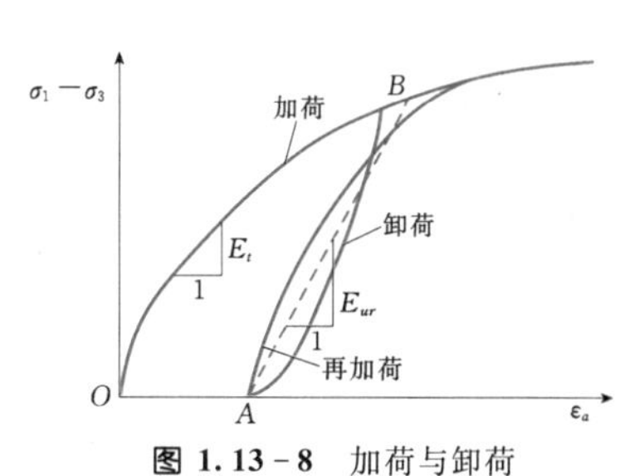

图 1.13-8 加荷与卸荷

对于不同的围压 σ_3，E_{ur} 不同。点绘 $\lg(E_{ur}/p_a)$ 与 $\lg(\sigma_3/p_a)$ 关系，可用直线拟合，其截距为 $\lg K_{ur}$，斜率为 n。因此，回弹模量可由下式计算：

$$E_{ur}=K_{ur}p_a\left(\frac{\sigma_3}{p_a}\right)^n \qquad (1.13-71)$$

一般地，式 (1.13-71) 中 n 与加荷时的 n 大小相近，故可取同一值，而 $K_{ur}=(1.2\sim3.0)K$。对于密砂和硬黏土，$K_{ur}=1.2K$；松砂和软土 $K_{ur}=3.0K$；一般土介于其间。

由于加载与卸荷或再加荷状态下土体表现出的变形能力不同，因此，在有限元计算中需要判定加载和回弹状态。

邓肯等人提出采用加荷函数来判定土体回弹，加荷函数为

$$f_l=\frac{\sigma_1-\sigma_3}{(\sigma_1-\sigma_3)_f}\sqrt[4]{\sigma_3} \qquad (1.13-72)$$

当 f_l 大于历史上最大值 $(f_l)_{\max}$ 时，判为加荷，否则判为卸荷或再加荷。具体计算中采用下列经验方法，即当 $f_l<0.75(f_l)_{\max}$ 时，判为完全卸荷，而当 f_l 介于 $(0.75\sim1.0)(f_l)_{\max}$ 时，则计算所用的杨氏模量按下式内插：

$$E=E_t+(E_{ur}-E_t)\frac{1-f_l/(f_l)_{\max}}{0.25} \qquad (1.13-73)$$

2. 邓肯 $E-B$ 模型参数

$E-B$ 模型参数为 R_f、K、n、K_b、m 和强度指标 c、φ。参数 R_f、K、n 和 c、φ 的确定方法与邓肯 $E-\mu$ 模型一样，K_b、m 参数确定方法如下。

在三轴固结排水剪试验中，施加偏应力 $(\sigma_1-\sigma_3)$ 时平均正应力的变化为 $\Delta p=(\sigma_1-\sigma_3)/3$。因此

$$B_t=\frac{1}{3}\frac{\partial(\sigma_1-\sigma_3)}{\partial\varepsilon_v} \qquad (1.13-74)$$

假定 B 与偏应力 $(\sigma_1-\sigma_3)$ 无关，它仅仅随固结压力 σ_3 变化。对于同一 σ_3，B_t 为常量。根据这个假定，对于同一 σ_3，如果点绘 $(\sigma_1-\sigma_3)/3—\varepsilon_v$ 关系曲线，应为一直线，如图 1.13-9 (a) 所示。事实上，它常不是直线，故取与应力水平 $S=0.7$ 相应的点与原点连线的斜率作为平均斜率 B_t，即

$$B_t=\frac{(\sigma_1-\sigma_3)_{S=0.7}}{3(\varepsilon_v)_{S=0.7}} \qquad (1.13-75)$$

对于不同的 σ_3，B_t 不同。点绘 $\lg\frac{B_t}{p_a}$ 与 $\lg\frac{\sigma_3}{p_a}$ 关系，可用直线拟合，如图 1.13-9 (b) 所示，其截距为 $\lg K_b$，斜率为 m。

由于 μ 一般限制在 0～0.49 之间变化，B_t 须限制在 $(0.33\sim17)E_t$ 之间。

3. 讨论

邓肯模型因其结构简单，参数易于确定，在国内应用较多。几种主要筑坝材料模型参数的大致数值范围列于表 1.13-1。

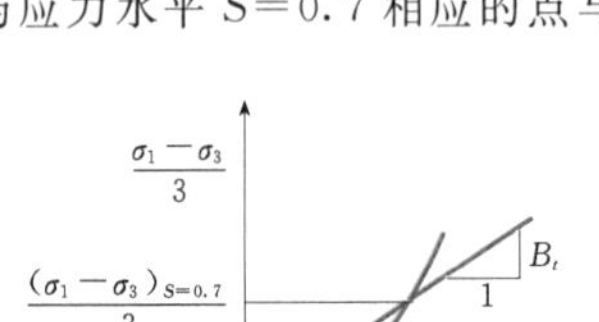

(a) $\frac{\sigma_1-\sigma_3}{3}-\varepsilon_v$ 关系曲线

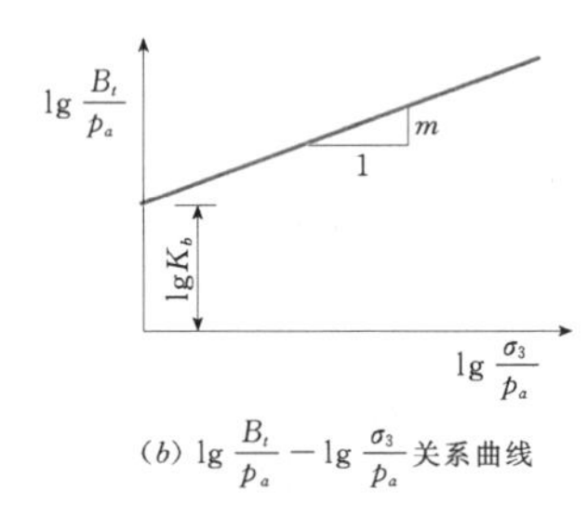

(b) $\lg\frac{B_t}{p_a}-\lg\frac{\sigma_3}{p_a}$ 关系曲线

图 1.13-9　参数 K_b 和 m 的确定

表 1.13-1　邓肯模型参数一般变化范围

参　数	软黏土	硬黏土	砂	砂卵石	堆石料
c (kPa)	0～10	10～50	0	0	0
φ (°)	20～30	20～30	30～40	30～40	40～55
$\Delta\varphi$ (°)	0	0	3～6	3～6	6～13
R_f	0.7～0.9	0.7～0.9	0.60～0.85	0.65～0.85	0.6～1.0
K	50～200	200～500	300～1000	500～2000	500～1300
n	0.5～0.8	0.3～0.6	0.3～0.6	0.4～0.7	0.1～0.5
G	—	—	0.2～0.5	—	—
F	—	—	0.01～0.20	—	—
D	—	—	1～15	—	—
K_b	20～100	100～500	50～1000	100～2000	200～1000
m	0.4～0.7	0.2～0.5	0～0.5	0～0.5	0～0.4
K_{ur}	$(1.5\sim3.0)K$				

在使用 $E-\mu$ 模型和 $E-B$ 模型进行土工结构的应力变形分析时，应注意以下几个方面：

(1) 模型不能反映剪胀性，因此，对密实的砂土等剪胀性土，使用时应谨慎。

(2) 模型不能反映软化特性，不能反映各向异性。

(3) 利用三轴 CD 试验结果确定邓肯模型参数时，可能需要对数据进行处理。

数据处理方法：①如果试样在剪切前没有完全接触（这里称欠接触），$(\sigma_1-\sigma_3)—\varepsilon_a$ 曲线初始段水平，

则这部分应删除，即 ε_a 的 0 点右移；②如果 $(\sigma_1-\sigma_3)$—ε_a 曲线初始段很陡，且与后面的曲线过渡不很连续，有可能在剪切之前，试样已经受竖直方向的偏应力了（这里称过接触），这种情况应避免，因为无法修正，这一点也是常常不注意的地方；③一般试验中，试样轴向应变 ε_a 达 15%。如果试样出现软化，且应力峰值对应的应变 ε_{af} 较小（即 ε_{af} 远小于 15%），则宜删除峰值后的试验点进行参数整理；如果 $(\sigma_1-\sigma_3)$—ε_a 曲线接近破坏时有较长的水平段，则也宜删除部分试验点，保证水平段不太长。由于土工结构的应力水平大部分较低，应尽量保证低应力水平段的拟合精度。

1.13.4.2 *K*—*G* 模型

成都科技大学屈智炯等对 Naylor *K*—*G* 模型中的 5 个参数 α_k、K_i、G_i、α_G、β_G 提出了自己的确定方法，从而形成了所谓的简化 *K*—*G* 模型。

当 $\alpha_k>0$，$\alpha_G>0$，$\beta_G<0$，K_i 和 α_k 可由各向等压固结试验的 ε_v—p 曲线确定，G_i、α_G、β_G 由等 p 的三轴固结排水剪切试验确定。

清华大学解耦 *K*—*G* 模型参数根据常规三轴剪切试验（$\sigma_3=c$）结果求得。

1.13.4.3 修正剑桥模型

修正剑桥模型有 3 个参数 λ、κ 和 M。实际应用时，还需要用到反映弹性变形的参数，如弹性模量 E、泊松比 μ 或体积变形模量 B 之中的两个。

利用各向等压固结试验结果，点绘 e—$\lg p$ 关系，对初始压缩曲线的直线段部分，用直线拟合，其斜率即 λ。对回弹或再压缩曲线，可近似认为重合，用直线拟合，其斜率为 κ。实际应用时，也可近似采用单向压缩的试验结果来整理 λ、κ。

参数 M 可由三轴固结不排水剪或固结排水剪试验确定有效内摩擦角 φ，由下式计算：

$$M=\frac{6\sin\varphi}{3-\sin\varphi} \tag{1.13-76}$$

修正剑桥模型是一种“帽子”型模型，在许多情况下能较好地反映正常固结或弱超固结黏土的变形特性。它能反映剪缩，但不能反映剪胀。因而，不宜应用于有剪胀性的土。

为使修正剑桥模型能更好适用于黏性土，邓肯等建议用下式作为屈服方程：

$$p+\frac{q^2}{M^2(p+p_r)}=p_0 \tag{1.13-77}$$

式中，参数 p_r 可由 $p_r=c\cot\varphi$ 确定。

1.13.4.4 南水模型

模型中有 K、n、R_f、c、φ 和 c_d、n_d、R_d 八个计算参数。可由常规三轴试验得到。前五个参数的含义与邓肯模型相同，后三个参数的含义是：c_d 为 $\sigma_3=p_a$ 时的最大体积应变；n_d 为剪缩体积随应力 σ_3 增加而增加的幂次；R_d 为发生最大剪缩体积时的偏应力 $(\sigma_1-\sigma_3)_d$ 与偏应力的渐进值 $(\sigma_1-\sigma_3)_{ult}$ 的比值，由下式确定：

$$\varepsilon_{vd}=c_d\left(\frac{\sigma_3}{p_a}\right)^{n_d};\quad R_d=\frac{(\sigma_1-\sigma_3)_d}{(\sigma_1-\sigma_3)_{ult}} \tag{1.13-78}$$

其中，参数 c_d、n_d 确定方法是，将不同围压下的最大剪缩体应变 ε_{vd}（见图 1.13-10）和 σ_3/p_a 的值在双对数纸上点出，用直线拟合，截距和斜率即分别为 c_d、n_d。

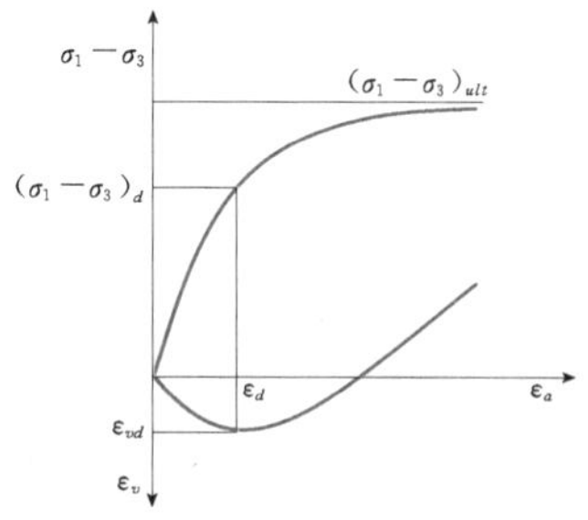

图 1.13-10　南水模型的应力应变曲线

1.13.4.5 河海大学椭圆—抛物双屈服面模型

1. 参数 K_G 和 n

进行常规三轴固结排水剪试验，施加偏应力 $(\sigma_1-\sigma_3)$ 时，广义剪应力 $q=\sigma_1-\sigma_3$，广义剪应变由测得的 ε_a 和 ε_v 可求得，即 $\varepsilon_s=\varepsilon_a-\varepsilon_v/3$。点绘 q—ε_s 关系，其切线斜率为 $3G_t$，如图 1.13-11 (*a*) 所示。求得其初始切线斜率为 $3G_i$，G_i 为初始切线剪切模量，并与剪切之前的 $p(=\sigma_3)$ 相关。假定弹性剪切模量为初始切线剪切模量的 2.0 倍，即 $G=2G_i$。对于不同的围压 p，G 或 G_i 不同。点绘 $\lg\dfrac{G}{p_a}$—$\lg\dfrac{p}{p_a}$ 关系，如图 1.13-11 (*b*) 所示。用直线拟合，其截距为 $\lg K_G$，斜率为 n。

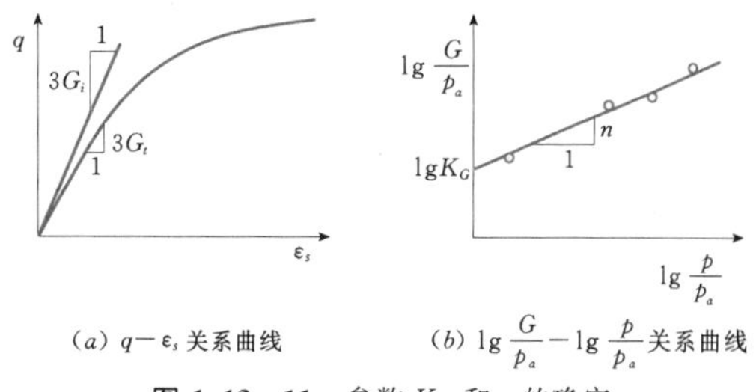

图 1.13-11　参数 K_G 和 n 的确定

2. 参数 p_r、M_1 和 M_2

由三轴排水剪试验所得抗剪强度可点绘 q_f—p 关

系曲线，为一直线。这里，q_f 为破坏时的广义剪应力。$q_f—p$ 关系线在横轴上的截距为 p_r，斜率为 M。p_r 可用 $p_r = c\cot\varphi$ 确定，M 可由式（1.13－76）计算。

根据经验，M_1 变化于 $(1.0 \sim 1.5)M$，可用下式近似估计：

$$M_1 = (1 + 0.25\beta^2)M \qquad (1.13-79)$$

其中 $$\beta = \frac{\varepsilon_{v75}}{\varepsilon_{a75}}$$

式中　ε_{v75}、ε_{a75}——应力水平 $S=75\%$时的体积应变和轴向应变。

对于不同的围压，β 值可能不等，取平均值。

根据经验，M_2 变化于 $(1.03 \sim 1.15)M$，可用下式近似估计：

$$M_2 = M/R_f^{\ 0.25} \qquad (1.13-80)$$

式中 R_f 即邓肯模型中的破坏比，可由下式确定：

$$R_f = q_f/q_u \qquad (1.13-81)$$

式中　q_u——$q—\varepsilon_s$ 双曲线的渐近值。

3. 参数 h、m

利用各向等压的固结试验，点绘 $p_0/(p_a\varepsilon_v)—p_0/p_a$ 关系曲线，其中 p_0 为围压，见图 1.13－12（a），以直线拟合，其斜率为 m，截距为 h。

如没有各向等压的固结试验，也可利用三轴固结排水剪试验结果确定。对某一围压 σ_3，利用加偏应力时的体积应变，找出应力水平为 0.5 时的应力分量 $\tilde{p}$ 和 $\tilde{q}$ 所对应的体积应变 $\tilde{\varepsilon}_v$，并计算相应的 $\tilde{p}_0$。令 $\Delta p_0 = \tilde{p}_0 - \sigma_3$，$\bar{p}_0 = (\tilde{p}_0 + \sigma_3)/2$，$B_p = \dfrac{\Delta p_0}{\tilde{\varepsilon}_v}$，计算 $\sqrt{\dfrac{B_p}{p_a}}$ 和 $\dfrac{\bar{p}_0}{p_a}$。对不同的围压都作这样的计算，可点绘关系曲线如图 1.13－12（b）所示。其截距为 $\sqrt{h}$，斜率为 $\dfrac{m}{\sqrt{h}}$，可进而求得 m 和 h。

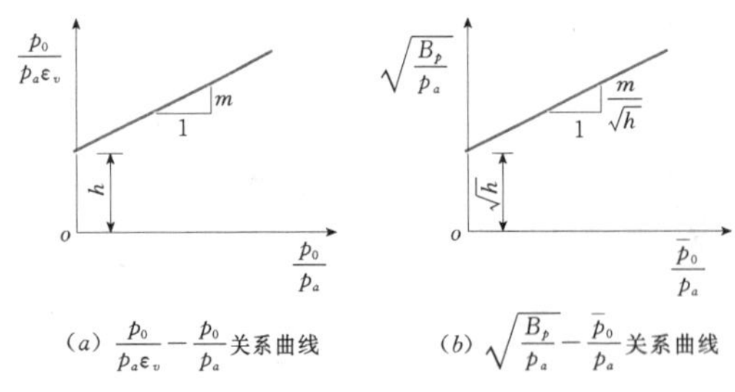

图 1.13－12　参数 h 和 m 的确定

4. 参数 a

a 用下式近似确定：

$$a = 0.25 - 0.15d \qquad (1.13-82)$$

式中　d——应力水平 0.75～0.95 区间中，$\varepsilon_v—\varepsilon_a$ 曲线的斜率，对不同的围压取平均值。

1.13.5　各种运用期中大坝所承受的荷载

1. 施工期

施工期内，大坝所受的主要荷载为填筑土体的自重。由于大坝填筑是逐层施工的，因而填筑土体的荷载不是在一个瞬时完成。在进行大坝应力应变分析时，应注意有限元网格的划分和各个施工阶段填筑坝体的分区，以模拟坝的实际施工过程，以如实地反应每个单元土体所经历的应力途径与自身的非线性变形性质及各施工阶段坝体的应力和变形。

2. 蓄水期

在蓄水过程中，坝体所受的主要荷载为水所产生的力。水主要通过浮力、水压力和土体浸水饱和软化三个方面来影响大坝的应力和变形。在不同的蓄水时期，这三个方面的影响各不相同。例如，在水位上升的过程中，坝体遭受不断增大的浮力和浸水软化的作用，持续产生沉降。

3. 稳定渗流期

稳定渗流期是土石坝在上游正常蓄水位、下游运行水位长时期维持不变的条件下，库水在整个坝体内部形成了稳定渗流场。

稳定渗流期等于将蓄水期的上下游水面力转换成了体力。一般通过渗流分析来确定坝体内部的孔隙水压力，再根据边界压力法计算作用在土体上的渗透水流作用力。渗透水流对土体的作用力体现在三个方面：①浸水饱和、改变土体容重；②孔隙水压力；③土体浸水饱和软化。

4. 库水位下降期

库水位下降期认为坝在最高蓄水位时已形成稳定渗流场，随后在库水位降落过程中，在各降落瞬时水位下土石坝内又相应形成各个不稳定渗流场。

这时期主要的作用力有：①排水改变土体重。上游坝体在浸润线降落范围内土体的原饱和容重，经排除土体有效孔隙中水体，成为了湿容重。②孔隙水压力。通过流网来分析上游坝体在不稳定瞬时渗流场中的孔隙水压力，进而用边界压力法确定每个土体单元上的渗透作用力。

1.13.6　验算拉裂和剪切破坏

（1）坝表面的应力是单向应力状态，可用单轴拉伸试验资料验算。坝表面拉应力如大于单轴拉伸试验的抗拉强度，将会产生裂缝。同时，坝表面拉应变如大于单轴拉伸试验的极限拉应变值，也将会产生裂缝。

(2) 坝体内部处于二向或三向应力状态，故应根据三轴抗裂试验资料验算。对于平面问题，将计算的坝体内各点的主应力 σ_1、σ_3 点绘在三轴拉裂试验曲线图上(见图 1.13-13)，如该点落在拉裂线的上方，则不产生裂缝；如落在拉裂线的下方或线上，则将产生裂缝。

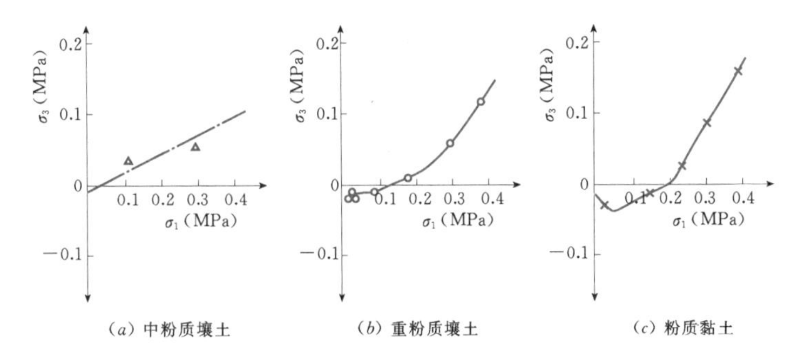

图 1.13-13 几种土的三轴抗裂实验成果

对于空间问题，将计算的坝体内各点的主应力 σ_1、σ_2、σ_3 换算成广义应力不变量，换算公式为

$$\left.\begin{aligned} p &= \frac{1}{3}(\sigma_1+\sigma_2+\sigma_3) \\ q &= \sqrt{\frac{1}{2}[(\sigma_1-\sigma_2)^2+(\sigma_2-\sigma_3)^2+(\sigma_3-\sigma_1)^2]} \end{aligned}\right\} \tag{1.13-83}$$

把由式 (1.13-83) 换算来的各点的 p、q 值点绘在图 1.13-14 上。如落在曲线的下方则不产生裂缝；如落在曲线的上方或线上，将产生裂缝。

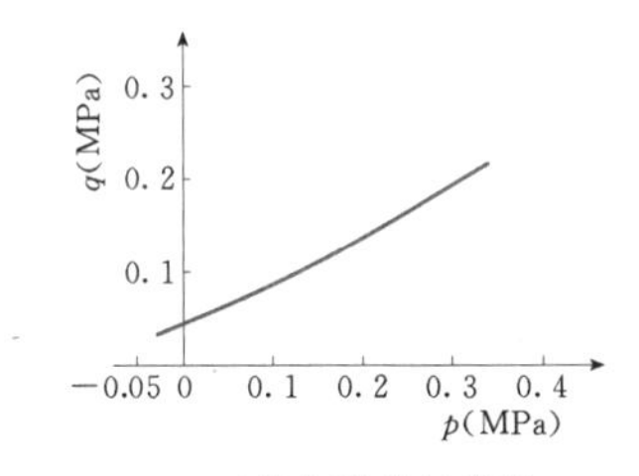

图 1.13-14 三轴拉裂破坏线以 p—q 表示

(3) 坝体内部可用莫尔-库仑剪切破坏线验算剪切破坏(见图 1.13-15)。

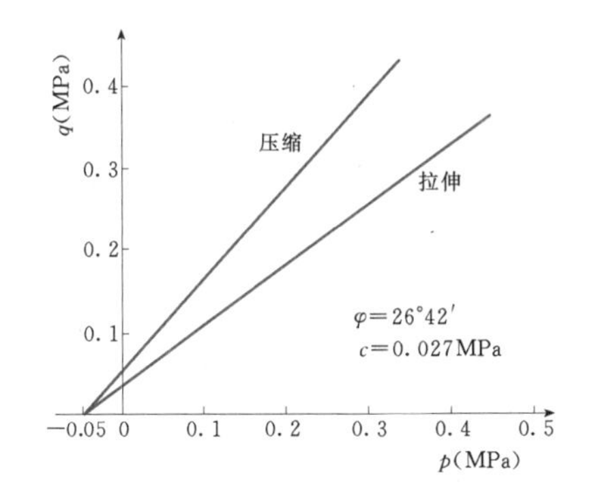

图 1.13-15 莫尔-库仑剪切破坏图

对于平面问题，把计算的坝体内主应力 σ_1、σ_3 换算成广义应力，公式如下：

$$\left.\begin{aligned} p &= \frac{1}{3}(\sigma_1+2\sigma_3) \\ q &= \sigma_1-\sigma_3 \end{aligned}\right\} \tag{1.13-84}$$

把计算的 p、q 值点绘在图 1.13-15 上，如落在线的下方，则不产生剪切破坏；如落在线的上方或线上，则产生剪切破坏。

平面问题通常还可用下式衡量坝体内剪切破坏的安全度，即

$$K=\frac{(\sigma_1-\sigma_3)_f}{\sigma_1-\sigma_3} \tag{1.13-85}$$

式中 $(\sigma_1-\sigma_3)_f$——按照抗剪强度求得的坝体内某点达到破坏时的最大最小主应力差，见图 1.13-16。

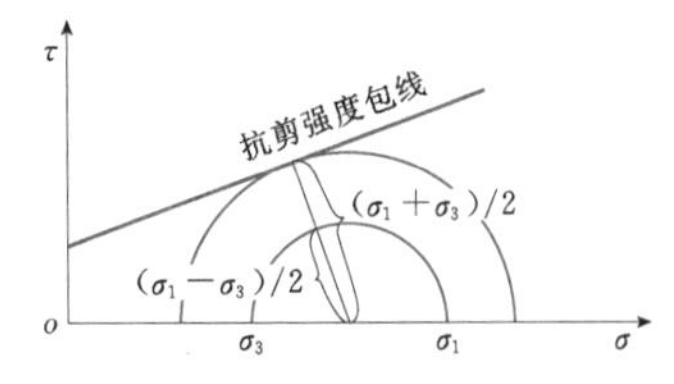

图 1.13-16 坝体内某点应力状态的应力圆

$K\leqslant1$，该点处于极限平衡状态，如坝体内有一片连续的极限平衡区，就可能产生剪切裂隙。如一片连续的极限平衡区达到或接近坝坡或坝脚，就可能发生滑动。

(4) 对于窄心墙坝，还应验算水力劈裂。当心墙的非线性弹性模量比坝壳的模量小的倍数太多时，心墙的竖直应力分量会比土柱压力小很多。这时，如上游蓄水位到心墙某高程的水柱压力大于等于该高程心墙的竖直应力分量，则心墙可能产生水力劈裂。

1.13.7　沉降计算

1.13.7.1　沉降计算的任务

1. 沉降计算的任务

(1) 核算土石坝是否会产生危及坝体安全的过大沉降，并据以研究应采取的工程措施。

(2) 计算沿坝轴线各断面的最终沉降量和竣工时沉降量，以便确定坝顶竣工后的预留沉降超高；必要时还要计算施工期不同阶段的沉降量。

(3) 计算坝体各部位的不均匀沉降量，以便研究坝体是否会产生危及大坝安全的裂缝和防止裂缝的措施。

2. 沉降计算要求具备的资料

(1) 坝体和坝基土石料的物理力学指标。沉降计算要求具备的坝体和坝基土石料的物理力学指标为：填土干密度 γ_d、填土含水率 w、填土孔隙比 e（包括起始孔隙比 e_0）、土粒比重 G_s、渗透系数 k、固结系数 C_v 和侧压力系数 K_0 等。坝体填土指刚填筑时的情况，地基土为天然状态。

(2) 土的压缩曲线。

1) 土的压缩试验。沉降计算需要通过试验测定土的压缩曲线。坝基土试样采用原状土；坝体土试样采用筑坝土料在最优含水率条件下击实至设计干密度。根据坝体和坝基在施工期和运用期的实际情况分别计算沉降量。计算施工期沉降量时，坝体土料采用非饱和状态下的压缩曲线，坝基土料应根据实际的饱和情况确定。计算最终沉降量时，坝体和坝基均采用浸水饱和状态下的压缩曲线（浸润线以上用非饱和状态下的压缩曲线）。

2) 计算压缩曲线。采用每一分层土的计算压缩曲线是该分层中各土样压缩曲线的平均曲线。根据下式求出平均曲线上各点的孔隙比 e_p。

$$e_p=\frac{\sum_{i=1}^{n}e_{ip}}{n} \tag{1.13-86}$$

式中　e_p ——在压力 p 作用下的平均孔隙比；

e_{ip} ——在压力 p 作用下某试样的孔隙比；

n ——某一分层中试验曲线数。

将按式 (1.13-86) 计算的一系列孔隙比绘成图1.13-17的平均压缩曲线1，所对应的起始孔隙比为 e_0'。计算压缩曲线起始孔隙比为 e_0，按下式计算：

$$e_0=\frac{\sum_{i=1}^{n}e_{i0}}{m} \tag{1.13-87}$$

式中　e_0 ——某一分层中试样的起始孔隙比；

e_{i0} ——某一分层中某试样的起始孔隙比；

m ——某一分层中试样总数，包括进行固结试验的试样（总数为 n）和未进行压缩试验但测定了孔隙比的试样，即一般 $m>n$。

令 $\Delta e_0=e_0-e_0'$，将曲线1向上平移（当 Δe_0 为正值时）或向下平移（当 Δe_0 为负值时）一个 Δe_0 值，得曲线2（见图1.13-17），即为该分层的计算压缩曲线。

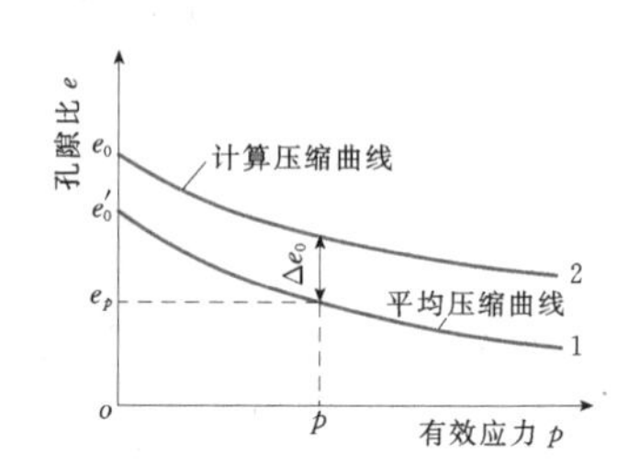

图1.13-17　计算压缩曲线

(3) 孔隙压力和有效应力。

1) 孔隙压力。为计算土石坝中填土的有效应力，可按下列两种情况确定孔隙压力：

(a) 稳定渗流期坝体饱和土的孔隙压力，根据流网用势能确定。

(b) 施工期坝体非饱和土的孔隙压力，根据孔隙压力消散计算所提供孔隙压力分布图确定。如果坝体填土属于孔隙压力基本不消散的土，则采用初始孔隙压力。初始孔隙压力可以由 u_0—σ 曲线查得，亦可用以下两式计算：

当 $\overline{B}$ 为常数时

$$u_0=\overline{B}\sigma \tag{1.13-88}$$

当 $\overline{B}$ 为变数时

$$u_0=\sum\Delta u=\sum\overline{B}\Delta\sigma \tag{1.13-89}$$

式中　u_0 ——初始孔隙水压力；

$\overline{B}$ ——初始孔隙压力系数；

σ、$\Delta\sigma$ ——总应力、总应力增量。

施工期土的孔隙压力消散程度，受其渗透系数的影响。工程经验表明，如填土渗透系数 $k>10^{-4}$ cm/s，则孔隙压力消散迅速，可以不计；如 $k<10^{-6}$ cm/s，则孔隙压力消散极慢，可认为不消散；当 $k=10^{-6}\sim10^{-4}$ cm/s时，应进行消散计算。

此外也可参照填土在填筑密度、含水率、渗透系数、防渗体尺寸、施工进度等条件相似的坝体中实测孔隙压力，来确定起始孔隙压力。

2) 竖向有效应力。

(a) 稳定渗流期浸水饱和状态下的填土，采用竖向有效应力 $\sigma_i'=\sigma_i-u_i$。其中：σ_i 为土体计算点 i 的总应力，σ'_i 为土体计算点 i 的竖向有效应力，u_i 为土体计算点 i 的孔隙压力。

为了计算简化起见，也可以近似采用浮重 $\gamma' h$，估算竖向有效应力，式中：γ' 为浮容重，h 为填土高度。

(b) 施工期非浸水、非饱和状态下的填土，竖向有效应力为 $\sigma'_i=\sigma_i-u_i$，式中符号同上。

3. 沉降计算点的位置选择

(1) 根据坝高及坝段的地形地质变化情况，沿坝轴线选取若干有代表性的断面进行计算。一般情况下，建议不少于3个代表断面，即河床部分的最大坝高断面及左右岸坝肩（或台地）部分的断面。地形地质突变处，应相应增加计算断面。

(2) 在每个断面上至少计算3条垂线，例如坝轴线及上下游坝坡中点的垂线。

(3) 当需要绘制沉降等值线图或计算不均匀沉降斜率时，计算断面还应满足 (1) 和 (2) 两项要求。

1.13.7.2 坝体和坝基的应力

1. 坝体应力

坝体中任一点由自重引起的竖向应力等于该点处单位面积以上的土柱重量。

2. 坝基应力

坝基任一点的竖向应力由坝基土体自重和坝体荷载引起的附加应力叠加组成。坝基土自重引起的竖向应力等于计算点处单位面积以上至坝基表面的土柱重量。

3. 坝体荷载引起的附加应力计算方法

当坝基可压缩层厚度 y 与坝底宽度 B 之比小于0.1（对于高坝）或小于0.25（对于中坝）时，可不考虑坝体荷载引起的附加应力在坝基的应力扩散，取坝顶以下的最大坝体自重应力作为坝基的附加应力。

当坝基的可压缩层厚度大于上述数值时，则应考虑坝基中的应力扩散，将坝体视作外荷重，按弹性理论确定坝基内计算点由于坝体产生的附加竖向应力。可任选下列方法之一计算附加应力。

(1) 假定坝基内应力分布从坝基面向下作45°扩散，并在每个水平面上按三角形分布，三角形顶点与坝体自重合力 R 作用线吻合（见图1.13-18），则计算层面上的最大竖向应力 p_{max} 的计算公式为：

$$p_{max}=\frac{2R}{B+2y} \qquad (1.13-90)$$

式中 p_{max}——层面上的最大竖向应力，kPa；

R——坝体自重合力，kN；

B——坝体底宽，m；

y——计算点坝基深度，m。

计算土层面上各点的竖向应力 p：

$$p=p_{max}\frac{L-x}{L} \qquad (1.13-91)$$

式中 p——各点的竖向应力，kPa；

L、x——见图1.13-18，m。

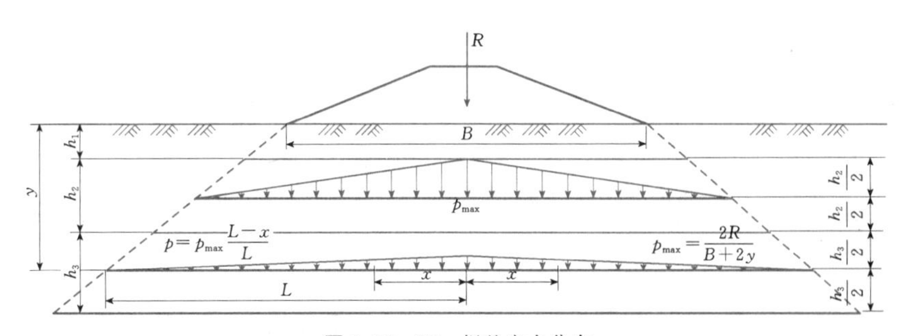

图1.13-18 坝基应力分布

(2) 坝基任一点的附加应力由坝基表面矩形分布荷重（见图1.13-19）和三角形分布荷重（见图1.13-20）所引起的竖向应力叠加而得。该附加应力按下式计算：

$$p_z=K_T q \qquad (1.13-92)$$

式中 p_z——坝基任一点的附加应力；

q——矩形或三角形分布荷重；

K_T——应力系数，按表1.13-2和表1.13-3查取。

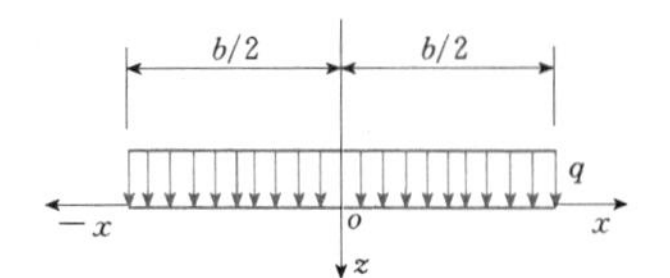

图1.13-19 矩形分布荷重

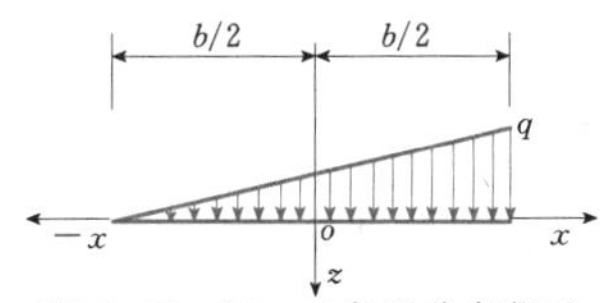

图1.13-20 三角形分布荷重

4. 坝体拱效应对竖向应力的影响

计算沉降时，坝体和坝基的竖向应力应采用有效

表 1.13-2　　矩形分布荷重下的应力系数 K_T ($m=x/b$、$n=z/b$)

n \ m	0.00	0.10	0.25	0.35	0.50	0.75	1.00	1.50	2.00	2.50	3.00	4.00	5.00
0.00	1.000	1.000	1.000	1.000	0.500	0.000	0.000	0.000	0.000	0.000	0.000	0.000	0.000
0.05	1.000	0.999	0.998	0.993	0.500	0.002	0.000	0.000	0.000	0.000	0.000	0.000	0.000
0.10	0.997	0.996	0.988	0.959	0.500	0.011	0.002	0.000	0.000	0.000	0.000	0.000	0.000
0.15	0.990	0.987	0.967	0.908	0.499	0.031	0.005	0.001	0.000	0.000	0.000	0.000	0.000
0.25	0.959	0.953	0.902	0.808	0.497	0.089	0.019	0.003	0.001	0.000	0.000	0.000	0.000
0.35	0.910	0.899	0.831	0.732	0.492	0.148	0.042	0.007	0.002	0.001	0.000	0.000	0.000
0.50	0.818	0.805	0.735	0.650	0.480	0.214	0.084	0.017	0.005	0.002	0.001	0.000	0.000
0.75	0.668	0.658	0.607	0.552	0.448	0.271	0.146	0.042	0.015	0.006	0.003	0.001	0.000
1.00	0.550	0.543	0.510	0.475	0.409	0.288	0.185	0.071	0.029	0.013	0.007	0.002	0.001
1.50	0.396	0.393	0.379	0.364	0.334	0.274	0.211	0.114	0.059	0.032	0.018	0.007	0.003
2.00	0.306	0.304	0.298	0.290	0.275	0.242	0.205	0.134	0.083	0.051	0.031	0.013	0.006
2.50	0.248	0.247	0.244	0.239	0.231	0.212	0.188	0.139	0.097	0.065	0.044	0.021	0.010
3.00	0.208	0.208	0.206	0.203	0.198	0.186	0.171	0.136	0.103	0.075	0.054	0.028	0.015
4.00	0.158	0.157	0.156	0.155	0.153	0.147	0.140	0.122	0.102	0.083	0.066	0.040	0.025
5.00	0.126	0.126	0.126	0.125	0.124	0.121	0.117	0.107	0.095	0.082	0.069	0.048	0.032

表 1.13-3　　三角形分布荷重下的应力系数 K_T ($m=x/b$、$n=z/b$)

n \ m	−2.00	−1.50	−1.00	−0.75	−0.50	−0.25	0.00	0.25	0.50	0.75	1.00	1.50	2.00	3.00
0.00	0.000	0.000	0.000	0.000	0.000	0.250	0.500	0.750	0.500	0.000	0.000	0.000	0.000	0.000
0.25	0.000	0.001	0.004	0.014	0.075	0.257	0.480	0.645	0.422	0.075	0.015	0.002	0.000	0.000
0.50	0.002	0.005	0.022	0.052	0.127	0.262	0.409	0.473	0.352	0.162	0.062	0.012	0.003	0.001
0.75	0.005	0.014	0.045	0.084	0.153	0.247	0.334	0.360	0.295	0.186	0.101	0.028	0.010	0.002
1.00	0.011	0.025	0.064	0.103	0.159	0.223	0.275	0.287	0.250	0.184	0.121	0.046	0.018	0.004
1.50	0.023	0.045	0.085	0.114	0.147	0.177	0.198	0.202	0.187	0.159	0.126	0.069	0.036	0.011
2.00	0.035	0.057	0.089	0.109	0.127	0.143	0.153	0.155	0.148	0.134	0.115	0.078	0.048	0.018
2.50	0.042	0.062	0.086	0.098	0.110	0.119	0.124	0.125	0.121	0.113	0.103	0.078	0.055	0.025
3.00	0.046	0.062	0.080	0.088	0.095	0.101	0.104	0.105	0.102	0.098	0.091	0.074	0.057	0.030
4.00	0.048	0.058	0.067	0.071	0.075	0.077	0.079	0.079	0.078	0.076	0.073	0.064	0.054	0.035
5.00	0.045	0.051	0.057	0.059	0.061	0.063	0.063	0.063	0.063	0.062	0.060	0.055	0.049	0.037

应力。对于1级、2级土质心墙高坝，特别是窄心墙坝，当心墙比坝壳压缩量大时，由于心墙土体与坝壳有显著的相对变形，心墙荷载通过上、下游界面向坝壳充分地作了传递，故应考虑在心墙中引起拱效应对竖向有效应力的减小。同时，由于拱效应，心墙内可能产生水平裂缝，导致集中渗流和渗流量增加。为此，应用心墙在主动极限平衡状态下的应力关系，计算侧面与垂直（水平）的正应力比、心墙轴线上水平与垂直的应力比、某土层平均垂直应力等，以判断由于拱效应是否会产生水平裂缝及其危害。

1.13.7.3 沉降量计算

1. 黏性土坝体及坝基的沉降量计算

(1) 坝体及坝基分层。坝体及坝基分层应考虑以下几点：

1) 坝体分层厚度不大于1/10～1/5坝高，对于高坝，每层厚度不宜大于10m。

2) 均质坝基分层厚度不大于1/4倍的坝底宽度，但不宜大于10m。

3) 非均质坝基，应按地基土的性质和类别划分计算层，但每层厚度不应大于坝底宽度的1/4，也不宜大于10m。

(2) 坝体沉降量计算。黏性土坝体竣工时的沉降量和最终沉降量均可利用如图1.13-17所示的计算压缩曲线2，以分层总和法按下式计算：

$$S_t = \sum_{i=1}^{n} \frac{e_{i0} - e_{it}}{1 + e_{i0}} h_i \qquad (1.13-93)$$

式中 S_t——竣工时或最终的坝体总沉降量；

e_{i0}——第i层的起始孔隙比；

e_{it}——第i层相应于竣工时或最终的竖向有效应力σ_i作用下的孔隙比；

h_i——第i层土层厚度；

n——土层分层数。

如σ_i以最终竖向有效应力（等于固结完成后的土体自重）代入，可求得最终沉降量；如σ_{it}以竣工时竖向有效应力（等于土体自重产生的竖向总应力减竣工时孔隙压力）代入，可求得施工期沉降量。对3级及3级以下土石坝，施工期沉降量可按最终沉降量80%估算。

(3) 坝基沉降量计算。坝基沉降量分单向压缩和侧向变形两部分沉降进行计算。

1) 单向压缩法的坝基沉降量计算。单向压缩仍用单向分层总和法按式（1.13-93）计算坝基总沉降量，但应注意：

(a) 计算中要注意某层土未筑坝前的应力与筑坝后由于坝体荷重对该层产生的竖向附加应力之和。

(b) 压缩层厚度的确定：当坝基压缩土层较厚时，需规定一个计算深度。从坝基底面到该深度处的垂直距离，称为压缩层厚度y_a。该厚度按土层中的应力分布确定。当某土层因筑坝而增加的竖向应力等于筑坝前该土层原有的竖向应力的20%时，该土层至地表的深度即是压缩层厚度。如果在坝基面以下y深处遇不可压缩层或基岩，而$y<y_a$，则取压缩层深度为y。

2) 考虑侧向变形的坝基沉降量计算。一般坝基土层厚度小于坝底宽1/2时，计算沉降时可不考虑侧向变形的影响。但对于坝底宽度小，坝基土层很厚或为不均质土层，侧向位移对沉降的影响不能忽略。

2. 非黏性土坝体及坝基的沉降量计算

坝体或坝基为砂砾石、堆石等粗粒料的最终沉降量，可利用变形模量E，按分层总和法用下式估算：

$$S_\infty = \sum_{i=1}^{n} \frac{p_i}{E_i} h_i \qquad (1.13-94)$$

式中 S_∞——坝体或坝基的最终沉降量；

p_i——第i计算土层由坝体荷载产生的竖向应力；

E_i——第i计算土层的变形模量。

粗粒料渗透系数一般都大于$10^{-3}\sim10^{-4}$cm/s，可认为沉降量在施工期都已完成。

3. 堆石体的沉降量计算

对于表面防渗的堆石坝，坝顶沉降量可利用材料相似的已建坝原型观测成果，按下式估算：

$$S_2 = \left(\frac{H_2}{H_1}\right)^2 \left(\frac{E_1}{E_2}\right) S_1 \qquad (1.13-95)$$

式中 S_2——待建坝的坝顶预计沉降值；

S_1——已建坝的坝顶原型观测的沉降值；

H_2——待建坝的坝高；

H_1——已建坝的坝高；

E_2——待建坝的变形模量；

E_1——已建坝的变形模量。

若计算待建坝不同时期的坝顶沉降量，E_2应为相应时期的变形模量。

4. 其他特殊土的沉降量计算

湿陷性黄土、黄土状土和软弱黏性土坝基的沉降量不能简单地按上述公式进行估算，一般要进行专门研究。

沉降量的计算公式相对比较粗略，所以对1级、2级高坝和建于复杂软弱地基上的坝还要采用有限元法进行应力和变形分析。

5. 实测资料统计

$$S_t = KH^n \qquad (1.13-96)$$

式中 S_t——土石坝在运用t年后的沉降量，m；

H——土石坝坝高，m；

K——系数，与坝型有关，对于表面防渗型土石坝$K=0.004331$，对于塑性斜墙坝$K=0.0098$，对于塑性心墙坝$K=0.0161$；

n——指数，与坝型有关，对于表面防渗型土石坝$n=1.2045$，对于塑性斜墙坝$n=1.0148$，对于塑性心墙坝$n=0.876$。

6. 预留沉降超高

各断面坝体预留沉降超高δ按下式估算：

$$\delta = S_1 + S_2 - S_{01} - S_{02} \quad (1.13-97)$$

式中 S_1、S_2——各相应断面计算的坝体和坝基最终沉降量；

S_{01}、S_{02}——坝体和坝基在竣工时的沉降量。

国内外土石坝实践证明，经过正常压实的坝体填土，完工后沉降量一般为坝高的0.2%～0.5%。如留余地，可按坝高的0.5%～0.7%预留坝体沉降超高；但当坝基覆盖层深厚时，有的工程其坝顶预留沉降超高为坝高的1%。国内外一些土石坝竣工后沉降量占坝高百分比见表1.13-4。

表1.13-4 国内外若干土石坝竣工后沉降量占坝高百分比

坝 名	坝 型	坝高(m)	竣工后沉降量占坝高百分比(%)
大伙房	心墙	48.0	0.10
清河	斜墙	39.6	0.19
紫云山	均质	22.2	0.09
江口	均质	33.0	0.10
白沙	均质	47.3	1.35
薄山	心墙	40.7	0.48
昭平台	心墙	34.0	0.22
陆浑	斜墙	55.0	0.09
彰武	均质（下部水中填土）	26.0	0.44
毛家村	心墙	80.5	0.52
白莲河	心墙	69.0	0.70
横山	心墙	48.6	0.55
山美	心墙	74.0	0.08
唐村	厚心墙	23.0	0.35
跋山	厚心墙	30.0	0.90
碧口	心墙	101.8	0.16
官厅	厚心墙	45.0	0.44
高州水库石滑坝	均质	51.5	0.52
冯家山	均质	73.0	0.29
丹江口副坝	心墙	56.0	0.11
澄碧河	心墙	70.4	0.68
南山	心墙	70.0	0.42
黑川	斜心墙（接近心墙）	98.0	0.26
牧尾	心墙	105.0	0.09
鱼梁籁	心墙	115.0	0.11
伯西米斯1级	斜心墙	61.0	0.10
水洼	心墙	105.0	0.22
泥山	心墙	130.0	0.98
樱桃谷	心墙（近均质坝）	101.0	0.14
安布克劳	心墙	129.0	0.78
英菲尔尼罗	心墙	148.0	0.25
园岗	心墙（近斜心墙）	134.0	0.12
海蒂朱维特	心墙	90.0	0.19
郭兴能	心墙	155.0	0.21
吐马	心墙	68.0	0.08
卡加开	心墙	100.0	0.05
盖帕契	心墙	153.0	0.92
切卡米斯	心墙（近均质坝）	27.0	0.15
南原	心墙	86.0	0.16
濑户	心墙	111.0	0.22
御母衣	斜心墙	131.0	0.46
熊溪	斜心墙	72.0	0.44
狼溪	斜心墙	56.0	0.35
东福克	斜心墙	41.0	0.45
蔡罗维	斜心墙	23.0	0.32
赛达崖	斜心墙	50.0	0.64
肯尼	斜心墙	104.0	0.60
刘易斯史密斯	斜心墙	94.0	0.12
布朗尼	斜心墙	122.0	0.26
库加尔	斜心墙	158.0	0.30

1.13.7.4 沉降随时间发展过程的计算

沉降随时间发展过程的计算，一般系指黏性土体而言；对于透水性大的材料，沉降达到稳定的历时很短，可不进行沉降随时间发展过程的计算。坝体和坝基的沉降过程计算，就是确定坝体和坝基在施工和运行过程中任何时刻的沉降量。因此，在一般情况下，均可采用上述计算坝体和坝基沉降量的基本公式进行计算。

坝体和坝基的沉降过程系指主固结阶段而言，并按固结理论求解。为了计算沉降过程，可先确定坝体和坝基某时刻 t 的固结度 U_t；与固结度 U_t 相应的沉降量 S_t 可按主固结沉降量与固结度 U_t 进行计算。

(1) 如坝基为饱和土且为均质土层，或由若干透水性小的可压缩土层组成，各层间夹以透水层（如砂层等），则坝基内第 i 层在 t 时刻的沉降量 S_{it} 按下式计算：

$$S_{it} = U_t S_i \tag{1.13-98}$$

式中 U_t——坝基内第 i 层在 t 时刻的固结度；

S_i——坝基内第 i 层的最终沉降量。

整个坝基在 t 时刻的沉降量 S_t 为

$$S_t = \sum_{i=1}^{n} U_t S_i \tag{1.13-99}$$

坝基内第 i 层在 t 时刻的固结度按下式计算：

$$U_t = 1 - \frac{8}{\pi^2} e^{-Mt} \tag{1.13-100}$$

其中 $$M = \pi^2 k_i (1+e_i) / \gamma_w a_i (m h_i)^2$$

式中 M——系数；

k_i——第 i 层土的渗透系数，m/a；

e_i——第 i 层土的起始孔隙比；

γ_w——水的容重，kN/m^3；

a_i——第 i 层土层相应于竖向有效应力的压缩系数，m^2/kN；

m——系数，当土层为单面排水时，$m=1$；双面排水时，$m=0.5$；

h_i——第 i 层土的厚度，m；

t——沉降延续时间，a。

固结度 U_t 与 M_t 的关系见表 1.13-5。坝基内第 i 层土达到最终沉降量所需的时间，即相应于平均固结度为 99% 的时间 t 见下式：

$$t = \frac{4.39}{M} \tag{1.13-101}$$

表 1.13-5　固结度 U_t 与 M_t 的关系

U_t(%)	5	10	15	20	25	30	35	40	45	50
M_t	0.005	0.02	0.04	0.08	0.12	0.17	0.24	0.31	0.39	0.49
U_t(%)	55	60	65	70	75	80	85	90	95	100
M_t	0.59	0.71	0.84	1.00	1.18	1.40	1.69	2.09	2.80	∞

根据 M 及历时 t 的 M_t，查表 1.13-5，得相应固结度 U_t，代入式（1.13-98）和式（1.13-99），求得相应时间 t 的各层沉降量 S_{it} 和坝基总沉降量 S_t。整个坝基土层的沉降延续时间，由坝基内压缩终了延续时间最长的一层所需的时间来确定。

(2) 如坝基压缩层内土层是由直接相叠的黏性土层组成，而各层的压缩特性 $\frac{1+e_i}{a_i}$ 及渗透系数 k_i 都不相同，则受压层总厚仍等于各分层之和，仍用上法计算固结度，但采用如式（1.13-102）所示平均指标：

$$\left.\begin{aligned} \left(\frac{1+e_0}{a}\right)_{平均} &= \frac{p\sum_{i=1}^{n} h_i}{\sum_{i=1}^{n} S_i} \\ k_{平均} &= \frac{\sum_{i=1}^{n} h_i}{\sum_{i=1}^{n} \frac{h_i}{k_i}} \\ M &= \frac{\pi^2 k_{平均}}{\gamma_w \left(m\sum_{i=1}^{n} h_i\right)^2}\left(\frac{1+e_0}{a}\right)_{平均} \end{aligned}\right\} \tag{1.13-102}$$

式中 p——受压层总厚一半处由坝体荷重引起的附加应力；

e_0——起始孔隙比；

其余符号意义同前。

1.14 大坝的抗震设计

1.14.1 抗震计算

抗震计算应按照《水工建筑物抗震设计规范》(SL 203—97、DL 5073—2000) 的有关规定进行。

抗震计算的一般规定如下：

(1) 土石坝应采用拟静力法进行抗震稳定计算。设计烈度为 8 度、9 度的 70m 以上土石坝，以及地基中存在可液化土时，应同时用有限元法对坝体和坝基进行动力分析，综合判断其抗震安全性。

(2) 采用拟静力法进行抗震稳定计算时，对于均质坝、厚斜墙坝和厚心墙坝，可采用瑞典圆弧法进行验算。其作用效应和抗力按式（1.14-1）和式（1.14-2）计算。对于 1、2 级及 70m 以上土石坝，宜同时采用简化毕肖普法。对于夹有薄层软黏土的地基，以及薄斜墙坝和薄心墙坝，可采用滑楔法计算：

$$S = \sum[(G_{E1} + G_{E2} \pm F_V)\sin\theta_t + M_h/r] \tag{1.14-1}$$

$$R = \sum\{cb\sec\theta_t + [(G_{E1} + G_{E2} \pm F_V)\cos\theta_t - F_h\sin\theta_t - (u - \gamma_w z)b\sec\theta_t]\tan\varphi\} \tag{1.14-2}$$

式中 r——圆弧半径，m；

b——滑动体条块宽度，m；

θ_t——条块底面中点切线与水平线的夹角；

z——坝坡外水位高出条块底面中点的距离，m；

u——条块底面中点的孔隙水压力代表值；

G_{E1}——条块在坝坡外水位以上部分的实重标准值；

G_{E2}——条块在坝坡外水位以下部分的浮重标准值；

F_h——作用在条块重心处的水平向地震惯性力代表值，即条块实重标准值乘以条块重心处的 $\alpha_h\xi\alpha_i/g$；

F_V——作用在条块重心处的竖向地震惯性力代表值，即条块实际标准值乘以条块重心处的 $\alpha_h\xi\alpha_i/3g$，其作用方向可向上（－）或向下（＋），以不利于稳定的方向为准；

M_h——F_h 对圆心的力矩；

c、φ——土石料在地震作用下的黏聚力和摩擦角。

（3）在拟静力法抗震计算中，质点 i 的动态分布系数，应按表 1.14－1 的规定采用。表中 α_m 在设计烈度为 7、8、9 度时，分别取 3.0、2.5 和 2.0。

表 1.14－1 土石坝坝体动态分布系数 α_i

坝高 $H \leqslant 40$m	坝高 $H > 40$m
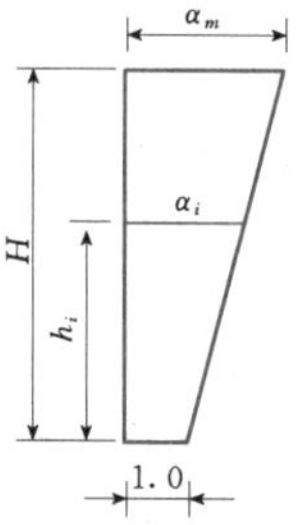 α_m，α_i，H，h_i，1.0	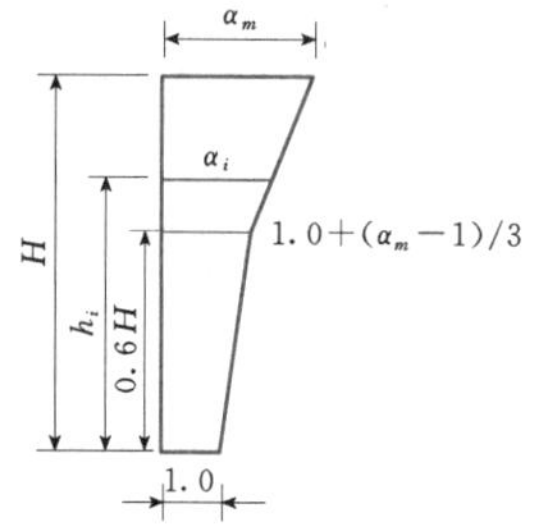 α_m，α_i，$1.0+(\alpha_m-1)/3$，H，h_i，$0.6H$，1.0

（4）1、2 级坝，宜通过动力试验测定土体的动态抗剪强度。当动力试验给出的动态强度高于相应的静态强度时，应取静态强度值。

黏性土和紧密砂砾等非液化土在无动力试验资料时，宜采用静态有效抗剪强度指标，其中对堆石、砂砾石等粗粒无黏性土，可采用对数函数或指数函数表达的非线性静态抗剪强度指标。

（5）采用瑞典圆弧法进行抗震稳定计算时，其结构系数应取 1.25。采用简化毕肖普法时，相应的结构系数应比采用瑞典圆弧法时的值提高 5%～10%。

（6）采用有限元法对坝体和地基进行动力分析，宜符合下列基本要求：

1）按材料的非线性应力应变关系计算地震前的初始应力状态。

2）采用试验测定的材料动力变形特性和动态强度。

3）采用等效线性化的或非线性时程分析法求解地震应力和加速度反应。

4）根据地震作用效应计算沿可能滑裂面的抗震稳定性，以及计算由地震引起的坝体永久变形。

1.14.2 抗震设计原则和依据

1.14.2.1 设计原则

大坝的抗震设计，必须保证坝体在各种运用条件下坝坡和坝基的稳定、防渗结构的安全以及不产生有害的变形等。SL 203—97、DL 5073—2000 规定：水工建筑物的抗震设计“能抗御设计烈度地震；如有局部损坏，经一般处理后仍可正常运行”。进行抗震设计时，应根据设防地震情况、坝型特点、水库的运用条件，以及坝基的工程地质和水文地质条件，经综合比较论证，确定合理的抗震工程措施。

1.14.2.2 设计烈度

SL 203—97、DL 5073—2000 规定，各类水工建筑物抗震设计的设计烈度或设计地震加速度代表值应按以下规定确定：

（1）一般采用基本烈度作为设计烈度。

（2）工程抗震设防类别为甲类的水工建筑物，可根据其遭受强震影响的危害性，在基本烈度基础上提高 1 度作为设计烈度。

（3）基本烈度为Ⅵ度及Ⅵ度以上地区的坝高超过 200m 或库容大于 100 亿 m^3 的大型工程，以及基本烈度为Ⅶ度及Ⅶ度以上地区坝高超过 150m 的大（1）型工程，其设计地震加速度代表值的概率水准，对壅水建筑物应取基准期 100 年内超越概率 P_{100} 为 0.02，对非壅水建筑物应取基准期 50 年内超越概率 P_{50} 为 0.05。

（4）对其他特殊情况需要采用高于基本烈度的设计烈度时，应经主管部门批准。

（5）施工期的短暂状况，可不与地震作用组合；空库时，如需要考虑地震作用时，可将设计地震加速度代表值减半进行抗震设计。

1.14.3 地震区筑坝材料选择与填筑

1.14.3.1 防渗土料

土料的黏粒含量越高、塑性越好，压实至一定压实度后，地震时抗剪强度降低越不明显，而且抗裂性、抗冲蚀性能相对较好。如黏土、重壤土、重粉质壤土和级配良好的砾石土等的抗震性能优于中壤土、轻壤土和粉土。因此地震区筑坝应选用黏粒含量稍高的黏性土。例如小浪底土石坝设计地震烈度为8度，通过勘察试验，寺院坡和西河清两料场土料的储量、防渗性能均满足要求。但寺院坡料场土料以重、中粉质壤土为主，而西河清料场以轻粉质壤土为主。寺院坡料场土料的抗震性能优于西河清料场土料。最终选择寺院坡料场的重、中粉质壤土填筑防渗体。

我国地震区土石坝地震震害现象也说明筑坝材料的抗震性能与震害程度的关系。如云南通海地震，震级7.75级，震源深度约10km，Ⅷ～Ⅹ度地震区的土坝，坝址覆盖层平均厚度约5m；辽宁海城地震，震级7.3级，震源深度约20km，Ⅶ～Ⅸ度地震区，坝址覆盖层平均厚度约3.5m。两个震区坝址覆盖层厚度近似。海城地震震级较小，但震区内土坝震害反而较重，发生严重和较重的震害率比通海区高一倍。主要原因就是因为海城震区土坝坝料主要为中壤土和轻壤土，塑性差，因而震害严重；而通海震区土坝坝料为残积坡积红土及砾质黏性土，其抗震性能较好，因而震害轻。

已建和在建的很多高土石坝防渗体采用砾石土填筑，砾石土干密度大，压缩性低，在地震作用下变形相对较小，对抗震有利。国内外部分地震区采用砾石土填筑防渗体的土石坝见表1.1-1。

1.14.3.2 坝壳料

母岩强度高、细粒含量少的硬岩堆石料，压缩性低，为自由透水材料。在地震力作用下变形小且孔隙压力升高不明显；级配良好，能自由排水的砂砾石料等抗震性能均较好。

软岩、风化料强度低，细粒含量高。当填筑于水下时，在地震力作用下孔隙压力升高明显。因而采用软岩、风化料筑坝，宜填筑在坝壳干燥区。否则应充分压实，并进行充分论证。含砂量较高、渗透系数小于10^{-2}cm/s的砂砾料，在地震力作用下，孔隙压力显著升高，不宜填筑在坝壳的水下部分。

1.14.3.3 压实标准

SL 274—2001、DL/T 5395—2007、SL 203—97、DL 5073—2000等规范对各种筑坝材料的压实标准规定如下。

1. 黏性土的压实度

1、2级坝和高坝的压实度应为98%～100%，3级中、低坝及3级以下的中坝压实度应为96%～98%；设计地震烈度为8度、9度的地区，宜取上述规定的大值。

2. 砂砾石和砂的相对密度

(1) 对于无黏性土压实，要求浸润线以上材料的相对密度不低于0.75；浸润线以下材料的相对密度则根据设计烈度大小，选用0.75～0.85。

(2) 对于砂砾料，当大于5mm的粗颗粒含量小于50%时，应保证细料的相对密度满足上述对无黏性土压实的要求，并按此要求分别提出不同含砾量的压实干密度作为填筑控制标准。

3. 堆石

(1) 土质防渗体分区坝和沥青混凝土心墙坝的堆石料，孔隙率宜为20%～28%。

(2) 设计地震烈度为8度、9度的地区，可取上述孔隙率的小值。

1.14.4 坝体结构抗震设计

1.14.4.1 坝顶超高

地震区土石坝的坝顶超高需要考虑地震涌浪高度和地震附加沉陷安全超高。SL 203—97、DL 5073—2000规定：“确定地震区土石坝的安全超高时应包括地震涌浪高度，可根据设计烈度和坝前水深，取地震涌浪高度为0.5～1.5m。对库区内可能因地震引起的大体积塌岸和滑坡而形成的涌浪，应进行专门研究。设计烈度为8、9度时，安全超高应计入坝和地基在地震作用下的附加沉陷。”

1. 地震涌浪

地震涌浪应采用工程类比、涌浪计算以及模型试验，综合分析确定。

日本佐藤清一提出地震涌浪计算公式如下：

$$h_c = \frac{K_H T_0}{2\pi}\sqrt{gH_0} \qquad (1.14-3)$$

式中 h_c——地震涌浪高度，m；

K_H——水平向地震系数；

T_0——地震波的周期，s；

g——重力加速度，m/s^2；

H_0——坝前水深，m。

如采用T_0为1s，坝前水深为100m，按式(1.14-3)计算，9度时地震涌浪高度为2m，8度时为1m。

地震使水库内水体振荡，产生波浪，波浪到达坝前，反射回来。如果从坝到对面库岸的距离为波长的整倍数，则波高将叠加。在来回反射的过程中，波高逐渐增大。美国海勃根坝在 1959 年西黄石地震时就发生这种反射现象。当时水位距坝顶 3m，来回反射的冲击波高出坝顶 0.92m，漫过坝顶，地震涌浪高度约为 3.9m。我国毛家村土石坝振动台模型试验显示，该坝对面相距 600m 有一小山，蓄水后成为小岛，振荡的波浪在坝坡与小岛之间来回反射，叠加的浪高达 3m，需将该岛地形加以改造。

2. 地震附加沉陷

地震附加沉陷包括坝体和坝基两部分。一般用震陷率表示地震附加沉陷的大小。震陷率用地震附加沉陷量与坝高之比表示。影响震陷率的主要因素有地震烈度、坝基压缩层厚度、坝型、材料、压实度等。对国内外 20 多座坝的震陷资料统计，得出坝顶震陷率见表 1.14-2，震陷率与坝型及地震烈度的关系曲线见图 1.14-1。

表 1.14-2 碾压式土石坝的坝顶震陷率

地震烈度	6	7	8	9	10
土坝震陷率（%）	0.1	0.8	1.0	2.0	5.0
堆石坝震陷率（%）	0.006	0.025	0.1	0.3	—

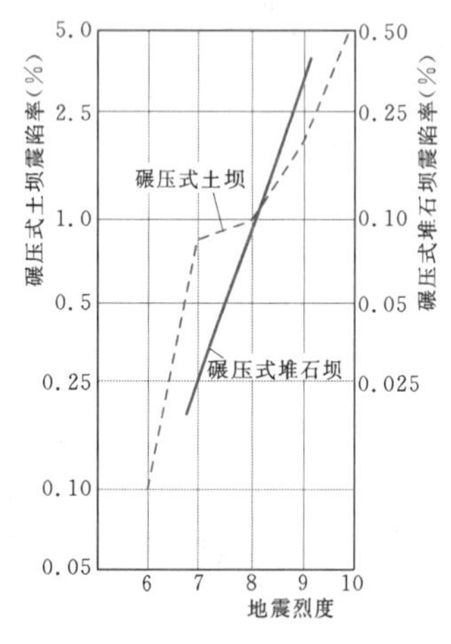

图 1.14-1 震陷率与坝型及地震烈度的关系曲线

一般情况下，根据经验地震附加震陷率取坝高与坝基覆盖层总厚度的 1%。

小浪底大坝设计地震烈度为 8 度，最大坝高 160m，坝基覆盖层最大厚度 70m。坝顶高程的确定考虑了地震附加沉陷、地震涌浪和地震引起的滑坡涌浪等影响。坝顶超高由以下几部分组成：

（1）地震附加沉陷。根据经验取坝高和坝基覆盖层总厚度的 1%，为 2.3m。

（2）地震涌浪高 1.0m。

（3）坝上游滑坡体遇地震可能会复活。根据滑坡涌浪模型试验，库水位 275.00m 时，在坝前引起的涌浪高为 0.88m。

（4）风浪爬高为 1.68m。

库水位为 275.00m 时，加上上述各项高度和安全超高 0.7m，计为 281.56m。故坝顶高程定为 281.00m，坝顶上游侧加 1.2m 高防浪墙。

1.14.4.2 坝型及坝坡

1. 坝型

地震区土石坝坝型以土质心墙、斜心墙或多种土质坝坝型较好，以上几种坝型具有较好的抗震性能。为确保土质防渗体在地震作用下的安全，防渗体断面应适当扩大；防渗体上、下游的反滤层应厚些，以加强对防渗体的保护。如我国高地震区已建、在建的小浪底、双江口、糯扎渡、瀑布沟、狮子坪等高土石坝，其坝型除小浪底为壤土斜心墙坝外，其余几座坝均为砾石土心墙坝，均加强了心墙下游反滤层的保护，反滤层厚度 6～9m。心墙上、下游坝壳宜为堆石或砂砾石料等透水料，以利排水，保持下游坝体干燥。如采用均质土坝，坝体内应设排水，以尽量降低浸润线，扩大干燥区。

地震区不宜采用刚性心墙坝。

2. 局部坝坡放缓

因为越靠近坝顶处，地震加速度越大，在水平地震力作用下，局部失稳、拉裂的可能性就大。在工程实践中，往往将坝顶附近局部坝坡放缓。SL 203—97、DL 5073—2000 规定：设计烈度为 8 度、9 度时，宜加宽坝顶，采用上部缓、下部陡的断面。因此高地震区的土石坝，有的即采用放缓坝顶上部坝坡。如 1981 年建成的伊朗拉尔（Lar）河土坝，设防烈度为 10 度，坝高 108m，上部坝坡 1：3.5，下部坝坡 1：2.25，如图 1.14-2 所示。

3. 加筋

中强地震区的土石坝，如果采用较陡坝坡不满足抗震稳定要求，且放缓坝坡又不经济时，可以用加筋的办法解决，特别是靠近坝顶部位。加筋结构主要有以下几种形式。

（1）钢筋混凝土结构。加筋结构由长条形钢筋混凝土板和 T 形钢筋混凝土梁组成。长条形混凝土板垂直于坝轴线铺设，T 形梁平行于坝轴线铺设。塔吉克斯坦的努列克坝采用此种方法增加坝坡抗震稳定性。大坝按照 9 度地震设防，在坝上部 1/5 坝高加长条形钢筋混凝土板（垂直于坝轴线铺设，每两块混凝土板中心线之间距离 9m）和“⊥”形钢筋混凝土梁（平行于坝轴线，梁高 3m，中到中间距 9m）组成，

“⊥”梁嵌在长条板间，平面上形成多个方格，在各方格内填入堆石（见图 1.14－3）。泸定水电站黏土心墙堆石坝，在高程 1365.00m、1371.00m、1377.00m 坝体堆石和过渡区设 3 个水平层混凝土抗震框格梁，与上、下游坝坡面混凝土抗震框格梁连接成整体。

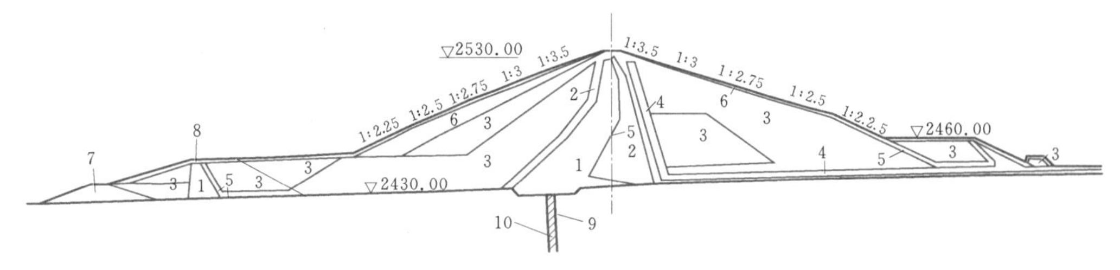

图 1.14－2 强烈地震区的拉尔河土坝坝坡（单位：m）

1—粉土黏土掺合料心墙；2—过渡料区；3—碾压砂砾石及堆石；4—排水带；5—反滤层；6—堆石；7—第一期围堰；8—第二期围堰；9—两道混凝土防渗墙；10—墙之间帷幕灌浆

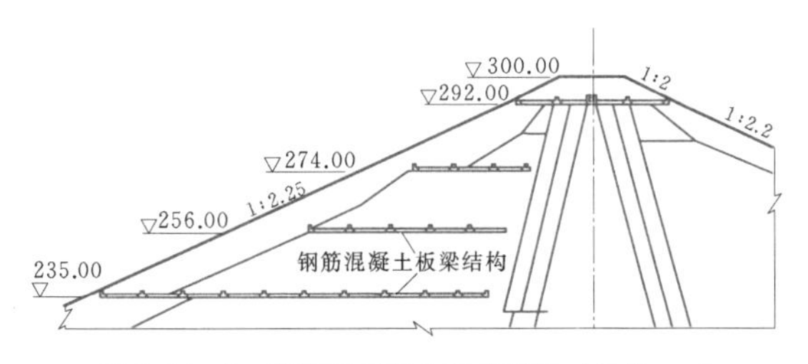

图 1.14－3 努列克坝顶上部加固图（单位：m）

（2）钢筋网。把钢筋网埋设在堆石体内。钢筋直径一般为 $\phi22 \sim 38$。横向钢筋水平间距为 1.0～1.5m，纵向钢筋水平间距 2.0～2.5m，组成一层钢筋网格。竖向间距一般为 1～3m。最终的钢筋直径和间距通过计算确定。

糯扎渡心墙堆石坝，在坝顶至高程 770.00m 范围内的上、下游坝壳堆石中埋入 $\phi20$ 钢筋网，间距为 1.0m，每隔 5m 布置一层；在高程 820.50m 的心墙顶面上布设贯通上、下游的钢筋（$\phi20$@1.0m），并分别嵌入上游的防浪墙及下游的混凝土路缘石中，以使坝顶部位成为整体；坝顶至高程 770.00m 范围内的上、下游坝面布设扁钢网，间距为 1.0m×1.0m，并与埋入坝壳内的钢筋焊在一起。

（3）土工格栅。把土工格栅埋设在堆石体内加筋，分层布置。如瀑布沟心墙堆石坝，坝顶至高程 810.00m 范围内的上、下游过渡区和堆石区设置土工格栅。土工格栅每 2m 布置一层；砌石护坡厚 4～5m。

泸定水电站黏土心墙堆石坝，在坝体高程 1350.00m 以上的坝体堆石和过渡区设置竖向间距 2m 的柔性土工格栅。

（4）坝顶部位选用强度高的坝壳料。如糯扎渡大坝，在高程 770.00m 以上坝壳堆石采用块度大、强度高的优质堆石料（Ⅰ区料）。

1.14.5 坝体与其他建筑连接部位的抗震措施

1.14.5.1 土质防渗体与岸坡和混凝土建筑物的连接

SL 203—97、DL/T 5073—2000 规定：应加强土石坝防渗体，特别是在地震中容易发生裂缝的坝体顶部、坝与岸坡或混凝土等刚性建筑物的连接部位。应在防渗体上、下游面设置反滤层和过渡层，且必须压实并适当加厚。

瀑布沟心墙堆石坝，在左右两坝肩部位，自心墙底部的上、下游各加宽 5m 至高程 854.00m 处按三角形递减。

小浪底大坝设置 5 区料内铺盖将上游围堰斜墙与主坝斜心墙连接，由此形成了天然铺盖与内铺盖的坝基辅助防渗体系。由于 5 区的厚度较薄，在与两岸连接处局部加厚（见图 1.14－4），以延长渗径。为使其与基础面接触良好，基础面填一层 1.0m 厚的 1 区黏土料。

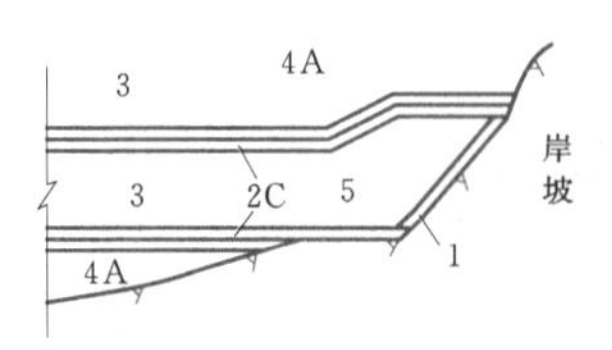

图 1.14－4 小浪底 5 区与两岸岸坡连接示意图

1—黏土；2C—反滤层；3—过渡料；4A—堆石；5—砾石土

土石坝防渗体与混凝土建筑物连接时，要特别注意使其结合紧密，使其在强烈振动下不致脱开渗水而导致对防渗体的冲刷。结合面需要有较长的渗径，防渗体与混凝土墙的接合坡度宜缓一些，并提高填土的密实度；在防渗体下游应设置反滤层。当防渗体土料为砾石土时，防渗体与岸坡及混凝土建筑物的结合面应设一定厚度的接触黏土。

1.14.5.2　坝下埋管

坝下埋管在地震时发生裂缝的较多，严重的甚至将管壁裂穿，沿管壁漏水冲刷，危及坝的安全。SL 203—97明确规定：1、2级土石坝，不宜在坝下埋设输水管。当必须在坝下埋管时，宜采用钢筋混凝土管或铸铁管，且宜置于基岩槽内，其管顶与坝底齐平，管外回填混凝土；应做好管道连接处的防渗和止水，管道的控制闸门应布置于进水口或防渗体上游端。

马来西亚明光坝的坝下埋涵为钢筋混凝土廊道，廊道内铺设输水和泄洪管道。廊道坐落在风化花岗岩残积土上，横断面呈"鸭蛋"形，沿中心线尺寸为5.183m×3.962m。总长度约168.25m，分28节，每节长度6m。节间设变形缝，缝间设橡胶止水带，外包钢筋混凝土环（见图1.14-5）。这种坝下埋管方式，有利于提高其抗震安全性。

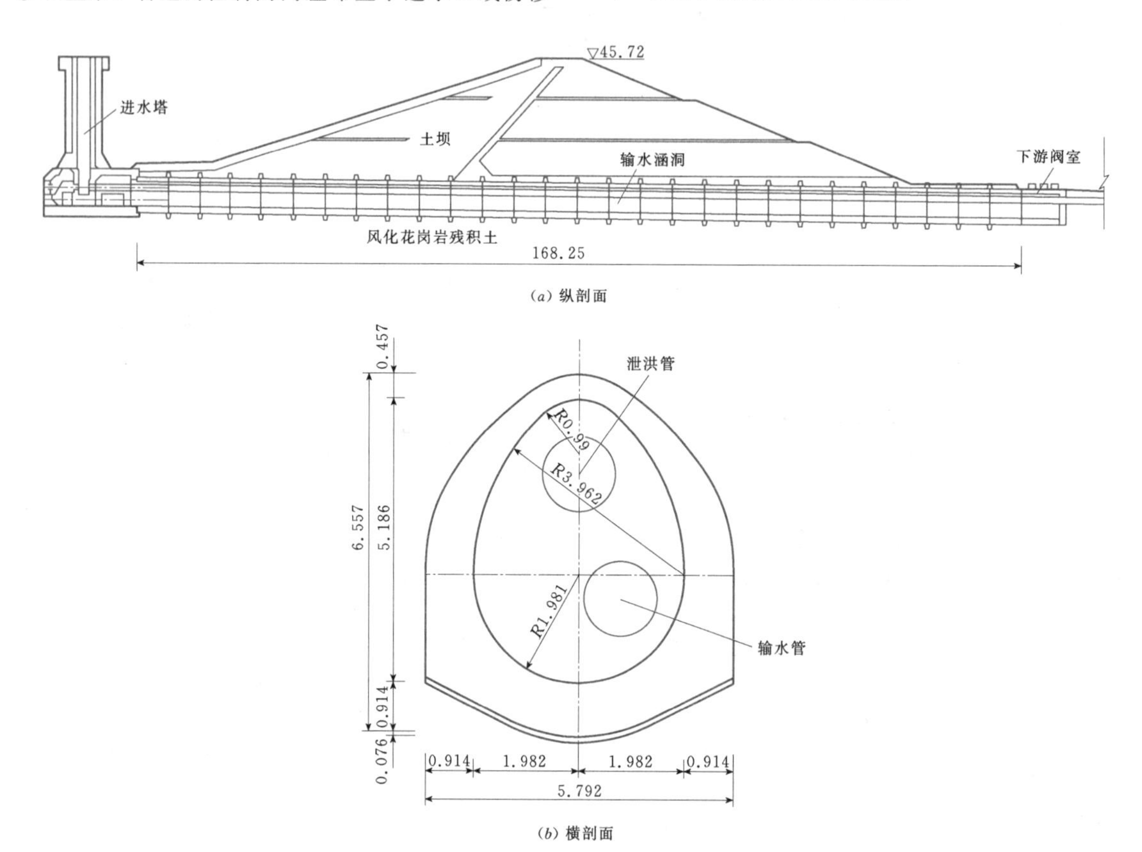

图1.14-5　明光坝坝下埋涵纵、横剖面图（单位：m）

1.14.6　坝基覆盖层地震液化处理

1.14.6.1　主要设计工作内容和步骤

地震区土石坝坐落在非岩基覆盖层上时应做以下工作：

(1) 根据地震特性和地震力大小等判别是否为可液化材料及液化度。

(2) 综合论证分析，提出必要的处理措施。

(3) 验证处理措施的安全性并逐步修正。

1.14.6.2　土的地震液化初判方法

1. 地质年代

鉴于1966年邢台、1975年海城、1976年唐山地震中发生液化的土层在地质年代上都属于第四系全新统及新全新统，而没有在第四系更新统晚期和更早的土层中出现过，因此对于地质年代为第四系晚更新统或以前的土层，可初判为不液化土层。

2. 颗粒级配

土的粒径小于5mm颗粒含量的质量百分率小于或等于30%时，可判为不液化。

对粒径小于5mm颗粒含量质量百分率大于30%的土，其中粒径小于0.005mm的颗粒含量质量百分率ρ_c相应于地震动峰值加速度为0.10g、0.15g、0.20g、0.30g和0.40g分别不小于16%、17%、18%、19%和20%时，可判为不液化；当黏粒含量不满足上述规定时，可通过试验确定。

3. 地下水位

工程正常运行后，地下水位以上的非饱和土，可判为不液化。

4. 剪切波速

当土层的剪切波速大于下式计算的上限剪切波速时，可判为不液化。

$$V_{st} = 291\sqrt{K_H Z r_d} \tag{1.14-4}$$

式中 V_{st}——上限剪切波速度，m/s；

K_H——地震动峰值加速度系数，可按现行国家标准《中国地震动参数区划图》(GB 18306—2001) 查取或采用场地地震安全性评价结果；

Z——土层深度，m；

r_d——深度折减系数。

Z、r_d 可按下列公式计算：

$Z=0\sim10$m，$r_d=1.0-0.01Z$；

$Z=10\sim20$m，$r_d=1.1-0.02Z$；

$Z=20\sim30$m，$r_d=0.9-0.01Z$。

1.14.6.3 土的地震液化复判方法

1. 标准贯入锤击数法

(1) 符合下式要求的土应判为液化土：

$$N < N_{cr} \tag{1.14-5}$$

式中 N——工程运用时，标准贯入点在当时地面以下 d_s(m)深度处的标准贯入锤击数；

N_{cr}——液化判别标准贯入锤击数临界值。

(2) 当标准贯入试验贯入点深度和地下水位在试验地面以下的深度，不同于工程正常运用时，实测标准贯入锤击数应按下式进行校正，并应以校正后的标准贯入锤击数 N 作为复判依据。

$$N = N'\left(\frac{d_s + 0.9d_w + 0.7}{d'_s + 0.9d'_w + 0.7}\right) \tag{1.14-6}$$

式中 N'——实测标准贯入锤击数；

d_s——工程正常运用时，标准贯入点在当时地面以下的深度，m；

d_w——工程正常运用时，地下水位在当时地面以下的深度，m；当地面淹没于水面以下时，d_w 取 0；

d'_s——标准贯入试验时，标准贯入点在当时地面以下的深度，m；

d'_w——标准贯入试验时，地下水位在当时地面以下的深度，m；若当时地面淹没于水面以下时，d'_w取 0。

校正后标准贯入锤击数和实测标准贯入锤击数均不进行钻杆长度校正。

(3) 液化判别标准贯入锤击数临界值应根据下式计算：

$$N_{cr} = N_0[0.9 + 0.1(d_s - d_w)]\sqrt{\frac{3\%}{\rho_c}} \tag{1.14-7}$$

式中 ρ_c——土的黏粒含量百分率，%；当 $\rho_c<3\%$ 时，ρ_c 取 3%；

N_0——液化判别标准贯入锤击数基准值；

d_s——当标准贯入点在地面以下 5m 以内的深度时，应采用 5m 计算。

(4) 液化判别标准贯入锤击数基准值 N_0，按表 1.14-3 取值。

表 1.14-3 液化判别标准贯入锤击数基准值

地震动峰值加速度	0.10g	0.15g	0.20g	0.30g	0.40g
近震	6	8	10	13	16
远震	8	10	12	15	18

注 当 $d_s=3$m，$d_w=2$m，$\rho_c\leqslant3\%$时的标准贯入锤击数称为液化标准贯入锤击数基准值。

(5) 式 (1.14-6) 只适用于标准贯入点地面以下 15m 以内的深度，大于 15m 的深度内有饱和砂或饱和少黏性土，需要进行地震液化判别时，可采用其他方法判定。

(6) 当建筑物所在地区的地震设防烈度比相应的震中烈度小 2 度或 2 度以上时定为远震，否则为近震。

(7) 测定土的黏粒含量时应采用六偏磷酸钠作分散剂。

2. 相对密度复判法

当饱和无黏性土（包括砂和粒径大于 2mm 的砂砾）的相对密度不大于表 1.14-4 中的液化临界相对密度时，可判为可能液化土。

表 1.14-4 饱和无黏性土的液化临界相对密度

地震动峰值加速度	0.05g	0.10g	0.20g	0.40g
液化临界相对密度 $(D_r)_{cr}$(%)	65	70	75	85

3. 相对含水率或液性指数复判法

(1) 当饱和少黏性土的相对含水率大于或等于 0.9 时，或液性指数大于或等于 0.75 时，可判为可能液化土。

(2) 相对含水率应按下式计算：

$$W_U = W_S/W_L \tag{1.14-8}$$

式中 W_U——相对含水率，%；

W_S ——少黏性土的饱和含水率，%；

W_L ——少黏性土的液限含水率，%。

（3）液性指数应按下式计算：

$$I_L = \frac{W_S - W_P}{W_L - W_P} \tag{1.14-9}$$

式中　I_L ——液性指数；

W_P ——少黏性土的塑限含水率，%。

1.14.6.4　地震液化处理的措施

地震液化处理措施可分为换填法、施加外力抵抗地震液化方法、降低地震孔隙压力方法和提高坝基材料抗液化能力方法四大类。在选择处理措施时，需要根据工程实际情况采取综合措施处理。

1. 换填法

换填法是将液化层挖除后填筑非液化材料。这种方法一般适用于液化层埋藏浅、厚度不大的情况。如小浪底土石坝，为了防止坝基表层砂砾石层液化，将坝基表层中连续分布的粉细砂层、Q_4 地层中较疏松的高含砂率的砂卵石层挖除。南湾土坝，在表层3～6m有中、细砂，相对密度大都小于0.50，在8度地震下有发生液化可能，将其全部挖除，然后回填砂压实到相对密度大于0.67，干密度达1.48g/cm^3，超过临界孔隙比时的干密度，接近按加速度0.33g振动试验所得的干密度。

2. 透水压重平台

坐落在深厚砂层或砂砾石层地基上的土石坝，当坝基存在可液化土层时，为了满足深层滑动稳定和防止地震液化的要求，在坝脚填筑压重平台，是比较常用的措施。压重平台可利用开挖弃渣填筑，作为弃料堆放场。但若弃渣为不能自由透水材料时，应在地基表面铺填排水层。

碧口水电站土石坝建于深厚砂砾石地基上，将上游截流围堰与坝脚之间范围内填筑弃料成为上游压重平台，下游坡脚延伸75m填筑弃渣压重平台，并将110kV及220kV两座开关站布置在下游压重平台上。

小浪底斜心墙堆石坝建在深厚砂砾石地基上，上游泥沙淤积后地基不存在液化问题，坝下游为防止坝基砂砾石层液化，设置了压重平台，其高度和长度参考动力计算和一般经验综合分析确定。压重顶面高程155.00m，长80.00m，总厚度约为25.0～30.0m。

瀑布沟砾石土心墙堆石坝建筑在深厚砂砾石地基上，上游围堰与坝体结合，作为坝体的一部分，以防止上游坝脚液化。为了增加下游坝基中砂层抗液化能力，在下游坝脚处增设60m长的弃渣压重平台。

3. 围封法

对于坝基下的饱和松砂，用板桩、混凝土截水墙、沉箱等将其截断封闭，是行之有效的方法。例如海城地震时，一些有上述措施的排灌站，松砂地基变形都很小。映秀湾拦河闸采用混凝土截水墙和连锁混凝土沉井封闭可液化砂基。围封要穿过可液化砂层。

4. 排水减压法

采用排水减压措施，可及时消散地震时的振动孔隙压力，防止砂土的液化。排水措施有排水井和排水槽等形式，可设在坝后坡脚处，降低坡脚处的水位，以减小地震液化的可能性。

5. 强夯法

该法可提高坝基材料抗液化能力，通过强夯给地基以冲击和振动使地基土层加密。我国从1978年以来已开始应用于加固砂土、砾石土、杂填土、湿陷性黄土、非饱和黏性土等。夯击时的巨大能量可引起饱和砂土体的短暂液化，重新沉积到更密实状态，产生较大的压实效应。加固深度与夯击能量有关，一般可达到10m左右，使松砂层达到紧密状态。

西霞院土石坝坝基为近代沉积的砂壤土及砂层，厚1.5～7.0m。天然状态下，表部粉细砂层干密度平均值为1.55g/cm^3，孔隙比平均值为0.736，属中等密实—稍密状态；表部砂壤土、壤土层干密度为1.42g/cm^3，孔隙比为0.9，属中等压缩性土。存在地基沉降变形、地震液化问题。强夯处理采用参数见表1.14-5。

表1.14-5　西霞院大坝坝基松散层强夯处理主要技术参数表

松散层厚度(m)	单击夯击能(kN·m)	夯击遍数(遍)	每遍夯击次数(次)	夯点间距(m)
1～3	2000	2～3	7	4～5
3～5	2500	3～4	9	3～4
5～7	3000	3～4	9	3～4

经过强夯处理后壤土、砂壤土的干密度为1.66g/cm^3，砂层干密度为1.60g/cm^3，干密度较强夯前增加了11%～20%。

6. 振冲加固法

振冲加固法系靠振冲器的强烈振动、使饱和砂层液化从而使其颗粒重新排列，趋于密实；同时是依靠振冲器的水平振动力，通过回填料使砂层进一步挤密。一般振冲孔距1.5～3.0m，加固深度可达30m。经群孔振冲处理，相对密度可提高到0.7～0.8以上，达到防止液化的目的。该法适用于黏粒含量少于10%的砂砾、砂和少黏性土。适于采用振冲挤密法处理的土类范围见图1.14-6。

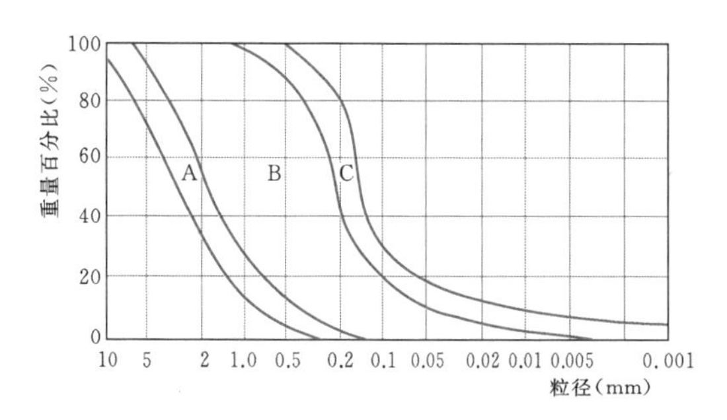

图 1.14-6 振冲挤密法适用的地基颗粒级配曲线

A—不易振动贯入；B—适用；C—振冲加固困难

我国现在已有功率为 20kW、30kW、55kW、75kW、100kW 的电动型及 150kW 液压型等各种规格振冲器。根据地层特性及桩径大小确定采用功率的大小。功率小的适用于砂土，功率大的可用于砂砾石层。在振冲过程中向孔中投入碎石或卵砾石，形成一系列排水桩体，使振动孔隙水压力加速消散，使液化现象大为减轻。

官厅水库（坝高 45m）原坝基下游表层有细砂、粉细砂，地震设防烈度为 9 度，存在地震液化问题。20 世纪 70 年代大坝加高至 52m，同时对坝下游的细砂层进行振冲加固处理。振冲孔深 3～6m，孔距 2m，碎石桩直径约为 1.1m，每孔填料约 $1m^3$。填料为石渣和砂砾料，粒径不超过 50mm。通过加固处理，标贯击数由加固前的 12.5 击提高到处理后的 33.8～37 击，砂层相对密度由处理前的 0.53 提高到 0.8 以上，大大提高了坝基的抗液化能力。

7. 砂桩挤密法

采用冲击法或振动法向砂土中沉入桩管，并逐步边拔管边灌砂边振动，而形成一系列砂桩，使周围砂层产生挤密和振密作用，处理深度可达 20m。加固效果与砂桩的置换率有关，置换率愈大，则加固效果愈好。在软黏土中置换率可高达 70%。

1.15 土石坝的除险加固

1.15.1 土石坝的病险及特征

现有的病险土石坝，绝大多数是 20 世纪五六十年代修建的，主要的病险有以下几方面。

1. 坝顶高程不满足要求

坝顶高程不满足要求，主要的问题是洪水漫坝，风浪越过坝顶；在寒冷地区，也有在初春冰面解冻中，随风浪产生冰块摧毁防浪墙或坝顶，造成事故。虽然洪水漫坝事故发生很少，但往往是毁灭性的恶性事故，造成的危害很大。

2. 坝坡稳定不满足要求

在早期修建的土石坝中，出现的稳定问题多是稳定安全度不满足要求，虽然难以对大坝立即形成安全威胁，但是存在潜在的不安全因素。有稳定问题的大坝中，稳定不满足要求这种情况占大多数，也应该引起足够的重视。

3. 变形和裂缝

因变形裂缝导致的病险坝为数不少。对大坝安全有危害的坝体变形主要是过大的沉降和不均匀沉降。

4. 渗流问题

渗流问题包括渗流量和渗透变形两方面的问题。渗流量问题主要表现为渗流量过大和浸润线过高。渗透变形现象归纳起来大致有：

（1）通过防渗体裂缝的渗透变形。

（2）通过防渗体与地基和岸坡接触面的渗透变形。

（3）通过防渗体与相连接的各种建筑物的渗透变形，其中发生最多的是防渗体与坝下埋管接触面的渗透破坏。

渗透变形对大坝安全影响有与其他病险不同的特点，主要表现是，初期发生渗透变形时难以及时发现，也难以准确判断对安全的影响程度。一旦发现有明显渗透变形现象发生，坝体内部往往渗透破坏已经比较严重，已经对大坝安全构成了极大的威胁。

5. 抗震安全问题

抗震安全问题主要是坝体、坝基的地震液化问题。

1.15.2 产生病险的原因

1.15.2.1 坝顶高程不满足要求

主要有三方面的原因：①防洪标准偏低导致防洪能力不足，按现行的防洪标准设计，坝顶高程不满足要求；②坝体填筑压实度低，竣工以后沉降量大，导致坝顶高程不足；③坝顶超高不够导致坝顶高程不足。

在实际工程中，坝顶高程不满足要求多是因为防洪标准偏低造成的，也有因多种原因造成坝顶高程不满足要求的情况。其中主要原因有：

（1）设计时水文资料时限短、设计标准不能满足现行规范要求。

（2）溢洪道等泄水建筑物泄流能力不足。

（3）水库淤积，使防洪库容减小。由于水库淤积造成的防洪库容不足，在病险库中占有相当大的比例。

1.15.2.2 渗流问题

1. 渗流量过大和浸润线过高

（1）防渗体材料防渗性能差，渗透系数偏大。

（2）碾压不密实使得渗透系数大。

（3）铺土层偏厚，每层土上下碾压质量不均匀，成层渗透特征明显，渗流出逸点高。

（4）防渗体有裂缝。

（5）防渗体与地基、岸坡或其他建筑物连接面形成渗漏通道。

（6）透水坝基未做防渗处理或防渗处理效果不好。

（7）在均质坝中，由于白蚁洞穴伸入坝体内，造成渗径大幅减短。

2. 渗透破坏

（1）防渗体的渗透破坏。因用料不妥、碾压不密实、产生不均匀沉降等各种原因使得防渗体存在裂缝，尤其是横向裂缝，当防渗体下游侧无有效的反滤保护时，极易形成集中渗漏。

（2）沿防渗体与地基、岸坡连接处的渗透破坏。这种情况可以分为两类：一类是接触面处理不好或未进行处理，使得地基表层内的渗流对防渗体淘刷，逐渐形成集中渗漏；另一类是连接面几何形状不适应防渗体变形，使防渗体与接触面脱开形成集中渗流，或形成弱应力带在渗透压力作用下造成水力劈裂，形成集中渗流。

（3）防渗体与其他建筑物连接处的渗透破坏。防渗体与其他建筑物连接处的渗透破坏大多是因连接面结构形式不当或接触面防渗体填筑质量不好，使得防渗体与接触面脱开或形成低应力区，在渗透压力作用下，形成集中渗流。接触面结构形式不当，比如坡度不合适，甚至用直立面连接，或者接触面有突变等。由于与防渗体连接处的结构形式不当，使得接触部位土体填筑质量难以保证，导致防渗体与接触面脱开。

在对以往大坝安全鉴定中发现，防渗体与坝下埋管接触面发生渗透破坏工程实例所占比例最高。

（4）坝基渗透破坏。大多数病险土石坝都坐落在砂砾石、土基等非岩石坝基上，渗透破坏多发生在未进行防渗处理的坝基。对于进行了防渗处理的坝基，采用水平防渗发生渗透破坏的比例多于采用垂直防渗处理的坝基。

1.15.2.3　坝坡稳定不满足要求

（1）坝坡偏陡。

（2）筑坝材料的抗剪强度未达到设计预期值。

（3）坝体填筑形成了软弱面。

（4）设计中未发现地基中的软弱夹层，或水库蓄水后软弱夹层性质恶化。

（5）水库蓄水后改变了工程区域的水文地质条件，使得坝体坝基的孔隙压力增加超过了设计预期值，影响到坝体的稳定。

1.15.3　拟定除险加固设计方案的原则和常用的加固措施

1.15.3.1　拟定除险加固设计方案的原则

1. 综合选用加固措施的原则

一座病险坝往往不止一种病险情况，因此在拟定加固处理方案时应根据各种病险情况的安全需求，采取综合措施处理。

2. 有利原则

对病险的土石坝进行加固时，当针对某种病害情况采取针对性的加固措施时，应该全面评估这种措施是否对坝的安全构成新的不利影响。

3. 一体原则

加固措施与坝体、坝基的处理措施等应形成完整的体系。比如防渗加固，如果仍然利用原坝体防渗体的防渗作用时，防渗加固措施应与原坝体防渗体及坝体防渗与坝基防渗形成完整的体系。其中关键问题是确保连接部位的可靠性。

1.15.3.2　常用的加固措施

1.15.3.2.1　坝顶高程不足时的加固措施

对于坝顶高程不满足要求这种险情，有两类措施：其一加高大坝；其二加大泄洪设施规模降低洪水位，或者采用加高大坝与加大泄洪能力综合比较确定。本节只讨论加高大坝的三种方式。

1. 从坝顶加高

（1）坝顶直接加高。在坝顶上下游侧修建直立挡墙，中间填筑坝料，或上游侧修建防浪墙，下游侧陡坡与原下游坡面相接。如甘肃巴家嘴水库，大坝为黄土均质坝，于1958年9月开工兴建，初建最大坝高58m。1965年、1973年分别从坝体背水坡、迎水坡各加高8m。两次加高后大坝最大坝高74m，坝顶长539m，坝顶高程1124.70m，防浪墙顶高程1125.90m。2005年又进行了加高，采用坝顶戴帽加高型式。见图1.15-1。

（2）顺坡加高。在原坝顶顺上下游坡起坡，缩窄坝顶加高。顺坡加高适用于原坝顶宽度较宽的情况，加高后的坝顶宽度必须满足运行管理需要。

（3）戴帽加高。将靠近坝顶的上下游坝坡局部放陡加厚加高，其形状如同戴顶帽子，俗称“戴帽加高”。戴帽加高型式适用于靠近坝顶处坝坡稳定安全系数富裕度较大的情况。当坝顶附近上下游坡有马道时，比较适于采用这种加高方式。

新疆渭干河克孜尔水库为大（1）型水库，大坝为黏土心墙坝，最大坝高 44.0m，水库存在防洪安全隐患，水库防洪标准达不到设计标准。大坝除险加固设计采用从下游坡培厚及黏土心墙垂直加高方案，即原心墙顶高程以上坝体进行拆除，心墙采用黏土加高 1.2m，其上采用混凝土防浪墙加高，并与心墙紧密相连（见图 1.15－2）。

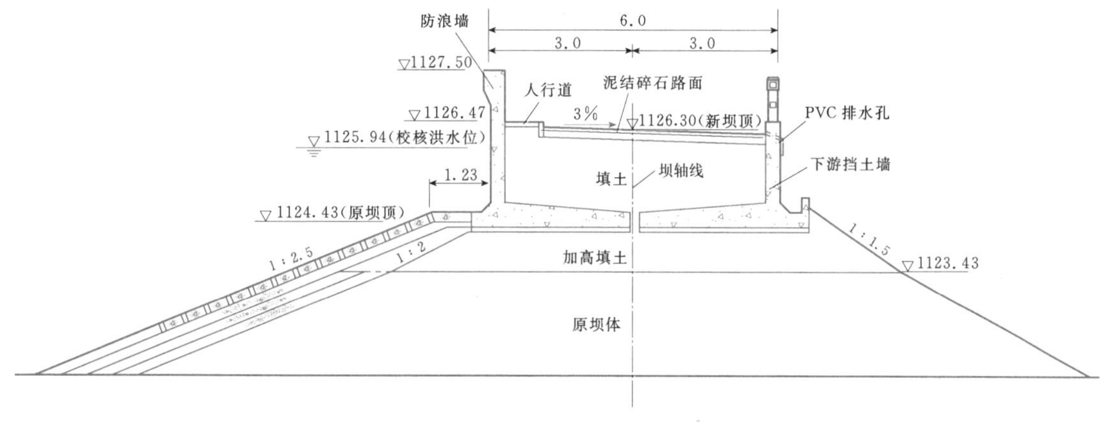

图 1.15－1　坝顶直接加高型式典型横剖面图（甘肃巴家嘴大坝加高）（单位：m）

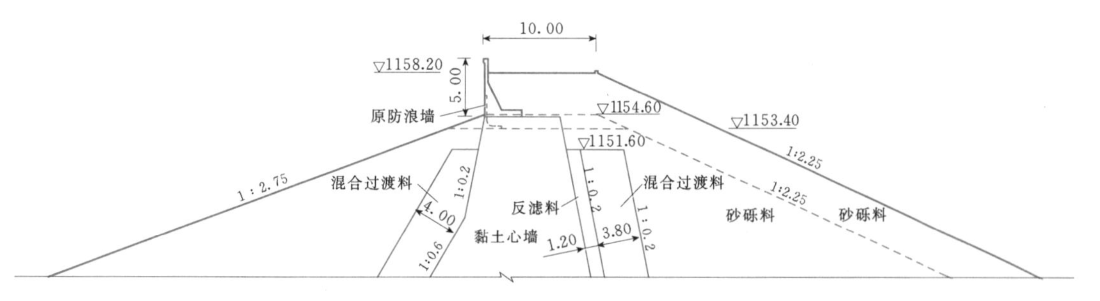

图 1.15－2　坝顶戴帽加高型式典型横剖面图（新疆克孜尔大坝加高）（单位：m）

（4）坝顶加高的适用条件和需要注意的问题：

1）对三种不同型式的坝顶加高，都必须满足一个共同的条件，即坝坡的整体稳定安全系数必须有足够的富裕度，加高之后的整体和局部稳定安全系数必须满足规范规定。

2）从坝顶加高高度不宜过大，一般不超过 3m。

3）在强地震区，慎用直接从坝顶加高方式。

2. 从坝下游坡加高

该种加高型式的优点是加高施工期间基本不影响水库运用，加高高度没有特殊的限制，但加高工程量相对较大。对于均质坝，如果坝体还存在填筑质量差、内部有裂缝等缺陷，不宜采用这种加高方式。当存在这种缺陷时，由于防渗体渗透系数大，后期加高坝体质量好渗透性小。在坝下游加高后，除了因施加偏荷载引起的压缩变形，可能会形成新的裂缝外，在加高后抬高了浸润线，加高前未饱和土体饱和后会产生新的固结变形，从而可能导致新裂缝产生。严重时，在库水位降落时，上游坝坡有产生遛坡破坏的危险。

如新疆玛纳斯县的跃进水库，该水库是一座引蓄玛纳斯河水的大（2）型注入式水库。建于 1959 年，设计总库容 1.018 亿 m^3。大坝为碾压式均质土坝，坝顶总长度 15.90km；大坝主要存在的病险问题是坝顶高程不足、部分坝段坝顶宽度不够、坝坡偏陡；坝防渗措施不足，下游无反滤排水体，渗漏相当严重，局部已产生渗流破坏；大坝上部护坡变形，部分护坡老化严重。结合对老坝体、坝基采用 0.3m 厚塑性混凝土防渗墙进行防渗处理，大坝加高采用从下游加高培厚大坝的方案，坝顶宽度 6m。设置褥垫式排水系统，与原坝体褥垫式排水系统连接（见图 1.15－3）。

3. 从大坝上游坡加高

一般而言，从大坝上游坡加高，工程量大，有时还需要修筑施工围堰，降低库水位，经济损失大。这种加高方式适用于坝前淤积面较高的情况。这种情况下，从上游坡加高，工程量小。对于均质坝，从上游坡加高，后期加高填筑的土体压实质量好，防渗性能好，大大降低了原坝体浸润线，对坝的安全有利。在坝上游淤积面加高需要重视淤积物在附加荷载作用下

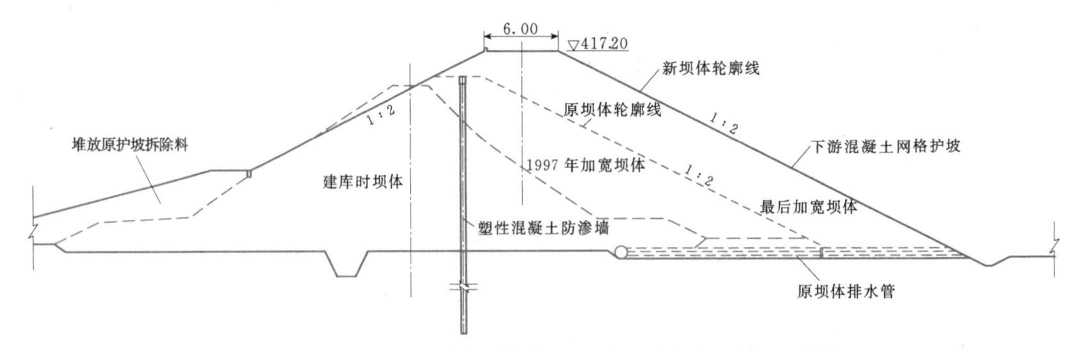

图 1.15-3 从坝下游坡加高典型横剖面图（新疆跃进水库大坝）（单位：m）

的压缩变形对加高坝体安全的影响。

如甘肃庆阳市王家湾水库，是一座以防洪、拦沙、灌溉为主的中型水库。始建于1956年，初建坝高32.0m，心墙高度23.0m。后经1959年、1970年和1974年3次加高，现坝高42.9m。经过50多年的运行，坝前淤积厚度已达31.7m。大坝存在的主要病险是坝顶高程低，不能满足防洪要求；坝体施工质量较差，现坝顶宽偏窄，坝体上游坝面未设护坡，下游坝面不整。大坝加高采用从大坝上游坡加高方案，见图1.15-4。

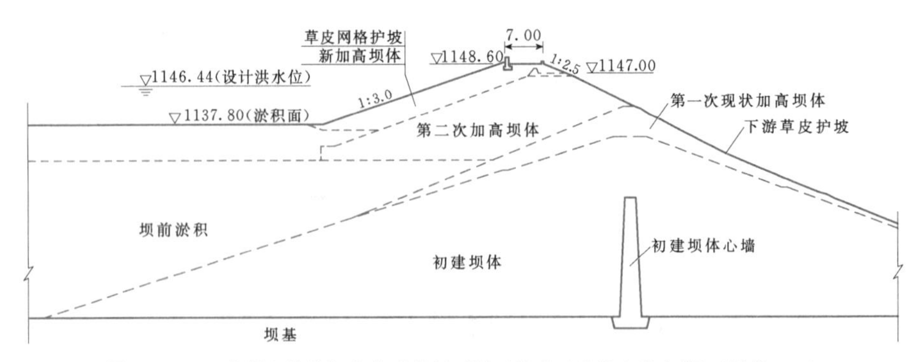

图 1.15-4 从坝上游坡加高典型横剖面图（甘肃王家湾水库大坝）（单位：m）

1.15.3.2.2 防渗体的防渗加固措施

在所有除险加固项目中，防渗加固措施方式、方法最多。对于大坝防渗体，常用的防渗加固措施有各种方式的灌浆、复合土工膜、各种型式的防渗墙等。对于砂砾石坝基和土基，常用的防渗加固措施有黏土铺盖、复合土工膜铺盖、各种防渗墙和灌浆等；岩石坝基常用的防渗加固措施是帷幕灌浆。

1. 坝体防渗加固措施

（1）防渗体灌浆。

1）冲填灌浆。根据需要，冲填灌浆常用自流或压力灌浆，或者先自流后加压力进行灌浆。冲填灌浆的作用主要是对钻孔周围缝隙进行冲填，提高防渗体的防渗性能。冲填灌浆一般常用多排布置，孔距2m左右。灌浆材料与原坝防渗体相同或相近。冲填灌浆适用于防渗体填筑质量差，内部因存在裂缝使防渗性能不能满足要求的情况。

2）劈裂灌浆。劈裂灌浆是利用浆液压力大于坝体小主应力的原理在防渗体内进行压力灌浆。灌浆材料采用黏性土。通过灌浆在防渗体内形成一道约0.2～0.3m厚的黏土浆脉，提高防渗体的防渗性能，从而达到防渗加固的目的。劈裂灌浆孔一般呈单排布置，孔距较大，多采用5～10m孔距。灌浆压力一般通过试验确定，并大于灌浆部位的小主应力，确保能将防渗体劈裂开形成连续的浆脉。劈裂灌浆适用于坝体填筑质量相对均匀的情况。若防渗体碾压质量差，不均匀，内部可能有裂缝存在，防渗体应力场不规律，往往需要在主排孔上下游布置副排孔。副排孔布置位置、排数、深度等需要根据防渗体的病险情况确定。

上述两种灌浆有一些共同的特点，在采用时需要引起设计者的高度重视：

（a）这两种灌浆方式都很难通过一次灌浆消除防渗体的病险，往往需要在间隔相当一段时间，待浆脉固结、坝体应力调整完成后，再进行复灌。对于有些坝，可能需要复灌3～4次。

（b）对于碾压质量不均匀、内部裂缝严重的情况，在灌浆过程中串浆、跑浆现象难以避免，灌浆工艺不当会对防渗体形成新的破坏，应谨慎采用。

(c) 两种灌浆方式大多是在坝轴线上下游布置，对于整体质量较差的均质坝，上游坝体质量得不到显著改善的情况下，蓄水后水位以下坝体浸水饱和，在再固结的过程中会产生新的变形和裂缝，严重时在水位降落时会形成遛坡破坏。

(2) 复合土工膜防渗加固。近年来，采用复合土工膜对防渗体进行防渗加固越来越普遍。复合土工膜的铺设方式随防渗体型式不同，可分为两种方式。对于均质坝和斜墙坝，复合土工膜铺设在防渗体上游面；心墙坝采用垂直铺塑方式。前者采用的较为普遍，后者采用不多。

常用土工膜材料有聚氯乙烯（PVC）、高密度聚乙烯（HDPE）、氯磺化聚乙烯（CSPE）、氯化聚乙烯（CPE）、丁基橡胶（ⅡR）、乙烯一丙烯单体橡胶（EPDM）和氯丁橡胶（CR）等。

采用复合土工膜防渗，主要是确定复合土工膜的类型规格，当采用上游面板式结构时，大坝迎水坡坡度除满足大坝自身抗滑稳定以外，还应核算沿土工膜与垫层和保护层之间的平面滑动稳定，而且往往由此决定了坝坡的陡缓。因此，设计中要重点把握好摩擦系数的取用，且由于复合土工膜须由分幅搭接而成，其连接方式与要求对复合土工膜防渗性、可靠性及耐久性影响很大，是设计的重点之一。

在斜面上采用土工膜时，应考虑土工膜与垫层或保护层之间的抗滑稳定。

(3) 防渗墙加固。按工法不同，常用的防渗墙有槽孔混凝土防渗墙、高压喷射灌浆防渗墙和水泥搅拌桩防渗墙等3种。另外还有槽孔塑性混凝土防渗墙、灰浆防渗墙等。防渗墙加固适用于均质坝和心墙坝，防渗体的防渗墙加固常常与坝基防渗处理一起采用。

2. 坝基防渗加固措施

(1) 水平铺盖。

1) 黏土铺盖。黏土铺盖适用于坝基覆盖层深厚，但颗粒组成相对较均匀的中低坝。对于成层显著、不均匀性大、顶部强透水、易产生接触流土地层及基岩为岩溶发育地基均不宜用黏土铺盖防渗。在以往的工程实践中，采用铺盖防渗成功的和失败的案例均较多。

在采用黏土铺盖防渗中，以下问题需要引起高度重视：

(a) 掌握覆盖层材料的颗粒组成及其分布情况。当铺盖土料与覆盖层之间不能满足层间关系时，必须选用可靠的反滤保护。

(b) 铺盖上面应有可靠的保护层，防止冲刷破坏、干裂和冻胀。

2) 复合土工膜防渗铺盖。

(a) 大面积铺设复合土工膜应做好排气设计，释放土工膜下面气压力，常采用逆止阀排气措施。

(b) 复合土工膜上面设置足够厚度的保护层和盖重层。

(c) 铺设施工中，采取措施避免尖锐物品刺破土工膜，确保土工膜焊接质量。

(2) 防渗墙。

1) 高压喷射灌浆防渗墙。因其造价适中、防渗效果基本可靠，高压喷射灌浆防渗墙在除险加固项目中采用较多。根据坝高、覆盖层材料组成等，有旋喷、摆喷和定喷3种方式可供选用。

对于覆盖层中粒径大于200～300mm颗粒含量较多的情况，不宜采用高压喷射灌浆。对于坝高相对较高宜采用旋喷灌浆，坝高较低可选用摆喷或定喷灌浆。当覆盖层中含有一定数量的粒径为150～200mm的粗颗粒时，难以保证摆喷或定喷灌浆防渗墙防渗效果，不宜采用。

如山东泰安角峪水库，大坝为均质土坝，最大坝高16.8 m，坝顶长1145.0m。主坝坝体质量差，渗透性大，且坝基为粉质壤土，存在渗漏现象，设计采用坝基高压定喷灌浆防渗墙＋坝体复合土工膜防渗的处理方案（见图1.15-5）。

2) 槽孔防渗墙。槽孔防渗墙一般有槽孔混凝土防渗墙和自凝灰浆防渗墙两种。槽孔防渗墙防渗效果最好，但造价相对较高，在除险加固中应用的工程比例并不太高。一般多用于坝高相对较高、水库规模较大、位置重要、坝基地质条件相对复杂的情况。

如山东济南卧虎山水库为大（2）型水库，大坝为黏土宽心墙土石混合坝，最大坝高37.0m。坝体坝基渗漏严重。因坝体土料填筑混杂，砾石含量高；河床坝基砂砾石覆盖层厚度4～8m，龙口段存在有大孤石等问题。设计采用混凝土防渗墙＋复合土工膜防渗加固方案（见图1.15-6）。

3) 搅拌桩防渗墙。在防渗墙中，搅拌桩防渗墙造价最低。搅拌桩防渗墙适用于颗粒较细的砂性坝基。在墙深小于20～25m的情况下，防渗效果基本可靠。

如山东莱芜的公庄水库，大坝为黏土心墙砂壳坝，最大坝高23.15m。大坝心墙上部坝体填土含砂量大，透水性强，含有薄层的砂层透水体，存在严重渗漏现象。设计对桩号0＋140～0＋366上部坝体采用水泥土搅拌桩防渗墙防渗的加固方案。防渗墙中心线位于坝轴线上游1.0m处，墙体厚度为0.25m，防渗墙深度为6.5～10.0m。

部分土石坝除险加固防渗型式见表1.15-1。

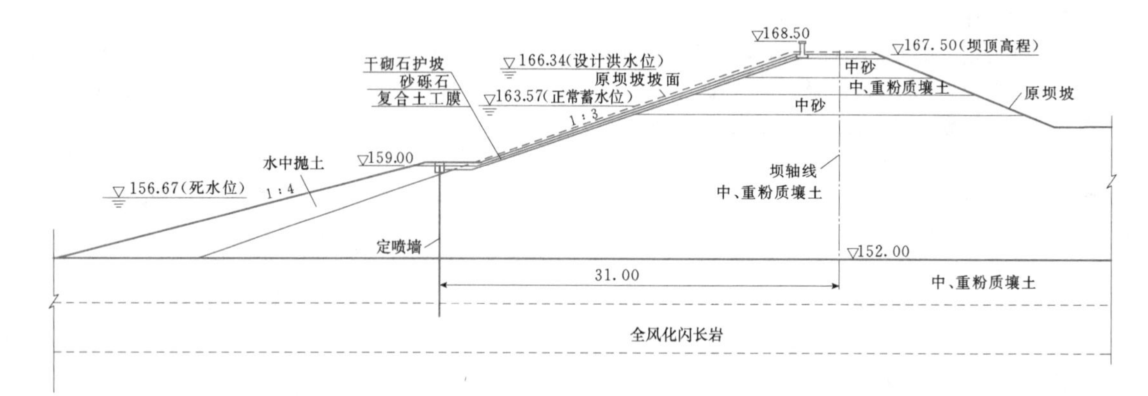

图 1.15-5　坝基高压定喷灌浆防渗墙＋坝体复合土工膜防渗加固方案典型横剖面图（单位：m）

表 1.15-1　　部分土石坝除险加固防渗型式

序号	水库名称	所在地	修建时间（年）	坝　型	坝高（m）	防渗型式	坝体坝基
1	跃进水库	新疆	1959	均质土坝	15.6	塑性混凝土防渗墙	低液限黏土、粉土质砂和低液限粉土多层结构
2	阿克达拉水库	新疆	1967	均质土坝	5.5	混凝土防渗墙	砂砾（卵）石和中细砂
3	农十师六号坑水库	新疆	1985	均质土坝	5.0	复合土工膜防渗方案	砂砾（卵）石和中细砂
4	克孜尔水库	新疆	1985	黏土心墙坝	44.0	塑性混凝土防渗墙	副坝部位F2断层带岩体为弱胶结的软岩
5	沙汗水库	新疆	1965	均质土坝	22.0	水泥土搅拌桩防渗墙	低液限粉土
6	东峡水库	甘肃	1958	均质土坝	41.5	高压旋喷灌浆防渗墙	坝基下的砂层、砂砾石层
7	小安门水库	山东泰安	1959	壤土心墙坝	20.5	水泥土搅拌桩防渗墙	二期接高心墙，含砂
8	雪野水库	山东莱芜	1959	斜心墙堆石坝	30.3	水泥土搅拌桩防渗墙	粗砂
9	大冶水库	山东莱芜	1958	均质土坝	24.0	复合土工膜＋混凝土防渗墙	砾砂层
10	苇池水库	山东新泰	1977	均质土坝	22.5	高压定喷灌浆防渗墙＋坝体复合土工膜防渗	含粗粒低液限粉土和粉土质砂
11	山阳水库	山东泰安	1959	均质土坝	13.2	坝基高压定喷灌浆防渗墙＋坝体复合土工膜防渗	粉土质砂
12	角峪水库	山东泰安	1958	均质土坝	16.8	坝基高压定喷灌浆防渗墙＋坝体复合土工膜防渗	粉土质砂和含细粒土砂
13	公庄水库	山东莱芜	1978	黏土心墙砂壳坝	23.15	上部坝体采用水泥土搅拌桩防渗墙防渗	心墙以低液限黏土为主，上部坝体填土含砂量大
14	鹁鸽楼水库	山东莱芜	1977	黏土斜墙坝	30.0	混凝土防渗墙＋复合土工膜防渗	斜墙岩性为低液限黏土
15	卧虎山水库	山东济南	1958	黏土宽心墙土石混合坝	37.0	混凝土防渗墙＋复合土工膜防渗	砾石土

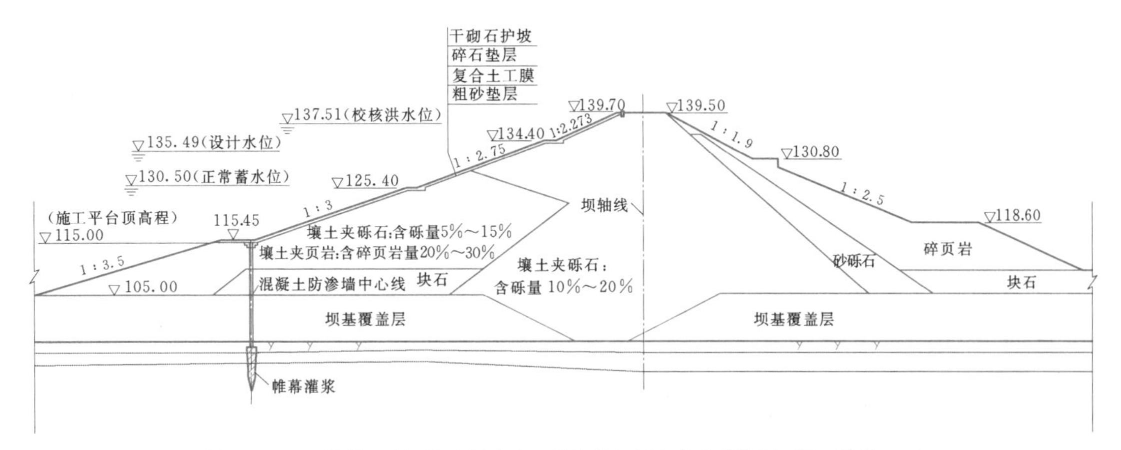

图 1.15-6 混凝土防渗墙+复合土工膜防渗加固方案典型横剖面图（单位：m）

1.15.3.2.3 抗滑稳定加固

1. 沿坝坡滑出时的加固

常用的加固措施是培厚坝体，放缓坝坡。培厚放缓坝坡的部位应靠近坝的下部，最危险滑动面滑出点上下一定范围内。若是坝顶附近局部抗滑稳定不满足要求，且坝顶较宽，则可适当削坡放缓坝坡。否则应从上部至地面，逐步放缓坝坡。加固培厚用材料的透水性应不小于原坝体，否则应设排水层，将原坝体渗水顺畅地导出坝体之外。

培厚加固的布置应兼顾整体稳定和局部稳定，不能因培厚加固降低原坝体任何部位的稳定安全度。

2. 沿坝基面滑出时的加固

常用的措施是在滑出点左右填筑压重平台。压重平台的长度和高度应经稳定计算确定。压重材料的透水性不宜小于坝基透水性，否则应设排水层。对于沿岩基软弱夹层滑动且对滑动前的变形有严格要求的情况，在滑出点外侧压重提供的抗滑力应按主动土压力计。

3. 抗滑稳定加固需要注意的问题

（1）上述沿坝体滑出和沿坝基滑出属于典型情况，实践中往往两者皆有。尤其是所谓的抗滑稳定不满足要求，是设计者根据稳定分析结果做出的判断，而且潜在的危险滑动面往往有多个，可能存在通过坝体和坝基多个潜在滑动面。因此在进行抗滑稳定加固时，需要综合考虑，加固措施兼顾坝坡和坝基，并兼顾整体稳定和局部稳定。

如山东省莱芜市的大冶水库，是一座以防洪为主，兼顾灌溉、供水、养殖等综合利用的中型水库。水库建于 1958 年，大坝为均质土坝，最大坝高 24.0m，坝顶长 447.5m。大坝存在的主要病险问题是大坝上游干砌石护坡破损，大坝上、下游坡抗滑稳定安全系数均不满足规范要求；大坝上、下游坝基砂层存在地震液化的可能；大坝存在渗流安全隐患等。鉴于主坝坝基砂层存在地震液化问题以及上游坝坡局部为 1：1.5，坡度较陡，采用主坝上游坝脚利用上游护坡拆除料和溢洪道开挖料设置压重平台，上游贴坡培厚的方法对上游坝坡进行整修，修整后的上游坝坡坡度为 1：3。

（2）对于因孔隙压力高引起的抗滑稳定不满足要求，应结合防渗和排水加固措施，一并考虑。

1.15.3.2.4 抗震安全与加固

1. 加密

常采用的加密措施有振冲法、振冲—置换桩法、强夯法等。

2. 压重

压重材料宜为自由透水的材料，否则应在地基与压重间设置排水层。压重厚度由计算确定。

3. 排水减压措施

常用的排水减压措施有排水孔、排水井和排水槽三种。

排水孔一般为多排布置，孔排距需参照工程类比和计算分析，综合考虑确定。排水孔应为透水花管，花管外侧填筑反滤料或包裹土工布。

排水井多为单排布置，井内可以填筑砾石或碎石，填筑料与地基材料之间应满足反滤层间关系。也可以采用透水井筒，井内不填料。井内填筑自由透水料的情况，地面应采取保护，防止淤堵。采用透水井筒不填料一般需加盖保护，并定期或不定期清理井内污物，确保在地震发生孔隙压力升高时的排水减压效果。

如宁夏回族自治区石峡口水库，大坝为均质土坝，最大坝高 69.9m，坝顶宽 6.0m、坝顶长 286.00m，坝顶高程 1458.50m，坝前现状淤积面高程为 1452.50m，地震基本烈度Ⅷ度。主要病险问题为水库淤积严重，防洪能力不满足规范要求。设计采用加高大坝提高水库防洪能力的方案。大坝由上游加高培厚，坝顶高程加高至1464.50m，加高高度6.0m。上下游边坡均为1∶3，坝顶宽度由5.0～7.2m增加至10.0m。

考虑坝前淤积物含水率较大，对坝体填筑不利，设计采用碎石桩进行固结排水措施，桩径0.3m，间距5.0m。鉴于该坝处于高地震区，坝下游砾石压坡坡度由1∶2.5放缓至1∶2.75，以保证下游坝坡抗滑稳定满足规范要求。

1.16　安全监测设计

1.16.1　观测目的

1. 根据监测成果，判断大坝的工作性状

(1) 施工期。通过观测，了解坝体在填筑过程中的状况。如填土自重产生的孔隙压力、坝体分层沉降、坝基孔隙压力和变形等。必要时，据以上观测成果复核施工期坝坡稳定，判断大坝是否安全。以上施工期观测，对于建在软基上的土石坝，或者用特殊土，包括黄土、红土、膨胀土及含水率高的黏土填筑的均质坝尤为重要，根据观测成果确定坝体的填筑上升速度，或者采取相应的工程措施，以确保大坝在施工期的安全。

(2) 运用期。运用期对坝体的观测，以便了解：①坝体的竖向和水平位移是否在正常范围内，不均沉降变形是否超过容许值，以判别坝体是否会产生横向裂缝引起集中渗漏，危及大坝安全；②坝体在施工期产生孔隙水压力的消散情况，以判断坝体的固结程度；③坝体浸润线位置，坝肩绕渗等水位线分布、坝基渗流等势线分布等情况，据此判断坝体、坝基防渗措施的防渗效果及其渗透稳定性；④坝体、坝基渗漏量是否在容许范围内；通过对渗水水质分析，判断坝体、坝基有无产生机械管涌或化学管涌；⑤坝体应力分布情况，据以判别有无拱效应或有可能导致水力劈裂的低应力区、拉应力区及剪切破坏区等。

综上所述，进行施工期和运用期观测的主要目的就是密切监视大坝的运行性状，复核大坝安全，并据此采取相应措施，以确保大坝安全。

2. 验证设计

土石坝设计涉及坝体沉降、孔隙水压力、坝体浸润线、坝肩及坝基渗流场分布、渗流量、渗流控制措施及坝体稳定、坝体应力应变计算确定等内容，通过相关观测资料分析，可对设计进行验证、修改，以提高设计水平。

3. 为科学研究提供资料

利用土石坝的原型观测资料，可直接检验土石坝设计的有关理论、计算方法的正确性，为相应的科学研究提供第一手资料，有利于促进相关科研工作发展。

1.16.2　监测重点

根据前述土石坝安全监测的目的，安全监测设计重点主要是对坝体反应其重要安全性状的现象进行重点监测。根据工程实践经验，渗透破坏、过大的变形和不均匀变形是危及大坝安全的主要因素。过大的变形和不均匀变形会导致大坝裂缝，形成渗流通道，危及大坝安全。过大的沉降变形还可能使坝顶高程不足，加大洪水漫顶风险。大坝失稳之前往往会有过大的变形、裂缝和孔隙压力明显升高等现象。因此坝体变形、位移和渗流是大坝安全监测的重点。

1.16.3　设计依据

土石坝的监测设计应遵守下列规范：

(1)《土石坝安全监测技术规范》(SL 60—94)。

(2)《土石坝安全监测资料整编规程》(SL 169—96)。

(3)《国家一、二等水准测量规范》(GB 12897)。

(4)《国家三、四等水准测量规范》(GB 12898)。

(5)《国家三角测量规范》(GB/T 17942)。

(6)《水利水电工程测量规范》(SL 197—97)。

(7)《碾压式土石坝设计规范》(SL 274—2001、DL/T 5395—2007)。

1.16.4　监测项目

为保证大坝在施工期与运行期的安全，一般应在坝体、坝基、岸坡与坝体连接处以及两岸等部位，根据工程的等级、大坝的结构特点、地质条件等因素，确定相应的监测项目，一般设置的监测项目有：

(1) 巡视检查。主要包括日常巡视检查、年度巡视检查和特别巡视检查。

(2) 环境量监测。主要包括上下游水位、降雨量、气温、库水温、坝前淤积等。

(3) 变形监测。主要包括坝体表面的水平位移和垂直位移、坝体内部的水平位移和垂直位移、心墙的水平位移和垂直位移、坝基的垂直位移、坝体与岸坡结合部的位移、坝体内部不同料区结合部的位移、基础防渗墙的水平位移等。

(4) 渗流监测。主要包括坝体及坝基的渗透压力、心墙内孔隙水压力、浸润线、防渗结构的防渗效果、绕坝渗流、渗漏水量、水质分析等。

(5) 应力应变及温度监测。主要包括坝体的总应力、心墙的总应力、不同料区结合部的应力、土体对防渗墙的侧向土压力、防渗墙的钢筋应力以及混凝土结构的应力应变等。

（6）地震反应监测。

各等级大坝监测项目的设置情况见表1.16-1。

表1.16-1 各等级大坝监测项目设置表

序号	监测类别	监测项目	大坝级别		
			1	2	3
一	巡视检查	坝体、坝基、坝肩及近坝库岸	●	●	●
二	变形	1. 表面变形（水平、垂直）	●	●	●
		2. 内部垂直位移	●	●	●
		3. 内部水平位移	●	○	○
		4. 接缝变化	●	●	○
		5. 坝基变形	●	●	●
		6. 防渗体变形	●	●	○
		7. 防渗体裂缝	●	○	○
		8. 近坝岸坡位移	○	○	○
三	渗流	1. 渗流量	●	●	●
		2. 坝体渗透压力	●	●	●
		3. 坝基渗透压力	●	●	●
		4. 绕坝渗流（地下水位）	●	●	○
四	应力、应变及温度	1. 坝体土压力	○	○	
		2. 坝基压应力	○	○	○
		3. 接触土压力	●	○	
		4. 防渗体应力、温度	●	●	○
五	环境量	1. 上下游水位	●	●	●
		2. 气温	●	●	●
		3. 降水量	●	●	●
		4. 库水温	●	○	
		5. 坝前淤积	●	○	
		6. 下游冲淤	●	○	
		7. 冰冻	○		

注 1. 有●者为必设项目；有○者为可选项目，可根据需要选设。
2. 坝高70m以下的1级坝，防渗体应力、温度和坝体内部水平位移为可选项。

1.16.5 变形监测

变形监测资料在建筑物安全评价中比较直观，是建筑物结构性态变化的集中体现，因而变形监测是安全监测系统的重要组成部分。对于土石坝而言，变形监测也是反映大坝性态最为重要的指标，为此，在大坝监测设计时，将变形监测作为必设监测项目。

根据监测对象的不同，变形监测又分为绝对变形监测和相对变形监测。绝对变形监测主要是测量大坝及其基础在施工期和运行期内，在自重，上下游动、静水压力，地震等外荷载作用下，相对外部基准点的变形情况。相对变形监测主要是测量大坝在各个阶段内，大坝及其基础在各种荷载作用下相对于指定点的变形情况。不同的部位以及监测目的不同，所需要的监测量重点也不一样，因此，根据大坝结构的特点以及监测对象的实际情况选择所需要的监测量。

大坝变形监测按其监测部位不同，又可分为外部变形监测和内部变形监测。外部变形监测即大坝表面变形监测，主要测量大坝的表面变形。根据变形方向不同，可分为水平位移监测和竖直位移监测；内部变形监测主要是测量大坝内部的结构变形，可分为水平位移监测、竖直位移监测、大坝内部界面变形监测和接缝开合度监测等。

1.16.5.1 外部变形监测

外部变形监测包括垂直位移、垂直于坝轴线方向的横向水平位移和平行于坝轴线方向的纵向水平位移。为便于资料分析，一般垂直位移和水平位移共用一个测点。

1. 测点布置

（1）平行坝轴线的测线不宜少于4条，宜在坝顶的上、下游侧布设1～2条；在上游坝坡正常蓄水位以上设1条，正常蓄水位以下可视需要设临时测线；下游坝坡1/2坝高以上设1～3条，1/2坝高以下设1～2条（含坡脚1条）。

（2）测点间距，当坝轴线长度小于300m时，宜取30～50m；坝轴线长度大于300m时，宜取50～100m。除应在上述监测断面上布设测点外，还需根据坝体结构、材料分区和地形、地质情况增设测点。对V形河谷中的高坝和两坝端以及坝基地形变化陡峻的坝，坝顶测点应适当加密。

（3）各测点的布置应形成纵横断面，以便于进行对比分析。

（4）测点应与坝体牢固结合，测点应旁离障碍物1m以上，监测基准点应设在稳定区域，工作基点应设在相对稳定区域。

（5）监测水平位移的工作基点选取应和所选择的监测方法相适应，对于中小型土石坝，宜采用视准线法；对于大型或超大型土石坝，根据其实际地形和地质条件，宜采用全站仪交会法，其工作基点选取也应与其相适应。

(6) 视准线的工作基点，应在两岸每排视准线测点的延长线上各布设1个，其高程宜与测点高程相近，基础宜为岩石或坚实土基。当坝轴线为折线或坝长超过500m时，可在坝身每排中间增设工作基点。

(7) 视准线工作基点的位移可用校核基点校测，校核基点应设在工作基点连线的延长线稳定基础上，一般两侧各设1个。对于大中型工程，工作基点的位移应采用边角网法、交会法或倒垂线校测。

(8) 水准工作基点宜布设在大坝两岸岩石或坚实土基上。对于中小型土石坝，水准工作基点一般在两岸各布置1个；对于大型或超大型土石坝，可分层布设水准工作基点。

(9) 对于中小型土石坝，水准基准点一般在土石坝下游1～3km处稳定基岩上布设一组3个基准点；对于大型或超大型土石坝，也可根据其实际地形和地质条件，采用钢管标或双金属标。

2. 监测方法选择

(1) 垂直位移。随着监测技术水平及监测设备性能的提高，土石坝外部垂直位移监测常用的方法有多种，如几何水准测量、三角高程法、静力水准系统、高程传递方法、全站仪法和GPS（全球定位系统）方法。

(2) 水平位移。表面水平位移采用的监测方法有：视准线法、交会法、激光准直法（大气激光和真空激光）、垂线法、引张线法、测距法和三角网法，也可采用全站仪和GPS方法监测。

3. 监测布置实例

毛尔盖心墙堆石坝外部监测平面布置见图1.16-1。

1.16.5.2　内部变形监测

坝体内部变形监测又可分为垂直位移（沉降）监测、水平位移监测、坝体与岸坡以及不同料区间的界面相对错动监测。内部变形监测与外部变形监测结合才能取得比较完整的监测数据。内部垂直位移和水平位移都是相对某一点的位移，而这一点的高程或平面坐标需要采用外部监测的方法确定，两者结合才能确定坝体内部各测点绝对位移的变化。

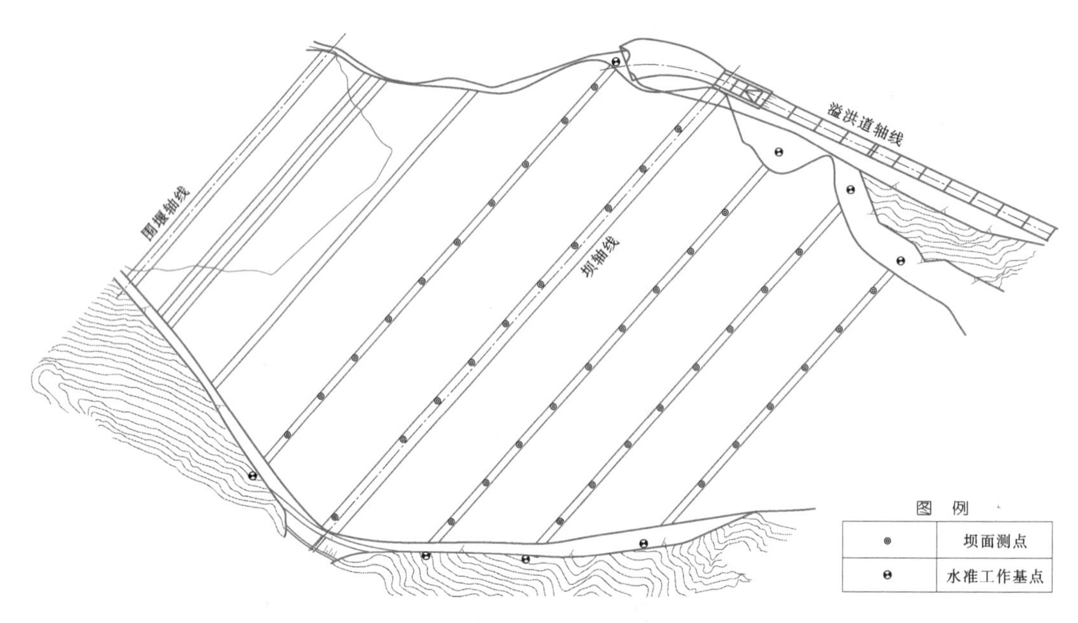

图1.16-1　毛尔盖心墙堆石坝外部监测布置图

1. 测点布置

(1) 坝体变形。

1) 监测布置时，施工期监测项目应和运行期监测项目综合考虑，心墙上游堆石体应布置临时测点，以能监测施工期和蓄水前堆石体的变形。

2) 监测布置时，应同时考虑水平位移和沉陷监测，有条件时，水平位移测点和沉陷监测点结合布置。

3) 根据坝体结构情况，对于大中型工程，每个典型横断面应布置2～4条竖向测线（每条测线的水平位移和沉陷可结合布置），其中，在坝轴线附近设置1条测线，心墙下游侧设1～3条测线，心墙上游可在最大坝高断面处设1条竖向测线。竖向测线底部应深入基础变形相对稳定处。

4) 当心墙下游采用水平层测点布置时，监测断面位置宜设置在最大断面及左右两坝端受拉区，应在1/3、1/2、2/3坝高处布置测点，高程间距宜为20～

50m；各监测高程第一个测点应尽量靠近心墙，但不能穿过心墙，测点平面间距20～40m，测点在竖直向应形成观测线。

5）测点布设或电缆敷设应严禁水平向横穿心墙，电缆在心墙内敷设应尽量延长渗径，并设置多道止水设施。

（2）防渗体变形。防渗体变形监测断面应与典型监测断面一致。监测防渗体的压缩变形和挠曲变形；防渗体变形一般采用测斜管加沉降环的方式进行监测，也可采用其他方式进行监测，但布设时应尽量减少监测设施对心墙造成损害。

（3）地基变形。

1）地基变形监测应与坝体变形监测统一考虑。

2）对于大型土石坝，应在最大断面的坝基部位布设测点，以监测地基的沉降量，便于对比分析。

3）应对防渗墙的挠度以及防渗墙与防渗体结合部位的变形布设监测点。

（4）界面变形。界面变形包括心墙与反滤料（过渡料）接触位移、土体与混凝土建筑物及岸坡岩石接触位移等。

1）界面变形监测设施一般布设在不同坝料界面及大坝与混凝土建筑物及岸坡连接处，以监测界面上两种介质相对的法向及切向位移。

2）心墙的上、下游宜设置心墙与反滤料的剪切位移和接触位移监测，监测断面应与坝体内部变形监测断面及心墙压缩变形监测断面一致。

3）土体与混凝土建筑物及岸坡岩石接合处是易产生裂缝的部位，峡谷坝址拱效应突出的部位，均应进行界面监测。

2. 监测方法选择

（1）垂直位移。坝体内部垂直位移监测的方法和相应的仪器有多种，常用仪器有横梁式沉降仪、电磁式沉降仪、钢弦式沉降仪、溢流水管式沉降仪、气压式沉降仪、双液水管式沉降仪、深式标点、测斜仪等。以上监测仪器各有优缺点，埋设方法和要求不同，精度也不同。根据坝型、坝高、坝长、地形、地质、施工条件以及施工方法等因素综合选择监测方法。

（2）水平位移。土石坝的内部水平位移监测越来越引起人们的关注，其监测方法有多种，如测斜仪、引张线式水平位移计、土体位移计、钢弦式水平位移计等，各种监测方法各有优缺点，埋设方法和要求不同，精度也不同。具体采用那种方法应根据坝型、坝体结构、施工条件以及施工方法等因素进行综合比选。

3. 监测布置实例

小浪底斜心墙堆石坝监测横剖面和纵剖面图见图1.16-2和图1.16-3，毛尔盖心墙堆石坝监测横剖面和纵剖面图见图1.16-4和图1.16-5。

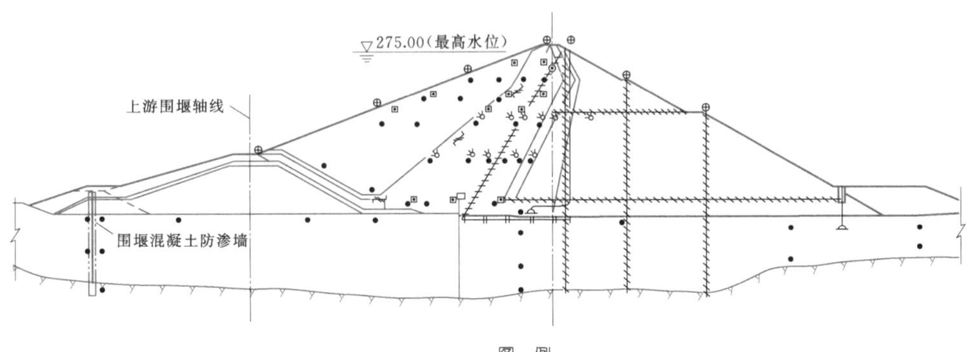

图 例

符号	名称	符号	名称
•	渗压计		界面变位计
⊥	测压管	⊡	钢弦式沉降仪
	竖向测斜仪	⊕	位移标点
	堤应变计	⊓	观测井
	水平向测斜仪		土压力计组

图 1.16-2 小浪底斜心墙堆石坝监测横剖面图

1.16.6 渗流监测

渗流监测的目的是掌握大坝渗流规律和在渗流作用下坝体的渗透变形以及大坝防渗系统的防渗效果等。

据有关资料分析统计，土石坝由于渗流问题引起的事故占总失事事故数的30%～40%，可见土石坝渗流监测的重要性。渗流监测是指对渗透水流的状态监测。主要包括下列监测项目：坝体浸润线监测、坝体和坝基渗流压力监测、心墙内孔隙水压力监测、防渗和排水效果监测、绕坝渗流监测、渗流量监测以及

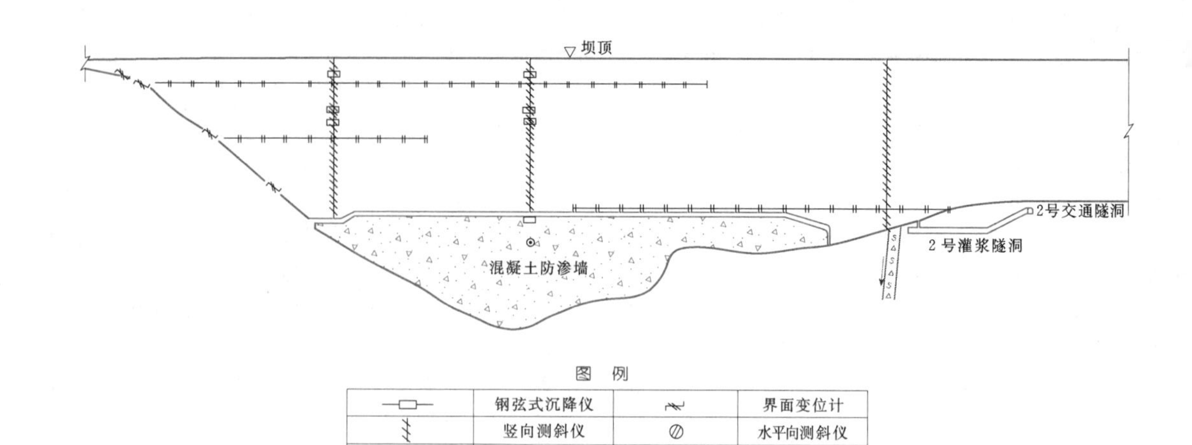

图 1.16－3　小浪底斜心墙堆石坝监测纵剖面图

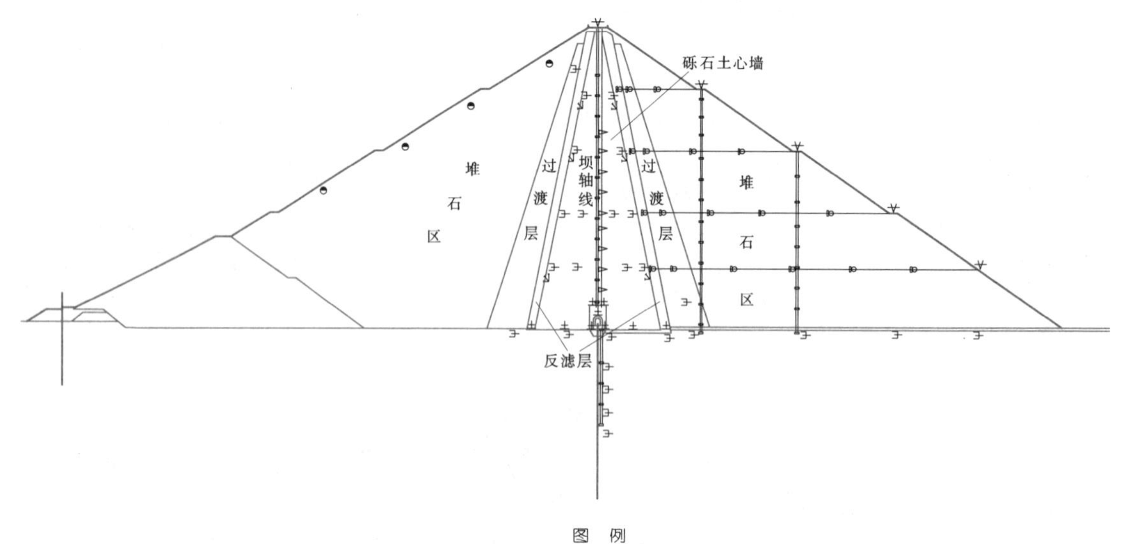

图 1.16－4　毛尔盖心墙堆石坝监测横剖面图

水质分析等。

浸润线是指大坝形成稳定渗流状态后的顶层流线。通过浸润线监测，借以掌握大坝运行期的渗流状况。

1.16.6.1　测点布置

1. 坝体

(1) 原则上监测仪器应布置在上述的典型监测横断面上，并根据坝体结构的实际情况增加监测断面。

(2) 坝体渗透压力监测点应根据坝基坝体防渗体类型、结构型式和渗流场特征（包括监测断面上渗透压力分布、浸润线等），沿不同高程分层布设测点。原则上每个横断面上每个布设高程测点数量不少于3个。

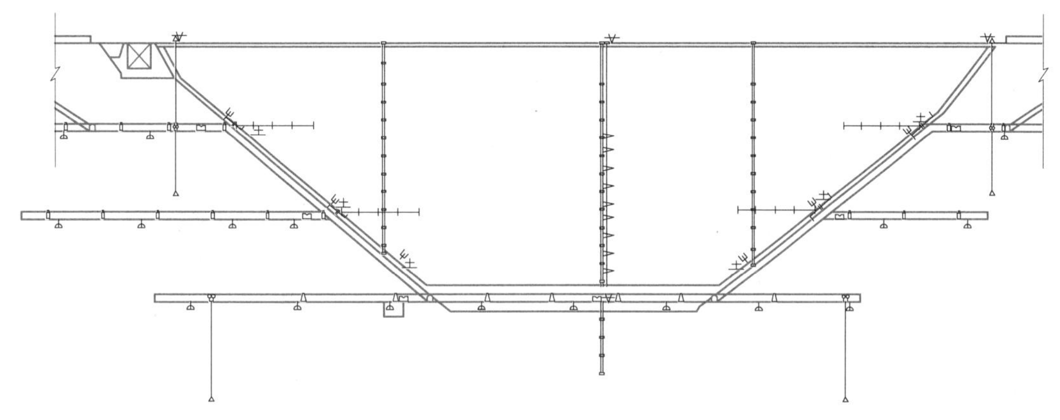

图 例

图例	名称	图例	名称
	变形观测墩		测压管
	固定式测斜仪		渗压计
	活动式测斜仪兼电磁式沉降仪		位错计
			倒垂线
	地震仪		土压力计
	双金属标		土体位移计
	量水堰		静力水准仪

图 1.16-5 毛尔盖心墙堆石坝监测纵剖面图

(3) 坝体浸润线监测。一般在心墙内布设 1 个测点，心墙下游侧坝体布设 1 个测点，在其以下至下游排水体之间布设 1～3 个测点。

(4) 孔隙水压力监测。对于宽心墙，每个断面沿不同高程至少要布置 3 排，每排不应少于 3 个测点；坝体内，也可按照上述高程布设，测点数量可以根据坝体结构、筑坝材料等因素确定。

(5) 对均质坝，在监测横断面上，应在坝基面沿上、下游设置测点，坝轴线上游侧至少 1 个测点，下游排水体前缘设 1 个测点，其间一般为 1～2 测点；坝体内应沿不同高程设置 2～4 排，每排一般不少于 3 个测点。

2. 坝基

(1) 坝基岩土层、防渗体和排水设施等部位的渗透压力监测点在每个典型监测横断面上不宜少于 3 个。

(2) 一般应在防渗体下游侧布设一条监测纵断面，除了与横断面交叉的部位布设测点外，其他部位也应根据基础的实际情况布设一定数量的测点。对于大型工程可布设两条监测纵断面。

(3) 对于均质透水坝基，除渗流出口内侧必设 1 个测点外，其余视坝型而定。有铺盖的心墙坝和均质坝，应在铺盖末端底部设 1 个测点，其余部位适当插补测点。有截渗墙（槽或帷幕）的心墙坝，应在墙（槽或帷幕）的上、下游侧各设 1 个测点；当墙（槽或帷幕）偏上游坝踵时，可仅在下游侧设点。在防渗墙与心墙结合部位沿上、下游方向适当增设测点，并宜在防渗墙上、下游侧沿不同高程设置测点。

(4) 对于层状透水坝基，一般只在强透水层中设置测点，位置宜在横断面的中、下游段和渗流出口附近，测点数一般不少于 3 个。

当有减压井（或减压沟）等坝基排水设施时，还需要在其上下游侧和井间适当布设测点。

(5) 对岩石坝基，当有贯穿上下游的断层、破碎带或其他易溶、软弱带时，应沿其走向在与坝体的接触面、截渗墙（槽或帷幕）的上下游侧或深层所需监视的部位布置 2～3 个测点。

3. 绕坝渗流

(1) 根据坝基及两岸水文地质条件、渗流控制措施、绕坝渗流区渗透特性而定，宜沿流线方向或渗流较集中的透水层（带）设 2～3 个监测断面，每个断面上设 3～4 测孔（含渗流出口），帷幕前可设置少量测点。对层状渗流，应分别将监测孔钻入各透水层，至该层天然地下水位以下的一定深度，一般为 1m，埋设测压管或渗压计进行监测。必要时，可在一个孔内埋设多管式测压管，或安装多个渗压计，但必须做好上下测点间的隔水设施。

(2) 大坝与刚性建筑物接合部的绕坝渗流监测，应在接触边界的控制处设置测点，并宜沿接触面不同高程布设测点。

(3) 在岸坡防渗齿墙和灌浆帷幕的上、下游侧宜各布设1个测点。

4. 渗流量

(1) 应根据坝型和坝基水文地质条件、渗透水的出流、流向、汇集条件、排水设施，以及所采用的测量方法等确定渗流量的监测设施。

(2) 对坝体、坝基、绕坝渗流及导渗（含减压井、减压沟和排水廊道）的渗流量，在可能的条件下应分区、分段进行测量，有条件时宜修建截水墙、监测廊道等辅助设施。所有集水和量水设施均应尽可能避免或减少客水干扰。

(3) 当坝体（基）下游有渗透（漏）水出逸时，一般应在下游坝趾附近（分区、分段设置）设导渗沟，在导渗沟出口或排水沟内设量水堰进行渗流量监测。

(4) 对设有排水检查廊道的面板堆石坝、心墙坝、斜墙坝等，可在廊道内分区、分段设置量水设施。对减压井的渗流，应尽量进行单井流量、井组流量和总汇流量的监测。

(5) 对深覆盖层基础或下游尾水位较高时，宜设截水墙汇集渗流进行监测。

(6) 应选择有代表性绕坝渗流监测孔、量水堰和下游渗流水及库水，定期进行水质分析。水质一般只做简易分析，若发现有析出物或侵蚀性的水流出时，应采样进行全分析。在渗透（漏）水水质分析的同时应作库水水质分析。

1.16.6.2　监测方法选择

渗压监测方法主要有：测压管、水管式渗压计、气压式渗压计和电测式渗压计等。

1.16.7　应力应变及温度监测

对于土石坝，应力应变监测项目主要有土压力、接触土压力、混凝土防渗墙应力应变及温度等监测。压力（应力）监测应与变形监测和渗流监测项目结合布置。

1. 坝体及地基

(1) 对于中小型土石坝，可不设应力应变监测项目。

(2) 对于大型土石坝，一般布置1～2个监测断面，其中在最大坝高处应设置1个监测断面。监测断面的位置应与变形监测断面相结合。

(3) 一般每个监测断面可选取3～5个高程布设测点，高程的选择与坝体内部变形监测仪器的布置高程一致。

(4) 在监测断面上，心墙内及其上下游反滤层处应布设测点，土压力计测点应与孔隙水压力测点成对布置。

(5) 应在心墙与岸坡接触处、特别是心墙与陡峻岸坡接触部位，地形突变部位、心墙与混凝土垫层接触面布置界面土压力计。

2. 混凝土防渗墙

(1) 混凝土防渗墙应力应变及温度监测项目主要包括混凝土应变、钢筋应力、侧向土压力和温度等。

(2) 布置监测仪器时，应结合坝体结构、地质条件，选择代表性的监测横断面，沿不同高程布置应变计、无应力计、钢筋计、界面土压力计和温度计。

1.16.8　强震监测

(1) 设计烈度7度及以上的1级、2级大坝应设置结构反应台阵，对于1级土石坝可设置动孔隙水压力监测。

(2) 动孔隙水压力一般选择1～2个监测断面，其测点布设在基础上和心墙内，心墙内一般设2～3个高程布设测点。

(3) 土石坝反应台阵一般选择一个监测断面布设测点，左、右岸坝肩各布设一个测点，对于坝线较长者，可在坝顶增设测点。

(4) 监测断面一般选择在最高坝段或地质条件较为复杂的部位。在监测断面上，测点一般布置在坝顶、坝坡的变坡部位、坝基和河谷自由场处。

(5) 测点方向应以顺河水平向为主，坝顶、基础和河谷自由场处一般设置三分向测点，其他部位设置顺河水平向测点。

1.16.9　巡视检查

1. 巡视检查总体要求

从施工期到运行期，各级大坝均须进行巡视检查。每座坝都应根据工程的具体情况和特点，巡视检查程序包括检查项目、检查顺序、记录格式、编制报告的要求及检查人员的组成职责等。

日常巡视检查报告的内容应简明扼要，可用表单形式，要说明检查时间、范围、发现的问题等，应附上照片及简略图。

巡视检查应根据每座大坝的具体情况和特点，制定检查程序，携带必要的工器具或具备一定的检查条件后进行。巡视检查中发现大坝有损伤，原有缺陷有进一步发展，近坝岸坡有滑移崩塌征兆、渗水量或渗水水质有明显变化，或其他异常迹象，应分析原因。巡视人员应按预先制定的巡视检查程序，对大坝作例行检查。对于不同的巡视检查应采用下列相应的巡检次数：

(1) 日常巡视检查。在施工期，宜每周2次，每月不得少于4次；水库第一次蓄水或抬高水位期间，宜每天1次或每两天1次（依库水位上升速率而定）；正常运行期，可逐步减少次数，但每月不宜少于1次；汛期应增加巡视检查次数；水库水位达到设计洪水位前后，每天至少巡视检查1次。

（2）年度巡视检查。在每年汛前、汛后或枯水期（冰冻严重地区的冰冻期）及高水位时，对大坝进行较为全面的巡视检查。年度巡视检查除按规定程序对大坝各种设施进行外观检查外，还应审阅大坝运行、维护记录和监测数据等资料档案，每年不少于2次。

（3）特殊情况下的巡视检查。在坝区（或其附近）发生有感地震、大坝遭受大洪水或库水位骤降、骤升，以及发生其他影响大坝安全运用的特殊情况时，应及时进行巡视检查。

2. 巡视检查内容

从施工期到运行期，各级土石坝及其附属建筑物，均应定期进行巡视检查，参加现场巡视检查的人员应具备相关专业知识和工程经验。对于土石坝来说，应加强对下述部位的巡视检查：

（1）坝顶有无裂缝、异常变形、积水和植物滋生等现象；防浪墙有无开裂、挤碎、架空、错断、倾斜等情况。

（2）迎水坡护面或护坡有无裂缝、剥落、滑动、隆起、塌坑、冲刷或植物滋生等现象；近坝水面有无冒泡、变浑或漩涡等现象。

（3）背水坡及坝趾有无裂缝、剥落、滑动、隆起、塌坑、雨淋沟、散浸、积雪不均匀融化、冒水、渗水坑或流土、管涌等现象；排水系统是否通畅；草皮护坡植被是否完好；有无兽洞、蚁穴等隐患；滤水坝趾、减压井（或沟）等导渗降压设施有无异常或破坏现象。

（4）坝基排水设施的工况是否正常；渗漏水的水量、颜色、气味及浑浊度、温度有无变化；基础廊道是否有裂缝、渗水等现象。

（5）坝体与基岩（或岸坡）结合处有无错动、开裂及渗水等情况；两坝端区有无裂缝、滑动、崩塌、溶蚀、隆起、塌坑、异常渗水、蚁穴、兽洞等。

（6）坝趾区有无阴湿、渗水、管涌、流土和隆起等现象。

（7）地下水露头及绕坝渗流情况是否正常；岸坡有无冲刷、塌陷、裂缝及滑动迹象。

3. 检查要求和方法

巡视检查主要由熟悉本工程情况的工程技术人员参加，并要求相对固定，每次检查前，均须对照检查程序要求，做好准备工作。

年度巡视检查和特殊情况下的巡视检查，还须做好下列准备工作：

（1）做好水库调度和电力安排，为检查引水、泄水建筑物提供检查条件及动力和照明。

（2）排干检查部位积水或清除堆积物。

（3）水下检查及专门检测设备、器具的准备和安排。

（4）安装或搭设临时设施，便于检查人员接近检查部位。

（5）准备交通工具和专门车辆、船只。

（6）采取安全防护措施，确保检查工作及设备、人身安全。

检查的方法主要依靠目视、耳听、手摸、鼻嗅等直观方法，可辅以锤、钎、量尺、放大镜、望远镜、照相机、摄像机等工器具进行；如有必要，可采用坑（槽）探挖、钻孔取样或孔内电视、注水或抽水试验、化学试剂测试、水下检查或水下电视摄像、超声波探测及锈蚀检测、材质化验或强度检测等特殊方法进行检查。

巡视检查应做好记录，每次检查均应按各类检查规定的程序做好现场填表和记录，必要时应附有略图、素描或照片。

现场记录及填表必须及时整理，并将本次检查结果与上次或历次检查对比，分析有无异常迹象。在整理分析过程中，如有疑问或发现异常迹象，应立即对该检查项目进行复查，以保证记录准确无误。重点缺陷部位和重要设备，应设立专项卡片。

巡视检查应及时编制报告。年度巡视检查报告应在现场工作结束后20天内提出。特殊情况下的巡视检查，在现场工作结束后，还应立即提交一份简报。

巡视检查中发现异常情况时，应立即编写专门的检查报告，及时上报。各种填表和记录、报告至少应保留一份副本，存档备查。

参考文献

［1］ 潘家铮，何璟．中国大坝50年［M］．北京：中国水利水电出版社，2000.

［2］ 王柏乐．中国当代土石坝工程［M］．北京：中国水利水电出版社，2004.

［3］ 水利水电土石坝工程信息网．土石坝技术（2006、2007、2008论文集）［C］．北京：中国电力出版社，2008.

［4］ SL 386—2007 水利水电工程边坡设计规范［S］．北京：中国水利水电出版社，2007.

［5］ 林昭．碾压式土石坝设计［M］．郑州：黄河水利出

版社，2003.
[6] 水利电力部第五工程局，水利电力部东北勘测设计院．土坝设计（上、下册）[M]．北京：水利电力出版社，1978.
[7] SL 237—1999 土工试验规程 [S]．北京：中国水利水电出版社，1999.
[8] 殷宗泽，等．土工原理 [M]．北京：中国水利水电出版社，2007.
[9] 李生林，王正宏．我国细粒土在塑性图上的分布特征 [J]．岩土工程学报，1985，7 (3)：84-89.
[10] 谭罗荣，孔令伟．特殊岩土工程土质学 [M]．北京：科学出版社，2006.
[11] 郦能惠．密云水库走马莊副坝裂缝原因分析 [R]．北京：清华大学，1965.
[12] 郦能惠．高混凝土面板堆石坝新技术 [M]．北京：中国水利水电出版社，2007.
[13] 胡去劣．过水堆石体渗流及其模型相似 [J]．水利学报，1993，15 (4)：47-51.
[14] 刘杰．土石坝渗透控制理论基础及工程经验教训 [M]．北京：中国水利水电出版社，2006.
[15] GB/T 50123—1999 土工试验方法标准 [S]．北京：中国计划出版社，1999.
[16] 郭诚谦，陈慧远．土石坝 [M]．北京：水利电力出版社，1992.
[17] 刘颂尧．碾压高堆石坝 [M]．北京：水利电力出版社，1989.
[18] 华东水利学院《土石坝工程》翻译组．土石坝工程 [M]．北京：水利电力出版社，1978.
[19] 刘祖典．黄土力学与工程 [M]．西安：陕西科学技术出版社，1997.
[20] GBJ 112—87 膨胀土地区建筑技术规范 [S]．北京：中国计划出版社，1989.
[21] GB 50025—2004 湿陷性黄土地区建筑规范 [S]．北京：中国建筑工业出版社，2004.
[22] SL 251—2000 水利水电工程天然建筑材料勘察规程 [S]．北京：中国水利水电出版社，2000.
[23] 水利部黄河水利委员会勘测规划设计研究院．黄河小浪底水利枢纽设计技术总结第五卷大坝设计 [M]．郑州：黄河水利出版社，2002.
[24] 何兰，余学明，金伟．瀑布沟水电站砾石土心墙堆石坝设计 [C] //土石坝技术 2006 年论文集．北京：中国电力出版社，2006.
[25] 毛昶熙．渗流计算分析与控制 [M]．2 版．北京：中国水利水电出版社，2003.
[26] 保华富，沈蓉，李仕胜，等．风化料掺砾作为高坝心墙防渗体的研究 [J]．云南水力发电．2007，23 (4)：27-31.
[27] 郦能惠，朱铁，米占宽．小浪底坝过渡料的强度与变形特性及缩尺效应 [J]．水电能源科学，2001，19 (2)：39-42.
[28] 郦能惠，傅华，米占宽．吉林台一级水电站混凝土面板砂砾—堆石坝筑坝材料特性研究 [R]．南京：南京水利科学研究院，2001.
[29] 傅华，米占宽，等．山西省西龙池抽水蓄能电站下水库筑坝材料静力特性试验研究 [R]．南京：南京水利科学研究院，2005.
[30] 傅华，等．巴山水电站面板堆石坝筑坝材料静力特性试验研究 [R]．南京：南京水利科学研究院，2004.
[31] 柏树田，周晓光，晁华怡．软岩堆石料的物理力学性质 [J]．水力发电学报，2002 (4)：34-44.
[32] 孟宪麒，史彦文．石头河土石坝砂卵石抗剪强度 [J]．岩土工程学报，1983，5 (1)：90-101.
[33] 雷泽宏．瀑布沟心墙砾质防渗料防渗与抗渗性能研究 [J]．水力发电，1995 (1)：27-31.
[34] 董存波．风化料作为土石坝防渗材料的初步试验研究 [J]．贵州水力发电，1996 (4)：30-34.
[35] 邢义川．黄土力学性质研究的发展和展望 [J]．水力发电学报，2000 (4)：54-65.
[36] 陈开圣，沙爰民．压实黄土湿陷变形影响因素分析 [J]．中外公路，2009，29 (3)：24-28.
[37] 刘特洪．工程建设中的膨胀土问题 [M]．北京：中国建筑工业出版社，1997.
[38] 王年香．高液限土路基设计与施工技术 [M]．北京：中国水利水电出版社，2005.
[39] 姜国政．六盘水市红黏土的工程性质特征 [C] //区域性土的岩土工程问题学术讨论会论文集．北京：原子能出版社，1996.
[40] 陈光曒．玄武岩风化的红黏土形成及岩土工程性能探讨 [C] //区域性土的岩土工程问题学术讨论会论文集．北京：原子能出版社，1996.
[41] 姚祖宁．广西百色红黏土筑坝特性初探 [J]．广西水利水电，1993 (4)：28-33.
[42] 李鹏，胡新丽，杨晶，等．恰甫其海水利枢纽工程风积黄土的工程特性 [J]．水利水电技术，2006，37 (9)：8-11.
[43] 高明霞，李鹏，王国栋，等．南坪水库筑坝土料分散机理及原因分析 [J]．岩土工程学报，2009，31 (8)：1303-1308.
[44] 樊恒辉，孔令伟，郭敏霞，等．文家沟水库筑坝土料分散性和抗渗性能试验 [J]．岩土工程学报，2009，31 (3)：458-463.
[45] 樊恒辉，高明霞，李鹏，等．某大坝心墙土料分散性试验研究 [J]．岩土工程学报，2003，25 (5)：615-618.
[46] 马秀媛，徐又建．青岛市官路水库分散性黏土工程特性及改性试验研究．[J]．岩土工程学报，2000，22 (4)：441-444.
[47] 邓铭江，周小兵，万金平，等．"635"水利枢纽大坝心墙防渗土料分散性鉴定及改性试验研究 [J]．岩土工程学报，2000，22 (6)：673-677.
[48] 王观平，张来文，等．分散性黏土与水利工程 [M]．

北京：中国水利水电出版社，1999.

[49] 邓亲云，张健．分散性土的判别及应用于心墙堆石坝的工程措施［J］．水利技术监督，2000，8（6）：23-26.

[50] 杨昭，席福来，陈华．盐渍土与分散性针孔试验影响［J］．岩土力学，2003，24（增刊）：253-254.

[51] 刘杰，缪良娟．分散性黏性土的抗渗特性［J］．岩土工程学报，1987，9（2）：90-97.

[52] 李兴国，许仲生．分散性土的试验鉴别和改良［J］．岩土工程学报，1989，11（1）：62-66.

[53] 洪有纬，盛守田．黑龙江省西部地区分散性土工程特性及处理措施［J］．岩土工程学报，1984，6（6）：42-52.

[54] 钱家欢．分散性土作为坝料的一些问题［J］．岩土工程学报，1981，3（1）：94-100.

[55] 秦暲．黄河小浪底黏性土分散性能的试验研究［J］．人民黄河，1981，3（5）：8-12.

[56] 崔亦昊，谢定松，杨凯虹，等．分散性土均质土坝渗透破坏性状及溃坝原因［J］．水利水电技术，35（12）：42-45.

[57] 席福来，潘晓刚．新疆某工程土料分散性探讨［J］．长江科学院院报，2009，26（8）：65-72.

[58] 巨娟丽，严宝文，刘俊民．大坝防渗土样物理化学性质及分散性研究［J］．西北农林科技大学学报，2008，36（2）：189-193.

[59] 李振，邢义川，樊恒辉．防渗土料物理化学性质及分散性试验研究［J］．辽宁工程技术大学学报，2006，25（增刊）：123-125.

[60] 朱鑫，刘勇．土石坝采用具有分散性黏土筑坝技术探讨［J］．电力标准化与技术经济，2007（4）：34-37.

[61] 岳宝蓉，金耀华．山西上马水库土坝裂缝原因与防治措施［J］．防渗技术，1998，4（3）：1-14.

[62] 王幼麟，鲜于开耀，刘代清．分散性土的物理化学特征—兼论某水利工程土料的分散性［J］．水文地质工程地质，1986（2）：19-23.

[63] 李春万．大坝防渗土料的分散性研究［J］．西北水电，2001（2）：51-52.

[64] ASTM D4221—99 Standard test method dispersive characteristics of clay soil by double hydrometer ［S］．1999.

[65] ASTM D4647—93 Standard test method for identification and classification of dispersive clay soils by the pinhole test［S］．1993.

[66] ASTM D6572—00 Standard test methods for determining dispersive characteristics of clayey soils by the crumb test［S］．2000.

[67] DEAN Jeff. Dispersive clay embankment erosion - a case history［C］//54th Highway Geology Symposium, Burlington，2003：306-320.

[68] BICHARANCOU Reza. An experimental study on Sherard's chemical criterion with regard to the of extraction water content on identifying dispersivity of soils［J］. Civil Engineering，2000（1）：13-19.

[69] Sherard J L，Dunnigan L P，Decker R S，et al. Pinhole test for identifying dispersive soils［C］//Conference on Embankment Dams，New York，1992：279-296.

[70] Aramsri - Phathanasabhon，Somboon - Munkuamdee，Nirun - Singhasunti. Distribution of dispersive soils in irrigation project area in Thailand［C］//29th Kasetsart University Annual Conference，Bangkok，Thailand，1991：4-7.

[71] 孙钊．大坝基础灌浆［M］．2版．北京：中国水利水电出版社，2004.

[72] 高钟璞，等．大坝基础防渗墙［M］．北京：中国电力出版社，2000.

[73] DL/T 5148—2001 水工建筑物水泥灌浆施工技术规范［S］．北京：中国电力出版社，2002.

[74] 顾淦臣．土石坝地震工程［M］．南京：河海大学出版社，1989.

[75] 刘家豪．塑料板排水法加固软基工程实例集［M］．北京：人民交通出版社，1999.

[76] 王复来，陈洪天．土石坝变形与稳定分析［M］．北京：中国水利水电出版社，2008.

[77] 水利水电土石坝工程信息网，中国水电顾问集团华东勘测设计研究院组．土石坝技术2006年论文集［C］．北京：中国水利水电出版社，2006.

[78] 钱家欢，殷宗泽．土工原理与计算［M］．北京：中国水利水电出版社，2000.

[79] 李广信．高等土力学［M］．北京：清华大学出版社，2004.

[80] MM. 格里申．水工建筑物（上卷）［M］．北京：水利电力出版社，1984.

[81] 刘杰，土的渗透稳定性与渗流控制［M］．北京：水利电力出版社，1992.

[82] 毛昶熙，等．渗流数值计算与程序应用［M］．南京：河海大学出版社，1999.

[83] 解伟，李昆良，彭万春．水工结构可靠度设计［M］．郑州：河南科学技术出版社，1997.

[84] 吴世伟．结构可靠度分析［M］．北京：人民交通出版社，1990.

[85] GB 50199—94 水利水电工程可靠度设计统一标准［S］．北京：中国计划出版社，1994.

[86] 小浪底主坝防渗墙挖坑取样试验及现场检测结果综合分析报告［R］．黄委会勘测规划设计研究院，2001.

[87] 陈祖煜．土质边坡稳定分析的原理和方法［M］．北京：中国水利水电出版社，2000.

[88] 黄河小浪底水利枢纽配套工程西霞院反调节水库可行性研究报告第二卷［R］．黄委会勘测规划设计研究院，2001.

[89] 侯建国，安旭文，等．关于水工结构设计标准按结构可靠度理论进行修编的建议［J］．武汉水利电力大学学报，2000（3）．

[90] Duncan J M. State of the art: Limit equilibrium and finite element analysis of slopes［J］. Journal of Geotechnical Engineering, 1996, 122（7）: 577-596.

[91] 陈仲颐，周景星，王洪瑾．土力学［M］．北京：清华大学出版社，1994.

[92] Zienkiewicz O C. Humpeson C, Lewis R W. Associated and nonassociated visco-plasticity in soil mechanics［J］. Geotechnique, 1975, 25（4）: 671-689.

[93] 张鲁渝，郑颖人，赵尚毅．有限元强度折减系数法计算土坡稳定安全系数的精度研究［J］．水利学报，2003（1）：21-27.

[94] Duncan J M, Chang C Y. Nonlinear analysis of stress and strain in soils［C］. J. SMFD, ASCE, Vol. 96, No SM5, 1629-1653, 1970.

[95] Duncan J M, et al. FEADAM-84, A computer program for finite element analysis of dams［D］. Report No. UCB/GT/University of California, Berkeley, 1984.

[96] Duncan J M, et al. Strength, stress-strain and bulk modulus parameters for finite element analysis of stress and movement in soil masses［D］. Report No. UCB/GT/80—01, University of California, Berkeley, 1980.

[97] 朱百里、沈珠江．计算土力学［M］．上海：上海科学技术出版社，1990.

[98] Naylor D J. Stress-strain law for soils. Developments in soil Mechanics［R］. edited by Scott, C. R. 1978.

[99] 屈智炯．土的塑性力学［M］．成都：成都科技大学出版社，1987.

[100] 高莲士，汪召华，宋文晶．非线性解耦 $K-G$ 模型在高面板堆石坝应力变形分析中的应用［J］．水利学报，2001（10）：1-7.

[101] Rsocoe K H, Butland J B. On the generalized stress-strain behaviour of wet clay［C］. Engineering Plasticity, Cambridge Uni., 1968.

[102] 沈珠江．土体应力应变分析的一种新模型［C］//第5届土力学及基础工程学术讨论会论文选集．厦门，1987.

[103] 沈珠江．新弹塑性模型在软土地基固结分析中的应用［J］．水利水运科学研究，1993（1）．

[104] Huang Wenxi, Pu Jialiu, Chen Yujiong. Hardening rule and yield function for soils［C］// Proc 10th Int Conf Soil Mech Foun Engg（1）. 1981: 631.

[105] 李广信．土的弹塑性模型及其发展［J］．岩土工程学报，2006，28（1）：1-10.

[106] 沈珠江．土石料的流变模型及其应用［J］．水利水运科学研究，1994（4）：335-342.

[107] 顾慰慈．土石（堤）坝的设计与计算［M］．北京：中国建筑工业出版社，2006.

[108] 张宗亮，等．糯扎渡水电站高心墙堆石坝关键技术研究［J］．水利发电，2006.

[109] 日本电力土木技术协会．最新土石坝工程学［M］．北京：水利电力出版社，1986.

[110] 白永年．中国堤坝防渗加固新技术［M］．北京：中国水利水电出版社，2002.

[111] SL 258—2000 水库大坝安全评价导则［S］．北京：中国水利水电出版社，2000.

[112] 黄河小浪底水利枢纽规划设计丛书：工程安全监测设计［M］．郑州：黄河水利出版社，2005.

第2章

混凝土面板堆石坝

混凝土面板堆石坝筑坝技术在最近20多年得到了快速发展，已成为当今的主流坝型之一。第1版《水工设计手册》编撰时，限于当时的筑坝技术水平，仅在第四卷《土石坝》第十九章第三节中介绍了少量相关内容。《水工设计手册》（第2版）编撰时，混凝土面板堆石坝是新编章。鉴于混凝土面板堆石坝（以下简称“面板堆石坝”或“面板坝”）是土石坝中的一种，本章仅介绍面板堆石坝的相关内容，与土质防渗体土石坝相同的内容参见第6卷第1章。

本章内容系统反映了20多年来面板堆石坝建设取得的成果，介绍了面板堆石坝在试验及计算理论与方法、筑坝材料和筑坝技术等方面取得的进展，列举了大量国内外具有代表性的面板堆石坝工程实例，总结了面板堆石坝成功的经验和值得吸取的教训。

本章共分10节。第1节介绍了面板堆石坝的发展现状与主要特点；第2节重点介绍了面板堆石坝与泄洪建筑物等布置协调的主要原则；第3节介绍了面板堆石坝的分区原则和各分区筑坝材料的工程性质和填筑标准；第4节介绍了趾板和面板结构的设计原则及抗裂措施；第5节介绍了面板堆石坝接缝止水的结构、材料及施工技术；第6节除介绍各种趾板地基和堆石体地基的处理原则和案例外，还介绍了高趾墙设计以及坝体与溢洪道等其他建筑物的连接设计；第7节介绍了面板堆石坝坝体变形的主要计算分析方法和各种接触面的模拟方法，以及考虑堆石体流变变形的相关内容；第8、第9和第10节分别介绍了抗震设计、分期施工与坝体加高，以及安全监测设计方面的内容。

章主编　杨启贵　熊泽斌　郦能惠　常晓林

章主审　蒋国澄　徐麟祥　赵增凯

本章各节编写及审稿人员

节次	编　写　人	审稿人
2.1	杨启贵　花俊杰　常晓林	蒋国澄 徐麟祥 赵增凯
2.2	杨启贵　熊泽斌　周　伟	
2.3	郦能惠	
2.4	杨泽艳　常晓林　曹艳辉	
2.5	郝巨涛　姜凤海	
2.6	熊泽斌　花俊杰　蔡昌光	
2.7	邵　宇　赵剑明　郦能惠　温彦锋	
2.8	郦能惠	
2.9	姜凤海　曹艳辉　蔡昌光	
2.10	郦能惠	

第2章 混凝土面板堆石坝

2.1 概　　述

2.1.1 引言

用堆石料或（和）砂砾石料分层碾压填筑、混凝土面板作上游防渗体的大坝，称为混凝土面板堆石坝（Concrete Face Rockfill Dam，简称 CFRD），也称面板堆石坝、面板坝，是堆石坝的一种型式。因为砂砾石性质与堆石相似，一般将面板砂砾石坝也划为面板堆石坝。

面板堆石坝由堆石坝体、地上防渗结构和地下防渗结构三部分组成。

现行规范定义“堆石坝体”为面板下游用不同粗细材料分区填筑的坝体的统称。堆石坝体一般由垫层区（2A）、特殊垫层区（2B）、过渡区（3A）、主堆石区（3B）、下游堆石区（3C）、排水区（3D）、排水棱体或抛石区（3E）、下游护坡（P）等组成。

地上防渗结构为面板及其上游结构的统称。包括混凝土面板(F)、混凝土趾板(T)、连接板，各种板中、板间接缝止水，板与其他建筑物的接缝止水，以及用于辅助防渗的上游铺盖区(1A)及其盖重区(1B)。

地下防渗结构主要为防渗灌浆帷幕和混凝土防渗墙。为提高地基接触带和浅层的防渗能力，也有部分工程将固结灌浆作为辅助防渗帷幕。

面板堆石坝的典型结构如图 2.1－1 所示。

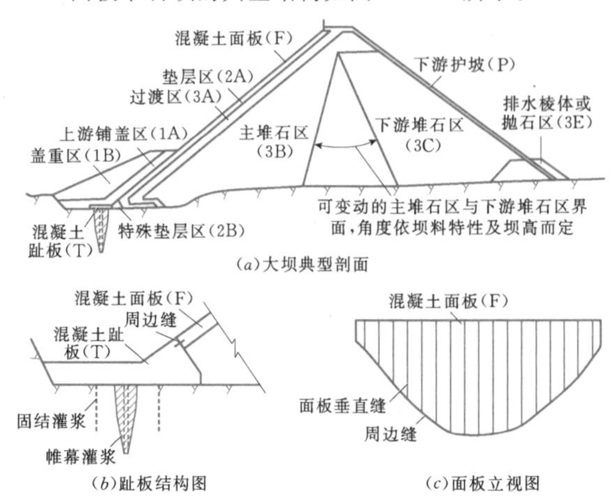

图 2.1－1　面板堆石坝结构示意图

面板堆石坝最早出现在 19 世纪 50 年代美国加利福尼亚州内华达山脉的矿区，当时的堆石坝采用木面板防渗。经过 150 余年的发展，现代面板堆石坝基本为混凝土面板堆石坝，因其具有造价低、工期短的特点，得到了蓬勃的发展，已成功建设 200m 级的高坝。坝工界目前比较一致的观点是 150m 级面板堆石坝的筑坝技术是成熟的，而 200m 级面板堆石坝的筑坝技术还需改进和完善。

面板堆石坝的发展大致可分成三个时期：1850～1940 年是以抛填堆石筑坝为特征的早期阶段，该阶段修建的面板堆石坝坝高一般低于 100m，坝体变形较大，面板开裂渗漏问题严重；1940～1965 年为抛填堆石到碾压堆石筑坝的过渡阶段，该阶段面板堆石坝的发展基本停滞；1965 年以后是以堆石薄层碾压筑坝为特点的现代阶段，碾压堆石完全取代了抛填堆石，面板堆石坝的数量和筑坝高度迅速增加，逐渐成为当今水利水电工程建设的主流坝型之一。截至 2011 年（不完全统计），我国已建、在建 100m 以上面板堆石坝统计情况见表 2.1－1，国外已建、在建 100m 以上面板堆石坝统计情况见表 2.1－2。

2.1.2 中国面板堆石坝的发展

中国面板堆石坝建设起步较晚。1985 年开始引进现代面板堆石坝筑坝技术，先后启动了西北口面板堆石坝（湖北黄柏河，坝高 95m）和关门山面板堆石坝（辽宁小汤河，坝高 58.5m）两项试点工程。此后，面板堆石坝在我国得到快速发展。

中国面板堆石坝的发展，经历了引进消化、自主创新、突破发展三个阶段。

（1）引进消化阶段（1985～1990 年）。这一阶段开工建设的面板堆石坝有西北口、关门山、沟后、株树桥（湖南浏阳河，坝高 78m）、成屏一级（浙江松阴溪，坝高 74.6m）、龙溪（浙江始丰溪，坝高 58.9m）、横山加高（浙江县江，坝高 70.2m）、铜街子左岸副坝、小干沟（青海格尔木河，坝高 55m）和广州抽水蓄能上库（广东从化，坝高 68m）等，约有 14 座。

（2）自主创新阶段（1991～2000 年）。这一阶段开工建设的面板堆石坝约有 70 余座，如万安溪（福建万安溪，坝高 93.8m）、天生桥一级（南盘江，坝

表 2.1-1 部分我国坝高100m以上面板堆石坝基本数据统计表

序号	坝名	所在地	坝高(m)	用途	完成年份	坝坡		面板厚度(m)	每向含筋率(%)	趾板宽度(m)	面板面积(万 m^2)	堆石材料	填筑体积(万 m^3)	库容(亿 m^3)
						上游	下游							
1	水布垭	湖北	233.0	P/F	2008	1∶1.4	综合1∶1.46	0.3+0.0035H	H0.35,V0.4	IS 6～8 L 4～12	13.87	灰岩	1563	45.8
2	猴子岩	四川	223.5	P/F	在建	1∶1.4	综合1∶1.78	0.4+0.0031H	压0.4, 拉0.5	6,8,10	6.21	流纹岩/白云质灰岩	868.6	7.06
3	江坪河	湖北	219.0	P/F/I	在建	1∶1.4	综合1∶1.4	0.3+0.0036H	H0.35,V0.4	3,6,9,12,15	7.08	冰碛岩/灰岩/粉砂岩	717.7	13.66
4	叶巴滩	四川	213.0	P	在建	1∶1.4	1∶1.5,1∶1.6	0.3+0.0035H	压H0.35, V0.4拉0.4	6,8,10,12	—	花岗岩,砂砾石	1804.8	10.8
5	三板溪	贵州	185.5	P/F/I/R	2006	1∶1.4	1∶1.4	0.3+0.0034H	H0.3,V0.4	5～12	9.40	凝灰质砂板岩/砂岩	871.4	40.95
6	洪家渡	贵州	179.5	P/F/W/R	2005	1∶1.4	1∶1.4	0.3+0.0035H	H0.3,V0.4	4.5+L	7.40	灰岩	906	49.47
7	天生桥一级	广西/贵州	178.0	P/I/F/W	2000	1∶1.4	1∶1.4	0.3+0.0035H	H0.3,V0.35	6～10	17.27	灰岩/泥岩/砂泥岩	1800	102.6
8	溧阳上库	江苏	165.0	P	在建	1∶1.4	1∶1.5	0.3+0.003H	H0.3,V0.4	6	8.00	凝灰岩/砂岩	1600	0.1411
9	滩坑	浙江	162.0	I/F/P/W	2008	1∶1.406	马道间1∶1.25	0.3+0.0035H	H0.35,V0.4	6,8,10	6.80	火山集块岩/砂砾石	970.2	41.9
10	吉林台一级	新疆	157.0	P	2006	1∶1.7	公路间1∶1.5, 综合1∶1.96	0.3+0.0033H	H0.4,V0.5	6,8,10	7.53	砂砾石/凝灰岩	836	24.4
11	紫坪铺	四川	156.0	I/W/P/F/R	2006	1∶1.4	1∶1.5	0.3+0.0035H	0.4	6～12	11.66	灰岩/砂砾石	1167	11.12
12	巴山	重庆	155.0	P/F/I	2009	1∶1.406	马道间 1∶1.3,1∶1.4	0.3+0.0035H	H0.35,V0.4	4.5+L	5.80	砂岩/砂砾石	510	3.165
13	牛牛坝	四川	155.0	P	在建	1∶1.4	1∶1.5	0.3+0.003H	—	8,10,12,14	4.98	玄武岩/角砾岩	456	2.218
14	梨园	云南	155.0	P/F	在建	1∶1.4	1∶1.7,1∶1.5	—	H0.3, V0.4	6,8,10	—	玄武岩/冰水沉积体	778	8.05
15	马鹿塘二期	云南	154.0	P/F	2009	1∶1.4	综合1∶1.4	0.3+0.003H	0.4	7,9	7.53	花岗片麻岩	689.3	5.46
16	董箐	贵州	150.0	P/F/I	2010	1∶1.4	1∶1.4, 综合1∶1.5	0.3+0.0035H	H0.35,V0.4	6,8,10	10.10	砂泥岩,灰岩	950	9.55

续表

序号	坝名	所在地	坝高 (m)	用途	完成年份	坝坡		面板厚度 (m)	每向含筋率 (%)	趾板宽度 (m)	面板面积 (万 m^2)	堆石材料	填筑体积 (万 m^3)	库容 (亿 m^3)
						上游	下游							
17	龙首二级	甘肃	146.5	P	2004	1∶1.5	1∶1.5	0.3～0.7	—	3,3+L	2.69	辉绿岩	270	0.862
18	瓦屋山	四川	138.8	I/P	2007	1∶1.4	马道间1∶1.3	—	—	—	—	砂岩,白云岩	316.7	5.45
19	宜兴上库	江苏	138.0	P	2008	1∶1.3	马道间1∶1.26	0.4	0.5	5	3.58	石英岩状砂岩/夹粉砂质泥岩	286.4	0.053
20	乌鲁瓦提	新疆	133.0	F/I/P	2001	1∶1.6	公路间1∶1.5	0.3+0.003H	H0.4,V0.5	6,8,10	7.22	砂砾石/页岩	677	3.47
21	苏家河口	云南	137.3	P	在建	—	—	—	—	—	6.06	—	640	2.25
22	九甸峡	甘肃	136.5	W/P/I/F	2008	1∶1.4	1∶1.45	0.3+0.0033H	H0.35,V0.4	6+L防渗墙	4.13	灰岩	303	9.43
23	龙马	云南	135.0	P/F	在建	1∶1.4	马道间1∶1.35	0.3+0.0035H	—	—	—	砂岩/泥岩	386	5.9
24	公伯峡	青海	132.2	P/I/W/F	2006	1∶1.4	1∶1.3～1∶1.5	0.3+0.003H	0.4	4～8	4.60	花岗岩/砂砾石	481.5	6.3
25	珊溪	浙江	132.5	I/W/P/F	2001	1∶1.4	1∶1.57	0.3+0.0035H	H0.35,V0.4	6,8,10	6.88	流纹斑岩/砂砾岩	570	18.24
26	引子渡	贵州	129.5	P/I/F	2003	1∶1.4	1∶1.48	—	—	7～9	4.23	灰岩	310	5.31
27	街面	福建	126.0	P/F/I	2007	—	—	—	—	—	5.80	砂岩	342	1.824
28	白溪	浙江	124.4	W/F/P/I	2001	1∶1.4	1∶1.5	0.3+0.003H	H0.35,V0.4	5～8	4.84	熔结凝灰岩	390	1.684
29	鄂坪	湖北	124.3	P	2006	1∶1.5	1∶1.5	0.3～0.7	0.4	5.5～7	4.30	安山岩/砂砾石	298	2.96
30	黑泉	青海	123.5	W/I/F/P	2000	1∶1.55	1∶1.4	0.3+0.0035H	H0.3,V0.4	6～10	7.90	砂砾石/熔结凝灰岩	550	1.82
31	芹山	福建	122.0	I/P	2001	1∶1.4	马道间1∶1.35	0.3+0/00347H	0.5	5,6,8	4.20	凝灰岩	248	2.65
32	纳子峡	青海	121.5	P	在建	1∶1.55	马道间1∶1.5,综合1∶1.58	0.30～0.65		4,6,8	—	砂砾石	—	7.33

续表

序号	坝名	所在地	坝高(m)	用途	完成年份	坝坡		面板厚度(m)	每向含筋率(%)	趾板宽度(m)	面板面积(万 m^2)	堆石材料	填筑体积(万 m^3)	库容(亿 m^3)
						上游	下游							
33	白云	湖南	120.0	P/F/I	2001	1∶1.4	1∶1.4	0.3+0.002H	H0.35,V0.4	4～10	1.50	灰岩	180	3.6
34	天池上库	河南	118.4	P	在建	1∶1.4	马道间1∶1.35，综合1∶1.4	0.3+0.003H		5,7,9	—	花岗岩	303.88	0.121
35	古洞口	湖北	117.6	P/F/I/W	1999	1∶1.5	1∶1.4	0.3+0.003H	H0.4,V0.5	3.5～9.5	2.81	砂砾石/灰岩	193.5	1.476
36	芭蕉河一级	湖北	113.0	P/N/R	2006	1∶1.35	1∶1.4	—	—	—	3.60	灰岩/石英砂岩	192	0.99
37	泗南江	云南	115.0	P/I/W	2007	1∶1.4	1∶1.4,1∶1.7	0.30～0.65	H0.3,V0.4	6～10	3.31	砂岩/含砾砂岩/泥质粉砂岩	258	2.47
38	潘口	湖北	114.0	P/F	2009	1∶1.4	马道间1∶1.4	0.3+0.003H	0.5	4,6,8	4.60	灰岩	311	2.46
39	涔天河（加高）	湖南	114.0	P	2013	—	—	—	0.3～0.4	—	—	—	250	15.9
40	金川	四川	112.0	P/W	在建	1∶1.4	马道间1∶1.45			连接板、趾板	—	变质细砂岩、千枚岩	424.89	5.012
41	高塘	广东	111.3	P/I/W	2000	1∶1.4	1∶1.36	0.3+0.003H	H0.4,V0.5	4,6,8	2.64	花岗岩	195	0.96
42	金造桥	福建	111.3	P/F	2006	1∶1.4	1∶1.3	—	—	4,8	3.50	—	175	0.995
43	苗家坝	甘肃	111.0	P/F	2011	1∶1.4	1∶1.4	—	—	—	—	—	37.7	2.68
44	双沟	吉林	110.5	P/F/W/R	2009	1∶1.4	1∶1.52	0.3+0.003H	H0.3,V0.4	4.5～8	4.10	安山岩/玄武岩	258	3.88
45	察汗乌苏	新疆	110.0	P/F	2007	1∶1.5	综合1∶1.8	0.3+0.003H	0.4	4,6,8 防渗墙	4.55	砂砾石	410	1.25
46	那兰	云南	109.0	P	2006	1∶1.5	1∶1.5	0.3+0.0035H	—	连接板6,8 防渗墙	4.08	砂砾石/灰岩	249.3	2.86
47	多诺	四川	108.5	P	在建	1∶1.4	马道间1∶1.5	0.3+0.003H	H0.35,V0.4	4,6,8 连接板3	—	石英砂岩/板岩	—	0.562
48	茄子山	云南	106.1	P/F/I	1999	1∶1.4	马道间1∶1.4	0.3+0.003H	H0.3,V0.4	5～7	2.64	花岗岩	140	1.216

续表

序号	坝名	所在地	坝高(m)	用途	完成年份	坝坡		面板厚度(m)	每向含筋率(%)	趾板宽度(m)	面板面积(万 m²)	堆石材料	填筑体积(万 m³)	库容(亿 m³)
						上游	下游							
49	鱼跳	重庆	106.0	W/P/I	2002	1∶1.4	马道间 1∶1.4	0.3+0.003H	H0.35,V0.4	5,6,7	3.00	砂岩	195	0.952
50	白沙	湖北	105.6	P	在建	1∶1.35	1∶1.49	0.3+0.003H	—	—	—	玢岩/板岩	248.7	1.993
51	洞巴	广西	105.0	F/P/I	2006	1∶1.4	1∶1.55	0.3+0.0035H	—	6,8,10	10.10	砂岩	316	3.22
52	鲤鱼塘	重庆	105.0	I/F/P/W	2005	—	—	—	—	—	2.53	灰岩	180	1.042
53	思安江	广西	103.4	P/W/F	2004	1∶1.4	1∶1.46	0.3+0.0035H	0.4	6,8,10	4.12	灰岩/砂岩	220	0.89
54	洮水	湖南	103.0	—	2009	1∶1.4	1∶1.55	—	—	—	2.69	—	172	0.525
55	金家坝	重庆	102.5	P/F/I/W	在建	1∶1.4	1∶1.4	0.3+0.0035H	0.4	6,7	—	砂岩/页岩	243.4	1.58
56	盘石头	河南	102.2	W/F/I/P	2004	1∶1.4	1∶1.5	0.3～0.5	H0.3,V0.4	—	7.50	砂岩/页岩	540	6.083
57	柴石滩	云南	101.8	I/P/F/W/R	2000	1∶1.4	马道间 1∶1.4, 综合 1∶1.447	0.3+0.003H	0.4	5,6,7	3.63	白云岩	232	4.37
58	白水坑	浙江	101.3	I/F	2003	1∶1.4	1∶1.4	0.3+0.00259H	—	5～6	2.40	凝灰岩/砂砾石	1485	2.46
59	文登上库	山东	101.0	P	在建	1∶1.4	1∶2.0	0.3～0.6			3.65	石英二长岩	473	0.0924
60	天池下库	河南	100.6	P	在建	1∶1.4	马道间 1∶1.35, 综合 1∶1.4	0.3+0.003H		4,6,8	—	花岗片麻岩	157.81	0.1197
61	积石峡	青海	100.0	P	2011	1∶1.5	1∶1.55	0.3+0.003H	H0.4,V0.5	4,6,7.4	—	砂砾石/石渣	288	2.635
62	双河口	贵州	100.0	P	在建	—	—	—	—	—	—	灰岩/粉砂岩	25	1.95
63	泰安上库	山东	100.0	P	2005	1∶1.5	1∶1.65	—	—	—	—	花岗岩	385.8	0.1108

注　1. 按坝高排序。

2. P—发电；I—灌溉；F—防洪；W—给水；R—旅游；H—计算断面至面板顶部的垂直距离，m；IS—含内趾板；L—内趾板宽度；H—水平向配筋率；V—顺坡向配筋率。

表 2.1-2 部分国外坝高100m及以上面板堆石坝基本数据统计表

序号	坝名	所在地	坝高(m)	用途	完成或预计完成年份	坝坡		面板厚度(m)	每向含筋率(%)	趾板宽度(m)	面板面积(万 m^2)	堆石材料	填筑体积(万 m^3)	库容(亿 m^3)
						上游	下游							
1	莫罗·德·阿里卡(Morro de Arica)	秘鲁	220	P	在建	1∶1.4	1∶1.4	0.3+0.003H	0.4	3,5,10	3.8	砂岩/石英岩	510	—
2	巴贡(Bakun)	马来西亚	205	P	2009	1∶1.4	1∶1.5	0.3+0.003H	H0.3,V0.4	4.6,10	13.0	杂砂岩	1672	44
3	坎普斯·诺沃斯(Campos Novos)	巴西	202	P	2006	1∶1.3	1∶1.4	0.3+0.0025H	0.4～0.5	4.5～12	10.6	玄武岩	1250	14.8
4	巴沙(Basha)	巴基斯坦	200	P/I	在建	—	—	—	—	防渗墙	—	—	—	—
5	卡拉努卡(Kárahnjúkar)	冰岛	198	P	2007	1∶1.3	1∶1.3	0.3+0.002H	H0.3,V0.4	4	—	玄武岩	960	21
6	索加莫索(Sogamoso)	哥伦比亚	190	P	2005	1∶1.4	1∶1.4	0.3+0.003H	H0.3,V0.4	6～10	7.5	砂岩/砂砾石	—	—
7	艾尔卡扬(El Cajon)	墨西哥	189	P	2007	1∶1.5	1∶1.4	0.3+0.003H	0.4	—	9.9	堆熔结凝灰岩	1200	16.04
8	阿瓜密尔帕(Aguamilpa)	墨西哥	187	P	1993	1∶1.5	1∶1.4	0.3+0.003H	H0.3,V0.35	5～10	13.7	砂砾石/熔结凝灰岩	1270	69.5
9	巴拉·格兰德(Barra Grande)	巴西	185	P	2005	1∶1.3	1∶1.4	0.3+0.0025H	0.4～0.5	IS 4～10	10.8	玄武岩	1200	50
10	马扎尔(Mazar)	厄瓜多尔	185	P	2006	—	—	—	—	—	—	石英岩	500	—
11	戈伊(Koi)	印度	167	P/I	在建	—	—	—	—	—	—	—	—	—
12	雅肯布(Yacambu)	委内瑞拉	162	W	1996	1∶1.5	1∶1.6	0.3+0.002H	0.4	—	1.3	砂砾石	—	4.35
13	阿里亚(Foz do Areia)	巴西	160	P	1980	1∶1.4	1∶1.4	0.3+0.00357H	0.4	4.0～7.5	13.9	玄武岩	1400	61
14	辛戈(Xingo)	巴西	151	P	1994	1∶1.4	1∶1.3	0.3+0.0029H	0.4	5～7	13.5	花岗岩片麻岩	1230	38
15	新国库(New Exchequrer)	美国	150	P/W/I	1966	1∶1.4	1∶1.4	0.3+0.0067H	0.5	3～4	—	抛填堆石/碾压堆石	395	12.65
16	派·昆里(Pai Quere)	巴西	150	P	2008	1∶1.3	1∶1.4	0.3+0.002H	H0.4,V0.5	IS 4～8	—	玄武岩	700	26

续表

序号	坝　　名	所在地	坝高（m）	用途	完成或预计完成年份	坝　　坡		面板厚度（m）	每向含筋率（%）	趾板宽度（m）	面板面积（万 m²）	堆石材料	填筑体积（万 m³）	库容（亿 m³）
						上游	下游							
17	萨尔瓦琴娜（Salvajina）	哥伦比亚	148	P/W	1983	1∶1.5	1∶1.4	0.3+0.0031H	0.4	4～8	5.8	开挖料杂砂岩	410	9.06
18	莫哈利（Mohale）	莱索托	145	I/P	2002	1∶1.4	1∶1.4	0.3+0.0035H	0.4	IS 3+H/15	8.7	玄武岩	740	9.38
19	波斯（Ⅲ）[Porce（Ⅲ）]	哥伦比亚	145	P	在建	—	—	—	—	—	—	—	—	—
20	塞格雷多（Segredo）	巴西	145	P	1992	1∶1.3	1∶1.2～1∶1.4	0.3+0.0035H	H0.3，V0.4	4.0～6.5	8.6	玄武岩	720	30
21	阿尔托·安其卡亚（Alto Anchicaya）	哥伦比亚	140	P	1974	1∶1.4	1∶1.4	0.3+0.003H	0.5	7	2.2	角闪岩	240	0.45
22	迪姆（Dim）	土耳其	135	I/P/W	2001	1∶1.4	1∶1.5	0.3+0.0035H	0.4	13	5.1	页岩	409	2.5
23	迈索乔拉（Messocharo）	希腊	135	PI	1995	1∶1.4	1∶1.4	0.3+0.003H	0.5	3.0～7.5	5.1	灰岩	—	6.5
24	科曼（Koman）	阿尔巴尼亚	133	P	1986	—	—	—	—	—	—	—	—	—
25	科尔廷（Kürtün）	土耳其	133	P	2001	1∶1.4	1∶1.5	0.3+0.003H	0.4	10	3.5	花岗闪长岩	302.6	1.08
26	洛斯·卡拉科雷斯（Los Caracoles）	阿根廷	131	P/I	在建	1∶1.5	1∶1.7	0.3+0.002H	H0.35，V0.4	防渗墙 4 IS	—	砂砾石	900	—
27	夏赫比谢下库[Siah Bishe (lower)]	伊朗	131	P	2009	1∶1.5	1∶1.6	—	—	—	—	灰岩/玄武岩	—	—
28	考兰（Khao Laem）	泰国	130	P	1984	1∶1.4	1∶1.4	0.3+0.003H	0.5	4.5 廊道	14.0	灰岩	800	—
29	托拉塔Ⅱ[Torata（stage Ⅱ）]	秘鲁	130	F/I	2001	1∶1.6	1∶1.4	0.3	0.4	4	5.4	尾矿砂	700	0.19
30	米罗尼（Mirani）	巴基斯坦	127	I	2005	1∶1.5	1∶1.6	—	—	—	—	砂砾石	—	—
31	希罗罗（Shiroro）	尼日利亚	125	P	1984	1∶1.3	1∶1.3	0.3+0.003H	0.4	6	5.0	花岗岩	390	70
32	希拉塔（Cirata）	印度尼西亚	125	P	1987	1∶1.3	1∶1.4	0.35+0.003H	0.4	4,5,7	—	角砾岩/安山岩	360	21.6

续表

序号	坝名	所在地	坝高（m）	用途	完成或预计完成年份	坝坡		面板厚度（m）	每向含筋率（%）	趾板宽度（m）	面板面积（万 m²）	堆石材料	填筑体积（万 m³）	库容（亿 m³）
						上游	下游							
33	格里拉斯（Golillas）	哥伦比亚	125	W/P	1978	1∶1.6	1∶1.6	0.3+0.0037H	0.4	3	1.4	砾石	130	2.52
34	伊塔（Ita）	巴西	125	P	1999	1∶1.3	1∶1.3	0.3+0.002H	H0.3，V0.4	IS 4～6	11.0	玄武岩	930	51
35	马查丁霍（Machadinho）	巴西	125	P	2002	1∶1.3	1∶1.3	0.3+0.002H	H0.35，V0.4	IS 3～6	9.3	玄武岩	680	—
36	阿塔苏（Atasu）	土耳其	122	W/P	2002	1∶1.4	1∶1.5	0.3+0.0035H	0.4	12	4.5	安山岩/玄武岩	378.7	0.36
37	利斯（下皮曼）[Reece (Lower Pieman)]	澳大利亚	122	P	1986	1∶1.3	1∶1.3～1∶1.5	0.3+0.001H	0.65	3～9	3.8	粗粒玄武岩	270	64.11
38	塞尔卡多（Cercado）	哥伦比亚	120	I	2004	1∶1.4	1∶1.4	0.3+0.002H	H0.35，V0.4	3～6	3.7	火山岩	290	1.98
39	米西卡尼（Misicani）	玻利维亚	120	P/W/I	2006	1∶1.5	1∶1.4	0.3	0.35	4	2.5	砂砾石	95.9	0.315
40	耶萨（Yesa）	西班牙	116.7	I/P	2006	1∶1.5	1∶1.6	0.3	0.4	8	4.4	砂砾石	439.4	0.17
41	波提里洛斯（Potrerillos）	阿根廷	116	P	2004	—	—	—	—	—	—	—	640	—
42	纳马希尔（Narmashir）	伊朗	115	I	2008	1∶1.5	1∶1.8	0.5	0.4	4.0～7.5	5.8	玄武岩/砂砾石	600	1.8
43	杜利米奎（Neveri Turimiguire）	委内瑞拉	115	W	1981	1∶1.4	1∶1.5	0.3+0.002H	0.5	3.5～7.5	5.3	石灰岩	—	—
44	土纳斯土克（Toulnustouc）	加拿大	115	P	2006	—	—	—	—	—	—	—	—	—
45	圣塔扬那（Santa Juana）	智利	113	I	1995	1∶1.5	1∶1.6	0.3+0.002H	H0.3，V0.4	3～5 防渗墙	—	砂砾石	270	1.6
46	帕拉迪拉（Paladela）	葡萄牙	112	P	1955	1∶1.3	1∶1.3	0.3+0.00735H	0.5	截水槽	5.5	抛填堆石/花岗岩	270	1.65
47	巴斯托尼亚（Bastonia）	罗马尼亚	110	—	1997	1∶1.5	1∶1.5	0.3+0.003H	0.5	4，6	3.0	安山岩	—	—

续表

序号	坝　　名	所在地	坝高 (m)	用途	完成或预计完成年份	坝坡		面板厚度 (m)	每向含筋率 (%)	趾板宽度 (m)	面板面积 (万 m^2)	堆石材料	填筑体积 (万 m^3)	库容 (亿 m^3)
						上游	下游							
48	塞沙那 (Cethana)	澳大利亚	110	P	1971	1∶1.3	1∶1.3	0.3+0.002H	0.6	3.00～5.36	2.4	石英岩	137.6	1.09
49	拉马 (Rama)	波斯尼亚	110	—	1967	1∶1.3	1∶1.3	—	—	—	—	—	134	4.87
50	乌卢艾 (Ulu AI)	马来西亚	110	P	1989	1∶1.3	1∶1.4	—	0.61	6	4.8	杂砂岩/砂岩	—	—
51	安塔米纳 (Antamina)	秘鲁	109	贮尾矿	2002	1∶1.4	1∶1.4	0.3	0.35	3～11	6.7	灰岩	0.47	—
52	伊基兹代雷 (Ikizdere)	土耳其	108	I/W	在建	—	—	—	—	—	—	—	—	—
53	伊塔佩比 (Itapebi)	巴西	106	P	2003	1∶1.3	1∶1.3	0.3+0.002H	H0.35，V0.4	IS 4～6	5.9	片麻岩，云母片岩	410	16.5
54	福耳图那(加高) [Fortuna(raised)]	巴拿马	105	P	1994	1∶1.3	1∶1.4	0.3 喷混凝土	0.25	4	—	安山岩	—	—
55	和平(加高) [Peace (raised)]	韩国	105	F	在建	—	—	—	—	—	—	—	—	—
56	帕希卡高 (Pecincaga)	罗马尼亚	105	W/P/I	1984	1∶1.7	1∶1.7	0.35+0.0065H	0.4	廊道	3.0	石英岩	240	0.69
57	勒斯托利塔 (Rastolrita)	罗马尼亚	105	P/W	1997	1∶1.5	1∶1.5	0.3+0.003H	0.5	4～6	3.0	安山岩	310	0.43
58	达恰尔·埃尔·瓦迪 (Dchar EI Qued)	摩洛哥	101	I/P	2001	1∶1.4	1∶2.1	0.3+0.003H	0.3	4～5	—	石英砂屑岩	200	7.4
59	盐泉 (Salt Spring)	美国	100	P/W	1931	1∶1.1～1∶1.4	1∶1.4	0.3+0.0067H	0.5	截水槽	1.1	抛填堆石/花岗岩	229.4	1.71
60	夏赫比谢上库 [Siah Bishe (upper)]	伊朗	100	P	2009	1∶1.5	1∶1.6	—	—	—	—	白云岩	—	—
61	托拉塔 (Torata)	秘鲁	100	W/I	2000	1∶1.6	1∶1.4	0.3+0.002H	0.4	4	2.1	灰岩	200	0.03

注　1. 按坝高排序。

2. P—发电；I—灌溉；F—防洪；W—给水；R—旅游；H—计算断面至面板顶部的垂直距离，m；IS—含内趾板；L—内趾板宽度；H—水平向配筋率；V—顺坡向配筋率。

高178m)、白云(湖南巫水,坝高120m)、东津(江西东津水,坝高85.5m)、古洞口(湖北古夫河,坝高117.6m)、白溪(浙江白溪,坝高124.4m)和珊溪(浙江飞云江,坝高132.5m)等坝,建成40多座。

(3)突破发展阶段(2000~2010年)。这一阶段开工建设的大坝超过120座,建成的坝超过110座,已建150m以上高坝达8座,如洪家渡、紫坪铺、三板溪、吉林台一级、水布垭和滩坑等大坝。这一阶段,株树桥坝发生面板破损、渗漏严重,天生桥一级坝面板垂直缝多次发生挤压破坏。这些工程缺陷对安全运行构成威胁,但在分析原因和进行修补过程中,也获得了十分难得的经验与教训。

据不完全统计,截至2009年年底,中国已建坝高30m以上面板堆石坝约170座,已建坝高超过100m的面板堆石坝约60座。其中最具特点的工程如下:

坝高最高的是水布垭坝(湖北清江,坝高233m),至今为世界最高的面板堆石坝。

规模最大的是天生桥一级坝(贵州南盘江,坝高178m),总库容102.6亿m^3,坝顶长1104m,大坝体积1800万m^3,面板面积17.27万m^2。

河谷极不对称且边坡高陡的是洪家渡坝(贵州乌江,坝高179.5m)。

河谷最狭窄的100m以上高坝是龙首二级坝(甘肃黑河,坝高146.5m),河谷宽高比仅1.3。

趾板建在深厚覆盖层(近50m)上最高的是九甸峡坝(甘肃洮河,坝高136.5m)。

覆盖层防渗处理深度超过70m的是铜街子左岸副坝(四川大渡河,坝高48m)。

抗震设计烈度最高(9度)的是吉林台一级坝(新疆喀什河,坝高157m)。

已经受强震(汶川8级地震)考验的是紫坪铺坝(四川岷江,坝高156m),坝址地震烈度达9~10度。

面板砂砾石坝最高的是吉林台一级坝(新疆喀什河,坝高157m)。

部分用软岩(砂泥岩)筑坝的是天生桥一级坝(贵州南盘江,坝高178m)。

坝体采用软岩(砂岩、泥岩)筑坝的有大坳坝(江西石溪水,坝高90.2m)和董箐坝(贵州北盘江,坝高150m)。

严寒地区气温最低及温差最大的是莲花坝(黑龙江牡丹江,坝高71.8m),极端最低气温为-45.2℃,年温差达82.7℃,日温差为20~30℃。

海拔最高的是查龙坝(西藏那曲河,坝高39m),坝顶高程为4388.00m。

纬度最高的是山口坝(新疆哈巴河,坝高40.5m),高于北纬48°。

2.1.3 中国面板堆石坝筑坝技术特点

在中国面板堆石坝工程建设过程中,一方面积极吸收消化世界先进技术,另一方面十分重视科学研究和技术开发。自"七五"计划开始,面板堆石坝筑坝关键技术就被列入国家重点科技攻关项目、国家自然科学基金课题以及水利水电行业重点科研课题。一大批勘测设计单位、施工企业、科研院所和高等院校联合,对面板堆石坝建设中的关键技术问题进行了大量和系统的科学研究,解决了一系列重大技术难题,促进了面板堆石坝在中国的发展。经及时总结工程经验,在已有碾压式土石坝设计与施工规范的基础上,编制了面板堆石坝设计和施工规范,建立了面板堆石坝筑坝技术标准化体系。中国的面板堆石坝工程经过20多年的建设,已遍布全国,涉及各种不利的地形、地质条件和气候条件,基本积累了应对各种复杂条件的经验和教训。无论是筑坝数量、大坝高度和规模,还是技术创新能力都处于世界前列,形成了一套具有自主知识产权的面板堆石坝筑坝技术。主要特点如下。

1. 注重坝体变形控制

我国工程师认为,坝体堆石的填筑密度、填筑区的材料特性、坝体填筑施工的顺序和面板浇筑时机等,均对堆石体和面板的应力变形有影响。采用已有的经验设计和成熟的薄层碾压技术施工,其影响对100m级的大坝不明显,但对200m级高坝却不能忽视。应对的主要措施有:

(1)优化筑坝材料,采用较高的堆石压实度水平。

(2)提高下游堆石区压实度,减小坝体上下游堆石体的模量差,使坝体上下游变形均衡。

(3)坝内陡边坡整形与增模碾压,减少坝体不均匀变形。

(4)采取坝体超高和预沉降技术,使堆石主压缩变形在面板施工前基本完成。

(5)坝体填筑总体平衡上升。

2. 渗流稳定控制严格

我国面板堆石坝在渗流稳定控制方面有沉痛的教训。沟后坝因渗流失控导致溃坝,株树桥坝因垫层料流失面板遭到破坏,说明面板堆石坝渗透稳定控制的必要性。1993年颁布的《混凝土面板堆石坝设计导则》(DL 5016—93)就规定在主堆石区的上游要设置垫层区、过渡区,周边缝处加设小区料区(特殊垫层区)。1998年颁布的《混凝土面板堆石坝设计规范》(SL 228—98)进一步强调坝体各分区之间应满足水力过渡和渗透稳定要求，并明确垫层料级配要求，过渡料对垫层料的反滤作用，过渡料、主堆石的细料含量限制，要求砾石坝排水通畅安全等。此外，十分重视防止施工中反渗水的破坏。

3. 重视面板防裂技术

面板防裂包括三方面：防止坝体变形引起的面板结构性裂缝最为关键，增强面板混凝土自身的抗裂性能和从结构上增强面板适应变形的能力也同样重要。对高坝而言，应从以上三方面采取综合措施。

在预防面板混凝土产生温度与干缩性裂缝方面，我国工程师已形成了系统的技术措施。混凝土性能方面，优选混凝土配合比，必要时对混凝土进行改性，如采用膨胀剂、高效减水剂，掺入聚丙烯或聚丙烯腈纤维以及钢纤维等，改善面板混凝土的工作性能；施工技术方面，在提高施工质量的基础上，注重减小垫层对面板的约束，强调对混凝土的养护。

在预防面板产生结构性裂缝方面，强调周边缝附近地基形态平顺，避免面板的应力集中；对于坝高超过150m的面板堆石坝，经总结面板发生挤压破坏的经验教训，强调应将部分垂直缝设计成可压缩性缝，以降低面板混凝土的压应力；为降低面板的顺坡向应力，水布垭大坝还设置了永久水平缝。

4. 开发新型止水结构和材料

我国自主研发的SR系列和GB系列止水材料，性能优越，可适应大变形和高水头接缝止水的要求，已得到广泛的使用。

重视表层止水结构和材料的研发，自主开发的波形新型表层止水结构，将表层止水视为一道独立的止水结构，实现了止水结构适应变形能力的可控性，且便于安装和检修。这种新型止水已在芹山、洪家渡和水布垭等众多面板坝中得到成功应用。此外，滩坑面板坝还采用了新型的中部橡胶棒止水结构。

5. 自主开发安全监测新设备

依托“六五”、“七五”、“八五”、“九五”国家科技攻关项目，开发了面板堆石坝安全监测仪器设备，已广泛应用于国内外工程。主要包括：①长距离、大量程的堆石坝体内部变形监测仪器——水管式沉降计、电磁式分层沉降计和引张线式水平位移计、电位器式位移计；②面板变形监测仪器——固定式测斜仪；③周边缝位移监测仪器——三向测缝计。“九五”攻关项目开发的遥测遥控水平垂直位移计，主要性能达到国际领先水平，已应用于水布垭面板堆石坝。

6. 施工技术水平迅速提高

面板堆石坝的发展离不开施工技术的不断进步。在面板混凝土浇筑方面，开发了无轨滑模等技术；在坡面保护方面引进与创新并重，措施繁多，因地制宜，采用了喷混凝土、碾压砂浆、喷乳化沥青、挤压边墙、翻模砂浆固坡等新技术和新工艺；在碾压设备方面，振动碾自重普遍从10t级提高到25t级，甚至更高。洪家渡和董箐坝还采用了冲碾压实机，击振力达到200～250t，这些重型机械的使用，大大提高了面板坝的压实密度。开发的表层塑性止水填料的机械化施工设备及工艺，提高了表层止水的安装质量。此外，还十分重视大坝上游面反渗水的控制和处理。

在质量控制方面，采取了碾压施工“过程控制”和坝体质量检测“最终参数控制”相结合的质量“双控”方法。除常规的试坑法外，开发应用了大坝碾压GPS实时监控系统、填筑质量无损快速检测的附加质量法等先进技术，较好地控制了坝体填筑质量。

7. 注重试验研究与计算分析

我国自引进现代面板堆石坝筑坝技术开始，一直重视堆石料性能试验研究和大坝应力应变理论研究。高面板堆石坝在设计阶段都开展了堆石料的特性试验，并逐步研制了一套适用于粗颗粒的大型试验设备，包括三轴、压缩、流变、湿化、渗透、动力、击实等堆石料物理力学性能的试验设备，以及接缝止水结构和材料的大型仿真试验设备等。在坝体结构计算分析方面，众多学者提出了多种本构模型，同时发展了相应的计算技术，使数值仿真结果的精度有了明显提高。试验研究和仿真分析技术的进步，推动了面板堆石坝建设由经验筑坝向理论指导筑坝的过渡。

2.1.4 中国超高面板堆石坝建设经验

一般认为高度100m及以上的面板堆石坝为高坝，坝高超过150m的为超高面板堆石坝。截至2011年，我国已建的超高面板堆石坝已达9座，2000年建成的天生桥一级工程是我国第一座坝高超过150m的面板堆石坝，为我国超高面板堆石坝的发展积累了丰富的实践经验。此后的洪家渡、三板溪、水布垭等工程相继建成，运行情况较好，表明我国超高面板堆石坝的设计及建设技术日趋成熟。

1. 坝体断面设计

超高面板堆石坝基本可按规范规定的典型断面进行分区。坝料分区的原则是充分利用当地的适用材料，并满足稳定、渗流和变形控制的要求，达到安全、经济的配置。实践证明，下游堆石体变形不影响面板性状的传统观点已不适用于超高面板堆石坝。大坝的稳定控制要求和渗流控制要求，一般与100m级的坝并无原则差别。

变形控制要求。变形与坝高关系密切，超高面板堆石坝要求严格控制变形量和不均匀变形。如尽量采用级配好的硬岩料；扩大主堆石区范围，主次堆石区的分界线应以一定坡度倾向下游；次堆石区也应压实到较高密度，使上下游堆石的模量差减至最小；将砂砾石料置于上游和中心部位的高应力区，利用其高模量减少变形；利用的开挖料宜用于下游次堆石区上部干燥及应力较低的区域等。

2. 筑坝材料选择

中硬岩或硬岩（饱和抗压强度30～90MPa）是最合适的筑坝材料，应用最多。为了充分发挥面板堆石坝就地取材的优势，坝体主堆石料和下游堆石料的选择也较为多样化，中硬岩或硬岩料、砂砾石料和部分软岩料及开挖料等均有应用。软岩料基本布置在坝轴线下游主堆石区2/3以外区域，其下为排水堆石区。当坝高超过200m时应慎用软岩料，筑坝材料含有软岩时，应重视坝体变形控制，做好坝体排水。

3. 堆石填筑标准

《混凝土面板堆石坝设计规范》（DL/T 5016—1999、SL 228—98）中建议的填筑标准是从100m级面板坝的实践中归纳出来的，可以控制坝体变形大致在坝高的1%以内。

2000年后建设的几座超高面板堆石坝，基于坝体变形控制的考虑，设计或实施后的孔隙率都在20%左右或更低。主堆石区和下游堆石区的孔隙率基本一致，压缩模量相差不大，坝体上下游堆石体变形比较均匀。实践证明，通过严格地控制填筑标准，坝体沉降变形基本控制在最大坝高的1%左右。

4. 面板结构设计

面板厚度按照规范规定取值，面板分缝间距一般控制在12～18m，一般采用统一的宽度。考虑到靠岸边的面板是拉应力集中区，为了改善面板受拉性能，分受拉区及受压区采用不同的宽度，即受拉区宽度为受压区的1/2。

面板一般分三期施工，不设水平结构缝，水平缝作为施工缝处理。而水布垭在二期面板顶高程以下8m处设置了一条水平结构缝，目的是减少二期面板产生结构性裂缝，同时减少面板与挤压边墙间的脱空。

面板的配筋有单层双向和双层双向两种配筋型式，以双层双向配筋型式居多，纵横向配筋率均按0.4%左右控制；在面板受压区、垂直缝两侧、周边缝附近增加抗挤压钢筋，以提高面板边缘部位的抗挤压破坏能力。

5. 止水结构设计

超高面板堆石坝周边缝止水结构，应在底部设置铜片止水，表层设置塑性填料止水或无黏性填料止水。此外，还可以设置橡胶棒、波形止水带等。

周边缝中部设置止水，会在一定程度上影响该部位混凝土振捣密实效果。一般情况下，中部止水可取消，加强顶部止水也能达到要求。如果坝高较高，低高程面板混凝土厚度较大，可在中部增设一道止水。

我国超高面板堆石坝面板的周边缝，除天生桥一级外，基本采用了设有波形止水带的塑性填料型止水结构。针对高坝纵向变形大的特点，受压垂直缝间应设置压缩性填料，吸收纵向变形；张性垂直缝的止水结构应参考周边缝。

6. 施工分期

坝体在上、下游方向，除因度汛需要采取在上游超填临时断面外，坝体填筑应尽量做到上、下游面平衡上升。采用临时断面度汛时，应采取措施降低度汛断面前后区填筑高差，宜控制在40～50m以下。面板浇筑期间，除面板施工作业场地外，其后部坝体可适当填高，待面板浇筑完毕再补填前区。水布垭面板堆石坝采用了“后部超高填筑法”，以利用坝体沉降位移变化规律削减对混凝土面板的拉伸变形影响。

7. 堆石填筑碾压参数

填筑碾压参数包括铺层厚度、碾压设备、碾压遍数、加水量等。

主堆石料的铺料厚度宜为80cm，下游堆石铺料厚度较主堆石料铺料厚度稍大，洪家渡工程由于采用了冲碾压实技术而加大了铺料厚度，达到160cm。

碾压设备方面，25t级的自行振动碾已普遍运用于超高面板堆石坝，我国的水布垭、三板溪等面板堆石坝均采用了这种碾压设备。此外，还引入了南非开发的冲击碾，2002年首先在洪家渡面板堆石坝工地进行试验，并用于压实下游次堆石区的碾压施工，取得了良好的效果，目前有一些工程正在继续试用。

为满足超高面板堆石坝压实度要求，在采用大吨位振动碾的（如25t振动碾）情况下，碾压遍数通常为8～10遍；采用冲碾压实技术，碾压遍数为22～27遍。

为提高堆石的压实效果，压实施工中常采用加水措施，加水量的大小与筑坝材料的种类和施工方法有关。对于超高面板堆石坝施工，垫层料和过渡料的加水量一般为填筑方量的5%～10%，堆石区加水量一般为填筑方量的15%～20%。在具体的堆石填筑工程中，应通过现场碾压试验确定具体的加水量。

8. 预沉降控制措施

超高面板堆石坝的建设中，一条重要的经验就是通过充分的预沉降来完成或基本完成次压缩变形，减少面板与堆石体间的变形差，这同时也是避免或减少面板结构性裂缝的根本措施。通过总结工程经验，提出了两项坝体预沉降控制指标：①预沉降时间控制指标；②预沉降速率控制指标。

预沉降时间控制指标：即每期面板施工前，面板下部堆石应有足够的预沉降期，对超高面板堆石坝其预沉降时间不宜小于5～6个月。

预沉降速率控制指标：即每期面板施工前，面板下部堆石（或垫层料内部）的沉降变形速率已趋于收敛，监测显示的沉降曲线已过拐点，趋于平缓，应控制沉降速率小于5mm/月。

同时，堆石体预沉降时间的安排应与施工导流、面板施工分期和蓄水发电工期安排相结合。

2.2　坝址选择与枢纽布置

面板堆石坝是土石坝的一种，其坝址选择与枢纽布置与其他类型土石坝有很多共同之处。与其他土石坝一样，保证泄水安全尤为重要，但面板堆石坝对地形、地质、气候、建材等条件的适应性较好。不要求开挖量最小，追求土石方平衡和综合费用最低，是面板堆石坝坝址选择与枢纽布置区别于其他坝型最大的不同之处。坝址选择与枢纽布置在确定的时序上，坝址确定在前，枢纽布置确定在后。坝址选择是水能利用与多种枢纽布置方案组合比较的结果，枢纽布置是各水工建筑相互间位置优化选择的结果。

2.2.1　坝址选择

坝址一般是开发河段水能利用与各坝址各种可能坝型组合的枢纽布置方案，经综合比较，在保证工程安全的情况下，以经济效益最大化为原则决定的结果。也有特殊情况，是由开发河段特定的地形地质条件直接决定，如受区域性地质构造制约仅有唯一坝址，或有特别优越的地形地质条件成为唯一坝址。

面板堆石坝坝址选择时，应考虑的主要因素有地形、地质、料源和枢纽布置条件。

2.2.1.1　地形条件

面板堆石坝对地形条件有良好的适应性，坝址选择常常取决于有无节省泄水建筑物工程量的有利地形条件。

一般来说，面板堆石坝最适宜修建在宽浅河谷上，但采取一些处理措施后，面板堆石坝可以适应各种不同形状的河谷。从国内外已建工程情况看，不管是高山峡谷，还是宽浅河谷，都可以安全、经济地修建面板堆石坝。泰国考兰坝河谷宽度与坝高的宽高比为7.7，我国天生桥一级坝为5.0，紫坪铺坝为4.06，白溪坝为3.2，水布垭坝为2.83，洪家渡坝为2.4，九甸峡坝为1.69，哥伦比亚格里拉斯坝为0.86。若在河岸比较平顺、两岸近似对称的河谷建面板堆石坝则更为有利。对于高陡岸坡的面板坝，若处理不当，可能引起周边缝变形过大，造成止水失效。如格里拉斯面板砂砾石坝宽高比0.86，岸坡陡达1：0.1～1：0.2，初次蓄水后发现大量漏水，主要是通过岸坡张开裂隙的绕坝渗流，并有局部周边缝张开和止水失效，经加固处理后正常运行。我国河谷最狭窄的100m以上的面板堆石坝是龙首二级，宽高比为1.3，对坝体深河槽区、坝体岸坡接触区采用特殊主堆石料进行密实填筑，大坝运行状态良好。对低而长的坝，由于土质心墙坝地基处理费用高，以及坝体内反滤料用量大而使坝料综合单价增高，可能面板坝是更经济的。委内瑞拉的马卡圭面板堆石坝，坝高平均只有20m，而坝顶长达2800m，建于表面非常不平整的坚硬岩基上，其造价是各种比较方案中较低的。巴西阿里亚坝、中国天生桥一级坝等都是在宽河谷内修建的面板堆石坝。另外，对一岸有台地或漫滩等情况，只要在设计中适当处理，也可选作面板坝坝址。

在坝址选择中，对宽河谷和窄河谷的坝址要作全面比较，而不应单纯考虑到窄河谷坝体工程量小而选定。如天生桥一级水电站原来有两个坝址可供选择，一个是较宽的大湾坝址，一个是下游1.5km处的坝盘坝址，比较之后认为坝盘坝址虽然工程量较小，但地质条件不好，有一条斜切河谷的大断层，河床覆盖层较深，底部的淤泥层也较厚，施工条件也不如大湾坝址，而且大湾坝址有很好的溢洪道位置，在厚层灰岩中开挖，可以作为主堆石料场使用，因而选定了宽河谷的大湾坝址。

图2.2-1所示为不同地形条件下建成的工程实例。其中宽河谷面板挤压应力较小，徐变量也较小，因此，超高坝建于宽河谷较为有利。

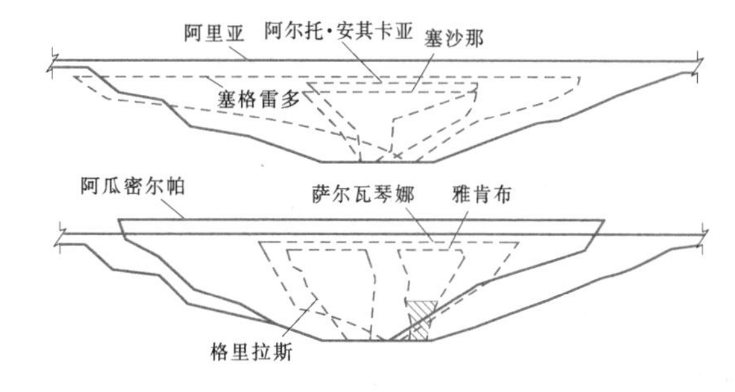

图2.2-1　一些已建面板堆石坝的纵剖面图

2.2.1.2　地质条件

面板堆石坝是一种重力式结构，但其坝基应力不大，对地基强度的要求不高，只要没有土层、淤泥或软黏土层、易液化的砂层、低强度的泥化夹层等软弱层存在，一般都能满足坝基和坝坡稳定要求。对两岸坝肩而言，也不像拱坝那样需两岸承受巨大推力，所以对两岸坝肩也不需过高要求。

面板堆石坝坝址选择时，最重要的两个地质因素是趾板地基和防渗条件。

1. 趾板地基

一般情况下，趾板要求修建在岩石地基上，并要求岩石是坚硬、非冲蚀性和可灌的，基础处理也相对简单。趾板地基选择时要求避开活动性断层，尽可能避开大断层和缓倾角裂隙（顺坡方向）、夹泥层发育的区段等复杂地基坝址。

当遇到软弱基础时，可采取合理的处理措施，适当放宽对趾板基础的要求，将趾板修建在强风化岩石或砂砾石覆盖层等条件较差的基础上。国内外有多座大坝曾利用强风化岩石、残积土、砂砾石层作为趾板基础，经过专门设计和精心施工后，运行正常。哥伦比亚萨尔瓦琴娜坝部分趾板地基为残积土；澳大利亚利斯坝左岸趾板地基为30m厚的全强风化岩石；我国株树桥坝河床部分趾板地基为风化板岩地基、白云坝两岸部分趾板地基为强风化岩石地基。

抽水蓄能工程上库坝的库底采用开挖料回填，趾板可以放置于回填料上，并通过止水与库盆防渗结构及两岸趾板连接。

深厚覆盖层地基采用开挖后布置趾板时，应论证开挖宽度，避免不必要的开挖；深厚覆盖层地基采用防渗墙接地时，趾板可以置于砂砾石地基上，趾板通过止水与防渗墙及两岸趾板连接，河床部位一般要求采用连接板与趾板及防渗墙连接，例如智利圣塔扬那坝。我国从20世纪80年代起在深厚覆盖层上修建面板堆石坝，现已超过15座。进入21世纪，成功修建了察汗乌苏、那兰和九甸峡3座坝高超过100m、趾板建于深覆盖层上的面板堆石坝，覆盖层厚度达40～50m。

2. 防渗条件

渗流和渗漏是地质条件中需要考虑的重要因素，对灰岩地区的岩溶渗漏问题更要慎重对待，应尽量避开，不能避开的要查明后谨慎处理，以免后患。我国西北口坝蓄水后曾发生过约1.7m^3/s的渗漏，就是通过右坝头的岩溶通道发生的，后放空水库进行了处理。其他如顺河向的断层和张开裂隙，高水头下击穿其填充物后也会发生大量渗漏。

从岩层产状来说，宜将坝址选在横向谷内，岩层走向与河谷交角以大为好，对边坡稳定和渗流条件都较好。顺向谷坡需作更多的研究和处理，特别是顺向谷有天然或人工开挖高边坡时需慎重研究。对于顺河向的高倾角裂隙发育坝址，要论证防渗灌浆的效果，减少坝基防渗处理的工程量和处理的难度。

岩石要有足够的抗水性，岩石浸水后应不至溶蚀和软化。含石膏很多的岩石及岩盐层，对筑坝非常不利，应力求避开；石灰岩地基应研究岩溶问题；黏土页岩应研究遇水软化对大坝稳定与变形的影响。

2.2.1.3　料源

料源选择应结合施工总体布置，尤其是道路布置和开采条件综合论证。有时坝址附近都是适用的岩体，但由于种种原因，如道路布置困难、爆破对其他施工构成安全威胁，或因剥离层太厚而不经济。坝址附近有数量足够和质量合乎要求的土石筑坝材料，曾作为坝址选择的一个重要条件。但自推广碾压堆石坝以来，坝料选择余地更为宽广，不限于硬岩开采石料，有些抗压强度较低的岩石，软硬相间的岩层，建筑物有效挖方的石料、砂砾石料也可利用，经过论证还可使用软岩堆石料。

岩石的硬度和强度不是越高越好。硬度和强度过高时，钻爆工作困难，效率低，费用高，爆落石料细料少、块度大、棱角尖利，不易压实，对运输和碾压机具损坏较严重，并非有利。一般来说饱和抗压强度在60～100MPa的石料最宜于施工操作，压实质量也好。

只要从宏观上看是以硬岩层为主，软岩层不超过一定比例，就可用作坝料。在分区上将硬岩为主的料放在主堆石区，软岩多一些的料放在下游堆石区。如阿里亚坝以坚硬的玄武岩为主，混杂有软弱的玄武角砾岩，含量最大达25%。若将软岩放置在主堆石区，需要通过合理的研究来论证其可行性，如董箐面板坝，主堆石区全部采用溢洪道开挖砂泥岩料，其泥岩含量达25%，经过合理的设计和施工，坝体变形控制良好，蓄水后运行正常，经济效益显著。大坳坝基本上用软岩填筑，也取得了成功。

当坝址附近有储量丰富的软岩料，而缺少硬岩料或运距远时，应研究软岩料的利用。如株树桥坝次堆石区采用坝址附近的风化板岩料，将下游坝坡放缓到1∶1.7，与从8km远处运输灰岩料相比较，仍然是经济的。

利用开挖料是面板堆石坝的特点之一。与混凝土坝型相比，土石坝枢纽布置的最大特点是不追求开挖量最小。国内外面板坝工程均很注意枢纽建筑物有效挖方的充分利用和土石方的挖填平衡，尽量利用开挖料上坝，争取不设专门的料场，以取得最好的经济效益和环保效果。

天生桥一级面板堆石坝，坝体填筑体积为1800万m^3，其枢纽布置方案见图2.2-2。初期是将溢洪道布置在右坝头，工程量小，但地质条件较差，岸坡可能不稳定。结合坝址地质条件，将溢洪道布置在右岸远离坝头的灰岩溶蚀槽谷内，为厚层灰岩，开挖量达1764万m^3，其中1520万m^3用于填筑和加工混凝土骨料，缺少部分由溢洪道右侧料场补充供应。这样布置虽加大了溢洪道长度和工程量，但解决了坝体堆石的主要料源，而且占长度大部分的引渠不用衬砌，取得了良好的经济效益。

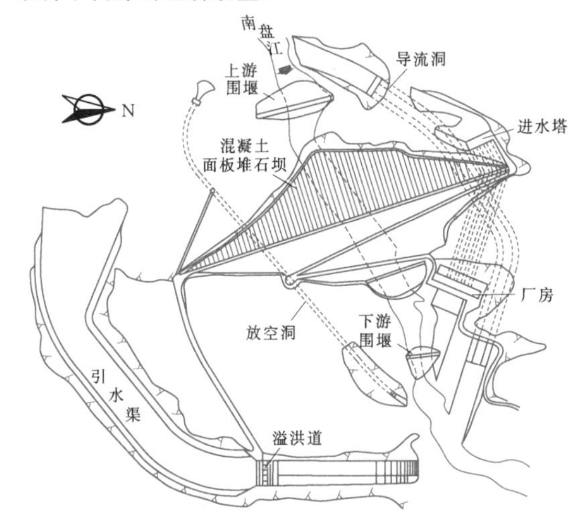

图2.2-2 天生桥一级水电站平面布置图

十三陵抽水蓄能电站上池面板堆石坝，坝轴线处最大坝高75m，填筑体最大高差118m，池盆全部由开挖形成，坝体方量255万m^3，全部由池盆开挖石料填筑，其中包括大量风化安山岩，没有从专门料场开采。国内外也有不少坝与十三陵上池一样，其开挖料是风化岩或软岩。为了利用这些软岩料，在坝体下游部分设置专门的分区，置放这种开挖材料，如萨尔瓦琴娜坝下游堆石体放置了溢洪道开挖的风化砂岩等。巴西的阿里亚、塞格雷多、辛戈3座面板堆石坝，枢纽布置极为紧凑和简洁，溢洪道和电站尾水渠都采用大开挖方案，将开挖料直接上坝。其中阿里亚坝的枢纽布置见图2.2-3。阿里亚坝与辛戈坝是同一类型，在两岸分别布置溢洪道和引水发电系统，而塞格雷多坝是溢洪道和电站共用一个进水渠，进而分成两个进水口。电站为半露天式，连同大尾水渠，开挖方量很大。阿里亚坝的坝体填筑方量为1400万m^3，其中1250万m^3来自建筑物开挖料，平均运距不足1.5km。施工初期集中力量在右坝肩开挖，以便清理出一块区域可以填筑堆石体，使开挖料直接上坝，避免堆存和二次倒运。坝基岩体由玄武岩组成，其中以块状玄武岩为主，占75%，其抗压强度达235MPa，软化系数0.80；还有玄武角砾岩夹层，占25%，其抗压强度为37MPa，软化系数0.67。除垫层料用块状玄武岩人工轧制外，其余都是使用两者的混合料。塞格雷多坝的情况大体相同，也是以块状玄武岩为主，夹有玄武角砾岩和杏仁状角砾岩，含量不超过25%。坝体堆石体积为720万m^3，其中690万m^3来自建筑物开挖料，仅从料场取料30万m^3。辛戈坝的坝体工程量为1230万m^3，主要利用开挖的花岗片麻岩填筑。

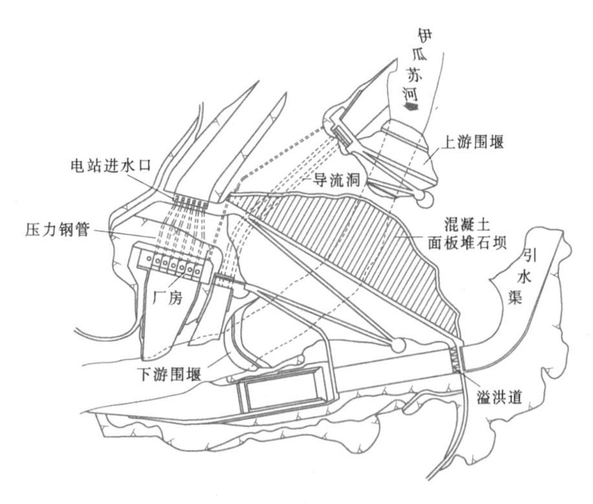

图2.2-3 阿里亚坝枢纽总平面布置图

2.2.2 枢纽布置

枢纽布置是对水利水电枢纽的主要建筑物（如大坝、泄水建筑物、引水建筑物、发电厂房系统以及过坝建筑）相互间位置的优化选择。它受地形、地质、水文、水工、施工等多方面因素的制约，最终要求满足运行安全、经济合理、技术先进等条件。枢纽布置既要求具有高度的技术性，又需根据前人的经验加以合理处理。尤其在高山峡谷地区，建筑物往往十分集中，因此，选择多种方案，进行深入的技术、经济比较，从而选出最优的布置，是十分必要的。

2.2.2.1 坝轴线与大坝的布置

面板堆石坝属当地材料坝，大坝独占河道挡水，基本不存在与其他建筑物共用河道。大坝布置主要考虑与地形地质条件最优匹配和自身工程量最小。由于面板堆石坝对地基的要求低，可建在岩基上，也可建在密实的河床覆盖层上。若覆盖层内有粉细砂层、黏性土层等不利地质情况时，应论证坝体建在河床覆盖层上的安全性和经济合理性。

面板堆石坝坝轴线选择应根据坝址区的地形、地质条件，有利于趾板和枢纽布置，并结合施工条件等，经技术经济综合比较后选定。

坝轴线的布置最主要的就是趾板线的选择，坝轴线一般宜采用直线布置，但当趾板地基存在地形及地质上的缺陷时，也可以布置成折线，或直线与圆弧曲线组合的坝轴线。现行规范规定趾板线的选择宜按照下列要求进行：

（1）趾板建基面宜置于坚硬的基岩上；风化岩石地基采取工程措施后，也可作为趾板地基。

（2）趾板线宜选择有利的地形，使其尽可能平直和顺坡布置；趾板线下游的岸坡不宜过陡。

（3）趾板线宜避开断裂发育、强烈风化、夹泥以及岩溶等不利地质条件的地基，并使趾板地基的开挖和处理工作量较少。

（4）在深覆盖层上建坝布置趾板时，应根据地基地质特性进行地基防渗结构与趾板以及两岸连接的布置设计；对于深覆盖层的地基防渗处理及趾板布置，经详细论证后也可采用混凝土防渗墙防渗，将趾板置于覆盖层上。

（5）施工初期，趾板地基覆盖层开挖后，可根据具体地形地质条件进行二次定线，调整趾板线位置。

2.2.2.1.1　直线布置

直线坝轴线一般也是工程量最小的坝轴线，目前为多数工程所采用。如水布垭、洪家渡等，见图2.2-4、图2.2-5。

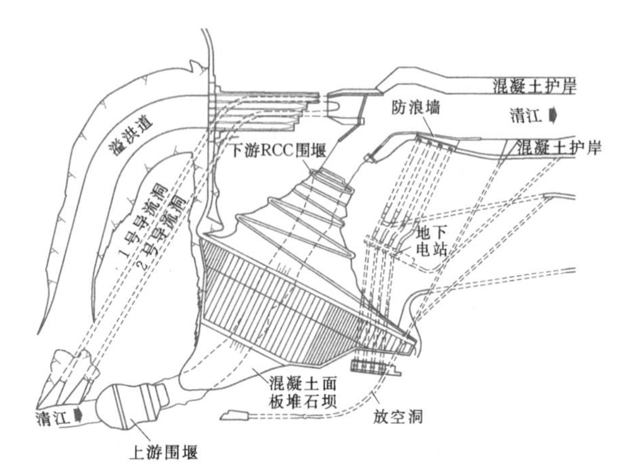

图2.2-4　水布垭面板堆石坝平面布置图

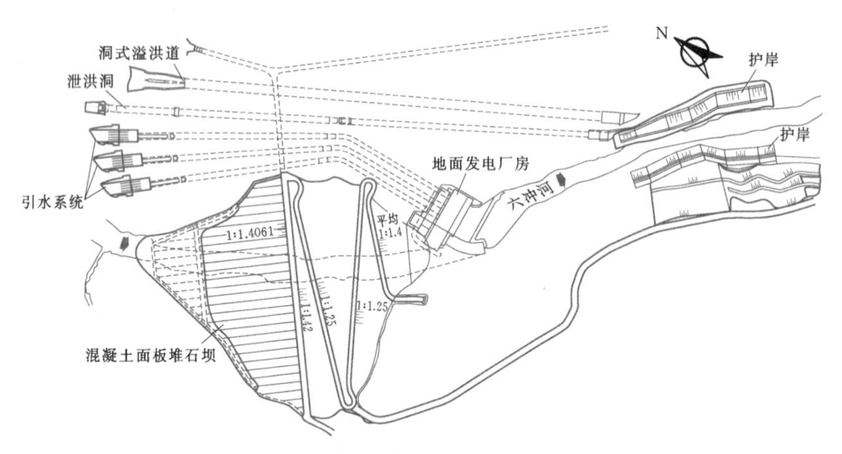

图2.2-5　洪家渡面板堆石坝平面布置图

2.2.2.1.2　折线布置

少数面板堆石坝，为避开坝址不利的地形地质条件、减少开挖工程量或开挖边坡高度等，将面板堆石坝坝轴线布置成折线。

1. 榆树沟面板堆石坝

新疆榆树沟面板堆石坝，最大坝高67.5m，坝顶长度306.0m，坝顶宽度6.0m，上、下游坡比均为1∶1.4。在基础开挖过程中发现，右岸坝肩一定范围内，原设计趾板建基面的岩体风化破碎严重。若按原坝轴线布置，并使趾板坐落在较为完整的岩体上，则需增加开挖量10倍以上。因此，根据右岸坝肩实际地形情况，将坝轴线在桩号0+223.65处，以45°角折向右岸上游岩石裸露的山体。这一措施的使用，缩短了坝轴线的长度，方便了趾板布置，也大大减少了右岸山体开挖量，如图2.2-6所示。

2. 王二河水库面板堆石坝

贵州王二河水库面板堆石坝最大坝高52.4m，坝顶长度371.77m，坝顶宽度6.7m，上下游坡比均为1∶1.3。

大坝基础开挖后发现，河床及右坝肩地质条件与原设计的基础条件有明显的差别。原勘查认为F_{12}断层为顺河向发育，发育规模不大，影响范围小。实际该断层由河床趾板0+103桩号处经坝轴线0+065桩号，再顺导流洞0+103桩号方向延伸，斜穿右坝肩，

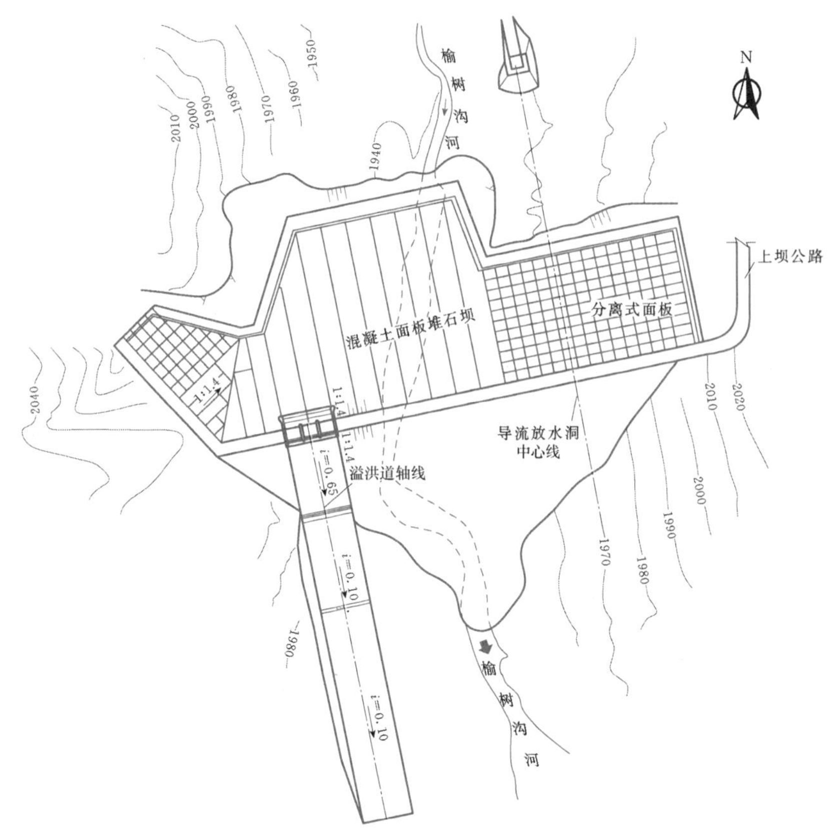

图 2.2-6 榆树沟面板堆石坝平面布置图

断层由2～3条破裂面及夹持切割带组成，破碎带宽度大于10m，破坏了右岸山体的完整性，其上盘强风化深度明显增厚，灰岩溶蚀风化严重，形成极不均一的土夹碎石及溶柱。根据开挖揭露及补充勘探地质资料，及时进行了设计修改与调整，经多方案比较后，采取将右岸坡趾板基准线上移的方案，使趾板地基避开强溶蚀灰岩，利用下伏较完整泥钙质粉砂岩层，从而保证趾板基础的稳定性和防渗可靠性。由于趾板基准线向上游摆动，其坝体面板就不可能处于同一个平面以内，考虑坝轴线转折了23.18°，转角偏大，为使面板平顺连接，将该处面板设计为3个平面，增加了1个过渡平面，面板每一转角角度为11.69°，合理修改后，工程运行正常，如图2.2-7所示。

3. 琅琊山抽水蓄能电站上库

琅琊山抽水蓄能电站位于安徽滁州，2005年建成。上库为洼地水库，总库容1804万m^3，坝高64m，坝顶长665m。为增加库容，坝轴线采用折线布置，其折角约为23°，折点位于右岸坝高约35m处，转角处两侧面板直接连接，不设连接板。其面板堆石坝的平面布置如图2.2-8所示。面板采用无轨滑模浇筑，在转折处也是采用无轨滑模浇筑。为避免接缝处错台，滑模进行了相应的修改。

4. 巴山面板堆石坝

重庆巴山面板堆石坝，坝高155m，坝顶长477m，面板面积5.8万m^2，水库总库容3.165亿m^3，装机容量140MW。两岸为不对称的地质条件，一岸为岩石，另一岸为深厚的块石堆积体，给面板堆石坝的坝轴线选择带来很大的困难。为避开岸坡块石堆积体、将两岸趾板都布置在岩石地基上，最后决定采用折线坝轴线方案。两岸坝肩顺河向相距约100m，坝轴线的转角为35°，其布置如图2.2-9所示。采用类似克罗蒂坝连接板的方案，连接板的前、后转角各为17.5°。有限元计算成果表明：连接板尚在左岸拉伸区内，连接板两侧接缝为拉性缝，因此连接板工作是独立的。由于右岸堆石地基出现了如辛戈坝的急剧下降地形，因此设计采取了相应改进堆石分区及设置堆石体预沉降期等措施。

2.2.2.1.3 曲线布置

抽水蓄能电站库盆采用混凝土面板防渗时，其坝

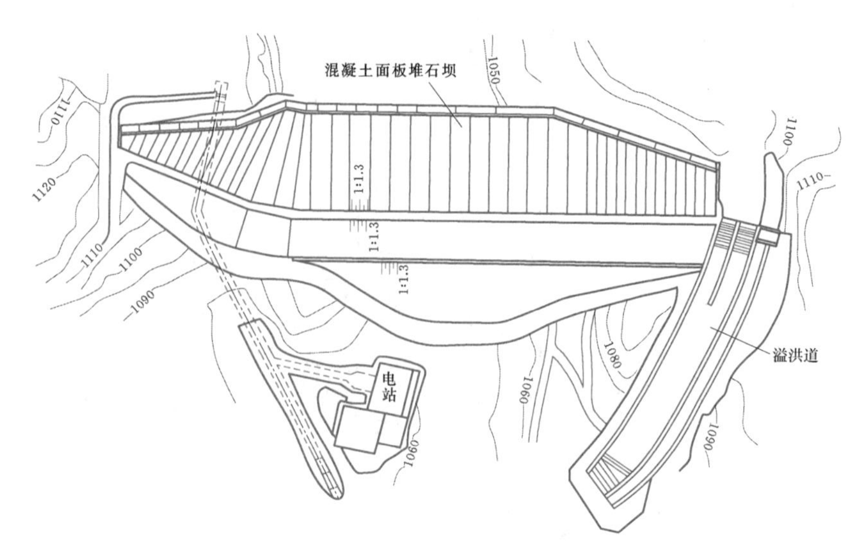

图 2.2-7 王二河面板堆石坝平面布置图

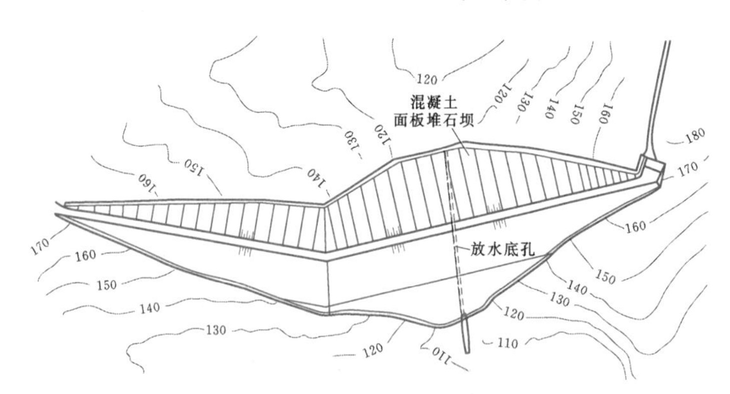

图 2.2-8 琅琊山上库面板堆石坝平面布置图

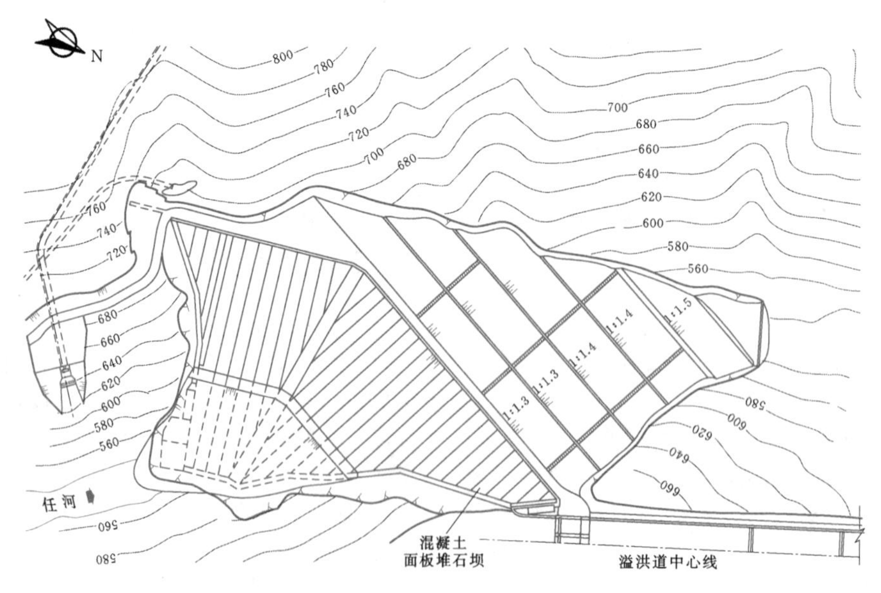

图 2.2-9 重庆巴山面板堆石坝平面布置图

轴线通常采用直线和弧线组合的复合曲线。也有部分面板堆石坝因坝址地形地质条件限制，为避开不利地质条件、减少开挖工程量或开挖边坡高度等，将面板堆石坝的轴线布置成弧线型。

1. 宜兴抽水蓄能电站上库

江苏宜兴抽水蓄能电站主坝钢筋混凝土混合堆石坝上游趾板以上最大坝高 47.2m，坝轴线处最大坝高约 75.0m，下游从重力挡墙基础至坝顶最大高差 138.2m，坝顶长约 500.0m，坝顶宽 8.0m，上游坝坡 1∶1.3，下游坝坡“之”字形马道间的坝坡为 1∶1.26，综合坝坡 1∶1.48，坝轴线为直线和弧线组合的复合曲线。见图 2.2-10。

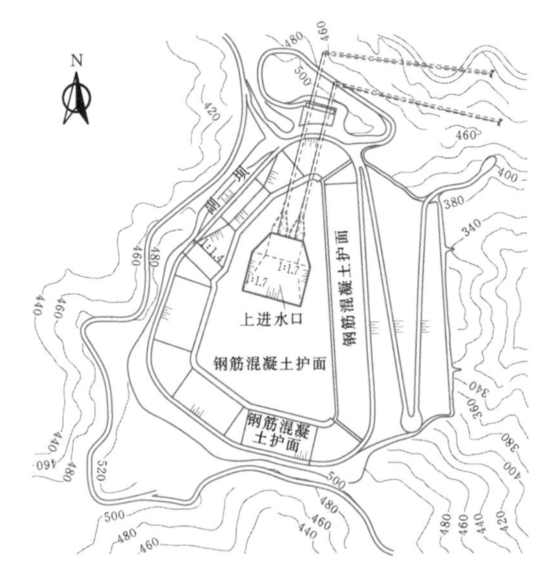

图 2.2-10 宜兴抽水蓄能电站上库混凝土面板堆石坝平面布置图

2. 温尼克坝

温尼克坝是澳大利亚墨尔本市给水工程的主要建筑，1979 年建成。主坝为面板堆石坝，坝高 85m，坝顶长 1050m。主坝坝轴线采用了直线与向上游圆弧曲线组合布置，圆弧段坝坡由 1∶1.5 放缓为 1∶2.0。这是由坝址地形及地质特性决定的，其布置如图 2.2-11 所示。圆弧段面板由许多近似梯形面板组成，侧模间为平面，相邻块不妨碍面板滑模施工，因此可以采用一般无轨滑模进行施工。变坡是利用滑模对两侧轨不在同一平面所产生的扭曲面的适应性来实现的。

3. 十三陵抽水蓄能电站上库

十三陵抽水蓄能电站装机容量 800MW，其上库 1995 年建成蓄水。主坝高 75m，坝顶长 550m，坝基位于斜坡上，倾向下游，其坡度约为 1∶4，下游坝坡 1∶1.7～1∶1.75，下游坝趾到坝顶高差 118m。

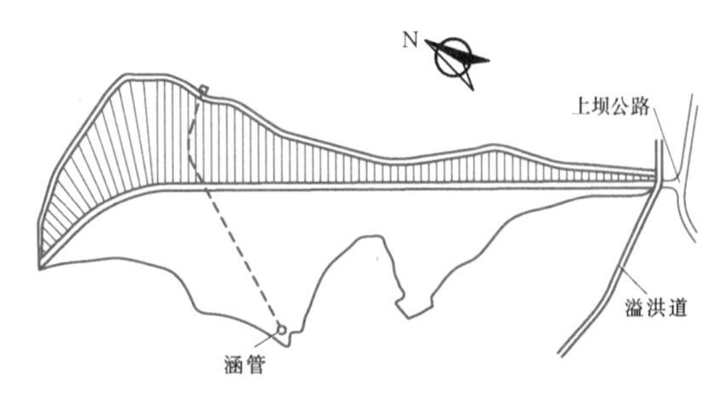

图 2.2-11 温尼克坝平面布置图

岸坡面板由直线段及圆弧段组成，布置如图 2.2-12 所示。

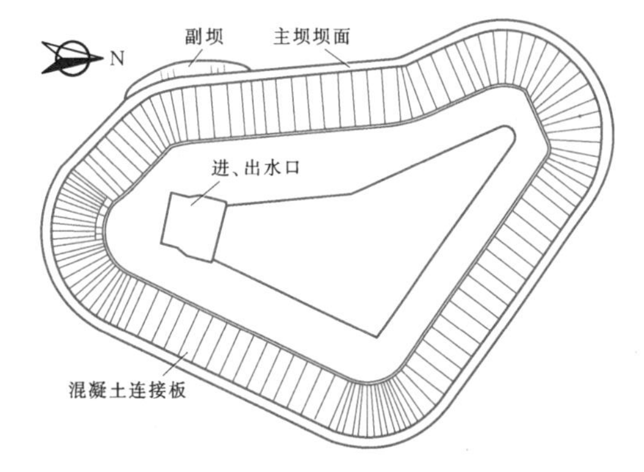

图 2.2-12 十三陵抽水蓄能电站上库面板平面布置图（单位：m）

十三陵抽水蓄能电站上库全部面板采用滑模施工。库岸直段面板为 16m 等宽，滑模总长 16.8m，由 2 节 6m、1 节 2m、2 节 1m 和 2 节端头组成，滑模底宽（滑板宽）1.2m，总重约 8t。库底面板宽度为 16m，滑模底宽 0.6m，为加配重的水平滑模。库岸圆弧段由一系列上宽下窄的倒梯形面板组成，要求将三块板布置在一个平面内，并保证底宽大于滑模宽度（16m），以保证滑模作业。滑模最大组合长度为 16.4m。滑模一侧与不在同一平面上已浇面板的一节模板连接，以形成折角，避免错台。只要转角形成的相邻面板底板有一定宽度，顶部宽度不大于模板的长度，其转角就可以成立，因此一次转角角度主要决定于面板坡度及坝高。如图 2.2-13 所示，在采用工作长度为 16m 的滑模及单块面板底部最小宽度为 4m 时，根据施工要求梯形面板底部总宽度为 18m（>16m），顶部总宽度为 42m，此时转角

$$\theta = 2\arctan\frac{12}{mH} \tag{2.2-1}$$

式中 m——面板坡度比，如坡度为 1∶1.4，则 m=1.4；

H——面板的高度，m。

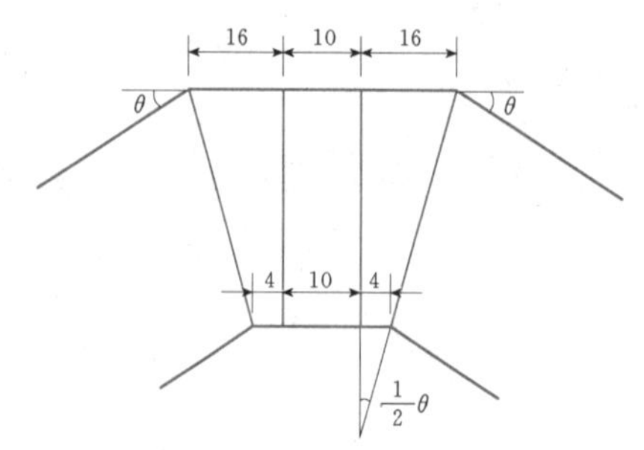

图 2.2-13 十三陵抽水蓄能电站上库面板堆石坝坝轴线转折段面板布置平面示意图（单位：m）

当坝坡为 1∶1.4、面板高度为 40m 时，θ=24.19°。从式（2.2-1）可知，θ 值将随坝高增加而减小。

2.2.2.2 泄水建筑物布置

在枢纽布置中，泄量较大的泄水建筑物常成为主要考虑与首先解决的问题，当地材料坝的泄洪设施布置尤为重要。现行规范规定“泄水建筑物的布置和型式，应根据枢纽条件综合比较后确定。在地形条件有利的坝址，宜以开敞式溢洪道为主要泄水建筑物。当布置开敞式溢洪道确有困难时，也可采用泄洪隧洞，但宜采用开敞式进水口，下接泄洪洞。对于 100m 以上高坝，采用单一泄洪隧洞应详细比较论证；当溢洪道紧邻面板堆石坝布置时，应论证溢洪道泄洪时对坝体安全性的影响”。

在地形条件有利的坝址，宜以开敞式溢洪道为主要泄水建筑物。低凹垭口、平缓岸坡、高程适当的台地、河流弯道处的单薄分水岭等，都是溢洪道的理想位置。在高陡坡处布置岸边溢洪道时，可使边墙尽量外移，以减少高边坡及挖方量，如塞沙那坝。当布置开敞式溢洪道确有困难时，或结合排沙、降低水位等要求，也可以采用泄洪隧洞，但宜采用开敞式进水口，下接泄洪洞，并宜采用“龙落尾”式布置，以减小高流速段长度。对于高面板堆石坝，采用表孔溢洪道与中低高程的泄洪洞、排沙洞、放空洞相结合的形式，运用灵活可靠，是经常采用的布置形式。

由于泄洪时往往会引起下游河岸冲刷，可能危及库岸稳定与进厂交通道路的安全、厂房尾水淤积等问题，因此在布置大坝和泄水建筑物时，应充分估计到下游水流衔接条件的难易、冲刷坑范围内断层的分布与形状等。

2.2.2.2.1 岸边开敞式溢洪道

我国一些大型面板堆石坝工程的泄洪、放空设施见表 2.2-1。泄洪建筑物多以开敞式溢洪道为主，如天生桥一级、水布垭、三板溪等工程。其中以天生桥一级工程泄量及单宽流量最大，溢洪道鼻坎处最大流速为 45m/s。

以下为我国一些岸边开敞式溢洪道的实例。

珊溪工程岸边溢洪道布置于左岸凸岸，进出顺畅，水流归槽条件好，如图 2.2-14 所示。

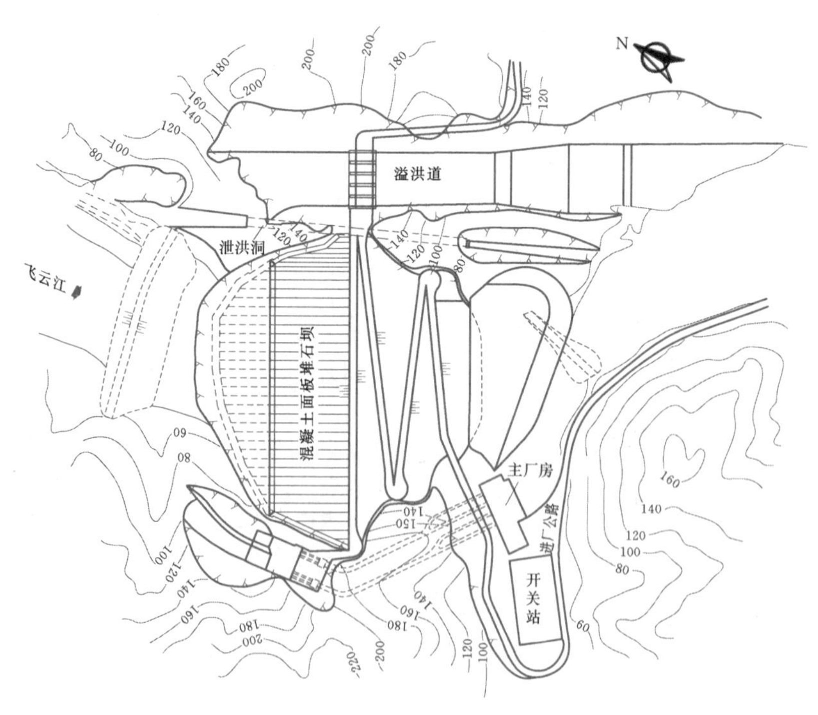

图 2.2-14 珊溪面板堆石坝及溢洪道平面布置图

表 2.2-1　　我国大型面板堆石坝工程泄洪、放空设施特性表

坝名	坝高(m)	泄洪、放空设施	标准	最大泄量(m³/s)	泄槽单宽流量[m³/(s·m)]	闸门				消能型式
						型式	数量	宽度(m)	高度(m)	
水布垭	233.0	溢洪道		18320		弧形	5	14	21.8	挑流、护岸
		放空洞		1600		弧形	1	6	7	挑流
三板溪	185.5	溢洪道	1000年	13366	190.0	弧形	3	20	19	挑流、护岸
		泄洪洞（后期导流，供水，＞20年洪水泄洪）		2936（H=75m）		弧形（70m）	2	5	9	挑流、护岸
天生桥一级	178.0	溢洪道		21750	334.6（落差136m）	弧形	5	13	20	挑流、护岸
		放空洞（后期导流，下游供水，不参加泄洪）		1766		弧形（120m）	1	6.4	7.5	
洪家渡	179.5	洞式溢洪道		6591	328.0（落差103m）	弧形	2	10	18	挑流、护岸
		泄洪洞			233.0（落差118m）	弧形	1	6.2	8	挑流、护岸
紫坪铺	156.0	溢洪道		2443		弧形（84m）	1	12	18	挑流
		1号泄洪排沙洞（导流洞改建）		1667（1号、2号互为备用，龙抬头最大落差130m）		弧形（84m）	1	6.2	8	挑流
		2号泄洪排沙洞（导流洞改建）				弧形（120m）	1	3.5	3	挑流
		冲沙放空洞		343						
吉林台	157.0	表孔泄洪洞	PMF	1259						
		深孔泄洪洞								
珊溪	132.5	溢洪道	PMF	12854	179.0	弧形	5	12	16	挑流、预挖不衬砌水垫塘
		泄洪洞				弧形（90m）	1	7	7	挑流
乌鲁瓦提	138.0	溢洪道		933						
		泄洪排沙洞		400						
公伯峡	132.2	溢洪道		4495						
		深孔泄洪洞		1190						
		表孔泄洪洞		1060						
引子渡	129.5	溢洪道	5000年	8386						
白溪	124.4	溢洪道	2000年	4543	122.0	弧形	5	15	11.7	
		放空洞				弧形（101m）	1	2.2	2.2	
滩坑	162.0	溢洪道	PMF	14334	183.8（落差115m）	弧形	6	12	13.5	挑流、预挖冲坑
		泄洪洞（后期导流、供水、放空、＞500年泄洪）		1729						

注　PMF—可能最大洪水。

白溪工程岸边溢洪道进水口处为一支沟，减小了开挖量，进水水流条件较好，如图2.2－15所示。

滩坑工程将溢洪道布置在离左坝头约700m处的垭口，进口布置在坝址上游左岸的小支流内，减小了溢洪道的工程量，减少了施工干扰，如图2.2－16所示。

当两岸山坡陡峻、又无合适垭口利用时，布置侧

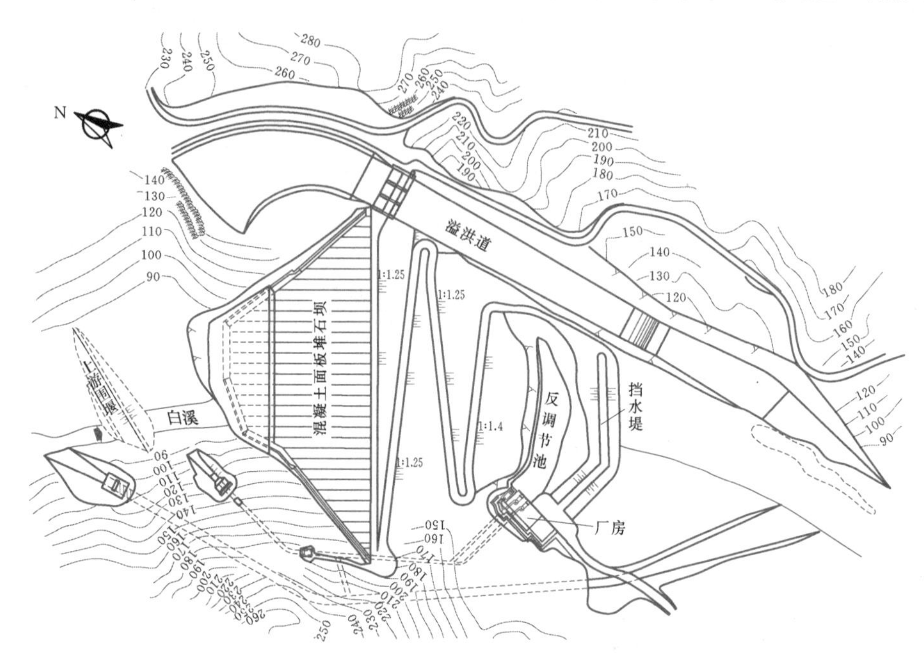

图2.2－15 白溪面板堆石坝及溢洪道平面布置图

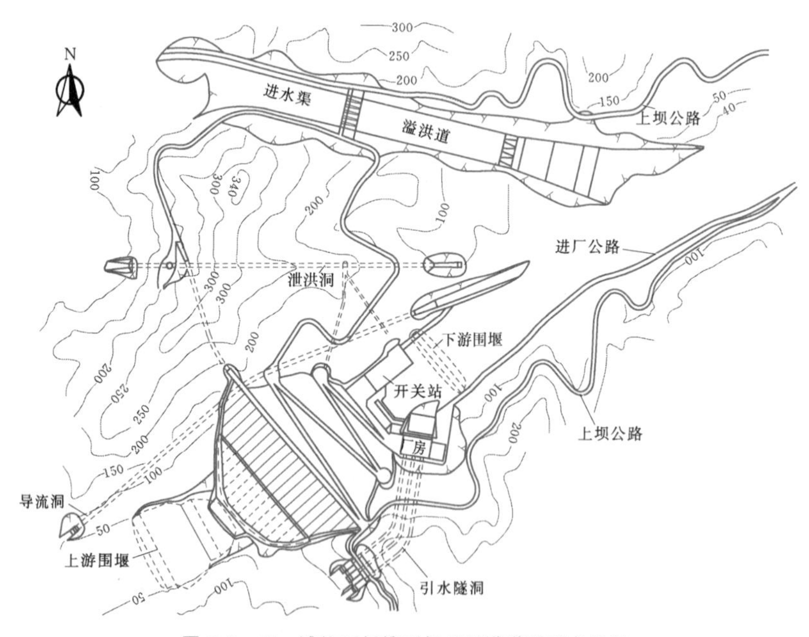

图2.2－16 滩坑面板堆石坝及溢洪道平面布置图

槽式溢洪道，可减少开挖，避免开挖形成高边坡，而且进口沿着岸坡等高线开挖，可增加溢流前缘宽度，以增加泄流能力。天荒坪下库、横山水库均采用侧槽式溢洪道。天荒坪下库布置如图2.2－17所示。

天生桥一级工程属高坝大库，其平面布置图如图2.2－2所示。初期选择右岸岸边溢洪道形式，布置紧凑，工程量小，但因右坝头地质条件差，为顺向坡，对岩体稳定及下游消能防冲不利。其后在右岸距

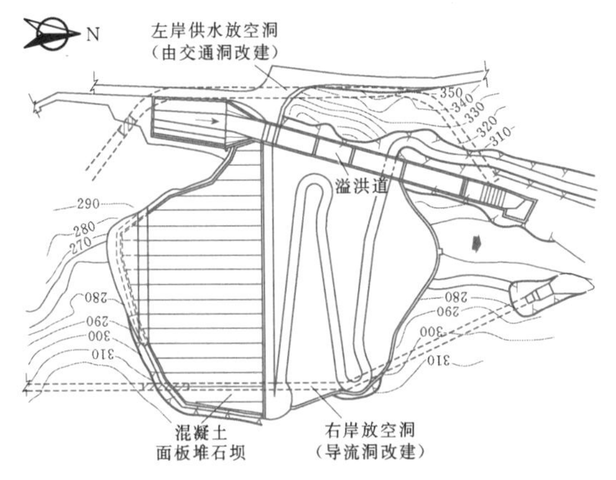

图 2.2-17 天荒坪下库面板堆石坝及溢洪道布置图

坝头较远处发现一个灰岩溶槽沟谷，高程合适，开挖料为坚硬的灰岩，开挖量大，但可以作为筑坝材料及混凝土骨料。下游泄洪也远离坝脚，技术和经济上都比较优越，即为现在所采用的枢纽布置方案。在施工后期发现开挖石料不够，将引渠深挖 5m 解决料源问题，最终未动用备用料场。

引子渡工程在预可研阶段曾对面板堆石坝的枢纽布置方案进行了研究。由于无天然垭口可供布置溢洪道，在右岸开设两条 12m×21m 的大断面泄洪隧洞，坝料另辟料场解决，因此，投资较拱坝方案增加较多。1996 年 12 月完成的预可研设计，选择了坝址及碾压混凝土拱坝方案，并相应选择左岸岸边式厂房和坝身孔口泄洪方案作为预可研阶段推荐方案。在可研阶段工作开始后，发现右岸地质条件复杂，如 50m 深处仍存在张裂隙、风化深度超过 50m、存在软弱夹层等，因需要的处理工程量大而舍弃了拱坝方案，重新进行面板堆石坝方案的研究。可研阶段进一步研究发现，左岸虽然地形陡峻，布置溢洪道需开挖约 120m 高的边坡，但岩层为倾向山里的中厚层石灰岩或灰岩夹薄层页岩，开挖边坡稳定性较好，其开挖料又可以用于筑坝及混凝土粗细骨料的生产，可以取消运距较远的堆石料场及混凝土骨料专用料场，大量开挖石料可直接上坝，经济效益十分显著，决定选用。此外，经进一步比较后，厂房采用右岸长隧洞地面厂房方案。这一面板堆石坝枢纽布置方案与预可研阶段推荐方案比较，投资更省、工期更短。枢纽布置如图 2.2-18 所示。

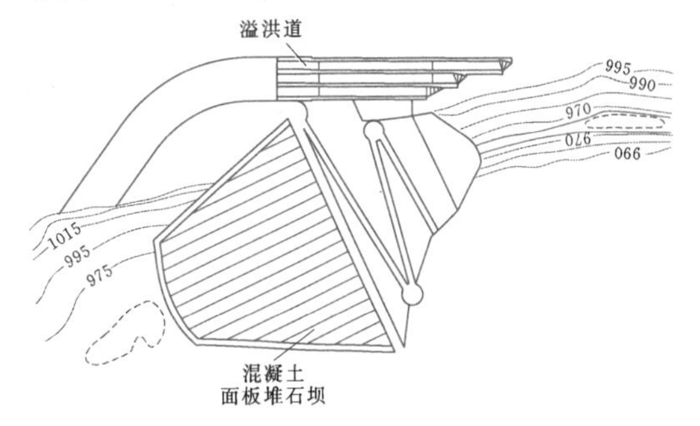

图 2.2-18 引子渡水电站枢纽布置图

巴西在溢洪道布置及设计方面也有丰富的经验。自 1958 年以来巴西共建成 77 座溢洪道，其中大型溢洪道工程有 18 座，属于面板堆石坝工程的有阿里亚、辛戈、伊塔、马查丁霍等 6 座，其溢洪道参数见表 2.2-2。

表 2.2-2 巴西 6 座面板堆石坝工程溢洪道主要设计参数

坝名	坝高(m)	设计标准	溢洪道落差(m)	设计流量(m^3/s)	单宽流量[m^3/(s·m)]	闸门				消能型式
						型式	数量	宽度(m)	高度(m)	
阿里亚	160	万年一遇	130	10250	145.18	弧形	4	14.50	19.45	鼻坎+水垫塘
塞格雷多	145	万年一遇		16000		弧形	6	14.00	21.00	
辛戈	151	万年一遇	106	16500(主溢洪道)	151.38	弧形	6	14.83	20.78	挑流鼻坎
				16500(副溢洪道)	151.38	弧形	6	14.83	20.78	自由射流
伊塔	125	PMF	92	29640(主溢洪道)	230.00	弧形	6	18.00	21.86	消力池
			80	19976(副溢洪道)	234.00		4	18.00	21.84	跌入导流渠道
伊塔佩比	106	万年一遇	>80	20915	168.00	弧形	6	17.4	20.00	挑流
马查丁霍	125	PMF	100	37874	215.80	弧形	8	18.00	20.00	泄槽衬砌 97.65m，其余 180m 不衬砌

2.2.2.2.2 泄洪洞

在地形、地质条件不便于布置开敞式溢洪道的坝址，或泄洪需采用立体衔接的工程，可以采用泄洪洞方案。泄洪洞可以分为无压泄洪洞和有压泄洪洞两种。洪家渡、三板溪、紫坪铺、公伯峡面板堆石坝工程的泄洪设施均采用了泄洪洞。

1. 洪家渡

洪家渡工程的泄洪设施由一条洞式溢洪道和一条泄洪洞组成，如图 2.2-5 所示。洪家渡工程在高山峡谷地区，由于溢洪道开挖会造成不稳定高边坡及增加工程量，采用了开敞式进口后接隧洞的泄洪方式，称为洞式溢洪道。进口采用开敞式溢流堰，由两孔 10m×18m 的弧形闸门控制，后接明流泄洪洞，溢流堰后泄槽采用一坡到底的布置，泄槽底坡为 0.075，设有掺气槽。正常蓄水位至泄槽起点落差为 36.5m，至尾部挑流鼻坎为 103m。这种方式具有开敞式进口超泄能力大的特点，又能避免大开挖带来的高边坡等不利影响，已在许多工程中推广应用。

2. 紫坪铺

在一些多泥沙河流上的工程，为了防止水库的淤积，设置了很低的排沙汛限水位，因此常年泄洪就只能以泄洪洞为主。开敞式溢洪道实质上成为保证泄洪安全的设施，紫坪铺工程就是典型实例。紫坪铺正常蓄水位为 877.00m，排沙汛限水位为 850.00m，溢洪道堰顶高程为 860.00m。泄洪设施由溢洪道、两条泄洪冲沙洞和一条冲沙洞组成。两条泄洪冲沙洞利用导流洞改建，龙抬头落差较大，约 130m；在汛限水位以上运用时流速达 35m/s 以上，最高流速达 45m/s。为保证泄洪安全，泄洪时采用两条泄洪冲沙洞互为备用的措施。紫坪铺水电站枢纽布置如图 2.2-19 所示。

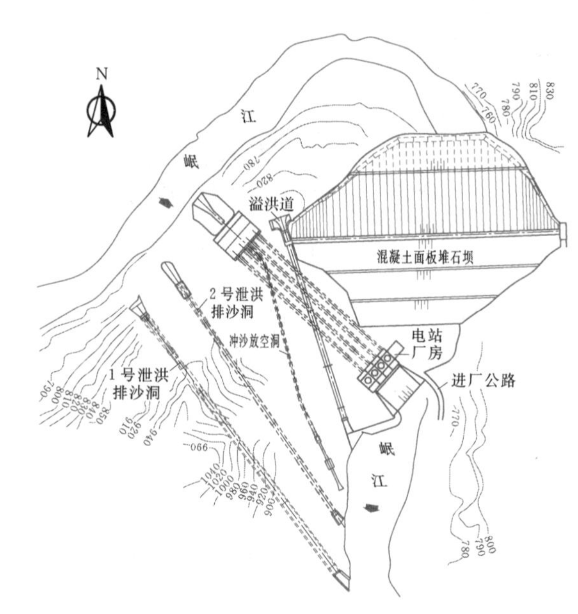

图 2.2-19 紫坪铺水电站枢纽平面布置图

3. 公伯峡

公伯峡水电站位于黄河干流，是一条多泥沙河流，考虑排沙需要设置孔口较低的深孔泄洪洞。深孔泄洪洞还承担施工后期导流和水库蓄水时段向下游供水的任务，同时具备大坝检修时放空水库的功能。泄洪建筑物由左岸开敞式溢洪道、左岸泄洪洞和右岸水平旋流消能泄洪洞组成。开敞式溢洪道为主要泄洪建筑物，承担 2/3 的泄洪流量。左岸泄洪洞是枢纽唯一的深孔泄水建筑物，工作水头 70m，洞内最大流速 20.97m/s。公伯峡水电站枢纽布置如图 2.2-20 所示。

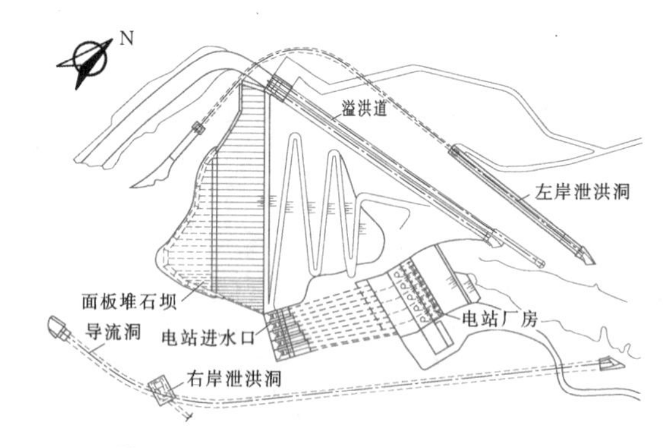

图 2.2-20 公伯峡水电站枢纽平面布置图

2.2.2.2.3 坝身开敞式溢洪道

在面板坝坝身布置开敞式溢洪道的工程较少。SL 228—2013 规定："岸边溢洪道布置困难，河床基岩坚硬，泄洪单宽流量不大的中、低面板堆石坝，经论证，可在坝顶设置溢洪道。"

克罗蒂坝是世界上首座在坝身布置溢洪道的面板堆石坝，在设计之初曾考虑过竖井式泄洪隧洞和右肩侧槽式溢洪道，但都因造价高而放弃。该溢洪道自 1992 年 1 月建成以来已泄洪多次，运行情况良好。

中国有多座面板堆石坝开展了坝身溢洪道设计和研究。截至 2010 年，已有 3 座坝建成运行，见表 2.2-3。最早建成的是榆树沟坝，其后是桐柏蓄能下库坝和大城坝。其中桐柏蓄能下库坝高达 70.6m，泄量为 496m^3/s，为目前我国落差最大的坝身溢洪道工程，已经过泄洪初步检验。三个已建工程坝身溢洪道均采用分节式泄槽，以适应坝体变形。

中国面板堆石坝的坝身溢洪道单宽流量一般不超过 20$m^3/(s \cdot m)$；泄槽分段采用叠瓦形构造连接，每段采用锚固板和预埋拉筋加强泄槽和坝体的连接，以提高其整体性，且具有良好的适应变形能力；结构横

表 2.2-3 中国已建溢流面板堆石坝特性表（截至 2010 年）

工 程 特 性	榆树沟坝	桐柏下库	大城水库
坝高（m）	67.5	70.6	42.0
坝料	堆石	堆石	堆石
溢洪道位置	坝体右岸	坝体中部	坝体中部
溢洪道泄槽净宽（m）	22	26	8
溢洪道泄槽坡比	1∶1.5	1∶1.5	1∶1.5
泄槽底板厚度（cm）	60	60	40
最大泄流流量（m^3/s）	398	496	200
最大单宽流量[$m^3/(s\cdot m)$]	18.10	19.08	25.00
最大工作水头（m）	30.00	51.17	35.00
最大流速（m/s）	26	28	24
消能型式	挑流消能	挑流消能	挑流消能
掺气槽数量	2	4	2
建成时间（年）	2001	2007	2007

缝与掺气槽结合设置，根据水工模型试验结果选择掺气槽结构型式，以减小动水荷载（含拖拽力、脉动压力和冲击力等）的不利影响；底板和边墙在结构上适当分缝并保持一致，接缝采用活节结构；泄槽底部设垫层区、过渡区，然后才是主堆石区；为加强泄槽基础排水，底板下碎石垫层的渗透系数控制在10^{-3}cm/s以上；优选筑坝材料，提高溢洪道下部坝体填筑的密实度，以减少坝体变形给溢洪道带来的不利影响；选择合适的溢洪道混凝土强度等级，严格控制泄槽混凝土表面不平整度，提高泄槽自身抗空蚀破坏能力。

谢拉德（1987）对坝身溢洪道设计提出一些指导性意见，可以概括如下：

（1）溢洪道基础的下游堆石区，应采用与上游区同样的层厚；溢洪道底部宜设置一层细堆石，采用与上游垫层料一样的方式压实及护坡，这样可以保证溢洪道泄槽的应变性质和大小与蓄水前的面板近似；坡向为数量较小的压应变，略呈锅底形的沉降，泄洪时增加的小量水重所产生的沉降量，可以忽略。

（2）泄槽底板应该采用面板结构，从底到顶连续浇筑，双向布置钢筋，钢筋布置在板的中心。钢筋在两个方向都通过施工缝，并伸入侧墙底部，将侧墙与底板连成整体。

（3）底板和侧墙均设置沉降缝，以吸收可能发生的变形。

（4）为了抵抗水流可能产生的振动及地震振动，可以采用保守设计。由于地基是强透水的，所以不会在泄槽底部形成浮托力，不需要考虑深入堆石体内的锚筋提供多大的锚固力，但仍需将泄槽通过锚筋与其下卧堆石锚固以固定底板，并减轻水流的振动。

（5）对于高坝，存在高速水流问题，需在泄槽设置掺气槽。这些掺气槽可同时作为膨胀缝，与伸缩缝结合，以吸收堆石体继续沉降所产生的坡向压应变。

以下为国内外部分在坝顶设置溢洪道的成功实例。

1. 克罗蒂坝

澳大利亚塔斯马尼亚州克罗蒂坝坝高 83m，坝顶宽度 5m，坝顶长 240m，上游坝坡 1∶1.3，下游坝坡 1∶1.5，1991 年建成。经多方案比较后，采用坝身溢洪道型式，不仅经济，且施工干扰也小。

坝身溢洪道最大下泄流量 $245m^3/s$，泄槽及溢流堰宽 12.2m，最大单宽流量为 $20m^3/(s\cdot m)$，堰前水深 4.9m。溢洪道底板采用面板滑模浇筑。溢洪道泄槽侧墙为薄壁结构，厚 30cm，垂直于泄槽底板内侧高度为 3.2～1.4m。泄槽底板厚 50cm，配双层双向钢筋，侧墙与底板连成整体。克罗蒂坝平面布置和坝体剖面分别如图 2.2-21、图 2.2-22 所示。

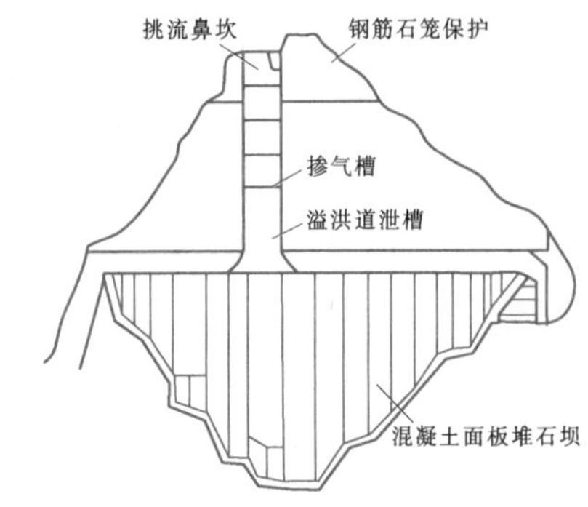

图 2.2-21 克罗蒂坝平面布置图

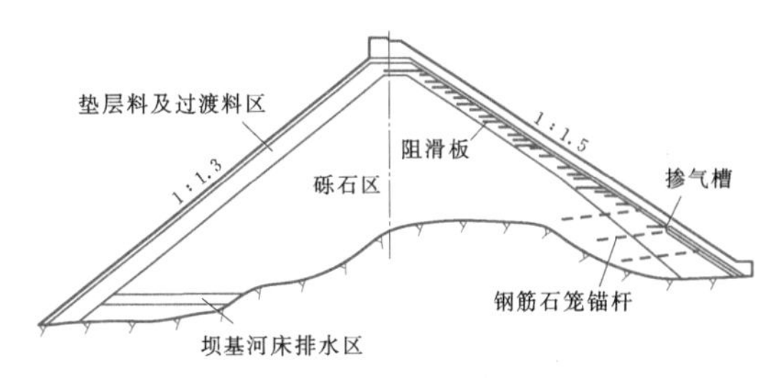

图 2.2-22 克罗蒂坝溢洪道坝体剖面

溢洪道接缝兼掺气槽布置大样如图 2.2-23 所示。泄槽分成 5 节，每节长度 24m，每节顶部设置 10m 长阻滑板。其结构特点是将每节泄槽通过阻滑板“挂在”坝上。底板由埋于坝体内的钢筋网与堆石锚固，并对水流产生的振动起阻尼作用。

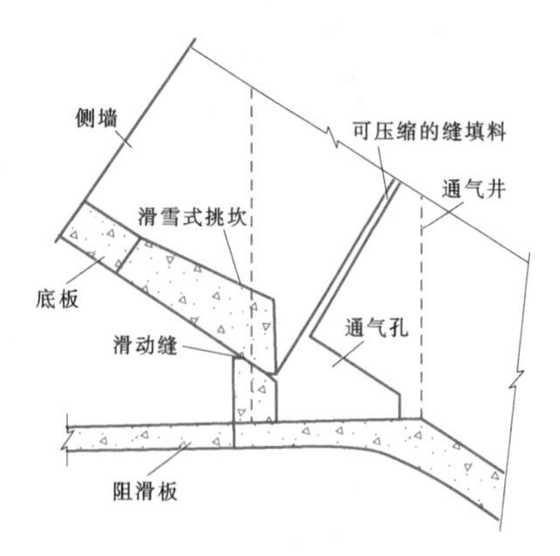

图 2.2-23 克罗蒂坝溢洪道掺气槽及节间连接大样图

2. 榆树沟坝

榆树沟水库坝址多年平均流量为 1.57m³/s，50 年一遇设计洪水洪峰流量为 126m³/s，1000 年一遇校核洪水洪峰流量为 398m³/s。

泄水建筑由导流放水洞及坝身溢洪道组成。坝身溢洪道布置在河床右侧台地部位，落差为 30m。其枢纽平面布置如图 2.2-6 所示。在发生 1000 年一遇洪水时，溢洪道泄槽单宽流量为 18.1m³/(s·m)。

溢洪道的平面及剖面布置如图 2.2-24、图 2.2-25 所示。溢流堰采用与上、下游坝坡相切的圆弧形堰。泄槽底板不设横缝，利用掺气槽将泄槽分成三段。泄槽间接合部及掺气槽结构如图 2.2-26 所示。

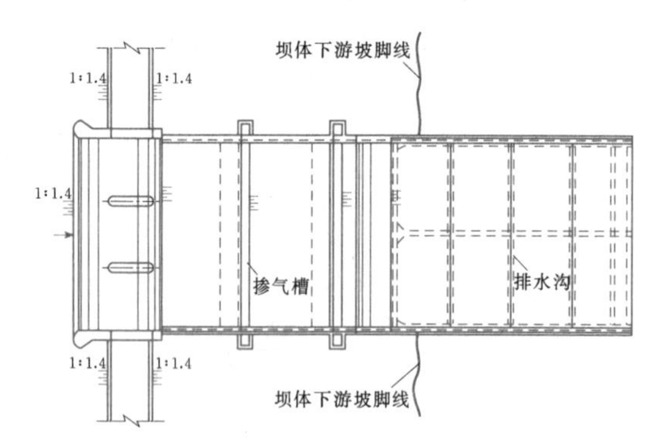

图 2.2-24 榆树沟坝溢洪道平面布置图

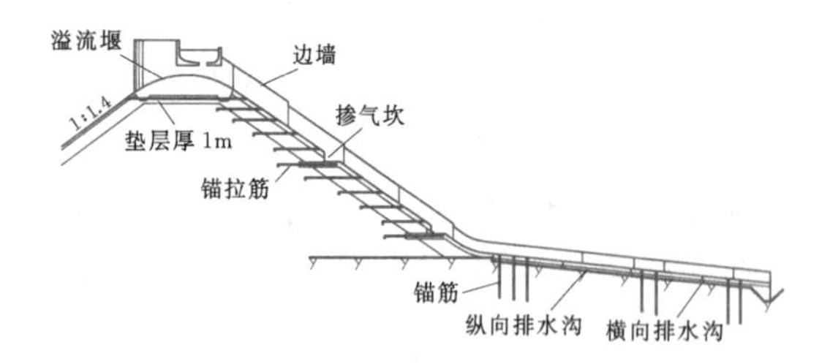

图 2.2-25 榆树沟坝溢洪道纵剖面图

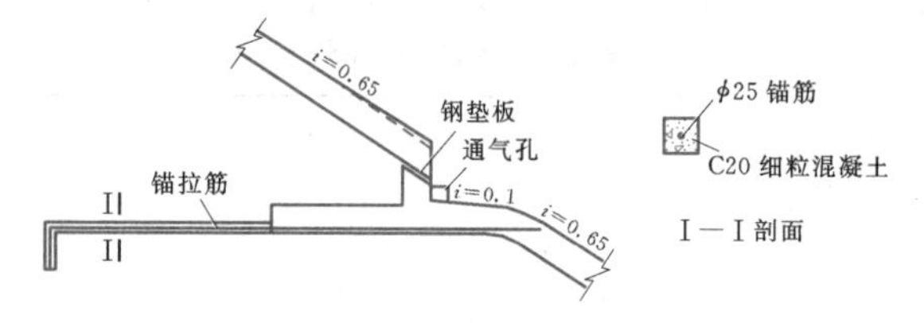

图 2.2-26 榆树沟坝溢洪道掺气槽及阻滑板大样

水库于 2001 年建成，2002 年 7 月 27 日首次泄洪，历时达半个月，最大泄流量 15.8m³/s。

3. 桐柏抽水蓄能电站下库面板堆石坝

桐柏抽水蓄能电站装机容量 1200MW。下库工程属于Ⅰ等工程，库容 1204 万 m³。坝址集水面积 21.4km²，正常蓄水位 141.17m，堰顶高程 141.90m，最高洪水位 146.60m。面板堆石坝坝高 70.60m，溢洪道部位堆石体高度 60.60m。桐柏工程下库布置如图 2.2-27 所示。

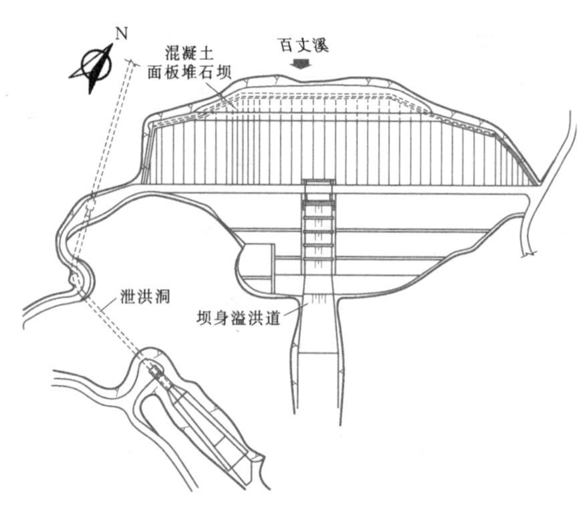

图 2.2-27 桐柏抽水蓄能电站下库布置图

泄洪建筑物按 200 年一遇洪水设计，1000 年一遇洪水校核，其入库洪峰流量分别为 361m³/s 及 496m³/s。泄洪建筑由导流泄放洞及坝身溢洪道组成。在发生 200 年及 1000 年一遇洪水时，设计要求关闭泄放洞，洪水由坝身溢洪道泄放。坝身溢洪道落差 60m，最大下泄流量 496m³/s，最大单宽流量 19.08m³/(s·m)。

坝身溢洪道剖面如图 2.2-28 所示。坝身溢洪道部位坝体堆石全部采用较新鲜的石料。坝料来自工程开挖料（包括地下、进出水口及开关站等）及采石场料，为微新花岗岩、凝灰岩料和弱风化的凝灰岩料。

为适应不均匀沉降，通过设置 4 个掺气槽将坝身溢洪道分成 5 段。掺气槽沿斜面间距 18m。溢流堰与

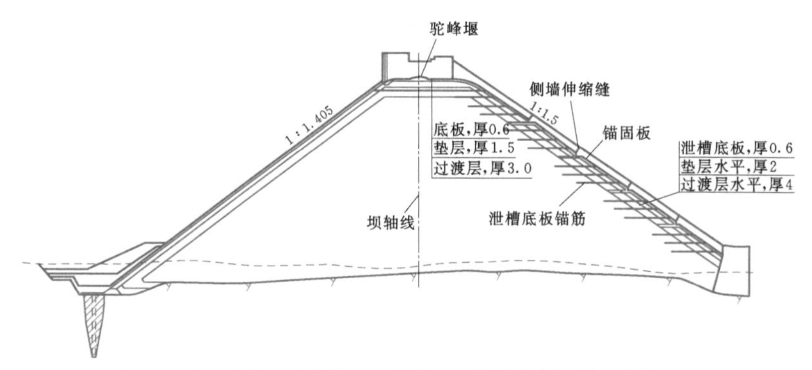

图 2.2-28 桐柏抽水蓄能电站下库坝身溢洪道剖面图（单位：m）

面板以膨胀缝连接。泄槽与鼻坎以硬平缝（收缩缝）连接。硬平缝设止水及过缝短筋（一侧涂沥青），以保证两侧混凝土不错台。其余为与掺气槽结合的伸缩缝。

溢流堰总长 21.13m，中部为驼峰堰。进口段分两孔，每孔净宽 13m，中、边墩厚度为 1m，坝顶布置交通桥。堰底板厚度 0.6m，堰身最大厚度 1.33m。堰底板下设 1.5m 厚垫层和 3m 厚过渡层。采用跟管钻进法进行 5m 深垂直锚筋施工，将溢流堰与堆石锚固。溢流堰与第一段泄槽连成整体，不设结构缝。

泄槽为矩形断面，净宽 26m，分成各 13m 宽，其间设结构缝。底板厚 0.6m，侧墙厚 0.4m，底板和侧墙为整体结构。掺气槽的体型根据水工模型试验确定。各段间采用叠瓦形结构连接。

为保证斜面上泄槽槽身的稳定性及减小泄洪振动，泄槽槽身与坝体间有锚固措施。在泄槽顶部采用长 6m、厚 0.4m 的钢筋混凝土锚固板，其余部分的底板（包括侧墙底部）采用垂直间距为 2.4m 的 ϕ28@3m、长 10m水平锚固筋系统。水平锚固筋系统由水平锚固筋及 40cm×40cm 钢筋混凝土梁锚头组成。为防止水平锚固筋锈蚀，锚固筋采用注浆钢管包裹，只在与底板连接端保持一段涂防锈涂料的自由钢筋与底板连接。

坝身溢洪道于 2005 年 4 月建成，2005 年 5 月下闸蓄水。2008 年 6 月 12 日第一次泄洪，以观测泄洪时的性状。当时，堰前水头 79cm，流量为 30m^3/s，历时 6 个多 h。观测资料表明：掺气情况良好，建筑物震动轻微。

4. 坝下埋管

采用坝下埋管的面板堆石坝工程实例较少，且一般用于中、低坝工程。现行规范明确规定“对于高坝、中坝和设计烈度为 8 度、9 度的坝，不得采用布置在软基上的坝下埋管型式。低坝采用软基上的坝下埋管时，必须有充分的技术论证”。

新疆哈巴河山口水电站工程是以发电为主，兼顾灌溉的综合性水利水电枢纽工程，总装机容量 25.2MW。坝址地形平坦，河谷宽阔，覆盖层较浅。坝址区基岩为凝灰质砂岩夹千枚化凝灰质砂岩，岩性单一，无大的断裂存在，缓倾角裂隙发育，但大部分连通性差。枢纽主要由面板堆石坝、溢洪道、引水发电系统、电站厂房和灌溉引水建筑物等组成，工程平面布置如图 2.2-29 所示。

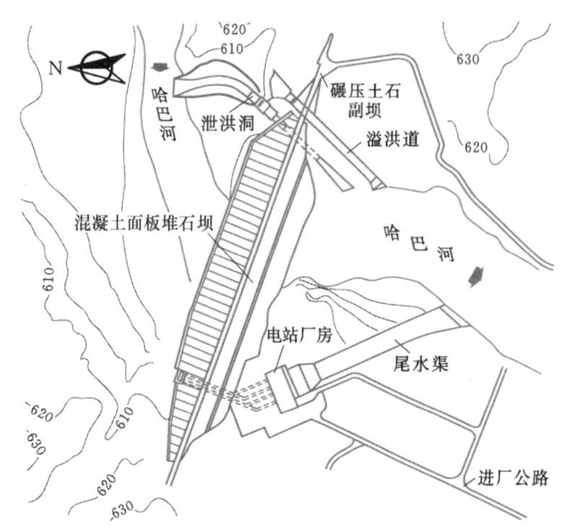

图 2.2-29 山口水电站工程平面布置图

面板堆石坝最大坝高 40.5m，坝顶长 549.79m，坝顶宽 7m，上游坝坡 1∶1.4，下游高程 617.00m 以下坝坡 1∶1.4，以上为 1∶1.25，并在高程 610.00m 设置宽度 2m 的马道。电站引水压力钢管采用坝下埋管式，压力钢管埋于坝下开挖的岩石槽内，钢管直径 4m，外包混凝土厚 1m，与主堆石和次堆石间设置 80cm 厚的过渡层。坝下埋管段的坝体典型断面如图 2.2-30 所示，埋管剖面大样如图 2.2-31 所示。

2.2.2.3 放空洞设置

现行规范规定，高坝、重要工程、设计烈度为 8

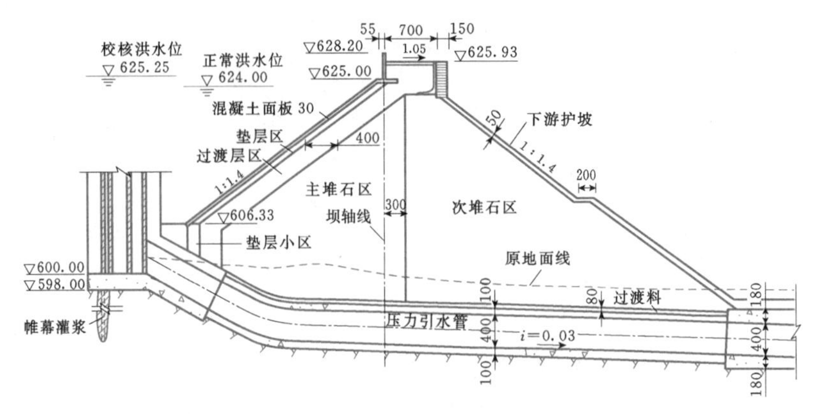

图 2.2-30 山口水电站面板堆石坝埋管段典型断面图
（高程单位：m；尺寸单位：cm）

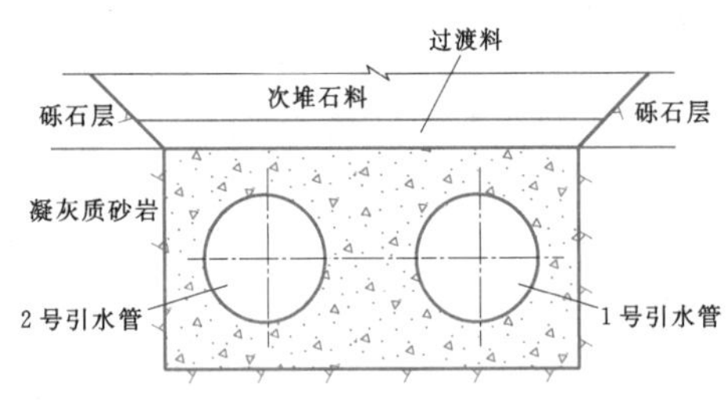

图 2.2-31 山口水电站坝下埋管典型剖面图

度、9度的面板堆石坝，应设置放空设施。对于一般面板堆石坝工程，专门设置放空隧洞的代价太高，可结合泄洪、排沙、供水、后期导流的需要进行布置。株树桥面板堆石坝在2000年放空检修时，利用发电引水洞将库水位降低，加高原上游围堰由发电引水洞导流，争取了3个月的检修时间。万安溪面板堆石坝施工中取消了原设计专设的放空洞，必要时利用发电引水洞上留下的施工支洞，打开堵头放水。松江河梯级的松山和小山两坝，采用了发电引水隧洞作为放空的后备措施。

对于高坝、重要工程和强震区的面板坝工程，设置放空设施，一方面对控制蓄水和检修作用明显，另一方面，在地震等灾害后，能使库水位迅速降低，减少次生灾害。天生桥一级工程，坝高库大，是红水河梯级的龙头电站，在右岸设置了放空洞，并参与后期导流。水布垭工程在右岸设置了放空洞，董箐工程在右岸设置了放空洞，东津和白云等面板堆石坝工程设置了放空隧洞。

有些面板堆石坝工程未设置放空设施。其设计者认为面板堆石坝一般没有放空水库进行处理的必要，如有意外处理的要求，可由潜水员或采取其他措施进行检修。巴西已建的面板堆石坝工程，如阿里亚、塞格雷多、辛戈，没有专设放空水库的设施，也未利用导流洞。澳大利亚一般将导流洞的堵头改造为可爆堵头，必要时通过爆破达到放空的目的，但至今未曾发生需要进行水库放空的事件。可爆堵头一直保留，可爆堵头上游封堵闸门应予以保留，以便在水库放空后，再次封堵导流洞。由于这种方式放水能力有限，可爆堵头一般仅在中小工程中应用。图2.2-32为穆奇松坝的可爆堵头。

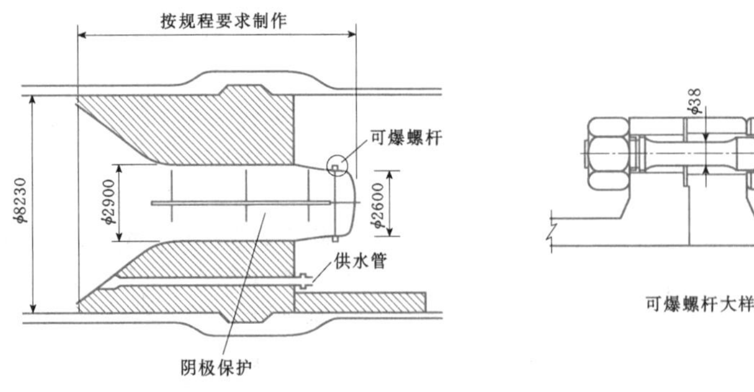

图 2.2-32 穆奇松坝可爆堵头（单位：mm）

2.2.2.4 导流建筑物布置

面板堆石坝工程的导流建筑物主要解决施工期河道水流控制问题，采用何种合适的方案主要取决于气象特性。面板堆石坝工程初期导流（截流至坝体临时断面挡水）一般不具备分期导流和明渠导流条件，所以大都采用河床一次断流、隧洞导流方式。根据所采用的围堰形式不同，导流方式有所不同。国内大部分面板堆石坝的初期导流采用枯期围堰挡水，汛期坝体临时断面（临时防渗）挡水，中、后期采用临时坝体（混凝土面板）挡水度汛的导流方式，如三板溪、洪家渡、滩坑、紫坪铺、引子渡、古洞口、那兰、柴石滩等。这种方式是最经济、高效的导流方案，宜优先考虑。部分工程初期导流采用枯期过水围堰挡水，汛期坝面和导流泄水建筑物联合过水的导流方式，如水布垭、天生桥一级、珊溪、芹山等。还有部分面板堆石坝导流采用围堰全年挡水，导流洞过水方式，如吉林台、龙马、泗南江、乌鲁瓦提等。

1. 水布垭

水布垭工程初期导流阶段，枯期由上、下游过水围堰挡水，导流隧洞过流，汛期由导流洞和坝面联合过流；中期导流阶段由坝体临时断面挡水，导流洞和放空洞联合泄流；后期导流阶段由坝体挡水，溢洪道、放空洞联合泄流。两条导流洞均布置于清江左岸，设计最高水流流速23m/s，使用期5年。导流洞长度分别为1177.858m和1079.257m，底板纵坡分别为1.805‰和1.982‰，均分为两个直线段和一个圆弧段。隧洞最大开挖断面尺寸为15.89m×17.62m（宽×高），衬砌后断面为斜墙马蹄形，一般断面尺寸为12.38m×15.72m（宽×高）。水布垭上游过水围堰和坝面设计过流流量为6631m^3/s，实际导流过程中，由于来流量较小，围堰和坝面并未过水。

2. 天生桥一级

天生桥一级采用隧洞导流方式。初期导流阶段枯期由上、下游过水围堰挡水，隧洞过流，汛期由坝面和导流隧洞联合泄流；中期导流阶段由坝体临时断面挡水，导流洞及放空洞过流；后期导流阶段由坝体挡水，放空洞和溢洪道临时断面联合泄流。两条导流隧洞设于河床左岸，两洞平行同高程呈“弓”形布置，中心间距50m，长约986m和1054m，纵坡0.4%，修正马蹄形断面，宽高均为13.5m，两洞共用底宽为70.14m的引水渠，分段进水塔，底板高程637.00m，出口分设消能段，共用出水渠。天生桥一级面板堆石坝分别在1995年汛期和1996年汛期经历过坝面过水。1995年汛期，河道最大流量4750m^3/s，全河床过水，河床最大过流量3430m^3/s，其平均流速为13.72m/s。2号导流洞分流1320m^3/s。1996年汛期，河道最大来流量3790m^3/s，坝体留有缺口分流，分流量为1290m^3/s，其平均流速10.32m/s，左、右岸坝体在汛期可继续填筑施工。

3. 洪家渡

洪家渡面板坝工程采用隧洞导流方式。上游低围堰截流后先由围堰挡水，高强度进行坝体临时断面填筑，至第一个汛期来临时，则由临时断面挡水。两条导流洞均布置在左岸，长度分别为993m和820m，底板坡降分别为0.201%和0.183%，中心线相距80～90m。洞室断面均为修正马蹄形，1号洞上半圆半径为6.5m，下圆弧半径为15.1m，底宽8m；2号洞上半圆半径为5.8m，下圆弧半径为14.5m，底宽为8m，均为修正马蹄形。衬砌混凝土过水面积，1号导流洞为161.173m^2，2号导流洞为125.831m^2。1号导流洞下闸后按“龙抬头”形式改建成放空洞，导流洞利用洞段长约647m，占导流洞全长的66%。

4. 三板溪

三板溪工程采用隧洞导流方式。初期导流阶段，枯期由低围堰挡水，导流隧洞泄流，汛期由大坝临时度汛断面挡水，导流隧洞泄流；中、后期导流阶段，由导流隧洞及永久放空洞联合泄流，大坝挡水。导流洞位于河床左岸，由进口明渠段、进口明管段、洞身段、出口明管段、出口明渠段组成。导流洞断面形式为城门洞形，最大开挖断面为25.68m×23.15m。洞身段全长734m，采用钢筋混凝土全断面衬砌，衬砌厚度根据开挖断面不同而不同，为0.5～2.5m，洞身衬砌后的过水断面尺寸为16m×18m。

5. 阿里亚

阿里亚水电站坝址多年平均流量604m^3/s，最大月平均流量3500m^3/s，最小月平均流量88m^3/s。流域年平均降雨量约1400mm，年中分配很不规律，无定期的旱季。由于这种气象特点，工程采用导流隧洞进行全年导流。导流标准为500年一遇，流量为7700m^3/s，采用两条直径12m、面积122m^{2}的平底马蹄形无衬砌导流隧洞，各长约600m，相应流速为31.56m/s。

6. 辛戈

辛戈水电站施工导流采用围堰全年断流、隧洞导流方案。围堰挡水标准为全年30年一遇洪水，围堰顶高程为50.00m，导流洞泄量10500m^3/s。第一年汛期度汛标准180年一遇洪水，超出30年一遇洪水按翻坝考虑。度汛时堆石坝体坝顶填筑高程也为50.00m，堆石坝体下游面采用碾压混凝土护面保护方案。工程师分析后认为短暂坝面过水时下游面保护可以采用钢筋网加固方案，长时间过水宜采用碾压混凝土加固方案。

从以上实例可以看出，工程导流方案主要取决于气象特性。巴西无固定月份枯季，因此，其工程都采用全年围堰、隧洞导流方案。我国大部分地区有长达半年之久的固定月份枯水期，一般为11月中至次年4月底或5月中，因此多采用枯季围堰、隧洞导流方案。在蓄水方面，巴西一般采用导流洞下闸封堵方案（坎普斯·诺沃斯坝也采用此方式），堵头一般在蓄水后施工。当设有放水洞或其他中低泄水孔时，我国高坝工程一般采用闸门及堵头联合挡水进行水库蓄水，在枯季开始时封堵闸门、利用放空洞等进行后期导流，进行堵头施工，并在汛期来临前完成堵头施工，入汛后由堵头挡水。天生桥一级工程采用的就是联合挡水方案。导流洞下闸后的导流称为后期导流。

2.3 坝体设计

坝体设计的内容包括坝体分区设计、坝顶结构和坝坡设计、各分区结构设计及填筑标准等内容。现行水利水电行业标准均对其有相关的规定，设计时除遵循规范规定外，还应结合工程经验细化完善。对坝高超过200m的高坝，应结合坝料特性试验研究成果和坝体应力应变分析成果，对坝坡、坝体分区轮廓和各区填筑标准进行论证确定。

2.3.1 坝顶与坝坡设计

2.3.1.1 坝顶设计

坝顶设计包括坝顶高程确定、防浪墙设计和坝顶结构细部设计。

面板堆石坝上游侧应设置混凝土防浪墙，下游侧应设置挡墙、护栏或路缘石等防护设施，坝顶应布置排水和照明设施。

1. 坝顶高程确定

坝顶高程和防浪墙顶高程应分别确定，坝顶高程的确定与土质防渗体土石坝的要求一样，应符合《碾压式土石坝设计规范》（SL 274—2001、DL/T 5395—2007）等有关规范的规定，具体内容参见本卷第1章。

坝顶应预留竣工后的沉降超高。沉降超高值应按有限元应力变形计算、施工期监测和工程类比等综合分析确定。各坝段的预留沉降超高应根据相应坝段的坝高而变化。在坝的中段可增大预留沉降超高0.3～0.5m，沉降超高可用局部放陡顶部坝坡来实现。预留沉降超高不应计入坝的计算高度。

2. 防浪墙设计

防浪墙是防止波浪溅击的屏障，保证坝顶道路的正常通行和使用。建造防浪墙的重要目的是减少坝体堆石量，尤其是在所需坝体堆石料是从采石料场而不是从大坝和其他建筑物的开挖料中获取的情况下。建造防浪墙所节省的堆石量随坝高增加而增加。一般只建一座防浪墙，但在下游侧也建造混凝土墙可以节约更多的堆石量。通常下游侧挡墙与上游防浪墙的高度不同。面板施工需要足够宽的工作面供施工人员出入，搬运机械设备，运送混凝土、钢材和其他施工材料，坝顶设置防浪墙就可以在其底部高程上为面板施工提供一个宽10～20m的工作面。有些面板堆石坝工程的防浪墙在校核洪水时还具有防洪功能，避免出现洪水漫顶。

防浪墙底部高程应高于正常蓄水位，即应满足防浪墙底部与混凝土面板顶部的水平接缝高程高于水库正常蓄水位的要求。

防浪墙高度宜通过防浪墙成本与所节省的坝体堆石费用的比较分析，以及大坝安全的总体评价来确定。一般采用4.0～6.0m，墙顶高出坝顶1.0～1.2m。

防浪墙结构一般采用L形，结构尺寸应通过稳定和强度验算确定。低坝可采用与面板连接成整体的低防浪墙结构型式。防浪墙上游侧宜设置宽0.8～1.0m的人行检查小道。

防浪墙底部与面板顶部的水平缝应设置止水。防浪墙应设伸缩缝，防浪墙中部到上游墙踵基础的伸缩缝应采用连续止水，其止水应和面板的止水或面板与防浪墙间水平接缝的止水连接，保证从防浪墙横向接缝止水到防浪墙与面板接缝止水的连续性。坝顶防浪墙伸缩缝的间距与面板垂直缝相同，接缝间距一般为12～16m，或者防浪墙伸缩缝间距为面板宽度的一半。采用浸沥青麻丝作为填缝料以适应施工后沉降和温度变化所引起的位移。

3. 坝顶结构细部设计

坝顶结构细部设计包括坝顶道路、下游挡墙或护栏、排水和照明设施等的设计。

坝顶宽度应由运行、布置坝顶设施和施工的要求确定，坝顶宽度一般为5～10m，高坝应适当加宽；100m以上高坝宜8～10m，150m以上高坝宜10～12m。当坝顶有交通要求时，坝顶宽度应遵照有关规定选用。

防浪墙底部高程以上的坝体，宜采用与过渡料级配相近的堆石料填筑；坝顶盖面材料应根据当地材料情况及坝顶用途确定，宜采用密实的砂砾石、碎石、单层砌石或沥青混凝土等柔性材料。

坝顶面应向下游一侧放坡2%～3%，并有向下游的路面排水系统。

莫哈利（Mohale）面板坝坝顶和防浪墙结构形状如图2.3-1所示。水布垭面板坝坝顶宽12m，坝顶道路净宽10.2m，如图2.3-2所示。

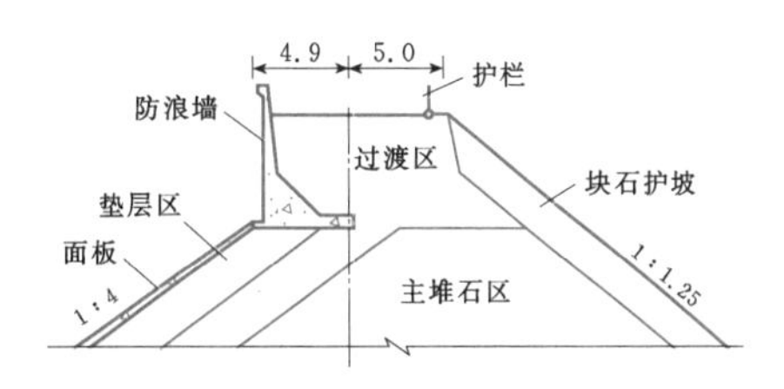

图2.3-1 莫哈利（Mohale）面板堆石坝坝顶构造（单位：m）

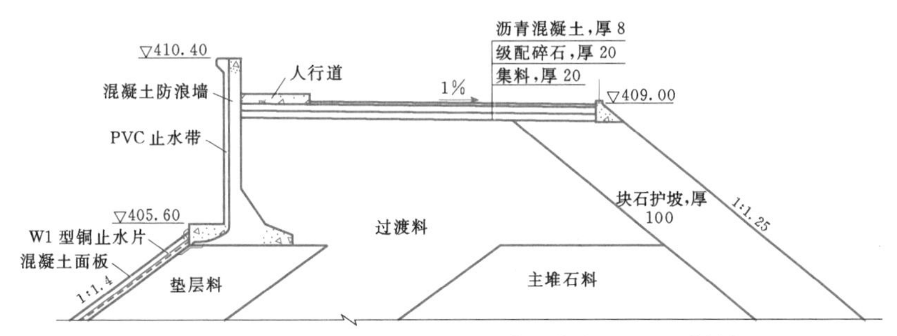

图2.3-2 水布垭面板堆石坝坝顶构造（高程单位：m；尺寸单位：cm）

2.3.1.2 坝坡设计

1. 坝坡的经验设计

《混凝土面板堆石坝设计规范》（SL 228、DL/T 5016）中建议：筑坝材料为质量良好的硬质岩堆石料时，上、下游坝坡可采用1：1.3～1：1.4；当用质量良好的天然砂砾石料筑坝时，上、下游坝坡可采用1：1.5～1：1.6。软岩堆石料筑坝和软基上建坝或坝基有软弱夹层时，坝坡应根据抗滑稳定计算分析确定。在下游坝坡上设有道路时，对道路之间的坝坡可作局部调整，但平均坝坡应不低于上述要求。

SL 228、DL/T 5016修订为SL 228—2013和DL/T 5016—2011时统计了国内外已建面板堆石坝的坝坡，见表2.3-1和表2.3-2。硬岩堆石料的面板堆石坝上、下游坝坡大部分为1.3～1.4，下游坝坡略缓于上游坝坡，坝高大于150m的高坝其上、下游坝坡大多采用1：1.4；坝体或部分坝体采用砂砾石料的面板砂砾石坝上、下游坝坡缓于采用硬岩堆石料填筑的面板堆石坝，上、下游坝坡大多为1：1.5～1：1.6。

国外已建的面板堆石坝的坝坡比我国略陡，513座面板堆石坝的坝坡详见国际大坝委员会技术公报《混凝土面板堆石坝设计与施工概念》附录。其中有许多上、下游坝坡为1：1.3的实例。

表2.3-1　　253座面板堆石坝坝坡（1：*n*）统计表

坝高（m）		各段坝坡（1：*n*）占统计样本数的百分比（%）			
		n<1.3	1.3≤*n*≤1.4	1.4<*n*≤1.5	1.5<*n*
H<100（样本数170）	上游坡	7.6（13座）	77.7（132座）	8.8（15座）	5.9（10座）
	下游坡	0.6（1座）	71.7（122座）	15.9（27座）	11.8（20座）
100≤*H*<150（样本数58）	上游坡	3.4（2座）	81.0（47座）	12.1（7座）	3.5（2座）
	下游坡	0	58.6（34座）	29.3（17座）	12.1（7座）
150≤*H*<200（样本数18）	上游坡	0	88.9（16座）	5.6（1座）	5.5（1座）
	下游坡	0	77.8（14座）	16.7（3座）	5.5（1座）
200≤*H*（样本数7）	上游坡	0	100.0（7座）	0	0
	下游坡	0	71.4（5座）	28.6（2座）	0
总计（样本数253）	上游坡	5.9（15座）	79.8（202座）	9.2（23座）	5.1（13座）
	下游坡	0.4（1座）	69.2（175座）	19.3（49座）	11.1（28座）

表 2.3-2　　64座面板砂砾石坝坝坡（1∶n）统计表

坝高（m）		各段坝坡（1∶n）占统计样本数的百分比（%）		
		$n \leqslant 1.3$	$1.3<n<1.5$	$1.5 \leqslant n$
$H<100$（样本数37）	上游坡	8.1（3座）	24.3（9座）	67.6（25座）
	下游坡	5.4（2座）	37.8（14座）	56.8（21座）
$100 \leqslant H<150$（样本数19）	上游坡	0	21.1（4座）	78.9（15座）
	下游坡	5.3（1座）	15.8（3座）	78.9（15座）
$150 \leqslant H<200$（样本数8）	上游坡	0	25.0（2座）	75.0（6座）
	下游坡	0	62.5（5座）	37.5（3座）
总计（样本数64）	上游坡	4.7（3座）	23.4（15座）	71.9（46座）
	下游坡	4.7（3座）	34.4（22座）	60.9（39座）

2. 坝坡的抗滑稳定安全设计

从表2.3-1和表2.3-2可以看出：国内外面板堆石坝坝坡有一定的变化范围，单凭经验确定坝坡是不完全科学的，并且沟后坝溃决的实例也表明，砂砾石坝体在饱和状态下，抗剪强度降低，会导致部分坝体失去稳定。因此，传统的“经验确定坝坡，不需要进行坝坡抗滑稳定计算分析”的观点是不全面的。

我国新修编的《混凝土面板堆石坝设计规范》（SL 228—2013、DL/T 5016—2011）规定，面板堆石坝坝坡参照已建工程选用，一般可不进行稳定分析。当存在下列情况之一时，应进行相应的稳定分析：

（1）100m及以上高坝。

（2）地震设计烈度为8度、9度的坝。

（3）地形条件不利。

（4）坝基有软弱夹层或坝基砂砾石层中存在细砂层、粉砂层或黏性土夹层。

（5）坝体用软岩堆石料填筑。

（6）施工期堆石坝体过水或堆石坝体临时断面挡水度汛时。

进行坝坡设计时，可按照坝型、坝高、坝的级别、坝体和坝基材料的性质、坝体所承受的荷载以及施工和运用条件等因素，类比相近工程先拟定坝坡比较范围，然后进行抗滑稳定计算，确定合理的坝体断面和坝坡。

文登抽水蓄能电站上库面板堆石坝，采用库区开挖的石英二长岩料筑坝。为充分利用强风化和全风化料，经抗滑稳定计算分析（见图2.3-3），马道间下游坝坡确定为1∶2.0。

坝高223.5m的猴子岩面板堆石坝，坝址地震基本烈度Ⅶ度，基准期100年超越概率2%相应的基岩水平峰值加速度为0.297g。坝轴线下游部分覆盖层不挖除，下游坝体3C1区采用建筑物开挖的弱风化白云质及变质灰岩料，经地震抗滑稳定计算分析（见图2.3-4），下游坝坡分别采用1∶1.5和1∶1.6。

3. 坝坡细部设计

下游坝坡宜用干砌石、大块石堆砌或摆石砌护，要求坡面平整，具有良好的外观。

下游坝坡上设有道路或马道，道路或马道之间的实际坝坡可以略陡，但平均坝坡应满足抗滑稳定要求。

马道、护坡、坡面排水和排水棱体等的设计可参照土质防渗体堆石坝的坝坡细部设计，不再详述。

施工期为防止暴雨或波浪冲刷垫层料的上游坡面，并为面板混凝土浇筑施工提供平顺和较坚固的作

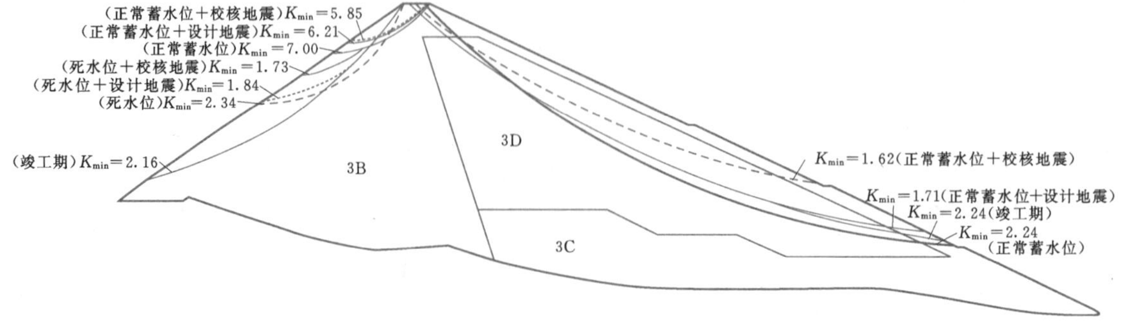

图 2.3-3　文登抽水蓄能电站上库面板堆石坝抗滑稳定最危险滑弧分布图

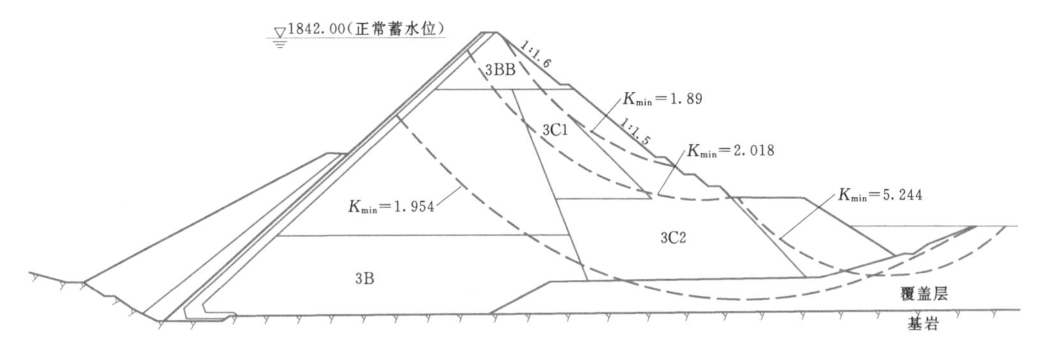

图 2.3-4 猴子岩面板堆石坝坝坡稳定计算最危险滑面示意图（单位：m）
［计算工况（正常蓄水位 1842.00m+地震 0.297g）］

业面，需对坡面进行固坡处理。坡面处理措施有喷阳离子乳化沥青、喷混凝土、碾压砂浆、挤压边墙、翻模砂浆固坡等，使用较多的是喷乳化沥青，可根据工程具体条件选用。因挤压边墙可加快大坝施工进度，不需进行人工修整垫层区边坡，近年来水布垭、公伯峡、芭蕉河、龙首二级、那兰、街面和寺坪等多座面板堆石坝均采用挤压边墙。

2.3.2 坝体分区设计

2.3.2.1 坝体分区的设计原则

合理的坝体分区是保证坝体各区之间变形协调，进而保证面板不出现结构性裂缝和止水安全的重要环节。在总结国内外面板堆石坝工程建设经验和汲取库克（Cooke J. B.）、谢拉德（Sherard J. L.）建议的基础上，SL 228、DL/T 5016 都提出了坝体分区的设计原则。

典型的面板堆石坝分区从上游向下游宜分为垫层区、过渡区、主堆石区（上游堆石区）、下游堆石区；在周边缝下游侧设置特殊垫层区；100m 以上高坝，宜在面板上游面较低部位设置上游铺盖区及盖重区。

各区坝料的渗透性宜从上游向下游增大，并应满足水力过渡要求。下游堆石区下游水位以上的坝料不受此限制。

SL 228—2013、DL/T 5016—2011 对用硬岩堆石料填筑的坝体和用砂砾石填筑的坝体分别建议了分区设计，见图 2.3-5 和图 2.3-6。规范规定：“坝体材料分区可通过工程类比确定。100m 以上高坝，应在坝料试验的基础上，通过技术经济比较确定。”

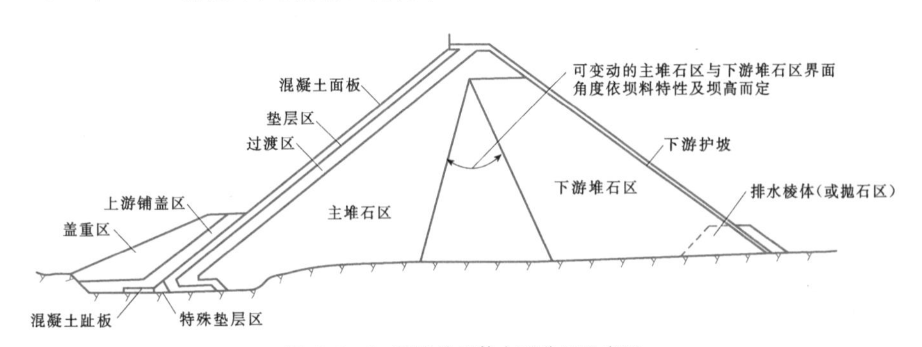

图 2.3-5 硬岩堆石体主要分区示意图

2.3.2.2 坝体分区设计的经验

坝高 233m 的水布垭面板堆石坝、坝高 179.5m 的洪家渡面板堆石坝和坝高 178m 的天生桥一级面板堆石坝的分区都与上述的用硬岩堆石料填筑的面板堆石坝分区（见图 2.3-5）一致，分别见图 2.3-7～图 2.3-9；坝高 157m 的吉林台一级面板砂砾石坝和坝高 133m 的乌鲁瓦提面板砂砾石坝的分区都与上述的用砂砾石填筑的面板砂砾石坝分区（见图 2.3-6）一致，分别见图 2.3-10 和图 2.3-11；坝高 150.0m 的董箐面板堆石坝、坝高 132.2m 的公伯峡面板堆石坝和坝高 90.2m 的大坳面板堆石坝是成功用软岩填筑面板堆石坝的实例，其分区设计见图 2.3-12～图 2.3-14。

10 座高坝的分区主要参数见表 2.3-3。

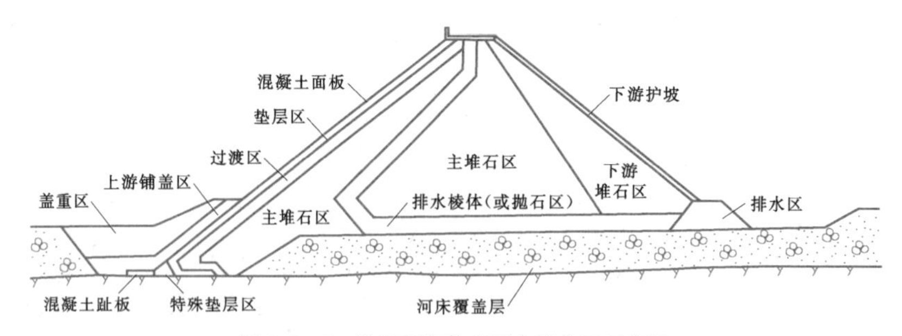

图 2.3-6 砂砾石坝体材料主要分区示意图

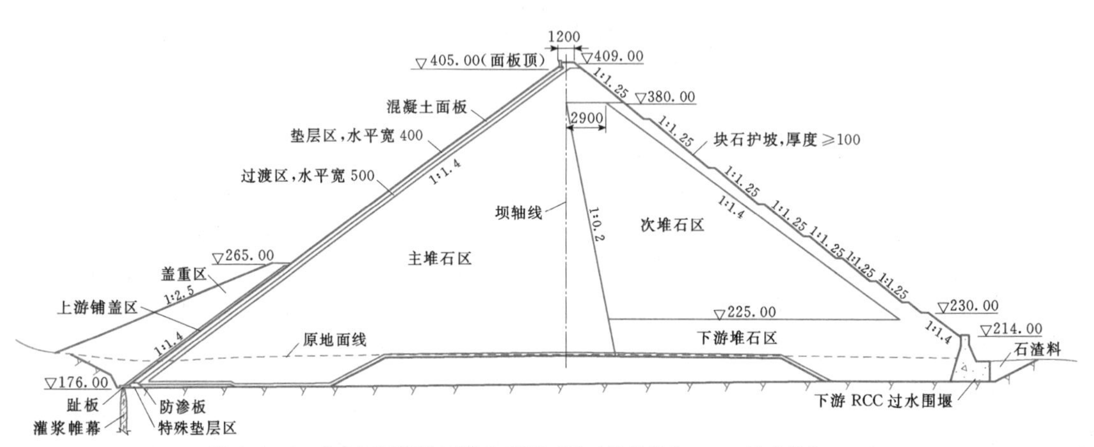

图 2.3-7 水布垭面板堆石坝典型断面图(高程单位:m;尺寸单位:cm)

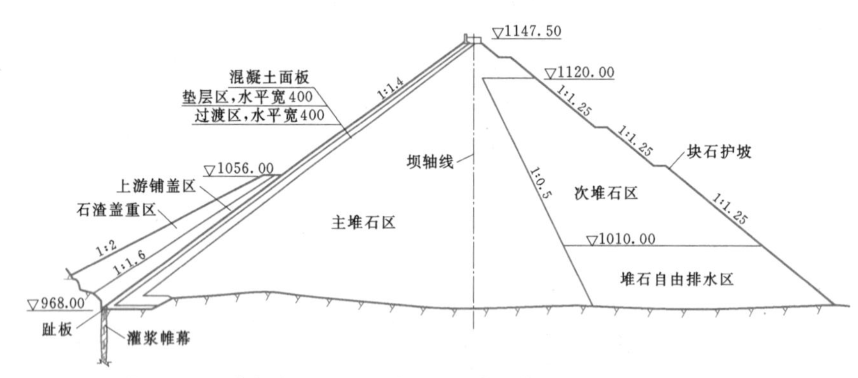

图 2.3-8 洪家渡面板堆石坝剖面图(高程单位:m;尺寸单位:cm)

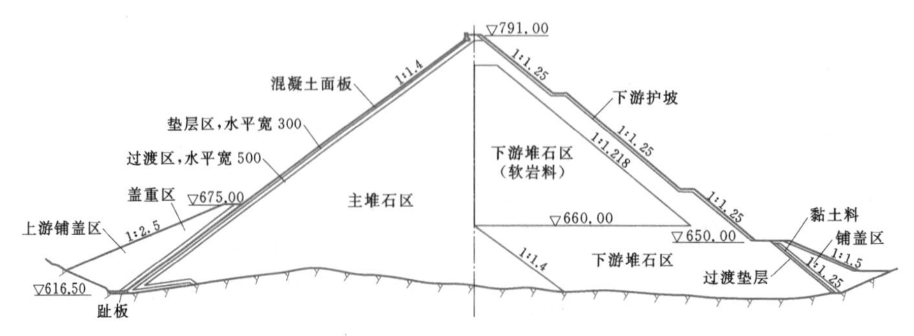

图 2.3-9 天生桥一级面板堆石坝剖面图(高程单位:m;尺寸单位:cm)

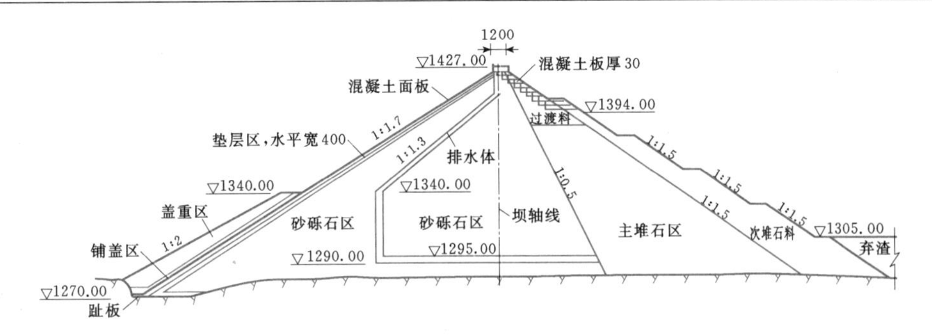

图 2.3-10 吉林台一级面板砂砾石坝剖面图（高程单位：m；尺寸单位：cm）

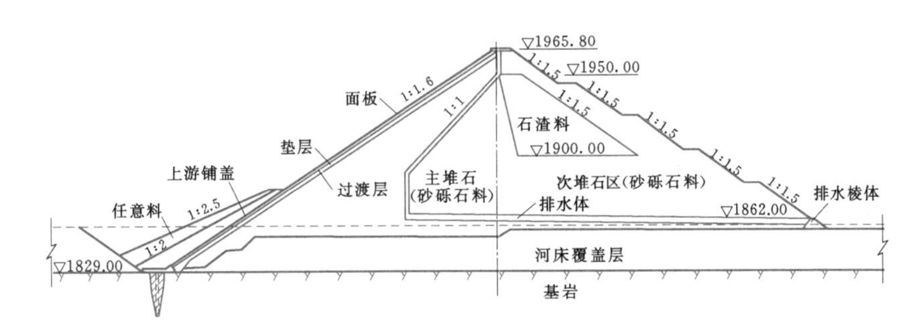

图 2.3-11 乌鲁瓦提面板砂砾石坝剖面图（单位：m）

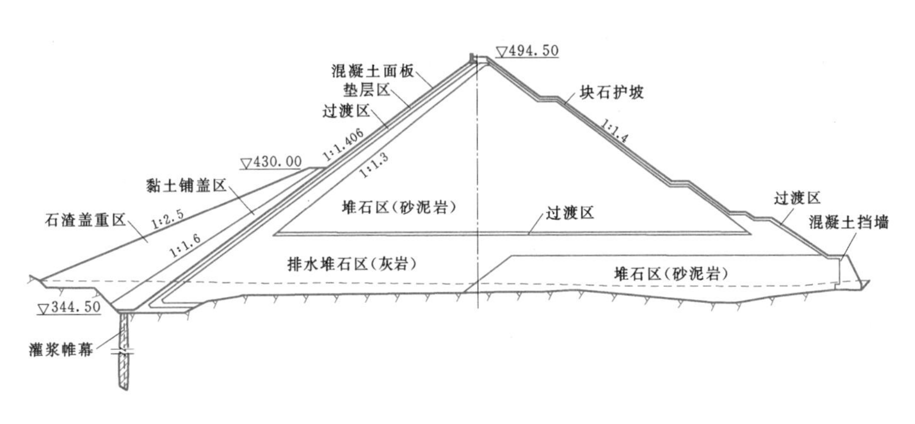

图 2.3-12 董箐面板堆石坝剖面图（单位：m）

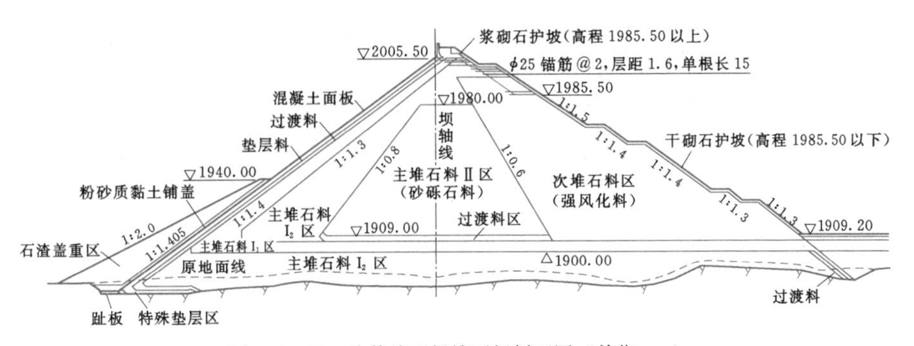

图 2.3-13 公伯峡面板堆石坝剖面图（单位：m）

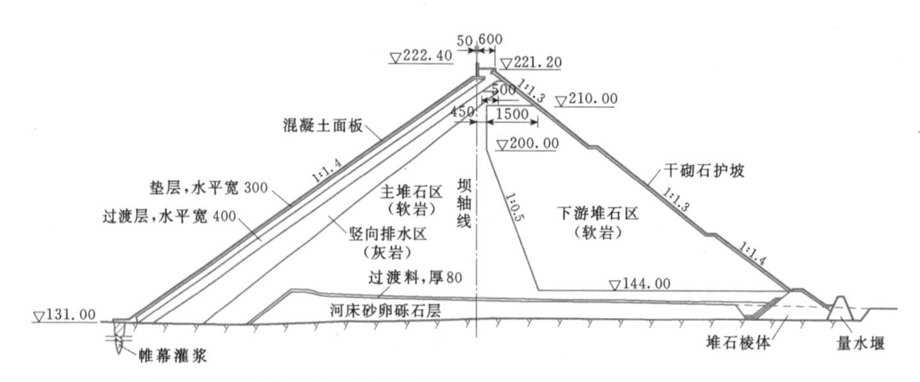

图 2.3-14　大坳面板堆石坝典型断面图（高程单位：m；尺寸单位：cm）

表 2.3-3　**10座面板堆石坝分区与坝坡特征**

坝　名	坝高(m)	上游边坡	下游边坡	下游马道间边坡	主堆石区与下游堆石区分界线	下游堆石区		L形排水体		
						顶面距面板顶面高差(m)	底面距下游水位高差(m)	斜排水体坡度	斜排水体水平宽度(m)	水平排水体厚度(m)
水布垭	233.0	1∶1.4	综合 1∶1.46	1∶1.25	向下游 1∶0.2	25.0	−7.60			
三板溪	185.5	1∶1.4	1∶1.4	1∶1.4	向下游 1∶0.25	23.0				
洪家渡	179.5	1∶1.4	1∶1.4	1∶1.25	向下游 1∶0.5	22.7	+7.31			
天生桥一级	178.0	1∶1.4	1∶1.4	1∶1.25	坝轴线	17.3	+14.48			
紫坪铺	156.0	1∶1.4	1∶1.5	1∶1.4	向下游 1∶0.5	26.4				
吉林台一级	157.0	1∶1.7	综合 1∶1.96	1∶1.5	向下游 1∶0.5	35.0		1∶1.3	5	5
董箐	150.0	1∶1.4	1∶1.5	1∶1.4				1∶1.3～1∶1.4	5～15	12
乌鲁瓦提	133.0	1∶1.6	1∶1.5	1∶1.5	向下游 1∶0.2	13.5	>38.00	1∶1.0	2～3	4
公伯峡	132.2	1∶1.4	1.3～1.5	1∶1.4	向下游 1∶0.6	10.5		1∶1.3	6～12	3
大坳	90.2	1∶1.4	1∶1.3～1∶1.4	1∶1.3～1∶1.4	向下游 1∶0.5	7.8		1∶1.4	5～20	

从表2.3-3可知，对于用硬岩堆石料填筑的高面板堆石坝主堆石区与下游堆石区的分界线是坝轴线（天生桥一级）或向下游倾斜1∶0.2～1∶0.6的斜线，下游堆石区顶面高程一般距面板顶面（或坝顶）高程为17.30～26.40m。近期建造的高面板堆石坝（猴子岩、叶巴滩）增大了全断面主堆石区的坝体高度，即下游堆石区顶面高程一般距面板顶面（或坝顶）高程为43.00m，下游堆石区底面高程一般高于下游水位。但是水布垭面板堆石坝下游堆石区ⅢD为栖霞组灰岩堆石开挖料，最大粒径1200mm，次堆石区ⅢC为栖霞组灰岩堆石开挖料，最大粒径800mm，都是自由排水料，因而它们的分界线低于下游水位7.6m（表2.3-3）。

由于压实后软岩堆石料的渗透系数比质量较好的砂砾料的渗透系数还要小一些，因此，软岩填筑的堆石坝中L形排水体比面板砂砾石坝中排水体要宽厚一些。乌鲁瓦提面板堆石坝坝体砂砾石料的渗透系数为$i\times10^{-2}$cm/s，垫层料的渗透系数为10^{-3}～10^{-4}cm/s，因而该坝的斜排水体水平厚度仅2～3m，而且水平排水体是4条排水带，截面为4m×10m（高×宽）。

软岩堆石料的坝体分区主要有两种型式：一是软岩堆石料设置在下游干燥区，如公伯峡面板堆石坝的次堆石3C区。二是堆石坝主体用软岩堆石料填筑，但软岩堆石区的上游侧和底部都设置排水区，如董箐面板堆石坝主堆石3B区采用砂泥岩堆石料填筑，其上游侧和底部的排水区用料场开采的灰岩堆石料填筑；大坳面板堆石坝虽然分为主堆石区和下游堆石区，但都采用砂泥岩等软岩堆石料，只是主堆石区孔隙率要求不大于 21%，下游堆石区孔隙率不大于 24%，在主堆石区上游侧设置用灰岩填筑的竖向排水区。由于过渡料为砂岩和砾岩的洞挖料以及砂砾石料，过渡层和河床砂卵砾石层的透水性较好，蓄水时最大断面坝底部渗压计最大测值仅 143kPa，说明该坝排水体工作正常。

2.3.2.3 高面板堆石坝工程实践的启迪

20 世纪 90 年代国内外相继建造了一批坝高 140～200m 的高面板堆石坝，在其中一些工程中出现了以往坝高 100m 级以下的面板堆石坝没有凸现的问题，概括如下。

1. 垫层区裂缝

天生桥一级坝（坝高 178m）、辛戈坝（Xingo）（坝高 151m）垫层区产生斜向裂缝。天生桥一级坝斜向裂缝长 5～40m，最大缝宽 27mm；辛戈坝斜向裂缝最大缝宽 56mm，错位 16mm。天生桥一级坝垫层区还产生水平裂缝，最大缝长 60m，最大缝宽 180mm。

2. 面板脱空

天生桥一级坝一期、二期和三期面板顶部都存在严重脱空。一期、二期面板有 85%面板脱空，三期面板有 52%面板脱空，最大脱空深度（沿面板斜长）10m，最大脱空高度 15cm。

3. 面板裂缝

天生桥一级坝在 1997～2000 年 7 次检查面板裂缝，共发现水平状裂缝 1296 条，最大缝宽 4mm，裂缝深度 10～34cm；2002 年检查三期面板裂缝，又发现水平状裂缝 4537 条，缝宽大于 0.3mm 的裂缝有 80 条，裂缝最大深度 41.7cm，已贯穿面板厚度。面板裂缝发生部位与面板脱空部位基本一致。阿瓜密尔帕（Aguamilpa）坝（坝高 187m）1997 年在高程 198.00～202.00m、180.00m、145.00m、120.00m、94.00m、70.00m 的面板上都发现水平状裂缝和斜向裂缝。其中高程 180.00m 水平裂缝贯穿了 14 块面板，最大缝宽 15mm，导致严重渗漏。伊塔（Ita）坝（坝高 125m）2000 年在周边缝上方 8～15m 的 15 块面板发现水平状裂缝，缝宽 7mm，渗漏量从 160L/s 增加到 1700L/s。

4. 面板垂直缝两侧混凝土挤压破坏

2003 年 7 月天生桥一级坝河谷中央垂直缝两侧 L3 面板和 L4 面板混凝土挤压破坏。挤压破坏区域从三期面板顶部延伸到其底部，长约 55m，宽约 3.5m，最大深度 30cm。修补后，2004 年 5 月该区域面板又挤压破坏，挤压破坏区又向下延伸了 38m，宽度达到 6m，部分可见止水铜片翼片外露，但未发现渗漏量有明显增加。

莫哈利（Mohale）坝（坝高 145m）2006 年 2 月首次蓄水时，河谷中央面板垂直缝两侧 L17 和 L18 面板混凝土挤压破坏，两侧面板超叠 120mm，错台 75mm，渗漏量达 600L/s。

巴拉·格兰德（Barra Grande）坝（坝高 185m）2005 年 9 月河谷中央面板垂直缝两侧第 19 块与第 20 块面板混凝土挤压破坏，挤压破坏区域从二期面板顶部延伸到其底部，使渗漏量增至 428L/s。修复后，2005 年 11 月～2006 年 1 月再次蓄水，渗漏量从 830L/s 增至 1284L/s，两次在破坏区铺洒粉砂处理渗漏，但渗漏量仍达到 1000L/s。

坎普斯·诺沃斯（Campos Novos）坝（坝高 202m）2005 年 10 月首次蓄水时河谷中央垂直缝两侧第 16 块和第 17 块面板混凝土挤压破坏，挤压破坏区域从三期面板顶部延伸到水下，渗漏量 450L/s，2006 年 2 月渗漏量增至 1300L/s。在破坏区铺洒粉砂处理渗漏，渗漏量减小至 848L/s；4 月 4 日库水位上升，渗漏量又达到 1294L/s。2006 年 6 月放空水库，对面板混凝土挤压破坏区进行修复。

5. 面板水平缝两侧混凝土破损

三板溪面板堆石坝一期、二期混凝土面板之间的水平施工缝、高程 385.00m 两侧混凝土破损，破损最大宽度 4m，最大深度 40cm，渗漏量增大为 303L/s，实测面板混凝土顺坡向最大压应变 974.6×10^{-6}。

从原型观测资料得出阿瓜密尔帕坝主堆石区和下游堆石区的变形模量分别为 260MPa 和 47MPa，两者相差 5.5 倍。主堆石区和下游堆石区的分界线是向下游 1∶0.5 的坡线。天生桥一级坝筑坝材料室内试验值和从原型观测资料反演分析得到的坝体各分区模量系数 K 值分别是：主堆石区（灰岩料）940（试验值）和 369（反演分析值），下游堆石区（灰岩料）720（试验值）和 269（反演分析值），下游堆石区（砂泥岩料）500（试验值）和 246（反演分析值）。两者相差 1.9 倍，但是其主堆石区和下游堆石区的分界线是坝轴线。这两座坝垫层区裂缝、面板脱空和面板裂缝的主要原因是：①主堆石区变形模量高、下游堆石区变形模量低，坝体变形不协调；②同时坝体流变变形较大，蓄水期坝体沉降和水平位移持续发展，不利于面板的工作条件，从而使面板产生脱空和裂缝。

面板是位于坝体上刚度比堆石坝体高几个数量级的混凝土板，坝体变形是指向河谷中央。莫哈利坝实测坝顶向河谷中央的位移达 100mm，必然在面板与垫层之间的接触面产生相当大的朝着河谷中央的摩擦力，从而使得靠近两岸坝肩面板的坝轴线方向应力为拉应力，而河谷中央面板的坝轴线方向应力为压应力。莫哈利坝实测挤压破坏区面板压应变 650×10^{-6}，压应力 24MPa，当压应力超过面板混凝土的强度（C25 和 C30 混凝土抗压强度分别是 17MPa 和 20MPa）时，则使其破坏。因此，坝体变形对面板的作用是导致河谷中央垂直缝两侧面板混凝土挤压破坏的主要原因。

从高面板堆石坝的性状分析可以看出：1987 年库克（Cooke J. B.）和谢拉德（Sherard J. L.）提出的观点——“绝大部分水荷载是通过坝轴线以上坝体传到地基中去的。……而越往下游堆石体对面板变形的影响则越小，故坝料的变形模量可以从上游到下游递减”是不全面的。

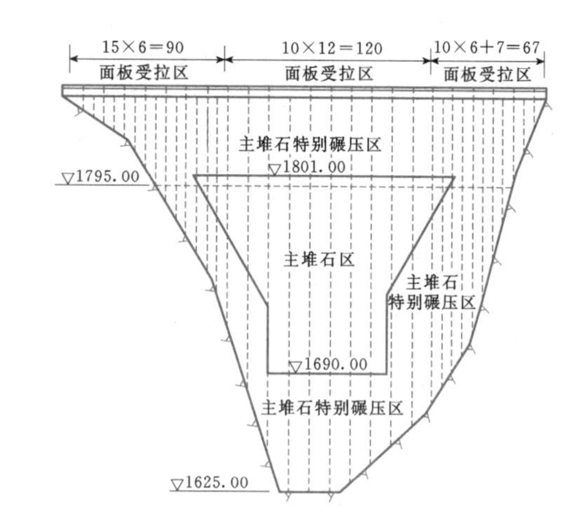

图 2.3-15 猴子岩面板堆石坝坝轴线剖面图（单位：m）

2.3.2.4 高面板堆石坝的坝体分区设计

高面板堆石坝的坝体分区设计应重视如下要点：

（1）坝体分区设计应遵循变形协调原则，既要做到坝体各区的变形协调，又要做到坝体变形和面板变形之间的同步协调。1 级、2 级高坝应测定筑坝材料变形特性，包括流变特性，采用合理的本构模型和数值分析方法来比较不同分区方案的坝体变形和面板应力变形性状，以坝体变形协调、面板不产生脱空和裂缝为原则来合理确定坝体分区，包括确定上下游堆石区的分界线、各区的填筑标准以及增模区（低压区）的位置等。其他级别的大坝可通过工程类比确定。

（2）针对不同地形地质条件有针对性地进行坝体分区设计。位于狭窄河谷的坝高 179.5m 洪家渡坝在距陡坡面 30m 范围内设置主堆石特别碾压区（低压缩区、增模区），提高其压实标准。位于狭窄河谷的坝高 223.5m 猴子岩坝在两岸附近与坝体底部设置主堆石特别碾压区（低压缩区、增模区），如图 2.3-15 所示。建在倾斜地形条件的宜兴抽水蓄能电站上库面板堆石坝，为了增加坝体抗滑稳定性，减小对坝趾高挡墙的土压力，并改善高程 427.00m 以上坝体和面板的工作条件，提高了高程 427.00m 以下坝体变形模量，提高其填筑标准，称为增模区，见图 2.3-16。

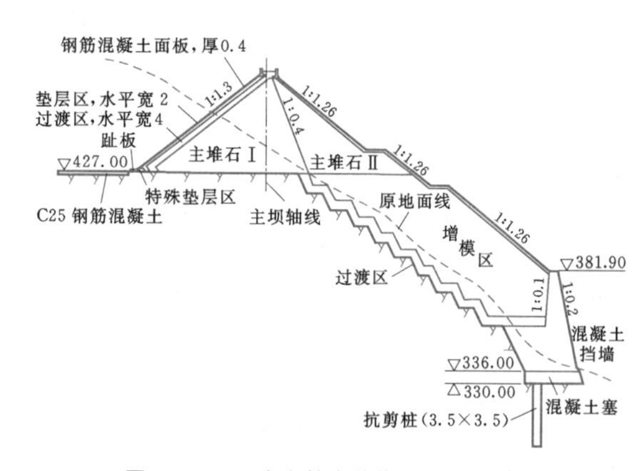

图 2.3-16 宜兴抽水蓄能电站上库面板堆石坝 0+381.02 剖面图（单位：m）

（3）适当提高下游堆石区的填筑标准。即使下游堆石料或建筑物开挖料的岩性、风化程度和颗粒级配较差，提高其填筑标准，使坝体各区的变形模量相近，达到坝体变形协调，也可避免或减小面板脱空和裂缝。

（4）减小堆石坝体在坝轴线方向的位移，减小面板与垫层之间的约束。即减小堆石坝体向河谷中央变形时对面板产生的摩擦力，以改善面板应力状态，减小两岸坝肩附近面板的拉应力以及河谷中央面板的压应力，避免两岸坝肩附近面板产生拉裂缝以及河谷中央面板挤压破坏。堆石坝体与面板在坝轴线方向的变形协调方法之一是提高堆石坝体的变形模量，特别是上半部分坝体的变形模量。图 2.3-15 所示的猴子岩坝在顶部 1/4 坝体采用主堆石特别碾压区 3BB，除了提高大坝抗震能力以外，也是使堆石坝体与面板在坝轴线方向变形协调，避免面板拉裂缝和挤压破坏的设计措施。

（5）合理确定在纵剖面和横剖面上坝体填筑形象进度，尽量做到坝体填筑全断面均衡上升，使施工期坝体变形协调，垫层区不产生裂缝。

（6）合理确定面板分期浇筑时间以及面板浇筑时已填筑坝体顶面与该期面板顶面之间的高差，在测定筑坝材料流变特性的基础上采用数值计算方法分析不同浇筑时间和不同高差情况下堆石坝体与面板的应力变形性状，优化面板浇筑施工设计，使堆石坝体变形与面板变形同步协调，不产生面板脱空和挠曲应力裂缝。

2.3.3 垫层区设计

2.3.3.1 垫层区的设计原则

设置垫层区最初的目的是为了均匀支撑面板。但作为坝体水力过渡的一部分，当面板出现一般性裂缝时，垫层区与其下游的过渡区之间应符合反滤准则；同时，相对面板主防渗功能，它又应具备第二道防渗线的作用。

（1）垫层应对面板起均匀支承作用，与其上游的铺盖料、下游的过渡料三者间满足渗透稳定，由此决定垫层料应具有良好的颗粒级配，颗粒母岩本身强度较高，压实性能好，压实后变形（压缩）模量较高的工程特性。垫层区变形小、表面平整并采取减少与面板之间约束的措施等可以减小面板与垫层区表面之间的摩擦力，从而减少坝体变形所造成的面板应力，改善面板应力状态。

（2）面板坝的防渗要求决定垫层料应具有良好的渗透稳定性。其渗透稳定性包括两个方面要求：一是垫层料的自身渗透稳定，有较高的抗渗坡降（抗渗强度）；二是一旦在面板开裂或止水结构破坏导致面板坝渗漏时垫层料满足两方面的要求，一方面垫层料与过渡料的层间关系要满足垫层料不产生渗透变形破坏，另一方面在采取面板上游抛粉细砂、粉土或粉煤灰来处理渗漏时，能阻止这些细颗粒流失，使其淤塞在开裂的缝隙中，逐渐减少渗漏量。

希罗罗（Shiroro）坝是处理面板渗漏的成功实例之一。该坝垫层区水平宽度 7m，垫层料是最大粒径 150mm 级配良好的碎石料；过渡料区水平宽度 3m，过渡料是最大粒径 500mm 级配连续的碎石料。该坝 1983 年底竣工，1984 年 5 月 6 日蓄水，8 月 21 日渗漏量剧增到 1600L/s，检查发现第 9～第 29 块面板之间有 8 块面板下部在周边缝附近有裂缝，于是在面板裂缝处抛投粉质砂土，其最大粒径为 0.15mm（100 号筛），小于 0.074mm（200 号筛）黏粒含量 30%，渗漏量逐渐减小，10 月 4 日渗漏量 500L/s，1984 年底渗漏量仅 100L/s。

（3）若施工期以坝体临时断面挡水度汛，临时断面的垫层区上游常有喷射混凝土、碾压水泥砂浆、乳化沥青薄层等保护措施，此时垫层料具有挡水作用，要求垫层料具有较高的抗渗坡降，以保证临时断面坝体在汛期的安全。

（4）作为面板之后的第二道防渗线，要求垫层料属于半透水性料，渗透系数 10^{-3}～10^{-4} cm/s，可以限制入渗流量。一旦面板开裂或止水结构破坏导致面板坝渗漏时，垫层区可以承担 70%左右水头，可以限制入渗流量，使垫层区下游坝体内水位较低，提高面板堆石坝安全性。

（5）垫层区水平宽度较小，上游与混凝土面板接触，这就决定着垫层料应具有良好的施工性能，即垫层料级配连续、良好，施工时不易分离，易于整平碾压达到较高的密实度，碾压后上游坡面平整。

因此新修编的规范（SL 228—2013、DL/T 5016—2011）规定：垫层料应具有良好连续级配，最大粒径为 80～100mm，粒径小于 5mm 的颗粒含量宜为 35%～55%，小于 0.075mm 的颗粒含量宜为 4%～8%。压实后应具有自身渗透稳定性、低压缩性、高抗剪强度，渗透系数宜为 10^{-3}～10^{-4} cm/s，并具有良好的施工特性；在严寒和寒冷地区或抽水蓄能电站，垫层料应满足排水性能要求。中低坝可适当降低对垫层料的要求。

垫层料可采用经筛选加工的砂砾石、轧制砂石料或其掺配料。轧制砂石料应采用坚硬和抗风化能力强的岩石加工。

2.3.3.2 垫层区设计的经验

我国中、高面板堆石坝垫层区的主要特性见表 2.3-4。

从表 2.3-4 可以看出：我国近期中、高面板堆石坝垫层区（2A）具有下列共同特性：

（1）垫层区水平宽度 2～4m，以 3m 为多，约占一半；坝高不小于 150m 的高坝垫层区水平宽度大多为 4m。

（2）垫层料的填筑标准都控制在 SL 228—98 和 DL/T 5016—1999 规范的要求范围之内，坝高不小于 150m 的高坝垫层料的孔隙率要求较严格，大多取 17%～19%。近期建造的或在建的面板堆石坝垫层料的孔隙率要求更为严格，坝高 100～150m 的面板坝垫层料孔隙率控制在 15%～19%，坝高不小于 150m 的高坝垫层料孔隙率控制在 14%～18%，高于新旧规范的要求。

（3）垫层料填筑层厚 30～50cm，以 40cm 为多，约占 90%。

（4）垫层料最大粒径 80～100mm，以 80mm 为多，约占 80%。

（5）垫层料级配连续、良好，基本上按照 1988 年谢拉德的建议和国际大坝委员会的推荐颗粒级配选取，小于 0.1mm（有的坝是指小于 0.075mm）颗粒含

表 2.3-4　我国中、高面板堆石坝垫层区主要特性

坝　名	坝高 (m)	垫层区宽度 (m)	过渡区宽度 (m)	垫层料填筑层厚 (cm)	垫层料填筑干密度 (g/cm^3)	垫层料填筑孔隙率 (%)	垫层料渗透系数或特性 (cm/s)	垫层料级配				垫层料来源
								最大粒径 (mm)	<5mm含量 (%)	<0.1mm含量 (%)	不均匀系数 C_u	
水布垭	233.0	4	5	40	2.25	17	$10^{-2}\sim10^{-4}$	80	35～50	4～7	连续级配	人工轧制茅口组灰岩
猴子岩	223.5	4	4～11	40	2.31	≤17	10^{-3}	80	35～50	4～8	连续级配	人工轧制灰岩
江坪河	219.0	4	6	40	2.25	≤15.4	$10^{-3}\sim10^{-4}$	80	30～45	4～7	$C_c=1\sim3$ $C_u>5$	人工轧制龙王庙料场厚层灰岩
叶巴滩	213.0	4	4	40	$D_r\geqslant0.85$	≤18	$10^{-3}\sim10^{-4}$	80	32～50	4～8	连续级配	人工轧制新鲜花岗岩
巴贡	205.0	4	4～10	40	2.30	≤17	$10^{-3}\sim10^{-4}$	80		≤5		人工轧制新鲜杂砂岩
三板溪	185.5	4	6	40	2.21	18.15	$(1\sim9)\times10^{-3}$	60～80	35～50	4～8*	连续级配	轧制新鲜—弱风化凝灰质砂板岩
洪家渡	179.5	4	4～11	40	2.05	19.16	1.5×10^{-3}	40～100	30～50	4～8*	连续级配	人工轧制灰岩
天生桥一级	178.0	2～3	5～6	40	2.20	19.0	$(2\sim9)\times10^{-3}$	80	35～55	4～8	连续级配	新鲜灰岩二次破碎，实际填筑干密度 2.08g/cm^3
溧阳上库	165.0	3	5	40	2.25	≤18	$10^{-2}\sim10^{-3}$	80	25～35	5	>15	人工轧制弱风化—新鲜凝灰岩
滩坑	162.0	3	5	40	2.216	17	$10^{-3}\sim10^{-4}$	80	35～55	<8*	连续级配	筛分轧制河床砂砾石掺河砂
紫坪铺	156.0	3	5	40	2.30	19	2.5×10^{-3}	80～100	≤35	≤5*	94.8～130	筛分配制灰岩料
吉林台一级	157.0	4		40	$D_r\geqslant0.85$		$10^{-3}\sim10^{-4}$	80	35～55	<8	连续级配	C2 料场筛分砂砾料掺砂
马鹿塘二期	154.0	3	4	40	2.31	≤14	$<1.45\times10^{-3}$	80			连续级配	人工轧制花岗岩、片麻岩
董箐	150.0	3	4	40	2.25	17.34	$10^{-3}\sim10^{-4}$	40～80	30～50	3～8	$C_c=2$ $C_u=77$	人工轧制灰岩
瓦屋山	138.8	3	5	40	2.40	<14.9	$10^{-3}\sim10^{-4}$	80～100	35～45	<8	连续级配	人工轧制新鲜白云岩
宜兴上库	138.0	2	4	40	2.19	<19	$10^{-2}\sim10^{-4}$	80			连续级配	人工轧制石英砂岩
九甸峡	136.5	3	5	40	2.28	16.2	10^{-3}	100	35～50	2～8*	连续级配	人工轧制新鲜灰岩
乌鲁瓦提	133.0	4	4	40～50	2.29	$D_r=0.85$	$10^{-3}\sim10^{-4}$	80	35～55	5～10	连续级配	河床砂砾石掺人工轧制碎石
珊溪	132.5	2	4	40	2.16	18	10^{-3}	80	30～50	2～9	连续级配	洞渣料和筛分轧碎河床砂砾石掺河砂，实际填筑 2.20g/cm^3
公伯峡	132.2	3	3	40	2.23	16	10^{-3}	100	35～45	4～7	连续级配	微、弱风化花岗岩和片麻岩料场开采加工

续表

坝名	坝高(m)	垫层区宽度(m)	过渡区宽度(m)	垫层料填筑层厚(cm)	垫层料填筑干密度(g/cm³)	垫层料填筑孔隙率(%)	垫层料渗透系数或特性(cm/s)	垫层料级配				垫层料来源
								最大粒径(mm)	<5mm含量(%)	<0.1mm含量(%)	不均匀系数C_u	
引子渡	129.5	3	3	40	2.21	18	10^{-3}～10^{-4}	80	35～55	<8*	连续级配	人工破碎筛分溢洪道开挖料中新鲜灰岩料
肯斯瓦特	129.4	4	0	40		D_r≥0.85		80	40～55	<5	连续级配	C2料场筛分砂砾石料掺配细砂
吉音	124.5	3	5	40		15～20	10^{-3}～10^{-4}	80	30～50	≤8		人工掺配P2料场筛分爆破料
白溪	124.4	2	4	40	2.18	18.5	10^{-4}	100	35～55		连续级配	>80mm卵石轧制成40～80mm，筛余再轧制成5～40mm，<5mm用河砂掺合配制
黑泉	123.5	3～4	3～15	30	2.25	D_r=0.85	10^{-3}～10^{-4}	100	35～40	5	连续级配	河床砂砾石掺10%河砂
芹山	122.0	3	4	40	2.15	17	半透水	80	25～40	5	>30	人工轧制流纹质晶屑凝灰岩碎石掺河砂
白云	120.0	3	3	40	2.20	D_r=0.80	10^{-3}～10^{-4}	80	30～40	2	>30 连续级配	轧制石灰岩碎石掺人工砂
泗南江	115.0	3	4	40	2.23	≤18		80	33～53	<0.2mm 4～8	连续级配	人工轧制老虎山料场砂岩
金川	112.0	3	3	40		≤18	10^{-3}～10^{-4}	80	30～45	<5	连续级配	人工轧制中厚层—厚层变质细砂岩
天池上库	118.4	3	4					80				人工轧制花岗岩
古洞口	117.6	3	5	40	2.25	17.5	10^{-3}～10^{-4}	80	35～50	5	连续级配	砂砾石掺20%人工砂
高塘	111.3	4	3	40	2.15	16.4	10^{-3}～10^{-4}	80	35～45	5	连续级配	新鲜坚硬花岗岩轧制料，靠近面板为<40mm细料，干密度2.2g/cm³
察汗乌苏	110.0	3	3	40	2.24	17	10^{-4}	40～80	35～50	<8	连续级配	筛分砂砾料人工粗砂
那兰	109.0	3	4	40	2.24	D_r=0.87	10^{-4}	100	35～55	<8*	连续级配	轧制灰岩碎石掺天然砂砾石
茄子山	106.1	2	4	40	2.15	18.3	半透水	80	35～55	5～12	连续级配	新鲜花岗岩轧制料掺人工砂
鱼跳	106.0	3	4	50	2.18	20	10^{-3}～10^{-4}	80～100	30～60	5～10*	连续级配	新鲜—微风化细长石石英砂岩人工砂石料
柴石滩	101.8	3	4	40	2.30	19.9	4×10^{-2}	80			连续级配	筛选白云岩爆破料与轧制砂石混掺，填筑干密度2.33g/cm³

续表

坝名	坝高 (m)	垫层区宽度 (m)	过渡区宽度 (m)	垫层料填筑层厚 (cm)	垫层料填筑干密度 (g/cm^3)	垫层料填筑孔隙率 (%)	垫层料渗透系数或特性 (cm/s)	垫层料级配				垫层料来源
								最大粒径 (mm)	<5mm含量 (%)	<0.1mm含量 (%)	不均匀系数 C_u	
白水坑	101.3	2	4	40	2.16	18	10^{-3}	80	30～50	≤4	>30	新鲜花岗岩闪长纹岩碎石，连续级配，级配良好
泰安上库	100.0	2	4	40	2.19	18	5×10^{-3}～1×10^{-2}	80	30～45	<5	>30	新鲜花岗岩洞挖料，连续级配，级配良好
万安溪	93.8	3	3	40	2.26		3.6×10^{-4}	80～100	32～36	3～3.5	47～55	75%新鲜花岗岩轧制碎石与25%风化花岗岩粗砂掺合
大桥	93.0	3	5	50	2.24	21	10^{-3}～10^{-4}	100	30～40	10	128.4 连续级配	剔除>100mm的洪积堆积碎石土
大坳	90.2	3	4	50	2.175	19	10^{-3}～10^{-4}	80	35～55	≤7		料场新鲜—微风化坚硬砂砾岩，砂岩机轧配制
三插溪	88.8	1.5	3.5	40		≤21		80		<4	>30	机轧新鲜坚硬晶屑玻屑熔结凝灰岩隧洞开挖料配制
陡岭子	88.5	3		30	2.25	17	10^{-3}	80	30～40	<8		天然砂砾料，筛除>80mm
天荒坪下库	87.2	1	5	40	2.10	20	5×10^{-2}～5×10^{-3}	80				新鲜熔结凝灰岩、花岗斑岩洞渣料机轧配制
英川	87.0	2	4	40		≤20		80		≤8*	>30	轧制新鲜坚硬花岗闪长斑岩碎石，>60MPa
小山	86.3	2.5	3	40	2.19	21	10^{-3}～10^{-4}	80～100	35	≤5	>25	机轧新鲜安山岩配制
东津	85.5	2.5	4	40	2.15	19.5	2×10^{-2}	100	17～42			设计 $k=4\times10^{-3}$ cm/s，颗粒较粗，轧制硅质砂岩碎石
花山	80.8	3	4	40	2.17	17.5		80	40	<5		轧制新鲜花岗岩碎石＋天然砂掺配
松山	80.8	3	3			19.5	10^{-3}～10^{-4}	80～100			>25	轧制新鲜坚硬安山岩碎石
桐柏下库	70.6	2	4	40	2.05	20	10^{-3}	80	30～45		连续级配	新鲜火山碎屑岩洞渣料加工掺河砂
琅琊山上库	64.0	3	3	40	2.23	18	10^{-2}	80	30～40	<5	>15	新鲜灰岩开挖料人工掺配，连续级配，级配良好

注 1. * 为<0.075mm颗粒含量。
2. 巴贡水电站位于马来西亚，由我国承建。

量以5%～8%为多，大多数是推荐值的低限。新修订的规范要求细粒小于0.1mm含量为4%～8%。由于施工铺料时会发生分离，为了发挥垫层料的渗流控制作用，小于5mm的颗粒含量宜为35%～55%。天生桥一级坝设计要求的各区筑坝材料颗粒级配曲线见图2.3-17。

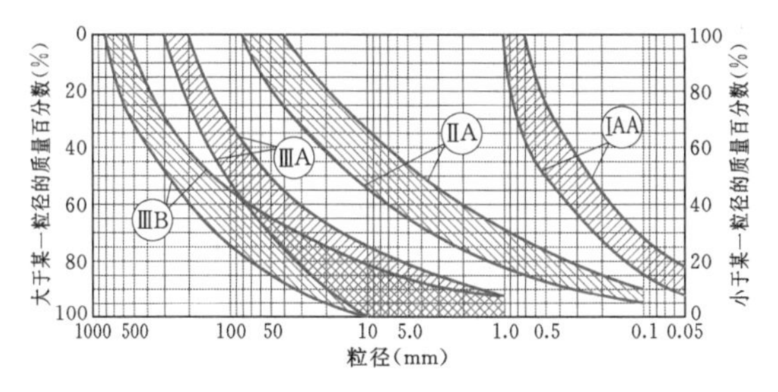

图2.3-17 天生桥一级坝设计要求的各区筑坝材料颗粒级配曲线

(6) 垫层料的渗透系数大多为10^{-3}～10^{-4}cm/s，只有个别的工程是10^{-2}cm/s。

寒冷地区存在冻胀问题，抽水蓄能电站水位变化速度快且变幅大，为保证面板稳定，要求垫层区应有较好的排水性能，因此其渗透系数宜为10^{-2}～10^{-3}cm/s。

(7) 人工轧制砂石料成本高，因此垫层料大多采用两种掺配料。一种是轧制新鲜坚硬碎石、砾石掺砂。如万安溪、茄子山和海潮坝的垫层料用人工砂石料掺花岗岩风化砂，白溪坝垫层料用人工轧制超径卵石掺河砂，广州蓄能上库等坝的垫层料采用人工砂石料。另一种是轧制或筛分的天然砂砾石掺砂。如乌鲁瓦提、那兰等坝的垫层料用筛分砂砾石料掺人工砂石料。

国际大坝委员会在2005年提出了修正的垫层料颗粒级配，同时列出秘鲁的安塔米纳（Antamina）面板堆石坝和哥伦比亚的埃尔·佩斯卡多（El Pescador）面板堆石坝的工程实例供各国坝工界参考。修正的垫层料颗粒级配见表2.3-5和图2.3-18。

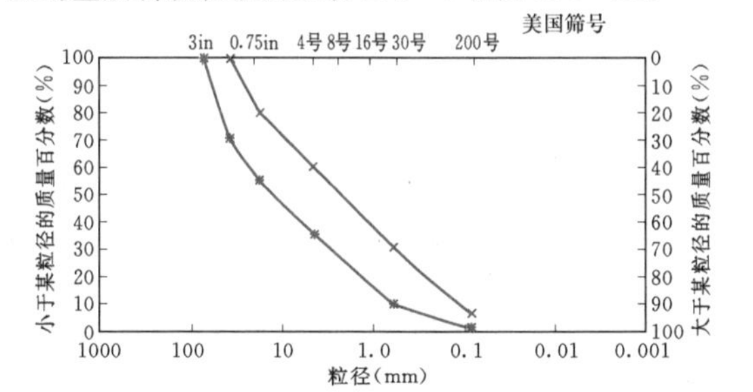

图2.3-18 国际大坝委员会2005年修正的垫层料颗粒级配曲线

表2.3-5 国际大坝委员会2005年修正的垫层料颗粒级配

美国标准筛号	粒径(mm)	小于某粒径的重量百分数(%)		
		修正的2A区级配范围	安塔米纳(Antamina)坝	埃尔·佩斯卡多(El Pescador)坝
3in	76.20	100	100	90～100
1.5in	38.10	70～100	80～100	70～100
0.75in	19.10	55～80	60～85	55～80
4号	4.76	35～60	40～55	35～55
16号	1.19	18～40	22～35	20～40
50号	0.30	6～18	10～20	0～22
200号	0.07	0～7(非黏性)	5～7	0～8

注 1in=2.54cm。

国际大坝委员会要求对粗颗粒料进行轧制破碎、筛选和冲洗来配置形成级配良好的垫层料，不得采用间断级配（不连续级配）的垫层料。

2.3.3.3 垫层区尺寸

SL 228—2013规定："垫层区的水平宽度应由坝高、地形、施工工艺和经济比较确定。当采用汽车直接卸料、推土机平料的机械化施工时，垫层水平宽度以不小于3m为宜。如采用反铲、装载机等及配合人工铺料时，其水平宽度可适当减小，并相应增大过渡区宽度。垫层区可采用上下等宽布置；垫层区宜沿基岩接触面向下游适当扩大，延伸长度视岸坡地形、地质条件及坝高确定。应对垫层区的上游坡面提出平整度要求。在周边缝下游侧应设置薄层碾压的特殊垫层区。"

我国高面板堆石坝垫层区水平宽度2～4m，大多为3m。实际上垫层区尺寸取决于垫层区的设计理念，对垫层区尺寸起控制作用的因素主要有三个。

1. *施工方便和节省投资*

大部分面板堆石坝的垫层区水平宽度为2～3m，实际上是自卸汽车卸料、推土机推铺散料和振动碾碾压所要求的最小宽度。

由于垫层料是满足强度、变形、抗渗等要求的人工制备料，单价较高，为了节省投资，面板堆石坝工程实践总结出两种节省投资的方法：

(1) 薄垫层、厚过渡层方法。澳大利亚的利斯（下皮曼）[Recee (Lower Pieman)] 坝等多座面板堆石坝采用了水平宽度1m，甚至0.5m的薄垫层区，而过渡料区的水平宽度达到5～6m。我国天荒坪下库、成屏、龙溪和大岩坑等面板坝也采用薄垫层、厚过渡层方法。其中天荒坪下水库面板堆石坝（坝高87.2m）垫层区水平宽度1.0m，过渡料区水平宽度

5m；成屏坝（坝高74.6m），垫层区宽度1m，过渡区宽度3.5m；珊溪、白溪、茄子山、白水坑和泰安上库等坝高100m以上的多座面板堆石坝的垫层区宽度2m，过渡区宽度4m。

（2）双层垫层方法。将垫层区分为两层，上游侧0.3～0.5m宽采用一层更细的垫层料，最大粒径38.1mm。例如巴西的塞格雷多坝和巴拿马的福蒂纳坝。塞格雷多（Segredo）坝，坝高145m，垫层区为两层，上游侧ⅡBB区，水平宽度0.4m，最大粒径38.1mm，小于4.76mm颗粒含量25%～52%，小于0.074mm颗粒含量3%～8%；第二层（下游侧）ⅡB区垫层料较粗，最大粒径101mm，小于38.1mm颗粒含量35%～80%，小于4.76mm颗粒含量10%～40%；填筑层厚40cm，用10t振动碾水平碾压4遍，沿坡面碾压6遍。

2. 施工期垫层挡水度汛

从垫层料的试验研究结果可知，在过渡层保护下垫层料的抗渗坡降在30～190范围内，见表2.3-6。

表2.3-6 垫层料的抗渗坡降

坝名	西北口	乌鲁瓦提	黑泉	班多	巴山	美岱	仙居	珊溪
垫层料	人工轧制新鲜砂岩碎石料	天然砂砾石＋人工轧制碎石＋天然河砂或人工砂	天然砂砾石掺河砂	天然砂砾石	凝灰质砂岩建筑物开挖料配制	人工轧制碎石料	人工轧制新鲜凝灰岩碎石料	洞渣料、轧制筛上砂砾石掺河砂
破坏坡降	32～78	107～132	39～85	142～193	141	94～131	65～115	120～200

若取安全系数为2，显然需要采用保护层（碾压水泥砂浆层、喷射混凝土层或乳化沥青层）才能在施工期挡水度汛。垫层区尺寸应根据垫层料渗透变形试验成果，经过技术经济比较确定。

3. 面板堆石坝渗漏时垫层的渗流稳定

从株树桥和天生桥一级等面板堆石坝面板开裂或止水结构破坏导致面板堆石坝渗漏的工程实例可以看出：垫层区可能会承受30%～86%的水头，因而应进行垫层料渗透变形试验测得其容许坡降，通过技术经济比较来确定垫层区尺寸。

2.3.3.4 特殊垫层区设计

特殊垫层区是垫层区内需要特殊关注的一个小区。由于特殊垫层区位于趾板下游侧，所处位置水头相对最大，为减轻因周边缝变形过大引起止水失效而大量渗水，应特别注意其选料和压实。一方面，碾压密实后变形较小，可减轻周边缝止水结构的负担，以保持其有效性；另一方面，对周边缝表面铺设的粉细砂、粉煤灰等低黏性材料起反滤作用，截留并淤堵于张开的接缝中，使接缝自愈而减少渗流量。

特殊垫层区所处位置水头相对最大，渗透稳定也是其突出的问题，因而国际大坝委员会将特殊垫层称为反滤层（Filter），应采用反滤层的理念设计特殊垫层，即特殊垫层料应满足保砂性（滞留功能，Retention function）和透水性（透水功能，Permeability function）的要求。

1. 保砂性

在趾板止水结构破坏导致面板坝渗漏时，上游铺盖区（1A）的粉土、粉细砂或粉煤灰，能够被滞留在特殊垫层区和面板裂缝或张开的接缝内，或者例如希罗罗（Shiroro）坝处理面板渗漏时抛投粉质砂土，能够被滞留在特殊垫层区和面板裂缝或张开的接缝内，增加通过特殊垫层区和垫层区的水头损失，以利于防渗安全或处理渗漏。同时，特殊垫层料自身的渗透稳定性即抗渗坡降应足够，其细颗粒不会被渗流带走，构成阻止渗漏的第二道防线。

太沙基（Terzaghi）建议满足保砂性的标准是

$$D_{15}/d_{85} \leqslant 4 \qquad (2.3-1)$$

式中 D_{15}——起保护作用的特殊垫层料，颗粒含量15%的粒径，mm；

d_{85}——被保护的粉土、粉细砂、粉煤灰和粉质砂土等颗粒含量85%的粒径，mm。

2. 透水性

透水功能就是要求特殊垫层区相对被保护的粉土、粉细砂或粉煤灰，有足够的透水性。

太沙基（Terzaghi）建议满足透水性的标准是

$$D_{15}/d_{15} \geqslant 4 \qquad (2.3-2)$$

式中 d_{15}——被保护的粉土、粉细砂、粉煤灰和粉质砂土等颗粒含量15%的粒径，mm。

由于垫层区与过渡区同样应具备渗透稳定性的要求，因而太沙基建议的滞留功能标准与透水功能的标准，即所谓的层间关系式（2.3-1）和式（2.3-2），在选定垫层料和过渡料时，同样都应该满足，只不过在选定垫层料时，垫层料既要满足保护上游铺盖区（1A）的粉质土的要求，又要满足自身被过渡区（3A）保护的要求；在选定过渡料时，过渡料既要满足保护垫层区（2A）的要求，又要满足自身被主堆石区（3B）保护的要求。

因此新修编规范（SL 228—2013、DL/T 5016—2011）规定：特殊垫层区宜采用最大粒径小于40mm、级配连续且自身渗透稳定的细反滤料，因此通常是将垫层料中的40mm以上的颗粒筛除，即作为特殊垫层料。特殊垫层区要薄层碾压密实，压实标准不低于垫层区，同时对缝顶粉细砂、粉煤灰等起到反滤作用。

国际大坝委员会2007年建议的特殊垫层区颗粒级配见图2.3-19和表2.3-7。

表 2.3-7 国际大坝委员会 2007 年建议特殊垫层区（2B）的颗粒级配

美国标准筛号	粒径(mm)	小于某粒径的重量百分数（%）	
		阿瓜密尔帕坝	可供选择的级配
1.5in	38.1	100	100
0.75in	19.1	60～80	85～100
4号	4.76	32～60	50～75
16号	1.19	20～43	25～50
50号	0.30	12～26	10～25
200号	0.074	5～12	0～5

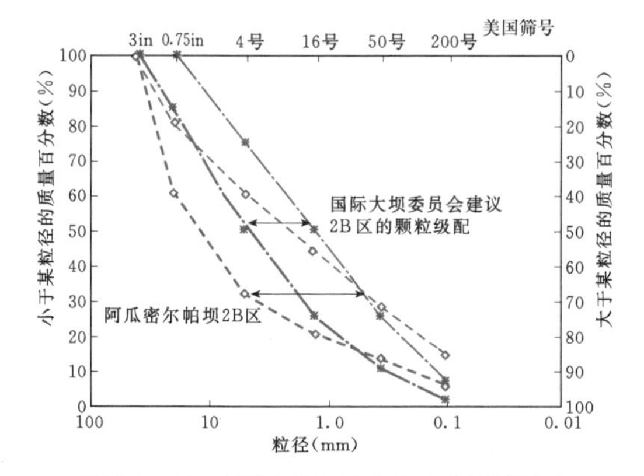

图 2.3-19 国际大坝委员会2007年建议特殊垫层区2B的颗粒级配范围

近期我国建成的中、高面板堆石坝特殊垫层区主要特性见表2.3-8。洪家渡面板堆石坝河床趾板附近坝体各区布置见图2.3-20。

从表2.3-8可以看出近期我国建成的中、高面板堆石坝特殊垫层区（2B）具有下列共同特性：

（1）特殊垫层料一般采用筛除粒径大于40mm的垫层料，因而小于5mm颗粒含量比垫层料略高，但是仍然控制小于0.1mm颗粒含量在5%～8%以内。个别工程特殊垫层料最大粒径50mm或20mm，个别

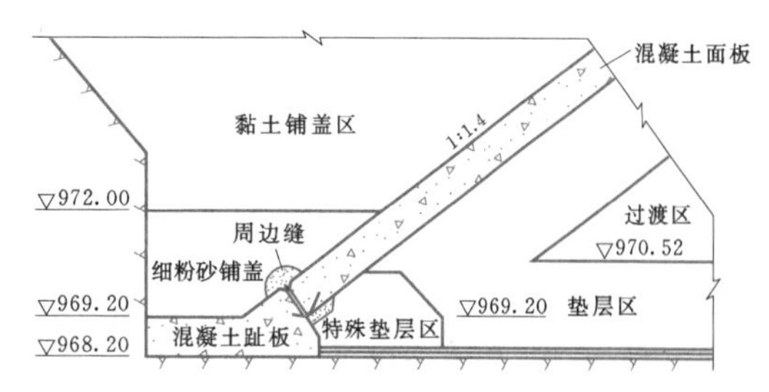

图 2.3-20 洪家渡坝河床趾板附近坝体各区布置（单位：m）

工程特殊垫层料小于0.1mm颗粒含量稍大些，为5%～10%。

（2）特殊垫层料填筑层厚一般20cm，个别工程填筑层厚40cm或15cm。

（3）特殊垫层区一般在趾板周围3m范围内，以顶宽1.5～2m、高2m的梯形断面为多。

（4）少数工程特殊垫层料分两层，上游侧采用更细的特殊垫层料。

2.3.4 过渡区设计

2.3.4.1 过渡区的设计原则

过渡区（3A）位于垫层区（2A）和主堆石区（3B）之间。垫层料最大粒径一般是80mm，小于5mm颗粒含量一般在35%～55%，小于0.1mm颗粒含量一般小于8%；主堆石区一般填筑最大粒径800～1000mm，两者之间若不设过渡区，垫层料的细颗粒必然随着渗流而进入主堆石区，因此必须在垫层区与主堆石区之间设置过渡区，对垫层料加以保护，并且使填筑料的粒径也有过渡，便于施工。因而过渡料的作用是满足与垫层料之间的层间关系。

因此新修编的规范（SL 228—2013、DL/T 5016—2011）规定：过渡料最大粒径不宜超过300mm，级配连续，压实后应具有低压缩性和高抗剪强度，并具有自由排水性能。

过渡区可采用洞室开挖石料、专门开采的较细堆石料或经筛选加工的天然砂砾石料等。

过渡区的水平宽度应不小于3m，且不小于垫层区宽度。对于砂砾石坝，当设计的垫层区和主堆石（砂砾石）区之间满足水力过渡要求时，也可不设专门过渡区。

许多面板堆石坝工程是根据工程类比凭经验来选取过渡料，但采用太沙基（Terzaghi）建议的层间关系经验公式验算更合理。

2.3.4.2 过渡区设计的经验

我国近期中、高面板堆石坝过渡区（3A）主要特性见表2.3-9。

表 2.3-8 我国部分中、高面板堆石坝特殊垫层区主要特性

坝 名	坝高(m)	特殊垫层区		填筑层厚(cm)	填筑干密度(g/cm^3)	渗透系数或特性(cm/s)	特殊垫层料级配				特殊垫层料来源
		顶宽(m)	厚度(m)				最大粒径(mm)	<5mm含量(%)	<0.1mm含量(%)	不均匀系数 C_u 或级配	
水布垭	233.0	3	3	20	2.25		40	35～60	5～10	连续级配	人工轧制茅口组灰岩碎石
三板溪	185.5	2	2	20	2.21		40			连续级配	轧制新鲜—弱风化凝灰质砂板岩碎石
洪家渡	179.5	1	2	20	(2.05)		40			连续级配	人工轧制灰岩碎石
滩坑	162.0			20	2.216		40	43～60	1～8		轧制筛上河床砂砾石粗颗粒掺河砂
紫坪铺	156.0	2	2	20	2.30	2.5×10^{-3}	40			连续级配	轧制筛分配制灰岩碎石料
吉林台一级	157.0				$D_r\geqslant0.8$		20			连续级配	C2料场天然砂砾石筛分
九甸峡	136.5			20	2.28		40			连续级配	人工轧制灰岩料掺少量水泥
乌鲁瓦提	133.0			40			40			连续级配	C2料场天然砂砾石筛分
珊溪	132.5			20	2.157		40			连续级配	流纹斑岩或凝灰岩洞渣料，筛上砂砾石料粗颗粒轧碎掺河砂
公伯峡	132.2			20	2.20		40	<45	<7	连续级配	微、弱风化花岗岩和片岩开挖料
引子渡	129.5			20	2.21	10^{-4}	40	35～55	<8	连续级配	人工轧制溢洪道开挖新鲜灰岩料筛分掺配
白溪	124.4		2～3	20	2.18 $n=18\%$	10^{-4}	40			连续级配	轧制筛上河床砂卵石粗颗粒掺河砂
黑泉	123.5			20			40			连续级配	阳山大湾天然砂砾石掺砂
白云	120.0	1	2							连续级配	人工轧制新鲜灰岩碎石掺人工砂
古洞口	117.6	3	3							连续级配	砂砾石掺20%人工砂
高塘	111.3			20			40			连续级配	垫层料<40mm筛余料，人工轧制碎石掺河砂

续表

坝名	坝高(m)	特殊垫层区		填筑层厚(cm)	填筑干密度(g/cm³)	渗透系数或特性(cm/s)	特殊垫层料级配				特殊垫层料来源
		顶宽(m)	厚度(m)				最大粒径(mm)	<5mm 含量(%)	<0.1mm 含量(%)	不均匀系数 C_u 或级配	
茄子山	106.1	2	2	20						连续级配	垫层料是新鲜花岗岩轧制加工料掺风化砂，上游侧宽0.5m，筛除20mm的垫层料加3%水泥，下游侧筛除>40mm的垫层料
鱼跳	106.0	1.2	1.8	15	$n<20\%$		40			连续级配	人工轧制砂岩或灰岩砂石料
柴石滩	101.8			20			20或40			连续级配	筛选白云岩爆破料掺轧制砂石料
白水坑	101.3	2	2	20	2.157		40	35～48	<5	连续级配	人工轧制新鲜熔结凝灰岩
泰安上库	100.0						40	35～48	<5	连续级配	洞挖新鲜花岗岩斑纹状混合岩碎石料掺配
万安溪	93.8						40				70%机轧碎石+20%风化花岗岩粗砂+10%河砂掺和
大桥	93.0	1.5	2	20	2.32		40			连续级配	天然河床砂砾石料筛分配制
三插溪	88.8	1.5	1.5	20	$n\leqslant21\%$		50			>30	轧制新鲜坚硬溶结凝灰岩碎石
天荒坪下库	87.2			20	≥2.10		40			连续级配	新鲜洞渣料加工
英川	87.0			20	$n\leqslant20\%$		40				新鲜花岗岩闪长斑岩机轧配制
小山	86.3				2.04		40～50			>10	人工轧制新鲜安山岩
东津	85.5			20	2.10		40			连续级配	硅质砂岩碎石掺配
花山	80.8	1.5	2	20	2.17		40			连续级配	人工轧制新鲜花岗岩
松山	80.8				2.24		25～40	45～55	<10	>15	新鲜坚硬安山岩轧制配制

表 2.3-9　　我国高面板堆石坝过渡区主要特性

坝　名	坝高(m)	过渡区宽度(m)	填筑层厚(cm)	填筑干密度(g/cm³)	填筑孔隙率(%)	渗透系数或特性(cm/s)	过渡料级配				过渡料来源
							最大粒径(mm)	<5mm颗粒含量(%)	<0.1mm颗粒含量(%)	不均匀系数C_u或级配	
水布垭	233.0	5	40	2.20	18.8	$1\sim10^{-2}$	300	8～30	<5	连续级配	茅口组灰岩爆破料，实测$\rho_d=2.23g/cm^3$，<5mm 13.4%，$k=2.05\times10^{-1}cm/s$，<0.1mm 2.8%
猴子岩	223.5	4～11	40	2.69	≤17						桃花沟料场变质灰岩
江坪河	219.0	6	40	2.20	18.8		300	10～20	<5	$C_c=1\sim3$ $C_u>5$	洞挖料灰岩和冰碛砾岩料
叶巴滩	213.0	4	40	$D_r\geq0.85$	≤20		300	15～26	0～5	连续级配	洞挖料或爆破料花岗岩
巴贡	205.0	4～10	40	2.27	≤18		300		≤5		料场新鲜杂砂岩爆破料
三板溪	185.5	6	40	2.19	19.2	$(2\sim9)\times10^{-2}$	200～300	10～20	0～5	连续级配	新鲜—弱风化洞挖料、部分八洋河料场开挖料
洪家渡	179.5	4～11	40	2.19	19.66		200～400	8～30	0～5***	连续级配	料场爆破开采灰岩和合格洞挖石渣(灰岩)
天生桥一级	178.0	5～6	40	2.15	21.0	$(2\sim9)\times10^{-1}$	300		<5	连续级配	筛分或选择灰岩爆破料
溧阳上库	165.0	5	40	2.20	≤19	10^{-2}	300	15	≤5	连续级配	洞挖与下库开挖新鲜凝灰岩
滩坑	162.0	5	40	2.163	19		300	0～19	<5	连续级配	新鲜—微风化洞渣（火山集块岩）、部分建筑物开挖料
紫坪铺	156.0	5	40	2.25	21	$>5.3\times10^{-1}$	300	<15		连续级配	尖尖山料场坚硬灰岩爆破料
马鹿塘二期	154.0	4	40	2.42	12.7		300	10～25	<5	连续级配	花山料场花岗质黑云混合片麻岩爆破料
董箐	150.0	4	40	2.20	19.6	0.1～5.0	200～300	5～20	<4	$C_c=1.9$ $C_u=23.6$	灰岩爆破料
瓦屋山	138.8	5	40	2.35	<18	$10^{-1}\sim10^{-2}$	300	10～20		连续级配	磨子上料场弱风化—新鲜白云岩
宜兴上库	138.0	4	40	2.17	<20	$\geq10^{-2}$	300			连续级配	库盆开挖石英砂岩夹泥岩、泥岩含量<10%

续表

坝名	坝高 (m)	过渡区宽度 (m)	填筑层厚 (cm)	填筑干密度 (g/cm³)	填筑孔隙率 (%)	渗透系数或特性 (cm/s)	过渡料级配				过渡料来源
							最大粒径 (mm)	<5mm 颗粒含量 (%)	<0.1mm 颗粒含量 (%)	不均匀系数 C_u 或级配	
九甸峡	136.5	5	40	2.25	17.3		300	11.5～25.5	<2.5***	连续级配	新鲜灰岩爆破开挖料和洞挖料
乌鲁瓦提	133.0	4	40～50	2.29	D_r=0.85		200			连续级配	<200mm 河床天然砂砾石
珊溪	132.5	4	40	2.14	19	$\geqslant 10^{-2}$	300	<10～20	<2	连续级配 C_u>15	洞挖新鲜石料与库盆爆破开挖料
公伯峡	132.2	3	40	2.17	18	10^{-1}	300	3～17	<7	连续级配	料场开采微、弱风化花岗岩，允许坡降>30
引子渡	129.5	3～5	40	2.18	19		300	≤20	<5	连续级配	洞渣料和加工溢洪道开挖料
吉音	124.5	5	40		15～20		300	20～35	<5	连续级配	人工掺配 P2 料场筛分爆破料
白溪	124.4	4	40		<19		400	<15		连续级配	洞渣料与溢洪道开挖料新鲜～微风化凝灰岩
黑泉	123.5	3～15	60	2.24	D_r=0.85	10^{-2}～10^{-3}	300	15～25	<5	连续级配	阳山大湾料场天然砂砾石料
芹山	122.0	4	40	2.10	20		300			连续级配	晶屑凝灰岩碎石
白云	120.0	3	40	2.15	21		300	5～7		连续级配 C_u>5	微差挤压爆破灰岩碎石
天池上库	118.4	4	40								开挖料和范家沟料场花岗岩
古洞口	117.6	5	40	2.20	19		300	15～35		连续级配	天然砂砾石
泗南江	115.0	4	40	2.18	≤20		300	6～21		连续级配	老虎山料场砂岩
金川	112.0	3	40		≤18		300	10～20	5～7	连续级配	料场厚、中厚层变质细砂岩
高塘	111.3	3	40	2.15	18.3		300	10～15	2	连续级配	人工轧制小石或洞挖料新鲜坚硬花岗岩
察汗乌苏	110.0	3～13.6	40	2.20	19		300	15～25	<5	连续级配	洞渣料：天然砂砾料=6：4 掺配
那兰	109.0	4	40	2.20		$>10^{-1}$	300	>15*	≤3**	连续级配	特殊爆破选用开挖料、下游主堆石为砂砾石

续表

坝　名	坝高 (m)	过渡区宽度 (m)	填筑层厚 (cm)	填筑干密度 (g/cm^3)	填筑孔隙率 (%)	渗透系数或特性 (cm/s)	过渡料级配				过渡料来源
							最大粒径 (mm)	<5mm颗粒含量 (%)	<0.1mm颗粒含量 (%)	不均匀系数 C_u 或级配	
茄子山	106.1	4	40	2.10	20.2		300		4	连续级配	选择性装料二云花岗岩料场开挖料
鱼跳	106.0	4	40	2.12		10^{-1}	200～300	16～32		连续级配	微风化—新鲜砂岩料场开挖料，实测 $\rho_d=2.09\sim2.25g/cm^3$
柴石滩	101.8	4	40	2.25	20.5	实测 4×10^{-2}	300			连续级配	料场开采白云岩碎石，实测 $\rho_d=2.33g/cm^3$
白水坑	101.3	4	40		≤20		300			连续级配 $C_u>6$	人工轧制碎石（熔结凝灰岩）
泰安上库	100.0	4	40	2.14	19	$\geqslant10^{-2}$	300	8～28	<2	连续级配 $C_u>15$	洞挖新鲜石料和库盆爆破开挖料
万安溪	93.8	3	40	2.15	17		300	5			中粗粒花岗岩
大桥	93.0	5	50	2.28	$D_r\geqslant0.85$	$10^{-2}\sim10^{-3}$	250	17.6～27.5	1.2～5.5	连续级配	河床天然砂砾石 $C_u=103.7$
大坳	90.2	4	50	2.14	20	自由排水	300	7～20	≤3	连续级配	新鲜坚硬洞挖料（砂砾岩、砂岩）和河床砂砾石
三插溪	88.8	3.5	40		≤22		300		≤4	连续良好级配	人工轧制熔结凝灰岩碎石 $C_u>11$
天荒坪下库	87.2	5	40	2.06	22		400			连续级配	洞挖料
英川	87.0	4	40		≤21		300		≤6***	$C_u>11$	花岗闪长斑岩轧制碎石
小山	86.3		40	2.14	22		200～300			连续良好级配 $C_u>20$	安山岩和玄武岩混合料
东津	85.5	4	40	2.11	21	$(4\sim5)\times10^{-1}$	375			连续级配	爆破硅质砂岩
花山	80.8	4	40	2.10	20		300		2	连续良好级配	新鲜微风化花岗岩
松山	80.8	3		2.14	21		150～300			$C_u>20$	新鲜安山岩碎石

注　1. * <100mm颗粒含量； ** <1mm颗粒含量； *** <0.075mm颗粒含量。

2. 巴贡水电站位于马来西亚，由我国承建。

从表 2.3-9 可以看出，我国中、高面板堆石坝过渡区（3A）具有下列共同特性：

（1）过渡区大多采用水平宽度为 4m 等宽布置，部分过渡区是上窄下宽，顶宽 3～4m，底宽 5～6m，有的底宽 11～15m。高面板堆石坝过渡区宽度较宽，一般为 5～6m 等宽，有的是顶宽 4m，底宽 11m（洪家渡），有的是顶宽 5m，底宽 6m（天生桥一级）。

（2）过渡料的填筑标准都控制在孔隙率 18%～22%，与规范要求一致，近期建造或在建的面板堆石坝，过渡料填筑标准有所提高，孔隙率控制在 17%～20%。

（3）过渡料填筑层厚与垫层料相同，垫层区与过渡区同时铺料碾压。

（4）过渡料最大粒径大多是 300mm，个别工程是 200～400mm。

（5）过渡料颗粒级配连续良好，与垫层料的层间关系符合太沙基经验公式的要求；过渡料中粒径 0.075～2mm 的含量即含砂量 5%～15%，有利于对垫层料起反滤保护作用，也有利于过渡料的透水性。

（6）过渡料的渗透系数大多为 10^{-1}～10^{-2}cm/s，比垫层料渗透系数大 1～2 个数量级，个别工程渗透系数为 1～10^{-2}cm/s，或 10^{-2}～10^{-3}cm/s，但是仍然比垫层料渗透系数大 1 个数量级或比主堆石料渗透系数小 1 个数量级。

（7）过渡料主要有两种：一种是新鲜坚硬的洞挖料或爆破料，个别工程采用人工轧制碎石料；另一种是天然砂砾石料。

2.3.5 主堆石区设计

2.3.5.1 主堆石区的设计原则

主堆石区位于坝轴线及其上游，是坝体最高部位，也是坝体应力最大的部位。主堆石区（上游堆石区，3B）与下游堆石区（3C）一起，是重力式坝体承载的主体，也是大坝费用的主体，对整个坝体的技术经济合理性有至关重要的作用。

主堆石区的基本要求是变形小、与相邻区变形协调并满足水力过渡和渗透稳定要求。

主堆石区设计的基本原则是料源平衡原则、变形协调原则和水力过渡原则。

1. 料源平衡原则

主堆石区和下游堆石区是面板堆石坝的主体，其费用也是面板堆石坝投资的主要组成部分，因此，主堆石区的设计对于面板堆石坝的安全和技术经济合理性是至关重要的。主堆石区与下游堆石区的分界线，即坝体分区，以及主堆石料的设计应根据料场料源和建筑物开挖料的工程特性和数量，在保证面板堆石坝安全的前提下，按充分利用各种料源的原则经技术经济比较确定。

2. 变形协调原则

主堆石体的变形性状将影响到过渡区、垫层区和面板的变形性状乃至面板的应力状态，因此，主堆石料应尽量选用抗剪强度高、压实特性好，特别是变形模量高的筑坝材料。

对于 100m 级的面板堆石坝，由于现代碾压技术已足以使碾压后的堆石体变形控制在接缝止水所能适应的范围内，因而主堆石区的分区基本可以按料源决定原则进行设计。但是对于超过 100m 级的高面板堆石坝，主堆石区与下游堆石区的分界线、主堆石料和下游堆石料的特性要求和填筑标准应根据变形协调原则经技术经济比较确定，以避免垫层区裂缝、面板脱空与裂缝以及面板挤压破坏，影响面板堆石坝的安全。

3. 水力过渡原则

水力过渡原则是面板堆石坝坝体分区自上游向下游渗透能力逐渐加大，各区内部不发生渗透变形破坏。

主堆石料应选用渗透性（排水性）好的堆石料。坝体各区筑坝材料的渗透系数从上游向下游逐渐增大，而下游堆石区的填筑材料可能是软岩堆石料或比主堆石区填筑材料较为风化的堆石料，因而主堆石区和下游堆石区的下游水位以下部位的渗透系数一般应比过渡区高 1～2 个数量级，这样才能使得面板堆石坝的主体——主堆石区与下游堆石区处于非饱和状态，抗剪强度高，保证面板堆石坝的稳定安全。

因此新修编的规范（SL 228—2013、DL/T 5016—2011）规定：高坝宜用硬岩料填筑主堆石区，压实后应具有自由排水性能、较高的抗剪强度和较低的压缩性，压实后宜有良好的颗粒级配，最大粒径应不超过压实层厚度，小于 5mm 颗粒含量不宜超过 20%，小于 0.075mm 颗粒含量不宜超过 5%。

当用软质岩堆石料用作中低坝上游堆石区，其渗透性不能满足排水要求时，应在坝内上游设置竖向排水区、沿底部设置水平排水区。排水区的排水能力应满足自由排水要求，必要时竖向排水区上游侧可设反滤层。排水区的坝料应坚硬，抗风化能力强。

2.3.5.2 主堆石区设计的经验

我国中、高面板堆石坝主堆石区主要特性统计列于表 2.3-10。

从表 2.3-10 可以看出坝体分区有三种形式，分别是：硬岩堆石坝体分区（水布垭、三板溪、洪家渡、天生桥一级、紫坪铺、九甸峡、引子渡等面板堆石坝）、砂砾石坝体分区（吉林台一级、乌鲁瓦提、黑

表 2.3-10 我国中、高面板堆石坝主堆石区主要特性

坝名	坝高（m）	主堆石区范围		填筑层厚（cm）	填筑干密度（g/cm³）	填筑孔隙率（%）	渗透系数或特性（cm/s）	主堆石料级配				主堆石料来源
		与下游堆石区分界线	全断面主堆石料高度（m）					最大粒径（mm）	<5mm含量（%）	<0.1mm含量（%）	不均匀系数 C_u	
水布垭	233.0	向下游 1∶0.2	25	80	2.18	19.6		800		<5		料场与建筑物开挖茅口组灰岩料
猴子岩	223.5	向下游 1∶0.5	43	80	2.18	≤19		800				桃花沟料场变质灰岩
江坪河	219.0	向下游 1∶0.5		80	2.20	18.8（17.6～19.7）		800	<20	<5	$C_c=1\sim3$ $C_u>5$	冰碛砾岩和灰岩（饱和抗压强度>60MPa）
叶巴滩	213.0	向下游 1∶0.5	43	80		≤21	自由排水	800	5～15	0～5	连续级配	花岗岩爆破料
巴贡	205.0	向下游 1∶0.2	30.4	80	2.22	≤20		800		≤5		轻风化—新鲜杂砂岩高程80.00m以上页岩<10%，高程80.00m以下页岩<5%
三板溪	185.5	向下游 1∶0.25	23	80	2.17	19.3	3～10	600～800	5～20	<5	级配良好	八洋河料场或建筑物开挖新鲜—弱风化凝灰质砂板岩
洪家渡	179.5	向下游 1∶0.5	22.7	80	2.18	20		500～800	5～20	0～5*		料场爆破开挖灰岩料
天生桥一级	178.0	坝轴线	17.3	80	2.10	22.0	3～10	800	<20	<5		溢洪道开挖灰岩料，<25mm含量<40%
溧阳上库	165.0	向下游 1∶0.4	4	80	2.18	≤20	10^{-1}	800	20	≤5		下库开挖弱风化—新鲜凝灰岩、安山岩
大柳树	163.5	向下游 1∶0.2	19	80			10^{-1}	600	10	<5		
滩坑	162.0			80	2.12	20.0		800		<5		新鲜、微风化建筑物开挖火山集块岩
紫坪铺	156.0	向下游 1∶0.5	19.5	80～100	2.16	22	2.1	800				尖尖山料场灰岩料
吉林台一级	157.0			80	$D_r\geqslant0.85$	22～24	$10^{-2}\sim10^{-3}$	400	13～35			C2料场砂砾石料
马鹿塘二期	154.0	向下游 1∶0.25	20	80	2.18	18.4		800	4～20	<5	连续级配	花山料场花岗质黑云混合片麻岩爆破料

续表

坝名	坝高(m)	主堆石区范围		填筑层厚(cm)	填筑干密度(g/cm³)	填筑孔隙率(%)	渗透系数或特性(cm/s)	主堆石料级配				主堆石料来源
		与下游堆石区分界线	全断面主堆石料高度(m)					最大粒径(mm)	<5mm含量(%)	<0.1mm含量(%)	不均匀系数 C_u	
董箐	150.0	向下游 1∶0.5		80	2.19	19.41		400～600	4～20	<4	$C_c=2.0$ $C_u=43.1$	砂岩夹泥岩（饱和抗压强度>60MPa）
瓦屋山	138.8	向下游 1∶0.5	45	80	2.16(砂岩) 2.25(白云岩)		$>10^{-1}$	600～800	10～20(砂岩) 5～15(白云岩)			将军岩料场弱风化—新鲜砂岩和磨子上料场弱风化—新鲜白云岩
宜兴上库	138.0	高程426.50m以上主堆石区	高程426.50m以下增模区	80	(实际2.13) 2.09	(实际20.5) ≤20	10^{-1}	800				库盆开挖石英砂岩夹泥质粉砂岩和粉砂质泥岩，泥岩含量<10%
九甸峡	136.5	向下游 1∶0.6	25.1	80	2.20	17.3	10^{-1}	600	10～20	0～5*	连续级配	
乌鲁瓦提	133.0			80～100	2.29	$D_r=0.85$		600				C4～C5料场砂砾石料
珊溪	132.5			80	2.104	20		800				料场开采和建筑物开挖新鲜、微风化流纹斑岩
公伯峡	132.2	向下游 1∶0.6	10.5	3B1－1 80	2.15	20	$>10^{-1}$	800	<8	<5		主堆石区分为3个区：3B1－1为强透水区，顶宽6m，底宽12m，水平透水体高6m，料场开采的微、弱和强风化下部花岗岩＋30%微、弱化片岩。3B1－2为1∶1.3与1∶0.8之间的斜楔形区，为建筑物开挖料的微、弱和强风化下部花岗岩＋30%微、弱风化片岩。3B2为向上游1∶0.8与向下游1∶0.6之间的梯形区，顶宽2.9m，为砂砾石开挖料
				3B1－2 80	2.15	20		800	<20	<5		
				3B2 60	$D_r \geq 0.8$	20		450	15～40	<7		
引子渡	129.5	向下游 1∶0.5	18	80	2.15	20		80	<20	<8*		溢洪道开挖灰岩料
肯斯瓦特	129.4			60	$D_r \geq 0.85$			400		<5		C2料场砂砾石料

续表

坝名	坝高(m)	主堆石区范围		填筑层厚(cm)	填筑干密度(g/cm³)	填筑孔隙率(%)	渗透系数或特性(cm/s)	主堆石料级配				主堆石料来源
		与下游堆石区分界线	全断面主堆石料高度(m)					最大粒径(mm)	<5mm含量(%)	<0.1mm含量(%)	不均匀系数C_u	
吉音	124.5	向下游1∶0.25	29	80		22	10^{-2}～10^{-3}	600				P2料场爆破料
白溪	124.4	向下游1∶0.2	8.38	80		20		上游面300，800	<20			溢洪道开挖料新鲜、微风化熔结凝灰岩
黑泉	123.5			60	D_r=0.80		10^{-2}～10^{-3}	500	15～25	<10		上游河床砂砾石料
芹山	122.0	向下游1∶0.5	15	80	2.05	22		600	0.3～10		连续级配	料场开采新鲜、微风化晶屑凝灰岩
白云	120.0	向下游1∶0.2	10	80	2.10	22		600		3～5	连续级配C_u>15	料场开采新鲜、微风化灰岩料
天池上库	118.4	向下游1∶0.25	9.6	80								开挖料和范家沟料场开采花岗岩
古洞口	117.6	向下游1∶0.8	5	80	2.20	20		600	10～30			下游河床天然砂砾石，排水体主堆石料采用灰岩爆破料
泗南江	115.0	向下游1∶0.7	27	80	2.12	≤22		800	<18	<0.2mm <5		老虎山料场砂岩
金川	112.0	向下游1∶0.3	14	80		≤20	≥10^{-1}	800	<20	<5		开挖料或石家沟料场中厚层—厚层变质细砂岩
高塘	111.3	向下游1∶0.2	10	80	2.10	20.2		600	5～10	2	级配良好	料场或建筑物开挖新鲜花岗岩
察汗乌苏	110.0	向下游1∶1.0		80	2.24 D_r≥0.90	17						C1料场天然砂卵砾石
那兰	109.0			80	2.25 D_r=0.89			600	≤40	<5		天然砂砾石料，级配不连续，含砂量（<5mm颗粒含量）20%～75%
茄子山	106.1	向下游1∶0.2	16.5	80	2.07	21.3		800			级配良好	料场开采新鲜、微、弱风化花岗岩
鱼跳	106.0	向下游1∶0.25	28.5	100	2.05		10^{-1}	800	<20	<10*	级配连续C_u>15	料场开采新鲜、微、弱风化砂岩
柴石滩	101.8	向下游1∶0.5	8.3	80	2.20	23.3		600				料场开采微、弱风化白云岩

续表

坝名	坝高 (m)	主堆石区范围		填筑层厚 (cm)	填筑干密度 (g/cm³)	填筑孔隙率 (%)	渗透系数或特性 (cm/s)	主堆石料级配				主堆石料来源
		与下游堆石区分界线	全断面主堆石料高度 (m)					最大粒径 (mm)	<5mm 含量 (%)	<0.1mm 含量 (%)	不均匀系数 C_u	
白水坑	101.3		21.3	80	2.10	22		600		≤5	级配良好 $C_u \geq 8$	料场开采和洞挖溶结凝灰岩
泰安上库	100.0	向下游 1∶0.5	21	80	2.11	20		800	≤20	≤5	连续级配	库盆开挖弱、微风化和强风化下部花岗岩、斑纹状混合岩
西北口	95.0	向下游 1∶0.25	0	80	2.15	23		600				炭质灰岩和白云质灰岩
万安溪	93.8	向下游 1∶0.25			2.10	19		600				中粗粒花岗岩
大桥	93.0	向下游 1∶0.5	32	100	2.16	21.7	$1\sim10^{-1}$	800	(实际 2～17) 5～10	<5	25	料场开采闪长岩、花岗岩料
大坳	90.2	向下游 1∶0.5	7.7	100	2.12	21		800				建筑物开挖料和料场软岩料、微、弱风化泥钙质胶结的泥岩、砂岩
三插溪	88.8	向下游 1∶0.2	8	80		≤23		600		≤5	≥8	料场和溢洪道开挖凝灰岩
陡岭子	88.5	向下游 1∶0.5	0	60	2.20	19	10^{-1}	600	15～27			河床砂砾石料
天荒坪下库	87.2	向下游 1∶0.1	8.5	80	2.00	23		800				弱风化熔结凝灰岩、花岗斑岩洞渣料
英川	87.0	向下游 1∶0.2	5.5	80		≤23		600		≤5*	≥8	料场和溢洪道开挖花岗岩闪长斑岩
小山	86.3	向下游 1∶0.2	3	80	2.09	24		500～600			>15	弱风化安山岩、玄武岩
东津	85.5	向上游 1∶0.5	7	80	2.10	21.3	2×10^{-1}	800	2～12			设计 $k=10$cm/s，微、弱风化硅质砂岩
花山	80.8	向下游 1∶0.5	7.3	80	2.05	22.1		600	5～8	<2		新鲜、微风化、少量弱风化花岗岩碎石
松山	80.8	向下游 3∶1	4.3		2.19	23		600	5～15	<5	>15	饱和抗压强度≥50MPa 安山岩碎石

注 1. * <0.075mm 颗粒含量。
2. 巴贡水电站位于马来西亚，由我国承建。

泉、古洞口、那兰、陡岭子等面板砂砾石坝）和软岩堆石坝体分区（公伯峡、鱼跳、大坳、株树桥等面板堆石坝）。

从表2.3-10还可以看出，已建面板堆石坝主堆石料压实标准是：坝高小于150m的主堆石料孔隙率控制在20%～24%，不小于150m的高坝主堆石料孔隙率控制在19%～23%，比原规范（SL 228—98、DL/T 5016—1999）要求略高。近期建造的和在建的面板堆石坝主堆石料压实标准有所提高，坝高小于150m的主堆石料孔隙率控制在20%～22%，不小于150m的高坝主堆石料孔隙率控制在18.5%～21%。

2.3.6 下游堆石区设计

2.3.6.1 下游堆石区的设计原则

下游堆石区与主堆石区一起共同保持坝体稳定。

面板堆石坝单独设置下游堆石区的目的是尽量利用坝址料场开挖料中较差的堆石料以及尽量利用建筑物的开挖料，尽量做到挖填平衡，在保证面板堆石坝安全的前提下降低工程造价和缩短工期，因而传统的下游堆石区设计理念是料源决定原则。随着筑坝高度增加，以及部分工程因不注重下游堆石区的设计，导致上下游坝体变形不协调引起面板出现大量裂缝，近期面板堆石坝下游堆石区的设计理念是料源决定原则和变形协调原则，高面板堆石坝更重视变形协调原则。

下游堆石区（或次堆石区或利用料区）应分为浸润线以上和以下两部分进行结构和材料设计。

对下游堆石区位于浸润线以下的部分，应采用能自由排水、抗风化能力较强的石料填筑。

对下游堆石区位于浸润线以上的部分，可不考虑水力过渡要求，但应满足变形协调要求。由于现代碾压技术的提高，现行面板堆石坝设计规范（SL 228—2013）规定："对150m以下的坝，下游水位以上部分，采用与主堆石区相同的材料时，可以适当降低压实标准；也可采用质量较差的堆石料。"

对150m以上的高坝，也可采用风化程度相对较重和颗粒级配较差的料，但应通过提高填筑标准，使坝体各区的变形模量相近，达到坝体变形协调。

软岩堆石料可用于坝轴线下游的干燥部位，但需要进行充分论证，且压实后其变形特性应和上游堆石区的变形特性相协调。

为了充分利用料场开挖料或建筑物开挖料中超径石或风化程度较重的堆石料，有些面板堆石坝的下游堆石区堆石料最大粒径较大，填筑层较厚。

2.3.6.2 下游堆石区设计的经验

我国中、高面板堆石坝下游堆石区主要特性见表2.3-11。

从表2.3-11可以看出我国中、高面板堆石坝下游堆石区具有下列共同特性：

（1）早期面板堆石坝的下游堆石料粒径较大，最大粒径大多在1000～1200mm，有的坝最大粒径达到1600mm，以尽量利用料场开挖料或建筑物开挖料中超径石。为了使下游堆石区填筑密度和变形模量较高，洪家渡面板坝工程还采用了冲碾压实技术，但是较早建造的高面板堆石坝下游堆石区填筑标准相对较低。

（2）早期建成的面板堆石坝下游堆石料压实标准控制在孔隙率22%～26%。总结分析天生桥一级面板堆石坝面板脱空、裂缝和挤压破坏的原因以后，重视下游堆石区与主堆石区的变形协调，下游堆石料的压实标准得到提高。近期建造的和在建的中、高面板堆石坝下游堆石区孔隙率控制在19%～22%，坝高不小于150m高坝的下游堆石区孔隙率控制在18%～20%。

（3）早期面板堆石坝的下游堆石区填筑层厚大多是120cm，约占40%，最厚达150～160cm；但用软岩堆石料，下游堆石区的填筑层厚较薄，大多是60～80cm。

（4）部分工程下游堆石料对颗粒级配有明确要求，约占60%。

（5）下游堆石区位置的共同点是：

1）下游堆石区顶面高程比面板坝坝顶高程低数米至数十米；与主堆石区的分界线在坝轴线下游侧，一般为向下游1∶0.2～1∶0.5；部分工程下游堆石料较差，分界线为向下游1∶1～1∶1.5。

2）在下游堆石区的底部都有一层渗透系数大的堆石料，层厚6～44m，多以高出下游水位为准。

3）为了充分利用料场或建筑物开挖料，尽量做到挖填平衡，下游堆石区的料源、种类和数量各不相同，下游堆石区的形状与位置也各不相同。

2.3.7 排水区设计

2.3.7.1 排水区的设计原则

渗流安全是面板堆石坝的关键之一，排水区的设计原则是使堆石坝的主体处于非饱和状态，排水体应有足够的排水能力。现行规范（SL 228—2013）明确规定："对渗透性不满足自由排水要求的砂砾石、软岩坝体，应在坝体上游区内设置竖向排水区，并与坝底水平排水区连接，将可能的渗水排至坝外，保持下游区坝体的干燥。"

竖向排水区也可与过渡区结合。竖向排水区的顶部高程宜高于水库正常蓄水位，排水区的排水能力应

表 2.3-11　我国中、高面板堆石坝下游堆石区主要特性

坝名	坝高(m)	下游堆石区范围				填筑层厚(cm)	填筑干密度(g/cm³)	填筑孔隙率(%)	渗透系数(cm/s)	下游堆石料级配				下游堆石料来源
		上游边坡	次堆石区		底部堆石区厚度(m)					最大粒径(mm)	＜5mm含量(%)	＜0.1mm含量(%)	颗粒级配	
			顶面高程(m)	底面高程(m)										
水布垭	233.0	向下游 1∶0.2	380.00	225.00	约30	80	2.15	20.7		800		＜5		建筑物开挖料、栖霞组灰岩料
猴子岩	223.5	向下游 1∶0.5	1801.00	1654.00	＞25	80	2.25和2.18	≤19						建筑物明挖料和桃花沟料场变质灰岩
江坪河	219.0	向下游 1∶0.2	460.00	312.00		80		19.7		800		＜5	$C_c=1\sim3$ $C_u>5$	冰碛砾岩和灰岩(＞50MPa)，高程312.00m以下为冰碛砾岩
叶巴滩	213.0	向下游 1∶0.5	2848.50	2765.50	＞28	80		≤21			20	＜5		建筑物开挖料花岗岩
巴贡	205.0	向下游 1∶0.2	200.00	51.80	＞15	80	2.22	≤20		800		≤5		建筑物开挖料和料场轻风化—新鲜杂砂岩∶页岩=7∶3混合料
洪家渡	179.5	向下游 1∶0.5	1120.00	1010.00	约40	120～160	2.12～2.18	20～22		500～1600	5～28	0～10	不严格要求	料场爆破和建筑物开挖灰岩
天生桥一级	178.0	坝轴线	770.00	660.00	约44	80	2.15	22～24	＞10^{-2}	800		＜8		建筑物开挖砂泥岩混合料
溧阳上库	165.0	向下游 1∶0.4	284.50	210.00	高程210.00m以下	80	2.15	≤20		800	20	≤5		高程210.00m以下同主堆石料，高程210.00m以上为强风化中下部库盆开挖凝灰岩和安山岩
滩坑	162.0	向下游 1∶1	150.50	54.00	约20	120	2.06	22		1200		＜5		新鲜、微风化和部分弱风化火山集块岩，软、硬质胶结物＜20%
紫坪铺	156.0	向下游 1∶0.5	854.00	759.00	约10	100	2.30(砂砾石) 2.15(灰岩)	22～24		1000				下游坡1∶1.3与坝下游坡1∶1.4之间为下游主堆石区，次堆石区为河床砂砾石料和尖尖山料场可用灰岩料

续表

坝名	坝高（m）	下游堆石区范围				填筑层厚（cm）	填筑干密度（g/cm³）	填筑孔隙率（%）	渗透系数（cm/s）	下游堆石料级配				下游堆石料来源
		上游边坡	次堆石区		底部堆石区厚度（m）					最大粒径（mm）	<5mm含量（%）	<0.1mm含量（%）	颗粒级配	
			顶面高程（m）	底面高程（m）										
吉林台一级	157.0	向下游 1∶0.5	1385.00	约1280.00	—	80		≤23		800				下游坝坡面块石压重区的内侧为次堆石区，P1料场爆破料和建筑物开挖料
马鹿塘二期	154.0	向下游 1∶0.25	609.50	坝基	20	80～120	2.15	20.6		400～1200	5～33	<7	连续级配	花山料场弱风化—新鲜花岗质黑云混合片麻岩爆破料
董箐	150.0	向下游 1∶0.24	470.00	405.00	高程405.00m以下	80		19.41		600～1000				砂岩夹泥岩（>20MPa）
瓦屋山	138.8	向下游 1∶0.5	1035.00	1005.00	高程1005.00m以下	80～100	2.16		10^{-1}	800	10～20	<3		将军岩料场弱风化—新鲜砂岩爆破料
宜兴上库	138.0		无次堆石区		高程426.50m以下增模区	60	（实际2.23）2.14	（实际16.2）≤20	10^{-1}	600				增模区同主堆石料
九甸峡	136.5	向下游 1∶0.25	455.00	340.00	18	80	2.20	19.1		800				料场或建筑开挖新鲜—强风化下部凝灰质砂板岩
乌鲁瓦提	133.0	坝轴线	1963.50	1862.00	约10	80（石渣） 120～100（砂砾石）	$n<18\%$，$\rho_d=2.29$ $D_r\geq 0.80$ $\rho_d=2.27$							高程1950.00～1900.00m，向下游1∶0.2与1∶1.5之间为石渣区，次堆石为C4～C5料场砂砾石
黑泉	123.5	向下游 1∶1.2	2894.50	2800.00	约5.5	120		≤24		800	5～15			建筑物开挖堆石和石渣料
珊溪	132.5	向下游 1∶1	135.00	57.00	约11	120	2.05	22		1200				建筑物与料场开挖料、新鲜、微风化、部分弱风化流纹斑岩
公伯峡	132.2	向下游 1∶0.6	1995.00	1906.00	约15	100		20		1000	<35	<8		建筑物开挖强风化花岗岩和弱风化片岩

续表

坝名	坝高（m）	下游堆石区范围				填筑层厚（cm）	填筑干密度（g/cm³）	填筑孔隙率（%）	渗透系数（cm/s）	下游堆石料级配				下游堆石料来源
		上游边坡	次堆石区		底部堆石区厚度（m）					最大粒径（mm）	<5mm含量（%）	<0.1mm含量（%）	颗粒级配	
			顶面高程（m）	底面高程（m）										
引子渡	129.5	向下游 1∶0.5	1070.00	1000.00	约20	80	2.13	21		800	≤20	<5		溢洪道与坝肩开挖料的灰岩、含泥质灰岩、泥灰岩与泥岩夹层
吉音	124.5	向下游 1∶0.25	2484.00	2424.00	约30	80		22～25		800				料场爆破料和建筑物开挖料
白溪	124.4	向下游 1∶1.25	165.00	87.00	约6	120	2.02	22		1200	<20			溢洪道开挖新鲜、微风化、部分弱风化熔结凝灰岩
芹山	122.0	向下游 1∶0.5	740.00	660.00	约10	120	2.00	23		1000				1号和3号料场表层爆破料和基础开挖弱风化料
白云	120.0	向下游 1∶0.2	535.00	455.00	约21	80	2.05			600～800				建筑物开挖弱风化砂岩、灰岩
古洞口	117.6	向下游 1∶0.8	325.00	260.00	约40	80	2.10	24		600	5～25			建筑物开挖料
泗南江	115.0	向下游 1∶0.7	875.00	820.00	高程820.00m以下	80，100	2.15	≤21		800～1000	<8	<0.2mm含量<5%		老虎山料场砂岩
金川	112.0	向下游 1∶0.3	2240.00	2165.00	>21	80		≤22		800	<40	<5		开挖料，极薄层—薄层变质细砂岩或炭质千枚岩
天池上库	118.4	向下游 1∶0.25	1055.00	970.00	高程970.00m以下									开挖料和范家沟料场花岗岩
高塘	111.3	向下游 1∶0.2	410.00	约318.00	0	120	2.05	23		800	5～8	2		料场或建筑物开挖花岗岩
察汗乌苏	110.0	向下游 1∶1.0	1646.50	1544.00	均是堆石区	80		23			<8			弱风化开挖石渣料，英安质凝灰岩、凝灰质砾岩、凝灰质粉砂岩及变质砂岩

续表

坝名	坝高(m)	下游堆石区范围				填筑层厚(cm)	填筑干密度(g/cm^3)	填筑孔隙率(%)	渗透系数(cm/s)	下游堆石料级配				下游堆石料来源
		上游边坡	次堆石区顶面高程(m)	次堆石区底面高程(m)	底部堆石区厚度(m)					最大粒径(mm)	<5mm含量(%)	<0.1mm含量(%)	颗粒级配	
茄子山	106.1	向下游1∶0.2	1800.00	约1735.00	5	160	2.00	24	强风化$>10^{-2}$，弱风化$>10^{-1}$	1600		<5		以向下游1∶1为界，上游侧为强风化花岗岩，下游侧为料场开采的新鲜、微、弱风化花岗岩
那兰	109.0	向下游1∶1.5	376.00	340.00	约18	80	2.20			600～800	≤15	≤8		弱风化以下砂岩、泥岩开挖料底部与下游坡为新、鲜、微、弱风化灰岩 $d_{max}=1200mm$，$\rho_d=2.18g/cm^3$，填筑层厚120cm，强透水 $k=1cm/s$
鱼跳	106.0	向下游1∶0.25	440.00	372.00～374.00	约15	150	2.00		10^{-1}	1200			基本连续$C_u>15$	新鲜、微风化+10%弱风化砂岩。高程440.00～390.00m，向下游1∶0.25～1∶1.2之间为利用料区，可混入泥岩
柴石滩	101.8	向下游1∶0.5	1638.00	1570.00	约20	120	2.10	25		1000				建筑物开挖料，白云岩和砂岩
白水坑	101.3	向下游1∶1.2	330.00	272.00	11	80	2.05	24		800		≤5	有级配要求	深孔梯段爆破开采熔结凝灰岩
泰安上库	100.0	向下游1∶0.5	390.00	325.00	约20	120	2.00	25		1200	<20	<5		库盆开挖强风化混合花岗岩
西北口	95.0	向下游1∶0.25	326.27	245.80	0.8m厚过渡料	80	2.10	25		600				炭质灰岩和白云质灰岩
万安溪	93.8	向下游1∶0.25	340.00	300.00	16		2.10	21						中粗粒花岗岩、饱和抗压强度≥30MPa

续表

坝名	坝高(m)	下游堆石区范围				填筑层厚(cm)	填筑干密度(g/cm³)	填筑孔隙率(%)	渗透系数(cm/s)	下游堆石料级配				下游堆石料来源
		上游边坡	次堆石区		底部堆石区厚度(m)					最大粒径(mm)	<5mm含量(%)	<0.1mm含量(%)	颗粒级配	
			顶面高程(m)	底面高程(m)										
大桥	93.0	向下游1∶0.5	1992.00	1953.00	17	100	2.10	25		1000				建筑物开挖料、洞渣料
大坳	90.2	向下游1∶0.5	210.00	144.00	约14	100	2.04	24		800				料场和建筑物开挖泥钙质泥岩、砂岩料
三插溪	88.8	向下游1∶0.2	332.00	257.60	0	80		≤25		800		≤5		料场与建筑物开挖凝灰岩
陡岭子	88.5	向下游1∶0.5	271.00	199.60	水平排水层4	80	2.15	22	10^{-2}	600	10～15			料场爆破料大理岩和白云岩
天荒坪下库	87.2	向下游1∶0.1	340.00		0	160	1.98	25		1600				熔结凝灰岩、花岗斑岩开挖料
英川	87.0	向下游1∶0.2	550.00	约477.00	0	80		25		800		≤5		料场和溢洪道开挖花岗闪长斑岩
小山	86.3	向下游1∶0.2	680.44	603.00	0	120	2.04	26		500～1000		>10		安山岩、玄武岩
东津	85.5	向下游1∶0.5	190.00	126.00	约5	100～160	2.00～2.03	25		600～1000	<20	<5		Ⅱ区为强、弱风化硅质砂岩混合料，3D区为溢洪道开挖料、较细
花山	80.8	向下游1∶0.5	240.00	175.00	0	120	2.02	23.2			5～8	<2		新鲜、微风化、部分弱风化花岗岩
松山	80.8	向下游3∶1	708.50	638.40	0		1.99	25		800	<20	<8	C_u>10	饱和抗压强度≥40MPa安山岩碎石
株树桥	78.0	高程150.00m以上向上游1∶0.5；以下向下游1∶0.5	162.50	110.50	约10.5	80	上部2.00 下部2.05			600				高程125.00m以下14.5m为风化板岩，高程125.00m以下37.5m为强风化板岩

注 巴贡水电站位于马来西亚，由我国承建。

满足自由排水要求。

排水区应选用坚硬、软化系数高、耐风化和耐溶蚀的堆石料或砾石料，小于0.075mm的颗粒含量不超过5%，压实后具有良好的排水能力。必要时可设置下游坝趾大块石棱体，起到反滤排水作用。

排水区与相邻坝体分区之间应设置反滤层，以保护排水区不被淤堵。若层间关系满足反滤准则可不设反滤层，但需专门论证。

2.3.7.2 排水区的型式和特性

1. L形排水体

吉林台一级、乌鲁瓦提、黑泉和那兰等面板砂砾石坝设置了L形排水体，分别如图2.3-10、图2.3-11、图2.3-21所示。有的L形排水体有一段垂直的排水体，如吉林台一级坝垂直排水体水平宽度5m、乌鲁瓦提坝垂直排水体水平宽度3m；有的L形排水体还有一段是倾向下游的斜排水体，如黑泉坝。有的水平排水体是数条水平排水带，如乌鲁瓦提坝水平排水体是等间距布置的4条宽10m、厚4m、纵坡1%的排水带。察汗乌苏坝水平排水体是5条宽10m、厚4m的排水带。

L形排水体布置、尺寸和排水体材料的主要特性见表2.3-12。

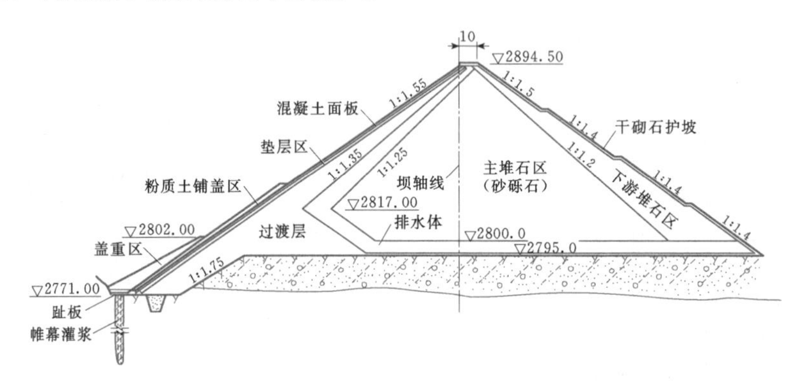

图2.3-21 黑泉面板砂砾石坝剖面图（单位：m）

表2.3-12 排水体主要特性

坝名	坝高(m)	排水体			排水体料源
		上游斜排水体		底部水平排水体厚度(m)	
		上游坡	水平宽度(m)		
吉林台一级	157.0	1∶1.3	5	5	C2料筛分砂砾石料，粒径5～80mm，D_r≥0.85
乌鲁瓦提	133.0	1∶1.0	4	4	筛分砂砾石料，粒径10～200mm，D_r≥0.85，ρ_d≥2.19g/cm^3
肯斯瓦特	129.4	1∶1.3	5	5	筛分砂砾石料，D_r≥0.85，k=2.6×10^{-1}cm/s
黑泉	123.5	1∶1.35	3～11.6	5	筛分砂砾石料或洞渣料，粒径25～300mm，n≤24%，ρ_d≥2.0g/cm^3，k>10^{-1}cm/s
古洞口	117.6	1∶1.2	3～17	7.5	爆破灰岩料，d_{max}=600mm，<5mm含量5%～15%，<0.1mm含量<3%，ρ_d=2.13g/cm^3
察汗乌苏	110.0	1∶1	3	4	筛分砂砾石料，粒径20～80mm，D_r≥0.90
那兰	109.0	1∶1.5	4	6	白云质灰岩爆破料d_{max}=300mm，<5mm含量<10%，最小粒径0.1mm，ρ_d≥2.20g/cm^3，k≥1cm/s
陡岭子	88.5	1∶1.0	5	4	上游斜排水体为筛分砂砾石料，粒径5～150mm，ρ_d≥2.15g/cm^3，k≥9×10^{-1}cm/s；水平排水体为大理岩和白云岩爆破碎石料，d_{max}=600mm，<5mm含量5%～10%，ρ_d≥2.2g/cm^3，k≥0.1cm/s
中葛根	77.6	1∶1	2.5	2.5	筛分砂砾石料

续表

坝名	坝高(m)	排水体			排水体料源
		上游斜排水体		底部水平排水体厚度(m)	
		上游坡	水平宽度(m)		
下天吉一期	71.5	1∶1	4	4	筛分砂砾石料，分两层，第一层粒径20～80mm，第二层粒径80～200mm，$k>10^{-1}$cm/s
白杨镇	66.5	1∶0.5	3	3	筛分砂砾石料，粒径10～300mm，$n=25\%\sim28\%$，$k>10^{-1}$cm/s
小石峡	61.3	1∶1	4	3	筛分砂砾石料，粒径5～80mm
汉坪嘴	58.0	1∶1	3～8	4	筛分砂砾石料，$d_{max}=300$mm，粒径5～50mm，$D_r\geqslant0.80$，$\rho_d\geqslant2.07$g/cm³；变质凝灰岩碎石料，$d_{max}=800$mm，<5mm含量<8%，$\rho_d\geqslant2.29$g/cm³，$n\leqslant22\%$
小干沟	55.0	1∶1.05	3～5	3	砂砾石料和人工碎石料，粒径5～150mm，$\rho_d\geqslant2.0$g/cm³，$k>10^{-1}$cm/s
两岔河	43.0	1∶1.5	3.6～6.0	4	河床砂砾石料，$d_{max}=400$mm，<5mm含量<15%，<0.1mm含量<1%，$\rho_d=2.1$g/cm³，$k\geqslant0.1$cm/s
丰宁	39.8	1∶1.6	2.5	2～3	砂砾石料，$d_{max}=150$mm，<5mm含量小于13%～21%，不含<0.1mm细颗粒，$\rho_d=2.05$g/cm³，$D_r\geqslant0.85$，$k\geqslant0.1$cm/s
查龙	39.0	1∶1.8	4	3	砂砾石料，剔除粒径<0.5mm细粒，$D_r\geqslant0.85$，$\rho_d\geqslant2.0$g/cm³，$k>10^{-1}$cm/s
白洋河	37.0	1∶1	2	2	砂砾石料，$d_{max}=375$mm，$k>10^{-1}\sim10^{-2}$cm/s
阿尔喀什①	162.8	1∶1	4	4	筛分砂砾石料，粒径5～150mm，$D_r\geqslant0.85$
吉尔格勒德①	102.5	1∶2	3～4	4	筛分砂砾石料，粒径5～80mm
卡拉贝利①	92.5	1∶1	4	3	筛分砂砾石料，粒径大于5mm

① 该坝正在设计中。

2. 其他型式排水体

当筑坝材料既有堆石料又有砂砾石料时，坝体分区采用了另一种分区形式，即主堆石料位于包在中间梯形的砂砾石料区的上游侧与底部，底部主堆石料的顶面高于下游水位，主堆石料构成排水体。滩坑、珊溪、白溪、白水坑等面板堆石坝采用了这种形式。滩坑面板堆石坝剖面图如图2.3-22所示。

那兰面板砂砾石坝设置两道水平排水体，底部水

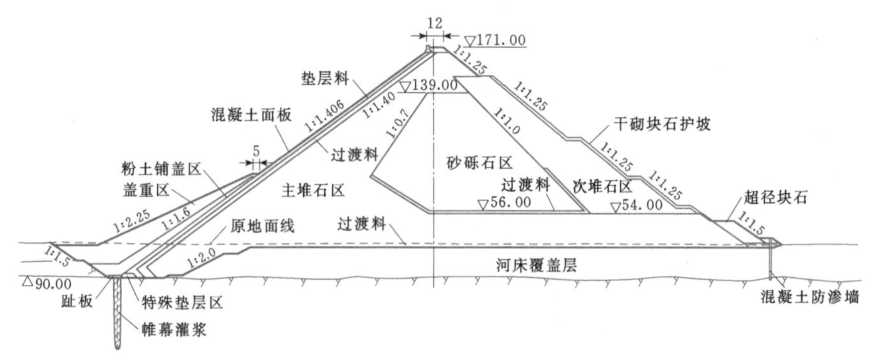

图2.3-22 滩坑面板坝剖面图（单位：m）

平排水体厚6m，用过渡料填筑；在中部高程380.00m又有一道宽12m、厚4m的水平排水体，用堆石料填筑，底部与岸坡水平排水体顶部设置1m厚垫层料和底部设置2m厚的垫层料包裹，中部水平排水体四周用1m厚垫层料和1m厚过渡料包裹。如图2.3-23所示。

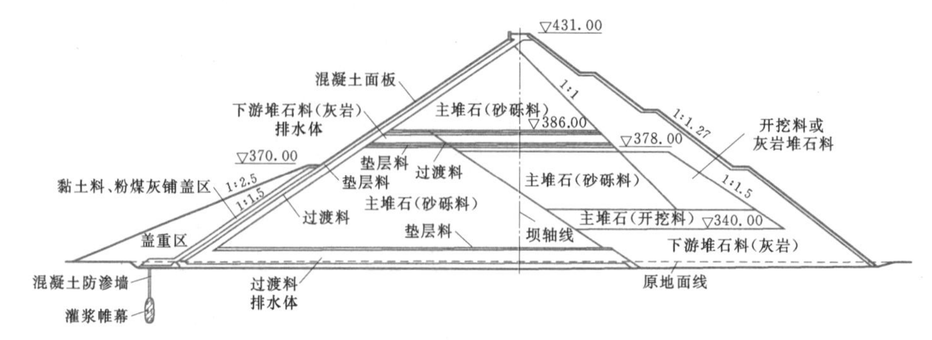

图 2.3-23 那兰砂砾石面板堆石坝剖面图（单位：m）

2.3.8 面板砂砾石坝设计

2.3.8.1 面板砂砾石坝的设计原则

天然砂砾石料颗粒组成的特点是：不能保证级配连续，甚至同一料场砂砾石的颗粒级配差异也很大，砂砾石料中粗细颗粒含量相差也大。

（1）若细粒含量较低，粗颗粒形成骨架，砂砾石料工程特性主要由粗颗粒来控制；在渗流作用下，即使细颗粒流失，砂砾石料的整体渗透稳定性仍较好，属于非发展性管涌。

（2）若细粒含量较高，细粒料参与骨架作用或成为骨架的主体时，砂砾石料工程特性则由粗、细粒料或细粒料来决定；在渗流作用下，细颗粒流失，会导致砂砾石料整体失去渗透稳定性，属于发展性管涌。

砂砾石料在卸料、铺填、碾压时容易发生分离，导致某些部位粗粒料集中，某些部位细粒料集中，颗粒级配严重偏离平均颗粒级配。

面板砂砾石坝的特点是主堆石区采用天然砂砾石料，甚至排水体（吉林台一级、乌鲁瓦提、黑泉坝）、过渡区（乌鲁瓦提、黑泉、古洞口坝）都采用筛分砂砾石料，而且垫层料也用砂砾石料与人工轧制碎石或砂来掺合配置。

面板砂砾石坝的渗流控制是关键，大坝设计要点是必须设置合理的排水区。排水区的技术要求和布置尺寸取决于砂砾石坝体渗流特性，包括砂砾石的颗粒组成、渗透系数和渗透变形特性。在设置排水区后应确保面板出现裂缝或止水结构破坏产生渗漏时砂砾石坝体仍处于非饱和状态，不发生渗流破坏，也不会因为砂砾石坝体饱和时抗剪强度的降低而发生抗滑稳定破坏。因而在面板砂砾石坝坝体分区设计，以及垫层区、过渡区、主堆石（砂砾石）区和排水体（砂砾石料）的选定时，应严格遵循水力过渡原则，保证各区之间的层间关系符合渗透稳定要求。同时，考虑到砂砾石料颗粒级配的差异性及砂砾石料施工时的分离，应严格控制各区（特别是垫层、过渡层和排水体）的颗粒级配、料源和填筑标准。

2.3.8.2 面板砂砾石坝设计的经验

乌鲁瓦提和黑泉混凝土面板砂砾石坝工程进行了高压大型渗透变形试验，试样直径1000mm，试样高度1200mm，最大工作压力1.0MPa，进行了垫层、过渡层、排水区和砂砾石主堆石区的层间渗透稳定性试验。

乌鲁瓦提面板砂砾石坝垫层料采用人工破碎砾石料、砂砾石料和河砂或人工砂的混合料，平均渗透系数10^{-3}cm/s，渗透比降达100以上。过渡料采用最大粒径200mm的河床天然砂砾石料，主堆石区和次堆石区都采用C4和C5料场砂砾石料，排水区采用粒径10～200mmC4料场砂砾石筛分料，压实标准均要求达到相对密度$D_r \geqslant 0.85$。

黑泉面板砂砾石坝垫层料采用砂砾石筛分料，最大粒径80mm，过渡料采用最大粒径300mm料场天然砂砾石料，排水区采用粒径25～400mm的寺塘料场砂砾石料。由于设置了合理的L形排水区，这两座混凝土面板砂砾石坝的坝体绝大部分都处于非饱和状态。乌鲁瓦提坝渗流监测结果表明砂砾石坝体的渗透压力只有(0.17～0.20)H(H为水头)，最大渗流量仅为2.46L/s，说明排水区工作正常。

我国已成功建设一批面板砂砾石坝。部分面板砂砾石坝主要特性见表2.3-13。

从表2.3-13可知各坝址的天然砂砾石料的颗粒级配和渗透系数变化范围较大，尤其是细粒含量相差较大，导致渗透系数变化在10^{-1}～10^{-2}cm/s之间，施

表 2.3-13　　部分面板砂砾石坝主堆石区砂砾石主要特性

坝名	坝高(m)	排水体上游主砂砾石区		排水体下游主砂砾石区		主堆石区砂砾石料源
		上游边坡	下游边坡	上游边坡	下游边坡	
吉林台一级	157.0	1∶1.7	向上游1∶1.3	向上游1∶1.3	向下游1∶0.5	C2料场砂砾石料，$d_{max}\leqslant$400mm，<5mm含量13%～35%，$k\geqslant10^{-2}\sim10^{-3}$cm/s，$D_r\geqslant$0.85
乌鲁瓦提	138.0	1∶1.6	向上游1∶1.0	向上游1∶1.0		C4～C5料场砂砾石料，$D_r\geqslant$0.85，$\rho_d\geqslant$2.29g/cm³
肯斯瓦特	129.4	1∶1.7	向上游1∶1.3	向上游1∶1.3	向下游1∶1.5	C2料场砂砾石料，d_{max}=400mm，<0.1mm含量<5%，$D_r\geqslant$0.85
黑泉	123.5	1∶1.55	向上游1∶1.35	向上游1∶1.25	向下游1∶1.2	含漂卵石较多的砂砾石料，d_{max}=600mm，>5mm含量75%左右，<0.1mm含量4%～7%，$D_r\geqslant$0.8
古洞口	117.6	1∶1.5	向上游1∶1.2	向上游1∶1.0	向下游1∶0.8	下游河床砂砾石料，d_{max}=600mm，<5mm含量10%～30%，ρ_d=2.20g/cm³
察汗乌苏	110.0	1∶1.4	向上游1∶1.0	向上游1∶1.0	向下游1∶1.0	天然砂砾石，$n\leqslant$17%，$D_r\geqslant$0.90，$\rho_d\geqslant$2.24g/cm³
那兰	109.0			向上游1∶1.5	向下游1∶1	下游河滩砂砾石料，d_{max}=600mm，<5mm含量<40%，<0.1mm含量<5%，ρ_d=2.25g/cm³
陡岭子	88.5	1∶1.5	向上游1∶1.0	向上游1∶1.0	向下游1∶0.5	河床砂砾石料d_{max}=600mm，<5mm含量15%～27%，ρ_d=2.20g/cm³
中葛根	77.6	1∶1.5	向上游1∶1	向上游1∶1	向下游1∶1	砂砾石料d_{max}=400mm，<5mm含量10%～20%，<0.075mm含量<5%，$D_r\geqslant$0.85
下天吉一期	71.5	1∶1.6	向上游1∶1	向上游1∶1	向下游1∶1.4	砂砾石料，$D_r\geqslant$0.85
白杨镇	66.5	1∶1.5	向上游1∶0.5	向上游1∶0.5	向下游1∶1.45	砂砾石料，<5mm含量<20%，其他同中葛根坝
小石峡	61.3	1∶1.5	向上游1∶1	向上游1∶1	向下游1∶1.6	砂砾石料，d_{max}=500mm，<0.1mm含量<5%，$D_r\geqslant$0.85
汉坪嘴	58.0	1∶1.55	向上游1∶1.0	向上游1∶0.9	向下游1∶0.5	天然砂砾料，d_{max}=600mm，$D_r\geqslant$0.80，$\rho_d\geqslant$2.12g/cm³
小干沟	55.0	1∶1.55	向上游1∶1.05	向上游1∶1.1	向下游1∶1.6	天然砂砾石，$d_{max}\leqslant$350mm，<5mm含量15%～35%，<0.1mm含量10%～15%，$n\leqslant$17%～19%，ρ_d=2.20g/cm³
两岔河	43.0			向上游1∶1.43	向下游1∶1.6	河床砂砾石，d_{max}=400mm，<5mm含量<20%，<0.1mm含量<5%，ρ_d=2.10g/cm³，$k\geqslant$0.1cm/s
丰宁	39.8			向上游1∶1.6	向下游1∶1.3	天然砂砾石，d_{max}=400mm，<5mm含量26%～43%，<0.1mm含量<5%，$D_r\geqslant$0.82，ρ_d=2.12g/cm³，$k\geqslant10^{-3}$cm/s

续表

坝名	坝高(m)	排水体上游主砂砾石区		排水体下游主砂砾石区		主堆石区砂砾石料源
		上游边坡	下游边坡	上游边坡	下游边坡	
查龙	39.0			向上游 1∶1.8	向下游 1∶1.8	天然砂砾石，<5mm 含量 16%～35%，<0.1mm 含量<5%，$D_r \geqslant 0.8$，ρ_d = 2.20g/cm³，$k=10^{-2}\sim10^{-3}$cm/s
白洋河	37.0	1∶1.7	向上游 1∶1.0	向上游 1∶1.0	向下游 1∶1.5	天然砂砾石，$d_{max} \leqslant$ 600mm，<5mm 含量 10%，<0.1mm 含量<8.8%，孔隙率 $n \leqslant 15\%\sim20\%$，ρ_d=2.26g/cm³
槽鱼滩	16.0			向上游 1∶1.6	向下游 1∶1.5	河床砂砾石，d_{max}=400mm，<0.1mm 含量<10%，ρ_d=2.10g/cm³
阿尔喀什①	162.8	1∶1.8	向上游 1∶1.0	向上游 1∶1.0	向下游 1∶0.5	C2～C6 料场砂砾石料，d_{max}=500mm，<0.1mm 含量<5%，$D_r \geqslant 0.85$
吉尔格勒德①	102.5	1∶1.6	向上游 1∶1.0	向上游 1∶1.0	向下游 1∶1.5	C2～C4 料场砂砾石料，d_{max}=500mm，<0.1mm 含量<5%，$k=10^{-2}\sim10^{-3}$ cm/s，$D_r \geqslant 0.85$
卡拉贝利①	92.5	1∶1.7	向上游 1∶1.0	向上游 1∶1.0	向下游 1∶1.8	砂砾石料，d_{max}=500mm，$D_r \geqslant 0.85$

① 设计中。

工时砂砾石料容易产生粗细颗粒分离。砂砾石料比堆石料容易受到冲蚀，因此面板砂砾石坝设计的关键是确保其渗流安全。

阿瓜密尔帕、萨尔瓦琴娜、乌鲁瓦提、圣塔扬那、那兰、帕克拉罗、原沟后、小干沟等坝的砂砾石料颗粒级配见图 2.3-24，可以看出砂砾石料的颗粒级配变化范围较大。

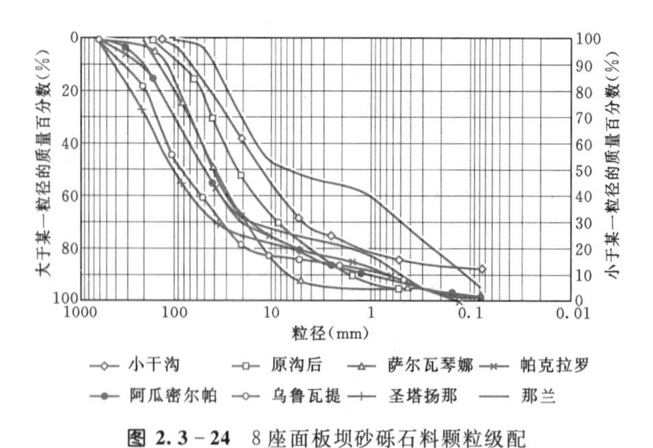

图 2.3-24 8座面板坝砂砾石料颗粒级配

那兰面板砂砾石坝坝体各分区填筑料的颗粒级配曲线见图 2.3-25。大坝主体采用 3B1 区砂砾料。在该区的上游采用 3A 区过渡料，过渡料为料场灰岩特殊爆破料；过渡料颗粒级配要求：最大粒径 300mm，d_{15} <100mm，小于 5mm 的颗粒含量小于 10%，基本不含小于 0.1mm 的颗粒，填筑干密度大于 2.10g/cm³。过渡区上游采用 2A 区垫层料；垫层料为人工轧制灰岩料，其颗粒级配要求：最大粒径 100mm，小于 5mm 的颗粒含量不大于 8%，填筑干密度大于 2.24g/cm³，相对密度 0.87。

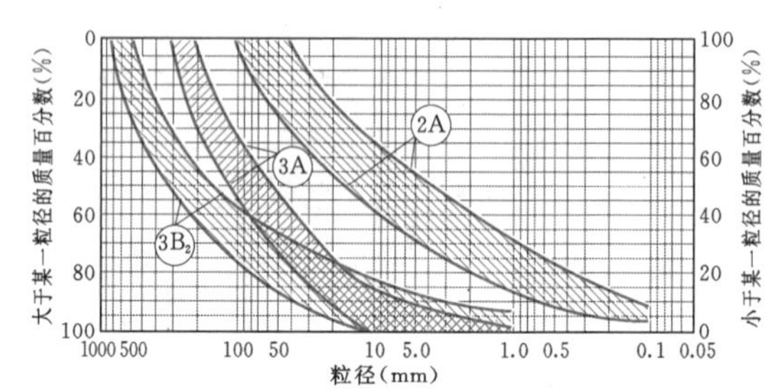

图 2.3-25 那兰面板砂砾石坝坝体各分区填筑料的颗粒级配曲线

2A—垫层料；3A—过渡料；$3B_2$—堆石料

砂砾石料铺料时易分离，若砂砾石料中细粒（小于 0.075mm 的颗粒）含量较多，分离后的砂砾石细颗粒集中区域会在渗水时形成局部饱和区，不利于坝体稳定。因此应将细颗粒含量多的砂砾石料设置在排水区下游的干燥区。黑泉坝将小于 0.075mm 的颗粒含量 7%的砂砾石料用在排水区下游；小干沟坝设计要求在坝轴线上游的砂砾石料小于 0.1mm 的颗粒含量为 5%，坝轴线下游的砂砾料则为 10%；格里拉斯坝规定面板和排水区之间用"干净"砾石（小于 0.075mm 的颗粒含量为 8%），排水区下游分别用"干净"的和"脏"的砂砾石料（小于 0.075mm 的颗粒含量为12%）互层填筑。

表2.3-12、图2.3-10～图2.3-14和图2.3-21～图2.3-23为我国面板砂砾石坝排水区材料的主要特性和排水区的布置，表2.3-12中吉林台一级、乌鲁瓦提、黑泉等面板砂砾石坝都采用L形排水体，上游斜排水体或竖向（垂直）排水体尽量靠近坝体上游侧以降低砂砾石坝体的浸润线。排水体填筑料有两种：一种是筛分砂砾石料，即将粒径小于5mm（或10mm或25mm）的细颗粒筛除使其渗透系数达到10^{-1}cm/s以上，如吉林台一级、乌鲁瓦提、黑泉等面板砂砾石坝。另一种是碎石料，根据料源、岩性和施工条件可以分别采用爆破料、洞渣料或轧制料，其渗透系数一般要求10^{-1}cm/s或1cm/s以上，如古洞口和那兰等面板砂砾石坝。

排水体料与主堆石区砂砾石料的层间关系也应满足不产生渗透变形破坏的要求。若不满足，则应在排水体外包裹一层满足层间关系的反滤料。例如，乌鲁瓦提坝与黑泉坝在排水体上游侧与底部水平排水体的底面设置一层保护层。那兰坝在底部水平排水体（采用过渡料填筑）的顶面与底面都设置了一层垫层料，顶面高程380.00m的水平排水体（采用灰岩堆石料填筑）的底面和顶面都设置了一层各厚1m的垫层料和一层新鲜、微、弱风化灰岩碎石过渡料。

为充分利用坝址区各种料源包括砂砾石料，滩坑、珊溪、白溪、白水坑等面板堆石坝在坝体中央设置了砂砾石料区，即将主堆石料包在中间梯形的砂砾石料区的上游侧与底部，底部主堆石料的顶面高于下游水位，主堆石料构成排水体，下游堆石区设在中间砂砾石料梯形区下游侧，若面板堆石坝产生渗漏时能充分降低坝体渗透压力，提高面板堆石坝的稳定安全性。滩坑坝分区设计如图2.3-22所示，滩坑等四座坝的分区尺寸见表2.3-14。

表2.3-14　滩坑、珊溪、白溪、白水坑面板坝坝体分区尺寸

坝名	坝高(m)	主堆石区			中间砂砾石区				底部主堆石料排水体		下游堆石区	
		上游边坡	与下游堆石区分界线	与中间砂砾石区分界线	上游坡	下游坡	顶宽(m)	高度(m)	顶面高程(m)	下游最高水位(m)	顶面高程(m)	顶面与填筑坝体顶面距离(m)
滩坑	162.0	1∶1.4	水平线与向下游1∶1.0	向上游1∶0.7向下游1∶1.65的折线	1∶0.7	1∶1.0	30	83	54.00	53.20	150.50	17.0
珊溪	132.5	1∶1.4	水平线	向上游1∶0.8向下游1∶1.4的折线	1∶0.8	1∶1.0	10	76	57.00	—	135.00	18.3
白溪	124.4	1∶1.4	向下游1∶0.2	向上游1∶0.5向下游1∶1.4的折线	1∶0.5	1∶1.25	50	42	87.00	86.20	165.00	8.38
白水坑	101.3	1∶1.4	水平线	向上游1∶1.2向下游1∶1.2的折线	1∶1.2	1∶1.2	15	56	272.00	—	330.00	20.0

沟后面板砂砾石坝剖面见图2.3-26。面板下I_1区即为垫层区，水平宽度4m，用级配良好砂砾石料填筑，最大粒径100mm，小于0.1mm颗粒含量小于5%，填筑层厚度30cm，压实干密度2.25g/cm³，坝体分为Ⅱ、Ⅲ、Ⅳ三个区，其中Ⅱ、Ⅲ区均用天然砂砾石料填筑，只是最大粒径与填筑标准不同，最大粒径分别为400mm和600mm，填筑层厚度分别为60cm和90cm，压实干密度分别为2.23g/cm³和2.21g/cm³，相应的相对密度为0.75和0.70。Ⅳ区用天然砂砾石料和建筑物开挖料填筑，最大粒径800mm，填筑厚度130cm，压实干密度2.21g/cm³，相对密度0.70。沟后面板砂砾石坝没有设置排水体，坝体填筑料主要是没有颗粒级配要求的天然砂砾石料。施工质量检测结果表明：小于0.1mm颗粒含量

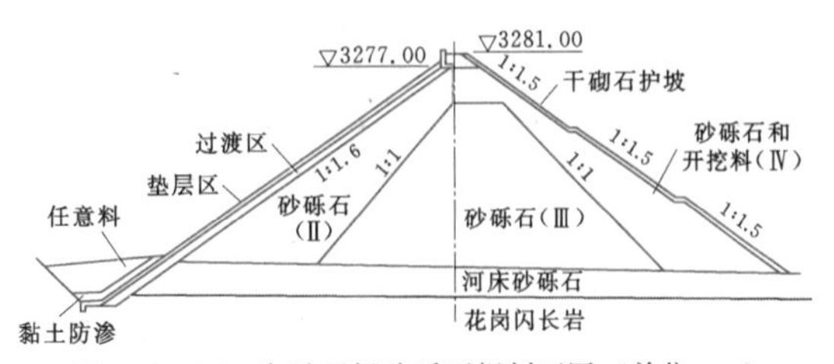

图2.3-26　沟后面板砂砾石坝剖面图（单位：m）

1.4%～8.3%，小于5mm颗粒（细粒）含量23%～62%，平均37.8%，溃坝后检测结果为：小于0.1mm颗粒含量4%～8%，小于5mm颗粒含量23%～43%，平均35%，渗透系数10^{-2}～10^{-3}cm/s，属于砾质中粗砂。

沟后坝于1990年10月建成，1991～1992年库水位在3262.60m高程以下，1993年7月14日～8月27日库水位保持在3261.00～3277.25m高水位运行，8月27日22时40分该坝溃决，溃坝形成顶宽138m、底宽61m、底高程3221.00m的溃口。

1993年7月下旬库水位从3261.00m逐渐上升至8月27日12时的3277.00m，下游坝坡多处出渗和流水，说明该坝绝大部分处于饱和状态。13时30分库水位超过防浪墙底面约20mm，坝底和坝顶处大面积流水。20时下游坝坡大面积出渗与流水。下游坝坡出渗和流水示意图见图2.3-27。

在溃坝事故调查时发现：该坝混凝土面板存在贯穿性裂缝，接缝止水与混凝土脱落，防浪墙与面板的水平缝部分止水未嵌入混凝土，坝顶附近砂砾石料填筑与防浪墙施工质量差。面板裂缝与接缝止水施工质量缺陷造成该坝严重渗漏，砂砾石坝体浸润线高，大部分坝体饱和，渗流逸出点高程达3260.00m，在防

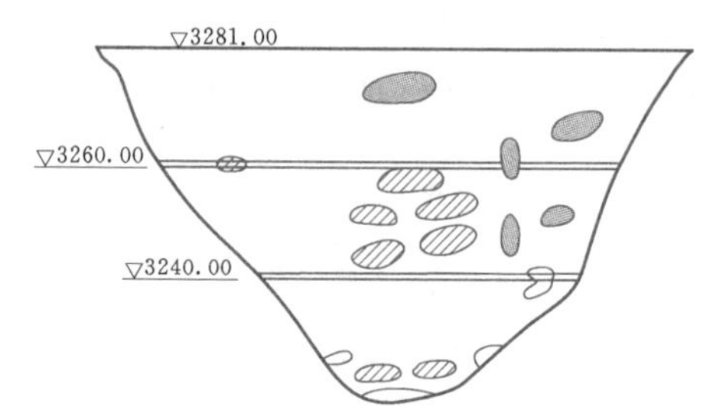

图2.3-27 沟后坝下游坝坡出渗和流水情况示意图（单位：m）

浪墙底板入渗水流造成坝顶防浪墙底部以下小范围坍塌，持续渗流作用下坍塌范围加大，冲蚀砂砾石坝体导致坝体大范围滑坡，最终大坝溃决。溃决原因分析研究表明：没有设置排水体、坝体浸润线过高是大坝溃决的前提。

2.3.9 软岩筑坝设计

2.3.9.1 软岩的工程特性

1. 抗剪强度

部分面板堆石坝工程软岩料和风化料的抗剪强度试验结果见表2.3-15。

表2.3-15 部分面板堆石坝工程软岩堆石料抗剪强度

坝名	岩性	试样条件		抗剪强度	
		ρ_d (g/cm³)	n (%)	φ_0 (°)	$\Delta\varphi$ (°)
公伯峡	90%花岗岩+10%软弱颗粒	2.11		46.8	4.4
	片岩	2.18		46.7	8.1
	70%花岗岩+30%片岩	2.13		47.2	7.1
	30%花岗岩+70%片岩	2.15		45.2	13.0
白羊	千枚岩上包线	2.10		48.7	8.7
	千枚岩上包线	2.00		47.4	8.7
	千枚岩上包线	1.91		47.6	10.6
大坳	砂岩	2.04	23.0	46.6	9.0
鱼跳	泥质粉砂岩	2.11	20.4	42.6	5.7
盘石头	弱风化页岩	1.94	28.9	44.0	11.4
盘石头	弱风化页岩	2.12	23.5	44.9	11.5
十三陵上库	风化安山岩	2.00	29.7	45.4	4.4
平均值	软岩料			46.1	8.6

从表2.3-15可知软岩料或风化岩料的内摩擦角φ_0要比一般堆石料的内摩擦角φ_0小8°左右。因此，软岩堆石坝的坝坡要较缓；若软岩料仅用于下游堆石干燥区，则可只对下游坝坡采用较缓的坡度。盘石头坝下游坝坡1∶1.5，红树溪坝下游坝坡1∶1.6，株树桥坝下游坝坡1∶1.7，十三陵上库坝下游坝坡1∶1.7和1∶1.75；国外的贝雷坝和威内克坝下游坝坡1∶2.0；萨尔瓦琴娜坝、红树溪坝、威内克坝和

十三陵上库坝的上游坝坡都较缓，均为1∶1.5；但是大坳坝的上下游堆石区均为软岩料（砂岩），其上下游坝坡仍为1∶1.4，希拉塔坝和袋鼠溪坝的上下游坝坡都分别为1∶1.3和1∶1.4。坝坡的选定取决于筑坝材料的抗剪强度，一般需要经过抗滑稳定分析确定。

2. 颗粒组成

软岩料级配的最大特点是可变性大。由于软岩料母岩的抗压强度低、软化系数小，当受气候环境的变化（如开采后料堆受降雨、暴晒）和填筑碾压后，软岩堆石料颗粒破碎，颗粒组成细化。大坳坝砂岩和鱼跳坝泥质粉砂岩坝料干湿循环试验结果表明：①软岩料经过干湿过程后，岩块发生崩解，细粒（<5mm）含量增加，而且干湿循环次数越多，岩块崩解越烈，细粒含量增加越多；鱼跳坝料干湿循环两次细粒含量由15%增加到20.6%，干湿循环4次后，细粒含量又从20.6%增加到26.5%；②岩块崩解量和细粒增加量与岩石饱和抗压强度有关：鱼跳坝料和大坳坝料的母岩饱和抗压强度分别是18.8MPa和28.3MPa，干湿循环4次后鱼跳坝料细粒含量由15.0%增加到26.5%，而大坳坝料细粒含量由18.5%只增加到21.4%。

贝雷坝薄层砂岩和页岩堆石料填筑时最大粒径为813mm，碾压后则变为229mm，中值粒径由127～203mm变为6～9mm，小于5mm的颗粒含量变为45%，碾压前是堆石料，碾压后变为砾石土。

红树溪坝坝料为新鲜和风化的砂岩与粉砂岩的混合料，新鲜料的饱和抗压强度23～25MPa，风化料的饱和抗压强度仅为10MPa，铺层厚度45cm，用10t振动碾压实4遍，造成颗粒过度破碎，碾压后小于5mm颗粒含量为12%～40%，小于0.075mm的颗粒含量为2%～7%。

袋鼠溪坝主体坝料采用新鲜及微风化片岩溢洪道开挖料，干抗压强度为25MPa，软化系数为0.7，铺层厚度90cm，100%加水量，10t牵引式振动碾压实4遍。施工时表层产生了约10cm需清除的岩粉细料，压实后小于25mm颗粒含量为50%，小于4.75mm颗粒含量约为28%，小于0.075mm颗粒含量约为10%。堆石的干密度为2.3g/cm³，孔隙率约为0.15，压缩模量 $E_{rc}=80$MPa（$E_{rf}=240$MPa）。

萨尔瓦琴娜坝的筑坝材料是溢洪道开挖料，为破碎的粉砂岩和砂岩软岩料，小于25mm的颗粒含量占40%～80%，小于0.074mm的约占5%，铺层厚度90cm，10t振动碾压实6遍。

大坳坝主体堆石采用建筑物开挖弃料及燕坞料场的软岩料填筑，平均饱和抗压强度28.3MPa，施工铺层厚度100cm，洒水湿润坝料，13.5t牵引式振动碾，碾压6遍，填筑层表面形成细化层，用推土机推刮处理。

3. 压实特性

软岩料和风化料压实特性表现在两个方面：

（1）软岩料和风化料的压实特性不同于硬岩料，硬岩料在压实过程中仅仅是克服颗粒之间的摩擦阻力使颗粒间排列紧密，岩块破碎很少。而软岩料和风化料在压实过程中岩块发生破碎，小于5mm细粒含量增加较多，当含水率较低时，颗粒表面水膜较薄，摩阻力较大，不易压实。当含水率逐渐增大后，颗粒表面水膜增厚，起到了润滑作用，颗粒表面摩擦阻力减小，从而易于压实，因此，软岩料和风化料的压实特性是对含水率比较敏感。这一特性与黏性土的压实特性相同，存在最优含水率和最大干密度。

（2）软岩料经压实后可达到较高的密度，如萨尔瓦琴娜坝半风化砂岩、粉砂岩堆石料，压实干密度为2.26g/cm³，相应的孔隙率17%。袋鼠溪坝片岩堆石料，压实后孔隙率为13%～18%。天生桥一级坝砂泥岩堆石料压实干密度为2.24～2.35g/cm³，孔隙率为15%～19%。鱼跳坝泥质粉砂岩堆石料压实最大干密度为2.28g/cm³，相应的孔隙率14%。盘石头坝风化页岩堆石料压实最大干密度为2.06g/cm³，相应的孔隙率24%。

因此软岩堆石料的压实标准和施工方法应与其压实特性相适应，可考虑采用薄层碾压，碾压时适当洒水，采用较轻型的10～12t振动碾，以免重型碾压造成软岩料过度破碎。

4. 渗透特性

软岩料和风化料的渗透性取决于其干密度及细粒（<5mm）含量。由于压实后的软岩料颗粒破碎较严重，填筑层上部细粒含量明显增多，形成一弱透水层，故垂直渗透系数一般都较小。如红树溪坝为 $i\times10^{-2}$～$i\times10^{-4}$cm/s，温尼克坝为 $i\times10^{-5}$cm/s，贝雷坝现场注水试验结果表明坝料相对不透水。大坳坝施工时现场渗透试验结果表明：填筑层表面板结层的渗透系数为 5.26×10^{-4}～4.30×10^{-2}cm/s。推去表层后，填筑层下部的水平向渗透系数为 6.30×10^{-2}cm/s。

对大坳、鱼跳和盘石头三座面板坝的软岩料及风化料进行了不同密度的垂直渗透试验和水平渗透试验，试验结果见表2.3-16和表2.3-17。

从表2.3-16和表2.3-17可以看出：

（1）软岩料和风化料的垂直渗透系数较小，一般为 10^{-3}cm/s数量级。盘石头14层弱风化页岩的渗透系数为 3.73×10^{-4}cm/s，相对不透水。原因是软岩料

表 2.3-16 大坳、鱼跳和盘石头面板坝软岩料渗透试验结果

坝名	坝料	级配	干密度 (g/cm^3)	垂直渗透系数 (cm/s)	水平渗透系数 (cm/s)
大坳	砂岩	平均级配	2.04	6.76×10^{-3}	7.36×10^{-2}
			2.10	4.39×10^{-3}	2.07×10^{-2}
鱼跳	泥质粉砂岩	平均级配	2.00	2.59×10^{-2}	6.00×10^{-1}
			2.11	1.49×10^{-3}	2.11×10^{-2}
盘石头	17层弱风化页岩	平均级配	1.94	3.28×10^{-2}	
	14层弱风化页岩		2.12	3.73×10^{-4}	

表 2.3-17 鱼跳面板坝软岩堆石料现场渗透试验结果

铺料厚度 (cm)	坝料	水平渗透系数 (cm/s)	垂直渗透系数 (cm/s)
60	泥质粉砂岩	$(3.19\sim3.68)\times10^{-2}$	$(3.26\sim6.52)\times10^{-5}$
80	泥质粉砂岩	$(1.20\sim1.30)\times10^{-2}$	$(3.78\sim8.05)\times10^{-5}$

和风化料经碾压后，部分粗颗粒破碎，细料(<5mm)含量增多。

(2) 水平向的渗透系数比垂直向渗透系数大。因此软岩堆石坝必须设置排水体，或者软岩堆石区要布置在下游干燥区，从而保证堆石坝体的渗流稳定安全。

5. 压缩性

软岩堆石料的压缩性质与硬岩堆石料不同。硬岩堆石料的颗粒基本上是单粒结构，其压缩变形取决于颗粒的重新排列，在垂直压力作用下，颗粒发生滑动与滚动，趋于更密实、更稳定的位置。因此压缩变形的大小与颗粒间的摩擦阻力有关，级配好、密度高，颗粒移动受到的阻力就大，压缩变形就小。软岩料的压缩性与母岩抗压强度、初始颗粒级配、密度和饱和状态有关。

从大坳、鱼跳、盘石头及十三陵上库坝料的压缩试验结果可以看出：

(1) 除鱼跳泥质粉砂岩堆石料压缩性属中等外，其余均为低压缩性。但是与硬岩堆石料相比较，软岩堆石料的压缩模量仍然偏低，如大坳坝堆石料压缩模量为21～62MPa；十三陵上库坝为18.6～52.1MPa；盘石头坝为13.8～40.1MPa；而西北口坝坚硬的白云质灰岩堆石料，孔隙率为27%，压缩模量为41.2～139.2MPa；珊溪坝凝灰岩堆石料，孔隙率为25%，压缩模量为66.0～232.5MPa；洪家渡坝灰岩堆石料，孔隙率为22%，压缩模量为45.0～197.4MPa。

(2) 软岩料遇水软化，其压缩性明显增大。如盘石头坝风化页岩堆石料的饱和试样和干燥试样的压缩试验结果表明，干料的压缩模量为41.7～142.1MPa，饱和料的压缩模量仅为13.8～40.1MPa。

6. 湿化变形特性

软岩堆石料湿化变形明显。

(1) 湿化变形量与应力水平有关，应力水平越高，湿化变形越大。如大坳砂岩堆石料，干密度2.04g/cm^3，周围压力0.4MPa，应力水平为30%、50%及70%时，湿化轴向应变从1.71%增加到4.40%；鱼跳泥质粉砂岩堆石料，干密度2.00g/cm^3，周围压力0.4MPa，应力水平为30%、50%及70%时，湿化轴向应变从2.98%增加到6.22%。

(2) 湿化变形量与小主应力σ_3大小有关，随小主应力σ_3增大而增加。如大坳砂岩堆石料，干密度2.04g/cm^3、应力水平50%，小主应力σ_3从0.2MPa增加到0.8MPa时，湿化轴向应变从2.24%增加到3.67%；鱼跳泥质粉砂岩堆石料，干密度2.00g/cm^3、应力水平50%，小主应力σ_3从0.2MPa增加到0.8MPa时，湿化轴向应变从3.67%增大到4.60%。

(3) 在相同应力水平条件下，湿化变形随干密度增加而降低。如大坳砂岩堆石料，应力水平50%、小主应力0.4MPa，干密度从2.04g/cm^3增加到2.10g/cm^3时，湿化轴向应变从3.27%降低到1.22%。鱼跳泥质粉砂岩堆石料，应力水平50%、小主应力0.4MPa，干密度从2.00g/cm^3增加到2.11g/cm^3，湿化轴向应变从4.38%降低到2.15%。

2.3.9.2 软岩堆石坝的设计原则

由于软岩堆石料碾压后颗粒变细、渗透系数变小，甚至成为弱透水性，而且软岩堆石料的压缩性比硬岩堆石料要大，同时还存在湿化变形特性，因此用软岩筑坝的坝体分区与硬岩面板坝有较大区别，更应该重视坝体变形，在坝体分区时应遵循变形协调原则，将软岩堆石区的变形对整个坝体的变形和面板的应力变形性状的影响降低到可以接受的范围。宜采用有限元法进行应力变形分析来比较不同的坝体分区方案，在避免产生垫层区裂缝、面板脱空和裂缝、止水结构破坏的前提下，优化确定坝体分区。鱼跳、大坳等软岩堆石坝都是采用有限元法应力变形分析方法确定坝体分区。

2.3.9.3 软岩筑坝设计经验

1. 软岩筑坝工程实例

按照岩石单轴饱和抗压强度等级划分，小于30MPa的岩石统称软质岩石，代表性岩石有泥岩、页岩、泥质砂岩、千枚岩及抗压强度低于30MPa的风化岩石。

国内外利用软岩修筑面板堆石坝的实例较多，表2.3-18所列为其中的部分工程。

表2.3-18　利用软岩修筑的部分面板堆石坝主要特性

序号	坝　　名	所在地	坝高(m)	软岩岩性	饱和抗压强度(MPa)	使用部位
1	天生桥一级	中国贵州	178.0	砂泥岩料	<30	下游干燥区
2	萨尔瓦琴娜（Salvajina）	哥伦比亚	148.0	半风化砂岩、粉砂岩	—	下游干燥区
3	希拉塔（Cirata）	印度尼西亚	125.0	凝灰角砾岩、火山砾凝灰岩	17～30	下游干燥区
4	鱼跳	中国重庆	106.0	泥质粉砂岩	6.68	下游干燥区
5	盘石头	中国河南	102.2	砂岩、页岩	17.8～35.6	下游干燥区
6	贝雷（Bailey）	美国	95.0	薄层砂岩、页岩	—	坝体中间部分
7	寺坪	中国湖北	90.5	页岩	—	下游干燥区
8	大坳	中国江西	90.2	风化砂岩、泥岩	22.5～40.0	坝主体
9	温尼克（Winneke）	澳大利亚	85.0	风化砂岩	24	下游干燥区
10	红树溪（Mangrove Creek）	澳大利亚	80.0	粉砂岩	25	下游干燥区
11	株树桥	中国湖南	78.0	风化板岩	10～15	下游干燥区
12	十三陵上库	中国北京	75.0	风化安山岩	11（最低值）	下游干燥区
13	袋鼠溪（Kangaroo Creek）	澳大利亚	59.0	片岩	平均25，最小20	坝主体
14	小帕拉（Little Para）	澳大利亚	53.0	板状白云岩、白云质页岩		坝主体

2. 软岩筑坝时坝体分区实例

软岩用于筑坝时坝体分区有以下三种形式：

（1）软岩堆石区设置在坝轴线下游干燥区。如天生桥一级、鱼跳、株树桥等面板坝。天生桥一级面板堆石坝剖面如图2.3-9所示，株树桥和鱼跳面板堆石坝剖面如图2.3-28和图2.3-29所示。

（2）设置排水体的软岩面板堆石坝，坝的主体均为软岩堆石。如大坳、希拉塔、袋鼠溪和小帕拉等面板堆石坝，大坳面板堆石坝典型断面如图2.3-14所示。

（3）软岩堆石区设置在坝体中间部位，其周边均为排水良好的硬岩堆石区。如贝雷（Bailey）面板堆石坝，其典型断面如图2.3-30所示。

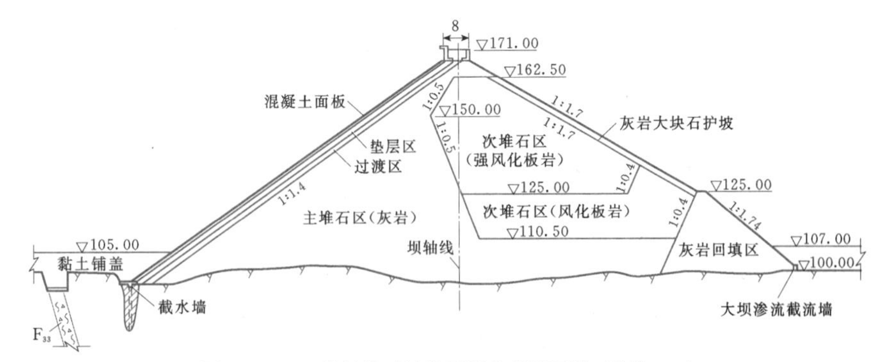

图2.3-28　株树桥面板堆石坝典型断面图（单位：m）

2.3.10 填筑标准

1. 填筑标准的确定

面板坝坝料的填筑标准主要指压实性能指标和施工控制指标，应同时规定孔隙率（或相对密度）和碾压参数。其中，设计干密度可用孔隙率和坝料母岩质量密度换算。

为有效控制坝体变形和保证变形协调，垫层区、过渡区、主堆石区及下游堆石区材料的填筑标准应根据大坝等级、高度、河谷形状、地震烈度及坝料特性等因素，并参考同类工程经验，经分析论证后确定。

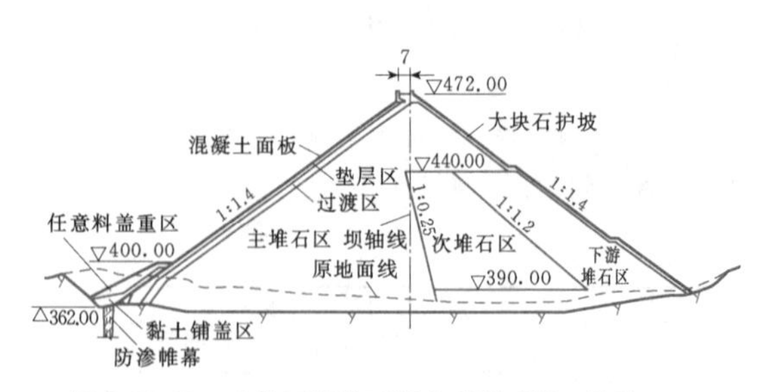

图 2.3-29　鱼跳面板堆石坝典型断面图（单位：m）

我国面板堆石坝设计规范对填筑标准规定了范围值，要求堆石料的孔隙率不应高于表 2.3-19 的要求；砂砾料的相对密度不应低于表 2.3-19 的要求。软岩堆石料的设计指标和填筑标准，一般应通过试验研究并结合工程类比确定。

由于我国已有 100 多座面板堆石坝的实践经验，积累了丰富的碾压试验及施工填筑质量检测资料，100m 级的常规面板堆石坝在设计阶段一般不必进行现场碾压试验，而根据类似工程经验初步选定填筑标准，通过施工前期的生产性碾压试验复核和修正填筑标准，包括孔隙率（相对密度）、碾压设备规格、行车速率、铺料厚度、加水量、碾压遍数等参数。对重要的高坝，或筑坝材料性质特殊，已有经验不能覆盖，应在设计阶段专门进行现场碾压试验，论证筑坝材料的适用性，并提出合适的设计参数。

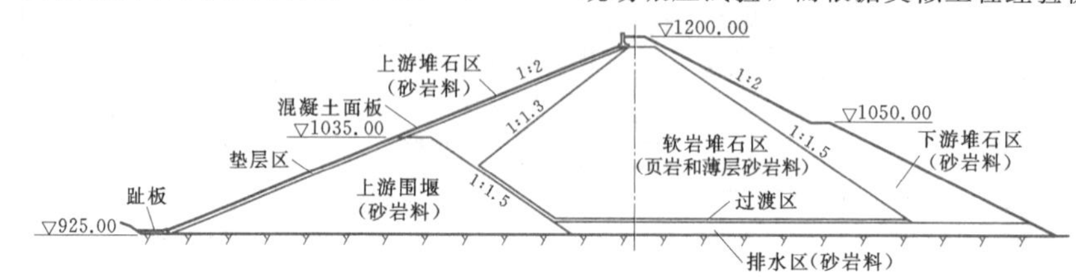

图 2.3-30　贝雷面板堆石坝典型断面图（单位：m）

表 2.3-19　　**堆石料或砂砾料填筑标准**

料物或分区		坝高＜150m		150m≤坝高＜200m	
		孔隙率（%）	相对密度	孔隙率（%）	相对密度
垫层料		15～20		15～18	
过渡料		18～22		18～20	
主堆石料	硬岩	20～25/20～24		18～21/19～22	
	软岩	—/18～22			
下游堆石料	硬岩	21～26/20～25		19～22/19～23	
	软岩	—/18～23		—/17～20	
砂砾石料			0.75～0.85		0.85～0.90

注　SL 228—2013、DL/T 5016—2011 规范中垫层料、过渡料、砂砾石料的填筑标准相同，主堆石料和下游堆石填筑标准两规范略有不同，表中（/）分子数字为水利行业、分母数字为电力行业新修编的设计规范要求。水利行业规范未对软岩堆石料碾压标准提出要求。

堆石料加水碾压可以减小粗粒料之间摩擦阻力，同时使粗粒料软化，提高压实干密度，因此坝料填筑应提出加水要求，加水量可根据经验或试验确定。水布垭和公伯峡等高坝进行了不同加水量的碾压试验，一般规律是加水量越大，压实效果越好。水布垭坝栖霞组灰岩堆石料压实效果要优于茅口组灰岩堆石料，这是因为栖霞组灰岩软化系数小、饱和吸水率稍大的缘故。对软岩料加水量，应根据其天然含水率、软化性能和碾压后的渗透性综合确定。一般加水量为 10%～20%，使堆石料的饱和度达到 0.85 左右为宜。

严寒和寒冷地区冬季施工不能加水时，应采取措施减小湿化的不利影响。可采用减小填筑层厚度和加大压实功能等措施来提高其压实密度，如十三陵上库面板堆石坝的风化安山岩在冬季不能加水时，填筑层厚由 0.8m 减小为 0.6m，并增加碾压遍数。又如莲花面板堆石坝地处高寒地区，主堆石料和次堆石料的填筑层厚分别从 0.8m 和 1.2m 减小为 0.6m 和 1.0m，碾压遍数提高两遍。

2. 我国部分面板堆石坝填筑标准实例

我国部分中、高面板堆石坝各区坝料填筑标准见表 2.3-20。

表 2.3-20 我国部分中、高面板堆石坝各区坝料填筑标准

坝名	坝高(m)	垫层料			特殊垫层料			过渡料			主堆石料			下游堆石料		
		填筑层厚(cm)	填筑干密度(g/cm³)	填筑孔隙率(%)	填筑层厚(cm)	填筑干密度(g/cm³)	填筑孔隙率(%)	填筑层厚(cm)	填筑干密度(g/cm³)	填筑孔隙率(%)	填筑层厚(cm)	填筑干密度(g/cm³)	填筑孔隙率(%)	填筑层厚(cm)	填筑干密度(g/cm³)	填筑孔隙率(%)
水布垭	233.0	40	2.25	17	20	2.25		40	2.20	18.8	80	2.18	19.6	80	2.15	20.7
猴子岩	223.5	40	2.31	≤17	20	2.33 $D_r≥0.90$	16.5	40	2.69	≤17	80	2.18	≤19	80	2.25 和 2.18	≤19
江坪河	219.0	40	2.25	≤15.4				40	2.20	18.8	80	2.20	18.8 (17.6~19.7)	80		19.7
叶巴滩	213.0	40	$D_r≥0.85$	≤18				40	$D_r≥0.85$	≤20	80		≤21	80		≤21
巴贡	205.0	40	2.30	≤17	20	2.36	17	40	2.27	≤18	80	2.22	≤20	80	2.22	≤20
三板溪	185.5	40	2.21	18.15	20	2.21		40	2.19	19.2	80	2.17	19.3			
洪家渡	179.5	40	2.05	19.16	20	2.05		40	2.19	19.66	80	2.18	20	120~160	2.12~2.18	20~22
天生桥一级	178.0	40	2.20	19.0	20	2.20		40	2.15	21.0	80	2.10	22.0	80	2.15	22~24
溧阳上库	165.0	40	2.25	≤18				40	2.20	≤19	80	2.18	≤20	80	2.15	≤20
滩坑	162.0	40	2.216	17	20	2.216		40	2.163	19	80	2.12	20.0	120	2.06	22
紫坪铺	156.0	40	2.30	19	20	2.30	15.4	40	2.25	21	80~100	2.16	22	100	2.30 砂砾石 2.15 灰岩	22~24
吉林台一级	157.0	40	$D_r≥0.85$			$D_r≥0.8$					80	$D_r≥0.85$	22~24	80		≤23
马鹿塘二期	154.0	40	2.31	≤14	20	2.26	15.4	40	2.42	12.7	80	2.18	18.4	80~120	2.15	20.6
董箐	150.0	40	2.25	17.34	20	2.25		40	2.20	19.6	80	2.18	18.4	80~120	2.15	20.6
瓦屋山	138.8	40	2.40	<14.9	20	2.40	14.9	40	2.35	<18	80	2.16 (砂岩) 2.25 (白云岩)		80~100	2.16	
宜兴上库	138.0	40	2.19	<19	20	2.17	19	40	2.17	<20	80	(实际 2.13) 2.09	(实际 20.5) ≤20	60	(实际 2.23) 2.14	(实际 16.2) ≤20
九甸峡	136.5	40	2.28	16.2	20	2.28		40	2.25	17.3	80	2.20	17.3	80	2.20	19.1

续表

坝名	坝高(m)	垫层料			特殊垫层料			过渡料			主堆石料			下游堆石料		
		填筑层厚(cm)	填筑干密度(g/cm^3)	填筑孔隙率(%)	填筑层厚(cm)	填筑干密度(g/cm^3)	填筑孔隙率(%)	填筑层厚(cm)	填筑干密度(g/cm^3)	填筑孔隙率(%)	填筑层厚(cm)	填筑干密度(g/cm^3)	填筑孔隙率(%)	填筑层厚(cm)	填筑干密度(g/cm^3)	填筑孔隙率(%)
乌鲁瓦提	133.0	40～50	2.29	$D_r=0.85$	40	2.29	$D_r \geq 0.90$	40～50	2.29	$D_r=0.85$	80～100	2.29	$D_r=0.85$	80(石渣)	2.29	<18
														120～100(砂砾石)	2.27	$D_r \geq 0.80$
珊溪	132.5	40	2.157	18	20	2.157		40	2.14	19	80	2.104	20	120	2.05	22
公伯峡	132.2	40	2.23	16	20	2.20		40	2.17	18	3B1－1 80	2.15	20	100		20
											3B1－2 80	2.15	20			
											3B2 60	$D_r \geq 0.8$	20			
引子渡	129.5	40	≥2.21	≤18	20	≥2.21	≤18	40	2.18	19	80	2.15	20	80	2.13	21
白溪	124.4	40	2.18	18.5	20	2.18	18	40		<19	80		20	120	2.02	22
黑泉	123.5	30	2.25	$D_r=0.85$	20			60	2.24	$D_r=0.85$	60	$D_r=0.80$		1200		≤24
芹山	122.0	40	2.15	17				40	2.10	20	80	2.05	22	120	2.00	23
白云	120.0	40	2.20	$D_r=0.80$				40	2.15	21	80	2.10	22	80	2.05	
天池上库	118.4							40			80					
古洞口	117.6	40	2.25	17.5				40	2.20	19	80	2.20	20	80	2.10	24
泗南江	115.0	40	2.23	≤18	20	2.23	18	40	2.18	≤20	80	2.12		80,100	2.15	≤21
金川	112.0	40		≤18	20		18	40		≤18	80		≤22	80		≤22
高塘	111.3	40	2.15	16.4	20	2.20		40	2.15	18.3	80	2.10	20.2	120	2.05	23
察汗乌苏	110.0	40	2.24	17	40	2.20	19	80	2.24 $D_r \geq 0.90$	17	80		23			
那兰	109.0	40	2.24	$D_r=0.87$	40	2.25	16.5	40	2.20		80	2.25 $D_r=0.89$		80	2.20	
茄子山	106.1	40	2.15	18.3	20			40	2.10	20.2	80	2.07	21.3	160	2.00	24

续表

坝 名	坝高 (m)	垫层料			特殊垫层料			过渡料			主堆石料			下游堆石料		
		填筑层厚 (cm)	填筑干密度 (g/cm³)	填筑孔隙率 (%)	填筑层厚 (cm)	填筑干密度 (g/cm³)	填筑孔隙率 (%)	填筑层厚 (cm)	填筑干密度 (g/cm³)	填筑孔隙率 (%)	填筑层厚 (cm)	填筑干密度 (g/cm³)	填筑孔隙率 (%)	填筑层厚 (cm)	填筑干密度 (g/cm³)	填筑孔隙率 (%)
鱼跳	106.0	50	≥2.18	18	15		≤20	40	≥2.12	≤20	100	≥2.05	≤22	150	2.00	
柴石滩	101.8	40	2.30	19.9	40	2.30	19.9	40	2.25	20.5	80	2.20	23.3	120	2.10	25
白水坑	101.3	40	2.16	18	20	2.157		40		≤20	80	2.10	22	80	2.05	24
泰安上库	100.0	40	2.19	18				40	2.14	19	80	2.11	20	120	2.00	25
西北口	95.0	40	2.30	15				40	2.20	20	80	2.15	23	80	2.10	25
万安溪	93.8	40	2.26					40	2.15	17		2.10	19		2.10	21
大桥	93.0	50	2.24	21	20	2.32		50	2.28	D_r≥0.85	100	2.16	21.7	100	2.10	25
大坳	90.2	50	2.175	19				50	2.144	20	100	2.12	21	100	2.04	24
三插溪	88.8	40		≤21	20		21	40		≤22	80		≤23	80		≤25
陡岭子	88.5	30	2.25	17							60	2.20	19	80	2.15	22
崖羊山	88.0	40	2.24	18	20	2.27	17	40	2.20	20	80	2.15	21	80～120	2.16	20
天荒坪下库	87.2	40	2.10	20	20	≥2.10		40	2.06	22	80	2.00	23	160	1.98	25
英川	87.0	40		≤20	20		≤20	40		≤21	80		≤23	80		25
小山	86.3	40	2.19	21		2.04		40	2.14	22	80	2.09	24	120	2.04	26
东津	85.5	40	2.15	19.5	20	2.10		40	2.11	21	80	2.10	21.3	100～160	2.00～2.03	25
花山	80.8	40	2.17	17.5	20	2.17		40	2.10	20	80	2.05	22.1	120	2.02	23.2
松山	80.8			19.5		2.24			2.14	21		2.19	23		1.99	25
株树桥	78.0	40	2.20	18.5				40	2.15	20.4	80	2.10	22	80	上部 2.00 下部 2.05	上部 25.4 下部 25.2
桐柏下库	70.6	40	2.05	20	20	2.097	20									
琅琊山上库	64.0	40	2.23	18	20	2.23	18	40	2.17	20	80	2.10	23	80	2.04	25

注 巴贡水电站位于马来西亚，由我国承建。

从表2.3-20可以看出我国面板堆石坝坝料的填筑标准有一个发展过程，20世纪已建成的面板堆石坝采用的填筑标准大多与《混凝土面板堆石坝设计规范》（SL 228—98、DL/T 5016—1999）中规定的填筑标准相一致。近年来，在吸取国内外高面板堆石坝建设经验教训的基础上，对填筑标准形成了新的共识：一是提高下游堆石区的填筑标准，以提高其变形模量，使坝体分区做到变形协调，改善坝体特别是面板的工作性状；二是适当提高高坝（坝高大于150m）各区的填筑标准，以避免产生面板裂缝、面板混凝土挤压破坏和接缝位移过大等现象，提高高面板堆石坝的变形安全和渗流安全性。

2.4　面板与趾板结构设计

2.4.1　趾板设计

混凝土趾板作为面板坝防渗系统中的重要组成部分，布置在防渗面板的周边，并坐落在河床基础及两岸基岩上。趾板与面板通过设有止水结构的周边缝共同形成坝基以上的防渗体，同时趾板与经过固结灌浆、帷幕灌浆处理后的基岩连成整体，封闭地面以下的渗流通道，形成完整的防渗体系，起着承上启下的作用。这些作用主要有：防止坝基产生渗透破坏，保证面板与坝基间的不透水连接；作为地基灌浆的盖板；当采用滑动模板施工时，趾板可作为滑动模板施工的开始工作面。

2.4.1.1　趾板布置

2.4.1.1.1　趾板定线和布置

典型趾板的横截面体形如图2.4-1所示，图中X为面板底面线与趾板底面的交点，是趾板设计、施工的控制点。各截面的X点连线即为趾板的基准线，也称趾板轴线（见图2.4-2）。Z点为面板底面线与趾板下游端面线的交点，是坝体填筑时上游面的起始控制点。各段趾板横截面上的Z点应在同一平面上，即在面板底面上，以保证大坝上游填筑面为一平整面。趾板基准线在空间上呈一系列的连接线段，折线转角应根据地形、地质条件来确定，以最大限度地保证每段趾板都是布置在地质条件较好、工程量较小和施工方便的岸坡上，并尽可能以较小的角度转折。

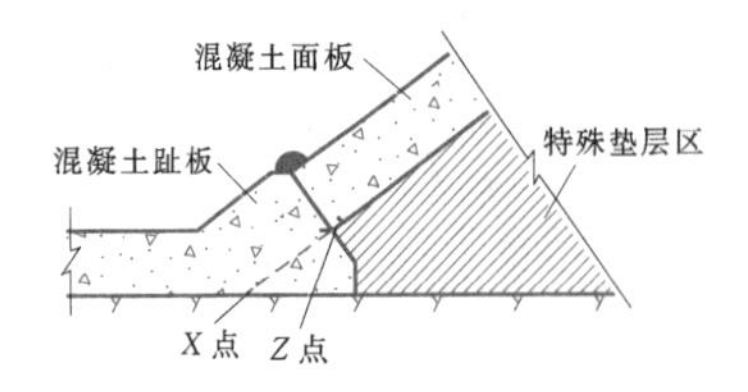

图2.4-1　趾板横截面图

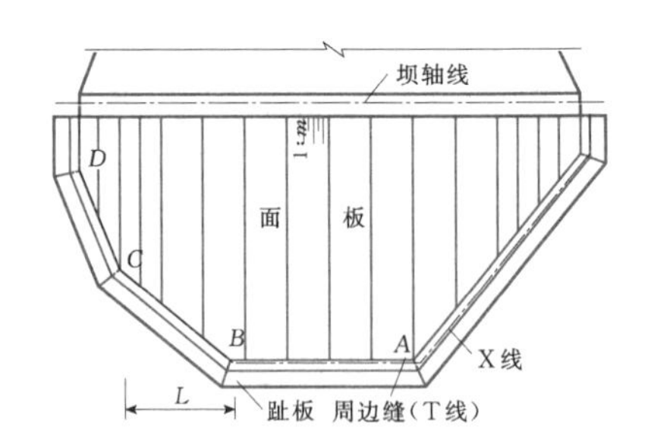

图2.4-2　趾板平面布置示意图

趾板宜置于坚硬、不冲蚀和可灌浆的弱风化至新鲜基岩上或经过处理后的稳定地基上。根据趾板所处的位置、趾板地基的地质条件和岸坡施工条件的不同，趾板可分为河床段趾板与岸坡段趾板。对置于深厚覆盖层、强风化或不利地质和地形上的趾板，应采取专门的处理措施。

根据国内外的经验，趾板的定线分两次，在施工过程中最终完成。首先由设计人员根据地质资料和地形图，进行第一期定线，剥离岸坡覆盖层，并对趾板地基进行测量及地质编录。根据开挖后的地形、地质条件，设计人员会同地质、施工人员对原设计进行调整，必要时尚须适当调整坝轴线，做出最终定线。然后，进行第二期开挖，在接近趾板设计地基面时，只许进行撬挖，要力求最大限度地减少超挖与欠挖，以保证趾板的基本尺寸。

1. *岩石地基*

对于岩石地基，河床段基岩趾板结构型式如图2.4-3所示。

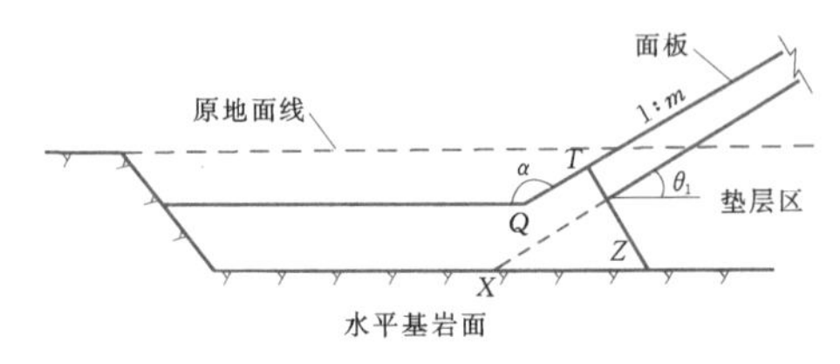

图2.4-3　河床段基岩趾板结构示意图

岸坡段趾板一般有四种结构型式(见图2.4-4)。

(1) A型。趾板底面开挖成与该段岩坡平均坡度接近或相同的平面，这种布置的优点是地基开挖量小，特别是对于陡峭的地形更为有利，但缺点是趾板具有一定的横向坡度，趾板施工时，立模和浇筑以及在表面进行钻孔灌浆时均较困难，不利于机械化施工，趾板下基础不易处理。

(2) B型。趾板与面板在同一平面上，这种型式的优点是布置简单，施工方便，缺点是开挖量过大。

(3) C型。趾板面的水平（宽度）方向与它的准线（Z点连线）方向垂直，即在趾板横剖面上其底面

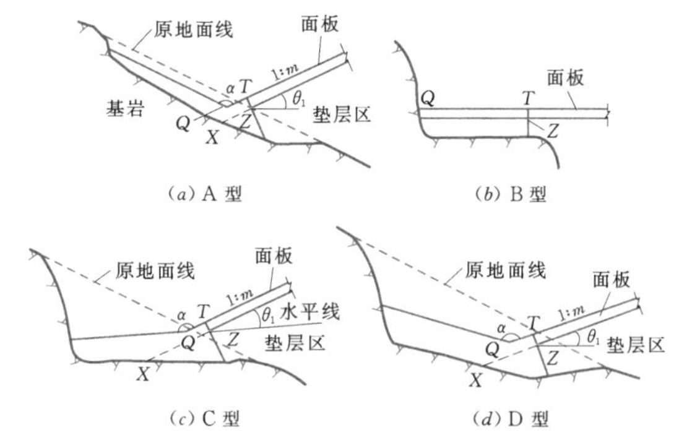

图 2.4-4 岸坡段趾板一般结构型式

为水平线，这种型式的优点是施工、钻孔和灌浆均较方便，有利于机械化施工，开挖量介于 A、B 型之间。

（4）D 型。岸坡段横向剖面几何型状与河床水平段相同，即不同段落上趾板的 α 角是相等的，这种型式的优点是趾板结构尺寸相对固定，结构简单，缺点是 α 角固定，趾板结构不能随地形变化而调整，对地形的适应性较差。

无论哪种形式的趾板，都要求 QT 段的斜率与该平面上的面板迎水面坡度 m 相同，以满足滑模施工要求。在确定趾板横剖面几何尺寸时，关键在于确定横剖面上面板迎水面与水平线的夹角 θ_1，这是一空间角度，一般情况可用下式计算：

$$\cos\theta_1 = \frac{m[(C-B)^2 + L^2 + m^2(C-B)^2]^{1/2}}{(1+m^2)^{1/2}[L^2 + (C-B)^2 m^2]^{1/2}} \tag{2.4-1}$$

式中 B、C——BC 段趾板两端点的高程(见图 2.4-2)；

L——趾板 BC 段在坝轴线方向上的投影长度；

m——面板垂直于坝轴线方向上的设计坡度，即堆石体上游坡度，当 BC 垂直坝轴线时，$L=0$，则 $\theta_1=0$。

当 BC 平行于坝轴线时，则公式变为

$$\cos\theta_1 = \frac{m}{\sqrt{1+m^2}} \tag{2.4-2}$$

即 QT 的坡度与面板的坡度相同。

上述几种趾板类型是当前国内外所采用的基本布置形式。对于一个具体工程，其趾板横剖面的布置究竟采用何种型式为宜，应当根据地形、地质、气象、施工队伍的技术水平及施工机械化程度等因素，经综合研究确定。当然，只要能发挥趾板的作用，又能方便施工，节省投资，也可因地制宜地采用其他布置型式。工程中应用较多的为 C 型趾板。

2. 不良地质

对置于强风化或断层、溶蚀带、深槽、强卸荷等不良地质上的趾板，需采取专门的处理措施，如贴坡连接板、置换基础、等宽趾板加下游防渗板及反滤保护等来克服地质缺陷。主要措施有：

（1）延长渗径，以减小水力梯度。单靠增加趾板宽度来延长渗径，将会增加工程量，甚至是不现实的。这时可以采用多种途径，如对强风化和残积土地基中挖槽回填沥青混凝土或混凝土形成截水墙，截断表面强透水层并延长渗径。在岸坡陡峻，开挖困难的工程，可以在趾板靠岸边一侧，做一贴坡混凝土板或喷混凝土层，不增加开挖而在上游侧增加渗径，或者在下游侧增设喷混凝土板。在趾板及面板间加设连接板也是延长渗径的有效措施。

（2）防止冲蚀。在易冲蚀地基的下游侧建基面上铺设反滤层，以防止渗水的可能冲蚀。

（3）适当分缝。在缝间设柔性止水，以吸收可能的不均匀沉降。

（4）加深加强固结灌浆。结合现场灌浆试验，确定提高基础完整性的固结灌浆参数指标，以提高趾板基础的完整性和抗渗性。

3. 不利地形

河流急转弯、反 S 形河湾、沟槽发育、地形不完整等不利地形条件可采取回填混凝土等措施进行修正或弥补，经论证，局部可用高趾墙代替趾板。岸坡很陡时，趾板的基础开挖工程量很大，可采用等宽窄趾板并通过下游防渗板灌浆来解决，垂直于趾板基准线的趾板剖面有倾斜底面或适应开挖后沿岩面布置趾板，这些都有工程量小的优点，后者灌浆作业、趾板混凝土立模及交通困难。

4. 深厚覆盖层

趾板可置于砂砾石地基上，经过坝基变形分析，可采取趾板加 1～3 块连接板与防渗墙连接的结构形式，深覆盖层上趾板典型结构见图 2.4-5。我国深厚覆盖层上已建、在建有 20 余座坝，最早建成的是柯柯亚坝，已建坝高超过 100m 的有那兰、察汗乌苏和九甸峡等坝。其中九甸峡坝最高，达 136.5m。铜街子左副坝坝基覆盖层最厚，达 77m。我国深厚覆盖层上的面板堆石坝都以全封闭防渗墙为主。防渗墙可以与坝体同时施工，互不干扰，有利于施工安排和加

图 2.4-5 深覆盖层上趾板典型结构示意图

速施工进度。

这种趾板布置的关键是：

(1) 查清覆盖层的组成和结构，主要通过钻孔、面波、动力触探、现场原位旁压和载荷试验等多种手段，查明覆盖层的物理力学特性、软弱夹层和可能液化砂层分布情况。

(2) 对软弱夹层和可能液化砂层需作专门处理。

(3) 合理确定趾板建基面高程、防渗墙深度、连接板形式及可靠的接缝止水结构。

(4) 严格控制防渗墙与连接板、连接板与趾板之间的接缝变形。

(5) 高坝在连接板施工前坝体宜有充分的预压沉降期。

(6) 一般都列专题进行系统的试验研究和分析论证。

2.4.1.1.2　趾板尺寸

趾板尺寸：①必须满足坝基渗流控制和止水系统可靠的要求，并结合地基处理措施确定；②必须满足填筑坝体与坝基（包括岸坡）之间变形协调的要求，保证面板端部具有良好的受力与变形条件；③应满足施工方便的要求。

趾板的宽度可根据趾板下基岩的容许水力梯度和地基处理措施确定，其最小宽度宜为3m。容许水力梯度宜符合表2.4-1的规定。高坝趾板宜按高程分段采用不同宽度和厚度。

表2.4-1　趾板下基岩的容许水力梯度

风化程度	新鲜、微风化	弱风化	强风化	全风化
容许水力梯度	≥20	10～20	5～10	3～5

表2.4-2给出了部分工程的趾板设计特性。

风化岩基有一定冲蚀性，须用反滤料防止趾板及其下游坝基的渗透变形。趾板宽度在满足灌浆孔布置后，可以通过在趾板下游设置防渗板（如钢筋混凝土板或钢筋网喷混凝土带）延长渗径，满足水力梯度要求，并用反滤料覆盖在防渗板的上面及其下游部分岩面上。

趾板厚度一般考虑满足自身稳定、承受水力梯度、固结和帷幕灌浆盖重、温度应力和施工等多方面要求，按薄趾板设计，其厚度一般在0.3～1.5m之间，最小厚度不小于0.3m。

表2.4-2　国内部分高面板堆石坝趾板特性表

序号	项　目	宽　度 (m)	厚　度 (m)	混凝土强度/抗渗等级/ 抗冻等级	备　注
1	天生桥一级	10～6	1.0～0.6	C25/W12/F100	
2	洪家渡	4.5	1.0～0.6	C30/W12/F100	下游增设防渗区，河床部位长30m，两岸坡长20m
3	紫坪铺	12～6	1.0～0.6	C25/W12/F150	
4	吉林台一级	12～6	1.0～0.6	C30/W12/F200	
5	三板溪	12～6	0.8～0.6	C25/W12/F100	
6	水布垭	8、6	1.2～0.6	C25/W12/F200（一期） C_{90}30/W12/F250（二、三期）	增设12m、9m、6m和4m防渗板
7	滩坑	10～6	1.0～0.6	C30/W12/F100	
8	董箐	10～6	1.0	C30/W12/F100	
9	马鹿塘二期	9，7	1.0，0.7	C25/W12/F100	

趾板下游应垂直于面板（见图2.4-1），面板底面以下的趾板高度（*ZF*段）为0.9m左右，两岸坝高较低部位可放宽要求，为面板沉降变形留出余地。

采用防渗墙防渗的砂砾石地基上趾板宜通过连接板与防渗墙相接，趾板的厚度可小于连接面板厚度，但不小于0.3m。连接板宜在防渗墙完工后并于水库第一次蓄水前进行施工。

趾板一般不需进行抗滑稳定验算。但厚度大于2m的趾板或高趾墙应进行稳定计算和应力分析。趾板的稳定计算目前尚无规范遵循，一般可用刚体极限平衡法。计算中不计趾板锚筋作用及面板和趾板之间的传力，但可计入堆石体对趾板的主动土压力，或计入面板承受库水压力产生的侧压力，趾板受力示意图见图2.4-6。

2.4.1.1.3　趾板分缝

考虑趾板受基岩约束较强，一般要求基岩上的趾板结合地形、地质条件，设置必要的结构性伸缩缝，与面板的垂直缝错开，并在缝中设置金属止水。

结构性伸缩缝中的止水与周边缝止水连接会给施工带来不便，并且当周边缝产生张开和下沉时，趾板

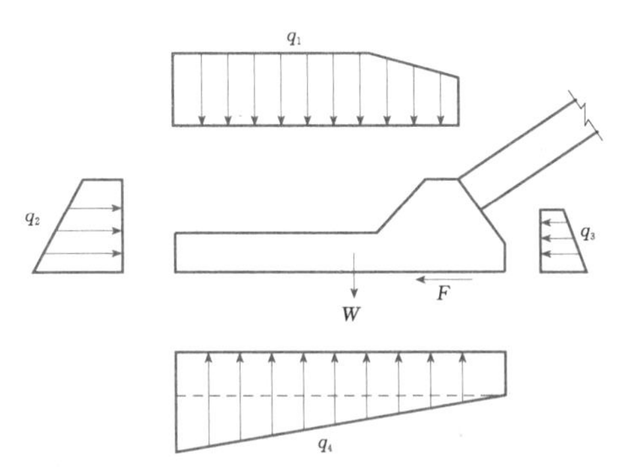

图 2.4-6 趾板受力示意图

止水还将限制周边缝止水的位移变形，而使趾板伸缩缝附近的周边缝止水更易产生破坏。取消结构性伸缩缝可简化止水结构，改善周边缝适应变形的能力。

趾板不设伸缩缝的最大忧虑是担心出现收缩裂缝，一些工程通过合理的混凝土配合比设计或设置后浇带来解决，同时还可以在结构上有效控制裂缝的宽度。细小的裂缝不会成为漏水通道，其存在不至于对大坝安全运行产生不良后果。我国东津、天荒坪、引子渡、洪家渡和水布垭等坝均采用了连续趾板，取得了一定的经验。

趾板施工缝一般按冷缝处理，只打毛而不设止水，钢筋通过施工缝。施工缝的间距一般可取 15m。

2.4.1.2 趾板混凝土

趾板混凝土的要求和面板混凝土的要求基本相同，可按面板混凝土要求进行设计。

2.4.1.3 趾板配筋

趾板的配筋是为了限裂。岩基上的趾板一般采用单层双向配筋，且用锚筋与基岩连接。在趾板的建基面附近存在缓倾角结构面时，锚筋参数应根据基础稳定性要求或抵抗固结灌浆压力确定；非岩基上的趾板可能有两个方向的弯矩，宜采用上下双层双向钢筋，但配筋率和单层钢筋相同。

趾板每向配筋率可采用 0.3%～0.4%，钢筋直径可在 25～30mm 之间选择，间距可在 15cm 左右选择。钢筋的保护层厚度为 10～15cm，保护层最小厚度 10cm。

2.4.1.4 与地基连接

浇筑在岩石地基上的混凝土趾板，要求通过混凝土自身及锚筋与基岩锚固，以发挥组合梁的作用。趾板混凝土必须与地基黏结牢固，要求趾板地基开挖后，岩石表面应经过仔细清洗，浇筑混凝土前用水或水泥浆湿润岩石面。

锚筋的布置和尺寸可参照已建工程确定，其直径一般取 25～32mm，间距 1.2～1.5m，深 4～5m，按方格布置，在地基岩石有软硬变化段时还应加强。锚筋可用普通钢筋制作，用高强砂浆埋固于钻孔内，可采用无损物探法检测施工质量。锚筋与钢筋层应连接牢固，有采用 90°与 180°两种弯钩形式，多数认为 90°弯钩与钢筋连接更为可靠。

【工程实例 1】 洪家渡等宽连续窄趾板布置

洪家渡坝址河谷狭窄，岸坡陡峻，缩减趾板宽度可以更好解决左岸 310m 高近直立高陡坝肩开挖与趾板布置的矛盾，大幅减少坝肩边坡开挖量。招标设计阶段借鉴已有工程经验，经过研究，提出采用等宽窄趾板结构（见图 2.4-7）。

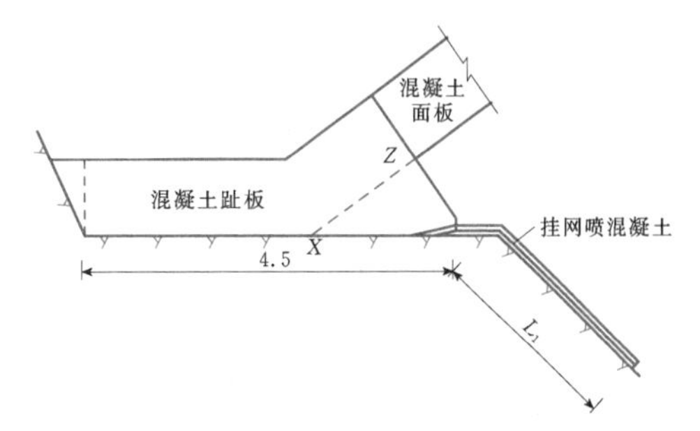

图 2.4-7 等宽窄趾板布置方式（单位：m）

趾板结构形式选用水平（宽度）方向与准线（Z 点连线）方向垂直的布置形式。

宽度采取“4.5+L_1”的布置方式。趾板开挖区宽度均为 4.5m 可满足两排帷幕灌浆要求。根据容许渗流梯度来确定趾板后接坝内渗径延长区（挂网喷混凝土区）L_1，来满足趾板下基岩水力梯度要求。这样，趾板开挖宽度较传统布置减少 1.5～5.5m，减少坝肩开挖工程量约 50 万～70 万 m^3。

高程 1020.00m 以下趾板厚 1.0m，高程 1020.00～1080.00m 段趾板厚 0.8m，高程 1080.00m 以上趾板厚度 0.6m。在趾板外侧设置宽 50cm 的 C20 混凝土台阶，便于施工期交通和运行期检修。

按照大坝两岸及河床趾板嵌深布置情况，趾板坐落在微风化与弱风化线之间，其容许水力梯度为 10～20，考虑到 4.5m 宽趾板基岩不能完全满足地基岩石的抗冲蚀要求，于是在趾板后增设 20～30m 长的渗径延长区（L_1）。

趾板后渗径延长区（L_1）在河床部位水平段长 30m，采用挂网锚杆，现浇聚丙烯纤维混凝土，并进行固结灌浆的方式（见图 2.4-8）进行处理。趾板后渗径延长区两岸坡部位段长 20m，采用挂网锚杆，喷聚丙烯混凝土，并进行固结灌浆的方式（见图 2.4-9）进行处理，固结灌浆孔深 4m。在趾板浇筑前先行锚喷，部分锚喷支护压在趾板下部，以避免趾板与锚喷延长渗径区形成薄弱环节。该区域用垫层料、过渡料覆盖，作防渗和反滤保护。

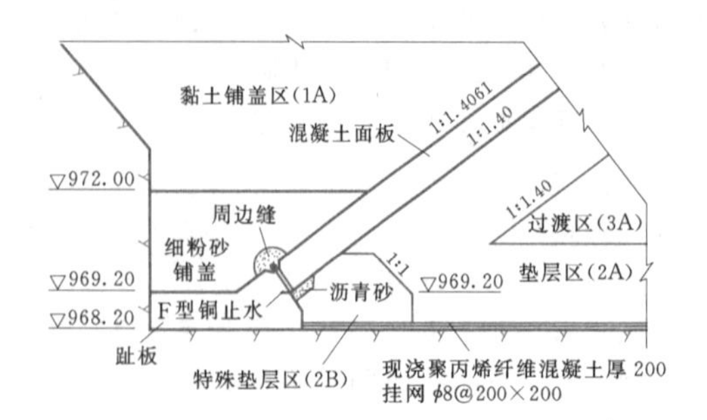

图 2.4-8 河床段趾板后延长渗径区处理图

（高程单位：m；尺寸单位：mm）

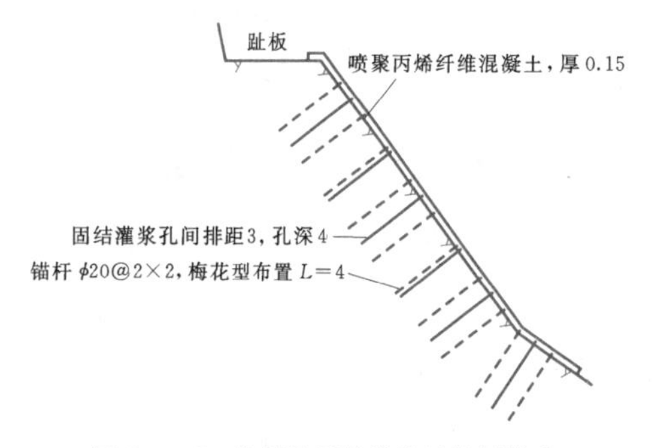

图 2.4-9 趾板后延长渗径区挂网锚喷固结灌浆处理图（单位：m）

渗径延长区采用系统锚杆加固岩体，挂网喷聚丙烯纤维混凝土作为防渗和固结灌浆的盖板，通过固结灌浆进一步加固岩体和提高其抗冲蚀性。同时，由于左岸趾板轴线与垂直坝轴线方向夹角较小，导致垂直趾板方向的趾板内坡较陡，显得趾板基础较为单薄，利用延长渗径区的处理达到加固趾板基础和边坡的目的。

2.4.2 面板设计

2.4.2.1 总体要求

混凝土面板是设置在坝体垫层上的主要防渗结构，从整体来看具有一定的柔性，但局部来看刚度较大。地基和大坝堆石体在自重、水荷载以及其他静动荷载作用下，均会产生一定变形。如何处理好具有一定刚性的混凝土面板与地基、堆石体之间的变形协调性，是面板设计需重视的重要课题之一。面板又是水、大气和堆石体的分界面，工作环境较严峻。面板混凝土应具有优良的耐久性、较高的抗裂性、较低的渗透性，以及良好的和易性。面板设计应满足下列要求：

（1）具有较小的渗透系数，以满足挡水防渗的要求。

（2）有足够的抗风化、抗冻、抗渗能力，以满足耐久性要求。在高寒地区抗冻性是面板混凝土设计的主要控制指标之一。

（3）具有一定的柔性、强度和抗裂能力，既适应坝体的变形，也能承受局部的不均匀变形。

为适应坝体变形、气温变化和满足滑模施工要求，面板堆石坝总是用垂直接缝（顺坝坡方向，也称为纵缝）将防渗面板分成若干条块。为满足用滑动模板连续浇筑面板，中低坝一般不设水平缝，中高坝可按施工分缝需要设水平施工缝。长面板对适应中低和中高坝的坝体变形具有足够的柔性。面板原型监测资料表明：水库蓄水后，面板90%以上面积处于受压状态，局部部位（两侧、顶部及底部）可能有较小的拉应变区。从已建成几座坝的实际观测资料可看出，面板混凝土的压应变和拉应变都低于极限应变值。

监测成果表明：当坝体产生变形后，面板向河床中部产生位移，位于面板中间的部分将受到挤压，而靠近岸边处将受到张拉。一些计算分析表明，面板主要是传力结构，而不是受力结构。它好像贴在堆石体上的“防渗膜”，只要能够满足抗渗性和耐久性的要求，它的柔性越大，就越能适应坝体变形。水荷载使堆石体产生体缩，堆石体的变形通过面板底面的摩擦力传递给面板，促使其产生应变，因而面板应变大小与堆石体变形特性密切相关，而与面板自身厚度相关性不大。提高堆石体压实密度，减小其变形，是降低面板变形量的重要措施。

已有工程经验表明：面板受到坝坡面的约束并不会沿垫层坡面滑动，现行规范并不要求验算面板对趾板的推力作用。

国内部分高面板坝混凝土面板特性见表2.4-3。

2.4.2.2 面板结构

2.4.2.2.1 面板厚度

确定面板厚度时，在满足上述要求的前提下，应选用较薄的面板厚度。

面板的厚度应使面板承受的水力梯度不超过200。高坝面板顶部厚度宜取0.3～0.4m，并向底部逐渐增加，可按下式确定：

$$t = (0.3 \sim 0.4) + (0.002 \sim 0.0035)H \tag{2.4-3}$$

式中 t——面板的厚度，m；

H——计算断面至面板顶部的高度，m。

100m以下的中低坝可采用0.3m或0.4m的等厚面板。寒冷及地震设计烈度较高的区宜适当加厚面板的厚度。

表 2.4-3　　国内部分高面板坝混凝土面板特性统计表

序号	项目	厚度（cm）（顶/底）	分块宽度（m）	混凝土强度/抗渗等级/抗冻等级	配筋形式
1	天生桥一级	30/90	16	C25/W12/F100	单层双向/上部双层双向
2	洪家渡	30/91	15	C30/W12/F100	双层双向
3	紫坪铺	30/83	8，16	C25/W12/F150	单层双向
4	吉林台一级	30/79.4	6，12	C30/W12/F200	单层双向
5	三板溪	30/91.3	8，16	C30/W12/F100	双层双向
6	水布垭	30/110	8，16	C30/W12/F100（一期） C30/W12/F150（二期） C25～C30/W12/F200（三期）	单层双向/部分双层双向
7	滩坑	30/86	6，12	C30/W12/F100	单层双向
8	董箐	30/82	15	C30/W12/F100	双层双向
9	马鹿塘二期	30/—	16	C25/W12/F100	单层双向

填筑完成并采取保护措施后的上游垫层料坡面，因施工放线误差或坝体初期变形等因素，多为起伏面，且多为亏坡。根据多数工程经验，面板厚度可随上游垫层料坡面起伏变化，施工完成后的面板轮廓线总体与设计轮廓线完全一致，且运行良好，但局部的平整度要满足施工规范要求。

2.4.2.2.2　面板分块

面板分块应根据河谷形状、面板应力和变形计算成果及施工条件进行，垂直缝的间距可为8～16m。在陡峻岸坡侧可减小面板分块宽度，以更好适应坝体变形，减少面板裂缝。但也有较多工程的岸坡很陡，如格里拉斯、萨尔瓦琴娜、雅肯布、洪家渡等，陡岸坡上面板的宽度没有减小，运行良好。

分期浇筑的面板，其顶高程与浇筑平台的填筑高程之差不小于5～15m，其水平缝按施工缝处理。

2.4.2.2.3　面板分缝

依据接缝在面板中的位置和作用，可以分为面板与趾板之间的周边缝、面板之间的垂直伸缩缝以及面板与防浪墙之间的变形缝，见图2.4-10。

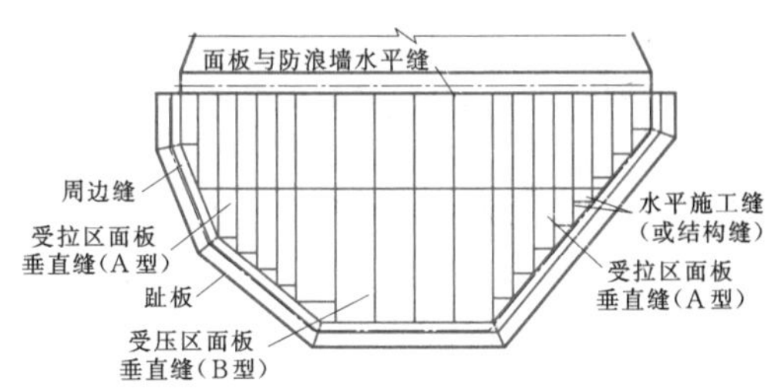

图 2.4-10　面板分缝示意图

1. 周边缝

周边缝是趾板与面板间的接缝。由于面板与趾板分别位于碾压堆石体和基岩之上，即两类变形模量截然不同的地基上，在水荷载作用下，其变形性质也不相同，并使面板与趾板间产生明显的相对位移。周边缝两侧变形的不连续性，导致其变形差远大于其他接缝，通常周边缝的变形是三维的。从防渗角度看，这是面板坝最薄弱的环节。

2. 垂直缝（纵缝）

面板垂直缝从坝顶沿坝坡一直延伸到周边缝，方向与坝轴线垂直，在接近周边缝0.6～1.0m处转弯，使之垂直于周边缝，见图2.4-11。受坝体位移的影响，位于面板中部的垂直缝将受到挤压，这种缝称为B型缝；靠近岸坡附近的垂直缝，则由于所有面板都向面板中部产生位移而将受到拉伸，这种缝称为A型缝。一般需对A型缝和B型缝分别采用不同止水结构。垂直缝的张闭还受温度变幅的控制，当面板宽度为10m，年温度变差达30～40℃时，水上缝宽变化可达2～3mm。

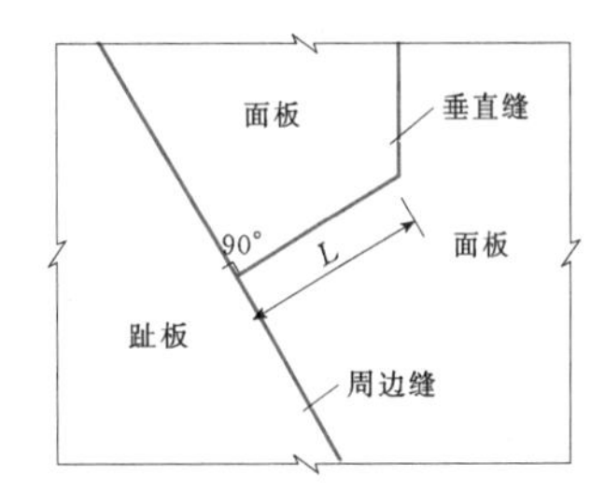

图 2.4-11　周边缝附近垂直缝布置

3. 水平缝

面板堆石坝一般有四种水平缝：

(1) 当采用无轨滑模进行面板施工时，可从周边缝开始一次将面板浇筑完成。如果没有条件采用无轨滑模，或靠近周边缝的面板不规则，可用普通模板浇筑一块起始的三角板，再接着使用滑动模板进行面板施工。这样在三角板的上缘就形成了一条水平缝，这条水平缝一般作为施工缝处理。

(2) 高坝面板因分期施工可设置水平施工缝。水平施工缝一般不设止水，但要求钢筋连续通过。继续浇筑下期面板前需将缝面凿毛并清洗干净。一般要求缝面的上半部分垂直面板表面，下半部分为水平面(见图2.4-12)。

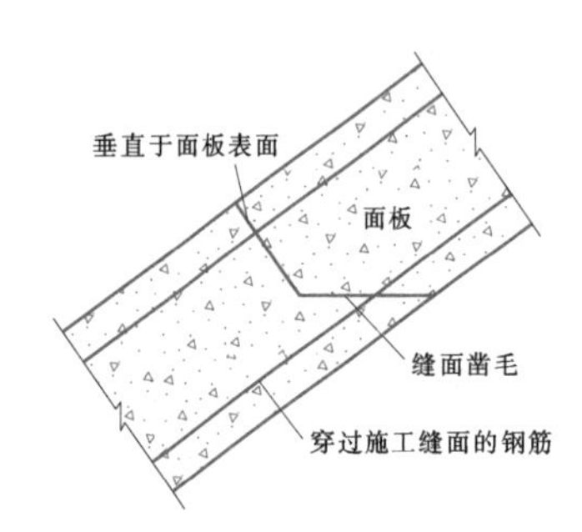

图2.4-12 水平施工缝示意图

(3) 面板与坝顶防浪墙底板间设水平变形缝。水平变形缝一般按周边缝要求设置止水结构，且宜将缝的高程设置在正常蓄水位以上，避免该缝长时间处于水位变幅区。

(4) 坝体超高或地形突变段可考虑设置水平结构缝。如水布垭坝，因防面板过长在高程332.00m处设置一条水平结构缝。三板溪坝右岸第10块面板因处于周边缝突变部位，在高程383.54m处设有水平结构缝。

2.4.2.3 面板混凝土

2.4.2.3.1 技术性能要求

面板混凝土属水工结构混凝土，应满足设计强度要求，并应根据面板的工作条件、地区气候等具体情况，分别满足设计的抗渗、抗冻、抗侵蚀、抗冲刷等耐久性要求，以及抗裂性、施工和易性要求。面板混凝土强度等级不应低于C25，抗渗等级不应低于W8，抗冻等级应按照《水工建筑物抗冰冻设计规范》(DL/T 5082)的规定确定(部分工程面板混凝土的抗冻指标见表2.4-3)。

1. 强度指标

不同坝高建议的面板混凝土强度等级见表2.4-4，同时还应根据面板应力应变计算成果进行调整。混凝土的强度指标反映着它的综合性能，一般来说抗压强度低的混凝土，其他各项性能也比较差。

表2.4-4 建议的面板混凝土强度等级

坝高(m)	强度等级(28d)
≤100	C25
100～150	C25～C30
>150	C30～C35

2. 抗渗性指标

不同面板渗透比降建议的面板混凝土抗渗等级见表2.4-5。抗渗性是面板混凝土的重要指标之一，它不仅决定着透过面板的渗透水量，还对耐久性产生直接的影响。当面板的渗透性较大时，渗透水流将混凝土中的氢氧化钙不断溶解析出，降低混凝土的强度和密实性，严重时使其变得疏松而失去强度；混凝土被水饱和将加剧其冻融破坏作用；进入面板内部的水分和空气，将导致钢筋的锈蚀，减少其受力截面，同时锈蚀的钢筋还产生膨胀，使钢筋与混凝土脱落，失去联合作用，并造成保护层的混凝土开裂和剥落。提高抗渗性指标对承受高水力比降的薄面板耐久性是有利的。

表2.4-5 建议的面板混凝土抗渗等级

面板渗透比降	抗渗等级	渗透系数(cm/s)
≤100	W8	$i\times10^{-8}$
100～150	W10	
>150	W12	

混凝土面板承受着比其他坝型的防渗体更大的渗透比降，为确保其安全运行，对面板混凝土抗渗性方面的要求比强度更为重要。从国内外已建坝的运行情况可知，面板的主要问题是裂缝渗水，防止面板开裂是面板堆石坝设计中重要的内容，需通过面板混凝土设计予以保证。

3. 耐久性指标

混凝土的耐久性直接决定着面板的使用年限，对以薄面板为主要防渗结构的面板极为重要。促使混凝土耐久性降低的外界因素包括：温度变化、干湿交替、冻融及流水冲刷等风化作用；内部因素包括：混凝土表面碳化、疲劳、各种有害离子的化学侵蚀作用、钢筋的锈蚀膨胀以及碱骨料反应等。由于影响因素众多，目前关于耐久性尚无统一的评定指标。由工程经验可知，混凝土的抗冻指标大体可以反映其耐久性。从已建成的混凝土面板看，只有高寒地区有抗冻要求，而南方地区的工程绝大多数没有规定抗冻要求。为保证面板混凝土的耐久性，在无抗冻要求条件下，设计时其抗冻性能指标也不得低于F100；在高寒地区有抗冻要求时，应依据有关规定设计。

在配制混凝土时，掺入引气剂使混凝土含气量达到一定的要求，如控制在4%～6%，可提高混凝土的耐久性。由于原材料可能在施工过程中发生变化，因此在现场须随时检验并控制混凝土拌和物的含气量，含气量过高，对混凝土强度会有较大影响。

4. 抗裂性指标

混凝土面板由于其长度大、厚度薄，受大气温度及湿度的影响强烈，还受垫层的约束作用，其工作环境相当严峻，极易产生危害较大的贯穿性裂缝。目前，面板混凝土抗裂性尚无统一的指标，这一指标还有待经验的积累。鉴于目前的研究水平，可借鉴大体积水工混凝土的经验，取极限拉伸应变作为面板混凝土的抗裂性指标，设计时可参考表 2.4-6 选用，条件许可时，宜尽量提高面板混凝土的极限拉伸值。

表 2.4-6 建议的面板混凝土极限拉伸值

坝高 (m)	混凝土极限拉伸值 ($\times10^{-6}$)
≤100	≥80
100～150	≥85
>150	≥90

5. 施工和易性指标

混凝土的施工和易性指标见面板混凝土配合比设计部分。

2.4.2.3.2 面板混凝土配合比

面板混凝土宜采用 P.O 42.5 硅酸盐水泥或普通硅酸盐水泥。当采用其他水泥品种和强度等级时，需通过对比试验确定。面板混凝土中宜掺粉煤灰或其他优质掺合料。粉煤灰等级不宜低于Ⅱ级，掺量一般为 15%～30%，严寒地区取较小值，温和地区取较大值。砂料较粗时可采用粉煤灰超量取代水泥措施，改善混凝土性能。粉煤灰的质量应符合 DL/T 5055 的要求。面板混凝土应掺用引气剂和减水剂。根据需要，也可选用其他改善混凝土性能的外加剂，如膨胀剂、增密剂等。采用的外加剂和掺合料的种类及掺量应通过试验确定。

面板混凝土一般采用二级配骨料。用于面板的砂料吸水率不应大于 3%，含泥量不应大于 3%，细度模数宜在 2.4～2.8 范围内。石料的吸水率不应大于 2%，含泥量不应大于 1%。

面板混凝土的水灰比，温和地区应小于 0.50，寒冷和严寒地区应小于 0.45。溜槽入口处的坍落度宜控制在 3～7cm，混凝土的含气量应控制在 4%～6%。

面板混凝土的性能是通过其配合比设计来保证的，主要考虑的问题如下。

1. 原材料

混凝土原材料，包括水泥、砂石骨料、外加剂和掺合料，其品种、产地较多，性能、质量、价格不一。因此，规范规定在选择这些材料时应通过试验，经技术经济比较后选定，强调质量必须符合有关技术标准。国内有的工程面板混凝土部分采用了安定性不合格的水泥，导致面板裂缝较多。

（1）水泥品种及强度等级。结构混凝土所用水泥的品种有硅酸盐水泥、普通硅酸盐水泥、硅酸盐大坝水泥、矿渣水泥等。硅酸盐水泥和普通硅酸盐水泥保水性好、泌水率小、和易性好，利于溜槽输送，面板堆石坝施工规范推荐优先采用硅酸盐水泥或普通硅酸盐水泥来配制面板混凝土。但根据工程具体情况，通过深入的试验论证，必要的程序批准，也可选用其他品种水泥。选用水泥时，要特别注意其安定性指标。从防止面板混凝土裂缝角度，应尽量避免使用具有早强性质的水泥。

矿渣水泥由于保水性较差，易泌水，保持水分的能力较差，在析出多余水分后容易形成较大的毛细管通道或留下较大的孔隙，降低混凝土的抗冻能力，同时其干缩性能较大。但与硅酸盐水泥相比，矿渣可以改善水泥的安定性，能抑制碱骨料反应，并具有较强的抗溶蚀性能。因此，只要措施得当，满足工艺要求，水泥品质又较好，通过试验论证后可考虑使用。

（2）掺合料。掺合料包括粉煤灰、硅粉、火山灰、凝灰岩粉、石粉以及这些材料的混合料。掺用优质粉煤灰在大体积混凝土和普通混凝土中，已是常规办法，其技术、经济效益十分显著。掺入粉煤灰后混凝土的早期强度一般较低，但后期强度增长率较高；可以减少水化热和面板的收缩量，对防止裂缝很有利；可以减小混凝土的透水性，提高抗侵蚀性；抑制碱骨料反应；提高施工和易性并减小泌水和离析；还可以改善水泥的安定性，对采用立窑的水泥很有好处。掺粉煤灰后将降低混凝土的抗冻性，但合理运用引气剂使其具有一定的含气量，抗冻性仍有保证。粉煤灰可部分代替细砂，改善细骨料的级配；部分代替水泥，减少水泥用量。粉煤灰的细度和含碳量对混凝土的性能影响较大，一定要通过试验来确定其等级和最优掺量。关门山坝曾采用石粉代替砂，掺量达 20%。

粉煤灰的需水量比影响混凝土的干缩性。Ⅱ级粉煤灰需水量比在 95%～105%范围内，与不掺粉煤灰的混凝土干缩性基本相同或稍有增减；Ⅰ级粉煤灰需水量比小于 95%，且由于其含碳量低、颗粒细、球形颗粒含量高，使形态效应、微集料效应和火山灰效应得以充分发挥，起到了固体减水剂的作用。不仅能降低混凝土的水化热、弹模、渗透性，还能减少混凝土的干缩性。虽然对混凝土早期强度及极限拉伸值有一定影响，但有利于后期强度及极限拉伸值的发展，可提高混凝土的后期抗裂性。面板混凝土一般选用Ⅱ级以上的粉煤灰。

（3）骨料。面板混凝土普遍采用的是人工骨料和天然砂砾骨料两种，其最大粒径为40mm，分为5～20mm和20～40mm两级。这样可提高混凝土的均匀性，增强抗裂能力，便于接缝附近的混凝土浇筑密实。面板混凝土中小石用量多于中石，可采用较高的砂率。根据已建工程经验，小石与中石的比例可选用6∶4～5∶5。选用灰岩等自身热膨胀系数小的原岩制备粗骨料，可提高混凝土的抗裂性能。但应注意按规范要求评价其是否具有碱骨料反映，必要时采取抑制措施。

细骨料（砂子）的质量对混凝土的品质有较大的影响，必须选用级配良好、细度模数在2.4～2.8（人工砂）或2.2～3.0（天然砂）、软弱颗粒含量较少的砂子。天然砂级配不能满足时，可以用人工砂掺配改善，也可掺石料、粉煤灰等来代替部分细砂。粗细骨料中的含泥量对混凝土的耐久性十分不利，而且使混凝土收缩性加大，易于发生裂缝，必须严格控制。

（4）外加剂。在面板混凝土中掺加外加剂对提高混凝土的品质和改善施工性能均有显著效果。外加剂的种类繁多，作用各有不同，需通过试验来确定其品种和数量。如使用不当，可能有负面影响，应慎重选用。经常使用的是引气剂和各种减水剂。近年还使用过各种复合外加剂。

掺加引气剂可以显著改善混凝土的施工和易性，大大提高混凝土的抗冻性和耐久性。国内外绝大多数工程都在面板混凝土中掺加引气剂，引气量一般达到4%～6%，一般通过性能对比试验优选引气剂品种。

掺用普通减水剂和高效减水剂对减少混凝土用水量、节约水泥、提高混凝土各种性能都有很大作用，可以与引气剂复合使用。面板混凝土宜优先采用高效减水剂。木钙等普通减水剂有发泡作用，其气泡直径比引气剂引发的气泡大1倍以上，单位体积内气泡个数仅约1/3，其抗冻指标相差2倍，对面板混凝土的耐久性不利。因此，在一般情况下引气剂应与本身不发泡的高效减水剂复合使用，即实现引气剂和减水剂的“双掺”。在高温下浇筑面板时，可适量掺入缓凝型减水剂，如木钙等，而形成三复合外加剂。但复合型外加剂各自的掺量应与单掺时有所不同，可通过试验确定。过去曾有些试验成果表示双掺不如单掺，这是配伍不当所致。凡经详细试验研究的，效果都很好，提倡使用复合外加剂。

有的工程掺加MgO、增密剂或防裂剂等微膨胀剂，配制具有收缩补偿性能的混凝土，也取得较好的防裂效果。收缩补偿混凝土需在充分试验研究的基础上采用。

（5）纤维。从白溪坝开始，有多座坝掺加聚丙烯纤维，对防止塑性裂缝和提高低龄期混凝土的抗裂性能有利。水布垭掺加了防裂性能更好的聚丙烯腈纤维。采用聚丙烯等化学微纤维，要通过充分的试验研究，特别要注意投料顺序、拌和时间，避免纤维在混凝土中结团。龙首二级（溪流水）坝、洪家渡坝和水布垭坝还尝试采用了掺加钢纤维的面板混凝土，但钢纤维面板混凝土造价较高，可借鉴的设计和施工经验不多。

国内部分工程面板混凝土原材料使用情况见表2.4-7。

2. 混凝土配合比

混凝土配合比根据设计对面板混凝土的性能指标和现场所能提供的原材料，通过室内试验来确定，并通过现场生产性复核试验最后选定，在施工过程中还需依据实际情况不断进行调整，既要满足抗渗、抗冻和防裂等性能要求，又要达到施工性能要求。面板混凝土具体配合比指标如下。

（1）水灰比。水灰比是控制面板混凝土的抗渗性和耐久性的主要指标，选择水灰比时应考虑水泥品种与强度等级、外加剂的种类与用量以及设计所规定的混凝土性能等因素。根据国内外的经验，绝大多数面板混凝土的水灰（水泥+粉煤灰）比在0.4～0.5之间，工程实例参见表2.4-7，一般以不超过0.5为宜。西藏查龙面板坝处于高寒地区，海拔高程4350.00m以上，极端最低气温达-41.2℃，抗冻要求高，水灰比用到0.35。当面板采用改性后的高性能混凝土时，其水灰比一般控制在0.4以下。

（2）用水量。影响用水量的主要因素是水泥品种、外加剂和掺合料的种类及掺量、粗细骨料的级配以及施工对混凝土拌和物坍落度的要求等因素，在水灰比的使用范围内，混凝土的用水量不受水灰比的影响。面板混凝土的用水量反映着混凝土配合比的设计水平。降低用水量对减少混凝土的收缩和渗透性，提高耐久性有积极作用。国内已建工程的面板混凝土用水量变化范围较大，高者达180～190kg/m^3，低者仅130～140kg/m^3，大多数在150～160kg/m^{3}范围内。

（3）其他指标。面板混凝土的和易性是混凝土施工性能好坏的重要指标。施工和易性主要采用坍落度

表 2.4-7 国内部分面板混凝土原材料及配合比

工程名称	砂率(%)	水胶比	材料用量(kg/m)							减水剂	引气剂	其他(%)	坍落度(mm)	含气量(%)
		$\frac{W}{C+F}$	水	水泥	粉煤灰	其他掺和料	砂	小石	中石					
西北口	41	0.44	132	(32.5矿渣)300			800	645	528	木钙0.2%	$DH_9$0.007%		40～60	4～5
株树桥	39	0.5	158	(32.5矿渣)316			747	584	584		$DH_9$0.007%		30～70	4～6
万安溪	39	0.39	141	(42.5普硅)324	74(含代砂)		655	558	558	UF(人工砂)	$DH_9$0.12%	0.5(PE)	40～60	4
	40	0.4	152	(42.5普硅)340	99(含代砂)		633	534	534	木钙(天然砂)			40～60	4
小山	38	0.389	138	(抚顺42.5中热)355			687	686	457			0.36(SK引气减水剂)	80	3
黑泉	37	0.35	123	(42.5中热)298	53(Ⅰ级灰)		719	674	551	FDN0.6%	$DH_9$0.008%		40～60	
成屏	27	0.55	180	(32.5普硅)294	34		498	628	793	糖蜜0.37%			30～50	
莲花	40	0.382	130	(抚顺42.5中热)340			765	981	461	SK复合引气减水剂0.36%				
小干沟	32	0.4	150	(32.5矿渣)375			600	1275	1275	UNF1%	0.007%		60～90	
龙溪	37	0.53	164	(32.5矿渣)309			681	637	521				30～70	
东津	36	0.42	155	(华新42.5普硅)369			649	645	527		$DH_9$0.008%		40～60	4
芹山	36.7	0.4	123	(武夷牌42.5普硅)268	68(含代砂)		662	483	724	FDN-2,2.03	$DH_9$0.0216		60～80	
珊溪	35	0.338	124	(42.5普硅)287	51(Ⅰ级灰)	聚丙烯纤维0.9kg/m³	625	671	547	NMR高效减水剂0.75%	BLY引气减水剂1%	8(VF-Ⅱ防裂剂)	30～50	3～4
天生桥一级	40	0.48	144	(贵州42.5中热)240	60	水泥微膨胀				RC-1减水剂0.2%	AE0.0295		60～80	
公伯峡	34	0.40	110	(42.5中热)220	55			50%	50%	JM-A高效减水剂0.6%	$DH_9$0.006%	1.5(JM-SRA减缩剂)	70～90	4～6
洪家渡	36	0.4	132	(乌江牌42.5普硅)247	83(Ⅰ级灰)	聚丙烯纤维0.9kg/m³	698	620	620	UNF-2C减水剂1%	AE0.003%	11.2(外掺MgO)	70～90	4～5

来表示，使混凝土拌和物满足下列要求：在长溜槽中输送易下滑、不离析并具有黏聚性；入仓后不泌水并易振实；出模后的混凝土不被拉裂、不变形、不流淌；保证滑动模板易升滑。

面板混凝土一般不允许采用泵送混凝土，当采用溜槽输送混凝土拌和时，坍落度应取3～7cm；当不得不使用泵送混凝土时，则坍落度应取8～12cm。在给定的水灰比条件下，混凝土的砂率、水泥用量和中小石的比例，对坍落度有较大影响。与常规混凝土相比较，小石比例、砂率、水泥用量都要高一些，主要原因在于保证其良好的和易性。表2.4-7给出了国内几个工程的使用资料，由于各工程的设计不在一个水平上，表中各值仅能用作相对比较。

2.4.2.4　面板配筋

由于面板浇筑时混凝土硬化初期的温升、干缩及水库投入运行前的外界温度变化，均有可能引起面板裂缝。面板温度裂缝以水平裂缝居多。面板配筋是为了控制温度裂缝和水泥硬化初期的干缩裂缝，限制这些裂缝的扩展，并将可能发生的条数较少、宽度较大的裂缝分散为条数较多而宽度较小的裂缝。面板配筋在混凝土浇筑中也能起到约束混凝土，避免混凝土沿坡面鼓胀、流淌的作用。一般情况下，面板钢筋多为构造钢筋，很少为结构应力的需要。

一般情况下，面板采用单层双向钢筋，钢筋宜置于面板截面中部（或偏上位置）。钢筋用量按面板设计厚度计算，可不考虑面板施工引起的超厚。每向钢筋配筋率可为0.3%～0.4%，有时水平筋略低于垂直向的钢筋为0.3%。在岸边受拉区，面板配筋率可高于中部受压区。面板一般多用直径22～28mm的钢筋，间距26～30cm，单纯从限制干缩或温度裂缝来看，选择较细的钢筋，可能更有利。水平钢筋放在上面，以有利于施工和行走。钢筋宜采用HRB335级和HRB400级螺纹钢筋。

在受压区，面板靠近垂直缝的边缘可设置加密细钢筋，来提高面板边缘的抗挤压能力，防止边缘局部挤压破坏，提高抗裂性能。周边缝处的面板边缘在施工期处于受压状态，也需要配置边缘加密钢筋。根据一些坝的经验，坝高不大时，可以省去边缘钢筋。

对150m以上高坝，宜在面板上部、周边缝15～20m范围内、分期施工缝以下10～15m范围内布置双层双向钢筋网。每向钢筋配筋率为0.3%～0.4%。钢筋的保护层厚度宜为10～15cm。也可根据面板应力应变计算成果进行面板配筋。在高坝周边缝及压性垂直缝两侧宜配置抵抗挤压的构造钢筋。

当全面采用双层钢筋时，为使面板刚度不增大，可适当降低钢筋直径，确保含筋率与单层配筋时的含筋大致相当，并在两层钢筋间设置必要的箍筋。为有利于施工和行走，可在面层水平钢筋设置适量的粗钢筋。可适当降低坝顶高程附近混凝土保护层厚度，钢筋的保护层厚度宜为5～15cm。

【工程实例2】　水布垭坝面板混凝土设计

水布垭坝面板混凝土分三期施工，根据各期的施工环境、受力特点及运行条件，各面板混凝土性能要求见表2.4-8。

表2.4-8　水布垭坝面板混凝土特性指标表

工期	强度等级	抗渗等级	抗冻等级	级配	极限拉伸值 t_p（$\times10^{-6}$）	坍落度（cm）	最大水灰比	纤维类型	备注
一	C30	W12	F100	二	≥100	3～7	0.38	聚丙烯腈纤维	死水位以下
二	C30	W12	F150	二	≥100	3～7	0.40		
三	C25～C30	W12	F200	二	≥100	3～7	0.40	聚丙烯腈纤维与钢纤维混掺	水位变化区

水泥：选用荆门葛洲坝水泥厂的425中热硅酸盐水泥，要求水泥熟料中MgO含量应控制在3.5%～5%，以保证混凝土具有微膨胀性，使90d龄期自生体积变形大于20×10^{-6}，从而降低和补偿混凝土的收缩性。

粉煤灰：通过科研单位的室内反复试验，选用湖北襄阳（原襄樊）电厂生产的Ⅰ级粉煤灰。

粗、细骨料：主要采用公山包料场的灰岩人工骨料，要求质地坚硬、洁净、级配良好。细骨料的细度模数控制在2.4～2.7范围内；粗骨料采用二级配，最大粒径为40mm，分成5～20mm（小石）和20～40mm（中石）两级，小石与中石比例为55∶45，以提高混凝土的抗分离能力。

外加剂：根据对水布垭面板混凝土性能的基本要求，需采用具有缓凝、减水、引气功能的外加剂。水布垭工程首次将羧酸类减水剂应用于面板混凝土中，即采用SR3减水剂和AIR202引气剂复合使用。科研单位试验表明，该混凝土除具有普通减水剂和高效减水剂所具备的优点外，还具有如下特点：①具有良好的缓凝、减水和引气效果；②由于羧酸类减水剂的长链特性，使配制的混凝土具有良好的触变性，即混凝土静置一段时间（0.5～1h）后再振动或翻动，混凝土就会恢复相当的流动性；③混凝土静置一段时间后，坍落度及含气量都基本无损失，有助于将混凝土坍落度控制在3～5cm范围内；④混凝土具有良好的黏聚性，有利于长溜槽运输过程的抗分离。以上特点对水布垭这样的高坝、长面板尤其重要，大大改善了面板混凝土的工作性。

纤维：科研单位的试验表明：混凝土中掺适量的纤维可提高面板混凝土的抗裂性，尤其是能提高初裂强度和韧性。掺合成纤维能提高初裂强度10%，掺钢纤维能提高初裂强度30%。

为降低成本，在一、二期面板混凝土中仅采用聚丙烯腈纤维（单丝型）。这种纤维弹性模量不小于15000N/mm²，比其他合成纤维（如聚丙烯纤维）的弹性模量高一个量级，与混凝土的弹性模量量级相当，便于和混凝土协调变形。

由于三期面板部分处于水位变化区，要求面板混凝土具有更高的抗裂能力，所以采用了钢纤维（冷拉型）和聚丙烯腈纤维（单丝型）复掺的方式。

根据设计提出的要求，水布垭坝在多次室内试验的基础上，经现场生产性试验，最后得出各期面板混凝土施工配合比见表2.4-9。

表2.4-9　水布垭坝面板混凝土配合比

工期	主要参数					材料用量（kg/m³）										坍落度（cm）
	SR3（%）	AIR202（%）	$W/(C+F)$	F（%）	S（%）	W	C	F	S	小石	中石	聚丙烯腈纤维	钢纤维	SR3	AIR202	
一	0.5	0.015	0.38	20	39	132	278	69	765	658	539	0.8		1.74	0.052	3～7
二	0.5	0.015	0.38	20	39	135	284	71	759	653	534	0.8		1.78	0.053	7～10
三	0.5	0.020	0.38	20	42	146	307	77	782	598	490	0.7	30	1.92	0.0768	3～7

【工程实例3】　洪家渡坝面板混凝土设计

洪家渡坝根据面板工作性能要求、受力特点和裂缝机理分析，设计提出的面板性能要求如下：

(1) 具有较低的透水性，以满足防渗要求。

(2) 具有较高的抗拉强度，以承受一定的不均匀变形，防止面板开裂。

(3) 具有较低的弹模，以适应坝体的变形。

(4) 具有较好的耐久性，以提高抗风化能力。

综合规范要求和已有工程经验及洪家渡工程具体条件，洪家渡坝提出的面板混凝土主要技术指标为：强度等级C_{28}30，强度保证率大于95%，抗渗等级W12，抗冻等级F100，二级配骨料，水灰比0.45～0.50，且要求具有良好的施工性能（见表2.4-10）。同时还要求混凝土具有较低的绝热温升，较大的极限拉伸值（$>100\times10^{-6}$），较小的干缩率，并具有较好的收缩补偿性。

表2.4-10　洪家渡坝面板混凝土特性指标

名称	强度等级	骨料级配	抗渗等级 W	抗冻等级 D(次)	水灰比 W/C	坍落度（cm）
面板混凝土	C30	二级配	W12	F100	0.45～0.50	4～8

贵州地处喀斯特岩溶地区，石灰岩分布广泛，其制成的骨料和水泥是理想的建筑材料，混凝土原材料选择有良好的基础。经调研、分析和试验比较，并结合工程实际采用原材料来源，优选的原材料主要为：

(1) 贵州水泥厂生产的“乌江牌”普通硅酸盐P.O 42.5水泥。

(2) 遵义电厂或凯里电厂生产的Ⅰ级粉煤灰。

(3) 现场生产的灰岩人工砂石料。

(4) 工地生产用水。

(5) 国产优质高效减水剂和引气剂。

(6) 国产优质氧化镁（MgO）和聚丙烯纤维。

洪家渡坝混凝土面板为变厚面板，最大斜长为298.5m。为较好地兼顾施工期和运行期面板受力特点，充分发挥钢筋靠表层布置有利于限裂的特性，洪家渡坝在借鉴天生桥一级坝经验的基础上，面板全部采取双层双向网状配筋，在两层钢筋间设置必要的S形拉筋。总配筋率与单层双向配筋相当，即竖向配筋率为0.4%，水平向配筋率为0.3%，钢筋直径为14～18mm，纵横向钢筋间距为15cm，并穿过施工缝面。为避免钢筋过细影响上、下施工作业，水平向钢筋每隔一定距离适当加大钢筋直径（28mm）。为防止面板边缘局部挤压破坏，在周边缝、垂直缝等压应力较大区域的面板两侧配筋封闭，在面板与趾板接触带配设面板加强钢筋，加强其结构抗压性。钢筋保护层厚度按高程不同分别为10cm、8cm、5cm。面板双层双向网状配筋对防止浇筑施工中混凝土“下滑鼓包”现象更为有利。

【工程实例4】 万安溪等坝面板混凝土配合比选择

万安溪坝面板混凝土选用当地龙岩水泥厂生产的425号早强型普通硅酸盐水泥，强度等级为C25，保证率90%，离差系数选定0.18，配置混凝土28d强度为32.5MPa，水灰比0.39～0.40，坍落度4～6cm。选用超量取代法掺粉煤灰，用人工砂和天然河砂拌制的混凝土其粉煤灰掺入量分别达到胶凝材料的19%和32%，以代替部分水泥和部分细砂。明显减少了水泥用量并改善了不良的砂子级配。外加剂采用木钙缓凝剂、DH_9引气剂、FE高效减水剂等掺入的三复合外加剂，具有缓凝、引气、减水的显著效果，混凝土含气量达4%～5%，减水率达20%以上。外掺三复合外加剂和内掺粉煤灰的面板混凝土优化配合比，克服了原材料的严重缺陷，显著改善了施工和易性，保证了输送和浇筑过程不分离、不泌水，混凝土性能优良，显著提高了抗裂性能。

继万安溪成功经验之后，国内面板混凝土在配合比中的外加剂方面，许多单位进行了大量试验研究，取得了有益的进展。例如珊溪坝采用了限制膨胀补偿收缩的VF-Ⅱ防裂剂；白溪坝二期面板采用了聚丙烯纤维混凝土；小溪口坝采用了WHDF增强密实剂；榆树沟坝采用了C45～C50高性能混凝土等。

2.4.3 面板与趾板抗裂措施

2.4.3.1 面板抗裂措施

1. 裂缝概述

已建工程混凝土面板出现裂缝的实例较多，近年部分高坝裂缝与运行状态统计见表2.4-11。这些裂缝大体上分为两类：面板结构性裂缝和混凝土自身裂缝。面板结构性裂缝主要由坝体变形引起，一般通过采取坝体变形控制措施加以防治。面板混凝土自身裂缝包括温度收缩裂缝和失水干缩裂缝，大多是温度收缩裂缝。

据国内外文献，混凝土面板在蓄水前就发现微细裂缝的情况并不罕见，且混凝土自身裂缝大多颇有规律：

（1）裂缝的方向大多是水平的，部分贯通面板宽度。

（2）裂缝都集中在较长板块，靠近岸边的较短板块不裂或很少裂缝。

（3）裂缝宽度一般小于0.2mm，仅个别达到0.5mm及以上，而以0.1mm左右的居多。

表2.4-11 近期部分已建高面板堆石坝裂缝与运行状况统计表

序号	项　目	坝体最大垂直沉降值/与坝高的比值（测值时间）	面板裂缝数量（条）
1	西北口		262
2	天生桥一级	354.0cm/1.99%（2006年8月）	4537/面板垂直缝挤压破坏
3	洪家渡	135.6cm/0.76%（2007年12月）	33
4	紫坪铺	88.4cm/0.56%（2005年7月）	面板垂直缝轻微挤压破损
5	吉林台一级	77.0cm/0.49%（2007年）	121
6	三板溪	175.1cm/0.96%（2006年8月）	116/面板水平挤压破坏
7	水布垭	247.3cm/1.06%（2008年2月）	637/面板垂直挤压破损
8	滩坑	71.5cm/0.5%（2008年1月）	226(一期面板)
9	董箐	165.4cm/1.1%（2008年12月）	83

（4）裂缝很少贯穿面板厚度，多在钢筋处尖灭。

（5）大多数微细裂缝在浇筑后不久即被发现，以后有闭合和自愈趋势，有的在越冬后有所发展。

实践证明：通过面板细微裂缝的渗漏量不大，而且坝体是透水材料，不会有提高浸润线、产生孔隙压力或渗透破坏等问题。但裂缝对面板的主要危害是降低其耐久性，包括冻融、溶蚀及钢筋锈蚀等方面，防止面板裂缝是面板坝的关键技术问题之一，需予以高度重视和认真对待。

2. 面板裂缝机理

面板结构性裂缝主要由坝体变形过大以及面板受冰压力和地震力等外来作用引起。大量面板堆石坝运行实践证明：面板并不因水压力产生结构性裂缝。减免坝体变形过大引起的结构性沉降变形裂缝主要通过采取变形控制集成技术来实现。一般要求提高坝体和坝基的密实性，减少荷载作用下的变形。

一般面板产生有规律的水平裂缝的主要原因是温度和干缩，或者两者的综合。由温度、湿度等环境因素的变化引起混凝土收缩，加之基础约束而在混凝土内诱发拉应力，是促使发生裂缝的破坏力，是面板裂缝的外因。混凝土自身的性能和质量决定混凝土的抗裂能力，这是内因。如这种破坏力大于抗裂能力时，混凝土就会发生裂缝，反之混凝土就可保持其完整性。因此，要防止混凝土裂缝，就要采取措施，尽量提高混凝土本身的抗裂能力，并尽量减少外界因素引发的破坏力。

面板混凝土自身裂缝主要是由于施工过程及运行初期混凝土水化热温升和降温及外部气温升降引起的内外温差、混凝土自身体积变形引起的收缩、湿度变化引起的干缩、周边约束引起的应力和应变等导致的荷载作用引起的，可将这些影响因素归结为混凝土材料、面板结构和环境影响等几方面。以下主要讨论面板混凝土自身裂缝的防裂措施。

3. 面板抗裂限裂措施

面板内部及其周边缝附近产生的温度应力主要由建坝地区的气候条件、施工条件不利而引起。面板温度应力过大将导致有害的裂缝。

国内面板堆石坝建设者针对面板防裂抗裂作了多方面的改进，缓解和基本解决了面板裂缝多的问题，如广州抽水蓄能电站(以下简称“广蓄”)、小干沟、万安溪、小溪口及近期建设的高坝等工程都取得了很好的效果。近期高坝工程的主要防裂措施见表 2.4-12。

表 2.4-12　　国内部分高坝面板混凝土主要防裂措施统计表

序号	项　目	防　裂　措　施
1	天生桥一级	掺 15%粉煤灰；覆盖、洒水养护
2	洪家渡	掺 MgO 和聚丙烯纤维的收缩补偿混凝土＋双层配筋＋保温保湿养护
3	紫坪铺	掺 20%粉煤灰、0.6kg/m³ 微纤维
4	吉林台一级	掺 15%粉煤灰、0.9kg/m³ 聚丙烯微纤维
5	三板溪	掺粉煤灰、聚丙烯纤维；面板表面涂刷水泥基结晶涂料；覆盖、洒水养护
6	水布垭	掺聚丙烯腈纤维；修整挤压边墙，喷洒乳化沥青；掺加优质外加剂；低温季节施工、及时养护；面板顶部与坝体填筑断面顶部保持一定的高差；二期面板顶部高程设置永久水平缝
7	滩坑	掺防裂剂；覆盖、洒水养护
8	董箐	掺 25%粉煤灰、3%氧化镁、0.9kg/m³ 聚丙烯腈纤维
9	马鹿塘二期	掺 10%～30%粉煤灰

现行规范就面板混凝土防裂措施提出了较为全面的要求。技术措施主要有材料措施、结构措施和温控措施等方面。

(1) 材料措施。材料措施主要是通过优选混凝土原材料、优化配合比，提高抗拉强度和极限拉伸值。对抗裂而言，混凝土的抗拉强度和极限拉伸值起主要作用。当其他条件不变时，提高抗拉强度和极限拉伸值就可增加面板的不开裂长度。

1) 优选原材料。水泥的品种和质量对混凝土极限拉伸值和抗拉强度有很大影响，应尽量使用高强度等级硅酸盐水泥或普通硅酸盐水泥，以提高其抗拉性能。使用带有膨胀性的水泥或添加微膨胀剂，对抗裂也是有利的，但需慎重研究，以避免其副作用。

应合理控制砂石骨料吸水率过大。吸水率过大，不仅会增加混凝土的收缩，而且会显著降低混凝土的抗拉性能，对面板抗裂性能特别有害。应尽量采用热膨胀系数小的灰岩等原岩制备的骨料，减小骨料含泥量以减小收缩。

应结合当地建筑材料特点，优选掺合料和外加剂。

2) 掺加微纤维。在混凝土中掺用聚丙烯纤维是近年来发展最快的面板混凝土抗裂技术之一。国内面板堆石坝从白溪和珊溪坝开始，开展了大量掺加聚丙烯等纤维的试验研究，并成功用于面板防裂。

3) 优化配合比。混凝土配合比设计时，应尽量减小水灰比和用水量，尽量提高混凝土极限拉伸值，宜使用高效减水剂及引气剂，适当掺加粉煤灰，在满足其他性能要求的前提下，控制水灰比不大于 0.5，或更小。

采用高效减水剂、引气剂及粉煤灰等优质外加剂和掺合料，减小水泥用量、加水量和水灰比，减少水化热温升和收缩变形，都可以减小湿度及湿度变化诱发的拉应力。

(2) 结构措施。

1) 合理配筋。合理配筋可以起限制裂缝的作用，使条数少而宽度大的裂缝分散成条数多而宽度小的裂缝。由于渗漏量与裂缝宽度的三次方成正比，因此裂缝宽度的减小可有效地减小渗透流量。在可能出现裂缝的部位可适当增加钢筋量。国内已有几个工程选择双层双向配筋作为防裂抗裂措施。

2) 合理分块。许多工程在施工中将面板分两期或更多次浇筑，减小一次浇筑的面板长度，以释放部分温度及收缩应力，也是一种减少裂缝的有效措施，但不是决定性的。

3）降低底面约束。可通过坡面喷乳化沥青来降低面板底面约束，以增加面板与垫层料间的“润滑”作用。面板受到基础面约束的程度与面板裂缝有密切关系。面板下垫层的施工期保护层有喷混凝土、喷低强度等级碾压砂浆、喷乳化沥青等多种形式，提供的约束程度也有所不同。在采用挤压边墙、砂浆等固坡技术时，浇筑混凝土前对坡面喷涂沥青，可以减少对面板的约束。

坡面喷乳化沥青一般为二油二砂结构，即坡面碾压并喷第一道改性沥青后，表面洒一层细砂（或称细米石），然后用特制碾进行坡面碾压，再喷第二道沥青并洒细砂和碾压。洪家渡、三板溪、水布垭等坝在上游坡面均采用了喷乳化沥青保护措施。

面板的基础表面还应尽量光滑平整，避免存在大起伏差，局部不应形成深坑或尖包。垫层面起伏不平、插入垫层的架立筋的直径和根数，都对约束程度有一定影响。

嵌入垫层的架立筋直径宜细些，间距大些，埋入深度小些。如有条件架立筋可不嵌入垫层料中，或在浇筑混凝土前将其切断。

洪家渡坝为减小垫层料坡面对面板的约束，面板钢筋网的架立钢筋采取“板凳式”架立技术，不直接插入垫层料内，少量插入垫层料内的架立筋在混凝土浇筑时作切断处理，避免混凝土浇筑后插筋对面板的约束作用。

4）降低侧面约束。应通过确保面板侧模平直来减小面板混凝土侧面约束。有的工程面板发生的裂缝绝大多数发生在Ⅱ序块上。分析发现，面板采用跳块浇筑，Ⅰ序块除受底部垫层料约束外，两侧在Ⅱ序块浇筑前基本上不受约束。而Ⅱ序块膨胀或收缩时基本上没有变位的余地，处于底面和两侧面等三面约束状态。传统垂直缝面一般仅涂刷沥青乳剂，缝宽约2～3mm，缝面因立模误差存在局部起伏。

为了降低面板垂直缝的侧面约束，结合避免面板沿垂直缝挤压破坏的工程措施，洪家渡坝尝试将二、三期面板中部的压型垂直缝设计成有一定宽度，具有抗压缩能力和富有弹性的结构型式。在垂直缝中设厚8mm的低发泡聚乙烯闭孔塑料板，一方面改善面板受挤压时的接缝缓冲性能，增加接缝变形弹性；另一方面又简化垂直缝施工工艺，同时要求提高侧模平整度，来减小Ⅰ序块对Ⅱ序块的侧面约束。实施后对减少Ⅱ序块面板混凝土裂缝效果明显。

（3）施工措施。

1）合理选择施工时机。施工期应选择在有利的季节和时间浇筑混凝土，尽量避开在高温或负温季节或时段施工，以减轻温度应力的危害。在施工安排可能的条件下，选择日气温变幅小的低温时段浇筑混凝土较好。如不可避免地要在高温季节浇筑，则应采取一定的温控措施。

2）确保施工质量。保证施工质量对混凝土达到其设计指标，取得预期的抗裂能力至关重要。应提高面板混凝土的均匀性，保证其具有较高的延展性和轴向抗压强度。参考已有工程经验，掺加微纤维时，需预先投料，干拌60s后，再加水拌和；加水拌和时间较常规混凝土适当延长。外掺氧化镁时，保证拌和混凝土的均匀性更为重要。另外，还需保证入仓混凝土振捣均匀、密实。

3）保温保湿养护。采用适当措施进行新浇混凝土表面的保温、保湿等养护十分重要。由于面板厚度很薄，当外界气温骤降、日气温变幅较大，以及连续高温紧接连续大幅降温等，都可能使混凝土温度急速降低，产生较大的拉应力，引起面板裂缝。面板表面保温保湿的作用在于降低面板的热交换系数，提高表面温度，以降低混凝土表面冲击应力，同时减少湿度变化引起裂缝的可能性，是防止温度、湿度变化引起裂缝的有效措施。在一般情况下，面板的保温和保湿可以结合进行。万安溪、莲花、广蓄上库等面板都经过精心养护，施工期没有发现或很少裂缝，而西北口坝面板的严重裂缝与未及时和未很好养护有密切关系。面板混凝土出模后除应及时覆盖保温保湿外，还应进行不间断的潮湿养护。特别是新浇面板的越冬保温、避免外界气温骤降的温度冲击、防暴晒、防养护水冷击、防寒潮袭击，养护时间以一直持续到水库蓄水为好，或至少养护90d。寒冷地区面板混凝土还应进行有效表面保温，直到水库蓄水为止。

4）防风防晒。在干旱、大风地区，混凝土浇筑后应做好混凝土防风措施，如将保护膜固定在刚浇面板上，或将养护毡贴在新浇面板上，以避免新浇混凝土表面水分蒸发。防止大风对温度、湿度的不利影响尤为重要。

（4）裂缝处理。因温度、湿度变化引起的有规律的裂缝，一般宽度不大，蓄水后还有闭合的趋势，对渗漏量影响不大，但其处理标准还没有统一规定。面板裂缝宽度大于0.2mm或判定为贯穿性裂缝时，应采取专门措施进行处理。

严寒地区和抽水蓄能电站的面板堆石坝，面板裂缝处理的标准应从严确定。严寒地区蓄能电站库水位变幅大，面板的微裂缝在严寒气候条件下有可能扩展，十三陵上库面板裂缝在运行一年后出现扩展。十三陵工程规定对大于0.2mm的裂缝用聚氨酯灌浆处理，小于0.2mm的裂缝作表面封闭处理。

2.4.3.2 趾板抗裂措施

趾板混凝土防裂要求和面板混凝土有共同的特点，但趾板宽度一般较面板窄，受基岩面约束比受垫层料坡面约束的面板约束强，其抗裂措施与面板应有所不同。

万安溪坝在岸坡趾板岸30m长浇筑段内，适量掺加了微膨胀剂，效果良好。芦山坝趾板施工分段长度25m，除掺入粉煤灰和减水剂外，还适量掺入微膨胀剂，效果也较好。洪家渡坝采取收缩补偿混凝土，并分Ⅰ、Ⅱ序跳块浇筑，效果也不错。共同的实践说明，良好的防裂效果是材料、配合比及外加剂优选、浇筑期环境温度、工艺措施及养护到位等综合因素确定的。

【工程实例5】 洪家渡坝面板和趾板防裂措施

1. 面板防裂措施

洪家渡坝提出了“以提高混凝土自身抗裂性能为主，面板结构防裂和加强施工控制为辅”的面板混凝土裂缝防控综合措施。

试验表明，分别掺入MgO或聚丙烯纤维时，混凝土的强度指标、抗压弹模及极限拉伸值变化都不大，干缩值略有减少，自身体积变形由收缩型转变为补偿型。“双掺”氧化镁和聚丙烯纤维后，混凝土强度、抗渗等级和抗冻等级均能满足设计要求。极限拉伸值为101×10^{-6}，较基准混凝土提高近10%；干缩率为190.6×10^{-6}，减小约12%；自身体积变形为44.3×10^{-6}，由收缩型变为补偿型，能够有效地补偿部分混凝土的自身收缩（见图2.4-13、表2.4-13、表2.4-14）。混凝土最高水化热温升约30℃，在理想范围内。

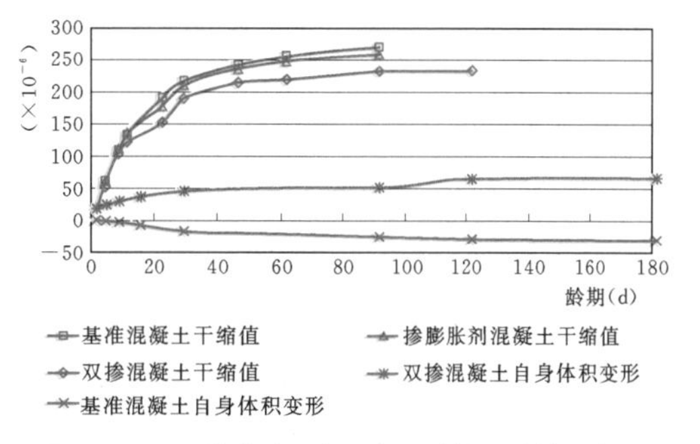

图2.4-13 洪家渡面板混凝土改性试验特性曲线

表2.4-13 洪家渡面板混凝土改性试验配合比成果对比表

配比	设计强度等级	水灰比	骨料级配	粉煤灰掺量	纤维掺量(kg/m³)	膨胀剂	外加剂品种及掺量		砂率(%)	每立方米混凝土材料用量(kg/m³)						坍落度(cm)	含气量(%)
							减水剂	引气剂		水	水泥	粉煤灰	砂	中石	小石		
基准	C30	0.40	60∶40	25%	—	—	1%	1/万	36	114	214	71	719	776	517	8.0	4.3
掺膨胀剂	C30	0.40	60∶40	25%	—	MgO 3.4%	1%	0.5/万	36	117	219	73	714	770	513	8.5	4.5
掺聚丙烯	C30	0.40	60∶40	25%	0.90	—	1%	0.5/万	36	121	227	76	707	762	508	8.4	4.5
双掺	C30	0.40	60∶40	25%	0.90	MgO 3.4%	1%	1/万	36	123	231	77	703	758	506	8.5	4.4

表2.4-14 洪家渡面板混凝土改性试验性能成果对比表

配比	抗压强度(MPa)			抗压弹性模量(MPa)			抗拉强度(MPa)			极限拉伸值($\times10^{-6}$)			抗渗等级(28d)	抗冻等级
	7d	28d	90d	7d	28d	90d	7d	28d	90d	7d	28d	90d		
基准	27.1	39.0		3.40	4.03		2.44	3.55		71	92		>W12	>F100
掺膨胀剂	27.3	38.5		3.21	3.86		2.38	3.47		74	96		>W12	>F100
掺聚丙烯	26.9	39.1		3.45	4.00		2.65	3.91		71	99		>W12	>F100
双掺	26.1	39.4	51.8	3.36	3.95	4.37	2.67	3.89	4.75	81	101	118	>W12	>F100

洪家渡坝面板施工采用的是比较成熟的无轨滑模施工工艺。施工中，除对各环节严格按施工规范要求施工外，还对保温保湿养护、面板合理分期、施工时段选择和进度安排等进行了精心安排。

“双保”养护：混凝土室内试验及三维有限元仿真分析均表明：防止内外温差过大和水分流失引起的混凝土裂缝非常重要。为此，洪家渡坝面板混凝土施工提出了严格的保温保湿养护措施。

滑模拉过后立即对混凝土面喷洒养护密封剂，并马上覆盖塑料薄膜，接近混凝土初凝时再覆盖湿麻袋。养护密封剂对混凝土表面进行养生养护，塑料薄膜对混凝土面进行密封，有效防止混凝土内部水分蒸发，使蒸发出来的水分又返回混凝土中，对混凝土进行再养护。覆盖的湿麻袋与塑料薄膜共同起保温作用，并可防紫外线辐射，有较地保护面板混凝土表层中的聚丙烯纤维，避免老化。

上覆保温盖片的周边进行密闭处理，麻袋采取防风措施。高温季节用常流水养护，保证麻袋或草垫的湿润，并养护至水库蓄水。

面板合理分期与适宜的施工时段选择：洪家渡坝面板斜长约300m，按混凝土浇筑平均滑升速度2m/h计，一期拉完需150h，约6d，两期拉完需75h，约3d，均已达到或超过混凝土初期强度。结合坝体度汛、填筑分期和提前蓄水发电要求来安排，面板混凝土分三期施工较为合适，也有利于混凝土溜槽入仓，避免骨料分离。

经对贵州多年气候特点分析，面板施工最佳时段安排在当年11月至次年4月，这一时间降雨少，月平均气温不超过20℃。根据洪家渡面板施工强度要求，协调堆石填筑进度安排，面板施工时段一般安排在1～4月。短时间出现气温低于5℃时，采取仓面临时加温措施。

2. 趾板防裂措施

洪家渡坝趾板条带长约785m，结合趾板防裂要求，对窄趾板作了进一步发展，采取纵向连续、不设永久缝的布置方式。由于趾板连续，不设伸缩缝，从而可简化周边缝止水结构，减少伸缩缝中的止水与周边缝止水片连接的复杂程度和施工难度。

针对薄趾板结构受地基约束强的特点，为减免连续趾板出现收缩裂缝，在材料方面，采用聚丙烯纤维微膨胀混凝土浇筑；在施工方面，采取跳块浇筑的施工方法，Ⅰ序块长15～20m，Ⅱ序块长1～2m。待Ⅰ序块温度和自身体积变形趋于稳定后，再浇筑Ⅱ序块。混凝土浇筑完成后立即覆盖塑料薄膜和麻袋（或草垫），并洒水进行保温保湿养护。Ⅰ、Ⅱ序块分缝位置及具体长度由施工单位根据现场趾板基础情况确定，并报监理审批。

2.5　接缝止水设计

2.5.1　接缝布置及设计基本原则

2.5.1.1　面板坝接缝布置

面板坝的上游主防渗体系由趾板、面板、防浪墙及特殊情况下的连接板（体）构成，这些均为混凝土结构。这些结构的接触部位自然形成接缝。另外为了适应坝体堆石的变形、混凝土自身的温度变形、减少混凝土结构与下部基础的约束应力以及施工要求等，结构本身也必须分缝而形成接缝。

分缝的主要目的是避免混凝土结构的破坏、便于施工。

为了形成整体防渗体系，所有接缝必须按照不同接缝的特点设置相适应的止水。

一般面板坝的接缝有下述几种类型，如图2.5－1所示。

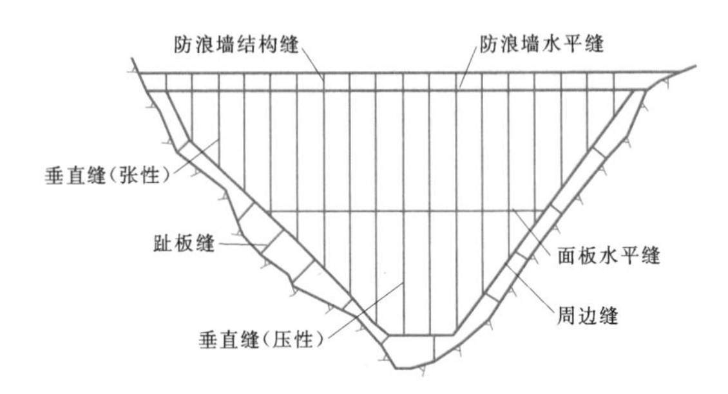

图2.5－1　面板坝接缝布置示意图

（1）周边缝：趾板与面板之间的接缝。周边缝是面板坝最重要、变形最大、变形最复杂的接缝。设置周边缝以协调趾板地基与面板之间的变形差。

（2）面板垂直缝：也简称为垂直缝，是垂直于坝轴线的面板分缝。垂直缝按照大坝运行期接缝的变形特点，分为张性垂直缝（简称张性缝）和压性垂直缝（简称压性缝）。设置垂直缝主要是协调坝体变形，减少温度变形应力。

（3）防浪墙水平缝：防浪墙底部与面板顶部之间的水平接缝，也称作防浪墙底缝。设置接缝以协调混凝土面板与防浪墙之间的变形差。

（4）趾板缝：垂直趾板轴线的接缝。趾板缝包括为适应地基、地形转折、温度变形的趾板结构缝，及分期施工划分的趾板施工缝。

（5）面板水平缝：平行于坝轴线的面板接缝。面板水平缝包括为了改善面板应力的面板结构缝，以及面板分期施工划分的面板施工缝。

（6）防浪墙结构缝：也称作防浪墙垂直缝，垂直于防浪墙轴线的接缝。

（7）连接缝：连接缝形式多样，常用的有解决地形、地质缺陷产生的接缝，如高趾墙与面板、防渗墙与连接板、连接板之间以及延长渗径的防渗板与标准板之间的接缝等。

2.5.1.2　接缝及接缝止水设计基本原则

（1）控制接缝位移。通过坝料选择、坝体分区、压实标准的选择来控制坝体的总体变形，以及对接缝附近的微地形条件进行改造、设置特殊压实区等措施，从根本上减小接缝位移；采用合理的填筑分期分区、选择合适的面板浇筑时机等使接缝变形尽可能在止水施工之前完成。合理的分缝能减轻接缝变形，便于施工、保证施工质量。

（2）控制面板应力。合理的分缝和填缝材料设计，可以减小面板压应力，防止面板的挤压破坏。

（3）确定合理的接缝位移设计控制值，充分研究止水结构适应变形特性，特别是周边缝止水结构适应变形的能力。止水结构适应变形的能力宜考虑一定的安全裕度。

（4）接缝中，每道止水均应能够独立承受接缝位移和水压力作用，并能形成封闭的止水系统。

（5）接缝止水应便于施工，易于确保施工质量。

（6）高坝和中低坝的接缝止水应区别对待。

2.5.2 面板坝接缝工作特性与位移

与其他坝型相比，面板坝的接缝工作条件较恶劣、技术难度较大，表现为变形量级大，一般多为三向变形；随着时间与水荷载的变化，反复变形；设置止水部位构件单薄，对施工技术要求高等。

接缝的变形与河谷形状、坝体边坡、堆石体的分区和力学性能、施工程序、作用水头、流变过程等因素有关。为确保大坝正常运行，除施工缝外，各种接缝均设有止水。在大坝防渗体系中，接缝止水是薄弱环节。

2.5.2.1 周边缝

周边缝位于面板与趾板两种变形性质相差较大的分界面上，工作条件最差，在施工期和运行期会产生张开、沉降和剪切三向位移。张开是指垂直缝面的位移，沉降为沿板厚方向的位移，而剪切则是平行于缝面的坡向错动。周边缝是所有接缝中变形最大的，是面板坝防渗体系中最薄弱的环节，是可能漏水的主要部位。

影响周边缝位移的因素很多，目前尚无准确的预测方法。一般可通过工程类比和三维有限元计算，经综合分析确定。表 2.5-1 给出了目前国内外部分面板堆石坝周边缝止水及三向位移实测最大值，可供工程类比时参考。

确定设计接缝位移时，还需根据工程情况，确定合理的安全裕度。表 2.5-2 给出目前国内部分面板坝的设计接缝位移值和实测位移值。

表 2.5-1　国内外部分面板坝的周边缝止水及运行情况

坝名	坝址	坝高(m)	岩性	顶止水	中止水	底止水	沉陷(mm)	张开(mm)	剪切(mm)	总体渗漏量(L/s)
水布垭	中国湖北	233.0	灰岩	塑性填料	铜片	铜片	45.7	13.0	43.7	40
卡拉努卡(Kárahnjúkar)	冰岛	198.0①	玄武岩	无黏性填料	橡胶	铜片	16	20	11	75
艾尔卡扬(El Cajon)	墨西哥	189.0	凝灰岩	粉煤灰	无	铜片	24.4	8.8	3.4	150
阿瓜密尔帕(Aguamilpa)	墨西哥	187.0	砾石	粉煤灰	PVC	铜片	18	25	5.5	260→170
三板溪	中国贵州	185.5	凝灰质砂板岩	塑性填料	无	铜片	50.2	71.8	58.6	303.0②→62.6
巴拉·格兰德(Barra Grande)	巴西	185.0	玄武岩 玄武角砾岩	玛瑞脂塑性填料	无	铜片	—	51.7	—	1284③
洪家渡	中国贵州	179.5	灰岩泥页岩	塑性填料	无	铜片	26.6	13.9	34.8	135→7
天生桥一级	中国广西/贵州	178.0	灰岩砂泥岩	粉煤灰	PVC	铜片	28.5	20.9	20.8	183→80
阿里亚(Foz do Areia)	巴西	160.0	玄武岩	IGAS塑性填料	PVC	铜片	55	24	25	236→70
吉林台一级	中国新疆	157.0	凝灰岩	塑性填料	无	铜片	35.1	11.9	3.5	286
紫坪铺	中国四川	156.0	砂岩灰岩	塑性填料	无	铜片	10.8 28.9④	15.2 27.3④	27.4 34.4④	51
辛戈(Xingo)	巴西	151.0	玄武岩	塑性填料	无	铜片	29	30	45	127→160
萨尔瓦琴娜(Salvajina)	哥伦比亚	148.0	砾石	塑性填料	PVC	铜片	19.7	15	15.4	60→23
龙首二级	中国甘肃	146.5	辉绿斑岩	塑性填料	橡胶	铜片	15.53	14.96	16.54	76.3
塞格雷多(Segredo)	巴西	145.0	玄武岩	IGAS塑性填料	无	铜片	2	6	—	390→45
莫哈利(Mohale)	莱索托	145.0	玄武岩	粉煤灰	橡胶	铜片	28	55	46	600

续表

坝 名	坝 址	坝高 (m)	岩 性	顶止水	中止水	底止水	沉陷 (mm)	张开 (mm)	剪切 (mm)	总体渗漏量 (L/s)
阿尔托·安其卡亚 (Alto Anchicaya)	哥伦比亚	140.0	角页岩	无	橡胶	无	106	125	15	1800→154
乌鲁瓦提	中国新疆	133.0	砂砾石、石英片岩	塑性填料	无	铜片	16.9	5.2	3.2	10
珊溪	中国浙江	132.5	流纹岩	塑性填料	PVC	铜片	15.04	6.23	8.08	—
公伯峡	中国青海	132.2	花岗岩片岩	塑性填料	橡胶	铜片	45.4	26.1	21.4	14
考兰(Khao Laem)	泰国	130.0	灰岩	IGAS塑性填料	海普龙	铜片	8	5	22	250→53
引子渡	中国贵州	129.5	灰岩	塑性填料	无	铜片	26.00	24.66	30.68	12.8
格里拉斯(Golillas)	哥伦比亚	125.0	砾石	IGAS塑性填料	PVC	铜片	56	100	36	1080→650
希罗罗(Shiroro)	尼日利亚	125.0	花岗岩	无	橡胶	PVC	50	30	21	1800→100
白溪	中国浙江	124.4	熔凝灰岩	塑性填料	PVC	铜片	29.4	11.1	13.4	4
利斯(下皮曼) [Reece(Lower Pieman)]	澳大利亚	122.0	辉绿岩	无	海普龙	不锈钢	70	9.8	—	5.5→1.0
芹山	中国福建	122.0	凝灰岩	塑性填料	无	铜片	15.0	8.6	11.2	2
白云	中国湖南	120.0	灰岩	塑性填料	PVC	铜片	—	—	—	30～60
芭蕉河Ⅰ级	中国湖北	113.0	砂岩	塑性填料	无	铜片	14.4	8	7	15
塞沙那(Cethana)	澳大利亚	110.0	石英岩	无	PVC	铜片	—	11	7.5	35→7
那兰	中国云南	109.0	砂岩砂砾石	塑性填料	PVC	铜片	4.76	0.48	7.43	78
科特梅尔(Kotmal)	斯里兰卡	97.0	花岗岩	塑性填料	橡胶	铜片	20	2	5	33→10
穆奇松(Murchison)	澳大利亚	94.0	流纹岩	无	PVC	不锈钢	8.5	20	15	14
万安溪	中国福建	93.8	花岗岩	塑性填料	PVC	铜片	21.9	3.82	3.1	13→5
大坳	中国江西	90.2	泥岩砂岩	塑性填料	橡胶	铜片	21.6	18.2	9.7	—
三插溪	中国浙江	88.8	凝灰岩	塑性填料	无	铜片	19.9	13.1	7.7	3.2
崖羊山	中国云南	88.0	石英砂岩	粉煤灰	无	铜片	0.45	1.41	1.38	12.55
天荒坪下库	中国浙江	87.2	熔凝灰岩	塑性填料	PVC	铜片	6.11	8.52	5.74	23→3
温尼克(Winneke)	澳大利亚	85.0	砂岩泥岩	无	橡胶	铜片	21.5	9	24	58→18
红树溪(Mangrove)	澳大利亚	85.0	砂岩	无	橡胶	铜片	57	12	—	6
花山	中国广东	80.8	花岗岩	塑性填料	PVC	铜片	13.7	8.7	5.4	—
克罗蒂(Crotty)	澳大利亚	80.0	砾石	无	PVC	不锈钢	20	1.9	2.9	47
株树桥	中国湖南	78.0	灰岩板岩	塑性填料	橡胶	铜片	11.5	11.2	26.7	2500→20
马琴托斯(Mackintosh)	澳大利亚	75.0	硬砂岩	无	海普龙	不锈钢	23	5.3	2.3	18→7
巴斯塔阳(Bastyan)	澳大利亚	75.0	流纹岩	无	PVC	不锈钢	22	5	—	7
十三陵上库	中国北京	75.0	安山岩	塑性填料	橡胶	铜片	5.1	12.9	4.7	14.7→6.3
成屏	中国浙江	74.6	凝灰岩	塑性填料	橡胶	铜片	16.9	6.7	32.2	55→33
鱼背山	中国重庆	72.0	长石石英砂岩	塑性填料	无	铜片	12.7	21.6	26.7	>300
莲花	中国黑龙江	71.8	花岗岩	塑性填料	无	铜片	40	10	6	11
大河	中国广东	69.5	变质砂岩板岩	塑性填料	无	铜片	3.86	4.62	6.16	28

续表

坝　名	坝　址	坝高(m)	岩　性	顶止水	中止水	底止水	沉陷(mm)	张开(mm)	剪切(mm)	总体渗漏量(L/s)
广蓄上库	中国广东	68.0	花岗岩	塑性填料	PVC	铜片	10.5	3	10.5	1
小溪口	中国湖北	69.9	灰岩	塑性填料	橡胶	铜片	14.6	5.0	3.0	—
琅琊山上库	中国安徽	64.5	灰岩	塑性填料	无	铜片	2.5	2.94	3.11	0.2
袋鼠溪(Kangaroo)	澳大利亚	59.0	片岩	无	PVC	无	50	5.5	19	15.0→1.2
龙溪	中国浙江	58.9	凝灰岩	塑性填料	无	铜片	8.43	3.12	2.85	2.7→0.7
关门山	中国辽宁	58.5	安山岩	沥青橡胶	橡胶	铜片	4.75	2.4	2.8	16→5
小干沟	中国青海	55.0	砂砾石	塑性填料	无	铜片	3.5	3.4	1.9	3.0→0.9
小帕拉(Little Para)	澳大利亚	53.0	板状白云岩	无	PVC	无	64	6	36	19.2

① 上游河床采用混凝土拱坝作为高趾墙，趾墙以上面板堆石坝坝高 155.5m。
② 沿一、二期面板水平施工缝发生挤压破坏。
③ 沿中部 L19/L20 面板间压性缝出现挤压破坏，破坏长度自坝顶向下延伸达 159m。坝中部还出现横向挤压破坏。防浪墙也出现挤压破坏。
④ 汶川地震后数据。

表 2.5-2　国内外高面板坝周边缝设计、实测位移

坝　名	坝　高(m)	张开位移（mm）		沉陷位移（mm）		剪切位移（mm）	
		设计值/计算值	实测值	设计值/计算值	实测值	设计值/计算值	实测值
水布垭	233.0	50/	13.0	100/	45.7	50/	43.7
巴贡	205.0	100/24.4	—	50/34.1	—	50/27.8	—
三板溪	185.5	60/	71.8	100/	50.2	60/	58.6
洪家渡	179.5	52/	13.9	52/	26.6	32/	34.8
天生桥一级	178.0	22/	20.9	42/	28.5	25/	20.8
吉林台	157.0	55/	11.9	22/	35.1	30/	3.5
紫坪铺	156.0	30/	15.2（震前） 27.3（震后）	30/	10.8（震前） 28.9（震后）	30/	27.4（震前） 34.4（震后）
芹山	122.0	30/29	8.6	6/3	15.0	45/45	11.2

2.5.2.2　面板垂直缝

面板垂直缝要承受堆石体的变形，受两岸岸坡的约束，垂直缝同样会产生张压、沉降和剪切三向位移。一般两岸岸坡为张性缝，河床中部为压性缝。较低的面板坝未出现垂直缝挤压破坏，而坝高 135m 以上的部分面板坝出现了令人关注的面板垂直缝以及水平缝的挤压破坏。

垂直缝的张、压特性难以事先准确预计，一般河床中部为压性缝，两岸为张性缝。可通过工程类比和三维有限元计算，经综合分析确定。对于高坝及坝址地形地质条件独特的面板垂直位移应经过专门论证后确定。

天生桥一级坝、巴拉·格兰德坝（Barra Grande）、坎普斯·诺沃斯坝（Campos Novos）和莫哈利坝（Mohale）曾先后沿面板压性垂直缝发生挤压破坏，三板溪坝沿一、二期面板施工缝也出现了水平向挤压破坏。这些大坝中除天生桥一级坝外，国外的其余三座坝均发生了较大的渗漏，我国的三板溪坝渗漏量也超过了 300L/s。

株树桥面板坝坝高 78m，自 1992 年起大坝渗漏量逐年增加，1999 年 7 月超过 2500L/s，渗漏十分严重。大坝面板底部出现不同程度的破坏，特别是 L1、L9、L10 和 L11 等面板下部严重塌陷、断裂、破碎，多处形成集中渗漏通道。L8 面板下部最大脱空高达 130cm。株树桥大坝面板垂直缝表层塑性填料与混凝土无黏结力，顶部的保护盖片失去作用，底部铜止水与混凝土之间局部有渗漏通道，加之垫层料级配不良，特别是过渡料不合格甚至没有过渡层，垫层料长期在渗流作用下出现渗透破坏，造成垫层料流失，面板脱空，从而加剧面板变形，止水破坏更趋严重。坝体不均匀变形及止水缺陷导致两岸周边缝、垂直缝止水失效而出现严重的破坏及渗漏。后经水库分两期进行渗漏处理才取得比较满意效果，2002年库水位达到正常高水位时渗漏量为14L/s。

2.5.2.3 防浪墙水平缝

防浪墙水平缝应适应蓄水、堆石流变产生的变形。沟后混凝土面板砂砾石堆石坝坝高71m，仅在顶缝中部设置了一道橡胶止水带，缝间夹沥青木板。由于顶缝止水失效，当库水位超过顶缝（约5～30cm）时，库水直接从顶缝灌入坝体，成为坝体失事的直接诱发原因。沟后坝面板顶缝的接缝位移与周边缝位移相当，甚至超过当时一些面板坝的周边缝位移，实测面板顶与防浪墙底板之间的最大沉降差为13.4cm。

为减少防浪墙水平缝接缝位移，可合理安排蓄水计划及防浪墙施工时机，待坝体沉降基本稳定后实施。

2.5.3 止水结构型式和构造

目前面板坝的面板接缝止水均采用了多道止水设计，这些止水可以分为型材止水和填料止水两大类：

（1）型材止水包括铜止水、不锈钢止水、橡胶止水带、橡胶止水板等。通过事先在工厂加工成型，现场安装就位，止水带、板依靠自身的强度和变形适应能力发挥止水作用。

（2）填料止水包括塑性填料和自愈性填料。通过现场嵌填就位，在水压力或水流作用下，依靠自身流动能力淤填封闭接缝发挥止水作用。

从接缝位移适应性角度来看，填料止水对接缝张开比较敏感，铜止水对接缝剪切比较敏感。

在接缝止水体系中，型材止水一般设置在接缝底部和中部，填料止水一般设置在接缝表层。

塑性填料应具备足够的流动止水能力，可以在水压力作用下，流入接缝并发挥止水作用。塑性填料上部设防渗保护盖片（板），保护盖片应与塑性填料黏结，以利于加强塑性填料的流动止水效果。目前，塑性填料的流动止水能力需通过1∶1比尺模型试验验证。

自愈型填料又包括无黏性填料（如粉煤灰和粉细砂）和遇水膨胀型填料。当发生渗漏时，可以通过流动封堵（无黏性填料）和自身膨胀（遇水膨胀型填料）封闭渗漏通道，目前以无黏性填料为主，如天生桥一级面板坝。模型试验研究和大坝抛填堵漏的工程实践表明，无黏性填料可以由渗水带入接缝，并与缝底的反滤料形成止水体系。为此，填料本身要求无黏性，粒径小，易于进入细小的接缝内。填料的渗透系数要求小于反滤料，才能在缝内形成较大的渗透压力差，缩短自愈的过程。设计时通常在无黏性填料表面设带孔金属片保护罩，罩内设土工布内衬，以防水位变动时，无黏性填料被带出罩外。设计要求是：①无黏性填料宜采用粉煤灰、粉细砂；②无黏性填料的最大粒径应不超过1mm，其渗透系数至少应比缝底反滤料的渗透系数小一个数量级。

根据目前的工程运行情况，无黏性填料型止水结构已可适应直至22～25mm的张开位移（天生桥一级、阿瓜密尔帕），塑性填料型止水结构也可适应直至72mm的张开位移（三板溪），底部铜止水已可适应直至44mm的剪切位移（水布垭）。另据"九五"攻关的试验研究成果，填量充裕的GB和SR塑性填料可以满足接缝张开5cm、流程110cm的接缝止水要求而不渗漏；尺寸适宜的铜止水，即使带有焊缝，也可以适应5cm的剪切位移。

在工程运行方面，只要面板未发生严重的裂缝、挤压破坏，止水材料设计、施工得当，就可以确保其防渗漏效果。国外坎普斯·诺沃斯（Campos Novos）坝（坝高202m）、巴拉·格兰德（Barra Grande）坝（坝高185m）和莫哈利（Mohale）坝（坝高145m）的面板出现了严重的挤压破坏，造成了较大的渗漏。天生桥一级面板坝尽管也发生了面板的垂直缝挤压破坏，但由于破坏深度没有贯穿整个面板厚度，因此没有造成大的渗漏。面板的挤压破坏主要由堆石体的过大变形引起，面板自身抗力也显不足。因此控制堆石体变形仍是面板防渗漏的关键。我国的紫坪铺面板坝（坝高156m）经历了里氏8级的汶川大地震，该坝距离震中仅17.2km，面板及其各种接缝止水运行基本正常，经受住了地震考验，地震前后的渗漏量变化很小，基本稳定在19L/s。这为高面板坝接缝止水的抗震设计提供了宝贵的经验。

2.5.3.1 止水结构型式

1. 周边缝

高坝的周边缝系统自上而下一般为任意料→黏土料→自愈无黏性土料→塑性填料表层止水→中间止水→底部铜止水→砂浆垫→小区料→垫层料。这些止水中间还有一些细部构造填料、支撑与固定材料等。中低坝除底部铜止水外，可对其他止水进行简化。

由于周边缝处施工程序为趾板浇筑→垫层料填筑

→面板浇筑，所以先期完成的趾板中底部止水必须在垫层料填筑前进行保护，保护形成的空隙需要精心填筑密实，一般采用预制的沥青砂浆或水泥砂浆。

基于当前国内外面板坝的工程实践，SL 228—2013、DL/T 5016—2011、DL/T 5115—2008 对周边缝止水结构的布置提出了如下要求：

(1) 50m 以下的坝应在缝底设置铜止水带，可以只采用一道止水。

(2) 50～100m 的坝除应在底部设置铜止水外，还应设置第二道止水。第二道止水宜在缝顶设置塑性填料或无黏性填料。

(3) 100m 以上的坝除应在底部设置铜止水、顶部设置塑性填料止水或无黏性填料止水外，还可在中部设置橡胶、PVC 止水带或铜止水带，或不设中间止水而在顶部设置塑性填料或无黏性填料止水。中部止水带应要求精细施工，确保其周围混凝土振捣密实，否则将影响其止水效果。

周边缝的止水结构型式是在面板堆石坝的建设过程中不断演变和发展的，早期人们认为面板坝渗漏的主要原因是周边缝止水损坏造成的。损坏的原因是：止水设计不当、止水材料性能差、止水安装和面板混凝土浇筑质量差、周边缝附近填筑的坝料不够密实、透水性较大、趾板较高等。采取的措施是：重视周边缝止水的设计与施工，周边缝设置两道止水，周边缝周围设置特殊垫层区并用小型板式振动碾压实，在面板上游设置粉土覆盖等。

澳大利亚的塞沙那面板坝是早期修建的碾压式面板坝之一，建成于 1971 年，坝高 110m，周边缝采用了以型材为主的止水结构，设置了两道止水，周边缝中部采用了 PVC 止水带，底部采用了铜止水，其结构型式见图 2.5-2，铜片鼻子高约 50mm，鼻子底宽 32mm，铜止水鼻子凸向上游。为防止外水压力挤压鼻子变形，鼻子内填入了 ϕ12 实心氯丁橡胶棒和 16mm× 32mm 聚乙烯泡沫塑料板。铜止水下设 400mm 宽的沥青卷材和水泥砂浆垫。由于设计得当，坝体变形小，塞沙那坝渗漏量开始小于 50L/s，5 年后减小到 10L/s。由于当时并未发展表层止水技术，该坝并未设置表层止水。其后修建的利斯（Reece）面板堆石坝，坝高 122m，采用了类似的止水结构，

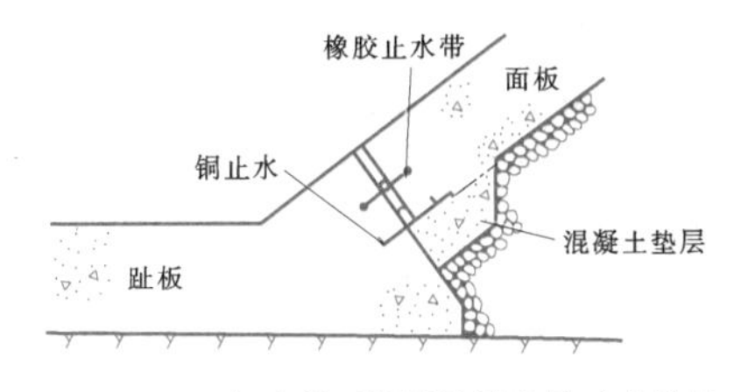

图 2.5-2 塞沙那面板坝的周边缝止水结构

周边缝中部设置海泊隆（Hypalon，氯磺化聚乙烯橡胶）止水带，底部采用了不锈钢止水，也取得了较好的止水效果。

哥伦比亚的阿尔托·安其卡亚（Alto Anchicaya）面板坝 1974 年建成，坝高 140m，周边缝止水仅采用了一道中部橡胶止水带，由于坝体局部变形较大，周边缝局部张开达 12.5cm，导致出现高达 1800L/s 的渗漏。检查发现大多数部位的橡胶止水带是完整的，但比较松动，止水带下面的混凝土振捣不良。阿尔托·安其卡亚坝随后放空水库，在缝口填筑了 IGAS 玛琋脂塑性填料，其外用沥青砂浆保护，外部在直立挡板围护的 0.5m×0.5m 范围内采用压实的黏土回填，个别接缝张开较大部位的缝口还设置了橡胶管。重新蓄水后，该坝的漏水量减小到 180L/s。

阿尔托·安其卡亚坝周边缝采用一道中部止水带并出现了问题，使得后来的面板坝倾向于在周边缝中采用多道止水，比如同时开工兴建的格里拉斯（Golillas）坝和阿里亚（Foz do Areia）坝均采用了三道止水，由此奠定了现代面板坝止水结构的基本型式。

哥伦比亚的格里拉斯（Golillas）面板坝是第一座修建在峡谷地区的面板坝，1978 年建成，1982 年蓄水，坝高 125m，周边缝设置了三道止水，包括底部铜止水、中部 PVC 止水带、顶部用 PVC 薄膜覆盖的 IGAS 玛琋脂塑性填料。铜止水鼻子内设抗挤压氯丁橡胶管和聚氨基甲酸酯泡沫，接缝内填塞压缩性强的木板。即使周边缝采用了三道止水，格里拉斯坝 1982 年水库蓄水后渗漏量仍达 1080L/s，其周边缝最大张开 10cm、沉陷 5.6cm。由于水下修补不能奏效，只得降低水位至坝顶以下 30m。检查发现 PVC 止水带沿中心管被剪破，且其周围混凝土振捣不密实；玛琋脂并不总是流入接缝，且随着时间和低温，玛琋脂也失去了塑性。修补重做了玛琋脂止水，将缝口切成 V 形以利于玛琋脂流动，同时对基础进行了处理。重新蓄水后渗漏量减小为 650L/s，土和施工灰渣对接缝的淤填也发挥了很大作用。1999 年渗漏量约为 470L/s。由于渗漏水并不影响坝体稳定，格里拉斯坝出于经济的原因安装了抽水系统，将渗漏水泵回至水库。

阿梅奥（Amaya）等在总结格里拉斯坝的经验时指出，不管用的止水数量多少，应能够避免接缝位移对止水的破坏，采用能吸收变形的止水，减少坝体位移，是有可能做好陡岸坡的面板坝的。这些应是面板接缝止水设计中的重要经验。

阿里亚面板堆石坝周边缝止水结构如图 2.5-3 所示，底部设铜止水、中部为 PVC 止水带和顶部设 IGAS 玛琋脂止水。Pinto 和 Mori 对阿里亚面板坝采

用的IGAS玛琋脂进行了模型试验，发现由于玛琋脂较硬，在水压力下将出现孔洞或开裂，当水从其中流过时，没有发现任何自愈的趋势。

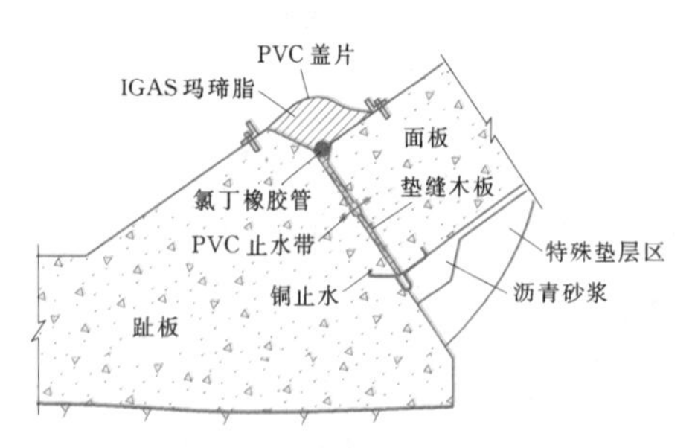

图2.5-3　阿里亚面板坝的周边缝止水结构

倒是工程修补的实践，表明了无黏性填料有较好的自愈能力。例如，1967年7月，新国库（New Exchequer）坝在水下铺填了近14000m³的含有斑脱土的砂砾土，以覆盖三条接缝，结果使坝体渗漏由11000L/s降至280L/s。安奇卡亚（Anchicaya）坝在修补时铺填了含有斑脱土的砂砾土，曾在库水位641.00m时，将坝体渗漏由480L/s降至180L/s。1984年10月2日希罗罗（Shiroro）坝在水中抛填粉细砂（8号筛过筛率100%，200号筛过筛率30%），坝体渗漏量由1800L/s开始下降，到年底降至100L/s。

Pinto和Mori据此提出了无黏性填料止水的概念，指出少量的粉细砂（渗透系数$10^{-4}\sim10^{-3}$cm/s）足以淤填张开的接缝，并将控制接缝渗漏量，其效果取决于缝下过渡区料在高渗透压力下的反滤能力。这种接缝止水在阿瓜密尔帕（Aguamilpa）坝和天生桥一级坝等工程中获得应用，将顶部改为铺设粉煤灰以取代铺设玛琋脂，中部仍为PVC，底部为铜片，并取得较好的止水效果，天生桥一级面板堆石坝周边缝止水结构型式如图2.5-4所示。Pinto和Mori的试验研究也说明了流动止水能力的重要性，为我国随后历时10多年的塑性填料开发研究提供了有意义的借鉴。

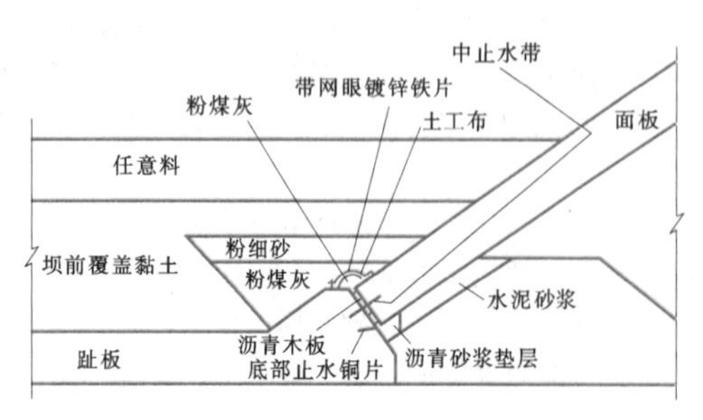

图2.5-4　天生桥一级面板坝高程672.00m以上周边缝止水结构

对于中部止水，大多数学者和工程界人士认为，在较薄的面板中部，设置PVC止水带，施工不便，止水附近的混凝土振捣困难，反而造成薄弱环节。试验结果也表明：PVC止水的抗绕渗能力较差。因此建议取消中部止水。20世纪80年代末90年代初兴建的塞格雷多坝（Segredo，坝高145m）、辛戈坝（Xingo，坝高151m）等都取消了这道中部止水，采用了顶部柔性填料和底部铜止水两道止水。基于对中部止水带的这一考虑，国内多数100m以上的高坝未设中部止水。而且自芹山坝（坝高122m）开始，一些高坝也将中部止水带提至表层。

20世纪90年代中期，针对水布垭、洪家渡、三板溪等高面板堆石坝建设的需要，我国在接缝止水结构和止水材料方面开展了深入的研究工作，开发出了能够在水压力作用下流入接缝、发挥止水作用的GB、SR等系列止水材料。同时还在表面嵌缝材料底部增设波形止水带，该止水带呈波形设计，可以吸收设计要求的接缝位移不破坏。止水带下设置支撑PVC（橡胶）棒，以防止其被压入接缝内而破坏。目前该止水结构型式已在水布垭、紫坪铺、洪家渡、三板溪、吉林台一级等高面板坝中得到了广泛的应用，并取得了很好的止水效果。

水布垭面板坝周边缝止水结构如图2.5-5所示。

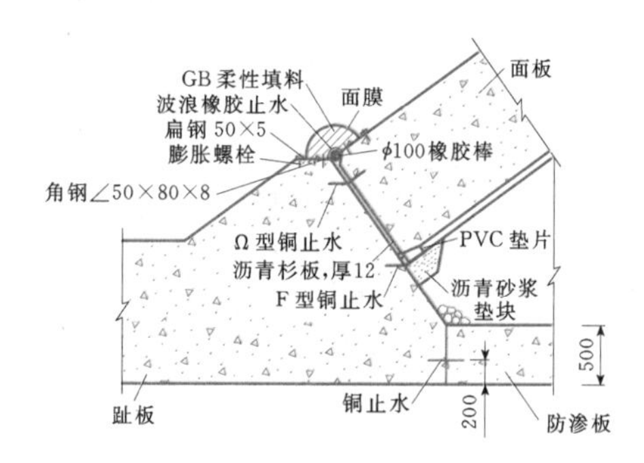

图2.5-5　水布垭面板坝的周边缝止水结构（单位：mm）

设3层止水：顶部止水结构采用塑性填料型式。

中部止水为Ω型铜止水片，布置在周边缝中央偏表部，紫铜片厚1.2mm，鼻宽20mm，鼻高60mm，两侧平段宽160mm，展开宽448mm。铜片止水的鼻子朝下，鼻腔的保护采取在底部设$D20$氯丁胶橡棒，再填塞柔性材料。在高程275.00m处将中部止水与底部铜止水连接，高程275.00m以上取消中部止水。周边缝缝宽12mm，填塞沥青浸渍杉木板，木板厚12mm。

底部止水为F型紫铜片，铜片厚1.2mm，鼻宽30mm，鼻高100mm，嵌入趾板的平段长160mm；面板下部平段长170mm，在靠近周边缝的80mm范围，与混凝土接触处复合GB材料，以避免硬接触而造成的止水片的破坏。立腿高70mm，展开宽612mm。鼻子向上，鼻腔顶部设 $D30$ 的氯丁橡胶棒，冲填柔性材料保护。

止水铜片下垫厚6mm、宽225mm的PVC板，PVC板下的垫块采用沥青砂浆。

为避免止水接头因焊接导致该处剪切变形能力下降，在周边缝与垂直缝之间的接头均采用一次冲压成型整体接头。

水布垭周边缝顶部止水结构采用了中国水利水电科学研究院研发的新型波形止水带。这种结构型式最早在芹山面板坝中应用，目前在多个工程中广泛采用。塑性填料型式如图2.5-6所示：缝口设橡胶棒（$D70$），橡胶棒上设橡胶波形止水带，两者之间的空隙填塑性材料，波形止水带上铺设塑性材料，表面用加筋橡胶板密封。

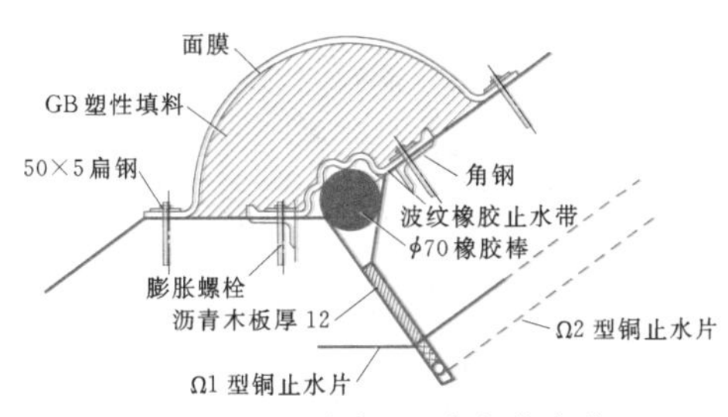

图2.5-6 水布垭面板坝的波形止水带（单位：mm）

止水的工作原理是：①通过缝口的橡胶棒对其上部的各部分止水起支撑作用，确保顶部止水在水压作用下不会沉入缝中；②波形止水带能适应周边缝的大变形，能单独起止水作用，同时对上部的柔性填料实施密闭；③上部的柔性止水填料和表面的加筋橡胶板，既起顶部止水单独防渗的作用，又可在波形止水带发生破坏时，仍能像传统型式柔性填料那样流入缝腔发挥其止水的作用。

（1）橡胶波形止水带拉伸强度不小于18MPa，极限拉伸率不小于450%，止水带厚10mm。最大作用水头200m时，橡胶带安全系数大于2.0。半圆形环的内径 r 采用15mm，外径 R 为25mm。半圆环数为6个，详见后面关于橡胶止水带的专门介绍。

在安装橡胶带时先清除预埋角钢面上的水泥残渣和浮锈，然后在橡胶带底部与基面上涂刷黏结剂，增加止水带与基面的黏结，再用螺栓固牢。为防止止水带被拉脱，止水带两端的厚度适当增厚为20mm。

（2）橡胶棒直径大于周边缝设计的开口宽度，选用70mm。橡胶棒定位在面板所开的10cm楔口中。

（3）柔性填料应便于施工，易与混凝土黏结和耐老化侵蚀，无毒、不污染环境等。我国生产的GB和SR柔性填料均是经过大模型试验验证的较好的塑性材料。

（4）柔性填料表面设置加筋橡胶板，两侧采用扁钢和膨胀螺栓固定。

吉林台一级面板坝的周边缝止水结构如图2.5-7所示。

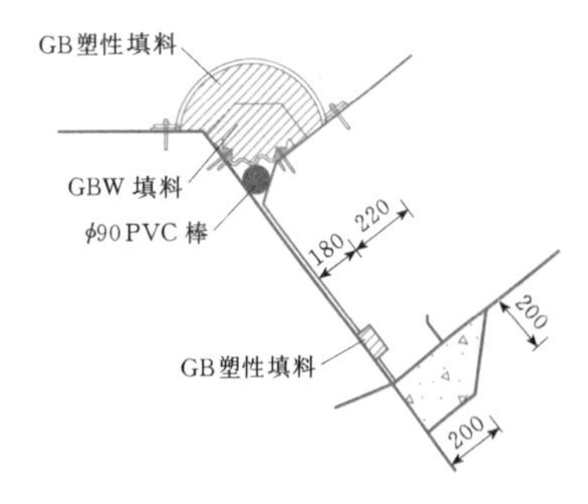

图2.5-7 吉林台一级面板坝的周边缝止水结构（单位：mm）

吉林台一级面板坝坝高157m，坝址区地震基本烈度为Ⅷ度，设计时要求接缝止水能够自愈。周边缝止水包括底部铜止水、顶部在橡胶棒和波形止水带上设GB塑性填料，塑性填料用GB三元乙丙复合盖板覆盖，外包重砂壤土自愈填料。为了加强自愈能力，靠近缝口的部分塑性填料采用GBW膨胀塑性填料，并在铜止水鼻子顶部设GB塑性填料堵头，以确保发生渗漏时GBW可产生一定的膨胀压力，对渗漏通道自愈封闭。

滩坑面板坝采用了底部设止水紫铜片、中部氯丁橡胶棒、顶部SR塑性填料组合的止水结构。其周边缝止水结构如图2.5-8所示。为避免垂直缝变形局部张开，在靠近趾板的10m范围内，面板垂直缝增设一道铜止水带，一端插入周边缝顶部的SR塑性填料内，一端与垂直缝底部的铜止水带焊接。同时在高程80.00m以下周边缝顶部，设置粉煤灰区作为辅助防渗措施。

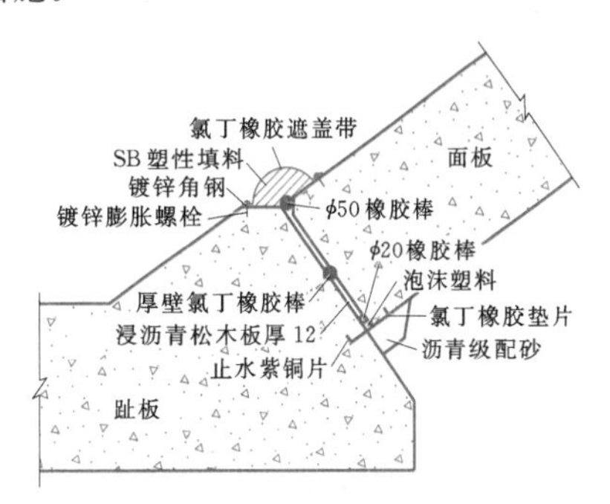

图2.5-8 滩坑面板坝的周边缝止水结构（单位：mm）

黑泉面板坝的周边缝止水结构如图 2.5-9 所示。

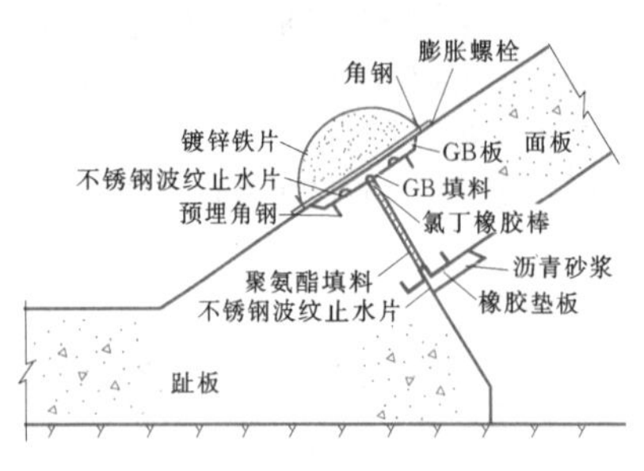

图 2.5-9　黑泉面板坝的周边缝止水结构

黑泉面板坝坝高 123.5m，坝顶长 438m。考虑到不锈钢片的强度、韧性优于紫铜片，面板周边缝采用双金属止水结构系统，包括缝顶和缝底的两道不锈钢波纹止水带，缝中灌注聚氨酯防渗材料，顶部不锈钢止水带上部设置粉煤灰自愈填料。设计时，不锈钢波纹片做成多波形，以吸收接缝位移。不锈钢止水带采用后施工法，焊接封口，以使止水更为可靠。缝中灌注的双组分聚氨酯防渗材料可补强混凝土缺陷并黏结牢靠，起辅助防渗作用，施工方便。

2. 面板垂直缝

垂直缝包括张性垂直缝和压性垂直缝。中、低坝的压性垂直缝位移小，只设置一道底部铜止水带就能满足止水要求。张性垂直缝和高坝的压性缝位移较大，应设置第二道止水。由于顶部止水施工方便，宜采用顶部塑性填料作为第二道止水，且压性缝的塑性填料断面积可比张性缝小，见图 2.5-10。

对垂直缝止水结构的布置有如下要求：

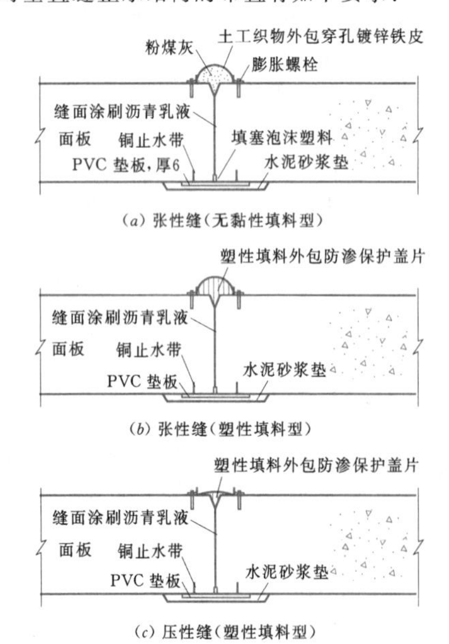

图 2.5-10　面板坝垂直缝止水结构（单位：mm）

（1）坝高 50m 以下的压性垂直缝可只设一道铜止水。

（2）坝高 50m 以上的压性垂直缝除设置底部铜止水外，宜在缝顶设置第二道止水。

（3）坝高 50m 以下的张性垂直缝可只设一道铜止水。

（4）坝高 50m 以上的张性垂直缝除设置底部铜止水外，应在缝顶设置第二道止水。

（5）垂直缝止水与周边缝止水应连接，可参考图 2.5-11。

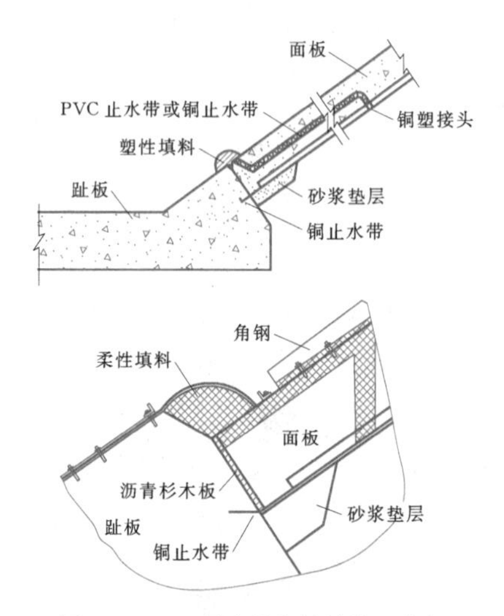

图 2.5-11　周边缝塑性填料止水与垂直缝铜止水的连接

垂直缝底部的铜止水带应与周边缝底部铜止水带、防浪墙底部铜止水带连接成封闭的止水系统。坝高超过 100m 时，在周边缝附近的垂直缝中应增设一道止水带，一端与面板垂直缝底部止水相连接，另一端与周边缝顶部塑性填料止水连接，形成封闭的止水系统。

张性垂直缝的止水结构应参考周边缝。所不同的是，由于张性缝的接缝位移较小，嵌缝填料的数量和止水带的尺寸可适当减小。

对于坝高大于 150m 以上的高坝，鉴于天生桥一级面板坝、莫哈利（Mohale）面板坝等发生的挤压破坏教训，应在河床中部设置部分吸收坝轴向变形的压性垂直缝，以防止接缝混凝土发生挤压破坏。天生桥一级面板坝在进行面板挤压破坏修补时，在接缝中插入了 2cm 厚的橡胶板；卡拉努卡（Kárahnjúkar）面板坝施工时将中央部位的 10 条面板增厚 10cm，按 $t=0.4+0.002H$ (m)设计，并在接缝中设置了 15mm 厚的沥青纤维板，底部设铜止水；Bakun 面板坝设置了 6 条软接缝，缝中设 50mm 宽软木板。

坎普斯·诺沃斯（Campos Novos）面板坝在面板

挤压破坏修补时，将河谷中央部位16～20号面板的4条压性缝改造成软接缝，施工时沿压性缝切开5cm宽的接缝间隙，由于切割片小，不能贯通面板，切开深度仅为850mm，缝内用玛琋脂回填，并衬有12mm厚的软木板，缝口用厚8mm的EPDM加筋橡胶板封盖，橡胶板用80mm×4.7mm的镀锌钢板和间距300mm的10mm×30mm螺栓固定，见图2.5-12。

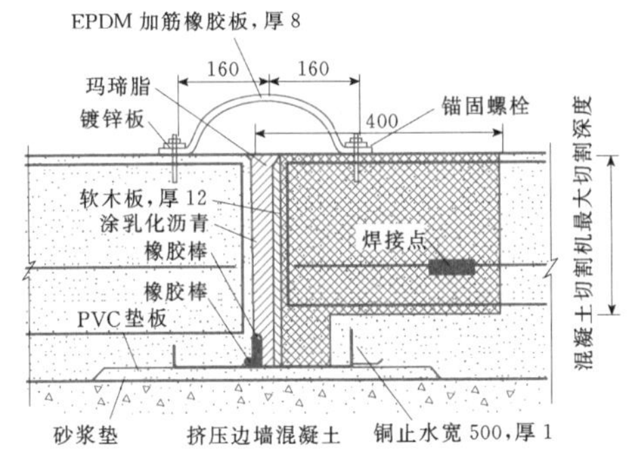

图2.5-12 坎普斯·诺沃斯坝的软接缝断面图（单位：mm）

3. 防浪墙水平缝和垂直缝

混凝土防渗墙与面板之间、面板与其他混凝土建筑物之间的连接部位，由于接缝位移较大，其接缝止水应按周边缝止水设计。防浪墙的接缝止水有如下规定：

（1）防浪墙与面板的水平缝应设置底部铜止水带，并在缝顶设置塑性填料。缝顶部及缝底部止水应与垂直缝相应的止水连接。如果防浪墙水平缝高程低于正常蓄水位，止水应作专门论证。

（2）防浪墙结构缝应设置一道止水带，此止水带应与防浪墙水平缝顶部塑性填料止水连接，见图2.5-13。

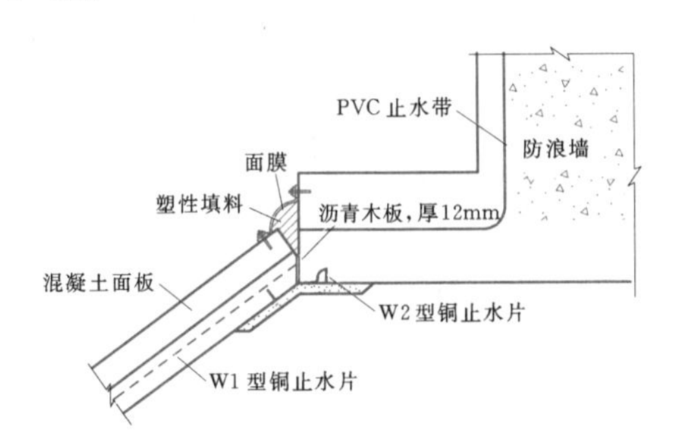

图2.5-13 防浪墙结构缝与其水平缝的连接示意图

4. 趾板水平缝、面板水平缝、基础连接、其他接缝

这些接缝止水有如下要求：

（1）面板与溢洪道或其他建筑物边墙连接时，其接缝止水结构与周边缝相同，并应有减少接缝位移的措施。

（2）趾板伸缩缝宜设两道止水，一端与周边缝顶部止水相接，另一端埋入基岩内，以构成封闭止水系统，见图2.5-14。

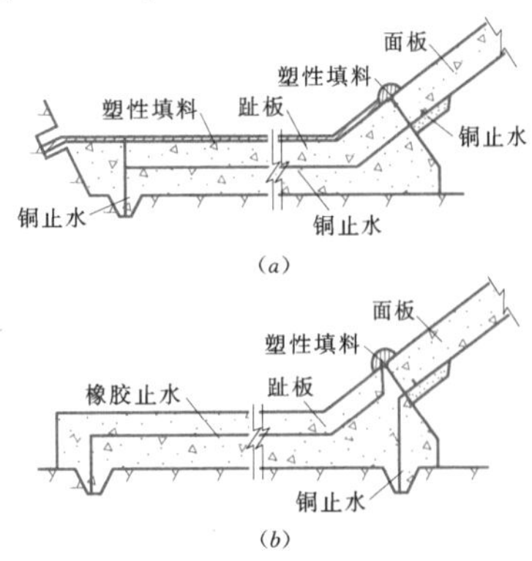

图2.5-14 趾板伸缩缝止水与周边缝止水的连接示意图

（3）防渗墙（或截水墙）、连接板、趾板相互之间的接缝止水，应按周边缝止水设计。

（4）面板水平施工缝宜在面板顶部设一道塑性填料止水或防渗盖片，两端与面板垂直缝、周边缝连接。

（5）面板水平施工缝的部分或全部缝面，应垂直于面板表面，钢筋应穿过缝面。有些工程的面板施工缝完全为水平缝面，这样不利于该部位面板的抗震稳定性和防止接缝错动破坏。例如在汶川大地震中，紫坪铺坝的三期面板就在与二期面板间的水平施工缝处发生了破坏错动。

（6）趾板施工缝缝面应与趾板表面垂直，趾板钢筋应穿过缝面。

对坝高150m以上的高坝，可结合面板应力变形分析成果设置水平结构缝，并设止水，但在强震区应慎用。如水布垭面板堆石坝（坝高233m），面板应力变形的计算结果表明：选择适当的位置设置永久水平缝，可减小面板拉应力。因此，经研究，在二期面板顶高程以下8.0m处（即高程332.00m）设置了一条永久水平缝。水平缝止水结构型式与垂直缝相同，设置顶、底两道止水。顶部止水为柔性填料止水，底部止水为W型铜止水。接缝处钢筋穿缝，缝中填隔缝材料。水布垭面板堆石坝永久水平缝止水结构见图2.5-15。

5. 止水连接

除止水片（带）直线连接外，所有连接接头统称异型接头，包括不同材质的止水片（带）连接接头。

铜止水带宜采用带材在现场加工，以减少接头。

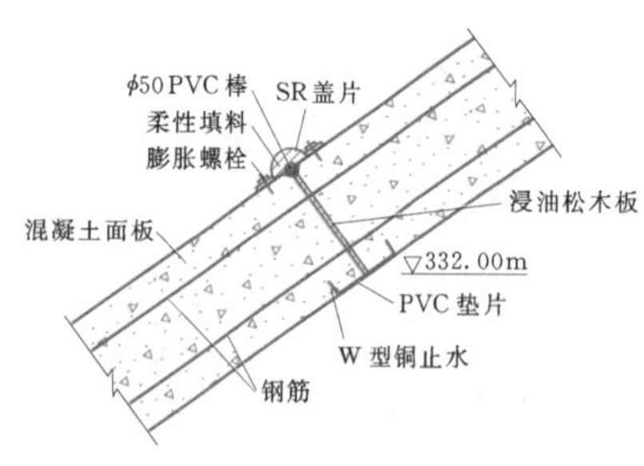

图 2.5-15 水布垭坝永久水平缝止水结构图

加工模具、加工工艺方法应确保尺寸准确和止水带不被破坏。

橡胶止水带接头宜采用硫化连接，PVC 止水带接头应采用焊接连接。

铜止水带的接头焊接宜采用搭接或对接。搭接宜在双面进行，搭接长度应大于 20mm。对接应采用单面焊接两遍进行。焊接应采用黄铜焊条。

不锈钢止水宜采用氩弧焊连接，工艺要求高，为减少环境对焊接质量的影响，需在焊接部位搭设简易作业棚。由于不锈钢止水施工不如铜止水简便，目前应用的工程还很少。

止水带的接头强度与母材强度之比应满足如下要求：橡胶止水带不小于 0.6，PVC 止水带不小于 0.8，铜止水带不小于 0.7。

止水铜片、波形橡胶止水带和柔性填料保护片的 T 型接头、十字接头等异型接头宜在工厂整体加工成型，现场只作直线接头施工，以减少人为因素的影响。工厂整体加工成型接头示例如图 2.5-16 所示。

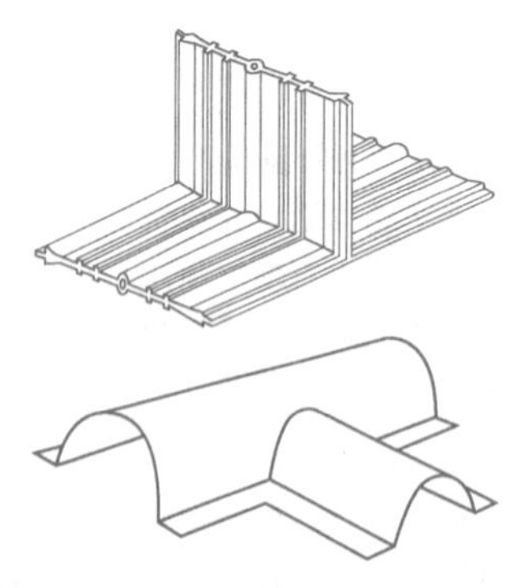

图 2.5-16 工厂整体加工成型接头示例

异种材料止水带的连接可采用搭接，并用螺栓固定或其他方法固定。搭接面应确保不漏水。用螺栓固定时，搭接面之间应夹填密封止水材料。

2.5.3.2 止水构造

1. 一般构造规定

(1) 施工缝可采用平板型止水带。变形缝的止水带可伸展长度应大于接缝位移矢径长。止水带的翼板长度和是否采用复合型止水带，应根据抗绕渗要求确定。

(2) 当运行期环境温度较低时，不宜选用 PVC 止水带。当止水带在运行期暴露于大气、阳光下时，应选用抗老化性能强的合成橡胶止水带［如三元乙丙(EPDM)］、铜或不锈钢止水带。采用多道止水带止水并有抗震要求时，宜选用不同材质的止水带。

(3) 开敞型止水带的开口宜朝向迎水面，并应考虑施工的影响。

(4) 止水带接头的位置应避开接缝剪切位移大的部位。

(5) 止水带离混凝土表面的距离宜为 200～500mm，特殊情况下可适当减少。

(6) 止水带埋入基岩内的深度可为 300～500mm，必要时可插锚筋。止水带距基岩槽壁不得小于 100mm。

2. 止水带的形状

(1) 铜止水带。铜止水带主要有以下几种型式：F 型、W 型、U 型及其变种，如图 2.5-17～图 2.5-19 所示。

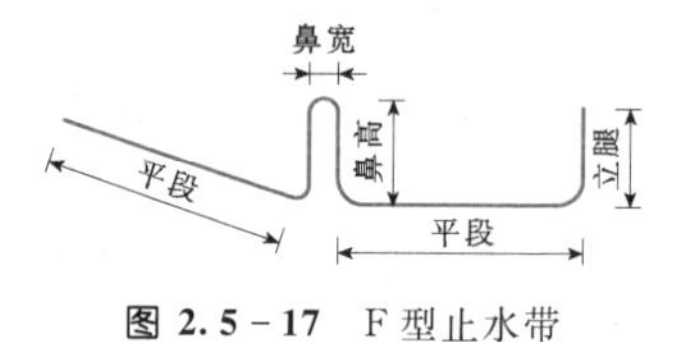

图 2.5-17 F 型止水带

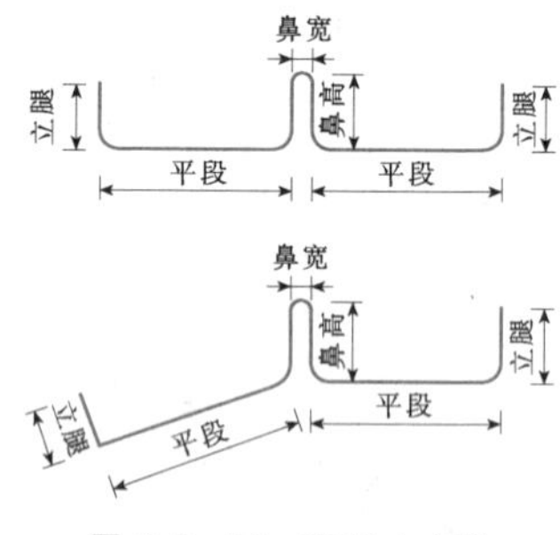

图 2.5-18 W 型止水带

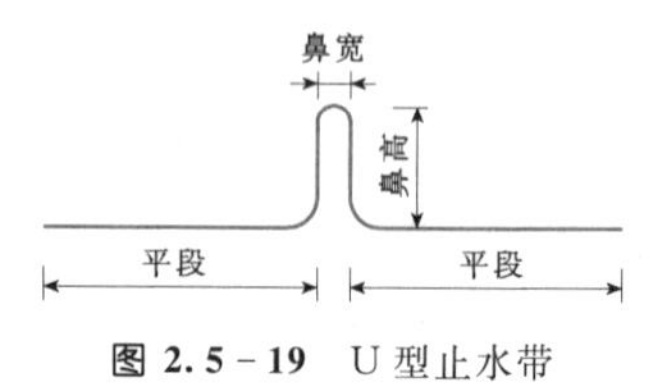

图 2.5-19 U 型止水带

(2) 橡胶或 PVC 止水带主要有以下几种型式：平板型、中心孔型、中心开敞型、波形、Ω 型及其变种，如图 2.5-20～图 2.5-24 所示。

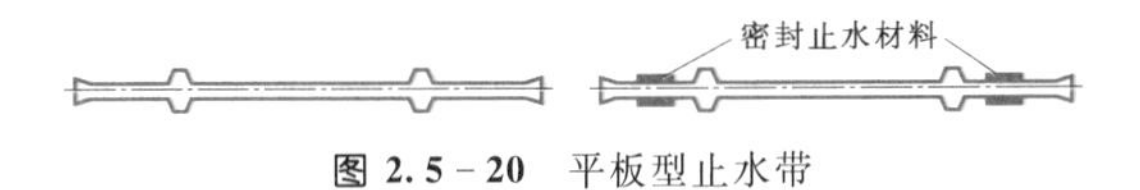

图 2.5-20 平板型止水带

图 2.5-21 中心孔型止水带

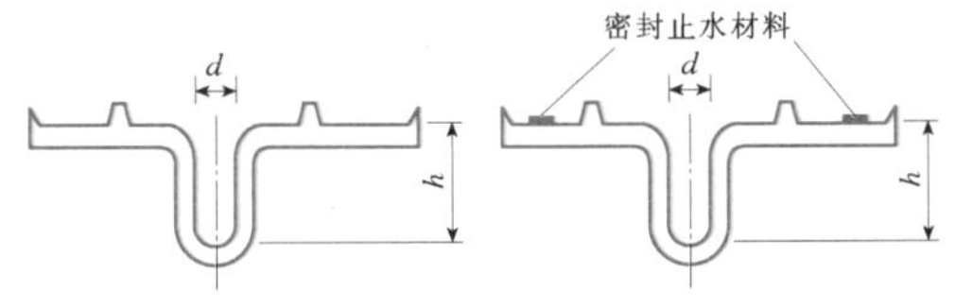

图 2.5-22 中心开敞型止水带

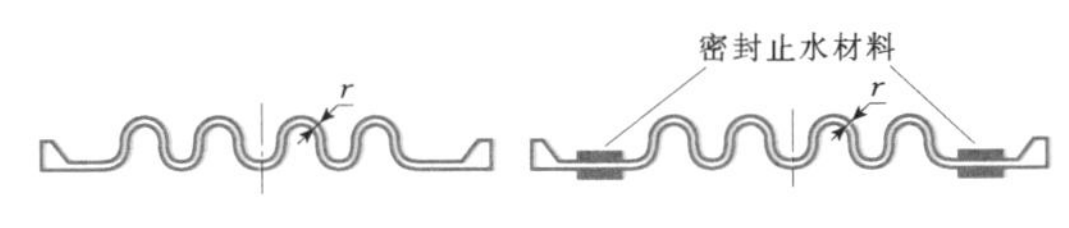

图 2.5-23 波型止水带

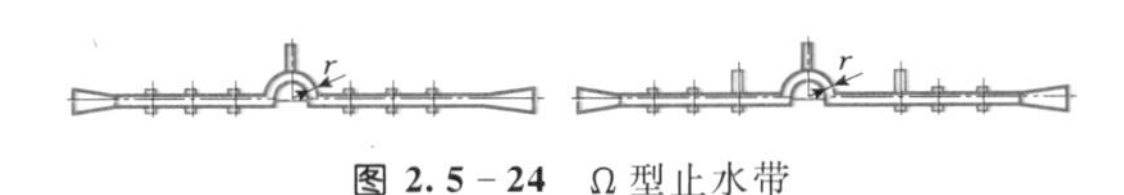

图 2.5-24 Ω型止水带

3. 周边缝

(1) 周边缝的宽度宜为 12mm。当铜止水片鼻子的宽度大于 12mm 时，仅需在缝底局部加大缝的宽度。缝内部应设置沥青浸渍木板或有一定强度的其他填充板。沥青浸渍木板或填充板宜固定在趾板上。

(2) 周边缝缝底 F 型铜止水片应放在 PVC 或橡胶垫片上。垫片厚度为 4～6mm，放在砂浆垫或沥青砂垫上。沥青砂浆的尺寸应能填满铜止水片保护罩拆除后的空间。铜止水片鼻子内应填塞聚氨酯泡沫或其他可塑性材料。

(3) 周边缝 F 型铜止水片埋入趾板的宽度不小于 150mm，此段止水片的方向应有利于浇筑混凝土时排气；另一平段宽度不小于 165mm，埋入面板内的立腿高度宜为 60～80mm。铜止水片鼻子的高度应不小于 50mm；缝的切向位移大时，鼻子的宽度宜适当增大，反之，可用较小的宽度，但不得小于 12mm。

(4) 周边缝缝顶设有柔性填料止水时，应在周边缝缝口设橡胶棒，其直径应大于预计的周边缝张开值。塑性填料表面应设防渗保护盖片，防渗保护盖片用经防锈处理或不锈钢材料制作的膨胀螺栓和角钢或扁钢固定。若防渗保护盖片内侧复合有塑性止水材料，则需先使用配套黏结剂与混凝土表面粘牢再进行压固处理，使塑性填料、防渗保护盖片都能构成表面封闭的止水系统。

(5) 周边缝缝顶设有无黏性填料时，保护罩应透水，但不允许无黏性填料被带出保护罩外。

(6) 周边缝 Ω 型 PVC 或橡胶止水带宜使凹面朝向迎水面。

(7) 应进行周边缝止水带的施工期保护，保护罩的尺寸应尽量小。

4. 面板垂直缝

(1) 垂直缝底部的铜止水片应与周边缝底部铜止水片连接成封闭的止水系统。超过 100m 的高坝在周边缝附近应增设一道止水带，一端与面板垂直缝底部止水相连接，另一端与周边缝顶部塑性填料止水连接形成封闭的止水系统。

(2) 张性垂直缝 W 型铜止水片鼻子高度宜为 50～60mm，鼻子宽度为 12mm，立腿高度为 60～80mm，两平段宽度宜不小于 160mm；压性垂直缝鼻子高度宜适当减小。

(3) 垂直缝 W 型铜止水片的底部应设置 PVC 或橡胶垫片和砂浆垫，垫片的厚度为 4～6mm。砂浆垫总宽度宜比铜止水片宽 150mm，最小厚度为 50mm，砂浆垫的砂浆强度等级宜为 C20。

(4) 垂直缝铜止水片鼻子内应用橡胶棒或聚氨酯泡沫塑料填塞，并用胶带纸封闭。

(5) 垂直缝顶部有柔性填料时，用防渗保护盖片封闭的方式与周边缝相同。

(6) 垂直缝缝面应涂刷薄层沥青乳剂或其他防黏结材料，缝内可不设冲填料。超过 100m 或地震烈度在 8～9 度地震区的坝，宜在面板中部设几条柔性垂直缝，缝内可冲填沥青浸渍木板或有一定强度、变形量较小的材料。

2.5.4 止水材料

2.5.4.1 铜止水带和不锈钢止水带

(1) 铜止水尺寸选择。接缝底部的铜止水目前是止水结构中的一道基本止水。与国外不同的是，我国较早地开展了铜止水鼻子尺寸的研究和工程实践。铜止水的材质和鼻子尺寸关系到其适应接缝剪切位移的能力，而接缝剪切位移是造成铜止水撕裂的重要外部作用，设计中应慎重考虑确定。

铜止水鼻子尺寸的设计依《水工建筑物止水带技术规范》(DL/T 5215—2005) 进行。首先根据设计接缝剪切位移值，按照应力水平宜小于 0.74 的要求，在表 2.5-3 中初选鼻子尺寸。表中的应力水平为等效应力与铜片标准试片强度之比。

表 2.5-3　铜止水带在不同接缝剪切位移时的应力水平（DL/T 5215—2005）

方案编号	H/d	d (mm)	t (mm)	H (mm)	L_n (mm)	接缝剪切位移				
						12mm	24mm	36mm	48mm	60mm
1	1.5	20	1.0	30	71	0.702	0.876	破坏	破坏	破坏
2	1.5	30	1.2	45	107	0.624	0.834	0.924	0.969	破坏
3	2.5	20	1.0	50	111	0.627	0.800	0.882	0.968	破坏
4	2.5	30	1.2	75	167	0.426	0.763	0.863	0.849	0.880
5	3.5	20	1.2	70	151	0.498	0.784	0.770	0.860	0.899
6	3.5	30	1.0	105	227	0.412	0.573	0.719	0.749	0.796
7	4.5	20	1.2	90	191	0.421	0.649	0.764	0.791	0.928
8	4.5	30	1.0	135	287	0.299	0.533	0.583	0.653	0.678

注　H—铜止水带鼻子直立段高度；d—铜止水带鼻子的宽度；t—铜止水带的厚度；L_n—铜止水带鼻子的展开长度，$L_n = 2H + d(\pi/2-1)$。

等效应力按式（2.5-1）计算，标准试片强度按《铜及铜合金带材》（GB/T 2059—2008）确定。对于重要工程，初选的鼻子尺寸还需经模型试验确认。

$$\sigma_e = \frac{1}{\sqrt{2}}\sqrt{[(\sigma_1-\sigma_2)^2+(\sigma_2-\sigma_3)^2+(\sigma_3-\sigma_1)^2]} \tag{2.5-1}$$

式中　σ_1、σ_2、σ_3——主应力。

表 2.5-3 是针对 T_2M 软铜片（伸长率不小于 30%、抗拉强度不小于 205MPa）的大变形数值分析成果。实测的力学性能参数为延伸率 48.5%，抗拉强度 225MPa。当所用材料的力学性能参数与这些参数差距较大时，表 2.5-3 可能不再适用。图 2.5-25 是其针对鼻子宽为 30mm 铜止水的应用实例。

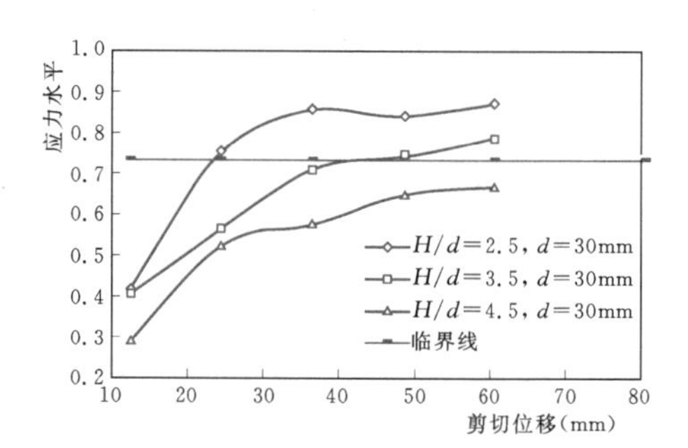

图 2.5-25　铜止水带在不同接缝剪切位移时的应力水平

铜止水的厚度还应参照式（2.5-2）进行核算，见 2.5-4 节，k_2 可取 1.0，铜止水带的焊接接头 k_3 可取 0.7～0.8。根据试验和相应经验公式推出常温下铜材 228 年的长期强度系数 k_4 为 0.9。

表 2.5-4 列出了部分高面板坝的铜止水断面尺寸，可供参考。

表 2.5-4　部分高面板坝周边缝底部铜止水断面尺寸　单位：mm

工程名称	设计接缝位移			鼻高 H	鼻宽 d	说明
	张开	沉陷	剪切			
水布垭	100	100	50	100	30	T_2M 铜带材加工
巴贡	100	60	60	135	30	
洪家渡	52	52	32	85	20	厂家退火处理
天生桥一级	22	42	25	60	30	半硬半氧化、厚 1mm 铜片，加退火处理
希拉塔	10	5	8	45	12	
塞沙那	12	21.5	7.5	约为 50	32	

（2）构造要求。根据规范 DL/T 5215—2005 规定，使用铜带材加工止水带时，铜带材的厚度宜为 0.8～1.2mm，其抗拉强度应不小于 205MPa，伸长率不小于 20%。铜止水带的化学成分和物理力学性能应满足《铜及铜合金带材》（GB/T 2059）的规定。“九五”期间针对水布垭面板坝进行的铜止水研究中，采用的是厚 1.0mm 的 T_2M 紫铜片，其力学性能指标见表 2.5-5。该表中还列出了其他可供考虑的铜带材，M 态表示软态。与硬铜相比，软铜具有较大的延伸率，适应接缝变形能力好，成形加工时也不易破坏。

表 2.5-5 可选铜止水带材的力学性能（GB/T 2059）

牌号	状态	抗拉强度 σ_b（MPa）	伸长率 δ_{10}（%）
T2、T3、TP1、TP2	M	≥205	≥30
H70	M	≥290	≥40
H80	M	≥265	≥50

采用复合型铜止水带，其复合材料应满足表 2.5-6 的要求。

对于不锈钢止水带的材质，抗拉强度应不小于 205 MPa，伸长率不小于 35%，其化学成分和物理力学性能应满足《不锈钢冷轧钢板》（GB 3280）的规定。青海黑泉面板坝坝高 123.5m，其面板周边缝采用了双金属止水结构，缝顶和缝底均设置了不锈钢波纹片止水，缝中部灌注双组分防渗材料，不锈钢片之间、不锈钢与预埋角钢之间采用钨极氩弧对接焊。采用的不锈钢牌号为 0Cr18Ni9，其力学性能见表 2.5-7。引子渡面板坝在周边缝中也采用了不锈钢止水。尽管不锈钢止水相对于铜止水有较好的力学性能，根据黑泉和引子渡的施工经验，由于不锈钢止水带较硬，为控制安装偏差、限制变形，安装时须用短钢筋等辅助固定。

表 2.5-6 复合密封止水材料物理力学性能及复合性能（DL/T 5215—2005）

序号	项目			单位	指标	试验方法
1	浸泡质量损失率 常温×3600h	水		%	≤2	DL/T 949
		饱和 $Ca(OH)_2$ 溶液		%	≤2	
		10%NaCl 溶液		%	≤2	
2	拉伸黏结性能	常温，干燥	断裂伸长率	%	≥300	GB/T 13477.8
			黏结性能	—	不破坏	
		常温，浸泡	断裂伸长率	%	≥300	
			黏结性能	—	不破坏	
		低温，干燥	断裂伸长率	%	≥200	
			黏结性能	—	不破坏	
		300 次冻融循环	断裂伸长率	%	≥300	DL/T 949
			黏结性能	—	不破坏	
3	流淌值（下垂度）			mm	≤2	GB/T 13477.6
4	施工度（针入度）			mm	≥70	GB/T 4509
5	密度			g/cm^3	≥1.15	GB 1033
6	复合剥离强度（常温）			N/cm	>10	对于橡胶、塑料止水带采用 GB/T 2791，对于金属止水带采用 GB/T 2790

注 常温指 23±2℃；低温指 −20±2℃；气温温和地区可以不做低温试验、冻融循环试验。

表 2.5-7 不锈钢止水的力学性能（GB/T 2059、DL/T 5215—2005）

牌号	项目	屈服强度 $\sigma_{0.2}$（MPa）	抗拉强度 σ_b（MPa）	伸长率 δ_5（%）	弹性模量 E（MPa）	泊松比 μ
0Cr18Ni9	指标	≥205	≥520	≥40	—	—
	测试	365	700	59	2×10^5	0.27

2.5.4.2 塑料止水带和橡胶止水带

目前工程中一般采用 PVC 止水带。PVC 止水带随着使用塑化剂种类和数量的不同，抗老化性能差异很大。PVC 止水带的低温性能差，在低温寒冷地区，不宜采用 PVC 止水带。橡胶止水带弹性好，施工中不易损坏，可以承受较大的接缝位移作用。但是橡胶接头连接比较困难。目前橡胶和塑料止水带，肋高、肋宽偏小，对抗绕渗不利。

橡胶和PVC止水带的厚度宜为6～12mm。当水压力和接缝位移较大时，应在止水带下设置支撑体。止水带的力学性能要求见表2.5-8、表2.5-9。

橡胶或PVC止水带嵌入混凝土中的宽度一般为120～260mm。中心变形型止水带一侧应有不少于2个止水带肋，肋高、肋宽不宜小于止水带的厚度。橡胶或塑料止水带在混凝土中的抗绕渗能力不及铜止水，作用水头高于100m时可采用复合型止水带。接缝Ω型PVC止水带或橡胶止水带宜使凹面朝向迎水面。

1. 止水带厚度的确定

在我国的面板堆石坝中，橡胶或塑料止水带的应用没有铜止水带那么普遍，目前主要是应用在高面板坝的接缝止水中，如水布垭、巴贡、紫坪铺等高面板坝周边缝表层止水中的波形止水带、天生桥一级坝周边缝中部的PVC止水带、公伯峡坝周边缝中部的橡胶止水带等。但是，诚如Palmi Johannesson在总结200m级面板坝的经验时所说："实践证明埋入式橡胶止水带是有效的，其伸展能力高于铜止水，且安装成本较低。建议在所有接缝中均设置橡胶止水带，但在压性缝中，止水带的带宽应减小至200mm，或将止水带设在接缝表面。"橡胶或塑料止水带的适应接缝变形能力明显优于铜止水带，但耐久性相对较差，应在工程实践中探讨采用其替代铜止水带的可行性。

由于目前生产能力的限制，橡胶或塑料止水带的厚度一般为6～12mm。橡胶或塑料止水带的强度明显低于铜止水带，在水压力和接缝位移的作用下可能发生破坏，故设计时应对其厚度，按下式进行校核。

$$\left.\begin{aligned} t &\geqslant \max\left(t_0,\frac{\mu}{k_3}t_0\right)\\ t_0 &= \frac{k_1 P u_1}{2k_2 k_4 R_0}\end{aligned}\right\}\qquad(2.5-2)$$

式中　t——止水带的厚度，mm；

μ——橡胶或塑料的泊松比，一般可取0.5；

P——作用在止水带上的可能最大水压力，MPa；

u_1——接缝的设计张开值，mm；

k_1——安全储备系数，可取1.1～1.2，沉陷、剪切变位大时取大值；

k_2——尺寸效应系数，长橡胶或塑料板强度与标准试片强度之比，可取0.5；

k_3——橡胶或塑料止水带接头强度与母材强度之比，宜根据试验确定；当无试验资料，橡胶止水带采用现场硫化方法接头时，可取0.5～0.7；PVC止水带采用焊接方法接头时，可取0.8；

k_4——长期强度系数，橡胶或塑料标准试片长期拉伸强度与标准拉伸强度之比，可取0.3；

R_0——橡胶或塑料止水带的标准试片拉伸强度（按照GB/T 528确定），MPa。

设计止水带厚度时，首先采用式（2.5-2）计算所需的止水带厚度t，供选用厚度时参考。如果t大于12mm，则需在接缝止水带的下部设置支撑体，且支撑体应能在水压力和接缝张开位移作用下不被压入接缝。支撑体通常选用橡胶棒或PVC棒，其直径应通过接缝挤压试验论证后确定。

对于设置在接缝表面的止水带，由于不受接缝间距的限制，其尺寸可以按照吸收接缝位移的要求设计。以波形止水带为例，其展开长度应不小于接缝三向位移的矢径长度，以确保接缝位移不在止水带内产生大的附加应力。由于周边缝的张开位移通常较大，按照式（2.5-2）设计止水带厚度时，其厚度常超过12mm，故需在止水带下部的缝口设置PVC棒支撑体。图2.5-26是水布垭面板坝所用波形止水带的实例。

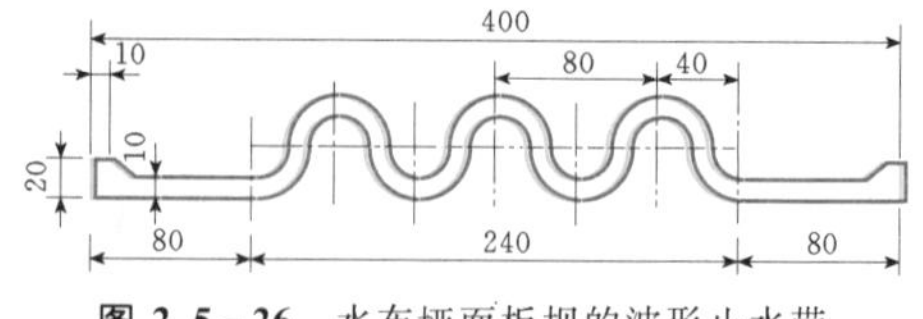

图2.5-26　水布垭面板坝的波形止水带（单位：mm）

2. 材料性能

根据规范（DL/T 5215—2005），面板接缝橡胶止水带和PVC止水带的物理力学指标，应分别满足表2.5-8和表2.5-9的要求。其中橡胶止水带指标来自GB 18173.2—2000，PVC止水带指标是参考了美国CRD-C 572—74、国内企业指标和GB 18173.1—2000制定的。

2.5.4.3　塑性填料和防渗保护盖片

1. 塑性填料

塑性填料也称柔性填料。接缝表层塑性填料止水的工作原理为：在顶部橡胶类密封盖板等材料的覆盖保护下，在均布水压力作用和各种气温条件下，塑性填料可以流入张开的接缝，在流动过程中和到达缝底后，不被水压力击穿，并在设计水压力作用下长期不漏水。塑性填料应按照一道独立止水进行设计、论证，以增加接缝止水的安全性。

表 2.5-8　　橡胶止水带物理力学性能要求（DL/T 5215—2005）

序号	项目		单位	指标
1	硬度（邵尔 A）		度	60±5
2	拉伸强度		MPa	≥15
3	扯断伸长率		%	≥380
4	压缩永久变形	70℃×24h	%	≤35
		23℃×168h	%	≤20
5	撕裂强度		kN/m	≥30
6	脆性温度		℃	≤−45
7	热空气老化（70℃×168h）	硬度（邵尔 A）	度	≤+8
		拉伸强度	MPa	≥12
		扯断伸长率	%	≥300
8	臭氧老化 50pphm：20%，48h		—	2 级
9	橡胶与金属黏合		—	断面在弹性体内

注 1. 橡胶与金属的黏合项仅适用于具有钢边的止水带。
2. 若对止水带防霉性能有要求时，应考虑霉菌试验，且其防毒性能应等于或高于 2 级。
3. 试验方法按照 GB 18173.2 的要求执行。
4. 由于接缝止水带不暴露在外部，DL/T 5215 中有特殊耐老化要求的止水带指标未列入。

表 2.5-9　　PVC 止水带物理力学性能要求（DL/T 5215—2005）

项目		单位	指标	试验方法
拉伸强度		MPa	≥14	GB/T 1040Ⅱ型试件
扯断伸长率		%	≥300	
硬度（邵尔 A）		度	≥65	GB 2411
低温弯折		℃	≤−20	GB 18173.1 试片厚度采用 2mm
热空气老化（70℃×168h）	拉伸强度	MPa	≥12	GB/T 1040Ⅱ型试件
	扯断伸长率	%	≥280	
耐碱性 10%$Ca(OH)_2$ 常温，(23±2)℃×168h	拉伸强度保持率	%	≥80	GB/T 1690
	扯断伸长率保持率	%	≥80	

表层塑性填料止水主要有三方面要求：

（1）材料自身的止水可靠性，主要包括材料的耐久性、耐冻融循环、耐压力水的击穿、流动止水性、抗渗性、耐热性、耐寒性及抗拉性能等。

（2）材料与混凝土黏结面的可靠性，主要包括常温下与混凝土的黏结性，常温下、低温下、高温下、冻融循环条件下黏结面的可靠性。

（3）施工性能，主要包括常温下施工的方便性、施工期材料保护的方便性、施工后塑性填料在面板倾斜度及相应的温度下保持在原位的性能等。

在设计接缝变形条件下，塑性填料应能在水压力作用下流入接缝，并满足止水要求。塑性填料的断面面积宜为接缝设计张开断面面积的 2.0～2.5 倍。

塑性填料的配套黏结剂应保证材料与混凝土表面黏结良好，其性能用拉伸黏结性能体现，要求拉伸时不得在黏结界面发生破坏。

“九五”期间，塑性填料的流动止水性能是通过与实际等尺寸的大模型试验验证的。我国的 GB、SR 塑性填料都通过了大模型试验验证。由于大模型试验难度较大，不易普及，2000 年后，中国水利水电科学研究院又研究提出了小模型止水试验方法，提出了流动止水长度性能指标。其含义是：110cm^3 的塑性填料在水压力作用下，流入 40mm×5mm 断面接缝内的长度。流动止水长度越长，流动止水性能越好。

《水工建筑物塑性嵌缝密封材料技术标准》（DL/T

949—2005）是针对整个水工建筑物的接缝嵌缝密封材料提出的，反映在面板坝的接缝止水方面，流动止水长度不小于130mm的要求可能偏低，尤其是对于高面板坝的接缝止水。水布垭面板坝所用塑性填料的流动止水长度就曾达到165mm。实际工程中，仍宜以与实际等尺寸的大模型流动止水试验验证为准。

流动止水长度过长的材料，可能在面板坝坝面沿接缝发生斜坡流淌，造成塑性填料局部堆积和局部过少的不均匀现象，影响其止水效果的发挥。为此，塑性填料还应具有斜坡稳定性。流动止水性能和斜坡稳定性的要求取向相反，但依据国内外面板坝工程的经验，还不致发生矛盾。进行接缝止水设计时，对此应予注意。

2. 防渗保护盖片

防渗保护盖片的厚度宜为5～8mm，宜采用三元乙丙（EPDM）橡胶等耐老化性能好的高分子防水材料制作。防渗保护盖片应符合《高分子防水材料　第一部分　片材》（GB 18173.1）所规定的相应材质的性能指标要求。

防渗保护盖片宜选用复合密封止水材料的复合盖片，以确保盖片与其下的塑性填料黏结。

3. 材料性能

标准DL/T 949—2005提出的塑性填料技术性能指标见表2.5-10。常用的三元乙丙橡胶保护盖片性能指标见表2.5-11。

表2.5-10　塑性填料的技术性能和指标（DL/T 949—2005）

序号	项目			单位	技术指标
1	浸泡质量损失率常温×3600h	水		%	≤2
		饱和 $Ca(OH)_2$ 溶液		%	≤2
		10%NaCl溶液		%	≤2
2	拉伸黏结性能	常温，干燥	断裂伸长率	%	≥125
			黏结性能		不破坏
		常温，浸泡	断裂伸长率	%	≥125
			黏结性能		不破坏
		低温，干燥	断裂伸长率	%	≥50
			黏结性能		不破坏
		300次冻融循环	断裂伸长率	%	≥125
			黏结性能		不破坏
3	流动止水长度			mm	≥130
4	流淌值（下垂度）			mm	≤2
5	施工度（针入度）			mm	≥100
6	密度			g/cm^3	≥1.15

注　1. 常温指（23±2）℃。
2. 低温指（−20±2）℃。
3. 气温温和地区可以不做低温试验、冻融循环试验。
4. 试验方法见DL/T 949—2005。

表2.5-11　三元乙丙（EPDM）橡胶保护盖片性能指标（DL/T 949—2005）

序号	项目		指标	
			均质片	复合片
1	断裂拉伸强度（常温）		≥7.5MPa	≥80N/cm
2	扯断伸长率（常温）		≥450%	≥300%
3	撕裂强度		≥25kN/m	≥40N
4	低温弯折		≤−40℃	≤−35℃
5	热空气老化（80℃×168h）	断裂拉伸强度保持率	≥80%	≥80%
		扯断伸长率保持率	≥70%	≥70%
		100%伸长率外观	无裂纹	—
6	耐碱性[10% $Ca(OH)_2$ 常温×168h]	断裂拉伸强度保持率	≥80%	≥80%
		扯断伸长率保持率	≥80%	≥80%
7	臭氧老化	伸长率40%，500pphm	无裂纹	—
		伸长率20%，200pphm	—	无裂纹
8	抗渗性		≥1.0MPa	≥1.0MPa

注　1. 出厂检验项目为项目1、2、3，型式检验项目为所有项目。有特殊要求时还可增加其他检测项目。
2. 抗渗性指标的测试方法参照《水工混凝土试验规程》（DL/T 5150—2001）第4.21条和第4.22条进行。对于高坝，抗渗性指标根据坝高确定，要求不小于所承受的设计水头。
3. 均质片型与复合片型在力学性能（断裂拉伸强度和撕裂强度）指标上的表述方式不相同，使用中需要注意。

2.5.4.4 无黏性填料自愈系统

自愈系统的理论是依靠垫层料的反滤作用，在接缝上面设置较细无黏性可流动的填料，如粉细砂、粉煤灰等，下部止水失效后，可以自动填充缝隙，减少渗漏量到可以接受的水平。填料的保护一般采用任意料回填或专门的保护罩。

阿瓜密尔帕坝和天生桥一级坝中，周边缝表层均采用粉煤灰作自愈材料，均没有在顶部布置柔性填料止水，自愈材料容易被水流带到缝中限制渗漏。

吉林台一级混凝土面板砂砾堆石坝最大坝高157m，地震设计烈度较高，接缝止水需满足抗震要求。周边缝顶部止水结构采用自愈型式，如图2.5-7所示，具体要求如下：

(1) 固定波形止水带的膨胀螺栓孔用聚合物丙乳砂浆回填，以满足工程抗冻性的要求。

(2) 为了满足表层止水自愈的要求，在柔性嵌缝止水材料中贴近波形止水带一侧部分采用GBW遇水膨胀型嵌缝止水材料，作为止水结构的第一道自愈防线，其上覆盖GB嵌缝止水材料。GBW遇水后自身体积可以膨胀100%～150%，且不发散，对漏水有自愈作用。

(3) 外部的重砂壤土自愈填料，作为止水结构的第二道自愈防线，以对任何可能的止水缺陷进行自愈。经过试验分析，吉林台工地提供的土料为级配较好的重砂壤土，具备一定的止水自愈功能。

(4) 在周边缝铜止水鼻顶部设置GB填料。其作用是作为第一道自愈止水GBW的堵头，防止GBW的流失。另外还可以从外部对铜止水起保护作用。

水布垭曾进行了自愈型止水结构计算研究，表明坝体浸润线很低，渗流量很小。即使接缝止水全部失效且为空缝时，坝体浸润线也不高，坝体稳定不存在问题。淤填式自愈型止水可以很好地适应接缝大变形的要求。淤填式自愈型止水结构的关键是：①垫层对淤填材料起到反滤作用；②淤填材料具备足够的数量。

2.5.4.5 施工缝

面板施工缝的设置应考虑施工条件，满足临时挡水或分期蓄水的要求。面板钢筋应穿过缝面。

较长的面板需要分期浇筑，其间设水平施工缝方便施工，缩短工期，并满足坝体临时挡水或分期蓄水的要求。同时，缩短一次性浇筑面板的长度可减轻基础约束作用，减少面板混凝土产生裂缝的可能性。除起始块面板分期施工或在滑模过程中因故被迫中断可设施工缝外，面板宜少设施工缝。

因坝体继续填筑而增加已填筑坝体的变形，可能使已浇面板顶部与垫层面脱开，为避免发生这种现象，要求面板施工缝的高程应低于填筑体顶部高程，高差宜大于5m，对于150m以上的高坝，高差宜控制在15～20m。

对于高坝，施工缝缝面应垂直于面板表面，以防面板施工缝发生错动或挤压破坏。20世纪90年代以前趾板大多设置伸缩缝。目前趾板一般少设或不设伸缩缝，这样可以简化周边缝结构。近期一些工程的做法有：不分伸缩缝，设临时宽槽，后回填；采用较长的施工缝间距，钢筋穿过施工缝，施工缝间距20～40m。前一种方法在洪家渡、水布垭等工程中应用，效果较好。后一种方法已为我国天生桥一级坝、天荒坪面板堆石坝等工程采用。天生桥一级坝趾板用滑模浇筑，浇筑段较长，产生的裂缝较多。万安溪坝在趾板混凝土中掺了UEA微膨胀剂，一次浇筑30m长，未发现裂缝。趾板在地形、地质条件变化较大的部位，宜设置必要的伸缩缝。

水布垭面板坝施工缝构造如图2.5-27所示。

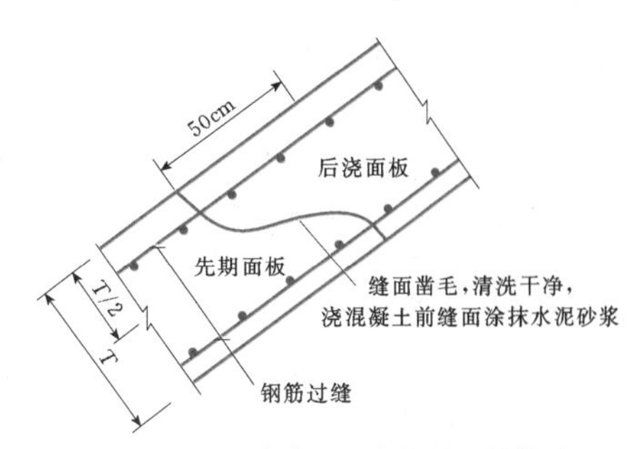

图2.5-27 水布垭面板坝施工缝构造

2.5.4.6 辅助材料

无黏性填料保护罩所用的镀锌铁片或不锈钢片厚度宜为0.7～0.9mm。用于保护罩内衬的土工布宜选用针刺非织造土工布，其技术要求应符合GB/T 17638或GB/T 17639规定的要求。

寒冷地区面板坝的接缝止水，其固定螺栓应满足抗冰冻要求。东北地区莲花坝、双沟坝采用的沉头螺

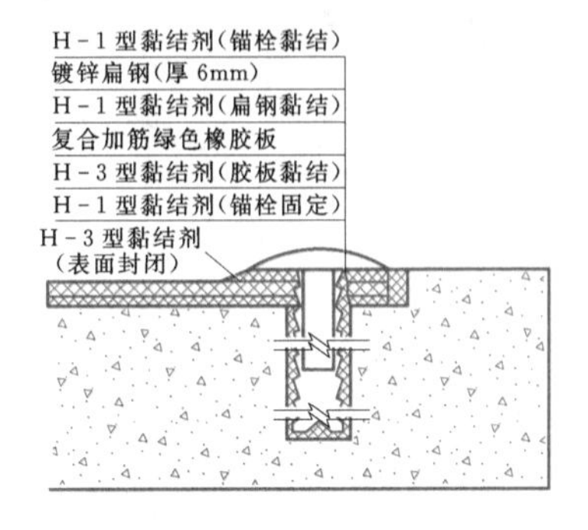

图2.5-28 莲花面板坝表层止水固定用沉头螺栓

栓如图2.5-28所示，可供参考。

2.5.5 接缝止水施工

面板坝接缝止水的复杂性、重要性，是整个防渗系统薄弱环节的特点，决定了其止水施工的技术要求高、质量要求严。必须特别重视止水施工的技术要求，首先从设计技术环节上尽量避免接缝止水出现施工质量问题。

2.5.5.1 铜止水带加工

铜止水宜采用带材在现场加工，以减少接头。加工模具、加工工艺方法应确保尺寸准确和铜止水不被破坏。铜止水、不锈钢止水的接头焊接见2.5.3.1节止水连接部分。

金属止水成型过程中，加工硬化和加工残余应力是导致金属止水破坏的重要原因之一。特别是加工形状复杂的连接件，如T型接头和十字接头，更容易破坏。加工时，可采用分级模压、加温的方法减小加工硬化和加工残余应力的影响，必要时可退火消除残余应力。

2.5.5.2 塑料止水带和橡胶止水带安装

为确保止水的整体性，PVC止水带接头应按其生产厂家要求采用热黏结或热焊，搭接长度应大于150mm。橡胶止水带接头应采用硫化连接。接头内不得有气泡、夹渣或渗水，中心部分应黏结紧密、连续，拼接处的抗拉强度应不小于母材抗拉强度的60%。由于黏结接头方法强度低，耐老化性能差，止水带不宜采用黏结剂接头方法。在接缝交叉部位应采用工厂特制的T型、十字接头。现场硫化时，应采用与止水带断面形状和尺寸相符的硫化模具，以确保止水带连接部位的断面满足设计要求。

2.5.5.3 异型接头

铜止水片的异型接头宜在工厂整体冲压成型。成型后的接头不应有机械加工引起的裂纹或孔洞等缺陷，并应进行退火处理。

PVC（或橡胶）止水带的异型接头宜在工厂订做。若在现场加工时，接头连接处不得有气泡或漏接存在，中心部分应黏结紧密、连续。

PVC（或橡胶）止水带与铜止水片连接时，宜将PVC（或橡胶）止水带平段的一面削平，热压在铜止水片上，趁热铆接；也可在两止水片间利用柔性密封材料或优质底胶黏结后再实施铆接或螺栓连接。

防渗保护盖片的异形接头宜在工厂订制。若在现场制作，应外覆同材质的盖片进行加强处理。

2.5.5.4 塑性填料及防渗保护盖片施工

塑性填料表层止水的止水效果与现场嵌填质量关系很大。目前的塑性填料施工中，嵌填工艺还很落后，基本上是人工嵌填，嵌填质量波动很大，嵌填不密实，是迫切需要解决的问题。根据试验研究，不密实的塑性填料中含有过多的空洞，将导致填料的挤压流动不稳定，容易被压力水击穿导致流动中断，无法满足流动止水性能的要求。目前国内已开发出塑性填料挤出机机械嵌填技术。在新疆温泉面板坝的施工中，所有面板接缝，包括垂直缝、周边缝和防浪墙底缝，均采用了挤出机嵌填。嵌填致密均匀，最大挤出断面积已超过1000cm^2。挤出机嵌填技术嵌填密实，由于塑性填料挤出后温度上升，还有利于界面黏结，且施工速度快，有利于保障接缝止水施工进度。图2.5-29所示是温泉坝的挤出机施工情况。

图2.5-29 塑性填料挤出嵌填效果

防渗保护盖片可采用硫化接头和搭接黏结接头。采用搭接接头时，搭接长度应大于200mm，且宜在搭接部位盖片表面复合密封材料。防渗保护盖片与混凝土面之间宜采用扁钢片和螺栓固定，扁钢片厚度宜为5mm，螺栓间距宜为200～250mm，同时采用黏结剂黏结以确保止水密封效果；应割除扁钢片外露的盖片毛边，并宜用适宜的封边剂涂刷盖片毛边端口范围，以进一步确保盖片的止水密封效果。

2.5.5.5 无黏性填料施工

无黏性填料保护罩的材质及其尺寸、固定保护罩的角钢、膨胀螺栓的规格和间距均应符合设计要求。角钢及膨胀螺栓应经防腐处理。

无黏性填料施工应从下向上进行。河床段应分层填筑，适当压实，其外部可直接用面膜或土石等材料保护。两岸斜坡段，应先安装保护罩，然后填入无黏性填料。

周边缝顶部同时有柔性和无黏性填料时，应先分段完成柔性填料施工后，再完成外包无黏性填料施工。

2.5.5.6 施工缝

施工缝处理应在混凝土强度达到2.5MPa后进行。

施工缝面上不应有浮浆、松动料物，宜用冲毛或刷毛处理成毛面，以露出砂粒为准。施工缝面上的钢筋，在浇筑前应进行清理、整形。

施工缝面应冲洗干净、湿润、无积水，并铺一层水泥砂浆，其厚度宜为15～20mm，水泥砂浆强度等级应与混凝土相同。应在水泥砂浆初凝前浇筑新混凝土。

2.6 坝基处理与岸坡连接设计

面板堆石坝的坝基处理重点为：趾板地基处理、堆石体地基处理、覆盖层处理以及坝基防渗处理等。大坝的地基条件是多样的，选择的坝基处理方案必须要适应大坝和地基的特点，成功的坝基处理建立在对坝基详细的勘探、合理的设计、谨慎的开挖和处理的基础上。

对于岩基上的基础处理，重点是开挖体型与地质缺陷处理的要求，避免坝体结构产生有害的不均匀变形，以及基础产生渗透破坏。

对于有覆盖层的坝址区，其地基处理一般可以采用以下三种方式：

(1) 将覆盖层全部挖除。一般适用于地基覆盖层薄或覆盖层中有特殊地层的情况。

(2) 挖除趾板区域一定范围内的坝基覆盖层，将趾板置于开挖后的基岩上，坝体建于剩余的坝基覆盖层上。这种处理方式在我国面板堆石坝建设中较为常用。

(3) 将趾板直接置于覆盖层地基上，覆盖层采用混凝土防渗墙进行防渗，用连接板将趾板和防渗墙连接起来，形成完整的防渗体系。适用于覆盖层厚度大，开挖代价高，覆盖层力学特性好，不存在软弱夹层和易液化砂层的情况，要求坝基在所有静力和动力荷载作用下都是稳定的，并保证坝基变形不会导致趾板接缝位移过大或混凝土面板开裂而出现大量渗漏。

岸坡连接设计主要包括陡坡段坝体与岸坡的连接设计、遇地形不足或明显地质缺陷需要降低趾板建基面时的高趾墙设计以及坝体与溢洪道、重力坝等建筑物的连接设计。

2.6.1 趾板地基处理

2.6.1.1 趾板地基处理的基本原则

(1) 对于岩质基础，趾板宜置于坚硬、不冲蚀和可灌浆的弱风化至新鲜基岩上，也可置于经过处理的强风化地基上。

(2) 应根据趾板地基的容许水力梯度确定趾板的开挖宽度，也可以采用平趾板加向下游延伸的坝内防渗板，满足渗径要求，以减少边坡开挖量。趾板地基的容许水力梯度参见表2.4-1。

(3) 趾板地基开挖面应平顺，避免陡坎和反坡。为减小爆破对趾板地基岩石的扰动，应预留保护层开挖。

(4) 趾板下游侧地基开挖坡应缓于大坝上游坝坡，并避免趾板的开挖体型对面板产生顶托作用使得面板出现应力集中；趾板上游边坡应按永久边坡设计，确保边坡稳定。

(5) 对置于强风化或有地质缺陷的基岩上的趾板地基，应采取专门的处理措施。

2.6.1.2 趾板地基处理措施

1. 延长渗径

延长渗径可采用向上游加宽趾板、设置截水墙、在趾板下游内置防渗板或喷混凝土等方式。对趾板开挖的上游坡进行喷护，也可起到延长渗径的作用。

湖南省株树桥面板坝最大坝高78m，坝址基岩为震旦系下震旦统冷家溪群浅变质的千枚状绢云母硅质板岩夹泥质板岩，岩体的饱和抗压强度5～60MPa，岩层节理裂隙与断层发育，构造较复杂，岩体风化较深。为有利于大坝布置及减少开挖工程量，在风化深度较大的两岸坝肩及河床左侧等部位设置截水墙，墙深2～7m，截水墙底接弱风化岩层，墙厚1～2m。其构造见图2.6-1。

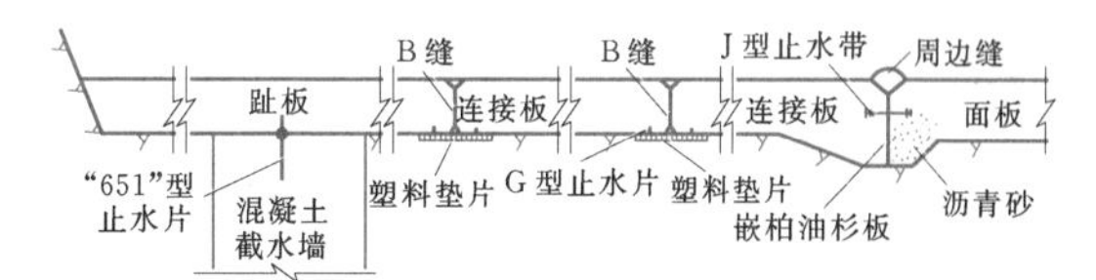

图2.6-1 株树桥左岸趾板、连接板、面板结构图

水布垭工程坝址两岸地形较陡，趾板地基为二叠系灰岩，地质条件较好，容许水力梯度可达15以上，但由于所承受的水头较高，趾板最大宽度将达15m。为减少趾板区的开挖工程量，将趾板分为标准板与防渗板两部分，标准板与传统趾板设计相同，作为趾板地基灌浆的工作平台与面板施工的起始工作面，标准板的宽度应按照基础的灌浆要求设计。标准板在高程176.00～348.00m之间宽8m，高程348.00～405.00m之间宽6m。为满足趾板地基容许水力梯度要求，在趾板下游堆石体内设置了防渗板，防渗板厚50cm，宽度与标准板一起由基岩所能承受的水力梯度确定。其布置见图2.6-2。

2. 固结灌浆

为提高基岩的完整性，封闭表面裂隙，几乎所有岩基趾板地基都要进行固结灌浆。在灌浆时应特别注

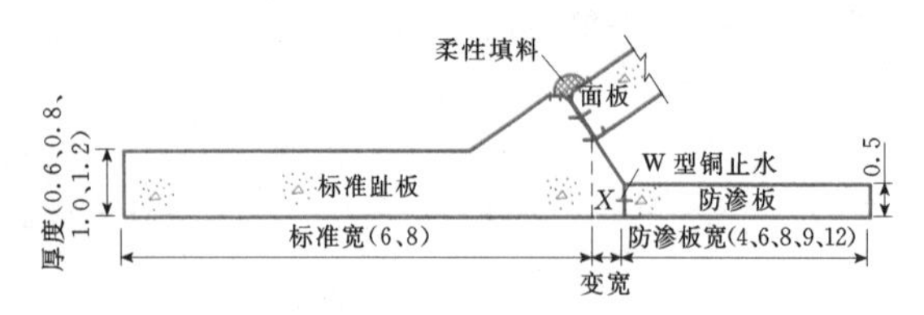

图 2.6-2 水布垭趾板结构图（单位：m）

意防止对趾板的有害抬动，必要时可通过现场灌浆试验确定灌浆参数与工艺。

固结灌浆一般布置 3～4 排，将中间排与帷幕灌浆孔相结合或加深固结灌浆兼作辅助帷幕，随着坝高的增加，趾板加宽，排数也相应增加。孔距一般 2～3m，孔深 5～8m。

水布垭工程高程 348.00m 以下趾板标准板部位固结灌浆为 5 排，排距 1.5m，孔距 2m，孔深 7m。其中中间帷幕上下游两排加深至 17m 兼作辅助帷幕；防渗板基础的固结灌浆孔、排距均为 2.5m，孔深 5m。

湖北省陡岭子面板坝最大坝高 88.5m，趾板地基为寒武系中统岳家坪组绢云母千枚岩与绢云母石英千枚岩，岩体透水性弱，趾板固结灌浆设两排，排距 3.2m，孔距 3m，孔深 8m。

国内几座面板坝固结灌浆参数见表 2.6-1。

表 2.6-1　我国面板堆石坝固结灌浆主要参数

工　程	坝　高 (m)	排　数	排　距 (m)	孔　深 (m)	孔　距 (m)	灌浆压力 (MPa)
水布垭	233.0	—	1.5～2	17 或 7	2	0.3～0.5
三板溪	185.5	2～4	2	8～12	3	0.4～0.7
洪家渡	179.5	4	—	8～15	—	—
天生桥一级	178.0	4，3，2	1.5	15，12，10	3	—
滩坑	162.0	—	2～4	10～15	3	—
紫坪铺	156.0	4，3，2	2	15	4	—
吉林台一级	157.0	2～4	1.5	10～20	2，3	0.3～0.7
乌鲁瓦提	133.0	—	—	5～12	3	—
九甸峡	136.5	—	—	—	—	—
珊溪	132.5	2～4	—	6～10	2，1.5	0.3～0.5
公伯峡	132.2	3	—	5～8	3	—
引子渡	129.5	—	—	5～8	—	—
白溪	124.4	4～2	—	6，8	1.5～3	0.3～0.5
黑泉	123.5	3～4	3	8～12	3	—
白云	120.0	2	1.5	8.5	3	—
古洞口	117.6	—	—	8	2.5，3	—
高塘	111.3	1～2	—	5～6	3	—
那兰	109.0	—	1.5	7，10	1.5	—
茄子山	106.1	—	—	5～8		—
鱼跳	106.0	2	—	6	3	—
柴石滩	101.8	2～3	—	5		—
白水坑	101.3	3	—	5	2	—
泰安上库	100.0	2	3	5	3	—

续表

工　程	坝　高 (m)	排　数	排　距 (m)	孔　深 (m)	孔　距 (m)	灌浆压力 (MPa)
西北口	95.0	2	3.2	8	3	—
万安溪	93.8	2	—	5～8	1.6	—
大桥	93.0	2～4	1.5	10～15	3	—
大坳	90.2	2	—	—	2.2～2.5	1.5
三插溪	88.8	2	—	8	3	1
陡岭子	88.5	2	3.2	8	3	0.3～0.4
天荒坪下库	87.2	2	1.5	8，5	3	1
英川	87.0	2	—	8	3	—
小山	86.3	—	—	—	—	—
东津	85.5	2～3	—	5～20	2.5～1.5	1
花山	80.8	1，2	—	5	—	3
松山	80.8	1	—	5	2	0.2

3．地质缺陷处理

趾板范围内的基岩如有断层、破碎带、软弱夹层与溶蚀等不良地质条件时，应根据其产状、规模、组成物质和力学性质，研究其渗透性、渗透变形和溶蚀后对坝基的影响，确定趾板下基岩的容许水力梯度、防渗处理和渗流控制措施。

对趾板基础范围内的断层破碎带、泥化夹层、溶蚀等，为防止趾板地基不均匀变形及渗漏，应局部开挖后回填混凝土，回填混凝土的强度等级不宜低于C15，处理长度则应根据地基的容许水力梯度确定。对地质缺陷部位的趾板基础，应加密和加深固结灌浆与帷幕灌浆，必要时采用超细水泥灌浆。

对可冲蚀地基如泥化夹层及风化岩层趾板下游应铺设反滤过渡料，铺设范围根据基础容许水力梯度确定。

对趾板区勘探平洞，应采用强度等级不低于C20的混凝土进行回填处理，并应做好回填灌浆与接触灌浆；地质勘探钻孔可在冲洗后采用M20水泥砂浆封堵。

4．设置沉降缝

当趾板基础地质条件变化较大或为残积土与砂砾石层，为防止趾板基础产生不均匀变形而开裂，应在顺趾板轴线方向或顺水流设置沉降缝。

建在岩基上的趾板，目前通行的做法是不分永久沉降缝。若趾板基础变形模量变化较大，应在岩层分界线设置沉降缝。对于趾板的转折处也宜设趾板缝。

对建在残积土与砂砾石覆盖层上的趾板，沉降缝的设置应更加仔细研究。一般顺趾板轴线方向10m左右设置一条纵缝，在防渗墙与趾板之间设置一块或多块连接板。表2.6－2为几座建在覆盖层上面板坝趾板的分缝情况。

表2.6－2　部分建在覆盖层上面板坝趾板分缝情况

工程名称	横缝条数	纵缝间距 (m)
那兰	2	12，24，25
帕克拉罗	3	10
梁辉	1	6
察汗乌苏	3	10

注　横缝指顺水流向的趾板沉降缝；纵缝指顺趾板轴线方向的沉降缝。

2.6.2　堆石体地基处理

堆石体地基处理的主要目的：①清除影响坝坡稳定的不良地质体；②消除周边缝附近影响面板与周边缝应力变形的基础条件；③有利于坝体填筑碾压。

2.6.2.1　岸坡堆石体地基处理

堆石坝体可置于风化岩基上，变形模量应不低于堆石坝体的变形模量。趾板下游约0.3～0.5倍坝高范围内的地基沉降将影响面板的变形。因此，该范围内堆石体地基宜具备低压缩性，一般开挖至强风化岩层，较软弱的强风化表层也须清除，且开挖后，不允许有妨碍堆石碾压的反坡和陡于1∶0.25的陡坎；其余部分对地基压缩性可适当放宽要求，开挖后只需满足开挖坡的稳定要求。

对于局部的反坡与陡坎，可通过开挖处理，也可通过采用低强度等级的混凝土或浆砌石进行补坡。

当河谷岸坡较陡时，为减小陡岸与堆石体之间的变形梯度，可在坝轴线上游范围内与两岸岸坡接触部位设置低压缩区（DL/T 5016—2011 称为“增模区”），如图 2.6-3 所示。低压缩区可采用垫层料或过渡料，或者两层均设，碾压层厚、遍数与垫层区及过渡区相同。低压缩区厚度一般不宜小于 3m。

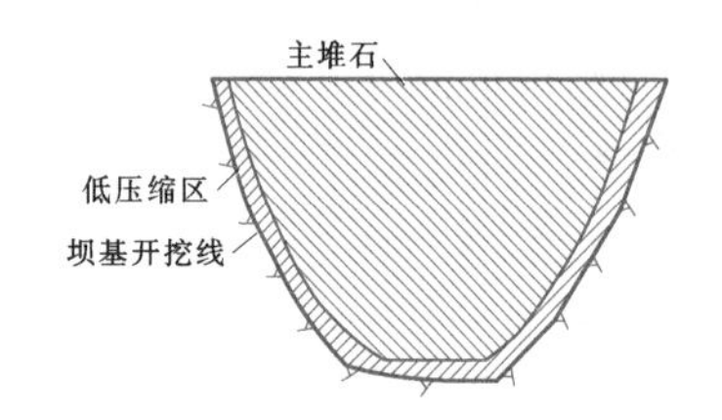

图 2.6-3 低压缩区示意图（大坝轴线剖面）

当坝基必须开挖处理时，坝基不同部位，开挖标准也不同。图 2.6-4 给出考兰坝坝基开挖的分区，各区开挖准则如下，可供参考：

A 区：从趾板下游至上游 1/6 坝底宽度范围，这个区域承受部分堆石荷重和最大的水荷区。要求其岩石是弱风化或更好的岩石。

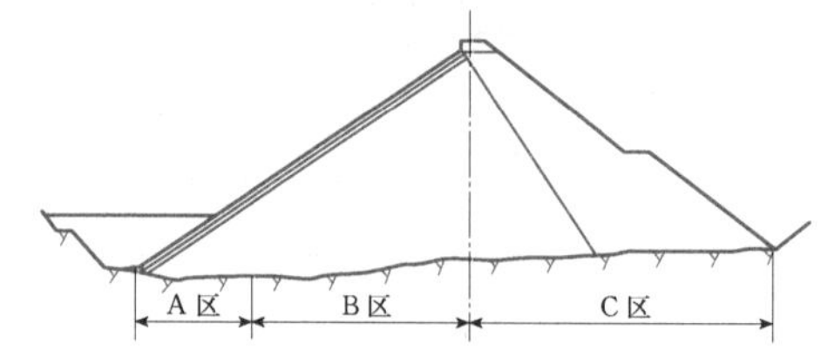

图 2.6-4 考兰坝坝基开挖的分区

B 区：从上游 1/6 坝底宽到坝轴线，此区承受中等水荷载，距混凝土面板较远。坝基挖深到 50%的基岩出露，允许在弱风化岩石之间有局部强风化岩石存在，但大量强风化岩石要求挖除。

C 区：坝轴线下游区，坝基挖深到 30%的均匀分布的坚硬岩石为止。

梨园水电站大坝为面板堆石坝，最大坝高 155m，坝顶长 525m，大坝上游坝坡为 1∶1.4，下游坝坡在高程 1594.00m 以上采用 1∶1.7，高程 1594.00m 以下采用 1∶1.5，大坝剖面见图 2.6-5。坝址基本烈度为Ⅶ度，面板堆石坝抗震设防烈度为 8 度。

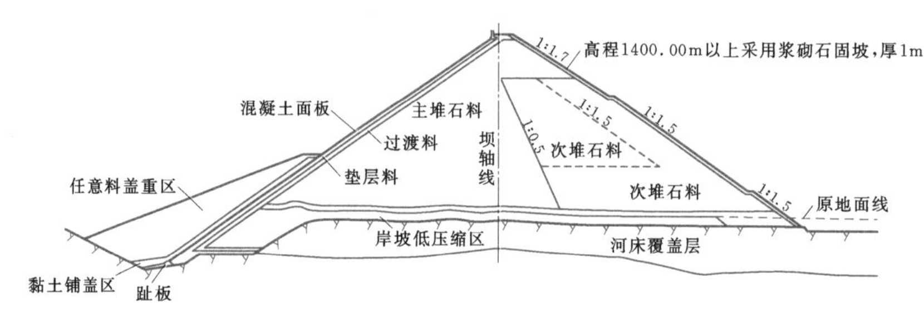

图 2.6-5 梨园面板坝左岸堆积体部位大坝典型剖面图

河床部位冲积层厚 0.30～13.33m，厚度分布不均，靠左岸较深，组成物质主要为孤石、漂石及卵石夹细砂，属强透水，对于河床坝基，设计要求挖除全部冲积层，将趾板基础置于弱风化基岩上。右岸岸坡基岩多裸露，仅部分高程分布有少量坡积等覆盖层，厚度一般小于 3m，设计要求全部挖除，将基础置于弱风化带上部或强风化带中下部。左岸坝基分布有下咱日冰水堆积体，厚度达 30m，主要由块石、碎石、卵砾石及少量粉砂土等组成，以大块石为主，密实度较高，对于左岸趾板基础，挖除覆盖层和强风化带岩体，将趾板置于弱风化岩体上；鉴于台地堆积物总体结构密实的特点，设计建议保留左岸趾板下游台地部位的堆积物作为坝体堆石体基础，并在堆石体与两岸基础之间设岸坡低压缩区，在左岸下游堆积台表面设 5m 宽反滤保护区。通过勘探以及渗透和应力变形试验表明台地堆积体的组成物质与砂卵砾石料相似，具有较低的压缩性和足够的承载力，内摩擦角在 35°～38°左右，抗剪强度较高。有限元分析表明：保留堆积体对大坝的稳定和应力变形影响较小，各工况下大坝的坝坡稳定具有一定安全裕度，坝体完建期沉降量小于坝高的 0.4%，变形量在同类工程中处于中等水平。

2.6.2.2 河床覆盖层的处理

经详细勘察、试验和专门论证后，堆石坝体可置于覆盖层或砂卵砾石层上，但基础的变形模量不宜低于堆石坝体的变形模量。故当坝基有覆盖层或砂卵砾石层时，首先要研究该覆盖层或砂卵砾石层的性状，如为易液化砂土等，则必须挖除。当具备在砂砾石或覆盖层上建坝的条件时，砂砾石或覆盖层的开挖，原则上挖除被扰动和被水流冲刷的表层砂砾石或覆盖层即可。对特别重要的高坝及可压缩性较高的河床覆盖层应研究加固处理措施。加固处理措施主要有强夯、振冲桩处理等，其中振冲加固处理措施一般只适用于中低坝。

1. *覆盖层的强夯处理*

水布垭面板堆石坝坝址区河床覆盖层物质组成复杂，总体上具有多夹层分布的特点。除洪积扇外，夹层一般分布不连续，范围较小，属团块、散点状分布。进一步研究表明河床砂砾石的变形特性与其密度有关，在相近的密度情况下，砂砾石料的力学特性优于堆石料。

通过研究、分析覆盖层的分布、性状及坝体结构对基础的要求，水布垭大坝覆盖层挖除与保留的原则如下（见图 2.6-6）：

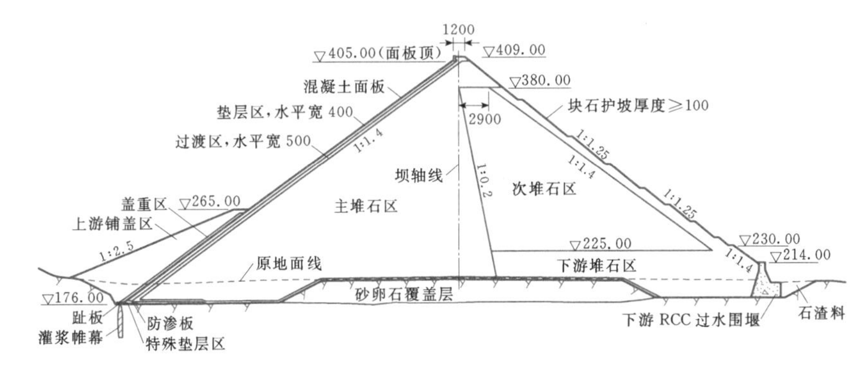

图 2.6-6　水布垭面板堆石坝河床覆盖层处理范围（高程单位：m；尺寸单位：cm）

（1）趾板区覆盖层全部挖除，基础开挖至微新岩体。

（2）覆盖层内分布有含砂砾粉土、黏土透镜体，以及坝子沟口分布有洪积扇（Q_4^{pl}），由于主堆石区是大坝承受水荷载的支撑体，为了防止发生较大沉陷，主堆石区范围挖除洪积扇（Q_4^{pl}）与大片的黏性土层。

（3）下游 RCC 围堰为坝体的一部分，其基础及下游坝坡一定范围内要求挖除覆盖层至基岩。

（4）对保留区内松散的砂卵砾石采取工程加固处理措施提高其干密度。

保留的河床砂卵砾石层，要求采用强夯进行加固处理，并在砂卵砾石层表面铺设过渡料进行保护。

保留的砂卵砾石层厚度一般在 10m 左右，要求砂卵石层夯后的干密度不小于 2.15g/cm³；夯后的相对密度不小于 0.7；强夯最后两击相对夯沉量不大于 5cm。强夯后地面最终夯沉量不小于表 2.6-3 控制值。

表 2.6-3　地面最终夯沉量控制表

处理深度(m)	≤6	6～9	9～12	≥12
地面最终夯沉量(cm)	30	45	60	≥60

夯击点距 4m，梅花形布置，分二序夯击，点点跳夯，排排跳夯，夯锤重 20t，夯锤提升高度 15m，夯击能 300t·m。单点夯击次数 8～10 击，要求最终 2 击沉降量不超过 5cm。点夯后整平夯坑，满夯一遍。满夯夯锤重 16t，落距 10m。

覆盖层保留区面积约 1.4 万 m²，体积约 13 万 m³，保留区全部进行了强夯处理，夯后平均夯沉量约 40cm。

检测结果表明：覆盖层经强夯处理后，有效加固范围内覆盖层的干密度，平均为 2.19g/cm³，提高 5%以上；4m 深度内，承载力由夯前的 300kPa 左右提高到 600kPa 以上。强夯处理对浅部砂卵砾石层的工程性状改善明显。

在最大坝高剖面的坝基覆盖层顶部共布置了 5 个土位移计，用于监测覆盖层的沉降量。累积最大沉降变形为－100.47mm。

2. *覆盖层的振冲加固*

汤浦水库东、西主坝为面板堆石坝，副坝为混凝土重力坝。西主坝位于主河床，最大坝高 36.6m，上下游坝坡均为 1∶1.4。坝址区河谷谷底有厚度达 18m 的冲积地层，主要含泥粉细砂、含泥砂砾石等。为增强软土地基承载力，在坝轴线上游坝基范围内，采用振冲碎石桩加固地基，碎石桩桩径 1.0m，桩间距 1.5～3.0m，伸入砂砾石层 0.5m。河床深厚覆盖层采用厚 0.8m 的 C10 低弹模混凝土防渗墙防渗，东主坝防渗墙顶部高程为 11.60m，西主坝防渗墙顶部高程为 10.60m，防渗墙深入基岩 1m。防渗墙与面板通过趾板连接，河床段趾板宽 3.5m，岸坡趾板宽 3.0m，厚度为 0.6m。防渗墙与趾板和趾板与面板之间的连接缝采用缝内二毡三油，设一道止水铜片，表面冲填 SR 塑性填料，包 PVC 片的止水型式。大坝典型剖面和防渗墙与面板连接结构如图 2.6-7 所示。

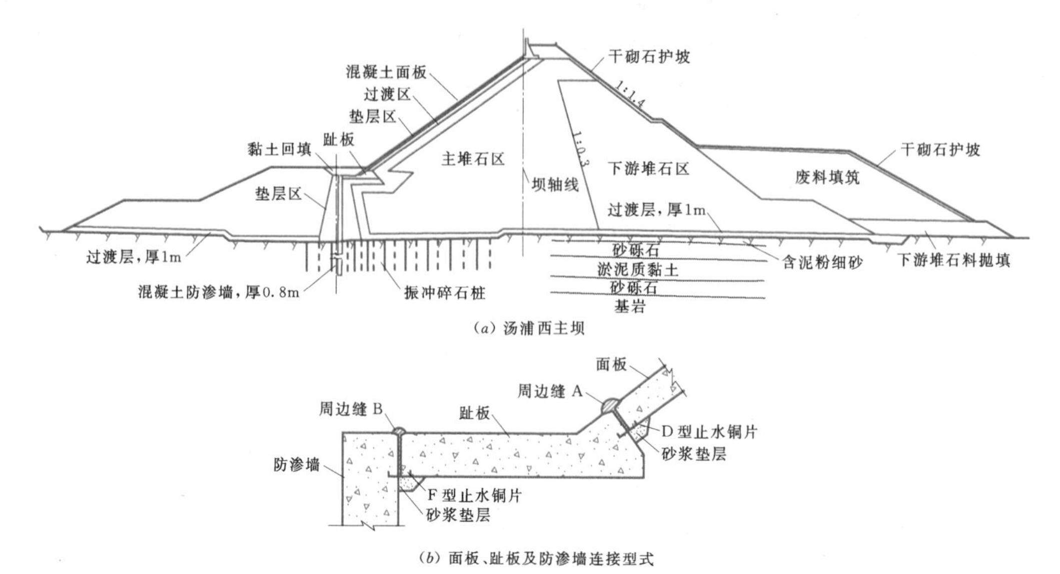

图 2.6-7 汤浦混凝土面板堆石坝

3. 仅挖除被扰动和被水流冲刷的表层砂砾石或覆盖层

滩坑面板堆石坝最大坝高162m，建在厚约27m的砂砾石覆盖层上，仅挖除趾板及其下游30m范围的坝基覆盖层。大坝坝顶高程171.00m，坝顶宽12m，长507m，上游坝坡1∶1.4，下游设“之”字形上坝公路，平均坝坡1∶1.58。大坝典型剖面坝基覆盖层最大沉降量为51.84cm，占河床覆盖层厚度的1.92%；砂砾石覆盖层压缩模量为129MPa，与堆石压缩模量相当，说明设计保留此部分河床覆盖层作为坝基是合适的。如图2.3-22所示。

珊溪面板堆石坝最大坝高132.5m，坝顶长448m。坝址区分布有最大厚度24m的冲积层，坝体直接填筑在经局部开挖处理的河床覆盖层上，大坝典型剖面如图2.6-8所示。根据珊溪坝址覆盖层的物理力学性质，分析了施工工期安排和造价，最终决定挖除趾板后60m范围内的河床覆盖层及松散的砾砂层（Q_4^2）。对保留的坝基覆盖层经表层清理后用重型振动碾碾压，并做好覆盖层与回填堆石间的反滤过渡。河床覆盖层表面两个测点在一期面板浇筑之前，沉降量分别为24cm和41cm；在二期面板浇筑之前，沉降分别为32cm和44cm。坝体填筑完工之后，沉降分别为36cm和45cm，表明二期面板施工期坝基覆盖层沉降已趋于稳定。

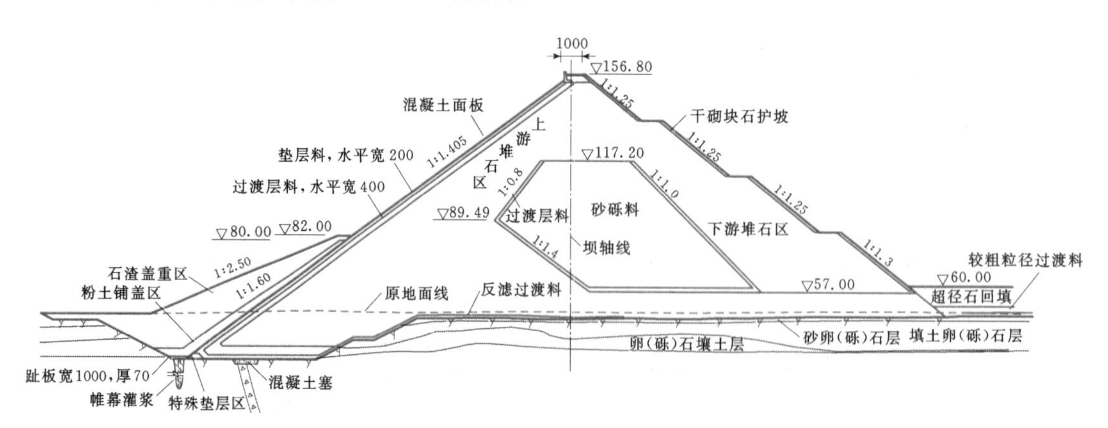

图 2.6-8 珊溪面板堆石坝典型剖面（高程单位：m；尺寸单位：cm）

2.6.2.3 堆石体地基地质缺陷处理

（1）断层及其破碎带、软弱夹层的处理。根据帷幕后的水头，断层及其破碎带、软弱夹层的性状，按照渗透稳定原则，做好坝基部位每条断层破碎带、软弱夹层的反滤保护。对宽度较小的断层及其破碎带、软弱夹层，一般不作抽槽回填处理；对宽度大于0.3m，且风化夹泥的断层破碎带等，采用抽槽回填C15混凝土置换处理。

(2) 勘探平洞及钻孔处理。在满足堆石体压力下自身稳定的要求，对洞口数米用不低于C15的混凝土或浆砌石回填；坝基范围内的地质勘探钻孔可用M20水泥砂浆回填处理。

(3) 泉（涌）水处理。采用引、排措施并做好反滤保护。

2.6.3　趾板建在深厚覆盖层上的面板堆石坝

2.6.3.1　趾板直接建于覆盖层上的地基处理

对覆盖层地基的处理，需要通过勘探和试验，掌握覆盖层的分布情况、力学特性、渗透特性等性质，进而制定合理的基础处理措施。尽量减小覆盖层的变形，提高覆盖层的稳定性，降低覆盖层渗漏量。

覆盖层防渗处理宜采用混凝土防渗墙，防渗墙厚度一般为0.8～1.2m，我国已建覆盖层上的面板坝防渗墙最大深度达72.26m。与帷幕灌浆、高压旋喷等覆盖层防渗处理措施相比，混凝土防渗墙具有防渗性好、适应性强、施工技术成熟等优点，从已建工程的处理措施来看，对趾板修建在覆盖层上的面板堆石坝，绝大多数工程都采用了单排混凝土防渗墙防渗的处理方式。

防渗墙与趾板之间的连接有柔性连接和刚性连接两种，如图2.6-9所示。柔性连接将趾板或连接板与防渗墙顶部采用平接的型式，用连接缝来协调防渗墙与趾板间的变形差，改善防渗体系的应力状态，一般采用单防渗墙；刚性连接将趾板通过混凝土垫梁固定在防渗墙顶部，一般采用双排防渗墙。一般情况下，与柔性连接相比，刚性连接方式的防渗墙体所受的压力以及面板周边缝的变形均较大。目前，我国已修建的趾板建在覆盖层上的面板堆石坝，都采用了柔性连接。如梅溪、梁辉、汤浦坝将趾板与防渗墙直接相连，接缝处设止水。那兰、察汗乌苏、九甸峡等工程在趾板与防渗墙之间设置了一块或多块连接板，智利的圣塔扬那（Santa Juana）坝和帕克拉罗（Puclaro）坝也采用了这种连接方式。

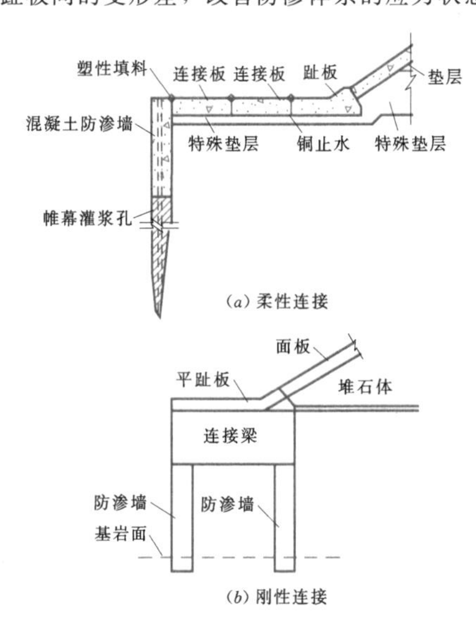

图2.6-9　防渗墙与趾板连接型式

防渗墙与岸坡的连接主要有两种处理方式：

(1) 防渗墙直接深入岩体，墙侧基岩是否灌浆视基岩性状和工程要求来确定。

(2) 在岸坡处开挖齿槽，回填混凝土，形成混凝土齿墙，防渗墙嵌入齿墙内。

2.6.3.2　趾板建在深厚覆盖层上的实例

我国最早修建在深覆盖层上的面板堆石坝是20世纪80年代修建的新疆柯柯亚面板堆石坝，覆盖层厚37.5m，坝高41.5m。90年代修建了一批趾板建在深厚覆盖层上的面板堆石坝，坝高大都低于50m，坝基多为砂砾石覆盖层，厚度约30～40m。进入21世纪，趾板建在覆盖层上面板堆石坝的建设取得了较大进展，成功建设了那兰、察汗乌苏和九甸峡等坝高超过100m的工程。其中，九甸峡大坝坝高136.5m，是目前已建成的最高的趾板修建在深覆盖层上的面板堆石坝。国外趾板建在深厚覆盖层上的面板堆石坝较为典型的有智利的圣塔扬那（Santa Juana）坝和帕克拉罗（Puclaro）坝。表2.6-4给出了我国已建和在建的趾板修建在深厚覆盖层上的面板堆石坝。

1. 柯柯亚坝

柯柯亚面板坝最大坝高41.5m，坝基为冲积砂砾层，砂砾石层颗粒组成自上而下有逐渐变细的趋势，覆盖层最大深度达37.5m，坝址区地震烈度为7度。

坝体直接布置在河床覆盖层上，坝基采用混凝土防渗墙进行垂直防渗，防渗墙厚度为0.8m，深入基岩0.5～1.0m。防渗墙轴线布置在坝踵上游23m处，面板与防渗墙间由多块连接板形成拱形连接，保证在水压力作用下，连接板与混凝土防渗墙、连接板与面板之间呈受压状态而不开裂。大坝典型剖面和防渗墙与面板连接结构如图2.6-10所示。

2. 铜街子副坝

铜街子水电站挡水坝为混合坝型，河床主坝段为混凝土重力坝，右岸为混凝土心墙坝，左岸为面板堆石坝，其基础条件较特殊，有一段坝体坐落在一个窄而深的基岩深埋谷上(简称“左深槽”)，槽顶宽30～40m，深

表 2.6-4　中国趾板建在覆盖层地基上面板堆石坝工程

工程名称	地点	时间（年）	坝高（m）	覆盖层厚（m）	覆盖层材料	覆盖层处理措施
柯柯亚	新疆	1982	41.5	37.5	砂砾石	厚防渗墙，厚0.8m
铜街子副坝	四川	1992	48.0	77	砂砾石、粉细砂夹层	两道防渗墙，厚1m，上接横梁
横山扩建坝	浙江	1994	70.2	72.26	铝红土心墙、强风化岩石	厚防渗墙，厚0.8m
槽鱼滩	四川	1995	16.0	22	砂砾石	厚防渗墙，厚0.8m
梅溪	浙江	1997	40.0	30	砂砾石	厚防渗墙，厚0.8m
梁辉	浙江	1997	35.4	39	砂砾石	厚防渗墙，厚0.8m
岑港	浙江	1998	27.6	39.5	砂砾石	防渗墙
塔斯特	新疆	1999	43.0	28	砂砾石	厚防渗墙，厚0.8m
楚松	西藏	1998	39.7	35	砂砾石	倒挂井防渗墙，2m
汤浦东、西坝	浙江	1999	29.6/36.6	18	含泥粉细砂、含泥砂砾石	厚防渗墙，厚0.8m
汉坪嘴	甘肃	2006	58.0	45.5	砂砾石	厚防渗墙，厚0.8m
那兰	云南	2005	109.0	9～24	砂砾石	厚防渗墙，厚0.8m
察汗乌苏	新疆	2008	110.0	46.7	砂砾石	厚防渗墙，厚1.2m
九甸峡	甘肃	2009	136.5	56	砂砾石	厚防渗墙，厚1.2m
老渡口	湖北	2009	96.8	30	砂砾石	厚防渗墙，厚0.8m

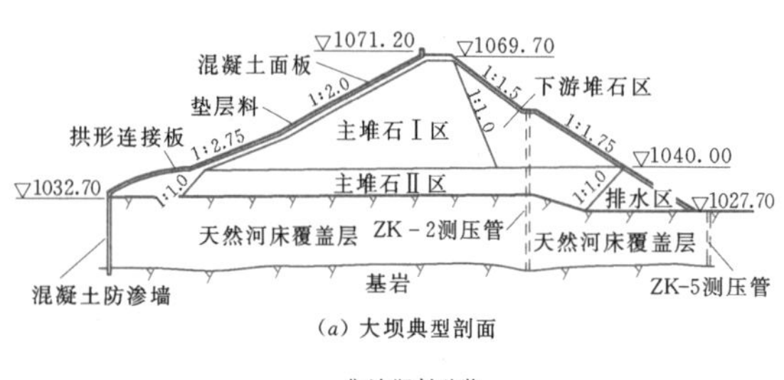

(a) 大坝典型剖面

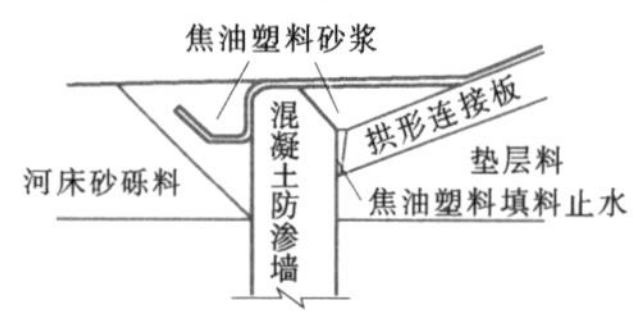

(b) 拱形连接板与混凝土防渗墙连接型式

图 2.6-10　柯柯亚面板堆石坝（单位：m）

达77m，槽内冲填第四纪堆积层，自上而下为：漂卵石夹砂层、粉细砂层、含卵块石层及卵石夹砂层。左岸面板堆石坝最大坝高为48.0m，导流明渠进口段的左导墙切入堆石坝上游坡，导墙为重力式，高28m，导墙下接混凝土防渗墙，与面板共同形成大坝防渗体系。为解决导墙基础承载力和防止砂层液化的问题，该工程的防渗墙需要具备承重、防渗以及防止砂层液化三重功能。槽内的粉细砂层采用振冲器进行加固处理，振冲孔距3m×2.5m，最大深度14.5m，回填砾石料。防渗墙采用两道主墙及其横隔墙组成的框格型式，两道主墙各厚1.0m，中心间距16.0m，混凝土强度等级C35，在429.00m高程以下设置两节或一节钢筋笼，其间布置了5道横隔墙，横隔墙中心间距均为15.0m，厚度为1.0m，混凝土强度等级C25，墙顶设置了厚2.0m的钢筋混凝土框架式连接梁，主墙与横隔墙共同形成16m×15m封闭框格，防渗墙最大深度为70m。大坝典型剖面如图2.6-11所示。该工程于1992年4月开始蓄水，1994年底4台机组全部建成投产。

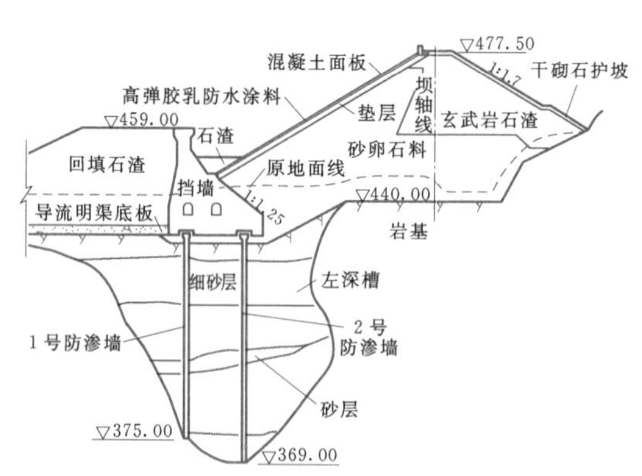

图 2.6-11　铜街子左岸面板堆石坝典型剖面图（单位：m）

3. 横山扩建坝

横山水库扩建前大坝为黏土心墙砂砾石坝，于1966年4月完建，1987年3月开始扩建，1994年1

月竣工。扩建坝采用面板堆石坝型式加高，在老坝下游侧填筑堆石，其趾板布置在原心墙坝的坝顶，同时在老坝心墙中布置深达 72.26m 的混凝土防渗墙，处理原黏土心墙的裂缝和原先未处理的地基砂层，增强大坝及地基的防渗性能，扩建后坝高由原先的 48.6m 增大到 70.2m。

将老坝坝顶挖除 1m，在黏土心墙中修建混凝土防渗墙，防渗墙厚度为 0.8m，与坝轴线平行。将修建趾板范围的坝体挖至 100.80m 高程，并用振动碾碾压，趾板大部分修筑在砂砾石坝壳上。混凝土防渗墙与面板通过 C15 钢筋混凝土平趾板相连，趾板厚 0.8m，长 4.41m，趾板轴线方向设置 59 条伸缩缝，缝距 6m。大坝典型剖面和防渗墙与面板连接型式如图 2.6 - 12 所示。

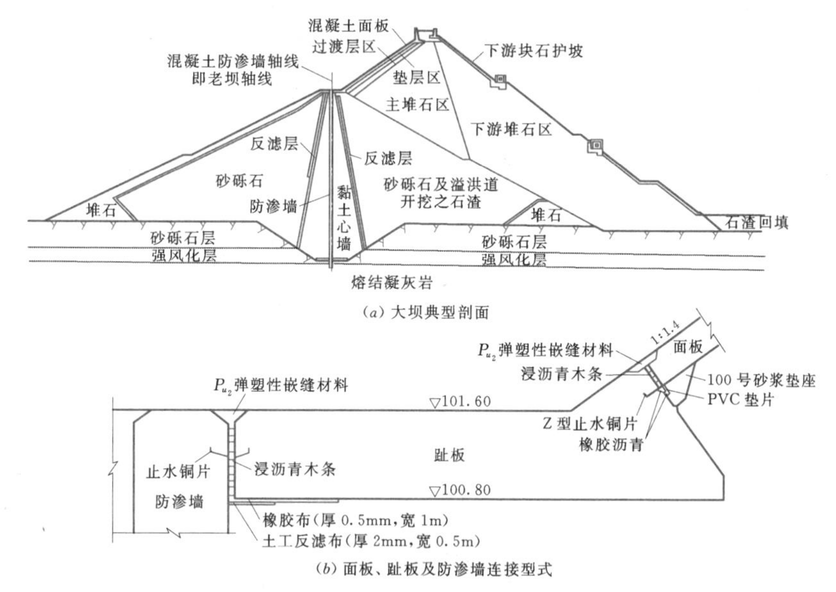

(a) 大坝典型剖面

(b) 面板、趾板及防渗墙连接型式

图 2.6 - 12　横山扩建混凝土面板堆石坝（单位：m）

4. 那兰坝

那兰面板堆石坝最大坝高 109m，坝址区河床砂砾石覆盖层深 9～24m，主要为卵砾石夹中细砂，渗透性较好，是我国第一座坝高超过 100m 的趾板修建在深厚覆盖层上的面板堆石坝，该工程于 2005 年年底蓄水发电。

坝体主堆石区采用砂砾石料进行填筑，坝内设置排水区，下游区坝底及坝坡内侧填筑灰岩石料。上游坝坡 1∶1.5，下游平均坝坡 1∶1.5。河床覆盖层采用厚 0.8m 的垂直混凝土防渗墙进行防渗，防渗墙最大深度 17m，采用 C25 混凝土，配双层钢筋，墙后设置 3m 宽连接板和 8m 宽趾板与面板相连，接缝按周边缝要求设置止水，形成大坝的防渗体系。该坝河床宽 60m，河床部位趾板和连接板分别为 3 块，其纵缝间距分别为 12m、24m 和 25m，大坝典型剖面如图 2.3 - 23 所示，防渗墙与面板连接结构如图 2.6 - 13 所示。

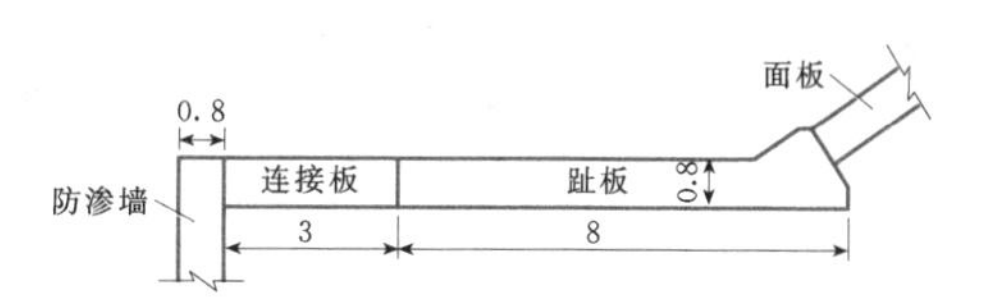

图 2.6 - 13　那兰混凝土面板砂砾石坝防渗墙与趾板连接型式（单位：m）

5. 察汗乌苏坝

察汗乌苏面板堆石坝最大坝高 110m，坝址河床覆盖层最大深度 46.7m，覆盖层上部和下部为漂石砂卵砾石层，中部为含砾中粗砂层。坝基采用垂直防渗墙防渗，墙厚 1.2m，最大墙深 41.8m，墙体嵌入基岩 1.0m，防渗墙为刚性墙，混凝土强度等级 C35 W10。河床部位趾板修建在覆盖层上，防渗墙通过连接板与趾板连接，趾板宽度 4m，连接板为两段，每段宽 3m，厚 0.8m，河床趾板沿趾板轴线方向每隔 10m 设一道伸缩缝。防渗墙、连接板和趾板间设置伸缩缝，缝宽 20mm，接缝设三道止水，顶部设 SR 塑性填料止水，中部设厚壁橡胶管止水，缝底设铜止水。大坝典型剖面和防渗墙与面板连接结构如图 2.6 - 14 所示。

6. 九甸峡坝

九甸峡面板堆石坝最大坝高 136.5m，地震设计烈度 8 度。趾板建在最大深度为 56m 的覆盖层上。坝基混凝土防渗墙厚 1.2m，混凝土强度等级为 C25，

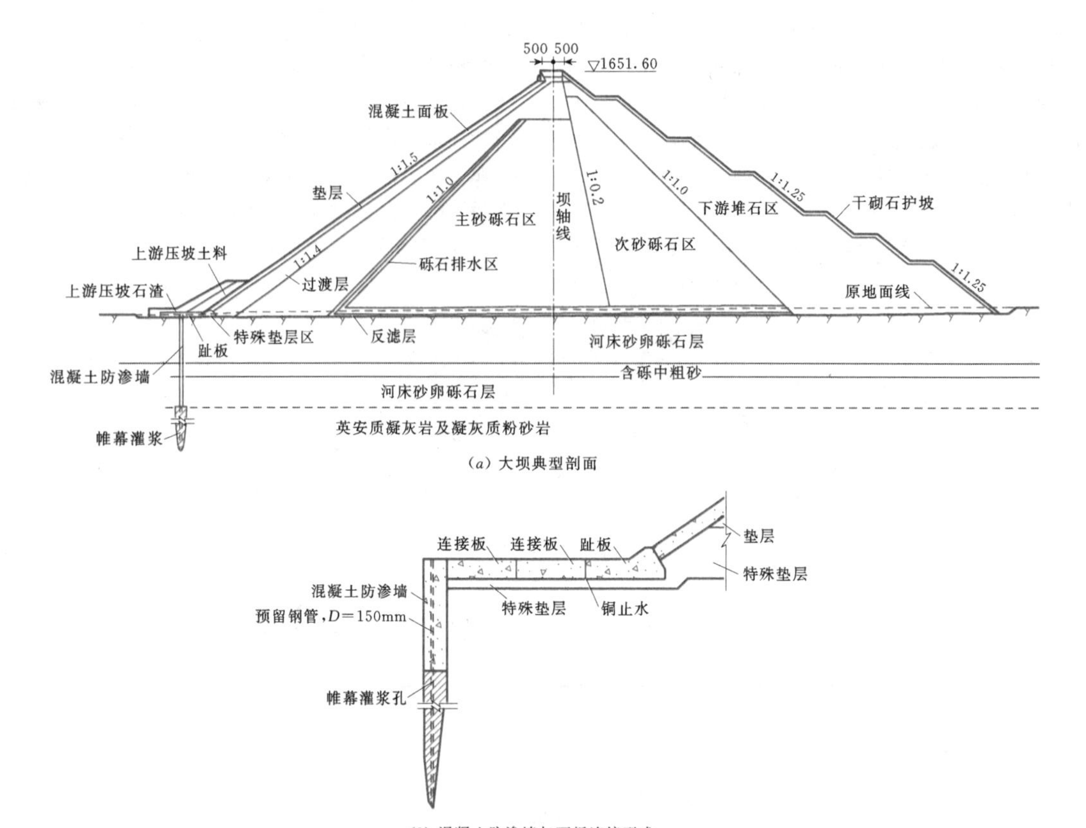

(*a*) 大坝典型剖面

(*b*) 混凝土防渗墙与面板连接型式

图 2.6-14　察汗乌苏混凝土面板堆石坝

（高程单位：m；尺寸单位：cm）

防渗墙与趾板采用一块连接板连接，连接板宽4m，接缝按周边缝要求设置止水。大坝典型剖面和防渗墙与面板连接型式如图2.6-15所示。

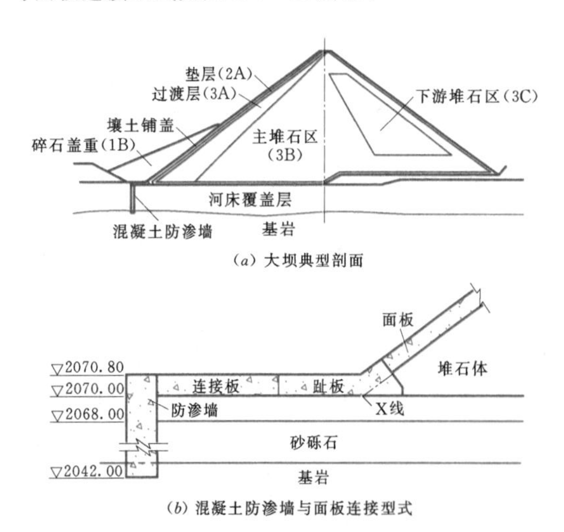

(*a*) 大坝典型剖面

(*b*) 混凝土防渗墙与面板连接型式

图 2.6-15　九甸峡面板堆石坝（单位：m）

7. 圣塔扬那（Santa Juana）坝

智利圣塔扬那（Santa Juana）面板堆石坝，坝高113m，河床坝基为砂砾石，厚度达30m，覆盖层设置0.8m厚垂直防渗墙防渗，墙底嵌入基岩，趾板和防渗墙通过连接板相连，连接缝设止水。该坝于1995年投入运行，1997年满蓄，渗流量低于50L/s，运行状态良好。

8. 帕克拉罗（Puclaro）坝

智利帕克拉罗（Puclaro）坝修建在艾尔奎河上，距拉瑟伦那以东40km，该坝为面板砂砾石坝，坝高83m，坝顶宽8m，大坝直接修建在河床冲积层上，冲积层厚达113m。大坝上游坝坡1∶1.5，下游坝坡1∶1.6。帕克拉罗坝坝基的地质勘探表明其河床冲积层压缩性小，覆盖层采用悬挂式垂直防渗墙防渗，墙深60m，墙厚0.8m，在防渗墙和趾板之间通过两块柔性板相连，连接板宽2m，厚0.5m，连接板纵缝间距10m。防渗墙与面板连接结构如图2.6-16所示。

2.6.4　坝基防渗处理

岩石趾板基础的防渗处理主要是趾板下的帷幕灌浆，上述的防渗墙是覆盖层基础的防渗处理方式，固结灌浆除了是岩基加固手段外，还是岩基趾板防渗处理的重要组成部分。固结灌浆可提高基岩浅层的抗渗

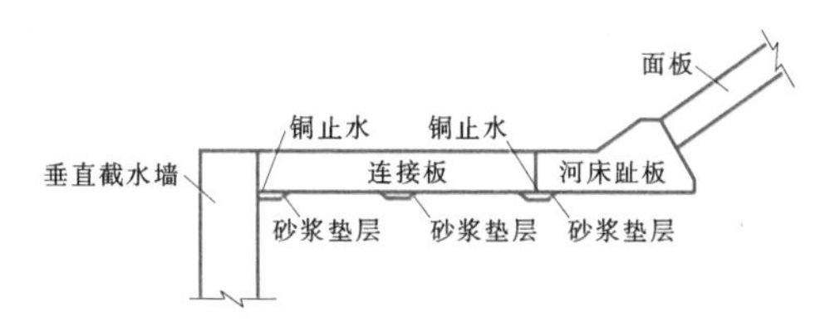

图 2.6-16 帕克拉罗（Puclaro）面板堆石坝

能力，保证帷幕灌浆的质量，且有助于防止趾板被抬动。

对中低坝，帷幕灌浆一般设1排；对高坝，承受水头较大的部位，宜设2排，两岸坝肩部位，一般设1排。帷幕排距一般为1.5m，孔距一般为2m。1、2级坝及高坝的帷幕深度可按深入岩体透水率3～5Lu区域内5m，其他的坝按深入岩体透水率为5～10Lu区域内5m，或按1/3～1/2坝高确定，并做好两岸坝肩的渗流控制。在复杂的水文地质条件下，或相对不透水层埋藏较深时，防渗帷幕应结合类似工程经验和渗流计算专门设计。表2.6-5是我国部分面板堆石坝的帷幕灌浆设计参数。

表 2.6-5　　我国面板堆石坝帷幕灌浆主要特性

工　程	坝　高（m）	排　数	排　距（m）	孔深（m）或岩体透水率	孔　距（m）	灌浆压力（MPa）
水布垭	233.0	—	—	最大260，3Lu	—	—
三板溪	185.5	2	1.5	22～77，3Lu	2	0.5～3.5
洪家渡	179.5	2	—	—	—	—
天生桥一级	178.0	1	—	3Lu	2	—
滩坑	162.0	1		3Lu	—	—
紫坪铺	156.0	2	1.5	62～103，3Lu	2	<2.5
吉林台一级	157.0	2	1.5	3Lu	2	1.5～2.5
乌鲁瓦提	133.0	2	2	17～75，3Lu	2	—
九甸峡	136.5	—	—	最大136.2，3Lu	—	—
珊溪	132.5	1	—	20～41，3Lu	1～2	0.5～2.5
公伯峡	132.2	—	1.5	最大43.5，3Lu	2	—
引子渡	129.5	—	—	最大40～60，3Lu	—	—
白溪	124.4	—	—	20～43，3Lu	1～2	0.5～2.5
黑泉	123.5	—	1	3Lu	1.5	—
白云	120.0	1	—	1～3Lu	2	—
古洞口	117.6	1，2	—	3Lu	2	—
高塘	111.3	1，2	1.7	3Lu	2	—
那兰	109.0	—	—	3Lu	—	—
茄子山	106.1	—	—	10～25Lu，3Lu	—	—
鱼跳	106.0	2	1	20～50，3Lu	2	—
柴石滩	101.8	2	—	30	—	—
白水坑	101.3	1	—	3Lu	2	—
泰安上库	100.0	2	1.5	3Lu	3	—
西北口	95.0	2	1.6	0.5倍坝高 0.25倍坝高	3	—
万安溪	93.8	1	—	15～20，3Lu	1.6	—

续表

工　　程	坝　高 (m)	排　数	排　距 (m)	孔深（m）或岩体透水率	孔　　距 (m)	灌浆压力 (MPa)
大桥	93.0	2	1.5	3Lu	1.5，2	—
大坳	90.2	—	—	1Lu	—	—
三插溪	88.8	—	—	3Lu	2	—
陡岭子	88.5	1，2	1.6	30～20，3Lu	0.4～1.2	—
天荒坪下库	87.2	—	—	3Lu	2	—
英川	87.0	1	—	3Lu	2	—
小山	86.3	—	—	80～100	—	—
东津	85.5	—	—	20～67，3Lu	1～2	—
花山	80.8	1，2	—	最大72.8，5Lu	2	—
松山	80.8	2	2	64，3Lu	2	—

趾板承受的水力梯度大，补强灌浆困难，保证灌浆帷幕的耐久性，对面板堆石坝尤为重要。因此，应采取专门措施提高灌浆帷幕的耐久性，如采用稳定性浓浆和提高灌浆压力。

当趾板建在河床砂砾石上时，可采用防渗墙防渗，防渗墙底部宜嵌入弱风化基岩，一般为0.5～1.0m，经论证也可采用悬挂式防渗墙，如帕克拉罗坝。对于防渗墙底的基岩是否设置灌浆帷幕，可视基岩性状和工程要求来确定。

当趾板建在岩溶地基上时，其防渗处理方法和岩溶地区坝基处理方法相同，可在趾板上设置灌浆廊道。

2.6.5　岸坡连接处理

2.6.5.1　岸坡连接处理的基本原则

根据坝址地形、地质条件和枢纽布置，面板坝的岸坡连接设计有陡坡段设计、高趾墙、连接建筑物等。

陡坡段坝体与岸坡的连接，通常采取削坡处理；当不具备削坡条件或开挖工程量太大时，可采用混凝土或干贫混凝土整形修坡。削坡或整形处理后的坡度不陡于1∶0.25。当河谷非常狭窄，不具备削坡和整形处理时，应进行专门论证，在岸坡附近设置低压缩区（增模区），使其与堆石体以较缓坡度相连接，减小其变形梯度。

当趾板部位发育有冲沟，地形不足，或遇明显地质缺陷需要降低趾板建基面时，可通过设高趾墙（挡墙）进行连接。高趾墙的稳定分析可按刚体极限平衡法，应力分析可采用材料力学方法，必要时应采用有限元法进行应力变形分析。目前，国内面板坝设计中，高趾墙的最大高度达52.5m，在三板溪面板坝中成功应用。河床部位，高趾墙靠堆石侧的坡比一般应缓于1∶0.5。当在岸边部位，有些工程采用1∶0.35，但在该部位，应设低压缩区特殊处理。

面板堆石坝坝头连接建筑物主要有溢洪道、重力坝等刚性建筑物。当面板坝与这些建筑物连接时，其连接处的设计同高趾墙设计。

混凝土坝、高趾墙等刚性建筑物与面板坝连接处的接缝，应按周边缝设计，并采取措施减少接缝位移。

2.6.5.2　岸坡连接实例

1．公伯峡面板堆石坝

黄河公伯峡面板堆石坝坝高132.2m，坝顶长429m，坝顶宽10m，大坝上游坝坡1∶1.4，下游坝坡1∶1.5～1∶1.3，设置10m宽的“之”字形上坝公路，综合坡比1∶1.79。地震设防烈度为8度。由于河谷狭窄，电站进水口紧靠右坝头布置，溢洪道紧靠左坝头布置，为此，在面板堆石坝与电站进水口和溢洪道衔接处分别设置了最大高度为38m和50m的高趾墙与大坝面板相接，其接缝按周边缝设计。

右岸高趾墙总长84.99m，最大墙高为50m，体形分重力式和贴坡式两种。沿长度方向墙顶为1∶1.5的斜坡，墙顶宽4～12m，墙背坡1∶0.6。高趾墙体形平面及剖面见图2.6-17。

为保证高趾墙的安全稳定，西北勘测设计研究院主要进行了平面单宽材料力学计算、三维整体材料力学计算以及平面和三维有限元计算。

平面单宽材料力学可以初步确定高趾墙的体形。计算结果表明：潜没式高趾墙不同于普通的挡土墙，往往是最大断面控制基础应力，最小断面确定墙体稳定。对于潜没式高趾墙的稳定计算，不能只取最大断

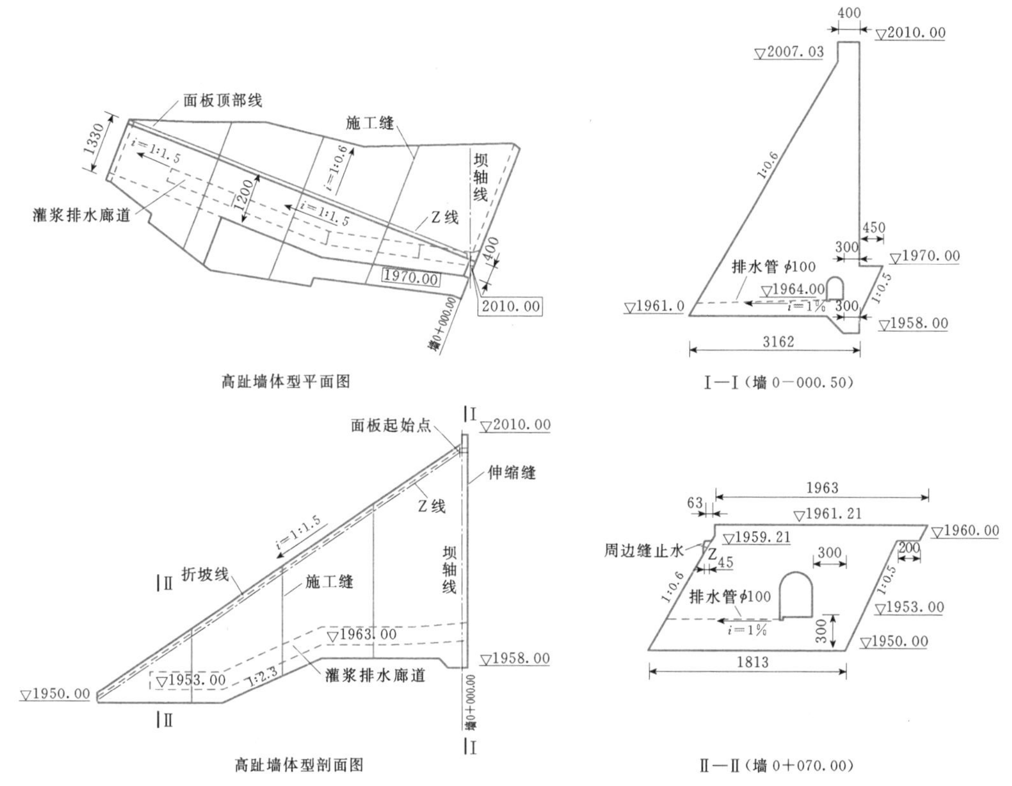

图 2.6-17 公伯峡面板坝右岸高趾墙示意图

(高程单位：m；尺寸单位：cm)

面计算。

三维整体材料力学法在平面单宽切条材料力学法的基础上，进一步核算高趾墙的稳定及应力，计入了沿上下游方向承受的水压力。通过计算确定右岸高趾墙采用对施工横缝进行接缝灌浆的处理措施，将高趾墙连接成一个整体，不允许缝面充水。

平面有限元计算表明：墙体的抗滑稳定安全系数最小为 3.1。在竣工期、正常蓄水位、校核洪水位以及正常蓄水位情况下发生 8 度地震时，高趾墙内的应力状态均较好。

三维有限元仿真模拟计算将高趾墙与面板堆石坝作为一个整体计算。三维模拟中，高趾墙墙体中出现应力值较小的拉应力区，约 0.1MPa，压应力值也较小。地震工况下，高趾墙墙体上下游方向的地震动力反应大于垂直向。地震过程中墙体内动拉应力最大值为 0.74MPa。该坝于 2005 年建成，目前运行情况良好。

2. 三板溪面板堆石坝

三板溪水电站面板坝最大坝高 185.5m。开敞式溢洪道进水口及控制段建在一突起的小山包上，溢洪道两侧边墙兼主、副坝高趾墙，因地质条件限制，该边挡墙兼高趾墙最高达 52.5m。

为确保主、副坝接缝止水安全，兼做高趾墙的边闸墩除本身结构要求稳定、应力符合规程、规范要求外，其变形也应在接缝止水适应的标准范围内。在高趾墙后设 3m 堆石过渡区，过渡区后再设 20m 堆石低压缩区。为保证面板下的过渡区和低压缩区碾压密实，具有较大的压缩模量，高趾墙背面坡度应大于 0.30。主坝左侧高趾墙靠面板侧设为 1∶0.35 的斜坡面，高趾墙斜坡面与面板相接处沿相应高程浇筑一个三角形混凝土斜平台，斜平台宽度应满足表层止水布置，接缝处平台下堆石厚度应大于 1m，以协调接缝止水的变形。副坝高趾墙上游面为铅垂面，下游面为 1∶0.65 的斜坡面，坡后同样设有 3m 堆石过渡层和 20m 低压缩区，副坝右侧接头处用混凝土整浇。结构布置见图 2.6-18。

高趾墙与面板接触面设接触缝，按面板周边缝设计；其本身横缝按边闸墩、边挡墙止水要求分别在两侧迎水面设置止水铜片。

为确保边墙兼高趾墙设计的安全性，中南勘测设计研究院采用了材料力学法和三维有限元法对该结构在正常运行、非常运行和施工条件下的稳定和应力进

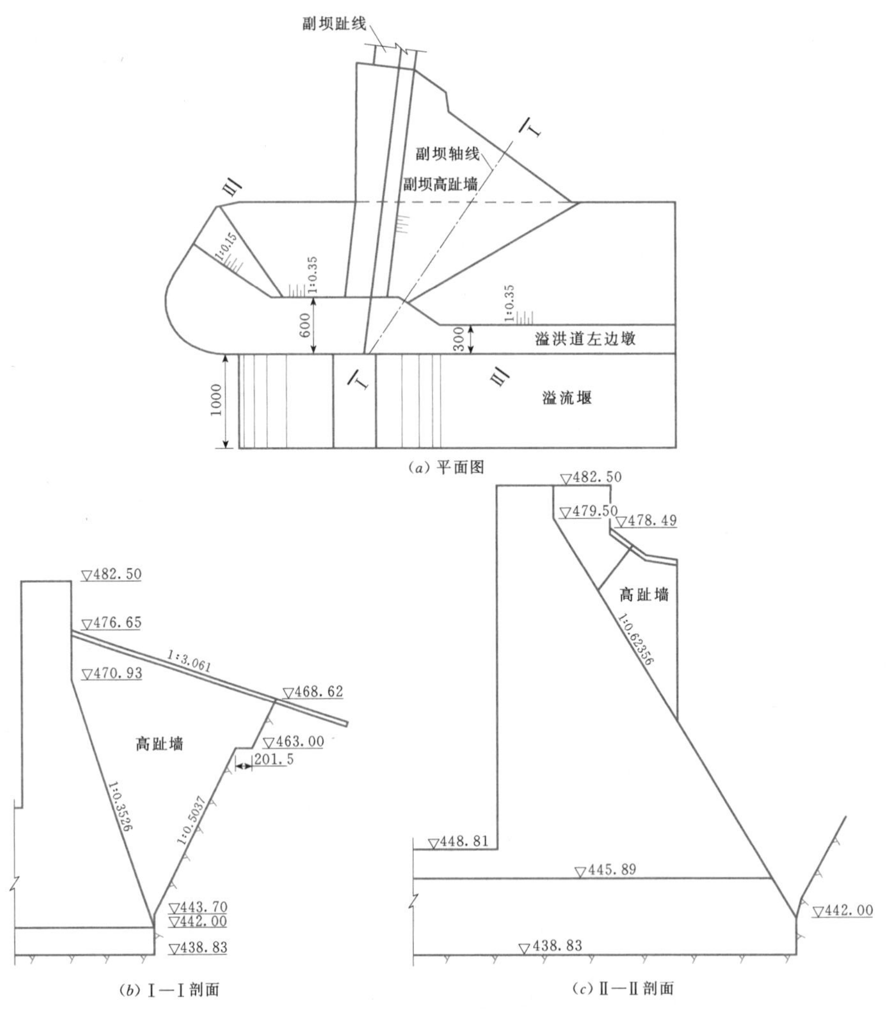

图 2.6-18 三板溪副坝右侧高趾墙结构
(高程单位：m；尺寸单位：cm)

行计算，最终确定高趾墙的结构。

材料力学法稳定、应力计算对高趾墙结构作适度简化。同溢洪道左边墩相连的副坝高趾墙及兼溢洪道右边墩的主坝高趾墙按整体结构计算，将直接浇筑于基岩上的副坝另一部分高趾墙按重力式挡墙计算。根据《混凝土重力坝设计规范》(DL 5108—1999) 要求，对高趾墙进行相应工况稳定、应力分析，设计的高趾墙满足规范规定要求。

三维有限元计算在能真实反映高趾墙的结构、受力性能的基础上，同样对高趾墙结构或荷载作一些适当的假定：高趾墙后的堆石土压力计算都按主动土压力计算；高趾墙靠溢洪道侧扬压力分布同溢流堰，靠堆石侧扬压力为零，两侧之间以直线相连。计算结果显示：左边墩沿坝轴线偏向右岸最大水平位移为2.587mm，指向下游的水平位移为0.822mm，垂直位移为3.696mm；右边墩沿坝轴线偏向右岸最大水平位移为4.697mm，指向下游的水平位移为1.180mm，垂直位移为3.704mm，小于主、副坝周边缝接缝位移控制标准，高趾墙应力分布处于合理范围内，通过工程措施可保证其极限承载强度和正常使用强度。

3. 小干沟面板堆石坝

小干沟坝，坝高55m，位于青海格尔木市格尔木河上，所处河段为一反S形，上游右岸地形有缺陷，趾板线需向上游峡谷延伸，不但开挖量大，围堰与导流洞进口有干扰，而且面板受力条件也不好。坝轴线处两岸基岩高程也不高，为此，设计上采取了一系列高趾墙措施改造地形，以弥补上述缺陷。左坝头、右坝头和上游趾墙的最大高度分别为4.2m、6.2m和25.2m，其平面布置见图2.6-19和图2.6-20，各

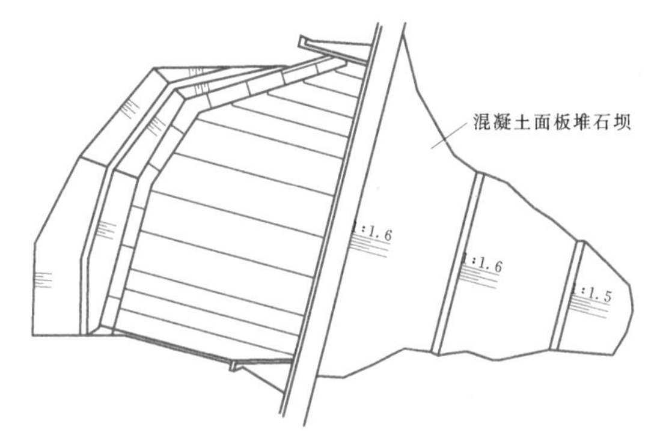

图 2.6-19　小干沟面板堆石坝平面布置图

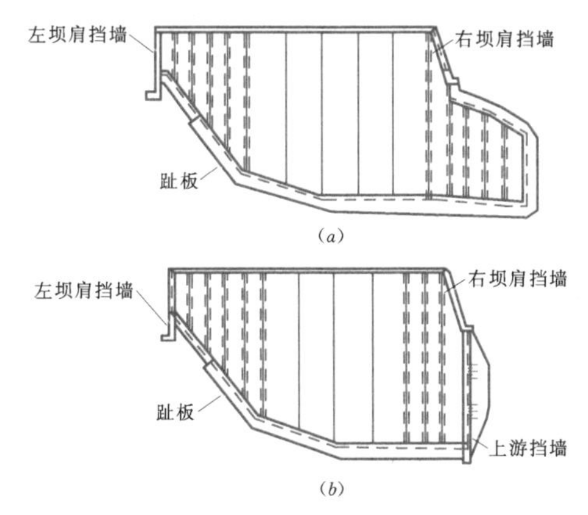

图 2.6-20　小干沟坝高趾墙布置图

高趾墙的剖面见图 2.6-21。为研究高趾墙的变形对面板的影响，进行了三维非线性有限元分析和土工离心模型试验，结果表明其变形对周边缝结构的影响是完全可以承受的。水库自 1991 年 4 月开始蓄水，已正常运行多年，至今未发现异常。

上游高趾墙设计轴线向上游微拱，半径为 57m，上游坡比 1∶0.2，下游坡比 1∶0.3，顶宽 1m，不但切除了伸向上游峡谷内的坝体，还可代替二期上游围堰，趾板高程抬高到围堰顶部高程以上，减少了开挖、坝体填筑、面板和灌浆等工程量，方便了面板施工，使大坝工程投资节约 20%，取得了很好的经济效益。

4. 卡浪古尔坝

卡浪古尔坝坝高 61.5m，坝顶长 565.4m，以桩号 0+100 为界，左岸地质条件不适合面板堆石坝之处，采用土质心墙坝型，而在右岸及河床部位采用面板堆石坝，中间以高混凝土挡墙连接和分隔。其平面布置见图 2.6-22。混凝土挡墙体型为六面体，高 17.8m，在面板堆石坝一侧有 1m 宽与面板堆石坝相同坡度的斜平面，供边坡面板浇筑时放置滑模装置之用，面板与挡墙连接缝按周边缝处理，设三道止水。

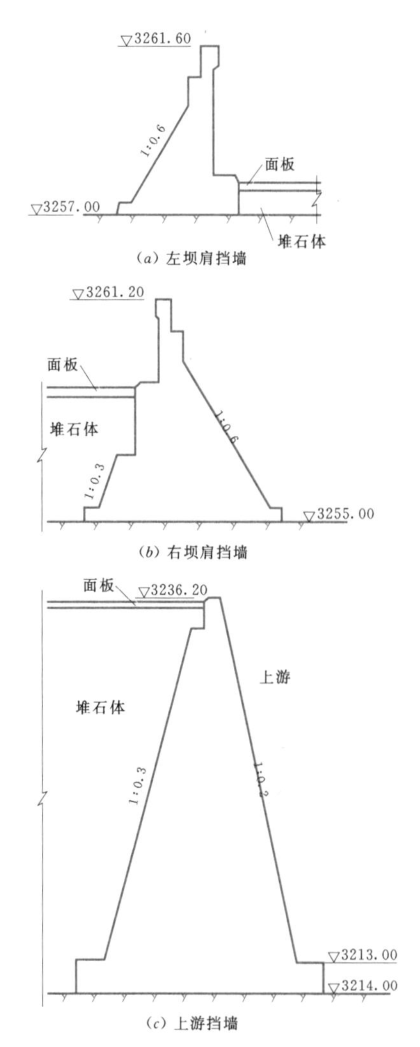

图 2.6-21　小干沟坝高趾墙剖面图
（高程单位：m）

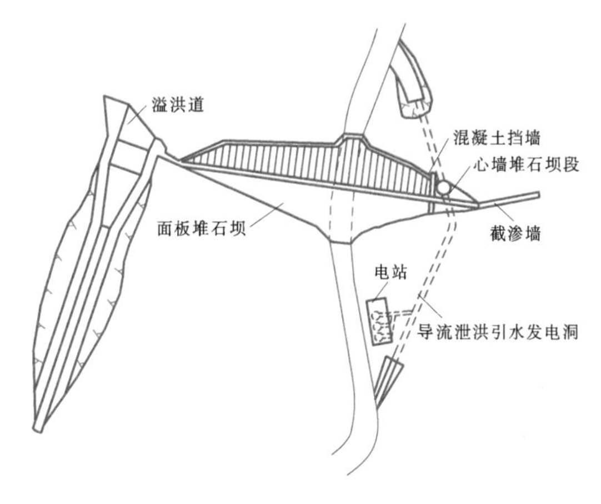

图 2.6-22　卡浪古尔水利枢纽工程平面布置图

2.7 面板堆石坝变形与稳定分析

面板堆石坝是以堆石体为支承结构，并在其上游表面设置混凝土面板作为防渗结构的一种堆石坝坝型。国内外多座高混凝土面板堆石坝出现垫层区裂缝、面板脱空和裂缝、面板混凝土挤压破坏并造成严重渗漏等问题给予坝工界的启示是：高混凝土面板堆石坝不仅要与土石坝一样满足抗滑稳定安全要求和渗流稳定安全要求，还要满足变形安全要求，堆石坝体各区的变形协调、堆石坝体变形与面板变形的同步协调是变形安全的核心。要从坝体分区、筑坝材料、填筑标准和施工设计等方面来达到变形协调的要求。有限元法应力变形分析是进行混凝土面板堆石坝变形安全设计的计算方法。本节将介绍坝坡稳定分析和应力变形分析的计算方法。

2.7.1 坝坡稳定分析

我国新修编的面板堆石坝设计规范规定：面板堆石坝坝坡参照已建工程选用，一般可不进行稳定分析。当存在下列情况之一时，应进行相应的稳定分析：

(1) 100m及以上高坝。

(2) 地震设计烈度为8度、9度的坝。

(3) 地形条件不利。

(4) 坝基有软弱夹层或坝基砂砾石层中存在细砂层、粉砂层或黏性土夹层。

(5) 坝体用软岩堆石料填筑。

(6) 施工期堆石坝体过水或堆石坝体临时断面挡水度汛时。

当需要进行坝坡稳定分析时，稳定计算方法及最小安全系数应按照《碾压式土石坝设计规范》(SL 274—2001、DL/T 5395—2007) 执行。坝坡抗滑稳定计算应采用刚体极限平衡法，多采用计及条间作用力的计算方法，坝坡抗滑稳定安全系数应不小于表2.7-1中的规定值。

表 2.7-1 坝坡抗滑稳定最小安全系数

面板坝级别 / 运用条件	1	2	3	4、5
正常运用条件	1.50	1.35	1.30	1.25
非常运用条件Ⅰ	1.30	1.25	1.20	1.15
非常运用条件Ⅱ	1.20	1.15	1.15	1.10

在土石坝施工、蓄水和库水位降落的各个时期不同荷载下，应分别计算其稳定性。控制稳定的有施工期（包括竣工期）、稳定渗流期、水库水位降落期和正常运用遭遇地震四种工况，计算的内容包括：

(1) 施工期（竣工期）的上下游坝坡。

(2) 稳定渗流期的上下游坝坡。

(3) 水库水位降落期的上游坝坡。

(4) 正常运用遇地震的上下游坝坡。

面板堆石坝稳定安全控制工况与土质防渗体的碾压式土石坝不同，混凝土面板可视为相对不透水，堆石体内无孔隙水压力，其稳定分析的控制工况为：

(1) 施工期（竣工期）的上下游坝坡。

(2) 正常运用遇地震的上下游坝坡。

堆石等粗颗粒材料的抗剪强度以前都以抗剪强度与法向应力呈线性关系的库仑公式表达，有c、φ两个参数。实用上常用φ值而略去c值。

当代许多研究结果表明：堆石料的抗剪强度与法向应力之间的关系是非线性的。内摩擦角φ值在低应力条件下较大，可能超过50°，而在高应力条件下较小，可能低于40°，其强度包线是通过原点并向下弯曲的曲线，如图2.7-1所示。根据颗粒分析试验结果，即使软岩堆石料，小于0.005mm黏粒含量所占比例也极少，因此软岩堆石料的强度特性与硬岩堆石料相似。

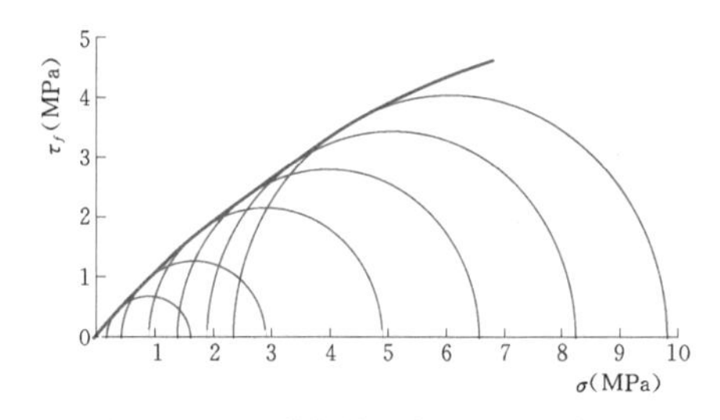

图 2.7-1 某坝堆石料的τ_f—σ关系

基于上述原因，《碾压式土石坝设计规范》(SL 274—2001、DL/T 5395—2007) 及《混凝土面板堆石坝设计规范》(SL 228—2013、DL/T 5016—2011) 都规定粗粒料抗剪强度应采用非线性表达式。

通常有下面两种描述其非线性关系的模式。

1. *指数函数表示式*

德迈洛 (De Mello) 建议，堆石料的抗剪强度τ_f和破坏面上的法向有效应力σ_n存在如下关系：

$$\tau_f = A(\sigma_n)^b \qquad (2.7-1)$$

式中 A、b——材料参数，A具有量纲$[\sigma]^{(1-b)}$；b无量纲。

2. *对数函数表示式*

邓肯 (Duncan) 假定强度包线通过坐标原点，内摩擦角φ随着周围压力σ_3而变化，即

$$\varphi = \varphi_0 - \Delta\varphi \lg(\sigma_3/p_a) \qquad (2.7-2)$$

$$\tau_f = \sigma_n \tan\varphi \qquad (2.7-3)$$

式中 σ_3 ——周围压力，即在进行三轴试验时的周围应力；

φ_0 ——当周围压力为一个标准大气压时的摩擦角；

$\Delta\varphi$ ——周围压力相对于标准大气压增大 10 倍时的摩擦角递减量；

p_a ——大气压力。

从原点向相应某一 σ_3 的摩尔圆作切线，即得到按式（2.7-2）确定的 φ、φ_0 和 $\Delta\varphi$ 等材料参数。

我国大多数工程都采用邓肯提出的非线性表示式，《碾压式土石坝设计规范》（SL 274—2001、DL/T 5395—2007）规定使用邓肯的对数非线性模式进行分析。

2006 年，中国水利水电科学研究院在对堆石体材料的工程性质试验研究工作的基础上，得到了硬岩堆石抗剪强度指标的统计规律，表 2.7-2 为部分硬岩堆石料的抗剪强度指标 φ_0 和 $\Delta\varphi$ 统计结果。表 2.7-3 为根据统计结果得到的抗剪强度线性表示式和非线性表示式的建议值。

表 2.7-2 部分硬岩邓肯对数非线性抗剪强度参数统计

项　　目	φ (°)		$\Delta\varphi$ (°)	
	均值	标准差	均值	标准差
数值平均	53.230	1.983	9.870	1.771
试验组数加权平均	53.829	1.973	10.220	1.771
试验数加权平均	53.887	1.919	10.264	1.746
823 个试样线性回归	53.860	2.359	10.130	0.914

表 2.7-3 堆石料抗剪强度参数的参考值

项　　目		邓肯非线性参数		De Mello 非线性参数		线　性　参　数	
		φ (°)	$\Delta\varphi$ (°)	A (kPa^{1-b})	b	c (kPa)	φ (°)
硬岩主堆石	均值	52～54	10	3.0	0.85	150～180	40
	标准差	1.5～2.0	1.0	0.4～0.4	0.02	40～55	1.5
硬岩次堆石	均值	50～52	8.8	2.6	0.86	120～170	38
	标准差	1.5～2.0	1.3	0.48	0.02	30～40	1.6
软　　岩	均值	44	6.0	1.64	0.90	50～70	37
	标准差	1.8～2.5	1.5	0.26	0.02	15～20	2.0

2.7.2 面板堆石坝变形估算

在没有条件进行有限元应力应变分析的情况下，为了初步了解面板堆石坝的一些变形特性，可以用工程类比法进行粗略估算。

2.7.2.1 坝体沉降量估算

面板堆石坝的坝体沉降量主要受坝高、坝体压缩模量、河谷形状等因素的影响，一般与坝高平方成正比，与压缩模量成反比。利用这一关系，可以用工程类比法根据已建面板坝的实测坝体沉降量，按下式估算待建坝的坝体沉降：

$$S_2 = (H_2/H_1)^2 (E_1/E_2) S_1 \qquad (2.7-4)$$

式中 S_1、S_2 ——已建坝 1、待建坝 2 的坝体沉降；

H_1、H_2 ——已建坝 1、待建坝 2 的坝高；

E_1、E_2 ——已建坝 1、待建坝 2 的坝体压缩模量。

用式（2.7-4）估算待建坝的坝体沉降量时，式中坝高是确定的量，而压缩模量的取值可以有不同方法。

1. 由压缩试验成果取值

堆石料的压缩模量与其母岩特性、级配和孔隙比有关。室内大型压缩试验成果受到试样级配缩尺的影响，与实际情况有偏离。结合现场碾压试验进行的现场大型压缩试验使用了接近原级配和压实度的材料，成果更接近实际，但未能反映河谷形状的影响。

2. 由施工期沉降观测资料估算

施工期沉降量一般由埋设在堆石内部的沉降仪测定，堆石压缩模量变化范围很大，其计算简图如图 2.7-2 所示。

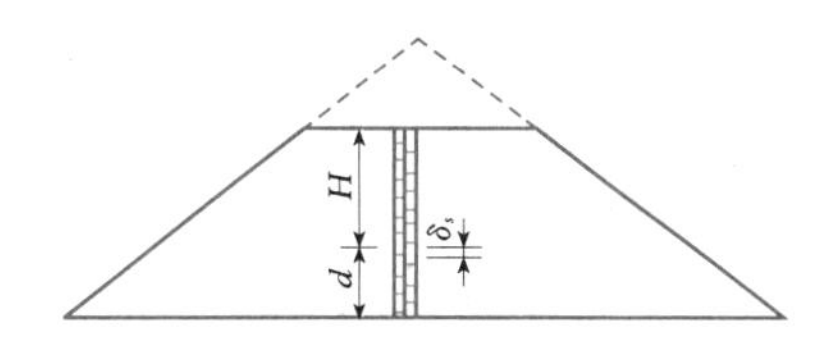

图 2.7-2 堆石施工期压缩模量 E_{rc} 计算草图

堆石压缩模量可按下式估算：

$$E_{rc} = 0.001\gamma H d/\delta_s \text{ (MPa)} \qquad (2.7-5)$$

式中 γ——堆石重度，kN/m^3；

H——沉降仪上覆堆石厚度，m；

d——沉降仪下卧堆石厚度，m；

δ_s——沉降仪沉降量，m。

表2.7-4列出了巴西专家给出的部分堆石压缩模量统计，供参考。

按施工期沉降观测资料估算的垂直压缩模量既考虑了堆石性质，又考虑了河谷形状的影响，比较符合实际。但其值在施工填筑过程中是变化的，宜采用施工期末（或竣工期）的值。

表2.7-4　堆石压缩模量统计

坝名	坝高(m)	坝料	孔隙比/孔隙率	E_{rc} (MPa)	E_{rf} (MPa)	E_{rf}/E_{rc}
塞沙那	110.0	石英岩	0.24/0.19	145	310	2.1
阿尔托·安其卡亚	140.0	角页岩 闪长岩	0.22/0.18	145	440	3.0
阿里亚	160.0	玄武岩	0.33/0.25	47.5	110	2.3
塞格雷多	145.0	玄武岩	0.38/0.27	62.5	170	2.72
辛戈	151.0	花岗岩	0.27/0.21	37	190	5.1
阿瓜密尔帕	187.0	砾石	0.19/0.16	260	680	2.6
萨尔瓦琴娜	148.0	砾石	0.25/0.20	390	630	1.6
格里拉斯	130.0	砾石	0.18/0.15	210	310	1.5
希罗罗	125.0	花岗岩	0.20/0.17	76	—	—
利斯	122.0	辉绿岩	0.29/0.22	85	170	2
马琴托斯	75.0	硬砂岩	0.23/0.19	40	95	2.4
穆奇松	89.0	流纹岩	0.17/0.15	225	650	2.9
巴斯图	75.0	硬砂岩	0.23/0.19	150	300	2.0
考兰	130.0	石灰岩	0.29/0.22	46	380	8.4
科特梅尔	97.0	片麻岩	0.27/0.21	50		
天生桥一级	178.0	石灰岩	0.26/0.205	45		
滩坑	161.0	火山集块岩	0.23/0.186	135		
紫坪铺	156.0	石灰岩	0.228/0.18	180		
三板溪	185.5	硬砂岩	0.232/0.188	120		

注　E_{rc}为蓄水前堆石的压缩模量，E_{rf}蓄水后面板下堆石的压缩模量。

此外，对于施工期坝体自重引起的最大沉降量还可按下式估算：

$$S=\frac{\gamma_d H^2}{4E_{rc}} \tag{2.7-6}$$

式中 S——坝体最大沉降量；

γ_d——堆石密度，t/m^3；

H——坝高，m；

E_{rc}——堆石压缩模量，MPa。

2.7.2.2 面板挠度的估算

面板挠度与坝高的平方成正比，与堆石的压缩模量成反比。因此，可以按如下几种方法对面板挠度进行估算。

1. 按经验公式估算

面板在水荷载作用下的挠度可按下式计算：

$$\delta_n=0.001\frac{H^2}{E_{rc}} \tag{2.7-7}$$

式中 δ_n——初期蓄满时的面板最大挠度，m；

H——坝高，m；

E_{rc}——蓄水前堆石的压缩模量，MPa。

2. 按水压力下的变形模量估算

图2.7-3为面板挠度计算示意图，面板挠度δ_n按下式计算：

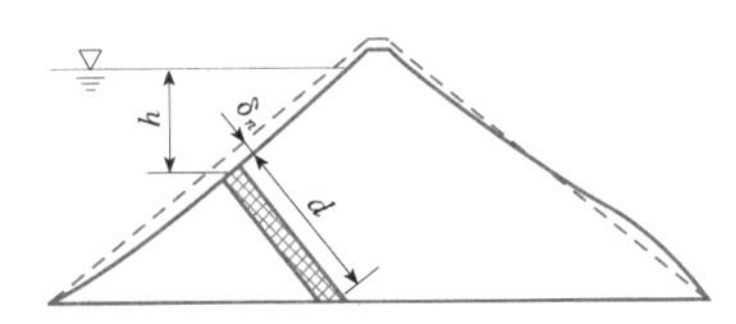

图 2.7-3 面板挠度计算示意图

$$\delta_n = 0.01\frac{hd}{E_{rf}} \qquad (2.7-8)$$

式中 δ_n ——面板挠度，m；

h ——水深，m；

d ——堆石柱体长度，m；

E_{rf} ——水压力作用下的堆石变形模量，MPa。

3. 长期蓄水的稳定挠度

对于堆石坝而言，V形河谷比U形河谷更容易产生拱效应，用河谷系数描述河谷形态比用宽高比更为合理。河谷系数为 A/H^2，其中 A 为面板面积，H 为坝高。一般河谷宽高比大于3.1或 $A/H^2>2.6$ 的河谷属宽河谷。

面板长期蓄水的稳定挠度可取如下经验数据：

宽河谷：$1.44H^2/E_{rc}$；

窄河谷：$2.28H^2/E_{rc}$。

2.7.3 应力与变形分析

面板堆石坝应力变形计算分析对象基本分为两类：一类是面板、防渗墙、趾板或高趾墙、连接板、挡墙和防浪墙等混凝土结构或钢筋混凝土结构，可以采用线弹性模型来模拟；另一类是坝体和覆盖层，它们是堆石、砂砾石、砂卵石等粗粒料，粗粒料的应力变形特性具有非线性、压硬性、应力路径相关性、剪缩性和剪胀性等特点。

黄文熙院士1983年提出：“土的应力—应变关系是非常复杂的，要找出一个数学模型来全面地、正确地表达土的这种特性，是难于想象的。不同的土和不同的工程问题，应该选择不同的、最合适的模型。”黄文熙先生提出的土的应力应变关系，又称为本构关系（Constitutive relation），在工程问题的应力变形计算分析中也就是计算模型（Numerical analysis model）。

通过混凝土面板堆石坝有限元应力变形分析可以得出在施工期、蓄水期和运行期堆石坝体和面板的应力与变形的大小及其分布；接缝包括周边缝和垂直缝的三向位移。为混凝土面板堆石坝的坝体分区、断面优化、筑坝材料、填筑标准、施工形象进度的确定提供依据，特别是为变形协调设计计算提供科学手段，并预测运行性状、指导安全运行。

由于二维（平面）有限元计算不能提供周边缝和垂直缝等的位移，而这恰恰关系到面板堆石坝的变形安全和防渗系统安全，是面板堆石坝设计必须掌握的，因此对于混凝土面板堆石坝，通常需要进行三维有限元计算。

2.7.3.1 堆石材料的本构模型

坝体和坝基粗粒料的本构模型是混凝土面板堆石坝应力变形计算分析的重要基础，粗粒料的本构模型主要有非线性弹性模型和弹塑性模型两种。

1. 非线性弹性模型

在非线性弹性模型中以Duncan E—B 模型（也称为“邓肯 E—B 模型”）应用最为普遍、清华大学的非线性解耦 K—G 模型次之；除此之外，成都科技大学也提出了改进 K—G 模型。

基于Duncan-Chang E—μ 非线性弹性模型计算所得的混凝土面板堆石坝坝体水平位移与实测值相比偏大较多，计算所得的面板拉应力区域和拉应力值也明显偏大，因而目前已很少采用。

Duncan E—B 模型是非线性弹性模型的典型代表。该模型的弹性模量是应力状态的函数，可以描述粗粒料应力应变关系的非线性和压硬性。对加荷和卸荷的粗粒料分别采用不同的模量，可以在一定程度上反映粗粒料变形的弹塑性。但由于它是建立在广义胡克定律的基础上，因此，不能描述粗粒料的剪胀性和剪缩性。Duncan E—B 模型具有模型参数少、物理概念明确、确定计算参数所需的试验简单易行等优点。

2. 弹塑性模型

中国应用最为广泛的粗粒料弹塑性模型是南京水利科学研究院沈珠江院士提出的南水双屈服面弹塑性模型，殷宗泽提出的双屈服面弹塑性模型次之。

南水双屈服面弹塑性模型既反映了堆石体的剪胀（缩）性和应力路径转折后的应力应变特性，同时，又可以采用常规三轴试验确定其模型参数。

图2.7-4、图2.7-5所示为天生桥一级面板堆石坝采用邓肯 E—B 模型和南水双屈服面弹塑性模型计算结果的比较，图2.7-6、图2.7-7所示为三板溪面板堆石坝采用邓肯 E—B 模型和清华非线性解耦 K—G 模型计算结果的比较。由计算结果图中可以看出，各种计算模型的计算分析结果所反映的规律基本相同，但分布范围和数值有所差异。

将计算结果与大坝实际观测资料相比可以发现：邓肯 E—B 模型、南水双屈服面弹塑性模型和非线性解耦 K—G 模型计算的坝体堆石的位移形态均比较符合实际。

2.7.3.2 粗粒料计算参数的统计分析

粗粒料的本构模型是面板堆石坝计算分析的重要

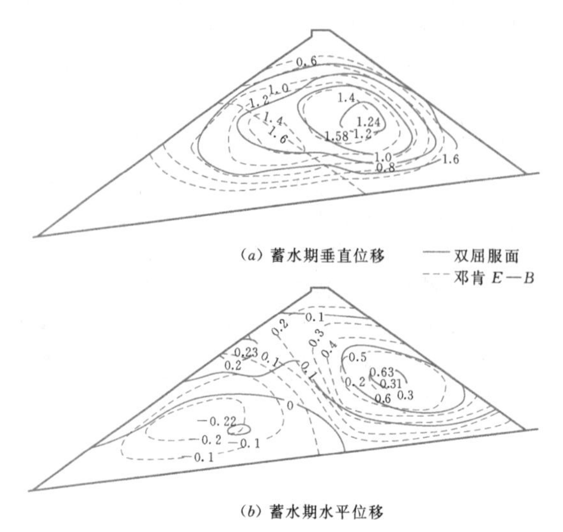

(a) 蓄水期垂直位移

(b) 蓄水期水平位移

图 2.7-4 邓肯 $E—B$ 模型与双屈服面弹塑性模型的坝体位移分布对比（单位：m）

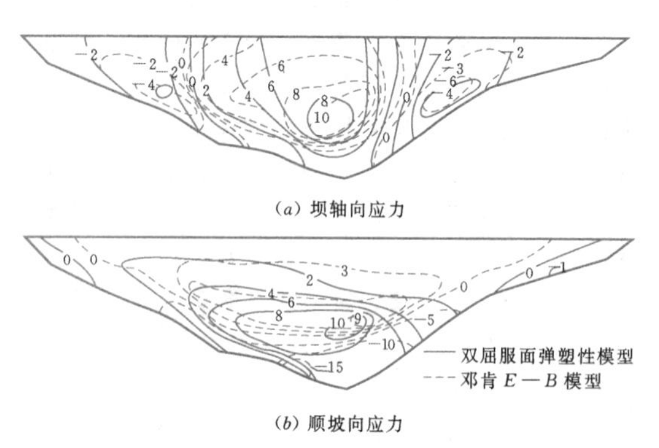

(a) 坝轴向应力

(b) 顺坡向应力

图 2.7-5 邓肯 $E—B$ 模型与南水双屈服面弹塑性模型的面板应力分布对比（单位：MPa）

基础。其试验参数的确定也是影响面板堆石坝计算分析结果的重要因素。由于邓肯 $E—B$ 模型的广泛应用，南水双屈服面模型参数可以从邓肯 $E—B$ 模型参数推算，对各类粗粒料的计算参数进行相关的统计分析，可以了解计算参数的变化趋势与数值范围，有一定参考价值。

表 2.7-5 为三轴压缩试验得出的不同工程粗粒料的邓肯模型计算参数统计。影响坝体变形的主要参数 K 和 K_b 的变化幅值较大，但仍然表现出了随母岩性质和填筑干密度变化的规律。从表 2.7-5 可见，灰岩堆石料的 K 值范围为 450～1800，K_b 值范围为 100～1200。砂砾石的 K 值范围为 350～1500，K_b 值范围为 190～1700。从岩性上看，石英砂岩、花岗片麻岩、玄武岩等岩石的参数值较高，石灰岩、砂岩、板岩等岩石的参数值次之，泥质岩、砂页岩等岩石的参数值最低。另外，岩石的风化程度也是一个重要因素。

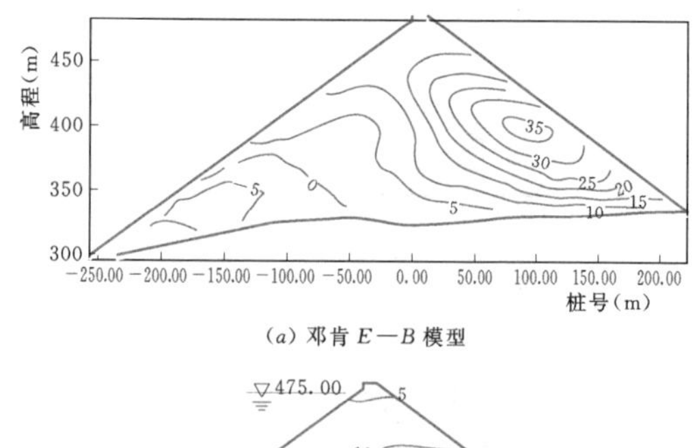

(a) 邓肯 $E—B$ 模型

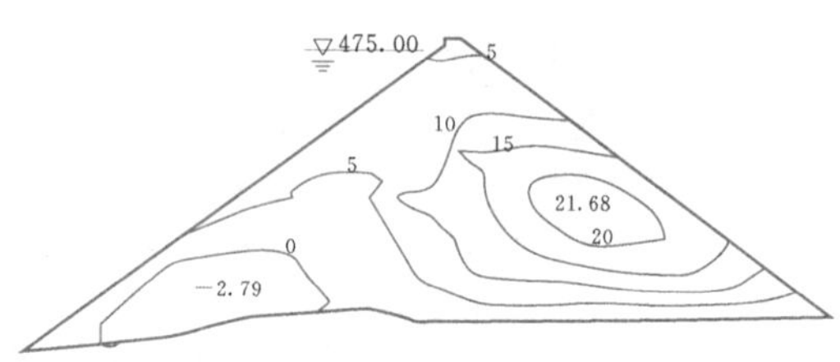

(b) 清华 $K—G$ 模型

图 2.7-6 邓肯 $E—B$ 模型与清华 $K—G$ 模型的坝体水平位移分布对比（高程、桩号单位：m；位移单位：cm）

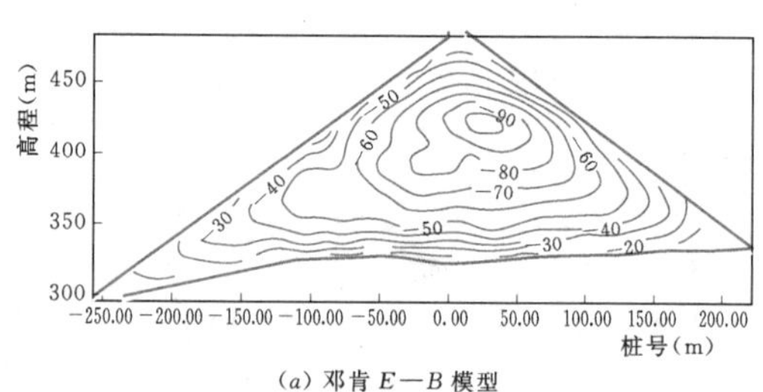

(a) 邓肯 $E—B$ 模型

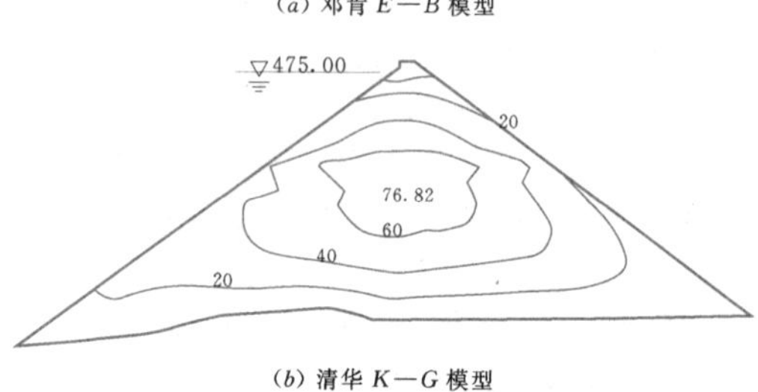

(b) 清华 $K—G$ 模型

图 2.7-7 邓肯 $E—B$ 模型与清华 $K—G$ 模型的坝体沉降分布对比（高程、桩号单位：m；位移单位：cm）

堆石和砂砾石等粗粒料的弹性模量系数和体积模量系数基本上均随干密度的增加而增加。由于颗粒级配不同，堆石料模量增加的速率略大于砂砾石料，而在同样干密度的情况下，砂砾石料的模量略大于堆石料。

2.7.3.3 混凝土结构计算模型

面板、防渗墙、趾板或高趾墙、连接板、挡墙和防浪墙等混凝土结构采用线弹性模型，弹性模量和弹性泊松比为定值，可依据《水工混凝土结构设计规范》（DL/T 5057、SL/T 191）或该工程混凝土试验结果来选取。

表 2.7-5　　面板堆石坝堆石材料邓肯模型试验参数统计

工程名称	坝料名称	堆石岩性	γ_d (kN/m^3)	孔隙率 (%)	K	n	R_f	K_b	m	φ_0 (°)	$\Delta\varphi$ (°)
水布垭	主堆石	灰岩	21.20		1400	0.29	0.81	700	0	54.7	10.4
	次堆石	灰岩	21.20		850	0.22	0.83	830	−0.17	51.3	10.4
	过渡料	灰岩	21.40		1330	0.32	0.85	600	0.09	55.7	10.5
	垫层料	灰岩	21.60		1560	0.39	0.78	1450	0.17		
西北口	过渡料	灰岩	19.40	30.2	472	0.28	0.67	98	0.26		
	主堆石	灰岩	20.40	27.2	522	0.38	0.68	125	0.22	50.6	5.5
洪家渡	过渡料	灰岩	21.44	21.4	770	0.5	0.873	332	0.13	54.2	9.8
	堆石料	灰岩	21.28	21.9	658	0.47	0.87	177	0.4	52.3	7.3
	堆石料	灰岩	21.20	22.2	760	0.25	0.735	205	0.28	51.3	6.9
	垫层料	灰岩	22.50		1340	0.59	0.882	605	0.18	60.1	16.2
	过渡料	灰岩	22.30		1400	0.59	0.925	630	0.56	59.7	15.1
	主堆石	灰岩	22.20		1700	0.55	0.929	560	0.47	57.0	13.1
	次堆石	灰岩	21.60		1250	0.63	0.918	530	0.30	52.8	9.6
金野	过渡料	灰岩	22.00	18.2	1030	0.333	0.847			53.8	11.2
	堆石料	灰岩	21.00	21.9	650	0.348	0.797			47.6	5.6
盘石头	主堆石	灰岩	21.00		565	0.503	0.814	146	0.277	54.6	10.7
天生桥	主堆石	灰岩	21.00		940	0.35	0.849	340	0.18	54.0	13.0
	主堆石	灰岩	20.50		720	0.303	0.798	800	0.18	54.0	13.5
思安江	主堆石	灰岩	21.20	25.6	700	0.52	0.876	290	0.14	46.7	6.6
	过渡料	灰岩	21.80	20.7	860	0.54	0.929	380	0.18	48.6	10.8
九甸峡	主堆石料	灰岩	22.00		1400	0.53	0.798	1000	0	50.9	8.5
	次堆石料	灰岩	21.60		1120	0.53	0.798	800	0	50.9	8.5
	过渡料	灰岩	22.50		1500	0.55	0.907	1250	0	54.1	10.5
	垫层料	灰岩	22.80		1750	0.43	0.768	1200	0.41	58.1	14.5
南车	过渡料	砂岩	20.90	22.0	700	0.304	0.608			54.4	11.2
	主堆石	砂岩	20.70	22.6	790	0.39	0.785			49.8	6.5
芭蕉河	主堆石	粉砂岩	21.70		1000	0.32	0.875	320	0.22	49.3	10.0
	主堆石	粉砂岩	21.80		1010	0.36	0.893	360	0.24	49.9	10.0
莲花	堆石料	花岗岩	20.11		570	0.47	0.76	150	0.37	43.4	3.0
		花岗岩	19.62		620	0.29	0.75	265	0.11	45.4	5.0
公伯峡	主堆石	花岗岩	20.60	23.1	750	0.51	0.878	520	0.27	54.0	13.4
	过渡料	花岗岩	21.30	18.4	1180	0.53	0.911	630	0.30	50.4	9.3
珊溪	堆石料	凝灰岩	19.84	24.9	1060	0.63	0.921	660	0	56.1	11.6
吉林台	主堆石	凝灰岩			1050	0.517	0.903	176	−0.383	53.0	8.1
	过渡料	凝灰岩			1090	0.796	0.766	264	0.054	49.4	6.8

续表

工程名称	坝料名称	堆石岩性	γ_d (kN/m³)	孔隙率 (%)	K	n	R_f	K_b	m	φ_0 (°)	$\Delta\varphi$ (°)
公伯峡	主堆石	砂砾石	21.40	22.7	690	0.31	0.842	410	0.03	47.4	6.0
	过渡料	砂砾石	22.50		1000	0.48	0.864	500	0.34	53.6	11.0
莲花		砂砾石	19.72		442	0.78	0.86	305	0.15	41.6	2.5
		砂砾石	18.64		370	0.69	0.81	233	0.3	38.6	1.7
		砂砾石	20.11		440	0.75	0.78	900	−0.06	43.6	3.5
		砂砾石	20.70		550	0.59	0.77	410	0.32	42.8	1.8
乌鲁瓦提	垫层料	砂砾石	21.97		1390	0.42	0.825	3040	−0.12	49.6	8.0
	过渡料	砂砾石	22.07		1170	0.49	0.698	1700	0.17	46.5	2.3
	主堆石	砂砾石	21.78		850	0.34	0.819	468	0.10	43.5	3.0
	次堆石	砂砾石	21.68		690	0.42	0.835	246	0.42	44.2	3.6
珊溪		砂砾石	21.70	18.0	550	0.78	0.924	380	0.82		
清河		砂砾石	19.90		385	0.79	0.74	335	0.37	42.1	0
		砂砾石	19.80		350	0.93	0.84	191	0.47	41.1	0
察汗乌苏	垫层料	砂砾石	22.00		1500	0.42	0.95	675	0.40	51.2	7.9
	过渡料	砂砾石	22.00		1400	0.42	0.95	665	0.40	51.2	7.9
	主堆石	砂砾石	21.90		1260	0.40	0.891	522	0.17	53.2	10.4
	次堆石	砂砾石	21.60		930	0.28	0.823	415	0.05	51.4	9.3
龙首二级		灰绿岩	22.0		1020	0.34	0.900	260	0.18	48.2	6.8
三板溪		砂板岩	21.5		1200	0.35	0.900	500	0.10	56.0	12.0

2.7.3.4　接触面及接缝的模拟

1. 接触面的模拟

在采用有限元法进行面板坝的应力和变形分析时，应合理模拟不同性质材料间的接触面问题，如面板堆石坝的面板和堆石垫层之间，坝基防渗墙与覆盖层之间。当接触界面两侧材料变形特性差异较大时，在界面两侧存在较大的剪应力并发生错动、滑移或张开等位移不连续现象。为了模拟这些物理现象，在有限元法中，通常的做法是在两者之间设置接触面单元。目前常用的主要有以 Goodman 单元为代表的无厚度类型的接触面单元，以 Desai 薄层单元为代表的有厚度类型的接触面单元和摩擦单元等。

Goodman 单元采用切向劲度系数 k_s 和法向劲度系数 k_n 来描述单元应力与相对位移之间的关系。其中切向劲度系数 k_s 可由接触面试验确定。Goodman 单元能够模拟接触面的滑移和张开，概念明确，应用方便。但选取法向劲度系数 k_n 有一定的随意性，当接触面受压时，为了模拟两边单元不会在接触面上重叠，选取一个极大的数值。但若算出的法向应力为拉时，则选取法向劲度系数为很小的数值，可使算出的拉应力忽略不计。k_n 取值的任意性会带来一定的误差。

Desai 薄单元可模拟土体与结构物接触面的黏结、滑动、张开和闭合等各种接触状态。其剪切刚度由试验确定，而法向刚度则由薄层单元及其相邻的实体单元的性质共同确定。薄层单元本构方程的形式与其他实体单元相同。Desai 认为单元厚度与有限元网格尺寸有关，建议单元厚度与有限元网格尺寸之比为 0.1～0.01。Desai 薄层单元在一定程度上克服了无厚度单元的缺点，但对剪切变形的模拟尚不能令人满意。目前还有一种刚塑性的有厚度薄层单元，可以较好地模拟接触面剪切破坏逐步发展过程。

土石料与混凝土结构相互作用时，在它们的接触界面上发生力的传递，然后向较远处扩散。由于两种材料性质的较大差异，当两者发生相对剪切错动时，一方面在接触界面上土与结构有相对错动；另一方面，附近的薄层土体比其较远处土体将出现较大的剪切变形。如果接触面相对粗糙，在较大相对位移下其剪破面一般出现在土体内，这个薄层是实现相互作用、进行力相互传递的主要受力层。面板堆石坝的混凝土面板和坝体堆石间的接触面是粗糙接触面，因此宜选取一种有厚度薄层单元逐步过渡混凝土与堆石之间的刚度差异，来模拟面板与堆石之间的接触面特性。对于这类接触面，可采用有厚度薄层单元来模拟。

接触面上的变形可以分为基本变形和破坏变形两部分。基本变形与其他土体的变形一样，不管破坏与否都是存在的，用 $\{\varepsilon'\}$ 表示；破坏变形包括滑动破坏和拉裂破坏，只有当剪应力达到抗剪强度产生了沿接触面的滑动破坏，或接触面受拉产生了拉裂破坏时才存在，用 $\{\varepsilon''\}$ 表示。

则接触面的总变形为

$$\{\Delta\varepsilon\}=\{\Delta\varepsilon'\}+\{\Delta\varepsilon''\}=[C']\{\Delta\sigma\}+[C'']\{\Delta\sigma\}=[C]\{\Delta\sigma\} \tag{2.7-9}$$

基本变形采用的本构模型与其他土体相同，破坏变形有两种形式：张裂和滑移。对接触面上的一点来说，变形是刚塑性的，即破坏前接触面上无相对位移，一旦破坏相对位移则不断发展。

2. 接缝的模拟

在面板堆石坝中还存在接缝的模拟，包括面板堆石坝的周边缝和面板垂直缝等的模拟。为了模拟这类接缝的特性，可在有限元计算中设置接缝单元，见图 2.7-8。

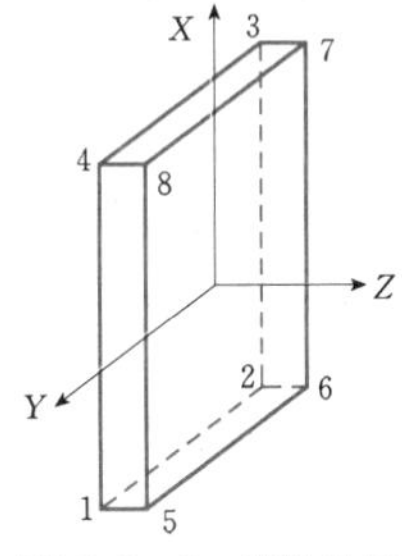

图 2.7-8 接缝单元

对于垂直缝，可采用分离缝单元，即在分缝处设置双节点无厚度单元，该单元的两个节点分属于接缝两侧的混凝土面板。当接缝呈受拉趋势时，缝节点分离，两缝节点各自随垂直缝两边的面板单元位移；当接缝受压时，缝节点重合，两缝节点被视为具有相同位移的同一点。通过这样的处理，可以模拟面板垂直缝的拉、压变形特点，但是对于垂直缝中不同的嵌缝材料的变形没有正确地模拟，而且对于缝的剪切变形特性也没有正确反映。不过，对于面板垂直缝而言，缝的剪切变形与拉压变形相比相对次要一些。对于周边缝，考虑到接缝中的嵌缝填料及其工作特点，可采用软单元的方式进行模拟。所谓软单元，即在面板单元与趾板单元之间设置一个长度较短的实体单元，当单元受压时，此软单元取混凝土材料的力学特性，以反映面板与趾板间压力的传递；当接缝受拉或受剪时，软单元则取为较低模量的柔性材料特性，以反映接缝的张开与错动。

2.7.3.5 应力变形分析算例

1. 洪家渡坝

(1) 工程概况。洪家渡电站水库正常蓄水位 1140.00m，总库容 49.47 亿 m^3。大坝为钢筋面板堆石坝，坝高 179.50m，是目前世界高面板堆石坝之一，坝顶高程 1147.50m，坝顶长 427.79m，坝顶长与坝高之比为 2.38，属狭窄河谷面板堆石坝。坝顶宽 10.95m，上、下游坝坡均为 1∶1.4。河床有少量砂卵砾石冲积层，两岸局部有碎石、块石及黏土坡一崩积层，均全部挖除。坝体典型断面如图 2.3-8 所示。

(2) 计算方法。坝体和地基等土石材料均采用邓肯-张非线性弹性 $E—B$ 模型，基岩和混凝土面板等材料采用线弹性模型。面板与垫层、趾板与地基等的接触面采用薄层接触面单元来模拟。面板接缝采用双节点的分离缝单元模拟，缝单元采用无厚度形式。趾板与面板之间的周边缝采用软单元的方式进行模拟。计算中坝体填筑步骤与施工步骤一致，坝体填筑分为 20 级，每层平均填土厚度约为 8m，混凝土面板分为三期浇筑，蓄水荷载共分为 6 级，逐级蓄至正常蓄水位。

(3) 计算网格。沿坝轴线将整个坝体分成 29 个横断面，各横断面的位置与面板的垂直缝一致。整个坝体共分 3133 个单元、3551 个节点。计算分析的网格剖分如图 2.7-9 所示。

(4) 计算参数。计算分析中各材料的计算参数见表 2.7-6。

(5) 计算结果。堆石坝体、面板和周边缝等的应力变形计算结果见表 2.7-7，可为设计及施工提供技术依据。

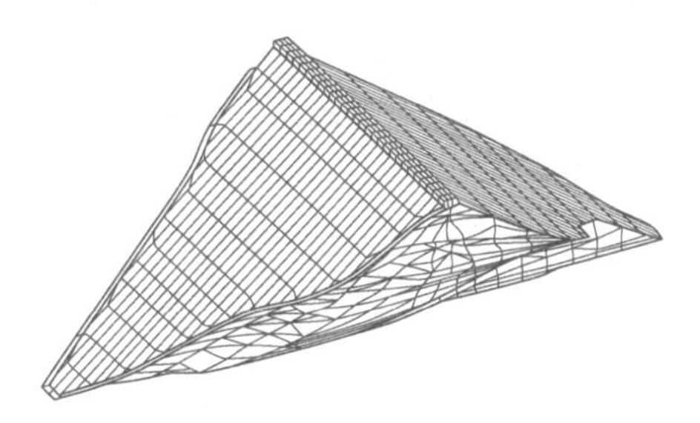

图 2.7-9 三维应力变形计算分析的网格剖分图

表 2.7-6 材料的邓肯-张模型（$E-B$）参数

材料名称	γ_d（kN/m³）	K	K_{ur}	n	R_f	K_b	m	φ（°）	$\Delta\varphi$（°）
垫层	22.05	1100	2250	0.40	0.865	680	0.21	52	10
过渡	21.90	1050	2150	0.43	0.867	620	0.24	53	9
主堆石	21.81	1000	2050	0.47	0.87	600	0.40	53	9
次堆石	21.20	850	1750	0.36	0.29	580	0.30	52	10
混凝土	24.50	19×10^4	23×10^4			9.6×10^4	0	0	0

表 2.7-7 三维计算分析的主要结果汇总（最大值）

各部位应力与位移 \ 计算工况			竣工期	蓄水期
坝体	最大垂直位移（m）		0.782	0.814
	最大水平位移（m）	上游	0.168	0.074
		下游	0.191	0.240
	主应力（MPa）	σ_1	4.39	4.72
		σ_3	1.35	1.62
坝面（MPa）	最大挠度（cm）		31.1	45.5
	顺坡向	压应力	11.17	8.17
		拉应力	0	0.93
	坝轴向	压应力	5.18	8.98
		拉应力	1.85	2.19
垂直缝（cm）	最大张拉		0.93	0.99
周边缝（cm）	最大张拉		0.1	1.39
	最大沉降		0.21	2.66
	最大剪切		4.93	3.48

2. 吉林台一级

（1）工程概况。吉林台一级水电站位于伊犁河支流伊犁喀什河上，在新疆维吾尔自治区尼勒克县，电站装机 460MW。吉林台一级面板砂砾石坝最大坝高 157m，坝顶长 445m，上游坝坡 1∶1.7，下游坝坡 1∶1.5，下游综合坝坡（包括上坝公路）为 1∶1.96，坝体填筑材料是上游的垫层区、排水体和砂砾石区采用砂砾石，坝顶主堆石区ⅢA 和下游堆石区ⅢB 采用下游料场石炭系凝灰岩和建筑物开挖料。该坝是我国在强震区（设防烈度 9 度）建造的最高的混凝土面板砂砾石坝，该坝标准剖面如图 2.3-9 所示。

（2）计算简况。该坝静力应力变形计算分析采用南水双屈服面弹塑性模型，根据坝料室内试验结果得出的计算参数见表 2.7-8。

吉林台面板砂砾石坝设置了坝体内部变形观测设施，在施工过程中进行了坝体内部沉降观测。2004 年 6 月 26 日坝体填筑到 1373.00m 高程，桩号 0+203 剖面 1320.00m 高程的水管式沉降仪观测结果见表 2.7-9。

利用最优化原理进行反馈分析，对从室内试验得到的筑坝材料计算参数进行验证，反馈分析得到的筑坝材料静力特性计算参数见表 2.7-10。

三维静力应力变形分析模拟大坝坝体填筑、面板浇筑和分期蓄水过程，共分 28 级进行仿真计算。

（3）计算结果。采用反馈分析得出的计算参数，预测吉林台一级砂砾石坝静力与动力应力变形性状，分述如下：

1）坝体变形和应力。最大剖面 0+193.8 在施工期各阶段和蓄水期的坝体变形和应力预测结果见表 2.7-11 和图 2.7-10、图 2.7-11。

表 2.7-8 室内试验结果得出的坝料静力特性计算参数

材　料	ρ_d（g/cm³）	φ_0（°）	$\Delta\varphi$（°）	K	n	R_f	c_d（%）	n_d	R_d
ⅡA 垫层料	2.17	46.0	6.0	1400	0.40	0.86	0.51	0.19	4.83
ⅡC 砂砾料	2.19	51.0	7.0	2300	0.30	0.88	0.48	0.11	5.13
ⅡB 排水体料	1.91	49.0	10.0	1150	0.33	0.80	0.48	0.11	5.13
ⅢA 爆破堆石料	2.19	57.0	14.0	1100	0.44	0.75	0.36	0.12	6.99
ⅢB 爆破料石渣	2.19	57.0	14.0	980	0.40	0.70	0.36	0.12	6.99
ⅢC 爆破超径石	2.19	57.0	14.0	900	0.36	0.70	0.36	0.12	6.99

表 2.7-9 坝体 1320.00m 高程沉降观测值

测点编号	TC-1-1-01	TC-1-1-02	TC-1-1-03	TC-1-1-04	TC-1-1-05	TC-1-1-06	TC-1-1-07	TC-1-1-08
距坝轴线距离(m)①	-170	-120	-70	-35	0	35	70	120
沉降量(cm)	14.5	25.1	—	35.2	30.4	27.7	20.8	12.0

① 负值表示在坝轴线上游，正值表示在坝轴线下游。

表 2.7-10 反馈分析得到的坝料静力特性计算参数

材　　料	ρ (g/cm³)	φ_0 (°)	$\Delta\varphi$ (°)	K	n	R_f	c_d (%)	n_d	R_d
ⅡA 垫层料	2.17	46.0	6.0	1190	0.40	0.86	0.51	0.19	4.83
ⅡC 砂砾料	2.19	51.0	7.0	1840	0.29	0.88	0.48	0.11	5.13
ⅡB 排水体料	1.91	49.0	10.0	920	0.30	0.80	0.48	0.11	5.13
ⅢA 爆破堆石料	2.19	57.0	14.0	770	0.34	0.75	0.36	0.12	6.99
ⅢB 爆破料石渣	2.19	57.0	14.0	686	0.34	0.70	0.36	0.12	6.99
ⅢC 爆破超径石	2.19	57.0	14.0	630	0.31	0.70	0.36	0.12	6.99

表 2.7-11 最大剖面坝体变形和应力（最大值）

序号	工　　况	坝体沉降 (cm)	坝体水平位移 (cm)		坝体应力 (MPa)		坝体应力水平 S_l
			向上游	向下游	σ_1	σ_3	
1	坝体填筑到高程 1365.00m	22.5	3.5	3.1	1.61	0.74	0.8
2	坝体填筑到高程 1385.00m，一期面板已浇筑	31.0	3.0	10.3	1.86	0.88	0.5
3	砂砾料填筑到高程 1395.00m，蓄水到高程 1345.00m	41.8	3.5	16.0	2.05	0.95	0.6
4	坝体填筑到高程 1407.30m，蓄水到高程 1372.00m	52.0	4.2	18.0	2.20	1.00	0.7
5	坝体填筑基本竣工到高程 1421.00m	66.2	7.1	27.5	2.30	1.10	0.8
6	坝体填筑竣工，面板浇筑完成，蓄水到高程 1420.00m	69.5	6.6	30.1	2.50	1.16	0.8

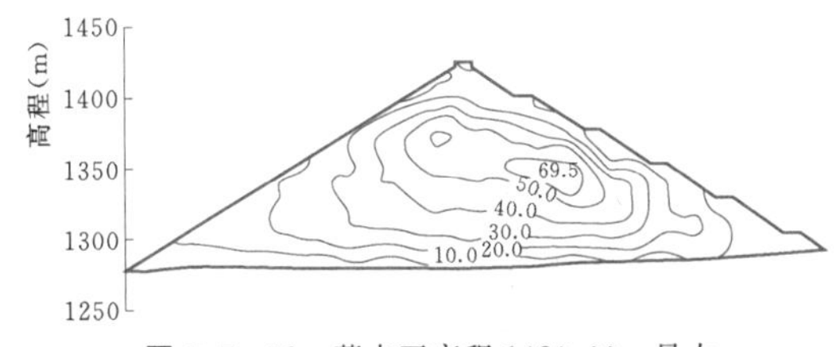

图 2.7-10 蓄水至高程 1420.00m 最大剖面沉降分布（单位：cm）

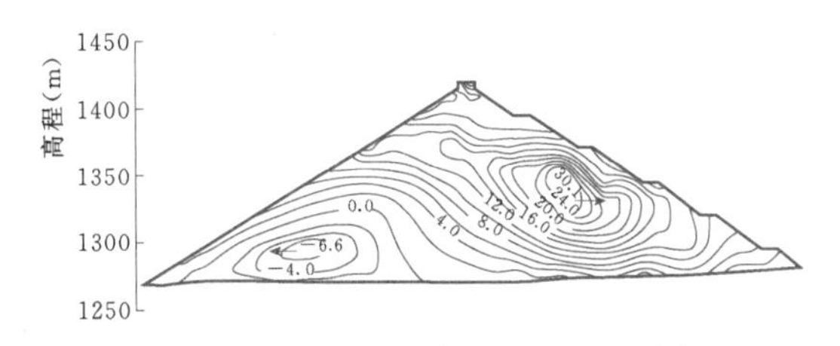

图 2.7-11 蓄水至高程 1420.00m 最大剖面水平位移分布（单位：cm）

2）面板的变形和应力。施工期各阶段和蓄水期面板的变形和应力的预测结果见表 2.7-12，蓄水至高程 1420.00m 时面板的挠度和轴向位移分布如图 2.7-12 和图 2.7-13 所示。面板轴向应力和顺坡向应力分布如图 2.7-14 和图 2.7-15 所示。从这些图表可以看出：面板自重、坝体填筑和水库蓄水引起的坝体变形，坝体垫层对面板摩擦力和水库水压力，是引起面板变形和应力的主要因素。

3）面板垂直缝和周边缝的位移。蓄水至高程 1420.00m 时面板垂直缝张开区和张开位移如图 2.7-16 所示，周边缝三向变位如图 2.7-17 所示。从图可知：两岸附近的面板垂直缝张开，右岸较陡峻岸坡附近面板垂直缝张开位移较大，达到 2.5～3.2mm。周边缝张开位移最大值 25.9mm，发生在右岸较陡的 1+301.8 剖面；周边缝沉降最大值 3.6mm，发生在河谷中央；剪切位移最大值 4.9mm，发生在左右岸坡陡峻或坡角变化部位。

吉林台一级面板堆石坝应力变形性状计算值与实测值对比见表 2.7-13。

表 2.7-12 面板变形和应力（最大值）

序号	工况	面板变形（cm）		面板应力（MPa）			
		轴向位移	挠度	轴向应力		顺坡向应力	
				压应力	拉应力	压应力	拉应力
1	坝体填筑到高程 1385.00m，一期面板已浇筑	0.40～0.60	6.60	2.2	−0.65	3.52	0
2	坝体填筑到高程 1395.00m，蓄水到高程 1345.00m	0.60	7.20	3.0	−0.75	4.90	0
3	坝体填筑到高程 1407.30m，蓄水到高程 1421.00m	1.03～1.08	11.18	4.0	−1.0	6.20	−0.99
4	坝体填筑基本竣工到高程 1421.00m	1.19～1.73	13.85	4.8	−1.5	6.40	0
5	坝体填筑竣工，面板浇筑完成，蓄水到高程 1420.00m	1.85～2.14	24.90	5.4	−1.5	6.80	0

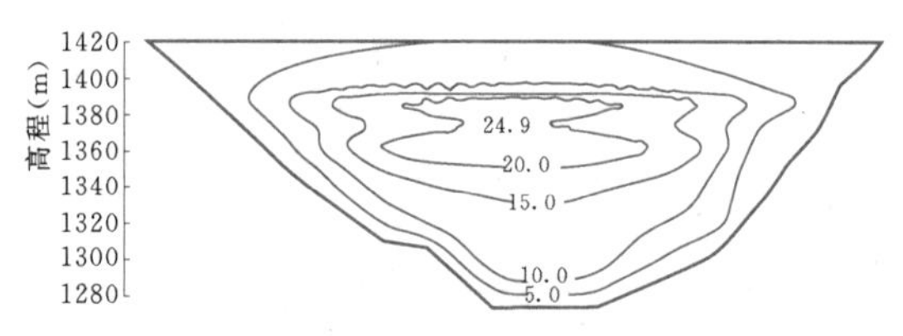

图 2.7-12 蓄水至高程 1420.00m 时面板的挠度分布（单位：cm）

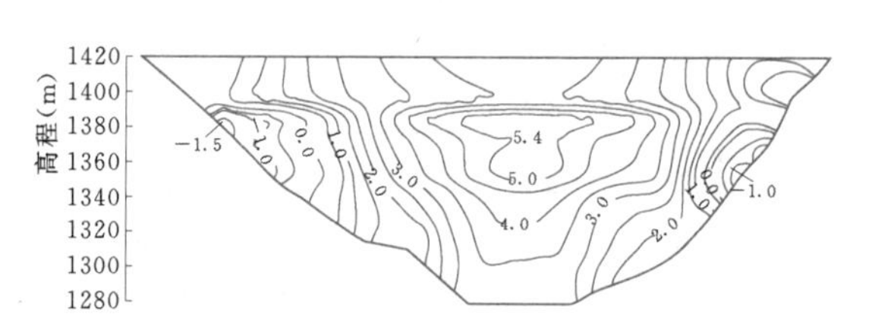

图 2.7-14 蓄水至高程 1420.00m 时面板的轴向应力分布（单位：MPa）

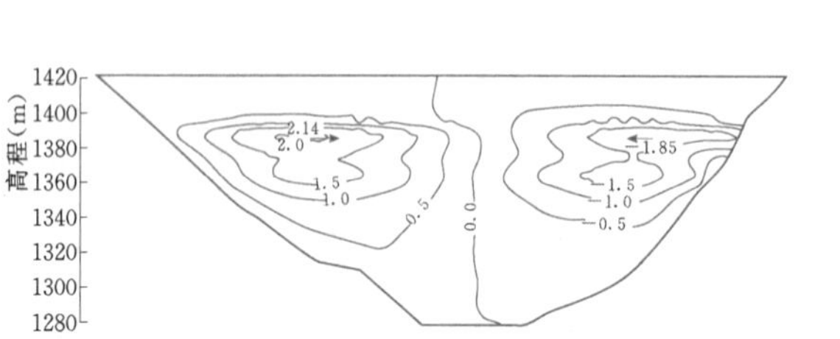

图 2.7-13 蓄水至高程 1420.00m 时面板的轴向位移分布（单位：cm）

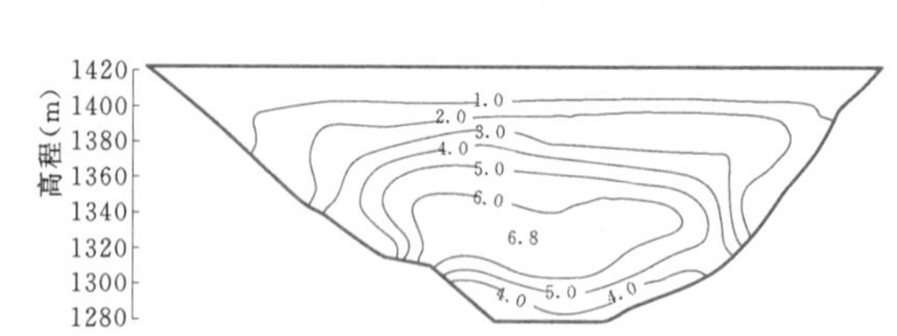

图 2.7-15 蓄水至高程 1420.00m 时面板的顺坡向应力分布（单位：MPa）

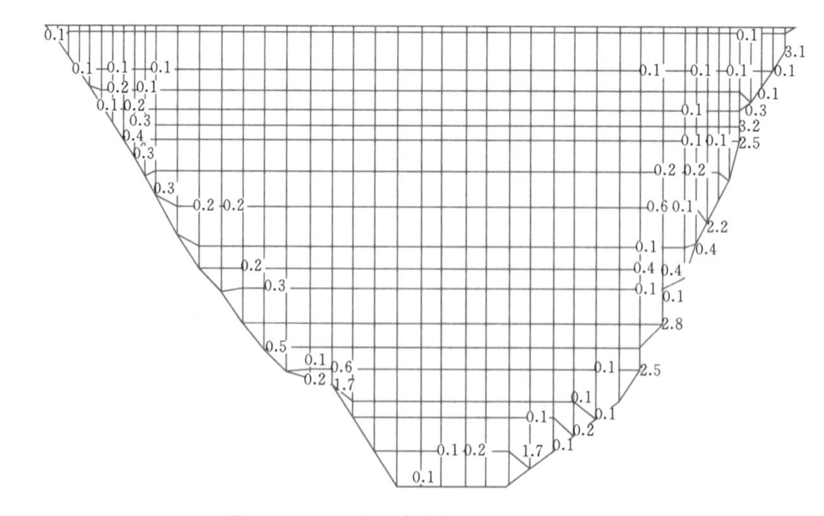

图 2.7-16 面板垂直缝张开量（单位：mm）

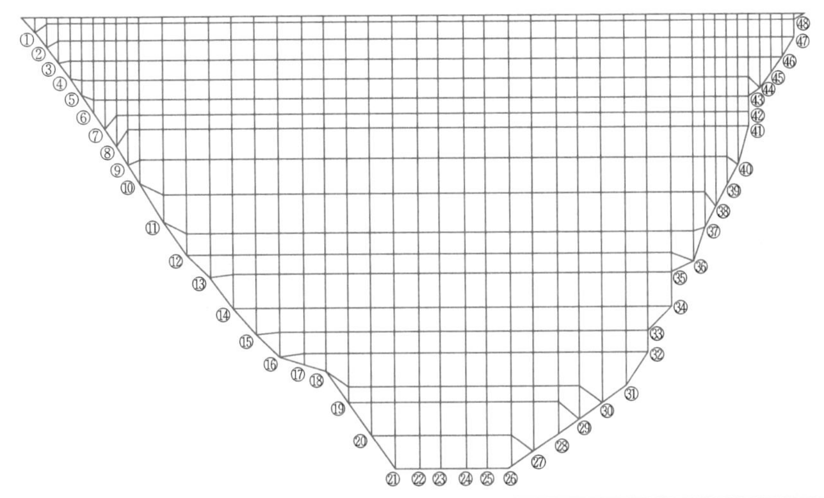

节点号	剪切位移（mm）	张开位移（mm）	沉降（mm）	节点号	剪切位移（mm）	张开位移（mm）	沉降（mm）	节点号	剪切位移（mm）	张开位移（mm）	沉降（mm）
①	0.2	0.0	−0.1	⑰	3.2	0.2	2.6	㉝	4.9	25.9	0.0
②	0.2	0.4	−0.1	⑱	4.9	0.2	−2.6	㉞	1.9	14.9	1.9
③	0.5	0.0	−0.2	⑲	4.6	0.2	−2.4	㉟	3.0	14.9	−0.4
④	0.7	0.0	−0.3	⑳	3.4	0.2	−0.2	㊱	0.2	0.0	1.3
⑤	0.9	0.0	−0.5	㉑	0.4	0.2	3.1	㊲	0.8	−0.1	2.3
⑥	0.9	0.0	−0.5	㉒	0.1	0.2	3.6	㊳	0.2	−0.1	0.8
⑦	1.3	0.1	−0.7	㉓	0.1	0.2	3.6	㊴	0.1	0.0	1.1
⑧	1.7	0.1	1.0	㉔	0.1	0.2	3.6	㊵	2.0	2.9	2.1
⑨	1.8	0.1	−1.1	㉕	−0.5	0.2	3.1	㊶	−4.1	16.8	1.0
⑩	1.8	0.1	−1.2	㉖	−0.4	−0.2	0.3	㊷	−0.9	7.8	1.4
⑪	1.8	0.2	−0.8	㉗	0.3	0.2	2.4	㊸	1.8	7.8	0.3
⑫	2.3	0.2	−0.5	㉘	0.3	0.2	2.3	㊹	0.2	−0.1	0.2
⑬	2.8	0.2	−1.3	㉙	0.2	0.1	1.9	㊺	0.2	0.0	0.2
⑭	3.0	0.2	−0.8	㉚	0.0	0.1	2.1	㊻	0.2	0.0	2.1
⑮	2.9	0.2	0.0	㉛	1.2	4.9	1.7	㊼	0.9	0.7	3.5
⑯	2.1	0.2	2.6	㉜	1.7	21.7	1.1	㊽	3.4	0.7	1.2

图 2.7－17　面板周边缝三向变位（单位：mm）

表 2.7－13　**吉林台一级坝应力变形性状计算值与实测值对比**

吉林台一级坝	试验参数蓄水期计算值	反馈参数蓄水期计算值	原型观测值
坝体沉降最大值（cm）	59.0	69.5	79.2
坝体向上游水平位移最大值（cm）	2.3	6.6	
坝体向下游水平位移最大值（cm）	16.7	30.5	11.5
坝体大主应力 σ_1 最大值（MPa）	2.4	2.5	2.6
坝体小主应力 σ_3 最大值（MPa）	1.32	1.16	
坝体最大应力水平	0.55	0.80	
面板挠度最大值（cm）	11.7	24.9	23.4
面板轴向位移最大值（cm）	1.1	1.85，2.14	
面板顺坡向压应力最大值（MPa）	7.0	6.8	
面板顺坡向拉应力最大值（MPa）	0	0	
面板轴向压应力最大值（MPa）	4.5	5.4	
面板轴向拉应力最大值（MPa）	1.5	1.5	
面板垂直缝张开位移最大值（mm）	4.8	3.2	8.2
周边缝张开位移最大值（mm）	28.6	25.9	11.9
周边缝沉降位移最大值（mm）	8.3	3.6	35.1
周边缝剪切位移最大值（mm）	20.9	4.9	3.5

2.7.4　长期变形分析

面板堆石坝的长期变形一般是指施工完成后在初次蓄水和运行期由于堆石料的流变、湿化和劣化以及水库水位变化等引起的变形。

面板堆石坝原型观测结果表明：堆石坝的坝体变形一般会延续较长的时间，有时会几年、十几年，甚至更长。澳大利亚的塞沙那（Cethana）坝，建成 10 年后仍在沉降，如图 2.7-18 所示。我国的西北口面板坝，蓄水运行 7 年后，坝体仍有较大变形产生。受堆石体长期变形影响，一些高面板堆石坝的面板出现了裂缝、脱空等现象，如罗马尼亚的 Lesu 面板堆石坝、我国的天生桥一级面板堆石坝，应力变形分析中考虑长期变形是必要的。

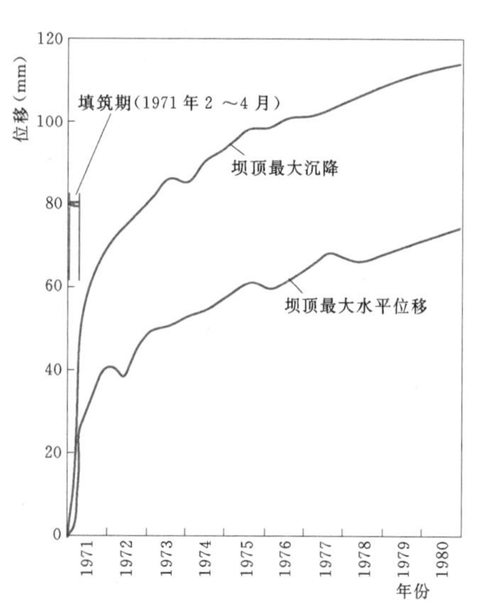

图 2.7-18　塞沙那面板堆石坝实测位移

由于对堆石体长期变形的研究工作起步晚，加之长期变形的发生、发展机理复杂，影响因素多，对试验设备的要求高等原因，目前已有研究成果对堆石坝坝体长期变形问题的认识远不能达到科学、全面、系统的水平。堆石材料长期变形的机理、规律及其影响因素以及相应的流变计算模型等均需进一步的研究。堆石料湿化和循环加载模型研究还处于起步阶段，本节不作介绍，设计时请参考有关文献。这里只对流变变形分析的相关内容进行简单介绍。

2.7.4.1　堆石料的流变试验

1. 试验仪器

堆石料流变试验要求设备能够给试样施加荷载并保持稳定相当长一段时间，同时能够量测堆石料试样的变形，包括轴向变形和体积变形等。

应力控制式三轴试验仪可以同时施加围压和轴向荷载，能够测得轴向变形和体积变形，是进行堆石料流变试验比较理想的设备。早期的堆石料流变试验是在中型三轴仪上进行的，例如南京水利科学研究院沈珠江在试样直径为 100mm 的应力控制式三轴仪上完成了堆石料流变试验。近期的堆石料流变试验大多在试样直径为 300mm 的大型三轴仪上进行，试样围压力也增加到 3MPa 以上。如中国水利水电科学研究院新近研制的 SR-4 型大型高压三轴流变仪，最大周围压力高达 4MPa，轴向加载系统与围压力控制系统均采用半自动砝码系统加荷，通过液压传动和油水交换系统提供轴向压力与周围压力，能够实现流变试验需要的长期恒载加荷要求，设计最长恒载加载时间能够长达 6 个月，并配备了非饱和体积变形量测系统。长江科学院的应力控制式粗粒料三轴流变仪，最大轴向荷载 1500kN，最大周围压力达 3MPa，其中 YLSZ30-3 型试样直径 300mm，YLSZ50-1 型的试样直径达 500mm。

2. 试验方法

堆石料的流变试验尚处在起步阶段，相关的试验规程还未制定。目前，堆石料的流变试验大多参照应力控制式三轴试验方法进行。为了考虑应力路径的影响，堆石料流变试验多采用等围压加载及等应力比加载两种方式。

（1）等围压加载。等围压加载是目前采用较为广泛的一种加载方法。对试样施加周围压力进行固结，待固结完成后，逐级或一次性施加至所需轴向压力。保持轴向压力和周围压力不变，直至变形稳定后停止试验，整个试验历时一般需要数周。有时为了节省试验时间，也采取多级加载的方式，即试样在某级轴向压力下完成试验后，不更换试样，继续施加下一级轴向压力，进行试验。

同常规三轴试验一样，试验周围压力一般选择 3～4 个，最大周围压力根据大坝最大坝高确定。对于每级周围围压力，相应的轴向荷载根据应力水平确定，一般选择 3～4 个应力水平。所谓应力水平是指在某一周围压力作用下，所施加的轴向应力与破坏时轴向应力的比值，即

$$S_l = \frac{\sigma_1 - \sigma_3}{(\sigma_1 - \sigma_3)_f} \qquad (2.7-10)$$

式中　S_l ——应力水平；

$\sigma_1 - \sigma_3$ ——轴向应力增量；

$(\sigma_1 - \sigma_3)_f$ ——某一围压作用下，破坏时的轴向应力增量。

（2）等应力比加载。一般认为，堆石坝填筑过程中堆石体的受力状态接近等应力比加载。此种加载方式是在试样施加周围压力固结后，保持应力比 $R=$

σ_1/σ_3 不变，开始施加轴向压力和周围压力，待施加至试验要求的应力状态时，维持轴向压力与周围压力稳定，直至试样变形稳定后结束试验。有时，也采取多级加载的方式进行试验，以节省试验时间。

堆石料流变变形稳定判别标准是决定试验持续时间和分析流变试验成果的关键因素，目前尚没有一个公认的标准，但多以轴向变形和体积变形两个指标作为判别依据。相对来讲，轴向变形影响因素较少，测量准确度较高，因此在三轴流变试验中采用轴向变形作为判断稳定的指标较好，例如 24h 轴向变形量小于 $1\times10^{-5}\sim5\times10^{-5}$ 视为轴向变形稳定。

2.7.4.2 堆石料流变模型

所谓流变计算模型是指采用数学的方法，描述材料的流变变形随时间的变化关系，常用的建立堆石料流变模型的方法主要有两种：一种是元件模型方法，一般是将所分析的对象视为介于欧几里德刚体（绝对刚体）和帕斯卡流体（不可压缩液体）之间的物质，并采用胡克（Hooke）弹性体、牛顿黏滞体和圣维南（S. Venant）塑性体这几个流变元件表示。通过不同元件的组合，可以形成不同的流变模型。常用的流变模型有马克斯威尔（Maxwell）模型（虎克弹性体串联牛顿黏滞体）、宾哈姆（Bingham）模型（圣维南塑性体并联牛顿黏滞体）、开尔文（Kelvin）模型（胡克弹性体并联牛顿黏滞体）等。另一种是经验公式方法，通过试验获得堆石料变形随时间的变化，并绘出堆石料流变和时间的关系，然后选择合适的数学函数来拟合试验得到的关系。目前，国内多以经验公式方法确定堆石料的计算模型，如南京水利科学研究院指数函数型流变模型、长江科学院模型、中国水利水电科学研究院幂函数模型和对数函数型模型等。

2.7.4.3 面板堆石坝流变计算实例

目前面板堆石坝流变变形计算多采用经验模型，计算中采用初应变法。以九甸峡面板坝为例介绍考虑流变与否对坝体和面板应力变形的影响。

计算采用完全相同的坝体填筑、面板浇筑、蓄水等过程，并假定坝体填筑完后立即浇筑面板，面板浇筑历时 90d，之后开始蓄水，历时 660d 蓄水至正常蓄水位 2202.00m。

（1）考虑流变对坝体变形性状的影响。考虑流变变形与否浇筑面板后 5 年内坝体变形增量矢量分布对比如图 2.7-19 和图 2.7-20 所示，坝体中下部变形分布受流变影响相对较小，而坝体上部变形分布受流变影响较为明显。考虑流变时，填筑完毕后的坝体沉降增量最大值为 7cm，位置在坝体上部靠近面板附近；而不考虑流变时为 4cm，位置在坝体下部面板附近。

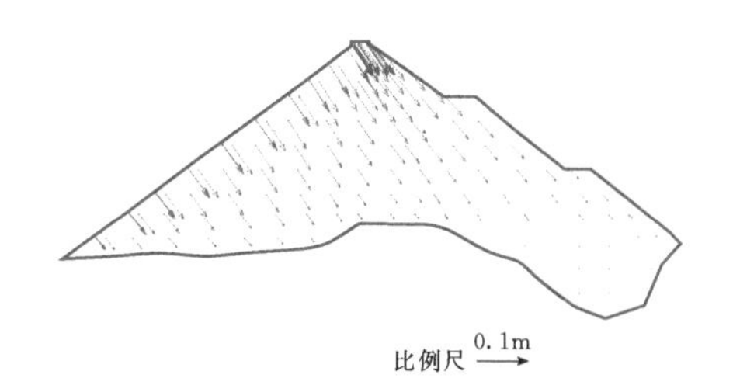

图 2.7-19 浇筑面板后 5 年内 0+81 横剖面坝体位移增量矢量示意（考虑流变）

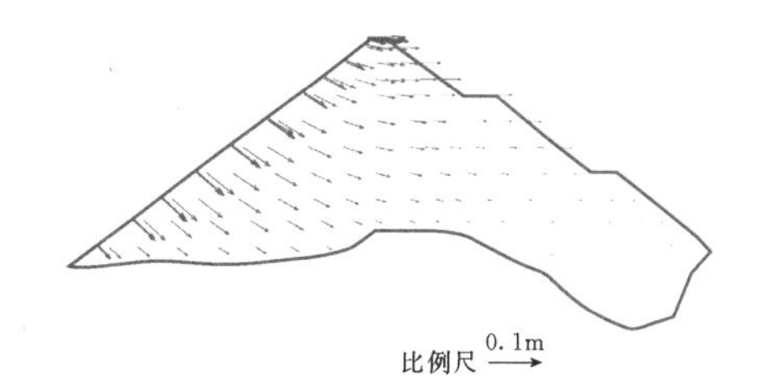

图 2.7-20 浇筑面板后 5 年内 0+81 横剖面坝体位移增量矢量示意（不考虑流变）

（2）考虑流变对面板挠度的影响。考虑流变作用时，挠度最大值位于河床中心处面板中上部，最大挠度为 7.5cm，而不考虑流变时，挠度最大值位于面板底部，最大挠度 6.5cm。

计算结果还表明考虑流变时河谷中央部位面板坝轴线方向面板压应力、两岸坝肩部位面板拉应力均大于不考虑流变时，说明堆石坝体的流变会增大面板产生挤压破坏的可能性。

2.8 抗 震 设 计

2.8.1 抗震设计主要内容

面板堆石坝的抗震设计应遵循下列规范：《水工建筑物抗震设计规范》（SL 203—97、DL 5073—2000），《混凝土面板堆石坝设计规范》（SL 228—2013、DL 5016—2011），《碾压式土石坝设计规范》（SL 274—2001、DL/T 5395—2007）等。

本手册第 6 卷第 1 章和第 4 卷第 7 章已经阐述了土石坝的静动力计算和水工建筑物抗震计算，相同的内容不再复述，只阐述面板堆石坝静动力计算中的特殊内容。

《水工建筑物抗震设计规范》（SL 203—97、DL 5073—2000）要求：按本规范进行抗震设计的水工建筑物能抗御设计烈度地震；如有局部损坏，经一般处理后仍可正常运行。

2008 年 5 月 12 日汶川 8 级地震以后，水电水利规划设计总院发布了《水电工程防震抗震研究设计及专题报告编制暂行规定(水电规计〔2008〕24号)》，对大坝抗震设防目标规定：“水电工程地震设防要遵循‘确保安全，留有裕度’的原则，确保大坝及主要建筑物在设计地震工况下满足‘可修复’要求，在校核地震工况下满足‘不溃坝’的要求，最大限度地减轻地震灾害。特别重大工程的地震设防标准应专门研究论证。”

因此，面板堆石坝的抗震设计原则是：设计地震工况下可修复、校核地震工况下不溃坝。

工程建设中区域地震地质构造背景研究、断裂活动性识别和鉴定、工程场地地震安全性评价、水库诱发地震预测等均存在不确定因素。汶川地震的经验和国内外工程实践证明：高混凝土坝、高土石坝（包括高面板堆石坝）都具有良好的抗震性能，但是由于地震作用本身和大坝结构的复杂性，大坝抗震设计标准、大坝地震时性状、大坝抗震计算分析方法及工程抗震措施等方面仍在研究发展中。

面板堆石坝的抗震设计包括下列内容：

(1) 确定设计依据、设计标准和基本资料。

1) 设计依据包括工程等别、建筑物级别和主要技术规范。

2) 设计标准包括洪水标准、抗震设防标准和坝坡稳定允许最小安全系数。

3) 基本资料包括特征水位和地震荷载。地震荷载包括工程场址基岩水平峰值加速度和地震动输入，需通过区域地质构造背景研究、断层活动性评价、工程场地地震安全性分析和评价以及水库诱发地震预测来确定地震荷载。

(2) 确定筑坝材料和坝基的静动力特性。通过地质勘探、原位测试和室内试验确定河床覆盖层工程特性，通过地质勘探和室内试验确定筑坝材料的静动力特性，包括颗粒组成、压实特性、压缩性、渗透性、抗剪强度和应力变形计算参数。

(3) 进行静动力计算。静动力计算包括：面板堆石坝及其相邻建筑物的静力和动力抗滑稳定计算、面板堆石坝及其相邻建筑物的静力和动力应力变形计算分析。

(4) 进行抗震设计和提出抗震工程措施。

2.8.2 抗震计算分析

2.8.2.1 拟静力法抗震稳定计算

面板堆石坝应采用拟静力法进行抗震稳定计算，可采用瑞典圆弧法进行验算，对于1级、2级及70m以上的面板堆石坝，宜同时采用简化毕肖普法。

坝体动态分布系数、动态抗剪强度取值方法以及瑞典圆弧法和简化毕肖普法的计算公式请参见本手册第6卷第1章。

采用瑞典圆弧法进行抗震稳定计算时，其结构系数应取1.25。采用简化毕肖普法时，相应的结构系数应比采用瑞典圆弧法时的值提高5%～10%。考虑面板堆石坝坝体分区的特点，还可采用摩根斯顿—普赖斯法（Morgenstern - Price method）或滑楔法。

面板堆石坝的抗震稳定计算应考虑动水压力。动水压力采用下式计算：

$$P_w(h) = a_h \xi \psi(h) \rho_w H_0 \qquad (2.8-1)$$

式中 $P_w(h)$——作用在直立迎水坝面水深 h 处的地震动水压力代表值；

a_h——水平向设计地震加速度代表值；

ξ——地震作用的效应折减系数；

$\psi(h)$——水深 h 处的地震动水压力分布系数，应按表2.8-1的规定取值；

ρ_w——水体质量密度标准值；

H_0——水深。

表 2.8-1　动水压力分布系数 $\psi(h)$

h/H_0	0.0	0.1	0.2	0.3	0.4	0.5	0.6	0.7	0.8	0.9	1.0
$\psi(h)$	0.00	0.43	0.58	0.68	0.74	0.76	0.76	0.75	0.71	0.68	0.67

单位宽度坝面的总地震动水压力作用在水面以下 $0.54H_0$ 处，其代表值 F_0 应按下式计算：

$$F_0 = 0.65 a_h \xi \rho_w H_0^2 \qquad (2.8-2)$$

与水平面夹角为 θ 的倾斜迎水坝面，按式(2.8-2)计算的动水压力代表值应乘以折减系数。折减系数 η_c 为

$$\eta_c = \theta / 90 \qquad (2.8-3)$$

2.8.2.2 面板堆石坝动力有限元分析

1. 粗粒料动力本构模型

面板堆石坝地震动力问题的平衡方程式可表示为

$$\boldsymbol{M}\{\delta''(t)\} + \boldsymbol{C}\{\delta'(t)\} + \boldsymbol{K}\{\delta(t)\} = -\boldsymbol{MG}\{a_g(t)\} \qquad (2.8-4)$$

其中 $\{a_g(t)\} = [a_{gx}(t) a_{gy}(t) a_{gz}(t)]^{\mathrm{T}}$

式中 $\{a_g(t)\}$——输入的各个时刻的3向地震加速度；

$\{\delta''(t)\}$——t 时刻各个节点3个方向的反应加速度；

$\{\delta'(t)\}$——t 时刻各个节点3个方向的速度；

$\{\delta(t)\}$——t 时刻各个节点3个方向的位移；

$\boldsymbol{M}$、$\boldsymbol{C}$、$\boldsymbol{K}$——整体质量矩阵、整体阻尼矩阵和

整体劲度矩阵；

$\boldsymbol{G}$——转换矩阵，表示地震加速度 3 个分量到 n 个自由度体系的 n 维空间的转换。

$\boldsymbol{G}$ 表达形式如下：

$$\boldsymbol{G}=\begin{bmatrix}1&0&0\\0&1&0\\0&0&1\\1&0&0\\0&1&0\\0&0&1\\1&0&0\\\cdots&\cdots&0\\\cdots&\cdots&\cdots\end{bmatrix}$$

在式（2.8-4）中，整体质量矩阵 $\boldsymbol{M}$ 可由单元质量矩阵 $\boldsymbol{m}^e$ 集合而成；阻尼矩阵 $\boldsymbol{C}$ 由单元阻尼矩阵 $\boldsymbol{c}^e$ 集合而成，假定阻尼力由运动量和内部黏滞摩擦两部分组成：

$$\boldsymbol{c}^e=\lambda\omega\boldsymbol{m}^e+\lambda/\omega\boldsymbol{k}^e \tag{2.8-5}$$

式中 ω——可取第一振型自振频率；

λ——各单元的阻尼比；

$\boldsymbol{k}^e$——单元劲度矩阵，整体劲度矩阵 $\boldsymbol{K}$ 即由 $\boldsymbol{k}^e$ 集合而成。

动力情况下的单元劲度矩阵在形式上与静力情况下一致，不同的是动力情况下基本变量由弹性模量 E 改为剪切模量 G。

粗粒料的动剪切模量 G 和阻尼比 λ 与动剪应变 γ_d 之间关系是非线性的，有两种方法来描述这种非线性。导致面板堆石坝有限元动力应力变形分析可以分为两大类：一类是基于等价黏弹性模型的等效线性分析方法，另一类是基于黏弹塑性模型的真非线性分析方法。

（1）等价黏弹性模型。等价黏弹性模型的原理就是把循环荷载作用下粗粒料等岩土材料的应力应变曲线实际滞回圈用倾角和面积相等的椭圆代替，并由此确定粘弹性体的两个基本变量动剪切模量 G 和阻尼比 λ，如图 2.8-1 所示。

动力剪切模量 G 和阻尼比 λ 按下列两式计算：

$$G=\frac{k_2}{1+k_1\bar{\gamma}_d}p_a\left(\frac{p}{p_a}\right)^{n'} \tag{2.8-6}$$

$$\lambda=\frac{k_1\bar{\gamma}_d}{1+k_1\bar{\gamma}_d}\lambda_{\max} \tag{2.8-7}$$

其中
$$p=(\sigma_1+\sigma_2+\sigma_3)/3$$

$$\bar{\gamma}_d=\frac{\gamma_d}{\left(\dfrac{\sigma_3}{p_a}\right)^{1-n'}}$$

以上式中 γ_d——动剪应变幅值；

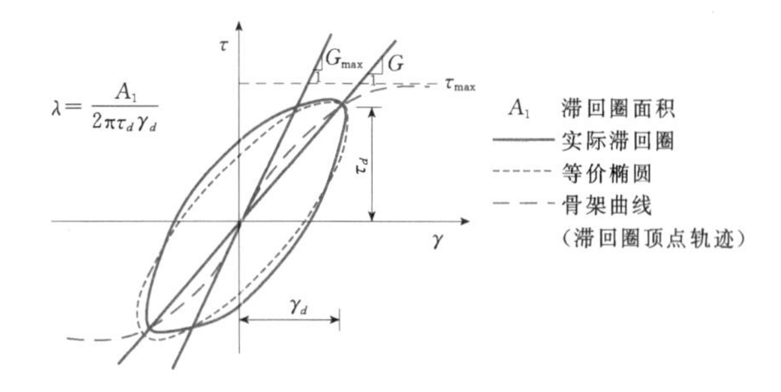

图 2.8-1 等价黏弹性模型

k_1、k_2——动剪切模量常数；

$\lambda_{\max}$——最大阻尼比；

$\bar{\gamma}_d$——归一化的动剪应变。

参数 k_1、k_2、$\lambda_{\max}$ 可由常规动力三轴试验测定，动剪切模量常数 k_1、k_2 从动弹性模量 E_d 与动应变 ε_d 的试验曲线经过转化整理得出，$\lambda_{\max}$ 从阻尼比 λ 与动应变 ε_d 的试验曲线整理得出。

地震引起的面板堆石坝残余体积应变和残余剪切应变的增量分别按下列两式计算：

$$\Delta\varepsilon_v=c_1(\gamma_d)^{c_2}\exp(-c_3S_l^2)\frac{\Delta N}{1+N_e} \tag{2.8-8}$$

$$\Delta\gamma_s=c_4(\gamma_d)^{c_5}S_l^2\frac{\Delta N}{1+N_e} \tag{2.8-9}$$

其中
$$\gamma_d=0.65(\gamma_d)_{\max}$$

$$N_e=\sum\gamma_d/\bar{\gamma}_d$$

以上式中 S_l——静力应力水平；

$(\gamma_d)_{\max}$——该时段内动剪应变最大值，假定该时段内振动次数的增量和累加量分别为 ΔN 和 N；

N_e——有效振动次数，为该时段以前各次动剪应变的累加值除以本时段的平均动剪应变 $\bar{\gamma}_d$；

c_1、c_2、c_3、c_4、c_5——5 个计算参数，由不同固结应力比的动三轴试验测定。

由于动剪应变 γ_d 事先未知，每个时段的动力计算均需迭代 2～3 次，根据最后一次迭代得到的 γ_d 计算各单元的残余体积应变 $\Delta\varepsilon_v$ 和残余剪切应变 $\Delta\gamma_s$，把它们化作初应变后再进行一次静力计算，求得相应的残余变形，然后再转入下一时段的动力计算。动力方程的求解用 Wilson-θ 法。

（2）非线性黏弹塑性模型。非线性黏弹塑性模型将粗粒料等岩土材料视为黏弹塑性变形材料，模型由初始加荷曲线、移动的骨干曲线和开放的滞回圈组成。这种非线性模型的特点是：①与等效线性黏弹性模型相比，能够较好地模拟残余应变，用于动力分析可以直接计算残余变形；在动力分析中可以随时计算切线模量并进行非线性计算，这样得到的动力反应过程能够更好地接近实际情况；②与基于 Masing 准则的非线性模型相比，增加了初始加荷曲线，对剪应力比超过屈服剪应力比时的剪应力应变关系的描述较为合理；滞回圈是开放的，能够计算残余剪切应变；考虑了振动次数和初始剪应力比等对变形规律的影响。

模型的数学表达式如下：

初始加荷曲线

$$\tau = \gamma/(1/G_{\max} + \gamma/\tau_{\max}) \qquad (2.8-10)$$

骨干曲线

$$\gamma_h = (\mp)A\tan\varphi'(\sigma'/p_a)^{\frac{2}{3}}[1-(1-DRS_d/\tan\varphi')^{\frac{2}{3}}] \qquad (2.8-11)$$

滞回圈

$$\begin{aligned}\gamma_h =& (\mp)A\tan\varphi'(\sigma'/p_a)^{\frac{2}{3}} \times \\ &\{2[1+(DRS_d-|DRS|)B/DRS_d]\times \\ &[1-(DRS_d \pm DRS)/(2\tan\varphi')]^{\frac{2}{3}} - \\ &(1-DRS_d/\tan\varphi')^{\frac{2}{3}}-1\}\end{aligned} \qquad (2.8-12)$$

以上式中 τ、γ——剪应力和剪应变；

$\tau_{\max}$——极限剪应力，$\tau_{\max}=\tau_f/R_f$；

R_f——破坏比；

τ_f——破坏剪应力；

φ'——有效内摩擦角；

σ'——有效正应力；

γ_0——骨干曲线和滞回圈点相应的剪应变，或称塑性剪应变；

γ_h——以 γ_0 为零点的剪应变；

A、B——模型参数；

DRS_d——动剪应力比幅；

DRS——动剪应力比，$DRS=RS-RS_0$，$RS=\tau/\sigma'$；

RS_0——初始剪应力比。

式（2.8-11）和式（2.8-12）中，在加荷时取（－）、（＋），在卸荷时取（＋）、（－）。

在此非线性动力模型中，骨干曲线和滞回圈的原点不断移动产生残余变形，即有

$$\gamma = \gamma_0 + \gamma_h \qquad (2.8-13)$$

该模型根据粗粒料动力变形试验结果，建议用双曲线函数表示粗粒料动剪应力与残余剪应变之间的关系，即有

$$\Delta\tau = \frac{\gamma_p}{a+b\gamma_p} \qquad (2.8-14)$$

式中 $\Delta\tau$——动剪应力，kPa；

γ_p——残余剪应变；

a、b——参数，与循环加荷次数、应力状态和粗粒料特性有关，即与有效围压 σ_3'、固结应力比 K_c 和振动次数 N 有关，可根据试验结果采用回归法求出。

对于浸润线以下的坝体和坝基，在地震作用下的残余体积变形是由于振动孔隙水压力消散造成的，采用考虑孔隙水压力消散的有效应力方法，则可以算出残余体积变形。

增量形式的比奥固结方程：

$$\begin{bmatrix} \boldsymbol{K}_g & \boldsymbol{K}_p \\ \boldsymbol{K}_p^{\mathrm{T}} & -\dfrac{1}{2}\boldsymbol{K}_q \end{bmatrix} \begin{Bmatrix} \Delta\delta \\ \Delta p_t \end{Bmatrix} = \begin{Bmatrix} \{\Delta F\}-\{\Delta F'\} \\ \Delta t\boldsymbol{K}_q\{p_{t-\Delta t}\} \end{Bmatrix} \qquad (2.8-15)$$

在考虑孔隙水压力消散和扩散的有效应力有限元方法中，由于需要计算在地震过程中的孔隙水压力增量，所以整个地震过程分时段进行，运用 Wilson-θ 法求解动力方程，算出每一时段内坝体中各单元的振动孔隙水压力增量 Δp_g。把算得的 Δp_g 转化成相应的等价荷载 $\{\Delta F'\}$ 代入方程式的右端，解出结点位移增量和残余孔隙水压力增量。

对于非饱和部分坝体，根据坝料体积变形特性的大型动三轴试验结果，残余体应变与动剪应力的关系可用幂函数表示，即有

$$\varepsilon_{dv} = K_1(\Delta\tau/\sigma_0')^{n_1} \qquad (2.8-16)$$

式中 ε_{dv}——残余体应变；

$\Delta\tau$——动剪应力；

σ_0'——平均有效主应力；

K_1——系数，K_1 与固结应力比 K_c 和振动次数 N 有关；

n_1——指数。

ε_{dv} 采用%形式，$\Delta\tau$ 与 σ_0' 采用相同的单位；K_1、n_1、σ_3'、K_c 和 N 值可依据相应动三轴试验确定。

上面的方法算出坝体相应各单元的残余应变，按照残余应变的主轴方向与静力状态主轴方向一致的原则，将残余应变换算为直角坐标系下的应变 $\{\varepsilon_p\}$，则等效结点力 $\{F_p\}$ 为

$$\{F_p\} = \iint_v \boldsymbol{B}^{\mathrm{T}}\boldsymbol{D}\{\varepsilon_p\}\mathrm{d}V \qquad (2.8-17)$$

式中 $\boldsymbol{B}$——应变矩阵；

$\boldsymbol{D}$——弹性矩阵。

将此等效节点力作用于坝体，便可求出残余应变引起的坝体残余变形。

2. 接触面特性的动力模拟

正确模拟面板堆石坝的混凝土面板与堆石坝体接触

面的动力特性需要进行大型接触面动力特性试验，目前还没有系统完整的试验结果。有些面板堆石坝的动力应力变形分析中考虑了接触面动力特性，介绍如下。

(1) 接触面动剪切模量。接触面最大动剪切模量可用下式表示：

$$K_{\max} = C\sigma_n^{0.7} \quad (\text{kPa/mm}) \qquad (2.8-18)$$

式中 σ_n——接触面单元的法向应力；

C——接触面动力剪切试验测得的系数，计算中可采用 22.0。

(2) 接触面单元的剪切劲度 K 与动剪应变 γ 的关系为

$$K = \frac{K_{\max}}{1 + \dfrac{MK_{\max}}{\tau_f}\gamma} \qquad (2.8-19)$$

式中 τ_f——破坏剪应力，$\tau_f = \sigma_n \tan\delta$，$\delta$ 为接触面的摩擦角，参数 M 在计算中可取 2.0。

(3) 接触面单元的阻尼比 λ 为

$$\lambda = (1 - K/K_{\max})\lambda_{\max} \qquad (2.8-20)$$

式中 $\lambda_{\max}$——最大阻尼比，计算中可取 0.2。

缝间连接材料可取静力的材料参数，面板混凝土动力弹性模量 E_d 与静力弹性模量 E_s 之比 E_d/E_s 按图 2.8-2 确定，泊松比可取静力泊松比 0.167。

3. 动水压力

在面板坝的动力有限元分析中，应当考虑动水压力的作用，一般可采用 Westerguard 公式近似计算作用于上游坝面的动水压力，作用于结点 i 的集中附加质量为

$$m_i = \frac{\theta}{90}\,\frac{7}{8}\rho_w\,\sqrt{H_0 y_i}A_i \qquad (2.8-21)$$

式中 θ——上游坝坡与水平面的夹角；

y_i——从水面到节点 i 的水深；

A_i——节点 i 的控制面积；

H_0——节点 i 所在断面从水面到库底的水深。

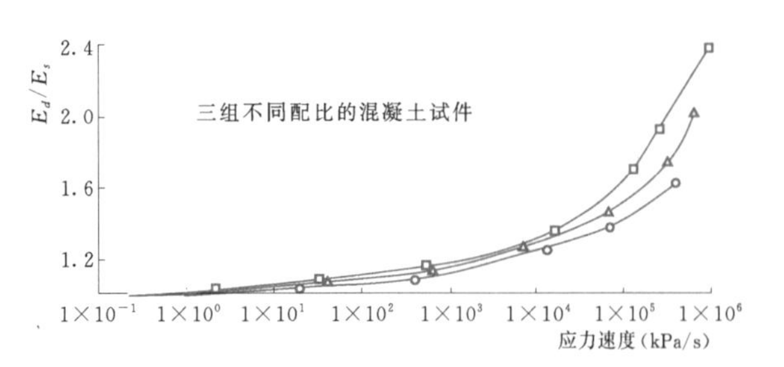

图 2.8-2　面板静动弹性模量比 E_d/E_s 与应力速度的关系

2.8.2.3 抗震计算分析实例

2008 年 5 月 12 日汶川 8 级地震后，有关部门制定了规定和要求。猴子岩面板堆石坝是汶川地震后按照相关要求设计的、目前在建最高的面板堆石坝，其抗震计算分析工作比较系统，具有一定的代表性。

猴子岩面板堆石坝最大坝高 223.5m，坝顶高程 1848.50m，趾板建基面高程 1625.00m，坝顶长 283m，坝顶宽 14m，上游坝坡 1∶1.4，下游公路间坝坡自上而下分别为 1∶1.6、1∶1.5 及 1∶1.4，综合坝坡为 1∶1.78，下游 1718.00m 高程以下结合开关站布置有下游压重区，压重区顶宽 70m，压重区下游坡为 1∶2.0。大坝典型剖面如图 2.8-3 所示。

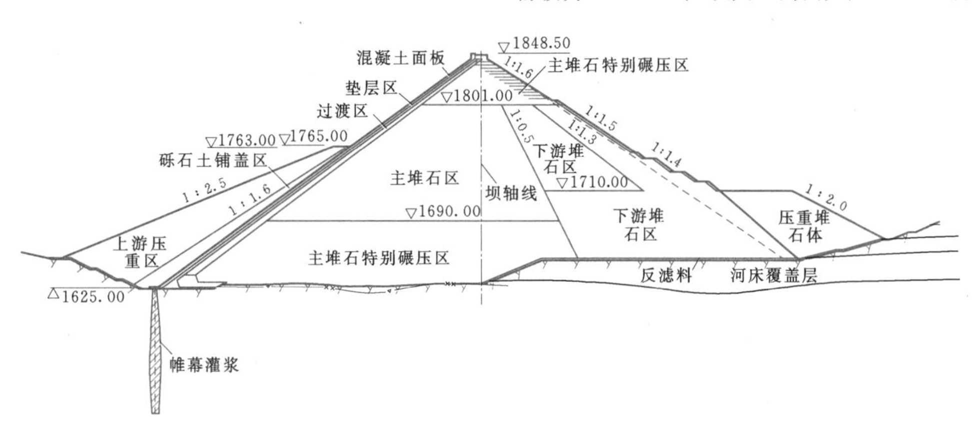

图 2.8-3　猴子岩面板堆石坝典型断面图（单位：m）

自上游至下游坝体分区依次为弃渣压重区、铺盖区、垫层区、过渡区、主堆石区、下游堆石区、大块石护坡、下游压重区。面板厚度 0.4～1.1m。河床受压区每块面板宽 12m，两岸受拉区每块面板宽 6m。面板共 37 块，在二期面板顶部设永久水平缝。趾板采用平趾板，河床段趾板宽 12m，随水头的减少两岸趾板宽度分别采用 10m、8m、6m。由于两岸趾板地基大部分为弱风化强卸荷基岩，在趾板下游的基岩面 0.3H（水头）范围内铺 ϕ8 钢筋网喷 10cm 厚的 C20 混凝土板以延长渗径。趾板厚度由 0.6m 增加至 1.0m。面板、趾板混凝土为二级配，强度等级为 C30，抗渗等级为 W12，抗冻等级为 F150。

猴子岩面板堆石坝抗震设计包括：①区域地质构造背景研究；②断层活动性评价；③工程场地地震安全性分析和评价；④水库诱发地震预测；⑤抗震设防标准；⑥筑坝材料和坝基静动力特性试验研究；⑦抗震计算分析和评价；⑧抗震工程措施。

1. 区域地质构造背景研究

区域范围内构造活动强烈，历史上发生过很多7级以上破坏性地震。现今构造应力表现为NWW-EW向的水平挤压，导致了鲜水河断裂、安宁河断裂、大渡河断裂、大凉山断裂和荥经—马边—盐津断裂的左旋剪切运动和龙门山构造带具有明显的右旋走滑运动分量，主要表现为由北西向南东的冲断运动。

强震发生条件的研究是划分潜在震源区的重要依据，该区于624年至2003年12月3日共发生4.7级以上地震51次。强震主要分布在安宁河、鲜水河断裂带上，如1923年3月24日道孚7.3级地震和1973年2月6日炉霍7.6级地震。其次分布在马边断裂带上，如1974年5月11日马边7.1级地震。

区域范围内主要发震构造带有龙门山、鲜水河、安宁河、则木河、大凉山、马边和理塘—德巫构造断裂带，其最大潜在地震震级分别为7级、8级、7.5级、8级、7级、7.5级和7.5级。

2. 断层活动性评价

(1) 近场区断层活动性的鉴定。在近场区内有1次$M_s \geqslant 4.7$级地震，震级5.7级，距场址约为21km。此外在近场区内只记载到1970年以来10次2.0～4.6级现代小震。近场区小地震也较少，距场址最近的1次地震是6km处$M_s = 2.4$级的地震，总体来讲，近场区范围内地震活动相对较弱。汶川“5·12”大地震前后，地震活动未见有异常。

(2) 场址区断层活动性的鉴定。猴子岩电站场址区出露的断层有贝母山断裂（f_1）、红峰断裂（f_2）、玉科断裂（f_3）、火地北东向断裂（f_4）、f_0断层、f_5断层、f_6断层、f_7断层。主要特征是：断裂性质分别是逆冲、逆左和压扭；最新活动年代分别是：前Q、Q_1、Q_{1-2}、Q_2；断层泥测年得出为19.6万～81.7万年。

3. 工程场地地震安全性分析和评价

(1) 地震区带及潜在震源区划分。工程场地区域地跨青藏高原地震区的鲜水河地震带、巴颜喀拉山地震带和龙门山地震带及华南地震区的长江中游地震带。

1) 鲜水河地震统计区。地震记载共记录到8级地震1次，7.0～7.9级地震31次，6.0～6.9级地震116次。带内强震活动主要分布在东段，即鲜水河—滇东断裂带和金沙江—红河断裂带一带。工作区内发生过一系列6.0～7.8级的地震。

2) 巴颜喀拉山地震统计区。地震记载共记录到8.2级地震1次；7.0～7.9级地震3次，6.0～6.9级地震11次。1973年7.5级大地震在托索湖一带形成长180km、总体走向为北西310°的地震断层带。沿该断裂还有更早期地震形成的地震断层带，总长400km以上。

3) 龙门山地震统计区。发生过1654年天水南和1879年武都南两个8级地震，以及一系列6.0～7.9级地震。

4) 长江中游地震统计区。地震记载共记录到$M_s \geqslant 4.8$级破坏性地震113次，其中6级以上地震3次，最大震级为6.8级，地震活动相对较弱。

5) 潜在震源区的划分。在本区划分出高震级档的潜在震源区13个，见表2.8-2。

(2) 地震动衰减关系及地震活动性参数。猴子岩水电站坝址基岩水平向峰值加速度见表2.8-3。

4. 水库诱发地震预测

猴子岩水库属于大型水库，蓄水后存在因应力调整发生小于4级的地震的可能，但震级较小，震中烈度小于7度，低于工程场地的地震基本烈度值，对水工建筑物不会造成破坏性影响。

5. 抗震设防标准

猴子岩水电站总库容7.06亿m^3，电站装机容量1700MW。根据《水电枢纽工程等级划分及设计安全标准》(DL 5180—2003)的规定，本工程等别为Ⅰ等，工程规模为大(1)型。挡水、泄洪、引水及发电等永久性主要建筑物为1级建筑物。

(1) 地震峰值加速度。根据《水工建筑物抗震设计规范》(DL 5073—2000)的规定，本工程壅水建筑物抗震设防类别为甲类，挡水大坝抗震设计烈度为8度，设计地震加速代表值的概率水准取基准期100年内超越概率2%，相应基岩地震动水平峰值加速度为0.297g。

猴子岩水电站面板堆石坝属大型水电工程1级挡水建筑物，需按基准期100年内超越概率1%或最大可信地震(MCE)动参数校核。基准期100年内超越概率1%的基岩地震动水平向峰值加速度为0.351g，最大可信地震(MCE)基岩地震动水平向峰值加速度为0.368g，考虑汶川地震后潜在震源调整和相关参数调整后基准期100年内超越概率1%的基岩地震动水平向峰值加速度为0.401g。鉴于猴子岩工程规模巨大，为安全起见，校核地震抗震分析基岩地震动水平向峰值加速度取0.401g。

表 2.8-2　　区域潜在震源区划分表

地震统计区	潜在震源区组	高震级段		上限震级 M_U
		编号	潜在震源区名称	
鲜水河地震统计区	鲜水河安宁河潜在震源区组	21	康定潜在震源区	8.0
		24	道孚—乾宁潜在震源区	8.0
		25	炉霍潜在震源区	8.0
		22	石棉潜在震源区	7.0
		34	李子坪潜在震源区	7.5
	理塘德巫潜在震源区组	31	理塘潜在震源区	7.5
		32	里多潜在震源区	7.0
		33	九龙潜在震源区	7.0
	马边雷波潜在震源区组	36	马边雷波潜在震源区	7.0
龙门山地震统计区	龙门山潜在震源区组	1	汶川潜在震源区	8.0
		2	宝兴潜在震源区	7.5
		12	理县潜在震源区	7.0
巴颜喀拉山地震统计区		15	抚边河断裂潜在震源区	7.0

表 2.8-3　　猴子岩水电站坝址基岩水平向峰值加速度

概　　率	50年超越概率(%)				100年超越概率(%)	
	63	10	5	3	2	1
加速度(gal)	37	141	182	216	297	351

(2) 地震动输入。本工程地震工程选择设计反应谱人工合成波（简称规范波）、场地相关反应谱人工合成波（简称场地波）及类似场地实测地震波（简称实测波）三种地震波（地震波由中国地震局地质研究所提供）对坝体坝基进行动力分析。

6. 筑坝材料和地基的静力特性试验研究

坝体坝基材料静力特性和计算参数见表 2.8-4。

表 2.8-4　　坝体坝基材料静力特性和计算参数

材料名称	ρ (g/cm^3)	φ_0 (°)	$\Delta\varphi$ (°)	K	n	R_f	K_b	m
垫层料	2.30	49.3	5.7	1083.9	0.36	0.66	559	0.35
过渡料	2.20	48.2	5.0	1208	0.33	0.72	542	0.32
上游堆石料	2.15	49.8	7.2	1109.2	0.24	0.64	419.8	0.26
下游堆石料	2.10	48.0	7.5	800	0.32	0.64	490	0.30
覆盖层（1）	1.206	46.0	3.0	880	0.34	0.78	390	0.32
覆盖层（2）	1.057	—	—	210	0.40	0.80	95	0.25
覆盖层（3）	1.349	44.9	4.4	759	0.33	0.73	320	0.45
覆盖层（4）	1.265	45.5	3.4	850	0.39	0.78	380	0.48

筑坝材料动力特性试验成果见表 2.8-5 和表 2.8-6。

7. 抗震计算分析和评价

(1) 三维静力应力变形计算。采用非线性弹性本构模型和弹塑性模型进行三维有限元法静力应力变形计算。计算结果包括堆石坝体变形和应力、面板应力和接缝位移。结果表明：该坝坝体最大沉降约为坝高的 0.68%，坝体最大水平位移约为坝高的 0.19%，坝体和面板应力分布符合一般规律，接缝位移小于 20mm，因此猴子岩坝在地震前是安全的。

表 2.8-5 筑坝材料动弹模和阻尼比

坝料名称	k_1'	n	k_2'	k_2	k_1	λ_{max}
垫层料	5110	0.298	25.0	1921	18.8	0.21
堆石料	6295	0.266	28.6	2367	21.5	0.20

表 2.8-6 筑坝材料动力残余变形计算参数

坝料名称	c_1	c_2	c_3	c_4	c_5
垫层料	0.0031	0.71	0.0	0.0782	0.40
堆石料	0.0066	0.92	0.0	0.0955	0.41

(2) 三维动力应力变形计算。采用等价线性黏弹性模型进行三维动力应力变形计算。计算结果包括堆石坝体动位移、永久变形和坝体反应加速度、面板动位移和地震后面板位移、面板动应力和地震后面板应力，接缝动位移和地震后接缝位移。计算结果表明：堆石坝体地震引起最大沉降约为坝高的0.54%，坝体地震反应加速度放大倍数顺河向最大为4.1，地震后面板位移约为坝高的0.27%～0.44%，接缝最大位移31.1mm，面板最大压应力14.5MPa，最大拉应力4.5MPa。说明在设计地震作用下猴子岩坝是安全的，但是要针对地震引起较大的坝体和面板位移、接缝位移和面板应力采取相应的抗震工程措施。

(3) 静力和地震时坝坡稳定计算。静力和地震时坝坡稳定计算结果表明：猴子岩坝在地震前和地震时最小抗滑稳定安全系数都满足设计规范要求，说明猴子岩坝在地震前和地震时都是稳定的。

(4) 大坝极限抗震能力计算分析。分别从坝坡稳定、坝体地震残余变形、面板应力和接缝位移四方面来计算分析大坝的极限抗震能力。在设计地震和校核地震的基础上，加大基岩峰值加速度代表值，采用拟静力法和动力有限元法进行下游坝坡稳定分析，采用三维有限元动力应力变形计算坝体地震残余变形、面板应力和接缝位移。计算结果表明：猴子岩坝的极限抗震能力可以承受基岩水平峰值加速度0.50g左右。

2.8.3 地震时面板堆石坝性状

遭遇地震的面板堆石坝工程实例不多，而且多数是早期建造的抛填面板堆石坝，坝体由层厚18～60m分层抛填而成。经受地震考验的现代分期碾压建造的面板堆石坝只有紫坪铺面板堆石坝。

2.8.3.1 面板抛填堆石坝地震时性状

智利的科高蒂（Cogoti）坝，最大坝高85m，坝顶长160m，坝顶宽8m，上游坝坡1：1.4，下游坝坡1：1.5，坝体堆石为安山角砾岩，坝体大部分用定向爆破筑成，然后再人工抛填形成设计剖面，混凝土面板厚0.2～0.8m，1938年建成。该坝经历过4次地震，以1943年4月7日地震影响最大，地震时坝顶和下游坡块石有错动和滚动，震后下游坝坡从1：1.5变成1：1.65；河床坝段坝顶出现纵向裂缝；地震引起坝顶沉降38.1cm，约等于震前4年半的累计沉降量；由于地震引起坝体沉降，坝顶附近面板与坝体脱空，上部面板垂直缝两侧混凝土板受轴向挤压而破碎，缝中沥青止水填料被挤出，说明地震使坝体产生向河谷中央的轴向位移，坝体对面板的轴向摩擦力使面板的轴向压应力增大；库水位较低时，右岸坝肩附近有涡流，可能是该处岸坡陡峻，地震使周边缝止水结构损坏，造成渗漏。根据震后分析，该坝地震时坝基地面加速度(0.15～0.30)g。在地面最大加速度0.19g时，坝体上部1/3坝体的地震反应加速度0.37g，动力放大系数约为2.0。

日本的皆濑坝，最大坝高66.5m，坝体堆石用抛填水冲法筑成，上游坝坡1：1.35，下游坝坡1：2.0，1963年3月建成。自1964年至1983年共经历8次地震，分别为6.9级、7.5级、7.9级、6.2级、7.6级和7.7级，1964年新潟6.9级地震时坝体沉降0.7cm，1964年新潟7.5级地震使坝体沉降20cm，水平位移5cm，坝顶路面开裂，面板接缝轻微损伤，渗漏量从地震前90L/s增加到220L/s。

2.8.3.2 紫坪铺面板堆石坝地震时性状

紫坪铺水利枢纽工程位于四川省成都市西北60km的都江堰市麻溪乡境内岷江上游，下游距都江堰市9km。大坝为面板堆石坝。最大坝高156m，坝顶高程884.00m，坝顶长663.77m，坝顶宽12.0m，上游坝坡为1：1.4；高程840.00m马道以上的下游坝坡为1：1.5，马道以下为1：1.4。大坝的平面布置和最大断面见图2.8-4和图2.8-5。该工程区位

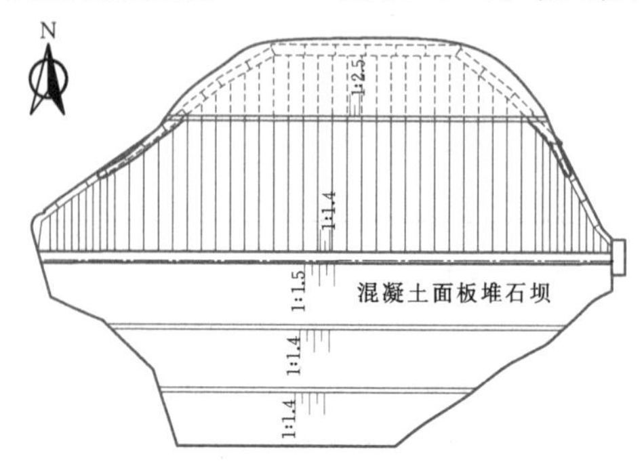

图 2.8-4 紫坪铺面板堆石坝平面布置图

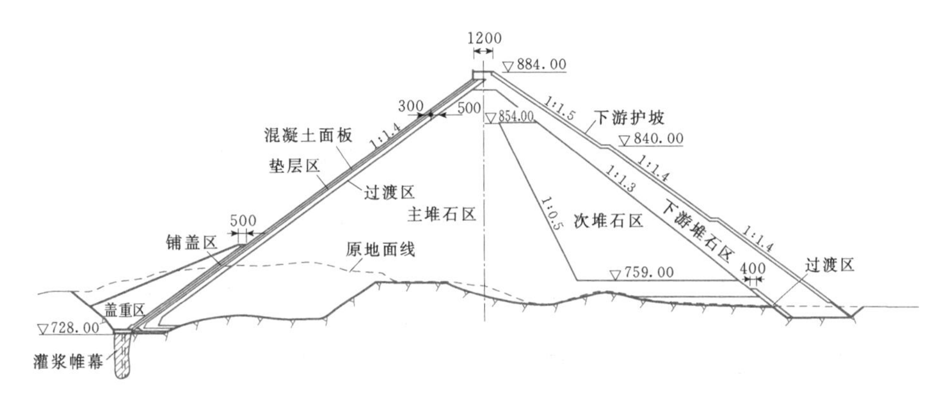

图 2.8-5 紫坪铺面板堆石坝剖面图
（高程单位：m；尺寸单位：cm）

于龙门山断裂构造带南段，在北川—映秀与灌县—安县断裂之间，该坝建设时经国家地震局分析预报中心复核鉴定确认，坝址场地地震基本烈度为Ⅶ度，50年超越概率10%和100年超越概率2%时的基岩水平峰值加速度分别为120.2gal和259.6gal。水库于2005年蓄水并开始发电。

2008年5月12日，距紫坪铺坝以西约17km的汶川县境内发生了里氏8级的大地震，震中烈度达11度。根据安装在坝顶地震加速度仪测得的峰值加速度推算，坝址基岩地震烈度超过9度，远超大坝设防烈度，造成了明显的震损。汶川地震后地震部门最新核定的该工程地震危险性成果是：50年超越概率10%基岩水平峰值加速度为185gal；100年超越概率2%的基岩水平峰值加速度为392gal；100年超越概率1%的基岩水平峰值加速度为485gal。

1. 坝体变形

(1) 坝体震陷。坝顶上游防浪墙上的变形标点的观测结果表明：地震导致大坝坝顶产生了较大震陷，最大沉降值为683.9mm，位于坝顶河床中部大坝最大断面；由于余震和大坝震后应力变形重分布，5月17日，沉降量增大到744.3mm。至5月22日已基本趋于稳定。图2.8-6为5月17日大坝震陷量沿坝轴线的分布，可以看出震陷量与该点堆石坝体厚度密切相关。

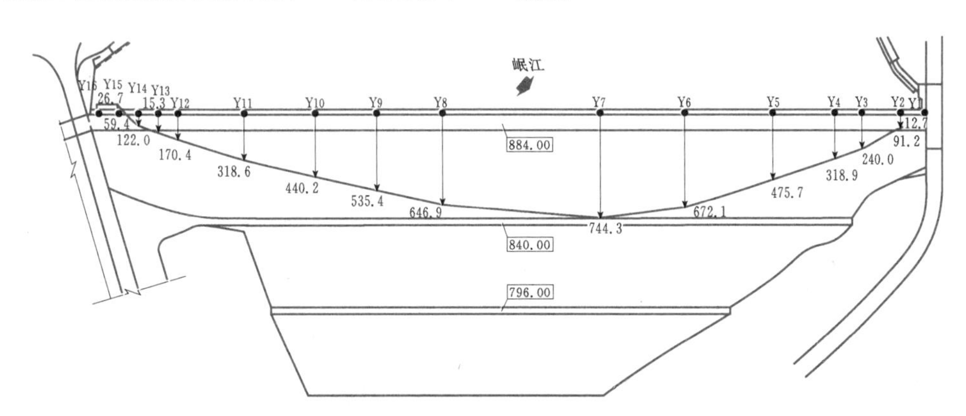

图 2.8-6 紫坪铺面板堆石坝坝顶地震后沉降分布
（高程单位：m；沉降单位：mm）

图2.8-7是0+251.0剖面地震引起坝体内部沉降分布，0+251.0剖面高程850.00m各测点测得的坝体沉降过程线如图2.8-8所示。可以看出，高程较高的坝体震陷量较大，高程850.00m处的V25沉降仪测得地震引起的最大沉降量为814.9mm。高程850.00m以上坝体的沉降量会更大。显然，大坝内部观测仪器测得的坝体震陷量较上游侧防浪墙上的变形标点的观测结果大，这主要是防浪墙受上游混凝土面板约束所致。现场钻孔结果表明防浪墙底板下存在约200mm脱空，因此，初步可以推算“5·12”汶川大地震导致紫坪铺大坝最大断面上游坝顶附近产生了约1000mm的震陷。

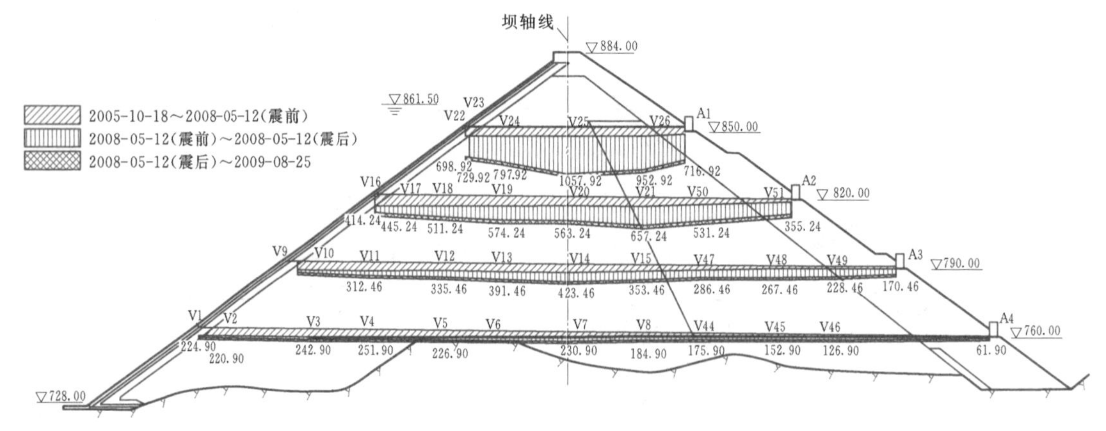

图 2.8-7 紫坪铺坝 0+251 剖面地震前后坝体内部沉降分布

(2005-10-18～2009-8-25)(高程单位：m；沉降单位：mm)

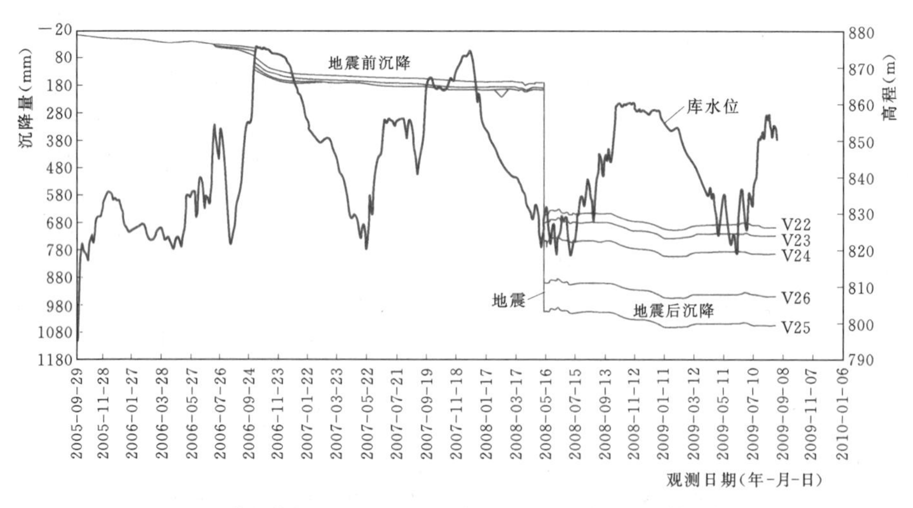

图 2.8-8 紫坪铺坝 0+251.00 剖面高程 850.00m 各测点坝体沉降过程线

(2) 地震引起的坝体水平位移。图 2.8-9 为防浪墙和下游坝坡变形标点所测地震水平位移矢量分布。图 2.8-10 为坝体 0+251.0 剖面坝体水平位移的分布，图 2.8-11 为坝体 0+251.0 剖面 850.00m 高程各测点坝体水平位移过程线。可以看出，地震导致大坝上游坝顶产生的水平位移指向下游，最大值为 225.0mm。坝体位移均指向河谷中央，岸坡较陡的左坝段位移较右坝段大，最大值为 226.3mm。地震引起的下游坝坡的水平位移较上游防浪墙顶大，高程较高的测点其地震引起的水平位移较大，下游坝坡 854.00m 高程处 Y20 测点的水平位移为 284.5mm。

地震引起的坝顶路面和下游人行道开裂，裂缝最大宽度达到 630mm，说明下游坝坡和坝顶交界处的水平位移更大。地震导致防浪墙结构缝多处开裂或发生挤压破坏，防浪墙和坝顶路面开裂（裂缝宽度达到 30mm）。坝顶路面与两岸坡出现最大为 200mm 的沉降差。坝体最大断面附近高程 840.00m 以上的下游坝坡浅层堆石体明显破坏。

2. 面板震损

(1) 水平施工缝错台。高程 845.00m 处二、三期混凝土面板间水平施工缝发生明显错台，施工缝间钢筋被扭曲成 Z 形。5～12 号面板间水平施工缝错台差为 150～170mm，14～23 号面板间水平施工缝错台差为 120～150mm，30～42 号面板间水平施工缝错台差为 20～90mm。

(2) 垂直缝混凝土挤压破坏。5～6 号、23～24 号面板垂直缝两侧混凝土严重挤压破坏。多块混凝土面板出现宽度 0.5～2mm 不等的裂缝，其中 3～4 号、11～12 号、15～16 号、20～21 号、21～22 号、25～26 号、35～36 号面板两侧垂直缝局部挤压破坏。5～6 号

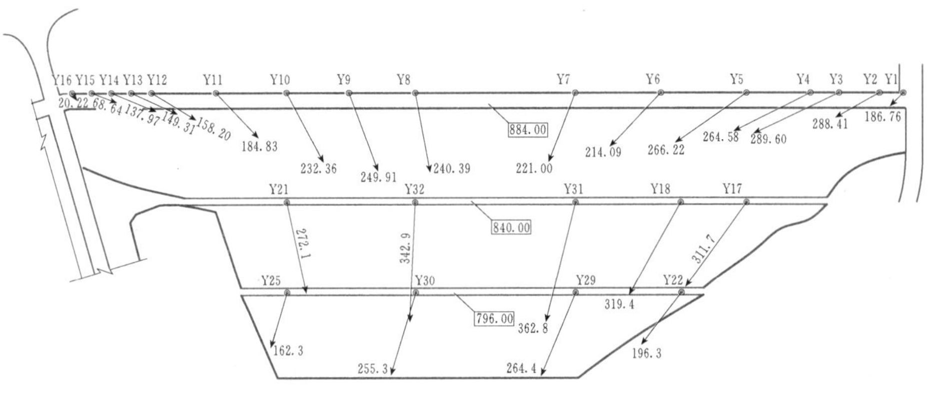

图 2.8-9 紫坪铺坝坝顶和下游坝坡震后水平位移矢量分布

（高程单位：m；位移单位：mm）

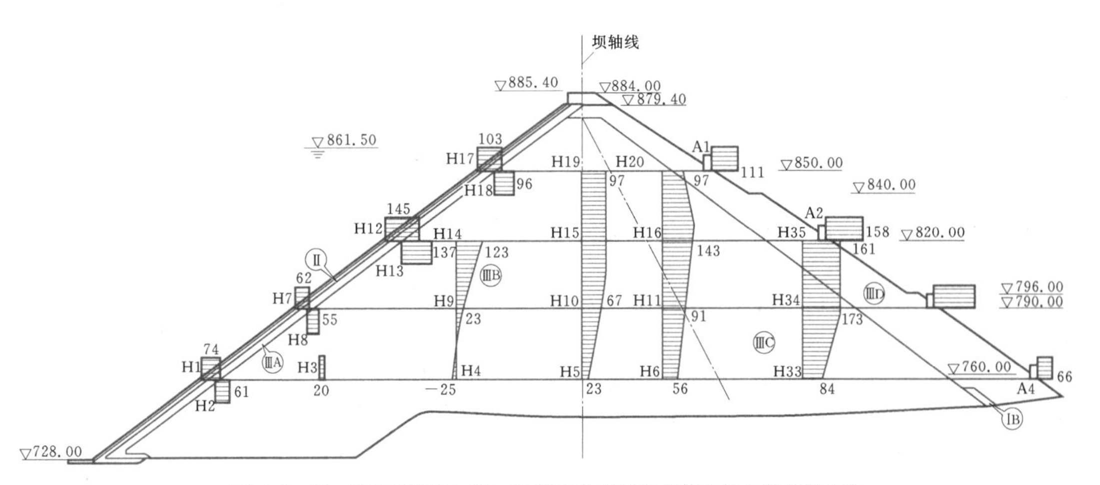

图 2.8-10 紫坪铺坝 0+251.00 剖面地震引起坝体内部水平位移分布

（高程单位：m；位移单位：mm）

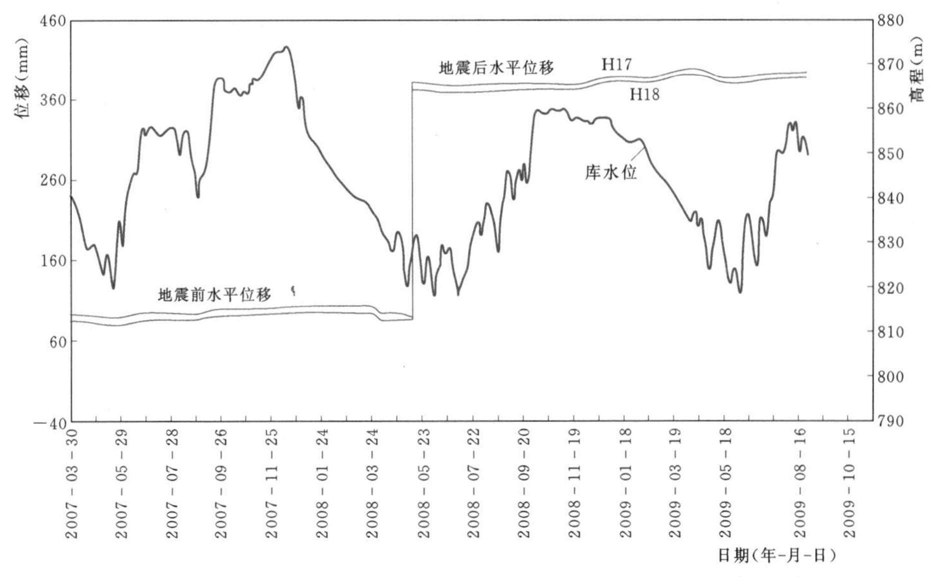

图 2.8-11 紫坪铺坝 0+251.00 剖面高程 850.00m 各测点水平位移过程线

面板间垂直缝由于位于较为陡峭的左坝肩附近，挤压破坏较为明显，止水铜片发生剪切破坏；23～24号面板垂直缝位于大坝最大断面附近，该处地震永久变形最大，23～24号面板垂直缝挤压破坏较为严重，破坏一直延伸至当时库水位821.00m以下。

(3) 面板脱空。左岸高程845.00m以上三期面板发生大面积脱空，右岸三期面板顶部（高程879.40m附近）也全部脱空；最大脱空值达230mm，位于6号面板顶部；15号和19号面板脱空分别为210mm和180mm，17号、21号、23号面板脱空120mm以下。大坝左坝肩附近二期面板顶部也发生脱空，最大脱空值为70mm。

(4) 接缝位移和止水破坏。水平缝与垂直缝交汇处表面止水全部凸起，底部止水扭曲破坏；防浪墙与面板水平接缝表面止水严重破坏，接缝张开。

地震导致混凝土面板周边缝产生明显的位移。左坝肩高程833.00m附近的Z2号三向测缝计测得周边缝的沉降、张开位移、剪切位移从震前的1.59mm，11.99mm和4.67mm分别增加到92.85mm，57.85mm和13.42mm；右坝肩靠近河床底部高程745.00m附近的Z9三向测缝计测得周边缝的位移值更大，其沉降、张开位移、剪切位移从震前的10.82mm、6.03mm和9.08mm分别增加到53.65mm、26.97mm和103.77mm，其中剪切位移在震后的第二天迅速增长为104.24mm，已远超过室内试验得出的周边缝止水结构容许位移值30mm，周边缝其他部位位移在周边缝止水结构容许位移值范围内。

(5) 渗流量。该坝历史上实测最大渗流量为51.19L/s，时间为2006年10月30日，对应库水位为874.00m。地震前后的渗流量对比表明：地震发生后，大坝的渗流量增加，渗流量由地震前（5月10日）的10.38L/s上升到18.82L/s（2008年6月1日）；与震前相比，渗流水质在震后的1～2d较浑浊，以后水质变清，至今未出现再次浑浊。

2.8.3.3　地震时面板堆石坝性状

国内外有数十座堆石坝遭遇地震，有的堆石坝多次遭遇地震，但是有正确的地震记录的或有完整的震损调查的堆石坝工程只有一部分，而且文字记载也有不一致的现象。经过统计整理，国内外堆石坝在地震时的反应，包括坝体反应加速度、固有周期和坝顶位移，有实测资料的为20座，其中心墙（含斜心墙）堆石坝11座、斜墙堆石坝1座、混凝土面板抛填堆石坝3座、混凝土面板碾压堆石坝2座、沥青混凝土面板、混凝土斜墙堆石坝和干砌石坝各1座。

地震引起土石坝的永久变形，即地震造成坝体沉降和水平位移是最普遍的震损，国内外有实测资料的为35座，其中心墙（含斜心墙）堆石坝25座、斜墙堆石坝4座、混凝土面板抛填堆石坝2座、混凝土面板碾压堆石坝4座。

国内外遭遇地震的面板堆石坝共有7座，实测的主要性状见表2.8-7。

将地震引起的35座土石坝坝顶震陷（垂直永久变形）与坝址的地震烈度关系绘出，如图2.8-12所示。可以看出：地震引起的坝体永久变形以坝顶震陷为代表，主要取决于坝址的地震烈度与坝型，特别是土石坝的筑坝材料及其压实程度。坝址地震烈度越大，地震引起的坝顶震陷越大；水力冲填坝和早期土坝的坝顶震陷率最大，坝址地震烈度6度时坝顶震陷率在0.4%～4%，坝址地震烈度10度时坝顶震陷率在6%以上；碾压土坝的坝顶震陷率次之，坝址地震烈度8度时坝顶震陷率在0.5%～4%，坝址地震烈度10度时坝顶震陷率在3%～7%；堆石坝的震陷率较小，早期抛填堆石坝在坝址地震烈度8度时震陷率只有0.45%。轻型机械碾压的堆石坝震陷率更小，在坝址地震烈度7～10度时，震陷率从0.04%到0.53%。现代重型机械碾压堆石坝的震陷率最小，坝址地震烈度超过7度时震陷率只有0.01%。但是用千枚岩等较软堆石筑成的碧口心墙堆石坝在坝址地震烈度7度时震陷率达0.25%。10度（或超过9度）时紫坪铺坝震陷率也只有0.64%。

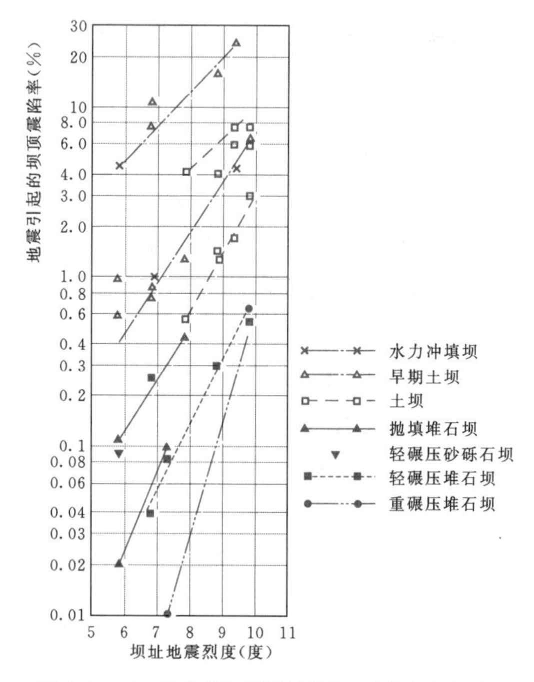

图2.8-12　地震引起的坝顶震陷（垂直永久变形）与坝址地震烈度的关系

表 2.8-7 国内外面板堆石坝地震时性状

序号	坝名	国家	坝型	坝高(m)	坝坡		坝基	地震	烈度	地震峰值加速度		震中距(km)	震后沉降		坝顶震后水平位移(cm)	其他震损
					上游	下游				坝基	坝顶		坝顶(cm)	震陷率(%)		
1	科高蒂(Cogoti)	智利	混凝土面板抛填堆石坝	85.0	1∶1.6	1∶1.8	岩基	1943年4月6日智利中部伊拉佩8.3级	8～9	(0.15～0.37)g	0.37g	89	38.1	0.45		下游坝坡堆石有滑移
								1997年10月14日7.6级		0.23g		45	25	0.3		
2	马尔帕索(Malpaso)	秘鲁	混凝土面板抛填堆石坝	78.0	1∶15	1∶1.33	冲积层厚30m	1938年10月10日秘鲁6级	超过6	0.10g			3.2～7.6	0.11	5.1～5.8	
3	平扎尼斯(Pinzanes)	墨西哥	混凝土面板抛填堆石坝	67.0	1∶1.2	1∶1.5		1957年7月墨西哥7.5级		0.05g						无震损
4	皆濑(Minase)	日本	混凝土面板轻碾压堆石坝	66.5	1∶1.35	1∶1.65	岩基	1964年9月16日新潟7.5级	9	0.08g		145	20	0.3	5	
5	紫坪铺	中国	面板堆石坝	156.0	1∶1.4	1∶1.4～1∶1.5	岩基	2008年5月12日汶川8级	10	>0.5g	≈2.0g	17	100	0.64	27.1	详见2.8.3.2
6	圣塔扬那(Santa Juana)	阿根廷	面板堆石坝	113.0	1∶1.5	1∶1.6	砂砾石层厚30m	1997年10月14日6.8级		0.03g		250	9.7	0.09		
7	托拉塔(Torata)	秘鲁	面板堆石坝	100.0	1∶1.6	1∶1.4	岩基	2001年6月23日8.3级		0.15g		100	5	0.042		

分析上述地震时堆石坝的性状以及面板堆石坝有限元法地震应力变形计算分析的结果，可以得出面板堆石坝地震反应的基本规律如下：

(1) 坝体变形取决于坝高、坝体分区、筑坝材料的变形特性、坝体填筑形象进度、分期蓄水（高程和进度）等因素。一般来讲，坝越高，地震反应越大，地震引起的沉降越大；筑坝材料的变形模量越低，地震引起的沉降越大。

(2) 地震时坝体动力反应取决于地震特征（加速度、频率、历时等）、坝高和筑坝材料的动力特性。一般来讲，地震烈度越高，地震加速度越大，坝体动力反应越大，但是坝体动力放大系数越小，即随着高程增加，坝体动力反应加速度增加的倍率变小；同时坝越高，坝顶动力反应加速度越高；筑坝材料的动力剪切模量越低，坝体动力反应加速度越小。

(3) 地震后坝体永久变形取决于坝体动力反应和筑坝材料动力特性。公伯峡筑坝材料的动剪切模量较低，坝料动力参数 k_2 值（主堆石 1486、次堆石 1370）只有吉林台一级坝料动力参数 k_2 值（主堆砂砾石 1805、次堆石 1526）的 0.90～0.82 倍，因此公伯峡的永久变形（沉降与水平位移）以及相应造成的面板挠度与周边缝位移都会大于吉林台一级坝。

将上述的面板堆石坝和高堆石坝工程遭遇地震时实测结果与预测的公伯峡面板堆石坝和吉林台一级面板堆石坝的计算结果比较（见表 2.8-8），可以看出，预测的两座高面板坝的动力应力变形性状与遭遇

表 2.8-8　部分面板堆石坝永久变形实测值与公伯峡坝和吉林台一级坝预测值的比较

工程名称	国家	坝　型	坝高 (m)	震　级 (里氏级) 或烈度(度)	震中距 (km)	坝址地面最大加速度 g	坝顶地震反应最大加速度 g	地震反应动力放大系数	地震引起坝顶永久变形	
									沉　降 (cm)	水平位移 (cm)
奥洛维尔 (Oroville)	美国	斜心墙堆石坝	235.0	5.7 级	12	0.10	0.24	2.4		2.5
艾尔·英菲尔尼罗 (El Infernillo)	墨西哥	心墙堆石坝	148.0	8.1 级	68				13.0	7.1
艾默布克罗 (Ambuklao)	菲律宾	心墙堆石坝	120.0	7.7 级	10	0.49			110	
潘塔班根 (Panlabangan)	菲律宾	心墙堆石坝	114.0	7.7 级	6	0.58			27.7	
碧口	中国	心墙堆石坝	101.8	7.0 级	200				24.9	15.9
拉维立塔 (La Villita)	墨西哥	心墙堆石坝	60.0			0.12	0.70	5.8	31.8	10～16
科高蒂 (Cogoti)	智利	面板抛填堆石坝	85.0	8.3 级	89	0.15	0.37	1.95	38.1	
马尔帕索 (Malpaso)	秘鲁	面板抛填堆石坝	78.0	6 级 6+度		0.10			3.2～7.6	5.1～5.8
皆濑 (Minase)	日本	面板轻碾堆石坝	66.5	6.9 级,7.5 级,7.9 级,6.2 级,7.6 级,7.7 级	145	0.08			20	5
圣塔扬那 (Santa Juana)	阿根廷	面板堆石坝	113.0	6.8 级	250	0.03			9.7	
紫坪铺	中国	面板堆石坝	156.0	8 级 10 度	17	0.5	1.0	2.0	100	28.4
公伯峡	中国	面板堆石坝	132.2	8 度*		0.20	0.75	3.67	23.5*1 35.1*2	21.3*1 25.3*2
吉林台一级	中国	面板堆石坝	157.0	9 度*		0.47	0.98	2.06	8.0*3 8.6*4	9.1*3 9.5*4

*　设计地震烈度；*1　实际剖面，试验参数；*2　可研设计剖面，试验参数；*3　可研设计剖面，试验参数；*4　实际剖面，反馈参数。

地震的堆石坝性状基本一致。

2.8.4 抗震工程措施

2.8.4.1 面板堆石坝的震损及机理分析

面板堆石坝的抗震性能良好，至今没有发生面板堆石坝在地震时滑坡或溃决的实例。地震对面板堆石坝的主要震损表现在下列方面：

(1) 地震引起堆石坝体的永久变形，主要表现在坝体沉降、坝体上下游方向的位移以及坝体向河谷中央的位移。

(2) 混凝土面板的变形、起拱、大范围脱空、裂缝、错台和接缝两侧面板挤压破坏。

(3) 接缝位移、错台和止水结构受损。

(4) 坝顶地震反应较剧烈，防浪墙沉降、底板脱空、接缝拉开或挤压破坏；坝顶路面沉降、开裂与坝肩岸坡错台沉降；栏杆倒塌。

(5) 下游坝坡干砌块石隆起、坍塌，坝顶路缘石下浆砌石滑移、开裂。

上述面板堆石坝震损的主要原因如下：

(1) 地震时堆石坝体的永久变形量值较大，并且坝体变形是指向坝体内部，即地震时堆石坝体发生体积收缩和剪缩，刚度较大的混凝土面板不能适应过大的堆石坝体变形，从而产生面板脱空、开裂和错台，接缝位移较大或挤压破坏，接缝止水结构受损。

(2) 地震时堆石坝体的永久变形较大，因此坝顶结构刚度不同的各部位之间产生沉降差或位移差，导致错开和开裂，防浪墙开裂受损和栏杆倒塌。

(3) 坝体的地震反应随着坝高的增加而增大，不同高程坝体的地震反应规律是高程越高的部位地震反应越大，坝顶地震反应最大，因此坝顶防浪墙、道路、灯柱或其他构筑物受损较严重。

2.8.4.2 面板堆石坝抗震工程措施

面板堆石坝抗震工程措施设置的重要部位是坝顶、面板和接缝，面板堆石坝的工程抗震措施是为了应对坝体永久变形、面板和接缝永久变形和受损以及坝顶结构受损。面板堆石坝的抗震工程措施主要包括：

(1) 坝顶超高应包括地震引起坝顶震陷和涌浪高度。坝顶超高要考虑地震时坝体的永久变形和地震引起的水库涌浪，以及地震时近坝滑坡和大体积塌岸而形成的涌浪。

紫坪铺面板堆石坝正常蓄水位 877.00m，校核洪水位 883.10m，考虑地震引起永久变形（沉降）值 1.5m，地震时大坝近岸滑坡体引起涌浪 2.5m，因此，选取坝顶高程 884.00m，不仅高于校核洪水位，也高于正常蓄水位 7m，留有足够的安全裕度。

吉林台一级面板堆石坝正常蓄水位 1420.00m，坝顶高程 1425.80m，高出正常蓄水位 5.8m，留有足够的安全裕度。

猴子岩面板堆石坝采用地震引起的沉降按坝高的 1%计，为 2.3m。该坝有限元法应力变形计算得到的地震永久变形（沉降）值分别为 1.2m（设计地震）和 1.8m（校核地震），地震涌浪高度取 1.5m。

金川面板堆石坝采用地震引起的永久变形为坝高（含覆盖层厚度 58m）的 1%，为 1.7m。该坝有限元法应力变形计算得到的地震永久变形（沉降）值分别为 0.53m（设计地震）和 0.69m（校核地震），地震涌浪高度取 1.5m。

上述实例说明我国地震区面板堆石坝的坝顶超高都符合设计规定，留有足够的安全裕度。

(2) 设置合理的排水体。采用不能自由排水的软岩堆石料或砂砾石料填筑的面板堆石坝应设置合理的排水体，排水体的形式大多为 L 形，排水体材料应为能自由排水的堆石料或砾石料，排水体尺寸应有足够的排水能力，降低坝体浸润线，提高坝体抗震性能。

吉林台一级面板堆石坝最大坝高 157m，坝址地震基本烈度为Ⅷ度，设计地震烈度为 9 度，抗震设计标准为基准期 100 年超越概率 2%的基岩地震动水平峰值加速度为 0.462g。该坝是国内外在强震区建造的最高的混凝土面板砂砾石坝，其典型剖面如图 2.3-10 所示。该坝设计了 L 形排水体（2B），竖向排水体水平宽度 5m，水平排水体厚度 5m，排水体材料粒径 5～80mm，填筑标准相对密度 $D_r \geqslant 0.85$，确保砂砾石坝体处于非饱和状态，提高其抗震性能。

(3) 挖除或加固处理坝基可能液化的地层。金川面板堆石坝设防烈度 7 度，设计地震为 50 年超越概率 10%的地震动参数，基岩水平峰值加速度 0.097g；校核地震为 100 年超越地震概率 5%的地震动参数，基岩水平峰值加速度 0.183g。最大坝高 112m，覆盖层最大厚度 60.6m。覆盖层存在砂层透镜体，埋藏较深，采用多种液化可能性判别方法包括：相对密度复判、平均粒径复判、综合指标法复判、标准贯入击数复判和三维有限元动力分析方法。金川坝坝基砂层在设计地震和校核地震时均不会发生地震液化，但是该工程仍将趾板下游 0.3 倍坝高范围内的覆盖层全部挖除，以 1∶2 缓坡与坝体下游基础开挖面相连，全部挖除坝体下游覆盖层埋深小于 5m 的砂层，并碾压加密松散的砂卵砾石层。

紫坪铺面板堆石坝最大坝高 156m，三维有限元地震反应分析表明坝基覆盖层在地震时不会液化，但是河床右岸覆盖层砂层透镜体有架空现象，故将其全部挖除。

(4) 下游坝坡或上部坝体的坝坡变缓，并在坝坡变化处设置马道。紫坪铺面板堆石坝下游坝坡在高程840.00m马道以上为1∶1.5，以下为1∶1.4。

吉林台一级面板堆石坝上游坝坡1∶1.7，下游上坝公路之间的坝坡1∶1.5，下游综合坝坡1∶1.96。

猴子岩面板堆石坝下游马道间边坡从上至下分别为1∶1.6、1∶1.5和1∶1.4，综合坝坡1∶1.78，并且在下游高程1718.00m以下结合布置开关站的需要设置下游压重体，该坝典型剖面如图2.8-3所示。

金川面板堆石坝下游坝坡较缓，设置5层宽8m的“之”字形马道，马道间坝坡1∶1.45，下游综合坝坡1∶1.78。

(5) 采用动力特性较好的尤其是动力变形特性较好的筑坝材料。紫坪铺面板堆石坝筑坝材料采用尖尖山料场新鲜—弱风化灰岩料，岩性致密、坚硬，采用较高的压实标准，其设计要求和实际施工质量检测结果见表2.8-9。

猴子岩面板堆石坝筑坝材料采用洞室开挖料灰岩料和桃花沟料场流纹岩料。坝体分区如图2.8-3所示，各区筑坝材料特性见表2.8-10。

表2.8-9　紫坪铺面板堆石坝筑坝材料设计要求和实际施工质量检测结果

坝料分区		设计干密度 (g/cm³)	实际干密度 (g/cm³)	设计孔隙率 (%)	实际孔隙率 (%)	渗透系数 (cm/s)	最大粒径 (mm)
编号	名　称						
Ⅱ	垫层区料	2.30	2.36	15.4	13.0	2.5×10^{-3}	100
ⅡA	特殊垫层区料	2.30		15.4		2.5×10^{-3}	40
ⅢA	过渡料	2.25	2.29	17.3	15.1	5.3×10^{-3}	300
ⅢB	主堆石区料	2.16	2.20～2.27	20.6	18.0	2.1	800
ⅢC	次堆石料	2.30 2.15		18.1 21.0			800 800
ⅢD	下游堆石区料	2.15		21.0		2.1	800

表2.8-10　猴子岩面板堆石坝各区筑坝材料设计要求

分区	名　称	填料来源	比重 G_s	设计干密度 (g/cm³)	孔隙率 (%)	级配要求		
						d_{max} (mm)	<5mm (%)	<0.075mm (%)
ⅡA	特殊垫层区	洞挖料灰岩人工加工	2.78	2.32	16.5	40	35～60	4～7
ⅡB	垫层区	洞挖料灰岩人工加工	2.78	2.31	17	80	35～50	4～8
ⅢA	过渡区	桃花沟流纹岩	2.69	2.21	18	300	20～30	0～5
ⅢB	主堆石区	桃花沟流纹岩	2.69	2.18	19	800	5～20	0～5
ⅢBB	主堆石特别碾压区	桃花沟流纹岩	2.69	2.18	19	800	5～20	0～5
ⅢC1	下游次堆石区	开挖料灰岩	2.78	2.25	19	800		
ⅢC2	下游堆石区	桃花沟流纹岩	2.69	2.18	19	800		0～5

猴子岩坝垫层料和堆石料的动力特性见表2.8-5和表2.8-6。

猴子岩面板堆石坝筑坝材料为流纹岩和灰岩，其动力剪切模量较高，动力特性较好，使该坝的抗震能力良好。

(6) 适当增加垫层区的宽度。当岸坡很陡时，宜适当延长垫层料与基岩接触的长度。

吉林台一级和猴子岩面板堆石坝垫层区水平宽度4m。

(7) 适当提高压实标准。紫坪铺面板堆石坝的压实标准是：垫层料孔隙率不大于15.4%，过渡料孔隙率不大于17.3%，主堆石料孔隙率不大于20.6%，次堆石料（砂砾石料）孔隙率不大于18.1%，次堆石料（灰岩料）不大于21%。

吉林台一级面板堆石坝垫层料、排水体料和主堆石料采用不同级配要求的砂砾石料，其压实标准都要求相对密度不小于0.85，主堆石区和次堆石区采用P1料场堆石料，孔隙率要求不大于23%。

猴子岩面板堆石坝垫层料的孔隙率要求不大于17%，过渡料的孔隙率要求不大于18%，堆石料孔隙率要求不大于19%。

金川面板堆石坝垫层料和过渡料的孔隙率要求不大于18%，主堆石区孔隙率要求不大于20%，下游堆石区孔隙率要求不大于22%。

(8) 上部坝体用锚筋或土工格栅加筋来加固，提高其整体稳定性。吉林台一级面板堆石坝在高程1394.00m以上坝体的下游坝坡用30cm厚钢筋混凝土板护坡，钢筋混凝土板用长20m的锚筋，层距3m、间距3m深入坝体堆石，以提高上部坝体的抗震性能。

猴子岩面板堆石坝在高程1805.00m以上坝体的下游坝坡用30cm厚钢筋混凝土板护坡，钢筋混凝土板用长2000cm的ϕ25锚筋，层距150cm、间距200cm深入坝体堆石，以提高上部坝体的抗震性能，详见图2.8-13。

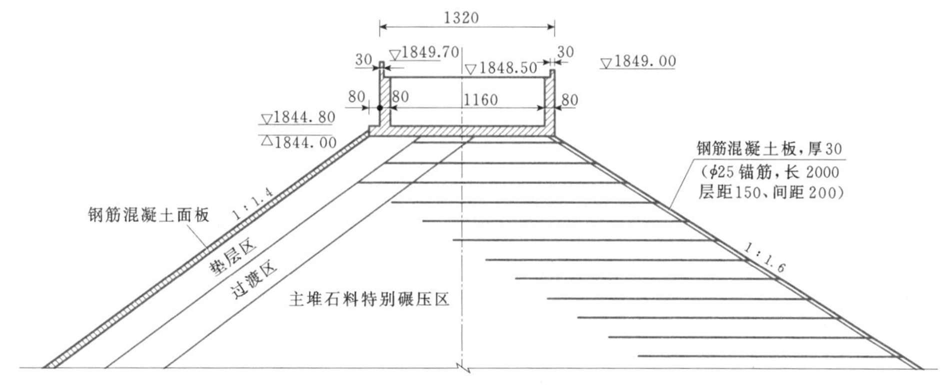

图2.8-13 猴子岩面板堆石坝上部坝体加固和整体防浪墙结构
（高程单位：m；尺寸单位：cm）

(9) 改善下游坝面护坡型式，增加坡面抗震稳定性。吉林台一级面板堆石坝下游护坡采用混凝土网格内填干砌卵石灌浆型式。下游坡面2m范围内采用超径大石，由人工机械调整平顺后填塞密实。

猴子岩面板堆石坝在高程1805.00m以上的下游坝坡采用30cm厚的钢筋混凝土板护坡，钢筋混凝土板与坝体堆石体中的锚筋相连接，以提高坝体顶部整体抗震稳定性。高程1805.00m以下的下游坝坡用大块石护坡。详见图2.8-13。

金川面板堆石坝高程2240.00m以上的下游坝坡采用浆砌石护坡，浆砌石护坡也与坝体堆石体中的锚筋相连接。

(10) 适当增加坝顶宽度。紫坪铺、吉林台一级、猴子岩和金川面板堆石坝的坝顶宽度分别采用12m、12m、12m和10m，比相同坝高的非地震区面板堆石坝坝顶宽度适当增加2m。

(11) 改善坝顶结构整体抗震性能。采用较低的防浪墙，紫坪铺、吉林台一级、猴子岩和金川面板堆石坝的防浪墙高度分别为5.4m、6.0m、5.7m和5.2m。

吉林台一级面板堆石坝坝顶防浪墙采用U形整体式钢筋混凝土结构。

猴子岩面板堆石坝坝顶防浪墙也采用U形整体式钢筋混凝土结构，如图2.8-13所示，以提高坝顶及防浪墙抗震安全性。

(12) 适当增加某些部位面板厚度和面板钢筋率。紫坪铺面板堆石坝周边缝和施工缝周围20m范围内采用双层双向钢筋，面板垂直缝两侧布置抗挤压的构造钢筋。

猴子岩面板堆石坝河谷部位面板的顶部厚度取40cm，面板厚度采用公式$t=0.4+0.0031H$，式中H为计算断面至面板顶部的高度。猴子岩面板堆石坝受压区面板采用双层双向配筋，顺坡向配筋率为0.4%，水平向配筋率为0.35%，受拉区面板也采用双层双向配筋，配筋率均为0.4%。

(13) 采用适应接缝大位移，特别适应面板错台和挤压破坏的接缝止水结构和止水材料。猴子岩面板堆石坝的面板垂直缝中设置能够吸收变形的8～10mm厚沥青木板，以防止运行时和地震时面板混凝土挤压破坏。

在吸取三板溪面板堆石坝一、二期面板水平施工缝在运行时发生挤压破损和紫坪铺面板堆石坝二、三期面板水平施工缝在地震时发生严重错台的经验教训基础上，猴子岩面板堆石坝在二、三期面板之间高程1785.00m处设置永久水平缝，并且在上部1/5坝高（高程1801.00m以上）的坝体设置特别碾压区，适当提高其压实标准。

(14) 改善面板堆石坝与其他混凝土结构的连接型式和结构。公伯峡面板堆石坝左岸为溢洪道，右岸为电站进水口引渠，为改善面板堆石坝与这两座混凝土结构物的连接，分别设置了38m和50m高的混凝土趾墙，其典型断面如图2.8-14所示。

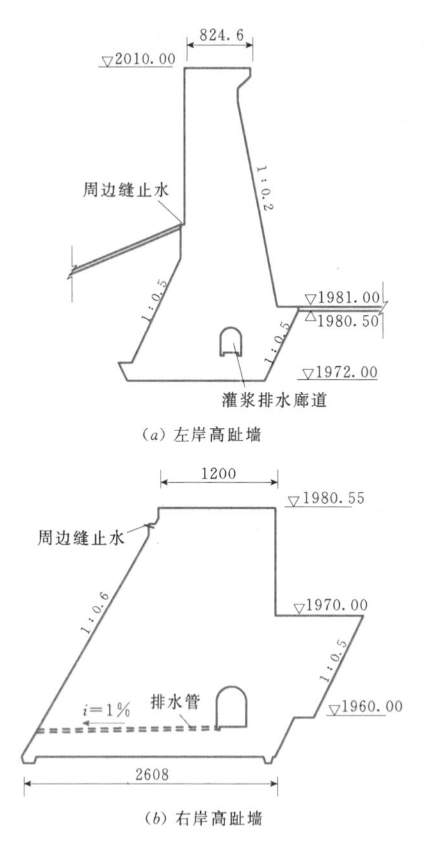

图2.8-14 公伯峡面板堆石坝左右岸高趾墙典型断面图（高程单位：m；尺寸单位：cm）

(15) 设置紧急泄流和放空建筑物。设置紧急泄流和放空建筑物并在地震后仍能正常开闸泄洪放空是重要的抗震工程措施。猴子岩面板堆石坝设置了放空建筑物，泄洪放空建筑物由1条溢洪洞、1条深孔泄洪洞、1条非常泄洪洞和1条泄洪放空洞组成。泄洪放空洞进口高程1757.00m，水库放空由溢洪洞、深孔泄洪洞和泄洪放空洞三条洞同时进行，从正常蓄水位开始泄洪洞放空至库水位1820.00m，深孔泄洪洞放空至库水位1782.00m，然后由泄洪放空洞单独放空，丰水年放空时间19天，中水年放空时间16天，枯水年放空时间13天，水库放空率约为80%，具备临震或震后降低水库水位的条件，保证大坝安全。

(16) 加强大坝地震反应安全监测。紫坪铺、吉林台一级、猴子岩和金川面板堆石坝都设置了坝体外部变形、内部变形、混凝土面板变形、面板脱空、接缝位移、坝体和坝基渗透压力、绕坝渗流、渗流量和大坝地震反应（强震仪）的安全监测设施。

猴子岩水电站还设置了水库地震数字遥测台网、库区附近强震动监测台站、地震监测系统网络管理中心和水库诱发地震综合预测研究系统。

2.9 分期施工与坝体加高

2.9.1 坝体填筑与面板分期施工

2.9.1.1 填筑程序

一般面板堆石坝的施工包括岸坡趾板开挖和岸坡坝基处理、河床趾板开挖和河床坝基处理、河床趾板混凝土浇筑和岸坡趾板混凝土浇筑、趾板固结灌浆和帷幕灌浆、坝体各分区填筑（包括填筑边坡处理）、面板混凝土浇筑、防浪墙混凝土浇筑等项目。

根据面板混凝土的浇筑分期，一次完成整个面板浇筑的填筑程序称为一次性填筑；分期完成面板浇筑的填筑程序称为分期填筑。当然在一次性填筑中也会考虑其他因素进行亚分期。一般中低坝采用一次性填筑，高坝则必须采用分期填筑。

坝体填筑程序应考虑与其他施工项目的关系：①一般自上而下开挖和处理完成后才能填筑，但在边坡开挖和处理困难的情况下也可随着填筑上升分层开挖和处理；②趾板浇筑完成后才能进行相应部位垫层料填筑；③垫层料、过渡料和一定宽度的主堆石料（一般不小于上游垫层和过渡层的厚度之和）须一起均衡上升；④分期填筑的高差应有限制，一般不超过40m；⑤面板和防浪墙混凝土宜在相应部位填筑完成并经一定时间变形基本稳定后进行施工。

2.9.1.2 分期施工一般原则

对于高面板堆石坝，由于度汛要求、气象条件、施工技术、填筑强度、上坝道路、土石方平衡、坝体变形、提前蓄水兴利、施工规划等限制或需求，必须进行分期施工。

坝体施工分期主要目的是解决度汛蓄水、施工强度、土石方平衡、变形协调问题。合理的分期应满足度汛和兴利要求、施工强度均衡、直接上坝率高、面板及分缝的应力变形在时空上协调。

面板堆石坝一般分期填筑可以优化的项目或优化的目标是均衡填筑和直接上坝，常用的分期填筑措施有：上游挡水断面、过水断面、先期两岸填筑、先期填筑下游河床、先期下游上升、先期填筑其他可行部位等。中低面板坝对变形的控制要求较低，一般可任意分区填筑；高坝对变形的控制要求较高，分期方案需要慎重分析研究。分期施工的一般原则：度汛要求、施工技术、施工规划、坝体变形。

1. 度汛要求

(1) 一般施工分期的间隔按照汛期和枯水期（或雨季和旱季）设置，大约6个月左右，根据具体情况也可合并或再细分成亚期。

(2) 分期的高度和体型必须满足度汛要求（拦洪度汛、过水度汛），临时坝体采取保护措施后必须稳定。

(3) 汛期度汛前需达到要求的度汛形象面貌，包括度汛高程、断面、防护措施等。

(4) 一般拦洪度汛的防渗体为垫层，也有用坝下游临时防渗体度汛的实例，如巴西伊塔（Ita Dam）面板坝。

(5) 有提前蓄水兴利要求的，相应的混凝土面板浇筑完成才能蓄水。

2. 施工技术

(1) 坝体填筑分期应与面板分期施工协调。填筑坝体高度一般宜高于分期面板10～15m，以控制面板脱空，太高则不利于面板施工；面板浇筑宜安排在坝体填筑后一定时间，且在枯水期施工；目前面板浇筑最大长度已达到218m（公伯峡水电站）。

(2) 坝体填筑分期需考虑选择合适的填筑强度。填筑强度根据坝体规模和高度选择，目前大型工程一般强度达到20万～70万m^3/月。过高的填筑强度可能会影响堆石体填筑质量，进而增加坝体的变形；同时加载速度快，不利于前期填筑体的沉降稳定。

(3) 趾板浇筑完成后才能进行相应部位垫层料填筑。

3. 施工规划

(1) 上坝道路的影响。一般上坝道路高差30～50m，坝体分期应注意上坝道路的衔接。堆石区内可设置需要数量的坝料运输临时道路。

(2) 协调施工总进度和土石方平衡，尽可能使满足不同部位要求的开挖料直接上坝，避免二次转运。

4. 坝体变形

(1) 尽管面板堆石坝的优势是可以任意分区填筑，但合理的分期可以减少坝体变形对面板及接缝的影响。国内许多文献对此都进行了论述：“高面板堆石坝的施工临时断面需要精心设计。”“已有工程经验和实践表明，当坝高超过150m，在坝体抗滑稳定和渗透稳定得到有效保障之后，重点在于解决好坝体变形控制问题。坝体堆石的填筑密度、堆石区的材料特性、坝体填筑施工的顺序和面板浇筑时机等都对堆石和面板的应力变形特性有影响，对100m级坝的影响可能不太明显，但对200m级高坝却是不可忽视的。”“对于高面板堆石坝，通过优化坝体的施工临时断面，可以调整施工期坝体位移分布，从而显著改善坝体（包括垫层）的变形性状。”“堆石坝不同材料分区的特点从客观上决定了高堆石坝必然存在一个较优的施工填筑上升方案。”“超高面板坝顶部挠度最大，主要是由徐变产生的，应通过分期蓄水措施，使大量的挠度变形在蓄满前完成。”

(2) 应尽可能平起填筑。若分期填筑，高差一般不超过50m，平台宽度一般不少于10m，临时边坡不陡于设计边坡，并且应考虑防雨保护措施。水布垭水电站实际施工采用后抬法分期施工，也就是先施工下游坝体，再施工上游坝体，分析认为有利于坝体变形协调。

(3) 垫层料、过渡料和一定宽度的主堆石料（一般不小于上游两层的厚度之和）须一起均衡上升。一方面是施工场地的需要，另一方面是控制变形协调。

(4) 面板和防浪墙的浇筑时机。一般认为面板混凝土的浇筑应避开堆石流变沉降的高峰期，应确保每期面板浇筑前其下部堆石有足够的预沉降期，并且堆石体足够高于面板顶部。对高坝其预沉降时间不宜小于5～6个月，且应控制其下部堆石的沉降速率小于5mm/月，并且面板的顶高程应低于堆石体20m以上。但面板浇筑前预留沉降期一般会拖延施工工期，影响效益的发挥。

防浪墙的浇筑一般不影响工期，不影响大坝初期蓄水，况且变形破坏后难以修复，应在沉降基本完成后实施。

(5) 对于高面板坝，在可能的情况下宜采用分期蓄水措施，完成大部分最终变形，提高坝体变形模量。

(6) 施工分期应与大坝填筑料设计和分区设计统筹考虑，以达到保证质量、缩短工期、降低造价的目的。施工分期简单可降低填筑料和分区的难度，工期和造价也不同；反之会提高对填筑料和分区的要求，需要综合考虑工程不同的特点和各种影响因素优选方案。

(7) 对施工选择的不同分期方案，与不同填筑料特性和坝体分区设计方案组合，进行有限元施工数值模拟计算分析，优选变形最合理协调的整体方案。

(8) 面板挤压。已建的高坝出现了沿面板纵向缝和横向施工缝挤压破坏的实例，已有文献进行的分析认为主要原因是坝体变形过大、不协调、施工质量缺陷、蓄水过快应力不能消散、河谷体型限制等。应注重面板挤压破坏问题，并从上述方面全面分析，采取综合预防措施。

2.9.1.3 分期施工结构构造

(1) 上游堆石的填筑，需按照先主堆石，其次过渡料，最后垫层料的顺序施工。在垫层料与过渡料界面上清除大于10cm的超径石，以保证过渡料对垫层料的反滤作用。过渡料与主堆石的界面上也可清除大于30cm的石块，使堆石粒径分布更加合理。

（2）前期和后期填筑体接触部位除特殊要求外，一般采用填筑层高台阶法。没有台阶或不同层高时，要挖出不小于层高的平台宽度便于接头压实。应清除结合面的松散填料，避免大块石集中，加强结合部位的碾压。

（3）分期的体型，一般顶面宽度除满足施工机械操作要求外，应尽可能宽，以减少后期变形，至少应大于10m；填筑临时边坡应稳定并根据填筑料特性采取合适的防雨和防冲刷保护措施。堆石料之间的接合坡度应不陡于1∶1.3，天然砾石料应不陡于1∶1.5。

（4）坝趾板内坡及坝轴线上游侧坝基出露的高陡壁宜采用低强度等级混凝土或垫层料、过渡料等进行修补整形，使处理后的坡度不陡于1∶0.3～1∶0.5，确保堆石与岸坡接触面变形均匀。

2.9.1.4　典型的分期施工实例

（1）水布垭水电站。水布垭水电站坝址位于湖北省巴东县清江中游，是清江梯级开发的龙头枢纽。总装机容量1600MW。水布垭面板堆石坝最大坝高233m，坝轴线长660m，填筑方量1563万m^3。坝体填筑主要分为五期，面板浇筑分三期，如图2.9-1所示。第一期填筑在2003年汛前完成，坝面具备与导流洞联合过流条件（实际未达到设计过流流量，坝面未过流）；第二期填筑在2004年汛前完成，坝体上游填筑至高程288.00m，利用坝体经济断面挡水；第三期填筑将下游侧坝体填筑高程较原规划抬高，以减少坝体中由于经济断面填筑而可能出现的不利的位移情况，也可改善后续浇筑的混凝土面板的应力条件；第四期上游区填筑根据计算分析，坝体填筑高度高于当期面板高程20m以上时可大大改善面板的应力条件，因此由原规划的高程355.00m加高至高程364.00m，高于二期面板顶部高程24.00m，下游除上坝道路占压部位外基本与上游同步上升；大坝第五期填筑时坝体全断面填筑至高程405.00m。

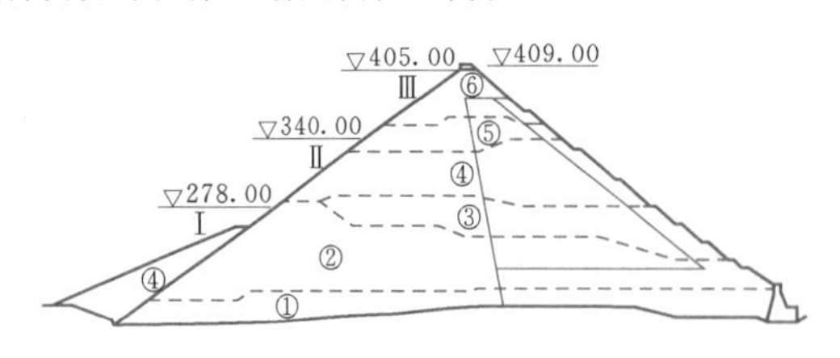

图2.9-1　水布垭面板坝填筑程序示意图（单位：m）
①～⑥—填筑分期；Ⅰ～Ⅲ—面板分期

水布垭的经验认为：一是控制坝体总体变形，包括坝体的沉降和蓄水期的水平位移；另一方面，减小坝体的不均匀变形，为面板和接缝提供良好的工作环境。变形控制的关键是确定合理的坝料参数和选择恰当的面板浇筑时机，做到浇筑面板时面板顶部高程对应部位的坝体大变形过程已完成。浇筑面板时应保证面板顶部高程部位坝体大变形已经完成；合理安排填筑强度，控制坝体填筑高差。

（2）天生桥一级水电站。天生桥一级水电站是红水河梯级电站的第一级，位于南盘江干流上。电站装机容量1200MW。天生桥一级面板堆石坝坝高178m，坝轴线长1104m，填筑量1800万m^3，坝体填筑分为六期，其中第二期分两个阶段，汛期先填筑左右岸，汛后填筑中部河床，如图2.9-2所示。由于拦洪度汛需要，其坝体的填筑施工采取了“贴坡式”加高的填筑方式，上、下游的最大高差达到了140m。这种填筑方式的特点是：上游经济断面宽度小，易于先将其填筑至度汛所需高程；大坝前半部分和左右两岸先上升从而为面板提前浇筑创造有利条件。

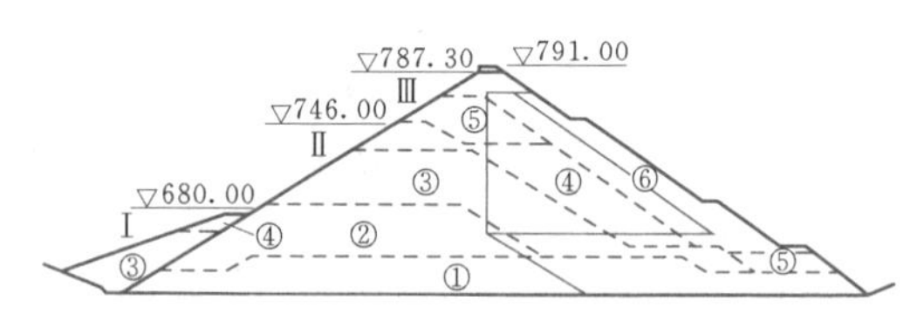

图2.9-2　天生桥一级面板坝填筑程序示意图（单位：m）
①～⑥—填筑分期；Ⅰ～Ⅲ—面板分期

产生的问题有：垫层料亏坡和裂缝、面板裂缝、垫层和面板脱空、面板垂直缝局部破坏。

天生桥的经验认为，协调高坝度汛要求和坝体分期填筑程序，以避免在横向和纵向产生大的不均匀沉陷；做好堆石体填筑和面板混凝土浇筑时间的安排，预留沉降期，不使面板浇筑后产生大的变形；优化施工组织，使坝体填筑均衡进行，严格按填筑参数施工，同时对于高坝应提高堆石料压实标准要求。

（3）洪家渡水电站。洪家渡水电站位于贵州西北部的乌江干流上，是乌江11个梯级电站中唯一具有多年调节能力的龙头电站，电站装机总容量600MW。洪家渡面板堆石坝最大坝高179.5m，坝顶长度427.79m，总填筑量906万m^3。坝体填筑共分为六期，面板浇筑分三期，如图2.9-3所示。坝体填筑分期主要满足坝体施工安全、坝体度汛方式、提前发电、坝体均匀上升等要求。洪家渡坝体施工分期模式为“一枯度汛抢拦洪、后期度汛抢发电”，即截流后第一个枯期将坝体填筑到安全度汛水位，度汛坝体不过流，靠坝体临时断面挡水；施工后期，将坝体填筑到导流洞封堵后的度汛水位，同时满足首台发电机的发电水位要求。

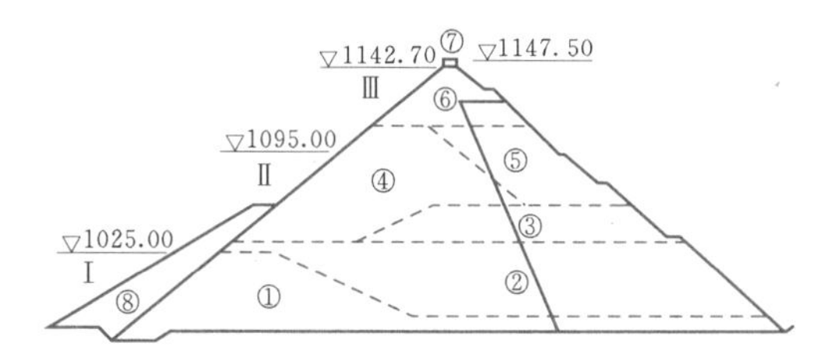

图 2.9-3　洪家渡面板坝填筑程序示意图（单位：m）
①～⑧—填筑分期；Ⅰ～Ⅲ—面板分期

面板脱空较小，没有结构性裂缝。洪家渡坝体填筑变形控制的经验是：坝体预沉降时间和预沉降收敛量化控制、坝体填筑总体平衡上升、分期面板顶部堆石超高填筑。

(4) 三板溪水电站。三板溪水电站位于贵州省锦屏县境内沅水干流上游河段的清水江中下游，是沅水干流梯级电站中唯一具有多年调节性能的龙头水电站，电站装机总容量1000MW。面板堆石坝最大坝高185.5m，坝顶长度423.3m，填筑方量871.4万m^3。坝体填筑共分为六期，面板浇筑分三期，如图2.9-4所示。“一枯抢拦洪”方案，在一个枯水期，将大坝临时断面填筑97m高，上下游坝面高差45～60m，填筑量达230万m^3，高峰强度达73万m^3/月，坝体拦洪达到了全年200年一遇洪水的度汛要求。实现了坝体施工不受汛期影响，坝体填筑连续施工，为提前14个月发电奠定了基础，并节省了围堰工程量，确保了三板溪水电站主体工程各项节点目标的顺利实现。

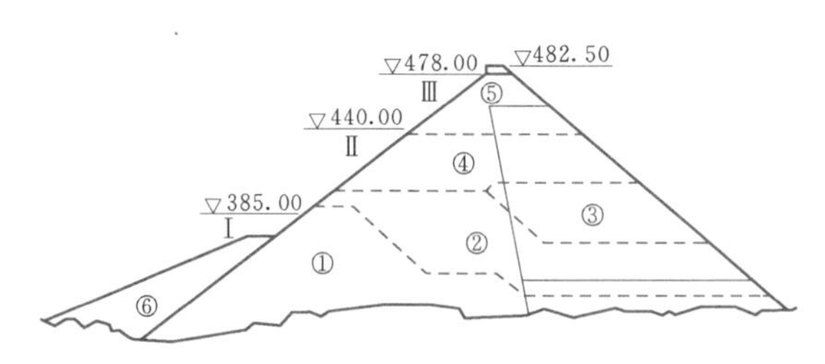

图 2.9-4　三板溪面板坝填筑程序示意图（单位：m）
①～⑥—填筑分期；Ⅰ～Ⅲ—面板分期

三板溪水电站水库蓄水后，一、二期中间部位的面板出现较大压应力，在水位快速上升过程中，因浇筑接缝结构面处理存在缺陷，承受较大压力后，产生挤压破损。面板修补后虽取得了一定的效果，但由于坝体变形尚未收敛，一、二期面板中有部分测点压应变超过1000×10^{-6}，混凝土压应力超过抗压强度，且仍有缓慢增大的趋势。

(5) 公伯峡水电站。公伯峡水电站位于青海省的黄河干流上，距西宁市153km，是黄河上游龙羊峡至青铜峡河段中第四个大型梯级水电站。电站装机容量1500MW。公伯峡面板堆石坝最大坝高132.2m，坝顶长429.0m，坝体填筑量481.5万m^3。

该工程由于有上游李家峡大型水库的调蓄，因此可全年用围堰挡水。为减小坝体不均匀沉降及其对面板的影响，坝体填筑采用全断面均衡上升。坝体填筑到防浪墙底后经5个月左右的预沉降，开始面板混凝土浇筑。公伯峡面板一次浇筑块长度达218m，面板一次浇筑对大坝安全是有利的，但应注意加强面板混凝土的防裂措施（重点是混凝土材料、施工工艺、养护及减小基面约束等）。

2.9.2　挡水度汛与过水保护

2.9.2.1　度汛方式及设计标准

1. 度汛方式分类

面板堆石坝一般河谷较窄，一般不采用河床分期围堰施工方式。常用的导流方式包括：

(1) 过水围堰方式：截流后第一个汛期（特殊的或两个汛期），围堰和大坝过水，然后下一个汛期（及后续的汛期）大坝拦洪度汛。其主要原因是第一个汛期施工项目多，大坝上升不到度汛高程。例如天生桥一级水电站、水布垭水电站、芹山水电站、莲花水电站等。利用河道同时泄流，减少导流泄流工程规模。为了降低过水围堰高度，有些工程采用枯水期在过水堰面上修建土石子堰拦挡枯水期洪水，汛期前拆除子堰过水度汛。

(2) 全年围堰方式：截流后第一个汛期（特殊的或两个汛期），在围堰的保护下，全年进行大坝的施工。然后下一个汛期（及后续的汛期）大坝拦洪度汛。例如公伯峡水电站、巴西辛戈（Xingo）水电站、墨西哥阿瓜密尔帕（Aguamilpa）水电站等。全年施工，缩短总工期。

(3) 枯水期围堰方式：截流后第一个汛期，抢筑大坝达到度汛高程拦洪度汛。例如洪家渡水电站、三板溪水电站、潘口水电站、株树桥水电站、东津水电站等多项工程。导流工程投资少，工期短。

度汛方式的不同集中在截流后的第一个汛期，后期的方式基本相同，一般是后期利用放空洞、泄洪洞、溢洪道等永久泄洪设施参加泄洪，大坝以逐步增加的设计洪水标准拦洪度汛、初期蓄水度汛、完建期度汛。需要指出的是，在达到度汛高程后，汛期允许坝体加高。

2. 洪水设计标准

(1) 挡水度汛洪水设计标准。施工期坝体挡水度汛分为两个阶段：超过围堰高程阶段和封堵初期蓄水阶段。《水利水电工程施工组织设计规范》(SL 303—2004) 和《水电工程施工组织设计规范》(DL/T 5397—2007) 基本一致。应按照规范强制执行。

当坝体填筑到超过围堰顶部高程时，应根据坝型、坝前拦蓄库容，按表 2.9-1 的规定，确定坝体施工期临时度汛洪水设计标准。

表 2.9-1 坝体施工期临时度汛洪水设计标准

<table>
<tr><th rowspan="2">坝 型</th><th colspan="4">拦洪库容(亿 m³)</th></tr>
<tr><th>>10.0</th><th>10.0～1.0</th><th>1.0～0.1</th><th><0.1</th></tr>
<tr><td>土石坝</td><td>≥200 年</td><td>200～100 年</td><td>100～50 年</td><td>50～20 年</td></tr>
<tr><td>混凝土坝、浆砌石坝</td><td>≥100 年</td><td>100～50 年</td><td>50～20 年</td><td>20～10 年</td></tr>
</table>

导流泄水建筑物封堵后，若永久泄水建筑物尚未具备设计泄洪能力，应分析坝体施工和运行要求，按表 2.9-2 规定确定坝体度汛洪水设计标准。汛前坝体上升高度应满足拦洪要求，帷幕及接缝灌浆高程应能满足蓄水要求。

表 2.9-2 导流泄水建筑物封堵后坝体度汛洪水设计标准

<table>
<tr><th rowspan="2" colspan="2">坝 型</th><th colspan="3">大 坝 级 别</th></tr>
<tr><th>1</th><th>2</th><th>3</th></tr>
<tr><td rowspan="2">混凝土坝、浆砌石坝</td><td>设计</td><td>200～100 年</td><td>100～50 年</td><td>50～20 年</td></tr>
<tr><td>校核</td><td>500～200 年</td><td>200～100 年</td><td>100～50 年</td></tr>
<tr><td rowspan="2">土石坝</td><td>设计</td><td>500～200 年</td><td>200～100 年</td><td>100～50 年</td></tr>
<tr><td>校核</td><td>1000～500 年</td><td>500～200 年</td><td>200～100 年</td></tr>
</table>

(2) 过水保护设计标准。坝体过水保护洪水设计标准并未有严格的规定。国内几个工程实际采用的设计重现期洪水标准是天生桥一级 30 年、水布垭 30 年、莲花 20 年。过水保护洪水标准应结合上下游围堰设计标准、坝体边坡（坝面保护、保护难度和恢复难度比较）等方面综合分析确定，建议采用不低于导流建筑物的洪水设计标准。

2.9.2.2 挡水保护

面板堆石坝施工期临时挡水，其作用的主体是垫层料区，其设计在大坝分区设计章节中论述。挡水度汛断面应满足抗滑稳定与渗透稳定要求；当利用堆石坝体临时挡水度汛时，应估算堆石体的渗透流量，并校核渗流出逸区的排水能力。

本节主要讨论垫层料固坡保护方法。

1. 挡水保护设计原则

(1) 便于垫层料和其自身施工，加快施工进度。

(2) 保证垫层压实标准。

(3) 保证垫层料施工期不被雨水冲刷、波浪淘刷，必须的施工程序破坏。

(4) 与垫层料、混凝土面板有良好的变形协调。

2. 挡水保护型式分类

实践采用过的挡水保护型式按照施工程序有两大类：

(1) 阶段型：包括乳化沥青、喷射混凝土、碾压砂浆等。一般先分阶段填筑垫层料一定高度，然后进行削坡、斜坡碾压、实施保护结构。斜面作业比较困难，受降雨影响较大。

(2) 即时型：包括挤压边墙、翻模砂浆等。一般与垫层料即时同步上升，施工速度快，不需要超填削坡斜面碾压，节省垫层料。

也有出于结构、施工或其他因素采用几个型式的组合，例如在混凝土或砂浆防护层上增加柔性的乳化沥青层。

3. 挡水保护结构

(1) 乳化沥青。乳化沥青防护工法，是垫层上升合适的高度后，进行超填坝体削坡，然后斜坡碾压，再进行反复的乳化沥青喷洒、撒砂、碾压，形成稳定的沥青复合面层。

斜坡修整垫层料，每上升 3～4.5m，需采用反铲挖掘机进行一次修坡处理，反铲削坡的控制底线为垫层料上游坡面设计线以上 5cm，剩下的削坡工作由人工进行。先进行测量放样，打 6m×6m 网格桩布点，插上钢筋，按测量结果用细尼龙线绑在钢筋上吊线，预留一定厚度的沉降量。人工自上而下，逐层剥除吊线以上的垫层料，使坡面平整。修坡时，要保证坡面平整，碾压后斜坡面的平整度控制在+5～-8cm之内。

斜坡碾压采用 YZT-12 型拖式振动碾，滚筒重 12t。推土机牵引，挖土机配合，转向滑轮转向。斜坡碾压采用错距法，先静碾 4 遍，然后半振碾（上振下不振）6 遍，最后静碾 1 遍。

喷护前垫层坡面必须碾压密实，用人工将坡面松散石屑清扫干净；垫层坡面不宜过于干燥，喷护前洒适量水湿润垫层坡面；喷护前划出喷护区域，划分的区域不宜过大或过小，一般以 6m 左右为宜；卷扬机、碾压机等设备布置就位。

沥青喷护采用人工系安全绳手持喷枪自垫层坡面由上而下喷洒，枪嘴距坡面 30～50cm，第一次喷护后约 2h 洒第一遍砂，第一遍砂的粒径应稍大些，以便形成骨架。因第一遍喷护厚度较薄，砂洒铺得较少，碾压时容易粘碾，造成脱皮，因此第一次喷护不宜进行碾压。在第一层沥青喷后约3h破乳后，用扫帚将坡面浮砂清扫干净，按第一遍施工程序进行第二遍喷护、洒砂。第二遍砂的粒径应稍小些，碾压后才能达到内部密实表面光滑平整的效果。第二次坡面不进行清扫。第二次坡面，喷护后2～3h沥青快凝固时开始碾压，采用10t以上重型斜坡碾碾压一遍（上下为一遍）。

国内一般采用二油二砂，乳化沥青用量约1.8kg/m²，砂用量约2～5kg/m²，第一层砂粒径3～8mm，第二层砂粒径小于5mm。

(2) 碾压砂浆。碾压水泥砂浆护面施工程序是：垫层料每填筑到一定高度时要进行一次碾压水泥砂浆护面施工；护面施工前，要先对垫层料进行平整并压实。碾压水泥砂浆护面施工主要包括水泥砂浆的摊铺、碾压和养护等工序：①摊铺：摊铺前24h先行将垫层坡面洒水湿润，然后将拌和好的干硬性水泥砂浆运输到坝面上，沿坝轴线方向分条块由人工顺垫层坡面自上而下扒平摊铺；三板溪水电站碾压水泥砂浆护面的每一条块宽度为4～6m；②碾压：摊铺完一个条带后，利用坡面碾压设备进行碾压；碾压水泥砂浆护面的碾压遍数为4遍，均为静碾（不需要开振动即可满足要求）；为防止碾压时出现裂缝，振动碾的上行速度一般不大于0.35m/s，下行速度一般不大于0.4m/s；有时由于砂浆含有较多水分，碾压时会出现粘碾现象而使垫层坡面砂浆覆盖不均匀，为避免发生该现象，应指派专人负责在上行、下行结束时清理振动碾；③养护：砂浆初凝后即可开始洒水养护，养护期一般为28d。

碾压水泥砂浆为低强度等级干硬性砂浆，拌制砂浆的水泥必须新鲜、无结块；拌制砂浆的砂采用人工轧制砂，但需筛去粗粒径部分和0.15mm以下的粉砂，使其细度模数控制在2.5～2.8。干硬砂浆的配合比为水：水泥：砂＝(0.25～0.28)：1：(2.0～2.5)。夏季施工时宜适量掺加缓凝剂，增加其和易性以方便施工，同时要遮盖防晒以免砂浆过早凝结。水泥砂浆强度等级一般为5M5，铺厚一般为5～7cm。

(3) 喷射混凝土。喷混凝土施工程序是：①斜坡修整；②斜坡碾压；③喷混凝土：在坡面上打6m×6m网格桩，按坡面设计填筑线测量控制喷护厚度并挂线标识，喷护前先将坡面松散细料自上而下清扫干净后即可开始喷护，采用半湿喷法自下而上分段分片依次进行喷护，一次喷护到设计值5～8cm；喷护坡面平整度控制在±5cm范围内；④养护：坝前斜坡垫层料喷混凝土保护达到设计要求后，需洒水全湿养护14d以上。

喷混凝土设计强度等级一般为C7.5～C10，厚度一般为5～8cm。响水水库素喷混凝土施工配合比见表2.9-3。

表2.9-3 响水水库C10素喷混凝土施工配合比 单位：kg/m³

材料名称	水泥	水	砂	小石	外加剂
材料用量	380	160	1860		15.2
备　注	P. O 42.5				LZ

(4) 挤压边墙。挤压边墙施工法是在每填筑一层垫层料前用边墙挤压机做出一个近似于三角形的半透水的混凝土边墙，然后在其内侧铺筑垫层料，碾压合格后再重复这一工序，形成完整、有一定强度的混凝土临时坝面。

边墙挤压机是为面板堆石坝施工期上游护坡施工，专门研制的一种新型混凝土施工机械。其工作原理为：双联液压泵将柴油机的机械能转换成液压能，一路通过低速大扭矩液压马达驱动螺旋机旋转，将进入料仓内的混凝土拌和料送入成型腔；另一路通过高速液压马达驱动振动器，使成型腔的拌和料产生高频振动。成型腔内拌和料在螺旋机挤压和振动器激振力的综合作用下，充满成型腔并达到设定的密实度；在螺旋叶片轴向推力的作用下，边墙挤压机以密实的混凝土为支撑向前移动，机后连续形成特定几何断面形状的混凝土边墙。

挤压边墙施工工艺流程：作业面平整与检测→测量与放线→边墙挤压机就位→搅拌车运输卸料→边墙挤压→表面及层间缺陷修补→端头边墙施工→垫层料摊铺、碾压→取样检验→验收合格后进入下一循环。边墙成型速度快，施工速度可达40～80m/h，在速凝剂的作用下1h后即可铺设垫层料，4h后可进行垫层料水平碾压。挤压边墙施工工艺如图2.9-5所示。

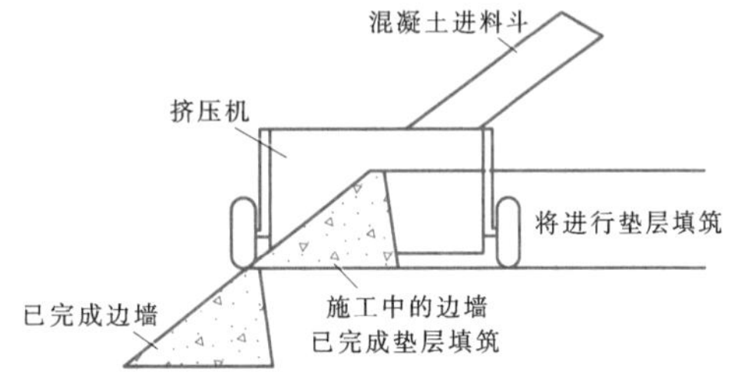

图2.9-5 挤压边墙施工工艺示意图

水布垭挤压边墙断面为梯形，高40cm，顶宽10cm，底宽71cm，上游坡比与大坝坡面一致，为1：1.4，下游坡8：1.0。挤压边墙混凝土设计技术参数见表2.9-4，采用ⅡAA混合料配置，施工配合比见表2.9-5。

公伯峡挤压边墙采用混凝土骨料级配料配置，施工配合比和技术参数分别见表2.9-6和表2.9-7。

表2.9-4　水布垭挤压边墙混凝土设计技术参数

项目	干密度（g/cm^3）	渗透系数（cm/s）	弹性模量（MPa）	抗压强度（MPa）
指标	≥2.25	10^{-3}～10^{-4}	5000～7000	<5

表2.9-5　水布垭挤压边墙混凝土施工配合比

项目	水泥（kg/m^3）	水（kg/m^3）	ⅡAA料（kg/m^3）	速凝剂（%）	减水剂（%）
配合比一	62	83.7	2144	4	0.8
配合比二	62	80.6	2153	4	0.8
备注	32.5普硅			巩义8604	葛洲坝NF-1

表2.9-6　公伯峡挤压边墙混凝土施工配合比

项目	水泥（kg/m^3）	水（kg/m^3）	砂（kg/m^3）	骨料（kg/m^3）	速凝剂（%）	减水剂（%）
配合比	80	105	651	1449	3.2	—

表2.9-7　公伯峡挤压边墙混凝土设计技术参数

项目	干密度（g/cm^3）	渗透系数（cm/s）	弹性模量（MPa）	抗压强度（MPa）
指标	2.0～2.5	10^{-2}～10^{-3}	5000～7000	<5

（5）翻模砂浆。翻模砂浆固坡技术的原理是：在大坝上游坡面支立带楔板的模板；在模板内填筑垫层料；振动碾初碾后拔出楔板，在模板与垫层料之间形成一定厚度的间隙；向此间隙内灌注砂浆；再进行终碾，由于模板的约束作用，使垫层料及其上游坡面防护层砂浆达到密实并且表面平整。模板随垫层料的填筑而翻升。

施工程序为：模板支立→垫层料填筑→垫层料初碾→拔出楔板→灌注砂浆→垫层料终碾→下层模板翻升至最上层。①模板安装：模板采用特制的成型模板现场人工拼装，采用内拉的方法固定；在碾压后的垫层面上打插筋，插筋为$\phi 25$螺纹钢；插入垫层料深度40～60cm；插筋距离垫层坡面和模板上表面基本平齐；②垫层料填筑与碾压：铺料采用自卸车卸料，反铲挖掘机平整，靠近模板的三角部位辅以人工填料，铺料虚铺厚度为50cm；碾压采用15～25t自行式振动碾，行走速度1.5km/h，先初碾6遍，灌注完砂浆后终碾2遍；③坡面砂浆灌注：垫层料初碾完成后抽出楔板，利用溜槽人工灌注砂浆；并辅以人工捣实，砂浆利用拌和楼拌制；采用混凝土罐车运输；④模板翻转：垫层料填筑3层后，下一层模板利用人工拆除并拼装在上一层模板上，模板拆除时间根据施工进度及施工期气温条件而定，一般拆模时间不早于24h。

翻模砂浆施工工艺如图2.9-6所示。

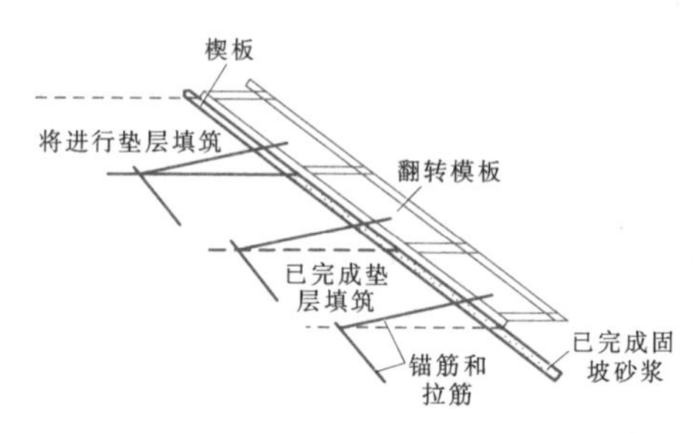

图2.9-6　翻模砂浆施工工艺示意图

质量控制措施：①垫层料碾压时，振动碾滚筒边缘充分靠近模板内的垫层料上游边沿，其距离不大于15cm；②砂浆灌注结束后，确保在砂浆初凝前完成终碾作业；③垫层料填筑时，对模板反坡下部的垫层料采用人工回填，防止架空；④翻模模板要具有足够的刚度，并且调整灵活，拆装方便；每层模板按测量放线进行安装；⑤固定模板拉筋的锚筋布置在距垫层料上游边沿65～70cm处；拉筋直径不宜小于14mm，砂浆固坡外露拉筋在面板滑模施工过程中割断，以减少对面板的约束；⑥振动碾无法到达的部位，采用小型振动机具压实或人工夯实垫层料。

固坡砂浆的设计强度按3～5MPa控制，渗透系数按$k=i\times10^{-4}$cm/s控制，砂浆稠度按12cm控制。蒲石河上库砂浆配合比为：水泥180kg，粉煤灰60kg，砂1450kg，水264kg。砂浆固坡的厚度宜为5～6cm。

2.9.2.3　过水保护

1. 过水保护方式

采用过水度汛时，坝体保护方式应与采用的围堰方案统一考虑，特别是下游围堰的运行方式和堰顶高程。过水保护方式分两种：①围堰汛期不保护，汛期冲毁，下一个枯水期重建，这样坝体保护是重点和难点；②过水围堰，适当提高下游围堰堰顶高程，减低过坝流速，这时围堰保护是难点，坝体保护难度减少。

过水保护方式的主要内容是：综合考虑施工进度、导流流量、导流方案、围堰方案，通过技术经济比较，确定合适的堆石坝体施工期过水的高度、过水堆石坝体的平面和剖面轮廓尺寸、过流底板和两岸填筑边坡保护措施。

进行过水保护方式设计时，应计算各种工况的水力参数。重要工程的过水保护方案宜经水力学模型试验验证。堆石坝体过水时，应能抵抗水流对坝面、坝基及岸坡的冲蚀，保证坝体稳定。

堆石体受表面水流和渗流共同作用，基础的稳定性和坝坡稳定性一样重要，过水保护措施设计应与坝体保护同时考虑。过水保护措施和水力梯度、流速分布有关。这些参数和过水流量及围堰、堆石坝体的平面、立面轮廓尺寸关系密切，局部地形变化引起的回流也会破坏保护措施。过水保护设计的参数和计算工况有关，依不同工程而异。如下两种工况应予考虑，但不限于这两种工况：①堆石体顶面刚过水时，堆石体内渗透梯度大，且下游坝坡会出现急流，下游坝坡稳定性最差，应求出此工况的流网，供校核坝坡稳定用；②淹没溢流后，下游坡面流速可能较大，需要按此工况的流速确定坡面保护设计。

坝面过水保护措施设计应重视堆石坝体与两岸及下游坝趾附近连接部位的保护，也就是与水流接触的、坝体折线产生紊流的部位的保护。需要保护的部位有坝体上游坡面、坝面、坝体下游坡面、坝体下游坡脚及河床两岸，其中坝体下游坡面、坝体下游坡脚及河床两岸部位的保护是关键。

2. 过水保护措施

过水保护措施设计应根据不同的部位对应的水力学条件，采用不同的方案。一般抗冲的措施均可采用，堆石坝经常采用的过水保护措施有加筋堆石、钢筋石笼、干砌石或抛石、坝面碾压堆石、碾压混凝土或混凝土过水保护等。

(1) 加筋堆石。加筋堆石防护也称为钢筋网防护，主要用于坝下游边坡防护。加筋堆石防护构造如图 2.9-7 所示。

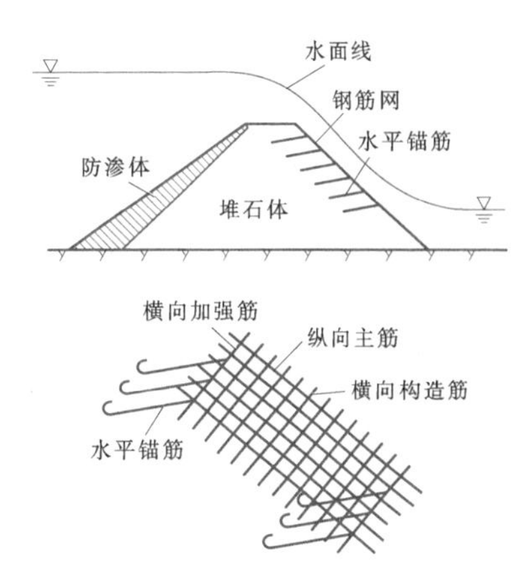

图 2.9-7　加筋堆石防护构造示意图

莲花坝体下游坡采用钢筋网加固，钢筋 $\phi25$，孔网尺寸 25cm×25cm。钢筋网下坝体填筑的石料粒径不小于 20cm，填筑厚度 2.0m。水平拉筋 $\phi32$，长 10m，水平与垂直间距均为 90cm，水平筋与钢筋网焊接，并在外侧加了一层干砌石。

(2) 钢筋石笼。钢筋石笼施工方便、防冲效果好，可以在各个防护部位使用。

天生桥一级水电站进口收缩岸坡弧形段、出口扩散岸坡弧形段采用石笼护坡，与预埋在坝内的钢筋焊接，并以 4m×1.5m×1m 的石笼压脚；泄槽底部进口段 40m 与出口段 15m 设置石笼，底部以钢筋相连；泄槽两侧 1∶1.4 的坡面上，先用钢筋焊成 1.6m×1.6m 的骨架，再于其内干砌大于 20cm 的块石，上覆铅丝网，再焊钢筋作为压条（间距 0.8m×0.8m），并与预埋在坝内的钢筋焊牢，在护坡与槽底相接的坡脚，在 4m 宽范围内实施与上述护坡相同的保护措施。

芹山下游边坡采用双层钢筋网护面，钢筋石笼采用人工装直径大于 20cm 的块石，钢筋笼尺寸为 2m×2m×1m，网格为 10cm×10cm，内层钢筋网采用 $\phi8$ 钢筋，双向间距为 10cm；外层钢筋网采用 $\phi22$ 钢筋，斜向主筋间距 30cm，横向主筋间距为 60cm，由 $\phi22$ 锚筋接混凝土锚定块（0.4m×0.4m×0.6m）锚固，锚筋水平间距为 90cm，竖向间距为 120cm。下游堰脚处设宽 4m、厚 50cm 的混凝土压脚，将内层钢筋网与其固定；为防止扬压力对混凝土压脚的抬动，设置 1.5m 长、间距为 1.0m×1.5m 的排水孔，孔径为 45mm。

(3) 干砌石或抛石。干砌石和抛石是常用的防冲措施，但由于大的块石难以开采，现在单独采用的不多。抛石特别适用于抢险保护。块石粒径和厚度应根据水力学计算和试验确定，一般不小于 0.5m。

郑家塆面板坝下游坡面防护，随着坝体填筑，及时护砌下游面护坡，随后将下游坡面与下游围堰之间全部用粒径 2～3m 的大块石进行压盖。

(4) 坝面碾压堆石。坝面碾压堆石主要是应用在坝顶缓坡段水流平顺处，用大块石或坝体填料填筑后碾压密实。大多数工程采用了此种方案。

水布垭坝面采用振动碾碾压密实和平整，虽然坝面相当部分石料粒径小于抗冲稳定粒径要求，但考虑石料间经碾压后具有嵌固作用，加上坝前沿用钢筋笼锁固，经分析可保证坝面的抗冲稳定，动床模型试验也证实了这一点。

（5）碾压混凝土或混凝土。混凝土防护有两种：一种是过流面层薄层面板防护，一种是在坝体下游坡脚设置独立的或随堆石体同时上升的（碾压）混凝土坝体。

巴西辛戈（Xingo）坝采用随堆石体同时上升宽4m的碾压混凝土坝体，坝体内需注意设置排水设施，如图2.9-8所示。水布垭采用独立的碾压混凝土坝体，垫层料和过渡料表面采用碾压砂浆保护，保护范围超过过渡料区延伸至主堆石区2m，平铺碾压砂浆的厚度为10cm，如图2.9-9所示。

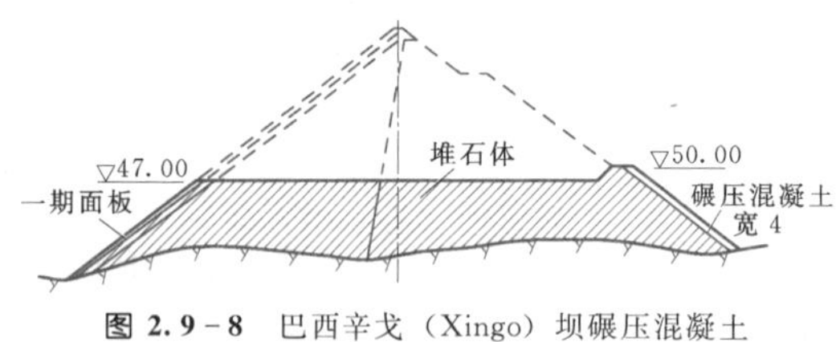

图2.9-8　巴西辛戈（Xingo）坝碾压混凝土过水保护示意图（单位：m）

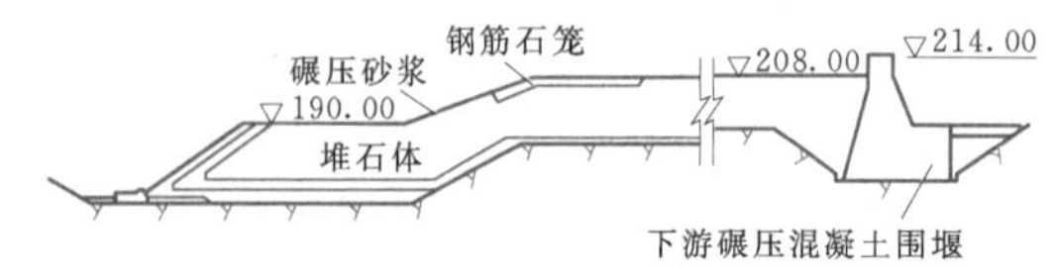

图2.9-9　水布垭碾压混凝土过水保护示意图（单位：m）

大河水库坝顶中后部采用60cm厚的小石混凝土（C15）砌石护面和钢筋混凝土护面；下游坝坡先形成坡度为1∶5的堆石体，其上用混凝土护面，混凝土楔形块厚度40～60cm，分块尺寸为3m×3m。

3. 开始度汛、汛期抗洪和重启填筑

开始度汛前应对基坑进行预充水，以防止围堰下游边坡和坝体上游边坡的损坏。

充分的汛期抗洪预案和准备、及时的抗洪抢险是保证安全度汛的组织措施，应充分认识抢险的作用，抢险有可能使事故消灭在萌芽状态，避免引起连锁反应，造成重大的人员和经济损失。

重启填筑前，除下游边坡防护不需要处理外，一般需要挖出坝面的保护设施和污染的坝体，进行碾压处理后继续填筑坝体上升。

2.9.2.4　坝体反压处理措施

1. 反向水压的形成

大部分坝址地形下游填筑区建基面高程高于上游趾板区建基面高程，有些工程高差达20m多，由于垫层料的渗透系数较小，为半透水性，地形的高度差使水流通过坝体渗透到坝基内，在坝前形成反向水压力。另外面板施工时基坑抽水也会形成反向水压。一旦反向水压增大到垫层坡面无法承受的程度，超过垫层容许破坏比降时，会导致垫层坡面被水流冲破，或者面板的抬动或挤压。天生桥一级面板堆石坝的试验成果说明：当面板浇筑前，出现反向渗压情况下，该水平宽度3m的垫层，可能承受的反向渗透水力比降约1.2～1.4，相应的反向水位差只有3.6～4.2m时，即可能产生管涌破坏。

反向水压力的存在，使得在坝体填筑期必须采取有效的坝体内排水和减压措施，以降低反向水压对垫层的破坏，防止混凝土面板因反向水压而出现裂缝式的渗水通道。国内外均报道有反向水压产生破坏的实例。

坝体水的来源主要有施工期主坝碾压施工洒水、下游岩体渗水、建筑物施工用水、降水及坝后尾水等。尤其是突降暴雨时基坑内会大量积水，加速了反向水压的形成。

2. 反压排水布置

排水设施分为水平排水、竖井抽水。水平排水一般包括堆石体内的集水装置、引流钢管、上游集水井。集水装置由钢花管、反滤网、卵石反滤体组成；引流钢管由钢管和阀门（阻塞器）构成；上游集水井包括井、水泵等。部分工程采用竖井抽水，增设了坝体内临时水泵抽排设施，用于解决临时施工程序问题。

地表集水尽可能外排，在两岸高边坡的合适位置设截水沟并结合施工道路排水沟将一部分地表水引出基坑，并在坝下游设集水坑用水泵常年抽水。

排出坝体主排水宜采用自流方案，可缩短需要排水时的抽排时间。

排水流量应根据水的来源和强度估算，也可参考类似工程实例选择。

集水装置要满足集水、反滤、与周围堆石体变形协调、便于施工、不易损坏的要求。引流钢管根据工程特点布置，可设置在趾板内部、趾板上部、面板底部，但过高则不能自流排水。上游集水井需要考虑抽水布置和封堵要求。

三板溪大坝反向排水系统布置采用ϕ150钢管，沿河床坝踵水平段5m左右的间距布置。排水管的上游端延伸至趾板混凝土顶部位，从趾板顶部引接出来，在管口安装法兰盘和活动阀门，以保护管内不被堵塞，有利于排水及后期的封堵。主排水管路共布设7根，其中，5根长管水平穿过垫层区进入主堆石区后向坝体下游延深约25m，垂直上升3m，引接ϕ150的横向花管，包裹2层不锈钢过滤网，内侧采用1mm的滤网，外侧采用5mm的滤网，回填2层20～40cm、40～80cm的碎石；2根短管平行于水平段趾板布置，布置在垫层区下的特殊垫层区内。反向排水系统布置在趾板和坝基开挖、清理结束后进行。

三板溪反向排水布置如图2.9-10所示。

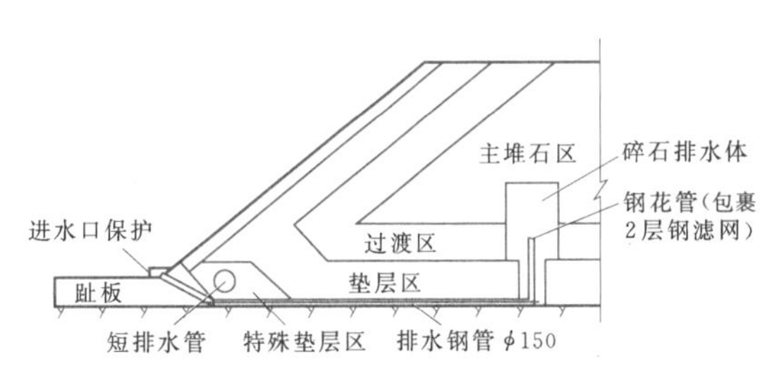

图2.9-10　三板溪反向排水布置示意图

珊溪水库在坝体内离趾板20m处的坝体主堆石内设置排水体，排水体为2～10cm的卵石，宽×高为2m×3m，长80m。在趾板排水孔与卵石排水体间布置8根经防腐处理的ϕ200普通钢管，排水管穿过趾板及其后部的垫层和过渡层区域。竖向排水钢管为有孔花管，外包两层不锈钢滤网，防止钢管堵塞，有利于排水畅通。

珊溪反向排水布置如图2.9-11所示。

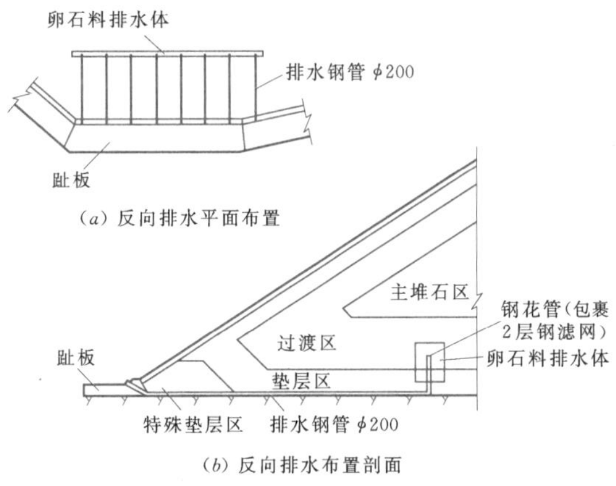

图2.9-11　珊溪反向排水布置示意图

3. 排水封堵和压重

(1) 封堵型式。反向排水的封堵应结构稳定、不渗漏、便于施工、快速封堵。一般钢管内采用焊接闷头、阻塞器和灌注砂浆、水泥灌浆等，端口采用现浇混凝土墩堵头、预留孔口切断钢管浇筑高强混凝土等。集水井采用细石料回填后，端口用混凝土将预留井口结构封堵。

(2) 封堵施工和压重。封堵施工是一个与水赛跑的过程，封堵一般在面板浇筑完成后、压重施工前进行，压重完成后就不存在反向水压问题了。

应对封孔时间、封孔顺序、面板上游回填黏土和任意料的填筑进度、混凝土面板下游渗透水的上升速度、混凝土面板承受的反向水压力等进行详细分析和研究。封孔顺序主要考虑有利于封孔历时短、速度快，避免反向渗水抬动面板，破坏止水系统。先进行较低的河床趾板内的排水管封堵，上游黏土和任意料跟进回填至集水井位置，形成前期压重，然后进行集水井的最后封堵，上游黏土和任意料快速回填，全面完成反向排水系统的封堵工作。

水布垭面板堆石坝，上下游水位高差26.7m，采取了在距离趾板后部25m的主堆石料区设置两个排水井，井底坐在基岩上，排水井直径2m，由两层直径分别为2m和3m的圆形钢筋网组成，钢筋ϕ20，间距10cm，钢筋网外裹加密网，为保证渗水能自由流入排水井中，并保护排水井不被堵塞，在两层钢筋网之间填充50cm厚粒径为2～4cm级配碎石净料，钢筋网外侧填1m厚的过渡料。在坝体高程179.30m共设置6根ϕ200排水钢管，一端深入排水井，另一端伸出垫层料上游侧。

面板浇筑前，沿挤压边墙上游面将排水钢管割断，套接PVC管以备面板施工时排水。一期面板浇筑完成后即封堵排水管，封堵时先扫除面板混凝土内PVC管，设置阻塞器、回填砂浆并用钢钎捣实。一期面板浇筑时在排水井位置预留缺口，坝前铺盖填筑至排水井口高程时，分层填筑掺加3%水泥的垫层料进行排水井封堵。

水布垭反向排水布置如图2.9-12所示。

2.9.3　坝体加高设计

2.9.3.1　分期完建的面板坝

(1) 分期完建的面板堆石坝，应按最终规模的等级和标准进行设计。坝体分区、填料压实标准、趾板宽度、面板厚度、基础处理及接缝止水等均应按照最终规模标准进行设计。

(2) 分期建设的面板堆石坝，应统筹各分期施工阶段的施工规划，后期无法或不易实施的部分，应在先期施工时按最终规模实施。为避免施工干扰，保证施工进度，面板堆石坝的坝肩开挖、坝基处理、水下填筑等一般要求一次性实施。

2.9.3.2　土质防渗体堆石坝加高

土质防渗体堆石坝采用面板堆石坝从下游面加高时，应研究以下问题：

(1) 对原坝基及坝体防渗设施的适应性及可靠性进行论证，必要时进行补强处理。

(2) 对原土质防渗体与混凝土面板之间的连接和

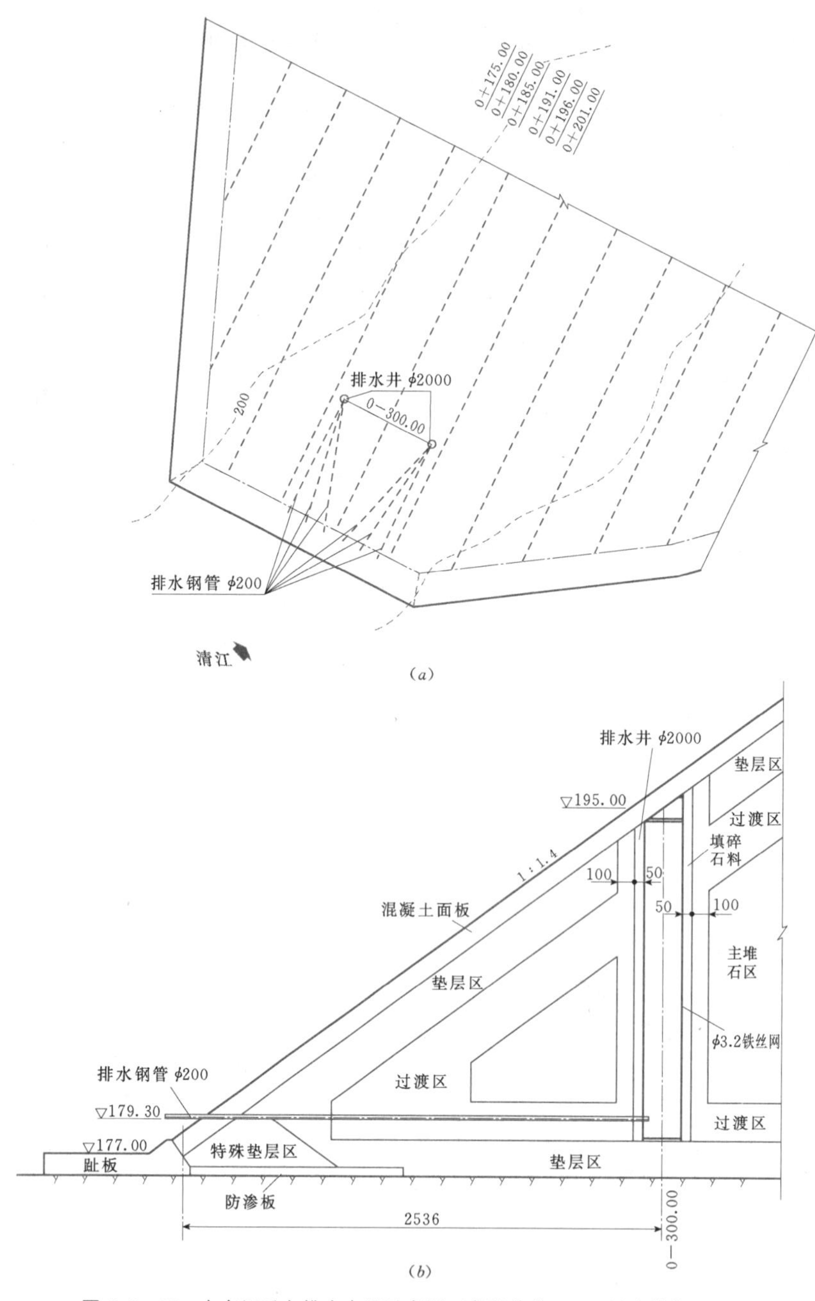

图 2.9-12 水布垭反向排水布置示意图（高程单位：m；尺寸单位：cm）

止水进行专门设计。

（3）对加高后的坝体进行坝坡抗滑稳定分析，以确定上游坝坡是否需要加固及必要时的加固措施，并确定加高后坝体的下游坝坡坡比。

横山水库原黏土心墙坝高 48.6m，在不放空水库的情况下，用面板堆石坝从下游面加高到 70.2m，面板与心墙连接，该坝已运行 20 余年。横山水库工程扩建设计的关键问题是薄黏土心墙砂砾石坝加高方式，老坝体及坝基的防渗加固，扩建工程施工期间水库水位的控制，新老坝体防渗结构的连接设计等。

（1）加高方式。经分析研究，为了不影响原水库效益的发挥，拦河坝采用退建方式加高，即在老坝下游采用堆石填筑加高扩建，加高部分坝体防渗采用混凝土面板。

（2）老坝体及坝基防渗加固。老坝体黏土心墙齿槽宽 10m，为坝高的 1/5，坝基有宽达 9.2m 的大断层，由于当时条件所限未经彻底处理，在蓄水运行期间，断层部位测压管曾出现不正常现象。工程扩建后，库容、坝高、水头等将增加很多，老坝基的防渗将难以满足扩建设计的要求。同时，老坝黏土心墙为薄心墙，顶宽仅为1.5m，上、下游边坡为1：0.18，曾担心因拱效应使心墙产生水平裂缝，在渗透水压力作用下产生水力劈裂，导致防渗体失效，危及大坝安全。考虑到上述因素，坝基坝体防渗均需进行处理。经过多种方案比较和大坝应力应变分析，决定在黏土心墙内建混凝土防渗墙，使坝体坝基防渗满足设计要求，确保大坝安全运行。

(3) 施工期库水位控制。混凝土防渗墙施工期间水库水位的控制直接影响到墙体的施工及大坝的安全。经分析，提出了施工中槽孔内泥浆面高于库水位2m以上的要求。实际防渗墙施工遇到连续台风暴雨，最高库水位达到98m，比槽内泥浆面低3m，防渗墙施工未出现问题，水库仍发挥拦洪效益。

(4) 大坝防渗系统。扩建工程加高部分坝体采用混凝土面板防渗，面板与混凝土防渗墙之间的连接，设计进行了多种型式比较，曾考虑采用沥青混凝土，因方量小，需设沥青系统，造价贵而放弃，后经进一步分析研究，得出设4.4m长的趾板受力状态较好。趾板基础采用垫层料置换1m厚的老坝体黏土与砂砾石，在垫层填筑前用振动碾对砂砾石基础进行压实。趾板同混凝土防渗墙之间设能适应较大变形的宽缝，缝内设三道止水，此结构型式较好地解决了新老坝体防渗体间的协调连接，通过近几年蓄水运行观测，变形量较小，取得了良好的防渗效果。

2.9.3.3 面板堆石坝加高

面板堆石坝加高时应对以下几方面的问题进行研究：

(1) 已建面板堆石坝加高设计中，应充分论证已建坝体、坝基及防渗工程和已有止水系统的适应性，保证加高后坝体的正常运行。

(2) 后期建设的坝体采用从下游面加高的方式时，应分析后期施工对已建坝体应力变形的影响，提出处理措施。

(3) 在坝体加高时，应对已浇面板进行脱空检查，原混凝土面板与坝体之间如因坝体沉降而产生脱空时，应以低强度、低压缩性材料灌注密实，保证其良好结合。

巴拿马福耳图那（Fortuna）大坝为原65m高面板坝加高到105m高面板坝。

2.9.3.4 混凝土重力坝、砌石坝加高

重力式混凝土坝或砌石坝可用面板堆石坝从下游面加高时，应研究以下问题：

(1) 对原坝基及坝体防渗设施的适应性及可靠性进行论证，必要时进行补强处理。

(2) 由于加高后原混凝土坝的受力条件发生变化，因此，应综合考虑加高后坝体所承受的堆石压力、水压力等荷载，对原混凝土坝进行稳定和应力分析，以确定混凝土面板在原混凝土坝体上的支撑点高度，保证原坝体在各种荷载作用下的稳定。

(3) 由于原混凝土坝与堆石体间存在不均匀沉降，为保证加高后坝体的止水效果，应尽量提高堆石的压实密度，以减少周边缝的变形，对原混凝土坝体与混凝土面板接合处周边缝的止水结构进行专门设计。

西班牙新耶撒（New Yesa）坝是一座面板堆石坝，原坝的坝型为混凝土重力坝，坝高48m，坝轴线为直线，坝顶长398m，坝顶宽7m。上游面垂直，下游面坡比为1：0.78。新坝体在原坝体下游面的2/3坝高处以下与原坝体相接，最大坝高116.7m，坝顶长504m，上游坝坡1：1.5，下游坝坡1：1.6，填筑方量约为439.4万m^3。钢筋混凝土面板的厚度为30cm，在面板底部的5m范围内，面板厚度增加至50cm。混凝土面板支撑在原坝体下游面的阶梯之上，长度约285m。这些阶梯均为水平，宽度为1.56m，高度为2.00m。面板的支撑体为覆盖整个阶梯宽度的趾板。支撑于老坝坝体之上的面板周边缝的止水结构组成为：①铜止水：W型，厚1.5mm，宽75cm；②由氯丁橡胶板保护的IGAS型沥青玛琋脂；③在新旧两坝之间的孔隙填充惰性可冲蚀材料，厚65cm，上层覆盖粉质黏土。对于原坝体之外的周边缝，铜止水仍然保留，但IGAS型沥青玛琋脂则被惰性可冲蚀材料取代。大坝的灌浆帷幕从原坝的廊道施工，灌浆孔间距2m，向上游倾向15°。在原坝范围之外，灌浆帷幕通过趾板的外侧部分进行。

2.10 安全监测设计

2.10.1 安全监测的特点与设计原则

面板堆石坝的坝体结构不同于土质防渗体土石坝，面板堆石坝坝体防渗体系由混凝土面板、趾板及其接缝止水组成，若其趾板建立覆盖层上，其防渗体系还包括连接板和坝基混凝土防渗墙。面板堆石坝的坝体一般由垫层区、过渡区、主堆石区、下游堆石区和排水体区组成，因此面板堆石坝安全监测的项目、重点和布置与土质防渗体土石坝有所不同。

2.10.1.1 面板堆石坝安全监测的特点

(1) 面板堆石坝防渗体系是安全监测的主要对象。表征防渗体系性状的主要指标是混凝土面板挠度、面板应力和变形以及接缝（包括面板垂直缝、水平缝和周边缝）位移。

(2) 面板和接缝的工作状态受到堆石坝体变形的直接影响，坝体分区要遵循变形协调的原则，因此坝体变形特别是堆石坝体内部变形监测的要求往往比土质防渗体土石坝的堆石体变形监测的要求要高。

2.10.1.2 面板堆石坝安全监测设计原则

面板堆石坝工程安全监测的目的是监测面板堆石坝的性状，指导工程安全施工和安全运行，充分发挥工程效益，同时可以为指导施工、评价施工质量和优化设计提供技术资料和依据。

面板堆石坝安全监测设置的原则如下。

1. 全面

安全监测应能较全面地反映大坝的工作性状。

2. 保证重点

应针对面板堆石坝的工作特征，必须设置涉及大坝安全的重点观测部位的重点观测项目。

(1) 坝体变形。坝体变形包括坝面的垂直位移和水平位移以及坝体内部的垂直位移和水平位移。

坝体变形监测是面板堆石坝最基本的观测项目，几乎所有的面板堆石坝工程都设置了这项观测设施。坝体变形监测不仅用于指导施工、判断和完善施工强度和施工顺序的合理性，而且用于反馈分析、优化设计，提高设计水平。坝体变形直接影响到面板的工作条件和应力变形性状，坝体变形监测可用于判断面板的工作性状，分析面板脱空和面板裂缝的成因或可能性。在运行期及时分析坝体变形与库水位、降雨、时间的关系，用于判断坝体和面板的工作性状，指导工程安全运行。

天生桥一级面板堆石坝坝体变形监测用于判断施工期垫层区裂缝、分析面板脱空和裂缝成因以及面板垂直缝周围混凝土破损成因，提出加固处理措施，指导工程安全运行，发挥了重要作用。

(2) 接缝位移。接缝包括面板垂直缝和水平缝以及周边缝，对于趾板建在覆盖层上的面板堆石坝，还包括连接板（或趾板）与混凝土防渗墙之间、连接板之间、连接板与趾板之间的接缝。

面板堆石坝的渗流安全主要是防渗体系：防浪墙—面板—趾板—连接板—防渗墙各混凝土结构的防渗安全性和接缝止水结构的防渗安全性，接缝止水结构安全性状与接缝的位移关系密切，因此监测各类接缝的位移是必须的。

(3) 渗透压力和渗流量。反映面板堆石坝的渗流安全性状的监测项目是：防渗体系的防渗效果——防渗体系上、下游渗透压力和坝体渗透压力分布以及渗流量。面板堆石坝稳定安全的基础条件之一是坝体是自由排水的，因而监测坝体渗透压力分布可以判断坝体是否自由排水，坝体各区之间是否符合水力过渡原则。

监测渗流量及其与库水位、降雨、坝体变形、接缝位移和面板应力变形性状的关系，可以判断大坝渗流安全性，及时发现隐患或及时分析严重渗漏原因。株树桥面板堆石坝和沟后面板砂砾石坝是典型的工程实例。

监测绕坝渗流仍然是面板坝的必测项目。吉林台一级面板堆石坝的绕坝渗流监测说明该工程渗流量大都是绕坝渗流，面板堆石坝的接缝止水和面板的防渗性能良好，也是典型的工程实例。

(4) 面板的变形和应力。面板是面板堆石坝最主要的防渗结构物，面板的面积大、厚度薄、裂缝成因复杂而且工作环境（水位、气温和坝体变形等）变化大，因此面板的变形和应力监测是面板堆石坝安全监测的重点之一，并且监测面板的挠度和拉应变以及压应变直接关系到面板裂缝以及面板挤压破坏的判断和成因分析。

3. 少而精

安全监测要全面反映大坝的工作性状并重点保证重点观测部位的重点观测项目，但并不是观测项目、观测断面和观测仪器越多越好，应根据工程的地形条件、工程地质与水文地质条件、面板堆石坝的分区设计，以及筑坝材料、防渗体系的设计，以少而精的原则进行统筹安排，合理布置。并且在施工期还要根据地质条件或施工情况的变化及时调整完善。天生桥一级面板堆石坝工程安全监测及时增加了坝体（垫层区）裂缝和面板脱空监测项目是成功实例之一。

4. 仪器合理选型

选择观测仪器和观测设施应考虑下列要求：

(1) 可靠。观测数据能正确反映各结构物工作性状，有足够的精度，即有较高的分辨率、较好的线性和重复性。

(2) 耐久。使用寿命满足工程要求，有的观测仪器应与面板堆石坝使用年限相同，零漂、时漂和温漂应满足使用要求。

(3) 埋设方便。埋设安装时对施工干扰少，不需要交流电源，在施工期和运行期便于维护、操作、测读、检修和更换。

(4) 密封性好。耐水压满足设计规定，绝缘度满足要求。

(5) 在恶劣的环境中正常工作，在外界温度变化 −20～60℃、湿度大于 90%条件下长期工作，耐酸、耐碱、防腐蚀，有防雷击和过载保护装置。

(6) 结构牢固，能承受运输震动，埋设安装时遭受碰撞或倾倒、周围混凝土振捣和坝体碾压填筑时不会损坏。

(7) 便于实现遥控遥测。

(8) 价格合理。

2.10.2 安全监测项目

1 级、2 级面板堆石坝和 100m 以上高面板堆石坝应设置下列监测项目，其他坝可根据需要选设：

(1) 坝面垂直位移和水平位移。

(2) 坝体内部垂直位移和顺河向水平位移。

(3) 接缝位移。

(4) 面板变形（挠度）、应变、温度和钢筋应力。

(5) 渗流量、坝基渗流压力和水质。

(6) 上、下游水位，降水量和气温。

根据工程具体情况，1 级、2 级面板堆石坝和 100m 以上高面板堆石坝可增加下列监测项目：

(1) 坝体内部的坝轴向水平位移，在岸坡陡峻河谷狭窄的工程宜考虑设置。

(2) 面板脱空，高坝、软岩筑坝或面板浇筑与坝体填筑难易协调的工程宜考虑设置。

(3) 坝体渗流压力，若坝体采用不能自由排水的软岩堆石料或砂砾石料填筑时宜考虑设置。

(4) 绕坝渗流，在两岸坝肩地质条件较差时可能存在渗流通道、采取渗控措施的工程宜考虑设置。

(5) 坝基混凝土防渗墙的变形和应力，在趾板建在覆盖层上、坝基采用混凝土防渗墙的工程宜考虑设置。

(6) 坝基覆盖层的沉降，在趾板建在覆盖层上或坝基覆盖层深厚、预计变形量较大的工程宜考虑设置。

(7) 高趾墙和（或）挡墙的应力和土压力。

(8) 堆石坝体土压力和面板接触压力。

(9) 地震反应，在有抗震设防要求的工程宜在坝址基岩面、坝顶、下游坝坡不同高程和高度较高的挡墙和泄水建筑物进水塔设置强震仪。

(10) 岸坡位移和支护措施效果，在岸坡可能失稳或采取支护措施，而且岸坡失稳将影响大坝安全的工程宜考虑设置。

(11) 严寒和寒冷地区冰层对面板的推力。

2.10.3 安全监测断面选择与测点布置

1. 坝面变形监测布置要点

(1) 根据地形、地质条件和建筑物的布置，选择变形监测工作基点，并与工程控制网相连。

(2) 监测纵、横断面布置应以较少的断面达到全面监测大坝表面变形的目的。

(3) 坝面变形监测纵、横断面布置应尽量与坝体内部变形监测断面一致。

(4) 在河床最大断面、地形条件突变、地质条件复杂或有缺陷以及与相邻建筑物交界处应设置监测横断面。

(5) 在坝顶上、下游两侧（至少上游侧），正常蓄水位，下游坝坡半坝高，下游坝趾和坝体内部变形观测房处应设置监测纵断面。

2. 坝体内部变形监测布置要点

(1) 一般只设置观测横断面，在岸坡陡峻的河谷或需要监测坝体纵向（坝轴线方向）的位移时可设置观测纵断面，如洪家渡面板堆石坝工程。

(2) 一般可在坝面变形监测横断面中选取典型的断面作为坝体内部变形监测断面。例如河床最大断面、覆盖层最深的断面和地形地质条件变化较大的断面。

(3) 坝体内部变形监测断面的测点布置应满足全面监测坝体沉降和水平位移的要求，又应根据覆盖层分布、面板堆石坝坝体分区、坝体变形对面板应力变形的影响等特点来确定测点布置，最好依据三维有限元法数值分析结果。在可能产生坝体变形（沉降和水平位移）最大值的部分布置测点，各测点的测值能形成较完整的坝体变形等值线；垂直位移（沉降）测点和水平位移测点尽量在同一部分或相邻部分；在垫层区应设置测点，以监测坝体变形对面板与垫层区工作性状的影响；在覆盖层面应设置数个测点，有必要时在覆盖层内不同深度设置垂直位移（沉降）测点。

(4) 坝高 150m 以上的高坝，坝体内部变形监测一般设置 3 个监测横断面，最大断面一般设置 4～5 个监测高程，每一监测高程设置数个至十余个测点。

3. 接缝位移监测布置要点

(1) 在地形、地质条件变化大的部分布置周边缝测点。一般来说，在河床最大断面、覆盖层最深的断面、趾板线拐点、岸坡陡峻或坡度变化处、覆盖层厚度变化处、防渗体系各结构物连接方式或体型变化处宜设置周边缝测点，最好依据三维有限元法数值分析结果，在可能产生较大的周边缝位移处设置测点。

(2) 在连接板（或趾板）与混凝土防渗墙之间接缝处应设置足够数量的测点。

（3）面板垂直缝位移测点高程或位置尽量与周边缝测点一致或相邻，以便综合分析。

（4）在两岸坝肩面板张拉区和河谷中央挤压区应设置面板垂直缝位移监测点。

（5）在最大断面和数个适当断面应设置面板水平缝（面板与防浪墙接缝）和垂直缝位移监测点，以监测运行时面板与防浪墙位移的差异和两岸面板向河谷中央的位移。

（6）面板垂直缝和水平缝位移测点宜与面板应力应变监测断面统筹布置。

4. 渗透压力与渗流量监测布置要点

（1）在坝基表面和坝基地质缺陷处理处适当布置测点，以监测坝体渗透压力分布。

（2）在混凝土防渗墙下游侧布置测点，以监测混凝土防渗墙的防渗效果。

（3）在趾板下游和内趾板的下游设置测点（可设置在特殊垫层料和反滤料下游），以监测趾板防渗效果。

（4）应监测渗流量，并设法能将降雨、下游尾水位的影响区分清楚；必要时应进行坝体与坝基的分区渗流量监测。

5. 面板变形和应力监测布置要点

（1）面板变形监测断面宜从坝面变形监测横断面中选取典型的监测断面，例如河床最大断面、面板性状变化的断面或地形地质条件（包括覆盖层）变化较大的断面，面板变形监测横断面宜与坝体内部变形监测横断面一致。

（2）面板变形监测主要是面板挠度的监测和面板脱空的监测，面板在坝轴向的变形应从面板垂直缝位移和混凝土面板轴向应变的监测来得到。

（3）面板挠度的测点布置可以均布，也可以在每期面板顶部适当加密，每期面板的底部适当稀疏，面板脱空测点主要布置在每期面板顶部，最好根据三维有限元法数值分析结果来确定面板挠度和面板脱空测点的布置。

（4）两岸附近面板应力监测以监测拉应力（应变）为主，河谷中央面板应力监测以监测压应力（应变）为主，最好根据三维有限元法数值分析结果来确定测点布置，以得到完整的面板应力等值线。

（5）面板应力监测断面可以与面板变形监测断面一致或相邻，面板变形和应力监测断面可以与接缝位移测点所在位置或高程一致或相邻，以便进行综合分析。

2.10.4 专用安全监测仪器

面板堆石坝的安全包括抗滑稳定安全、变形安全、渗流稳定安全和抗震安全。面板堆石坝主要由堆石（或砂砾石）坝体和防渗体系组成，因此监测坝体与防渗体系的工作性状是面板堆石坝安全监测的主要内容。由于土石坝的安全监测仪器在《水工设计手册（第2版）》第6卷第1章土质防渗体土石坝和第11卷《水工安全监测》第2章监测仪器设备中已有介绍，其中许多仪器例如测斜仪、渗压计、土压力计、应变计、钢筋计、无应力计等也可用于面板堆石坝的安全监测，因此本节主要阐述面板堆石坝专用的安全监测仪器：

（1）堆石坝体内部变形监测仪器：水管式沉降计、电磁式分层沉降计和引张线式水平位移计、电位器式位移计。

（2）面板变形监测仪器：固定式测斜仪。

（3）周边缝位移监测仪器：三向测缝计。

1. 堆石坝体内部变形仪器

面板堆石坝坝体填筑材料最大粒径一般为800～1000mm，有的坝下游堆石区最大粒径甚至达到1600mm，也就是说现代面板堆石坝筑坝材料比以往土石坝筑坝材料粒径要大，而且用重型振动碾分层填筑碾压密实，因此，“六五”至“八五”国家科技攻关项目开发了适用于这种状况下的观测坝体内部变形的仪器，即观测堆石坝内部沉降的仪器：水管式沉降计和观测堆石坝内部水平位移的仪器：引张线式水平位移计。测头可以埋设在堆石体中，测头的沉降和水平位移可以在观测房中观测。至今绝大多数面板堆石坝都采用这种仪器观测坝体内部变形。

有的面板堆石坝采用电磁式沉降仪来观测堆石坝体的沉降，这种办法存在一定问题：此仪器的沉降管是垂直埋设在坝体中，为了不损坏沉降管，管的四周用较细的垫层料来填筑，因此，管周围的沉降板都放置在垫层料上，这样电磁式沉降仪测到的并不是坝体堆石料的沉降，而是管四周垫层料的沉降，两者是有较大差别的。应该说电磁式沉降仪只适合于土坝或土质心墙中观测沉降。

“九五”国家重点科技攻关项目开发了N2000型遥测遥控垂直位移计和N2000型遥测遥控水平位移计。其特点是量程大并可以遥测遥控，适合于200m以上高面板堆石坝监测需要。可以量测测点相距520m坝体内部垂直位移（沉降）和水平位移，沉降测量分辨率0.043mm，测量精度0.5mm；水平位移测量分辨率0.107mm，系统测量精度10mm。达到了国际领先水平，获国家发明专利。这两项仪器已在水布垭面板堆石坝工程中应用。

N2000型遥测遥控垂直位移计与N2000型遥测

遥控水平位移计的测量控制单元（MCU）可以合一，两个遥测遥控坝体内部变形测量装置合称为N2000型遥测遥控水平垂直位移计，遥测遥控水平垂直位移计由引张线式水平位移计及其水平位移遥测遥控装置，水管式垂直位移（沉降）计及其垂直位移（沉降）遥测遥控装置和测量控制单元（MCU），通信模块和主控计算机等几部分组成，采用分布式系统结构。

2. 面板变形监测仪器

(1) 测斜仪。我国关门山、东津、十三陵抽水蓄能上库、莲花、珊溪、茄子山等面板堆石坝都采用测斜仪观测面板的挠度。采用测斜仪难以观测130m以上的高面板堆石坝的面板挠度，面板挠度较大时会损坏测斜管。

(2) 固定式测斜仪：电解质式固定测斜仪。20世纪70年代英国建筑研究机构（British Building Research Establishment）开发了电解质式固定测斜仪，他们称之为电水平仪（Eletro - level Gange)。用于面板堆石坝工程的电解质式固定测斜仪的测量范围±3°，即在1m长度范围内挠度为±52mm，分辨率±（1″～3″），非线性小于±2%F.S.，耐水压2.5～3.0MPa。美国Sinco公司、Slope Indicator公司和我国南京水利科学研究院有性能相同的电解质式固定测斜仪。

(3) 高精度双向固定测斜仪。电解质式固定测斜仪的测量精度不够高。"九五"国家重点科技项目开发了高精度双向固定测斜仪。高精度双向固定测斜仪由伺服加速度计传感器、旋转基座、密封外壳、专用电缆和控制器组成。满足350m高面板坝安全监测的需要。

高精度双向固定测斜仪的技术性能：量程±53°；分辨率8″，4×10^{-5} F.S.；非线性不大于2×10^{-4} F.S.；耐水压3.5MPa；旋转基座定位方向：0°、90°、180°、270°；定位精度不大于5′；遥控遥测。

高精度双向固定测斜仪可以精确地正反两个方向测读，消除传感器零漂和温漂的影响，保证高精度。可以在任意方向上测读，测得最大倾斜度方向与最大倾斜度。

(4) 光纤陀螺仪。干涉型光纤陀螺仪是利用Sagnac效应在Sagnac干涉仪中实现高精度旋转测量的装置，光纤陀螺仪在面板挠曲平面上以均匀速度运行，对面板挠度的测量就转化为光纤陀螺仪在任一时刻i的角速度Ω_i的测量。从陀螺仪运行轨迹，就可得到面板的挠度。此仪器已在水布垭面板堆石坝工程中探索采用。

3. 周边缝位移监测仪器

用在混凝土面板周边缝观测的测缝计特点是量程大，并有足够精度。国产的有TSJ型电位器式（线位移）、3DM - 200型旋转电位器式、GXV3型钢弦式等。

TSJ型电位器式二向、三向测缝计由电位器式位移计（即TS型位移计）组装而成，性能稳定、精度高（分辨率1/10000mm）、量程大（最大200mm）、用途广泛，可人工观测，也可自动观测。

3DM - 200型旋转电位器式二向、三向测缝计是专门观测混凝土面板周边缝位移的一种产品。其性能稳定，量程大，但精度比TSJ型低，使用范围较窄。可人工观测，也可自动观测。

GXV3型钢弦式二向、三向测缝计是由钢弦式位移计组装的。它的性能稳定、耐久、量程大，用途广泛，可人工观测，也可自动观测，但精度比TSJ型电位器式测缝计低。

2.10.5 安全监测资料整理与分析技术

施工期面板堆石坝安全监测同等重要，要随着坝体填筑和面板浇筑施工尽早及时埋设监测仪器，尽早及时监测、及时分析资料，用于判断施工质量并为设计优化提供技术依据。

面板堆石坝安全监测资料分析可分为两部分：安全监测资料整编和安全监测资料分析。

2.10.5.1 安全监测资料整编技术

1. 安全监测资料整编内容

安全监测资料整编的内容在《土石坝安全监测资料整编规程》（DL/T 5256—2010）中有详细规定，通常安全监测资料整编又称为安全监测资料预处理。

安全监测资料整编包括：

(1) 系统误差识别。识别固定系统误差和变值系统误差。

(2) 异常数据识别。识别异常数据，使测值尽量准确地反映大坝的性状。

(3) 疑点判别。根据疑点评判准则，进行时空评判、规律评判、监控数学模型评判、监控指标评判、日常巡视检查评判和关键问题评判，分别对经过系统误差识别和异常数据识别的监测资料进行疑点判别。

(4) 数据校正。在监测数据预处理结束之后，判断系统的数据是否完整，判断依据为监测测次表，若有漏测或冗余数据，则进行数据校正。若有漏测，则补测，或进行漏测推算。若有冗余则标识出冗余数据。

(5) 数据维护。完成预处理所需要的基础数据的定义，如规律定义，t分布表、F分布表等的定义。

2. 安全监测资料整编方法

（1）系统误差识别。由于系统误差远大于随机误差，在估计系统误差时，只识别测值存在的系统误差。

1）固定系统误差。用 F 检验法和 t 检验法，检验恒定量测量数据是否存在固定系统误差。

2）变值系统误差。主要进行累进性系统误差识别和周期性系统误差识别。

（2）异常数据识别。

1）静态测值异常数据剔除。采用拉依特准则、格鲁布斯准则、狄克逊准则和 t 检验准则等剔除静态测值异常数据。

2）动态测值异常数据剔除。动态测量得到的函数值是变化的，按照动态函数具有连续性的特点，检验动态测值的合理性，用数据平滑移动的办法检验连续数据的合理性。

（3）疑点判别。

1）时空评判。

(a) 趋势性识别。包括上下连检定法和正负连检定法。

(b) 极值识别。包括测值是否超过年度极值和测值是否超过历史极值。

2）规律评判。规律评判根据面板堆石坝的变形分析、裂缝分析、渗流分析和稳定分析以及面板堆石坝性状的机理总结出一般规律，来对测点的测值变化规律进行判断。

3）监控数学模型评判。监控数学模型评判主要依据面板堆石坝长期观测资料分析所建立的测点统计预测模型和标准差，计算出的预测值与实际值进行比较：

若测值 y_2 与模型计算出的预测值 y_1 的差值在2倍标准差范围内，即 $S<|y_2-y_1|\leqslant 2S$，则测值正常；

若测值 y_2 与模型计算出的预测值 y_1 的差值在2倍标准差之外，但在3倍标准差之内，即 $2S<|y_2-y_1|\leqslant 3S$，则跟踪观察3～4次，如无系统变化，则测值基本正常，否则为疑点；

若测值 y_2 与模型计算出的预测值 y_1 的差值在3倍标准差之外，即 $|y_2-y_1|>3S$，则测值为异常，应进行成因分析。

4）监控指标评判。监控指标一方面是依据规程、规范，通过分析与反分析，由变形、渗流和稳定等作为控制条件而建立；另一方面是依据本工程的实测值和长期监测运行的经验来确定的控制值。若本次测值在监控指标内，则测值正常，否则为疑点。

5）日常巡视检查评判。日常巡视检查主要依据日常巡视检查的结果和面板堆石坝长期监测运行的经验来判断。主要巡视以下建筑物：坝体、坝基、输水洞（管）、泄水洞（管）、溢洪道等。

6）关键问题评判。任何面板堆石坝都存在影响安全的特殊因素和关键问题，因此把关键问题作为一个安全监测疑点判断的重点，对与关键问题有关的测点（简称“安全关键测点”）数据加以评判。

2.10.5.2　安全监测资料分析技术

面板堆石坝原型观测分析技术包括统计分析和反馈分析，在原型观测资料系列不够长或存在较多疑点时可采用灰色理论分析、模糊信息分析和人工神经网络分析。

1. 统计分析

（1）坝体变形统计分析。高面板堆石坝面板通常分二期或三期浇筑，下部面板浇筑后，水库开始蓄水，上部坝体填筑同时进行，此时下部测点填筑分量和水压分量都不是常数，因此，对高坝而言，变形统计模型中应同时考虑填筑分量和水压分量。同时还应考虑填筑分量与时效分量的耦合影响以及水压分量与时效分量的耦合影响。面板堆石坝坝体变形统计模型可采用

$$S=S_0+aH_d^{\alpha}(1-e^{-\beta t})+bh^{\delta}(1-e^{-\eta t}) \tag{2.10-1}$$

式中　S——沉降量；

S_0——漏测沉降量；

h——水压分量，测点以上水深；

H_d——填筑分量，测点以上坝体填筑高度；

h——测点以上水深；

t——时间；

$a、b、\alpha、\beta、\delta、\eta$——统计参数。

蓄水前，$h=0$；蓄水期，H_d 为常数。

对于堆石坝表面测点，$H_d=0$，式（2.10-1）就简化为

$$S=S_0+bh^{\delta}(1-e^{-\eta t}) \tag{2.10-2}$$

（2）面板应力统计分析。面板是坝体结构最重要部位，面板的应力可以分解为水平向应力与顺坡向应力，影响水平向应力的内在因素是混凝土温度变化及混凝土的收缩变形，外在的影响因素是面板下堆石体向河谷中央变形引起的摩擦力和库水压力。顺坡向应力内在的影响因素也是混凝土的温度变化及混凝土的收缩变形，外在的影响因素是堆石体的沉降引起的摩擦力和库水压力，因而顺坡向应力的统计模型形式上与水平向应力一样。基于对面板应力产生机理的分析，面板堆石坝面板应力统计模型可采用

$$\sigma=a_0+a_1\Delta T+a_2e^{-\alpha t}+a_3h^{\beta}+a_4(1-e^{-\eta t}) \tag{2.10-3}$$

式中 t——时间；

ΔT——t 时刻的面板温度变化；

h——测点以上水深；

a_0、a_1、a_2、a_3、a_4、α、β、η——统计参数。

(3) 面板挠度统计分析方法。面板挠度的主要影响因素是库水压力和堆石坝体的变形，因而其统计模型可采用

$$y = a_0 + a_1 h^{\beta} + a_2(1 - e^{-\eta t}) \quad (2.10-4)$$

式中 t——时间；

h——测点以上水深；

a_0、a_1、a_2、β、η——统计参数。

运用上述坝体变形统计模型、面板应力统计模型和面板挠度统计模型可以预测面板堆石坝坝体变形和面板应力变形的性状。

2. 反馈分析

(1) 反馈分析基本原理和方法。反馈分析是基于原型观测资料，通过反馈分析达到检验计算模型、确定或验证计算参数的目的。反馈分析过程的目标就是计算值要尽量接近实测值。这就是说反馈分析的基本原理是最优化原理，即使代表平均偏差的目标函数达到最小值：

$$f = \frac{1}{n}\sum_{i=1}^{n}\left(\frac{S_c}{S_m} - 1\right)^2 \quad (2.10-5)$$

式中 S_c——计算值；

S_m——实测值；

n——测点数。

反馈分析方法采用复验法。

(2) 反馈分析确定缩尺效应。筑坝材料室内试验时试料的最大粒径只能是试样尺寸的1/5左右，试样的颗粒级配和最大粒径与实际筑坝材料的颗粒级配和最大粒径有较大的差别，由此室内试验的结果（包括抗剪强度、变形模量和本构模型计算参数）都会有较大的差别，此差别称为缩尺效应。可以通过不同试样尺寸、不同最大粒径的室内比较试验来确定缩尺效应修正系数，但目前三轴剪切试验的试样直径只有500mm，压缩试验的试样直径只有1000mm，因此用反馈分析来确定缩尺效应修正系数更为确切。

筑坝材料的本构模型计算参数中，最主要的是模量参数 K 和 n，实际筑坝材料模量参数为 K_{field} 和 n_{field}，室内试验试样的模量参数是 K_{lab} 和 n_{lab}，两者的比值即是反映缩尺效应的修正系数，即

$$K^* = K_{field}/K_{lab} \quad (2.10-6)$$

$$n^* = n_{field}/n_{lab} \quad (2.10-7)$$

从株树桥面板堆石坝的反馈分析沉降结果得出的模量参数的修正系数为：主堆石 $K^*=0.65$，$n^*=1.15$。将高程148.00m处4个测点考虑与不考虑缩尺效应对模量影响参数的计算值与沉降实测值绘在图2.10-1中，可以看出：考虑缩尺效应对模量参数修正后，计算值与实测值更为一致。

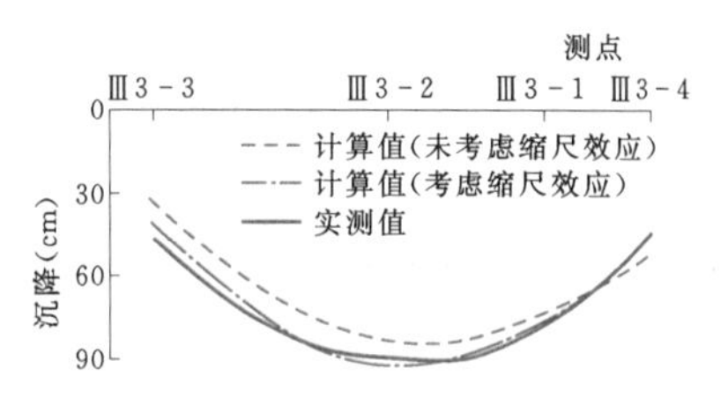

图 2.10-1 株树桥坝堆石缩尺效应对高程148.00m沉降分布的影响

(3) 反馈分析验证流变模型和确定流变参数。面板堆石坝安全监测资料表明：在施工期和运行期堆石坝体的变形会持续相当长的时间，除了施工期坝体填筑和蓄水期水库蓄水等引起堆石坝体变形以外，堆石坝体的流变是其中的主要因素。根据筑坝材料变形的室内试验和安全监测资料的分析可以建立流变模型并确定其参数，反馈分析是其中主要方法之一。

采用天生桥一级面板堆石坝安全监测资料，利用反馈分析方法验证流变模型和确定流变模型参数，可以得到下式表示的流变模型：

$$\varepsilon(t) = \varepsilon_i + \varepsilon_t = \varepsilon_i + \varepsilon_f(1 - e^{-\alpha t}) \quad (2.10-8)$$

式中 ε_i——瞬间应变；

ε_t——流变；

ε_f——最终流变量；

α——流变模型参数。

最终流变量可以分为最终体积流变 ε_{vf} 和最终剪切流变 γ_f，可用下列两式表示：

$$\varepsilon_{vf} = b\left(\frac{\sigma_3}{p_a}\right)^m \quad (2.10-9)$$

$$\gamma_f = d\left(1 - \frac{S_l}{1 - S_l}\right) \quad (2.10-10)$$

上二式中 b、d、m——流变模型参数；

σ_3——小主应力；

S_l——应力水平。

天生桥一级坝最大断面为0+630断面，安全监测在此断面设置了29个沉降测点和19个水平位移测点，采用实测资料反馈分析得出该面板堆石坝主堆石料ⅢB、软岩料ⅢC、次堆石料ⅢD的流变参数见表2.10-1，利用反馈分析得到的流变模型参数进行数值分析得到的部分测点的计算结果与实测结果见表2.10-2，两者基本一致。由于坝体堆石料场料源与

碾压填筑密实程度有一定离散性，因而不可能所有的测点的计算结果与实测结果完全一致。

采用万安溪水电站面板堆石坝安全监测资料进行反馈分析可以得到如下形式的最终体积流变量：

$$\varepsilon_{vf}=\beta\left[\left(\frac{\sigma_3}{p_a}\right)^{m_c}+\left(\frac{q}{p_a}\right)^{n_c}\right] \quad (2.10-11)$$

式中 β、m_c、n_c——流变模型参数；

q——八面体剪应力。

反馈分析得到的该坝堆石料的流变参数见表2.10-3。

表 2.10-1 反馈分析得到的堆石料流变模型参数

坝料流变模型参数	主堆石料ⅢB	软岩料ⅢC	次堆石料ⅢD
α	0.0055	0.0058	0.0056
b	0.0012	0.0016	0.0014
d	0.0021	0.0015	0.0019
m	0.68	0.62	0.65

表 2.10-2 天生桥一级坝坝体沉降和水平位移实测值与计算值的比较

沉降											
测点编号	C1-V8	C1-V2	C1-V1	C2-V2	C2-V1	C3-V6	C3-V5	C3-V2	C4-V4	C4-V3	C4-V2
实测值(cm)	81.6	153.5	147.8	226.9	157.6	156.2	211.4	321.7	102.5	175.8	160.1
计算值(cm)	74.1	133.6	121.2	214.6	138.4	154.2	214.6	308.8	90.3	162.1	132.9
水平位移											
测点编号	C1-H2	C2-H7	C2-H6	C2-H3	C2-H2	C2-H1	C3-H3	C3-H2	C3-H1	C4-H2	C4-H1
实测值(cm)	9.4	11.3	8.4	2.0	47.5	74.8	7.5	20.7	76.4	77.6	50.6
计算值(cm)	5.9	7.3	5.3	4.2	58.6	78.7	11.9	31.8	65.9	59.2	62.9

表 2.10-3 万安溪面板坝流变模型参数

参数 / 坝料	设定初值					反馈分析结果				
	α	β	d	m_c	n_c	α	β	d	m_c	n_c
主堆石料	0.005	0.0001	0.001	0.50	0.50	0.0047	0.0008	0.0058	0.80	0.39
次堆石料	0.005	0.0001	0.001	0.50	0.50	0.0045	0.0010	0.0061	0.84	0.44

（4）反馈分析确定接触面模型参数。面板与垫层接触面的模型参数对于面板的应力变形计算值是否符合实际有一定的影响，难以用室内试验来确定，最好是利用面板应力变形原型观测资料进行反馈分析，确定面板接触单元模型参数。

反馈分析的工程实例为天生桥一级面板堆石坝。选取最大断面（0+630断面）的SG8、SG9、SG10、SG11、SG12、SG13和SG14面板应变计测点和A1～A36面板挠度测点进行反馈分析。反馈分析得出面板接触面单元的模型参数是：$k'=41000$，$E=18.6\text{GPa}$。

从上述可知，面板堆石坝安全监测资料反馈分析可以较真实地确定筑坝材料的计算参数，验证筑坝材料的本构模型或建立新的计算模型，有助于较真实地预测面板堆石坝的性状，达到指导工程安全运行和优化设计的目的。

2.10.6 高面板堆石坝安全监测布置和监测成果

2.10.6.1 安全监测布置实例

我国高面板堆石坝工程安全监测布置见表2.10-4。水布垭面板堆石坝安全监测布置如图2.10-2和图2.10-3所示。

2.10.6.2 高面板堆石坝性状

1. 坝体变形

（1）坝体沉降。我国高面板堆石坝坝体沉降及其特征值和垂直压缩模量见表2.10-5。典型的水布垭坝和天生桥一级坝坝体沉降过程线如图2.10-4和图2.10-5所示。

以往常用坝体最大沉降量 S_{max}（或坝轴线坝体沉降 S）与最大坝高 H_{max}（或坝轴线处坝高含覆盖层厚度 H）的比值来评价坝体变形性状。坝体沉降是与测点上的填筑层高度（荷载）与测点下的填筑层厚度

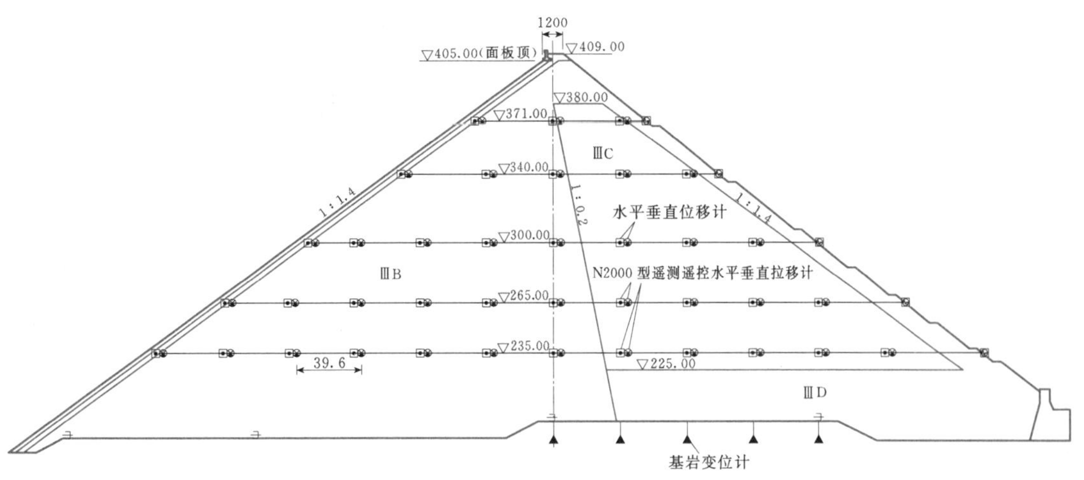

图 2.10-2 水布垭混凝土面板堆石坝 0+212 断面安全监测布置图

（高程单位：m；尺寸单位：cm）

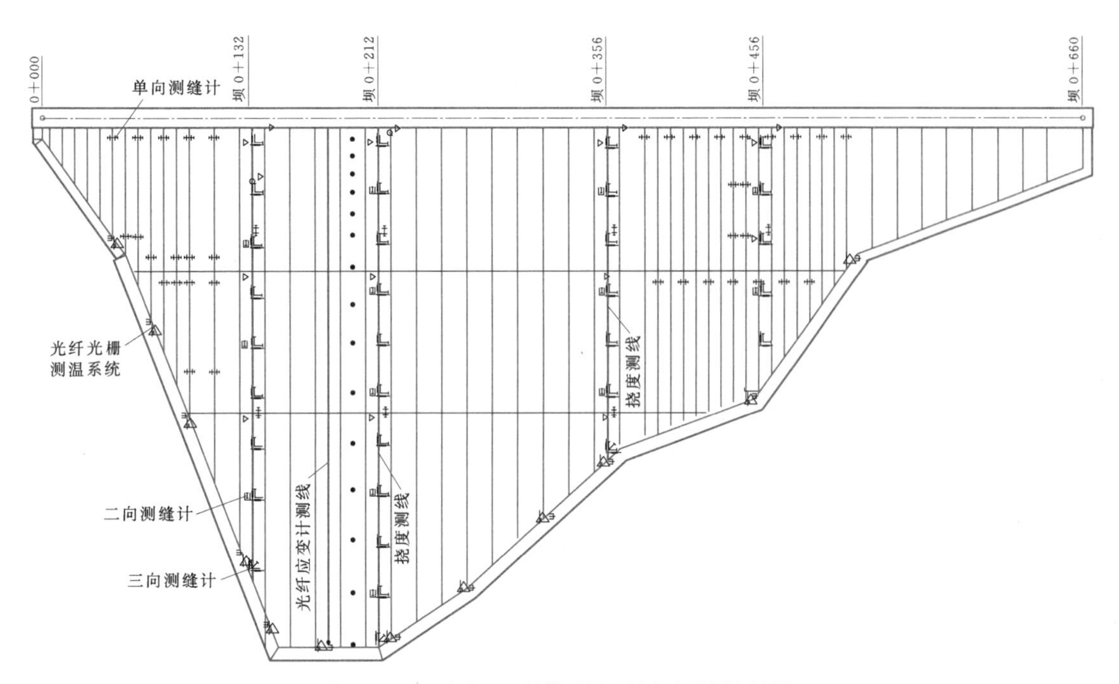

图 2.10-3 水布垭面板堆石坝面板安全监测布置图

有关，坝体的沉降应该是与坝高的平方密切相关，因此采用坝体沉降特征值 C_s 来评价坝体变形性状更为合适，特征值计算公式为

$$C_s = \frac{S}{H^2} \text{ 或 } C_s = \frac{S_{\max}}{H_{\max}^2} \qquad (2.10-12)$$

式中 C_s——坝体沉降特征值；

S、$S_{\max}$——坝轴线处坝体沉降和坝体最大沉降，m；

H、$H_{\max}$——坝轴线处坝高含覆盖层厚度和最大坝高，m。

从表 2.10-5 可以看出，影响坝体沉降的主要因素是堆石体的堆石料母岩的性质及其密实度。天生桥一级坝下游堆石料是砂泥岩，堆石体孔隙率 n=22.5%～24%，坝体沉降特征值 C_s= (0.95～1.12)$\times10^{-4}$；董箐坝堆石料也是砂泥岩，堆石体孔隙率 n=19.4%，其坝体沉降特征值 C_s=(0.80～0.93)$\times10^{-4}$；马鹿塘二期下游堆石体也是砂泥岩与强风化下部砂岩，孔隙率 23%；引子渡坝下游堆石体是泥质灰岩与灰岩，孔隙率 21%，这两座坝坝体沉降特征值 C_s=(0.56～0.74)$\times10^{-4}$。也就是说随着孔隙率的减小，坝体沉降特征值 C_s 也减小。滩坑和吉林台一

表 2.10-4　高面板堆石坝安全监测布置和监测仪器数量

坝名	坝高(m)	坝体内部垂直位移(沉降)监测				坝体内部水平位移监测				面板垂直缝位移监测		周边缝位移监测测点数	渗透压力监测测点数	面板挠度监测		面板应力监测				
		断面数	测线数/断面	测点数/测线	测点总数	断面数	测线数/断面	测点数/测线	测点总数	断面数	测点总数			断面数	测点总数	断面数	混凝土应变计	无应力	温度计	钢筋计
水布垭	233.0	3	3～5	3～12	72	3	3～5	3～12	72	15	46①	13	58+63②	2	70		4组×3向 30组×2向③	14	15	74
猴子岩	223.5	3	3～5	5～22	104	3	3～5	5～22	86	7	24	20	49	1	41		15组×2向	15	18	50
三板溪	185.5	2	4	3～9	48	2	4	2～8	40④	7	20	12	21⑤	2	31⑥	7	5组×3向 16组×2向 3支单向	9	6	26
洪家渡	179.5	3	5	4～9	62	3	5	4～6	48⑦		16	10	15	4	56⑧	4	5组×3向 7组×2向	8	24	24
天生桥一级	178.0	3	2～4	3～9	51	3	2～4	2～7	31⑨		26	12	24	3	64⑩	8	9组4向 12组3向 6组2向	15	27	72
滩坑	162.0	3	2～5⑪	2～5	30	3	2～5	2～5	30⑫	19	48	12			50	6	20组×2向	20	15	15
吉林台一级	157.0	2	3	3～8	33⑭	2	3	3～7	30⑭	9	35	11	36⑯	3	27⑮	3	4组×3向 8组×2向	12	8	19
紫坪铺	156.0	2	4	3～9	56	2	4	2～4	37⑬		15	15	30	3		4	6组×3向 9组×2向	15	15	15
马鹿塘二期	154.0	3	2～3	4～8	24	3	2～3	3～6	40	8	18	9	19	3	37		3组×4向 6组×3向 3组×2向	9	12	24
董箐	150.0	3	4	3～9	46	3	4	3～5	28⑰		⑱	⑱	25⑳	3	⑲	3	3组×3向 6组×2向	9	6	
珊溪	132.5	2	4	3～6	23㉑	2	2	3～4	15	3	19	10	14				1组×3向 9组×2向	7		9
公伯峡	132.2	3	3	3～7	26㉒	3	3	3～7	26	5	27组2向	17组3向	33㉓	3㉔	41	4	26组×3向	26		42

续表

坝名	坝高 (m)	坝体内部垂直位移(沉降)监测				坝体内部水平位移监测				面板垂直缝位移监测		周边缝位移监测测点数	渗透压力监测测点数	面板挠度监测		面板应力监测				
		断面数	测线数/断面	测点数/测线	测点总数	断面数	测线数/断面	测点数/测线	测点总数	断面数	测点总数			断面数	测点总数	断面数	混凝土应变计	无应力	温度计	钢筋计
引子渡	129.5	3	3	3～7	42	3	3	3～7	42	4	10只单向 4组2向	8组3向	32	1	30		6组×3向	6		20

① 面板与防浪墙之间水平缝6测点，设置6组2向测缝计观测水平缝位移，面板与垫层脱空监测20个测点，设置20组2向测缝计。两岸部位垂直缝设置46只单向测缝计。

② 在坝基设置6只渗压计，趾板帷幕灌浆前后基岩钻孔14个渗压计孔共设置28只渗压计，周边缝三向测缝计下游垫层内各设置1只渗压计，共17只。63根绕坝渗流测压管。

③ 在面板上下层各布置1条光纤应变计测点，每条测线30只光纤应变计。面板底部设置一套光纤光栅测温系统以监测渗漏。

④ 分别在坝轴线纵剖面的346.00m、379.00m、404.00m和445.00m高程和上游80m纵剖面367.00m高程共5个高程两岸各设置一组土体位移计，每组3只，间距3m，观测坝体纵向（坝轴向）水平位移。在坝左0+003（最大断面）346.20m高程设置4组8只土压力计观测主堆石区土压力。

⑤ 在3个断面帷幕灌浆下游基岩内钻孔设置渗压计和坝左0+009（最大断面）坝基面设置4只渗压计。

⑥ 在坝右0+010.5、坝右0+069.5和坝左0+090.5共3个断面的346.00m、379.00m、412.00m和445.00m高程设置二向电位器式位移计观测面板脱空。

⑦ 在坝轴线上游15m的纵剖面1080.00m和1105.00m高程两岸各设置一组电位器式位移计，每组3～4只位移计，观测坝体纵向（坝轴向）水平位移。在最大断面坝轴线和面板与垫层之间4个高程共设置10组3只单向土压力计观测坝体应力。

⑧ 在4个断面的1023.00m、1090.00m和1138.00m高程设置二向电位器式位移计（双向测缝计）观测面板脱空。

⑨ 在0+630、0+815、0+840和0+940断面的760.00～765.00m高程设置4组9只测缝计观测垫层区裂缝开展，在0+630断面4个高程各设置7只土压力计观测坝体应力以及垫层与面板接触面土压力。

⑩ 在0+438、0+662、0+918断面共设置9组TS型二向位移计观测二期和三期面板与垫层区之间的脱空。

⑪ 在最大剖面0+417.0坝基面设置一条测线，用5只钢弦液压式沉降计观测坝基沉降。

⑫ 在最大剖面0+417.0坝体内设置13只土压力计观测坝体应力。

⑬ 在0+251断面760.00m、790.00m、820.00m和850.00m共4个高程各设置2只土压力计和1只界面土压力计观测坝体应力和面板与垫层间接触土压力。

⑭ 在0+182.4和0+287.0断面坝顶下游8m设置2根电磁式沉降仪与测斜仪的测管；在0+203.0和0+119.847断面共设置8只土压力计观测坝体竖直向应力。

⑮ 在0+119.847、0+203和0+288.281共3个断面共设置10只大量程位移计监测面板脱空。

⑯ 在0+142.7、0+203和0+298.7断面和F32断层的坝基共设置25只渗压计；在周边缝测点各设置1只渗压计、共11只渗压计；在0+178.7断面下游坡的坝顶、1380.00m和1350.00m高程各设置1根测压管，在0+142.7和0+298.7断面下游坝顶各设置1根测压管，两岸绕坝渗流共设置22根测压管，共计测压管30根。在0+203.0断面坝顶和下游坝坡以及两岸共设置18台强震仪。

⑰ 在坝轴线上游22m，455.00m高程设置坝体纵向水平位移测点，左坝段3个、右坝段4个测点。

⑱ 在435.00m、470.00m和487.00m共3个高程设置单向测缝计，监测垂直缝开合，在同一高程和趾板转角设置3向测缝计监测周边缝位移，在415.00m和470.00m两个高程设置双向测缝计，监测面板脱空。

⑲ 用电水平仪监测面板挠度，测点间距（高差）10m，加密处5m；在最大断面横右0－007.5设置一条光纤陀螺（FOG）测试系统监测面板挠度。

⑳ 坝基渗压计14只，坝体底部渗压计（垫层、过渡区、竖向排水区和砂泥岩堆石区）5只，绕坝渗流6只渗压计、6个测压管孔，坝基与两岸坝肩渗流量分段监测。

㉑ 坝体水管式沉降计19个测点，在覆盖层表面44.50m高程设置4只振弦式沉降计监测覆盖层沉降。

㉒ 在0+140断面坝轴线上、下游各15m设置沉降管，每隔5m设置一块沉降板，用电磁式沉降仪监测坝体内部沉降。

㉓ 在趾板、挤压边墙和坝基面设置7只渗压计，在两岸和左岸防渗墙设置26根测压管。

㉔ 在面板挠度监测的3个断面共设置7组2向TS型位移计监测面板脱空。0+130断面4个高程，0+075和0+230断面3个高程各设置1组4向土压力计，监测坝体应力；在0+130断面4个高程，0+075和0+230断面3个高程的面板与垫层接触面各设置1只界面土压力计，监测垂直面板方向的压力。在两岸与坝下游基岩各设置1台强震仪，在坝顶和下游坝坡共设置9台强震仪。

表 2.10-5 面板堆石坝坝体沉降及其特征值和垂直压缩模量

坝名	最大坝高 H_{max} (m)	坝顶高程 (m)	坝轴线处覆盖层底面高程 (m)	覆盖层厚度 (m)	坝轴线处坝高（含覆盖层）H (m)	坝体最大沉降 S_{max} (cm)	最大沉降点位置				S_{max}/H_{max} ($\times10^{-2}$)	沉降特征值 $C_s=S_{max}/H^2_{max}$ ($\times10^{-4}$)	施工期坝轴线处坝体最大沉降 S (cm)	S/H ($\times10^{-2}$)	沉降特征值 $C_s=S/H^2$ ($\times10^{-4}$)	坝轴线处垂直压缩模量 E_v (MPa)	最大沉降处垂直压缩模量 $E_{v\min}$ (MPa)	坝体堆石，孔隙率 n		碾压参数
							距坝轴线 (m)	高程 (m)	该点坝高 (m)	相当于坝高百分率 (%)								主堆石区	下游堆石区	
天生桥一级	178.0	791.00	619.00	0	172	354.0	35.0	725.0	144.0	73	1.99	1.12	280	1.63	0.95	50.9	22.9	灰岩，22%	砂泥岩，24%	铺厚 0.8m，10t 或 18t 振动碾，8 遍
水布垭	233.0	409.00	186.00	7～14	223	247.3	40.0	300.0	158.8	48	1.06	0.46	221.1	0.99	0.45	118.6	53.7	灰岩，19.6%	灰岩，20.7%	铺厚 0.8m，18t 或 20t 振动碾，8 遍
三板溪	185.5	482.50	317.50	0	165	175.4	−38.9	404.0	139.0①	73	0.95	0.51	104.9①	0.75	0.54	96.7	48.1	粉砂岩、凝灰质砂岩夹板岩 19.3%	粉砂岩夹板岩，19.5%	铺厚 0.8m，25t 或 20t 振动碾，8～10 遍
洪家渡	179.5	1147.50	970.00	0	177.5	135.6	60	1055.0	177.5	48	0.76	0.42	124.4	0.70	0.39	135.2	58.3	灰岩，20%	泥质砂岩，20%～22%	铺厚 0.8m，18t 振动碾，8 遍
滩坑	162.0	171.50	24.50	8.5	147	81.6	0	84.0	147.0	40	0.50	0.31	73.6	0.50	0.34	132.7	132.7	火山集块岩、砂砾石，20%	火山集块岩、砂砾石，22%	铺厚 0.8m，22t 振动碾，8 遍
吉林台一级	157.0	1425.80	1280.80	0	145	76.9	70.0	1350.0	145.0	48	0.49	0.31	59.0	0.41	0.28	191.0	70.4	砂砾石、凝灰岩，22%～24%	砂砾石、凝灰岩，22%～26%	铺厚 0.8m，18t 振动碾，6～8 遍
紫坪铺	156.0	884.00	739.00	11	145	94.4	0	790.0	145.0	35	0.60	0.38	88.4	0.61	0.42	110.1	110.1	灰岩，20.6%	灰岩、砂砾石，21%	铺厚 0.9m，25t 振动碾，8 遍

续表

坝名	最大坝高 H_{max} (m)	坝顶高程 (m)	坝轴线处覆盖层底面高程 (m)	覆盖层厚度 (m)	坝轴线处坝高(含覆盖层) H (m)	坝体最大沉降 S_{max} (cm)	最大沉降点位置				S_{max}/H_{max} ($\times10^{-2}$)	沉降特征值 $C_s=S_{max}/H_{max}^2$ ($\times10^{-4}$)	施工期坝轴线处坝体最大沉降 S (cm)	S/H ($\times10^{-2}$)	沉降特征值 $C_s=S/H^2$ ($\times10^{-4}$)	坝轴线处垂直压缩模量 E_v (MPa)	最大沉降处垂直压缩模量 $E_{v\min}$ (MPa)	坝体堆石，孔隙率 n		碾压参数
							距坝轴线 (m)	高程 (m)	该点坝高 (m)	相当于坝高百分率 (%)								主堆石区	下游堆石区	
马鹿塘二期	154.0	634.00	515.00	0	119	132.6	70.0	556.0	96.0②	63	0.86	0.56	104.3	0.88	0.74	65.0	33.6	砂岩，21%	砂泥岩与强风化下部砂岩，23%	铺厚 0.8m，18t 振动碾，8 遍
董箐	150.0	494.50	356.00	0	138.5	178.0	0	425.0	138.5	50	1.19	0.80	178.0	1.29	0.93	57.9	57.9	砂泥岩，19.4%	砂泥岩，19.4%	铺厚 0.8m，25t 振动碾，10 遍，铺厚 1.2m，冲碾，22 遍
珊溪	132.5	156.80	24.30	20.2	132.5	95.3	0	70.0	132.5	34	0.72	0.54	90.7	0.68	0.52	85.9	85.9	流纹斑岩、砂砾石，19.4% ～18.7%（设计 20% ～19%）	流纹斑岩，21.2%（设计 20%）	铺厚 0.8～1.2m，16t 或 18t 振动碾，8 遍
公伯峡	132.2	2010.00	1881.00	0	129	48.7③	15.0	1931.0	129.0	39	0.37	0.28	48.7	0.38	0.29	171.1	171.1	弱风化花岗岩＋片岩、砂砾石，20%	强风化花岗岩＋弱风化片岩，20%	铺厚 0.8～1m，15t 振动碾，8～10 遍
引子渡	129.5	1092.50	968.50	0	124	110.0	0	998.0	124.0	24	0.85	0.66	110.0	0.89	0.72	53.5	53.5	灰岩，≤20%	灰岩、泥质灰岩等，≤21%	铺厚 0.8m，25t 振动碾，8 遍

① 此为 2005 年 5 月 9 日测值，此时坝轴线处坝体沉降最大，最大沉降点高程 379.00m，当时坝体填筑高度 139.0m。

② 马鹿塘二期坝轴线上下游各有一条冲沟，最大沉降点在坝轴线下游 70m 处，该处冲沟建基面高程 495.00m、坝高 $H=96.0$m。

③ 公伯峡坝体沉降有漏测，测值偏小，沉降特征值偏小，垂直压缩模量偏大。

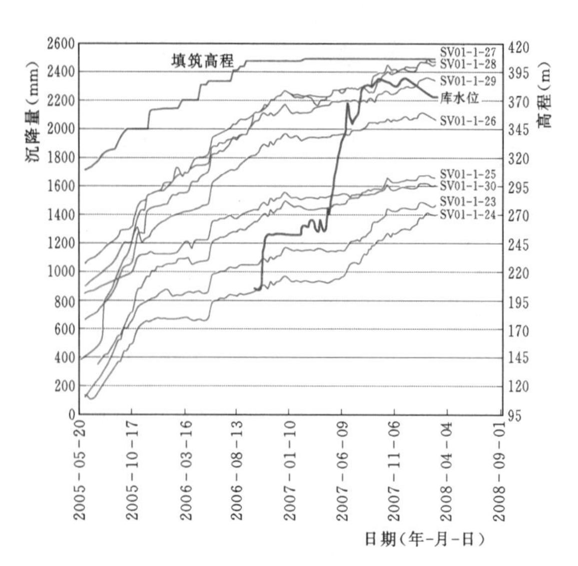

图 2.10-4 水布垭坝 0+212 断面高程 300.00m 坝体沉降过程线

级坝体堆石料是较好的火山集块岩、凝灰岩和砂砾石，坝体沉降特征值在 0.3×10^{-4} 左右，相应的垂直压缩模量在 130～190MPa 之间，而其他灰岩、砂岩坝料的面板堆石坝沉降特征值为 $(0.4\sim0.5)\times10^{-4}$，相应的垂直压缩模量在 97～130MPa 之间。

从表 2.10-5 可以看出，水布垭、洪家渡和吉林台一级等高面板堆石坝重视了坝体变形协调原则，提高了下游堆石区的填筑标准或采用与主堆石区相同的填筑标准，但是填料性质的差异或填筑标准的差异，仍使坝体最大沉降点在坝轴线下游 40～70m 左右的位置，坝轴线处的坝体沉降要小于坝体最大沉降值。滩坑、紫坪铺、珊溪和董箐面板坝坝轴线上游与下游堆石坝的坝料、填筑标准和碾压参数无明显差别，坝体最大沉降点在坝轴线附近。

(2) 坝体水平位移。我国高面板堆石坝蓄水后坝体水平位移及其特征值见表 2.10-6，水布垭坝和天生桥一级坝坝体水平位移过程线如图 2.10-6 和图 2.10-7 所示。

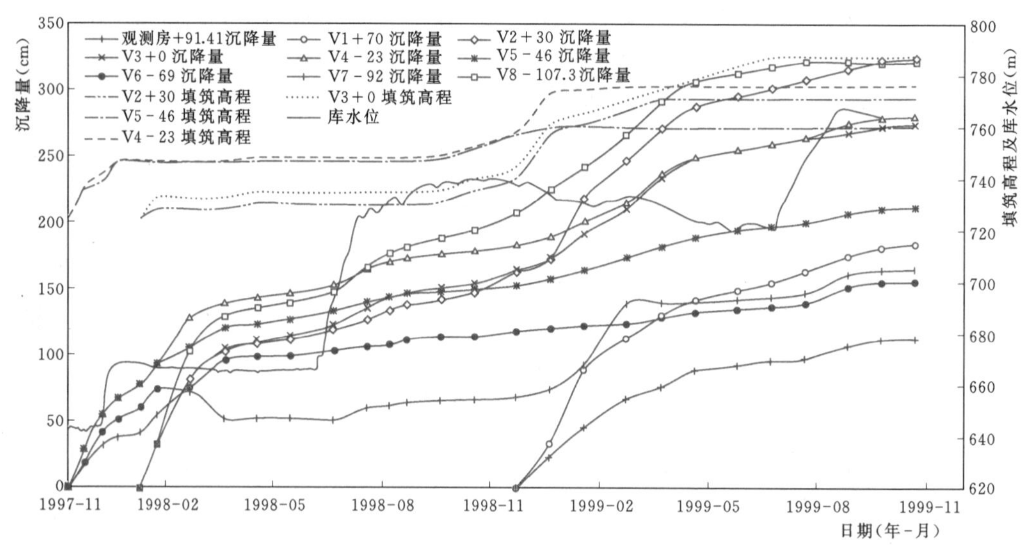

图 2.10-5 天生桥一级坝 0+630 断面（高程 725.00m）坝体沉降过程线

注：V1+70 中 V1 为测点编号，70 为距坝轴线距离，以 m 计，"+" 为下游，"-" 为上游。

采用已经考虑坝高影响的坝体水平位移特征值 C_{Du} 和 C_{Dd} 来评价坝体变形性状，特征值计算公式为

$$C_{Du}=\frac{D_u}{H} \quad 或 \quad C_{Du}=\frac{D_u}{H_{\max}} \tag{2.10-13}$$

$$C_{Dd}=\frac{D_d}{H} \quad 或 \quad C_{Dd}=\frac{D_d}{H_{\max}} \tag{2.10-14}$$

上二式中 C_{Du}、C_{Dd} ——坝体向上游水平位移特征值和坝体向下游水平位移特征值；

D_u ——坝体向上游水平位移，m；

D_d ——坝体向下游水平位移，m。

从表 2.10-6 可以看出：影响坝体水平位移的主要因素仍然是堆石体的密实度和堆石料性质。天生桥一级坝水平位移特征值为 65×10^{-4}；水布垭、洪家渡和紫坪铺等都是灰岩料堆石坝，水平位移特征值只有 $(4\sim16)\times10^{-4}$，其原因也是坝体堆石的密实度不同。堆石料是火山集块岩、凝灰岩和砂砾石的滩坑坝和吉林台一级坝的水平位移特征值为 $(4\sim6)\times10^{-4}$，比天生桥一级坝小一个数量级。董箐坝和马鹿塘二期坝下游堆石与天生桥一级坝下游堆石都是砂泥

表 2.10-6　　高面板堆石坝蓄水后坝体水平位移及其特征值

坝　名	最大坝高 H_{max}（m）	坝顶高程（m）	坝轴线处覆盖层底面高程（m）	覆盖层厚度（m）	坝轴线处坝高（含覆盖层）H（m）	蓄水后坝体水平位移（cm）		水平位移特征值	
						向上游水平位移 D_u	向下游水平位移 D_d	$C_{Du}=D_u/H_{max}$（$\times10^{-4}$）	$C_{Dd}=D_d/H_{max}$（$\times10^{-4}$）
天生桥一级	178.0	791.00	619.00	0	172.0	−4.8	116.6	2.7	65.5
水布垭	233.0	409.00	181.00	14.0	228.0	−37.8	23.5	16.2	10.1
三板溪	185.5	482.50	320.00	0	162.5	−20.0	8.1	10.8	4.4
洪家渡	179.5	1147.50	970.00	0	177.5	−6.7	25.8	3.7	14.4
滩坑	162.0	171.50	9.50	23.5	162.0	−6.0	7.3	3.7	4.5
吉林台一级	157.0	1425.80	1280.80	0	145.0	—	10.4	—	6.6
紫坪铺	156.0	884.00	739.00	11.0	145.0		23.6		14.9
马鹿塘二期	154.0	634.00	515.00	0	119.0	−13.2	36.1	11.1	30.3
董箐	150.0	494.50	356.00	0	138.5	−15.7	16.8	11.3	12.1
珊溪	132.5	156.80	24.30	20.2	132.5	−8.0	9.1	6.0	6.9
公伯峡	132.2	2010.00	1881.00	0	129.0	−1.5	13.4	1.1	10.1
引子渡	129.5	1092.50	968.50	0	124.0	—	21.6	—	17.4

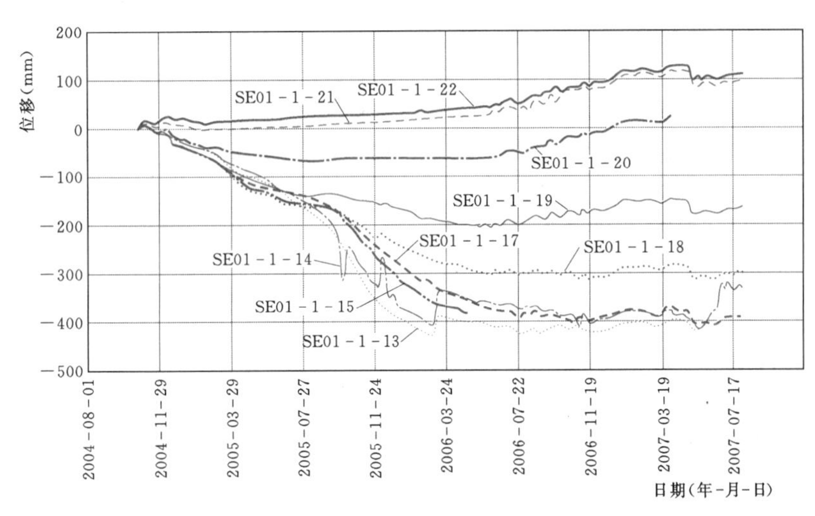

图 2.10-6　水布垭坝 0+212 断面（高程 265.00m）坝体水平位移过程线

岩，3 座坝的填筑标准高低顺序是董箐坝（孔隙率 n=19.4%）、马鹿塘二期坝（n=21%～23%）和天生桥一级坝（n=22%～24%），坝体水平位移特征值依次为 12.1×10^{-4}、30.3×10^{-4}和 65.5×10^{-4}。

2. 接缝位移

(1) 周边缝位移。面板堆石坝周边缝位移主要取决于坝体变形，一般来说坝越高、筑坝材料的变形模量越小（堆石母岩较差、颗粒级配较差、碾压密度较低），则坝体变形越大，导致周边缝位移越大。

周边缝位移，尤其是剪切位移，也与河谷形状、岸坡坡度及其变化密切相关。一般来说，岸坡陡峻则周边缝位移较大。

我国高面板堆石坝周边缝位移实测值及其特征值见表 2.10-7。

同样宜采用考虑坝高和岸坡等影响因素的周边缝位移特征值，计算公式为

$$C_{Ds}=\frac{D_s\cos\alpha_{max}}{H} \qquad (2.10-15)$$

其中

$$D_s=\sqrt{O^2+S^2+T^2} \qquad (2.10-16)$$

上二式中　D_s——周边缝位移的合位移；

O、S、T——周边缝张开位移、沉降和剪切位移，mm；

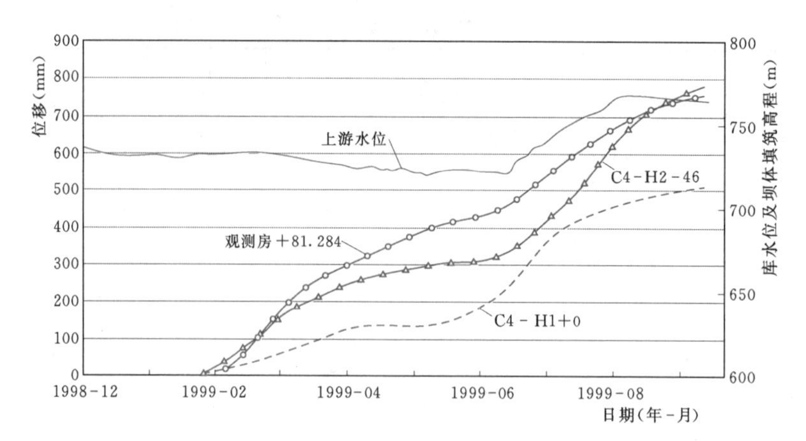

图 2.10-7　天生桥一级坝 0+630 断面（高程 758.00m）坝体水平位移过程线

注：C4-H2-46 中 C4-H2 为测点编号，46 为距坝轴线距离，以 m 计，"+"为下游，"-"为上游。

H——坝高，m；

α_{max}——最陡段岸坡坡角。

考虑坝高和岸坡坡角对周边缝剪切位移影响的周边缝位移特征值 C_{Ds} 较好地表征了堆石坝体变形对周边缝位移的影响程度，高坝的 C_{Ds} 值在（0.05～0.28）$\times10^{-3}$ 较小范围内变化；筑坝材料较差，变形模量较小的天生桥一级坝、董箐坝和公伯峡坝等 C_{Ds} 值大于 0.20×10^{-3}；龙首二级和珊溪坝等筑坝材料较好，变形模量较大，周边缝位移特征值 $C_{Ds}<0.1\times10^{-3}$；其他各坝的周边缝位移特征值在（0.10～0.20）$\times10^{-3}$ 之间。

（2）面板垂直缝位移。面板的轴向变形乃至垂直缝位移取决于堆石坝体向河谷中央变形时坝体与面板之间的摩擦力。因此，坝越高、河谷越窄、岸坡越陡、堆石坝体变形模量越小，面板垂直缝的位移就越大。我国高面板堆石坝面板垂直缝位移最大值及其特征值见表 2.10-8。

同样采用考虑了坝高和河谷性状影响的面板垂直缝位移特征值 C_{Dv}，计算公式为

$$C_{Dv}=\frac{D_v\cos\alpha_{max}}{H_{max}} \tag{2.10-17}$$

式中　D_v——面板垂直缝位移，mm；

α_{max}——最陡段岸坡坡角，见表 2.10-7；

H_{max}——最大坝高，m。

从表 2.10-8 所列的面板垂直缝位移特征值 C_{Dv} 可以看出：天生桥一级坝的 C_{Dv} 值等于 1.60×10^{-4}，而水布垭、洪家渡、紫坪铺和马鹿塘二期等灰岩料建造的面板堆石坝的 C_{Dv} 值在（0.33～0.67）$\times10^{-4}$ 之间，比天生桥一级坝小 1 倍。这说明提高堆石坝体的填筑密实度和变形模量，减小堆石坝体的变形，从而会减小面板垂直缝位移。这也说明了天生桥一级坝会产生面板垂直缝两侧混凝土的挤压破坏，而其他面板堆石坝则没有出现这种现象的原因，是天生桥一级坝的坝体坝轴向变形较大，导致河谷中央面板的压应力过大。

3. 面板挠度

面板是浇筑在堆石坝体上的钢筋混凝土板，面板浇筑后以及蓄水时面板的挠度与堆石体的变形、面板混凝土浇筑和分期蓄水过程密切相关。一般来说，堆石坝体变形越大，面板挠度越大。我国高面板堆石坝面板挠度实测值及其特征值见表 2.10-9。水布垭坝和天生桥一级坝面板挠度分布分别如图 2.10-8 和图 2.10-9 所示。

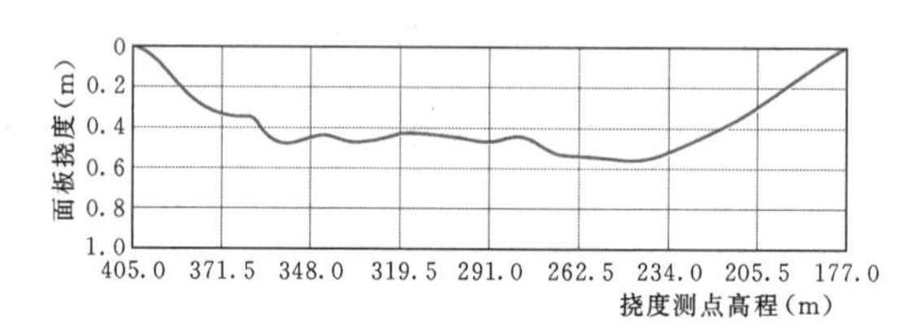

图 2.10-8　水布垭坝 2008 年 2 月 23 日 0+212 断面面板挠度分布图

采用只考虑坝高或同时考虑堆石坝体变形模量影响的两种面板挠度特征值：

面板挠度特征值 1

$$C_{d1}=\frac{d_f}{L_i} \tag{2.10-18}$$

面板挠度特征值 2

$$C_{d2}=\frac{d_fE_v}{L_ip_a} \tag{2.10-19}$$

以二式中　d_f——面板挠度最大值，cm；

L_i——发生面板挠度最大值的该期面板长度，m；

E_v——堆石坝体的垂直压缩模量，MPa；

p_a——标准大气压，MPa。

表 2.10-7　高面板堆石坝周边缝位移实测最大值及其特征值

坝名	坝高 H (m)	坝体堆石	坝体压实	河谷	岸坡坡角 α (°)	面板面积 A (万 m²)	河谷形状因数 β (A/H^2)	周边缝位移 (mm)			坡角取值 α_{max} (°)	周边缝最大位移的模 D_s	$C_{Ds}=\frac{D_s\cos\alpha_{max}}{H}$ ($\times10^{-3}$)
								O	S	T			
天生桥一级	178.0	灰岩、砂泥岩	铺厚 0.8m，10t 或 18t 振动碾，6 遍	宽 V 形河谷，坝顶长 1104m	左岸 20～30，右岸平均 18～30	17.27	5.45	20.9	28.5	20.8	30	41.0	0.20
水布垭	233.0	灰岩	铺厚 0.8m，25t 振动碾，8 遍	不对称 V 形河谷，坝顶长 660m	左岸 52，右岸平均 35	13.84	2.55	13	45.7	43.7	52	64.6	0.17
三板溪	185.5	粉砂岩、凝灰质砂岩夹板岩	铺厚 0.8m，25t 或 20t 振动碾，8～10 遍	不对称 V 形河谷，坝顶长 423.75m	左岸 40～45，右岸平均 45～60	8.40	2.44	71.8	50.2	58.6	60	105.4	0.28
洪家渡	179.5	灰岩、泥质砂岩	铺厚 0.8m，18t 振动碾，8 遍	不对称 V 形河谷，坝顶长 427.79m	左岸陡，右岸 25～40	7.22	2.24	13.9	26.6	34.8	70	46.0	0.09
滩坑	162.0	砂砾石、火山集块岩	铺厚 0.8m，22t 振动碾，8 遍	稍不对称 V 形河谷，坝顶长 507m	左岸 35～50，右岸 45～52	6.80	2.59	13.8	39.8	11.8	50	48.3	0.19
吉林台一级	157.0	砂砾石、凝灰岩	铺厚 0.8m，18t 振动碾，6～8 遍	对称 V 形河谷，坝顶长 445m	两岸 35～45	7.53	3.05	11.9	35.1	3.5	45	37.1	0.17
紫坪铺	156.0	灰岩、砂砾石	铺厚 0.9m，25t 振动碾，8 遍	不对称 V 形河谷，坝顶长 663.77m	左岸 40～50，右岸平均 20～25	10.88	4.39	15.2	10.8	27.4	60	33.1	0.14
马鹿塘二期	154.0	灰岩、砂泥岩	铺厚 0.8m，18t 振动碾，8 遍	不对称 V 形河谷，坝顶长 493.4m	左岸 40，右岸 25～40	7.53	3.18	4.6	8.0	6.5	40	11.3	0.06
董箐	150.0	砂泥岩	高程 430.00m 以下铺厚 0.8m，25t 振动碾，10 遍；高程 430.00m 以上铺厚 1.2m，冲碾 22 遍	稍不对称 V 形河谷，坝顶长 664.62m	左岸 35，右岸 25～28	10.10	4.52	18.4	34.3	20.8	35	44.1	0.24

续表

坝名	坝高 H (m)	坝体堆石	坝体压实	河谷	岸坡坡角 α (°)	面板面积 A (万 m²)	河谷形状因数 β (A/H^2)	周边缝位移 (mm)			坡角取值 α_{max} (°)	周边缝最大位移的模 D_s	$C_{Ds}=\frac{D_S\cos\alpha_{max}}{H}$ $(\times10^{-3})$
								O	S	T			
龙首二级	146.5	辉绿斑岩	铺厚 0.8m，18t 振动碾，8 遍	不对称 V 形河谷，坝顶长 190m	左岸 70，右岸陡缓交替	2.64	1.23	15.0	15.5	16.5	70	21.6	0.05
珊溪	132.5	流纹斑岩、砂砾石	铺厚 0.8m，16t 或 18t 振动碾，6～8 遍	稍不对称 U 形河谷，坝顶长 448m	左岸 30～40，右岸 40～45	7.00	3.99	6.2	15.0	8.1	45	18.1	0.10
公伯峡	132.2	花岗岩、片岩	铺厚 0.8m，18t 振动碾，8 遍	不对称 V 形河谷，坝顶长 429m	左岸 30，右岸 40～50	5.75	3.29	26.1	45.4	21.4	50	56.6	0.27
引子渡	129.5	灰岩、泥质岩	铺厚 0.8m，25t 振动碾，8 遍	稍不对称 U 形河谷，坝顶长 276m	左岸 70～80，右岸平均 45	3.75	2.24	24.7	26.0	30.7	70	47.2	0.13

注 1. 马鹿塘二期坝为 2010 年 7 月监测资料。该坝于 2009 年 11 月 10 日下闸蓄水，2010 年 7 月库水位上升到 583.00m 左右。
2. 周边缝实测位移 O、S、T 分别为周边缝张开位移、沉降和剪切位移。

表 2.10-8　高面板堆石坝面板垂直缝位移实测最大值及其特征值

坝名	最大坝高 H_{max} (m)	坝体最大沉降 S_{max} (cm)	施工期垂直压缩模量 E_v (MPa)	河谷和岸坡 (°)	河谷性状因数 β	面板垂直缝位移最大值 D_v (mm)		垂直缝位移特征值 C_{Dv} $(\times10^{-4})$	
						闭合 D_{vc}	张开 D_{vo}	闭合 C_{Dvc}	张开 D_{Dvo}
天生桥一级	178.0	354.0	50.9	宽 V 形河谷，左岸 20～30，右岸 18～30	5.45	—	32.90	—	1.60
水布垭	233.0	247.3	118.6	不对称 V 形河谷，左岸平均 52，右岸平均 35	2.55	6.7	18.70	0.180	0.49
三板溪	185.5	175.1	96.7	稍不对称 V 形河谷，左岸 40～45，右岸 45～60	2.44	2.7	11.75	0.070	0.32
洪家渡	179.5	135.6	135.2	不对称 V 形河谷，左岸陡 70，右岸 25～40	2.24	5.0	35.00	0.095	0.67
滩坑	162.0	81.6	132.7	对称 V 形河谷，左岸 35～50，右岸 45～52	2.59	3.4	8.40	0.130	0.33
吉林台一级	157.0	76.9	191.0	对称 V 形河谷，岸 35～45	3.05	2.7	8.16	0.120	0.37
紫坪铺	156.0	88.8	110.1	不对称 V 形河谷，左岸 40～50，右岸 20～25	4.39	11.5	8.00	0.470	0.33
马鹿塘二期	154.0	132.6	65.0	不对称 V 形河谷，左岸 40，右岸 25～40	3.18	—	12.80	—	0.64
董箐	150.0	194.5	57.9	稍宽、稍不对称 V 形河谷，左岸 35，右岸 25～28	4.52	5.2	12.30	0.280	0.67
珊溪	132.5	95.3	85.9	稍不对称 U 形河谷，左岸 30～40，右岸 40～45	3.99	—	17.70	—	0.94
公伯峡	132.2	48.7	171.1	不对称 V 形河谷，左岸 30，右岸 40～50	3.29	11.0	2.30	0.530	0.11
引子渡	129.5	110.0	53.5	稍不对称 U 形河谷，左岸 70～80，右岸 45	2.24	—	<2.00	—	0.27

表 2.10-9 **高面板堆石坝面板挠度实测最大值及其特征值**

坝名	最大坝高 H_{max} (m)	面板底部高程 (m)	各期面板顶面高程 (m)				坝体最大沉降 S_{max} (cm)	垂直压缩模量 E_v (MPa)	面板挠度最大值 d_f (cm)				面板挠度特征值 C_d	
			一期	二期	三期	四期			一期	二期	三期	四期	$C_{d1}=\frac{d_f}{L_i}$ ($\times 10^{-2}$)	$C_{d2}=\frac{d_f E_v}{L_i p_a}$ ($\times 10^{-1}$)
天生桥一级	178.0	617.50	680.00	746.00	787.30		354.0	50.9			81.0		1.40	71.3
水布垭	233.0	177.00	278.00	340.00	405.00		247.3	118.6	57.3				0.41	48.6
三板溪	185.5	298.00	385.00	430.00	478.00		175.4	96.7			16.8		0.25	24.2
洪家渡	179.5	978.20	1025.00	1095.00	1142.70		135.6	135.2			35.0		0.52	70.3
滩坑	162.0	9.90	115.00	171.00			81.6	132.7	21.5				0.15	19.9
吉林台一级	157.0	1270.80	1340.00	1360.00	1385.00	1421.00	73.0	191.0	23.4				0.24	45.8
紫坪铺	156.0	729.00	796.00	840.00	880.40		88.8	110.1						
马鹿塘二期	154.0	480.00	565.00	629.50			132.6	65.0		15.5②			0.10②	6.5②
董箐	150.0	345.00	415.00	477.00	491.20		194.5	52.9		59.7			0.69	40.0
珊溪	132.5	25.00	108.00	153.30			90.7	85.9	20.0				0.13	11.2
公伯峡	132.2	1878.60	2006.00				48.7	171.1	3.82①				0.02①	3.4①
引子渡	129.5	963.00	1070.00	1088.00			27.8	53.5	20.0				0.79	42.3

① 公伯峡坝面板挠度测值可能偏小。

② 马鹿塘二期坝 2009 年 11 月 10 日蓄水，2010 年 1 月库水位仅为 569.80m，面板挠度将会继续增大。

表 2.10-10 **高面板堆石坝渗流量实测值**

坝名	最大坝高 H_{max} (m)	面板混凝土等级	周边缝止水结构				渗流量 (L/s)
			顶部止水	顶部止水橡胶棒	中部止水	底部止水	
天生桥一级	178.0	C25 W12 F100	黏土，粉细砂	无	Ω 型铜止水或 PVC 止水	F 型铜止水	80.0～140.0
水布垭	233.0	C25～30 W12 F100～200	SR 填料	ϕ70 棒	Ω 型铜止水	F 型铜止水	23.4～40.0
三板溪	185.5	C30 W12 F100	SR 和 GB 填料	ϕ100PVC 棒	无	GB 复合 F 型铜止水	62.6～303.1
洪家渡	179.5	C30 W12 F100	粉煤灰+GB 填料	PVC 棒	无	GB 复合 F 型铜止水	7.0～135.0
滩坑	162.0	C30 W12 F150	SR 填料		厚橡胶管	F 型铜止水	
吉林台一级	157.0	C30 W12 F300	GB 填料	ϕ80 棒	GB 止水条+ϕ25 橡胶棒	F 型铜止水	286.0
紫坪铺	156.0	C25 W12	GB 填料	ϕ80 棒	无	GB 复合 F 型铜止水	51.0
马鹿塘二期	154.0	C25 W12 F100	粉煤灰	无	无	F 型铜止水	42.9
董箐	150.0	C30 W12 F100	纳米 SR-2 填料	ϕ80 棒	ϕ80 氯丁橡胶棒	SR 复合 F 型铜止水	41.8
珊溪	132.5	C25 W12 F100	SR 填料	无	PVC 止水带	W 型铜止水	坝基剩余水头 19%～26%
公伯峡	132.2	C25 W12 F200	GB 填料	ϕ50 棒	塑胶片	F 型铜止水	14.0
引子渡	129.5	C25 W12 F50～100	粉煤灰+SR 填料	无	无	F 型不锈钢止水	12.8

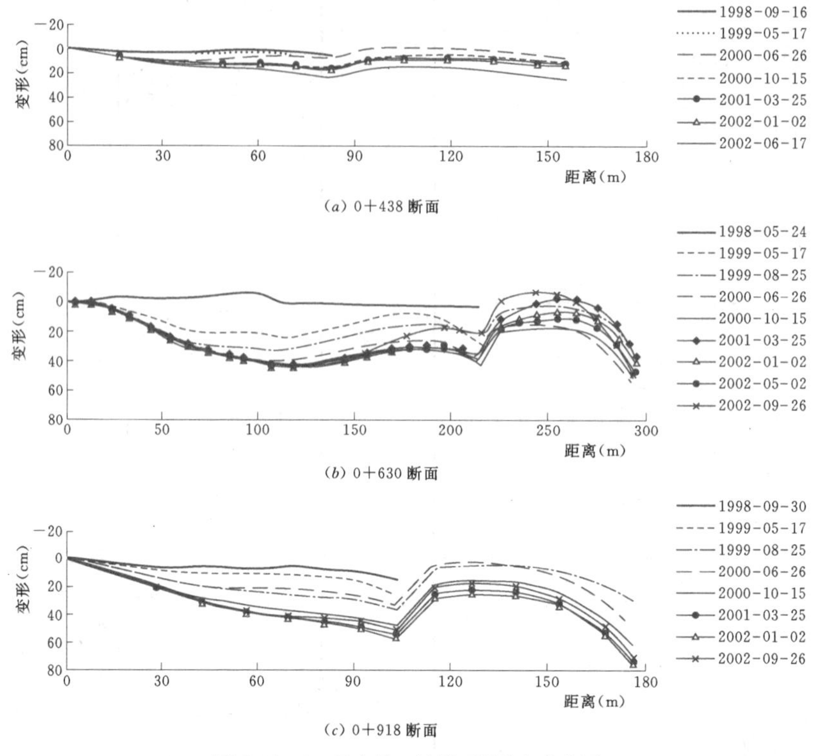

图 2.10-9　天生桥一级坝面板挠度分布图

从表 2.10-9 可以看出：天生桥一级面板堆石坝面板挠度特征值 C_{d1} 为 1.40×10^{-2}，而水布垭、洪家渡和马鹿塘二期等灰岩堆石料建造的堆石坝的面板挠度特征值 C_{d1} 只有（0.10～0.52）$\times10^{-2}$，即比天生桥一级坝小1倍或一个数量级。这说明堆石坝体的变形是影响面板挠度的主要因素，天生桥一级面板堆石坝的坝体变形较大，导致面板挠度较大。从考虑了坝体堆石坝垂直变形模量 E_v 的面板挠度特征值 C_{d2} 可以看出，天生桥一级坝的 C_{d2} 是 71.3×10^{-1}，其他高坝的 C_{d2} 为（11.2～70.3）$\times10^{-1}$。董箐坝和引子渡坝是砂泥岩和泥质灰岩等较差的筑坝材料，这两座坝的面板挠度特征值 C_{d2} 相差不大，进一步说明坝体变形是影响面板挠度的主要因素。同时将表 2.10-6 与表 2.10-9 综合比较看出，滩坑、三板溪、吉林台一级、珊溪等坝的筑坝材料变形特性较好，坝体填筑全断面均衡上升，坝体水平位移较小，因此面板挠度特征值 C_{d2} 较小，只有（11.2～24.2）$\times10^{-1}$，即面板挠度最大值 20cm 左右。

4. 渗流量

面板堆石坝坝体渗流量取决于面板是否存在贯穿性裂缝以及接缝止水的防渗性能，坝基和两岸坝肩的渗流量取决于趾板与两岸帷幕灌浆和固结灌浆效果。除了株树桥面板堆石坝外，我国的面板堆石坝的渗流量均较小，一般小于 100L/s。洪家渡、天生桥一级和三板溪坝在 135～303L/s 之间，吉林台一级面板坝由于存在右岸绕渗，渗流量为 286L/s，见表 2.10-10。我国高面板堆石坝的面板和接缝止水的防渗性能以及趾板与坝基灌浆的质量均良好。

由于坝体沉降、坝体水平位移、周边缝位移和面板垂直缝位移的特征值的表达式中都已经考虑了坝高的影响，从上述各表可以看出这些特征值都与堆石坝体的变形特性包括垂直压缩模量 E_v 有密切关系，这样就可以用这些特征值来表述面板堆石坝的变形性状、判断其优劣，同时也可以用这些特征值预估高面板堆石坝的性状。

参考文献

[1]　国际大坝委员会．混凝土面板堆石坝设计与施工概念（Concrete Face Rockfill Dams Concepts for Design And Construction）[M]．王兴会，胡苏萍，译．郦能惠，译审．北京：中国水利水电出版社，2010.

[2]　Cooke J B. Progress in Rockfill dams [J]．The Eighteenth Terzaghi Lecture, Journal of Geotechnical Engineering, ASCE, 1984, 110(10).

[3] Cooke J. B and Sherard J. L. The Concrete Face Rockfill Dams: Ⅱ Design [J]. Journal of Geotechnical Engineering, ASCE, 1987. 113(10).

[4] Sherard J. L. and Cooke J. B, The Concrete Face Rockfill Dams: I Assessment [J]. Journal of Geotechnical Engineering, ASCE, 1987. 113(10).

[5] 郦能惠. 高混凝土面板堆石坝新技术 [M]. 北京: 中国水利水电出版社, 2007.

[6] 曹克明, 汪易森, 徐建军. 混凝土面板堆石坝 (坝工丛书) [M]. 北京: 中国水利水电出版社, 2008.

[7] 中国水力发电工程学会混凝土面板堆石坝专业委员会. 中国混凝土面板堆石坝 25 年 [C] //混凝土面板堆石坝安全监测技术实践与进展. 北京: 中国水利水电出版社, 2010.

[8] 杨启贵, 刘宁, 等. 水布垭面板堆石坝筑坝技术 [M]. 北京: 中国水利水电出版社, 2010.

[9] 蒋国澄, 傅志安, 凤家骥. 混凝土面板坝工程 [M]. 湖北: 湖北科学技术出版社, 1997.

[10] 杨世源. 天生桥一级混凝土面板堆石坝设计 [C] //国际高土石坝学术研讨会论文集. 北京: 中国水力发电工程学会, 1993.

[11] 陈魁芳, 等. 十三陵抽水蓄能电站上池工程设计与施工 [C] //中国混凝土面板堆石坝十年学术研讨会论文集. 北京: 中国水力发电工程学会, 1995.

[12] Pinto N L de S et al. Foz do Areia and Segrado CFRD Dams - 12 Years Evolution. Proceedings of International Symposium on High Earth - rockfill Dams [C]. Beijing: CSHEE, 1993.

[13] Materon B. Construction of Foz do Areia Dam. CFRD - Design, Construction and Behaviour. CFRD - Design, Construction and Performance [C]. ASCE, 1985.

[14] Pinto N L de S et al. Foz do Areia Dam - Design, Construction and Behaviour. CFRD - Design, Construction and Performance [C]. ASCE, 1985.

[15] 长江勘测规划设计研究有限责任公司. 水布垭面板堆石坝技术总结 [R]. 武汉, 2009.

[16] 中国水电顾问集团贵阳勘测设计研究院. 洪家渡面板堆石坝技术总结 [R]. 贵阳, 2009.

[17] 唐新军, 凤炜, 凤家骥, 庞毅. 榆树沟水库枢纽工程的设计特点与运行情况 [J]. 新疆农业大学学报, 2004, 27 (2): 52 - 56.

[18] 杨卫中, 罗健, 林威. 贵州省王二河水库面板堆石坝设计 [J]. 贵州水力发电, 2003, 17 (1): 1 - 4.

[19] 肖贡元, 傅方明. 江苏宜兴抽水蓄能电站上水库工程的设计创新 [C] //2004 年全国抽水蓄能学术年会论文集. 南京, 2004.

[20] 王小红, 范福平, 杨志雄. 引子渡水电站坝型选择及枢纽布置 [J]. 水力发电, 2001 (9): 35 - 37.

[21] 高希章, 杨志宏. 紫坪铺水利枢纽工程混凝土面板堆石坝设计 [J]. 水利水电技术, 2002, 33 (11): 14 - 17.

[22] SL 228—2013 混凝土面板堆石坝设计规范 [S]. 北京: 中国水利水电出版社, 2013.

[23] DL/T 5016—2011 混凝土面板堆石坝设计规范 [S]. 北京: 中国水利水电出版社, 2011.

[24] Guevara R E B. Yacambu CFRD, Venazuela. Proceedings of International Symposium on High Earth - Rockfill Dams [C]. Beijing: CSHEE, 1993(Ⅲ).

[25] 袁辉. 小干沟混凝土面板砂砾石坝的设计 [C] //混凝土面板堆石坝会议论文集. 南京: 河海大学出版社, 1990.

[26] 张江甫. 小干沟设计和施工方案的决策 [C] //混凝土面板堆石坝会议论文集. 南京: 河海大学出版社, 1990.

[27] 张江甫. 小干沟面板堆石坝技术新特点 [C] //混凝土面板堆石坝会议论文集. 南京: 河海大学出版社, 1990.

[28] 陈念水, 吴曾谋, 李玉洁. 公伯峡水电站工程枢纽总布置 [J]. 西北水电, 2005 (1): 26 - 29.

[29] 陆希, 安盛勋, 陈念水, 等. 公伯峡面板堆石坝右岸高趾墙设计 [J]. 水力发电, 2004, 30 (8): 38 - 40.

[30] 傅方明. 宜兴抽水蓄能电站上水库主坝工程的设计特点 [C] //中国水力发电工程学会电网调峰与抽水蓄能专委会 2008 年学术交流年会论文集. 北京: 中国水力发电工程学会, 2008.

[31] 杨泽艳, 湛正刚, 等. 洪家渡水电站工程设计创新技术与应用 [M]. 北京: 中国水利水电出版社, 2008.

[32] 陈勇伦, 胡纲祯, 熊泽斌, 等. 水布垭高性能面板混凝土的研究与应用 [J]. 人民长江, 2007, 38 (7): 101 - 103.

[33] M. D. Fitzpatrick, B. A. Cole, F. L. Kinstler, B. P. Knoop. 混凝土面板堆石坝的设计. 国外混凝土面板堆石坝 [M]. 北京: 水利电力出版社, 1988: 61 - 77.

[34] G. Regalado, B. Materon, J. W. Ortege, J. Vargas. 安奇卡亚混凝土面板堆石坝混凝土面板的性状. 国外混凝土面板堆石坝 [M]. 北京: 水利电力出版社, 1988: 246 - 255.

[35] F. Amaya, A. Marulanda. Colombian Experience in the Design and Construction of Concrete Face Rockfill Dams. J. Barry Cooke Volume. Concrete Face Rockfill Dams [M]. Beijing 2000: 89 - 115.

[36] F. Amaya, A. Marulanda. 格里拉斯坝的设计、施工和运行. 国外混凝土面板堆石坝 [M]. 北京: 水利电力出版社, 1988: 61 - 77.

[37] Nelson L. de S. Pinto, Rui T. Mori. A new concept of a perimeteric joint for concrete face rockfill dams [C]. Q. 61, R. 3, Sixteenth Congress on Large Dams, Vol. II, Question 61, San Francisco, 1988: 35 - 51.

[38] 邓亲云. 对混凝土面板堆石坝顶缝设计的认识 [J], 水利水电工程设计, 1999 (4): 14 - 16.

[39] 钮新强，徐麟祥，廖仁强，等．株树桥混凝土面板堆石坝渗漏处理设计［J］．人民长江，2002，33（11）：1-4.

[40] 刘世煌，许百立．从运行情况谈混凝土面板坝的设计与施工［J］．西北水电，2002（3）：17-21.

[41] 罗新元．株树桥水库大坝渗漏处理与监测成果分析［J］．湖南水利水电，2007（5）：49-50.

[42] DL/T 5115—2008 混凝土面板堆石坝接缝止水技术规范［S］．北京：中国电力出版社，2008.

[43] DL/T 5215—2005 水工建筑物止水带技术规范［S］．北京：中国电力出版社，2005.

[44] DL/T 949—2005 水工建筑物塑性嵌缝密封材料技术标准［S］．北京：中国电力出版社，2005.

[45] 苟晓丽，沈慧，王志远，等．三板溪水电站安全监测自动化系统在大坝安全监控中的应用［C］//现代堆石坝技术进展：2009——第一届堆石坝国际研讨会论文集．北京：现代堆石坝技术进展，2009：592-597.

[46] 贾金生，郝巨涛，吕小彬，等．高混凝土面板堆石坝周边缝新型止水［J］．水利学报，2001，2：35-38.

[47] 贾金生，郝巨涛，陈肖蕾．混凝土面板坝止水带设计与柔性填料［J］．水力发电，2002，4：23-26.

[48] 丁留谦，周晓光，杨凯虹，等．超高面板坝淤填自愈型止水结构可行性的初步研究［J］．水利学报，2001，1：76-80.

[49] 鲁一晖，郝巨涛，赵波，等．吉林台电站混凝土面板坝周边缝自愈型止水结构［J］．水力发电，2005，31（1）：42-45.

[50] 宋永杰，袁辉．黑泉面板坝周边缝设计与施工［J］．人民长江，2000，31（1）：50-51.

[51] GB/T 2059—2008 铜及铜合金带材［S］．北京：中国标准出版社，2008.

[52] GB 3280—2007 不锈钢冷轧钢板［S］．北京：中国标准出版社，2007.

[53] P. Johannesson，S. Tohlang. Updated assessment of Mohale dam behavior，including of slab cracking and seepage evolution［C］．T03-14，3rd Symposium on CFRD Dams Honoring J. Barry Cooke. 345-355 October 2007，Brazil.

[54] GB 18173. 2—2000 高分子防水材料　第二部分止水带［S］．北京：中国标准出版社，2001.

[55] CRD-C 572—74 Specifications for Polyvinylchloride（PVC）Waterstop［S］．US Corps of Engineers，Waterways Experiment Station，PO Box 631，Vicksburg，MS 39180，USA，Revised 1 June 1974.

[56] GB 18173. 2—2000 高分子防水材料　第一部分片材［S］．北京：中国标准出版社，2001.

[57] GB/T 17638—1998 土工合成材料短纤针刺非织造土工布［S］．北京：中国标准出版社，1998.

[58] GB/T 17639—2008 土工合成材料长丝纺粘针刺非织造土工布［S］．北京：中国标准出版社，2008.

[59] 傅志安，凤家骥．混凝土面板堆石坝［M］．武汉：华中理工大学出版社，1993.

[60] 中国水电顾问集团昆明勘测设计研究院．金沙江中游河段梨园水电站施工详图阶段——面板堆石坝设计及堆积体作为坝基、坝料专题研究报告［R］．2011.

[61] 金伟，郑奕芳，刘清利，等．趾板建在深厚覆盖层的面板堆石坝技术研究［J］．面板堆石坝工程，2006（3）、（4）：118-120.

[62] 徐泽平．深厚覆盖层上修建高混凝土面板堆石坝的技术进展［C］//第一届堆石坝国际研讨会论文集．北京：中国水利水电出版社，2009.

[63] 冯业林，魏亮亮．那兰水电站混凝土面板堆石坝接缝止水设计［J］．面板堆石坝工程，2006（3）、（4）：102-109.

[64] 苗喆，李学强，王君利．察汗乌苏水电站趾板建在深覆盖层上混凝土面板堆石坝设计［J］．面板堆石坝工程，2006（3）、（4）：94-101.

[65] 阮汉恩．智利帕克拉罗大坝的设计和施工［J］，水电科技进展，2000（49）：46-50.

[66] 陆希，安盛勋，陈念水，等．公伯峡面板堆石坝右岸高趾墙设计［J］．水力发电，2004，30（8）：38-40.

[67] 曾雪艳．三板溪水电站边挡墙兼高趾墙设计［J］．中南水力发电，2005，4：10-12.

[68] 钟家驹．卡浪古尔混凝土面板堆石坝设计特点［C］//中国混凝土面板堆石坝十年学术研讨会论文集．北京：中国水力发电工程学会，1995.

[69] 张丙印，于玉贞，张建民．高土石坝的若干关键技术问题［C］//中国土木工程学会第九届土力学与岩土工程学术会议论文集．北京：清华大学出版社，2004.

[70] 沈珠江，赵魁芝．堆石坝流变变形的反馈分析［J］．水利学报，1998，6（6）：1-6.

[71] Ronald，P. C.，Post-Constrution Deformation of rockfill dams［J］．Journal of Geotechnical Engineering，1984，110（7）：821-840.

[72] 彭正光．西北口面板堆石坝蓄水7年变形分析［J］．水利水电技术，1999，30（9）：24-27.

[73] 杨键．天生桥一级水电站面板堆石坝沉降分析［J］．云南水力发电，2001（2）：59-63.

[74] Wahls，H. E. Analysis of primary and secondary consolidation［J］．Proceedings，ASCE，vol. 88 no. SM6，pp207-231，3373.

[75] Parkin A. K. Creep of rockfill［A］．Maranha das Neves E Advances in Rockfill Structure［M］．London：Kluwer Academic Publishers，1991：221-237.

[76] Reiko Kuwano and Richard J. Jar dine. On measuring creep behavior in granular materials through triaxial testing. Can. Geotech. J. Vol. 39，2002，pp1061-1074.

[77] 王勇，殷宗泽．一个用于面板坝流变分析的堆石流变模型［J］．岩土力学，2000，21（3）：227-230.

[78] 王勇．堆石流变的机理及研究方法初探［J］．岩石

力学与工程学报，2000，19（4）：526-530.
[79] 王勇，殷宗泽．面板坝中堆石流变对面板应力变形的影响分析［J］．河海大学学报，2000，28（6）：60-65.
[80] 梁军，刘汉龙．面板坝堆石料的蠕变试验研究［J］．岩土工程学报，2002，24（2）：257-259.
[81] 梁军，刘汉龙，高玉峰．堆石蠕变机理分析与颗粒破碎特性研究［J］．岩土力学，2003，24（3）：479-483.
[82] 程展林，丁红顺．堆石料蠕变特性试验研究［J］．岩土工程学报，2004，26（4）：473-476.
[83] 米占宽，沈珠江，李国英．高面板堆石坝坝体流变性状［J］．水利水运工程学报，2002（2）：35-41.
[84] 郭兴文，王德信，蔡新，等．混凝土面板堆石坝流变分析［J］．水利学报，1999（11）：42-47.
[85] 谢晓华，李国英．成屏混凝土面板堆石坝应力应变分析［J］．岩土工程学报，2001，23（2）：243-246.
[86] Nobari E S, Duncan J M. Movements in Dams due to Reservoir Filling [J]. Performance of earth and Earth and Earth - Supported Structures, Vol. 1, Part1.
[87] 李广信．土的清华弹塑性模型及其发展［J］．岩土工程学报，2006，28（1）.
[88] 钱家欢，殷宗泽．土工原理与计算［M］．北京：中国水利水电出版社，1996.
[89] 朱思哲，等．三轴试验原理与应用技术［M］．北京：中国电力出版社，2003.
[90] 刘祖德．土石坝变形计算的若干问题［J］．岩土工程学报，1983.
[91] Duncan J. M., Byrne P., Wong K. S., et al. Strength, stress - strain and bulk modulus parameters for finite element analysis of stress and movement in soil masses [R]. Report No. UCB/GT/80-01, University of California, Berkeley, 1980.
[92] 柏树田，崔亦昊．堆石的力学性质［J］．水力发电学报，1997，(3)：21-30.
[93] 李广信．高等土力学［M］．北京：清华大学出版社，2004.
[94] 徐泽平．面板堆石坝应力变形特性研究［M］．郑州：黄河水利出版社，2005.
[95] SL 237—1999《土工试验规程》［S］．北京：中国水利水电出版社，1999.
[96] SL 274—2001 碾压式土石坝设计规范［S］．北京：中国水利水电出版社，2001.
[97] 巴西巴拉纳州电力公司-COPEL. 咨询报告．水布垭工程国际咨询报告汇编（一）［R］，1997.
[98] 高莲士，宋文晶，汪昭华．高面板堆石坝变形控制的若干问题［J］．水利学报，2002（5）：3-8.
[99] 杨泽艳．“300m 级高面板堆石坝适应性及对策研究”课题简介［J］．面板堆石坝工程，2007（4）：15-22.
[100] 周伟，等．考虑堆石体流变效应的高面板坝最优施工程序研究［J］．岩土力学，2007，28（7）：1465-1468.
[101] 杨启贵，熊泽斌，水布垭大坝防渗和变形控制中的关键技术［J］．面板堆石坝工程，2007（4）：124-127，144.
[102] 杨世源．高混凝土面板堆石坝的变形控制［J］．面板堆石坝工程，2007（4）：42-46.
[103] 张宗亮，冯业林，王远亮．天生桥一级混凝土面板堆石坝设计与实践［J］．面板堆石坝工程，2007（4）：47-53，64.
[104] 王玉洁，朱锦杰，李涛．三板溪混凝土面板坝面板破损原因分析［J］．大坝与安全，2009（5）：19-21，28.
[105] 仵义平，李宜田．黄河公伯峡面板堆石坝工程施工新技术的应用［J］．水电能源科学，2008，26（2）：94-96.
[106] SL 303—2004 水利水电工程施工组织设计规范［S］．北京：中国水利水电出版社，2004.
[107] DL/T 5397—2007 水电工程施工组织设计规范［S］．北京：中国电力出版社，2007.
[108] 胡永富，吴永伟．三板溪水电站面板堆石坝垫层坡面保护应用形式分析［J］．贵州水力发电，2005，19（6）：19-21.
[109] 周正荣．喷素混凝土护面在盘南大坝坝前斜坡垫层料防护中的应用［J］．面板堆石坝工程，2006（3）、（4）：195-199.
[110] 梁存绍，胡泉光，周俊方．挤压边墙施工技术在水布垭工程中的应用［J］．水力发电，2007，33（8）：58-60，76.
[111] 李岱，等．面板堆石坝翻模固坡技术［J］．水利水电技术，2008，39（12）：21-23.
[112] 张拥军，等．水布垭面板堆石坝施工导流与度汛研究［J］．人民长江，2007，38（7）：56-59.
[113] 高小阳．三板溪水电站面板堆石坝反向排水系统的设计与施工［J］．贵州水力发电，2005，19（6）：33-35.
[114] 陈振文．珊溪水库面板堆石坝坝体反向排水设计［J］．华东水电技术，2001（4）：29-31.
[115] 唐巨山，丁邦满．横山水库扩建工程混凝土面板堆石坝设计［J］．水力发电，2002（7）：35-37.
[116] 朱锦杰，李涛，杜雪珍．三板溪主坝面板破损前后应力应变分析［J]，大坝与安全，2009，6：46-48.
[117] 库克（Cooke J. B.）．混凝土面板堆石坝的经验设计［J］．国际水力发电和大坝建设（International Water Power & Dam Construction）August 1998. 傅湘宁，译．水利水电快报，1999，20（5）：7-11.
[118] Cooke J B. The high CFRD dam. Invited lecture on International Symposium on Concrete Faced Rockfill Dams, J Barry Cooke Volume [C]. Beijing. 18 Sept. 2000.

[119] Macedo G G, Castro J A and Montanez L C. Behavior of Aguamilpa Dam. J Barry Cooke Volume Concrete Face Rockfill Dams [C]. Beijing: The 20th ICOLD Congress and Beijing 2000 Symposium on Concrete Face Rockfill Dams. 2000: 117-152.
[120] DL/T 5395—2007 碾压式土石坝设计规范 [S]. 北京：中国电力出版社，2007.
[121] SL 60—94 土石坝安全监测技术规范 [S]. 北京：中国水利水电出版社，1994.
[122] SL 169—96 土石坝安全监测资料整编规程 [S]. 北京：中国水利水电出版社，1997.
[123] DL 5073—2000 水工建筑物抗震设计规范 [S]. 北京：中国电力出版社，2001.
[124] 王柏乐. 中国当代土石坝工程 [M]. 北京：中国水利水电出版社，2004.
[125] 中国水电工程顾问集团公司，水利部水利水电规划设计总院，水利水电土石坝工程信息网. 中国混凝土面板堆石坝图册 [R]. 北京：北京国电水利电力工程有限公司，2003.
[126] 蒋国澄，赵增凯，关志诚. 中国混凝土面板堆石坝建设 [C] //混凝土面板堆石坝筑坝技术与研究. 北京：中国水利水电出版社，2005：3-17.
[127] 蒋国澄. 混凝土面板堆石坝的回顾与展望 [C] //中国大坝技术发展水平与工程实例. 北京：中国水利水电出版社，2007：128-137.
[128] 关志诚，韩军. 混凝土面板堆石坝应用技术发展综述 [C] //混凝土面板堆石坝筑坝技术与研究. 北京中国水利水电出版社，2005. 17-24.
[129] 郦能惠. 中国混凝土面板堆石坝安全监测 [M]. 北京：中国水利水电出版社，2010：21-42.
[130] 郦能惠，张建宁，熊国文，马贵昌. 中国面板坝运行情况及监测资料分析 [C] //中国混凝土面板堆石坝20年——综合·设计·施工·运行·科研. 北京：中国水利水电出版社，2005：31-47.
[131] 郦能惠. 高混凝土面板堆石坝设计新理念 [J]. 中国工程科学，2011，13 (3)：12-18.
[132] 郦能惠. 高混凝土面板堆石坝设计理念探讨 [J]. 岩土工程学报，2007，29 (8)：1143-1150.
[133] 马洪琪，曹克明. 超高面板坝的关键技术问题 [C] //中国大坝技术发展水平与工程实例. 北京：中国水利水电出版社，2007：52-62.
[134] 蒋国澄. 特高混凝土面板堆石坝建设的思考 [C] //土石坝技术——2008年论文集. 北京：中国电力出版社，2008：11-17.
[135] 关志诚. 高面板坝的抗震设计依据与变形控制 [C] //土石坝技术——2009年论文集. 北京：中国电力出版社，2009：12-20.
[136] 杨泽艳，蒋国澄. 洪家渡200m级高面板堆石坝变形控制技术 [C] //土石坝技术——2009年论文集. 北京：中国电力出版社，2009：140-148.
[137] 杨艳泽，周建平. 我国特高面板堆石坝的建设与技术展望 [C] //土石坝技术——2008年论文集. 北京：中国电力出版社，2008：18-25.
[138] 郦能惠，程展林，杨光华. 土的基本性质和测试技术 [C] //中国土木工程学会第八届土力学及岩土工程学术会议论文集. 北京：万国学术出版社. 1999.
[139] 郦能惠，朱铁，米占宽. 小浪底坝过渡料的强度与变形特性及缩尺效应 [J]. 水电能源科学，2001，19 (2)：39-42.
[140] 柏树田，周晓光，晁华怡. 软岩堆石料的物理力学性质 [J]. 水力发电学报，2002 (4)：34-44.
[141] 郦能惠，傅华，邹德高. 公伯峡水电站混凝土面板堆石坝坝体填筑料静动力特性试验研究 [R]. 南京：南京水利科学研究院，2001.
[142] 沈珠江，左元明. 堆石料的流变特性试验研究 [C] //中国土木工程学会第六届全国土力学及基础工程学术会议论文集. 上海：同济大学出版社，北京：中国建筑工业出版社，1991：443-446.
[143] 沈珠江. 土石料的流变模型及其应用 [J]. 水利水运科学研究，1994 (4)：335-342.
[144] 凤家骥，郭爱国，汪洋，等. 砂砾石垫层料渗透试验研究 [J]. 中国农村水利水电，1999 (12)：30-32.
[145] 杨德勇，雍莉. 混凝土面板堆石坝砂砾石坝垫层料过渡料渗流及渗透稳定性研究 [J]. 西北水电，2001 (2)：47-50.
[146] 沈珠江，徐刚. 堆石料的动力变形特性 [J]. 水利水运科学研究，1996 (2)：143-150.
[147] Duncan J M and Chang C Y. Non-linear analysis of stress and strain in soils [J]. Proc. ASCE, JSMFD. 1970, 96 (5): 1629-1653.
[148] 沈珠江. 土体应力应变分析中的一种新模型 [C] //中国土木工程学会第五届土力学及基础工程学术讨论会论文集. 北京：中国建筑工业出版社，1990：101-105.
[149] Nenghui Li, Guicang Ma, Dihuan Guo and Guolian He. Large Leakage and its Treatment of Zhushuqiao Dam [A]. Proc. Workshop on Dam Safety Problems and Solutions - Sharing Experience. ICOLD 72nd Annual Meeting [C]. Seoul Korea. May 2004.
[150] 郦能惠，李国英，赵魁芝，等. 公伯峡水电站混凝土面板堆石坝坝体三维非线性有限元静、动力应力变形分析 [R]. 南京：南京水利科学研究院，2001.
[151] 李国英，赵魁芝，米占宽，等. 黄河公伯峡水电站混凝土面板堆石坝混凝土高趾墙平面及三维有限元静、动力计算 [R]. 南京：南京水利科学研究院，2002.
[152] 郦能惠，孙大伟，等. 300m级超高面板堆石坝变形规律的研究 [J]. 岩土工程学报，2009，31 (2)：155-160.

[153] 郦能惠，孙大伟，王年香，等．混凝土面板堆石混合坝性状的预测［C］//土石坝技术——2009年论文集．北京：中国电力出版社，2009：397-408.

[154] 章为民，沈珠江．混凝土面板堆石坝三维弹塑性有限元分析［J］．水利学报，1992（4）：75-78.

[155] 郦能惠，米占宽，孙大伟．深覆盖层上面板堆石坝防渗墙应力变形性状影响因素的研究［J］．岩土工程学报，2007，29（1）：26-31.

[156] 郦能惠，米占宽，等．深覆盖层地基上混凝土面板堆石坝三维非线性有限元动静力应力变形分析［R］．南京：南京水利科学研究院，2003.

[157] 李国英．覆盖层上面板坝的应力变形特性与影响因素［J］．水利水运科学研究，1997（4）：348-356.

[158] 孙大伟，刘君健，郦能惠，等．察汗乌苏水电站深覆盖层上面板堆石坝三维有限元分析［M］．北京：中国水利水电出版社，2010：238-251.

[159] 沈婷，李国英，李云，等．覆盖层上面板堆石坝趾板与基础连接方式的研究［J］．岩土力学与工程学报，2005，24（14）：2588-2592.

[160] 郦能惠，孙大伟，陈铁林．折线型面板堆石坝——改善面板应力状态［J］．岩土工程学报，2006，28（1）：63-67.

[161] 郦能惠，孙大伟，米占宽．深覆盖层上面板堆石坝的圆弧型防渗墙［J］．岩土力学，2006，27（10）：1653-1657.

[162] 郦能惠，李国英，赵魁芝，等．强震区高面板堆石坝静力和动力应力变形性状［J］．岩土工程学报，2004，26（2）：183-188.

[163] 赵剑明，汪闻韶，常亚屏，等．高面板坝三维真非线性地震反应分析方法及模型试验验证［J］．水利学报，2003（9）：12-18.

[164] 张启岳．土石坝观测技术［M］．北京：中国水利水电出版社，1993.

[165] 郦能惠，蔡飞，沈珠江．土石坝原型观测资料分析方法的研究［J］．水电能源科学，2000，18（2）：6-10.

[166] 郦能惠．高堆石坝原位观测和反馈分析研究［R］．南京：南京水利科学研究院，1995.

[167] 郦能惠，李泽崇，李国英．高面板坝的新型监测设备及资料反馈分析［J］．水力发电，2001，（8）：46-65.

[168] 郦能惠，李国英，赵魁芝．高面板堆石坝原型观测分析技术［R］．南京：南京水利科学研究院，2000：1-15.

[169] 米占宽，李国英，郦能惠．巴贡水电站面板堆石坝原型观测资料反演分析［M］．北京：中国水利水电出版社，2010：115-126.

[170] 郦能惠，孙大伟，米占宽，等．200m级高混凝土面板堆石坝应力变形性状反演计算分析［R］．南京水利科学研究院，2008.

[171] 沈珠江，赵魁芝．堆石坝流变的反馈分析［J］．水利学报，1998（6）：1-654.

[172] 李国英，郦能惠．天生桥混凝土面板堆石坝原型观测资料分析［R］．南京：南京水利科学研究院，2000.

[173] 张宗亮，高莲士，郦能惠，等．天生桥一级水电站混凝土面板堆石坝安全监测资料反馈分析［R］．昆明：昆明勘测设计研究院，2000.

[174] 郦能惠，胡庆余，等．高面板堆石坝施工关键技术［C］//2002年水工专委会学术交流会议学术论文集．中国水利学会水工结构专业委员会，2002：97-102.

[175] 徐建军，曹克明．白溪水库混凝土面板堆石坝施工运行分析［C］//土石坝技术2005年论文集．北京：中国电力出版社，2006.

[176] 顾淦臣，沈长松，岑威钧．土石坝地震工程学［M］．北京：中国水利水电出版社，2009.

[177] 陈生水，霍家平，章为民．“5·12”汶川地震对紫坪铺混凝土面板坝的影响及原因分析［J］．岩土工程学报，2008，30（6）：795-801.

[178] 杨泽艳，周建平，等．汶川地震灾区大中型水电工程震损调查与初步分析［C］//土石坝技术——2009年论文集．北京：中国电力出版社，2009：30-42.

[179] 刘小生，王钟宁，王小刚，等．面板坝大型振动台模型试验与动力分析［M］．北京：中国水利水电出版社，知识产权出版社，2005：1-76.

[180] 赵增凯．高混凝土面板堆石坝建设中几个问题的探讨——面板脱空及结构裂缝的预防［C］//土石坝建设中的问题和经验．西安：陕西人民出版社，2002：131-138.

[181] 赵增凯．高混凝土面板堆石坝防止面板脱空及结构性裂缝的探讨［C］//混凝土面板堆石坝筑坝技术与研究（论文集）．北京：中国水利水电出版社，2005：38-44.

[182] 中国水电顾问集团贵阳勘测设计研究院．200m级高面板堆石坝技术总结报告［R］，2009.

[183] 昆明勘测设计研究院，南京水利科学研究院，等．300m级高面板堆石坝分区和筑坝参数与变形特性研究［R］．昆明：昆明勘测设计研究院，2009.

[184] 中国水电顾问集团成都勘测设计研究院．大渡河猴子岩水电站可行性研究报告［R］，2009.

[185] 成都勘测设计研究院．金沙江上游叶巴滩水电站预可行性研究报告［R］．成都：成都勘测设计研究院，2010.

[186] 王君利，范建朋，等．马来西亚巴贡水电站面板堆石坝设计综述［C］．北京：中国水利水电出版社，2010：221-228.

[187] 潘江洋，宁永升．三板溪面板堆石坝坝体变形控制［J］．水力发电，2004，30（6）：27-29.

[188] 欧红光，殷彦高．江坪河水电站面板堆石坝筑坝材料与坝体分区设计［C］//中国混凝土面板堆石坝

20年——综合·设计·施工·运行·科研．北京：中国水利水电出版社，2005：105-109.

［189］　莫珍，肖桃先，等．姚家坪面板堆石坝设计［J］．水利水电快报，2006，27（21）：4-8.

［190］　吴桂耀，黄宗营．天生桥一级水电站混凝土面板堆石坝施工技术［C］//中国混凝土面板堆石坝20年——综合·设计·施工·运行·科研．北京：中国水利水电出版社，2005：374-382.

［191］　林昭．黄河大柳树水利枢纽工程土石坝或高面板堆石坝的抗震稳定性［J］．水利水电工程设计，2002，（21）2：1-6.

［192］　彭育，陈振文．滩坑水电站混凝土面板堆石坝施工期坝体变形特征［C］//土石坝技术2008年论文集．北京：中国电力出版社，2008.

［193］　宋彦刚，邓良胜．紫坪铺面板堆石坝关键技术问题的处理［C］//混凝土面板堆石坝筑坝技术与研究．北京：中国水利水电出版社，2005.

［194］　吕生玺，温续余，庞晓岚．洮河九甸峡水利枢纽工程混凝土面板堆石坝设计［C］//混凝土面板堆石坝筑坝技术研究．北京：中国水利水电出版社，2005：183-188.

［195］　杨和明，李娟，徐更晓，等．那兰面板坝工程设计与施工［C］//中国混凝土面板堆石坝20年——综合·设计·施工·运行·科研．北京：中国水利水电出版社，2005：110-126.

［196］　李娟，李云，冯业林，等．那兰水电站面板冲积层上趾板结构型式研究与设计［J］．面板堆石坝工程（内刊），2006，（3、4合刊）：69-76.

［197］　沟后水库垮坝原因调查分析专家组．关于沟后水库溃坝原因调查分析专题报告［M］．沟后水库砂砾石面板坝——设计、施工、运行、失事．北京：中国水利水电出版社，1996：117-135.

［198］　陈及新，张云生．天生桥一级水电站坝面过水设计和施工实况［J］．云南水力发电，1999，15（1）：38-41.

第3章

沥青混凝土防渗土石坝

本章为《水工设计手册》(第2版)新编内容。第1版中,"沥青混凝土防渗体堆石坝"的篇幅为一节,仅简单介绍了20世纪80年代以前的一些典型工程设计情况。80年代以来,石油沥青加工技术有了很大进步,高等级道路建设促使对沥青及沥青混凝土材料的性能有了更深入系统的研究,沥青混凝土的专业施工机械和自动化控制等施工技术也发展很快。本章较系统地总结了近20多年来国内外土石坝沥青混凝土防渗技术的最新设计研究成果和工程实践,共分7节。主要介绍沥青混凝土防渗土石坝的发展与现状;水工沥青混凝土原材料及基本性能;水工沥青混凝土配合比设计;碾压式沥青混凝土面板坝设计;碾压式沥青混凝土心墙坝设计;浇筑式沥青混凝土心墙坝设计;沥青混凝土防渗土石坝工程的安全监测设计等内容。

章主编　吕明治　鲁一晖

章主审　肖贡元　郝巨涛

本章编写及审稿人员

节次	编　写　人	审稿人
3.1	吕明治	肖贡元 郝巨涛
3.2	刘增宏　鲁一晖　吕明治	
3.3	刘增宏　鲁一晖	
3.4	吕明治　李　冰	
3.5	鄢双红　余胜祥　徐唐锦　张福成　郝巨涛	
3.6	苏　萍	
3.7	徐岩彬　彭立斌	

第3章 沥青混凝土防渗土石坝

3.1 概　　述

3.1.1 水工沥青混凝土的发展与现状

沥青混凝土因其防渗性能好、适应变形能力强、施工速度快等优点，作为非土质防渗材料，在土石坝工程中得到了广泛应用。

沥青混凝土防渗土石坝，按照防渗体在坝体中的位置不同，可划分为面板坝和心墙坝；按照沥青混凝土施工方法的不同，可划分为碾压式和浇筑式。碾压式沥青混凝土已广泛应用于面板坝、心墙坝、蓄水池（库）全池防渗和渠道衬砌工程中，浇筑式沥青混凝土除应用于土石坝的心墙防渗外，还应用于碾压混凝土坝、混凝土坝或砌石坝上游面的防渗或防渗修补工程。

沥青混凝土应用于现代水利工程始于1910年的美国森车尔（Central）面板坝[1]。这一早期实例是公路建设的派生物，利用碎石作为骨料，喷洒高针入度沥青作为胶结材料。沥青混凝土正式作为防渗体应用于大坝工程，始于1934年的德国阿梅克（Amecke）面板坝，坝高13m。20世纪50～80年代，水工沥青混凝土防渗技术在欧美国家和日本等国得到了广泛应用，兴建了大量的沥青混凝土防渗土石坝工程。进入90年代后，欧美国家和日本等国因常规水力资源开发已基本殆尽，因此，新建的沥青混凝土工程主要是抽水蓄能电站的水库防渗。据不完全统计，目前全世界已建成的沥青混凝土防渗工程有400余座。

已建沥青混凝土防渗工程中，面板坝的数量较多，目前为300多座（含蓄水池）。其中，最高的是日本的蛇尾川抽水蓄能电站上库的八汐（Yashio）大坝，坝高90.5m，1992年建成；奥地利的奥申尼可（Oschenik）坝，最大填筑高度108m，面板最大高度81m，分四期加高，1978年建成。防渗面积最大的是德国的盖斯特（Geeste）水库，为185万m^2，供核电站冷却用水，1987年建成。近几十年来，沥青混凝土面板被广泛用于抽水蓄能电站水库的防渗工程，特别是全库盆防渗的工程，如德国格兰姆斯（Glems，1964）、美国路丁顿（Ludington，1972）、日本沼原（1973）和蛇尾川（1992）、泰国拉姆塔昆（Lam Ta Khong，2001）、德国高蒂斯塞尔（Goldisthal，2003）以及日本小丸川（2005）和京极（2006）等。

已建沥青混凝土防渗工程中，心墙坝的数量相对少一些，目前为80余座。第一座沥青混凝土心墙坝是葡萄牙的格奥（Vale Do Caio）坝，坝高48m，1948年建成。目前已建最高的碾压式沥青混凝土心墙坝是挪威的斯托格罗瓦屯（Storglomvatn）坝，坝高128m。我国四川冶勒碾压式沥青混凝土心墙坝，坝高也达125.5m。

水工沥青混凝土技术主要包括以下几方面：沥青和沥青混凝土的基本性能和评价方法，沥青和骨料等原材料选择、配合比设计，沥青混凝土防渗体和基础的结构设计、施工技术。沥青混凝土由于其性能优越，自19世纪起就广泛应用于道路工程，特别是近几十年来高速公路发展迅速，沥青混凝土已成为高等级路面的首选材料。出于工程建设需要，国内外公路交通行业对沥青及沥青混凝土性能进行了深入系统的研究，形成了一套相对完整的路用沥青及沥青混凝土的技术标准和试验规程，如美国ASTM和AASHTO、德国DIN、英国BS、法国NF、欧洲EN、日本JIS及中国JT系列相应标准。相对而言，国内外对水工沥青混凝土技术的系统性研究均较少，在沥青和其他原材料选择、配合比设计及沥青和沥青混凝土性能、施工技术等方面，主要借鉴公路交通行业的技术标准、试验评价方法和研究成果。

20世纪50～80年代，众多工程的兴建推动了水工沥青混凝土技术的发展。著名学者Baron W. F. van Asbeck在50年代和60年代相继出版了两卷本《水工沥青》(Bitumen in Hydraulic Engineering)[10]专著，基本反映了这一时期的水工沥青混凝土技术水平，并成为经典著作。其中有关水工沥青混凝土的主要性能评价指标和试验方法一直沿用至今，如密度、孔隙率、斜坡流淌值、圆盘柔性试验等。

目前，水工沥青混凝土大多采用高等级道路石油沥青。近些年来，随着石油工业发展和沥青加工技术的进步，沥青的品质不断改善，性能越来越稳定。改性沥青由于其性能优越，在高等级道路、机场跑道等工程中已得到广泛应用，近年来也在水库防渗工程中逐渐得到应用，如我国山西西龙池抽水蓄能电站上库的沥青混凝土面板防渗工程。

沥青混凝土面板有复式断面和简式断面两种基本结构型式。日本传统上多采用复式断面，而欧美等国则以简式断面居多。随着施工技术进步，简式断面结构的防渗性能得到了普遍认可，而复式断面结构则多用于高坝、高地震烈度区、基础沉降变形较大或对防渗要求高的工程中。

土石坝的沥青混凝土面板均为碾压式。早期的沥青混凝土面板施工，受摊铺机预压实能力限制，一次摊铺的铺层厚度约为 5cm，面板防渗层一般需要分为两层或三层进行薄层摊铺施工。20 世纪 80 年代以来，现代摊铺机振动整平器的应用使摊铺预压实效果显著提高，冷缝处理技术也不断进步，近些年来防渗层都非常普遍地采用了厚层单层摊铺施工技术。

高坝的沥青混凝土心墙均采用碾压式，浇筑式心墙的坝高一般低于 50m。碾压式便于机械化施工，沥青混凝土施工质量容易得到保证，因而发展较快，也是目前的发展趋势。浇筑式主要采用人工施工，由于可以在冬季施工，因而在寒冷地区还在采用，如我国东北地区已建的沥青混凝土心墙坝就以浇筑式居多。

施工技术进步对沥青混凝土防渗技术的发展具有重要的作用。早期工程的施工机械化和自动化程度不高，20 世纪 80 年代以来，水工沥青混凝土的专业施工机械发展很快，目前拌和系统、摊铺与碾压设备自动化程度均很高，施工质量易于保证且稳定，施工速度很快。现代的沥青混凝土拌和系统，可实现原材料称量、骨料加热、沥青熔化与输送、配合比配制、温度控制及拌和的全过程自动化生产控制。用于面板施工的斜坡摊铺设备，由牵引台车、喂料系统、斜坡摊铺机及配套碾压设备组成，斜坡摊铺机按照坝坡坡度定制，附带的振动整平板具有很好的预压实功能，可将摊铺后的沥青混合料预压至压实度的 90%以上。用于心墙施工的摊铺机，能够同步摊铺沥青混凝土和两侧的过渡料，摊铺厚度均匀，且对于摊铺后的沥青混合料也有较好的预压实功能，压实度也可达 90%以上，使心墙沥青混凝土与过渡料结合良好，联合受力条件好。

我国水工沥青混凝土技术起步较晚。20 世纪 70～80 年代，相继建成面板坝 30 多座、心墙坝 10 多座，典型工程有陕西正岔（36m，1976）、北京半城子（29m，1976）、山西里册峪（57m，定向爆破堆石坝，1977）、陕西石砭峪（85m，定向爆破堆石坝，1980）、河南南谷洞（78.5m，1981）、湖北车坝（66m，1984）、浙江牛头山（49.3m，1988）等沥青混凝土面板坝，以及吉林白河浇筑式沥青混凝土心墙坝（24.5m，1973）和甘肃党河（58.8m，1975）、辽宁碧流河（49m，1983）碾压式沥青混凝土心墙坝等。我国这一时期建设的沥青混凝土防渗工程，由于国产原油和石油加工技术等原因，沥青品质较差，同时由于施工机械化水平低、施工技术落后等原因，造成面板出现开裂渗漏、坡面流淌等问题，对水工沥青混凝土防渗技术在我国的推广应用产生了很大的负面影响，使之一度处于停滞状态。

近 10 多年来，我国的水工沥青混凝土技术发展很快，基本与国外最新技术同步。1994 年，浙江天荒坪抽水蓄能电站开工建设，上库沥青混凝土防渗护面工程采用国际招标，引进国外专业施工队伍和现代化施工机械，施工技术达到国际先进水平。天荒坪上库沥青混凝土防渗面板面积 28.5 万 m^2，于 1997 年建成，成为我国现代沥青混凝土防渗工程建设的转折点。进入 21 世纪后，沥青混凝土面板防渗技术在国内抽水蓄能电站中得到了较多应用，于 2007 年前后，相继建成了河北张河湾抽水蓄能电站上库（防渗面积 33.7 万 m^2）、山西西龙池抽水蓄能电站上库（防渗面积 22.46 万 m^2）和下库大坝（防渗面积 11.25 万 m^2）、河南宝泉抽水蓄能电站上库主坝和库岸（防渗面积 16.6 万 m^2）等沥青混凝土面板防渗工程。近年来，我国现代碾压式沥青混凝土心墙坝也得到了较快发展，兴建了三峡茅坪溪心墙坝（104m，2003）、四川冶勒心墙坝（125.5m，2005）、东北嫩江尼尔基心墙坝（41.5m，2005）等工程。我国近年来兴建的这些工程，借鉴了当今国外水工沥青混凝土的最新技术，采用现代机械设备施工，代表了当今水工沥青混凝土设计和施工的最新技术水平。

1988 年第 16 届国际大坝会议的总报告曾提出，沥青混凝土面板堆石坝、混凝土面板堆石坝、沥青混凝土心墙堆石坝是未来修建高坝的适宜坝型。如今，已建混凝土面板堆石坝的坝高已达 233m，与之相比，沥青混凝土面板坝和心墙坝在工程建设经验方面已明显落后。目前国内相继建成的沥青混凝土面板坝和心墙坝的运行情况表明，这两种坝型在防渗效果方面具有混凝土面板堆石坝无可比拟的优越性，应加大力度促进其发展。

3.1.2 沥青混凝土防渗结构布置与技术特点

3.1.2.1 沥青混凝土面板坝

1. 结构布置特点

（1）用于土石坝表面防渗的沥青混凝土面板均为碾压式。

(2) 沥青混凝土面板坝的坝轴线通常采用直线布置。全库盆防渗的抽水蓄能电站水库，受地形地质条件限制，坝轴线通常既有凸向上游的曲线布置，又有弯向下游的曲线布置。

(3) 沥青混凝土面板表面一般不加设其他保护层。早期的工程，由于担心冰冻、冰块撞击和高温斜坡流淌，在面板表面设置水泥混凝土保护层，近些年来，随着对沥青混凝土面板性能的了解，已不再加设保护层。

(4) 防渗面板一般通过混凝土基座与基岩中的灌浆帷幕或覆盖层中的防渗墙连接，混凝土基座中通常布置有排水廊道。德国高蒂斯塞尔（Goldisthal）抽水蓄能电站下库沥青混凝土面板坝的典型断面见图3.1-1。

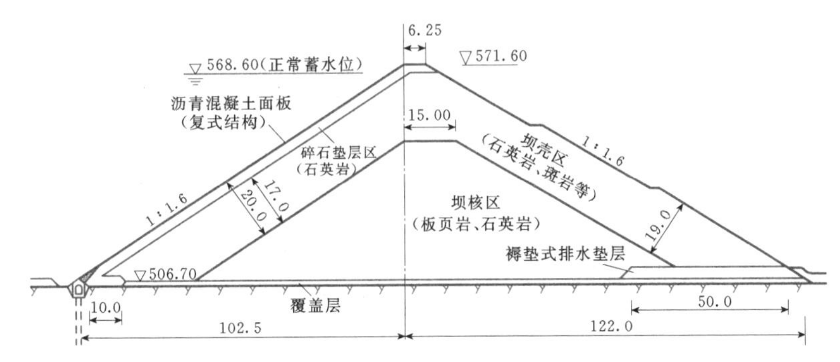

图 3.1-1 高蒂斯塞尔(Goldisthal)抽水蓄能电站下库沥青混凝土面板坝的典型断面(单位:m)

(5) 沥青混凝土面板堆石坝的坝体断面一般分为垫层区、过渡区、主堆石区、次堆石区等，断面分区设计与钢筋混凝土面板堆石坝类似。

(6) 沥青混凝土面板与大坝填筑体或库底基础之间，一般设置碎石或砂砾石垫层（又称下卧层），主要作用是减小不均匀沉降、排水（包括渗漏水和天然地下水）、防冻胀和基础整平等。早期沥青混凝土面板的下卧层采用砌石或无砂混凝土刚性垫层，近些年来已基本不用。

(7) 目前已建的沥青混凝土面板坝最大坝高尚未超过100m，铺设面板的大坝填筑体上游坡面，一般不设马道，采用一坡到底，且力求平整。

(8) 沥青混凝土面板在坝坡平面转弯处、斜坡与库底连接处，均采用弧面连接，可改善面板受力，便于摊铺机施工。

(9) 沥青混凝土面板的坡度，除应满足大坝填筑体自身稳定要求外，从保证面板斜坡热稳定、面板摊铺机械的施工压实效果和施工人员安全考虑，一般不陡于1∶1.7。

(10) 沥青混凝土适应变形能力强，并具有显著的应力松弛特性。已建的沥青混凝土面板工程，除了面板与周边的水泥混凝土结构之间设置连接接头外，面板自身均不设置变形结构缝，即使是大面积全库盆防渗的水库也是如此。

(11) 沥青混凝土面板的断面结构分为简式断面和复式断面。实际工程中，还采用了一种简化的复式断面结构型式，其整平胶结层按照防渗或相对防渗考虑，将下防渗层与整平胶结层合并为一层。

(12) 在沥青混凝土防渗面板弯曲部位、面板与混凝土结构连接处、基础变形模量变化较大部位等，一般拉应变较大，通常在这些部位的一定范围内增设防渗加厚层，并铺设加筋网格。

(13) 高温地区，为防止沥青混凝土面板表面发生流淌或层间蠕动滑移，一些工程设置了辅助降温措施，如坝顶设置水喷淋设施、面板表面涂刷白色涂层等。

2. 技术特点

(1) 沥青混凝土面板是一种柔性防渗结构。其变形模量相对于堆石体而言一般均较小，面板的变形主要取决于其下卧堆石体的变形，面板相对于堆石体而言是传力结构，不是承载结构。

(2) 沥青混凝土面板具有很好的防渗性能。碾压密实的沥青混凝土几乎不渗水，且可承受很高的水力梯度，不必担心沥青会从沥青混凝土防渗体中挤出。由于沥青混凝土面板防渗层的孔隙率非常小，几乎没有水渗入内部，因此一般也不存在通常发生在水泥混凝土中的冻融破坏问题。

(3) 沥青混凝土面板适应不均匀变形能力强。常温条件下，沥青混凝土是一种典型的黏弹性材料，除具有很好的变形性能外，还具有明显的蠕变和应力松弛特性，塑性变形能力大。因此，沥青混凝土面板的一个重要技术特点是一般无需设置变形结构缝。

(4) 沥青混凝土面板受外界气温和日照的影响

大。高温地区的沥青混凝土面板要求具有良好的斜坡热稳定性，寒冷地区的沥青混凝土面板要求具有足够的低温抗裂性能。山西西龙池抽水蓄能电站上库极端最低气温为－34.5°C，设计要求防渗层沥青混凝土的冻断温度低于－38°C。

(5) 沥青混凝土面板具有较好的抵御冰冻作用能力。已建工程中，曾有冰块摩擦而造成面板条痕或槽痕的报道。但对实际工程的观察表明[11]，冻结的和流动的冰，不会对沥青混凝土面板造成明显的损害。对德国根克尔（Genkel）和赫内（Henne）水库运行观察的结果表明，沥青混凝土防渗层，尤其是有排水层的复式断面结构，即使是在严寒条件下也不会使冰层“生根”，在冰层与沥青混凝土表面间存在薄冰（水）层。德国盖斯特赫特（Geesthacht）抽水蓄能电站冬季运行的水位每天升降循环，使得冰块在坝面斜坡上形成堆积，曾形成了 3m 高的冰堆，而在低水位时堆冰还出现过滑塌，但整个冬季电站运行如常，坝面上也没有出现壅冰作用留下的明显痕迹。

(6) 面板沥青混凝土具有很好的耐久性。沥青混凝土的耐久性主要取决于沥青的抗老化能力，沥青的老化主要源自施工加热拌和时（可达 160～180℃）的老化，运行期的老化作用影响很有限。根据室内和一些现场取样试验研究，沥青混凝土面板运行期的老化仅限于表面数毫米。

(7) 沥青混凝土是一种环保无毒的防渗材料。水工沥青混凝土均采用石油沥青，采用石油沥青的沥青混凝土对水质和环境没有污染。国内外已有百余座灌溉和饮用水水库采用沥青混凝土面板防渗，且已运行数十年。一些人士对沥青是否有污染和毒性心存疑虑，主要是混淆了石油沥青和煤沥青的区别。

(8) 沥青混凝土面板施工速度快，且维修方便。目前的摊铺机一般都具备单层铺筑 10cm 的厚层摊铺能力，铺筑条幅宽度可达 4～6m，摊铺速度可达 1～3m/min。由于机械化和自动化程度高，沥青混凝土面板具有施工方便快捷的特点。虽然沥青混凝土摊铺对环境温度、风速、降雨等要求比较高，但由于施工速度快，对于年内可施工时间较短的多雨、高温或寒冷地区，是一种较好的选择。沥青混凝土面板位于大坝表面，便于检查和维修。对于缺陷或破损部位，局部铲除后，加热铺筑沥青混凝土即可，施工缝处理也方便可靠，铺筑后一经压实即可蓄水使用。

3.1.2.2 沥青混凝土心墙坝

1. 结构布置特点

(1) 沥青混凝土心墙分为碾压式和浇筑式。浇筑式沥青混凝土心墙可在严寒条件下施工，通常用于寒冷地区。目前国内已建最高的碾压式沥青混凝土心墙坝是四川的冶勒心墙坝，坝高 125.5m；已建最高的浇筑式沥青混凝土心墙坝是新疆的恰卜其海围堰，高 49m。

(2) 沥青混凝土心墙轴线通常采用直线布置。在狭窄河谷且两岸岸坡陡峻的情况下，心墙轴线可布置为凸向上游的弧线，以防止或减小防渗体中的拉应力。沥青混凝土心墙轴线通常布置在坝轴线上游侧，以便与坝顶防浪墙连接。

(3) 沥青混凝土心墙坝的坝体断面分区设计与其他类型的心墙土石坝类似。三峡茅坪溪沥青混凝土心墙坝的典型断面见图 3.1-2。

(4) 沥青混凝土心墙一般通过底部的混凝土基座与基岩中的灌浆帷幕或覆盖层中的防渗墙连接，河床部位的混凝土基座通常布置有排水廊道。

(5) 沥青混凝土心墙两侧均设有过渡区，作为与坝壳料之间的过渡。沥青混凝土的变形模量一般较小，坝壳料的变形模量较大，过渡区的变形模量应介于两者之间。过渡区除应满足变形的过渡要求外，尚应具有良好的排水性能和渗透稳定性。对于碾压式沥青混凝土心墙，过渡区还应满足心墙摊铺机行走的要求，现代摊铺机可以同步完成心墙沥青混凝土和两侧过渡料的摊铺。

(6) 沥青混凝土心墙断面有垂直布置、下部垂直上部倾斜布置、倾斜布置三种型式，如图 3.1-3 所示。一般采用垂直布置型式。

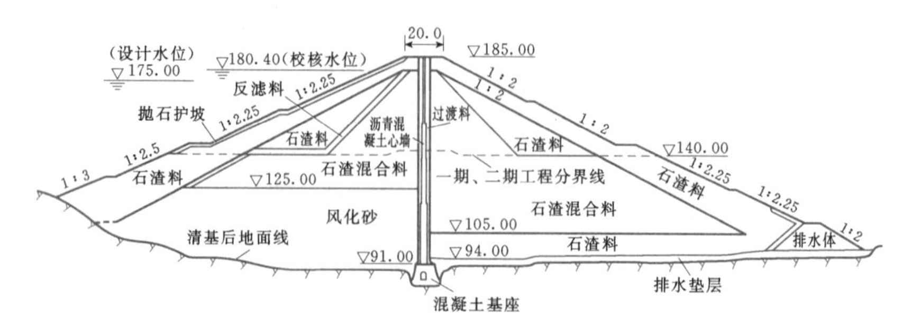

图 3.1-2 三峡茅坪溪沥青混凝土心墙坝的典型断面（单位：m）

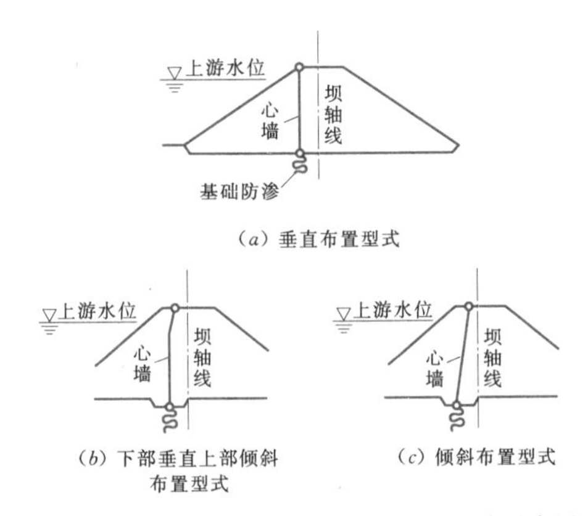

图 3.1-3 沥青混凝土心墙断面布置型式示意图

碾压式沥青混凝土心墙，其倾斜的布置型式在早期修建的工程中曾有采用，由于分层错台铺筑的施工控制相对复杂，目前已很少采用。根据对国外 1992 年以前已建的 44 座碾压式沥青混凝土心墙坝统计，垂直型心墙 34 座、倾斜型心墙 3 座、下部垂直上部倾斜型心墙 7 座。我国近期建成的碾压式沥青混凝土心墙均为垂直型，如茅坪溪、冶勒、尼尔基等。

浇筑式沥青混凝土心墙靠自重流变密实，故均采用垂直型布置，不采用倾斜的布置型式。我国早期的浇筑式沥青混凝土心墙，有采用沥青砂砌筑块石（或混凝土块）或采用沥青混凝土预制块作为心墙的副墙，施工时作为模板用，近年来多采用钢模板施工，施工速度快，且心墙与两侧过渡料直接接触，可避免由于副墙变形模量较大而对心墙应力和变形产生的不利影响。

2. 技术特点

(1) 运行环境条件好。心墙位于坝体内部，不受外界气温变化、日照辐射和冰冻等作用和影响，耐久性好。相较于沥青混凝土面板坝，国内外已建的沥青混凝土心墙坝，总体运行情况良好，几乎全部运行正常。

(2) 防渗性能好。碾压或浇筑密实的沥青混凝土心墙，渗透系数远小于一般的黏土或碎石土料，在缺乏合适防渗土料或出于保护耕地需要时，是一种很好的选择。

(3) 适应变形能力更强，对坝基条件要求相对较低。心墙位于坝体内部，工作温度基本恒定，一般在 0℃以上，如三峡茅坪溪心墙设计温度采用当地多年平均气温为 16.4℃。在该温度条件下，沥青混凝土具有优越的变形性能和应力松弛能力，故对河床深覆盖层地基变形具有更好的适应性。

(4) 一般不存在水力劈裂破坏问题。沥青混凝土心墙变形模量一般低于两侧的过渡区堆石料，设计应注意变形协调，尽量使二者变形模量接近，以减小发生拱效应的可能性。同时，由于沥青混凝土心墙变形能力强，具有流变性，且基本不透水，目前已建工程中尚未出现水力劈裂破坏的实例。

(5) 抗震性能好，且沥青混凝土心墙对裂缝有一定的自愈能力。

(6) 渗漏易于监控。一般在心墙与基础连接的混凝土基座中设排水廊道，便于收集和排走透过心墙的渗漏水。

(7) 心墙与坝体同步施工升高，可提前蓄水或挡水度汛，施工导流围堰也可作为坝体一部分。

(8) 施工速度快，对多雨、高温或寒冷等有效施工时间短的地区，具有更好的适应性，尤其是浇筑式沥青混凝土心墙，还可在寒冷地区的冬季低温季节进行浇筑施工。

(9) 水位骤降对心墙本身影响很小，且可以两侧挡水。

(10) 心墙与坝体填筑同时施工，相互有干扰和制约。

3.2 水工沥青混凝土原材料及基本性能

3.2.1 沥青

沥青是沥青混凝土中的有机胶结材料，由碳氢化合物及非金属（氧、硫、氮等）衍生物组成，分子量为 500～25000。沥青能溶于三氯乙烯、苯等有机溶剂，在常温下呈固体、半固体或黏稠液体，颜色为褐色或黑褐色。沥青具有憎水性和黏结性，不导电，基本不挥发，耐酸、碱、盐腐蚀，遇热时逐渐软化。

3.2.1.1 沥青的分类及基本成分

根据来源，沥青可分为地沥青（asphalt）和焦油沥青（tar pitch）两种，其中地沥青还可进一步分为石油沥青（bitumen）和天然沥青（natural asphalt）。

石油沥青是将石油炼制后残余的渣油，经适当工艺处理后得到的产品。目前公路和水利水电工程主要应用的是石油沥青。石油沥青常温下不挥发，无毒，适合于水库防渗和道路路面工程，对水质和环境无污染。1987 年国际癌症研究机构（IARC）提出的致癌物质评价标准中，石油沥青不在人体致癌物质之列。世界卫生组织（WHO）的健康准则（Health Criteria）系列报告阐明石油沥青和焦油沥青截然不同，石油沥青常温下对人体健康无害。焦油沥青是煤、木材等有机物干馏加工所得的焦油经再加工后的产品，俗称柏油，熔化时易燃烧并有毒。

根据石油沥青基属不同，沥青分为石蜡基沥青、中间基沥青和环烷基沥青。根据处理工艺的不同，石油沥青又分为直馏沥青、氧化沥青和溶剂脱油沥青。这些沥青的原料是石油提炼出汽油、煤油、柴油和润滑油后，所得的残留物渣油。

直馏沥青是将渣油经减压真空深拔或者经轻度氧化处理后得到的产品；氧化沥青是将渣油加热并吹入空气氧化，使其缩合成更高的分子而得的黏度更高的产品，常温下呈固体；溶剂脱油沥青是对石蜡基原油的渣油经溶剂沉淀除去个别组分后得到的产品或半成品，常温下呈半固体或固体。

石油沥青主要由油分、胶质和沥青质组成，见表3.2-1。沥青中还含有少量的沥青碳和蜡。

表3.2-1　　石油沥青的组成

组　分	直馏沥青	氧化沥青
油分（%）	30～50	5～15
胶质（%）	35～50	40～60
沥青质（%）	15～30	30～40

油分又称芳香族类，由环烷芳香化合物组成，分子量为200～700，是沥青中分子量最小的黏性液体，比重小于1.0。油分作为分散介质，使胶质和沥青质分散于其中，形成稳定的胶体结构，主要起柔软和润滑作用，使沥青具有流动性。

胶质分子量为500～3000，颗粒粒径为1～5nm，为半固体黏稠物质。胶质相对密度稍大于1.0，极性较强，具有很好的黏附力，易受热熔化导致沥青黏度降低。

沥青质又称沥青烯，分子量通常为1000～100000，颗粒粒径为5～30nm，是沥青中的无定形固体成分。沥青质是复杂的芳香物材料，极性很强。沥青质比重大于1.0，受热时不易熔化，能提高沥青的黏滞性和耐热性，含量多时降低沥青的塑性。沥青质没有固定的熔点，加热到300℃以上即分解为气体和焦炭。

3.2.1.2　沥青技术指标

沥青的技术指标按照所反映的沥青性能不同，主要包括以下项目：

（1）分级指标：针入度。

（2）综合指标：密度、针入度指数、含蜡量、溶解度、灰分。

（3）高温性能指标：软化点、60℃黏度。

（4）低温性能指标：延度、脆点。

（5）耐老化性能指标：薄膜加热试验或旋转薄膜加热试验后的质量损失、针入度比、软化点升高、延度、脆点等。

（6）施工及安全指标：闪点、135℃黏度。

1. 针入度（penetration）

针入度是衡量沥青黏度和对沥青进行分级的相对指标。以一根标准荷重（100g）的标准针，在一定的时间（5s）及温度（25℃）条件下，垂直插入沥青的深度来表示，单位为dmm（0.1mm）。针入度具体试验方法可参见《水工沥青混凝土试验规程》（DL/T 5362—2006）的5.4节。

习惯上常按针入度值的大小来区分沥青的稀稠。目前中国、日本及欧盟国家主要采用针入度值对沥青进行分级（沥青标号），如90号沥青、70号沥青等。由于测试时间和负重荷载固定不变，针入度实际上测试的是在固定荷载作用下标准针在沥青中的位移速率，或者是给定温度下沥青的黏度。针入度越小，沥青的黏度越大。

2. 软化点（softening point）

沥青是中高分子非晶体物质，其液态与固态之间没有确切的熔点温度，而是一个很大的温度间隔。通常采用硬化温度与滴落温度之间温度间隔的82.21%温度点作为软化点。环球法（ring & ball）是国际上一般采用的测定软化点的方法，也是我国现行的软化点测定标准方法。其方法是将沥青注于内径为19mm的铜环中，环上沥青表面置一重3.5g的钢球，铜环/沥青/钢球浸于水（软化点低于80℃时）或甘油（软化点高于80℃时）介质之中，以5℃/min的速率对介质加热，沥青在钢球作用下下沉到环下25.4mm位置处时的温度即为软化点。软化点具体试验方法可参见DL/T 5362—2006的5.6节。

软化点既可反映沥青的感温性，也可用于评价沥青的高温性能。软化点和弗拉斯脆点之差常被作为塑性温度范围来评价沥青的使用性能。软化点影响沥青混凝土的热稳定性，软化点越高，沥青混凝土热稳定性越好。

3. 延度（ductility）

延度是评价沥青变形能力的一种技术指标。其测定方法是将沥青制成“8”字形标准试件，最小处断面为1cm²，将试件置于水中。在规定温度（25℃或5℃等）下，以固定的拉伸速度（如5cm/min）拉伸试件，至拉断时试件拉伸的长度即为延度，以cm计。延度具体试验方法可参见DL/T 5362—2006的5.5节。

对于延度指标的应用目前还存在争议，一些国家的道路沥青标准并未设延度指标，认为其没有太大价值。我国沥青含蜡量相对较高，而含蜡量对沥青延度影响较大，因此延度指标对于我国目前沥青质量的控制是具有特殊意义的。研究表明，延度大的沥青，相应的沥青混凝土变形性能也好，沥青的低温延度对沥青混凝土低温条件下的变形性能影响很显著。

随着国内沥青品质的不断提高，不同的沥青常温时延度均很大，难以区分出其差别，而低温时的延度差别明显，因此延度的标准测定温度有降低的趋势。国内早期的《道路石油沥青》（SY 1661—77）标准中，延度的标准测试温度为25℃；1994年发布的《公路沥青路面施工技术规范》（JTJ 032—94），延度采用15℃；2004年发布的《公路沥青路面施工技术规范》（JTG F 40—2004），沥青除15℃的延度外，还增加了10℃时的延度指标，对改性沥青则统一采用5℃的延度指标。

水利水电工程也常根据工程需要，向生产厂家提出更低温度的延度指标要求，如张河湾、西龙池、宝泉等工程的沥青混凝土面板对沥青还特别提出了4℃延度指标（拉伸速度1cm/min）要求。《土石坝沥青混凝土面板和心墙设计规范》（DL/T 5411—2009）对水工沥青规定了15℃、4℃的延度指标要求。

针入度、软化点和延度反映了沥青的基本性能，一并称作沥青的三大技术指标。

4. 脆点（breaking point）

弗拉斯脆点是弗拉斯（Fraass）1937年提出的反映沥青低温脆性的指标。测定方法是将0.4g沥青试样均匀涂在41mm×20mm的薄钢片上，膜厚为0.5mm，以−1℃/min的速率降温，并缓慢地反复弯曲钢片和观察沥青膜表面，表面出现裂纹时的温度即为弗拉斯脆点温度 T_F。弗拉斯脆点的具体试验方法可参见DL/T 5362—2006的5.10节。

弗拉斯脆点的试验重复性差，试验用的钢片弯曲程度不一，试件精度和降温条件不一，都会影响试验结果。我国普遍采用人工操作测定脆点，许多含蜡量较高的沥青脆点测定值经常较低，但实际的低温抗裂性并不好，因此弗拉斯脆点历来被认为并不适宜用来评价多蜡沥青的低温抗裂性能。沥青路面温缩裂缝的形成机理也与弗拉斯脆点的内涵有所不同，因此JTG F 40—2004中的道路沥青标准取消了脆点技术指标要求。但弗拉斯脆点作为反映沥青低温脆性的简单直观指标，仍被不少国家所采用，在比较不同沥青的低温性能时仍很有价值。DL/T 5411—2009对水工沥青的技术要求保留了弗拉斯脆点指标。

5. 密度（density）

沥青的密度 ρ_{25}（g/cm^3）是试样在25℃时单位体积所具有的质量；沥青的相对密度 ρ_{25}^{25} 是沥青在25℃时的密度与水在25℃时的密度之比。由于水在25℃条件下的密度为0.9971g/cm^3，因此有 $\rho_{25}=0.9971\rho_{25}^{25}$。此外，不同温度条件下沥青的密度不同，如沥青的15℃密度与25℃密度之间的关系为 $\rho_{25}=0.996\rho_{15}$。沥青密度的具体试验方法可参见DL/T 5362—2006的5.3节。

沥青密度与沥青组分比例有关，沥青质含量越多，密度越大；含蜡量越多，密度越小。沥青密度基本上取决于原油条件，我国包括几种重质油炼制的沥青在内，密度普遍偏小。如克拉玛依稠油沥青，表现出良好的性能，唯有沥青相对密度小于1.0。研究表明，沥青的密度主要是为了沥青体积与质量换算以及进行沥青混凝土配合比设计时使用，并非衡量沥青质量好坏的标准[17]。因此，现行的公路工程规范及水利水电工程规范均取消了相对密度必须大于1.0的要求，仅将密度指标作为实测记录项。

6. 含蜡量（paraffin content）

蜡是指原油、油渣及沥青在冷冻时，能结晶析出的熔点在25℃以上的混合组分。蜡的分子量与油分类似，与油分一样均为低分子烷烃。石油中的蜡按其物理性质可分为石蜡和地蜡。从石油中分出的石蜡，熔点一般为52～57℃，地蜡为63～91℃。地蜡是微晶蜡，质地坚韧且具有一定塑性；石蜡则性脆易裂，在低温时弹塑性比地蜡小。因此，地蜡对沥青性质影响不大，而石蜡则对沥青品质影响较大。蜡对沥青性能的影响主要表现为，蜡在高温时熔化使沥青黏度降低，易于流淌；蜡使沥青与骨料的亲和力减小，影响沥青的黏结力和抗水剥离能力；蜡在低温时结晶析出，以不均相漂浮物的形式分散在沥青中，降低了沥青分子间的联系，使沥青延度减小，降低了沥青的应力松弛能力，造成沥青低温发脆易开裂；蜡的结晶和熔化使沥青的一些性能测定结果出现假象，使沥青在蜡的结晶和熔化温度附近性能变化不连续，发生突变。

蜡的存在对沥青混凝土的高温和低温性能都有十分不利的影响。我国一些主要原油都是石蜡基的，生产的沥青质量差。我国早期的沥青混凝土面板工程高温斜坡流淌和低温开裂破坏均问题严重，与沥青的蜡含量较高关系密切。因此，技术标准中对沥青蜡含量有比较严格的规定，DL/T 5411—2009中规定水工沥青含蜡量不大于2%；JTG F 40—2004中A级沥青含蜡量放宽到2.2%，是为了有利于国产沥青的应用。

蜡是一种组成和性质都不固定的物质，测定方法不同所得到的结果也不同。DL/T 5362—2006 和《公路工程沥青及沥青混合料试验规程》（JTJ 052—2000）都规定采用（裂解）蒸馏法测定沥青含蜡量。德国 DIN 标准所采用的方法有所不同，其脱胶步骤是破坏蒸馏。由于在破坏蒸馏过程中，有一部分蜡也被裂化而损失掉，所以得到的蜡含量偏低。

7. 溶解度（solubility）

沥青中不溶于有机溶剂（三氯乙烯、苯等）的杂质过多，会导致其技术性能的降低。溶解度表示沥青的纯净程度，一般规定不小于 99%。溶解度测定除另有要求外，一般采用三氯乙烯作为试验溶剂。溶解度具体试验方法可参见 DL/T 5362—2006 的 5.7 节。

8. 闪点(flash point)与燃点(ignition point)

沥青加热至一定温度时，沥青中的轻质油分将挥发，与周围空气形成混合气体。当加热持续至某一温度（闪点温度），气体油分增加到一定浓度时，混合气体遇火就能闪光。若继续升温至一定温度（燃点温度），油分浓度继续增加，混合气体遇火就能燃烧。测定闪点的目的，就是为了控制沥青的加热极限温度，防止发生火灾。沥青闪点与燃点的具体试验方法可参见 DL/T 5362—2006 的 5.9 节。

9. 耐老化性能指标

对沥青耐老化性能的评价，大多数国家都采用薄膜加热试验（TFOT）或旋转薄膜加热试验（RTFOT），测定沥青薄膜加热后的质量损失率和残留物的针入度比、延度、软化点升高等技术指标。试验前先测定沥青试样的针入度、软化点等，试验时将按规定制作的标准薄膜试件，放在烘箱中加热并保持在 163℃连续 5h，然后按照规定方法对加热老化后的沥青残留物进行各项技术指标试验。沥青薄膜加热试验的具体试验方法可参见 DL/T 5362—2006 的 5.8 节。

3.2.1.3 沥青的基本性能

1. 沥青的感温性

沥青是一种感温性很强的材料。在施工期间，沥青加热、拌和、碾压其温度可高达 100℃以上，甚至达到 200℃，此时沥青是流动的液体。在通常的水工沥青混凝土使用温度下，沥青既非完全的固态弹性体，也非完全的黏性液体，而是典型的黏弹性体。在夏天，沥青混凝土面板表面温度可达 70℃，严寒地区的冬季可达−40℃甚至更低。在上述温度环境条件下，沥青从流动态牛顿液体变成接近玻璃态胡克弹性体，中间经历了橡胶态黏弹性体的复杂阶段，如图 3.2-1 所示。T_g 为玻璃化温度，据斯密特等人对试验的 52 种沥青研究结果[17]，沥青的玻璃化温度在−37～−15℃之间，平均−27℃。

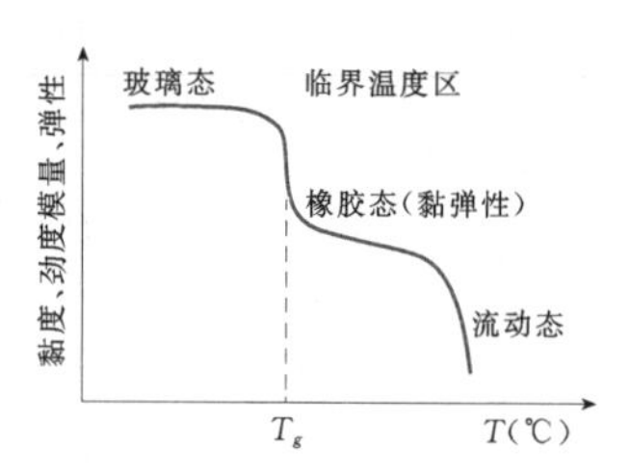

图 3.2-1 沥青材料在不同温度下的性质

沥青具有典型的黏弹性特性，它的任何性质都是温度和时间的函数。沥青在高温、快速荷载作用下的力学响应与低温、长时间荷载作用的力学响应将可能是等效的，符合流变学的温度和时间转换法则。沥青的黏弹性特性决定了沥青混凝土也是一种黏弹性材料。

沥青受温度影响其性质变化的程度称作沥青的温度敏感性，简称感温性。针入度指数 PI 是目前常用的评价沥青感温性的指标。

Pfeeiffer 等人（1936）在大量试验基础上得出，对于同一沥青，针入度的对数 $\lg P_T$ 与温度 T 之间符合下式的线性关系：

$$\lg P_T = AT + K \tag{3.2-1}$$

式中 A、K——试验常数。

A 的大小反映了沥青的敏感性，称为沥青的针入度温度敏感性系数，当已知任意两种温度下的针入度时，A 也可按下式确定：

$$A = \frac{\lg P_1 - \lg P_2}{T_1 - T_2} \tag{3.2-2}$$

式中 T_1、T_2——沥青针入度测定的两个不同的试验温度，℃；

P_1、P_2——对应 T_1、T_2 温度下测定的沥青针入度值，0.1mm。

理论上，常数 A 可以反映沥青的感温性。但由于实际上其数值常为 10^{-2} 量级，变化范围较小，应用不方便。为此 Pfeeiffer 等人定义了针入度指数（penetration index，PI），以公式表示为

$$PI = \frac{30}{1+50A} - 10 \tag{3.2-3}$$

确定 PI 的方法宜采用 15℃、25℃、30℃（或 5℃）三个以上温度的针入度值，按照式（3.2-2）、式（3.2-3）回归计算求得。当相关系数 R 小于 0.997（3 点）或 0.995（4 点）时，说明试验误差过大，不能采用。

针入度指数 PI 反映沥青偏离牛顿流体的程度。当 $PI<-2$ 时，沥青为溶胶型，其感温性强，同一温度条件下更接近牛顿流体，在低温时的脆性特征明显，热稳定性较差；当 $PI>+2$ 时，沥青为凝胶型，其感

温性弱，低温脆性较小，但耐久性差，低温抗裂性能较差；当$-2\leqslant PI\leqslant +2$时，沥青为溶凝胶型，实际工程中多使用该类型沥青，其感温性软弱，但热稳定性能和低温抗裂性能较好。

欧盟沥青标准（EN12591）已列入*PI*指标，要求其在$-1.5\sim+0.7$之间。荷兰、瑞典、阿根廷、俄罗斯等国也都把*PI*作为道路沥青指标，并要求其在$-1.0\sim+1.0$范围内。

国内20世纪90年代的“八五”国家科技攻关项目“道路沥青及沥青混合料的路用性能研究”[17]，建议我国采用针入度指数*PI*将沥青分为A、B、C、D四个等级（见表3.2-2），其中A级和B级相当于国际上一般的沥青质量要求。根据试验情况，几乎所有的进口沥青及国产的克拉玛依、欢喜岭、单家寺、大港等稠油沥青都能满足表3.2-2的A级要求，但国内普通沥青则一般为C、D级，有些甚至连D级都达不到，说明采用*PI*值作为指标将沥青分级是符合国内沥青产品实际情况的。根据“八五”科技攻关的研究成果，JTG F 40—2004将*PI*列为路用沥青可选择性指标，规定A级沥青*PI*值为$-1.5\sim+1.0$，B级沥青*PI*值为$-1.8\sim+1.0$。水利水电工程一般处于深山峡谷地区，气候条件通常较为恶劣，特别是沥青混凝土面板的运行条件复杂、可靠性要求更高，因此水工沥青通常应选用A级沥青。

表3.2-2　国内“八五”攻关研究建议的路用沥青分级表[17]

路用性能等级	高温稳定性要求			低温抗裂性能要求			
	A	B	C	A	B	C	D
设计温度（℃）	>30	20～30	<20	<－37.0	－21.5～－37.0	－9.0～－21.5	>－9.0
针入度指数*PI*，≥	－1.0	－1.2	－1.4	－1.0	－1.2	－1.4	－1.6

2. 沥青的高温性能

沥青为黏弹性材料，高温时沥青的黏度减小，流变性增大。

沥青技术指标中，软化点是反映沥青高温条件下的性能指标。软化点高意味着沥青的高温稳定性好。沥青是多种碳水化合物的混合物，没有明确的融点，随着测试温度的升高，沥青逐渐软化。软化点只是在一特定试验条件下，表示沥青软硬程度的一个条件温度，在软化点温度前后，沥青性质不发生质的变化。

沥青针入度与沥青混凝土的高温性能也具有密切关系，针入度大的沥青，高温变形一般也大。软化点与弗拉斯脆点的温度之差常作为塑性温度范围来评价沥青的使用性能。一般情况下，塑性温度范围与针入度指数*PI*有良好的相关性。

国内公路行业长期以来的使用实践证明，众多的普通沥青“软化点虽高，但高温稳定性并不好”。沥青中蜡的融点在30～100℃，沥青软化点一般在40～55℃，这正是大部分蜡的结晶融化成液体的阶段，蜡将吸收一部分溶解热，从而使沥青试样的温度上升速率滞后于试验水温的增高，造成试验测试的软化点比实际值偏高。

几种不同沥青的软化点和针入度指数*PI*见表3.2-3[29]。需说明的是，即使是同一种沥青，不同试验单位之间检测的针入度、软化点结果差异性也很大[17]。

表3.2-3　不同沥青的软化点和针入度指数[29]

沥青品种	不同温度时的针入度（0.1mm）					软化点（℃）	温感系数*A*（回归法）	针入度指数*PI*
	40℃	25℃	15℃	5℃	0℃			
单家寺-90	370	79	26	9.8	5.8	48.8	0.0452	－0.80
欢喜岭-90	312	75	32	13.9	8.3	49.5	0.0389	＋0.19
克拉玛依-90	—	84	31	10.0	—	48.2	0.0462	－0.94
壳牌-90	375	88	33	12.2	5.5	47.2	0.0448	－0.74
英国-90	418	100	34	14.1	8.0	45.2	0.0428	－0.45
日本-90	420	85	28	7.5	5.1	47.0	0.0489	－1.29
单家寺-70	328	63	22	8.1	5.2	50.5	0.0451	－0.78
克拉玛依-70	—	69	25	7.0	—	51.2	0.0497	－1.39
阿尔巴尼亚-70	300	61	21	8.8	5.0	52.5	0.0441	－0.64

3. 沥青的低温性能

沥青技术指标中，反映沥青低温性能的指标包括针入度、针入度指数、弗拉斯脆点、低温延度等。

对油源相同或温度敏感性相同的沥青，针入度大的沥青具有较低的劲度模量，相对也具有较好的低温抗裂性能。研究表明[17]：评价沥青低温性能，更低温度时的针入度指标价值更大。沥青混凝土的脆化温度与5℃时的针入度有较好的相关关系，标准差仅为±2℃：

$$T_c = 0.72P_{5℃,100g,5s} + 18.2 \quad (3.2-4)$$

式中 T_c——沥青混凝土脆化点温度，℃；

$P_{5℃,100g,5s}$——沥青5℃时的针入度，0.1mm。

沥青在低温时表现为脆性破坏，弗拉斯脆点试验作为反映沥青低温脆性的手段在不少国家被采用。一般认为针入度、针入度指数大的沥青，其脆点越低，抗裂性能越好。但有时脆点也不能反映沥青的低温抗裂性能的优劣，其主要原因是沥青中蜡含量的影响。国外一些学者通过对沥青的大量试验成果研究后指出，对大多数含蜡量小的沥青，可以假定在弗拉斯脆点温度时的针入度为1.2，建议对含蜡量高的沥青计算其针入度为1.2时的脆点，并称其为当量脆点（$T_{1.2}$）：

$$T_{1.2} = (\lg 1.2 - K)/A = (0.0792 - K)/A \quad (3.2-5)$$

式中 A、K——试验常数。

A用式（3.2－2）计算，K为温度$T=0$时的$\lg P_T$。

考虑含蜡量的影响，用当量脆点评价沥青的低温抗裂性能较为合适。表3.2－4为几种不同沥青样品的弗拉斯脆点和当量脆点的试验结果[29]。

沥青低温延度与沥青混凝土低温抗裂性能关系密切。就沥青25℃和15℃时的延度而言，由于延度均较大，不易区分出不同沥青的差别，而5℃或更低温度时的延度，各种沥青的差别就很明显反映出来。表3.2－5为几种沥青不同温度下的延度值[29]。

表3.2－4　几种不同沥青样品的脆点[29]

试验项目	克拉玛依沥青	欢喜岭沥青	辽河沥青	兰炼沥青	茂名沥青	单家寺沥青	胜利沥青
针入度（25℃，0.1mm）	89	92	138	82	81	97	96
弗拉斯脆点 T_F（℃）	－15.0	－19.0	－16.8	－16.8	－13.0	－14.8	－16.8
当量脆点 $T_{1.2}$（℃）	－23.0	－20.0	－15.3	－16.5	－14.6	－14.7	－11.0
$T_{1.2}-T_F$（℃）	－8.0	－1.0	＋1.5	＋0.3	－1.6	＋0.1	＋5.8
含蜡量（%）	1.28	1.55	3.85	3.38	4.08	4.19	5.55

表3.2－5　几种沥青不同温度下的延度值[29]

试验温度（℃）	克拉玛依沥青	欢喜岭沥青	辽河沥青	茂名沥青	单家寺沥青	兰炼沥青	胜利沥青
0	—	1.5	1.5		0.5	—	0.5
3	6.0	5.0	3.5	3.3	2.7	2.5	0.7
5	11.5	7.5	6.6	4.2	4.0	3.5	3.0
7	21.5	19.8	11.8	4.8	4.5	4.0	4.0
10	82.7	69.7	51.4	16.3	10.0	9.3	5.5
15	＞150.0	＞150.0	111.0	＞150.0	55.3	52.2	22.0
含蜡量（%）	1.28	1.55	3.85	4.08	4.19	3.38	5.55

不同沥青品种的收缩系数略有差别。沥青混凝土的温缩系数主要取决于沥青的温缩系数。沥青、骨料和沥青混凝土的线温缩系数一般数值见表3.2－6[29]。

4. 沥青的老化和耐久性

沥青的老化，主要表现为材料变硬、变脆和变形性能降低，技术指标上表现为针入度和延度降低、软化点升高、黏度变大。沥青老化可引起沥青混凝土开裂，影响沥青混凝土的使用耐久性。

影响沥青老化的因素很多，工程中影响沥青老化的主要因素有：氧化（oxidation）和挥发（evaporation）。氧化作用，即沥青与氧气发生化学反应的过程，它的老化速率取决于环境温度。挥发作用，是轻质油分从沥青组分中逐渐逸出，它也与温度有关，一般发生很慢，是一个长时间的过程。

沥青在热施工过程的老化不容忽视。沥青的老化主要包括运输储存加热过程的老化、加热拌和和铺筑过程的老化、沥青混凝土使用过程中的老化。其中，拌和过程中的老化是最主要的，图3.2－2为道路沥

表 3.2-6　沥青及沥青混凝土的温缩系数

材料名称	温缩系数（×10⁻⁶/℃）
沥青（由0℃降到－30℃，降温速度3～13℃/h）	160～200
骨料	0.5～8.9
石灰岩	0.5～6.8
花岗岩	1.0～6.6
砂岩	2.4～7.4
大理岩	0.6～8.9
沥青混凝土	20～45

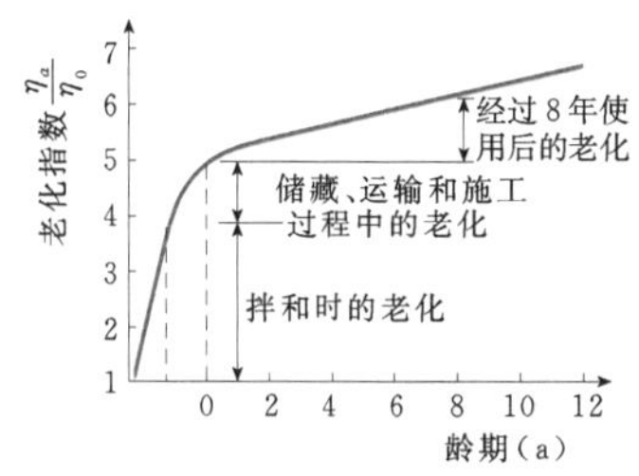

图 3.2-2　沥青在拌和、储存、运输和使用过程中的老化

青路面中的沥青在不同阶段的老化指数[17]。在沥青混合料的拌和过程中，骨料和填料均被沥青均匀地裹覆，沥青膜的厚度一般为5～15μm。沥青与热矿料混合时的温度一般高达160～180℃以上，与空气接触充分，直接影响到沥青的氧化和组分挥发，造成沥青在拌和过程中的老化，将使针入度下降20%～50%。因此，在选用沥青的针入度等级时应考虑这一因素。沥青的老化大部分发生在拌和过程中，在热储存和运输中的老化相对较小。有资料表明[2]沥青在施工中（拌和、储存、运输、摊铺碾压）及工程使用中，施工过程造成的老化相当于工程使用40年造成的老化；而施工过程老化中，拌和过程老化约占73%。

沥青在沥青混凝土使用过程中，在水分、紫外线、氧气的长期作用下会引起老化，但老化进程是一个比较缓慢的长期的过程。沥青在经过混合料的高温拌和后，轻质油分的挥发已不是老化的主要因素，与大气中的氧反应和分子结构的变化是使用期老化的主要原因。沥青只有与空气接触才会发生老化。因此，沥青混凝土的孔隙率，对老化的影响至关重要，孔隙率大就容易进去空气、水和光线。表3.2-7[17]是三种不同孔隙率的公路沥青混凝土运行15年后的沥青指标变化，表明孔隙率在4%以下时老化比较轻微，而施工密实性较差的沥青混凝土老化比较严重。阿尔及利亚格里卜沥青混凝土面板坝运用18年后取样结果表明，对水上部分，孔隙率为2%～5%的沥青混凝土中，沥青软化点升高仅为5℃，而孔隙率较大的沥青混凝土，沥青软化点升高可达25℃以上；对水下部分，几乎看不到软化点升高，表明水下和内部沥青混凝土不易老化。

表 3.2-7　沥青在使用过程中的老化与孔隙率的关系

孔隙率（%）	使用时间	软化点（℃）	针入度（0.1mm）	针入度指数 *PI*
4	拌和摊铺后的沥青性质	64	33	+0.7
	运行15年后的性质	68	24	+0.8
5	拌和摊铺后的沥青性质	63	33	+0.7
	运行15年后的性质	76	15	+1.1
7	拌和摊铺后的沥青性质	66	30	+0.9
	运行15年后的性质	88	11	+2.1

薄膜加热试验（TFOT）或旋转薄膜加热试验（RTFOT）是评价沥青老化性能的方法。国内公路部门的研究结果表明[17]，薄膜加热试验较好地反映了沥青在热拌和过程中的热老化。沥青薄膜加热试验后的低温（4℃）延度，对沥青混凝土的低温变形性能和低温抗裂性能影响非常显著，是设计的关键控制指标。

3.2.1.4　沥青标准

自新中国成立初期至1992年，我国道路沥青标准一直沿用苏联道路石油沥青标准（原代号SYB 1661）。20世纪80年代后期开始，国内辽河、克拉玛依等原油生产基地相继开发生产出优质沥青，近20年来，随着我国高等级公路建设的推动和石油工业发展，沥青产品质量有了质的飞跃。JTG F 40—2004中，将国内的气候进行了分区，见表3.2-8。同时，按照不同等级路面的使用要求，对应使用的沥青进行了分级，见表3.2-9。表3.2-10（节选）为公路行业石油沥青2004标准技术要求，其中针入度指数、60℃黏度、10℃延度等为选择性技术指标。

高等级道路沥青基本满足水工沥青的使用要求。因此在水利工程中，可参照JTG F 40—2004对水工沥青的要求，仅需根据工程的具体条件，对沥青的软化点、低温延度等提出相应针对性要求即可。《土石坝沥青混凝土面板和心墙设计规范》（SL 501—2010）要求水工沥青应选用JTG F 40—2004中的A级沥青。DL/T 5411—2009中对水工沥青的技术要求见表3.2-11，此要求是根据水工沥青的使用要求，结合国内沥青的生产质量水平提出的，并非沥青生产行业的产品标准。

表 3.2-8　　国内气候分区表（JTG F 40—2004）

高温气候区	1		2		3
气候区名称	夏炎热区		夏热区		夏凉区
最热月平均最高气温（℃）	＞30		20～30		＜20
低温气候区	1	2	3		4
气候区名称	冬严寒区	冬寒区	冬冷区		冬温区
极端最低气温（℃）	＜－37.0	－37.0～－21.5	－21.5～－9.0		＞－9.0

表 3.2-9　　路面要求分级表（JTG F 40—2004）

沥青等级	适用范围
A级沥青	各个等级的公路，适用于任何场合和层次
B级沥青	1. 高速公路、一级公路沥青下面层及以下的层次，二级及二级公路以下公路的各个层次； 2. 用作改性沥青、乳化沥青、改性乳化沥青、稀释沥青的基质沥青
C级沥青	三级及三级以下公路的各个层次

表 3.2-10　　道路石油沥青技术要求（JTG F 40—2004）（节选）

指标	单位	等级	沥青标号							试验方法①
			90			70③			50③	
25℃针入度	0.1mm		80～100			60～80			40～60	T0604
适用的气候分区⑤			1-1	1-2	1-3	1-3	1-4	2-2	1-4	
针入度指数 PI②		A	－1.5～＋1.0							T0604
		B	－1.8～＋1.0							
软化点，≥	℃	A	45			46		45	49	T0606
		B	43			44		43	46	
		C	42			43			45	
60℃黏度②，≥	Pa·s		160			180		160	200	T0620
延度（10℃）②，≥	cm	A	45	30	20	20	15	25	15	T0605
		B	30	20	15	15	10	20	10	
延度（15℃），≥	cm	A、B	100						80	
		C	50			40			30	
含蜡量，≤	%	A	2.2							T0615 蒸馏法
		B	3.0							
		C	4.5							
闪点，≥	℃		245			260				T0611
溶解度，≥	%		99.5							T0607
密度（15℃）	g/cm³		实测记录							T0603
TFOT（或RTFOT）后④										T0610 T0609
质量变化，≤	%		±0.8							

续表

指　　标	单位	等级	沥青标号			试验方法[①]
			90	70[③]	50[③]	
残留针入度比（25℃），≥	%	A	57	61	63	T0604
		B	54	58	60	
		C	50	54	58	
残留延度（10℃），≥	cm	A	8	6	4	T0605
		B	6	4	2	
残留延度（15℃），≥	cm	C	20	15	10	

① 试验方法按照 JTJ 052—2000 的方法执行。
② 经建设单位同意，作为选择性指标，也可不作为施工质量检验指标。
③ 70 号沥青可根据需要，要求供应商提供针入度范围为 60～70 或 70～80 的沥青。
④ 老化试验以 TFOT 为准，也可以 RTFOT 代替。
⑤ 气候分区第一个数字代表高温气候区，第二个数字代表低温气候区。

表 3.2-11　水工沥青混凝土所用沥青的技术要求

项　　目		单　　位	质量指标			试验方法
			SG90	SG70	SG50	
针入度（25℃，100g，5s）		0.1mm	80～100	60～80	40～60	GB/T 4509
延度 15℃（5cm/min）		cm	≥150	≥150	≥100	GB/T 4508
延度 4℃（1cm/min）		cm	≥20	≥10	—	GB/T 4508
软化点（环球法）		℃	45～52	48～55	53～60	GB/T 4507
溶解度（三氯乙烯）		%	≥99.0	≥99.0	≥99.0	GB/T 11148
脆点		℃	≤-12	≤-10	≤-8	GB/T 4510
闪点（开口法）		℃	230	260	260	GB/T 267
密度（25℃）		g/cm^3	实测	实测	实测	GB/T 8928
含蜡量（裂解法）		%	≤2	≤2	≤2	
薄膜加热实验	质量损失	%	≤0.3	≤0.2	≤0.1	GB/T 5304
	针入度比	%	≥70	≥68	≥68	GB/T 4509
	延度 15℃（5cm/min）	cm	≥100	≥80	≥10	GB/T 4508
	延度 4℃（1cm/min）	cm	≥8	≥4	—	GB/T 4508
	软化点升高	℃	≤5	≤5	—	GB/T 4507

注　SG90 沥青主要适用于寒冷地区碾压式沥青混凝土面板防渗层；SG70 沥青主要适用于碾压式沥青混凝土心墙和碾压式沥青混凝土面板；SG50 沥青主要适用于碾压式沥青混凝土面板封闭层和浇筑式沥青混凝土。

3.2.1.5　国内沥青市场状况

国内目前主要沥青生产厂家的情况见表 3.2-12[30]。

国内适合生产高等级道路沥青的原油主要有新疆克拉玛依的九区稠油，辽河油田的欢喜岭、曙光、高升等地的稠油，胜利油田的单家寺稠油和渤海绥中 36-1 低硫环烷基重质原油等。利用稠油炼制沥青，只要不混入其他稀油，所炼制的沥青质量不仅在国内是高质量的，与世界上许多沥青相比，也名列前茅。目前克拉玛依、欢喜岭稠油仍然是我国宝贵的道路沥青资源。近年来，我国也开始从中东进口相当数量的优质原油，如沙特、科威特、阿曼、伊朗、也门等，用于生产高等级道路沥青，质量大体与进口沥青相当。但总体上我国目前生产的沥青中，适合高等级道路的沥青比例很低，缺口很大，高等级道路的建设仍需大量进口国外优质沥青。

表 3.2-12　　国内主要沥青生产厂家情况

生产厂家	原油来源	年产能力（万 t/a）	主要生产工艺
克拉玛依石化分公司	新疆克拉玛依九区	40	常减压＋丙烷脱＋调和＋常减压＋半氧化
辽河石化分公司	欢喜岭	80	常减压＋氧化
锦西炼化总厂	辽河曙光区	20	减压＋调和
江阴兴能公司	委内瑞拉奥里油/渤海绥中36-1/辽河曙光区1区	20	—
秦皇岛炼油厂		20	—
盘锦北方沥青股份有限公司	渤海绥中36-1	30	常减压＋半氧化
滨州石化厂		30	
泰州石化厂		30	
齐鲁石化公司	孤岛、沙特、科威特	80	减压＋半氧化
镇海炼化股份公司	中东	50	—
广州石化总厂	中东	20	—
茂名石化总厂	中东	30	—

相对于公路工程，水利水电工程沥青用量很小。近些年来，国产高等级道路沥青的研发和应用，为国产水工沥青的选择创造了条件。表 3.2-13[4] 为国内几种优质沥青的一些样品检测结果。从薄膜烘箱试验后的 4℃延度可以看出，克拉玛依丙脱沥青、欢喜岭氧化沥青、镇海进口油氧化沥青等的低温变形性能良好。国产优质水工沥青的出现，促进了国内水工沥青混凝土防渗技术的应用，近期国内建成的工程中，除天荒坪上库沥青混凝土面板采用的是沙特进口沥青 B80、B45 外，其余均采用国产优质沥青。如峡口沥青混凝土面板、张河湾上库面板防渗层、西龙池下库面板防渗层、茅坪溪一期和冶勒沥青混凝土心墙等，选用克拉玛依水工沥青；西龙池上库和下库沥青混凝土面板的整平胶结层和库底防渗层、张河湾上库沥青混凝土面板的部分整平胶结层、宝泉上库沥青混凝土面板、南谷洞沥青混凝土面板防渗层维修、尼尔基沥青混凝土心墙等，选用欢喜岭水工沥青。

3.2.1.6 国内部分已建工程沥青技术指标

国内已建沥青混凝土面板工程沥青设计技术要求见表 3.2-14。国内已建沥青混凝土心墙工程沥青设计技术要求见表 3.2-15。

表 3.2-13　　国内部分优质沥青样品检测结果

检验项目		欢喜岭氧化沥青		克拉玛依丙脱沥青		镇海进口油氧化沥青		某工程沙特沥青		盘锦中海沥青36-1号	独山子沥青1号	检验方法
		1号	2号	1号	2号	1号	2号	B80	B45			
		HXL1	HXL2	KLM1	KLM2	ZH1	ZH2	B80	B45	PJ36-1	DSZ1	
针入度(100g,5s)(0.1mm)	25℃	75	44	81	44	82	49	73	48	64	88	GB/T 4509
	15℃	25	16	28	17	29	16	28	16	24	24	
	5℃	6	5	8	5	7	5	9	4	6	8	
软化点(环球法)(℃)		47.1	52.6	47.4	55.0	47.2	52.5	47.3	51.7	48.0	46.1	GB/T 4507
延度(cm)	15℃(5cm/min)	>150	77	>150	53	>150	71	>150	>150	>150	>150	GB/T 4508
	4℃(1cm/min)	58	8	50	6	62	1	21	6	20	19	

续表

检验项目			欢喜岭氧化沥青		克拉玛依丙脱沥青		镇海进口油氧化沥青		某工程沙特沥青		盘锦中海36-1号	独山子沥青1号	检验方法
			1号	2号	1号	2号	1号	2号	B80	B45			
			HXL1	HXL2	KLM1	KLM2	ZH1	ZH2	B80	B45	PJ36-1	DSZ1	
针入度指数 PI			-2.0	-1.1	-1.5	-1.1	-1.8	-1.4	-0.8	-1.9	-1.6	-1.7	
当量脆点(℃)			-8.2	-8.4	-11.7	-8.5	-9.9	-7.6	-14.5	-5.1	-9.2	-10.5	
脆点(℃)			-18	-13	-19	-13	-19	-14	-14	-14	-14	-20	GB/T 4510
闪点(开口法)(℃)			>230	>230	>230	>230	>230	>230	>230	>230	>230	>230	GB/T 267
溶解度(三氯乙烯)(%)			99.95	99.97	99.99	99.97	99.96	99.97	99.97	99.98	99.99	99.97	GB/T 11148
含蜡量(裂解法)(%)			2.0	1.7	1.6	1.8	1.6	1.7	2.4	1.3	2.5	2.4	SH/T 0425
简支梁弯曲蠕变试验(-24℃)	劲度(MPa)		666	742	502	805	465	694	489	193	710	432	AASHTOTPI
	m 值		0.263	0.267	0.287	0.188	0.285	0.208	0.269	0.386	0.233	0.291	
密度(25℃)(g/cm³)			1.004	1.010	0.980	0.981	1.024	1.026	1.030	1.036	1.006	0.978	GB/T 8928
薄膜加热试验	质量变化(%)		-0.08	-0.04	-0.06	-0.03	0.03	0.03	-0.26	0.03	-0.16	-0.06	GB/T 5304
	针入度比(%)		69	68	69	81	68	78	62	68	72	64	GB/T 4509
	延度(cm)	25℃(5cm/min)	>150	>150	>150	>150	>150	>150	>150	>150	>150	>150	GB/T 4508
		15℃(5cm/min)	>150	13	121	68	130	12	19	10	90	11	
		4℃(1cm/min)	8	0	13	0	9	5	5	0	0	6	

表 3.2-14　　国内已建沥青混凝土面板工程沥青技术指标设计要求

检验项目		单位	天荒坪上库		张河湾上库	西龙池下库	宝泉上库	甘肃峡口
			防渗层/整平胶结层(B80)	封闭层(B45)	防渗层/排水层/整平胶结层	防渗层/整平胶结层	防渗层/整平胶结层	防渗层/整平胶结层
针入度(25℃)		0.1mm	70～100	30～50	70～90	70～100	70～90	70～90
软化点(环球法)		℃	44～49	54～59	45～52	45～52	45～52	47～52
脆点		℃	≤-10	≤-6	≤-10	<-10	≤-10	≤-10
延度	15℃(5cm/min)	cm	≥150	≥40	≥150	≥150	≥150	≥150
	7℃(5cm/min)	cm	>5	—	—	—	—	—
	4℃(1cm/min)	cm	—	—	≥15	≥10	≥10	—
含蜡量(蒸馏法)		%	≤2.0	≤2.0	≤2.0	≤2.0	≤2.0	≤3.0
密度(25℃)		g/cm³	≥1.0	≥1.0	实测	实测	≥0.98	实测
溶解度(三氯乙烯)		%	≥99	≥99	≥99	≥99	≥99	≥99
含灰量(质量百分比)		%	≤0.5	≤0.5	≤0.5	≤0.5	≤0.5	—
闪点		℃	>230	>230	>230	>230	>230	>230

续表

检验项目			单位	天荒坪上库		张河湾上库	西龙池下库	宝泉上库	甘肃峡口
				防渗层/整平胶结层(B80)	封闭层(B45)	防渗层/排水层/整平胶结层	防渗层/整平胶结层	防渗层/整平胶结层	防渗层/整平胶结层
薄膜加热试验	质量损失		%	≤1.5	≤1.0	≤1.0	≤0.6	≤0.6	≤0.8
	软化点升高		℃	≤5	≤5	≤5	≤5	≤5	≤5
	针入度比		%	≥70	≥70	≥65	≥68	≥65	≥70
	脆点		℃	≤−8	≤−5	≤−8	≤−7	≤−7	≤−8
	延度	25℃(5cm/min)	cm	≥100	≥15	—	—	—	—
		15℃(5cm/min)	cm	—	—	≥100	≥100	≥100	≥60
		7℃(5cm/min)	cm	≥2	—	—	—	—	—
		4℃(1cm/min)	cm	—	—	≥8	≥7	≥7	—

注　西龙池上库库底防渗层和全部整平胶结层采用普通石油沥青，技术要求同下库；库坡段防渗层采用改性沥青。

表3.2-15　　国内已建沥青混凝土心墙工程沥青技术指标设计要求

项目		单位	茅坪溪一期	茅坪溪二期	冶勒	尼尔基
针入度（25℃）		0.1mm	70～90	60～80	60～80	70～100
软化点		℃	47～54	46～54	47～54	42～50
延度（15℃）		cm	>150	>150	>150	>150
密度		g/cm^3	—	1.01～1.05	≈1	≈1
含蜡量		%	<3.0	<2.0	≤2.0	<3.0
脆点		℃	<−10	<−10	<−10	<−10
含水率		%	<0.2	<0.2	<0.2	<0.2
溶解度		%	>99	>99.5	>99.5	>99.9
闪点		℃	>230	>230	>230	>230
薄膜加热试验	重量损失	%	<0.8	<0.5	<0.5	<0.8
	针入度比	%	>65	>70	>68	>65
	延度（15℃）	cm	>60	>100	>100	>60
	脆点	℃	<−8	<−8	<−8	—
	软化点升高	℃	<5	<5	<5	<5

3.2.2　改性沥青

3.2.2.1　改性沥青的分类及制备方法

改性沥青是在基质沥青中，掺加橡胶、树脂、高分子聚合物、天然沥青、磨细的橡胶粉，或者其他材料等外掺剂（改性剂）制成的沥青结合料，从而使沥青或沥青混凝土的性能得以改善。狭义上的改性沥青一般指聚合物改性沥青。

聚合物改性沥青按照改性剂的不同，一般分为三类：

（1）热塑性橡胶类：主要有苯乙烯—丁二烯—苯乙烯嵌段共聚物（SBS）改性沥青，苯乙烯—异戊二烯—苯乙烯嵌段共聚物（SIS）改性沥青。由于SBS比SIS价格低，实际应用中以SBS改性沥青为主。热塑性橡胶类改性剂兼具改善沥青的热稳定性和低温抗裂性，可增加沥青与石料的黏附性，尤其是改善沥青的弹性。SBS是目前世界上应用最为广泛的改性剂。

（2）橡胶类：主要有丁苯橡胶（SBR）改性沥青、氯丁橡胶（CR）改性沥青等。应用较多的是丁苯橡胶（SBR）改性沥青。橡胶类改性剂主要改善沥青的低温抗裂性能。

(3) 树脂类：以热塑性树脂改性沥青为主，主要有乙烯－醋酸乙烯共聚物（EVA）改性沥青、聚乙烯（PE）改性沥青等。热塑性树脂类主要改善沥青的高温稳定性。

改性沥青宜在固定式工厂或现场设置的工厂集中制作，也可在拌和厂现场边制造边使用。改性沥青的制备方法有机械搅拌法、混融法（胶体磨法和高速剪切法）、胶乳法和母体法。

3.2.2.2　改性沥青技术标准

改性沥青的特性与普通沥青有较大差别，JTG F 40—2004 中对聚合物改性沥青技术要求见表 3.2-16。

表 3.2-16　　聚合物改性沥青技术要求

指　　标	单位	SBS类（Ⅰ类）				SBR类（Ⅱ类）			EVA、PE类（Ⅲ类）				试验方法
		Ⅰ-A	Ⅰ-B	Ⅰ-C	Ⅰ-D	Ⅱ-A	Ⅱ-B	Ⅱ-C	Ⅲ-A	Ⅲ-B	Ⅲ-C	Ⅲ-D	
针入度（25℃，100g，5s）	0.1mm	>100	80～100	60～80	30～60	>100	80～100	60～80	>80	60～80	40～60	30～40	T0604
针入度指数 PI，≥		-1.2	-0.8	-0.4	0	-1.0	-0.8	-0.6	-1.0	-0.8	-0.6	-0.4	T0604
延度（5℃，5cm/min），≥	cm	50	40	30	20	60	50	40	—				T0605
软化点 $T_{R\&B}$，≥	℃	45	50	55	60	45	48	50	48	52	56	60	T0606
运动黏度①（135℃），≤	Pa·s	3											T0625 T0619
闪点，≥	℃	230				230			230				T0611
溶解度，≥	%	99				99			—				T0607
弹性恢复（25℃），≥	%	55	60	65	75	—			—				T0662
黏韧性，≥	N·m	—				5			—				T0624
韧性，≥	N·m	—				2.5			—				T0624
储存稳定性②离析，48h软化点差，≤	℃	2.5				—			无改性剂明显析出、凝聚				T0661
TFOT（或RTFOT）后残留物													
质量变化，≤	%	1.0											T0610 或 T0609
针入度比（25℃），≥	%	50	55	60	65	50	55	60	50	55	58	60	T0604
延度（5℃），≥	cm	30	25	20	15	30	20	10	—				T0605

① 表中135℃运动黏度可采用JTJ 052—2000中的“沥青布氏旋转黏度试验方法（布洛克菲尔德黏度计法）”进行测定。若在不改变改性沥青物理力学性质并符合安全条件的温度下易于泵送和拌和，或经证明适当提高泵送和拌和温度时能保证改性沥青的质量，容易施工，可不要求测定。

② 储存稳定性指标适用于工厂生产的成品改性沥青。现场制作的改性沥青对储存稳定性指标可不作要求，但必须在制作后，保持不间断的搅拌或泵送循环，保证使用前没有明显的离析。

1. 改性沥青的分级及感温性要求

改性沥青的技术指标仍以针入度作为分级的主要依据。改性沥青的性能以改性后沥青的感温性改善程度，即针入度指数 PI 的变化为关键性评价指标。一般非改性沥青的 PI 值基本上小于－1.0，改性后要求大于－1.0。

2. 改性沥青的评价指标

对每一类聚合物改性沥青，采用不同的评价指标。每一种类型改性沥青分成几个等级，同一类改性沥青分级中的A、B、C、D主要是基质沥青标号和改性剂剂量不同，从A到D的改性沥青针入度变小，软化点变高，延度变小，高温性能变好，低温性能降低。

SBS改性沥青最大特点是高温、低温性能都好，且有良好的弹性恢复性能，因此采用软化点、5℃低温延度、弹性恢复（率）作为主要指标。弹性恢复是沥青路面抗车辙使用性能的要求，与水工沥青混凝土的使用性能并不对应。对于SBS改性沥青标号的选择，我国大部分地区高速公路宜选择Ⅰ-D级，西北和东北地区可选择Ⅰ-C级，Ⅰ-B级适合非常寒冷的地区，Ⅰ-A级除特殊情况外很少采用，这些可供水工改性沥青选用时参考。

SBR改性沥青最大特点是低温性能得到改善，因此以5℃低温延度作为主要控制指标。此外，黏韧性试验对评价SBR改性沥青有特别价值，故列入标准中。

EVA及PE改性沥青最大特点是高温性能明显改善，5℃低温延度一般还会降低，水工沥青混凝土通常对低温变形性能都有要求，故一般不适合选用EVA和PE改性沥青。

3. 黏度指标

许多改性沥青在高温时有较高的黏度。改性沥青在施工时，除了施工温度比普通石油沥青略高（约高10℃）外，一般无其他特殊要求。JTG F 40—2004中规定135℃黏度，是为了能容易泵送和拌和。如果施工没有困难，也可以不做要求和测定。

3.2.2.3　改性沥青在水利水电工程中的应用

改性沥青在世界各国发展都很快，在高等级公路得到大量应用。但改性沥青在水工建筑物防渗工程中的应用起步较晚，山西西龙池抽水蓄能电站上库面板防渗层采用改性沥青是目前已知仅有的大型工程应用实例。

20世纪70～80年代，国内修建的沥青混凝土面板工程曾对与岸边接头等重点部位，通过在现场向沥青中加入橡胶粉等材料对沥青性能加以改善。如石砭峪水库、南谷洞水库等工程。

我国近几年建成的沥青混凝土面板防渗工程中，西龙池上库防渗层首次采用了改性沥青（SBS）。此外，张河湾上库、西龙池上库和下库、宝泉上库的面板封闭层也采用了SBS改性沥青。

西龙池上库极端最低气温－34.5℃，面板防渗层设计要求冻断温度不大于－38℃，普通石油沥青难以满足低温抗裂要求，故采用改性沥青。西龙池上库防渗层及封闭层的改性沥青技术指标设计要求和施工检测结果见表3.2-17，防渗层改性沥青混凝土冻断试验抽检结果见表3.2-18。

表3.2-17　西龙池上库防渗层改性沥青技术要求及施工检测结果

检验项目			单位	技术指标设计要求	施工检测结果	
					最大值～最小值	平均值
针入度（25℃，100g，5s）			0.1mm	≥80	130.0～99.5	114.0
软化点（环球法）			℃	≥50	75.7～70.0	73.1
延度		15℃（5cm/min）	cm	≥150	120.0～93.4	105.8
		5℃（5cm/min）	cm	≥40	97.4～88.6	92.9
脆点			℃	<－20	－27.3～－28.2	－27.8
溶解度			%	≥99	99.6～99.0	99.4
含灰量			%	≤0.5	0.4～0.2	0.3
闪点			℃	>230	262.0～237.0	250.3
旋转薄膜加热试验	质量损失		%	≤1.0	0.4～0.2	0.3
	软化点升高		℃	≤5	6.0～2.5	3.7
	针入度比（25℃）		%	≥55	82.3～68.9	76.5
	脆点		℃	≤－18	－29.0	－29.0
	延度	15℃（5cm/min）	cm	≥100	87.7～79.6	84.7
		5℃（5cm/min）		≥25	68.5～55.7	62.8

表 3.2-18 西龙池上库面板防渗层改性沥青混凝土冻断试验检测结果

取样部位	试件编号	密度 (g/cm^3)	冻断温度 (℃)	冻断应力 (MPa)
摊铺条带中间	1	2.365	-41.9	6.52
	2	2.355	-40.6	6.19
	3	2.376	-41.4	5.16
摊铺条带冷缝	1	2.371	-39.8	4.57
	2	2.364	-40.2	5.53
	3	2.370	-38.3	4.21

中国水利水电科学研究院结合国家"863"重点项目"渠道输水系统防渗抗冻胀新材料新设备研制及产业化"子题，对寒冷地区沥青混凝土渠道衬砌的抗冻胀性进行了深入研究，开发了适应渠道防渗衬砌的改性沥青。采取预制、现场拼装等施工工艺及相关技术措施制作的改性沥青混凝土预制板，因柔性好，变形能力强，施工时吊装不会开裂，可自行适应U形渠道断面。此项技术先后在新疆奎屯、河北邢台等地斗渠、农渠上做了试验段，效果良好。

3.2.3 骨料、填料和掺料

3.2.3.1 骨料

骨料包括粗骨料（粒径大于2.36mm）和细骨料（粒径0.075～2.36mm），其物理化学性质对沥青混凝土的施工性能与工作性能有着极大的影响。骨料占沥青混凝土组成约80%左右。粗骨料、细骨料和填料一起总称为矿料。

1. 粗骨料

粗骨料一般要求采用碱性岩石（石灰岩、白云岩等）破碎加工，要求选用洁净、坚硬、耐久、均匀的岩石。当采用未经破碎的天然卵砾石时，其用量不宜超过粗骨料用量的一半；当采用酸性碎石料时，应采取增强骨料与沥青黏附性的措施，并经试验研究论证。

DL/T 5411—2009、SL 501—2010对粗骨料的技术要求见表3.2-19。

表 3.2-19 粗骨料的技术要求

序号	项目	单位	指标	说明
1	表观密度	g/cm^3	≥2.6	
2	与沥青的黏附力	级	≥4	水煮法
3	针片状颗粒含量	%	≤25	颗粒最大、最小尺寸比大于3
4	压碎值	%	≤30	压力400kN
5	吸水率	%	≤2	
6	含泥量	%	≤0.5	
7	耐久性	%	≤12	硫酸钠干湿循环5次的质量损失

(1) 岩石的酸碱性。岩石酸碱性取决于其化学成分。碱性岩石的化学成分以钙、镁等为主，与沥青黏附性能较好，如石灰岩、大理岩、白云岩、安山岩等。酸性岩石的化学成分以硅、铝等亲水性矿物为主，与沥青黏附性能较差，如花岗岩、花岗斑岩、石英岩、砂岩、片麻岩、角闪岩等。岩石酸碱性常见判别方法有矿物分析法、碱度模数法、碱值评定法等，见表3.2-20[14]。《水工碾压式沥青混凝土施工规范》(DL/T 5363—2006)建议采用碱度模数法。DL/T 5362—2006列入了骨料碱值的试验方法，碱值Ca>0.7为碱性岩石。部分岩石的碱值测定结果见表3.2-21。

表 3.2-20 岩石酸碱性评定方法

方法	项目				
矿物分析法	SiO_2含量（%）	<45	45～52	52～65	>65
	酸碱性评定	超碱性	碱性	中性	酸性
碱度模数法	$M=(CaO+MgO+FeO)/SiO_2$		>1	0.6～1	<0.6
	酸碱性评定		碱性	中性	酸性
碱值评定法	碱值Ca	>0.8	0.7～0.8	0.6～0.7	<0.6
	等级标准	良好	合格	不合格	极差

表 3.2-21 几种典型岩石碱值的测定结果

石料类别	石灰岩	安山岩	玄武岩	片麻岩	花岗岩（黑）	砂岩	花岗岩（红）
碱值Ca	0.97	0.71	0.64	0.62	0.57	0.55	0.54
SiO_2含量（%）	1	—	—	69	72	—	—

（2）粗骨料的质地和表面。表观密度和吸水率是骨料的综合指标。石质坚硬致密、吸水率小的骨料，耐久性一般较好。骨料破碎面应粗糙，才能吸附较多的沥青结合料；破碎面过于光滑，会使沥青膜的厚度变薄，影响沥青混凝土耐久性，配合比设计也不能达到满意的效果。未经破碎的天然卵砾石，表面一般很光滑，外形浑圆，骨料的内摩擦角也较小，形成的沥青膜很薄，故不宜采用。

（3）骨料与沥青的黏附性。骨料与沥青的黏附性指标是我国特有的，国外一般只要求沥青混凝土满足水稳定性指标即可。骨料与沥青的黏附性试验方法有水煮法和水浸法，以沸水或热水对骨料表面沥青膜的剥离面积比例来评定其黏附等级，具体方法可参见 DL/T 5362—2006。粗骨料与沥青的黏附性等级分为 5 级，越大越好。

碱性骨料与沥青的黏附性好，一般均可达到 4 级以上；而酸性骨料一般低于 4 级。因此，水工沥青混凝土的骨料应优先考虑采用碱性骨料；若因料源限制选用酸性骨料，则应采取增强骨料与沥青黏附性的措施，如掺加消石灰、普通硅酸盐水泥等抗剥落剂。

（4）骨料的形状。针片状颗粒会使骨料的表面积增大、受力易破碎、骨料的咬合力和内摩擦角降低等，对沥青混凝土的性能产生一定的不利影响。因此，应限制针片状骨料的含量。

在沥青混凝土工程中，对针片状骨料的检测规定是“最大尺寸与最小尺寸之比大于 3”，即长厚比大于 3，这与水工水泥混凝土规定不同。《水工混凝土砂石骨料试验规程》（DL/T 5151）的检测方法，将骨料长宽比大于 3 定义为“针状”，将宽厚比大于 3 定义为“片状”，两者合起来为骨料的针片状。对比试验表明，上述两种不同的检测方法结果相差 2～3 倍。沥青混凝土粗骨料要求“针片状”含量不大于 25%，实际上与水泥混凝土规定要求“针状和片状”之和不超过 10%基本相同。

（5）骨料的压碎值。压碎值反映粗骨料的抗破碎能力。沥青混凝土的压碎值试验方法与水泥混凝土的方法不同，具体见 DL/T 5362—2006。沥青混凝土粗骨料压碎值要求不大于 30%，与水泥混凝土方法要求的 20%基本相当。

沥青混凝土路面有耐磨性使用要求，因此，公路工程粗骨料质量规定有“落杉矶磨耗损失”要求，水工沥青混凝土无此项使用要求。

（6）骨料的耐久性。公路行业称作坚固性，DL/T 5362—2006 称作坚固性试验。通过测定骨料对硫酸钠饱和溶液结晶膨胀破坏作用的抵抗能力，间接评定粗骨料的坚固性，以骨料质量损失百分率作为指标。

2. 细骨料

细骨料可选用人工砂、天然砂等。人工砂可单独使用或与天然砂混合使用。细骨料应质地坚硬、新鲜，不因加热而引起性质变化。DL/T 5411—2009、SL 501—2010 对细骨料的技术要求见表 3.2-22。

表 3.2-22　细骨料的技术要求

序号	项　目	单位	指标	说　明
1	表观密度	g/cm³	≥2.55	
2	吸水率	%	≤2	
3	水稳定等级	级	≥6	碳酸钠溶液煮沸 1min
4	耐久性	%	≤15	硫酸钠干湿循环 5 次的重量损失
5	有机质及泥土含量	%	≤2	

（1）细骨料品种及质地。人工砂是指专用制砂机生产的细骨料，它粗糙、洁净、棱角性好，与沥青的黏附性好，对沥青混凝土的强度、变形和稳定性（高温稳定性、水稳定性）有好处，因此应作为细骨料的首选。

天然砂通常级配良好，颗粒呈浑圆状，一般含酸性矿物和泥质较多，与沥青黏附性较差，使用太多对沥青混凝土高温稳定性不利；但天然砂掺配到人工砂中，可改善沥青混合料的施工压实性能，因而在实际工程中经常掺配一定比例的天然砂。DL/T 5411—2009 建议天然砂用量不宜超过细骨料的 50%。完全使用天然砂作为细骨料，在少数工程中有实践应用，但一般不宜采用。

石屑是人工粗骨料破碎时通过 4.75mm 或 2.36mm 的筛下部分，它与专用机制砂生产的人工砂有本质不同。石屑是石料破碎过程中表面剥落或撞下的棱角、细粉，虽然棱角性较好，但粉尘含量多，强度很低，扁片状含量比例大，且施工性能差，不易压实，因此国外公路标准大都限制石屑，而推荐采用人工机制砂。JTJ 032—94 规定石屑的用量不宜超过细骨料总量的 50%；JTG F 40—2004 对石屑的质量提出了新的要求，并且要求石屑中小于 0.075mm 的含量不得超过 10%，故去掉了限制石屑用量的规定。水工沥青混凝土若部分利用石屑，可参考 JTG F 40—2004 的质量要求。

（2）含泥量。细骨料中的含泥量是指粒径小于 0.075mm 的部分。对于天然砂，应严格控制。关于将人工砂中小于 0.075mm 的部分也称为“含泥量”一直有争论，这部分一般是石粉而非泥土。但沥青混凝土矿料中，粒径小于0.075mm的“填料”，是指采用专用机械磨细的矿粉，其细度和磨圆度与水泥相差无几。因此，人工砂中粒径小于0.075mm的“石粉”与“填料”的质量有本质不同，也应严格控制。JTG F 40—2004规定，“高速公路和一级公路”的沥青混凝土细骨料中，粒径小于0.075mm的含量不大于3%。

（3）水稳定等级。水稳定等级是利用煮沸的碳酸钠溶液，测定粒径0.60～0.15mm的细骨料与沥青的黏附能力，分为10级，等级越大越好，具体方法见DL/T 5362—2006。国外一般不测定细骨料的水稳定等级，我国公路规范也无此项要求。我国20年来的测试经验表明，此方法有时难以区分出细骨料差别，而且水稳定等级一般都在6～8级或以上。

（4）耐久性。细骨料的坚固性试验针对粒径大于0.3mm的部分进行，具体方法见DL/T 5362—2006。JTG F 40—2004规定，细骨料的坚固性试验根据需要进行。

3. 骨料选择工程实例

国内外部分已建工程采用的骨料及填料见表3.2-23。

表3.2-23　　国内外部分已建工程骨料及填料统计

工程名称	国家	防渗结构型式	坝高(m)	骨料	填料
斯图格勒湖	挪威	碾压式心墙	128.0	砾石	砾石粉、灰岩石粉
斯图湖	挪威	碾压式心墙	90.0	片麻岩碎石	片麻岩粉、灰岩石粉
斯泰格湖	挪威	碾压式心墙	52.0	花岗片麻岩碎石	片麻岩粉、灰岩石粉
西达尔杰恩	挪威	碾压式心墙	32.0	砾石	砾石粉、灰岩石粉
坑口	中国	面板	—	灰岩碎石	蛎灰粉
牛头山	中国	面板	49.3	碱性岩石	
高岛	中国	碾压式心墙	105.0	流纹岩碎石、天然砂	水泥
碧流河	中国	碾压式心墙	49.0	灰岩碎石、天然砂	灰岩石粉
白河	中国	浇筑式心墙	24.5	玄武岩碎石、天然砂	灰岩石粉
博古恰斯卡亚	俄罗斯	浇筑式心墙	79.0	玄武岩	粉煤灰
武利	日本	碾压式心墙	25.0	灰岩碎石、天然砂	灰岩石粉
天荒坪	中国	面板	—	灰岩碎石、天然砂	灰岩石粉
茅坪溪	中国	碾压式心墙	104.0	灰岩碎石、天然砂	灰岩石粉
张河湾	中国	面板	—	灰岩碎石、天然砂	灰岩商品石粉
西龙池	中国	面板	—	灰岩碎石、天然砂	灰岩商品石粉
宝泉	中国	面板	—	灰岩碎石、天然砂	灰岩石粉

3.2.3.2　填料

填料是粒径小于0.075mm的矿物质粉末，也称作矿粉。由于其颗粒极细，具有极大的比表面积（一般为2500～5000cm²/g），约占矿料总表面积的90%～95%，因此，填料比粗细骨料具有大得多的表面能。填料在沥青混合料中既起填充作用，又起增加黏结力作用，填料与沥青组成沥青胶结料，成为沥青—填料相，对沥青混凝土的施工性能、黏—弹—塑性及耐久性，有着重要影响。

DL/T 5411—2009、SL 501—2010对填料的技术要求见表3.2-24。

表3.2-24　　填料的技术要求

序号	项目		单位	指标
1	表观密度		g/m³	≥2.5
2	亲水系数			≤1.0
3	含水率		%	≤0.5
4	细度	<0.6mm	%	100
		<0.15mm		>90
		<0.075mm		>85

亲水系数是评定填料与沥青结合能力的指标。分别测定填料在水中和煤油中的沉淀物体积，以两者比值作为亲水系数，具体方法见 DL/T 5362—2006。

在工程实践中，国内外绝大多数沥青混凝土防渗工程使用灰岩矿粉作填料，其次是水泥，也有使用水泥熟料、滑石粉及粉煤灰等作填料的，效果良好。

1. *石灰岩粉与白云岩粉*

在使用石灰岩或白云岩作骨料的沥青混凝土防渗工程中，常使用同种原岩加工矿粉作为填料，不仅使骨料与填料具有同一物理化学性质，而且比使用其他矿质材料作填料具有更为优良的正配性。这也是许多沥青混凝土工程对碱性骨料加工过程中产生的石屑加以利用的主要原因。

2. *水泥与水泥熟料*

水泥和水泥熟料是一种烧结粉磨材料，一些工程也用其作填料。粉磨的水泥熟料优于水泥，这是因为水泥是由水泥熟料与石膏及其他材料混合磨制而成的，成分相对复杂。

3. *粉煤灰*

粉煤灰是一种烧结矿物材料，其物理化学性质证明其可作为沥青混凝土填料。由于粉煤灰颗粒具有一定的微孔结构，对沥青有选择性吸附和渗入作用，能显著提高沥青与矿料的黏附力，使沥青混合料沥青用量增加、热稳定性提高，和易性与可压实性相对降低，应进行针对分析和适当处理，国内外均有使用粉煤灰作为填料的工程实例。

4. *滑石粉*

滑石粉是一种憎水材料，是一种优良的填充材料，但滑石粉资源短缺，价格昂贵，这也是工程中一般多采用灰岩或白云岩磨细的矿粉作为填料的主要原因。

3.2.3.3　掺料

掺料是为改善沥青混凝土某些性能而掺入的添加剂。掺料包括：提高沥青与矿料黏附性能的抗剥落剂；提高沥青混凝土低温抗裂能力的抗裂剂；提高沥青黏度的增黏剂；提高沥青混凝土热稳定性的稳定剂；提高沥青抗老化能力的抗老化剂等。为改善沥青混凝土的热稳定性能，公路沥青混凝土中多使用纤维作为掺料，所用纤维品种有矿渣纤维、多兰纤维、木质素和玻璃纤维等，其中木质素和多兰纤维使用较多。

1. *石棉*

水工沥青混凝土过去多采用石棉作为掺料，以提高沥青混凝土的热稳定性。石棉属于矿渣纤维，在沥青混凝土中的掺量一般为 0.8%～1%。石棉是一种致癌物质，目前国内外已禁止使用。

2. *木质素纤维*

掺木质素能提高沥青混凝土的热稳定性能。木质素纤维是木材经破碎、高温化学处理得到的有机纤维，闪点在 250℃以上，化学稳定性较好，不会被一般的酸、碱溶剂腐蚀。木质素纤维可制作成直径 3～5mm 的不规则球体的颗粒状，含 30%的沥青，添加方便。

3. *消石灰和水泥*

消石灰和水泥可用作抗剥落剂，以改善骨料与沥青的黏附性。国内外许多工程及其室内外试验表明，当采用酸性骨料时，掺一定量消石灰或水泥，是一种合理有效的提高黏附性措施。

消石灰作为掺料，其细度要求应高于矿粉，0.075mm 的过筛率应高于 85%，才能起到改变骨料界面黏附性的作用。根据日本沼原沥青混凝土面板的经验和室内研究成果，消石灰中的氧化钙含量一般应大于 65%，掺量应控制在 5%以下，掺量过高会使沥青混凝土的柔性降低。

4. *橡胶与树脂*

在沥青中掺加橡胶或树脂等材料，可对沥青进行改性，即制作成改性沥青。

3.2.4　水工沥青混凝土基本性能

土石坝沥青混凝土防渗结构分为面板和心墙两种型式，与其结构使用要求有关的沥青混凝土基本性能主要包括防渗（渗透）、力学、热稳定、低温抗裂、水稳定、耐老化等方面。

3.2.4.1　防渗性能

面板或心墙沥青混凝土的基本性能要求是防渗，面板的整平胶结层和排水层也有相应的透水性要求。

沥青混凝土的防渗性能或透水性，主要取决于密实程度，即孔隙率。沥青混凝土的渗透系数与孔隙率关系如图 3.2-3[15]所示。当孔隙率小于 3%时，沥青混凝土几乎不透水，现有的渗透试验方法难以测定出渗透系数。鉴于上述情况和方便施工质量控制，国外对水工沥青混凝土的防渗性能一般仅采用单一的孔隙率指标来控制；国内基于以往的工程习惯，通常采用孔隙率和渗透系数双重控制指标。

3.2.4.2　力学特性

沥青混凝土是一种典型的黏弹性材料，其力学特性表现如下：

（1）材料的力学特性对温度十分敏感。随着温度的升高，材料物理特征表现为变软，强度和刚度变小。

（2）材料的力学特性与加载速率有关。随着加载

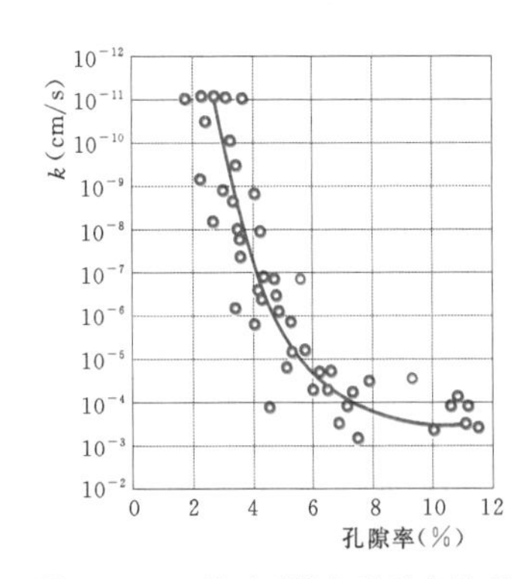

图 3.2-3 渗透系数与孔隙率关系

速率的增加，材料的强度和刚度均会增大。

(3) 材料具有十分明显的蠕变与应力松弛现象。

国内外研究沥青混凝土力学性能的试验方法很多，水工沥青混凝土常用方法主要有：小梁弯曲试验、直接拉伸试验、间接拉伸试验（劈裂试验）、小梁弯曲蠕变试验、流变试验、三轴试验等。具体可参见 DL/T 5362—2006。

1. 应力应变特性

沥青混凝土的应力—应变关系与温度关系密切，如图 3.2-4 所示[4]。温度较高时表现为“柔性破坏”，如 5℃和 13.4℃时，应力—应变关系呈曲线形态，屈服应变较大，具有很好的变形性能；温度较低时表现为“脆性破坏”，如－15℃、－25℃和－35℃时，应力—应变关系基本呈直线，破坏应变较小，变形性能较差；介于两者之间为“临界破坏”，如－5℃时，应力—应变关系初始基本为直线，接近峰值时为曲线，过了峰值后很快破断。

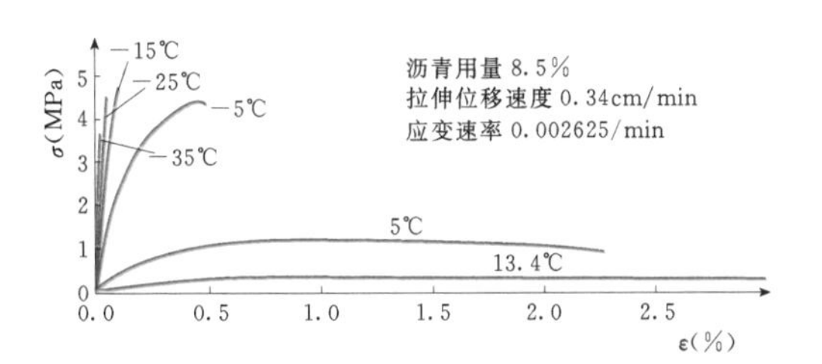

图 3.2-4 面板防渗层沥青混凝土应力—应变关系曲线（直接拉伸试验）

沥青混凝土的破坏应力—温度关系曲线呈“山峰状”，如图 3.2-5 所示[4]。存在一个“脆化点”温度（即曲线峰尖点对应的温度），温度高于脆化点时，随着温度升高，屈服应力降低，应力应变特性表现为“柔性破坏”；温度低于脆化点时，随着温度降低，破坏应力也降低，应力应变特性表现为“脆性破坏”。脆化点温度即对应于应力应变特性的“临界破坏”，这是区分破坏类型的一个特征点。显然，脆化点越低，说明沥青混凝土在较低的温度时也具有柔性，低温变形性能也就越好。

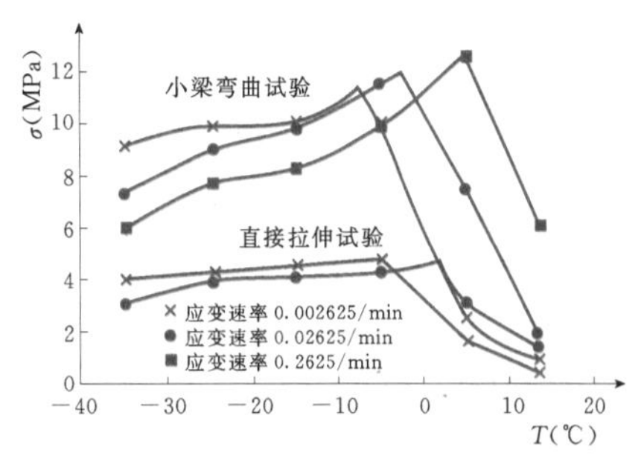

图 3.2-5 破坏应力—温度关系曲线

脆化点温度不是一个常数，它与加荷速率有关，符合黏弹性材料温度与时间换算法则。加荷速率降低，沥青混凝土的脆化点温度降低，在试验加荷速率范围内，加荷应变速率降低 10 倍，脆化点温度约降低 6℃左右。在试验仪器可达到的最低应变速率 0.002625/min 条件下，防渗层沥青混凝土脆化点温度约为－5～－10℃，此速率一般远大于水荷载的加载速率。

沥青混凝土的破坏应变—温度关系曲线呈 S 形，如图 3.2-6 所示[4]。该曲线拐点的温度与脆化点温度对应。随温度升高破坏应变增大，随温度降低破坏应变降低。对应于“脆化点”温度附近，曲线较陡，温度对破坏应变的影响非常显著。曲线的 S 形特征，预示着沥青混凝土在高温和低温区域，破坏应变都有收敛趋势。

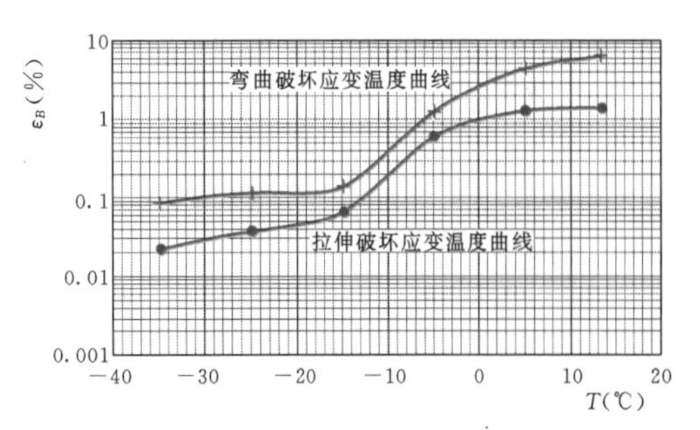

图 3.2-6 破坏应变—温度关系曲线

对于处于水下的水工沥青混凝土面板或心墙，沥青混凝土的温度与水温接近，不会低于 0℃，一般均会高于脆化点温度。因此，就应力—应变的特性而言，水工沥青混凝土承受水荷载作用时，是处于柔性变形的温度范围内，具有很好的变形性能。

2. 蠕变特性及应力松弛特性

蠕变是指材料在恒定荷载作用下，变形随荷载作用时间而变的特性。沥青混凝土常采用弯曲蠕变试验方法研究其蠕变性能，具体方法可参见 DL/T 5362—2006。

图 3.2-7 和图 3.2-8 是加载应力水平为 30%时的弯曲蠕变试验曲线[4]，试验温度分别为 13.4℃和 5℃。图 3.2-7 的“掺 0.3%木质素”沥青混凝土，清楚地显示出沥青混凝土蠕变过程的三个典型阶段：

第一阶段，迁移期，加载时间 0～4000s，蠕变变形在瞬间迅速增大，但应变速率随时间迅速减小。

第二阶段，稳定期，加载时间 4000～16000s，蠕变变形呈线性稳定增长，应变速率保持稳定，是线性永久变形阶段。

第三阶段，破坏（断）期，蠕变变形和应变速率均急剧增大，直至破坏（梁断裂）。

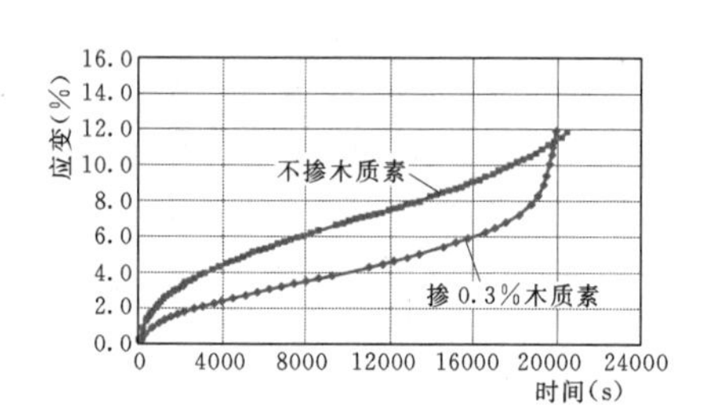

图 3.2-7　温度 13.4℃时弯曲蠕变试验的应变—时间曲线

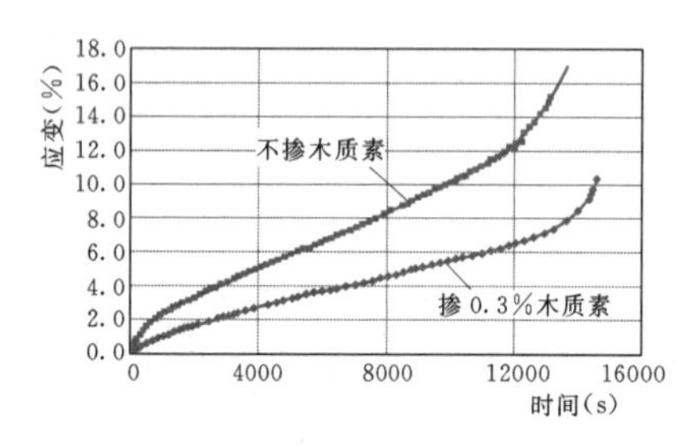

图 3.2-8　温度 5℃时弯曲蠕变试验的应变—时间曲线

图 3.2-9[4]为 2℃时弯曲蠕变试验应变与小梁弯曲试验应变比较。可以看到，2℃时小梁弯曲试验的屈服应变为 5.40%，弯曲蠕变试验的应变达到 8.50%以上还处在蠕变“稳定期”。

有关试验成果表明[4]，温度在 5～-15℃时，沥青混凝土弯曲蠕变的破断应变一般可达到小梁弯曲试验时弯拉屈服应变的 2 倍左右，有些值达 3 倍以上；在温度 13.4℃时，这种差别减小；在低温 -25℃时，弯曲蠕变的破断应变与小梁弯曲的破坏应变大体相等。即在脆化点温度以上，沥青混凝土表现为黏塑性或黏弹性材料，具有显著的蠕变特性；在脆化点温度

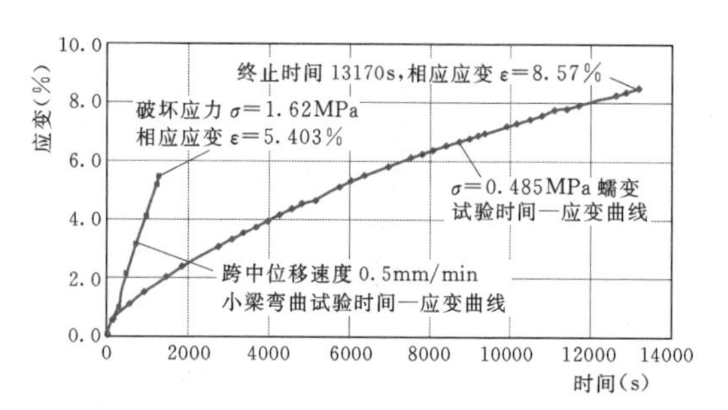

图 3.2-9　温度 2℃时弯曲蠕变试验应变与小梁弯曲试验应变比较

以下，沥青混凝土表现为脆弹性材料，基本没有蠕变特性。

对于处于水下的水工沥青混凝土面板或心墙，沥青混凝土的温度与水温接近，不会低于 0℃，一般均会高于脆化点温度。因此，水荷载作用下，沥青混凝土具有显著的蠕变性能。

与蠕变特性相对应的是应力松弛特性，表现为在应变为恒定值时，应力随时间而衰减。沥青混凝土面板或心墙，在水荷载作用下随堆石的变形而产生应变后，蠕变引起的应力松弛，会使面板或心墙内部的应力随着时间的推移而衰减。因此，在水荷载作用下，评价沥青混凝土面板或心墙的受力状况应以应变作为设计控制指标，而很难以应力作为控制指标。

3. 抗剪强度

对于沥青混凝土的抗剪强度，公路行业做过大量研究工作。一般采用三轴试验方法，认为符合摩尔—库仑公式。当温度较高时，沥青混凝土三轴试验典型的应力—应变曲线如图 3.2-10 所示，材料由脆性破坏过渡为塑性破坏，呈现出不同的力学特性。存在由脆性过渡到塑性的破坏临界值 σ_3，临界值大小与材料有关。

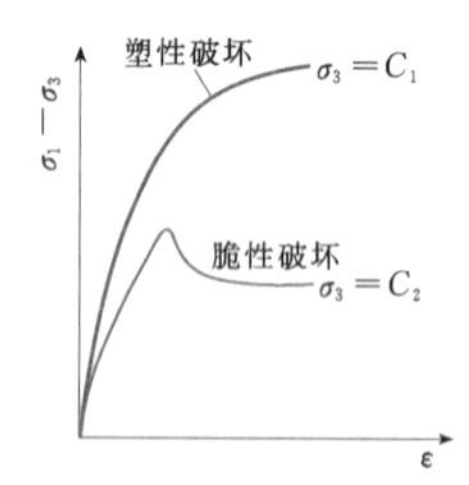

图 3.2-10　三轴试验典型应力—应变曲线

由于沥青混凝土（特别是高温条件下）其力学性质复杂，常使抗剪强度理论的应用处于半理论、半经验状态。至今采用三轴试验评定沥青混凝土强度还没有成为通用的试验方法。

3.2.4.3　热稳定性能

评价水工沥青混凝土热稳定性的技术指标包括斜坡流淌值和热稳定系数。

1. 斜坡流淌值

暴露在空气中的沥青混凝土面板，遭受阳光暴晒，表面温度可达60～80℃。高温条件下，沥青混凝土流变性增大而抗剪强度降低，沥青混凝土面板在自重作用下沿斜坡产生流变变形，可能导致面板表面出现流淌，严重的会造成面板的局部撕裂。

DL/T 5362—2006规定的斜坡流淌值试验方法，是采用马歇尔圆柱体试件。试验坡度和温度根据工程实际情况确定，如无特殊规定，坡度1∶1.7，温度70℃，观测距试件底部5cm处的流淌变形值，以48h的变形值作为试件斜坡流淌值。DL/T 5411—2009规定面板防渗层的斜坡流淌值不大于0.8mm。

当沥青及配合比选用合适时，沥青混凝土的斜坡流淌值具有很快收敛的特性，在较短的时间内可达到基本稳定；之后，随着时间的推移，斜坡流淌值增加很小。图3.2-11为张河湾上库沥青混凝土面板施工时，防渗层配合比试验阶段的斜坡流淌值试验过程曲线。可以看出，不同试样虽然斜坡流淌值的绝对值有明显差别，但在恒温8h左右，斜坡流淌值就收敛了，试件已基本达到稳定；24h后，试件基本不再变形。

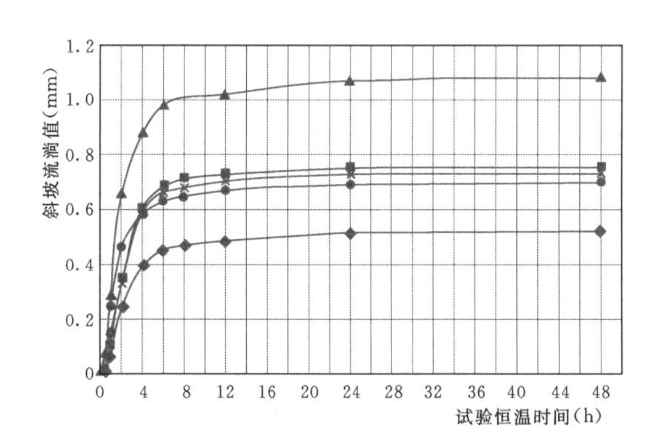

图3.2-11　面板防渗层不同试样斜坡流淌值试验过程曲线

各国的斜坡流淌值试验方法基本原理相同，均以斜坡流淌值作为评定沥青混凝土斜坡热稳定性能的指标，但试件的尺寸、制作方法、稳定的评定标准等尚不统一。

著名学者Van Asbeck[10]提出的斜坡流淌试验方法为，采用边长至少为300mm、高50mm的棱方体试件，安放在与工程相同的斜坡上，达到实际工程运行中可达到的最高温度后保持恒温。如果在最初24h变形很小，则认为这种材料是合格的，可停止试验。

德国学者Wolfgang Haug在《水工结构沥青设计与施工》[6]一书中提出的斜坡流淌试验方法为，将一个马歇尔试件切成两个半圆柱体，按设计结构的倾斜度放入60℃（炎热气候为70℃）的烘箱里，试件应按实际工程施工设备压实到设计容重。试验斜坡流淌稳定的判别标准是，在前24h内试件变形不大，第二个24h没有显著的增长，48h后实际上变形完全停止。

法国采用改进的斜坡流淌试验方法，规定试件上部边缘的位移采用数字传感器定期测量，试验持续8天。开始2天的流淌值忽略不计，测定第3～第7天和第8天所出现的最大流淌值，以此相对差值评价斜坡热稳定性能。

日本沼原抽水蓄能电站上库采用直径10cm、高6.4cm的圆柱体试件，放在1∶1.5的斜坡上保持恒温60℃，测量离底面5cm处的流淌位移，其中ND-3号配合比试样2h和48h的观测值均为2.4mm，因此认为这一配合比的沥青混凝土是十分稳定的。

可以看出，在沥青混凝土斜坡热稳定的评定标准中，国外主要要求斜坡流淌值收敛，只有我国规定采用斜坡流淌值的绝对值，尚值得商榷。

2. 热稳定系数

热稳定性系数K_T是沥青混凝土试件在20℃时的抗压强度R_{20}与50℃时的抗压强度R_{50}的比值，即$K_T=R_{20}/R_{50}$。其值越小，说明沥青混凝土强度随温度变化越小，热稳定性越好。

此评定指标主要针对沥青混凝土面板的整平胶结层或排水层。在夏季高温时段施工时，大型摊铺机或喂料车在其表面行走，容易产生车辙、推移、拥包等，要求应具有相应的热稳定性。DL/T 5411—2009、SL 501—2010规定，整平胶结层或排水层的热稳定系数不大于4.5。

3.2.4.4　低温抗裂性能

暴露在空气中的沥青混凝土面板，冬季会遭遇低气温和寒流作用，严寒地区会达到－30℃或更低。低温条件下，沥青混凝土呈现脆弹性材料特性，温降会使面层沥青混凝土产生收缩，受下部沥青混凝土或基础的约束，就会使面板产生拉应力。当拉应力超过沥青混凝土抗拉强度时面板将开裂。

冻断试验是评价沥青混凝土低温抗裂性能的试验方法，可以测定沥青混凝土在降温过程中的温度—应力过程和冻断温度。这是一种评价沥青混凝土低温抗裂性能的直观性试验方法，美国称为约束试件温度应力试验（TSRST），美国公路战略研究计划（SHRP）推荐此方法，在日本也有较多应用。

低温冻断试验方法是将 200mm×40mm×40mm 试件，放入冷冻箱中以均匀速率降温（如 30℃/h），在试件两端不断施加拉伸荷载以补偿试件的温度收缩变形，使试件在降温过程中的长度一直保持不变，直至试件断裂。具体方法见 DL/T 5362—2006 第 9.24 节。

冻断试验的典型温度—应力过程曲线见图 3.2-12。由试验曲线可得到试件冻断温度、冻断强度、转折点温度和曲线斜率四个指标，水工沥青混凝土通常

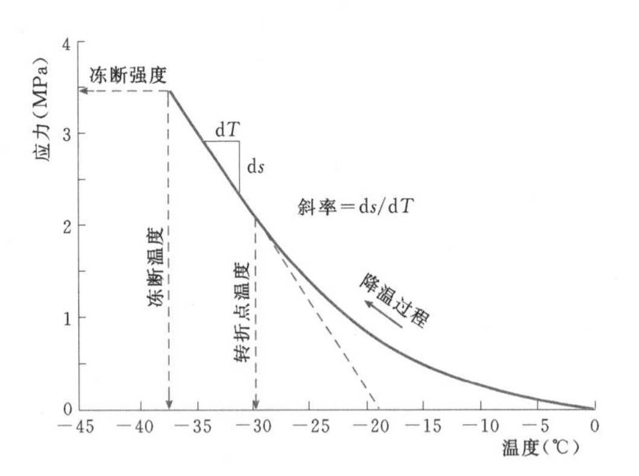

图 3.2-12　冻断试验典型的温度—应力过程曲线

采用冻断温度作为评价其低温抗裂性能的指标。

美国公路战略研究计划（SHRP）通过对“约束试件温度应力试验（TSRST）”的研究，得出如下主要结论：

（1）对此试验方法的评价。TSRST 的重复性很好，尤其是冻断温度和转折点温度的重复性较好，变异系数接近或低于 10%，冻断强度和斜率就差一些。

（2）关于影响沥青混凝土抗裂性能的主要因素。沥青品种、老化程度、孔隙率、骨料品种是显著因素，其中沥青品种最重要。

（3）关于冻断温度的结论。沥青混凝土冻断温度与沥青常规性质如 25℃针入度、*PI* 值、弗拉斯脆点以及低温延度显著相关。

（4）关于影响冻断强度的因素。孔隙率、骨料品种、骨料与沥青老化程度的交互作用、沥青品种是影响破坏强度的显著因素。影响最显著的是孔隙率，其次是骨料品种。

（5）TSRST 的应用。用于配合比设计和评价低温抗裂性能有很高的价值，可用于预估破断温度、转折点温度，TSRST 反映低温抗裂性能极好，可对沥青混凝土低温性能做良好的预测。

部分工程沥青混凝土面板防渗层的低温冻断试验检测结果见表 3.2-25。

表 3.2-25　部分工程沥青混凝土面板防渗层芯样低温冻断试验检测结果（平均值）

项　　目	张河湾上库		西龙池上库	
	库底	库坡	库底	库坡
沥青品种	克拉玛依普通石油沥青		欢喜岭普通石油沥青	盘锦改性沥青
出机口混合料取芯样（℃）	−39.0		−36.2	−39.2
现场取芯样（℃）	−37.5	−36.9	—	−41.2（摊铺试验） −39.4（施工现场）

3.2.4.5　水稳定性能

水稳定性是指沥青与矿料形成黏附层后，遇水时水对沥青的置换作用而引起沥青剥落的抵抗程度。水稳定性是沥青混凝土的耐久性能之一。

沥青混凝土的水稳定性主要取决于矿料的性质、沥青与矿料之间相互作用的性质、沥青膜厚度，以及沥青混凝土的孔隙率等。

沥青混凝土水稳定性的评定方法，通常分为两个阶段进行。第一阶段是评价沥青与矿料的黏附性，评定指标为黏附等级；第二阶段是评价沥青混凝土的水稳定性，评定指标为水稳定系数。我国很重视沥青与骨料的黏附性评定，在国外一般不作要求，只要求沥青混凝土满足水稳定性指标即可。

骨料与沥青的黏附性评定，在本节骨料部分已经作了详细叙述。

水稳定性试验是测定沥青混凝土浸水后抗压强度的变化。试验采用标准马歇尔试件，第一组试件在 20℃空气中放置 48h，第二组试件先浸入水温为 60℃的水中 48h，然后移到温度为 20℃的水中 2h，分别测定试件的抗压强度，水稳定系数为第二组试件抗压强度与第一组试件抗压强度的比值。具体试验方法见 DL/T 5362—2006 第 9.10 节。

水工沥青混凝土虽然长期浸泡在水中，但相对路面沥青混凝土，因为没有汽车车轮动态荷载作用，因而水损害问题没有公路路面沥青混凝土突出。

水工沥青混凝土通常要求水稳定系数不小于 0.90（防渗层）或 0.85（整平层、排水层）。

3.2.4.6　耐老化性能

耐老化性能也是沥青混凝土的耐久性能之一。

沥青混凝土的老化源自沥青的老化，沥青的老化特性决定了沥青混凝土的老化特性。有关沥青的耐老化特性和评定方法，在本节沥青的基本性能部分已经作了详细叙述。沥青在整个使用过程中的老化，施工期约占75%、运行期约占25%，其中施工期老化中，拌和时的老化约占73%。

沥青混凝土运行期的老化与其自身的空隙率有很大关系。沥青混凝土孔隙率在3%以下时，气候环境（空气中的氧、阳光紫外线、温度等）对表面的老化作用通常仅限于几毫米范围。

3.3　水工沥青混凝土配合比设计

3.3.1　水工沥青混凝土配合比设计方法

3.3.1.1　沥青混凝土材料组成及结构特征

沥青混凝土由沥青与粗骨料、细骨料和填料组成。粗骨料、细骨料和填料一起总称为矿料。沥青混合料是指沥青与矿料经拌和尚未凝固的混合物。沥青混凝土是指沥青混合料经压实后冷却凝固的混合物。浇筑式沥青混凝土无需压实，沥青混合料冷却后即形成沥青混凝土。

沥青混凝土因矿料级配的不同而构成不同的结构。矿料级配有密级配、开级配和间断级配，如图3.3-1所示级配曲线。沥青混凝土对应的结构特征为悬浮密实结构、骨架空隙结构、骨架密实结构。

密级配为细骨料含量相对较多的连续级配，如图3.3-1所示。由于粗骨料含量相对较少，悬浮在细骨料之中，故不能直接嵌挤形成骨架。密级配沥青混凝土通常为悬浮密实结构。密级配沥青混凝土可以做到孔隙率很小，具有很好的防渗性能。面板防渗层沥青混凝土和心墙沥青混凝土一般均采用密级配。因粗骨料不易形成骨架作用，故配合比若选择不当，高温时则易出现热稳定问题，如面板发生斜坡流淌。

开级配是粗骨料含量相对较多的连续级配，如图3.3-1所示。由于细骨料较少，粗骨料之间能够相互咬合、嵌挤，摩擦力增大。开级配矿料因细骨料不足以填充粗骨料之间的孔隙，故开级配沥青混凝土为骨架空隙结构。开级配沥青混凝土的渗透系数较大，面板排水层沥青混凝土一般采用开级配沥青混凝土。

间断型密级配为缺少部分中间粒径的不连续级配，如图3.3-1所示。由于既有较多数量的粗骨料形成空间骨架，同时又有相当数量的细骨料可填密骨架的孔隙，因此形成密实骨架结构。间断型密级配沥青混凝土，粗骨料可形成咬合骨架，有足够的稳定性，且又相对密实，是密级配沥青混凝土的发展方向。

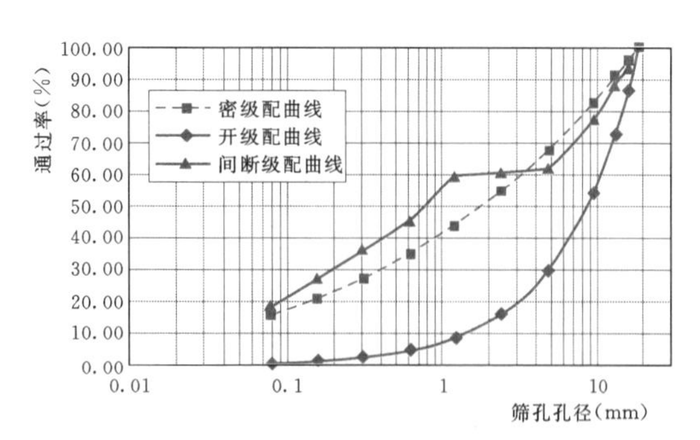

图3.3-1　沥青混凝土级配曲线示意图

3.3.1.2　沥青混凝土配合比设计方法

配合比设计的目的是确定粗骨料、细骨料、矿粉和沥青相互配合的比例。沥青混凝土配合比应根据具体工程的沥青混凝土技术要求进行设计，如抗渗性能、变形性能、热稳定性能、低温抗裂性能等。

配合比设计一般是在合理选择原材料基础上，先利用混合料马歇尔击实试件，检测沥青混凝土基本性能，如孔隙率、渗透系数、斜坡流淌值等，初选配合比；在初选配合比基础上，再进一步进行特殊性能的试验，如小梁弯曲、直接拉伸、低温冻断等，通过比较优化，选定配合比。

水工沥青混凝土配合比设计包括标准配合比设计、施工配合比设计和施工配合比验证三个阶段。

标准配合比设计是依据沥青混凝土的技术要求，先进行原材料检测试验，在选择合适的原材料后，进行一系列的沥青混合料配合比组合，开展相应的沥青混凝土室内试验，通过比较优化，优选出能满足各项技术要求的配合比，作为标准配合比。

施工配合比设计是在标准配合比的基础上，根据工程现场实际原材料和拌和站的二次筛分、配料及拌和情况，通过对热拌混合料的配合比和有关性能进行检验，确定能否满足设计要求，必要时需对标准配合比进行调整，从而形成施工配合比。

施工配合比验证是根据确定的施工配合比，进行沥青混合料的制备，按拟定的施工工艺进行混合料的运输、摊铺和碾压，通过检验压实后沥青混凝土的性能，确定一整套完整的工艺流程和合理的施工工艺参数，以指导沥青混凝土的施工。

本节主要介绍标准配合比设计方法。

1. 矿料级配

矿料级配曲线特征可用级配参数来表示。水工沥青混凝土矿料级配常用的三个级配参数为最大粒径、细骨料率和填料含量。细骨料率是指矿料中细骨料所占比例，按粒径小于2.36mm（方孔筛）的颗粒占矿料总重量的百分数计。填料含量为填料占矿料总量的百分率，也即通过0.075mm筛孔的总通过率，用$P_{0.075}$表示。

最大密度曲线理论认为，骨料颗粒按粒度大小，有规则地排列，粗细搭配，可以得到密度最大、空隙最小的混合料。W. B. Fluller等通过大量试验研究认为，当矿料的级配为抛物线时，最大密度理想曲线骨料各级粒径d_i与通过筛孔的通过量P_i可用下式表示[29]：

$$P_i = \left(\frac{d_i}{D_{max}}\right)^n \quad (3.3-1)$$

式中 P_i——骨料通过孔径为d_i（mm）筛的总通过率，%；

d_i——骨料各级粒径，mm；

D_{max}——矿料最大粒径，mm。

Fuller最初提出的幂指数n为常数0.5。Talbol将Fuller曲线指数0.5改为n，认为指数不应该为一个常数，而应该是一个变数。研究认为，沥青混凝土中$n=0.45$，混合料密度最大；水泥混凝土中用$n=0.25\sim0.45$时，施工和易性好。沥青混凝土通常使用的矿料级配范围（包括密级配和开级配）n幂指数在0.3～0.7之间。

丁朴荣教授基于Fuller公式，经研究建议的沥青混凝土矿料级配公式[23]见如下。目前国内水工沥青混凝土配合比设计大多采用此公式。

$$P_i = P_{0.075} + (100 - P_{0.075})\frac{d_i^r - 0.075^r}{D_{max}^r - 0.075^r} \quad (3.3-2)$$

式中 P_i——骨料通过孔径为d_i筛（方孔筛）的总通过率，%；

$P_{0.075}$——填料用量，%；

r——级配指数；

d_i——骨料各级粒径，mm；

D_{max}——矿料最大粒径，mm。

式(3.3-2)中，固定r值，即保持骨料级配恒定，可任意调整$P_{0.075}$，即调整填料含量。固定$P_{0.075}$，即保持填料用量恒定，改变r值可任意调整骨料级配，当D_{max}、r、$P_{0.075}$均确定时，矿料级配即确定。

《土石坝沥青混凝土面板和心墙设计规范》（DL/T 5411—2009、SL 501—2010）建议的水工沥青混凝土参考配合比见表3.3-1。

参考国内实际工程的矿料级配，按式(3.3-2)计算，不同类型碾压式沥青混凝土的矿料级配经验范围见表3.3-2。实际工程的配合比设计中，更多地是参考类似工程经验选择矿料级配。

表3.3-1　水工沥青混凝土参考配合比

序号	种　类	沥青含量（%）	填料用量 $P_{0.075}$（%）	骨料最大直径 D_{max}（mm）	级配指数r	沥　青　质　量
一	碾压式面板					
1	防渗层	7～8.5	10～16	16～19	0.24～0.28	70号或90号水工沥青、道路沥青或改性沥青
2	整平胶结层	4～5	6～10	19	0.7～0.9	70号或90号道路沥青、水工沥青
3	排水层	3～4	3～3.5	26.5	0.8～1	70号或90号道路沥青、水工沥青
4	封闭层	沥青∶填料=(30～40)∶(60～70)				50号水工沥青或改性沥青
5	沥青砂浆	12～16	15～20	2.36或4.75	—	70号或90号道路沥青、水工沥青
二	碾压式心墙	6～7.5	10～14	19	0.35～0.44	70号或90号水工沥青或道路沥青
三	浇筑式心墙	10～15	12～18	16～19	0.3～0.36	50号水工沥青、道路沥青或掺配沥青

其他浇筑式沥青混凝土配合比可参考表3.3-3[25]。

2. 沥青含量

沥青用量有两种表示方式：一种方式是以沥青用量占沥青混合料总重的百分数计，称为沥青含量，例如沥青含量为8%，矿料含量则为92%，沥青混合料总重为100%；另一种方式是以矿料总重为100%，沥青用量按沥青占矿料总重百分数计，常称作油石比，如油石比为8%，沥青混合料总重则为108%。后一种表示方式将矿料固定为100%，沥青用量为相对独立变量，它的变化不影响矿料的计算，配合比设计时应用较为方便。

各种类型水工沥青混凝土的沥青含量范围参见表3.3-1。

表 3.3-2　　碾压式水工沥青混凝土矿料级配经验范围[25]

矿料级配类型	筛孔尺寸 (mm)												矿料级配指数
	26.5	19	16	13.2	9.5	4.75	2.36	1.18	0.6	0.3	0.15	0.075	
	总通过率 (%)												
开级配	100	78.5	69.6	60.8	48.4	30.6	20.0	13.8	10.3	8.1	6.8	5.0	0.763
	100	85.5	78.9	72.2	62.3	46.2	35.0	27.3	22.1	18.4	15.8	10.0	0.530
		100	86.6	73.8	56.4	32.9	20.0	13.1	9.5	7.4	6.3	5.0	0.885
		100	91.0	82.0	68.8	48.4	35.0	26.3	20.8	17.0	14.6	10.0	0.614
			100	83.9	62.5	34.4	20.0	12.7	9.0	7.1	6.1	5.0	0.964
			100	89.1	73.5	49.9	35.0	25.7	20.0	16.3	14.0	10.0	0.669
密级配（一）		100	91.0	82.0	68.8	48.4	35.0	26.3	20.8	17.0	14.6	10.0	0.614
		100	94.0	87.8	78.3	62.1	50.0	41.1	34.5	29.6	25.8	15.0	0.425
			100	89.1	73.5	49.9	35.0	25.7	20.0	16.3	14.0	10.0	0.669
			100	92.7	81.8	63.4	50.0	40.4	33.5	28.5	24.8	15.0	0.464
				100	80.5	52.1	35.0	24.9	19.0	15.4	13.2	10.0	0.744
				100	86.7	65.2	50.0	39.5	32.3	27.1	23.5	15.0	0.515
密级配（二）		100	94.2	88.1	78.7	62.5	50.0	40.6	33.5	27.9	23.7	10.0	0.389
		100	96.4	92.5	86.3	74.7	65.0	56.9	50.3	44.6	39.8	15.0	0.254
			100	93.0	82.2	63.8	50.0	39.8	32.4	26.3	22.4	10.0	0.424
			100	95.6	88.6	75.7	65.0	56.3	49.2	43.2	38.5	15.0	0.277
				100	87.1	65.6	50.0	38.9	31.0	25.1	20.9	10.0	0.471
				100	91.8	77.0	65.0	55.4	47.8	41.5	36.4	15.0	0.308

表 3.3-3　浇筑式沥青混凝土参考配合比

材料名称	沥青 (%)	碎石 (%)	砂 (%)	填料 (%)
沥青砂浆	14～20		50～68	16～30
沥青混凝土	9～13	38～45	30～41	14～24

3. 标准配合比确定的方法

（1）原材料选择。所选矿料、沥青及掺料应满足设计要求，不合格的材料不得使用，除非有其他经论证可行的技术措施。应对所有的矿料进行筛分，并将筛分结果作为矿料合成级配计算的依据。

（2）矿料级配计算。根据矿料目标级配和各矿料筛分试验结果，通过试配法计算各矿料的合成级配。矿料合成级配曲线应尽量平顺，没有明显的锯齿状，且在0.3～0.6mm粒径范围内不出现“驼峰”。当反复调整不能满意时，可改进矿料加工工艺或更换矿料。

矿料合成级配就是各矿料间的用量比例。假定矿料目标级配中第 j 级筛孔的通过率为 P_j，合成级配时采用 n 种矿料。若第 i 种矿料的合成比例为 x_i，其第 j 级筛孔的通过率为 P_{ij}，总通过量为 $P_{ij}x_i$，则合成级配与目标级配在第 j 级筛孔处的偏差 Δ_j 由式（3.3-3）给出。进行试配计算时，应尽可能使偏差 Δ_j 最小。

$$\Delta_j = \sum_{i=1}^{n} P_{ij}x_i - P_j \tag{3.3-3}$$

（3）初拟配合比和基本性能试验。根据设计要求和以往工程经验，初选3～5种矿料级配作为目标级配，构成矿料级配初拟方案，并按上述矿料级配计算方法计算各方案的合成级配。同时，按一定级差（密级配通常为0.5%，开级配为0.3%～0.4%）初拟4～5种沥青含量。对初拟的各组矿料级配与沥青含量进行组合，形成初拟配合比。

对初拟配合比进行基本性能试验，以确定最佳配合比。根据试验结果，绘制各基本性能测试值与沥青含量之间的关系曲线，确定各基本性能均符合设计要求的沥青含量范围，并以沥青含量范围较大的矿料级配作为最佳矿料级配，同时选择最佳沥青含量。

基本性能试验项目根据工程要求选定。对面板沥青混凝土，可选择孔隙率、马歇尔稳定度和流值、渗透系数、斜坡流淌值、小梁弯曲等作为基本性能试验项目。在寒冷地区，还可选择冻断温度作为基本试验项目。对碾压式心墙沥青混凝土，可选择孔隙率、马歇尔稳定度和流值、渗透系数、小梁弯曲、三轴试验等试验项目。对浇筑式沥青混凝土还应选择流变试验、黏度和分离度试验。

（4）标准配合比确定。针对最佳矿料级配和最佳沥青含量，系统进行设计要求的各项性能试验，经试验检验和综合分析，最终确定标准配合比。

3.3.2　沥青混凝土主要技术要求

3.3.2.1　面板沥青混凝土的技术要求

DL/T 5411—2009、SL 501—2010对沥青混凝土面板各结构层的技术要求见表3.3-4～表3.3-7。

表3.3-4　沥青混凝土面板防渗层技术要求

序　号	项　目	单　位	指　标	说　明
1	孔隙率	%	≤3.0	现场芯样或无损检测
			≤2.0	马歇尔击实试件
2	渗透系数	cm/s	$\leqslant 10^{-8}$	
3	水稳定系数		≥0.90	
4	斜坡流淌值	mm	≤0.8	马歇尔击实试件
5	冻断温度	℃	按当地最低温度确定	
6	弯曲或拉、压强度与应变		根据温度、工程特点和运用条件等通过计算提出要求	

表3.3-5　沥青混凝土面板排水层技术要求

序　号	项　目	单　位	指　标	说　明
1	渗透系数	cm/s	$\geqslant 10^{-2}$	
2	热稳定系数		≤4.5	20℃与50℃时的抗压强度之比
3	水稳定系数		≥0.85	

表3.3-6　沥青混凝土面板整平层技术要求

序　号	项　目	单　位	指　标	说　明
1	孔隙率	%	10～15	
2	热稳定系数		≤4.5	20℃与50℃时的抗压强度之比
3	水稳定系数		≥0.85	

表3.3-7　面板封闭层技术要求

序号	项　目	指标	试　验　方　法
1	斜坡热稳定性	不流淌	在沥青混凝土防渗层20cm×20cm面上涂2mm厚封闭层，在1∶1.7坡度或按设计坡度，70℃，48h
2	低温抗裂	无裂缝	按当地最低气温进行二维冻裂试验
3	柔性	无裂纹	0.5mm厚涂层，180°对折，试验温度5℃

3.3.2.2　碾压式心墙沥青混凝土技术要求

DL/T 5411—2009、SL 501—2010对碾压式心墙沥青混凝土的技术要求见表3.3-8。

3.3.2.3　浇筑式心墙沥青混凝土技术要求

DL/T 5411—2009、SL 501—2010对浇筑式心墙沥青混凝土的技术要求见表3.3-9。

表 3.3-8　碾压式沥青混凝土心墙技术要求

序号	项目	单位	指标	说明
1	孔隙率	%	≤3.0	现场芯样或无损检测
			≤2.0	马歇尔击实试件
2	渗透系数	cm/s	$\leqslant 10^{-8}$	
3	水稳定系数		≥0.90	
4	弯曲强度	kPa	≥400	
5	弯曲应变	%	≥1	
6	内摩擦角	(°)	≥25	
7	黏结力	kPa	≥300	
8	抗拉、抗压、变形模量等力学性能		根据当地温度、工程特点和运用条件等通过计算提出要求	

表 3.3-9　浇筑式沥青混凝土心墙技术要求

序号	项目	单位	性能指标	说明
1	孔隙率	%	≤3.0	
2	渗透系数	cm/s	$\leqslant 10^{-8}$	
3	水稳定系数		≥0.90	
4	分离度		≤1.05	
5	施工黏度	Pa·s	$10^2 \sim 10^4$	180℃
6	流变结构黏度、异变指数		根据温度、工程特点和运用条件通过流变计算进行选择	

3.3.2.4 其他类型沥青混凝土技术要求

沥青砂浆或细粒式沥青混凝土主要应用于连接部位填缝或加厚处理，要求变形性能好，因此对弯曲应变要求高。由于沥青含量相对较高，所以对施工黏度及分离度等施工性能参数有特别要求。DL/T 5411—2009 对沥青砂浆或细粒式沥青混凝土的技术要求见表 3.3-10。

表 3.3-10　楔形体沥青砂浆或细粒沥青混凝土主要技术要求

序号	项目	单位	性能指标	说明
1	孔隙率	%	≤2	
2	小梁弯曲应变	%	≥4	
3	施工黏度	Pa·s	$\geqslant 10^3 \sim 10^4$	
4	分离度		≤1.05	

3.3.3 水工沥青混凝土配合比设计实例

3.3.3.1 宝泉抽水蓄能电站上库沥青混凝土面板防渗层配合比设计[32]

1. 工程简介及原材料试验

宝泉抽水蓄能电站位于河南省新乡市辉县市，为日调节纯抽水蓄能电站，装机容量 1200MW。区域年平均气温 14℃，最低月平均气温 -5.7℃，最高月平均气温 32.5℃，极端最低气温 -18.3℃，极端最高气温 43℃。

上库采用全库防渗方案，库岸坡度 1∶1.7，坝坡、库岸均采用沥青混凝土面板防渗。沥青混凝土面板为简式结构，设计厚度 20.2cm。其中防渗层 10cm，整平胶结层 10cm，封闭层 0.2cm。库底采用黏土防渗。

沥青混凝土粗骨料采用流水沟石灰岩加工。破碎后的骨料筛分成 16～13.2mm、13.2～9.5mm、9.5～4.75mm、4.75～2.36mm 四级粗骨料以及人工砂。

细骨料除了利用流水沟石灰岩人工砂外，还考虑天然砂。其中天然砂用量设计规定不得超过细骨料总量的 40%。选取众醒建材水洗砂。

填料选取新乡金灯水泥厂生产的石灰石矿粉。

沥青选取辽河石化分公司生产的欢喜岭水工 90 号沥青。

2. 防渗层沥青混凝土配合比试验

防渗层要求具有良好的抗渗性、热稳定性、低温抗裂性和耐久性，设计要求防渗层沥青混凝土技术要求见表3.3-11。

防渗层沥青混凝土配合比试验中所用各级骨料的自然级配见表3.3-12。

参考矿料级配经验范围，初拟3组矿料级配，矿料级配指数分别为0.3、0.4、0.45。

对每种矿料级配指数分别采用4种填料含量9%、11%、13%、15%进行组合，按照式（3.3-2）计算矿料级配的理论值，结果见表3.3-13。

根据表3.3-12中各组矿料自然级配，计算的矿料合成级配见表3.3-13。

表3.3-11　　防渗层设计技术指标

序号	项目		单位	技术指标
1	密度		g/cm³	>2.35
2	孔隙率		%	≤3
3	渗透系数		cm/s	$\leqslant 10^{-8}$
4	斜坡流淌值1∶1.7，70℃，48h		mm	≤0.80
5	柔性试验（圆盘试验）	25℃	%	≥10（不漏水）
		2℃		≥2.5（不漏水）
6	弯曲应变	2℃，0.5mm/min	%	≥2.0
7	拉伸应变	2℃，0.34mm/min	%	≥0.8
8	冻断温度		℃	≤−30
9	水稳定系数			≥0.9

表3.3-12　　防渗层配合比试验所用骨料自然级配

矿料	筛孔孔径（mm）									
	16	13.2	9.5	4.75	2.36	1.2	0.6	0.3	0.15	0.075
	筛孔通过率（%）									
13.2～9.5mm粒组	100	100	18.8	0						
9.5～4.75mm粒组		100	99.8	8.9	0					
4.75～2.36mm粒组			100	98.7	7.4	0				
人工砂			100	100	99.8	73.8	56.2	41.8	32.1	21.2
天然砂			100	97.9	73.1	49.5	30.7	9.6	2.4	1.4
金灯水泥厂矿粉							100	99.9	98.4	86.9

表3.3-13　　防渗层矿料级配理论值及合成级配计算结果

级配指数 r	填料用量（%）	筛孔孔径（mm）								
			13.2	9.5	4.75	2.36	1.2	0.6	0.3	0.15	0.075
		筛孔通过率（%）								
0.3	9	理论值	100	89.2	69.5	53.5	40.6	30.3	21.7	14.8	9.0
		合成值	100	89.2	69.3	56.7	39.0	26.9	17.9	12.9	9.0
	11	理论值	100	89.4	70.2	54.5	41.9	31.8	23.4	16.6	11.0
		合成值	100	89.4	70.1	56.3	40.4	30.6	22.1	16.7	11.0
	13	理论值	100	89.6	70.9	55.5	43.2	33.3	25.2	18.5	13.0
		合成值	100	89.7	70.7	57.1	41.7	32.3	24.3	19.0	13.0
	15	理论值	100	89.9	71.5	56.5	44.5	34.9	26.9	20.4	15.0
		合成值	100	89.9	71.4	58.0	43.2	34.0	26.0	20.9	15.0

续表

级配指数 r	填料用量（%）	筛孔孔径（mm）									
			13.2	9.5	4.75	2.36	1.2	0.6	0.3	0.15	0.075
		筛孔通过率（%）									
0.4	9	理论值	100	87.2	65.1	48.2	35.5	26.1	18.8	13.3	9.0
		合成值	100	87.2	64.9	49.9	34.7	24.4	16.7	12.5	9.0
	11	理论值	100	87.4	65.8	49.3	37.0	27.8	20.6	15.2	11.0
		合成值	100	87.5	65.8	49.8	36.3	27.8	20.1	15.6	11.0
	13	理论值	100	87.7	66.6	50.5	38.4	29.4	22.4	17.1	13.0
		合成值	100	87.7	66.6	50.8	37.9	29.6	21.8	17.5	13.0
	15	理论值	100	88.0	67.4	51.6	39.8	31.0	24.2	19.0	15.0
		合成值	100	88.2	67.8	51.6	39.5	31.2	22.8	18.8	15.0
0.45	9	理论值	100	86.1	62.8	45.7	33.2	24.3	17.6	12.7	9.0
		合成值	100	86.4	62.8	46.8	32.6	23.2	16.1	12.3	9.0
	11	理论值	100	86.4	63.7	46.9	34.7	26.0	19.4	14.6	11.0
		合成值	100	86.4	63.6	47.7	34.2	25.1	18.1	14.4	11.0
	13	理论值	100	86.7	65.1	48.1	36.2	27.6	21.2	16.5	13.0
		合成值	100	86.7	64.4	48.7	35.8	27.1	20.1	16.5	13.0

对每一组矿料级配，选用4个不同的沥青用量（油石比）进行组合。油石比分别为6.6%、6.9%、7.2%、7.5%。共组合出44个配合比，见表3.3-14，进行防渗层设计配合比试验。

首先，对表3.3-14中所有各组配合比成型马歇尔试件，进行密度、孔隙率、斜坡流淌值、马歇尔稳定度及流值试验，对每项试验结果与设计技术指标要求进行对比，评价各组配合比是否满足沥青混凝土防渗层的设计基本指标要求，据此确定配合比初选范围。

设计技术指标对马歇尔稳定度和流值没有具体规定。根据以往配合比试验经验，马歇尔试验在配合比初选中有一定的价值，特别是流值。因此，依然也进行了马歇尔稳定度和流值试验，故也参与配合比初选。其中稳定度控制要求不小于5kN，流值控制要求30～80（0.1mm）。

孔隙率、斜坡流淌值、马歇尔稳定度和流值等均满足设计指标要求的配合比见表3.3-15。

以沥青用量（油石比）为横坐标，填料含量为纵坐标，满足防渗层沥青混凝土基本性能设计要求的配合比范围如图3.3-2所示。

以上初选配合比的试验各项指标测试结果表明：

（1）沥青用量的油石比在6.6%～7.5%范围内，沥青混凝土孔隙率要求容易满足。

表3.3-14　防渗层沥青混凝土配合比试验初拟配合比方案

级配指数 r	填料含量（%）	沥青用量（油石比）（%）			
0.3	9	6.6	6.9	7.2	7.5
	11	6.6	6.9	7.2	7.5
	13	6.6	6.9	7.2	7.5
	15	6.6	6.9	7.2	7.5
0.4	9	6.6	6.9	7.2	7.5
	11	6.6	6.9	7.2	7.5
	13	6.6	6.9	7.2	7.5
	15	6.6	6.9	7.2	7.5
0.45	9	6.6	6.9	7.2	7.5
	11	6.6	6.9	7.2	7.5
	13	6.6	6.9	7.2	7.5

（2）斜坡流淌值对配合比参数变化反应敏感。因此，以斜坡流淌值作为配合比初选控制性指标是合适的。

（3）级配指数r=0.4及r=0.45对应的满足斜坡流淌要求的沥青用量（油石比）范围较大。因此从热稳

表 3.3-15　　　　防渗层沥青混凝土初拟配合比试验结果

级配指数 r	填料含量（%）	沥青用量（油石比）（%）				满足设计要求的沥青用量（油石比）（%）
		6.6	6.9	7.2	7.5	
0.3	9	√	√	√	√	6.6～7.5
	11	√	√	×	×	6.6～7.18
	13	√	×	×	×	6.6～6.83
	15	×	×	×	×	—
满足合同要求的填料含量（%）		9～14.2	9～12.7	9～10.89	9～10.36	
0.4	9	√	√	√	√	6.6～7.5
	11	√	√	√	×	6.6～7.2
	13	√	√	×	×	6.6～7.18
	15	√	×	×	×	6.6～6.73
满足合同要求的填料含量（%）		9～15	9～13.6	9～11.3	9～10.2	
0.45	9	√	√	√	√	6.6～7.5
	11	√	√	√	√	6.6～7.5
	13	×	√	×	×	—
满足合同要求的填料含量（%）		9～11.7	9～13	9～11.7	9～11.2	

注　√表示各项指标均满足要求；×表示一项或多项指标不满足要求。

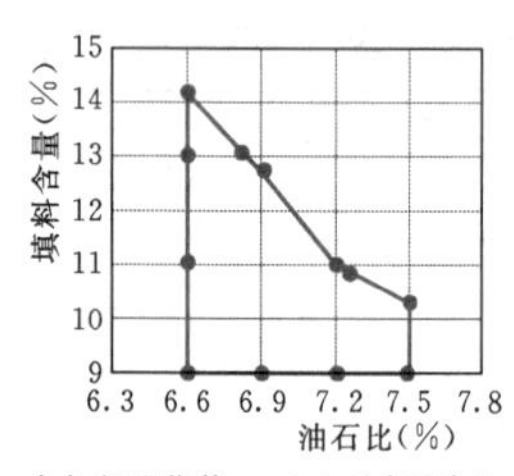

(a) 级配指数 $r=0.3$ 对应配合比

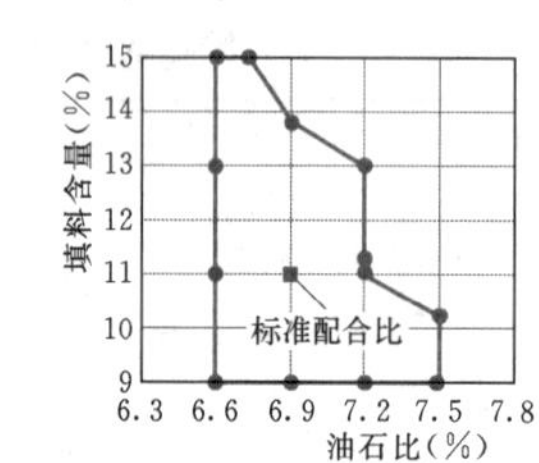

(b) 级配指数 $r=0.4$ 对应配合比

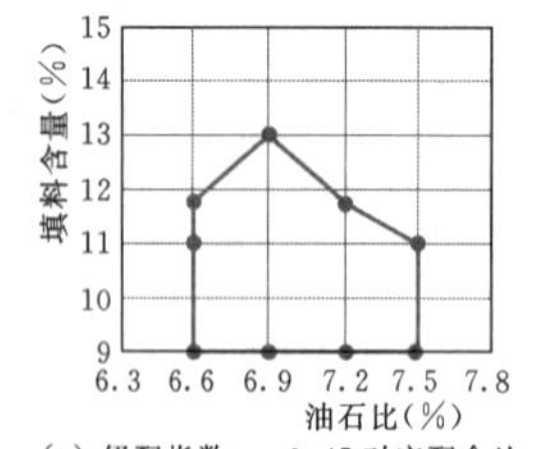

(c) 级配指数 $r=0.45$ 对应配合比

图 3.3-2　防渗层沥青混凝土配合比初选范围图

定性考虑，应优先选择级配指数 $r=0.4$ 或 $r=0.45$。级配指数 $r=0.4$ 时，对应的满足各项指标要求的配合比范围相对较广，因此，防渗层骨料级配指数选取0.4。

(4) 设计配合比初选填料含量中值11%。

(5) 在骨料级配指数 $r=0.4$、填料含量为11%的条件下，同时满足密度、孔隙率、斜坡流淌值、马歇尔稳定度和流值的沥青用量（油石比）范围是6.6%～7.2%，因此，防渗层设计配合比沥青用量初选为该值的中值，即油石比为6.9%。

综上所述，防渗层沥青混凝土设计配合比初选骨料最大粒径为13.2mm、级配指数为0.4、填料含量为11%、沥青用量（油石比）为6.9%。

对上述初选的设计配合比，进一步进行了渗透系数、水稳定系数、拉伸应变、弯曲应变、低温冻断、圆盘试验等检验（见表3.3-16），均满足设计指标要求，其标准配合比见表3.3-17。

3.3.3.2　峡沟水库碾压式心墙沥青混凝土配合比设计[33]

1. 工程简介及原材料试验

峡沟水库位于新疆哈密伊吾县境内。坝型为碾压式沥青混凝土心墙坝，坝顶宽6.5m，长216.31m，最大坝高36.38m。沥青混凝土心墙厚0.5m。

沥青混凝土配合比试验所用矿料，是将碎石人工破碎后筛分为19～16mm、16～13.2mm、13.2～9.5mm、9.5～4.75mm、4.75～2.36mm和小于2.36mm共6级粒组，以及小于0.075mm的填料。选用克拉玛依水工70号沥青。

各种原材料性能检测结果见表3.3-18～表3.3-21，均满足设计技术要求。

表 3.3-16　　防渗层沥青混凝土初选设计配合比的试验检测成果

试验项目	单位	试验检测值	设计指标要求	备注
密度	g/cm³	2.4434	>2.35	满足设计要求
孔隙率	%	0.85	≤3	满足设计要求
渗透系数	m/s	1.75×10^{-9}	$\leqslant10^{-8}$	满足设计要求
斜坡流淌值（1∶1.7，70℃，48h）	mm	0.397	≤0.80	满足设计要求
圆盘试验（25℃挠跨比）	%	>10（不漏水）	≥10（不漏水）	满足设计要求
圆盘试验（2℃挠跨比）	%	>2.5（不漏水）	≥2.5（不漏水）	满足设计要求
冻断温度	℃	−30.6	≤−30	满足设计要求
拉伸应变（2℃，0.34mm/min）	%	1.33	≥0.8	满足设计要求
弯曲应变（2℃，0.5mm/min）	%	2.80	≥2.0	满足设计要求
水稳定性	%	99.9	≥90	满足设计要求
马歇尔稳定度（60℃）	kN	7.88		
马歇尔流值	0.1mm	57.4		

表 3.3-17　　防渗层沥青混凝土标准配合比

级配指数 *r*	0.4								
填料含量（%）	11								
沥青用量（油石比）（%）	6.9								
筛孔孔径（mm）	13.2	9.5	4.75	2.36	1.18	0.6	0.3	0.15	0.075
骨料级配（通过率）	100	87.5	65.8	49.8	36.3	27.8	20.1	15.6	11.0

表 3.3-18　　粗骨料检测结果

技术指标	密度（g/cm³）	吸水率（%）	黏附等级（级）	坚固性（%）	抗热性	压碎率（%）
设计要求	>2.6	<2.5	≥4	<12	—	<30
检测结果	2.714	0.378	4	0.230	合格	22.37

表 3.3-19　　灰岩细骨料检测结果

技术指标	密度（g/cm³）	水稳定等级（级）	硫酸钠5次循环重量损失（%）	<0.075mm（%）
设计要求	>2.6	>6	<15	<15
检测结果	2.719	9	1.95	18.9

表 3.3-20　　填料检测结果

技术指标	密度（g/cm³）	含水率（%）	亲水系数	填料级配筛分结果（%）		
				≤0.075mm	≤0.15mm	≤0.315mm
设计要求	>2.6	<0.5	<1	>80	>90	—
检测结果	2.737	0.40	0.84	87	98	100

表 3.3-21 克拉玛依70号水工沥青质量鉴定结果

试验项目		单位	设计要求	检测结果
针入度(25℃)		0.1mm	60～80	73
软化点(环球法)		℃	47～54	48
延度(15℃)		cm	>100	>150
密度		g/cm^3	实测	0.987
含蜡量		%	<3	1.8
脆点		℃	<−10	−12
溶解度		%	>99.0	99.99
闪点		℃	>230	310
薄膜加热试验(163℃,5h)	质量损失	%	<0.8	0.05
	针入度比	%	>65	71.2
	延度(15℃)	cm	>60	100
	脆点	℃	<−8	−10
	软化点升高	℃	<5	3

2. 沥青混凝土配合比试验

选择级配指数为0.38，最大骨料粒径选用D_{max}=19mm。初拟不同的油石比和填料含量组成16个配合比，见表3.3-22。进行密度、孔隙率、劈裂强度等试验，根据试验结果通过比较选择较优的配合比。

试件制备采用马歇尔击实成型法，测定试件的密度和孔隙率，采用劈裂试验测定间接拉伸强度和劈裂轴向位移，计算出试件间接拉伸强度及劈裂位移。劈裂试验温度为10℃，加载速度为50mm/min。根据沥青混凝土心墙的受力特点，在室内试验中采用劈裂试验（也称间接拉伸试验）进行沥青混凝土配合比选择，其试验条件的应力条件和变形特性与沥青混凝土心墙工作状态相近，能较好地评价初拟配合比的沥青混凝土性能。

考虑到峡沟大坝仅36m高，但坝轴线较长，因此主要以孔隙率和劈裂位移为配合比选择的主要指标。根据设计要求，沥青混凝土心墙应具有一定强度，同时具备较大的变形能力，因此较优配合比应为具有较大间接拉伸强度和较大劈裂位移的配合比。

综合考虑，选择油石比为6.9%或7.2%、填料含量为14%的配合比，作为初步建议配合比，见表3.3-23。相应的矿料级配见表3.3-24。

根据设计要求对初步建议配合比进行了弯曲、拉伸、压缩、水稳定系数等项试验，其中弯曲、拉伸、压缩试验温度10℃。试验结果见表3.3-25，各项性能均可满足心墙沥青混凝土的设计要求。

表 3.3-22 初拟配合比参数及基本性能试验结果

配合比编号	填料含量(%)	油石比(%)	抗拉强度(MPa)	劈裂位移(mm)	孔隙率(%)
1	10	6.3	0.59	2.82	0.82
2		6.6	0.62	2.90	1.32
3		6.9	0.57	3.33	1.27
4		7.2	0.53	3.63	1.20
5	12	6.3	0.57	2.89	1.11
6		6.6	0.56	3.12	1.12
7		6.9	0.52	3.10	1.32
8		7.2	0.56	3.02	0.98
9	14	6.3	0.60	3.51	1.16
10		6.6	0.54	3.42	1.15
11		6.9	0.49	3.85	1.09
12		7.2	0.55	3.65	1.17
13	16	6.3	0.60	4.18	1.09
14		6.6	0.57	4.46	1.13
15		6.9	0.52	4.16	0.96
16		7.2	0.51	3.83	0.88

表 3.3-23 心墙沥青混凝土初步建议配合比

配合比编号	配合比参数			
	最大骨料粒径(mm)	级配指数 r	填料含量(%)	油石比(%)
11	19mm	0.38	14	6.9
12				7.2

三轴试验采用ϕ100mm×200mm圆柱体试件，试验温度10℃，压缩速度0.2mm/min。试验结果换算为沥青混凝土性能参数见表3.3-26、表3.3-27。

3.3.3.3 国内外部分已建工程沥青混凝土配合比

国内近期已建沥青混凝土面板防渗层配合比见表3.3-28。

表 3.3-24　配合比的矿料级配

筛孔尺寸（mm）	19	16	13.2	9.5	4.75	2.36	1.18	0.6	0.3	0.15	0.075
通过率（%）	100	93.8	87.3	77.3	59.9	46.4	35.2	24.6	15.9	14.6	14

表 3.3-25　心墙沥青混凝土力学性能试验成果

配合比编号	密度（g/cm^3）	孔隙率（%）	拉伸		抗压		水稳定性系数	弯曲	
			强度（MPa）	应变（%）	强度（MPa）	应变（%）		强度（MPa）	应变（%）
11	2.415	1.06	0.75	2.39	2.38	7.02	0.97	1.25	5.20
12	2.403	1.16	0.55	2.39	2.38	7.38	1.11	1.13	6.15
设计要求	实测	≤2.0	实测	实测	实测	实测	≥0.9	≥0.4	≥1.0

表 3.3-26　心墙沥青混凝土静三轴非线性参数（$E-B$ 模型）

配合比编号	黏聚力 c（MPa）	内摩擦角 φ（°）	模量数 K	模量指数 n	破坏比 R_f	泊松比 μ	体变模量参数	
							模量数 K_b	m
11	0.31	28.4	452.2	0.09	0.72	0.487	1867.6	0.33
12	0.26	28.2	335.1	0.18	0.72	0.487	1745.2	0.34

表 3.3-27　心墙沥青混凝土静三轴非线性参数（$E-\mu$ 模型）

配合比编号	黏聚力 c（MPa）	内摩擦角 φ（°）	模量数 K	模量指数 n	破坏比 R_f	G	F	D
11	0.31	28.35	452.2	0.09	0.72	0.487	0	0
12	0.26	28.16	335.1	0.18	0.72	0.487	0	0

表 3.3-28　国内近期已建沥青混凝土面板防渗层配合比

工程名称	最大粒径（mm）	配合比（%）			沥青含量（%）
		碎石	人工砂和河砂	填料	
天荒坪	16	48.3	36.7	15	6.8
峡口	15	38.3	46.7	15	8.0
南谷洞（翻修）	16	54.8	34.5	10.7	7.2（油石比）
张河湾	16	41.7	46.2	12.1	7.7
西龙池	16	43.0	45.0	12	7.5～7.8
宝泉	16	48.4	40.3	11.3	7.0（油石比）

国内近期已建沥青混凝土面板整平胶结层配合比见表 3.3-29。

国内外已建碾压式沥青混凝土心墙配合比见表 3.3-30。

表 3.3-29 国内近期已建沥青混凝土面板整平胶结层配合比

工程名称	最大粒径 (mm)	配合比 (%)			沥青含量 (%)
		碎石	人工砂和河砂	填料	
天荒坪	22.4	73.9	19.4	6.7	4.3
峡口	25	66.0	28.0	6.0	4.0
南谷洞（翻修）	19	78.4	14.3	7.3	4.0（油石比）
张河湾（整平胶结防渗层）	16	45.9	43.9	10.2	5.0
西龙池	19	83.0	13.5	3.5	4.0
宝泉	19	70.2	22.5	6.3	4.0（油石比）

表 3.3-30 国内外已建碾压式沥青混凝土心墙配合比

工程名称	所在地	最大粒径 (mm)	配合比 (%)			沥青含量 (%)
			碎石	人工砂和河砂	填料	
麦盖特（Megget）	英国	20	41.9	41	10.3	6.8
芬斯特塔尔（Finstertal）	奥地利	18	60	25.7	8	6.3（B65）
高岛	中国香港	18	63	24	13	6.3（B100）
斯图瓦特恩（Storvatn）	挪威	16	57.4	33.6	12	6.3（B100）
斯托格罗瓦屯（Storglomvatn）	挪威	18	59	28	13	6.7（B180）
丢恩（Dhuenn）（G）	德国	25	65	27	8	6.5
武利	日本	25	57.6	30.8	11.6	6.4
八王子	日本	25	58	29	13	6.6
碧流河	中国辽宁	25	58.5	28.5	13	6.5
坎尔其	中国新疆	20	40.3	49.7	10	6.3
茅坪溪	中国湖北	20	47.4	40.6	12	6.4
冶勒	中国四川	20	59.6	28.4	12	6.7
尼尔基	中国内蒙古	20	62.6	25.2	12.2	6.6
照碧山	中国新疆	20	42.4	44.6	13	6.8

3.4 碾压式沥青混凝土面板坝设计

土石坝的沥青混凝土面板均为碾压式。浇筑式沥青混凝土防渗面板，在碾压混凝土坝、混凝土坝和砌石坝上游面的防渗或防渗修补工程中有一些应用。

迄今为止，国内外已建造 300 余座沥青混凝土面板防渗的土石坝或衬砌的水库。国际大坝委员会 1999 年的技术公报[1]（Bulletin 114，1999）指出：大部分沥青混凝土面板土石坝和衬砌水库修建于欧洲。大约 1/3 的大坝建于高程 500.00m 以下区域，但有 10 余座沥青混凝土面板坝修建在气候恶劣的海拔 2000.00m 以上地区。自 1960 年以来，除了部分施工细节的进步之外（特别是面板与基座的连接），主要的改进是在施工设备和施工实践方面。随着时间的推移，施工技术有了长足的进步，但沥青混凝土面板坝的坝高却没有显著增加。

部分沥青混凝土面板防渗工程见表 3.4-9。目前最高的沥青混凝土面板坝是日本蛇尾川抽水蓄能电站上库的八汐（Yashio）大坝，坝高 90.5m，1992 年建成。

3.4.1 设计特点和基本要求

3.4.1.1 防渗体系组成

沥青混凝土面板坝防渗体系由防渗面板与坝基和岸坡防渗设施共同组成。典型的防渗体系组成如图 3.4-1 所示，通常包括防渗面板、基座（或趾板）、防渗墙或灌浆帷幕和连接接头等。各部分结构之间的连接非常重要，包括以下几项：

(1) 面板系统——基座。

(2) 基座——防渗墙和/或灌浆帷幕。

(3) 面板——坝顶结构物。

(4) 面板——周边水泥混凝土结构（如溢洪道、进水口等）。

基座是面板与大坝基础的连接结构。基座可以是简单的灌浆趾板或复杂的连接结构，如检查和灌浆用的廊道等。当坝基为透水基础时，需要采用防渗墙或灌浆帷幕与基岩连接。

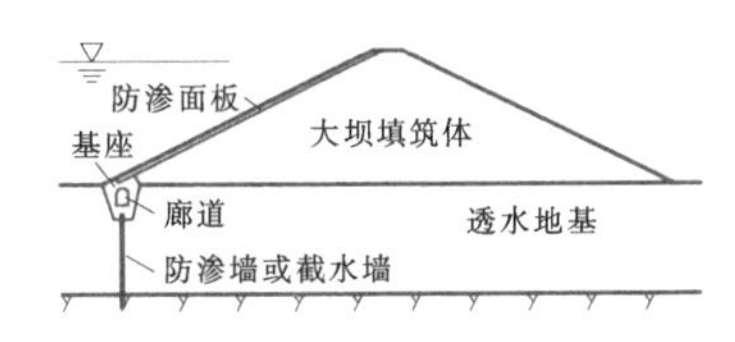

图 3.4-1　沥青混凝土面板坝的防渗体系组成

早期建设的工程，对沥青混凝土面板性能了解不多，担心经受不住冰冻和冰块撞击作用，也担心高温斜坡流淌问题，在面板表面设置了水泥混凝土保护层。随着对沥青混凝土面板性能的了解和工程经验积累，面板表面已不再加设保护层。

3.4.1.2　设计特点

沥青混凝土面板土石坝的设计特点主要体现在防渗面板的设计上。

(1) 面板位于大坝表面，运行环境条件差，承受的荷载和作用复杂，影响因素众多。根据受力和运行环境特点，面板的结构和材料设计应满足防渗、变形、斜坡热稳定、低温抗裂、水稳定和抗老化等使用性能要求。

(2) 研究选择合适的原材料和混合料配合比，是沥青混凝土面板设计的一项重要工作，包括沥青、骨料、掺料等原材料和混合料级配、沥青用量等。沥青是一种复杂的黏弹性材料，沥青混凝土的性能主要取决于沥青的性能和所采用的配合比。设计时，应根据具体工程的使用要求，通过试验进行选定。需要注意的是，合适的配合比还应使沥青混合料具有良好的施工性能，如摊铺性能、压实性能、施工时的斜坡热稳定性能等。合适的沥青用量应使沥青刚好足以覆裹全部骨料的表面，过多或过少的沥青，都会使沥青混凝土面板的斜坡热稳定性能或低温抗裂性能下降。

(3) 沥青混凝土防渗性能好、适应变形能力强，一般均较容易满足防渗和变形方面的使用要求。对于处于夏季炎热和（或）冬季寒冷地区的工程，斜坡热稳定性能和（或）低温抗裂性能，往往是沥青性能和混合料配合比选择的关键性控制要求。

(4) 面板与刚性结构的连接是重要的关键细节，应精心设计。沥青混凝土变形性能好、蠕变能力强，面板自身不需要设置永久变形缝，但面板与基座和其他周边混凝土刚性结构的连接，是整个面板防渗系统中最容易出现缺陷的部位。已建工程中，经常发现接头连接部位出现问题，引起渗漏。

(5) 同样需要注意做好大坝填筑体的内部排水和反滤设计。沥青混凝土面板防渗性能好，正常情况下大坝填筑体内部的浸润线一般均较低，大部分区域处于干燥状态，因此，对坝体填筑材料的要求低，只要具有较好的压实性能即可。但沥青混凝土面板承受反向水压力的能力很弱，面板后积水必须及时排走，因此做好坝体内部的排水和反滤设计，仍尤为重要。

(6) 施工设备能力和工艺控制要求，也是设计时应研究的重要内容之一。如附加有振动整平板的摊铺机具有很好的预压实功能，可实现 10cm 厚的防渗层厚层单层摊铺，能有效避免因分层摊铺而引起层间水汽蒸发造成的鼓包隆起；好的施工冷缝处理工艺，可避免防渗层冷缝存在缺陷或断裂；在垫层表面以及沥青混凝土铺层之间喷洒过多的乳化沥青，易造成面板沿垫层表面或各铺层之间的蠕变滑移等。

3.4.1.3　设计基本要求

(1) 同其他类型的土石坝一样，面板和坝体应保证能长期安全运用，满足稳定、变形、渗流控制等要求。

(2) 面板后的坝体应设置必要的排水设施并做好反滤，当面板出现局部渗漏时，不会导致坝体出现渗透破坏，不会对面板形成明显反向水压力。

(3) 面板在设计使用年限内应保持良好的防渗性能。

(4) 面板应具有足够的变形能力以适应坝体或基础的变形而不产生裂缝，特别是发生较大不均匀变形时。

(5) 面板与混凝土基座以及与其他混凝土建筑物（如溢洪道、进水口等）之间连接应密封可靠，连接结构和材料应能适应坝体自身变形和地震荷载作用时的相互变形。

(6) 面板沥青混凝土应具有良好的耐久性，包括抗老化性能和抗水剥离性能。

(7) 面板应具有良好的斜坡热稳定性能。正常运行期，在高温和阳光暴晒下，不应出现斜坡流淌损坏或层间明显蠕动滑移。

(8) 面板应具有相应的低温抗裂性能。

(9) 面板应具有抵御相应的冰冻作用能力。

(10) 面板及坝体应满足相应的抗震要求。

应注意的是，道路工程的沥青混凝土经验和标准不能完全照搬到水工沥青混凝土中。

3.4.2　坝体设计

沥青混凝土面板坝的布置和坝体分区、筑坝材料及填筑标准、坝体结构设计、基础处理设计、渗流分析、渗透稳定计算、抗滑稳定计算、变形和应力分析等，与钢筋混凝土面板堆石坝或黏土斜墙土石坝类似，可参照本卷第 1 章和其他章节有关内容进行设计和计算。一些特点和特殊要求说明如下。

3.4.2.1　坝轴线布置

坝轴线应根据坝址的地形地质条件，综合考虑面板与基础、岸坡防渗体系以及其他建筑物的连接等进行布置。面板两岸的趾板（或基座）应尽量布置在较缓的岸坡上。

沥青混凝土面板坝的坝轴线通常采用直线型布置。有时也采用向上游微拱起的曲线型布置，以改善沥青混凝土面板的受力条件，减小水平向拉应变。拱向上游曲线型的坝轴线，施工相对复杂，由于沥青混凝土适应变形能力强，故对于大坝工程，目前基本不采用曲线型的坝轴线布置。

折线型坝轴线在折点处应采用弧线连接。全库盆防渗的水库，坝轴线通常既有拱向上游的曲线布置，又有弯向下游的曲线布置。面板在转弯处应以一定曲率的扇形面或圆弧面连接，其曲率应考虑面板应力应变情况，并满足面板摊铺条幅的变宽度施工、以及坝顶施工设备布置和车辆交通所需的转弯半径要求，曲率半径一般不小于 30m。图 3.4-2 为河北张河湾抽水蓄能电站上库沥青混凝土面板的布置。

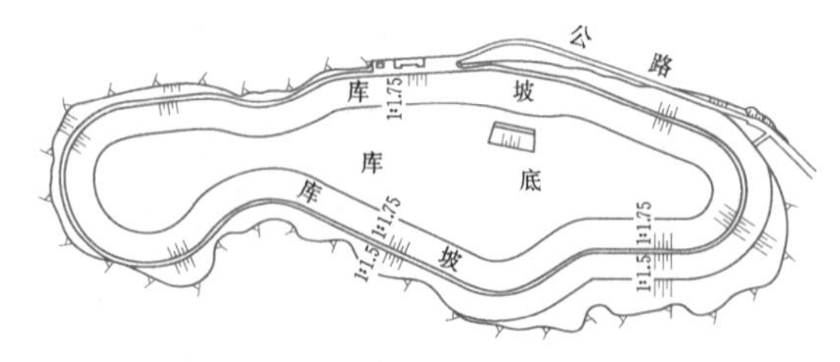

图 3.4-2　张河湾上库沥青混凝土面板平面布置图

3.4.2.2　坝顶

坝顶宽度应综合考虑坝高、坝顶结构、施工设备布置、施工期和运行期交通要求等因素确定。沥青混凝土面板施工时，坝顶布置有斜坡摊铺机、供料车和振动碾的牵引设备（自行式组合绞车）、沥青混合料输送设备和施工交通等，一般要求宽度不小于 8m。因此，坝高低于 100m 时，坝顶宽度一般采用 8～10m；坝高超过 100m 时，坝顶宽度一般为 10～12m。

坝顶防浪墙与面板顶部的水平接缝，一般应高于水库最高蓄水位，当采用可靠的连接接头时也应高于正常蓄水位或设计洪水位。

3.4.2.3　上游坝坡

铺设沥青混凝土面板的坝体表面应力求平整，一般不设马道，一坡到底，尽量做到不变坡。坝坡与库底连接处，竖向应采用弧面连接，形成缓变的过渡段。过渡段曲率应考虑面板的应力应变情况，并使摊铺机能顺利施工。目前的斜坡摊铺机一般可适应的最小曲率半径为 15～20m，从已建工程看，该曲率半径有 25m、30m、50m 等。从改善沥青混凝土面板的受力、保证沥青混合料的摊铺和压实质量考虑，建议一般不小于 30m，条件允许时曲率半径宜选择大一些。

大坝的坝坡，在水库各种运用工况下均应满足抗滑稳定要求。

面板的坡度，应综合考虑大坝填筑体的自身稳定、沥青混凝土施工期间（热混合料压实前和压实后）在坡面上的热稳定、斜坡摊铺机械施工能力和质量保证、施工人员安全以及操作方便等因素确定。根据工程经验和目前施工技术水平，沥青混凝土面板坡度一般不宜陡于 1∶1.70。

国内外已建工程面板坡度与坝高关系见图3.4-3。堆石填筑的坝体，面板坡度主要受摊铺机施工和面板斜坡热稳定要求的限制，多为 1∶1.75 或 1∶2.0；土石填筑的坝体，面板坡度主要受坝坡自身稳定要求的限制，多为 1∶2.5。

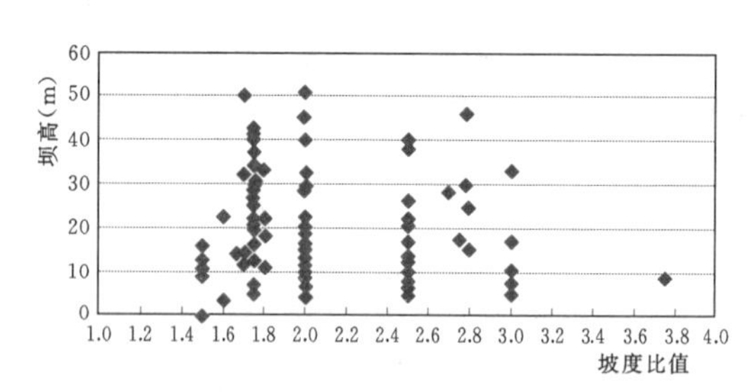

图 3.4-3　国内外沥青混凝土面板坡度—坝高关系统计

3.4.2.4　坝体和基础

大坝填筑体为面板的支撑体或基础。坝体的设计应保证即使是面板出现开裂而渗漏，大坝也是安全的。

大坝填筑体的断面分区设计、筑坝材料选择、填筑密实程度、坝基条件等与面板的变形和受力关系密切，应给予足够重视。

沥青混凝土面板坝的坝体填筑分区设计、筑坝材料及填筑标准要求等，与一般的钢筋混凝土面板坝类似，可参照相关内容和类似工程经验进行设计。德国高蒂斯塞尔（Goldisthal）抽水蓄能电站下库大坝的典型断面见图 3.1-1。

坝体和基础的设计基本要求如下：

（1）大坝填筑体和基础的变形量及不均匀变形梯度，应限制在沥青混凝土面板容许的变形范围内，尽量减小面板的不均匀变形，特别是大坝填筑体与刚性建筑物之间的相对变位。

（2）大坝填筑体或基础排水应良好。避免浸润线抬高，使坝体抗剪强度降低，或反向水压力造成面板隆起破坏。

（3）面板一般通过混凝土基座与基岩中的灌浆帷幕或覆盖层中的防渗墙连接，混凝土基座中通常布置有排水廊道。若坝基为深覆盖层，还应做好覆盖层与坝体填筑料之间的反滤设计，满足渗透稳定要求。

（4）做好面板两岸岸坡基岩缺陷的处理，如基岩破碎带、不稳定岩体等。应保证基岩的抗滑稳定、渗透稳定等满足相应安全要求。

3.4.2.5 垫层设计

垫层具有基础整平、提供支撑、坝体材料粒径过渡、减小基础不均匀变形、排水（包括渗漏水和天然地下水）、防冻胀等作用。

相对于钢筋混凝土面板，沥青混凝土面板垫层区的主要设计特点为：渗透性应更大，以避免反方向水压力引起面板破坏；表面应尽可能坚实稳定，以方便摊铺机械施工和行走；表面平整度要求更高，以保证沥青混凝土整平胶结层摊铺压实度和表面更为平整。

1. 垫层型式

早期工程中，曾有一些采用砌石或无砂混凝土刚性垫层，近些年来基本都采用级配碎石或砂砾石柔性垫层，既可调整面板基础不均匀变形，又便于机械化快速施工。

垫层料可采用级配碎石料或砂砾石料，应视工程具体条件而定。碎石垫层因其强度较高，稳定性和排水性能均较砂砾石垫层好，故使用的较多。

2. 垫层厚度

垫层的厚度应根据坝高、坝体及基础变形大小、排水要求、冻土深度、施工填筑方法等因素确定。根据工程经验，与坝体同步水平填筑的碎石垫层水平宽度一般为 2～4m；对于岩石开挖的库坡，垫层一般采用斜坡铺筑碾压，通常垂直厚度不小于 50cm；对基础条件复杂或高坝应适当加厚。天荒坪上库工程，设计水位变幅 42.2m，填筑的坝坡段垫层水平宽度 2.0m，开挖的岩石库坡段垫层垂直厚度 90cm，库底垫层厚度为 60cm。张河湾上库工程，设计水位变幅 31m，填筑的坝坡段垫层水平宽度 2.0m（垂直厚度约 1m），开挖的岩石库坡段垫层垂直厚度 60cm，库底垫层厚度为 50cm。

根据工程经验，土质基础的变形模量不宜小于 20MPa，如变形模量低于 20MPa 或与相邻基础的变形模量相差 2 倍以上时应加大垫层厚度。

对于全库盆防渗的沥青混凝土面板，在岩石开挖库坡与堆石填筑坝坡的交接部位，易产生较大的不均匀变形，应对基岩采用变坡度开挖，通过垫层厚度渐变进行过渡，减小不均匀变形。图 3.4-4 为张河湾上库的垫层过渡处理示意图。

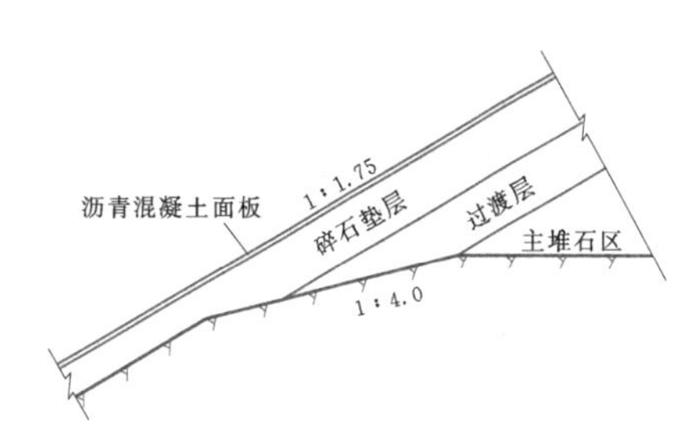

图 3.4-4 库坡挖填交接部位垫层过渡处理示意图

3. 垫层透水性和反滤

沥青混凝土面板为薄板结构，在反向水压力的作用下会被抬起，甚至破坏。我国陕西石砭峪沥青混凝土面板就曾发生此类型破坏。据现场调查结果，面板后水位仅高于库水位约 3.7m，在坝坡脚附近的面板就出现多个鼓包。

垫层中的积水应保证能及时排走，避免对面板形成反向水压力。垫层压实后的渗透系数应大于面板整平胶结层的渗透系数，一般可控制在 10^{-2}～10^{-3}cm/s；对于有明确排水任务的垫层，其渗透系数宜不小于 10^{-1}cm/s。

相对复式结构面板，简式结构面板的渗漏水将全部渗入垫层中，其垫层的设计应考虑具有更好的透水性。地下水位较高的地区，特别是全库盆防渗的抽水蓄能电站水库，必要时可在垫层中设置集中排水设施，如排水管、排水暗沟等，将渗漏水和地下水引到坝体外或排水廊道中。

垫层自身应具有一定的渗透稳定性，并与其相邻的过渡区或坝体堆石区具有一定的反滤关系。当垫层的下卧基础为土质材料时，应设置反滤层。考虑出现非正常运用情况，如面板开裂等，垫层应可承受局部集中渗漏水的渗透作用而不出现大面积破坏。

4. 垫层料级配和粒径

垫层料应级配良好，最大粒径一般不宜超过

80mm，不应大于沥青混凝土骨料最大粒径的 8 倍，主要是考虑在水荷载作用下，沥青混凝土不至于被挤压入垫层内。垫层料应选择未经风化和溶蚀，且坚硬、耐风化和不易被水溶解的碎石或砂砾石料，小于 5mm 的颗粒含量宜为 25%～40%，可取合理优良级配的较小值，小于 0.074mm 的颗粒含量不宜超过 5%。

5. 垫层变形模量

垫层的变形模量主要考虑沥青混凝土面板适应变形的能力和面板施工时摊铺机械行走的要求。从面板的变形和受力方面考虑，一般希望垫层模量尽量高，可减小面板变形，但沥青混凝土的变形和蠕变性能好，就面板本身而言，更重要的是减小沥青混凝土面板的不均匀变形。因此，垫层的变形模量应考虑与基础和相邻部位的变形模量相协调，尽可能使面板有一个相对均匀的基础。

根据工程经验，垫层变形模量大于 35MPa 时，可满足目前大型摊铺机械施工行走的要求。近期国内所建的工程，如天荒坪、张河湾、西龙池、宝泉等，均以此作为垫层变形模量的控制要求，但实际施工压实后，位于堆石坝体或岩基上的垫层变形模量均可达到 50MPa 以上。

6. 垫层填筑施工

位于堆石坝坡上的垫层，通常与钢筋混凝土面板堆石坝类似，采用与坝体同步的水平填筑方式施工。垫层料水平运输和铺筑碾压，削坡处理，然后斜坡碾压，施工方法简单且质量有保证。

位于岩石开挖库坡上的垫层，其填筑施工可采用水平铺筑或斜坡铺筑方式。水平铺筑方式，因为考虑汽车水平运输和机械碾压，相应水平宽度一般不少于 4m，开挖和填筑工程量均较大，故一般不采用。

垫层料斜坡铺筑方式，主要的困难是垫层料的运输和铺料。对于坡度较缓的情况，国内外有许多成功的例子，在 1∶1.75 或更陡的岩石边坡上填筑碎石垫层料也有不少成功的实例。爱尔兰特罗夫山（Turlough Hill）抽水蓄能电站，库岸边坡为 1∶1.75，用 1 台 D6 推土机铺筑粒径 10～200mm 的两层厚各 60cm 的排水料，每层用 12t 振动碾碾压 8 遍；然后用绞车向上拖曳小铲车将斜坡表面空隙用少量粒径 10～55mm 的碎石进行整平。国内的天荒坪抽水蓄能电站上库（坡度为 1∶2 和 1∶2.4）也是采用这种方式在斜坡上铺筑了 90cm 厚的碎石垫层。河北张河湾抽水蓄能电站上库，库岸边坡为 1∶1.75，库岸基岩开挖部分的垫层设计垂直厚度为 60cm，施工时采用自制的简易斜坡铺料斗车，在坝顶利用绞车牵引，由库底向坝顶方向在库坡上铺料，再利用有牵引的推土机在库坡面上进行整平，然后进行斜坡碾压，较好地解决了斜坡铺料的运输和粗细料分离问题。

7. 垫层表面整平和保护

为保证面板摊铺施工质量，坝坡或库坡上的碎石垫层表面的不平整度一般要求小于 40mm，库底垫层表面的不平整度一般应小于 30mm（不平整度为 3m 直尺范围内最低点与最高点的高差）。

沥青混凝土面板铺筑前，一般在坡面垫层表面喷洒除草剂和乳化沥青。

在垫层上是否喷洒除草剂及选用的类型，应视具体工程情况而定，其主要目的是防止有危害性的植物生长破坏沥青混凝土面板。

坡面喷洒乳化沥青，一方面起到固坡作用，保证垫层表面稳定，防止雨水冲蚀；另一方面加强面板与垫层之间的黏结。通常喷洒一层 2～4kg/m^2 的阳离子沥青乳液或 1～2kg/m^2 的热沥青。水库库底垫层表面一般不喷洒乳化沥青或热沥青。需要注意的是，喷洒过多的沥青，有可能造成面板与垫层表面之间的层间蠕动滑移，严重时也会造成面板开裂，因此，喷洒沥青的量一般应是在满足基本功能要求的前提下“越少越好”。

3.4.3　面板荷载和使用要求

3.4.3.1　面板荷载

作用于面板的荷载或影响主要有：作用力荷载、变形荷载、气候和水的作用、化学和生物影响等。

1. 作用力荷载

作用力荷载包括自重、水压力、波浪冲力、冰荷载、反向水压力、地震荷载等。

（1）自重。自重荷载会使面板与坝坡之间产生剪切力，特别是高温情况下沥青混凝土流变性增大，当沥青或配合比选择不当时，自重作用会使面板产生斜坡流淌或层间滑移破坏。

（2）水压力。水压力会使面板后的坝体产生变形，从而引起面板出现变形。

国外的试验研究表明，在 250m 水头作用下，沥青不会从沥青混凝土中挤出。垫层料的最大粒径不大于沥青混凝土骨料最大粒径 8 倍时，沥青混合料也不会被挤压入碎石垫层的空隙中。

（3）波浪冲力。波浪冲力一般不会对沥青混凝土面板造成损害。水库工程的面板一般不考虑波浪冲力的影响，但海岸护岸工程应考虑波浪的冲力和波浪的吸力。

（4）冰荷载。冰荷载包括封冻冰盖的静冰压力、悬挂在面板上的断冰产生的冰拔力、浮冰的冲击力、积冰对面板的冰推和摩擦等。

对已建工程的观察研究表明，冻结的和流动的冰，不会对沥青混凝土面板造成明显的损害[11]。国外高海拔地区的工程中，曾有关于冰摩擦对面板造成条痕或槽痕的报道。欧洲各国在中欧和北欧寒冷地区修建了许多沥青混凝土面板工程，在20世纪50～60年代对冰冻作用问题进行了较多研究。对德国的根克尔（Genkel）和赫内（Henne）水库运行观察表明，沥青混凝土防渗层，尤其是有排水层的复式断面结构，即使是在严寒条件下也不会使冰层“生根”，在冰层与沥青混凝土表面间存在薄冰（水）层。德国在1962～1963年度的冬季经历了少见的严寒，万巴赫（Wahnbach）水库水面完全封冻，面板还处于冷空气的迎风面，但即使如此也没有发现造成面板防渗层的损害；盖斯特赫特（Geesthacht）抽水蓄能电站冬季运行水位每天循环升降，使得冰块在坝坡面板上形成堆积，曾形成了3m高的冰堆，而在低水位时堆积冰体还出现过滑塌，但整个冬季电站发电运行一如往常，面板上也没有发现壅冰作用留下的明显痕迹。

（5）反向水压力。面板后反向水压力主要来自透过面板的渗漏水、基础地下水、汇集的雨水和坝下游的回水。面板为薄板结构，抵御反向水压力能力很弱，在水库水位骤降时，极易出现反向水压力对面板造成隆起破坏。

（6）地震荷载。沥青混凝土是黏弹性材料，其破坏强度与应变速率也密切相关，在地震荷载短暂快速作用下，基本表现为弹性性质。沥青混凝土面板不设变形缝，其整体抗震稳定性取决于堆石坝体的抗震稳定性。

2. 变形荷载

坝体或面板下卧层的变形，会引起面板发生变形。只要没有开裂，面板内积累的拉应力就会被沥青混凝土蠕变而引起的应力松弛所吸收。大面积的均匀性沉降或变形一般不会造成面板开裂，而不均匀沉降或变形会使面板局部产生较大的拉应变，有可能造成开裂。面板与刚性建筑物的连接处、挖方基础与填方基础交接处，面板易出现较大的不均匀变形或沉降。

3. 气候和水的作用

（1）高温作用。在炎热的夏季，沥青混凝土面板因日照和吸热作用，表面温度可达70℃左右。高温条件下，沥青混凝土流变性增大而抗剪强度降低，在自重作用下面板表面易出现斜坡流淌问题。沥青混凝土铺层之间或垫层表面，当乳化沥青涂层过厚时，也可能由于高温使其流变性增大，而产生层间滑移。

（2）低温作用。严寒地区的冬季，冷空气会使面板暴露的表面降至－20℃或更低。低温条件下，沥青混凝土表现为脆弹性材料特性。持续的负气温累积或气温骤降，会使面板内产生较大的温度应力，当拉应力超过沥青混凝土抗拉强度时，面板将开裂，即低温冻裂。

（3）老化作用。沥青中的油质、胶质挥发，使沥青质的含量增大，导致沥青老化而变硬变脆。紫外线使沥青更易于被氧化而导致老化。沥青老化会使沥青混凝土变形性能下降。

（4）水剥离作用。沥青混凝土长期与水接触，当沥青与骨料黏附性不好时，水将沥青从骨料表面剥离出来，导致沥青混凝土发生破坏。

（5）细粒土风干收缩。当面板表面风积或沉积有薄层的泥土、淤泥时，失水风干会引起收缩，在面板表面产生细小的龟背状裂纹，影响结构外观。已建工程的面板封闭层表面，这一现象比较常见。

4. 化学和生物影响

当水中含有可溶解沥青的化学成分，特别是含有富集度较高的石油产品时，可能会对沥青混凝土产生有害的化学作用。根据迄今为止的工程经验，在河流或渠道水面上的油和干油残留物，对沥青混凝土并不会造成明确的危害[12,13]。

植物的生长会对沥青混凝土的防渗性能造成损害。因此，沥青混凝土面板的垫层或基础中应不含可生长的植物种子、根茎和菌茎等，通常在垫层料中使用合适的灭草剂。此外，沥青混凝土面板也应具有一定的厚度以避免植物的生长，一般不小于12cm。

3.4.3.2 使用要求

根据沥青混凝土面板所承受的荷载和作用特点以及沥青混凝土材料自身的特性，沥青混凝土面板的使用要求可系统地归结为防渗性能、变形性能、热稳定性能、低温抗裂性能、水稳定性能和耐老化性能等六个方面要求。考虑工程施工，还应有施工性能要求。

1. 防渗性能要求

面板的主要功能是防渗，要求具有良好的防渗性能。坝工设计时，通常采用渗透系数作为抗渗性能指标，一般要求渗透系数小于10^{-8}cm/s。

大量工程经验表明，沥青混凝土孔隙率小于3%时，现有的试验设备和方法难以检测出其渗透系数，大多数试样不渗水，无法推算出渗透系数。因此，国外对沥青混凝土的防渗性能一般仅采用孔隙率作为控制指标。国内基于以往工程上的习惯，一般采用孔隙率和渗透系数双重控制指标。

2. 变形性能要求

沥青混凝土面板应具有足够的适应变形的能力。在自重和水荷载作用下，坝体会产生沉降和变形，沥青混凝土虽然具有很好的适应变形能力，但过大的不均匀变形，仍然会造成面板开裂，导致防渗失效。

沥青混凝土是一种典型的黏弹性材料，在水荷载作用下和坝体沉降变形时，沥青混凝土面板的受力和变形有其特有的特点。

（1）面板沥青混凝土材料的力学特性。沥青混凝土材料的黏弹性特性，表现为力学性能与所处的温度、加荷速率和荷载作用持续时间密切相关。温度高于脆化点时，应力应变特性表现为“柔性破坏”，具有很好的变形能力，且具有明显的蠕变与应力松弛特性。详见3.2.4.2节有关内容。

面板防渗层沥青混凝土脆化点温度一般约为－5～－10℃。面板与库水直接接触，位于水下的面板，温度与水温接近，高于0℃，高于沥青混凝土的脆化点温度。由沥青混凝土材料的力学特性可以得出：①水荷载作用时，面板沥青混凝土处于“柔性破坏”的温度范围，具有很好的变形能力。②水荷载作用下，面板因坝体变形而出现应力和应变后，随着时间的推移，沥青混凝土的蠕变会引起面板应力松弛。因此，水荷载作用下，评定面板受力状况应以应变作为设计控制指标，而不是以应力作为控制指标。③沥青混凝土的破坏（屈服）应变与温度密切相关，因此水荷载作用时，应以面板可能所处的不利温度作为设计控制条件。

（2）面板结构的变形和应变特点。“碾压式沥青混凝土面板防渗技术”科研项目，曾结合张河湾上库工程，对水荷载作用下的面板结构变形和应力应变特性进行了研究[4]。利用有限元方法，研究面板沥青混凝土模量对面板结构变形和应变的影响。计算条件为正常蓄水位工况，堆石料采用清华非线性 $K—G$ 模型，沥青混凝土采用线弹性模型，计算成果见图3.4－5和图3.4－6。

结果表明，沥青混凝土线弹性常数在较大范围变化时，对面板的最大法向变形影响很小，仅在5.6～6.0cm范围内变化；但对面板最大主拉应变的影响则相当明显，弹性模量 E 较高时（E＝40～70MPa）最大主拉应变约为0.4%～0.6%，而随着弹性模量 E 的减小，面板最大主拉应变明显增加，当 E＝20MPa时，最大主拉应变可达0.8%～1.2%。

上述结果说明，在水荷载作用下，沥青混凝土面板相对大坝堆石体是一种柔性结构，面板的变形主要取决于面板后堆石体的变形，与沥青混凝土模量关系不大；而面板的应变，则与沥青混凝土弹性模量关系密切，模量越小，应变越大。同时说明，沥青混凝土面板变形的设计控制不应以挠度（变形量）作为控制指标，而应以（拉）应变作为控制指标。

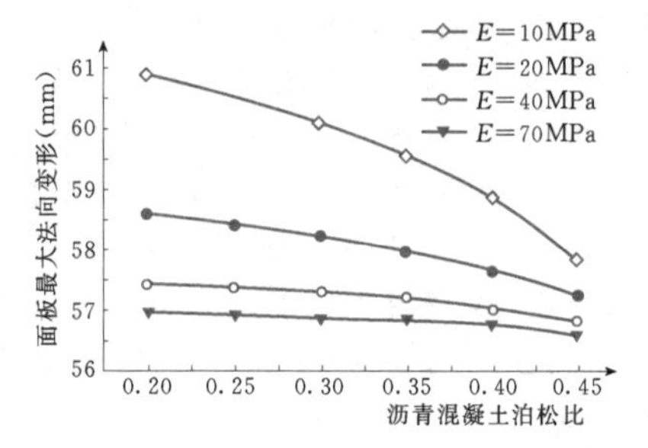

图3.4－5　面板沥青混凝土弹性常数 E 与面板最大法向变形（挠度）关系

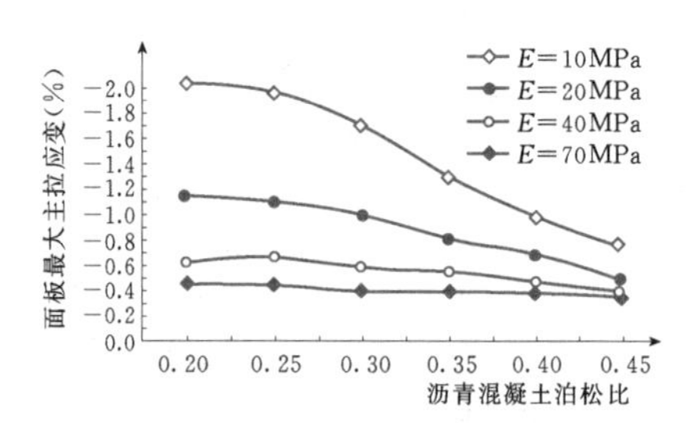

图3.4－6　面板沥青混凝土弹性常数 E 与面板最大主拉应变（受压为正）关系

（3）面板结构的受力状态。水荷载作用时，面板结构的受力状态与下卧基础（碎石垫层）的不均匀变形程度有关。

面板下卧基础相对均匀时，水荷载作用下，面板的应力和应变沿厚度方向近似为均匀分布，面板近似处于单向受力状态，最大拉应变出现在坝坡与库底连接的竖向反弧段中部。图3.4－7为张河湾抽水蓄能电站上库沥青混凝土面板有限元分析的典型横剖面。沿面板厚度方向分成4层单元，研究在正常蓄水位条件下面板应力和应变沿厚度方向的分布规律，图3.4－8为面板顺坡向应变的分布图，表3.4－1和表3.4－2为面板在沿厚度（法线）方向不同位置的顺坡向应力和顺坡向应变的分布情况。可以看出，面板结构内部沿厚度方向的应力分布近似均匀，表现为近似单

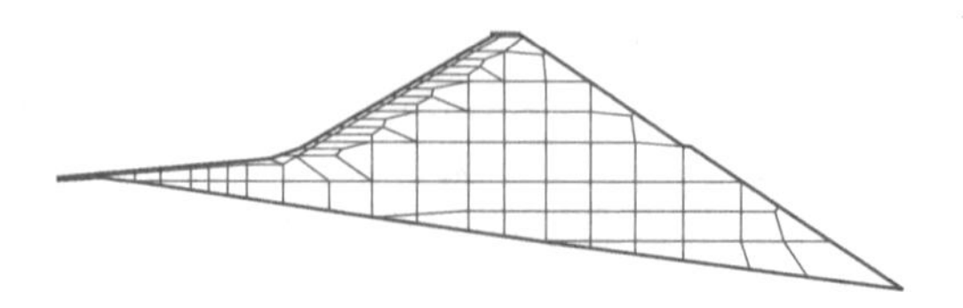

图3.4－7　张河湾上库沥青混凝土面板有限元分析典型剖面网格

表 3.4-1　　面板沿厚度方向不同位置的顺坡向应力分布情况（受压为正）

编号	1	2	3	4	5	6	7	8	9	10	11	12	13
桩号 X(m)	−117.93	−112.5	−96.5	−82.5	−72.5	−63.36	−54.10	−47.11	−40.11	−33.11	−26.11	−19.11	−6.86
高程(m)	774.14	774.58	775.86	776.98	777.78	778.86	782.21	786.20	790.20	794.20	798.20	802.20	809.20
0.875t(MPa)	0.002	−0.005	−0.003	−0.002	0.003	0.014	0.008	−0.001	−0.001	−0.001	0	0	−0.001
0.625t(MPa)	0.002	−0.005	−0.003	−0.002	0.002	0.015	0.009	−0.001	−0.001	−0.001	−0.001	0	−0.001
0.375t(MPa)	0.003	−0.006	−0.003	−0.002	0.002	0.015	0.010	0	0	−0.002	0	0	−0.001
0.125t(MPa)	0.003	−0.006	−0.003	−0.002	0.002	0.015	0.012	0	0	−0.001	0	0	−0.001

注　1. “桩号 X”为距坝轴线的距离，向上游为负，向下游为正。

2. t 为面板厚度，面板表面为 1.0t，面板底部为 0。

表 3.4-2　　面板沿厚度方向不同位置的顺坡向应变分布情况（受压为正）

编号	1	2	3	4	5	6	7	8	9	10	11	12	13
桩号 X(m)	−117.93	−96.5	−82.5	−72.5	−63.36	−58.96	−54.10	−47.11	−40.11	−33.11	−26.11	−19.11	−6.86
高程(m)	774.14	775.86	776.98	777.78	778.86	780.23	782.21	786.20	790.20	794.20	798.20	802.20	809.20
0.875t(%)	−0.016	−0.001	−0.023	−0.001	−0.329	−0.331	−0.187	0.004	0.022	0.016	0.056	0.047	−0.016
0.625t(%)	−0.015	−0.004	−0.022	−0.007	−0.321	−0.331	−0.179	0.003	0.021	0.015	0.057	0.046	−0.016
0.375t(%)	−0.015	−0.007	−0.021	−0.013	−0.313	−0.329	−0.171	0.002	0.020	0.013	0.057	0.045	−0.016
0.125t(%)	−0.014	−0.009	−0.020	−0.017	−0.306	−0.328	−0.164	0	0.018	0.012	0.058	0.045	−0.016

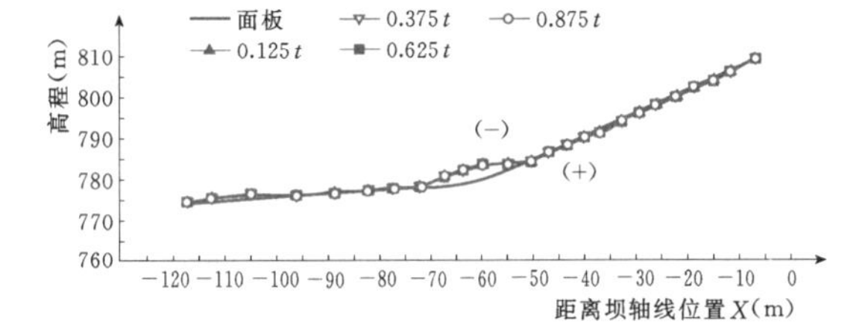

图 3.4-8　张河湾上库面板的顺坡向应变分布图

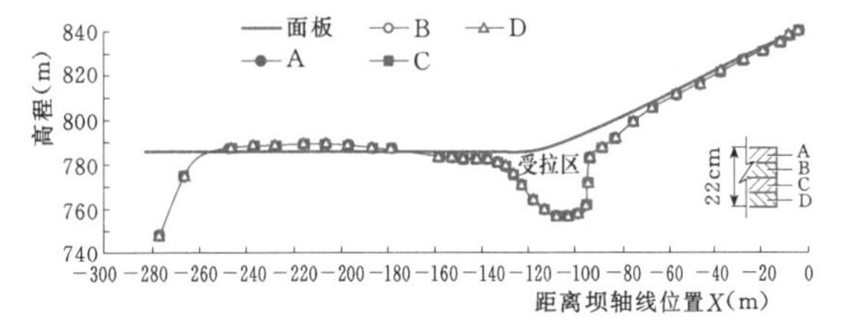

图 3.4-9　西龙池下库反弧段面板的顺坡向应变分布图

向受力状态，也说明相对大坝填筑体而言面板为柔性体，面板主要表现为传力结构，而不是承载结构。

水荷载作用下，对于下卧地基局部存在显著的不均匀变形或沉降时，面板表现为局部弯曲受力状态。西龙池抽水蓄能电站下库位于深厚覆盖层上，大坝与库底均采用沥青混凝土面板防渗。图 3.4-9 为水荷载作用下，面板沿厚度方向不同位置的顺坡向应变分布情况，反映出在相对均匀基础条件下，无论库底还是库坡，在厚度方向上面板的顺坡向应变基本为均匀状态，即使是反弧段面板顺坡向拉应力最大部位，面板也处于近似均匀受拉状态。图 3.4-10 所示为覆盖层中存在土质透镜体时，水荷载作用下，面板沿厚度方向的顺坡向应变分布情况，反映出在土质透镜体及其附近，局部面板沿厚度方向所受的应变差别较大，即表现为偏心受拉或偏心受压状态。

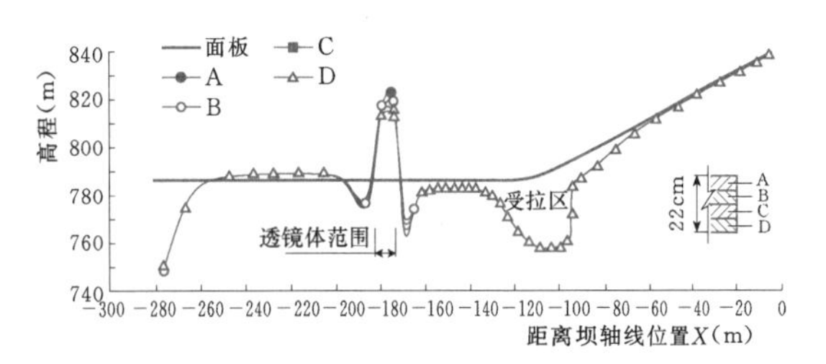

图 3.4-10　西龙池下库反弧段面板有土质透镜体时的顺坡向应变分布图

（4）面板变形性能的设计控制指标。水荷载作用下，面板的结构设计应根据表现出的不同受力状态，采用相应的设计控制指标。坝坡或库底基础相对均匀部位，面板不均匀变形相对较小，表现为近似单向受力状态，相应地应以单向拉伸应变作为设计控制指标；面板与刚性建筑物的连接处、挖方基础与填方基础交接处、基础存在浅层透镜体等，面板易出现较大的不均匀变形，相应地应以弯曲拉应变作为设计控制指标。

目前评价面板沥青混凝土变形性能的主要试验方法有 Van Asbeck 圆盘柔性试验、小梁弯曲试验、直接拉伸试验等。

西欧国家目前大都仅采用圆盘柔性试验方法。此方法由著名学者 Van Asbeck[10] 于 20 世纪 60 年代提出，试验指标为沥青混凝土圆盘试件的变形挠度，通常要求防渗层沥青混凝土试件在挠跨比（挠度与直径的比值）为 1/10 时不透水。圆盘柔性试验是一种直观性试验，反映的是沥青混凝土适应局部不均匀变形的能力，试件处于弯曲受力状态。圆盘柔性试验的评价方法和指标，并没有与具体工程的设计条件和要求建立联系，笼统地认为沥青混凝土试件挠跨比达到 1/10 时不透水，面板就可满足适应基础变形的要求，是以工程经验为主的设计控制方法。

直接拉伸试验和小梁弯曲试验，分别反映沥青混凝土单向受力和弯曲受力状态时的变形能力，相应试验评价指标为拉伸应变和弯拉应变。公路行业利用这两种试验方法，对沥青混凝土变形性能进行了大量研究[17]。日本也利用这两种方法对水工沥青混凝土变形性能进行了较多研究，并在工程中尝试用来评价面板沥青混凝土的变形能力。国内近年来建设的沥青混凝土面板工程，如张河湾、西龙池等，也尝试利用直接拉伸和小梁弯曲试验评价面板沥青混凝土的变形性能，以破坏（屈服）应变作为设计控制指标。设计时，利用有限元方法分析沥青混凝土面板在水荷载作用下的最大拉伸应变和基础不均匀变形引起的最大弯拉应变，考虑一定的安全裕度，提出对直接拉伸和小梁弯曲试验的破坏（屈服）应变设计要求。

沥青混凝土破坏（屈服）应变，与温度和加荷速率关系密切。确定面板沥青混凝土设计指标要求时，应先确定相应的温度和加荷速率条件。水荷载作用于面板时，位于水下的面板温度与水温大致接近，一般可取冬季水温较低的最不利时段作为设计条件。如张河湾上库沥青混凝土面板，考虑抽水蓄能电站水库水位的每天升降循环变化，冬季水下面板不利温度按照2℃考虑。水库蓄水的速率一般远低于室内试验加荷速率，因此，可将试验仪器允许的最低加荷速率作为设计控制条件。

由于沥青混凝土材料力学特性复杂和面板运行条件的不确定性，对于面板沥青混凝土的蠕变性能，目前在设计中通常作为安全储备考虑。有关试验成果表明[4]，温度为 5～－15℃时，弯曲蠕变试验的破断应变一般约为小梁弯曲试验弯拉屈服应变的 2 倍，有些达 3 倍以上。

3. 热稳定性能要求

高温条件下，沥青混凝土流变性增大而抗剪强度降低，若原材料和配合比选择不当，就会引起面板损坏。沥青混凝土热稳定问题引起的面板损坏主要有：面板斜坡流淌，严重时出现撕裂；面板层间滑移；施工设备行走时的车辙、推移等。因此，沥青混凝土面板应具有良好的热稳定性能。

（1）斜坡流淌。暴露在空气中的面板，受阳光暴晒，其表面的温度会升高约 25℃。美国公路战略研究计划（SHRP）经过理论分析，建立了沥青路面路表温度与空气温度的关系[17]：

$$T_s = T_a - 0.00618Lat^2 + 0.2289Lat + 24.4 \tag{3.4-1}$$

式中　T_s——最高路表温度,℃；

T_a——最高空气温度,℃；

Lat——纬度，(°)。

式（3.4－1）只考虑了不同纬度太阳辐射的影响，未考虑不同高程的影响，使用时应注意。

沥青混凝土面板表面的最高温度，可参考式（3.4－1）进行估算。我国的大部分地区一般可采用70℃作为设计值。

斜坡流淌值试验是评价面板沥青混凝土斜坡热稳定性的方法，评价指标为斜坡流淌值。有关试验方法和沥青混凝土的斜坡流淌变形特性，详见 3.2.4.3 节有关内容。

不同国家的斜坡流淌值试验方法基本原理相同，均以斜坡流淌值作为评定指标，但试件的尺寸、制作方法、稳定的判定标准等不统一。

我国采用斜坡流淌值的绝对值作为稳定的评定标准，如《土石坝沥青混凝土面板和心墙设计规范》（DL/T 5411—2009）规定面板防渗层的斜坡流淌值不大于 0.8mm。国外多采用斜坡流淌值的相对变化或收敛性作为稳定的评定标准，如著名学者 Van Asbeck[10]、德国学者 Wolfgang Haug[6] 的建议和德国、法国、日本等工程，详见 3.2.4.3 节有关内容。

我国 DL/T 5411—2009 采用斜坡流淌值 0.8mm 作为评定标准，是沿用了原《土石坝沥青混凝土面板和心墙设计准则》（SLJ 01—88）的规定，尚缺少系统的研究。从斜坡流淌变形的特性、国外的稳定评定标准和近年来的工程实践看，其合理性尚值得商榷。对于普通石油沥青配制的沥青混凝土，斜坡热稳定性能与变形性能是矛盾的，斜坡流淌值越小，变形性能就越差，因此，斜坡流淌值的绝对值也不是越小越好。

设计时需注意的是，斜坡流淌值的大小与试样的成型或压实方法也可能有关系。张河湾、西龙池、宝泉等工程实践表明，现场钻取芯样的斜坡流淌值比室内马歇尔击实试件的斜坡流淌值明显要大，且试验数值离散性也较大，其原因尚有待进一步研究。因此，DL/T 5411—2009 规定的斜坡流淌值 0.8mm 也只是对室内配合比试验或现场拌和站出机口混合料取样检验的要求，不是对沥青混凝土碾压后钻取芯样的试验检测要求。

国外在高温地区（包括非洲西南部等）修建的沥青混凝土面板工程运行经验表明[11]，在采用合适的沥青、配合比和施工方法情况下，高温和阳光暴晒不会对面板造成明显损坏。事实上，在沥青混凝土面板施工时，防渗层摊铺温度在 160℃左右，终碾时的表面温度一般不低于 90℃，内部温度会更高，均远高于运行期的 70℃。若沥青或配合比不合适，在施工时就会出现斜坡流淌问题。

(2) 层间滑移。面板沥青混凝土铺层之间或碎石垫层表面，也可能由于乳化沥青喷层过厚，在高温时发生较大流变而引起层间滑移，导致面板撕裂。层间滑移问题在已建工程中时有发生，特别是早期的工程，有不少发生此类问题的工程实例报道。究其原因，主要是认识上的误区，认为层面间喷洒乳化沥青或较厚时对提高黏结力有利，而忽视了层间斜坡热稳定问题。

为防止发生此类问题，防渗层的施工工艺应尽量采用厚层单层摊铺，不分层铺筑，从而不必喷洒乳化沥青；未被污染的沥青混凝土层面一般也不需要喷洒乳化沥青，在必须喷洒乳化沥青时，应在足以提供理想黏结力的前提下“越少越好”。

(3) 车辙拥包。对于整平胶结层或排水层，其上部的防渗层施工时，大型摊铺机或喂料车需在其表面行走。在夏季高温时段施工时，容易产生车辙、推移、拥包等损坏，要求整平胶结层或排水层也应具有相应的热稳定性。通常采用热稳定系数作为评定指标，详见 3.2.4.3 节有关内容。

4. 低温抗裂性能要求

寒冷地区的冬季，暴露的面板会直接遭受低温和寒流降温的作用。当气温下降时，位于表层的沥青混凝土产生收缩，受下部沥青混凝土或基础约束，就会使面板表层产生拉应力。当拉应力超过沥青混凝土抗拉强度时面板将开裂。我国早期的沥青混凝土面板工程，因沥青蜡含量较大等原因，低温开裂问题较普遍。因此，寒冷地区的沥青混凝土面板要求具有足够的低温抗裂性能。

(1) 气温骤降对面板内部温度的影响。西龙池上库沥青混凝土面板设计时，曾采用变温度场计算方法，对气温骤降时的面板内部温度变化进行了研究[5]，如图 3.4-11 所示。可以看出，在气温骤降过程中，面板各层温度出现有规律的滞时，防渗层表面的最低温度比外界最低气温高约 7℃，说明封闭层具有一定的保温效果；但随着低温时间持续，面板内各层的温度最终与外界气温接近。日本京极抽水蓄能电站上库的沥青混凝土面板，也曾做过类似的计算分析[20]，考虑日气温的变化，设定外界日最高气温为 −10℃、日最低气温为 −25℃，按照 5℃/h 的温度变化梯度，连续进行了 10 天的循环计算，也得到类似的结论，防渗层表面的最低温度比外界最低气温高 7℃左右。

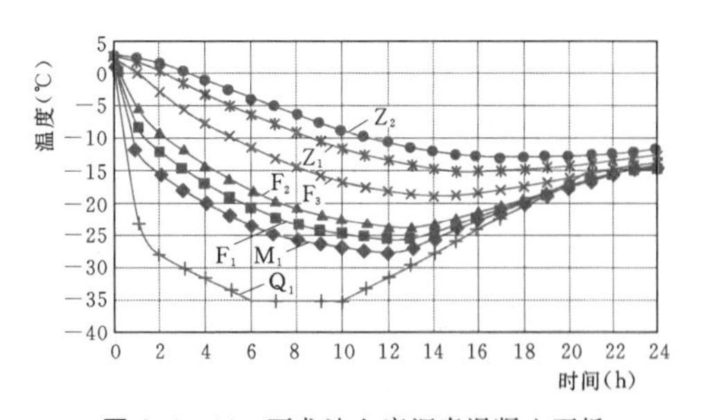

图 3.4-11　西龙池上库沥青混凝土面板各层温度模拟分析

Q_1—外界气温；M_1—2mm 厚封闭层底面；F_1—防渗层表面下 2cm；F_2—防渗层表面下 4cm；F_3—防渗层表面下 10cm；Z_1—整平胶结层表面下 6cm；Z_2—整平胶结层表面下 10cm

(2) 低温抗裂评价指标。低温冻断试验是评价沥青混凝土低温抗裂性能的直观性试验方法，能够较好地反映沥青混凝土的低温抗裂性能，可重复性好。美国公路战略研究计划（SHRP）推荐此方法，在日本也有较多应用。参见 3.2.4.4 节有关内容。

水工沥青混凝土通常采用冻断温度（试件冻断时的环境气温）作为评定其低温抗裂性能的指标。有关试验研究表明[4]，当采用 30～60℃/h 的降温速度进行冻断试验时，试件冻断时的内部温度比环境气温（冻断温度）高约 7～10℃。

(3) 设计控制指标。冻断试验可定量评价沥青混凝土低温抗裂性能，但目前对试验冻断温度与实际面板冻裂气温之间的关系尚缺少研究。

虽然气温骤降时的面板温度场分析表明，面板内部温度出现有规律的滞时，封闭层有一定的保温作用，防渗层表面最低温度比外界最低气温高约 7℃，但冻断试验的试件内部温度也比环境气温高约7～10℃（与降温速度有关）。因此，在面板低温抗裂设计时，通常根据当地极端最低气温，考虑一定的裕度，作为设计最低气温，以设计最低气温作为冻断温度的控制要求。

日本京极抽水蓄能电站的上库，沥青混凝土面板设计时，对多年的气温观测系列进行统计分析，以百年一遇的最低、最高气温作为设计气温，见表3.4-3。

表3.4-3　日本京极抽水蓄能电站上库面板设计气温取值　单位：℃

季节	观测极端气温	100年超越概率的气温	设计气温
冬季	−23.7	−23.1	−25
夏季	32.2	32.4	35

5. 水稳定性能要求

面板沥青混凝土长期浸泡在水中，水的作用，易使沥青与骨料产生分离，因此要求沥青混合料应具有良好的抗水剥离能力，即水稳定性能要求。水稳定性也是沥青混凝土的耐久性要求之一。

相对于公路路面沥青混凝土，水工沥青混凝土因为没有汽车车轮动态荷载作用，因而水损害问题没有路面沥青混凝土突出。

沥青混凝土水稳定性评定包括两个方面，骨料与沥青之间的黏附性要求和沥青混凝土水稳定系数要求。详见3.2.4.5节有关内容。

我国比较重视骨料与沥青之间的黏附性要求，包括粗骨料和细骨料与沥青之间的黏附等级均有要求。国外一般只要求沥青混凝土满足水稳定系数指标要求即可。

6. 耐老化性能要求

老化会使沥青混凝土的变形和低温性能降低，严重时会导致面板开裂引起防渗失效，因此要求面板沥青混凝土具有相应的耐老化性能。耐老化性能也是沥青混凝土的耐久性要求之一。

沥青混凝土的老化源自沥青的老化。因此，设计时主要针对沥青的耐老化性能提出要求。沥青的耐老化性能评定方法是薄膜加热试验。沥青的耐老化特性和评定方法见3.2.1.3节有关内容。

选择耐老化性能好的沥青和控制施工期加热拌和阶段的老化，是保证沥青混凝土耐老化性能的主要途径。运行期主要采用封闭层保护防渗层，减缓防渗层沥青混凝土的老化。

3.4.4　面板的典型结构和功能

3.4.4.1　断面结构型式

沥青混凝土面板有两种基本断面型式：简式断面和复式断面，如图3.4-12所示。在实际工程中，还采用了一种简化复式断面结构。

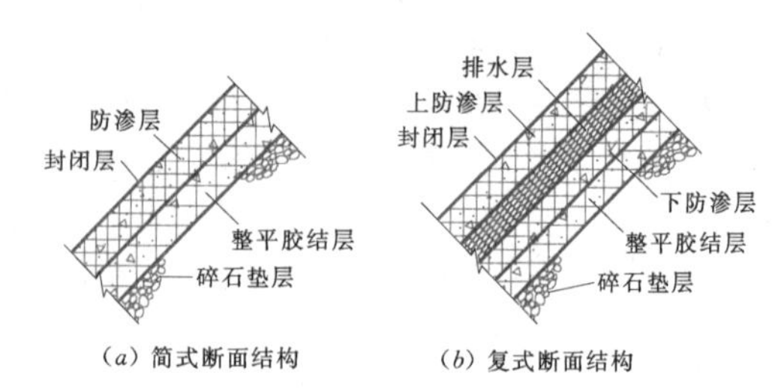

图3.4-12　沥青混凝土面板断面结构型式

根据国际大坝委员会1999年的技术公报[1]（Bulletin 114，1999），最早使用复式断面的是德国的根克尔坝（Genkel，1952），最早使用简式断面的是美国的蒙哥马利坝（Montgomery，1957）。已建的沥青混凝土面板坝中，有1/3的大坝使用复式断面。自1980年以来，复式断面和简式断面的设计应用各占一半。统计分析已建的工程发现，复式断面常常用于大坝的斜坡，而很少用于水库的库底。

1. 复式断面

复式断面由封闭层、上防渗层、排水层、下防渗层、整平胶结层组成。

复式断面的设计，应保证上防渗层失效时渗漏水能很快排走，因此，面板的排水层一般与排水检查廊道相连接。在排水层被分隔为若干区域时，可以对渗漏作出早期预警，并可准确判断渗漏位置，因此，复式断面具有检测渗漏的功能。

复式断面降低了库水对大坝填筑体影响的可能性，提高了大坝的总体安全度，多用于对防渗可靠性要求高的工程，如高坝、高地震烈度区、坝基或坝体沉降变形大或对防渗有特殊要求等。可能是处于地震多发区的原因，日本传统上多采用复式断面。

2. 简式断面

简式断面由封闭层、防渗层、整平胶结层组成。与复式断面相比，取消了排水层和下防渗层。

简式断面面板的坝体应设置排水系统，坝体分区设计必须考虑能及时排走因面板损坏而产生的渗漏水，并满足渗透稳定要求。

简式断面结构层减少，施工工期短、费用也低。传统上，西欧和美国多采用简式断面。已建的大量工程经验表明，只要设计和施工得当，简式断面的防渗性能是可靠的。我国近些年来建成的沥青混凝土面板大多采用简式断面，如天荒坪上库、西龙池上库和下库、宝泉上库等。

3. 简化复式断面

简化复式断面，是将传统复式断面的下防渗层与整平胶结层合并为一层，也称为整平胶结防渗层。断面由封闭层、上防渗层、排水层、整平胶结防渗层组成。

以往主要担心在无胶结的碎石垫层上直接摊铺沥青混凝土，摊铺压实后的孔隙率难以达到理想的防渗要求，特别是在斜坡面上。现代摊铺机带有预压实功能的振动整平板，摊铺预压实效果有了很大提高，使得整平胶结层具有一定的防渗功能成为可能。

简化复式断面的整平胶结层，考虑摊铺机的施工预压实效果，设计上对其防渗性能要求按照相对隔水层考虑，主要功能是收集透过防渗层的渗漏水。如泰国拉姆塔昆（Lam Ta Khong）抽水蓄能电站上库（2001）的库坡面板采用简化复式断面；我国河北张河湾抽水蓄能电站上库（2007）的库坡和库底面板均采用简化复式断面，如图 3.4-13 所示；日本小丸川抽水蓄能电站上库（2005）的库底复式面板取消整平胶结层，直接铺筑下防渗层。

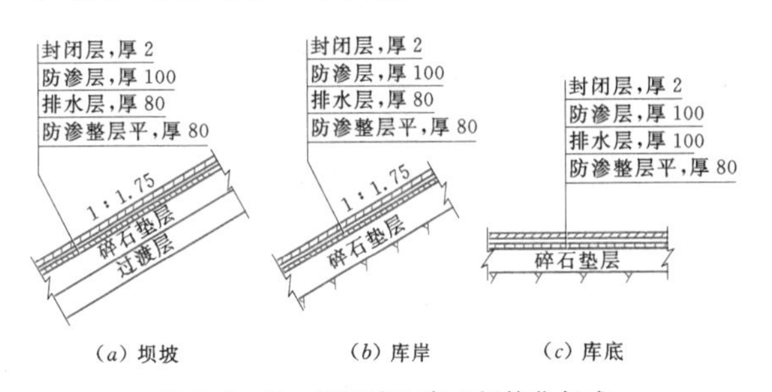

图 3.4-13 张河湾上库面板简化复式断面结构（单位：mm）

3.4.4.2 各结构层功能和要求

1. 整平胶结层

整平胶结层具有以下主要功能：

（1）通过与碎石垫层的良好胶结，为防渗层提供坚实的基础。

（2）在面板沥青混凝土和大坝填筑体之间，形成变形模量和渗透性的过渡。

（3）整平大坝填筑体的表面。

（4）提供防渗层正常摊铺和压实所需的支承。

整平胶结层位于面板下部，与库水、空气、阳光不直接接触，无防渗要求。其设计使用要求一般为渗透性能、热稳定性能和水稳定性能等。

渗透性能要求包括一定的透水性和透气性，渗透系数应大于防渗层，并应具有足够的孔隙，可以作为水汽的扩散层，避免因层面间气泡膨胀造成防渗层的隆起鼓包。通常采用孔隙率作为设计控制指标，一般要求为 10%～15%。由于渗透系数与孔隙率不能很好匹配，一般可不要求控制渗透系数。作为参考，其渗透系数一般可考虑为 10^{-2}～10^{-4}cm/s。

热稳定性能要求主要考虑防渗层铺筑时，满足大型摊铺机和喂料车在其上行走时的要求。一般要求热稳定系数不大于 4.5。

水稳定性能要求主要考虑地下水和渗漏水对沥青的剥离作用。一般要求水稳定系数不小于 0.85。

整平胶结层的沥青含量一般为 4%～5%，骨料最大粒径不大于 19mm。

已建工程的整平胶结层，厚度在 4～10cm。考虑施工质量控制，通常在坝坡上厚度为 7～8cm，在库底厚度为 5～6cm。近年来建设的工程，整平胶结层均采用厚层一次摊铺施工。

部分已建工程的整平胶结层设计技术指标见表 3.4-4。

表 3.4-4　部分工程整平胶结层设计技术指标

序号	项目	单位	天荒坪上库	西龙池上/下库	宝泉上库
1	密度（体积法）	g/cm^3	>2.1	>2.1	>2.2
2	孔隙率	%	10～15	10～14	10～14
3	渗透系数	cm/s	5×10^{-2}～1×10^{-4}	5×10^{-3}～1×10^{-4}	10^{-2}～10^{-4}
4	水稳定系数		—	≥0.85	≥0.85
5	热稳定系数		—	≤4.5	≤4.5
6	沥青含量	%	4.3	4.0	4.0
7	骨料最大粒径	mm	22.4	19	19
8	设计层厚	cm	10（库坡），8（库底）	10	10

2. 防渗层

防渗层是面板的防渗主体，主要功能是防渗，在整个寿命期内不应出现开裂而引起防渗失效。根据所遭遇的各种荷载或作用，防渗层的使用要求一般包括防渗、变形、斜坡热稳定、低温抗裂、水稳定和耐老化等性能方面的要求。

复式断面的面板，通常只将上防渗层视为大坝的实际防渗体，下防渗层的作用是阻止渗漏水渗入坝体，并作为排水层的隔水边界以便监测渗漏。下防渗层在设计上通常与上防渗层具有相同的配合比，但原则上它可以是具有不同的、适当降低的技术指标，如对斜坡热稳定性能、低温冻断性能的要求可低于上防渗层。

防渗性能通常采用孔隙率作为设计控制指标，一般要求摊铺压实后的防渗层孔隙率不大于 3%。为确保现场摊铺后的防渗层能够满足此要求，对室内配合比试验或施工过程中拌和料出机口取样检验，通常要求标准马歇尔试件的孔隙率不大于 2.0% 或 2.3%。密实的沥青混凝土几乎不渗水，目前的试验设备和方法也难以检测到防渗层的渗透系数，因此，国外对防渗层的防渗性能只采用孔隙率作为控制指标。国内鉴于以往的工程习惯，通常也要求防渗层的渗透系数小于 10^{-8}cm/s。

变形性能的设计控制指标一般采用 Van Asbeck 圆盘试验挠度、拉伸应变、弯曲应变等。欧美国家通常笼统要求 25℃ 时的圆盘试验挠跨比不小于 1/10，未结合具体工程的实际情况和运用条件。国内新近建成的张河湾、西龙池等工程，开始尝试采用拉伸应变和弯曲应变作为防渗层变形性能的设计控制指标。针对工程的具体情况和运用条件，利用有限元分析手段，研究水荷载作用和坝体沉降变形时，面板的受力状态和相应的变形及应变，据此提出防渗层的拉伸应变和弯曲应变设计要求。承受水荷载作用时，面板的温度与水温接近，考虑已建工程温度监测资料和便于室内试验时的温度控制，一般采用 2℃ 作为防渗层沥青混凝土应变能力的设计控制条件，如张河湾、西龙池等工程。

斜坡热稳定性能一般采用斜坡流淌值作为设计控制指标。我国 DL/T 5411—2009[14] 要求室内马歇尔试件的斜坡流淌值不大于 0.8mm，这是根据以往经验提出的控制要求。斜坡流淌值越小，变形性能就越差，因此寒冷地区的防渗层斜坡流淌值不宜要求过严，必要时可设置降温设施，如天荒坪、张河湾、西龙池等工程，在坝顶均设置了喷（淋）水系统。

低温抗裂性能一般采用冻断温度作为设计控制指标。通常以当地极端最低气温为基础，考虑一定的裕度作为设计最低气温，以此作为设计冻断温度要求，实际工程情况参见表 3.4-5。沥青混凝土的低温抗裂性能受沥青中蜡含量影响很大，防渗层的沥青应严格限制蜡含量，一般不应超过 2%。沥青混凝土的脆化点温度约为 −5～−10℃。根据工程经验，对于最低月平均气温低于 −5℃ 或极端最低气温低于 −10℃ 的地区，在防渗层设计时都应考虑低温抗裂问题。

水稳定性能采用水稳定系数作为设计控制指标，防渗层通常要求不小于 0.90。

抗老化性能一般仅对沥青提出要求，采用薄膜加热试验指标进行控制，对沥青混凝土不再提出要求。

防渗层的沥青含量一般为 7.0%～8.5%，骨料最大粒径通常为 16mm 或 19mm。

已建工程防渗层厚度一般为 6～10cm，个别工程达到 15cm（日本蛇尾川抽水蓄能电站的八汐坝）。复式断面下防渗层的厚度一般为 5～8cm。

以往由于摊铺机的预压实能力较弱，单层摊铺厚度一般控制为 5cm，防渗层需分成 2～3 层铺筑，层间喷涂乳化沥青或稀释沥青。现代摊铺机的振动整平器具有很好的预压实效果，近些年来的工程都非常普遍地采用了厚层单层一次摊铺技术。目前单层摊铺的最大厚度可达 10cm，不但可加快施工进度，也有利于消除以往曾遇到的层间滑移问题，防止因气泡而鼓包，并且铺层越厚，它保持热度的时间就越长，就更有利于压实和与相邻摊铺条幅之间的施工缝处理。

部分已建工程的防渗层设计技术指标见表 3.4-5。

3. 排水层

复式断面排水层的功能是及时排走透过防渗层的渗漏水，并可通过对渗漏水的监测监控防渗层的运行状况。排水层可沿坝轴线方向每隔 20～50m 设置沥青混凝土隔水带，隔水带宽度为 1m 或摊铺机一次摊铺条幅宽度，以便分区监测防渗层的渗漏。

排水层的设计应满足排水性能、热稳定性能和水稳定性能等使用要求。

排水性能要求排水通畅，能将透过上防渗层的渗漏水迅速排除，避免在防渗层后形成反向水压力，防止面板破坏。排水性能通常采用渗透系数作为控制指标，一般要求不小于 10^{-2}cm/s。

热稳定性能主要考虑防渗层铺筑时，满足大型摊铺机和喂料车在其上行走时的要求，通常要求热稳定系数不大于 4.5。

水稳定性能主要考虑渗漏水对沥青的剥离作用，通常要求水稳定系数不小于 0.85。

排水层是一种含有游离细骨料的多孔沥青混合料。

表 3.4-5　　　　部分工程防渗层设计技术指标

序号	项　　目		单位	天荒坪上库	峡口大坝	张河湾上库	西龙池上库	西龙池下库	宝泉上库
1	密度(表干法)		g/cm³			>2.30	>2.35	>2.35	>2.35
2	孔隙率		%	≤3.0	2～4	≤3.0	≤3.0	≤3.0	≤3.0
3	渗透系数		cm/s	≤10^{-8}	<10^{-7}	≤10^{-8}	≤10^{-8}	≤10^{-8}	≤10^{-8}
4	斜坡流淌值	马歇尔试件(70℃,48h)(坡度)	mm		≤0.8 (1∶2.25)	≤2.0 (1∶1.75)	≤0.8 (1∶2.0)	≤0.8 (1∶2.0)	≤0.8 (1∶1.70)
		Van Asbeck 试件(70℃,48h)(坡度)		≤5.0 (1∶2.0)			≤2.0 (1∶2.0)	≤2.0 (1∶2.0)	
		Van Asbeck 试件(60℃,48h)(坡度)		≤1.5 (1∶2.0)					
5	柔性挠度(圆盘试验)	25℃	%	≥10,不漏水		≥10,不漏水	≥10,不漏水	≥10,不漏水	≥10,不漏水
		2℃(5℃)		(≥2.5,不漏水)		≥2.5,不漏水	≥2.5,不漏水	≥2.5,不漏水	≥2.5,不漏水
6	弯曲应变	2℃,0.5mm/min	%			≥2.0	≥3.0	≥2.25	≥2.0
7	拉伸应变	2℃,0.34mm/min	%		>0.5	≥0.8	≥1.5	≥1.0	≥0.8
8	冻断温度(极端最低气温)		℃		≤−33 (−23.3)	≤−35 (−24)	≤−38 (−34.5)	≤−35 (−30.4)	≤−30 (−18.3)
9	水稳定系数				>0.85	≥0.9	≥0.9	≥0.9	≥0.9
10	膨胀(单位体积)		%	≤1.0		≤1.0	≤1.0	≤1.0	≤1.0
11	沥青含量		%	6.9	8.0	7.5	7.5 (改性沥青)	7.5	7.0
12	骨料最大粒径		mm	16	15	16	16	16	16
13	设计层厚		cm	10	5+5	10	10	10	10

骨料最小粒径一般在 5～8mm 之间，最大粒径为 19～31.5mm。沥青含量必须与配合比相适应，一般在 2%～5%范围内。

已建工程的排水层厚度为 5～15cm，但建议最小厚度不小于 8cm。排水层一般采用单层摊铺。

排水层的斜坡热稳定性常常被忽视。事实上，由于孔隙所占百分比较高（即颗粒间接触面积较小，接触面的剪切应力较高），排水层经常成为不良蠕变的温床，这种蠕变会传递到防渗层。

部分已建工程的排水层设计技术指标见表 3.4-6。

4. 封闭层

封闭层位于面板表面，主要功能是保护防渗层，减缓紫外线、空气和水对防渗层的老化作用，减轻冰雪、坠落物体等对防渗层的摩擦作用。

封闭层应与上防渗层黏结牢固，满足斜坡热稳定和低温抗裂性能要求，即高温不流淌、低温不开裂，并易于涂刷或喷洒。

表 3.4-6　部分工程排水层设计技术指标

序号	项　　目	单位	张河湾上库	泰国拉姆塔昆上库
1	密度（体积法）	g/cm³	>1.90	2.148
2	孔隙率	%	≥16.0	15.919
3	渗透系数	cm/s	≥10^{-1}	4.88×10^{-2}
4	热稳定系数		≤4.5	—
5	沥青含量	%	4.0	4.0
6	骨料最大粒径	mm	19	25.4
7	设计层厚	cm	8（库坡），10（库底）	8（库坡）

注　泰国拉姆塔昆上库所列数据为施工配合比试验结果。

封闭层一般采用热制的沥青玛琋脂，沥青约占30%，填料和细砂约占70%，有时也掺加纤维。冬夏季气温相差很大的地区，封闭层可采用改性沥青玛琋脂，提高低温抗裂和高温抗流淌性能，如张河湾、西龙池工程等。

封闭层涂层过厚时易产生流淌。因此，热制沥青玛琋脂的涂层厚度不宜超过2mm。

部分已建工程的封闭层设计技术指标见表3.4-7。

表3.4-7 部分工程封闭层沥青玛琋脂技术指标

序号	项目	单位	张河湾上库	西龙池上库	西龙池下库	宝泉上库
1	密度	g/cm³		>2.1	>2.1	—
2	软化点	℃		≥90	≥70	—
3	冻裂试验(平板)	℃	≤-35	≤-40	≤-35	≤-25
4	斜坡流淌值(70℃，48h)(坡度)	mm	不流淌(1∶1.75)	不流淌(1∶2.0)	不流淌(1∶2.0)	不流淌(1∶1.70)
5	改性沥青含量	%	30	30	30	37
6	涂层厚度	mm	2.0	2.0	2.0	2.0

5. 整平胶结防渗层

简化复式断面的整平胶结防渗层是将复式断面的整平胶结层和下防渗层功能合二为一，设计上对其防渗性能要求按照相对隔水层考虑，作为排水层的边界，收集透过防渗层的渗漏水。

整平胶结防渗层的孔隙率和渗透系数要求，应统筹考虑其设计功能要求和摊铺机械的实际压实能力综合确定。

部分已建工程的整平胶结防渗层有关设计技术指标见表3.4-8。

表3.4-8 部分工程整平胶结防渗层设计技术指标

序号	项目	单位	张河湾上库	泰国拉姆塔昆上库
1	密度	g/cm³	>2.20	2.385
2	孔隙率	%	≤5.0	4.92
3	渗透系数	cm/s	$\leqslant 5\times10^{-5}$	5.24×10^{-5}
4	斜坡流淌值（70℃，48h）	mm	≤1.5（马歇尔试件，1∶1.75）	
5	水稳定系数		≥0.85	
6	沥青含量	%	5.0	5.0
7	骨料最大粒径	mm	16	25.4
8	设计层厚	cm	8.0	7.0

注 泰国拉姆塔昆上库的技术指标为施工配合比试验结果。

3.4.5 面板厚度选择和细部结构

3.4.5.1 面板厚度

沥青混凝土为黏弹性材料，其强度和变形能力与温度和加荷速率有关，面板的厚度选择还与下卧基础特性有关。虽然理论上面板的厚度可根据受力和变形条件进行计算确定，但实践上很难做到。

迄今为止，沥青混凝土面板的厚度主要根据工程经验，并考虑施工方法和施工条件等因素确定。面板总的厚度，复式断面一般为20～40cm，简式断面多为12～20cm。

一些方法和公式可供沥青混凝土面板厚度选择时参考。

1. 防渗层厚度

防渗层厚度指简式断面的防渗层或复式断面的上防渗层厚度。

防渗层的厚度一般为6～10cm，目前摊铺机单层铺筑的最大厚度为10cm，超过10cm的防渗层尚无单层摊铺的工程实践经验。

(1) 最小厚度。根据已建工程经验，考虑耐久性需要[19]和施工质量控制，防渗层的最小厚度应不小于6cm。

(2) 经验估算公式。碾压密实的沥青混凝土几乎不渗水，正常承受的水力梯度可达5000以上。因此，就满足水力梯度所需的厚度而言，沥青混凝土防渗层的厚度可以很薄。

防渗层的厚度一般可按经验公式[6,14]估算：

$$h = C + \frac{H}{25} \tag{3.4-2}$$

式中 h——防渗层的厚度，cm；

C——与骨料质量和形状有关的常数，一般情况下可取 $C=7$，对近似正方形的、完全过筛、级配连续且矿物特性稳定的骨料，可取 $C=5$；

H——作用在面板的最大水头，m。

按式（3.4-2）计算的防渗层厚度可作为最小厚度，当考虑其他复杂运行条件和地震作用时，可适当增大防渗层的厚度。

（3）按允许渗漏量估算厚度。对于水库设计允许的渗漏量，我国目前尚没有明确的标准规定。日本《水利沥青工程设计基准》[19]中提到，水库的日渗漏量可按照不超过总库容的1/2000考虑；德国沥青混凝土防渗工程，通常可以做到日渗漏量不超过总库容的1/5000。根据上述情况以及已建沥青混凝土防渗工程的实测渗漏量，我国《抽水蓄能电站设计导则》（DL/T 5206—2005）建议水库的渗漏量控制标准可按日渗漏量不超过总库容的1/2000～1/5000考虑。

水库的设计允许渗漏量，可根据渗漏对工程安全的影响、具体工程的水源条件、经济性，以及水库的类型、重要性等因素综合确定。对大中型水库可取总库容的1/2000，对抽水蓄能专用水库可取总库容的1/5000或更小。根据水库的设计允许渗漏量，可简单估算所需的防渗层厚度。计算简图如图3.4-14所示。

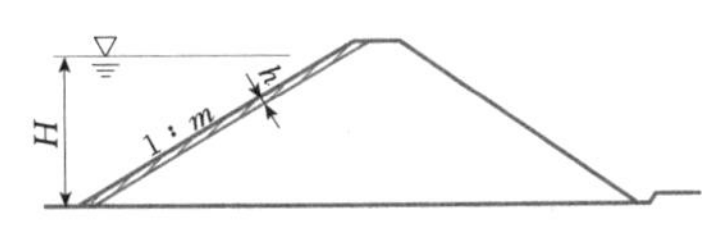

图3.4-14 防渗层渗漏量计算简图

参照达西定律，防渗层的单宽（每延米坝长）渗漏量估算如下：

$$q = k\frac{H^2}{2h}\sqrt{1+m^2} \tag{3.4-3}$$

式中 q——防渗层的单宽（每延米坝长）计算渗漏量，$m^3/(s \cdot m)$；

k——防渗层的渗透系数，m/s；

H——面板的设计水深，m；

h——防渗层厚度，m；

m——面板坡比。

沥青混凝土面板的设计允许渗漏量估算如下：

$$q_0 = \frac{\rho V}{Bt} \tag{3.4-4}$$

式中 q_0——防渗面板的允许单宽渗漏量，$m^3/(s \cdot m)$；

ρ——防渗面板允许的（日）渗漏量系数，一般取1/2000～1/5000；

V——总库容，m^3；

B——面板的平均宽度，m；

t——时间（1日），$t=86400$s。

若 $q=q_0$，可得到所需防渗层厚度：

$$h = \frac{kBt\sqrt{1+m^2}H^2}{2\rho V} \tag{3.4-5}$$

2. 复式断面的排水层厚度

排水层的厚度应根据设计的排水能力确定。当仅考虑排走透过防渗层的正常渗漏水时，排水层的最小设计厚度可估算，计算简图如图3.4-15所示。

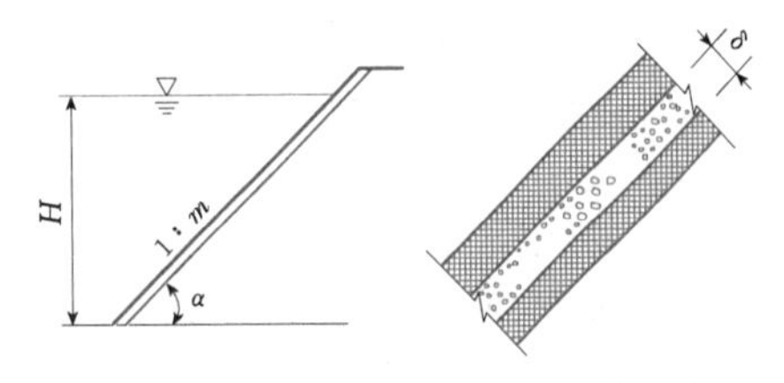

图3.4-15 复式断面排水层厚度计算图例示

防渗层的单宽（每延米坝长）正常渗水量 q 可由式（3.4-3）求得。

排水层的单宽（每延米坝长）排水能力 q_p 由下式计算：

$$q_p = k_p i A \Psi \tag{3.4-6}$$

式中 q_p——排水层单宽排水量，即排水层每延米坝长的排水能力，$m^3/(s \cdot m)$；

k_p——排水层渗透系数，m/s；

i——排水层的渗透坡降，$i=\frac{1}{\sqrt{1+m^2}}$；

A——排水层断面面积，m^2，对于每延米坝长的单宽排水层，$A=\delta$（δ 为排水层厚度，m）；

Ψ——系数，一般可取1.0。

考虑一定排水能力安全系数，则最小排水层厚度为

$$\delta = \frac{q\sqrt{1+m^2}}{k_p}F_s \tag{3.4-7}$$

式中 F_s——排水安全系数，一般可取1.3。

3. 整平胶结层厚度

整平胶结层厚度应考虑摊铺机械施工能力和整平要求等，一般根据工程经验类比确定，通常厚度为5

～10cm。

4. 封闭层厚度

封闭层的厚度一般为 2mm。封闭层过厚时易产生流淌，太薄时也不利于防渗层的抗老化。

3.4.5.2　细部结构设计

沥青混凝土面板与基础、岸坡和刚性建筑物的连接部位，是整个面板防渗系统中最薄弱的环节，应给予特别重视，使其具有一定的相对变形能力并满足在最大水头运行条件下不出现开裂。

与沥青混凝土面板连接的混凝土基座或岸坡边墩、趾板，应满足稳定和基础防渗要求。西班牙的埃尔西伯里奥坝（EL Siberio，1978）在初次蓄水时，曾发生混凝土基座转动的问题[1]。

沥青混凝土面板拉应变或弯曲应变较大的部位，如面板与刚性结构连接处、反弧段、基础挖填交界处和不均匀沉陷较大部位宜铺设加厚层和加筋网。

沥青混凝土面板接头的连接型式，可根据水头大小、地基的地质条件、岸坡的地形特点、填筑体的密实程度及变形大小、刚性建筑在运用中的位移情况等，参考已建工程经验进行设计。接头部位的设计，应解决因不均匀沉陷或相对位移而引起的面板开裂破坏问题。根据已建工程经验，可采取如下措施：减少基座、基础防渗墙、岸墩或刚性建筑物对面板边界的约束，允许接缝处面板滑移而不破坏防渗结构；将集中的不均匀沉陷在一定范围内分散开，使防渗层的变形与其相适应而不开裂。由于接头部位变形条件复杂，对于重要的工程应通过计算或模型试验进行论证。

早期工程的接头部位常埋设止水片，因构造复杂、施工困难，质量不易得到保证。近年来新建的工程，多采用滑动式接头，不再埋设止水片，即在刚性建筑物表面涂一薄层塑性止水材料，然后与沥青混凝土面板连接，允许接头处有少量滑移而不使防渗结构破坏。

面板与基座、岸墩或其他刚性建筑物接头附近的垫层，可加设沥青砂浆（或细粒沥青混凝土）楔形体，以改善沥青混凝土面板的工作条件，达到适应不均匀变形的目的。

1. 面板加厚层和加筋网

加厚层材料通常与防渗层相同，厚度为 5cm，在加厚层与防渗层之间一般增设加筋网，形成加筋层。加筋网可采用聚酯、聚乙烯树脂或玻璃纤维等材料。

加厚层应位于防渗层下部，先于防渗层铺筑，避免因搭接端部的施工缺陷使库水渗入层间，造成加厚层的汽泡鼓起，国外一些工程曾出现此问题。

加筋网宜布置在防渗面层与加厚层之间。铺设加筋网前，先在基面上均匀地涂上一层乳化沥青，然后将加筋网铺开、拉平，加筋网搭接宽度应大于 25cm，然后再均匀地涂刷一层乳化沥青，待乳化沥青中的水分蒸发后，再摊铺其上的沥青混凝土。涂刷的乳化沥青应尽量薄，避免导致层间滑移。

图 3.4-16 为张河湾上库沥青混凝土面板与混凝土排水廊道接头部位的加厚层和加筋网布置。

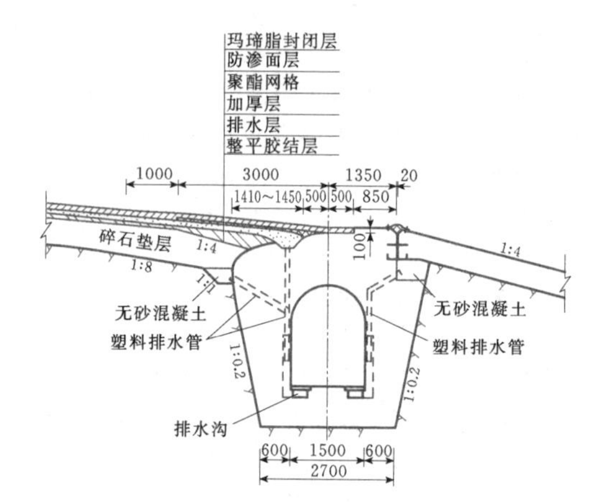

图 3.4-16　张河湾上库面板接头处加厚层和加筋网布置（单位：mm）

2. 面板与基础连接

当河床基岩外露或覆盖层较薄时，可修建齿墙式水泥混凝土基座与沥青混凝土面板连接。

（1）与无廊道的混凝土基座连接。图 3.4-17 和图 3.4-18 为沥青混凝土面板与无廊道基座连接的构造实例。前者为简式断面沥青混凝土面板，后者为复式断面沥青混凝土面板，可分段观测渗水。混凝土基

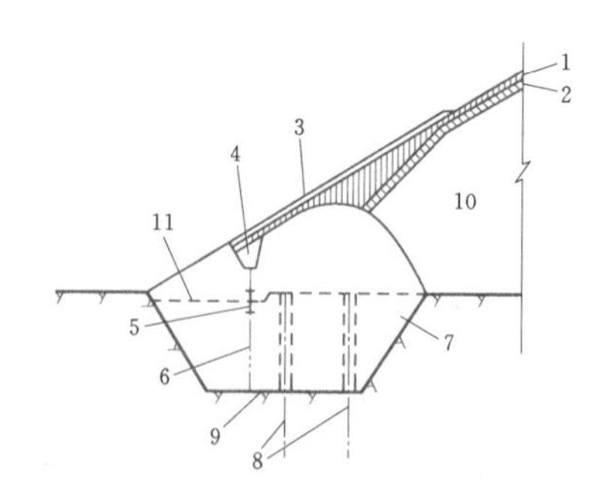

图 3.4-17　简式断面沥青混凝土面板与基座的连接

1—防渗层；2—整平胶结层；3—沥青混凝土保护层；4—砂质沥青玛琋脂回填；5—水平止水；6—垂直止水；7—混凝土基座；8—帷幕灌浆轴线；9—基岩；10—大坝填筑体；11—施工缝

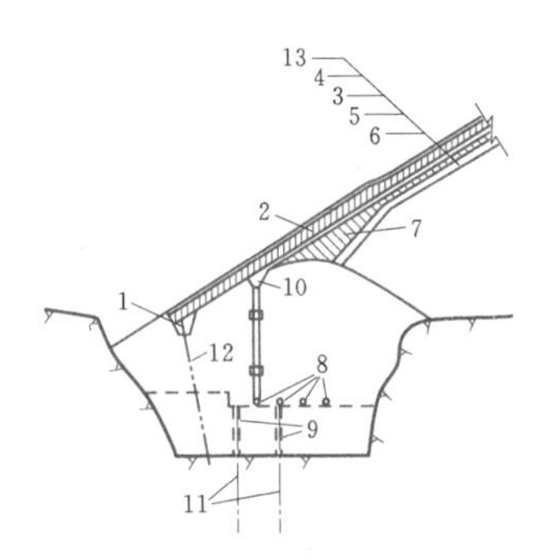

图 3.4-18　复式断面沥青混凝土面板与基座的连接

1—砂质沥青玛瑞脂回填；2—沥青混凝土加强层；3—排水层；4—防渗面层；5—防渗底层；6—整平胶结层；7—细粒沥青混凝土楔形体；8—可分段观测的排水管；9—帷幕灌浆管；10—排水口；11—帷幕灌浆轴线；12—伸缩缝处止水；13—封闭层

座嵌入基岩内，顶部外侧设计成与沥青混凝土面板相同的坡度，顶部内侧设计成弧面与沥青混凝土面板扩大接头部分连接。混凝土基座沿轴线方向设有伸缩缝，伸缩缝间设有止水片。

(2) 与有廊道的混凝土基座连接。图 3.4-19 为复式断面面板与基岩上有廊道的混凝土基座连接构造实例。中等高度以上的复式断面沥青混凝土面板坝通常采用这种型式。混凝土基座中的廊道可用于渗漏水观测、排除渗漏水和在廊道内进行帷幕灌浆等。图 3.4-20 为复式断面面板与土基上有廊道的混凝土基座连接构造实例。图 3.4-21 为日本 90.5m 高的八汐坝面板与基座连接构造。

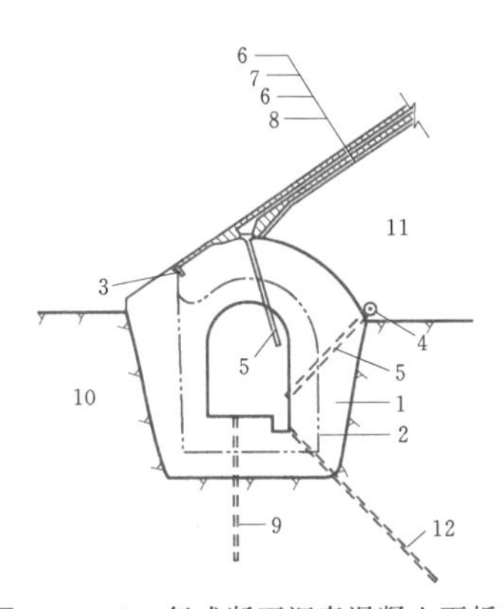

图 3.4-19　复式断面沥青混凝土面板与基岩上有观测廊道的基座连接

1—基座；2—伸缩缝止水；3—铜片；4—排水；5—集水管；6—防渗层；7—排水层；8—整平胶结层；9—帷幕灌浆孔；10—岩石；11—大坝填筑体；12—排水孔

(3) 与基础防渗墙连接。沥青混凝土面板与基础混凝土防渗墙的连接如图 3.4-22 所示。它适用于坐落在深覆盖层上的中等高度筒式断面沥青混凝土面板坝。

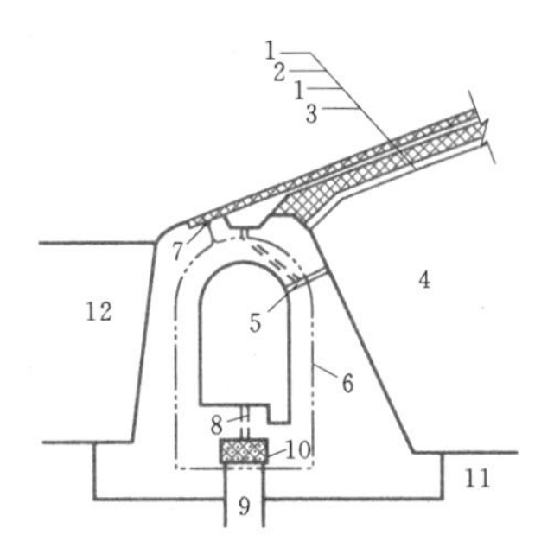

图 3.4-20　复式断面沥青混凝土面板与透水土基上有观测廊道的基座连接

1—防渗层；2—排水层；3—整平胶结层；4—大坝填筑体；5—集水管；6—环向止水；7—埋在沥青玛瑞脂内的止水；8—竖向排水；9—混凝土防渗墙/截水墙；10—膨胀聚苯乙烯；11—土基；12—回填土

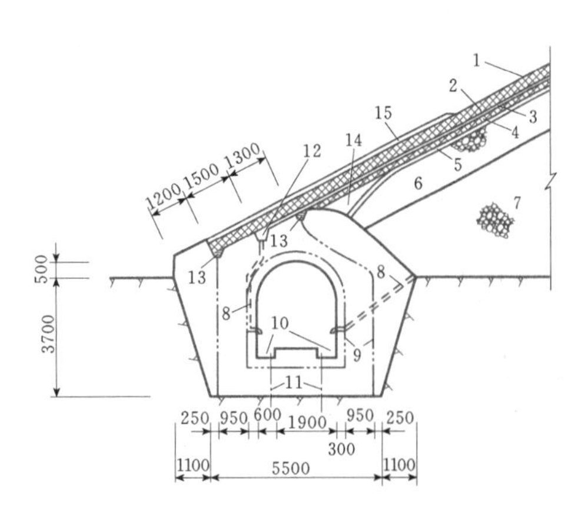

图 3.4-21　八汐坝复式断面沥青混凝土面板与有观测排水廊道齿墙的连接（单位：mm）

1—封闭层；2—上防渗层；3—排水层；4—下防渗层；5—整平胶结层；6—垫层；7—堆石；8—排水管 ϕ10mm；9—伸缩缝止水带；10—汇水槽；11—灌浆轴线；12—排水口；13—砂质沥青玛瑞脂回填；14—细粒沥青混凝土楔形体；15—沥青混凝土加强层

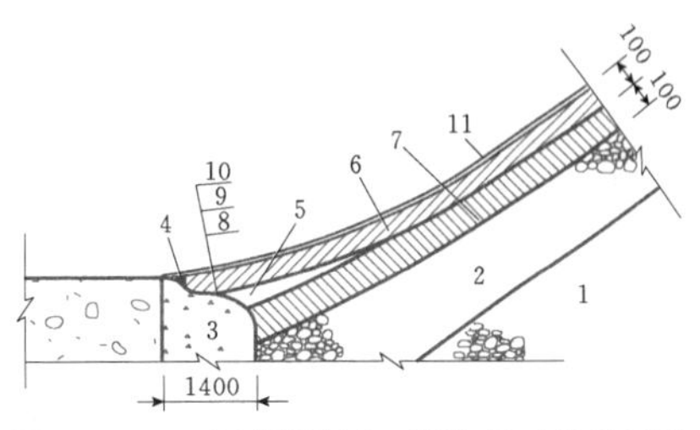

图 3.4-22　沥青混凝土面板与基础防渗墙的连接实例（单位：mm）

1—过渡料；2—垫层；3—混凝土防渗墙；4—封头；5—沥青砂浆楔形体；6—防渗层；7—整平胶结层；8—冷底子油涂层；9—沥青玛瑞脂层；10—橡胶沥青滑动层；11—封闭层

沥青混凝土面板与基础板桩灌注防渗墙的连接如图3.4-23所示。它适用于中等高度以下的简式断面沥青混凝土面板坝。

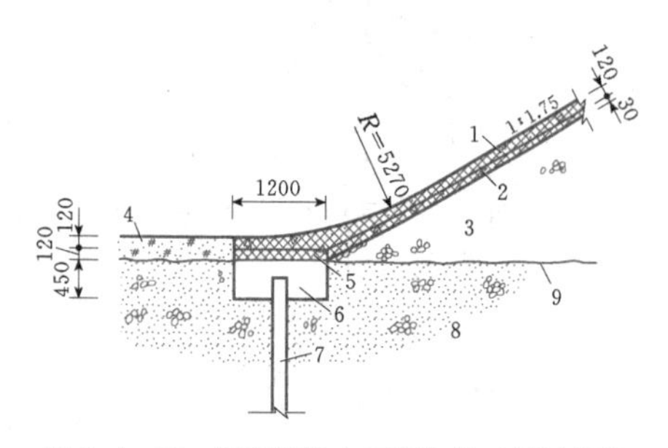

图3.4-23　沥青混凝土面板与基础板桩灌注防渗墙的连接实例（单位：mm）

1—防渗层；2—整平胶结层；3—砾石填筑体；4—回填土；5—沥青混凝土盖板；6—塑性沥青混凝土止水顶板；7—板桩灌注防渗墙；8—砂砾石覆盖层；9—原河床线

3．面板与岸坡连接

当两岸岸坡较陡，可能发生较大集中沉降时，沥青混凝土面板与岸坡的连接可参考图3.4-24所示结构。在混凝土岸墩与沥青混凝土防渗层之间设置沥青玛琋脂滑动层，在防渗层上面设置加强层，以适应较大的变形，防止防渗层被拉裂，同时在防渗层底部增设加筋网，提高沥青混凝土的抗裂能力。

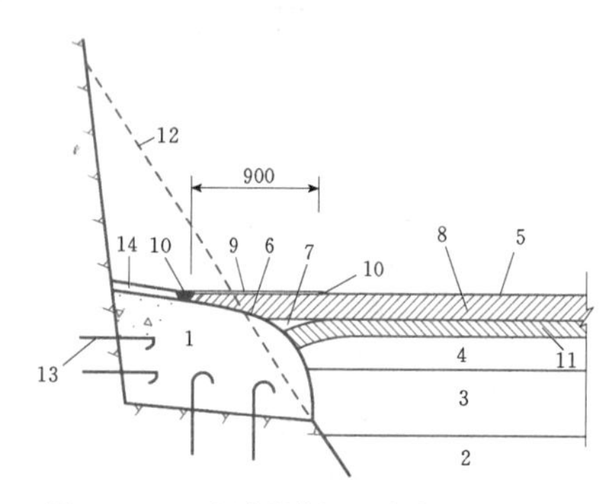

图3.4-24　沥青混凝土面板与岸坡的连接（单位：mm）

1—混凝土岸墩；2—堆石；3—碎石；4—小砾石；5—封闭层；6—沥青玛琋脂滑动层；7—细粒沥青混凝土楔形体；8—防渗层；9—玻璃丝布油毡加强层；10—橡胶沥青玛琋脂封头；11—整平胶结层；12—原岸坡线；13—锚筋；14—常态混凝土

4．面板与刚性建筑物连接

图3.4-25为沥青混凝土面板与混凝土重力墩的连接构造图。图3.4-26为国外沥青混凝土面板与刚性结构的连接实例图。止水片在早期工程中应用较多，由于施工困难，质量不易保证，近期建设的工程已经很少采用。

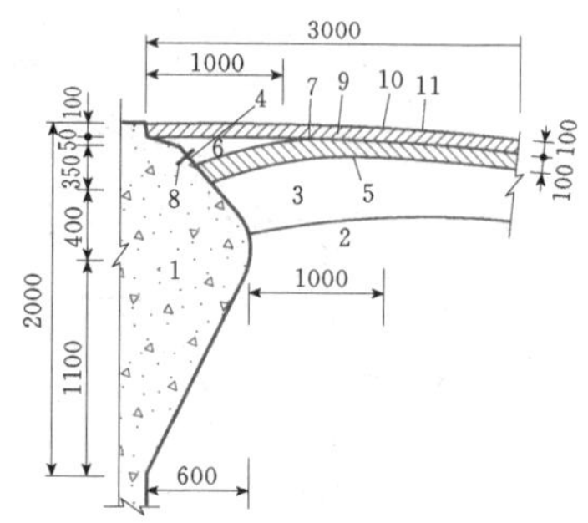

图3.4-25　沥青混凝土面板与混凝土重力墩的连接（单位：mm）

1—混凝土重力墩；2—堆石；3—碎石垫层；4—乳化沥青涂层；5—整平胶结层；6—沥青砂浆楔形体；7—加筋层；8—止水铜片；9—防渗层；10—氯丁橡胶尼龙层；11—封闭层

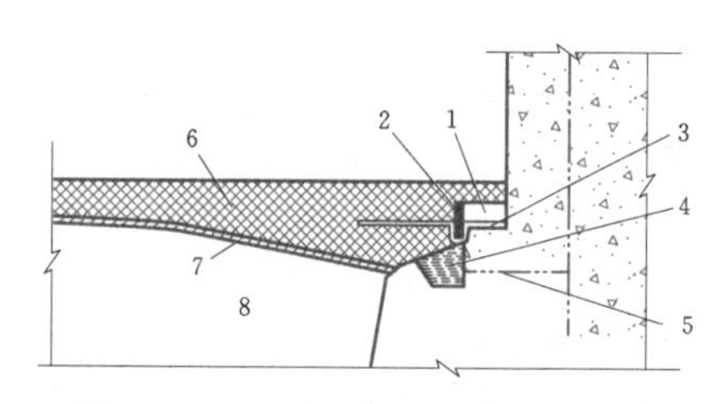

图3.4-26　沥青混凝土面板与混凝土刚性结构的连接实例

1—粘贴的水泥混凝土压条；2—沥青密封材料；3—铜止水片；4—沥青玛琋脂；5—分缝止水；6—沥青混凝土面板；7—沥青混凝土整平胶结层；8—大坝填筑体

图3.4-27和图3.4-28为天荒坪上库沥青混凝土面板与进水口前沿混凝土截水墙的连接。

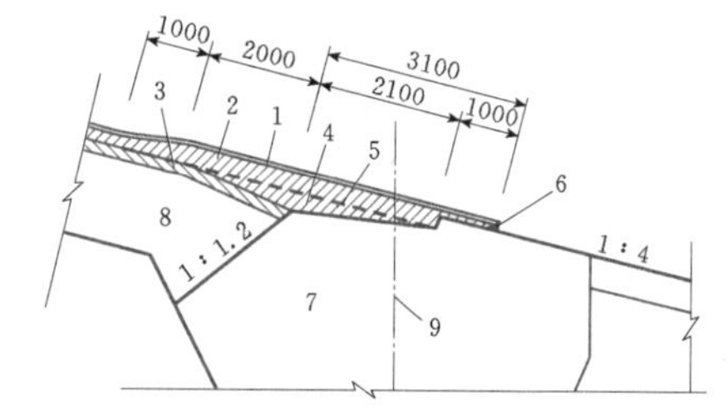

图3.4-27　天荒坪沥青混凝土面板与进水口前沿混凝土截水墙连接（单位：mm）

1—玛琋脂封闭层2mm；2—防渗层100mm；3—整平胶结层80mm；4—加厚层；5—加筋聚酯网；6—角钢；7—混凝土截水墙；8—碎石垫层；9—截水墙中心线

图3.4-29和图3.4-30为张河湾上库简化复式断面沥青混凝土面板与廊道和进水塔混凝土结构的连接。

图3.4-31和图3.4-32为西龙池下库库底沥青混凝土面板与库坡混凝土面板及廊道的连接。

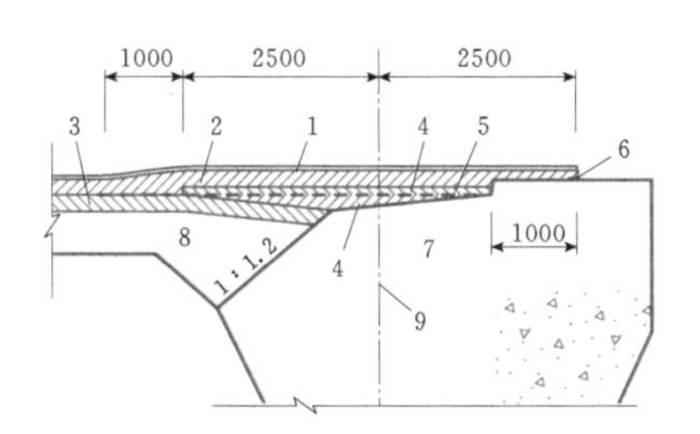

图 3.4-28 天荒坪沥青混凝土面板与进水口混凝土边墙连接（单位：mm）

1—玛瑞脂封闭层 2mm；2—防渗层 100mm；3—整平胶结层 100mm；4—加厚层 50mm；5—聚酯网；6—角钢；7—混凝土边墙；8—碎石垫层；9—混凝土边墙中心线

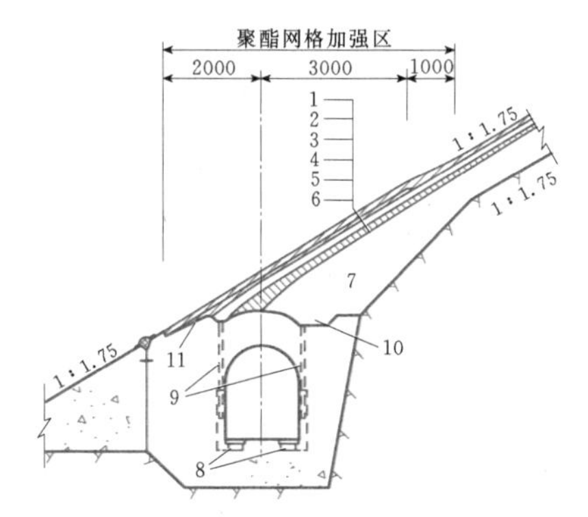

图 3.4-29 张河湾简化复式断面面板与混凝土廊道的连接（单位：mm）

1—封闭层 2mm；2—防渗层 100mm；3—聚酯网；4—加厚层 50mm；5—排水层 80mm；6—整平胶结防渗层；7—碎石垫层；8—排水沟；9—排水管；10—集水沟；11—塑性止水材料涂层

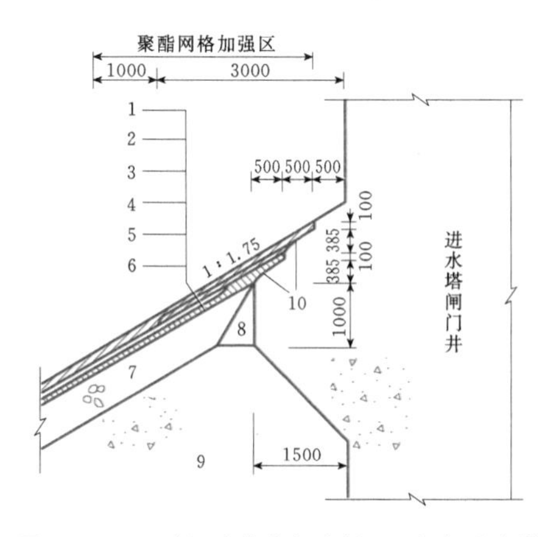

图 3.4-30 张河湾简化复式断面面板与进水塔的连接（单位：mm）

1—封闭层 2mm；2—防渗层 100mm；3—聚酯网；4—加强层 50mm；5—排水层 80mm；6—整平胶结防渗层；7—碎石垫层；8—素混凝土；9—回填混凝土；10—塑性止水材料涂层

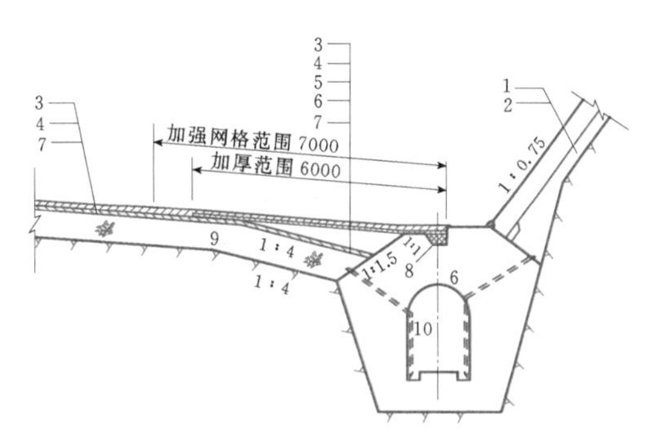

图 3.4-31 西龙池下库库底沥青混凝土面板与库坡混凝土面板的连接（单位：mm）

1—钢筋混凝土面板；2—无砂混凝土垫层；3—封闭层；4—防渗层；5—加厚层及聚酯网；6—沥青砂浆楔形体；7—整平胶结层；8—塑性填料；9—碎石垫层；10—廊道

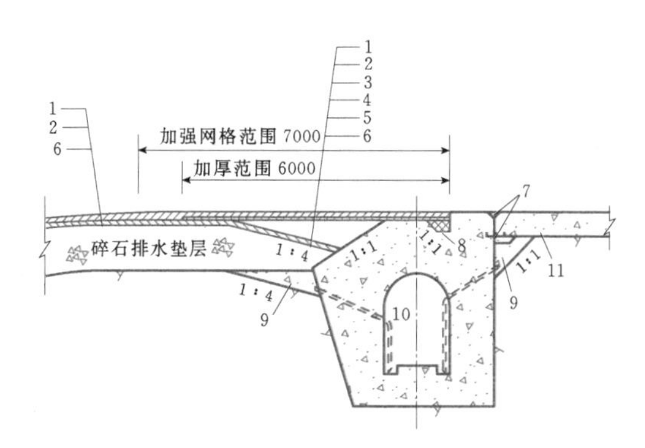

图 3.4-32 西龙池下库库底沥青混凝土面板与进出水口混凝土底板连接（单位：mm）

1—封闭层；2—防渗层；3—加厚层；4—聚酯网；5—沥青砂浆楔形体；6—整平胶结层；7—止水；8—塑性填料；9—无砂混凝土；10—廊道；11—进出水口底板

图 3.4-33 和图 3.4-34 为河南宝泉抽水蓄能电站上库沥青混凝土面板与副坝及库底廊道的连接结构。

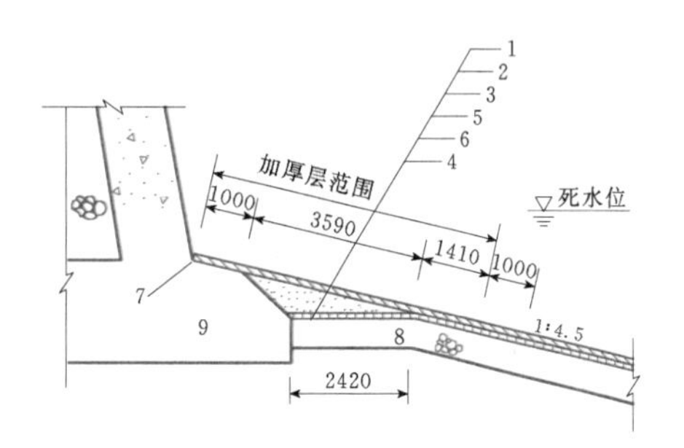

图 3.4-33 宝泉沥青混凝土面板与副坝坝脚的连接（单位：mm）

1—封闭层 2mm；2—防渗层 100mm；3—加厚层 50mm；4—整平胶结层 100mm；5—聚酯网；6—沥青砂浆楔形体；7—塑性填料；8—碎石垫层厚 600mm；9—混凝土

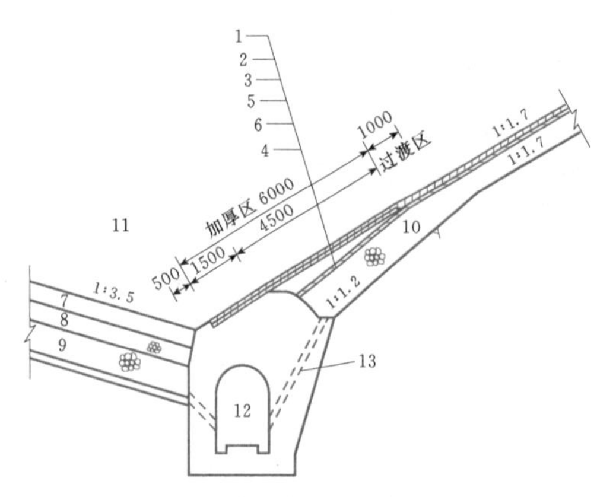

图 3.4-34　宝泉沥青混凝土面板与库底廊道的连接（单位：mm）

1—封闭层 2mm；2—防渗层 100mm；3—加厚层 50mm；4—整平胶结层 100mm；5—聚酯网；6—沥青砂浆楔形体；7—反滤层一厚 500mm；8—反滤层二厚 500mm；9—过渡层厚 1000mm；10—碎石垫层厚 600mm；11—库底防渗黏土料；12—排水观测廊道；13—排水管

5. 面板与坝顶结构连接

图 3.4-35 和图 3.4-36 为沥青混凝土面板与坝顶栏杆的连接。复式断面面板的排水层应注意设置通气管，与外界大气平压。通气管一端伸入排水层，另一端应高出库内最高洪水位或直接引至库外。

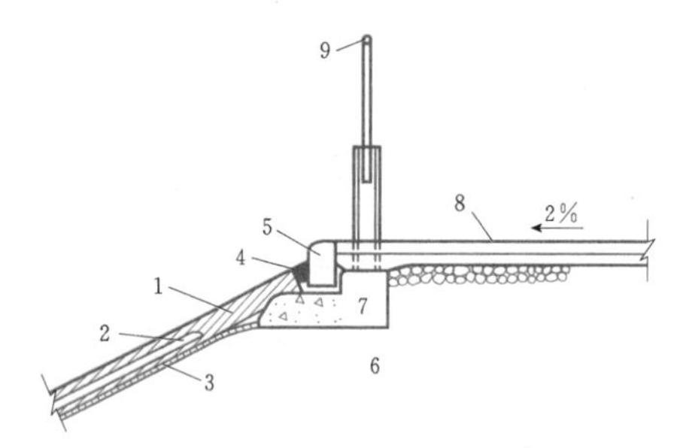

图 3.4-35　沥青混凝土面板与坝顶的连接

1—防渗层；2—排水层；3—整平胶结层；4—封头；5—路缘石；6—坝体；7—现浇混凝土；8—路面；9—栏杆

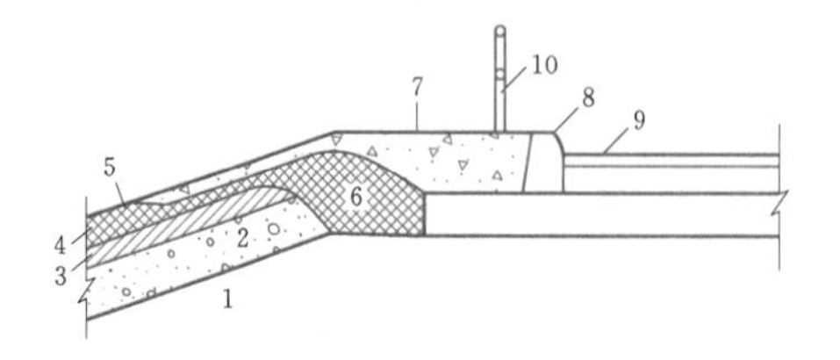

图 3.4-36　沥青混凝土面板与坝顶连接实例

1—大坝填筑体；2—垫层；3—整平胶结层；4—防渗层；5—封闭层；6—防渗沥青混凝土；7—人行道；8—路缘石；9—坝顶道路；10—栏杆

图 3.4-37～图 3.4-40 分别为天荒坪、张河湾、西龙池的沥青混凝土面板与坝顶防浪墙的连接构造。

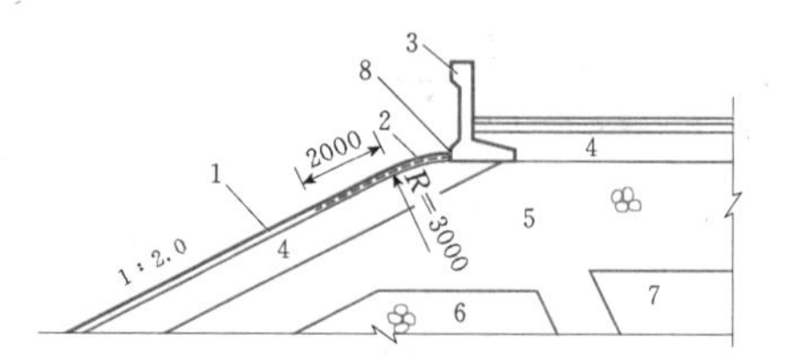

图 3.4-37　天荒坪沥青混凝土面板与主坝防浪墙的连接（单位：mm）

1—沥青混凝土面板 202mm；2—聚酯网；3—防浪墙；4—垫层料；5—过渡料；6—主堆石；7—全强风化料；8—沥青玛琋脂

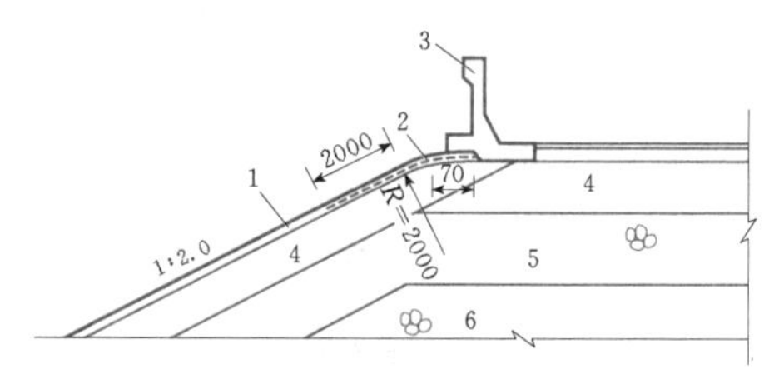

图 3.4-38　天荒坪沥青混凝土面板与东副坝防浪墙的连接（单位：mm）

1—沥青混凝土面板 202mm；2—聚酯网；3—防浪墙；4—碎石垫层；5—堆石过渡层；6—主堆石

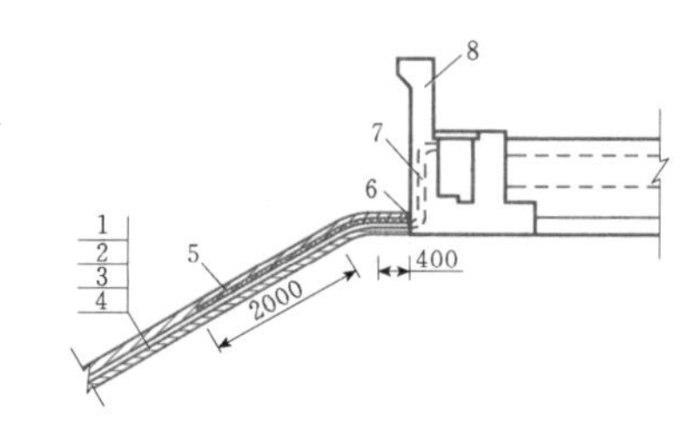

图 3.4-39　张河湾简化复式断面沥青混凝土面板与坝顶的连接（单位：mm）

1—封闭层；2—防渗层；3—排水层；4—整平胶结防渗层；5—聚酯网；6—沥青玛琋脂填缝；7—通气管；8—防浪墙

6. 排水层分区及与排水廊道连接

复式断面的面板，通常在排水层中设置沥青混凝土隔水带，将排水层分成若干个独立的区域。对于大坝，面板排水层一般沿轴线方向每隔 20～50m 设置一道隔水带；对于全库盆防渗的水库，一般按 50～100m 间距设一条隔水带，并在库坡与库底分界线处设隔水带。隔水带通常采用与防渗层相同的沥青混凝土材料铺筑，宽度为 1m 或摊铺机一次摊铺条幅的宽度。

对于大坝，面板与混凝土基座一般直接连接，其

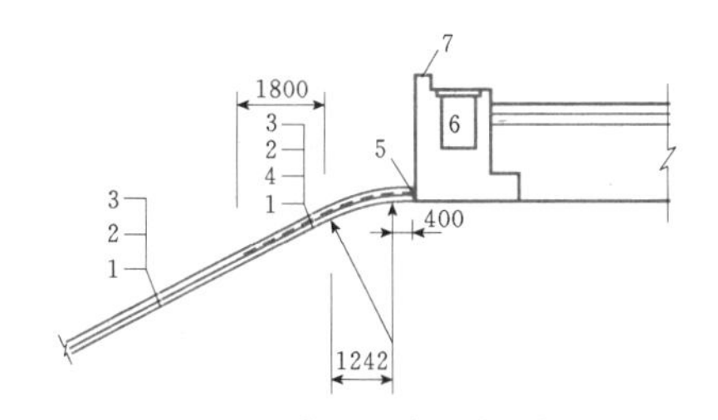

图 3.4-40　西龙池下库沥青混凝土面板与坝顶的连接（单位：mm）

1—整平胶结层；2—防渗层；3—封闭层；4—聚酯网；5—改性沥青玛琋脂填缝；6—电缆沟；7—栏杆基础

细部构造如前所述。对于全库盆防渗的水库，一般在库底设有排水廊道系统，为改善面板受力条件，通常混凝土廊道嵌于岩槽中，廊道顶部与面板之间也同样设置柔性碎石垫层。此时，复式断面的排水层采取局部措施与排水廊道连接，以避免出现面板与混凝土刚性结构之间的连接接头。图 3.4-41 和图 3.4-42 为日本小丸川和京极工程的面板排水层与库底排水廊道连接细部构造。

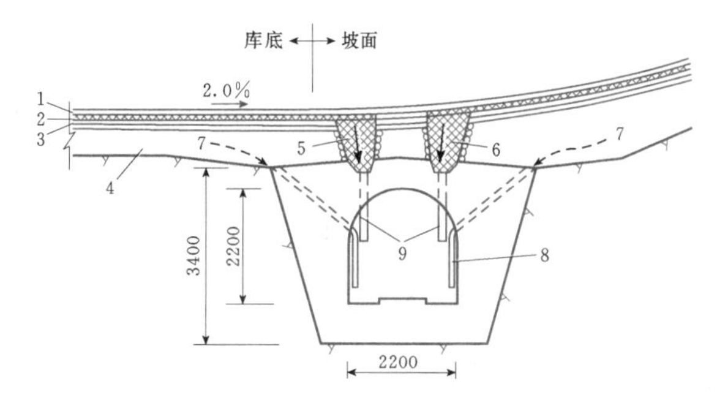

图 3.4-41　日本小丸川上库面板排水层与库底排水廊道的连接（单位：mm）

1—上防渗层；2—排水层；3—下防渗层；4—碎石垫层；5—沥青混凝土排水；6—渗漏水排水方向；7—地下水排水方向；8—碎石垫层排水管；9—排水层排水管

3.4.6　特殊分析计算

3.4.6.1　有限元应力应变分析

重要的沥青混凝土面板坝，应利用有限元进行应力应变分析，以面板应变作为设计控制指标，根据计算结果提出防渗层变形性能的具体设计技术指标要求，如直接拉伸应变、小梁弯曲应变等。

有限元分析时，大坝填筑体的本构关系模型可采用邓肯-张非线性 E-B 模型、清华大学非线性解耦 K-G模型或南京水利科学研究院的双屈服面弹塑性模型。这些本构关系模型在土石坝有限元分析中已广泛应用，并积累了较多经验。

沥青混凝土是黏弹性材料，其力学参数是温度、

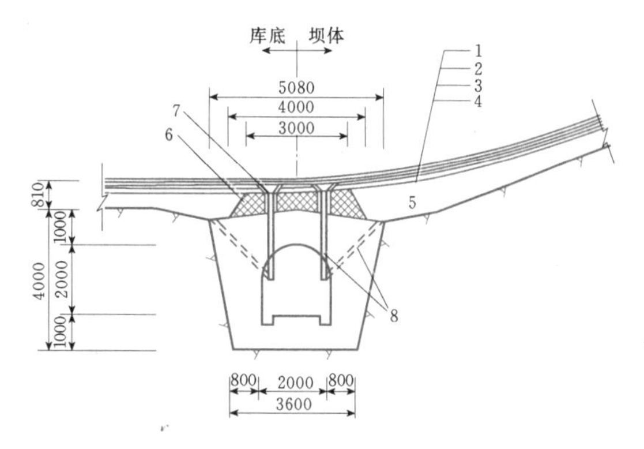

图 3.4-42　日本京极上库面板排水层与库底排水廊道的连接（单位：mm）

1—上防渗层；2—排水层；3—下防渗层；4—整平胶结层；5—碎石垫层；6—沥青混凝土补强料（@10m）；7—漏水孔 $\phi150$（@10m）；8—排水管（聚氯乙烯 $\phi150$）

应变速率和作用时间的函数。面板沥青混凝土温度受外界气温、水温的影响，在不同的温度条件下表现为脆性、黏弹性等特性。尽管有各种模型来描述沥青混凝土的性能，但要真实反映其黏弹性本构关系还是很困难的，目前尚无取得共识的本构关系计算模型。近年来对面板沥青混凝土的计算模型做了多种探索，包括非线性双曲线模型或黏弹性四元流体模型或弹塑性或线弹性等。结果表明，由于沥青混凝土面板是薄板柔性结构，采用不同的沥青混凝土本构关系模型，对堆石体的变形和应力计算结果影响很小，对沥青混凝土面板的变形计算结果影响也很小，但对沥青混凝土面板的应变计算结果影响较大。沥青混凝土面板的变形主要取决于堆石坝体的变形，且面板一般是在坝体填筑完成后摊铺，面板的变形主要发生在蓄水以后。因此，在进行坝体应力应变和面板的变形分析时，为方便，面板沥青混凝土可采用与坝体相同的非线性双曲线模型或线弹性模型。

沥青混凝土是一种感温性很强的黏弹性材料，因此，面板沥青混凝土有限元分析时的计算模量，必须与面板的设计运用温度条件相对应，即应根据相应温度条件下的试验成果选取。

对于沥青混凝土面板，可在坝体有限元分析的基础上得到面板下卧基础的变形和应力应变后，再按黏弹性或弹塑性模型进一步分析沥青混凝土面板的应力和应变。

3.4.6.2　面板温度应力计算

沥青混凝土面板的温度应力与材料本身的力学特性、温度及温度变化速率密切相关，目前的温度

应力计算还处于研究探索阶段，分析结果尚难以作为评价沥青混凝土面板低温开裂的设计依据。在进行沥青混凝土面板低温温度应力分析时，需要在选择合理沥青混凝土配合比的基础上，结合工程的具体情况进行包括松弛模量、线膨胀系数、抗拉强度及极限拉伸试验，根据工程运行过程中可能遭遇的降温过程，进行温度应力计算，从而对工程设计起到指导作用。

沥青混凝土面板低温温度应力计算有三种方法：①按弹性嵌固板进行计算；②按嵌固板考虑沥青混凝土黏弹性进行计算；③用有限元法进行计算。沥青混凝土黏弹性本构关系和有关分析理论可参见岳跃真等编著的《水工沥青混凝土防渗技术》[2]一书有关内容。

按嵌固板进行温度应力计算时，采用了如下假定：①面板为无限大板；②面板与其基础之间无相对位移；③面板温度只是沿其厚度方向变化；④面板无其他外荷载作用。西龙池工程沥青混凝土面板设计时，曾利用变温度场计算和黏弹性无限嵌固板应力应变分析方法，进行了面板低温温度应力计算研究。在温度场的计算中，根据当地最低温度时的日或多日温度变化记录和试验所得的沥青混凝土热工参数，计算面板各层随外界气温骤降的温度历时变化。在面板的应力应变计算分析中，主要分析了封闭层和防渗层的低温应力应变，评价是否有开裂的可能。为此，需要进行防渗层沥青混凝土的应力松弛试验，取得有关黏弹性计算参数。有关这种计算分析方法，也可参考《水利学报》1991年第5期陈敬文等《按黏弹性嵌固板计算沥青混凝土面板的温度应力》一文。

采用有限单元法进行温度应力计算，可对沥青混凝土面板进行更细致的研究分析，计算时可考虑沥青混凝土的黏弹性特性以及面板不同结构层的材料变化。计算时假定面板只受温度应力作用，先计算面板的温度场，然后利用有限元法进行温度应力计算。有限元计算时，利用弹性增量理论，并考虑沥青混凝土的松弛模量和泊松比随温度和作用时间而变的黏弹性特性。

3.4.7　初次蓄水应注意的问题

水库初次蓄水是面板运行期内最关键的阶段之一。已建沥青混凝土面板坝初次蓄水时出现的问题，通常与过大的变形有关[1]。

张河湾上库设计时，曾利用有限元对沥青混凝土面板初次蓄水和卸载重加载的应变情况进行过研究。初次蓄水时，面板最大主拉应变（库底反弧段处）与蓄水位关系如图3.4-43所示，两者接近直线关系。水库初次蓄水至正常蓄水位810.00m、退水至死水位779.00m、然后再蓄水至高程810.00m的面板小主应变分布如图3.4-44所示。结果表明，初次蓄水至高程810.00m时，面板最大拉应变为0.75%，而退水至高程779.00m后（此时水荷载几乎为零），面板剩余的最大拉应变为0.45%，表明面板下卧的堆石体中产生了相当大的不可恢复的塑性变形；而当再次蓄水至高程810.00m时，面板的最大拉应变约为0.68%，与0.45%相比，拉应变增量为0.23%。说明沥青混凝土面板在初次蓄水时，会产生较大拉应变；在正常运行期，随着水位的升降循环变化，产生的拉应变增量相对较小。考虑沥青混凝土蠕变引起的应力松弛，在正常运行期面板承受的实际拉应力会较小。

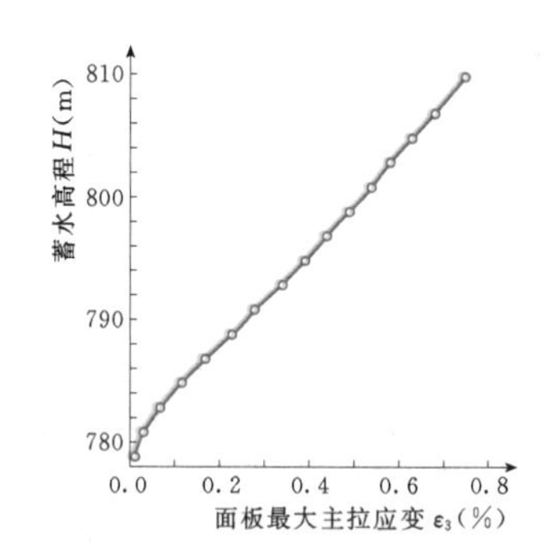

图3.4-43　初次蓄水时面板最大主拉应变与蓄水位关系曲线（拉应变为正）

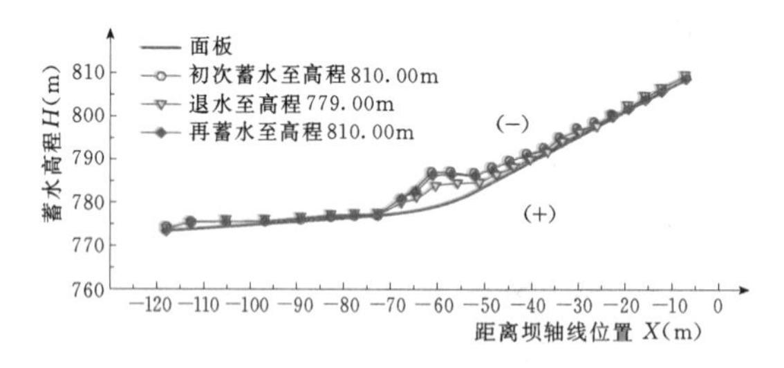

图3.4-44　水荷载卸载重加载时的面板小主应变情况（压应变为正）

因此，在初次蓄水时，蓄水时机（温度）和蓄水速度的控制很重要。初次蓄水时段应避开低温的冬季，尽量安排在气温较高的夏季和秋季，并且控制水位上升速度，加强渗漏和变形监测，以充分利用沥青混凝土在高温条件下变形性能好和蠕变性能好的特点。张河湾和西龙池工程初期蓄水时，设计要求的水位上升速度控制为每天净增高不超过1m。

表 3.4-9 部分沥青混凝土面板防渗工程实例(坝高 50m 或防渗面积 10 万 m^2 或海拔 2000m 以上)

工程名称	国家	完工年份	坝/水库	坝高/水库水深(m)	沥青混凝土面积(万 m^2)	坝顶高程(m)	边坡(垂直:水平)	胶结层(cm)	下防渗层(cm)	排水层(cm)	上防渗层(cm)
森车尔(Central)	美国	1910	坝	17.0				—	—	—	10
阿梅克(Amecke)	德国	(1934) 1995	坝,面板翻修	13.0	0.3	285.00	1:2.00		—	—	6+6
根克尔(Genkel)	德国	1952	坝	43.0	1.1	330.00	1:2.25	6	3+3	12	3+3+3
Reisach - rabenleithe	德国	1953	水库	16.0	3.0	587.00	1:2.00	20*	—	4/5	6
					8.8						
Iril emda	阿尔及利亚	1954	坝	71.0	0.7	536.00	1:1.60	12*	—	—	6+6
赫内(Nenne)	德国	1955	坝	58.0	2.9	327.00	1:2.07	6	3.5+3.5	10	3+3+3
万巴赫(Wahnbach)	德国	1956	坝	48.0	2.5		1:1.60		4		5
盖斯特赫特(Geesthacht)	德国	1957	水库	26.0	8.0	93.00	1:2.50	5	—	—	3.5+3.5
					22.0						
		1986	水库,面板翻修	16.0	4.7		1:2.50	—	—	—	8
					—						
蒙哥马利(Montgomery)	美国	1957	坝	34.0	2.2	3300.00	1:1.70	3/7	—	—	10+9+7.5
菲安登Ⅰ(Vianden Ⅰ)	卢森堡	1962	水库	19.0	7.5		1:1.75	9	—	3	7
					14.7			—		3	6
Venemo	挪威	1963	坝	51.0	1.2	706.00	1:1.70	10	—	—	6+6+6
Vianden Ⅱ	卢森堡	1963	水库	19.0	9.6		1:1.75	9	—	3	7
					19.5			—		3	6
Bigge	德国	1964	坝	55.0	4.6	311.00	1:1.75	3/7	6	11	6+6
埃尔茨豪森(Erzhausen)	德国	1964	水库	18.0	6.5	395.00	1:2.00	6	3	10	4+5
					10.5						6
格兰姆斯(Glems)	德国	1964	水库	21.0	3.7	756.00	1:1.75	4	5	6	7
					3.3					7	6
Zoccolo	意大利	1964	坝	66.5	4.1	1144.00	1:2.00	8/9	—	—	5+4+4
Ohra	德国	1966	坝	59.0	2.2		1:2.00	5	4	10	4+4

续表

工程名称	国家	完工年份	坝/水库	坝高/水库水深 (m)	沥青混凝土面积 (万 m²)	坝顶高程 (m)	边坡 (垂直：水平)	胶结层 (cm)	下防渗层 (cm)	排水层 (cm)	上防渗层 (cm)
Schönbrunn	德国	1966	坝	66.0	2.2	545.00	1：2.00	8	4	10	4+4
霍姆斯托柯(Homestake)	美国	1967	坝	69.0	5.2	3131.00	1：1.60	35	—	—	4+4
La Pereza	委内瑞拉	1967	坝	60.0		1070.00	1：1.70	5	—	—	5+5+6+6
伦克豪森(Rönkhausen)	德国	1967	水库	18.0	3.5 7.0	572.00	1：1.80	3	—	—	6
大津岐(Otsumata)	日本	1968	坝	52.0	1.1	972.00	1：1.70	7	5	8	5+5
Seneca(upper kinzua)	美国	1968	水库	22.0	10.4 11.1	634.00	1：2.00	—	—	7.5 —	4+4
Alesani	法国	1969	坝	65.0	1.3	165.00	1：1.60	10	—	—	6+6
Coo 上库Ⅰ沽三桥	比利时	1969	水库	21.0	10.0 11.0	510.00	1：2.00	8 20*	—	2.5 4.5	6 5
Grane	德国	1969	坝	67.0	3.9	313.00	1：1.75	8	—	—	6+6
Pedu	马来西亚	1969	坝	60.0	1.6		1：1.70	5/7.5	—	—	5+5
Salagou	法国	1969	坝	57.0	1.9	145.00	1：1.50	—	—	10	6+6
Ponte Liscione	意大利	1970	坝	60.0	4.3	131.00	1：2.00	6	6	10	6+6
Obernau	德国	1971	坝	69.0	0.35 2.8		1：1.95	6	4	10	4.5+4.5
路丁顿(Ludington)	美国	1972	水库	40.0	60.0		1：2.50	45*	—	5	5+5
Valea De Pesti	罗马尼亚	1972	坝	55.0	1.5		1：1.70	4.5	—	3	2+2
Vallon Dol	法国	1972	坝	48.0	1.4	255.00	1：2.00	10	—	—	6+6
Kamburu	肯尼亚	1973	坝	53.0	3.6		1：1.70	8	—	—	6+6
Latschau Ⅱ	奥地利	1973	水库	50.0	18.0	992.00	1：1.70	10	—	6	8 6
Miyama	日本	1973	坝	75.2	4.5	757.00	1：1.90	3.5	6	8	6+6
沼原(Numappara)	日本	1973	水库	38.0	14.0 5.7	1240.00	1：2.50	8 5	4	8	5+5 4+4

续表

工程名称	国家	完工年份	坝/水库	坝高/水库水深(m)	沥青混凝土面积(万 m^2)	坝顶高程(m)	边坡(垂直:水平)	胶结层(cm)	下防渗层(cm)	排水层(cm)	上防渗层(cm)
雷文(Revin)	法国	1973	水库	24.5	24.2	409.00	1:3.00	8	—	—	3.5/5.5
多多良木(Tataragi)	日本	1973	坝	64.5	3.3	233.00	1:1.80	4	5	8	6+6
特罗夫山(Turlough Hill)	爱尔兰	1973	水库	26.0	8.7 6.7	6.00	1:1.75	10 20*	—	3/6 3/5	6 5
瓦尔德克 Ⅱ(Waldeck Ⅱ)	德国	1973	水库	25.0	12.1 20.0		1:1.75	6	—	—	7
Hornberg	德国	1974	水库	40.0	12.0 6.7	1050.00	1:1.60	5	—	—	8 5
兰根普罗策尔滕(Langenprozelten l.)	德国	1974	水库	30.0	10.5 5.8	238.00	1:2.00	6	—	—	7 5
Galgenbichl	奥地利	1975	坝	50.0	0.6	1706.00	1:1.60	8	—	—	8
Glosskar	奥地利	1975	坝	55.0	1.8	1707.00	1:1.60	6	—	—	8
Winscar	英国	1975	坝	53.0	2.6	344.00	1:1.70	7	—	—	4+8
双叶(Futaba)	日本	1977	坝	59.8	1.8	418.00	1:1.85	5	4	22*	5/4
Coo 上库Ⅱ沽三桥	比利时	1978	水库	51.0	10.2 12.5	510.00	1:2.00	10.5 4.5	—	—	6 5
埃尔西伯里奥(El Siberio)	西班牙	1978	坝	82.0	1.6	277.00	1:1.60	—	6	8	9/12
奥申尼克(Oschenik)	奥地利	1978	坝	81.0	4.6	2391.00	1:1.50	8/10	—	—	8
Porabka Zar	波兰	1978	水库	40.0	8.5 5.8	700.00	1:2.00	8 5	5 4	10 12	7
Marchlyn	英国	1979	坝	70.0	5.0	633.00	1:2.00	6	—	—	8
Markersbach	德国	1979	坝	54.0	2.3	564.00	1:2.00	8	4	10	4+4
Markersbach	德国	1979	水库	18.0	12.0 33.0	848.00	1:2.00	8 10	—	—	4+4
Gross	奥地利	1980	坝	57.0	2.6	2417.00	1:1.50	8	—	—	8
Hochwurten	奥地利	1980	坝	55.0	1.5	2417.00	1:1.65	8	—	—	8

续表

工程名称	国家	完工年份	坝/水库	坝高/水库水深(m)	沥青混凝土面积(万 m^2)	坝顶高程(m)	边坡(垂直：水平)	胶结层(cm)	下防渗层(cm)	排水层(cm)	上防渗层(cm)
Rio Leni	意大利	1982	坝	56.3	6.3	253.00	1：2.10	8	6	10	5+5
Edolo 埃多洛	意大利	1983	水库	26.0	16.0#	659.00	1：2.50	10	—	—	6
Monte Cotugno(Sinni)	意大利	1983	坝	70.0	21.5	258.00	1：2.00	7	5	10	4+4
Pla De Soulcem	法国	1983	坝	67.0	2.8	1582.00	1：1.85	10	—	—	6+6
Zirmsee	奥地利	1983	坝	44.0	1.4	2530.00	1：1.50	13	—	—	8/12
Sarconi	意大利	1984	水库	10.0	3.7 7.0		1：3.00	20	—	10	6
Anapo Superiore	意大利	1985	水库	30.0	36.2#	409.00	1：2.00	10	—	—	6
Negratin	西班牙	1985	坝	75.0	2.0	645.00	1：1.60	—	6	9	5
Sallente	西班牙	1985	坝	89.0	2.1	1770.00	1：1.75	—	—	28	8/10
Anapo Inferiore	意大利	1986	水库	30.0	45.6#	98.00	1：2.80	10	—	—	6
Cesima	意大利	1987	坝	44.5	35.0	648.00	1：2.00	60	—	10	8
盖斯特(Geeste)	德国	1987	水库	17.0	185.0#		1：3.00	20	—	—	7
La Muela	西班牙	1987	水库	22.2	21.5 88.7	835.00	1：1.60	6 7	—	—	7
Medau Zirimilis	意大利	1987	坝	53.0	3.9	151.00	1：2.00	8	6	8	8
普列森扎诺(Presenzano)	意大利	1987	水库	20.0	76.4	159.00	1：2.00	10	—	—	8
番场(Bamba)	日本	1988	水库	28.4	17.9		1：2.70	5	4	7	5+5
Deesbach	德国	1988	坝	45.0	1.1	46.00	1：2.00	8	—	—	4+4
Huesna	西班牙	1988	坝	73.0	2.2	280.00	1：1.60	8	6		6
Lentini	意大利	1990	水库	32.0	38.5	37.00	1：1.80	10	6	8	8
Lampeggiano	意大利	1992	坝	33.4	2.3	247.00	1：(2/2.25)	7	5	8	5+5
Marsico Nuovo	意大利	1992	坝	65.8	5.7	792.00	1：1.70	9	6	10	5+4+4
八汐坝(Yashio) (蛇尾川抽水蓄能上库)	日本	1992	坝	90.5	3.7	1053.00	1：2.00	4	6	8	5+5+5

续表

工程名称	国家	完工年份	坝/水库	坝高/水库水深 (m)	沥青混凝土面积 (万 m^2)	坝顶高程 (m)	边坡 (垂直∶水平)	胶结层 (cm)	下防渗层 (cm)	排水层 (cm)	上防渗层 (cm)
El Agrem	阿尔及利亚	1994	坝	63.0	3.9	147.00	1∶1.70	4	6	8	4+4
Arcichiaro	意大利	1997	坝	80.5	3.0	859.00	1∶2.00	6	—	—	3+3
Chiauci	意大利	1997	坝	78.0	1.3	762.00	1∶1.60	8	5	8	4+4
Menta	意大利	1997	坝	90.0	3.6	1431.00	1∶1.80	6	5	8	6+6
天荒坪上库(抽水蓄能)	中国	1997	水库	45.0	18.2	908.00	1∶(2.0/2.4)	10	—	—	10
					10.4			8			10
峡口	中国	1999	大坝	36	0.3	2342.00	1∶2.25	10	—	—	5+5
拉姆塔昆上库 (Lam Ta Khong)(抽水蓄能)	泰国	2001	水库	50/48	18.5	662.00	1∶2.0	7	—	8	10
					16.6			7	—	—	10
高蒂斯塞尔(Goldisthal) 上库(抽水蓄能)	德国	2003	水库	40.5/24.7	19.1	875.50	1∶1.6	8+4	—	—	8
					40.7			7	—	—	7
高蒂斯塞尔(Goldisthal) 下库(抽水蓄能)	德国	2003	大坝	67		571.60	1∶1.6	9	6	12	8
小丸川上库(抽水蓄能)	日本	2005	水库	65.5/28	19.0	813.50	1∶2.5	7	5	8	5+5
					11.0			—	8	8	10
京极上库(抽水蓄能)	日本	2006	水库	22.2/45	15.6	892.40	1∶2.5	15 *	5	8	8
					2.1			15 *	5	8	8
张河湾上库(抽水蓄能)	中国	2007	水库	57/45	20.0	812.00	1∶1.75	8	—	8	10
					13.7			8	—	10	10
西龙池上库(抽水蓄能)	中国	2007	水库	50/32.5	10.2	1494.50	1∶2.0	10	—	—	10
					11.4			10	—	—	10
西龙池下库(抽水蓄能)	中国	2008	水库	97/53	6.8	840.00	1∶2.0	10	—	—	10
					4.0			10	—	—	10
宝泉上库(抽水蓄能)	中国	2008	水库	94.8/31.6	16.6	792.00	1∶1.7	10	—	—	10
					—			库底为黏土防渗			

注 1. 当“上防渗层”直接铺筑在多孔沥青混凝土层（功能同胶结层一样）上时，后者的层厚列在“胶结层”项内。

2. 对于水库衬砌的沥青混凝土面积，栏内两排数字分别指“库坡面积”（上排）和“库底面积”（下排）。

3. 面板各结构层的层厚数字为 2 个以上时，系指该层分层摊铺时的各铺层厚度，第一个数字为最外一个铺层的厚度，各铺层厚度相加即为该层的总厚度。

4. 符号：* 表示“非沥青混凝土层”；# 表示“包括岸坡和底部”。

3.5　碾压式沥青混凝土心墙坝设计

碾压式沥青混凝土心墙具有良好的防渗性能和较强的适应变形能力，能适应基础及坝体的较大不均匀沉陷，可用于深厚覆盖层坝基和岸坡较陡的坝址。由于心墙垂直或稍微倾斜，坝体沉降对心墙的影响较小。沥青混凝土心墙与基础、坝肩的连接比较简单，较沥青混凝土面板更为方便。心墙连接接头的接触面上通常压应力较大，其防渗性能较为可靠。沥青混凝土心墙发生意外裂缝时，在压应力作用下，对裂缝有一定自愈能力，心墙上游侧过渡料也具有一定自愈能力。

国外研究发现，沥青混凝土在地震荷载作用下呈弹性，往复剪张的动力作用对沥青混凝土结构没有产生不利的影响。1980年，日本在沥青混凝土心墙坝的研究中发现，坝体变形情况与沥青混凝土心墙的变形模量无关；在水压力和地震荷载下，只要沥青混凝土心墙能随坝体一同变形，就可以确保心墙的防渗性能；心墙在地震可能引起的拉应力作用下，也是足够安全的。

国外学者早在20世纪60年代就曾发现，沥青混凝土心墙施加于坝壳的侧压力并不比土质心墙的大，人们对于土质心墙坝坝体稳定方面的经验可同样适用于沥青混凝土心墙坝。

沥青混凝土心墙位于坝体内部，不受阳光和大气的直接作用，设计时可不考虑沥青混凝土的高温、低温破坏问题，一般也不需考虑其老化问题。

与沥青混凝土面板坝相比，尽管沥青混凝土心墙施工与坝体施工有干扰，但心墙摊铺施工相对简单，且易于适应低温施工。

3.5.1　设计要求

沥青混凝土心墙和两侧过渡层是重要的设计内容，应避免过渡层的侧向支撑不足使心墙侧向张应变过大。

（1）沥青混凝土心墙轴线宜选择在坝轴线上游一侧，并与坝顶防浪墙可靠连接。心墙顶部应设保护层，保护层厚度根据坝顶结构型式、车辆通行要求、冻结深度等综合确定。

（2）沥青混凝土心墙基础宜避开断层发育、强烈风化、夹泥、软黏土等不利地质条件，且应与地基和岸坡妥善连接。连接部位应避免出现过大的接触变形和接触渗漏。心墙与岸坡基础的接触面应避免有几何形状突变，坡度不宜陡于1∶0.25（垂直∶水平）。

（3）沥青混凝土心墙的厚度和体型设计应确保心墙防渗可靠性。心墙两侧与坝壳之间应设置过渡层，以使心墙与坝壳之间变形协调。过渡层应具有渗透稳定性。

（4）应妥善进行坝体支撑结构设计，防止心墙因水平整体位移过大造成心墙开裂。

（5）应避免沥青混凝土心墙的垂直压应力过低或过高。心墙水平截面的垂直压应力与沥青混凝土的允许拉应力之和，应大于该截面处的水压力。心墙的侧向压应力不应过低，以避免心墙发生过大的侧向张变形。

（6）对重要的沥青混凝土心墙坝应进行应力应变分析，参数应根据试验确定。试验温度、加荷速率应根据当地多年平均气温、心墙施工速度、水库运行条件等选定。

（7）心墙沥青混凝土在运行条件下应具有良好的抗渗性，孔隙率应不大于3%，渗透系数一般不大于10^{-8}cm/s。

（8）心墙沥青混凝土应具有适宜的变形模量、足够的抗剪强度和极限应变能力，以适应坝体变形。

（9）心墙沥青混凝土应具有良好的耐久性，水稳定系数不小于0.9。

表3.5-1给出了三峡茅坪溪、四川冶勒、黑龙江尼尔基和新疆下坂地工程的沥青混凝土技术指标，可供参考。

3.5.2　结构设计

1. 心墙布置

沥青混凝土心墙布置型式有竖直式、倾斜式和组合式（上部倾斜而下部垂直）三种形式。见图3.1-3。

竖直心墙（简称直心墙）具有较小的防渗面积，所需的沥青混凝土方量较少。从已建工程看，采用直心墙的较多。在坝基与坝壳沉陷较大时，直心墙中产生的剪切应变较小，对坝壳沉陷有较好的适应性。国内外已建成的直心墙工程很多，经验丰富，其布置简单，施工方便，心墙与两岸岸坡防渗系统的连接简单可靠。目前《土石坝沥青混凝土面板和心墙设计规范》（DL/T 5411—2009、SL 501—2010）均推荐采用竖直心墙。

倾斜心墙（简称斜心墙）上部斜向下游时，墙体承受的上部荷载可直接传递到下游坝壳，可减少蓄水和水位降低过程中在坝顶可能产生的裂缝，改善坝体受力条件，在地震区尤为如此。倾斜心墙的缺点是沥青混凝土体积增加，心墙倾斜度的施工控制有难度，坝体沉降时心墙中产生的剪切应变较大，岸坡接触部位易产生渗漏通道，心墙出现渗漏事故时也难以处理，因此一般情况下很少采用倾斜心墙。早期倾斜心墙坝中，奥地利Finstertal坝的斜心墙坡度为1∶0.4，挪威Storvatn坝的斜心墙坡度为1∶0.2。

表 3.5-1　　国内部分已建碾压式沥青混凝土心墙有关技术指标参数

序号	项　目	三峡茅坪溪工程		四川冶勒工程		黑龙江尼尔基工程		新疆下坂地工程	
		设计指标	备　注	设计指标	备　注	设计指标	备注	设计指标	备注
1	容重(t/m^3)	≈2.4		>2.37		>2.39		>2.37	
2	孔隙率(%)	<2	室内马歇尔击实试件	<3	机口取样小于2%(击实成型)	<3		<3	
3	渗透系数(cm/s)	$<10^{-7}$		$<10^{-7}$		$<10^{-7}$		$<10^{-7}$	
4	渗透性试验	无渗漏		无渗漏		无渗漏		无渗漏	
5	马歇尔稳定度(N)	>5000	60℃	>5000	40℃	>5000	60℃	>5000	40℃
6	马歇尔流值(0.01cm)	30～110	60℃	>50	40℃	>50	60℃	>50	40℃
7	水稳定系数	>0.85		>0.85		>0.85		>0.85	
8	小梁弯曲应变(%)	>0.8	16.4℃	>1.0	6.5℃			>1.0	
9	模量数 K	≥400	室内三轴试验：温度16.4℃，静压成型（10MPa，3min)	200～400	E—μ模型			≥400	3.4℃
10	内摩擦角 φ(°)	26～35		≥20	7℃			≥20	
11	黏聚力 c(MPa)	0.35～0.5		≥0.2				≥0.2	

组合式心墙上部向下游倾斜，倾斜坡比一般为1∶0.3～1∶0.7。心墙采用组合式的有我国香港的高岛坝，其中高岛东坝坝高105m，折坡点在2/3坝高处，心墙坡比为1∶0.236。国外采用组合式心墙的坝有德国的Kleine Kinzig坝、Grosse Dhüenn坝，奥地利的Feistritz坝等。组合式心墙可以兼有直心墙和斜心墙的优点，高坝设计时可以考虑。但目前国内外的设计者并不完全倾向于组合式心墙。挪威128m高的Storglomvatn心墙坝和国内125.5m高的冶勒心墙坝就都采用了直心墙。

2. *心墙厚度*

碾压式沥青混凝土心墙的底部最大厚度（不含扩大段）宜为坝高的1/110～1/70，心墙顶部的最小厚度不宜小于40cm。

心墙作为坝体结构的组成部分，其厚度应利于其在各种情况下不破坏，确保其防渗有效。目前对于心墙厚度的研究尚不充分，坝高较小的心墙坝可按工程经验类比选定，坝高较高时应根据坝体运行要求和结构应力分析综合确定。心墙下部最大厚度一般为40～120cm，心墙上部最小厚度为30～50cm。低坝时取小值，100m以上的坝取大值。国外专家于1976年曾建议中等高度坝的心墙厚度为60～80cm，高坝最厚不超过100cm。德国《水工沥青导则（EAAW 2007)》认为，心墙厚度采用坝高的1/100是足够的，同时考虑到施工要求，厚度应不小于50cm。

对高坝来说，上述规定确定的心墙厚度可能偏厚。目前软基或地震区的心墙坝，应考虑心墙在不均匀沉陷或动荷载作用下的变形，对墙厚需慎重考虑。此外，对于施工条件较差的工程，其厚度应适当加大。国内外的心墙结构计算和原型观测表明，心墙愈薄，心墙的竖向应力和水平应力愈小。即使是浇注式沥青混凝土心墙，也有一个不产生自重流变的厚度。

沥青混凝土心墙厚度的变化，有以下三种形式：

(1) 上下同厚型，即除基础扩大段外，心墙从底部到顶部保持同一厚度。这种形式施工简单，但它会造成一定的浪费，心墙的应力应变状态也不好。洞塘坝坝高48m，其沥青混凝土心墙采用等厚型，心墙厚度均取50cm。

(2) 渐变型，即除基础扩大段外，心墙从底到顶按照同一坡比由厚到薄均匀变化。这种形式心墙厚是渐变的，结构较为合理，沥青混凝土心墙受力状态最好，不会造成应力集中。但施工中需调整每层的摊铺尺寸，施工工艺要求较高。茅坪溪坝坝高104m，冶勒坝坝高125.5m，心墙厚度均采用渐变型。茅坪溪心墙厚度由顶宽0.5m，按两侧均为1∶0.004的坡比，渐变为底宽1.2m；冶勒心墙厚度由顶宽0.6m渐变为底宽1.2m。

(3) 阶梯型，即除基础扩大段外，心墙厚度从底到顶由厚到薄分段变化，且每段内保持同一厚度。该种形式是在前面两种形式基础上发展起来的，在一定程度上避免了施工控制复杂的问题。如果厚度级差控制合理，阶梯型是一种较好的形式。尼尔基坝坝高41.5m，沥青混凝土心墙厚度采用阶梯型，高程200.00m以下厚0.70m，以上厚0.5m。

目前一般对低坝推荐等厚型；对中、高坝推荐渐变型，经论证可采用阶梯型。

3. 心墙两侧过渡区

过渡区位于心墙两侧，属于坝壳结构。沥青混凝土心墙墙体薄，自身抗力小，在坝体中主要起荷载传递作用。现代碾压式沥青混凝土心墙摊铺机，可以做到心墙沥青混凝土与两侧过渡料一次性同步摊铺，并可同时碾压，使两者形成紧密结合的结构。心墙两侧过渡区具有以下作用：

（1）为沥青混凝土心墙提供支撑，防止墙体侧向膨胀变形过大。

（2）协调心墙与坝壳填筑料的变形。

（3）当心墙出现渗漏时，上游侧过渡区中的粉细料可以通过自愈作用减小渗漏量，同时该侧过渡区还可作为灌浆区用于处理墙体渗漏。

过渡区设计应考虑以下因素：

（1）压实后的过渡料应能协调相邻坝壳与心墙的变形，使心墙及过渡区的竖向压应力不至于过小，甚至产生拉应力；也不过大，导致心墙发生剪切破坏。过渡料自身应满足渗透稳定性要求。

（2）过渡区水平宽度一般为1.5～3.0m。强地震区和岸坡突变部位应适当加厚。

（3）过渡料应质地坚硬，具有较强的抗风化能力。可采用经筛分加工的砂砾石、人工砂石料或其他掺配料。

（4）过渡料的最大粒径一般不超过80mm，小于5mm的颗粒含量一般为25%～40%，小于0.075mm的颗粒含量一般不超过5%。

国外对于过渡区的要求是，小于沥青混凝土矿料最大粒径的颗粒含量应不小于10%，过渡料最大粒径应不小于相邻坝壳料最大粒径的1/4，过渡料应级配连续没有间断。

3.5.3　沥青混凝土心墙与基础和岸坡的连接

沥青混凝土心墙与基础和岸坡的连接，将直接影响大坝的防渗效果和安全运行。心墙受基础约束，接头处可能存在较大的顺河向剪切变形。在岸坡部位，坝体的沉降使墙体产生竖向剪切变形，可能导致接头部位存在较大的顺坡向剪切变形。接头部位设计包括接头尺寸和接头材料设计，应确保接头在各种外部作用下不破坏、不渗漏。

在接头部位，一般采用混凝土基座作为心墙与基础防渗体之间的连接。混凝土基座可以是独立的，也可以是混凝土结构体的一部分。基座首先应当稳固，能随基础一起同步变形，必要时应进行锚固；基座厚度一般为1.5～2m，其横截面尺寸应满足心墙局部扩大的尺寸要求和其他要求，如灌浆施工、坝体排水等；基座表面应利于心墙适应接头部位的集中变形，可根据需要采用平面连接或弧形连接，避免采用台阶状、反坡或突然变坡。岸坡上缓下陡时，变坡角应小于20°。基座表面坡比一般应缓于1∶0.35。基座表面应凿毛，并喷涂0.15～0.20kg/m² 的阳离子乳化沥青或稀释沥青，其上再铺设一层1～2cm厚的砂质沥青玛琋脂。基座与心墙之间应做好止水设计。新疆下坂地心墙坝在基座与心墙之间、以及基座与基础防渗墙之间均设置了两道铜止水。

依据不同的基础类型，沥青混凝土心墙与基础之间有不同的连接形式。

3.5.3.1　心墙与基础的连接

心墙基座可以分成有廊道和无廊道两种。

1. 无廊道的心墙基座

心墙基座无廊道时的标准连接如图3.5-1所示，一般限低坝使用。也可设置一种如图3.5-2所示的渗漏检查系统，把混凝土基座向下游扩大，混凝土表面涂刷沥青玛琋脂或铺设薄沥青混凝土层作为防渗，下游端部设小导墙，将可能的渗水导向下游低处的排水管，以便于检查渗水情况。这类连接型式适用于河床无覆盖层或覆盖层很薄的坝基。如图3.5-3所示的连接适用于河床覆盖层较厚的坝基。

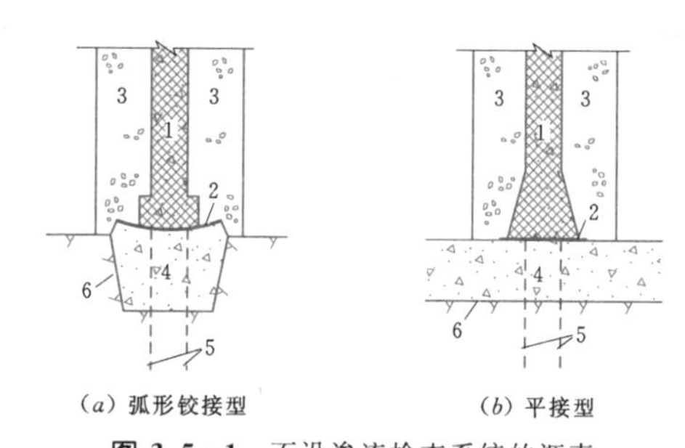

（a）弧形铰接型　　（b）平接型

图3.5-1　不设渗流检查系统的沥青混凝土心墙与基础的连接

1—沥青混凝土心墙；2—沥青玛琋脂；3—过渡区；4—混凝土基座；5—帷幕灌浆；6—基岩

2. 有廊道的心墙基座

基座内设置廊道，可在廊道内进行渗漏检查和帷幕灌浆，这种连接型式适用于中等高度以上的坝。

（1）廊道布置在基座内，如图3.5-4和图3.5-5所示，适用于河床覆盖层较薄的坝基。

（2）廊道布置在坝基上，如图3.5-6所示，适用于河床覆盖层较厚，下游侧水位较高的坝基，廊道与心墙之间用水平沥青混凝土防渗板连接。

3. 心墙和地基防渗结构的连接

河床覆盖层深厚时，一般在覆盖层内设有防渗

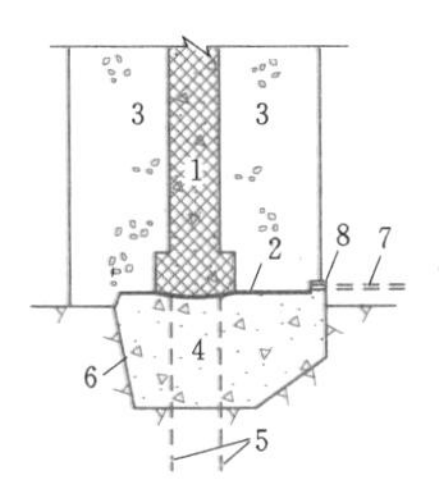

图 3.5-2 底部有渗流检查系统的沥青混凝土心墙与基础的连接

1—沥青混凝土心墙；2—沥青玛琋脂；3—过渡区；4—混凝土基座；5—帷幕灌浆；6—基岩；7—排水管；8—导墙

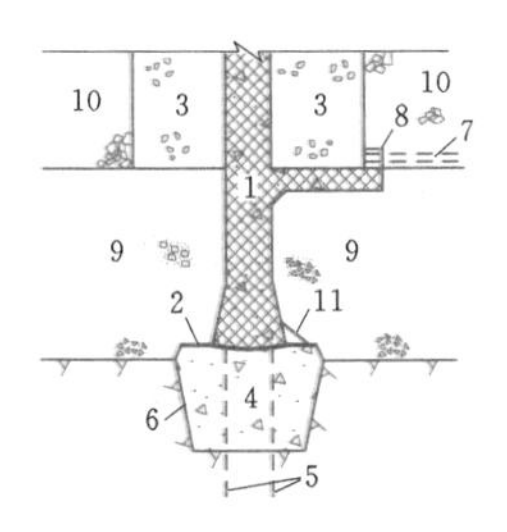

图 3.5-3 中部有渗流检查系统的沥青混凝土心墙与基础的连接

1—沥青混凝土心墙；2—沥青玛琋脂；3—过渡区；4—混凝土基座；5—帷幕灌浆；6—基岩；7—排水管；8—导墙；9—砂砾石覆盖层；10—堆石；11—沥青砂浆

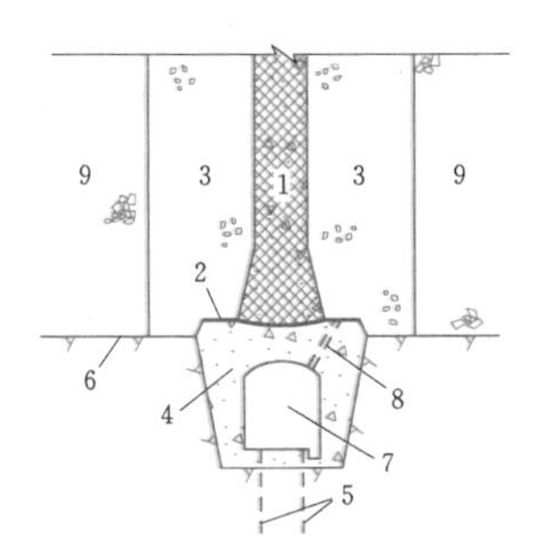

图 3.5-4 沥青混凝土心墙与带廊道混凝土基座的连接

1—沥青混凝土心墙；2—沥青玛琋脂；3—过渡区；4—混凝土基座；5—帷幕灌浆；6—基岩；7—检查廊道；8—排水管；9—堆石

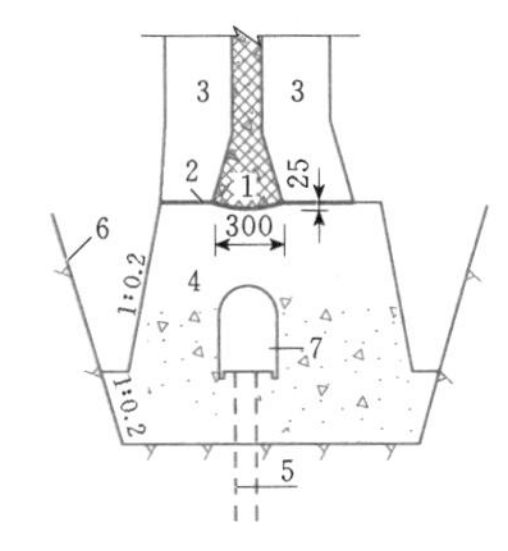

图 3.5-5 沥青混凝土心墙与带廊道混凝土基座的连接（单位：cm）

1—沥青混凝土心墙；2—沥青玛琋脂；3—过渡区；4—混凝土基座；5—帷幕灌浆；6—基岩开挖线；7—检查廊道

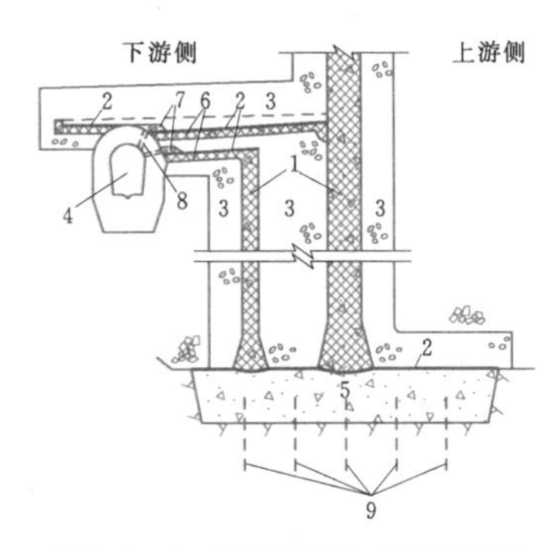

图 3.5-6 沥青混凝土心墙与渗水收集廊道的连接

1—沥青混凝土心墙；2—沥青玛琋脂；3—过渡区；4—检查廊道；5—混凝土基座；6—上、下防渗盖板；7—反滤料；8—排水管；9—帷幕灌浆

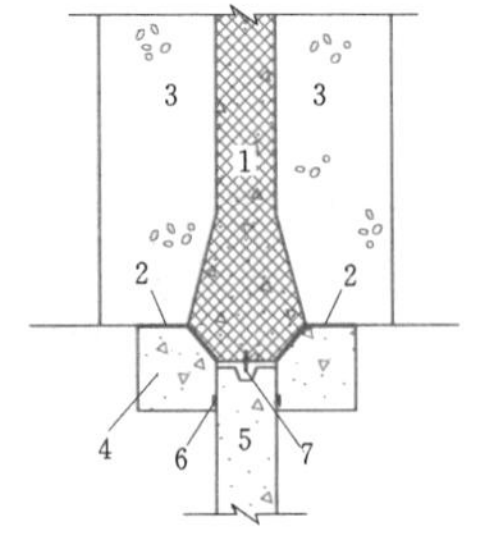

图 3.5-7 沥青混凝土心墙与基础混凝土防渗墙的连接

1—沥青混凝土心墙；2—沥青玛琋脂；3—过渡区；4—混凝土基座；5—混凝土防渗墙；6—止水条；7—止水铜片

墙。图 3.5-7 和图 3.5-8 给出的是沥青混凝土心墙与基础混凝土防渗墙的连接结构。当混凝土防渗墙为悬挂式时，需对接头结构作适当调整。图 3.5-9 是沥青混凝土心墙与基础防渗板桩墙的连接结构，可将板桩墙插入沥青混凝土心墙内，板桩顶设高塑性封闭区，以分散调整局部集中应力和位移。

3.5.3.2 沥青混凝土心墙与岸坡基岩的连接

在岸坡基岩部位，一般是在基岩内设混凝土基座，基座可根据具体情况进行接触灌浆或设置锚筋与基岩固定。基座接触面一般设计成弧形，以利于心墙局部变形。当基座与心墙为挤压接触时，一般可不设止水片。但对于高、中坝及陡峻岸坡，基座应设止水片，如图 3.5-10 和图 3.5-11 所示。

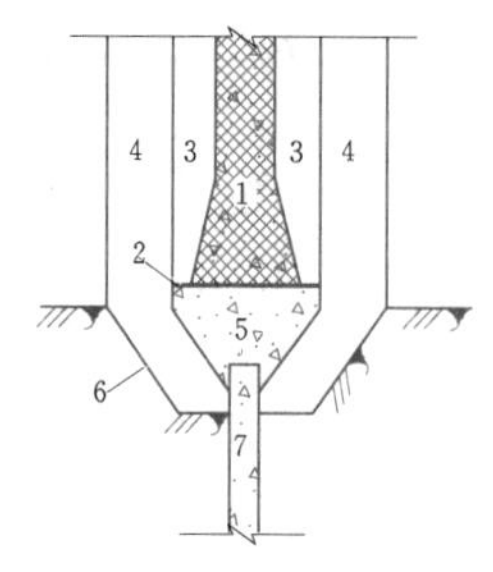

图 3.5-8　沥青混凝土心墙与基础混凝土防渗墙的连接

1—沥青混凝土心墙；2—沥青玛琋脂；3—过渡区Ⅰ；4—过渡区Ⅱ；5—混凝土基座；6—开挖线；7—混凝土防渗墙

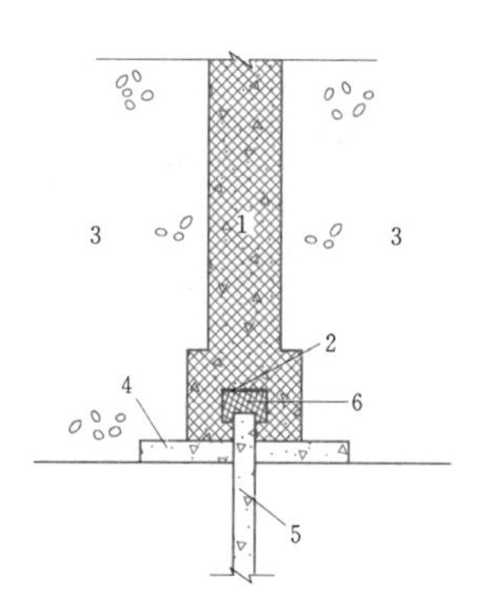

图 3.5-9　沥青混凝土心墙与基础防渗板桩墙的连接

1—沥青混凝土心墙；2—沥青玛琋脂；3—过渡区；4—混凝土基座板；5—防渗板桩墙；6—软沥青填料

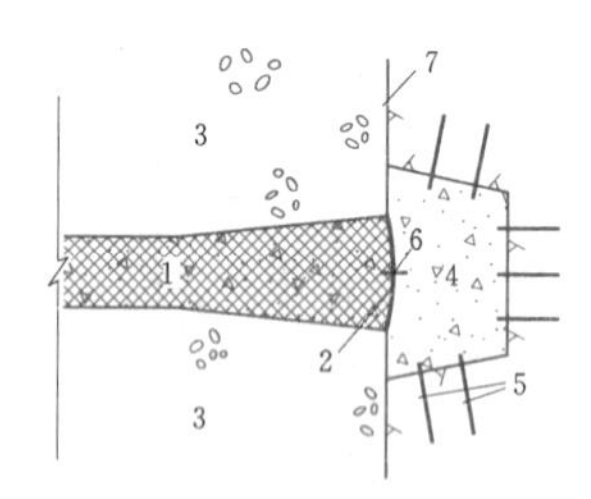

图 3.5-10　沥青混凝土心墙与岸坡基岩的连接

1—沥青混凝土心墙；2—沥青玛琋脂；3—过渡区；4—混凝土基座；5—锚筋；6—止水片；7—岸坡基岩

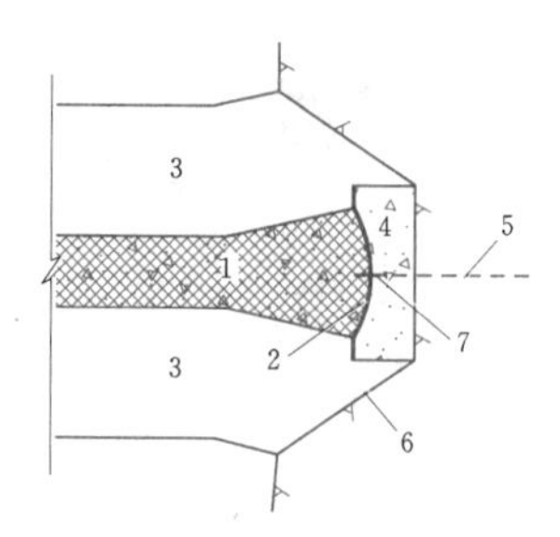

图 3.5-11　沥青混凝土心墙与岸坡基岩的连接

1—沥青混凝土心墙；2—沥青玛琋脂；3—过渡区；4—混凝土基座；5—帷幕灌浆；6—基岩开挖线；7—止水片

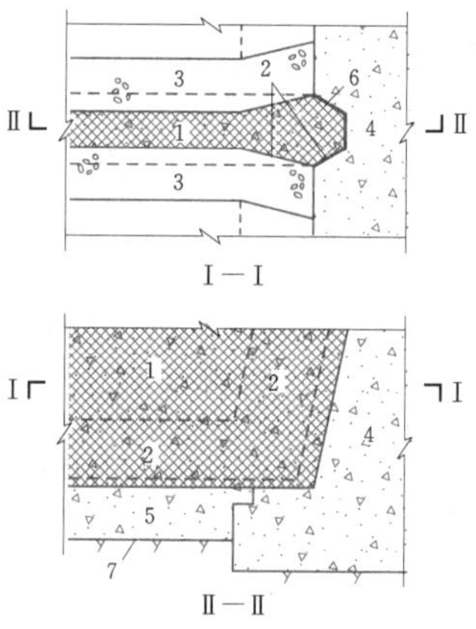

图 3.5-12　不设止水片的沥青混凝土心墙与相邻混凝土建筑物的连接

1—沥青混凝土心墙；2—心墙底部和侧面的加厚部分；3—过渡区；4—混凝土建筑物；5—混凝土基座；6—沥青玛琋脂；7—基岩

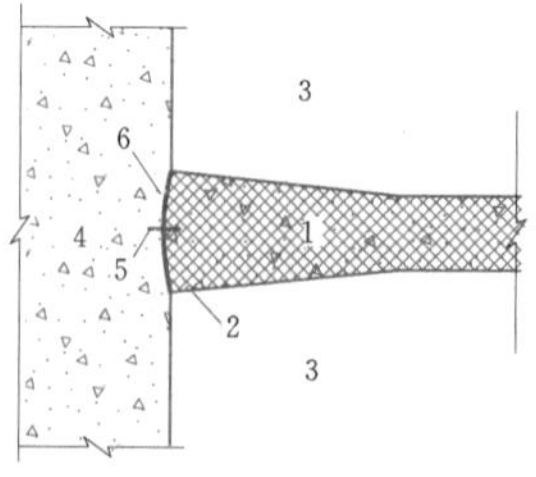

图 3.5-13　设止水片的沥青混凝土心墙与相邻混凝土建筑物的连接

1—沥青混凝土心墙；2—心墙侧面加厚部分；3—过渡区；4—混凝土建筑物；5—止水片；6—沥青玛琋脂

3.5.3.3　沥青混凝土心墙与刚性建筑物的连接

沥青混凝土心墙与相邻混凝土建筑物相接时，可在混凝土建筑物上设凹槽连接。凹槽在立面上应具有缓于1∶0.1的斜坡，以保持心墙与其接触面为压力接触。凹槽接缝面不设置止水片的连接结构如图3.5-12所示，可适用于中、低坝。凹槽接缝面设置止水片的连接结构如图3.5-13所示，适用于中等高度以上的坝。

3.5.4　心墙结构分析及方法

心墙沥青混凝土与堆石体材料差异很大，在进行结构分析计算时，应注意这些差异。与结构分析相关的沥青混凝土特性主要有：①高密实性，孔隙率一般小于3%，沥青混凝土自身的可压缩性很小；②高抗渗性，即使是在高水压（10MPa以上）时也不透水；③流变性，心墙沥青混凝土的温度基本处于沥青脆点温度（一般低于−10℃）以上，具有较强的蠕变和应力松弛特性，这些特性与温度、加荷速率有关；④破坏模式，主要有拉伸断裂破坏、与之相关的弯拉破坏和剪切破坏，剪切破坏时常伴有体积膨胀（剪胀）现象。

目前沥青混凝土心墙设计中考虑的主要问题有：坝体支撑不足心墙向下游位移过大的问题、心墙侧向应变过大的问题、水力劈裂问题等，并多采用有限元方法进行结构分析。

1. 心墙水平位移问题

沥青混凝土心墙为柔性结构，其在库水压力作用下的水平位移取决于坝体结构的支撑作用。心墙的水平位移控制涉及位移量和位移变化率，当位移量较大、位移变化率衰减过慢时，可导致沥青混凝土心墙开裂，防渗效果降低，严重时可危及大坝安全。目前国内尚无心墙水平位移的控制标准，应注意积累相关经验。

黑龙江象山堆石坝坝高50.7m，坝顶长385m，坝顶高程284.60m，采用浇筑式沥青混凝土心墙防渗，其心墙位移较大的问题值得人们借鉴。该坝1996年蓄水后坝顶最大水平位移较大，一直未达到稳定状态，渗流量也逐年加大，大坝病险明显，观测结果见图3.5-14。2005年起，象山坝采用在心墙上游侧增设塑性混凝土防渗墙等措施，对大坝进行加固。

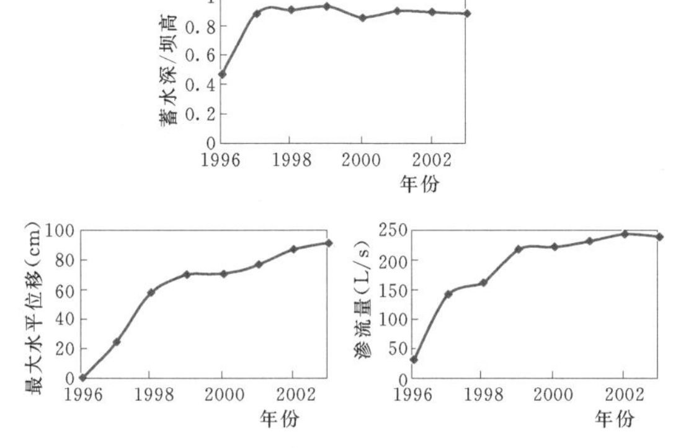

图 3.5-14 象山坝蓄水后运行情况

2. 心墙侧向应变问题

心墙设计应避免心墙沥青混凝土发生过度的体积膨胀，导致孔隙率增大，影响其抗渗性。除岸坡部位，心墙一般近似呈平面应变状态，沥青混凝土自身压缩变形小，因此，引起心墙沥青混凝土体积应变变化的主要因素是侧向应变，控制体积应变主要就是控制侧向应变。另外，施工中由于心墙两侧坝体上升不均衡，引起的心墙侧向变形过大的问题也应注意避免。

目前对心墙沥青混凝土侧向变形能力的研究主要借助于三轴试验，尽管国外试验研究表明，与平面应变试验相比，三轴试验给出的体积应变偏大。英国Megget沥青混凝土心墙坝曾用三轴试验研究沥青混凝土的侧向应变，详见本节工程实例。试验中保持竖向压应力σ_1不变，然后分阶段减小侧向应力σ_3，量测各阶段的应变变化，直至其不再变动（常需耗时数日），并计算孔隙率变化。侧向应力σ_3降低到估算的静止土压力（$\sigma_3/\sigma_1=0.27$）为止，试验结果见图3.5-15。结果显示当$\sigma_3/\sigma_1=0.27$时，侧向张应变ε_3为2%（$\sigma_1=0.8$MPa）～4%（$\sigma_1=1.6$MPa），相应的体积应变处于剪缩阶段，孔隙率一般稳定在初始值（1.5%）的50%左右，表明在估算的设计侧向压力下，侧向应变尚未至剪切破坏的程度，不会对心墙结构及抗渗性有不利影响。

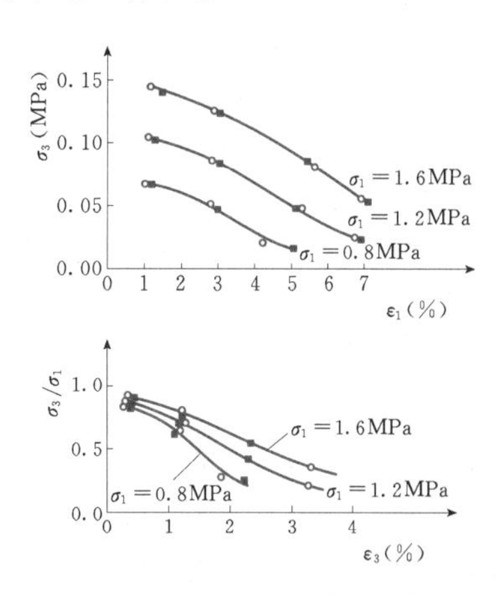

图 3.5-15 Megget坝沥青混凝土三轴试验结果

σ_1—竖向应力；σ_3—侧向应力；

ε_1—竖向应变；ε_3—侧向应变

3. 水力劈裂问题

土质心墙有约10%的含水率和10%～20%的孔隙率，在竖向荷载作用下将发生一定的沉陷。当土质心墙的沉陷相对于过渡区较大而产生拱效应时，土体中的竖向有效压应力将小于水压力，从而引发水力劈裂。为应对这一问题，应尽可能提高土质心墙的变形模量，减小其沉陷变形。国外早期的沥青混凝土心墙坝曾考虑过水力劈裂问题。例如德国1981年建成的Kleine Kinzig沥青混凝土心墙坝就曾校验过水力劈裂破坏，并在心墙上下游设置了具有反滤作用的过渡区。

沥青混凝土心墙与土质心墙有本质区别，其孔隙率很小，一般小于3%，在竖向荷载作用下自身的压缩性沉陷很小。根据已有的试验结果，即使是在20℃下承受11.5MPa的水压力，沥青在水工沥青混凝土中也不会移动。因此，当过渡区含有充足的细粒料并被压实紧密时，不存在沥青渗入或沥青混凝土穿入过渡区的可能。由于心墙自身沉陷很小，没有必要通过提高沥青混凝土的变形模量来防止拱效应。

沥青在心墙的工作温度下黏度很大，心墙沥青混凝土孔隙率极低，不存在与外界连通的渗流通道，即使在高水压下也基本不透水，库水很难进入心墙内部形成扬压力。另外根据国外相关试验，厚15cm的沥青混凝土试件在水压作用下，仅当温度40℃、水压力7.5MPa时，才可以测出沥青混凝土中沥青对水压力的反应压力，因此，水压力通过沥青在沥青混凝土内形成孔隙沥青压力的可能性也微乎其微。国际大坝委员会（ICOLD）84号公报[60]曾指出，“与土质心墙不同，由于沥青混凝土中不存在这一主要先决条件(即形成孔隙水压力)，相关的水力劈裂作用可以不考虑。对沥青混凝土面板也一样，虽然在这个只有几厘米厚沥青混凝土中，有效应力与外部水压力相比很小，至今尚无迹象表明沥青混凝土面板会发生水力劈裂。”

基于上述原因，由于心墙沥青混凝土的孔隙率很小、压缩性沉陷很小，在其内部无法形成孔隙水压力，因此在沥青混凝土心墙设计中可以不考虑水力劈裂问题。但是，如果沥青混凝土心墙由于某种原因已发生局部开裂，且压力水进入裂缝，则在压力水作用下开裂的进一步扩展是有可能的。

另外针对心墙开裂，人们常常提到裂缝的自愈及措施，包括过渡区无黏性细粒料的自愈和沥青混凝土的自愈，前者已成功应用于混凝土面板堆石坝的接缝止水。沥青混凝土具有自愈性，并已有试验证明。总体上，沥青混凝土的自愈性与沥青含量、开裂面是否承受压力、裂缝是否贯通、裂缝水流流速、裂缝宽度等因素有关。目前对于沥青混凝土的自愈还缺乏工程应用经验，有待进一步研究。

4. 结构分析方法

沥青混凝土心墙的结构分析目前常用有限元方法。

进行结构分析时，一般应考虑施工期、蓄水期、正常运用期和库水位降落期，分别选取代表性断面、最大断面及基础地形突变部位断面等，对坝体进行应力应变及稳定分析。分析中按坝体填筑次序分级加载。结构分析一般考虑的计算工况有：

（1）坝体填筑及沥青混凝土心墙铺筑完成至蓄水前。

（2）坝体填筑至设计高程，坝体蓄水至1/3坝体高程。

（3）坝体填筑至设计高程，坝体蓄水至2/3坝体高程。

（4）坝体填筑至设计高程，坝体蓄水至设计高程。

（5）坝体填筑至设计高程，库水位由设计水位骤降至防洪限制水位。

结构计算参数的拟定除通过沥青混凝土和筑坝材料性能试验外，还要根据施工条件及填筑材料变化情况不断进行复核和调整。

结构分析成果一般包括各种计算工况下的坝体和心墙位移和应力最大值、应力与位移分布图、破坏单元个数及部位、心墙侧压力系数（$\lambda=\sigma_3/\sigma_1$）分布图等。

在同一工况下，心墙各层单元的侧压力比一般几乎相同，蓄水后侧压力比值增大。完建期、运行期和完建后汛期的侧压力比一般应大于0.3，以使心墙处于较好受力状态。在坝体完建后运行的各个工况下，心墙上游侧的竖向压力一般应大于同高程的库水压力，至少其与沥青混凝土的允许抗拉强度之和应不小于同高程的库水压力。

采用邓肯模型进行大坝应力应变分析时，一般模量数K值对计算结果的影响很大。试验表明，沥青标号、沥青含量、试验温度对K值影响明显，配合比参数对K值也有影响。

计算分析经验表明，采用$E—\mu$模型与采用$K—G$模型所得的坝体最大沉降值相差不大，但两者的水平位移相差较大，尤其是坝体下游部位的水平位移。根据实际观测资料，采用邓肯$E—\mu$模型预测的坝体水平位移与原型观测结果相比明显偏大。

5. 本构模型和参数确定

目前在有限元结构分析中，多采用邓肯-张非线性弹性模型（$E—\mu$或$E—B$）和改进$K—G$模型，也有工程采用双屈服面弹塑性、黏弹性等模型，这些模型各有其特点。除黏弹性模型外，这些模型都是针对岩土介质开发的，用于沥青混凝土时进行了一些改进。总体上目前针对沥青混凝土本构模型的研究还很欠缺，不能满足心墙结构分析的需要。同时经验还表明，沥青混凝土心墙厚度很薄，在整个坝体断面中所占比例很小，对坝体的变形和应力应变影响不大。在这种情况下，心墙和坝壳料一同采用非线性弹性模型目前可使分析简便易行，分析结果对坝体结构设计仍具有一定意义。表3.5-2和表3.5-3给出了国内一些沥青混凝土心墙坝采用的本构模型计算参数实例，其中茅坪溪的计算参数，选用了对比分析后的现场固定断面取样三轴试验成果，沥青混凝土的计算参数由反演分析确定。

表3.5-2　邓肯-张 $E-\mu$ 非线性弹性模型计算参数实例

工程	材料名称	γ (t/m^3)	φ (°)	c (kPa)	K	n	R_f	G	F	D
三峡茅坪溪	风化砂(天然)	2.09	40.0	45	752.5	0.728	0.908	0.270	0.282	0.084
	风化砂(饱和)	2.31	39.0	60	690.2	0.885	0.905	0.225	0.128	0.052
	风化砂混合(天然)	2.09	40.0	45	865.0	0.728	0.908	0.270	0.282	0.084
	风化砂混合(饱和)	2.31	39.0	60	690.2	0.885	0.905	0.225	0.128	0.052
	石渣混合(天然)	2.22	42.0	100	1188.0	0.612	0.848	0.295	0.330	0.219
	石渣混合(饱和)	2.33	41.0	65	1175.0	0.379	0.871	0.304	0.197	0.103
	石渣(天然)	2.06	43.0	85	1545.0	0.367	0.903	0.355	0.200	0.112
	石渣(饱和)	2.10	41.5	70	1344.0	0.472	0.857	0.155	0.172	0.250
	砂砾石(天然)	2.23	44.5	22	1465.0	0.566	0.863	0.345	0.235	0.138
	砂砾石(饱和)	2.31	41.5	40	1415.0	0.613	0.874	0.275	0.168	0.097
	沥青混凝土	2.40	29.4	225	371.5	0.202	0.650	0.434	0.019	37.119
	接触面	—	32.5	105	534.3	0.114	0.310	—	—	—
重庆洞塘	沥青混凝土	2.39	30.2	510	130.0	0.227	0.480	0.238	−0.164	17.100
	基础覆盖层	2.17	32.0	20	350.0	0.492	0.900	0.429	−0.040	5.700
	坝壳石渣料	2.24	38.0	30	700.0	0.495	0.890	0.383	−0.120	1.300
	过渡料	2.28	42.0	100	950.0	0.592	0.850	0.418	−0.080	2.800
	水泥混凝土	2.40	$E=20000$MPa，$\mu=0.25$(线弹性模型)							
	沥青混凝土	2.39	$E_1=58.0$MPa，$E_2=41.7$MPa，$\eta_1=57.4$MPa·h，$\eta_2=12900.0$MPa·h(黏弹性模型)							

表3.5-3　邓肯-张 $E-B$ 非线性弹性模型计算参数实例

工程	材料名称	γ (t/m^3)	φ_0 (°)	$\Delta\varphi$ (°)	c (kPa)	R_f	K	n	K_{ur}	n_{ur}	K_b	m
新疆下坂地	砂砾石坝壳料	—	54.9	10.00	0	0.63	780	0.562	2198	0.566	583	0.373
	过渡区料	—	50.3	6.33	0	0.68	963	0.487	2567	0.564	1138	0.086
	沥青混凝土	—	26.1	0	320	0.63	350	0.300	525	0.300	123	0
	坝基砂卵石	—	53.5	9.82	0	0.89	1189	0.209	2312	0.520	810	−0.160
	坝基砂层	—	30.0	0	0	0.60	180	0.750	270	0.750	140	0.200
四川官帽舟	沥青混凝土	2.44	27.0	6.70	400	0.76	850	0.330	—	—	410	0.217
	过渡区料	2.05	54.9	11.00	0	0.94	1100	0.600	—	—	800	0.321
	石渣料	2.25	40.0	5.30	0	0.84	1188	0.610	—	—	405	0.300
	石渣混合料	2.15	39.5	5.20	0	0.80	1150	0.550	—	—	405	0.300
	堆石料	2.14	54.3	11.00	0	0.95	1000	0.590	—	—	460	0.400
	堆石棱体	2.25	40.0	5.00	0	0.85	1500	0.650	—	—	405	0.300

在采用前述非线性弹性模型分析时，沥青混凝土的 K 值等参数对结构计算结果影响较大。由于影响因素复杂，确定 K 值时可采用室内静压成型试样试验。除沥青标号、试验测试温度、试验方法外，进行沥青混凝土配合比设计时，还应注意填料用量和填料细度等对 K 值的影响，详见本节工程实例中茅坪溪坝的相关内容。

大量沥青混凝土三轴试验表明，其非线性双曲线模型的参数很不稳定，有时缺乏规律性，如 K、n 等，说明 Janbu 针对黏土和无黏性土提出的初始模量与测压力间的幂函数关系并不适合于沥青混凝土，有待研究。除诸多试验因素（如试件获取方法等）影响外，模型自身的缺陷使其不能反映一些关键因素（如加载速率和试验温度等）的影响，导致在模型使用中不确定性很大。沥青混凝土在心墙工作温度下属黏弹塑性体，在动力荷载下弹性性能明显，在长期荷载下塑性性能显著，具有明显的蠕变和应力松弛特性；同时在剪切作用下可出现体积压缩，临近剪切破坏时可出现体积膨胀，这些沥青混凝土的基本特点应在模型中适当反映。

3.5.5　工程实例

3.5.5.1　国内外工程统计

沥青混凝土心墙因其良好的防渗性能和适应变形能力，在土石坝防渗工程中得到越来越广泛的应用。国内外碾压式沥青混凝土心墙坝工程统计见表3.5-4。

表 3.5-4　　国内外碾压式沥青混凝土心墙土石坝工程统计表

序号	坝　名	所在地	完成年份	心墙高(m)	心墙厚(cm)	过渡区厚(m)	心墙倾斜坡比	心墙型式
1	九里坑	中国浙江	1977	44	50～30	—	垂直	碾压
2	高岛(西)	中国香港	1973/1977	90	120～80	1.5～1.4	上部倾斜	碾压
3	高岛(东)	中国香港	1973/1977	105	120～80	1.5	上部倾斜	碾压
4	碧流河(左)	中国辽宁	1983	49	80～50	1.5	垂直	碾压
5	碧流河(右)	中国辽宁	1983	33	50～40	2.0	垂直	碾压
6	坎尔其	中国新疆	2001	54	60～40	4.0	垂直	碾压
7	洞塘	中国重庆	2001	48	100～50	2.0	垂直	碾压
8	茅坪溪	中国湖北	2003	94	300～50	2.0～3.0	垂直	碾压
9	牙塘	中国甘肃	2004	57	100～50	2.5	垂直	碾压
10	尼尔基	中国内蒙古	2005	40	70～50	3.0	垂直	碾压
11	冶勒	中国四川	2006	125.5	200～60	5.3～3.0	上部倾斜	碾压
12	下坂地	中国新疆	2010	74.8	200～60	3.0	垂直	碾压
13	观音洞	中国重庆	2011	60	100～50	3.0～4.0	垂直	碾压
14	Dhuenn	德国	1962	35	70～60	—	垂直	碾压
15	Bigge	德国	1962	55	85	1.5	1∶0.58	碾压
16	Bremge	德国	1962	22	50	1.5～2.0	垂直	碾压
17	Eberlaste	奥地利	1968	28	60～50	1.2	垂直	碾压
18	Mauthaus	德国	1969	16	40	—	垂直	碾压
19	Sepouse	法国	1969	11.5	85	—	1∶0.4	埋石
20	Lagadadi	埃塞俄比亚	1969	26	60	1.8～1.0	垂直	碾压
21	Poza Honda	厄瓜多尔	1970	60	60	1.0～0.8	垂直	碾压
22	Wiehl	德国	1971	54	60～40	1.5	垂直	碾压
23	Meis Winkel	德国	1971	22	50～40	1.5	垂直	碾压
24	Finkenrath	德国	1972	14	14	1.5	垂直	碾压

续表

序号	坝　名	所在地	完成年份	心墙高（m）	心墙厚（cm）	过渡区厚（m）	心墙倾斜坡比	心墙型式
25	Wiehl(U)	德国	1972	18	50～40	1.5	垂直	碾压
26	Eicherschid	德国	1974	18	40	2.0	垂直	碾压
27	Eixendorf	德国	1975	26	60～40	—	垂直	碾压
28	Laguna de los	智利	1976	31	60	—	垂直	碾压
29	Finstertal	奥地利	1977/1981	149(96)	50～70	2.0～3.0	1∶0.4	碾压
30	武利	日本	1979	15(29)	50	3.0	垂直	碾压
31	Megget	英国	1978/1981	56	80～60	1.5	垂直	碾压
32	Kinzig	德国	1978/1981	67.5	65～50	1.5	上部倾斜	碾压
33	Vestredalstjern	挪威	1978/1981	32	50	1.25	垂直	碾压
34	Dhuenn(G)	德国	1979/1981	62.5	60	1.5	上部倾斜	碾压
35	Katlavass	挪威	1979/1981	35	50	1.25	垂直	碾压
36	Langavatn	挪威	1979/1981	33	50	1.25～0.6	垂直	碾压
37	Sulby	英国	1979/1980	32	75	1.5	垂直	碾压
38	Feldbach	德国	1984	14	40		垂直	碾压
39	Shichigashuku	日本	1985	37	50		垂直	碾压
40	Doerpe	德国	1986	16	60		垂直	碾压
41	Wupper	德国	1986	39	60		上部倾斜	碾压
42	Rottach	德国	1988	38	60		垂直	碾压
43	Koralpe	奥地利	1990	88	70～50		垂直	碾压
44	Hintermuhr	奥地利	1990	40	70～50		垂直	碾压
45	Storvatn	挪威	1981/1987	90	80～50		1∶0.2	碾压
46	Riskalvatn	挪威	1983/1986	45	50		垂直	碾压
47	Berdalsvatn	挪威	1986/1988	62	50		垂直	碾压
48	Styggevatn	挪威	1986/1990	52	50		垂直	碾压
49	Storglomvatn	挪威	1992～	128	130～50		垂直	碾压
50	Holmvatn	挪威	1995～	56	50		垂直	碾压

3.5.5.2 工程实例

1. 三峡茅坪溪沥青混凝土心墙土石坝

茅坪溪位于湖北省秭归县和宜昌县境内，在三峡坝区右岸原茅坪溪出口河谷处，流域面积113.24km^2。当地多年平均气温16～18℃，地震设防烈度8度。茅坪溪防护大坝与三峡大坝共同抵挡三峡库水，为三峡枢纽的组成部分。坝顶高程185.00m，坝顶宽20m，坝轴线长1840m，河床主坝长889m，最大坝高104m，采用碾压式沥青混凝土心墙防渗，沥青混凝土4.94万m^3。大坝施工以高程140.00m为界分二期实施。一期工程于1994年1月至2000年12月施工，二期工程于2001年4月至2003年12月施工。2003年5月20日三峡水库开始蓄水，6月11日蓄至高程135.00m，至2005年12月库水位保持在135.00～139.00m。大坝典型剖面见图3.5-16。

大坝两岸0+126.800～0+566.067段和0+953.000～1+009.250段风化层深厚，一般为20～30m，采用混凝土防渗墙上接沥青混凝土心墙防渗，防渗墙下进行帷幕灌浆；中间部分0+566.067～0+953段采用挖除覆盖层，浇筑混凝土基座，基座上接沥青混凝土心墙防渗，基岩下部进行帷幕灌浆防渗。大坝防渗系统见图3.5-17。沥青混凝土心墙与混凝土防渗墙、混凝土基座和混凝土垫座（岩石岸坡）连接详见图3.5-18。

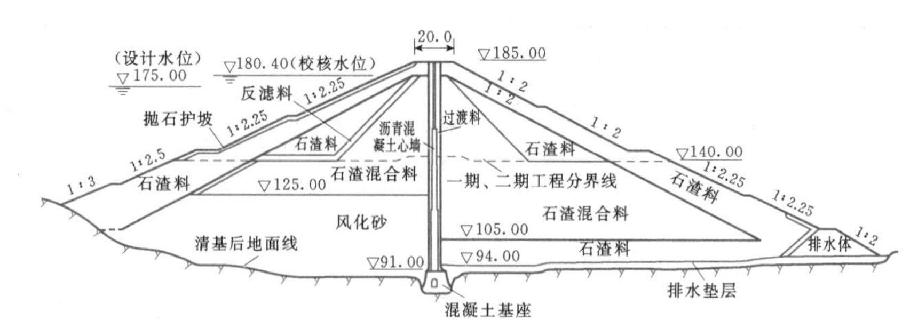

图 3.5-16　茅坪溪沥青混凝土心墙坝典型剖面图（单位：m）

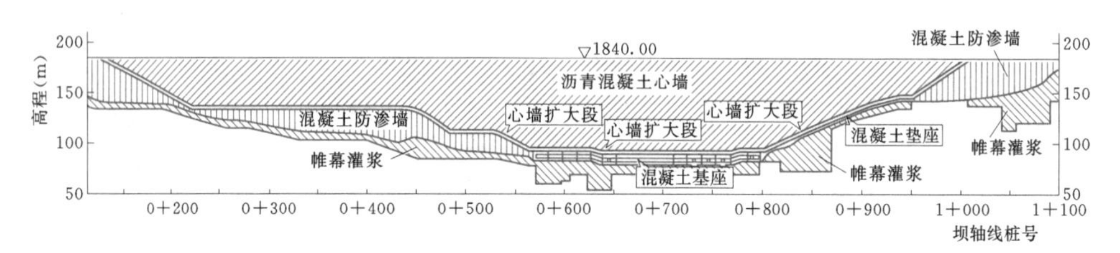

图 3.5-17　茅坪溪沥青混凝土心墙坝防渗系统示意图（单位：m）

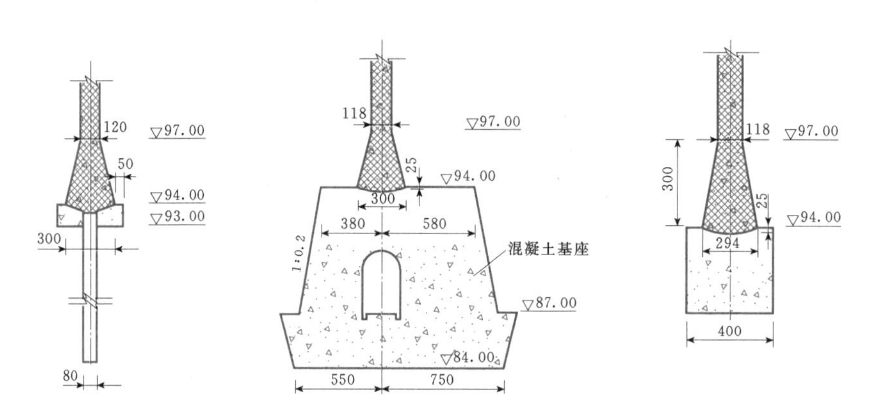

图 3.5-18　茅坪溪沥青混凝土心墙与基础连接型式示意图（高程单位：m；尺寸单位：cm）

沥青混凝土心墙顶高程 184.00m，最低墙底高程 91.00m，心墙顶宽 0.5m，两侧均为约 1：0.004 的斜坡面，至高程 94.00m 处，心墙宽度渐变为 1.2m。下部与其他建筑物连接部位扩大为 3m。上、下游侧过渡区均为砂砾料。过渡区最大粒径 80mm，含泥量小于 5%，压实渗透系数大于 10^{-2}cm/s。过渡区厚度上游迎水侧为 2m，下游背水侧为 3m，压实相对密度不小于 0.85。心墙沥青混凝土采用克拉玛依 70 号水工沥青，施工配合比为：级配指数 0.35，矿料最大粒径 20mm，矿粉含量 12%，沥青含量 6.4%；砂质沥青玛琋脂配合比为：沥青：填料：人工砂=1：2：2。

沥青混合料采用西安筑路机械厂的 LB1000 型拌和站生产，使用 3 台 8t 专用保温自卸汽车运至施工部位后，通过 CAT980C 装载机卸入摊铺机料斗。人工摊铺用 CAT980C 装载机直接卸入模板，人工摊平。心墙施工摊铺厚度 23cm，压实后约 20cm。机械摊铺采用挪威 DF130C 联合摊铺机，摊铺总宽度 3.5m，心墙宽度可在 0.5～1.2m 调节，摊铺机行走速度 1～3m/min，摊铺总宽度以外的过渡料采用反铲配合摊铺。心墙铺筑横缝的接合坡度为 1：3，上下层横缝错开 2m 以上。碾压采用德国 BOMAG 公司生产的 BW90AD、BW90AD-2、BW80AD 等不同型号的双轮振动碾，横向接缝处重叠碾压 30～50cm，碾压温度 135～155℃，振动碾行走速度 25～30m/min。心墙两侧过渡料采用 2 台 BW120AD-3 型 2.7t 双轮振动碾碾压，岸坡结合部位采用小型振动碾或汽油夯压实。

沥青混凝土心墙施工质量检测采用钻孔取芯和无损检测相结合的方式。取芯采用意大利产取芯机，一次钻孔芯样最长 43cm。无损检测采用美国产 C200 型核子密度仪，渗透系数采用渗气仪检测。

大坝内部布设的变形监测仪器有：测斜管、沉降管、水管式沉降仪、位错计、界面变位计、铟钢丝式水平位移计及深埋连通式静力水准仪等。大坝蓄水后，根据至 2005 年 12 月的监测资料，过渡料沉降分布见图 3.5-19，心墙与过渡区间相对变形为 3.98～45.48mm，平均相对变形 19.0mm。心墙与基座之间的相对位移很小，接触应力为压应力，量值为 1.46MPa（0+700 断面）。大坝渗漏量较小，大坝与防渗系统工作状态正常。

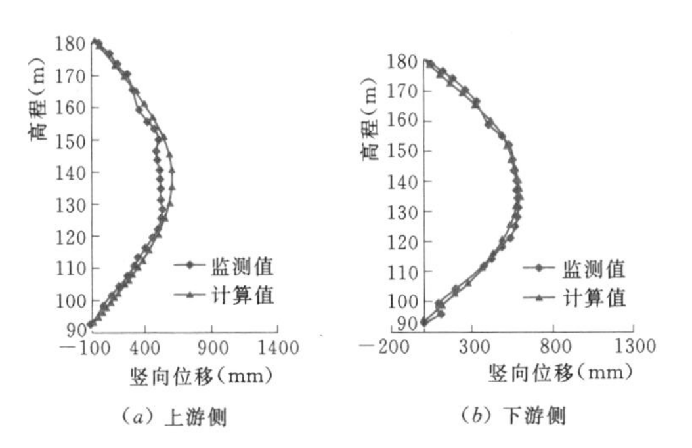

图 3.5-19 心墙上下游过渡区沉降分布图

茅坪溪坝在初步设计时曾要求心墙沥青混凝土的 K 值为 600～800。在第一标段施工中曾发现，现场取样室内成型试件和现场芯样测试的沥青混凝土 K 值偏低。为此补充进行了沥青混凝土三轴复核试验和抗拉强度试验；通过对大坝施工期监测资料反演分析得出沥青混凝土 K=334～342，并按不同工况进行了有限元分析。分析结果表明：

（1）坝体最大变形不大，施工期和蓄水期心墙的变形和应力基本满足设计要求。

（2）沥青混凝土 K 值为 400 时，$K-G$ 模型和 $E-\mu$ 模型计算的心墙竖向压应力基本大于同高程的库水压力，$E-\mu$ 模型的计算成果局部小于同高程的库水压力。

（3）各工况下沥青混凝土心墙的应力水平均小于 1.0。

（4）心墙沥青混凝土的静止侧压力系数（$\lambda=\sigma_3/\sigma_1$）基本在 0.3～0.5 范围内。

（5）心墙的挠跨比值均在设计要求范围内。

为研究沥青混凝土 K 值对心墙应力变形的影响，长江科学院曾选用 K 值分别为 213.54、300 和 408 进行了敏感性分析。经分析认为：

（1）沥青混凝土 K 值为 400 量级时，心墙上游竖向应力大于同高程的库水压力，可满足防止心墙水力破坏和过量变形失稳的要求。

（2）沥青混凝土 K 值为 300 量级时，心墙上游竖向应力大部分仍大于同高程的库水压力，但心墙沥青混凝土的静止侧压力系数 λ 大于 0.7，超出《土石坝沥青混凝土面板和心墙设计准则》（SLJ 01—88）规定的范围。

（3）沥青混凝土 K 值为 200 量级及以下时，在完建后运行期和汛期，心墙上游竖向应力小于同高程库水压力，且心墙沥青混凝土 λ 值达到 0.86～0.95，超出了 SLJ 01—88 规定的范围。

在随后进行的补充研究中，考虑沥青混凝土的允许抗拉强度，并基于应力水平不大于 1.0 的要求，λ 值按 $\lambda \geqslant 0.3$ 控制。

茅坪溪坝反演分析的目标函数包括心墙应变和应力、过渡区变形以及心墙和过渡区间的位错等观测值，且以心墙应力为主。反演分析的主要结论是：①心墙沥青混凝土的计算参数对坝体变形影响很小，影响主要体现在坝体应力方面；②对于沥青混凝土心墙变形和应力，$E-\mu$ 模型各参数的影响程度依次为 G、n、K、R_f、D、F。

另外通过沥青混凝土三轴对比试验，发现 K 值的影响因素如下：

（1）试验方法。由于当时沥青混凝土试验尚无标准可循，考虑其非线性特性，试验参照土工三轴试验方法进行，但该方法不能真实反映沥青混凝土的特点。沥青混凝土试件成型方法、加荷速率、脱模方法对 K 值也有影响。对比试验表明，静压成型试件的 K 值比现场芯样和室内击实成型试件的 K 值要高。尽管现场芯样较能代表沥青混凝土的真实性状，但由于取芯扰动及对芯样骨料破碎引起的级配变化，又使芯样试验成果失真。为此，只以芯样 K 值作参考，K 值的控制以室内静压成型试样为准。

（2）沥青混凝土配合比。试验发现，沥青混凝土的填料用量和填料细度对 K 值影响显著。

（3）沥青材料。历次咨询意见认为，沥青的化学成分（如沥青质含量等）是影响不同批次沥青混合料性能的因素之一。

2. 下坂地沥青混凝土心墙坝

下坂地工程位于新疆塔什库尔干塔吉克自治县的塔什库尔干河中下游，距县城 60km。水库总库容 8.67 亿 m³，电站装机 150MW。坝址区多年平均气温 3.4℃，极端最高气温 32.5℃，极端最低气温 −39.1℃，地震基本烈度为Ⅷ度，水平峰值加速度为 0.309g，属高地震区。大坝为沥青混凝土心墙砂砾石坝，坝顶高程 2966.00m，坝高 78.0m，坝顶宽 10.0m，坝顶长 406.0m，大坝上游坡坡比 1：2.35，下游坡坡比1∶2.15。坝基覆盖层深150m，沥青混凝土心墙下设厚1.0m、深85.0m的混凝土防渗墙，防渗墙下接帷幕灌浆。心墙底高程2891.00m，顶部厚0.6m，底部厚1.2m，沥青混凝土工程量2.35万m^3。心墙下游侧设有廊道，在两岸局部心墙扩大为2.0m与基座混凝土连接。心墙上下游各设宽3.0m的过渡区。大坝剖面图见图3.5-20。工程于2005年开工建设，2006年4月开始基础防渗施工，2008年9月开始坝体填筑，2010年1月开始蓄水，2010年5月首台机组发电。

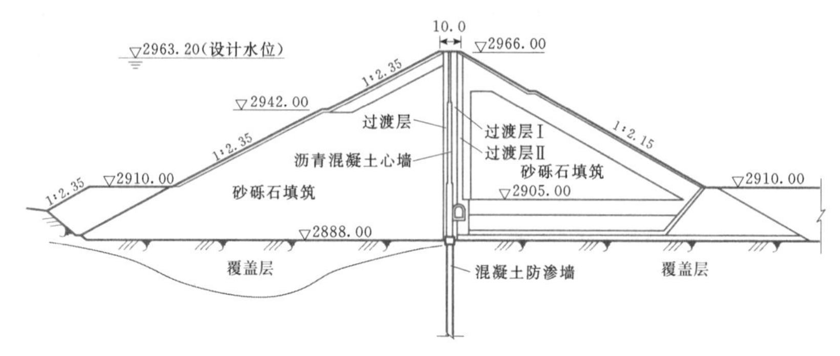

图3.5-20 下坂地沥青混凝土心墙坝典型剖面图（单位：m）

心墙沥青混凝土采用克拉玛依石化总厂的70号水工沥青、大理岩碱性骨料，矿粉采用石灰石矿粉。沥青混凝土施工配合比为：级配指数0.36，矿料最大粒径20mm，矿粉含量为13%，沥青含量7.2%。

沥青混凝土心墙施工中采用LB1000型拌和站和具备初碾的XT120-95联合摊铺机。每层摊铺不分段，摊铺层厚度小于23cm，压实后约20cm，摊铺速度不超过2m/min，并辅以人工铺筑。每天铺筑层数不大于3层，尽量减少横缝，横缝错距大于2m，横缝处重复碾压30～50cm。心墙碾压采用BW90AD型1.5t振动碾，过渡料采用BW120AD型2.5吨振动碾。铺筑时，先对过渡料静压2遍，然后按“品”字形（心墙在前、两侧过渡料在后）对沥青混合料和过渡料同时碾压。碾压温度一般按140～150℃控制，且不低于120℃，不高于155℃。心墙质量无损检测采用核子密度仪和渗气仪进行。

工程监测结果表明，至2010年11月，沥青混凝土心墙与混凝土基座呈挤压状态，最大挤压变形0.62mm，最大剪切变形0.45mm。沥青混凝土心墙压缩变形小于下游侧过渡料沉降变形，且心墙中部变形较上下部变形大。在河床断面2927.00m高程处，沥青混凝土心墙压缩变形13.5mm，过渡料相对心墙的沉降位移为5.7mm。大坝运行情况良好。

3. *尼尔基沥青混凝土心墙砂砾石坝*

尼尔基水利枢纽工程位于黑龙江省与内蒙古自治区交界的嫩江干流中上游，距下游齐齐哈尔市130km。当地多年平均气温1.5℃，极端最高气温39.5℃，极端最低气温－40.4℃。水库总库容83.24亿m^3，电站总装机250MW。尼尔基主坝位于河床部位，全长1658m，坝顶高程221.00m，最大坝高41.5m，坝顶宽8m，上游坝坡1∶2.2，下游坝坡分别为1∶1.9和1∶2，沥青混凝土心墙工程量3.18万m^3，大坝标准剖面见图3.5-21。坝体填筑分两期施工。一期施工的非明渠段长1324.31m，碾压式沥青混凝土心墙于2003年4月16日～2004年8月16日施工；二期施工的导流明渠段长331.62m，碾压式沥青混凝土心墙于2004年9月25日～2005年6月20日施工。处于高程218.26～218.75m、宽50cm、长

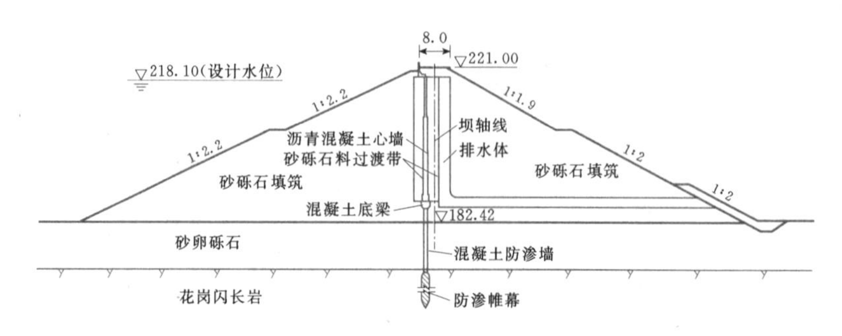

图3.5-21 尼尔基土石坝典型剖面图（单位：m）

1655.93m的坝顶心墙部位于2005年6月28日～2005年7月15日施工，为了埋设止水铜片并与坝顶防浪墙混凝土连接，采用了振捣式沥青混凝土施工工艺。另外，导流明渠段的第167层（厚20cm、宽50cm、长331m）也采用了振捣式沥青混凝土施工工艺。振捣式沥青混凝土工程量占沥青混凝土心墙总工程量的1.3%。

碾压式沥青混凝土心墙在高程200.00m以下厚0.7m、以上厚0.5m，心墙顶高程为218.50m。心墙两侧设置3m过渡区。心墙与基础混凝土防渗墙采用混凝土底座连接，见图3.5-22。

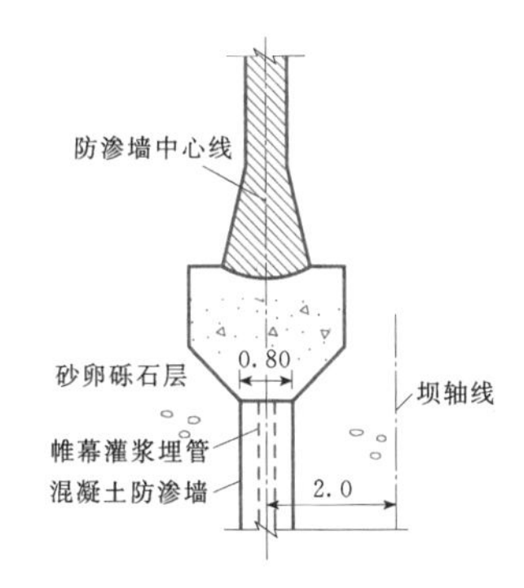

图3.5-22 沥青混凝土心墙与混凝土防渗墙连接示意图（单位：m）

沥青选用欢喜岭90号重交沥青，矿料采用库区阿荣旗矿及长发矿新鲜石灰岩矿石破碎筛分而成。沥青混凝土矿料最大粒径20mm，施工配合比见表3.5-5。沥青玛瑺脂的配合比为：沥青：矿粉：细骨料=1：2：3。

表3.5-5 尼尔基沥青混凝土心墙施工配合比表

成分	筛孔尺寸（mm）	按重量计的含量（%）	
		长发矿区	阿荣旗矿区
粗骨料	20～15	10.0	9.2
	15～10	14.0	13.8
	10～5	17.6	21
	5～2.5	14.4	2.01
细骨料	2.5～0.074	31.7	24.8
矿粉		12.3	11.1
沥青		6.5	6.5

沥青混凝土摊铺施工采用WALO公司生产的CF1718型心墙摊铺机，摊铺速度2～3m/min。由于摊铺机最大摊铺宽度仅3.5m，故摊铺机摊铺范围以外的过渡料采用1.2m^{3}反铲在摊铺机后侧补铺，并用小型推土机摊平。碾压机械采用R66振动碾，碾压温度140～150℃，碾压遍数为动4+静1收光，碾压速度20～30m/min。心墙质检采用钻孔取芯和无损检测相结合的方式进行。

工程监测成果表明，施工期心墙不同高程的水平位移变幅较小，均在20mm以内；心墙与过渡料位错较小，且过渡料沉降大于心墙沉降，见图3.5-23；岸坡等部位心墙与基础连接处的水平位移很小。

4. 四川冶勒沥青混凝土心墙坝

冶勒水电站位于四川省凉山州冕宁县和雅安市石

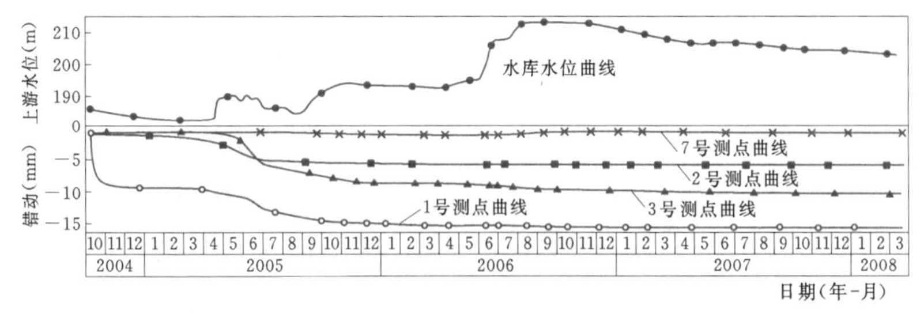

图3.5-23 尼尔基蓄水过程及心墙与过渡带间的错动过程线[53]

棉县，坝址区年平均气温7℃，极端最高气温27.5℃，极端最低气温-20℃，多年平均降雨天数215天，地震基本烈度Ⅷ度，按Ⅸ度校核。右坝肩基础覆盖层深度超过400m，坝基相对隔水第二岩组垂直埋深超过200m。水库正常蓄水位2650.00m，总库容2.98亿m^3，电站总装机240MW。大坝为沥青混凝土心墙堆石坝，最大坝高125.5m，心墙净高120m，轴线长411m，坝顶宽14m，坝顶高程2654.50m，上游坝坡为1：2，下游坝坡为1：1.8～1：2.2。坝体顶部约30m高度范围布设有柔性抗震网格梁（土工加强格栅）。沥青混凝土心墙为梯形结构，工程量2.3万m^3，顶宽0.6m，向下逐渐加厚，心墙上下游坡比均为1：0.0025，底部最大厚度1.2m。心墙底部为高1.8m的大放脚，大放脚底部与基础接触处最大厚度2.4m，见图3.5-24。心墙上下游各设两道碎石过渡区，上下游过渡区Ⅰ的水平宽度均为1.3～1.6m，上

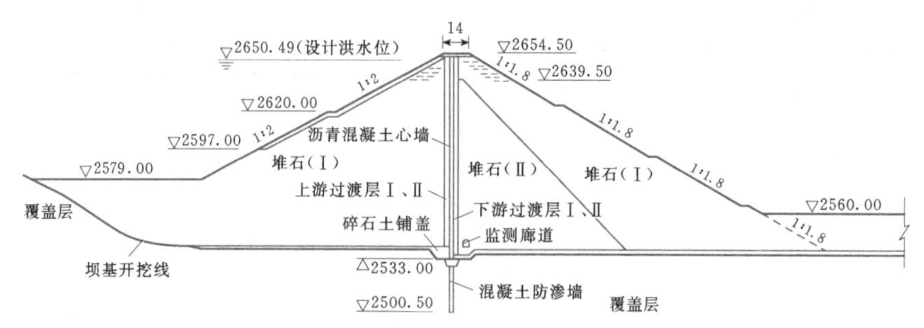

图3.5-24　冶勒心墙坝坝体剖面图（单位：m）

下游过渡区Ⅱ的水平宽度均为2～4m。沥青混凝土心墙与钢筋混凝土基座相接，基座顶宽3m，高3m。基座下设混凝土防渗墙，防渗墙厚1.0～1.2m，最大深度84m，见图3.5-25。基座与防渗墙之间用沥青玛琋脂连接。冶勒水电站2000年底主体工程开工，2006年8月完工。

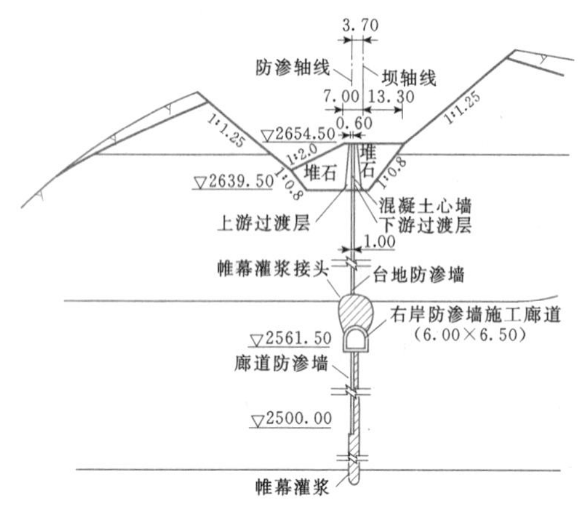

图3.5-25　冶勒坝右坝肩防渗接头图（单位：m）

沥青混凝土骨料采用三岔河石英闪长岩，沥青采用新疆克拉玛依70号水工沥青。沥青混凝土施工配合比为：矿料最大粒径20mm，矿料级配指数0.38，矿粉含量13%，沥青含量6.7%。沥青混凝土设计质量要求为：出机口孔隙率小于2%；测试指标（6.5℃）参考值：弯拉应变大于1%，模量数K为400～850，内摩擦角不小于27°，黏聚力不小于0.4MPa。

拌和楼采用NF-1300型拌和系统，沥青混凝土运输设备采用5t自卸车，心墙摊铺机采用经过改造的德国DEMAG公司DF-135C公路沥青摊铺机。施工中要求环境温度0℃以上（极端环境温度－4℃以上），风力不超过3级。施工摊铺层厚度30cm，曾做到日摊铺两层。摊铺第二层时要求基础层表面温度为70～90℃，表面以下1～2cm处的温度不超过90℃。沥青混合料入仓温度160～170℃（低温施工时要求175℃左右），初碾温度150～160℃，终碾温度135～145℃，之后再静碾1遍收光。用1台BW90AD-3型1.5t振动碾碾压沥青混合料，2台BW120AD-3型2.5t振动碾碾压1遍心墙两侧过渡料。碾压工艺为：过渡料静碾1遍→沥青混合料静碾2遍→过渡料动碾4遍→沥青混合料动碾8遍→过渡料动碾4遍（振动碾行走速度25～30m/min）→沥青混合料静碾1遍收光→过渡料静碾1遍压平过渡料与心墙接触部位。

2005年1月1日下闸蓄水，1～6月库水位保持在2580.00～2600.00m，坝体与坝基渗流量不大。2005年8～10月，库水位达到2633.00～2634.00m时，右岸排水廊道渗流量突增，右坝肩局部出现集中渗漏。2005年11月～2006年4月，库水位下降，最低达2615.00m，防渗系统监测正常。2006年汛期库水位升至2642.60m，坝体与基础渗漏量约140L/s，右岸绕坝渗漏量约120L/s。2007年11月15日库水位达2650.45m，总渗流量（含右岸排水廊道、右岸8号沟、左岸坝体坝基）336.76L/s。大坝监测资料表明，沥青心墙及底部混凝土基座工作状态正常，应力、位移及其变化情况符合地基不对称特点和荷载作用，应力水平、位移量、错动量均在控制指标以内；坝体沉降符合土石坝一般沉降规律，最大沉降率约为坝高的1%。

2008年“5·12”汶川地震时，冶勒大坝距震中258km，有明显震感。震前5月11日库水位2599.92m，总渗流量79.40L/s；5月12日库水位2599.48m，总渗流量78.71L/s；5月29日库水位2610.55m，总渗流量95.38L/s。渗流量与库水位相关，变化正常。地震对大坝整体未产生明显不利影响。

5. 英国Megget沥青混凝土心墙坝

位于苏格兰的Megget砂砾石坝坝高56m，坝顶长570m，心墙最大高度51m，心墙顶长555m，水库溢流高程 334.00m。上游坝坡 1∶1.5；下游上部为 1∶1.5，下部为 1∶2.1。心墙下部为控制廊道，廊道下为截渗槽，截渗槽伸入基岩 3～5m，两侧设厚 150cm 的过渡区。心墙厚度分段变化，顶部 23m 厚 60cm，中部厚 70cm，底部 1m 厚 90cm，见图 3.5-26。1979 年 9 月开始铺筑心墙，1983 年 8 月大坝竣工。

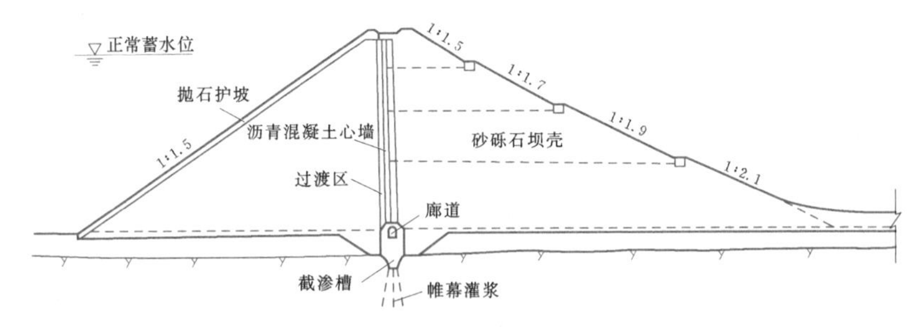

图 3.5-26　英国 Megget 坝河床部位剖面图

施工前进行了三轴试验，试验装置如图 3.5-27 所示。沥青混凝土试件直径 15cm，高 36cm。试验中施加的常竖向应力分别为 0.8MPa、1.2MPa 和 1.6MPa，试验温度均为 10℃。通过减小侧压力 σ_3，测试体变 ε_V 和侧向应变 ε_3 的变化，并了解孔隙率的变化。

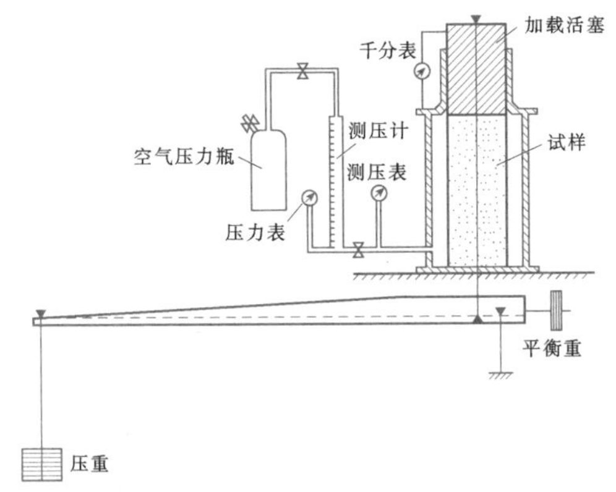

图 3.5-27　英国 Megget 坝三轴试验装置示意图

心墙沥青混凝土的矿料最大粒径 20mm，沥青含量 6.8%，石灰石矿粉 10.3%，天然砂 20.3%，人工砂 20.3%。心墙与廊道混凝土之间铺设砂质沥青玛琋脂，沥青含量 15%，石灰石矿粉 20%，天然砂 33%，人工砂 32%。过渡区采用砂砾石，最大粒径 100mm，2mm 筛通过率 5%～10%。

Megget 坝 1982 年 5 月蓄水，1986 年 1 月水库首次蓄满。大坝渗漏量由廊道采集，并包括了帷幕的渗漏量。观测表明渗漏量与降雨无关，但与库水位有关，且逐年减小。1983 年 6 月的满库漏水量为 3.4L/s，经估算相当于平均渗透系数为 6.8×10^{-7} cm/s。1987 年 4 月满库漏水量为 1.6L/s，估算渗透系数为 2.1×10^{-7} cm/s。

Megget 坝在一个坝断面的下游坝体中埋设了观测仪器。在三个高程处设置了位移计，位移计上游端紧抵心墙下游面，观测房设在坝体下游面。在同一部位心墙与下游过渡区之间埋设了土压力盒。表 3.5-6 给出了心墙下游面位移以及心墙下游侧过渡区应力的观测结果。结果显示，完工时三个高程、特别是上部高程处的竖向应力，均低于上覆材料自重应力，侧向压力数值也低，但侧压力比均高于按静止土压力估算的 0.27（施工期下部侧压力比除外）；满库时由水压力引起的侧向压力增量与相应部位的水压力之比，由上到下分别仅为 0.07、0.23 和 0.29，低于有限元分析的估算值 0.66。其他观测结果还显示，心墙底部与廊道之间的竖向压力观测值小于心墙自重，而位于廊道顶部的心墙下游侧过渡区底的竖向观测压力约比其上覆自重压力大 20%。经分析，由于心墙系分层铺筑，每层沥青混凝土与过渡料之间形成了紧密咬合（interlock），致使心墙与过渡区的整体性较强。这一点是导致有限元分析差异的主要原因。

表 3.5-6　**Megget 坝观测结果表**

相对高度①	向下游位移(mm)		沉陷位移(mm)		竖向压应力 σ_1(kPa)		侧向压应力 σ_3(kPa)		侧压力比 σ_3/σ_1		$\Delta\sigma_3/\gamma_w h_w$
	完工	满库	完工	满库	完工	满库	完工	满库	完工	满库	满库
0.83	0	19	41	8	61	56	30	34	0.49	0.61	0.07
0.59	−7	23	81	11	177	197	73	111	0.41	0.56	0.23
0.29	−6	21	95	14	489	526	109	197	0.22	0.37	0.29

①　相对高度为测点高度与心墙高度之比。

3.6　浇筑式沥青混凝土心墙坝设计

3.6.1　适用性与技术要求

3.6.1.1　适用性

（1）与碾压式沥青混凝土相比，浇筑式沥青混凝土混合料中沥青含量高（达9.5%～13%），其沥青用量除充满全部骨料空隙外，还有所富裕，浇筑后稍加插捣即靠自重压密而不必机械碾压。

（2）与碾压式沥青混凝土相比，浇筑式沥青混凝土的线膨胀系数约大1倍，而其低温极限拉应变却大2～4倍，低温抗裂性好。

（3）浇筑式沥青混凝土心墙堆石坝的最大特点是适合寒冷地区冬季施工。浇筑温度较高，又在模板中浇筑，保温条件较好，浇筑上一层时不需要把底层沥青混凝土烘热，在白河、库尔滨、宝山、西沟、富地营子等工程的心墙冬季施工时，都进行了上下层结合观测和试验，其结果表明上下层结合良好，没有发现任何不密实的现象。已建工程实践表明，在－30℃的情况下所浇筑的沥青混凝土心墙质量亦可以得到保证。

（4）心墙结构与施工工艺简单，浇筑速度快，可与主体工程同步进行，便于施工管理和质量控制，可以缩短建设工期。

（5）导流费用低，根据东北地区已建若干工程，枯水期江河流量均较小，对于中低坝施工导流费仅占主体工程投资的4%～6%。根据已建工程的经验，浇筑式沥青混凝土心墙堆石坝宜采用一次截流，枯水期由导流洞过流，汛期由坝体预留缺口过流的导流方式。且施工机械费、后期维护费用低。

与碾压式沥青混凝土相比较，浇筑式沥青混凝土具有较高的密实度、不透水性、耐水性和耐久性，并具有较高的变形能力和抗裂稳定性，还具有产生裂缝后的自愈能力。从表3.6－1弯曲试验成果表可知，浇筑式沥青混凝土在低温下弯曲应变一般在1%以上，可以适应土石坝的变形要求，流变速度与流变压力也可以保证土石坝的稳定。

尽管存在上述优点，但目前浇筑式沥青混凝土心墙坝的设计方法与理论还不成熟，已建工程主要是经验型的，且基本位于寒冷地区，坝高多在20～40m。由于浇筑式沥青混凝土中的沥青含量较高，浇筑式心墙的流变变形和流变压力相对于碾压式沥青混凝土心墙大些，会引起一定的侧向压力，影响心墙的稳定，同时心墙的沉降量可能相对大些。早期浇筑式沥青混凝土心墙坝多用沥青砂浆砌块石或用沥青砂浆砌筑混凝土预制块作为浇筑沥青混凝土的模板，浇筑后与沥青混凝土共同形成主、副墙复式防渗结构。由于副墙材料变形模量较大，副墙对心墙的应力和变形状态可能存在不利影响。另外，如果施工中控制不好，浇筑式沥青混凝土可能产生离析现象。

浇筑式沥青混凝土心墙在20世纪30年代就已开始在苏联应用，80年代初在西伯利亚地区开始修建伯格切斯卡亚（Boguchanskaya，坝高82m）和泰尔芒斯卡亚（Telmamskaya，坝高140m）等高浇筑式沥青混凝土心墙堆石坝。1986年挪威建成斯特拉迈浇筑式沥青混凝土心墙堆石坝（坝高100.0m）。

20世纪70年代初，我国东北地区首先将浇筑式沥青混凝土技术用于筑坝，即吉林省安图县白河水电站拦河坝（坝高24.5m）。30多年来，在东北、新疆等地已建浇筑式沥青混凝土心墙坝或围堰20多座，坝高大都在20～40m之间，其中高50m以上有3座，已建同类工程见表3.6－2。

3.6.1.2　技术要求

浇筑式沥青混凝土心墙应具有以下基本性能：

（1）抗渗性。沥青混凝土心墙应在随坝体变形条件下保持抗渗性，孔隙率小于2%和渗透系数小于10^{-8}cm/s，水稳定系数不小于0.9。试验表明，浇筑式沥青混凝土的渗透系数一般小于10^{-8}～10^{-10}cm/s，属于无孔隙型沥青混凝土。

（2）适应坝体变形能力。在坝体施工期间、运行期间和地震情况下适应坝体的变形。已建工程实践表明，浇筑式沥青混凝土心墙在低温下的弯曲应变在1%以上，可以适应土石坝的变形，不会影响坝体的安全运用。

（3）施工流动性与抗分层性。沥青混合料施工期间应具有一定的流动性，且能在自重作用下压密，骨料与沥青不发生明显的分层现象。浇筑式沥青混凝土在180℃下的黏度η_{180}为10^2～10^4Pa·s时，可认为沥青混合料的施工流动性合格。浇筑后，浇筑式沥青混凝土还应具有抗离析能力，其分离度应小于1.05。

（4）抗流变性。沥青混凝土心墙在施工过程中和长期运用中所产生的流变变形和流变压力可以保证土石坝的稳定。原水利电力部东北勘测设计研究院对采用大庆沥青制备的沥青混凝土做了平行板间的浇筑试验，当试件厚38cm、气温为20℃时流变速度仅为2.74×10^{-2}cm/a，这样的流变量不会给工程造成危害。

国内浇筑式沥青混凝土心墙使用的沥青，早期多为低延度、低针入度和高含蜡量的掺配沥青，胶体结

表 3.6-1　　已建浇筑式沥青混凝土弯曲试验及配合比成果表

工程名称	试验温度（℃）	极限拉应变（%）	沥青混凝土配合比
吉林白河	0～3	1.3	大庆减压渣油 10%＋兰炼（10 号）5%、掺 2%石棉，石灰石粉 25%、砂子 29%和碎石 29%
黑龙江库尔滨	7～8 −40	1.3 0.12	大庆减压渣油 8.5%＋大庆沥青（10 号）8.5%、掺 4%石棉，石灰石粉 12%和石灰石碎屑 67%
黑龙江西沟	20 7	9.29 5.88	胜利沥青（60 号）12%，石灰石粉 8%、石灰石碎屑 51%和石灰石碎石 41%
黑龙江宝山	23 0～−1 −29	5.08 1.45 1.16	掺配沥青（大庆减压渣油：锦西 10 号＝2：1）12%、掺 2%石棉（7 级），石灰石粉 11%、石灰石碎屑 38%和石灰石碎石 37%
黑龙江山口	20 5 −16 −28	3.33 1.58 0.88 0.69	掺配沥青（大庆减压渣油：锦西 10 号＝1.3：1）12.5%，石灰石粉 15.5%、石灰石碎屑 36%和石灰石碎石 36%
黑龙江富地营子	10 −2 −15 −25	9.32 3.62 1.41 0.89	1 号沥青混凝土：胜利沥青（100 号）12%，石灰石粉 15%，细骨料（石灰石碎屑 0.08～5mm）40%，粗骨料（石灰石碎石 5～20mm）45%
	10 −2 −15 −25	11.41 9.29 3.19 0.92	2 号沥青混凝土：道路沥青（100 号）10%，石灰石粉 22%，细骨料 40%，粗骨料 38%

构为凝胶型，特点是抗流变性好，用其配成的浇筑式沥青混凝土具有应力屈服值或起始阻力，从而很好地保证了防渗心墙的力学稳定性。近年来，随着石油工业的发展和炼油技术的提高，另外减压渣油也很少生产，则多采用中、轻交通道路沥青或其与建筑沥青掺配的沥青。为了提高浇筑式沥青混凝土的抗流变性，可选用针入度较小、针入度指数较大的沥青，沥青针入度多为 40～100(0.1mm,25℃)，针入度指数在−2～+2之间。浇筑式沥青混凝土心墙的沉降量和沉降速度反映心墙的流变特性，若沉降量和沉降速度大，表明沥青混凝土心墙在自重作用下产生的流变会引起较大的侧向压力，有可能导致心墙的失稳，应予以限制。

根据实际工程观测值和中水东北勘测设计研究有限公司的试验成果，只要浇筑式沥青混凝土选择合适的沥青，心墙顶部的沉降速度很小。白河大坝运行 10 年后，实测大坝心墙最大沉陷为 39cm，人工抛石与心墙的沉陷基本上是同步的，心墙顶部向下游方向最大水平位移为 9.5cm，大坝运行 30 年后，又进行了系统观测，心墙没有出现新的沉陷和水平位移。库尔滨大坝运行一年后，实测心墙顶部最大沉陷为 4.1cm，顶部向下游方向水平位移 1.7cm；大坝运行 18 年左右又进行了观测，心墙顶部没有出现新的沉陷和水平位移。西沟大坝运行 5 年后进行了观测，其心墙顶部的沉陷为 20.4cm，顶部向下游方向的水平位移为 27.5cm，大坝蓄水后，出现了渗漏问题，渗漏量 0.13m^3/s，采取了堵漏措施使渗漏量减少了 30%。宝山大坝 1999 年蓄水，2002 年 10 月对心墙运行情况进行了观测，心墙顶部的沉陷和向下游方向的水平位移都很小，两者均为 2～3cm。一般心墙顶部流变沉降速度在完工后蓄水的最初几年限制在每年 1cm 左右，对心墙的稳定是有保证的。如流变沉降速度过大，沥青可改用凝胶型沥青。

浇筑式沥青混凝土心墙是在模板内浇筑热沥青混合料，经自重压密形成沥青混凝土防渗心墙，心墙在上、下游过渡区和坝壳的保护下随坝体变形而变形。浇筑式沥青混凝土配合比的设计，应以适应坝体变形、保持防渗性为原则，其配合比参考范围可为：沥青含量 9.5%～13%，填料 12%～18%，骨料最大粒径约为 19mm，级配指数 0.3～0.36。配合比应由试验确定。

3.6.2　结构设计

（1）浇筑式沥青混凝土心墙靠自重流变、稍加插捣密实，只能垂直布置，不能作倾斜布置。心墙轴线一般选在坝轴线上游侧，以便和上游防浪墙相连。心墙轴线一般采用直线布置。

（2）浇筑式沥青混凝土心墙的厚度可根据坝高、工程级别、沥青混凝土的流变特性、施工要求、当地气温和抗震要求等条件选定。浇筑式沥青混凝土心墙的厚度从防渗考虑，只需几厘米即可满足要求，从流变变形的角度来看，也是薄一点有利。但是考虑坝体剪切变形或受振动而发生相对错动，必须有一定防渗厚度；同时为了便于施工，保证施工质量，心墙厚度也不能过小；但如果心墙厚度过大，则向下的自重流变压力和流变量随之增大，这会导致心墙产生侧向膨胀。综合考虑上述各种因素，总结已建工程实践经验（见表 3.6-2），心墙厚度可按坝高的 1/100 控制，从顶部至心墙基座宜设成台阶式，逐级加厚，心墙顶部最小厚度一般大于 20cm。

（3）早期浇筑式沥青混凝土心墙，多采用沥青砂浆砌筑块石或混凝土预制块作为浇筑沥青混凝土的模板，混凝土预制块尺寸为 50cm×15cm（12cm）×20cm（长×宽×高），预制块在砌筑之前涂刷冷底子油，与浇筑后的沥青混凝土共同形成主、副墙复式防渗结构，其施工工艺简单。但由于主、副墙材料性能有差异，副墙对沥青混凝土心墙的应力状态和均匀变形不利，在一定程度上会影响到防渗心墙的整体稳定性和防渗效果。故对于低坝，副墙应采用柔性材料、轻质砌块等，与浇筑式沥青混凝土心墙变形能力相适应，且要耐久性好，如耐高温无纺布、沥青砂浆预制块及空心沥青混凝土预制块等。近期新疆等地新建的浇筑式沥青混凝土心墙多采用钢模板施工，施工速度快，技术经济效果好；东北的尼尔基工程采用柔性的布基材料（如无纺布）取代刚性的混凝土预制块副墙，利用提模和滑动模板施工浇筑式沥青混凝土新型复合防渗心墙，取得了较理想的效果；苏联鲍谷昌大坝浇筑式沥青混凝土心墙采用多种形式的模板配合使用，即在心墙纵向倾斜的基础部分采用与心墙轴线垂直布置的拼装式模板，在心墙基座部位采用提升—拆移模板，心墙其他部位采用提升式模板，心墙和过渡区可同时进行，贴近模板段的过渡区填筑和压实质量可以得到保证。浇筑式沥青混凝土心墙应提倡机械化方法施工，特别是坝高 50m 以上的较高坝，应尽量采用金属模板法、滑升模板法施工。为了防止沥青混凝土粘结模板，冬季可在模板内壁加铺一层耐高温土工织物，既可起到脱模剂作用，又可起到保温作用。

（4）心墙顶部和上游侧应设置保护层，保护层厚度应根据冻结深度及坝顶结构型式等综合选定。东北地区修建的浇筑式沥青混凝土心墙坝大都在坝上游坡顶部专门用干砌石砌筑保护体，心墙上游增设一层厚 5～10cm 聚苯乙烯硬质泡沫板（或沥青珍珠岩预制块）作为保温层。

（5）由于施工期洪水主要由坝体预留的导流缺口来宣泄，导流缺口部位的沥青混凝土心墙，相对于两侧心墙一般会滞后较长一段时间施工。导流缺口部位等心墙分期浇筑段的斜立面，在施工前不太好处理，时间又紧，可根据工程特点设止水铜片，以保证分期浇筑心墙良好的防渗效果。

（6）沥青混凝土心墙两侧应设置过渡区，其使用材料的质量要求与一般土质心墙过渡料（反滤料）基本一样，但材料的级配应满足沥青混凝土心墙对过渡区功能的要求。过渡区一般采用碎石或砂砾石，要求质密、坚硬、抗风化及耐侵蚀，其厚度宜为 1.5～3.0m，应根据坝壳材料特性、坝高和部位而定。过渡料应级配良好，最大粒径不宜超过 60mm，压实后小于 5mm 粒径的含量宜为 20%～35%，小于 0.075mm 粒径的含量不宜超过 5%，具有良好的排水性和渗透稳定性。工程实践经验和试验成果表明，当过渡料最大粒径小于 60mm 时，易保证过渡区非线性模量与心墙非线性模量的匹配和过渡区的均质性，限制 5mm、0.075mm 颗粒含量在于保证过渡区的排水性，故过渡区级配最好通过试验确定。要考虑浇筑式沥青混凝土的变形模量较小的特性，尽量使心墙、过渡区及坝壳料的变形平缓过渡。

3.6.3　心墙与基础、岸坡及其他建筑物连接

沥青混凝土心墙与基础和岸坡的连接，应设置水泥混凝土基座。浇筑式沥青混凝土心墙与基座连接部位是防渗的薄弱部位，且该部位往往是采用人工或者小型机具进行施工的，必须重视该部位的设计。心墙与岸坡基座及刚性建筑物连接部位，为了使连接面相对错位小，不出现拉应力，保证防渗效果，其坡度一般缓于 1∶0.35（垂直∶水平）。心墙与坝基、岸坡基座及刚性建筑物连接处，心墙厚度应逐渐扩大，与基座连接处心墙厚度应逐渐加厚至心墙有效厚度的 3～5 倍。

基座宽度除保证设置加厚的心墙外，还应满足基岩渗流控制和方便心墙施工。坝基防渗工程应在沥青混凝土施工前完成，以减少施工干扰。心墙与基础、岸坡及刚性建筑物的连接应保证该处止水铜片不发生破坏。止水铜片可采用螺栓并配合界面黏结剂固定，

表 3.6-2　　国内外已建浇筑式沥青混凝土心墙坝特性表

编号	工程名称	完成年份	坝壳料	库容（万 m^3）	坝高（m）	心墙厚度（cm）	副墙
1	吉林白河	1972	堆石	356	24.5	12～15	渣油砂浆砌筑块石，40cm
2	辽宁郭台子	1977	砂砾石	632	20.5	15～30	沥青砂浆砌块石，30cm
3	北京杨家台	1980	堆石	23	15	30	沥青砂浆砌块石，上游侧 20cm、下游侧 40cm
4	河北二道湾	1981	堆石	620	30	20～25	
5	辽宁碧流河副坝	1983	堆石	93100	32.3	40～50	
6	黑龙江库尔滨	1984	堆石	39000	23.5	20	沥青砂浆砌混凝土预制块，上、下游各 15cm
7	黑龙江西沟	1991	堆石	19000	33.8	12～22	沥青砂浆砌混凝土预制块，上、下游各 15cm
8	黑龙江象山	1996	堆石	30200	50.7	16～40	沥青砂浆砌混凝土预制块，上、下游各 15cm
9	黑龙江山口	1998	堆石	85900	35.7	18～22	沥青砂浆砌混凝土预制块，上、下游各 15cm
10	黑龙江宝山	1999	堆石	4200	39.3	16～24	沥青砂浆砌混凝土预制块，上、下游各 15cm
11	黑龙江富地营子	2002	堆石	9600	29.9	18～20	沥青砂浆砌混凝土预制块，上、下游各 12cm
12	黑龙江聚宝	2003	堆石	5700	44.8	22～28	沥青砂浆砌混凝土预制块，上、下游各 15cm
13	黑龙江团结	2005	堆石		42.3	20～40	沥青砂浆砌混凝土预制块，上、下游各 15cm
14	新疆恰卜其海上游围堰	2003	堆石		49	30～40	无
15	俄罗斯泰尔芒斯卡亚		堆石		140	50～140	无
16	俄罗斯伯格切斯卡亚		堆石		82	60～120	无

以确保不渗漏。止水铜片上应涂刷沥青涂料，以利于与沥青混凝土黏结。

基座表面与沥青混凝土相接部位，应除去其表面浮浆、乳皮、废渣及黏着污物等，最好在水泥混凝土初凝后至终凝前进行冲毛，在施工时直接作糙化处理。一般混凝土表面应均匀涂刷一层稀释沥青（用量为 0.15～0.2kg/m²）或喷涂阳离子乳化沥青，再涂刷一层砂质沥青玛琋脂，或铺筑一层厚约 1cm 沥青砂浆垫。

浇筑式沥青混凝土心墙与岩基和土基的连接构造如图 3.6-1 和图 3.6-2 所示。

浇筑式沥青混凝土心墙与溢洪道边墩和坝下涵管的连接构造如图 3.6-3 所示。

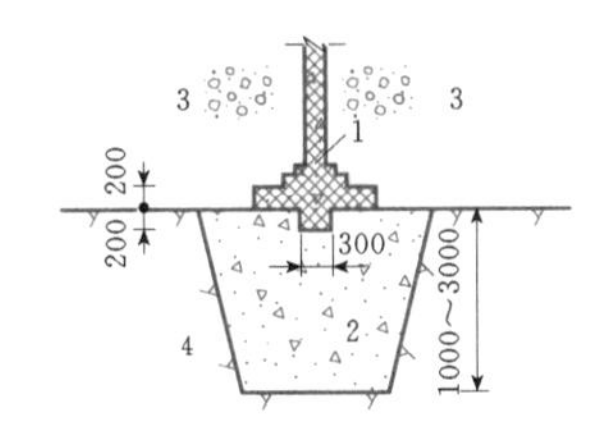

图 3.6-1　浇筑式沥青混凝土心墙与岩基的连接示意图（单位：mm）

1—沥青混凝土心墙；2—混凝土基座；3—过渡区；4—基岩

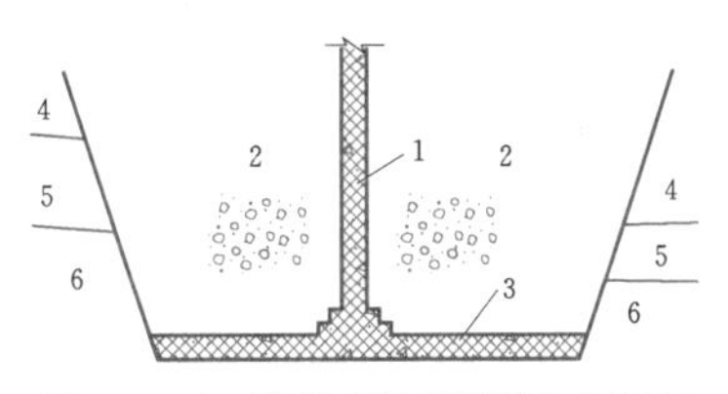

图 3.6-2　浇筑式沥青混凝土心墙与土基的连接示意图

1—沥青混凝土心墙；2—过渡区；3—沥青混凝土底板；4—含碎石黏土；5—粉质黏土；6—夹块石的粉质黏土

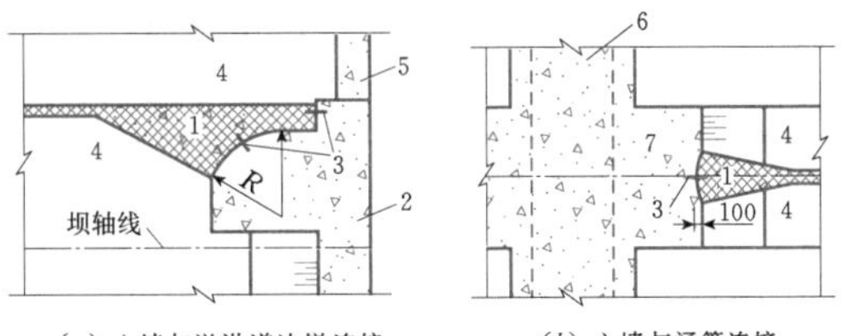

图 3.6-3　浇筑式沥青混凝土心墙与刚性建筑物的连接示意图（单位：mm）

1—沥青混凝土心墙；2—溢洪道边墩；3—止水铜片；4—过渡区；5—引渠导墙；6—涵管；7—混凝土齿墙

浇筑式沥青混凝土心墙与防浪墙的连接构造如图 3.6-4 所示。

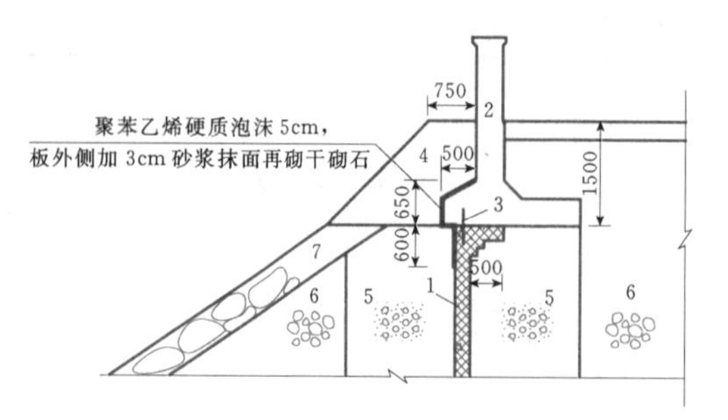

图3.6-4　浇筑式沥青混凝土心墙与防浪墙的连接示意图（单位：mm）

1—沥青混凝土心墙；2—混凝土防浪墙；3—止水铜片；4—干砌石；5—过渡区；6—坝体堆石；7—干砌石护坡

浇筑式沥青混凝土心墙与岸坡的连接构造如图3.6-5所示。

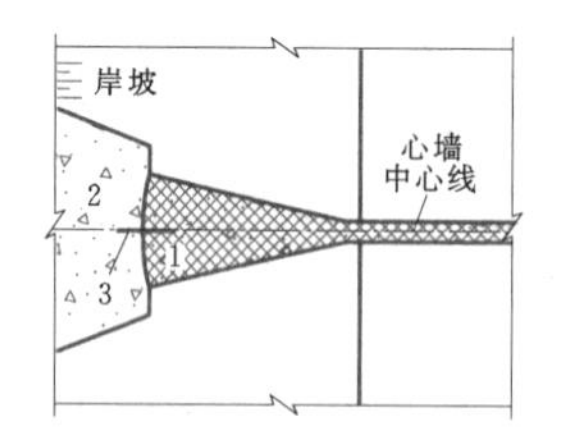

图3.6-5　浇筑式沥青混凝土心墙与岸坡的连接示意图

1—沥青混凝土心墙；2—岸坡混凝土齿墙；3—止水铜片

3.6.4　特殊分析计算

3.6.4.1　浇筑式沥青混凝土心墙的顶部流变速度及侧压力

1. 浇筑式沥青混凝土心墙的顶部垂直流变速度

《土石坝沥青混凝土面板和心墙设计规范》（DL/T 5411—2009）在条文说明中列出了三种浇筑式沥青混凝土心墙顶部的流变沉降速度计算方法。

方法一：根据苏联水利科学研究院（ВНИИГ）有关文献，当采用针入度指数为－2～＋2的沥青时，浇筑式沥青混凝土在常温下有如下基本关系：

$$\tau^{\beta} = [\eta]\frac{\mathrm{d}v}{\mathrm{d}x} \tag{3.6-1}$$

式中　τ——切应力；

$\frac{\mathrm{d}v}{\mathrm{d}x}$——速度梯度；

$[\eta]$——心墙沥青混凝土的结构黏度，$(\mathrm{dyn/cm^2})^{\beta}\cdot \mathrm{s}$，由流变试验确定；

β——无因次的异变指数，由流变试验确定。

按此基本关系，提出心墙顶部的流变沉降速度计算式为

$$V = \frac{2^{(\beta+1)}(\gamma_a-\gamma_w-\lambda\gamma'_g)^{\beta}}{(\beta+1)(\beta+2)b^{(\beta+1)}[\eta]}H^{(\beta+2)} \tag{3.6-2}$$

式中　V——心墙顶部流变沉降速度，cm/s；

b——心墙平均厚度，cm；

H——心墙垂直高度，cm；

γ_a——心墙沥青混凝土的容重，$\mathrm{dyn/cm^3}$；

γ_w——水的容重，$\mathrm{dyn/cm^3}$；

γ'_g——心墙上游坝壳料的浮容重，$\mathrm{dyn/cm^3}$；

λ——心墙上游坝壳料在饱和状态下的侧压力系数。

λ按下式计算：

$$\lambda = \frac{\cos^2\theta}{\cos(\theta+\varphi')}\left(1-\sqrt{\frac{\sin(\theta+\varphi')\sin\varphi'}{\cos\theta}}\right)^2 \tag{3.6-3}$$

式中　θ——坝体上游坡的水平夹角；

φ'——心墙上游坝壳料在饱和状态下的摩擦角。

此式推导中，采用达因（$1\mathrm{dyn}=10^{-5}\mathrm{N}$）、厘米（cm）、秒（s）单位制，在式中$\mathrm{cm}^{-\beta}$量纲因取单位值而未表示出来。

方法二：根据《水工沥青与防渗技术》杂志1987年第2期王为标等“沥青防渗结构计算公式的推导和应用”一文：

$$V = \frac{1}{(1-\beta)bDH^{\beta}}\times\left[(\gamma_a H-\gamma_w H-\lambda\gamma'_g H)^{(1-\beta)}-\frac{t}{KDH^{(\beta+1)}}\right]^{\frac{\beta}{1-\beta}} \tag{3.6-4}$$

其中
$$D = \frac{2^{(\beta+1)}(\beta+2)[\eta]}{(1-\beta)b^{(\beta+2)}} \tag{3.6-5}$$

式中　K——心墙两侧堆筑料的变形系数，$\mathrm{cm^3/dyn}$；

t——时间，s。

方法二：根据原水利电力部东北勘测设计院推导，适用于针入度指数大于＋2的沥青。因这种沥青属于凝胶型沥青，它具有应力屈服值，用其配制的浇筑式沥青混凝土，则有如下基本关系式：

$$(\tau-\xi)^{\beta} = \eta_p\frac{\mathrm{d}v}{\mathrm{d}x} \tag{3.6-6}$$

式中　ξ——屈服应力，$\mathrm{dyn/cm^2}$；

η_p——塑性黏度，$(\mathrm{dyn/cm^2})^{\beta}\cdot\mathrm{s}$。

按此基本关系式，流变沉降速度计算式为

$$V = \frac{b}{2\eta_p(\gamma_a-\gamma_w-\lambda\gamma'_g)^2(\beta+2)(\beta+1)}\times\left(\frac{2(\gamma_a-\gamma_w-\lambda\gamma'_g)H}{b}-\xi\right)^{(\beta+2)} \tag{3.6-7}$$

根据近10年的研究和实际工程的观测，结合原水利电力部东北勘测设计院科研所的试验成果，方法一没有考虑时间t和坝壳料的变形系数K的因素，是

不完善的，计算结果偏大，与原水利电力部东北勘测设计院科研所的试验成果和实际工程的观测不符；方法三，由于我国石油工业的发展和沥青市场供应情况，可以采用优质沥青，而不再用针入度指数大于2的沥青；方法二考虑了时间 t 和坝壳料的变形系数 K，比较合理，量纲正确，计算结果与试验和观测比较符合，故推荐采用方法二计算式（3.6-4）。

2. 浇筑式沥青混凝土心墙的顶部水平流变速度

$$u=\frac{Vb}{H} \tag{3.6-8}$$

式中 u——心墙顶部流变速度，cm/s。

3. 浇筑式沥青混凝土心墙的顶部流变侧压力

心墙挡水以后的流变侧压力根据下式计算：

$$t=G[(\gamma_a H-p_w)^{(1-\beta)}-(\gamma_a H-p_t)^{(1-\beta)}] \tag{3.6-9}$$

$$G=\frac{2^{(\beta+1)}[\eta]K(\beta+2)H^{(\beta+1)}}{1.5^{\beta}(1-\beta)b^{(\beta+2)}}$$

式中 β——无因次异变指数，由流变试验确定；

$[\eta]$——结构黏度 $Pa^{\beta}\cdot s$，由流变试验确定；

γ_a——沥青混凝土容重，N/m^3；

H——坝高，m；

b——心墙厚，m；

t——时间，s；

K——坝壳料的变形系数，m/Pa；

p_w——水压力，Pa；

p_t——t 时间的流变侧压力，Pa。

算例：某浇筑式沥青混凝土心墙砂砾石坝，高50m，心墙平均厚度50cm，当地年平均温度8℃。通过试验，采用沥青混凝土配合比为：沥青含量12.5%，矿粉含量15.5%，粒径小于5mm的细骨料含量36%，粒径为5～20mm粗骨料含量36%，容重 $\gamma=20kN/m^3$。通过剪切流变试验测得异变指数 $\beta=2.2$，结构黏度 $[\eta]=9\times10^{15}Pa^{\beta}\cdot s$。坝壳料浮容重 $\gamma'=12kN/m^3$，坝壳料在饱和状态下的摩擦角 $\varphi'=30°$，坝壳料的变形系数 $K=8\times10^{-9}m/Pa$，坝坡平均坡度1∶2.5。

按以上公式计算可得：坝壳料在水中的侧压力系数 $\lambda=0.275$；心墙蓄水1年后顶部垂直流变速度 $V=8.0097\times10^{-11}m/s=2.53mm/年$；心墙流变引起宽度方向的扩宽速度 $u=8.0097\times10^{-13}m/s=0.0253mm/年$；心墙蓄水1年后的流变侧压力 p_t 为0.518MPa。

心墙蓄水后各不同年限的流变速度及侧压力见表3.6-3。

表3.6-3 心墙蓄水后各不同年限的流变速度及侧压力

年 限	1	2	5	10	50
心墙顶垂直流变速度(mm/a)	2.53	2.47	2.33	2.11	1.12
心墙水平扩宽速度(mm/a)	0.0253	0.0247	0.0233	0.0211	0.0112
流变侧压力(MPa)	0.518	0.535	0.579	0.635	0.815

3.6.4.2 浇筑式沥青混凝土心墙土石坝变形和应力应变分析

对高于30m的浇筑式沥青混凝土心墙土石坝一般宜进行变形和应力应变分析。计算所需参数，对于重要的工程应通过试验获得，试验时的温度宜采用当地的多年平均气温，试验加荷速度尽量接近心墙的施工速度并结合考虑水库的运行工况；其他工程可用工程类比法确定。东北地区已建的坝高超过30m的浇筑式沥青混凝土心墙土石坝大都采用有限元方法进行了二维应力应变分析，分析采用非线性双曲线（E—μ 或 E—B 模型）应力应变模型，心墙和过渡料之间一般设置接触（摩擦）单元，计算参数由三轴试验提供。有些工程还利用原型观测资料进行了反演分析。

由于浇筑式沥青混凝土沥青含量较大，除非在低温情况下，三轴试验一般很难获得理想结果。目前工程实践不多，计算参数的选取还不一定合理及符合实际，尤其是对分析成果影响最显著的 K、n 等参数很不稳定，缺乏规律性。浇筑式沥青混凝土心墙土石坝的有限元结构分析、材料试验等研究还有待逐步改进。

3.6.5 工程实例

1. 库尔滨水电站浇筑式沥青混凝土心墙坝

库尔滨水电站位于黑龙江省逊克县境内，大坝位于高寒地区，冬季长达半年，夏季多雨。由于浇筑式沥青混凝土防渗心墙可以冬季施工，减少了施工导流的工程量，大大减少了工程投资。工程最大坝高23.5m，上、下游坝坡均为1∶1.5。沥青混凝土心墙的厚度为20cm，心墙两侧用沥青砂浆砌筑水泥混凝土预制块筑成两道副墙，混凝土预制块的厚度为15cm，高20cm，长50cm。每次浆砌副墙二层，共40cm，作为浇筑沥青混凝土的模板。沥青混凝土的配合比为：大庆沥青8.5%，大庆减压渣油8.5%，7号石棉4%，石灰石粉12%，石灰石碎屑（0.074～15.0mm）67%。沥青混凝土拌和出机温度不低于140℃，入仓温度不低于130℃，每层浇筑高度为

20cm。过渡区回填时与心墙浇筑高度相适应，以保证心墙的稳定。施工时最低气温为−10℃左右，沥青混凝土仍具有很好的和易性，层面能够很好结合，施工质量得到保证。

大坝于 1984 年 7 月开始蓄水，运行一年多进行了系统观测，实测到心墙顶部最大沉陷为 4.1cm，顶部向下游方向水平位移 1.7cm，没有发现有漏水现象。大坝运行 18 年左右，于 2002 年 10 月又进行了观测，心墙顶部没有出现新的沉陷和水平位移，防渗效果良好，大坝运行正常。

2. 宝山水电站浇筑式沥青混凝土心墙坝

宝山水电站位于黑龙江省逊克县境内，大坝为堆石坝，坝高 39.3m，上、下游边坡均为 1∶1.5，坝顶全长 622.28m。挡水结构采用浇筑式沥青混凝土心墙，心墙上、下游两侧采用 15cm 厚的沥青砂浆砌筑水泥混凝土预制块为副墙。高程 275.00m 以下心墙厚度为 24cm，高程 275.00～281.00m 为 22cm，高程 281.00～287.00m 为 20cm，高程 287.00～293.00m 为 18cm，高程 293.00m 以上为 16cm。心墙与堆石之间设置了 3m 厚的碎石过渡区。

浇筑式沥青混凝土选用了调合沥青，其掺配比例为：锦西 10 号沥青∶大庆减压渣油＝1∶2。大庆减压渣油含有较多的蜡，其软化点为 36℃。锦西 10 号沥青的软化点为 110℃，针入度 14（25℃，0.1mm），延伸度 2.7（25℃，cm）。锦西 10 号沥青与大庆减压渣油掺配后的性能为：软化点 43℃，针入度 349（25℃，0.1mm），延伸度 23（25℃，cm），其针入度指数为 4.99，属于凝胶型，具有抗流变性好和感温小的特点。浇筑式沥青混凝土的配合比为：调合沥青 12%，石灰石粉 11%，石棉（7 级）2%，石灰石碎屑（0.08～5.0mm）38%，石灰石碎石（5.0～20.0mm）37%。该配合比在 140℃时具有足够的流动性和和易性，浇筑期间不出现沥青与骨料的分离现象。其容重为 2.27g/cm^3，水稳定系数为 0.99。在应变速度为 8.05×10^{-7}/s 条件下，23℃下的破坏应变为 5.08%。在 0～−1℃下，破坏应变为 1.45%；在−29℃下，破坏应变为 1.16%。对选用的配合比进行了流变模拟试验，在固定垂直的两个平行的混凝土板之间，浇筑 24cm 厚的沥青混凝土，上下面临空，在 18℃下长期未出现自重流变。

浇筑式沥青混凝土心墙是在寒冬条件下开始浇筑的，经开挖检查，结合层面致密、粘合良好。这是由于浇筑式沥青混凝土热容量大，新浇沥青混凝土将下部沥青混凝土表层熔化，使上下层熔合成一个整体，这正是浇筑式沥青混凝土的优点之一。心墙的施工面小，便于保护和清理，雨雪后只要用高压风将沥青混凝土表面吹干，即可继续施工。过渡料每次填厚 30cm，用机动夯板夯实，堆石大块石上铺碎石用重型汽车碾压。

大坝运行情况：自 1999 年蓄水以来，在沥青混凝土心墙坝段没有发现渗水。2002 年 10 月对心墙运行情况进行了观测，心墙顶部的沉陷和向下游方向的水平位移都很小，两者均为 2～3cm。从运行情况来看，工程质量较好，运行正常，心墙具有足够的力学稳定性、可靠的防渗性和很高的抗裂稳定性。

3. 富地营子水库浇筑式沥青混凝土心墙坝

富地营子水库坐落在黑龙江支流公别拉河上游，大坝地处高纬度区，属寒温带气候，多年年平均气温为−0.03℃，夏季最高气温 36.5℃，冬季最低气温−44.5℃。拦河坝为浇筑式沥青混凝土心墙堆石坝，坝顶高程 384.50m，坝顶长 1328.0m，上、下游坝坡均为 1∶1.5。沥青混凝土心墙轴线布置在坝轴线上游 2.71m 处，心墙均建于岩基上，其厚度在高程 370.00m 以上为 18cm，在 370.00m 以下为 20cm，两侧采用沥青砂浆砌混凝土预制块，每块尺寸为 50cm×12cm×20cm（长×宽×高）。在心墙与堆石之间设顶厚为 1.50m，坡度为 1∶0.5 的砂砾石过渡区。

沥青材料：采用胜利 100 号甲，针入度 95（25℃，0.1mm），延伸度 96（25℃，cm），软化点 50℃，针入度指数为 0.524，属于溶—凝胶型。施工后期又采用了进口原油炼制的道路 100 号石油沥青。其针入度（25℃，0.1mm）103，延伸度（25℃，cm）100，软化点 46℃，针入度指数−0.384，属溶—凝型胶体结构。1 号沥青混凝土配合比：胜利 100 号沥青 12%，石灰石粉 15%，细骨料（石灰石碎屑 0.08～5.0mm）40%，粗骨料（石灰石碎石 5.0～20.0mm）45%。2 号沥青混凝土配合比：道路沥青 100 号（进口原油炼制的）10%，石灰石粉 22%，细骨料（石灰石碎屑 0.08～5.0mm）40%，粗骨料（石灰石碎石 5.0～20.00mm）38%。以上选用的沥青混凝土配合比，在 150℃下具有足够的流动性和和易性，浇筑期间不出现沥青与骨料的离析现象。

极限破坏应变试验是采用小梁弯曲法，其步骤是将 5cm×10cm×40cm 的条状试件置于两个支点上，使其构成简支梁，在跨中点以一定应变速度强制变形，本试验采用应变速度为 8.05×10^{-7}/s。强制变形一直使试件受拉面出现裂缝为止。试验结果：1 号沥青混凝土在 10℃下拉应变为 9.32%，在−2℃下拉应变为 3.62%，在−15℃下拉应变为 1.41%，在−25℃下拉应变为 0.89%；2 号沥青混凝土在 10℃

下拉应变为 11.41%，在 5℃下拉应变为 9.29%，在 0℃下拉应变为 3.19%，在 −22℃下拉应变为 0.92%。试验结果表明，已选配的浇筑式沥青混凝土具有很好的变形性能，在运行条件下，可以适应防渗心墙可能产生的最大变形。

对沥青混凝土作了在平行板之间的自重流变试验，沥青混凝土在垂直固定的平行板之间的沉陷可用下式表示：

$$Q=\frac{\alpha\gamma_b^{\beta}(\alpha-\alpha_0)^{\beta+1}}{\eta_{PI}(\beta+2)2^{\beta+1}}\left[1+\frac{\alpha_0}{(\beta+1)\alpha}\right] \tag{3.6-10}$$

式中 Q——单位宽度流量，cm^3/s；

α——沥青混凝土厚度，cm；

α_0——沥青混凝土在平行板之间不产生自重流变的厚度，cm；

γ_b——沥青混凝土容重，t/cm^3；

β——无因次的变异常数；

η_{PI}——塑性黏度，$(t/cm^2)^{\beta}\cdot s$。

在心墙条件下，应考虑水压力和堆石侧压力的作用。心墙在上部断面自重作用下，其单位时间的单宽流量可用下式表示：

$$Q=\frac{\alpha\gamma_b^{\beta}(\alpha-\alpha_0)^{\beta+1}}{\eta_{PI}(\beta+1)2^{\beta+1}}\left[1+\frac{\alpha_0}{(\beta+1)\alpha}\right]I^{\beta} \tag{3.6-11}$$

式中 I——心墙上部断面的水头梯度。

I 按式（3.6-12）计算：

$$I=\frac{(\gamma_b-\gamma_\omega-\lambda\gamma_m)H}{\gamma_b H}=\frac{(\gamma_b-\gamma_\omega-\lambda\gamma_m)}{\gamma_b} \tag{3.6-12}$$

式中 γ_ω——水的容重；

γ_m——堆石浮容重；

λ——上游坝壳料主动压力系数；

H——心墙垂直高度。

运行 t 时间后的沉陷为

$$\Delta H=Qt=\frac{\gamma_b^{\beta}(\alpha-\alpha_0)^{\beta+1}}{\eta_{PI}(\beta+1)2^{\beta+1}}\left[1+\frac{\alpha_0}{(\beta+1)\alpha}\right]I^{\beta}t \tag{3.6-13}$$

该试验项目自 2000 年初开始，至 2003 年 4 月为止。试验结果如下：1 号沥青混凝土：在平行板之间的沥青混凝土厚度为 20cm，25℃时，沉陷速度为 0.45mm/a；20℃时，未产生自重流变，沉陷速度为零。2 号沥青混凝土：在平行板之间的沥青混凝土厚度为 20cm，15℃时，沉陷速度为 1.64mm/a。

综合上述可以看出，浇筑式沥青混凝土在固定的两个平行板之间的沉降速度乘上因子才是心墙的沉陷速度。大量资料表明，水头梯度约为 1/2 左右，β 值约为 2 左右，I^{β} 的数值约为 1/4 左右。坝区年平均气温为−0.03℃，心墙的温度变幅是很小的，几乎是在常温下运行。可以设想，心墙长期处于 15℃以下，在此心墙条件下，1 号沥青混凝土在平行板之间像一个“固体塞子”，沉陷速度为零。2 号沥青混凝土在固定垂直的两个平行板之间的沉陷速度为 1.64mm/a，在心墙条件下，其沉陷速度也只有 0.41mm/a，可以认为，心墙的垂直沉陷远小于堆料的沉陷，心墙安全可靠。

4. 恰卜其海水利枢纽浇筑式沥青混凝土心墙围堰

恰卜其海水利枢纽工程大坝为黏土心墙坝，最大坝高 108m。上游围堰与坝体结合，布置在大坝上游坡脚处，上游围堰原设计为土工膜心墙，后因围堰需冬季施工，为保证施工工期及施工质量，将其改为浇筑式沥青心墙，是目前新疆已建最高的浇筑式沥青心墙围堰。最大堰高 49.0m，堰顶宽度 15.5m。大坝于 1999 年 8 月 24 日开工，2002 年 7 月蓄水。蓄水后大坝心墙运行正常，没有发现异常现象。

防渗体轴线与堰体轴线一致，布置在堰顶中心线处，采用垂直式沥青混凝土心墙。沥青心墙顶高程 948.20m，心墙厚度：高程 948.20～930.00m 心墙厚 0.3m，高程 930.00m 至扩大基础心墙厚 0.4m，扩大基础底宽 0.8m，高 0.75m。沥青心墙防渗体建在混凝土截水墙上，在建基面上浇筑厚 1.5m、宽 2.0m 的梯形混凝土截水墙，沥青心墙扩大基础嵌入混凝土截水墙 0.25m，将基岩与沥青混凝土防渗体连为一体。沥青心墙扩大基础与截水墙之间设 1cm 厚沥青玛琋脂，以增大黏接力并适应心墙水平变形。

经过室内和现场试验最终采用的施工配合比见表 3.6-4。

表 3.6-4 恰卜其海上游围堰浇筑式沥青混凝土心墙施工配合比

沥青（%）	砾石（%），粒径 20～2.5mm	砂（%），粒径<2.5mm	填料
11.5	36.5	36.5	15.5

沥青：针对围堰施工期安排在冬季，对沥青的要求如下：①为提高浇筑式沥青混凝土的抗流变性和低温抗裂性，采用针入度指数较大的沥青，即多蜡低延伸度的沥青，如道路石油沥青、建筑沥青等；②沥青混凝土的沥青含量为沥青混合料总重的 10%～16%；③沥青砂浆中的沥青含量为沥青混合料总重的 14%～20%。施工中选用新疆独山子天利高新技术股份有限公司生产的道路石油沥青 60 号。

沥青混凝土粗骨料：围堰沥青心墙为临时性工程，挡水时间仅有一个汛期，因工期紧迫，施工准备不足，在采用抗剥离措施的条件下，选用工地砂石加工厂的砾石（5～20mm）作粗骨料。选用的抗剥离措施为在填料中掺普通硅酸盐水泥，在沥青中掺抗剥离剂。

沥青混凝土细骨料：细骨料采用砂石加工厂生产的山砂与人工砂。

5. 俄罗斯的浇筑式沥青混凝土心墙工程

浇筑式沥青混凝土心墙防渗体早在20世纪30年代就已在苏联开始应用，并在尼日涅-斯维尔斯基心墙坝的施工中取得了成功的经验。20世纪70年代以后，工程技术人员对采用浇筑式沥青混凝土作为土石坝心墙防渗体的可行性，即沥青混凝土的配合比、性能、制备以及心墙的施工工艺、应力—应变状态计算等方面，开展一系列的研究工作。研究结果及工程实践证实，浇筑式沥青混凝土与碾压式沥青混凝土相比，具有较高的密实度、不透水性和耐久性，能适应较大的变形，并具有裂缝自愈能力，作为土石坝防渗体是安全可靠的；浇筑式沥青混凝土靠自重压实，不需要任何压实机械，因而简化了心墙的施工程序。此外，由于该技术采用高温热拌沥青混凝土，故可在多雨、寒冷等较恶劣的气候条件下全年施工，从而大大缩短了工期。鉴于以上的优点和显著的经济效益，浇筑式沥青混凝土防渗体在俄罗斯的北部、西伯利亚寒冷地区的土石坝建设中被相继采用。到20世纪80年代，在西伯利亚已开始修建鲍谷昌（坝址区年平均气温为－3.2℃，年冰冻期平均112d）和捷尔马姆（坝址区年平均气温在－5～－3.3℃之间，年冰冻期大约200天，最低气温－55℃）两座浇筑式沥青混凝土心墙堆石坝，坝高分别为82m和140m，其技术水平处于世界领先地位。

沥青混凝土心墙最普遍采用的型式是垂直式。1985年苏联颁布的建筑法规“土石材料坝”中规定：土石坝中沥青混凝土心墙的厚度，取决于保持它在施工期和运行期的整体性和承载能力的条件，初步可按下列公式确定：

$$t=\alpha+0.008H \tag{3.6-14}$$

式中 t——心墙厚度，m；

H——心墙截面处的水头，m；

α——沥青混凝土心墙顶宽，α=0.4～0.5m。

浇筑式沥青混凝土采用流态的高温热拌沥青混凝土，其沥青含量较高。俄罗斯多采用道路石油沥青，标号为：ВНД-90/130、ВНД-60/90、ВНД-40/60、ВН-90/130、ВН-60/90（ГОСТ 22245—76），通常对水工建筑物建议采用ВНД-60/90。В.Е.维捷涅耶夫水工科学研究院推荐，作为堆石坝心墙防渗体的流态沥青混凝土，其配合比见表3.6-5。

表3.6-5 流态沥青混凝土配合比（%）

材料	碎石或砾石粒径，15～35mm	碎石或砾石粒径，5～15mm	粗石英砂	矿 粉	表面活化剂	沥青ВНД-60/90或ВНД-90/130
粗粒径	25～35	20～35	25～35	20～24	2.0	9～11
细粒径		35～45	30～45	22～26	3.0	10～13

为改善沥青混凝土在负温下的工艺性能，可在其组成成分中添加黏性聚合物。在选择沥青混凝土的种类和配合比时，就使沥青混凝土心墙材料的变形模量与支撑坝体的土石料变形模量在数值上尽可能接近，以保证防渗体的结构稳定性达到最佳状态。

近年来，俄罗斯在土石坝应力应变计算方面，广泛采用数值计算方法。П.Н拉斯卡佐夫教授等提出了以土的能量模型为基础的局部变分法和有限单元法，土的能量模型完全准确地描述土在荷载作用下的工作状态，并能考虑应力应变间的非线性关系、加荷途径、剪胀、流变和其他一些材料性质。Х.С.舍林别道夫用能量模型描述坝体材料和沥青混凝土的应力应变关系，采用上述方法对浇筑式沥青混凝土心墙土石坝的坝体及心墙进行应力及变形计算，并分析了沥青混凝土材料的配合比、温度、边界条件、分期施工对心墙应力应变的影响。分析结果表明：浇筑式沥青混凝土心墙土石坝是具有足够安全性的先进结构，它在工程实践中将进一步得到更广泛的应用。

3.7 工程安全监测

3.7.1 概述

3.7.1.1 防渗体监测特点

沥青混凝土防渗的土石坝，按照防渗体在坝体中的位置不同，可分为沥青混凝土面板坝和沥青混凝土心墙坝。沥青混凝土防渗体作为大坝的唯一防渗屏障，防渗体结构稳定关系到整个大坝的安全运行，是大坝安全监测重点项目之一。沥青混凝土防渗体安全是安全监测的重点，如：沥青混凝土的应力及变形特性、耐久性、抗老化问题；沥青混凝土面板的高温斜坡流淌、低温抗裂问题；沥青混凝土心墙的“拱效应”、水力劈裂问题。安全监测设计应针对以上问题进行除常规监测设计以外的专项监测设计。

3.7.1.2 监测设计原则

大坝安全监测设计应根据工程等级、规模、结构型式、地质条件等进行，监测项目的确定、观测断面的选择及监测仪器布置应符合《土石坝安全监测技术规范》（SL 60、DL/T 5259）的要求，设计过程中应遵循以下原则：

（1）以确保工程安全运行为前提，动态监控工程运行期各部位的工作状态，预测、预报运行工作性态，以便及时进行维护，避免小型事故，杜绝大、中型事故，使工程在设计年限内保持良好工作状态，安全运行。

（2）突出重点、兼顾全面、统一规划、逐步实施。应根据坝体结构特点、地质条件选取具有代表性的坝段和部位作为典型观测坝段，其他为一般性或辅助观测坝段。典型观测坝段观测项目要齐全，仪器布置要相对集中，对重要效应量应采取多种方法进行平行观测。辅助观测坝段也应以重要物理量为主。次要观测坝段观测项目和仪器布置数量相对减少，仪器布置主要针对典型坝段进行校核、比对。一般性观测坝段，仅布置少量仪器和测点，以掌握工程整体运行状态。

（3）兼顾设计、施工、科研的需要。布置仪器时，达到验证、调整、优化工程设计、指导施工目的，获取满足安全监控和建立安全监测预报模型需要的主要效应参量（心墙水平位移、沉降等）和原因参量（上下游水位），为深入分析及科学研究提供数据资料。

（4）监测设计要有针对性。要明确布置每支仪器的意图和作用，要针对安全监控所需要的效应参量和原因参量，以及设计和施工所需解决的问题而布置仪器。

（5）监测项目要相互协调、同步，变形监测、渗流监测、应力、应变及温度等监测仪器宜在同一典型观测坝段上埋设，以便互相校核和检验。

（6）监测应尽量相互结合。做到临时与永久相结合，动态监测与静态监测相结合，人工巡视与仪表监测相结合，充分发挥仪器作用，尽量避免浪费人力和仪器设备，力求相互校核和补充。

沥青混凝土防渗体监测内容主要有巡视检查、渗流监测、变形监测、应力应变监测等。针对其防渗体的特殊性，应对其进行专项监测设计，如裂缝开度监测、位错监测、挠度监测等。

3.7.1.3 监测项目的确定

大坝安全监测应根据工程等级、规模、结构型式，以及地形、地质条件和地理环境等因素，设置必要的监测项目及其相应设施，定期进行系统的观测，同时可针对沥青混凝土防渗体及不同工程的特殊性设置相应监测项目。一般的监测项目见表 3.7-1。

3.7.1.4 仪器设备选型原则

由于坝体内埋设的监测仪器，多数不容易更换，且工作环境恶劣，多在潮湿或水下工作，仪器设备要求可靠、耐久、实用，同时力求先进和便于实现自动化监测。对于仪器设备选型除一般原则外，还有如下特殊要求：

表 3.7-1　　沥青混凝土防渗体监测项目分类表

序号	监测类别	观测项目	防渗体形式	建筑物级别		
				Ⅰ	Ⅱ	Ⅲ
一	巡视检查	1. 斜坡流淌、裂缝、接缝、鼓包等	面板	★	★	★
二	变形	1. 心墙内部变形	心墙	★	★	☆
		2. 面板挠度	面板	★	★	☆
		3. 裂缝及接缝	面板、心墙	★	★	☆
三	渗流	1. 渗流压力	面板、心墙	★	★	★
		2. 渗漏量	面板、心墙	★	★	★
四	温度、应力应变	1. 沥青混凝土温度	面板、心墙	★	☆	☆
		2. 坝体温度场	面板、心墙	☆	☆	☆
		3. 应力应变	面板、心墙	★	☆	☆

注　有★者为必设项目；有☆者为一般项目，可根据需要选设。

（1）仪器性能长期稳定（不低于15年）。采集数据准确可靠，能真实地反映大坝运行性状变化。

（2）仪器应具有良好的防潮性能和较高绝缘度。

（3）传感器应满足监测要求的量程和精度，在满足量程前提下，选取精度较高的传感器。

（4）传感器应具有良好的直线性和重复性，其零漂值小并能控制在设计规定范围以内。

（5）应根据不同结构物类型和施工特点，选用不同类型的传感器。

（6）埋设在沥青混凝土中及周边的监测仪器应具有耐高温的性能，并按规范要求进行耐高温检验。

3.7.2　面板巡视检查

3.7.2.1　巡视检查分类

沥青混凝土面板巡视检查可分为日常巡视检查、年度巡视检查和特别巡视检查三类。

1. 日常巡视检查

应根据沥青混凝土面板的具体情况和特点，制订切实可行的巡视检查制度，具体规定巡视检查的时间、部位、内容和要求，并确定日常的巡回检查路线和检查顺序，由有经验的技术人员负责进行。

日常巡视检查的次数：在施工期宜每周2次，每月不得少于4次；在初蓄期或水位上升期间，宜每天或每两天1次，每周不少于2次，具体次数视水位上升或下降速度而定；在运行期，一般宜每周1次，或每月不少于2次，汛期高水位时应增加次数，特别是出现大洪水时，每天应至少1次。

2. 年度巡视检查

在每年的汛前汛后、用水期前后、冰冻较严重地区的冰冻期和融冰期、有蚁害地区的白蚁活动显著期等，应按规定的检查项目，由管理单位负责人组织领导，对沥青混凝土面板进行比较全面或专门的巡视检查。检查次数，视地区不同而异，一般每年不少于2～3次。

3. 特别巡视检查

当沥青混凝土面板遇到严重影响安全运用的情况（如发生暴雨、大洪水、有感地震、强热带风暴，以及库水位骤升骤降或持续高水位等）、发生比较严重的破坏现象或出现其他危险迹象时，应由主管单位负责组织特别检查，必要时应组织专人对可能出现险情的部位进行连续监视。当水库放空时亦应进行全面巡视检查。

3.7.2.2　检查项目和内容

1. 面板

护面或护坡是否损坏；有无裂缝、斜坡流淌、剥落、滑动、隆起、塌坑、冲刷、植物滋生、反渗点等。

2. 坝顶及面板周边

有无裂缝、异常变形、积水或植物滋生等现象；防浪墙有无开裂、挤碎、架空、错断、倾斜等。

3.7.3　变形监测

3.7.3.1　心墙内部变形监测

内部变形监测主要针对沥青混凝土心墙防渗体设置，包括分层竖向位移、分层水平位移等。

1. 断面选择和测点布置

观测断面应布置在最大横断面及其他特征断面（原河床、合龙段、地质及地形复杂段、结构及施工薄弱段、接头部位等）上，一般可设1～3个断面。

每个观测断面上可布设1～2条观测垂线，宜布设在心墙两侧过渡带内。观测垂线的布置应尽量形成纵向观测断面。

观测垂线上测点的间距，应根据坝高、仪器结构形式、坝料特性及施工方法等确定，一般2～10m。

2. 分层竖向位移

分层竖向位移可直接或间接监测。通过在心墙两侧过渡带中布置电磁式沉降仪、水管式沉降仪、干簧管式沉降仪，也可采用横臂式沉降仪或深式测点组等来监测过渡带的分层竖向位移，再在心墙与过渡带中设置位错计，监测心墙上下游两侧的相对竖向变形。如图3.7-1、图3.7-2所示。

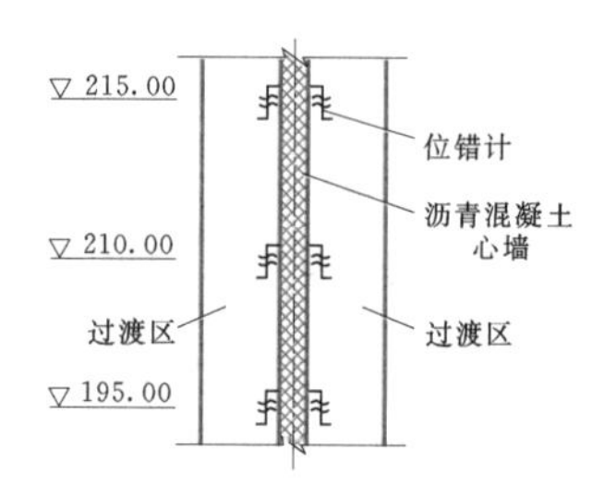

图3.7-1　尼尔基水电站沥青混凝土心墙位错计布置图（高程单位：m）

通过过渡区竖向位移量、心墙与过渡区相对位移可以间接推算心墙竖向位移量。通过心墙与过渡区相对位移，可以定性分析心墙受力状态，为心墙“拱效应”及附加荷载受力问题的分析提供科学依据。

沉降管的刚度应尽量与周围介质的相当。沉降管的埋设，一般应随坝体填筑埋设。横臂式沉降仪适于随施工埋设，并应采用坑式埋设法。对于坝高不超过20m的，也可采用深式测点组。深式测点组一般随坝体填筑埋设，可采用坑式或非坑式埋设，也可在土坝竣工后埋设。位错计锚固件应采用预埋方式，与心墙施工同步进行，安装过程中应根据仪器标距先进行锚固件的预埋，再进行测缝计的预拉安装，且锚固件不要贯穿整个心墙，以免形成渗流通道。

3. 分层水平位移

分层水平位移的观测布置与分层竖向位移观测布置相同。分层水平位移观测宜采用测斜仪或引张线式水平位移计，必要且有条件时也可采用正、倒垂线。如图 3.7-3 所示。

测点的间距，对于活动式测斜仪为 0.5m 或 1.0m；对于固定式测斜仪，可参考分层竖向位移观测点间距（最好不超过 6m），并宜结合布设。

测斜仪的测量方式一般采用活动式的，固定式的仪在实现活动式观测有困难或进行在线自动采集时采用。测斜仪管道选材与沉降管相同。当同一条观测铅直线上同时布有分层水平位移及分层竖向位移观测时，应尽量合用同一根管道。测斜管道的埋设应尽量随坝体填筑埋设，对坝基可采用钻孔埋设。

4. 观测方法和要求

(1) 分层竖向位移。电磁式沉降仪观测用电磁式测头自下而上测定，每测点应平行测定两次，读数差不得大于 2mm。干簧管式沉降仪观测方法及精度要求与电磁式相同。横臂式沉降仪用测沉器或测沉棒观测，应平行测读两次，读数差不得大于 2mm。深式测点观测用水准仪测定，其精度要求与表面竖向位移观测相同。

(2) 分层水平位移。伺服加速度计式测斜仪测头用专用自动记录式测读仪接收；电阻应变片式测斜仪测头用电阻应变仪接收。观测时，用测斜仪测头从测斜管底自下向上，每隔 50cm（或 100cm）一个测点，测头稳定后，逐次测定。随坝体填筑每接长一节管，必须进行一次观测。引张线式水平位移计的观测，应平行测定两次，其读数差不得大于 2mm。

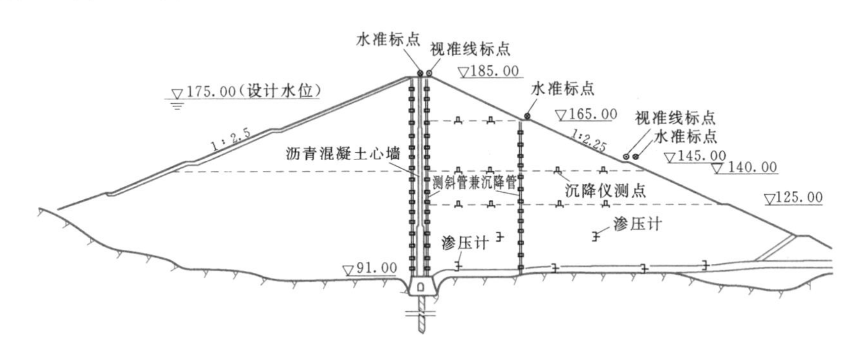

图 3.7-2 三峡茅坪溪土石坝沥青混凝土心墙土石坝监测仪器布置图（单位：m）

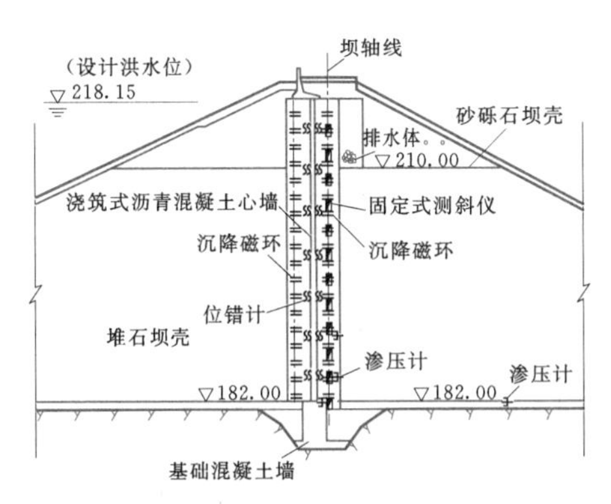

图 3.7-3 尼尔基水电站导流明渠段沥青混凝土心墙监测（单位：m）

3.7.3.2 面板挠度监测

由于沥青混凝土面板采用碾压施工工艺，应力应变监测仪器难以布置，宜采用观测面板挠度方式监测坝体不均匀沉降对面板的影响。同时综合渗流监测、温度监测、表面应变监测对面板状态进行综合分析评价。

1. 断面选择

观测断面应布置在最大横断面及其他特征断面（原河床、合龙段、地质及地形复杂段、结构及施工薄弱段等）上，一般可设 1～3 个断面。每个观测断面布设 1 条测线。

2. 观测仪器及布置

挠度观测宜采用固定测斜仪，测斜管道宜采用铝合金管，一般将管道设于面板之下垫层料内（或面板上），顺坡向垂直于坝轴线布置，并将其下端固定于趾板上。如图 3.7-4 所示。

挠度观测也可采用在面板垫层料内布置水平、垂直位移计，间接推算面板挠度。

3. 观测方法及要求

固定测斜仪采用专用读数仪进行观测。观测前要检查读数仪电压是否符合要求，读数过程中测值稳定后进行记录。

3.7.3.3 裂缝、接缝开度监测

1. 裂缝监测

沥青混凝土面板的主监测断面，在坝坡与库底连

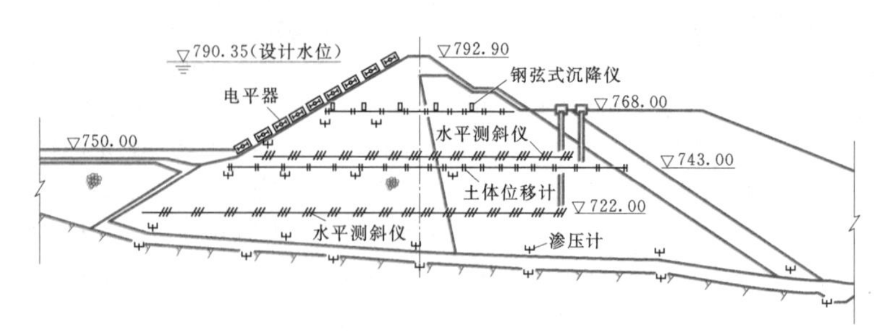

图 3.7-4　宝泉水电站沥青混凝土面板坝监测剖面布置图（单位：m）

接的反弧段中部拉应变较大部位，及寒冷地区受环境温度影响变化大的部位，面板表面布置由测缝计改装的裂缝计，分别监测面板顺坡向及水平向可能产生的裂缝变形。

沥青混凝土心墙的主监测断面，在心墙上下游两侧，沿高程对称布置测缝计，监测心墙竖向变形，间接计算心墙应变及应力，为心墙运行状态评价提供依据。

裂缝监测观测点的布置，还应与坝体竖向位移、水平位移及防渗体变形观测结合布置，便于综合分析和相互验证。

2. 接缝开度监测

沥青混凝土面板或沥青混凝土心墙，与其他混凝土建筑物（如溢洪道、引水口、排水廊道等）、混凝土基座、岸坡结合处易产生裂缝的部位，设置测缝计，监测接缝部位的相对位移。

沥青混凝土心墙或面板与岸坡（基座）结合处，仪器布置在大约1/3、1/2及2/3坝高处，每处布置2支仪器。每支仪器的两端分别锚固在两种不同坝体结构上，一支沿上下游方向水平布置，监测两不同坝体结构间水平向相对位移；另一支顺着岸坡坡面布置，监测两不同坝体结构间受不均匀沉降影响而产生的相对位移。仪器数量在岸坡较陡、坡度突变及地质条件差的部位应酌情增加。如图3.7-5及图3.7-6所示。

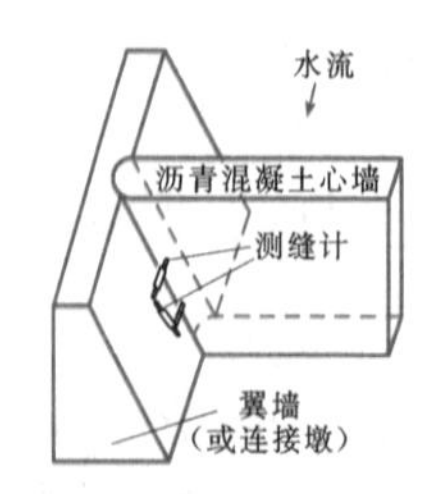

图 3.7-5　尼尔基水电站沥青混凝土心墙与翼墙测缝计布置示意图

3. 观测方法及要求

测缝计（位错计）选型过程应注意量程范围，既

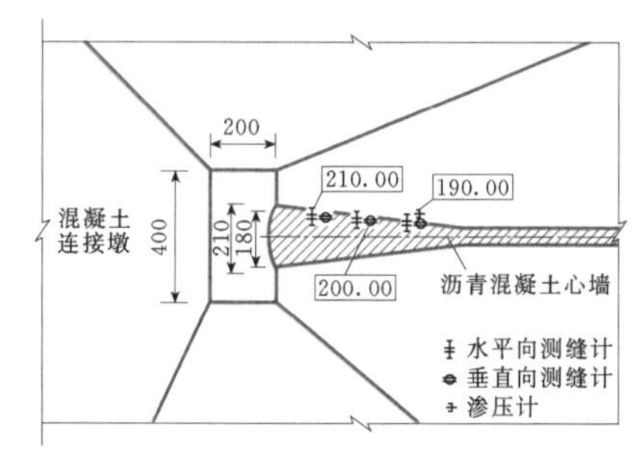

图 3.7-6　尼尔基水电站沥青混凝土心墙与灌溉管连接墩监测平面布置图（高程单位：m；尺寸单位：cm）

要保证测量精度，又要确保测值在量程范围内。安装埋设过程中应注意安装方向。应根据位移可能发生的方向与仪器拉伸变形相一致，在不能预测可能位移方向时，要将仪器拉伸至50%量程。

3.7.4　防渗体渗流监测

渗流监测是土石坝安全监测中的最重要的监测项目，是对坝体在上下游水位差作用下产生的渗流场的监测。对于沥青混凝土防渗体土石坝，主要监测面板（或心墙）后的渗流压力、面板（或心墙）与混凝土基座等结合部位的渗流压力。

3.7.4.1　面板（或心墙）渗流压力

1. 断面选择和测点布置

观测横断面宜选在最大坝高处、合龙段、地形或地质条件复杂坝段，一般不得少于3个，并尽量与变形、应力观测断面相结合。测点沿高程紧贴面板（或心墙）布置。

2. 观测仪器及设施

渗流压力观测仪器，宜采用振弦式孔隙水压力计，其量程应与测点实际压力相适应。

3. 观测方法和要求

振弦式孔隙水压力计的压力观测应采用频率接收仪。测读操作方法应按产品说明书进行，两次读数误差应不大于1Hz。

3.7.4.2 结合部位渗流压力

1. 断面选择和测点布置

沥青混凝土面板或心墙的渗流压力监测，测点部位宜选择与其他混凝土建筑物（如溢洪道、引水口、排水廊道等）、混凝土基座、岸坡等结合处。

2. 观测仪器及设施

渗流压力观测仪器宜采用振弦式孔隙水压力计，其量程应与测点实际压力相适应。

3. 观测方法和要求

振弦式孔隙水压力计的压力观测应采用频率接收仪。测读操作方法应按产品说明书进行，两次读数误差应不大于1Hz。

3.7.4.3 渗漏量及渗漏部位

对沥青混凝土面板坝，尤其是沥青混凝土面板全库防渗的水库，本项目是重要的观测项目。它可有效地判断防渗面板是否出现了贯穿性裂缝。通常在上游坝趾廊道、水库库底观测廊道设置量水堰观测渗漏量，漏水部位可通过分区的排水管判断。对沥青混凝土心墙坝，如设坝基检查廊道，可设置量水堰观测渗漏量，通过量水堰分区来判断不同部位的渗漏量大小。对不设坝基检查廊道沥青混凝土心墙坝，可以考虑在心墙后不同高程设置墙后排水槽，渗漏水可以通过排水管引向坝后，可通过体积法或量水堰法测定不同分区渗流量。对沥青混凝土面板或心墙的渗漏部位观测，可参考本节“坝体温度场”监测部分。

3.7.5 温度和应力应变监测

1. 沥青混凝土温度

沥青混凝土温度监测的主要目的是监测施工期沥青混凝土防渗体温度消散过程及运行期温度状况，为分析评价防渗体防渗性能、变形性能、抗斜坡流淌性能、低温抗裂性能，以及运行状态提供基础数据资料。

由于沥青混凝土初期温度较高，宜选用高温温度计观测。断面选取与变形及渗流监测断面相结合。仪器竖向间距按2～10m布置，根据坝高进行调整。

仪器安装尽量靠近防渗体下游，以减小电缆穿过防渗体长度，严禁电缆横穿防渗体。

2. 坝体温度场

监测坝体温度场变化是渗流监测的辅助方法，可以准确判断渗流发生的部位。可选择布置分布式光纤温度测量系统，监测坝体温度场的变化，确定渗流部位。

分布式光纤温度测量系统可以与温度计及其他监测仪器的温度传感器综合布置，相互比对校核，形成温度监测网。当渗透水体温度与大坝土体温度相差较小，渗流速度变化引起坝体温度场变化不明显时，可采用加热式光纤。典型布置如图3.7－7所示。

沥青混凝土心墙坝光纤可布置在沥青混凝土心墙下游过渡带内，沥青混凝土面板坝可布置在面板下部垫层料内，根据分布式光纤埋设长度可布置1条或多条，自下而上按“弓”字形布置。为防止坝体沉降影响，提高光纤完好率，每1～2层用1条光纤。安装过程中测量光纤布置平面位置，并记录光纤刻度，绘制光纤平面布置草图。

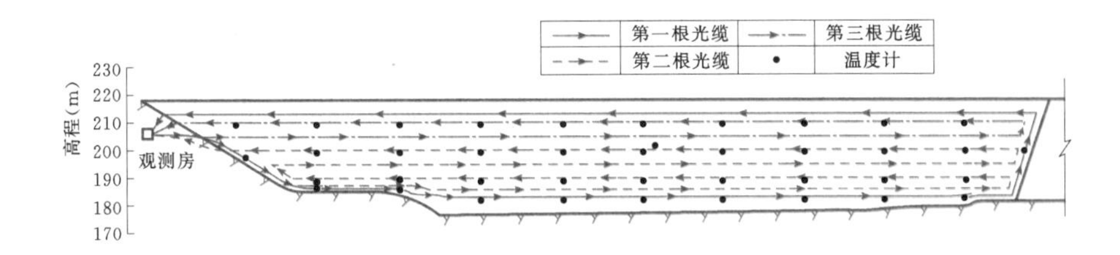

图3.7－7 尼尔基水电站沥青混凝土心墙坝分布式光纤布置图

3. 防渗体应力和应变

压（应）力监测可设1～2个观测横断面。特别重要工程或坝轴线呈曲线形的工程可增设1个观测纵断面。观测断面的位置，应与坝体渗压力、变形观测断面相结合。

压（应）力监测断面上的测点一般可布设2～3个高程，必要时可另增加。测点在横断面、纵断面上的布设可不对称。

应变监测可设1～2个观测横断面。特别重要工程或坝轴线呈曲线形的工程可增设1个观测纵断面。观测断面的位置，应与坝体渗压力、变形观测断面相结合。

监测断面上的测点一般可布设3～4个高程，必要时可另增加。

用以监测沥青混凝土防渗体的应变计宜用测缝计改装。如图3.7－8所示。

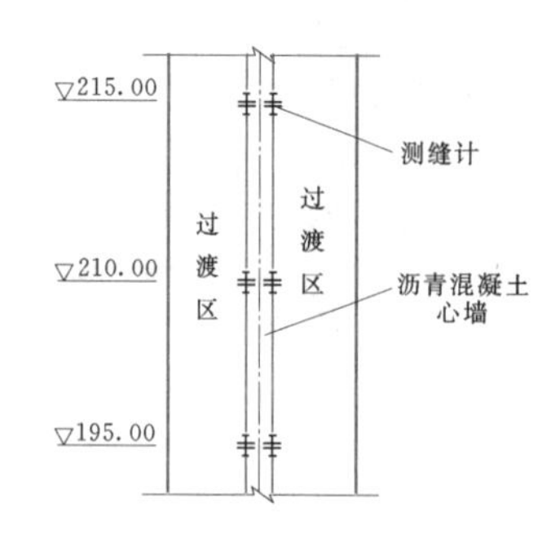

图 3.7-8　尼尔基水电站沥青混凝土心墙应变计布置图（单位：m）

参 考 文 献

［1］ ICOLD. Embankment Dams With Bituminous Concrete Facing, Review and recommendations［R］. Bulletin 114，1999.

［2］ 岳跃真，郝巨涛，孙志恒，等．水工沥青混凝土防渗技术［M］．北京：化学工业出版社，2007.

［3］ 吕明治．碾压式沥青混凝土面板防渗技术研究综述［C］//抽水蓄能电站工程建设文集．北京：中国电力出版社，2006：84-96.

［4］ 吕明治，吴立新，李冰，等．碾压式沥青混凝土面板防渗技术研究［R］．国家电力公司科技项目(SPKJ 006—06)，北京勘测设计研究院，2004.

［5］ 邱彬如，刘连希，等．抽水蓄能电站工程技术［M］．北京：中国电力出版社，2008.

［6］ 沃尔弗冈·豪克，埃里克·舍尼恩．水工结构沥青设计与施工［M］．傅元茂，等，译．北京：水利电力出版社，1989.

［7］ 王柏乐．中国当代土石坝工程［M］．北京：中国水利水电出版社，2004.

［8］ 鲁一晖，郝巨涛，岳跃真，等．沥青混凝土面板防渗工程中的几个问题［J］．水利水电技术，2005，36（3）：72-74.

［9］ 王为标．土石坝沥青防渗技术的应用和发展［J］．水力发电学报，2004，23（6）：70-74.

［10］ Baron W. F. van Asbeck. Bitumen in Hydraulic Engineering［M］. Vol. 1. 1955，Vol. 2. 1964.

［11］ D. A. Ferner. Behaviour of the bituminous blanket in conditions of high temperature and frost［C］. STRABAG 文集（德文），Vol. 3（1），1964.

［12］ DVWK 223/1992 大坝和水库沥青混凝土防渗［S］．德国土与基础工程建筑协会（DGEG）.

［13］ EAAW 83/96 水利工程沥青混凝土设计准则［S］．德国土与基础工程建筑协会（DGEG）.

［14］ DL/T 5411—2009 土石坝沥青混凝土面板和心墙设计规范［S］．北京：中国电力出版社，2009.

［15］ SLJ 01—88 土石坝沥青混凝土面板和心墙设计准则［S］．北京：水利电力出版社，1989.

［16］ DL/T 5362—2006 水工沥青混凝土试验规程［S］．北京：中国电力出版社，2007.

［17］ 沈金安．沥青及沥青混合料路用性能［M］．北京：人民交通出版社，2001.

［18］ JTG F 40—2004 公路沥青路面施工技术规范［S］．北京：人民交通出版社，2004.

［19］ 日本水利沥青工程设计基准［J］．水工沥青与防渗技术，1984：增刊 2.

［20］ 神藤谦一．寒冷地区多层构造沥青混合物设计温度的确定［C］．（日本）土木学会第 55 次学术讲演会论文集，2000.

［21］ 横山秀宪．沼原坝沥青混凝土面板表面保护层沥青的老化问题［J］．电力土木（日本），2000，No. 286：47-51.

［22］ SL 501—2010 土石坝沥青混凝土面板和心墙设计规范［S］．北京：中国水利水电出版社，2011.

［23］ 丁朴荣．水工沥青混凝土材料选择与配合比设计［M］．北京：水利电力出版社，1990.

［24］ DL/T 5363—2006 水工碾压式沥青混凝土施工规范［S］．北京：中国电力出版社，2006.

［25］ 张怀生．水工沥青混凝土［M］．北京：中国水利水电出版社，2004.

［26］ 徐培华、王安玲．公路工程混合料配合比设计与试验技术手册［M］．北京：人民交通出版社.

［27］ 柳永行，范耀华，张昌祥．石油沥青［M］．北京：石油工业出版社．1984.

［28］ 蒋长元，蒋松涛，等．沥青混凝土防渗墙［M］．北京：水利电力出版社．1992.

［29］ 黄晓明，吴少鹏，赵永利．沥青与沥青混合料［M］．南京：东南大学出版社，2002.

［30］ 廖克俭，丛玉凤．道路沥青生产与应用技术［M］．北京：化学工业出版社，2004.

［31］ 沈金安．改性沥青与 SMA 路面［M］．北京：人民交通出版社．1999.

［32］ 中国水利水电科学研究院．宝泉抽水蓄能电站上池面板沥青混凝土配合比设计试验报告［R］．2006.

［33］ 西安理工大学．新疆伊吾县峡沟砂砾坝沥青混凝土心墙材料及配合比试验研究报告［R］．2009.

［34］ 长江水利委员会信息研究中心，设计院施工处．国内外大型沥青混凝土心墙工程文集［R］．1995.

［35］ 赵元弘．洞塘水库碾压式沥青混凝土心墙土石坝设计与实践［J］．水利规划与设计，2007，1.

［36］ 苏萍，王德库，等．土石坝浇筑式沥青混凝土心墙设计规范专题研究报告［R］．中水东北勘测设计研究有限责任公司，2008.

［37］ 关志诚，祁世京，等．土石坝浇筑式沥青混凝土防渗结构设计研究综合报告［R］．水利部东北勘测设计研究院，1999.

［38］ 赵国瀛．俄罗斯土石坝浇筑式沥青混凝土心墙防渗体技术简介［J］．人民黄河，1997，9.

[39] 吴卫新，李新莲．QPQ水利枢纽上游围堰浇筑式沥青混凝土心墙设计与施工［J］．水利学报，2005，12.

[40] 王为标，刘增宏，等．沥青防渗结构计算公式的推导和应用［J］．水工沥青与防渗技术，1987，2.

[41] 王永年，殷世华．岩土工程安全监测手册［M］．北京：中国水利水电出版社，1999.

[42] 李珍照．大坝安全监测［M］．北京：中国电力出版社，1997.

[43] 赵志仁．大坝安全监测设计［M］．郑州：黄河水利出版社，2003.7.

[44] 王德库，金正浩．土石坝沥青混凝土防渗心墙施工技术［M］．北京：中国水利水电出版社，2005.

[45] 王科峰，彭立斌，王洪洋．尼尔基水利枢纽主坝沥青混凝土心墙变形监测［J］．大坝与安全，2008，6.

[46] 荣冠，朱焕春，周创兵，刘洪．三峡茅坪溪防护坝沥青混凝土心墙变形监测［J］．人民长江，2003，4.

[47] 陈绪高．冶勒水电站沥青混凝土心墙堆石坝监测设计［J］．四川水利发电，2003，2.

[48] 李端有，王煌．分布式光纤测温技术在土石坝渗流监测中的应用［C］．2008年大坝安全监测设计与施工技术交流会论文集，2008.

[49] 覃新闻，黄小宁，彭立新，王廷勇．沥青混凝土心墙设计施工——新疆下坂地水利枢纽工程系列丛书［M］．北京：中国水利水电出版社，2011.

[50] 汪明元，周欣华，包承纲，等．三峡茅坪溪高沥青混凝土心墙堆石坝运行性状研究［J］．岩石力学与工程学报，2007，26（7）：1470-1477.

[51] 徐唐锦，熊焰，陈超敏．茅坪溪沥青混凝土心墙防护土石坝设计——中国大坝技术发展水平与工程实例［M］．北京：中国水利水电出版社，2007.

[52] 李维科，郑沛溟，王凤福，等．尼尔基水利枢纽主坝碾压式沥青混凝土心墙施工技术［M］．北京：中国水利水电出版社，2005.

[53] 王科峰，彭立斌，王洪洋．尼尔基水利枢纽主坝沥青混凝土心墙变形监测［J］．大坝与安全，2008，6：28-30.

[54] 郝元麟，何顺宾．冶勒沥青混凝土心墙堆石坝设计——中国大坝技术发展水平与工程实例［M］．北京：中国水利水电出版社，2007.

[55] 马家燕，何开明，朱志坚．高寒多雨地区碾压式沥青混凝土心墙施工技术［J］．水力发电，2005，31（10）：58-60.

[56] 杨胜良，汪保军．南椏河冶勒水电站沥青混凝土心墙施工质量控制［J］．东北水利水电，2006，24（4）：50-51.

[57] 郑培溪，崔会东，刘俊林，等．汶川地震对冶勒大坝右岸抗渗稳定性的影响评价［J］．水力发电，2011，37（4）：46-50.

[58] 付彦，谷彤江．象山水电厂水库大坝工程质量综合分析［J］．黑龙江水利科技，2006，34（2）：82-85.

[59] D. Gallacher，Robert H. Cuthbertson. Asphaltic central core at the Megget Dam in Scotland［R］. Asphalt Concrete Cores for Earth and Rockfill Dams / Asphaltic Concrete for Hydraulic Structures，Nr. 45，STRABAG International GmbH，December 1990：53-83.

[60] ICOLD. Bituminous Cores For Fill Dams，State of the art［R］. Bulletin 84，1992.

第4章

其他类型土石坝

本章为《水工设计手册》（第2版）新编章节，共分5节，包括概述、土工膜防渗土石坝、水力冲填坝、淤地坝和定向爆破坝等。

在第1版《水工设计手册》中，土石坝被编为第四卷，并按土坝、堆石坝和砌石坝三类编排。其中土石坝主要介绍了碾压式土石坝、水中填土坝和水力冲填坝三种坝型；堆石坝介绍了土防渗体堆石坝、钢筋混凝土防渗体堆石坝、沥青混凝土防渗体堆石坝、其他防渗体堆石坝、重力墙堆石坝、定向爆破堆石坝和过水堆石坝等七种坝型；砌石坝介绍了砌石重力坝、砌石拱坝、砌石支墩坝和其他一些坝型。

本次土石坝卷编写，首先按防渗体材料将土石坝卷各章编排为土质防渗体土石坝、混凝土面板堆石坝和沥青混凝土防渗体土石坝等三章，然后将目前仍具有实用价值的一些坝型，如土工膜防渗土石坝、水力冲填坝、淤地坝以及定向爆破坝等纳入本章，统称为其他类型土石坝，而对于第1版《水工设计手册》中介绍的但在当前使用很少或基本不使用的坝型将不再编列在本章中。

本章以第1版《水工设计手册》框架为基础，参考借鉴其部分内容，并根据近些年土石坝发展的新趋势，重点介绍了土工膜防渗土石坝、水力冲填坝、淤地坝和定向爆破坝等筑坝技术新成果。

章主编　魏迎奇

章主审　蒋国澄　张永哲

本章各节编写及审稿人员

节次	编　写　人	审稿人
4.1	魏迎奇	蒋国澄 张永哲
4.2	刘宗仁　张国兰　曹国利　代巧枝　田华祥	
4.3	魏迎奇　蔡　红　陆忠民　李维朝　陆　峰	
4.4	孙维营	
4.5	蔡　红　李维朝　陆　峰	

第4章 其他类型土石坝

4.1 概 述

4.1.1 类型划分

土石坝是用坝址附近的土石料，经碾压或抛填等方法筑成的挡水建筑物，它用土、砂或石块等材料构成大坝的主体部分，由黏性土或混凝土等不透水材料构成大坝的防渗体部分。土石坝筑坝材料可以就地获取，由于坝体具有柔性，较能适应地基变形，因此对地基的地质条件要求比混凝土坝和浆砌石坝等刚性坝要低。土石坝结构比较简单，工作可靠，便于维修、加高和扩建，施工技术也容易掌握，便于机械化快速施工，因此是国内外广泛采用的一种坝型。

土石坝类型有很多种分类方法[1,2]，既可按照并列施工方法、工作状况和使用目的划分，也可按照建筑材料和防渗体筑坝等划分；既可采用单一因素划分，也可采用多因素进行划分。依据筑坝施工方法，可把土石坝划分为碾压式土石坝、抛填式堆石坝、定向爆破堆石坝和水力冲填坝等；按照防渗体类型，可分为均质坝、黏土心墙或斜墙坝、混凝土面板堆石坝、沥青混凝土防渗体土石坝以及多种土石混合坝等。

纵观近年来土石坝建设发展，虽然目前对土石坝工程类别的划分仍没一个得到广泛认可的方法，但按施工方法和防渗体类型进行土石坝划分还是工程界普遍采用的一种形式。实际上，不论按照施工方法、工作状况和使用目的还是按照建筑材料和防渗体性质对土石坝进行划分，都会划分出多种不同类型的土石坝。因此除去前三章按防渗体性质进行划分的土质防渗体土石坝、混凝土面板堆石坝和沥青混凝土防渗体土石坝外，考虑目前坝工建设发展的趋势，我们把具有发展前景的土工膜防渗土石坝及仍具一定实用价值的水力冲填坝、淤地坝和定向爆破坝等纳入到其他类型土石坝一章进行介绍，以方便设计者使用。

4.1.2 发展概况

20世纪五六十年代，由于缺乏足够的大型施工机具，除碾压式土石坝外，还发展了少用机械的水中填土、水力冲填和定向爆破等筑坝形式，在当时发挥了一定的积极作用[2]。近些年，随着施工技术的不断完善和发展，一些简单的或施工质量较难控制的筑坝形式，如水中填土坝等采用的越来越少或不再使用，但同时由于土工织物防渗材料质量和性能的极大提高及施工工艺的快速发展，土工膜防渗土石坝等筑坝技术得到了快速发展，其应用极具发展前景[3]。此外，在沿海地区，筑坝形式受陆上筑坝材料开采的限制以及沿海施工环境条件的影响，水力冲填筑坝技术由于其较强的适应性，在大中型水库大坝建设中得到了广泛应用和进一步发展[4]。

在土石坝防渗技术方面，除土质防渗体、混凝土面板、沥青混凝土面板和心墙等传统防渗型式外，由于土工膜生产水平和施工工艺的提高，采用土工膜进行土石坝防渗近年来得到了较大的发展，国内外已经普遍接受了这种新型的防渗材料和技术。目前国内的许多工程实践都表明土工膜的防渗效果良好、经济、施工方便，有推广使用价值。目前国内土工膜使用日益广泛，从工程规模上看，不仅应用于中、小型工程，一些大（2）型工程也采用了土工膜防渗。

土工膜防渗最早应用于20世纪40年代美国渠道工程，苏联、意大利、西班牙、南非和法国等在20世纪60年代开始采用聚乙烯（PE）薄膜作为蓄水池以及堤坝的防渗衬砌[5]。20世纪80年代以来在北美洲、欧洲等已有近百座土石坝，包括一些高坝采用各种类型的土工膜防渗。如1996年欧洲建成高91m的Bovilla堆石坝，采用单面复合土工膜（PVC膜厚3mm，土工织物700g/m^2）斜铺在上游坝面防渗。2005年冰岛建成高196m的Karahnjukar堆石坝，也采用土工膜上游面防渗。中国采用土工膜防渗技术开始于20世纪60年代中期，使用在渠道上。从20世纪80年代开始，开始应用于中小型土石坝工程的除险加固，此后土工膜在坝工中的应用，发展十分迅速，迄今为止几乎已渗透到水利工程的各个领域，从地域上看也很广泛。如已建成的黄河西霞院土石坝及玉清湖、丁东和温泉土石坝等均属于2级坝[7-9]。

20世纪中叶，水力冲填坝在国外曾有很大发展，建成了一些大方量的水力冲填坝[2,6,10]。中国在20世纪50～60年代用于中小型工程，以后采用的越来越少，但近几年水力冲填技术在灰坝筑坝过程中得到了一定应用，现场质量检测结果表明，只要施工控制得当，采用水力冲填技术得到的坝体干密度同样可以达到设计标准。中国最高的水力冲填坝（水坠坝）是高坪水库砾质土均质坝，高68m，填土87.5万m^3，库容0.77亿m^3，于1982年建成。

中国沿海地区利用水力冲填技术兴建水库大坝，是从20世纪80年代开始的[4]。在位于长江口地区的上海陈行水库建设中，充分利用了江中天然沉积的粉砂、砂质粉土等土料，采用泥浆泵在土工布袋中冲填砂土的方法修筑了大坝，省去了临时围堰，施工基本不受潮位、降雨等影响，加快了建设进度。通过对大坝水力冲填筑坝材料测试、现场冲填试验研究以及建成后的原型监测，证明应用这种技术建设水库大坝是成功的。而后，该技术在上海金山城市沙滩和奉贤碧海金沙水库、江苏太仓水库等大坝建设中得到了广泛的应用。2011年建成供水的、世界规模最大的江心避咸蓄淡水库——上海青草沙水库大坝建设中也采用了水力冲填技术，总库容5.26亿m^3，大坝总长49km，填筑量1696万m^3。

淤地坝是中国劳动人民在长期的生产劳动实践中创造和逐步完善的一种筑坝技术，早在古代，黄河流域就已经采用类似于水坠坝筑坝施工的方法，开展引水拉沙造田，将荒山荒沟改造为高产稳产的基本农田[11,12]。20世纪五六十年代，黄河流域采用水力冲填的办法建筑土坝，淤地造田，在黄土高原地区建设了大量淤地坝。据不完全统计，目前中国在黄土高原已累计建成淤地坝11万座，这些星罗棋布在黄土高原不同水土流失类型区的淤地坝，已淤成坝地30多万公顷，累计拦泥210多亿t。

定向爆破筑坝是将炸药埋置在拟筑拦河坝一侧或两侧山坡上，瞬间起爆，利用炸药的爆炸能量，以及岩体在高处所具有的位能，将岩块定向抛填于河谷拦截河流，完成坝体的大部或全部土石方量，然后采用人工（或机械）堆石至设计断面，并根据坝体的任务，采取适当的防渗措施，形成一个完整的挡水坝体[2]。定向爆破筑坝首次尝试于1929年的美国，在科罗拉多流域的一条河流上修筑了一座高36.6m的堆石坝。苏联定向爆破筑坝始于1935年，用于契尔契卡河截流和修筑施工围堰，获得了较好的效果。1966～1967年为拦截小阿拉木图河的泥石流，也采用定向爆破筑坝方法，左右岸分两次爆破，总炸药量达9300t。

中国定向爆破工程始于1958年，随后的两三年时间内，在河北、浙江、广东等8个省修建了石廊一级、福溪、南水等共18座定向爆破堆石坝。南水工程坝高81.8m，库容12.18亿m^3，装机7.5kW，一次爆破总炸药量1394t，抛掷上坝100万m^3，做黏土斜墙防渗，是一座多年调节的蓄水坝。建成投入运行至今40余年，经历过三次千年洪水位的考验，运行状况良好，已发电40多亿kW·h。50余年来，我国定向爆破筑坝的应用范围从水利水电建设逐步扩展到各种矿山的尾矿坝、火力发电厂的灰坝以及路堤建设等。到目前为止，已建设60余座定向爆破堆石坝，其中规模较大的有陕西省石砭峪水库和云南省已衣水库，两者坝高都在80m以上。此外，在陕西、山西等省的广大黄土地区，也进行了不少采用定向爆破修筑均质土坝的实践。

4.2 土工膜防渗土石坝

4.2.1 土工膜种类及防渗型式

4.2.1.1 土工膜种类

土工膜主要分为三大类：土工膜、加筋土工膜和复合土工膜。

（1）土工膜。土工膜是以高分子聚合物为原料，采用吹塑法、压延法和挤压法等制成的一种柔性防渗材料，渗透系数一般为10^{-11}～10^{-12}cm/s，主要包括聚乙烯、聚氯乙烯和聚异丁烯橡胶膜等。一般，吹塑膜厚度为0.2～0.5mm，压延法膜厚度为0.25～2.00mm，挤压膜厚度为0.25～4.00mm。

（2）加筋土工膜。为提高土工膜抗拉、抗顶破和抗撕裂强度，在聚合物膜内部置入加筋材料而形成的土工膜称加筋土工膜。如用锦纶丝布加筋的氯丁橡胶土工膜抗拉强度、撕裂强度和顶破强度都很高，3mm锦纶帆布氯丁橡胶径向拉断强度可达99～120kN/m，可在高土石坝和重要工程上应用。

（3）复合土工膜。复合土工膜是聚合物膜与针刺土工织物加热压合或用胶黏剂粘合而成。土工织物可保护土工膜被接触的卵石或碎石刺破、铺设时被人和机械压坏以及运输时的损坏等；同时土工织物又可起到排水层作用，渗透水或孔隙水排出膜后可防止膜被水或气抬起而失稳以及加速土工膜下面软土的排水固结；此外，土工织物也可提高与砂卵石接触面摩擦系数。复合土工膜可一层膜一层织物压合在一起，也可二层织物中间压合一层膜。

复合土工膜与单一土工膜相比具有以下优点：①提高抗拉、抗撕裂、抗顶破及抗穿刺等力学强度；②在相同应力作用下，伸长率有所减小，模量增大；③趋于各向同性，能避免在物理条件和温度变化时所产生某个方向上的过量收缩和位移；④易于避免下层土体冻融时土工膜的损坏；⑤易于压力均布，避免应力局部集中；⑥易于消散土工膜与土体接触面上的孔隙水应力及浮托力；⑦改善土工膜的摩擦性能，增加其稳定性。

不同的工程对材料有不同的功能要求，并以此选择不同类型和不同种类的土工膜。土工膜的一般性能包括物理、力学、化学、热学和耐久性能。在工程中更重视其防水、抗变形的能力及耐久性。土工膜有很好的不透水性，有很好的弹性和适应变形的能力，能承受不同的施工条件和工作应力，有良好的耐老化能力，处于水下、土中的土工膜的耐久性尤为突出。

土工膜在工程应用中与混凝土、黏土和钢板衬砌等其他防水材料相比也存在几个问题：①容易破裂，土工膜是一种高分子化合物的柔性材料，厚度比较薄，容易破裂；②容易脆裂，土工膜在低温环境下，性能恶化，容易脆裂；③老化问题，土工膜在接触阳光、冷热气候、臭氧的条件下，将较快老化而失去性能，但处于水下的土工膜，老化相当慢。土工膜在正常的保护条件下，其寿命可达50～100年；④化学腐蚀，土工膜遇上某些化学物质，如酸性、碱性液体或矿物油，可能会被腐蚀破坏，土工膜用于封闭废弃的固体或液体时，需考虑这方面的问题。

4.2.1.2 防渗土工复合材料含义及指标[13,14]

土工复合材料是两种或两种以上的土工合成材料组合在一起的制品。这类制品将各单一材料的特性相结合，以满足工程的特定需要。不同工程有不同的综合功能要求，故土工复合材料的品种繁多，土工复合材料是当今和今后一段时期的主要发展方向。复合土工膜是防渗用土工复合材料产品的一种，是将土工织物与土工膜热压成一体。复合土工膜有很多优点，适应性很强，故工程应用很广。

1. 土工织物

土工织物按制造方法不同可进一步划分为以下类型：

(1) 织造型土工织物，又称有纺土工织物。它是最早的土工织物产品，在制造过程中，先将聚合物原料加工成丝、纱或带，再织成平面结构的布状产品。依丝的种类（单丝、多丝和混合丝）和织法（平纹、斜纹和缎纹）的不同，可以使织造型土工织物具有不同的性能，以符合工程要求的强度、经纬强度比、摩擦系数、等效孔径和耐久性等指标。

(2) 非织造型土工织物。这类产品又称无纺土工织物，是一种高分子短纤维化学材料通过针刺或热粘成形，具有较高的抗拉强度和延伸性。它与塑料薄膜结合后，不仅增大了塑料薄膜的抗拉强度和抗穿刺能力，而且由于无纺布表面粗糙，增大了接触面的摩擦系数，有利于复合土工膜与保护层之间的稳定。同时，它们对细菌和化学作用有较好的耐侵蚀性，不怕酸、碱、盐类的侵蚀。用于复合土工膜的土工织物一般为无纺土工织物，无纺土工织物又有短纤和长纤之分，长纤的力学性能指标较好。

表征土工织物产品性能的指标包括：

(1) 产品形态。材质制造加工方法、宽度、每卷的直径及质量。

(2) 物理性质。主要有单位面积质量、厚度、开孔尺寸（等效孔径）和均匀性等。

(3) 力学性质。主要包括抗拉强度、断裂时的延伸率、撕裂强度、冲穿强度、顶破强度、蠕变性与岩土间的摩擦系数等。

(4) 水力学性质。垂直向、水平向透水性。

(5) 耐久性、抗老化能力。土工织物的耐久性与其老化特性直接相关。防老化措施有：在材料中添加防老化剂，进行物理防护、遮光、隔热、避氧。

(6) 抗拉强度。无纺型土工织物普通的为10～30kN/m，高强度的为30～100kN/m；机织型土工织物普通的为20～50kN/m，高强度的为50～100kN/m，特高强度的编织物（包括带状织物）为100～1000kN/m。

根据《土工合成材料长丝纺粘针刺非织造土工布》(GB/T 17639—2008)，长丝纺粘针刺非织造土工布基本项技术要求见表4.2-1；根据《土工合成材料短纤针刺非织造土工布》(GB/T 17638—1998)，短纤针刺非织造土工布基本技术要求见表4.2-2。

2. 土工膜

土工膜是一种透水性极低的土工合成材料。根据材质不同，可分为沥青和聚合物（合成高聚物）两大类。为了适应工程应用中不同强度和变形的需要，两类中各又有不加筋（单一或混合材料）和加筋或组合的类型。

所用聚合物大多为热塑性材料的聚氯乙烯(PVC)、耐油聚氯乙烯(PVC-OR)和结晶热塑性材料的聚乙烯(PE)，包括高、低密度聚乙烯(HDPE、LDPE)。此外，尚有弹性材料的氯丁橡胶(CR)和热塑性弹性材料的氯化聚乙烯(CPE)、氯磺聚乙烯(CSPE)等。制造土工膜除了上述基本材料外，还要一些填充剂和外加剂，使其在不改变材料基本特性情况下，改善某些性能和降低成本。例如，掺入炭黑以提高抗日光紫外线能力，延缓老化；掺入邻苯二甲酸二辛酯(DOP)、癸二酸二辛酯(DOS)等增塑剂等对PVC膜起增塑作用，即改善聚合物的流动性和柔顺性，提高其耐寒性和伸长率等；掺入硬

表 4.2-1　　长丝纺粘针刺非织造土工布基本项技术要求

序号	项目	指标								
1	标称断裂强度（kN/m）	4.5	7.5	10	15	20	25	30	40	50
2	纵横向断裂强度（kN/m）　≥	4.5	7.5	10.0	15.0	20.0	25.0	30.0	40.0	50.0
3	纵横向标准强度对应伸长率（%）	40～80								
4	CBR顶破强力（kN）　≥	0.8	1.6	1.9	2.9	3.9	5.3	6.4	7.9	8.5
5	纵横向撕破强力（kN）　≥	0.14	0.21	0.28	0.42	0.56	0.70	0.82	1.10	1.25
6	等效孔径 $O_{90}(O_{95})$（mm）	0.05～0.20								
7	垂直渗透系数（cm/s）	$k\times(10^{-1}\sim10^{-3})$　其中：$k=1.0\sim9.9$								
8	厚度（mm）　≥	0.8	1.2	1.6	2.2	2.8	3.4	4.2	5.5	6.8
9	幅宽偏差（%）	−0.5								
10	单位面积质量偏差（%）	−5								

注　1. 本表摘自 GB/T 17639—2008。
2. 规格按断裂强度，实际规格介于表中相邻规格之间，按线性内插法计算相应考核指标；超出表中范围时，考核指标由供需双方协商确定。
3. 实际断裂强度低于标准强度时，标准强度对应伸长率不作符合性判定。
4. 第8～9项标准值按设计或协议。

表 4.2-2　　短纤针刺非织造土工布基本技术要求

序号	项目	规格①指标（g/m²）											备注
		100	150	200	250	300	350	400	450	500	600	800	
1	单位面积质量②偏差（%）	−8	−8	−8	−8	−7	−7	−7	−7	−6	−6	−6	
2	厚度（mm）　≥	0.9	1.3	1.7	2.1	2.4	2.7	3.0	3.3	3.6	4.1	5.0	
3	幅宽②偏差（%）	−0.5											
4	断裂强力（kN/m）　≥	2.5	4.5	6.5	8.0	9.5	11.0	12.5	14.0	16.0	19.0	25.0	纵横向
5	断裂伸长率（%）	25～100											
6	CBR顶破强力（kN）　≥	0.3	0.6	0.9	1.2	1.5	1.8	2.1	2.4	2.7	3.2	4.0	
7	等效孔径 $O_{90}(O_{95})$（mm）	0.07～0.20											
8	垂直渗透系数（cm/s）	$k\times(10^{-1}\sim10^{-3})$											$k=1.0\sim9.9$
9	撕破强力③（kN）　≥	0.08	0.12	0.16	0.20	0.24	0.28	0.33	0.38	0.42	0.46	0.60	纵横向

注　本表摘自 GB/T 17638—1998。
①　规格按单位面积质量，实际规格介于表中相邻规格之间时，按内插法计算相应考核指标；超出表中范围时，考核指标由供需双方协商确定。
②　标准值按设计或协议。
③　参考指标，作为生产内部控制，用户有要求的按实际设计值考核。

脂酸钡等稳定剂，以防止PVC膜在加工或使用过程中因受光、热、氧、机械等因素发生降解或交联；掺入填充剂，主要是为了降低产品成分，并在一定程度上提高产品强度和降低收缩率。填充剂有木粉、纤维、碳酸钙等；此外还掺入杀菌剂防止细菌破坏。

制造土工膜的方法有吹塑法、压延法和挤压法。土工膜有光膜和表面加糙膜，后者是为了提高其表面摩擦系数。

土工膜一般幅宽分为3.0m、3.5m、4.0m、6.0m和7.0m等；厚度分为0.30mm、0.50mm、0.60mm、0.75mm、0.80mm、1.00mm、1.50mm和2.00mm等。

根据《土工合成材料聚乙烯土工膜》（GB/T 17643—2011），普通高密度聚乙烯土工膜（GH—1型）技术性能指标见表4.2-3；根据《聚乙烯（PE）土工膜防渗工程技术规范》（SL/T 231—98），PE土工膜主要物理力学性能指标见表4.2-4。

根据《土工合成材料聚氯乙烯土工膜》（GB/T 17688—1999），聚氯乙烯（PVC）物理力学性能指标

表 4.2-3 普通高密度聚乙烯土工膜(GH-1型)

序号	项目		指标								
1	厚度(mm)		0.30	0.50	0.75	1.00	1.25	1.50	2.00	2.50	3.00
2	密度(g/cm^3)	≥	0.94								
3	拉伸屈服强度(纵、横向)(N/mm)	≥	4	7	10	13	16	20	26	33	40
4	拉伸断裂强度(纵、横向)(N/mm)	≥	6	10	15	20	25	30	40	50	60
5	屈服伸长率(纵、横向)(%)	≥	—	—	—	11					
6	断裂伸长率(纵、横向)(%)	≥	600								
7	直角撕裂负荷(纵、横向)(N)	≥	34	56	84	115	140	170	225	380	340
8	抗穿刺强度(N)	≥	72	120	180	240	300	360	480	600	720
9	炭黑含量(%)		2.0~3.0								
10	炭黑分散性		10个数据中3级不多于1个,4级、5级不允许								
11	常压氧化诱导时间(OIT)(min)	≥	60								
12	低温冲击脆化性能		通过								
13	水蒸气渗透系数[g·cm/(cm^2·s·Pa)]	≤	1.0×10^{-13}								
14	尺寸稳定性(%)		±2.0								

注 表中没有列出厚度规格的技术性能指标要求按照内插法执行。

表 4.2-4 聚乙烯(PE)土工膜主要物理力学性能指标

序号	项目	指标	备注
1	密度(kg/m^3)	≥900	
2	破坏拉应力(MPa)	≥12	
3	断裂伸长率(%)	≥300	
4	弹性模量(MPa)	≥70	5°C
5	撕裂强度(纵/横)(N/mm)	≥40	
6	抗冻性(脆性温度)(℃)	≥−60	
7	渗透系数(cm/s)	$\leqslant10^{-11}$	

注 1. 本表摘自SL/T 231—98。
2. 连接强度应大于母材强度;抗渗强度应在1.05 MPa水压下48h不渗水。

见表4.2-5。

3. 复合土工膜

复合土工膜是用土工织物与土工膜结合而成的不透水材料,其防渗性能主要取决于土工膜的防渗性能。复合土工膜中间的膜有聚氯乙烯膜(PVC)、聚乙烯膜(PE)和聚丙烯膜(PP)等,膜两边的土工织物为聚酰胺纤维、聚酯纤维和聚丙烯纤维等的非织针刺土工织物,又分为短丝和长丝。复合土工膜有单面复合土工膜(一布一膜)和双面复合土工膜(两布一膜),还有多布多膜等复合土工膜等。目前,国内外防渗应用的土工膜原材料有聚氯乙烯(PVC)、聚乙烯(PE)、高密度聚乙烯(HDPE)、低密度聚乙烯(LDPE)、氯丁橡胶(CR)、氯化聚乙烯(CPE)和乙烯共聚物(EVA)等。它们是一种高分子化学柔性材料,相对密度较小,延伸性较强,适应变形能力高,耐腐蚀,耐低温,抗冻性能好。根据《土工合成材料非织造布复合土工膜》(GB/T 17642—2008),非织造布复合土工膜基本项技术要求见表4.2-7。

表 4.2-5 聚氯乙烯(PVC)土工膜主要物理力学性能指标

序号	项目	指标
1	密度(g/cm^3)	1.25~1.35
2	拉伸强度(纵/横)(MPa)	≥15/13
3	断裂伸长率(纵/横)(%)	≥220/200
4	撕裂强度(纵/横)(N/mm)	≥40
5	低温弯折性(−20°C)	无裂纹
6	尺寸变化率(纵/横)(%)	≤5
7	耐静水压(MPa)	按表注2
8	渗透系数(cm/s)	$\leqslant10^{-11}$

注 1. 本表摘自GB/T 17688—1999。
2. 单层聚氯乙烯土工膜耐静水压规定值见下表。

项目	指标				
膜材厚度(mm)	0.30	0.50	0.80	1.00	1.50
耐静水压(MPa)≥	0.50	0.50	0.80	1.00	1.50

表 4.2-6　非织造布复合土工膜基本项技术要求

序号	项目	指标							
1	标称断裂强度（kN/m）	5	7.5	10	12	14	16	18	20
2	纵横向断裂强度（kN/m）　≥	5.0	7.5	10.0	12.0	14.0	16.0	18.0	20.0
3	纵横向标准强度对应伸长率（%）	30～100							
4	CBR 顶破强力（kN）　≥	1.1	1.5	1.9	2.2	2.5	2.8	3.0	3.2
5	纵横向撕破强力（kN）　≥	0.15	0.25	0.32	0.40	0.48	0.56	0.62	0.70
6	耐静水压（MPa）	见表注 6							
7	剥离强度（N/cm）	6							
8	垂直渗透系数（cm/s）	按设计或合同要求							
9	幅宽偏差（%）	−1.0							

注　1. 本表摘自 GB/T 17642—2008。
2. 实际规格（标称断裂强度）介于表中相邻规格之间，按线性内插法计算相应考核指标；超出表中范围时，考核指标由供需双方协商确定。
3. 第 7 项如测定时试样难以剥离或未到规定剥离强度基材或膜材断裂，视为符合要求。
4. 第 9 项标准值按设计或协议。
5. 实际断裂强度低于标准强度时，标准强度对应拉伸率不作符合性判定。
6. 耐静水压规定值见下表。

项目		膜厚度（mm）							
		0.2	0.3	0.4	0.5	0.6	0.7	0.8	1.0
耐静水压（MPa）≥	一布一膜	0.4	0.5	0.6	0.8	1.0	1.2	1.4	1.6
	二布一膜	0.5	0.6	0.8	1.0	1.2	1.4	1.6	1.8

注　膜厚介于表中相邻规格之间，按线性内插法计算相应考核指标；超出表中范围时，考核指标由供需双方协商确定。

4. 加筋土工膜

根据工程要求，可以一层、二层、三层加筋，成为一布二胶、二布三胶、三布四胶土工膜。以锦纶丝布加筋的二布三胶氯丁橡胶土工膜厚 0.6mm，以锦纶帆布加筋的一布二胶氯丁橡胶土工膜厚 3mm，二布三胶氯丁橡胶土工膜厚 3mm。

锦纶丝布氯丁橡胶、锦纶帆布氯丁橡胶特性见表 4.2-7，供设计参考。

表 4.2-7　锦纶丝布氯丁橡胶、锦纶帆布氯丁橡胶特性表[14]（蔡跃波等，1988）

种类	单向拉断强度①（MPa）		极限伸长率（%）	弹性模量（MPa）	两向拉断强度（MPa）	断裂韧度（$N/mm^{3/2}$）	撕裂强度（kN/m）	顶破强度（kN/m^2）
锦纶丝布氯丁橡胶	J47		29	151	44			600～800
	W41		35					
锦纶帆布氯丁橡胶	J33		35	128	21	118.5	111	>3000
	W11		44					

注　1. 两向拉断强度是试样周边固定在渗透筒周边，加水压力至破坏，计算得膜拉应力。
2. 顶破强度是试验筒内装 20～40mm 碎石，膜铺在碎石上，加水压力至膜顶破。
3. 锦纶丝布氯丁橡胶在 500kPa 水压力下持续 71d 不漏水，锦纶帆布氯丁橡胶在 1.5MPa 水压力下，持续 304d 不漏水。

① J 为经向，W 为纬向。

4.2.1.3 土工膜防渗型式

土工膜用于土石坝中的几种典型防渗方式包括：①坝体斜墙防渗；②坝体心墙防渗；③坝基垂直防渗；④库盆和坝基水平防渗；⑤土石坝加高防渗。图4.2-1为防渗结构示意图。

4.2.2 土工膜设计

4.2.2.1 土工膜选择[14]

土工膜选择的关键取决于能否满足工程要求，良好的均匀性和防渗性能是选择土工膜首先遇到的问题。加筋与复合土工膜可明显增大抗刺破和耐水压能力，重要工程可优先选用。

(1) 常用土工膜有聚氯乙烯（PVC）和聚乙烯（PE）两种。其区别为：PVC 密度大于 $1g/cm^3$，PE 密度小于 $1g/cm^3$，相同厚度；PE 较硬，PVC 中有增塑剂，较软；PE 价格低于 PVC；PVC 和 PE 防渗性能相当；PVC 可采用热焊或胶粘，PE 只能热焊。PVC 和 PE 还有一个突出差别，就是膜的幅宽，PVC 复合土工膜可达 2m，PE 复合土工膜可达 7m，相应接缝 PE 比 PVC 小得多。

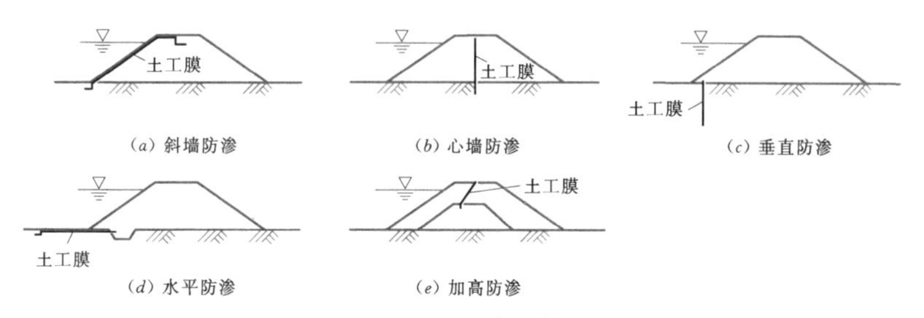

图 4.2-1 土工膜防渗型式

(2) PVC 和 PE 在国内工程中均有运用，在物理性能、力学性能、水力学性能相当的情况下，大面积土工膜施工，应尽量选用 PE 膜。而且 PE 膜为热焊，施工质量较稳定，焊缝质量易于检查，施工速度快，工程费用较低。PVC 膜虽然可焊接、可胶粘，但胶粘施工质量受人为因素较大，大面积施工中粘缝质量较难控制，成本较高；采用焊接时温度控制很关键，温度较高易碳化，温度较低则焊接不牢。

(3) 土工膜厚度直接影响工程质量，根据水压大小用理论计算的膜厚一般较薄，实用时需留有较大的安全系数，一般土石坝防渗土工膜厚度不应小于 0.5mm。对于重要工程应适当加厚；对于次要工程可适当减薄，但最薄不得小于 0.3mm。

(4) 复合土工膜有单面复合土工膜（一布一膜）和双面复合土工膜（二布一膜或三布二膜），当复合土工膜两面接触介质都有棱角的粗粒料，则选用双面复合土工膜。若接触介质一面有棱角的粗粒料，另一面为粗中砂或土，则可选用单面复合土工膜。

(5) 用于复合土工膜的土工织物，有短纤和长纤之分，市场上短纤较多。长纤的力学性能和耐久性要好于短纤，但渗透性相仿，因此对于应力较大的部位及重要建筑物应选用长纤。图 4.2-2 为一典型长纤、短纤无纺土工织物拉伸强度比较。

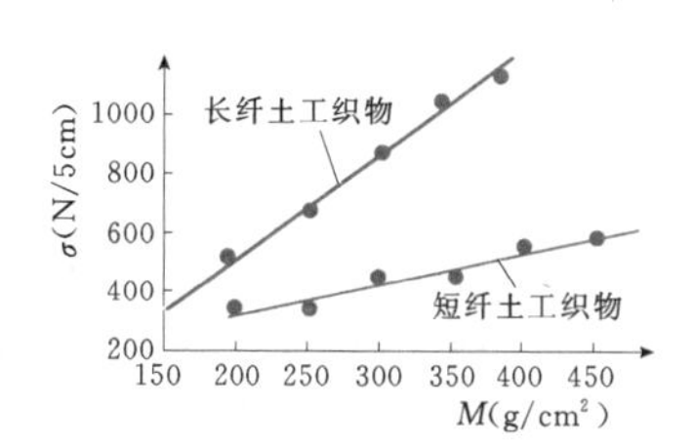

图 4.2-2 长纤、短纤无纺土工织物拉伸强度比较

4.2.2.2 土工膜厚度设计方法[15,16]

1. 曲线交会法

《水利水电工程土工合成材料应用技术规范》(SL/T 225—98) 附录 C 给出了铺盖土工膜厚度的计算方法，基于薄膜理论的曲线交会法来确定土工膜厚度。根据土工膜铺设边界条件，土工膜厚度计算分正方形孔洞、长条窄缝、卵石级配均匀和卵石不均匀四种情况［顾淦臣（1985）薄膜理论］，其中三种情况尚未列入规范，仅供设计选用参考。

(1) 正方形孔洞上的薄膜发生的单位宽度拉力 T 计算为

$$T = 0.122Pa/\sqrt{\varepsilon} \tag{4.2-1}$$

式中 P——水压力荷载，kPa；

a——正方形孔洞的边长，m；

ε——薄膜发生的拉应变，以小数计。

(2) 长条窄缝上的薄膜发生的单位宽度拉力 T 计算为

$$T = 0.204Pb/\sqrt{\varepsilon} \tag{4.2-2}$$

式中 b——长条窄缝的宽度或水平铺盖预计膜下地基可能产生的裂缝宽度，m。

（3）级配均匀的卵石上，薄膜受到水压力荷载 P（kPa），由于均匀卵石的孔隙直径等于卵石颗粒直径的1/5，即 $a=1/5d$，代入式（4.2-1）得到薄膜发生的单宽拉力（kN/m）的计算为

$$T=0.024Pd/\sqrt{\varepsilon} \qquad (4.2-3)$$

（4）不均匀级配的砂砾石上薄膜受到水压力荷载 P（kPa），薄膜发生的单宽拉力的计算为

$$T=0.122Pd_0/\sqrt{\varepsilon} \qquad (4.2-4)$$

其中
$$d_0=0.535n^{1/6}\frac{n}{1-n}d_{17} \qquad (4.2-5)$$

式中 T——薄膜的单宽拉力，kN/m；

P——薄膜上承受的水压力荷载，kPa；

d——级配均匀的卵石颗粒直径，m；

d_0——不均匀砂砾石的平均孔隙直径，m；

n——砂砾石的孔隙率；

d_{17}——特征颗粒直径，小于此粒径颗粒的重量比为17%。

式（4.2-1）～式（4.2-5）只给出土工膜的单宽拉力与其在 P 作用下的应变关系，由公式可知，T 与 P 成正比，T 与 $\varepsilon^{1/2}$ 成反比，选用合适的复合土工膜，根据复合土工膜在不同拉力条件下的应力应变关系曲线进行分析。复合土工膜的应力应变关系，见图4.2-3中的曲线2。两曲线的交点即为所选材料在拉力 T 作用下产生的应变 ε 与 P 荷载作用下产生的应变 ε 相同的点，分别称这一点的拉力 T 和应变 ε 为工作拉力和工作应变。不同克重和厚度的复合土工膜的应力应变曲线不同，两曲线的交点（ε_0，T_0）的位置也不同。要做几种不同的复合土工膜试验，得到不同的曲线2与曲线1交会，求工作拉力和工作应变，然后由下述方法选定复合土工膜。

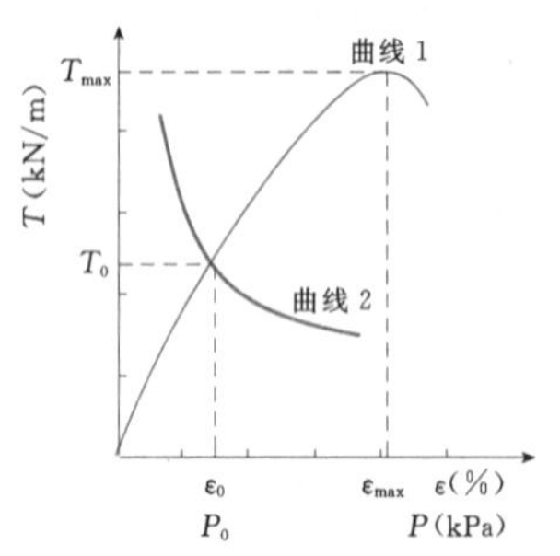

图4.2-3 曲线交会法计算简图

所选材料的抗拉能力与应变能力的安全系数 K_S、K_ε 分别为

$$\left.\begin{aligned}K_S&=\frac{T_{max}}{T}\\K_\varepsilon&=\frac{\varepsilon_{max}}{\varepsilon}\end{aligned}\right\} \qquad (4.2-6)$$

式中 T_{max}——复合土工膜极限抗拉强度（极限单宽拉力）；

T——复合土工膜工作应力（单宽拉力）；

ε_{max}——复合土工膜极限拉应变；

ε——复合土工膜工作拉应变。

为安全计，K_S、K_ε 应远大于1.0。根据SL/T 225—98规定，土工合成材料的许可抗拉强度 T_a 计算为

$$T_a=\frac{1}{F_{iD}F_{cR}F_{cD}F_{bD}}T_{max} \qquad (4.2-7)$$

式中 T_a——材料的许可抗拉强度，kN/m；

T_{max}——极限抗拉强度，kN/m；

F_{iD}——考虑铺设时机械破坏影响系数；

F_{cR}——考虑材料蠕变影响系数；

F_{cD}——考虑化学剂破坏影响系数；

F_{bD}——考虑生物破坏影响系数。

对堤坝来说，$F_{iD}=1.1\sim2.0$，$F_{cR}=2\sim3$，$F_{cD}=1.0\sim1.5$，$F_{bD}=1.0\sim1.3$。

式（4.2-7）中，取 $F_{iD}=1.6$、$F_{cR}=2.0$、$F_{cD}=1.3$、$F_{bD}=1.2$，故 $T_a=\frac{1}{5}T_{max}$，即安全系数 $K=5$。换言之，土工膜的应力水平为20%。据大量研究成果，应力水平在20%以下时土工膜不易老化，使用寿命可达50～100年。若 $K<5$，则重新选择复合土工膜来做试验，直到满足要求为止。

2. 割线模量迭代法

薄膜理论曲线交会法能适用于坝基或坝体存在裂缝或已知卵石粒径情况下复合土工膜的厚度设计，但它没有考虑到土石坝蓄水后坝体及坝基变形对复合土工膜应力应变的影响。因此对于用复合土工膜防渗的砂砾石坝或堆石坝来说，选择复合土工膜时应计入坝体及坝基蓄水后受力变形对复合土工膜应力应变的影响。为了更切合工程实际，可用有限单元法计算复合土工膜连同坝体坝基一起在受力后的应变。因复合土工膜在拉力作用下，拉力与应变不呈线性关系（见图4.2-4），其模量在计算前是未知的，需要预估赋予初值。根据经验，复合土工膜的工作应变在5%～12%之间，为此首次计算时取原点至应变 $\varepsilon=10\%$ 之间的割线模量作为复合土工膜单元的劲度，由此得到膜在假定的割线模量下的应变，该应变在图4.2-4中对应的割线模量与假定不同，故需按计算出的第一次假定的割线模量下的应变在图4.2-4中重新找出新的割线模量进行计算，如此迭代2～3次即为所求，这里称之为割线模量迭代法。求得复合土工膜各单元的应力应变，用式（4.2-6）计算 K_S 和 K_ε，并与标准值相比较，以确定所选材料是否满足要求。

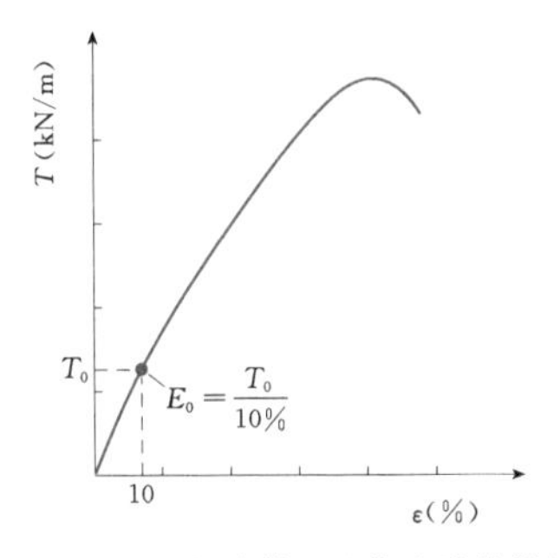

图 4.2-4 割线模量迭代法计算简图

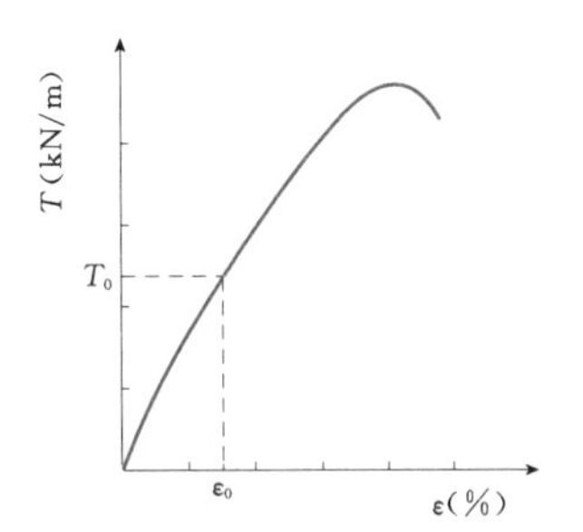

图 4.2-5 有限元曲线应力应变法计算简图

3. 有限元曲线应力应变法

将复合土工膜连同坝体一起进行三维有限元分析的割线模量法，其精度较高，不仅能反映各种结构的受力情况，而且计入了复合土工膜的抗拉能力。但该法仅适用于没有松弛度的情况，实际上，复合土工膜是在坝体填筑完成或部分填筑完成后铺设的，铺设时不要求将其绷紧，而是预留一定的松弛度。这时，可不计复合土工膜的抗拉强度，而以坝坡表面单元的应变值作为复合土工膜的工作应变，直接从拉伸曲线上查得对应的拉力，见图 4.2-5。由该单宽拉力 T 和对应的应变 ε 以及 T_{max}、ε_{max}，用式（4.2-6）求得各自的安全系数，选择满足要求的复合土工膜。该法称之为有限元曲线应力应变法。

4. 工程经验选择法

关于土工膜厚度选择，目前有两种观点：一种观点主张用厚膜（膜厚＞1.0mm），以欧洲国家为多；另一种观点是使用薄膜（膜厚＜1.0mm），以南、北美洲国家和中国较多，这些坝的实际情况至今仍然良好。

由于采用了复合土工膜，可以选择相对较薄的土工膜，但必须满足《土工合成材料应用技术规范》（GB 50290—1998）关于"对于重要工程，选用的土工膜厚度不应小于 0.5mm"的要求；同时计算土工膜厚度应考虑到接缝的抗拉强度低于母材，而需增加土工膜的厚度。表 4.2-8、表 4.2-9 分别列出了国内外堤坝中采用土工膜防渗的部分工程情况，供设计参考。

表 4.2-8 国外部分堤坝中使用土工膜情况一览表

序号	工程名称	所在国家	开始使用年份	坝料	最大挡水水头或坝高(m)	土工膜材料	土工膜厚度(mm)
1	Dobsina	斯洛伐克	1960	石料	10.00	PVC	0.9
2	Terzaghi	加拿大	1962	土料	55.00	PVC	0.8
3	Toktogul 围堰	吉尔吉斯斯坦	1964	土料	6.00	PE	0.2/0.4/0.6
4	Decoto	美国	1966	土料	10.00	RI	0.2
5	Miel	法国	1967	土料	15.00	RI	1.0
6	Rinconada	美国	1968	土料	12.00	RI	0.3
7	Kualapuu	美国	1969	土料	18.00	RI	0.8
8	Atbashinsk	吉尔吉斯斯坦	1970	土料	47.00	PE	0.6
9	Neris	法国	1970	石料	18.00	RI	1.5
10	Zolina	西班牙	1972	土料	14.00	PUR	1.1
11	Altenwoerth 围堰	奥地利	1973	砂粒料	10.00	PVC	0.6
12	Landsteju	捷克	1973	石料	27.00	PVC	1.1
13	Nurek 围堰	塔吉克斯坦	1973	砂砾石	45.00	LDPE	0.6
14	Pond De Claix	法国	1973	土料	12.00	RI	2.0
15	Odiel	西班牙	1974	砂砾石	27.00	PE/PVC	1.5

续表

序号	工程名称	所在国家	开始使用年份	坝料	最大挡水水头或坝高（m）	土工膜材料	土工膜厚度（mm）
16	AbwindenA 围堰	奥地利	1975	石料	6.00	PVC	0.5
17	La Coche	法国	1975	石料	33.00	PVC	1.0
18	Herbes Blanches	法国	1975	土料	14.00	RI	1.0
19	Codole	法国	1983	石料	28.00	PVC	2.0
20	Colibita	罗马尼亚	1983	石料	47（坝高）	PVC	0.8
21	Kyperrounda	塞浦路斯	1985		27.00	PVC	0.5/1.0
22	St. Justo	美国	1985		25.00	HDPE	1.0
23	Aubrac	法国	1986	土料	15.00	PVC	1.2
24	Barranco de Benijosr	西班牙	1986		16.50	PVC	1.2
25	Isanlu	尼日利亚	1986	石料	19.00	HDPE	3.5
26	Locone 围堰	意大利	1986		13.00	RI	1.5
27	Signal Buttes	美国	1986	土料	14.00	HDPE	
28	Piano dellaRcooa 围堰	意大利	1987	砂砾石	9.00	PVC	1.5
29	Stillwater	美国	1987		45（坝高）	HDPE	2.5
30	Artik	亚美尼亚	1988	土料	18.00	LDPE	0.5
31	Bilancino 围堰	意大利	1988	石料	15.00	PVC	1.2
32	Kuriyama	日本	1988		49.00	PVC	1.5
33	Cixerri2 级	意大利	1989	土料	7.00	PVC	2.1
34	Cixerri3 级	意大利	1989	土料	9.00	PVC	2.1
35	Jibiya	尼日利亚	1989	土料	22.00	PVC	2.1
36	Mihoesti	罗马尼亚	1989	土料	25.00	PVC	0.8
37	Pappadai 梯级坝	意大利	1989	土料	9.00	PVC	2.1
38	Black Mountain	美国	1990	土料		PVC	1.1
39	Figari	法国	1990		35.00	PVC	2.0
40	Ajidaybiya	利比亚	1990			塑化 HDPE	1.5
41	Benghazi	利比亚	1990		14.00	塑化 HDPE	1.5
42	Cerro Do Lobo	葡萄牙	1990	石料	4.00	HDPE	1.5
43	Sirt	利比亚	1990		15.00	塑化 HDPE	1.5
44	Sgmvoulos	塞浦路斯	1990		37.00	HDPE	2.5
45	Oblatos gorge	墨西哥	1992	土料	14.00	CSPE	0.9
46	Pablo	美国				HDPE - T	1.5
47	Bovilla	阿尔巴尼亚	1996	石料	57.00	PVC	3.0

注 PVC 为聚氯乙烯，LDPE 为低密度聚乙烯，HDPE 为高密度聚乙烯，CSPE 为氯磺化聚乙烯，RI 为异丁橡胶，PUR 为聚氨酯。

表 4.2-9　　国内部分堤坝工程中使用土工膜情况表

序号	工程名称	所在省（自治区、辖市）	开始使用年份	坝料	最大挡水水头或坝高（m）	土工膜使用部位	使用情况	土工膜类型
1	桓仁	辽宁	1967	混凝土	79.00	坝面	加固	沥青 PVC 热压膜
2	西北峪	陕西	1978		31.00	库区	修复	3×0.06mm 单膜
3	滑子	北京	1984		8.00	斜墙和库区	修复	复合膜
4	放马峪	北京	1984		10.00	斜墙	修复	3×0.10mm 单膜
5	罗坑	江西	1986		14.20	斜墙	修复	单膜 0.16mm、0.18mm、0.22mm
6	先锋	四川	1987		33（坝高）	斜墙	修复	3 层 0.12mm 单膜
7	麦坑	江西	1987		9.75	斜墙	修复	单膜 0.32mm
8	闽江	福建	1987		7.80	铺盖	修复	单膜 0.24mm
9	李家箐	云南	1988	土料	30.60	斜墙	修复	复合膜
10	黄尖山	江西	1988		14.60	斜墙	加固	单膜 0.10mm、0.07mm
11	犁壁桥	福建	1988		7.50	斜墙	修复	复合膜
12	军山	江西	1988		19.60	斜墙	修复	复合膜
13	乱木	河北	1989		10.00	斜墙	加固	单膜 0.80mm
14	新立	广东	1990		8（坝高）	铺盖	修复	单膜
15	六甲	福建	1991		15.50	斜墙	修复	单膜
16	三官塘	福建	1991		15.50	斜墙	修复	单膜
17	田头	福建	1992		30（坝高）	斜墙	修复	单膜
18	切吉	青海	1992		20（坝高）	斜墙	加固	单膜 1.00mm
19	毛儿冲	湖北	1993		20.00	斜墙	修复	单膜 0.22mm
20	湾子	云南	1995		18.00	库区	修补	复合膜
21	红卫	广西			30.2（坝高）	斜墙	修复	复合膜
22	伍沟	四川			10.50	斜墙	加固	复合膜
23	贡拜尔沟	新疆			28.00	铺盖	修复	复合膜
24	大渔山	新疆				地基垂直铺膜	修复	
25	大宁	北京			13.50	斜墙	新建	复合膜
26	黑河	辽宁	1989	石料	13.90	心墙	新建	复合膜
27	白河 301	吉林	1989		21.50	心墙	新建	3×0.40mm 单膜
28	田村	广西	1990	石料	41.90	心墙	新建	复合膜
29	水口围堰	福建	1990	石料	26.50	心墙	新建	复合膜
30	小岭头	浙江	1991	石料	36（坝高）	斜墙	新建	复合膜
31	四扣	山东	1992		5.00	斜墙	新建	复合膜
32	甲日普	西藏	1992		31.4（坝高）	心墙	新建	复合膜
33	温泉堡	河北	1993		46.30	碾压混凝土坝表面	新建	复合膜
34	松子坑坝群	广东	1994		28.00	斜墙和心墙	新建	复合膜
35	小青沟 2 号	辽宁	1995		20.00	斜墙	新建	复合膜

续表

序号	工程名称	所在省（自治区、辖市）	开始使用年份	坝料	最大挡水水头或坝高（m）	土工膜使用部位	使用情况	土工膜类型
36	万家寨围堰	山西、内蒙古	1995		5.50	心墙	新建	复合膜
37	塘房庙	云南	2001	堆石	48.50	心墙	新建	300g/0.8mm/300g
38	钟吕	江西	1999	石料	51.00	斜墙	新建	350g/0.6mm/350g
39	三峡二期围堰防渗墙上部	湖北	1999		13.20	斜墙和心墙	新建	复合膜
40	王甫洲	湖北	1999	砂砾石	10.00	心墙	新建	200g/0.5mm/200g
41	温泉	青海	1994	砂砾石	17.5（坝高）	斜墙	新建	200gmm/0.6mm/250g
42	土坎	四川			13.30	斜墙	新建	膜＋织物 0.25
43	黑石山副坝	青海	1989	砂卵石	10（坝高）	斜墙和铺盖	新建	复合膜
44	风城高库副坝	新疆	2000	石料	23（坝高）	心墙	新建	复合膜
45	西霞院	河南	2007	砂砾石	20.20	斜墙	新建	400g/0.8mm/400g
46	泰安抽水蓄能	山东	2005	堆石	100.00	土工膜铺盖	新建	500g/1.5mm/500g
47	仁宗海	四川	2008	砂砾石	56.00	斜墙	新建	400g/1.2mm/400g
48	石砭峪	陕西	1998	堆石	85.00	斜墙	修补	500g /1.0mm/500g
49	胜利水库	新疆	2003	砂砾石	45.00	斜墙	新建	50g/0.5mm/50g

4.2.3 土工膜防渗结构

4.2.3.1 一般规定

（1）《碾压式土石坝设计规范》（SL 274—2001）规定：3级低坝经过论证可采用土工膜防渗体坝。现已有所突破，如黄河小浪底水利枢纽配套工程西霞院反调节水库土石坝属大（2）型工程，砂砾石坝长2609.00m，最大坝高20.20m，采用复合土工膜上游面防渗，水库于2007年6月下闸蓄水；四川仁宗海水电站，拦河大坝为面板堆石坝，采用复合土工膜防渗，最大坝高56.00m，水库已于2008年10月开始蓄水。

（2）《碾压式土石坝设计规范》（DL/T 5395—2007）规定：1级、2级低坝与3级及其以下的中坝经过论证可采用土工膜防渗体。

（3）SL/T 255—98规定：对于高水头（大于50.00m）挡水建筑物，采用土工膜防渗应经过论证。

（4）用于防渗的土工合成材料主要有土工膜和复合土工膜，其厚度应根据具体地层条件、环境条件及所用土工合成材料性能确定。承受高应力的防渗结构，应采用加筋土工膜。为增加其面层摩擦系数，可采用复合土工膜和表面加糙土工膜。

（5）为防止土工膜受水、气顶托破坏，应该采取排水、排气措施。一般可采用土工织物复合土工膜，预计有大量水、气作用时，应根据情况设专门排放措施。

4.2.3.2 土工膜防渗构造设计

1. 土工膜铺设方式

（1）平直坡形斜墙。薄保护层，用于低水头坝；用作心墙；用作已建大坝加固，见图4.2-6（*a*）、（*b*）、（*c*）。

（2）锯齿形斜墙，见图4.2-6（*d*）。

（3）台阶形斜墙，见图4.2-6（*e*）。

（4）折坡形斜墙，较高水头坝，设马道，见图4.2-6（*f*）。

在黏性土坝坡上铺设土工膜防渗，其接触面摩擦系数小得多，土坝常常需要较平缓的坝坡。为了采用较陡的坝坡以节省造价，可将土工膜折成直角铺设、曲折铺设或采用工程措施。

2. 土工膜防渗层位置

土石坝采用土工膜防渗有三种布置型式：斜墙、心墙和斜心墙。

（1）斜墙。土工膜铺设在上游坝面是最常采用的方法。其优点主要有：施工方便，铺膜可在坝体填筑完成后进行，无干扰；膜能适应坡面变形，不致破裂；维修或更换容易。相应缺点有：为防外界因素（紫外线、风力、水力及水中漂浮物撞击和人畜破坏等）的

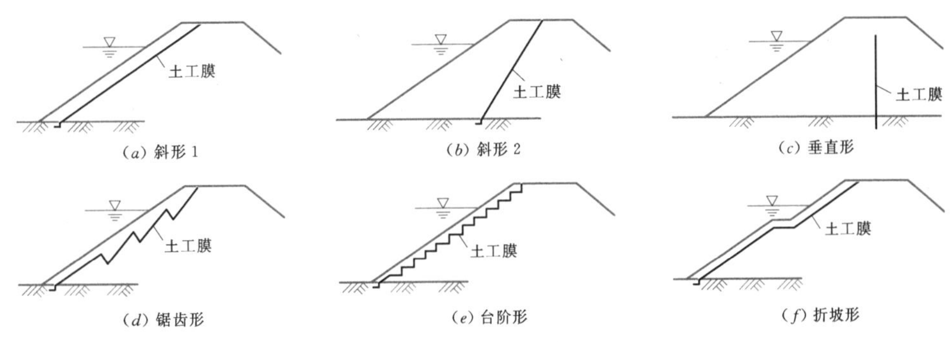

图 4.2-6 土工膜铺设方式

影响，需设防护层和垫层；存在膜与垫层和防护层结合及稳定问题；和岸边接缝较长，处理困难。

(2) 心墙。土工膜安装在坝体内部是不多见的，因在回填土内铺设土工膜施工极不方便，相互影响。为适应土工膜变形，一般将土工膜采用“之”字形铺设，故膜材用量也不比斜墙少，例如往返折叠角为60°时，膜材用量即和1∶2边坡相同。但心墙方案有如下优点：不受外界因素影响，不必考虑老化问题，不受波浪和漂浮物的撞击等；不需验算因土工膜而产生的边坡稳定性；和周围岸坡连接缝较短。

(3) 斜心墙。该布置型式介于斜墙和心墙之间，其优缺点也视斜心墙的具体位置而定。

3. 防渗层结构

土工膜防渗结构包括防渗材料的上垫层、下垫层、上垫层上部的防护层、下垫层下部的支持层，见图4.2-7。

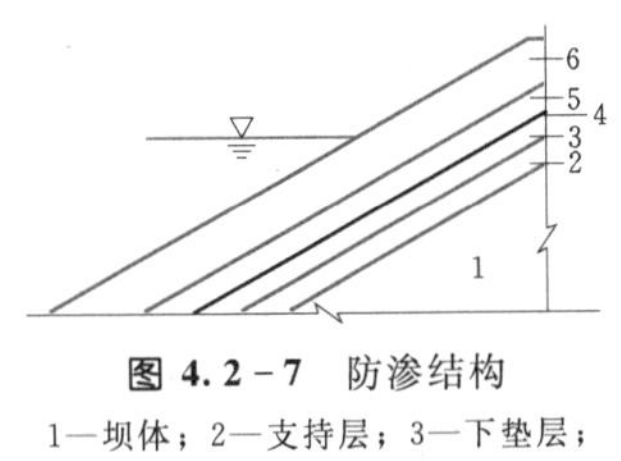

图 4.2-7 防渗结构

1—坝体；2—支持层；3—下垫层；4—土工膜；5—上垫层；6—防护层

(1) 防护层。防御波浪淘刷、风沙吹蚀、人畜破坏、冰冻损坏、紫外线辐射、风力掀动以及膜下水压力顶托而浮起等。常用面层类型有：预制混凝土板、现浇混凝土板、钢筋网或铁丝网混凝土板、干砌块石和浆砌块石等。根据面层和土工膜类型，采用不同垫层方式。

1) 预制混凝土板可铺设在复合土工膜的土工织物上，不需设垫层。对于非复合土工膜，上面没有土工织物，可先喷沥青砂胶，或浇筑薄层（厚度4cm左右）无砂混凝土作为垫层，然后铺预制混凝土板。预制混凝土板面积和厚度，根据坝坡坡率及波浪高度计算确定。为防止土工膜老化，混凝土板厚度至少在20cm以上。混凝土板之间的拼装缝，应填塞经防腐处理木条或沥青玛琋脂，以免日光由缝隙照射土工膜，但应留一些排水孔。

2) 现浇混凝土板或钢筋网、铁丝网混凝土板，可在复合土工膜的土工织物上浇筑，不需垫层。对于非复合土工膜，应在土工膜上面先浇筑厚5cm左右薄层细砾无砂混凝土垫层，然后绑扎或点焊钢筋，再浇筑混凝土，分缝间距约15m。如用滑模浇筑，可不设横缝。缝内填塞经防腐处理木条或沥青玛琋脂，并留一些排水孔。为防止土工膜老化，现浇混凝土板厚度应不小于15cm。

3) 干砌块石面层，因块石重量大且棱角尖锐，不宜与土工膜或复合土工膜直接接触。在复合土工膜的土工织物上可铺粒径小于4cm的碎石垫层，厚度15cm左右，再在其上作干砌块石。在非复合土工膜上，可浇筑细砾无砂水泥混凝土，或细砾无砂沥青混凝土作垫层，厚度约8cm，再在其上作干砌块石面层。

4) 浆砌块石面层可在复合土工膜的土工织物上先铺粒径小于2cm的碎石垫层，厚约5cm，在其上砌筑浆砌块石。在非复合土工膜上，可先铺筑厚约5cm细砾混凝土垫层，再在其上砌筑浆砌块石。浆砌块石面层应设排水孔，间距约1.5m×1.5m。

防护层具体要求和做法应符合《碾压式土石坝设计规范》(SL 274—2001、DL/T 5395—2009)中规定。

某些情况可以不设防护层：①防渗材料位于主体工程内部；②防渗材料有足够的强度和抗老化能力，且有专门管理措施；③防渗材料用作面层，更换面层在经济上比较合理。

(2) 上垫层。为保护土工膜不被刺破，在有些防护层下设垫层。透水垫层除直接保护土工膜外，还可及时排除土工膜以上的水，对防护层稳定有利。上垫层材料可采用砂砾料、无砂混凝土、沥青混凝土、土工织物或土工网等。

某些情况可不设上垫层：①当防护层为压实细粒土，且有足够的厚度；②选用复合土工膜。

（3）下垫层。土工膜是柔性的，需要垫层的支持。下垫层的作用是使土工膜受力均匀，免受局部集中应力的损坏，并且有排水、排气作用。下垫层材料可采用厚度不小于15cm碾压密实的细砾石或细粒土、土工织物、土工网或土工格栅等。复合土工膜的无纺土工织物，可作为坡面的滤层和排水层，增大土工膜与土之间的摩擦力，保护土工膜免受机械损坏。

（4）支持层。堆石坝上游面用土工膜防渗，膜下应铺设垫层和过渡层，两层合称为支持层。先将堆石体上游面基本整平，铺碎石过渡层最大粒径15cm左右，最小粒径5cm左右。过渡层与堆石层级配应满足关系为

$$\frac{D_{15}}{D_{85}} \leqslant 7 \sim 10 \qquad (4.2-8)$$

式中　D_{15}——堆石的计算块径，小于该块径的料按重量计占堆石总量的15%；

D_{85}——过渡层的计算块径，小于该块径的料按重量计占过渡料总量的85%；对粗糙多棱的料用大值，反之用小值。

关于垫层粒径，根据土工膜厚度而不同。膜厚度在1mm左右，用粒径小于1.0cm的砂砾料垫层或小于2.0cm的砂砾料垫层；膜厚度在0.6mm左右，用粒径小于0.5cm的砂垫层。垫层料与过渡层料之间也要满足式（4.2-8）要求。堆石坝上游面用复合土工膜防渗时，对垫层的要求可适当放松，即粒径可粗一些。对于300～400g/m^{2}土工织物夹土工膜，可用小于4cm的砂砾料垫层。垫层与过渡层之间，过渡层与堆石之间也要满足式（4.2-8）要求。如果在小于4cm的砂砾料上面铺筑2cm厚的无砂小砾石沥青混凝土或无砂小砾石水泥混凝土，则厚0.6mm以上的土工膜可直接铺设在其上面，不需土工织物保护。

在壤土、砂壤土坝坡面设土工膜防渗时，应在膜与土之间铺设土工织物，导引可能由膜的接缝渗漏或通过膜入渗滞留与土之间的水，并汇集到管道或盲沟排向下游，以避免水库水位下降时，膜后滞留的水反压土工膜而使防渗层失稳。在壤土或砂壤土坝坡上，也可使用复合土工膜，膜下的针刺型无纺织物，不但可起到排水作用，还可增大土工膜与坝坡之间的摩阻力。

4. 回填保护

土工膜铺好后应尽快铺上垫层料（保护层料），上垫层（保护层料）及护面层不得损伤土工膜。

（1）一般上垫层料（保护层料）厚20～40cm。寒冷地区应及时覆盖。坝面和库盆地下水位以上应有永久性防冻覆盖，冬季水位变动区要加厚保护层。

（2）有度汛要求的坝，铺好预计挡水位以下的膜后，应立即筑好护坡体。汛后再完成上部铺设，注意两期膜的妥善连接。

4.2.3.3　土工膜防渗铺盖设计

在透水地基上修建土石坝，采用复合土工膜作铺盖，主要在于复合土工膜的主膜渗透系数极小，通常为10^{-11}～10^{-12}cm/s，起防渗截水作用；而且复合土工膜可承受较大的弹性或塑性变形，以适应土体的沉降、胀缩等变形。

1. 防渗铺盖厚度确定

土工膜防渗铺盖厚度应按作用水头，地层中可能存在裂隙的形状与大小，以及土工膜的抗拉强度和破坏应变等，按式（4.2-2）估算。

计算土工膜的厚度时，考虑土工膜垫层采用中细砂、砾石，作用水头按最大水头。假设裂缝宽度为10mm时，计算最大水头的水压力荷载下土工膜的拉应力—拉应变曲线，此曲线应与选用厚度的土工膜材料的拉应力—拉应变曲线对比，求出应力安全系数和应变安全系数，如不满足，应选较厚膜。根据经验，对于中水头坝，要求厚度一般为0.5～0.6mm。

2. 防渗铺盖结构设计

铺盖与库底接触面应基本平整，并应符合反滤准则，土工膜下设反滤层，以防止铺盖万一穿孔时造成地层土流失，采用非织造土工织物的复合土工膜可以同时满足运行需要。大面积铺盖下会积水、积气，应根据具体情况采取工程措施排除积水、积气。

土工膜不宜直接与粒径较大的土石料接触，应根据需要在两面设置细粒垫层或一面设置垫层，一面设置保护层。如果地基是壤土或砂土，经平整压实后，可直接在其上铺设土工膜；如果地基中含有卵砾石较多，可先铺设砂土或中粗砂垫层，碾压密实，然后在其上铺设土工膜。土工膜上应设置一定厚度的保护层，该层也应先铺砂土或中粗砂过渡层，然后是一般土石料或混凝土保护层。保护层在压实或施工过程中应防止土工膜的损坏。

如果采用复合土工膜，经论证也可不设垫层而直接与粒径较大的土石料接触，使结构得以简化。

3. 水平铺盖防渗长度计算[14]

铺盖合理长度，应使坝基渗透坡降和渗流量限制在许可值内，根据水力计算确定，一般长度为作用水头的5～6倍。

采用复合土工膜作斜墙（心墙）与铺盖联合防渗，复合土工膜应是一整体结构。土工膜虽具一定柔性，但与透水地基接触时，不可能完全嵌入到下层介质的孔隙中。因此，其接触面上将存在较大的孔隙通道，沿接触面渗流的流速会逐渐增大，当渗透压力达到下层基土的临界水力坡降时，下层基土的颗粒即失去平衡，被水流从接触面上的孔隙通道中带走，形成接触冲刷破坏。为防止下层基土颗粒的冲刷破坏，则需要有足够的长度，以减小铺盖下的渗透坡降，达到渗透稳定的目的。

按不透水面层及不透水铺盖计算渗流，采用Darcy定理Dupuit假定进行计算。铺盖进口水头损失Δh用增加渗径长度$0.44T$替代（T为透水地基厚度），第Ⅰ段L_1和第Ⅱ段L_2为有压流，第Ⅲ段为无压渗流自由水面线。当铺盖长度L_1相当长，下游坝坡渗流逸出高度很小时，可以忽略不计。第Ⅲ段L_3的渗流可以按地基压力流及坝体无压流分别计算渗流后相加。

渗流计算方法采用分段法，服从连续定理。计算模型见图4.2-8。

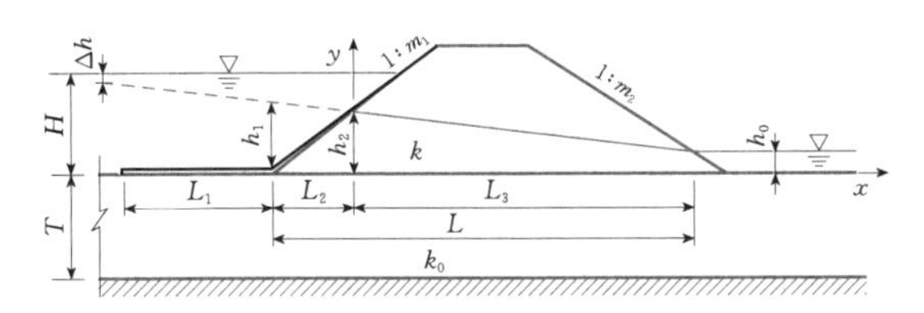

图4.2-8 土工膜铺盖渗流计算图

Ⅰ段，以增加渗径长度$0.44T$等价于进口损失Δh，故单宽渗流量为

$$q = k_0 T \frac{H - h_1}{L_1 + 0.44T} \tag{4.2-9}$$

Ⅱ段，单宽渗流量为

$$q = k_0 T \frac{h_1 - h_2}{L_2} = k_0 T \frac{h_1 - h_2}{m_1 h_2} \tag{4.2-10}$$

Ⅲ段，忽略下游坡渗流逸出高度，则单宽渗流量为

$$q = \frac{k}{2L_3}(h_2^2 - h_0^2) + k_0 T \frac{h_2 - h_0}{L_3} \tag{4.2-11}$$

因 $$L_3 = L - L_2 = L - m_1 h_2$$

故 $$q = \frac{k(h_2^2 - h_0^2)}{2(L - m_1 h_2)} + \frac{k_0 T(h_2 - h_0)}{L - m_1 h_2} \tag{4.2-12}$$

式中 k——坝体的渗透系数，m/s；

k_0——地基的渗透系数，m/s；

其他符号见图4.2-8，长度单位为m，渗流量单位为m^3/s。

以上各式中的符号k、k_0、T、H、h_0、L_1、m_1、m_2均为已知值，L可由坝断面轮廓确定，亦为已知，所以只有q、h_1、h_2三个未知量，可以由这三个方程式求解。

求出q、h_1、h_2以后，便可核算坝基、坝体中的渗透比降，各部位的渗透比降还应小于该部位土砂的容许渗透比降，即

$$\frac{H - h_1}{L_1 + 0.44T} < [i_F] \tag{4.2-13}$$

$$\frac{h_1 - h_2}{m_1 h_2} < [i_F] 且 < [i_D] \tag{4.2-14}$$

$$\frac{h_2 - h_0}{L - m_1 h_2} < [i_F] \tag{4.2-15}$$

式中 $[i_F]$、$[i_D]$——坝基土及坝体土的允许渗透比降，由试验确定。

坝体浸润区深度最小处为浸润区末端，深度为h_0，该处渗透比降最大，为坝体单宽渗流量除以kh_0，即

$$\frac{h_2^2 - h_0^2}{2(L - m_1 h_2)h_0} = [i_2] \tag{4.2-16}$$

式中 $[i_2]$——出逸坡降。

如果式(4.2-13)～式(4.2-16)的条件有一个不满足，则应加长土工膜铺盖L_1，直至满足所有各式的条件为止。这样L_1即为土工膜铺盖的设计长度。

4. 土工膜铺盖的底部排水排气和上部压重

防渗土工膜在水库蓄水后，水仍可能进入膜下，置换出部分空气，并与原膜下的向上水压力共同作用，使膜漂浮或顶破，故应根据情况采取防范措施。常用方法有逆止阀、盲沟及压重等三种。

(1) 逆止阀。根据土砂层渗透系数不同，每隔30～50m设一逆止阀。选择逆止阀需考虑其产品质量可靠性。

(2) 盲沟。在土工膜铺盖底部设排水、排气盲沟(在铺盖起始端一定长度不设盲沟，以免漏水)，再通过坝底盲沟到下游排水棱体，把渗水排出坝体。盲沟由卵石、碎石外包土工织物滤层组成。

(3) 压重。在土工膜铺盖的上面填土砂压重，土工膜铺盖底部水压力、气压力由压重压住，防止土工膜顶破或漂浮。当采用压重法时，加在土工膜上的要求压重根据膜下作用水头确定，可通过水力计算求得，计算时可认为土工膜不透水。当所需压重过大时，上述两种方法可以结合使用。

5. 土工膜铺盖保护

铺盖是为防止土工膜受阳光直接暴晒、人畜或施

工人员和机械在表面行走造成损伤。具体解决措施：在土工膜表面覆盖一定厚度的透水料保护层，厚度要求不小于1m，并且要与土工膜同时铺放。

4.2.3.4　土工膜垂直防渗设计

1. 适用条件

当地基水平防渗方案欠合理，地基内强透水层埋深又在开槽机能力范围之内时，可以考虑采用土工膜垂直防渗方案。一般应具备下列条件：

(1) 透水层深度一般在12m以内，或通过努力开槽深度可以达到16m。

(2) 透水层中大于5cm的颗粒含量不超过10%(以重量计)，其少量大石块的最大粒径为15cm，或不超过开槽设备允许的尺寸。

(3) 透水层特性及其中的水位能满足泥浆固壁的要求。

(4) 当透水层底为岩石硬层时，对防渗要求不很严格。

2. 造孔机具与方法

(1) 当不含粗颗粒的砂土透水层埋深不大于10m，其上黏土层又较薄时，可以选用高压水头造孔冲槽法成槽。

(2) 当地基为含粗颗粒的强透水层，上覆黏土层又较薄时，宜选用链斗式或液压式锯槽机开槽。

3. 防渗材料

垂直防渗可采用聚乙烯土工膜、复合土工膜或防水塑料板等。土工膜厚度应不小于0.5mm，幅间采用热熔法焊接。

4. 下膜形式

垂直铺设防渗膜有两种形式：重力沉膜法和膜杆铺设法。

(1) 重力沉膜法。对于砂性较强的地质情况，造就槽孔后，由于其回淤的速度较快，槽孔底部高浓度浆液存量多，宜采用重力沉膜法。其下膜原理见图4.2-9。

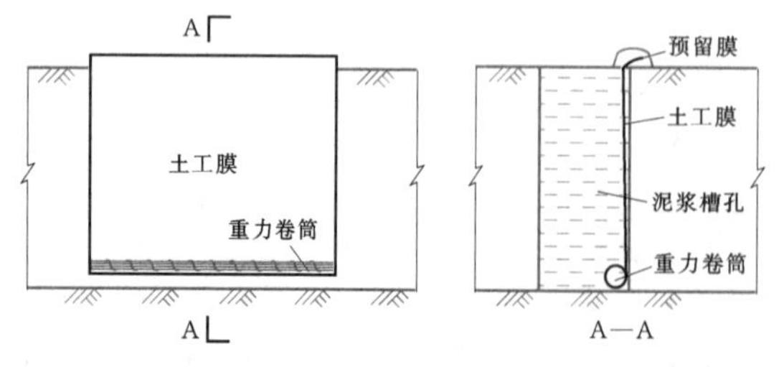

图 4.2-9　重力沉膜法下膜原理图

(2) 膜杆铺设法。对于一般的黏土、粉质黏土、粉砂地质情况，由于其回淤的速度较慢，泥浆固壁效果较好，可采用膜杆铺设法。

首先将土工膜卷在事先备好的膜杆上，然后由下膜器沉入槽孔中，在开槽机的牵引下铺设土工膜，其工作原理见图4.2-10。

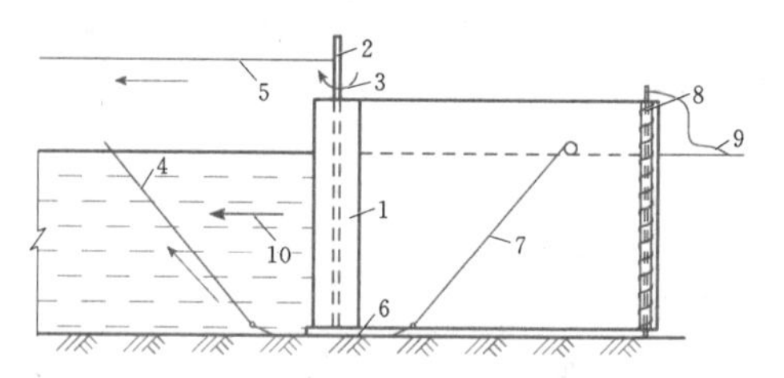

图 4.2-10　膜杆铺设法下膜原理图

1—膜卷；2—前膜杆；3—膜杆旋转下膜；4—下牵引绳；5—上牵引绳；6—下膜器；7—后牵引绳；8—后膜杆；9—后膜杆牵引固定绳；10—前进方向

采用膜杆铺设法施工过程中，要经常不断地将膜杆上下活动，使其在槽孔中处于自由松弛状态，防止膜杆被淤埋或卡在槽中。

5. 膜的连接

垂直铺膜采用搭接法，搭接长度1m。

6. 回填

土工膜铺入槽内后，应及时回填膜两侧的填土，最长不得延迟24h，以免槽壁塌落。回填时，在槽底回填黏土，厚度不小于1m，目的是密封，以防止水从下部绕渗，接着回填与原筑坝土质相同的土，待其下沉稳定后，往槽内继续填土压实。待土工膜出槽后，将其与建筑物防渗体系连接，不得外露。与建筑物连接处，土工膜应留有足够的富裕，以防止建筑物变形时拉断土工膜。

4.2.4　土工膜斜墙稳定性验算

4.2.4.1　土工膜防渗体稳定分析[3]

采用土工膜防渗的土石坝，除验算坝坡抗滑稳定，其安全系数应满足SL 274—2001规定外，还需验算斜铺土工膜与保护层和上垫层及与下垫层之间的抗滑稳定性。对于边坡较陡的土石坝坝面铺设土工膜，可采取工程措施增大土工膜与其上、下接触面的摩擦力以维持稳定，如涂刷沥青或水泥砂浆等。

1. 计算参数

土工膜及复合土工膜外层的土工织物与土、砂和卵石间的摩擦系数小。在透水料坝坡上铺设土工膜，危险滑动面在土工膜与上层面的保护层之间，而与下面垫层之间滑动的可能性不大，因为坝料透水性强，土工膜和垫层之间不会滞留水。

表4.2-10～表4.2-13列出了部分工程复合土工膜与不同土类之间的摩擦系数试验结果，供设计参考。

表 4.2-10 典型工程中细砂、砾石与复合土工膜之间摩擦特性参数（西霞院工程）

分项	界面平均摩擦角（°）		摩擦系数 f	
	干燥	潮湿	干燥	潮湿
中细砂	31.35	34.25	0.61	0.68
砾石	28.75	31.76	0.55	0.62

注 复合土工膜规格:350g/0.6mm/350g、500g/0.8mm/500g。

表 4.2-11 砂砾料与土工膜直剪摩擦试验成果（黄河设计公司科研院）

试验对象	垫层料密度（g/cm^3）	抗剪强度		
		黏聚力（t/m^2）	摩擦系数	摩擦角（°）
风干天然砂	1.72	21	0.84	40.1
风干天然砂长丝顺丝	1.72	7	0.45	24.0
风干天然砂长丝横丝	1.72	14	0.50	26.7
短丝风干天然砂	1.72	1	0.74	36.5
饱和天然砂	1.72	20	0.84	40.2
饱和天然砂长丝顺丝	1.72	10	0.41	22.5
饱和天然砂长丝横丝	1.72	18	0.49	26.2
短丝饱和天然砂	1.72	13	0.59	30.4
风干人工砂（粒径 5～10mm）	1.66	46	0.98	44.4
饱和人工砂	1.66	46	1.07	47.0
风干粗砾石（粒径 5～20mm）	1.58	43	1.62	58.3
风干粗砾石长丝顺丝	1.58	15	1.91	62.3
风干粗砾石短丝	1.58	21	0.80	38.5
饱和粗砾石	1.58	30	1.54	57.1
饱和粗砾石长丝顺丝	1.58	49	1.50	56.4
饱和粗砾石短丝	1.58	29	0.72	35.8
饱和人工配料短丝	1.78	10	0.71	35.2
饱和人工配料长丝顺丝	1.78	11	0.55	28.8
饱和人工配料长丝横丝	1.78	14	0.55	28.8
长丝顺丝饱和人工配料（双面料）	1.78	21	0.41	22.2

注 复合土工膜规格：长丝 400g/0.8mm/400g、短丝 400g/0.6mm/400g。

表 4.2-12 聚乙烯膜、土工织物与土砂、混凝土板等之间的摩擦系数（成都科技大学）

摩擦系数 f		聚乙烯膜		土工织物	
		0.06mm	0.12mm	$250g/m^2$	$300g/m^2$
黏土	干	0.14	0.14	0.45	0.48
	湿	0.13	0.12	0.41	0.45
砂壤土	干	0.17	0.22	0.40	0.47
	湿	0.19	0.24	0.43	0.46
细砂	干	0.22	0.34	0.35	0.54
	湿	0.23	0.37	0.37	0.55
粗砂	干	0.15	0.28	0.35	0.44
	湿	0.16	0.30	0.37	0.43
混凝土板	干	0.27	0.27	0.39	0.40
	湿	0.27	0.27	0.41	0.41
聚乙烯膜 0.05mm	干	0.15	0.15	0.15	—
	湿	0.14	0.14	0.14	0.10
聚乙烯膜 0.12mm	干	0.19	0.14	0.14	0.15
	湿	0.16	0.13	0.13	0.14

注 本表摘自《土工合成材料工程应用手册》（第二版），中国建筑工业出版社，2000。

2. 计算条件

（1）上游水位骤降，校核防护层（连同上垫层）与土工膜之间的抗滑稳定性。

（2）保护层的透水性有良好和不良两种情况。

（3）保护层断面有等厚和变厚度（由上而下逐渐增厚，成楔形）两种情况。

3. 计算方法

（1）采用极限平衡法。

（2）保护层不透水时，采用容重变化法，计及层内孔隙水压力影响。即降前水位以上土料及护坡采用湿容重；计算滑动力时，降前水位和降后水位之间用饱和容重，降后水位以下用浮容重；计算抗滑力时，降前水位以下一律用浮容重，土的抗剪强度采用有效指标 c' 和 φ'。

（3）保护层和上垫层透水性良好，水库水位降落时，浸润面与库水位同步下降，则保护层和上垫层处于潮湿状态，容重采用湿容重。

4. 等厚防护层

（1）防护层透水性良好（等厚防护层示意图见图 4.2-11），安全系数 F_s 计算为

$$F_s = \frac{\tan\delta}{\tan\alpha} = \frac{f}{\tan\alpha} \qquad (4.2-17)$$

表 4.2-13 王甫洲工程复合土工膜与中细砂摩擦特性表

试样	界面	摩擦角 (°)					
		干砂		湿砂		饱和砂	
一布一膜 300g/0.5mm	膜—砂	29.5	28.5	28.0	28.0	26.0	25.0
二布一膜 200g/0.5mm/200g	布—砂	30.0	30.0	30.0	28.0	27.0	27.0
二布一膜 300g/0.5mm/300g	布—砂	30.5	30.0	30.0	28.5	27.0	26.0
二布一膜 200g/0.5mm/200g	布—砂	29.0	29.0	27.0	27.0	26.0	26.0

注 本表摘自《土石坝与岩土力学技术研讨会论文集》，地震出版社，2001。

式中 δ——上垫层土料与土工膜之间的摩擦角，(°)；

f——上垫层与土工膜之间的摩擦系数；

α——土工膜铺放角度，(°)。

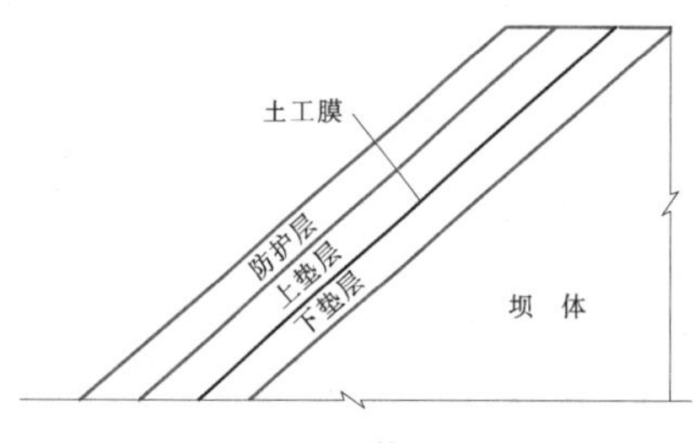

图 4.2-11 等厚防护层

【算例 4.2-1】 西霞院土石坝为2级建筑物，坝坡采用复合土工膜斜墙防渗，上游坝坡 1∶2.75，土工膜铺放角度为 $\alpha=19.98°$。保护层为 17cm 厚的混凝土联锁板护坡和 20cm 厚的砾石上垫层，复合土工膜下为 15cm 厚的砾石垫层。坝壳采用砂砾料填筑。根据现场复合土工膜与保护层、垫层间的抗剪试验，复合土工膜与保护层料（饱和状态）之间的摩擦系数为 0.55。

根据式（4.2-17）计算，保护层与复合土工膜之间的抗滑稳定安全系数为 1.51，满足《碾压式土石坝设计规范》（SL 274—2001）要求的 1.35。

（2）防护层透水性不良，安全系数 F_s 计算为

$$F_s=\frac{\gamma'}{\gamma_{sat}}\times\frac{\tan\delta}{\tan\alpha} \quad (4.2-18)$$

式中 γ'、γ_{sat}——防护层（包括上垫层）的浮容重和饱和容重，kN/m^3。

5. 不等厚保护层

（1）不等厚保护层示意图见图 4.2-12。防护层透水性良好，安全系数 F_s 按下式计算

$$F_s=\frac{W_1\cos^2\alpha\tan\varphi_1+W_2\tan(\beta+\varphi_2)+c_1l_1\cos\alpha+c_2l_2\cos\beta}{W_1\sin\alpha\cos\alpha} \quad (4.2-19)$$

式中 W_1、W_2——主动楔 $ABCD$ 和被动楔 CDE 的单宽重量，kN/m；

c_1——沿 BC 面防护层（上垫层）土料与土工膜之间的黏聚力，kN/m^2；

φ_1——沿 BC 面防护层（上垫层）土料与土工膜之间的摩擦角，(°)；

c_2——防护层土料的黏聚力，kN/m^2；

φ_2——防护层土料的内摩擦角，(°)；

α、β——坡角，(°)；

l_1、l_2——BC 和 CE 的长度，m。防护层如为透水性材料 $c_1=c_2=0$。

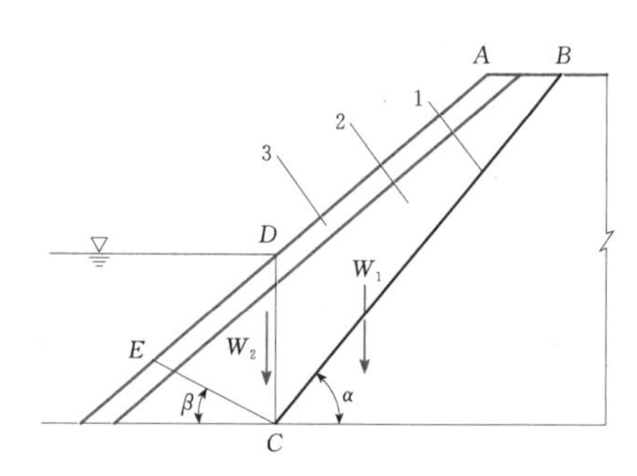

图 4.2-12 不等厚防护层
1—土工膜；2—防护层；3—护坡

（2）防护层透水性不好，仍按式（4.2-19）计算，但式中分子上的 W 应按单宽浮容重，分母上的 W 应按单宽饱和容重计算。

降后水位至图 4.2-12 中 D 点时，属最危险情况。

4.2.4.2 膜后土工织物排泄能力核算[14]

为了把土工膜与土坝接触面的滞留水排出，以消除滞留水对土工膜的反压力，保持土工膜和护坡的稳定性，需在接触面设排水。最简单的排水结构是土工织物。若采用复合土工膜，其内层的土工织物既是土工膜的保护层，又是排水层。要畅通地排出滞留水，土工织物要有一定的厚度，需通过计算确定。

核算针对膜后无纺土工织物平面排水或砂垫层导水能力进行。上游水位骤降时，坝体中部分水量将流向上游，沿土工织物顺流至坡底，经坝后排水管或导水沟导向下游排走。排泄能力核算应先估算来水量，校核自上而下各段土工织物的导水率，并考虑一定的安全系数。

（1）计算条件。从坝断面浸润线最高点自上而下将断面分为若干层，见图 4.2-13。

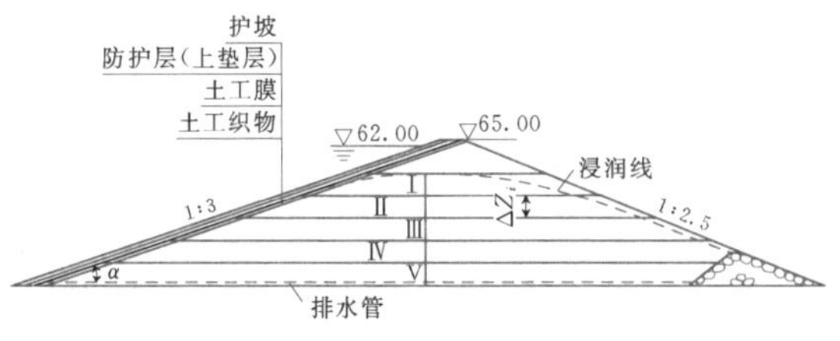

图 4.2-13 土工织物排水计算图

（2）估算来水量。设某层厚度为 ΔZ_i，由该层流入土工织物的水量计算为

$$\Delta q_i = kJ_i\Delta Z_i \qquad (4.2-20)$$

其中

$$J_i = \frac{h_i}{l_i} \qquad (4.2-21)$$

式中 k——坝体土料的渗透系数，m/s，由试验确定，但针刺土工织物系蓬松材料，其厚度及渗透系数随压力而变化，故应先通过试验求得土工织物的导水率与压力的关系（θ—P），以备查用，见图 4.2-14；

J_i——第 i 层的平均水力梯度；

h_i——第 i 层中点处的水头，m；

l_i——渗水流程，m。

第 i 层土工织物接受的来水量 q_i 应为该层以上各层来水量之和，计算式为

$$q_i = \sum_1^i \Delta q_i \qquad (4.2-22)$$

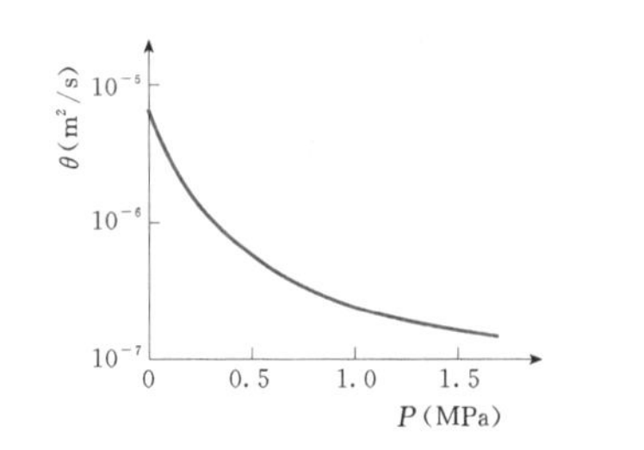

图 4.2-14 针刺土工织物压力与导水率关系

（3）土工织物要求的导水率 θ_r 计算为

$$\theta_r = \frac{q_i}{J_g} \qquad (4.2-23)$$

其中

$$J_g = \sin\alpha \qquad (4.2-24)$$

式中 q_i——单宽流量，m³/(m·s)；

J_g——来水沿土工织物渗流的水力梯度；

α——土坝上游坡角。

（4）土工织物实际提供的导水率 θ_a 计算为

$$\theta_a = k_p\delta \qquad (4.2-25)$$

式中 k_p——土工织物沿平面的渗透系数，m/s，由试验确定；

δ——土工织物厚度，m。

（5）排水能力评价。比较各层的 θ_r 和 θ_a，要求每层的 $\theta_r > \theta_a$，并有适当的安全系数（可取 3）。如不满足，可增加织物层数，或选用其他复合排水材料，直至满足要求。

【算例 4.2-2】 见图 4.2-13，坝高 65.00m，上游坡 1∶3，下游坡 1∶2.5，均质坝，渗透系数 $k=1.0\times10^{-7}$m/s，浸润线高 50.00m，向上游坡土工织物排水，织物排水畅通，其中水压力为零。把浸润线峰点以下的坝体分成 5 层，每层高 $\Delta Z_i=10$m；各层平均水头 h_i 和平均渗径长度 l_i 见表 4.2-14 第（2）、（3）列，由此算出各层水力梯度 J_i 见表 4.2-14 第（4）列；按式（4.2-20）计算各层流入土工织物的渗流量 Δq_i 见表 4.2-14 第（5）列；来水沿土工织物渗流的水力梯度 $J_g\approx\sin\alpha=0.316$；土工织物所受压力为上游水压力加护坡与保护层的法向压力，护坡与保护层厚 1m，法向压力为 1.8t/m² =18kPa，水压力算到每层底部，算出各层底部处土工织物所受压力 P_a 见表 4.2-14 第（8）列；由图 4.2-14 查得土工织物的导水率 θ_a 见表 4.2-14 第（9）列。表 4.2-14 中第（7）列为排出坝体渗流所要求的土工织物导水率 θ_r，与第（9）列的一层土工织物导水率对比，可见Ⅰ、Ⅱ层用一层土工织物已满足需要；而第Ⅲ层则需要 1.5 层土工织物，可选用上述土工织物 2 层或更厚的土工织物一层；Ⅳ需要上述土工织物 3 层；Ⅴ层需要上述土工织物 5 层。

4.2.5 土工膜与地基和结构物连接

采用土工膜防渗的土石坝，土工膜与周边建筑物的连接，采用锚接或粘结。当底部为透水地基，土工膜应与上游防渗铺盖或防渗墙、岸坡和一切其他防渗体紧密连接，构成完全封闭体系。土工膜封闭体系的具体结构可根据地基土质条件和结构物类型分别采用不同的连接型式[3]。

与周边建筑物封闭连接应遵循的原则为：①相邻材料的弹性模量不能差别过大；②平顺过渡；③充分考虑结构物可能产生较大位移。

表 4.2-14 土工织物排水核算表

(1)	(2)	(3)	(4)	(5)	(6)	(7)	(8)	(9)
分层号	平均水头 h_i (m)	平均渗径 l_i (m)	水力梯度 $J_i=(2)/(3)$	分层流量 $\Delta q_i=(4)\times10^{-6}$ [m³/(m·s)]	累计流量 $q_i\sum(5)$ [m³/(m·s)]	要求的 $\theta_r=(6)/0.316$ (m²/s)	土工织物所受压力 P_a (MPa)	由(8)查图4.2-14得的 θ_a (m²/s)
Ⅰ	5	60	0.083	0.830×10^{-7}	0.830×10^{-7}	0.26×10^{-6}	0.22	1.6×10^{-6}
Ⅱ	15	90	0.167	0.167×10^{-6}	0.25×10^{-6}	0.79×10^{-6}	0.32	0.98×10^{-6}
Ⅲ	25	120	0.208	0.208×10^{-6}	0.458×10^{-6}	1.45×10^{-6}	0.42	0.94×10^{-6}
Ⅳ	35	150	0.233	0.233×10^{-6}	0.691×10^{-6}	2.19×10^{-6}	0.52	0.75×10^{-6}
Ⅴ	45	180	0.250	0.250×10^{-6}	0.941×10^{-6}	2.98×10^{-6}	0.62	0.62×10^{-6}

4.2.5.1 不透水地基

1. 土质地基

土工膜直接埋入锚固槽，槽深2m左右，宽度4m左右。填土必须夯实并与槽的边坡和底部严密结合，见图4.2-15。

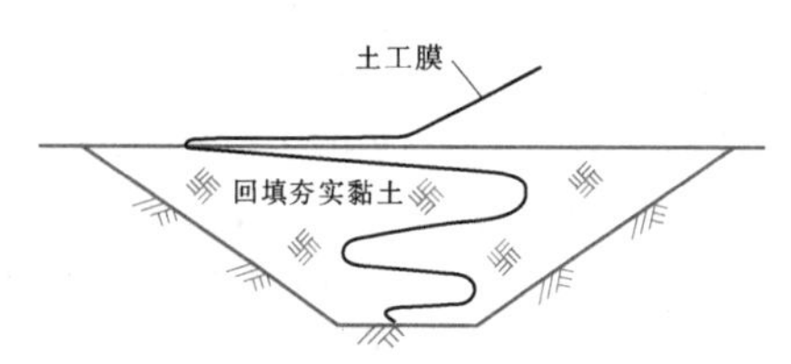

图4.2-15 土工膜与黏土地基锚固型式

2. 岩石地基

地基为不透水岩石，开挖锚固槽，回填混凝土，用锚筋将混凝土锚固在岩石上。锚固槽深50cm左右，宽度50cm左右，见图4.2-16。

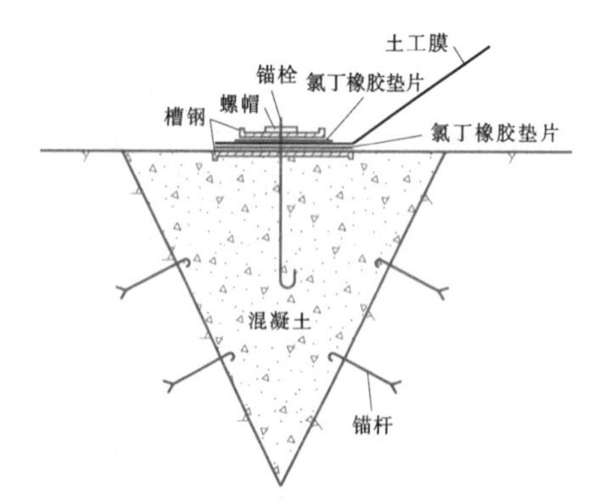

图4.2-16 岩石地基或混凝土建筑物的锚固型式

4.2.5.2 透水地基

1. 薄层透水地基

对于薄层透水地基，先在地基和岸坡上开挖锚固槽，把薄层砂卵石等透水层开挖掉，直达不透水层，浇筑混凝土基座，将土工膜锚固在混凝土内。锚固槽混凝土的底宽，根据基岩性质确定，对新鲜或微风化岩面，应为挡水水头的1/10～1/20；对半风化岩面或全风化岩面，应为挡水水头的1/5～1/10，并需填实缝隙和作固结灌浆。土工膜嵌入混凝土的长度根据膜与混凝土的容许接触比降确定，见图4.2-17。

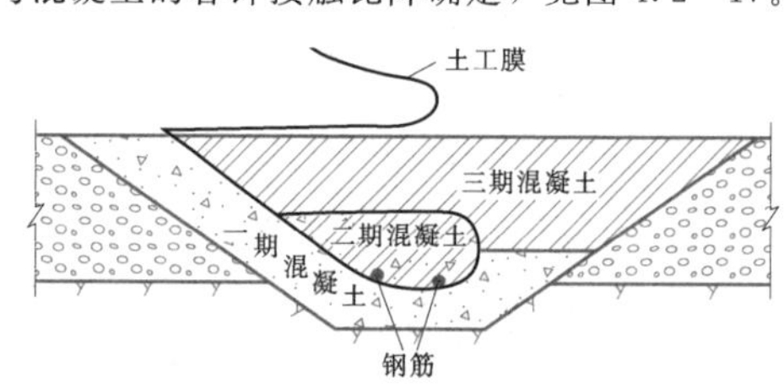

图4.2-17 薄层砂卵石地基下有基岩的锚固型式

2. 厚层透水地基

若地基是很厚的砂卵石透水层，锚固槽开挖至基岩不经济或不可能时，可采用以下两种型式。

(1) 可将土工膜向上游延伸一段，形成水平铺盖，要求长度应通过计算确定。铺设土工膜时，地面必须整平，并铺最大粒径为20mm的砂砾石垫层，厚30cm，然后铺设土工膜。其上面铺设同样的砂砾石层，上面再铺不限粒径的盖重层。土工膜周边应与两岸边坡不透水层严密结合。为防止水库降低水位时地下水位和气体顶托而使土工膜鼓起，土工膜下应设置排水、排气措施。排水、排气系统通向坝的下游和岸坡，还应在膜的某些部位设一些逆止阀，以排出气体。

(2) 当坝基防渗采用防渗墙时，将土工膜锚固在坝基防渗墙顶部，形成封闭的防渗系统，见图4.2-18。

4.2.5.3 土工膜与结构物连接

土工膜与周边结构物。如与导墙、防浪墙、输水管、溢洪道、廊道等连接，典型型式见图4.2-19。

4.2.6 典型工程实例

4.2.6.1 西霞院工程

西霞院水库位于黄河干流，为小浪底水利枢纽的

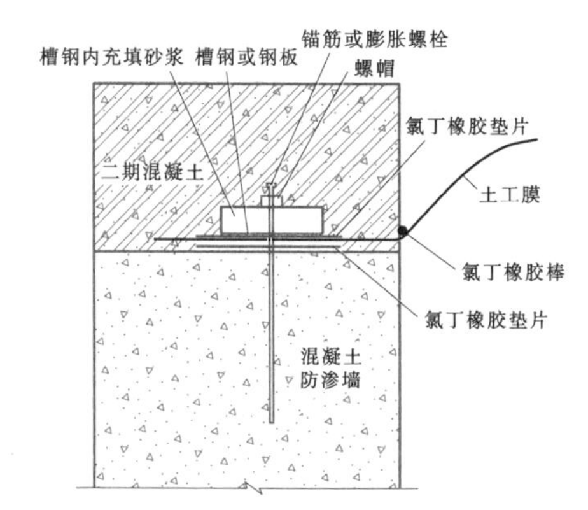

图 4.2-18　土工膜与混凝土防渗墙的连接图

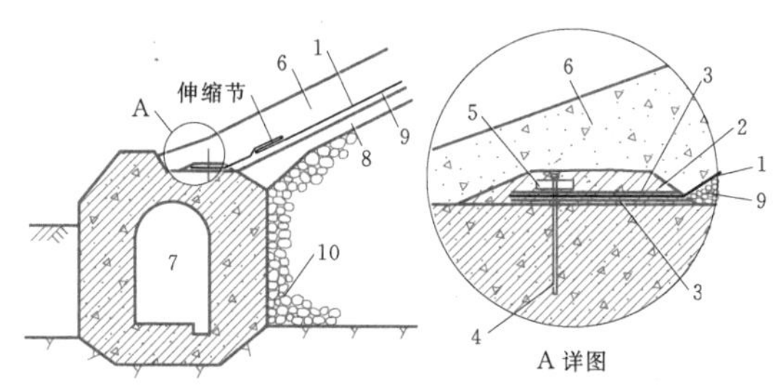

图 4.2-19　土工膜与结构物连接图

1—土工膜；2—二期混凝土；3—氯丁橡胶垫片；4—锚栓；5—槽钢或钢板；6—混凝土；7—廊道；8—过渡层；9—垫层；10—堆石

反调节水库，上距小浪底水利枢纽 16km，下距郑州花园口 112km，坝址控制流域面积 69.46 万 km^2，总库容 1.62 亿 m^3。正常蓄水位 134.0m，水电站装机容量 140MW，年发电量 5.9 亿 kW·h，是一座具有日调节性能的反调节水库。开发任务是以反调节为主，兼顾发电、供水、灌溉等综合利用。该工程为大(2)型二等工程，主要建筑物有大坝、电站、泄洪闸、排沙建筑物、王庄引水闸及灌溉引水闸，为 2 级建筑物。防洪标准按 100 年一遇洪水设计、5000 年一遇洪水校核。

土石坝段位于泄水、发电建筑物坝段两侧，总长 2609.0m，共分三个坝段，即左岸滩地段，长 780.0m，最大坝高 15.2m；河槽段，长 945.5m，最大坝高 20.2m；右岸滩地段，长 883.5m，最大坝高 20.2m。坝顶宽 8.0m，坝顶高程为 137.80m。左岸坝轴线呈 S 形布置。坝壳采用砂砾石料填筑，上游坡度为 1∶2.75，复合土工膜斜墙防渗，下设 0.15m 厚砂砾垫层料，上铺 0.20m 厚上下分两层各 0.10m 保护层料，保护层料上铺设 0.17m 厚的预制混凝土联锁板块护坡。下游坝坡在高程 127.20m 设 3.5m 宽的马道，马道以上坝坡 1∶2.25、以下坝坡 1∶2.5。设计中坝型考虑了壤土斜墙坝与复合土工膜斜墙坝防渗的比较。壤土斜墙坝需要开采黏土筑坝，往往为征地引起纠纷，投资费用高。经论证，选用复合土工膜材料替代黏土为坝体防渗，用量达 12.8 万 m^2。2007 年 5 月下闸蓄水，经 4 年多的水库运行，土工膜防渗效果显著，同时做到了节省耕地、保护环境，解决了节地、节材、降低工程造价的问题。

西霞院工程设计见图 4.2-20～图 4.2-24，工程复合土工膜主要设计控制指标见表 4.2-15。

表 4.2-15　复合土工膜主要设计控制指标表

项目		长丝	
		400g/0.8mm/400g	400g/0.6mm/400g
极限抗拉强度(kN/m)	纵向	≥55.0	
	横向	≥45.0	
极限延伸率(%)	纵向	≥50.0	
	横向	≥50.0	
撕裂强度(kN)	纵向	≥1.5	
	横向	≥1.3	
CBR 顶破强度(kN)		≥10.0	
刺破强度(kN)		≥1.4	
渗透系数(m/s)		$\leqslant 10^{-11}$	

4.2.6.2　泰安抽水蓄能电站上库工程

泰安抽水蓄能电站位于山东省泰安市西郊的泰山西麓，黄河下游支流泮汶河附近，距泰安市 5km，距济南市约 70km。是一座日调节纯抽水蓄能电站。大坝为混凝土面板堆石坝，右岸山体坡面采用混凝土面板防渗，库底采用高密度聚乙烯土工膜水平防渗。其纵剖面见图 4.2-25。

上水库坝顶高程 413.80m，高约 100m，坝顶长约 540m，为 1 级建筑物。左岸布置有放空洞（兼导流、泄洪），右岸横岭山体布置有排水观测洞和上水库进/出水口，库盆防渗型式选择钢筋混凝土面板与高密度聚乙烯土工膜结合的综合防渗方案。

大坝上、下游边坡分别为 1∶1.5 和 1∶1.4，上游面板等厚 0.3m，其下通过连接板与库底土工膜相连，连接板底宽 6m，厚 0.6m。右岸岸坡面板厚 0.3m，坡度为 1∶1.5，面板下设置厚 0.8m 的碎石垫层，底部设连接板与库底土工膜相接。

库底采用土工膜防渗，具有适应库底大范围填渣区变形能力强，防渗效果好的特点。土工膜上最大工作水头约 37.00m，最小工作水头约 11.80m，日最大

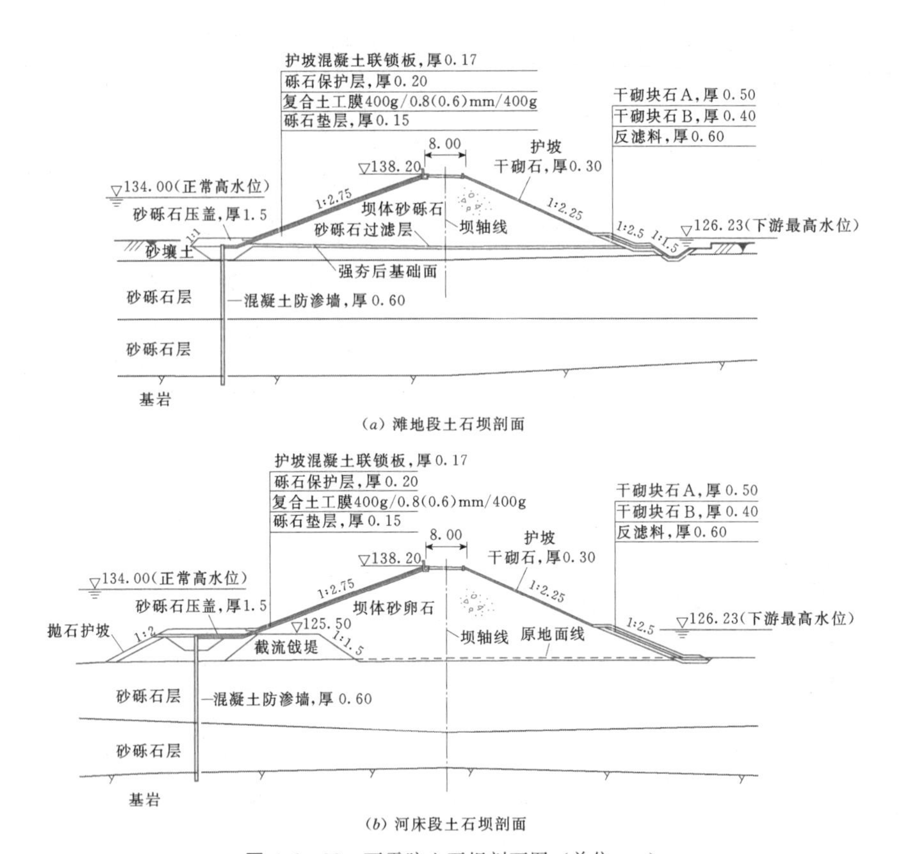

图 4.2-20 西霞院土石坝剖面图（单位：m）

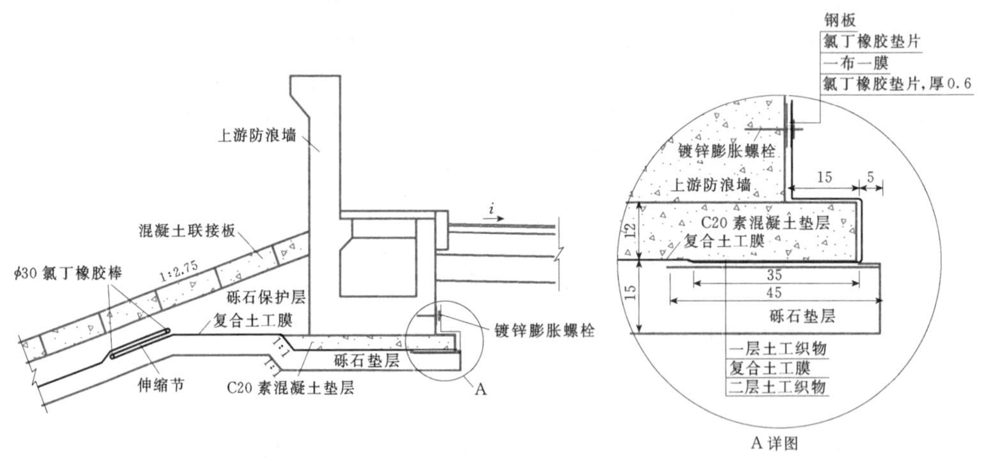

图 4.2-21 西霞院工程土工膜与防浪墙的连接（单位：cm）

工作水头变幅 24.00m。采用膜布分离的布置方式。选择了压延法生产的 1.5mm 厚 HDPE 膜和 500g/m^2 聚酯（涤纶）短丝针刺无纺土工布组合防渗层。土工膜主要技术指标见表 4.2-16。

库底在清理后回填开挖石渣料，其上分别是 0.1m 碎石找平层、土工布、0.3m 的粗砂下垫层、复合土工膜、0.3m 厚的粗砂上垫层和 0.5m 厚的填渣保护层。土工膜的下游和右侧均通过连接板与面板相接，在土工膜左边界和上游边界通过库底观测廊道与基岩相接，见图 4.2-26。

4.2.6.3 王甫洲土石坝工程

王甫洲工程位于汉江丹江口水库下游 30km 的老

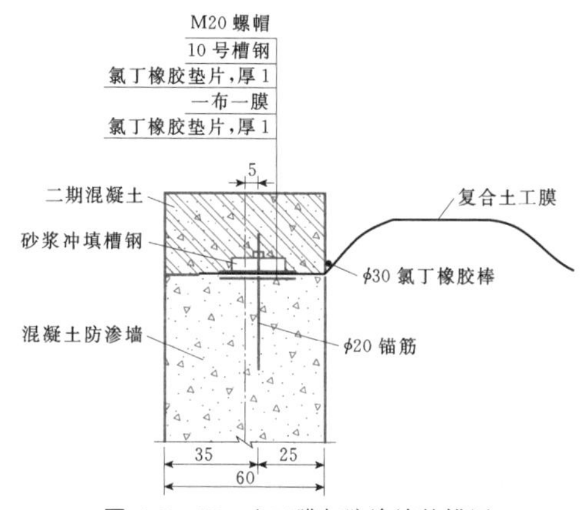

图 4.2-22 土工膜与防渗墙的锚固连接图（单位：cm）

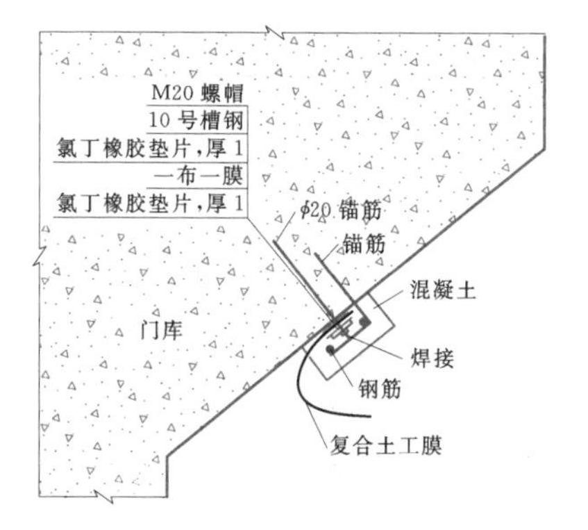

图 4.2-23 西霞院工程土工膜与门库斜面的连接图（单位：cm）

河口市汉江干流上，土石坝是王甫洲工程的主要建筑物之一，其中主河床土石坝为土工膜心墙砂砾石坝，长 1251.51m；谷城土石坝为黏土心墙砂砾石坝，长 3701.00m；围堤为土工膜斜墙砂砾石坝，长 12627.64m。

表 4.2-16 高密度聚乙烯土工膜主要技术指标参数

项　　目	指　　标
厚　度（mm）	1.5（+0.18，-0.1）
单位面积质量（g/m^2）	≥1400
拉伸强度（MPa）	≥17
断裂伸长率（%）	≥450
直角撕裂强度（N/mm）	≥110
CBR 顶破强度（kN）	≥3
刺破强度（kN）	≥0.3
落锥法破洞直径（mm）	<5
抗渗强度	1.05MPa 无渗漏
土工布	500g/m^2，厚 3.6mm

主河床土石坝土工膜心墙采用聚氯乙烯（PVC）复合土工膜，用量 3 万 m^2。两岸围堤采用聚乙烯（PE）复合土工膜作为斜墙和水平铺盖防渗，用量达 107 万 m^2。

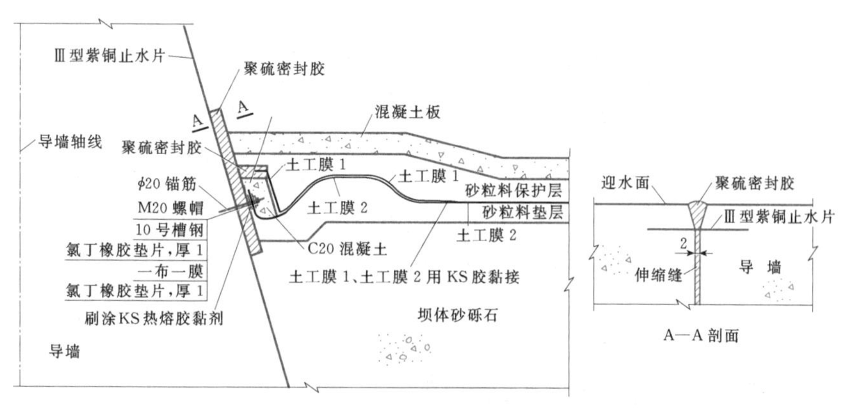

图 4.2-24 土工膜与导墙的连接图（单位：cm）

1. 主河床土石坝

主河床土石坝，坝顶高程 90.60m，顶宽 6m，坝顶上设 1.3m 高的防浪墙。上、下游坝坡分别为 1∶30、1∶2.75。最大坝高 13m。主河床土石坝利用复合土工膜防渗时，一方面底部要与混凝土防渗墙连接，另一方面与两侧混凝土建筑物连接，因此考虑聚氯乙烯膜（PVC）既能黏接又能焊接的特点，并且与混凝土有黏合性，可直接埋入混凝土，故选用聚氯乙烯膜作为主河床心墙防渗材料，规格为 200g/0.5mm/200g，见图 4.2-27。

2. 老河道两岸围堤

老河道两岸围堤堤顶高程 90.42m，正常蓄水位

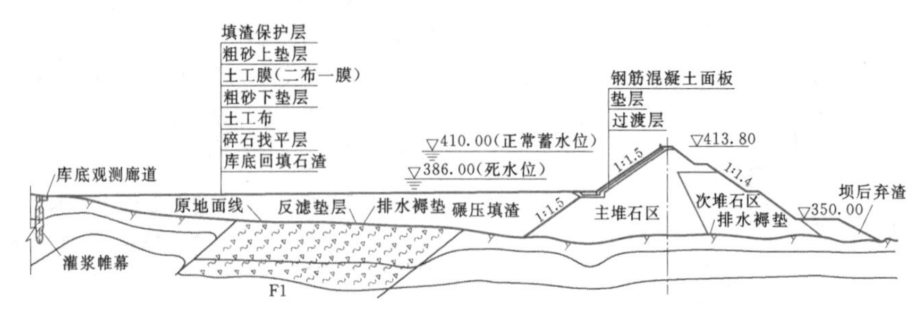

图 4.2-25 泰安抽水蓄能电站上库纵剖面示意图（单位：m）

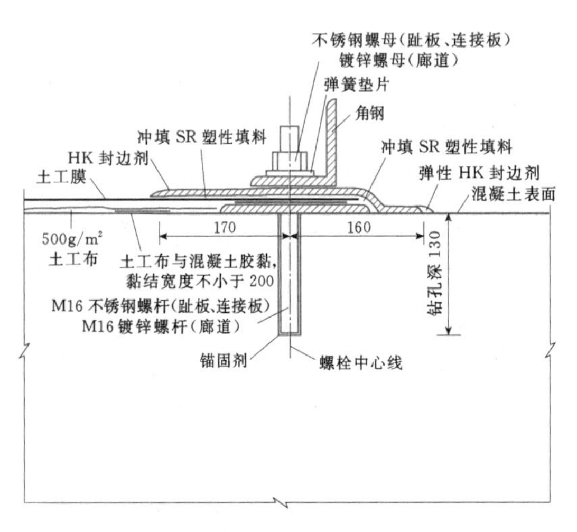

图 4.2-26 土工膜左边界和上游边界与基岩相接示意图（单位：cm）

86.23m，堤高一般 7～8mm，最高处 10m；围堤迎水面坡度 1∶2.75，背水面坡度 1∶2.50。围堤坝身填筑材料为砂砾石，采用复合土工膜斜墙铺盖作防渗体。围堤坝体采用 PE 土工膜、二布一膜斜墙防渗，规格为 200g/0.5mm/200g；堤基采用 PE 土工膜、一布一膜水平铺盖防渗，规格为 200g/0.5mm，土工布均采用纯新涤纶针刺无纺布。堤的迎水坡面用 22cm 厚混凝土护坡。围堤断面如图 4.2-28 所示。复合土工膜主要性能指标见表 4.2-17。

3. 铺设方法与连接形式

(1) 围堤复合土工膜。复合土工膜幅宽均为 4m，四边预留约 10cm 的不复合层。水平铺盖长度按 10 倍水头设计，铺设沿堤轴线自坡脚向外长度为 25～105m；堤坡土工膜自上至下铺设，护坡混凝土基座压在复合土工膜上部，堤坡二布一膜与水平铺盖一布一膜直接连接。

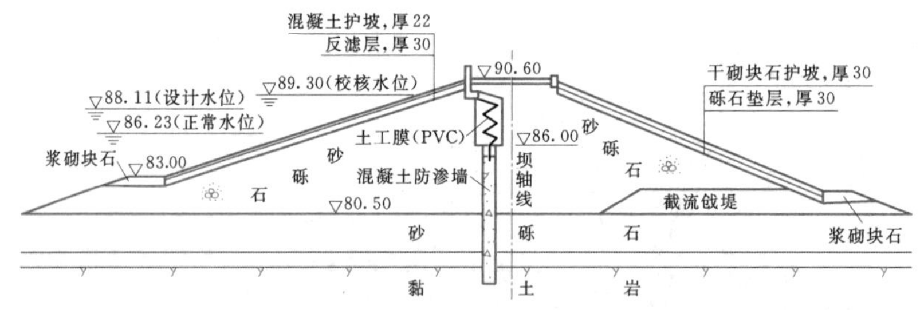

图 4.2-27 王甫洲主河床土石坝标准断面图（高程单位：m；尺寸单位：cm）

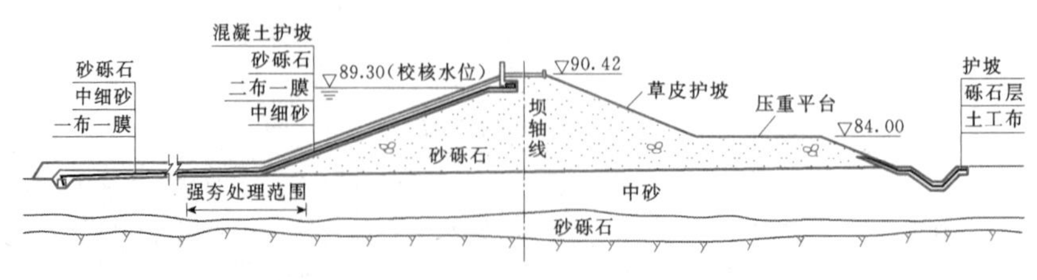

图 4.2-28 围堤断面图（单位：m）

为适应地基变形，每个横断面土工膜设有 2 个伸缩节。在水平铺盖裹头处，土工膜入槽前，设 100cm 折叠层。在斜坡顶端也设 100cm 折叠层，见图 4.2-29。

表 4.2－17　　　　复合土工膜主要控制指标表

项　　目		一布一膜	二布一膜	土　工　布	备　注
单位面积质量（g/m²）		200	200	200	
厚度（膜）(mm)		0.5	0.5		
抗拉强度	纵向（kN/m）　≥	10	16	垂直渗透系数≥2×10⁻²cm/s 有效孔径≤0.14mm	5cm 试样折算
	横向（kN/m）　≥	8.0	12.8		
极限延伸率	纵向（%）　≥	60	60		
	横向（%）　≥	60	60		
撕裂强度（kN）　≥		0.3	0.5		
CBR 顶破（kN）　≥		2.0	3.0	≥0.5	

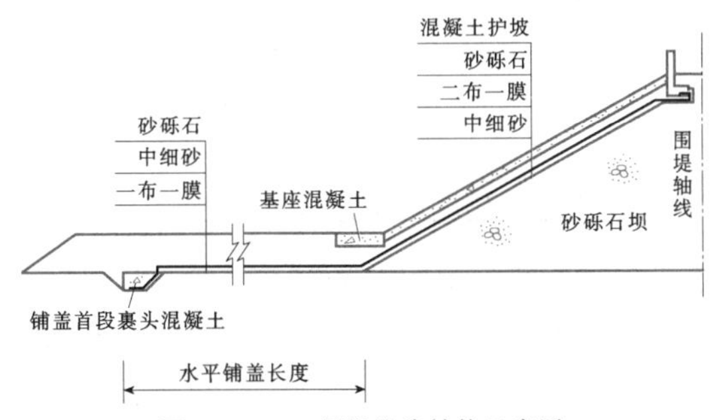

图 4.2－29　围堤防渗结构示意图

（2）主河床土石坝复合土工膜。主河床土石坝坝基为砂砾石层，坝体采用砂砾石填筑，坝体下部采用混凝土防渗墙嵌入河床砂砾石层下的黏土岩，混凝土防渗墙以上接复合土工膜，通过浇注二期混凝土将心墙土工膜下端嵌固在混凝土防渗墙上，随着坝体填筑升高，将土工膜以“之”字形逐层同步向上延伸，直达坝顶。土工膜上端向上游折转埋入防浪墙的现浇混凝土底板内。在土工膜防渗中心线两侧各填 1m 宽的中细砂，作为土工膜与坝体砂砾之间的缓冲设施，起保护土工膜作用。铺设中每隔 100m 设一伸缩节。

PVC 膜采用焊接，接缝采用双缝焊接。控制焊接温度为 250℃，行走速度为 2.5～3.0m/s 时，接缝处有炭化，但黑点少，抗拉强度较高。

主河床土石坝复合土工膜心墙与混凝土防渗墙顶用盖帽混凝土相接，即在墙顶预留 50cm 深槽口，将槽口内的浮渣混凝土凿除整平后，在墙顶凿一深 10cm 倒梯形小槽，将膜端部用直径 20mm 钢筋包裹，用胶封牢形成接头条，埋入坑内，回填砂浆固定，待完全凝固后再浇 C20 混凝土盖帽。埋设时将混凝土从膜两侧用人工均匀下料振捣均匀。

复合土工膜上升到坝顶防浪墙底板高程后，留足连接长度，将复合土工膜用压条和膨胀螺栓固定在防浪墙底板背侧。为了保证止水效果，采用两层橡胶夹膜和钢板固定。

4.2.6.4　钟吕堆石坝工程

钟吕水电站位于江西省婺源县乐安河一级支流晓港水的钟吕村上游，坝高 51m，坝顶长 255m，坝顶高程 278.50m，溢洪道堰顶高程 270.50m。为Ⅲ等工程，主要建筑物为 3 级。

大坝坝顶宽 5m，上游坝坡 1∶1.5，下游坝坡 1∶1.4。正常蓄水位 276.00m，总库容为 $2145.7\times10^4m^3$，调节库容为 $1738\times10^4m^3$。坝体堆石料为新鲜及弱风化千枚岩，规定饱和抗压强度不小于 25MPa。小于 5mm 细粒含量不超过 5%。振动碾压实，压实后堆石孔隙率不大于 26%。该坝 1999 年建成。大坝标准剖面见图 4.2－30。

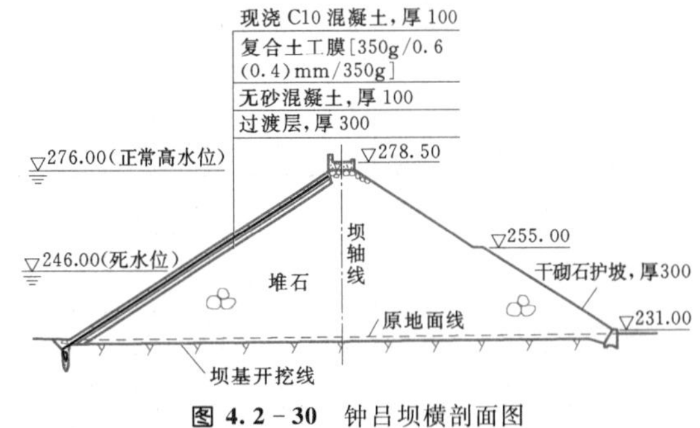

图 4.2－30　钟吕坝横剖面图
（高程单位：m；尺寸单位：mm）

因该坝址附近缺乏足够的土料，故大坝采用复合土工膜面板堆石坝。在堆石体上游面的过渡层上浇一层 10cm 厚的无砂混凝土，然后铺设土工膜，复合土工膜表面浇 10cm 厚混凝土保护层，土工膜底部、两岸边锚固于混凝土（黏土）齿槽内，顶部锚固于防浪墙内。

原设计上游采用混凝土预制块护坡，尺寸为 400mm × 400mm × 100mm，由于坝坡很陡，为 1∶1.5，底部加糙的预制混凝土板与复合土工膜之间摩擦系数为 0.6，则预制混凝土抗滑稳定安全系数只有0.9，故改为现浇混凝土护坡，它与复合土工膜之间存在凝聚力0.2MPa。只要有0.01MPa的凝聚力，抗滑稳定安全系数就达到8.0。

复合土工膜与无砂混凝土之间摩擦系数为0.577，坝坡为1∶1.5，故复合土工膜（包括现浇混凝土）与无砂混凝土之间抗滑稳定安全系数只有0.86。因此在无砂混凝土面上涂刷沥青乳剂。沥青乳剂与复合土工膜之间存在凝聚力0.25MPa，只要有0.01MPa凝聚力，抗滑稳定安全系数就达到7.9。因此在无砂混凝土面上涂刷沥青乳剂占面积的10%～20%，并立即把复合土工膜铺上粘牢即可稳定。因仅涂刷10%～20%，故不影响其排水。

坝的不同部位采用不同规格的复合土工膜：高程255m以下，采用350g/0.6mm/350g。250m以上采用350g/0.4mm/350g。周边缝等处采用350g/0.8mm/350g。

地基条件较好，岸坡和坝基均为基岩。周边开挖基岩槽深80cm，浇筑混凝土趾板，将复合土工膜留边，光膜曲折地浇筑在混凝土内，在周边缝内松弛成凸头，然后与坡面所铺复合土工膜留边光膜焊接。

经空库及满库考验，复合土工膜及现浇混凝土护坡抗滑稳定性很好。但渗漏量偏大，高水位时，由量水堰测得渗漏量为200L/s。对有漏水迹象的部位，凿开混凝土护坡检查，有1000余处脱焊。此坝铺复合土工膜时，溢洪道开挖爆破，飞石击破复合土工膜多处。焊接无熟练技工，又无检查监督制度，以致焊接质量低劣，应引为教训。拟在冬季库水位下降时，清洗磨平混凝土护坡，在其上重新铺设复合土工膜。

4.2.6.5　国内部分土工膜防渗体土石坝基本特性表

国内部分不同土工膜渗体坝基本特性见表4.2-18。

表4.2-18　国内部分不同土工膜防渗体坝基本特性表

坝　名	级别	坝高(m)	坝型	坝料	上游坝坡	土工膜材料	复合土工膜规格	坝基防渗
加达	4级	14.0	斜墙坝	砂砾石	1∶3.00	PE	200g/0.5mm/200g	土工膜铺盖
小青沟2号	4级	21.6	斜墙坝	中细砂	1∶3.00	PE	一布二膜	土工膜铺盖
石佛寺		13.5	斜墙坝	壤土	1∶3.00	PE	单膜	垂直铺塑
玉清湖	2级	12.4	斜墙坝	壤土	1∶3.00	PE	300g/0.2mm	垂直铺塑
永镇	3级	9.0	斜墙坝	壤土	1∶3.00	PE	150g/0.3mm/150g	垂直铺塑
丁东	2级	10.0	斜墙坝	壤土	1∶3.00	PE	250g/0.2mm	垂直铺塑
泰安抽水蓄能	1级	100.0	面板坝	堆石	1∶1.50	HDPE	二布一膜	土工膜铺盖
王甫洲主坝	3级	13.0	心墙坝	砂砾石	1∶3.00	PVC	200g/0.5mm/200g	混凝土防渗墙
王甫洲围堤	3级	10.0	斜墙坝	砂砾石	1∶2.75	PE	200g/0.5mm/200g	土工膜铺盖
沙坡头副坝	4级	15.1	心墙坝	砂砾石	1∶3.00	PVC	300g/0.5mm	塑性混凝土防渗墙
温泉土石坝	2级	17.5	斜墙坝	砂砾石	1∶3.00	PVC	200g/0.6mm/250g	高压摆喷防渗墙
田村	3级	48.0	斜墙坝	堆石	1∶1.50	PVC	一布一膜	基岩
钟吕	3级	51.0	斜墙坝	堆石	1∶1.50	PE	350g/0.6mm/350g	基岩
小岭头	3级	36.0	斜墙坝	堆石	1∶1.50			基岩
水口主围堰	临时	48.2	心墙坝	堆石	1∶1.50	PVC	二布一膜	塑性混凝土防渗墙
仁宗海	2级	56.0	面板板	砂砾石	1∶1.80	HDPE	400g/1.2mm/400g	混凝土防渗墙
西霞院	2级	20.2	斜墙坝	砂砾石	1∶2.75	PE	400g/0.8mm/400g	混凝土防渗墙

4.3　水力冲填坝

水力冲填坝是一种湿法筑坝技术，它是利用水力作用将携带的土砂料输送至坝面泥畦（沉淀池）内，经脱水固结形成均匀坝体。水力冲填坝坝体除了边埂和中埂外，其余部分均采用泥浆冲填，这些泥浆经过表面脱水和在上层填土荷重作用下排水固结，才可形成密实的土坝。在水力冲填筑坝过程中，由于冲填土的含水量大，干容重小，孔隙水压力高，因此可能导致在坝体内部存在一个流态区，其范围大小和维持时间长短与土料的黏粒含量、渗透系数、冲填上升速度、泥浆浓度、冲填方式以及坝基和坝体的排水条件等因素有关，且对坝体边坡的稳定和边埂厚度有极大影响。由于在冲填后坝体的干密度和其抗剪强度随时间的增长会逐渐增加，因此水力冲填坝在施工期的坝体稳定性与冲填速度密切相关，这也是水力冲填坝有别于碾压式土石坝的独特之处。

按照施工方法不同，可以将水力冲填坝分为三种类型：泥浆自流式水力冲填坝、压力管道输泥冲填坝及半冲填坝。

(1) 泥浆自流式水力冲填坝系将位于高处的土料冲拌成高浓度泥浆，通过渠槽自流到坝面上的土畦内，经脱水固结后形成坝体。它与碾压式土石坝相比，省去了装土、运土、坝面运输和碾压等工序，且施工简单，节省了劳力和机械，提高了工效，降低了工程造价。泥浆自流式水力冲填坝亦称水坠坝，1984年，原水利电力部颁布了《水坠坝设计及施工暂行规定》(SD 122—84)，使其名称得到统一。2004年水利部颁布《水坠坝技术规范》(SL 302—2004)，沿用了“水坠坝”这一名称。

泥浆自流式水力冲填坝，是中国首创。20世纪70年代，陕西和山西两省率先在黄土地区创造了自流式冲填筑坝方法，后来推广到内蒙古、河南、广东和广西等地，至目前已建成数千座冲填坝，其最大坝高达到65.00m[6]。

(2) 压力管道输泥冲填坝是将机械造成的泥浆，通过泥浆泵和输泥管送至坝面冲填，经脱水固结后形成坝体。压力管道输泥冲填坝适用于土料场位于坝顶高程以下或处在水下，对于陆地土料场，利用水枪将土料冲成泥浆汇入集泥坑；对于水下土料场，采用附有铰刀的吸泥泵在水下搅松土砂成泥浆，然后用泥浆泵吸泥，经输泥管送至坝面沉淀池内。用该法冲填的坝体，如果土料粗细不均，则土料可能会发生分置，即粗颗粒位于坝体横断面的两侧，细颗粒位于坝体中央，类似于心墙坝。但对于不均匀系数较小的土料，则不能分置。

压力管道输泥冲填坝技术来源于国外。输泥管式冲填法最初是用于采掘，主要是将尾矿渣用水力输送至弃料场。在20世纪30～40年代，国外用输泥管式冲填法筑成了许多大型大坝，如福特派克坝、金斯来坝、明格乔乌尔坝、齐姆良坝、古比雪夫坝和斯大林格勒坝等，其最大坝高达到78.50m[6]。在我国，最初输泥管式冲填法主要用于堆积尾矿渣，如鞍山、本溪等矿山。20世纪50年代，在淮河寿县大堤采用输泥管式冲填法填筑大堤，取得了不少经验。后来输泥管式冲填法用到了大坝填筑方面，近些年，在上海、浙江等沿海地区得到了大量应用，取得了很好的效果。此外，输泥管式冲填法近几年在灰渣筑坝方面也时有采用，效果良好，仍有发展和实用价值。

(3) 半冲填坝类似于泥浆自流式水力冲填坝，它是由于在坝顶以上无合适的土料场，且采用压力管道输泥方式受到限制，而将土料直接运输至坝面上下游边埂，再用水力冲填的一种筑坝形式。其设计原理与泥浆自流式水力冲填坝基本相同，但可采用含块石或卵砾石的土料。

水力冲填坝除上述所说优点外，也存在着坝体稳定性差、坝坡较缓及工程量比碾压式土石坝大等缺点。但不可否认的是，因地适宜，充分利用水力冲填筑坝技术仍是一种有益选择。

综上所述，虽然根据坝址条件可以选择坝体的水力冲填方式，但三者之间除由于压力管道输泥式冲填坝和自流式冲填坝在施工方法上有所区别，即在土料选择和泥浆性质等方面有所不同外，其设计原理和方法基本相同。因此，本节内容以自流式水力冲填坝为主。

4.3.1 坝址选择和枢纽布置

4.3.1.1 坝址选择

由于水力冲填坝与碾压式土石坝的施工方法不同，因此在设计时，对坝址和土料的选择除一般设计要求外，还有其自身特点。

自流式水力冲填坝在很大程度上取决于坝址的地形、水源和土料条件，这是由其自身的施工特性决定的。

(1) 要求坝址附近必须有充足的水源，以保证泥浆冲填的需要。

(2) 取土场应有足够的土料并满足泥浆充分拌和均匀的开采要求。

(3) 坝址处要有适宜于布置泄水设施的地形和地质条件，以保证大坝施工和运用期的安全。

此外，如施工条件、工程材料、交通运输等也应适当考虑。当然，管道压力输泥式冲填坝由于土料场可以位于坝顶高程以下或处在水下，其坝址选择更加灵活；但另一方面，它又要关注输泥管道的设计问题。

1. 坝址地形

坝址地形应考虑肚大口小、工程量小、造价低和蓄水量大等，尽可能选择河槽弯曲处和有山嘴的V形河道，以利用地形有利条件增加坝体的侧向抗滑能力，提高坝体的稳定性。同时，坝址选择应力争向阳，增加日照时间，利于泥面蒸发脱水，加快冲填速度。对于河滩边或沿海建设的水库，坝址宜选择在河床或海床水深相对较浅、坝基滩面稳定的区域。

2. 坝址地质

水力冲填坝对地基的要求比其他坝型要低，一般岩石、黏土、黄土、砂土和含砂砾石的冲积层地基，都可作为自流式水力冲填坝的地基。

虽然水力冲填坝对坝址的地质条件要求较低，但同样不能忽视对坝基进行处理的必要性。如坝址应选择在无较大地质构造问题的地方，避免活断层或较大节理裂隙。对于不良坝址地质问题，可采用适当的技术措施进行治理，以满足工程安全要求。

3. 冲填用水

有无水源是决定能否采用水力冲填坝的重要条件，也决定了工效高低和施工速度。选择坝址时，必须考虑其附近要有充足的水源，一般可利用河道的长流水、上游水库或渠道引水等，必要时也可拦蓄洪水作为筑坝水源。通常施工用水量等于坝体冲填的总土方量。如水量不足，应提前考虑蓄水措施。在干旱地区应做好汛末和春季消冰水的拦蓄工作，以满足冲填用水需要。

4. 筑坝土料及其他

坝址附近应有足够的、适宜冲填的土料，取土要方便，以保证坝体质量和冲填速度，节约用工。选择坝址时，首先应查明土场分布、储量及土料性质。筑坝土料应以砂壤土、轻粉质壤土、中粉质壤土为主，也可用重粉质壤土、粉土、花岗岩砂岩风化残积土等，只要土料的渗透系数相当，就可作为自流式水力冲填坝的坝料。土的储量一般应为坝体总土方量的2倍以上。

土场土料位置一般高于坝顶，便于泥浆自由下流；同时土层要厚，坡度要陡，距离坝轴线要近；最好河道两岸都有合适料场，便于两侧冲填，提高施工速度。采用压力管道水力输泥筑坝时，土料场位置可不受此要求限制。

对于管道压力输泥式冲填坝，一般采用砂性土料，如黏粒含量在5%左右的粉砂土、含细砾的砂土、轻砂壤土、轻粉质砂壤土或细砂、砾质砂等。此外，在进行灰渣筑坝时，也可采用灰场沉积灰作为冲填材料。

4.3.1.2 枢纽布置

同碾压式土石坝一样，水力冲填坝工程枢纽布置一般由土坝、放水涵洞和溢洪道等组成。其布置应结合坝址地形地质条件等方面的具体情况以及工程运用要求，对整体布设进行综合考虑，以达到安全可靠、经济合理和可持续开发利用的目的。

涵洞布设和泄洪建筑物布置可参考碾压式土石坝相关规范。对于有发电任务的水库，应增设混凝土有压涵洞，并与灌溉涵洞分别设置；如发电灌溉两洞合一时，布设位置和洞身质量等应同时满足两者的要求。对于沿海避咸蓄淡水库，可采用水闸引水；如有提水任务时，还应设置泵站。

4.3.2 坝型选择和坝体断面设计

4.3.2.1 坝型设计

水力冲填坝按坝面泥浆是否进行分选冲填而分为均质坝和非均质坝。泥浆是否能进行分选，取决于土料的颗粒组成和施工方法。

1. 均质坝

一般说来，坝址附近土料性质适宜，数量足够时，宜选用均质坝，其适用于砂土、黄土、砂壤土、壤土及花岗岩和砂岩风化残积土等。砂土、黄土、砂壤土和壤土的颗粒不均匀系数较小，冲填中泥沙无明显分离现象，故该类土只能用于填筑均质坝。而花岗岩、砂岩风化残积土的颗粒不均匀系数大，既可采用非分选冲填的方式修建均质坝，也可采用分选冲填的方式修建非均质坝。

均质坝典型断面示意图见图4.3-1。

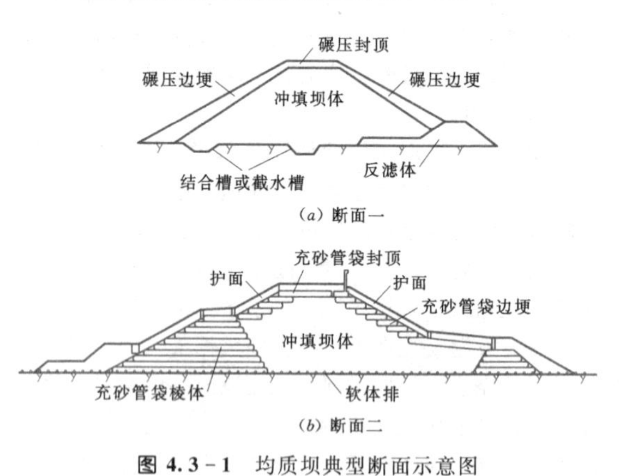

(a) 断面一

(b) 断面二

图4.3-1 均质坝典型断面示意图

2. 非均质坝

非均质坝利用花岗岩及砂岩风化残积土，采用分选冲填方式，通过控制坝面泥沙流向和浓度，利用流动泥沙中颗粒的重力作用，使粗颗粒沉积于内外坝坡附近形成坝壳，细颗粒流向坝心形成中心防渗体。施工时，坝体由外向内依次形成坝壳区、过渡区和中心防渗区。

非均质坝典型断面示意图见图4.3-2。

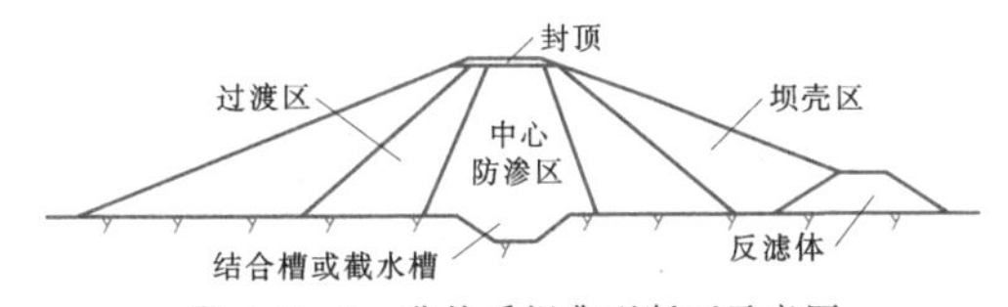

图 4.3-2 非均质坝典型断面示意图

4.3.2.2 坝体断面设计

坝体断面设计包括坝高、坝顶宽度、坝坡、边埂宽度、反滤体和护坡等设计。这些项目的设计原则和考虑的因素与碾压式土石坝相同，因此可参考碾压式土石坝进行。下面仅对涉及水力冲填坝自身特性的一些内容进行介绍。

1. 坝高

水力冲填坝的坝高可按《碾压式土石坝设计规范》(SL 274—2001) 和《水土保持治沟骨干工程技术规范》(SL 289—2003) 的有关规定确定，但在设计时应根据不同土料预留沉陷坝高，见表 4.3-1。

表 4.3-1 不同土料坝高预留沉陷量

土　料	砂土	砂壤土、壤土	花岗岩和砂岩风化残积土
预留沉陷坝高占总坝高(%)	2～4	3～5	2～3

2. 坝顶宽度

坝体施工中一般不能直接冲填到坝顶高程，在冲填到坝顶高程附近时应停充一段时间，待泥浆适当脱水后，再采用碾压法封顶，封顶厚度一般取 2～3m。

对于水力冲填坝的坝顶宽度，一般情况下，当坝高在 30m 以上时，坝顶宽度应不小于 5m；当坝高在 30m 以下时，坝顶宽度应不小于 4m；对于坝顶有交通要求的冲填坝，坝顶宽度还应满足交通需要。

此外，对于砂土坝坝顶，需采用黏土、砂砾土盖面或植物篱防风沙障防护，黏土、砂砾土盖面厚度可取 0.3～0.5m。对于坝顶有交通要求的冲填坝，可采用碎石防护，并应符合道路路基相关规定。

3. 坝坡

坝坡应根据坝型、坝高、坝基地质条件、筑坝土料性质、冲填速度、脱水固结条件及工程运行条件等确定。

陕西省水土保持局曾根据 1300 多座 15m 以上高度的水力冲填坝的调查统计结果，建议了一个坝坡坡比与坝高的关系式，即

$$m = 0.08H + 0.8$$

式中　m——坝坡坡比；

　　H——坝高，m。

上式只是一个经验式，可用于初步估算坝坡坡比。只适用于河宽与坝高比小于 6 的 V 形河槽及用轻、重粉质砂壤土和轻、中粉质壤土冲填的坝。当有地震要求时，坝坡还要适当放缓。

此外，SL 302—2004 还规定，当坝高超过 30m 时，坝坡应根据稳定计算结果确定；当坝高超过 15m 时，应在下游坝坡沿坝高每隔 10m 左右设置一条马道，马道宽度应取 1.0～1.5m。上游坝坡一般不设置马道；当冲填坝作为水库运用时，上游坝坡也可设置马道，马道宽度应满足运行要求。有蓄水要求的工程，可选用堆石、干砌石、浆砌石、预制混凝土块等进行护坡。

4. 边埂设计

水力冲填坝是由上、下游碾压的边埂（有的还加虚土中埂）和冲填的浓泥浆组成。在冲填过程中，坝内总有一个流态区，见图 4.3-3，并随冲填面的提高而升高。因此要求必须有适当宽度的边埂来拦挡流态区，维持坝坡稳定。

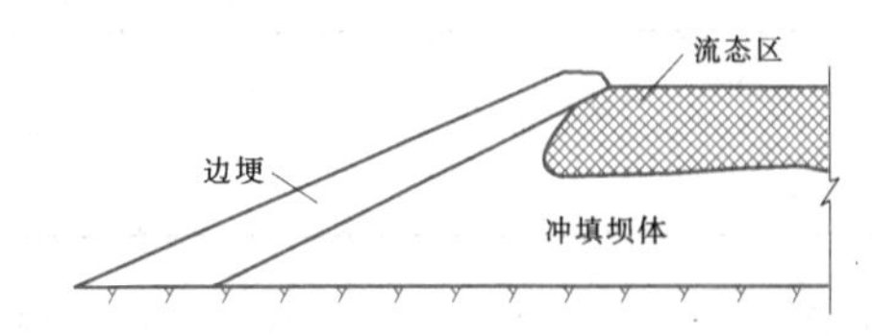

图 4.3-3 水力冲填坝施工期"流态区"示意图

在冲填时，先修筑边埂、中埂，边埂起挡泥和稳定坝坡作用，中埂起分畦和防泥浆串畦的作用，具体见图 4.3-4 (*a*)。边埂采用碾压法施工，具有干密度高、抗剪强度大、有利于坝坡稳定的优点。一般用砂

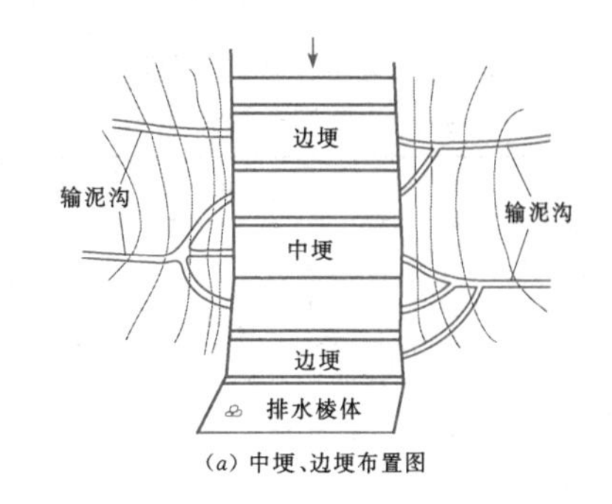

(*a*) 中埂、边埂布置图

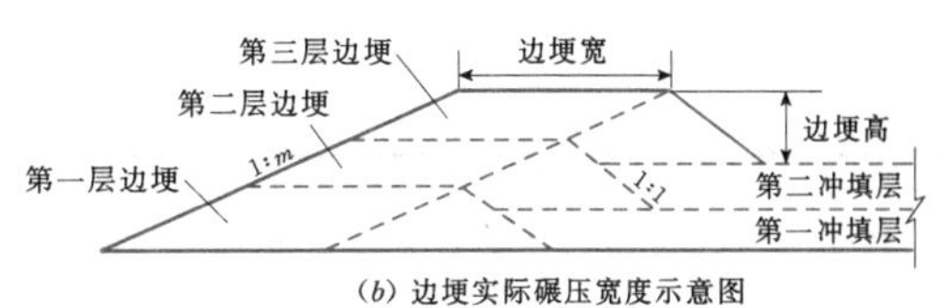

(*b*) 边埂实际碾压宽度示意图

图 4.3-4 边埂布置与实际碾压宽度示意图

土、砂壤土冲填的土坝，可考虑在冲填畦内取土筑边埂，取土坑不要紧靠边埂，距边埂1～2m为宜；用其他土料冲填时，应从土料场直接取土筑边埂。中埂可用松土填筑，不碾压或少碾压。

边埂断面应做成梯形，其外坡应与坝坡一致，内坡可陡一些，宜采用休止坡，见图4.3-4(*b*)。冲填时，冲填面应比边埂顶部低0.5～1.0m，以保持边埂的稳定。边埂高度应根据土料性质和每次冲填层厚度确定，应高出冲填层泥面0.5～1.0m。

边埂的宽度不仅决定坝坡的稳定性，也影响到工程的造价，因此应根据设计坝高、坝坡、土料性质、冲填速度及流态区深度等确定，最小不应小于3m。设计时，在坝体中下部应采用等宽边埂；在坝体上部1/4～1/3坝高范围内，边埂宽度可在满足稳定和施工要求情况下逐步缩窄（见图4.3-5）。

砂壤土、壤土的边埂顶宽，应根据坝高和土料类别以及坝体冲填泥浆的流态区深度两种方法按表4.3-2和表4.3-3综合分析确定。

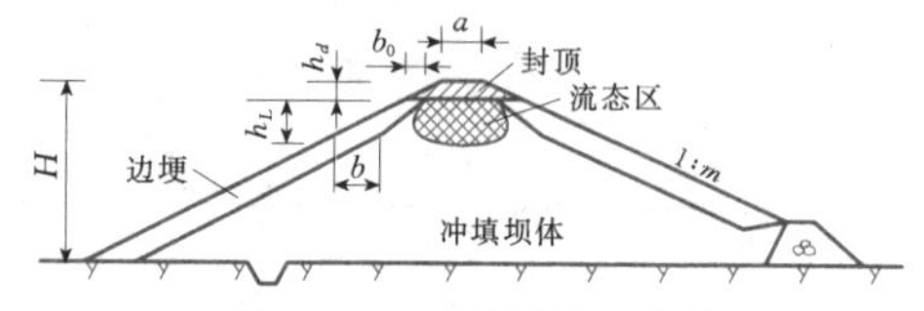

图4.3-5 边埂设计示意图

H—设计坝高；b—设计埂宽；a—坝顶宽度；h_L—流态区深度；b_0—坝顶附近埂宽；h_d—封顶厚度

表4.3-2 砂壤土、壤土边埂宽度值 单位：m

设计坝高	砂壤土	壤土		
		轻粉质壤土	中粉质壤土	重粉质壤土
>40	8～10	10～13	13～18	15～20
30～40	6～8	7～10	9～13	10～15
20～30	4～6	5～7	6～9	7～10
<20	3～4	3～5	4～6	5～7

表4.3-3 水坠坝流态区深度与边埂顶宽度关系 单位：m

流态区深度	<3	3～4	4～5	5～6	6～7	7～8	8～9	9～10	>10
需要边埂顶宽	3	4～5	5～6	6～7	7～9	9～10	10～12	12～14	14～17

花岗岩和砂岩风化残积土均质坝边埂顶宽度根据土料的黏粒含量和平均冲填速度按表4.3-4确定。花岗岩和砂岩风化残积土非均质坝边埂可利用坝壳区已冲填的粗粒土拍筑，并在冲填过程中不断加固。断面大小应与输泥量的大小相适应，外坡与坝坡一致，内坡可取1∶1.0左右，埂顶宽度应大于1.0m，埂高宜取0.5～1.0m。

表4.3-4 花岗岩和砂岩风化残积土均质坝边埂顶宽度值

土料黏粒含量（%）	平均冲填速度（m/d）		
	<0.1	0.1～0.2	0.2～0.3
	边埂宽度（m）		
<15	3～6	5～8	7～10
15～20	4～7	6～9	8～11
20～25	5～8	7～10	9～12
25～30	6～9	8～11	10～13

砂质土坝边埂可采用淤泥拍筑，筑埂高度应根据一次冲填厚度而定，埂高宜取0.5～1.0m，顶宽宜取0.4～0.6m，挖泥部位应离开围埂0.5～1.0m，拍埂时泥块之间应压茬错缝。碾压式边埂在接近马道时，可适当加宽边埂，以满足坝坡设计要求。

5. 中心防渗体

水力冲填坝如果存在中心防渗体，则其断面尺寸应满足防渗、施工以及与坝基、岸坡连接的要求。中心防渗体边坡坡度采用1∶0.3～1∶0.6，防渗体顶应高出最高静水位0.3m。如中心防渗体顶部设有防浪墙，则其超高不受此限制。

中心防渗体与两岸岸坡及泄水建筑物的连接部位应设置必要的结合槽或齿墙等，在结合部位应适当增大中心防渗体的断面，但其边坡坡度不宜超过1∶1.0。

6. 坝体排水

水在造泥和冲填过程中是动力之源，而到了坝体内就成为影响坝体质量的不利因素。因此在冲填过程中，除可通过提高泥浆浓度减少坝体含水量外，也可及时排除进入坝体泥浆的多余水分增加土体固结来提高土体的抗剪强度，确保坝体稳定。

坝体排水要求在施工期能加速冲填泥浆的脱水固结，减少孔隙水压力；在运用期能自由地向坝外排出全部渗透水；能有效防止坝体和地基产生渗透破坏。一般排水措施包括：

（1）蒸发脱水。蒸发脱水是利用气象条件的脱水措施。除在坝址选择上应考虑这个问题外，在我国北方干旱地区，每年春、夏季节，雨量少，气温高，湿度小，空气干燥多风，泥面蒸发显著，在施工安排上应充分利用这个季节，快速冲填。

（2）干土吸水。冲填畦的围埂和黄土岸坡，都有较强的吸水作用，其相邻3～5m的泥浆多余水分被吸走后，强度会迅速增加。干土围埂吸水后，发生湿陷压密，强度也有所增加，所以多分畦则中埂多，对坝体稳定有利。当采用黏性较大的土料冲填时，泥浆脱水固结慢，在施工期坝体稳定性差。为提高脱水速度，也可用冲填加垫干土相结合的方法在坝体内部平衡水分，加速固结。加垫干土的方式包括：

1）全面垫土。即冲一层泥浆垫一层土，泥和土的厚度均为0.5～1.0m。干土太厚，吸水后不能全部浸透；干土太薄，则运土工具容易陷进泥浆，吸水效果也不好。因此垫土厚度最好根据泥浆和干土的含水量平衡计算来确定，并且其厚度至少能满足运输工具不陷的要求。

2）条带垫土。沿平行坝轴方向按条带形状垫土，其带宽要满足运输要求，间距一般为3m，厚度同前。

3）局部垫土。即直接向稀泥区或集水坑处垫土。

4）边埂内侧垫土。在靠近边埂内侧垫土，既可用虚土吸水，也可加强边埂稳定性。

（3）坝体排水措施。坝体排水可选择棱式反滤体排水、贴坡式反滤体排水、褥垫式反滤体排水、砂井（沟）排水、土工织物排水、乙烯微孔波纹管网状排水和竖井、廊道及垂直透水墙排水等多种措施。其中，反滤体排水和砂井（沟）排水有以下措施：

1）棱式反滤体。棱体顶部高程应高出下游水位0.5m，且满足坝体浸润线与坝面的最小距离大于当地最大冻土深度的要求，见图4.3-6（*a*）。

2）贴坡式反滤体。对坝体浸润线较低、下游无水的坝，采用贴坡排水。其顶部高程应高于浸润线逸出点1.5m，厚度应大于当地最大冻土深度，下部应与坝脚排水沟相接，见图4.3-6（*b*）。

3）褥垫式反滤体。当冲填土料的黏粒含量大于20%时，可采用褥垫排水。其厚度应根据反滤、排水的要求确定，伸入坝内长度宜取坝底宽的1/4～1/3，且有倾向下游的纵坡，见图4.3-6（*c*）。

4）砂井（沟）排水。对于冲填土料的黏粒含量小于20%的淤地坝，可不布置排水设施；当冲填土料的黏粒含量大于20%时，宜选用砂井（沟）排水。

当一种排水设施不能满足要求时，可布置综合型

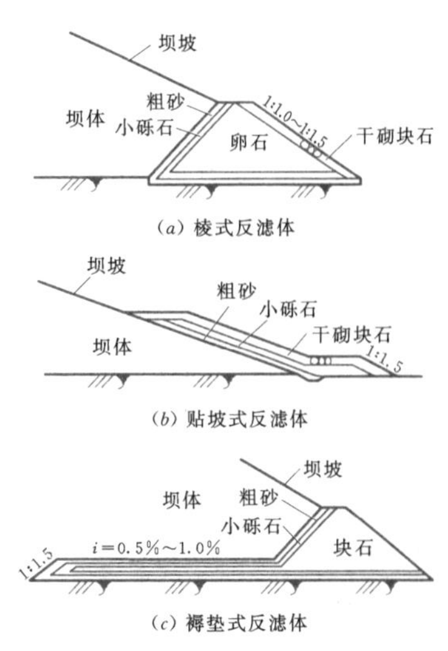

图4.3-6　反滤体示意图

排水。

（4）坝面排水。坝面排水应根据坝高、坝长及马道的布设分别设置纵向、横向和岸坡排水沟。纵向排水沟应布设在下游马道的内侧；横向排水沟宜顺坝坡每隔50～100m布设一条，并与纵向排水沟和岸坡排水沟互相连通。

排水沟宜采用浆砌石或混凝土块（板）砌筑，断面尺寸不宜小于25cm×25cm。

4.3.3　坝料设计

4.3.3.1　筑坝土料要求

自流式水力冲填坝对填筑土料的要求在SL 302—2004中有明确要求，包括土料的黏粒和胶粒含量、砾粒含量、塑性指数、崩解速度、渗透系数和不均匀系数等，要求冲填土料的粒径在0.005mm以下的颗粒含量应小于30%，有机质、水溶盐的含量应分别小于3%和8%，崩解速度不应超过30min，渗透系数应大于1×10^{-7}cm/s。不同土料的控制性指标见表4.3-5。

利用河（海）床砂土料水力吹填筑坝时，为加速填筑料排水固结，提高施工速度，吹填土一般采用黏粒含量较少的砂性土、粉细砂土，黏粒含量以小于10%为宜；也有工程吹填土的黏粒含量达到20%，但需要进行充分论证后确定。

4.3.3.2　筑坝土料填筑标准

1. 坝体填筑标准

（1）冲填泥浆起始含水率。泥浆浓度的高低，直接影响水力冲填坝的质量和功效。泥浆稠，功效高，工期短；泥浆稀，含水量大，固结慢，功效低，工期

表 4.3-5　　筑坝土料控制性指标经验值

项　目	均质坝						非均质坝
	砂土	砂壤土	壤土			花岗岩、砂岩风化残积土	花岗岩、砂岩风化残积土
			轻粉质	中粉质	重粉质		
黏粒和胶粒含量(%)	<3	3～10	10～15	15～20	20～30	15～30	5～30
砂砾含量(%)	—	—	—	—	—	≤30	60～80
塑性指数	—	—	7～9	9～10	10～13	—	—
崩解速度(min)	—	1～3	3～5	5～15	<30	—	—
渗透系数(cm/s)	$<1.0\times10^{-4}$	1.5×10^{-5}～2.0×10^{-5}	1.0×10^{-5}～1.5×10^{-5}	3.0×10^{-6}～1.0×10^{-5}	1.0×10^{-7}～3.0×10^{-6}	$>1.0\times10^{-6}$	$>1.0\times10^{-6}$
不均匀系数	—	—	—	—	—	—	>15

注　表中黏粒含量是用氨水作为分解剂得出的。

长，如排水措施跟不上时，常会引起施工期坝体位移变形和滑坡。因此造泥浆时，在泥浆可以流动的前提下，越稠越好，坝的质量就越高，有利于坝的稳定。

对于均质水坠坝，在施工过程中，冲填泥浆进坝时（输泥渠末端处）的泥浆含水率，是泥浆浓度的反映，有时也采用泥浆浓度来控制。施工过程中，均质水坠坝各种土料的起始含水率应符合表 4.3-6 规定。

对于非均质水坠坝和管道输送水力冲填坝，吹填料的起始含水率可不作控制。

（2）坝体容许冲填速度。SL 302—2004 对容许冲填速度有明确规定，均质坝容许冲填速度见表 4.3-7。当采用非均质坝时，其冲填速度可按均质坝的容许冲填速度增加 40%控制。

对于软土地基，大坝吹填过程中，坝基表面沉降和水平位移控制指标见表 4.3-8。

表 4.3-6　　不同土料冲填坝体起始含水率取值范围

均质坝			非均质坝	
砂　土	砂壤土、壤土	花岗岩、砂岩风化残积土	花岗岩、砂岩风化残积土	
			坝壳区	中心防渗区
25～40	39～50	45～55	—	55

注　透水性大的土取小值，反之取大值。

表 4.3-7　　均质坝容许冲填速度

项　目	砂　土	砂壤土	壤　土			花岗岩、砂岩风化残积土		
			轻粉质	中粉质	重粉质	坝高分区(从底部起)		
						<1/3	1/3～2/3	>2/3
两日最大升高(m)　<	1.0	0.8	0.6	0.4	0.3	0.8	0.5	0.4
旬平均日冲填速度(m/d)	0.30～0.50	0.20～0.25	0.15～0.20	0.10～0.15	0.07～0.10	0.20～0.30	0.15～0.20	0.10～0.15
月最大升高(m)　<	7.0	7.0	5.5	4.0	3.0	7.0	5.0	3.0

注　土料的黏粒含量在 20%～30%时，可按规范在坝体内设置砂井（沟）或聚乙烯微孔波纹管网状排水，容许冲填速度可取表中数值的 1.5 倍。

（3）非均质坝填筑标准。非均质坝施工过程中，坝体由外向内依次形成坝壳区、过渡区和中心防渗区，坝壳区和中心防渗区的颗粒组成要求和各分区宽度占坝体宽度比例应符合表 4.3-9 要求。过渡区指

表 4.3-8　软土地基坝基表面沉降及水平位移一般控制指标

吹填高度	坝基表面沉降控制指标		水平位移控制指标
	停止加载	容许加载	
$H \leqslant 5.0$m	连续 3d 沉降速率大于 30mm/d	连续 5d 平均沉降速率小于 10mm/d	最大水平位移小于 6mm/d
$8.0\text{m} \geqslant H > 5.0$m	连续 3d 沉降速率大于 20mm/d	连续 5d 平均沉降速率小于 5mm/d	最大水平位移小于 5mm/d
$H > 8.0$m	连续 3d 沉降速率大于 15mm/d		最大水平位移小于 3mm/d

表 4.3-9　非均质坝分区指标

部位	颗粒组成（%）			分区宽度占坝面宽度
	>2.0mm	<0.1mm	<0.005mm	
坝壳区	>15	<50	5～15	>1/5
中心防渗区	<5	>50	15～30	1/8～1/5

冲填坝面上介于坝壳区与中心防渗区之间的区域。

2. 边埂填筑标准

(1) 碾压式边埂。水力冲填坝的边埂采用碾压式方法施工时，其填筑标准以土的压实干密度作为质量控制的主要指标。

1) 砂壤土、壤土边埂。其压实干密度应分别不小于 1.50g/cm^3 和 1.55g/cm^3。

2) 花岗岩及砂岩风化残积土。其压实干密度不应小于料场土的平均天然干密度。

(2) 充砂管袋边埂。边埂采用充砂管袋方法施工时，其填筑标准应通过吹填试验或以已建类似工程的填筑标准分析确定。

4.3.4　护坡土工织物反滤和充砂管袋设计

护坡土工织物反滤和充砂管袋在沿海地区水力冲填坝建设中应用十分广泛。在水中筑坝过程中，为防止水力吹填泥沙的流失，需要先在大坝的两侧修筑顶面高于施工水位、具有挡砂功能的充砂管袋棱体，然后在两棱体之间直接吹填泥沙，待吹填砂土达到两侧棱体顶面高程、坝体露出水面后，沿两侧坝坡逐层修筑充砂管袋挡砂子堰，而后再吹填坝芯砂土，逐层抬高形成坝体。为防止在坝体内部渗透水压力或坝前波浪压力作用下坝体砂土的流失，护坡与坝体之间需要设置反滤层，反滤材料可以采用土工织物。护坡土工织物反滤和充砂管袋设计的关键是解决冲填砂土与土工织物袋布的保土、排水匹配问题，要求土工织物应具有良好的保土性能，同时要有良好的透水性、防堵性。

4.3.4.1　设计原则

护坡土工织物反滤和充砂管袋土工织物袋布应满足以下条件：

(1) 具有良好的保土能力，防止坝体被保护砂土颗粒从护坡下土工织物的孔隙中流失，或施工过程中灌入管袋的砂土颗粒从土工织物袋布的孔隙中流失。

(2) 具有良好的透水能力，保证坝体内孔隙水从护坡下土工织物的孔隙中排出，或施工过程中随砂土灌入管袋的水体尽快从土工织物袋布的孔隙中排出。

(3) 具有良好的防堵能力，保证土工织物的孔隙不被被保护砂土颗粒堵塞。

(4) 具有足够的抗老化能力，满足护坡反滤土工织物和充砂管袋土工织物在施工和运行环境下的耐久性要求。

(5) 对于充砂管袋土工织物，还应具有承受施工充灌压力的能力，避免在用泥浆泵压力冲填时土工织物袋布发生破裂。

4.3.4.2　设计方法

1. 保土性设计

土工织物的保土准则是从太沙基的砂石料反滤准则推演而来，用土工织物的等效孔径替代了土料的特征粒径。土工织物保土性以其等效孔径与土的特征粒径之间关系来表示。护坡下反滤土工织物和充砂管袋土工织物的等效孔径应符合的条件为

$$O_{95} \leqslant nd_{85} \tag{4.3-1}$$

式中　O_{95}——土工织物的等效孔径，mm；

d_{85}——被保护土的特征粒径，即土中小于该粒径的土质量占总质量的 85%，采用试样中最小的 d_{85}，mm；

n——与被保护土的类型、级配、织物品种和状态有关的经验系数，按表 4.3-10 规定采用。

土的不均匀系数的计算为

$$C_u = d_{60}/d_{10} \tag{4.3-2}$$

式中　d_{60}、d_{10}——被保护土的特征粒径，即土中小于各该粒径的土质量分别占总土质量的 60%、10%。

2. 透水性设计

为了确保被保护土体内渗流能畅通地经过土工织物，土工织物的渗透系数应大于被保护土的渗透系数。

表 4.3-10　　系数 n 值

<table>
<tr><td>被保护砂土细粒（$d \leqslant 0.075$）含量</td><td colspan="2">土的不均匀系数或土工织物品种</td><td>n 值</td></tr>
<tr><td rowspan="3">$\leqslant 50\%$</td><td colspan="2">$2 \geqslant C_u$，$C_u \geqslant 8$</td><td>1</td></tr>
<tr><td colspan="2">$4 \geqslant C_u > 2$</td><td>$0.5C_u$</td></tr>
<tr><td colspan="2">$8 > C_u > 4$</td><td>$8/C_u$</td></tr>
<tr><td rowspan="2">$>50\%$</td><td>有纺织物</td><td rowspan="2">$O_{95} \leqslant 0.03$mm</td><td>1</td></tr>
<tr><td>无纺织物</td><td>1.8</td></tr>
</table>

注　预计所埋土工织物连同其下土粒可能移动时，n 值应采用 0.5。C_u 为土的不均匀系数。

由于土工织物不可避免地要产生一定程度的淤堵，导致织物的渗透系数下降，因此要求土工织物未淤堵前的渗透系数应大于被保护土的若干倍。在土工织物透水性方面，其渗透系数应符合如下条件：

（1）被保护土级配良好、水力梯度低、预计不致发生淤堵（净砂、中粗砂等）时：

$$k_g \geqslant k_s \tag{4.3-3}$$

（2）排水失效导致土结构破坏、修理费用高、水力梯度高、流态复杂时：

$$k_g \geqslant 10k_s \tag{4.3-4}$$

式中　k_g、k_s——土工织物、被保护土的渗透系数，cm/s。

选择土工织物规格时，其透水率 Ψ_a 应符合：

$$\Psi_a \geqslant F_s \Psi_r \tag{4.3-5}$$

式中　F_s——安全系数，应不小于 3。

土工织物透水率 Ψ_a 和要求的透水率 Ψ_r 分别为

$$\Psi_a = k_v/\delta \tag{4.3-6}$$

$$\Psi_r = q/(\Delta hA) \tag{4.3-7}$$

式中　k_v——土工织物的垂直渗透系数，cm/s；

δ——土工织物厚度，cm；

q——估计的渗流量，cm^3/s；

Δh——土工织物两侧水头差，cm；

A——土工织物过水面积，cm^2。

3. 防堵性设计

在土工织物防堵性方面，其等效孔径应符合如下条件。

（1）被保护土级配良好、水力梯度低、流态稳定、修理费用小及不发生淤堵时：

$$O_{95} \geqslant 3d_{15} \tag{4.3-8}$$

式中　d_{15}——被保护土的特征粒径，即土中小于该粒径的土质量占总土质量的 15%，mm。

（2）被保护土易管涌、具有分散性、水力梯度高、流态复杂、修理费用大时

1）被保护土的渗透系数 $k_s \geqslant 10^{-5}$cm/s 时：

$$G_R \leqslant 3 \tag{4.3-9}$$

式中　G_R——梯度比，试验方法参见《土工合成材料测试规程》（SL 235—2012）。

2）被保护土的渗透系数 $k_s < 10^{-5}$cm/s 时，应以现场土料进行长期淤堵试验，观察其淤堵情况。

4.3.4.3　护坡反滤土工织物和充砂管袋土工织物的一般选取

由于充砂管袋吹填砂需要快速排水固结，加快施工进程，一般选用砂性土、粉细砂类作为吹填料。护坡土工织物反滤层和充砂管袋设计的一般要求如下：

（1）充砂管袋在施工过程中需要承受泥浆泵水力冲灌泥沙时一定的冲灌压力作用，为防止管袋发生破裂，土工织物一般选择织造型。当采用编织土工布时，其单位面积质量宜大于 $130g/m^2$，抗拉强度不宜小于 18kN/m。对于施工期间遭受太阳紫外线直接照射时间较长的充砂管袋，宜采用防老化土工织物[10]。

（2）充砂管袋的冲填度宜为 85%。

（3）对于充砂管袋外棱体，顶宽可取 3～5m，外坡坡度可取 1∶2～1∶3，内坡坡度可取 1∶1.0～1∶1.5。

（4）为防止坝体吹填砂的流失，护坡下应设置土工织物反滤层。土工织物反滤层材料宜选用无纺土工织物和机织土工织物，不得采用编织土工织物。当采用无纺土工织物时，其单位面积质量宜为 300～$500g/m^2$，抗拉强度不宜小于 6kN/m。

（5）土工织物反滤层在坡顶坡肩、坡脚埋入锚固沟。当坡脚有防冲要求时，可适当延长土工织物反滤层，并做成压枕固定。

4.3.5　坝基处理、坝体与岸坡连接设计

4.3.5.1　坝基处理

（1）清除坝基范围内的草皮、树根、耕植土、乱石以及各种建筑物。

（2）对坝基和岸坡范围内的水井、洞穴、试坑、钻孔等，清理干净、分层回填夯实或直接冲填泥浆；对坝基的泉眼或渗水，采用反滤沟（管）将水引出坝外。

（3）对湿陷变形系数 $\delta_s > 0.01$ 的黄土地基，可采取预先浸水、全部或部分挖除、翻压等方法处理。

（4）对于有防渗要求的工程，当砂砾石覆盖层厚度小于 15m 时，宜采用截水槽处理；当砂砾石覆盖层较厚时，宜采用上游铺盖防渗；当基岩裂隙发育时，宜采用灌浆帷幕处理；当坝体和坝基透水性较强时，可采用垂直防渗墙处理。

(5) 清基和削坡应在坝体填筑前完成，禁止边开挖边填筑；清理出的废料应全部运出坝外，堆放在指定地点，并采取必要的防护措施。

(6) 影响边埂填筑的淤泥软基础，可采用截断水源或开挖导流沟等方法排出泥内水分；淤泥强度低时，还可采用填干土（或抛石）挤淤修筑阻滑体等措施。

(7) 对于软弱地基，需要时，可采用设置排水砂井、排水板等措施加快坝基固结，也可在坝基面铺设软体排，以提高坝基承载能力和坝体稳定。

(8) 坝基和岸坡处理完成后，应按隐蔽工程要求验收，并进行必要的摄影或录像等。

4.3.5.2 坝体与岸坡连接设计

(1) 坝体与岸坡结合，应采用斜坡平顺连接，不应成台阶状、反坡或突然变坡。

(2) 削坡后岩石岸坡不宜陡于 1∶0.5，土岸坡不宜陡于 1∶1.0。

(3) 坝体与岸坡和基础的连接，宜设置 1～3 道结合槽，采用梯形断面，槽的深度和底宽均不宜小于 1.0m，边坡取 1∶1.0。

(4) 防渗体与岩石地基和岸坡的连接处，应清除表面松动的石块、凹处积土和突出的岩石，防渗体应与岩面相接触。如基岩裂隙发育，应沿基岩与防渗体接触面布设混凝土齿墙、喷水泥砂浆或喷混凝土，必要时应对基岩进行灌浆。

4.3.6 固结计算

由于水力冲填坝具有不同于碾压式土石坝的特点，因此其坝坡固结和稳定计算方法也有所不同。考虑水力冲填坝的工程特性，参照 SL 302—2004 相关内容，对水力冲填坝的固结和稳定计算的原则和方法做一简单介绍。

坝体冲填土可按饱和土体采用差分法进行固结计算。

4.3.6.1 坝体含水率分布计算方法

1. 饱和土体非线性固结理论计算方法

(1) 坝体含水率按下式所示的饱和土体非线性固结理论进行计算，即

$$\frac{\partial \varepsilon}{\partial t}=\frac{\partial}{\partial x}\left[\frac{k(1+\varepsilon_0)}{\gamma_f}\left(\frac{\partial \sigma'_x}{\partial x}-\frac{\partial \sigma_x}{\partial x}\right)\right]-\frac{\partial}{\partial y}\left[\frac{k(1+\varepsilon_0)^2}{\gamma_f(1+\varepsilon)}\left(\frac{\partial \sigma'_y}{\partial y}+\frac{\gamma_s-\gamma_f}{1+\varepsilon_0}\right)\right] \tag{4.3-10}$$

式中 ε_0——起始孔隙比；

ε——t 时间的孔隙比；

x、y——水平及垂直坐标，m；

σ'_x、σ'_y——水平及垂直向有效应力，kN/m²；

σ_y——水平向的总应力，kN/m²；

k_s——渗透系数，cm/s；

ρ_s、ρ_f——土的固相和液相密度，t/m³。

(2) 根据水坠坝的边界条件及初终条件，按一维问题或二维问题用数值计算法求解，得出坝体在不同时期、不同部位的孔隙比，再换算成含水率，绘制坝体含水率分布图。

(3) 测定非线性固结计算参数 a_1、b_1、a_2、b_2 时，可采用特制的固结—消散装置。试样的制样含水率应与冲填土的起始含水率一致，荷重等级采用 0.05kg/cm²、0.10kg/cm²、0.25kg/cm²、0.5kg/cm²、1.0kg/cm²、2.0kg/cm²、4.0kg/cm² 等，绘制 ε—ln$k$ 和 ε—lnσ 关系线，见图 4.3-7 和图 4.3-8。根据试验结果计算冲填土的非线性固结参数 a_1、b_1、a_2、b_2 为

$$\begin{aligned} k_s &= a_1 e^{b_1 \varepsilon} \\ \sigma' &= a_2 e^{-b_2 \varepsilon} \end{aligned} \tag{4.3-11}$$

式中 k_s——渗透系数，cm/s；

ε——孔隙比；

σ'——有效应力，kN/m²。

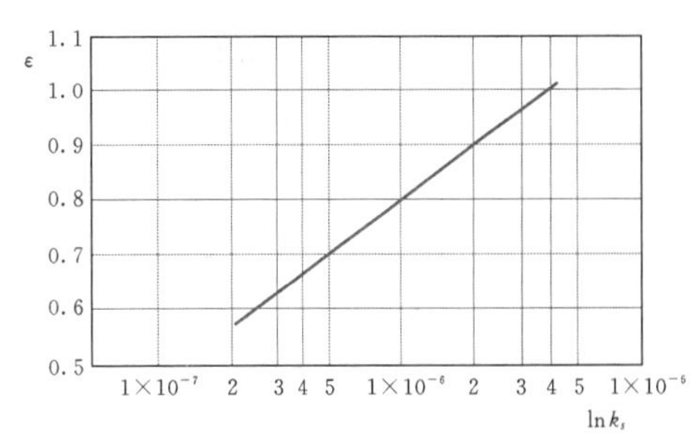

图 4.3-7 ε—lnk_s 关系线

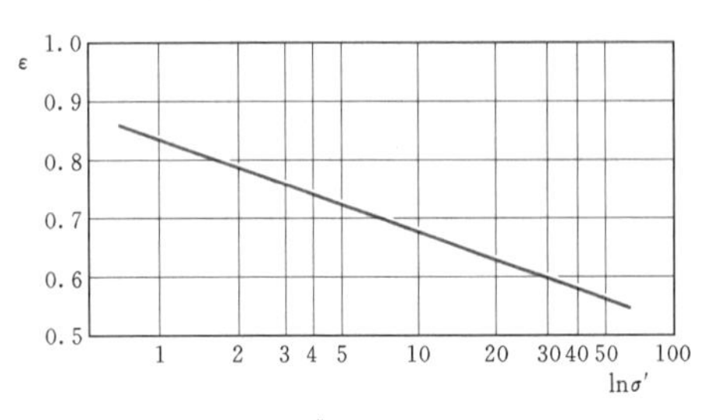

图 4.3-8 ε—lnσ' 关系线

2. 坝体含水率分布的简化计算

(1) 按经验统计资料，分别计算起始含水率 ω_0、液限含水率 ω_L、稳定含水率 ω_f 等值。绘制含水率等值线图，划分流态区、流塑—软塑区及稳定含水率区，见图 4.3-9。

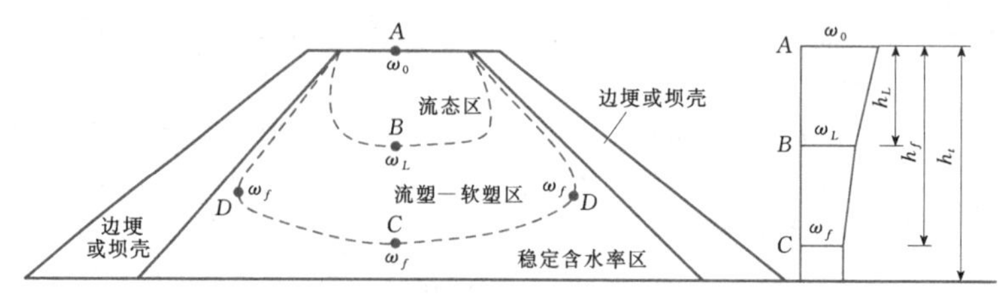

图 4.3-9 坝体含水率分布示意图

(2) 含水率的垂线分布，假定含水率两特征点间为直线分布：坝面对应起始含水率 ω_0；流态区深度 h_L 对应液限含水率 ω_L；相应深度 h_f 对应稳定含水率 ω_f。各特征含水率 ω_0、ω_L 及 ω_f 值按土类分别求出。

1) 冲填坝面的含水率 ω_0 取设计要求的起始含水率或计算为

$$\omega_0 = (0.6X_c + 31) \times 100 \qquad (4.3-12)$$

式中 ω_0——起始含水率,%；

X_c——土的黏粒含量,%。

2) 液限含水率 ω_L 按表 4.3-11 经验值确定，流态区深度 h_L 可按表 4.3-12 确定。

表 4.3-11 砂壤土、壤土的液限含水率经验值

土 类	液限含水率 ω_L (%)
砂壤土	25～27
轻粉质壤土	27～28
中粉质壤土	28～29
重粉质壤土	29～30

表 4.3-12 砂壤土、壤土流态区深度系数(h_L/H_t)经验统计值

冲填速度 v (m/d)	h_L/H_t			
	砂壤土	轻粉质壤土	中粉质壤土	重粉质壤土
0.05	0.03	0.07	0.15	0.30
0.10	0.06	0.14	0.29	0.45
0.15	0.08	0.20	0.40	0.60
0.20	0.11	0.27	0.50	0.80
0.25	0.14	0.32	0.59	—
0.30	0.16	0.37	—	—
0.35	0.19	—	—	—

注 H_t 为施工坝高，m；统计范围为 H_t=14～32m，相当于 0.5～0.9 倍坝高。

表 4.3-13 砂壤土、壤土达到稳定含水率的时间 单位：d

土 类	达到稳定含水率所需时间 T_f
砂壤土	40～60
轻粉质壤土	60～90
中粉质壤土	90～120
重粉质壤土	120～180

3) 稳定含水率 ω_f 的计算为

$$\omega_f = 30.3 - 0.22\rho_c - 10p \qquad (4.3-13)$$

$$p = \rho h_f \qquad (4.3-14)$$

$$h_f = vT_f \qquad (4.3-15)$$

式中 p——固结压力，kN/m^2；

ρ——土体的饱和密度，t/m^3；

h_f——稳定含水率的深度，m；

v——平均冲填速度，m/d；

T_f——达到稳定含水率 ω_f 所需时间，按表 4.3-13 确定。

(3) 含水率在水平方向的分布，边埂与冲填土的界面上，一般可取相应的稳定含水率 ω_f。边埂的含水率，按设计干密度，以饱和度 S_r=40%～70%。边埂宽、干密度大、填筑时间短、透水性差的，饱和度取小值；反之，则取大值。饱和度的计算为

$$\omega = \frac{S_r(G_S - \rho_d)}{\rho_d G_S} \times 100 \qquad (4.3-16)$$

式中 ω——边埂平均含水率,%；

S_r——边埂饱和度，以小数表示；

G_S——土粒相对密度，砂壤土取 2.69，轻粉质壤土取 2.70，中粉质壤土取 2.71，重粉质壤土取 2.71；

ρ_d——边埂设计干密度，t/m^3。

风化残积土的含水率随深度的分布计算为

$$\omega = N_1\omega_0 - 0.45(25 - \rho_c) - 0.20g \qquad (4.3-17)$$

式中 ω——某一深度的含水率，%；

ω_0——设计要求的起始含水率，%；

X_c——土的黏粒含量，%；

g——含砾量，%；

N_1——含水率变化率参数。

不同冲填速度 v 及深度 h，相应的 N_1 值按表 4.3-14 取值。

表 4.3-14 含水率变化率参数 N_1 值

冲填速度 v (m/d)	深度 h (m)						
	1	3	5	7	9	10	12
0.05	0.803	0.740	0.685	0.627	0.585	0.570	0.550
0.10	0.820	0.755	0.700	0.644	0.605	0.590	0.570
0.15	0.837	0.770	0.715	0.663	0.625	0.610	0.590
0.20	0.854	0.784	0.730	0.682	0.645	0.630	0.610
0.25	0.870	0.797	0.745	0.700	0.665	0.650	0.630
0.30	0.885	0.810	0.760	0.720	0.685	0.670	0.650

边埂附近处的含水率，可适当减少 3%～5%。式（4.3-17）已经考虑了排水砂井的影响。没有排水砂井的工程，计算所得的含水率应增加 3%～4%。

坝体稳定含水率 ω_f 计算为

$$\omega_f = M + 0.25X_c - 0.08g \quad (4.3-18)$$

式中 M——稳定含水率系数，按表 4.3-15 确定；

其余符号意义同前。

表 4.3-15 坝体稳定含水率系数 M 值

土料名称	M
含少量砾的重、中、轻壤土，含少量砾的黏土，砾质黏土	22
砾质重、中、轻壤土，砾质砂质黏土，砂砾	17

碾压式边埂的含水率，按设计干密度、饱和度以 50%～80%估算。

非均质坝的坝壳视为边埂，中心防渗区及过渡区由于分选不明显，可取坝壳区平均黏粒含量为 9.02%（上游坝壳区）及 7.73%（下游坝壳区），过渡区为 17.93%（上游过渡区）及 15.00%（下游过渡区），中心防渗区为 18.63%。近似按均质坝式（4.3-17）和式（4.3-18）估算坝体中心防渗区及过渡区的含水率分布。

4.3.6.2 坝体孔隙水压力分布计算方法

1. 施工期（坝前不蓄水条件下）坝体孔隙水压力计算

压密固结公式：水力冲填坝施工期和竣工时，土体的饱和度一般在 95%以上，可以按饱和土体计算孔隙水压力。

饱和土体平面渗流固结理论的孔隙水压力微分方程式为

$$\frac{\partial u}{\partial t} = B_0 \frac{\partial \sigma_y}{\partial t} + C_v\left(\frac{\partial^2 u}{\partial x^2} + \frac{\partial^2 u}{\partial y^2}\right) \quad (4.3-19)$$

式中 u——坝体中某点（x、y）在 t 时的孔隙水压力，kN/m^2；

σ_y——该点的垂直向总应力，kN/m^2；

B_0——起始孔隙水压力系数；

C_v——固结系数，m^2/d。

采用差分方程求数值解时，可计算如下：

$$\frac{\partial u}{\partial t} = \frac{u_{(i,j)t} + 1 - u_{(i,j)t}}{\partial t} \quad (4.3-20)$$

$$\frac{\partial^2 u}{\partial x^2} = \frac{1}{\partial x}\left(\frac{u_{(i+1,j)t} - u_{(i,j)t}}{2x} - \frac{u_{(i,j)t} - u_{(i-1,j)t}}{2x}\right) = \frac{1}{\partial x^2}[u_{(i+1,j)t} + u_{(i-1,j)t} - 2u_{(i,j)t}] \quad (4.3-21)$$

$$\frac{\partial^2 u}{\partial y^2} = \frac{1}{\partial y^2}[u_{(i,j+1)t} + u_{(i,j-1)t} - 2u_{(i,j)t}] \quad (4.3-22)$$

将式（4.3-20）～式（4.3-22）代入式（4.3-19），当采用正方网格时（$\Delta X = \Delta Y = \Delta H$），则可以简化为

$$u_{(i,j)t+\Delta t} = B_0\rho\Delta H + (1-4\alpha)u_{(i,j)t} + \alpha\Diamond_{(i,j)t} \quad (4.3-23)$$

$$\alpha = \frac{\Delta t C_v}{\Delta H^2} \quad (4.3-24)$$

式中 $u_{(i,j)t}$——节点（i,j）在 t 时的孔隙水压力，见图 4.3-10，kN/m^2；

$u_{(i,j)t+\Delta t}$——该节点增加 Δt 时段后的孔隙水压力，kN/m^2；

$\rho\Delta H$——冲填一层所增加的荷载，并假设在瞬间一次加上；

$\Diamond_{(i,j)t}$——与节点（i,j）相邻的一个节点，在 t 时的孔隙水压力之和，kN/m^2；

α——系数。

为简化计算，可令 $\alpha=1/4$，则式（4.3-23）简化为

$$u_{(i,j)t+\Delta t} = B_0\rho\Delta H + \frac{1}{4}\Diamond_{(i,j)t} \quad (4.3-25)$$

计算中，每层土的孔隙水压力调整次数 $n=\Delta T/$

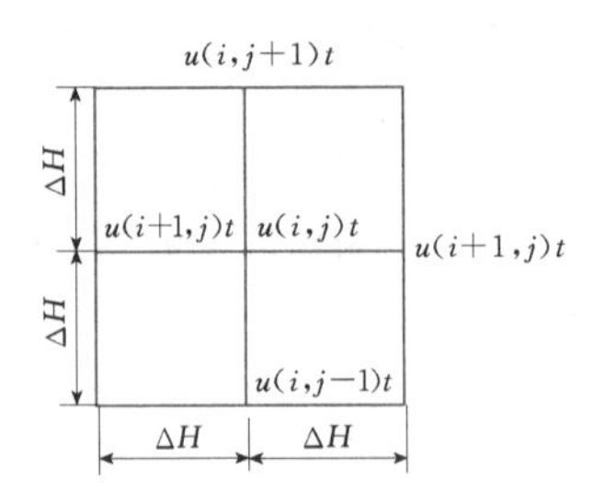

图 4.3-10　节点孔隙水压力示意图

Δt，其中 ΔT 为每层土的施工时间，调整次数也可表示为

$$n = 4C_v \Delta T / \Delta H^2 \tag{4.3-26}$$

或

$$n = 4C_v / \Delta H v \tag{4.3-27}$$

式中　v——冲填速度，m/d，计算中全坝取平均值。

边界条件的处理如下：

排水界面：$u_t = 0$，即对坝坡坡面、透水地基或人工排水地基等，均按孔隙水压力恒为零考虑。

不透水界面：按在地基面以下虚拟一排节点，见图 4.3-11。按照地基表面上下不发生渗流的条件考虑。则

$$u'_{i,L} = u_{i,L} + 2\rho_w \Delta H \tag{4.3-28}$$

式中　ρ_w——水的密度，t/m³。

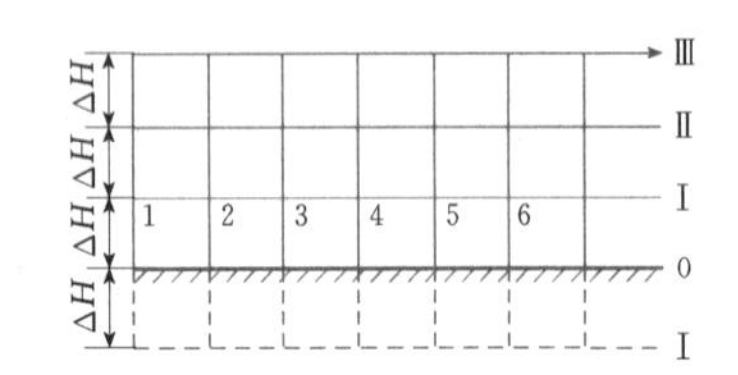

图 4.3-11　不排水界面虚拟节点示意图

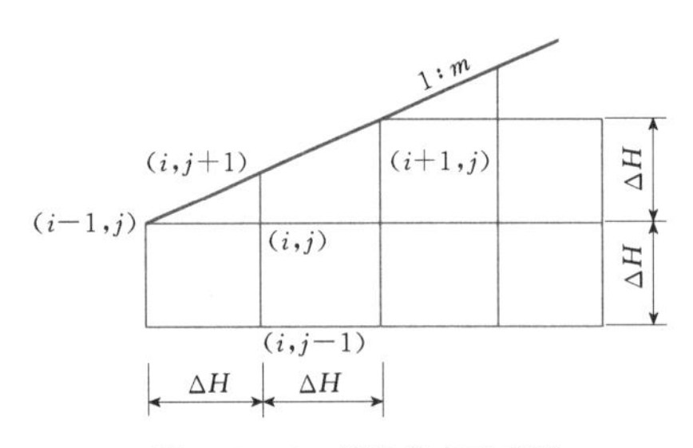

图 4.3-12　坝坡节点示意图

坝坡附近网格不是正方形，当坝坡坡率为 m（取整数）时的坝坡节点示意图，见图 4.3-12，节点孔隙水压力为

$$u_{(i,j)t+\Delta t} = B_0 \rho \Delta H + \frac{\xi}{1+\xi}\left[\frac{u_{(i-1,j)t} + u_{(i+1,j)t}}{2} + \frac{u_{(i,j-1)t}}{1+\xi}\right] \tag{4.3-29}$$

初始条件：

坝基为透水地基时，则冲填第一层后坝面与坝基的各节点上的孔隙水压力均为零，无需调整；在第二层冲填后，可按下述步骤进行消散计算。

如为不透水地基，则第一层冲填后，就应进行消散计算。

计算步骤：

(1) 确定冲填土的计算参数：ρ、C_v、B_0。

(2) 将坝高 H 分成 ΔH 等分（一般 $\Delta H = 0.1H$），使断面成正方网格，并加以编号。

(3) 计算 $\Delta t = \Delta H^2 / 4C_v$。

(4) 节点的孔隙水压力 $u = u_1 + \Delta u$，其中 u_1 为冲填该层的节点孔隙水压力，Δu 为冲填一层后，瞬时增加孔隙水压力，即 $\Delta u = B_0 \rho \Delta H$。

(5) 计算调整次数 $n = \Delta T / \Delta t = 4C_v / \Delta H v$。

(6) 继续冲填下一层土，重复上述步骤计算，逐层冲填，逐层计算，直到全坝完工。最后将计算成果标在断面图上，见图 4.3-13，绘制孔隙水压力等值线图，供稳定分析用。

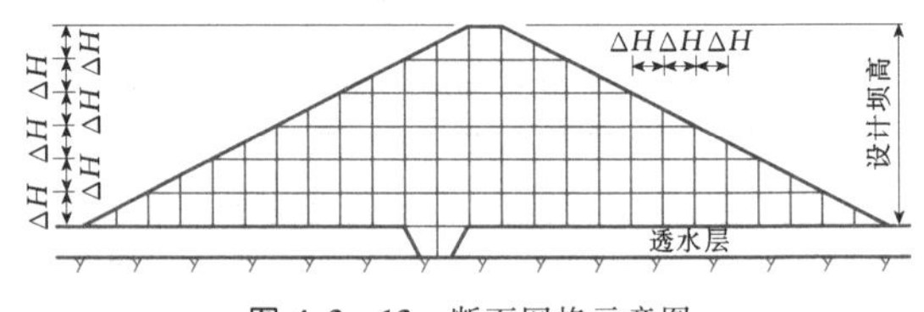

图 4.3-13　断面网格示意图

2. 运用期（拦洪、泄空条件下）孔隙水压力计算

拦洪蓄水时：把蓄水作为瞬间外荷施加时，则各节点的孔隙水压力 u 为

$$u = u' + \Delta u \tag{4.3-30}$$

$$\Delta u = B_0 \rho_w h \tag{4.3-31}$$

式中　u——节点孔隙水压力，kN/m²；

u'——节点在瞬间外荷施加前的孔隙水压力，kN/m²；若是刚竣工即蓄水条件时，则为刚竣工时的剩余孔隙水压力；

Δu——瞬间外荷下增加的孔隙水压力，kN/m²；

h——作用在该节点上的水头，m；

其余符号意义同前。

水库泄空时：随着库水位下降进行消散计算，一般在库水位下降 $\Delta h < 3$m 时，可近似计算为

$$u_{(i,j)t+\Delta t} = \frac{1}{4}\Diamond_{(i,j)t} - B_0 \rho_w \Delta h \tag{4.3-32}$$

这样把因水位下降所减少的孔隙水压力作为荷载的减少来考虑，是简化计算处理，误差不大。当 $\Delta h > 3$m 时，应重新调整网格尺寸使之相适应。

边界条件：上游坝面及截水槽上游透水地基各节点孔隙水压力均等于该结点上的水柱压力。如为不透

水地基，则处理方法同前。

4.3.6.3 坝体平均孔隙水压力系数 $\overline{B}$ 值计算

当采用有效应力简化计算法（即土坡稳定系数法）时，可按饱和平面固结问题计算，求出水力冲填坝各高程以上的坝体平均孔隙水压力系数 $\overline{B}$ 值。

对于图 4.3-14 所列三类排水边界条件的水力冲填坝，当坝坡比为 1∶2～1∶5，调整次数 n 为 1、3、5、8、11、15、20、25，起始孔隙水压力系数 $B_0=1.0$ 时，水力冲填坝各高程以上坝体平均孔隙水压力系数 $\overline{B}$ 值，可按表 4.3-16～表 4.3-18 取值，表中调整次数计算为

$$n = 4C_v/\Delta Hv \qquad (4.3-33)$$

$$\Delta H = 0.1H \qquad (4.3-34)$$

式中 C_v——固结系数，m^2/d；

H——设计坝高，m；

ΔH——分层厚度，m；

v——平均冲填速度，m/d。

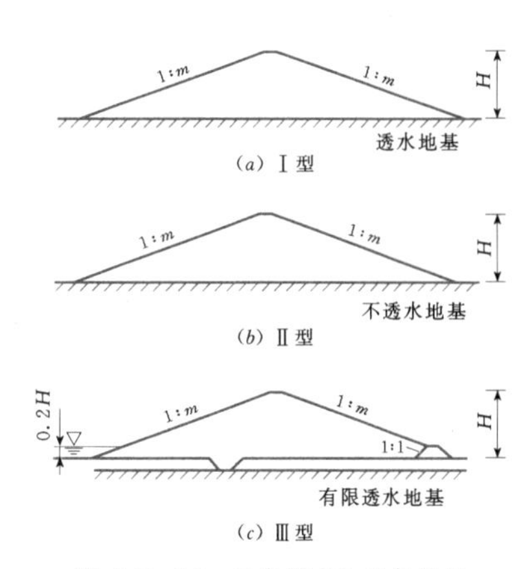

图 4.3-14 三类排水边界条件的水力冲填坝示意图

表 4.3-16～表 4.3-18 所列 $\overline{B}$ 的数值是按 $B_0=1.0$ 得出的。若 $0.8 \leqslant B_0 \leqslant 1$ 时，则 $\overline{B}$ 近似值可按表列数值乘以 B_0 计算。

表 4.3-16　各高程以上坝体平均孔隙水压力系数 $\overline{B}$（Ⅰ型，$B_0=1.0$）

坝 坡	距坝底高程	调整次数								
		1	3	5	8	11	15	18	21	25
1∶2	H	0.000	0.000	0.000	0.000	0.000	0.000	0.000	0.000	0.000
	0.9H	0.625	0.562	0.510	0.456	0.425	0.403	0.394	0.388	0.383
	0.8H	0.761	0.688	0.607	0.520	0.470	0.434	0.419	0.410	0.402
	0.7H	0.822	0.726	0.619	0.510	0.449	0.407	0.389	0.378	0.369
	0.6H	0.855	0.722	0.592	0.472	0.407	0.363	0.345	0.333	0.324
	0.5H	0.870	0.689	0.545	0.422	0.358	0.316	0.298	0.288	0.279
	0.4H	0.862	0.635	0.487	0.369	0.310	0.271	0.255	0.245	0.237
	0.3H	0.823	0.565	0.424	0.316	0.264	0.230	0.216	0.207	0.200
	0.2H	0.749	0.489	0.362	0.268	0.223	0.193	0.182	0.174	0.168
	0.1H	0.659	0.424	0.315	0.236	0.198	0.173	0.163	0.157	0.152
	0	0.594	0.382	0.284	0.212	0.178	0.156	0.147	0.142	0.137
1∶3	H	0.000	0.000	0.000	0.000	0.000	0.000	0.000	0.000	0.000
	0.9H	0.729	0.685	0.626	0.549	0.498	0.456	0.437	0.425	0.414
	0.8H	0.838	0.777	0.685	0.573	0.501	0.443	0.417	0.400	0.385
	0.7H	0.883	0.793	0.671	0.536	0.453	0.390	0.363	0.344	0.329
	0.6H	0.905	0.772	0.626	0.480	0.396	0.334	0.308	0.290	0.275
	0.5H	0.911	0.725	0.565	0.420	0.340	0.283	0.259	0.243	0.230
	0.4H	0.896	0.659	0.497	0.361	0.289	0.238	0.217	0.203	0.191
	0.3H	0.849	0.581	0.428	0.306	0.243	0.199	0.181	0.169	0.159
	0.2H	0.768	0.499	0.362	0.257	0.203	0.166	0.151	0.141	0.133
	0.1H	0.660	0.418	0.302	0.213	0.168	0.138	0.125	0.117	0.110
	0	0.594	0.377	0.272	0.192	0.152	0.124	0.112	0.105	0.099

注　H 为设计坝高。

续表

坝坡	距坝底高程	调整次数								
		1	3	5	8	11	15	18	21	25
1∶4	H	0.000	0.000	0.000	0.000	0.000	0.000	0.000	0.000	0.000
	0.9H	0.787	0.751	0.687	0.597	0.532	0.476	0.448	0.429	0.412
	0.8H	0.878	0.821	0.722	0.595	0.508	0.436	0.402	0.378	0.357
	0.7H	0.913	0.824	0.694	0.544	0.449	0.373	0.338	0.314	0.294
	0.6H	0.929	0.794	0.640	0.481	0.386	0.313	0.281	0.259	0.240
	0.5H	0.931	0.740	0.572	0.416	0.328	0.262	0.233	0.214	0.198
	0.4H	0.911	0.669	0.500	0.355	0.276	0.219	0.194	0.178	0.163
	0.3H	0.860	0.587	0.428	0.300	0.231	0.182	0.161	0.147	0.135
	0.2H	0.776	0.503	0.362	0.251	0.193	0.151	0.134	0.122	0.112
	0.1H	0.666	0.421	0.301	0.208	0.159	0.125	0.110	0.101	0.093
	0	0.600	0.379	0.271	0.187	0.143	0.113	0.099	0.091	0.083
1∶5	H	0.000	0.000	0.000	0.000	0.000	0.000	0.000	0.000	0.000
	0.9H	0.825	0.791	0.723	0.623	0.549	0.482	0.448	0.424	0.401
	0.8H	0.902	0.846	0.743	0.605	0.509	0.427	0.387	0.358	0.383
	0.7H	0.930	0.842	0.707	0.547	0.444	0.359	0.320	0.292	0.268
	0.6H	0.943	0.807	0.647	0.480	0.379	0.299	0.263	0.238	0.216
	0.5H	0.942	0.749	0.576	0.413	0.320	0.249	0.217	0.196	0.177
	0.4H	0.920	0.674	0.501	0.351	0.268	0.207	0.180	0161	0.145
	0.3H	0.867	0.590	0.428	0.296	0.224	0.172	0.149	0.134	0.120
	0.2H	0.781	0.504	0.361	0.247	0.186	0.142	0.123	0.110	0.099
	0.1H	0.669	0.422	0.300	0.204	0.154	0.118	0.102	0.091	0.082
	0	0.603	0.380	0.270	0.184	0.139	0.106	0.092	0.082	0.074

表 4.3-17　各高程以上坝体平均孔隙水压力系数 $\overline{B}$（Ⅱ型，B_0=1.0）

坝坡	距坝底高程	调整次数								
		1	3	5	8	11	15	18	21	25
1∶2	H	0.00	0.00	0.00	0.00	0.00	0.00	0.00	0.00	0.00
	0.9H	0.62	0.57	0.54	0.52	0.50	0.49	0.48	0.48	0.48
	0.8H	0.76	0.71	0.68	0.64	0.62	0.60	0.59	0.59	0.58
	0.7H	0.82	0.78	0.74	0.69	0.67	0.64	0.63	0.62	0.62
	0.6H	0.86	0.81	0.76	0.72	0.68	0.66	0.65	0.64	0.63
	0.5H	0.88	0.82	0.77	0.73	0.69	0.67	0.65	0.64	0.64
	0.4H	0.89	0.83	0.78	0.72	0.69	0.67	0.65	0.64	0.64
	0.3H	0.90	0.82	0.77	0.71	0.68	0.66	0.65	0.64	0.63
	0.2H	0.90	0.81	0.76	0.70	0.67	0.65	0.64	0.63	0.62
	0.1H	0.88	0.80	0.74	0.69	0.66	0.64	0.63	0.62	0.62
	0	0.86	0.78	0.73	0.68	0.65	0.63	0.62	0.62	0.61

续表

坝坡	距坝底高程	调整次数								
		1	3	5	8	11	15	18	21	25
1∶3	H	0.000	0.000	0.000	0.000	0.000	0.000	0.000	0.000	0.000
	0.9H	0.729	0.699	0.675	0.628	0.628	0.611	0.603	0.597	0.591
	0.8H	0.838	0.809	0.780	0.718	0.718	0.695	0.684	0.675	0.667
	0.7H	0.884	0.852	0.817	0.745	0.745	0.718	0.705	0.695	0.686
	0.6H	0.908	0.871	0.831	0.751	0.751	0.722	0.707	0.697	0.686
	0.5H	0.923	0.877	0.832	0.746	0.746	0.716	0.701	0.690	0.680
	0.4H	0.931	0.874	0.824	0.736	0.736	0.706	0.692	0.681	0.671
	0.3H	0.932	0.864	0.811	0.723	0.723	0.694	0.680	0.670	0.660
	0.2H	0.925	0.847	0.793	0.709	0.709	0.681	0.668	0.648	0.649
	0.1H	0.908	0.825	0.773	0.694	0.694	0.668	0.656	0.647	0.639
	0	0.885	0.803	0.754	0.681	0.681	0.658	0.647	0.638	0.631
1∶4	H	0.000	0.000	0.000	0.000	0.000	0.000	0.000	0.000	0.000
	0.9H	0.787	0.767	0.747	0.719	0.698	0.678	0.668	0.660	0.652
	0.8H	0.878	0.857	0.830	0.794	0.767	0.741	0.727	0.716	0.706
	0.7H	0.913	0.889	0.856	0.813	0.782	0.752	0.736	0.724	0.713
	0.6H	0.932	0.901	0.862	0.814	0.780	0.748	0.731	0.719	0.706
	0.5H	0.943	0.902	0.858	0.806	0.770	0.727	0.720	0.703	0.695
	0.4H	0.949	0.895	0.846	0.792	0.756	0.723	0.707	0.695	0.683
	0.3H	0.947	0.881	0.829	0.775	0.739	0.708	0.693	0.681	0.670
	0.2H	0.938	0.861	0.808	0.756	0.722	0.693	0.678	0.667	0.657
	0.1H	0.919	0.837	0.786	0.736	0.705	0.678	0.665	0.655	0.645
	0	0.894	0.814	0.766	0.720	0.691	0.667	0.655	0.646	0.637
1∶5	H	0.000	0.000	0.000	0.000	0.000	0.000	0.000	0.000	0.000
	0.9H	0.825	0.810	0.791	0.764	0.741	0.719	0.707	0.698	0.689
	0.8H	0.902	0.885	0.859	0.823	0.794	0.766	0.751	0.739	0.727
	0.7H	0.931	0.910	0.878	0.835	0.802	0.770	0.753	0.740	0.727
	0.6H	0.946	0.918	0.879	0.831	0.795	0.762	0.744	0.730	0.716
	0.5H	0.955	0.916	0.872	0.820	0.783	0.748	0.730	0.717	0.703
	0.4H	0.958	0.907	0.858	0.803	0.766	0.732	0.715	0.702	0.688
	0.3H	0.956	0.891	0.839	0.784	0.748	0.716	0.699	0.686	0.674
	0.2H	0.945	0.869	0.816	0.763	0.729	0.699	0.684	0.672	0.661
	0.1H	0.925	0.844	0.793	0.743	0.711	0.683	0.669	0.659	0.649
	0	0.900	0.820	0.772	0.726	0.697	0.672	0.659	0.650	0.640

表 4.3-18　　各高程以上坝体平均孔隙水压力系数 $\overline{B}$（Ⅲ型，$B_0=1.0$）

坝坡	距坝底高程	坝坡											
		5	8	11	15	20	25	5	8	11	15	20	25
1∶2	H	0.000	0.000	0.000	0.000	0.000	0.000	0.000	0.000	0.000	0.000	0.000	0.000
	$0.9H$	0.436	0.310	0.222	0.147	0.094	0.063	0.436	0.310	0.222	0.147	0.093	0.062
	$0.8H$	0.546	0.390	0.281	0.188	0.120	0.081	0.545	0.388	0.279	0.186	0.119	0.080
	$0.7H$	0.570	0.402	0.289	0.195	0.126	0.086	0.567	0.398	0.286	0.192	0.123	0.084
	$0.6H$	0.556	0.385	0.276	0.186	0.122	0.850	0.548	0.377	0.269	0.180	0.116	0.079
	$0.5H$	0.525	0.357	0.255	0.174	0.116	0.082	0.507	0.342	0.424	0.161	0.104	0.071
	$0.4H$	0.487	0.328	0.236	0.163	0.112	0.083	0.454	0.300	0.211	0.140	0.091	0.062
	$0.3H$	0.448	0.302	0.220	0.157	0.113	0.088	0.395	0.258	0.180	0.119	0.077	0.053
	$0.2H$	0.410	0.281	0.210	0.156	0.119	0.098	0.336	0.218	0.151	0.100	0.065	0.044
	$0.1H$	0.380	0.270	0.210	0.165	0.134	0.116	0.281	0.181	0.126	0.083	0.054	0.037
	0	0.380	0.282	0.229	0.189	0.162	0.146	0.540	0.164	0.114	0.075	0.049	0.033
1∶3	H	0.000	0.000	0.000	0.000	0.000	0.000	0.000	0.000	0.000	0.000	0.000	0.000
	$0.9H$	0.729	0.670	0.578	0.442	0.336	0.236	0.729	0.670	0.578	0.442	0.336	0.236
	$0.8H$	0.838	0.766	0.647	0.485	0.365	0.256	0.838	0.766	0.647	0.485	0.365	0.256
	$0.7H$	0.883	0.784	0.640	0.465	0.344	0.239	0.883	0.784	0.640	0.464	0.344	0.239
	$0.6H$	0.905	0.765	0.601	0.423	0.308	0.212	0.905	0.764	0.600	0.421	0.307	0.211
	$0.5H$	0.912	0.722	0.547	0.374	0.269	0.184	0.911	0.718	0.542	0.371	0.266	0.181
	$0.4H$	0.904	0.668	0.491	0.330	0.237	0.163	0.896	0.652	0.477	0.319	0.227	0.154
	$0.3H$	0.876	0.610	0.440	0.396	0.215	0.152	0.849	0.575	0.411	0.271	0.191	0.129
	$0.2H$	0.818	0.550	0.396	0.270	0.201	0.148	0.767	0.493	0.347	0.227	0.159	0.107
	$0.1H$	0.743	0.497	0.364	0.257	0.199	0.155	0.658	0.414	0.289	0.188	0.132	0.088
	0	0.690	0.473	0.357	0.264	0.214	0.176	0.594	0.373	0.260	0.170	0.119	0.080
1∶4	H	0.000	0.000	0.000	0.000	0.000	0.000	0.000	0.000	0.000	0.000	0.000	0.000
	$0.9H$	0.787	0.741	0.651	0.513	0.401	0.292	0.787	0.741	0.651	0.513	0.401	0.292
	$0.8H$	0.878	0.713	0.695	0.530	0.405	0.291	0.878	0.813	0.695	0.530	0.405	0.291
	$0.7H$	0.913	0.818	0.673	0.493	0.369	0.260	0.913	0.818	0.673	0.493	0.368	0.260
	$0.6H$	0.929	0.790	0.622	0.440	0.322	0.224	0.929	0.789	0.622	0.439	0.322	0.223
	$0.5H$	0.931	0.739	0.560	0.384	0.277	0.191	0.931	0.736	0.557	0.381	0.275	0.189
	$0.4H$	0.921	0.681	0.501	0.338	0.243	0.169	0.911	0.664	0.486	0.326	0.282	0.158
	$0.3H$	0.886	0.619	0.448	0.302	0.220	0.157	0.860	0.583	0.417	0.275	0.194	0.132
	$0.2H$	0.824	0.556	0.402	0.275	0.206	0.153	0.776	0.499	0.351	0.229	0.161	0.109
	$0.1H$	0.745	0.502	0.369	0.262	0.204	0.160	0.669	0.419	0.293	0.191	0.134	0.090
	0	0.689	0.476	0.361	0.268	0.218	0.180	0.604	0.378	0.265	0.172	0.121	0.081

4.3.7 坝坡稳定计算

4.3.7.1 计算规定

稳定计算的目的是保证坝体在自重、孔隙压力、外荷载的作用下，具有足够的稳定性，不至于发生通过坝体或坝基的整体或局部剪切破坏。

水坠坝在施工期中心部位存在着流态区，依靠边埂的阻滑作用维持坝体的稳定，坝体内部的受力条件比较复杂，随着坝体的脱水固结，其稳定性也将相应提高，施工期是影响水坠坝稳定的最不利情况。根据已建工程的实践经验，在1/2坝高至设计坝高之间是发生稳定破坏的危险区域，应重点分析。

在进行水力冲填坝的稳定计算时，应考虑施工期和运用期两种不同情况，并应满足坝体运行条件下的稳定要求，即坝坡抗滑稳定安全系数应不小于表4.3-19的规定。对于施工期，坝坡稳定计算应该对1/2坝高至设计坝高间的若干高度的坝体进行坝坡整体稳定计算，同时还应对边埂（均质坝）或坝壳（非均质坝）自身的稳定情况进行计算分析。当冲填坝体已达到稳定含水量或固结度超过90%时，应进行下游坝坡在稳定渗流情况下及上游坝坡在库水位骤降情况下的稳定计算，即运用期工况计算。

表4.3-19 坝坡抗滑稳定安全系数表

运用条件	工程级别		
	3	4	5
正常运用条件	1.3	1.25	1.25
非常运用条件	1.2	1.15	1.15

注 1. 正常运用条件：蓄水运用条件下水位处于蓄水位和设计洪水位与死水位之间的各种水位的稳定渗流期；水位在上述范围内经常性的正常降落。
2. 非常运用条件：施工期；校核洪水位有可能形成稳定渗流的情况；水位非常降落。

如果是修建在狭窄河谷的水力冲填坝，则首先按平面问题计算坝体抗滑稳定安全系数，然后再根据计算高程处的河谷宽度与滑弧弧长的比值确定平面稳定修正系数，最后将两者相乘来评价坝坡的整体抗滑稳定。修正系数按表4.3-20确定。

表4.3-20 平面稳定修正系数

计算高程处的河谷宽度/滑弧弧长	≤2	3	4	>6
修正系数	1.09	1.06	1.04	1.00

4.3.7.2 强度指标测定

水力冲填坝坝体材料的总强度指标和有效强度指标可按照《土工试验规程》（SL 237—1999）中的相关试验方法测定。由于充填坝坝体形成过程的特殊性，因此在试验时要采用泥浆制样。充填土的总强度指标测定，应在不少于四组含水率条件下，采用含水率法三轴不固结不排水剪法进行，得出总强度指标与含水率的关系曲线；当设备条件不具备时，用直剪仪快剪法或十字板抗剪强度试验法测定。充填土的有效强度指标测定，应采用三轴固结不排水剪法（测孔隙水压力）或直剪仪慢剪法进行。对于均质碾压式边埂，应按设计干密度和含水率夯实制样，用三轴仪或直剪仪测定土的强度指标；对于非均质坝冲填土，应按分选情况分别测定坝壳区、过渡区和中心防渗区的强度指标。

由于试验方法不同，测定的强度指标也不相同，为便于各种试验成果的合理使用，对不同试验成果进行了统计分析，建议了一个修正系数。这样对于不同的试验方法，在试验得到坝体材料的强度指标后，即可按表4.3-21修改不同试验方法得出的强度指标（c、φ值）应用于计算中。

表4.3-21 强度指标修正系数

计算方法	试验方法	修正系数
总应力法	三轴不固结不排水剪	1.0
	直剪仪快剪	0.5～0.8①
	十字板抗剪强度	1.2～1.3
有效应力法	三轴固结不排水剪(测孔隙水压力)	0.8
	直剪仪慢剪	0.8

① 根据试样在试验过程中的排水程度选用，排水较多时取小值。

4.3.7.3 坝坡稳定计算

坝坡的稳定计算应根据不同运用条件，按平面问题取圆弧滑动面，采用总应力法或有效应力法计算。总应力法进行坝坡稳定计算，可采用数值计算法或图解法进行简化计算。有效应力法进行坝坡稳定计算，可采用数值计算法或简化计算法。边埂或坝壳的自身稳定，可按平面问题折线滑动面，采用总应力法计算抗滑稳定安全系数。

采用总应力法进行坝坡稳定计算时，应确定坝体含水率的分布；按有效应力法进行坝坡稳定计算时，应确定坝体孔隙水压力的分布。

1. 总应力法

总应力法进行坝坡稳定计算，可采用以下方法之一计算。

(1) 抗滑稳定安全系数法，静力分析见图4.3-15。

$$K = \frac{\sum(cb\sec\beta + W\cos\beta\tan\varphi)}{\sum W\sin\beta} \quad (4.3-35)$$

$$W = \gamma bh \quad (4.3-36)$$

式中 K——抗滑稳定安全系数；

c——黏聚力，kN/m^2；

b——土条宽度，m；

W——土条自重，t；

β——土条中心线与通过此土条底面中心的半径之间的夹角，(°)；

φ——内摩擦角，(°)；

γ——土的容重，kN/m^3；

h——土条高度，m。

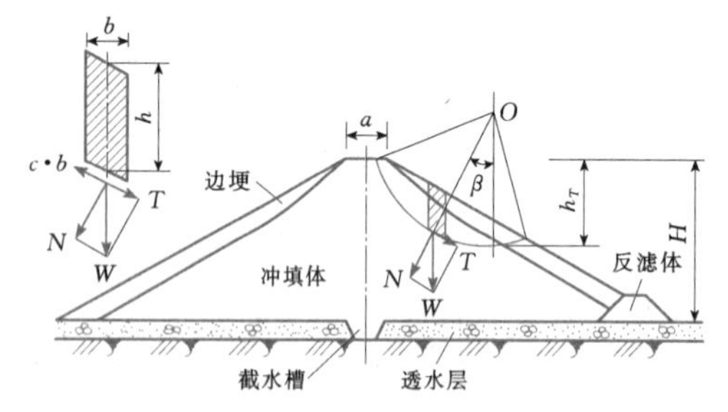

图4.3-15 圆弧总应力法静力分析图

(2) 图解法。

$$N = \frac{\bar{c}}{KH\bar{\rho}} \quad (4.3-37)$$

$$\tan\varphi = \frac{\tan\bar{\varphi}}{K} \quad (4.3-38)$$

式中 N——稳定数，与深度H有关，见图4.3-16，坡率与坡角关系可查表4.3-22；

H——计算深度，m；

$\bar{c}$——计算深度内沿假定滑弧面的土的黏聚力，kN/m^2；

$\bar{\varphi}$——计算深度内沿假定滑弧面的土内摩擦角，(°)；

$\bar{\rho}$——计算深度内沿假定滑弧面实际密度的加权平均值，t/m^3；

其他符号含义同前。

表4.3-22 坡率与坡角关系表

坡率 m	1.5	2.0	2.5	3.0	3.5	4.0	4.5
坡角 α(°)	33.70	26.57	21.8	18.43	15.95	14.03	12.53

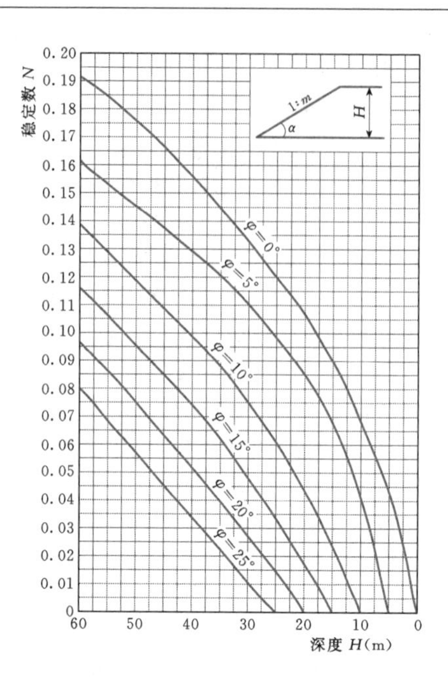

图4.3-16 土坡稳定数图解图

2. 有效应力法

有效应力法进行坝坡稳定计算，可按以下方法之一计算。

(1) 抗滑稳定安全系数法，静力分析见图4.3-17。

$$K = \frac{\sum[c'b\sec\beta + (W\cos\beta - ub\sec\beta)\tan\varphi']}{\sum W\sin\beta} \quad (4.3-39)$$

式中 u——土条底面的孔隙水压力，kN/m^2；

c'、φ'——土的有效强度指标；

其余符号的意义同前。

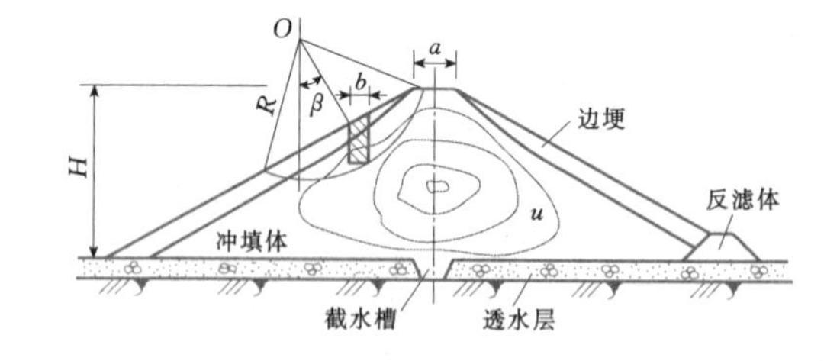

图4.3-17 圆弧有效应力法静力分析图

(2) 简化计算法。

$$K = m_1 - n_1\bar{B} \quad (4.3-40)$$

式中 m_1、n_1——与冲填土的有效内摩擦角和坝坡坡率有关的土坡系数，可按表4.3-23取值；

$\bar{B}$——假定滑弧上的平均孔隙水压力系

数，本节中求 $\overline{B}$ 值及图 4.3-18 中坝高为 Z 以上的平均孔隙水压力系数时，则有效强度指标应取 0.9 的修正系数。

表 4.3-23　　不同坝坡率土坡系数 m_1、n_1

有效内摩擦角 φ' (°)	坝坡坡率 m							
	2		3		4		5	
	m_1	n_1	m_1	n_1	m_1	n_1	m_1	n_1
20.0	0.728	0.910	1.092	1.213	1.456	1.547	1.820	1.892
22.5	0.828	1.035	1.243	1.381	1.657	1.761	2.071	2.153
25.0	0.933	1.166	1.399	1.554	1.865	1.982	2.332	2.424
27.5	1.041	1.301	1.562	1.736	2.082	2.213	2.603	2.706
30.0	1.155	1.444	1.732	1.924	2.309	2.454	2.887	3.001
32.5	1.274	1.593	1.911	2.123	2.548	2.708	3.185	3.311
35.0	1.400	1.750	2.101	2.334	2.801	2.917	3.501	3.639
37.5	1.535	1.919	2.302	2.558	3.069	3.261	3.837	3.989
40.0	1.678	2.098	2.517	2.797	3.356	3.566	4.196	4.362

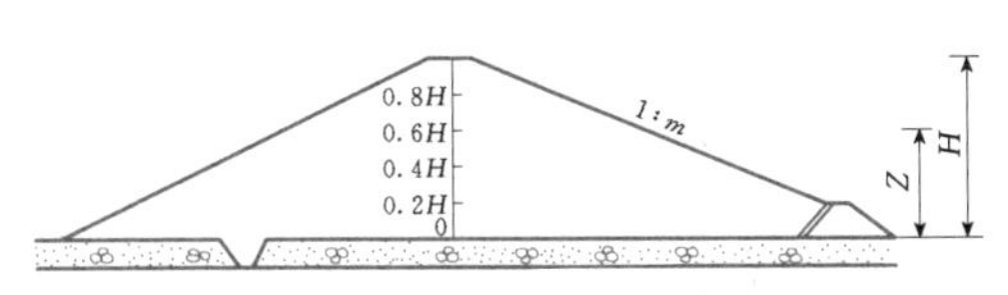

图 4.3-18　简化有效应力法计算图

3. 折线法

施工边埂（均质坝）或坝壳（非均质坝）自身稳定，按平面问题折线滑动面，其受力分析见图 4.3-19。采用总应力法计算抗滑稳定安全系数 K 的公式为

$$K=\frac{R}{E\cos\theta} \tag{4.3-41}$$

$$R=(W_1+W_2+W_3)\sin\theta+W_1\cos\theta\tan\varphi_1+c_1L_1+(W_2+W_3+E\tan\theta)\cos\theta\tan\varphi_2+c_2L_2 \tag{4.3-42}$$

$$E=\frac{1}{2}\xi\rho_T h_T^2 \tag{4.3-43}$$

$$\xi=1-\sin\varphi_2 \tag{4.3-44}$$

$$h_T=\lambda H \tag{4.3-45}$$

式中　K——边埂容许抗滑稳定安全系数；

E——泥浆水平推力，kN；

θ——滑动面与水平面的夹角，(°)，可通过试算确定，取其相应于安全系数最小者；

W_1——滑动面 L_1 以上边埂土的自重，kN；

W_2、W_3——滑动面 L_2 以上边埂土和冲填土的重量，kN；

L_1、L_2——通过边埂及冲填土的滑动面长度，m；

φ_1、c_1——边埂土的总强度指标；

φ_2、c_2——冲填土的总强度指标，应按相应深度处的含水率确定；

ρ_T——计算深度范围内冲填土的平均密度，kg/m^3；

ξ——泥浆侧压力系数，可按式（4.3-35）计算，也可采用经验值 0.8～1.0；

h_T——计算深度，m；砂土、砂壤土、壤土应按流态区深度计算，或按经验公式（4.3-36）确定，花岗岩和砂岩风化残积土计算深度应通过试验确定，取其相应于安全系数最小者；

H——计算坝高，m；

λ——系数，按表 4.3-24 确定。

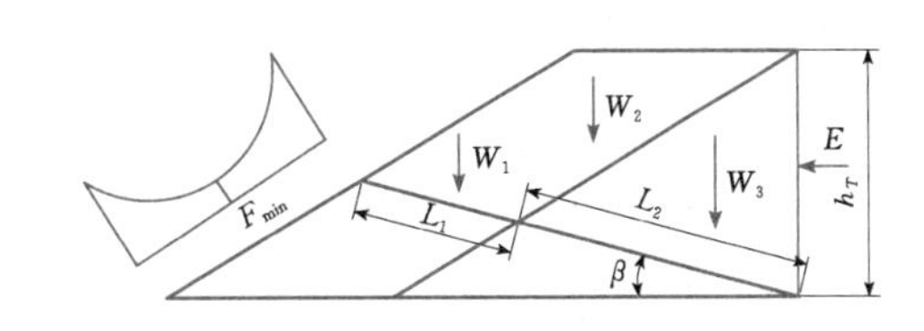

图 4.3-19　折线滑动面受力分析图

表 4.3-24 系 数 λ 值

冲填速度 v (m/d)	渗透系数 k_s ($\times10^{-6}$cm/s)								
	1	2	4	6	8	10	12	14	16
0.1	0.92	0.75	0.50	0.34	0.25	0.20	0.16	0.13	0.11
0.2	0.95	0.83	0.67	0.54	0.44	0.35	0.28	0.21	0.15
0.3	0.97	0.85	0.74	0.63	0.53	0.44	0.36	0.28	0.20

注 1. 此表适用于透水地基，对不透水地基表中数值可提高50%。
2. k_s 为初期渗透系数，即指冲填土在 0.1km/cm² 荷重下固结试样的渗透系数。

4.3.8 工程实例

4.3.8.1 大顶子山航电枢纽工程土坝

1. 工程概况

大顶子山航电枢纽工程位于黑龙江省哈尔滨市松花江干流下游46km处，是一座以航运、发电和改善哈尔滨市水环境为主，同时具有交通、水产养殖和旅游等综合利用功能的低水头航电枢纽工程。最大库容19.97亿m³，装机容量66MW。设计洪水标准为100年一遇，标准洪水校核300年一遇。工程区地震基本烈度为Ⅵ度，主要建筑物设计烈度为6度。

枢纽总布置从右至左依次为船闸、10孔泄洪闸、河床式水电站、28孔泄洪闸、混凝土过渡坝段、水力冲填均质坝，总长3177.56m。

松花江大顶子山航电枢纽工程土坝布置在左岸滩地上，总长1956.70m，土坝坝顶高程121.50m，坝顶宽12.00m，最大坝高14.20m，上游坡比为1∶2.50，下游坡比1∶2.75。

原设计坝体为黏土均质坝，基础设混凝土防渗墙防渗。由于施工现场处于河床的漫滩之上，沼泽湿地、牛轭湖发育较多，现场施工道路布置难度极大，如采用常规填筑的施工方案，很难在汛期来临前使坝体达到完全挡水要求。经综合考虑，采用水力冲填粉细砂结合混凝土高喷防渗墙的施工方法进行土坝施工。坝体内部粉细砂冲填区顶宽15.36m，顶高程为120.00m，至坝顶121.50m采用堆石填筑，其中坝体内部软式排水管和下游边坡PVC排水管随坝体冲填高度增加同期埋入。土坝上、下游均采用干砌石防护，干砌石下设级配碎石垫层，吹填区外侧铺设土工布作为坝体反滤，上游土工布铺设范围为坝基至高程119.00m，下游土工布铺设范围为高程113.50～119.00m。

为增强坝体稳定性及下游侧排水能力，在坝体上游设压重体稳固坝脚，下游坝脚设排水棱体排水，其中上游压重体顶高程118.50m，顶宽25.00m，迎水面边坡1∶3.0，采用石笼护垫防护，压重体内前脚设非液化料子堤，顶高程116.00m，顶宽3.00m，内边坡为1∶1，压重体其余部位为弃渣填筑。排水棱体顶高程为113.50m；同时下游坝脚内设一层砂砾石垫层，厚度为1m，宽10m，排水棱体和坝体填筑料之间设Ⅰ、Ⅱ级两层反滤料过渡。

2. 施工过程

(1) 编织袋边埂砌筑。土坝按设计要求采用分层、分段冲填的施工方式进行，每层冲填厚度为0.5m，每段长度为50m。在每层冲填施工前，由人工在冲填部位的两侧按规定尺寸码放编织袋土，形成挡水堤，编织袋土用砂直接取自坝面冲填砂，为控制冲填厚度，编织袋土一次码放的厚度为0.5m，内侧形成垂直面，外侧分别形成1∶2.50和1∶2.75的边坡与土坝上下游边坡相适应。在吹填区内取土时，不宜紧靠两侧编织袋取土，同时，取土过程中也应有一定的坡度和深度限制，不宜垂直取土，以保证上下层之间很好地搭接，编织袋采用半袋装土，压口摆放，连接紧密，上下两层的编织袋土沿线错缝码放压实。为保证编织袋土埂稳定，顶口编织袋码放宽度不得小于1.0m。

在每个冲填段码放编织袋土埂时，在相应部位的顶部应预留排水口，排水口间距根据冲填设备出水量设定，并且距建基面高度不低于0.35m，如此，冲填施工时，在冲填部位可形成具有一定高度的稳定水层，以利粉细砂均匀沉淀。排水时，不应危及已成型坝坡和坝脚，应采取引排或覆盖等相应保护措施。另外，各层之间排水口不应固定在一个位置，应互相错开一定的距离，以保证排水口处坝体吹填质量。

(2) 下游边埂PVC排水管埋设。为使坝体成型后具有良好的排水性能，要求冲填施工前，在下游边埂内按规定间排距埋设PVC排水管，排水管深入冲填坝体内50cm，同时要求深入坝体部分钻孔，钻孔部位及管口采用无纺布包裹，以防止粉细砂侵入及顺水流流失。埋设排水管部位需埋设稳固，周围填土密实，然后用编织袋土压紧，冲填施工过程中如发现沿排水管周壁漏水现象，应及时处理，以防冲垮边埂。

(3) 中埂填筑。在编织袋土码放完毕后，进行中埂填筑，中埂起分畦作用，即在冲填过程中根据设计分段要求形成冲填水池，中埂料采用冲填料人工填筑，上下层中埂位置随坝体冲填高度的升高相对错开，避免上下重叠。中埂填筑高度为0.5m，顶宽0.5m，边坡为1∶1的梯形断面。

（4）软式排水管埋设。坝体防渗墙下游侧纵向沿坝轴线不同高程处分5道、横向每20m一道布置软式排水管，其中横向布置的排水管只在基础层埋设，坡比为向下游侧1%～2%，其余部分随坝体升高与纵向排水管垂直连接，在坝体内形成排水网络。排水管终端深入下游坝脚1.0m厚一级反滤料内，通过一级反滤料排出坝体内部积水，排水管接头处用排水管自身透水布包裹、绑扎。

（5）坝体粉细砂冲填。结合现场实际情况，同时考虑采砂船吹送能力，冲填用砂采用就近、多点开采的采砂方式，在规定的采料区内进行取砂，尽量减少中间倒吹次数。

冲填施工时，对于不同的施工部位，不同的料场情况，可采用不同的冲填方式进行。如基础面地势起伏较大，冲填施工应从低处开始，分层找平，最终形成统一工作面，冲填时由采砂船就近取料分畦冲填，池内必须形成水面，要有一定的渗流时间。施工中先由畦块的端部中心线部位开始冲填，并适时移动输砂管管口位置，用端进冲填方式，将输砂管逐步向前移动，直至整个畦块填满。为使冲填面平整，冲填管口处的堆积砂包距离水面高度应不大于15cm，必要时可结合人工踏扰，尤其排水口处应加强踏扰，以防止淤泥沉积。每冲填完一层，待排水固结且表面无水后，才能继续筑埂冲填下一层，每次冲填长度、高度与冲填区两侧编织袋边埂同步。

施工中对泥浆浓度的控制也尤为重要。泥浆浓度的高低，直接影响冲填的质量和施工速度，浓度高，输送的冲填料的颗粒级配好，坝体稳定性就好，相应进度加快，因此，在保证输砂管不堵塞的条件下，应协调好取料场内泥浆搅拌与输浆泵之间的配合，尽量加大泥浆浓度。常规泥浆浓度应控制在0.25（土水质量比）以上，如发现泥浆浓度低于0.25时，应查找原因，及时采取必要的措施，以保证冲填泥浆的浓度满足坝体均匀稳定的要求。

2. 试验检测

每一冲填层沥水固结时间应不小于36h。在沥水固结完成后，进行冲填粉细砂的干密度和相对密度的检测。检测结果要求：粉细砂冲填干密度不小于1.52g/cm³，相对密度不小于0.70，取样合格率不小于90%，不合格的干密度和相对密度不低于设计值的95%，不合格试样不应集中在同一个部位。

3. 质量控制措施

（1）精确放样，保证结构尺寸、填筑厚度及仪器埋设位置的准确。

（2）编织袋土要求装袋均匀、压口摆放、搭接紧密，防止砂土顺水流流失。

（3）挂线施工，保证边坡，严格控制每层的冲填厚度不超过0.5m。

（4）现场具备良好的排水条件，排水口、排水沟必须具有一定的保护措施，防止水流冲刷已成型坡面及坝脚。

（5）吹填结束后的工作面严禁机械设备行走，防止砂层扰动。

（6）每层冲填完成后，如发现平面尺寸、高程、平整度、坡比不符时应及时予以修正。

（7）冲填验收每500m³取一组试样，当冲填层不足500m³时按500m³进行取样试验。取样合格率不小于90%，不合格数值不低于设计值的95%。

（8）冲填验收干密度控制在不小于1.52g/cm³，相对密度不小于0.7。

4.3.8.2 魏家岔水坠坝工程

1. 工程概况

魏家岔水库位于陕西省延安市子长县杨家园子公社魏家岔沟口上，是重点流域治理的骨干工程。流域面积25km²，侵蚀模数约1.0万t/km²左右，水库总库容1340万m³，有效库容960万m³。水库可保灌黄家川渠下游灌区800亩，提灌1200亩，在干旱季节还可给秀延渠补充水源。坝址处的河道为复式断面，主槽部分是宽约20m，高10m的矩形石槽，岩层间有渗透水。基岩上覆盖有很厚的新、老黄土。

土坝总高50m，分两期和两种方法施工。第一期坝高12m，系利用石拱坝拦蓄浑水自然淤积而成；第二期坝高38m，系在当年新淤土面上用水坠法冲填而成。坝体总土方76.4万m³，其中12m高的自然淤积部分13万m³。

石拱坝建于土坝背水坡坡脚的主河槽内，为圆弧形浆砌石坝，圆弧半径13.85m，圆心角120°，拱坝高14m（按上坝高度计，其有效高度为12m），底宽3.2m，顶宽1m，弧长32m。河槽下部岩石完整，拱端嵌入基岩，上部岩石裂隙发育、承载力差，拱端补砌支墩。坝顶两侧设临时侧墙以控制施工期过坝洪水。坝体砌石方量1580m³。

2. 土料及淤土特性

坝址左右两岸土场的土料基本为黄土，可分为黄绵土、黑胶土和红胶土三种，自上而下分层呈倾斜状分布。据试验分析结果：黄绵土为轻粉质壤土和重粉质砂壤土，黑胶土为中粉质壤土，红胶土为重粉质壤土，土样试验成果见表4.3-25。根据目前黄土地区修水坠坝的实践来看，轻、中粉质壤土和重粉质砂壤土都是修水坠坝的理想土料，用重粉质壤土尚存在一定的问题，因而尽量避免使用。但左岸取土结合开挖溢洪道曾试将下部红胶土和黄锦土掺和使用，经观测坝体未发现异常现象。

表4.3-25　筑坝土料物理特性

土类		重粉质砂壤土	轻粉质壤土	中粉质壤土	重粉质壤土
取样组数		1	5	1	2
颗粒组成(%)	砂粒(2.00～0.05mm)	40.1	24.5	25.0	22.0
	粉粒(0.050～0.005mm)	53.7	64.7	60.0	57.0
	黏粒(<0.005mm)	6.2	11.0	15.0	21.0
限制粒径 D_{60}(mm)		0.0510	0.0380	0.0355	0.0335
平均粒径 D_{50}(mm)		0.0460	0.0322	0.030	0.0268
有效粒径 D_{10}(mm)		0.0130	0.0042	0.0026	0.0016
不均匀系数		3.9	9.1	13.7	21.0
比重		2.71	2.71	2.71	2.72
液限(%)		24.5	28.2	27.5	31.8
塑限(%)		19.9	19.6	19.5	18.3
塑性指数		4.6	8.6	8.0	13.5
按塑性图分类		CL	CI	CI	CI

魏家岔沟流域水土流失严重，为多沙沟道。对于小流域来说，由于沟道短、坡陡，采取汛期拦洪淤淀，颗粒分选性较小，淤土性质与流域及坝址土质基本上相似，多系轻粉质壤土和重粉质砂壤土，脱水固结较快，给淤土上筑坝提供了很好的条件。

3. 坝体施工

该坝于1978年3月开工，汛前完成了浆砌石拱坝及反滤体，当年汛期两次洪水将拱坝前的12m坝高全部淤满，汛后在新淤土上开始修筑围埂，随之在埂内冲填泥浆，并在土坝前开始填土压重。冬季停工前上游围埂高达7.6m（按拱坝顶为基点计，下同），下游围埂达4.4m，泥面平均升高2.0m。1979年4月开始继续冲填，到11月停工前上游围埂达26.4m，下游围埂达25.8m，平均泥面高达25.4m。1980年4月开工，10月冲填坝高达38.0m，总坝高50.0m全部完成。

水坠坝坝体部分全部采用冲土水枪冲填。共安装4台水枪，左右岸各2台，使全坝面均衡上升。随着坝体升高、坝面减小，水枪也逐步减少。实测水枪压力9～16kg/cm²，水土比控制在1∶2.0～1∶3.2，平均每台水枪生产率700～900m³/台班，日平均进度2600m³，最高日进度5000m³。日平均土坝升高速度为0.13m/d，最高上升速度0.22m/d。平均工效40.1m³/工日。围埂修筑主要是人力架子车拉运，机械碾压，另外配合少量推土机、小翻斗车及75型铲运机等机械辅助施工。压实质量经测定干容重可达1.5g/cm³以上。平均工效2.2m³/工日。

4. 坝体质量

为了解冲填体内，尤其是底部自然淤积层的物理力学性质及其脱水固结情况，1979年当坝高达到29m（淤泥面上17m）时，曾用土钻钻探取样分析测验。钻孔沿主河槽中心线布设，上、下游坡面共布设6个，其中上游面2个，下游面3个，另外下游面还设辅助孔1个。孔位间高差约5.0m，各孔均钻到河床。每孔自孔口开始每1m深度取扰动土进行含水量测验，每5m取一组原状土进行含水量、干容重及剪应力、凝聚力等项物理力学性测验。

据5个钻孔111个含水率试样测验中超过液限（W_t=27.5%）的10个，占9.0%；低于塑限（W_n=19.5%）的19个，占17.1%；大部分介于液限与塑限之间，共82个，占73.9%。超过液限的10个测点上游面占9个，尤其上游1号孔就占6个，这是由于上游面接近库水，且测点大都在库水位以下的缘故。

据5个钻孔17个原状土试验的干容重指标，全部在1.5g/cm³以上，大部分在1.6g/cm³以上，最高达1.73g/cm³，平均干容重为1.66g/cm³。试验成果见表4.3-26。直快剪强度平均为：黏聚力 $\bar{c}$=0.17kg/cm²，内摩擦角 φ=31.88°；黏聚力小值平均值为 c_{min}=0.068kg/cm²，φ=29.7°。

施工期间，坝体内外坡共布设12排134个固定观测点，定期进行水平及垂直位移观测。在正常情况下，测得各点的日最大水平位移为9.5mm，日最大沉陷量为8.4mm，从未发现坝体异常变形。坝体施工100天以后，位移即趋稳定，说明施工质量良好。其累积最大位移量见表4.3-27。

魏家岔水坠坝建成运用后，虽未经高水位考验，但从施工实践、坝体质量和工程投资来看，采取拦浑淤淀，在当年新淤土面上修建水坠坝的施工办法，在技术上可行，经济上合理。

表 4.3-26　坝体钻探试验成果

钻孔号	取土深度 (m)	含水率 (%)	干容重 (g/cm³)
上游1孔	4.8～5.5	24.6	1.57
	9.8～10.4	22.4	1.73
上游2孔	4.8～5.5	23.8	1.60
	9.9～10.5	22.4	1.70
	14.9	20.9	1.72
上游1孔	6.4～6.6	19.7	1.70
	11.5～11.9	17.9	1.64
	14.0～15.0	21.7	1.68
上游2孔	3.7～4.3	23.8	1.53
	9.7～10.5	18.1	1.70
	14.8～15.6	21.8	1.69
	19.8～20.4	19.6	1.63
上游3孔	4.6～5.0	24.8	1.63
	9.6～5.0	22.2	1.67
	15.1～15.7	21.2	1.71
	19.7～20.2	19.8	1.67
	25.3～25.9	26.2	1.57

表 4.3-27　坝体施工期累计最大位移量

单位：mm

部　位	水平位移	垂直位移
迎水坡（1∶4.5）	170	215
背水坡（1∶3.0）	270	280

4.4 淤 地 坝

4.4.1 概述

淤地坝是山区、丘陵区治理水土流失的一项行之有效的沟道工程措施。在千沟万壑的黄土高原，人民群众修建淤地坝具有悠久的历史。

淤地坝的主要作用是拦泥淤地、滞洪、防止沟床下切。在其设计淤积库容淤满前，主要的运行方式是蓄浑排清，即把泥沙留在坝内，排走清水，不容许长期蓄水。拦泥库容淤满后，拦泥形成的坝地投入种植生产，开挖配套引、排洪渠，进行调洪，边淤边种，保证大坝和坝地生产安全。由于淤地坝只起短时的滞洪作用，库内淤积加厚了坝体，与长期蓄水的大坝相比，渗水量会大大减少，渗径会大大缩短，故大坝坝体通常都设计成均质的，一般不设防渗体（防渗心墙或斜墙），只在坝下游坡脚设置反滤排水体。对那些坝上游无常流水，库内不经常蓄水，坝址沟道透水条件较好的大坝，特别是规模较小的中小型淤地坝，可不设反滤排水设施。由于淤地坝一般工程规模小，对地基条件要求低，因此土坝的坝坡也会陡一些。

淤地坝大都修筑在山区、丘陵区，考虑筑坝地区的地理、水文、气象条件、淤地坝自身的运行特点，其建筑物构成一般为“两大件”工程（包括坝体和放水建筑物），少部分治沟骨干工程为“三大件”工程（包括坝体、放水建筑物和溢洪道），小型淤地坝甚至是“一大件”工程（只有坝体）。

对于淤地坝工程中的主要组件——坝体，可采用不同的筑坝材料（土坝、石坝、土石混合坝）和筑坝施工方法（碾压坝、水力冲填坝、定向爆破坝、浆砌石坝等），从近几十年黄土高原地区淤地坝建设和实践经验来看，绝大多数为均质碾压土坝和水力冲填坝，占到工程建设总数的99%，个别为定向爆破坝。其设计原理和方法可参考相关标准。但考虑到淤地坝建设条件和蓄浑排清的自身特点，本节主要针对均质碾压土坝，从土坝设计、溢洪道设计和放水工程设计三个方面对其进行介绍。与其他类型土石坝的共性部分见本卷其他章节，本节不再赘述。

4.4.2 土坝设计

4.4.2.1 土料选择与填筑标准

1. 土料选择

一般黄土、类黄土、砂土、风化残积土均可作为碾压筑坝材料，淤地坝的合适土料，在黄土地区以轻中粉质壤土为主，如利用黄土类以外的土料，只要具有相当于轻、中粉质壤土的渗透系数，也可使用。其有机质混合物含量不应超过2%，易溶盐类和中溶盐类的总和不应超过5%。不同土料控制指标参见表4.3-5。

对某些黏性土料，如水溶性盐含量太大，其压缩系数将增大，各种强度也相应降低，加之因淤地坝大多建在比较偏远的丘陵、山区中，且规模较小，受施工条件和气候等因素影响较大，将不能保证坝的安全，在淤地坝工程中应慎重选用。

2. 填筑标准

碾压式土坝填筑标准主要以压实干容重控制，通过击实实验和现场碾压实验确定，坝体干容重应按最优含水量控制，不得低于1.55t/m³。不同土壤最优含水量可参考表4.4-1取值。

表 4.4-1 不同土壤最优含水量取值参考

土料类别	最优含水量范围
砂土	8%～12%
砂壤土	9%～15%
壤土	12%～15%
重壤土	16%～22%
黏土	19%～23%

4.4.2.2 库容确定

淤地坝总库容一般不考虑兴利库容，库容由拦泥库容 V_L（又称淤积库容）与滞洪库容 V_Z 两部分组成，见图 4.4-1。

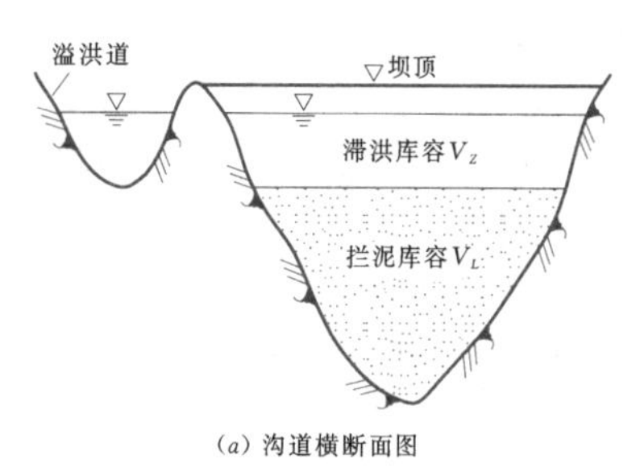

(a) 沟道横断面图

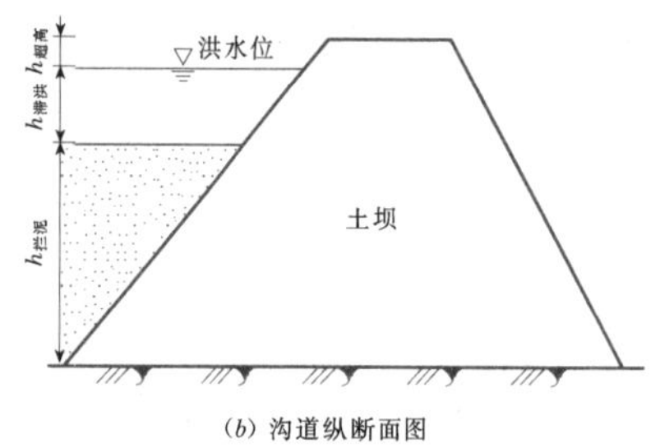

(b) 沟道纵断面图

图 4.4-1 淤地坝库容示意图

总库容 V 计算为

$$V = V_L + V_Z \qquad (4.4-1)$$

1. 拦泥库容 V_L

$$V_L = FM_S n / r_d \qquad (4.4-2)$$

式中 V_L——拦泥库容，万 m^3；

F——集水面积，km^2；

M_S——多年平均侵蚀模数，t/ (km^2 · a)；

n——设计淤积年限，a；

r_d——淤积泥沙干容重，t/m^3。

2. 滞洪库容 V_Z

滞洪库容 V_Z 的计算，不设溢洪道时，应按一次校核洪水总量计算，由相应频率的洪量模数乘以相应的坝控面积即得校核洪水总量；设置溢洪道时，应有两种情况需要计算，具体如下：

(1) 单坝调节。

1) 当溢洪道底坎与坝前淤积面齐平时，泄洪滞洪过程如图 4.4-2 所示，最大泄量与滞洪库容的关系为

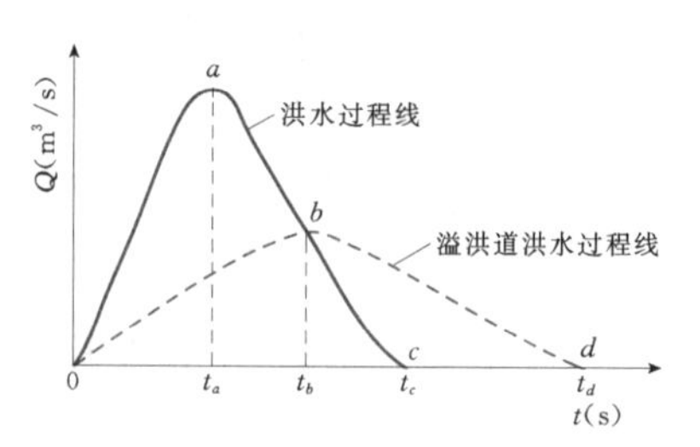

图 4.4-2 泄水滞洪过程曲线图（一）

$$q_p = Q_P \left(1 - \frac{V_Z}{W_P}\right) \qquad (4.4-3)$$

式中 q_p——频率为 P 的洪水时溢洪道最大下泄流量，m^3/s；

Q_P——区间面积频率为 P 的设计洪峰流量，m^3/s；

W_P——设计洪水总量，万 m^3；

V_Z——滞洪库容，万 m^3。

2) 当溢洪道底坎高于淤积面时，概化后的泄洪滞洪过程见图 4.4-3，最大泄量与滞洪库容的关系为

$$q_p = Q_P \left(1 - \frac{V_Z}{W_P - V_L}\right) \qquad (4.4-4)$$

式中 V_L——拦洪库容，万 m^3；

其他符号含义同前。

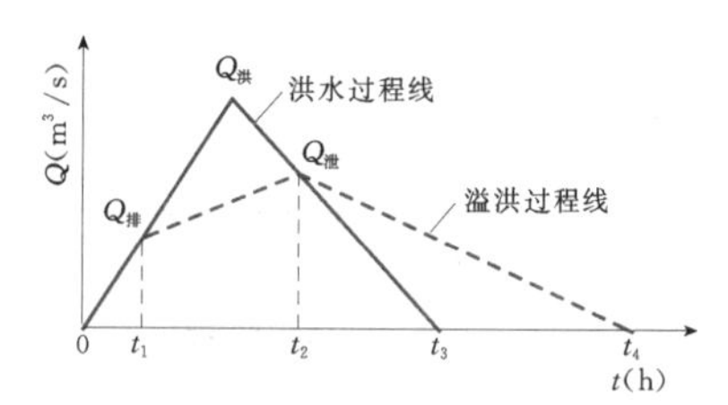

图 4.4-3 泄水滞洪过程曲线图（二）

(2) 拟建工程上游设置了溢洪道的骨干坝时：最大泄量与滞洪库容的关系为

$$q_P = (q'_P + Q_P)\left(1 - \frac{V_Z}{W'_P + W_P}\right) \qquad (4.4-5)$$

式中 q'_P——频率为 P 的上游工程最大下泄流量，m^3/s；

Q_P——区间面积频率为 P 的设计洪峰流量，m^3/s；

W'_P——本坝泄洪开始至最大泄量的时段内，上游工程的下泄洪水总量，万 m^3；

W_P ——区间面积频率为 P 的设计洪水总量，万 m^3；

其他符号含义同前。

4.4.2.3 坝体断面设计

坝体断面设计主要包括坝高、坝顶宽度、坝坡坡率、反滤体和护坡等，这些项目的设计原则和考虑的因素与碾压式土石坝相似，因此可参考碾压式土石坝设计进行。本节仅对涉及淤地坝自身特性的一些内容进行介绍。

1. 坝高、淤地面积确定

(1) 绘制库容曲线。在进行淤地坝坝体断面设计前，绘制本工程库容曲线作为设计提供依据。库容曲线包括：水位与库容的关系，即 $H—V$ 曲线水位与淤地面积的关系，即 $H—S$ 曲线，见图 4.4-4。

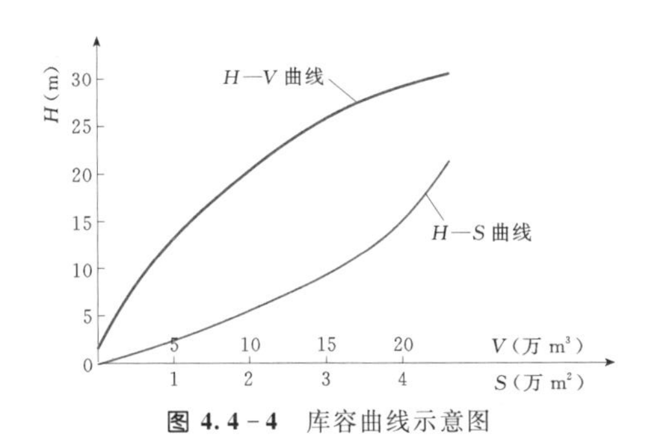

图 4.4-4 库容曲线示意图

(2) 坝高确定。淤地坝坝高 H 由拦泥坝高 H_L、滞洪坝高 H_Z、安全超高 ΔH 三部分组成，其计算为

$$H = H_L + H_Z + \Delta H \qquad (4.4-6)$$

1) 拦泥坝高和滞洪坝高。拦泥坝高 H_L 与拦泥库容 V_L 相对应，滞洪坝高 H_Z 与滞洪库容 V_Z 相对应，查图 4.4-4 中 $H—V$ 曲线确定。

2) 安全超高。安全超高值应按表 4.4-2 规定确定。

表 4.4-2 土坝安全超高值 单位：m

坝 高	10～20	>20
安全超高值	1.0～1.5	1.5～2.0

(3) 淤地面积。根据拦泥库容 V_L 查 $H—V$ 曲线和 $H—S$ 曲线确定淤地面积 S。

2. 坝顶宽度

(1) 淤地坝坝顶坡度 B 的确定应根据坝高、构造、施工和运行等方面的要求综合考虑。碾压坝坝顶宽度应按表 4.4-3 的规定确定。根据实际工程经验，当坝高在 30m 及以上时宜取 5m，坝高在 30m 以下时宜取 4m。

表 4.4-3 碾压坝顶宽度 单位：m

坝 高	10～20	20～30	30～40
坝顶宽度	3	3～4	4～5

(2) 坝顶有交通要求时，应按交通需要确定。

3. 坝坡坡率

坝坡坡率应按表 4.4-4 的规定确定。坝高超过 15m 时，应在下游坡每隔 10m 左右设置一条马道，马道宽度应取 1.0～1.5m。

4. 最大坝底宽

坝体沟床坝底宽计算为

$$B_m = b + (m_上 + m_下)h + nb' \qquad (4.4-7)$$

式中 B_m ——土坝最大坝底宽，m；

b ——坝顶宽，m；

$m_上$、$m_下$ ——上、下游坝坡系数；

h ——设计坝高，m；

n ——上、下游马道总数；

b' ——马道宽，m。

表 4.4-4 坝 坡 坡 率

坝 型	土料或部位	坝 高 (m)		
		10～20	20～30	30～40
碾压坝	上游坝坡	1.50～2.00	2.00～2.50	2.50～3.00
	下游坝坡	1.25～1.50	1.50～2.00	2.00～2.50

注 砂壤土采用碾压筑坝时，坝坡坡率还应经稳定分析后确定。对有一定蓄水要求的淤地坝，坝坡坡率也应进行稳定分析后确定。

4.4.2.4 坝体排水系统设计

坝体排水系统设计应遵循以下规定：

(1) 坝体应根据工程规模和运用情况设置反滤体，其型式可结合工程具体条件选定。常用形式见图 4.3-6。

(2) 棱式反滤体高度应由坝体浸润线位置确定，顶部高程应超出下游最高水位 0.50～1.00m，坝体浸润线距坝面的距离应大于该地区的冻结深度；顶部宽度应根据施工条件及检查观测需要确定，但不宜小于 1.0m；应避免在棱体上游坡脚处出现锐角。

棱式反滤体可以降低坝体浸润线，防止坝坡土的渗透破坏和冻胀，增加坝坡稳定性，是一种常用的排水形式，但需要的块石较多，造价较高，且与坝体施工有干扰，检修困难。适用于较高的淤地坝或石料较多的地区有长期蓄水可能的淤地坝。当不进行浸润线计算时，反滤体高可取坝高的 1/6～1/5。

带水平砂沟的棱式反滤体一般适用于淤地坝。水平砂沟厚度应根据反滤、排水要求确定，块石层厚约0.4～0.5m，且有倾向下游的纵坡。

（3）贴坡反滤体顶部高程应高于坝体浸润线出逸点，超过的高度应使坝体浸润线在该地区的冻结深度以下1.5m；底脚应设置排水沟或排水体；材料应满足护坡的要求。

对非蓄水运用或季节性蓄水运用的工程，可采用贴坡反滤体的型式。贴坡反滤体可防止坝坡土发生渗透破坏，保护坝坡免受下游波浪淘刷，受坝体施工干扰较小，易于检修，但不能有效降低浸润线。其顶部高程应高出浸润线出逸点1.5m以上，要防止坝坡冻胀，厚度应大于冻结深度。

（4）砂石料缺乏地区，坝体排水可采用土工织物或聚乙烯微孔波纹管等材料替代反滤体和淤地坝施工期的砂井、砂沟，其布设可参照有关资料。

4.4.2.5　淤地坝护坡设计

淤地坝表面应设置护坡，护坡材料可因地制宜选用。

护坡的形式、厚度及材料粒径等应根据坝的级别、运用条件和当地材料情况，经技术经济比较后确定。

护坡的覆盖范围为上游面自坝顶至淤积面，下游面自坝顶至排水棱体，无排水棱体时应护至坝脚。

4.4.3　溢洪道设计

淤地坝溢洪道宜采用开敞式，由进水段、泄槽（陡坡段）和出口段（消能设施）三部分组成，见图4.4-5。

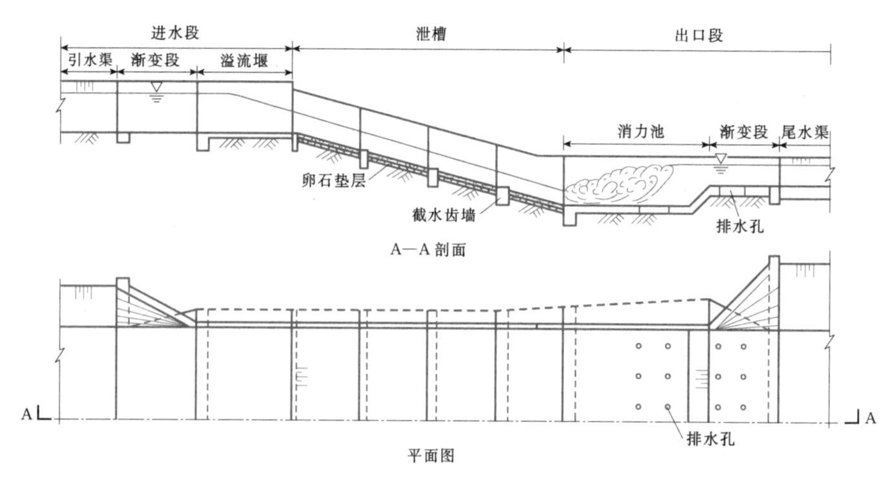

图4.4-5　溢洪道结构示意图

4.4.3.1　进口段

进口段由引水渠、渐变段和溢流堰组成。引水渠进口底高程一般采用设计淤积面高程，一般采用梯形断面。溢流堰一般采用矩形断面，溢流堰长度一般取堰上水深的3～6倍。溢流堰及其边墙一般采用浆砌石修筑，堰底靠上游端应做深1.0m、厚0.5m的砌石齿墙。堰宽可按宽顶堰式计算为

$$Q = MBH_0^{3/2} \tag{4.4-8}$$

$$H_0 = h + \frac{v_0^2}{2g} \tag{4.4-9}$$

式中　Q——溢流堰过流能力，m^3/s；

B——溢流堰宽度，m；

M——流量系数，随溢流堰进口形式而异，可参考表4.4-5取值；

H_0——计入行进流速的水头，m；

h——溢洪水深，m；

v_0——堰前流速，m；

g——重力加速度，$g=9.81m/s^2$。

4.4.3.2　泄槽段

泄槽在平面上宜采用直线、对称布置，一般采用矩形断面，采用浆砌石或混凝土衬砌，坡度根据地形可采用1∶3.0～1∶5.0，底板衬砌厚度可取0.3～0.5m。顺水流方向每隔5～8m应做一沉陷缝。泄槽基础每隔10～15m应做一道齿墙，可取深0.8m、宽0.4m。泄槽边墙高度应按设计流量计算，高出水面线0.5m，并满足下泄校核流量的要求。泄槽段一般水流形态见图4.4-6。

（1）矩形断面的临界水深计算式为

$$h_k = \sqrt[3]{\frac{\alpha q^2}{g}} = 0.482q^{2/3} \tag{4.4-10}$$

式中　h_k——临界水深，m；

q——单宽流量，$m^3/(s \cdot m)$；

α——水流动能校正系数，$\alpha=1.05$～1.1；

g——重力加速度，$g=9.81\text{m/s}^2$。

表 4.4-5　宽顶堰不同进口出流条件下 M 取值参考表

进口出流条件	进口形式示意图	M 值
堰顶入口直角形状		1.42
堰顶入口钝角形状		1.48
堰顶入口边缘做成圆形		1.55
具有很好的圆形入口和光滑的路径		1.62

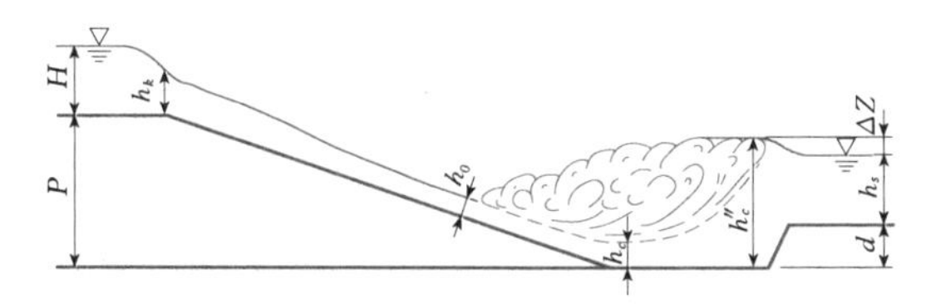

图 4.4-6　泄槽段水流形态示意图

H—堰顶水头；P—堰高；H_s—下游水深；h_c—陡坡末端收缩断面水深；h''_c—消力池跃后水深；ΔZ—出池落差；h_k—临界水深；h_0—正常水深；d—消力池深；h_s—紧邻消力池的下游河道水深

（2）泄槽正常水深 h_0 计算为

$$Q=\omega C\sqrt{Ri} \tag{4.4-11}$$

其中

$$C=\frac{R^{1/6}}{n}$$

$$R=\omega/\chi$$

式中　Q——泄槽设计流量，m^3/s；

ω——过水断面面积，m^2；

C——谢才系数；

n——糙率；

R——泄槽横断面水力半径，m；

χ——湿周；

i——泄槽比降。

4.4.3.3　消能防冲设施

溢洪道出口一般采用消力池消能或挑流消能形式。在土基或破碎软弱岩基上的溢洪道，宜选用消力池消能。消力池可采用等宽的矩形断面，其水力计算主要是确定池身与池长。

1. 消力池消能

（1）判断是否需要设消力池。跃后水深 h''_c 计算为

$$h''_c=\frac{h_c}{2}\left(\sqrt{1+\frac{8\alpha q^2}{gh_c^3}}-1\right) \tag{4.4-12}$$

式中　h''_c——消力池跃后水深，m；

h_c——陡坡末端收缩断面水深；

α——水流动能校正系数，$\alpha=1.05\sim1.10$；

g——重力加速度，$g=9.81\text{m/s}^2$；

q——单宽流量，$\text{m}^3/(\text{s}\cdot\text{m})$。

紧接消力池下游的水深为河道在同流量下的水深 h，采用明渠流公式计算，计算方法和泄槽正常水深计算相同。

当消力池跃后水深大于下游河道正常水深（$h''_c>h_s$）时，发生远驱式水跃，需设消力池，否则，不需设消力池。不设置消力池时应根据陡坡出口流速选择不同材料的防冲铺砌措施，可参考表 4.4-6 选取。

表 4.4-6　铺砌材料的容许流速

出口流速$v_{出}$ (m/s)	≤1.0	1.0～2.0	2.0～6.0	>6.0
铺砌类型	无铺砌	干砌片石	浆砌片石	混凝土或钢筋混凝土

（2）池深计算。消力池池深计算为

$$d=1.1h''_c-h_s \tag{4.4-13}$$

式中　d——消力池深度，m；

h_s——紧接消力池出口处的正常水深，m；

其他符号意义同前。

（3）池长计算。消力池池长 L_2 计算为

$$L_2=(3\sim5)h''_c \tag{4.4-14}$$

2. 挑流消能

在较好的岩基上，可采用挑流消能。在挑坎的末端应做一道齿墙，基础嵌入新鲜完整的岩石，在挑坎的下游应做一段短护坦。挑流消能水力设计主要包括确定挑流水舌外缘挑距和最大冲刷坑深度。

（1）挑流水舌外缘挑距计算为

$$L=\frac{1}{g}\left[v_1^2\sin\theta\cos\theta+v_1\cos\theta\sqrt{v_1^2\sin^2\theta+2g(h_1\cos\theta+h_2)}\right] \tag{4.4-15}$$

式中　L——挑流水舌外缘挑距，m，自挑流鼻坎末端算起至下游沟床床面的水平距离；

v_1——鼻坎坎顶水面流速，m/s，可取鼻坎末端断面平均流速 v 的 1.1 倍；

θ——挑流水舌水面出射角，(°)，可近似取鼻坎挑角，挑射角度应经比较选定，可采用15°～35°，鼻坎段反弧半径可采用反弧最低点最大水深的6～12倍；

h_1——挑流鼻坎末端法向水深，m；

h_2——鼻坎坎顶至下游沟床高程差，m，如计算冲刷坑最深点距鼻坎的距离，该值可采用坎顶至冲坑最深点高程差。

其中，鼻坎末端断面平均流速 v，可按下列两种方法计算。

1）按下列流速公式计算（使用范围：$S<18q^{2/3}$）：

$$v=\phi\sqrt{2gZ_0} \tag{4.4-16}$$

$$\phi^2=1-\frac{h_f}{Z_0}-\frac{h_j}{Z_0} \tag{4.4-17}$$

$$h_f=0.014\times\frac{S^{0.767}Z_0{}^{1.5}}{q} \tag{4.4-18}$$

式中　v——鼻坎末端断面平均流速，m/s；

q——泄槽单宽流量，$m^3/(s\cdot m)$；

ϕ——流速系数；

Z_0——鼻坎末端断面水面以上的水头，m；

h_f——泄槽沿程损失，m；

h_j——泄槽各局部损失水头之和，m，可取 h_j/Z_0 的值为0.05；

S——泄槽流程长度，m。

2）按推算水面线的方法计算。鼻坎末端水深可近似利用泄槽末端断面水深，按推算泄槽段水面线方法求出；单宽流量除以该水深，可得鼻坎断面平均流速。

泄槽水面线按照能量平衡原理，采用逐段试算法进行计算，即

$$\left(h_2+\frac{\alpha_2 v_2}{2g}\right)-\left(h_1+\frac{\alpha_1 v_1}{2g}\right)=\Delta L(i-J) \tag{4.4-19}$$

$$J=\frac{1}{2(J_1+J_2)}$$

式中　h_1、h_2——断面1、断面2的水深，m；

v_1、v_2——断面1、断面2的平均流速，m/s；

α_1、α_2——断面1、断面2水流动能校正系数，可采用1.05～1.10；

g——重力加速度，取9.81m/s²；

ΔL——断面1、断面2间的距离，m；

i——陡坡的坡度；

J——平均水面坡降；

J_1、J_2——断面1、断面2的水面坡度。

任意断面的水面坡度计算为

$$J=\frac{n^2Q^2}{\omega^2R^{4/3}} \tag{4.4-20}$$

式中　n——泄槽糙率；

Q——泄槽流量，m³/s；

ω——泄槽过水断面面积，m²；

R——泄槽横断面水力半径。

陡坡上降水曲线起点水深 h_1，要根据溢洪道布置情况确定。当溢洪道进口宽顶堰后紧接陡坡，且陡坡宽度与堰宽相同时，$h_1=h_k$；当宽顶堰与陡坡底宽不同，其间以渐变槽相连时（渐变槽 $i\geqslant i_k$），降水曲线起点水深 h_1 采用渐变槽末端水深（即渐变槽计算中的 h_2）；当堰后用明渠与陡坡相接时，若明渠流态为缓流，则陡坡降水曲线起点水深 h_1 等于临界水深 h_k（即 $h_1=h_k$）。

按上述计算即可求得泄槽段水面线及泄槽末端断面水深，泄槽单宽流量除以该水深，可得鼻坎断面平均流速。

（2）最大冲刷坑深度计算为

$$T=kq^{1/2}Z^{1/4} \tag{4.4-21}$$

式中　T——下游水面至坑底最大水垫深度，m；

k——综合冲刷系数；

q——鼻坎末端断面单宽流量，$m^3/(s\cdot m)$；

Z——上、下游水位差，m。

4.4.4　放水工程设计

放水工程一般采用卧管式放水工程或竖井式放水工程，由卧管或竖井、涵洞和消能设施组成。

4.4.4.1　卧管式放水工程设计

卧管应布置在坝上游岸坡，底坡应取1∶2.0～1∶3.0，在卧管底板每隔5～8m设置一道齿墙，并根据地基变化情况适地设置沉陷缝，采用浆砌石或混凝土砌筑成台阶，台阶高差0.3～0.5m，每台设一个或两个放水孔，卧管与涵洞连接处应设置消力池，其结构断面见图4.4-7。

1. 卧管放水孔尺寸的确定

卧管放水孔直径的计算如下：

（1）开启一台时

$$d=0.68\sqrt{\frac{Q}{\sqrt{H_1}}} \tag{4.4-22}$$

（2）同时开启两台时

$$d=0.68\sqrt{\frac{Q}{\sqrt{H_1}+\sqrt{H_2}}} \tag{4.4-23}$$

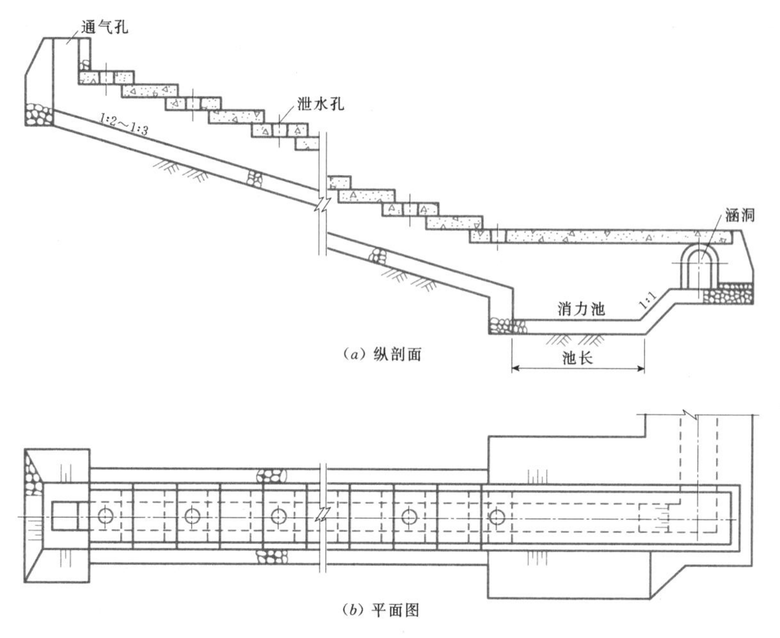

图 4.4－7 卧管式放水工程结构断面示意图

(3) 同时开启三台时

$$d = 0.68\sqrt{\frac{Q}{\sqrt{H_1}+\sqrt{H_2}+\sqrt{H_3}}} \tag{4.4-24}$$

式中 d——进水孔直径，m；

Q——卧管放水流量，m^3/s；

H_1、H_2、H_3——孔上水深，m，与台高相对应，见图 4.4－8。

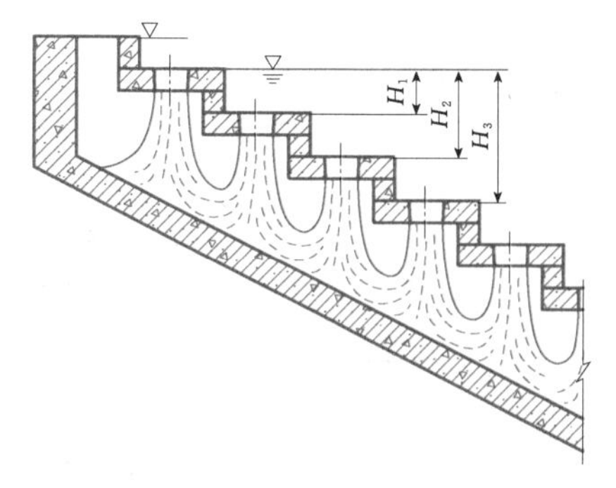

图 4.4－8 卧管放水孔示意图

2. 卧管断面水力计算

卧管常采用矩形断面。考虑在实际应用中，由于水位变化而导致的放水孔调节，计算卧管断面尺寸时流量比正常运用时加大 20%～30%。卧管断面尺寸首先按检修要求拟定，然后用通过的流量和卧管的坡度进行计算。卧管内的水流近似于明渠水流，按明渠均匀流公式进行水力计算，求出正常水深和底宽，考虑放水孔水流跌落卧管时的水柱跃起，方形卧管高度取卧管正常水深的 3～4 倍。若计算尺寸小于拟定尺寸，采用拟定尺寸；若计算尺寸大于拟定尺寸，采用计算尺寸，设计时以加大流量来计算。

3. 卧管末端消力池水力计算

卧管与涵管连接处设消力池，以便水流平顺的进入涵管，消力池为矩形断面，其水力计算主要是确定池身与池长。参见溢洪道消力池水力计算。

4. 卧管及末端消力池结构尺寸

卧管和消力池一般采用浆砌石或钢筋混凝土结构。浆砌石结构使用较为广泛，为查用方便，按上述计算方法，编制成浆砌石方形卧管流量与卧管、消力池断面尺寸表，见表 4.4－7～表 4.4－9，供设计时参考。卧管结构断面形式见图 4.4－9。消力池结构断面见图 4.4－10。

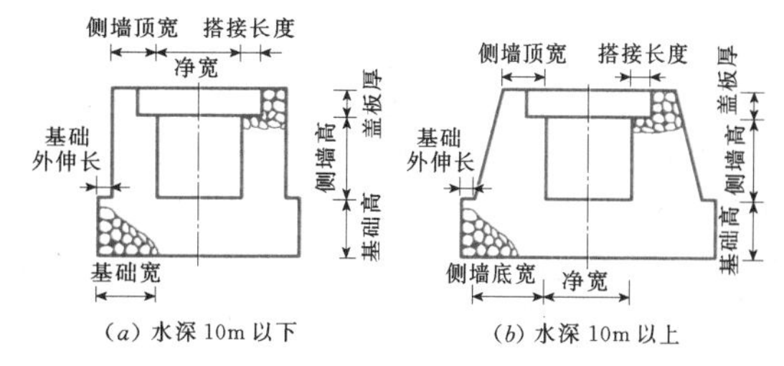

图 4.4－9 方形卧管断面示意图

表 4.4-7　　方形卧管流量与卧管、消力池尺寸

流量 (m^3/s)	卧管坡度 1∶2.0					卧管坡度 1∶3.0				
	方形卧管 (cm)		消力池 (cm)			方形卧管 (cm)		消力池 (cm)		
	宽×高 $b\times d$	水深 h	池宽 b_0	池长 L_k	池深 d	宽×高 $b\times d$	水深 h	池宽 b_0	池长 L_k	池深 d
0.10	30×30	8.3	70	260	50	30×30	10	70	225	50
0.20	35×40	12	75	360	50	40×40	12	80	315	50
0.30	45×45	13	85	410	60	45×45	14.5	85	385	60
0.40	50×45	14	90	475	60	50×50	16.3	90	435	60
0.50	50×50	16.5	90	540	70	55×55	17.5	95	475	60
0.60	55×55	17.5	95	585	80	60×60	18	100	515	70
0.70	60×60	18	100	610	80	65×65	19	105	535	70
0.80	60×60	19.7	100	665	90	65×65	21	105	585	80
0.90	65×65	20	105	685	90	70×70	21.5	110	620	80
1.00	65×65	21.5	105	735	100	70×70	23	110	650	90
1.20	70×70	23	110	795	100	75×75	25	115	705	100
1.50	75×75	25	115	880	140	85×85	26	125	760	120
1.60	80×80	25	120	880	140	85×85	27	125	790	120
1.80	85×85	26	125	920	140	90×90	28	130	830	120
2.00	85×85	27.5	125	990	150	90×90	30	130	885	130

注　1. 消力池净高＝消力池深＋涵洞净高。
2. 消力池长度按5倍的第二共轭水深计算，深度比计算值取的为大。
3. 卧管断面糙率按 $n=0.025$ 计算。
4. 流量为加大流量。

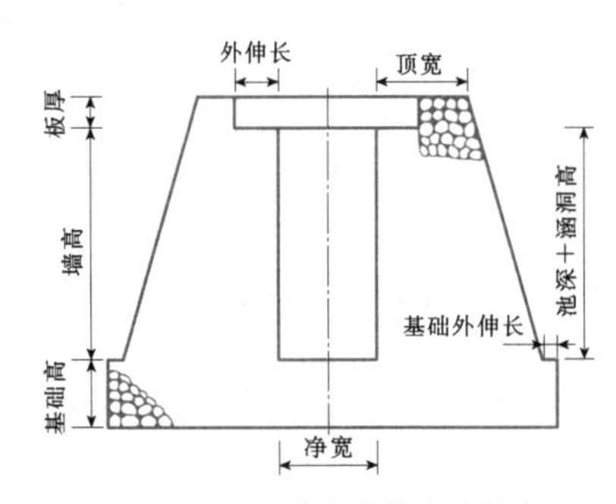

图 4.4-10　消力池断面示意图

4.4.4.2　竖井式放水工程设计

竖井一般采用浆砌石修筑，断面形状采用圆形或方形，内径取0.8～1.5m，井壁厚度取0.3～0.6m，井底设消力井，井深为0.5～2.0m，沿井壁垂直方向每隔0.3～0.5m可设一对放水孔，应相对交错排列，孔口处修有门槽，插入闸板控制放水，竖井下部应与涵洞相连。当竖井较高或地基较差时，应在井底砌筑1.5～3.0m高的井座。

其结构型式见图4.4-11。

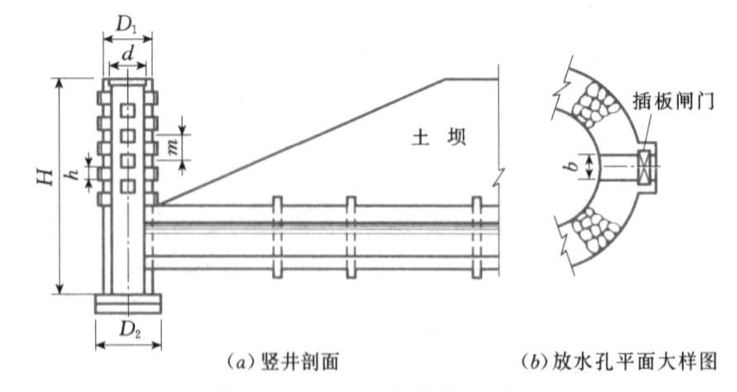

图 4.4-11　竖井结构示意图

H—竖井高；D_1—竖井外径；d—竖井内径；D_2—井座宽；m—放水孔距；b—放水孔径

竖井放水孔尺寸计算式如下。

采用单排放水孔放水，即

表 4.4-8 方形卧管侧墙、基础尺寸 单位：cm

卧管尺寸		水深 5m				水深 10m				水深 20m					水深 30m				
宽	高	侧墙宽	基础厚	基础宽	搭接长度	侧墙宽	基础厚	基础宽	搭接长度	侧墙顶宽	侧墙底宽	基础外伸长	基础厚度	搭接长度	侧墙顶宽	侧墙底宽	基础外伸长	基础厚度	搭接长度
30	30	30	30	40	15	30	30	40	15	30	50	10	30	15	30	55	10	30	15
40	40	30	30	40	15	30	30	40	15	30	50	10	30	15	30	60	10	30	15
50	50	30	30	40	15	30	30	45	15	40	70	15	40	20	40	80	15	40	20
60	60	30	30	45	15	30	40	45	15	40	75	15	40	20	40	85	15	40	20
70	70	40	40	55	20	40	40	55	20	40	80	15	40	20	50	100	20	50	25
80	80	40	40	55	20	50	40	65	20	50	100	20	50	25	50	105	20	50	25
90	90	50	50	65	25	50	50	70	20	50	100	20	50	25	50	105	20	50	25
100	100	50	50	70	25	60	50	80	30	50	105	20	50	25	50	115	25	55	25

表 4.4-9 消力池侧墙、基础尺寸 单位：cm

消力池		水深 10m					水深 20m					水深 30m				
净宽	侧墙高	侧墙顶宽	侧墙底宽	基础外伸长	基础厚	盖板搭接长度	侧墙顶宽	侧墙底宽	基础外伸长	基础厚	盖板搭接长度	侧墙顶宽	侧墙底宽	基础外伸长	基础厚	盖板搭接长度
70	90～110	45～50	100～110	20	50	25	50～55	105～115	20	50	25	50～60	110～120	20	50	25～30
75	100～110	55	115	20	50	25	55～60	115～120	20	50	25	60	120	20	50	30
80	110	60	120	20	50	30	60	120	20	50	30	65	125	20	50	30
85	120～145	60	120～130	20	50	30	60	120～130	20	50	30	65	125～135	20	50	30
90	130～190	60	125～145	20	50	30	60	125～150	20	53	30	65	130～155	20	53	30
100	170～230	60～65	145～170	20～25	50～55	30～35	60～65	150～175	23	55	35	65	155～220	23	55	30～35
105	210～240	65	170～185	25	55～60	35	65	175～190	25	57	35	65	180～195	25	56	35
110	220～240	65	180～185	25	60	35	65～70	185～190	25	60	35	70	190～195	25	60	35
115	275～290	70	195～200	25	60	35	70	200～205	25	60	35	70～75	205～210	25	60	35
120	275～290	70～75	200～205	25	60	35	75	205～210	25	60	35	75	210～215	25	60	35
125	260～320	70～80	195～220	25	60	35～40	70～80	200～225	25	60	37	75～80	205～230	25	60	35～40
130	260～300	70～75	200～220	25	60	60	70～80	205～225	25	60	37	75～80	210～230	25	60	35～40

$$A = 0.174 \frac{q}{\sqrt{H_1}} \tag{4.4-25}$$

采用上下两对放水孔同时放水，即

$$A = 0.174 \frac{q}{\sqrt{H_1} + \sqrt{H_2}} \tag{4.4-26}$$

式中　A——孔口面积，m^2；

q——放水流量，m^3/s；

H_1、H_2——孔口中心至水面距离，m。

竖井式放水工程优点是结构简单，工程量小；缺点是闸门关闭困难，管理不便。目前在淤地坝建设中已较少采用竖井式放水工程，设计者如需使用可参照其他设计标准。

4.4.4.3　放水涵洞设计

涵洞常见结构型式主要有拱涵、盖板涵和圆涵，见图4.4-12。

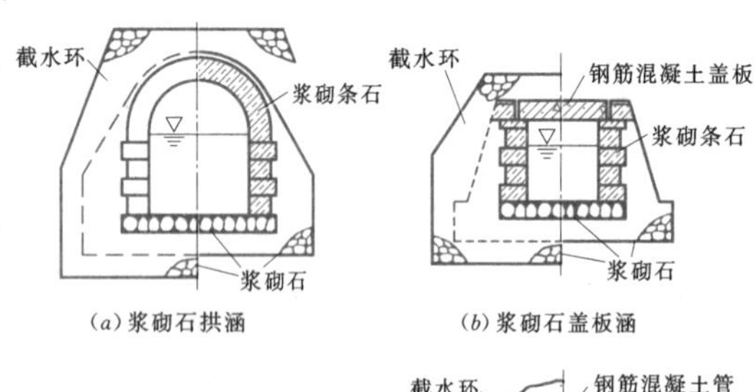

(a) 浆砌石拱涵　　(b) 浆砌石盖板涵

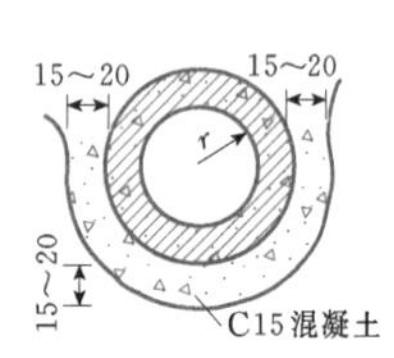

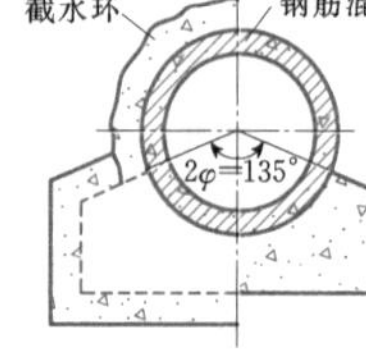

(c) 沟埋式钢筋混凝土圆涵　　(d) 上填式钢筋混凝土圆涵

图4.4-12　涵洞断面示意图（单位：cm）

圆涵的管径应不小于0.8m；方涵和拱涵断面宽应不小于0.8m，高不小于1.2m。涵洞内水深应小于涵洞净高的75%。沿涵洞长度一般每隔10～15m应砌筑一道截水环，截水环厚0.6～0.8m，伸出管壁外层0.4～0.5m。

1. 涵洞过水能力

涵洞的水流形态一般为无压流，间或有瞬间的半有压流。涵洞水深按明渠均匀流公式（4.4-11）计算。圆涵按明渠均匀流公式计算时，部分参数计算公式与方涵和拱涵不同，计算为：

$$\left.\begin{aligned} \omega &= \frac{d^2}{8}(\theta - \sin\theta) \\ R &= \frac{\omega}{\chi} = \frac{d}{4}\left(1 - \frac{\sin\theta}{\theta}\right) \\ x &= \frac{\theta d}{2} \end{aligned}\right\} \tag{4.4-27}$$

式中　ω——过水断面面积，m^2；

d——涵管内径，m；

θ——水面线与圆心的夹角（当卧管横断面水面线高于半径时，$\theta > 180°$；当卧管横断面水面线低于半径时，$\theta < 180°$），θ以弧度计；

χ——湿周；

R——涵管横断面水力半径，m。

2. 涵洞结构尺寸

（1）混凝土涵管的管壁厚度按构造要求，一般不宜小于8cm。其管壁厚度为

$$\delta = \sqrt{\frac{0.06pd_0}{[\sigma_b]}} \tag{4.4-28}$$

$$d_0 = d + \delta \tag{4.4-29}$$

式中　δ——管壁厚度，m；

p——管上垂直土压力，kN/m；

d_0——涵管计算直径，m；

$[\sigma_b]$——混凝土弯曲时容许拉应力，kN/m^2；

d——涵管内径，m。

（2）钢筋混凝土涵管管壁厚度及钢筋用量可参考图4.4-13及表4.4-10。

表4.4-10　　钢筋混凝土涵管壁厚和钢筋用量

涵管内径(cm)	60			70			80			90			100		
涵管顶填土高(m)	壁厚(cm)	受力钢筋		壁厚(cm)	受力钢筋		壁厚(cm)	受力钢筋		壁厚(cm)	受力钢筋		壁厚(cm)	受力钢筋	
		直径(mm)	间距(cm)		直径(mm)	间距(cm)		直径(mm)	间距(cm)		直径(mm)	间距(cm)		直径(mm)	间距(cm)
10	10	8	12	11	10	15.5	12	10	13.5	13	10	11.5	15	12	15.0
15	12	10	13	14	10	11.0	16	12	14.0	17	12	12.5	18	14	14.5
20	14	12	15	17	12	12.5	19	14	14.5	21	14	13.0	22	16	15.0
25	16	12	12	20	14	13.5	22	16	15.0	25	16	14.0	26	16	12.0

注　1. 壁厚包括保护层2.5cm。
2. 架立钢筋采用直径6mm，间距20cm。

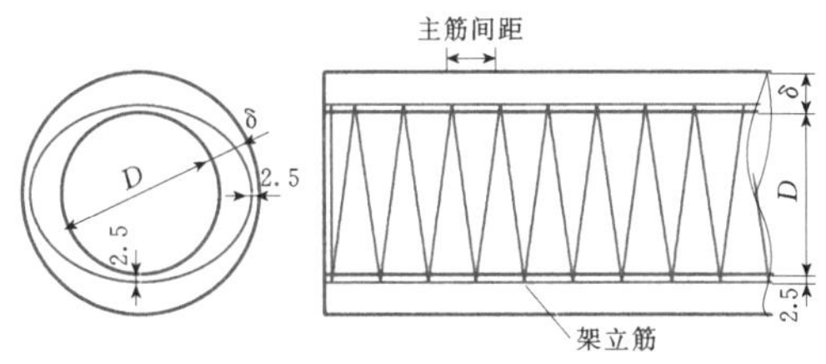

图 4.4-13 钢筋混凝土涵管配筋图（单位：cm）

（3）方涵条石和混凝土盖板，应按最大弯矩和最大剪切力分别计算其厚度，取较大值。

按最大弯矩计算板厚，即

$$\delta = \sqrt{\frac{6M_{\max}}{b[\sigma_b]}} \qquad (4.4-30)$$

按最大剪切力计算板厚，即

$$\delta = 1.5\frac{Q_{\max}}{b[\sigma_\tau]} \qquad (4.4-31)$$

式中 δ——盖板厚度，m；

$M_{\max}$——按简支梁均布荷载计算的最大弯矩，kN·m；

b——盖板单位宽度，取 1.0m；

$[\sigma_b]$——混凝土弯曲时容许拉应力，kN/m²；

$Q_{\max}$——最大剪切力，9.8×10^3N；

$[\sigma_\tau]$——钢筋混凝土允许受拉应力，kN/m²。

（4）钢筋混凝土盖板计算式为

$$\left.\begin{aligned} M_{\max} &= \frac{1}{8}WL_0 \\ h_0 &= \gamma\sqrt{\frac{KM_{\max}}{b}} \\ h &= h_0 + a \\ F_a &= \mu b h_0 \\ \sigma_{rA} &= \frac{Q_{\max}}{0.9bh_0} \leqslant \frac{R_p}{k_a} \end{aligned}\right\} \qquad (4.4-32)$$

式中 W——板的竖向作用力，kN/m²；

L_0——板的计算跨度，m；一般 $L_0=1.05L$，L 为板的净跨；

h_0——板的有效厚度，m；

h——板的总厚，m；

a——保护层厚度，一般为 2～5cm；

γ——断面系数；

μ——经济含钢率，μ=0.3%～0.8%；

F_a——钢筋断面面积，m²；

σ_{rA}——切力产生的主拉应力，kN/m²；

K——安全系数，与建筑物等级有关，一般取 $K=1.6$ 或 $K=1.7$；

R_p——混凝土轴向受拉应力，kN/m²；

k_a——与主拉应力有关的安全系数，与建筑物等级有关，一般取 $k_a=2.4$ 或 $k_a=2.7$；

其余符号意义同前。

3. 拱涵结构尺寸

拱涵结构型式见图 4.4-14，其半圆拱的拱圈、拱台尺寸在流量不大的情况下也可参考表 4.4-11、表 4.4-12 选取，其计算式为

$$t_1 = 0.8\times(0.45+0.03R) \qquad (4.4-33)$$

$$t_2 = 0.3+0.4R+0.17h \qquad (4.4-34)$$

$$t_3 = t_2+0.1h \qquad (4.4-35)$$

式中 t_1——拱圈厚度，m；

t_2——拱台顶宽，m；

t_3——拱台底宽，m；

R——拱圈内半径，m；

h——拱台高度，m。

表 4.4-11 **石拱涵洞各部分尺寸 1** 单位：cm

项目	尺寸								
跨度	40	50	60	70	80	90	100	100	110
洞净高	65	85	100	115	120	135	140	150	165
墩高	45	60	70	80	80	90	90	100	110
起拱面宽	35	40	40	40	50	50	70	70	75
基础宽	60	70	75	80	85	90	120	130	140
拱石厚	30	35	40	40	40	40	40	40	40
最大容许过水深	50	70	80	85	90	105	110	110	120

注 1. 涵洞净高=墩高+1/2 跨度。
2. 底板在岩基上时，厚度可以适当减小。
3. 表中拱石厚度适用于拱顶填土不超过 10～15m 时。若填土超过 10～15m，拱石厚度可加大至 60cm，或在表列拱值尺寸上再浇筑一层混凝土拱顶，也可将拱顶全部用混凝土浇筑。
4. 拱和墙面必须全部用水泥砂浆抹面，以防渗漏。

表 4.4-12 石拱涵洞各部分尺寸 2

编号	流量 Q (m^3/s)	净跨径 B (cm)	矢高 f (cm)	拱圈半径 R (cm)	拱圈厚度 t (cm)	边墙顶宽 b_1 (cm)	边墙底宽 b_2 (cm)
1	0.2～0.4	80	25	45	25	35	60
2	0.6～0.8	120	30	75	30	40	80
3	1.0～1.25	140	40	82	30	40	90
4	1.5～1.75	180	40	121	30	45	100
5	2.0～2.5	200	50	125	35	50	120
6	3.0	220	50	145	35	50	140

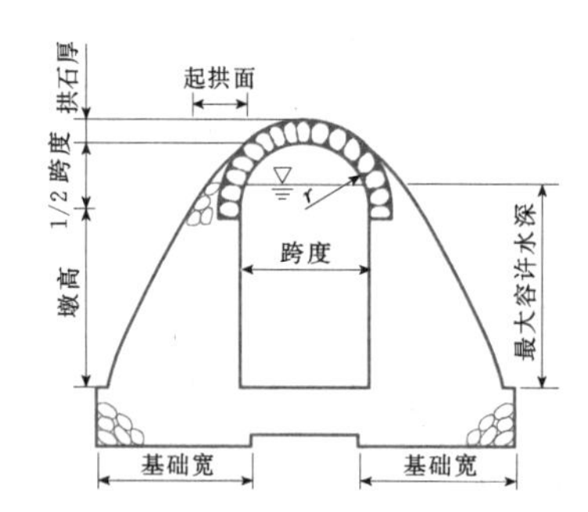

图 4.4-14 拱涵断面示意图（单位：cm）

4.4.5 工程实例

4.4.5.1 金箍梁骨干坝

1. 工程概况

金箍梁骨干坝工程位于陕西省榆林市榆阳区东北部65km安崖镇白兴庄村境内，属黄河水系秃尾河流域开光川小流域。该工程布设在开光川小流域右岸白南沟和白兴庄沟两支流交汇后下游1km处主沟道上。

金箍梁骨干坝工程流域总面积5.85km²，可淤地252亩。该坝为均质碾压土坝，工程枢纽由土坝、放水建筑物和溢洪道三部分组成，为新建骨干坝工程。金箍梁骨干坝工程设计标准：设计洪水标准为30年，校核洪水标准为300年，设计淤积年限为20年。该坝总库容为189.83万m³，其中拦泥库容为129.87万m³，滞洪库容59.96万m³，工程等别为Ⅴ等，主要建筑物级别为5级。

2. 坝体尺寸

设计坝高26.0m，坝顶宽4.0m，坝顶长96.0m，铺底宽117.0m，迎水坡坡比为1∶2.5，背水坡在坝高15m以下坡比为1∶2.0，坝高15m以上坡比为1∶1.5；变坡处设马道一阶，宽1.5m；坝轴线及轴线上游23m处各设结合槽一道，左岸坝高8m以下，右岸坝高10m以下结合槽内设截水墙一道。坝体下游坡面布设纵、横向排水沟三道，矩形断面，底宽0.30m，深0.30m，厚0.25m，用浆砌石砌护。反滤体形式设计为贴坡式，反滤体高度为6.0m，采用块石、碎石、粗砂子铺设，厚度分别为50cm、20cm、30cm。

3. 溢洪道设计

溢洪道布置于右岸，进口高程采用设计淤泥面高程，采用浆砌石砌筑，由进口取水段、控制段、平流段、陡坡段四部分组成。溢洪道进水口高程1013.30m，出水口高程1002.15m，总长度70m。

(1) 进口取水段：设计进口取水段为矩形断面，长5m，宽4.0m，高3.0m。底板厚度0.5m，在起始段处下设宽0.5m，深1.0m的齿墙一道。墙体高度3.0m，顶宽0.5m，底宽1.4m，基础外伸长0.20cm。

(2) 控制段：高为3.0m，过水断面4.0m×3.0m。其长度为3～6倍正常水深，取10.0m，侧墙顶宽0.5m，底宽1.4m，基础外伸长0.2m，底板厚0.5m。

(3) 平流段：平流段全长20m，坡度1%，宽度4.0m，侧墙高度3m，顶宽0.5m，底宽1.4m，基础外伸长0.2m，基础厚0.5m，沿纵向每10.0m设一深1.0m，厚0.5m的齿墙。

(4) 陡坡段：陡坡进口高程1013.15m，陡坡出口高程1002.15m，坡比1∶3，实际长度为35m。陡坡侧墙高度为3.0m，顶宽0.5m，底宽1.4m，基础外伸长0.2m，底板厚0.6m。在陡坡纵向每7m的底板下设1.0m深，0.5m宽的齿墙并止水缝一道，出口入原石基沟道。

4. 放水工程设计

卧管布置在上游右岸，坡度为1∶2，卧管下接消力池，后经涵洞输水，明渠、陡坡泄水，直送入河槽。

(1) 卧管最低放水孔高程998.30m，最高放水孔高程1016.40m，通气孔高度为0.6m，则放水卧管垂直总高度为18.10m，斜长为40.47m，40个进水孔。浆砌石砌筑，基础厚0.3m，基础外伸长0.2m，卧管底部每隔 8m 做一道 0.5m×1.0m 的抗滑齿墙以增加底板的稳定。

(2) 涵洞进口高程 996.10m，比降 1%，涵洞全长 110m，洞内设计正常水深 0.43m。涵洞断面选用管径为 ϕ1000mm 的钢筋混凝土管。涵洞底部每隔 10m 设一道截水环，以防止渗流，截水环厚 0.6m，伸出外壁 0.4m。

(3) 卧管消力池深 1.1m，池长 5.0m，池宽 1.2m。浆砌石矩形结构，基础厚 0.5m，外伸长 0.20m，消力池底部 C20 混凝土衬砌，厚 0.2m。

(4) 涵洞出口接明渠，明渠长度 5m，矩形断面，浆砌石砌筑，断面尺寸 1.0m×1.0m（底宽×高）。

(5) 明渠后接陡坡，陡坡进口高程为 994.95m，坡比 1∶3，斜长 9.5m，陡坡出口高程为 991.95m，总落差 3m，矩形断面，浆砌石砌筑，断面尺寸 1.0m×1.0m，底厚 0.3m，底部每隔 5m 砌一道抗滑齿墙，尺寸为 0.5m×1.0m，陡坡末端接河床消力池。

(6) 河床消力池采用浆砌石砌筑，深 1.0m，长 3.0m，宽 1.0m。

4.4.5.2 窑子沟骨干坝

1. 工程概况

窑子沟骨干坝隶属陕西省延安市宝塔区蟠龙镇崖底村境内，位于雷鼓川小流域中下游左岸支沟中，距延安市 64km，是雷鼓川流域内的一座控制性工程。该坝为均质碾压土坝，工程枢纽由坝体和放水涵卧管两大件组成，控制流域面积 2.83km²，可淤地 98 亩。工程等别为Ⅴ等，主要建筑物级别为 5 级，设计洪水标准 20 年一遇，校核洪水标准 200 年一遇，设计淤积年限 20 年。总库容 88.98 万 m³，其中拦泥库容 58.70 万 m³，滞洪库容 30.28 万 m³。

2. 坝体尺寸

坝高：设计坝高 31.0m，坝顶宽度：取 5.0m。

坝坡坡比：迎水面坝坡为 1∶2.5，背水面坡比 1∶1.2/2.5。下游坝高 16m 处设置马道，宽 1.5m。铺底宽度：最大铺底宽度为 154.0m。

3. 放水工程设计

卧管布置在上游右岸，坡度为 1∶2，卧管下接消力池，后经输水涵洞通过明渠与下游陡坡相连，水流经陡坡消力池后输入下游沟道。整个放水工程除卧管和消力池盖板采用人工混凝土浇筑外，其余工程全部采用浆砌块石砌筑。

(1) 卧管最低放水孔高程 1148.30m，卧管最高放水孔高程 1171.90m，卧管顶部高程 1172.40m，卧管总长度 52.77m，台高 0.4m。

(2) 涵洞比降取 1∶100，涵洞进水口高程 1146.00m，涵洞出水口高程 1144.60m，涵洞长度 140.0m。设计泄流量 0.43m³/s。

(3) 卧管消力池底部高程 1145.40m，卧管消力池顶部高程 1147.90m。消力池深 0.6m。

(4) 明渠长度 2.0m。明渠进口高程 1144.60m，出口高程 1144.58m。

(5) 陡坡长度 6.6m。陡坡进口高程 1144.58m，出口高程 1143.00m。

(6) 陡坡消力池深 0.8m，长 3.0m。底部高程 1142.20m，顶部高程 1143.00m。

4.5 定向爆破坝

4.5.1 概述

定向爆破筑坝就是将炸药埋置在拟筑拦河坝的一侧或两侧山坡上，瞬间起爆，利用炸药的爆炸能量，以及岩体在高处所携带的位能，将岩块抛填于河谷拦截河流，完成坝体的大部或全部土石方量。用人工（或机械）堆石至设计断面，并根据坝体的任务，采取适当的防渗措施，形成一个完整的挡水坝体。

一般来说，定向爆破筑坝的堆石体，其上下游边坡比较平缓，顶面宽，有较长的渗径，同时由于它的密实和透水性小，因此堆积体本身是稳定的，只采用一些简易的防渗措施即可形成一个完整的坝体。

我国的定向爆破工程开始于 1958 年。1959 年 1 月首次建设我国第一座定向爆破坝——东川口水库定向爆破堆石坝。接着在短短的两三年时间内，在河北、浙江、广东等 8 个省进行了石廊一级，福溪、南水等共 18 座坝的定向爆破堆石坝。我国定向爆破筑坝的特点是一开始就直接用于水利枢纽的主体工程，而且规模较大。南水工程坝高 81.8m，库容 12.18 亿 m³，装机 7.5 万 kW，一次爆破的总炸药量 1394t，抛掷上坝 100 万 m³，并做黏土斜墙防渗，是一座多年调节的蓄水坝。建成投入运行至今 40 余年，经历过三次千年一遇洪水位的考验，运行状况良好，成为目前世界上用定向爆破方法建成的工程中规模最大，经济效益最显著的典型工程。

50 余年来，我国定向爆破筑坝的应用范围已从水利水电建设逐步扩展到各种矿山的尾矿坝，发电厂的贮灰坝以及其他工程的路堤等。到目前为止，已建设了约有 60 座定向爆破堆石坝。其中规模较大的有陕西省的石砭峪水库和云南省的已衣水库，两者坝高都在 80m 以上。此外，在我国陕西、山西等省的广大黄土地区，也进行了不少采用定向爆破修筑均质土坝的实践，使得我国的定向爆破筑坝事业，向着深度和广度发展。我国广大西北、西南地区交通不便，但水利资源丰富，急待开发，不少坝址具有优良的地质地形条件，可以进行定向爆破筑坝，定向爆破筑坝技术仍有可利用价值。特别对于一些不具有蓄水功能的大坝，如用于拦砂或拦截泥石流工程，火电厂的灰坝以及各种矿山的尾矿坝等，由于它们并没有蓄水的要求，允许通过坝体渗水，只要能保证坝体的稳定就行，因此对于这样的坝体，采用定向爆破就更有价值，它可以充分发挥定向爆破筑坝的优点，而不必过多地考虑它的不利因素如对基岩的破坏等。此时，只要将河谷两岸的岩石抛掷堆积于河床，形成预定的堆积断面（有时也需要进行一定的人工加高），筑坝的任务就算完成了，有时还可采用低高程药包，则将更为经济有利。

我国40m及以上坝高的定向爆破坝有关资料统计见表4.5-1。

近年来，随着施工技术的不断发展，定向爆破筑坝形式采用的越来越少，但作为一个曾经比较成熟的筑坝技术，这里仍保留了第1版《水工设计手册》的相关内容，并根据一些成功经验，做了相应补充完善。

4.5.2 坝址选择和枢纽布置

定向爆破坝受地形地质条件控制明显，因此在进行坝址选择和枢纽布置时对设计有严格要求。首先，定向爆破坝属当地材料坝，如无特殊工程防护措施，一般不允许坝顶溢流；其次，两岸岩坡宜陡峻，岩性较好，岩体完整，最好在深切峡谷中，覆盖层浅；第三，由于大坝只是枢纽一部分，其他如引水工程、溢洪工程等设施与爆破本身有一定干扰。施工时既要防止爆破对这些工程造成破坏，又要注意爆破后岩体不至影响这些工程的修建，因此最理想的地形是在河流弯道处爆破建坝。

地质条件，除应考虑库区及坝址水文地质条件是否满足修建枢纽主体工程，同时在爆破地质方面还要查清主爆破区的地质构造，特别是大断层、溶洞、不稳定岩体，岩性的产状和分布。

定向爆破筑坝时，河谷及两岸既是坝体的基础，同时又是筑坝材料的直接来源，这就要求岸边的基岩要满足作为坝基的要求。希望基岩完整，渗透量小，河槽覆盖层浅。两岸与坝体的连接处，岸坡平顺，没有悬崖陡壁甚至倒坡等。作为筑坝材料，希望岩石新鲜完整，强度高，块度成型好，两岸山坡越陡越有利。显然，这两者的要求并不完全一致，这就要在选坝址时权衡轻重，酌情考虑。

从定向爆破的观点看，河道平直，两岸高耸陡立，无冲沟切割，对抛掷堆积最为有利，可以取得事半功倍的效果。但从水工布置看，在平直的峡谷中布置土石坝，其泄洪设施不易处理，溢洪道的开挖量大，且有高边坡的稳定问题。理想的爆破坝址，应该是选择在河弯处，凹岸山高坡陡，有利于定向爆破，而凸岸山坡略缓，有适合于布置溢洪道的位置。如果河谷处缺乏设置溢洪道条件，上游也没有合适的垭口，库容大，下泄流量小，一条隧洞可满足泄洪要求，此时只要适合药包布置就可选为坝址。

应该明确的是，在定向爆破筑坝中，定向爆破只是一种手段，而筑坝并构成一个完整的水利枢纽，才是真正的目的。因此在选择定向爆破的坝址时，除了要考虑满足爆破取方上坝的必要条件，更要从整个枢纽的建设和运用着眼，以求得一个技术上可行，经济上合理的优化方案。

4.5.2.1 坝址地形条件

定向爆破筑坝时，坝体的堆石料全部或大部分来自两岸山体，因此河谷两岸山头必须有足够的高度、厚度和长度。从地形地貌看，山体大致可分为阶地状和山脊状两大类。阶地状是指河岸比较陡的坡度上升到谷肩以后，顶部变缓，接近平面，这是一种有利的地形。其优点是爆破方量大，岩块抛掷速度分布较均匀，爆破漏斗上破裂面相对比较低，有利于爆后山体稳定。山脊状是指山顶宽度较窄，呈尖顶，坡度较陡，地形单薄，布置药包时，因可爆部分较小，往往需要更高的山，才满足坝体堆料要求。

缓坡地段山体虽然厚实，但药包中心到河心距离远，抛掷困难，堆积效果差。爆破坝址处山高与爆堆高度之间比值，可按表4.5-2考虑。

需要说明的是，设计坝高与爆堆高低之间没有一个固定的比例关系，爆堆的高低主要取决于坝址的地形条件以及设计的技术经济指标。

在定向爆破筑坝中，河岸的坡度对爆破效果的影响是非常明显的。岸坡陡，爆破区到河心距离就短，岩块抛掷堆积时所费的炸药耗用量就小，有时采用崩塌爆破即可满足抛掷堆积的要求。另外在斜坡地段的侧向爆破中，在同样的药包布置条件下，爆破漏斗的大小与地面坡度有关，坡缓则漏斗小，也就是说它爆破的方量小，单耗大。若坡陡，则爆破方量大，炸药单耗小。因此，无论是从爆破方量或是抛掷效果而言，都是坡度愈陡愈有利。表4.5-3为爆破筑坝时水库地形对爆破效果影响的实例统计资料，从中可以看出，地形条件的好坏，对爆破效果有直接影响。

在定向爆破筑坝中，并不是山体上的岩石都能爆破抛掷上坝，而只能是其中的一小部分，这是由于为了使岩块抛出去，在抛掷方向的背面必须有足够的厚

表 4.5-1　我国40m及以上坝高的定向爆破筑坝（高40m及以上）资料统计表

序号	坝名	南水	石砭峪	石廊一级	福溪	里册峪	已衣	胡家山	红岩	马鹿槽	杉坝	贺家坪	水门	峨口	桃树坪	南山	康家河
1	设计坝高(m)	81.8	85.0	52.0	50.0	51.6	90.0	60.0	55.0	40.0	40.0	40.0	42.0	65.5	40.0	56.0	70.0
2	坝顶长度(m)	215.0	—	115.0	115.0	140.0	144.0	—	190.0	—	105.0	18.0	40.0	133.0	—	39.0	145.0
3	总库容(亿 m^3)	12.18	0.20	0.03	0.16	—	0.20	0.10	0.14	0.10	0.02	—	—	—	—	—	0.10
4	装机容量(kW)	75000	2500	1200	5000	—	800										
5	总装药量(t)	1394.00	1589.00	335.00	55.58	280.90	753.00	350.00	940.00	300.00	176.00	18.60	17.00	433.60	18.30	16.20	540.00
6	爆破方量(万 m^3)	226.00	236.50	41.00	14.60	33.70	147.00	65.00	120.00	33.00	22.00	2.80	6.55	42.00	4.86	5.28	65.00
7	上坝方量(万 m^3)	100.00	143.70	18.40	17.70	26.30	120.00	38.00	54.00	14.60	13.20	3.43	6.20	30.70	4.70	5.26	32.50
8	有效单耗(kg/m^3)	1.394	1.110	1.820	0.314	1.060	0.630	0.920	1.740	2.050	1.330	0.540	0.332	1.410	0.388	0.308	1.660
9	爆破堆高平均值/最低点(m)	62.5/46.4	57.3/51.0	35.0/29.5	37.5/21.0	35.8/29.5	84.0/74.0	44.0/38.0	32.0/20.0	24.0/19.0	25.0/22.0	40.0	42.0	43.0/33.0	47.0/40.0	38.0	/30.0
10	坝坡上游/下游	1∶3.1/1∶3.0	1∶3.0/1∶3.2	1∶4.2/1∶2.8	1∶2.5/1∶3.0	1∶2.6/1∶3.3	1∶2.3					1∶1.5	1∶1.8/1∶1.5	1∶3.4/1∶2.3	1∶1.5/1∶1.2	1∶1.0/1∶2.0	
11	爆破坝体宽度顶宽/底宽(m)	40/420	70/370	39/218	16/150	10/213	40/410	45/271	65/400	—	55/250	3/125	—	40/280	10/	—	/260
12	河床底宽(m)	30	70～90	15	17	50	10～15	10～20	40	10	10～15	8	12	7	5～15		15
13	两岸山高左岸/右岸(m)	106/265	250～500/150～200	150/100	150/50	180/130	200～300	250	160/250	90	129	90/100	100	150/60	90/		100～160
14	两岸坡度左岸/右岸(度)	40～60	50～60/45	42～81/38～45	60	58～80/40～50	50～65	40～70	30～35	35～40	40	80～85	70～80	45	79		35～40
15	岩石性质	石英砂岩粉砂岩	花岗片麻岩	风化流纹岩	流纹凝灰岩	安山岩	石灰岩					石英砂岩	石英砂岩	石英角闪片岩	石英砂岩	流纹岩	
16	药室布置型式	两岸多排并列多层	两岸多排并列	单岸多排并列	单岸分期分批	两岸多排并列	两岸多排并列多层	单岸单排多层多列	双岸多排多列		单岸多排多列多层	两岸单排	单岸单排	单岸多排并列多层	单岸单排	集中并列单岸抛掷	两岸
17	最小抵抗线 W(m)	14.0～40.0	15.0～38.0	25.7～30.0	8.4～20.0	14.0～28.5	25.0～44.0	25.0～35.0	21.0～30.0		23.0	10.0～16.5	21.8	17.0～28.5	25.5	18.0	
18	爆破作用指数 n	1.250～1.500	1.000～1.500	1.250～1.500	1.200～1.500	1.100～1.500	0.800～1.000					1.500	1.000	1.000～1.500	0.824	1.200	
19	单位耗药量系数 K(kg/m^3)	1.30～1.50	1.70	1.35～1.50	1.50	1.60～1.70	1.50					1.00～1.50		1.50～1.60	1.50	1.00	
20	药室至河中心距离(m)	300	300	140		125		125	300		115	25	50	250	40～50	40	
21	防渗体型式	黏土斜墙	沥青混凝土斜墙	黏土斜墙	黏土斜墙	沥青混凝土斜墙	未作防渗			水力冲填		透水坝	透水坝	透水坝	透水坝		水力冲填
22	爆破日期(年-月)	1960-12	1973-05	1959-11	1960-01～1960-02	1975-01	1977-10	1976-04	1976	1977-10	1977-01	1959-01	1960-03	1972-10	1961-04	1960-03	1978-12
23	备注	蓄水坝	蓄水坝	蓄水坝	部分崩塌（蓄水坝）	蓄水坝	部分采用延长药包	蓄水坝	蓄水坝	蓄水坝	蓄水坝	蓄水坝	拦砂坝	尾矿坝	蓄水坝（已溃坝）	蓄水坝	蓄水坝

表 4.5-2 山高与爆堆高度比值

河谷地形特征	山高与爆堆高度比值
悬崖陡壁的狭谷	2.5～3.0
陡坡河谷、台阶状山体	4.0～5.0
陡坡河谷、山脊地形	6.0～7.0
缓坡河谷	8.0～9.0

表 4.5-3 爆破筑坝水库地形爆破效果影响的统计资料

水库名称	岸坡坡度（°）	药包中心至河心距（m）	抛掷上坝率（%）	单 耗（kg/m^3）
贺家坪	80～85	20～25	90.0	0.542
桃树坪	70～80	40～50	94.5	0.318
南水电站	45～65	300	44.3	1.394
东川口	40～70	100	55.7	1.130
石砭峪	50～60	300	60.7	1.058

度，要满足不逸出半径的要求，否则就会使能量分散，达不到定向抛掷的目的。同样在上下游方向，也必须限制药包爆破时向两侧逸散，这样一来，整个山体就只有中间的一小部分可供爆破筑坝之用。

在定向爆破筑坝中，一般要求两岸的山高达到设计坝高的3～4倍，具备两岸爆破条件时，可取下限值。若只能单岸爆破时，取上限值。坝轴线两侧爆破区山体无深冲沟割切的宽度范围有4～5倍坝高可供布置药室。地面坡度不要缓于40°～45°。理想的情况是在坝顶高程以下岸坡较缓（例如45°左右），其上则为60°～70°的陡坡。过缓，有效上坝率低；过陡过高，爆后产生高边坡稳定问题和危石处理量大。主爆区山体厚度应大于1.0～1.5倍坝顶高度，视山高和单、双岸爆破条件而定。这样的地形一方面能满足抛掷的要求，提高有效利用率，同时又有利于坝体和岸坡的连接，不会由于堆石体的沉陷而影响坝的运用。沿河流方向岸坡要平顺，不要有冲沟，以保证获得所需的爆破方量，防止向上下游逸散。如果爆破规模很大，爆堆高度在100m以上，相应底宽堆积要大于1km这么宽的坝段河谷要求平直没有冲沟很困难，因此对山体的要求主要考虑是否满足爆破方量，对坝轴处最大可爆断面不必追求冲沟对定向抛掷的影响。因为此时布药面宽，在药包相互作用下，岩体受邻近药包约束，不致四面飞散。

4.5.2.2 坝址地质条件

1. 定向爆破坝基础的一般要求

作为坝的基础，要求坝址处的岩体完整，不透水，并且有一定的强度。定向爆破筑坝一般不清基，一方面是由于考虑定向爆破坝体的断面大，相应加长了渗径；另一方面，在爆破抛掷堆积过程中，基岩上的覆盖堆积物受到强烈的冲击压密作用，也起到了某种程度的改善，一些工程的实践经验也说明了这是可行的。

坝基岩体是否完整也是很重要的。有一些坝址，岩石比较破碎，特别是高倾角的顺河向裂隙发育，加之在爆破冲击波作用下，这些裂隙进一步扩大或贯通，蓄水后绕坝渗流严重，直接影响着枢纽的效益，特别对一些年来水量较小的水库，极为明显。

2. 筑坝材料要求

在选择坝址时，并不一定非要裸露的新鲜岩石不可，在爆破区内，少量的风化软弱层，容许有少量的坡积覆盖物等。必须指出，如果爆破区的风化层很深，风化程度严重，对堆积坝体质量的影响较大，作为坝体不合适。

3. 地质构造

就爆破本身来说，对地质构造的要求并不太高，只要没有特大的断裂构造等通过爆破区即可，一些中小的断层容许存在。在选坝址时应当尽量避开各种不利的地质构造地带，如果不能避开，应当考虑可能产生滑动的位置，不要危及建（构）筑物的安全。

4.5.2.3 坝址选择

定向爆破堆石坝的坝址应是河谷狭窄，岸坡陡峻，山体厚实，岩性均匀，坡面整齐，没有明显的冲沟切割。最好岸坡高度为坝高的2.5～3.5倍，只有在地形地质条件很有利时才可以略低。岸坡坡度应陡于45°，如果陡于65°，则爆破效率更高。山体厚度应为坝高的2倍以上，最好是岸坡覆盖层不厚，岩层风化深度不大，岩性简单，无大的断裂构造，地下水位埋藏较深，不会给开挖药室和装药堵塞造成困难。

定向爆破的抛掷距离，在几十米到200m的范围内效率较高，因而坝顶长度小于300m时最适宜于定向爆破筑坝。两岸爆破时，坝顶长可达500m。有一侧是凹形河岸的坝址，有利于放置药包，也可用辅助爆破造成人工凹面。

4.5.2.4 枢纽布置

枢纽布置一般包括坝体、导流洞和溢洪道等“三大件”。此外根据建设任务，也可以包括灌溉和发电等有关建筑物。水工布置方面要充分发挥定向爆破筑坝优势，简化枢纽建筑物的设置。在爆破方面要考虑爆破对水工建筑物的影响，保证建筑物安全，水工布置要尽量减少对爆破规模和药包布置的制约。

1. 坝体

坝体主要由爆破形成的堆石体组成，并辅之以人工加高至坝顶，坝体防渗则依靠设置在上游的防渗斜墙——黏土斜墙和沥青混凝土斜墙等来完成。

爆破堆积体横断面坡缓顶宽，它的自然休止角一般为40°～50°，因此堆石体上游由于要设置黏土斜墙而会降低坡度，下游坡则往往采用堆石本身的稳定坡。

定向爆破筑坝防渗体，一般都采用斜墙，最常用的是黏土斜墙，也有采用沥青混凝土斜墙的。在斜墙与堆石体之间必须设置反滤层。在反滤层与堆石体之间，则根据情况还可设置一层过滤层。在斜墙表面一般要铺设保护层，保护层可采用混凝土面板或块石铺砌等。

当河槽中存在覆盖层时，需设置截水墙。截水墙可以是黏土，也可是混凝土。由于岩层有裂隙断层，以及爆破产生的裂隙扩展等，都影响基岩的完整性，因此，在大坝防渗体与基岩接合处需要进行适当处理，如扩大防渗体断面、填塞裂缝并进行灌浆或设置齿墙等，对于基岩破坏比较严重的山体，也可采用坡面铺盖或向山体深处进行帷幕灌浆等，以减轻其绕坝渗漏量。

2. 导流建筑物

定向爆破筑坝时，爆破瞬间立即将河流截断，并形成坝体的主要部分。为后续进行修筑斜墙、处理坝基以及加高坝体等工作，需修建导流建筑物泄流。导流设计与一般土石坝相同，可根据建筑物的等级选用相应的设计标准。

导流建筑物一般采用隧洞，但也有用涵洞或涵管泄流的。采用涵洞导流时，涵洞一般都要设置在基岩上，最好能挖槽深埋。在涵管的顶部，应有3～5m厚的覆盖物，以缓冲爆破抛掷体下落时的冲击力，保护涵洞不受损坏。把涵管直接设置在河槽覆盖层上是不利的，因为爆破抛掷体下落至地面时，携带有巨大的能量，在它的强烈冲击下，可能把覆盖层挤出很远的距离，这就有可能破坏涵管，使之失去导流作用。

导流隧洞一般设在非爆破岸或辅助爆破岸，尽量避免与主要爆破区设在同一岸，这样可以减轻爆破对隧洞的有害影响。导流洞进出口的位置，除了水工上的考虑外，还应当注意不要被爆破抛掷的岩块堵塞洞口。布置时应根据岩块的抛掷堆积计算，预估出堆积的轮廓，洞口的位置应当设在堆积轮廓之外，并且应当留有适当的余地。

对一些小型工程，如果没有蓄水保水要求，坝体可不设防渗设施，也可不设导流建筑物。

3. 泄洪建筑物

可采用溢洪道和泄洪洞等不同方式，其设计与一般土石坝相同，可根据建筑物等级选用相应设计标准。泄洪建筑物布置应该因地制宜，充分利用地形地质条件和爆破施工特点，综合考虑。

4.5.3 药室布置形式

4.5.3.1 洞室爆破药包形式

1. 集中药包

从药包中心至药包最远边角点的距离 R 与炸药体积 V_Q 的比例关系应满足

$$x=\frac{0.62V_Q^{1/3}}{R}\geqslant 0.41 \qquad (4.5-1)$$

$$V_Q=\frac{Q}{\Delta}K_V$$

式中 Q——炸药重量，kg；

V_Q——炸药体积，m^3；

Δ——炸药密度，kg/m^3；

K_V——装药系数，取1.1～1.2。

集中药包布置灵活，适用于复杂地形地质条件的爆区和地质构造断层较多的爆区。

2. 条形药包

当药包纵向最长边 L_M 较其横截面的最短边 L_L 长度之比 $\frac{L_M}{L_L}\geqslant 8$ 时即为条形药包。

或用药包长度 L 与药包的最小抵抗线之比（即所谓长抗比 η 值）作为判据。一般认为当 $\eta\geqslant 2.0$～2.5时为条形药包。

3. 分集药包

将条形药包沿药室或导洞分成多个长度较短的非条形药包称分集药包。分集药包大多用于岩体内断层和大裂隙较多，地区崎岖不平，抵抗线变化较大的爆区。为避免爆炸高压气体在药室周围薄弱岩体处冲出，并有效地控制破碎岩石块度和级配时而采用的一种布药形式。分集药包端部要离开断层、大裂隙距离3～5m，并用土料全断面堵塞加以分隔，此时起爆网路需保持完整无损。分集药包的爆炸作用特征介于集中药包与条形药包之间，可以充分适应复杂地形地质条件和抵抗线差异大于8%的环境条件。

4.5.3.2 爆破堆积形态

爆破堆积体形态与地形地质关系极为密切，也决定着爆破所采用的方式。在陡立狭谷中采用松动爆破时，堆积体集中，边坡陡，但在一些爆破规模较大，抛距较远的加强抛掷爆破中，堆体形态可能就要缓得多。资料统计表明，堆积体底宽与堆高之比一般在7：1～9：1之间，顶面平坦，顶宽约为堆高的1～1.5倍，上下游边坡达1：3左右，大大超过常见堆石体稳定所需的断面。在这种情况下，为节约投资和减少炸药用量，往往使爆堆高度底于设计坝高，然后再利用爆破堆积的宽阔断面作为基础，其上用人工（或机械）方法将坝体填筑到设计高程。由于爆破体的顶宽、坡缓，继续加高的部分属于在爆堆上戴帽型式，上部小断面的方量有限。当上部加高的高度为整个坝高的1/2时，其横断面积一般只有总面积的1/4左右。表4.5-4列出了我国几座定向爆破坝的堆高情况。

表4.5-4　国内部分定向爆破坝爆破堆积情况统计

工程名称	爆破规模装药量(t)	设计坝高(m)	堆 高(m)	堆底宽(m)	高宽比	顶 宽(m)	爆堆高/设计坝高(%)
南 水	1394	81.8	46.4	420	9.05	40	56.6
石砭峪	1589	85.0	51.0	370	7.25	70	60.0
东川口	192	29.0	17.6	130	7.38		60.7
太 钢	433	65.5	33.0	280	8.48	40	50.4

4.5.3.3 药包布置

1. 单个集中药包布置法

对于多临空面小山包开挖爆破，可先在地形图上沿开挖走向切取地形剖面，将药包布置于小山包中间，使药包中心至两侧山坡面垂直距离W_1与W_2大体相等。药包中心高程要离建基面上一定高度，使药包爆破后能挖至基础设计剖面而又不破坏建基面。先通过药包中心垂直地形图上各方向的等高线切取可能是最小抵抗线的地形剖面，找出药包中心至临空面的最短距离W值作为药包设计的基本参数；然后根据开挖对爆破的基本要求和山体剖面尺寸，选取合适的爆破作用指数n值和单位炸药消耗量K值后，计算出该药包的装药量Q和爆破漏斗半径R，以及药包爆破压缩圈半径R_y值。然后以药包中心为圆心，以爆破漏斗破裂线R为半径与地形剖面上的地表线相交于A和B。再以A、B点分别对压缩圈作切线，即得爆破开挖的漏斗图，见图4.5-1。若画出的爆破漏斗离基建面过低或过高，或爆破漏斗不够理想，则可调整药包中心位置及参数，重新计算和绘制爆破漏斗，直至满意为止。

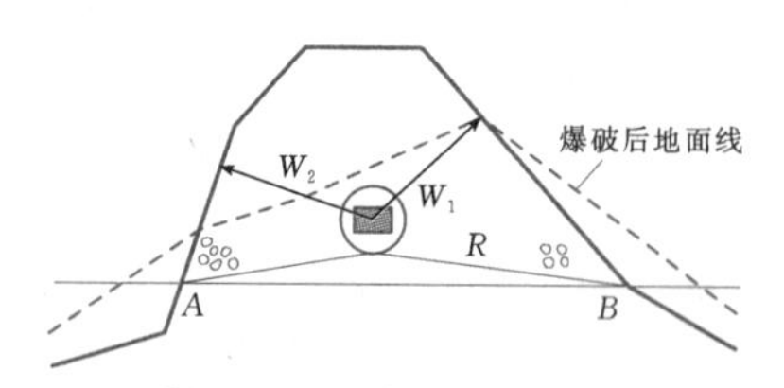

图4.5-1　单个药包布置图

2. 并列集中药包布置法

并列集中药包布置方法与单药包布置略有不同，主要是两药包合理间距a值与药包的W，n值相关，一般可用$a=0.5(1+\overline{n})\overline{W}$计算确定（$\overline{n}$、$\overline{W}$为两个药包$n$、$W$的算术平均值）。当药包中心位置确定后，即可分别进行单药包爆破漏斗设计，而两药包压缩圈之间部分以公切线相连，即得两药包同时爆破漏斗图，见图4.5-2。合理间距布置使药包间的岩石充分破碎而不留岩埂，且抛掷运动速度大体相同，一般药包间距$a=1.2W$。

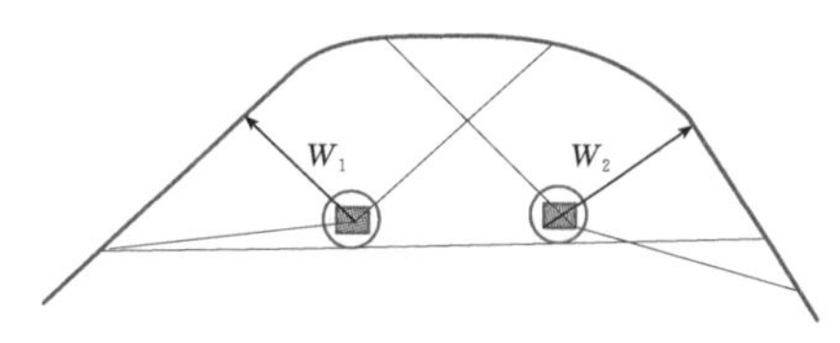

图4.5-2　并列集中药包布置图

3. 双层单排延期药包布置法

根据地形特点，爆破设计可采用双层延期药包布置。见图4.5-3。此时，上层药包应采用抛掷（扬弃）爆破，而下层药包可采用松动或加强松动爆破。

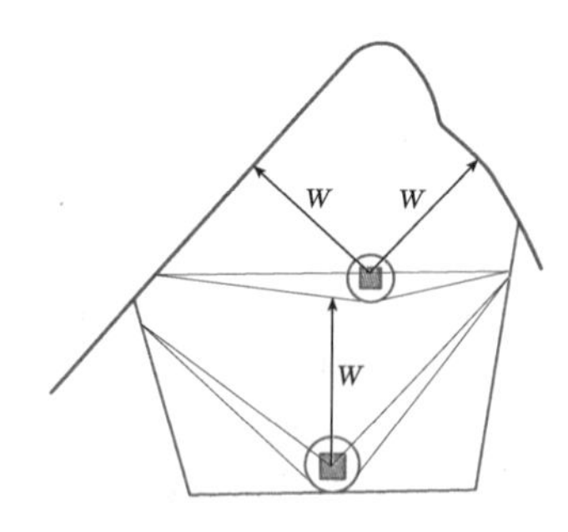

图4.5-3　双层单排延期爆破药包布置图

4. 单排并列群药包侧向抛掷爆破药包布置法

如图 4.5-4，根据开挖剖面预设布置药包，其中心坐标位置考虑爆破压缩圈、破坏圈不致超越基建面以下基岩为原则，按并列药包设计方法和步骤，进行药包的合理间距布置与设计。若爆区地形变化不大，亦可采用条形药包布置。应该指出，设计剖面上的药包，其最小抵抗线 W 不一定在此剖面上，而应通过药包中心垂直地形图上的等高线切取真正 W 所在剖面，然后根据药包参数计算出 R_y、R、R'（爆破漏斗上破裂线）。在开挖设计剖面上画出爆破漏斗以检验药包布置和药包参数的合理性。若不够理想，则调整药包坐标和参数值，重新进行修正设计，直至满意时止。

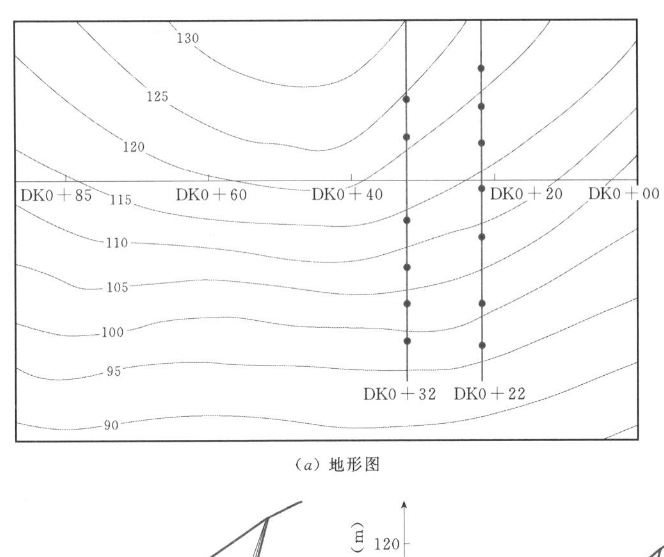

(a) 地形图

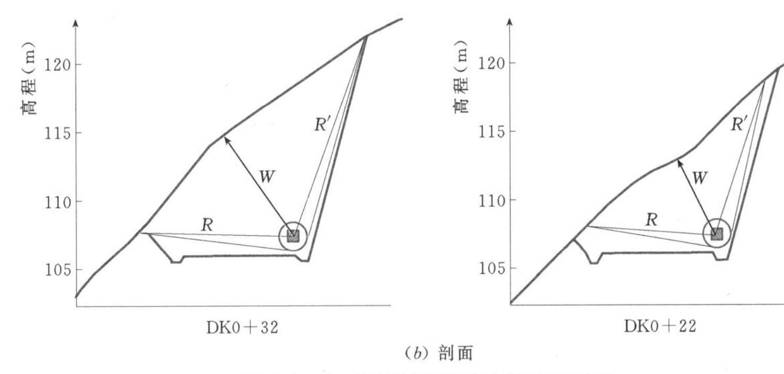

(b) 剖面

图 4.5-4 开挖爆破路段地形及剖面图

5. 多排并列集中药包和条形药包

前排药包与地形等高线要大致平行，以控制同一药包的最小抵抗线基本相同。后排药包与前排药包平行布置，上下层药包也要互相平行，从而确保药量布置的均匀。从堆积要求考虑，应使药包径向与堆积方向保持一致，而由减小爆破振动的目的出发，则要尽量使药包轴向正对周围的建（构）筑物。对于独立山体的整体爆除，中间药包要保持两侧的最小抵抗线基本相同。若只是爆破山体的一部分，且有开挖界限和边坡要求，则最后一排药包应沿界限平行布置，药包与限定边界之间须留下足够的保护层，同时注意到岩石介质时药包的上破裂角度基本在 50°～70°之间这一特征。

6. 多层并列药包

多层并列集中药包和多层条形药包，其爆炸作用与准平面药包爆破相似，具有抛距远、抛堆集中、有效利用率高等优点。当爆区山体较高或平地剥离深度较大时，亦常采用多层药包布置法。斜坡地面多层药包布置时，顶层药包离上面地表的深度 H 与 W 比值 $W/H=0.6\sim0.8$ 为宜。抛坍爆破可取 $W/H=0.5$；岩石完整时，$W/H=0.8\sim0.9$ 为宜。如果 W/H 达不到要求，应分层布置药包。

7. 条形药包布置

（1）抵抗线的不均匀性。控制同一条药包的最小抵抗线偏差在±7%以内，由此确定条形药包的设计位置。

（2）空腔比。条形药包空腔比，即洞室体积与药室体积之比，以 4～5 为好，相当于不耦合系数为 2.00～2.24。

（3）平面形状。条形药包平面形状以直线形最佳，确需布置曲线形时，应以折线代替，并尽可能使药包的弯曲方向与堆积方向相同，同时，同一药包的弯折不应超过两次。

(4) 高程。在布设底层药包时，药包应布置在同一坡面上，后排药包略高于前排药包，其坡度不宜大于3%，使底面爆后平缓。但若对底板以下岩体有保持原状的要求时，则需使药包高出底板一个压缩圈半径的数值。

(5) 排数。条形药包排数一般不宜超过3排，若地形平坦保持 $W/H=0.8\sim0.9$ 时，可增加条形药包排数到4～5排。多排条形药包错开布置时，前后各排邻端应在同一直线上，水平距宜小于 $1/3W$，以防止留墙和避免端部因先爆药包破坏而泄气冲炮。

多排双侧爆破时，可增加爆破排数，但中间一排的最小抵抗线应取双向相等。若主爆方向已定，则应使主爆方向的最小抵抗线不超过另一方向最小抵抗线的0.8～0.9倍。中间一排双向作用药包的药量可适当增加，增加量为该排总药量的20%，以改善爆堆状况和岩石破碎程度。布条形药包时，前排药包端部最好比后排药包端部长 $1/3W$，以形成较宽的开口，使后排药包爆破的岩石能充分破碎和松散，为铲装创造良好条件。

(6) 层数。以1～2层为最佳，但鉴于开挖高度的要求也可以多层布置，药包层数的多少取决于选定药包最小抵抗线 W 与埋设深度 H 之比。一般 $W/H=0.6\sim0.8$ 比较合适，当小于0.6时，应考虑布置两层药包。在同一排条形药包中纵向剖面的高程差最好不超过10%～15%，若高程差过大可采用分段布置条形，缩短条形长度以控制 W/H 在较为合理的范围内。对于定向抛掷爆破，$W/H=0.7\sim0.8$；松动爆破，$W/H=0.5\sim0.9$。

(7) 端部药包。条形药包端头作用较弱，对端部药包长度和装药量应作特殊处理。一般应尽量利用地形条件使端部抵抗线减少15%左右，或在端部适当增加药量15%～20%。

4.5.4 药包参数计算

4.5.4.1 最小抵抗线

最小抵抗线 W，根据需要爆落的方量而选择；其次，根据爆破岩体的高度来调整。W 约为爆破岩体高度 H 的0.6～0.8倍(个别达1.2倍)。n 越大，W/H 也越大。$n=1$ 时，$W/H=0.80$；$n=1.25$ 时，$W/H=0.80\sim0.95$；如为松动爆破，$W/H=0.50\sim0.80$。

对于多排抛掷爆破，原则上前排和辅助药包的 W 值，一般以改造地形或补充主药包爆破开挖区需要而定。后排主药包则应根据抛掷距离和抛出方量要求 W 相应增大。最小抵抗线大，药包也大，对周围环境影响也大，一般控制在25m左右。

4.5.4.2 爆破作用指数

n 值表示爆破漏斗的几何形状和爆破属性，如爆破岩块的破碎程度、抛掷能力等，与装药量 Q 值成正比，并与爆破方量和抛掷距离同向增减。对抛掷爆破，n 值一般逐排适当增加，但不宜过大，n 值一般在1.00～1.75以内。对于松动爆破，n 值可小于1.00。根据地形条件和不同的爆破目的与要求，选取适宜的 n 值。一般：

(1) 辅助药包 n 值选用1.00～1.25，主药包 n 值选用1.25～1.75。

(2) 后排药包 n 值比前排药包 n 值大0.20～0.25。

(3) 左右同时起爆的药包最好用相同的 n 值。同排上下层同时起爆的药包，可以用相同的 n 值，也可以将上层药包的 n 值减少0.05～0.10。

4.5.4.3 标准单位炸药消耗量

(1) 根据岩性和岩石等级，参照工程经验类比选取，见表4.5-5。

(2) 根据岩石容重 γ 的计算为

$$K=0.4+\left(\frac{\gamma}{2400}\right)^2 \tag{4.5-2}$$

式中 K——标准单位炸药消耗量。

(3) 根据现场爆破试验确定。选择与爆区地形地质条件类同的地方进行标准爆破漏斗（即按 $n=1.0$，$W\geqslant3\sim5$m，集中药包爆破）试验。在标准抛掷漏斗中，爆破漏斗体积 $V=W^3$，$K=\frac{Q}{V}=\frac{Q}{W^3}$。

4.5.4.4 装药量

1. 集中药包装药量计算

集中药包药量主要与爆破体岩性，最小抵抗线大小和药包作用性质有关。常用公式为

$$Q=KW^3(0.4+0.6n^3) \tag{4.5-3}$$

式中 Q——标准抛掷爆破装药量，kg；
K——标准抛掷爆破单位耗药量，kg/m^3；
W——最小抵抗线，m；
n——爆破作用指数。

2. 条形药包装药量

$$Q=eL_pL=ef(n)KW^2L \tag{4.5-4}$$

其中 $$L_p=f(n)KW^2=f(n)q$$

式中 Q——药包装药量，kg；
K——条形药包标准单位耗药量，kg/m^3；
W——药包最小抵抗线，m；
$f(n)$——爆破作用指数函数；

e——炸药换算系数；

L——计算装药长度，m；

L_p——条形药包线装药密度（单位长度装药量），kg/m；

q——条形药包标准抛掷爆破单位长度装药量，$q=KW^2$，kg/m。

表 4.5-5　爆破各种岩石的单位炸药消耗量 K 值表

岩石名称	岩体特征	f	K' (kg/m³)	K (kg/m³)
各种土	松软的	<1	0.3～0.4	1.0～1.1
	坚实的	1～2	0.4～0.5	1.1～1.2
土夹石	密实的	1～4	0.4～0.6	1.2～1.4
页岩千枚岩	风化破碎	2～4	0.4～0.5	1.0～1.2
	完整、风化轻微	4～6	0.5～0.6	1.2～1.3
板岩泥灰岩	泥质，薄层，层面张开，较破碎	3～5	0.4～0.6	1.1～1.3
	较完整，层面闭合	5～8	0.5～0.7	1.2～1.4
砂　岩	泥质胶结，中薄层或风化破碎者	4～6	0.4～0.5	1.0～1.2
	钙质胶结，中厚层，中细粒结构，裂隙不甚发育	7～8	0.5～0.6	1.3～1.4
	硅质胶结，石英质砂岩，厚层，裂隙不发育，未风化	9～14	0.6～0.7	1.4～1.7
砾　岩	胶结较差，砾石以砂岩或较不坚硬的岩石为主	5～8	0.5～0.6	1.2～1.4
	胶结好，以较坚硬的砾石组成，未风化	9～12	0.6～0.7	1.4～1.6
白云岩 大理岩	节理发育，较疏松破碎，裂隙频率大于4条/m	5～8	0.5～0.6	1.2～1.4
	完整，坚实的	9～12	0.6～0.7	1.5～1.6
石灰岩	中薄层，或含泥质的，或鲕状、竹叶状结构的及裂隙较发育的	6～8	0.5～0.6	1.3～1.4
	厚层、完整或含硅质、致密的	9～15	0.6～0.7	1.4～1.7
正长岩、闪长岩	较风化，整体性较差的	8～12	0.5～0.7	1.3～1.5
	未风化，完整致密	12～18	0.7～0.8	1.6～1.8
流纹岩、粗面岩、蛇纹岩	较破碎的	6～8	0.5～0.7	1.2～1.4
	完整的	9～12	0.7～0.8	1.5～1.7
花岗岩	风化严重，节理裂隙很发育，多组节理交割，裂隙频率大于5条/m	4～6	0.4～0.6	1.1～1.3
	风化较轻，节理不甚发育或未风化的伟晶粗晶结构的	7～12	0.6～0.7	1.3～1.6
	细晶均质结构，未风化，完整致密岩体	12～20	0.7～0.8	1.6～1.8
片麻岩	片理或节理裂隙发育的	5～8	0.5～0.7	1.2～1.4
	完整坚硬的	6～14	0.7～0.8	1.5～1.7
石英岩	风化破碎，裂隙频率大于5条/m	5～7	0.5～0.6	1.1～1.3
	中等坚硬，较完整的	8～14	0.6～0.7	1.4～1.6
	很坚硬完整致密的	14～20	0.7～0.9	1.7～2.0
安山岩、玄武岩	受节理裂隙切割的	7～12	0.6～0.7	1.3～1.5
	完整坚硬致密的	12～20	0.7～0.9	1.6～2.0
辉长岩、辉绿岩	受节理裂隙切割的	8～14	0.6～0.7	1.4～1.7
橄榄岩	很完整很坚硬致密的	14～25	0.8～0.9	1.8～2.1

注　f为普适系数；K'为松动爆破单耗。

原则上当条形药包采用间隔堵塞起爆时，中间堵塞段 L_d=3～4m 为宜。堵塞段两侧的药包起爆时差不宜过大。把应当分配在堵塞段的药量 Q_d 分别装在堵塞段两侧 2m 范围之内。当间隔后的药包长度较短时，亦可将该药量均布在整个药包中。

4.5.4.5 药包压缩圈半径

1. 集中药包爆破压缩圈半径

我国目前常用的爆破压缩圈计算式为

$$R_y = 0.62\left(\frac{\theta\mu}{\Delta}\right)^{\frac{1}{3}} \tag{4.5-5}$$

式中 μ——爆破压缩圈半径系数，m；

Δ——装药密度，kg/m³；

θ——装药量，kg。

μ 值列于表 4.5-6 中。

表 4.5-6 岩土爆破压缩圈半径系数

岩土类别	f	爆破压缩圈半径系数 μ	
		苏联用值	中国用值
一类土壤		600.0～1200.0	250
二类土壤		300.0～600.0	150
松软岩石	0.8～1.0	50.0～32.0	50
	1.5～2.0	30.0～16.0	
软质岩石	3.0～4.0	14.0～8.0	20
	5.0	6.5～8.0	
中硬岩石	6.0～8.0	6.5～5.5	10
	10.0	4.0～3.2	
坚硬岩石	12.0～15.0	3.3～2.1	10
	20.0～25.0	2.0～1.3	

2. 条形药包压缩圈半径

条形药包压缩圈半径 R'_y 计算式为

$$R'_y = 0.56\sqrt{\frac{q\mu}{\Delta}} \tag{4.5-6}$$

式中 q——条形药包单宽炸药量，kg/m；

其余符号意义同前。

4.5.4.6 药包间距

1. 集中药包 a

同排相邻药包的间距 a 为

$$a = m\overline{W} = 0.5(1+\overline{n})\overline{W} \tag{4.5-7}$$

式中 $\overline{n}$、$\overline{W}$——相邻药包的爆破作用指数和最小抵抗线的平均值，对松动爆破 m=0.8～1.2。

同排多层集中药包斜坡地面爆破，药包的层间距离 $b=m'\overline{W}$，$\overline{n}\leqslant m'\leqslant\sqrt{1+(\overline{n})^2}$，$m'$ 一般取 1.2～2.0。抛掷爆破取小值，松动崩塌爆破取大值。

2. 条形药包

同排并列条形药包，主要考虑相邻药包的端部间距 L。同段起爆时，$L=(0.3\sim0.5)\overline{W}$；非同段长延期（200ms 以上）起爆时，应考虑先起爆药包端部出现新的临空面对后起爆的药包引起端部逸出的可能，一般应取 $L=0.8\overline{W}\sqrt{1+(\overline{n})^2}$。斜坡爆破时药包的层间距离 b 值与多层集中药包相同。抛掷爆破取小值，松动崩塌爆破取大值。

3. 不逸出半径

定向爆破只要求向一个方向抛掷，其他方向不许可抛出。其他方向与抛出方向最小抵抗线的关系为 $W_{其他}>1.2W\sqrt{1+n^2}$。药包的两端为冲沟，为防止逸出，药包端部到冲沟表面距离 $R>(1.3\sim1.4)W\times\sqrt{1+n^2}$。为保证药包不向后方冲击，药包到后方冲沟表面最小距离 $R>(1.6\sim1.8)W\sqrt{1+n^2}$。

4.5.4.7 抗高比

在加强抛掷爆破中，抗高比 W/H 一般在 0.6～0.8 之间，n 大时取小值，n 小时取大值。在陡立狭谷中，抛距近，同时在重力作用影响下容易产生崩坍，此时，n 值不大，仍可采用较小的 W/H 值。

在常规药包布置中，当出现过小的 W/H 时，为了改善爆破岩块的抛掷效果，可采用多层药包布置形式。

4.5.4.8 延迟时间

为改善爆破效果，降低爆破震动，药包之间宜实施微差延迟爆破。当利用前排辅助药包爆破形成的定向坑来控制后排主药包的抛掷方向时，为了有效地控制主药包的抛掷方向，应使定向坑充分形成，成为真正自由面。从鼓包运动规律看，鼓包未破裂之前，没形成自由面，不能起爆主药包。但时间过长，前排爆破岩块开始下落再起爆主药包将增加后排阻力，会改变最小抵抗线方向。从工程实践来看，多排条形药包起爆时，后排的延迟时间 200～500ms 较好，同排药包起爆延迟时间应尽可能缩小，一般以 100ms 为宜，时间的具体选择还应考虑抵抗线的大小和抛掷堆积要求。

4.5.4.9 爆破抛掷率

(1) 平地爆破抛掷率 E 按 $n=\frac{E}{0.55}+0.5$ 估算。

(2) 斜坡地面爆破抛掷率。当需估计抛出爆破漏斗外的百分率时，可根据不同情况参考表 4.5-7 选取相应的 n 值。

表 4.5-7 爆破抛掷率 E 值

工程编号	地形坡度（°）	爆破类型	药包布置方式	抛掷率（%）	爆破作用指数 n 值
1	35～40	抛掷爆破	单排单侧	73.5	1.20
2	30～35	抛掷爆破	单排多层单侧	75.5	1.20
3	35～45	抛掷爆破	单层双排	76.8	1.10～1.50
4	25～40	抛掷爆破	单层双排单侧	47.3	1.05
5	30～45	抛掷爆破	双层单排单侧	51.2	0.95
6	45～60	加强松动爆破	单排双侧	49.6～61.7	1.00
7	30～45	标准抛掷爆破	单排双侧	58.0	1.00
8	30～45	抛掷爆破	单排双侧	73.0～87.1	1.30～1.60

4.5.5 抛掷堆积计算

1. 抛掷距离

（1）平台地形抛掷距离。

最远点抛距，即

$$L_M = (4 \sim 5)nW \tag{4.5-8}$$

爆堆最宽处距药包中心距离，即

$$L_C = (2 \sim 3)nW \tag{4.5-9}$$

（2）斜坡地面单药包爆破。

最远点抛距，即

$$L_M = K_M \sqrt[3]{Q}(1+\sin 2\theta) \tag{4.5-10}$$

堆积三角形最高点距离药包中心距离，即

$$L_C = K_C \sqrt[3]{Q}(1+\sin 2\theta) \tag{4.5-11}$$

上二式中 Q——装药量，kg；

θ——斜坡坡面角，(°)；

K_M、K_C——抛掷系数。根据统计资料，K_M，K_C 值如表 4.5-8 所示，当抵抗线 $W<8$m 时，计算值比实际小 6%～15%；当 $W>24$m 时，计算值较实际大 5%～6%；土中实际值是软岩计算值的 1/2～1/3。

2. 爆堆宽度

爆堆顶宽，即

$$B = \sum a + R_{Y1} + R_{Yi} \tag{4.5-12}$$

爆堆底宽，即

$$L = B + 2CnW \tag{4.5-13}$$

式中 a——药包间距，m；

R_{Y1}，R_{Yi}——同一排两侧药包的压缩圈半径，m；

C——塌散系数。统计资料指出，单列药包或药包规模较小时，取 $C=1.5$～2.0；多列药包或药包规模较大时，取 $C=2$～3（一般取 $C=2.5$）。

表 4.5-8 国产 2 号岩石硝铵炸药的抛掷系数

岩石类别		以原地面为临空面		由辅助药包创造的新临空面	
		K_M	K_C	K_M	K_C
松石或软石	$K\leqslant 1.3$	3.1	1.9	3.0	1.6
次坚岩	$K=1.4\sim1.5$	3.4	2.1	3.2	2.0
	$K=1.5\sim1.6$	3.7	2.3	3.4	2.2
坚石	$K>1.6$	4.0	2.5	3.6	2.3

从我国定向爆破筑坝工程实际资料看，因爆堆起伏不平，爆堆顶宽往往不易测准，但是坝底宽和设计计算值都很接近，误差在 10%之内。

3. 堆积高度

用体积平衡法计算堆高。

（1）面积平衡计算。计算有效松散抛掷面积。如图 4.5-5 所示，在漏斗 aob 中抛掷（松散）面积为

$$S_p = (1-\xi)(\eta S_{aob} - S_{aot}) \tag{4.5-14}$$

式中 η——松散系数；

ξ——抛散系数，对岩石 $\xi=0.08$，对土质 $\xi=0.05$。

以同样方法计算后排药包的抛掷面积。

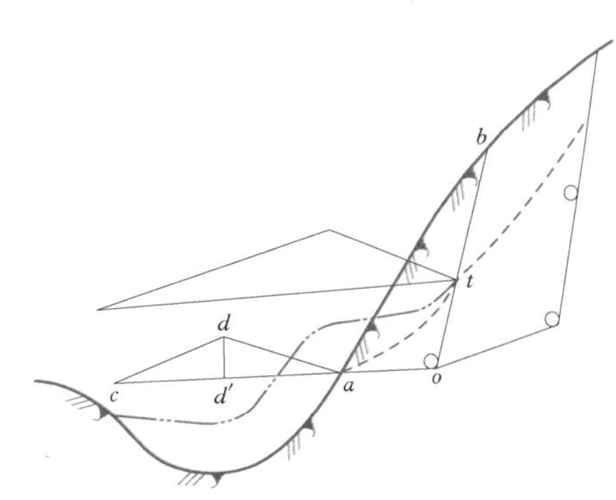

图 4.5-5 面积平衡计算

作抛掷三角形。使 $aC=L_M$，$ad'=L_C$，使 Δacd 面积等于 S_p，定出三角形高 dd'，作出抛掷三角形 acd。

对多排爆破，后排堆积三角形的起点不是 o 点，而是前排可见漏斗的后破裂线与后排可见漏斗的交点。将堆积三角形落到地形剖面线上，并根据爆岩休止角修正堆积剖面，得到该剖面的堆积形状，定出马鞍高度、马鞍点位置，以及平均堆积高度 $\bar{h}$。

（2）体积平衡校核。在地形图上根据计算的 B、S 及平均高程 $\bar{h}$，作出爆堆堆积范围图，作图时假定坝体是一个高为 $\bar{h}$，顶宽为 B，底宽为 S 的规整构筑物，计算坝体体积，见图 4.5-6 和图 4.5-7。具体方法是：

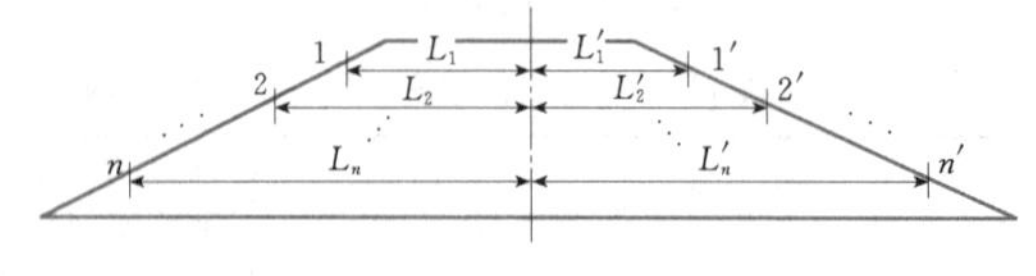

图 4.5-6 坝体标准断面

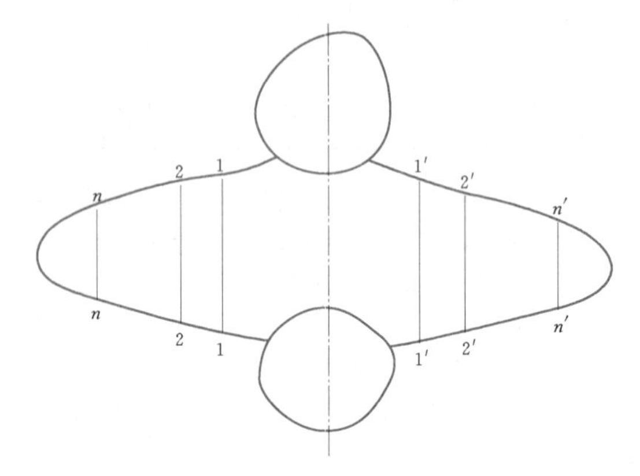

图 4.5-7 堆积轮廓

根据 B、S、$\overline{h}$ 作出坝体标准纵断面；在图 4.5-6 纵断面图上点出 $2n$ 个高程点 1，2，…，n 和 1′，2′，…，n'，量出各点至坝轴距离 L_1，L_2，…，L_n 和 L_1'，L_2'，…，L_n'；在图 4.5-7 地形平面图上作平行于坝轴线的平行线组 1—1，2—2，…，n—n 和 1′—1′，2′—2′，…，n'—n'，使其与坝轴线距离分别为 L_1，L_2，…，L_n 和 L_1'，L_2'，…，L_n'；与山谷两侧相应的等高线交于 1—1，2—2，…，n—n 和 1′—1′，2′—2′，…，n'—n'，连接这 $4n$ 个交点就是堆积轮廓线。

作 1—1，2—2，…，n—n 和 1′—1′，2′—2′，…，n'—n'剖面，由剖面上堆石体面积及剖面间距计算堆石体体积。

(3) 平衡工作。如果计算堆石体体积和由抛掷漏斗计算的堆石体体积相等，则认为由面积平衡求得的坝体高度是正确的。如果两者不等，则应调整平均堆高 h 值，重新圈定爆破堆积轮廓，进行堆积体计算，直至两者平衡为止。

4.5.6 工程实例

4.5.6.1 南水定向爆破筑坝工程

南水电站位于广东北江上游支流的鸡公岐峡谷中，总库容达 12 亿 m^3，电站装机容量为 75000kW，平均年发电量约 3 亿 kW·h。设计最大坝高为 81.8m，坝顶总长 215m，用黏土斜墙防渗；引水涵洞直径 ϕ4.5m，长 3950m；导流、泄洪利用原早期按混凝土重力坝方案建的施工导流洞，在工程后期改建为内径 ϕ5.9m，长 634m 的泄洪洞。

坝址呈 V 形峡谷，水面宽约 15～30m，两岸平均坡度为 45°～65°，地形起伏变化较大。部分基岩裸露，覆盖土 0.5～4.0m。两岸地势高耸，右岸山势雄厚，山顶高程为 410.00m（河底高程为 145.00m），山体厚度为 165m 以上，高度与厚度分别相当于设计坝高的 3.3 倍和 2 倍。左岸山势比较单薄，高度与厚度分别相当于设计坝高的 1.3 倍和 1.5 倍。河湾成凹岸，恰与右岸凸包相对。在上下游坡面均有较大冲沟切割。坝址地形条件非常适合采用定向爆破法筑坝。

1. 坝址地质

(1) 岩性。坝区地层属中古生代下泥盆纪育仔峡系上部，是成层状而岩性不均的岩石。按岩石性质，颗粒粗成，其物理力学性质主要分为石英砂岩和泥质粉砂岩及页岩。

(2) 构造。本区两岸岩层产状一般为北西 35°～65°，倾向南西 35°～45°。在坝址处，地质非常复杂，断层纵横交错，断距在 1m 以上的断层共有 162 条，分布在爆破区内的断层有 62 条，其中有 13 条断层均为破碎风化物质填充，对定向爆破有较大的影响。

(3) 水文地质。地下水以基岩裂隙水为主，活动强烈，主要形式为垂直运动。其埋藏深度在左岸为 24～45m，右岸为 30～72m。由于裂隙发育所限，地下水的含水量是极微的。出水量一般为 0.01～0.03L/min，最大为 4.5L/min。

2. 爆破设计

(1) 药包布置。右岸药包群布置成三排二层二列的型式。第一排为辅助药包，主要造成定向爆破的有利地形（弧形凹面的定向坑）。1—1 号及 1—3 号药包布置在原坡面较小、冲沟较浅的地方，并与打掉凸包的 1—2 号药包联成一个弧形的临空面。第二、三排药包群，是抛掷有效上坝力量的主药包，其中，2—1 号与 2—2 号及 3—1 号、3—2 号与 3—3 号、3—4 号药包，都是根据前排药包起爆后，所形成的临空面进行布置的。2—3 号、2—4 号及 2—5 号药包，则根据原地形轮廓进行布置。特别是 2—3 号主药包，由于受到高程 309.00m 坡面冲沟的影响，其抛掷方向会呈 40°辐射弧线冲向上游。为此，在药包布置上着重考虑了使其最小抵抗线出口尽量约束在高程 305.00m 冲沟中的要求。

左岸药包，由于受到导流隧洞与地形条件的限制，不能布置规模过大的药包。但是，在坝轴线附近地形陡峻，且有天然良好的凹进弧形临空面，所以布置成一排二层三列型式的小型药包群。

这种布置型式，从爆破效果分析来看，是比其他布置型式（最小阻力线大，爆破作用指数小，低高程药包布置除外)，或单岸爆破的布置方案优越。因为它能提高爆破有效上坝方量，并能发挥两岸爆破相互约束的爆破效果。

(2) 爆破参数选择。爆破参数选择如下：

1) 单位耗药量 K 值选用 1.3～1.5。

2) 爆破作用指数 n 值采用 1.25～1.60。

3) 药包间距 a 的选择。

在纵断面方向斜坡地面，水平药包间距为：$0.5W(1+n) \leqslant a \leqslant nW$；在横断面方向上，上下层药包的间距为：$nW \leqslant a \leqslant W\sqrt{1+n^2}$。

4) W/H 比值（即最小抵抗线 W 与药包中心至山顶高程 H 之比值）。为了提高扬弃百分数和有效上坝方量，在南水工程布置上层药包高程时，设计中选用的 $W/H=0.5\sim0.8$。但从爆破后效果分析来看，W/H 比值一般应提高至 0.6～0.8 范围，个别情况可以容许达到 0.9。

选定在右岸主爆区药包优先起爆，左岸辅助药包迟后起爆。各排药包起爆时间隔为秒差起爆。右岸第一排药包为即发；第二排药包为延迟 2s；第三排药包和左岸药包同为 6s 起爆。同排药包用导爆索相连，以保证能同时起爆。

3. 爆破效果

南水电站定向爆破筑坝工程，装药总量为 1394t，于 1960 年 12 月 25 日成功进行了爆破。由于采用这一新技术施工，使工程总进度比黏土心墙堆石坝方案相应地提前了 7 个月，节省劳动 191 万工日，节约投资 582 万元。

爆破岩石抛掷方向是按照原设计的最小抵抗线方向，且沿着坝轴线的定向群呈抛物轨迹运动而集中抛落的。经实际测量，爆破后坝轴线向上游偏转了 2°47′，坝体质量重心和原设计的相差约十余米。

岩石抛掷及堆积形状基本符合原设计要求。堆积形状近似梯形；除上下游冲出部分块石外，经测定计算实际爆破抛掷方量为 105.3 万 m³，上坝方量为 100 万 m³。堆筑平均高程为 207.30m，坝顶最低高程为 191.40m，相应坝顶宽约 40m，上下游平均坝坡各为 1∶3.1。均与原设计指标很接近。见表 4.5－9。

经测定，坝体平均空隙率小于 30%。经过雨季考验，坝顶最大沉陷为 60cm，1961 年 4、6 月最大洪水位曾达 173.80m 左右，坝体未发生显著的变形和渗漏等现象。

4.5.6.2　东川口定向爆破筑坝工程

1. 工程概况

东川口水库拦河大坝是国内首次采用定向大爆破法修筑蓄水坝的开创性工程。炸药用量 193t，于 1959 年 1 月 13 日爆破成功。该坝位于河北省邢台市境内滏阳河支流七里河上。坝址控制流域面积 84km²。水库的任务是防洪、灌溉并结合发电，总库容 1300 万 m³。灌溉面积 5 万亩，水电站装机容量 125kW，年发电量 45000kW·h。

表 4.5－9　岩石抛掷及堆积形状的指标

项　目	岩石抛掷及堆积	
	设计值	实际值
爆落方量(实)(万 m³)	167.0	167.7
抛掷方量(松)(万 m³)	114.0	105.3
上坝方量(松)(万 m³)	114.0	100.0
原设计断面内上坝方量(松)(万 m³)	114.0	193.0
堆筑平均高程(m)	210.0	107.3
堆筑最低高程(拦洪)(m)	195.0	191.4
上游平均坝坡	1∶3.0	1∶3.1
下游平均坝坡	1∶3.0	1∶3.1
最大坝底宽度(m)	430.0	420.0

注　1. 河底高程为 145.00m。
2. 设计扬弃百分数为 50.5%。
3. 爆落方量实际值的计算条件为：上破裂线采用实际值，下破裂线采用设计值。

该水利枢纽总体布置包括：定向爆破堆石坝一座，设计坝高 29.0m，爆破成功后实际加高到 33.5m，坝顶长 112m，坝体防渗结构采用黏土斜墙与砂卵石地基的截水槽相连接形式。堆石坝体方量为 72000m³；坝址左岸原设计泄洪洞一条，后改建成发电引水洞兼灌溉放水洞之用。导洞宽×高为 2.0m×2.2m，顶部用 1.2m 半径圆弧与长方形相接。洞长 145m，由于岩石较为完整，除进、出口洞脸外，洞身不做衬砌。隧洞开挖石方 650m³；水库溢洪原设计为坝顶溢流和在左岸设溢洪道的方案。爆破成功后，地方水利部门取消了溢洪道，改用浆砌石重力墙，将坝加高到 33.5m，用做挡水。

2. 定向爆破设计方案

由于坝址地形条件处于河道弯曲处，右凹岸高约 80m，高度在 30m 以下岸坡约为 1∶1，30m 以上趋于直立。顶部为平台地形。左岸为凸岸，高约 40m。河流在下游坝坡脚附近向左急转 90°。河谷呈 U 形，河底宽约 40～50m。

坝址区两岸均为裸露的厚层石英砂岩，结构致密，性质坚硬。岩层走向为北东 40°，倾向东南 130°，倾角 8°～10°，节理发育，主要节理有北东 50°和北西

40°，为陡倾角。

爆破设计采用右岸单边定向抛掷堆积设计方案。布置两排单层集中药包。前排设3个辅助药包，最小抵抗线 W=17.0～11.8m；后排主药包布置两个集中药包。W=27.3m，n=1.5。

3. 定向爆破坝体堆积结果

坝轴线基本上与原设计符合，仅向下游偏移2～3m。爆破总方量（虚方）约13.5万 m^3，下游坡平均约1∶4.5。较原设计缓很多。坝体纵剖面最低马鞍形处的堆高为18.5m。

参考文献

[1] 潘家铮，何璟．中国大坝50年［M］．北京：中国水利水电出版社，2000.

[2] 华东水利学院．水工设计手册：土石坝［M］．北京：水利电力出版社，1984.

[3] 白永年．中国堤坝防渗加固新技术［M］．北京：中国水利水电出版社，2001.

[4] 陆忠民．土工合成材料在潮汐河口地区水库建设中的应用［J］．水利水电科技进展，2009，29（6）：39-41.

[5] 牛运光．大坝事故与安全［M］．北京：中国水利水电出版社，2000.

[6] 水利电力部第五工程局，水利电力部东北勘测设计院．土坝设计［M］．北京：水利电力出版社，1978.

[7] 河海大学，黄河设计公司．西霞院工程复合土石坝防渗斜墙坝三维非线性有限元分析及复合土工膜比选研究报告［R］．2003.

[8] 西霞院土石坝土工膜防渗施工技术要求［R］．郑州：黄河设计公司，2004.

[9] 西霞院土石坝土工膜防渗施工工艺研究［R］．南京：河海大学，2008.

[10] 郑新民，王英顺．水坠坝设计与施工［M］．郑州：黄河水利出版社，2006.

[11] 黄河中上游管理局．淤地坝试验研究［M］．北京：中国计划出版社，2005.

[12] 黄河中上游管理局．淤地坝施工［M］．北京：中国计划出版社，2004.

[13] 王正宏，包承纲，崔亦昊，等．土工合成材料应用技术知识［M］．北京：中国水利水电出版社，2000.

[14] 土工合成材料应用手册编写委员会．土工合成材料应用手册［M］．2版．北京：中国建筑工业出版社，2000.

[15] 顾淦臣．承压土工膜厚度计算的研究［C］//全国第三届土工合成材料学术会议论文选集．天津：天津大学出版社，1992.

[16] 沈长松，顾淦臣．复合土工膜厚度计算方法研究［J］．南京：河海大学学报，自然科学版，2004（4）.

[17] SL/T 225—98 水利水电工程土工合成材料应用技术规范［S］．北京：中国水利水电出版社，1998.

[18] 贾晓杰，马志强，张艳萍．大顶子山水力冲填均质坝设计［J］．黑龙江水利科技，2009，37（2）：81.

[19] 王吉栋，李雪峰．粉细砂冲填技术在土坝工程的应用［J］．应用能源技术，2010（6）：12-14.

[20] 谷春光，赵宝化，李强，等．水力冲填在大顶子山航电枢纽工程土坝施工中的应用［J］．水运工程，2008（5）：101-103.

[21] 蔡云波，吴正爱，任建钦，等．松花江大顶子山航电枢纽工程坝体现场水力冲填试验研究［J］．水运工程，2008（5）：42-45.

[22] SL 289—2003 水土保持治沟骨干工程技术规范［S］．北京：中国水利水电出版社，2003.

[23] SL 44—2006 水利水电工程设计洪水计算规范［S］．北京：中国水利水电出版社，2006.

[24] SD 289—87 水土保持技术规范［S］．北京：水利电力出版社，1988.

[25] 黄河上中游管理局．淤地坝概论［M］．北京：中国计划出版社，2005.

[26] 黄河上中游管理局．淤地坝设计［M］．北京：中国计划出版社，2004.

[27] 祁庆和．水工建筑物［M］．北京：水利电力出版社，1981.

[28] 阎文哲，孟博．水土保持治沟骨干工程技术讲座［J］．中国水土保持，1997：1-11.

[29] SL 274—2001 碾压式土石坝设计规范［S］．北京：中国水利水电出版社，2002.

[30] 鄂竟平．扎实推进淤地坝建设加快黄河上中游水土流失防治步伐［J］．中国水土保持，2007（11）：4-6.

[31] 方学敏，曾茂林．黄河中游淤地坝坝系相对问题研究［J］．泥沙研究，1996（9）.

[32] 陆中臣，陈常优，陈劭锋．黄土高原水土保持中的淤地坝［J］．水土保持研究，2006（13）：108-111.

[33] 天津大学．水工建筑物［M］．北京：中国水利水电出版社，1997.

[34] 詹道江，叶守泽．工程水文学［M］．3版．北京：中国水利水电出版社，2000.

[35] 黄河水利科技丛书．黄土高原水土保持［M］．郑州：黄河水利出版社，1996.

[36] 黄河水利委员会黄河上中游管理局．黄河水土保持志［M］．郑州：河南人民出版社，1993.

[37] 周月鲁，等．水土保持治沟骨干工程设计技术［M］．郑州：黄河水利出版社，2002.

[38] 黄河上中游管理局西安规划设计研究院．陕西省榆林市水利水电勘测设计院小流域坝系设计资料［R］.

第5章

河道整治与堤防工程

本章为《水工设计手册》（第2版）新增章节，共分为6节。本章主要介绍河道整治规划、内陆河道的河床演变与整治、潮汐河口演变与整治、堤防工程设计、河道整治建筑物设计以及疏浚与吹填工程设计。

在堤防工程设计中，由于江河（湖）堤和海堤的设计具有不同特点，所以本章对两类堤防的堤线布置、堤型选择、堤身设计、基础处理等内容分别进行阐述。

本章除介绍有关河道整治和堤防工程规划设计的内容、标准、原则和方法等外，还列举了大量工程实例，供设计时参考。

章主编　林少明

章主审　余文畴　余伟桥　江恩惠

本章各节编写及审稿人员

节次	编　写　人	审　稿　人
5.1	何华松　张学军	余文畴
5.2	曹永涛　刘　燕　张林忠	余文畴　江恩惠
5.3	黄希敏　黎开志	余文畴
5.4	陆忠民　刘小曼　吴彩娥　何力劲 刘汉中　庞远宇　王冬珍　张淑芳 邓　鹏　黄健和	余伟桥　袁文喜 袁建忠　黄少丞
5.5	李永强　刘　筠	余文畴　江恩惠
5.6	黄宏力　朱春生	余文畴　袁文喜　黄刚强

第5章　河道整治与堤防工程

5.1　河道整治规划综述

5.1.1　河道整治规划原则

5.1.1.1　统筹协调、全面规划

河道整治牵涉面广，不仅应合理兼顾干支流、上下游、左右岸的利益，还要综合协调处理防洪、排涝、灌溉、供水、航运、水力发电、文化景观和生态环境保护等方面的关系，进行全面规划，统筹安排。

5.1.1.2　确保重点、兼顾一般

根据河道整治任务，应按照轻重缓急，分清主次，确保重点，兼顾一般。整治规划应着眼于整治河段的全线控制，但整治工程很难做到全河段布设，故应选择对河势变化起重要控制作用的部位修筑重点整治工程，并做到上下呼应，左右配合。

5.1.1.3　顺应河势、因势利导

河道整治实践表明，河道整治的难点往往不在于整治工程本身，而在于河流对整治工程作出的反应是否向人们预期的有利方向发展。河道整治要取得人们预期的有利效果，就必须认真研究河道特性，分析河床演变规律，顺应河势，因势利导，制定切合实际的整治方案，达到整治的目的。

5.1.1.4　因地制宜、就地取材

河道整治工程所在地区自然环境、社会经济等条件存在很大差异。在河道整治工程设计中应根据当地实际情况，贯彻因地制宜、就地取材的原则，在保证工程质量的前提下降低工程造价。在总结经验和分析研究的基础上，应积极慎重地采用新技术、新工艺、新材料。

5.1.1.5　技术可行、经济合理

河道整治是一项复杂的系统工程，不同方案在难易程度、工程量、造价、效果、征地拆迁、环境影响等方面均不相同。因此，应通过多方案比选和技术经济论证，选取技术可行、经济合理的整治方案。

5.1.1.6　以人为本、人水和谐

河道整治规划要以人为本，优先解决关乎国计民生的防洪安全、饮水安全等问题，尊重自然规律，在开发利用水资源的同时，注意节约和保护水资源，维护河流健康，保护生态环境，促进经济社会可持续发展。

5.1.2　河道整治任务

河道整治规划应在收集社会经济、水文气象、河床演变、地形地质、相关工程和其他基本资料的基础上，根据国民经济各部门对河道在防洪、河势控制、灌溉和供水、航运、排涝、水力发电、文化景观、生态环境及岸线利用等方面进行开发、利用和保护的基本要求，合理确定河道整治任务，进行河道水力计算和河床演变分析，确定河道整治设计标准，因势利导制订河道治导线，确定整治工程总体布置，以改善河道边界条件和水流流态，适应经济社会发展的需要，保护生态环境，维护河流健康。

5.1.2.1　防洪

在我国主要江河治理中，大多以防洪安全作为首要目标。因此，河道整治规划首先应弄清整治河段相关的防洪保护对象、防洪保护区、洪灾状况、现有防洪工程体系及设施、现状防洪标准、河道泄洪能力，分析防洪形势和存在的主要问题，根据经济社会发展的需要，明确防洪、防凌或减淤等对河道整治的要求，确定河道整治在防洪方面的主要任务。

5.1.2.2　河势控制

有河势控制任务的河段，河道整治规划应说明整治河段现状河势演变趋势、河岸崩塌情况及造成的影响，河道两岸经济社会发展对河势控制和稳定方面的要求，确定河道整治在河势控制方面的主要任务。

5.1.2.3　灌溉和供水

有灌溉和供水任务的河段，河道整治规划应说明与整治河段有关的灌区现状和规划的灌溉面积，取引水方式、高程、流量，设计保证率及需水量年内分配等情况；应说明现状和规划供水量、供水量的年内分配、设计供水流量、供水保证率要求、取水口的位置、高程等，明确灌溉和供水对河道整治的要求，确定河道整治在灌溉和供水方面的主要

任务。

5.1.2.4　航运

有航运任务的河段，河道整治规划应说明现状和规划的水运量、航道技术等级、航道尺度、港口的布置、设计代表船型、通航保证率等，明确航运对河道整治的要求，确定河道整治在航运方面的任务。

5.1.2.5　排涝

位于平原上的主要排水河道，一般除具有防洪任务外，大多具有排涝任务。因此，河道整治规划应说明整治河段相关的排涝区情况、涝灾状况、现有除涝工程设施、现状排涝标准和排涝能力等，分析存在的主要问题，根据规划的排涝标准和排涝区的排涝需要，明确排涝对河道整治的要求，确定河道整治在排涝方面的主要任务。

5.1.2.6　水力发电

有水力发电任务的河段，河道整治规划应说明整治河段上下游现状和规划的水电站梯级布置、特征水位、装机规模、径流调节等，明确水力发电对河道整治的要求，确定河道整治在水力发电方面的主要任务。

5.1.2.7　文化景观

有开发、利用和保护文化景观任务的河段，河道整治规划应说明整治河段及附近现状的文化景观和名胜古迹等情况，分析存在的问题，明确文化景观和名胜古迹的开发、利用和保护对河道整治的要求，确定河道整治在文化景观方面的主要任务。

5.1.2.8　生态环境

有生态环境保护任务的河段，河道整治规划应说明与整治河段相关的现状生态环境状况和存在问题，明确生态环境保护对河道整治的要求，确定河道整治在生态环境方面的主要任务。

5.1.2.9　岸线利用

河道整治规划应说明整治河段现状岸线利用情况及存在问题；根据岸线利用规划说明岸线控制线的范围、岸线利用的功能分区；说明岸线利用和河道整治的关系。在确保河道行洪、排涝和堤防工程安全的前提下，说明社会经济各部门对岸线利用的要求，确定河道整治在岸线利用方面的主要任务。

5.1.3　河道水力计算

5.1.3.1　河道糙率的确定

天然河道的糙率采用下列方法分析确定：

（1）有水文站实测糙率资料时，应在求出糙率与水位、流量等的关系后分析选定。

（2）有实测河道水面线和相应流量时，应采用水面线计算公式推求糙率。

（3）无实测资料时，宜根据地形、地貌、河床组成、水流条件等特性与本河段相似的本河道其他河段或其他河道的实测糙率资料进行类比分析后选定。确无相似河段可类比时，可查阅第 1 卷第 3 章相关内容。

河道整治后的糙率应根据整治后的河道边界条件和水流特性，结合以往工程经验综合分析确定。

复式断面的主槽糙率和滩地糙率需分别确定。河道过水断面湿周上各部分糙率不同，应求出断面的综合糙率。河道形态、河床组成等沿河长方向的变化较大时，应分段确定糙率。

5.1.3.2　河道恒定流计算

整治河段的水面线应根据控制站的水位和相应的河道流量，计入区间入流、出流等因素计算确定。

河道内局部地方有突出的变化或阻水障碍物，产生较大的局部水流阻力时，应计算局部水头损失。

对于干支流、河湖等洪涝水相互顶托的河段，应研究洪涝水组合和遭遇规律，根据设计条件推算不同组合情况的水面线，经综合分析后合理确定设计洪涝水位。

分汊河段流量和水面线应按总流量等于各汊流量之和及各汊分流、汇流条件计算确定。

计算的水面线成果，宜与实测或调查的水面线进行比较验证。

5.1.3.3　河道非恒定流计算

整治河段具有下列情况之一的，应进行河道设计洪水过程和其他非恒定流过程计算：

（1）水流要素随时间变化较大的河流。

（2）河道调蓄作用较大的河段。

（3）潮汐河口段。

对于相对单一的较长河段，可采用一维河道非恒定流数学模型计算；对于水面宽阔的河段、洪泛区和潮汐河口段等，宜采用二维非恒定流数学模型计算。计算的初始条件、边界条件应根据计算河段的实际情况或设计要求合理确定。

对数学模型应采用新的实测河道地形资料和水文资料进行参数率定和模型验证。对于缺乏河道地形和糙率资料，而有一定水文实测资料的河段，也可采用河道非恒定流的简化算法。

5.1.3.4　河道水力计算

河道水力计算的基本方程和计算方法见第 1 卷第 3 章。

5.1.4　河床演变分析

河床演变分析一般可采用资料分析、数学模型计算和河工模型试验等方法。河床演变分析工作应从实际出发，针对整治河段的具体情况确定分析重点和分析方法。对少沙或观测资料表明河床相对稳定的河流，可只进行河床演变资料分析工作，并适当简化工作内容；对多沙或冲淤变化较大的河流，宜在河床演变资料分析的基础上结合数学模型计算和河工模型试验，分析整治河段近期的河势变化和河床演变特点及其影响因素，预估发展趋势。

5.1.4.1 历史演变及实测资料分析

1. 分析水沙特性

根据实测资料统计分析整治河段水沙特性，主要包括以下内容：

(1) 径流特征值，年际和年内变化。径流特征值包括多年平均年径流量、最大和最小年径流量与发生年份、多年平均流量、历年最大和最小流量与发生时间；年际变化指历年洪峰的均值与变差系数 C_v 值；年内变化指多年平均年内各月的径流量、平均流量和占年内总量的百分数。

(2) 水位特征值，年际和年内变化，比降特征。水位特征值包括多年平均水位、历年最高和最低水位与发生时间；年际变化指水位变幅；年内变化指多年月平均水位。

(3) 悬移质泥沙特征值，年际和年内变化，颗粒级配。悬移质泥沙特征值包括多年平均年输沙量、最大和最小年输沙量与发生年份、多年平均含沙量、历年最大和最小含沙量与发生时间、多年平均月输沙量与占年内总量的百分数。

(4) 推移质输沙率和颗粒级配；床沙颗粒级配。推移质输沙率指实测的和调查的资料以及分析的成果。

(5) 流量与含沙量、洪峰与沙峰的对应关系。悬移质、推移质和床沙颗粒级配资料要尽量收集、统计和描述。

2. 分析历史演变情况

了解河道的历史演变情况是河床演变分析工作的内容之一。因此应根据历史文献和资料，分析并概括河道的历史演变情况。

3. 分析河势变化

根据河势图、河道地形图、航测图、卫星照片等资料，分析整治河段的河势变化情况。

天然河道实测的基本资料一般为不同历史时期所积累，标准不同，精度各异，因此应对资料进行整理、审核，做到去伪存真。发现资料有计算错误或影响较大的系统性误差的，应进行改正。再将河势图、河道地形图进行套绘，分析河道深泓线、滩岸的平面变化。

河床地质条件是影响河床演变的重要因素。当河床由可冲刷的松散土质组成时，河床演变发展将较剧烈，河床较不稳定；当河床由较难冲刷的土质组成时，河床演变的过程将较缓慢，河床较稳定。如果河床的地质组成极为复杂，则河床演变的过程也将较为复杂。在分析河道地质情况时，宜根据地质钻探资料绘制地质剖面图，根据河床地质组成，分析河床边界条件和稳定性。

根据河势、主流线或深泓线、地形的变化情况及河道地质等边界条件，结合已建、拟建河道整治工程情况，以及河工模型试验成果，预估整治河段今后的河势变化趋势。

4. 分析冲淤变化

河段冲淤量的计算采用输沙率法或断面法。

(1) 输沙率法计算河段冲淤量。

输沙率法计算河段冲淤量公式为

$$\Delta W = W_s^{上} + W_s^{入} - W_s^{出} - W_s^{下} \quad (5.1-1)$$

$$\Delta V = \frac{\Delta W}{\rho'} \quad (5.1-2)$$

式中 ΔW——河段冲淤重量，t；

ΔV——河段冲淤体积，m^3；

$W_s^{上}$——河段上站来沙量，t；

$W_s^{入}$——河段区间来沙量，t；

$W_s^{出}$——河段区间引出沙量，t；

$W_s^{下}$——河段下站输沙量，t；

ρ'——河段泥沙冲淤量干密度，t/m^3。

(2) 断面法计算河段冲淤量。

断面法计算河段冲淤量公式为

$$\Delta A_i = A_i^{n+1} - A_i^n \quad (5.1-3)$$

$$\Delta V_i = \frac{1}{3}\left(\Delta A_i + \sqrt{\Delta A_i \Delta A_{i-1}} + \Delta A_{i-1}\right)\Delta L \quad (5.1-4)$$

$$\Delta V = \sum \Delta V_i \quad (5.1-5)$$

式中 ΔA_i——本断面的冲淤面积，m^2，负为冲，正为淤；

A_i^n——上一测次断面面积，m^2；

A_i^{n+1}——下一测次断面面积，m^2；

ΔA_{i-1}——上断面的冲淤面积，m^2；

ΔV_i——本断面与上断面间的冲淤体积，m^3；

ΔV——河段内的冲淤体积，m^3；

ΔL——河道断面间距，m。

对多沙河流或冲淤变化较大的河流应用两种方法同时计算，计算成果一般宜采用断面法成果。当两种方法成果相差较大时，应分析产生差别的原因后合理确定。对复式河道断面，还应用断面法分别求出河槽冲淤量、滩地冲淤量和全断面冲淤量。根据计算结果，绘制冲淤的典型横断面变化图和纵断面变化图。受资料条件限制的河段，也可采用经验法、类比法进行河流冲淤计算。

根据实测的固定横断面图进行套绘，分析河道横断面的冲淤变化；根据实测的纵断面图进行套绘，分析河道深泓线、平均河底高程、滩面高程等纵断面的冲淤变化。

5. 整治河段的河相关系

河相关系是指在相对平衡状态下河流河槽的纵横断面形态与流域来水、来沙及周界条件等因素之间的某种定量关系。因此，应根据造床流量、来水来沙量、河道纵横断面、河段地形地质条件和河流上模范河段实测资料，综合分析确定整治河段的河相关系。河相关系主要指河段的中水河槽纵横断面形态，在进行河道整治时，都应加以控制。目前描述河相关系的公式很多，既不成熟，也难统一。苏联国立水文研究所主要根据平原河流资料整理出如下形式的河相关系式为

$$\frac{\sqrt{B}}{h}=\xi \qquad (5.1-6)$$

式中　B、h——中水河槽的河宽和平均水深，m；

ξ——断面河相系数，可根据同一河流上模范河段的实际资料确定。

所谓"模范河段"指无需整治即能满足要求的优良河段，即在河床形态方面，应是河岸岸线略呈弯曲，深槽较长而浅滩较短，水深沿程变化较小，过渡段的沙埂方向与水流接近垂直，枯水时没有分汊现象等；在水流方面，应该是和缓平顺，主流稳定，洪、中、枯水流向交角较小等。模范河段应从整治河段所在河流上选择。如果在本河流上难以选到合适的模范河段时，也可以从其他条件类似的河流上进行选择。

5.1.4.2　数学模型计算

对多沙或冲淤变化较大的河流进行河道整治设计，宜采用河流数学模型分析计算河床的冲淤变化。对于相对单一的较长河段，可采用一维泥沙数学模型计算；对于水面宽阔的河段、洪泛区和潮汐河口段等宜采用二维泥沙数学模型计算。

目前国内外出现了很多大同小异的众多河流数学模型。河流数学模型的建立，是以河流动力学为基础的。由于泥沙问题的复杂性，不同的模型在工作中简化取舍有所不同，采用的经验封闭条件各异。目前一维数学模型用于研究相对单一的长河段的河床变形，理论及应用上都相对成熟，国内外应用也比较普遍。二维数学模型也已能近似反映实际情况，在国内外也开始应用。

数学模型计算范围应包括河道整治工程可能影响的范围，模型进出口位置宜在稳定所需的河道范围之外。

对数学模型应采用实测河道地形资料和水文、泥沙资料进行参数率定和模型验证。数学模型中含有一些重要的参数如糙率 n、水流挟沙力 S^{*}、泥沙恢复饱和系数 α 等，在实际计算中这些参数值是否合理，常成为影响数学模型成果好坏的关键。这些参数的确定目前主要依靠经验，其影响因素复杂多变，要妥善处理。故数学模型的参数要用实测典型资料率定，且宜用不同于模型率定的实测资料对模型进行验证。

河流冲淤计算的水沙系列，根据计算要求和资料条件，可选用长系列、代表系列或代表年。代表系列的多年平均年径流量、年输沙量、含沙量，代表年的年径流量、年输沙量、含沙量均应接近多年平均值。

数学模型采用的基本方程和计算方法见第2卷第6章。

5.1.4.3　河工模型试验

数学模型多用于一维、二维问题，河工模型多用于二维、三维问题。河工模型制作成本高，费用大，但下列情况的河道整治设计应进行河工模型试验：

（1）水流流态复杂或冲淤变化较大河段的河道整治。

（2）对河势控制和岸线利用有较大影响的河道整治。

（3）重要河段、河口段及对重要工程有影响的河道整治。

根据河道整治方案的实际要求，宜合理选用动床或定床、正态或变态河工模型。

模型试验范围应包括河道整治工程可能影响的范围，模型进出口位置宜在稳定所需的河道范围之外。

河工模型在正式试验前应进行验证试验，对水面线、流速流态和河床冲淤地形进行验证。河工模型试验比较复杂，影响因素多，特别是变态动床模型，试验控制因素必须依靠验证试验来解决，使模型与原型在水面线、流速流态和河床冲淤地形符合一致，以检验模型设计、制模、操作的可靠性和正确性。

河工模型试验的精度应符合《河工模型试验规程》（SL 99—2012）和《内河航道与港口水流泥沙模拟技术规程》（JTJ/T 232—1998）的规定。

5.1.5　河道整治设计标准

根据河道整治的主要任务，分别确定整治河段的

防洪、河势控制、灌溉、通航或排涝等的设计标准，当河道整治设计具有两种或两种以上设计标准时，应协调各设计标准间的关系。

充分考虑大江大河上修建控制性水库工程后清水下泄的影响。

5.1.5.1 防洪

1. 设计防洪标准

有防洪任务的整治河段设计防洪标准应以防御洪水或潮水的重现期表示，或以作为防洪标准的实际年型洪水表示。

(1) 各类保护对象的防洪标准，应根据防洪安全的要求，按《防洪标准》(GB 50201—1994) 的规定，考虑经济、政治、社会、环境等因素，综合论证确定。对重要工程，必要时还应进行不同防洪标准所可能减免的洪灾经济损失与所需的防洪费用的对比分析，合理确定。对特殊工程（如核电站）的防洪标准，应协调确定。

(2) 当保护区内有两种以上的保护对象，又不能分别进行保护时，该保护区的防洪标准，应按保护区和主要防护对象两者要求的防洪标准中较高者确定。

(3) 对于影响公共防洪安全的保护对象，应按自身和公共防洪安全两者要求的防洪标准中较高者确定。

(4) 兼有防洪作用的建（构）筑物，其防洪标准应按保护区及该建（构）筑物的防洪标准中较高者确定。

2. 设计泄洪流量和设计洪水位

整治河段设计泄洪流量和设计洪水位宜采用以下方法分析确定：

(1) 整治河段的设计泄洪流量按确定的防洪标准，根据设计洪水通过水文水利计算确定。

(2) 主要控制站的设计洪水位可根据实测年最高洪水位系列进行频率分析后确定，或根据设计洪峰流量通过分析河道冲淤变化后的水位流量关系确定。当两者的洪水位不一致时，应取较大值作为设计洪水位。

(3) 以实际年型洪水作为防洪标准的河段，主要控制站的设计洪水位可根据实测或调查的最高洪水位和整体防洪要求，分析河道冲淤变化后合理确定。

(4) 潮汐河口的设计潮位应采用历年实测高、低潮位资料进行频率分析确定。缺乏潮位资料时，可参照邻近地区的设计潮位，分析相关关系确定。

(5) 整治河段的设计洪水水面线，宜根据主要控制站的设计洪水位和该河段的设计泄洪流量，按设计的河道纵横断面计算确定。

5.1.5.2 河势控制

有河势控制任务的整治河段的岸线利用应与岸线控制线、岸线利用功能分区的控制要求相一致，并应符合经审批的岸线利用规划。

整治河段中水河槽的设计整治流量应为该河段的造床流量。造床流量为对形成天然河道河床特性及河槽基本尺度起支配作用、与多年流量过程的综合造床作用相当的特征流量。

造床流量可采用马卡维也夫法、平滩流量法计算。

1. 马卡维也夫法计算造床流量

(1) 将计算河段历年所观测的流量分成若干相等的流量级，计算该级流量的平均值 Q。

(2) 确定各流量级出现的频率 P。

(3) 绘制河段流量—比降关系曲线，确定各级流量相应的比降 J。

(4) 算出每一级流量相应的 $Q^m JP$ 乘积值。在双对数纸上作 G_s—Q 的关系曲线。其中 Q 为该级流量的平均值；G_s 为与 Q 相应的实测断面输沙率；m 为指数，由实测资料确定，即为 G_s—Q 关系曲线的斜率，对平原河流一般可取 $m=2$。

(5) 绘制 Q—$Q^m JP$ 关系曲线图，见图 5.1-1。

(6) 从图中查出 $Q^m JP$ 的最大值，相应于此最大值的流量 Q 即为造床流量。

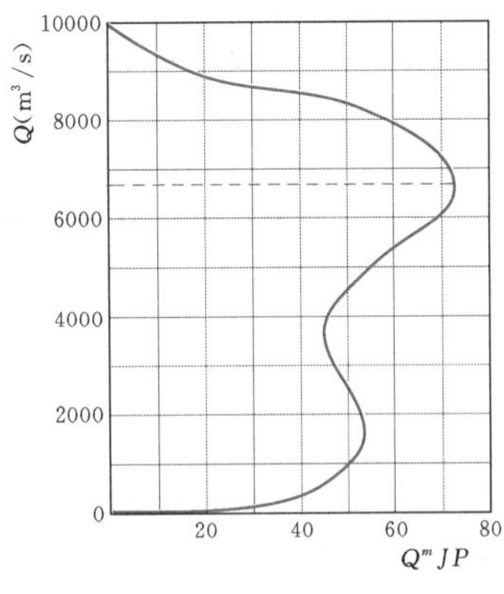

图 5.1-1 Q—$Q^m JP$ 关系曲线图

2. 平滩流量法计算造床流量

(1) 当有断面水位—流量关系曲线时，按照实测的河道横断面确定滩唇高程，该断面水位—流量关系曲线上与滩唇高程相应的流量值即为该断面的平滩流量。综合分析各横断面的平滩流量值，即可确定该河段的造床流量。

(2) 当无断面水位—流量关系曲线时，根据计算河段的纵断面图，确定沿程控制断面与滩地齐平的水位（平滩水位）；假定流量，推算河段沿程控制断面的水位；当推算的水位与沿程控制断面的平滩水位基本一致时，该流量即为造床流量。

按上述方法计算的造床流量，应结合计算河流的具体情况，经分析比较后合理确定。当流域内规划还将修建蓄水、引水、分洪、滞洪等工程时，应根据还原后的水文系列资料，按现状、规划的工程情况和调度运用方案，分析规划工程修建后对本河段造床流量的影响。

5.1.5.3 灌溉

有灌溉任务的整治河段设计灌溉标准应以灌溉设计保证率表示。

整治河段设计引水流量和设计引水水位根据灌区情况和设计要求宜采用以下方法确定：

（1）设计引水流量宜根据历年灌溉期最大灌溉流量进行频率分析，按相应于灌溉设计保证率的流量选取，也可取设计代表年的最大灌溉流量。

（2）设计引水水位宜根据历年灌溉期旬或月平均水位进行频率分析，按相应于灌溉设计保证率的水位选取，也可取多年灌溉期枯水位的平均值。

5.1.5.4 通航

有通航任务的整治河段设计通航标准应按《内河通航标准》（GB 50139—2004）规定的等级表示，见表5.1-1。

表5.1-1 航道等级划分

航道等级	Ⅰ	Ⅱ	Ⅲ	Ⅳ	Ⅴ	Ⅵ	Ⅶ
船舶吨级（t）	3000	2000	1000	500	300	100	50

整治河段设计最高通航水位和设计最低通航水位应按GB 50139—2004的规定计算确定。

1．设计最高通航水位

（1）不受潮汐影响和潮汐影响不明显的河段，设计最高通航水位应采用表5.1-2规定的各级洪水重现期的水位。

表5.1-2 设计最高通航水位的洪水重现期

航道等级	Ⅰ～Ⅲ	Ⅳ、Ⅴ	Ⅵ、Ⅶ
洪水重现期（年）	20	10	5

对出现高于设计最高通航水位历时很短的山区性河流，Ⅲ级航道洪水重现期可采用10年；Ⅳ级和Ⅴ级航道可采用3～5年；Ⅵ级和Ⅶ级航道可采用2～3年。

（2）潮汐影响明显的河段，设计最高通航水位应采用年最高潮位频率为5%的潮位，按极值Ⅰ型分布律计算确定。

2．设计最低通航水位

（1）不受潮汐影响和潮汐影响不明显的河段，设计最低通航水位可采用综合历时曲线法计算确定，其多年历时保证率应符合表5.1-3的规定；也可采用保证率频率法计算确定，其年保证率和重现期应符合表5.1-4的规定。

表5.1-3 设计最低通航水位的多年历时保证率

航道等级	Ⅰ、Ⅱ	Ⅲ、Ⅳ	Ⅴ～Ⅶ
多年历时保证率（%）	≥98	98～95	95～90

表5.1-4 设计最低通航水位的年保证率和重现期

航道等级	Ⅰ、Ⅱ	Ⅲ、Ⅳ	Ⅴ～Ⅶ
年保证率（%）	99～98	98～95	95～90
重现期（年）	10～5	5～4	4～2

（2）潮汐影响明显的河段，设计最低通航水位应采用低潮累积频率为90%的潮位。

5.1.5.5 排涝

1．设计排涝标准

有排涝任务的河段中水河道整治还应兼顾两岸排涝的要求，设计排涝标准应以排除涝水的重现期表示，宜根据排涝区的自然条件、洪涝灾的严重程度及影响大小等因素，经技术经济论证确定。

2．设计排涝流量和设计排涝水位

整治河段设计排涝流量和设计排涝水位，根据该河段所承泄的排涝区情况和设计要求宜采用以下方法确定：

（1）设计排涝流量按确定的排涝标准根据设计暴雨间接推算。

（2）坡水地区设计排涝流量可采用排涝模数经验公式计算。

（3）泵站抽排地区设计排涝流量，农田可根据作物耐涝历时采用排涝期涝水量平均排除法估算；城镇可采用产汇流和河洼地容许调节水量，采用平均排除法估算。

（4）承泄自排涝水的整治河段设计排涝水位一般宜低于地面0.2～0.5m，必要时经技术经济论证局部河段也可略高于地面。

（5）承泄抽排涝水的整治河段设计排涝水位可高于滩地地面，但应满足上下游河段的防洪和排涝要求。

5.1.6 整治工程总体布置

河道整治规划应按照整治的主要任务和范围，统筹协调好各项整治任务和相应专业规划的关系，进行整治工程总体布置。

加强监测大江大河上修建工程后清水下泄的影响，发现问题及时处理调整，以达到河道整治的目的。

5.1.6.1 河道治导线的制定

治导线是指河道经过整治后，在设计流量下的平面轮廓，是整治建筑物布置的依据。治导线内的河道应能满足泄洪、排灌、通航、供水及地区经济社会发展、生态环境保护的要求。

按照河段的自然特性和平面形态，河道治导线宜分段制定。根据河道整治主要任务的要求，可选择制定洪水治导线、中水治导线或枯水治导线。

1. 洪水治导线

洪水治导线为规划拟订的河道通过设计泄洪流量时的水面轮廓线。洪水治导线应根据设计泄洪流量制定。在有堤防的河段，水面轮廓受堤防的制约，故只需以堤防的堤线作为洪水治导线。

2. 中水治导线

在治导线的制定中，中水治导线非常重要，它一般是指河槽经过整治后，在造床流量下的平面轮廓线。控制了造床流量下的水流，即可基本控制整个河道的河床演变和河势变化。在一些按排涝要求开挖的河段，应根据设计开挖的河槽断面制定中水治导线。

中水河床应界定岸线。岸线控制线是指沿河流水流方向或湖泊沿岸周边为加强岸线资源的保护和合理开发而划定的管理控制线。岸线控制线分为临水控制线和外缘控制线，临水控制线采用滩槽分界线划定，外缘控制线采用河道堤防工程的管理范围外边缘线。

中水治导线宜根据造床流量或排涝流量，经综合分析平滩水位制定。制定中水治导线应符合以下规定：

(1) 根据整治的目的，因势利导，按河床演变和河势分析得出的结论制定。

(2) 利用已有整治工程、河道天然节点和抗冲性较强的河岸。

(3) 上下游平顺连接，左右岸兼顾。

(4) 上下游相衔接的河段应具有控制作用。

(5) 协调各有关部门对河道整治的要求。

(6) 按排涝要求开挖的河段，根据设计开挖的河槽断面上口宽制定。

3. 枯水治导线

枯水治导线可根据供水、灌溉、通航和生态环境等功能性输水流量选择制定。制定枯水治导线宜符合下列规定：

(1) 在中水治导线的基础上制定。

(2) 利用较稳定的边滩和江心洲、矶头等作为治导线的控制点。

(3) 有通航要求的河段，按集中水流形成具有控制作用的优良枯水航道的要求制定。

(4) 有灌溉、供水任务的河段，应满足灌溉、供水的基本要求。

(5) 满足生态环境流量的基本要求。

5.1.6.2 堤线的布置

有防洪任务的整治河段，河道纵横断面应按安全下泄设计泄洪流量设计。新修堤防时，在设计确定的河槽断面基础上，根据防洪规划、地形地质条件、河床演变情况、现有工程状况、拟建工程位置、征地拆迁量、行政区划和文物保护要求等，经技术经济比较后，合理布置堤防的堤线。

整治河段堤线的布置应满足下列要求：

(1) 堤线与河势流向相适应，与洪水的主流线大致平行。

(2) 堤线平顺，各堤段平顺连接，不应采用折线或急弯。

(3) 利用现有堤防和有利地形，修筑在土质较好、比较稳定的地方，留有适当宽度的滩地。

(4) 两岸堤距根据防洪规划分河段确定，上下游、左右岸统筹兼顾。

(5) 两岸堤距的大小应根据河道泄洪的要求、河道的地形地质条件、水文泥沙特性、河床演变特点、经济社会发展的要求、滩地的滞洪淤积作用、生态环境保护的要求和技术经济指标等，经综合分析后确定。

(6) 同一河段两岸堤距应大致相等，不宜突然放大和缩小；对束水严重、泄洪能力明显小于上下游的窄河段，宜清除阻水障碍、合理展宽堤距，与上下游堤防平缓衔接。

5.1.6.3 设计整治河宽

有排涝任务的整治河段，河槽纵横断面宜按下泄设计排涝流量设计。有航运任务的整治河段，航道尺度应根据确定的航道建设标准和等级，按 GB 50139—2004 和已批准的航运规划进行设计。有灌溉和供水任务的整治河段，应满足设计输水、引水流量和高程的要求。河槽整治设计还应满足河道生态环境流量和水位的基本要求。

河段河槽的设计整治河宽宜选用如下方法确定：

(1) 分析河槽的河相关系，确定设计整治河宽。

(2) 根据历年河势资料和实测大断面成果，分析主槽的历年变化范围，统计造床流量相对应的河宽作为设计整治河宽。

(3) 根据整治河段的实际情况，选择可供类比的模范河段，点绘水面宽与流量的关系，根据造床流量推求相应河宽作为设计整治河宽。

(4) 按排涝要求开挖的河段，根据设计开挖的河槽断面上口宽确定设计整治河宽。

根据设计整治河宽拟定中水治导线，对比分析天然河道的形态、河弯个数、河弯要素、弯曲系数、已有工程利用情况等，论证治导线的合理性。

5.1.6.4　整治工程的布置

根据规划的治导线、设计整治河宽、堤距和堤线，统筹安排、合理布置堤防工程、防护工程、控导工程、疏挖工程等河道整治工程。

坝、垛等整治工程头部连线确定的整治工程位置线宜符合下列规定：

(1) 分析研究河势变化情况，确定最上的可能靠流部位，整治工程起点宜布设在该部位以上。

(2) 在整治工程位置线的上段宜采用较大的弯曲半径或采用与治导线相切的直线退离治导线，且不得布置成折线。

(3) 整治工程中下段宜与治导线重合。整治工程中段弯曲半径可稍小于上段，在较短的弯曲段内调整水流方向；整治工程下段弯曲半径可比中段稍大。

5.2　内陆河道的河床演变与整治

5.2.1　河型划分标准

在一定的流域来水来沙条件下，河流将调整它的纵向、横向和平面形态以及河床物质组成，以达到与上游来水来沙相适应的河床形态。河流的平面形态是冲积河流自动调整作用的一个重要环节，也是河型研究的对象。

天然河流的平面形态即河型千差万别，把河型按不同性质进行分类是系统概括河床演变现象和规律的一个重要前提。每一种河型具有一些主要的共同特点，研究不同河型的主要特点及形成和转化条件，对于认识和治理一条具体的河流具有十分重要的意义。由于研究工作者来自地质、地貌和水利等不同领域，概括的对象和侧重点不同，因而分类的原则和标准不同。目前存在着各种不同的河型分类，还没有一个公认的标准。

在我国普遍采用的是谢鉴衡等（1990 年）和钱宁等（1987 年）考虑静态和动态相结合的分类方法，即把河流分为游荡、分汊、弯曲（蜿蜒）和顺直四类。本手册也采用这种分类。

各类河型的主要特点见表 5.2－1。

表 5.2－1　　河型分类与各类河流的特征

河　型	形态特征	运动特征	稳定性	边界特征	实　例
游荡	散乱多汊	游荡	极不稳定	河岸物质组成缺乏抗冲性	黄河下游，永定河下游，钱塘江河口段；南亚布拉马普特拉（Brahmaputra）河；南美洲赛贡多（Rio Segundo）河；美国鲁普（Loup）河和普拉特（Platte）河；加拿大红狄尔（Red Deer）河；挪威塔纳（Tana）河
分汊	分汊	各支汊交替发展消长	稳定性可以从稳定到介于游荡与弯曲之间	两岸具有一定抗冲性。稳定的江心洲河道有时上下游存在控制节点	长江中下游、珠江（广东部分）、赣江、湘江、松花江、黑龙江；非洲尼日尔（Niger）河和贝努埃（Benue）河
弯曲（蜿蜒）	弯曲	深切河曲：下切	比较稳定	两岸具有一定抗冲性	荆江、渭河下游、北洛河、南运河、汉江下游、沅江、辽河；美国密西西比（Mississippi）河中游；加拿大比顿（Beatton）河；匈牙利海尔纳德（Hernad）河
		强制性弯曲：平移	不稳定		
		自由弯曲：蜿蜒			
顺直	顺直	犬牙交错的边滩，不断向下游移动	稳定	两岸物质组成受基岩或阶地控制	新西兰麦克林南（Macleannan）河河口段；美国密西西比（Mississippi）河下游

5.2.2 游荡型河道的演变及整治

游荡型河流是一种独特地貌特征的河型，在世界各地广泛存在，如南亚布拉马普特拉河，北美洲红狄尔河、鲁普河及普拉特河，南美洲塞贡多河及北欧塔纳河都属这类河型。我国黄河下游孟津—高村河段，永定河下游卢沟桥—梁各庄河段，汉江丹江口—钟祥河段，渭河咸阳—泾河口河段都是典型的游荡型河段。此外，冰水沉积平原和半干旱地区的卵石河流大都属游荡型河流。

游荡型河流的突出特点是河床宽、浅、散乱，主流摆动不定，河势变化剧烈，演变规律十分复杂。

5.2.2.1 河道形态

游荡型河道的河身比较顺直，曲折系数一般小于1.3，平面形态上具有散乱多汊、沙洲密布的特点。

较陡的河床纵比降是游荡型河段的一个明显特征。黄河中游小北干流河段的纵比降上段陡下段缓，一般在0.300‰～0.600‰之间；黄河下游白鹤镇至高村河段是典型的游荡性河道，河道纵比降在0.170‰～0.265‰之间。永定河下游游荡段的纵比降约为0.580‰。

横断面宽浅以及河相系数ξ较大是游荡型河段的另一特征。例如黄河中游小北干流河段，平均滩槽高差在1.0～2.0m之间，ξ高达40～52；下游花园口至高村游荡型河段，平均滩槽高差为1.00～1.75m，一般不超过2m，ξ在20～40之间，个别河段可超过60。汉江中游襄阳至宜城河段，ξ在5～28之间。

5.2.2.2 河势演变

1. 河势演变特点

游荡性河段河势演变具有复杂性、多变性、随机性、相关性和不均衡性等特点。

(1) 复杂性和多变性。多变的水沙条件和善冲善淤的河床边界，决定了河势变化的复杂性。水沙条件、河床边界、工程边界条件在时空上的随机组合构成了千差万别的河势变化影响条件，进而导致了复杂多变的河势演变过程和形式。

游荡性河段河势演变的多变性反映了其河势演变的激烈变化过程和河势状态的不稳定程度。河床粉细沙边界与水沙条件的相互作用和影响非常敏感。据工程抢险的有关记载，洪水过程中河势变化迅速，周期很短，一昼夜内主流可摆数公里，正在抢险的堤坝周围突然变成无流的情况也屡见不鲜。

(2) 随机性。指水沙条件和边界条件的随机组合，在较短时期内造成河势演变趋势的不确定性。河势的突变多发生在一场洪水的峰顶附近或洪峰过后的落水期，其中前者主要表现为洪水的拉滩取直改道，后者则多为局部河段出现畸型河弯，发生“横、斜河”，短时段内河势变化无章可循。

(3) 相关性。某一河段与相邻河段、某一时段与前后时期之间的河势变化有着相互影响，互为因果的密切联系。就河势的演变过程而言，某一时刻的河势状态显然是前期各种因素综合作用的结果，同时在一定程度上又决定着今后一定时期内河势演变发展的趋势；同样，某一河段河势的变化必然也会引起相邻河段河势的变化，“一弯变、多弯变”即形象地说明了河势演变的这一特点。

(4) 不均衡性。不均衡性指游荡性河段在不同时期、不同河段其河势演变的状况及性质存在明显的差异。如有的河段以左摆为主、有的则以右摆为主；有些河段受河道整治工程、卡口或节点的约束控制，其河势演变过程就比较简单且摆幅较小，但同样的水沙条件下，有些河段则摆动幅度很大。

影响游荡性河段河势演变的主要因素一般包括水沙条件、河床边界条件、工程边界条件。来水来沙条件的不同组合，塑造出不同的河槽形态，边界条件的改变又反过来影响河道的排洪输沙和河势发展变化。为了控制水流，造福人类，人们在河道内修建大量的建筑物，从而改变了河道自然演变特性，这些工程对局部河段河势的影响甚至大于上游来水来沙的影响。

2. 河势演变规律

(1) 河势的自然演变幅度同水沙变幅成正比。游荡性河道产生的根本原因，是上游来水来沙的剧烈变化。在自然边界条件下，不同的来水来沙要求有不同的河床形态与之相适应。上游来水来沙的巨大变化，导致河床形态的不断调整，河床形态反作用于水沙输移，这种相互作用的结果，造成了河势的不断变化，其变化幅度同上游来水来沙变幅成正比。因此，减小水沙变化幅度，是控制下游河势向稳定方向发展的基础。

小水动量小，对河势的影响主要表现在主槽向宽、浅方向发展，且变化速度较为缓慢。大、中水动量大，加之大、中水往往挟带的沙量也高，是造床的决定性因素，故往往在大、中水期引发河势的剧烈变化。因此控制大、中水流路是必要的。

(2) 河床的可动性决定河势演变的剧烈程度。游荡性河段河床组成主要为粉细沙，但由于来水来沙条件和地形条件的不同，导致河床沉积物组成的不同，不同的沉积物抗冲能力明显不同。另外影响河床可动性的另一因素是河道比降，在河床比降不变的条件下河床可动性和河道比降成反比。因此，在其他条件不变的情况下，河床可动性愈强，河势演变程度愈剧烈。

(3) 主流线的弯曲系数、河弯跨度、中心角自上而下呈增大趋势。由于游荡性河段上、下游河床物质造成的差异较大，河床的稳定性自上而下呈增加趋势，相同水流条件下上段较下段河岸塌退速率快，同时随着河道比降的沿程减小，水流能量沿程也呈减小趋势。

(4) 河势的演变具有关联性，具体表现为“一弯变，多弯变”。主流线的纵向变化上、下游存在明显的关联性，即所谓的“一弯变，多弯变”。多表现为上弯河势的上提，下弯也随之上提；上弯河势的下挫，下弯也随之下挫。

主流线的横向摆动年际间或较长时段内是波状的，即主流的摆动总表现为左、中、右循环交替的发展态势，并总是趋向于摆幅的平均位置，从长时间看，仍然存在一定的基本流路。这正是制定整治规划治导线的主要参考依据。

(5) 主流线有“小水坐弯、大水趋直”的特点。天然河流中，水流总是弯弯曲曲，河弯内弯道环流导致横向输沙不平衡，促使河流弯曲的进一步产生和发展。同时随着流量的增大，弯道内横向涡强迅速增大，压迫主流向下游方向下挫，导致大洪水期主流线明显较小水时趋直。

长期的中小水作用，由于河床物质组成的不均匀性，河弯在有抗冲性较强的胶泥层制约作用下易在横向向纵深发展，纵向出现弯顶下移，逐步发展成Ω形、S形、M形畸型河弯，导致主流线曲率明显增大，主流线长度加大。畸型河弯的形成易导致“横、斜河”的发生，对其以下河势也产生较大影响，使工程脱河半脱河现象增多。

大、中水动力作用强，对河槽的塑造作用大，常常表现为拉滩取直改道，尤其在涨水期和洪峰时，河势最容易发生较大调整。落水阶段，水流归槽，主槽刷深，滩唇淤高，宽浅散乱的河床可以形成相对单一窄深的河槽，即所谓的“大水出好河”。但随之而来的则是漫滩机遇偏少，河槽淤积加大，塌滩严重，河道很快又向宽浅游荡发展，为新一轮循环演变创造条件。

5.2.2.3 整治规划

游荡型河段的典型代表是黄河，本节主要介绍黄河游荡性河段的演变及整治。

5.2.2.3.1 黄河游荡性河段概况

1. 河道的形态特征

黄河下游白鹤镇—高村河段是典型的游荡性河道，河道纵比降在0.170‰～0.265‰之间，河床断面宽浅，河槽宽度达1.5～3.5km，有时超过4km；水深较浅，平滩流量下河相系数ξ在20～40之间。滩（唇）槽高差小，多在2m以下，河身顺直，平均曲折系数为1.15。天然情况下河道内沙洲密布，水流分散，汊流丛生，有时多达4～5股。

与平面形态相对应，黄河下游游荡性河段为典型的复式断面。根据不同部位的排洪输沙特点和历史演变情况，自主槽向两岸依次可分为主槽、嫩滩、滩地和高滩4个部分，其中主槽和嫩滩合称为河槽或中水河槽。河槽是中小水时泄洪排沙的主体。

京广铁路桥—东坝头河段，两岸滩地系1855年铜瓦厢决口溯源冲刷、河道下切形成的高滩，经150余年的河槽摆动，高滩沿不断坍退。随着河道的持续淤积抬升，该河段已明显表现为“高滩不高”的现象，见图5.2-1。由统计断面资料来看，左岸平滩水位平均高于临河滩面1.30m，滩地横比降均值达0.333‰，大于河道纵比降；右岸有一部分断面平滩水位低于临河滩面，其他断面平滩水位平均高于临河滩面0.41m，横比降均值为0.120‰，小于河道纵比降，目前还没有表现出明显的二级悬河现象。

东坝头—高村河段，两岸滩地高程低、滩面宽，面积大。由该河段统计断面来看，左岸平滩水位平均高于临河滩面1.96m，存在明显的滩地横比降，均值达0.515‰，明显大于河道纵比降；右岸断面平滩水位平均高于临河滩面2.09m，滩地横比降均值为0.584‰，也明显大于河道纵比降。

2. 水沙特点

黄河的水沙具有“水少沙多，水沙关系不协调”的特点。

(1) 水少沙多。黄河多年平均天然径流量为580亿m^3，实测进入黄河下游的多年平均水量为468亿m^3；进入黄河下游河道的泥沙，多年平均为16亿t，平均含沙量为35kg/m^3。与国内外大江大河相比，黄河水量仅为长江的1/17，而泥沙量却是长江的3倍。

(2) 水沙关系不协调。黄河流经不同的自然地理单元，各自然地理单元的地形、地质、降雨、植被等存在着较大的差异，因此水和沙的地区来源不同。总的来说，进入黄河下游的水量主要来自上游地区，而泥沙量却基本上来自中游地区。

黄河的水沙不仅存在着地区来源的不平衡，而且年内年际的时间分配也呈现出明显的不平衡性。存在着长时段的丰、枯相间的周期性变化。年际变化很大，年沙量的变幅大于年水量的变幅。实测1933年的沙量最大，为39.1亿t，而1933年的水量为561亿m^3，却不是长系列中水量最大的一年（1964年的水量

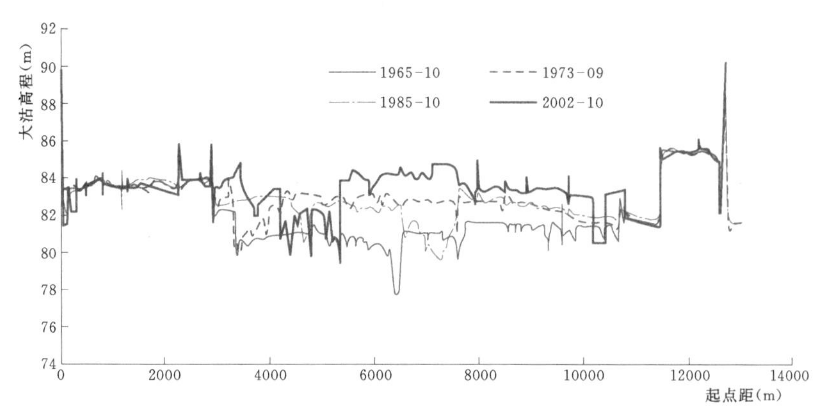

图 5.2-1 京广铁桥—东坝头河段韦城断面套绘图

多达 861 亿 m³)；实测 1987 年的沙量最小，为 3.3 亿 t，而 1987 年的水量是 204 亿 m³，却不是长系列中水量最小的一年（1997 年的水量仅为 143 亿 m³)。

年内分配不均，水沙量主要集中在汛期（7～10 月），沙量的集中更甚于水量，汛期水、沙量分别占年水、沙量的 60%和 85%。汛期又集中于几场暴雨洪水。

3. 河道冲淤概况

与来水来沙相对应，黄河下游河道在长时间内总体上呈淤积状态，但并非单向淤积，而是有些年份冲刷，有些年份淤积，且淤积物以粗沙为主。

5.2.2.3.2 整治规划设计

1. 整治原则

根据多年的治黄实践及小浪底水库的运用方式，在今后一段时间内黄河下游河道整治应遵循如下基本原则：以防洪为主、统筹规划，中水整治、兼顾洪枯，主动调整、积极完善，以坝护弯、以弯导溜，继承传统、开拓创新。

2. 整治流路设计

根据整治目标和原则，游荡性河道整治是以中水为主，洪枯兼顾。

中水流路设计主要是治导线的拟订。治导线是两条曲直相间的平行线，主要依据河道的设计流量、设计河宽、排洪河槽宽度及河湾要素等拟订。

有了设计河宽及各河湾要素变化范围等，即可拟订治导线。由整治河段进口开始逐弯拟订，直至河段末端。治导线拟订后通过对比分析天然河湾个数、弯曲系数、河湾形态、导溜能力、已有工程利用程度等论证治导线的合理性，进而依照治导线确定工程位置线的位置及长度，并由此计算工程量。

工程位置线是依据治导线而确定的一条复合圆弧线，其作用是确定河道整治工程长度及坝头位置。黄河下游游荡性河道一般采用连续弯道式作为整治工程位置线，这种型式的工程线是一条光滑的圆弧线，水流入弯后诸坝受力均匀，形成“以坝护弯，以弯导溜”的形式。

具体的坝垛位置要靠工程位置线确定，除平面外形规顺外，更主要是具有明确的迎溜段、导溜段、送溜段。迎溜入弯段多为小水靠溜段，受溜一般不重；以弯导溜段多为中水靠溜段，受溜常很严重；送溜出弯段多为漫滩洪水后靠溜段，受溜常为大边溜。这样既能做到中水整治，兼顾洪水、枯水对工程的运用要求，又在不同河势条件下有不同防守的重点，便于制订防汛方案。

根据河湾水流的变化特点，同一河湾工程的不同部位要布置不同的整治建筑物。丁坝抗溜能力强，易修易守，一般布置在弯道中下段；垛迎托水流，对来流方向变化的适应性强，一般布置在弯道上部，以适应不同的来溜；护岸工程是一种防护性工程，一般修在两垛或两坝之间，用以防止正溜或回溜淘刷。因此，在一处整治工程内，一般上段布置垛，下段布置坝，个别地方辅以护岸，且坝垛的布置按“上密、下疏、中适度”的原则布置。

3. 辛店集—老君堂河段整治实例

辛店集—老君堂河段现河道长 15.4km，有辛店集、周营、老君堂三处控导工程。周营工程修建最早，始建于 1959 年，现有工程长度 7085m，坝垛 50 道；辛店集工程始建于 1969 年春，现有工程长度 3100m，坝垛 29 道，工程总长 12785m，工程长度占河道总长 83%。三处控导工程常年控导主溜，河势基本稳定，发挥了很好的护滩保堤作用。

1969 年辛店集工程修建前，天然状态下该河段河势流路很不稳定，主溜摆动幅度大，见图 5.2-2；按规划流路（见图 5.2-3）修建辛店集工程后，随着老君堂工程的修建完善，该河段河势被初步控制，见图5.2-4。

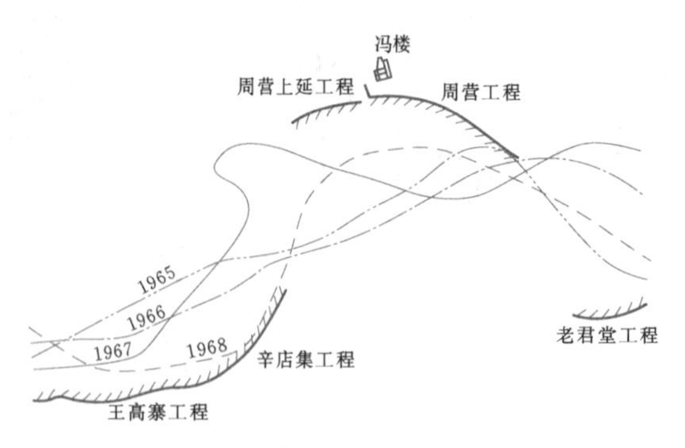

图5.2-2 辛店集—周营天然状态下河势流路

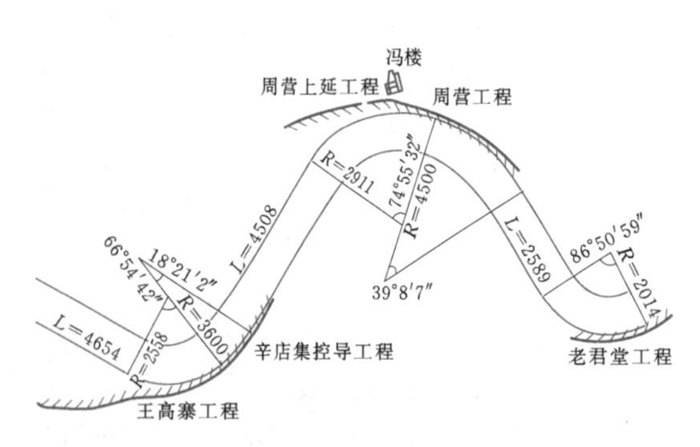

图5.2-3 辛店集—周营规划治导线（单位：m）

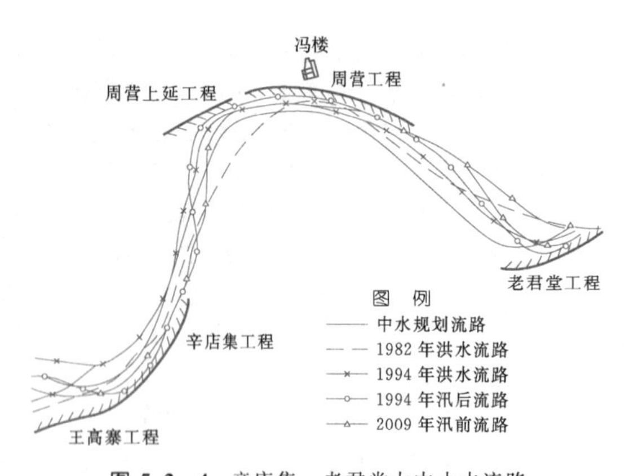

图5.2-4 辛店集—老君堂大中小水流路与中水规划流路比较图

该河段河势被有效地控导，主要是工程总体布局考虑几方面有利因素：①局部河段的龙头工程采用大的弯道；②工程的出流方向指向下弯弯顶稍上位置；③工程布局考虑了小水河势上提的影响；④该河段三处工程弯道平面形式都比较平缓，受溜除老君堂较重外，其余都不太重，平缓弯道有利于各坝均匀靠溜，出险少，用料少。另外，工程修建时机把握得较好。

5.2.2.3.3 河道整治实践与成效

1. 河道整治工程建设

黄河下游特殊的水沙条件及河床特性，决定了下游河道河势游荡多变的特点，为了保证防洪安全，历代治黄都比较重视河道整治工程建设。

黄河上有计划的河道整治始于20世纪70年代，1990年以后，随着国家对河道整治工作的重视，投资明显增加，特别是1998年长江、嫩江、松花江发生大洪水以后，国家进一步加大了对水利的投资力度，成为有史以来河道整治工程修建最多的时期。据统计，1990～2001年共修建了833道坝垛，其中1998～2001年修建了455道坝，占1990年以来修建坝垛总数的54.6%，占该河段已有坝垛总数的20.4%。

截至2001年年底，黄河下游白鹤—高村游荡性河段共有险工和控导工程110处，工程长度305.2km，裹护长度261.3km，坝垛2830道，对控制河势发挥了重要作用；其中在规划治导线上的工程共有59处，工程长度210.2km，占河道长度的70.3%。

2. 河道整治的成效

通过在黄河下游开展的河道整治，游荡性河段河势游荡范围得到有效控制，水流得到了改善，提高了防洪安全，有效地防止了塌滩、塌村，提高了引黄取水的保证率。

（1）防洪形势得到进一步改善。增强了对洪水的控制作用。河道整治工程修建后，控制河势的能力加强，减少了在控导工程掩护范围内发生滚河危及堤防安全的几率。

减轻了堤防冲决的威胁。游荡性河道在自然状态下，历史上因“横、斜河”顶冲堤防造成多次决口。新中国成立以后也不断出现“横、斜河”顶冲堤防，严重威胁堤防安全的局面。目前在河道整治工程控制溜势比较严密的河段，如铁谢—神堤、花园口—马渡、辛店集—堡城等河段，发生“横、斜河”的局面基本得到控制。

减轻了临堤抢险的紧张局面。下游河道在有计划整治以前，防洪没有重点，主溜顶冲到哪里，险情抢护到哪里，不仅临堤抢险紧张，而且使堤防布满险工。开展河道整治以后，减小了主溜顶冲堤防段长度，使防洪有了重点，增加了防洪的主动性。

（2）缩小了主溜摆动范围，改善了河道平面形态。河势流路得到了有效控制。河道整治工程修建以后，其工程靠河几率的大小，是衡量对河势控制作用的主要指标。据统计资料对比，马庄—东坝头河段1974～2001年与1949～1973年许多整治工程的靠河几率都增加20%以上，表明了整治工程对河势流路的控制作用是十分明显的。

缩小了主溜摆动范围。据统计，京广铁路桥—东坝头河段的主溜摆动范围在不断减小。1949～1960年主流摆动范围4.33km，1964～1973年主流摆动范围为3.01km，此后，随着河道整治工程的修建，主溜摆动范围逐渐减小，到20世纪90年代末减小为1.93km。

河相关系发生了相应的变化。如高村断面主槽宽深比由12～45减少到6～19，平均水深由1.47～2.77m增加到2.13～4.26m。整治工程的修建改善了断面形态，有利于加大水流输沙能力，减少河槽淤积。

(3) 滩区群众的生产和安全得到提高。黄河滩地不仅是大洪水时的排洪、滞洪、滞沙的区域，同时也是广大滩区群众赖以生产和生活的场所。河道整治以前，河势游荡多变，造成村庄和滩地大量坍塌。据统计，1949～1976年冲塌村庄256个，20世纪50年代平均每年坍塌滩地约10万亩。河道整治后，特别是近十几年来随着工程不断增加，河势得到改善，掉村现象已很少发生，塌滩现象也大为减轻，为滩区建设创造了良好条件。

另外，河道整治工程的修建也改善了下游河段引黄涵闸的引水条件，促进了沿黄工农业的发展。

5.2.3　分汊型河道的演变及整治

5.2.3.1　河道形态

分汊型河流按其外形来说可以分为三种类型。

1. 顺直分汊型

顺直分汊型，各股汊道的河身都比较顺直，弯曲系数在1.0～1.2之间，汊道基本对称，江心洲有时不止一个，但多上下顺河排列。长江的南阳洲汊道和界牌南门洲汊道就是这种汊道的典型。

2. 弯曲分汊型

弯曲分汊型，在各支分汊河道中至少有一支弯曲系数较大（1.2～1.5），成为弯曲形状。多数是两支汊河，但也有河中存在两个并列的江心洲而形成三股的复式汊道。长江的天兴洲汊道和牧鹅洲汊道都属于弯曲分汊型汊道。

3. 鹅头分汊型

鹅头分汊型，各股汊道中至少有一股弯曲系数很大（超过1.5），成为非常弯曲或甚至鹅头状的形状。这种类型的江心洲河流多数具有两个或两个以上的江心洲，分成三支或三支以上的复式汊道，汊道的出口和各汊之间形成的夹角很大。长江中游团风河段为最典型的鹅头分汊型汊道。

长江的支流赣江、湘江、珠江的西江、北江以及非洲的尼日尔河的汊道都属于顺直分汊型和弯曲分汊型，鹅头分汊型汊道只在长江中下游才能见到。

5.2.3.2　河床演变

长江中下游城陵矶以下的干流是典型的分汊型河道。本小节以长江为例，简要介绍分汊河型的河床演变。

5.2.3.2.1　江心洲的形成和发展

江心洲的形成有三种基本类型：一种是在河流节点上游的壅水段和下游的展宽段，泥沙落淤形成江心滩，并逐渐发展形成江心洲；另一种江心洲的形成是通过水流切割边滩和沙嘴而产生的；再有一种比较少见产生于支流河道中的江心洲是以隆起在江心的基岩作为核心，强制水流在此分汊，然后再经过泥沙长期沉积而形成江心洲的。

在江心洲形成和演变的过程中，特大洪水起了很大的作用。特大洪水动力强劲，冲槽作用强，又因汛期挟带的泥沙多，漫过滩地以后，会产生较多的淤积，使江心洲加强和使江心滩淤积形成江心洲。

5.2.3.2.2　长江分汊型河道的形成及其演变

1. 河道概况

长江自城陵矶至江阴，河道呈宽窄相间的藕节状分汊型，长1120km，占中下游总长的71.3%，内有分汊河段41个，长799km，占这一河段全长的71%。

长江中下游的分汊河段，以鄱阳湖湖口为界分为中下游。长江中游和下游的分汊型河道的特征略有不同，见表5.2-2。湖口以上两岸控制较强，湖口以下南岸多为山体、阶地，北岸为广阔的冲积平原。下游与中游相比，汊道所占比例更大，分汊与江心洲数量更多，亦即下游河段江心洲和汊道的发育程度更高。

表5.2-2　长江中游与下游分汊河段的特征值

河段	河长(km)	汊道数	汊道总长(km)	占河长(%)	每100km的江心洲数	分汊河段特征值			
						长度(km)	最大宽度(km)	长度比	汊道宽度(km)
中游	512	20	344	67	5.21	17.2	4.0	4.8	1.30
下游	608	21	473	78	6.25	22.5	6.7	3.8	1.60

2. 长江中下游特定的边界条件

长江中下游之所以能够形成比较稳定的分汊型河流，是和它特定的边界条件有很大的关系。

(1) 河岸组成物质。分汊河段水流分汊展宽，组成河岸的物质抗冲性不会很大。事实上两岸物质的组成如存在一定的差异性，则汊道一般都在抗冲性较低的一岸坐弯发展。从长江中下游不同类型汊道枯水位以上河岸组成情况看，和弯曲型及顺直型河道相比较，分汊型河流河岸组成物质中黏性土的含量要少一些。在分汊型河流中，河岸的抗冲性愈低，平面变形愈弯，分汊系数、汊河的弯曲系数和放宽率也愈大。

(2) 地质构造背景。长江中下游除东北部属淮阳地盾的西部边缘外，其他地区皆位于扬子准地台范围。在扬子准地台的内部，由于后期的断裂和差异运动，进一步分异成为若干次级构造单元，沿江隆起和凹陷交替出现。在隆起地区，地面多岩石山丘，河身一般较窄，而在凹陷地区则堆积有较厚的第四纪松散沉积物，有利于河道的摆动展宽。这种由地质因素造成的宽窄相间的河道外形，成为分汊型河流形成的基础。凡是构造上属于相对凹陷的地段，容易形成江心洲，而在相对隆起地段，一般多形成单一河槽，个别地区也有发展形成展宽不大的顺直型分汊的。应该指出，构造上的相对凹陷地区，只是为泥沙的沉积创造了条件。至于在松散沉积物上发育形成什么样的河流，还要看其他条件。长江城陵矶以下的多处凹陷和渭河咸阳—泾河口之间的西安凹陷最后形成的是分汊型河流，而在长江下荆江、渭河赤水以下及宁夏固原、三营—七营间的清水河，形成的却是弯曲型河流。

(3) 节点的作用。节点是指那些分布在河道两岸的控制点，可以是耸立在江边的山体，可以是残丘所构成的石质矶头，也可以是水流冲不动的胶泥嘴。人工修建的护岸、矶头，同样具有一定的河势控制作用。节点的抗冲性远较上、下游河岸的组成物质为大，位置在较长时间内很少变化，因而对河势及其演变起着很大的控制作用。分汊河段进、出口的节点，即濒临江边的控制点，它们对水流的制约作用远较游荡型河流上的节点强。另一方面，统计表明，长江中下游各分汊河段的平面形态不是杂乱的，其几何尺度都具有一定的有序性，这是河流在长期的沉积和造床过程中，通过江心洲的并洲、并岸作用而形成的。

3. 节点与分汊型河流的形成

节点的存在不但对汊道的发展、冲淤消长产生影响，而且对汊道的平面形态起控制作用。

弯曲型河流由一系列方向相反的弯道衔接而成。在弯道的组合蠕动过程中，需要一个回旋的空间，形成一个弯曲带，其宽度又称弯道的摆幅。其中，蜿蜒型河道则是以过渡段为共轭点，上下弯段各自形成回转的河曲带，具有更大的摆幅。长江中下游由于节点的存在，节点之间河道摆动所能达到的最大宽度要受到较大限制，远远小于蜿蜒型河道的河曲带宽度。这是长江中、下游发展成为藕节状分汊型河流的重要原因之一，也是河流长期造床作用的结果。

此外，据陈志清、罗海超等的调查，节点对南方分汊型河流发育所引起的控制作用在赣江、西江、北江上比较明显，而在湘江上则不是那么突出。

4. 长江中下游分汊型河道的演变

分汊型河流汊道的演变具有明显的周期性。以双汊河道为例，两股汊道的发展消长在很大程度上决定于汊道进口的分流分沙情况，而汊道的分流分沙又取决于上游的河势和两汊水流阻力的对比。天然河道的水流流路具有大水趋直、小水坐弯的特性，在流量变化时，节点以上岸线的凹入程度对水流走向起控导作用，使之进入汊道的动力轴线和流量与沙量的分配在年内具有一定的周期性，见图 5.2-5。动力轴线的往复摆动也是维持分汊水流的重要条件之一。同时两汊的阻力（包括沿程阻力和形体阻力）不仅影响纵向水流的能量损失，而且在洲头因水位差形成横比降，从而形成横向水流，影响洲头分汊区的横向分流分沙。年际间两汊的发展消长取决于各汊水流泥沙运动支配的河床冲淤趋势，一般的规律是：宽深比较大的宽浅支汊，其分流比随水位上升而增大，分流比较小的弯曲支汊因阻力大而在洲头附近形成向另一汊的横向水流。

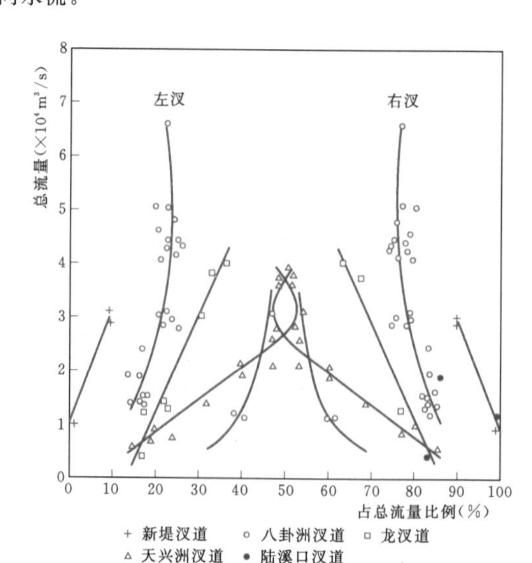

图 5.2-5 汊道分流比随流量变化

长江分汊型河流比较稳定，长江中下游的河槽虽有摆动，但摆动的强度比较小，基本上是各个河段内河槽的局部位移，并不影响单一河道和分汊河道相间的基本格局，也未改变各个河段互相衔接点的部位，之所以如此稳定是和节点的控制作用相关的。因为节点段断面宽深比很小，对交汇后的水流具有很强的调整作用，从而舒缓了上游汊道的演变对下游汊道河段的影响，以致各汊道河段的演变具有相对的独立性。如果从影响的绝对性来说，在时间上也是很滞后的。然而，当两汊出口交角较小、节点处断面宽深比较大、其控制作用较弱时，上游汊道段演变将对下游将产生影响，甚至主汊的弯道直接向下游蠕动。

此外，如果分汊河段的一股汊道被泥沙淤死，江心洲与河岸相接，成为河岸的一部分，则分汊河道转变为单一河道，但这一过程进行得十分缓慢，要经过很长的时间才能表现出来。从历史上考证，长江中下游武昌附近的鹦鹉洲、阳逻之下的峥嵘洲、黄石对面的散花洲等，都曾由于江心洲的靠岸而成为单一河道。

长江中下游分汊河道主要的演变特征是平面变形，河道崩岸是其具体体现，对分汊河道的治理主要是实施护岸工程。50多年来，长江中下游兴建了规模宏大的护岸工程，迄今两岸基本稳定。然而，大多数江心洲仍处于自然状态。长江中下游江心洲是分汊河道形态不可分割的部分，也是河势控制工程中的组成部分，对江心洲进行整治是长江中下游河道治理中要进一步做的工作。

下面以镇扬河段和团风河段为例，描述汊道较长时间的演变情况。

(1) 镇扬河段的演变。镇江至扬州河段，左岸为蜀岗山脉，右岸为宁镇山脉，河段内以斗山和焦山为上下节点，形成世业洲汊道。世业洲汊道与焦山以下的和畅洲汊道与典型的六圩河弯相衔接。1865年这股弯道还濒临南岸的金山、镇江一带，见图5.2-6(a)。镇扬河段的演变主要表现为世业洲左汊和六圩河弯的蠕动下移，见图5.2-6(b)。随着世业洲的下移，镇江、金山江边的征润洲边滩不断向东北方向淤涨发展，百年以来镇江港由凹岸变为凸岸，淹没在征润洲腹地之中，金山成陆，江声日远，成为长江中下游各河段中最突出的变迁。

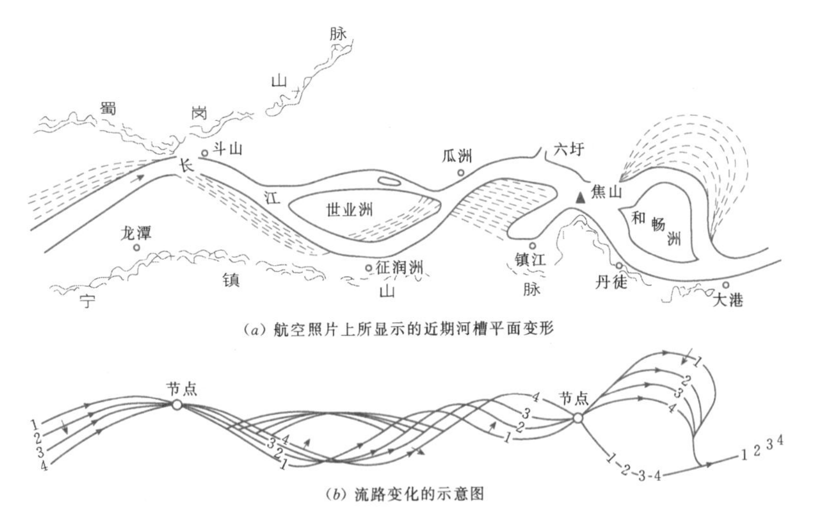

(a) 航空照片上所显示的近期河槽平面变形

(b) 流路变化的示意图

图5.2-6 长江镇江至扬州河段的平面变形过程（19世纪中叶至20世纪中叶）

(2) 团风河段的演变。鹅头型汊道受右岸山矶控制，河槽向左岸发展，越来越弯曲。当弯道过长，曲率加大，阻力加大，于是在边滩部位发生切滩，形成新槽，该槽不断发展后，又开始向左弯曲发展，如此不断复演。而左汊鹅头形状则长期保持不变。

从图5.2-7可以看出，团风河段的演变是围绕右汊的形成、发展，然后左移成为中汊（老中汊继续左移、弯曲、衰萎），中汊又继续左移，演变成左汊而衰萎。在右汊发展成为中汊的同时，右侧又通过切滩形成新的右汊。新右汊又开始一个新的演变周期，每个周期都是一个将河床中的诸江心洲“扫荡”一次的过程，包括鸭蛋洲一部分洲体。而弯曲过度的左汊长期处于极缓慢的淤积状态而使该河段长期保持鹅头汊道形态。据估算，完成这样一个周期大约需要35～40年的时间。

此外，还可以看出，鹅头型汊道与顺直型和弯曲型汊道的主支汊交替有很大的不同。顺直型和弯曲型汊道的主支汊是在江心洲较少变动的情况下，通过调整分流比而实现互相交替，而鹅头型汊道则是通过切滩取直、在移动过程中达到新陈代谢的。

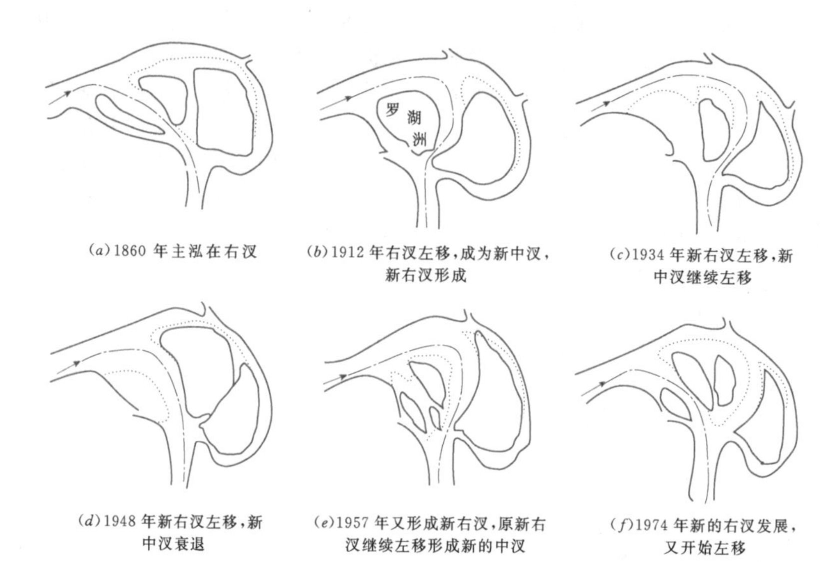

(*a*)1860年主泓在右汊　(*b*)1912年右汊左移，成为新中汊，新右汊形成　(*c*)1934年新右汊左移，新中汊继续左移

(*d*)1948年新右汊左移，新中汊衰退　(*e*)1957年又形成新右汊，原新右汊继续左移形成新的中汊　(*f*)1974年新的右汊发展，又开始左移

图5.2-7　团风汊道周期性平面变形过程示意图

5.2.3.3　整治规划

分汊河道在演变发展的过程中，往往出现主、支汊交替消长，并具有明显的周期性，这对防洪、引水、航运等都带来不利的影响，必须根据汊道水流泥沙运动特点和河床演变规律，研究和制定整治方案与措施。

在拟定整治方案时，应从地形、地质、水流条件、泥沙运动、工程结构、施工条件和投资等方面进行分析比较，必要时还应通过河工模型试验，研究合理的工程布置方案。

1. 双分汊河道治理

双分汊河段的整治方式有两种。一种是控制并稳定分汊河段，适用于现状河势较好，能基本满足国民经济各方面的要求，然而支汊却处于缓慢发展或衰退之中的双汊河段，如不采取措施，这种缓慢量变的积累将会造成河势大的变化。另一种是改善分流形势，针对目前汊道河势不够理想，与国民经济各部门的要求不相适应，而且它正向更不利的方向发展的双汊河段。

如果当汊道的演变向有利方向发展时，则不能盲目采取抑制发展的工程措施，应待汊道发展到相对最有利时，再将其稳定下来。

(1) 稳定双分汊河道的整治措施。稳定分汊河段的工程措施，首先要稳定汊道河段进出口节点和江心洲头，继而要对汊道内部造成某汊发展的崩岸加以控制，包括弯道部位的崩岸或顺直部位的崩岸都应实施护岸工程，才能使该河段全面稳定。

分汊河道进出口一般都由河宽较窄的节点组成，有些节点是由坚实、不易冲刷的土质或石矶构成，它们本身是不需要维护的，但有的节点是由沉积物组成的河岸，它们在水流冲刷下就有变化的可能。节点附近河势的变化，将引起分汊河道良好河势的破坏。因此，稳定河势应先十分重视对可能变化的节点进行守护。节点的守护应视具体情况而定，一般来说，除节点本身外，还应注意守节点上、下游一定范围的近岸河床。守护措施一般采用平顺护岸型式比较合适，平顺护岸前沿采用散粒材料如抛石能更好地适应河床冲刷变化，守护后还可适时加固。

为了保证汊道左右汊进口具有较好的水流条件和河床平面形态，控制其在各级水位时具有比较稳定的分流分沙比，往往需对江心洲头进行防护。护岸工程的布置视洲头受顶冲的情况而确定，当洲头受水流顶冲而呈两侧分流时，往往在洲头两侧均需守护，以稳定洲头形态及分流态势；当洲头不受水流顶冲而呈一侧分流时，则洲头靠主流进入该段的受冲部位需进行守护，洲头护岸也成为河势控制工程的组成部分。同时，洲头滩面以上也应进行防护或做隔堤，避免洲头遭受横向的漫滩水流的切割而对分流造成不利影响。

在双分汊河道中，不管两汊呈弯曲或顺直微弯型，或支汊呈鹅头型，在演变过程中都伴随着平面的变形，而这种平面变形也是影响两汊相对阻力变化和兴衰的因素之一。制止其平面变形也是维持两汊相对稳定的重要因素。

(2) 改善分流形势的整治措施。当双汊河段演变的态势与沿岸经济发展产生很大矛盾时，就有必要采取强有力的工程措施，抑制其不利趋势，并在此基础上改善分流比。到目前为止，这类整治途径和措施的工程实践仅仅是开始。根据迄今对具体河段河工模型试验的研究成果来看，在许多整治工程类型中，包括丁坝、导流坝、顺坝、对口丁坝、分水鱼嘴、潜锁坝等，改善分流的整治效果最好的还属潜锁坝。洲头鱼嘴工程和其他工程也具有一定的效果，需因地制宜采用。在确定主体工程的基础上，还应配合其他的辅助工程，如疏浚工程，正在变化中的和即将变化的河势的护岸控制工程等，总体上构成综合性的河道整治工程。

2. 多汊河道治理

多汊河段包括江心洲顺列的多汊河段和江心洲并列的多汊河段，其共同的特点是河道不稳定。表现为：主流摆动的幅度较大，洲滩冲淤变化频繁，主支汊兴衰交替的周期短，各支汊间分流分沙变化复杂，造成总体河势不稳定，对防洪、航运、岸线和洲滩利用均不利。

多汊河道在河床演变中不如双汊河道稳定，因此在治理时，原则上应采取工程措施堵塞分流比较小的支汊，把多汊河段逐步整治成为双汊河段。

堵塞汊道的措施，视具体情况不同，可修建锁坝、导流坝或编篱建筑物。在含沙量较大的河流上，锁坝可用沉树、编篱等透水坝，起缓流落淤的作用。在含沙量较小的河流上，宜采用实体锁坝堵塞。当堵塞的汊道较长或汊道的比降较大时，为了保证建筑物的安全，也可修建几道锁坝。锁坝的数目计算为

$$n=\frac{\Delta Z}{\Delta h} \tag{5.2-1}$$

式中 n——锁坝的数目；

ΔZ——设计水位时江心洲洲首至洲尾的水位总落差，m；

Δh——一个锁坝所担负的水位落差，m，通常 $\Delta h=0.5\sim0.8$m。

堵汊工程措施可分为两大类。第一类是堵塞支汊并使江堤与洲堤联结，使之成为洪水期不过流。在这一类中，又根据综合治理要求分为两种工程措施：一种为先修成透水锁坝，使坝上、下游河床充分淤积，使江心洲整个洲体并岸，然后将江堤和洲堤连接起来（如团结沙堵汊）；另一种是以实体锁坝直接修到江堤与洲堤连接的高程（如官洲西江堵汊）。第二类是锁坝修到中水位以上至河漫滩高程，起江心洲并岸（如扁担沙堵汊）和并洲（如玉板洲汊、太阳洲堵汊）作用。其工程措施也可分为透水促淤锁坝和实体锁坝两种。在形成双汊河段之后，就可按上述双汊河段的整治途径和措施继续进行整治。

锁坝位置的选择应从地形、地质、工程结构、水流条件、泥沙情况以及施工条件和经济实力诸方面进行综合考虑。

在修建锁坝的同时往往还需进行一些辅助工程，例如进行必要的稳定汊道的护岸工程，在主汊河床中进行必要的疏浚边滩、拓宽主槽以利洪水宣泄。总之，各种工程措施都应根据具体情况应用。

3. 堵汊工程在分汊河道整治中的作用

堵汊工程是长江中下游分汊河道整治的重要措施之一，历史演变过程中的江心洲并岸和并洲，就伴随着人们实施堵汊工程。20 世纪 70 年代以来，长江中下游沿江人民先后实施了 7 处堵汊工程，其中有 4 处为江心洲并岸，3 处为江心洲之间合并。图 5.2-8～图 5.2-10 分别为 3 个堵汊工程实例。

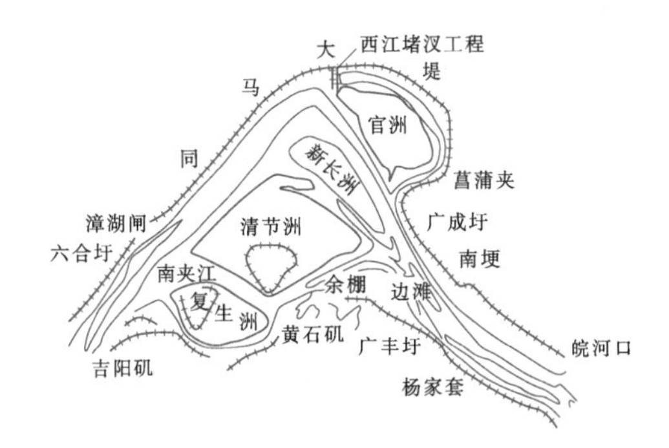

图 5.2-8 官洲河段西江堵汊工程位置图

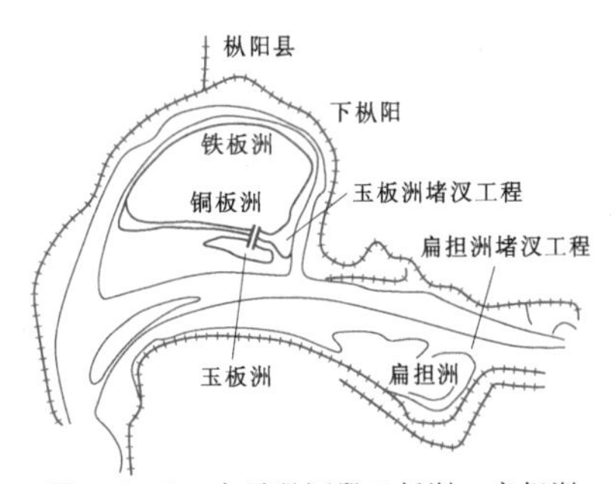

图 5.2-9 太子矶河段玉板洲、扁担洲堵汊工程位置图

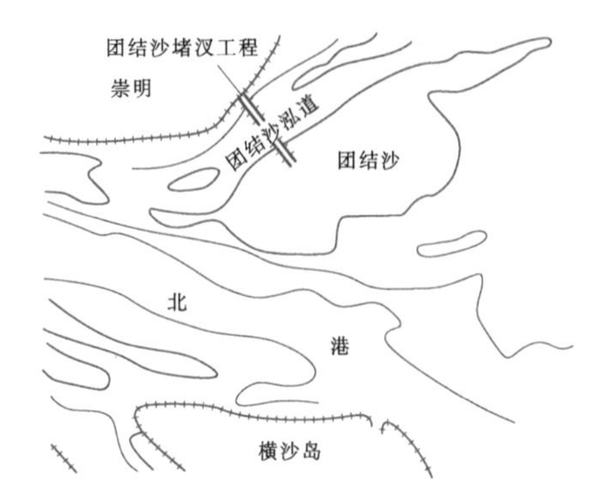

图 5.2-10 长江口团结沙泓道堵汊工程位置图

实践表明，堵汊工程在长江中下游及河口段分汊河道治理中，在保障防洪安全、维护河势稳定、改善航行条件、洲滩合理利用及消灭钉螺等方面发挥了重要的作用，给长江中下游分汊河道的综合治理提供了借鉴。工程实施后，经过多年的洪水考验，已经产生了较为明显的工程效益。

（1）防洪方面：堵汊是解决长江支汊江岸崩坍的投资少、收效快的最有效措施。如官洲河段的西江堵汊工程，仅用30多万元，使得西江水流不再顶冲江岸，直接保护了同马大堤的安全，而一般的护岸工程在当时至少要花数百万元。这种使主泓偏离主江堤、调整河势的堵汊工程是重点险工的治本措施。

（2）河势控制：堵汊有利于从根本上稳定河势。堵汊后河槽从多汊向少汊型方向发展。使复杂的水流流态变成简单，这对于控制并稳定上、下游河势有利。

（3）航运方面：堵汊可使长江航运发挥更高的效益，随着主泓的稳定，航道更趋稳定，航深、航宽均可增加，因此，堵汊也是充分发挥长江航运的有效措施。

（4）洲滩利用方面：堵汊有助于江心洲的稳定，促进洲滩的开发和岸线利用，对于发展本地经济及缓解本地地区人多地少的矛盾，将会直接起到积极的作用。

此外，堵塞后汊道内具有天然养鱼条件，对发展渔业十分有利，同时在血防地区汊道淤积衰亡后，可以毁芦垦殖，既可防治血吸虫的滋生，又可发展林牧业，产生较大的社会效益。

5.2.4　弯曲（蜿蜒）型河道的演变及整治

5.2.4.1　河道形态

一般河流弯曲度的定义是按河谷坡度与河床坡度的比值，比值达到或超过1.5时便认为是弯曲（蜿蜒）型，小于1.5时称为微弯型或顺直型。

弯曲（蜿蜒）型河道有两种：一种是曲率比较适度的弯曲型，其一个弯段的平面形态为它的曲率沿程增大，其演变特点为整体向下游蠕动，在河道整治中控制弯道下半段成为弯道稳定的关键；另一种是曲折率很大的蜿蜒型河道，它是在过渡段的上下游形成回转的河曲，甚至形成漫滩水流下河道走向与流向成很大变角乃至相反的方向，平面变形异常剧烈。长江中游下荆江就是一条“九曲回肠”的蜿蜒型河道。本章所述的弯曲（蜿蜒）型河道演变与整治，主要是针对下荆江这条典型的蜿蜒型河道而言。

5.2.4.2　河床演变

蜿蜒型河段的演变现象，按其缓急程度，可分为两种情况：一种是经常发生的一般规律；另一种是在特殊条件下发生的突变。不论哪一种演变都与水流及泥沙运动紧密相关。

1. 一般演变

蜿蜒型河段作为一个整体处在不断演变之中，主要表现为河段的平面变化、横向变化和纵向变化等。

蜿蜒型河段平面变化的主要特点是，平滩水位下的河槽或者说中水河槽具有过度弯曲的外形，深槽紧靠凹岸，凸岸的边滩十分发育，凹岸冲蚀，凸岸淤长。弯道横向环流强度较大，泥沙横向输移量也较大。弯曲水流的顶冲点在一年之内随流量大小不同而发生变化。一般情况下，在弯道顶点下游的一段距离内，无论流量大小，主流都靠近凹岸，属于常年贴流区，河岸崩坍率也较大；在弯道顶点附近，则随着流量的大小其顶冲点存在着下挫上提，这一段属于顶冲点的变动区，河岸年崩坍率也较大，但次于常年贴流区。这两区以外的弯道上下游进、出口段年崩坍率较小。这一崩岸特性使得蜿蜒型河道愈加弯曲，在平面上做整体向下游蠕动。

横断面变形主要表现为凹岸崩退和凸岸相应淤长。实测资料表明，在变化过程中不仅断面形态相似，且冲淤的横断面面积也接近相等。从这一点出发，可根据前后两次实测断面资料，对断面的进一步发展趋势做出判断。如果崩退的面积大于淤长的面积，则凸岸会继续淤长；如果凸岸淤长的面积大于崩退的面积，则凹岸会继续崩退；如果崩淤面积接近相等，则表明断面已接近平衡状态。

蜿蜒型河段的纵向变形主要表现为，弯道段洪水期冲刷而枯水期淤积，过渡段则相反。年内冲淤变化虽不能完全达到平衡，但就较长时期的平均情况而言，基本上是平衡的。

2. 突变

蜿蜒型河段的突变，一般分为自然裁弯、撇弯和切滩三种类型。

（1）自然裁弯。蜿蜒型河段的发展由于某些原因（例如河岸土壤抗冲能力较差），使同一岸两个弯道的弯顶崩退，形成急剧河环和狭颈。狭颈的起止点相距很近，而水位差较大，如遇水流漫滩，在比降陡、流速大的情况下便可将狭颈冲开，分泄一部分水流而形成新河。这一现象称为自然裁弯。这种突变在蜿蜒型河段上常有发生。下荆江在1860～1949年的近90年中，就发生过太公湖、西湖、古长堤、尺八口、碾子弯等多处自然裁弯。汉江下游新沟弯道于1963年发生自然裁弯。渭河下游在1958～1975年内，就发生过西毕家、西李家、金滩等8处自然裁弯。图5.2－

11 为两处自然裁弯示意图。

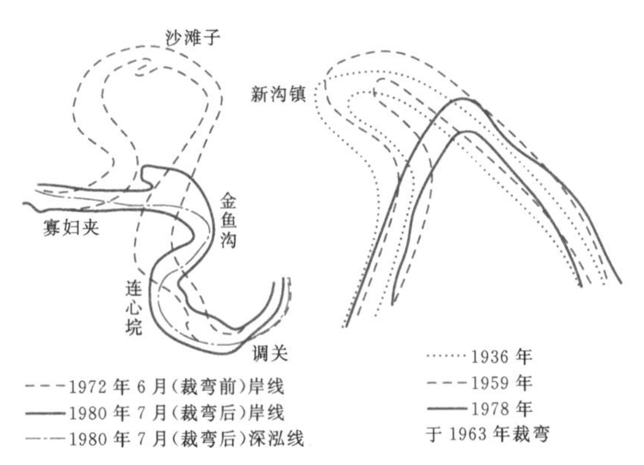

图 5.2-11　自然裁弯示意图

(2) 撇弯。当河弯发展成曲率半径很小的急弯后，遇到较大的洪水，水流弯曲半径远大于河弯曲率半径，这时在主流带与凹岸急弯之间产生回流，使原凹岸急弯淤积。这种突变称为撇弯。河弯之所以会形成急弯，原因是多方面的。从水流角度而言，主要是连续多年的水量偏小，特别是枯水流量偏小，使顶冲部位比较固定，加上特定的边界条件，而逐渐发展成为急弯。撇弯时凹岸是淤积的，有异于弯道演变的一般规律。图 5.2-12 为下荆江上车湾发生的撇弯示意图。

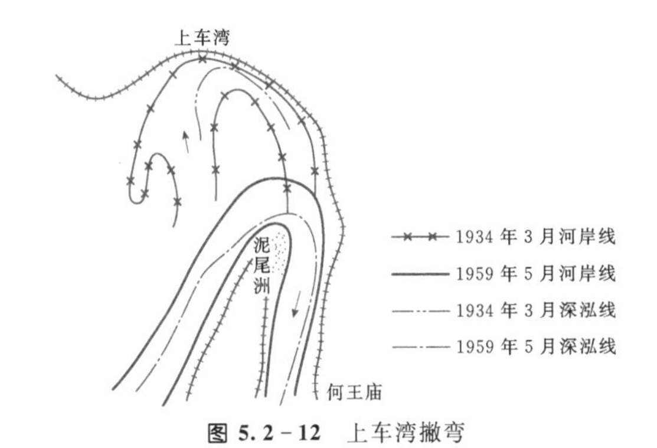

图 5.2-12　上车湾撇弯

(3) 切滩。河弯曲率半径适中，而凸岸边滩延展较宽且较低时，遇到较大的洪水，水流弯曲半径大于河岸的曲率半径较多，这时凸岸边滩被水流切割而形成串沟，分泄一部分流量，这种突变称为切滩。产生这一现象的主要原因，是凸岸边滩较低，抗冲能力较差。图 5.2-13 为下荆江监利河湾发生的切滩示意图。

自然裁弯与切滩虽然有一些共同点，但实际上是两个不同的概念。自然裁弯是在两个河弯之间的狭颈上进行的，而切滩发生在同一河弯的凸岸。切滩所形成的串沟，虽然也可以成为新河，但原河弯

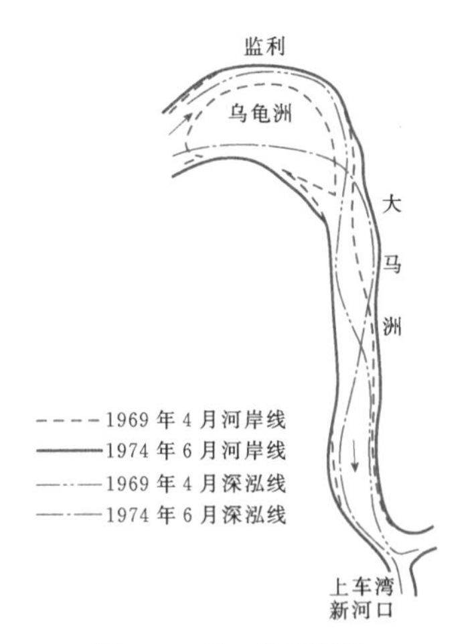

图 5.2-13　监利切滩

不会被淤积成牛轭湖，而是形成两条水道并存的分汊河段。至于两者对河势的影响，自然裁弯比切滩要大得多。

5.2.4.3　整治规划

河道治理，要遵循“因势利导、全面规划、远近结合、分期实施”的原则进行，应统筹考虑国民经济各部门对河道的要求，全面规划，综合治理，实现综合利用，妥善处理好需要与可能、远期与近期、局部与整体、上下游、左右岸以及各部门、各地区之间的关系。根据可持续发展的战略要求，既考虑近期的需要，又预测将来的发展，使近期整治措施有利于远期发展，做到远近结合。

弯曲性河道的整治分为两种情况：①稳定现有河势，防止其向不利的方向发展，一般是针对曲折率较小的弯道，主要应考虑上下游相互关系，因势利导，采用护岸工程进行河势控制；②改变河道现状，使其朝有利的方向发展，一般是针对曲折率较大的蜿蜒型河道，实施裁弯或系统工程，然后实施河势控制工程。

1. 河势控制工程

河势控制工程是指按照中水治导线，稳定现有河势，阻止凹岸继续坍塌，使之达到规划的河床平面形态，以满足国民经济各部门的要求。工程措施一般都采用护岸工程，护岸工程可分为平顺护岸工程和坝垛式护岸工程，其设计要求详见 5.5 相关部分。

2. 裁弯工程

裁弯工程系通过开挖人工引河（或称新河）将迂回曲折的河道改变为适度弯曲的连续河湾，并将裁弯后的河势稳定下来。本章主要以长江中游下荆江蜿蜒

型河道系统裁弯为例。

裁弯工程实施一般有两种方法：①将新河一次开挖至最终设计断面；②首先开挖断面较小的引河，然后借助水流的冲刷作用，使引河逐渐发展成新河。前者多适用于小河或地质条件难冲的河流，后者则多用于大、中河流且地质条件较易冲刷的裁弯工程。先挖断面较小的引河不仅节省新河开挖工程量，且可避免裁弯初期新河上下河势突然发生变化的不利影响。

裁弯工程设计包括裁弯引河设计、裁弯后河势控制工程及裁弯工程施工设计等。引河设计包括引河线路的选择、引河长度的选定及引河断面的设计等。引河线路的选择，应根据引河地区的土质条件，综合分析引河初期发展与后期护岸工程两方面的情况。当引河线路通过易冲的沙壤土地区时，引河通水后发展虽然迅速，但接踵而来实施护岸工程则较困难；相反，当引河线路通过难冲的黏土地区时，引河发展缓慢，有可能影响通航，但以后实施的护岸工程较易于稳定。

引河的平面外形为曲线，使引河按预期的弯曲方向发展，引河进出口应与上下游弯道平顺衔接，使裁弯后引河上下游河势不致变化过大，引河长度的选定一般以裁弯比作指标，若裁弯比太小，引河线路长，工程量大，引河与老河比降增加不大，引河冲开缓慢；反之，过短则不能控导水流，引河发展过快，并使下游河势发生大的变化。根据实践经验，裁弯比一般采用3～9为宜。

引河开挖断面的设计取决于河道通航要求、水文和地质条件。引河断面多设计成梯形，开挖断面积一般为原河道断面的1/30～1/5，边坡系数按土壤的性质、开挖深度和地下水等情况而定。除进出口设计成喇叭口坡度较缓外，一般边坡为1∶3～1∶2。引河的发展一般是先冲深河底，然后展开河宽。为了加大引河流速，引河尽量挖深，并挖至易冲土层，通航河道的引河应根据通航标准来设计开挖深度和宽度，使引河过水后能保证航运畅通。

裁弯工程实施后，由于河长缩短，比降增大，以及引河进出口对附近流向较裁弯前有所改变，引河上、下游河势将发生相应的调整。新河上游河段水面比降加大，同流量下的水位较裁弯前有所降低，河床发生冲刷，河床演变速度有所加剧，越接近新河的河段冲刷深度越大，趋向稳定的时间也较早。新河下游段河床一般会发生淤积，但淤积的程度和达到平衡的时间与河段的水文泥沙条件、裁弯比、引河开挖断面等条件以及下游的河道情况有关。

裁弯后水位降落所波及的范围可用下式计算：

$$L=\frac{2\Delta Z}{I_0}\quad（假设\ I_0=2I）\qquad(5.2-2)$$

式中　L——上游波及长度；

ΔZ——裁弯后进口断面水位降落值；

I_0——上游河段裁弯后水面比降；

I——上游河段裁弯前水面比降。

裁弯后若无工程控制，新河道仍将自然发展，并波及上下游，河道又复延伸。为了巩固裁弯工程效益，必须有计划地修建控制河势的护岸工程，逐步将新河道整治成为相对稳定、曲率适度的弯曲河道。

图5.2-14、图5.2-15为下荆江系统裁弯中两个裁弯工程设计实例。中洲子裁弯工程引河长4.3km，由三个不同半径的圆弧复合组成，裁弯比为8.5。引河底宽30m，开挖深度以将黏性土层全部挖除为准，引河开挖断面为梯形断面，开挖断面面积约为原河道的1/30。上车湾裁弯工程引河长3.5km，裁弯比为9.3。引河开挖深度为设计枯水位以下3m，引河开挖面积约为原河道的1/17～1/25。

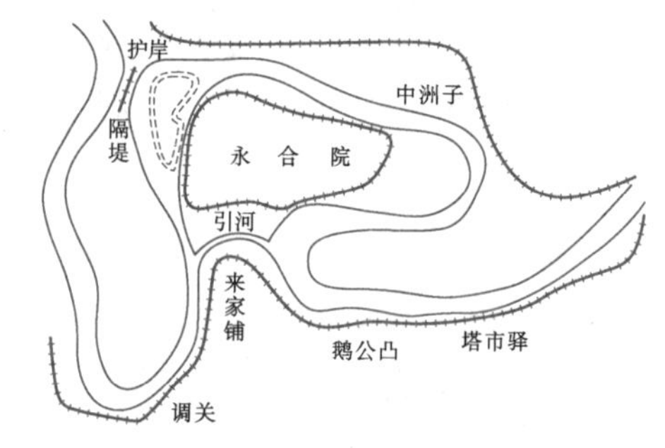

(a) 裁弯工程平面图

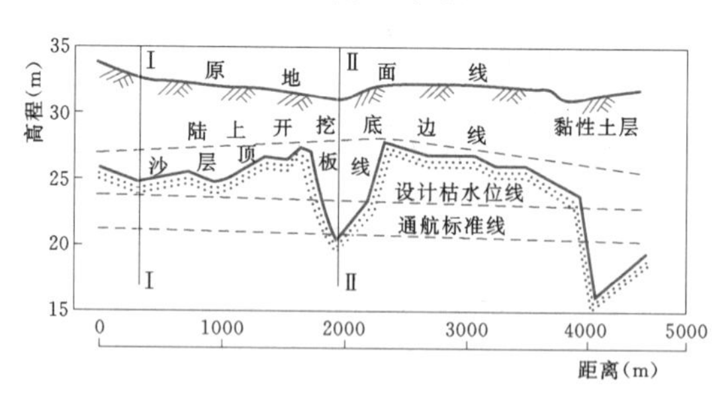

(b) 引河纵断面图

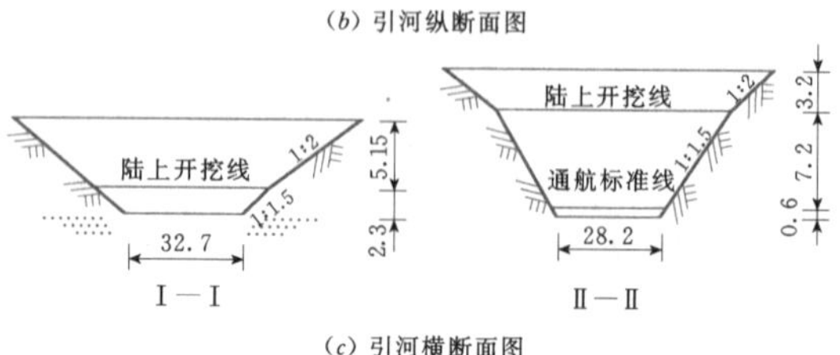

(c) 引河横断面图

图5.2-14　中洲子裁弯工程引河设计图（单位：m）

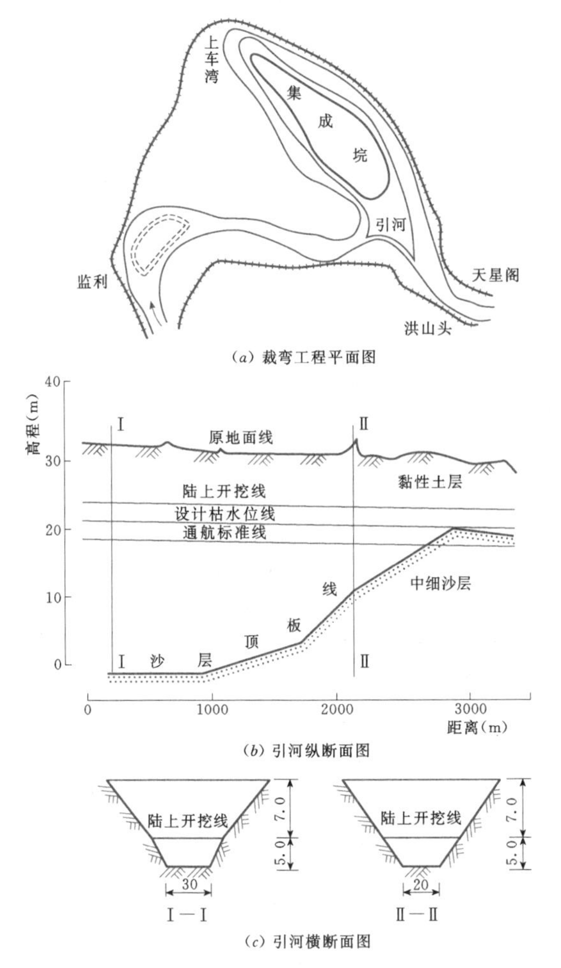

图 5.2-15 上车湾裁弯工程引河设计图（单位：m）

5.2.5 顺直型河道的演变及整治

5.2.5.1 河道形态

平面形态较顺直的单一性河道，弯曲系数一般小于1.2。顺直河流的形态特征主要表现在两个方面：深浅相间的流水纵剖面和两岸交错分布的边滩沉积物。顺直河流尽管在外形上河身保持顺直，但沿流向两岸有规律地出现交错分布的边滩，这些边滩使得主流流路在平水期以及枯水期依然是弯曲的。在纵剖面上，主流的弯顶出现深槽，两个深槽之间的过渡段则出现浅滩。

5.2.5.2 河床演变

在顺直型河段的演变特征上，沙质河床中边滩会逐渐向下游移动，故导致河床发生周期性展宽。卵石河流的边滩较为稳定。顺直型河道中存在着明显的泥沙分选现象，粗颗粒都聚集在浅滩上，深槽的组成物质一般较细。在浅滩段还存在着垂直方向上的泥沙分选，即最粗的颗粒聚集在表层，向深处逐渐变细，这是因为在水流的剪切作用下，床面各层物质间存在向上的离散力之故。

从河岸与河床相对可动性角度看，当河岸不可冲刷时，顺直型河段演变最主要的特征是犬牙交错的边滩向下游移动，与此相应，深槽和浅滩也同步向下游移动。苏联维斯雷河在1年的时间内边滩、深槽、浅滩作为一个整体向下游移动了一段距离，而相对位置基本保持不变。这表明其演变比较迅速，且具有很强的规律性。

交错边滩向下游移动，可以看成是推移质运行的一种体现形式。根据顺直河段的水流、泥沙运动特点，边滩头部的流速和推移质输沙率都大于滩尾，故滩头表现为冲刷后退，滩尾则淤积下延，整个边滩向下游缓慢移动。同一河岸，上一边滩滩尾的淤积下移和下一边滩头部的冲刷后退所引起的两边滩间深槽的变化，则表现为深槽首部淤积，尾部冲刷，整个深槽相应下移。边滩和深槽的下移，使位于其间的浅滩也相应下移。所以顺直型河段的演变是通过推移质运行使边滩、深槽、浅滩作为一个整体下移的。

至于流量变化对演变的影响，则表现为枯水期浅滩冲刷，深槽淤积，洪水期则浅滩淤积，深槽冲刷，这种冲淤规律与蜿蜒型河段相类似。参与这一变化的，除推移质外，尚有悬移质中的床沙质。

关于顺直型河段的形成条件，从现有资料看，当较长河段的两岸存在抗冲性较强的物质，如基岩、黏土层、间距较密的节点时，河道的横向发展受到限制，在这样的条件下，往往能形成顺直河段。此外，蜿蜒型河段的长过渡段，当两岸抗冲性很强，河道弯曲受到限制时，也会形成顺直型河段。

至于犬牙交错边滩的形成机理，目前还缺乏比较一致的认识。罗辛斯基和库兹明（1950年）把边滩看成一种巨型沙波，用沙波的稳定性及其运行机制来解释边滩的成因，认为当水深和水面宽之比小到一定程度时，沙波由于平行的带状分布转变成交错分布是一种稳定现象。沙波在运行中，沙峰线的任何倾斜将使得水流在沙波背面一侧形成斜轴螺旋流，从而引起泥沙沿沙峰线转移，这种泥沙运行将不可避免地激起下游新沙波的形成，其沙峰线将与上游沙波的沙峰线相垂直，结果使得全河段沙峰线相互交叉，形成边滩交错依附两岸的局面。这一假说已初步为造床试验所证实。

5.2.5.3 整治规划

顺直型河段的演变，由于犬牙交错边滩向下游移动，使得河道处于不稳定状态，给生产部门带来一系列不利影响。首先是浅滩位置不固定，航道多变，可能给航行带来困难；其次是当边滩运行到港口时，将造成港口淤积，使船舶停靠困难；再次是对取水影响，当边滩运行到取水口位置时，将造成取水困难，甚至无法取水。对这些不利影响，应采取工程措施加以解决。整治的基本原则是固定边滩，使其不向下游移动，从而达到稳定整个顺直型河段的目的。

顺直型河段整治基本要求如下：

(1) 对顺直型河段进行整治，应维护、稳定现有河型、河势。

(2) 修筑堤防堤线应平顺，基本与洪水流向一致，并应留出足够的滩地和泄洪断面，能安全通过设计泄洪流量。

(3) 需要扩大河道时，中水整治线应与现状河道走向基本一致，规则平顺。

(4) 修建整治工程应与堤、岸线较为一致，避免采用对水流流向控导作用强的整治工程。

(5) 进行浅滩整治设计时，应在分析浅滩演变规律的基础上确定整治线，修建整治工程形成较稳定深槽或利用挖泥船疏浚，改善浅滩的通航条件。

在进行顺直型河段整治时，稳定边滩的工程措施多采用淹没式丁坝群，坝顶高程在枯水位以下，且一般为正挑式或上挑式，这样有利于坝档落淤，促使边滩的淤长。在多沙河流上，也可以采用编篱、网坝等简易措施或其他缓流助淤措施。当边滩个数较多时，施工程序应从最上游的边滩开始，然后视下游各边滩的变化情况逐步进行整治。图 5.2-16 为莱茵河一顺直型河段采用低丁坝群固定边滩的实例。工程完成后，河槽断面得到了相应的调整，整个河段逐步稳定下来。

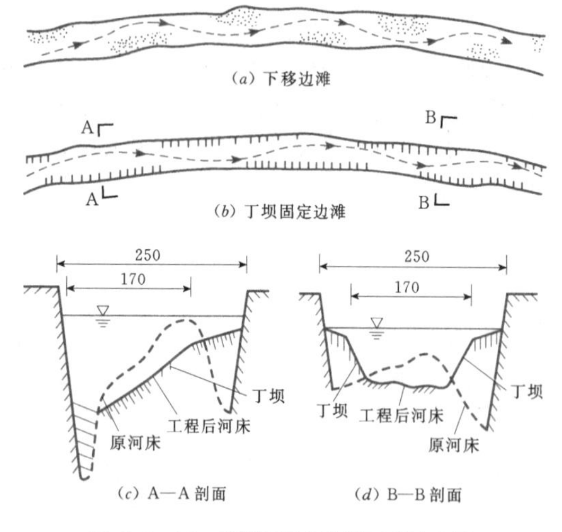

图 5.2-16 莱茵河固定边滩工程示意图

5.2.6 平原河道的浅滩演变及整治

在冲积平原河流上，总有各种不同形式的淤积体，而连接上、下边滩，隔断上、下深槽的沙埂是常见的泥沙成型淤积体之一，其水深常比邻近水域的水深为小，通称浅滩。视航道要求航深不同，有的浅滩虽然水深较小，但并不碍航，称为不碍航浅滩；有的水深不能满足航行要求，则称为碍航浅滩。随着水运事业的发展，对航深的要求会逐步提高，原来的不碍航浅滩，有可能成为碍航浅滩。所以浅滩碍航与否，只具有相对意义。

5.2.6.1 浅滩特性及类型

处于两反向弯道之间的沙埂，即最常见的浅滩，可作为典型来认识浅滩的一般特性。从河床形态讲，它由 5 部分组成，即上、下边滩，上、下深槽和浅滩脊。浅滩脊是浅滩可能出浅碍航的关键部位，见图 5.2-17 (*a*)。船舶下行时，一般是从上深槽经过浅滩脊而达到下深槽的，上行时则相反。沿航线的浅滩纵剖面见图 5.2-17 (*b*)，其迎流称为浅滩的上坡或前坡，比较平缓；背流部分称为浅滩的下坡或后坡，比较陡峻；最高点称为鞍凹，经过鞍凹沿浅滩脊取剖面，则中部低而两侧高，见图 5.2-17 (*c*)。从两个不同的剖面看，鞍凹沿航线为最高点，沿浅滩脊则为最低点。需要指出的是，航道部门常用的浅滩图系根据设计水位绘制的，以设计水位为零水位。低于设计水位的水下部分，用等深线表示；高于设计水位的部分，不论是水下还是水上，均以从设计水位算起的等高线表示。浅滩的共同点已如上述，由于冲积河流不同河段的水沙条件及河床周界条件各异，浅滩存在不

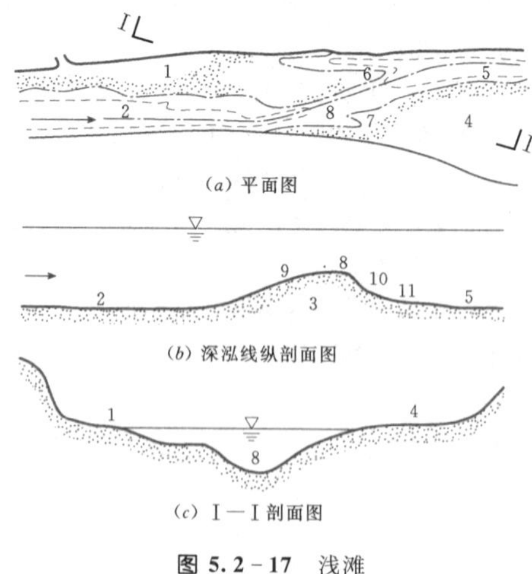

图 5.2-17 浅滩

1—上边滩；2—上深槽；3—沙埂；4—下边滩；5—下深槽；6—上沙嘴；7—下沙嘴；8—鞍凹；9—沙埂迎流面；10—沙埂背流面；11—坡脚

同的类型。根据浅滩形态特性及其对航行的影响，通常将其分为正常浅滩、交错浅滩、复式浅滩、散乱浅滩4种类型。

1. 正常浅滩

正常浅滩的主要特点是，边滩和深槽上下左右对应分布，上、下深槽不交错，浅滩脊与枯水河槽的交角不大，鞍凹明显。水流从上深槽过渡到下深槽的流路比较集中、平顺，冲淤变化不大，平面位置也比较稳定。这类浅滩一般对航行妨碍较小，常称平滩或过渡性良好的浅滩，见图5.2-18。

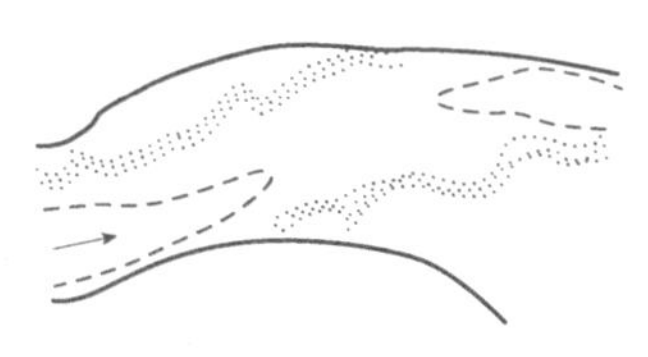

图5.2-18　正常浅滩

正常浅滩多出现于河身较窄的微弯型河段，或蜿蜒型河段中长度适当的过渡段内。

2. 交错浅滩

交错浅滩的显著特点是，上、下深槽相互交错，下深槽的首部为窄而深的倒套，浅滩脊宽而浅，鞍凹则既浅又窄，且位置经常变动，有时甚至无明显的鞍凹；浅滩冲淤变化很大，航道极不稳定，航行条件也差。这类浅滩又称为坏滩或过渡性不良的浅滩。

交错浅滩又可分为两类：①沙埂较宽，缺口较多，其动力轴线的摆动一般是随着上边滩的下移而逐步下移，下移到一定程度后，突然大幅度上提；②沙埂窄长并与河岸基本平行，往往无明显的鞍凹，其动力轴线一般是随上游河岸崩坍变形和上、下边滩的发展变化而左右摆动。图5.2-19表示长江中游这两种类型的交错浅滩。

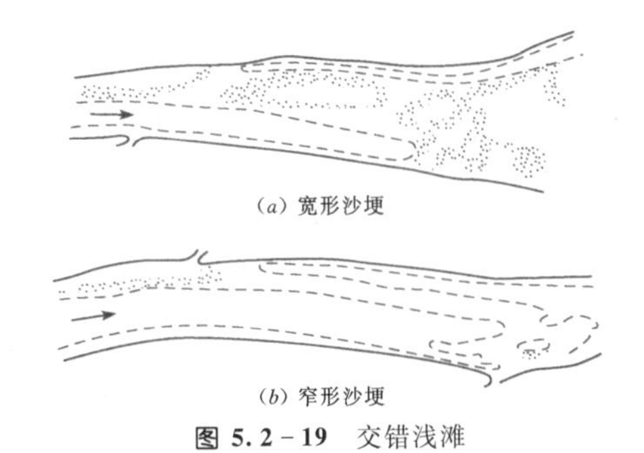

(*a*) 宽形沙埂

(*b*) 窄形沙埂

图5.2-19　交错浅滩

交错浅滩的水流特点是具有强烈的斜向水流，见图5.2-20。由图可知，水流自上深槽下部急剧地横斜向下深槽流动，状似扇形，故常称为扇形水流。产生斜向水流的主要原因是下深槽倒套存在。在倒套内，水深很大，水流阻力相对较小，故水面比降很小，甚至接近水平，而上深槽的下部，由于上边滩水下沙嘴的壅水作用，水面较高。且有一定的纵比降。因此，不仅上下深槽存在着横比降，且越靠上游，横比降越大。横比降的存在自然会引起横向水流。同时，由于横比降是沿程减小的，故横向水流的强度也沿程减弱，这就是横向水流成为扇状的原因。

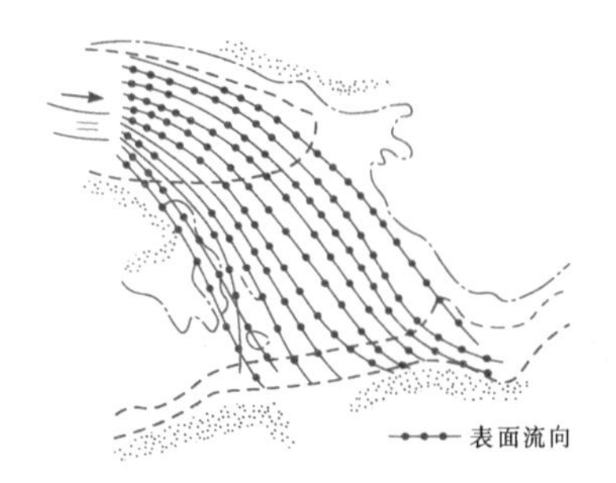

图5.2-20　天然河流交错浅滩扇形水流

横向水流随水位的变化而发生相应的变化，枯水位时，浅滩脊与倒套的水位差较大，故横比降陡峻，横向水流湍急。高水位时，浅滩脊的壅水作用减弱，横比降减小；同时由于大流量时水流的惯性较大，主流线略为展直，扇形分散的横向水流不如枯水期显著，且横向水流的起点也移向上游。随着水位的升高，横向水流将逐渐减弱，终至消失。横向水流的强弱，除与横比降有关外，还与倒套的容量和交错的长度有关，容量和交错长度越大，横向水流越强烈。

交错浅滩的水流特点给航行带来严重影响，主要表现为航深不足。枯水期水流经过浅滩脊时，上深槽的一部分水量早已从滩脊上部横向流入倒套，使浅滩鞍凹的水深减小，更主要的是水流输沙能力降低，无法冲走洪水期淤下的全部泥沙，最终表现出鞍凹水深不足，妨碍航行。

交错浅滩多出现在河身宽浅、边滩宽且高程低的微弯河段上。在蜿蜒型河段上，如果上下弯道的弯曲半径很小，而过渡段又很短，也容易出现交错浅滩。

3. 复式浅滩

复式浅滩是由两个或多个相近的浅滩所组成的滩群。其主要特点是：两岸边滩和深槽相互交替分布，上、下游浅滩之间，有着共同的边滩和深槽。它们对上游的浅滩言，是下边滩和下深槽；对下游的浅滩言，则是上边滩和上深槽。在洪水上涨期，由于泥沙首先在上游浅滩淤积，减少了下游浅滩的来沙量，可能使下游浅滩发生冲刷。而在洪水降落期，由上游浅滩冲刷下来的泥沙，有一部分就淤在下游浅滩。在一次洪峰过程中，上游浅滩表现为涨淤落冲，而下游浅滩则可能表现为涨冲落淤。所以复式浅滩的冲淤变化比较频繁，常出现航道不稳，航深不够的碍航局面。复式浅滩一般出现在比较长的顺直河段或蜿蜒型河段的长过渡段内。图5.2-21为长江中游的一个典型复式浅滩。

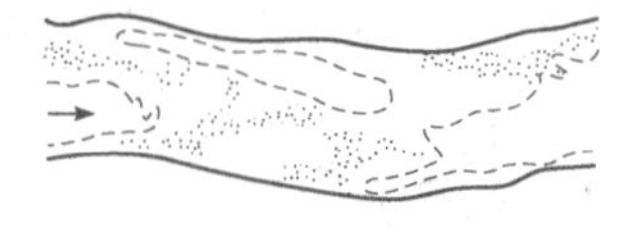

图5.2-21　复式浅滩

4. 散乱浅滩

散乱浅滩的主要特点是：没有明显的边滩、深槽和浅滩脊，在整个河段上，十分零乱地散布着各种不同形状和大小的江心滩、潜洲，水流分散，航道曲折且不稳定，水深很小，碍航严重。这类浅滩多出现在河槽比较宽阔的河段上，在河道突然放宽或出现周期性壅水的区段内以及游荡型河段上，也常出现散乱浅滩。图5.2-22为长江中游在切割上边滩后所形成的散乱浅滩。

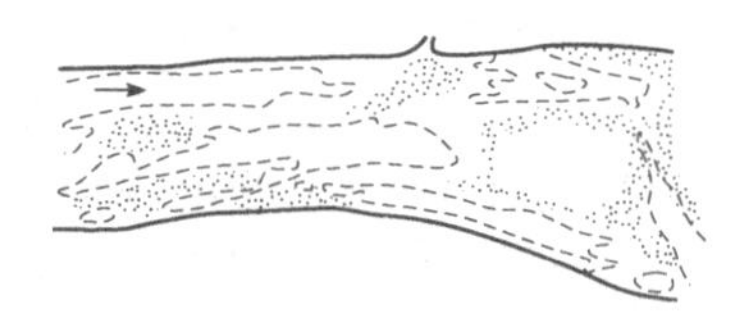

图5.2-22　散乱浅滩

除上述浅滩分类方法外，还可按浅滩出现的部位进行分类，如弯道过渡段浅滩，见图5.2-23(*a*)；顺直放宽段浅滩，见图5.2-23(*b*)；分汊段浅滩，见图5.2-24；分流、汇流段浅滩，见图5.2-25等。

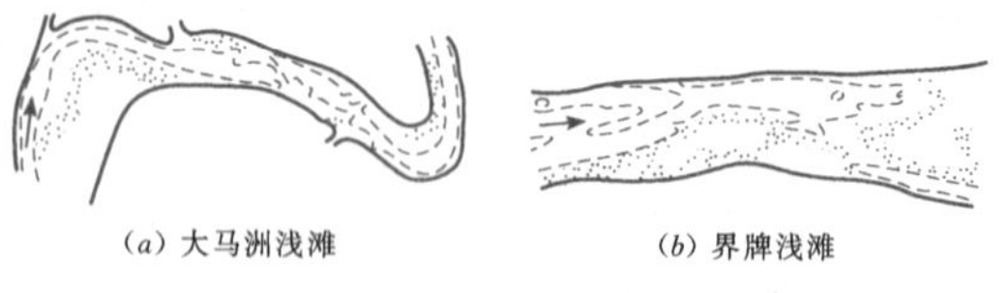

(*a*) 大马洲浅滩　(*b*) 界牌浅滩

图5.2-23　过渡段、放宽段浅滩

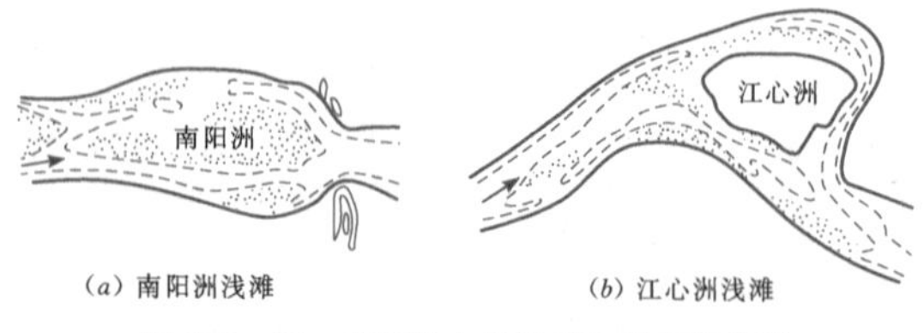

(*a*) 南阳洲浅滩　(*b*) 江心洲浅滩

图5.2-24　束窄段上游浅滩及分汊段浅滩

上述浅滩的河段条件还比较单一，事实上，不少平原河流的浅滩常在两种或两种以上的复杂河段条件

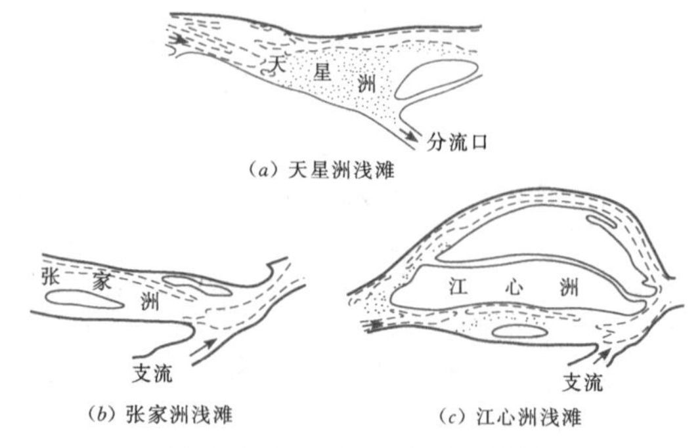

(*a*) 天星洲浅滩

(*b*) 张家洲浅滩　(*c*) 江心洲浅滩

图5.2-25　分流、汇流段浅滩

下形成，情况颇为复杂。究竟哪些条件起决定性作用，必须进行深入的分析。图5.2-25为长江下游的一处浅滩，它的形成受到河槽放宽、水流分汊、支流入汇和突出护岸矶头多种因素的影响。

5.2.6.2　浅滩演变

1. 影响浅滩演变的主要因素

浅滩演变的影响因素很多，就其共同因素而言，主要是流速减小，环流的变化，洪、枯水流向不一致和输沙不平衡等。

流速的减小，无论对悬移质或推移质来说，都导致水流输沙能力的降低，使泥沙淤积，形成浅滩。导致流速减小的原因很多，诸如河槽过水断面的显著增大，比降的减小，流量的减小以及壅水作用等。

环流是冲积平原河流形成泥沙成型堆积体的重要因素之一。在弯曲型河段上，将出现弯道环流，上、下两弯道的环流方向是相反的。弯道环流的强度和旋度，以弯顶和弯道下半部最强，出弯道后，环流逐渐减弱，至过渡段则转化为比较复杂而强度很弱的多层多个环流，有时甚至消失，横向输沙基本停止，这就削弱了水流塑造深槽的能力，造成泥沙淤积而出现浅滩。有些虽然不是弯曲型河段，但由于存在着边滩、江心滩和江心洲等堆积体，水流动力轴线弯曲，相应地产生一系列类似于弯曲型河段的环流结构，因而也会形成相应的浅滩。

洪、枯水流向的不一致，也是形成浅滩的重要因素之一。在弯曲河道上，水流具有“高水取直，低水走弯”的规律，洪、枯水流向常不一致；在河槽展宽处特别是分汊河段上，流量的变化或边滩的消长也易引起洪、枯水主流线的左右摆动。洪水期淤积在枯水航道上的泥沙若不能全部被冲走，即会形成浅滩。

上游来沙过程多，河段水流输沙能力不足，是形成浅滩的重要原因。浅滩来沙过多，常常是局部因素造成的，如河岸的崩坍，河床的强烈冲刷，支流因山洪暴发或水库短时间内的集中泄水而带来的大量泥沙等。如果河段的水流输沙能力不足以带走这些泥沙，就会在一定部位淤积下来而形成浅滩。

以上所述，只是冲积平原上影响浅滩的共同因素，对于某一具体浅滩来说，影响因素往往是异常复杂的，可能受上述一种或多种因素的综合影响，也可能受其他特定因素的影响。

下面从来水来沙条件、浅滩水流条件和河床边界条件三个方面，来剖析它们与浅滩演变的关系。

（1）来水来沙条件包括来水来沙数量、来水来沙过程及水量和沙量在时间上的分配关系。不同类型的水沙组合，某一特定水位（如浅滩淤积或冲刷时的水位）持续时间的长短，都将直接影响浅滩演变。一般来说，大水少沙年，浅滩淤积较少，甚至会发生冲刷；而小水大沙年，浅滩淤积较多，在水量、沙量接近相当的情况下，若沙峰先于洪峰，浅滩可能不淤或少淤，反之，浅滩淤积可能比较严重；当水量、沙量相当，峰值出现的时间也相应时，涨水持续时间短而退水持续时间长的年份，浅滩有可能不淤或少淤，甚至会发生冲刷，反之，淤积可能较多。

（2）浅滩水流条件包括比降、流速和环流结构等，它们既与来水条件有关也于河床形态有关。对于特定的河床形态，如果上游来水量大，流速大，则水流挟沙能力也大，此时若上游来沙量小，浅滩将发生冲刷；反之，浅滩将发生淤积。

对于特定的来水条件，浅滩的比降和流速还与河床形态有关。河床平面的放宽，必然导致水流扩散，从而使洪水时上游束窄段比降及流速增大，而下游放宽段比降及减速则减小；河床平面的束窄，必然导致不同程度的壅水，从而使洪水时上游放宽段比降和流速减小，而下游束窄段比降和流速则较大。

环流分布状态及其强度、旋度的大小，在决定泥沙成型堆积体的同时，还通过横向输沙影响局部冲淤变化。浅滩过渡段复杂的环流结构是造成冲淤变化的复杂的主要根源。

（3）河床边界条件主要包括河床的平面和纵剖面形态，江心滩和江心洲的部位、形态和高程，以及河床河岸物质组成和可动性等。在一个水文年内，洪水期水流对河床的塑造起主导作用，枯水期河床则对水流起着很重要的制约作用。河床边界条件的不同对浅滩演变影响甚大，在来水来沙条件和变化过程相同的情况下，浅滩区河床形态与水流条件的不同，将影响浅滩演变。此外，河床和河岸的组成及其可动性也影响着浅滩演变，如组成物颗粒较粗或黏性甚强，则可以限制浅滩的变形；反之，如组成物为颗粒较细的散粒体，则会加剧浅滩的变形。

除上述三方面条件外，浅滩上、下游河段的河势与浅滩演变也有密切的关系，特别是上游河段演变施加于浅滩的影响更为显著。它往往引起浅滩河段主流的摆动，从而影响浅滩河段边滩和鞍凹平面位置的变化。下游河段的演变，通常只能在一定程度上影响浅滩的演变强度，不致使浅滩发生根本性的变化。因此，分析浅滩演变时，还必须研究其上、下游河段的演变。

2. 浅滩演变基本规律

浅滩演变是河床演变的组成部分，属于局部河床演变。就其演变形式来说，也有纵向变形与横向变形、单向变形与复归变形之分。但主要表现形式为复归性变形，即随河道水文过程而呈周期性的变化：在一个时期内，浅滩处于淤积变形阶段，在另一个时期内，则处于冲刷变形阶段，再经过一定时期后，浅滩又处于淤积变形阶段，如此周期性地往复变化。

浅滩的上述涨淤落冲规律，与深槽冲淤规律有极为密切的关系，涨水期深槽冲刷，浅滩淤积；退水期深槽淤积，浅滩冲刷。这种冲淤规律，一个水文年是如此，在没有特殊原因的情况下，较长系列的水文年内仍是如此。

浅滩鞍凹平面位置年内周期性变化，是根据实测资料分析，主要取决于浅滩河段水流动力轴线的变化，也就是取决于水流动力轴线通过浅滩脊的方向和位置。影响浅滩动力轴线变化的因素很多，主要是水流动力因素及河床形态特征。当河床形态特征一定时，水流动力因素是随来水条件变化的，而来水条件在一个水文年内又具有周期性变化规律，因而浅滩河段水流动力轴线和鞍凹平面位置的变化，在年内也具有周期性变化规律。

浅滩的年际变化主要与特大洪水的出现有关，在通常的水文系列内，由于水流的造床作用，在浅滩河段上形成一定形态的边滩、江心滩、沙埂等成型堆积体，尽管各年水沙有一定差异，但浅滩的基本形态不会发生根本性的变化。遇到特大洪水年，原有浅滩的形态如边滩、江心滩、沙埂等，将重新调整，甚至会出现新的成型堆积体，使浅滩状况完全改观，乃至出现新的浅滩。

从上述分析可知，浅滩既有活动性的一面，又有相对稳定性的一面，所谓活动性，是指浅滩经常处于变化过程之中，诸如浅滩鞍凹高程和平面位置的变化，上、下深槽萎缩和发展，上、下边滩的淤高或降低以及水流动力轴线的变化等。这是由来水来沙条件、水流条件以及浅滩段的输沙能力所决定的，所谓相对稳定性，是指浅滩总是在一定的河段内出现，而不会自行消失。国内外长期观测资料表明，过去存在浅滩的河段，在相当长的时期内仍然存在浅滩，很少发现浅滩自行消失的情况。长江自有资料记载以来的几十年内还没有发现过浅滩自行消失。例如长江下游张家洲浅滩，五六十年前就是严重碍航的浅滩，现在仍是严重碍航的浅滩，只是浅滩位置和碍航程度各年有所不同而已。由此可知，凡是具有形成浅滩条件的河段，浅滩是必然存在的。但如果浅滩所在河段的河床形态发生了根本性的变化，浅滩就有可能消失。例如蜿蜒型河段在人工裁弯或自然裁弯后，原来过渡段的浅滩就被裁掉了；展宽河段内的浅滩采取工程措施将河槽束窄后也会消失。

5.2.6.3　浅滩整治

浅滩整治手段有两种：一种是修建整治建筑物，调整水流结构局部改变河床形态，利用水流自身的能量刷深河床，达到改善浅滩通航条件的目的；另一种是浅滩疏浚，即利用挖泥船或其他疏浚手段（如爆破，主要用于山区石质河床或疏浚范围较小的沙质河床），浚深拓宽河床，强制性地改变浅滩河床形态，达到改善浅滩河段通航条件的目的。

5.2.6.3.1　修建整治建筑物

修建整治建筑物进行浅滩整治，是在碍航的浅滩上，修建对口、错口丁坝、顺坝、导流坝、锁坝等工程措施，以集中水流，抬高水位，保证航运水深，促使航道稳定。

1. 整治原则和措施

要达到整治的目的，必须进行浅滩演变分析，以了解浅滩的成因和发展趋势，从而确定整治原则和相应的工程措施。

（1）整治原则为：顺应河势，因势利导，以航行条件优良的河段形态和尺度为依据，常常会收到良好的整治效果。经整治而改善航行条件是河流综合利用的一部分，它不应给其他用水部门带来不利。

（2）整治措施：对于不同类型浅滩常采用以下整治措施。

1）正常浅滩整治。正常浅滩河流形态较好，一般情况下不碍航，只有在枯水多沙年份可能出现浅滩时，采用临时性疏浚措施比较经济；河道有变坏趋势时，如凹岸过度冲刷、边滩下移及上下两深槽间的过渡段太长等，应及时加以防护和调整。

2）交错浅滩整治。交错浅滩上、下深槽交错，其中下深槽与上深槽交错的部分称为倒套。有流向倒套的横向水流，使浅滩上的水流分散，航深不足。应采取堵塞倒套，抬高和固定边滩的措施，见图5.2-26。

3）复式浅滩整治。复式浅滩上下浅滩相互影响，有共同的中间深槽并与上下深槽交错。整治时应将

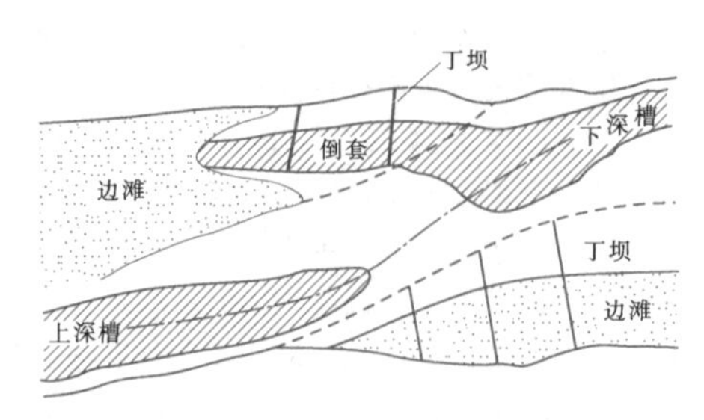

图5.2-26　堵塞倒套固定下边滩

上、下深槽共同考虑，可固定抬高上、中、下边滩并堵塞倒套。

4）散滩整治。散滩没有明显的深槽与边滩，应根据上、下游河段的河势，规划出一条正常弯曲的整治线，通过丁坝等整治建筑物，将散乱沙体促淤形成边滩，以固定河势，引导水流集中冲刷航槽。

5）汊道浅滩整治。汊道浅滩在汊道进口处有浅滩，可建丁坝束水；出口处有浅滩，可建岛尾坝或岛尾坝加丁坝，见图5.2-27，以减少水流相互冲击产生的泥沙淤积，并可束水以增加航深；汊道内的浅滩可仿照上述单一河道浅滩的整治方法。若汊道中流量不足时，通常在非通航的汊道上建锁坝等工程，以增加通航汊道的流量。

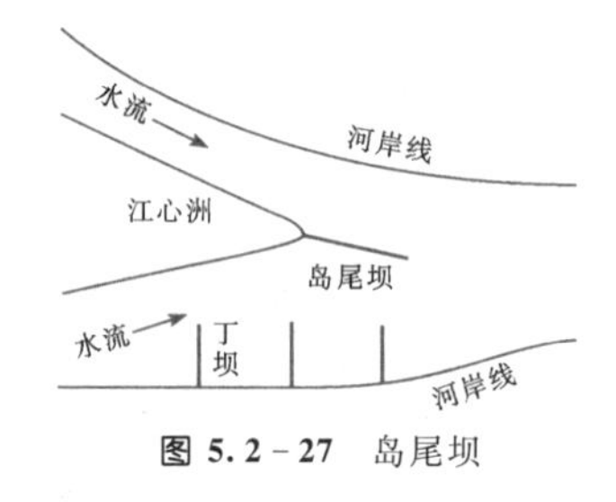

图5.2-27　岛尾坝

6）支流河口浅滩整治。支流河口多用分水堤使两股水流平顺相交。

7）湖区浅滩整治。湖区浅滩航道受风浪影响大，可建导堤以减少风浪掀沙，维护航槽稳定。

2. 整治参数的控制

（1）整治水位。整治水位是指与整治建筑物顶部高程相齐平时的水位，或指整治建筑物顶部的高程。水流在从整治水位下降的过程中，由于整治建筑物的束水作用，而冲去洪水期淤在航道中的泥沙，以满足航道要求的水深。目前多以优良河段的边滩高程来确定整治水位。

（2）整治线宽度。整治线宽度是指整治水位时两岸整治线（包括两岸均布设整治建筑物或一岸布设整治建筑物，另一岸为天然状态时的水边线）间的宽度。在整治水位已定的情况下，要求航道的冲刷深度

越大越好，整治线宽度越小越好，即要求整治建筑物对河床的束窄程度越大越好。整治线宽度一般可参照优良河段相应的宽度确定，或根据整治前后断面输沙量不变的假定，通过计算确定。

(3) 整治线的布置。整治线应布置成缓和而均匀变化的连续曲线，一般采用正弦曲线或圆弧曲线，曲线间连以短直线过渡段。从曲线的弯顶到过渡段，弯曲半径逐渐变化，在弯顶处半径最小，见图5.2-28。弯顶处的弯曲半径与弯道的比降、来沙量和河岸的可冲性等因素有关，可根据优良河段的弯曲半径结合航行要求来确定。弯曲半径太小，水流向凹岸挤压，使凸岸淤积；弯曲半径太大时，环流作用不明显，水流动力轴线不稳定。一般弯曲半径为5倍河宽左右。整治线的起点和终点应以稳定河床的主导河岸为依据，才能有效地控制浅滩河段的变化。整治线应通过浅滩脊的最大流速区，并尽可能与洪水流向偏离较小。

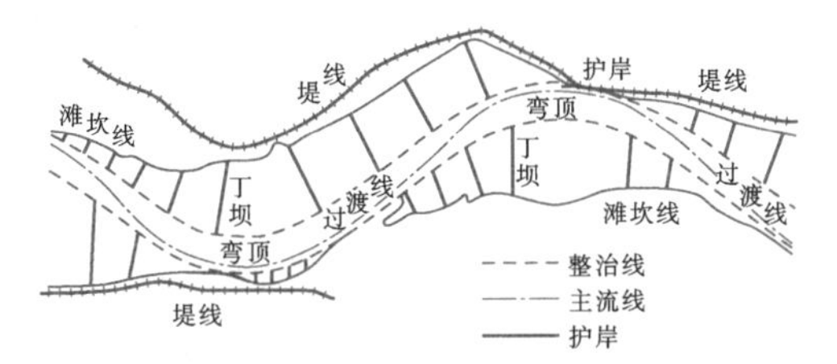

图5.2-28 整治线布置示意图

3. 整治建筑物的布置原则

整治建筑物的布置必须依据通航保证率、航道尺度、设计水位等因素。通航保证率应根据河流实际可能通航的条件和航运的要求，以及技术的可行性和经济的合理性来确定，它是确定航道设计水位的依据；航道尺度是保证船队安全、顺利航行的航道最小尺寸；设计水位与枯水位关系甚为密切，其确定应该从实际情况出发，既要考虑运输的需要，又要考虑航道整治所能达到的程度及经济上的合理性。

5.2.6.3.2 浅滩疏浚

疏浚按工程性质和任务的不同，可分为维护性疏浚和基建性疏浚两大类：前者是维护现有航道尺度而进行的经常性的疏浚工程，后者则是能根本改善通航条件或提高通航标准而进行的疏浚工程。此外，为解决突发性的碍航问题（如崩岩、滑坡等）而进行的疏浚工程称为临时性疏浚工程。

浅滩疏浚的目的是增加航道尺度，改善航行条件，其设计详见本章5.6相关部分。

值得注意的是，多数浅滩的整治手段不是单一的，而是采用整治与疏浚（或爆破）相结合的综合治理措施，因滩制宜，因势利导，充分利用主导河岸和高大边滩的控制作用，取得了较好的整治效果，这已成为浅滩整治的发展方向和基本原则。

5.2.7 山区河道的演变及整治

流经山区和流经丘陵地区的河流称为山区河流，我国山区河流主要分布在南方。山区河流河谷的形成与地壳构造运动及水流侵蚀作用有关。水流在构造运动所形成的原始地形上不断地纵向切割和横向扩宽逐步形成河谷。

5.2.7.1 山区河流特性

1. 地形特征

(1) 河谷地形特征。山区河流的河谷断面一般呈V形或U形，断面较窄深。

峡谷河段和宽谷河段是山区河流的基本河型，峡谷河段谷身狭窄，谷底被水流切削较深，谷坡陡峻，甚至两岸高山、峭壁挟持，基岩裸露，谷槽水深，洪、中水位河宽没有多大差异；宽谷河段谷深比较开阔，谷底被水流切削较浅，河床比较宽浅，两岸常有台地，河中常有边滩、江心洲，洪、中、枯水位有明显差异，而且山区河流由于沿途地形、地质构造以及岩性的差异，峡谷河段和宽谷河段常相间出现。

(2) 河床的纵断面特征。山区河流纵断面形态，呈上陡下缓，突高突低，起伏不平，逐渐向下游倾斜的台阶状，由于纵向河底起伏不平，致使山区河流浅水河段及深水河段相间，沿程水流极不均匀，深水处水深达几米甚至几十米，而浅水处水深往往不足1m。

(3) 河床平面型态。山区河流岸线不规则，两岸经常有石嘴、石梁和乱石堆伸入江中，致使岸线极不规则，特别是枯水河岸线，河道狭窄，河面突宽突窄，卡口、窄槽、急弯较多。

2. 河床地质特征

(1) 石质河床。山区河流河床主要为基岩和粗粒径的卵石组成，石质河床没有明显的冲淤现象，引起石质河床型态改变主要是受水流长期的下切和侧蚀，但因石质河床抗冲性能强，水流下切和侧蚀速度异常缓慢，故石质河床十分稳定。由于滑坡、山崩以及溪沟爆发山洪等外部原因，所引起的局部河段变形却很激烈、频繁。

(2) 卵石河床。山区河流也存在一定的由卵石和砂砾组成的较厚覆盖层的卵石河床，卵石经过水流长距离搬运摩擦，表面光滑，没有棱角，卵石河床有明显的冲淤变化现象，但是由于卵石粒径大、重量大，卵石河床也相对稳定。

3. 水文特征

(1) 水位和流量特征。山区河流的径流来源，洪水期主要是降雨，枯水期主要是地下水补充。暴雨季节，水位较高，流量较大；少雨季节，水位和流量比较平稳，流量较小，出现比较稳定的枯水期。由于山区河流汇流地面坡度大，河床狭窄，暴雨很快汇入干流，引起水位暴涨，流量猛增；山区河流纵坡陡峻，水流湍急，能很快宣泄洪水，水位又急剧下降，因而山区河流有明显的暴涨暴落现象，山区河流的水位变幅和流量变幅都很大，洪水流量与枯水流量的比值很大，如长江支流嘉陵江北碚站的比值为 180，巴河比值甚至达到 2050。

山区河流纵坡很陡，因而比降也陡，由于山区河流滩槽相间，所以比降沿程分布很不均匀；枯水期，深槽水面平稳，比降较小，而滩段水面陡峻，比降很大。

山区河流由于有较多的河湾、石梁、石盘、突嘴等，因而也常存在横比降，而且数值较大。

(2) 流速特征。山区河流流速普遍较急，滩上流速往往达 3.0～5.0m/s，红水河十五滩局部最大流速达到 6.8m/s。由于滩槽相间出现，流速沿程变化很大，有明显不连续性；枯水期，滩上流速很大，水流湍急，而深槽水平稳，流速较小；洪水期，滩上流速减缓，而深槽流速增大，沿程流速趋于均匀。

5.2.7.2　山区河流演变规律

山区河流推移质多为卵石和粗沙，悬移质含沙量的大小视不同地区而异。在岩石风化不严重和植被较好的地区，含沙量较小。我国南方一些山区河流含沙量只有 $1kg/m^3$。水土流失严重地区，在山洪暴发期，河流含沙量可达几百千克每立方米以至 $1000kg/m^3$ 以上，形成泥石流。

研究山区河流的河床演变，实际上也就是研究卵石的冲刷、搬运和沉积的过程。因卵石粒径较大，只有洪水季节才能运动，加上流速变化的不连续性，因而卵石推移质运动呈间歇性，平均运动速度很低。长江三峡河段的卵石推移质观测资料表明，某峡口的上游，壅水作用所造成的回水区使卵石淤积下来，非汛期时回水作用消失，使淤积的卵石自宽谷搬运到峡谷段，并在那里堆积下来，到下次洪水时，卵石又自峡谷段搬运到下一个宽谷段去。在山区河流的弯曲段，有规则的深槽和浅滩，也常常是非汛期卵石自浅滩移向深槽，汛期卵石自深槽移向浅滩。

由于水力分选的作用，山区河流的河床组成还具有级配很分散的特点。

山区河流中水流输沙能力远大于其实际的输沙量，属于侵蚀性河床，河床变形以冲刷下切为主，但因河床多为基岩或卵石组成，抗冲能力强，故河床变形缓慢。由于河道摆动不大，故两岸常有阶地存在。但某些山区河流遭强烈的外因容易发生急剧变形，例如某些山崩、地震、大滑坡等，在短时间内将河道堵塞，在其上、下游形成壅水和跌水。

山区河道沿程急滩与缓流相间，在两个急滩之间的缓流段，非汛期可能淤积，淤沙在汛期又被冲走。黄河三门峡下游两碛之间的缓流河段，经过一个非汛期往往落淤几米厚的细沙，入汛后又逐渐被冲走。

山区河流往往宽窄相间，在峡谷的进口处，洪水期有较强的壅水作用，引起上游宽谷段内比降变缓、流速降低，从而使得推移的卵石甚至悬浮的泥沙在上游宽谷内落淤，淤积厚度有时可达几米甚至几十米；汛后水位回落，壅水作用消除，比降、流速增大，淤积的泥沙又被冲刷搬运到下游去，如此年复一年地冲淤循环交替。有时大水大沙年淤积下来的泥沙量较多，非汛期不能全部冲走，一直要等到一个大水少沙年才可能完全冲走，从而使得河床产生以多年为周期的冲淤变化。非汛期由宽谷段冲刷下移到峡谷段的泥沙，由于此处水深较大，流势较缓，因此有可能有一部分泥沙落淤下来。宽谷段在洪水期往往出现主流易位现象，因而演变特性较窄谷段复杂一些。

总的来说，山区河流由于河谷比降陡，平均流速高，水流具有较大的输沙能力。此外，山区河流还常由于某些特殊的外部因素作用，使河床产生剧烈的冲淤变化，如因滑坡等地质作用，能在极短时间内将大量物质推入河中，阻塞河道，剧烈地改变上、下游水流情况，从而引起河床的急剧变形。泥石流挤压主流通道，也会引起河床的剧烈变化。

5.2.7.3　山区河流河道整治

山区河流的河道整治，以航运为主要目的。对山区河流来说，航道尺度不足和水流流态恶劣，是妨碍船舶安全航行的两大因素，河床地形复杂以及水流湍急是产生碍航流态的两大原因，山区河流碍航流态主要有回流、漩水、泡水、横流、滑梁水、扫弯水、剪刀水、跌水和激浪等，各种碍航流态经常混合在一起出现在一个滩上，而且在各种水位下均有可能出现。

航道整治强调实践、重视经验，积累资料十分重要。应吸取历史经验，重视调查研究。任何滩险，都必须积累资料，对滩性有充分的认识是开展设计工作的前提。勘察设计收集地形、地质、水文泥沙资料要齐全数据要准确，成滩因素及碍航情况要调查清楚，否则将无法制定合理整治方案。

对急流滩的整治，设计技术标准不应只局限于航道等级对航道尺度的要求，还应根据减缓比降和降低流速的需要作具体分析，将滩口或相应部位作加宽、加深处理，以便改善流态，满足船舶安全航行的要求。

对滩情复杂、整治技术难度大的滩险，现行的半经验半理论的计算方法难以解决问题，应该通过水工模型试验寻求最优整治方案，以增加整治成功的可能性。

1. *石质急滩的整治方法*

（1）扩大泄水断面方法。切宽滩口一岸或两岸的突嘴，既能扩大泄水面积，降低滩头水位，减缓跌水段的比降和流速，又能减弱突嘴引起的主要侧向收束，降低剪刀水的主流流速，减缓剪刀水两侧的泡漩乱水。

（2）改造滩口型态法。在河岸突嘴处，其上、下游分别由于壅水和回流等原因，将形成一定范围的缓流区，利用这些地方的缓流区，船舶能够搭跳上滩。在整治设计中，可将某些具有改造条件的对口急滩、多口急滩或错口长度不够的错口急滩的滩口型态改造成合适的错口形式。特别要注意的是对有利的滩口，不能随意地切除石嘴，否则会增加船舶上航的难度。

（3）开辟缓流航道法。对一些航道狭窄、水浅流急的河道，整治设计可考虑新开辟水流较平顺的排路航道，消除船舶运行之险。

（4）修建潜坝减缓滩上比降和流速。

（5）在石盘上开挖航槽。坡陡型急滩，因河床有石盘、石梁或崩岩堆隆起，阻碍水流，形成跌水和急流，因此可在石盘、石梁上开挖航槽，降低河底高程，增大泄水面积，从而达到减缓比降、降低流速的目的。

（6）“上疏下抬”整治方法。一个险滩的整治，需要采取多种方法的组合才能起到治理险滩的目的，有时扩大过水断面面积，或在石盘上挖槽，可能引起滩头水位降低太多，而直接引起上游险滩的恶化。为了更进一步地减缓滩上的比降和流速，常常要在下游邻近河段修建潜坝或丁坝壅高水位。

2. *石质险滩的整治方法*

礁石险滩主要采取炸礁清槽进行整治，也可以采取抛顺坝改善碍航流态，并固定航槽位置的方法。跨弯险滩由于弯顶凹岸存在着明显的扫弯水，故船舶上下航需沿凸岸一侧航行，整治的方法主要是设法改善水流扫弯情况，炸除凹岸碍航的突嘴和礁石，也可将凸岸一侧的水域拓宽浚深，使船舶靠近凸岸行驶，减少扫弯水的影响。滑梁险滩可以采取“躲避”或“消灭”。

3. *石质浅滩的整治方法*

石质浅滩主要以治浅为主，主要方法是采取爆破清槽、挖深航槽和筑坝壅水。

4. *卵石滩的整治方法*

卵石滩主要采取疏浚和筑坝相结合的方法。

5.3 潮汐河口演变与整治

5.3.1 概述

河道径流经历漫长的流程后流至海洋边缘注入海洋，河流与海洋连接的地段称为河口。由于该地段受潮汐的影响，所以也称为潮汐河口。

潮汐河口的主要功能是泄洪纳潮两岸排灌，以及通航。

河口是常遭遇洪、潮、涝、咸、旱、风等灾害的地区。未经整治的河口通常存在水系凌乱、干支不稳、河床摆动、冲淤失衡等状态，由此而产生泄洪不畅，排、灌困难，航道淤积等问题。河口地区水利、土地、交通等资源十分丰富，是流域内陆与海外世界联系的重要地带，在流域经济发展中具有重要地位。若不加以整治，不仅其价值得不到利用与提升，甚至影响河口功能的正常发挥。

河口整治应遵循与自然和谐共处，协调发展的原则。整治的目标是兴利除弊，塑造一个可持续发展的优良河口，以维持河口功能的正常发挥。整治的内容应根据各河口存在问题及经济社会发展的需要来确定。

潮汐河口整治设计分为制定整治规划和整治建筑物设计两个阶段。本节着重阐述整治规划，整治建筑物设计参见本章5.5。

5.3.2 潮汐河口动力及分类

5.3.2.1 潮汐河口动力

潮汐河口动力包括径流和潮汐、咸淡水混合、风暴潮、科氏力和波浪。

1. *径流和潮汐*

径流和潮汐以及其对比关系是塑造潮汐河口的主要动力。径流来自河道上游的内陆水流，年内有洪、中、枯季之分。潮汐来自海洋的涨、落潮，在一个波动周期 T（24h50min）内，有“半日潮”（两次涨落潮的高潮位相等，低潮位亦相等）、“混合潮半日潮”（两次涨落潮，高潮位及低潮位高低不等）及“全日潮”（一个周期内只有一次涨落潮）三种潮汐类型。以上两种动力，在一个潮周期中，于河口内此消彼长，水流特性呈现四个阶段。

（1）涨潮落潮流。涨潮初，密度大的海水由河底入侵上溯、河口水位上升，水面比降变小，但比降及径流仍向下游。

（2）涨潮涨潮流。海水继续上涨，河口水面壅高，水面向上游倾斜，涨潮流速大于径流下泄流速，整个断面水流向上游。

（3）落潮涨潮流。潮水上涨至一段距离，外海开始落潮，河口水面下降，但仍向上倾斜，涨潮流速渐降，但仍大于径流流速，水流仍向上游。

（4）落潮落潮流。河口水位继续下降，水面比降转向下倾斜，水流经过憩流后，转向下游。

由此可见潮汐河口的水流其水位和流速均随时间变化，且不同步，是非恒定流。图5.3-1表示混合潮涨潮落潮过程及潮汐特征。

涨潮时通过某一断面向上游流动的总水量称“涨潮量”$W_{涨}$，落潮时通过某一断面的总水量称“落潮量”$W_{落}$。在一个潮周期的落潮量与涨潮量之差称净泄量E，由于落潮流速大，历时长，故净泄量恒为正值，河水才能排泄入海。

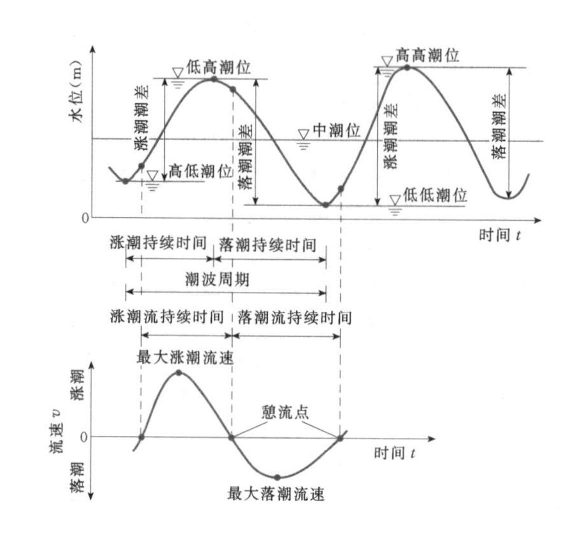

图5.3-1　混合潮涨落潮过程

2. 咸淡水混合

潮汐河口是咸淡水交汇的地方，随着涨潮海水由河底入侵河口与径流汇合，产生异重流，盐度渐降低，至含盐度为2‰～3‰处称为“咸水界”。咸水界随径流、潮汐的强弱在一定范围内变化。咸淡水混合主要影响河口水流的垂线流速分布，见图5.3-2（a）、（b）。在咸水界以下径流和潮水的混合分为三种类型。

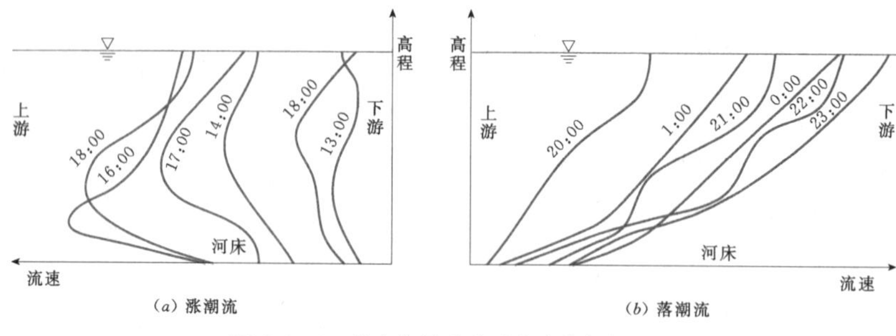

图5.3-2　盐水楔异重流对流速分布的影响

（1）弱混合型。咸水成楔状入侵河口，称盐水楔，咸淡水之间有明显分层现象。

（2）缓混合型。咸淡水不存在明显交界面，但底面层含盐度仍有显著差别。

（3）强混合型。咸淡水充分混合，在垂直面上几乎不存在密度梯度。含盐度等值线坡较大，有时几乎接近垂直，此时不存在盐水楔。

弱混合型和缓混合型由于存在底部上溯流及滞流点，对含沙量的分布带来了特殊的影响。滞流点附近，上、下游泥沙在此相对集中，加之盐水使泥沙产生絮凝，故此两种混合型的滞流点附近往往是高含沙量区，直接影响河床淤积。滞流点随径流潮汐变化在一个区域内变化，该区域存在明显的浅滩。此两种混合型在河口段形成大范围的河口拦门沙。

根据多年平均咸水移动的上下极限可将河口分为3段：①河流段，此段河床是上游来水来沙长期作用下塑造出来的，随潮水而来的咸水不能到达，涨潮历时甚短，落潮历时甚长，海相来沙量少，径流来水来沙是本段河床冲淤变化的主导；②潮流段，此段河床演变受制于潮流强弱和海相来沙，为宣泄入侵潮水及泥沙，河段往往有一定的扩宽率，咸淡水弱混合及缓混合型的河口，本河段的冲淤与盐水楔异重流关系十分密切；③过渡段，此段是径流与潮流强弱交替最剧烈之处，随着不同水文年内洪、中、枯季及大、小潮汛变化，两种力量相互消长，因此过渡段水流、泥沙复杂多变，河床冲淤变化较大。

3. 风暴潮、科氏力和波浪

风暴潮对河口带来短时间的增水影响；科氏力对南半球主流左偏，北半球主流右偏有一定作用，尤其对于径流、潮流均强大的河口，科氏力成为不可忽视的力量；波浪通常指由风与水之间摩擦，水质点在它的平衡位置附近产生一种周期性的震动运动和能量的传播，形成江河湖海上起伏不平的水面。波浪主要对河口海岸线轮廓影响较大，并对河口泥沙运动有一定影响。

5.3.2.2　潮汐河口的分类及其演变特性

5.3.2.2.1　潮汐河口分类

自19世纪中叶，国外将河口分为具有汊道的三角洲河口和漏斗状河口以来，还有过按气候、河口发育过程、河口平面型态、盐度结构、潮差等分类法。1967年，又有综合考虑河口动力、地形诸因素提出了河口综合分类等，但都尚未建立将水动力、来沙条件与河口型态相关联，反映河口河床演变特征的分类指标。

1963年，黄胜等根据水流、泥沙特性结合地质地貌条件将中国河口分为强潮海相、湖源海相、陆海双向和弱潮陆相河口四大类。1986年，又提出了以全潮期平均径流输沙量作为分类指标，将四类河口定量分类，阐明其演变特征。1982年，周志德等从河床演变角度出发，根据型态与成因相结合的原则，将泥沙与型态联系，提出以径流造床流量与涨潮平均流量之比，多年平均径流含沙量作为分类指标，将河口分为河口湾型、过渡型和三角洲型三大类。1990年，金元欢等在分析整理中国26个主要入海河口基本资料的基础上，选取河口平均涨潮量与平均径流量比、平均潮差、潮径流输沙率比、河口平均型态（展宽系数、分汊系数和弯曲系数）等9个指标，运用模糊聚类分析方法，对河口进行综合分类，提出相应的分类指标。2004年，李春初认为南方河口主要受河流、潮汐和波浪三大动力因素的作用。根据三大动力的强弱把河口分为河流作用优势型、潮汐作用优势型和波浪作用优势型三大类，并对三类河口特征进行了描述。

2008年，熊绍隆、曾钊在上述分类的基础上，分析了影响河口型态及其演变的主要因素，收集整理了26个河口相关数据、演变特征，根据潮汐河口水流挟沙率与流速关系，确定以径潮流比值和径潮流含沙量比值的组合作为潮汐河口分类指标，采用投影寻踪动态聚类模型予以论证，在此基础上应用分类指标，将潮汐河口分为河口湾型、过渡型和三角洲型三大类，其中Ⅱ类、Ⅲ类又进一步分成三个亚类。表5.3-1列出此分类方法对我国主要河口特征及其分类，并对不同类型河口的形成条件、水沙运动和河床演变特征进行了初步分析。

5.3.2.2.2　潮汐河口演变

1. 河口湾型河口演变

这类河口平面型态常表现为海洋深入大陆内部所形成的漏斗状河口湾，根据其形成的条件又可分为溺谷型河口湾、组合型河口湾和沉降型河口湾。溺谷型与组合型河口湾，$\alpha\beta^{\frac{1}{2}}$值（$\alpha$为径潮流比值，$\beta$为径潮流含沙量比值）一般均小于0.007，即河流来沙量少，且潮差大、潮流强（如钱塘江尤为典型），河流来沙量较大的溺谷型河口湾经漫长的淤积，会逐渐变为过渡型甚至三角洲河口。如长江口2000年前还是溺谷型河口湾，目前已演变成长江三角洲。

溺谷型与组合型河口湾，潮流势力显著强于径流，涨潮流速从湾口向湾顶逐渐增大，潮波沿程向内变形剧烈，至湾顶附近已有明显的驻波特性，咸淡水多为强混合。若水深不是太大且沿程向内逐渐减少，则喇叭形河口湾使波能集聚，潮波前坡变陡形成前锋壁立的涌潮。由于径潮流含沙量比值较少，使口门内形成纵向沙坎，水深沿程向内变浅，是“涌潮”产生的必要条件。$\alpha\beta^{\frac{1}{2}}$值越小，纵向沙坎内延越远，沙坎随径潮流的季节变动而上下游往复搬运呈上冲下淤，下冲上淤交替演变。河口湾的涨、落急主流常不一致，流路分歧，导致河口特别是过渡段主槽摆动频繁，表现出一定的游荡性。$\alpha\beta^{\frac{1}{2}}$越小，自上而下扩宽率越大，主槽游荡性越强。此特性显著表现在过渡下段及潮流段首段。如钱塘江河口八堡至澉浦的尖山河湾，主槽连续丰水年走北，连续枯水年傍南，摆动剧烈频繁，最大摆幅约20km。

2. 过渡型河口演变

若$0.007\leqslant\alpha\beta^{\frac{1}{2}}<0.14$，河口介于河口湾型与三角洲型之间，称过渡型河口。

过渡型河口按其形成条件分为小喇叭型、弯曲型和山区过渡型三类。小喇叭型过渡型河口如浙江的椒江、鳌江、飞云江。该类河口的过渡段在非汛期主要受潮流控制，汛期，尤其洪季，径流成为塑造河口河床的动力。小喇叭型河口径、潮含沙量比一般较少，陆域含沙量低，海域的高含沙量又因涨潮流不够强，难以带到口门，只能在口门附近形成拦门沙。由于径流弱于潮流，使其形成小喇叭形，该类河口河道顺直、宽浅、涨落潮流路分歧，两流路间易形成心滩。河口一般没有涌潮，或涌潮强度小。随着$\alpha\beta^{\frac{1}{2}}$继续增大，大致在$0.018\leqslant\alpha\beta^{\frac{1}{2}}<0.1$时，随着径流增强含沙量增多，小喇叭形态改变为弯曲型。如瓯江、榕江、曹娥江、大辽江、黄浦江口等，这些河口多表现为相对稳定的弯曲河势，潮流不十分强，泥沙堆积于口门附近形成拦门沙。$0.1\leqslant\alpha\beta^{\frac{1}{2}}<0.14$时，为山区过渡型河口，如鸭绿江、闽江，陆域来沙至河口多为推移质，在口门附近亦形成的拦门沙，洪季下泄底沙使河口段沙洲浅滩淤积、主槽冲涮，枯季在潮流作用下则槽淤滩冲，而整个河口则呈洪淤枯冲。该类河口与地质地貌关系较密切，河口平面型态差异较大，如鸭绿

表 5.3-1

河口分类及其特征表

河名	河长 (km)	多年平均流量 (m^3/s)	河水造床流量 (m^3/s)	河水平均含沙量 (kg/m^3)	口门平均潮差 (m)	口门涨潮平均流量 (m^3/s)	涨潮平均含沙量 (kg/m^3)	经潮流比值 α	经潮流含沙量比值 β	f_2	$\alpha\beta^{\frac{1}{2}}$	河口平面形态	淤积部位	河口类型
钱塘江(浙)	583	952	1980	0.18	5.58	195000	3.85	0.01	0.046	0.004	0.0021	喇叭形	纵向沙坎	河口湾型Ⅰ
(英)默塞河(Mersey)	90	53	106	0.19	6.37	17200	0.764	0.006	0.2487	0.0058	0.003	喇叭形	纵向沙坎	河口湾型Ⅰ
(英)泰晤士河(Thames)	338	60	120	0.08	4.20	22800	0.17	0.005	0.471	0.0067	0.0034	喇叭形	纵向沙坎	河口湾型Ⅰ
(法)塞纳河(Seine)	776	500	1000	0.08	5.54	58500	0.8	0.017	0.10	0.0093	0.0054	喇叭形	纵向沙坎	河口湾型Ⅰ
椒江(浙)	209	214	428	0.19	4.00	8007	7.17	0.053	0.026	0.0131	0.0085	小喇叭形	拦门沙	过渡型$Ⅱ_1$
鳌江(浙)	92.5	71	104	0.11	4.21	1430	5.22	0.073	0.02	0.0153	0.0103	小喇叭形	小拦门沙	过渡型$Ⅱ_1$
飞云江(浙)	193	139	278	0.18	4.32	6871	1.98	0.04	0.091	0.0188	0.0121	小喇叭形	拦门沙	过渡型$Ⅱ_1$
瓯江(浙)	384	615	1230	0.14	4.50	13075	2.09	0.094	0.067	0.0342	0.0243	弯曲型	拦门沙	过渡型$Ⅱ_2$
榕江(粤)	175	198	396	0.26	1.01	3979	2.634	0.099	0.10	0.0434	0.0313	弯曲型	拦门沙	过渡型$Ⅱ_2$
曹娥江(浙)	202	98	196	0.32	1.13	859	6.25	0.228	0.051	0.0650	0.0515	弯曲型	拦门沙	过渡型$Ⅱ_2$
大辽江(辽)	415	199	398	0.17	2.68	3745	0.43	0.105	0.395	0.0887	0.0660	弯曲型	拦门沙	过渡型$Ⅱ_2$
甬江(浙)	133	90.7	181.4	0.13	1.77	814	1.30	0.223	0.097	0.0870	0.0695	弯曲型	拦门沙	过渡型$Ⅱ_2$
马颊河(鲁)	448	7.7	15	0.29	1.67	86	1.711	0.174	0.168	0.0913	0.0713	弯曲型	拦门沙	过渡型$Ⅱ_2$
黄埔江(沪)		420	840	0.10	2.27	2700	1.11	0.311	0.09	0.1123	0.0933	弯曲型	拦门沙	过渡型$Ⅱ_2$
(中朝)鸭绿江(辽)	795	923	1846	0.07	4.60	9820	0.193	0.188	0.363	0.1419	0.1133	微弯型	小拦门沙	过渡型$Ⅱ_3$
小清河(鲁)	233	29.5	59	0.12	1.96	361	0.19	0.163	0.632	0.1637	0.1296	顺直型	小拦门沙	过渡型$Ⅱ_3$
闽江(闽)	559	1779	3558	0.10	4.10	15600	0.30	0.228	0.333	0.1611	0.1315	江心洲型	小拦门沙	过渡型$Ⅱ_3$
长江	6300	29600	59200	0.455	2.88	266300	0.915	0.222	0.497	0.1910	0.1565	少汊型	拦门沙	少汊三角洲型$Ⅲ_1$
辽河(辽)	1390	201	402	3.14	2.68	1346	8.50	0.299	0.369	0.2146	0.1816	顺直型	拦门沙	少汊三角洲型$Ⅲ_1$
海河(冀)	1050	244	488	1.06	2.15	1409	1.00	0.346	1.06	0.4062	0.3562	弯曲型	拦门沙	少汊三角洲型$Ⅲ_1$
大沽河(鲁)	179	26.8	54	2.26	2.63	174	1.220	0.31	1.852	0.4833	0.4219	弯曲型	小拦门沙	少汊三角洲型$Ⅲ_1$
珠江东江(粤)	520	815	1630	0.15	1.69	1920	0.146	0.849	1.027	0.8777	0.8604	网状	拦门沙	网状三角洲型$Ⅲ_2$
韩江(粤)	470	780	1560	0.29	1.06	930	0.600	1.677	0.483	1.1059	1.1655	网状	拦门沙	网状三角洲型$Ⅲ_2$
珠江西北江(粤)	2075	8910	17820	0.29	1.05	21640	0.116	0.823	2.5	1.3133	1.3013	网状	拦门沙	网状三角洲型$Ⅲ_2$
(美)密西西比河(Mississippi)	6021	18410	36820	0.538	0.40		0.34	2.5	1.582	2.7837	3.145	鸟趾状	拦门沙	摆动三角洲型$Ⅲ_3$
黄河	5464	1774.5	2425	25.44	1.02	450	15	5.39	1.696	5.6405	7.0194	单股河道	拦门沙	摆动三角洲型$Ⅲ_3$

注 本表摘自浙江省水利河口研究院熊绍隆编著的《潮汐河口河床演变与治理》(中国水利水电出版社，2011年1月)。

江口呈微弯小喇叭河口，而闽江则在口门处因山体约束而成为江心洲型，且具有某些平原三角洲的特点。

3. 三角洲型河口演变

$\alpha\beta^{\frac{1}{2}}\geqslant 0.14$ 时，带向河口的大量泥沙便逐步形成河口三角洲，并在口门附近出现拦门沙。三角洲多出现在河流来沙较多、径流注入潮差不大的海域大河河口，它由陆上（三角洲平原）和水下（三角洲前缘）两部分构成。河流挟带的泥沙入海后，经过一段距离的掺混慢慢沉淀，其中沉积在两岸的泥沙逐渐形成自然堤。随着河口外延及口门淤堵，上游水位相应抬高，当水位高出两岸地面一定限度，水流从自然堤的薄弱处决口改道，开辟一条阻力较小的新通道，并在新的口门重演上述过程。河口三角洲便在这种多次改道的历史进程中得以形成。一般来说，新河口流程短一些，比降大一些，老河常会因此较快废弃。即使一段时期出现两河并存的局面，但不是其中一条不断衰亡，便是水流在更靠上游某处发生新的决口，把这两条河流尽行摒弃。三角洲型河口分为少汊、网状、摆动三个类型。

（1）少汊三角洲型河口河床演变。随着 $\alpha\beta^{\frac{1}{2}}$ 的进一步增大，将首先出现少汊三角洲型河口，其大致范围为 $0.14\leqslant\alpha\beta^{\frac{1}{2}}<0.64$。世界各国入海河口，尤其是大江大河河口以三角洲型居多。三角洲型河口又以少汊型为众，如中国的长江、辽河、海河、大沽河。该类河口，主要随径流来沙量的增加，由过渡型河口发育为三角洲型。径流来沙较多，潮差多属中等，但潮流量较大，径流与潮流均有相当势力，使泥沙在三角洲前缘的扩散与沉积受到径流和潮流的交互作用，致潮流段即口外海滨段较为宽浅，河口扩宽率明显小于河口湾型，常呈不发育的喇叭形，汊道不多，口门附近形成拦门沙，三级分汊、四口入海的长江口尤为典型。枯季大潮期间，面层与底层含盐度差异不大，咸淡水接近强混合；洪季小潮汛则多为弱混合，亦有可能出现短时的分层流现象。河床纵剖面常有两处较高：一是在河口咸水界变动区，此处悬沙易于沉积而底沙移动迟缓；二是在口门附近滞流点变动区即拦门沙浅滩。三角洲型的大江大河河口因径流来沙量大且潮差中等，致口外沿岸流具有一定强度，从而细颗粒泥沙在潮流特别是沿岸流的作用下往往被运移至较远的距离。如长江口的入海泥沙，除50%左右在口门附近沉积形成边滩、沙洲、河口拦门沙与水下三角洲外，其余泥沙经东海沿岸流输移扩散，分别进入苏北吕四以南海域、东海陆架水域、杭州湾、浙东沿海。

（2）网状三角洲型河口河床演变。当 $\alpha\beta^{\frac{1}{2}}$ 值主要由于径、潮流比值的增大而增大，即潮流较弱、径流含沙量并不高，但因径流势力增强的同时径流输沙量随之增多，便易于演变成口门具有拦门沙的网状三角洲型河口，特别是具有棋盘状基底地貌的河口，其大致界限为 $0.64\leqslant\alpha\beta^{\frac{1}{2}}<2.2$。处于弱潮环境的华南入海河流珠江、韩江以及东南亚的伊洛瓦底（Irrawddy）江口等属于此类，珠江口尤为典型。分析珠江河口得知，棋盘状基底地貌对网状河口的形成的确有着重要的影响，但动力对珠江河网的形成却起着重要的直接作用。

网状三角洲型河口的主要特征是潮流相对较弱，动力一般以径流为主，河流含沙量不高但输沙量较大，河网纵横交错，河道冲淤变幅不大，口门相对稳定，但发育模式和河床演变特征因干流水流动力的差异而有所不同，如珠江中间系呈扇形向海突伸的西北江联合三角洲及6个径流占优的“河优型”河口，东西两侧为向陆凹入的虎门和崖门2个“潮优型”口门及其向内的阔深的潮汐水道。该类河口除支汊的此消彼长外，一般不发生引起三角洲位置迁移的大的改道。

（3）摆动三角洲型河口的河床演变。当 $\alpha\beta^{\frac{1}{2}}$ 值显著增大，即径流势力明显强于潮流、径流含沙量亦明显高于潮流，$\alpha\beta^{\frac{1}{2}}$ 值显著增大，则河口进一步向摆动三角洲型演变，其大致范围为 $\alpha\beta^{\frac{1}{2}}\geqslant 2.2$。该类河口，径流为主要动力，且径流输沙量大，导致泥沙淤积严重，河道变形剧烈，改道发生频繁，三角洲发育迅速。其中，径流含沙量相对低一些的河口，如美国密西西比河口，因潮流弱径流量较大，含盐潮水以盐水楔形式上溯，河口水流密度分层现象明显，径流多表现为具有两向射流特征的漂浮扩散，流速随与河口距离的增加降低较慢，而射流两侧的流速减小很快，于是，泥沙便沿着主流两侧沉积，形成鸟趾状三角洲。

径流不大但含沙量特高的河流，其河口 $\alpha\beta^{\frac{1}{2}}$ 更大。如黄河口因径流量不大而含沙量特高，河口水深不大，水流呈现具有三向射流的紊动扩散特征。出口门后，流速沿平面和垂向降低均很快，导致泥沙在口外形成新月形沉积体，并因河流含沙量特高而发展迅速、阻碍出流，水流便会从上游自然堤的薄弱处决口改道，开辟一条阻力较小的新通道。高含沙导致老河口大量且迅速的淤积，老河口出现较大的高差。于是，新河很快夺流，成为唯一的行水通道，并在新河口塑造又一个新月形沉积体，而老河则淤堵废弃。随着沙嘴继续延伸，流路逐渐淤高，水位相应抬升，便不断在上游处摆动，摆动出岔点的位置因淤积发展而逐渐上提，当接近扇面顶点时，就会产生大的改道。不断的淤积、决口改道使径流高含沙河口改道频繁，摆动幅度大。例如径流含沙量特高、下游已成地上河的黄河，往往一个洪汛季节就可完成一次大的改道，且游荡范围极广，自公元前 602～1938 年的 2540 年间，黄河下游河道大变迁 6 次，曾北侵海河进渤海，南夺淮河入黄海，小改道 1590 次，且新、老河几乎不同时并存，具有典型的游荡特征，这是高含沙河流河口与前述一般摆动三角洲型河口的主要差异。

以上的河口分类及其演变特征均可作为潮汐河口整治规划的参考。

5.3.3　潮汐河口泥沙运动及河床演变分析

5.3.3.1　泥沙运动

1. 泥沙来源

潮汐河口的泥沙主要有：

(1) 由径流挟带至河口的“陆相来沙”，它源于岩石的风化。其中颗粒较粗的为床沙质，以推移的方式下移，部分直径小于 0.06mm 的黏土和粉沙为冲泻质，以悬移质方式随水流下泄。

(2) 涨潮由口外带进河口的“海相来沙”，它来源于海岸带滩涂水下三角洲及邻近的河口沉积物。

2. 推移质及悬移质泥沙运动特性

河床上的泥沙在水流作用下由静止状态变为运动状态称为起动。起动后较粗的泥沙沿河床滚动、滑动或跳跃运动，其前进速度比水流慢，这类泥沙称为推移质，其在床面上的集体运动是以沙波形式推进，并随涨落潮过程呈间歇性往复移动，但其净推移则是向下游的。

粒径比 0.06mm 细得多的黏土和粉沙，当其沉降速度小于紊动水流向上脉动流速时，泥沙顺水流做浮游前进，其速度与水流相同，浮游位置时上时下，较细颗粒接近水面成为冲泻质，较粗的甚至回到床面“休息”，还可与床面泥沙转换与推移质共同组成床沙质。这种泥沙与推移质比较其浮游的时间长得多，故称为悬移质。悬移质运动是河口泥沙运动的主要形式。这类泥沙在水体中的含量就是悬移质含沙量。当水流脉动流速小于悬移质沉速时，水体中含沙量渐减少，河床发生淤积，反之河床将冲刷。由于河口水流随潮汐作用周期性运动，水体中含沙量便呈周期变化，最大含沙量出现在涨、落潮流速最大值的稍后，最小含沙量出现在涨憩和落憩附近。

3. 泥沙计算常用公式

在河口整治规划计算中，常需进行泥沙运动的计算。关于无黏性泥沙及含黏性细颗粒泥沙的起动流速、泥沙起动拖引力、悬移质的扬动流速与止动流速、推移质的沙波运动、推移质和悬移质的输沙率等详细资料及计算方法，参考第 2 卷第 6 章。

潮汐河口附近多为淤泥质细颗粒泥沙，国内研究较多，对于含黏性细颗粒泥沙的起动，各家公式见表 5.3-2，这些公式属半理论半经验性质，可根据各河口的情况选用。

表 5.3-2　考虑颗粒间黏性后的起动流速公式

研究者	公式形式	备注
窦国仁	$\dfrac{u_c^2}{gd_s}=\dfrac{\gamma_s-\gamma}{\gamma}\left(6.25+41.6\dfrac{h}{h_a}\right)+\left(111+740\dfrac{h}{h_2}\right)\dfrac{h_a\delta}{d_s^2}$	h_a—用水柱高度表示的大气压力； δ—水分子厚度，$\delta=3\times10^{-8}$cm
原武汉水利电力学院	$u_c=\left(\dfrac{h}{d_s}\right)^{0.14}\left(17.6\dfrac{\gamma_s-\gamma}{\gamma}d_s+k\dfrac{10+h}{d_s^{0.72}}\right)^{1/2}$ m/s	k—系数，$k=6.05\times10^{-7}$
唐存本	$u_c=\left(\dfrac{h}{d_s}\right)^{1/m}\dfrac{m}{m+1}\left[3.2\dfrac{\gamma_s-\gamma}{\gamma}gd_s+\left(\dfrac{\gamma'}{\gamma'_c}\right)^{10}\dfrac{C}{\rho d_s}\right]^{1/2}$ m/s	$m=\begin{cases}4.7(h/d_s)^{0.06}, & \text{水槽试验资料}\\ 6, & \text{天然河道}\end{cases}$ $C=2.9\times10^{-7}$g/cm γ'—淤泥湿容重； γ'_c—淤泥稳定湿容重，$\gamma'_c=1.6$g/cm³
沙玉清	$u_c=R^{1/5}\sqrt{1520\dfrac{d_s^{5/3}}{w^{4/3}}+194d_s}\ \sqrt{(f\cos\theta-\sin\theta)}$ m/s	w—泥沙沉降速度； f—摩擦系数，$f=1.42d_s^{1/8}$； θ—河床倾斜角

5.3.3.2　潮汐河口河床演变分析

河床演变分析是河口整治规划的重要基础工作，其目的是为整治规划方案拟定提供依据。分析内容包括河口历史演变情况及演变规律、预测未来的演变趋势等。

分析手段：利用多年地形对比进行冲淤计算、分析阐明河道各演变阶段的演变情况及其与水沙、河道变化（如河道整治、航道整治、围滩利用、疏浚挖沙、堤围水闸建设、水系调整等）与河道演变的关系，提出定性或定量的分析结论。最后利用水沙数学模型预测未来演变趋势。

1. 水文、地形资料收集及分析

这项工作是河床演变及制定河口整治规划的基础工作，它是整治规划各环节工作必需的重要内容，包括：

（1）多年径流、水位、流速、泥沙资料。统计分析径流量、输沙量、输沙率、水位、流量、含沙量、颗粒级配的年际及年内变化、峰值，水、沙峰值对应关系，流速垂线分布。

（2）涨潮量、落潮量、潮历时、潮流速、潮位、含氯度等特征值及过程线。分析风暴潮、潮流及盐水入侵特性，潮流界、潮区界范围，划分河流段、过渡段、潮流段、确定河口咸淡水混合类型。分析推移质泥沙颗粒、级配、含沙量及垂线分布。

以上两项的分析方法参见第 2 卷第 4 章。

（3）河道地形图一般采用 1∶5000，口外区用 1∶10000，并参考历年实测横断面资料、历史有关河道变迁文献。

2. 河口冲淤分析

用数据列表及图形分别示出全河口及各河段的河道深泓线、河岸线、边滩、沙洲、支汊等纵向及平面变化。一般采用断面法或输沙率法计算河口冲淤量。计算方法见本章 5.1。若有数字化地形图资料，可以利用二维数学模型计算河口的冲淤量。

3. 河口演变预测

上述的冲淤计算只能从河口的冲淤变化规律来大致预估河口的演变趋势，要大致定量预测河口的演变趋势和冲淤分布，一般采用水沙数学模型计算或物理模型试验。数学模型计算和物理模型试验应满足《海岸与河口潮流泥沙模拟技术规程》（JTS/T 231—2—2010）的要求。

挟沙力公式的确定应根据各河口的具体情况，分析影响河口挟沙力的主要因素，通过实测分析及验证获得。张瑞瑾研究的一维床沙质水流挟沙力关系式为

$$S_* = K\left(\frac{u^3}{gH\omega}\right)^m \quad (5.3-1)$$

式中 S_*——水流挟沙力；

K——包含量纲的挟沙力系数，kg/m^3，由实测资料分析、验证确定；

u——断面平均流速；

m——与 $u^3/gH\omega$ 有关的指数，可用实测资料获得，具体方法可查阅武汉水利电力学院河流泥沙工程学教研室编写的《河流泥沙工程学》（水利电力出版社，1981 年）。

式（5.3-1）中，ω 或按泥沙沉降速度由泥沙试验确定，或按下式计算求得：

$$\omega = \sqrt{\left(13.95\frac{\nu}{d}\right)^2 + 1.09\frac{\rho_s - \rho}{\rho}gd} - 13.95\frac{\nu}{d} \quad (5.3-2)$$

式中 ν——水的运动黏滞性系数，cm^2/s，可根据水温、泥沙容重在 1983 年武汉水利电力学院水力学教研室编制的《水力学计算手册》或其他有关泥沙的手册中查用；

ρ_s——泥沙的密度，kg/m^3；

ρ——水的密度，kg/m^3；

d——泥沙粒径，m。

应用上述公式分别求解涨、落潮挟沙力。

河道及口外浅滩糙率选定：天然情况的 n 值是用实测水文资料通过数学模型反推获得。工程的 n 值可通常假定糙率不变。

4. 数学模型计算

河流数学模型可根据计算河段水流泥沙情况作适当简化。

（1）主要为悬移质运动的河段可简化为悬移质输沙模型。

（2）主要为推移质运动的河段可简化为推移质输沙模型。

（3）水流要素变化较为缓慢的河段可概化为恒定流模型。

在冲淤计算前，首先要对数学模型做率定与验证计算：选取前后时间段间隔较长的两套实测地形图为依据，进行河床冲淤计算，将计算结果与实测地形对比验证、对数学模型进行修改，直至基本复演历史的演变为止。然后以最新实测地形建立数学模型，选择具有代表性的水文泥沙组合资料进行河口演变预测，计算水流泥沙和河床变形情况。

在上述工作基础上，分析阐述河道深泓、滩、槽、横断面、河段、主汊、支汊、冲淤变化特点，及其随径流潮汐水沙的变化规律、冲淤发展趋势、结合径流潮流变化趋势、评估河道边界、滩、槽、主汊、支汊的稳定性。

5.3.4 潮汐河口整治规划设计

5.3.4.1 整治原则

潮汐河口整治应遵循如下原则：

（1）潮汐河口整治应先除害后兴利，把解决河口存在的问题放在首位，同时应重视解决由于兴利可能产生的负面影响问题，整治对水环境、水生态的影响

容易被忽视，应引起重视。

（2）潮汐河口整治应顺其自然，因势利导，要研究河口自然演变的趋势，根据其发展趋势制定整治的方法和措施。

5.3.4.2 整治任务及设计标准

1. 河口存在的问题

不同类型的河口存在的问题很不相同，必须根据河口类型、结合河口的水利、河道、航道、环境、口门演变等方面分析河口存在的问题。例如，珠江河口中的磨刀门是弱潮径流河口，存在的主要问题是洪、涝、潮、咸及台风灾害，河口淤积，滩涂发育，拦门沙扩展，影响泄洪通航等；而黄河河口存在由于河槽摆动和改道而带来的一系列问题。

2. 整治任务

整治任务主要考虑以下两个方面来确定：①河口存在的主要问题；②当前经济社会发展需求对河口的功能定位。针对河口存在的问题，综合考虑防洪、防潮、排涝、灌溉、供水及通航等要求，对河口的整体型态进行整治，同时要按照地区经济社会发展的要求，开发利用河口的土地及生态资源。

3. 规划水平年及整治建筑物设计标准

潮汐河口整治需要综合考虑防洪、防潮、排涝、灌溉、供水及通航等要求，规划水平年、整治建筑物设计标准的确定应以河口所在流域综合规划为依据。

5.3.4.3 河口的整治规划

河流是一个由干、支流组成的动态系统，河道水沙除自然的季节变化外，还受人类活动的影响（水利、航运等各种涉水工程）。水沙情况的改变引起河床演变，导致干、支河道水沙变化，水沙变化又进一步引起河道演变，故位于河道下游的河口总处在不停的演变过程之中。因此，河口整治总体布局应在充分了解当前河口演变状态基础上进行，不同的河口型态和不同演变阶段，存在不同的问题，整治的方法亦不相同，无固定模式，需针对河口存在的问题，结合当地经济社会发展的需要制定对策。河口的基本型态是陆域和海洋动力长期作用的结果，只要陆海双方水沙无根本性变化，河口整治均不应该改变当前的河口型态；河口整治应满足经济社会发展对河口的要求，整治的成败关键在于能否塑造一个相对稳定、可持续发展的河口。

目前，我国大型河口整治的方法大致有：①延伸河口，治理干支，如珠江河口；②调整流路，稳定河口，如黄河河口、钱塘江河口；③控制河势、综合整治，如长江河口。

5.3.4.3.1 延伸河口、治理干支

本方法适用于网状三角洲型的强径流弱潮河口。这种河口一般分由若干条河道出口，每条河道均有支汊互相连通成一网状三角洲。这种河口河道冲淤变幅相对较小，口门位置相对稳定，一般不发生引起三角洲位置的大迁徙改道。存在的问题是：由于河口无序地延伸，口外滩涂及拦门沙迅速发育带来不利于泄洪、防潮、排涝、灌溉及通航的问题；河口延伸不平衡导致各水道干、支冲淤不均；同时口外滩涂资源未能有计划利用。整治的方法是将各出海水道进行有计划的人工延伸及干支整治，以避免其自然延伸出现的弊端。

1. 延伸河道治导线规划

（1）治导线规划原则。制定治导线首先应在河床演变分析的基础上确定河道的延伸方向，按照“因势利导”的原则，以现有水下深槽的走向为基础，考虑未来演变趋势来确定。治导线应尽量沿某一高程布置，以便岸线的形成。

（2）治导线延伸范围。河口的延伸应由出口处某节点起，外延至某一节点止，以便于延伸河岸线的形成。延伸长度应掌握：①由于延伸引起的泄洪和排涝水位升高值及灌溉引淡水位降低值控制在可承受的范围内，不至于造成不可弥补的影响；②延伸后对解决存在问题及资源利用的效果明显；③延伸河道河床稳定；④避免延伸河道引起拦门沙变化所导致的影响；⑤河道延伸后不至于对原河口的生态环境造成较大影响。若因河口延伸距拦门沙较近，则要研究由于延伸河道引起拦门沙的变化所带来的上游水位变化、咸水入侵、台风增水以及泥沙去向对邻近海域的影响。即使延伸距拦门沙较远，亦应通过泥沙模型研究河道延伸范围及延伸的初期、中期、末期由于拦门沙变化带来的影响。

2. 新河口干支布局

在分析河口演变趋势的基础上，从河口长远发展趋势出发，对新河口进行干支布局安排，一般有以下情况：

（1）对较为稳定的并不存在不利演变趋势的水下干、支深槽，采用顺其自然，按照目前的干支格局形成新河口。

（2）具有多条水下汊道而有些又可能渐趋萎缩，无利用价值的支汊可以堵塞，但必须保留其中较稳定有利用价值的支汊。新河口必须维持网状三角洲的型态。

（3）对一些干支冲淤很不平衡甚至有强支夺干之势的支汊，如分析预测得知，任由其干支倒置将会对

河口整体发展不利者，应对这种支汊采用建导堤束窄支汊、潜坝限流、筑闸控制、导堤导流、丁坝挑流等措施加以整治，减少支汊分流量。但所有河工措施均应通过数学模型、物理模型试验研究，以分析其效果与影响。

3. 延伸段河道设计

潮汐河口河床为适应潮水涨落，一般呈复式河床，即由中水河床和洪水河床构成，故延伸河道设计包括中水河床及洪水河床设计两部分。应首先进行中水河床设计。

(1) 中水河床设计。河道延伸后，延伸的河段承接了河口上游河道的水沙，因此应选取口内的优良河段（即该河段多年来中水河槽平均水深、河面宽、断面面积以及深泓线相对变化较小，且人为影响较小）作为参考，然后按照潮汐河口的河相关系式进行设计。对于径潮比值很大的河口（如珠江的磨刀门，其平均径潮比值为 5.5，最大径潮比值达 9.7)，可以采用平原河道的河相关系式设计。计算中的某些参数可采用优良河段的某些因素求取，如计算挟沙力系数 K 时，可采用优良河段的水深值进行计算。

a. 中水治导线扩宽率。这种河口虽以径流为主，但仍需纳潮，河口应呈向外扩展。向外扩宽率与规划控制的纳潮量有关。径潮比较大的河道采用小喇叭型，甚至是微扩展型，径潮比较小的采用大喇叭型。合理控制纳潮量是河口整治的关键，应以河口稳定为原则，区别对待，对径潮比较小，又需依赖潮水冲刷的口门，如果滨海区水深较大，床沙较粗，涨潮时从口外带入的沙量较少者，可以加大进潮量，以便落潮冲刷河床；如果滨海水深较浅、床沙较细者，就应考虑涨潮带入泥沙会否淤积口门，不宜盲目增加进潮量。纳潮量确定后，用方程（5.3-7）计算扩宽率。

b. 河轴线规划。河轴线应该是一条圆滑的曲线，由上、下游两个相向的河湾及连接河湾的直线连接而成，见图 5.3-3。在河湾曲线顶点，曲率半径最小，

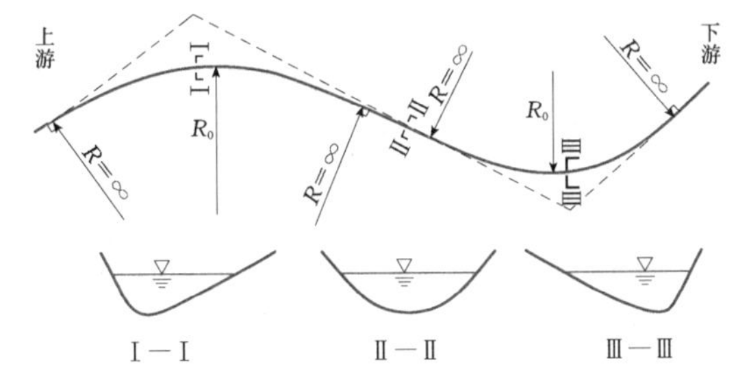

图 5.3-3 整治线曲线特性示意图

曲线起点和终点半径最大。河湾可采用抛物线或余弦曲线。

河湾曲率半径

$$R = KB \tag{5.3-3}$$

式中 B——河宽；

K——系数，一般取 $K=4\sim9$，最小值为 3，通航河道 K 值应较大，结合船队长度考虑。

两曲线间直线长，即

$$L=(1\sim3)B \tag{5.3-4}$$

两同向湾顶距离，即

$$T=(12\sim15)B \tag{5.3-5}$$

c. 河床断面要素设计。在水流与河床长期相互作用下，能得以自由发展时，常具有与所在的水文、泥沙相适应的最适合形态，表征这些形态的因素（如河宽、水深、扩宽率、曲率半径等）与水力泥沙因素（如流量、比降、泥沙粒径等）之间常存在某种函数关系，这种函数关系称为河相关系。河相关系应包括平面、断面和纵剖面的河相关系。其中平原河道河相关系式可用于径潮比较大，近似平原河道的河口中水河床设计，即

$$\xi=\frac{\sqrt{B}}{H} \tag{5.3-6}$$

式中 H——平均水深；

B——平均河宽；

ξ——河相系数，从模范河段中分析获得。

河床最小活动原理推导出的潮汐河口河相关系式可用于一般的潮汐河口中水河床设计，即

$$\frac{\partial B}{\partial x}=1.33g^{1/9}-\frac{\partial}{\partial x}\left(\frac{\beta^8 U_{os} SQ^5}{K\alpha^8 u'^8_{os}}\right)^{1/9} \tag{5.3-7}$$

$$B=1.33\left(\frac{\beta^8 g u_{os} SQ^5}{K\alpha^8 u'^8_{os}}\right)^{1/9} \tag{5.3-8}$$

$$H=0.807\left(\frac{K\alpha^2 u'^2_{os} Q}{\beta^2 g u_{os} S}\right)^{1/3} \tag{5.3-9}$$

$$A=1.075\left(\frac{\beta^2 K^2 Q^8}{g^2 u^2_{os} s^2 \alpha^2 u'^2_{os}}\right)^{1/9} \tag{5.3-10}$$

$$U=0.93\left(\frac{g^2 u^2_{os} S^2 \alpha^2 u^2_{os} Q}{\beta^2 K^2}\right)^{1/9} \tag{5.3-11}$$

$$J=1.15n^2\left(\frac{\beta^2 g^4 u^4_{os} s^4}{K^4 \alpha^2 u'^2_{os} Q}\right)^{2/9} \tag{5.3-12}$$

$$\beta=1+0.35\frac{\Delta H}{H}$$

式中 $\frac{\partial B}{\partial x}$——扩宽率；

x——河段长度；

B——平均潮位时的水面宽；

H——中潮位时的平均水深；

A——平均潮位时过水面积；

U——河床最小活动性流速；

u_{os}——悬沙止动流速；

u'_{os}——底沙止动流速；

J——河床纵比降；

α——河床稳定系数，可近似取 1.0；

β——涌潮系数；

ΔH——涌潮段平均潮差；

S——落潮平均含沙量；

Q——平均落潮流量（造床流量）；

K——水流挟沙系数。

（2）洪水河床设计。洪水河床由中水河床和河漫滩两部分组成。洪流河床断面积除能通过设计频率的洪水流量外，尚要满足纳潮要求，扩宽率稍大于或等于中水河床的扩宽率。治导线宽度可拟定多个方案，用数学模型计算与物理模型试验分析比较，选择对上游防洪、排涝、灌溉、供水及水环境、水生态最有利的方案。为稳定规划的河道，除用围涂的海堤形成洪水治导线外，尚应在中水以上滩地设置一系列丁坝，以达到成滩、固滩的目的。丁坝方向与水流垂直，坝头高程与水中潮位齐平，以一定纵向坡度向上倾斜至洪水治导堤堤脚，丁坝间距 1.5～2.0 倍坝长，丁坝连线沿中水治导线布置。

5.3.4.3.2　整治流路，稳定河口

本方法适合以下两种河口型态：

（1）摆动三角洲型河口中的河口径流量不大，但含沙量特别高而潮汐较弱的河口。这种河口由于大量陆相来沙在河口地区和滨海区堆积，河口迅速淤积延伸，尾闾河段呈现散乱游荡→归股单一→出汊摆动→改道的小循环中。各次改道的流路被迅速淤满产生悬河，又重新冲决，出汊另改新道出海，从而呈现入海河道在三角洲平面上来回游荡的“十年河东、十年河西”的大循环中。每一次改道将引起溯沅冲刷，于是下游水位降低。随着河口淤积延伸，又进入摆动改道的反复循环演变，水位升升降降，使河道不能平衡。这一类型以黄河河口为典型。

（2）河口湾型河口中的组合型河口。其中的一类是陆相来沙少的强潮河口，河口呈大喇叭型，这种河口径潮比偏小，径流来沙不多，而海域来沙十分丰富，强大的潮流从宽阔的喇叭口进入河口，顺着急剧缩窄的喇叭口，潮波迅速变形，形成涌潮现象，涌潮的涨潮流速远大于落潮流速，涨潮带进的大量泥沙沿涨潮方向搬运，形成纵向沙坎，沙坎又助长涌潮，使河口表现为纵向枯季上淤下冲，洪季上冲下淤交替变化的演变特征。这种河口由于口门开阔，涨、落潮主流常不一致，随着径流丰枯年际变化，导致出口主流产生横向摆动。这一类型如钱塘江河口。

对上述两类河口整治的关键在于将泥沙有序输送出口外，从而稳定河口。采用整治河口流路的措施，就是塑造一高效的输沙河道，以达到上述目的。其方法包括：①人工改道；②束窄河道。

1. 人工改道

适用于上述第一种类型河口。这种河口其主槽在广阔的浅海区上频繁改道游荡，其所形成的宽浅河槽极不利于把大量泥沙输送入外海。人工改道是通过规划选取有利的入海河道，并按来水来沙情况设计利于输沙的河床。

（1）治导线规划。人工改道的治导线规划重点在于确立选道原则。新河道的位置应能满足水利、航道及地区经济发展的要求，在技术上应考虑距深水区较近，易于将泥沙送出深水区，以及能借助海流把泥沙带出河口。从另一方面看，泥沙又是不可多得的造陆资源，如有必要，人工河道的位置可由经济发展的需要来确定，即利用人工河道把泥沙输至所需的地方。按因势利导的原则，如发现即将自然改道的位置无弊端，其位置则可利用，再施以规范的设计而成，则可事半功倍。

（2）中水河床设计。河道的输沙能力取决于中水河床。设计人工河道之前，应该充分研究上游河道历年的水、沙及河道变化情况，明确水沙特点，寻找本河系中输沙能力较强的河段作为模范河段。

a. 河轴线规划。河轴线规划参考前述的“5.3.4.3.1 延伸河口、治理干支”有关内容。

b. 选定河相关系。该类型河口可采用平原河道的河相关系，从模范河段中分析选定河相系数 ξ。根据一般资料，ξ=1.5～2.5 时其输沙能力较强。

c. 选定河道流速 V 值。要求设计的中水河床能把泥沙输送出河口，河床应较为稳定。因此要求河道流速应大于悬沙沉降速设，并且小于床沙起动流速；还应该通过物模试验选取。

d. 设计河道纵横剖面。河道流速 V 和河相系数 ξ 确定后，选用造床流量 Q，确定 B、H 值，然后按曼宁公式确定河床纵比降 J，即

$$Q = BHV \qquad (5.3-13)$$

$$V = \frac{1}{n}R^{2/3}J^{1/2} \qquad (5.3-14)$$

式中　R——水力半径；

J——河床纵比降；

n ——河床糙率，可参考现状河口选取。

(3) 洪水河床设计。参看“5.3.4.3.1 延伸河口、治理干支”有关洪水河床设计部分。

由于影响河道输沙及河床稳定的因素颇多，简单的计算方法只能作为参考，计算结果必须通过数学模型计算与物理模型试验进行验证修改方可采用。

2. 束窄河道

适用于海域来沙量大的组合型河口湾。如前所述，这种河口由于湾口过于宽阔，进潮量过大所产生的一系列问题致使主槽摆动，河口不稳定。整治的策略是削减进潮量，增大径潮比值。方法是在原来宽阔的喇叭湾通过规划制定缩窄河道的治导线，并采用“以围代坝”的实施方法，形成实体控制线，达到束窄河道的目的。

(1) 治导线规划。束窄河道治导线应顺着目前河势因势利导，尽量利用天然山体、原有的海堤、丁坝等建筑物确定治导线走向。河口束窄的程度以不改变河口性质为原则，即束窄后的河口应仍为强潮河口，故治导线设置应维持喇叭型的河口型态。河道束窄过程应通过数学模型计算与物理模型试验研究不同束窄方案的效果与影响，以定取舍。

关于河道主槽的走向，应先分析河口现有深槽的稳定性、演变趋势，周边环境及经济社会对深槽位置的要求。从而选择发展趋势较好、对地区经济社会有利的深槽位置。如无不利因素，一般仍应选用现有深槽。

为避免河口整治而引起急剧变化，束窄河口不宜一次到位，应由里到外采取逐步收窄的方法。整治的秩序宜自上而下，分段规划实施。应因势利导，抓住河道变化的有利时机，对不同河段采用不同的束窄方法，对主槽贴岸的凹岸，先行制定规划治导线，待高滩出现时，抓紧时机，抢筑围堤，用“以围代坝”的方法束窄河道。

(2) 束窄河段河床设计。

a. 中水河设计。钱塘江河口整治。采用根据国内外十余条潮汐河口整理出的经验河口河相关系设计，即

$$A_2 = (Q_{e2}/Q_{e1})^{0.9} A_1 \qquad (5.3-15)$$

$$B_2 = (Q_{e2}/Q_{e1})^{0.62} B_1 \qquad (5.3-16)$$

$$H_2 = (Q_{e2}/Q_{e1})^{0.28} H_1 \qquad (5.3-17)$$

式中 Q_e ——平均落潮流量；
A ——中潮位以下的断面积；
B ——中潮位时的河宽；
H ——中潮位下的平均水深；
下标 1、2 ——整治前和整治后。

设定整治后的平均落潮流量 Q_{e2}，由整治前的断面特征值求得整治后的中水河床特征值。中水河床一般按指数式放宽式设计，即

$$B_x = B_0 e^{\rho x} \qquad (5.3-18)$$

式中 B_0 ——起始断面宽度；
B_x ——距起始断面 $x$km 的平均河宽。

b. 洪水河床设计。参考前文有关“洪水河床设计”部分。采用直线放宽式（5.3-19）设计：

$$B_x = B_0(1+\rho x) \qquad (5.3-19)$$

式中 ρ——河道扩宽率。

5.3.4.3.3 控制河势，综合整治

适用于少汊三角洲河口。这类河口径流大、潮流也大，径流来沙较多，潮差中等，径流、潮流势力相当，陆相来沙部分被输送至离口外较远处，部分停留在河口段形成拦门沙，并使拦门沙不断增长；由于涨落潮流路不一，口门内形成众多沙洲。随着径流、潮流的变化，沙洲移动，河道水沙分配失衡，甚至再次分汊，河势不稳，兴衰交替，水系凌乱，受科氏力的影响，河道右支发育，左支淤积萎缩；主泓摆动，影响通航；海水从汊路倒灌，影响淡水资源利用。因此，河口整治包括控制河势、整治河道及航道、削减咸潮上溯、整治拦门沙以及滩涂围用等综合手段。从而稳定河道及航道以利于泄洪、排、灌及水资源利用，改善河口生态环境，为河口经济建设提供有利条件。

1. 河势控制

河势控制是在维持现有河口型态的前提下，为满足泄洪、排灌、供水、航运、地区经济社会发展要求，通过工程措施，对河道的水流及平面形态进行控制及调整，使两者处于相互适应的状态中，减少其动态变化，使河道趋向稳定。因此首先要掌握现有河势变化特点、上下河段及各河道之间的相互影响及其稳定的条件。河势控制包括以下两个方面：

(1) 控制现有河势。应贯彻因势利导的治河原则。对于河势稳定性较好，或河势形态良好，其平面形态与其水流条件相适应，处于稳定或缓慢变化中，且对泄洪、航道等有利的河道，应控制其现状河势，使河势进一步稳定；对于平面形态不够稳定，但对泄洪、航运、经济发展有利的河道，亦应对现有河势进行控制，设法使其稳定，不宜对现有河势做大的调整。

(2) 改善调整河势。采用工程措施，改变河道现有的水流条件，调整河势，并以此来控制河势。控制河势的措施有：控制及加强河道的节点，河道节点是指对河道水流具有束流、导流等作用的河段，应根据

该节点存在的问题选择护岸、固沙、束窄等措施以稳固河道，加强节点的控制作用；整治分流口，分流口的分流作用对河势控制起关键作用。对分流不利的应采用导流堤导流、潜坝限流、围固沙岛以固定分流口等措施来调整河道分流比，固定分流口。

2. 河道整治

在控制河势的基础上，必须对河道本身的河床进行整治，才能收到更好的效果。本类型河口的河道特点之一是边滩发育，江心洲众多，河道边界不固定，河道宽浅、主流摆动。整治河道包括洲滩整治和中水河床整治。

(1) 洲滩整治。即洪水河床整治，目的是制定固定的河道边界，主要措施是围固沙岛，围固边滩。利用堤防形成固定的河道边界，洲滩土地利用的围堤线即洪水治导线，根据洪水河床设计制定（参看前文有关叙述)。定出该围固的沙岛及其范围、圈围线，定出边滩的围出范围、堤线走向。洲滩围用整治，应考虑其引起的水沙变对河道演变影响，制定整治方案时必须对围用及其范围的利弊进行充分分析。

(2) 中水河床整治。这种类型的河口在尚未经整治前，由于边界不稳定，一般存在河势动荡，主流摆动的弊端，其中水河床亦不稳定，必须按照河相关系式设计中水河床（参看前文有关叙述)。稳定的中水河床的形成，或采用人工疏挖直接形成，或用治河建筑物使其自然形成，视具体情况而定。

3. 航道整治

航道整治是河口综合整治的重要组成部分，是在河道整治的基础上进行的，航道整治属于河道的低水整治。

(1) 航道选线。除适应地区经济社会发展外，在技术上应选择口外拦门沙发展慢、河道较稳定、水流及通航条件适合、演变趋势亦对通航有利的支流。

(2) 整治航槽。航线可分主航线及次航线。确定航线后，对选定航道进行整治，使其满足规划确定的航道等级及通航标准的要求。整治措施可采用改善原有航道，对原有航道进行根除滩阻，设置丁坝、顺坝以增加航深，改善航道流态等；也可采用新开航道进行整治。

(3) 航道出口布置。航道的出口是以两侧导堤形成，导堤出口方向与潮流、沿岸流、强风向、泥沙运动方向都有关系。

a. 如无沿岸流或两方向都有沿岸流时，导堤方向宜和海岸线垂直，这样堤线也最短，又节省投资。

b. 导堤方向最好和强风向一致，这样船舶进入河口比较方便，但要注意避免因正对风向而引起的壅水淤积。

c. 导堤与沿岸流正交，可以阻止海岸漂沙进入，但口门外常淤积成拦门沙，见图5.3-4(*a*)。导流堤最好与沿岸流斜交，这样可使淤积远离口门，如将迎岸流一侧的导堤采用弧形，则效果更好，见图5.3-4(*b*)。

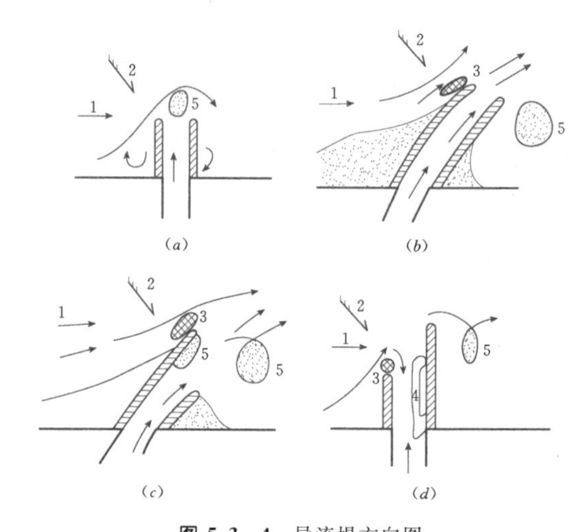

图5.3-4　导流堤方向图

1—沿岸流；2—常风向；3—冲刷处；4—深槽；5—淤积

d. 如果采用两条长度不相等的导堤，加长迎沿岸流一侧的导堤，见图5.3-4(*c*)，防淤效果比与沿岸斜交等长的导堤好，若加长沿岸流下游一侧的导堤，见图5.3-4(*d*)，其效果就更好，沿加长导堤一侧可形成深水航槽。

e. 除上述导堤布置形式外，也有将风浪较多的一侧用直线或弧线的单导堤布置，见图5.3-5，但要考虑波浪绕射输沙，防止泥沙在口门淤积。

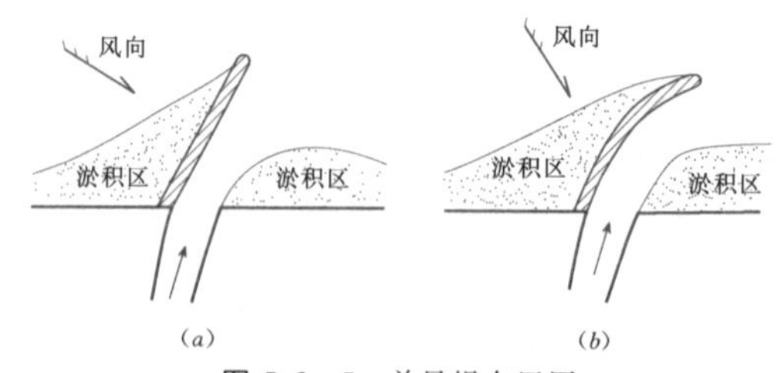

图5.3-5　单导堤布置图

(4) 拦门沙治理。拦门沙过分发育，带来两个问题：①影响上游泄洪排水；②影响通航。因此，拦门沙的整治主要是降低拦门沙高程。其方法：一是疏浚（参考本章5.6)，适用于沙滩距河口较远，不易建立导堤的拦门沙；二是修筑导堤束水攻沙，堤顶应高出高水位，以利冲沙，而且导堤应伸至深水区。对拦门沙的整治如在治导线延伸范围中所述的，必须慎重考虑。由于拦门沙会随河道的水沙变化而变化，其变化规律不一定是单向的，因此，对影响泄洪、但并非很严重的拦门沙应先加强观测分析，掌握其变化规律，只有当其不断向不利方向发展时方可采取措施；对影响通航的拦门沙应进行治理。对拦门沙的整治需拟定多个整治方案，用数学模型计算与物理模型试验分析其在施工及完成的初期、终期对上游及对附近海区的影响，然后确定施工步骤、工期安排等。

5.3.5 整治方案选择

对于上述各类型的河口整治方法所拟定的各种方案，均应利用数学模型计算与物理模型试验分析进行比较，选出最优方案，并对其效果进行分析、评价。当拟订方案较多时，一般先采用水流数学模型或水沙数学模型对所拟方案进行初步比较，选出2～3个方案后，再用定床清水及定床加沙物理模型进行对比试验，有条件者还可以运用定床浑水进行试验，研究分析效果与影响。主要从以下几方面进行比较：

(1) 上游防洪防潮水位变化。

(2) 上游排涝、灌溉、供水水位变化。

(3) 上游河道的冲淤变化及河口通航效果。

(4) 整治河口的稳定性。

(5) 对地区经济社会的效益。

(6) 对河口水环境、水生态的影响。

通过比较试验选出最优方案。

方案效果与影响评价方法：对于水位，河道稳定情况应该与河口不加整治、预测自然演变后的状态进行比较评价。而对于地区经济社会及环境保护等社会效益应与现状做比较评价。各种不利影响程度要控制在可承受的范围之内。

5.3.6 滩涂保护与开发利用

河口两侧均有大片发育迅速的滩涂，利用洪水治导线范围以外的滩涂资源对地区经济社会建设有着重要意义。根据河口泄洪、纳潮要求，因势利导，结合河口整治对滩涂进行保护与开发，在统筹考虑河口地区防洪（潮）、排涝、通航、生态环境保护等要求的基础上，结合滩涂演变趋势及再生能力，科学制定河口滩涂保护与开发利用，指导河口滩涂有序开发，实现河口滩涂合理利用、科学保护和有效管理，促进地区经济社会可持续发展以及经济社会、资源与环境的协调发展。

滩涂保护与开发利用主要工作包括河口滩涂现状调查分析、河口滩涂水利区划及河口滩涂保护与开发利用方案等内容。

1. 河口滩涂现状调查分析

收集有关地形、水文资料，进行必要的现场查勘，到相关部门调研，对河口滩涂资源现状进行调查与分析，分析滩涂保护与开发利用状况及存在问题。

2. 河口滩涂水利区划

根据河口滩涂资源的自然条件、功能要求、开发状况和地区经济社会发展需要，从河口防洪（潮）安全、河势稳定、供水安全、水生态环境保护等角度，进行河口滩涂的水利区划，将滩涂划分为保护区、保留区、控制利用区和开发利用区，以满足地区防洪（潮）安全、滩涂资源合理开发和有效保护的需求。一般而言，除了政府批准的自然保护区列为滩涂保护区外，河口治导线以外滩涂亦列为滩涂保护区；河口河势不稳定或开发控制条件有争议的宜划为保留区；开发利用控制条件较多的区域划为控制利用区；根据防洪（潮）、河势稳定、供水安全、水生态环境保护等要求，开发利用控制条件较少的滩涂划为开发利用区。

3. 河口滩涂保护与开发利用方案

在河口滩涂水利区划中界定为保护区和保留区的滩涂，需要保护或暂时不进行开发。滩涂控制利用区和开发利用区具备开发条件，需根据河口地区经济社会发展要求以及土地利用规划、航运规划、海洋功能区等要求，综合考虑现有滩涂自然特性、滩涂演变规律、河口水沙特性和滩涂开发的可能影响等因素，通过水沙数学模型计算、物理模型试验等手段进行论证，确定河口滩涂的保护与开发方案。

5.3.7 潮汐河口整治实例

5.3.7.1 河口延伸整治实例

珠江河口的磨刀门是典型的网状三角洲型的强径流弱潮河口，历年来由于缺乏有计划的治理，任由其自然延伸，结果是延伸河段河槽不规则，江心洲连迭，增加行洪阻力，口门外水下深槽内侧大片滩地已到成围高程，严重影响其上游垦区排涝；口外的洪湾水道淤积严重，通航能力极低。整治的方法是将河口进行有计划延伸，规划方案如下：河口由挂定角延伸约15km至拦门沙前的大井角为行洪主槽，在挂定角附近仍按现状支汊走向，布置支汊洪湾水道，由挂定角延至马骝洲，其功能为纳潮通航。行洪主槽河宽拟定了1700m、2300m、2500m三个方案。由于磨刀门口门是强径流弱潮河口，多年平均径潮比为5.53，故主干道采用1%的扩宽率。洪湾水道拟定了在洪湾浅海区南侧依靠小横琴另开深槽的单堤方案，以及保留现有深槽500m和800m两种河宽的双堤方案。主槽的中水河床设计是参照口门以上优良河段所获得的参数，由平原河相关系式、流速公式及连续流方程计算得出在造床流量时的水面宽 $B=1400$m，过水断面 $A=6965\text{m}^2$，平均水深 $H=4.49$m，最大水深 $H_{\max}=7.26$m，河槽底宽 $b=500$m。

洪水河床方案：经用数学模型计算与物理模型试验分析比较，最后选定主干宽度 2200～2300m，扩宽率 1%，洪湾水道保留原有深槽，河宽 500m 的双堤方案。

治河建筑物：中水河床与洪水河床之间为河漫滩，由洪水堤线外设置若干组丁坝落淤形成。

洪水河床内滩地计划形成围垦种养区，围内按排涝灌溉标准布置排灌系统及排涝闸。

磨刀门口门整治规划方案比较及规划总体布置见图 5.3-6。

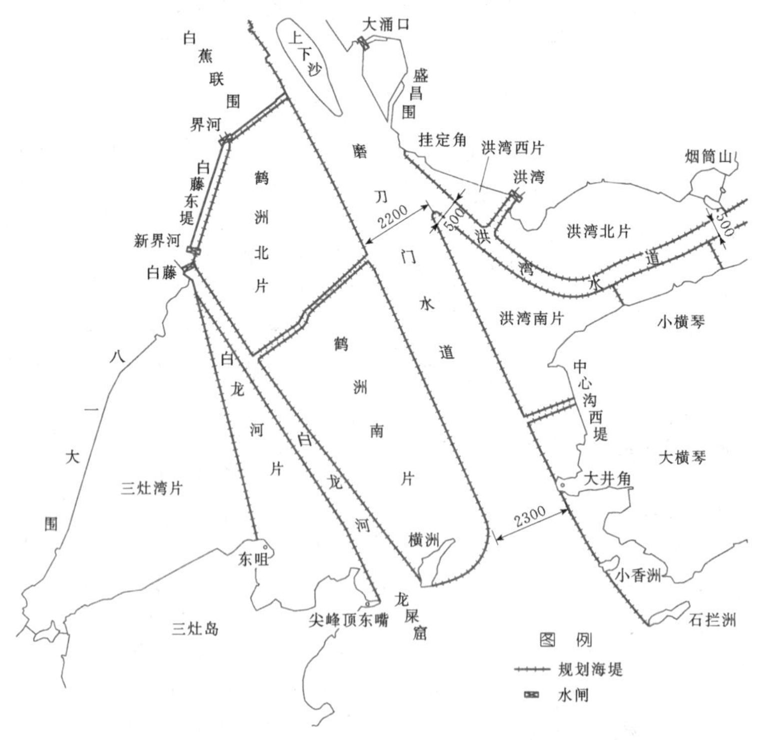

图 5.3-6　珠江口磨刀门整治工程规划总布置示意图（单位：m）

磨刀门工程于 1984 年 3 月动工实施，至 1995 年，主要工程已经完成。

工程实施后，磨刀门出口宽阔的浅海区已整治成为一主一支的泄洪水道，原来散乱、会潮点多的流态得到彻底改善，目前水流归槽，涨潮、落潮流路顺直，尾闾畅通，深槽普遍刷深稳定，拦门沙下移，泄洪和输沙能力加强。“98·6”洪水时马口站发生了 50 年一遇以上的洪水，由于磨刀门水道畅通，沿线水位普遍较低，自北街至灯笼山各站洪峰水位相应重现期仅为 5～20 年一遇，保障了河口地区的防洪安全。

工程实施后河口延伸 15km，咸界下移 9.07km，灯笼山站年平均水质最长超标历时由整治前 108h 缩短为 63h。口门附近两岸 17 万亩农田灌溉水质改善，并使对澳门供水工程得以实施，年平均“偷淡”取水量达 2085 万 m^3，多年来供水水量、水质得到保证。

工程实施后提高口门地区防潮能力，100 年一遇水位降低 0.18m，受益农田 14.26 万亩；洪湾水道通航能力由 300t 提高至 1000t；工程后实际利用滩涂面积 64.55km^2；近年来磨刀门上游排污量成倍增加，但由于工程后河道流速加大，河流强大的自净能力使河口水质仍能控制在保护目标之内。

5.3.7.2　束窄河道，稳定河口工程实例

钱塘江河口是典型的强潮组合型河口，河床宽浅，潮大流急，涌潮汹涌，主槽迁徙无常，岸滩坍涨不定，河口极不稳定。由潮流带进的大量泥沙在河口内淤积，形成纵向沙坎，随着水流条件变化，沙坎纵向冲淤剧烈。钱塘江河口整治历代采用过改道、丁坝保滩护岸、丁顺坝整治河道等方法整治河口的上段河道，收到过一定的效果。对于河口下段，由于江面辽阔，河道摆幅大，涌潮强，效果不理想，因而改用束窄河道削减潮量，稳定河口的方法。

由于 20 世纪 40 年代便确立了采用丁顺坝控制水

流于深弘之内的指导思想。继 1947 年在河口上游的闸口至七堡两岸布设众多丁坝约束主流之后，又加长了原有丁坝逼主流向东北四堡一带，并制定了从钱塘江大桥至蜀山全河段的治导线规划，设定河道弯曲半径及中、高水位河宽，两岸均用抛石丁坝进占至规划河线，再辅以顺坝。1958～1962 年又在七堡—赭山河段在南岸设置丁坝至规划中水治导线。20 世纪 60～70 年代，从理论上阐明了钱塘江河口整治必须采用减少进潮量原理，确立了江道全线束窄，减少进潮量，增大径潮比和单宽流量的整治方针。于是制定了从七堡—澉浦的全河道束窄规划。七堡—赭山湾河段左岸的凸岸实施了以围代坝，围涂束窄江道进展较快，江面已束窄了 4～6km，达到了高水规划线。80 年代处于杭州湾连接的河口下段，为确定八堡—澉浦河段整治对上游水位的影响，设定了澉浦河宽 12km 和 18km 两个方案，用二维数学模型及物理动床模型试验，最后选定对杭州湾北岸无大影响的高水河宽 18km 方案。对江道中心线方案，拟定了“北”、“中”、“南”3 个方案，对各方案做潮汐、洪水、含盐度等定量计算后得知“南”方案因涨、落潮冲刷槽交错，形成 Z 形弯，而“北”方案又不利两岸海堤维护以及淡水资源利用、排涝，此二方案均不采用。“中”方案能兼顾各方面，且天然出现的机会较多，符合因势利导，因而被采用。该河段断面采用河相关系式（5.3-23）～式（5.3-25）设计。90 年代开始从尖山向南抛顺坝，引导主流趋中，顺坝东侧迅速淤涨，1989～1999 年围涂 2 万亩。以后又经过多途径的分析计算和物理模型试验于 2001 年完成了尖山河段整治规划。规划思路是全线束窄、走中弯曲、稳定上段主槽，维护下段北槽，制约南槽南偏，避免纳潮量锐减。对原规划方案稍作调整。如澉浦河宽由 18km 调整为 16km。两岸以顺坝及丁坝形成规划堤线及稳定主槽，见图 5.3-7。采用以围代坝的措施至 1999 年为止，累计围涂 111 万亩，基本上已达到 2001 年规划堤线。据实测资料分析，上述整治工程实施后获得较好效果。表现为主槽平面动幅度减少，1986 年尖山河以上河势基本稳定，从而有利于取水、排水，两岸排涝闸的排水得到显著改善，减轻了两岸平原的涝灾，航运从整治前的 30～50t 提高至 300～500t。

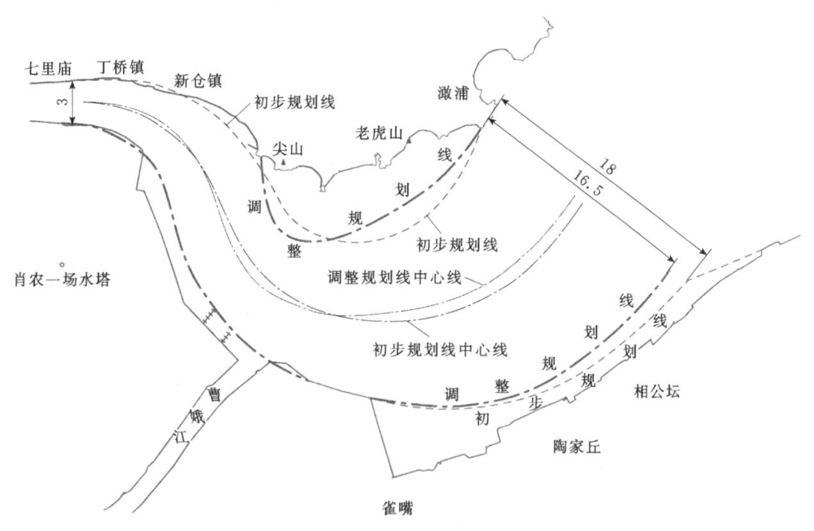

图 5.3-7 钱塘江河段规划堤线布置示意图（单位：km）

5.3.7.3 控制河势，综合整治实例

长江口按平面形态划分属三角洲河口。徐六泾以下由崇明岛将长江分为南、北支，南支在吴淞口外由长兴岛和横沙岛分为南、北港，南港在横沙岛尾右侧被九段沙分为南、北槽，形成三级分汊、四口入海的河势格局，共有北支、北港、北槽和南槽四个入海通道。长江口径流来量大，多年平均径流量约 9000 亿 m^3，多年来沙量 4.3 亿 t。长江口河道宽阔、水下暗沙众多、水流动力条件复杂，河道冲淤多变。河道自然演变呈现出洲滩合并、河宽束窄、河口向东南方向延伸的规律。

长江口地区是我国经济社会发展最快的区域之一。长江口存在河势尚未得到有效控制、航道航槽不稳且水深不足、水污染及咸潮影响淡水资源利用、滩涂圈围与湿地保护矛盾突出、部分堤段未达到防洪（潮）规划标准、生态环境衰退等问题，难以满足该区域经济社会发展的需要。

长江口综合整治的关键是控制分流态势，河势控制工程总布置见图 5.3-8。研究的关键问题包括整治

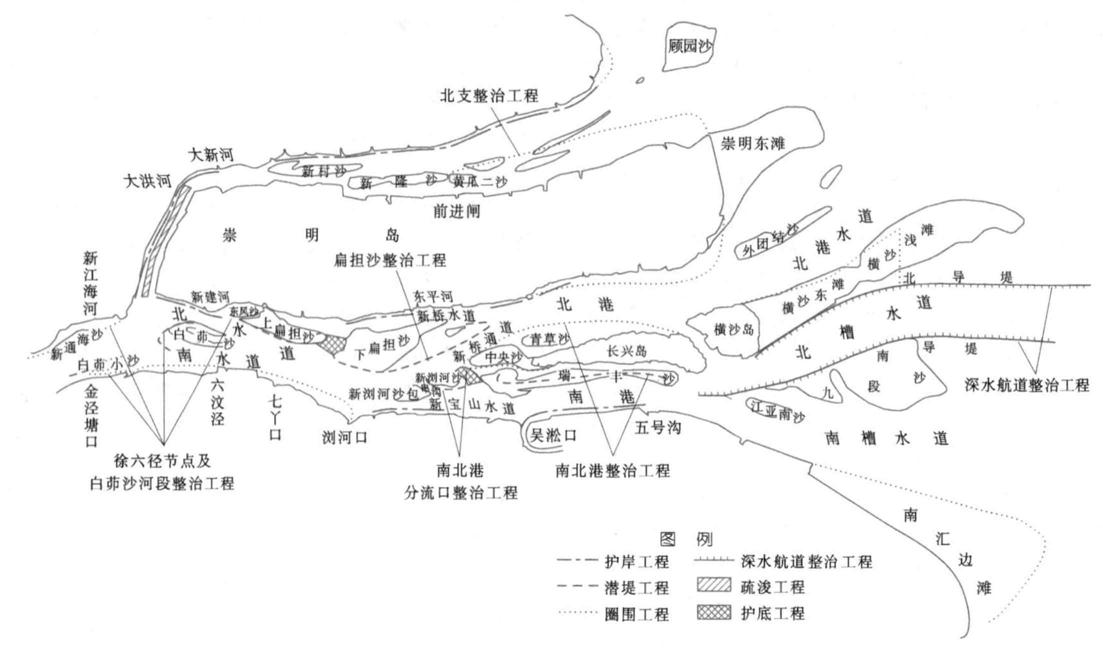

图 5.3-8　长江口河势控制工程总布置示意图

拦门沙改善航道、南北港分流口治理、北支整治、徐六泾节点整治等。

1. 整治工程

(1) 南支整治及航道整治。整治措施采用整治、围垦、疏浚相结合的综合整治与开发利用。南支的整治思路为稳定节点，保持长江口三级分汊的基本格局；控制分流口，稳定分流通道；固定暗沙，防止主槽的大幅摆动；控制中、洪水期落潮主流流向，束窄河宽，加大落潮流速。

在徐六泾节点段，通过新通海沙的圈围和白茆小沙工程增强徐六泾河段的束流、导流作用，使水流动力相对集中，使出徐六泾的主流能较为稳定地北偏，有利于白茆沙北水道的发展，有利于形成南、北水道－10m 深槽贯通的优良河势；为稳定白茆沙汊道段分流态势，避免徐六泾节点段束窄后白茆沙头部受冲，布置了白茆沙头部潜堤工程；为稳定白茆沙北水道下段的北侧边界，在七丫口附近形成节点段，避免扁担沙切滩导致河势变化，布置了东风沙围堤工程、新南门通道维护工程和扁担沙潜堤工程。

在南北港水域，为稳定南北港分流口位置，稳定南北港分流口及分流北港的通道左缘边界，布置了新浏河沙护滩工程、南沙头通道护底工程、下扁担沙护滩潜堤工程、中央沙及青草沙圈围工程。中央沙及青草沙工程的实施可适当束窄北港河道宽度，并可开发为上海市重要水源地。南港瑞丰沙潜堤工程的目的是维持深水航道上延段的北岸边界稳定，维持长兴岛涨潮沟动力条件。

北槽水域的长江口深水航道治理工程的主要目的是导流、减淤，使长江口深水航道最终形成水深满足 12.5m 的入海航槽，主要工程措施包括北导堤、南导堤、分流口导堤工程及与其相连的潜堤工程、束水丁坝工程及人工挖槽。南槽通过圈围南汇边滩，束窄河道宽度，为南槽航道的改善奠定基础。

(2) 北支整治。北支中下段中束窄工程的目的是束窄河道宽度，减小河道放宽率，减弱北支涨潮动力，减轻北支水沙倒灌南支，减缓北支淤积萎缩速率，并通过北支上段疏浚适当改善北支进流条件，适度开发土地资源。

2. 滩涂利用及生态环境工程

考虑土地资源开发利用的要求，布置了横沙东滩圈围工程、太仓边滩圈围工程。滩涂圈围过程中，提出了多促淤少圈围、先促淤后圈围的思路，以维持湿地面积的动态平衡。

自《长江口综合整治开发规划》批准以来，长江口深水航道治理工程、新浏河沙护滩工程、南沙头通道护底工程、中央沙及青草沙圈围工程、常熟边滩圈围工程等已实施完成，新通海沙圈围工程、北支中下段束窄工程、横沙东滩圈围工程已部分实施。

上述规划制定的整治工程实施后，在河势稳定、航道通畅、水土资源开发利用等方面发挥很大的作用，主要表现在：①长江口河段的河势向稳定方向发展，徐六泾节点段的束流作用加强，白茆小沙夹槽水深条件稳定并有所改善，南北港分流口基本得到控制；②保障了长江口地区的航道畅通，长江口深水航道三期工程已于2010年3月交工验收，12.5m深水航道2011年1月已上延至江苏太仓港区，为深水航道向上延伸奠定了基础，为发展江海运输创造了条件，同时北港、南槽的现状航道条件较为稳定；③保障地区供水安全，上海市青草沙水库已建成供水，其设计最长避咸期68d，日供水规模719万m^3，受益总人口已超过1100万人，太仓市也结合边滩整治建设了应急水源地；④水土资源的开发利用有力地支持了地方经济社会的可持续发展，如太仓通过岸线调整工程获得了优良深水岸线，南通市通过新通海沙圈围获得了大量的土地和深水岸线资源等，推动了当地港口航运及临港经济的发展。

5.4 堤防工程设计

5.4.1 概述

堤防是人类社会为了防止洪水、风暴潮等自然灾害的侵袭，沿江、河、湖、海、水库的岸边修建的挡水建筑物。

我国洪、潮灾害十分严重，堤防工程建设历史悠久，据考证，早在商代，长江、太湖一带就开始修建堤防，御敌防水。经历朝历代不断兴修加固，特别是新中国成立以来，进行了大规模的堤防建设，尤其是1998年大洪水以后，又加大力度对各种堤、垸、围、海塘等堤防工程进行达标加固，不断完善堤防工程体系，使堤防工程在抵御各种洪、潮灾害中发挥了巨大的作用，为各地的社会经济发展提供了保障。

堤防工程的种类繁多，一般可按堤防抵御水体的类别、筑堤材料和建设性质来分类。按抵御水体的类别可分为：江河堤、湖堤、水库防护堤、海堤等。按筑堤材料可分为：土堤、砌石堤、土石混合堤、混凝土堤等。按工程建设性质可分为：新建堤防工程和老堤加固、扩建、改建工程。

海堤是堤防工程的一种，是海岸或河口地区沿岸线修建的防护工程，与江河堤、湖堤相比，在设计和施工等诸多方面有着较明显的差别。因各地习惯不同，海堤又称为海塘、基围、海挡、海堰、防潮堤等。

5.4.1.1 堤防工程特点

1. 水位的变动

堤防工程作为防御洪、潮灾害侵袭的挡水建筑物，其运用具有一定的季节性或周期性，在汛期洪水水位达到一定高度或风暴潮来临时挡水水头较高，而在大多数时间挡水水头较低甚至不挡水。

2. 条带状布置

堤防工程作为防御性建筑物是沿岸布置的，为条带状建筑物，其穿越的地域通常有滩地、农田、乡村、城镇等，工程布置受地形地物的影响较大。

3. 多次修建

已建的堤防工程多为所在地人民为防御水患不断修建、延长、加高培厚的，堤身填筑材料组成复杂，密实度较差而且不均一，在加固、改建、扩建时应给予足够的重视，通过地质勘察查明查清。

4. 地基条件复杂

堤防工程的地基多为第四系沉积物，而且堤防穿越的地层（微地貌单元）较多，堤基（土体）地质结构随微地貌单元的变化而变化，土层物质组成、分布范围、厚度及物理力学特性等也可能变化较大，工程地质条件较为复杂。江河堤基由于受沉积相变化的影响，易形成淤泥与砂层相间的地层，给江河堤的防渗带来不确定性。海堤地基一般是淤泥或淤泥质黏土，地基承载力差、基础沉降大，基础处理问题复杂。

5. 水流冲刷

江河堤受水流冲刷作用较大，特别是低水位的急流冲刷和洪水时的迎流顶冲，对堤基稳定影响较大。海堤相当部分位于河流出海口地区，受潮汐和径流的双重作用，同时受到径流和潮流的冲刷作用。

6. 海堤的其他特点

(1) 海堤受波浪力作用较大。波浪具有较强的周期性冲击力，对堤脚不断进行淘刷；台风暴潮期间的台风浪，浪高波急，作用时间短，冲击力强，对堤身破坏力大。

(2) 海堤在沿海地区施工，每天潮涨潮落，与一般江河堤防可利用枯水季施工的条件不同。海堤施工一般不用围堰，直接在水中施工或趁低潮进行抢潮作业，施工期间受潮汐与风浪影响，施工有效时间短，施工交通不便。尤其在堵口合龙阶段，在双向水流作用下，水力条件特殊，施工困难。

(3) 海堤一旦在台风暴潮作用期间出现险情，风大浪急，人、车难以站立和通行，很难组织人力物力采取有效抢险措施。

7. 湖（库）堤的其他特点

(1) 湖（库）堤水位变动缓慢，常水位作用时间较长。

(2) 湖（库）堤因湖泊水面开阔，受风浪力破坏作用较大。

(3) 湖(库)堤有河湖相连以及湖区隔堤，故湖堤会有两侧迎水的情况。

5.4.1.2 堤防工程设计

我国是一个洪涝及风暴潮灾害频发的国家，主要江河中下游和沿海地区一般地势低平、人口众多、经济发达。堤防工程作为防洪(潮)减灾体系中的重要组成部分，在防御大洪水和风暴潮中都发挥了不可替代的重要作用，保障了中下游重要城市和重要防洪(潮)地区的安全，为防洪(潮)减灾作出了巨大贡献。随着各地社会经济的不断发展，对堤防工程建设的要求也越来越高，设计是堤防工程建设的一个重要环节，必须给予高度重视。堤防工程设计应满足以下的要求。

1. 满足规划要求

堤防工程是防洪(潮)体系工程措施的重要组成部分，必须按照河流、湖泊、海岸带的综合规划或防洪(潮)等专业规划中确定的任务和要求进行；城市堤防是城市的基础设施，除满足河流、湖泊、海岸带的综合规划或防洪等专业规划中确定的任务和要求以外，还须满足城市总体规划的要求；堤防工程还应符合治导线或规划岸线的要求。

2. 满足规程、规范的要求

新中国成立以来，我国进行了大规模的堤防建设，而在1998年以前，除颁布了国家标准《防洪标准》(GB 50201—1994)外，堤防工程设计长期没有统一的行业标准、规范可循，与大量的堤防工程建设不相适应。1998年10月《堤防工程设计规范》(GB 50286—1998)发布实施，为堤防工程的设计提供了标准和依据。2008年11月又发布了《海堤工程设计规范》(SL 435—2008)，使海堤工程设计更加科学化、规范化。堤防工程设计必须依据上述两个规范以及相关的勘察、施工规范，结合工程实际条件，精心设计。

3. 基本资料翔实可靠

堤防工程设计应建立在翔实可靠的基本资料之上，应根据各设计阶段的精度要求，收集、整理和分析有关的气象水文、社会经济、水系水域、地形地貌和地质条件等基本资料，保证基本资料的完整性和可靠性。

4. 因地制宜

堤防工程线路长，所在地区的社会经济条件、堤防工程的建设条件和自然环境存在很大的差异。堤防工程设计应根据当地的实际情况，合理布置堤线，因地制宜地选择堤防型式和堤基处理方式，使堤防工程建设安全可靠、经济合理、技术先进。

5. 采用新材料、新技术、新工艺

近年来，在堤防工程建设中，尤其在土工合成材料、护坡、防渗、堤基处理等方面，大量的新材料、新技术、新工艺得到了广泛的应用。在堤防工程设计中，应在总结经验、分析研究和充分论证的基础上，积极而又慎重地采用各种新材料、新技术、新工艺，必要时应进行科学试验。

6. 贯彻现代河道整治的新理念

堤防工程设计应积极贯彻现代河道整治的新理念，特别是城市区域的堤防工程，充分保护河道的特色、自然景观和生态环境，创造人与自然和谐相处的良好水环境以及可持续发展。

5.4.2 堤防工程的防洪标准和级别

5.4.2.1 堤防工程的防洪标准

1. 江河(湖)堤堤防工程的防洪标准

(1) 堤防工程的防洪标准应根据防护区内防洪标准较高防护对象的防洪标准确定，堤防工程防护对象的防护标准见表5.4-1中"城市"、"乡村"和"工矿企业"栏目。

(2) 蓄、滞洪区堤防工程的防洪标准应根据批准的流域防洪规划或区域防洪规划的要求专门确定。

2. 海堤工程的防潮(洪)标准

(1) 海堤工程是为保护防护对象的防潮(洪)安全而修建的。海堤工程防潮(洪)标准应根据防护对象的规模和重要性按表5.4-1选定，必要时应经技术经济论证。

(2) 防护对象的规模和重要性以所在区域防潮(洪)规划及相关规划为依据。如果一个防护区范围较大，当各类防护对象可以分别防护时，按各防护对象的重要程度和规模，由防护对象的防潮(洪)标准分别确定各段海堤工程的防潮(洪)标准。如果不能分别防护时，为保证主要防护对象的防潮(洪)安全，应以各防护对象中防潮(洪)标准较高的防护对象确定海堤工程的防潮(洪)标准。

3. 堤防工程防护对象

堤防工程防护对象的类型很多，表5.4-1未包含的堤防工程防护对象的防潮(洪)标准应以GB 50201—1994为依据。

4. 堤防工程有关建筑物的防潮(洪)标准

当堤防工程需要加高加固时，堤防工程上的闸、涵、泵站等建筑物或构筑物的加高加固相对较困难，因此，应留有适当的安全裕度。一般堤防工程上的闸、涵、泵站等建筑物或构筑物的防潮(洪)标准可比堤防工程提高一档，如采用同标准，则安全度适当提高。

表 5.4-1　　防护对象与堤防工程防潮（洪）标准

<table>
<tr><td colspan="3" rowspan="2">堤防工程防潮(洪)标准
[重现期(年)]</td><td rowspan="2">≥200</td><td rowspan="2">200～100</td><td rowspan="2">100～50</td><td>50～30</td><td>30～20</td><td rowspan="2">20～10</td></tr>
<tr><td colspan="2">50～20</td></tr>
<tr><td rowspan="9">堤防工程
防护对象
类别与规模</td><td rowspan="2">城市</td><td>重要性</td><td>特别重要城市</td><td>重要城市</td><td>中等城市</td><td colspan="2">一般城镇</td><td>—</td></tr>
<tr><td>城镇人口(万人)</td><td>≥150</td><td>150～50</td><td>50～20</td><td colspan="2">≤20</td><td>—</td></tr>
<tr><td rowspan="2">乡村</td><td>防护区人口(万人)</td><td>—</td><td>—</td><td>≥150</td><td>150～50</td><td>50～20</td><td>≤20</td></tr>
<tr><td>防护区耕地(万亩)</td><td>—</td><td>—</td><td>≥300</td><td>300～100</td><td>100～30</td><td>≤30</td></tr>
<tr><td>工矿企业</td><td>规模</td><td>—</td><td>特大型</td><td>大型</td><td colspan="2">中型</td><td>小型</td></tr>
<tr><td rowspan="4">海堤特殊
防护区</td><td>高新农业(万亩)</td><td>—</td><td>≥100</td><td>100～50</td><td>50～10</td><td>10～5</td><td>≤5</td></tr>
<tr><td>经济作物(万亩)</td><td>—</td><td>≥50</td><td>50～30</td><td>30～5</td><td>5～1</td><td>≤1</td></tr>
<tr><td>水产养殖业(万亩)</td><td>—</td><td>≥10</td><td>10～5</td><td>5～1</td><td>1～0.2</td><td>≤0.2</td></tr>
<tr><td>高新技术开发区(重要性)</td><td colspan="2">特别重要</td><td>重要</td><td colspan="2">较重要</td><td>一般</td></tr>
</table>

5.4.2.2　堤防工程的级别

堤防工程的级别划分原则如下。

(1) 堤防工程的级别划分见表 5.4-2。分别依据其堤防防洪（潮）标准确定。

表 5.4-2　　堤防工程的级别

防洪标准［重现期（年）］	≥100	<100 且≥50	<50 且≥30	<30 且≥20	<20 且≥10
堤防工程的级别	1	2	3	4	5

(2) 遭受洪灾或失事后损失巨大，影响十分严重的堤防工程，其级别可适当提高；遭受洪灾或失事后损失较小及影响或使用期限较短的临时堤防工程，其级别可适当降低。

(3) 堤防工程的级别采用高于或低于规定级别的堤防工程，应报行业主管部门批准；当影响公共防洪安全时，尚应同时报水行政主管部门批准。

(4) 堤防工程上的闸、涵、泵站等建筑物及其他构筑物的级别，不应低于堤身工程的级别。对于规模较大的建筑物，其级别应同时满足相应规范的规定。

5.4.3　基本资料

堤防设计所需的基本资料主要包括气象与水文、社会经济、工程地形和工程地质等。

5.4.3.1　气象与水文

(1) 堤防工程设计所需的气象和水文资料主要有：气温、风况、蒸发、降水、水位、流量、流速、泥沙、潮汐、波浪、冰情、地下水等。海堤工程的设计潮（水）位资料应统一基面，并与堤防工程设计采用的基面相一致。对于潮（水）位，除特征值外，还需要潮（水）位随时间变化的过程线，作为编制施工组织设计和施工方案的依据。

(2) 堤防工程设计应具备与工程有关地区的水系、水域分布、河势演变和冲淤变化等资料，为堤线布置、堤型选择、堤身设计、堤基处理及堤岸防护等提供依据。

5.4.3.2　社会经济

堤防工程设计应掌握堤防保护区及堤防工程区的社会经济资料。

1. 堤防工程保护区的社会经济资料

堤防工程保护区的社会经济资料是堤防工程设计中分析确定堤防级别的重要依据，也是进行堤防工程经济效益分析和环境影响评价所需要的基本资料，主要应包括以下内容：

(1) 面积、人口、耕地、城镇分布等社会概况。

(2) 农业、工矿企业、交通、能源、通信等行业的规模、资产、产值等国民经济概况。

(3) 生态环境状况。

(4) 历史洪、潮灾害情况。

2. 堤防工程区的社会经济资料

堤防工程区的社会经济资料是堤防工程设计时进行堤线比选、工程投资估算、挖压占地、房屋拆迁及移民安置的基本资料，主要应包括以下内容：

(1) 土地、耕地面积、人口、房屋、固定资产等。

(2) 农林牧副、工矿企业、交通通信、文化教育等设施。

(3) 文物古迹、旅游设施等。

5.4.3.3　工程地形

(1) 堤防工程不同设计阶段的地形测量资料应符

合国家设计各阶段的规定。

（2）新建堤防工程应提供河道地形图和堤中心线的纵剖面图；加固、扩建工程应同时提供堤顶及临背堤脚线的纵剖面图。

5.4.3.4　工程地质

（1）3级及以上堤防工程设计的工程地质及筑堤材料资料，应符合《堤防工程地质勘察规程》（SL 188—2005）的规定。4级、5级堤防工程设计的工程地质及筑堤材料资料，可适当简化；有条件时也可引用附近地区工程相关资料。

（2）堤防工程设计应充分利用已有的堤防工程及堤线上修建工程的地质勘探资料，并应收集险工地段的历史和现状险情资料，查清历史溃口堤段的范围、地层和堵口材料等情况。

5.4.4　堤防工程勘测要求

5.4.4.1　对测量的要求

堤防工程的测量主要包括平面测量（地形图）和剖面测量等，剖面测量分纵向剖面和横向剖面。

无论平面测量图或剖面测量图，都是结构设计和征地拆迁规划的重要依据。为了能给规划设计人员提供足够的现场地形地物信息，测量图中，应尽可能标注有关地物，如房屋、土地使用情况，重要设施及准确位置、沟渠、作物等。堤外有抛石、护坡等工程时，亦应标注结构形式、抛石厚度与范围等。对临时抢险的抛填物，亦应进行专门测量，以便准确计算清除工程量（如果需要清除）。

GB 50286—1998对各阶段的测图要求见表5.4-3。

SL 435—2008对各阶段的测图要求见表5.4-4。

表5.4-3　江河（湖）堤防各阶段的测图要求

图别	建筑物类别	设计阶段	比例尺	图幅范围及断面间距	备注
地形图	堤防及护岸	规划	1∶10000～1∶50000	横向自堤中心线向两侧带状展开100～300m，纵向应闭合至自然高地或已建堤防、路、渠堤	砂基及双层地基背水侧应适当加宽，以涵盖压、盖重范围。 临水侧为侵蚀性滩岸时，宜扩至深泓或侵蚀线外
		可行性研究、初步设计	1∶1000～1∶10000		
	交叉建筑物		1∶200～1∶500	包括建筑物进出口及两岸连接范围	初步设计比例尺宜取大比例尺
纵断面图	堤防		竖向1∶100～1∶200	—	初步设计宜取大比例尺。 堤线长度超过100km时，横向比例尺可采用1∶25000～1∶50000
			横向1∶1000～1∶10000	—	
横断面图	堤防及护岸		竖向1∶100	新建堤防每100～200m测一断面，测宽200～600m。 加固堤防及护岸每50～100m测一断面，测宽200～600m	初步设计断面间隔宜取大比例尺。 曲线段断面间距宜缩小。横断面宽度超过500m时，横向比例尺可采用1∶2000。老堤加固横向比例尺可采用1∶200
			横向1∶500～1∶1000		

4～5级海堤地形测量可参照并适当简化。

5.4.4.2　对地质勘察的要求

1. 对工程地质测绘的要求

SL 188—2005对各设计阶段地质测绘范围与比例尺有不同要求，要求见表5.4-5和表5.4-6。

对于双层堤基，强透水层在堤后的分布范围及其产出状态（是否受封闭），是渗流分析的重要边界条件，地质测绘范围宜包括强透水层在堤后的分布范围以外的部分地貌单元或水文地质单元。

2. 对堤防地质勘察的要求

新建堤防进入可行性研究阶段以后应安排勘察。

对于已有勘察资料不能满足SL 188—2005要求的旧堤加固工程，应进行补充勘察。其中，由于堤身填土的组成及性状复杂多变，堤身勘探宜采用物探与钻探相结合的方法。物探方法（如高密度电法）具有探测点多、信息量大的优势，结合钻探验证，可以尽量避免遗漏堤身隐患。

除非设计人员另有要求，地质纵剖面的钻孔应沿堤防设计轴线布置。在有历史险情处，应尽量结合纵横剖面布孔，否则应做专门钻孔，为设计做相应处理提供依据。钻孔间距，可行性研究阶段宜为500～1000m，初步设计阶段宜为100～500m，险情多发、地质条件复杂或防洪墙段应适当加密钻孔。采用防渗

表 5.4-4　　海堤工程各设计阶段的测图要求

图别	建筑物类别	设计阶段	比例尺	图幅范围及断面间距	备注
地形图	海堤	规划	1∶10000～1∶50000	横向自堤中心线向两侧带状展开 100～300m，纵向应闭合至自然高地或已建海堤、路、渠堤	砂基及双层地基背海侧应适当加宽，以涵盖压、盖重范围。如临海侧为侵蚀性滩岸，应扩至深泓或侵蚀线外
		可行性研究、初步设计	1∶1000～1∶10000		
	穿（跨）堤建筑物		1∶200～1∶500	包括建筑物进出口及两岸连接范围	初步设计宜取大比例尺
纵断面图	海堤		竖向 1∶100～1∶200	—	初步设计宜取大比例尺。堤线长度超过 100km 时，横向比例尺可采用 1∶10000～1∶50000
			横向 1∶1000～1∶10000	—	
横断面图	海堤		竖向 1∶100	新建海堤每 100～200m 测一断面，测宽 200～600m。加固海堤每 50～100m 测一断面，测宽 200～600m	初步设计断面间隔宜取下限。曲线段断面间距宜缩小。横断面宽度超过 500m 时，横向比例尺可采用 1∶2000。老堤加固横向比例尺亦可采用 1∶200
			横向 1∶500～1∶1000		

表 5.4-5　　堤防与堤岸工程地质测绘宽度　　单位：m

类型		可行性研究阶段	初步设计阶段
新建堤防	堤线内侧	500～2000	500～1000
	堤线外侧	1000	500
已建堤防	堤内	300～1000	300～1000
	堤外	500	500
堤岸	岸肩外	至水边	至水边
	岸肩内	500～1000	300～500

注　1. 当堤外滩较宽时，测绘宽度取表中数值；当堤外滩较窄时，测至河（江）水边。
2. 已建堤防堤内工程地质测绘宽度应大于最远的历史险情距堤内脚的距离。

墙的堤防，钻孔间距应适当加密。

地质横剖面的钻孔应尽量垂直于设计堤轴线，横剖面长度应包括堤内、堤外影响区，渗透分析横剖面长度应能满足渗透分析的需要。横剖面间距宜为堤防中心线纵剖面上钻孔间距的 2～4 倍，险情多发段、地质条件复杂段应适当加密横剖面，每一工程地质单元应至少有一条横剖面。此外，为合理确定防渗工程措施范围，或软基处理范围，在有砂层分布而可能存在渗漏地段，或地基承载力小于 80kPa 的软土地基段，应根据地质纵剖面图成果，加密断面。横剖面上宜布置 3～6 孔，一般堤防中心线 1 孔、堤外 1～2 孔、堤内 1～3 孔，孔距宜为 20～200m。

堤防钻孔深度宜为堤身高度的 1.5～2.0 倍（不包括已建堤防堤顶孔的堤身段），当相对透水层或软土层较厚时，孔深应适当加深并能满足渗流与稳定分析的要求。存在渗漏问题的堤段，控制孔的深度应达到下卧相对不透水层。当砂层深厚，堤防挡水水头差小于 10m 时，设计上可能布置悬挂式防渗墙或水平防渗，孔深不宜小于 30m，以满足渗流计算的需要。对软土地基，由于潜在滑弧范围深远，一般应达到下卧硬土层，但当软土深度超过 30m 时，对堤身高度小于 10m 的工程，孔深可控制在 30m 左右。

表 5.4-6　　各阶段工程地质测绘比例尺

建筑物		规划阶段	可行性研究阶段	初步设计阶段
堤防、堤岸		1∶25000～1∶50000	1∶10000～1∶25000	1∶2000～1∶5000
涵闸	大中型		1∶1000～1∶2000	1∶500～1∶1000
	小型	结合堤防进行		

3. 对穿堤建筑物地质勘察的要求

穿堤建筑物钻孔布置，应满足设计提出的勘探任务书的要求。小型涵闸的勘探可结合堤防一并考虑；大中型涵闸可按下述要求布置，地质条件复杂时可进行专门勘探。

可行性研究阶段，宜沿闸中心线布置1条纵剖面，孔距50～100m；横剖面间距宜为纵剖面上钻孔间距的2～4倍，并应至少布置1条横剖面。

初步设计阶段，钻孔宜结合建筑物方案布置成网格状，孔距宜为20～50m，纵、横剖面数量不宜少于3条。

穿堤涵闸钻孔深度，进入闸底板以下的深度宜为闸底板宽度的1.0～1.5倍，并不小于20m。大中型涵闸应布置1～2个控制性钻孔，并结合一般钻孔揭示的地质情况确定，使控制孔能揭示闸址处总的地层情况，以便合理确定计算参数。控制孔深度应满足沉降计算和稳定计算的要求，一般应达到老黏土层或基岩。当持力层为承载力小于80kPa软土层且厚度较大时，钻孔深度不宜小于50m。

4. 对软土地基地质勘察要求

对于堤防工程，软土地基一般指淤泥或淤泥质土地基。软土具有高含水率、高压缩性、高灵敏度和低强度等特点，加荷后地基变形量大且易产生滑动破坏。软土地基上修建堤防或穿堤建筑物时，设计上通常需要进行地基处理或提出稳定堤防建筑物的工程措施，如增加反压平台等。因此，软土地基勘察成果的合理性直接影响工程造价，应加强软土地基地质勘察。

工程勘察报告应明确软土类型、分布范围及其在堤防轴线附近分布的具体情况，即软土层在堤轴线附近纵向、横向的分布厚度及层次，各层土的土质及物理力学性质。软土堤基上的海堤施工后沉降通常较大，如旧堤为新近填筑而成，其竣工后沉降尚未完成，进行海堤加固设计时还应预留旧堤未完成的沉降，故应调查软土堤基上的旧堤填筑材料和填筑时间。

勘察报告中的工程地质评价宜包括以下内容：

(1) 当地表存在硬壳层时，应提出利用的条件和可能性。

(2) 评价软土堤基的抗滑稳定性、测向挤出和沉降变形特性。

(3) 软土加固、处理措施的建议，宜根据软土及其上覆、下卧土层的性状，并结合地方经验提出。

(4) 海水含氯度较大，具有腐蚀性，对于海堤应评定场地水或土对建筑材料的腐蚀性。

(5) 堤防填筑或加高培厚对邻近建筑物的影响。

5. 对天然建筑材料勘察的要求

进行料场勘察前，应了解有关设计资料，特别是堤防建设对天然建筑材料要求的种类、数量等，因地制宜地开展天然建筑材料勘察。

堤防工程建设，一般对土（砂）料、石料需求量较大。堤防建设中混凝土工程需要的骨料较少时，可在建材市场购买。因而，堤防工程天然建筑材料勘察重点是对土料和石料的勘察；需要进行压渗处理的堤防，视需要安排砂料勘察。

有些堤防参考分区土堤的设计思路，堤身迎水侧采用防渗土料填筑，背水侧填土采用碎石土等相对透水的土料，宜安排必要的大型击实试验，测试其击实后的渗透系数和颗粒组成，为渗流分析和渗透稳定评价提供依据。

6. 对岩土物理力学指标的要求

堤防工程基础一般为土基，合理确定土层的物理力学指标，对确保工程安全和合理造价十分重要。

岩土物理力学指标，应满足设计不同堤型、不同基础形式及不同堤基处理方案的需要，应包括天然容重、天然含水量、塑限、液限、孔隙比、颗粒分析、黏聚力、内摩擦角、压缩模量、承载力标准值或特征值、渗透系数及渗透坡降等。对软土地基或需要进行沉降计算和软土地基排水固结处理的地段，应提出主要持力土层的$e—p$曲线、压缩系数、垂直及水平渗透系数、固结系数等。

物理力学指标试验方法(如直剪、三轴等)视设计要求或确定土的性状需要确定。对于软土，特别是含水量较大的淤泥或淤泥质土，应有一定数量的三轴试验成果。试验的组数，应满足统计分析特征指标的需要。

物理力学指标统计分析时，一是要分土层，二是要分堤段。同一土层，由于含水量、成因、组成等的不同，指标值会有较大差别。如果将全部试验成果一起统计，将给设计取用合理指标带来困难。在进行同一类指标值统计时，应剔除明显不合理的试验值，提出最大值、最小值、算术平均值、小值平均值、大值平均值和标准值等。同时，根据设计需要，提出物理力学指标建议值。

已有堤防加固、改建、扩建时，对抗剪强度及渗透系数等重要参数，可以采用反演分析，验证地质建议值的合理性。

5.4.5 江河（湖）堤布置及设计计算

5.4.5.1 堤线布置

5.4.5.1.1 堤线布置原则

堤线布置应按河流（湖泊）防洪规划、流域（区域）综合规划、河道整治规划或相关的专业规划的要求，根据防护对象（城镇、乡村、工矿企业等）的特点，结合地形地质条件、河流水文泥沙特征和河床演变规律等，并考虑堤防所在河段的其他功能规划和现有以及拟建工程状况、施工条件以及征地拆迁、文物保护、生态环境保护和景观要求、行政区划等因素，经过技术经济比较后确定。

(1) 江河堤防堤线应与河势流向相适应，并与大洪水的主流线大致平行，一个河段两岸堤防的间距或一岸高地、一岸堤防之间的距离应大致相等，不宜突然放大或缩小，有治导线的河段，堤线应符合治导线的要求。

(2) 堤线应力求平顺，各堤段平缓连接不得采用折线或急弯，满足防洪规划的过流要求；避免过度裁弯取直、束窄河道，充分保证河流堤内和堤外地的空间预留。

(3) 新建堤防堤线应尽可能利用有利地形，修筑在土质较好比较稳定的滩岸或滩面冲淤稳定的地基上，并留有适当宽度的滩地，尽可能避开软弱地基、深水地带、古河道、强透水地基。

(4) 扩建、改建、加固堤防则应尽量利用现有堤防定线，通过堤防剖面设计优化，以满足河道行洪能力要求。一般情况下，堤线应布置在少占压耕地、房屋、建筑物拆迁少的地带，并应避开文物遗址，利于防汛抢险和工程管理；城市防洪堤的堤线应与市政设施相协调。

(5) 堤线的布置要因地制宜，应尽可能保留江河湖泊的自然形态，保留或恢复其蜿蜒性或分汊散乱状态，即保留或恢复湿地、河湾、急流和浅滩。

(6) 对于新建或扩建堤防、旧堤改建，出现受山嘴或其他建筑物等影响，或河道排洪能力明显小于上、下游的窄河段时，堤线布置应采取展宽堤距或清除障碍等措施。

5.4.5.1.2 堤距的确定

1. 堤距确定考虑的因素

(1) 新建河堤的堤距应根据流域防洪规划明确的河段防洪标准确定，在满足河道的行洪能力条件下，统筹兼顾上下游、左右岸，并与堤线总体布置相协调。

(2) 在确定河堤堤距时，应根据河道的地形地质条件、水文泥沙特征、河床演变特点、河床冲淤变化的规律和特点、不同堤距的技术经济指标、生态环境保护要求，综合权衡有关自然和社会因素后分析确定。

(3) 设计河道两岸堤距的远近，涉及到河道行洪断面的增减，两岸堤距越近，行洪断面越小，将导致设计河段及上游水位的壅高；不但堤身会增高，工程量增加，而且水流流速会增大，使堤防的险工段增多，易于发生险情。通过大中城市河道两岸堤距的确定更应慎重，需要做全面的技术经济比较研究论证，在设计堤距时留有余地。

2. 堤距确定的步骤

(1) 假定若干个堤距，根据堤线选择的原则，在河道两岸进行堤线布置。

(2) 根据地形或断面资料，用水力学方法，分别计算设计条件下各控制断面的水位、流速等要素。对于多沙河流还需考虑洪水过程中的河床冲淤及各设计水平年的淤积程度。

(3) 分别绘制不同堤距的沿程设计水面线，按规定的超高及计算的水面线，确定设计堤顶高程线。

(4) 根据地形资料和设计的堤防断面计算工程量。比较不同堤距的堤防工程技术经济指标，选定堤距及堤高。

根据已建堤防的经验教训，当出现堤距偏窄给防洪带来问题时，再加宽堤距在实施上将会遇到很大困难，改建的投资也比较高，因此在设计堤距时要留有余地。

5.4.5.1.3 堤线布置

1. 乡村及城郊堤防堤线

由于流经乡村和城郊的河道两侧具有数量不等的开阔地形，合理的堤线布置、保留河道形态的多样化和配合恰当的非工程或工程环保措施，较易达到行洪、排涝、蓄水、造景、生态物种多样化等功能。因此，对于流经乡村和城郊河道的堤线布置和选择除满足防洪规划的行洪能力外，应充分分析地形地势及下伏层地质状况，经过技术和经济比较后综合分析确定。

(1) 堤线布置时应进行实地踏勘，翻阅历史记载。深入实地调查收集洪灾资料，对河道的历史演变、改道、泛滥情况进行充分的调查，尽量避免穿越古河道和历史泛滥区，以降低堤基处理难度，节省投资。

(2) 在地形地势上，应避开淤滩泛滩、崩岸、沉积等原因形成的地带。这些地带原为河道过水的一部分，其下伏地层一般由淤泥、沙、卵砾层组成，透水性强，土层较为松散，稳定性低，开挖、压填或防渗处理工程量大，从投资和处理难度上均不可取。而处于河岸边的阶地，从实地看一般地势较高，黏性土覆盖层较厚，土层密实，可考虑作为新筑堤的基础。

(3) 在地貌上，在堤线选择时既要注意结合堤型的选择，尽量做到少占耕地少拆迁，又要结合防洪留有适合余地，根据河流治导线要求，布置留有适当宽度的滩地。

(4) 在有条件的地方尽可能使堤线离开岸坡坡顶，一方面可保证足够的行洪断面和堤身的稳定，避免对岸坡稳定产生不利影响；另一方面也可保持岸坡的天然形态并保护岸坡的天然植被，避免使河道渠化，对生态环境造成不利影响。

(5) 城郊大型河流段的河滩地较为宽阔，堤线可根据防洪标准采用多层台阶的复式断面结构定线。堤防可分成内、外两道，利用河滩的宽度和地形地势开发不同的利用项目，如河滩公园、休闲广场等，为城市居民在非洪水期间提供休闲度假场所。

2. 城区堤防堤线

城市河流作为重要资源和环境载体，关系到城市的生存，制约着城市的发展。随着经济的发展，人们对于生活环境的质量要求不断提高，河道除了完成排洪泄水和航道的基本功能外，河道的休闲、娱乐、景观生态等功能已纳入堤防工程布局。因此，城区堤线布置除应配合城市总体规划外，还应为恢复河道的生态功能、绿化城市、美化城市，形成具有多层次的自然空间和富有亲水情趣环境，以及具有交通、商业的多方位堤防功能创造条件。

(1) 必须服从流域防洪规划，堤岸线的布置应保证排洪的需要；同时应与城市总体规划协调，服从城市总体规划所赋予堤防的功能任务。

(2) 城区堤防堤线布置在满足行洪能力前提下，应为保护河流和自然景观和生态系统，为创造人和自然和谐的良好水环境提供充分和广阔的用地空间，使城市的滨河地带成为城市居民休闲的游玩区。其间亦应与城市两岸堤距的确定和堤防剖面设计相互协调。因此，堤线布置应充分注意城市河流两岸的生态环境、景观建设和土地开发，协调土地利用各方面的关系，遵循保持自然、回归自然的原则，使城市防洪工程成为一道亮丽的风景线。

(3) 城区堤防的布置往往受制于城市总体规划，如沿岸商业区的设置、沿江河两岸道路布置、河岸绿化区的设置等，此时堤线受地形、地质等自然条件的制约处于次要位置，堤线布置应结合河道整体行洪断面及堤身剖面设计进行调整。

(4) 在进行城区堤线布置还应综合考虑现有及拟建工程的位置、施工条件及征地拆迁、文物保护、工程投资等因素，并与城市的经济及社会发展规划相协调，最大限度地发挥堤防的综合效益，从长远和全局角度出发，统筹兼顾。

5.4.5.2　堤型选择

5.4.5.2.1　堤型分类

江河堤防的型式可根据堤身断面型式或筑堤材料进行划分。

1. 根据堤身剖面型式分类

堤型可分为：斜坡式、直（陡）墙式和直斜复合式等。

(1) 斜坡式堤。图 5.4-1～图 5.4-4 是江河斜坡式堤的代表性形式。它是由迎/背水面采用土石料填筑而成，其迎/背水面设计有一定坡度，采用不同护面材料，如石料或植被。当堤高较大时，迎/背水面需布置马道。

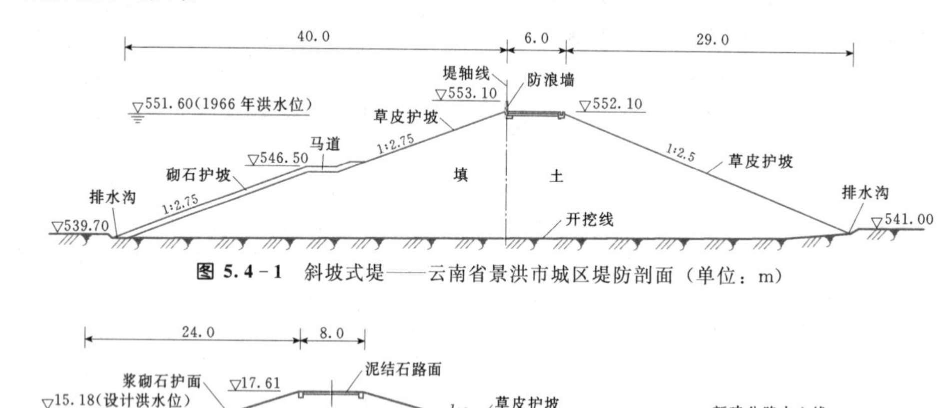

图 5.4-1　斜坡式堤——云南省景洪市城区堤防剖面（单位：m）

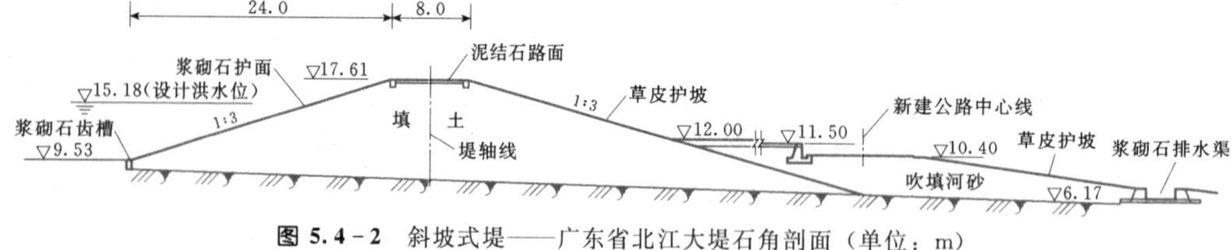

图 5.4-2　斜坡式堤——广东省北江大堤石角剖面（单位：m）

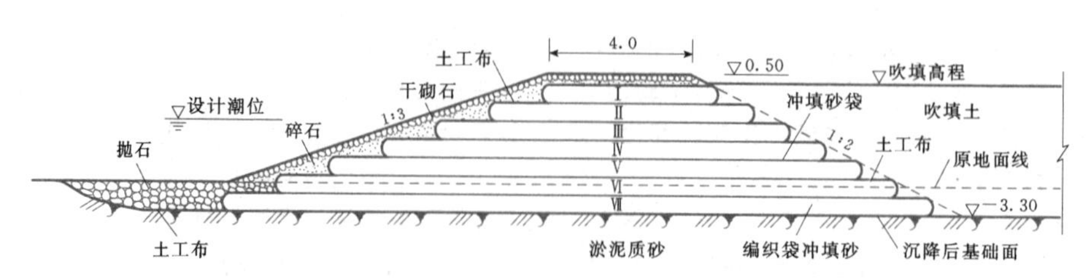

图 5.4-3　斜坡式堤——珠江横门口门治理堤防剖面（单位：m）

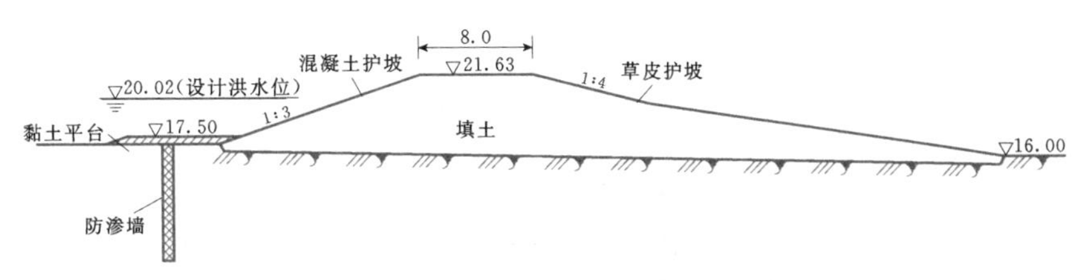

图 5.4-4　斜坡式堤——长江同马大堤剖面（单位：m）

图 5.4-2 是在均质土堤的背水面侧设置压载（压渗）平台，以解决堤防软弱地基或堤基渗透问题。

图 5.4-3 是江河出海口门地段利用河床沙质料冲填入人工织物袋内，进行堤防迎水侧铺设后，在背水侧吹填河床疏浚材料形成斜坡式堤防，迎水面采用干砌石护面。

图 5.4-4 是长江河段利用沿岸土方填筑形成斜坡式堤防，迎/背水面设有不同护面材料，在堤前铺设黏土形成水平防渗铺盖；并设置垂直防渗墙，以此防御洪水。

上述各类型土质斜坡式堤的主要优点是：①堤身填筑料一般可就近获取的土料或土石混合料，运距短，施工方便，投资较少；②堤基与地基接触面积大，稳定性好，对地基土层承载力的要求不高，适合于软弱地基；③护面结构及堤身技术较简单，便于机械化施工，维修容易。

缺点是：堤身断面大，堤基占地面积较大，堤身填筑材料需求较多。

（2）直（陡）墙式堤。图 5.4-5～图 5.4-9 是江河直（陡）墙式堤的代表形式。其中有由石料（抛、砌）和土料共同组成的整体挡水结构，亦有单独混凝土墙（重力式、轻型悬壁式或扶壁式）组成的整体挡水结构。直（陡）墙式堤的石体或混凝土墙起到挡水（挡土）和挡风浪作用，土体起到挡水和防渗作用，砌石部分可为干砌石或浆砌石。由土石结构组成的直（陡）墙式堤具有就近取材，施工简易，能适应堤基变形，抗水流和风浪冲刷、便于加高改建，投资较少，受水流、风浪破坏后较易修复等优点，在江河堤防设计中往往作为首选堤型。但是该型式堤亦存在体积较大、占地较多、易破损等缺点。

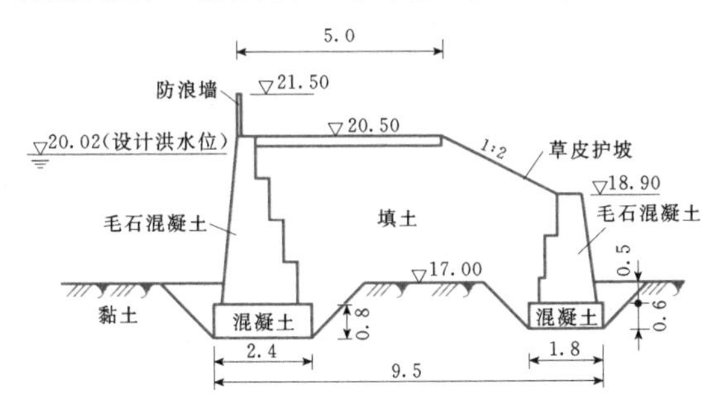

图 5.4-5　直（陡）墙式堤——南宁市土石混合堤防剖面（单位：m）

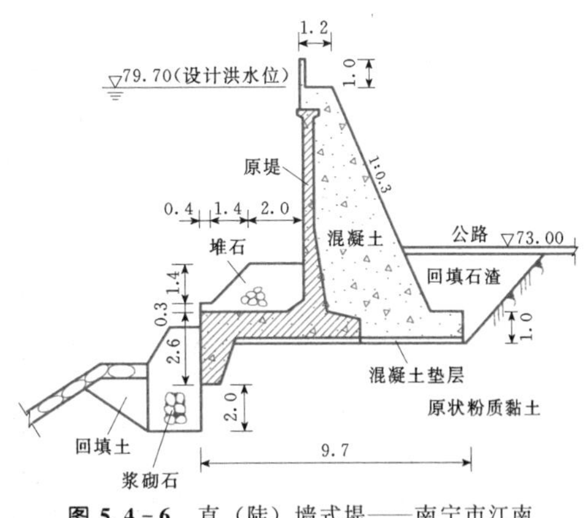

图 5.4-6　直（陡）墙式堤——南宁市江南西园堤段（单位：m）

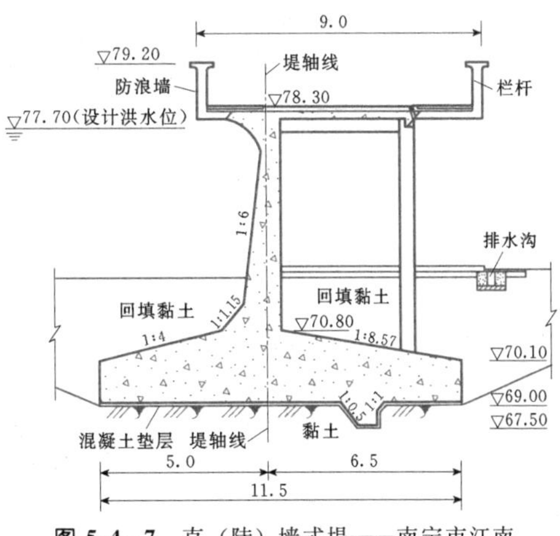

图 5.4-7　直（陡）墙式堤——南宁市江南白沙堤段（单位：m）

对于直（陡）墙结构部位可根据堤防所在地段地质情况，分别支承在原状岩土上或经人工处理的地基工程上，如：桩基工程、抛石换土、排水固结等。

对于单独混凝土直（陡）墙结构堤防，混凝土具有取材方便、施工快、占地少、防水流冲刷、美观、便于适应地形变化等特点；但是混凝土堤对地基要求

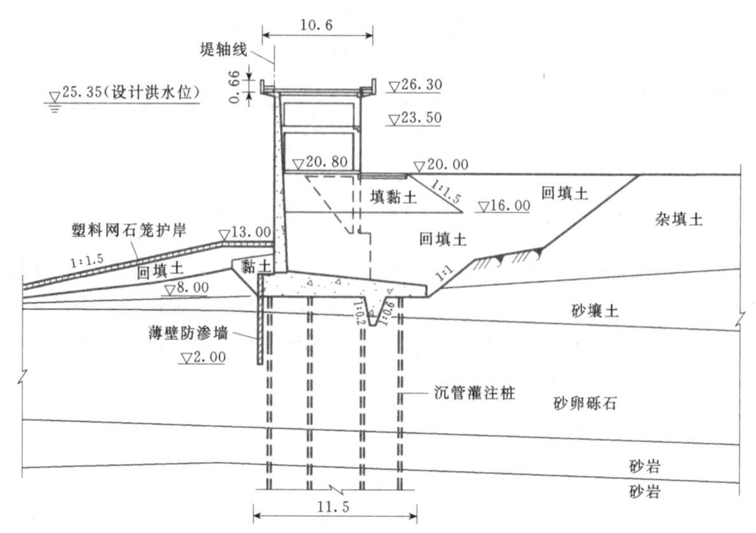

图 5.4-8　直（陡）墙式堤——广西梧州河东堤西江段剖面（单位：m）

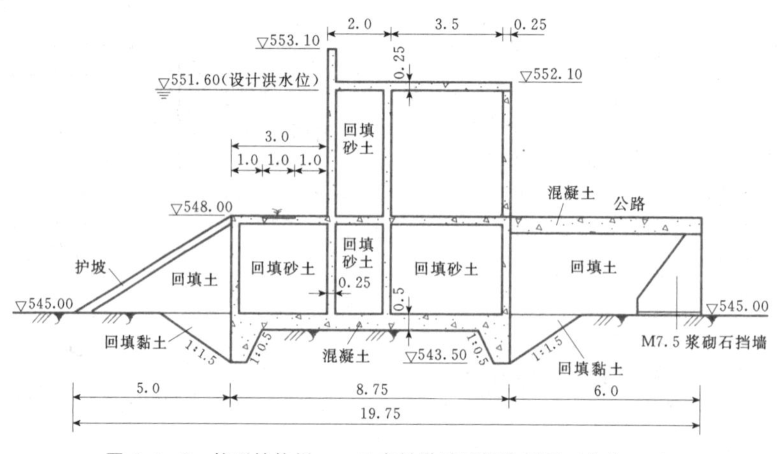

图 5.4-9　箱型结构堤——云南景洪城区堤防剖面（单位：m）

较高、基础处理造价较高。直（陡）墙式防洪堤亲水性不好。

（3）直斜复合式堤。图 5.4-10 是江河直斜复合式堤的一种形式。

直斜复合式堤是由各种类的土、石料或风化料分区填筑而成。其中直（陡）墙多布置在迎水面，由砌石或混凝土构成，背水面斜体部分由土或土石混合料填筑。复合堤具有取材全面、弃料少、占用料场少、防水流冲刷、防渗性能好、便于适应软弱地基变化特点，因此堤型施工难度稍大，对施工工艺和进度控制要求较高，工程量大，施工历时长。

2. 根据筑堤材料分类

堤型分为：均质土（土石混合）堤、砌石堤、混凝土或钢筋混凝土防洪墙（含沉箱式）堤、筑堤材料分区填筑的复合堤和土工织物冲填袋堤防等。

（1）均质土（土石混合）堤。图 5.4-1、图 5.4-2、图 5.4-4 是均质土（土石混合）堤的代表形式，一般以均质土或土石混合填筑形式出现。

（2）砌石堤。利用石料进行抛、砌形成挡水结构，砌石又可分为干砌石、浆砌石和混凝土冲填砌石。

（3）混凝土堤。图 5.4-6～图 5.4-9 是以混凝土堤形式出现，其中有重力式、悬臂式或肋板式结构。

（4）筑堤材料分区填筑的复合堤。图 5.4-10 是筑堤材料分区填筑复合堤的一种形式，一般以迎水面砌（抛）石，背水面填土或分区填筑各类土石材料形成复合堤形式。

（5）土工织物冲填袋堤防。图 5.4-3 是利用土工织物冲填袋修筑堤防的一种形式。

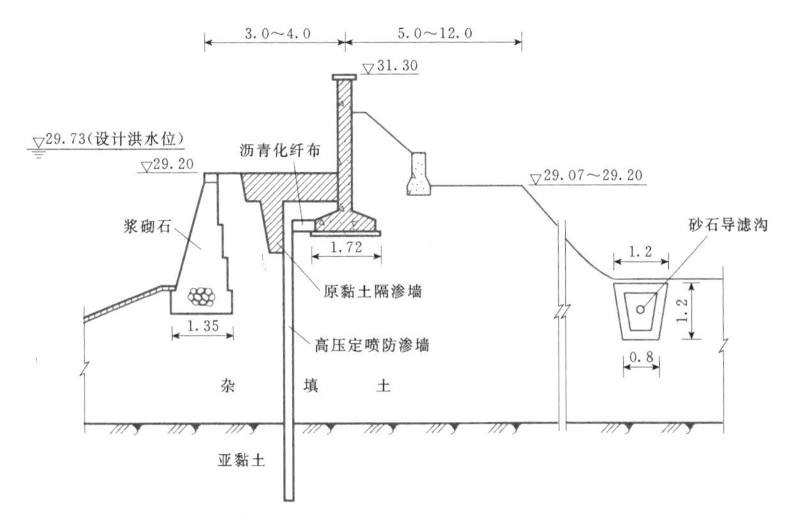

图 5.4-10 直斜复合式堤——长江武汉市防洪湾剖面（单位：m）

5.4.5.2.2 堤型选择

影响堤型选择的因素很多，如：堤线附近的筑堤材料、地形、地质条件，气候条件，施工条件，堤防工程所在地段，堤基处理方式，环境要求，工程造价等各种因素。堤型的选择除满足工程渗透稳定和滑动稳定等安全条件外，还应结合生态保护或恢复技术要求，尽量在堤防上为植被和生物生长创造条件，保持河流的侧向连通性。因此，堤防工程的型式应按照因地制宜就地取材的原则，根据堤段所在的地理位置、重要程度、堤址地质、筑堤材料、水流及风浪特性、施工条件运用和管理要求、环境景观、工程造价等因素，经过技术经济比较综合确定。

在堤型选择时，一般初选几种堤型，拟定剖面型式，进一步比较工程量、工期、造价、对环境的影响，最后选定技术上可靠、经济上合理的堤型。同一堤线各堤段较长或地质、水文条件变化较大时，可根据具体条件采用不同的堤型，在堤型变换处做好连接处理，必要时应设过渡段。

1. 乡村及城郊的堤型选择

由于乡村和城郊河道堤线长，两岸允许占地相对城区有较大余地，因此选择经济筑堤材料是首要考虑因素。大多数情况下可选择斜坡式堤（见图 5.4-1、图 5.4-2、图 5.4-4）。从以上各类堤防剖面结构可见，除了含腐殖质太多的土料或垃圾土外，一般土石料均可筑堤。

位于河流上游乡村、城郊河段，河水起落时间短，速度快，多半情况下可选择斜坡式堤，堤防主体填筑黏性土料挡水防渗。临水面在多年洪水位以下采用堆石、干砌石护面等，多年洪水位以上和背水面多采用草皮护坡，见图 5.4-1。

位于河流中段的乡村、城郊河段，河水常年高于堤防后农田，多半情况下可选择斜坡式堤，堤防主体填筑土石料挡水防渗。临水面在设计水位以下采用抛石护面。对于不适合做防渗体的土料或砾质风化料可适当的配置在堤中、后坡，再在堤中至临水侧之间设置防渗料或防渗墙，见图 5.4-4。对砂质地基，还可增加平台宽度和长度进行防渗，见图 5.4-2。

当地质条件较差时，也有采用直斜复合式堤型，临水面波浪冲刷区范围的护脚、护面，通常根据当地材料情况采用堆石、条石、浆砌石、干砌石、混凝土等。这类堤型均具有就地取材、施工方便、较易适应堤基变形、便于加高改造、防水流冲刷等优点，见图 5.4-10。

接近海口的乡村、城郊感潮河段，也常采用这种直斜复合式堤型，剖面型式会复杂些。当江河入海口地区缺少土石料时，亦可采用有一定沙质含量的河床质土作为冲填料，灌入铺设好的土工布管袋内形成土堤的边坡，再进行冲填形成堤防或堤防的一部分，堤坡表面要做好防护措施，见图 5.4-3。

2. 城区防洪堤的堤型选择

影响城市防洪堤堤型选择的最主要因素是城市规划、堤线附近的地形、占地许可、环境要求。多半情况下，选用直（陡）墙式防洪墙较为合适，防洪墙宜采用钢筋混凝土结构。当高度不大时，直（陡）墙部分堤防材料可采用浆砌石或浇筑混凝土，墙背填土石料。

对于城市有生态环境要求，需满足居民亲水、休闲功能的堤段，在占地许可的情况下，可在河边修建缓坡，适应不同水位的亲水要求，至常年水位之上修建平台或河边公园，适宜居民休闲活动，再至沿江公路修建堤防抵御设计和校核洪水，见图5.4-7。

对于城市占地要求较高，难于拆迁的地段，多半情况下，选用直（陡）墙式防洪墙较为合适，防洪墙宜采用钢筋混凝土结构，可为重力式或轻型悬臂式、扶壁式结构。在不同的堤段，可根据地形选取不同的堤型。并通过不同形式的基础处理或工程措施满足堤防滑动稳定和渗透稳定要求，见图5.4-6～图5.4-9。

5.4.5.3　堤身设计

5.4.5.3.1　一般规定

（1）新建的堤防及旧堤的加固、扩建、改建，堤身设计应根据地形、水文、地质、风浪、筑堤材料、便于施工及满足防汛和管理要求分段进行。

（2）土堤堤身设计应包括填筑材料及填筑标准、堤顶高程、堤身断面（堤顶宽度、边坡、平台等）、护面结构、消浪措施、堤顶结构（防浪墙、堤顶路面、错车道、上堤路、人行道口等）、防渗与排水设施等内容，并应考虑景观、生态方面的要求。堤身各部位的结构与尺寸经稳定及强度计算和技术经济比较后确定。

（3）城市防洪墙式堤防设计应包括确定墙身结构形式、墙顶高程和基础轮廓尺寸、防渗、排水以及满足结构稳定及结构强度要求。

保护城市（镇）的堤防应尽可能与市政工程结合，码头、排污管、江滨大道、公园等应统筹安排，在满足工程安全的前提下，可采用多功能的结构形式；对城乡结合部应注意不同防洪标准堤段之间的衔接。

（4）堤顶高程、边坡坡度和护面结构经计算确定；堤顶宽度根据堤防等级和防洪抢险要求确定；城市堤防堤顶宽度还应结合城市总体规划要求确定；防渗与排水设施要根据堤身、堤基条件和渗流及渗透稳定计算结果选定。

（5）同一堤线的各堤段，可根据具体条件采用不同的堤型。在堤型变换处应做好连接处理，必要时应设过渡段。

5.4.5.3.2　筑堤材料及填筑标准

堤防工程大部分为斜坡式土堤，少部分为直（陡）墙式土石复合堤，城市防洪还有混凝土防洪墙。筑堤材料主要是土料，其次是复合堤的砌石墙或防浪墙及块石护坡用的石料，以及护坡垫层或复合堤过渡层用的砂砾料和土工合成材料。

1. 筑堤材料

江河堤工程应优先考虑就地取材，充分利用当地材料，其筑堤材料应符合下列规定：

（1）土料。

a. 均质土堤堤身土料宜选用黏性土，且不得含植物根茎、砖瓦垃圾等杂质。填筑土料含水量与最优含水量的允许偏差宜为±3%。

b. 对于用作铺盖、心墙、斜墙等防渗体的土料，宜选用黏性较大的土；堤后盖重宜选用砂性土。

c. 下列土不宜作为堤身填筑土料，如因当地建筑材料条件限制，不得不采用时，应采取相应的处理措施：①淤泥或自然含水率高且黏粒含量较多的黏土；②粉细砂；③冻土块；④水稳定性差的膨胀土、分散性土。

（2）石料。石料应抗风化性能好，冻融损失率小于1%；石料外形宜为有砌面的长方体，边长比宜小于4。

（3）砂砾料。砂砾料应耐风化，水稳定性好，含泥量宜小于5%。

（4）混凝土骨料。混凝土骨料应符合《水利水电工程天然建筑材料勘察规程》（SL 251—2000）的有关规定。

（5）土工合成材料及冲填料。土工合成材料指工程建设中应用的土工织物、土工膜、土工复合材料、土工特种材料的总称。它们分别具有反滤、排水、隔离、加筋、防渗、防护等功能。

a. 反滤及排水可选用的材料有土工织物、土工复合材料和土工管等。

b. 防渗材料有土工膜等。

c. 防护的材料有土工模袋、土工网垫植被、土工织物冲填袋。

土工合成材料种类繁多，功能各异，因此应根据位于工程的不同部位所承担的作用来选用不同功能的土工合成材料。所选用的土工合成材料性能应分别符合《土工合成材料应用技术规范》(GB 50290—1998)和《水利水电工程土工合成材料应用技术规范》(SL/T 225—1998)等相应的规定。

2. 填筑标准

土堤的填筑密度，应根据堤防级别、堤身结构、土料特性、自然条件、施工机具及施工方法等因素，综合分析确定。

（1）黏性土土堤。黏性土土堤的填筑标准按压实度控制。对黏性土筑堤的压实度规定为：1级堤防不应小于0.95；2级和超过6m的3级堤防不应小于0.93；低于6m的3级及3级以下堤防不应小于0.91。

（2）无黏性土土堤。无黏性土土堤的填筑标准按相对密度控制，对无黏性土筑堤的相对密度规定为：1级、2级和高度超过6m的3级堤防不应小于0.65；低于6m的3级及3级以下堤防不应小于0.60。

（3）石渣料填筑的堤防。用石渣料作为堤身填料时，其固体体积率宜大于76%，相对孔隙率不宜大于24%。

（4）土工织物冲填袋堤防。砂被冲填料应采用排水性好的砂性土、粉细砂类土。其黏粒含量不应超过10%，砂被的冲填密度不宜小于14.5kN/m³，冲填度不宜小于85%。

溃口堵复、港汊堵口、水中筑堤、软弱堤基上的土堤，设计填筑密度应根据采用的施工方法、土料性质等条件并结合已建成的类似堤防工程的填筑密度分析确定。

3. 混凝土结构强度

结构所用素混凝土强度等级不宜小于C10，钢筋混凝土强度等级不宜小于C20。

5.4.5.3.3 堤身断面布置

堤身断面应根据堤基地质、筑堤材料、结构型式、波浪、施工、生态、景观、现有堤身结构等条件分段进行设计，经稳定计算和技术经济比较后确定。

1. 斜坡式断面

一般多用于乡村及城郊地段。可用于任何地基上，且施工方便，易于设置各种恢复生态环境的措施。但当堤身较高时，堤身填土材料用量大，导致投资加大。斜坡式断面相对于堤轴线可以是对称的和非对称的，一般临水侧坡比缓于背水侧坡比，堤身填料为黏性较大的土时，宜选用较缓的坡；为砂性较大的土时，用较陡的坡。

典型的斜坡式断面堤见图5.4-11。

斜坡式断面内外边坡坡度较缓（迎水面坡比$m>1$），堤身主要由土料或土石混合料填筑并和护面组成挡水断面，边坡护面砌体必须依附于堤身土体并布设有反滤。当堤身高度不大时，常采用单一边坡断面；当堤身高度大于6m时，在背水侧坡面设置马道，形成复式断面。风浪作用强烈堤段临水侧，可设置消浪平台。消浪平台设置高程宜位于设计高水（潮）位附近或略低于设计高水（潮）位，平台宽度可为设计波高的1～2倍，且不宜小于3m。对重要堤段的消浪平台高程及平台尺寸，应由试验确定。

当需要满足渗透稳定要求时，可考虑在背水坡布设贴坡排水或设排水棱体等工程措施。对位于风浪作用强烈、水流冲刷严重江河段堤防，在临水侧坡脚可布设堆石护脚，以支承护面结构和防止堤脚被水流和波浪淘刷。

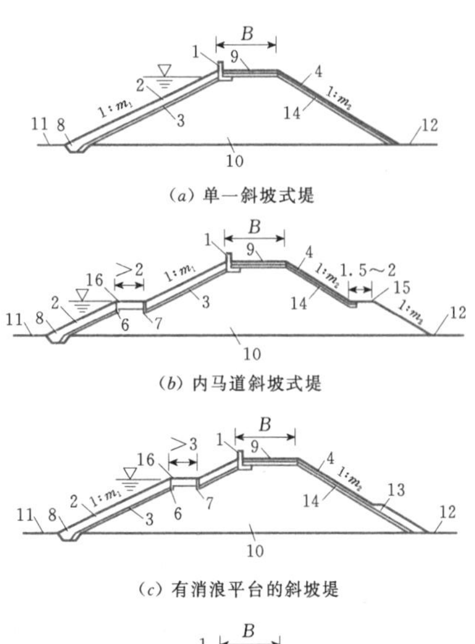

(a) 单一斜坡式堤

(b) 内马道斜坡式堤

(c) 有消浪平台的斜坡堤

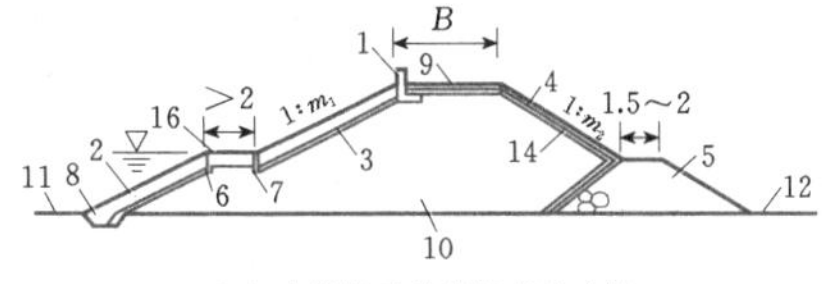

(d) 内棱体及马道的斜坡式堤

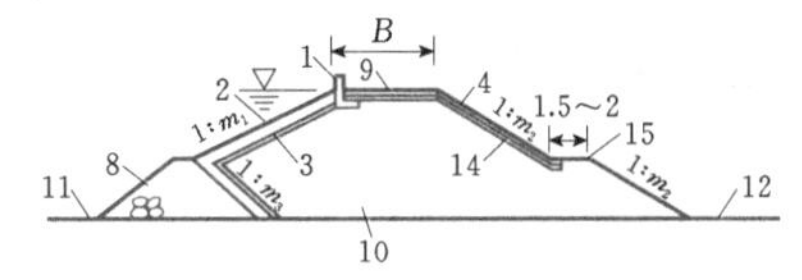

(e) 有外堆石棱体及马道的斜坡式堤

图5.4-11 斜坡式断面堤（单位：m）

1—防浪墙；2—迎水侧护坡；3—反滤；4—背水侧护坡；5—排水棱体；6—平台外转角；7—平台内转角；8—护脚；9—堤顶；10—填土；11—前滩；12—堤后地面；13—贴坡排水；14—海堤护坡反滤；15—马道；16—消浪平台；B—堤顶宽度

2. 直（陡）墙式断面

穿越大中城镇城区的江河，由于需要满足河道行洪，减少占地拆迁等城市总体规划要求，堤防占用空间将受到极大限制，此时可将堤防布设成直（陡）墙式断面形式，亦会将直（陡）墙式挡墙称作防洪墙。典型的直（陡）墙式断面见图5.4-12。

当需要满足城市总体规划布置，如沿江布置道路交通、亲水景观等功能要求时，可在防洪墙顶部布设钢筋混凝土桥梁系统，形成公路桥或亲水景观平台。

直（陡）墙式断面临水侧可采用重力式、悬臂式、扶壁式或空箱式挡墙支挡。背水侧可根据堤段工

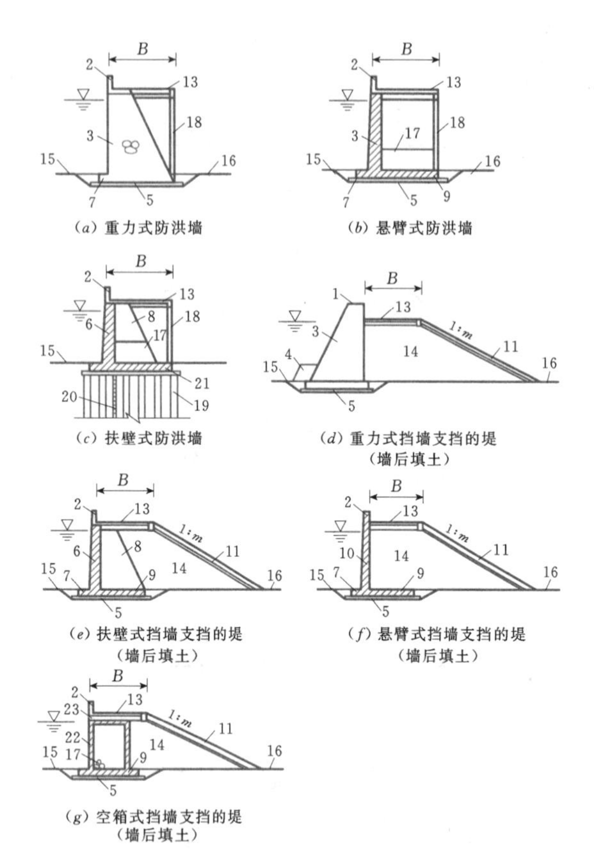

图 5.4-12 直（陡）墙式断面堤

1—压顶；2—防浪墙；3—墙身；4—护脚；5—垫层；6—立板；7—趾板；8—扶壁；9—底板；10—悬臂；11—背水侧护坡；12—横梁；13—堤顶公路或亲水平台；14—填土；15—前滩；16—堤后地面；17—抛石；18—立柱；19—桩基础；20—防渗墙；21—桩基平台；22—外壁；23—顶板；B—堤顶宽度

程地质条件和堤后整体布置要求决定是否可填筑土石料。挡墙材料可采用混凝土、浆砌块石和钢筋混凝土。

直（陡）墙结构底部基础可直接置于全风化层上。对于穿越较软地层的直（陡）墙式挡墙可考虑布设箱型结构型式。箱式挡墙对软基适应性强，自重轻，并可通过箱内抛填土石料来维持墙体稳定。

当堤段处于厚层软土或人工堆积地层等极差的地质条件而不能进行大开挖清除或换层处理时，可考虑设置桩基础及防渗墙以满足堤防的抗滑稳定和防渗要求。

3. 直（陡）斜复合式断面

典型的混合式断面堤见图 5.4-13。

直（陡）斜复合式堤断面外边坡为变坡比结构，是斜坡式与直（陡）墙式的结合型式。一般用于临水侧滩脚低、淘刷严重的堤段，也是分阶段多次加固形

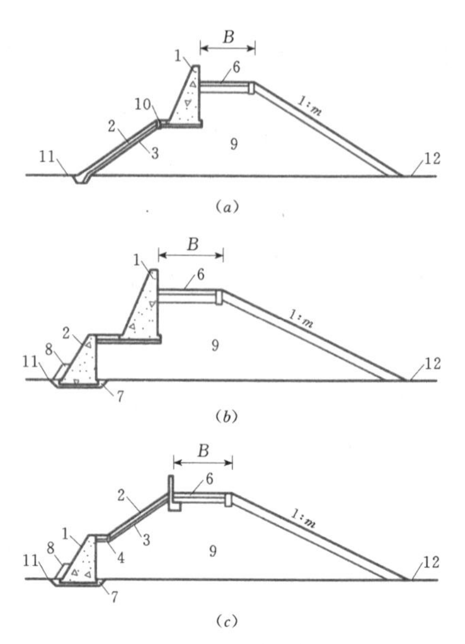

图 5.4-13 混合式断面堤

1—陡墙；2—临水侧护坡；3—反滤；4—平台内转角；5—防浪墙；6—堤顶；7—基床；8—护脚；9—填土；10—平台外转角；11—前滩；12—后滩；B—堤顶宽度

成的堤身断面最普遍的一种形式。它既有较好的消浪性能，又能较好地适应各种地基变形的需要，堤身堤基整体稳定性好。复合式堤一般堤身高度大于5m，根据断面的现状及加固要求，复合式断面有斜坡堤和直（陡）墙式堤的不同组合形式。江河堤主要形式有下部一级为斜坡、上部二级为直（陡）墙和一级为直（陡）墙、二级为斜坡，其间可设有亲水平台。

5.4.5.3.4 堤顶高程

对于由均质土、土石料填筑的各类堤型，堤顶高程是指沉降稳定之后的堤顶高程，对于临水侧设有稳定、坚固防浪墙的土堤，堤顶高程为防浪墙顶高程。但土堤顶高程仍应高出设计静水位0.5m以上。

土堤应预留沉降量。

1. 堤顶高程表达式

堤顶高程应按堤防所在位置的设计洪水位加堤顶超高确定。其中堤顶超高应包括：设计波浪爬高、设计风壅增水高度及堤防的安全加高值。

堤顶高程表达式为

$$Z_p = H_p + Y \tag{5.4-1}$$

其中

$$Y = R + e + A \tag{5.4-2}$$

式中 Z_p——设计频率的堤顶高程，m；

H_p——设计频率洪水位，m；

Y——堤顶超高，m，1级、2级堤防堤顶超高值不应小于2.0m；

R——设计波浪爬高，m；

e——设计风壅增水高度，m；

A——安全加高，m。

北方河流在流冰期易发生冰塞、冰坝的河段，堤顶高程除按式（5.4-1）计算外，尚应根据历史凌汛水位和风浪情况进行专题分析论证后确定。

2. 设计洪水位 H_p

设计洪水位应根据国家现行有关规范规定计算确定。

3. 设计波浪爬高计算

波浪爬高所采用的各波浪要素，按 GB 50286—1998 和《海堤工程设计规范》（SL 438—2008）确定的方法计算。

（1）单一斜坡上的正向波浪。江河堤在风的直接作用下，正向来波在单一斜坡上的波浪爬高如图 5.4-14 所示，可按下列方法确定。

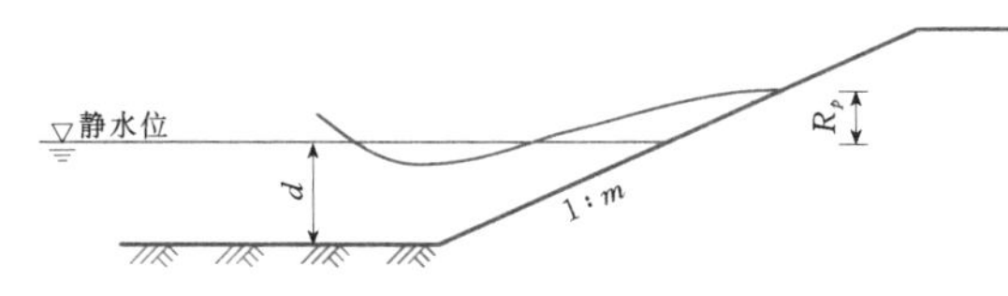

图 5.4-14 单一斜坡堤波浪爬高

a. 当 $m=1.5\sim5.0$ 时，计算为

$$R_p = \frac{k_\Delta K_V K_p}{\sqrt{1+m^2}}\sqrt{\overline{H}L} \qquad (5.4-3)$$

其中 $m = \cot\alpha$

式中 R_p——累积频率为 p 的波浪爬高，m；

k_Δ——斜坡堤护面结构的糙率及渗透系数，根据护面类型按表 5.4-7 确定；

K_V——经验系数，可根据风速 V（m/s）、堤前水深 d（m）、重力加速度 g（m/s²）组成的无维量 $V/\sqrt{gd}$，按表 5.4-8 确定；

K_p——爬高累积频率换算系数，按表 5.4-9 确定，对不允许越浪的江河堤防，爬高累积频率宜取 2%；

m——斜坡坡率；

α——斜坡坡角，(°)；

$\overline{H}$——堤前波浪的平均波高，m；

L——堤前波浪的波长，m。

表 5.4-7 斜坡堤护面结构的糙率及渗透系数 k_Δ

护面类型	k_Δ
光滑不透水护面（沥青混凝土）	1.0
混凝土及混凝土板护面	0.9
草皮护面	0.85～0.90
砌石护面	0.75～0.80
抛填两层块石（不透水基础）	0.60～0.65
抛填两层块石（透水基础）	0.50～0.55
四脚空心方块（安放一层）	0.55
四脚锥体（安放二层）	0.40
扭工字块体（安放二层）	0.38
栅栏板	0.49
扭王字块体	0.47

表 5.4-8 经验系数 K_V

$V/\sqrt{gd}$	≤1	1.5	2	2.5	3	3.5	4	≥5
K_V	1	1.02	1.08	1.16	1.22	1.25	1.28	1.30

表 5.4-9 爬高累积频率换算系数 K_p

$\overline{H}/d$	P（%）	0.1	1	2	3	4	5	10	13	20	50
<0.1	$\frac{R_p}{\overline{R}}$	2.66	2.23	2.07	1.97	1.90	1.84	1.64	1.54	1.39	0.96
0.1～0.3		2.44	2.08	1.94	1.86	1.80	1.75	1.57	1.48	1.36	0.97
>0.3		2.13	1.86	1.76	1.70	1.65	1.61	1.48	1.40	1.31	0.99

注 $\overline{R}$ 为平均爬高。

b. 当 $m\leqslant1.25$ 时，计算为

$$R_p = k_\Delta K_V K_p R_0 \overline{H} \qquad (5.4-4)$$

式中 R_0——无风情况下，光滑不透水护面（$k_\Delta=1$）、$\overline{H}=1$m 时的爬高值，m，按表 5.4-10 确定；

其余符号意义同前。

c. 当 $1.25<m<1.5$ 时，可由 $m=1.5$ 和 $m=1.25$ 的计算值按内插法确定。

表 5.4-10 R_0 值

$m=\cot\alpha$	0	0.5	1.0	1.25
R_0	1.24	1.45	2.20	2.50

(2) 带有平台的复合斜坡堤正向波浪。带有平台的复合斜坡堤波浪爬高见图 5.4-15，可采用折算坡度法计算。即先确定该断面的折算坡度系数 m_e，再按坡度系数为 m_e 的单坡断面确定其爬高。折算坡度系数 m_e 计算如下。

a. 当 $\Delta m=(m_下-m_上)=0$，即上下坡度一致时：

$$m_e=m_上\left(1-4.0\frac{|d_w|}{L}\right)K_b \quad (5.4-5)$$

其中

$$K_b=1+3\frac{B}{L} \quad (5.4-6)$$

b. 当 $\Delta m>0$，即下坡缓于上坡时：

$$m_e=(m_上+0.3\Delta m-0.1\Delta m^2)(1-4.5\frac{d_w}{L})K_b \quad (5.4-7)$$

c. 当 $\Delta m<0$，即下坡陡于上坡时：

$$m_e=(m_上+0.5\Delta m+0.08\Delta m^2)\left(1+3.0\frac{d_w}{L}\right)K_b \quad (5.4-8)$$

式中 $m_上$、$m_下$——平台以上、以下的斜坡坡率；
d_w——平台上的水深，m，当平台在静水位以下时取正值，平台在静水位以上时取负值，见图 5.4-15；
$|d_w|$——取绝对值；
B——平台宽度，m；
L——波长，m。

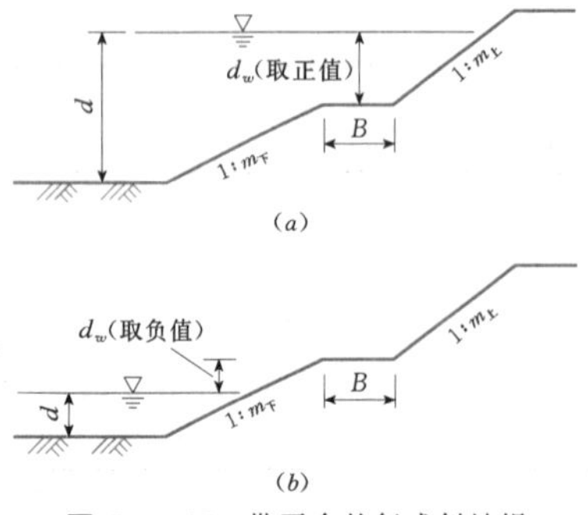

图 5.4-15 带平台的复式斜坡堤

折算坡度法适用条件是：$m_上=1.0\sim4.0$，$m_下=1.5\sim3.0$，$d_w/L=-0.025\sim+0.025$，$0.05<B/L\leqslant0.25$ 的条件。

(3) 单一斜坡侧向波浪。当来波波向线与堤轴线的法线成 β 角时，波浪爬高应乘以系数 K_β。当堤坡坡率 $m\geqslant1$ 时，K_β 按表 5.4-11 确定。

表 5.4-11 系数 K_β

β (°)	≤15	20	30	40	50	60
K_β	1	0.96	0.92	0.87	0.82	0.76

(4) 堤前植有防浪林的波浪爬高计算。对于处于风浪大的大江河湖泊堤段，往往在堤前植有防浪林带，堤前植有防浪林的波浪爬高，应先确定防浪林消波后的堤脚前波高，再计算波浪爬高值。消波后的堤脚前波高计算为

$$H_f=(1-K)H \quad (5.4-9)$$

其中

$$K=\frac{30+\frac{0.03}{\alpha''}}{10^{\frac{0.2-0.16(1-\alpha')}{\alpha' B/L}}}+\frac{70-\frac{0.03}{\alpha''}}{10^{\frac{0.0026-0.23(0.01-\alpha'')}{\alpha'' B/L}}} \quad (5.4-10)$$

$$\alpha'=\frac{2\pi(R^2-R_0^2)}{\sqrt{3}l^2}$$

$$\alpha''=\frac{2\pi {R_0}^2}{\sqrt{3}l^2}$$

式中 H_f——经林带消波后的波高，m；
H——林带消波前的波高，m；
K——防浪林消波系数；
α'——林木枝叶遮蔽系数；
α''——林木主干遮蔽系数；
R_0——林木主干的平均半径，m；
R——林木整体（包括主干和枝叶在内）的平均半径，m；
$\frac{\sqrt{3}l}{2}$——林木成等边三角形交错排列时的行距，m，其中，l 为林木成等边三角形交错排列的株距；
B——林带宽度，m；
L——波长，m。

式 (5.4-10) 的适用范围为：$0\leqslant\alpha'\leqslant1.00$，$0.0006\leqslant\alpha''\leqslant0.0091$。

(5) 陡（直）墙临水面风浪爬高。陡（直）墙在风的作用下产生的波浪爬高 R 见图 5.4-16，可参照《水闸设计规范》(SL 265—2001) 中的公式计算为

$$R=h_0+H_p \quad (5.4-11)$$

其中

$$h_0=\frac{\pi {H_p}^2}{L_m}\coth\frac{2\pi d}{L_m} \quad (5.4-12)$$

式中 R——风浪爬高，m；
h_0——波浪中心线的超高，m；

H_p——相应于波列累积频率 P 的波高，m；

L_m——平均波长，m；

d——堤前水深，m。

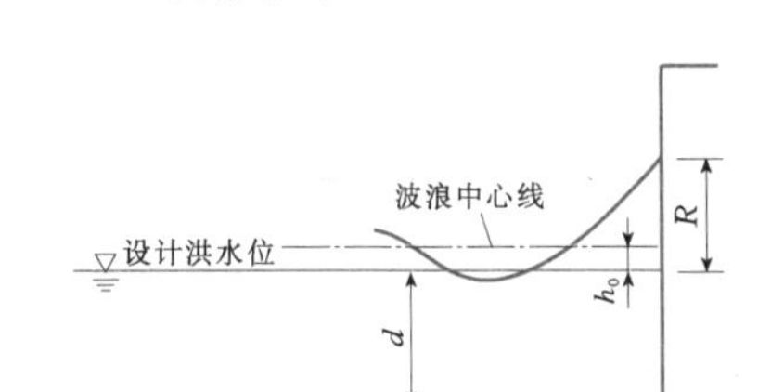

图 5.4-16 陡（直）墙断面

（6）断面形状复杂复式堤防。对断面形状复杂的复式堤防的波浪爬高，宜通过模型试验验证。

（7）船行波。船行波对堤岸的冲击也是护坡设计中必须考虑的，特别是水域不宽的河道。船行波取决于船舶形状、大小、航速及水道。船舶航行时激起船首浪使水面上升，船与岸间的水面陡降，形成船两侧边水体的高速向后流动；船通过后，水面急剧降低，船尾水面由于侧边水体补给急剧上升形成船尾浪，随之恢复原有水面；这些首、尾浪与船、岸之间的回流将对堤岸发生淘刷。

船头、尾初生波引起的水面波动次生波，它将斜向两岸传播并冲击岸坡。据荷兰 Delft 水工研究所船模试验分析，若船速 $V_b<0.8\sqrt{gh}$，h 为水深，则次生波列的最大波高 H_b 及波长 L_b 计算为

$$H_b = 1.2\alpha_b\left(\frac{h}{S}\right)^{1/3}\frac{V_b^2}{g} \qquad (5.4-13)$$

$$L_b = \frac{4\pi}{3}\frac{V_b^2}{g} \qquad (5.4-14)$$

式中 α_b——与船形有关的系数，拖船或载重常规船最大为 $\alpha_b=1$，不载重常规船最小为 $\alpha_b=0.35$；

S——船与岸坡之间沿斜向冲击波峰顶的长度。

一般情况 $H_b=0.25\sim0.5$m，最大 1m（快艇）；波周期 $T=2\sim4$s，次生波将与航线约成 35°向外推进，即冲向平行岸坡的波浪入射角约为 $\beta=55°$。

随后对行船的实测资料分析，还有船行波最高波高的经验公式（Bhowmik et al，1991）为

$$H_b = 0.537\frac{l_b^{0.56}d_b^{0.355}}{V_b^{0.346}x^{0.345}} \qquad (5.4-15)$$

式中 l_b——船长，m；

d_b——船吃水深，m；

x——离开船中心侧向距离，m；

V_b——船速，m/s。

船行波冲击岸坡的最大爬高值 R_u，荷兰 Delft 给出：

$$\frac{R_u}{H_b} = (1.8\sim2.25)\frac{\tan\theta}{\sqrt{\frac{H_b}{L_b}}}\sqrt{\cos\beta} \qquad (5.4-16)$$

式中 β——船行波斜向岸坡的入射角；

θ——岸坡坡角；

H_b、L_b——船行波高及波长；

1.8～2.25——系数，平均值可取 2。

式（5.4-16）适用于光滑的岸坡面。对于粗糙面及有平台的坡面，尚应乘折减系数。

4. 风壅水面高度计算

在有限风区的情况下，风壅水面高度可按第 1 章式（1.6-3）计算。

风壅水面高度计算，目前各国规范采用计算公式基本相同，但综合摩阻系数 K 有一定差别，见表 5.4-12。

表 5.4-12 综合摩阻系数比较

来源	K	说明
美国海滨防护手册	3.34×10^{-6}	
荷兰须得海公式	3.56×10^{-6}	
美国内务部垦务局标准 NO.13	4.04×10^{-6}	
苏联规范 СНиП2.06.04—82	4.2×10^{-6} 6.0×10^{-6}	V=20m/s V=30m/s
碾压式土石坝设计规范（SL 274—2001）	3.6×10^{-6}	

5. 堤防的安全加高 A

堤防的安全加高值应根据堤防工程的级别和防浪要求，按表 5.4-13 规定确定。1 级堤防重要堤段的安全加高值，经过论证可适当加大，但不得大于 1.5m。

表 5.4-13 堤防工程安全加高值 单位：m

堤防工程的级别		1	2	3	4	5
安全加高值	不允许越浪的堤防工程	1.0	0.8	0.7	0.6	0.5
	允许越浪的堤防工程	0.5	0.4	0.4	0.3	0.3

6. 堤防超高

表 5.4-14 列出了我国部分堤防超高。在确定堤顶高程时，由于堤线长、自然条件、堤的走向变化复杂，按公式计算超高时，成果变幅大，直接使用有困难，可采用按堤防的等级、材料及河段特征，分段定出一个超高值，作为设计值。

表 5.4－14　我国部分流域堤防超高值表

单位：m

流　域	堤　名	超　高
长江	荆江大堤	2.0
	九江大堤	1.5
	武汉防洪堤	2.0
	支流堤	1.0
黄河	下游上段	3.0
	下游中段	2.5
	下游下段	2.1
淮河	淮河干流	2.0
	一般堤	1.5
	洪泽湖堤	3.0～3.5
海河	干流堤	3.0
	潮白河堤	2.0
松花江	佳木斯域区段	2.0
	乡村堤	1.7
辽河	下游干堤	1.5
	沈阳市区	2.5
鄱阳湖	湖堤	2.0
洞庭湖	重点堤垸	1～1.5

7. 预留沉降量

土堤应预留沉降量。沉降量可根据堤基地质、堤身土质及填筑密实度等因素分析确定，一般压实较好的堤防可取堤高的 3%～8%。当有下列情况之一时，沉降量应按本节沉降计算部分所提出的计算方法计算：①土堤高度大于 10m；②堤基为软弱土层；③非压实土堤；④压实度较低的土堤。

区域沉降量较大的地区，在上述预留沉降量的基础上，可适当增加预留沉降量。

5.4.5.3.5　堤身断面设计

1. 斜坡式土堤

(1) 堤顶宽度。堤顶宽度与堤防级别、堤身整体稳定、防汛、管理、施工及交通要求等因素有关。一般情况下，堤顶宽度宜按表 5.4－15 选取。当堤顶与公路结合时，其宽度应按公路设计要求确定。

土堤堤顶宽度需满足防汛抢险时交通和存放抢险物料存放需要，特别注意机械化抢险作业要求。因此应在顶宽外设置回车场、避车道、存料场，其具体布置及尺寸可根据需要确定。

我国各地气候条件、土质、交通状况都不相同，如背水面有平行堤防的交通道路，堤顶宽度就可以减小；堤身高度大、土质为少黏性土，可适当增加堤宽。表 5.4－16 列出国内部分江河堤顶宽采用数值，供参考。

表 5.4－15　堤　顶　宽　度

堤防级别	1	2	3～5
堤顶宽度 (m)	≥8	≥6	≥3

表 5.4－16　我国部分江河堤顶采用宽度表

单位：m

堤　名	堤顶宽度
一、江河堤	
黄河下游干流堤	平工 7～9，险工 9～11
黄河下游支流堤	平工 4～6，险工 6～8
长江：Ⅰ类堤	8～12
长江：Ⅱ类堤	6～8
长江：Ⅲ类堤(支流堤)	6
长江民垸	4～6
淮河淮北大堤	10
淮河城市工矿堤	8～10
淮河一般堤	6～8
淮河支流堤	5～8
辽河干流堤	6
辽河支流堤	4.5
海河滦河堤	6～8
海河永定河堤	8
海河子牙河堤	6～12
嫩江吉林段堤	6
珠江北江堤	7
珠江西江景丰联围堤防	5
东江东莞大堤	12～15
韩江南北堤	北堤 8，南堤 7
樵桑联围堤防	5～7
中顺大围	6～10
二、湖堤	
鄱阳湖重点堤	8
鄱阳湖一般堤	4～8
微山湖江苏西堤	8
洞庭湖一般堤	5～6
洞庭湖重点堤	8～10

（2）堤坡及戗台。

1）堤坡。堤身边坡应根据堤防级别、断面结构、地基、波浪、筑堤材料、施工及运用条件经稳定计算确定。

据国内外堤防资料，土堤堤坡一般为1∶2.5～1∶3.0，1、2级土堤大多为江河干流和湖堤的重要堤段，堤坡不宜陡于1∶3.0。当堤身为轻砂壤土，稳定渗流从堤坡溢出，为满足稳定安全要求，其坡度可适当变缓。

2）戗台。戗台（又称马道）应根据堤身稳定、管理、排水、施工的需要确定。当堤身超过6m时，背水侧宜设置戗台，戗台的宽度不宜小于1.5m。当要考虑防汛抢险交通时，则宽度需考虑加宽至满足要求。

对于风浪大的江河堤和湖堤的临水侧宜设置带有消浪作用戗台，又称消浪平台，其宽度可为浪高的1～2倍，一般不小于3m。消浪平台的高程设置略低于设计洪水位。消浪平台应进行防护，平台前沿转角处要特别注意加固，一般用浆砌大块石或整体现浇混凝土修筑，并需留有足够的排水孔。

（3）堤顶结构。堤顶结构主要包括：防浪墙、堤顶路面、错车道等部分。

1）防浪墙。堤顶设置防浪墙，可节省堤身工程量，减轻堤身对地基的荷载，并防止或减少波浪越顶。

防浪墙一般位于堤顶临水侧，应为稳定、坚固的不透水结构，并与堤身防渗体紧密结合，堤顶以上净高不宜超过1.2m，埋置深度应大于0.5m，对严寒地区的防浪墙埋置深度不宜小于冰冻深度。可采用浆砌石、混凝土结构。江河堤防防浪墙的基本型式比较简单，多为重力式和悬臂式，风浪大的防浪墙临水侧，必要时可做成反弧曲面。

防浪墙一般每隔8～12m设置一条伸缩缝。砌石结构应采用细骨料混凝土封顶。

防浪墙作用有波浪压力、水压力、土压力等荷载，应进行稳定性和强度核算。

江河堤防防浪墙代表性剖面见图5.4-17。

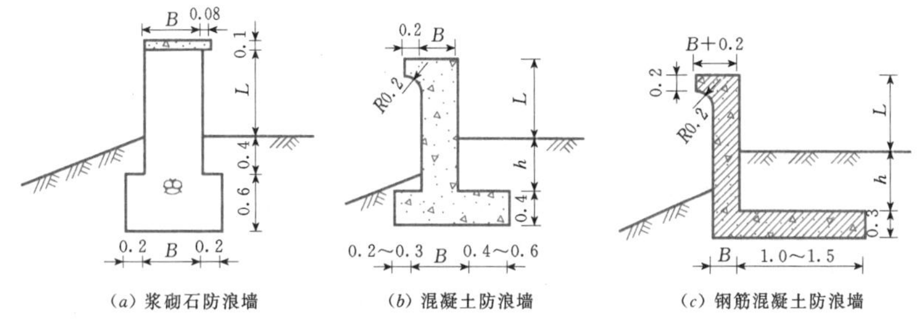

（a）浆砌石防浪墙　（b）混凝土防浪墙　（c）钢筋混凝土防浪墙

图5.4-17　防浪墙代表性剖面图（单位：m）

2）堤顶路面。土堤堤顶路面的结构，应根据防汛、管理的要求并结合堤身土质、气象等条件进行选择。堤顶应向一侧或两侧倾斜，坡度宜采用2%～3%。江河堤防一般不考虑越浪运用，因此堤顶路面不考虑防冲要求。作为管理和防汛交通道路，我国一般情况是：黏性土堤路面铺砂石，砂性土或砂壤土路面要求盖黏性土，重要的堤段，亦可修建沥青或混凝土路面。堤顶与交通道路相结合时，其路面结构应符合交通部门的有关规定。各种不同类型路面的单坡路拱平均横坡度可按表5.4-17采用。

为消除不均匀沉降对护面结构造成的裂缝，应在刚度适度的单元边缘设置沉降缝。

3）错车道。错车道应根据防汛和管理需要设置。堤顶宽度不大于4.5m、级别较低的堤线上，宜在背水侧选择有利位置设置错车道，错车道处的路基宽度应不小于6.5m，有效长度应不小于20m，并应根据周围环境与上堤路的设置兼顾考虑，有上堤路的堤段，可取消错车道的设置。

表5.4-17　各类路面的单坡路拱平均横坡度

%

路　面　类　型	单坡路拱平均横坡度
沥青混凝土、水泥混凝土	1～2
整齐石块	1.5～2.5
半整齐石块、不整齐石块	2～3
碎石、砾石等粒料	2.5～3.5
炉渣土、砾石土、砂砾土等	3～4

（4）上堤路。根据防汛、管理和群众生产的需要，应在适当位置设置上堤坡道和上堤步级。上堤坡道的位置宜设在背水侧，可采用加铺转角式交叉型式，坡道宽不小于3m，最大纵坡不宜大于8%。当交叉角为45°～90°时，圆曲线半径相应为27～10m。设置必需的路拱横坡度，将交叉处降雨排出堤外。当临水侧需要设置坡道时，为了避免行洪阻水和形成挑流面冲刷堤防，坡道宜顺水流方向布置。上堤步级应

设置在背水侧坡面，设置间距为500～1000m。

（5）护坡与坡面排水。

1）护坡结构型式。土堤临水侧护坡主要作用是防止江河风浪、水流及雨水对堤表的冲刷淘蚀破坏；背水侧护坡则应考虑暴雨冲刷、越浪要求等影响。护坡应根据沿堤保护地段的不同要求、不同朝向，选用不同的护坡型式。对于承受风浪大、水流急的大江河、湖泊，斜坡式土堤临水侧坡面应采用整体性好、抗冲刷能力强、消浪效果好的护坡结构型式，还应尽可能采取一些结构措施以维持水边生态环境。背水侧多采用种植物进行保护。

斜坡式土堤的护坡类型常见的有干砌石、浆砌石、混凝土板（块）护坡、土工模袋混凝土护坡、雷诺护垫（格宾护垫）、植物护坡等。

各类型护坡材料的允许不冲流速见表5.4-18。

表5.4-18 护坡材料的允许不冲流速

单位：m/s

护坡材料	允许不冲流速
现浇混凝土	5～6.5
浆砌石	2.5～5.0
干砌石	2～4

a. 干砌石护坡。干砌块石护坡是江河堤最常使用的护坡型式，能适应堤身的沉降变形，施工简单，容易维修，容易维持水边的生态环境。特别是当地有便宜的石料，且波浪不大时，该护坡形式最具优越性。但干砌块石护坡整体性较差，抗风浪能力弱，需经常维修。

b. 浆砌石护坡。浆砌块石护坡具有较好的整体性，外表美观，抗波浪能力较强，管理方便，能收到防止波浪淘刷的效果。但有时护坡下土体局部淘刷不易发现，以致容易形成大空洞后成片护坡塌陷。因此风浪较大但沉降量不大时，可采用浆砌块石护坡。

c. 混凝土板护坡。混凝土护坡可分有混凝土砌块和大型板块，板块又可分预制板和现浇板两类。混凝土砌块平面尺寸可在0.4～1.0m范围内选用。混凝土板护坡适宜于用在沉降已基本稳定的坡面。该护面形式整体性好，但消浪效果要差于干砌石和浆砌石，并且难以达到保护生态环境的要求。

d. 土工模袋混凝土护坡。模袋混凝土护坡是一种新型护坡形式，具有施工速度快，可以水下施工等优点。

岸坡稳定性验算应进行模袋的平面抗滑稳定分析。模袋厚度应根据抗浮稳定分析和抗冰推移稳定分析确定。

e. 植物护坡。江河堤背水坡护坡设计应考虑堤线的生态恢复效应，坡面植草，或采用立体土工格栅并植草相结合的护坡型式。

用土工网垫植被护坡时，应避免在高温、多雨或寒冷季节施工；坡面应平整；土工网垫在坡顶、坡趾和坡中间予以固定。

应根据当地气温、降水和土质条件等选择草种，必要时，应进行试种。应选择土质适应性强、环境适应性强、根系发达、生长快和价格低廉的草种。

此外，堤前滩地上种植芦苇、互花米草、红树林等防浪作物对消浪和护坡作用很大。

2）护坡结构厚度计算。

a. 干（浆）砌石。护坡块石的选料应根据计算厚度来选择有规则的料，并应做好反滤垫层。

在波浪作用下，斜坡堤干砌块石以及设置排水孔的浆砌石护坡的护坡厚度t，当斜坡坡率$m=1.5\sim5.0$时，可计算为

$$t=K_1\frac{\gamma}{\gamma_b-\gamma}\frac{H}{\sqrt{m}}\left(\frac{L}{H}\right)^{1/3}\qquad(5.4-17)$$

其中 $m=\cot\alpha$

式中 t——干砌块石护坡层厚度，m；

K_1——系数，对一般干砌石可取0.266，对砌方石、条石取0.225；

γ_b——块石的容重，kN/m^3；

γ——水的容重，kN/m^3；

H——计算波高，m，当$d/L\geqslant0.125$时取$H_{4\%}$；当$d/L\geqslant0.125$时取$H_{13\%}$，d为堤前水深，m；

L——波长，m；

m——斜坡坡率；

α——斜坡坡角，(°)。

b. 混凝土板护坡。对具有明缝的混凝土或钢筋混凝土板护坡，当斜坡坡率$m=2\sim5$时，满足整体抗滑稳定所需的面板厚度可按本书第1章式（1.6-25）或式（5.4-18）确定：

$$t=\eta H\sqrt{\frac{\gamma}{\gamma_b-\gamma}\frac{L}{Bm}}\qquad(5.4-18)$$

其中 $m=\cot\alpha$

式中 t——混凝土护面板厚度，m；

η——系数，开缝板可取0.075，上部为开缝板、下部为闭缝板可取0.10；

H——计算波高，m，取$H_{1\%}$；

γ_b——混凝土板的容重，kN/m^3；

γ——水的容重，kN/m^3；

L——波长，m；

B——沿斜坡方向（垂直于水边线）的护面板长度，m；

m——斜坡坡率；

α——斜坡的坡角，(°)。

c. 土工模袋护坡。土工模袋护坡的厚度应能抵抗在水下漂浮和抵抗冬季坡前水体冻胀水平力将其往坡上推移，厚度按第1章式（1.6-25）、式（5.4-18）和式（5.4-19）估算，按大值采用。

抗漂浮所需厚度。抗漂浮所需厚度可按第1章式（1.6-25）估算，其中η为面板系数，对大块混凝土护坡，$\eta=1$；护坡上有滤水点，$\eta=1.5$。

抗冰推所需厚度。模袋重应能抵抗水体水平冻胀力将其沿坡面推动，如果忽略护坡材料的抗拉强度，厚度估算为

$$t=\frac{\frac{P_i\delta_i}{\sqrt{1+m^2}}(F_s m-f_{cs})-H_i C_{cs}\sqrt{1+m^2}}{\gamma_c H_i(1+mf_{cs})} \tag{5.4-19}$$

式中 t——所需厚度，m；

δ_i——冰层厚度，m；

P_i——设计水平冰推力，kN/m²，有资料建议初设取$P_i=150$；

H_i——冰层以上护坡垂直高度，m；

C_{cs}——护坡与坡面间黏着力，kN/m²，取$C_{cs}=150$；

f_{cs}——护坡与坡面间摩擦力；

F_s——安全系数，一般可取$F_s=3$。

3）护坡结构构造。护坡结构构造见图5.4-18。

a. 外坡护坡的上界应高出波浪爬高的顶点，一般与堤顶防浪墙连接；下界延伸到堤身不致被波动底流和水流冲动处为止。对一般堤段，堤高不太大时，需护到堤脚。

b. 块石护坡一般由基脚、护坡砌石和垫层、封顶等部分构成。干砌石护坡顶部需选用大而平整的块石或混凝土块封顶，堤顶外侧设置防浪墙时，护坡封顶应结合做成防浪墙的基础。

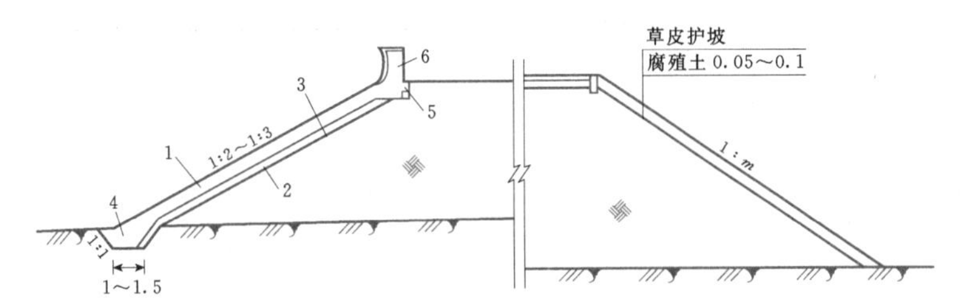

图 5.4-18 护坡结构示意图

1—干砌块石；2—垫层；3—土工布；4—护脚；5—防浪墙基础（护坡封顶）；6—防浪墙

波浪较大的堤段，干砌石护坡的封顶采用浆砌石或混凝土加强；坡面采用浆砌石、混凝土或钢筋混凝土肋构成框格加固。筋肋断面一般宽0.3～0.6m，深0.3～0.6m，纵向间距10m左右，并与基脚、封顶连接形成框格，以增强护坡结构的整体性，且便于施工和维修。

c. 浆砌石、混凝土等护坡需设置变形缝，变形缝一般间距为10m左右，缝宽可为10～20mm，缝内需设置分缝填充料。水泥土、浆砌石、混凝土等护坡应设置的排水孔，间距一般为2～3m，孔径一般为50～100mm，呈梅花形布置，排水孔处垫层应按反滤要求设置。

d. 垫层设计。水泥土、砌石、混凝土护坡与堤身土体之间必须设置有垫层，垫层材料可采用沙、砾石或碎石、石渣和土工织物等，砂石垫层厚度不应小于0.1m。风浪特大的堤段，垫层可适当加厚。当有反滤要求时，垫层应按反滤层设计。

e. 土工模袋护坡的抗滑措施。在采用土工模袋护坡时，一般都会采取措施来加强模袋的抗滑稳定性，可根据不同条件参考图5.4-19选用。

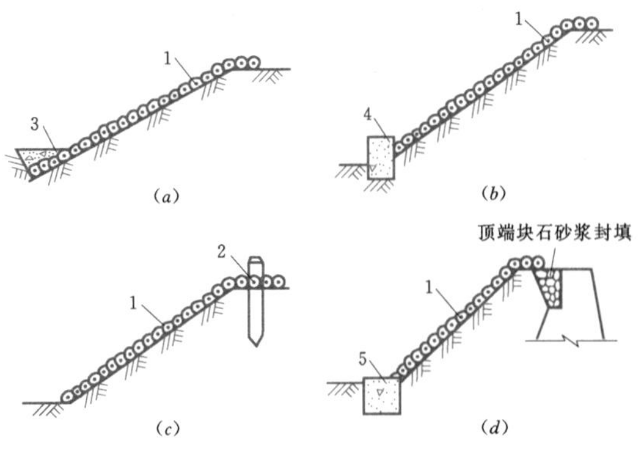

图 5.4-19 土工模袋护坡结构示意图

1—模袋；2—固定柱；3—回填；4—混凝土块；5—底端埋入沟槽回填

4）植被防护。

a. 植被防护设计。植被防护是指在坡面上铺设

植被网植草，保护坡面不受水流与雨水等冲刷破坏，设计内容主要包括：判别植被的必要性、确定植被网长度、草种选择。

b. 植被必要性和可行性。对水上坡，按坡土类别和降水强度决定，见图5.4-20。水下坡按坡土类别和坡前流速决定，见图5.4-21。

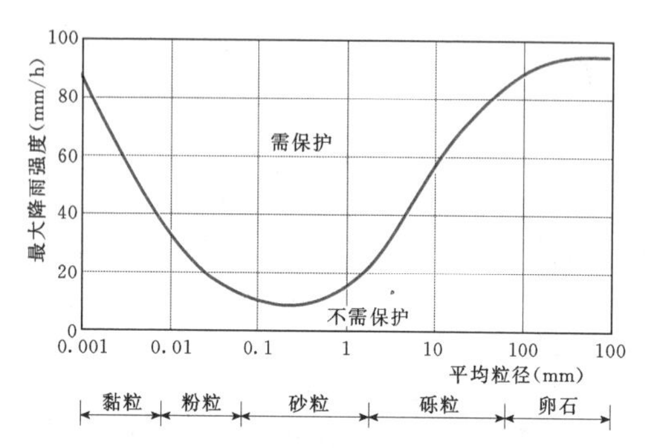

图5.4-20 水上坡防冲要求

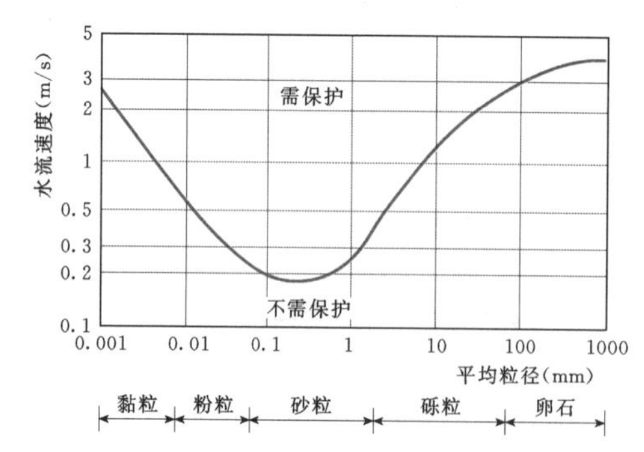

图5.4-21 水下坡防冲要求

c. 植被网的铺设长度。为保护草籽生长和未长成草毯之前的雨水冲刷，可采用塑料三维植被网保护。对堤防工程，植被网的铺设长度见图5.4-22，并计算如下：

临水坡

$$L=1.7+[(HL-LL)+\Delta H]\eta \quad (5.4-20)$$

背水坡 $$L=0.5+H\eta \quad (5.4-21)$$

式中 HL、LL——高水位与低水位高程，m；

ΔH——波浪垂直高度，m；

η——斜长系数，按表5.4-19的规定取值。

表5.4-19 斜长系数 η

坡度	1：1	1：2	1：3	1：4
η	1.4	2.24	3.16	4.12

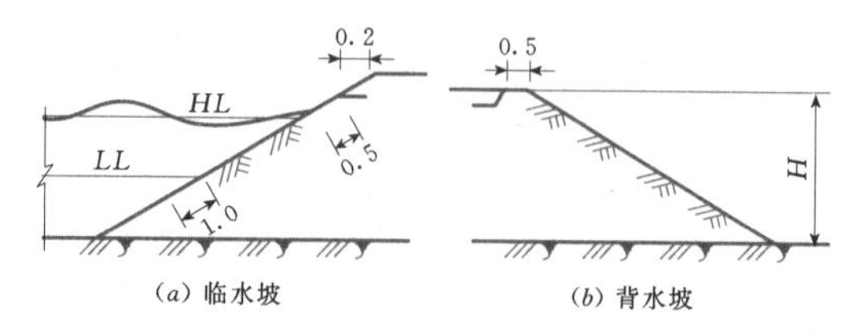

图5.4-22 植被网铺设长度（单位：m）

d. 草种选择。按照筑堤标准碾压的堤身，土体致密，无腐殖质，很难保证植物成活，因此应加铺厚度5～10cm的腐殖质类土以提高护坡植物的成活率。

草种选择应根据地区气温，降水和土质条件等优选草种，必要时进行试种，草种主要应符合以下条件：①对土质适应性强，耐盐碱；②对环境适应性强，耐寒，耐旱，耐涝；③生长快，根系长而发育，绿期长；④价格低廉。

表5.4-20列出中国科学院植物研究所对不同地区可供选用的草籽。

表5.4-20 可供草籽参考表建议

地　区	草　籽　名　称
华北、东北、西北	野牛草、无芒雀麦、冰草、高羊茅（沈阳以南）
华中、华东	狗牙根、高羊茅、黑麦草
西南	扁穗牛鞭草、园草芦、黑麦草
华南	雀稗、假硷草、两耳草
青藏高原	老芒麦、垂穗批碱草
新疆	无芒雀麦、老芒麦

e. 植被保护生态型岸坡种植的植物是多样的，应适应水位高低变化、持续的时间和水流流速大小。上海市生态护堤岸的植物，在水边有黄菖蒲、千屈菜、香蒲、水葱、芦苇、蒲草、野芥白等挺水植物；在岸边陆域水上部分有白泰达草皮、黑麦草等固土植被以及灌木和乔木。因此当期望在水位变动区采用植被保护时，可根据当地的自然环境条件，选择合适的草籽进行试种，成功后再推广种植。随着生态的恢复，野生的植物和动物也会多起来。

5）护坡坡脚防护。

a. 堤前护脚。对临水侧设有护坡结构的堤防，为防止护坡发生沿坡面向下滑动和保护坡脚免受堤前底部水流冲刷，在护坡底部宜设置堤前护脚。堤前护脚紧靠在防护墙基础或护坡坡脚前面。江河堤常用的护脚型式见图5.4-23。

图5.4-23(*a*)、(*b*)为直接在堤脚河滩地上挖槽设置护脚，通常用于一般的堤脚保护。图5.4-23(*c*)

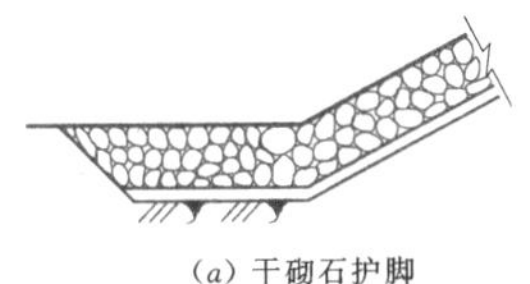
(a) 干砌石护脚

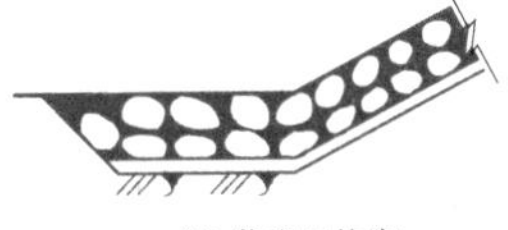
(b) 浆砌石护脚

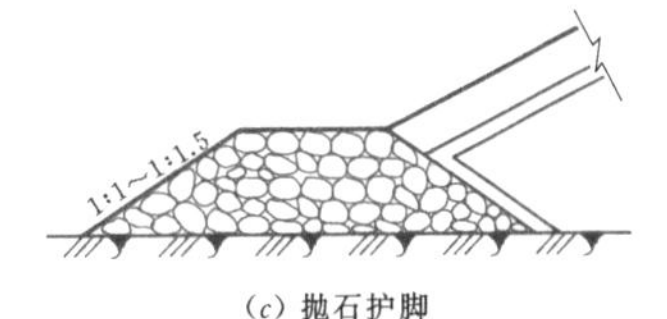

(c) 抛石护脚

图 5.4-23 护脚大样图

型护脚通常用于波浪作用一般的堤脚。

在水流作用下，防护工程护坡、护脚块石保持稳定的抗冲粒径（折算粒径）可计算如下：

$$d=\frac{V^2}{C^2 2g\dfrac{\gamma_s-\gamma}{\gamma}} \quad (5.4-22)$$

$$d=\left(\frac{6S}{\pi}\right)^{1/3}=1.24S^{1/3} \quad (5.4-23)$$

式中 d——折算直径，按球形折算，m；

V——水流速度，m/s；

C——石块运动的稳定系数，水平底坡 $C=0.9$，倾斜底坡 $C=1.2$；

g——重力加速度，9.81m/s^2；

γ_s——块石的容重，kN/m^3，可取 $\gamma_s=2.65$；

γ——水的容重，kN/m^3，$\gamma=1$；

S——块石体积，m^3。

b. 堤前护底。堤前护底紧靠在防护墙或堤前护脚的前面，具有消浪和防止堤前波浪、水流冲刷堤脚的作用，又称堤前护坦。护脚的材料、结构形式应根据堤前自然条件、堤型、施工条件等选用。目前一般采用块石护底较多，块石护底一般先铺 0.3～0.5m 厚石渣或先铺一层土工布再铺石渣垫层，上抛石厚 1.0m 或砌石厚 0.5m，表层采用较大块石并应埋砌，宽度一般不小于 3～5m。直立堤前因波浪底流速较大，护底宽度比斜坡堤宽，要求也较高。

重要堤防和波浪作用特别强烈的堤段，需要重点加固，可采用石笼、模袋混凝土等消能防冲。若用钢筋将混凝土块体相互串联，可增加抗风浪能力。

对于粉质土地基，为防止堤前水流、波浪冲刷，宜采用浇筑混凝土护底或设置板桩、沉井及铺设混凝土联锁排等措施保护。

对于位于河道险工地段堤防的堤前护底工程，应与该地段护岸或护滩各种型式的险工工程相结合，形成统一整体，以保证堤防的安全运用。

6）坡面排水。高于 6m 且无抗冲护面的土堤宜在堤顶、堤坡、堤脚以及堤坡与山坡或者与其他建筑物结合部设置排水沟。平行堤轴线的排水沟可设在马道内侧及近背水侧坡堤脚处。坡面竖向排水沟可每隔 50～100m 设置一条，并应与平行堤轴向的排水沟连通。排水沟可采用浆砌预制混凝土块或块石砌筑，断面形式有梯形、矩形。采用梯形断面时，边坡一般为 1：1～1：1.5，底宽与深度约为 0.4～0.6m，不宜小于 0.3m，平行堤轴线的排水沟纵向坡降不宜小于 0.5%。沟内应采用砂浆抹面。

（6）堤身防渗与堤内排水。土堤一般尽可能选取均质土料填筑断面，只有当筑堤土料渗透性较强，不能满足渗流稳定要求时，才考虑设防渗或排水设施。

1）堤身防渗。堤身防渗的结构型式，应根据渗流计算及技术经济比较合理确定。

堤身防渗主要是满足堤的渗透稳定要求。堤身防渗和排水设施与堤基防渗和排水设施统筹布设，共同组成完整的防渗体系。堤身防渗体顶高程应高于设计水位 0.5m。

堤身防渗可采用全断面、心墙、斜墙等型式。防渗材料可采用黏土、混凝土、沥青混凝土、土工合成材料等材料。

均质土堤采用渗透系数 $k<10^{-4}$ cm/s 的黏性土料作全断面填筑。当以黏性土作为心墙或斜墙防渗体时，断面应自上而下逐渐加厚。其顶部最小水平宽度不宜小于 1m，底部厚度不宜小于堤前设计水深的 1/4，土质防渗体的顶部和斜墙的临水侧应设置保护层，有抗冻要求时，保护层厚度不应小于当地冻结深度。

沥青混凝土或混凝土防渗体可采用面板或心墙等型式。防渗体和填筑体之间应设置垫层或过滤层。

用于防渗的土工合成材料可选用土工膜、复合土工膜、土工织物膨润土垫及复合防水材料。所选用的材料性能应满足强度、渗透性和抗老化等要求。

防渗土工膜应在其上面设防护层、上垫层，在其下面设下垫层。

防渗结构示意图见图 5.4-24。

2）堤身排水。堤身排水指堤身内部排水，设置堤身排水用以降低浸润线和孔隙水压力，改变渗流方向，防止渗流出溢处产生渗透变形。

堤身排水有以下几种型式：①堤身内排水，包括竖式排水、水平排水；②棱体排水；③贴坡式排水；④综合型排水。

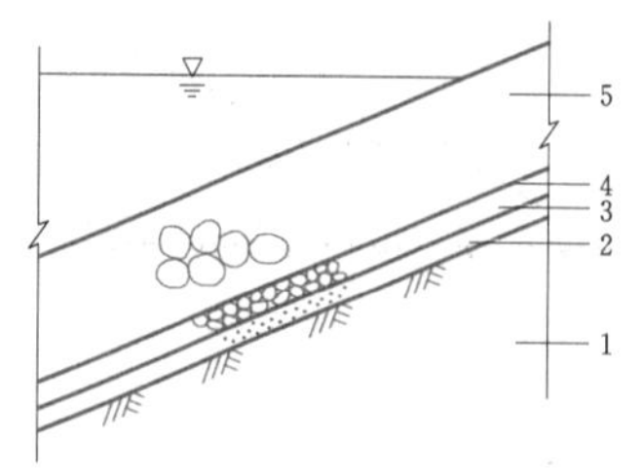

图 5.4-24　防渗面层结构

1—堤身填土；2—支持层；3—下垫层；
4—土工膜层；5—上垫层和防护层

排水型式的选择，必须结合堤基排水的需要及型式，根据堤型、堤身填土和堤基土的性质，以及堤基的工程地质和水文条件等情况，经技术经济比较确定。具体结构可参考第1章有关内容。

3）模袋护坡的排渗。模袋底部渗水应及时排走，以保稳定。如排渗能力不足，应增设排水孔，见图5.4-25。顺坡轴方向1m所需排水孔数 n 可估算如下：

$$n = F_s \frac{\Delta q}{kJa} \tag{5.4-24}$$

式中　F_s——安全系数，可取 $F_s=1.5$；

Δq——顺坡轴方向1m需要的排水量，m^3/s；

k——渗水孔处滤层渗透系数，m/s；

J——渗水处水力梯度；

a——一个排水孔的面积，m^2。

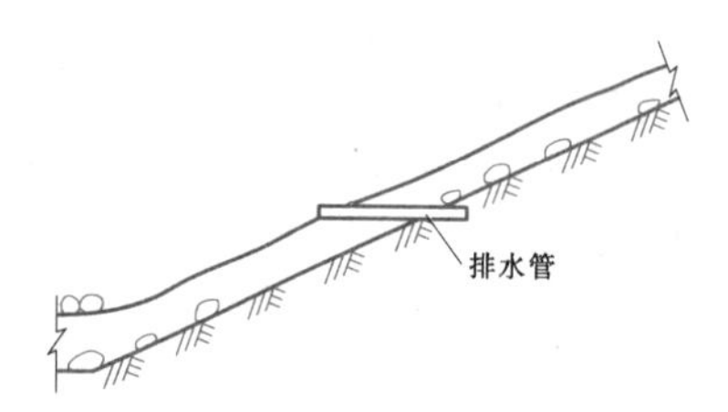

图 5.4-25　模袋上设排水孔示意图

2. 直（陡）墙式堤

（1）墙后有填土直（陡）墙式堤。

1）堤身结构组成。该种型式堤防是由临水侧的挡墙和墙后背水面斜坡式填土构成一个挡水结构体系。临水侧挡墙主要承受波浪、水流的作用，保护墙后的堤身填土。它除起护面作用外，同时还承受来自堤身的土压力，以保持临水侧堤身土体的稳定。常采用重力式、悬臂式、扶壁式和箱式挡墙等四种结构。墙后土堤按照斜坡式土堤的要求设置，如：堤顶高程、堤顶宽、堤坡等，见图5.4-12（d）、（e）、（f）、（g）。

挡墙结构尺寸初拟时可参考图5.4-26，最终结构尺寸应通过整体稳定和结构强度计算确定。

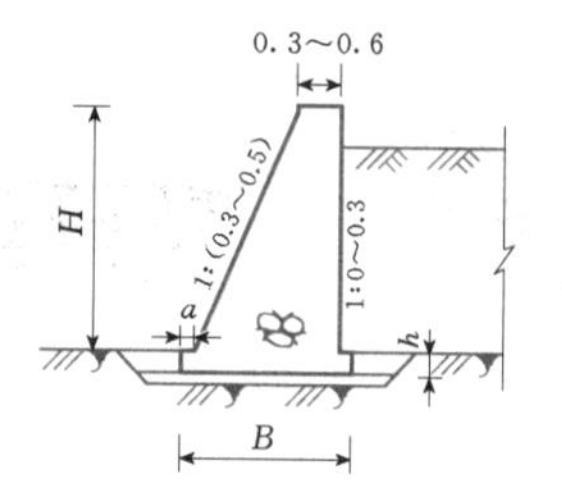

（a）重力式挡墙 $B=(0.6\sim0.8)H$，$a/h=0.3\sim0.5$

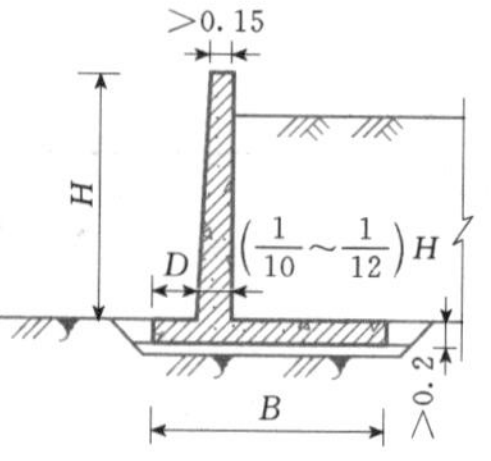

（b）悬臂式挡墙 $B=(0.6\sim0.8)H$，$D/B=0.15\sim0.3$

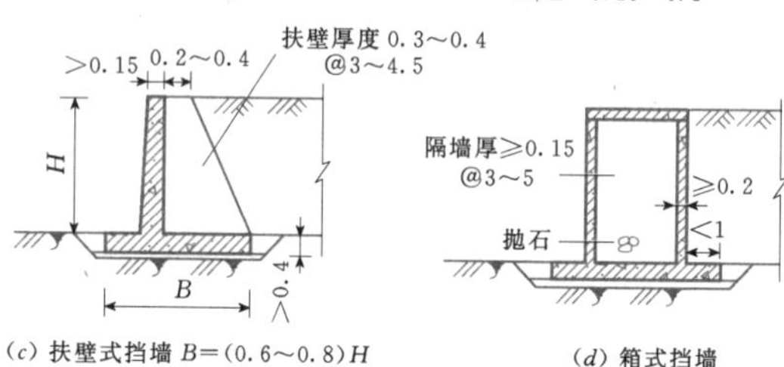

（c）扶壁式挡墙 $B=(0.6\sim0.8)H$　　（d）箱式挡墙

图 5.4-26　陡墙式临水侧挡墙结构尺寸图（单位：m）

采用重力式挡墙结构时，一般采用细骨料混凝土砌石、埋石混凝土、浆砌条（块）石砌筑。砌置深度不宜小于1.0m。墙身应在设有混凝土或砂浆垫层的基床上砌筑。有时为增加挡墙的抗滑稳定性，将基底做成逆坡或增加齿坎。顶部通常与堤顶防浪墙结合，浆砌石挡墙还需做混凝土压顶。

采用悬臂式挡墙结构、扶壁式挡墙结构时，均采用钢筋混凝土浇筑。

悬臂式挡墙和扶壁式挡墙的埋置深度不宜小于0.8～1.0m。当墙高在9m以上时，采用扶壁式挡墙较悬臂式挡墙更经济合理。

2）构造要求。当挡墙建在有水浸没的软土地区时，基础条件差，施工时一般不设置施工围堰来筑墙，通常可考虑在抛石基床上修建挡墙，并在基底抛厚度为0.5～1.0m的砂石垫层以改善挡墙底的地基应力。为加大墙后填土的内摩擦角，减少墙后土压力，一般采取在墙后一定范围内回填砂或石渣，并在填土与砂石交界面上做好反滤措施。

为了避免挡墙墙身产生裂缝，挡墙一般每隔8～12m设置一条沉降伸缩缝并设止水。为了避免在挡墙前后产生渗透压力，挡墙墙体临水侧一般应设排水孔。

3）结构设计。挡墙应进行抗滑动、抗倾和地基应力等整体稳定计算，并应满足相应抗滑、抗倾安全系数要求。地基应力应满足地基允许承载力的要求，控制基面最大、最小应力比值，且不产生拉应力。有关计算见本节其后的叙述。地基承载力不足时，应对地基进行加固。悬臂式挡墙、扶壁式挡墙多为钢筋混凝土结构，均属轻型结构，应根据其不同的受力状态进行结构内力计算，并按《水工钢筋混凝土结构设计规范》（SL/T 191—2008）规定，进行结构强度计算。同时不能忽视墙内所配钢筋的一些构造措施。

背水面斜坡式填土部分的设计与斜坡式土堤要求相同。

（2）防洪墙。城市、工矿区等修建土堤受到限制的地段，多采用称作防洪墙的直（陡）挡墙。其受力特点是靠自身结构重量（含部分抛填土、石重）或基础桩基来抵挡江河的水压力。防洪墙的型式有：重力式、轻型扶壁式、悬臂式和箱式。

当有交通要求时，可在其上增设桥梁系统以满足需要，见图5.4-12。

1）重力式。当高度不大时，可采用混凝土或浆砌石结构。

与墙后有填土直（陡）墙式堤的挡墙设计要点相同。

2）轻型扶壁式、悬臂式和箱式。对于悬臂式防洪墙、扶壁式防洪墙和箱型防洪墙为钢筋混凝土结构，均属轻型结构，与墙后有填土直（陡）墙式堤的挡墙设计要点相同。

箱式防洪墙对软基的适应性强，自重轻，箱内可抛填块石或土以维持墙体稳定。箱间隔应对称布置，顶部设顶盖。此型式较适宜用于基础差，但又与城区景观结合的堤段，它可以通过一些箱顶的小附件如设置花槽、栏杆、公园椅，将堤顶辟为人行道及观景平台。

3．土工织物冲填袋堤防

（1）砂被筑防护堤。砂被筑防护堤主要包括砂被袋体材料选择、堤身断面确定、砂料选择与冲填度控制、护坡与护底设计和堤身整体与局部稳定性验算。

砂被防护堤的断面型式应包括全断面、双断面和单断面。制作砂被的袋体材料宜选用织造土工织物。冲填料应采用排水性较好的砂性土、粉细砂类土。砂被护坡与护底应按地基、水流及波浪等条件设计。堤身的整体稳定性应采用圆弧滑动法验算，砂被与砂被之间的抗滑稳定性应进行验算。

（2）砂枕筑防护堤。砂枕筑防护堤设计内容及砂袋材料与砂被的设计要求相同。

堤身断面应根据河道整治工程防护堤断面型式与尺寸确定，并应符合GB 50286—1998的有关要求。砂枕堤身整体稳定性可按圆弧滑动法验算。

5.4.5.3.6 堤身稳定计算

1．均质土堤的渗流及渗透稳定计算

河堤、湖堤应进行渗流及渗透稳定计算，计算求得渗流场内的水头、压力、坡降、渗流量等水力要素，进行渗透稳定分析，为抗滑稳定计算提供浸润线位置及孔隙水压力分布等数据，并选择经济合理的防渗、排渗设计方案或加固补强方案。

一般堤防的挡水是季节性的，在挡水时间内不一定能形成稳定渗流的浸润线，渗流计算宜根据实际情况考虑不稳定渗流或稳定渗流情况。大江大湖的堤防或中、小湖重要堤段应按稳定渗流工况进行渗流及渗透稳定计算。

（1）渗流计算。

1）渗流计算内容。土堤渗流计算断面应具有代表性，并进行下列计算：

a．计算在设计洪水持续时间内浸润线的位置，当在背水侧堤坡逸出时，应计算出逸点的位置、逸出段与背水侧堤基表面的出逸比降。

b．当堤身、堤基土渗透系数 $k \geqslant 10^{-3}$ cm/s 时，应计算渗流量。

c．计算洪水水位降落时临水侧堤身内的自由水位。

2）水位组合。

a．临水侧为设计洪水位，背水侧为相应水位。

b．临水侧为设计洪水位，背水侧为低水位或无水。

c．洪水位降落时临水侧堤坡稳定最不利的情况。

3）复杂地基情况下的简化。进行渗流计算时，对比较复杂的地基情况边界条件可作适当简化。

a．对于渗透系数相差5倍以内的相邻薄土层可视为一层，采用加权平均的渗透系数作为计算依据。

b．双层结构地基，当下卧土层的渗透系数比上层土层的渗透系数小100倍及以上时，可将下卧土层视为不透水层；表层为弱透水层时，可按双层地基计算。

c．当直接与堤底连接的地基土层的渗透系数比堤身的渗透系数大100倍及以上时，可认为堤身不透水，仅对堤基按有压流进行渗透计算，堤身浸润线的位置可根据地基中的压力水头确定。

4）渗透稳定应进行以下判断和计算：

a．土的渗透变形类型。

b．堤身和堤基土体的渗透稳定。

c．背水侧渗流出逸段的渗透稳定。

5）渗透系数 k。

a．各种常见土类的渗透系数 k 见本书第1章表1.11-1。

b．砂土类估算式。砂土可用太沙基（K. Terzaghi）计算：

$$k = 2d_{10}^2 e^2 \qquad (5.4-25)$$

式中 k——渗透系数，cm/s；

d_{10}——土的有效粒径，mm；

e——砂土的孔隙比。

6）不透水或有限透水堤基均质土堤的渗流计算。不透水或有限透水堤基上均质土堤，在下游坡无排水或设有不同类型排水设施（如：贴坡式排水、水平褥垫排水、排水棱体等）的渗流计算，参见第 1 章 1.11.4 的渗流计算方法相关内容。计算成果包括渗透流量 q、浸润线位置、浸润线在下游坡出逸点高度 h_0。

此外，GB 50286—1998 还介绍了下游（背水侧）坡无排水或有贴坡式排水渗流计算方法，计算简图见图 5.4-27，计算公式为

$$\frac{q}{k}=\frac{H_1^2-h_0^2}{2(L_1-m_2h_0)} \tag{5.4-26}$$

$$\frac{q}{k}=\frac{h_0-H_2}{m_2+0.5}\left[1+\frac{H_2}{h_2-H_2+\dfrac{m_2H_2}{2(m_2+0.5)^2}}\right] \tag{5.4-27}$$

其中

$$L_1=L+\Delta L \tag{5.4-28}$$

$$\Delta L=\frac{m_1}{2m_1+1}H_1 \tag{5.4-29}$$

式中　q——单位宽度渗流量，$m^3/(s\cdot m)$；

k——堤身渗透系数，m/s；

H_1——上游（临水侧）水位，m；

H_2——下游（背水侧）水位，m；

h_0——下游出逸点高度，m；

L_1——渗流总长度，m；

L——上游水位与上游堤坡交点距下游堤脚或排水体上游端部的水平距离，m；

ΔL——上游水位与堤身浸润线延长线交点距上游水位与上游堤坡交点的水平距离，m；

m_1——上游坡坡率；

m_2——下游坡坡率。

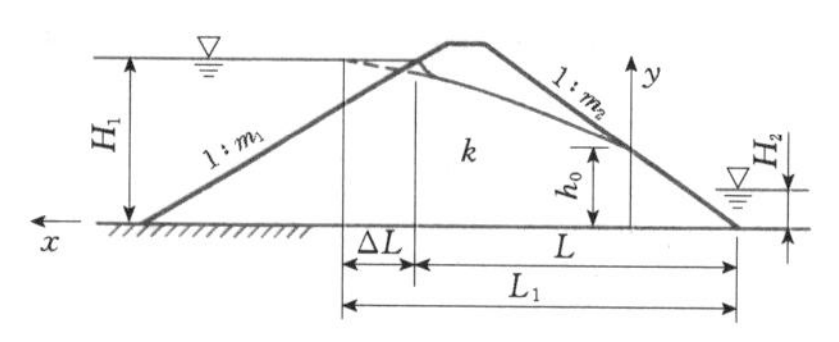

图 5.4-27　无排水设备土堤渗流计算简图

解联立方程式（5.4-26）、式（5.4-27）即可求得 h_0 和 q/k。求解时可用一组 h_0 值分别代入以上两式，得到两条 q/k 与 h_0 关系曲线，两曲线的交点即为两方程式的解。

浸润线的计算为

$$y=\sqrt{h_0^2+2\frac{q}{k}x} \tag{5.4-30}$$

7）无限深透水地基。建立在有限深透水地基上均质土堤渗流计算方法，也可以推广应用到无限深透水地基情况的计算，由于地基深度变化引起浸润线位置的改变，仅在一定深度范围内显著。当地基更深时，浸润线位置实际上已不再改变，因此可以根据试验资料和计算比较，选择地基的有效深度。当地基大于有效深度时，浸润线位置不再改变，地基的有效深度 T_e 按式（5.4-31）计算：

$$T_e=(0.5\sim1.0)(L+m_1H_1) \tag{5.4-31}$$

因此，当地基的实际深度 $T\leqslant T_e$，按实有地基深度 T 计算；当 $T>T_e$ 时，按有效深度 T_e 计算。T_e 仅为计算浸润线位置时使用，计算渗透量仍按实际深度 T 计算。

8）上游（临水侧）水位降落时均质土堤的浸润线。需要考虑上游水位缓降过程浸润线下降来计算上游坡稳定，判别式即

$$1/10<k/\mu V\leqslant60 \tag{5.4-32}$$

式中　k——堤身土料的渗透系数，m/d；

V——水位降落的速度，m/d；

μ——土体的给水度。

土体的给水度 μ 表示单位体积土体在饱和含水情况下水位下降后排出的水量，又称土体的排水孔隙率，其值大小取决于土的性质、密实程度以及排水的时间等因素，可由试验或根据经验确定。土体的给水度按式（5.4-33）计算

$$\mu=1.137n(0.0001175)^{0.607^{(6+\lg k)}} \tag{5.4-33}$$

对于粗砂砾石料（$d\geqslant0.25$mm，$k\geqslant1.87\times10^{-2}$ cm/s）的试验资料分析，有别申斯考最简单经验公式：

$$\mu=0.117k^{1/n} \tag{5.4-34}$$

式中　μ——土体的给水度；

k——渗透系数，cm/s；

n——土体的孔隙率。

表 5.4-21 数值可参照使用。

当 $k/\mu V\leqslant1/10$ 时，此时堤身内渗流自由面在水位降落后仍保持有总水头的 90%左右，故可近似认为堤身浸润线基本保持原位置不变，这种情况对上游（临水侧）堤坡的稳定最为不利，为了偏于安全，可以按照水位开始降落前的浸润线位置进行堤坡稳定分析。当 $k/\mu V>60$ 时为缓慢下降，此时堤身渗流自由面保持总水头 10%以下，已不致影响堤坡稳定，因此，一般不需要进行上游坡的水位降落稳定计算。只有在 $1/10<k/\mu V\leqslant60$ 的范围内，即浸润线的下降介于上述两种情况之间，才按照缓降过程计算浸润线下降的位置。

为了方便堤防的运行管理，也可将上述指标按照一般土质情况换成临江水位每天下降速度 $V<0.1$m/d 即属慢降，就不必考虑滑坡影响；若 $V>0.5$m/d，就需考虑滑坡影响。

表 5.4-21　　各种岩土的给水度值

岩土类别	渗透系数 k (cm/s)	孔隙率 n	给水度 μ
砾	2.4×100	0.371	0.354
粗砂	1.6×100	0.431	0.338
砂砾	7.6×10^{-1}	0.327	0.251
砂砾	1.7×10^{-1}	0.265	0.182
砂砾	7.2×10^{-2}	0.335	0.161
中粗砂	4.8×10^{-2}	0.394	0.18
砂砾	2.4×10^{-3}	0.302	0.078
中细砂 $d_{50}=0.2$mm	$1.7\times10^{-3}\sim6.1\times10^{-4}$	0.438～0.392	0.074～0.039
含黏土的砂	1.1×10^{-4}	0.397	0.0052
含黏土（1%）的砂砾	2.3×10^{-5}	0.394	0.0036
含黏土（16%）的砂砾	2.5×10^{-6}	0.342	0.0021

进行上游坡的稳定分析时，上游水位缓降过程浸润线下降位置计算简图见图 5.4-28。

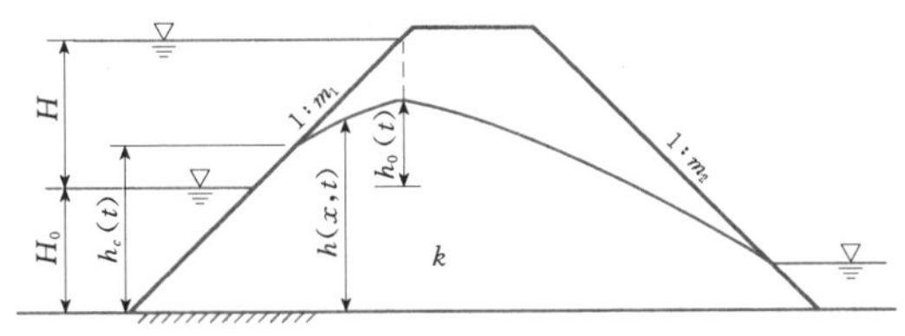

图 5.4-28　水位降落时浸润线计算简图

均质土堤水位下降时浸润线位置的近似算式（5.4-35）为

$$\frac{h_0(t)}{H}=1-0.31\left(\frac{t}{T}\right)\left(\frac{k}{\mu V}\right)^{1/4}\quad(5.4-35)$$

式中　H——降距，m，见图 5.4-28；

T——水位从初始位置降落到堤脚或降落到最大降距所需时间，s；

t——要求计算上游浸润线的时间，s，$t\leqslant T$。

浸润线计算为

$$h(x,t)=\sqrt{[H_0+h_0(t)]^2-2x\frac{q(t)}{k}}\quad(5.4-36)$$

式中　h——以上游堤基为基面，$q(t)/k$ 由式（5.4-37）和式（5.4-38）两式联合求解。

$$\frac{q(t)}{k}=\frac{[H_0+h_0(t)]^2-h_c(t)^2}{2[L-m_1h_c(t)]}\quad(5.4-37)$$

$$\frac{q(t)}{k}=\frac{h_c(t)-H_0}{m_1}\left[1+\ln\frac{h_c(t)}{h_c(t)-H_0}\right]\quad(5.4-38)$$

式中　$q(t)$——t 时刻由上游坡出渗的单宽渗流量；

$h_c(t)$——t 时刻上游坡出渗点高度；

其余符号意义见图 5.4-28。

解联立方程可用一组 $h_c(t)$ 值$[H_0<h_c(t)<(H_0+h_0)(t)]$分别代入式（5.4-37）和式（5.4-38），画出两条曲线，曲线的交点即为解，可求得 $h_c(t)$ 和 $q(t)/k$。

（2）渗透稳定计算。

1）土的渗透变形类型。

a. 流土：在上升的渗流作用下局部土体表面的隆起、顶穿，或者粗细颗粒同时浮动而流失。前者多发生于表层为黏性土与其他细粒土组成的土体或较均匀的粉细砂层中；后者多发生在不均匀砂层中。

b. 管涌：土体中的细颗粒在渗流作用下，由骨架孔隙中通道流失。主要发生在砂砾石地基中。

c. 接触冲刷：当渗流沿两种渗透系数不同的土层接触面，或建筑物与地基的接触面流动时，沿接触面带走细颗粒。多见于穿堤建筑物与地基接触面、建筑物与堤身接触面。

d. 接触流土：在层次分明、渗透系数相差悬殊的两土层中，当渗流垂直于层面流动时，将渗透系数较小的一层中的细粒带到渗透系数较大的一层中。

2）土的渗透变形的判别以及临界水力比降确定。土的渗透变形首先根据土的分类进行判别。土的渗透变形判别以及临界水力比降确定见第 1 章 1.11.5 渗透稳定计算的有关论述。

3）背水坡渗流出逸段比降计算：已经求出堤身渗透流量、浸润线、下游出逸点高度后，沿背水侧堤坡面及堤脚面上的出逸口比降按下列各式计算。

a. 不透水地基上均质土堤坡面渗流比降计算。

a）下游无水（$H_2=0$）。计算简图见图 5.4-29，计算式见式（5.4-39）、式（5.4-40）。

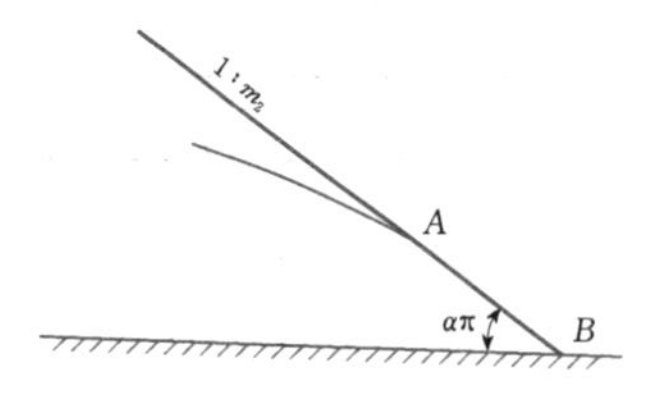

图 5.4-29　不透水地基下游无水坡面渗流比降计算简图

渗出点 A 点：

$$J_0=\sin\alpha\pi=\frac{1}{\sqrt{1+m_2^2}} \tag{5.4-39}$$

堤坡与不透水面交点 B 点：

$$J_0=\tan\alpha\pi=\frac{1}{m_2} \tag{5.4-40}$$

式中　J_0——下游无水背水坡出口比降，A、B 两点之间呈直线变化；

$\alpha\pi$——坡面角，以弧度计。

b）下游有水。计算简图见图 5.4-30，计算式见式（5.4-41）、式（5.4-44）。

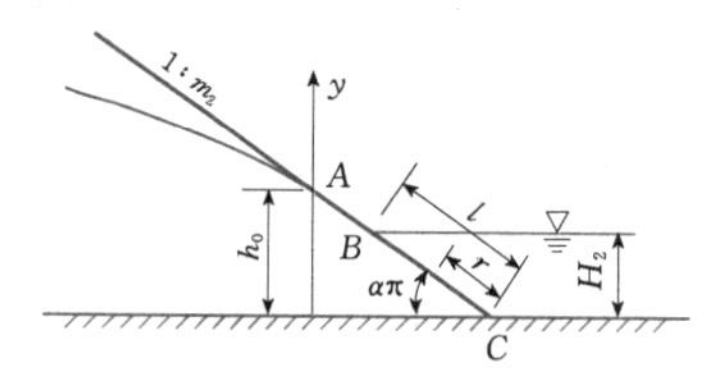

图 5.4-30　不透水地基下游有水坡面渗流比降计算简图

渗出段 $AB(y\geqslant H_2, H_2\neq 0)$：

$$J=J_0\left(\frac{h_0-H_2}{y-H_2}\right)^n \tag{5.4-41}$$

其中

$$J_0=\sin\alpha\pi=\frac{1}{\sqrt{1+m_2^2}} \tag{5.4-42}$$

$$n=0.25\frac{H_2}{h_0} \tag{5.4-43}$$

式中　J——下游有水背水坡出口比降；

$\alpha\pi$——坡面角，以弧度计。

浸没段 BC：

$$J=\frac{a_0}{1+b_0\dfrac{H_2}{h_0-H_2}}\left(\frac{r}{l}\right)^{\frac{1}{2\alpha}-1} \tag{5.4-44}$$

其中

$$a_0=\frac{1}{2\alpha(m_2+0.5)\sqrt{1+m_2^2}} \tag{5.4-45}$$

$$b_0=\frac{m_2}{2(m_2+0.5)^2} \tag{5.4-46}$$

式中　a_0、b_0——系数。

式（5.4-44）的适用范围为 $\frac{r}{l}\leqslant 0.95$。

b. 透水地基上均质土堤坡面渗流比降计算。

a）下游无水（$H_2=0$）。计算简图见图 5.4-31，计算式见式（5.4-47）、式（5.4-48）。

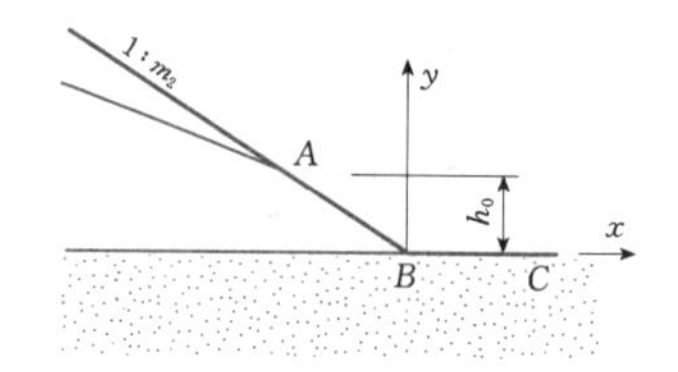

图 5.4-31　透水地基下游无水坡面渗流比降计算简图

沿渗出段 AB：

$$J=\frac{1}{\sqrt{1+m_2^2}}\left(\frac{h_0}{y}\right)^{0.25} \tag{5.4-47}$$

沿地基段 BC：

$$J=\frac{1}{2\sqrt{m_2}}\sqrt{\frac{h_0}{x}} \tag{5.4-48}$$

b）下游有水。计算简图见图 5.4-32，计算式见式（5.4-47）、式（5.4-49）、式（5.4-50）。

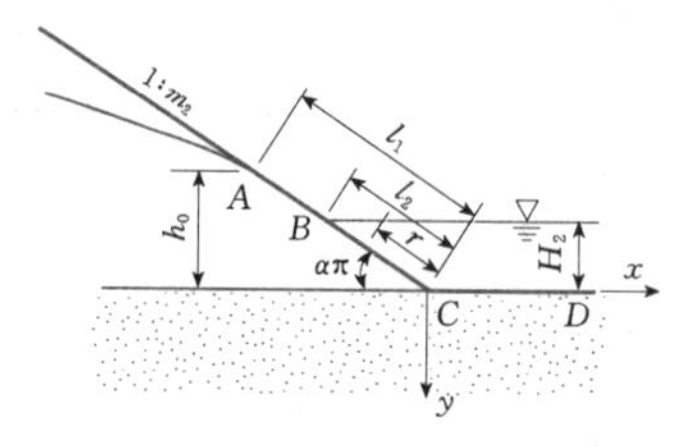

图 5.4-32　透水地基下游有水坡面渗流比降计算简图

沿渗出段 AB，采用式（5.4-47）。

沿浸没段 BC：

$$J=\frac{\alpha_1(h_0-H_2)}{2r^{\alpha\alpha_1}\sqrt{(l_1^{\alpha_1}-l_2^{\alpha_1})(l_2^{\alpha_1}-r^{\alpha_1})}} \tag{5.4-49}$$

其中

$$\alpha_1=\frac{1}{1+\alpha\pi}$$

式中　$\alpha\pi$——坡面角，以弧度计。

沿浸没地基面 CD：

$$J=\frac{\alpha_1(h_0-H_2)}{2x^{\alpha\alpha_1}\sqrt{(l_1^{\alpha_1}-l_2^{\alpha_1})(l_2^{\alpha_1}+x^{\alpha_1})}} \tag{5.4-50}$$

c）有限深地基土堤坡面渗流比降计算。计算简图见图 5.4-33。如果用水平线 AD' 代替实际的过 A 点的流线，对有限深地基是更接近的，因为地基深度越小，AD' 越与流线 AD 近似。

因此，在渗出段 CB 和浸没段 BA 的计算，可分别按式(5.4-49)及式(5.4-50)计算；当地基很浅时，也可按前述不透水地基土堤坡降的有关公式计算。

对地基段 AE 的坡降计算，其近似的计算图形有 AD' 和 FG 为流线，AE 为等水头线。AE 线上坡降计算为

$$J = \frac{\pi(h_0 - H_2)}{2T\mathrm{arsh}\sqrt{\exp\left[\frac{\pi m_2 h_0}{T}\right]-1}\sqrt{\exp\left[\frac{\pi x}{T}\right]-1}} \tag{5.4-51}$$

4）渗透稳定的判别。

a. 无黏性土允许坡降 $J_{允许}$。无黏性土防止渗透变形的允许坡降应以土的临界坡降除以安全系数确定，安全系数宜取 1.5～2.0。无试验资料时，无黏性土的允许坡降可按表 5.4-22 选用，有滤层时可适当提高。特别重要的堤段，其允许坡降应根据试验的临界坡降确定。

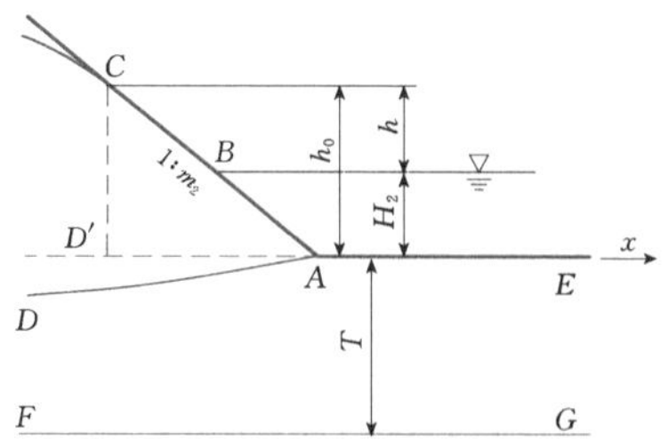

图 5.4-33 有限深透水坡面渗流比降地基计算简图

表 5.4-22 无黏性土允许坡降

渗透变形型式	流土型			过渡型	管涌型	
	$C_u<3$	$3\leqslant C_u\leqslant 5$	$C_u>5$		级配连续	级配不连续
允许坡降	0.25～0.35	0.35～0.50	0.50～0.80	0.25～0.40	0.15～0.25	0.10～0.15

注 1. C_u—土的不均匀系数。
2. 表中的数值适用于渗流出口无滤层的情况。
3. 穿堤建筑物地基的允许坡降，参照 SL 265—2001 表 6.0.4。

b. 黏性土流土型允许坡降 $J_{允许}$。黏性土流土型允许坡降应以土的临界坡降除以安全系数确定，安全系数不宜小于 2.0。

黏性土临界坡降一般计算为

$$J_{cr} = (G_s - 1)(1 - n) \tag{5.4-52}$$

式中 J_{cr} ——土的临界水力坡降；
G_s ——土的颗粒容重与水的密度之比；
n ——土的孔隙率，%。

但根据各流域调查，当堤基表层为相对不透水层时，管涌发生处表层为相对不透水层的厚度多为挡水高度（河水位高于堤内地面的高度）的 1/2。据此分析，表层为相对不透水层（黏性土）临界坡降约为 2。因此，黏性土允许坡降宜结合当地工程实际经验采用。

c. 渗透稳定判别。在没有反滤层保护的情况下，保证渗透稳定的条件是渗透出逸坡降小于允许坡降，即

$$J < J_{允许} \tag{5.4-53}$$

当所在地段不满足要求时，应采取工程措施以满足要求：在坡面设置反滤层保护或在堤下游表层铺设透水盖重层以提高抗渗能力或采用减压井解除地基的承压水。

2. 抗滑、抗倾稳定计算

堤防的堤线很长，应根据不同堤段的断面型式、高度、水文及工程地质情况，结合渗流计算需要，选定具有代表性的断面进行分析计算。在地形、地质条件复杂或险工段的计算断面可以适当加密。

（1）土堤边坡整体抗滑稳定计算。

1）计算工况。土堤边坡整体稳定计算包括正常运用工况和非常运用工况。

a. 正常运用工况稳定计算包括：①设计洪水位下的稳定渗流期或不稳定渗流期的背水侧堤坡；②设计洪水水位骤降至低水位的临水侧堤坡。

b. 非常运用工况稳定计算包括：①施工期的临水、背水侧堤坡；②多年平均水位遭遇地震的临水、背水侧堤坡。

2）土堤抗滑稳定安全系数。土堤的抗滑稳定安全系数不应小于表 5.4-23 的规定。

表 5.4-23 土堤抗滑稳定安全系数

堤防工程的级别		1	2	3	4	5
安全系数	正常运用条件	1.30	1.25	1.20	1.15	1.10
	非常运用条件	1.20	1.15	1.10	1.05	1.05

3）土堤抗滑稳定计算方法。土堤整体抗滑稳定计算采用瑞典圆弧滑动法。

在土力学计算抗剪强度时，通常有总应力分析和有效应力分析两种应力分析方法，因此土堤边坡抗滑稳定计算亦分为总应力法和有效应力法。

a. 计算方法的选用。按堤防运用三种主要工况选用计算方法。

施工期（含竣工时）。由于土堤填筑段一般会在一个枯水期完成，施工速率快，土堤地基又为透水性差的黏性土及填筑料含水量高于所承担荷载下完全固结的极限含水量，土层此时将不会迅速固结而产生孔隙水压力，因此施工期通常是采用以直接快剪（或三轴不固结不排水剪）强度指标的总应力法计算堤坡稳定。

稳定渗流期。土堤在汛期抵挡洪水历时会很长，堤身内容易形成稳定渗流，此种重力渗流条件下滑动面上的孔隙水压力比较容易从流网估算，应用孔隙水压力可以较准确地计算渗流作用力，更反映堤坡的稳定状况，故对重要的较高的土堤，稳定渗流期宜采用有效应力分析法，但采用该法要求使用三轴仪试验的有效强度指标以及必须计算或测量出土体有关部位的孔隙水压力，计算复杂、难度大，因此工程上常用的还是总应力法。总应力法分析堤坡稳定时采用的直剪仪土体抗剪强度中已反映孔隙水压力的影响，在计算中无需再考虑土体中的孔隙水压力，其试验方法和分析方法因比较简单而得到广泛使用。

水位降落期。土堤在汛期高水位下运行，堤身内形成稳定渗流，当洪水急促消退时，临水侧各个瞬时水位降落在堤身内出现渗流同时向临水侧和背水侧出逸的瞬时状态，利用各个瞬时降落水位的流网估算的孔隙水压力可以较准确计算渗流作用力，从而反映临水坡的稳定状态，因此水位降落期宜采用有效应力法分析其临水坡抗滑稳定性，但由于总应力法计算简单，采用直剪仪的试验强度指标，成果尚偏安全，因此也多采用总应力法分析临水坡抗滑稳定性。

b. 计算公式：在进行土堤圆弧滑动稳定分析时，为简化计算，常采用容重替代法来反映浮力和渗透力对抗滑稳定的影响：临水坡或背水坡较低水位以下的土体取浮容重；浸润线以上的土体取天然容重；浸润线与临水侧水位之间的土体，在计算滑动力矩时采用饱和容重，但在计算抗滑力矩时用浮容重。该方法计算简便，一般情况下可满足工程设计的要求。

计算公式见第 1 章式（1.12－5）或式（1.12－6）。

4）土的抗滑强度指标的采用。土的抗剪强度指标可用三轴剪力仪测定，亦可用直剪仪测定。采用的试验方法和强度指标见表 5.4－24。

表 5.4－24　土的抗剪试验方法和强度指标

堤的工作状态	计算方法	使用仪器	试　验　方　法	强度指标
施工期	总应力法	直剪仪	快剪(Q)	c_q，φ_q
		三轴仪	不固结不排水剪(UU)	c_{uu}，φ_{uu}
稳定渗流期	有效应力法	直剪仪	饱和后慢剪(S)	c'_s，φ'_s
		三轴仪	固结排水剪(CD)或固结不排水剪测孔隙水压力(CU)	c'_{cd}，φ'_{cd}或c'_{cu}，φ'_{cu}
水位降落期	总应力法	直剪仪	饱和后固结快剪(R)	c_{cq}，φ_{cq}
		三轴仪	固结不排水剪(CU)	c_{cu}，φ_{cu}
	有效应力法	直剪仪	饱和后慢剪(S)	c'_s，φ'_s
		三轴仪	固结排水剪(CD)或固结不排水剪测孔隙水压力(CU)	c'_{cd}，φ'_{cd}或c'_{cu}，φ'_{cu}

注　c 为测定的土体黏聚力强度指标，kPa；φ 为测定的土体内摩擦角指标，(°)；其中 c、φ 符号下标表示采用不同仪器和试验方法以示区别。

从表 5.4－24 中可看出，各计算工况应按下述方法选取相应的土的强度指标：

a. 施工期地基土应取直接快剪指标 c_q、φ_q，或三轴不固结不排水剪指标 c_{uu}、φ_{uu}。

b. 稳定渗流期采用有效应力法进行稳定分析时，土的抗剪强度指标取经饱和后的慢剪指标 c'_s、φ'_s，或三轴固结排水剪指标 c'_{cd}、φ'_{cd}，或三轴固结不排水剪测孔隙水压力指标 c'_{cu}、φ'_{cu}；当采用总应力法进行稳定分析时，则土的抗剪强度指标取经饱和后的固结快剪指标 c_{cq}、φ_{cq}，或三轴固结不排水剪指标 c_{cu}、φ_{cu}。

c. 水位降落期当采用总应力法进行稳定分析时，土的抗剪强度指标取饱和后固结快剪指标 c_{cq}、φ_{cq}，或三轴固结不排水剪指标 c_{cu}、φ_{cu}；当采用有效应力法时则要取饱和后慢剪指标 c_s'、φ_s'，或三轴固结排水剪指标 c_{cd}'、φ_{cd}'，或三轴固结不排水剪测孔隙水压力指标 c_{cu}'、φ_{cu}'。

当堤基为饱和强度很低的黏性土，并以较快的速度填筑堤身时，可采用快剪或不排水剪的现场十字板强度指标。

上述方法主要针对新建堤防或需要加高培厚的已建堤防。对已建堤防安全评价和不需要加高培厚的已建堤防加固设计，稳定渗流、水位降落期采用总应力法进行稳定分析时，考虑到旧堤填土及地基土在现有自重应力状态下已经固结，如果土样再经饱和固结，可能与实际并不再加荷的工况不符。此种情况下，可以取现状土样的直接快剪指标、三轴不固结不排水剪指标或现场十字板强度指标进一步计算复核，以策安全。

5）稳定渗流期的孔隙水压力计算原理：稳定渗流期的孔隙水压力系堤防抵挡江河水时在堤身重力稳定渗流下形成的堤内孔隙水压力，按流网的势能确定。浸润线以上任一点都无渗水的势能，孔隙水压力以零计；浸润线以下任一点都以渗水的势能确定。例如图 5.4-34 中任意点 b 的等势线为 aa'线，b 点势能 a'点（势能与浸润线的交点）在 b 点的静水头，此静水头即为 b 点的孔隙水压力。由此可见，通过堤内浸润线的计算绘出堤内浸润线位置后，再绘制相应水位下的流网图，即可计算出各计算土条 b_i 在试剪滑动面处的孔隙水压力 U_i。

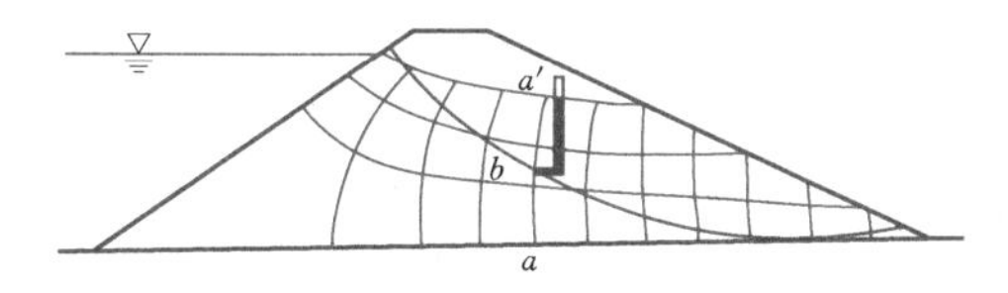

图 5.4-34 稳定渗流期孔隙水压力计算简图

（2）防洪墙抗滑、抗倾稳定及基底应力计算。

1）运用工况和荷载组合。

a. 运用工况及荷载。防洪墙运用工况包括正常运用和非常运用。

作用在防洪墙上的荷载可分为基本荷载和特殊荷载两类。

基本荷载：应包括自重，设计洪水位时的静水压力、扬压力及波浪压力，土压力，其他出现机会较多的荷载。

特殊荷载：应包括地震荷载，其他出现机会较少的荷载。

b. 荷载组合。

正常运用工况：自重＋设计洪水位水压力＋扬压力＋浪压力＋土压力＋其他出现机会较多的荷载。

非常运用工况Ⅰ：自重＋非常洪水位水压力＋扬压力＋浪压力＋土压力＋其他出现机会较少的荷载。

非常运用工况Ⅱ：自重＋多年平均水位水压力＋扬压力＋土压力＋地震荷载＋其他出现机会较少的荷载。

2）稳定及应力计算。

a. 抗滑稳定计算。防洪墙的抗滑稳定安全系数应计算为

$$K_c = \frac{f\sum W}{\sum P} \tag{5.4-54}$$

式中　K_c——抗滑稳定安全系数；

$\sum W$——作用于墙体上的全部垂直力的总和，kN；

$\sum P$——作用于墙体上的全部水平力的总和，kN；

f——底板与堤基面之间的摩擦系数。

防洪墙的抗滑稳定安全系数不应小于表 5.4-25 的规定。

表 5.4-25　防洪墙抗滑稳定安全系数

地基性质		岩基					土基				
堤防工程的等级		1	2	3	4	5	6	7	8	9	10
安全系数	正常运用条件	1.15	1.10	1.05	1.05	1.00	1.35	1.30	1.25	1.20	1.15
	非常运用条件	1.05	1.05	1.00	1.00	1.00	1.20	1.15	1.10	1.05	1.05

b. 抗倾稳定计算。防洪墙的抗倾稳定性应按式（5.4-55）计算，式中各力矩均是指荷载对通过墙底面倾覆方向一侧端点并垂直于横剖面方向的轴的力矩。

$$K_0 = \frac{\sum M_V}{\sum M_H} \tag{5.4-55}$$

式中　K_0——抗倾稳定安全系数；

M_V——抗倾覆力矩，kN·m；

M_H——倾覆力矩，kN·m。

防洪墙的抗倾稳定安全系数不应小于表 5.4-26 的规定。

c. 墙基底应力计算。基底应力计算为

$$\sigma_{max,min}=\frac{\sum G}{A}\pm\frac{\sum M}{\sum W}\qquad(5.4-56)$$

式中 $\sigma_{max,min}$——基底的最大和最小压应力，kPa；

$\sum G$——竖向荷载，kN；

A——挡土墙底面面积，m^2；

$\sum M$——荷载对挡土墙底面垂直于横剖面方向的形心轴的力矩，kN·m；

$\sum W$——挡土墙底面对垂直于横剖面方向形心轴的截面系数，m^3。

表 5.4-26 防洪墙抗倾稳定安全系数

堤防工程的等级		1	2	3	4	5
安全系数	正常运用条件	1.30	1.25	1.20	1.15	1.10
	非常运用条件	1.20	1.15	1.10	1.05	—

挡土墙为土基的基底的最大压应力应小于地基的允许承载力，基底应力的不均匀系数不应过大。压应力最大值与最小值之比的允许值，应小于表5.4-27的规定。

表 5.4-27 土基上防洪墙基底应力最大值与最小值之比的允许值

土基性质	荷载组合	
	基本组合	特殊组合
松软	1.5	2.0
中等坚实	2.0	2.5
坚实	2.5	3.0

(3) 斜坡式护坡坡面结构稳定计算。

1) 干（浆）砌石、混凝土护面。斜坡式土堤的干（浆）砌石、混凝土板护坡厚度可按式（5.4-17)、式（5.4-18）或第1章式（1.6-25）计算确定。

由于土堤堤坡比较缓，一般工况下该类材料堤坡护面结构可不作整体稳定计算。

2) 土工膜袋护坡面。对土工膜袋护坡面作稳定分析时，计算简图见图5.4-35。土工膜袋护坡的抗滑安全系数可计算如下：

$$K_s=\frac{L_3+L_2\cos\alpha}{L_2\sin\alpha}f_{cs}\qquad(5.4-57)$$

式中 L_2、L_3——长度，m；

α——坡角，(°)；

f_{cs}——膜袋与坡面间摩擦系数，应由试验测定，无试验资料时，可采用约0.5；

K_s——安全系数，可按表5.4-23的规定选用。

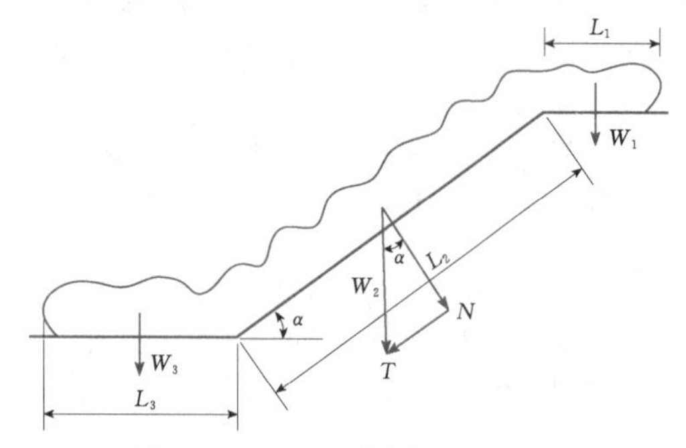

图 5.4-35 土工膜袋护坡抗滑稳定分析计算简图

5.4.5.3.7 沉降计算

软土地区江河堤防的沉降量较大，历时较长，1～3级堤防需进行沉降量计算。对新建堤防计算整个堤身荷载引起的沉降，对旧堤加固的沉降计算一般只考虑新增荷载引起的沉降。计算沉降量为的是确定填筑的超高厚度，必要时还需根据超高断面核算稳定性。

沉降计算应包括堤顶中心线处堤身和堤基的最终沉降量，并对计算结果按地区经验加以修正。对沉降敏感区，尚应计算断面的沉降及沉降差。

根据堤基的地质条件、土层的压缩性、堤身的断面尺寸、地基处理方法及荷载情况等，可分为若干堤段，每段选取代表性断面进行沉降量计算。

1. 堤基压缩层计算深度

堤基压缩层的计算深度，可按下式条件确定：

$$\frac{\sigma_z}{\sigma_B}=0.2\qquad(5.4-58)$$

式中 σ_z——堤基计算层面处的附加应力，kPa；

σ_B——堤基计算层面处的自重应力，kPa。

实际压缩层的厚度小于上式计算值时，应按实际压缩层的厚度计算其沉降量。

2. 最终沉降量计算

一般情况下堤身和堤基的最终沉降量，可按式（5.4-59）计算。但若填筑速度较快，堤身荷载接近极限承载力时，地基产生较大的侧向变形和非线性沉降，此时沉降计算应考虑变形参数的非线性进行专题研究。

$$S=m\sum_{i=1}^{n}\frac{e_{1i}-e_{2i}}{1+e_{1i}}h_i\qquad(5.4-59)$$

式中 S——最终沉降量，mm；

n——压缩层范围的土层数；

e_{1i}——新建堤防时为第i土层在平均自重应力作用下的孔隙比，旧堤加固时为第i土层在平均自重应力和旧堤平均附加应力共同作用下的孔隙比；

e_{2i} ——为第 i 土层在平均自重应力和平均附加应力共同作用下的孔隙比；

h_i ——第 i 土层的厚度，mm；

m ——修正系数，一般堤基的 $m=1.0$，对软土地基可采用 $m=1.3\sim1.6$。

3. 分时段累计沉降量计算

当有实测沉降量—时间曲线时，可采用双曲线法拟合，竣工后某一时间 t 的沉降量 S_t 可计算如下：

$$S_t = S\frac{t}{a+t} \tag{5.4-60}$$

式中　S_t ——竣工后某一时间 t 时的沉降量，mm；

S ——待求的最终沉降量，mm；

a ——待求的参数；

t ——竣工后某一时间，从加荷起止时间的中点算起，d。

直接按双曲线拟合较复杂，为了便于用现有的软件进行拟合，需进行变量变换。令

$$x=\frac{1}{t},\quad y=\frac{1}{S_t}$$

则式（5.4-60）可变换为

$$y = Ax + B \tag{5.4-61}$$

其中

$$A=\frac{a}{S}$$

$$B=\frac{1}{S}$$

经线性拟合可得 A、B，则：

$$S=\frac{1}{B},\quad a=\frac{A}{B}$$

将 S、a 代回式（5.4-60），即可求得 S_t。

沉降拟合应选取中后期沉降观测结果进行计算。

5.4.5.4　基础处理

对于修建在软土地基上的江河、湖泊堤防，当整体稳定、渗透稳定或沉降计算不能满足规范提出的安全要求时，应采取分期分级填筑加高的施工方法或对堤基进行基础处理。

堤基处理应根据堤防工程级别、堤高、堤基条件、堤防稳定和渗流控制要求，选择经济合理的方案；堤基处理应满足渗流控制、稳定和变形的要求；对堤基中的暗沟、故河道、塌陷区、动物巢穴、墓坑、窑洞、坑塘、井窖、房基、杂填土等隐患，应探明并采取处理措施。

堤基处理后，应保证堤基在堤脚处土层的渗透稳定；应进行堤防整体静力稳定计算，有抗震要求设防的堤防，堤基还应进行动力稳定计算，对粉细砂地基应进行抗液化分析；此外，竣工后堤基和堤身总沉降量和不均匀沉降应不影响堤防的安全运用。

5.4.5.4.1　软弱堤基处理

对软黏土、湿陷性黄土、易液化土、膨胀土、泥炭土和分散性黏土等软弱堤基，设计时应对其物理力学特性和抗渗强度及可能对工程产生的影响进行深入研究，并进行妥善处理。

1. 软黏土层堤基

对浅埋的薄层软黏土，宜挖除。对深埋厚层软黏土，当土厚度较大难以挖除或挖除不经济时，可采用调整堤防断面结构、堤防填筑、施工工艺及一些基础处理方法：垫层法、反压法、放缓堤坡、控制施工加荷速率法、排水井法、振冲填充法、水泥土搅拌法、土工织物铺垫层法等，亦可以采用多种方法组合进行综合性处理，以提高堤基软土层的承载能力。

（1）垫层法。当采用垫层法时，可采用铺垫透水材料加速软土排水固结和扩散应力，其透水材料可使用中粗砂、砂砾、碎石、土工织物等，垫层厚度：砂垫层厚 $t=0.5\sim1.0$m；碎石或砾石垫层厚 $t>1.0$m。

使用垫层法进行基础处理时应注意以下问题：

1）对在防渗体部位，应避免造成渗流通道；对可能是管涌土类，必须验算穿堤建筑物出口抗渗稳定性。

2）粉、细砂和砂壤土类，因其不均匀系数多在1～3之间，在遭受振动荷载作用时，易产生“液化”现象，故不宜采用。

3）砂料的含泥量，一般规范都规定不大于3%。考虑砂垫层砂料的选用关键是紧密度能否满足要求，故含泥量可放宽到5%。

4）为了避免坑底基土受到扰动，预留适当厚度的保护层是常用的做法。对于含水量过大的淤泥类土，在开挖到设计高程后，可铺垫一层土工织物作为隔离加筋材料，增强稳定性、减小沉降量。

5）铺垫黏性土类以中壤土类为适宜，这类土易于打碎，施工含水量易控制也易夯实。黏粒含量较大的重粉质壤土和黏土，打碎较困难，施工含水量也难控制，不宜作为换土的土料。含砾黏性土是较好的垫层材料，其中含有较多的砂粒和小砾石，有利于土块的破碎和疏干。

6）黏性土垫层施工含水量的控制是保证施工质量的关键，应严格掌握。设计的控制干密度是由室内击实试验得到的最大干密度乘以压实度而得出的。

7）垫层可作为穿堤建筑物基础的持力层，在设计计算中是作为基础的一部分考虑的。因此填筑时，由于土的性质和施工机械不同，铺土厚度也不同，应

根据试验确定，以使层底部密实度达到设计要求。垫层铺填时，应尽可能一层铺毕压实后再铺上一层，若回填面积过大，必须分段施工，且将每层接头错开，以免自上而下的通缝，造成薄弱环节。

（2）反压法。采用连续施工法修筑堤防，当填筑高度达到或超过软土堤基能承载的高度时，可在堤身外设置压载平台。一级压载平台不满足要求时可采用两级压载平台，压载平台的高度和宽度应由稳定计算确定，在保证整体稳定满足的情况下，压载平台宽度和高度不宜过大，以减少工程量和避免压载平台自身失稳。因此采用反压法时，除验算堤防整体稳定性外，还应验算压载平台自身的局部稳定性。

（3）放缓堤坡。

（4）控制施工加荷速率法。控制施工加荷速率是利用堤身自重通过规定的控制指标分期分级加载填筑，使地基发生排水固结、以适应堤身荷载的增加，最后达到设计荷载，是一种既简单又经济的方法。缺点是施工期较长，对堤身填筑施工速率控制要求严格，施工过程需要严密监测，要求分级加载后要有足够的间歇期，使填土产生的超孔隙水压力消散，地基强度得到增长。

在天然软土地基上，利用控制施工加荷速率的连续施工法填筑土石堤时，其容许施加荷载计算如下：

$$P = 5.52\frac{C_u}{k} \qquad (5.4-62)$$

式中　P——容许施加荷载，kN/m^2；

C_u——天然地基不排水剪强度，由无侧限三轴不排水剪试验或原位十字板剪切试验测定，kN/m^2；

k——安全系数，宜采用1.1～1.5。

控制填土速率方法筑堤全过程，填土速率和间歇时间应通过地基固结度和整体稳定计算、试验或结合类似工程分析确定，以保证整个施工期内整体稳定安全满足要求。

采用此方法时，视表层土质软弱程度铺设厚0.5～1.0m的砂（石渣）垫层及土工织物作为排水层。砂垫层的材料应采用中粗砂；石渣垫层的材料可采用天然砂砾料，也可采用碎石，其最大粒径不宜超过10cm。

为增加整体稳定性及加快施工速率，可结合其他地基处理方法，如可在堤防一侧或两侧增设一级或多级的压载平台的反压法、换填垫层法、土工织物铺垫等。

（5）排水井法。排水井法是将塑料排水板或砂井等排水竖井垂直插入软土地基中，地表铺设排水砂垫层，借垂直排水和水平排水的联合作用，可大大缩短排水路径，加速软土排水固结，使地基强度获得较快增长，适应堤身荷载的增加，并可使地基沉降量大部分在施工期完成。

1）排水井法设计的主要内容：选择塑料排水板或砂井，根据堤型、土层、地质等条件确定其断面尺寸、间距、排列方式、深度及处理范围，确定荷载分级、加载速率及间歇时间，计算地基土的固结度、强度增长、整体稳定性和变形。

排水竖井分普通砂井、袋装砂井和塑料排水板。普通砂井直径可取300～500mm，袋装砂井直径可取70～120mm。塑料排水板的当量换算直径可计算如下：

$$d_p = \alpha\frac{2(b+\delta)}{\pi} \qquad (5.4-63)$$

式中　d_p——塑料排水板当量换算直径，mm；

b——塑料排水板宽度，mm；

δ——塑料排水板厚度，mm；

α——换算系数；施工长度在10m左右，扰度在10%以下的排水板，适当的α值为0.6～0.9；对标准型，即宽度b=100mm，厚度δ=3～4mm的塑料排水板，取α=0.75比较适宜。

排水竖井的平面布置可采用等边三角形或正方形排列，竖井的有效排水直径d_e与间距l的关系为：

等边三角形排列　$d_e = 1.05l$

正方形排列　$d_e = 1.13l$

排水竖井的布置范围一般为堤身荷载较大的区域，以满足稳定和沉降要求为原则，应避免由于不同排水条件下可能发生的不均匀沉降。同时，海堤还要满足内坡防渗要求。

排水竖井的间距可根据地基土的固结特性和预定时间内所要求达到的固结度确定。设计时，竖井的间距可按井径比n选用（$n=d_e/d_w$，d_w为排水竖井直径，对塑料排水板可取$d_w=d_p$）。塑料排水板或袋装砂井的间距可按n=15～22选用，普通砂井的间距可按n=6～8选用。

排水竖井的深度应根据江河堤的整体稳定性、变形要求和工期确定。对以整体稳定控制的工程，竖井深度至少应超过最危险滑动面2.0m。对工后沉降要求较严的堤防，竖井深度应根据在限定时间内需完成的变形量确定。软土层下有承压水时，应避免排水井穿透软土层；如排水井需穿透软土层，应采取必要的防护设施。对采用塑料排水板时，应控制塑料排水板的打设标高。

水平排水通道常采用砂垫层等结构，砂垫层的厚度不应小于500mm，视表层土质软弱程度，垫层厚度宜在0.8～1.5m范围内选用。砂料宜采用中粗砂，黏粒含量不宜大于3%，砂料中可混有少量粒径小于50mm的砾石。砂垫层的干密度应大于1.5g/cm³，其渗透系数宜大于10^{-2}cm/s。

砂井的砂料应采用中粗砂，黏粒含量不应大于3%。

排水井的竖向排水设施应与水平排水层相结合形成完整的排水系统。当竖向排水是采用塑料排水板时，可采用真空预压措施，以加快软土地基固结，缩短整个施工期。

对1～3级堤防，应在现场选择试验段进行现场试验，在试验过程中应进行沉降、侧向位移、孔隙水压力、地下水等项目的监测并进行原位十字板剪切试验和室内土工试验。根据试验段获得的监测资料确定加载速率控制指标，推算土的固结系数、固结度及最终沉降等，分析软基处理效果，对原设计进行修正，并指导整段堤防的设计和施工。

2）地基固结度计算。地基固结度计算分下列三种情况：

a. 竖向排水平均固结度的计算；

b. 有排水竖井的固结度计算；

c. 对排水竖井未打穿软土层时，应分别计算竖井范围土层的平均固结度和竖井底面以下软土层的平均固结度。

各情况下的地基固结度计算方法详见5.4.6.3有关内容。

（6）振冲填充法。振冲填充法加固砂土或砂壤土地基，能同时起到增密、排水、减压和预振效应等作用，对提高地基土壤抗液化能力和承载力有明显效果。

目前对振冲填充法加固软弱土地基的有效性认识尚不一致，较多的意见认为：用振冲填充法加固黏性土地基主要是振冲置换土和制桩挤实作用，形成桩土复合地基。因此，一些资料提出用碎石桩振冲置换软基时，地基土的不排水抗剪强度应大于16～20kPa。这是由于位于软土的碎石桩，如果软土强度太低，则桩四周的侧压力太低，并不能提高地基的承载力，因此对软弱黏性土地基必须经论证才可采用振冲法加固。

1）振冲置换所用的填料。对粉细砂和砂壤土地基用砾砂、粗砂，对软土地基用碎石进行置换。但碎石桩改变了基础渗流状态，必要时需增加防渗设施；对中、粗砂地基可不加填料，只用振动器的振力将地基振动密实。

振冲器与振冲孔周边之间一般为50～100mm。因此碎石填料粒径在5～40mm之间为宜，最大粒径不宜大于50mm；填料的含泥量要求在5%以下，否则将增加泥浆的密度，填料下沉速度减缓，影响加固效果。

砂石混合料不应使用，因振冲时会使砂粒和石料分离，密实度差。

2）振冲器的技术参数和选型。振冲填充法的加固效果与振冲器的技术参数和选型有密切关系。国外试验表明，振冲器的振动频率宜接近土体自振频率。一般软弱地基的自振频率，黏性土为8～16Hz，砂性土为15～28Hz。目前国内生产的振冲器的频率为1450r/min（24Hz），故对饱和松散的砂基加密效果较好，对软土则效果较差。

起重能力应根据加固深度和施工方法来选定。振冲深度不大于18m时，一般选用起重能力80～150kN可满足施工要求。根据施工实践，对软弱土、粉细砂和砂壤土地基，水压宜为0.6～0.8MPa，对粗砂尚可大些。供水量一般控制在200～400L/min之间。在输水管上要装置阀门，以便能调节压力和水量。

振冲器贯入速度由地质条件确定，对密实的或黏性大的地基，贯入速度应慢些，反之可快些。贯入速度一般控制在1～2m/min，通常每贯入0.5～1.0m宜悬挂留振，时间为5～10s，以利于振冲洗孔扩大孔径。

3）下料方式。在粉细砂、砂壤土中加填振冲密实宜采用连续下料法。造孔至要求深度后，不提出振冲器即向孔内填料，借振冲器的水平振力将填料挤入周围土中，从而使土层挤密。当振冲器电流值升高至规定的控制值时（对于30kW振冲器宜为50～60A），将振冲器上提一段距离，继续投料挤密直至孔口，每次上提距离30～50cm。

在软弱黏性土层制作振冲置换桩，宜采用间断下料法。造孔至要求深度后，将振冲器提出孔口，第一次往孔内倒入约1m厚的填料，再将振冲器沉入填料中振密并扩大桩径，以后各段都应将振冲器提出孔口，依次倒入填料振实，每次填料厚度为50cm。

4）桩顶处理。由于振冲碎石桩的顶部1m左右侧压力小，填碎石难以振实，故桩顶部不密实部分应挖除或采取其他补救措施。

有关用碎石作为填料的振冲碎石桩设计方法见5.4.6.4之8有关内容。

（7）水泥土搅拌法。

1）加固原理、适用范围及设计要求。

a. 水泥土搅拌法是利用水泥作为固化剂，通过特别的搅拌机械，就地将如饱和黏性土和粉土等淤泥质软土和固化剂（浆液或粉体）强制搅拌，使软土黏结成具有整体性、水稳性和一定强度的水泥加固土，从而提高地基上的强度和增大变形模量。根据固化剂掺入状态的不同，它可以分为浆液搅拌和粉体喷射搅拌两种。前者是浆液和地基土搅拌，后者用粉体和地基土搅拌。

b. 水泥土搅拌桩可用于处理正常固结的淤泥及淤泥质土，当用于处理泥炭土、有机质土、塑性指数 $I_p>25$ 的黏土、地下水具有腐蚀性以及无工程经验的地区，应通过现场试验确定其适用性。

c. 确定处理方案前应收集拟处理区域内详尽的岩土工程资料。尤其是填土层的厚度和组成，软土层的分布范围和分层情况，地下水位及 pH 值，土的含水量、塑性指数和有机质含量等。

d. 设计前应进行室内配比试验。针对现场拟处理的最弱层软土的性质，选择合适的固化剂、外掺剂及其掺量，为设计提供各种龄期、各种配比的强度参数。

一般认为用水泥作为加固料，对含有高岭石、多水高岭石、蒙脱石等黏土矿物的软土加固效果较好；而对含有伊利石、氯化物和水铝石英等矿物的黏性土以及有机质含量高、pH 值较低的黏性土加固效果较差。

e. 固化剂宜选用等级为 32.5 级及以上的普通硅酸盐水泥。水泥掺量宜为 12%～20%。外掺剂可根据工程需要和土质条件选用早强、缓凝、减水以及节省水泥等作用的材料，但应避免环境污染。

当出现地下水中含有大量硫酸盐时，应选用抗硫酸盐水泥，使水泥土中产生的结晶膨胀物控制在一定数量范围内，避免硫酸盐与水泥反应时会出现开裂、崩解而散失强度，以提高水泥土的抗侵蚀性能。

f. 水泥土搅拌法的设计，主要是确定搅拌桩的置换率和长度。竖向承载搅拌桩桩长应通过承载力、变形计算确定，并宜穿透软土层到达承载力相对较高的土层；为提高抗滑稳定性而设置的搅拌桩，其桩长应超过危险滑弧以下 2m；一般情况，采用浆液固化剂搅拌法加固深度不宜大于 20m，粉体喷射搅拌法加固深度不宜大于 15m。水泥土搅拌桩的桩径不应小于 500mm。

g. 竖向承载的水泥土搅拌桩复合地基的承载力特征值应通过现场单桩或多桩复合地基荷载试验确定。

h. 搅拌桩的平面布置可根据上部荷载特点、稳定及变形要求采用柱桩、壁状或格栅状等加固型式。柱状加固可采用正方形、等边三角形等布桩型式。

i. 当搅拌桩处理范围以下存在软弱下卧层时，应进行下卧层承载力验算。

j. 竖向承载搅拌桩复合地基的变形包括搅拌桩复合土层的平均压缩变形与桩端下未加固土层的压缩变形，桩端以下未加固土层的压缩变形可按现行有关规范进行计算。

2）水泥土搅拌桩复合地基承载力计算。

a. 搅拌桩复合地基承载力特征值。竖向承载水泥土搅拌桩复合地基的承载力特征值应通过现场单桩或多桩复合地基荷载试验确定。初步设计时也可计算为

$$f_{spk}=m\frac{R_a}{A_p}+\beta(1-m)f_{sk} \tag{5.4-64}$$

式中　f_{spk}——复合地基承载力特征值，kPa；

m——面积置换率；

R_a——单桩竖向承载力特征值，kN；

A_p——桩的截面积，m^2；

β——桩间土承载力折减系数，当桩端土未经修正的承载力特征值大于桩周土的承载力特征值的平均值时，可取 0.1～0.4，差值大时取低值；当桩端土未经修正的承载力特征值小于或等于桩周土的承载力特征值的平均值时，可取 0.5～0.9，差值大时或设置褥垫层时均取高值；

f_{sk}——桩间土承载力特征值，kPa，可取天然地基承载力特征值。

b. 单桩竖向承载力特征值。单桩竖向承载力特征值应通过现场载荷试验确定。初步设计时可取式（5.4－65）和式（5.4－66）计算的小值，并应同时满足两式的要求，应使由桩身材料强度确定的单桩承载力大于（或等于）由桩周土和桩端土的抗力所提供的单桩承载力。

$$R_a=u_p\sum_{i=1}^{n}q_{si}l_i+\alpha q_pA_p \tag{5.4-65}$$

$$R_a=\eta f_{cu}A_p \tag{5.4-66}$$

式中　f_{cu}——与搅拌桩桩身水泥土配比相同的室内加固土试块（边长为 70.7mm 的立方体，也可采用边长为 50mm 的立方体）在标准养护条件下 90d 龄期的立方体抗压强度平均值，kPa；

η——桩身强度折减系数；采用粉体固化剂喷搅拌桩可取 0.20～0.30，采用浆液固化剂搅拌桩可取 0.25～0.33；

u_p——桩的周长，m；

n——桩长范围内所划分的土层数；

q_{si}——桩周第 i 层土的侧阻力特征值，kPa；对淤泥可取 4～7，对淤泥质土可取 6

～12，对软塑状态的黏性土可取10～15，对可塑状态的黏性土可以取12～18；

l_i——桩长范围内第i层土的厚度，m；

q_p——桩端地基土未经修正的承载力特征值，kPa；可按《建筑地基基础设计规范》（GB 50007—2011）的有关规定确定；

α——桩端天然地基土的承载力折减系数，可取0.4～0.6，承载力高时取低值。

搅拌桩的力学参数取值：设计前应进行拟处理土的室内配比试验。针对现场拟处理的最弱层软土的性质，选择合适的固化剂、外掺剂及其掺量，为设计提供各种龄期、各种配比的强度参数。

对竖向承载的水泥土强度宜取90d龄期试块的立方体抗压强度平均值；对承受水平荷载的水泥土强度宜取28d龄期试块的立方林抗压强度平均值。

3）水泥土搅拌桩复合地基等效强度指标。

a. 水泥土搅拌桩复合地基的等效强度指标可计算如下：

$$c = c_1 m + c_2(1-m) \tag{5.4-67}$$

$$\varphi = \operatorname{arccot}\left(\frac{\tan\varphi_1}{1+k_2/\beta k_1} + \frac{\tan\varphi_2}{1+\beta k_1/k_2}\right) \tag{5.4-68}$$

式中 m——搅拌桩的面积置换率；

c_1——搅拌桩桩身黏聚力，kPa；

φ_1——搅拌桩桩身内摩擦角，取$\varphi_1 = 20° \sim 24°$；

c_2——软土层黏聚力，kPa；

φ_2——软土层内摩擦角，(°)；

k_1——搅拌桩的刚度，kN/m；

k_2——桩周软土部分的刚度，kN/m；

β——桩的沉降S_1和桩周软土部分沉降S_2之比，即$\beta = S_1/S_2$（对填土，一般$S_1 < S_2$，可取$\beta = 0.5$；对刚性基础，则$S_1 = S_2$，$\beta = 1$）。

b. 搅拌桩桩身黏聚力c_1可确定为

$$c_1 = \frac{\eta f_{cu}}{2\tan\left(45° + \frac{\varphi_1}{2}\right)} \tag{5.4-69}$$

式中 f_{cu}——与搅拌桩桩身水泥泥土配比相同的室内加固试块在标准养护条件下28d龄期的立方体抗压强度平均值，kPa；

η——桩身强度折减系数，采用浆液固化剂搅拌桩取0.25～0.33，采用粉体固化剂喷搅拌桩取0.20～0.30。

c. 搅拌桩及桩周软土刚度。搅拌桩及桩周软土刚度可计算确定为

$$K_1 = \frac{k_1 k_2 k_3}{k_1 k_2 + k_2 k_3 + k_3 k_1} \tag{5.4-70}$$

其中

$$k_2 = \frac{A_2 E_S}{l} \tag{5.4-71}$$

$$k_1 = \frac{A_1 E'}{d(1-\mu^2)\omega} \tag{5.4-72}$$

$$k_2 = \frac{A_1 E_P}{l} \tag{5.4-73}$$

$$k_3 = \frac{A_1 E''}{d(1-\mu^2)\omega} \tag{5.4-74}$$

式中 k_1——搅拌桩桩顶土层的刚度，kN/m；

k_2——搅拌桩桩身的压缩刚度，kN/m；

k_3——搅拌桩桩底土层的刚度，kN/m；

A_1——搅拌桩截面面积，m^2；

A_2——桩周土截面积，m^2；

d——搅拌桩直径，m；

μ——泊松比，可取$\mu = 0.3$；

ω——形状系数，$\omega = 0.79$；

E'——桩顶土层的变形模量，kPa；

E''——桩底土层的变形模量，kPa；

E_P——搅拌桩的压缩模量，可取$(100 \sim 120) f_{cu}$，kPa；对于桩较短或桩身强度较低者可取低值，反之可取高值；

E_S——桩间土的压缩模量，kPa；

l——搅拌桩桩长，m。

4）水泥土搅拌桩复合土层的变形计算。搅拌桩复合土层的压缩变形可计算为

$$S_1 = \frac{(p_Z + p_{ZL})l}{2E_{SP}} \tag{5.4-75}$$

$$E_{SP} = mE_P + (1-m)E_S \tag{5.4-76}$$

式中 p_Z——搅拌桩复合土层顶面的附加压力值，kPa；

p_{ZL}——搅拌桩复合土层底面的附加压力值，kPa；

E_{SP}——搅拌桩复合土层的压缩模量，kPa；

E_P——搅拌桩的压缩模量，可取$(100 \sim 120) f_{cu}$，kPa；对桩较短或桩身强度较低者可取低值，反之可取高值；

E_S——桩间土的压缩模量，kPa。

（8）土工织物铺垫层法。在堤身地基表面铺设排水垫层，在垫层内夹铺一层或多层高抗拉强度的土工织物，或在地基表面先铺一层土工织物，在其上再铺设排水垫层，形成土工织物—垫层系，令其起到隔离作用，减少土石料大量挤入表层软土中，形成良好的表层

排水面，有利于孔隙水压力的消散、保持堤身底部连续完整、约束浅层软土的侧向变形、均化应力分布，起到提高地基承载力和稳定性、减少沉降差的作用。

在设计中应考虑以下几点：

1）土工织物。应选用抗拉强度高、延伸率低和摩擦特性好的材料。

2）土工织物铺设位置和层数。先对未利用土工织物的情况进行稳定分析，求出最危险滑弧位置，土工织物布置的起点应在滑弧之外并穿过滑弧；铺设层数也视具体情况而定，一般为一层或两层。

3）土工织物两端锚固问题很重要，应根据工程特点采用具体的有效措施，增加铺设长度也可起到锚固作用。

4）垫层的要求同排水井法。

（9）桩基础。对于穿堤建筑物如水闸、抽排水泵站及重力式堤防（防洪墙）放置在软弱土层上，为了满足抗滑稳定、地基承载力和减少沉降量，往往采用桩基础工程作为基础处理的有效措施。

桩基础，最常用的是钢筋混凝土预制桩和钻孔灌注桩。预制桩还可以是预应力钢筋混凝土预制桩。

钢筋混凝土预制桩和钻孔灌注桩的分类、优缺点比较以及适用范围见表5.4-28，具体设计参见SL 265—2001、《建筑桩基技术规范》（JGJ 94—2008）和桩基设计有关资料等，在此不再赘述。

2. 湿陷性黄土层堤基

（1）预先浸水。利用黄土浸水产生湿陷的特点，在基坑施工前进行场地大面积浸水，使土体产生自重湿陷，以消除深层黄土地基遇水湿陷现象。预先浸水法适用于处理湿陷性土层厚度大于10m、自重湿陷量等于或大于50cm的建筑场地。它能消除地表5～7m以下土层的湿陷，如再配合表层处理，便能达到消除全部土层的湿陷现象。此法在施工前宜通过现场试坑浸水试验确定浸水时间、耗水量和湿陷量等参数。

（2）重锤夯实。可通过重锤夯实法提高地基承载力、消除湿陷性地基的湿陷现象。在强湿陷性黄土地基上修建较高的或重要的堤防，应专门研究处理措施。

3. 易液化堤基

对于浅层的可液化土层，可采用表面振动压密等措施处理；对于深层的可液化土层，可采用振冲、强夯、设置砂石桩加强堤基排水等方法处理。

4. 膨胀土堤基

对膨胀土堤基，在查清膨胀土性质和分布范围的基础上可采用挖除、围封、压载等方法处理。

5. 泥炭土堤基

泥炭土如无法避开而又不可能挖除时，应根据泥炭土的压缩性采取相应的措施，有条件时应进行室内试验和试验性填筑。

6. 分散性黏土堤基

对分散性黏土堤基，在堤身防渗体以下部分应掺入石灰，石灰掺量应根据土质情况由试验确定，其重量比可取2%～4%。均质土堤处理深度可取0.2～0.3m，心墙或斜墙土石堤在防渗体下可取1.0～1.2m。在非防渗体部位可采用满足保护分散性黏土要求的滤层。

5.4.5.4.2 透水堤基处理

1. 浅层薄透水堤基

浅层透水堤基宜采用黏性土截水槽或其他垂直防渗措施截渗；截水槽底部应达到相对不透水层，截水槽宜采用与堤身防渗体相同的土料填筑，其压实密度不应小于堤体的同类土料。截水槽的底宽，应根据回填土料、下卧相对不透水层的允许渗透坡降及施工条件确定。

2. 深层厚透水堤基

（1）铺盖防渗。相对不透水层埋藏较深、透水层较厚且临水侧有稳定滩地的堤基宜采用铺盖防渗措施；铺盖的长度和断面应通过计算确定，当利用天然弱透水层作为防渗铺盖时，应查明天然弱透水层及下卧透水层的分布、厚度、级配渗透系数和允许渗透坡降等情况，在天然铺盖不足的部位应采用人工铺盖补强措施；在缺乏做铺盖土料的地方，可采用土工膜或复合土工膜，在表面应设保护层及排气排水系统。

（2）垂直防渗墙。对透水深厚、临水侧无稳定滩地、难以采用铺盖防渗的重要堤段，可设置黏土、土工膜、固化灰浆、混凝土、塑性混凝土、沥青混凝土等地下垂直截渗墙，截渗墙的深度和厚度应满足堤基和墙体材料允许渗透坡降的要求。对特别重要的堤段，需要在砂砾石堤基内建造灌浆帷幕时，应通过室内及现场试验确定堤基的可灌性；对于粒状材料浆体可灌性差的堤基，可采用化学浆材灌浆，或在粒状材料施灌后再灌化学浆材。

5.4.5.4.3 多层堤基处理

1. 表层弱透水层厚层

表层弱透水层较厚的堤基，宜采用盖重（透水材料）措施处理。

2. 表层弱透水薄层

表层弱透水覆盖层较薄的堤基，如下卧的透水层基本均匀、且厚度足够时，宜采用排水减压沟处理。

弱透水覆盖层下卧的透水层呈层状沉积，各向异

表 5.4-28 桩基础分类表

类型			定义	优点	缺点	适用范围
按受力情况分	端承桩		穿过软弱土层而达到坚硬土层或岩层上的桩，上部结构荷载主要由持力岩层承受；施工时以控制贯入度为主，桩尖进入持力层深度或桩尖标高可作参考	桩基的沉降较小，稳定时间也较短	对沉渣厚度要求严格，受地质情况影响较大 对承受以水平荷载为主的结构，如水闸、泵站等，由于垂直荷载几乎由端承桩支承，当结构底板下的软弱地层有过大沉陷时，容易引起底板与地基接触面“脱空”现象，产生不安全隐患，如渗透稳定的破坏	主要用于以承受垂直荷载为主的结构以及岩层或者坚硬土层埋置较浅的地基
	摩擦桩		完全设置在软弱土层中，将软弱土层挤密实，以提高土的密实度和承载能力，上部结构的荷载由桩尖阻力和桩身侧面与地基土之间的摩擦阻力共同承受，施工时以控制桩尖设计标高为主，贯入度可作参考	对沉渣厚度要求宽松，受地质情况影响较小 对承受水平荷载为主的结构可避免端承桩的上述缺点	这类桩基的沉降较大，稳定时间也较长	主要用于软土层，或者岩层埋置很深的地基
按施工方法分	预制桩	总述	在预制构件厂或施工现场预制，用沉桩设备在设计位置上将其沉入土中的桩	（1）桩的单位面积承载力较高，由于其属挤土桩，桩打入后其周围的土层被挤密，从而提高地基承载力 （2）桩身质量易于保证和检查；适用于水下施工 （3）桩身混凝土的密度大，抗腐蚀性能强 （4）施工工效高。因其打入桩的施工工序较灌注桩简单，工效也高	（1）预制桩单价较灌注桩高。预制桩的配筋是根据搬运、吊装和压入桩时的应力设计的，远超过正常工作荷载的要求，用钢量大。接桩时，还需增加相关费用 （2）锤击和振动法下沉的预制桩施工时，震动噪音大，影响周围环境，不宜在城市建筑物密集的地区使用，一般需改为静压桩机进行施工 （3）预制桩是挤土桩，施工时易引起周围地面隆起，有时还会引起已就位邻桩上浮 （4）受起吊设备能力的限制，单节桩的长度不能过长，一般为10余米。长桩需接桩时，接头处形成薄弱环节，如不能确保全桩长的垂直度，则将降低桩的承载能力，甚至还会在打桩时出现断桩 （5）不易穿透较厚的坚硬地层，当坚硬地层下仍存在需穿过的软弱层时，则需辅以其他施工措施，如采用预钻孔（常用的引孔方法）等	（1）持力层上覆盖为松软土层，没有坚硬的夹层 （2）持力层顶面的土质变化不大，桩长易于控制，减少截桩或多次接桩 （3）水下桩基工程 （4）大面积打桩工程。由于此桩工序简单，工效高，在桩数较多的前提下，可抵消预制价格较高的缺点，节省基建投资 （5）工期比较紧的工程，因已在工厂预制，缩短工期
		钢筋混凝土预制桩	钢筋混凝土材料制作。分方形实心断面桩和圆柱体空心断面桩两类	单桩承载力大，预制桩不受地下水位与土质条件限制，无缩颈等质量事故，安全可靠且施工速度快	预制桩自重大，需运输，需大型打桩机和吊桩的吊车，若桩长不够需接桩，桩太长需截桩，费事，造价较高	适用于大中型各类建筑工程的承载桩
		钢桩	钢材料制作，常用的有开口或闭口的钢管桩以及H形钢桩等	（1）重量轻，刚性好，装卸、运输方便，不易损坏 （2）承载力高，桩身不易损坏，并能获得极大的单桩承载力 （3）沉桩接桩方便，施工速度快	（1）腐蚀性较差 （2）耗钢量大，工程造价较高 （3）打桩机设备比较复杂，振动及噪音较大	多用于超重型设备基础、江河深水基础、高层建筑深基础护坡工程以及软土层很厚常规钢筋混凝土难以适应的基础

续表

类型			定义	优点	缺点	适用范围
按施工方法分	预制桩	木桩	木桩常用松木、杉木制作。直径（尾径）160～260mm，桩长一般为4～6m	制作容易，储运方便，设备简单，造价低廉	承载力较低；容易腐烂，使用寿命不长	目前已经很少使用，仅用于一些能就地取材的小型工程和临时工程以及古代文物的基础
	灌注桩	总述	在桩位处成孔，然后放入钢筋骨架，再浇筑混凝土而成的桩	（1）适用于不同土层 （2）桩长可因地改变，没有接头 （3）仅承受轴向压力时，只需配置少量构造钢筋。需配制钢筋笼时，按工作荷载要求布置，节约钢材（相对于预制桩是按吊装、搬运和压桩应力来设计钢筋） （4）正常情况下，比预制桩经济 （5）单桩承载力大（采用大直径钻孔和挖孔灌注桩时） （6）振动小，噪声小	（1）桩身质量不易控制，容易出现断桩、缩颈、露筋和夹泥的现象 （2）桩身直径较大，孔底沉积物不易清除干净（除人工挖孔灌注桩外），因而单桩承载力变化较大 （3）不宜用于水下桩基	（1）适用于各种不同土层 （2）适用于地下水较少或者基本无地下水的情况 （3）适用于工期相对宽松的工程 （4）由于具有施工时无振动、无挤土、噪音小、宜于在城市建筑物密集地区使用
		钻（冲）孔灌注桩	利用泥浆保护稳定孔壁的机械钻孔方法。通过循环泥浆将切削碎的泥石渣屑悬浮后排出孔外	施工过程中无挤土、无振动、噪音小，对邻近建筑物及地下管线危害较小，且桩径不受限制	泥浆沉淀不易清除，影响端部承载力的充分发挥，并造成较大沉降	适用于成孔深度内没有地下水的一般黏土层、砂土及人工填土地基，不适于有地下水的土层和淤泥质土
		沉管灌注桩	利用锤击打桩设备或振动沉桩设备，将带有钢筋混凝土的桩尖（或钢板靴）或带有活瓣式桩靴的钢管沉入土中（钢管直径应与桩的设计尺寸一致），造成桩孔，然后放入钢筋骨架并浇筑混凝土，随之拔出套管，利用拔管时的振动将混凝土捣实，便形成所需要的灌注桩	在钢管内无水环境中沉放钢筋和浇灌混凝土，从而为桩身混凝土的质量提供了保障	拔除套管时，如提管速度过快会造成缩颈、夹泥，甚至断桩；沉管过程的挤土效应除产生与预制桩类似的影响外，还可能使混凝土尚未结硬的邻桩被剪断	适用于一般黏性土、淤泥质土和人工填土地基
		人工挖孔灌注桩	挖孔灌注桩是用人力挖土形成桩孔，并在向下推进的同时，将孔壁衬砌以保证施工安全，在清理完孔底后，浇灌混凝土	施工时可在孔内直接检查成孔质量，观察地质土质变化情况；桩孔深度由地基土层实际情况控制，桩底清孔除渣彻底、干净，易保证混凝土浇筑质量	对安全要求特高，如有害气体、易燃气体、空气稀薄等，尤其在有地下水时需边抽边挖，对漏电保护也有特殊要求	适用于黏性土和地下水位较低的条件，最忌在含水砂层中施工，因易引起流砂坍孔，十分危险

性，且强透水层位于地基下部，或其间夹有黏土薄层和透镜体，宜采用排水减压井；应根据渗流控制要求和地层情况，结合施工等因素，合理确定井距和井深。排水减压沟、排水减压井的平面位置宜靠近堤防背水侧坡脚；设置排水减压沟、排水减压井后，应复核堤基及渗流出口的渗透坡降；当超过允许渗透坡降时，应采取其他防渗和反滤等措施；防渗、反滤可用天然材料或土工膜、土工织物等。

5.4.5.4.4　岩石堤基的防渗处理

强风化或裂隙发育的岩石或存在岩溶，可能使岩石或堤体受到渗透破坏、危及堤防安全时，应进行防渗处理。

1. 非岩溶区域的强风化岩

岩石堤基强烈风化可能使岩石堤基或堤身受到渗透破坏时，防渗体下的岩石裂隙应采用砂浆或混凝土封堵，并在防渗体下游设置滤层防止细颗粒被带出，非防渗体下宜采用滤料覆盖。

2. 岩溶地区

岩溶地区，在查清情况的基础上，应根据当地材料的情况，填塞漏水通道，必要时，可加设防渗铺盖。

5.4.5.4.5　小结

各类堤基处理方式汇总见表5.4-29。

表5.4-29　**各类堤基处理方式表**

地层特性			处理方式	材料及措施要求
软弱堤基处理	软黏土层	浅埋/薄层	挖除	人工或机械
		深埋/厚层	1. 垫层法	砂砾、碎石、土工织物
			2. 反压法	土料、土石渣一层、二层，由堤边整体稳定计算确定厚度及范围
			3. 放缓堤坡	可在1∶5以上，根据堤坡整体稳定计算确定
			4. 控制施工加荷速率法	根据地基固结历时计算和实测控制堤身填筑厚度及间歇时间
			5. 排水井法	砂砾、土工织物
			6. 振冲填充法	砂、砂砾石级配
			7. 水泥土搅拌桩法	黏土与水泥级配
			8. 土工织物铺垫层法	砂、塑料排水板
			9. 桩基础	钢筋、混凝土
	湿陷性黄土层		1. 预先浸水法	通过现场试坑浸水试验确定浸水时间、耗水量和湿陷量等参数
			2. 表面重锤夯实法	重锤反复夯击
	易液化土层	浅埋/薄层	1. 挖除	人工或机械
			2. 表面振动压密	振动机械
		深埋/厚层	1. 振动	振动机械
			2. 强夯	根据试验确定夯实次数和有效夯实深度
			3. 设置砂石桩	砂、砂砾石级配
	膨胀土层		1. 挖除	人工或机械
			2. 围封	人工或机械
			3. 压载	沙、石、土
	泥炭土堤基		1. 挖除	人工或机械
			2. 填筑	人工或机械
	分散性黏土堤基		在堤身防渗体以下部分应掺入石灰	石灰掺量应根据土质情况由试验确定

续表

地层特性		处理方式	材料及措施要求
透水堤基处理	浅层薄透水堤基	1. 黏性土截水墙	截水槽底部应达到相对不透水层
		2. 不同材料垂直防渗墙	防渗墙底部应达到相对不透水层
	深层厚透水堤基	临水侧有稳定滩地	采用铺盖防渗（复合土工膜、黏土、混凝土）
		临水侧无稳定滩地	采用设置不同材料垂直防渗墙（泥浆、混凝土）
多层堤基处理	表层弱透水层厚层	采用透水材料盖重	砂砾、碎石、土工织物
	表层弱透水薄层	下卧透水层均匀、足厚	布设排水减压沟（砂砾、碎石）
		下卧透水层层状沉积、各向异性或有薄层黏土夹层或透镜体	布设排水减压井，合理确定井距和井深（滤网、土工织物、砂石料）
岩石堤基防渗处理	非岩溶地区，强风化岩	砂浆或混凝土封堵	砂浆、混凝土
	岩溶地区	填塞漏水通道或设防渗铺盖	黏土、水泥

5.4.5.4.6　工程实例

1. 钻孔灌注桩在广州市堤防工程中的应用

广州市珠江堤防整治第 4 期二沙岛段工程，堤岸建设长度 217.0m，工程所在位置为省级体育训练基地，规划治导线 2.0～6.0m 范围内有 6 栋楼房。由于岸上旧有建筑物群距离新建堤岸较近，无法采用开挖、预制桩等方法对基础进行处理。通过综合比较，最终选用钻孔灌注桩方案，主要以水平荷载确定桩径和埋深，采用单排布置直径 1000mm 桩 182 根，桩心距 1.2m；另外，为了解决水上餐厅处不能回填的问题，该段加设了直径 600mm 桩 20 根，桩心距 3.6m。灌注桩设计见图 5.4-36。

2. 广东深圳市宝安区沙井河堤防淤泥地基处理

沙井河（沙松桥—岗头水闸段）整治工程中的防洪标准为 50 年一遇，该段河道长度 2.1km，堤防工程等级为 2 级。堤防断面采用复式断面，迎水坡 1∶2.5，背水坡 1∶2.0，二级平台宽 3.0m，堤顶有交通要求。根据地勘资料，该段堤基为淤泥，厚度 6～12m。

由于沙井河为沙井镇和松岗镇的界河，对岸的松岗镇河段不同时进行处理，如果采用开挖淤泥换填的方式，松岗镇一侧的大量淤泥将会随之挤占过来，增大开挖方量，同时淤泥要弃置到 25km 以外，工程费用很大。经过多方案比较，采用如下地基处理措施：河堤平台外侧设置宽为 2.7m 的壁状水泥搅拌桩（双头 *DN*600mm），为了加快工期，对堤防及其地基（搅拌桩内侧）插塑料排水板、并加真空预压处理，平台以外堤脚部位采用抛石挤淤处理，平面及剖面见图 5.4-37。

3. 深层搅拌水泥土防渗墙在湖北赤东支堤防渗工程中的应用

赤东支堤位于湖北省黄冈市蕲春县蕲水左岸、全长 27.82km，堤基土体主要为粉质壤土、砂壤土及砂土，经多年加高培厚而成，新老土体结合不牢，堤基土体较杂，堤身欠高欠宽，高水位时散浸、脱坡、渗漏、管涌等险情时有发生，特别是 1998 年洪水时堤基多处发生险情。

采用深层搅拌水泥土防渗墙进行防渗处理，深层搅拌桩要达到截断渗流通道，防止堤基渗透变形，则需形成连续完整的桩墙，并与堤身形成封闭的防渗体。结合渗流特点、防渗要求和布置情况，分为堤内脚和堤外脚防渗墙，见图 5.4-38。当堤身黏土培厚较宽，渗径满足防渗要求时，采用堤内脚防渗墙，与堤身黏土培厚和草皮护坡共同形成防渗体。当堤身黏土培厚较窄，渗径不满足防渗要求时，采用堤外脚防渗墙，与堤身黏土培厚和复合土工膜及预制块护坡形成防渗体。

4. 广西梧州市河西防洪堤渗漏除险加固措施

广西梧州市位于珠江流域西江中下游，广西境内 80%的江河水流经该处流过，为全国首批 25 个重点防洪城市之一。1998 年 6 月 28 日梧州市遭遇了超 100 年一遇特大洪水，洪峰水位 27.11m，使刚修建尚未完工的 50 年一遇防洪标准的河西防洪堤经受了洪水的严峻考验。在抵御超设计标准洪水运行下，全长 4.5km 的河西防洪堤大部分堤段出现了不同程度渗漏，其中在临时分仓设防的一建沙场—文澜路口堤

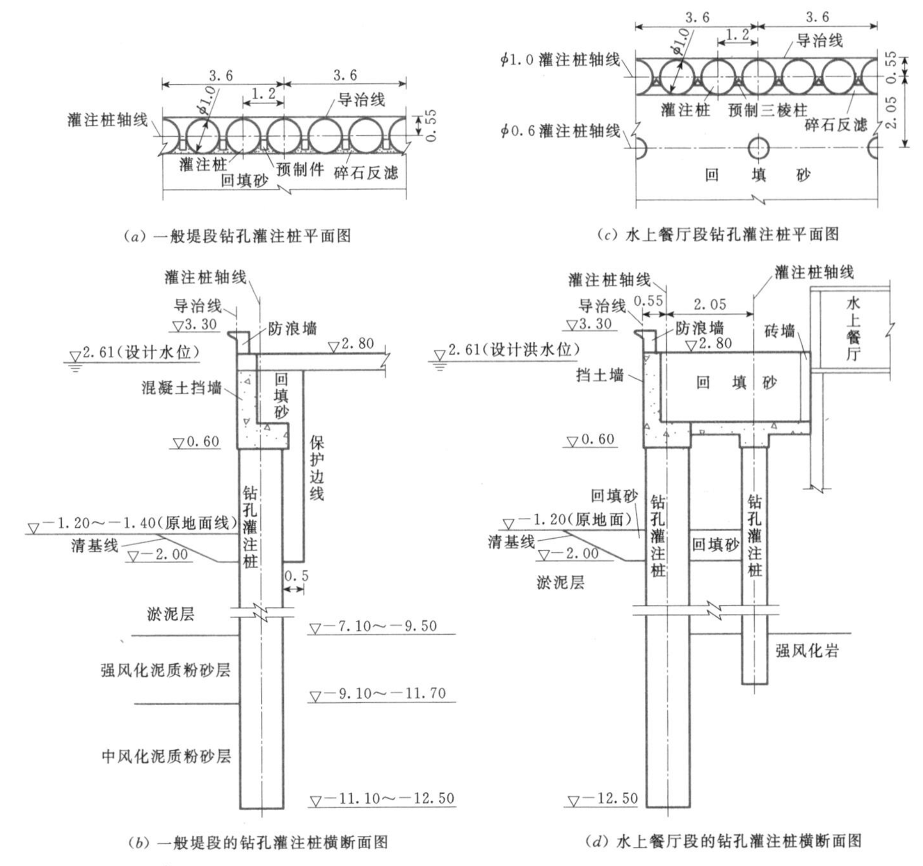

图 5.4-36 广州市珠江堤防整治第 4 期二沙岛段工程（单位：m）

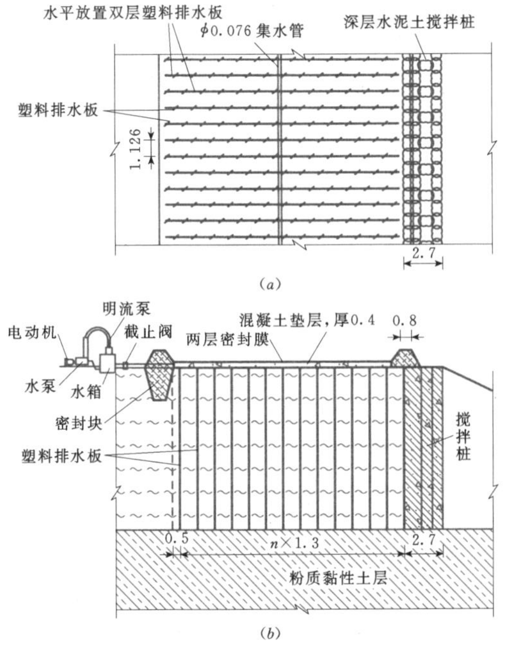

图 5.4-37 深圳市宝安区沙井河堤防淤泥地基处理（单位：m）

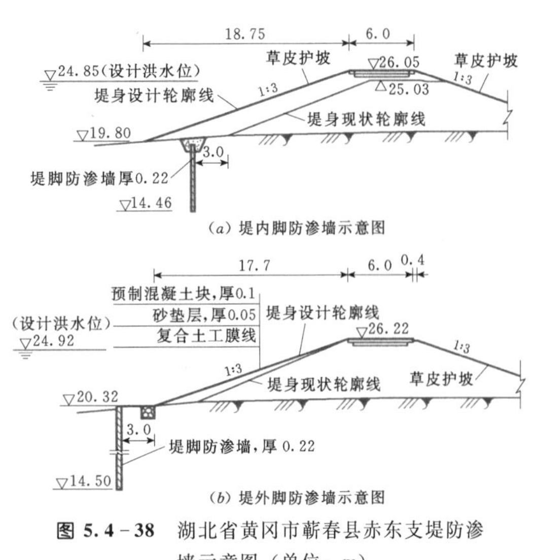

图 5.4-38 湖北省黄冈市蕲春县赤东支堤防渗墙示意图（单位：m）

段，严重渗漏的达 15 处之多。

通过技术、经济、效果等多方面对比论证，采用混凝土面板、混凝土铺盖、加帷幕灌浆的处理方式，见图 5.4-39。混凝土面板为厚度 20cm 的 C20 混凝土，为使其与墙面牢固连接，采用钢筋网、并设置φ16@50cm锚筋，沉降缝或伸缩缝位置原则上与原挡墙分缝一致，采用橡胶止水。根据岸坡分布土层和渗径延长情况，混凝土铺盖下延至高程16.00～20.00m。帷幕灌浆主要设计在堤外岸坡平台处、桩内侧，孔距1.5～2.0m，排距1.50m，孔径ϕ110mm，孔深为穿过素填土层进入褐黄灰色粉质黏土弱透水层以下2.0m，采用水泥黏土浆液，灌浆压力0.05～0.15MPa。

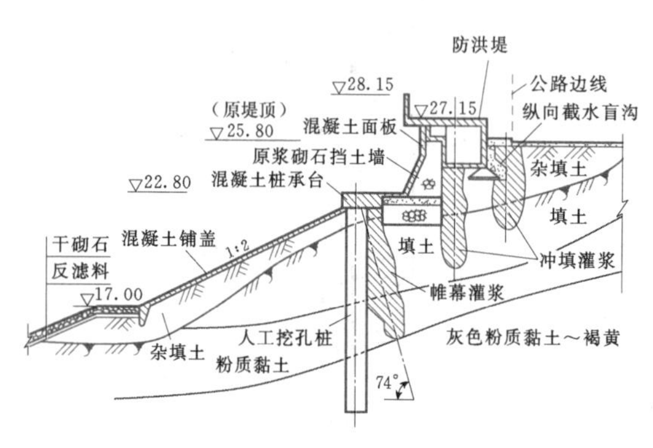

图5.4-39　广西梧州市河西防洪堤渗漏除险加固综合示意图（单位：m）

5. 长江重要堤防的防渗工程

长江重要堤防主要坐落在第四纪冲积平原上，且历史悠久。据史料记载，荆江大堤始建于东晋时期，距今已1600多年。长江中下游堤防多数也有数百年历史，系经历代不断加高培厚、由小垸联成大圩、溃决后再修复逐渐扩大形成。目前存在的主要问题是：①基础渗流导致渗透破坏；②堤身隐患多，主要是土质杂乱不均、填筑质量差（压实不匀）、断面杂乱、生物洞穴以及人类活动残迹等；③河岸崩塌。

解决的办法主要采用防渗墙截渗，分为全封闭、半封闭和悬挂式。在厚度方面，长江中下游堤防防渗墙的成墙方法有4大类：①开槽法，墙厚一般可控制在25～30cm；②深搅法，墙厚20～30cm（以上两类占防渗工程的绝大部分）；③高喷法，最小厚度为12～15cm，主要用在一些不易施工的连接部位；④挤压法（振动沉桩法），厚度不大于15cm，最小为7.5cm，数量极少，主要用于试验。

材料方面，随成墙工法不同，墙体材料主要有3种：①塑性混凝土，主要用于开槽置换工法；②水泥土、深搅法所形成的墙体，要求水泥掺入量大于15%，水灰比控制在0.5～1.0；③水泥砂浆，高喷法形成的墙体，由水泥浆高压喷射搅动砂（土）所形成，此外振动沉桩法所形成的墙体，除水泥外还可掺入石粉、粉煤灰、砂、膨润土、外加剂等，且配比不同，差异也较大。

6. 湖北荆江大堤闵家潭段堤基处理工程

闵家潭位于荆州市荆州区，荆江大堤桩号783+700～786+000，长2.3km，水域面积26.4万m^2，系历史上二次溃口冲刷而成。距堤外800～1000m处筑有民垸谢古垸围堤，大洪水时要分洪。该段地层结构系双层堤基，上部为粉质壤土（$k=2.74\times10^{-5}$cm/s），一般厚2m；下部为强透水层，厚约90m，由粉细砂、砂砾石组成（$k=1\times10^{-3}\sim1\times10^{-2}$cm/s）。

通过技术经济比较，选用了排渗沟和局部填塘方案。靠内堤脚设50m一级平台和40m二级平台，在离堤脚90m处设置底宽1m左右，坐落于砂层或深入砂0.5m的排渗沟，距排渗沟中心45m内以透水料填塘。通过渗控计算，当沟内水位控制在31.0～31.5m时，潭边砂坡水平出逸坡降小于0.1，满足要求。经过1996年、1998年外江高水位长时间浸泡考验，潭内没有再发现冒泡现象，处理方法切实有效。相关设计见图5.4-40。

7. 湖北黄冈市长孙堤防渗工程

长孙堤位于湖北省黄冈市巴河与长江交汇处，全长9.7km，堤基为荒湖沼泽化的漫滩，上覆土层浅，下部砂层厚，汛期江湖相通，堤基渗漏十分严重，险情环生。

经多种方案比较，选用减压井方案。在桩号6+845～6+944堤段距堤脚140m处建排渗沟100m长，沟内做减压井共20眼，孔径300mm、井深5m、间距5m，由导水管、滤水管、沉淀管组成，井底设封闭圆盘并有导向作用。减压井平行堤轴线布置，这些减压井十多年来运用正常，经1996年、1998年两次大洪水的考验，未见大的险情，井内水流通畅，流量大。相邻地段6+944～7+020由于未做防渗处理，险情严重，管涌多处，考虑到在这一堤段采用减压井效果明显，又在桩号6+944～7+048堤段兴建双排二级减压井，一、二级减压井分别距堤内脚140m、160m，计61孔，也取得了较好的防渗效果。相关设计见图5.4-41。

5.4.6　海堤布置及设计计算

5.4.6.1　堤线布置

堤线布置应依据防潮（洪）规划、流域（区域）综合规划或相关的专业规划，结合地形、地质条件及河口海岸和滩涂演变规律，考虑拟建建筑物位置、已有工程现状、施工条件、防汛抢险、堤岸维修管理、征地拆迁、文物保护和生态环境等因素，经技术经济比较后综合分析确定。

海堤堤线布置的一般原则如下：

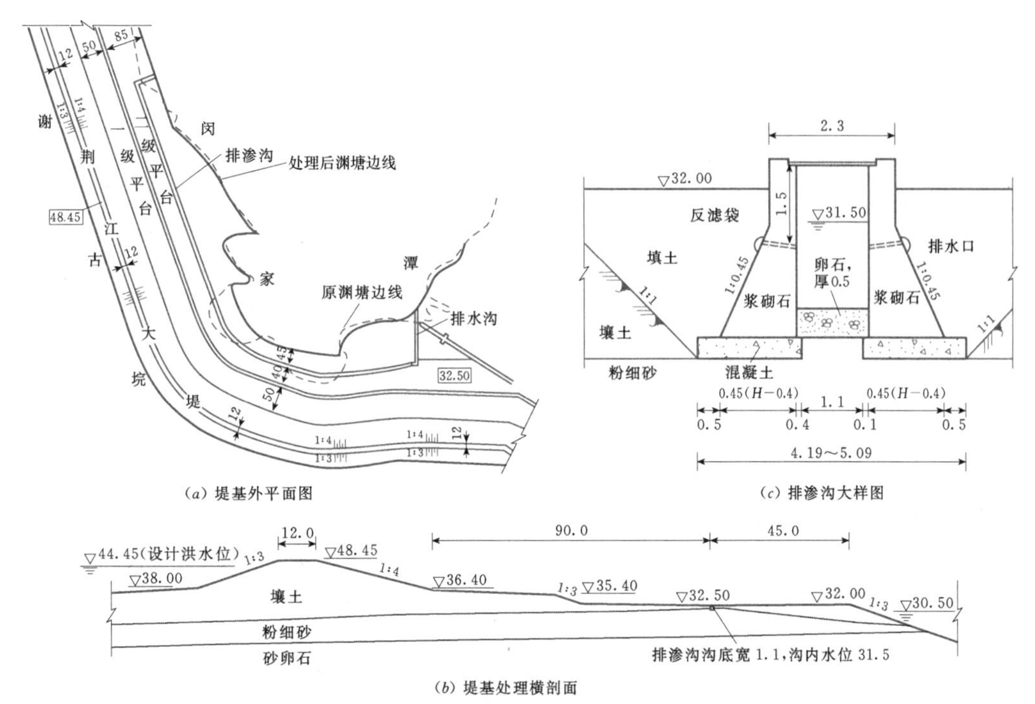

(*a*) 堤基外平面图

(*c*) 排渗沟大样图

(*b*) 堤基处理横剖面

图 5.4-40 湖北荆江大堤闵家潭段堤基处理工程（单位：m）

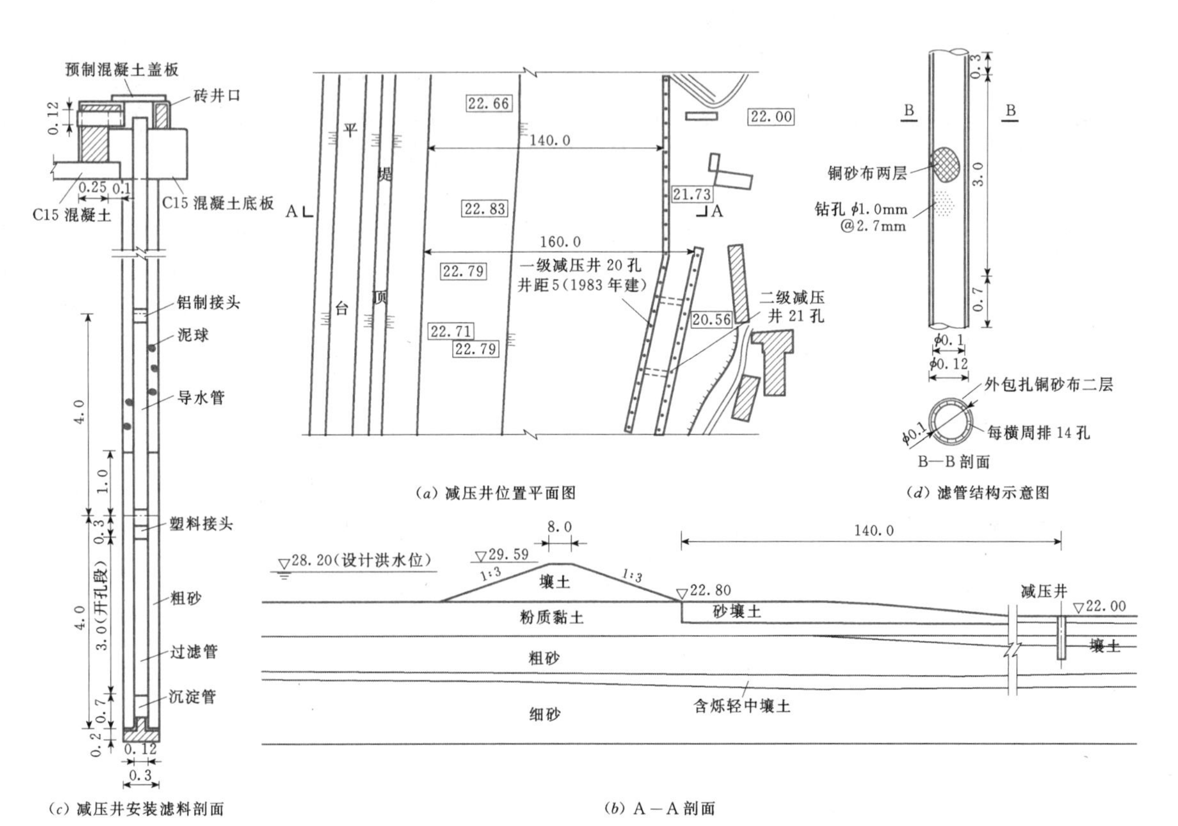

(*a*) 减压井位置平面图

(*d*) 滤管结构示意图

(*c*) 减压井安装滤料剖面

(*b*) A－A 剖面

图 5.4-41 长孙堤减压井布置图（单位：m）

(1) 堤线布置应服从治导线或规划岸线的要求。

(2) 堤线走向宜选取对防浪有利的方向，避开主风向为强风暴潮的正面袭击。

(3) 堤线布置宜利用已有旧堤线和有利地形，选择工程地质条件较好、滩面冲淤稳定的地基，避开古河道、古冲沟和尚未稳定的潮流沟等地层复杂的地段。

(4) 堤线布置应与入海河道的摆动范围及备用流路统一规划布局，避免影响入海河道、入海流路的管理使用。

(5) 堤线宜平滑顺直，避免曲折转点过多，转折段连接应平顺圆滑。迎浪向不宜布置成凹向，无法避免时，凹角应大于150°。

(6) 堤线布置与城区景观、道路等结合时，应统一规划布置，相互协调。应结合与海堤交叉连接的建（构）筑物统一规划布置，合理安排，综合选线。

(7) 对地形、地质和潮流等条件复杂的堤段，堤线布置应对岸滩的冲淤变化进行预测，必要时应进行专题研究。

5.4.6.2　堤型选择

5.4.6.2.1　堤型分类

我国海堤的堤型，随堤基土质软硬、风浪潮流大小、堤身高度、筑堤材料来源、施工条件以及地方习俗的不同而异。海堤分类方法较多，按照海堤断面迎水坡外形分类，主要为斜坡式、陡墙式（含直立式）和混合式三种基本断面型式；按筑堤材料分，则有土堤、抛石砌石堤、钢筋混凝土墙等；按工程建设性质分，有新建、老（旧）堤加固或改建、扩建等。下面根据设计通常习惯，按堤的断面形式分类。

1. 斜坡式海堤

斜坡式海堤断面内外边坡坡度较缓（迎水面坡比$m>1$），堤身由土堤（或土石混合堤）和护面所组成，边坡护面结构必须依附于堤身土体。当堤身高度不大时，常采用单一边坡断面；当堤身高度大于6m时，宜在临海侧设置外棱体，在背海侧坡面设置马道，采用复式断面；对波浪作用强烈的堤段以及路堤结合的堤段，宜在临海侧设置消浪平台。典型的斜坡式海堤断面见图5.4-11。

斜坡式海堤的主要优点是：

(1) 堤基与地基接触面积大，稳定性好，地基应力分布较分散均匀，对地基土层承载力的要求不高，适合于软弱地基。

(2) 迎水坡较平缓，反射波小，在外坡坡面有充足的位置设置消浪设施，能消散部分波浪能量，防浪效果较好。

(3) 护面结构及堤身施工技术较简单，便于机械化施工，维修容易。

斜坡式海堤的主要缺点是：堤身断面大，堤基占地面积较大，堤身填筑材料需求较多。

2. 陡墙式海堤

陡墙式海堤断面外边坡坡度陡直或直立（坡比$m<1.0$），堤身由混凝土、钢筋混凝土或浆砌块石防护挡墙及墙后土堤所组成。常见挡墙有重力式、悬臂式、扶壁式或空箱式等。典型的陡墙式海堤断面见图5.4-12(d)、(e)、(f)、(g)。

陡墙式海堤的主要优点是：

(1) 堤身断面较小，占地少，工程量相对较小。

(2) 波浪爬高较斜坡堤小，堤顶高程可略低，堤顶防浪墙结合外墙体宜建成反弧型式，能有效地阻止或削弱波浪翻越堤顶。

(3) 施工时采用“土石并举、石方领先”的方法，以石方掩护土方，可减少土方被潮浪冲刷流失。

陡墙式海堤的主要缺点是：

(1) 堤身部位堤基应力较集中，沉降较大，对地基土层承载力的要求较高，局部地区需要进行地基加固处理，增大工程投资。

(2) 波浪破碎时对陡直或直立防护墙的动力作用强烈，波浪上壅回落易产生墙角淘刷，对墙身结构要求较高，需有保护措施，防护墙损坏后维修较困难。

(3) 因防护挡墙与墙后填料的不同，容易引起墙与墙后填料的沉降差增大，产生不利的后果。

3. 混合式海堤

混合式海堤断面外边坡为变坡比结构，是斜坡式与陡墙式的结合型式。主要有3种情况：①上部设陡墙，下部为斜坡；②上、下部均为陡墙，分阶设置；③上部为斜坡，下部为陡墙，墙顶高程一般在高潮位附近或稍低，在陡墙顶部留一平台，再接上斜坡。典型的混合式断面堤见图5.4-13。

混合式海堤具有斜坡式和陡墙式两者的特点，如果将两种形式进行适当组合，合理应用，可发挥两者的优点。但海堤变坡转折处，波流紊乱，结构易遭破坏，需加强防护。

5.4.6.2.2　堤型选择

1. 一般原则

海堤堤型选择应按照“因地制宜、就地取材、安全可靠、经济合理”的原则，根据堤段所处位置的重要程度、地形地质条件、筑堤材料、水流及波浪特性、施工条件，结合运行维修和管理及生态环境和景观的要求，经过技术经济比较后综合确定。

斜坡式、陡墙式、混合式三种基本型式各地使用较多，在设计、施工、管理等方面都有比较丰富的经验。三种海堤基本断面各具特点，设计关注重点是以地基强度、不均匀沉降、波浪消能等为主，可结合实际情况并考虑设计关注重点后择优选用。

地质条件较差、堤身相对较高的堤段，海堤断面宜采用斜坡式。但当临海侧坡度较缓时，计算的波浪爬高值较大，相应堤身较高。设计关注重点为堤基不均匀沉降变形、护面结构与堤身土体的整体结合强度和护面结构的整体稳定及抗波浪压力的能力。

地基条件较好、滩面较高的堤段，或虽有软弱土层存在，但经地基加固处理后在经济上合理的堤段，海堤断面可选择陡墙式。但由于临海边坡坡度陡直或直立，波浪作用力较大，需要有保护措施。设计关注重点为墙与墙后填料的稳定、两者之间的不均匀沉降变形及波浪上壅回落引起的墙角淘刷等。陡墙式海堤堤基对地基土层承载力的要求高于斜坡式海堤，因此采用斜坡式海堤还是堤基处理后采用陡墙式海堤应进行经济比较。

地质条件较差、水深大、受风浪影响较大的堤段，海堤断面宜选择混合式。带平台的复式断面，设置平台可起到削减波浪爬高及稳定堤基的作用。宜合理布置平台面的高程及平台的宽度。对重要的海堤，其消浪平台的高程及平台的尺寸，应经试验研究确定。设计关注重点为平台面与后墙的转折处承受波浪冲击的能力及波浪对平台的淘刷。

当海堤较长或地质、水文条件变化较大时，宜采用分段进行，各段可采用不同的断面型式和堤顶高程，优化设计方案。不同的断面型式的结合部位应设置渐变段，做好渐变衔接处理。

2. 工程中常见的海堤断面

当堤段位置在平均高潮位或小潮高潮位以上的高滩时，一般以斜坡式土堤为主，迎水面边坡种植草皮或做砌石护坡，见图 5.4-42～图 5.4-44。在盛产石料的岸段，也常用块（条）石、混凝土等砌筑成陡墙式堤，墙后填筑土方，见图 5.4-45 和图 5.4-46。

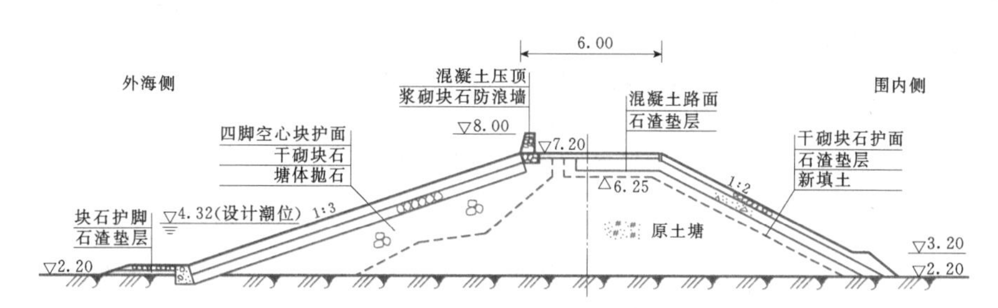

图 5.4-42　浙江象山门前涂海塘断面图（单位：m）

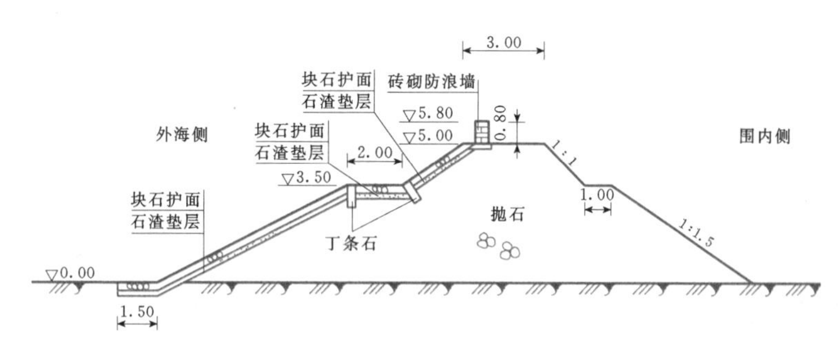

图 5.4-43　福建莆田南北洋海堤断面图（单位：m）

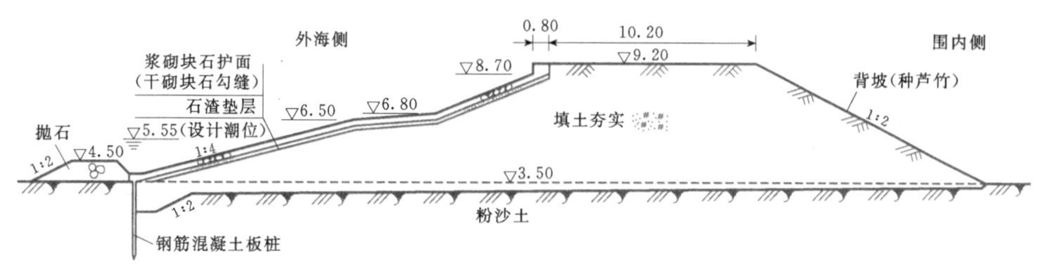

图 5.4-44　上海石化总厂一期工程海堤断面图（单位：m）

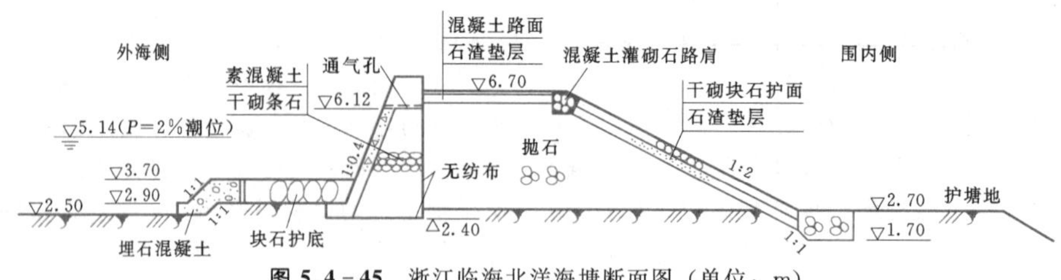

图 5.4-45 浙江临海北洋海塘断面图（单位：m）

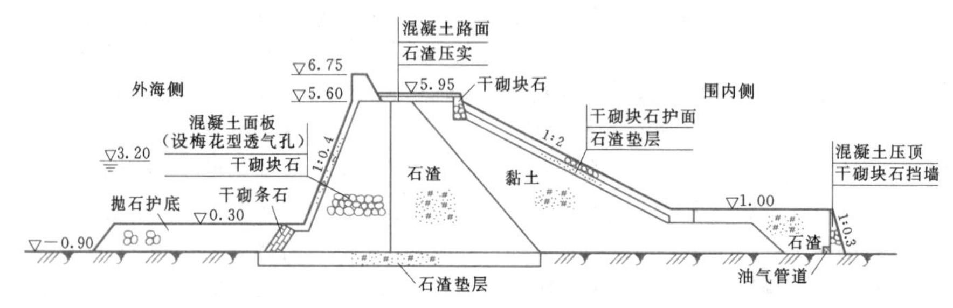

图 5.4-46 舟山岱山北峰海塘断面图（单位：m）

当堤段位置在平均潮位以下的中、低滩时，由于堤身较高、风浪较大、潮水淹没时间较长，常采用堆石外棱体与防渗土体相结合的土石混合复式断面斜坡式堤，见图 5.4-47～图 5.4-49；在缺少土石料的地区，可采用含较少黏粒量的河床砂质土作为冲填料，灌入铺设好的土工布管袋内形成袋装砂棱体，其后堤芯冲填砂土形成斜坡式海堤，见图 5.4-50。在波浪不大、地基条件较好的堤段，或虽有软弱土层存在，但经地基加固处理后经济上合理的堤段，也可考虑采用陡墙式海堤，见图 5.4-51、图 5.4-52。

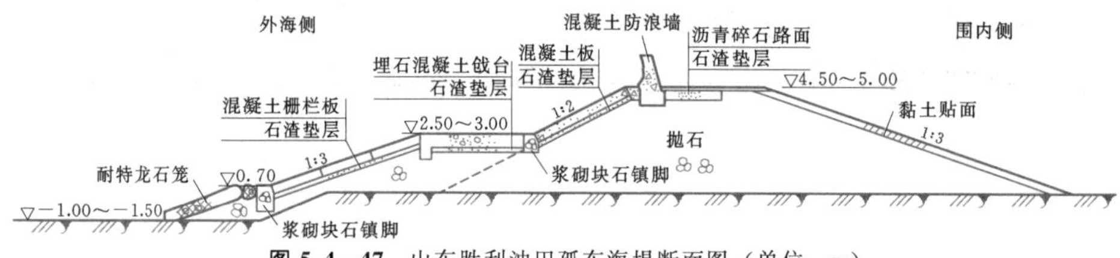

图 5.4-47 山东胜利油田孤东海堤断面图（单位：m）

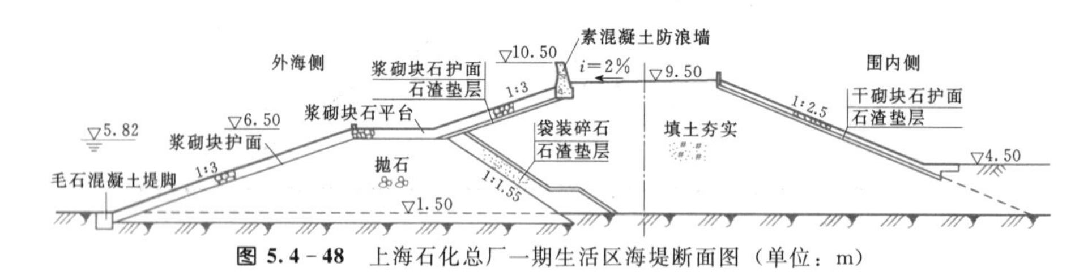

图 5.4-48 上海石化总厂一期生活区海堤断面图（单位：m）

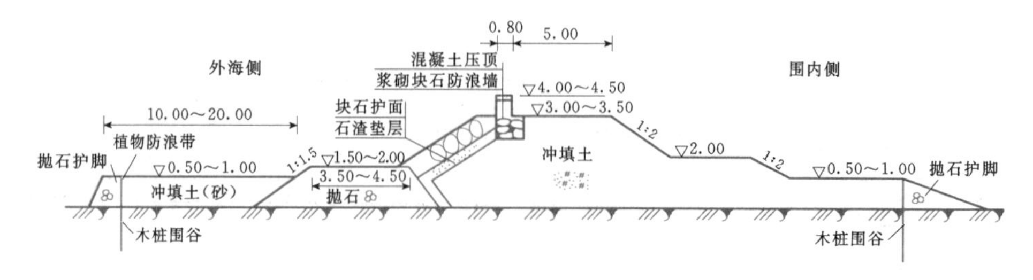

图 5.4-49 珠江口磨刀门海堤断面图（单位：m）

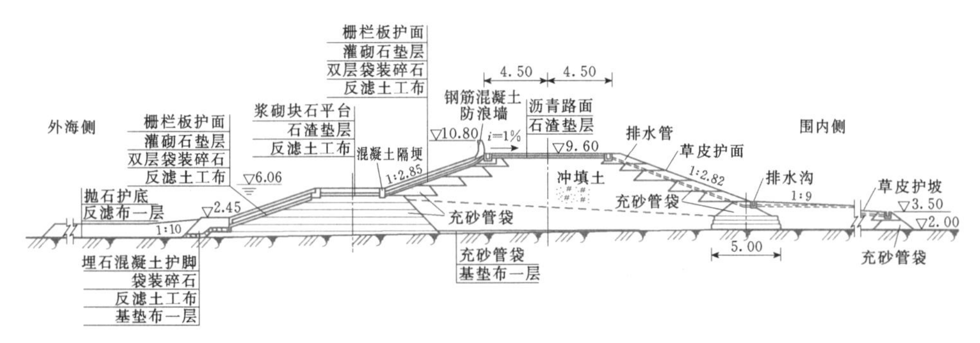

图 5.4-50 上海浦东国际机场围海大堤断面图（单位：m）

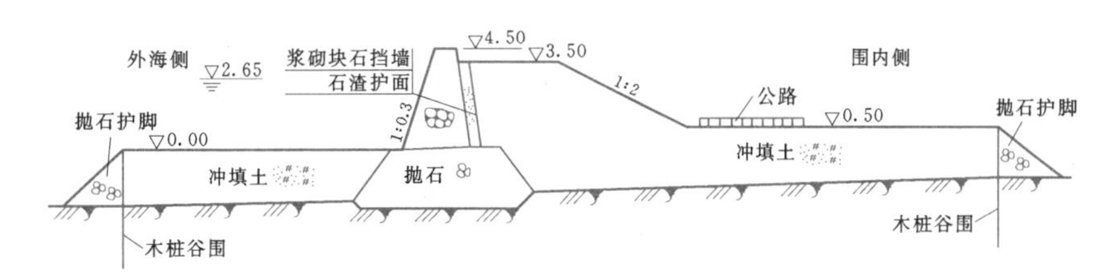

图 5.4-51 广东、珠江口门地区陡墙式海堤断面图（单位：m）

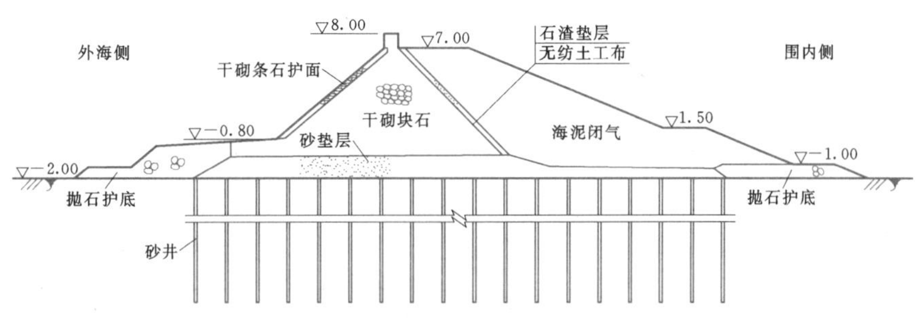

图 5.4-52 福建连江大宫板 9 号海堤断面图（单位：m）

在沿海地区软土地基淤泥层厚、含水量大、强度低等地质条件极差，且堤前滩面较低、堤身较高并受风浪影响较大的堤段，通常会采用一级或多级镇压平台或放缓边坡。在临海侧设置消浪结构或消浪平台，采用设置平台的复式断面或混合式断面堤型，见图 5.4-53 和图 5.4-54。

对于旧海堤加固改造的堤段，混合式堤型是分阶段多次加固形成的堤身断面最普遍的一种形式。对原有斜坡式堤断面，可在不改变原有临海侧护坡的前提下，加高培厚背海侧坡，堤脚后移，成为斜坡式堤—斜坡式堤断面形式。为减少背海侧坡坡脚后移占地，可在原临海侧护坡面上增设消浪平台，并用挡墙支挡二阶堤身土体，成为斜坡式堤—陡墙式堤断面形式。对原有陡墙断面，可在不改变原有陡墙的前提下，墙顶增设二阶斜坡或陡墙，这样即组合成了陡墙式堤—斜坡式堤、陡墙式堤—陡墙式堤断面形式。如图 5.4-55 和图 5.4-56 所示。

5.4.6.3 堤身设计

5.4.6.3.1 一般要求

（1）堤身设计应根据地形、地质、潮汐、风浪、筑堤材料和运行要求等分段进行，应妥善处理各堤段结合部位的衔接。

（2）对改建的海堤堤段应按新建海堤进行设计，并应与临近海堤的结构型式相协调。

（3）在满足工程安全和管理要求的前提下，海堤可与码头、滨海大道等工程相结合并统筹安排，采用多功能的结构型式。

（4）堤身断面应力求简单、美观，便于施工和维修。

（5）堤身设计应包括填筑材料及填筑标准、堤顶高程、堤身断面（堤顶宽度、边坡、平台等）、护面结构、堤顶结构（防浪墙、堤顶路面、错车道、上堤路、人行道口等）、防渗与排水设施、消浪措施及岸

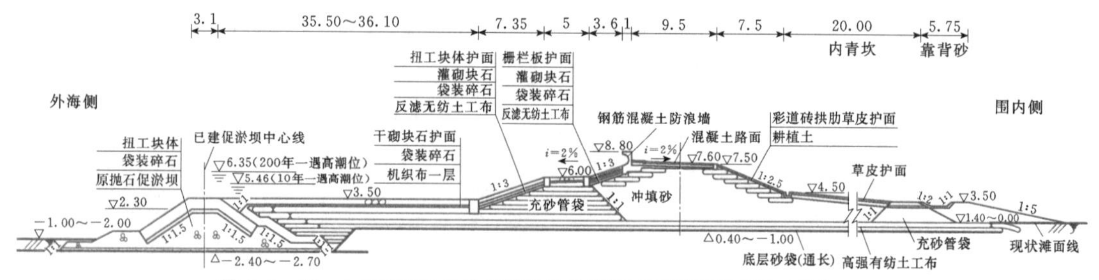

图 5.4-53　上海浦东机场外侧滩涂促淤圈围工程海堤断面图（单位：m）

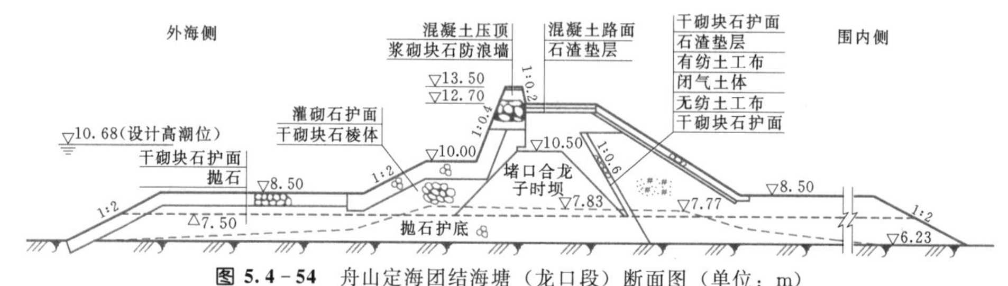

图 5.4-54　舟山定海团结海塘（龙口段）断面图（单位：m）

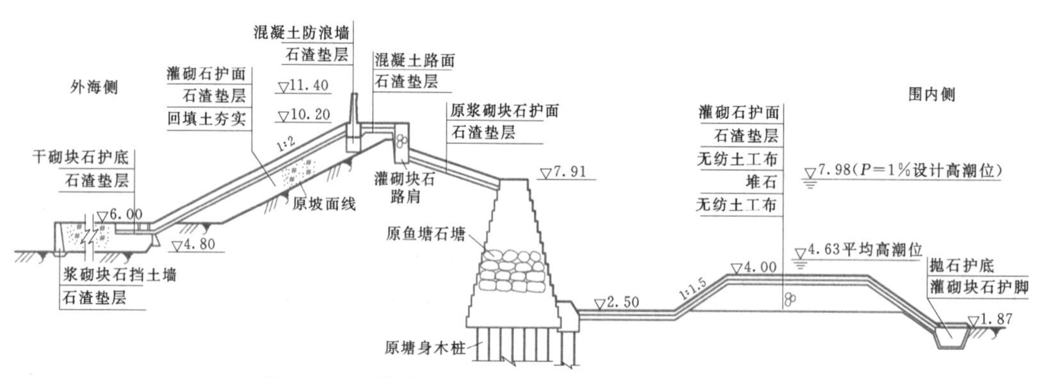

图 5.4-55　钱塘江海塘海盐段标准塘断面图（单位：m）

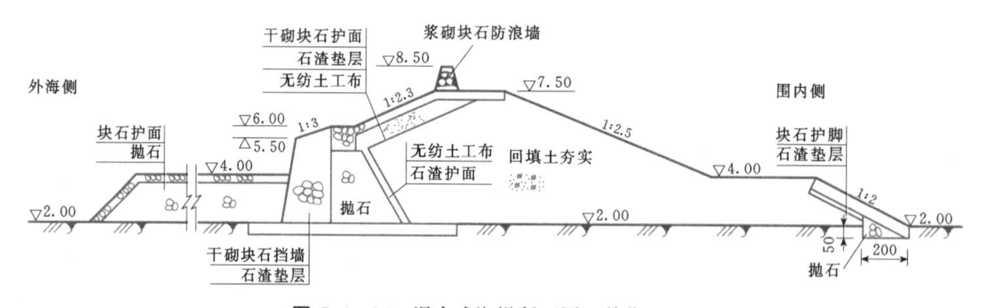

图 5.4-56　混合式海堤断面图（单位：m）

滩防护等内容，并应考虑景观、生态方面的要求。

5.4.6.3.2　筑堤材料及填筑标准

从我国当前海堤施工实践来看，海堤大部分为土石混合堤，筑堤材料主要是土（砂）料、石料以及混凝土。海堤的填筑标准，应根据海堤级别、堤身结构、土料特性、自然条件、施工机具及施工方法等因素，综合分析确定。

通常海堤的筑堤材料及填筑标准可分为两种情况。

1. 具备采用压实法施工条件情况

当采用陆上施工，不受潮水影响，且地基条件较好或经简单处理后有足够强度具备压实条件时，可采用压实法施工，其筑堤材料及填筑标准除满足一般江河堤防工程要求外，其他要求如下：

（1）海砂不应作为钢筋混凝土骨料，用于素混凝土时，应进行专题论证。

（2）用于1级、2级海堤重要部位的混凝土应采取防腐蚀措施。

（3）石渣料作为堤身填料时，填筑标准按固体体积率或相对孔隙率控制，一般其固体体积率宜大于76%，相对孔隙率宜小于24%。

2. 不具备采用压实法施工条件情况

在海堤工程实践中，不具备采用压实法施工条件情况主要有三种：①受潮水影响在水下施工或水下闭气土方，如水中筑堤、溃口复堵、港汊堵口等；②筑堤材料为高含水量的淤泥、淤泥质黏土等；③堤基为饱和软黏土地基。上述情况的筑堤材料难以进行压实，只能待其自然固结，其筑堤材料及填筑标准应根据采用的施工方法、土料性质等条件并结合已建成的类似海堤工程的填筑经验分析确定。

（1）水力冲填筑堤。水力冲填筑堤方法就是用高压水枪将砂（土）体冲成泥浆后，用泥浆泵吸取砂（土）通过管道输送到筑堤位置，在子埝拦阻下逐层冲填、沉淀、排水、固结、筑高成堤。该方法关键在冲砂（土）成浆和冲填后砂土的沉淀与排水固结，因此筑堤料宜采用黏粒含量较少（黏泥含量小于10%）的粉细砂。筑堤料一般可在堤脚内外滩涂就地取，附近缺少适宜砂土料时，也可从较远地方采用挖泥船挖泥、管道运输或用泥（砂）驳运来砂土料，再用泥浆泵冲填筑堤。水力冲填的堤坝，干容重不低于$14.5kN/m^3$。

采用水力冲填筑堤时，施工断面应视堤基滩面高程、施工期潮位特征等确定，以在开始填筑后逐日升高的潮位不淹过施工堤面为标准。当滩涂较低，水深浪大时，需先筑小断面挡潮堰以掩护土方的减少流失，然后再加宽加高至设计断面。在临海侧形成的小断面挡潮堰通常采用堆石棱体，在缺少石料的地区，也可采用土工布冲填砂袋形成棱体以替代堆石棱体。

根据《土工合成材料应用技术规范》(GB 50290—1998)，冲填砂袋袋布应有一定的透水性，同时要有较好的保砂性。袋体材料宜选用织造土工织物，其反滤与排水性能应符合反滤准则且应经受施工应力，单位面积质量不应小于$130g/m^2$，极限抗拉强度不应低于18kN/m，有效孔径$O_{95}\leqslant d_{85}$，渗透系数应大于冲填土料的渗透系数。冲填砂袋冲填度宜控制在85%左右。

（2）软黏土筑堤。采用淤泥、淤泥质土作为堤身材料是为了充分利用当地材料，由于这类土属于相对不透水材料，防渗性能好、黏性大、水下不易流失，因此常用于海堤闭气土方填筑。十多年来，浙江、福建等沿海地区已研制应用了桁架式土方筑堤机、桥式土方筑堤机、气力输泥泵等专用低滩软黏土筑堤施工机械。但滩涂软黏土含水量大、抗剪强度低、固结时间长，因此，分层和间歇是控制海堤填筑质量的关键。

填筑时可采用软黏土与砂混合抛投或分层抛投（层砂层土），以提高土料的抗剪强度并加速固结。分层厚度一般为0.2～0.5m，并应留足培土间歇时间，一般下层填筑完间隔一定时间后再填上一层。

软黏土筑堤控制标准应根据地基和堤身的沉降、水平位移及孔隙水压力等参数来控制施工加荷速率。根据国内现场试验研究及工程实践经验，在淤泥或淤泥质土等软土地基有竖向排水通道时控制指标为：孔隙水压力系数不大于0.6，地表垂直沉降速率不大于30mm/d，地表水平位移不大于10mm/d。地基无竖向排水通道时控制指标为：孔隙水压力系数不大于0.6，地表垂直沉降速率不大于10mm/d，地表水平位移不大于5mm/d。实际工程中，可根据现场实测资料经论证后制定相应的控制标准。

5.4.6.3.3 堤顶高程

1. 堤顶高程的确定

堤顶高程是指沉降稳定后的海堤顶面高程，对于设有防浪墙的堤防，堤顶高程指防浪墙顶高程。对于沉降是否稳定的判断，从理论计算方面可认为当土体固结度大于70%时沉降已大部分完成。根据大量海堤工程原型观测经验，可认为当堤身土体填筑后观测沉降量小于8mm/月时沉降已基本稳定。

海堤工程有别于传统的江河堤防工程，其受风浪的影响很大，是否采用允许越浪设计的堤顶高程差别较大，而软土地基海堤的堤身高度是安全性、经济性的主要因素，因此，在海堤设计过程中，应从实际需要出发，根据海堤的等级、波浪强度、筑堤材料及地基特性，确定经济合理的堤顶高程。

堤顶高程的确定主要考虑三方面：①根据设计高潮（水）位、波浪爬高及安全加高计算确定；②根据允许越浪量控制确定；③根据设计高（潮）水位和堤顶超高确定。

（1）根据设计高潮（水）位、设计波浪爬高及安全加高计算确定。堤顶高程根据设计高潮（水）位、设计波浪爬高及安全加高确定时，进行计算如下：

$$Z_P = H_P + R_F + A \qquad (5.4-77)$$

式中　Z_P——设计频率的堤顶高程，m；

H_P——设计频率的高潮位，m；

R_F——按设计波浪计算的累积频率为 F 的波浪爬高值，m；海堤按不允许越浪设计时取 $F=2\%$，按允许部分越浪设计时取 $F=13\%$；

A——安全加高值，m；按表 5.4-13 的规定选取。

当堤顶临海侧设有稳定坚固的防浪墙时，堤顶高程可按式（5.4-77）方法计算至防浪墙顶面，但不计防浪墙的堤顶高程仍应高出设计高潮（水）位 $0.5H_{1\%}$ 以上。

（2）根据允许越浪量控制确定。海堤按允许部分越浪设计时，堤顶高程按式（5.4-77）方法计算后，还应通过计算或模型试验确定堤顶越浪量的大小，越浪量不应大于表 5.4-30 所规定的允许越浪量。

表 5.4-30　海堤允许越浪量

海堤表面保护	允许越浪量 [m³/(s·m)]
堤顶有保护，背海侧为生长良好的草地	≤0.02
堤顶三面均有保护	≤0.05

当海堤越浪量超过允许越浪量时，应通过加高堤身或者采用设置消浪平台、消浪块体、消浪堤和防浪林等工程措施来减小越浪量，使其满足要求。

海堤越浪量与堤前波浪要素、堤前水深、堤身高度、堤身断面形状、护面结构型式以及风场要素等因素有关。考虑到海堤越浪量的计算公式比较单一，且精度有限，难以适应复杂断面的海堤，从安全和经济的角度考虑，对 1～3 级或有重要保护对象的海堤应通过模型试验确定越浪量。

（3）根据设计高潮（水）位和堤顶超高要求确定。对于滨海城市有景观要求的堤路结合海堤，当按允许部分越浪海堤设计时，经论证在保证越浪量对海堤自身安全和道路交通安全无影响，且堤后越浪水量排泄畅通的前提下，堤顶超高值可适当减小，但不计防浪墙的堤顶高程仍应高出设计高潮（水）位 0.5m 以上。

2. 波浪爬高计算

海堤工程的波浪爬高计算应以海堤堤前的波浪要素作为计算条件。波浪要素采用不规则波要素，其位置为堤脚前约 1/2 波长处。当堤脚前滩面坡度较陡时，应取靠近海堤堤脚处的波浪要素。

波浪爬高计算应按单一坡度海堤、带平台的复式斜坡海堤、折坡式海堤等型式分类进行。计算时应根据海堤实际断面特征，合理分析和概化后采用合适的计算公式。对 1～3 级或断面几何外形复杂的重要海堤，波浪爬高值宜结合模型试验确定。

（1）单一坡度的斜坡式海堤的波浪爬高计算。

a. 在风直接作用下，单一坡度的斜坡式海堤在正向规则波作用下的爬高如图 5.4-14 所示，计算为

$$R = k_\Delta R_1 H \tag{5.4-78}$$

其中

$$R_1 = 1.24\tanh(0.432M) + [(R_1)_m - 1.029]R(M) \tag{5.4-79}$$

$$M = \frac{1}{m}\left(\frac{L}{H_{1\%}}\right)^{1/2}\left(\tanh\frac{2\pi d}{L}\right)^{-1/2} \tag{5.4-80}$$

$$(R_1)_m = 2.49\tanh\frac{2\pi d}{L}\left(1+\frac{4\pi d/L}{\sinh\frac{4\pi d}{L}}\right) \tag{5.4-81}$$

$$R(M) = 1.09M^{3.32}\exp(-1.25M) \tag{5.4-82}$$

式中　R——波浪爬高，m，从静水位算起，向上为正；

H——波高，m；

L——波长，m；

R_1——$k_\Delta=1$，$H=1$ 时的波浪爬高，m；

M——与坡度 m 值有关的函数；

$(R_1)_m$——相应于某一 d/L 时的爬高最大值，m；

$R(M)$——爬高函数；

k_Δ——与斜坡护面结构型式有关的糙率及渗透系数，可按表 5.4-7 确定。

式（5.4-78）适用条件为：波浪正向作用；斜坡坡度 $1:m$，m 为 1～5；堤脚前水深 $d=(1.5\sim5.0)H$；堤前底坡 $i\leqslant 1/50$。

b. 在风直接作用下，单一坡度的斜坡式海堤在正向不规则波作用下的爬高可计算为

$$R_{1\%} = k_\Delta K_V R_1 H_{1\%} \tag{5.4-83}$$

式中　$R_{1\%}$——累积频率为 1%的爬高，m；

k_Δ——与斜坡护面结构型式有关的糙率及渗透系数，可按表 5.4-7 确定；

K_V——与风速 V 有关的系数，可按表 5.4-31 确定；

R_1——$k_\Delta=1$，$H=1$ 时的波浪爬高，m，由式（5.4-79）计算确定，计算时波坦取为 $L/H_{1\%}$；

$H_{1\%}$——累积频率为 1%的波高，m。

表 5.4-31　　系　数 K_v

V/C	≤1	2	3	4	≥5
K_V	1.0	1.10	1.18	1.24	1.28

注　表中波速 $C=L/T$ (m/s)。

c. 对于其他累积频率的爬高 R_F，可用累积频率为1%的爬高 $R_{1\%}$ 乘以表 5.4-32 中的换算系数 K_F 确定。

d. 对于海堤为单坡结构型式，且 $0<m<1$ 时，波浪的爬高计算可按式（5.4-84）估算：

表 5.4-32　　系　数　K_F

F（%）	0.1	1	2	4	5	10	13.7	20	30	50
K_F	1.17	1	0.93	0.87	0.84	0.75	0.71	0.65	0.58	0.47

注　表中，$F=4\%$ 和 $F=13.7\%$ 的爬高分别相当于将不规则的爬高值按大小排列时，其中最大 1/10 和 1/3 部分的平均值。

$$R_F = K_{\Delta} K_V R_0 H_{1\%} K_F \qquad (5.4-84)$$

式中　R_F——波浪爬高累积率为 F 的波浪爬高值，m；

k_{Δ}——与护面结构型式有关的糙率及渗透系数，见表 5.4-7；

K_V——与风速 V 及堤前水深 $d_{前}$ 有关的经验系数，见表 5.4-8；

R_0——不透水光滑墙上相对爬高，即当 $K_{\Delta}=1.0$，$H=1.0$ 时的爬高值，可由斜坡 m 及深水波坦 $L_0/H_{0(1\%)}$ 查表 5.4-33 确定；

$H_{1\%}$——波高累积率为 $F=1\%$ 的波高值，当 $H_{1\%} \geq H_b$ 时，则 $H_{1\%}$ 取用值 H_b；

K_F——爬高累积频率换算系数，按表 5.4-34 确定；若所求 R_F 相应累积率的堤前波高 H_F 已经破碎，则 $K_F=1$。

表 5.4-33　　不透水光滑墙上相对爬高 R_0

<table>
<tr><td rowspan="3">$L_0/H_{0(1\%)}$</td><td colspan="10">m</td></tr>
<tr><td>0.1</td><td>0.2</td><td>0.3</td><td>0.4</td><td>0.5</td><td>0.6</td><td>0.7</td><td>0.8</td><td>0.9</td><td>1.0</td></tr>
<tr><td colspan="10">R_0</td></tr>
<tr><td>7</td><td rowspan="3">1.24</td><td rowspan="3">1.27</td><td rowspan="3">1.28</td><td rowspan="3">1.32</td><td>1.42</td><td>1.55</td><td>1.68</td><td>1.87</td><td>2.05</td><td>2.25</td></tr>
<tr><td>20</td><td>—</td><td>—</td><td>—</td><td>—</td><td>—</td><td>2.03</td></tr>
<tr><td>50</td><td>1.35</td><td>1.47</td><td>1.57</td><td>1.70</td><td>1.85</td><td>1.97</td></tr>
</table>

表 5.4-34　　爬高累积频率换算系数 K_F

F（%）	0.1	1	2	5	10	13	30	50
K_F	1.14	1.00	0.94	0.87	0.80	0.77	0.66	0.55

（2）带平台的复式断面海堤的波浪爬高计算。带平台的复式断面海堤的波浪爬高计算可采用折算坡变法计算。详见本章 5.4.5.3 相关内容及按式（5.4-5）～式（5.4-8）计算。

（3）陡墙式海堤正向波浪爬高计算。对于下部为斜坡、上部为陡墙、无平台或平台较小的折坡式断面海堤的波浪爬高值，可用假想坡度法（又称塞维尔试算法）进行近似计算。

计算时先确定波浪破碎水深 d_b 处的位置（可在底坡上或断面斜坡上），取波浪破碎水深 d_b 处为假想斜坡的起点。任意假定一爬高值 R_0，在断面坡面上得出假想斜坡的终点，连接起点及终点得假想单坡及其相应的假想坡度 m，然后按单坡方法计算爬高值 R_1。若 $R_1 \neq R_0$，则再以 R_1 作为假想单坡终点试算，直至假设的爬高与算出的爬高相等为止。

破碎水深 d_b 位置的确定可按以下办法确定：

当波浪在堤前已破碎，且堤前滩涂比较平坦，d_b 位置取在堤脚处，假想坡度法求爬高见示意图 5.4-57（a）。

当堤前水深较大，波浪在斜坡上破碎，假想坡度法求爬高见示意图 5.4-57（b），其破碎水深 d_b 计算为

$$d_b = H\left(0.47 + 0.023\frac{L}{H}\right)\frac{1+m^2}{m^2} \qquad (5.4-85)$$

式中　H、L——堤前的波高及波长（计算 $R_{1\%}$ 时，H 取 $H_{1\%}$），m；

m——计算破碎水深中所用坡度系数，一般取用 $m_下$。

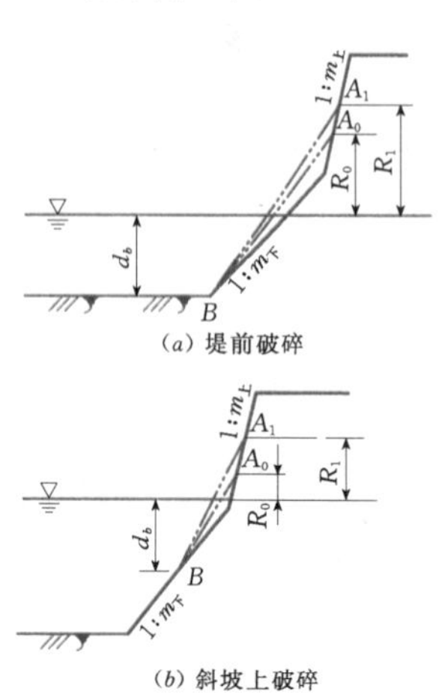

图 5.4-57　假想坡度法求爬高值示意图

（4）带防浪墙的单坡式海堤，可按单一坡度斜坡式海堤的波浪爬高计算方法计算波浪爬高。当堤身较低而设计潮位较高时，还应按假想坡度法计算波浪爬高，并取两者中的较大值，用假想坡度法计算时应符合折算坡比法的计算条件。

（5）堤前有压载（镇压平台）时的波浪爬高计算。堤前有压载（镇压平台）时波浪爬高按下述步骤计算：

a. 按前述方法计算无压载时的爬高；

b. 将所计算的爬高值乘以压载系数 K_y，即得有压载的爬高值。K_y 按表 5.4-35 确定。

c. 当堤前 $d_1/H \leqslant 1.5$，且 $m \leqslant 1.5$ 时，有压载海堤上的波浪爬高值计算按本条第 2 款所求结果乘以 K_m，K_m 按表 5.4-36 确定。本条仅适用于海堤坡度 $m \geqslant 1.0$ 的情况。

（6）海堤前沿滩地上设有潜堤的波浪爬高计算。当海堤前沿滩地上设有潜堤时，按下述步骤计算波浪爬高。

表 5.4-35　　**压 载 系 数 K_y**

B/L	0.2			0.4			0.6			0.8		
L/H	≤15	20	25	≤15	20	25	≤15	20	25	≤15	20	25
d_1/H	K_y											
1.0	0.85	0.94	0.99	0.75	0.83	0.87	0.70	0.78	0.81	0.68	0.75	0.79
1.5	0.92	1.03	1.13	0.86	0.96	1.06	0.81	0.91	1.00	0.79	0.88	0.97
2.0	0.95	1.10	1.18	0.91	1.06	1.14	0.89	1.01	1.11	0.87	1.01	1.09
2.5	0.98	1.04	1.10	0.96	1.02	1.08	0.93	0.99	1.04	0.92	0.98	1.03

表 5.4-36　　**系 数 K_m**

d_1/H	m	B/L			
		0.2	0.4	0.6	0.8～1.0
		K_m			
1.0	1.0	1.35	1.26	1.25	1.14
	1.5	1.16	1.10	1.10	1.03
1.5	1.0	1.50	1.60	1.50	1.40
	1.5	1.36	1.46	1.30	1.24

注　d_1、B—压载顶部的水深及压载宽度，见图 5.4-58；L—平均波长；H—有效波波高，即 $H_{13\%}$。

波浪越堤后波高 H_1 可计算为

当 $\dfrac{d_a}{h} \leqslant 0$ 时

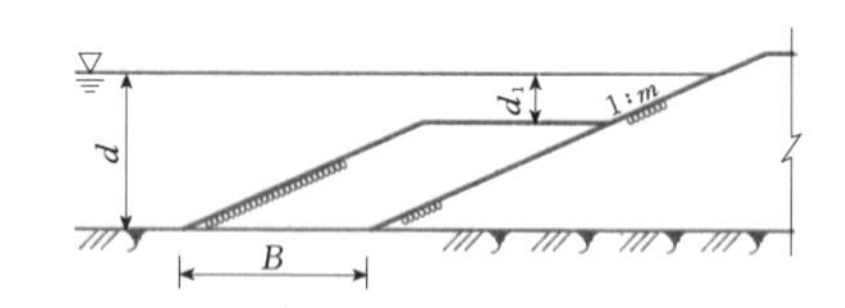

图 5.4-58　带压载的海堤断面

$$\frac{H_1}{H} = \tanh\left[0.8\left(\left|\frac{d_a}{H}\right| + 0.038\frac{L}{H}K_B\right)\right] \tag{5.4-86}$$

当 $\dfrac{d_a}{h} > 0$ 时

$$\frac{H_1}{H} = \tanh\left[0.03\frac{L}{H}K_B\right] - \tanh\left(\frac{d_a}{2H}\right) \tag{5.4-87}$$

其中

$$K_B = 1.5e^{-0.4\frac{B}{H}} \tag{5.4-88}$$

式中 d_a——静水位到潜堤堤顶的垂直高度；潜堤出水时取正值，淹没时取负值，见图5.4-59；

B——潜堤堤顶宽度；

其余符号见图5.4-59。

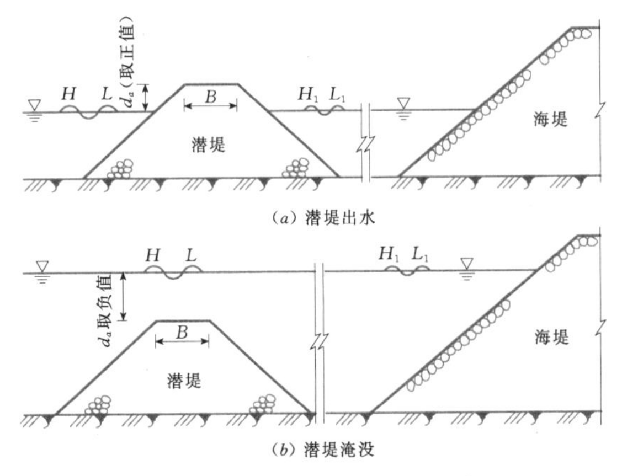

图 5.4-59 海堤前设有潜堤的示意图

按式（5.4-86）、式（5.4-87）计算潜堤后的波要素时，潜堤前的波要素取波高 $H_{13\%}$，波长为平均波长 L，并假定潜堤后的波高 H_1 也具有相同的累积率 13%。潜堤后的平均波长可假定周期不变，并认为潜堤前后有效波波高与平均波高之比不变，计算各种累积率的波高。波浪爬高按式（5.4-83）计算。

由潜堤后的波要素，可确定堤前波要素，潜堤与海堤之间距离较短，水深变化不大时，则可把潜堤后的波要素作为海堤前的波要素，并计算其波浪爬高。

（7）堤前植有防浪林的波浪爬高计算。对于堤前植有防浪林的波浪爬高计算见5.4.5.3之4部分，按式（5.4-9）计算。

（8）加糙插砌条石护面的波浪爬高计算。对于插砌条石斜坡堤，当考虑其消浪作用时，平面加糙率宜采用25%。其相应的波浪爬高计算可估算如下：

$$R_{KP}=K_R R \tag{5.4-89}$$

式中 R_{KP}——加糙插砌条石护面的斜坡堤的波浪爬高，m；

R——斜坡堤砌石护面为平整时的波浪爬高，由式（5.4-78）确定，m；

K_R——加糙插砌条石护面对波浪爬高衰减影响的系数，由表5.4-37确定。

（9）侧向波浪爬高计算。侧向波浪爬高计算见本章5.4.5.3之4部分。

表 5.4-37　K_R 值

m	K_R
3	0.70
2	0.70
1.5	0.80

3. 越浪量计算

海堤越浪量与堤前波浪要素、堤前水深、堤身高度、堤身断面形状、护面结构型式以及风场要素等因素有关。目前国内海堤越浪量的计算方法主要采用南京水利科学研究院和浙江省河口海岸研究所根据无风条件下单坡型式海堤试验研究提出的计算公式，设计时可根据实际情况选择合适的公式。对于其他断面结构型式的海堤，经适当概化后也可参照这些公式估算堤顶越浪量。对于带有平台的复式斜坡堤的越浪量计算，可以参考欧盟、美国的有关计算公式。

（1）南京水利科学研究院的越浪量计算公式。南京水利科学研究院通过大量的模型试验提出了一套斜坡堤顶越浪量的计算公式，并被SL 435—2008采纳。

1）当斜坡式海堤堤顶无防浪墙时，如图5.4-60所示，越浪量可计算如下：

$$q=AK_A\frac{H_{1/3}^2}{T_P}\left(\frac{H_c}{H_{1/3}}\right)^{-1.7}\times\left[\frac{1.5}{\sqrt{m}}+\tanh\left(\frac{d}{H_{1/3}}-2.8\right)^2\right]\ln\sqrt{\frac{gT_P^2m}{2\pi H_{1/3}}} \tag{5.4-90}$$

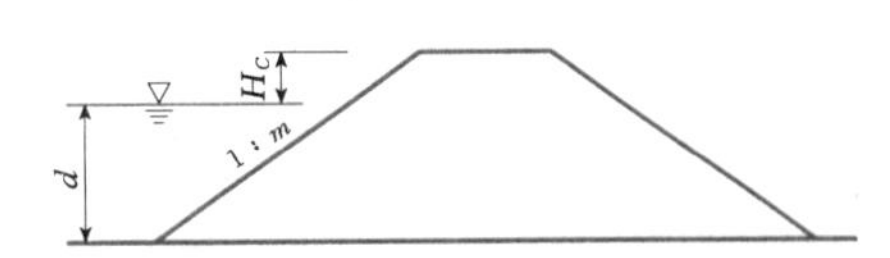

图 5.4-60 堤顶无防浪墙斜坡式海堤

2）当斜坡式海堤堤顶有防浪墙时，见图5.4-61，越浪量计算如下：

$$q=BK_A\frac{H_{1/3}^2}{T_P}(0.07^{H_c'/H_{1/3}})\exp\left(0.5-\frac{b_1}{2H_{1/3}}\right)\times\left[\frac{0.3}{\sqrt{m}}+\tanh\left(\frac{d}{H_{1/3}}-2.8\right)^2\right]\ln\sqrt{\frac{gT_P^2m}{2\pi H_{1/3}}} \tag{5.4-91}$$

式中 q——越浪量，即单位时间单位堤宽的越浪水体体积，$m^3/(s\cdot m)$；

H_c——堤顶在静水面以上的高度，m；

A、B——经验系数，按表5.4-38确定；

K_A——护面结构影响系数，按表5.4－39确定；

T_P——谱峰周期，$T_P=1.33\overline{T}$。

表5.4－38　经验系数A、B

m	1.5	2.0	3.0
A	0.035	0.060	0.056
B	0.60	0.45	0.38

表5.4－39　护面结构影响系数K_A

护面结构	混凝土板	抛石	扭工字块体	四脚空心方块
K_A	1.0	0.49	0.40	0.50

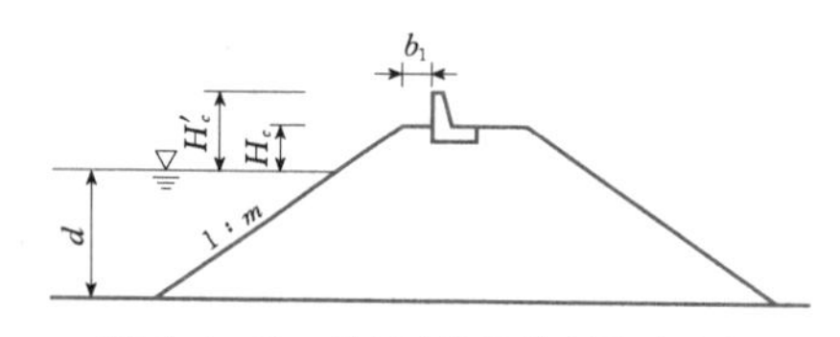

图5.4－61　堤顶有防浪墙斜坡式海堤

上述两计算公式的适用范围为：

a. $2.2\leqslant d/H_{1/3}\leqslant 4.7$；

b. $0.02\leqslant H_{1/3}/L_{po}\leqslant 0.01$（$L_{po}$为以谱峰周期$T_p$计算的深水波长，m）；

c. $1.5\leqslant m\leqslant 3.0$；

d. 底坡$i\leqslant 1/25$；

e. $0.6\leqslant b_1/H_{1/3}\leqslant 1.4$（$b_1$为坡肩宽度，m）；

f. $1.0\leqslant H'_c/H_{1/3}\leqslant 1.6$（$H'_c$为防浪墙墙顶在静水面以上的高度，m）。

（2）浙江省河口海岸研究所的越浪量计算公式。

1）无风条件下，斜坡堤1：2坡度上（带防浪墙）或1：0.4陡坡上（带防浪墙）越浪量可计算如下：

$$\frac{q}{T\overline{H}g}=A\exp\left(-\frac{B}{k_\Delta}\frac{H_c}{T\sqrt{g\overline{H}}}\right)\quad(5.4-92)$$

式中　q——越浪量，$m^3/(s\cdot m)$；

H_c——防浪墙顶至静止水位（设计高潮位）的高度，m；

$\overline{H}$——堤前平均波高，m；

T——波周期，s；河口港湾地区，以风推浪的方法确定波要素时，采用有效波周期$T_s=1.15\overline{T}$；对开敞式海岸，用实测波资料确定波要素时，采用平均波周期$\overline{T}$；

g——重力加速度；

k_Δ——与斜坡护面结构型式有关的糙率及渗透系数，可按表5.4－5确定；

A、B——经验系数；当海堤坡度为1：2时，A、B根据表（5.4－40）确定；当海堤坡度为1：0.4时，A、B系数根据表（5.4－41）确定（表中d_s为堤前水深即$d_{前}$）。

注：介于上述波陡之间的越浪量，用线性插值求出。

表5.4－40　斜坡堤坡比为1：2时的A、B系数值

系数 $\overline{H}/L$	$\overline{H}/d_{前}\leqslant 0.4$				$\overline{H}/d_{前}\leqslant 0.5$		
	0.02～0.03	0.035	0.045	0.065～0.08	0.02～0.025	0.033～0.04	0.05～0.1
A	0.0079	0.0111	0.0121	0.0126	0.0081	0.0127	0.014
B	23.12	22.63	21.25	20.91	42.53	26.97	22.93

注　$\overline{H}/L$为堤前波陡。

表5.4－41　斜坡堤坡比为1：0.4时的A、B系数值

系数 $\overline{H}/L$	$\overline{H}/d_{前}\leqslant 0.4$						$\overline{H}/d_{前}>0.5$			
	0.02～0.025	0.0275	0.0325	0.0375	0.045	0.05～0.1	0.02～0.025	0.03～0.034	0.05	0.06～0.1
A	0.0098	0.0089	0.0099	0.0156	0.0126	0.0203	0.0238	0.0251	0.0167	0.0176
B	41.22	31.2	27.76	27.19	24.8	24.2	85.64	59.11	33.26	20.96

2）风对越浪量的影响。有风条件下，向岸风会增加海堤上的越浪量，增加的量值取决于相对海堤轴向的风速、风向及海堤的坡度和高度。计算时可先按无风条件进行越浪量计算，然后再按有风条件进行校正，即有风的越浪量为无风条件下的越浪量乘以风校正因子K'，校正因子计算如下：

$$K' = 1.0 + W_f\left(\frac{H_c}{R} + 0.1\right)\sin\theta \quad (5.4-93)$$

其中
$$W_f = \begin{cases} 0 & V = 0 \\ 0.5 & V = 13.4\text{m/s} \\ 2.0 & V \geqslant 26.8\text{m/s} \end{cases} \quad (5.4-94)$$

式中 W_f——取决于风速的系数，其值按式（5.4-94）确定，介于三个风速之间的 W_f 值，根据风速用线性内插求得；

θ——海堤临潮边坡坡角；

R——波浪在海堤上爬高值，m；当 $H_c \geqslant R$，则越浪量等于0。

（3）欧盟海堤越浪评估公式。带有平台的复式斜坡堤越浪计算示意图见图5.4-62，越浪评估按式（5.4-95）和式（5.4-96）计算。

$$\frac{q}{\sqrt{gH_s^3}} = \frac{0.067}{\sqrt{\tan\alpha}}\gamma_b\xi_m \times \exp\left(-4.3\frac{H_c}{\xi_m H_s \gamma_b \gamma_f \gamma_\beta \gamma_v}\right) \quad \xi_m < 5 \quad (5.4-95)$$

左式最大值为

$$\frac{q}{\sqrt{gH_s^3}} = 0.2\exp\left(-2.3\frac{H_c}{H_s\gamma_f\gamma_\beta}\right) \quad (5.4-96)$$

式中 q——越浪高，即单位时间单位堤宽的越浪水体体积，$\text{m}^3/(\text{s}\cdot\text{m})$；

H_s——有效波高，m；

H_c——堤顶在静水面以上的高度，有防浪墙时为到防浪墙顶高度，m；

ξ_m——破波参数，按式（5.4-97）计算；

α——复坡平均坡角；

γ_b——平台影响系数，按式（5.4-100）计算；

γ_f——糙渗影响系数，可查表5.4-7；

γ_β——波浪斜向入射影响系数，按式（5.4-98）计算；

γ_v——堤顶防浪墙影响系数，按式（5.4-99）计算。

1）破波参数 ξ_m 的计算：

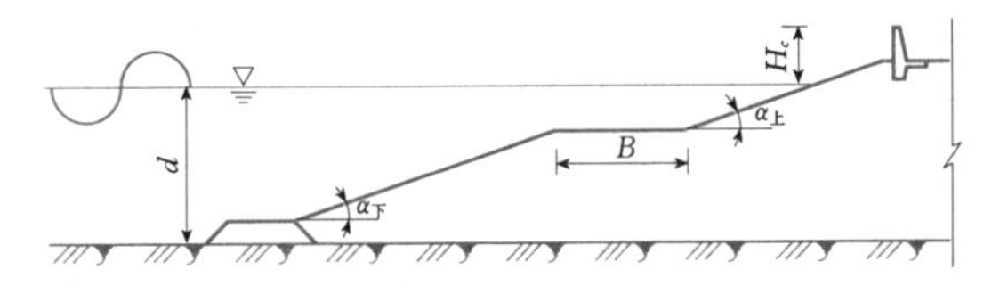

图5.4-62 带有平台的复式斜坡堤

$$\xi_m = \frac{\tan\alpha_下}{\sqrt{\dfrac{H_s}{L_m}}} = \frac{\tan\alpha_下\sqrt{gT_m^2}}{\sqrt{2\pi H_s}} \quad (5.4-97)$$

式中 T_m——谱周期，$T_m = 1.2\overline{T}$ 或 $T_m = T_p/1.1$，s。

2）波浪斜向入射影响系数 γ_β 的计算：

$$\gamma_\beta = 1 - 0.0033|\beta| \quad 0° \leqslant \beta \leqslant 80° \quad (5.4-98)$$

$$\gamma_\beta = 0.736 \quad |\beta| > 80°$$

式中 β——入射角，(°)，正向入射时 $\beta=0$，$|\beta|>80°$ 可按 $|\beta|=80°$ 计算。

3）堤顶防浪墙影响系数 γ_v 的计算：

$$\gamma_v = 1.35 - 0.0078\alpha_{wall} \quad (5.4-99)$$

式中 α_{wall}——防浪墙角度，(°)，堤顶防浪墙1∶1向后时取45°，堤顶防浪墙为直墙时取90°。

4）平台影响系数 γ_b 的计算。复合平台影响系数计算示意图见图5.4-63，计算如下：

$$\gamma_b = 1 - \gamma_B(1-\gamma_{ab}) \quad 0.6 \leqslant \gamma_b \leqslant 1.0 \quad (5.4-100)$$

其中
$$\gamma_B = \frac{B}{L_B} \quad (5.4-101)$$

$$\gamma_{ab} = 0.5 - 0.5\cos\left(\pi\frac{d_w}{R_{2\%}}\right) \quad 静水位之上：d_b < 0 \quad (5.4-102)$$

$$\gamma_{ab} = 0.5 - 0.5\cos\left(\pi\frac{d_w}{2H_s}\right) \quad 静水位之下：d_b > 0 \quad (5.4-103)$$

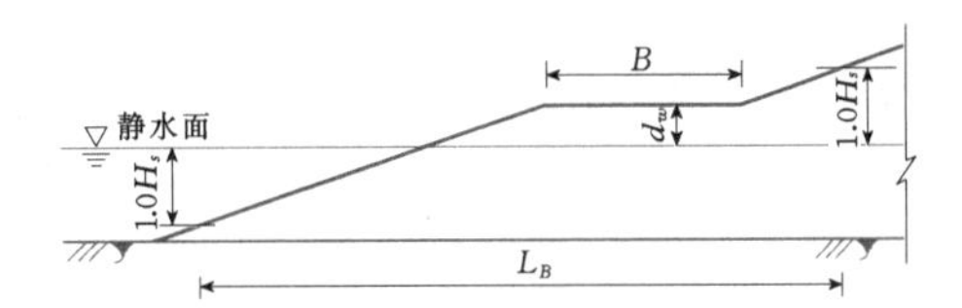

图5.4-63 复坡平台影响系数计算示意图

在式（5.4-102）中，$R_{2\%}$ 计算如下：

$$R_{2\%} = 1.75H_s\gamma_b\gamma_f\gamma_\beta\xi_m \quad (5.4-104)$$

左式最大值如下：

$$R_{2\%} = 1.00H_s\gamma_b\gamma_f\gamma_\beta\left(4.3 - \frac{1.6}{\sqrt{\xi_m}}\right) \quad (5.4-105)$$

式中 d_w——平台上的水深，当平台在静水位以上时取负值，平台在静水位以下时取正值，m；

$R_{2\%}$——累积率为2%的波浪爬高，式（5.4-104）中 γ_b 可暂取1.0。

5）复坡平均坡角 α 的计算。复坡平均坡角 α 的计算主要采用两次逼近的方法。

a. 第一次逼近计算：计算示意图见图 5.4-64，计算如下：

$$\tan\alpha_0 = \frac{3H_s}{L_{slope1} - B} \tag{5.4-106}$$

式中　α_0——第一次逼近计算的斜坡角度，当上下坡坡度相同时为上下坡坡角。

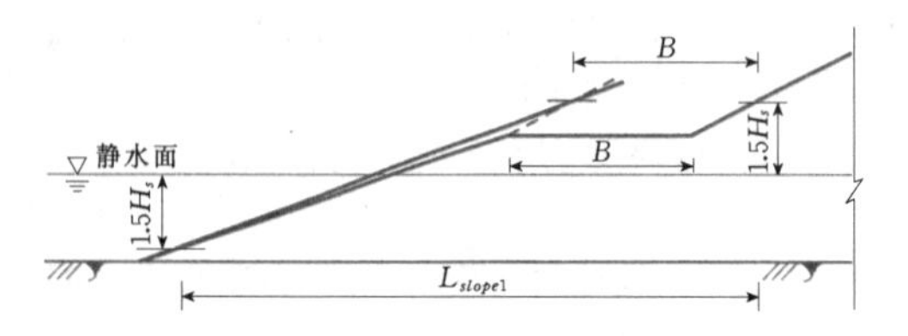

图 5.4-64　复坡平均角度第一次叠代计算示意图

b. 第二次逼近计算：计算示意图见图 5.4-65，计算如下：

$$\tan\alpha = \frac{1.5H_s + R_{2\%}}{L_{slope2} - B} \tag{5.4-107}$$

式中　$R_{2\%}$——累积率为 2%的波浪爬高；

α——复坡平均坡角。

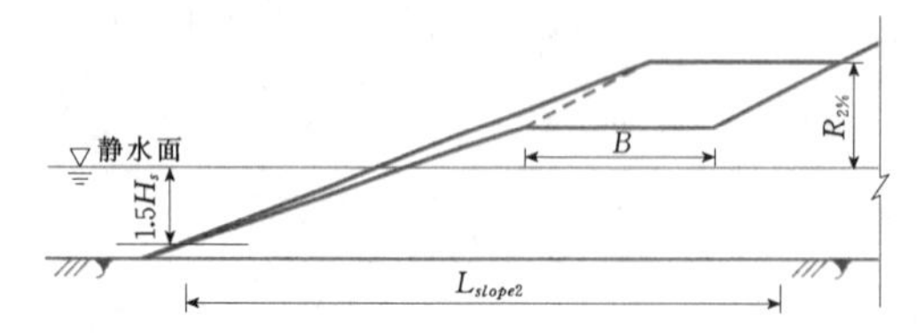

图 5.4-65　复坡平均角度第二次叠代计算示意图

利用第一次逼近的计算结果计算坡面波浪爬高：

$$R_{2\%} = 1.75H_s\gamma_b\gamma_f\gamma_\beta\xi_m \tag{5.4-108}$$

左式最大值为

$$R_{2\%} = 1.00H_s\gamma_f\gamma_\beta\left(4.3 - \frac{1.6}{\sqrt{\xi_m}}\right) \tag{5.4-109}$$

（4）美国海岸工程手册复坡越浪量计算公式。带有平台的复式斜坡堤越浪量计算示意图见图 5.4-66，计算如下：

$$\frac{q}{\sqrt{gH_s^3}} = 0.06\frac{\xi_p}{\sqrt{\tan\alpha}}\times \exp\left(-5.2\frac{H_c}{H_s\xi_p}\frac{1}{\gamma_f\gamma_b\gamma_h\gamma_\beta}\right)\quad \xi_p < 2 \tag{5.4-110}$$

式（5.4-110）的适用条件为

$$0.3 < \frac{H_c}{H_s\xi_p}\frac{1}{\gamma_f\gamma_b\gamma_h\gamma_\beta} < 2$$

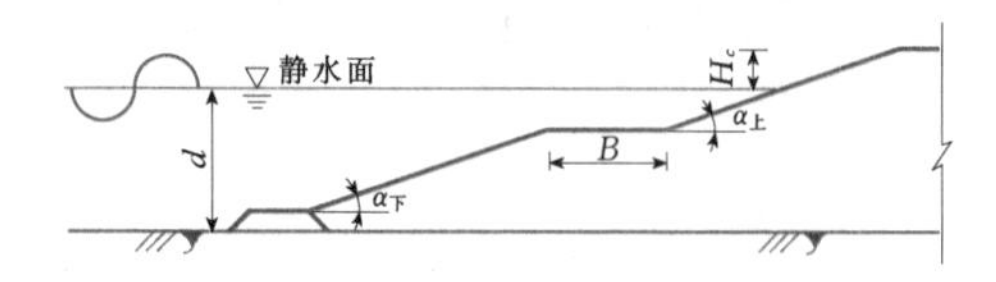

图 5.4-66　带有平台的复式斜坡堤

$$\frac{q}{\sqrt{gH_s^3}} = 0.2\exp\left(-2.6\frac{H_c}{H_s}\frac{1}{\gamma_f\gamma_b\gamma_h\gamma_\beta}\right)\quad (\xi_p > 2) \tag{5.4-111}$$

$$T_p = (1.15 \sim 1.27)\overline{T}$$

式中　q——越浪量，即单位时间单位堤宽的越浪水体体积，$m^3/(s\cdot m)$；

H_s——有效波高，m；

T_p——谱峰周期；

H_c——堤顶在静水面以上的高度，有防浪墙时为到防浪墙顶高度，m；

ξ_p——破波参数，按式（5.4-112）计算；

α——复坡平均坡角；

γ_b——平台影响系数，按式（5.4-115）计算；

γ_f——糙渗影响系数，可查表 5.4-7；

γ_β——波浪斜向入射影响系数，按式（5.4-113）和式（5.4-114）计算；

γ_h——堤前浅水影响系数，按式（5.4-118）计算。

$\gamma_f\gamma_b\gamma_h\gamma_\beta$ 值不应小于 0.5。

1）破波参数 ξ_p 计算如下：

$$\xi_p = \frac{\tan\alpha_下}{\sqrt{\dfrac{H_s}{L_p}}} = \frac{\tan\alpha_下\sqrt{gT_p^2}}{\sqrt{2\pi H_s}} \tag{5.4-112}$$

2）波浪斜向入射影响系数 γ_β 计算如下：

$$\gamma_\beta = 1 - 0.0033\beta \quad 短峰波 \tag{5.4-113}$$

$$\gamma_\beta = \begin{cases} 1.0 & 0° \leqslant \beta \leqslant 10° \\ \cos^2(\beta - 10°) & 10° < \beta \leqslant 50° \quad 长峰波（涌浪） \\ 0.6 & \beta > 50° \end{cases} \tag{5.4-114}$$

式中　β——入射角，(°)，正向入射时 $\beta=0$，$|\beta| > 50°$ 可按 $|\beta| = 50°$ 计算。

3）平台影响系数 γ_b 的计算。计算示意图见图 5.4-67，计算如下：

$$\gamma_b = 1 - r_b(1 - r_{db})\quad 0.6 \leqslant \gamma_b \leqslant 1.0 \tag{5.4-115}$$

其中

$$r_b = 1 - \frac{\tan\alpha'}{\tan\alpha} \tag{5.4-116}$$

$$r_{db}=0.5\left(\frac{d_w}{H_s}\right)^2 \quad 0.6\leqslant r_{db}\leqslant 1.0$$

(5.4-117)

式中 α'、α——等效坡度和复坡平均坡角，计算见图 5.4-67。

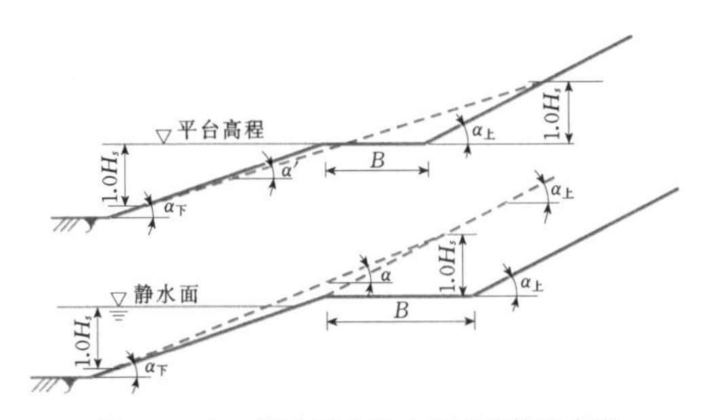

图 5.4-67 复合平台影响系数计算示意图

4）堤前浅水系数 γ_h 计算如下：

$$\gamma_h=\frac{H_{2\%}}{1.4H_s} \quad (5.4-118)$$

式中 $H_{2\%}/H_s$——可根据堤前波高与水深比差查表 5.4-42。

表 5.4-42 不同相对水深时 $H_{2\%}/H_s$

H/d	0	0.1	0.2	0.3	0.4	0.5
$H_{2\%}/H_s$	1.39	1.34	1.30	1.26	1.22	1.17

注 H—堤前平均波高，m；d—堤前水深，m。

4. 预留沉降量

海堤竣工后还会发生固结沉降，为保证设计堤顶高程，在设计时需要预留沉降量。沉降量包括堤身沉降量和堤基沉降量。对于压实较好的海堤，根据经验，竣工后沉降量一般可达堤身高度的 3%～8%，在筑堤竣工验收后 5～10 年沉降基本完成。对于软土堤基、堤身较高、无法压实或压实较差的海堤，沉降过程较长且沉降量较大，应通过沉降计算并结合施工条件和本地实践经验分析论证后确定其沉降量。根据经验，海堤竣工后软土地基固结沉降量一般可达堤身高度的 10%～20%，对老海堤加高及地基经塑料排水带等方法处理的可取小值。

5.4.6.3.4 堤身断面设计

堤身断面应根据堤基地质情况、筑堤材料、结构型式、波浪作用情况、施工及应用条件，经渗流、稳定计算和技术经济比较后确定。加固、扩建的海堤还应考虑充分利用现有堤身结构等因素综合确定。

1. 堤顶宽度

堤顶宽度（不包括防浪墙）与海堤堤身整体稳定、防汛、管理、施工、工程规模及交通要求等因素有关。SL 435—2008 规定，1 级堤防堤顶宽度不宜小于 5m，2 级堤防堤顶宽度不宜小于 4m，3 级及以下堤防不宜小于 3m。当堤顶与公路结合时，其宽度应按公路设计要求确定。考虑越浪冲刷和适当的裕度，采用较宽的堤顶较为有利。

2. 堤坡

影响海堤边坡的因素，主要是海堤断面结构型式、护坡类型、筑堤材料与地基土质，同时还应考虑波浪作用情况、堤高、工程量、施工条件及运用要求等因素。一般可先参照已建类似工程的经验初步拟定边坡及断面方案，再通过稳定计算和风浪爬高计算等，经综合技术经济比较后确定合理的海堤边坡和断面。各种海堤内外边坡的经验坡比见表 5.4-43。

表 5.4-43 海堤内外边坡坡比经验值

海堤护坡类型	外坡坡比	内坡坡比
斜坡式堤	1:1.5～1:3.5	水上：1:1.5～1:3.0；水下：海泥掺砂 1:5～1:10，砂壤土 1:5～1:7
陡墙(防护墙)式	1:0.1～1:0.5	
混合式堤型	参照块石护坡和陡墙稳定	

外坡坡比为 1:1.5～1:2.0 时，在一般风浪范围内，波浪爬高值较大，因此，为了降低堤顶设计高程，砌石护坡不宜采用此范围的坡比。

内坡护坡采用砌石或混凝土等护面结构时，其坡比可参照外坡坡比适当陡一些。

随着我国国民经济的不断发展，人民生活的不断提高，对周边的生态环境亦越来越重视。近年来在海堤工程的建设过程中越来越多的采用生态堤防的型式，使新建海堤能够与周边生态景观环境融为一体，减少海堤建设对生态环境的影响。生态海堤中主要采用草皮等植物护坡，采用此种护坡的海堤，外坡较平坦，一般为 1:3～1:8。

3. 平台

对波浪作用强烈的堤段，宜采用复合斜坡式断面，在临海侧设置消浪平台。消浪平台是以减小波浪爬高为主要目的在海堤外坡上设置的平台，高程宜位于设计高潮（水）位附近或略低于设计高潮（水）位。平台宽度可为设计波高的 1～2 倍，且不宜小于 3m。

海堤堤高大于 6.0m 时，常在背海侧坡面设置马道，马道是因稳定、管理维护、排水、防汛等需要设置的平台，宽度一般不小于 1.5m。

因防汛抢险和交通的需要，背海侧坡面常设置交通平台。交通平台的高程应高于内港（河）最高水位1.0～2.0m以上，平台宽度一般为4～8m。内坡交通平台与公路相结合时，其路面结构应符合交通部门的有关规定。

海堤建造在软土地基上时，常在海堤两侧设置镇压平台，镇压平台是因地基稳定需要设置的压载层，其高度、宽度可根据经验拟定，并通过稳定计算确定。在软土地基上的海堤内坡镇压平台应与交通平台结合考虑。

5.4.6.3.5　护面结构设计

海堤护面主要作用是防止风、波浪、越浪水体及降雨对堤表的冲刷淘蚀破坏。海堤护面应根据沿堤保护地段的不同要求、不同朝向，选用不同的护面型式。临海侧外坡面应采用整体性好、抗冲刷能力强、消浪效果好的护面结构型式。对允许部分越浪的海堤，背海侧坡面应根据越浪量大小采用相应的防护措施。

1. 外坡护面结构

（1）斜坡式海堤外坡护面结构。斜坡式海堤的护坡类型常见的有块石护面（抛石、干砌石、浆砌石、混凝土灌砌石），混凝土板（块）护面，预制混凝土异型块体护面，植物护坡，模袋混凝土护面等。

1）块石护面。根据施工工艺的不同，块石护面分为抛石护坡、干砌石护坡、浆砌石护坡、混凝土灌砌石护坡。抛石护坡消浪性能好，对堤身或地基变形的适用性强。但散抛在坡面上的块石是依靠自身质量稳定的，海堤工程目前缺乏大型机械施工条件，单个块石的质量受到限制，抵抗大风浪的能力较差，因此抛石护坡仅用在风浪较小的堤段或作为临时性的防护措施。

干砌块石护坡是海堤最常见的护坡型式，能适应堤身的沉降变形，施工简单，容易维修，特别是当地有便宜的石料，且波浪不大时，该护坡形式最具优越性。干砌块石互相间有挤靠作用，在同样风浪条件下与抛石护坡比较，可采用较小质量的块石。但干砌块石护坡整体性较差，抗风浪能力弱，需经常维修。

浆砌块石护坡具有较好的整体性，外表美观，抗波浪能力较强，管理方便。一般能防止水流由隙缝进出，因而对采用砂性土做堤身的海堤，能起到防止波浪淘刷的作用。但护面孔隙减小，波浪爬高较干砌块石护坡略有增大，且对堤基及堤身土体变形的适应能力较干砌块石护坡要差，有时护坡下土体局部淘刷不易发现，以致在波浪持续作用下形成大空洞后成片护坡塌陷。因此风浪较大但沉降量不大时，可采用浆砌块石护坡。

混凝土灌砌石护坡以较高强度等级细骨料混凝土为胶结料，将块石胶结在一起，可解决石块小和浆砌石耐久性较差的问题，而且施工时可分块，如天津海挡（海堤）中做成2m×2m一块（厚0.4m），以适应堤坡变形，细骨料混凝土灌砌石护坡中混凝土用量一般为40%～50%。有些工程还采用混凝土或浆砌石框格固定干砌石来加强干砌石护坡的整体性，框格尺寸一般采用(2～8)m×(2～8)m。

在一些波浪大、动力作用强的地区，为增加砌石抗浪能力，采用丁砌（插砌）条石，条石长度较长，稳定性好，而且条石接触面较大，也有较好的嵌固作用，目前福建省已有用在设计波高大于3m的实例。

2）混凝土板护面。混凝土板护坡分预制板和现浇板两类。装配式预制混凝土或钢筋混凝土板可采用5m×5m、10m×10m的方格板，现浇板的平面尺寸一般较大，由于作用于板上的波浪浮托力沿坡面分布的不均匀性，加大沿坡面方向（垂直水边线方向）的尺寸，可以减小板所需的厚度。混凝土板护坡宜用于在沉降已基本稳定、已有干（浆）砌石护面的坡面。该护面形式整体性好，但消浪效果要差于干砌石和浆砌石，有时为了增强其消浪效果，可沿护坡面设置阶梯。

对于采用砂性土做堤身的堤段，不宜直接采用混凝土板护面。相关试验研究表明，面板下部的砂填料易在波浪作用下产生移动，这种移动可能导致板底脱空，最终在波浪作用时击碎板面。混凝土板护面下部应设置块石垫层及反滤垫层。

埋石混凝土护面，采用40%块石和60%混凝土现浇而成，平面尺寸与厚度都较大，且工作特性接近混凝土板。

3）人工混凝土块体护面（异型人工块体）。人工混凝土块体，又称为异型人工块体，主要有四脚锥体、四脚空心方块、扭工字块体、扭王字块体、螺母块体、栅栏板等型式。该护坡形式为透空结构，消浪性能好，稳定性好，但造价比较高，可应用于一些较重要的堤防中（如工业围垦、重要城市堤防）或风浪较大的堤段。人工混凝土块体护面结构均为透空结构，应在其下部设置块石垫层及反滤垫层。

4）植物护坡。对不直接临海堤段，护坡设计应考虑堤线的生态恢复效应，迎海侧护面可采用底部无砂混凝土或干砌石，上部植草或立体土工格栅并植草的工程措施与植物措施相结合的护坡型式。

5）其他护面。模袋混凝土护坡是一种新型护坡形式，具有施工速度快，可以水下施工等优点，目前已在海堤中得到应用。

（2）陡墙式海堤外坡护面结构。陡墙式海堤的外坡护面结构主要为各种形式挡墙。挡墙是陡墙式海堤的主体结构。它除了起护面作用外，主要承受波浪、水流的作用，保护墙后的堤身填土，将所受迎面水平力传给墙后土体，同时它还承受来自堤身的土压力，以保持堤身土体的稳定。

1）挡墙结构型式。挡墙通常采用重力式结构、悬臂式结构、扶壁式结构、箱式结构等4种结构，结构图见图5.4-12。

采用重力式挡墙结构时，一般采用细骨料混凝土砌石、埋石混凝土、浆砌条（块）石砌筑。在原有堤身基础上加高围堤时，常在原有堤上部修筑二阶重力式挡墙，形成混合式堤身断面。墙顶宽0.6～1.0m，临海侧坡比为1：0.3～1：0.5，背水侧坡比一般为1：0～1：0.3，墙底宽度为墙身高度的1/2。埋置深度不宜小于1.0m。有时为增加挡墙的抗滑稳定性，将基底做成逆坡或增加齿坎，顶部通常与堤顶防浪墙结合，并做混凝土压顶。

采用悬臂式挡墙结构、扶壁式挡墙结构、箱式挡墙结构时，均采用钢筋混凝土浇筑。箱式挡墙对软基的适应性强，自重轻，箱内可抛填块石或土，以维持墙体稳定，可设排水孔和排气孔，使前墙内、外水位相等。箱间隔应对称布置，顶部设顶盖。此形式较宜用于基础差，但又与城区景观结合的堤段，它可以通过一些箱顶的小附件，设置花槽、栏杆、公园椅，将堤顶辟为人行道及观景平台。

悬臂式挡墙和扶壁式挡墙的埋置深度不宜小于0.8～1.0m。当墙高在9m以上时，采用扶臂式挡墙较悬臂式挡墙更经济合理。

2）结构设计。临海侧挡墙应进行抗滑动、抗倾稳定计算，挡墙基底的应力应小于地基的允许承载力，且压应力最大值与最小值的比值，应小于SL 435—2008的要求。软基上的挡墙还应进行地基整体稳定计算。对于悬臂式挡墙结构、扶壁式挡墙和箱式挡墙采用钢筋混凝土浇筑时，均属轻型结构，应根据其不同的受力状态进行应力分析，并按《水工钢筋混凝土结构设计规范》（DL/T 5057—2009）规定，确定其强度。同时不能忽视墙内所配钢筋的一些构造措施。

（3）混合式海堤外坡护面结构。混合式断面海堤实际上是由陡墙式海堤断面和斜坡式海堤断面组合而成，它也是逐年加高的海堤最常见的断面。混合式海堤临海侧护面应符合斜坡式堤和陡墙式堤的有关规定。临海侧多年平均低潮位以上的消浪平台及镇压平台内外转角处应根据风浪条件采取工程措施加强保护，如加筋混凝土格梁、混凝土压顶等。混合式断面的一级斜坡兼作镇压堤脚的低平台时，堆砌石的坡度宜不大于1：5。混合式断面一级平台由陡墙式挡墙支挡时，其挡墙前趾基脚应用抛石护脚。

2. 内坡护面结构

海堤内坡护坡的型式应根据当地的暴雨强度、越浪要求，并结合堤高和土质情况确定，同时强调人性化设计的现代设计理念。

按不允许越浪设计的海堤，优先采用植物措施防护。对按允许部分越浪量的内坡护面主要以承受垂直于坡面的水流冲击力为主，无波浪的回流水流的拖拽力，因此内坡护面设置原则应为透水、消能。对于按允许越浪设计的堤段，通过越浪量计算，并采取措施使海水在堤顶汇集，经过排水沟排向内坡脚，内坡护坡仍能采用植物措施防护。

对堤前水深较大且为主风向，越浪量较大时，可采用工程措施防护。当内坡采用工程措施防护时，全坡面宜采用浆砌石、预制混凝土块（板）或干砌块石砂浆勾缝护坡，并做好垫层。采用何种护面型式主要从波浪破碎后的流速来确定，几种护面材料的抗冲流速见表5.4-18。

3. 护面结构计算

（1）块石护面。护面是护坡的主体，块石的选料应根据计算厚度来选择有规则的料，并应做好反滤垫层。护面块石主要承受上涌波浪的冲击、掀动和浮托，承受回落水流拖拽及渗流动水压力的顶托，在波浪的交替作用下，坡面砌石松动、变形失稳，设计时以控制砌石厚度为主。

1）在波浪作用下，斜坡堤干砌块石护坡的护面厚度计算，当斜坡坡率$m=1.5\sim5.0$时，见5.4.5.3之5论述及按式（5.4-17）计算。

2）设置排水孔的浆砌石护面层厚度也可按式（5.4-17）计算。

3）当$d/H=1.7\sim3.3$和$L/H=12\sim25$时，干砌条石护面层厚度计算如下：

$$t=0.744\frac{\gamma}{\gamma_b-\gamma}\frac{\sqrt{m^2+1}}{m+A}\left(0.476+0.157\frac{d}{H}\right)H \tag{5.4-119}$$

式中 t——干砌条石护面层厚度，即条石长度，m；

γ——水的容重，kN/m^3；

γ_b——块石的容重，kN/m^3；

A——系数，斜缝干砌可取1.2，平缝干砌可取0.85；

m——坡度系数，取0.8～1.5。

当m为2～3时的加糙干砌条石护面的厚度也可按式（5.4-17）计算，但应乘以折减系数α。当平面加糙度为25%时，即沿海堤轴线方向每隔三行凸起一行，条石凸起高度等于截面宽度尺寸 a 时，即凸起条石护面厚度为 $h+a$，a 通常为 $h/3$ 左右，a 可取为 0.85，此时加糙干砌条石护面的波浪爬高值也应乘以 0.7 的折减系数。

(2) 混凝土板护坡。对具有明缝的混凝土或钢筋混凝土板护坡，当斜坡坡率 $m=2\sim5$ 时，满足稳定所需的面板厚度确定如下：

$$t = 0.07\eta H\left(\frac{L}{B}\right)^{\frac{1}{3}}\frac{\rho_w}{\rho_c-\rho_w}\frac{\sqrt{m^2+1}}{m} \tag{5.4-120}$$

$$m = \mathrm{ctg}\alpha$$

式中　t——混凝土护面板厚度，m；

η——系数，对整体式大块护面板取 1.0，对装配式护面板取 1.1；

H——计算波高，m，取 $H_{1\%}$；

L——波长，m；

B——沿坡方向（垂直于水边线）的护面板长度，m；

ρ_c——板的密度，t/m³；

ρ_w——水的密度，t/m³；

m——斜坡坡率；

α——斜坡坡角。

(3) 采用栅栏板作为斜坡堤护坡面层的计算。

1) 栅栏板的平面尺寸宜采用长方形，结构布置见图 5.4-68，长、短边比值可取 1.25，调整平面尺寸时，比值不变，宽度每增加或减少 1m，厚度 t 可相应减少或增加 50mm。δ 的最小构造尺寸为 100mm。栅栏板的平面尺寸与设计波高关系计算如下：

$$a_o = 1.25H \tag{5.4-121}$$

$$b_o = 1.0H \tag{5.4-122}$$

式中　a_o——栅栏板长边，沿斜坡方向布置，m；

b_o——栅栏板短边，沿海堤轴线方向布置，m；

H——计算波高，m。

栅栏板的空隙率 P' 宜采用 33%～39%，当 $P'=37\%$ 时，细部尺寸计算如下：

$$a_1 = \frac{a_0}{15}-\frac{t}{16} \tag{5.4-123}$$

$$a_2 = \frac{a_0}{15}+\frac{t}{16} \tag{5.4-124}$$

$$a_3 = \frac{a_0}{15}-\frac{t}{8} \tag{5.4-125}$$

$$a_4 = \frac{a_0}{15}-\frac{t}{8} \tag{5.4-126}$$

$$b_1 = 0.1b_0 \tag{5.4-127}$$

2) 当斜坡堤的坡度系数 $m=1.5\sim2.5$ 时，栅栏板的厚度计算如下：

$$t = 0.235\frac{\gamma}{\gamma_b-\gamma}\frac{0.61+0.13d/H}{m^{0.27}}H \tag{5.4-128}$$

式中　t——栅栏板厚度，m；

γ_b——混凝土的容重，kN/m³；

γ——水的容重，kN/m³；

H——计算波高，m；

d——堤前水深，m；

m——斜坡坡率。

图 5.4-68 中栅栏板为装配式栅栏板。装配式栅栏板本身结构强度要求高，同时对施工吊装设备要求高。近年来，海堤建设渐渐向远离大陆的滩涂地区发展，存在护面结构施工场地小，施工运输条件恶劣等特点。因此上海及周边一些地区近几年设计使用了现浇式栅栏板。

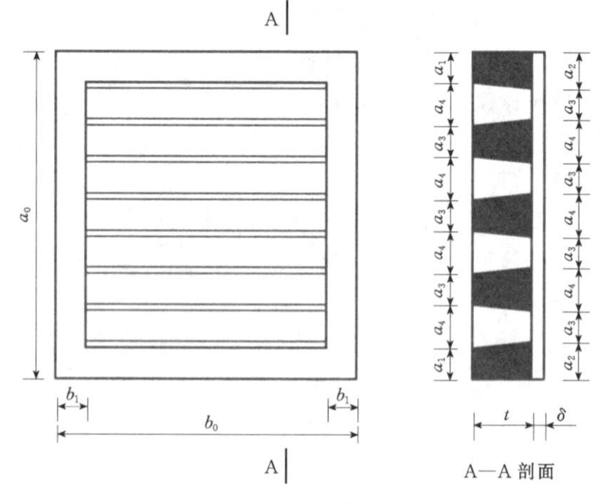

图 5.4-68　栅栏板结构图

现浇式栅栏板的栅条为预制混凝土构件，边梁和中梁为现场浇筑。装配式栅栏板的栅条断面为梯形，栅条单独预制时存在立模困难、表面平整度差、不美观等缺点，因此现浇式栅栏板的栅条断面均采用矩形断面。

现浇栅栏板的平面尺寸及细部尺寸可参照式 (5.4-123)～式 (5.4-127) 计算确定。

(4) 采用预制混凝土异形块体或经过分选的块石作为斜坡堤护坡面层的计算。

1) 波浪作用下单个预制混凝土异形块体、块石的稳定质量计算如下：

$$Q = 0.1\frac{\gamma_b H^3}{K_D\left(\frac{\gamma_b}{\gamma}-1\right)^3 m} \tag{5.4-129}$$

式中 Q——主要护面层的护面块体、块石个体质量，当护面由两层块石组成，则块石质量可在 (0.75 ～ 1.25)Q 范围内，但应有 50%以上的块石质量大于 Q；

γ_b——预制混凝土异形块体或块石的容重，kN/m^3；

γ——水的容重，kN/m^3；

H——设计波高，m；当平均波高与水深的比值 $\overline{H}/d < 0.3$ 时，宜采用 $H_{5\%}$；当 $\overline{H}/d \geqslant 0.3$ 时，宜采用 $H_{13\%}$；

m——斜坡坡率；

K_D——稳定系数，可按表 5.4-44 确定。

表 5.4-44　稳定系数 K_D

护面类型	构造型式	n（%）	K_D	备　注
块石	抛填二层	1～2	4.0	
	安放(立放)一层	0～1	5.5	
四脚空心方块	安放一层	0	14	
扭工字块体	安放二层	0	18	
		1	24	$H>7.5$m
扭王字块体	安放一层	0	18～24	$H<7.5$m

注　1. n—预制混凝土异型块体容许失稳率；H—设计波高。
　　2. 当波高大于 4m 时，不宜选用四脚空心块护面。

2）预制混凝土异型块体、块石护面层厚度计算如下：

$$t = nC\left(\frac{Q}{0.1\gamma_b}\right)^{1/3} \qquad (5.4-130)$$

式中 t——块体或块石护面层厚度，m；

n——护面块体或块石的层数；

C——系数，可按表 5.4-45 确定。

表 5.4-45　系数 C 和护面块体空隙率 P'

护面类型	构造型式	C	P'（%）	备　注
块石	抛填二层	1.0	40	
块石	安放(立放)一层	1.3～1.4	—	
扭工字块体	安放二层	1.2	60	随机安放
		1.1	60	规则安放
扭王字块体	安放一层	1.36	50	随机安放

3）预制混凝土异型块体个数可按式（5.4-131）计算：

$$N = AnC(1-P')\left(\frac{0.1\gamma_b}{Q}\right)^{2/3} \qquad (5.4-131)$$

式中 N——预制混凝土异形混凝土块体个数；

A——垂直于厚度的护面层平均面积；

P'——护面层的空隙率，%，按表 5.4-45 确定。

4）预制混凝土异型块体混凝土量计算如下：

$$V = N\frac{Q}{0.1\gamma_b} \qquad (5.4-132)$$

式中 V——预制混凝土异形块体混凝土量，m^3。

5）常见护面异形块体形状尺寸图见图 5.4-69～图 5.4-71。

6）常用异形护面块体的体积可按表 5.4-46 确定。

表 5.4-46　常用异形护面块体体积

块　体	四脚空心方块	扭王字块体	扭工字块体 (a)	扭工字块体 (b)
V	$0.299L^3$	$0.265h^3$	$0.142h^3$	$0.160h^3$

注　L、h 的含义见图 5.4-69～图 5.4-71。

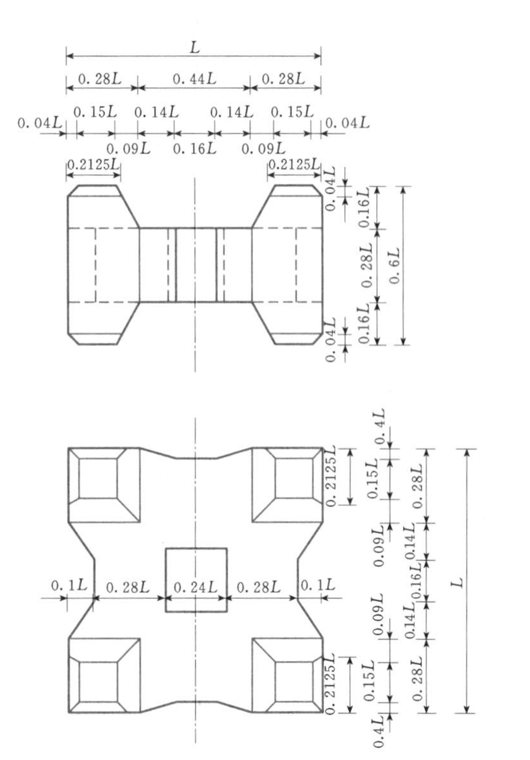

图 5.4-69　四角空心块形状尺寸图

(5) 预制混凝土螺母块体护面厚度计算。采用预制混凝土螺母块体作为斜坡堤护坡面层时，其厚度可按式 (5.4-133) 计算：

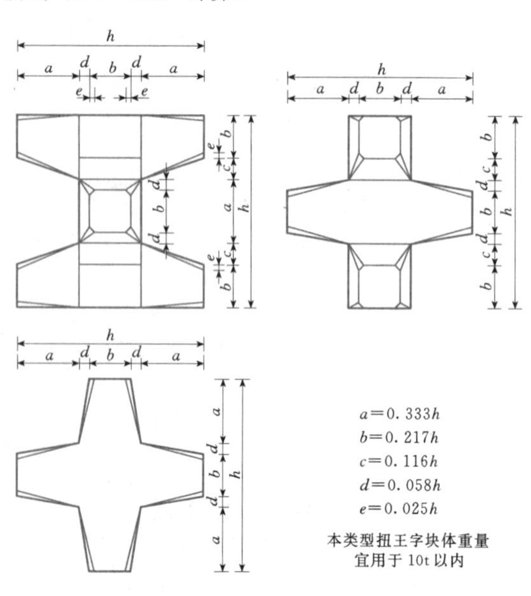

图 5.4-70　扭王字块形状尺寸图

$$t = \frac{kk_r H}{(1-P)k_a} \qquad (5.4-133)$$

$$k_r = \frac{\rho}{\rho_b - \rho}$$

式中　t——预制混凝土螺母块体厚度，m；

k——水力特性系数，一般取 0.15～0.20；

k_r——质量系数，一般取 0.769；

ρ——水的密度；

ρ_b——块体材料的密度；

P——空隙率，一般取 0.35～0.55；

H——设计波高，取 $H_{4\%}$；

k_a——边坡系数，与边坡的坡度、块体间摩擦系数和摆放方式有关。

方式 A，尖角朝上：

$$k_a = \frac{m + f\sqrt{3}}{\sqrt{1+m^2}} \qquad (5.4-134)$$

方式 B，平面朝上：

$$k_a = \frac{m + f}{\sqrt{1+m^2}} \qquad (5.4-135)$$

式中　f——块体间综合摩擦系数，一般取 0.75；

m——斜坡坡率，一般取 1.5～3.0。

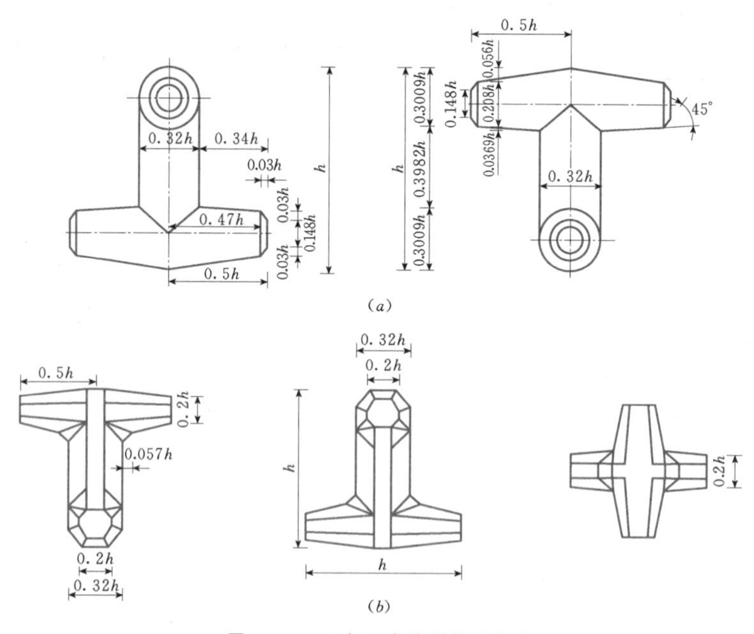

图 5.4-71　扭工字块形状尺寸图

(6) 护面的强度分析。

1) 混凝土板强度计算。

a. 作用在板上的力主要有板上的波浪压力和板的自重。将上述荷载组合起来，用弹性地基上板梁的计算方法，确定板的厚度、应力和配筋。

b. 板自重为均布荷载，计算如下：

$$G_w = t\gamma_c \cos\alpha \qquad (5.4-136)$$

式中　G_w——板自重，kN/m²；

t——均布板厚度，m；

γ_c——板的容重，kN/m³；

α——坡面角，(°)。

2) 栅栏板强度计算。作用于栅栏板上的最大正

向波压强度 P_M 设计值计算如下：

$$P_M = 0.85\gamma H \qquad (5.4-137)$$

式中 γ——水的容重，kN/m³；

H——计算波高，m，取 $H_{1\%}$。

4. 护面结构构造要求

(1) 斜坡式海堤护面结构的构造要求。

1) 基本要求。斜坡式海堤外坡护面结构设计时，应满足下列要求：

a. 波浪小的堤段可采用干砌块石或条石护面，干砌块石、条石厚度，根据波长、波高计算确定，但最小厚度不应小于0.30m。护坡砌石的始末处及建筑物的交接处应采取封边措施。

b. 可采用混凝土或浆砌石框格固定干砌石来加强干砌石护坡的整体性，框格尺寸可采用(2～8)m×(2～8)m，并应设置沉降缝。

c. 浆砌石或灌砌石护面厚度应根据波长、波高计算确定，且不应小于0.30m。

d. 对已砌干砌石、浆砌石多年，沉降已基本稳定的坡面，可采用混凝土护面。其型式可采用等厚度的板状护面，板厚计算确定，且不宜小于0.08m。混凝土强度等级不宜低于C20，钢筋混凝土强度等级不宜低于C25。混凝土护面应伸入镇压层或护脚抛石体不小于0.50m。

e. 对于采用砂心填筑的堤段，不宜采用混凝土护面。

f. 对于直接临海且波浪作用强烈的堤段，可采用预制混凝土异型块体护面，见图5.4-72，护面块体重量应根据计算确定。

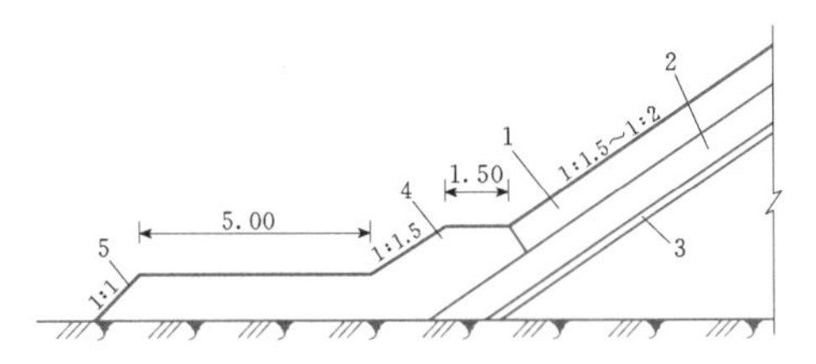

图5.4-72 安放预制混凝土异型块体护坡示意图（单位：m）

1—预制混凝土异形块体；2—块石垫层；3—碎石反滤垫层；4—抛石棱体块；5—护角块石铺盖

g. 对不直接临海堤段，护坡设计应考虑堤线的生态恢复效应，迎海侧护面可采用底部无砂混凝土或干砌石，上部植草或立体土工格栅并植草的工程措施与植物措施相结合的护坡型式。立体土工格栅与无砂混凝土、干砌石之间应有连接措施。

h. 对于受海流、波浪影响较大的凸、凹岸堤段，应加强护面结构强度。

2) 外坡护面的上界应高出波浪爬高的顶点，一般与堤顶防浪墙连接；下界延伸到堤身不致被波动底流和水流冲动处为止。对一般（非深港）堤段，堤高不太大时，需护到堤脚。

3) 块石护面一般有基脚、护面砌石和反滤层、封顶等部分构成。干砌石护坡顶部需选用大而平整的块石封顶，堤顶外侧设置防浪墙时，护坡封顶应结合做成防浪墙的基础。

波浪较大的堤段，干砌石护面的封顶采用浆砌石或混凝土加强；坡面采用浆砌石、混凝土或钢筋混凝土肋构成框格加固。筋肋断面一般宽0.3～0.6m，深0.3～0.6m，纵向间距10m左右，并与基脚、封顶连接形成框格，以增强护面结构的整体性，且便于施工和维修。

4) 浆砌石、混凝土等护坡需设置变形缝，变形缝一般间距为10m左右，可根据当地气温条件、堤身和地基土质、结构形式等确定。缝宽可为10～20mm，缝内需设置止水材料。

5) 垫层设计。对于斜坡式海堤，临海侧坡面采用预制混凝土异型块体护面型式时，在其底部应设置块石垫层及反滤垫层，块石垫层厚度宜为0.4m，块石单重应取式（5.4-129）计算的1/20～1/10确定，不得轻于1/40。安放预制混凝土异型块体护坡型式见图5.4-72。

6) 反滤层和过渡层设计。海堤要长期承受波浪荷载的作用，具有瞬时脉动性。由于砂是非黏性材料，如护面与堤身的过渡反滤措施做得不好，堤身填料会被回浪吸走，很容易引起托空，波浪反复作用时将导致护面破坏。为此在护面材料与堤身土体之间必须设置有一定级配的反滤层，以适应瞬时往返的波浪压力和吸力，防止波浪和地下渗流将堤身土从堤身缝隙中带走。

反滤层材料通常利用开采块石时的自然级配石渣。但石渣中片石长边应控制在10cm以下，含泥量不超过5%。干砌石护面的反滤层厚度一般为0.5m，陡墙式防护墙后反滤层厚度一般为0.6～1.0m。当采用粒径5cm及以下的且有一定级配的砂、碎石材料时，厚度可为0.3m。对浆砌石、混凝土砌石，采用石渣作为反滤层时，垫层厚度可在0.5m的基础上适当减小。风浪特大的堤段，垫层可适当加厚。也可选择土工织物、土工复合材料等作为反滤。

反滤层与土体之间宜铺一层土工织物或砂作为过渡层。采用土工织物作为过渡层时，土工织物的孔径要求既要保土、保砂，又要充分透水，还要防止孔眼淤堵失效，且强度应能满足施工时不扯破，不顶破。一般宜选用厚度较厚，重量在300～400g/m²之间，抗拉强度为8～12kN/m的土工织物。

7）植被防护构造要求。当堤坡采用植被防护时，应加铺一定厚度的腐质类土以提高护坡植物的成活率。

（2）陡墙式海堤护面结构的构造要求。由于陡墙式海堤中的防护墙一般建在有海水浸没的软土地区，基础条件差，施工时一般不设置施工围堰来筑墙，通常在抛石基床上修建挡墙，并在基底设砂石垫层以改善挡墙底的地基应力。为减少墙后土压力，一般采取在墙后一定范围内回填砂或石渣，做好反滤、排水措施。防护墙底部临海侧基础应采用抛石等防护措施。

为了避免防护墙墙身产生裂缝，防护墙一般每隔8～12m设置一条伸缩缝。

5．旧海堤护面加固

旧海堤护坡通常采用干砌石或浆砌石。经过海浪多年冲击后，护坡整体性降低，抗海浪冲击能力减弱，在海堤加固扩建时，必须对其进行加固处理。其加固方法应结合原有护面的损害程度等因素综合确定。

（1）老海堤护面的加固措施应根据海堤等级、波浪状况和原有护面的损害程度等综合确定。其新、旧护面应结合牢固，连接平顺。

（2）对于1级、2级海堤或波浪较大的堤段，当原海堤的临海侧干砌块石护面、浆砌块石护面基本完好且反滤层有效，或整修工作量不大时，可采用栅栏板、四脚空心块等预制混凝土块体护面。对于沉降已基本稳定，干砌块石、浆砌块石基本完好的斜坡式堤段，当反滤层良好或经修复后，可在其上增设混凝土板护面。板厚应按式（5.4－120）计算，且不宜小于80mm。

（3）对于3～5级海堤，在原海堤的迎海侧干砌石护坡基本完好、反滤层有效的条件下，可先用砂浆对原护坡面灌缝，再砌筑钢筋混凝土、混凝土或浆砌石框格加固。浆砌石或混凝土框格应满足下列要求：

1）灌缝砂浆标号不应低于M10，混凝土强度等级不应低于C20。

2）框格垂直海堤轴线方向的间隔宜取10～15m，框格截面宽宜取0.3～0.6m，高宜取0.5～0.8m。

3）当坡面长度大于15m时，应设置平行于护脚的横格。

4）框格应与护脚和封顶连成一体。

（4）老海堤挡墙加固时应将原墙面排水孔外延接至新墙外，新加固部分墙体的沉降缝位置应与老墙一致。

（5）老海堤背海侧的加固方法同新海堤的加固方法。

5.4.6.3.6　堤顶结构

堤顶结构包括防浪墙、人行道口、堤顶路面结构、错车道及上堤路等结构。

1．防浪墙

堤顶防浪墙通常设置在堤顶外侧，与外边坡顶部相接，必要时也可在堤顶外侧稍后位置，或在堤顶内侧设置，但需经过论证。

防浪墙高度宜高于堤顶0.8～1m，不宜超过1.2m，埋置深度应大于0.5m。

防浪墙的基本形式有重力式和悬臂式，由于陡墙式挡墙对消波不利，波浪遇墙破碎后，水体沿墙面上爬形成水柱（或水舌），因此，防浪墙面有时做成反弧面，以减小波浪反射，使冲击水流回转。反弧曲率半径应予分析后选定，且应结构可靠。防浪墙应进行稳定计算，当底部埋深大于1m时，可考虑静止土压力的作用。常用的防浪墙代表性断面除图5.4－17外，还有如图5.4－73列出的型式。

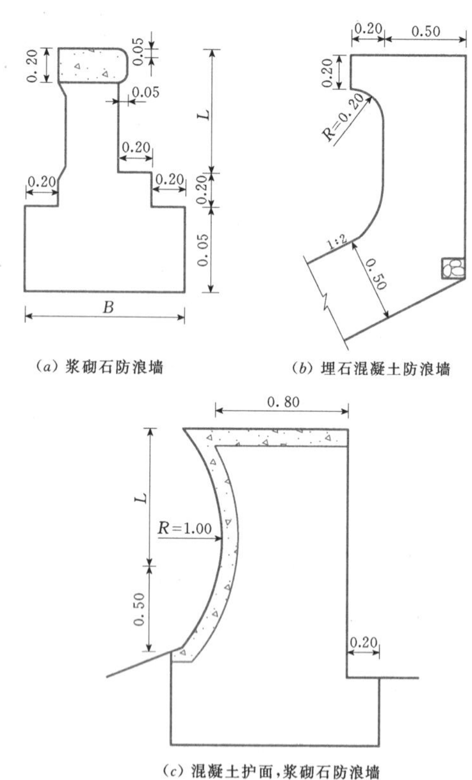

（a）浆砌石防浪墙　（b）埋石混凝土防浪墙

（c）混凝土护面，浆砌石防浪墙

图5.4－73　防浪墙代表性断面图（单位：m）

防浪墙可采用浆砌石、混凝土结构，若采用浆砌石砌筑时，墙体宽度一般为0.6～1m。陡墙式海堤防浪墙应与下部防护墙砌（浇）筑成整体，不得在堤顶位置设置水平施工缝。防浪墙一般每隔8～12m设置一条伸缩缝，与地基、堤身材料、气温等条件有关。

防浪墙应按波浪压力、水压力、土压力等荷载进行稳定性核算，还应根据水工混凝土和钢筋混凝土设计规范进行应力计算和配筋计算。

2. 人行道口

海堤运行过程中，生产生活有需要时，在保证工程安全的前提下，可在堤顶防浪墙上开口，作为人行道口，但应采取相应的防浪措施。开口的设置数量应严格控制，并且严格管理。一次管理失误，将会导致堤防开口，特别是按不允许越浪设计的海堤，堤顶及后坡防护标准不高，稍有波浪拍击，即导致堤身土体流失，引起决口。

人行道口宽1～1.2m，开口两侧防浪墙应预留闸门门槽，宽度8～10cm，可采用装配式木闸门门槽，见图5.4-74。装配式木闸门非台风期间应妥善管理，集中贮放，有台风预告时，应及时安装，门后用砂、土包堵塞。

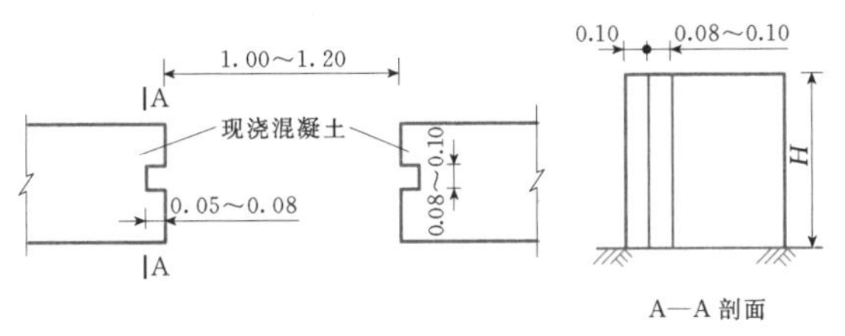

图 5.4-74 装配式简易木闸门门槽布置图（单位：m）

3. 堤顶路面结构

海堤堤顶路面结构应根据海堤的等级、是否按允许越浪设计、防汛及管理要求确定具体的型式，同时应满足使用和管理的要求，并考虑堤身的土质条件。不允许越浪的海堤，堤顶可采用混凝土、沥青混凝土、碎石、泥结石等作为护面材料。允许部分越浪的海堤，堤顶应采用抗冲护面结构，不应采用碎石、泥结石作为护面材料，不宜采用沥青混凝土作为护面材料。路堤结合并有通车要求的堤顶，应按公路路面设计要求设计工程护面结构。堤顶路面与交通道路相结合时，其路面结构应符合交通部门的有关规定。各种不同类型路面的单坡路拱平均横坡度可按表5.4-17采用。一般堤顶路面可采用图5.4-75(*a*)～(*c*)所示的路面结构；路堤结合的堤顶路面可采用图5.4-75(*d*)所示的路面结构。

新建海堤必须在堤身填筑完成后1～2年、沉降基本稳定后方可实施永久性堤顶路面结构，期间采用过渡性措施保护。老堤加高培厚时，应在土方填筑完毕后实施工程观测，沉降量小于8mm/月时，方可实施堤顶刚性工程保护措施。

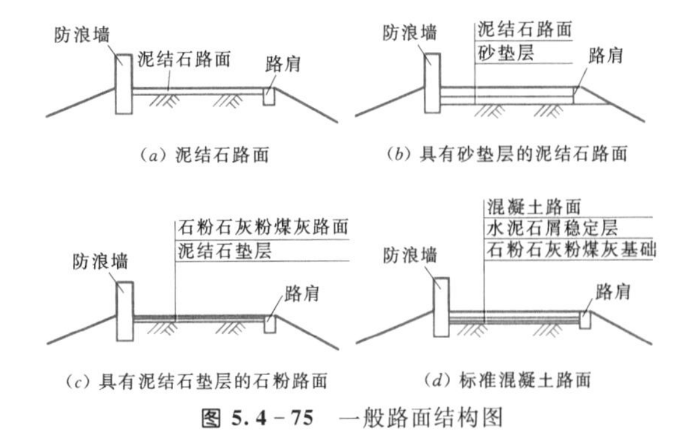

图 5.4-75 一般路面结构图

4. 错车道和上堤路

根据防汛交通、存放料物等需要，应在顶宽以外设置错车道、存料场，见图5.4-76。在适当位置设置上堤坡道和上堤踏步，其具体布置及尺寸等要求见5.4.5.3。

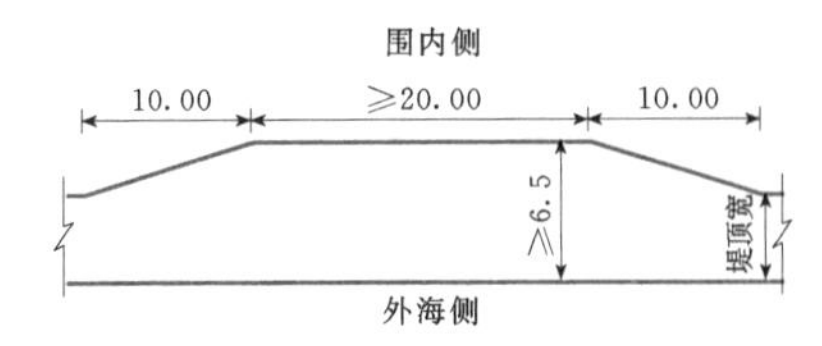

图 5.4-76 错车道平面布置图（单位：m）

5.4.6.3.7 堤坡护脚及护底

1. 临海侧堤坡护脚

为临海侧护坡稳定，临海侧坡脚应设置堤前护脚。堤前护脚起到支撑护坡的作用，以防止护坡发生沿坡面向下滑动，同时也保护坡脚免受前底流冲刷。堤前护脚紧靠在防护墙基础或护坡坡脚前面，具有消浪和防止堤前波浪、潮流冲刷堤脚的作用，又称坡脚加固。堤前护脚的型式可根据不同的堤段位置选择不同的护脚型式。现在常用的护脚型式有四种，详见图5.4-23(*b*)、(*c*)和图5.4-77。

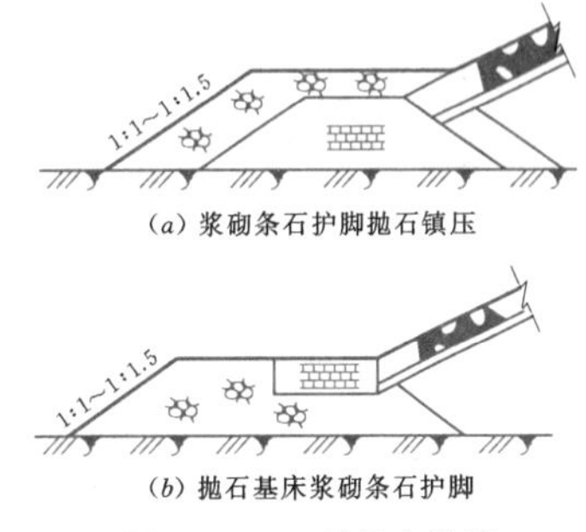

图 5.4-77 护脚大样图

图5.4-23(*b*)为直接在堤脚滩涂上挖槽设置护脚，通常用于不直接临海的堤脚。图5.4-77(*a*)为

风浪很大的堤段采用浆砌条石护脚抛石镇压的护脚型式，通常用于直接临海，且风浪作用强烈的堤段。图 5.4-23 (*c*) 和图 5.4-77 (*b*) 为抛石棱体护脚和坐落在抛石基床上的浆砌条石护脚，其中图 5.4-23 (*c*) 型护脚通常用于直接临海，但波浪作用一般的堤脚，图 5.4-77 (*b*) 型护脚通常用于直接临海且波浪作用强烈的堤脚。实际施工时，护脚往往在成堤前首先施工，对淤泥质堤基，护脚的外轮廓并不鲜明，通常在堤身施工完毕后要对护脚的块石进行理砌，以达到护脚的目的。

2. 背水侧堤坡护脚

背水侧堤坡坡脚宜设置 1m 左右的重力式浆砌石矮挡墙，以防止内坡坡脚雨水冲刷，造成堤身土料流失。矮挡墙既可保护堤脚，又使工程界限明确，增加美观。

3. 临海侧堤前护底

堤前护底紧靠在堤前护脚或防护墙的前面，具有消浪和防止堤前波浪、潮流冲刷堤脚的作用，又称堤前护坦。海堤护脚的材料、结构形式应根据堤前自然条件、堤型、施工条件等选用。目前一般采用块石护底较多，块石护底一般先铺厚 0.3～0.5m 石渣或先铺一层土工布再铺石渣垫层，上抛石厚 1.0m 或砌石厚 0.5m，表层采用较大块石并应理砌，宽度一般不小于 3～5m。直立堤前因波浪底流速较大，护底宽度比斜坡堤宽，要求也较高。

重要海堤和波浪作用特别强烈的堤段，需要重点加固，可采用石笼、模袋混凝土、钢筋混凝土异形块体等消能防冲。若用钢筋将混凝土块体相互串联，可增加抗风浪能力。

对于粉质土地基，为防止堤前潮流、波浪冲刷，宜采用浇筑混凝土护底或设置板桩、沉井及铺设混凝土连锁排等措施保护。

4. 堤前护脚和护底块石的稳定重量计算

(1) 堤前护脚和护底块石的稳定重量，可根据堤前最大波浪底流速按表 5.4-47 确定。

表 5.4-47　堤前护脚和护底块石的稳定重量

底流速 V_{max} (m/s)	块石重量 (kg)
5.0	800
4.0	400
3.0	150
2.0	60

(2) 斜坡堤前最大波浪底流速计算如下：

$$V_{max}=\frac{\pi H}{\sqrt{\frac{\pi L}{g}\sinh\frac{4\pi d}{L}}} \qquad (5.4-138)$$

式中　H——累计频率为 13%的波高，m；

L——设计波高，m；

d——堤前水深，m。

(3) 陡墙式海堤前最大波浪底流速可按下列方法计算：

1) 墙前波态为远破波 $\overline{T}\sqrt{g/d}<8$，$d<2H$，$i\leqslant 1/10$ 或 $\overline{T}\sqrt{g/d}\geqslant 8$，$d<1.8H$，$i\leqslant 1/10$ 时（$\overline{T}$ 为波浪平均周期，m；i 为水底坡度），堤前最大波浪底流速计算如下：

$$V_{max}=0.33\sqrt{g(H+d)} \qquad (5.4-139)$$

式中　H——累计频率 5%的波高，m；

d——堤前水深，m。

2) 堤前波态为 $0.6\leqslant d_1\leqslant 1.8H$ 且 $\frac{1}{3}<\frac{d_1}{d}\leqslant\frac{2}{3}$，或 $0.6\leqslant d_1\leqslant 1.5H$ 且 $\frac{d_1}{d}\leqslant\frac{1}{3}$ 时，最大波浪底流速计算如下：

$$V_{max}=\frac{\pi H}{\sqrt{\frac{\pi L}{g}\sinh\frac{4\pi d_1}{L}}} \qquad (5.4-140)$$

式中　H——累计频率为 5%的波高，m；

L——设计波高，m；

d_1——镇压平台上水深，m。

堤前护脚和护底钢筋混凝土异形块体结构型式及布置型式可根据消浪要求，经计算确定，必要时应通过试验验证。单个预制混凝土异形块体的稳定重量可参照外坡护面结构中的计算方法确定。

5.4.6.3.8　渗控与排水设施

1. 渗控设计

海堤渗控就是控制海堤的堤身与堤基内的渗流状态，使渗流水头和渗透比降等均在允许的范围内以确保堤坝的安全稳定。

渗控措施本质上是“压”、“截”、“排”三种措施：“压”是指上游的水平铺盖和下游盖重；“截”是指对堤身、堤基或堤身及堤基采取垂直截渗（防渗）；“排”是指堤基下游的排渗。每种措施均可不同程度地实施控制以达到保证海堤安全的目的，它们的适用性决定于海堤及基础土层的分布与要求。目前常用的海堤渗控技术措施较多，根据渗控的原理不同，可分为贴坡排渗、加宽断面、截渗（防渗）墙和盲沟等几种形式。

针对不同渗控措施的特点，可根据部位的不同选取不同的渗控措施。近年来，随着社会发展与工程技术水平的发展，由于存在占用耕地多，工程量大、施工质量控制难度大等缺点，在堤线较长的堤坝结构中，堤前铺盖和堤后压土平台等水平渗控措施较少采用，而是主要采用截渗（防渗）墙型式。

截渗（防渗）墙顶高程应高于设计高潮（水）位0.5m。

截渗（防渗）墙可采用心墙、斜墙等型式。防渗材料可采用黏土、混凝土、水泥土、土工膜等材料。堤身排水可采用伸入背水坡脚或贴坡滤层。

土质截渗（防渗）墙的断面，应自上而下逐渐加厚。其顶部最小水平宽度不宜小于1m，底部厚度不宜小于堤前设计水深的1/4，土质截渗（防渗）墙的顶部和斜墙的临水侧应设置保护层。

混凝土、水泥土防渗体可采用心墙等型式。混凝土防渗体和填筑体之间应设置垫层或过滤层。土工膜与土工织物用作土石堤的防渗与排水材料时，其性能应满足强度、渗透性和抗老化等要求。

2. 排水设施

（1）排水布置。海堤堤身应设置排水。排水分为堤身内部排水和堤身表面排水。

内部排水应结合反滤层通过排水管将水引出坡面。工程护坡为浆砌石、现浇混凝土板护坡面等不透水护坡时，应设置有可靠反滤措施的排水孔，排水孔孔径可为50～100mm，孔距2～3m，宜按梅花形布置。

堤身表面排水分为漫坡排水和汇水沟集中排放两种形式。一般堤身高度不大于6m的平直段海堤，宜采用漫坡排水；堤身高度大于6m且无抗冲护面的土质海堤宜在堤顶、堤坡、堤脚以及堤坡与山坡或者其他建筑物结合部设置排水沟。在无工程护坡的曲线段应设置适量的竖向排水沟，以引走堤表水流，防止水流冲刷坡面。

平行堤轴线的排水沟可设在马道内侧及近背水侧坡堤脚处。竖向排水沟应设置在陡坡上，沟内应采用砂浆抹面。坡面竖向排水沟一般每隔100～300m设置一条，并应与平行堤轴向的排水沟连通。排水沟可采用浆砌预制混凝土块或块石砌筑，断面型式有梯形、矩形，采用梯形断面时，边坡一般为1∶1～1∶1.5，底宽与深度约为0.4～0.6m，底宽不宜小于0.4m，平行堤轴线的排水沟纵向坡降不宜小于0.5%。

汇水的排水沟断面尺寸根据越浪量大小及边坡坡度计算确定。

（2）坡面排水量计算。堤顶表面排水的设计降雨重现期按3年一遇设计，堤坡坡面排水的设计降雨重现期按10年一遇设计，设计径流量按式（5.4-141）计算：

$$Q = 16.67\varphi q F \tag{5.4-141}$$

式中　Q——设计径流量，m^3/s；

φ——径流系数，根据表5.4-48确定，周边排水应以不同的地表类型选取径流系数，按相应面积大小取加权平均值；

q——设计重现期和降雨历时内的平均降雨强度，mm/min；

F——汇水面积，km^2。

表5.4-48　径流系数φ

地表种类	φ
水泥混凝土路面	0.9
砾料面	0.4～0.6
粗粒土坡面	0.1～0.3
细粒土坡面	0.4～0.65
硬质岩石坡面	0.7～0.85
软质岩坡面	0.5～0.75
陡峻的山地	0.75～0.9
起伏的山地	0.6～0.8
起伏的草地	0.4～0.65
落叶林地	0.35～0.6
针叶林地	0.25～0.5

排水沟泄水能力计算如下：

$$Q = V\omega \tag{5.4-142}$$

其中

$$V = \frac{1}{n}R^{\frac{2}{3}}i^{\frac{1}{2}} \tag{5.4-143}$$

式中　Q——需排泄流量，m^3/s；

V——排水沟内平均流速，m/s；

n——糙率；

i——排水沟纵向坡降；

R——水力半径，m。

对梯形断面排水沟，水力半径宜计算如下：

$$R = \frac{(b+mh)h}{b+2h\sqrt{1+m^2}} \tag{5.4-144}$$

式中　m——梯形断面斜坡的坡率；

b——梯形断面底宽，m；

h——断面水深，m。

对矩形断面排水沟，水力半径宜计算如下：

$$R = \frac{bh}{b+2h} \tag{5.4-145}$$

式中　b——矩形断面底宽，m；

h——断面水深，m。

对 U 形断面排水沟，水力半径宜计算如下：

$$R=\frac{r}{2}\left[1+\frac{2(h-r)}{\pi r+2(h-r)}\right]\quad(5.4-146)$$

式中　r——U 形断面圆弧段半径，m；

h——断面水深，m。

排水沟预留 0.1～0.2m 超高值，在转弯半径较小的堤段，凹向侧超高宜适当增加。

5.4.6.3.9　*消浪措施与岸滩防护*

1. *消浪措施*

海堤临海侧可根据波浪大小、地形和断面型式等因素，采取一些工程、植物等消浪措施，以消减波能，减小波浪的爬高，减轻结构本身的负担，有利于工程的安全。

（1）工程消浪措施。

1）对斜坡式、混合式断面堤身，可设置消浪平台消浪。通过设置消浪平台，可减少波浪飞溅，平台上的紊动波流能损失大部分的能量，降低波浪对防浪墙的作用，同样对断面的稳定也有利。

2）对迎潮面设置有挡墙结构的堤身断面，挡墙顶部可做成凹向外海测的圆弧形，或将防浪墙做成悬挑的反弧形，其具体结构形式应根据冲刷线及波高等参数计算确定。圆弧形陡墙临海侧面可防止形成溅浪，降低波浪的爬高，陡墙临海侧面圆弧形底部端应位于冲刷水位线以下，倾角宜小于 35°。

3）对斜坡式、混合式断面堤身，亦可在临海侧坡面设置消力齿（墩）、浆（混凝土）砌外凸块石或阶梯差动护坡等措施增加糙率，以利破浪消能。斜坡加糙有利波浪的破碎及减小波浪的爬高，消浪齿采用块（条）石砌筑时，块（条）石的长边应大于护坡设计厚度加糙面高度。亦可沿斜坡设置混凝土阶梯来加糙。

4）对斜坡式、混合式断面堤身亦可根据波浪作用的强烈程度，采用预制混凝土异型块体护坡、护脚。预制混凝土异形块体护坡、护脚，在海港工程的防波堤上应用得比较成熟，但造价昂贵，因此应经充分的技术经济比较后再用。

（2）植物消浪措施。

1）堤前有滩涂的堤段应采取种植防浪林的植物消浪措施。植物消浪措施可节省工程费用，同样也可美化环境，经济上亦有较大的收益。例如，根据上海经验，堤前若有 300m 宽的旺盛芦苇滩，波浪传到堤前已基本消失；若有 100m 宽旺盛芦苇滩，波浪传到堤边波高约衰减一半。芦苇滩宽度达到 100m 以上的堤段，堤坡通过种植芦竹、杞柳等防浪作物，就基本上可不做工程护坡。在芦苇茂盛前采用铺柴压石或混凝土板护坡过渡，待芦苇茂盛后拆除重复使用。又如浙江苍南、温岭等地沿海，在堤外滩地上种植的互花米草，1994 年 17 号强台风暴潮期间显示了很好的消浪作用。苍南海城以南 7.5km 海堤前种植互花米草，以北 7.5km 未种，在台风期观察到无草堤段的越浪水体高达十几米，海堤决口 30～50m；而滩地种植互花米草的堤段，海堤安然无恙。

2）由于南、北海岸带的植物种类不同，因此选择植物消浪措施时，应根据不同的条件选择合适的消浪植物品种。次生防浪林应慎重引进，以保证植物的生态安全。

2. *岸滩防护*

海岸是保护海堤的重要屏障，堤防并不能防止前滩的冲刷。海堤所处的位置，一类是临海侧无滩或岸滩极窄，修建加固海堤时均须加强护脚；另一类是临海侧有滩或近海水产养殖基地。一般滩地受水流淘刷危及堤身的安全，因此可依附滩岸修建护滩工程。对于受波浪、水流、潮汐作用可能发生冲刷破坏的侵蚀性岸滩，应采用工程措施、植物措施或两者相结合的防护措施进行防护，以控制和调整水流、稳定岸线，保护海堤的安全。

岸滩防护长度，应根据风浪、水流、潮汐和堤岸崩塌趋势等分析确定，必要时应通过模型试验论证。

（1）一般堤轴线曲率半径过小的凹岸，且面向不利风向的堤段应根据其滩位高低的具体情况，进行工程措施和植物措施的方案比较。滩位高的岸滩一般采用植物措施比较好，防护的长度无一定界限，越长对堤岸的总体防护而言有百益而无一害。滩位低且位于侵蚀性海岸的堤段，只能通过工程措施来防护，防护的长度直接影响相邻的堤段前岸滩的稳定，因此要慎之再慎。

（2）堤线位于经常不靠海或靠海时水深浅、流速小的岸滩，要尽量采用投资省，实施容易，效果好的植物护滩措施。对堤轴线曲率半径过小的凹岸，且面向不利风向，造成波能在凹向显著集中的堤段的临海侧前滩，宜采取种植防浪林的植物消浪措施。在海堤内围侧的保护范围内，应结合海堤管理，种植固根保土性好的树种，营造二线防风林带。

（3）对受冲刷影响的河口岸滩可采用能适应滩面局部不平整、整体性好的混凝土铰链联锁板、砂肋软体排和抛石等防护措施。金属连接件宜做防腐处理。

（4）对于长期淤进或蚀退的海岸岸滩可采用丁坝群以及丁坝群与潜坝（离岸堤）相结合的措施，促使泥沙在坝格护岸段落淤，以保护岸滩。当波浪的传播方向与堤线交角较大或近乎正交时，宜采用丁坝与潜坝（离岸堤）组成坝田结合的方式。采用丁坝群或潜坝与丁坝群相结合的护滩段应仔细分析防护段的上、下边界，避免在该段解决岸滩侵蚀问题后引起下游段新的岸滩侵蚀问题。丁坝、潜坝属于临时或半临时性建筑物，一旦新岸滩形成后，即失去原有的作用，设计时可采用较低的耐久性标准。典型的布置及剖面见图 5.4-78。

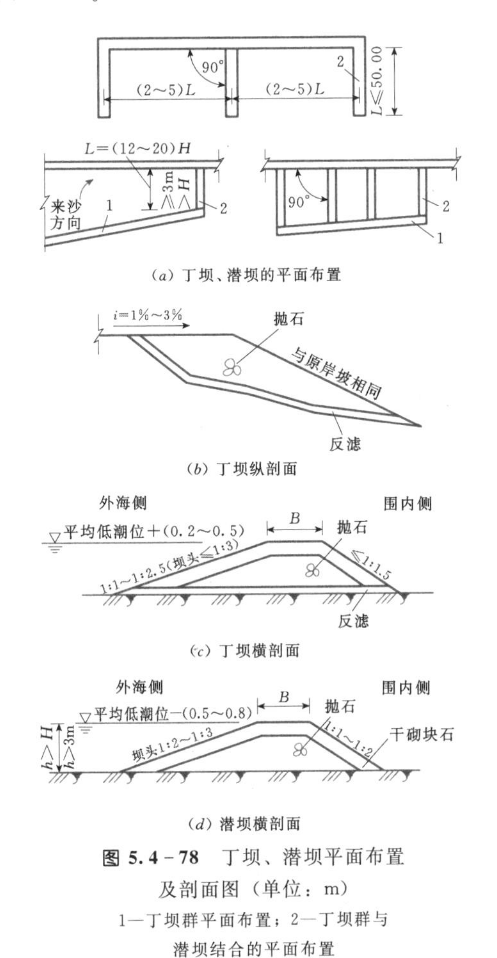

图 5.4-78 丁坝、潜坝平面布置及剖面图（单位：m）

1—丁坝群平面布置；2—丁坝群与潜坝结合的平面布置

感潮河段的护岸丁坝坝头及潜坝（离岸堤）前沿的冲刷宜按公式计算确定。海岸护岸丁坝头前沿的冲刷，海流与波浪作用关系大，且与海岸沙粒的相对密度有关，无相对成熟的公式，宜通过模型试验论证。

对于近岸底流速大于抛石丁坝抗冲流速的海岸，丁坝可采用预制桩、抛石网笼等结构，形成内抛块石、顶部钢筋混凝土梁锁口的透空式桩式丁坝。桩式护岸造价高，只有在非常重要的堤段，且其他工程措施均不能奏效的情况下，酌情选用。设计时，坝头部分的桩要长于坝身部分的桩，桩底进入冲刷线以下，并保证其承载力。

(5) 生态型岸滩防护。南方海岸带生长的红树林可御风消浪、护堤护岸、护滩促淤、消除污染、养鱼、美化海岸（滨），创造良好的近海环境。其防浪护岸机制之一为减缓水流机制。1993 年 7 月大潮期间，中国科学院南海海洋研究所对华南三处红树林试验区进行观测，数据显示，红树林对水流的滞缓效应使漫溢流速与排泄流速都很小，极少大于 10cm/s，一般仅为相应潮沟流速的 1/13～1/6，相应白滩流速的 1/4～1/3；使得红树林区与海岸港湾之间物质和能量交换迟缓。因此种植红树林的消波、促淤效果是工程措施所不能替代的。选择树种时，应选用耐酸碱性及耐淹性好、材质柔韧、树冠发育、生长速度快或其他适用于当地生长且防浪效果良好的树种。根据顺水流方向海堤所处位置的区位选择合适的品种。对分布在靠近大海略受风浪冲击的湾口前缘浪击区选择白骨壤、红海榄树种。湾口至河流之间的内湾区选择白骨壤、桐花树、红海榄、角果木、海莲树种。内湾区上逆至潮水较淡的河岸淤积浅滩河流区，可选择秋茄树、桐花树、角果木、木榄、海莲、海漆、银叶树等树种。造林的株行距一般以(1.2～1.8)m×(1.2～1.8)m 为宜。南方海岸选择适合生长气温 22℃ 以上的树种造林。

北方海岸带引种的大米草、互花米草，其消浪、固堤的效果也比较好。

5.4.6.3.10 稳定、沉降计算

1. 渗流及渗透稳定计算

海堤同江河（湖）堤应根据实际情况进行渗流及渗透稳定计算，计算求得渗流场内的水头、压力、坡降、渗流量等水力要素，进行渗透稳定分析，并应选择经济合理的防渗、排渗设计方案或加固补强方案。

(1) 渗流计算断面选择。海堤的渗流及渗透稳定计算应以地形地质条件、断面型式、堤高以及波浪条件基本相同为原则，将全线海堤划分为若干段，每个区段选择 1～2 个有代表性的断面进行渗流计算。

(2) 海堤渗流计算内容。海堤的渗流及渗透稳定计算分析应包括如下内容：

1) 应核算在设计高潮（洪水）持续时间内浸润线的位置。当在背海侧堤坡逸出时，应计算出逸点的位置、逸出段与背海侧堤基表面的出逸坡降。

2) 当堤身或堤基土渗透系数 $k \geqslant 10^{-3}$ cm/s 时，应计算渗透量。

3) 应计算潮水或洪水水位降落时临海侧堤身内的自由水位。

一般海堤挡水水位是经常变化的，在挡水时间内不一定能形成稳定渗流的浸润线，渗流计算宜根据实际情况考虑不稳定渗流或稳定渗流情况。

（3）海堤渗流计算的水位组合。

1）受洪水影响较大的海堤渗流计算应计算下列水位的组合：

a. 临海侧为设计洪水位，背海侧为相应水位。

b. 临海侧为设计洪水位，背海侧为低水位或无水。

c. 洪水位降落时对临海侧堤坡稳定最不利的情况。

2）受潮水影响较大的海堤渗流计算应计算下列水位的组合：

a. 临海侧为设计潮水位或台风期大潮平均高潮位，背海侧为相应水位、低水位或无水；潮位降落时对临海侧堤坡稳定最不利的情况。

b. 以大潮平均高潮位计算渗流浸润线。

c. 以平均潮位计算渗流量。

（4）海堤渗流计算参数选择。渗流计算的参数主要是边界水位组合，海堤结构材料的渗透系数（分水平渗透系数和垂直渗透系数）。对比较复杂的地基情况可做适当简化，并按下列规定进行：

1）对于渗透系数相差 5 倍以内的相邻薄土层可视为一层，采用加权平均的渗透系数作为计算依据。

2）双层结构地基，当下卧土层的渗透系数比上层土层的渗透系数小 100 倍及以上时，可将下卧土层视为不透水层；表层为弱透水层时，可按双层地基计算。

3）当直接与堤底连接的地基土层的渗透系数比堤身的渗透系数大 100 倍及以上时，可认为堤身不透水，仅对堤基按有压流进行渗透计算，堤身浸润线的位置可根据地基中的压力水头确定。

（5）海堤渗流计算方法。均质土堤的渗流计算可按第 1 章 1.11.4 所列渗流计算式计算。各类型堤防的渗流计算亦可用有限元法计算。采用公式法进行渗流计算，概念明确，计算简单，但堤基和堤身结构需进行一系列简化，计算结果精确度较差，在有条件的单位宜采用有限元法进行渗流计算。

有限元法计算软件常用的有北京理正软件设计研究院有限公司的理正岩土工程计算分析软件、瑞典 COMSOL 公司的 Multiphysics 软件、加拿大 GEO－SLOPE 公司的 GeoStudio 软件等。

（6）渗透稳定计算分析。

1）渗透稳定计算分析内容。海堤的渗透稳定分析应包括以下内容：

a. 土的渗透变形类型。

b. 堤身和堤基土体的渗透稳定。

c. 海堤背海侧渗流出逸段的渗透稳定。

2）土的渗透变形的判别。土的渗透变形的判别应包括下列内容：

a. 土的渗透变型类型的判别。

b. 流土和管涌的临界水力比降的确定。

c. 土的允许水力比降的确定。

3）渗透稳定分析。根据渗流计算成果，分析判断海堤堤身和堤基土体的渗透稳定、背海侧渗流出逸段的渗透稳定。背海侧堤坡及地基表面出逸段的渗流坡降应小于允许坡降。当出逸坡降大于允许坡降，应设置反滤层、压重等保护措施或防渗措施。

堤身内设防渗体时，防渗墙的深度、厚度及防渗体的渗透系数也应通过渗透稳定计算分析后确定。

2. 抗滑、抗倾稳定计算

海堤的抗滑、抗倾稳定计算应包括：海堤整体抗滑稳定计算；防洪墙和防浪墙的抗滑、抗倾覆稳定计算及防洪墙的地基承载力计算。

（1）海堤整体抗滑稳定计算。

1）计算工况和水位组合。海堤整体抗滑稳定计算可分为正常运用情况和非常运用情况。各种运用情况下的计算工况及其临海侧、背海侧水位组合可按表 5.4－49 采用。与江河堤防相比，对位于地震烈度Ⅶ度及其以上地区的 1 级海堤工程或特别重要堤段，提出了抗震设计的要求，在非常运用工况中增加了地震工况。

海堤两侧的水位及堤身（基）的渗透压力对抗滑稳定计算结果有直接影响。因此，对于重要海堤应根据工程的实际情况确定计算工况和相应工况下的水位组合，并先进行稳定及非稳定渗流分析，在此基础上再进行稳定计算。

2）海堤整体抗滑稳定的安全系数。海堤整体抗滑稳定计算采用瑞典圆弧滑动法，其整体抗滑稳定安全系数不应小于表 5.4－50 规定的数值。采用其他稳定分析方法得到的安全系数应进行专门的论证。

3）海堤整体抗滑稳定计算的断面选择。海堤抗滑稳定计算代表性断面的选取原则与渗流计算代表性断面的选取原则相同。

4）海堤整体抗滑稳定计算的方法及参数选择。海堤整体抗滑稳定计算可采用瑞典圆弧滑动法。当地基有软弱夹层时，宜采用复合滑动面进行验算，如改良圆弧滑动法。

a. 瑞典圆弧滑动法。海堤整体抗滑稳定计算可采用瑞典圆弧滑动法，计算原理见本卷第 1 章 1.12.4 有关论述，按式（1.12－5）或式（1.12－6）计算。

表 5.4-49　海堤整体抗滑稳定计算工况及其临海侧、背海侧水位组合

运用情况	计算工况	计算边坡	临海侧潮（水）位	背海侧水位
正常运用情况	设计高潮（水）位	背海坡	设计高潮（水）位	常水位
	设计低潮（水）位	临海坡	设计低潮（水）位或滩涂面高程	最高水位
	水位降落	临海坡	设计高潮（水）位降落至滩涂面高程或齐压载平台顶	最高水位
非常运用情况Ⅰ	施工期	背海坡	施工期设计高潮（水）位或设计高潮（水）位	施工期最低水位或无水
		临海坡	施工期设计低潮（水）位或设计低潮（水）位或滩涂面高程或齐压载平台顶	施工期最高水位
非常运用情况Ⅱ	地　震	背海坡	平均潮（水）位	平均水位
		临海坡	平均潮（水）位	平均水位

表 5.4-50　海堤整体抗滑稳定安全系数

海堤工程的级别		1	2	3	4	5
安全系数	正常运用条件	1.30	1.25	1.20	1.15	1.10
	非常运用条件Ⅰ	1.20	1.15	1.10	1.05	1.05
	非常运用条件Ⅱ	1.10	1.05	1.05	1.00	1.00

注　地震计算方法按 DL 5073—2000 执行。

土的强度指标应取经数理统计后求出的小值平均值。对于工程级别较低的海堤且同一土层的抗剪强度试验数量较少时，一般也可考虑用算术平均值或算术平均值乘以 0.8～0.9 折减系数作为取用值。根据工程经验，抛石体的内摩擦角 φ 可取 38°～40°。另外，三轴试验比直剪试验在排水方面控制得严格，其强度指标相对更准确，1～3 级海堤工程宜进行三轴试验。

b. 改良圆弧滑动法。改良圆弧法计算堤坡稳定计算的计算简图见图 5.4-79，安全系数计算确定为

$$K=\frac{P_n+S}{P_a} \qquad (5.4-147)$$

其中

$$S=W\tan\varphi+cL \qquad (5.4-148)$$

式中　W——土体 $B'BCC'$ 的有效重量，kN；

c——软弱土层的黏聚力，kPa；

φ——软弱土层的内摩擦角，(°)；

P_a——滑动力，kN；

P_n——抗滑力，kN。

对于软土地基上级别较低的海堤或堤身高度较低（在极限高度左右）的海堤，通过地基承载力验算也可反映其稳定性，计算方法较为方便。当设计的堤身荷载（$P=\gamma h$）小于 $P_{允许}$ 时，认为满足稳定要求。计算式为

$$P_{允许}=\frac{5.52C_u}{K} \qquad (5.4-149)$$

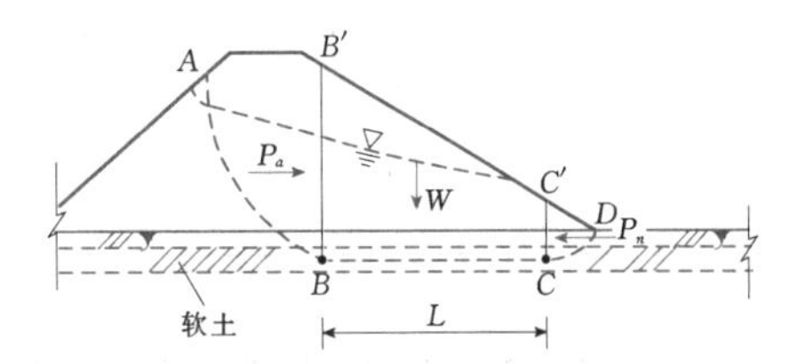

图 5.4-79　改良圆弧滑动法计算简图

式中　C_u——地基土不排水抗剪强度，kPa；

K——安全系数，$K=1.1\sim1.2$。

5）海堤整体抗滑稳定计算软件。目前，针对海堤整体抗滑稳定分析与计算的软件均较多，常用的有北京理正软件设计研究院有限公司的理正岩土工程计算分析软件、加拿大 GEO-SLOPE 公司的 GeoStudio 软件等。对于重要和复杂的海堤结构，可采用两种及以上的计算软件计算，作相互验证或分析比较。

（2）陡墙和防浪墙的抗滑、抗倾覆稳定计算。

1）荷载组合。作用在陡墙上的荷载可分为基本荷载和特殊荷载两类。

a. 基本荷载：应包括自重，设计潮位时的静水压力、扬压力及波浪压力，土压力，其他出现机会较多的荷载。

b. 特殊荷载：应包括地震荷载，其他出现机会较少的荷载。

作用在防浪墙上的荷载可分为基本荷载和特殊荷载两类。

a. 基本荷载：应包括自重，设计潮位时的波浪压力，其他出现机会较多的荷载。

b. 特殊荷载：应包括地震荷载，其他出现机会较少的荷载。

2）计算工况和水位组合。海堤陡墙、防浪墙的

抗滑、抗倾计算可分为正常运用情况和非常运用情况。各种情况下的计算工况及其临海侧、背海侧水位组合见表5.4-51和表5.4-52。计算时应根据实际情况确定计算工况和相应的水位组合。

表5.4-51 海堤陡墙稳定计算工况及其临海侧、背海侧水位组合

运用情况	计算工况	滑动、倾覆方向	临海侧潮位	背海侧水位
正常运用情况	设计低潮(水)位	向临海侧	设计低潮(水)位或滩涂面高程	最高水位
非常运用情况Ⅰ	施工期	向背海侧	施工期高潮(水)位或设计高潮(水)位	最低水位或无水
		向临海侧	施工期低潮(水)位或设计低潮(水)位或滩涂面高程	最高水位
非常运用情况Ⅱ	地震	向临海侧	平均潮(水)位	平均水位

表5.4-52 海堤防浪墙稳定计算工况及其临海侧、背海侧水位组合

运用情况	计算工况	倾覆方向	临海侧潮(水)位
正常运用情况	设计高潮(水)位	向背海侧	设计高潮(水)位
非常运用情况Ⅱ	地震	向背海侧	平均潮(水)位
		向临海侧	平均潮(水)位

3）陡墙和防浪墙的抗滑、抗倾覆稳定计算的安全系数。陡墙抗滑稳定安全系数不应小于表5.4-53的规定。陡墙、防浪墙抗倾稳定安全系数不应小于表5.4-54的规定。

4）陡墙和防浪墙的抗滑、抗倾覆稳定及基底压应力计算方法。陡墙和防浪墙的抗滑、抗倾覆稳定及基底压应力计算见5.4.5.3之6部分论述及采用公式(5.4-54)～式(5.4-56)计算。

表5.4-53 陡墙抗滑稳定安全系数

地基性质		岩基					土基				
海堤工程的级别		1	2	3	4	5	1	2	3	4	5
安全系数	正常运用条件	1.15	1.10	1.05	1.05	1.05	1.35	1.30	1.25	1.20	1.20
	非常运用条件Ⅰ	1.05	1.05	1.00	1.00	1.00	1.20	1.15	1.10	1.05	1.05
	非常运用条件Ⅱ	1.03	1.03	1.00	1.00	1.00	1.10	1.05	1.05	1.00	1.00

表5.4-54 陡墙、防浪墙抗倾稳定安全系数

海堤工程的级别		1	2	3	4	5
安全系数	正常运用条件	1.60	1.50	1.50	1.40	1.40
	非常运用条件Ⅰ	1.50	1.40	1.40	1.30	1.30
	非常运用条件Ⅱ	1.40	1.30	1.30	1.20	1.20

进行地基承载力计算时，地基天然强度一般由室内快剪与无侧限抗压试验测定；对易扰动的软黏土以现场十字板剪切强度为宜，对陡墙式或重力式结构计算地基极限承载力时，宜用固结快剪强度指标。对饱和黏土，计算地基短期内的极限承载力时，宜用不排水强度剪指标。

3. 沉降计算

由于软土地区海堤的沉降量较大，历时较长，海堤在完工后还会产生较大的沉降。因此，在软土堤基的1～3级海堤设计时应计算沉降量，并根据实践经验和固结计算结果，预留沉降超高。

新建海堤应计算整个堤身荷载引起的沉降，旧堤加固的沉降计算应结合旧堤地基固结程度与新增荷载一并考虑。

(1) 沉降计算内容。沉降计算应包括堤顶中心线处堤身和堤基的最终沉降量和工后沉降，并对计算结果按地区经验加以修正，对地质、荷载变化较大或不同地基处理形式的交界面等沉降敏感区尚应计算交界面的沉降及沉降差。

(2) 沉降计算断面选择。根据堤基的地质条件、土层的压缩性、堤身的断面尺寸、地基处理方法及荷载情况等，可将海堤分为若干堤段，每段选取代表性断面进行沉降量计算。

(3) 沉降计算水位组合、参数选择。为了简化计算，海堤沉降计算时计算水位取用平均低潮（水）位时的工况作为荷载计算条件。

海堤沉降计算参数可参照江河（湖）堤的沉降计算选择。

(4) 堤基压缩层计算深度、最终沉降量及分时段累计沉降量计算。

详见5.4.5.3之7部分的论述及有关公式。

(5) 固结度计算。

1) 竖向排水平均固结度。当地基的附加应力 σ_z 呈均匀分布，如图 5.4-80 中 $\alpha=1$ 的情况，某一时间 t 的竖向平均固结度计算如下：

$$\overline{U_z}=1-\frac{8}{\pi^2}\sum_{m}^{\infty}\frac{1}{m^2}e^{-\frac{m^2\pi^2}{4}T_v} \quad (5.4-150)$$

其中

$$T_v=\frac{C_V t}{H^2} \quad (5.4-151)$$

式中 $\overline{U_z}$——竖向平均固结度,%；

m——正奇数（1，3，5，…）；

e——自然对数底，自然数，可取 e=2.718；

T_v——竖向固结时间因数（无因次）；

t——固结时间，s；

H——竖向排水距离，单面排水时为土层厚度，双面排水时取土层厚度的1/2，cm；

C_V——竖向固结系数，cm^2/s。

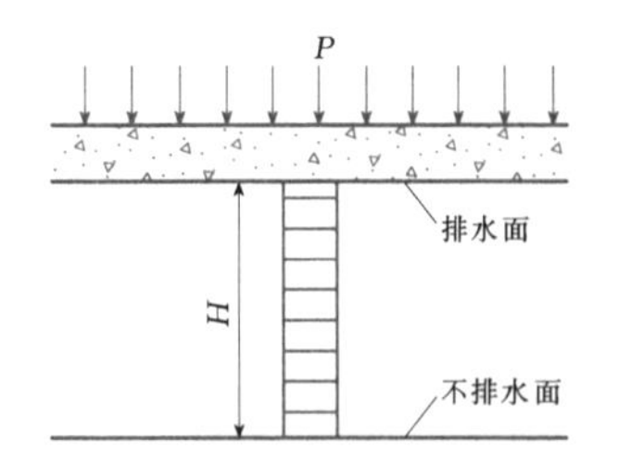

图 5.4-80 附加应力均匀分布时固结度计算图

当$\overline{U_z}>30\%$时，计算如下：

$$\overline{U_z}=1-\frac{8}{\pi^2}e^{-\frac{\pi^2}{4}T_v} \quad (5.4-152)$$

对旧堤加固工程，一般可用式（5.4-152）计算。若遇计算要求较高，则可按地基附加应力呈不同的几何图形，从图 5.4-81 查取。

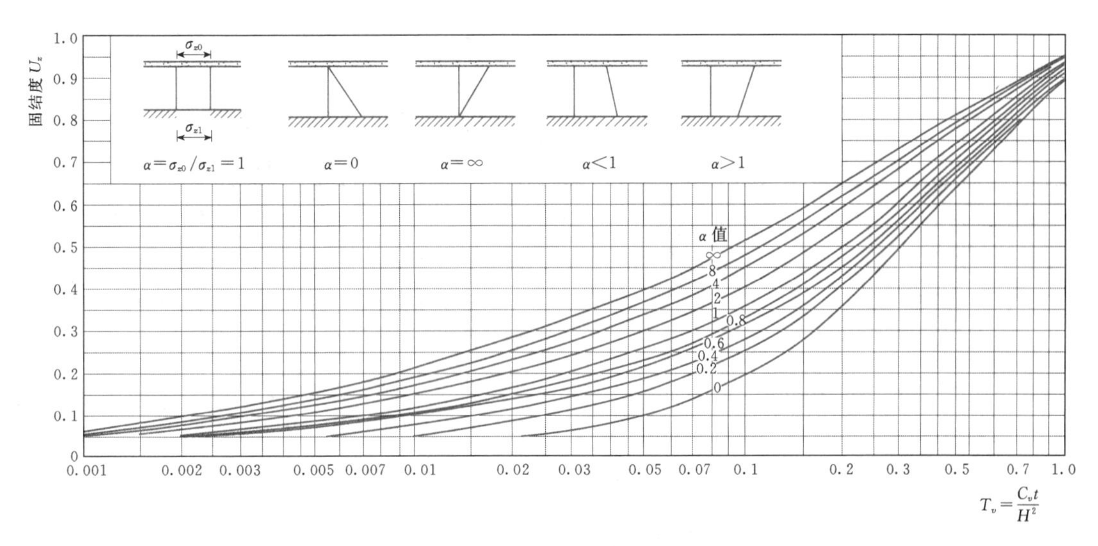

图 5.4-81 固结度 U_z—时间因素 T_v 关系曲线

2) 有排水竖井的固结度计算。

a. 一级或多级等速加载条件下，当固结时间为 t 时，对应总荷载的地基平均固结度计算如下：

$$\overline{U_t}=\sum_{i=1}^{n}\frac{q_i}{\sum\Delta P}\left[(T_i-T_{i-1})-\frac{\alpha}{\beta}e^{-\beta t}(e^{-\beta T_i}-e^{-\beta T_{i-1}})\right] \quad (5.4-153)$$

式中 $\overline{U_t}$——t 时间地基的平均固结度；

q_i——第 i 级荷载的加载速率，kPa/d；

$\sum\Delta P$——各级荷载的累加值，kPa；

T_i、T_{i-1}——第 i 级荷载加载的起始和终止时间（从零点算起），d；当计算第 i 级荷载加载过程中某时间 t 的固结度时，T_i 改为 t；

α、β——参数，根据地基土排水固结条件按表 5.4-55 采用；对排水井地基，表中所列 β 为不考虑涂抹和井阻影响的参数值。

b. 当排水竖井采用挤土方式施工时，应考虑涂抹对土体固结的影响。当竖井的纵向通水量 q_w 与天然土层水平向渗透系数 K_h 的比值较小，且长度又较长时，尚应考虑井阻影响。

瞬时加载条件下，考虑涂抹和井阻影响时，径向排水平均固结度计算如下：

$$\overline{U_r}=1-e^{-\frac{8C_h}{Fd_e^2}t} \quad (5.4-154)$$

其中
$$F = F_n + F_s + F_r \quad (5.4-155)$$
$$F_n = \left(\frac{n^2}{n^2-1}\right)\ln n - \frac{3n^2-1}{4n^2} \quad (5.4-156)$$
$$F_s = \left(\frac{k_h}{k_s}-1\right)\ln s \quad (5.4-157)$$
$$F_r = \frac{\pi^2 L^2}{4}\frac{k_h}{q_w} \quad (5.4-158)$$

式中　$\overline{U_r}$——固结时间 t 时竖井地基径向排水平均固结度；

k_h——软土层的水平向渗透系数，cm/s；

k_s——涂抹区土的水平向渗透系数，可取 $k_s = \left(\frac{1}{5}\sim\frac{1}{3}\right)k_h$，cm/s；

s——涂抹区直径 d_s 与竖井直径 d_w 的比值，可取 $s=2.0\sim3.0$，对中等灵敏黏性土取低值，对高灵敏黏性土取高值；

n——井径比，$n=\frac{d_e}{d_w}$；

q_w——竖井纵向通水量，为单位水力梯度下单位时间的排水量，cm^3/s；

L——竖井深度，cm。

表 5.4-55　　α、β 值

参数 \ 排水固结条件	竖向排水固结 $\overline{U_z}>30\%$	向内径向排水固结	竖向和向内径向排水固结（竖井穿透软土层）	说　明
α	$\frac{8}{\pi^2}$	1	$\frac{8}{\pi^2}$	(1) $F_n=\frac{n^2}{n^2-1}\ln(n)-\frac{3n^2-1}{4n^2}$ (2) C_h 为土的径向排水固结系数，cm^2/s (3) C_V 为土的竖向排水固结系数，cm^2/s (4) H 为土层竖向排水距离，cm (5) $\overline{U_z}$ 为双面排水土层或固结应力均匀分布的单面排水土层平均固结度
β	$\frac{\pi^2 C_V}{4H^2}$	$\frac{8C_h}{F_n d_e^2}$	$\frac{8C_h}{F_n d_e^2}+\frac{\pi^2 C_V}{4H^2}$	

一级或多级等速加载条件下，考虑涂抹和井阻影响时竖井穿透软土层地基的平均固结度可按式（5.4-153）计算。此时式（5.4-153）中的 α 和 β 计算如下：

$$\alpha = \frac{8}{\pi^2},\quad \beta = \frac{8C_h}{Fd_e^2}+\frac{\pi^2 C_V}{4H^2} \quad (5.4-159)$$

c. 对排水竖井未打穿软土层时，应分别计算竖井范围土层的平均固结度和竖井底面以下软土层的平均固结度。

排水竖井未打穿软土层时，通常是把排水竖井底面作为透水面，实质上排水竖井处理区也是一个固结体，不是一个完整的排水体。《广东省海堤工程设计导则》（DB44/T 182）提出固结度计算时应把竖井处理体等效为排水距离 ΔH，计算式为

$$\Delta H = \sqrt{\frac{k_2}{k_1}}H_1 \quad (5.4-160)$$

其中
$$k_1 = k_v + \frac{32{H_1}^2}{\pi F_n d_e^2}k_h \quad (5.4-161)$$

式中　k_1——竖井处理后复合体的等效竖向渗透系数；

k_2——竖井下软土的竖向渗透系数；

H_1——竖井处理范围内软土层厚度，cm。

竖井下未打穿部分软土的固结计算厚度计算如下：

$$H = H_2 + \Delta H \quad (5.4-162)$$

式中　H_2——竖井下软土层厚度，cm。

求出 H 值后，代入式（5.4-151）中求得 T_v，然后用式（5.4-150）或式（5.4-152）即可求出竖井下软土的竖向平均固结度 $\overline{U_z}$。

5.4.6.4　堤基处理

我国沿海地区软土地基分布较广，如设计不当易产生整体失稳和较大的沉降，因此海堤设计过程中应验算其稳定性和沉降变形，当其不能满足设计要求时应进行堤基处理。海堤的堤基处理应根据工程级别、堤高、堤基地质条件、施工条件、工程使用和渗流控制要求，选择经济合理的方案。

堤基处理应满足渗流控制、稳定和变形的要求：渗流控制应保证堤基及堤脚外土层的渗透稳定；堤基稳定应进行静力计算，按抗震要求设防的海堤，其堤基还应进行动力稳定计算，对粉细砂地基还应进行抗液化分析；堤基和堤身的工后沉降和不均匀沉降量应不影响海堤的安全运用。

对堤基中的暗沟、古河道、塌陷区、动物巢穴、墓坑、窑洞、坑塘、井窖、房基、杂填土等隐患，应探明并采取处理措施。

5.4.6.4.1　软土堤基处理方法选择

软土堤基处理的方法很多，关键是因地制宜，具

体选择时应根据水文、地质、工期、造价、施工、环境影响等条件，从技术经济角度多方案分析比较后确定。方案选择时可从以下几个方面考虑：

（1）对浅埋的薄层软黏土宜挖除，当软土厚度较大难以挖除或挖除不经济时，可采用垫层法、放缓边坡或压载法、排水井法、抛石挤淤法、爆破置换法、水泥土搅拌法、振冲碎石桩法等，也可采用多种方法相结合。

（2）新建海堤往往堤身高度大、地基软弱，要求施工速度快、造价省，可优先选用的是排水井法。此外在一定条件下，亦可选择施工速度快，工后沉降小的爆破置换法。

（3）旧堤加固一般限制条件较多，地基经旧堤多年作用，强度相对较好，因此反压法运用较多。对于特殊堤段或对沉降变形要求严格的局部堤段，亦可采用复合地基方法。

（4）对于施工工期要求低的海堤也可以采用控制加载速率的填筑方法。

5.4.6.4.2 垫层法

1. 加固原理及适用范围

垫层法是指在软土表层换填一定厚度的砂石料等透水材料的地基处理方法。垫层法可通过采用透水材料垫层加速软土排水固结，提高地基承载力，减少海堤沉降量，同时使经垫层扩散后的有效应力不大于下卧层的地基承载力。透水材料可使用砂、砂砾、碎石、土工织物，或两者结合使用。砂石垫层法主要适用于厚度不大于4m的浅层软土加固处理。当在层厚较大的软土地基上筑堤时，可在地基面上或砂石垫层中铺以土工织物（土工布、土工格栅等）作为隔离、加筋材料。

2. 砂石垫层设计

砂石垫层厚度可根据《港口工程地基规范》（JTS 147—2010）规定的方法计算确定。

砂石垫层的砂料宜选用级配良好、不含杂质的中粗砂。在防渗体部位堤基处理采用垫层法时，应避免造成渗流通道。

砂石垫层抛填时，应根据海堤建筑物的长度、垫层厚度分段分层进行。分段长度以100～200m为宜，分层厚度通常小于2m。

3. 土工织物垫层设计

在砂石垫层中间或地基面上铺设土工织物，可以起到隔离、排水、反滤、加筋补强的作用，起到减少不均匀沉降，减少侧向变形，增大地基稳定性，加快施工速度的目的。为了达到上述目的，土工织物垫层必须保证以下两点：

（1）土工织物与地基和堆土间产生的摩擦力必须不小于其承受的设计拉力，防止土工织物被拉出。

（2）土工织物的抗拉强度必须大于其承受的设计拉力，防止织物被拉坏。土工织物垫层的设计计算方法计算确定如下：

$$L=\frac{T_d}{(\mu_\beta+\mu_c)\gamma_\beta H} \tag{5.4-163}$$

其中

$$T\geqslant T_d \tag{5.4-164}$$

式中 L——土工织物的锚固长度，m；

T——单位宽度土工织物断裂抗拉强度，kN/m；

T_d——单位宽度土工织物允许抗拉强度，kN/m；

μ_β——土工织物与堆土之间的摩擦系数；

μ_c——土工织物与地基之间的摩擦系数；

γ_β——堆土的容重，kN/m³；

H——堆土高度，m。

关于T_d的取值，一般认为堤防发生滑弧破坏时，土体开裂时的应变量最多只能达到10%，土工织物相应的变形并未达到极限断裂变形，所以按土工织物允许相对变形的8%时所提供的抗拉力作为T_d值计算。也可按一般经验，取$T_d=(0.25\sim0.40)T$。

当地基采用土工织物垫层时，海堤的整体稳定常采用荷兰计算模型。荷兰模型假定发生破坏时土工织物发挥拉力的作用点及方向见图5.4-82。在稳定分析中当滑弧通过土工织物时，只需在海堤整体抗滑稳定各计算式中的抗滑力矩部分增加一项ΔM_r；ΔM_r计算如下：

$$\Delta M_r = T_d R n \tag{5.4-165}$$

式中 ΔM_r——由于土工织物作用而增加的单位宽度抗滑力矩，kN·m；

T_d——单位宽度土工织物允许抗拉强度，kN/m；

R——滑弧半径，m；

n——土工织物层数。

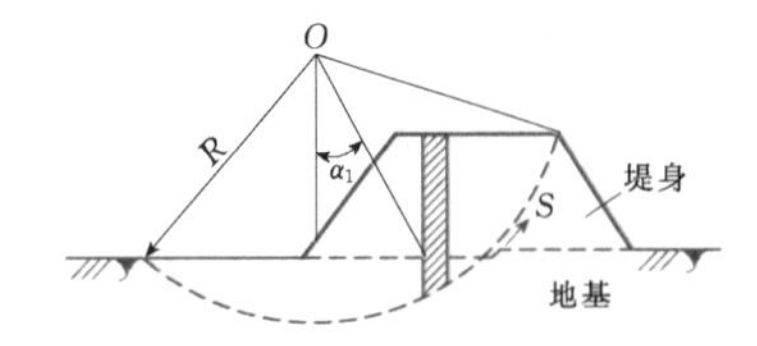

图5.4-82 考虑土工织物的稳定计算简图

土工织物铺设位置，先对未用土工织物的情况进行稳定分析，求出最危险滑弧的位置，以图5.4-83为例，设ABC为最危险滑弧，土工织物布置的起点应在堤身下B点以右，末端在外海侧，锚固长度应足够，宜全断面铺设。

由于土工织物加筋补强作用的发挥与众多因素有

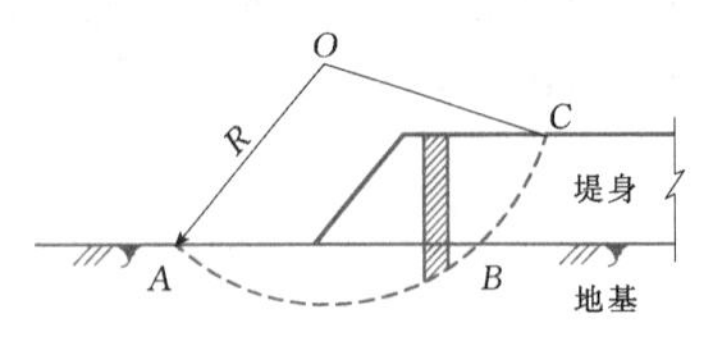

图 5.4-83　土工织物的铺设

关，因此铺设土工织物虽然对堤身稳定能提供一定的抗滑力，但作用有限，对计算结果应合理取用。

5.4.6.4.3　压载法（反压平台法）

当海堤的填筑高度达到或超过软土堤基能承载的高度时，在海堤的两侧设置压载平台，以减少海堤作用于地基上的压力差，提高建筑物的稳定性。压载的宽度及厚度应根据稳定分析计算确定。在稳定分析前进行预估时刻按以下数值取用：压载的厚度应为堤高的 1/3～2/5；宽度应为堤高的 2.5～3.0 倍。

但软土地基上的海堤，由于堤基土性质很差，承载力很低，反压平台的高度受到较大的限制，不宜过高，否则会使反压平台本身失稳。因此堤高较大时，可采用多级压载的方法。放缓海堤边坡也是一种改善堤基承载力的措施，但一般采用反压平台的效果大于放缓边坡。

反压平台法在海堤工程中已普遍采用，特别是现有断面（旧堤加固）或初步拟定的断面（新建海堤）整体稳定安全系数不能满足要求而又相差不多时，采用反压平台法可很好地解决稳定问题。

5.4.6.4.4　排水井法

1. 加固原理、适用范围

排水井法是处理软黏土地基的有效方法之一，该法是先在地基中设置砂井（袋装砂井或塑料排水板）等竖向排水体，在竖向排水体顶部铺设排水砂垫层等水平排水通道；然后对地基进行加载，使土体中的孔隙水排出，逐渐固结，地基发生沉降，同时强度逐步提高。

排水井法适用于海堤堤基新增荷载较大，要求填筑速度较快时，常见的塑料排水板布置型式见图 5.4-84 和图 5.4-85。

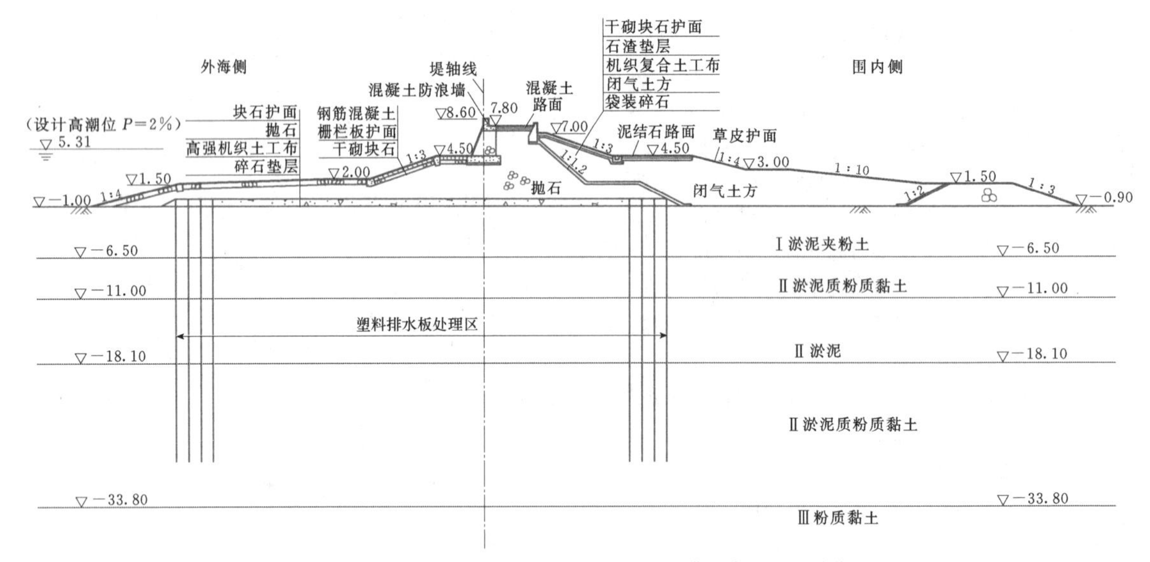

图 5.4-84　浙江省临海市北洋涂围垦工程海堤典型断面图（单位：m）

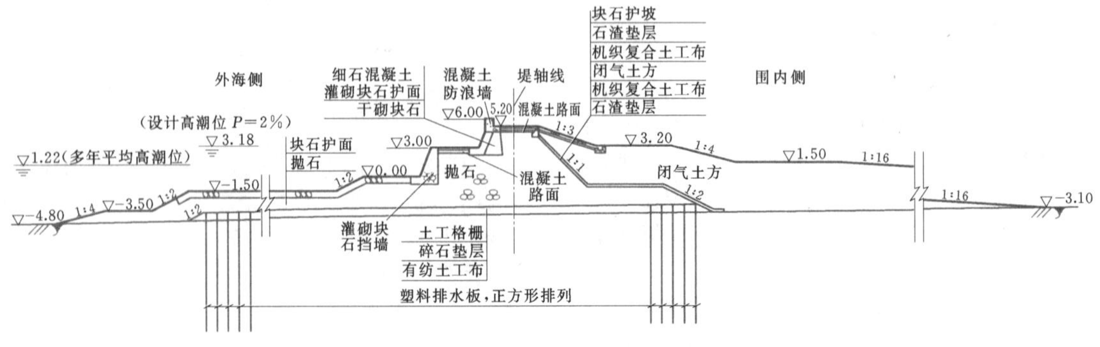

图 5.4-85　浙江省舟山市钓梁促围工程海堤典型断面图（单位：m）

对1～3级海堤，应在现场选择试验段进行现场试验，在试验过程中应进行沉降、侧向位移、孔隙水压力、地下水位等项目的监测并进行原位十字板剪切试验和室内土工试验。根据试验段获得的监测资料确定加载速率控制指标、推算土的固结系数、固结度及最终沉降等，分析软基处理效果，对原设计进行修正，并指导整段海堤的设计和施工。

2. 排水体设计

排水井法中的排水体包括竖向排水体（排水竖井）和水平排水通道两部分，设计见5.4.5.4之1部分的论述及有关计算。

5.4.6.4.5　抛石挤淤法

抛石挤淤法就是把一定量和粒径的块石抛在需进行处理的淤泥或淤泥质土地基中，将原基础处的淤泥或淤泥质土挤走，从而达到加固地基的目的。一般按以下要求进行：将不易风化的石料（尺寸一般不宜小于30cm）抛填于被处理堤基中，最后在上面铺设反滤层。这种方法施工技术简单，投资较省，常用于处理流塑态的淤泥或淤泥质土地基。

由于抛石挤淤法采用重力排土的方法对地基表层的淤泥层进行置换，主要适用于淤泥或流泥厚度一般小于3～4m的地基。

采用抛石挤淤法进行地基处理时，抛石体的高度可参照式（5.4-166）和式（5.4-167）估算，计算简图见图5.4-86。

$$H=\frac{(2+\pi)c_u+2\gamma_s D}{\gamma}+\frac{(4c_u+2\gamma_s D)D}{\gamma B}+\frac{2\gamma_s D^3}{3\gamma B^2} \tag{5.4-166}$$

$$h=H-D \tag{5.4-167}$$

式中　H——抛石体的总高度，m；

h——抛石体在泥面线以上的高度，即抛石体的设计高度，m；

D——自重挤淤深度，即抛石体在淤泥中的下沉深度，m；

c_u——淤泥层的挡板抗剪强度，kPa；

γ_s——淤泥的容重，kN/m³；

γ——抛石体的容重，kN/m³；

B——抛石体的宽度，m。

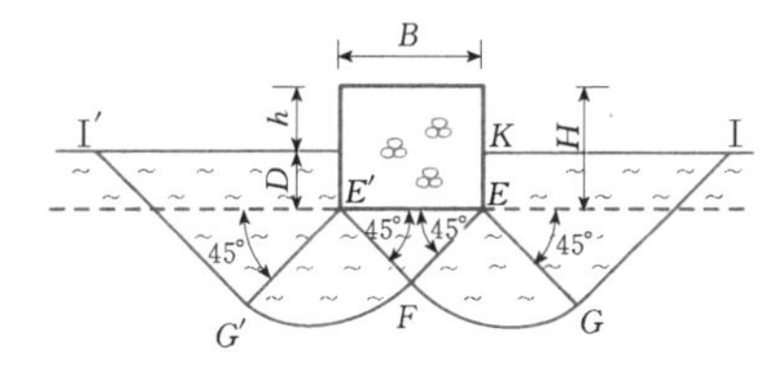

图5.4-86　抛石挤淤计算简图

抛石挤淤法施工时应采用端进法施工，视建筑物的宽度确定是否全断面推进。施工时要求足够有序的堆重，以控制挤淤的方向和挤淤的深度，防止填土中出现淤泥包。

5.4.6.4.6　爆破置换法

1. 加固原理及适用范围

爆炸置换法是利用炸药爆炸的力量将石料置换淤泥的软基加固处理方法。爆破置换法主要适用于淤泥厚度大于5m的深厚软土地基。

根据爆破置换工序的不同，爆炸置换法可分爆炸排淤填石法和控制加载爆炸挤淤置换法两种。爆炸排淤填石法是在抛石体外缘一定距离和深度的淤泥质地基中埋放群药包，起爆瞬间在淤泥中形成空腔，抛石体随即坍塌冲填空腔，经多次爆破推进，最终达到置换淤泥的方法，其原理示意图见图5.4-87。控制加载爆炸挤淤置换法是通过炸药爆炸产生的巨大能量将地基基础中的软土挤开，同时借助堆石体的自重及炸药爆炸产生的附加荷载将堆石体"压沉"入软土基础中，最终形成设计要求的抛石断面结构的一种施工方法。控制加载爆炸挤淤置换法主要由三道工序组成，即堤头爆（控制爆炸深度）、侧爆（控制爆炸断面形状）和爆夯（加强堤脚的稳定安全性），其原理示意图见图5.4-88。

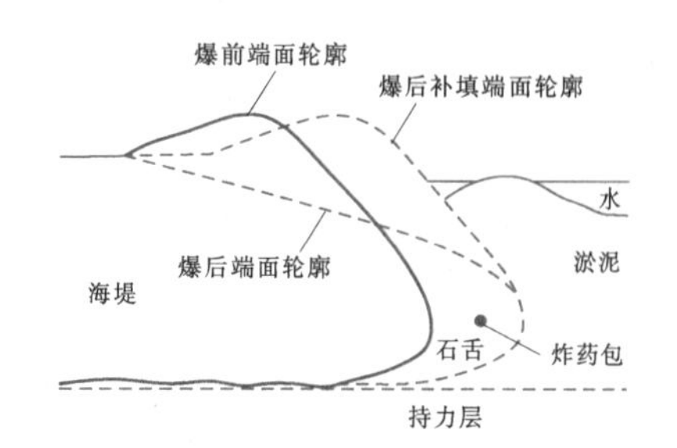

图5.4-87　爆炸排淤填石法示意图

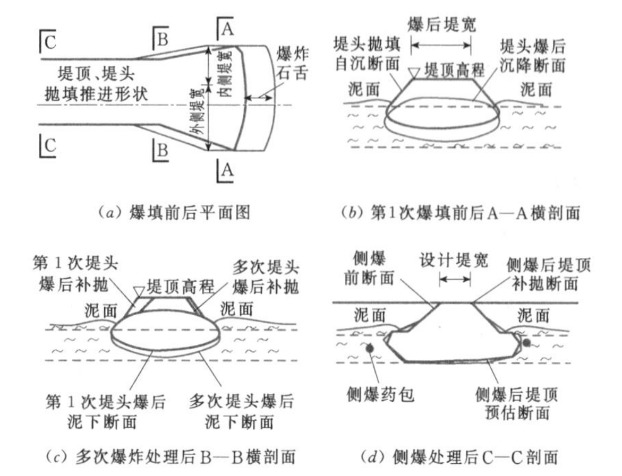

图5.4-88　控制加载爆炸挤淤置换法示意图

爆炸排淤填石法宜适用于淤泥层厚不大于12m的软土地基。控制加载爆炸挤淤置换法适用于深度大于12m的软土地基处理，特别适用于“悬浮式”海堤结构工程的基础处理。

2. 爆炸置换法的设计

爆炸置换法需要确定的参数主要是堤身抛填高度、堤身抛填宽度、药包布置、药包量计算、药包埋深、爆炸水深等。由于爆炸置换法受到现场条件的影响较大，因此采用爆炸置换法处理地基时均应先设试验段，以获取各项合适的爆炸施工参数后方可全面铺开施工。未进行试验段工程时先根据类似工程的工程经验拟定。

爆炸置换法堤身结构示意图见图5.4-89。

(1) 堤身抛填高度。根据土工计算原理和堤身设

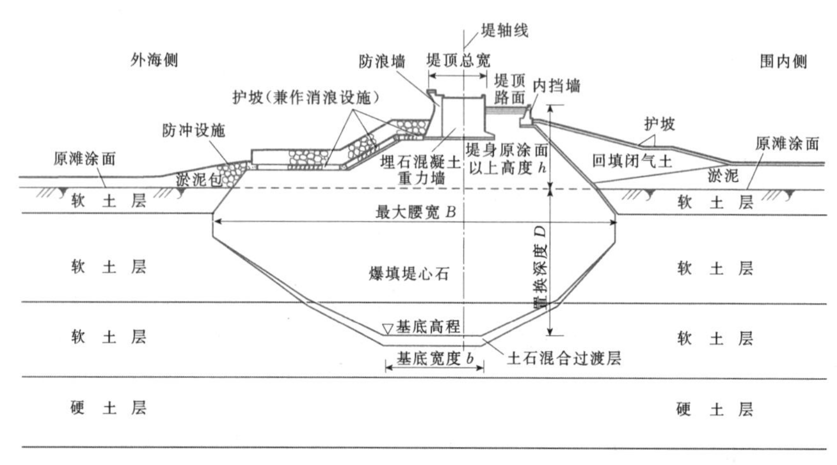

图5.4-89　爆炸置换法堤身结构示意图

计高度，确定堤身抛填高度。同时应遵循以下原则：抛填施工方便、高潮位时堤顶不过水，爆炸后堤顶不超高的前提下，抛填高度尽量高，以最大限度地达到挤淤效果；但是为了减少堤身及平台上多余石方的挖方量，堤身抛填高度应适当低些。

(2) 堤身抛填宽度。根据抛填计算高度值和堤身设计断面尺寸，计算堤身抛填宽度值。按照“先宽后窄”的抛填宽度控制原则，使堤身两侧平台断面尺寸满足爆前、爆后体积平衡要求，尽量减少理坡工作量。一般抛石堤的堤脚和泥面的交界位置与水下平台的外边线距离应满足4～6m，并应考虑淤泥鼓包的高度对堤身实际有效抛填宽度的减少量。同时，还要考虑计算抛填的断面尺寸与设计断面间的体积平衡。

(3) 药包布置。

1) 采用爆炸排淤填石法进行地基处理时，药包的布置应满足下列要求：

a. 布药线平行于抛石前缘，位于前缘外1～2m。

b. 堤端推进爆破，布药线长度应根据堤身断面确定；堤侧拓宽爆破，布药线长度根据安全距离控制的一次最大起爆药量和施工能力确定。

2) 控制加载爆炸挤淤置换法中堤头爆、侧爆两道工序中的药包布置参照爆炸排淤填石法中的药包布置。水下爆夯工序中的药包布置应满足下列要求：

a. 药包平面取正方形网格布置。间、排距取2～5m，压密层厚度大时取大值，反之取小值。分遍爆破时，各遍间药包采用插档布置。

b. 在平面上分区段爆破夯实时，相邻区段搭接一排药包布药。

(4) 药包量计算。

采用爆炸排淤填石法进行地基处理时，药量计算应满足下列要求：

1) 线药量计算如下：

$$q'_L = q_0 L_H H_{mw} \tag{5.4-168}$$

其中

$$H_{mw} = H_m + \left(\frac{\gamma_w}{\gamma_m}\right) H_w \tag{5.4-169}$$

式中　q'_L——线布药量，即单位布药长度上分布的药量，炸药为2号岩石硝铵炸药，kg/m；

q_0——炸药单耗，即爆除单位体积淤泥所需的药量，kg/m^3，可按表5.4-56选取；

L_H——爆破排淤填石一次推进的水平距离，m，可按表5.4-57选取；

H_{mw}——计入覆盖水深的折算淤泥厚度，m；

H_m——置换淤泥厚度，含淤泥包隆起高度，m；

H_w——覆盖水深，即泥面以上的水深，m；

γ_w——水的容重，kN/m^3；

γ_m——淤泥容重，kN/m^3。

表 5.4-56 炸药单耗值

H_s/H_m（m/m）	≤1.0	>1.0
q_0（kg/m³）	0.3～0.4	0.4～0.5

注 H_s—泥面以上的填石厚度，m。必要时可通过超高填石加大 H_s。

表 5.4-57 爆破排淤填石一次推进的水平距离 单位：m

H_m	4～10	10～15	15～25
L_H	5～6	6～7	4～5

2）一次爆破排淤填石药量计算如下：

$$Q = q'_L L_L \quad (5.4-170)$$

式中 Q——一次爆破排淤填石药量，kg；

q'_L——线布药量，即单位布药长度上分布的药量，炸药为2号岩石硝铵炸药，kg/m；

L_L——爆破排淤填石的一次布药线长度，m。

3）单孔药量计算确定如下：

$$Q_1 = \frac{Q}{m} \quad (5.4-171)$$

其中

$$m = \frac{L_L}{a+1} \quad (5.4-172)$$

式中 Q_1——单孔药量，kg；

Q——一次爆破排淤填石药量，kg；

m——一次布药孔数；

L_L——爆破排淤填石的一次布药线长度，m；

a——药包间距，m。

控制加载爆炸挤淤置换法中堤头爆、侧爆两道工序中的药量计算参照爆炸排淤填石法中的药量计算确定。水下爆夯工序中的药量计算如下：

$$Q = q_0 abH \frac{\eta}{n} \quad (5.4-173)$$

其中

$$\eta = \frac{\Delta H}{H} \times 100\% \quad (5.4-174)$$

式中 Q——单包药量，kg；

q_0——爆破夯实单耗，kg/m；指爆破压实单位体积石体所需的药量，可取4.0～5.5kg/m，较松散石体取大值，较密实石体取小值；

a——药包间距，m；

b——药包排距，m；

H——爆破夯实前石层平均厚度，m；

η——夯实率，%，取10%～15%；

n——爆破夯实遍数，取2～4；

ΔH——爆破夯实后石层顶面平均沉降量，m。

（5）药包埋深。采用爆炸排淤填石法进行地基处理时，药包的埋深可按表5.4-58选取。

表 5.4-58 药包埋深 单位：m

覆盖水深 H_w	<2	2～4	>4
药包埋深	$0.50H_w$	$0.45H_w$	$0.55H_w$

注 表中药包埋深取值，泥面上水深不大于4m时，不计入水深的折算淤泥厚度，仅以置换的淤泥厚度为准；泥面上水深大于4m时，以折算的置换淤泥厚度为准。

控制加载爆炸挤淤置换法中堤头爆、侧爆两道工序中的药包埋深参照爆炸排淤填石法中的药包埋深确定。水下爆夯工序中的药包埋深应满足下列要求。

1）起爆时，药包中心线至水面的垂直距离满足的要求为

$$h_1 \geqslant 2.32Q^{1/3} \quad (5.4-175)$$

式中 h_1——药包中心至水面的垂直距离，m；

Q——单药包药量。

2）起爆时药包悬高要求为

$$h_2 \leqslant (0.35 \sim 0.50)Q^{1/3} \quad (5.4-176)$$

式中 h_2——药包悬高，m，即爆破夯实药包中心在石面以上的垂直距离；

Q——单药包药量。

3）爆后石面平整度要求不高或石层下卧层为非岩石地基的工程，药包可直接布放在石层顶面。

（6）爆炸水深。采用爆炸排淤填石法进行地基处理时软基土层上要求有0.4～0.6倍软基土层厚度的（覆盖）水深。控制加载爆炸挤淤置换法的各道工序中爆炸水深均可不受覆盖水深要求的限制。

（7）抛填石料。抛填石料应为10～1000kg的自然连续级配石料，10～1000kg石料含量在80%以上，10kg以下部分的石料（含石粉、泥、砂）含量不超过10%。

采用爆炸排淤填石法进行地基处理时应注意以下两点：①石料采用陆上抛填，使抛石达到一定高度后进行爆炸处理；②炸药群要埋入基面以下距抛石体一定距离的软土中。

在工程实施过程中各工序应综合考虑，以全面控制爆填堤芯石的施工质量。采用控制加载爆炸挤淤置换法进行地基处理时，应将抛填参数和爆炸参数有机地结合起来，使得爆填堤芯石的施工质量控制更全面、准确和容易。控制加载爆炸挤淤置换法中的抛石一般也采用陆抛，特殊情况下也可以水抛。

5.4.6.4.7　水泥土搅拌法

1. 加固原理、适用范围

水泥土搅拌法是利用水泥（或石灰）等材料作为固化剂通过特制的搅拌机械，就地将软土和固化剂浆液强制搅拌，使软土硬结成具有整体性、水稳性和一定强度的水泥加固土，从而提高地基土强度和增大变形模量。

水泥土搅拌法可用于处理正常固结的淤泥及淤泥质土，当用于处理泥炭土、有机质土、塑性指数 I_p >25 的黏土、地下水具有腐蚀性以及无工程经验的地区，必须通过现场试验确定其适用性。

2. 搅拌桩的设计

见5.4.5.4之1部分论述及按式（5.4-64）～式（5.4-76）计算。

5.4.6.4.8　振冲碎石桩法

1. 适用范围

振冲碎石桩法是指采用振动、冲击或水冲等方式在软弱地基中成孔后，再将砂或碎石挤压入已成的孔中，形成大直径的碎石所构成的密实桩体。

振冲碎石桩法适用于挤密松散砂土、粉土、黏性土、素填土、杂填土等地基。对饱和黏土地基上变形控制要求不严的工程也可采用砂石桩置换处理。砂石桩法也可用于处理可液化地基。

2. 振冲碎石桩设计

（1）振冲碎石桩的孔位宜采用等边三角形或正方形布置。

（2）振冲碎石桩直径可采用300～800mm，可根据地基土质情况和成桩设备等因素确定。对饱和黏性土地基宜选用较大的直径。

（3）振冲碎石桩的间距应通过现场试验确定。对粉土和砂土地基，不宜大于砂石桩直径的4.5倍；对黏性土地基不宜大于砂石桩直径的3倍。未进行现场试验时，振冲碎石桩的间距 s_1 可按下列方法估算。

a. 松散粉土和砂土地基。可根据挤密后要求达到的孔隙比 e_1，按式（5.4-177）或式（5.4-178）计算确定碎石桩的间距。

等边三角形布置：

$$s_1 = 0.95\xi d\sqrt{\frac{1+e_0}{e_0-e_1}} \qquad (5.4-177)$$

正方形布置：

$$s_1 = 0.89\xi d\sqrt{\frac{1+e_0}{e_0-e_1}} \qquad (5.4-178)$$

其中

$$e_1 = e_{max} - D_{r1}(e_{max} - e_{min}) \qquad (5.4-179)$$

式中　s_1——砂石桩间距，m；

d——砂石桩直径，m；

ξ——修正系数；当考虑振动下沉密实作用时，可取1.1～1.2；不考虑振动下沉密实作用时，可取1.0；

e_0——地基处理前砂土的孔隙比，可按原状土样试验确定，也可根据动力或静力触探等对比试验确定；

e_1——地基挤密后要求达到的孔隙比；

e_{max}、e_{min}——砂土的最大、最小孔隙比，可按现行国家标准《土工试验方法标准》（GB/T 50123—1999）的有关规定确定；

D_{r1}——地基挤密后要求砂土达到的相对密实度，可取0.70～0.85。

b. 黏性土地基。可按式（5.4-180）或式（5.4-181）计算确定碎石桩距离。

等边三角形布置：

$$s_1 = 1.08\sqrt{A_e} \qquad (5.4-180)$$

正方形布置：

$$s_1 = \sqrt{A_e} \qquad (5.4-181)$$

其中

$$A_e = \frac{A_p}{m} \qquad (5.4-182)$$

式中　A_e——1根砂石桩承担的处理面积，m^2；

A_p——砂石桩的截面积，m^2；

m——面积置换率。

（4）振冲碎石桩的桩长可根据工程要求和工程地质条件通过计算确定：

1）当松软件土层厚度不大时，振冲碎石桩桩长宜穿过松软土层。

2）当松软土层厚度较大时，对按稳定性控制的工程，振冲碎石桩桩长应不小于最危险滑动面以下2m的深度；对按变形控制的工程，振冲碎石桩桩长应满足处理后地基变形量不超过建筑物的地基变形允许值并满足软弱下卧层承载力的要求。

3）对可液化的地基，振冲碎石桩桩长应按现行国家标准《建筑抗震设计规范》（GB 50011—2001）的有关规定采用。

4）桩长不宜小于4m。

（5）振冲碎石桩处理范围应大于基底范围，处理宽度宜在基础外缘扩大1～3排桩。对可液化地基，在基础外缘扩大宽度不应小于可液化土层厚度的1/2，并不应小于5m。

（6）砂石桩桩孔内的填料量应通过现场试验确定，估算时可按设计桩孔体积乘以充盈系数确定，可取1.2～1.4。如施工中地面有下沉或隆起现象，则填料数量应根据现场具体情况予以增减。

（7）振冲碎石桩桩体材料可用碎石、卵石、角砾、圆砾、砾砂、粗砂、中砂或石屑等硬质材料，含泥量不得大于5%，最大粒径不宜大于50mm。

(8) 振冲碎石桩顶部宜铺设一层厚度为300～500mm的砂石垫层。

3. 振冲碎石桩复合地基的强度计算

振冲碎石桩复合地基的承载力特征值，应通过现场复合地基载荷试验确定，未进行现场试验时，也可按下列方法确定。

(1) 对于采用碎石桩处理的复合地基，估算如下：

$$f_{spk} = mf_{pk} + (1-m)f_{sk} \quad (5.4-183)$$

其中

$$m = \frac{d^2}{d_e^2} \quad (5.4-184)$$

式中 f_{spk}——振冲桩复合地基承载力特征值，kPa；

f_{pk}——桩体承载力特征值，kPa，宜通过单桩载荷试验确定；

f_{sk}——处理后桩间土承载力特征值，kPa，宜按当地经验取值，如无经验时，可取天然地基承载力特征值；

m——桩土面积置换率；

d——桩身平均直径，m；

d_e——一根桩分担的处理地基面积的等效圆直径，m。

d_e可计算如下：

等边三角形布桩 $$d_e = 1.05s \quad (5.4-185)$$

正方形布桩 $$d_e = 1.13s \quad (5.4-186)$$

矩形布桩 $$d_e = 1.13\sqrt{s_1 s_2} \quad (5.4-187)$$

式中 s、s_1、s_2——桩间距、纵向间距和横向间距，m。

(2) 对于小型工程的黏性土地基，无现场载荷试验资料，复合地基的承载力特征值估算如下：

$$f_{pk} = [1+m(n-1)]f_{sk} \quad (5.4-188)$$

式中 n——桩土应力比，在无实测资料时，可取2～4，原土强度低取大值，原土强度高取小值。

(3) 对于采用砂桩处理的砂土地基，可根据挤密后砂土的密实状态，按GB 50007—2011的有关规定确定。

5.4.6.4.9 控制加载速率的填筑方法

当施工工期允许时，可采用控制加载速率的填筑方法。

堤基属软土地基，下伏较厚淤泥质黏土层，施工过程中必须加强施工监测，并根据堤基动态监测成果和要求，严格控制围堤堤身施工加载速率，并保证加载间歇期。

新建海堤施工期动态监测项目一般包括堤基沉降、水平位移、孔隙水压力等，海堤施工期动态监测过程中沉降和水平位移控制指标见表5.4-59，超静孔隙水压力控制指标为：超静孔隙水压力系数不大于0.6。

表5.4-59 沉降及水平位移一般控制指标

加载高度 H	地表沉降控制指标		水平位移控制指标
	停止加载	允许加载	
$H \leqslant 5.0$m	连续3d沉降速率仍大于30mm/d	连续5d平均沉降速率小于10mm/d	最大水平位移小于6mm/d
8.0m $\geqslant H >$ 5m	连续3d沉降速率仍大于20mm/d	连续5d平均沉降速率小于5mm/d	最大水平位移小于5mm/d
$H >$ 8.0m	连续3d沉降速率仍大于15mm/d		最大水平位移小于3mm/d

5.4.6.5 围海堵口工程设计

5.4.6.5.1 堵口选址及布置

海堤龙口位置应综合地形、地质、堵口材料运输和水闸位置等因素确定，宜选择在地质条件好、水较深的地段。龙口离水闸应有一定的距离，以避免造成相互水流的不利影响。

为保证龙口段的稳定，必须控制龙口最大流速，考虑到海堤地基特性和海堤工程半机械化施工、人力施工较为普遍的实际，龙口最大流速宜控制在3m/s（粉细沙地基）、4.0～4.5m/s（淤泥质土地基）以内。如果施工条件允许，采用适当的措施可适当提高控制流速。

龙口最大流速一般分保护期、收缩期和合龙期。保护期龙口控制最大流速应与龙口保护措施、地基特性等条件有关，收缩期、合龙期龙口控制最大流速除了与龙口保护措施、地基特性等有关，还直接关系到堵口工艺的选择、截流体的材料及重量，以及施工作业时间等。

龙口水力要素、堵口顺序及龙口保护措施及范围应根据水力计算或模型试验，经技术经济综合分析后确定。

5.4.6.5.2 龙口（或纳潮口）度汛、堵口水力计算

龙口（或纳潮口）度汛、堵口水力计算的任务是

拟定口门尺寸和计算口门水力要素，为龙口（或纳潮口）度汛、选择堵口顺序和截流堤设计、施工提供水力参数。水力计算所求水力要素一般包括内港水位、落差、流速和单宽流量极值及其过程等。

受潮汐影响，围海工程龙口不同于大江截流的龙口，龙口流速随涨、落潮而变化，一般在涨急、落急时流速大，平潮时流速较小，进出龙口的水量与潮位、潮型密切相关，因此龙口保护和堵口合拢水力计算应进行潮型设计。一般采用两种潮型：①设计高潮位潮型；②最大潮差潮型。一般包括一个完整的涨落潮过程，考虑到计算稳定的需要，前后应延长。一般来讲，福建、广东等省采用高潮位潮型，上海长江口地区采用最大潮差潮型。

1. 高潮位潮型

(1) 设计潮位。

1) 设计潮位应根据工程规模及其重要性，选择相应于龙口保护期、堵口期相应设计频率的最高潮位。设计频率一般为5%～10%，中型围垦工程取下限，大型围垦工程取上限。

2) 设计高潮位频率分析应采用不少于20年的连续相应时期最高潮位系列，并调查历史上出现的同期特高潮位值。在海岸地区，设计重现期潮位的频率分析一般可采用极值Ⅰ型分布为理论频率曲线；在受径流影响的潮汐河口地区可采用皮尔逊Ⅲ型分布为理论频率曲线。

在缺乏长期连续潮位资料，但有不少于连续5年的年最高潮位情况下，设计潮位可用极值同步差比法与附近有不少于连续20年资料的长期潮位站资料进行同步相关分析，以确定所需的设计潮位。待求站与长期站之间应满足：潮汐性质相似、地理位置邻近、受河流径流（包括汛期）的影响相似、受增减水的影响相似。

对于具有短期潮位观测资料（应包括含有增水期的潮位资料），但不宜采用极值同步差比法计算时，如果待求站与邻近长期站的潮汐性质相似，也可以采用相关分析方法确定两站短期同步潮位的相关程度，当相关关系较好时，可根据回归方程推求待求站的设计潮位。

(2) 设计潮型。设计潮型应选择对龙口保护、堵口不利的潮型，即高潮位和设计潮位相近、潮差大的潮型。在确定设计潮位的基础上，按下述方法选择潮型：

1) 从历年龙口保护期、堵口期潮位资料中选择与设计高潮位相应的最低一次低潮位作为设计潮型低潮位，它和设计潮位之差即为设计潮差。

2) 从历年龙口保护期、堵口期潮位资料中选取多次与设计高潮位和设计潮差相近的潮型，统计每次潮的涨、落潮历时，并取其平均值作为设计潮型的涨、落潮历时。

3) 根据确定的设计潮位、设计潮差、设计涨落潮历时，在历年龙口保护期、堵口期潮位资料中找出与上述数据相近的潮型，稍加修正，作出全潮位过程线，即为设计潮位过程。

4) 为安全考虑，设计潮位过程可考虑涨率较大的潮位过程。

2. 最大潮差潮型

根据涨落潮特性，一般对最大涨潮差系列进行频率分析，推求相应频率下的最大潮差，该潮差即为设计潮差。从历年龙口保护期、堵口期潮位资料中选取多次与设计潮差相近的潮型，选择涨率大、潮位较高的全潮位过程线，该潮位过程即为设计的最大潮差潮型。

3. 龙口度汛、堵口水力计算方法

龙口水力计算的方法有水量平衡法、二维和三维数学模型计算。对水力条件较复杂的工程，宜采用模型试验与计算相结合的方法确定龙口水力要素及堵口顺序。对较简单的工程，水力计算允许简化，可用转化口门线方法直接求出龙口最大流速和选择堵口顺序。

(1) 水量平衡法。

1) 水力计算主要步骤：①确定度汛、堵口时间；②确定设计潮位和设计潮型；③编制水位和库容（围区）关系图或表；④对不同尺寸的口门，分别推求龙口水力要素随时间变化的过程线；⑤作各水力要素最大值等值线图。

2) 水量平衡原理。根据水量平衡原理计算公式如下：

$$[\overline{Q}_0 \pm (\overline{Q}_s + \overline{Q}_f + \overline{Q}_p)]\Delta t = W_2 - W_1 \tag{5.4-189}$$

式中 $\overline{Q}_0$——计算时段内内陆流域来水平均流量，m^3/s；

$\overline{Q}_s$——计算时段内水闸泄水平均流量，m^3/s；

$\overline{Q}_f$——计算时段内龙口溢流平均流量，m^3/s；

$\overline{Q}_p$——计算时段内龙口堆石体渗流平均流量，m^3/s；

Δt——计算时段，s，可取1800～3600s；

W_2——计算时段末围区容量，m^3；

W_1——计算时段初围区容量，m^3。

3）水量平衡计算方法。围区水位过程线的主要计算步骤：

a. 选定计算时段 Δt。

b. 选围区起始水位 h_1，可选用龙口底槛高程或稍高一些。

c. 根据初始外水位高程 H_1 和 h_1，计算 Q_{f1}、Q_{s1}、Q_{p1}，并与 Q_o（如有）相加得 $\sum Q_1$。

d. 假设时段末围区水位 h_2。

e. 根据时段末外水位高程 H_2 和 h_2，计算 Q_{f2}、Q_{s2}、Q_{p2}，与 Q_o（如有）相加得 $\sum Q_2$。

f. 计算 ΔW，$\Delta W = 0.5\times(\sum Q_1+\sum Q_2)\Delta t$。

g. 根据 h_1，在围区库容曲线上查得 W_1。

h. 计算 W_2，$W_2 = W_1+\Delta W$。

i. 根据 $\overline{W}_2$ 在围区库容曲线上查 h_2，若 h_2 和假设的 h_2 的差值的大小在某一精度范围 ε_1 内，则即为所求之值。否则需要重新假设 h_2 和重新计算 h_2，直到假设 h_2 和计算 h_2 的差值达到精度范围 ε_1 范围内为止。

j. 以 H_2 和 h_2 为下一时段之起始上下游水位，重复 c～i 计算步骤，求第二时段末的内港水位。

k. 逐个时段进行计算，经过二个潮期（24 h 50min 左右）后所得之围区水位 h_1' 与一开始选定的围区起始水位 h_1 之差值在要求精度范围 ε_2 内，则计算结束。否则，需重新选定围区起始水位 h_1，重复以上 b～k 计算步骤。

l. 将求得各时段末的围区水位画出，即得围区水位过程线。

根据外水位过程线和所求得的围区水位过程线，按水力学公式，即可求得落差、流速和单宽流量过程线，计算公式如式（5.4－190）～式（5.4－203）所示。

a）落差过程线 $Z—t$。

进水落差过程线

$$Z = H_{外} - h_{内} \tag{5.4-190}$$

出水落差过程线

$$Z = h_{内} - H_{外} \tag{5.4-191}$$

b）流速过程线 $v—t$。进水为自由流 $[Z \geqslant 1/3(H_{外} - h_{内})]$ 时，堆石坝顶部流速 $V_{顶}$：

$$V_{顶} = \frac{q}{h_k} = \frac{m\sqrt{2g}(H_{外} - h_{口门})^{3/2}}{\left(\dfrac{aq^2}{g}\right)^{\frac{1}{3}}} = \left(\frac{m}{2\alpha}\right)^{1/3}\sqrt{2g(H_{外} - h_{口门})} \tag{5.4-192}$$

堆石体边坡流速 $V_{边}$：

密集断面 $$V_{边} = \Phi'\sqrt{2gZ} \tag{5.4-193}$$

扩展断面 $$V_{边} = V_c \tag{5.4-194}$$

进水为淹没出流 $[Z < 1/3(H_{外} - h_{口门})]$ 时

$$V = \Phi\sqrt{2gZ} \tag{5.4-195}$$

出水为自由流 $[Z \geqslant 1/3(h_{内} - h_{口门})]$ 时

堆石坝顶部流速 $V_{顶}$：

$$V_{顶} = \left(\frac{m}{2\alpha}\right)^{1/3}\sqrt{2g(h_{内} - h_{口门})} \tag{5.4-196}$$

堆石体边坡流速 $V_{边}$：

密集断面 $$V_{边} = \Phi'\sqrt{2gZ} \tag{5.4-197}$$

扩展断面 $$V_{边} = V_c \tag{5.4-198}$$

出水为淹没出流 $[Z < 1/3(H_{外} - h_{口门})]$ 时，

$$V = \Phi\sqrt{2gZ} \tag{5.4-199}$$

c）单宽流量过程线 $q—t$。

进水为自由流时

$$q = m\sqrt{2g}(H_{外} - h_{口门})^{3/2} \tag{5.4-200}$$

进水为淹没流时

$$q = V(h_{内} - h_{口门}) \tag{5.4-201}$$

出水为自由流时

$$q = m\sqrt{2g}(h_{内} - h_{口门})^{3/2} \tag{5.4-202}$$

出水为淹没流时

$$q = V(H_{外} - h_{口门}) \tag{5.4-203}$$

式中 $H_{外}$——某时刻口门外潮位高程，m；

$h_{内}$——某时刻口门内水位高程，m；

$h_{口门}$——口门底槛高程，m；

h_k——临界水深，m；

m——流量系数，取 0.354～0.370；

g——重力加速度，9.81m/s²；

α——流速分布修正系数，取 1.19～1.10；

Φ——流速系数，取 0.92～0.96；

Φ'——边坡流速系数，边坡坡度，边坡糙率等有关，取 0.6～0.8；

V_c——石块稳定临界流速，按式（5.4－204）计算。

根据下列步骤做各水力要素最大值的等值线图：①根据各水力要素过程线，分别找出不同尺寸口门各水力要素的最大值；②以口门宽为横坐标，口门底槛高为纵坐标，建立坐标系；③根据不同尺寸口门及对应各水力要素的最大值，分别绘制各水力要素最大值的等值线图。

（2）二维和三维数学模型计算。二维和三维水动力数学模型已逐渐完善，能较正确地反映工程区域的水动力条件和相应的流态变化，因此二维和三维数学模型已广泛应用于龙口水力参数的计算分析。二维和三维数学模型计算龙口水力参数的一般步骤如下：

a. 收集工程区域的水文资料，如潮位、潮流资料，收集水下地形资料。

b. 根据相关资料，分析工程区域的水动力特性。

c. 根据工程的性质，确定龙口标准，分析确定龙口设计潮型。

d. 确定龙口模型的计算范围。

e. 建立龙口模型，包括划分计算网格、地形处理、建筑物概化等。

f. 根据有关资料，调试相应计算参数，如糙率、时间步长、黏滞系数，三维模型还需确定湍流模型中的有关参数，选取的参数应该符合相应的物理过程。

g. 进行成果整理和分析，对龙口的潮位、潮位差、流速、流态特征进行综合分析，求出龙口水力参数及相关过程，并分析其合理性。

5.4.6.5.3　龙口保护及截流堤设计

1. 龙口保护

龙口两侧海堤宜采用坡度较缓的堤头边坡，不进展时，应对龙口两侧堤头采用块石或石笼、网兜石等材料予以保护。非岩基上龙口应进行护底，护底长度应随口门压缩情况分阶段采用不同尺寸，护底构造应满足龙口范围内抗冲要求。龙口的保护既可以为选择最佳堵口时机创造条件，也可以为龙口合龙提供有利的施工条件。对于特别重要的1级、2级海堤，龙口保护措施及范围可通过模型试验研究确定。

龙口护底铺设应遵循“先低后高”、“先近后远”和“先普遍铺设再逐步加厚”的原则。护底构造一般先铺设一层土工布或软体排，再设碎石（或袋装碎石）垫层，上部抛石或网兜石压排（或布）。

2. 截流堤设计

(1) 截流堤断面。截流堤设计应满足有足够的水力稳定性，软土地基应有足够的抗滑稳定性；应防止出现接触面冲刷。断面设计应与海堤断面结构、施工方法和堵口顺序相适应。

截流堤断面可采用复式断面，下部断面宜采用平堵法施工，结合压载和护底统筹考虑。上部断面应满足堵口挡潮，采用陆上施工，还应满足施工交通等要求，其顶高程应超过施工期设计潮位0.5～1.0m，截流堤顶宽一般取3～7m，并满足稳定及截流施工要求。非渗流出逸范围边坡可用1∶1.3～1∶1.5，渗流出逸范围边坡宜在1∶1.5～1∶2.0。上部断面可采用平堵、立堵结合或立堵法施工。

(2) 截流堤材料。截流材料可用块石或冲填砂袋，当龙口流速较大，块石不能维持稳定时，可选用竹笼、石笼、网兜石、混凝土块、钢筋笼、型钢框笼或其他结构。

截流堤上个体块石应满足水力稳定性要求，其稳定临界流速 V_c 计算如下：

当 $\alpha<\varphi$ 时

$$V_c = K_e\sqrt{2g\frac{\gamma_s-\gamma_0}{\gamma_0}}\sqrt{D\cos\alpha} \tag{5.4-204}$$

式中　K_e——稳定系数，垫层块石直径小于抛投其上块石直径时取0.7～1.0，垫层块石直径大于或等于抛投块石直径时取1.0～1.2，钢筋笼等条形体取1.0；

g——重力加速度，$g=9.81\text{m/s}^2$；

γ_s——抛投体容重，kN/m^3，对于花岗岩块石，$\gamma_s=26.0\text{kN/m}^3$；

γ_0——海水容重，kN/m^3，取 $\gamma_0=10.3$；

D——块石当量直径，m；

α——抛投体垫层倾角，(°)；

φ——堆石体休止角，(°)。

若先设定堵口截流的稳定临界流速 V_c，则抛投块石直径可根据式（5.4-204）反推。

当龙口流速超出常规的控制流速或龙口水流条件较复杂，截流材料及稳定重量可通过模型试验研究确定。

5.4.6.5.4　堵口截流施工

1. 堵口截流施工的内容

堵口截流施工主要包括两个方面的内容：

(1) 选择在合适的时期内，集中力量将截流堤筑出水面，封堵口门，隔断内外水域，此项工作称为截流（或合龙）。

(2) 堵口截流后为完全截断堤内外水流通道，需要在截流堤内外侧填筑防渗土料，形成防渗体，然后继续加高培厚堤身，按堵口段海堤设计断面完成整个海堤填筑工作。

2. 堵口截流时间的选择

堵口截流施工应选择在潮位低、超差小、风浪小的时候进行具体时间选择应满足一下要求：

(1) 非龙口堤段达到相应的挡潮标准。

(2) 龙口段水下结构部分截流堤断面、反压层、护底达到设计要求。

(3) 水闸及其上、下游引渠工程或临时排水设施已完工，堵口材料准备就绪。

堵口截流时间的选择是影响堵口能否顺利合拢的一个重要环节，截流时间应避开台风、大潮、雨期、酷暑及严寒等恶劣天气。堵口截流时一般选择在非汛期的小潮汛，设计潮位重现值为5年一遇。施工单位具体实施时应在调查及收集有关水文资料的基础上，一般应选择在全年潮位最低，多晴天的11～12月的小潮潮型期间（一般在7d以内）截流，使截流后有足够的时间在大潮、台风来临前进行土方闭气，加高培厚，海堤全线完成设计断面。对于3～4月而言，虽然潮位较低，但由于雨天较多，土方闭气施工难度很大，且离台汛期时期极为接近，在滩涂上加荷施工，难以一次性形成稳定断面，堵口合龙的风险非常大。即使堵口能顺利地一次性成功合龙，亦可能因为不能完成土方闭气和堤身加高培厚而带来很多隐患。

截流时间的选择还需根据海堤堵口的实际情况，正确处理好工程质量和工程进度的关系。

3. 堵口截流施工的前提条件

当海堤堤身和堵口具备以下几个截流条件时，即可选定时段开始堵口截流。

(1) 做好各项技术准备，并做好"四通一平"、临建工程、各种设备和器材等的准备工作。应按围海工程堵口的规模和结构特点等具体条件并结合台风、寒潮等水文气象资料，编制详细的堵口施工方案和预案，方案的主要内容应包括施工总布置、合理的堵口截流时间、场内外水陆交通、建材来源、确定主要单项工程的施工顺序和施工方法。施工方案和预案既能满足堵口截流过程中安全、稳定的要求，同时还需考虑施工效率、施工进度与成本。

(2) 在堵口两端的海堤向堵口推进过程中，两端临时堤头的间距尚大于设计堵口宽度时，应提前完成堵口区必要的水下工程。如在粉砂质易冲刷床面必须设置的护底软体排铺设工程（含因截流期堵口流速增大须加宽铺设的护底结构）；斜坡式结构的部分堤心石、底层袋装砂、坡脚棱体抛石工程；直立堤的基床抛石及整平工程等。如果堵口区有冲沟或凹坑要随时补平。

(3) 截流所需要的人员、材料和机械须准备充分，并确保照明和通信畅通。对于设置有隔堤的围区，要求所有隔堤均达到设计标高，并能满足截流施工和抢险等物资运输的交通要求。堵口应准备的材料、机械、人力等须达到合龙要求。对于利用充泥管袋截流的工程，砂源质量要保证且应有预备砂源，堵口截流预备土（砂）源储量应不少于堵口用砂的2倍，并宜在堵口两侧设置泥库储泥。

(4) 海堤临时排水口构筑完好，在堵口截流后能正常发挥调节水位的作用。

(5) 截流前要组建强有力的现场指挥领导小组，组织实施堵口截流。

4. 堵口截流堤施工

堵口截流施工应充分利用现场地形进行临建生产及生活设施布置，并根据施工的不同阶段要求，适时调整。施工布置以切合实际、注重环保、方便施工、易于管理为原则。

(1) 堵口截流程序。堵口施工一般从纳潮口开始，分步骤压缩，包括缩窄和抬高，到小龙口时最后合龙截流。根据堵口水利条件、地基稳定要求、封堵材料性能和施工条件等，合理安排堵口程序，划分具体步骤。

(2) 堵口截流方法。根据截流材料的抛投方式堵口截流施工可分立堵、平堵和混合堵。

立堵是由堵口一端向另一端或从两端向堵口同时抛投或吹填进占，逐渐束窄堵口直至合龙。其施工较简单，但堵口单宽流量大、流速高，场地狭窄，抛投强度受限制，难度较大。平堵是指通过人工或水上特种船舶，沿堵口全线逐层均匀抛投或吹填料物，直至截流堤露出水面。其水力学条件较好，水流分散，流速增长慢，料物重量较小，施工场面宽阔，抛投强度高，但投资多，准备工作量大。混合堵是立堵和平堵的结合，特点在于能充分利用平堵和立堵各自的优点而避开它们的缺点，在堵口截流时，既能获得较好的堵口水力条件和地基稳定条件，又能充分发挥陆上施工力量，利用陆抛提高效率，加快进度，降低成本。

堵口截流可根据现场情况采用平堵、立堵或混合堵结合的方式。

(3) 堵口截流堤施工。截流堤是在堵口段用来最终截断潮流的海堤，是堵口进行截流封堵用的关键设施。根据不同的海堤顺堤型式以及沿海地区的当地材料情况，一般常见的有抛石、冲填砂袋或抛石加冲填砂袋几种类型类。当龙口流速大，水流条件复杂，则需采取其他如竹笼、石笼、混凝土块、钢筋笼、型钢框笼等截流材料。

1) 抛石截流堤。根据工程当地水文、潮位情况，抛石填筑分为水上抛石和陆上抛石两类。抛石填筑过程中，按照设计加荷程序、加荷曲线及现场沉降观测成果指导施工加荷。施工程序遵循平抛（船抛）领先、立堵（车运）后跟，平立抛结合，高潮高抛、低潮低抛、高潮平抛、低潮立堵的抢潮候潮施工方法。

抛石时的粒径和重量分配原则是：从底部到上部，石块由小到大；由中心至内外侧，石块由小到大。

水上抛填采用分区分段分层抛填。施工前对各区各层的工程量进行详细计算，抛投时对比实际抛填工程量，指导加荷，将大块石抛填在截流体断面临坡处，小块石冲填中间。退潮后，用人工理平溢流面，尽量使堵口过流面平整。每一区段完成后，及时进行水下地形测量，并指导作业船做好漏抛、欠抛地段的补抛工作。

陆上抛填采用自卸汽车直接运输上堤，采用端进法向前延伸立抛，抛填时采用流水阶梯式抛填，推土机平整层面，堤坝断面填筑到设计断面后用挖掘机整修边坡。

2）冲填砂袋或抛石加冲填砂袋截流堤。如当地石料较紧张，龙口流速较小，截流堤也可采用冲填砂袋，或抛石加冲填砂袋。抛石加冲填砂袋截流方式，称为“燕抱窝”，即先在龙口内侧或外侧，或内外侧，离冲填砂袋截流堤一定的距离设一道抛石堤，利用二者之间的水垫塘消能，以减小截流堤位置的流速，有利于冲填砂袋的施工。

冲填砂袋截流堤施工，应注意以下几个方面：

a. 充灌过程应根据滩涂软土地基的特点，遵循“逐层轮加”的原则，间歇交叉充灌，不得在同一地段单独充灌升高。

b. 堵口段土工布袋体应采用防老化抗冲袋布，袋布应能抵抗不大于 3m/s 的水流冲刷。

c. 截流用土工布袋在合拢前一天运到堵口两侧，堆放整齐，进行编号，并由专人指挥负责按使用顺序发放。

d. 土工布袋为筒式，长度一般为 20～50m，每只袋视容积不同设置冲填管口，袋的缝制采用包缝的形式。袋体宜采用大长袋，以减少铺袋时间和袋体接缝，并有利于做到沿轴线方向冲填水平上升。

e. 根据水深情况由船只或人工将袋体摊铺就位，做好固定和管口连接，以保证土工布袋定位准确。冲填过程中应注意及时调整输送管口方向，以免袋体受力不均而导致变形移位。

f. 截流体断面冲填后，外坡应及时保护，内侧应及时加宽，并继续冲填加高到棱体设计断面。堵口断水后，应始终保持临时断面领先于相应时段潮位 0.5m 以上。

g. 堵口合龙断流后，应立即加高堵口和加宽堵口下部断面，吹填内外侧闭气土，确保堵口渗流稳定，并使土工布袋充分闭气。

5.4.6.5.5　堵口闭气

堵口截流后应及时闭气。堵口闭气设计应遵守下列规定：①闭气材料应采用具有一定防渗性和抗流失性能的土料；②闭气土体设计应满足渗透稳定和抗滑稳定的要求。

内闭气方式受风浪、潮（洪）影响小，因此，宜优先采用。内闭气土体断面可分两类：一是直接在截流堤内侧抛填土料，以自然坡形成闭气土体；二是在截流体内侧一定距离抛筑一道副堤，在其与截流堤之间抛填闭气土体。在海堤工程中，海泥是一种良好的闭气材料，特别是海涂中强度高、固结较好、黏性强的块状海泥。有时为了提高海泥的抗剪强度，加速海泥固结，可以采用海泥加砂混合抛投或分层抛投，以利排水，效果较好。砂及风化砂土也是可用的闭气材料。

在闭气土方施工过程中，为了有利于闭气，常采用水闸控制内水位，使内水位最高以减小内渗压力，实际效果良好。

5.4.6.6　工程实例

1. 浙江省温岭市东海塘围涂工程

浙江省温岭市东海塘围涂工程位于浙江省温岭东海岸，距温岭城关约 38km，离松门镇 1km。工程围涂面积为 5.46 万亩，堤线全长约 10.04km。海堤建筑物级别为 3 级，防潮标准 50 年一遇。海堤按允许部分越浪设计，堤顶高程 6.20～7.0m，防浪墙顶高程 7.0～7.80m。海堤采用上陡下缓的组合式结构，临海侧石坝挡潮，背海侧当地海涂泥防渗闭气；堤基采用塑料排水插板法处理；临海侧护坡采用 C20 混凝土灌砌块石护坡；背海侧高程 5.00m 布置 7m 宽的交通公路。

围堤典型断面结构见图 5.4-90。

2. 浙江省玉环县漩门三期围垦工程

浙江省玉环县漩门三期围垦工程围区总面积 6.8 万亩，为Ⅲ等工程，设计挡潮防浪标准为 50 年一遇。海堤总长 5352m，采用土石混合堤。堤顶高程为 9.50m，防浪墙顶高程为 10.50m。外侧为复式断面结构，在高程 4.00m 设消浪平台，以上采用整体式混凝土重力墙，以下为 1∶1.8 的斜坡，堤脚设宽 14.8m 的平台，以外为宽 40m 的抛石护坦，斜坡和平台采用扭王块体护面。内侧采用海涂泥闭气，闭气土方顶高程为 6.50m。海堤地基为淤泥和淤泥质土，厚度 40m 以上。采用不对称的悬浮式爆炸挤淤置换法处理，设计最大置换深度为 27.5m，底宽 24～28m。

围堤典型断面结构见图 5.4-91。

3. 浙江省玉环县大麦屿标准海塘工程

浙江省玉环县大麦屿标准海塘工程位于玉环县西南部的大麦屿港湾，南邻大麦屿客运码头，北接粮食中转码头，西临乐清湾，是大麦屿港重要的配套工程。工程围涂面积为 854 亩，堤线全长约 1750m。海堤建筑物级别为 3 级，防潮标准 50 年一遇。海堤按允许部分越浪设计，堤顶高程 6.50～7.00m，防浪墙顶高程 7.50～8.00m。工程南堤与该岸段码头充分结合，采用直立式钢筋混凝土框架结构断面型式。沿堤顶宽度两侧设 C30 钢筋混凝土灌注桩，共 2 排，外海

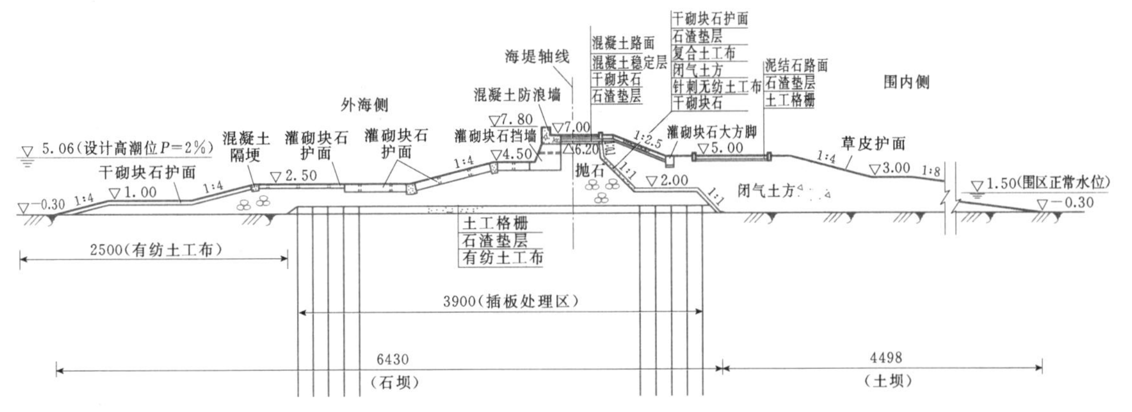

图 5.4-90 浙江省温岭市东海塘围涂工程海堤典型断面图（单位：m）

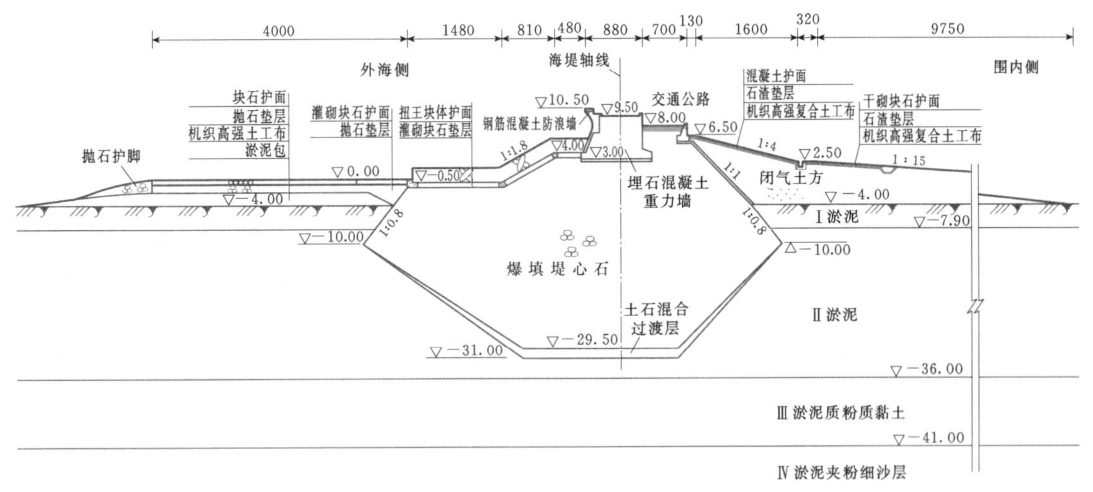

图 5.4-91 浙江省玉环县漩门三期围垦工程海堤典型断面图（单位：m）

侧灌注桩为连孔排桩布置，围区侧灌注桩则采用疏密不等布置；钢筋混凝土灌注桩桩顶布置由桩顶冠梁、连梁、内外侧挡墙及隔墙共同组成的钢筋混凝土框架结构，框架结构内部采用抛石填充；抛石顶部布置沥青混凝土路面；钢筋混凝土框架外侧布置抛石护底。

南堤典型断面结构见图 5.4-92。

4. 天津海滨休闲旅游区临海新城围海造陆项目三区东围堤工程

天津海滨休闲旅游区临海新城围海造陆项目三区东围堤工程位于天津市永定新河河口北侧区，设计挡潮防浪标准为 50 年一遇。东围堤总长 2929.79m，主体结构采用预制钢筋混凝土升浪弧面格型构件。弧面格型防波堤外侧弧面的设计堤顶高程为 7.50m，内侧通道顶高程为 6.00m，拱圈临海侧和底板开设的排气孔。每个预制构件由起重船安放在厚 1.50m 的抛石基床上，抛石基床下为土工布及厚 1.0m 的砂垫层，砂垫层下为间距 1.0m 的塑料排水板，打至高程 -14.00m，以加速软土的固结，满足地基承载力和整体稳定性的要求。

围堤典型断面详见图 5.4-93。

5. 浙江省海宁市尖山段治江促淤围涂二期 05 围区工程

浙江省海宁市尖山段治江促淤围涂二期 05 围区工程位于钱塘江河口尖山河段北岸的尖山至高阳山之间。工程围垦面积 2.3 万亩，海堤总长约 10.34km。海堤建筑物级别为 3 级，防潮标准 50 年一遇。海堤按允许部分越浪设计，堤顶高程 8.80～10.30m，防浪墙顶高程 9.60～11.30m。海堤采用斜坡式土堤结构，堤身为吹填土，迎水面修筑灌砌块石护坡，中间设宽 7m 的平台，堤脚设置 C30 钢筋混凝土预制板桩防冲。

围堤典型断面结构见图 5.4-94。

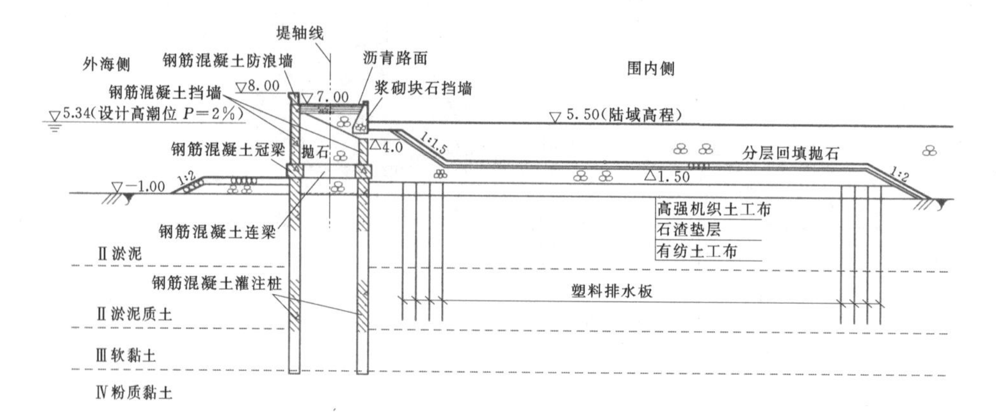

图 5.4-92 浙江省玉环县大麦屿标准海塘工程南堤典型断面图（单位：m）

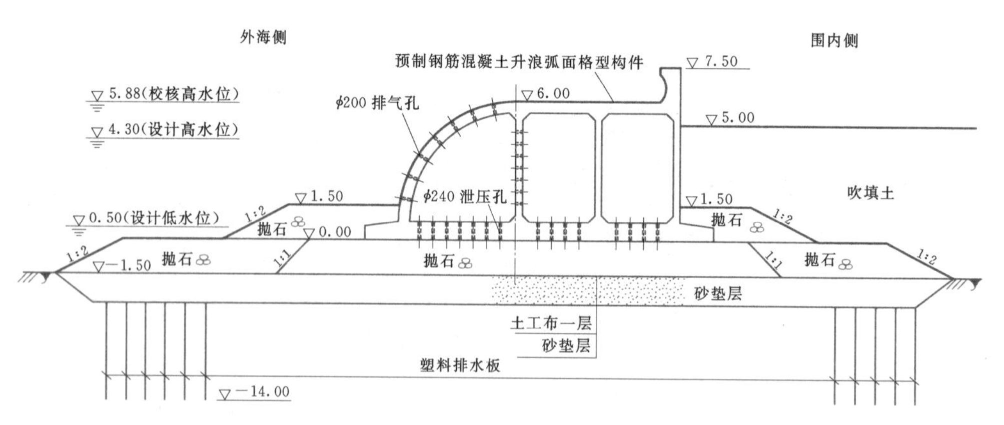

图 5.4-93 天津海滨休闲旅游区临海新城围海造陆项目三区东围堤断面图（单位：m）

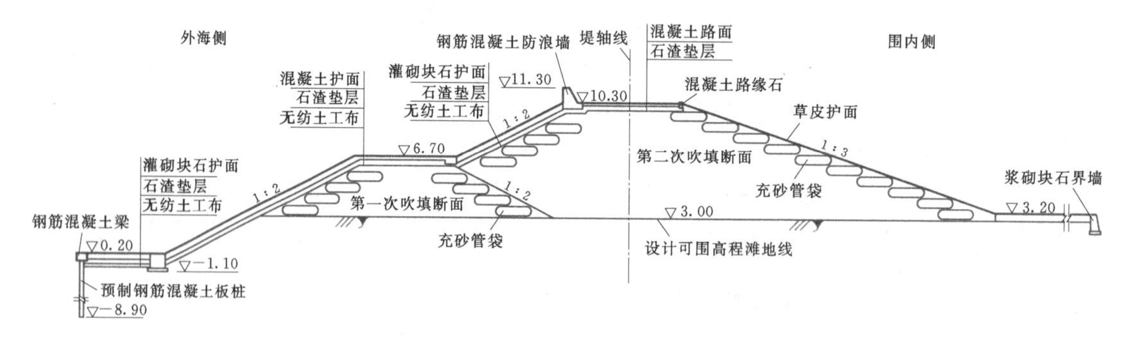

图 5.4-94 浙江省海宁市尖山段治江促淤围涂二期05围区工程围堤断面图（单位：m）

6. 上海市青草沙水库工程新建大堤

上海市青草沙水库工程位于长江口长兴岛北侧，水库总面积 66.26km²，总库容 5.27 亿 m³，水库环库大堤由南堤、北堤、东堤及长兴岛海塘组成，总长 48.41km，其中新建东堤长 3.03km。水库环库大堤建筑物级别为 1 级，防潮标准 100 年一遇。东堤沿线滩面高程在－10.50～3.00m，其中长约 2000m 堤线滩面高程为－10.50～－5.00m，堤基浅表层分布有厚约 5.70～16.00m 的软弱土层。

水库东堤深水堤段采用抛填砂袋＋双棱体斜坡式土石堤结构，堤顶防浪墙顶高程 9.05m，堤顶路面顶高程 7.85m，堤顶宽 9.50m，堤身外坡在高程 5.50m 设置一宽 5.0m 的消浪平台。高程－5.00m 以下堤身采用抛填砂袋进行填筑，在高程－5.00～－3.00m 设通长高强冲填袋装砂覆盖，兼做防冲和过渡层，高程－3.00m 以上堤身首先采用冲填袋装砂构筑内、外两侧棱体，然后在内外侧棱体间吹填散砂，最终形成大堤下部堤身；堤身内外在高程 2.00m 结合堤身处滩面高程和地质条件，设不同宽度的镇压平台，堤基采用插打塑料排板的方式进行处理。堤身内外坡分别采用灌砌块石护面和栅栏板护面结构。

青草沙工程东堤典型断面图见图 5.4－95。

上述 6 个工程案例相关的工程特性参数详见表 5.4－60。

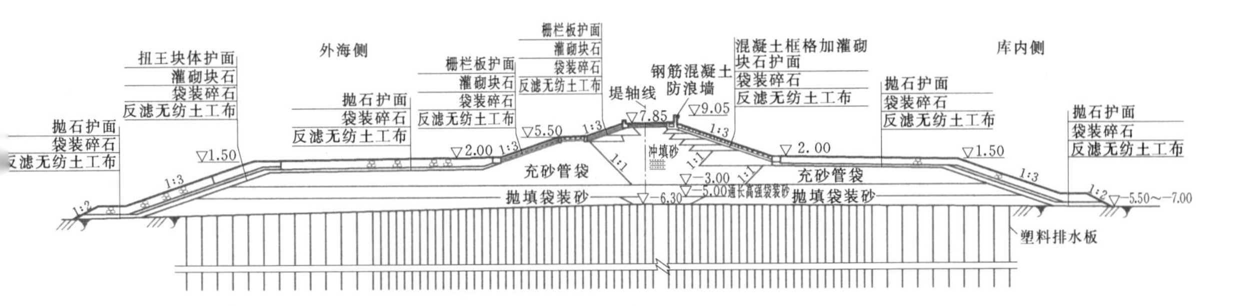

图 5.4－95　上海市青草沙水库工程东堤典型断面图（单位：m）

表 5.4－60　**工程案例相关特性参数表**

工程名称		温岭市东海塘围涂工程	玉环县漩门三期围垦工程	玉环县大麦屿标准海塘工程	天津滨海新城围海造陆项目三区东围堤工程	海宁市尖山段治江围涂二期05围区工程	上海市青草沙水库工程
工程位置		浙江省温岭市	浙江省玉环县	浙江省玉环县	天津市	浙江省海宁市	上海市长兴岛
工程等级		Ⅲ	Ⅲ	Ⅲ		Ⅲ	Ⅰ
防潮(洪)标准[重现期(年)]		50	50	50	50	50	100
设计高程基准		1985 国家高程基准	1985 国家高程基准	1985 国家高程基准		1985 国家高程基准	上海吴淞高程基准
设计潮位	设计高潮位(m)	5.06	5.34	5.34	4.30	7.16	6.13
	设计低潮位(m)	－3.51	－3.63	－3.66	0.50	－2.68	－0.33
	多年平均潮位(m)	0.22	0.12	0.12		0.22	2.14
设计波浪	平均波高 $\overline{H}$(m)	1.52	3.24	1.49		1.47	1.54
	设计波高 $H_{1\%}$(m)	3.14	6.11	3.17	3.80	3.23	3.50
	设计波高 $H_{13\%}$(m)	2.28	4.65	2.27		2.27	2.42
海堤	建筑物级别	3 级	3 级	3 级		3 级	1 级
	结构型式	土石混合堤	土石混合堤	钢筋混凝土结构	钢筋混凝土结构	斜坡式土堤	斜坡式土堤
	地基特性	淤泥、淤泥质黏土	淤泥、淤泥质黏土	淤泥、淤泥质黏土	淤泥、淤泥质黏土	淤填土、粉砂土	淤泥、砂质粉土
	地基处理方法	塑料排水插板法	爆破挤淤置换法	桩基础	塑料排水插板法	自重预压排水固结法	塑料排水插板法

5.4.7　堤防与各类建（构）筑物的交叉、连接设计

5.4.7.1　概述

与堤防交叉、连接的各类建（构）筑物类型，包括涵闸、泵站、管道、交通闸、桥梁等。根据堤防与各类建（构）筑物交叉、连接的相对位置，与堤防交叉、连接的建筑物可分为穿堤式和跨堤式两种型式。

与堤防交叉的各类建筑物、构筑物宜选用跨越的型式，需要穿堤（包括从堤基内穿越）的建（构）筑物应合理规划，尽量减少其数量，并应合理布置，确保堤防安全。

修建在软土地基上的穿堤建（构）筑物设计中应特别注意以下几个问题：

（1）选择与地基条件相适应的穿堤建筑物结构型式，保证穿堤建筑物及地基的稳定。

（2）做好防渗设计，特别是与堤防及其与铺盖的连接部分，要在空间上形成防渗整体。

（3）解决好穿堤建筑物地基处理、不均匀沉陷等。

（4）解决好过水的穿堤建（构）筑物进出口水流及近岸水流变化对堤基冲刷问题。

5.4.7.2　基本资料收集

（1）社会经济效益及发展规划要求，用以确定工程项目的规模、运行条件等。

（2）水文资料：根据当地水文、气象站、风暴潮位站等收集的资料，分析运行条件和施工期建筑物上下游各种频率的水位、流量资料。

（3）地质资料：通过现场勘测及室内试验，提出地基主要土层的物理力学性质（颗粒特征、干密度、含水量、孔隙率、孔隙比及塑性指数等），压缩特性（压缩曲线、压缩模量、固结指标等）、承载力指标（地基承载力特征值、抗剪强度指标、桩侧摩阻力、桩端承载力等）、渗透系数及抗渗稳定指标（主要指允许逸出坡降）等。

5.4.7.3　设计标准

穿堤建（构）筑物的设计等级选定，除依据各自有关专业规范要求选择外，还应按照不低于所在堤防工程的设计等级对比后作最终选定，并留有适当的安全裕度。

5.4.7.4　穿堤建（构）筑物

1. 穿堤建（构）筑物选址

（1）穿堤建（构）筑物应满足防洪（潮）标准，并应统一规划、合理布置，尽量减少其数量，以减少不安全因素。

（2）应根据地质条件、防洪安全运用功能、结构型式等情况选择安全合理的穿堤建（构）筑物的位置，亦即应选择在水流流态平顺、岸坡稳定、基础地质条件较好、不影响行洪安全的堤段。

2. 穿堤建（构）筑物布置

（1）穿堤建（构）筑物的布置，不得影响堤防的管理运用、防汛安全，不得削弱堤身断面、堤基安全、降低堤顶高程。

（2）对位于淤积性河道地段上，在设计布置穿堤建（构）筑物时除应按设计使用年限计及淤积影响外，还应考虑因建（构）筑物建成后，带来地形、水流等条件的改变而引起的冲淤变化对堤防工程产生的影响，并应令其不利影响减至最低限度。

（3）穿堤的涵、闸、泵站等建筑物位置应选择在水流流态平顺、岸坡稳定、不影响行洪安全的堤段；对于排（抽）水型的水闸、涵管、泵站的布置，穿堤部分的轴线应与堤轴线基本正交（垂直）。同时，应尽量减少占用堤防地段，避免近堤水流对堤防带来冲刷等不利影响。

（4）当穿堤建（构）筑物底高程低于堤防设计洪水位时，应设置能防止外江水流倒灌的闸门或阀门，并能在防洪要求的时限内关闭。对于压力管道和各类热力管道穿过堤防时，必须在堤防设计洪水以上通过。

（5）有通航要求的水闸，可设置通航闸孔，其位置应按照过闸安全和运行管理方便原则确定。

3. 穿堤建（构）筑物设计的基本要求

（1）穿堤建（构）筑物的整体稳定及结构强度设计应符合相关建（构）筑物的设计规范的规定要求。

（2）穿堤的闸、涵、泵站等建（构）筑物设计时，宜采用整体性强、刚度大的轻型结构；荷载、结构布置对称，令基底压力的偏心距小；结构分块、止水等对不均匀沉降的适应性好；采取措施减小过流引起的振动；进出口引水、消能结构合理、可靠；水闸及泵站边墙与两侧堤身连接的布置应能满足堤身、堤基稳定和防止接触冲刷的要求。

（3）穿堤建（构）筑物宜建于坚硬紧密的天然地基上，其基础应沿长度方向、地基条件改变处设置变形缝和止水措施。

（4）公路、铁路、航运码头或港口与堤防工程交叉的陆上交通闸，闸底板高程应尽量抬高，闸门结构及启闭型式应结合运用情况和技术经济比较选定。不设闸的交通道口底部高程，应高出设计洪（潮）水位0.5m，并应有临时封堵措施。

（5）对穿堤的涵闸、泵站等整体建（构）筑物应做渗透变形稳定计算，要求建（构）筑物底板下游，

渗流的逸出坡降小于基础土层的允许逸出坡降。对抗渗稳定敏感的土层、建（构）筑物底板与上游护坦、下游消力池之间应设有止水，以延长渗径；消力池底板，可设带反滤的排水孔，以消减下游逸出口渗透压力。

(6) 当堤防工程扩建加高时，必须对各类穿堤建筑物按新的设计条件进行验算，当原有的建（构）筑物需要保留利用时，必须符合下列要求：

1) 能满足防洪要求。

2) 运用工况良好。

3) 能满足结构强度要求。

4) 外周的覆土层能满足设计要求的厚度和密实度。

5) 穿堤管道的接头良好。

6) 穿堤管道外周与海堤连接处满足渗透稳定要求。

4. 穿堤建（构）筑物基础处理

在各种运用情况下，穿堤建（构）筑物地基应能满足承载力、稳定和变形的要求。

根据工程实践，当黏土地基贯入击数大于5、砂性土基大于8时，可直接在天然地基上修筑建（构）筑物，不需进行处理。但在沿海地区，土质较差，普通黏土贯入击数仅1击左右，天然含水量在40%～50%以上，而砂性土的贯入击数均小于4击，天然孔隙比在1.0左右，在这样的地基上建闸（涵），往往需要进行必要的处理。在设计中通常采用浅层软土挖除，软土厚度较大时可采用垫层（换土）法、振冲地基法、水泥搅拌桩法、高压喷射灌浆等进行处理。常用的地基处理方法参考5.4.6.4有关内容。

5. 解决不均匀沉陷的工程措施

穿堤建（构）筑物（主要为水闸或泵房）与堤防的连接型式主要与地基的地质条件及穿堤建（构）筑物的高度有关。当地基地质条件较好，穿堤建筑物高度不大时，可用边墩（墙）直接与堤防连接。在穿堤建（构）筑物高度较高、地基软弱条件下，如仍采用边墩（墙）直接与河岸连接，则由于边墩与穿堤建筑物地基的荷载差异，可能产生不均匀沉陷，危及建（构）筑物的安全运用。

解决存在问题的工程措施：

(1) 在堤闸连接处，增设与闸身分离的建（构）筑物，减少堤闸相互间沉陷差过大带来的影响。

(2) 对多跨闸底板，尽量采用桩基础，当地质条件许可时最好使用端承桩。必要时还需采用排水井或排水板等固结地基措施，提高地基综合承载能力，以减小不均匀沉陷。

(3) 对有桩支撑的闸底板，由于堤身沉降的带动，或闸基础自身的固结沉降，会使闸底板和地基土层之间产生空隙，形成渗漏通道。为此，可在闸底板上预留灌浆孔，定期观察，当发现有空隙时，灌以水泥土或水泥砂浆填充。

(4) 对新建堤防，在与闸身连接处，亦要在一定范围（10～20m）对堤防基础进行相应加固（例如，采用预压加固、搅拌桩加固等）。

6. 穿堤建（构）筑物侧向绕渗及防渗措施

不仅在穿堤建（构）筑物基础处存在渗流现象，在与建（构）筑物左右侧连接的堤防部分也有渗流现象，后者称为绕渗。绕渗对翼墙、岸墙、边墩产生渗透压力，有可能使填土发生危害性的变形，导致接合部渗透稳定不能满足要求，从而带来管涌或流土情况的出现，此外加大了边墩底板的扬压力，影响闸室整体稳定并引起渗漏损失。

为解决侧向绕渗带来的负面影响，一般在水闸等建（构）筑物与土堤相接的接合部设有翼墙及刺墙，对涵洞、管道结构则设截水环等防渗措施，以满足穿堤建（构）筑物与土堤接合部能满足渗透稳定要求。

穿堤建（构）筑物翼墙与铺盖的连接，不仅其连接部位要确保防渗，还要注意翼墙与堤防连接部分的地下防渗，使在空间上形成防渗的整体，不致使水流从翼墙底部渗入，而减少翼墙的有效防渗长度。又若铺盖较长，有部分边界伸向翼墙上游时，则在平面上必须与翼墙防渗连成整体，或在其伸出翼墙范围的铺盖侧部加设垂直防渗，以保证铺盖的有效防渗长度，防止在空间上形成防渗漏洞。在边墩靠下游部分和下游翼墙后，设置排水设备，可以有效地降低边墩及翼墙后的渗透压力。

对于穿堤的水闸、泵站两侧边墙与土堤接合面，为避免形成直线渗透通道，多在边墙上加设1～2道刺墙，以增长渗径，降低侧墙与土堤下游坡面结合部的渗透逸出坡降。刺墙设置数量及插入土堤内深度可通过绕渗计算确定。刺墙的顶面应高出边墩绕渗的自由水面，底部高程常与边墩底面高程一致。刺墙一般采用与边墩相一致的材料，亦有根据土堤填筑材料，选用抗渗性更好的材料填筑，如黏性土。刺墙厚度需满足渗透坡降和强度要求。

为使土堤填筑料与水闸、泵站的边侧墙结合紧密，常将边侧墙外侧设计为斜面，除可满足结构强度需要外，还可令土堤填筑料因自重作用与墙面接触紧密，增加防渗透能力。

对穿堤涵管，为增加渗径，可沿涵管外周边做截渗环，与涵管混凝土一起浇筑。截渗环断面可为矩形或陡梯形，一般高度为100cm，顶宽30～50cm。

涵闸与堤身连接处（尤其截水环与刺墙）周边的填土要仔细夯实，其标准不低于土堤的填筑标准。穿堤建筑物下游周边与土堤连接处，应采用反滤结构，厚度不小于40cm，长度不小于60～80cm，防止接触渗漏带走闸周土粒。

7. 穿堤建筑物进出口与堤防的连接

过水的穿堤建筑物进出口左右两侧通过翼墙与堤防上下游边坡相连接。翼墙除了使进出口水流平顺均匀外，亦保护堤防边坡和坡脚免受冲刷。根据实践，上游翼墙顺水流向的投影长度应不小于铺盖长度；下游翼墙平均扩散角每侧宜采用7°～12°为好，其长度应按堤防下游坡保护范围或消能工的布置范围选定。翼墙平面沿堤坡呈圆形、喇叭形或直线八字形连接，为沿堤坡由高至低的挡土墙结构。翼墙多为重力式结构，建筑材料为浆砌石或混凝土。对于软土地基，为保证其抗倾稳定，一般采用L形钢筋混凝土挡墙，为满足其承载力和沉降稳定要求，一般还会采用桩基础。

8. 穿堤建（构）筑物防止堤基及堤岸冲刷的措施

对土质堤基尤其是软基来说抗冲能力很低，而过水的穿堤建筑物过流时进出口水流冲刷是一种不可避免的普遍现象，对于这些危害性冲刷，必须采取不同类型的消能工措施，加强防冲。

过水的穿堤建（构）筑物的防冲消能工布置应根据堤基地质情况、不同型式的建筑物水力条件以及上下游水头控制运用方式等因素，按照《水闸设计规范》（SL 265—2001）的要求，通过水力计算确定消能工结构组成，如进水段护坦、出水段的消力池、护坦、海漫等，并确定各部位结构、高程和尺寸及采用的建筑材料等。

此外，穿堤建（构）筑物的翼墙与堤防相交处，改变了原来堤防平顺状态，令河道水流在该处容易出现紊乱流态，引起堤防边坡的局部冲刷。因此，应在翼墙与堤防迎水边坡及堤脚相交处设置防护措施，如干砌石护面等。

5.4.7.5 跨堤建（构）筑物

（1）桥梁、渡槽、管道等跨堤建（构）筑物，其支墩不应布置在堤身设计断面以内。但由于结构布置的需要，支墩布置在背水侧堤身时，应采取截渗、防渗等措施，以满足堤身抗滑和渗流稳定的要求。

大型桥梁、渡槽、管道等建筑物的跨堤方式、跨堤建筑物型式及布置应通过专题研究确定。

（2）跨堤建（构）筑物与堤顶之间的净空高度应满足堤防交通、防汛抢险、管理维修等方面的要求。跨堤部分水平结构轮廓最低部位至堤顶间的净空高度宜大于4.50m。如净空高度不能满足要求，则应采取其他有效措施，例如在堤防背水侧傍堤坡修筑路堤，以满足堤防交通、防汛抢险、管理维修等方面的要求。位于淤积性江河、湖、海的堤防上的跨堤建（构）筑物的设计应按设计使用年限计及淤积影响。

（3）上堤交通坡道和临堤航运码头与堤防连接时，不应降低堤顶高程，不应削弱堤身设计断面。设在临水侧的坡道应与水流方向一致，顺堤轴线方向傍堤坡修筑。

上堤的行人或禽畜行走坡道可采用砌石阶梯式、或土石混合斜坡式，坡道路面应设排水设施。

（4）布置于临水侧岸滩的跨堤建（构）筑物支墩应采用防冲刷措施，保证堤脚和岸滩的稳定。

5.4.7.6 工程实例

（1）实例一：黑龙江乌南闸，见图5.4-96。

该工程是在堤闸连接外，增设与闸身分离多段空箱，以减少土堤对闸室边墙的侧压力和堤闸相互间沉陷差过大带来的影响。

（2）实例二：河北冯庄闸，见图5.4-97。

该工程系建于亚黏土地基上的节制闸，采用灌注桩底板，在水闸上下游左右岸均设有翼墙，在边墩后设刺墙增加侧向绕渗渗径。

（3）实例三：广东东莞供水工程沙角取水泵站穿堤箱涵，见图5.4-98。

沙角泵站地处东江边堤内。穿堤输水箱涵上游接进水口段，后穿东江大堤至泵站前池，总长68.37m，共分7段。设计采用三孔连体式钢筋混凝土有压矩形箱涵。箱涵纵向设置沉陷缝，缝间设置两道止水铜片。每节箱涵中部均设置一道高1.0m截渗环，环的断面形状为矩形加梯形。其中，矩形尺寸0.50m×0.50m；梯形尺寸：上底0.20m，下底0.50m，高0.50m。

（4）工程实例四：河南杨楼闸，见图5.4-99。

该闸系建于粉砂土地基上的节制闸，采用灌注桩底板，上部为轻型结构，边墩与堤防设黏土刺墙增长渗径。

（5）实例五：广东西江引水工程跨越北江大堤段，见图5.4-100。

西江引水工程输水管道从设计洪水位以上跨越北江大堤，跨堤段箱涵紧靠大堤断面布置，支承在大堤前后堤脚设置承台上，长63.11m。跨堤段采用四孔箱涵，尺寸顶宽20.4m，底宽21.85m，高4.4m，采用现浇钢筋混凝土结构，属于具有一定拱式作用的涵洞结构。

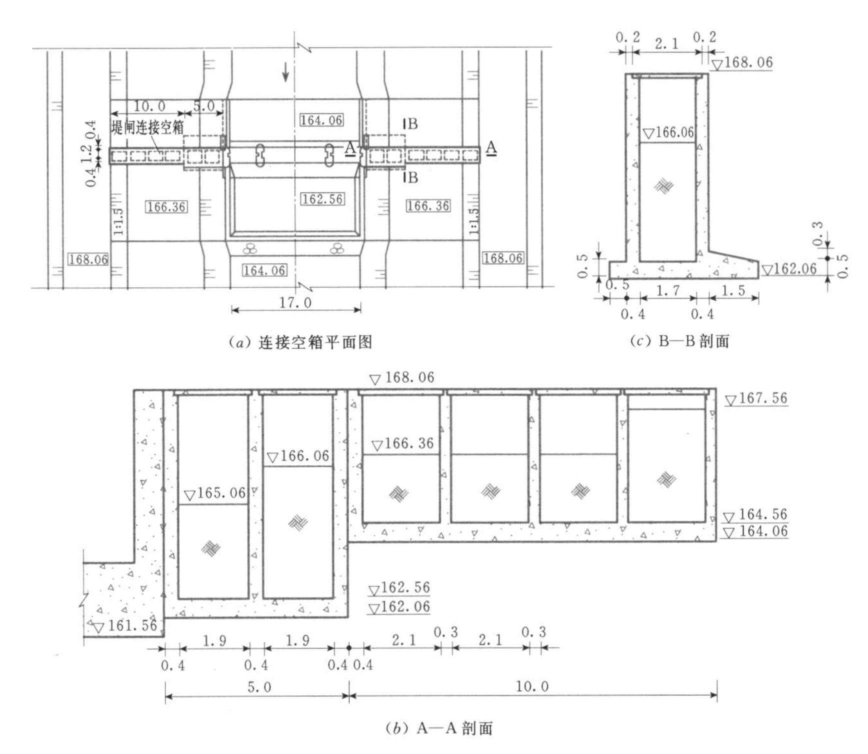

(a) 连接空箱平面图 (c) B—B 剖面

(b) A—A 剖面

图 5.4-96 黑龙江乌南闸（单位：m）

5.4.8 堤防工程的加固、改建与扩建

堤防工程加固、改建与扩建的目的是提高堤防的防洪标准，或提高结构强度、稳定性及防渗性能，满足防洪、度汛要求。

5.4.8.1 加固

已建堤防的堤身或堤基隐患严重，在断面尺寸、强度、稳定性等方面不能满足防汛安全要求，或洪水期发生过较大险情，应进行加固处理。

1. 加固的前期工作

加固设计应按不同堤段存在问题的特点分段进行，设计前应广泛搜集已有的勘测、设计、施工和工程观测、隐患探测、险情调查等资料，按照设计规范要求，进行必要的补充勘测试验研究及抗滑、渗流稳定的复核工作，经技术经济比较提出不同堤段的加固设计方案。

2. 斜坡式土堤加固

(1) 放缓堤坡。堤身出现局部滑塌，宜开挖重新填筑压实，必要时可放缓堤坡。

(2) 开挖回填或冲填（劈裂）灌浆。当堤身存在较大范围裂缝、孔洞、松土层，或堤与穿堤建筑物结合部出现贯穿裂缝时，应开挖并回填密实，对难以开挖部分可采用冲填灌浆进行加固。高度5m以上且填筑质量普遍不好的土堤，宜采用劈裂灌浆进行加固。

(3) 堤身培厚或加修戗台。堤身断面不能满足抗滑或渗流稳定要求，或堤顶宽度不符合防汛抢险需要的堤段，可用填筑压实法或机械吹填法帮宽堤身或加修戗台。

(4) 增设不同类型的防渗措施。当堤身渗径不足且帮宽加戗受场地限制时，可在临水坡增建黏土或其他防渗材料构成的斜墙，也可采用黏土混凝土截渗墙、高压定喷墙、土工膜截渗。必要时，在堤背水坡脚加修砂石或土工织物排水。

(5) 透水地基的防渗加固。对修建于透水地基或双层、多层地基上的堤防，经渗流计算，堤防背水坡或堤后地面渗流出逸比降不能满足规范要求，或者洪水期曾出现过严重渗漏、管涌或流土破坏险情，应按照不同条件选择加固方案：

1) 黏性土回填。堤基两侧地面的天然黏性土层因近堤取土遭受破坏，应采用黏性土回填加固。

2) 设置减压沟或埋设塑料微孔排水管。堤基覆盖层较薄时，可在背水侧堤脚外设置减压沟或埋设塑料微孔排水管，其位置、深度和断面尺寸应由计算确定。

3) 设置垂直截渗墙。堤基下卧的透水层不深时，宜采用垂直截渗墙加固。

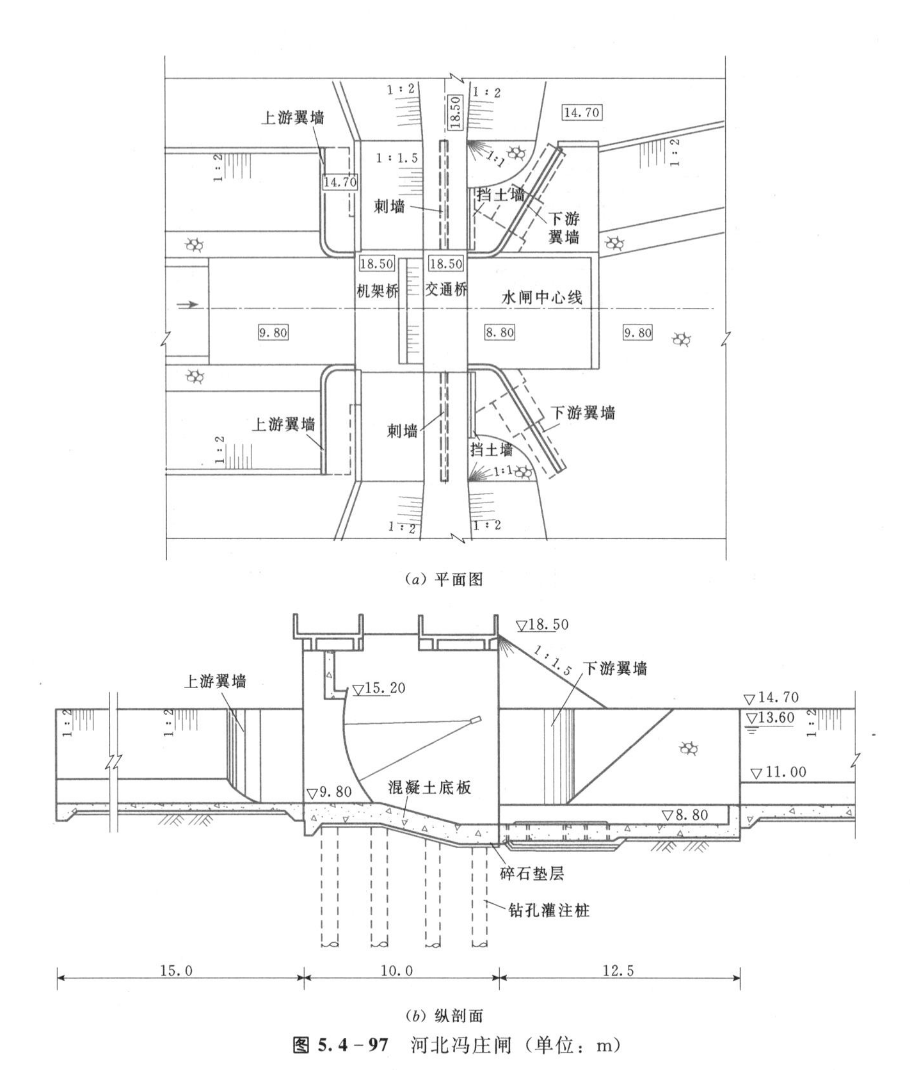

图 5.4-97 河北冯庄闸（单位：m）

4）设置减压井。覆盖层较厚且下卧强透水层较深的堤基，可在背水堤脚外适当的位置设置减压井。其井径、井深和井距等，应由计算确定。减压井井管和滤网材料的选择，应满足防腐蚀和防止化学淤堵的要求。

5）施加压载平台层。当堤背水侧地面需施加盖重时，可采用压实填筑法或吹填法。其盖重材料宜采用透水性大于堤基覆盖层的透水土料。盖重厚度和盖重范围应由计算并结合已发生险情的实际部位综合分析确定。

(6) 抛砌大块石和加厚砌石护坡。遭受强风暴潮或洪水严重破坏的堤防应及时加固修复，因块石重量偏小或砌筑厚度不足而遭受破坏的砌石护坡，加固时应采用坚硬大块石并加大砌体厚度，新老砌体应牢固结合。

(7) 土石填塘固基或加修镇压平台。堤脚遭受淘刷或堤基、堤坡坍滑的堤段，可采用土石填塘固基或加修镇压平台、放缓边坡等措施进行加固。

3. 陡墙式防洪墙堤防加固

防洪墙的加固措施应根据原有墙的结构型式、河道情况、航运要求、墙后道路及施工条件等进行技术经济比较后确定。

(1) 加修铺盖或垂直截渗墙。墙基渗径不足时，宜在临水侧加修铺盖或垂直截渗墙。

(2) 增设齿墙、戗台或阻滑板。墙的整体抗滑稳定不足，可在墙的临水侧或背水侧增设齿墙或戗台，也可加修阻滑板，或在墙基前沿加打钢筋混凝土桩或钢板桩。

(3) 加贴钢筋混凝土墙面。墙身断面强度不足，应加固墙体，需在原砌石墙临水面加贴钢筋混凝土墙面时，应将原墙面凿毛并应插设锚固钢筋；加固钢筋混凝土墙体时，应将老墙体临水面碳化层凿除，新加

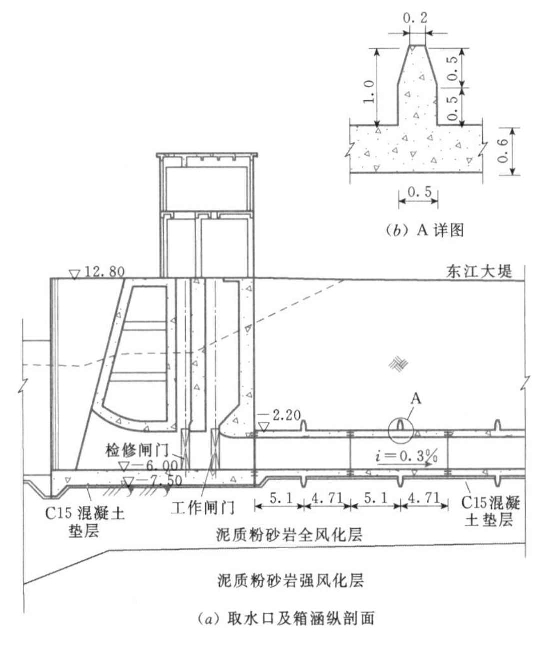

图 5.4-98 广东东莞供水工程沙角取水口（单位：m）

图 5.4-99 河南杨楼闸（单位：m）

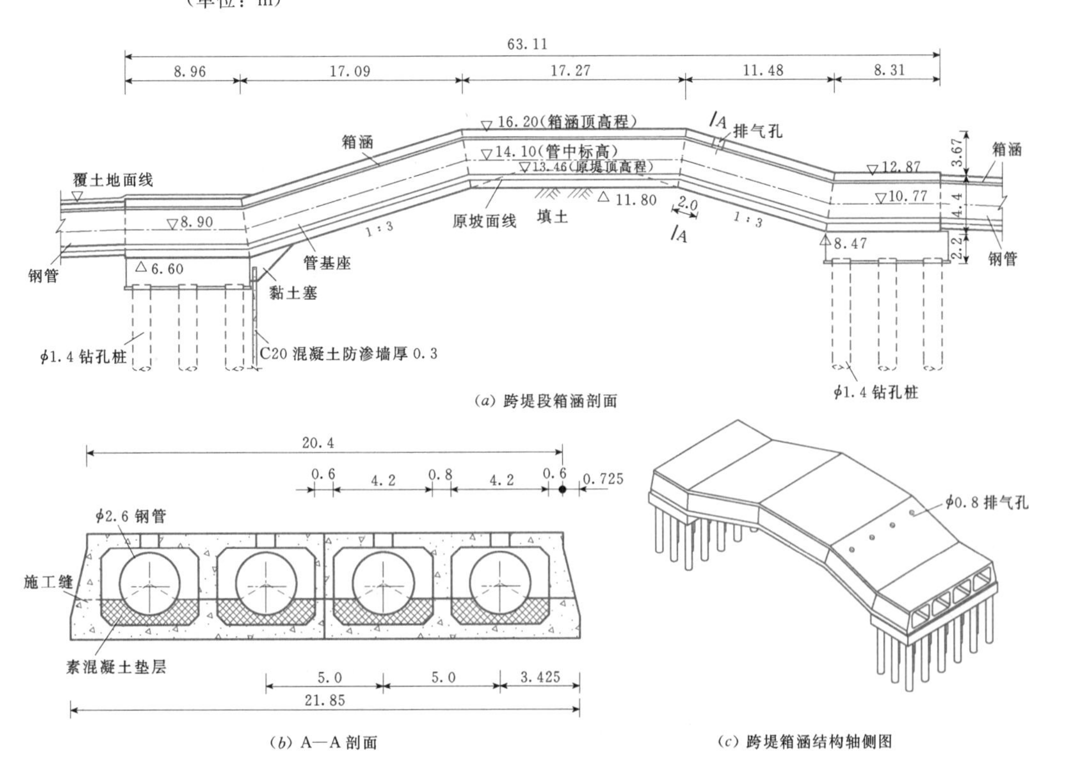

图 5.4-100 西江引水工程跨越北江大堤段（单位：m）

钢筋与原墙体钢筋应焊接牢固，新加混凝土层厚不应小于0.20m。

(4) 修复或重置变形缝止水结构。墙体及基础变形缝止水破坏失效的，应修复或重新设置。堤岸防护工程应根据水流淘刷深度，风浪作用大小，工程结构型式和破坏程度及时进行修复、加固。

5.4.8.2　改建

当现有堤防的堤距过窄或局部形成卡口，影响洪水的正常宣泄；或主流逼岸，堤身坍塌，难以固守的；或原堤线走向不合理；或原堤身存在严重问题难以加固的，经分析论证可进行改建。

改建堤段应按新建堤防进行设计，当改建堤段与原有堤段相距较近且筑堤材料和工程地质条件等变化不大时，其设计可适当简化；改建堤段应与原有堤段平顺连接，改建堤段的断面结构与原堤段不相同时，两者的结合部位应设置连接过渡段。

5.4.8.3　扩建

现有堤防的作用不能满足防洪要求时，应进行扩建。

土堤及防洪墙的加高方案应通过技术经济比较确定，并应进行抗滑稳定、渗透稳定及断面强度验算，不能满足要求时，应结合加高进行加固。

1. 斜坡式土堤

土堤宜采用临水侧帮宽加高。当临水侧滩面狭窄或有防护工程时，可采用背水侧帮宽加高，堤弯过急段可两侧或一侧帮宽加高。靠近城镇、工矿区或取土占地受限制的地方，宜采取在土堤顶加修防浪墙或在堤脚加挡土墙的方式加高。土堤扩建所用的土料应与原堤身土料的特性相近，当土料特性差别较大时，应增设过渡层；扩建所用土料填筑标准不应低于原堤身的填筑标准。

2. 陡墙式防洪墙

墙的整体抗滑稳定、渗透稳定和断面强度均有较大裕度者，可在原墙身顶部直接加高。墙的整体抗滑稳定或渗透稳定不足而墙身断面强度有较大裕度者，应加固堤基、接高墙身。墙的稳定和断面强度均不足者，应结合加高全面进行加固，无法加固的，可拆除原墙重建新墙。

3. 新老堤结合部及穿堤建筑物接合部

堤防扩建，对新老堤的结合部位及穿堤建筑物与堤身连接的部位应进行专门设计。经核算不能满足要求时，应采取改建或加固措施。

5.4.8.4　工程实例

1. 江西省九江城区堤防防渗加固措施

九江市城区堤防全长17.45km，大部分堤段未采取基础防渗措施，历年洪水使堤防渗漏情况严重，1998年尤为突出，导致九江城区4～5号闸口堤段溃口。

在九江城区堤防工程设计中，根据各堤段不同的地质条件和工程情况，分别采用了深层搅拌桩、振孔高喷灌浆、人工挖孔混凝土防渗墙等基础处理措施。

（1）深层搅拌桩加固。根据试验资料，水泥土加固淤泥质黏土能减小原天然土层的水平渗透系数，且水泥土的渗透系数随水泥掺入比的增长而减小，一般可达到10^{-5}～10^{-8}数量级，满足堤防防渗要求。水泥土搅拌桩平面布置为格栅式，这样不仅可以提高地基的承载能力，同时也可限制格栅中软土的侧向移动，减少总沉降量。水泥土搅拌桩平行于防洪墙轴线布置2排，排距4.3m；垂直于防洪墙轴线布置多排，排距均为3m。前排搅拌桩搭接厚度10cm，其他为平接。按此布置形式，基础的实际置换率为38.2%，加固后地基沉降计算值为9.6mm。

水泥土搅拌桩主要设计参数为：水泥为425号普通硅酸盐水泥，水泥平均掺入比15%。搅拌桩穿过淤泥质黏土层，插入粉细砂层不小于0.5m。R28大于5MPa。

溃口复堤段施工过程中，由于地基中夹有不适土层（硬土块等），搅拌机下沉速度很慢。经分析研究后，将水泥掺入比从15%调整为12%左右，在搅拌工序上也作了调整，允许先注水搅拌下沉，再上提，复搅时注浆。改进设计后，搅拌桩施工顺利。同时由于施工时地下水位较高，场地泥泞，搅拌机难以准确控制垂直度。为保证工程质量，施工时搭接厚度由10cm改为20cm。对有关参数的调整，更有效地保证了水泥土搅拌桩的施工质量。

（2）人工挖孔混凝土防渗墙加固。对未做防渗段的堤防采用人工挖孔混凝土防渗墙加固。人工挖孔桩桩径1.0m，护壁厚12cm，平均深度10m，桩体之间搭接厚度10cm，孔内回填C20素混凝土。采用二序孔施工法，施工中特别注意做好防水和排水，在孔口的上方搭好遮雨棚，孔口周围挖设排水沟，防止雨水进入孔口，挖孔的弃土远离孔口堆放。

（3）堤基内存有漂石段堤防加固。46～48号通道闸堤基内存有漂石，埋藏深度3～7m，采用振孔高喷灌浆。利用大功率的振动锤可将漂石挤开或者振破，从而将喷头和振管直接振入地层内直到设计高程。振孔高喷主要技术参数见表5.4-61，振孔高喷灌浆防渗墙所要求达到的主要技术指标见表5.4-62。振孔高喷施工时不分孔序，可依次连续施工。

（4）防渗墙与原防洪墙的连接。防渗墙与防洪墙之间的连接采用复合土工膜，复合土工膜要埋于地下一定深度（1.5m），铺设时采用波浪形松弛，避免局部应力过大。铺设前对基础进行人工清理，防止尖硬物等损坏土工膜。土工膜上层填料采用黏性土，土料中不允许含碎石等杂物。土工膜与防渗墙之间用混凝土盖帽连接，混凝土盖帽浇筑在防渗墙顶部，土工膜

表 5.4-61 振孔高喷主要技术参数

项目		参数
水气浆	水压（MPa）	35～40
	水流量（L/min）	75
	气压（MPa）	0.3～0.6
	气流量（m^3/min）	1～3
	浆压（MPa）	0.1～0.5
	浆流量（L/min）	70～80
提升速度（cm/min）		30～50
旋转速度（r/min）		30～50
槽段长度（cm）		60

表 5.4-62 振孔高喷灌浆防渗墙所要求达到的主要技术指标

项目	抗压强度（MPa）	渗透系数（cm/s）	墙体厚度（cm）	墙体允许比降	墙体深度（m）
指标	R28>3	$k<10^{-6}$	12～14	>80	7～10

埋入盖帽内30cm。

土工膜与防洪墙之间采用热沥青粘贴。施工时，首先将贴在墙面的土工布利用脱膜剂脱开，将膜面直接贴在涂有热沥青的防洪墙上，然后钉两排水平塑料压条，上下两排钉子错开。压条施工完成后再涂沥青将压条覆盖。

2. 广东省北江大堤堤身加固

北江大堤位于广东省北江下游左岸，由清远石角至南海狮山，全长63.346km，堤身是由低矮单薄、独立的小围，经历数十年培厚加固，联围形成。堤身填土复杂，相当堤段存在砖头瓦砾、砂土夹层等。20世纪70年代前的培厚几乎未经任何碾压，填土松散，而且存在鼠、蚁孔洞，防洪堤身渗漏严重。北江大堤堤身黏土灌浆处理20世纪50～70年代每4～5年进行1次冲填灌浆，1980～2000年，管理维修资金得到保证，每3年冲填灌浆1次。

（1）灌浆布置及造孔。按北江大堤的堤身高度，堤身灌浆的造孔孔深为6.0～8.0m，基本上达到各时期加高培厚的层面，可起冲填效果。灌浆孔布置见图5.4-101，从外坡到内坡纵向布置四排孔、孔距为5.0m、梅花形布置，每公里堤长布孔800个。为确保灌浆效果，一般采用人工击入尖嘴花管的方法打入注浆管。

（2）制浆。使用打浆机制浆，每小时可生产符合要求的泥浆3.0m^3以上，适用于一般的灌浆用土，

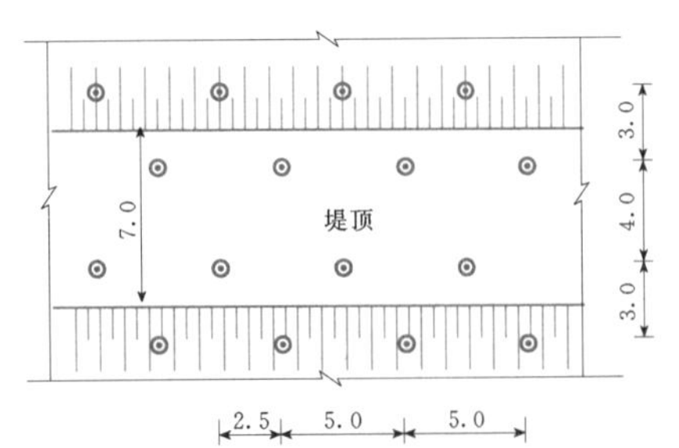

图 5.4-101 冲填灌浆孔布置图（单位：m）

但对黏性太大的泥块不适用，浆液密度控制为1.3～1.5g/cm^3。由专人定时检测，采用比重计测定。

（3）灌浆。考虑到灌浆机的最大压力和整个灌浆期间的工作效率，灌浆机距孔口的最大距离采用250m（最大输浆距）。北江大堤每台机组灌500m堤段一般需时约60d，其中造孔20d，搬迁4d，灌浆36d。使用双缸灌浆机，最大输浆量为3.0m^3，最大工作压力为1.5MPa。

（4）压力控制。北江大堤堤身灌浆孔深为6.0～8.0m，单孔实灌时间为30～45min，换管次数频繁。为减少搬机次数，保证灌浆工作效率，安排每台灌浆机控制较多灌浆孔，使得灌浆机至孔口的距离较远（每次搬机可灌400孔）。根据现场实际情况，孔口实测压力都控制在0.1MPa以下，依靠在灌浆机内回浆来控制孔口压力。

（5）灌浆结束标准。根据北江大堤多年的堤身冲填灌浆实践，执行如下灌浆结束标准：①堤身出现冒浆、且无法堵塞；②出现堤坡面隆起现象；③堤面劈裂缝宽大于1.0cm。在出现上述情况之一时，即可结束一次灌浆，3d后再从原管进行复灌，完成该孔灌浆过程。

（6）灌浆效果。经过多年堤身冲填灌浆，堤身内空洞空隙、特别是对填筑质量和填筑材料差的堤身（如回填大块土或建筑残渣等），有明显冲填作用，而且通过灌浆堵塞了白蚁巢及鼠洞通道，使北江大堤堤身填土密实度明显提高。1994年6月，北江出现特大洪水，北江大堤多数堤段出现了历史最高水位，但全堤基本没有出现因堤身渗漏而造成较大的险情。

3. 广西壮族自治区南宁市江北中堤达标扩建设计

广西南宁市防洪工程江北中堤位于邕江北岸，上游始于中兴大桥（二桥）、下游终于邕江大桥（一桥），是南宁市防洪堤的重要组成部分。江北中堤建于20世纪70年代、堤长4.674km，可防御20年一遇的洪水。根据防洪规划，该堤防的设防标准为50年一遇洪水，需对全线堤防进行加高扩建。各堤段堤

型选择考虑城市规划和景观要求，以及原建筑物型式和堤防运行要求、地质条件等因素，分别选用了混凝土框架旧堤加高堤型、堤商（店）结合堤型、旧浆砌石堤培厚加高堤型、土石混合堤型、毛石混凝土挡墙堤型等不同的设计方案。

（1）混凝土框架旧堤加高堤型。利用旧堤顶加混凝土框架结构，加高堤身堤顶面板（厚0.25m）、旧堤增设的防渗板（厚0～0.5m）、基础混凝土防渗铺盖（厚0.5m）及基础防渗灌浆等结构形成一道封闭的挡水防渗构筑物。堤顶板考虑汛期防洪抢险通车和日常市民观光需求，顶宽为6.8～8m，见图5.4-102。因堤挡墙抗滑及基底应力不满足，采用桩基处理，设一排机械钻孔混凝土灌注桩，直径D=1.2m，间距3.5m，单桩长12m。

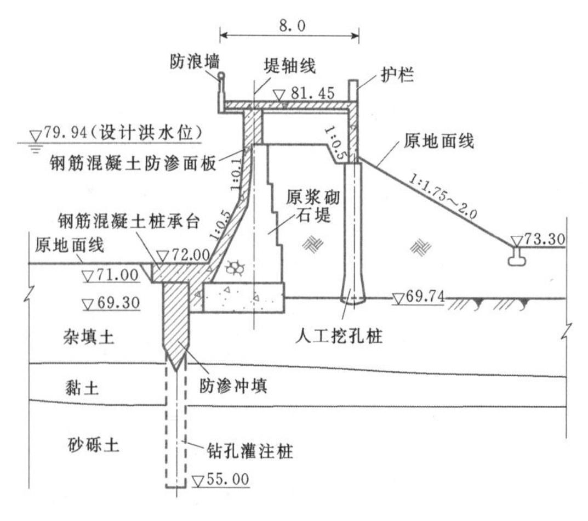

图5.4-102　混凝土框架旧堤加高堤型（单位：m）

（2）堤商（店）结合堤型。堤型位于北大码头堤线拉直段，是城市的繁华地区，故堤型的选择满足防洪、城市景观和以堤养堤的功能。堤地面高程为73.00m，挡水高度达9m，设计采用堤商（店）结合堤型，为钢筋混凝土框架结构，挡水面板混凝土厚0.5～1.6m，沿堤轴线4.5m设一榀框架，框架之间以连续梁连接。基础设钢筋混凝土底板厚1.5m（桩承台）和两排桩径D=1.2m、桩距3.7m、桩长20m的机械钻孔混凝土灌注桩，桩底入砂砾石层3m。堤顶板考虑汛期防洪抢险通车和日常市民观光需求，顶宽为9.5m，见图5.4-103。

（3）旧浆砌石堤培厚加高堤型。在旧浆砌堤顶、内（外）侧用厚0.3～1.2m的钢筋混凝土防渗面板或素混凝土培厚加高，底设抗滑齿或桩基，堤后用黏土填筑加高培厚。堤顶面高程80.75～80.90m，相应的堤顶宽10m，堤内填土坡1：2.0与市政规划绿化

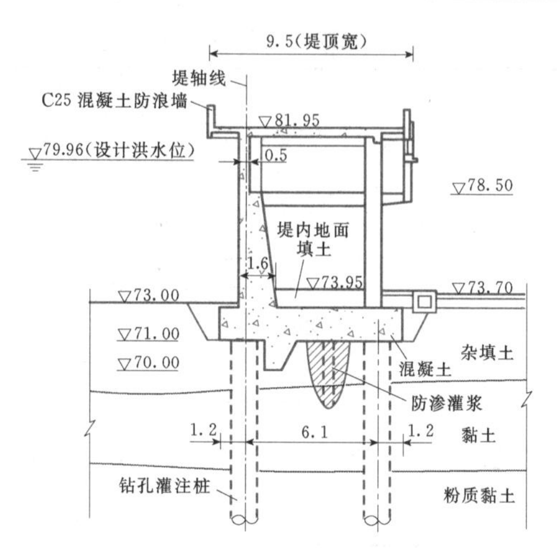

图5.4-103　堤商（店）结合堤型（单位：m）

带连接，见图5.4-104。

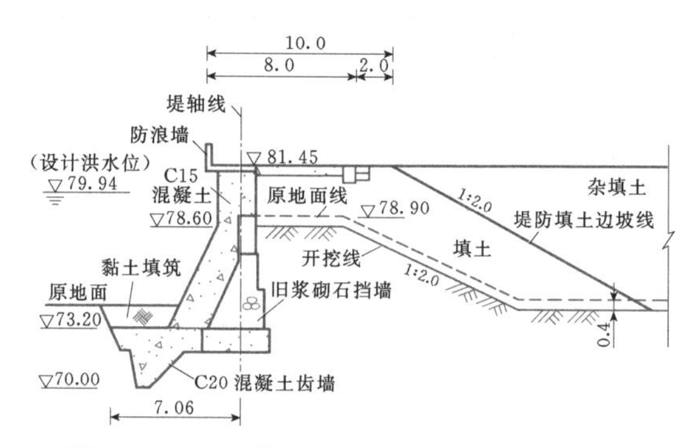

图5.4-104　旧浆砌石堤培厚加高堤型（单位：m）

（4）土石混合堤型。堤型段地面高程78.00～77.00m，旧堤线曲折，仅有高不足1m的围墙式浆砌石墙，拟拆除拉直堤线。因规划的堤后路要从中兴大桥孔内穿越，堤段处于堤路分开状态，为保证规划要求的堤顶宽8m，而采用土石混合堤。堤两侧挡墙为C10毛石混凝土重力式，中间黏土密实冲填。重力式挡墙基底高程76.00m，宽3.2m，挡墙高6m，见图5.4-105。

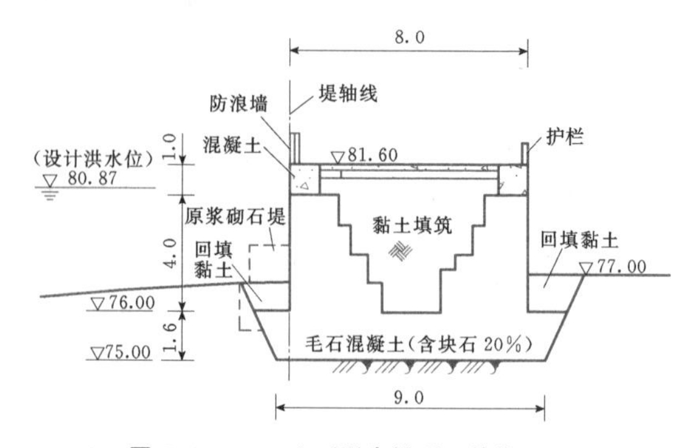

图5.4-105　土石混合堤型（单位：m）

(5) 毛石混凝土挡墙堤型。在堤轴线侧设C10毛石混凝土重力式挡墙，以便堤后填土，设计基底高程74.00m，平均堤高7.6m，基底宽度约5m，见图5.4-106。

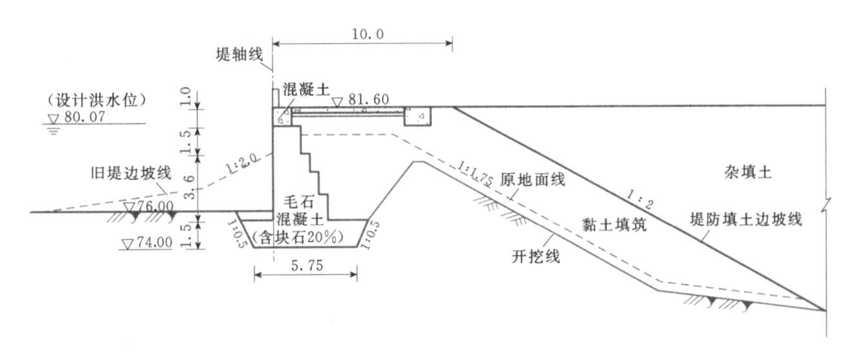

图5.4-106 毛石混凝土挡墙堤型（单位：m）

5.4.9 安全监测

堤防工程安全监测设计内容应包括设置监测项目、布置监测设施、拟定监测方法和提出整理分析监测资料的技术要求。安全监测应根据堤防工程的级别、水文气象条件、地形地质条件、堤型、穿堤建筑物特点及工程运用要求设置必要的监测项目。

堤防工程安全监测是监视、控制堤防工程施工期、运行期安全，核算沉降量，检验与完善设计的重要手段，通过堤防工程安全监测，达到了解堤防工程及附属建筑物的运用和安全状况，为堤防工程科学技术开发积累资料的目的。

近年来，堤防建设力度加大，部分堤段的防洪能力得以提高。与此同时，如能进行堤防运行状态的经常性监测，及时发现和处理堤防的险情隐患，则能更好地保障堤防的安全。

此处仅提出堤防工程安全监测的范围，项目及要求，具体监测设施物设计参见有关内容。

5.4.9.1 安全监测项目

5.4.9.1.1 堤防工程安全监测

1. 安全监测重点、范围及项目

堤防安全监测的目的旨在揭示堤防长期运行规律和结构状态。因此，安全监测的重点在于可能破坏长期运行正常规律与稳定结构状态的洪水汛期险情监测上。

一般堤防监测范围包括：

(1) 外部和内部的变形监测，如堤身沉降、漏洞、陷阱、裂缝等生成之前的征兆，并确定生成后的规模、位置等。

(2) 堤身渗透压力及渗透流量监测，如监测渗漏、管涌、崩岸等的发生、发展及实施处理措施方案后的监测。

(3) 监测脱坡的先兆及实施处理后的效果。

(4) 监测风浪对堤身冲刷引起的变异及其预防、处理措施后的效果监测等。

(5) 环境监测，包括江河水位、潮水位、地下水位、气温、波浪、冰情、雨量等。

(6) 堤防周边河床、滩涂冲淤变化、河势、水流形态变化等。

根据上述监测范围，可分成基本监测项目和专门性监测项目：

(1) 基本监测项目。1～3级堤防应根据工程建设需要设置以下一般性监测项目，4级、5级堤防参照执行，包括：①堤身沉降；②水位或潮位；③堤身浸润线；④堤基渗透压力、渗透流量及水质；⑤表面监测：主要包括裂缝、滑坡、坍塌、隆起、渗透变形及表侵蚀破坏等。

(2) 专门性监测项目。1级、2级堤防（海堤）可根据工程区域的特点及管理运用的实际需要，选取下列专门性监测项目进行监测，包括：①近岸河床或海滩的冲淤变化；②堤岸防护工程的变位；③河道水流形态及河势变化；④滩岸地下水的出逸情况；⑤冰情；⑥生物及工程防浪、消浪防冲设施的效果；⑦附属建筑物沉降、水平位移；⑧波浪及爬高。

专门性监测项目的设置宜有重点，有针对性。

2. 安全监测设计要求

安全监测项目及监测设施设计应符合下列要求：

(1) 监测项目和监测点布设能反映工程施工期及运行期的主要工作状况。

(2) 监测的断面和部位应选择在有代表性的堤段，并做到一种设施多种用途。

(3) 在特殊堤段或地形、地质条件复杂的堤段，如古河道、老溃口、软弱堤基、浅层强透水带、承压水以及有穿堤建（构）筑物等，可根据需要增加监测项目和监测范围。

(4) 选择技术先进、使用方便、抗腐蚀性的监测仪器、设备。

(5) 各监测点应具备较好的交通、照明等条件，监测部位有相应的安全保护措施。

在监测手段方面，由于堤线长，地层条件沿程变化大，采用一般的人工监测方式不仅工作条件非常恶劣，工作量大，而且在汛期水位猛涨的情况下，适时的监测与分析计算很难做到。所以，实现堤防监测的自动化是必然的要求和趋势。

5.4.9.1.2　穿堤建筑物安全监测

1. 基本监测项目

安全监测设计布置以下基本监测项目。

(1) 与穿堤建筑物连接部位的堤身沉降、位移。

(2) 水位或潮位。

(3) 与穿堤建筑物接壤的堤身浸润线。

(4) 堤身堤基与穿堤建筑物的表面观测包括裂缝、洞穴、滑动、隆起、锈蚀等。

2. 专门监测项目

3级以上的堤防及其穿堤建筑物，根据工程安全和管理运行的需要，必要时应有选择地设置下列专门观测项目。

(1) 近岸河床冲淤变化。

(2) 水流形态及河势变化。

(3) 穿堤建筑物垂直位移与水平位移。

(4) 渗透压力。

(5) 减压排渗工程的渗控效果。

(6) 进出口水流冲刷情况。

(7) 穿堤处崩岸险工段土体崩坍情况。

(8) 冰情。

(9) 波浪。

5.4.9.1.3　施工期动态监测

应根据堤防地质条件、施工条件等具体情况，设置必要的施工期安全监测设施。临时监测设施应考虑与永久监测设施相结合。

为了有效控制施工期稳定，合理确定预留沉降加高值，沿堤防轴线每200～400m应设置3～5个地面沉降监测点和1～2个位移边桩。

5.4.9.1.4　监测周期

施工期根据加荷速率控制，加载期间及加载一定时间内1d观测1次，间歇期3～4d观测1次，若有滑移、开裂或破坏迹象，可适当加密测次；运行期一般2～3月观测1次，遇特殊条件应适当加密观测次数。

5.4.9.2　监测设施的布置

1. 堤防监测断面的选取

监测的断面和部位应选择在有代表性或特殊的堤段，即：①应选取容易引起堤防出现险情的特殊堤段布置，如处于河道弯道受水流顶冲的堤段，并布置相应的监测项目；②对曾经发生过决堤等险情的堤段设置监测断面；③由于堤防周边地形、地质条件较恶劣容易引发堤防出现险情的堤段设置必要的监测断面；④对城市防洪墙应加强监测，多设置监测断面和相应的监测项目。

对于一般性监测断面，控制间距应不超过2～5km。

2. 监测设施的布置

监测设施的设置应符合有效、可靠、牢固、方便及经济的原则。

根据不同的监测断面或地点，选定相应的不同类型的监测项目，选择相应的监测仪器进行埋设，实施监测。如：沉降桩、位移桩、渗透仪、量水堰等。

5.4.9.3　监测方法及资料整理

根据选定的监测断面及相应的各类型监测项目，按其各自的专业内容拟定相应的监测方法及规定相应的监测时段。

堤防在运行过程中及时记录相应的监测数据，根据各自监测的专业内容进行资料整理分析，判断堤防是否正常安全运用。

特别要指出，为保证堤防安全，在洪水期来临前应制定防汛除险的应急预案。在洪水期应对特殊的监测断面，如受水流顶冲的堤段，曾发生过决口的堤段，洪水涨退时对堤身较高、填筑质量又较差的堤段、地形或地质条件较恶劣的堤段应加强巡视监测，记录可能出现各种险情现象如堤身出现裂缝、流土、管涌、大量渗流等，及时整理监测资料，分析产生的原因，结合应急预案，提出处理险情的措施并及时实施，确保堤防安全度汛。

5.5　河道整治建筑物设计

5.5.1　综述

河道整治是指按照河道演变规律，采取各种治理措施改善河道边界条件和水流流态以适应人类各项需要和改善生态环境的工作。根据整治的目的、设计流量的不同，河道整治分为洪水整治、中水整治和枯水整治。河道整治应根据规划进行，河道整治规划的编制见本章5.1。

河道整治工程是为达到河道整治的目的，实现稳定河道，或缩小主槽游荡范围，改善河流边界条件与水流流态，按照河道整治规划的要求采取的工程措施。河道整治工程包括堤防、防护、控导以及河槽疏浚等。堤防作为洪水整治最重要的工程措施，其设计的原则、方法等均在堤防工程部分进行详细阐述，因此，本节河道整治工程主要指防护工程和控导工程。

防护工程，是指为保护堤防或滩岸，防止水流冲刷和波浪冲蚀及渗流破坏且修筑的平顺而基本不改变水流流势的工程。依托堤防修建的防护工程常称为护岸或险工，为防止塌滩而在滩岸线上修建的工程常称为护滩工程。

控导工程，是指为约束主流摆动范围、改善通航条件、护滩保堤，引导主流沿规划流路下泄，在滩岸上沿设计的工程位置线修建的丁坝、垛等工程。

5.5.2 河道治导线的确定

在进行河道整治设计中，首先要权衡防洪、供水、航运等各方面的需要，设计一系列正反相对应的弯道，弯道间以直线过渡段相连接，或依据河流实际情况设计为一对平行的光滑曲线，这个设计过程称为制定治导线（也叫整治线）。

制定治导线首先要根据整治的目的确定河道整治的设计流量。

5.5.2.1 设计流量的确定

设计流量是指针对洪、中、枯水河槽治理的整治流量，在河道整治规划中各有其相应的特征流量。

洪水河槽的设计流量。洪水河槽的整治主要为防洪，具体地说就是要保证河槽能宣泄特大洪水，并保证重点河段的堤岸不坍塌，中水河势稳定，确保防洪安全。确定设计洪水流量是根据工程的重要性选择某一频率的洪峰流量，特别重要的地区可取 1%～0.33%，甚至更小；重要地区取 2%；一般地区取 10%～5%。

枯水河槽的设计流量。枯水河槽的整治主要为保证航运和无坝引水具有一定水位及稳定引水口。确定枯水设计流量一般有两种方法：①根据长系列日平均水位的某保证率来确定，由水位求出流量。通航河道枯水河槽的设计流量保证率的大小，视航道的等级而定。一般可根据航道等级，依据表 5.5-1 和表 5.5-2中有关规定确定。②采用多年平均枯水位或历年最枯水位时的流量作为枯水整治的设计流量。

中水河槽的设计流量。中水河槽是在造床流量作用下形成的，在该流量下，水流造床作用最强。中水河槽得到整治后，水流和河道达到平顺，洪、枯水河槽的治理则易解决。中水河槽整治的目的是在洪水期间通过中水河槽宣泄大部分的洪水，其余时间被控制在中水河槽中。根据黄河下游的中水整治经验，在中水河槽宽度内，一般应通过全断面过洪流量的 80%左右。以下将着重介绍中水河槽的整治。

表 5.5-1 设计最低通航水位的多年历时保证率

航道等级	Ⅰ、Ⅱ	Ⅲ、Ⅳ	Ⅴ、Ⅵ
多年历时保证率（%）	≥98	98～95	95～90

表 5.5-2 设计最低通航水位的年保证率和重现期

航道等级	Ⅰ、Ⅱ	Ⅲ、Ⅳ	Ⅴ、Ⅵ
年保证率（%）	99～98	98～95	95～90
重现期（年）	10～5	5～4	4～2

中水整治时，一般选择河床的造床流量作为设计流量。这种流量对塑造河床形态所起的作用最大，但它不等于最大洪水流量。因为尽管最大洪水流量的造床作用剧烈，但时间过短，所起的造床作用并不是很大；它也不等于枯水流量，因为尽管枯水流量作用时间甚长，但流量过小，所起的造床作用也不可能很大。因此，造床流量应该是一个较大但又并非最大的洪水流量。

确定造床流量，目前理论上还不够成熟，在实际工作中，一般多采用下述方法。

1. 马卡维也夫法

某个流量造床作用的大小，既与该流量的输沙能力有关，同时也与该流量所持续的时间有关，前者可认为与流量 Q 的 m 次方及比降 J 的乘积成正比，后者可用该流量出现的频率 P 来表示。因此，当其乘积为最大时，其所对应的流量的造床作用也最大。这个流量便是所要求的造床流量。

实际资料分析表明，平原河流的 Q^mJP 的值通常都出现两个较大的峰值。相应最大峰值的流量值约相当于多年平均最大洪水流量，其水位约与河漫滩齐平，一般称此流量为第一造床流量。相应次大峰值的流量值略大于多年平均流量，其水位约与边滩高程相当，一般称此流量为第二造床流量。

决定中水河槽的流量应为第一造床流量，第二造床流量主要对塑造枯水河床有一定的作用，通常所说的造床流量系指第一造床流量。

2. 平滩流量法

用漫滩水位确定造床流量。由于按前述方法计算的造床流量水位大致与河漫滩齐平；同时，也只有当水位平滩时，造床作用才最大。因为当水位再升高漫滩时，水流分散，造床作用降低；水位低于河漫滩时，流速较小，造床作用也不大。这一方法亦称满槽流量法。使用这一方法的困难之处在于河漫滩高程不易准确确定。为了避免用一个断面时河漫滩高程难以确定及代表性不强的缺点，可以在河段内取若干个有代表性的断面，取其平滩水位时的平均流量值作为造床流量。此法概念清楚，简便易行，实际工作中应用较广泛。

根据选择河段情况，平滩流量可采用均匀流进行简化计算，也可根据实测流量水位直接推求。在河段地形变化较为复杂的情况下，宜采用恒定流推求水面曲线的方法进行推求。以下主要介绍恒定流推求水面曲线的方法，其计算简图见图5.5-1。

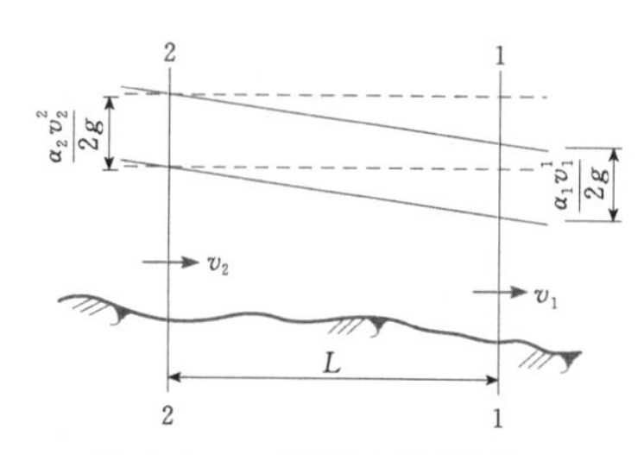

图5.5-1　平滩流量计算简图

(1) 根据计算河段的纵剖面图，确定沿程控制断面与滩地齐平的水位（平滩水位）。

(2) 假定流量，按式（5.5-1）计算河段沿程控制断面的水位。

(3) 当推算的水位与沿程控制断面的平滩水位基本一致时，该流量即为造床流量。

$$Z_2 = Z_1 + \frac{Q^2 L}{K^2} + \frac{\alpha_1 v_1^2}{2g} - \frac{\alpha_2 v_2^2}{2g} + h_j \tag{5.5-1}$$

式中　Z_1——下断面的水位高程，m；

Z_2——上断面的水位高程，m；

Q——上、下断面间的流量，m^3/s；

L——上、下断面间距，m；

K——上、下断面流量模数的平均值，断面流量模数计算见式（5.5-2）；

α_1——下断面的动量修正系数；

α_2——上断面的动量修正系数，上、下断面动能修正系数取计算见式（5.5-3）；

v_1——下断面的平均水流流速，m/s；

v_2——上断面的平均水流流速，m/s；

h_j——上、下断面间的局部水头损失，m；

g——重力加速度，m/s^2。

在求解平滩流量时，需要计算断面的流量模数。一般天然河道都为由不同糙率的滩地和主槽所组成的复式断面，见图5.5-2。根据糙率的不同，将河道断面分成主槽和滩地等不同部分，对每一部分的水力特征值按下列公式计算，其中，断面流量模数计算见式（5.5-3）

$$K_i = \frac{A_i}{n_i}\left(\frac{A_i}{x_i}\right)^{2/3} \tag{5.5-2}$$

$$K = \sum K_i \tag{5.5-3}$$

$$\alpha = \frac{\sum A_i \sum \frac{K_i^2}{A_i}}{(\sum K_i)^2} = \frac{A}{K^2}\sum\frac{K_i^2}{A_i} \tag{5.5-4}$$

式中　K_i——断面上主槽和滩地各部分的流量模数；

A_i——断面上主槽和滩地各部分的过水面积，m^2；

n_i——断面上主槽和滩地各部分的糙率系数；

x_i——断面上主槽和滩地各部分的湿周，m；

K——断面流量模数；

A——断面过水面积，m^2；

α——断面动量修正系数。

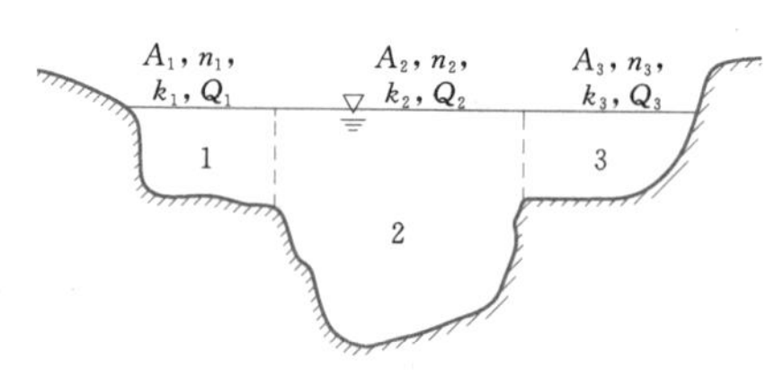

图5.5-2　天然河道计算简图

在求解平滩流量时，也需要计算上下断面间的局部水头损失。河道内局部地方有突出的变化或阻水障碍物，引起水流涡漩丛生、流态复杂，产生较大的局部水流阻力，应根据具体的局部阻力情况计算局部水头损失。局部水头损失计算可根据河道局部损失情况计算如下：

(1) 河槽断面收缩：

$$h_j = \xi\left(\frac{v_1^2}{2g} - \frac{v_2^2}{2g}\right) \tag{5.5-5}$$

(2) 河槽断面扩大：

$$h_j = \xi\left(\frac{v_2^2}{2g} - \frac{v_1^2}{2g}\right) \tag{5.5-6}$$

(3) 弯道段：

$$h_j = \xi\frac{v^2}{2g} \tag{5.5-7}$$

(4) 支流汇入段：

$$h_j = \xi\left(\frac{v_1^2}{2g} - \frac{v_2^2}{2g}\right) \tag{5.5-8}$$

式中　ξ——系数，按表5.5-3取值；

v_1、v_2——上、下断面的平均水流流速，m/s；

g——重力加速度，m/s^2。

表 5.5-3　局部水头损失系数表

类　别	图形示意	ξ
1. 河槽断面突然收缩	圆弧 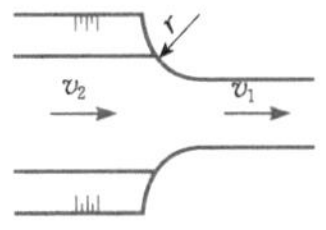	0.20
	直角 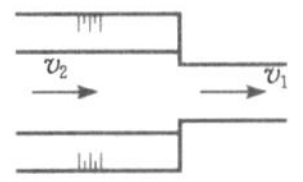	0.40
2. 河槽断面逐渐收缩	扭曲面 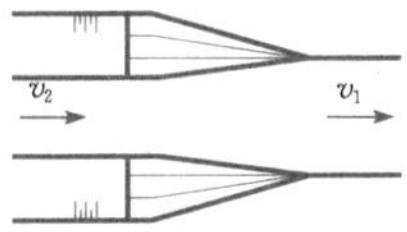	0.10
	楔形 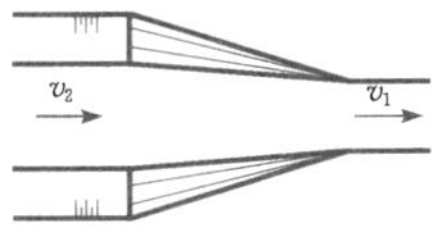	0.20
3. 河槽断面突然扩大	圆　环	0.50
	直　角	0.75
4. 河槽断面突然扩大	扭曲面	0.30
	楔　形	0.50
5. 弯道段	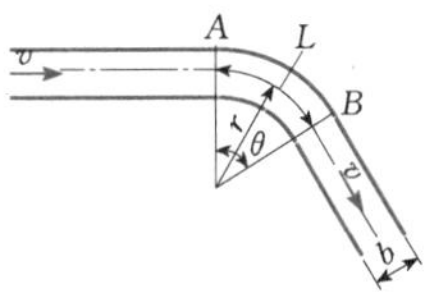	$\xi=\frac{19.62L}{C^2R}\left(1+\frac{3}{4}\sqrt{\frac{b}{r}}\right)$ 式中　R—水力半径，m； b—渠宽，对梯形断面为水面宽，m； r—半径，m； L—弯道中心线长，m
6. 支流汇入段	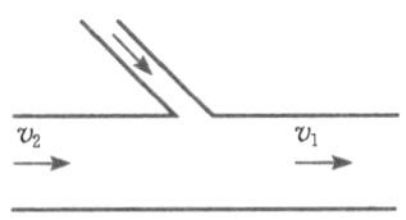	0.10

（5）河道内闸、堰、桥等建（构）筑物的局部水头损失采用各建（构）筑物相应的水力计算公式计算。

3. 造床流量保证率法

造床流量亦即平滩流量的保证率或累积频率是一个令人关注的问题。马卡维也夫整理俄罗斯平原河流资料得到的第一造床流量保证率约为1%～6%，第二造床流量的保证率为25%～45%。就第一造床流量而言，其相应的每年洪水漫滩天数应为3.65～21.9d，重现期为每100～16.7d一次。尼克松（M. Nixon）整理英格兰和威尔士河流资料得到的结果与此类似，平滩流量的平均保证率为0.6%，每年漫滩天数为2.19d，重现期为每167d一次。这两种资料漫滩的机遇相对较多，里奥普（L. B. Leopold）、埃米特（W. W. Emmett）整理美国某些河流资料得到的结果则出入较大，漫滩机遇要小得多，不是每年都漫滩，而是每1～2年漫滩一次，即重现期要大得多，相应的保证率自然也就小得多。因此，目前要用某种特定保证率或重现期确定平滩流量是困难的。钱宁根据美国河流的资料建议，作为粗略的近似，可取重现期为1.5年的洪水流量作为平滩流量。

按上述方法计算的造床流量，应结合计算河流的具体情况，经分析比较后慎重确定。当流域内规划还将修建蓄水、引水、分洪、滞洪等工程时，应根据还原后的水文系列资料，按现状、规划的工程情况和调度运用方案，分别计算现状、规划工况的造床流量，分析规划工程修建后对本河段造床流量的影响。

5.5.2.2 整治河宽的确定

整治河宽应根据河流的具体情况和整治的实践经验，通过综合分析确定。整治河段如有经实践检验效果良好的经验公式时，可用经验公式作为整治河宽计算的主要依据。在缺乏整治经验的河流上，整治河宽可按下列方法验算分析确定。

1. 经验法

经验法可采用下列方法：

（1）优良河段模拟法。按整治河段内或附近条件相似的优良过渡段的河宽，选取整治河宽。

（2）实测河宽水深分析法。根据整治河段的实测资料，绘制包括浅滩与深槽在内的宽度与水深关系曲线，从中选取满足整治要求的整治水位与整治线宽度。

2. 理论法

理论计算可采用下列方法：

（1）在来沙量较少，河槽较稳定的河流上，整治河宽计算如下：

$$B=\frac{Qn}{h^{5/3}J^{1/2}} \qquad (5.5-9)$$

式中 B——整治河宽，m；

Q——整治流量，m^3/s；

n——河床糙率；

h——整治水位下设计要求的断面平均水深，m；

J——平均水面比降。

（2）根据河床稳定条件以及水沙情况，计算整治河宽如下：

$$B=KB_1\left(\frac{h_1}{\eta h'}\right)^y \qquad (5.5-10)$$

式中 K——系数，可取1，复杂情况下取0.8～0.9；

B_1——整治前整治水位时的水面宽度，m；

η——水深改正系数，可取0.7～0.9；

h_1——整治前整治水位下的断面平均水深，m；

h'——整治水位下的设计水深，m；

y——指数，在稳定河床上取1.67，在以悬沙造床为主的河流上取1.33，在以底沙造床为主的河流上取1.2～1.4。

整治河宽的确定还应与整治水位密切结合，相互协调。当确定长河段或大型滩群的整治河宽与整治水位时，还应根据各滩的滩形、河床底质、泥沙运动、沿程流速变化及壅水情况，进行适当调整。有支流汇入的河段下游，在确定整治河宽与整治水位时，应计入支流汇入的流量；分汊河流应按航道整治后通航汊道新的分流量，确定其整治河宽时，当浅滩群的流速沿程减少时，经验算后出口段整治河宽可予以适当缩窄。特别复杂的浅滩，其整治河宽的确定可通过河工模型试验验证。

5.5.2.3 治导线确定原则

制定治导线时，除根据确定的整治流量、整治河宽以及其他相关的河相系数外，从总体布置上还需要考虑以下几个原则。

（1）符合河床演变的历史规律，顺应现行河势发展趋势，满足行洪要求。河道是处在不断演变发展过程之中的，制定治导线时，应通过对河道演变分析，找到出现几率较大、且能基本满足各方面要求的流路，通过工程措施，将这种有利的流路稳定下来；同时，两岸工程之间的最小距离必须满足排洪能力的要求。

（2）上下游、左右岸统筹兼顾。制定治导线时，既要兼顾上下游、左右岸、各地区、各行业的利益，也要分清主次，权衡利弊，保证首要目标的实现。

（3）充分利用现有工程和自然山湾等，因势利导，减小工程投资；开展河道整治必须顺乎河势，因势利导；治导线的走向和位置应依靠主导河岸，其起讫点应与稳定深槽的河岸相衔接，并根据河流、地形、地貌的特征，利用比较坚实的河岸、凸嘴、矶头等作为治导线的控制点；治导线制定时不可违背河床演变的自然规律，强堵硬挑。

大江大河因某些原因对治导线进行调整时，也应遵循以上原则。

有通航要求河道的枯水治导线，还应按枯水航道的要求制定。

对于重要河流或者重要河段，必要时应进行河工模型试验，验证治导线的合理性和可行性。

5.5.2.4 治导线的绘制方法

治导线宜平顺、圆滑，绘制治导线的一般方法为：

（1）进行充分的调查研究，了解历史河势的变化规律，在河道平面图上概化出2～3条基本流路。

（2）根据整治目的，河道两岸国民经济各部门的要求，洪水、中水、枯水的流路情况及河势演变特点等优选出一种流路，作为整治流路。

(3) 由整治河段开始逐个弯道拟定，直至整治河段末端。

(4) 第一个弯道作图前首先分析来流方向，然后再分析凹岸边界条件，根据来流方向，现有河岸形状及导流方向规划第一个弯道。凹岸已有工程的，根据来流及导流方向选取能充分利用的工程规划第一个弯道，选取合适弯道半径适线，使凹岸治导线尽量多地相切于现有工程各坝头或滩岸线。按照设计河宽绘制与其平行的另一条线。

(5) 接着确定下一弯道的弯顶位置，绘制下一个弯道的治导线。用公切线把上一弯道的凹（凸）岸治导线连接起来。如此绘制直至最后一个河湾。

(6) 分析各弯道形态、上下弯关系、控制流势的能力、弯道位置对当地利益的兼顾程度，论证治导线的合理性，对治导线进行检查、调整、完善。

(7) 必要时应进行河工模型试验，验证治导线的合理性和可行性。

5.5.3 河道整治建筑物的工程位置线的选择

工程位置线是指每一处河道整治工程坝（垛）头部连线，也可叫工程线。工程位置线的作用是确定工程的长度及坝头位置。

护岸工程以工程保护的大堤为依托，一般可直接依托堤防布置工程。护岸工程的工程位置线尽量与堤线保持一致，且应为一平滑直线或曲线，避免个别坝、垛突出在河中。护岸工程兼起控导作用时，其工程位置线也应与治导线相适应。

控导工程的工程位置线是依治导线确定的一条复合圆弧线（或平滑曲线）。在确定工程位置线时，要研究河势变化情况，确定最上游的靠溜部位，作为修建工程的起点，中下段要具有导溜和送溜的能力，以便按治导线确定的流路把溜送到下个河湾。一般情况下，工程位置线中下段与治导线重合，上段要放大弯曲半径或采用与治导线相切的直线退离治导线线。工程位置线不能布置成折线，并要把工程起点布置到河势可能上提的最上部位。

控导工程的工程位置线按照与水流的关系自上而下可分为三段。上段为迎溜段，采用较大的弯曲半径或直线，以适应来溜的变化，利于迎溜入湾，也就是通常说的做到畅口迎溜；中段为导溜段，采用较小的弯曲半径，以便在较短的距离内控导溜势，调整改变水流方向；下段为送溜段，可以采用直线，以便顺利送溜出湾。

图 5.5-3 为一典型的河道治导线与工程布置位置关系示意图。从图中可以明显看出治导线与工程位置线以及布置工程的示意关系。图 5.5-3 所示的工程位置线是一条包含直线和圆弧的光滑线，布置的工程呈“以坝护湾、以湾导流”的型式。水流入湾后诸坝受力较为均匀，其优点是导溜能力强，出溜方向稳定，坝前淘刷较轻，易于防守。

护滩工程一般沿保护的滩岸修建，宜为平滑直线或曲线，避免个别坝、垛突出在河中。护滩工程兼起控导作用时，其工程位置线也应与治导线保持一致。

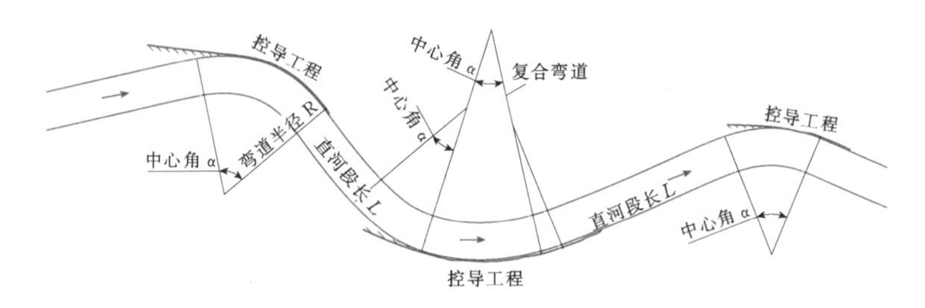

图 5.5-3 治导线与工程位置关系示意图

护滩工程布置时，也必须兼顾整个河道防洪需要，避免将工程布置在主河道，影响大洪水泄洪。

5.5.4 河道整治建筑物对地质工作的要求

河道整治建筑物型式多直接修建在河滩上。这类工程的主要作用是防冲，设计中主要可根据自身稳定要求，查明工程区地质条件、地层结构、土质分类、主要土体物理力学性质、河岸抗冲性评价、岸坡稳定性评价等成果。同时应有天然建筑材料调查成果。《水利水电工程地质勘察规范》(GB 50287—2008) 和《堤防工程地质勘察规程》(SL/T 188—2005) 对工程地质勘察工作内容规定得比较全面、详细，在进行河道整治设计时，应根据工程的实际情况，按规范要求有针对性地选择项目进行勘探、试验。

5.5.5 河道整治建筑物分类

河道整治建筑物分为洪水整治建筑物、中水整治建筑物和枯水整治建筑物。虽洪水、中水及枯水河道整治建筑物级别不同，但当采用相同型式、对应设计流量确定后，其设计过程及要求基本相同。因此，以下分类及建筑物设计中不再对建筑物属于何种类型的河道整治进行细分，而仅从设计原理上进行阐述。

河道整治建筑物根据发挥作用、工程与水流之间的关系、工程采用的材料以及实施后的管理，其建筑物分类亦不同。

河道整治建筑物根据其发挥的作用不同，可分为平顺护岸、丁坝、顺坝、沉排坝、桩坝、潜坝、锁坝、洲头分流坝和杩槎坝等型式。

河道整治建筑物根据其修建工程迎水面坝肩与水流方向之间的相对关系，可分为正挑坝、上挑坝、下挑坝以及顺坝等型式。

根据修建河道整治建筑物采用的主要材料不同，又可分为土石结构坝、钢筋混凝土桩坝、铅丝笼沉排坝、土工织物沉排坝等。

河道整治建筑物也根据其实施后工程管理形式不同，分为抢险和不抢险两大类建筑物。

5.5.6　建筑材料

河道整治建筑物设计应对建筑材料进行调查，查明各种土石料的储量、开采条件和运距。

河道整治建筑物的主要作用是保护堤防或滩地免受水流淘刷，工程对防渗的要求较低，一般满足自身的渗流稳定要求即可，本身没有明确的截渗要求。因此，大多情况下，对建筑材料要求不高。坝垛的土坝体应就近取土填筑，宜选用壤土土料，土料中不得含有植物根茎、建筑垃圾等杂质。

护坡不得采用易风化的石料。用于根石及坦石的块石质量根据设计的水流条件确定，一般不得小于25kg。砂砾料应耐风化、水稳定性好。

土工合成材料应符合《水利水电工程土工合成材料应用技术规范》（SL/T 225—98）的有关规定。

5.5.7　整治建筑物设计

5.5.7.1　平顺护岸

护岸工程是指沿堤岸做防护，工程延续较长，不改变河势，工程轴线与工程位置线平行的防护工程。

按平面形式，护岸可分为平顺护岸、丁坝护岸和矶头护岸等。根据水流、潮汐、风浪、船行波作用，地质、地形情况，施工条件、运用要求等因素，护岸分为坡式护岸、坝式护岸、墙式护岸以及其他型式护岸。以下主要介绍的平顺护岸特指坡式护岸的设计，坝式护岸可参见丁坝设计部分。

平顺护岸是指用抗冲材料直接铺敷在岸坡一定范围形成连续的覆盖式护岸。该护岸型式对河床边界形态改变较小，对近岸水流的影响也较小，是一种常见的护岸型式。我国长江中下游河道水深流急，总结经验认为最宜采用平顺护岸型式。我国许多中小河流堤防、湖堤及部分海堤均采用平顺坡式护岸，起到了很好的作用。

5.5.7.1.1　工程布置

平顺护岸工程以工程保护的大堤为依托，一般可直接依托堤防布置工程。护岸工程的工程位置线尽量与堤线保持一致，且应为一平滑直线或曲线。工程布置时应尽可能根据当地水流条件，选择避免主流顶冲和有利于滩岸稳定的布置型式，且应尽量不过多缩窄过洪断面，不造成汛期洪水位较大抬高，同时，设计中应注意选择坝型与邻近建筑物和环境相协调，且易于修复和加固。凡适宜修平顺护岸的则不修丁坝，尤其不宜修长丁坝。

平顺护岸工程兼起控导作用时，其工程位置线也应与治导线保持相适应。

平顺护岸的位置和长度，应根据水流、潮汐、风浪特性、河床演变及河岸崩塌变化趋势等综合分析确定。工程的位置和长度需在河床演变分析的基础上，在首先保证堤防安全前提下结合河势控制要求确定。

5.5.7.1.2　断面型式

平顺护岸工程以设计枯水位分界，分为上部护坡和下部护脚两部分。护坡与护脚之间一般设马道或枯水平台。

护坡和护脚工作环境不同。护坡除受水流冲刷作用外，还受波浪的冲击及地下水外渗侵蚀，同时护坡多处在水位变动区；护脚一般经常受到水流冲刷和淘刷，是护岸工程的根基，关系着防护工程的稳定。因此，护坡与护脚在工程型式、结构材料等方面一般不相同。

通常情况下，护坡顶部与滩面相平或略高于滩面，以保证滩沿的稳定；护脚工程应适应近岸河床的冲刷，以保证护岸工程的整体稳定。护脚延伸范围应符合下列规定：

（1）在深泓近岸段应延伸至深泓线，并应满足河床最大冲刷深度的要求。

（2）在水流平顺、岸坡较缓段，宜护至坡度为1∶3～1∶4的缓坡河床处。

护坡与护脚以设计枯水位为界。设计枯水位可按月平均水位最低的3个月的平均值计算。

枯水平台和马道的设置，除考虑管理维护需要外，最主要的是要满足稳定的需要。当护坡工程达到一定的高度时，需进行边坡稳定计算，为设置枯水平台或马道提供技术依据。

5.5.7.1.3　护岸顶高程

平顺护岸顶高程应按设计洪水位加超高确定。设计洪水位按国家现行有关标准的规定计算，护岸顶高程，按5.4.5.3之4部分，式（5.4－1）计算确定。

5.5.7.1.4 护坡

护坡除受水流冲刷作用外，还受波浪的冲击及地下水外渗侵蚀，同时处在水位变动区，因此，护坡应坚固耐久、就地取材，利于施工和维修。

护坡的结构型式，应根据河岸地质条件和地下水活动情况，采用干砌石、浆砌石、混凝土预制块、现浇混凝土板、模袋混凝土等，经技术经济比较选定。

护坡目前采用最多的仍然是干砌石。干砌石有较好的排水性能，有利于岸坡的稳定；混凝土板护坡施工方便；浆砌石、混凝土浇筑板、模袋混凝土护坡整体性强，抗风浪和船行波性能强。

护坡一般由枯水平台、脚槽、坡身、导滤沟、排水沟和顶部工程等组成。枯水平台、脚槽或其他支撑体等，位于护坡工程下部，起支撑坡面不致坍塌的作用。枯水平台在护脚与护坡的交接处，平台一般高出设计枯水位 0.5～1.0m，宽 2～4m，多用干砌块石或浆砌块石铺护。

1. 干砌块石护坡

块石护坡坡身由面层和垫层组成。面层块石的大小及厚度应能保证在水流和波浪作用下不被冲动，据相关工程设计规范计算确定。根据长江中、下游工程实践，采用 20～30kg 重的块石，铺砌 35cm 厚便可达到要求。块石护坡的边坡一般为 1∶3.0～1∶2.5。对于较陡河岸，或凸凹不平的河岸，应先削坡，再行砌护，削坡范围从滩顶至脚槽内沿。

块石下面的垫层，起反滤作用，以防止边坡土粒被波浪吸出或渗流带出流失。经常采用的垫层有单层或双层，其粒径 2～30cm，垫层下面铺设土工布。

砌石护坡的结构尺寸见 5.4.5.3 之 5 部分论述及按式（5.4－17）计算。

当采用人工块体或经过分选的块石作为斜坡堤的护坡面层时，波浪作用下单个块体、块石的质量 Q 及护面层厚度 t 可见 5.4.6.5 之 5 部分及按式（5.4－129）和式（5.4－130）计算。

在水流作用下，护岸工程护坡、护脚块石保持稳定的抗冲粒径（折算粒径）可按式（5.4－22）和式（5.4－23）计算。

2. 混凝土板护坡

混凝土板作为护坡护面时，面板厚度见 5.4.5.3 之 5 部分及按式（5.4－18）确定。

3. 生态护坡

生态护坡是利用植物或植物和其他土木工程材料相结合，在河道岸坡上构建具有生态功能的防护系统，实现岸坡的抗冲蚀、抗滑动和生态恢复，以达到维持河岸稳定、营造或维持河岸带生态系统平衡功能，同时还具有一定的景观效果。

目前国内外使用较多的生态型护坡主要包括以下三种，分别应用于不同的河道和水流条件。

（1）植被护坡技术。通过在岸坡种植植被（乔木、灌木、草皮等），起到固土护岸的作用。这一技术主要是利用植被根系网络固结土壤的作用，提高坡面表层的抗剪能力以及对渗透水压力的抵抗作用，增强迎水坡面的抗蚀性，减少坡面土壤流失；利用植物的地上部分形成坡面的软覆盖，减少坡面的裸露面积，增强对降雨溅蚀的抵御能力。该技术常用于中小河流和湖泊港湾处，河道岸坡及道路路坡的保护，在一些城市的亲水景观设计中也有采用。

（2）植被加筋技术。通过土工网、生态混凝土现浇网格、种植槽或使用预制件、土工织物或编织袋填土等方式，对植被进行加筋，增强岸坡抗侵蚀的能力，起到更好的防护功能。例如河道护岸工程中采用三维植物网技术，就是通过土工合成材料在岸坡表面形成覆盖网，再按一定的组合与间距种植多种植物，通过植物的生长达到根部加筋的目的，从而大幅提高植物的抗冲刷能力和岸坡的稳定性。

（3）网笼或笼石结构的生态护坡。柔性结构的网笼或石笼，能适应基础不均匀沉陷而不导致内部结构遭受破坏，基础处理简单，施工方便，笼石本身透水，不需另设排水，厚层镀锌以及用于腐蚀环境中的外加 PVC 涂层可延长网笼的寿命。网笼结构既能够抵御水流动力冲刷、牵拽，又能够适应地基沉降变形，还可为植物提供生长的条件、维护自然生态环境，改善生态和景观。大型河流以及中等河流中水流流速较大或河道深泓近岸的情况，可采用网笼或笼石结构的生态型护岸工程。

5.5.7.1.5 护脚

护脚工程为护岸工程的根基，常年潜没水中，时刻都受到水流的冲击及侵蚀作用。其稳固与否，决定着护岸工程的成败。实践中所强调的“护脚为先”，就是对其重要性的经验总结。

护脚部分的结构型式应根据岸坡地形地质情况、水流条件和材料来源，采用抛石、石笼、沉枕、沉排、土工织物枕、模袋混凝土排、铰链混凝土排、钢筋混凝土块体、混合型式等，经技术经济比较选定。护脚工程仍以抛石采用最多，能很好地适应近岸河床冲深；各种结构的排体护脚因其整体性而具有较强的保护作用，如在前沿抛石适应河床变形则效果更好。

1. 抛石护脚

抛石护脚是护岸下部固基的主要方法。抛石护脚具有就地取材、施工简单，可以分期实施的特点。

抛石护脚的设计内容主要有：抛石范围、抛石厚度、抛石粒径及抛石落距等。

(1) 抛石范围。在深泓逼岸段，抛石护脚的范围应延伸到深泓线，并满足河床最大冲刷深度的要求。从岸坡的抗滑稳定性要求出发，应使冲刷坑底与岸边连线保持较缓的坡度。这样，就要求抛石护脚附近不被冲刷，使抛石保护层深入河床并延伸到河底一段。在主流逼近凹岸的河势情况下，护底宽度超过冲刷最深的位置，将能取得最大的防护效果，如图 5.5-4 所示。在水流平顺段可护至坡度为 1∶3～1∶4 的缓坡河床处。抛石护脚工程的顶部平台，一般应高于枯水位 0.5～1.0m。

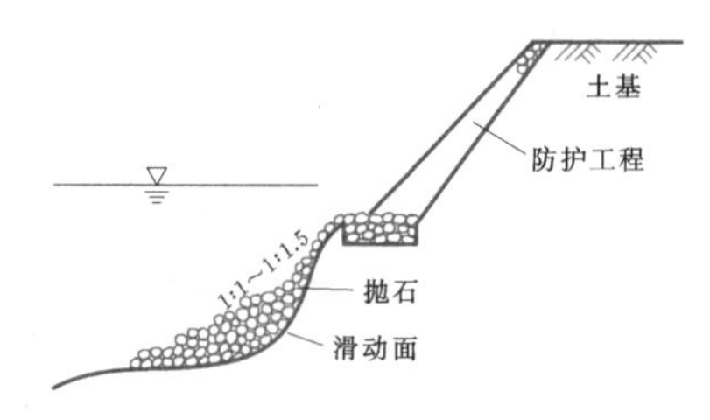

图 5.5-4　抛石护脚示意图

(2) 抛石厚度。抛石厚度应以保证块石层下的河床沙粒不被水流淘刷，并能防止坡脚冲刷过程中块石间出现空档。在工程实践中，考虑到水下施工块石分布的不均匀性，在水深流急部位，抛石厚度往往要求达到块石直径的 3～4 倍，水流深处设防冲石。具体到每个断面，可以视情况自上而下分成三种或两种不同厚度。如长江中、下游离岸较远的深泓部分抛石厚度控制在 0.8～1.5m，近岸部分为 0.4～0.8m。

(3) 抛石粒径。因抛石部位和水流条件的不同，所需抛石粒径的大小当有所不同，通过计算或参照已建工程分析确定。

从抗冲稳定性分析，可选用式 (5.4-22) 和式 (5.4-23) 计算抛石粒径。

根据我国主要江河的工程实践，一般采用重 30～150kg 的块石能满足要求。荆江大堤抛石护岸在垂线平均流速 3m/s、水深超过 20m 的情况下，常采用的块石粒径为 0.2～0.45m。抛石应有一定的级配，最小粒径不得小于 0.1m。

(4) 抛石落距。在实际施工中，抛石落距可计算如下：

$$S=\alpha\frac{u_0 h}{W^{\frac{1}{6}}}\tag{5.5-11}$$

式中　h——水深，m；

W——块石质量，kg；

α——系数，一般取 0.8～0.9，根据荆江堤防工程多年实测资料区 $\alpha=1.26$；

u_0——实测水面流速，m/s。

2. 其他护脚型式和材料

护脚的型式和材料种类较多，其他还有石笼、混凝土铰链排、土工织物枕、模袋混凝土排、柴枕、柴排、混凝土四面体等，可单独使用，也可结合使用。应从材料来源、技术经济等方面综合确定。

(1) 石笼。用钢筋、铅丝、化纤、竹篾或荆条等材料做成各种网格的笼状物，内装块石、卵石或砾石，称为石笼。也可使用有关厂家生产的钢制或塑料制格栅石笼。

当现场石块尺寸较小，抛投后可能被水冲走时，可采用抛石笼的方法。以预先编织、扎结成的铅丝网、钢筋网，在现场冲填石料后抛投入水。这种方法各地均有所运用。网格的大小以不漏失填充物为原则。

石笼抛投防护的范围等要求，与抛石护脚相同。石笼体积一般可达 1.0～2.5m^3，具体大小应视现场抛投手段和能力而定。

在护岸的防护中，抛投石笼一般在距水面较近的坝顶或堤坡平台上或船只上实施。船上抛笼，可将船只锚定在抛笼地点直接下抛，可较准确地抛至预计地点，在流速较大的情况下，可同时从堤顶和船只上抛笼，以增加抛投速度。

(2) 混凝土铰链排。混凝土铰链排（铰链沉排）是指通过钢制扣件将预制混凝土板连接成排的护岸技术。排体在水下的稳定性与岸坡的坡度和平整度，排体自重及压载重，混凝土板之间连接扣件强度，河床冲刷强度等因素有关。试验研究表明，当直接用混凝土铰链沉排护岸时，排体头、尾部及前沿冲刷严重。由于排体具有一定柔性，一般情况下，基本能随河床的冲刷而发生相应变形，但若冲刷过于严重，一方面是排体的坡度变陡，排体会出现下滑甚至被拉断的现象；另一方面，由于排体前沿冲刷幅度最大，局部岸坡较陡，有的甚至呈悬吊状，同时，排体上下游两侧也发生冲刷变形，对局部排体的稳定性及护岸效果会产生不利影响。

对于抛石坡面上用混凝土铰链排进行加固的情况，据实测资料表明，由于排体下面的抛石层的局部坡度不平整，会导致铰链被拉断或混凝土块破碎。

混凝土铰链排的破坏主要是由于护岸后排体头、尾部和前沿河床冲刷变形的原因。排体下面的块石不平整或变形，将可能使混凝土板之间的连接扣件或混凝土板破裂。虽然沉排有一定的柔性，可适应一定的河床变形，但若排体周围河床变形较大，排体适应河床变形的能力及调整幅度则有限。因而，为减小排体周围受水流的冲刷引起的变形，需在头、尾部以及前沿加抛块石保护；其次，混凝土铰链排应在坡面平整的岸段沉放，不宜用于抛石护岸段的加固或直接在坡面不平整的岸段沉放。此外，对于混凝土铰链排中混凝土块之间间距较大的情况，需加土工布作为垫层，以防止其间的泥沙被淘刷而影响排体的稳定与护岸效果。在间距较小的情况下，可以不加土工布垫层。

综合室内研究与工程实践经验，混凝土铰链沉排护岸适用于岸线比较平顺、岸坡较缓且比较平顺的河段。在崩岸强度大、岸坡陡、地形变化大的岸段不宜采用，在已有大量抛石守护的岸段若需采用，应在沉排体前先将岸坡加以全面平整。

(3) 土工织物枕。土工织物枕是采用土工织物冲填砂土用于护脚，有单个枕袋、串联枕袋和枕袋与土工布构成软体排等多种型式。土工织物枕具有取材容易，体积和重量大，稳定性好，工程数量和质量容易控制，造价低，对环境影响较小及施工方便等优点。

土工织物枕所用的土工布应质轻、强度高、抗老化，满足枕体抗拉、抗剪、耐磨的要求。土工布的孔径应满足保护冲填物的要求。

土工织物枕可随河床的冲刷变形而发生一定调整，但由于尺寸较大，抗冲性较强，其调整能力较块石差，且调整后的土工织物枕在床面上的形态比较杂乱，土工织物枕间易出现空档，另外，土工织物枕易被船只抛锚所破坏。因此，采用土工织物枕护岸，一方面工程前需加备填砂枕或块石（最好为块石，适应河床变形能力强），以适应河床的冲刷变形；另一方面考虑到坡面上土工织物枕抛投及排列存在一定的随机性，为了使土工织物枕在坡面上形成相对均匀覆盖层，宜采用双层土工织物枕量抛护。

在护岸的除险加固中，应注意在流速较大的部位，可用3～5个单枕串联抛护。土工织物枕具体抛护厚度和型式可按有关规范规定选择。在岸坡很陡、岸床坑洼多或有块石尖锐物、停靠船舶，以及施工时水流不平顺，流速大于1.0m/s，不宜抛土工织物枕。

(4) 模袋混凝土排。模袋混凝土护脚是用以土工织物加工成形的模袋内充灌流动性混凝土或水泥砂浆的护岸技术。与其他型式相比，这一方法具有施工人员少、施工速度快、操作方便等特点。但对河道平整度要求高，水下护岸平整量大且定位较困难，适应河床变形的能力较差。

土工织物模袋在工厂按具体施工要求尺寸缝制而成。施工前，先把模袋就位，要绑扎固定牢固，然后用混凝土泵将混凝土混合物冲填到模袋内。填充用的混凝土要求有良好的流动性、但对混凝土的强度要求可放低。因此，可加入大量的粉煤灰、矿渣等混合料，以降低其工程造价。

模袋混凝土作为大块体刚性护岸材料，整体性较好，但不能随河床的冲刷变形而自动调整，相反，河床的冲刷变形对其有破坏作用。若在模袋周围加抛块石裹头、镇脚，会对模袋的稳定性起到积极的作用。由于模袋混凝土自身变形调整能力差，即便在模袋周围加抛块石裹头、镇脚，在河床冲淤变幅较大的位置，一旦在其周围出现薄弱环节，也会遭受水流的淘刷，形成淘刷坑，影响到模袋混凝土的护岸效果。另外，模袋混凝土的导滤作用比其他材料要差，这对岸坡的稳定也会有一定的影响。因此，模袋混凝土护岸工程的适用条件与混凝土铰链沉排护岸类似，适用于岸线比较平顺、河床冲淤变化不大、岸坡较缓且比较平整的河段，在岸线变化急剧、水下地形起伏大、河床冲淤变形剧烈的迎流顶冲的地段不宜采用。此外，模袋混凝土整体性好，抗风浪和水流的冲击能力强，适合水上护坡。

(5) 四面六边透水框架。四面六边透水框架（以下简称四面体）分单层均匀铺护、双层均匀铺护和覆盖率为70%的不均匀铺护。

试验表明，当四面体铺护均匀且厚度较大时，抗冲稳定性较好。当流速较小时，四面体不会被水流冲起，自身处于稳定状态，四面体守护区底部流速减缓，上游来沙大部分在四面体守护区内落淤，经过一段时间后，尾部少量四面体完全由泥沙覆盖，头部四面体也被深埋，促淤效果较好。其破坏主要是由于坡脚河床冲刷或坡面空档处泥沙被淘刷后，岸坡变陡而引起四面体下滑，在较大流速下还可能被带走。随着流速的增大，四面体自身稳定性减弱，当流速达到一定程度后，除坡脚前沿和坡面空档处冲刷引起四面体移动和破坏外，四面体保护区内的泥沙被冲刷，四面体本身也会失稳和发生位移，特别是单条棱边着床面或被架空的四面体更易产生运动。由于四面体是相互咬合，当单个运动时，会同时引起周围的四面体发生位移。当流速继续增大，四面体保护区内的泥沙运动加剧，头部四面体冲刷外露并发生运动，且向下游发展。大面积四面体发生位移，并且多数表现为成串运动，在水流持续作用下，其岸坡变陡，岸坡上部的四面体随岸坡的崩塌而下移，并被水流带走。因此，需在坡脚前加抛足够的防冲石。

因此，在流速较大和迎流顶冲地段不宜采用四面体进行护岸。由于受组成四面体杆件的阻水绕流和挤压作用，使四面体保护区内的流速分布发生一定调整，结果使四面体保护区内的近底流速小于投放四面体前的流速，从而引起局部流速减小，起着增阻减速的作用，有利于泥沙淤积，因此，在流速较小的地方和崩窝治理时采用四面体具有较好的缓流减淤作用。与实体材料相比，使用透水体材料促淤的最大优点是可以节省材料，同时，可以加速护岸区的淤积。

5.5.7.1.6　平顺护岸冲刷深度计算

平顺护岸基本上是顺水流方向修建，对水流产生的扰动最小，因此，一般情况下，工程前产生的冲刷深要小于丁坝。

平顺护岸的冲刷深度可以按式（5.4-12）进行计算。

1．水流平行于岸坡产生的冲刷

水流平行于岸坡产生的冲刷坑深度计算如下：

$$h_B = h_p\left[\left(\frac{V_{cp}}{V_{允}}\right)^n - 1\right] \qquad (5.5-12)$$

式中　h_B——局部冲刷坑深度，m；

h_p——冲刷处的水深，m；

V_{cp}——近岸垂线平均流速，m/s；

$V_{允}$——河床面上允许不冲流速，m/s；

n——与防护岸坡在平面上的形状有关，一般取 $n=1/4\sim1/6$。

V_{cp} 的计算应符合规定如下：

$$V_{cp} = V\frac{2\eta}{1+\eta} \qquad (5.5-13)$$

式中　V——为行近流速，m/s；

η——水流流速分配不均匀系数，根据水流流向与岸坡交角 α 查表 5.5-4 采用。

表 5.5-4　水流流速不均匀系数

α(°)	≤15	20	30	40	50	60	70	80	90
η	1.00	1.25	1.50	1.75	2.00	2.25	2.50	2.75	3.00

2．水流斜冲顺坝岸坡产生的冲刷

由于水流斜冲河岸，水位升高，岸边产生自上而下的水流淘刷坡脚，其冲深计算如下：

$$\Delta h_p = \frac{23\tan\frac{\alpha}{2}V_j^2}{\sqrt{1+m^2}g} - 30d \qquad (5.5-14)$$

式中　Δh_p——从河底算起的局部冲深，m；

α——水流流向与岸坡交角，(°)；

V_j——水流的局部冲刷流速，m/s；

m——防护建筑物迎水面边坡系数；

g——重力加速度，m/s²；

d——坡脚处土壤计算粒径，cm；对非黏性土，取大于15%（按重量计）的筛孔直径；对黏性土，取表 5.5-5 的当量粒径值。

表 5.5-5　黏性土的当量粒径

土性质	空隙比（空隙体积/土壤体积）	干容重（kN/m³）	黏性土的当量粒径（cm）		
不密实的	0.9～1.2	11.76	1	0.5	0.5
中等密实的	0.6～0.9	11.76～15.68	4	2	2
密实的	0.3～0.6	15.68～19.60	8	8	3
很密实的	0.2～0.3	19.60～21.07	10	10	6

5.5.7.2　丁坝

丁坝是广泛使用的河道整治建筑物，其主要功能为保护河岸不受来流直接冲蚀而产生淘刷破坏，同时它也在改善航道、维护河相以及保全水生生息场多样化方面发挥着作用。丁坝作为一种间断性的有重点的护岸（滩）方式，具有调整水流作用。

1．丁坝的分类

丁坝是指从堤身或河岸伸出，在平面上与堤线或岸线构成丁字形的坝。丁坝一般成群布设，具有防御水流冲刷堤身或滩岸，改变水流方向，控导河势的作用。按坝轴线与堤线或岸线的交角情况分正挑丁坝、上挑丁坝和下挑丁坝三种，见图 5.5-5。其中，下挑丁坝是最为常见的丁坝型式。

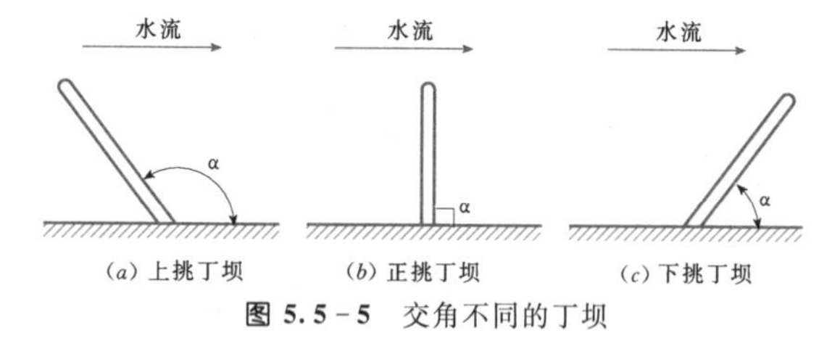

图 5.5-5　交角不同的丁坝

正挑丁坝，又称“正坝”。坝轴线与堤线或岸线交角为90°的丁坝。此种丁坝对水流的干扰较大，坝的上下游产生回流严重，最大冲刷坑往往发生在坝头的侧上游方。在有河道通航要求的大河治理中有广泛应用。感潮河口段，为适应两个相反方向交替来流，一般应修建正挑丁坝。

上挑丁坝，俗称“呛水坝”。坝轴线与堤线或岸线的交角大于90°的丁坝。此种丁坝受水流顶冲时，水流一分为二，形成很大的回流。最大冲刷坑往往发生在坝头侧上游方。常处于水下的潜丁坝多采用上挑式，以促成坝间淤积。

下挑丁坝，坝轴线与堤线或岸线的交角小于90°的丁坝。此种丁坝对水流的干扰随夹角的减小而减小，相应坝的上下游回流小，防守抢险主动。非淹没丁坝宜采用下挑型式布置，坝轴线与水流流向的夹角可采用30°～60°。该类型坝，在控导工程中有广泛应用。

丁坝的外型有直线型、拐头型和抛物线型，如图5.5-6所示。直线型丁坝是常用的型式。坝头常见的外形有流线型和圆头型。圆头型易施工、管理，且导流能力强，是最为常见的坝头型式。流线型坝头迎流顺，托流稳，导流能力强，坝间回流小，也是较好的型式。

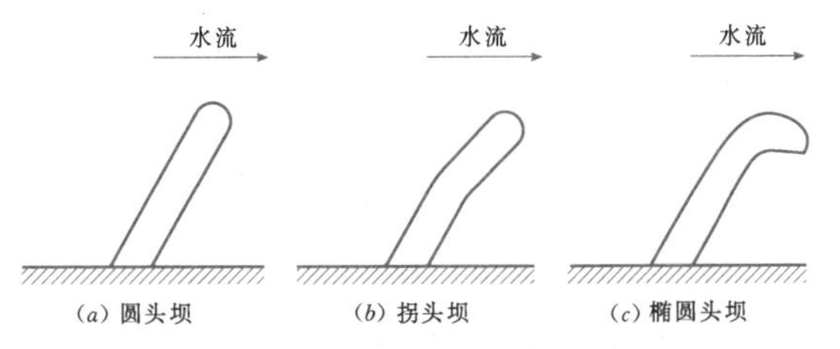

图 5.5-6 不同坝头型式的丁坝

坝垛结构型式应依照坝垛所在位置、重要程度、水流条件、地质情况、施工条件、运用和管理要求、环境景观、工程造价等因素，经技术经济比较确定。丁坝通常采用土坝基外围裹护防冲材料的型式。一般分为坝基、护坡和护根三部分。坝基一般用砂壤土填筑，有条件的再用黏土修保护层；护坡用块石抛筑，由于块石铺放方式不同，可分为散石、扣石和砌石（有浆砌、干砌）三种。护根一般用散抛块石、柳石枕和铅丝笼抛筑，也可用铅丝笼沉排、土工网笼沉排、土工长管袋等进行护根。修建工程按施工期有水、无水可分为旱地施工和水中进占施工。

2. 丁坝的方位与间距

坝的方位是指连坝中心线与坝垛中心线的夹角。在坝长一定的情况下，夹角越大，掩护的堤线越长，但坝的迎水面坝脚处冲刷越严重，上跨角处局部冲刷越剧烈，且坝后回流淘刷也较大，工程出险的机遇较多。因此，夹角宜小不宜大，一般以30°～60°为宜。根据河道整治治理经验，丁坝与连坝夹角取30°～45°。

合理而经济的丁坝间距，应达到既充分发挥每个丁坝的作用，又能保证两坝档之间不发生冲刷。为此，应使得下一丁坝的壅水刚好达到上一个丁坝的坝头，避免在上一个丁坝的下游发生水面跌落现象；同时应绕过上一个丁坝之后形成的扩散水流的边界线大致达到下一个丁坝的有效长度 l_p 的末端（$l_p=\frac{2}{3}l$），以免淘刷坝根，如图5.5-7所示。

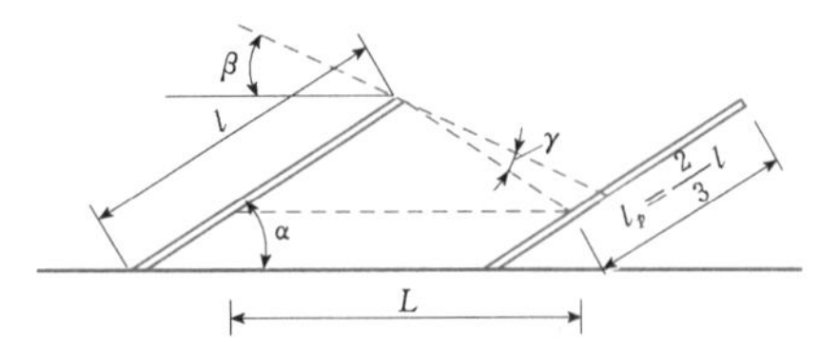

图 5.5-7 丁坝头扩散水流的影响长度

据此，可得直河段丁坝的间距计算如下：

$$L=\frac{2}{3}l\cos\alpha+\frac{2}{3}l\sin\alpha\cot(\beta+\gamma) \tag{5.5-15}$$

式中 L——坝的净间距，m；
l——坝的长度，m；
α——坝的方位角，(°)；
β——水流方向与工程位置线的夹角，(°)；
γ——水流过坝后的扩散角，一般可取6°～10°。

丁坝间距的确定应遵循充分发挥每道丁坝的掩护作用，又使坝间不发生冲刷的原则。根据已建工程经验，丁坝的间距可为坝长的1～3倍，处于整治线凹岸以外位置的丁坝及海堤的促淤丁坝的间距可增大。由于丁坝是成组布置方能充分发挥工程效益的，因此，一组丁坝中，不宜采取过多不同间距。据资料统计，黄河下游丁坝间距一般采用坝长的1～1.2倍，长江下游潮汐河口区采用1.5～3.0倍，我国海堤前的造滩丁坝一般采用2～4倍，有的采用坝长的6～8倍。美国密西西比河为1.5～2.5倍，欧洲一些河流为2～3倍。最终，坝间距可根据上述计算结果，参考已建工程以及其他河流已建工程综合确定。

3. 丁坝的设计冲刷深度

丁坝冲刷深度与水流、河床组成、丁坝形状与尺寸以及所处河段的具体位置等因素有关，其冲刷深度计算公式应根据水流条件、河床边界条件并应用观测资料验证分析选用。

（1）非淹没丁坝所在河流冲刷河床质粒径较细时计算如下：

$$h_B=h_0+\frac{2.8v^2}{\sqrt{1+m^2}}\sin^2\alpha \tag{5.5-16}$$

式中 h_B——局部冲刷深度，从水面算起，m；
h_0——行进水流水深，m；
v——行进水流流速，m/s；
α——坝轴线与来流方向夹角，(°)；
m——坝迎水面边坡系数。

（2）非淹没丁坝冲刷深度也可计算如下：

$$\Delta h = 27K_1K_2\tan\frac{\alpha}{2}\times\frac{v^2}{g} - 30d \tag{5.5-17}$$

其中
$$K_1 = e^{-5.1\sqrt{\frac{v^2}{gl}}} \tag{5.5-18}$$
$$K_2 = e^{0.2m} \tag{5.5-19}$$

式中 Δh——冲刷深度（低于一般冲刷以下的部分），m；

K_1——与丁坝在水流法线上投影长度有关的系数；

K_2——与丁坝边坡坡率有关的系数；

α——水流轴线与丁坝轴线的交角，当丁坝上挑 $\alpha>90°$ 时应取 $\tan\frac{\alpha}{2}=1$；

v——丁坝的行进流速，m/s；

d——床沙粒径，m。

（3）非淹没丁坝冲刷深度还可计算如下：

$$\frac{h_s}{H_0} = 2.80k_1k_2k_3\left(\frac{v_m - v_c}{\sqrt{gH_0}}\right)^{0.75}\left(\frac{L_D}{H_0}\right)^{0.08} \tag{5.5-20}$$

其中
$$v_m = \left(1.0 + 4.8\frac{L_D}{B}\right)v \tag{5.5-21}$$

式中 h_s——冲刷深度，m；

k_1、k_2、k_3——丁坝与水流方向的交角、守护段的平面形态及丁坝坝头的坡比对冲刷深度影响的修正系数；$k_1=\left(\frac{\theta}{90}\right)^{0.246}$；位于弯曲河段凹岸的单丁坝，$k_2=1.34$，位于过渡段或顺直段的单丁坝，$k_2=1.00$；$k_3=e^{0.07m}$；

m——丁坝坝头坡率；

v_m——坝头最大流速，m/s；

v——行近流速，m/s；

L_D——丁坝的有效长度，m；

B——河宽，m。

对于黏性与砂质河床可采用张瑞瑾公式计算：

$$v_c = \left(\frac{H_0}{d_{50}}\right)^{0.14}\times\sqrt{17.6\frac{\gamma_s-\gamma}{\gamma}d_{50} + 0.00000065\times\frac{10+H_0}{d_{50}^{0.72}}} \tag{5.5-22}$$

式中 v_c——泥沙起动流速，m/s。

对于卵石的起动流速可采用长江科学院的起动公式计算：

$$v_c = 1.08\sqrt{\frac{\gamma_s-\gamma}{\gamma}gd_{50}}\left(\frac{H_0}{d_{50}}\right)^{1/7} \tag{5.5-23}$$

式中 d_{50}——床沙的中值粒径，m；

H_0——行近水流水深，m；

γ、γ_s——水和泥沙的容重，kN/m^3；

g——重力加速度，m/s^2。

4. 丁坝坝顶高程和宽度

丁坝坝顶高程应按设计洪水位加坝顶超高确定。其坝顶高程确定可参考护岸顶部高程确定。

丁坝坝顶宽度应根据自身结构、抢险交通和料物堆放及其他要求确定，丁坝、连坝坝顶宽度不宜小于6m。由于丁坝坝头往往是丁坝最易于出险的位置，为保证大型抢险车辆转弯的需要，丁坝要求有更宽的坝顶宽度。根据黄河下游丁坝建设经验，防汛备石石垛尺寸一般为10m×8m×1.25m（长×宽×高）。为方便抢险和坝顶布置防汛备石，因此，丁坝不含护坡顶宽一般取6+8=14（m），连坝顶宽一般取10m，不设防汛备石的丁坝坝顶宽度可适当减小。小流域河流治理中丁坝可根据抢险情况综合确定。

根据汛期抢险需要，连坝坝顶路面可采用碎石、砂砾石或泥结石路面。坝顶应向一侧或两侧倾斜，坡度宜采用2%～3%。

5. 丁坝防护

丁坝临河侧易受水流淘刷处需进行防护。坝体裹护段的护坡应满足下列要求：

（1）防止土坝体被水流淘刷。

（2）能抵御风浪冲击，防止冰凌和漂浮物的损害。

（3）防止坡面被雨水冲蚀。

（4）防止动物破坏。

护坡应坚固耐久、就地取材，利于施工和维修。对丁坝不同迎水段以及同一坡面的不同部位可选用不同的护坡型式。

临水侧护坡的型式应根据风浪大小、近堤水流，结合丁坝的级别、坝高、坝身与坝基土质等因素确定。通航河流船行波作用较强烈的坝段护坡设计应考虑其作用和影响。临水侧坡面宜采用砌石、混凝土或土工织物模袋混凝土护坡，具体护坡型式参见护岸护坡部分。护坡一般由枯水平台、脚槽、坡身、导滤沟、排水沟和顶部工程等组成。枯水平台、脚槽或其他支撑体等，位于护坡工程下部，起支撑坡面不致坍塌的作用。枯水平台在护脚与护坡的交接处，平台高出设计枯水位0.5～1.0m，宽2～4m，一般用干砌块石或浆砌块石铺护。

非裹护段及连坝可采用草皮、水泥土等护坡。护坡的型式应根据当地的暴雨强度、越浪要求并结合坝高和土质情况确定。坝坡坡率根据坝体及坝基土料的压实密度和力学性质通过稳定计算确定。由于丁坝相对较低，加上丁坝本身对填土土质要求较低，一般土坝坡可按水上1∶2，水下1∶4进行初估，然后根据稳定计算确定最终坝体边坡，原则上土边坡不宜小于1∶2。

坡面每隔一定距离设置一条排水沟，其间距和断面尺寸视当地暴雨强度而定。长江中、下游排水沟间距为50～100m，断面尺寸为0.4m×0.6m。

丁坝护脚设计可参考护岸护脚设计，但要注意丁坝护脚深度与护岸护脚深度的区别。

6. 丁坝的稳定分析

丁坝的抗滑稳定计算可采用瑞典圆弧滑动法。当坝基存在较薄软弱土层时宜采用改良圆弧法。可参照第1章1.12介绍方法计算。

丁坝的抗滑稳定计算应计算下列水位的组合：

(1) 工程完建无水期时坝体的护坡稳定。

(2) 设计洪水位下稳定渗流期坝体的整体稳定和护坡稳定。

(3) 设计洪水位骤降期的坝体的整体稳定和护坡稳定。

(4) 坝前最大冲深，设计洪水位下稳定渗流期坝体的整体稳定和护坡稳定。

(5) 坝前最大冲深，设计洪水位骤降期坝体的整体稳定和护坡稳定。

需要注意的是，由于很多控导工程在洪水期间坝后可能是有水，这种情况渗流计算时一定要注意坝前后水位的确定。

7. 丁坝的抢险备石

丁坝虽然具有稳定河势的作用，但也破坏了河道中原有的水流结构。由于丁坝改变了近岸流态，势必增强坝头附近局部河床的危险性。常有坝头附近形成较大的冲刷坑，见图5.5-8，危及丁坝自身安全的情况发生。

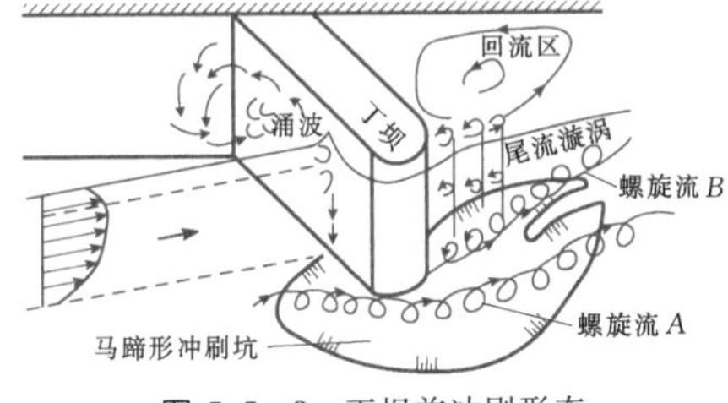

图 5.5-8 丁坝前冲刷形态

由于丁坝设计最大冲深相对较大，一次将护脚做到最大冲刷深度施工难度大且一次性投资也大。因此，根据已建工程经验，施工时往往将护脚做到施工期能达到的深度，通过工程抢险和日常抛石逐渐使护脚达到最大冲刷深度，从而使坝身达到稳定。设计时也通常将一次不能做到最大冲刷深断面的缺石部分，通过采用一次或分期储备的方式将该部分石料备在坝垛之上。这部分储备石方通常称为备防石。

一般情况下，在设计时，护坡深度为施工期河床高程。考虑运用期河床冲刷，护坡将通过抢险逐步达到稳定状态，即最大冲刷深。施工期河床高程至设计最大冲刷深时达到的高程之间的部分A，如图5.5-9所示，即为应储备的备防石数量。考虑到这部分工程量仍较大，且此部分工程量的发生有一定的几率，工程一旦脱河护脚可能长期达不到最大冲刷深；同时，在坝面上也没有足够的空间存储全部这部分备石。因此，一般按$5m^3/m$进行储备。近年来，由于工程管理体制和投资体制的变化，部分工程也根据实际情况，选择统一的料场，集中存放的方法进行管理。

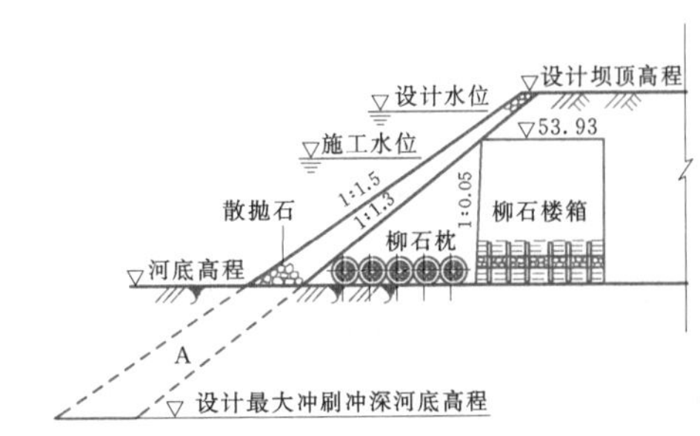

图 5.5-9 备防石计算示意图（单位：m）

5.5.7.3 顺坝

顺坝是一种纵向河道整治建筑物，坝身一般较长，与水流方向大致平行或有很小交角，沿治导线布置，它具有束窄河槽、引导水流、调整岸线的作用，因此又称作导流坝。顺坝常常布设在水流分散的过渡段，分汊河段的分、汇流区，急弯和凹岸尾部，以及河口治理段。对于堤前滩地较窄的堤防，可设置与堤岸线基本平行的顺坝。顺坝坝身着溜段较长，能较平缓地迎溜送溜，而且不对河床产生剧烈的冲刷。图5.5-10所示实例为澜沧江曼厅大沙坝1号抛石顺坝。

图 5.5-10 澜沧江曼厅大沙坝1号抛石顺坝

顺坝也有淹没式、非淹没式（潜坝）两种型式。淹没式顺坝多用于枯水航道整治，其坝顶高程由整治水位决定，并且自坝根至坝头逐渐降低，成一缓坡，坡度可略大于水面比降。淹没式顺坝用于中水整治时，坝顶一般与河漫滩齐平。为了促淤防冲，顺坝与老岸之间可加筑若干格坝，格坝的间距，可为其长度1～3倍，过流格坝的坝顶高程略低于顺坝。对于非淹没式顺坝，一般多在下端留有缺口，以便洪水时倒灌落淤。

顺坝的结构型式可采取和平顺护岸、丁坝类似的结构型式。选取结构型式时，应尽可能遵循就地取材、便宜施工、节约投资和方便日后管理的结构型式。

顺坝坝顶高程、宽度以及防护、护脚、稳定分析、抢险备石设计均可参考护岸、丁坝相关设计内容。

5.5.7.4 沉排坝

传统土石结构的丁坝或顺坝很难将根石一次修建至稳定所需的深度，因此，多数丁坝或顺坝易出险，需经不断地抢险才能维持自身的稳定。为解决传统结构存在的自身缺陷，沉排坝就应运而生了。

所谓沉排坝，即用沉排作为护根体的坝。沉排是片状防冲物，方形，预先绑扎好，用船运至设计位置沉放。有混凝土排、土工布袋、土工长管袋成排、柴排等多种形式。

沉排常用于实体建筑物护脚或护底。其特点是面积大，维修工作量小，整体性强，柔韧性好，易适应河床变形，随着水流冲刷排体外河床，排体随之下沉，可保护建筑物根基。但沉排结构比较复杂，施工技术性强。

沉排设计内容主要包括：结构型式、排幅、结构稳定校核、护底结构及锚固方式等。

5.5.7.4.1 土工织物沉排坝设计

土工织物沉排近年来使用较多，一般可用于江河湖岸护坡、护底工程和水下防护，兴建堤坝外坡等。沉排以单层或双层土工织物制成的大面积排体，以取代传统柴排。土工织物沉排能起反滤排水作用，有效地防冲。根据需要，土工织物也可制成较大面积的土工膜排体。

土工织物沉排受往复水流的作用，因此，不论其保护何种土类，土工织物材料的保土性应满足：

$$O_{95} \leqslant 0.5d_{85} \qquad (5.5-24)$$

式中 O_{95}——土工织物等效孔径，mm；

d_{85}——被保护土的特征粒径，mm。

土工织物沉排覆盖于可能冲刷的部位。软体排分为单片排和双片排。

单片排由织造土工织物缝制成的单片大排体。宽度一般不小于10m，长度按防护范围、施工机具能力和环境条件等确定。排体周边加缝一道ϕ14mm的绳，在宽度方向每隔0.4～0.6m要缝制一道套筒，并穿一根ϕ6mm的绳。绳的作用是加固和牵引锚固排体，见图5.5-11；也可在软体排上下两侧各布设一片绳网，周边系压重混凝土块，见图5.5-12。

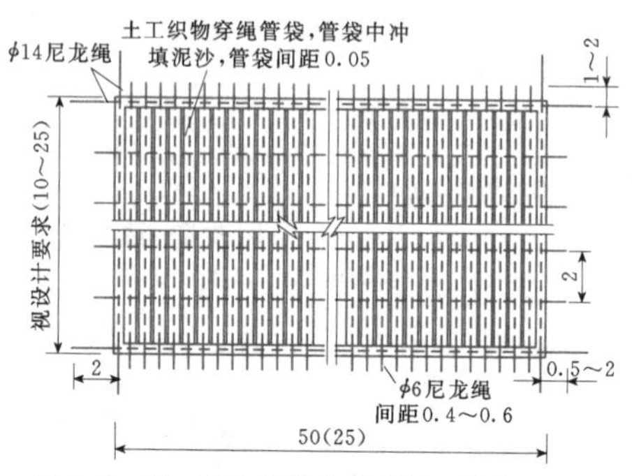

图5.5-11 软体排结构示意图（单位：m）

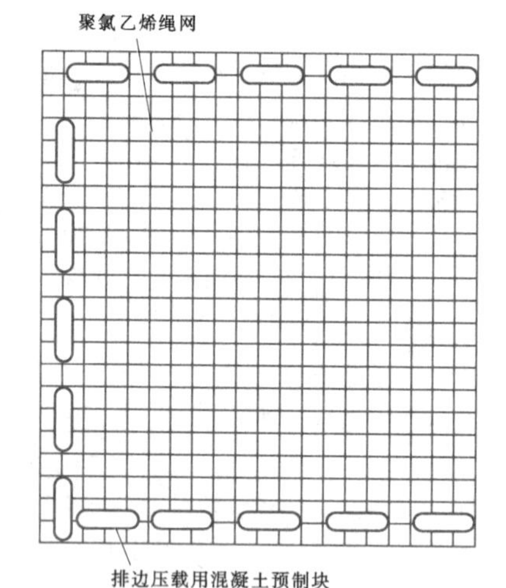

图5.5-12 排体结构示意图

单片排重量轻，施工简便，但需随沉排随压重，宜用于一般小型防护工程。

双片排由双片土工织物叠合一起，隔一定间距，按压重材料的特征缝制成的长管状或格状的空室，填以透水料，作为排体铺设时的压重或全部压重。用于重要工程和风大浪急、流速高的防护部位。

1. 排体长度的确定

水上部分排长为护坡长度L_u与挂排所需长度L_a之和。水下部分排长由三部分组成：①与水上部分排体连接所需长度L_{11}；②水下坡长度L_{12}，应计及排布褶皱（褶皱系数可取C_1=1.4）和收缩（收缩系数

$C_2=1.05$）作用，留有余幅；③预留因冲刷增加的长度 L_{13}（应考虑安全系数，可取 $F_s=2$）。河床冲刷深度可参考丁坝或护岸冲刷计算公式。

2. 排体宽度的确定

排体宽度应为保护区域宽度、相邻排体搭接或缝接所需宽度（一般不小于 0.5m）和考虑排体收缩余幅之和。收缩余幅等于排体制作宽度扣除搭接宽度后的尺寸乘以收缩系数（在静水中可取 1.015～1.024；动水中取 1.025～1.04）。

排体稳定静力计算包括以下内容：排体抗漂浮校核；排体抗边缘掀动校核；排体抗顺坡下滑校核；排体上要求的压载。

（1）抗漂浮核算。静水下坡面上排体抗浮稳定条件如下：

$$\Delta h \leqslant \gamma'_p \frac{\cos\alpha}{\gamma_w} \tag{5.5-25}$$

式中 Δh——排体上下水头差，m；

γ'_p——排面压载体单位面积浮重，kN/m^3；

γ_w——水容重，kN/m^3；

α——坡角，(°)。

风浪作用下稳定性由稳定系数 S_N 判别，可计算如下：

$$S_N=\frac{H}{\gamma'_r\delta_m} \tag{5.5-26}$$

其中

$$\gamma'_r=\frac{\gamma_a-\gamma_w}{\gamma_w} \tag{5.5-27}$$

式中 H——浪高，m；

δ_m——护坡厚度，m；

γ'_r——护坡的浮重；

γ_a、γ_w——护坡材料容重与水容重，kN/m^3。

用各种护坡压载材料时，要求的 S_N 按表 5.5-6 取值。对表 5.5-6 中未列情况，采用 $S_N<2$ 偏安全。如果排体织物的透水性低，接近于被保护土的透水性，则需将表 5.5-6 数值乘以 0.6，采用折减值与 2 之间的较小值。

表 5.5-6 抗浪击要求的稳定系数 S_N

排 体 型 式	要求的 S_N
乱石压载	<2
独立块体压载	<2
充砂压载	<5
连锁压载	<5.7
浆灌连锁排压载	<8

（2）抗掀起核算。当水下流速不大于按式（5.5-28）算得的临界流速 v_{cr} 时，排体将是稳定的。

$$v_{cr}=\theta\sqrt{\gamma'_r g\delta_m} \tag{5.5-28}$$

式中 θ——系数，按表 5.5-7 取值，对直接放在河床底无压载的织物排，θ 值可采用 1.4。

表 5.5-7 护底排抗掀动要求的 θ 值（水深 2m）

排 体 型 式	要求的 θ 值
独立块体压载	2
柴梢织物排单位压载（$2kN/m^2$）	2
块石沥青排	2
砾石冲填排	1.4

（3）抗排体顺坡下滑核算。排体连同压载抗滑稳定条件如下：

$$\Delta h \leqslant \gamma_{sat}\delta_m\left[\cos\alpha-\frac{\sin\alpha}{f_{sg}}F_s\right]\frac{1}{\gamma_w} \tag{5.5-29}$$

式中 γ_{sat}——排体连同压载的饱和容重，kN/m^3；

α——坡角；

f_{sg}——排体材料与坡面间的摩擦角，用水下值，由试验测定；

F_s——安全系数，可用 1.3。

（4）压重。排体上要求的压重，与当地水流流态与流速有关，可按图 5.5-13 查用。当流速 $v\leqslant 3m/s$ 时，可以采用 1kPa。

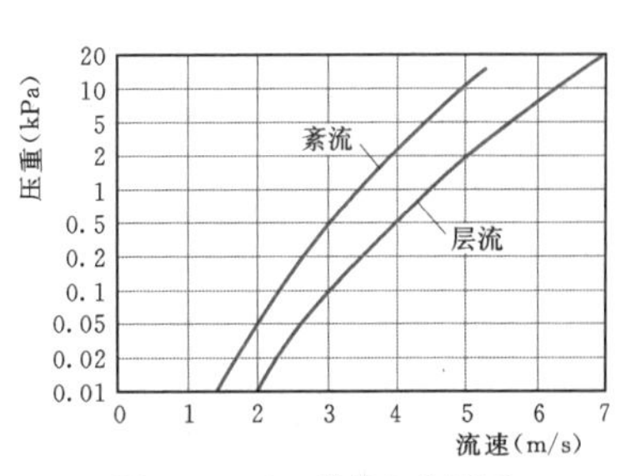

图 5.5-13 排体上的压重

5.5.7.4.2 其他沉排坝设计

除土工网笼沉排坝外，也可以利用铅丝等做成网笼，作为沉排。近年来，随着材料工艺的改进，又出现了强度和韧性更好的以机编六边形低碳钢丝网面制成的沉排等新型材料。这种沉排因为首先应用于意大利的雷诺河，因此命名为雷诺沉排。这些类型的沉排，其设计基本原理与土工网笼沉排坝一致，在设计过程中，需根据不同的材料，对其耐久性、整体性进行分析，以确保设计的合理性。

5.5.7.5 桩坝

桩坝是一种较常用的透水的河道整治建筑物。它由一组具有一定间距的桩体组成，按照坝前冲刷坑可能发生的深度，将新建工程的基础一次性做至坝体稳定的设计深度，当坝前河床土被水流冲失掉以后，坝体仍能维持稳定而不出险，继续发挥其控导河势的作用。最早在浅水处使用木桩坝，有缓流落淤效果。垂直桩坝的桩，打入河底部分占桩长的2/3，桩的上部以横梁联系。斜桩坝以三根桩为一群，上部用竹缆或铅丝绑扎在一起，排间连以纵横连木，基础可用沉排保护或在桩式坝内填石料保护。桩坝现已发展用钢筋混凝土或直接采用钢管等材料桩坝，用水冲钻或震动打桩机打桩，桩长及桩入土深度均可增加，由于其抗冲能力大，可用于河道主流区，如图5.5-14所示。

图5.5-14　沁河入黄口东安桩坝

5.5.7.5.1　桩的分类

桩可按荷载机理、材料、形状、直径（或断面）、长度、使用性能及桩端支承情况等多种范畴进行分类。

(1) 按材料分类。桩按材料可分为木桩、钢筋混凝土桩、钢桩及组合材料桩等。其中，钢筋混凝土桩又可分为普通钢筋混凝土桩（简称RC桩，混凝土强度等级为C15～C40）、预应力钢筋混凝土桩（简称PC桩，混凝土强度等级为C40～C80）和预应力高强度混凝土桩（简称PHC桩，混凝土强度等级不低于C80）。钢桩又可分为钢管桩、钢板桩和H型钢桩。组合材料桩中有钢管外壳加混凝土内壁的合成桩等。

(2) 按形状分类。桩按形状可分为圆形桩（实心圆断面桩、空心圆断面桩和管桩）、角形桩（三角形桩、四角形桩、六角形桩、八角形桩、外方内圆空心桩及外方内异形空心桩等）、异形桩（十字形桩、X形桩、楔形桩、扩底桩、桩身扩大桩、树根形桩、梯形桩、锥形桩、T形桩及波纹形锥形桩等）、螺旋桩、带扩大头的钢筋混凝土预制桩、多节桩、多分支承力盘桩、DX桩、凹凸形灌注桩等。

(3) 按施工方法分。桩按施工方法可分为非挤土桩、部分挤土桩和挤土桩3大类型。如细分，桩的施工方法超过300种。

5.5.7.5.2　桩坝的总体布置

根据桩坝的透水性不同，可分为透水桩坝和不透水桩坝。

所谓透水桩坝，是指桩与桩之间有一定间距，整个桩坝能起到导流作用的同时，也允许一定量的水从桩与桩之间穿过，以减小桩的受力。不透水桩坝是指桩与桩之间空隙很小或没有空隙，水流难以从桩间穿过的桩坝。

一般地，桩坝依托堤防修建，起到直接保护堤防作用时采用不透水桩坝型式，而仅起导流作用时，为降低工程投资，减少桩的受力，而采取透水桩坝型式。透水桩坝和不透水桩坝的平面布置可以是一样的，区别仅在于桩与桩之间的间距大小。下面以透水桩坝为例，来说明桩坝的平面布置。

桩坝的平面布置也分为顺水流方向的护岸型式和垂直水流方向的丁坝型式。

顺水流方向布置的透水桩坝：以沁河入黄口东安桩坝为例说明该类型坝的布置。黄河下游控导工程均是按已规划好的整治线确定工程位置线，由此来布置控导工程。考虑沁河入黄口修建控导工程时，工程将可能临、背水面分别遭受黄河和沁河来水的冲刷，修建土石坝易出险，抢护工程量大。为此，在沁河入黄口布置东安控导工程时，采用了混凝土桩坝。桩坝设计桩径0.8m，桩净间距为0.3m，在不淹没情况下，透水率为33%。东安工程平面布置图见图5.5-15。

根据东安控导工程的运行观测资料，该类型桩坝能起到较好的导流作用及透水落淤造滩作用，使坝前冲刷、坝后落淤，冲淤相结合，从而达到归顺水流、控导河势的目的。

垂直水流透水桩坝布置型式见图5.5-16。参考国外修建的垂直水流透水桩坝，其透水率以及设计桩长可根据位置有所改变。靠近主流区，桩长较长以满足自身稳定要求；同时，其透水率较大，以减小局部最大冲刷深。靠近河岸处，由于局部冲刷深相对较小，故设计坝长可适当减小，以降低工程投资；同时，透水率适当降低，以实现控制水流的目的。

顺水流透水桩坝结构优缺点：根据工程靠河后导流效果，以及黄河水利科学研究院的模型试验结果，工程能很好地起到传统丁坝控导水流的效果，工程适应性较好。然而，由于桩坝顺水流方向布置，为避免主流穿桩坝而过，桩与桩之间必须保持较小的距离且为保持桩自身的稳定，每根桩都要求达到在设计最大冲刷坑时保持自身的稳定，增加了工程投资。

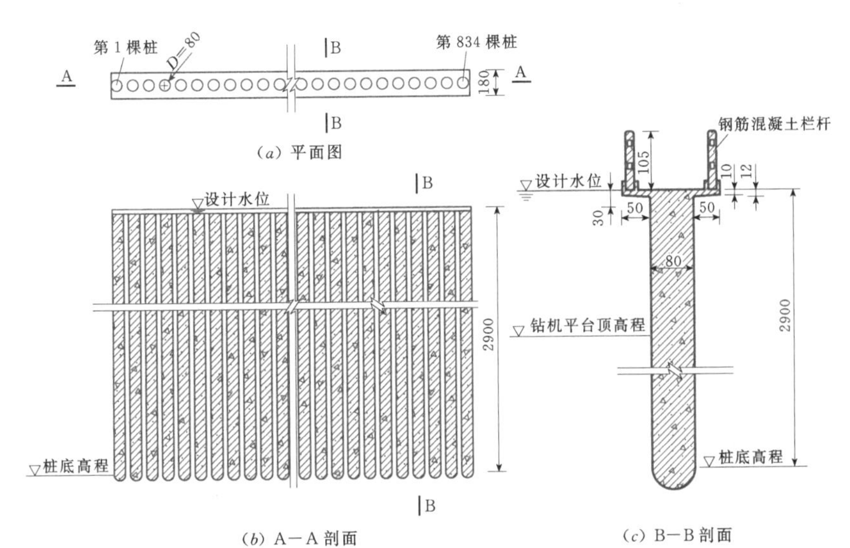

图 5.5-15 沁河入黄口东安桩坝剖面图（单位：mm）

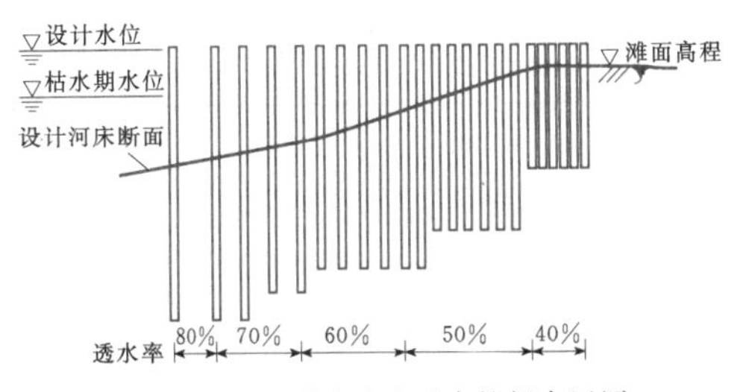

图 5.5-16 垂直水流透水桩坝布置图

垂直水流透水桩坝结构优缺点：根据已建的桩坝观测数据，坝头一般易遭受水流淘刷而需在设计冲刷深时仍保持稳定，而坝根处只需较浅的埋深即可达到稳定状态。根据国外的实践经验和物理模拟可以看出，垂直水流布置的桩坝，一方面仍能起到控制主流的作用；另一方面，坝根处的桩坝埋深可以适当减小，这将大大降低工程投资。此外，桩坝间距也根据桩的位置可以有所调整。一般的，靠主流侧间距较大，靠坝根侧间距密，这样能较好地控制主流并保护河岸的稳定。

5.5.7.5.3 桩坝的设计冲刷深度

根据桩坝的平面布置型式，可依与水流的夹角参考丁坝或护岸的计算公式确定冲刷水深。同时，也可以根据《公路工程水文勘测设计规范》(JTG C30—2002) 计算冲刷水深。

按照桥梁墩台冲刷计算，一般包括河床自然演变冲刷、一般冲刷和局部冲刷三部分。在实际设计计算时通常认为，河道经过历史的演变，河势基本达到冲淤平衡，计算时采用的河道水下地形资料已经包括了河床自然演变冲刷，即认为河床自然演变冲刷为零。因此只要确定一般冲刷和局部冲刷，并将其叠加，就得到墩台的最大冲刷深度。

1. 一般冲刷

(1) 非黏性土河床。非黏性土河床的一般冲刷，可按 JTG C30—2002 中的简化式 (64-2) 和修正式 (64-1) 进行计算。因为桩坝布置在整治线以内，因此仅按照河槽部分的冲刷进行计算。

1) 简化式 (64-2)，是按照输沙平衡建立的公式，计算如下：

$$h_p = 1.04\left(A_d \frac{Q_2}{Q_c}\right)^{0.90}\left[\frac{B_c}{(1-\lambda)\mu B_{cg}}\right]^{0.66} h_{cm} \tag{5.5-30}$$

其中

$$Q_2 = \frac{Q_c}{Q_c + Q_{t1}} Q_p \tag{5.5-31}$$

$$A_d = \left(\frac{\sqrt{B_z}}{H_z}\right)^{0.15} \tag{5.5-32}$$

式中 h_p ——桥下一般冲刷后的最大水深，m；

Q_p ——频率为 $P\%$ 的设计流量，m^3/s；

Q_2 ——桥下河槽部分通过的设计流量，m^3/s，当河槽能扩宽至全桥时取用 Q_p；

Q_c ——天然状态下河槽部分设计流量，m^3/s；

Q_{t1} ——天然状态下桥下河滩部分设计流量，m^3/s；

B_c ——河槽宽度，m；

B_{cg} ——桥长范围内的河槽宽度，m，当河槽能扩宽至全桥时取用桥孔总长度；

B_z ——造床流量下的河槽宽度，m，对复式河床可取平滩水位时河槽宽度；

λ ——设计水位下，在 B_{cg} 宽度范围内，桥墩阻水总面积与过水面积的比值；

μ ——桥墩水流侧向压缩系数，按表 5.5－8 采用；

h_{cm} ——河槽最大水深，m；

A_d ——单宽流量集中系数；

H_z ——造床流量下的河槽平均水深，m，对复式河床取平滩水位时河槽平均水深。

表 5.5－8　桥墩水流侧向压缩系数值（μ 值）

设计流速 V_s (m/s)	单孔净跨径 L_0 (m)								
	≤10	13	16	20	25	30	35	40	45
<1	1.00	1.00	1.00	1.00	1.00	1.00	1.00	1.00	1.00
1.0	0.96	0.97	0.98	0.99	0.99	0.99	0.99	0.99	0.99
1.5	0.96	0.96	0.97	0.97	0.98	0.98	0.98	0.99	0.99
2.0	0.93	0.94	0.95	0.97	0.97	0.98	0.98	0.98	0.98
2.5	0.90	0.93	0.94	0.96	0.96	0.97	0.97	0.98	0.98
3.0	0.89	0.91	0.93	0.95	0.96	0.96	0.97	0.97	0.98
3.5	0.87	0.90	0.92	0.94	0.95	0.96	0.96	0.97	0.97
≥4.0	0.85	0.88	0.91	0.93	0.94	0.95	0.96	0.96	0.97

注　1. 系数 μ 为墩台侧面因漩涡形成滞留区而减少过水面积的折减系数。

2. 当单孔净跨距 $L_0>45$m 时，可按 $\mu=1-0.375\dfrac{V_s}{L_0}$ 计算。对不等跨距的桥孔可采用各孔 μ 值的平均值。单孔跨径大于 200m 时，取 $\mu\approx1.0$。

2）JTG C30—2002 中的修正式（64－1），是按照冲止流速建立的公式，计算如下：

$$h_p=\left[\frac{A_d\dfrac{Q_2}{\mu B_{cj}}\left(\dfrac{h_{cm}}{h_{cq}}\right)^{5/3}}{E\overline{d}^{1/6}}\right]^{3/5}\tag{5.5－33}$$

式中　B_{cj} ——河槽部分桥孔过水净宽，m，当桥下河槽能扩宽至全桥时，即为全桥桥孔过水净宽；

h_{cq} ——桥下河槽平均水深，m；

$\overline{d}$ ——河槽泥沙平均粒径，mm；

E ——与汛期含沙量有关的系数；当含沙量 $\rho=1\sim10\text{kg/m}^3$ 时，$E=0.66$；当含沙量 $\rho>10\text{kg/m}^3$ 时，$E=0.86$。

（2）黏性土河床。黏性土河床河槽部分的一般冲刷，计算如下：

$$h_p=\left[\frac{A_d\dfrac{Q_2}{\mu B_{cj}}\left(\dfrac{h_{cm}}{h_{cq}}\right)^{5/3}}{0.33\left(\dfrac{1}{I_L}\right)}\right]^{5/8}\tag{5.5－34}$$

式中　A_d ——单宽流量集中系数，取 1.0～1.2；

I_L ——冲刷坑范围内黏性土液性指数，适用范围为 0.16～1.19。

2. *局部冲刷*

（1）非黏性土河床。非黏性土河床局部冲刷，可按式（5.5－35）～式（5.5－46）计算：

1）式（65－2）：

当 $V\leqslant V_0$ 时

$$h_b=K_\xi K_{\eta2}B_1^{0.6}h_p^{0.15}\left(\frac{V-V_0'}{V_0}\right)\tag{5.5－35}$$

当 $V>V_0$ 时

$$h_b=K_\xi K_{\eta2}B_1^{0.6}h_p^{0.15}\left(\frac{V-V_0'}{V_0}\right)^{n_2}\tag{5.5－36}$$

其中

$$K_{\eta2}=\frac{0.0023}{\overline{d}^{2.2}}+0.375\overline{d}^{0.24}\tag{5.5－37}$$

$$V_0=0.28(\overline{d}+0.7)^{0.5}\tag{5.5－38}$$

$$V_0'=0.12(\overline{d}+0.5)^{0.55}\tag{5.5－39}$$

$$n_2=\left(\frac{V_0}{V}\right)^{0.23+0.19\lg\overline{d}}\tag{5.5－40}$$

式中　h_b ——桥墩局部冲刷深度，m；

K_ξ ——墩形系数；

$K_{\eta2}$ ——河床颗粒影响系数；

B_1 ——桥墩计算宽度，m；

h_p ——一般冲刷后的最大水深，m；

V ——一般冲刷后墩前行进流速，m/s；

V_0 ——河床泥沙起动流速，m/s；

V_0' ——墩前泥沙起冲流速，m/s；

$\overline{d}$ ——河床泥沙平均粒径，mm；

n_2 ——指数。

2）修正式（65-1）：

当 $V \leqslant V_0$ 时

$$h_b = K_\xi K_{\eta 1} B_1^{0.6}(V - V_0') \quad (5.5-41)$$

当 $V > V_0$ 时

$$h_b = K_\xi K_{\eta 1} B_1^{0.6}(V - V_0')\left(\frac{V - V_0'}{V_0 - V_0'}\right)^{n_1} \quad (5.5-42)$$

其中 $$V_0 = 0.0246\left(\frac{h_p}{\overline{d}}\right)^{0.14}\sqrt{332\overline{d} + \frac{10 + h_p}{\overline{d}^{0.72}}} \quad (5.5-43)$$

$$K_{\eta 1} = 0.8\left(\frac{1}{\overline{d}^{0.45}} + \frac{1}{\overline{d}^{0.15}}\right) \quad (5.5-44)$$

$$V_0' = 0.462\left(\frac{\overline{d}}{B_1}\right)^{0.06} V_0 \quad (5.5-45)$$

$$n_1 = \left(\frac{V_0}{V}\right)^{0.25\overline{d}^{0.19}} \quad (5.5-46)$$

式中 $K_{\eta 1}$ ——河床颗粒影响系数；

n_1 ——指数。

（2）黏性土河床。黏性土河床局部冲刷公式如下：

当 $\frac{h_p}{B_1} \geqslant 2.5$ 时

$$h_p = 0.83 K_\xi B_1^{0.6} I_L^{1.25} V \quad (5.5-47)$$

当 $\frac{h_p}{B_1} < 2.5$ 时

$$h_b = 0.55 K_\xi B_1^{0.6} h_p^{0.1} I_L^{1.0} V \quad (5.5-48)$$

式中 I_L ——冲刷坑范围内黏性土液性指数，适用范围为 0.16～1.48。

如果河道自然演变未经有效控制，或者河道来水来沙条件发生重大变化，以及上下游河床边界条件发生重大变化，可能导致河床自然演变发生重大调整时，设计中仍要考虑河床自然演变的影响。以黄河下游控导工程设计为例，小浪底水库修建后，在小浪底拦沙运用期，黄河下游河床普遍冲刷下切，因此，在设计中就需要考虑河床冲刷下切带来的影响。同时，在设计中，也应考虑工程河道断面自然演变的影响，比如由原来的直河段变化弯道，其河床断面也发生自然演变带来水深变大的影响。

5.5.7.5.4 桩坝的嵌固深度计算

桩坝冲刷线以下嵌固深度必须满足静力平衡条件，即作用于结构上的全部水平力平衡条件和绕桩底弯矩总和为零的条件，见图 5.5-17。为保证桩体不绕根部转动，其最小嵌固深度应满足弯矩平衡条件 $\sum M_0 = 0$，以求得板桩嵌固深度 h_d。

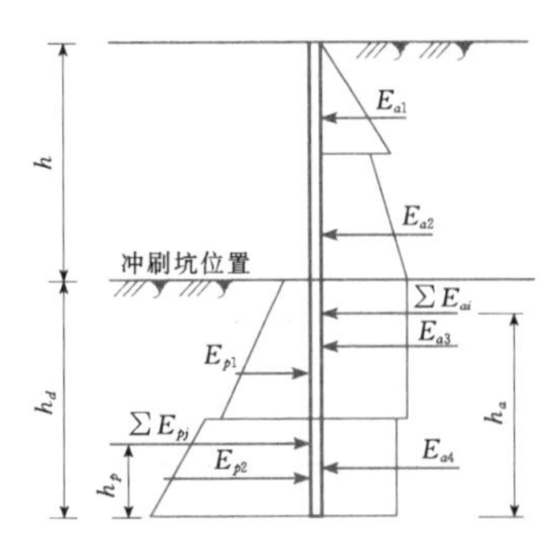

图 5.5-17 桩坝嵌固深度计算简图

采用《建筑基坑支护技术规程》（JGJ 120—99）中悬臂式支护结构嵌固深度设计值 h_d 的计算方法：

$$h_d = h_p \sum E_{pj} - 1.2\gamma_0 h_a \sum E_{ai} \geqslant 0 \quad (5.5-49)$$

式中 $\sum E_{pj}$ ——桩底以上基坑内侧各土层水平抗力标准值合力之和；

h_p ——合力 $\sum E_{pj}$ 作用点至桩底的距离；

$\sum E_{ai}$ ——桩底以上基坑外侧水平合力标准值的合力之和；

h_a ——合力 $\sum E_{ai}$ 作用点至桩底的距离；

γ_0 ——基坑侧壁重要性系数，取 1.0。

5.5.7.5.5 桩坝的结构计算

桩坝的结构计算可根据受力条件分段按平面问题计算。对于主要承担水平荷载桩的结构计算，目前主要有极限平衡法、线弹性地基反力法等计算方法。极限平衡法、线弹性地基反力法等计算方法可参见 JGJ 120—99。

5.5.7.6 潜坝

顶面设有防冲设施，允许一定洪水漫溢的坝。此类坝适用于河道排洪断面不足的河道治理工程，或枯水整治工程。

潜坝设计流量的确定往往是其设计的关键因素。潜坝应根据其作用、工作环境确定其设计流量。潜坝设计坝顶高程一般与设计水位平，该坝顶高程一方面要能使工程能发挥其预期的设计目的；另一方面，也尽可能使其不影响河流的行洪。

根据工程作用不同，潜坝采用丁坝、平顺护岸（护滩）型式。其临水侧设计冲刷深度可依据确定的结构型式，按丁坝或平顺护岸（护滩）工程计算设计冲刷深度。背河侧设计冲刷深度可参见锁坝下游侧设计冲刷坑深度进行计算。

由于潜坝特殊的工作环境，其临河、背河侧均需要防护，且其可能的淹没时间较长，因此，其结构可靠性要求更高。防护体设计可参考丁坝防护进行计算。防护型式可采用铅丝网笼沉排、混凝土模袋沉排、土工长管袋沉排等结构。

图5.5－18为黄河下游铁谢潜坝结构断面图。

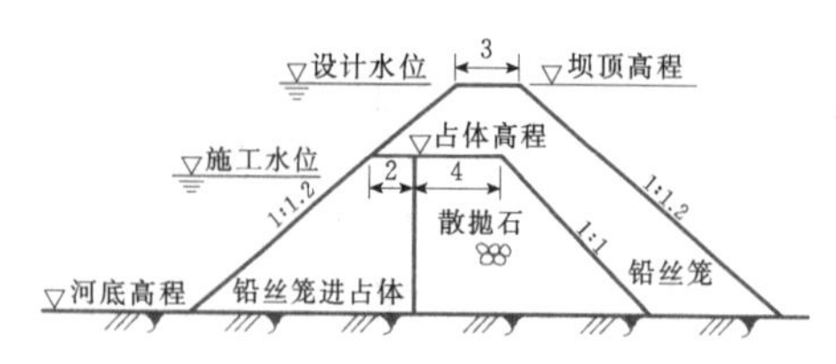

图5.5－18　黄河孟津铁谢潜坝典型断面图
（单位：m）

5.5.7.7　锁坝

在通航河流中，锁坝是一种重要的航道整治建筑物，常用于封闭非通航的汊道、串沟，增加通航主槽的流量，冲刷浅区，提高通航水深。其作为枯水整治建筑物，在枯水期或洪水降落期增加通航汊道流量，加速航道浅区的冲刷是十分有效的。在我国的松花江、大渡河、嘉陵江、岷江、赣江、西江和长江等河道整治中发挥了重要作用。

考虑到锁坝在洪水时仍要溢流的特点，锁坝坝坡应适当放缓，且背水坡应缓于迎水坡。抛石锁坝的迎水坡边坡系数可取1.0～2.0，背水坡为1.5～3.0。其他结构的锁坝迎水坡2.5～3.0，背水坡3.0～5.0。锁坝在枯水期起塞支强干的作用，但对水流渗透无严格要求，故可由坝上游泥沙淤积自行封密，无需设专门的防渗措施。中高水位时，则与溢流坝堰相同，在坝下游可能发生较严重冲刷，甚至危及坝体安全，所以一般要有防冲护底措施。护底范围与坝高及河床组成有关。常用的沉排护底，超出堤脚的范围，上游约为坝高的1.5倍，下游则为坝高的3～5倍，必要时还可进行验算如下：

$$L = m\Delta H_P \tag{5.5-50}$$

式中　L——为护底伸出长度，m；

m——护底稳定边坡系数，宜取1.5～2.5；

ΔH_P——原河床床面起算的冲刷坑最大深度，m。

锁坝长度与所堵汊道宽度相同，坝顶高程通过水力计算确定，一般高出平均枯水位0.5～1.0m。为避免堵汊造成上游洪水位有较大幅度的抬升，较高的锁坝工程可一次设计，分期实施，逐步修筑至设计高程，以便有充分时间，满足水流与河床的自动调整。锁坝的坡度斜面与河岸平顺衔接。所堵汊道内锁坝的数目，取决于汊道比降的大小，如果进出效能措施过于复杂，也可修建数个低坝，原则上控制每个锁坝分担0.5～0.7m的水位差。

锁坝的修筑位置，可以在被堵汊道或串沟的进口、中部和出口三种不同方面，且各有利弊。设计时，应根据汊道地形、地质、水文、施工条件和工程量大小，以及对港口、码头、工农业取水工程等方面的影响，比较选定；大多数情况下，往往宜将锁坝修筑在汊道中部或略上游一些。

锁坝的坝顶高程根据实际需要而定。淹没式锁坝，坝顶中部占坝长1/2～2/3长度，其顶部高程应水平，两端高程可以取1/25～1/10的坡度逐渐增高与河岸相连接。锁坝的顶宽可取3～8m，上下游边坡根据稳定计算确定；锁坝应在坝身上下游作护底沉排。沉排露出坝脚的宽度，上游可取坝高的1.5倍，下游可取坝高的3～5倍。

锁坝设计应考虑下游冲刷影响，并对其进行保护。水流从锁坝坝顶漫溢后，下游河床产生局部冲刷。若为淹没泄流，根据《水力学计算手册》，可借用南京水利科学研究所的“静水池尾坎后跌流冲刷的试验”成果计算锁坝冲刷深度，计算如下：

$$h_p = \frac{0.332}{\sqrt{d}\left(\frac{h}{d}\right)^{1/6}} q \tag{5.5-51}$$

式中　h_p——锁坝下游最大冲刷坑最大深度，m，自水面算起；

h——冲刷前锁坝下游水深，m；

d——河床沙平均粒径，m。

文岑、赵世强认为式（5.5－51）是总结闸坝下游的局部冲刷成果得到的公式，是考虑消能以后的冲刷，并非是针对锁坝下游冲刷提出的。因此，其计算锁坝冲深时，计算结果在某些情况下是偏小的，甚至是不合理的。他们在分析了锁坝下游的冲刷机理后，认为锁坝下游的冲刷主要是由涡漩水流造成的，并从涡漩环量在冲刷前后相等的概念出发，导出了锁坝下游冲刷深度的计算公式，见式（5.5－52），并利用水槽试验资料对公式的系数进行了率定和检验，获得了较好的结果。

$$h_p = k \frac{p h^{1/3}}{d^{1/3}\sqrt{\frac{\gamma_s - \gamma}{\gamma}}} \left(\frac{\Delta h}{h}\right)^{\alpha} \tag{5.5-52}$$

式中　p——自河床起算的锁坝高度，m；

Δh——锁坝上下游水位差，m；

k、α——系数，取$k=0.424$、$\alpha=0.350$。

5.5.7.8　格坝

格坝也称“隔坝”。即相邻两坝之间所修的连接横堤。在两坝较长，间距较大时，为便于防汛检查、抢险交通和防守而修建。同时，修建格坝，使坝间封闭，易形成坝田淤积区；若有格坝连接，则格坝间距约为坝长的3～5倍，坝田淤积效果较好，见图5.5-19。格坝的大小视需要而定。

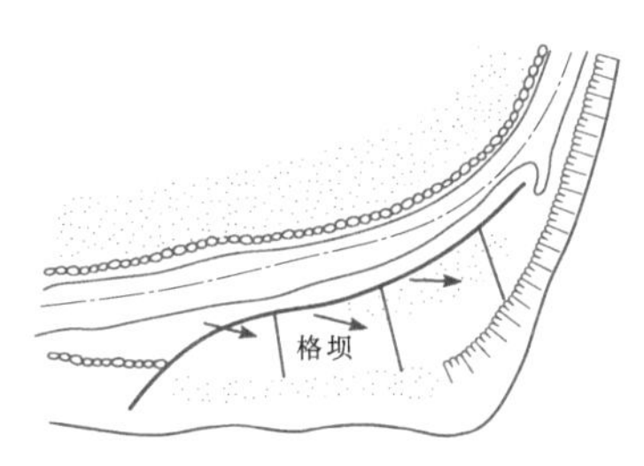

图5.5-19　顺坝格坝组合应用

5.5.7.9　洲头分流坝

洲头分流坝，也叫鱼嘴，是在江心洲首部修建的分水堤，其目的是为了保证汊道进口具有较好的水流条件和河床形式，以控制其在各级水位时能具有相对稳定的分流分沙比。洲头鱼嘴其外形沿程放宽，前端没入水下，顶部沿流程逐渐升高，直至与江心洲首部平顺衔接。

5.5.7.10　杩槎坝

杩槎坝由杩槎支架及挡水两部分组成。一般适用于在水深小于4m，流速小于3m/s的卵石或砂卵石河床上采用，可做成丁坝、顺坝、Γ形的透水或不透水坝。

杩槎系用三四根杆件，一头绑扎在一起，另一头撑开，杆件以横杆固定、承载重物，如块石、柳石包、柳淤包等即构成杩槎。

杩槎相连形成挡水面，可抛石或土、石筑成透水或不透水的杩槎坝。

杩槎可就地取材，造价低廉，易建易拆，可修筑成永久性或临时性工程。四川省岷江修筑都江堰时已采用杩槎坝截流、导流。

5.6　疏浚与吹填工程设计

5.6.1　疏浚工程

5.6.1.1　疏浚工程的任务、特点和方法

1. 疏浚工程的任务

疏浚工程是指采用机械或水力方法为拓宽、加深水域而进行的水下土石方开挖工程，同时进行疏浚土的处理。疏浚工程是改善河道的行洪、航运以及湖泊的蓄洪能力的主要措施之一。

在河道、湖泊整治工程中，疏浚工程的主要任务是根据河道以及湖泊的整治工程的总体规划要求，拓宽、加深河道、湖泊的过水边界条件，达到改善河道的行洪、航运条件以及湖泊的蓄洪能力。此外，疏浚工程还可兼有吹填造陆的任务。

2. 疏浚工程的特点

(1) 疏浚工程是河道整治工程的重要措施之一，应在河道整治规划确定的洪水、中水、枯水治导线和整治工程总体布置的基础上进行设计。疏浚断面和范围须服从河道整治工程的需要，以满足河道整治规划所提出的泄洪、排涝、航运、灌溉、供水及生态环境等方面的任务要求。

(2) 疏浚拓挖形成断面后，除石质河床断面外，要在砂质、砂卵砾石或淤泥质河床上维持其断面比较困难，一般要与河道整治建筑物相结合，才能保持疏浚的效果。河道整治工程中的疏浚与整治建筑物的配套，一般都在整治工程总体布置上考虑，通过数学模型分析和物理模型试验后确定。

3. 疏浚工程常用的方法

疏浚工程作为水下土石方开挖的一种工程手段，根据不同的地质和施工条件，其疏浚的方法及施工设备也不尽相同。

(1) 砂质和砂卵砾石及淤泥质河床的常用疏浚方法。

1) 大型挖泥船。在大江大河上挖除其泥沙堆积物一般多采用大型的挖泥船。例如长江航道疏浚、珠江河口的横门水道、磨刀门水道疏浚，均采用大型绞吸挖泥船、抓斗挖泥船、链斗挖泥船或耙吸挖泥船等大型设备，按设计要求挖除河道泥沙堆积物。

2) 水力冲砂。该手段利用洪水控制或水库调度，形成人造洪峰将河床的泥沙扰动起来，将河道泥沙推至下游或河口外。例如黄河小浪底调水调沙运作，已将下游黄河主河槽的过流能力由原1800m^3/s恢复到3500m^3/s。特别是2007年6月19日开始的第6次调水调沙，由黄河万家寨、三门峡、小浪底及西霞院4座水库联合调度，在花园口水文站形成3800m^3/s流量的人造洪峰，在12d的运作期间将黄河下游6000万t泥沙推送入海，找到了解决黄河长期以来泥沙淤积困扰的有效技术手段；再如葛洲坝水利枢纽工程三江航道采用静水通航、动水冲砂的措施，每年汛期都利用汛期的洪峰流量开启三江冲砂闸冲走库区航道中淤积的泥沙，保证了航道水深要求。

已有资料表明：水力冲砂手段仅可用于大尺度的调水调沙（冲沙）运行，还不能做到精确挖除河道中的泥沙堆积物。就葛洲坝水利枢纽工程三江航道的冲砂闸运用效果而言，亦不能彻底解决航道的淤积问

题，仍需辅于挖泥船进行维护性疏浚，才能保障航道正常运行。

3）机械挖运。在城市中能排干的河涌或景观湖泊清淤工程中，多采用挖运机械拓挖或清淤。

（2）石质河床的常用疏浚方法。对于石质河床整治工程常遇到的石嘴、石梁、孤石、岩盘等，可采用炸礁（爆破）手段，其炸礁形式有水下炸礁和水上炸礁。例如：三峡库区涪陵至铜锣峡河段 90km 的航道整治工程，在该河段内共有 30 处碍航礁石需清除，在一个枯水期内清除礁石方量达 85 万 m^3，其中 10 万 m^3 为水下炸礁，创造长江在一个枯水期内炸礁工程新纪录。

5.6.1.2　疏浚工程分类

疏浚工程一般分为基建性疏浚、维护性疏浚和临时性疏浚三类。

1. 基建性疏浚工程

基建性疏浚工程是指能在较长时间内根本改善河道的行洪、航运条件或结合吹填造陆的疏浚工程。由于基建性疏浚工程对河床的改变较大，以致引起水流条件的剧烈改变，为消除对河床演变可能产生的不良影响，以及避免大量工作付诸东流，基建性疏浚工程一般与河道整治工程相结合，且需根据河道整治工程规划，分析河流水文条件和河床演变规律，对治导线的轮廓形状和工程措施进行多方面研究，最后确定基建性疏浚工作内容。基建性疏浚工程一般包括以下内容：

（1）改变河道的平面轮廓或航道尺寸。例如河道的裁弯取直、扩大航槽、开挖新运河、切除岸滩等。

（2）裁掉河岸的凸出部分的土角，消除或缩小河槽的沱口。

（3）堵塞分流或各种支汊以及与整治工程相结合的吹填造陆挖泥。

（4）消除航道上的碍航物或礁石而进行的炸礁工程。

2. 维护性疏浚工程

维护性疏浚工程是指为保持河道或航道规定的尺寸，保证河道行洪安全或航运安全所进行的疏浚工程。维护性疏浚是维持基建性疏浚工程任务的一种补充手段，它不会引起河道较大的变动，属于一种经常性的疏浚项目。

3. 临时性疏浚工程

临时性疏浚工程是指为解决工程量较小的疏浚任务，同时又没有具备完善的疏浚力量，临时用其他疏浚力量进行的疏浚工作。

5.6.1.3　疏浚断面设计

疏浚工程设计应遵循河道的开发、利用和保护的总体规划要求，根据河道整治工程任务、标准进行相应的疏浚平面布置、断面型式及疏浚纵向坡度的设计，其设计还应符合下列要求。

（1）疏浚断面除满足泄洪、排涝、灌溉、供水、航运和生态环境要求外，还应满足水下边坡稳定要求。

（2）疏浚断面河槽设计中心线宜与主流方向一致，交角不宜超过 15°。河槽开挖中心线应是光滑、平顺的曲线，弯曲段可采用复合圆弧曲线或余弦曲线。

（3）对有多项任务的河道（段），其疏浚断面应满足多项任务中最低的高程需要及水位要求。在未经充分论证，不宜改变整治河道的比降。

（4）疏浚断面宜设计成梯形，对有多项任务的河道也可设计成复合式断面。

（5）扩大段的疏浚断面应渐变与原河道连接。

（6）对施工期或工程使用期内有回淤时，设计中应预留回淤深度。回淤深度可根据试验成果或观测资料推算确定。

（7）疏浚断面还应根据拟选用设备类型进行超宽超深值设计计算。

5.6.1.4　疏浚土的处理

疏浚工程往往涉及大量疏浚弃土，且这些疏浚弃土将需占用大量的土地，如何处理这些疏浚土是疏浚工程的另一个重要环节。因此，疏浚土的处理需从技术经济以及环保的角度进行论证，且疏浚土的处理方案应得到相关部门的认可。

疏浚土的常用处理方法有外抛法和吹填法。

1. 外抛法

外抛法是将疏浚土抛入指定水域抛泥区的方法。采用该处理方法时，由于水流及泥沙输移扩散的作用，处理不当将会发生泥沙回淤积，从而影响疏浚效果。

疏浚土采用外抛法处理时，应满足下列要求：

（1）当地有关环保海洋倾倒的规定。

（2）研究抛泥区的泥沙运动规律，防止抛卸的泥沙最终回到疏浚区；在此前提下，抛泥区离疏浚区距离尽量缩小。

（3）应根据疏浚工程量大小确定抛泥区的位置、容量和界限。

（4）抛泥区具备足够的作业水域。当工程量大，多艘船舶同时作业时，可选择多个抛泥区。

（5）抛泥区需要的最小水深可计算如下：

$$h = h_T + h_K + h_B + h_n \tag{5.6-1}$$

式中 h ——抛泥区最小水深，m；

h_T ——挖泥船或泥驳的最大吃水，m；

h_K ——富裕水深，m，可按表 5.6-1 取用；

h_B ——泥门开启时超出船底的深度，m；

h_n ——设计抛泥厚度，m。

表 5.6-1 航道地质与富裕水深关系

土　质	h_K (m)
软泥	0.3
中密砂	0.4
坚硬或胶结土	0.5

注 在风浪大德地区应适当增加。

采用拖船拖带泥驳时，若拖船的最大吃水大于泥驳开启时的 h_T+h_B，则式中 h_T+h_B 代之以拖船的最大吃水。

当抛泥区实际水深小于 $h+2$m 时，应考虑在施工中对抛泥区水深进行必要的监测。

2. 吹填法

吹填法是将疏浚土吹填成陆、围海造地、海滩养护、修建人工岛和营造鸟栖息地等。如上海市提出的圈围滩涂 4.0 万 hm² 、促淤滩涂 7.3 万 hm² 的吹填造陆 10 年计划，将疏浚土作为滩涂围垦的料源，变废为宝，有效解决了滩涂围垦所需的大量填土；长江航道疏浚与长江两岸基础建设有机结合，通过对疏浚土的处理，达到了增加沿岸城市建筑用地、加固长江两岸堤防以及造就农田等目的。

疏浚土采用吹填法处理时，需对下列条件进行分析：

(1) 场区的地形、水文、地质条件以及疏浚土的特性。

(2) 场区的外部条件，包括场内外交通条件、施工用水、用电条件、场地地表面是否需要清理以及其他外部约束条件。

(3) 获得构筑围埝或堤岸材料的可能性。

(4) 具有扰动后的水体满足达标排放条件。

(5) 疏浚设备正常作业的条件。

(6) 陆上存泥区的容量。陆上存泥区容量可计算确定如下：

$$V_p = K_s V_w + (h_1 + h_2) A_p \qquad (5.6-2)$$

式中 V_p ——存泥区容量，m³；

K_s ——土的松散系数，由试验确定，无试验资料时，可参照表 5.6-2 及表 5.6-3 确定；

V_w ——疏浚土方量，m³；

h_1 ——沉淀富裕水深，m，一般取 0.5m；

h_2 ——风浪超高，m，一般取 0.5m；

A_p ——存泥区面积，m²。

表 5.6-2　细粒土松散系数 K_s

土　类	高塑黏土膨胀土 高塑有机土粉质黏土	高塑黏土中高塑 有机粉质黏土	中塑黏土粉质黏土	砂质粉土粉土可塑粉土	有机粉土泥岩
天然状态	硬塑～硬	硬塑	软塑	可塑	流动
K_s	1.25	1.2	1.15	1.1	1.05

表 5.6-3　粗粒土松散系数 K_s

密实程度	很紧密	紧密	中实	松散	极松散
标准贯入击数 N	>50	30～50	10～30	4～10	<4
K_s	1.25	1.2	1.15	1.1	1.05

5.6.2 吹填工程

吹填工程常以造陆为主，利用湖泊、河滩地、海滨水下开挖的疏浚土（或指定的疏浚土），采用泥浆（或砂）泵，并以浮筒为排泥管道，吹填上岸（或吹填至指定吹填区进行造地）进行综合资源利用的工程。

吹填工程是对疏浚土的一种主要处理方法。

5.6.2.1 吹填工程设计

吹填工程分两种情况：①沿江、湖、海沿岸已有堤防堤内吹填，其主要目的是解决堤内低洼地面填高问题；②在江、湖、海浅水区进行吹填，其目的是围堤造陆。对后一种情况，常需先沿挡水前缘修建堤围，待堤围建至一定高程（例如多年平均高潮位）或堤围建成后，可开始向堤内进行吹填。在吹填土高出堤内设计地面标高时，也可待填土沥干后用推土机等陆上挖运机械，转运吹填土。

吹填工程设计主要需解决以下问题。

1. 吹填高程的确定

吹填高程需根据吹填区规划使用高程、吹填区的地基地质及吹填土本身的压缩、固结（可考虑有关工程措施）引起的沉降等因素确定。即

$$H_R = H_S + \Delta H \qquad (5.6-3)$$

$$\Delta H = \Delta H_1 + \Delta H_2 \qquad (5.6-4)$$

式中 H_R——设计吹填标高，m；

H_S——设计使用标高，m；

ΔH——考虑吹填工程完工后，由于地基和吹填土固结沉陷所需的预留超高，m；

ΔH_1——吹填区地基在吹填土自重作用下产生的沉降，按式（5.6-5）计算；

ΔH_2——吹填土本身固结引起的沉降，其值可按下列情况取值：砂性土按不超过吹填厚度的5%考虑；黏性土按不少于吹填厚度的20%以上考虑；黏性土和砂性混合土按吹填厚度的10%～15%考虑。

$$\Delta H_1 = \sum_{i-1}^{n} \frac{e_{1i} - e_{2i}}{1 + e_{ii}} h_i \qquad (5.6-5)$$

式中 e_{1i}、e_{2i}——第 i 层地基土初始和最终孔隙比；

h_i——第 i 层土厚度；

n——基础不同土层分层总数。

2. 吹填区分区

如吹填区面积较大，可根据堤围内的排水渠、交通干线规划进行吹填区分区。分区建成后，可分区吹填、分区固结，分期受益。

吹填区分区一般可沿排水渠或交通干线修建子围堰。子围堰一般应低于排水渠渠顶或交通干线路面，并可兼做分区场内交通。子围堰可利用堤内干土、外来土或沥干的吹填土填筑形成。

对于位于软土地基上的吹填区，由于其地基承载力较差，分区内的吹填一般需分层吹填，其子围堰亦需分层填高。子围堰一般可用土工编织袋，用泥浆泵冲填形成；当子围堰高度较大时，可用多层冲填袋，冲填袋的层厚一般0.4～0.8m。软土地基上的分层吹填如图5.6-1所示。

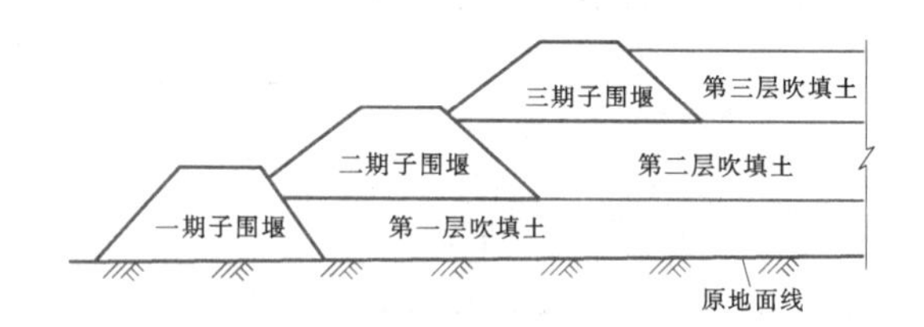

图 5.6-1 分层吹填示意图

3. 排泥管布置

排泥管布置总的原则是近土远用、远土近用，即采土区内距离吹填区近的土，应运至吹填区远的一侧；采土区内距离吹填区远的土，应运至吹填区近的一侧，使吹填管道运输距离较平均、较短。

排泥管的布置，在有条件时应选择在交通方便的道路、堤线、河岸旁，尽量避免管线急弯；此外，排泥管的布置还应考虑吹填土粒径大小、泥泵功率、吹填高度及平整等因素。除布置干管外，必要时还应布设支管。排泥管口应距离子围堰10～30m，以免冲刷子堰。排泥管口的间距可参照表5.6-4确定。

表 5.6-4 **排泥管口间距表**

土质分类	分项	泥泵功率（kW）				
		<375	375～750	1500～2250	3000～3750	>5250
		间距（m）				
软淤泥质土	干管与干管	150	250	350	400	450
淤泥质土	干管与干管	100	180	300	350	400
	支管与支管	40	60	100	130	180
粉细沙	干管与干管	80	150	250	300	350
	支管与支管	30	50	70	90	120
中粗沙	干管与干管	60	120	200	250	300
	支管与支管	20	40	50	60	100

排泥管的安装高程，应与计划的吹填高程相适应。对于吹填土为淤泥，应使用支架将管线支撑于吹填高程以上。一般采用木支架，其顶宽为1.5～3.0倍排泥管直径，其间距可取一节排泥管长度；对于吹填沙和黏土，由于可边吹填边抬高和接长管线，可不安装支架；对于管道须跨越较深水面，可采用浮筒式管道输泥。当浮筒式排泥管道碍航或吹填区离疏浚取土区较远时，可将部分输泥管道沉入水下，或用泥驳运输靠岸再通过泥浆泵和管道运往吹填区。

排泥管线的间距应根据设计要求、泥泵功率、吹填土的特性、吹填土的流程和坡度等因素确定。各类吹填土在施工中形成的坡度宜在现场实测，无实测资料时可参照表5.6-5选用。

表5.6-5　各类吹填土的坡度

土的粒径	水　上	平静海域	有风浪海域
淤泥、粉土	1∶100～1∶300	—	—
细砂	1∶50～1∶100	1∶6～1∶8	1∶1.5～1∶30
中砂	1∶25～1∶50	1∶5～1∶8	1∶10～1∶15
粗砂	1∶10～1∶25	1∶3～1∶4	1∶4～1∶10
砾石	1∶5～1∶10	1∶2	1∶3～1∶6

4. 排水口设置

(1) 排水口设置原则。排水口设置应遵循以下原则：

1) 排水口的位置应根据吹填区地形、几何形状、排泥管的布置、容泥量及排泥总流量等因素确定。

2) 排水口应设在有利于加长泥浆流程、有利于泥沙沉淀的位置上。一般多布设在吹填区的死角或远离排泥管线出口的地方。

3) 在潮汐港口地区，应考虑在涨潮延续时间内，潮汐水位对排水口泄水能力的影响。

4) 排水口应设在扰动后的水体具有满足达标排放条件的地方，如临近江、河、湖、海等地方。

(2) 排水口结构型式。排水口结构型式应根据工程规模、现场条件及设计要求等因素进行选择。常用排水口的结构型式有以下几种。

1) 溢流堰式排水口。溢流堰式排水口，其堰顶标高比围堰堰顶高程低，泄水直接漫溢到填筑场地外，宜采用混凝土、石、砖石混合结构。溢流堰坚固耐用，投资较大，适用于大、中型吹填工程。吹填过程中，宜人工控制堰顶水位。堰顶标高应随吹填厚度增高而增加。堰顶每次增加的高度，应根据吹填施工计划确定。加高的方法，可用土工织物袋装砂，直接放于堰顶上。

溢流堰式排水口堰顶宽度可参考所选用挖泥船泥浆泵的排水流量确定，亦可根据泥浆泵功率参考表5.6-6确定。

2) 薄壁堰式排水闸。薄壁堰式排水闸，其闸身设于围堰内，可调节水位、排水量。闸身内外应设八字形翼墙导流。

3) 埋管式排水口。埋管式排水口可分闸箱式和堰下埋管式两种。闸箱式泄水口可利用叠梁闸控制水位和泄流量；堰下埋管式排水口不能控制水位，但可在不同高程埋设几组管以控制水位和流量。

表5.6-6　挖泥船功率与溢流堰宽度关系表

挖（吹）泥船泥泵功率 （kW）	溢流堰宽度 （m）
2206	6～8
1103	4～6
735	4

各种排水口的结构见图5.6-2。

5.6.2.2　吹填工程设计中应注意事项

吹填工程设计中应注意事项如下：

(1) 根据疏浚土的性质、工程量、自然工况、工期等，选用或建立合适的吹填区，尽量减少征地，缩短泵送距离。

(2) 根据造地使用要求所进行的吹填工程，必须确定土源区可取土质对吹填的适用性和实际可取量。

(3) 确定吹填区下原有地基的稳定性符合工程要求。

(4) 选用和设置与吹填要求相适应的吹填船舶设备、管道设施和围堰等，提高施工效率，减少土方损失、降低成本费用。

(5) 减少吹填作业对环境水质的影响。

(6) 排水口排放的水体应满足达标排放条件。

5.6.3　土石方工程量计算

5.6.3.1　疏浚工程量计算

疏浚工程量计算宜根据水下地形，按开挖设计断面进行计算。疏浚工程量应包括设计工程量、计算平均超宽和超深工程量。疏浚工程量计算断面图5.6-3。

对施工期有可能产生回淤的疏浚工程，应根据施工期实测或该地区多年回淤观测资料计入回淤工程量。

5.6.3.2　吹填工程量计算

吹填工程量计算为

$$V=\frac{V_1+\Delta V_1+\Delta V_2}{1-P} \qquad (5.6-6)$$

其中

$$\Delta V_1 = A\Delta H_1$$

$$\Delta V_2 = A\Delta H_2$$

式中　V——吹填工程量，m^3；

V_1——包括设计预留高度在内的吹填土体积，m^3；

ΔV_1——施工期因吹填土荷载造成吹填区原地基下沉而增加的工程量，m^3；

A——吹填区面积，m^2；

ΔH_1——地基各土层沉降总量，m，按公式（5.6-3）计算；

ΔV_2——施工期因吹填土本身固结所增加的工程量，m^3；

ΔH_2——吹填土本身固结引起的沉降总量，m；

P——吹填土进入吹填区后的流失率，参考表5.6-9选用。

(a) 溢流堰式排水口

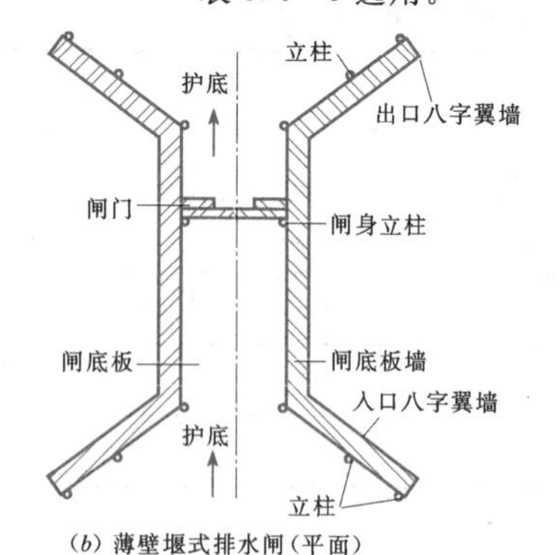

(b) 薄壁堰式排水闸（平面）

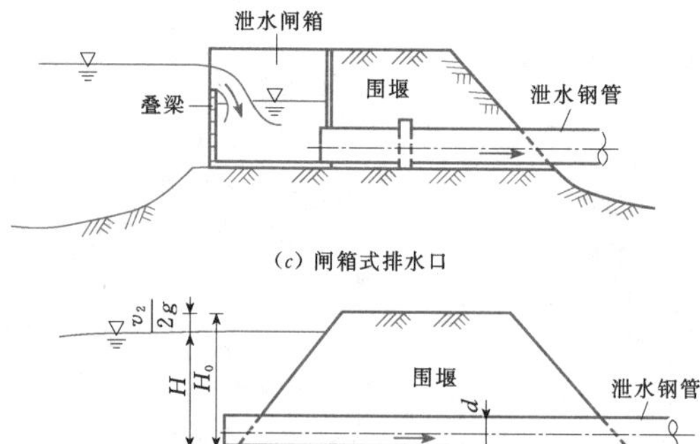

(c) 闸箱式排水口

(d) 堰下埋管式泄水口

图5.6-2　排水口结构型式示意图

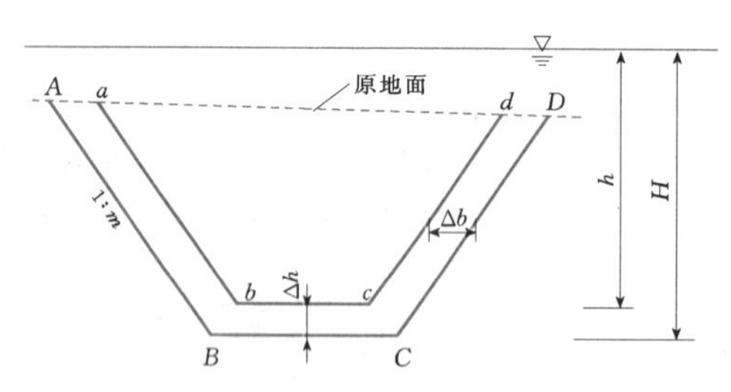

图5.6-3　疏浚工程量计算断面示意图

a、b、c、d—设计断面；A、B、C、D—计算土方断面；Δb、Δh—计算超宽、超深值，可参考表5.6-7选取；m—设计坡比，可参考表5.6-8选取；h—设计疏浚深度

5.6.4 主要施工机械设备的选用

5.6.4.1 挖泥船的分类

挖泥船的分类详见图5.6-4。

5.6.4.2 挖泥船的选择

选择挖泥船时，在满足工程进度、工程质量以及疏浚土处理的前提下，尚需根据施工场所的水域条件、水文气象条件及土质的可挖性等因素进行综合比较后选定，并需满足现场环境保护的要求。根据施工场所的水域条件选择挖泥船，可参考表5.6-10；根据施工场所的水文气象条件选择挖泥船，可参考表5.6-11；根据施工场所的土质可挖性选择挖泥船，可参考表5.6-12。

此外，挖泥船选择过程中通常结合以下情况进行综合选择：

（1）当航道扩建加深、拓宽或航运繁忙时，宜选择耙吸挖泥船。

（2）海港航道维护性疏浚宜选择耙吸挖泥船，内河维护性疏浚宜选择耙吸挖泥船或绞吸挖泥船。

（3）新建港口的航道疏浚宜选择耙吸挖泥船；在风浪允许的条件下，也可选择链斗挖泥船或绞吸挖泥船；在具有场地处理泥土的条件下，可选择绞吸挖泥船。

（4）在水工建筑物附近疏浚，宜采用抓斗挖泥船或绞吸挖泥船；如航行条件允许，也可选择耙吸挖泥船，但应落实疏浚安全尺度和具体措施。

表 5.6-7 各类挖泥船计算超宽、超深值 单位：m

类别		每边计算超宽	计算超深
耙吸挖泥船	舱容≤2000m³	7.0	0.6
	舱容>2000m³	9.0	0.7
绞吸挖泥船	绞刀直径<1.5m	2.0	0.3
	绞刀直径 1.5～2.5m	3.0	0.4
	绞刀直径>2.5m	4.0	0.5
链斗挖泥船	斗容<0.5m³	3.0	0.3
	斗容≥0.5m³	4.0	0.4
抓斗挖泥船	斗容<2.0m³	2.0	0.3
	斗容 2.0～4.0m³	3.0	0.4
	斗容 4.0～8.0m³	4.0	0.6
	斗容>8.0m³	4.0	0.8
铲斗挖泥船	斗容<4.0m³	2.0	0.3
	斗容≥4.0m³	3.0	0.4

表 5.6-8 各类土质设计的水下边坡

土质类别	坡比
基岩	1∶0.2～1∶1.0
块石	1∶1.0～1∶1.5
弱胶结碎石	1∶1.5～1∶2.5
卵石	1∶2.5～1∶3.0
坚硬及硬黏土	1∶2.0～1∶3.0
中等及软黏土	1∶3.0～1∶5.0
密实及中密实砂土	1∶3.0～1∶5.0
松散及松散砂土	1∶5.0～1∶10
很软淤泥	1∶5.0～1∶10
流态淤泥	1∶2.0～1∶50

注 1. 对端部有纵向边坡的基槽或挖槽，其端坡比与横断面边坡比相同。
2. 用耙吸挖泥船施工时，端坡的坡比可适当放缓。

表 5.6-9 不同粒径吹填土流失率

吹填粒径(mm)	流失率(%)
>1.2	无流失
1.2～0.6	5～8
0.6～0.3	10～15
0.3～0.15	20～27
0.15～0.075	30～35
<0.075	>35

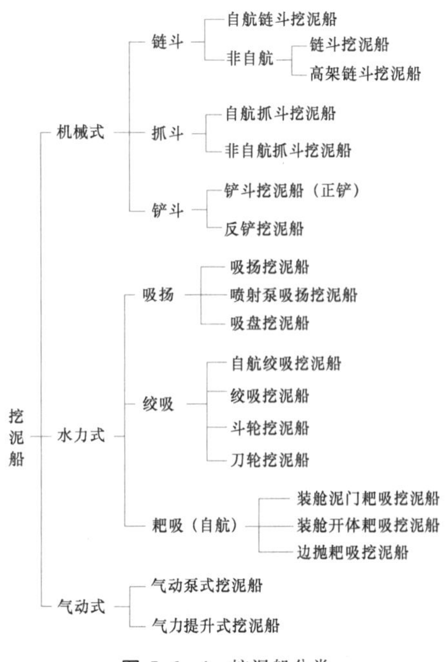

图 5.6-4 挖泥船分类

(5) 当疏浚设备不能水路调遣时，宜选择适合陆运、可拼装的小型挖泥船。

(6) 对噪声要求严格的疗养区和居民密集区，不宜选择链斗挖泥船。

(7) 当疏浚污染土时，应从疏浚现场、运输沿线及抛泥区三方面进行分析，选择环保挖泥船。

(8) 对于有允许超宽和超深值要求的疏浚工程，应根据允许超宽和超深值按表 5.6-7 选择挖泥船；对于个别关键部位或精度要求较高的少工程量疏浚工程，可根据具体情况采取提高定位精度或操作精度，或改用小型挖泥船、加强监测等措施。

在施工工期要求不严格或者延长工期对整体工程影响较小时，应将挖泥船选择的经济性和合理性作为主要因素考虑。

当工程需要多种（台）疏浚设备时，应结合具体的疏浚方案，评估方案的经济性和合理性，并考虑挖泥船同时作业的可能性及相互干扰。

5.6.4.3 疏浚土管道水力输送

(1) 当疏浚土采用管道水力输送时，无论是绞吸挖泥船、接力泵站及耙吸挖泥船岸吹，均应对其输送能力进行计算。泥泵及管道工况可按《疏浚工程技术规范》(JTJ 319—99) 附录 B 计算。

(2) 泥浆及管道输泥应符合以下规定：

1) 疏浚土在管线中的泥浆输送流速应采用实用流速，最小流速应大于临界流速。

2) 管道中的最大流速应在泥泵气蚀性能允许的

表 5.6-10　　挖泥船主要尺度及施工适用水域条件

船舶类型		主要尺度				最大挖深(m)	最小挖深(m)	施工所需水域条件	
		长(m)	宽(m)	吃水(m)				水深(m)	宽度(m)
				空载	重载				
耙吸(m^3)	500	70	14	2.4	3.2	10		2.8～3.6	
	800	72	13	2.8	4.2	10		3.2～4.6	
	1500	85～87	13～15	2.6	4.5	15～18		4.3～5.0	
	2300	80	14.6	2.6	4.4	18		6.0～8.0	
	4500	102～129	17～19	3.4～7.5	7.2～7.5	20～26		6.1～8.1	
	5000	113	18		7.3	30		6.6～7.3	
	6500	200	29	4.5	8	24		6.6～8.6	
绞吸(m^3/h)	40	18	3.8		0.7	3.2		1.2	16
	60	24	4.8		0.8	6		1.1	23
	80	23	5.5		0.9	6		1.1	23
	200	38～40	7.2～7.5		1.1～1.4			1.4	42
	350	55～64			1.8～2.3	15		2.4	46
	400				2.3	15		2.7	
	980	48.5	10.3		1.6	16		1.9	41
	1250	51	11.9		1.8	18	4.5	2.2	47
	1450	51	13.5		1.9	18	4.5	2.3	49
	1600	85～96	17		3.2～3.3	22	5	4	96
	2500	112	19		4.3	30	6	5.2	110
链斗(m^3/h)	25	12	4		0.7	4		1	
	40	17	4		0.8	3		1	
	60	17	5		1.1	4.5		1.5	
	150	21～28	6.5～8.5		1.0～1.4	7		1.5	29
	180	28	8		1.2	9		1.5	30
	350	56	11.4		1.3	16		1.6	40
	500	50～60	12		2.4～2.8	16		3	41
	750	74～80	14		3.1～3.4	20		3.6	43
铲斗(m^3)	0.25	11	4.3		0.6	3		0.9	21
	0.75	23	7.5		1.4	4.5		1.7	29
	4	44	15		2.6	15		2.9	42
抓斗(m^3)	0.75	22	6.8		1	5.5		1.3	28
	1	22.9	7.8		1	15		1.3	30
	1.5	26	8		1.3	22		1.6	31
	2	33.4	10.8		1.5	20		1.8	33
	4	36～37	14		1.8	30		2.2	43

续表

船舶类型		主要尺度				最大挖深 (m)	最小挖深 (m)	施工所需水域条件	
		长 (m)	宽 (m)	吃水 (m)				水深 (m)	宽度 (m)
				空载	重载				
抓斗 (m^3)	8	3540	16		1.5～2.2	40～50		2.6	45
	13	45.4	19.2		2.6	50		3	48
自航双抓 (m^3)	350	49	10		3.5	20			
拖船 (kW)	90	18	4		1.7				
	295	27	6.8		2.3				
	720	30	8		2.8				

注 本表所列设备为20世纪90年代主要设备，随着设备的更新换代，挖泥船设备应根据其相应的适用条件选用。

表 5.6-11　挖泥船对水文气象条件的适应情况

船舶类别		风级		波高(m)(波周期为6～8s)		流速 (m/s)	雾级(级)
		内河	沿海	施工极限波高	施工安全极限波高		
绞吸 (小时生产率)	2500m^3/h 1600m^3/h 500～1450m^3/h 200～300m^3/h <120m^3/h	7 7 6 5 5	6 6 5 4	1.5 0.6 0.4 0.2	2.5 0.8 0.8 0.5	1.8 1.7 1.6 1.5 1.2	2 2 2 2 2
链斗 (小时生产率)	750m^3/h 500m^3/h 250m^3/h	6 6 5	6 5	0.6 0.4 0.4	1.2 1 0.8	2.5～3.0 1.8 1.8	2 2 2
铲斗 (斗容)	≥4m^3 <4m^3	6 6	5 5	0.3 0.3	0.6 0.6	2 1.5	2 2
抓斗 (斗容)	≥4m^3 <4m^3	6 5	5 5	0.4 0.4	1 1	2 1.5	2 2
自航耙吸 (舱容)	≥4500m^3 <4500m^3	7 7	6 6	2 1.5	4 2.5	2 2	2 2
拖船(功率)	≥294kW <294kW	6 6	5～6	0.8 0.8		1.5 1.3	3 3
自航泥驳		7	6	1		2	2

范围内。

3）泥泵机组的工作范围应受到恒转矩特性或恒功率特性曲线的限制。

4）柴油机转速不低于最低转速的限制。

（3）疏浚土用于泥泵管道输送可按表5.6-13选取。对具体的疏浚设备的输送能力应经过计算，或根据实际施工经验和性能测定资料进行计算。

5.6.4.4　辅助船舶的选配

1. 泥驳

采用机械式挖泥船施工时，应根据施工条件选配泥驳。水上抛泥时，应配开底泥驳；对黏性土，宜选用舱壁较陡的开底或开体泥驳；在外海抛泥，宜选取用自航开底或开底泥驳。

泥驳所需数量，可计算如下：

$$n=\left(\frac{l_1}{V_1}+\frac{l_2}{V_2}+t_0\right)\frac{kW}{q_1}+n_B \quad (5.6-7)$$

其中 $$k=\frac{V_s}{V_x}$$

式中　n——非自航泥驳数量；

l_1——挖泥区至卸泥区的航程，km；

l_2——卸泥区至挖泥区的航程，km；

V_1——拖带或自航重载泥驳航速，kn；

V_2——拖带或自航轻载泥驳航速，kn；

t_0——卸泥时间、转头时间及靠、离挖泥船时间的总和，h；

W——挖泥船生产率，m^3/h；

q_1——泥驳载重量，m^3；

n_B——备用泥驳数；

k——土的搅松系数，k 值可参照表 5.6-14 选用；

V_s——搅松后的疏浚土体积，m^3；

V_x——河床天然土的体积，m^3。

表 5.6-12　挖泥船对疏浚土的可挖性

岩土类别	级别	状态	耙吸（舱容）		绞吸（泥泵功率）		链斗（斗容）		抓斗（斗容）		铲斗（斗容）	
			≥3000m^3	<3000m^3	≥2940kW	<2940kW	≥500m^3	<500m^3	≥4m^3	<4m^3	≥4m^3	<4m^3
有机质土及泥炭	0	极软	容易	容易	容易	容易	容易	容易	容易	容易	不合适	不合适
淤泥土类	1	流态	较易	较易	容易	较易	较易	较易	不合适	不合适	不合适	不合适
	2	很软	容易	容易	容易	容易	容易	容易	容易	容易	较易	较易
黏性土类	3	软	容易	容易	容易	容易	容易	容易	容易	容易	容易	容易
	4	中等	较易	尚可	较易	较易	较易	较易	较易	较易	容易	较易
	5	硬	困难	困难	较难	较难	较难	较难	较易	尚可	较易	尚可
	6	坚硬	很难	很难	困难	困难	困难	困难	困难	很难	较难	较难
砂土类	7	极松	容易	容易	容易	容易	容易	容易	容易	容易	容易	容易
	8	松散	容易～较难	较易	容易	容易	容易	容易	容易	容易	容易	容易
	9	中密	尚可～较难	较难	较易	较难	较易	尚可	较易	较难	容易	较易
	10	密实	较难～困难	困难	困难	困难	较难	困难	困难	很难	尚可	尚可
碎石土类	11	松散	困难	困难	很难	很难	较易	尚可	较易	尚可	容易	较易
	12	中密	很难	不合适	很难	不合适	困难	困难	尚可	困难	较易	尚可
	13	密实	不合适	不合适	不合适	不合适	很难	不合适	很难	不合适	较难	困难
岩石类	14	弱	不合适	不合适	尚可	不合适	困难～很难	很难	很难	不合适	尚可～困难	困难
	15	稍强	不合适	不合适	困难	不合适	不合适	不合适	不合适	不合适	不合适	不合适

表 5.6-13　各类疏浚土用于管道输送的适宜性

岩土类别		分类特征	管道输送的适应性
有机质土及泥炭		$Q\geqslant5\%$	很好
淤泥土类	浮泥	$W>150\%$	很好
	流泥	$85\%<W\leqslant150\%$	很好
	淤泥	$1.5<e\leqslant2.4$，$55\%<W\leqslant85\%$	很好
	淤泥质土	$1.0<e\leqslant1.5$，$36\%<W\leqslant55\%$	很好
黏性土类	黏土	$I_P>17$	碎化后较好
	粉质黏土	$1.0<I_P\leqslant17$	碎化后较好

续表

岩 土 类 别		分 类 特 征	管道输送的适应性
粉土类	粉质黏土	d>0.078mm 颗粒大于总质量 50%，I_P≤10，10%≤M_C<15%	很好
	砂质黏土	d>0.078mm 颗粒大于总质量 50%，I_P≤10，3%≤M_C<15%	很好
砂土类	粉砂	d>0.075mm 颗粒小于总质量 50%	很好
	细砂	d>0.075mm 颗粒小于总质量 85%	很好
	中砂	d>0.25mm 颗粒小于总质量 50%	较好
	粗砂	d>0.5mm 颗粒小于总质量 50%	较好
	砾石	d>2.0mm 颗粒小于总质量 25%～50%	较好
碎石土类	角砾 圆砾	d>2.0mm 颗粒小于总质量 50%	尚可～较好
	碎石 卵石	d>20mm 颗粒小于总质量 50%	尚可～差
	块石 漂石	d>200mm 颗粒小于总质量 50%	不合适
岩石类	软质岩石	R_c<30MPa	不合适
	硬质岩石	R_c≥30MPa	不合适

注 岩石类别指未风化或未经爆破的岩体。

表 5.6-14 疏浚土的搅松系数

土 的 种 类	搅松系数值 k
硬岩石（爆破）	1.5～2.0
中等岩石（爆破）	1.4～1.8
软岩石（不爆破）	1.25～1.40
砾石（很紧密）	1.35
砾石（松散）	1.10
砂（很紧密）	1.25～1.35
砂（中密～很紧密）	1.15～1.25
砂（松散～中密）	1.05～1.15
淤泥（新沉积）	1.0～1.1
淤泥（固结）	1.1～1.4
黏土（硬～极硬）	1.15～1.25
黏土（中软～硬）	1.1～1.15
黏土（软）	1.0～1.1
砂、砾石、黏土混合物	1.15～1.35

2. 拖船

拖船的配置应考虑被拖泥驳的大小、数量及编排方式、拖船牵引力、航区水深、风浪和水流等因素，其数量计算如下：

$$B=\left(\frac{l_1}{V_1}+\frac{l_2}{V_2}+t_0\right)\frac{kW}{D_0q_1} \tag{5.6-8}$$

式中 B——所需拖船数；

D_0——拖船一次可拖带的泥驳数。

3. 其他辅助船舶

其他辅助船舶，如供应船、住宿船、测量船、交通艇、抛锚艇等，可根据实际需要配备。

参 考 文 献

[1] GB 50201—1994 防洪标准［S］. 北京：中国计划出版社，1994.

[2] SL 252—2000 水利水电工程等级划分及洪水标准［S］. 北京：中国水利水电出版社，2000.

[3] SL 278—2002 水利水电工程水文计算规范［S］. 北京：中国水利水电出版社，2002.

[4] SL 44—1993 水利水电工程设计洪水计算规范［S］. 北京：水利电力出版社，1993.

[5] SL 104—1995 水利工程水利计算规范［S］. 北京：中国水利水电出版社，1995.

[6] GB 50139—2004 内河通航标准［S］. 北京：中国计划出版社，2004.

[7] 崔承章，熊治平. 治河防洪工程［M］. 北京：中国水利水电出版社，2004.

[8] 詹世福. 航道工程学［M］. 北京：人民交通出版社，2003.1.

[9] 董哲仁. 堤防除险加固实用技术［M］. 北京：中国水利水电出版社，1998.

[10] 钱宁，张仁，周志德. 河床演变学［M］. 北京：科学出版社，1987.4.

[11] 张瑞瑾，谢鉴衡，陈文彪. 河床动力学［M］. 武

汉：武汉大学出版社，2007.4.

[12] 谢鉴衡．河床演变及整治［M］．北京：中国水利水电出版社，1997.

[13] 余文畴．长江河道演变与治理［M］．中国水利水电出版社，2005.

[14] 钱宁，谢鉴衡，黄胜，等．泥沙手册［M］//中国水利学会泥沙专业委员会．北京：中国环境科学出版社，1992.

[15] L B 里奥普，T 麦杜克．河槽的水力几何形态及其在地文学上的意义［M］．北京：水利出版社，1957.

[16] 王光谦，张红武，夏军强．游荡型河流演变及模拟［M］．北京：科学出版社，2005.

[17] 钱宁．关于河流分类及成因问题的讨论［J］．地理学报，第四卷，1985（1）.

[18] 胡一三．黄河防洪［M］．郑州：黄河水利出版社，1996.10.

[19] Jansen P. Ph. Principles of River Engineering［M］.1978.

[20] 卢金友，郑文燕．长江科学院长江泥沙若干问题研究与实践［J］．泥沙研究，2006（5）：73-80.

[21] 胡一三．中国江河防洪丛书·黄河卷［M］．郑州：中国水利水电出版社，1996.

[22] 江恩惠，曹永涛，张林忠，等．黄河下游游荡性河段河势演变规律及机理研究［M］．北京：中国水利水电出版社，2005.

[23] 胡一三，张红武，刘贵芝，等．黄河下游游荡性河段河道整治［M］．郑州：黄河水利出版社，1998.

[24] 江恩惠，刘燕，李军华，等．河道治理工程及其效用［M］．郑州：黄河水利出版社，2008.

[25] 黄胜，卢启苗，等．河口动力学［M］．北京：水利电力出版社，1995.

[26] 李春初．中国南方河口过程与演变规律［M］．北京：科学出版社，2004.

[27] 熊绍隆．潮汐河口河床演变与治理［M］．北京：中国水利水电出版社，2011.

[28] 武汉水利电力学院河流泥沙工程学教研室．河流泥沙工程学［R］．北京：水利电力出版社，1978.

[29] 张书农．河床整理［R］．上海：中国科学仪器公司，1955.

[30] 韩曾萃，戴泽衡，李光柄．钱塘江河口治理开发［M］．北京：中国水利水电出版社，2003.

[31] 王开荣，茹玉英，王恺忱．黄河口研究及治理［M］．郑州：黄河水利出版社，2007.

[32] 余文畴，卢金友．长江河道演变与治理［M］．北京：中国水利水电出版社，2005.

[33] 本书编辑委员会．中国江河河口研究及治理、开发问题研讨会文集［M］．北京：中国水利水电出版社，2003.

[34] 赵连军，谈广鸣，韦直林，等．黄河下游河道演变与河口演变相互作用规律研究［M］．北京：中国水利水电出版社，2006.

[35] 郭维东．河道整治［M］．沈阳：东北大学出版社，2003.

[36] 武汉水利电力学院河流动力学及河道整治教研组．治河防洪航运［M］．北京：中国工业出版社，2003.

[37] GB 50286—1998 堤防工程设计规范［S］．北京：中国计划出版社，1998.

[38] SL 435—2008 海堤工程设计规范［S］．北京：中国水利水电出版社，2008.

[39] GB 50487—2008 水利水电工程地质勘察规范［S］．北京：中国计划出版社，2009.

[40] GB 50290—1998 土工合成材料应用技术规范［S］．北京：中国计划出版社，1998.

[41] SL 389—2008 滩涂治理工程技术规范［S］．北京：中国水利水电出版社，2009.

[42] SL 188—2005 堤防工程地质勘察规范［S］．北京：中国水利水电出版社，2005.

[43] SL/T 225—1998 水利水电工程土工合成材料应用技术规范［S］．北京：中国水利水电出版社，1998.

[44] SL 274—2001 碾压式土石坝设计规范［S］．北京：中国水利水电出版社，2002.

[45] DL/T 5214—2005 水电水利工程振冲法地基处理技术规范［S］．北京：中国电力出版社，2005.

[46] JTJ 298—1998 防波堤设计与施工规范［S］．北京：人民交通出版社，1998.

[47] JTJ 213—1998 海港水文规范［S］．北京：人民交通出版社．1998.

[48] JTJ 250—1998 港口工程地基规范［S］．北京：人民交通出版社．1998.

[49] JTS 204—2008 水运工程爆破技术规范［S］．北京：人民交通出版社，2008.

[50] JGJ 79—2002 建筑地基处理技术规范［S］．北京：中国建筑工业出版社，2002.

[51] DB44/T 182—2004 广东省海堤工程设计导则（试行）［S］．北京：中国水利水电出版社，2004.

[52] 浙江省海塘工程技术规定［S］．杭州：浙江省质量技术监督检验检疫总局，1999.

[53] 中国水利学会围涂开发专业委员会．中国围海工程［M］．北京：中国水利水电出版社，2000.

[54] 严恺．中国海岸工程［M］．南京：河海大学出版社，1992.

[55] 龚晓南．地基处理手册［M］.3 版．北京：中国建筑工业出版社，2008.

[56] 毛昶熙．堤防工程手册［M］．北京：中国水利水电出版社，2009.

[57] 毛昶熙．渗流计算分析与控制［M］.2 版．北京：中国水利水电出版社，2003.

[58] SL 265—2001 水闸设计规范［S］．北京：中国水利水电出版社，2001.

[59] 碾压式土石坝设计手册［R］．北京：能源部、水利

部水利水电规划设计总院，1989.
[60] 李广诚，司富安，杜忠信，等．堤防工程地质勘察与评价［M］．北京：中国水利水电出版社，2004.
[61] GB 50707—2011 河道整治设计规范［S］．北京：中国计划出版社，1998.
[62] JTJ 312—2003 航道整治工程技术规范［S］．北京：人民交通出版社，2003.
[63] JGJ 120—1999 建筑基坑支护技术规程［S］．北京：中国建筑工业出版社，1999.
[64] JTG C30—2002 公路工程水文勘测设计规范［S］．北京：人民交通出版社．2002.
[65] JTJ 319—1999 疏浚工程技术规范［S］．北京：人民交通出版社，1999.
[66] 交通部上海航道局．疏浚工程手册［R］．1994.
[67] 长江航道局．航道工程手册［R］．2004.
[68] 明宗富．疏浚工程学［R］．武汉：武汉水利电力大学，1993.
[69] 程昌华，等．航道工程学［M］．北京：人民交通出版社，2004.
[70] 杨永获，汤怡新．疏浚土的固化处理技术［J］．水运工程，2001，4.
[71] 2007 年黄河调水调沙再获成功［J］．治黄科技信息，2007，4.
[72] 刘颖．黄河第 6 次调水调沙对花园口至夹河滩段河道的影响分析［J］．华北水利水电学院学报，2009，2.
[73] 水利部长江水利委员会．葛洲坝水利枢纽设计回顾及验证［J］．人民长江，2002，33（2）．
[74] 罗宏，朱俊凤．三峡库区涪陵至铜锣峡河段航道炸礁工程设计与整治效果分析［J］．水运工程，2007，3.
[75] 海防相关结构物越浪评估手册（Wave Overtopping of Sea Defences and Related Structures：Assessment Manual）［M］．EurOtop，2007.
[76] 海岸工程手册（Coasttal Engineering Manual）［M］．美国：Veri-Tech，2002.
[77] 孙精石，张吉．螺母块体的试验研究与应用［R］．天津：交通部天津水运工程科学研究所，1986.
[78] DB33/T 839—2011 海堤工程爆炸置换法处理软基技术规范［S］．杭州：浙江省质量技术监督检验检疫总局，2011.
[79] 余文畴，卢金友．长江河道崩岸与护岸［M］．北京：中国水利水电出版社，2008.

第 6 章

灰　　坝

本章为《水工设计手册》(第 2 版)新编内容,共分 15 节,主要介绍燃煤火力发电厂灰渣贮放技术,阐述了火电厂贮灰场灰坝工程设计的全部内容,包括:贮灰场的类型和场址选择,灰坝设计标准和设计原则,工程勘测,工程水文,灰渣特性,灰坝渗流计算,灰坝抗滑稳定计算,灰坝应力变形计算分析,灰坝设计,防渗结构设计,排渗结构设计,排水系统设计,贮灰场环境保护设计,安全监测和巡视,并介绍了工程实例。本章注重科学性和实用性,反映了我国灰渣贮放技术特别是灰渣筑坝技术的重要科技成果,以及我国灰坝工程设计水平。

章主编　郦能惠

章主审　季超倚

本章各节编写及审稿人员

<table>
<tr><th>节次</th><th>编　写　人</th><th>审稿人</th></tr>
<tr><td>6.1</td><td rowspan="2">郦能惠　高　玲</td><td rowspan="15">季超倚</td></tr>
<tr><td>6.2</td></tr>
<tr><td>6.3</td><td>陈昌斌　张剑锋</td></tr>
<tr><td>6.4</td><td>姚　鹏</td></tr>
<tr><td>6.5</td><td>郦能惠　陈昌斌</td></tr>
<tr><td>6.6</td><td rowspan="3">郦能惠</td></tr>
<tr><td>6.7</td></tr>
<tr><td>6.8</td></tr>
<tr><td>6.9</td><td>王振宇　高　玲　郦能惠</td></tr>
<tr><td>6.10</td><td>戴永志　郦能惠</td></tr>
<tr><td>6.11</td><td>戴永志　高　玲　郦能惠</td></tr>
<tr><td>6.12</td><td>邵济仁　储剑锋</td></tr>
<tr><td>6.13</td><td>温彦峰　高　玲</td></tr>
<tr><td>6.14</td><td>高　玲　郦能惠</td></tr>
<tr><td>6.15</td><td>严　炜　郦能惠　王颖华</td></tr>
</table>

第6章 灰　　坝

6.1 贮灰场的类型和场址选择

相当长的时期内，我国电力建设一直是以燃煤火力发电为主。2000年末，全国电力装机容量3.19亿kW，其中火电2.3751亿kW，占74.4%；2010年，全国电力装机容量9.62亿kW，年发电量42280亿kW·h，其中全国燃煤火电厂装机容量6.50亿kW，年发电量32490亿kW·h。至今电能仍有76.8%依赖燃煤发电，约需要燃煤（标准煤）10.9亿t。灰渣是燃煤电厂排出的废渣，2010年燃煤电厂灰渣年排放量达到3.9亿t。现有火电厂主要采用水力除灰系统，2010年水力输送灰渣的灰渣水排放量约达到9亿t。如此巨大的灰渣和灰渣水排放量都需要贮灰场来贮放和处置。

我国长期重视粉煤灰的综合利用，利用率已从1990年的26.5%，1995年的41.7%，2005年的65%，提高到2010年的70%，但仍将有每年1.2亿t的灰渣需要贮放。如何贮放和处置如此大量的灰渣和灰渣水，做到占地少、投资低、无污染、保安全，这是我国电力建设必须要解决的问题。

灰渣是燃煤电厂排出废渣的总称，包括粉煤灰（ash或fly ash）和炉底渣（slag）。灰渣的特性与煤的性质及其粉碎或磨细的程度、锅炉类型及燃烧方式、除尘装置的性能有关。燃煤电厂除灰系统是将粉煤灰和炉底渣收集、输送、贮存的工艺系统，除灰系统一般分为水力、气力和机械除灰3种。大部分燃煤电厂采用水力除灰系统，其优点是避免灰渣飞扬扩散，运行可靠简便，缺点是耗水量大，不利于灰渣的综合利用。水力除灰系统向高浓度、大容量、远距离输送的方向发展，与水力除灰系统相适应的灰渣贮放方式是建造湿式贮灰场。气力除灰系统是以空气为输送介质和动力，将锅炉各集灰斗的干灰输送到指定地点，输送气流速度高，输送管道和设备易磨损，输送距离受动力设备压力的限制，但是有利于灰渣的综合利用。机械除灰系统是用汽车、皮带机等运输工具将调湿干灰运至贮灰场。与气力除灰系统和机械除灰系统相适应的灰渣贮放方式是建造干式贮灰场。

6.1.1 贮灰场类型

6.1.1.1 按贮灰方式分类

燃煤电厂的贮灰方式可分为湿式（或湿法）贮灰场和干式（或干法）贮灰场。

1. 湿式贮灰场

燃煤电厂的灰渣（粉煤灰和炉底渣）通过管道用水力输送的方式运至贮放场，此场地称为湿式贮灰场，简称湿灰场。湿式贮放的过程是：将锅炉排出的灰渣用水稀释，灰水比一般为1∶2～1∶2.5，灰浆通过管道用泵压力输送至贮灰场。湿式贮灰场需建造挡灰的堤坝，并保证堤坝的抗滑稳定安全、渗透稳定安全、抗地震液化的安全性，以及解决水质污染等问题。

湿式贮灰场运行管理简便，运行费用低，但是耗用水量大，湿灰场可以消纳燃煤电厂的绝大部分废弃排水，为实现电厂废水零排放和节省水处理费用提供了条件。

2. 干式贮灰场

燃煤电厂的灰渣用汽车等运输工具运至贮放场，此场地称为干式贮灰场，简称干灰场。

干式贮放灰渣的过程是：采用干式除灰系统，适当加水搅拌，形成含水量适宜的湿灰（含水量视防止扬灰污染和易于压实的要求而定），用汽车、皮带机等运输工具运至贮灰场，用推土机等摊平，用振动平碾等机械分层压实。干式贮灰场是在电厂运行期间不间断地分块分层加高形成的灰渣压实体，因此要重视灰渣的压实特性和环境保护。

干式贮灰场的水工建筑物相对简单，耗用水量少，甚至不需要设置排水系统。干式贮灰场运行费用较大，并要解决干灰扬灰对周围环境的污染。但是，干式贮灰场不能消纳电厂的废弃排水。

湿式贮灰场和干式贮灰场的选用应根据工程具体条件，通过全面技术经济比较确定。国内近年来采用干式贮灰场的电厂越来越多，采用干式贮灰场的主要因素有：

（1）环境保护。

（2）节水，尤其是在缺水地区。

（3）经济性，一般干式贮灰场的造价比湿式贮灰场低，特别是平原灰场。

(4) 与厂内干式除灰系统协调，并利于灰渣资源化。

(5) 运行维护，当灰渣中 CaO 的含量很高时，若采用湿式贮灰场，则输灰管结垢严重，给电厂运行管理带来困难。

6.1.1.2 按贮灰场地分类

燃煤发电厂的贮灰场按场地所处地形和位置不同，可分为山谷灰场、滩涂灰场和平原灰场。

1. 山谷灰场

选取电厂附近山谷，在适当位置建造挡灰坝体的灰渣贮存场地为山谷灰场。山谷灰场应考虑调洪容积，并设置排水（泄洪）系统。

山谷灰场具有贮灰容积大、筑坝工程量较小以及不占或少占良田的特点，条件适宜时宜优先选用。据1993年统计，全国已建湿式贮灰场147座，其中山谷灰场89座。

2. 滩涂灰场

在海边、江边滩涂上临水面修筑围堤，一般为三面围堤、一面利用岸堤或防洪堤建设的灰渣贮存场地为滩涂灰场。

滨海电厂宜优先选用滩涂灰场。

3. 平原灰场

在平地上四面围堤建设的灰渣贮存场地为平原灰场。在缺水少雨的平原地区宜采用干式贮灰场，贮灰场初期工程量小并且不需设置排水系统。

6.1.2 贮灰场场址选择

燃煤电厂的灰渣属于一般工业固体废物，因此贮灰场场址选择要满足环境保护的要求，符合《一般工业固体废物贮存、处置场污染控制标准》(GB 18599—2001) 的规定。

(1) 所选场址应符合当地城乡建设总体规划要求。

(2) 应选在工业区和居民集中区主导风向下风侧，厂界距居民集中区500m以外。

(3) 应避开地下水主要补给区和饮用水源含水层。

(4) 应避开断层、断层破碎带、溶洞区，以及天然滑坡或泥石流影响区。

(5) 禁止选在江河、湖泊、水库最高水位线以下的滩地和洪泛区。

(6) 禁止选在自然保护区、风景名胜区和其他需要特别保护的区域。

(7) 应优先选用废弃的采矿坑和塌陷区。

贮灰场场址选择同时考虑下列主要因素：

(1) 贮灰场征地应按国家有关规定和当地的具体情况办理。应遵循节约耕地和保护自然生态环境的原则，不占、少占或缓占耕地、果园和树林，尽量避免迁移居民。

(2) 宜选用山谷、洼地、荒地、河（海）滩地、塌陷区和废矿井等区域。

(3) 宜选择容积大、洪水量少、坝体工程量小、便于布置排水系统的场址。

(4) 贮灰场内或附近有足够的筑坝材料，并有提供灰渣贮满后覆盖灰渣层表面的土源。

(5) 贮灰场的主要建筑物宜具有较好的地质条件，场区宜具有较好的水文地质条件。

(6) 贮灰场对周围环境影响必须符合现行国家环境保护法规的有关规定。特别对大气环境、地表水、地下水的污染必须有防治措施，并应满足当地环境保护要求。

(7) 宜具备分期分块贮灰或灰渣筑坝的条件。

6.1.3 贮灰场容积

贮灰场容积应符合下列规定：

(1) 规划阶段。贮灰场的总容积应能存放按电厂规划容量计算的20年左右的灰渣量。

(2) 设计阶段。贮灰场应分期、分块建设，初期贮灰场容积宜能存放按本期电厂容量及按设计煤种计算的10年左右灰渣量。当灰渣综合利用条件较好时，灰场计算年限可适当减少。

(3) 采用分期筑坝或分块建设时，其初期坝形成的有效容积应能存放电厂本期设计容量和设计煤种计算的3～5年实际的灰渣量。每级子坝加高形成的容积宜能存放3年左右实际排入的灰渣量。

(4) 热电联产项目的热电厂应按灰渣综合利用可能中断的最长持续时间内所排出的灰渣量选定周转或事故备用贮灰场，其容积不宜超过热电厂6个月排放的最大灰渣量；在寒冷地区不宜超过1年排放的最大灰渣量。

贮灰场总容积按式(6.1-1)计算，即

$$V = V_{ef} + W = (G - U)T/\rho\eta + W \tag{6.1-1}$$

式中 V——贮灰场总容积，m^3；

V_{ef}——贮灰场有效容积，m^3；

W——汇入贮灰场的洪水调洪容积，m^3；

G——设计煤种的年灰渣量，kg/a；

U——每年实际综合利用的灰渣量（平均），kg/a；

T——贮灰年限，a；

ρ——灰渣的干密度，按贮灰场运行实测资料选取（无资料时可取1000），kg/m^3；

η——贮灰场有效容积利用系数。

6.2　灰坝设计标准和设计原则

6.2.1　湿式贮灰场灰坝的设计标准

贮灰场灰坝的设计标准应根据灰场类型、容积大小、最终坝高和灰坝失事后对附近和下游的危害程度综合考虑确定，按《水力发电厂水工设计规范》(DL/T 5339—2006) 执行。

1. 山谷湿灰场

(1) 山谷湿灰场灰坝的设计标准按表 6.2-1 采用。

(2) 灰渣筑坝时，灰场的坝顶安全加高和抗滑稳定安全系数采用表 6.2-1 中括号内的数值。

(3) 当灰坝下游有重要工矿企业或居民集中区时，通过论证可提高一级设计标准。

(4) 当最终坝高与总容积分级不同时，一般以高者为准。当级差大于一个级别时，按高者降低一个级别确定。

表 6.2-1　　山谷湿灰场灰坝设计标准

设计级别	分级指标		洪水重现期(年)		坝顶安全加高(m)		抗滑安全系数			
							下游坡		上游坡	
	总容积V(亿 m³)	最终坝高 H(m)	设计	校核	设计	校核	正常运行条件	非常运行条件	正常运行条件	非常运行条件
一	$V>1$	$H>70$	100	500	1.0 (1.5)	0.7	1.25 (1.30)	1.05 (1.10)	1.15	1.00
二	$0.1<V\leqslant1$	$50<H\leqslant70$	50	200	0.7 (1.0)	0.5	1.20 (1.25)	1.05	1.15	1.00
三	$V\leqslant0.1$	$30<H\leqslant50$	30	100	0.5 (0.7)	0.3 (0.4)	1.15 (1.20)	1.00 (1.05)	1.15	1.00

(5) 对于山谷湿灰场的一级灰坝至少应有 1.5m 的坝顶超高，二级、三级灰坝应有 1.0～1.5m 的坝顶超高。

(6) 最终坝高应按贮灰场的自然地形和地质条件确定。当条件优越时，可按火力发电厂机组设计寿命 30 年的贮灰要求确定。

(7) 当最终坝高远大于本期设计坝高，如按分期建设的设计坝高和容积确定灰坝设计级别时，应进行灰场分期建设直至最终坝高的全面规划，并使各期灰坝的安全性满足设计级别提高后的要求。

2. 滩涂湿灰场

滩涂湿灰场包括江滩、河滩、湖滩和海滩灰场，滩涂湿灰场的灰堤设计标准应与当地堤防工程相协调。灰坝设计应按《堤防工程设计规范》(GB 50286—2013) 执行，其级别与当地堤防工程的级别相同。滩涂灰场设计还应符合《海港水文规范》(JTJ 213—1998) 和《防波堤设计与施工规范》(JTJ 298—1998) 的相关规定。

(1) 滩涂湿灰场灰堤设计标准按表 6.2-2 采用。

(2) 灰渣筑坝时，灰场的堤顶安全加高和抗滑稳定安全系数应采用表 6.2-2 中括号内的数值。

表 6.2-2　　滩涂湿灰场灰堤设计标准

设计级别	总容积 V(亿 m³)	堤外设计高水位重现期(年)		堤外风浪重现期(年)		堤内汇入洪水重现期(年)		堤顶(或防浪墙顶)安全加高(m)				抗滑稳定安全系数			
								堤外侧		堤内侧		下游坡		上游坡	
		设计	校核	设计	校核	设计	校核	设计	校核	设计	校核	正常运行条件	非常运行条件	正常运行条件	非常运行条件
二	$V>0.1$	50	100	50	50	50	200	0.4	0.0	0.7 (1.0)	0.5	1.20 (1.25)	1.05	1.15	1.00
三	$V\leqslant0.1$	30	100	50	50	30	100	0.4	0.0	0.5 (0.7)	0.3 (0.4)	1.15 (1.20)	1.00 (1.05)	1.15	1.00

(3) 滩涂湿灰场的灰堤顶或防浪墙顶在限制贮灰高程以上至少应有1.0m超高。

(4) 海滩灰场设计波高的累积频率可按下列标准采用：①确定堤顶高程时取13%；②计算护面、护底块体稳定性时取13%；③计算胸墙、堤顶方块强度和稳定性时取1%。

3. 平原湿灰场

平原湿灰场灰坝的设计标准按表6.2-2执行。坝顶距限制贮灰高程应留有一定的超高值。

6.2.2 干式贮灰场灰坝的设计标准

灰坝的设计标准应根据灰场类型、容积大小、最终坝高和灰坝失事后对附近和下游的危害程度综合考虑确定，参照DL/T 5339—2006执行。

1. 山谷干灰场

山谷干灰场灰坝的设计标准按表6.2-3采用。

表6.2-3　山谷干灰场灰坝设计标准

灰场级别	分级指标		洪水重现期（年）		坝顶安全加高（m）		抗滑安全系数		
	总容积 V（亿 m^3）	最终坝高 H（m）					外坡		内坡
			设计	校核	设计	校核	正常运行条件	非常运行条件	正常运行条件
一	$V>1$	$H>70$	100	500	1.0	0.7	1.25	1.05	1.15
二	$0.1<V\leqslant1$	$50<H\leqslant70$	50	200	0.7	0.5	1.20	1.05	1.15
三	$0.01<V\leqslant0.1$	$30<H\leqslant50$	30	100	0.5	0.3	1.15	1.00	1.15

注 1. 初期修筑挡灰坝的高度为可贮存一次设计洪水总量确定，设计洪水标准为30年一遇，其高度应不小于3.0m。
2. 坝顶高程至少应高于贮灰高程0.50m。

2. 滩涂干灰场

沿海、沿江地区目前较多采用滩涂干灰场，滩涂干灰场灰堤的迎水面应满足防洪（潮）及防浪要求，而灰坝内堆灰顶标高由贮灰容积要求、运行要求及周围环境要求确定。滩涂干灰场灰堤设计标准可参照现行相应标准中湿灰场的滩涂灰场标准确定，并与当地堤防设计标准相协调，采用表6.2-4所示的设计标准。

表6.2-4　滩涂干灰场灰堤设计标准

灰场级别	总容积 V（亿 m^3）	堤外设计高水位重现期（年）		堤外风浪重现期（年）		堤内汇入洪水重现期（年）		堤顶（或防浪墙顶）安全加高（m）				抗滑稳定安全系数		
								堤外侧		堤内侧		外坡		内坡
		设计	校核	设计	校核	设计	校核	设计	校核	设计	校核	正常运行条件	非常运行条件	正常运行条件
一	$V>0.1$	50	100	50	50	50	200	0.4	0.0	0.7	0.5	1.20	1.05	1.15
二	$V\leqslant0.1$	30	100	50	50	30	100	0.4	0.0	0.5	0.3	1.15	1.00	1.15

注 灰堤顶或防浪墙顶高程至少应高于贮灰高程1.00m。

3. 平原干灰场

(1) 平原干灰场围堤的高度宜满足拦蓄最大日降水量的5倍水量的要求，即蓄水部分的面积按1/5的灰场面积考虑。

(2) 干灰场围堤顶高程应高于贮灰高程0.30～0.50m。

(3) 干灰场围堤高度一般采用1.0～3.0m。

(4) 干灰场围堤顶高程应不低于该区域100年一遇洪水位的高程。

6.2.3 灰坝设计原则

以往湿式贮灰场工程中有许多将灰坝当作挡水的土石坝来处理的实例，也就是在设计灰坝时，采用"上游防渗，下游排水"的原则，虽然这样可以减轻或避免下游水质污染，但是这种不区分灰坝与挡水坝两者之间差异的做法是不合理的，往往会使得挡灰坝型式不合理或者投资偏大、占地较多。

挡灰坝与挡水坝的主要区别是：

(1) 挡水坝的目的是蓄水以综合利用，灰坝的目的是贮灰，并不是要把灰渣排放的澄清水和灰渣沉积层孔隙中的水也全部贮存起来。

(2) 挡水坝一般是一次建成，灰坝往往可以分级建成，这样可以大大减少坝体工程量。

(3) 挡水坝的使用年限长，灰坝的使用年限短。几年或十几年就贮满废置，个别大型贮灰场也只有数十年的使用寿命。因而挡灰坝的设计标准可以较低。

(4) 挡水坝一般用当地天然材料或人造材料（混

凝土）筑成，而灰坝、特别是分级筑坝时的子坝可以用灰渣本身筑成。

(5) 挡水坝一般建造在径流丰富的河流上，多为年调节或多年调节水库，首先必须满足拦阻洪峰与泄洪要求，灰坝一般应建造在地表径流小的地区，蓄洪和泄洪要求低。

(6) 挡水坝上游面一般来说长期承受水的作用，但是灰坝在设计合理并运行得当时，坝前都存在一定长度的干滩面，只有在蓄洪或运行需要时直接承受水的作用，即使如此，一般也不会发生上游水位骤降的现象。

因此灰坝与挡水坝的设计思想应该是截然不同的，挡水坝应采用上游面防渗、下游面排水的设计思想，以确保其抗滑稳定和渗流稳定安全。灰坝则应该采用上游面排渗、坝基排渗乃至灰渣层排渗的设计思想，以达到只贮灰不蓄水的目的。

灰坝的设计思想是：

(1) 应将在贮灰场的灰渣形成的灰渣沉积层与灰坝当作整体来考虑，利用灰坝及灰渣沉积层本身的强度来达到挡灰的目的。

(2) 应尽量降低灰渣沉积层中的浸润面，设法促使灰渣孔隙中水的排出，加速灰渣的固结，从而充分利用灰渣本身的强度，特别是非饱和状态灰渣的强度，以减少灰坝的工程量。

(3) 初期坝应设置排渗结构或采用透水坝，在可能条件下在灰渣沉积层中设置排渗系统，从而充分降低贮灰场灰坝与灰渣沉积层的浸润面，提高灰坝的抗滑稳定性和渗流稳定性。为满足《一般工业固体废物贮存处置场污染控制标准》(GB 18599—2001) 的要求，可设置汇集渗水的排水设施，即灰水回收系统，防止渗水对地下水环境的污染。

6.3 工程勘测

6.3.1 概述

随着电厂机组容量的不断增大，贮灰场的容积也越来越大，一座装机容量 1000MW 的电厂，年排灰渣量可达 100 万 t，以贮灰 20 年计，需要的灰场容积达 2000 万 m^3 左右。因此不论是山谷灰场、平原灰场，还是滩涂灰场，都需要占用大量的土地。为了节约宝贵的土地资源，必须选择既有良好筑坝条件的坝址，尽量不占、少占农田和耕地，不占用江河、湖泊泄洪和行洪区，而且不破坏生态，保护环境，因此贮灰场和灰坝的选址是岩土工程勘测的重点。

对于山谷灰场来说，岩石地基是重要对象，对于平原灰场和滩涂灰场来说，特别是沿海滩涂，常常是软土地基。岩石地基涉及地基稳定和坝肩稳定的勘测，需要研究地形地貌、地层岩性、地质构造和地震地质条件，一般以搜集资料为主，进行必要的现场地质调查和测绘。对于有矿井分布的地区，还需了解矿产分布的情况；对于软土地基上的灰坝，除了研究软土地层的物理力学性质指标外，还应按照岩土工程勘测的要求对地基加固的措施和方案进行分析和评价。贮灰场和灰坝的勘测要符合《火力发电厂贮灰场岩土工程勘测技术规程》(DL 5097—1999) 的规定。

贮灰场岩土工程勘测阶段的划分应与设计阶段相适应，分为 4 个阶段：

(1) 初步可行性研究阶段勘测。

(2) 可行性研究阶段勘测。

(3) 初步设计阶段勘测。

(4) 施工图设计阶段勘测。

对工程地质条件简单的贮灰场，初步可行性研究阶段勘测和可行性研究阶段勘测可酌情简化。

贮灰场勘测宜在初步设计阶段完成。施工图设计阶段仅对未查明的岩土工程问题和设计方案变动的地段进行补充勘测。

在贮灰场主要建（构）筑物布置方案确定的前提下，初步设计阶段勘测和施工图阶段勘测可合并进行。其勘测成果必须满足初步设计和施工图设计的要求。

当贮灰场采用分期筑坝方式修建时，初步设计阶段和施工图阶段的勘测工作，应满足修筑本期坝的需要。对后期坝的勘测应在前期勘测的基础上，根据运行条件和筑坝要求进行。当设计需要对灰坝的本期坝、各级子坝及最终坝高进行局部或整体的稳定计算时，应进行相应的勘测工作。

采用干式贮灰场时勘测工作量一般不考虑多级子坝分期勘测，只在坝址加高时进行检测和补充勘测工作。

6.3.2 贮灰场勘测

贮灰场的选址十分重要，在初步可行性研究阶段或可行性研究阶段就要做好选址工作。对拟选场地的适宜性进行岩土工程条件的初步评价，为推荐厂址方案提供资料。在靠山而又沿海的厂址，有时可以进行沿海滩涂灰场和山区山谷灰场进行技术经济比较，分析比较贮灰场容量、占地面积、输灰管线距离和灰坝的技术经济性。

6.3.2.1 初步可行性研究阶段岩土工程勘测

初步可行性研究阶段岩土工程勘测应考虑的因素如下：

(1) 选用筑坝工程量小，贮灰容量大的山谷、洼地、河（海）滩地、塌陷区和矿坑等做贮灰场地。

(2) 对地质条件较好、有利于筑坝的可能地段，应预测其工程地质特性及其成库条件，并推荐出较有利的坝址。

(3) 具有布置排洪构筑物有利的地形。

(4) 在筑坝地段附近有足够的筑坝材料。

(5) 贮灰场的灰水渗漏对环境可能产生的污染和危害。

1. 搜集资料和踏勘调查的要求

(1) 区域地质资料。

1) 地貌、地层岩性、地质构造运动的活动迹象。

2) 地貌单元、构造体系及地层层位。

3) 矿产分布。

(2) 岩土工程勘察资料。

1) 贮灰场及附近已有建筑物的岩土工程勘察资料，包括地形地貌资料，以及区域性的工程地质资料。

2) 不良地质现象的位置及发育程度。

(3) 地下水资料。

1) 地下水类型、补给来源、埋藏深度、排泄条件和变化规律。

2) 岩土的透水性。

(4) 地震资料。

1) 贮灰场及附近地区地震发生的次数、时间、地震烈度、造成的灾害及破坏情况。

2) 地震发生的频度与地质构造的关系，在强震区宜包括主要构造带和强震震中分布图等。

(5) 气象资料。区域内的风速、风向、降水量、蒸发量及降水量随季节的变化规律。

(6) 环境工程地质资料。贮灰场已有建筑设施对当地环境的影响。

(7) 灰渣资料。灰渣种类、成分、颗粒组成和排放方式，并预计筑坝的逐年上升高度及灰坝最终高度。

(8) 建设经验。当地大坝建设经验，已有土石坝经受洪水、地震后的损坏与修复状况等。

2. 踏勘调查的主要内容

(1) 山谷灰场或平原灰场。

1) 拟选山谷两岸的稳定性，有无不良地质现象。

2) 坝址地形地质条件、坝基岩土性质和覆盖层厚度。

3) 不利地质条件。

4) 坝基处理措施的难易程度。

(2) 滩涂灰场。

1) 收集地形图，了解等深线、水沟和航道。

2) 调查潮汐和滩涂冲淤情况。

3) 坝址地质条件。

拟选贮灰场场地若有下列情况之一时，应避开或需作技术方案比较：

(1) 地下有可开采的矿藏，坝址有较大的采空区。

(2) 常发性泥石流沟谷。

(3) 岩溶发育，有可能产生塌陷和不易处理的渗漏。

(4) 场地的抗震设防烈度不小于7度，坝基和坝肩存在不利于抗震的工程地质因素。

(5) 坝址存在厚度较大的软土或自重湿陷性黄土，并有可能影响坝基及坝肩稳定，需做特殊地基处理。

6.3.2.2 可行性研究阶段勘测

贮灰场可行性研究阶段勘测，应对灰场和坝址的地形地质条件作出评价；分析预测可能引起的环境地质问题；建议坝轴线位置和坝型，推荐岩土工程条件较优的贮灰场。

1. 可行性研究阶段勘测方法

(1) 对简单场地，应进行工程地质调查。

(2) 对中等复杂和复杂场地，当有资料时，可进行现场踏勘，在拟选坝址应进行重点复核。当缺乏资料时，应在场区作工程地质调查，在坝址地段进行工程地质测绘；必要时在坝址和坝轴线进行少量勘探工作。

(3) 当研究场地区域稳定等问题时，宜采用工程遥感。

(4) 现场踏勘、工程地质调查和工程遥感的范围，应包括可能最大坝高所形成的贮灰场、坝址、排洪设施、筑坝材料等。应在拟选坝址及存在主要工程地质问题的地段进行工程地质测绘。

可行性研究阶段勘测，工程地质调查与测绘的比例尺可选用1：2000～1：10000；工程遥感图像资料比例尺，航测图片宜采用1：5000～1：20000；卫星图片宜采用1：25000～1：50000。

当有一个以上可供选择的贮灰场时，对条件较优越且可能被推荐的贮灰场，应按规范要求进行勘测。其余场址也应进行勘测，但勘测工作量可减少。

2. 可行性研究阶段勘测内容

(1) 贮灰场的地形地貌特征。

(2) 灰场范围内的地层结构、地质构造，坝肩谷坡的稳定性，坝址区岩土分布及其主要性质，坝址存在的主要岩土工程问题，地基处理方案建议。

(3) 场地的地震基本烈度。当抗震设防烈度不小于7度时，应进行坝址区的地震安全性评价。

（4）灰场及附近地区水文地质条件，并预测分析灰场的渗漏及其对环境的影响。

（5）不良地质现象，分析其危害程度、发展趋势，并提出防治措施的初步方案。

（6）灰场附近矿藏开采情况，采空区的分布及其对坝址稳定和渗漏的影响。

（7）可利用的筑坝材料及当地筑坝经验。

6.3.2.3 初步设计阶段勘测

贮灰场初步设计阶段勘测应依据各建筑物总体布置方案进行，着重查明坝基与坝肩的工程地质条件，对贮灰场、坝址和各建筑物基础的稳定性及筑坝材料作出岩土工程评价，为确定坝型、地基处理方案及对不良地质现象的整治提供岩土工程资料。

1. 勘测前应取得的资料

（1）可行性研究阶段有关贮灰场的勘测资料。

（2）贮灰场范围与筑坝材料料场的地形图，其比例尺应不小于1∶2000。

（3）灰坝轴线和有各建筑物的总平面布置图，最终坝高的设计方案和本期工程的勘测任务书。

（4）拟定坝型、坝高、坝与各建筑物地基尺寸和埋深要求。

（5）筑坝材料的用量和质量要求。

2. 初步设计阶段勘测任务

（1）查明坝址区地层结构、地质构造、岩土成因类型、分布情况及物理力学性质。

（2）查明地下水的类型和埋藏条件，评价地下水的腐蚀性。

（3）查明与坝基、坝肩稳定性有关的主要工程地质问题，提出整治措施和稳定性评价。

（4）查明与排洪系统各建筑物有关的岩土性质及其稳定条件，并对排洪隧洞的成洞条件作出评价。

（5）进一步查明不良地质现象，对主要的岩土工程问题应给出明确结论。

（6）查明土的最大冻融深度。

（7）查明筑坝材料的类型、产地、储量、质量及开采条件。

（8）调查当地的筑坝经验，特别是特殊土地区的修堤筑坝经验或坝址区原有土坝（堤）的施工、运行情况。

（9）分析贮灰场运行时灰水向邻谷或坝址下游渗漏的可能性并提出处理建议。

（10）分析预测灰坝下游水文地质条件可能产生的变化。

3. 初步设计阶段勘测要求

（1）当坝址或建筑物地基地质条件复杂，应在与坝址或建筑物稳定有关的地段进行工程地质调查与测绘。工程地质调查与测绘的地形图比例尺不宜小于1∶2000。测绘要点及精度要求见表6.3－1。

表6.3－1 测绘要点及精度要求

测 绘 要 点	测绘精度
1. 查明河谷成因类型、地貌特征及有无永久性渗漏	1∶2000 或1∶5000
2. 查明不良地质现象的分布范围、发展趋势及危害程度	
3. 分析断裂成因、力学属性、展布范围及其对工程的影响程度	
4. 了解当地水库的建筑经验	

（2）当抗震设防烈度不小于7度，坝基存在软弱黏性土层、粉土、砂土和岩石软弱夹层时，还应考虑贮灰场和灰坝失稳或失效的可能性，包括液化、震陷、滑坡等。

（3）当利用天然洼地、洞穴、塌陷区和废矿坑等作贮灰场，无需修筑堤坝时，可作贮灰场内的工程地质调查，查明贮灰场向周围场地的渗漏情况、排洪设施地段的岩土性质及场区边坡的稳定性。

（4）场区工程地质调查应符合下列要求：

1）对基岩出露的场区，应查明岩性分布、岩层产状和断裂构造带。

2）对有第四系松散堆积物的场区及附近地段，应查明有无砂砾石层、古河道砂卵石层和其他强透水层分布。

3）在岩溶地区，应查明岩溶发育程度和岩溶形态的延伸分布规律。

（5）当工程地质调查不能满足要求时，可在场区进行工程地质测绘和少量勘探和测试工作。

（6）本阶段的勘探工作量布置应以场区条件为依据，一般布置1～3条勘探线，钻孔深度一般为5～8m，勘探点间距为100～200m。

6.3.2.4 施工图阶段勘测（详勘）

1. 勘测前应取得的资料

（1）在比例尺为1∶500～1∶2000的地形图上，注有待查建（构）筑物坐标的平面布置图和勘测任务书。

（2）初步设计阶段有关灰场的全部勘测资料或与待查建（构）筑物场地有关的勘测资料。

（3）待查建（构）筑物的类型、性质，基础的基本尺寸、埋深和荷载大小，以及特殊结构对地基方面的特殊要求等。

2. 施工图阶段勘测任务

应在初步设计阶段勘测资料的基础上对下列地段进行勘测：

(1) 设计方案或建筑物的位置改变后初步设计阶段的勘测不能满足设计要求的地段。

(2) 初步设计阶段勘测时某些配套设施方案或具体位置尚未落实的地段。

(3) 场地工程地质条件复杂，初步设计阶段勘测存在尚未查明的岩土工程问题，而应补充作专门岩土工程勘测的地段。

对上述待查的建（构）筑物场地，应查明其工程地质条件，并对其稳定性和适宜性作出岩土工程评价，对存在的主要岩土工程问题和不良地质现象应提出明确的结论和整治措施，为建（构）筑物的稳定性验算和地基处理提供岩土工程资料。

6.3.3 灰坝勘测

灰坝的勘测和贮灰场勘测同时进行，而且是勘测工作的重点，主要岩土工程问题应在初步设计阶段得到解决。

初步设计阶段坝址勘测，应按灰坝高度、场地和地基的复杂程度，并结合初拟坝型和坝体稳定性计算需要，查明坝基土层的结构、厚度及其物理力学性质，基岩风化程度，软土及强透水层的分布和埋藏条件，并应查明坝肩（包括最终坝高的坝肩）的稳定性和不良地质现象及其危害程度，对坝基的稳定和渗漏做出岩土工程分析和评价，提出地基处理方案。

1. 坝址勘探线的布置原则

(1) 坝址勘探线布置的一般要求：

1) 对于简单场地，应沿坝轴线和垂直坝轴线各布置一条勘探线。

2) 对于中等复杂场地，应沿坝轴线和垂直坝轴线各布置一条勘探线。必要时，可沿下游坡脚或上游坡脚附近岩土或沟谷形态变化较大处，增布一条勘探线。

3) 对于复杂场地，除沿坝轴线和垂直坝轴线各布置一条勘探线外，还应在上游坡脚和下游坡脚附近各布置一条勘探线。

(2) 当坝基存在软弱土层或强透水层时，应适当增加勘探线，勘探线间距布置以能查明其分布条件为原则。

(3) 滩涂灰场或平原灰场的勘探线应沿堤坝的轴线布置；当遇有河沟、洼地等并存在软弱地基土时，可在适当地段布置少量垂直于轴线的勘探线。

(4) 当采用分期筑坝且坝基为软弱土层时，为满足最终坝高整体稳定性验算的需要布置的勘探线，应考虑到能作出最终坝高的坝基与坝肩的岩土工程评价。

2. 坝址勘探点的数量和布置

(1) 每条勘探线上勘探点数量应不少于3个。勘探点的间距可为25～100m。当沟谷宽度较窄，土层结构复杂，勘探点的间距可视实际情况适当减小，在沟底必须有一个勘探点。一般勘探点的间距，沟谷部分宜小些，靠近坡顶可大些。

(2) 滩涂灰场或平原灰场的沿堤坝轴线的勘探点间距，对复杂场地，可为50～100m；对中等复杂场地，可为100～200m；对简单场地，可为200～300m。垂直轴线的勘探点间距，可为20～40m。

(3) 在岩溶发育地区，尚应根据工程物探或工程地质调查与测绘的成果，对有岩溶、土洞发育的可疑处，增加少量勘探点。

3. 坝址勘探点的深度

(1) 在沟谷基岩裸露、岩体完整、覆盖层较薄的简单场地，勘探点深度应达到基岩面。当基岩表面为强风化时，部分勘探点还应适当加深。

(2) 对于山谷灰场，在坝址基岩埋藏很深，覆盖土层结构复杂的场地，勘探点的深度可为0.5倍坝高。在上述勘探点的深度范围内，遇有硬土层时，勘探点的深度可适当减少；遇有软土层时，勘探点的深度可适当加深，但最深不宜超过1倍坝高。当最终坝高远远超过初期坝高时，控制孔的深度应适当加深。

(3) 滩涂灰场或山谷灰场的坝肩土层很厚时，为查明与渗漏、稳定有关的工程地质问题，勘探点的深度可按实际需要确定。

(4) 滩涂灰场堤坝的常年或季节性受水位影响的一侧，其勘探点的深度，除按上述原则确定外，还应考虑冲刷的最大深度。

(5) 坝址岩溶发育时，为查明岩溶、土洞的勘探点的深度，应按物探异常点（带）的深度和坝基稳定、渗漏的实际需要确定。可深入基岩10～15m或异常点（带）下2～3m，但最深不宜超过1倍坝高。

4. 灰坝勘测补充要求

(1) 当灰坝是利用已建水库堤坝作为坝体的一部分修筑时，应对原堤坝布置适量勘探工作，以查明堤坝填筑的密实度和坝基土的性质，并评价其作为灰坝体的适宜性。勘探点的深度，应深入原坝基1～2m。

(2) 当坝址存在有软弱岩土层，强透水层和危及坝址稳定性的不良地质现象（如岩溶、滑坡、采空区等），以及遇水明显软化、膨胀和湿陷的地层时，宜进行专门岩土工程勘测。当地基的变形和稳定不能满足设计要求时，应提出地基处理措施建议。处理方案应根据地基土的性质，结合施工条件经技术经济比较后确定，必要时应进行试验研究。

(3) 灰渣筑坝勘察宜采用多种勘探手段，原位试验不少于勘探点总数的1/2～2/3，每层岩土的原状样不少于10件，主要受力层范围内测试点和原状样的垂直间距可为1.5～2m。

在抗震设防烈度为7度时，应试验研究灰渣的动力特性，判定液化可能性，并提出相应的抗震措施。

(4) 应根据灰渣、当地材料的情况及其物理力学性质，坝基岩土工程条件及水文、气象、地震地质等因素，并考虑初期坝与后期坝的规划等具体情况进行初期坝坝型选择。

山谷灰场的不同坝型坝基的勘测参照水利水电行业相应的勘测和设计规范进行，可参见《水工设计手册》(第2版) 第2卷第3节、第5卷和本卷其他章节。

6.3.4 排水系统勘测

排水（泄洪）系统包括排水隧洞、排水明渠、排水斜槽、排水竖井、排水管、消能设施、干灰场截洪沟等。

排水系统勘测应查明各建筑物地段的工程地质条件，并作出稳定性和适宜性岩土工程评价。

1. 排水（泄洪）隧洞勘测要求

(1) 着重查明隧洞进出口及浅埋地段的工程地质条件，特别应注意附近微地貌的变化，查明存在滑坡、坍塌等不良地质现象的可能性，对洞体稳定有影响的断裂破碎带，以及其他软弱结构面的位置、规模与性质；在浅埋和有傍山偏压地段，还应查明覆盖层和风化层的厚度与性质；提出隧洞逐段岩体的坚固系数、进出口洞脸的放坡比及相应的处理措施。

对压力隧洞，宜按沿线围岩性质分段提出弹性抗力系数。弹性抗力系数可用地质类比法、经验值或弹性理论公式计算取得。

(2) 当排水隧洞出现上覆的岩体小于2倍洞径或上覆的土体（包括特殊土）小于3倍洞径的地段时，应在该地段进行勘探，查明上覆岩、土体的工程地质特性，并分析其成洞条件。

(3) 勘探点应沿洞轴线布置，间距一般为20～40m，勘探深度应达洞底以下3～5m。当洞底有软弱地层或有影响洞体稳定的不良地质现象时，应根据情况适当加深。

(4) 在岩溶发育地段，可采用工程物探方法，查明岩溶的发育情况及其对洞体稳定性的影响。

(5) 当排水隧洞进出口覆盖层较厚，岩体风化破碎或存在偏压的傍山地段时，应进行适量的勘探工作，勘探点的深度应超过隧洞底3～5m。当洞底有软弱地层或有影响洞口稳定的不良地质现象时，勘探点的深度应根据情况适当加深。

(6) 当排水隧洞穿过软质岩层、胀缩（岩）土及黄土层时，应分析研究上述岩、土在水的长期浸泡作用下，产生软化、膨胀及湿陷等现象对洞体稳定的影响。

(7) 应根据需要采取排水隧洞勘测的岩土试样，选取时可在洞体附近或露头地段，按不同层位采取有代表性的试样。

(8) 排水隧洞勘测，应沿洞轴线进行工程地质调查，必要时可作局部地段的工程地质测绘或勘探，工程地质调查与测绘采用的比例尺可为1∶500～1∶2000。

(9) 排水隧洞工程地质调查与测绘，应查明洞线地形地貌特征、不良地质现象的分布及发育程度，并分析对洞体稳定性的影响。应查明沿线覆盖层的厚度，岩层产状、结构、构造、裂隙切割情况和岩体的风化程度以及岩土（包括特殊岩土）的物理力学性质。

2. 排水竖井勘测要求

每个排水竖井应有一个勘探点。勘探点的深度应达到基岩面或深入基岩一定深度。当基岩埋藏很深时，勘探点的深度不得小于基础底面以下5m。

3. 排水管勘测要求

排水管勘测，应沿管线做工程地质调查，重点查明软硬土层的性质及埋藏分布情况。必要时可做少量勘探，勘探点的深度应达到排水管底部以下3～5m。

4. 消能设施勘测要求

消能设施勘测，应进行工程地质调查，查明沟底及两侧有无易受冲刷、侵蚀的软弱土层。必要时可作少量勘探，勘探点的深度宜达到基岩面或基础底面以下不小于5m，并考虑冲刷、淘蚀的影响。

5. 排水斜槽和排水明渠勘测

排水斜槽及排水明渠勘测，应沿线做工程地质调查，查明岩土的结构和性质、有无不良地质现象及与稳定、渗漏有关的工程地质问题，并提出防治措施的建议。必要时可作少量勘探，勘探点的深度宜达基础底面或冻融深度以下2～3m。

6. 干灰场截洪沟勘测要求

干灰场的截洪沟勘测，应沿截洪沟作工程地质调查，查明岩土的结构和性质，有无不良地质现象及与稳定、渗漏有关的工程地质问题，并提出防治措施的建议。必要时可进行勘探，勘探点的深度宜达基础底面以下 2～3m 或达到基岩面。

6.3.5　灰坝加高勘测

灰坝加高勘测包括前期坝（初期坝和已加高后的灰坝）的下游坝面贴坡加高和坝前灰渣层上建设子坝的勘测。灰坝加高的勘测工作，应在前期坝勘测的基础上进行，主要查明后期坝坝基与坝肩的工程地质条件，并作出岩土工程评价。

灰坝加高勘测之前应取得下列资料：

（1）比例尺为 1∶500～1∶1000 的地形图、后期坝的平面布置图和勘测任务书。

（2）前期坝的勘测资料。

（3）灰坝加高的型式、级数，每级子坝坝高、底宽及拟用的筑坝材料和用量。

（4）前期坝的施工和运行情况，灰坝的变形、渗漏和稳定等情况。

灰坝加高勘测应一次进行，其勘测成果应满足灰坝加高施工图设计的要求。若灰坝分多级加高，必要时应在加高的中期补充进行一次勘测。

灰坝加高勘测，可在前期坝勘测资料的基础上，在拟建后期坝的有关地段布置勘探工作。对曾产生过大变形、渗漏或破坏的灰坝，应查明产生的原因和发展趋势，评价其加高的稳定性和适宜性。

当后期坝的筑坝材料与前期（级）坝的筑坝材料相同时，可用前期坝的料场，不再作筑坝材料勘测；当原料场储量不够或与前期（级）坝的筑坝材料不同时，应补充筑坝材料勘测。

6.3.5.1　灰渣筑坝勘测

灰渣筑坝勘测，应着重查明拟建坝基地段灰渣层的沉积特征、物理力学性质和子坝坝肩的工程地质条件，并评价子坝的稳定性和适宜性。

灰渣筑坝勘测前应了解贮灰场排水系统建筑物的布置和排放方式，坝前积水或堆灰等情况。

1. 灰渣筑坝勘测布置

（1）平行坝轴线的勘探线不宜少于 3 条。第一条勘探线沿坝轴线布置，其余的勘探线可按相当于坝底宽度一半的间距平行坝轴线向上游布置。当子坝底宽未确定时，勘探线的间距，宜为拟建坝高的 2～3 倍。

（2）勘探点的间距，可为 20～50m。靠近坝肩和放灰口间距宜大，靠近坝的中部和排洪竖井或斜槽附近间距宜小。

（3）勘探点的深度，应达到可压缩层的计算深度。必要时少数控制孔应达到灰渣层的最大深度。

（4）为查明前级子坝或前级子坝坝基的变形和渗流情况，可在子坝坝基勘测的同时，对前级子坝做必要的调查和勘探；在有条件时，勘探点的位置和勘探深度应与前期子坝的勘探点接近。

2. 灰渣筑坝勘测要点

（1）灰渣筑坝勘测，应着重采用原位测试。必要时，可做荷载试验和跨孔波速试验。

原位测试和取样的勘探点宜一致，不得少于勘探点总数的 1/2～2/3，在平面上均匀分布，取原状样不宜少于 10 件，取样和原位测试点的间距，在主要受力层范围内可为 1～2m。

（2）在抗震设防烈度不小于 7 度的场地，应对灰渣地基和灰渣坝体液化的可能性作出评价。

（3）在寒冷地区应查明灰渣层的冻融深度。冻结的灰渣不应做坝基试样和筑坝材料。

（4）灰渣筑坝勘测，应根据灰渣的沉积特性、物理力学特性和排水固结等情况，对灰渣层的工程特性进行岩土工程评价。宜按原位测试和室内试验的综合成果和经验推荐灰渣层地基承载力参考值。

（5）当灰渣层上不能直接加高子坝时，应提出地基处理方案。处理方案应根据灰渣的性质、沉积特性、有关地质条件和施工条件，经技术经济比较后确定。

当用灰渣做加高子坝的筑坝材料时，应进行灰渣填筑料颗粒分析、击实、渗透和剪切等试验。

6.3.5.2　下游贴坡加高灰坝勘测

下游贴坡加高灰坝的勘测，应着重查明后期坝的坝基与坝肩的工程地质条件及前期（级）坝下游坝坡、坝肩和下游坡脚附近有无渗漏、过大变形等，并对加高稳定性和适宜性作出工程地质评价。

当场地工程地质条件简单，用前期（级）坝的勘测资料已能满足后期坝加高的要求时，可只进行现场踏勘或工程地质调查。

当场地工程地质条件复杂，用前期（级）坝的勘测资料不能满足后期坝加高的要求，或前期（级）坝下游坝坡、坝肩、下游坡脚产生渗漏、过大变形时，均应布置适量的勘探工作。查明后期坝基和坝肩的工程地质条件，前期坝体性状和产生渗漏、变形的原因，以及有无不良地质现象和与渗漏、稳定有关的工程地质问题。

下游贴坡加高灰坝的勘测，应沿后期坝的下游坡脚附近布置一条勘探线。当场地工程地质条件复杂，前期坝的下游坡脚附近存在厚度较大的软弱黏性土或强透水层时，应在前期坝下游坡脚附近布置一条勘探线。勘探点的间距宜为 20～50m，深度宜达到地基压缩层计算深度。

为查明前期坝产生渗漏、变形和滑动等情况，可在有关地段布置勘探工作。勘探点的深度应达到变形和渗漏范围及滑动带以下稳定坝体或坝基的 2～3m。

对产生渗漏或变形的砌石坝、堆石坝和石渣坝等前期坝，又不便于进行勘探工作时，则要调查研究前期坝坝体结构、施工与运行情况及原坝基、坝肩勘测资料，必要时进行原位测试，分析产生渗漏或变形的原因和前期坝稳定性，并结合后期坝的勘测结果作出加高的稳定性和适宜性的工程地质评价。

对坝基每一主要土层均应取原状试样，其数量不宜少于 6 件。为查明坝体渗漏与变形的试样，可根据实际情况选取。

6.4 工 程 水 文

6.4.1 洪水计算

工程水文计算的任务是确定灰坝设计洪水的洪峰流量、洪水总量和洪水过程线，并进行调洪演算，以供灰坝排水系统设计用。对于滩涂灰场还应确定堤外水位和波浪。

一般来讲，贮灰场洪水汇水面积不大，属小流域暴雨洪水。小流域暴雨洪水主要特点有：大多无实测径流资料，雨量资料也比较短缺，有时连洪水调查亦感困难；贮灰场的调蓄洪水能力较差，而且山洪历时较短，洪峰流量较大，因此贮灰场工程规模尺寸主要以设计洪峰流量来控制，设计洪量和洪水过程线往往不是控制因素。

推求小流域设计暴雨洪水的基本方法可分成两类：

(1) 半成因半经验的方法。以洪水形成原理为基础，经过若干概化，及对某些参数的经验处理，推导出洪水要素与有关因素之间的关系公式。最主要的方法有推理公式法、等流时线法和单位线法等。本节重点介绍中国水利水电科学研究院和华东电力设计院的计算方法。

(2) 区域性经验公式方法。各省（自治区、直辖市）基于大量实测资料（包括洪水调查资料）的综合分析，用相关法建立洪水要素及其影响要素之间的经验关系，来推算设计洪水。例如，设计洪峰流量与流域面积的经验公式、水文比拟法、综合单位线法等，经验公式比较简单，计算环节较少，可在地区水文手册和有关书籍中查到。

6.4.1.1 中国水利水电科学研究院法

1. 设计洪峰流量计算公式

在对流域产汇流条件均化的基础上，基于线性的径流成因理论，直接推算出口断面处最大洪峰流量。采用实测的雨洪资料反分析得到基本公式中主要参数，公式简单，参数少，对资料的要求不高，计算简便。本方法适用于全面产流条件下，汇水面积小于 300km² 的流域。

设计洪峰流量计算公式为

$$Q_m = 0.278\frac{\psi S_P}{\tau^n}F \qquad (6.4-1)$$

当 $t_c \geqslant \tau$ 时
$$\psi = 1-\frac{\mu}{S}\tau^n \qquad (6.4-2)$$

当 $t_c < \tau$ 时
$$\psi = n\left(\frac{t_c}{\tau}\right)^{1-n} \qquad (6.4-3)$$

又
$$\tau = \tau_0\psi^{-\frac{1}{4-n}} \qquad (6.4-4)$$

$$\tau_0 = \frac{0.278^{\frac{3}{4-n}}}{\left(\frac{mJ^{1/3}}{L}\right)^{\frac{4}{4-n}}(SF)^{\frac{1}{4-n}}} \qquad (6.4-5)$$

$$t_c = \left[(1-n)\frac{S}{\mu}\right]^{1/n} \qquad (6.4-6)$$

$$S_P = \frac{H_{P24}}{24^{1-n}} \qquad (6.4-7)$$

$$H_{P24} = \overline{H}_{24}(1+\phi C_v) = K_P\overline{H}_{24}$$

式中 Q_m——设计洪峰流量，m³/s；

ψ——洪峰径流系数；

S_P——设计频率的雨强，mm/h；

S——雨强，mm/h；

H_{P24}——设计频率 P 的最大 24h 雨量，mm；可通过频率计算确定；

$\overline{H}_{24}$——最大 24h 雨量的均值，mm（$\overline{H}_{24}$ 和统计参数 C_v、C_s 在工程点附近有降雨资料时，可统计实测资料来确定；无实测降雨资料时，可查地区等值线图）；

K_P——模比系数，根据 C_v、C_s 和 P 查有关水文计算文献附表可得；

τ——汇流时间，h；

τ_0——ψ=1 时的汇流时间，h；

n——暴雨衰减指数（查地区暴雨参数等值线图，若 n 值分二段概化，则当 t<1h 时，取 $n=n_1$；当 t>1h 时，取 $n=n_2$）；

F——流域面积，km²；

t_c——产流历时，h；

μ——损失参数；

m——汇流参数。

暴雨衰减指数 n，可查地区暴雨参数等值线图，也可利用资料点绘 $\lg H_t - \lg t$ 的关系分析。在实际应用中也常采用 n 值分三段概化，即当 t<1h 时，令 $n=n_1$；当 1h<t<6h 时，令 $n=n_2$；当 6h<t<24h 时，令 $n=n_3$。若无 n 值等值线图，也可根据 10min (1/6h)、1h、6h、24h 的设计暴雨量推求。对于特小流域，τ 值往往小于 1h，n_1 可用下式推求：

$$n_1 = 1+1.285\lg\frac{H_{P1/6}}{H_{P1}} \qquad (6.4-8)$$

式中 $H_{P1/6}$——10min(1/6h)设计最大暴雨量，mm；

H_{P1}——1h设计最大暴雨量，mm。

损失参数 μ，为产流历时内流域平均入渗率(mm/h)。对于较小流域（$F<20km^2$），可以考虑用单点入渗试验（如同心环或人工降雨等）资料近似地代表流域入渗。若有地区综合分析资料时，可查地区水文手册；无地区综合资料时，可根据工程所在地的地形、土壤及设计降雨量 H_{24}，由表6.4-1查得 α，计算24h降雨量产生的径流深，即

$$h_R=\alpha H_{24} \tag{6.4-9}$$

$$\mu=(1-n)n^{\frac{n}{1-n}}\left(\frac{S}{h_R^n}\right)^{\frac{1}{1-n}} \tag{6.4-10}$$

将 h_R 代入式（6.4-10）或查 μ 值诺模图（见图6.4-1），即可确定各种不同频率的 μ 值。

可用地区水文手册的综合资料确定汇流参数 m。在无资料条件下，可参考表6.4-2选用。当流域面积较大，θ 值超过表列范围时，也可根据流域类别直接查图6.4-1得 m 值。使用时应注意到所述图、表

表6.4-1　降雨历时等于24h的径流系数 α 值

地区	H_{24} (mm)	α		
		黏土类	壤土类	砂壤土类
山区	100～200	0.65～0.80	0.55～0.70	0.40～0.60
	200～300	0.80～0.85	0.70～0.75	0.60～0.70
	300～400	0.85～0.90	0.75～0.80	0.70～0.75
	400～500	0.90～0.95	0.80～0.85	0.75～0.80
	500以上	0.95以上	0.85以上	0.80以上
丘陵区	100～200	0.60～0.75	0.30～0.55	0.15～0.35
	200～300	0.75～0.80	0.55～0.65	0.35～0.50
	300～400	0.80～0.85	0.65～0.70	0.50～0.60
	400～500	0.85～0.90	0.70～0.75	0.60～0.70
	500以上	0.90以上	0.75以上	0.70以上

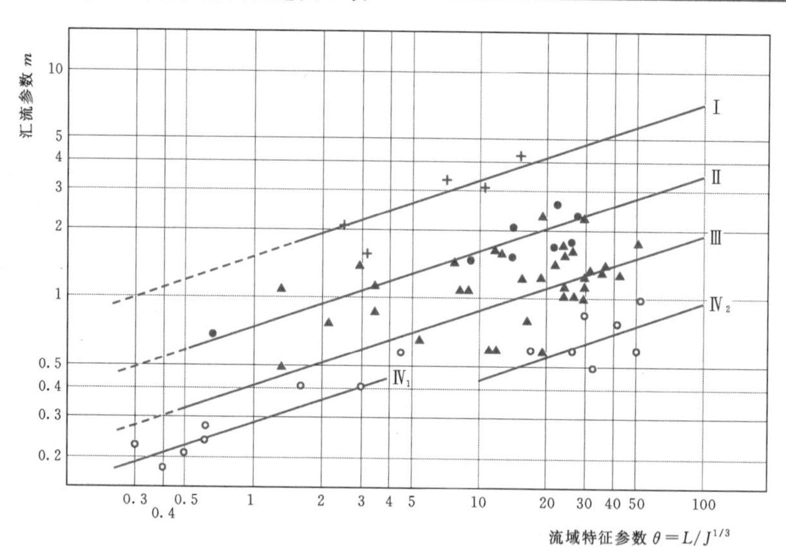

图6.4-1 不同类别流域汇流参数 m 与流域特征参数 θ 关系图

（$F\leqslant 500km^2$，50年一遇以上洪水）

内 m 值是代表一般地区的平均情况，表中的 m 值可能还没有包括特殊条件的流域。对于径流较小的干旱地区，m 值还可能略有增加。

表6.4-2中，θ 为流域特征参数，可按式（6.4-11）计算：

$$\theta=\frac{L}{J^{1/3}}$$

$$J=\frac{(Z_0+Z_1)L_1+(Z_1+Z_2)L_2+\cdots+(Z_{n-1}+Z_n)L_n-2Z_0L}{L^2} \tag{6.4-11}$$

式中 L——自分水岭沿主河道至出口断面的流程（河长），km；

J——沿 L 的加权平均纵比降；

$Z_0,Z_1,\cdots,Z_n$——自出口断面起沿流程各特征地面点高程，m；

$L_1,L_2,\cdots,L_n$——各特征点间的距离，m，如图6.4-2所示。

2. 设计洪峰流量计算方法

计算方法有图解分析法、图解法、试算法和迭代解法4种，简述如下。

表 6.4-2　　不同类别流域汇流参数 m 值

类别	雨洪特性、河道特性、土壤植被条件描述	推理公式洪水汇流参数 m		
		θ=1～10	θ=10～30	θ=30～90
Ⅰ	雨量丰沛的湿润山区，植被条件优良，森林覆盖度可高达70%以上，多为深山原始森林区，枯枝落叶层厚，壤中流较丰富，河床呈山区型大卵石、大砾石河槽，有跌水，洪水多呈缓落型	0.20～0.30	0.30～0.35	0.35～0.40
Ⅱ	南方、东北湿润山丘，植被条件良好，以灌木林、竹林为主的石山区、森林覆盖度达40%～50%、流域内以水稻田或优良的草皮为主，河床多砾石、卵石，两岸滩地杂草丛生，大洪水多为尖瘦型，中小洪水多为矮胖型	0.30～0.40	0.40～0.50	0.50～0.60
Ⅲ	南、北方地理景观过渡区，植被条件一般，以稀疏林、针叶林、幼林为主的土石山丘区或流域内耕地较多	0.60～0.70	0.70～0.80	0.80～0.95
Ⅳ	北方半干旱地区，植被条件较差，以荒草坡、梯田或少量的稀疏林为主的土石山丘区，旱作物较多，河道呈宽浅型，间歇性水流，洪水陡涨陡落	1.0～1.3	1.3～1.6	1.6～1.8

注　引自《小流域暴雨洪水计算》(陈家琦、张恭肃，1985)。

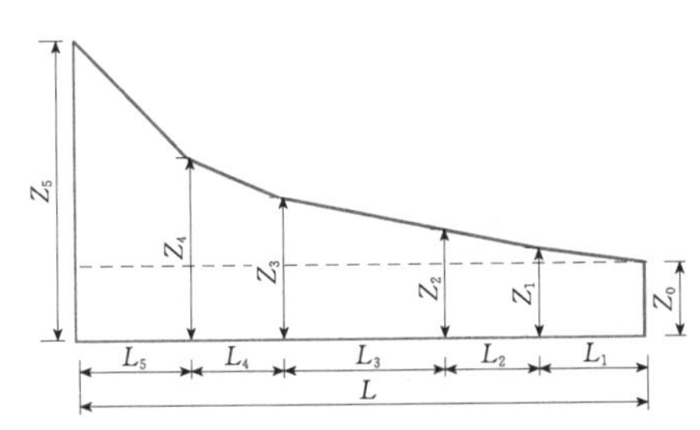

图 6.4-2　沿流程 L 的主河道纵断面图

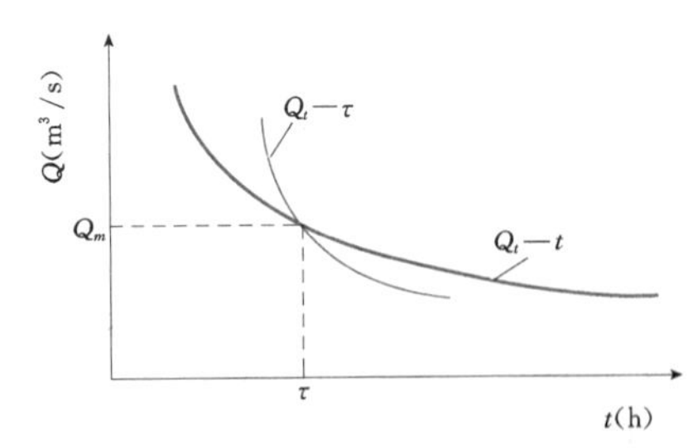

图 6.4-3　图解法的 Q_t—t 和 Q_t—τ 曲线

(1) 图解分析法（诺模图法）。最大洪峰流量可用诺模图查算，现已较少采用。

(2) 图解法。

1) 最大时段雨量历时关系采用 $H_t=St^{1-n}$ 的形式，流域损失和入渗量在净雨历时内采用平均分配，用 μ 值表达，净雨量为 $h_t=H_t-\mu_t$（暴雨公式和扣损方法也可用其他公式及方法），算出净雨量的累积暴雨过程，求出各相应时段的雨强 h_t/t，代入公式 $Q=0.278h_tF/t$，可得各不同时段 t 相应的流量 Q_t，点绘 Q_t—t 曲线。

2) 由公式 $\tau=0.278\dfrac{L}{mJ^{1/3}Q^{1/4}}$，根据流域下垫面条件，确定选用洪水参数 m，假设不同的 Q 值，可计算得相应 τ 值，点绘 Q_τ—τ 曲线。

3) 在同一坐标纸上，两曲线交点即为设计洪峰流量和相应的汇流历时 τ 值，如图 6.4-3 所示。

(3) 试算法。

1) 根据净雨量暴雨累积曲线 h_t/t，先假定 t_1，在累积曲线上查得相应 h_t/t，代入公式 $Q_m=0.278\times(h_t/t)F$，算出 Q_m。

2) 利用已知流域特征值 (L,J) 和洪水参数 m，由上计算的 Q_m 代入公式 $\tau=0.278\dfrac{L}{mJ^{1/3}Q^{1/4}}$，求出 τ_1。

3) 比较 t_1 和 τ_1 是否相等，若不等，重复以上步骤再试算，直至假设的 t_i 等于求出的 τ_i，则计算的 Q_m 即为设计洪峰流量。

为了加速逐步逼近，可用第一次试算求得的 τ 值作为第二次试算的 t 值。

以上3种计算方法，图解分析法比较直观，过去常用，但查诺模图比较麻烦，暴雨、扣损计算受种种条件限制，会降低成果精度；图解法的产、汇流概念明确，暴雨和扣损计算可采用不同的形式；试算法与图解法大同小异，可编程用试算法实现推求洪峰流量。

(4) 迭代解法。对上述推理公式在解算山区小流域全面汇流情况下设计最大流量时可采用迭代解法，避免上述各方法中绘制计算图或查用诺模图的过程，方法简捷可行。该方法将基本公式写成隐式。

$$\left.\begin{aligned}Q_m&=\alpha Q_m^{n/4}-\beta\\ \alpha&=0.278^{1-n}SF\left(\frac{mJ^{1/3}}{L}\right)^n\\ \beta&=0.278\mu F\end{aligned}\right\}\qquad(6.4-12)$$

已证明，此迭代式（6.4-12）在工程洪水实用范围具有收敛性。计算时，基于 $\alpha>0$、$\beta>0$ 和 $n\in(0,1)$，则 $Q_m<\alpha^{4/(4-n)}$，从而可以用 $\alpha^{4/(4-n)}$ 值作为初值代入公式计算 Q_m 值，一般经过有限次迭代即可求得设计最大流量；当然，也可编程计算。对于部分汇流，可直接按下式计算：

$$Q_m=\left(\frac{FJ^{1/3}}{L}\times mnst_c^{1-n}\right)^{4/3} \quad (6.4-13)$$

3. 设计洪水过程线和洪水总量计算

(1) 设计洪水过程线。应用推理公式计算最大流量时，多配以概化的设计洪水过程线，概化洪水过程线的方法有多种，采用简单的等腰三角形概化过程线的方法比较简便实用。

概化三角形洪水过程线是根据当地的设计暴雨时程分配雨型，并假定一个时段均匀降雨产生一个三角形洪水过程线，且洪水总历时为降雨历时与流域汇流时间之和。做法是把设计雨型概化为若干时段，把各时段降雨所形成的各单元三角形洪水过程线按时序叠加起来，即成为设计洪水过程线，过程线所包围的面积即洪水总量。

对于小流域设计洪水过程线，主雨峰洪水可拟定为5点概化过程线。一般可用最大24h设计雨量的概化雨型，把其分为3个时段的均匀降雨形成的3个三角形洪水过程线叠加而得。

设计洪水过程线绘制方法和步骤：

1) 确定设计暴雨的时程分配雨型，把设计24h净雨量 h_{24} 和相应净雨历时 t_c，分成时段净雨量 h_τ、h_1 和 h_2，相应时段历时 τ、t_{c1} 和 t_{c2}。

2) 最大时段净雨量 h_τ，可以直接采用计算最大洪峰流量的公式求得

$$h_\tau=\frac{Q_m\tau}{0.278F} \quad (6.4-14)$$

3) h_1 和 h_2，由 $h_{24}-h_\tau$ 的剩余雨量参考工程所在地区的最大24h暴雨时程分配过程来概化。

4) h_τ、h_1 和 h_2 的排列，根据当地具体雨型来确定。一般将 h_τ 置于净雨过程的中间偏后的位置，或者参考降雨时程分配主雨峰的位置来确定，把 h_1 和 h_2 置于 h_τ 的前后。

5) h_τ 形成的洪水过程为等腰三角形，其高为设计洪峰流量 Q_m，Q_m 出现在 τ 时段末端时刻，三角形底宽等于 2τ。

6) h_1 和 h_2 所形成的三角形洪水过程，底宽分别为 $T_1=t_{c1}+\tau$ 和 $T_2=t_{c2}+\tau$。若 T_1、T_2 小于 2τ，则底宽以 2τ 计，三角形的高按下式计算：

$$Q_{mi}=2\times0.278h_iF/(t_{ci}+\tau)=0.556h_iF/(t_{ci}+\tau) \quad (6.4-15)$$

7) 考虑到调洪最不利情况，t_{c1} 时段的洪峰流量放在主峰三角形的起涨点，t_{c2} 时段的洪峰流量放在主峰三角形的退水终点，各三角形的起涨点都与时段净雨开始点相同。

8) 把上述各三角形洪水过程线同时叠加，即得概化设计洪水过程线，叠加后的洪峰流量应等于计算的 Q_m 值，洪水历时等于 $t_c(t_c=t_{c1}+t_{c2})+\tau$，见图6.4-4。

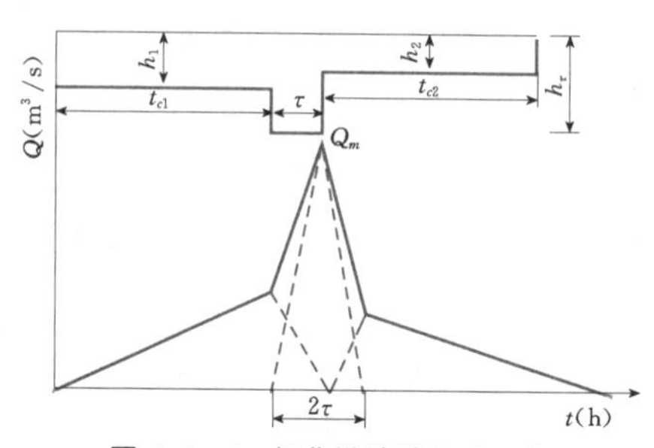

图 6.4-4 概化设计洪水过程线

(2) 设计洪水总量的推求。根据设计洪水过程线的各时段净雨量 h_1、h_τ 和 h_2，计算各时段洪水量：

$$W_i=0.1h_iF$$

$$W_\tau=0.1h_\tau F$$

式中 h_τ——最大时段净雨量，mm；
h_i——各时段净雨量，mm；
F——汇水面积，km²；
W_τ——最大时段洪水量，万 m³；
W_i——各时段洪水量，万 m³；
0.1——单位换算系数。

设计洪水过程线的洪水总量为时段洪量之和。

6.4.1.2 华东电力设计院法

1. 特点和适用范围

华东电力设计院等单位针对经常遇到的特小流域暴雨设计洪水问题开展研究，提出了特小流域暴雨设计洪水方法。该法可供华东地区特小流域暴雨设计洪水分析计算使用，也可供其他地区计算暴雨洪水参考应用。

该法收集了华东地区山东、安徽、浙江、江西、福建、江苏6省20世纪七八十年代已建在册的径流站（小河站），共分析了92个测站845场次雨洪对应资料，其中流域面积小于10km²的站占50%。为了地区综合参数的需要，又搜集和借用了湖南、湖北、四川、辽宁和吉林等省水文系统已刊布的34个测站200多场次洪水的分析成果。该雨洪资料有如下几个特点：

(1) 流域面积小于10km²的测站占多数。

(2) 各种类型的下垫面条件、气候条件比较齐全。

(3) 资料质量较高。

(4) 洪峰模数较高。

特小流域的雨洪特性及参数变化规律，与中小流域不同，表现在坡面汇流在流域汇流中占有重要影响。由于坡面的下垫面条件变化很大，反映流域汇流的汇流参数随流域下垫面条件的变化，变化范围更宽，其影响远比反映流域特征（$L/J^{1/3}$）的影响大，这导致特小流域洪水计算随下垫面条件的差异变化很大。

鉴于特小流域上暴雨洪水特性更符合推理公式所作的一些简化和概化的假定，所以华东电力设计院法计算特小流域暴雨洪水，仍选用推理公式法。计算的公式和方法同上述，其差别在于汇流参数应按特小流域的汇流规律来选用。本方法适用于面积在 $50km^2$ 以下的流域，特别是面积在小于 $30km^2$ 的流域应用效果更好。

2. 洪水汇流参数 m

通过对实测资料各场次暴雨洪水汇流参数 m 的分析，经过归纳统计、综合分析，以及对典型流域实地查勘和参数综合成果的检验等，最后提出了特小流域洪水汇流参数 m 分类综合表（见表 6.4－3）和特小流域洪水汇流参数 m 分类综合 m—θ 关系图（见图 6.4－5）。

表 6.4－3　　华东地区特小流域洪水汇流参数 *m* 分类综合表

类别		下垫面植被条件，雨洪特性，河道特性描述	洪水参数公式	θ=1～90，m 值范围
Ⅰ（森林类）		原始森林或树径达 15cm 以上，以阔叶林为主的林区。覆盖率在70%以上，远眺呈蘑菇状。树下有灌木蔓生，潮湿阴暗，腐殖质枯枝落叶层较厚，一般在 5cm 以上。坡面流程长，拦蓄能力强，壤中流丰富。河系不很发育，河道两岸灌木丛生。人类活动较少。洪水呈缓涨缓落型，枯季径流常年不断	$m=0.175\theta^{0.128}$	0.18～0.31
Ⅱ（多种植被组成的混合类）	Ⅱ—1	以针叶林和稠密的高灌木为主，林下腐殖质覆盖不厚，或稠密的阔叶林占 60%左右。河道常年有水，河道两岸有灌木杂草，沿程河床基岩裸露，河床坡度较陡有跌水。大洪水呈陡涨缓落，小洪水缓涨缓落	$m=0.305\theta^{0.118}$	0.31～0.50
	Ⅱ—2	以灌木林和密集高草坡为主，或针叶林、灌木林、草坡混合组成；或以稠密的竹林和混交林为主。岩石裸露和少量耕地。河道两岸杂草丛生，有砾石、卵石，洪水陡涨缓落	$m=0.395\theta^{0.104}$	0.40～0.63
	Ⅱ—3	以不稠密的灌木林和不很密集的草坡为主；或以竹林、松杉林占60%左右，兼有 10%～20%的水田；或以水田塘坝为主。有裸露岩石，土层不厚。河道两岸有杂草	$m=0.510\theta^{0.092}$	0.51～0.77
Ⅲ（荒坡类）		以旱地、荒草坡为主，兼有稀疏灌木林（夹有杂草）、幼林、经济林。土层较薄，岩石裸露明显。河道两岸草木稀少，有少量塘坝、鱼鳞坑等，间歇性水流	$m=0.675\theta^{0.079}$	0.68～0.96
Ⅳ（南方水土流失类）		以荒山为主，植被稀疏，树木矮小的南方水土流失区。土壤贫瘠，坡面冲沟发育，滞水能力小。有明显的河槽与滩地，河道宽浅，河床淤积严重。间歇性水流，洪水陡涨陡落，多为锯齿型	$m=0.840\theta^{0.058}$	0.84～1.09
Ⅴ（北方土、石或土石地区类）		半干旱地区的土、石或土石地区，植被差，或有少量树木，大部分为荒草；岩石裸露，风化严重；或以旱地为主，有梯田、谷坑、鱼鳞坑等人类活动痕迹。宽浅型河道，间歇性水流，洪水陡涨陡落	$m=1.50\theta^{0.036}$	1.50～1.77

注　$\theta=L/J^{1/3}$。

3. 特小流域设计洪峰流量和设计洪水过程线计算

(1) 图解法计算设计洪峰流量。

1) 流域特征值量计算。在 1∶10000 的地形图上量得灰坝以上流域面积以及流域分水岭至出口断面（坝址）的河道长度；采用加权平均法计算得相应于该河道长度的平均比降。

2) 流域暴雨量计算。由短历时暴雨等值线图上查得工程地址点雨量平均值和 C_v。由于流域面积比较小，因此以点雨量代表流域面平均雨量。

3) 设计短历时暴雨量计算。根据与某一历时设计雨量相应的 C_v 值和 C_s 值，查频率表得设计频率模比系数 K_p，乘以雨量均值，即得设计短历时暴雨量。

在初步估算特小流域设计洪水（如截洪沟排洪设计）时，可以利用邻近城市暴雨强度公式计算设计暴雨，并可利用历史短历时实测大暴雨值进行校核，适

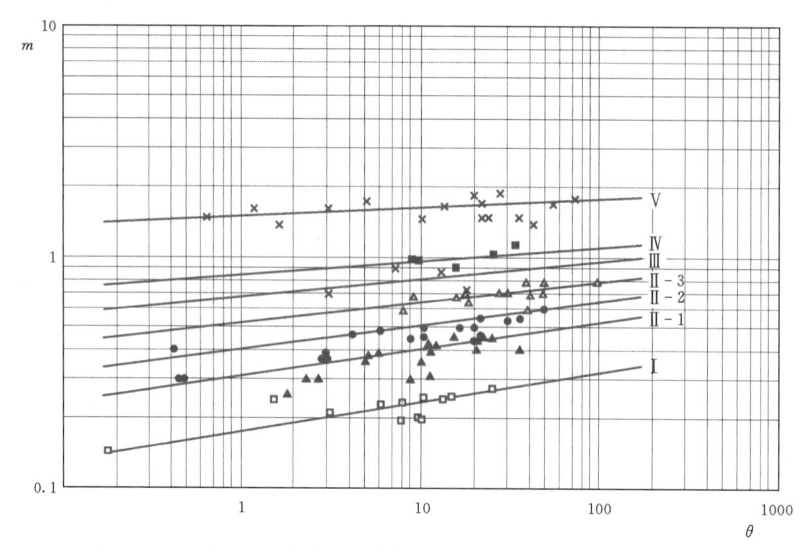

图 6.4-5 华东地区特小流域洪水汇流参数 m 分类综合 $m—\theta$ 关系图

当放大设计暴雨计算值。在无资料时可采用下列缩放比：

2年一遇10～6h历时的暴雨量可以缩小10%左右使用，3～5年一遇可以偏安全地放大10%左右使用，5～20年一遇可以放大20%左右使用。

4）暴雨递减指数 n_P 计算。依据式（6.4-8）计算暴雨递减指数。

5）汇流参数 m 的确定。现场查勘，查清贮灰场流域地势河道、河宽、河谷形状、河道下切深度，以及流域下垫面条件、土层及其透水性能。流域洪水汛期和洪水历时，根据上述流域下垫面条件，选用相关公式计算汇流参数 m。

6）损失参数 μ 的确定。μ 值代表产流历时内的平均损失。一般取流域前期影响雨量 P_a 接近流域最大含水量 I_{max} 时的 μ 值，综合分析得到 $\mu=1.0\sim1.5$mm/h。

7）设计洪峰流量计算。

a. 采用公式 $H_t=S_P t^{1-n_P}$ 计算最大时段雨量，采用公式 $h_t=H_t-\mu t$ 计算时段净雨量。

b. 采用上述中国水利水电科学研究院的图解或试算法计算设计洪峰流量，计算点绘 $Q_t—t$ 曲线和 $Q_t—\tau$ 曲线（见图6.4-3），两曲线交点的纵坐标为设计洪峰流量 Q_m，横坐标为相应汇流历时 τ。

（2）设计洪水过程线和洪水总量的计算。设计洪水过程线和洪水总量的计算方法与上述中国水利水电科学研究院方法相同。

用试算法计算设计洪水流量的步骤如下：

1）由 H_{P24} 根据暴雨时程进行设计洪水过程分配，每个时段扣除1mm得净雨过程。

2）绘制最大时段暴雨强度累积曲线，即 $\sum h/t—t$ 曲线，如图6.4-6所示。其中 $\sum h/t$ 为从最大暴雨时段开始向左或右逐时段累加的雨量除以相应历时所得的雨强。

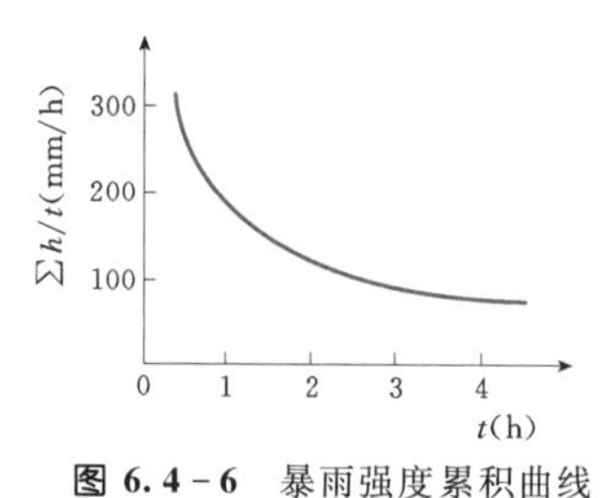

图 6.4-6 暴雨强度累积曲线

3）采用式（6.4-16）计算设计洪水流量 Q：

$$Q=0.278\frac{h_t}{t}F \qquad (6.4-16)$$

4）采用式（6.4-17），将流域特征值 L、J 和洪水汇流参数 m 等代入，计算汇流时间：

$$\tau_1=\frac{0.278L}{mJ^{1/3}Q^{1/4}} \qquad (6.4-17)$$

5）令 $t_2=\tau_1$，以 $t_2=1.2$h 查暴雨累积曲线，得 h_t/t，进而可计算得设计洪峰流量 Q_m 和相应汇流历时。

6.4.2 调洪演算

调洪演算目的是确定所需的调洪容积及泄洪流量。对一定的来水过程线，排水（泄洪）构筑物越小，所需调洪容积就越大，灰坝也就越高。灰坝设计中应通过几种不同尺寸的排水（泄洪）系统的调洪演算结果，合理确定坝高及排水（泄洪）构筑物的尺寸，以使整个工程造价最经济合理。

6.4.2.1 调洪计算的基本方程式

调洪计算的基本原理是水量平衡。在时段 Δt 内，入场水量、出场水量和灰场蓄水量的变化值，可用下列水量平衡方程式（6.4-18）表示：

$$\frac{Q_1+Q_2}{2}\Delta t-\frac{q_1+q_2}{2}\Delta t=V_2-V_1=\Delta V \tag{6.4-18}$$

式中 Q_1、Q_2——时段 Δt 始、末的入场流量，m^3/s；

q_1、q_2——时段 Δt 始、末的出场流量，m^3/s；

V_1、V_2——时段 Δt 始、末的贮灰场蓄水量，m^3；

ΔV——Δt 时段蓄水增量，m^3；

Δt——时段长，其大小视入场流量的变幅而定，陡涨陡落的小河 Δt 可取小些，一般为 1～6h。

入场流量与出场流量过程线如图 6.4-7 所示。

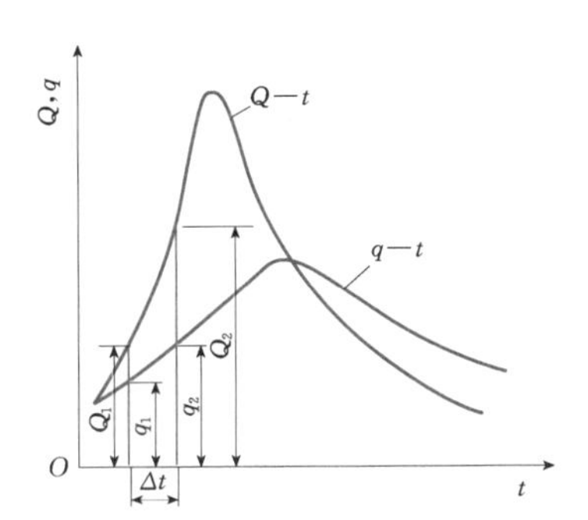

图 6.4-7 入场流量与出场流量过程线

水量平衡方程式（6.4-18）中，Q_1 与 Q_2 可由设计或校核洪水过程线中查出；Δt 可根据具体情况选定，q_1 与 V_1 可根据起调条件确定，只有 q_2 与 V_2 是未知数。由于方程式中有两个未知数，不能独立求解，还需建立第二个方程，即下泄流量 q 与溢洪水位以上蓄水量 V 的关系。

因下泄流量 q 是贮灰场水位 G 的函数，而 V 也是 G 的函数，故 q 是 V 的函数，即

$$q=f(G)=f(V) \tag{6.4-19}$$

式（6.4-19）称为蓄泄方程式。

因此，得联立方程

$$\begin{cases}\dfrac{Q_1+Q_2}{2}\Delta t-\dfrac{q_1+q_2}{2}\Delta t=V_2-V_1\\ q=f(V)\end{cases}$$

洪水调节计算，实际上就是联立求解以上两个方程式。由于贮灰场形状极不规则，无法列出 $q=f(V)$ 方程式的代数式。调洪计算可采用试算法和简化三角形法，参见有关书籍。

6.4.2.2 试算法

试算法是通过试算求解式（6.4-18）与式（6.4-19）。该时段入场流量，由设计洪水过程线提供。时段末的出场流量，可根据贮灰场下泄流量变化趋势，假定数值进行试算。参照图 6.4-17，起调时，一般 $Q_1=q_1=0$，假定一个 q_2，就能根据 Q_2 求出时段的蓄水量增量 $\Delta V_1=V_2-V_1$。时段末灰场 V_2 等于时段容积增量 ΔV_1 加上溢洪水位时的 V_1。再从 q—V 关系曲线上由 V_2 查出 q_2。如果这个 q_2 与原假设的 q_2 相等，可继续下一个时段计算；否则，需重新假定 q_2，直到两者一致为止。

6.4.2.3 简化三角形法

1. 简化三角形解析法

灰坝设计一般只要求确定最大调洪容积 V_m 和最大泄洪流量 q_m，不需计算蓄泄过程。此时，常采用简化三角形法。该法假定：①设计洪水过程线形状为三角形；②泄洪流量过程线近似为直线，如图 6.4-8 所示。

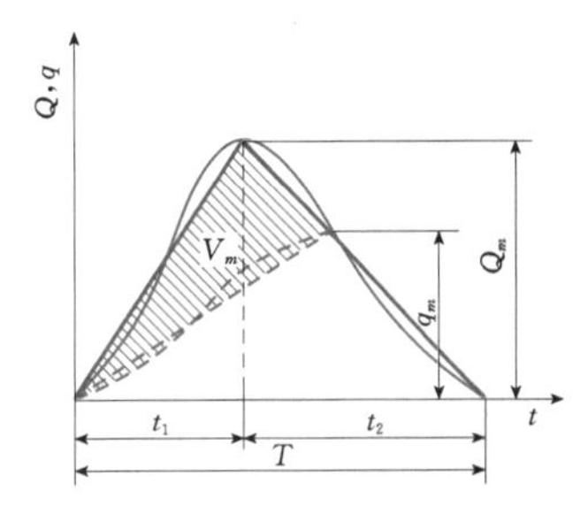

图 6.4-8 简化三角形法调洪演算图

由图可看出：

$$V_m=\frac{1}{2}Q_mT-\frac{1}{2}q_mT=\frac{Q_mT}{2}\left(1-\frac{q_m}{Q_m}\right) \tag{6.4-20}$$

因洪水总量 $W_m=\dfrac{1}{2}Q_mT$，得

$$V_m=W_m\left(1-\frac{q_m}{Q_m}\right)\quad 或\quad q_m=Q_m\left(1-\frac{V_m}{W_m}\right) \tag{6.4-21}$$

利用式（6.4-21）计算的具体方法是：先假定 q_m，即可算出 V_m。在 q—V 曲线上，根据 V_m 查出一个 q，如果 $q=q_m$，则 q_m 与 V_m 即为所求；否则需重新试算。

2. 简化三角形图解法

（1）图解法。将设计洪水过程线（三角形）绘于图 6.4-9 右部，q—V 关系线绘于图 6.4-9 的左部。

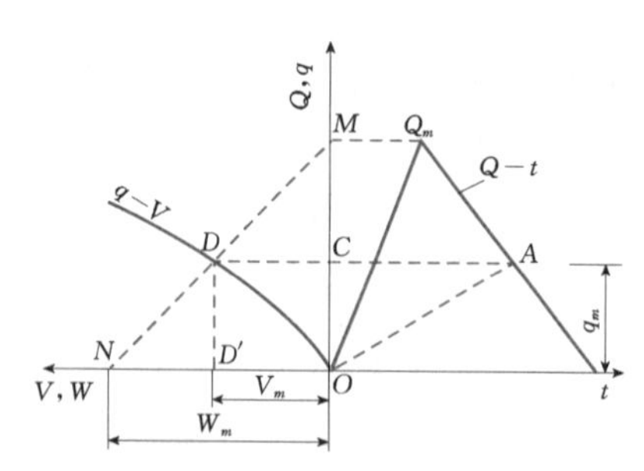

图 6.4-9 简化三角形图解法调洪演算图

图解时，由 Q_m 向左引水平线，交纵轴于 M 点。在横轴上截取 $ON=W_m$。连接 MN 线，交 $q—V$ 线于 D 点。D 点之纵坐标 $DD'=q_m$，横坐标 $D'O=V_m$。

(2) 证明。图 6.4-9 中，ΔMDC 与 ΔMNO 相似，所以

$$\frac{MC}{DC}=\frac{MO-CO}{DC}=\frac{MO}{NO}$$

即
$$\frac{Q_m-q_m}{V_m}=\frac{Q_m}{W_m}$$

则
$$V_m=W_m\left(1-\frac{q_m}{Q_m}\right)$$

或
$$q_m=Q_m\left(1-\frac{V_m}{W_m}\right)$$

上式与式 (6.4-21) 关系相同，D 点即为所求。

6.4.3 潮位计算

滩涂灰场灰堤设计需要确定的潮位包括：30 年一遇、50 年一遇、100 年一遇、200 年一遇高水位，33 年一遇低水位，平均高水位、平均水位、平均低水位等特征水位，设计潮水位过程线等。

6.4.3.1 潮汐特性与特征潮位统计

1. 潮汐类型

根据搜集的潮汐资料或通过调查了解，可判断工程所在海区的潮汐类型。若判断有困难而当地有验潮资料，可通过至少 1 个月的逐时潮位资料来计算潮汐调和常数，并用来计算潮汐形态系数 K，根据 K 值大小判断潮汐类型。K 可采用主要分潮振幅 H_{K1}、H_{O1}、H_{M2} 计算，即

$$K=\frac{H_{K1}+H_{O1}}{H_{M2}} \qquad (6.4-22)$$

式中 H_{K1} ——太阴太阳赤纬日分潮振幅；
H_{O1} ——主太阴日分潮振幅；
H_{M2} ——主太阴半日分潮振幅；
K ——潮汐形态系数。

潮型判断标准：

规则半日潮　　$0<K\leqslant 0.5$
不规则半日潮　$0.5<K\leqslant 2.0$
不规则日潮　　$2.0<K\leqslant 4.0$
规则日潮　　　$K>4.0$

2. 特征潮位统计

统计多年平均逐月的特征值：平均潮位、平均高潮位、平均低潮位、最高高潮位和最低低潮位及其出现日期。

3. 潮差和涨落潮历时特征值统计

统计逐月的平均潮差、涨落潮最大潮差以及平均涨落潮历时和平均涨落潮时差。

4. 基准面换算

应用潮位资料时，应查明潮高基准面，绘图表示各种基准面换算关系，如海图深度基准面、潮高基准面、当地平均海平面、1956 年黄海高程基准、1985 国家高程基准、验潮零点、工程使用的基准面之间的关系。

6.4.3.2 潮位分析与计算

1. 具有实测资料情况下设计潮位的确定

(1) 高（低）潮位资料的审查与合理性分析。对实测潮位资料特别是按年极值法取得的年最高（低）潮位系列的可靠性、代表性及一致性应从测站沿革及资料整编、水准基面、受挡潮建筑物影响、上下游各站特征潮位变化等方面进行审查与合理性分析。

(2) 频率计算方法。年最高（低）潮位系列采用年极值法选样，要求不少于连续 20 年潮位资料，并加入调查的历史特高（低）潮位。不同重现期的高（低）潮位频率计算可采用第Ⅰ型极值分布律（耿贝尔曲线）方法和皮尔逊Ⅲ型曲线方法。

1) 第Ⅰ型极值分布律计算方法。设有 n 个年最高（低）潮位值 H_i，则有

$$H_P=\overline{H}\pm\lambda_{Pn}S \qquad (6.4-23)$$

其中
$$\overline{H}=\frac{1}{n}\sum_{i=1}^{n}H_i \qquad (6.4-24)$$

$$S=\left[\frac{1}{n-1}\sum_{i=1}^{n}(H_i-\overline{H})^2\right]^{1/2} \qquad (6.4-25)$$

式中 $\overline{H}$ ——平均高（低）潮位，m 或 cm；
S ——均方差；
H_P ——与年频率 P 对应的高（低）潮位值，m，式 (6.4-23) 中的正负号，对高潮用正，低潮用负；
λ_{Pn} ——与频率 P 及资料年数 n 有关的系数。

由式(6.4-23)求出对应于不同 P 的 H_P，即可在频率格纸上绘高(低)潮位的频率曲线。同时绘上经验频率点，以检验频率曲线的拟合程度。若拟合不好，可变动 S 值重新定线，或采用其他线型作分析比较。

当在原有 n 年的验潮资料以外，根据调查得出在历史上 N 年中出现过特高（低）潮位值为 H_N，则设计潮位公式（6.4-23）中的 $\overline{H}$ 和 S 改用式（6.4-26）、式（6.4-27）进行计算，即

$$\overline{H}=\frac{1}{N}\left(H_N+\frac{N-1}{n}\sum_{i=1}^{n}H_i\right) \quad (6.4-26)$$

$$S=\sqrt{\frac{1}{N}\left(H_N^2+\frac{N-1}{n}\sum_{i=1}^{n}{H_i}^2\right)-\overline{H}^2} \quad (6.4-27)$$

2）皮尔逊—Ⅲ型曲线计算方法。工程上广泛采用皮尔逊—Ⅲ型曲线方法，这里不再赘述。应指出的是，在低潮位统计中，潮位常有正有负，应调整计算零点（加一常数），形成新的系列，再进行计算。潮位系列各项加一常数后，变差系数 C_v 即改变，但在不同频率下算得潮位数值之间将只差一常数 a，即

$$H_{(2)P}=\overline{H}_{(2)}K_P=[\overline{H}_{(1)}+a]\frac{H_{(1)P}+a}{\overline{H}_{(1)}+a}=H_{(1)P}+a \quad (6.4-28)$$

式中　K_P——系列（2）的模比系数；

$H_{(1)P}$、$H_{(2)P}$——系列（1）、系列（2）所对应频率的潮位。

因此，潮位统计时，特别是低潮位统计，可以把系列中每一个值都加一常数 a，然后适线找出设计潮位，把此潮位减去常数 a，即是真正设计潮位。

采用皮尔逊Ⅲ型分布进行低潮位频率计算时，若经验点数据呈下凹型分布，可采用皮尔逊—Ⅲ型负偏分布进行频率计算。

2. 短缺实测资料情况下的潮位计算

（1）利用参证站资料展延系列资料或直接移用参证站资料。若有短系列资料，应设法通过各种方式进行调查，把现有短系列尽可能展延，展延的方法可使用相关分析法或极值同步差比法。相关分析中参证站的选择原则为：

1）参证站与工程地点之间应符合气象条件相似、地理位置靠近、潮汐性质相似、受增减水影响相似、受河流径流（包括汛期）的影响相似等条件。

2）参证站应有较长的实测资料，以用其展延出代表性较高的系列。

3）参证站与设计站的实测资料之间有一定的同步资料，以便用来建立相关关系。

在一个参证站不能完全满足展延插补要求时，可选择多个参证站，但不宜超过3个。

为了判断参证站与设计地点潮汐性质的相似性，可进行以下两种比较：

1）潮位过程线的比较。把两个站短期（半个月以上）同步的每小时潮位分别点绘在两张透明方格纸上，重叠此两过程线（使两过程线的平均海面重叠在一起，且使两过程线的高潮和低潮时间尽量一致），以比较两过程线的潮型、潮差、日潮等情况。

2）高（低）潮相关比较。在方格纸上，以纵、横两坐标分别代表两站的高（低）潮位，把短期（一个月以上）同步的逐次高（低）潮位点上，连成相关线，以比较两站高（低）潮位的相关情况。

我国沿海潮位相关关系有如下特性：

1）日潮站与半日潮站之间相关不好。

2）潮差相差太大时相关不好。

3）不受河流影响的站与河口地区站之间相关不好。

4）同一河系一般相关较好。

5）同是半日潮站之间一般相关较好。

在选择参证站时，可根据上述要点酌量选择。短系列资料经展延后，可按前述方法进行频率计算。

若工程地点无实测资料，可按上述选择参证站的方法和条件，经过工程地点和参证站短时期同步实测资料的分析论证，在修正参证站资料后移用参证站资料作为设计站的潮位统计资料，并利用前述频率计算方法求得工程地点的设计潮位值。

（2）设计潮位的近似计算方法。在工程地点无实测资料或资料较少的情况下，可近似计算公式估算工程地点设计潮位。

对于有不少于连续5年的年最高、低潮位的验潮站，设计高、低潮位可用“极值同步差比法”与附近不少于连续20年资料的验潮站进行同步相关分析，以计算相应于50年一遇和100年一遇的高、低潮位。

进行差比计算的两验潮站之间，除应符合上述选择参证站的三个基本条件以外，尚应符合受增减水影响相似的条件。

极值同步差比法的计算公式为

$$H_{Jy}=A_{Ny}+\frac{R_y}{R_x}(H_{Jx}-A_{Nx}) \quad (6.4-29)$$

式中　A_N——年平均海平面高程，m；

H_J——设计高（低）水位，m；

下标 x,y——已知站及拟推求站；

R——同期各年年最高（低）潮位的平均值与平均海平面的差值，m。

3. 设计潮水位过程线选择

设计潮水位过程线可采用典型的或平均偏于不利的潮水位过程线。

设计潮水位过程的选择，即潮型设计，包括设计高低潮水位相应的高高潮水位（或设计高高潮水位相应的高低潮水位）推求、涨落潮历时统计和潮水位过

程设计等。

(1) 设计高低潮水位相应的高高潮水位（或设计高高潮水位相应的高低潮水位）的确定：从历年汛期实测潮水位资料中选取与设计高低潮水位值相近的若干次潮水位过程，求出相应的高高潮水位。采用相应的高高潮水位的平均值或采用其中对设计偏于不利的一次高高潮水位作为与设计高低潮水位相应的高高潮水位（设计高高潮水位相应的高低潮水位的确定，方法同上）。

(2) 涨潮历时、落潮历时统计：从实测潮水位资料中找出与设计频率高低潮水位（或高高潮水位）相接近的若干次潮水位过程，统计每次潮水位过程的涨潮历时和落潮历时，取其平均值或对设计偏于不利的涨潮历时和落潮历时。

(3) 潮水位过程设计：可根据上述分析拟定的设计高低潮水位（或高高潮水位）和相应的高高潮水位（或高低潮水位）及涨潮历时、落潮历时，在历年汛期实测潮水位过程中选取与上述特征相近的潮型，按设计值控制修匀得设计潮水位过程。

6.4.4　波浪计算

波浪是江、河、湖、海滩（涂）灰场灰堤设计重要水文资料。本节所述波浪计算以海滩（涂）灰场的海浪计算为主，江、河、湖滩（涂）灰场的波浪计算可参照本节所述方法。

6.4.4.1　波浪及波浪要素

波浪以波高、波长、周期、波速等波浪要素来表示其特征，见图 6.4－10。各波浪要素的定义如下：

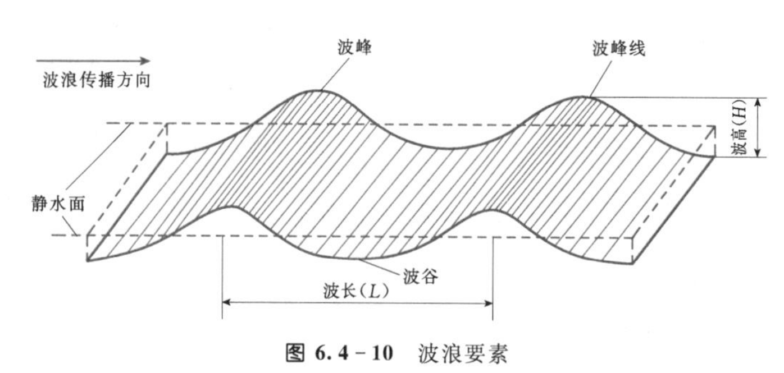

图 6.4－10　波浪要素

(1) 波峰：波面的最高点。

(2) 波谷：波面的最低点。

(3) 波高 (H)：相邻的波峰与波谷间的垂直距离，m。

(4) 波长 (L)：相邻两个波峰或两个波谷间的水平距离，m。

(5) 波陡 (σ)：波高与波长之比，$\sigma = H/L$。

(6) 周期 (T)：相邻波峰与波谷经过空间同一点的时间间隔，s。

(7) 波速 (C)：波形移动的速度，等于波长与周期之比，即 $c = L/T$，m/s。

(8) 波向线：表示波浪传播方向的线（简称波向）。

(9) 波峰线：与波向线正交并通过波峰的线。

在海面上形成后向岸边传播的波浪，称为前进波。按其在传播过程中所处水深的不同，在水深 d 大于半波长的水域中传播的波浪称为深水前进波，其运动不受海底的影响；而在向岸传播至水深 d 小于半波长的水域时，则为浅水前进波。这两种波一般分别简称为深水波、浅水波。

当水深 d 大于半个波长 ($L/2$) 时，规则深水波的波长、波速和周期有下列关系：

$$\left.\begin{aligned} L &= \frac{gT^2}{2\pi} = 1.56T^2 \\ C &= \frac{gT}{2\pi} = 1.56T \end{aligned}\right\} \quad (6.4-30)$$

式中　L——波长，m；

T——周期，s；

C——波速，m/s。

当水深很小 ($d/L \leqslant 1/25$) 时，C 值可近似地计算为

$$C = \sqrt{gd} \quad (6.4-31)$$

一般规则浅水波的波长、波速、周期与水深的相互关系为

$$\left.\begin{aligned} C &= \left(\frac{gL}{2\pi}\tanh\frac{2\pi d}{L}\right)^{1/2} \\ \text{或} \quad L &= \frac{gT^2}{2\pi}\tanh\frac{2\pi d}{L} \end{aligned}\right\} \quad (6.4-32)$$

式 (6.4－33) 中的双曲线正切函数 $\tanh\frac{2\pi d}{L}$ 称为浅水订正因子，结合波浪要素计算要求，编制有便于实际应用的“浅水的波高、波速和波长与相对水深的关系表”，可参见有关专著。

根据实际观测资料的分析结果，不规则波的平均周期 $\overline{T}$ 与波长 $\overline{L}$ 的关系式为

$$\overline{L} = \frac{2}{3}\frac{g\overline{T}^2}{2\pi} \qquad (6.4-33)$$

6.4.4.2 几种常用波高及其换算关系

在深水波情况下，几种常用波高的换算公式如下。

（1）波列累积频率 $F\%$ 的波高：

$$\left.\begin{aligned} H_{1\%} &= 2.42\overline{H}, \quad H_{5\%} = 1.95\overline{H} \\ H_{13\%} &= 1.61\overline{H}, \quad H_{10\%} = 1.71\overline{H} \end{aligned}\right\} \qquad (6.4-34)$$

（2）$1/P$ 部分大波波高：

$$\left.\begin{aligned} H_{1/100} &= 2.66\overline{H} \\ H_{1/10} &= 2.03\overline{H} \\ H_{1/3} &= 1.60\overline{H}(\text{有效波}) \end{aligned}\right\} \qquad (6.4-35)$$

（3）均方根波高：

$$H_r = 1.13\overline{H} \qquad (6.4-36)$$

式中 $\overline{H}$——从一段连续记录统计的平均波高；

$H_{F\%}$——波列累积频率为 $F\%$ 的波高；

$H_{1/P}$——$1/P$ 部分大波波高；

H_r——均方根波高。

在不同的 $\overline{H}/d$ 情况下，有

$$\left.\begin{aligned} H_{1/100} &\approx H_{0.4\%} \\ H_{1/10} &\approx H_{4\%} \\ H_{1/3} &\approx H_{13\%} \end{aligned}\right\} \qquad (6.4-37)$$

表 6.4-4、表 6.4-5 分别为不同比值 H^*（$H^* = \overline{H}/d$）时不同波列累积频率波高和特性波高的换算表。

表 6.4-4　不同波列累积频率的频率波高

H^*	$H_{4\%}/\overline{H}$	$H_{1\%}/H_{4\%}$	$H_{5\%}/H_{4\%}$	$H_{13\%}/H_{4\%}$
0	2.02	1.20	0.965	0.796
0.1	1.92	1.18	0.968	0.814
0.2	1.81	1.16	0.972	0.833
0.3	1.70	1.14	0.976	0.853
0.4	1.59	1.12	0.981	0.874
0.5	1.48	1.10	0.986	0.895

表 6.4-5　不同波列累积频率的特性波高

H^*	$H_{1\%}/H_{1/3}$	$H_{1/10}/H_{1/3}$	$H_{5\%}/H_{1/3}$	$\overline{H}/H_{1/3}$	$H_{1/3}/\overline{H}$	$H_{1\%}/H_{1/10}$	$H_{5\%}/H_{1/10}$	$H_{1/3}/H_{1/10}$	$\overline{H}/H_{1/10}$
≤0.1	1.53	1.27	1.32	0.626	1.60	1.19	0.962	0.787	0.492
0.2	1.50	1.26	1.22	0.654	1.53	1.17	0.969	0.793	0.518
0.2～0.3	1.34	1.21	1.18	0.674	1.48	1.15	0.971	0.824	0.555
0.3～0.4	1.33	1.18	1.15	0.712	1.40	1.12	0.974	0.847	0.603
0.4～0.5	1.26	1.17	1.14	0.732	1.37	1.11	0.976	0.855	0.627
≥0.5	1.22	1.12	1.10	0.755	1.32	1.10	0.981	0.896	0.676

6.4.4.3 波浪资料的分析与波浪计算

1. 波浪资料的分析

波浪资料的分析，主要内容包括波浪玫瑰图绘制、波型分析、波向的确定和波浪资料的审查。

（1）波浪玫瑰图绘制。表示某地各个不同方向各级波浪出现频率的图称为波浪玫瑰图。波浪玫瑰图一般分波高玫瑰图和周期玫瑰图。为了绘制波浪玫瑰图，应对当地多年的波浪观测资料进行统计整理。先将波高或周期按需要分级，一般波高可每间隔 0.5m 为一级，周期每间隔 1s 为一级，然后从报表中逐日统计各向各级波浪的出现次数，并除以统计期间的总观测次数。同样，因观测数据较多，可选择有代表性的典型的连续年份来进行统计，一般需要 1～3 年的资料才比较可靠。

（2）波型分析。波型分析系指分析当地波浪的波动性质。波浪波型一般划分为风浪型（以 F 表示）、涌浪型（以 U 表示）、风浪为主的混合浪型（以 F/U 表示）、涌浪为主的混合浪型（以 U/F 表示）。在设计波浪计算时，不同的波型需采用不同的方法计算波浪周期。一般选择有代表性的连续年份（1～3 年）的资料进行统计。从月报表中逐日统计各种波型的出现次数，并除以统计期间的总观测次数，从而计算出频率，以频率大的为准。

（3）波向的确定。波向的确定是指通过风速、波高资料和地形条件来确定影响工程点的主要波向。通常要确定强波向、常波向，有时需要次强波向和次常波向。为解决上述问题，要把风况玫瑰图和波高玫瑰图与工程点的地理位置结合起来进行分析。当工程点风况玫瑰图和波高玫瑰图对应关系较好，且海域主要以风浪为主时，常风向即是常波向，强风向即是强波向。海域主要以涌浪为主时以波高玫瑰图来确定，16

个方向大的波高出现的频率最高的为强波向。

(4) 波浪资料的审查。在进行波浪资料统计和计算工作以前,应对波浪资料进行审查,核查当地波浪生成的主要原因,是风浪还是涌浪;当利用港口或海洋水文观测台站的波浪资料时,首先应注意台站的地理环境,并与工程点的地理环境相比较,分方向检验资料的适用程度。

同时应注意系列中是否包括历史上较大的风浪资料,若未包括,还应考虑利用历史天气图或风资料对当地历史上的风浪(如台风影响)情况等以及个别年份缺测大浪的情况进行波浪要素的计算,以延长或插补实测波浪系列。

2. 实测波浪要素的相关计算

进行波浪要素资料分析整理,有时需要寻求两地波浪要素之间的关系,进行相关计算,以比较两地的波浪特征及数量的差异,或用以延长短期资料的系列长度。

进行相关计算时,选择两地波浪的对应变量有以下几种不同情况的处理办法。

(1) 同步资料的相关计算。如果两个测站距离较近(一般在20km以内),而且在风向波向一致的情况下,可以采用同步资料,即把同一时间测得的波浪要素作为变量进行相关计算,以寻求两地点波浪要素之间的相关关系。

(2) 延时资料的相关计算。如果两个测站距离较远(但不超过100km),地形变化不大,且在风向和波向也较一致的情况下,可采取延时相关计算的方法,即以上风向站(一般是离岸远的站)t时刻的波浪要素与下风向站$t+\Delta t$时刻的波浪要素相对应求相关。其中,Δt为以两站间距和平均波速求算的波浪传播时间。

(3) 日极值相关计算。如果两测站相距更远(在100km以上),但风向波向较一致,可以采用日极值相关计算的方法,即以两站每天测得最大的波浪要素相对应求相关。

无论哪种情况的相关计算,在选择波浪要素时,应尽量选择风向和风速稳定、风浪要素尺度较大的资料进行计算,以减小计算误差及随机因素造成的假象。

3. 有实测资料的设计波浪计算

推求设计波浪有两种基本方法:①如果工程地点有海洋水文观测站,可以根据以往多年的资料,得到历年出现最大波高的系列,并以某个特征波(一般采用$H_{1/10}$)作为样本,用数理统计方法分析每年一个最大的特征波高的分布规律,根据这个分布规律来推断今后多年内可能出现的波浪情况;②如果工程地点内没有海洋水文观测站或建站不久,资料缺少,可利用当地历年风况资料,根据风况和波浪要素的关系求出相应的波浪要素,再依此用数理统计方法最后确定设计波浪。本节介绍第①种方法。

(1) 波浪计算资料的年数。按规范要求,在进行波高或周期的频率分析时,连续资料的年数不宜少于15年。在资料短缺时,应尽量进行插补延长资料,使资料能够代表实际波浪的多年分布情况。

(2) 频率计算方法。波高和周期的频率曲线可采用皮尔逊Ⅲ型曲线。

在进行频率计算时,波高的样本可按照如下原则选取:当需确定某一主波向的设计波高时,年最大波高及其对应周期的数据,一般可在该方向左、右22.5°的范围内选取;若每隔45°的方位角都进行统计,则对每一波向均只归并相邻一个22.5°内的数据。

与设计波高相对应的波浪周期的推算方法有两种:①由风浪要素计算图直接查出与设计波高相对应的周期;②利用与波高年最大值相应的周期所组成的系列,进行频率计算,以确定与设计波高为同一重现期的周期值。

对于海湾或内海中当地大的波浪主要为风浪时,通常第①种方法比较合理;对于敞对大海的工程点,当地大的波浪为涌浪或混合浪,则用第②种方法。

当实测资料中有特大值时,应按考虑有特大值来计算设计波高和周期,即

$$\overline{H}_N=\frac{1}{N}\left[H_N+\sum_{i=1}^{n}H_i+(N-n-1)\frac{\sum_{i=1}^{n}H_i}{n}\right]=\frac{1}{N}\left(H_N+\frac{N-1}{n}\sum_{i=1}^{n}H_i\right) \tag{6.4-38}$$

$$C_{v_N}=\sqrt{\frac{1}{N-1}(K_N-1)^2+\frac{1}{n}\sum_{i=1}^{n}(K_i-1)^2} \tag{6.4-39}$$

6.4.4.4 由气象资料计算波浪要素

工程点地区或其邻近没有海洋水文观测台、站时,可根据当地历史的气象资料来推算波浪要素。

利用气象资料计算波浪要素分两种情况:①当工程点至对岸距离小于100km时,可利用其对岸距离和某一重现期的风速按公式计算或查风浪要素计算图表,确定该重现期的波浪要素;②当工程点至对岸距离大于100km时,可在历史天气图上选择各方向每年最不利的天气过程,利用风浪要素计算图表查算波浪要素年最大值,进行频率分析计算。

利用气象资料计算波浪要素时,应根据具体情况选择有关计算方法,并结合短期测波浪资料的分析成果,加以验证选用。

根据当地风资料确定不同重现期的设计波浪时，要计算设计风速、风区长度和计算水深，然后根据公式计算。此方法适合于可以不考虑风时的短风区情况。

1. 确定设计风速

工程设计中推算某一重现期的风浪要素时，一般假定风浪要素的重现期简单地等于风速的重现期，于是可找出某一波向的逐年最大风速，用皮尔逊Ⅲ型曲线进行适线，求得该波向的某一重现期的风速值，作为推算风浪的设计风速。

2. 风区的确定

在所选取的风场中，风速、风向有显著改变的地方，或较小水域的边界，可取为风区的边界。

在推算较小水域（如海湾、海峡或湖泊）中的波浪时，由于水域较小，风场常遍布于整个水域，此时可简单地取该方位的对岸距离作为风区的长度。如果水域边界不规则，且水域内有许多岛屿、浅滩和礁石，就不能简单地用对岸距离作为风区长度，而要用有效风区法来计算。

3. 计算水深

风浪计算中的水深应采用某一标准设计潮位下的水深，即某一标准设计潮位加自然水深，自然水深系指潮位起算面下的水深值。当风区内的水域深度大致均匀，无明显逐渐变浅或变深的趋势时，可取其平均水深来计算风浪要素；当风区的水深沿风向变化较大时，可将水域分段来计算风浪要素。

4. 设计波浪要素计算

当工程点至对岸距离小于 100km 时，某一重现期波高和周期，一般采用某种公式进行推算。同时，尽可能结合短期波浪实测资料的经验频率分析成果加以验证选用，或利用实测的大风大浪进行验证。

国内海岸工程中利用风资料计算波浪要素一般有三种方法：莆田试验法、美国 SMB 法和苏联法，其中莆田试验法被普遍采用，计算公式为

$$\frac{g\overline{H}}{v^2}=0.13\tanh\left[0.7\left(\frac{gd}{v^2}\right)^{0.7}\right]\times\tanh\frac{0.0018\left(\frac{gF}{v^2}\right)^{0.45}}{0.13\tanh\left[0.7\left(\frac{gd}{v^2}\right)^{0.7}\right]} \tag{6.4-40}$$

$$\frac{g\overline{T}}{v}=13.9\left(\frac{g\overline{H}}{v^2}\right)^{0.5} \tag{6.4-41}$$

6.4.4.5 波浪的浅水变形计算

按前述方法推算的波浪要素，如果是离工程地点较远的深水波浪，传向浅水区至工程点将发生变化，考虑这种影响的计算，通常称为波浪的浅水变形计算。

波浪由深水传至浅水，浅水限制波速，使波浪发生变形和折射，有一小部分能量不断地从水底较陡的斜坡上反射回去，水底的摩擦以及波浪水流渗入水底都将使波能有所损耗。目前，确定近岸波浪要素的通常方法只考虑最主要的由于水深变化引起的变形和折射影响，而忽略了其余的次要因素，忽略了水面上风的继续作用，即假定波浪从深水向岸边是以规则波形式传播。此外，由于近岸区域的地形、地物情况比较复杂，波浪传播过程中，还可能出现绕射、反射或波峰破碎等现象。反射和绕射计算可查有关文献。

1. 波浪在浅水的变形计算

当波浪在水深 d 不小于半波长的区域内传播时，可以认为波动不受水底的影响，属于深水波浪；当波浪继续传入水深 d 小于半波长的区域后，水深的影响将促使波浪发生变形，属于浅水波浪。

（1）波浪正向行进岸滩时的变形计算分析。波浪正向行进岸滩时，波峰线与等深线相平行，波浪将无平面上的变形。

1）波能传递率。波浪由深水传向岸边时，一般认为周期不变，而波长则随水深的减小而减小。一个波的能量分布在一个波浪长范围的水域之内，波长减小，能量就分布在较小的水域内，从而使波能随水深的减小而渐趋集中，称为波能辐聚。

另一方面，根据波浪理论，一个波的全部波能 E 中只有一部分在波动过程中沿波浪推进的方向传播。这部分向前传播的波能 E_n 与全部波能 E 的比值 $n=E_n/E$，称为波能传递率，而其余部分的能量则不传播。在深水区，波能传递率 $n_0=0.5$；而在浅水区，n 为

$$n=\frac{1}{2}\left(1+\frac{4\pi d/L}{\sinh\frac{4\pi d/L}{L}}\right) \tag{6.4-42}$$

式中　d——水深；

L——相当于该水深 d 处的波长，即已经减小了的波长。

系数 $\dfrac{4\pi/L}{\sinh\frac{4\pi d/L}{L}}$ 值随水深的减小而增大，其变化范围为 0～1。因此波能传递率亦随水深的减小而增大，亦即不传播的波能逐渐减小，称为波能辐散。式（6.4-43）波能传递率 n、波速、波长和波高与相对水深的关系曲线，如图 6.4-11 所示。图中横轴为水深 d 与深水波长 L_0 之比，称为相对水深。

2）周期 T、波速 c、波长 L 和波高 H 的变化。如上所述，假设浅水波周期等于深水波周期，$T=T_0$。（本小节凡带下标“0”者均表示深水波要素，

不带下标者，即为浅水波要素。）

其他波浪要素变化的表达式为如下：

波速变化：

$$\frac{C}{C_0}=\frac{L}{L_0}=\tanh\frac{2\pi d}{L} \tag{6.4-43}$$

波长变化：

$$\frac{L}{L_0}=\tanh\frac{2\pi d}{L} \tag{6.4-44}$$

波高变化：

$$\frac{H}{H_0}=\sqrt{\frac{n_0}{n}\frac{C_0}{C}}=\sqrt{\frac{n_0}{n}\frac{L_0}{L}} \tag{6.4-45}$$

波速、波长和波高与相对水深$\frac{d}{L_0}$的关系曲线，如图6.4-11所示。从图中可见，水深减小时，波速、波长亦随之不断减小。

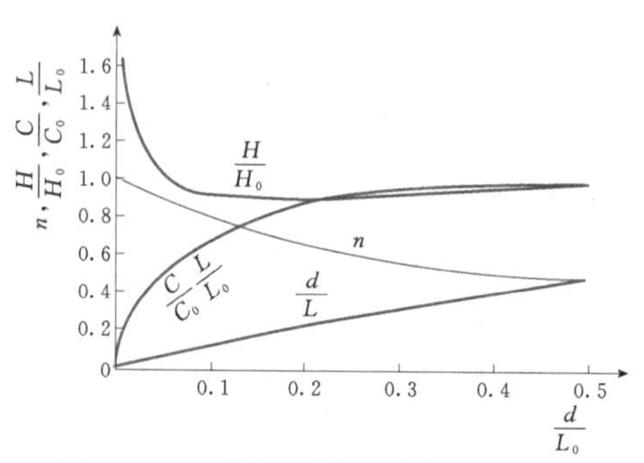

图6.4-11 波速、波长和波高与相对水深$\frac{d}{L_0}$的关系曲线

式（6.4-45）为波浪进入浅水区后波高的变化规律。取$\frac{H}{H_0}=K_S$，称为浅水系数。

从图6.4-11还可以看出，在波浪进入浅水区的初期，波长的变化较小，而由于波能传递率减小较快，波能以辐散为主，因而波高略有减小。当波浪进入相对水深$\frac{d}{L_0}<0.163$的区域以后，由于波长减小而使波能集中，波能辐聚起着主导作用，因而使波高逐渐稍有增大，直至破碎。

（2）波浪斜向行近岸滩时的变形计算分析。波浪斜向行近岸滩时，波峰线与等深线之间有一夹角，除了有与波浪正向行进岸滩时相似的变化外，还有平面上的变形，出现波浪折射，如图6.4-12和图6.4-13所示。

波浪由深水区斜向行近岸滩时，仍假定周期不变，波速、波长的变化规律亦仍如式（6.4-43）和式（6.4-44）所示，而波高的变化规律则为

$$\frac{H}{H_0}=\sqrt{\frac{n_0}{n}\frac{C_0}{C}}\sqrt{\frac{b_0}{b}}=K_SK_r \tag{6.4-46}$$

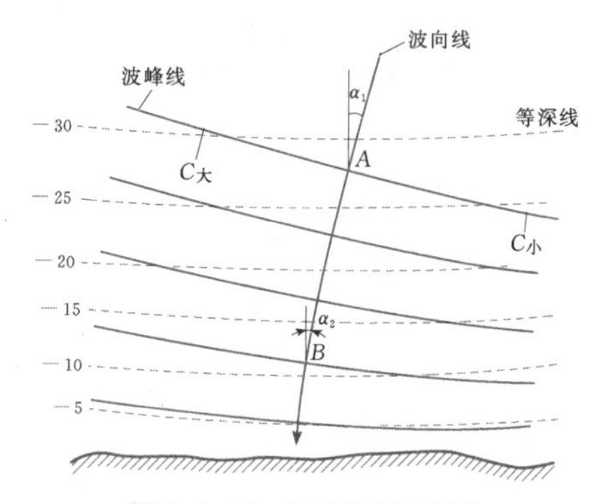

图6.4-12 波浪折射示意图

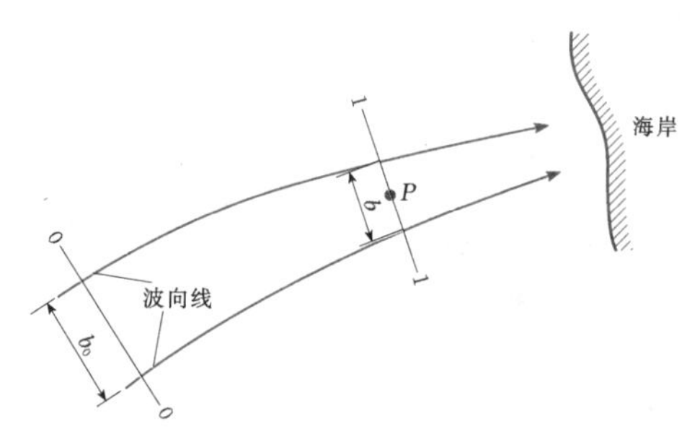

图6.4-13 波浪折射图

即

$$H=K_SK_rH_0$$

式中 K_S——浅水系数；

K_r——折射系数；

b——P点附近相邻两波向线间的宽度；

b_0——P点附近相邻两波向线在深水区的宽度。

式（6.4-46）表明，当波浪斜向行近岸滩时，除因水深变浅，能量传播速度发生变化，导致波高变化外，由于折射作用使两波向线间的距离发生变化，亦导致波高变化，这一因子即为折射系数K_r。若波向线在浅水区逐渐扩散，则$b>b_0$，$K_r<1$，波高将因折射而减小；若波向线逐渐辐聚，则$b<b_0$，$K_r>1$，波高将因折射而增大。

计算浅水区工程点的波高，要先绘制出波向线的折射图形，即波浪折射图，求取波浪折射系数。如折射图自某深水区做起，已知深水波高，则在确定工程点附近某点P的波高时（见图6.4-14），首先量取P点附近相邻两波向线间的宽度b，以及此两波向线在深水区的宽度b_0，即可计算出K_r，然后按P点的相对水深$\frac{d}{L_0}$，在浅水区的波高、波速和波长与相对水深的关系图6.4-11上查得$K_S=\frac{H}{H_0}$，按式（6.4-47）求得P点的波高H。

如折射图自浅水区的某处 d_1 做起，已知此处波高 H_1，则 P 点的波高可由下式计算：

$$H=\sqrt{\frac{b_1}{b}}\frac{K_{SP}}{K_{S1}}H_1 \qquad (6.4-47)$$

式中　b_1——两波向线在水深 d_1 处的宽度；

K_{SP}——P 点处的浅水系数，按 $\frac{d}{L_0}$ 由关系图 6.4-11 查得；

K_{S1}——水深 d_1 处的浅水系数，按 $\frac{d_1}{L_0}$ 由关系图 6.4-11 查得。

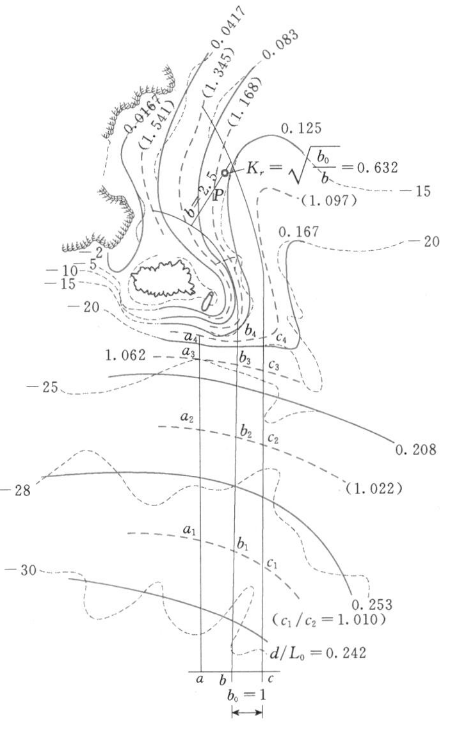

图 6.4-14　某工程波浪折射示意图

由于波浪的折射，在海岬处将产生波能的辐聚，使波高增大，而在海底处将产生波能的辐散，使波高减小，如图 6.4-15 所示。

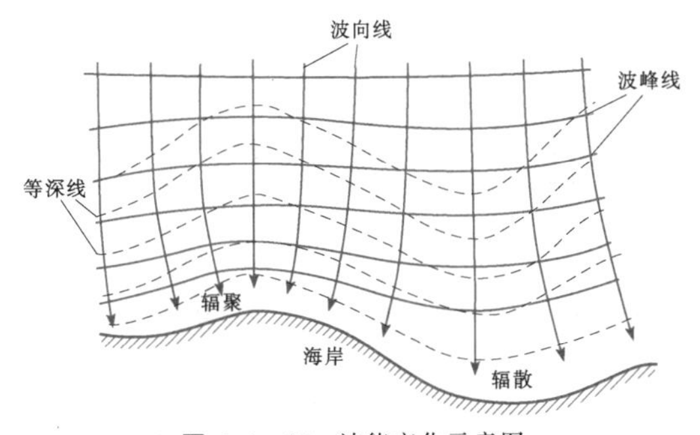

图 6.4-15　波能变化示意图

2. 破碎波浪要素的确定

如上所述，波浪进入浅水区以后，波长渐短，波高开始时也略减小，但以后就逐渐增大，因此当波浪传播至一定水深后，波陡就迅速增大。到一定水深后，波浪因陡度超过极限失去稳定而波峰破碎。波浪破碎处的水深称为破碎水深 d_b。

波浪在浅水中发生破碎时，破碎波高 H_b 与破碎水深 d_b 的比值可由图 6.4-16 确定。图中横轴为破碎水深与深水波长之比，纵轴为破碎波高与破碎水深之比。因此对于一定深水波长的波浪，可由图 6.4-16 上求得不同水深处的破碎波高，此波高代表该水深中可能发生的最大波高，称为极限波高。

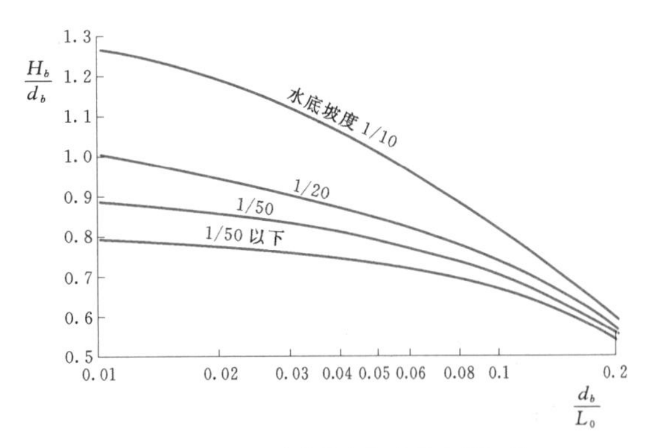

图 6.4-16　破碎波高与破碎水深比值

当计算出来的某一重现期的波高 H 小于此水深处的极限波高 H_b 时，波浪不发生破碎；当 H 等于 H_b 时，波浪在此破碎；当 H 大于 H_b 时，波浪将在较深的水深中破碎。对于后两种情况，即推算的某一重现期的波高大于浅水极限波高时，应采用极限波高作为设计波高。

6.4.4.6　规则波折射的数值计算法

规则波浅水变形数值计算方法是利用数值计算方法，来求解波数矢旋性方程、波能守恒方程和波浪弥散方程，求出波向线的坐标位置和波浪强度，然后绘制波向线和计算沿波向线的波高，可参考有关文献。

6.5　灰 渣 特 性

6.5.1　灰渣的工程特性

6.5.1.1　灰渣的化学成分

灰渣化学成分主要是硅、铝和铁的氧化物，其次为钙的氧化物和未燃烧的碳，钾、钠、镁的氧化物的含量都较低。其主要化学成分中，氧化钙和硫酸钙常常与硅、铝相化合而发生凝硬作用，从而使灰渣的强度提高和压缩性降低。因此灰渣中氧化钙或硫酸钙的含量越高，它的凝硬作用就越大。未燃烧的碳会提高粉煤灰的最优含水量和降低最大干密度，并减弱凝硬作用。

中国36个电厂灰渣的化学成分见表6.5-1，部分国内外电厂的典型灰渣的化学成分见表6.5-2。

表6.5-1　　中国部分电厂灰渣的化学成分和烧失量　　%

化学成分	SiO_2	Al_2O_3	Fe_2O_3	CaO	MgO	SO_3	Na_2O	K_2O	烧失量
平均值	50.6	27.2	7.0	2.8	1.2	0.3	0.5	1.3	8.2
波动范围	33.9～59.7	16.5～35.4	1.5～15.4	0.8～4.0	0.7～1.9	0～1.1	0.2～1.1	0.7～2.9	1.2～23.5

表6.5-2　　典型灰渣的化学成分和基本性质

电厂		主要化学成分(%)											基本性质			
		SiO_2	Al_2O_3	Fe_2O_3	TiO_2	CaO	MgO	K_2O	Na_2O	TsO_3	P_2O_5	SO_3	烧失量(%)	液限(%)	塑限(%)	颗粒比重
黄桷庄		48.53	19.48	14.08	1.32	5.91	0.74	2.01	0.22	0.60	0.11		6.58			
江油		51.78	21.74	14.75	0.88	4.53	1.46	1.63	0.21	0.11	0.21		2.62			
首阳山		56.54	22.40	7.36	0.82	4.35	1.34	1.61	0.32	0.19	0.42		5.10			
仪征		48.40	30.17	9.95	—	3.64	1.41	—	—	—	—	—	5.76			
谏壁		47.60	27.14	8.73	—	5.12	1.11	—	—	—	—		4.79			
青海桥头	粗灰	62.5	11.99	5.19		2.12	0.5	1.70	11.94		0.14	0.32	3.6	44.5	41.2	
	细灰	58.1	15.33	4.4		1.76	0.59	1.90	13.72		0.20	0.20	3.8	37.2	36.5	
秦岭		45.38	29.44	9.71	1.13	5.43	0.60	0.99	0.23			0.40	6.63	—	—	
韩城		51.44	32.19	4.90	1.03	2.93	1.03	0.94	0.25			0.28	6.36	51	40	
杨浦湿灰		49.12	32.95	5.62		1.97	0.61	0.84	0.44			0.44	6.78			
闸北湿灰		48.54	30.76	7.34		3.07	0.70	0.74	0.30			0.50	6.66			
宝钢干灰		50.48	33.23	7.34		2.30	0.60	0.81	0.54			0.53	2.80			
杨浦干灰		49.90	33.35	6.73		2.58	0.70	0.33	0.30			0.35	4.86			
闵行干灰		52.12	34.24	5.14		2.50	0.74	0.65	0.44			0.33	2.08			
下关湿灰		49.10	26.91	5.12		3.07	1.41	0.80	0.40			0.32	11.60			
天生港湿灰		50.51	29.25	5.44		2.46	1.11	1.04	0.20			0.38	8.53			
北京高井	干灰	45.4	36.5	7.0	1.0	3.2	0.9	0.9	0.3			0.5	4.3	46	35	2.11
	湿灰Ⅰ	41.5	32.4	12.4	1.0	7.1	0.9	0.5	0.4			0.6	3.2	49	39	2.40
	湿灰Ⅱ	45.3	33.5	8.9	1.0	5.6	0.8	0.7	0.4			0.5	3.8			
	湿灰Ⅲ	46.6	34.1	7.1	1.3	6.4	0.9	0.7	0.4			0.6	1.9			
	湿灰Ⅳ	47.3	38.3	3.5	1.1	4.7	0.7	0.5	0.4			0.5	3.0			
宝钢	湿灰	57.4	6.25	9.33		2.51	2.84									
河北沙岭子	湿灰	55.2	20.4	10.9	1.1	6.0	1.5	1.7	0.5			0.9	1.8	49	48	2.32
江苏天生港		50.1	29.2	6.3		3.7							7.0	48	42	2.11
美国内凡乔		48.7	29.3	3.6		7.8							<7.9			
美国威斯康星		47.9	21.4	20.9		3.2							9.7			2.43
意大利		46.0	34.5	3.5		7.0							5.0	39	36	2.28

6.5.1.2　灰渣的物理性质

1. 灰渣的颗粒组成和界限含水率

灰渣的颗粒组成首先取决于电厂除灰系统是将炉底渣与粉煤灰混排还是分排。若混排，灰渣的颗粒较粗；若分排，则灰渣的颗粒较细。灰渣的颗粒组成还取决于煤的种类和磨细程度、锅炉的类型和燃烧方式以及除灰设备的性能，因此灰渣的颗粒组成有一定的差别，典型的灰渣颗粒组成见表6.5-3和表6.5-4。灰渣颗粒组成以0.005～0.25mm颗粒为主，即主要是由细砂粒和粉粒组成。

表 6.5-3　　灰渣的颗粒组成(一)

电厂	取样点离排灰口距离(m)	颗粒组成(%)						限制粒径 d_{60} (mm)	平均粒径 d_{50} (mm)	有效粒径 d_{10} (mm)	不均匀系数 C_u	曲率系数 C_c	比重 G_s	孔隙比	
		>0.1 mm	0.1～0.05 mm	0.05～0.005 mm	2～0.25 mm	0.25～0.05 mm	<0.005 mm							e_{max}	e_{min}
姚孟	30	65～45	22～25	13～30			0	0.12～0.20	0.087～0.15	0.026～0.045	4.4～4.6	0.80～0.86			
	60	43～30	24～33	24～46			0	0.074～0.105	0.056～0.086	0.033～0.041	3.2～5.3	0.87～0.97			
	100	39～19	14～30	30～66			1	0.041～0.096	0.031～0.077	0.011～0.024	3.7～4.0	0.89～1.0			
宝钢		10	13.6	68.9			7.6				5.18				
姚孟	20	54.5		41.5			4	0.090	0.06	0.095	9.5	0.73			
	50	50.5		43.5			6	0.076	0.5	0.075	10.1	0.89			
	80	47.5		46.5			6	0.066	0.046	0.075	8.8	0.89			
	150	30.5		53.5			8	0.047	0.034	0.0060	7.8	0.94			
沙岭子		59.0		35.5			5.5	0.101	0.067	0.009	11.1				
		66.0		30.5			3.5	0.120	0.083	0.013	9.2				
江油粗灰					18	64	18		0.11	0.034	4.3				
江油细灰					1	52	48		0.05	0.022	2.7				
宜宾黄桷庄					4	18	78		0.03	0.020	1.8	0.93			
河南洛阳					6	37	57		0.04	0.009	5.6	1.08			
江油	数十米以内				14.2	75.8	10		0.14	0.05	3.2		2.03	1.77	0.92

表 6.5-4　　灰渣的颗粒组成(二)

电厂	贮灰场	颗粒组成(%)						平均粒径 d_{50} (mm)	有效粒径 d_{10} (mm)	不均匀系数 C_u	液限(%)	塑限(%)	塑性指数
		0.5～0.25 mm	0.25～0.05 mm	0.05～0.005 mm	>0.075 mm	0.075～0.005 mm	<0.005 mm						
谏壁	松林山 S_I	12	45	39			4						
	松林山 S_{II}	6	27	59			8						
	松林山 S_{III}	0	20	71			9						
江油	离排灰口近	18	64	18			0	0.11	0.034	4.3			
	离排灰口远	0	52	45.7			2.3	0.05	0.022	2.7			
辽宁	离排灰口近	17	57	24			2	0.11	0.019	6.8			
	离排灰口远	4.3	22	63			10.7	0.019	0.005	6.4			
秦城	粗灰				64.5	35.5	0	0.106	0.019	7.4	—	—	—
	细灰				30.6	69.4	0	0.043	0.012	4.8	—	—	—
韩城					41.4	50.2	8.4	0.056	0.007	11.8	51	40	11

从表6.5-2可知灰渣的比重介于2.10～2.50，略小于天然土，塑性指数I_P一般小于10，液限W_L一般小于50%。按照土的工程分类，灰渣属于低液限粉土。

2. 灰渣的比重

灰渣的比重比天然土粒略小，在2.10～2.50之间，灰渣的比重与其化学成分中Fe_2O_3的含量密切相关，见表6.5-5所示。

表6.5-5　　灰渣的比重

灰样	Fe_2O_3 (%)	比重
		碾细前测值/碾细后测值
黄桷庄电厂	14.08	2.42/2.49
江油电厂	14.75	2.37/2.47
首阳电厂	7.36	2.22/2.30
仪征电厂	9.95	2.18
谏壁电厂	8.73	2.09

在粉煤灰的化学成分基本相近的时候，粉煤灰颗粒比重与其微观构造相关。黄桷庄电厂与江油电厂灰样的化学组成基本相同，但用以往的方法测定比重黄桷庄电厂灰样比重为2.42，而江油电厂灰样的比重为2.37；从内部微观构造看，黄桷庄电厂灰样是以微孔型和薄壳型为主，江油电厂的蜂窝型比例较大，为了减轻微观结构的影响，灰渣宜碾细后测定比重。

6.5.1.3 灰渣的压缩变形特性

谏壁电厂与姚孟电厂灰渣的试验结果如表6.5-6和表6.5-7所示。结果表明：灰渣的压缩变形特性随着其密实度而变化，密实状态灰渣的压缩系数要比松散状态的低一至数倍，而压缩模量要高一至数倍，湿灰经压实后其变形特性与密实的砂性土相近。

灰渣在不同垂直压力下浸水的变形特性试验结果如图6.5-1所示。由图6.5-1和表6.5-6可见，灰渣浸水会使其压缩性增大10%至1倍，松散状态灰渣浸水后压缩性增大明显，密实状态灰渣浸水后压缩

表6.5-6　　谏壁电厂灰渣压缩试验结果

灰样	试样制备干密度ρ_d (g/cm³)	试样制备含水率w (%)	试样制备相对密度D_r	压缩系数$a_{v0.1\sim0.2MPa}$ (MPa⁻¹)						压缩模量$E_{s0.1\sim0.2MPa}$ (MPa)					
				未浸水	浸水压力P_1 (kPa)					未浸水	浸水压力P_1 (kPa)				
					50	100	200	400	800		50	100	200	400	800
粗灰	0.90	34.6	0.37	0.41	0.47	0.53	0.60	0.48	0.41	6.0	5.3	5.2	5.6	4.7	5.7
	0.95	34.6	0.57	0.08	0.12	0.12	0.13	0.07	0.10	27.8	18.3	18.5	17.2	26.8	22.2
	1.00	33.8	0.75	0.09	0.08	0.09	0.09	0.06	0.06	35.3	29.0	24.7	24.1	32.8	33.9
	1.03	33.8	0.85	0.06	0.09	0.06	0.07	0.08	0.06	39.2	23.3	31.7	32.8	28.6	33.3
细灰	0.90	35.6	0.32	0.27	0.57	0.64	0.61	0.55	0.42	8.69	4.2	3.8	3.9	4.3	5.7
	0.95	35.6	0.52	0.11	0.15	0.21	0.20	0.20	0.22	20.2	15.3	11.0	11.1	11.4	10.0
	1.00	35.8	0.69	0.10	0.07	0.10	0.12	0.10	0.11	26.3	28.2	22.2	18.3	20.8	19.2
	1.03	35.8	0.79	0.08	0.10	0.09	0.09	0.09	0.09	29.8	20.0	23.0	29.4	24.7	23.5

表6.5-7　　姚孟电厂灰渣压缩试验结果

组号	试样制备含水率w (%)	试样干密度ρ_d (g/cm³)	试样相对密度D_r	渗透系数k_{10} (×10⁻⁴cm/s)	固结试验压缩系数a_v (MPa⁻¹)	压缩指数C_c
1	35.1	0.80	0.20	7.4		
2	35.1	0.85	0.42	3.8	0.20	0.54
3	35.1	0.90	0.61	3.9	0.12	0.27
4	35.1	0.94	0.79	2.9	0.07	0.21

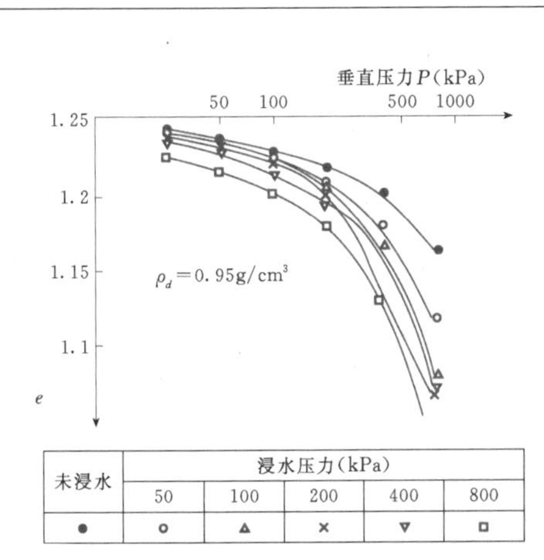

图 6.5-1 灰渣在不同垂直压力下浸水变形特性

性增大仅10%～40%。浸水压力不同的e—P曲线基本上为较密集的一簇，浸水压力的大小对浸水后灰渣的压缩变形特性和e—P曲线的性状没有显著影响，这与灰渣是水力贮放形成有关。

6.5.1.4 灰渣的强度特性

姚孟电厂与谏壁电厂灰渣的三轴剪切试验结果见表6.5-8与表6.5-9。

灰渣的强度特性具有下列特性：

(1) 密实状态灰渣的抗剪强度要明显高于松散状态灰渣的抗剪强度。谏壁电厂松林山灰场灰渣在周围压力σ_3为100kPa及200kPa时的抗剪强度与干密度的关系，如图6.5-2所示，其规律性相当明显。

(2) 松散状态的灰渣(相对密度D_r=0.20～0.45)

表 6.5-8 谏壁电厂灰渣抗剪强度特性

试验组号	试样制备含水率 w (%)	试样干密度 ρ_d (g/cm³)	试样相对密度 D_r	三轴固结不排水剪切试验				三轴不固结不排水剪切试验	
				总应力强度		有效应力强度			
				c_{cu} (kPa)	φ_{cu} (°)	c' (kPa)	φ' (°)	c_d (kPa)	φ_d (°)
1	35.1	0.80	0.20	13	11.5	17	18.6	8	0
2	35.1	0.85	0.42	59	16.1	25	26.9	44	0
3	35.1	0.90	0.61	12	19.4	6	30.4	76	0
4	35.1	0.94	0.79	32	21.2	1	32.8	240	0

表 6.5-9 姚孟电厂灰渣抗剪强度特性

灰样	试样干密度 ρ_d (g/cm³)	试样制备含水率 w (%)	试样相对密度 D_r	三轴固结不排水剪切				三轴固结排水剪切	
				总应力强度		有效应力强度		总应力强度	
				c_{cu} (kPa)	φ_{cu} (°)	c' (kPa)	φ' (°)	c_d (kPa)	φ_d (°)
粗灰	0.90	34.6	0.37	40	6.4	26	16	6	24.3
	0.95	34.6	0.57	47	8.7	2	21.1	13	25.9
	1.00	33.8	0.75	17	21.9	0	32.1	2	32.2
	1.05	34.6	0.91	0	26.2	12	33.0	9	33.4
细灰	0.90	35.6	0.32	3	12.6	11	18.1	14	22.6
	0.95	35.6	0.52	0	18.2	13	21.0	16	23.7
	1.00	35.8	0.69	16	21.8	22	28.8	25	28.1
	1.03	35.8	0.79	12	23.3	8	30.2	45	31.3

三轴固结不排水剪切过程中孔隙水压力随着应变发展而不断增长，极松散状态(D_r=0.20)灰渣孔隙水压力可以发展到等于或非常接近于侧限压力，因而松散状态的灰渣会出现静力液化现象。

(3) 密实状态的灰渣(相对密度D_r=0.60～0.90)三轴固结不排水剪切试验的应力—应变关系曲线没有峰值或峰值不明显。剪切过程中孔隙水压力增长到一定数值后，随着应变的发展孔隙水压力反而有

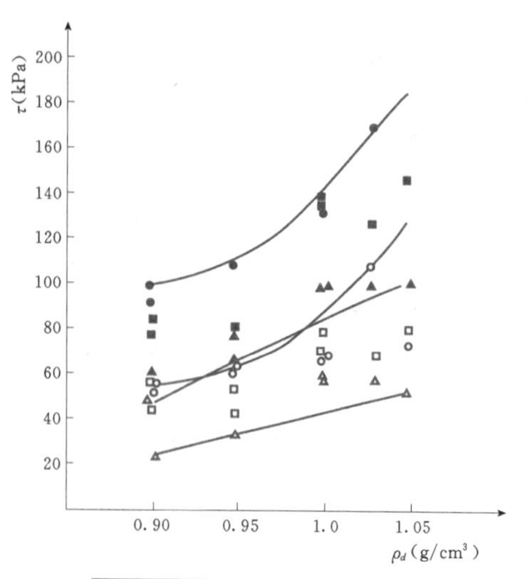

CU试验		CD试验	σ_3(kPa)
总应力	有效应力		
△	□	○	100
▲	■	●	200

图 6.5-2 灰渣抗剪强度与干密度的关系

一定程度的减小，当侧限压力较小（$\sigma_3=100$kPa 或 200kPa）密实状态灰渣（$D_r\approx0.8$）的孔隙水压力甚至出现负值，即具有剪胀性。

6.5.1.5 灰渣的渗透特性

灰渣渗透系数测定结果如表 6.5-10 所示。灰渣的渗透系数随着灰渣干密度的增大而减小。

表 6.5-10　　灰渣渗透系数

贮灰场	谏壁电厂真观山灰场			姚孟电厂程寨沟灰场			
试样干密度 ρ_d (g/cm³)	0.85	0.89	0.97	0.80	0.85	0.90	0.94
试样相对密度 D_r	0.465	0.59	0.80	0.20	0.42	0.61	0.79
渗透系数 k (10^{-4}cm/s)	2.10	1.55	0.80	7.4	4.8	3.9	2.9

灰渣的渗透系数 k 约在 $10^{-3}\sim10^{-5}$ cm/s 之间。表 6.5-11 为上海各电厂灰渣的渗透系数测定结果，其渗透系数 k 取决于灰渣的颗粒组成，约为 $10^{-4}\sim10^{-5}$ cm/s，介于天然砂质粉土和黏质粉土的量级水平。由于灰渣的透水性相对较大，在荷重作用下，灰渣体内引起的孔隙水压力会较快地消散，有利于多雨地区的灰渣碾压施工进行。

表 6.5-11　　灰渣的渗透系数

压实系数	渗透系数 (cm/s)				
	杨浦湿灰	闸北干灰	宝钢湿灰	闵行干灰	杨浦干灰
0.90	3.08×10^{-4}	5.55×10^{-5}	8.49×10^{-5}	6.30×10^{-5}	9.71×10^{-5}
0.95	2.03×10^{-4}	2.87×10^{-5}	4.41×10^{-5}	3.17×10^{-5}	5.19×10^{-5}

6.5.1.6 灰渣的动力特性

用电动液压式动三轴仪测试灰渣动强度及动力特性的典型结果如图 6.5-3 所示，可以看出灰渣的密实状态、固结应力状态（固结应力及固结应力比）是影响灰渣动力特性的主要因素。一般来说，灰渣越密实，动强度与动剪切模量越高；固结应力越大，动强度与动剪切模量越高；侧限压力相同时，不等向固结应力条件下（平均主应力高），动强度与动剪切模量较高。并且动剪切模量都随着剪应变幅度增大而减小。上述性质与粉土或砂土的动力特性相似，小应变条件下动剪切模量与阻尼比可以用哈定—德诺维奇(Hardin-Drnevich) 经验公式表示，即

$$G_{\max}=AF(e)\left(\frac{\sigma'_o}{P_a}\right)^n$$

式中　A——试验常数，视灰渣或土的性质而定；

$F(e)$——孔隙比 e 的函数；

P_a——大气压力，kPa；

σ'_o——有效固结应力，kPa；

n——指数，视灰渣或土的性质而定，灰渣的 n 介于 0.46～0.64 之间。

灰渣的颗粒组成主要是细砂粒和粉粒，低塑限，松散或中等密实状态的灰渣（$D_r=0.37\sim0.46$）在固结不排水剪切过程中，初始固结压力较小时（$\sigma'_{30}=50$，100kPa），孔隙水压力会增长到等于初始固结压力，即出现静力液化现象。

在地震时松散或中等密实状态的灰渣（$D_r<0.75$）会产生动力液化，密实状态的灰渣抗液化能力高于中等密实或松散状态的灰渣，周围压力（或初始固结压力）越高，抗液化能力越高，非饱和状态灰渣抗液化能力明显高于饱和状态的灰渣。典型的动力液化试验——鞍钢热电厂灰渣（平均粒径 $d_{50}=0.066$mm，不均匀系数 $C_u=3.77$）的动力液化试验结果如图 6.5-4 和图 6.5-5 所示。

宝钢灰渣湿排灰和调湿灰压实地基的标准贯入试

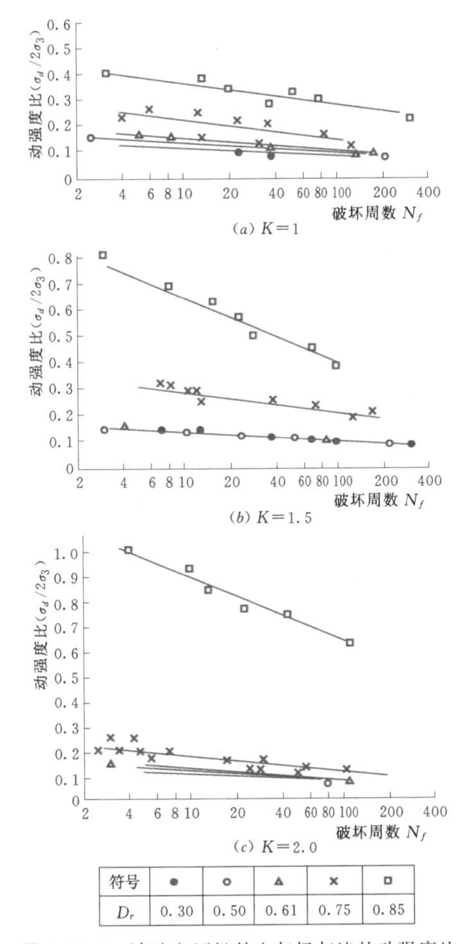

符号	●	○	△	×	□
D_r	0.30	0.50	0.61	0.75	0.85

图 6.5-3 谏壁电厂松林山灰场灰渣的动强度比与破坏周数的关系（$\sigma_3=100$kPa）

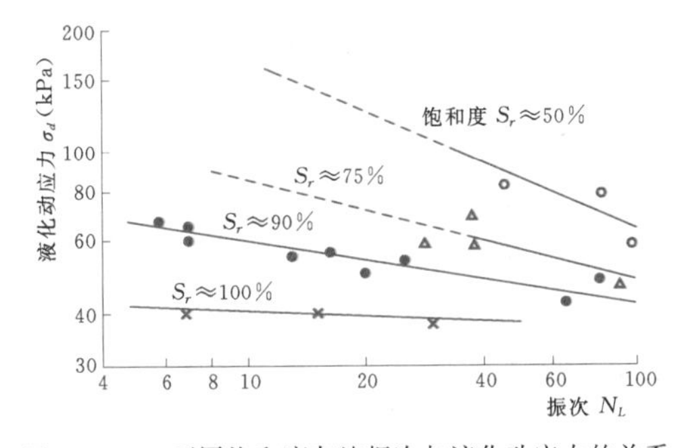

图 6.5-4 不同饱和度灰渣振次与液化动应力的关系

验结果见表 6.5-12，可以看出灰渣越密实，抗液化能力越高。由于灰渣具有微弱的凝硬作用，随着龄期的增长，抗液化能力有所增加。

6.5.1.7 灰渣的压实特性

贮灰场中贮放沉积的灰渣是填筑子坝的筑坝材料，因此除了其强度、变形和渗透特性之外，灰渣的压实特性是十分重要的。对于谏壁电厂松山林灰场的

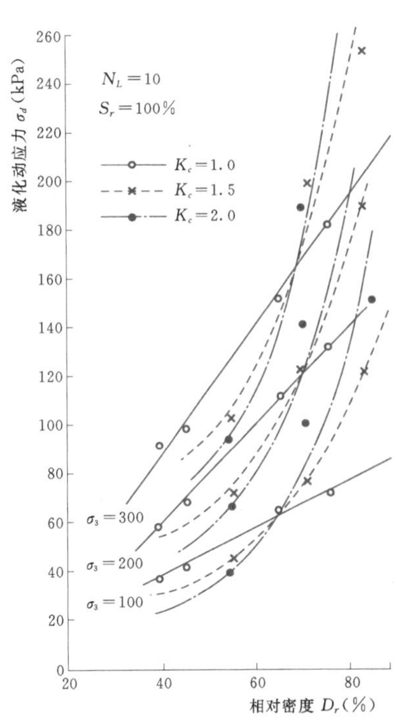

图 6.5-5 相对密度与液化动应力关系曲线

表 6.5-12 宝钢灰渣地基标准贯入试验结果

地　　点	压实系数	灰渣回填深度（m）	龄期（年）	标准贯入击数 N
烧结循环水池	0.85	4～5	4	8.7
炼钢副原料坑	＞0.90	3.5	4	21
煤气柜	0.90	2.0	0.5	10
调湿灰地基	0.97	0.4	0.16	24

灰渣，通过室内试验研究了灰渣颗粒粗细、击实次数及击锤质量等因素对灰渣击实特性的影响；通过现场大规模的碾压试验，研究了湿法贮灰场灰渣含水量、铺灰厚度、碾压机械、碾压遍数、灰渣颗粒粗细等因素对灰渣压实特性的影响。

1. 击实次数对击实效果的影响

用标准击实仪（击锤质量 2.5kg，锤底直径 5cm，落高 30cm）研究了击实次数：25 击（击实功能 607.5kJ/m³）与 50 击（击实功能 1215kJ/m³）灰渣颗粒粗细对灰渣击实特性的影响，试验结果如图 6.5-6 所示。可以看出击实次数多，击实功能大，则击实的干密度就高；灰渣颗粒粗，则击实的干密度也高。

2. 击锤质量对击实效果的影响

为对比击锤质量的影响，用重型击实仪（击锤质

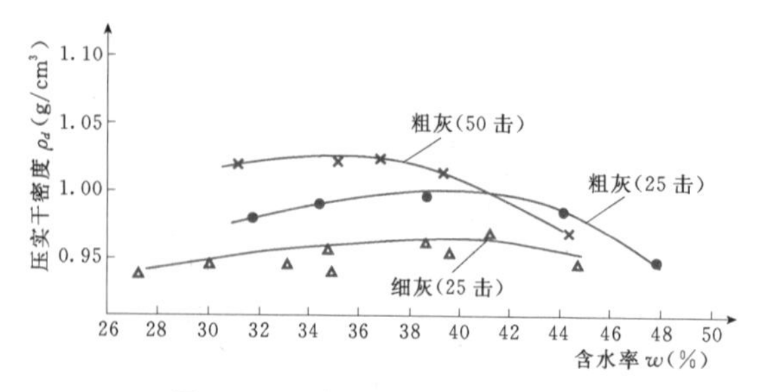

图 6.5-6　灰渣含水率、击实次数对击实效果的影响

量4.5kg）进行了对比试验。从试验结果图6.5-7可以看出，重锤击实仪的最大干密度较高，相应的最优含水率较低。

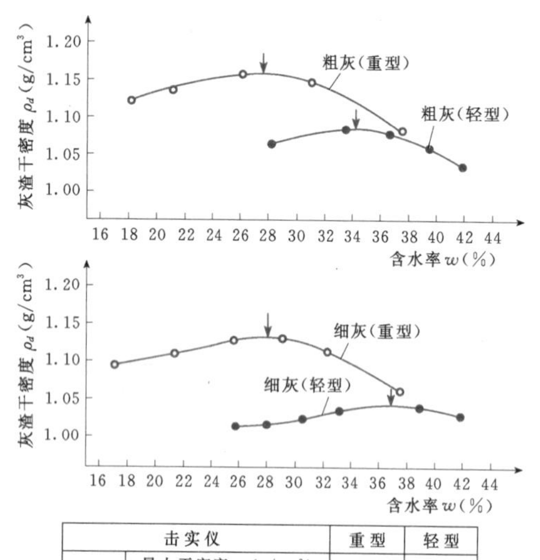

击实仪		重型	轻型
粗灰	最大干密度 ρ_d(g/cm³)	1.16	1.08
	最大含水率 w_{op}(%)	27.4	34.0
细灰	最大干密度 ρ_d(g/cm³)	1.13	1.04
	最大含水率 w_{op}(%)	27.4	36.6

图 6.5-7　灰渣含水率、击锤质量对击实效果的影响

综上所述，在一定范围内增加击实功能会提高灰渣的击实效果。

3. 灰渣颗粒粗细对击实效果的影响

从图6.5-6、图6.5-7还可以看到，灰渣越粗，击实效果越好，在标准击实仪与重型击实仪击实对比试验结果（见图6.5-7）粗灰的最大干密度分别达到1.08g/cm³与1.16g/cm³，而细灰分别只有1.04g/cm³与1.13g/cm³。

4. 灰渣含水率对压实效果的影响

从图6.5-6、图6.5-7可以看出，与黏性土类似，灰渣的压实特性也存在这一规律：在最优含水率时灰渣压实效果最好，达到最大干密度。但是压实效果对含水率不敏感。

现场碾压试验灰渣的含水率难以严格控制，同一碾压层的灰渣粗细及颗粒级配特性等又不均匀，因而压实后干密度与碾压含水率关系的实测数据呈带状分布，但是仍可以明显看出两者之间关系曲线是一条较平缓的曲线（见图6.5-8）。含水率越大，压实的干密度越大，在含水率为43%～47%时达到最大值。湿灰压实干密度对含水率的敏感性远比黏性土小，这一特点将给湿灰碾压施工带来许多方便。

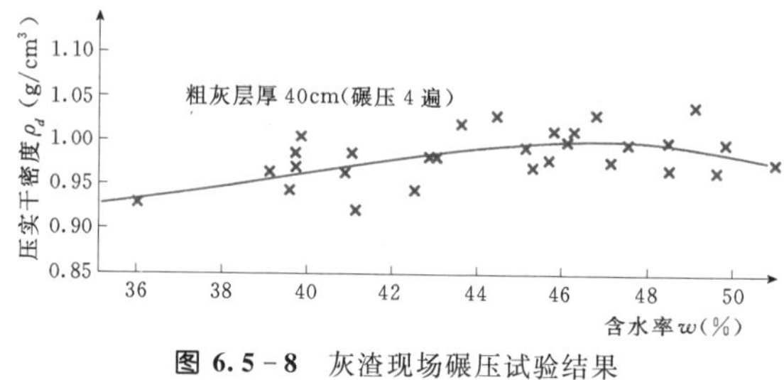

图 6.5-8　灰渣现场碾压试验结果

5. 铺灰厚度对压实效果的影响

现场碾压试验比较了铺灰厚度对压实效果的影响，铺灰厚度分别是20cm、30cm、40cm与50cm，其中灰渣含水率为37%～40%，试验结果如图6.5-9所示。铺灰厚度较薄，压实效果较好，铺灰厚度20cm与30cm的压实干密度接近；铺灰厚度50cm时，碾压施工容易出现壅灰现象，振动碾难以前进，因而铺灰厚度以30～40cm为宜。

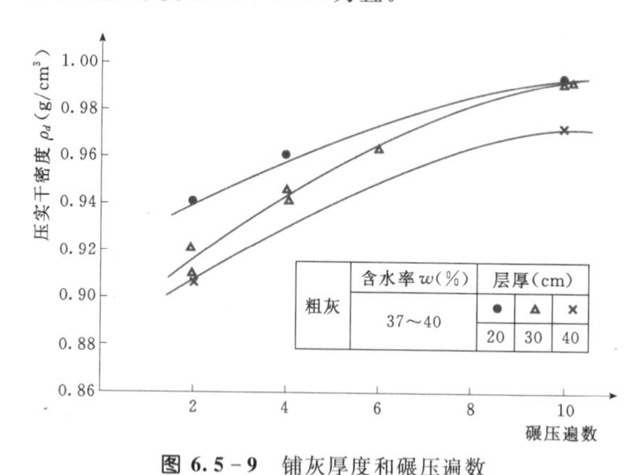

图 6.5-9　铺灰厚度和碾压遍数对压实效果的影响

6. 碾压机械对压实效果的影响

用YZ—10型振动碾进行振动碾压与无振动碾压（平碾）的压实效果对比试验，试验结果如图6.5-10所示。显然振动碾压湿灰的效果比平碾湿灰的效果要好得多。

7. 碾压遍数对压实效果的影响

从图6.5-9～图6.5-11可以看出，随着碾压遍

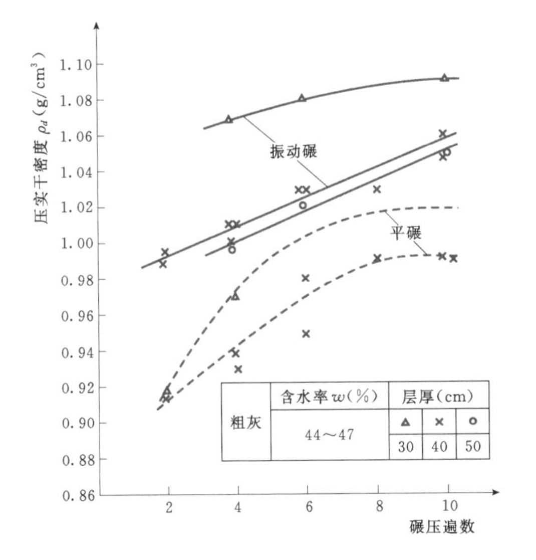

图 6.5-10 碾压机械、铺灰厚度和碾压遍数对压实效果的影响

数的增加，灰渣压实干密度亦随之增加，碾压 2～6 遍时，压实干密度增长显著；多于 6 遍后，压实干密度增长较少。一般来说，碾压遍数以 6 遍为宜。

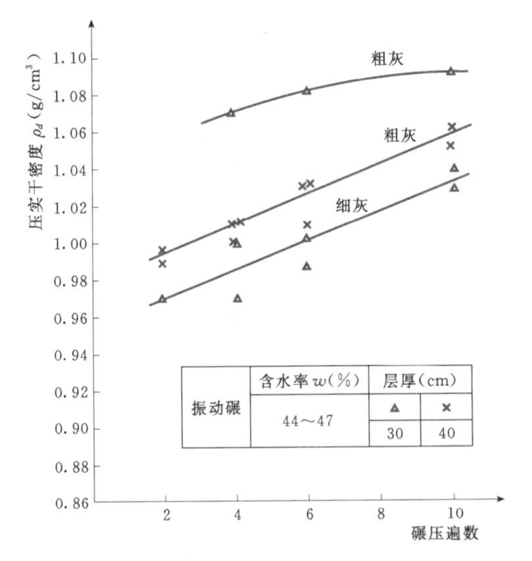

图 6.5-11 灰渣粗细、碾压遍数和层厚对压实效果的影响

8. 灰渣颗粒粗细对压实效果的影响

细灰的压实效果比粗灰略差一些，但是细灰压实效果也是良好的。例如，铺灰厚度 30～40cm，碾压 6～10 遍，压实干密度可以达到 1.0～1.03g/cm³（见图 6.5-11）。同样，灰渣含水率对细灰的压实效果也有影响，含水率 44%～47%的细灰压实效果要比含水率 37%～40%的稍好，见图 6.5-12。

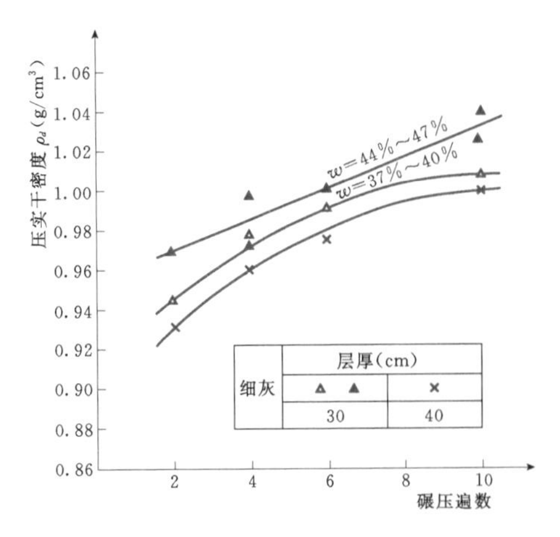

图 6.5-12 铺灰厚度、含水率和碾压遍数对压实效果的影响

6.5.2 灰渣层的工程特性

湿灰场需要在水力输送排放而形成的灰渣沉积层上加高子坝，因此研究灰渣沉积层的工程特性是寻求解决目前湿灰场存在的问题、进行子坝加高以及开发新的灰渣筑坝技术的基础。

1. 灰渣层的沉积密实度

灰渣颗粒细（以粉粒 0.05～0.005mm 为主），级配均匀，比重小（大都在 2.10～2.30）。以稀浆（1∶15～1∶20 灰水比）或浓浆（1∶2～1∶3 灰水比）排放到贮灰场内，灰渣在自重作用下沉积，所以沉积的密实度往往都较低，国内 10 个电厂贮灰场的灰渣层密实度见表 6.5-13。可以看出灰渣沉积层的密实程度较低，平均干密度只有 0.77～0.96g/cm³，相对密度只有 0.08～0.44，大部分处于松散状态。

2. 灰渣层的不均匀性

灰渣从排灰口排出，随着灰浆流速的逐渐降低，灰渣颗粒沿程逐渐沉积下来，因而，离排灰口越近，沉积的灰渣颗粒越粗；离排灰口越远，沉积的灰渣颗粒越细。灰渣层的不均匀性相当明显，尤其是煤种稳定，排灰口位置不变，灰浆流程较长的贮灰场灰渣层的分选现象更明显。表 6.5-14 是几个贮灰场灰渣层不均匀性的数据统计。

3. 灰渣层的各向异性

灰浆流槽的来回摆动、煤种的变化、排灰口位置的变动以及灰浆流量、灰水比的改变等因素会造成灰渣明显的水平层理，因而灰渣层存在各向异性的特性，尤其是反映在水平向渗透系数大于垂直向渗透系数，渗透系数的倍比一般在 2～7 之间，这是贮灰场渗流分析中不能忽视的现象。表 6.5-15 为国内外贮

表 6.5-13　　　**灰渣层的密实度**

电　　厂	谏　壁	谏　壁	仪征化纤工业公司热电厂	滦　河	江　油
贮灰场	松林山三号副坝	松林山主坝	砖　井	西　沟	1982年测值
灰渣层干密度 ρ_d（g/cm^3）	$\frac{0.82}{0.75\sim0.88}$	$\frac{0.84}{0.71\sim0.96}$	$\frac{0.82}{0.74\sim0.90}$	$\frac{0.83}{0.70\sim1.07}$	$\frac{0.86}{0.71\sim1.07}$
灰渣层相对密度 D_r	$\frac{0.09}{0\sim0.32}$	$\frac{0.08}{0\sim0.50}$	$\frac{0.279}{0.08\sim0.50}$	$\frac{0.37}{0\sim0.74}$	$\frac{0.36}{0.12\sim0.66}$
电　　厂	江　油	辽　宁	浑　江	富拉尔基	太原第一、第二热电厂
贮灰场	1986年测值				
灰渣层干密度 ρ_d（g/cm^3）	$\frac{0.85}{0.67\sim0.98}$	$\frac{0.96}{0.77\sim1.15}$	$\frac{0.84}{0.52\sim0.98}$	$\frac{0.772}{0.52\sim1.03}$	$\frac{0.69}{0.47\sim0.97}$、$\frac{0.83}{0.54\sim1.52}$
灰渣层相对密度 D_r	$\frac{0.28}{0\sim0.66}$	$\frac{0.22}{0.02\sim0.49}$	$\frac{0.44}{0.02\sim0.62}$	$\frac{0.26}{0.12\sim0.47}$	$\frac{0.40}{0.22\sim0.61}$、$\frac{0.40}{0.13\sim0.66}$

注　表中横线上的数值为平均值，横线下的数值为范围值。

表 6.5-14　　　**灰渣层的不均匀性**

电厂	项目							
高井电厂	离排灰口的距离(m)	50	80	120	160			
	灰渣平均粒径(mm)	0.065	0.040	0.036	0.024			
浑江电厂	离排灰口的距离(m)	100	200	300				
	灰渣平均粒径(mm)	0.12	0.075	0.026				
富拉尔基电厂	离排灰口的距离(m)	80	140	210	300	520	590	640
	灰渣平均粒径(mm)	0.28	0.12	0.10	0.096	0.050	0.038	0.012
姚孟电厂	离排灰口的距离(m)	20	60	100	150			
	灰渣平均粒径(mm)	0.06	0.05	0.046	0.034			
江油电厂	离排灰口的距离(m)	25	50	75				
	灰渣平均粒径(mm)	0.123	0.110	0.086				

表 6.5-15　　　**灰渣层的各向异性**

国内外贮灰场 / 渗透系数	波兰 Silesia 贮灰场	波兰 Kedzierzyn 贮灰场	仪征化纤工业联合公司热电厂（1987年测值）	十里泉电厂（1982年测值）	富拉尔基电厂（1982年测值）	江油电厂（1986年测值）	太原第一、第二热电厂（1989年测值）
水平渗透系数 k_h(10^{-4}cm/s)	6.7～13.0		$\frac{17.8}{3.8\sim33.1}$	$\frac{3.14}{1.14\sim6.16}$	$\frac{15}{12\sim18}$	$\frac{2.65}{1.56\sim6.78}$	$\frac{7.09}{2.68\sim15.4}$
垂直渗透系数 k_v(10^{-4}cm/s)	1.8～2.0		$\frac{4.8}{0.9\sim13.6}$	$\frac{1.31}{0.45\sim1.79}$	$\frac{3.75}{3.2\sim4.3}$	$\frac{1.88}{0.79\sim3.76}$	$\frac{3.49}{1.62\sim8.82}$
渗透系数倍比 k_h/k_v	3～7	1.34～2.31	1.3～7.7	1.2～5.66	2.79～5.63	1.71～1.98	$\frac{2.1}{1.2\sim4.0}$

注　表中横线上的数值为平均值，横线下的数值为范围值。

灰场灰渣层渗透系数各向异性的测试结果。

综上所述，灰渣是煤粉燃烧排出的工业固体废渣，主要成分为氧化硅、氧化铝及氧化铁的颗粒，以粉粒和细砂粒为主，颗粒级配均匀，渗透系数在10^{-5}～10^{-3}cm/s之间，大都为10^{-4}cm/s，易发生渗透变形破坏；灰渣的变形特性、强度特性和动力特性与其密度、含水率密切相关，饱和松散状态的灰渣压缩性高、抗剪强度低、易发生静力液化和动力液化；非饱和密实状态的灰渣属于中等压缩性或低压缩性、抗剪强度接近于密实状态粉土或砂土，有一定的抗地震液化的能力。灰渣的压实特性对含水率不敏感，灰渣的施工控制含水率范围较宽。因此利用灰渣作为筑坝材料的关键是提高其密实度并使其处于非饱和状态。

湿灰场水力排放灰渣形成的灰渣沉积层密实性较低，相对密度为0.08～0.44，处于松散或稍密状态；离排灰口越远，灰渣颗粒越细；灰渣层的水平渗透系数是垂直向渗透系数的2～7倍，灰渣层具有明显的不均匀性和各向异性。灰坝的渗流计算分析必须考虑灰渣层的各向异性，因此在灰渣层上加高子坝必须解决饱和松散的灰渣层压缩性大、强度低和易液化等难题。

6.5.3 压实干灰的工程特征

灰渣的颗粒组成差异较大，压实灰渣的工程特性有较大的差异。高井电厂、渭河电厂、大同电厂、焦作电厂和神头电厂压实灰渣的工程特性见表6.5-16～表6.5-18。由表可知：干灰渣调湿逐层碾压以后，随其密实度的提高，抗剪强度增高，渗透性及压缩性降低。

表6.5-16　5个电厂干灰的颗粒组成和物理性质

电厂	颗粒组成（%）			比重	液限 w_d（%）	塑限 w_p（%）
	>0.05mm	0.05～0.005mm	<0.005mm			
高井	38	61	1	2.11	46	35
渭河	6	82	12	2.18	59	47
大同	23	73	4	2.47	38	27
焦作	36	62	2	2.21	34	25
神头	36	59	5	2.29	29	20

表6.5-17　5个电厂干灰的渗透性能和压缩性能

电厂	相对密度 D_r	干密度 ρ_d（g/cm³）	制备含水率 w（%）	渗透系数 k（×10^{-4}cm/s）	浸水与否	压缩系数 $a_{v0.1\sim0.4MPa}$（MPa^{-1}）
高井	0.45	0.91	24.8	5.20	浸	0.08
	0.65	1.00	24.8	1.20	不浸	0.05
					浸	0.05
	0.80	1.08	24.8	0.90	浸	0.05
渭河	0.45	0.69	41.7	4.71	浸	0.71
	0.65	0.83	41.7	4.06	不浸	0.29
	0.80	0.91	41.7	0.82	不浸	0.10
					浸	0.10
焦作	0.45	1.13	22.1	1.72	浸	0.10
	0.65	1.21	22.1	0.64	不浸	0.05
					浸	0.05
	0.80	1.28	22.1	0.5	不浸	0.04
					浸	0.05

续表

电厂	相对密度 D_r	干密度 ρ_d (g/cm³)	制备含水率 w (%)	渗透系数 k (×10^{-4}cm/s)	浸水与否	压缩系数 $a_{v0.1\sim0.4MPa}$ (MPa^{-1})
大同	0.45	0.87	25.3	2.16	浸	0.28
	0.65	0.99	25.3	1.84	不浸	0.19
					浸	0.47
	0.80	1.10	25.3	0.48	不浸	0.09
					浸	0.13
神头	0.45	0.99	21.6	1.11	浸	0.56
	0.65	1.10	21.6	0.28	不浸	0.11
					浸	0.44
	0.80	1.20	21.6	0.14	不浸	0.06
					浸	0.08

表 6.5-18　　5个电厂干灰的抗剪强度

电厂	相对密度 D_r	试样			剪切时饱和度 S_r (%)	固结排水剪	
		干密度 ρ_d (g/cm³)	含水率 w (%)	饱和度 S_r (%)		有效抗剪强度 c_d (kPa)	内摩擦角 φ_d (°)
高井	0.45	0.91	25.0	40	100	0	33.0
	0.65	1.00	25.0	38	98	35	34.0
					非饱和	75	32.0
	0.80	1.08	25.0	44	98	55	39.5
渭河	0.45	0.69	41.7	42	100	0	32.0
	0.65	0.83	41.7	56	非饱和	40	31.5
	0.80	0.91	41.7	66	非饱和	60	33.0
焦作	0.45	1.13	22.1	51	96	0	31.0
	0.65	1.21	22.1	59	非饱和	60	31.0
	0.80	1.28	22.1	67	非饱和	50	34.5
大同	0.45	0.87	25.3	34	100	0	32.0
	0.65	0.99	25.3	43	非饱和	30	32.0
	0.80	1.10	25.3	50	非饱和	60	32.0
神头	0.45	0.99	21.6	38	100	0	31.0
	0.65	1.10	21.6	47	非饱和	50	28.5
	0.80	1.20	21.6	54	非饱和	60	29.5

1. 压实干灰的压缩性能

从表6.5-17可以看出，干灰的干密度越大，压缩系数越小，干灰从中等密度压实到密实状态时，压缩性从中等压缩性变为低压缩性。

2. 压实干灰的抗剪强度

从表6.5-18可以看出，干灰的干密度越大，其抗剪强度越高。

高井电厂干灰调湿现场碾压试验结果是：铺灰厚

度 30cm，碾压 2 遍，干密度为 0.93g/cm³，内摩擦角 φ_d 为 33.8°；碾压 6 遍，干密度达到 1.01g/cm³，内摩擦角 φ_d 提高到 35°～35.5°。

3. 压实干灰的渗透性

从表 6.5-17 可以看出，压实干灰的渗透系数大都在 $i\times10^{-4}$cm/s，比湿式贮灰场沉积的灰渣层渗透系数要略小些。同时，干灰的干密度越大，其渗透系数越小，在相对密度 0.80，即处于密实状态时，渗透系数为 $i\times10^{-5}$cm/s，属于弱透水性材料。

6.6 灰坝渗流计算

渗流计算方法有数值分析法（有限单元法）、图解法、解析法（水力学解法和流体力学解法）和模型试验法（流体模型试验法和电模拟试验法）。20 世纪 70 年代以后由于有限单元法在渗流计算中的应用，模型试验法已经不常使用；解析法在边界条件复杂时难以求得解析解；图解法是用绘制流网的方法求解平面渗流问题，需要对渗流有足够的理解并具有一定的经验和技巧。因此对于坝基条件简单、坝体材料单一的灰坝可以用图解法或解析法来计算灰坝的浸润线、下游坝坡出逸比降和通过灰坝的渗流量。对于坝基条件复杂的灰坝或初期坝、子坝与灰渣沉积层渗透特性不同的贮灰场宜采用有限单元法渗流计算分析。

6.6.1 渗流计算方程和计算方法

天然土和灰渣的渗流一般都符合层流规律，因此贮灰场的渗流计算都以达西（Darcy）定律为基础。

各向异性渗流时达西定律表示为

$$\left.\begin{aligned} v_x &= -k_x\frac{\partial h}{\partial x}\\ v_y &= -k_y\frac{\partial h}{\partial y}\\ v_z &= -k_z\frac{\partial h}{\partial z}\end{aligned}\right\}\tag{6.6-1}$$

式中 v_x、v_y、v_z——x、y、z 方向的流速，cm/s；

k_x、k_y、k_z——x、y、z 方向的渗透系数，cm/s；

h——水头，cm。

稳定渗流的基本方程式为

$$\frac{\partial}{\partial x}\left(k_x\frac{\partial h}{\partial x}\right)+\frac{\partial}{\partial y}\left(k_y\frac{\partial h}{\partial y}\right)+\frac{\partial}{\partial z}\left(k_z\frac{\partial h}{\partial z}\right)=0\tag{6.6-2}$$

当各向渗透性为常数时，式（6.6-2）为

$$k_x\frac{\partial^2 h}{\partial x^2}+k_y\frac{\partial^2 h}{\partial y^2}+k_z\frac{\partial^2 h}{\partial z^2}=0\tag{6.6-3}$$

若为各向同性，$k_x=k_y=k_z$ 时，则变为拉普拉斯（Laplace）方程式

$$\frac{\partial^2 h}{\partial x^2}+\frac{\partial^2 h}{\partial y^2}+\frac{\partial^2 h}{\partial z^2}=0\tag{6.6-4}$$

非稳定渗流场指其基本表征量随时间而变化的渗流情况，即

$$\left.\begin{aligned} h&=f_1(x,y,z,t)\\ v&=f_2(x,y,z,t)\end{aligned}\right\}\tag{6.6-5}$$

考虑压缩性的非均质各向异性非稳定渗流微分方程式为

$$\frac{\partial}{\partial x}\left(k_x\frac{\partial h}{\partial x}\right)+\frac{\partial}{\partial y}\left(k_y\frac{\partial h}{\partial y}\right)+\frac{\partial}{\partial z}\left(k_z\frac{\partial h}{\partial z}\right)=\rho g(\alpha+n\beta)\frac{\partial h}{\partial t}=S_s\frac{\partial h}{\partial t}\tag{6.6-6}$$

其中 $$S_s=\rho g\alpha'=\frac{\rho g}{E_c}=\frac{a_v\rho g}{1+e}$$

式中 h——待求水头函数，$h=h(x,y,z,t)$；

k_x、k_y、k_z——以 x、y、z 轴为主方向的渗透系数；

S_s——单位贮水量或贮存率；

E_c——弹性模量。

对均质各向同性材料，式（6.6-6）变为

$$\frac{\partial^2 h}{\partial x^2}+\frac{\partial^2 h}{\partial y^2}+\frac{\partial^2 h}{\partial z^2}=\frac{S_s}{k}\frac{\partial h}{\partial t}\tag{6.6-7}$$

非稳定渗流有限元计算公式为

$$\boldsymbol{K}\{h\}+\boldsymbol{S}\left\{\frac{\partial h}{\partial t}\right\}+\boldsymbol{P}\left\{\frac{\partial h^*}{\partial t}\right\}=\{F\}\tag{6.6-8}$$

式中 $\boldsymbol{K}$——总体渗透系数矩阵；

$\{h\}$——各节点水头向量；

$\boldsymbol{S}$——压缩土体内部单元贮水系数矩阵；

h^*——自由面上的节点水头；

$\boldsymbol{P}\left\{\frac{\partial h^*}{\partial t}\right\}$——流量补给和自由面单元的流量变化项；

$\{F\}$——已知常数项，由已知节点水头确定。

渗流计算边界条件见本书第 1 章 1.11 节，一般情况下渗流计算方法都采用有限单元法。该节介绍了渗流计算有限元计算软件，国内灰坝工程广泛采用南京水利科学研究院 UNSST2 程序。

6.6.2 灰坝渗流计算工况和计算要点

灰坝的渗流计算包括初期坝、子坝、灰渣沉积层以及坝基和坝肩在内的渗流场计算。计算得出贮灰场的渗流场，主要是坝体浸润面、下游坡逸出点位置、出逸坡降和渗流量，为灰坝抗滑稳定计算、渗流变形稳定计算、灰坝渗流控制设施和排渗设施设计提供依据。

6.6.2.1 灰坝渗流计算工况

渗流计算工况包括正常运行条件和非常运行条件。

1. 正常运行条件

(1) 计算干滩长度分别为 0m、50m、100m、150m、200m 的稳定渗流工况。选取满足灰坝设计标准的计算干滩长度作为贮灰场的限制干滩长度。

(2) 限制干滩长度纳入设计洪水的稳定渗流和非稳定渗流工况。

2. 非常运行条件

(1) 限制干滩长度纳入校核洪水的稳定渗流和非稳定渗流工况。

(2) 限制干滩长度遭遇地震的稳定渗流工况。渗流计算时要比较不同的灰坝渗流控制设施和排渗设施方案，必要时要考虑排渗设施可能失效的工况。

6.6.2.2 灰坝渗流计算要点

(1) 山谷灰场、灰坝高度超过 70m 或坝肩存在绕坝渗流问题的宜采用三维有限元渗流计算，宽阔的山谷灰场、平原灰场和滩涂灰场可采用二维有限元渗流计算。

(2) 子坝加高设计时，宜将初期坝和已建子坝设计时渗流计算结果与灰场实测浸润线进行对比，通过渗流反馈分析验证或确定灰坝和灰渣沉积层的渗透系数。

(3) 子坝加高设计时宜在拟建子坝的灰渣沉积层取样测定其渗透特性。

(4) 灰渣沉积层存在着明显的不均匀性和渗透系数的各向异性，灰坝渗流计算必须考虑灰渣沉积层不均匀性和各向异性的影响。

(5) 灰渣以粉粒和细砂粒为主，贮灰场的排渗设施、灰坝的反滤层易被灰渣淤堵，其渗透系数会降低数倍甚至十余倍，灰坝的渗流计算应考虑反滤层和排渗设施淤堵的可能性，即考虑其渗流阻力。

(6) 长期降雨时雨水入渗，贮灰场拦蓄洪水，灰渣层面上蓄水等因素会导致灰坝渗流呈现非稳定渗流特征，此时宜根据工程具体情况进行非稳定渗流计算。

(7) 对于干灰场，宜进行非稳定渗流计算。

6.6.2.3 灰坝渗流计算内容

1. 非稳定渗流计算

非稳定渗流计算的目的主要是计算了解灰坝在长期降雨或拦蓄洪水过程中坝体内的渗流场发展变化的规律，判别非稳定渗流期坝体的渗透变形或破坏的可能性。一般非稳定渗流计算的内容和成果应包括：

(1) 长期降雨条件下，降雨入渗导致的入渗深度及其变化规律与对坝体的影响。

(2) 灰坝拦蓄洪水与排洪不同历时条件下坝体浸润线的位置、坝体和坝基流网图等。

(3) 不同历时坝体和坝基的渗流量。

(4) 不同历时坝坡或（和）下游坝基表面的出逸比降以及不同土层之间的渗透比降。

2. 稳定渗流计算

一般稳定渗流计算的内容和成果应包括：

(1) 不同干滩条件下坝体浸润线、下游出逸点的位置以及坝体和坝基流网图等。

(2) 不同水位条件下坝体和坝基的渗流量。

(3) 不同水位条件下坝坡或（和）下游坝基表面的出逸比降以及不同土层之间的渗透比降。

6.6.3 考虑渗透系数各向异性的灰坝渗流计算

分层碾压筑成的灰坝或土坝，以及水力排放形成的灰渣沉积层的渗透系数存在明显的各向异性，即水平向渗透系数 k_x 往往是垂直向渗透系数 k_z 的 2～7 倍。典型的不透水坝基上坝体渗透系数各向异性时大坝的渗流计算结果见图 6.6-1。可以看出，坝体浸润线随着 k_x/k_z 比值的增大而显著抬高，通过水平排水体的逸出点也显著地趋向下游坝坡，流场等势线分布也显著不同。

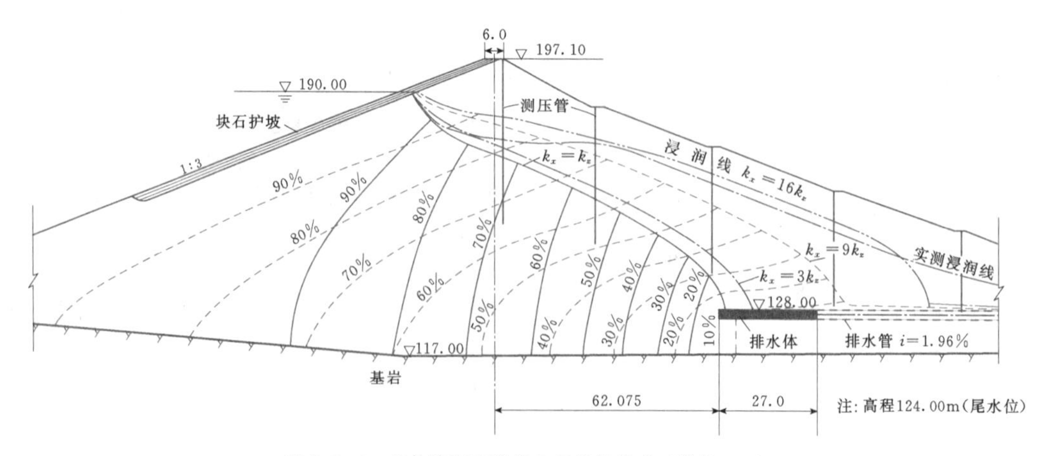

图 6.6-1 坝体渗透系数各向异性的影响（单位：m）

谏壁电厂经山灰场采用具有组合排渗系统的灰坝，有效地降低了灰渣沉积层中的浸润线，促使灰渣中孔隙水排出，加速灰渣固结，充分利用灰渣本身的强度来提高灰坝的稳定安全性，降低了灰坝的工程量。谏壁电厂经山灰场考虑灰渣沉积层渗透系数各向异性的渗流计算结果见图 6.6-2。可以看出，渗透系数倍比 $k_x/k_z=10$ 的浸润线要比渗透系数各向同性（$k_x=k_z$）的高出 11m，约占总水头的 30%，因此灰坝的渗透计算必须要考虑灰渣层的各向异性。

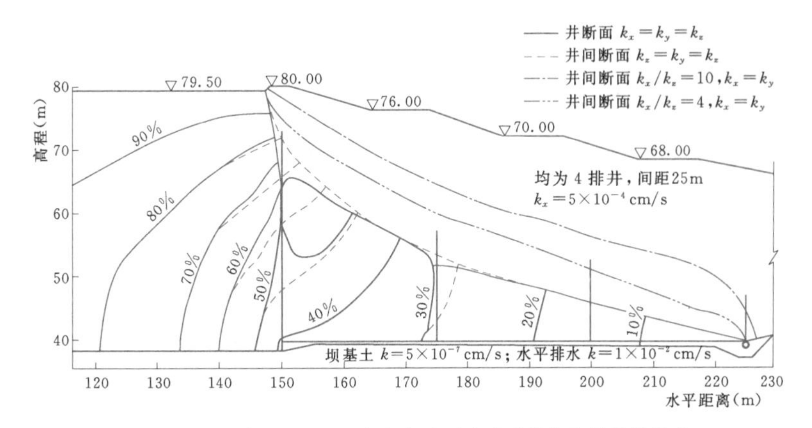

图 6.6-2 谏壁电厂经山灰场灰渣层渗透系数各向异性的影响

6.6.4 具有组合排渗系统灰坝的渗流计算

谏壁电厂经山灰场采用在灰渣层中预先设置排渗系统的灰坝，用土工织物作灰渣的反滤层时，出现灰渣流失或发生渗透变形破坏的可能性很小。采用土工织物来做排渗系统的反滤层，其关键之一就是测定在长期渗流作用下灰渣—土工织物组合排渗系统单元透水能力的变化（或称为淤堵性）。用恒压渗透仪测定了长期渗流作用下不同初始密度的灰渣在不同荷载下灰渣—土工织物单元的透水性。典型的试验结果见图 6.6-3。可以看出，尽管灰渣的初始密度与最终密度不同，或作用的荷载不同，灰渣—土工织物单元的渗透系数均随着时间而减小，但是减小的趋势逐渐变缓，t/k_s 和 t 的关系在双对数坐标上均可以用直线表示，即渗透系数 k_s 与时间 t 的关系用递减的幂函数拟合，即为

$$\frac{1}{k_s}=at^b \tag{6.6-9}$$

式中 k_s——渗透系数，10^{-5}cm/s；

t——时间，d；

a、b——常数，$b<1$。

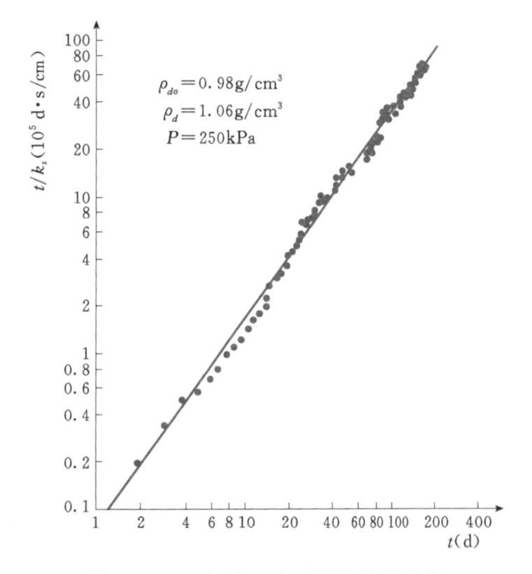

图 6.6-3 灰渣—土工织物单元长期渗流作用下的透水性

在长期渗流作用下，土工织物内含有一定数量的灰渣颗粒，接近土工织物的灰渣层颗粒重新排列，这些都会造成灰渣—土工织物单元的渗透系数有所减小。从表 6.6-1 可知贮灰场运用期限内，渗透系数会从 $1.4\times10^{-4}\sim2.6\times10^{-4}$ cm/s 下降到 $0.6\times10^{-4}\sim1.4\times10^{-5}$cm/s。在数年以后，渗透系数基本趋于稳定，只要在渗流计算中考虑了淤堵影响，用排渗系统来降低灰渣层浸润线的效果是肯定的。

谏壁电厂经山灰场主坝最终坝高 45m，坝轴线长 707m，坝顶高程 80.00m。初期坝为均质土坝，坝顶高程 55.00m，最大坝高 20m，初期坝前设置水平排渗褥垫及 5 排排渗竖井形成组合排渗系统，水平排渗褥垫向贮灰场内伸展 60m 宽，每排排渗竖井间距 15m。

进行三维有限元法渗流计算时，计算的水平排渗褥垫宽度取为 45m 与 75m，排渗竖井在平面上呈正方形布置，间距分别取为 10.7m、15.0m、25.0m 及 37.5m，以探索水平排渗褥垫宽度、排渗竖井间距、灰

表 6.6-1　　灰渣—土工织物单元渗透系数变化规律

初始密度 ρ_{d_0} (g/cm³)	受压后试样密度 ρ_d (g/cm³)	荷载 P (kPa)	常　数		不同时间的渗透系数 k_s（$\times10^{-5}$cm/s）					
			a	b	t=1d	t=2d	t=1a	t=3a	t=10a	t=30a
0.93	0.93	0	0.058	0.33	17.2	3.77	2.47	1.71	1.15	0.80
0.92	1.12	630	0.064	0.26	15.6	4.72	3.37	2.53	1.85	1.39
0.97	1.12	640	0.066	0.34	15.2	3.16	2.04	1.40	0.93	0.64
0.98	1.06	250	0.070	0.34	14.3	2.99	1.92	1.32	0.88	0.60

渣的各向异性、排渗系统的淤堵性等因素造成的渗透阻力等对于排渗效果的影响。

三维计算模型包括两个井列和三个井间坝段及灰渣层，为了较真实模拟排渗井轮廓，井及周围单元布置密集，每个计算模型取 20～24 个计算断面，每个计算断面布置 314～509 个节点，视排渗系统复杂程度而异，节点总数达 12200 多个。

三维有限元法渗流计算典型结果见图 6.6-4。分析计算结果，可以得出下列初步看法。

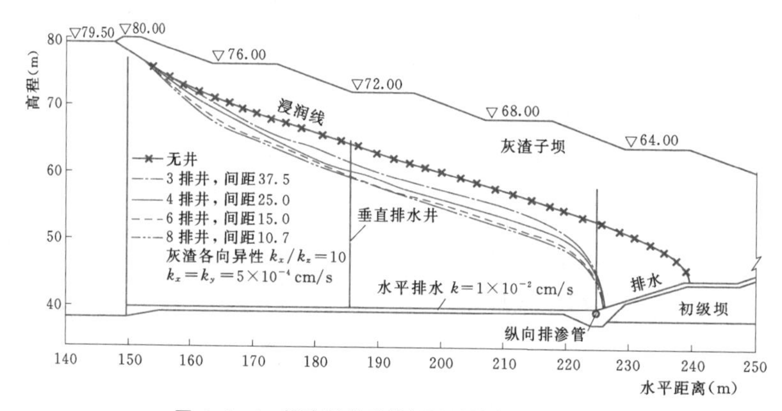

图 6.6-4　排渗竖井及其间距对排渗效果的影响

1. 排渗竖井间距对渗流场的影响

图 6.6-4 表示了有、无排渗竖井以及不同间距排渗竖井对浸润线位置的影响。可以看出，没有排渗竖井的浸润线位置最高；竖井间距越大，浸润线位置越高；3 排井的浸润线要比 8 排井的高 3.2m。没有竖井，只有水平排渗褥垫的浸润线又比 3 排井高出 3m 以上，而且浸润线落入初期坝排水斜卧层，即靠近初期坝的浸润线差异更大。因此，设置由排渗竖井与水平排渗褥垫组成的组合排渗系统对于降低浸润线、提高贮灰场的安全度是必要的。竖井排数增加，降低浸润线效果有限，通过技术经济比较分析正确地选择竖井间距亦是重要的。

2. 水平排渗褥垫宽度对渗流场的影响

在考虑灰渣层各向异性（$k_x/k_z=10$），排渗系统反滤层部分淤堵造成渗透阻力情况下，水平排渗褥垫的宽度不同（45m 或 75m）时，浸润线相差不大。在考虑灰渣层各向异性（$k_x/k_z=10$）而不考虑排渗系统的渗透阻力时，即竖井与水平排水层视为畅通的渗出段边界，此时排渗系统对于浸润线的影响十分显著，浸润线分别落入距水平排水层前端 15m 或 30m（水平排水层宽度分别为 45m 或 75m），水平排水层宽度的影响较为明显。此数值分析结果得到了三向电拟试验的验证，排渗系统对于浸润线的影响是较为显著的，电拟试验时灰渣层渗透性各向同性，浸润线落入距水平排水层前端 10m 左右处。

3. 灰渣层各向异性对渗流场的影响

灰渣层各向异性对渗流场的影响可以在图 6.6-2 中明显看出，灰渣层渗透系数倍比 $k_x/k_z=10$ 时浸润线位置最高；渗透系数倍比 $k_x/k_z=4$ 时，浸润线位置居中；各向同性（$k_x=k_y=k_z$）时，浸润线位置最低，两者最大高差超过 11m，约占总水头的 30%。从渗流场内部位势而言，考虑灰渣层各向异性的位势也较高。许多贮灰场灰渣层的实测资料已表明灰渣层渗透系数倍比在 2～7 之间，因而灰坝（特别是具有排渗系统的灰坝）的渗流计算必须考虑灰渣层的各向异性。

4. 排渗系统的淤堵对渗流场的影响

将考虑排渗系统反滤层淤堵等造成渗透阻力影响的计算结果与将排渗系统按渗出段边界处理的计算结果（见图6.6-5）进行比较（以上均为灰渣层各向异性），可以看出，假若不考虑排渗系统的淤堵等造成的渗透阻力影响，浸润线位置及位势要低得多，浸润线与水平排水层的交点也往上游大大靠近，4排竖井中第1排竖井起主要作用，第2排井水位已很低。从井附近的浸润线和等势线的分布可明显看出渗透水向井流动的趋势。这表明使排渗系统保持良好的排渗作用是十分重要的，同时排渗系统可能会有一定程度的淤堵，应在渗流计算中考虑由于淤堵等造成的排渗设施的渗透阻力，并加以比较。

5. 诸因素对渗流量的影响

各渗流计算组次见表6.6-2，三向电拟试验组次见表6.6-3，渗流量的计算结果和试验结果见表6.6-4。表6.6-4是每个井断面的一列井，一个坝段（包括2个井断面和一个井断面）的渗流量和单宽渗流量。

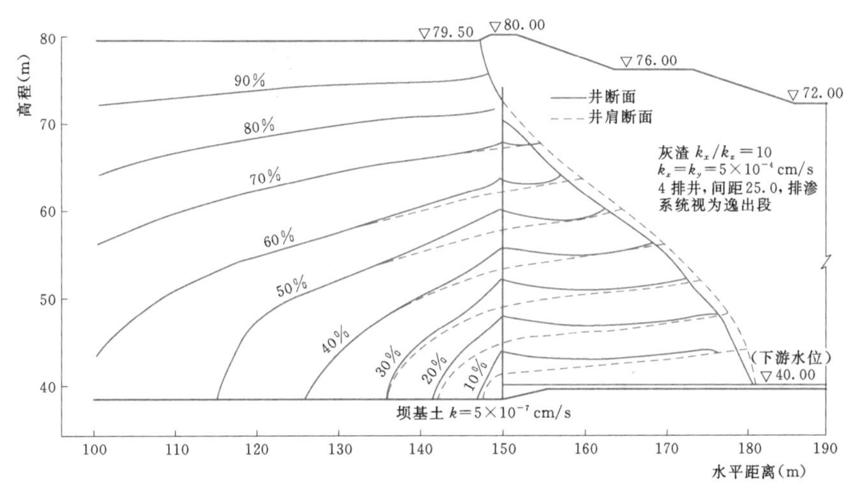

图6.6-5 不考虑排渗系统渗透阻力的计算结果

表6.6-2 三维有限元渗流计算组次

组次	竖井间距(m)	竖井排数	井径(cm)	水平褥垫宽度(m)	灰渣层渗透性	排渗系统淤堵性等造成的渗透阻力
1	37.5	3	30	75	各向异性，$k_x=k_y$，$k_x/k_z=10$	考虑
2	25.0	4	30	75	各向异性，$k_x=k_y$，$k_x/k_z=10$	考虑
3	15.0	6	30	75	各向异性，$k_x=k_y$，$k_x/k_z=10$	考虑
4	10.7	8	19	75	各向异性，$k_x=k_y$，$k_x/k_z=10$	考虑
5	15.0	4	30	45	各向异性，$k_x=k_y$，$k_x/k_z=10$	考虑
6	25.0	4	30	75	各向异性，$k_x=k_y$，$k_x/k_z=4$	考虑
7	25.0	4	30	75	各向同性，$k_x=k_y=k_z$	考虑
8	25.0	4	30	75	各向异性，$k_x=k_y$，$k_x/k_z=10$	不考虑，排渗系统按渗出段考虑
9	15.0	4	30	45	各向异性，$k_x=k_y$，$k_x/k_z=10$	不考虑，排渗系统按渗出段考虑
10	0	0	0	75	各向异性，$k_x=k_y$，$k_x/k_z=10$	考虑

可以看出，井距越小，井流量占总渗流量比例越大；考虑灰渣层各向异性时，随着渗透系数倍比的增大，一个井列与一个坝段的渗流量都增大；靠近上游的单井渗流量所占比例越小，各单井排渗作用越接近。假若把排渗设施看作渗出段时，坝段的总渗流量较大，而井流量占总渗流量较低，靠近上游第一排井的渗流量所占比例较高，后两排井已不起排渗作用。

表 6.6-3　三向电拟试验组次

试验组次	竖井间距(m)	竖井排数	水平褥垫宽度(m)	灰渣层渗透性	排渗系统的渗透阻力
A	37.5	3	75	各向同性	不考虑，排渗系统视为渗出段
B	25.0	4	75	各向同性	不考虑，排渗系统视为渗出段
C	15.0	6	75	各向同性	不考虑，排渗系统视为渗出段
D	10.7	8	75	各向同性	不考虑，排渗系统视为渗出段
E	15.0	4	45	各向同性	不考虑，排渗系统视为渗出段

表 6.6-4　渗流计算和电拟试验得到的渗流量

计算或试验组次	一个井列的渗流量(L/s)	一个坝段宽(m)	一个坝段总渗流量(L/s)	单宽渗流量[L/(s·m)]	井流量占总渗流量的百分比(%)
1	0.38	37.5	1.94	0.0517	19.6
2	0.42	25	1.31	0.0524	32.0
3	0.41	15	0.798	0.0532	51.2
4	0.39	10.7	0.58	0.054	67.2
5	0.40	15	0.779	0.0519	51.35
6	0.26	25	0.75	0.03	34.7
7	0.18	25	0.46	0.0184	39.0
8	0.39	25	1.95	0.078	20.0
9	0.28	15	0.99	0.066	28.3
B	0.11	25	0.56	0.0224	19.6
E	0.04	15	0.19	0.013	21.0

6.6.5　渗透变形稳定性评价

土和灰渣渗透变形破坏的4种形式是流土、管涌、接触冲刷和接触流失。渗透变形稳定性评价包括渗透变形类型判别，以及流土、管涌和接触冲刷的临界水力比降确定。

灰渣等无黏性土渗透变形破坏与其细粒含量、颗粒组成和渗流孔道有很大关系，在一系列试验基础上提出了经验判定方法，并得到工程实践的验证。

《水利水电工程地质勘察规范》(GB 50287—2001)和《碾压式土石坝设计规范》(DL/T 5395—2007)规定了土的渗透变形经验判别方法及无黏性土的允许坡降确定方法，详见本卷第1章1.11节。

6.7　灰坝抗滑稳定计算

灰坝抗滑稳定计算是依据《水力发电厂灰渣筑坝设计规范》(DL/T 5045—2006)，取用正确表征坝体和坝基的物理力学性质，依据DL/T 5045—2006要求分别计算正常运行条件和非常运行条件下灰坝的抗滑稳定性，检验是否满足DL/T 5045—2006要求的抗滑稳定安全系数，寻求合理的或优化灰坝设计断面。

6.7.1　抗滑稳定计算工况和安全系数

湿式贮灰场和干式贮灰场的山谷灰场、平原灰场和滩涂灰场灰坝的抗滑稳定安全系数见本章6.2节中的表6.2-1～表6.2-4。

湿式贮灰场灰坝抗滑稳定计算工况采用表6.7-1。

灰渣筑坝时灰坝抗滑稳定计算工况采用表6.7-2。

灰渣筑坝坝体下游坡抗滑稳定计算工况应包括以下两种。

表 6.7-1 湿式贮灰场灰坝抗滑稳定计算组合工况表

		山谷灰场	滩涂灰场	平原灰场
内坡	正常运行条件	灰坝建成＋尚未贮灰	围堤建成＋尚未贮灰＋堤外设计洪水(潮)位	围堤建成＋尚未贮灰
外坡	正常运行条件	灰场贮满灰＋设计洪水	围堤建成＋尚未贮灰＋堤外设计洪水(潮)位骤降	灰场贮满灰＋堤内设计水位
			灰场贮满灰＋堤内设计水位＋堤外多年平均低水(潮)位	
	非常运行条件	灰场贮满灰＋校核洪水	灰场贮满灰＋堤内校核水位＋堤外多年平均低水(潮)位	灰场贮满灰＋堤内校核水位
		灰场贮满灰＋地震	灰场贮满灰＋地震＋堤外多年平均水(潮)位	灰场贮满灰＋地震

表 6.7-2 灰渣筑坝时灰坝抗滑稳定计算工况

坝 坡	运行条件	山谷灰场	滩涂灰场	平原灰场
上游坡	正常运行条件	灰坝建成＋尚未贮灰	围堤建成＋尚未贮灰＋堤外设计洪水（潮）位	围堤建成＋尚未贮灰
	非正常运行条件	灰坝建成＋尚未贮灰＋校核洪水位	围堤建成＋尚未贮灰＋堤外校核洪水（潮）位	
			围堤建成＋尚未贮灰＋堤外平均水（潮）位＋地震	
下游坡	正常运行条件	限制贮灰高程＋限制干滩长度	限制贮灰高程＋限制干滩长度＋堤外平均低水（潮）位	限制贮灰高程＋限制干滩长度
		限制贮灰高程＋限制干滩长度＋设计洪水位	限制贮灰高程＋限制干滩长度＋堤内设计高水（潮）位＋堤外平均低水位	限制贮灰高程＋限制干滩长度＋堤内设计水位
			限制贮灰高程＋限制干滩长度＋堤内设计高水（潮）位＋堤外设计高水位骤降	限制贮灰高程＋0m 干滩长度
	非正常运行条件	限制贮灰高程＋限制干滩长度＋校核洪水位	限制贮灰高程＋限制干滩长度＋堤外平均低（潮）位＋堤内校核洪水位	限制贮灰高程＋限制干滩长度＋堤内校核水位
		限制贮灰高程＋限制干滩长度＋地震	限制贮灰高程＋限制干滩长度＋堤外平均水（潮）位＋地震	限制贮灰高程＋限制干滩长度＋地震
			围堤竣工＋尚未贮灰＋堤外设计低水（潮）位	

1. 正常运行条件

(1) 在限制贮灰高程及限制干滩长度时的稳定渗流。

(2) 在限制贮灰高程及限制干滩长度情况下遇设计洪水时的稳定渗流或非稳定渗流。

2. 非常运行条件

(1) 在限制贮灰高程及限制干滩长度情况下遇校核洪水时的稳定渗流或非稳定渗流。

(2) 在限制贮灰高程及限制干滩长度时遭遇地震。

干式贮灰场灰坝抗滑稳定计算工况采用表 6.7-3。

6.7.2 抗滑稳定计算方法

根据《火力发电厂水工设计规范》(DL/T 5339—2006)规定：灰坝抗滑稳定计算在坝基深度不大的范围内无软弱夹层时采用瑞典圆弧法，有软弱夹层时采用改良圆弧法，灰坝坝体为堆石时可采用折线法。地震区灰坝应采用拟静力法进行抗震稳定计算，若采用灰渣层上分期筑坝时应同时采用有限元法对坝体和坝基进行动力分析。DL/T 5045—2006 规定：抗滑稳定计算宜采用瑞典圆弧法或简化毕肖普法。当坝体为堆石坝时可采用折线法（滑楔法）。当地基有软弱夹层时，可采用改良圆弧法。简化毕肖普法的最小安全系数允许值较规定值宜提高 10%。上述抗滑稳定计算方法详见本书第 1 章 1.12 节。

抗滑稳定计算可采用总应力法，也可采用有效应力法。计算所采用的强度指标测定方法应与计算方法相符。抗剪强度指标测定方法选用见表 6.7-4。

表 6.7-3　干式贮灰场灰坝抗滑稳定计算工况

坝坡	运行条件	山谷灰场	滩涂灰场	平原灰场
上游坡	正常运行条件	挡灰坝建成＋尚未贮灰	围堤建成＋尚未贮灰＋堤外设计洪水（高潮）位	围堤建成＋尚未贮灰
	非正常运行条件	灰坝建成＋尚未贮灰＋校核洪水位	围堤建成＋尚未贮灰＋堤外校核洪水（潮）位	围堤建成＋尚未贮灰＋坝外校核内涝洪水位
			围堤建成＋尚未贮灰＋堤外平均水（潮）位＋地震	
下游坡	正常运行条件	灰场贮满灰＋长期降雨	围堤建成＋尚未贮灰＋堤外设计洪水（潮）位骤降	围堤建成＋尚未贮灰＋坝外设计内涝洪水位骤降
		灰场贮满灰＋设计洪水位	灰场贮满灰＋堤内高水位＋堤外设计低水（潮）位	灰场贮满灰＋堤内设计水位＋堤外设计低水位
			灰场贮满灰＋堤内高水位＋堤外高水位骤降	
	非正常运行条件	灰场贮满灰＋校核洪水位	灰场贮满灰＋堤外平均低（潮）位＋堤内校核洪水位	灰场贮满灰＋堤内校核水位
		灰场贮满灰＋降雨＋地震	灰场贮满灰＋降雨＋地震＋堤外多年平均水（潮）位	灰场贮满灰＋降雨＋地震
			围堤竣工＋尚未贮灰＋堤外设计低水位	

表 6.7-4　抗剪强度指标测定方法

强度计算方法	土的类别	使用仪器	试验方法	强度指标	试样起始状态
总应力法	无黏性土	直剪仪	固结快剪	c_{cu} φ_{cu}	1. 坝体材料： （1）含水量及密度与原状一致 （2）浸润线以下和水下要预先饱和 （3）试验应力与坝体应力相一致 2. 灰渣： 取原状灰样，其他同坝体 3. 坝基土： 坝基土试样用原状土
		三轴仪	固结不排水剪 CU		
	黏性土	直剪仪	固结快剪		
		三轴仪	固结不排水剪 CU		
	灰渣	直剪仪	固结快剪		
		三轴仪	固结不排水剪 CU		
有效应力法	无黏性土	直剪仪	慢剪	c_{cd} φ_{cd}	
		三轴仪	固结排水剪 CD		
	黏性土	直剪仪	慢剪		
		三轴仪	固结排水剪 CD	c' φ'	
	灰渣	直剪仪	慢剪	c_{cd} φ_{cd}	
		三轴仪	固结排水剪 CD		

注　c 为黏聚力，kPa；φ 为内摩擦角，(°)。

1. 初期坝稳定验算

初期坝稳定验算应符合下列规定：

（1）初期坝稳定验算应结合子坝加高一并考虑。

（2）在可行性研究阶段，一般只参照类似灰场的资料进行规划，可不进行抗滑稳定计算。

（3）在初步设计阶段，类比相似灰场的灰渣物理力学性质，进行初期坝体和子坝加高后的抗滑稳定计算，可不进行静动力分析。

2. 子坝加高抗滑稳定计算

子坝加高抗滑稳定计算应在子坝加高工程初步设计阶段进行，并应符合下列规定：

(1) 子坝加高设计应进行各级子坝的抗滑稳定计算，以及连同灰渣层和初期坝一起的灰坝总体抗滑稳定计算。

(2) 对7度抗震设防烈度区的子坝加高设计应进行静动力分析，对8度抗震设防烈度区的子坝加高必须进行专项技术经济论证。

(3) 子坝加高设计进行静动力分析时，应具有该灰场灰渣沉积层物理、静力及动力特性试验资料，及现场原位测试（标准贯入试验与静力触探试验）资料，综合判断灰渣的静动力工程特性。

6.7.3 灰坝抗滑稳定计算实例

邹县电厂原装机容量1200MW，三期扩建增加装机容量1200MW，需新建常峪灰场，西北电力设计院承担扩建工程勘测设计，南京水利科学研究院承担灰场试验研究。灰场属于山谷湿灰场，初级坝坝基第四纪覆盖层最大厚度30余m，共分为5层，各土层物理力学性质见表6.7-5。从表可知坝基覆盖层属弱透水层，抗剪强度较低，是控制初期坝稳定安全的主要因素。当地石料丰富，初期坝采用微风化灰岩堆石坝，电厂除灰系统实行灰渣分除，粗渣被综合利用，细灰贮放灰场。子坝采用碾压式土坝，进行了不同设计方案的抗滑稳定计算和有限元应力变形计算，比较了初期堆石坝坝坡和堆石体密实度对灰坝稳定性质的影响，计算参数见表6.7-6。典型的抗滑稳定计算见图6.7-1和图6.7-2所示。在方案比较的基础上，选定方案为：初期坝为碾压灰岩堆石坝，坝高42m，上游设反滤层，内坡1∶1.65，外坡1∶1.7；堆石坝下游坝坡1∶1.6～1∶1.75，上游坝坡1∶1.7～1∶1.9。子坝分8级填筑加高，每级子坝高度4.5m，见图6.7-3。选定方案的地震稳定计算结果见图6.7-4，表明灰场灰坝在施工、运行和地震时均是稳定安全的。

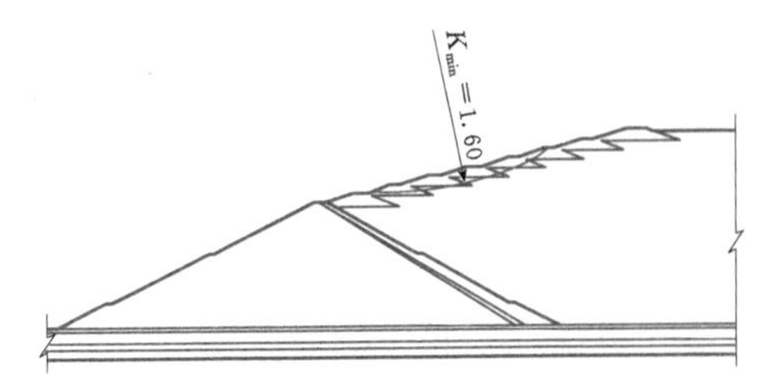

图6.7-1 下游坝坡稳定分析结果

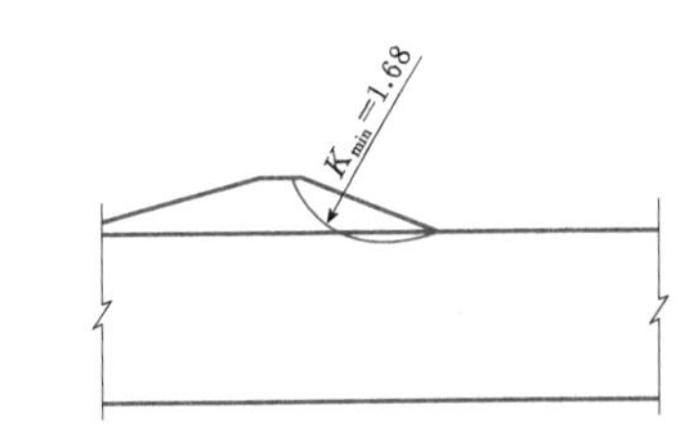

图6.7-2 下游四级子坝上游坝坡稳定分析结果

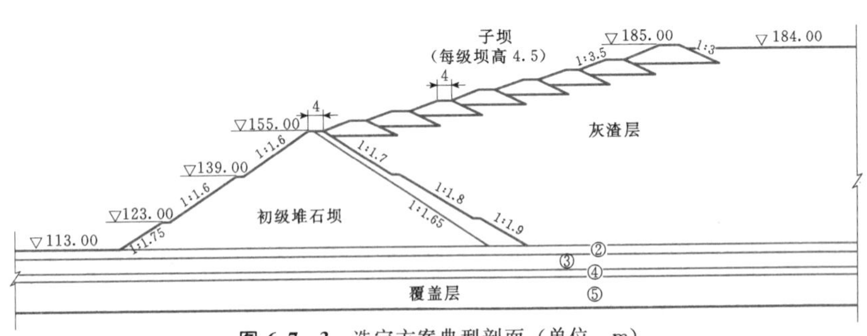

图6.7-3 选定方案典型剖面（单位：m）

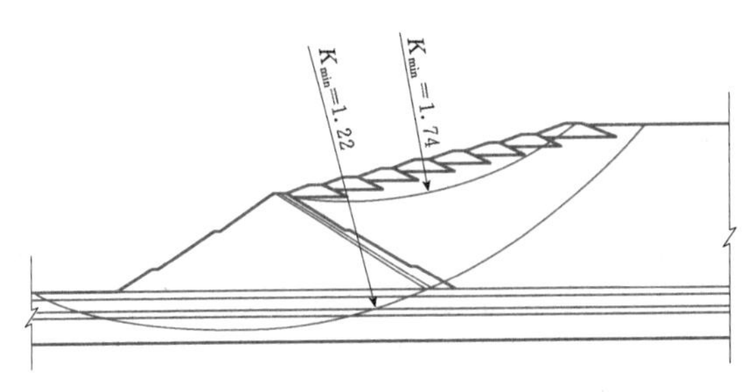

图6.7-4 选定方案最终坝高地震稳定分析结果

表 6.7-5　坝基覆盖层各土层物理力学性质

土层编号	土层名称	土层描述	天然含水率 w (%)	天然密度 ρ (g/cm³)	饱和度 S_r (%)	孔隙比 e	塑性指数 I_p	三轴固结不排水抗剪强度 黏聚力 c (kPa)	三轴固结不排水抗剪强度 内摩擦角 φ (°)	压缩系数 $a_{v0.1\sim0.2MPa}$ (MPa⁻¹)	压缩模量 $E_{s0.1\sim0.2MPa}$ (MPa)	渗透系数 k (cm/s)
			土工试验结果（平均值/范围值）									
1	黏土	可塑，土质较均匀，混有少量姜结石和碎石	24.3 / 21.1～30.7	1.96 / 1.86～2.09	85.9 / 75.3～94.3	0.78 / 0.66～0.93	16.8 / 13.9～22.5	1 / 1～1	14 / 8.1～18.4	0.058 / 0.01～0.13	33.0 / 13.9～62.1	4.3×10^{-6}
2	亚黏土	可塑，土质均匀，土中大孔隙与虫孔较发育，少量姜结石	19.4 / 14.6～26.4	1.79 / 1.51～1.94	62.2 / 35.7～77.8	0.86 / 0.68～1.11	13.0 / 9.7～15.7	0.81 / 0.70～0.94	12 / 5.3～19.5	0.10 / 0.04～0.44	27.2 / 11.2～49.2	5.1×10^{-6}
3	卵石混黏性土	中密，磨圆较差，一般粒径5～20cm，最大粒径50cm，孔隙为黏土充填，有黏土、亚黏土夹层	全部为黏性土夹层试验值 21.0 / 18.0～23.2	1.79 / 1.55～1.92	65.9 / 45.3～80.7	0.88 / 0.77～1.12	13.1 / 10.5～15.2			0.085 / 0.04～0.17	23.1 / 17.0～47.1	6.2×10^{-3}
4	黏土	可塑—硬塑，土质较均匀，微裂隙发育，混少量姜结石	24.3 / 21.1～30.7	1.96 / 1.86～2.09	85.9 / 75.3～94.3	0.78 / 0.66～0.93	16.8 / 13.9～22.5	1 / 1～1	14 / 8.1～18.4	0.058 / 0.01～0.13	33.0 / 13.9～62.1	4.3×10^{-6}
5	黏土混卵石	混多量卵石或卵石夹层，黏土可塑—硬塑，卵石一般粒径3～10cm，最大粒径30cm	26.6 / 22.6～29.1	1.94 / 1.81～2.03	90.6 / 86.7～93.0	0.83 / 0.68～1.15	16.8 / 13.3～22.3	0.90 / 0.5～1.4	13.6 / 9.7～13.6	0.058 / 0.03～0.08	33.4 / 21.8～58.0	5×10^{-4}

注　横线上方数值为平均值，横线下方数值为范围值。

表 6.7-6　抗滑稳定计算和静动力应力变形计算参数

土类	垂直渗透系数 k_v (m/s)	水平渗透系数与垂直渗透系数比值 (k_h/k_v)	密度 ρ (g/cm³)	黏聚力 c (kPa)	内摩擦角 φ (°)	破坏比 R_f	弹性模量系数 K	弹性模量幂次 n	体积模量系数 K_b	体积模量幂次 m
初期坝坝体堆石	1.0×10^{-2}	1.0	2.00	12	42.5	0.73	840	0.55	1620	−0.24
反滤料	5.0×10^{-5}	1.0	1.55	8	37.6	0.70	430	0.36	150	−0.25
灰层细灰（松）	2.0×10^{-6}	2.0	1.40	0	19.0	0.68	70	1.0	60	0.40
子坝土料（密）	1.0×10^{-7}	2.0	2.03	10	28.0	0.69	170	0.90	75	0.65

土类	静力剪切孔压系数 α	最大阻尼比 λ_{max} (%)	动泊松比 μ_d	动剪切模量系数 k_1	动剪切模量系数 k_2	变形参数 c_1	变形参数 c_2	变形参数 c_3	变形参数 c_4	变形参数 c_5
初期坝坝体堆石	0.20	27	0.35	6.0	1800	0.0005	0.75	1.0	0.02	1.0
反滤料	0.20	27	0.35	6.5	1000	0.0008	0.75	1.0	0.03	1.0
灰层细灰（松）	0.45	27	0.48	10.4	340	0.0080	0.75	2.5	0.05	1.0
子坝土料（密）	0.35	27	0.48	8	600	0.0040	0.75	1.9	0.026	1.0

注　由于粉煤灰的淤堵，初期坝反滤层上游堆石体、子坝上游堆石体渗透系数 k_v 取 4×10^{-5} m/s。

6.8　灰坝应力变形计算分析

《碾压式土石坝设计规范》(SL 274—2001、DL/T 5395—2007)要求1级、2级高坝及建于复杂和软弱地基上的坝应采用有限单元法进行应力变形分析，分析坝体是否产生塑性区及其范围、拉应力及其范围、变形和裂缝，判断其安全性和应采取的工程措施。计算宜采用邓肯 $E—B$(或 $E—\mu$) 非线性弹性（或双屈服面弹塑性本构模型)。对于黏性土的坝体和坝基，宜考虑排水固结对坝体应力和变形的影响。灰坝有限元法应力变形计算的参数宜由试验测定，并结合工程类比选用。试验条件和应力变形计算宜反映坝体的施工和运行条件。

《火力发电厂灰渣筑坝设计规范》(DL/T 5045—2006）要求抗震设防烈度7度及以上地区进行贮灰场子坝加高工程设计时应进行静动力分析，判断坝体、坝基液化可能性，确定液化范围，评价子坝加高后灰坝的抗震安全性。

坝体静动力分析有总应力法和有效应力法。DL/T 5045—2006 分别介绍了总应力法和有效应力法。

总应力法的分析和试验都是采用总应力的概念，求得坝体各处的动剪应力比值来判断坝体的液化范围，即根据坝体各处在设计地震动时动剪应力比值 $(\tau_d/\sigma_o')_c$ 同发生液化需要达到的试验动剪应力比值 $(\tau/\sigma')_t$ 进行比较来判断。总应力法通常用于地震液化范围的判断。丹东化纤热电厂灰场、锦州电厂灰场、福州电厂灰场等灰坝的设计采用了总应力法。

有效应力法是建立在有效应力原理基础上，分析地震过程中坝体孔隙水压的增长规律，判断坝体各处发生液化的可能性以及液化区发展的过程。有效应力法的特点是把土体的孔隙水压力和液化有机地结合起来，考虑了孔隙水压力的变化对坝体动力性能的影响，在理论上较总应力法更加完善。谏壁电厂松林山灰场、经山灰场、仪征化纤工业联合公司热电厂灰场等灰坝设计采用了有效应力法静动力应力变形计算分析方法。

6.8.1　静力和动力应力变形计算方法

灰渣和岩土材料的应力变形特性具有非线性、压硬性、应力路径相关性、剪缩性和剪胀性等特点。数十年来本构模型研究和土石坝的应力变形计算分析实践表明，应用最为广泛的本构模型有：邓肯—张非线性弹性 $E—B$ 模型和南水（南京水利科学研究院）双屈服面弹塑性模型。国内灰坝工程大都采用基于南水双屈服面弹塑性模型的有效应力法静力应力变形计算分析方法。该本构模型和计算方法详见本书第1章1.14节。

灰渣和岩土材料的动力应力变形特性同样具有非线性，即动剪切模量 G 和阻尼比 λ 与动剪应变 γ_d 之间关系是非线性的。因而，有限元动力应力变形分析可以分为两大类：①基于等价黏弹性模型的等效线性分析方法。②基于黏弹塑性模型的非线性分析方法。

(1) 等价黏弹性模型。等价黏弹性模型的原理，就是把循环荷载作用下灰渣和岩土材料的应力应变曲线实际滞回圈用倾角和面积相等的椭圆代替，并由此确定黏弹性体的两个基本变量——动剪切模量 G 和阻尼比 λ。

(2) 非线性黏弹塑性模型。非线性黏弹塑性模型将灰渣和岩土材料视为黏弹塑性变形材料，模型由初始加荷曲线、移动的骨干曲线和开放的滞回圈组成。这种非线性模型的特点是：①与等效线性黏弹性模型相比，能够较好地模拟残余应变，用于动力分析可以直接计算残余变形；在动力分析中可以随时计算切线模量并进行非线性计算，这样得到的动力反应过程能够更好地接近实际情况。②与基于 Masing 准则的非线性模型相比，增加了初始加荷曲线，对剪应力比超过屈服剪应力比时的剪应力应变关系的描述较为合理；滞回圈是开放的，能够计算残余剪应变；考虑了振动次数和初始剪应力比等对变形规律的影响。

这两类动力应力变形计算模型和计算方法详见《水工设计手册》(第2版) 第4卷第7章，国内灰坝工程大都采用南京水利科学研究院开发的静力本构模型为南水双屈服面弹塑性模型、动力本构模型为等价黏弹性模型的静动力应力变形计算方法，计算程序为EFES3D。

6.8.2　地震液化评价方法

从本章6.5节可知灰渣属易液化土，因此灰坝工程的地震液化评价相当重要。

地震时灰渣以及饱和无黏性土和少黏性土的液化破坏，应根据灰渣层和土层的天然结构、颗粒组成、松密程度、地震前和震时的受力状态、边界条件和排水条件以及地震历时等因素，结合现场勘察和室内试验进行计算，综合分析判定。

灰渣和土的液化判定工作可分初判和复判两个阶段。初判应排除不会发生液化的土层。对初判可能发生液化的灰渣层，应进行复判。地震液化初判和复判方法详见本书第1章1.15节。

但是1.15节所叙述的初判和复判方法是基于自由场地在地震时液化的调查勘测资料提出的经验方法，灰坝在地震时的动力反应与自由场地有很大差别。因此采用数值分析法，即上述的有限单元法动力应力变形分析方法分析得到灰坝在地震时动剪应力分布或动孔隙水压力分布，依据地震液化的判别标准确定液化区。

（1）动剪应力比判别标准。满足下式则判别为液化。

$$\frac{\tau_d}{\sigma_o'} \geqslant \left(\frac{\tau_d}{\sigma_o'}\right)_c \tag{6.8-1}$$

式中　τ_d/σ_o'——设计地震动作用下灰坝各单元的动剪应力比；

τ_d——设计地震动引起的灰坝各单元的动剪应力，kPa；

σ_o'——地震前灰坝各单元的有效平均应力，kPa；

$(\tau_d/\sigma_o')_c$——灰坝（包括坝体、坝基和灰渣层）材料在地震等效循环荷载作用下室内试验测定的允许动剪应力比，其标准是：在等向固结的振动三轴试验时，取动孔隙水压力等于侧向固结应力 σ_{3c}；不等向固结的振动三轴试验，取轴向应变10%；动单剪试验取动孔隙水压力等于垂直向固结应力 σ_{1c} 或 σ_v。

（2）动孔隙水压力比（动孔压比）判别标准。满足下式则判别为液化。

$$\frac{u_d}{\sigma_3} \geqslant 1 \tag{6.8-2}$$

式中　u_d——设计地震动作用下灰坝各单元的动孔隙水压力，kPa；

σ_3——地震前灰坝各单元的小主应力，kPa。

6.8.3　灰坝应力变形计算分析实例

谏壁电厂松林山灰场（J—S灰场）、仪征化纤公司热电厂砖井村灰场（Y—Z灰场）和辽宁电厂一灰场（L—1灰场）的坝体、坝基和灰渣的静力和动力特性见表6.8-1，J—S灰场灰渣的动力特性典型试验结果见图6.5-3。

基于比奥特（Biot）固结理论进行地震前非线性增量静力分析，计算模拟初期坝及子坝填筑过程和灰渣贮放沉积过程，得出震前应力分布与孔隙水压力分布。

J—S灰场初期坝和子坝是不透水的均质土坝，灰渣层比坝体内浸润线高，因此拟建的三级子坝坝基和灰渣层存在应力水平大于0.8的剪切区，见图6.8-1。

J—S灰场地震结束时灰渣层孔隙水压力增量达到40kPa，子坝上游存在一片液化区，见图6.8-2。

采用简化毕肖普法计算J—S灰场的稳定安全性。若在现有灰渣层上加高三级子坝，向上游的抗滑稳定安全系数只有0.84，必须加固处理。抗滑稳定计算结果见图6.8-3。

J—S灰场灰渣层用振冲法加固，振冲碎石桩间距1.5m，灰渣的干密度从0.75～0.85g/cm³ 提高到0.95g/cm³，相应的相对密度从0～0.28提高到0.66。振冲法加固灰渣层使地震液化区减小，并远离

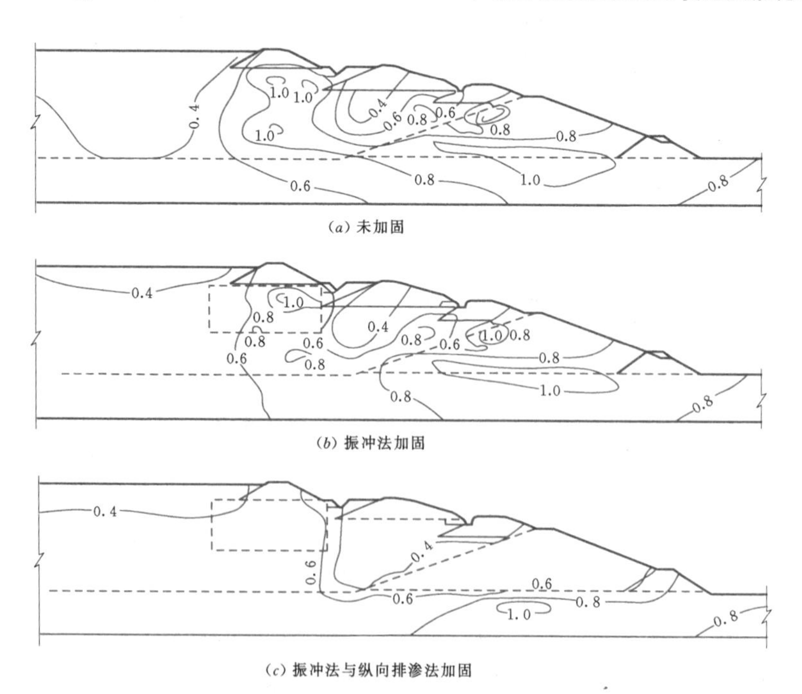

图6.8-1　J—S灰场加固前后震前应力水平（单位：kPa）

表 6.8-1　　3个电厂灰坝静力和动力特性

工程地点	土类		密度 ρ (g/cm³)	黏聚力 c' (kPa)	内摩擦角 φ' (°)	破坏比 R_f	弹性模量系数 K	弹性模量幂次 n	体积模量系数 K_b	体积模量幂次 m	体积回弹模量系数 K_u	最大阻尼比 λ_{max}	动剪切模量系数 k_1	动剪切模量系数 k_2	变形系数 c_1	变形系数 c_2	变形系数 c_3	变形系数 c_4	变形系数 c_5
J—S灰场	灰渣	松	1.41	0	20.0	0.68	33	1.00	28	0.72	66	0.27	10.4	340	0.0080	0.75	2.5	0.050	1.0
		稍密	1.47	0	21.9	0.68	42	1.00	35	0.82	84	0.27	10.4	440	0.0056	0.75	2.7	0.022	1.0
		密实	1.50	0	22.5	0.68	48	1.00	40	0.82	96	0.27	10.4	460	0.0050	0.75	2.7	0.020	1.0
	坝体填土		2.03	3	25.0	0.70	100	0.80	80	0.57	200	0.27	6.0	1000	0.0002	0.75	1.0	0.020	1.0
	坝基土		1.98	3	24.0	0.70	120	0.89	80	0.60	240	0.27	6.0	1000	0.0002	0.75	1.0	0.020	1.0
	碎石		2.10	0	40.0	0.70	200	0.80	140	0.20	400	0.27	6.0	2000	0.0002	0.75	1.0	0.020	1.0
Y—Z灰场	灰渣	松	1.43	0	26.0	0.70	240	0.80	93	0.60	480	0.27	9.0	285	0.0016	0.75	1.3	0.023	1.0
		密实	1.50	0	32.0	0.70	380	0.70	204	0.69	760	0.27	9.0	500	0.0010	0.75	2.0	0.033	1.0
	坝体填土		2.03	10	25.0	0.70	220	0.82	300	0.40	440	0.27	4.2	238	0.0008	0.75	1.5	0.028	1.0
	坝基土		2.08	20	26.5	0.70	280	0.75	250	0.58	560	0.27	4.2	238	0.0006	0.75	1.5	0.027	1.0
	砂卵石		2.10	0	36.0	0.90	950	0.36	850	0.001	1900	0.27	6.0	2000	0.0001	0.75	1.0	0.010	1.0
L—1灰场	灰渣		1.54	0	30.0	0.80	125	1.00	77	0.35	220	0.27	10.6	261	0.0056	0.75	1.1	0.10	1.0
	坝体填土		2.05	8	34.0	0.80	165	0.60	123	0.34	200	0.27	6.0	600	0.0010	0.75	1.6	0.10	1.0
	坝基砂砾		2.14	24	35.0	0.80	370	0.29	122	0.33	400	0.27	6.0	1000	0.0010	0.75	1.6	0.10	1.0
	坝基淤泥		1.90	25	28.0	0.70	140	1.00	56	0.40	180	0.27	7.7	359	0.0010	0.75	2.0	0.10	1.0

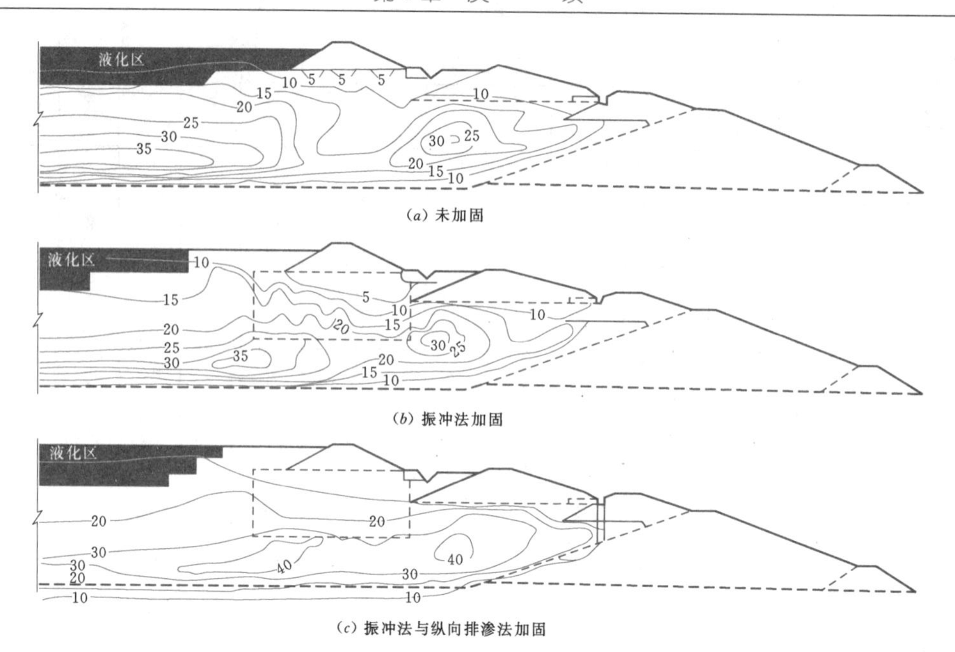

图 6.8-2 J—S灰场加固前后灰渣层地震孔隙水压力分布（单位：kPa）

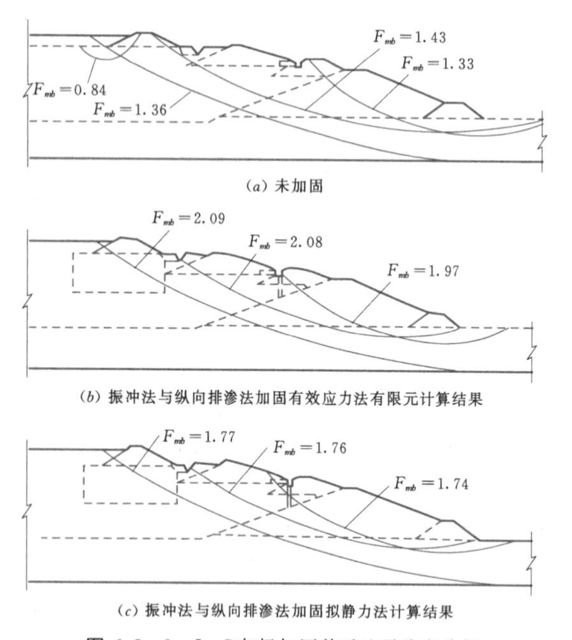

图 6.8-3 J—S灰场加固前后地震稳定分析

了子坝，同时保证了三级子坝抗滑稳定性，减小了灰渣层中地震前剪切区（应力水平>0.8）的范围，提高了贮灰场的整体安全性。

从图6.8-3所示的J—S灰场震前应力水平可以看出：由于初期坝和坝基土质较差，浸润线高，即使振冲法加固了三级子坝的坝基灰渣层，初期坝底部和坝基仍存在一个应力水平大于0.8的剪切区，部分达到1.0，呈剪切破坏状态。由于贮灰场的初期坝与一级、二级子坝已建成，难以采取横向排渗措施，因此采用在一级子坝与二级子坝之间开挖一道纵向深槽，埋置排渗管，将灰渣层中渗流水从两岸坝肩引出。渗流计算考虑了灰渣层的各向异性、三级子坝坝基排水垫层与碎石桩群作用、纵向排渗管的入渗阻力，计算表明纵向排渗法可以降低浸润线8m左右，见图6.8-4。同时采用振冲和纵向排渗加固措施时，灰渣层与坝基土的应力状态改善，剪切区范围大大缩小，地震抗滑稳定安全系数达到1.97（有限元法）和1.74（拟静力法），抗震加固效果显著。

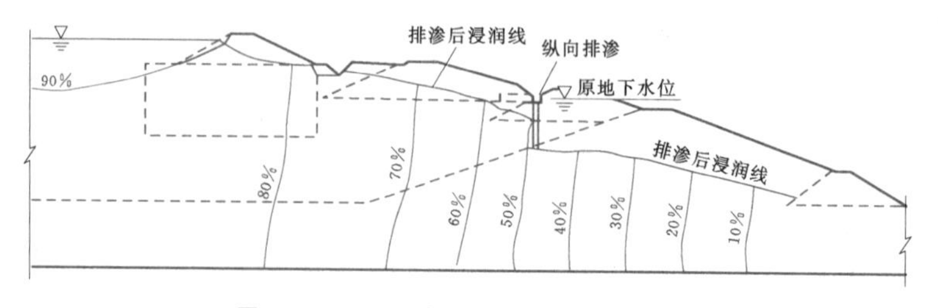

图 6.8-4 J—S灰场纵向排渗法渗流分析

6.9 灰 坝 设 计

6.9.1 山谷湿灰场灰坝

6.9.1.1 山谷湿灰场灰坝设计特点

（1）灰坝高度较高，一般应本着分期建设的原则以节省工程投资。先建造初期坝，满足电厂初期贮灰的要求，后期随着灰渣的贮存，在沉积灰渣上分期建造子坝逐级加高灰坝，直至达到最终设计坝高，因此山谷湿灰场贮灰的过程就是灰渣筑坝的过程。

（2）灰坝坝体由初期坝、灰渣沉积层、子坝三部分构成，因此山谷湿灰场的设计包括初期坝和子坝加高两个部分的设计，设计也常分为两个阶段。

（3）各级子坝下面的灰渣层既是子坝的坝基，也是整个坝体的一部分，各级子坝坝基和坝前灰渣沉积层的力学性质对整个灰坝的稳定性起到关键的作用。

（4）水力输送的灰渣在坝前沉积，灰渣层中浸润线的位置高低直接影响灰渣的固结效果及其力学性质，初期坝的透水性是降低灰渣层浸润线的重要因素，初期坝和灰渣层的排渗效果是整个灰坝稳定安全的关键。

6.9.1.2 初期坝坝型选择应考虑的因素

（1）当地可利用筑坝材料的种类、性质、储量、分布、埋深、开采运输等条件。

（2）坝基地形地质条件。

（3）后期子坝加高对降低浸润线及加速灰渣固结的要求。

（4）工程场地地震安全性评价和抗震设防要求。

（5）灰场下游环境条件及环境保护要求。

（6）施工方法、施工进度、施工场地、施工机具、施工技术水平等条件。

（7）工程量、工期与造价。

6.9.1.3 初期坝坝型

20世纪80年代以前，我国灰坝设计沿用挡水坝设计思想，将灰渣与水力输送灰渣的水都贮存在灰场内，常采用不透水的均质黏性土坝，造成灰渣层饱和、灰坝浸润线高、子坝加高困难，甚至出现险情。

正如6.2节所述，灰坝的设计思想是：初期坝宜尽量采用透水坝或分区透水坝，可能条件下宜在灰渣沉积层中设置排渗系统，充分降低灰坝与贮灰场灰渣沉积层的浸润面，提高灰坝的抗滑稳定安全性和渗流稳定安全性；充分利用灰渣本身的强度，特别是非饱和状态灰渣的强度来达到挡灰的目的，以减少挡灰坝的工程量。

1. 透水坝

透水坝是山谷湿灰场中最常用的坝型。如果当地的砂石材料丰富、价格低，一般都将初期坝设计为均质透水坝。若灰场内有丰富的土料或灰渣时，可将初期坝设计为分区透水坝。

（1）均质透水坝。均质透水坝，可采用堆石坝、石渣坝、砂砾石坝和干砌石坝等，坝体采用强透水性材料填筑，坝型简单，坝体施工质量易控制，碾压密实后强度较高，坝坡较陡，坝体填筑工程量较小，投资较低。

20世纪80年代中后期已广泛采用均质透水坝，可视为我国第二代初期坝坝型。

均质透水坝工程实例见表6.9-1。

表6.9-1　均质透水坝工程实例

初期坝坝型	贮灰场名	坝　高（m）	投运年份
堆石坝	湃江电厂通天沟	51.5	1983
	邹县电厂阳莱	35.5	1985
	榆树川电厂城子沟	22.6	1986
石渣坝	丹东化纤热电厂西沟	22.0	1985
	豆坝电厂铜罐溪	50.5	1986
	江油2号	31.0	1990
砂砾石坝	锦州电厂	32.0	1982
	珲春电厂	34.0	1988
	江油3号	48.5	
干砌石坝	涉县电厂	26.1	1987
	上安电厂	45.5	

（2）分区透水坝。在当地弱透水性材料，如黏性土和砾石土比较丰富时，初期坝宜采用弱透水性材料建造坝体，但应在坝体内设置排渗结构形成分区透水坝。排渗结构可采用第1章1.6节土石坝各种型式的坝体排水，包括：棱体排水、贴坡排水、水平褥垫排水、斜墙排水、竖式排水、水平分层排水。详见本章6.11节。

排水结构的布置与尺寸根据渗流计算确定。排水结构采用石料（块石、碎石、砂砾石）填筑，与土质坝体或灰渣坝体之间的接触面需设置反滤层。

典型的分区透水坝见图6.9-1，在坝体的上、下游坡脚位置设置堆石排水棱体，在坝底设置水平排水褥垫。

图6.9-2所示的是太原第一热电厂石庄头灰场的分区透水坝，上游堆石排水厚斜墙和底部堆石排水褥垫构成烟囱式排水体。

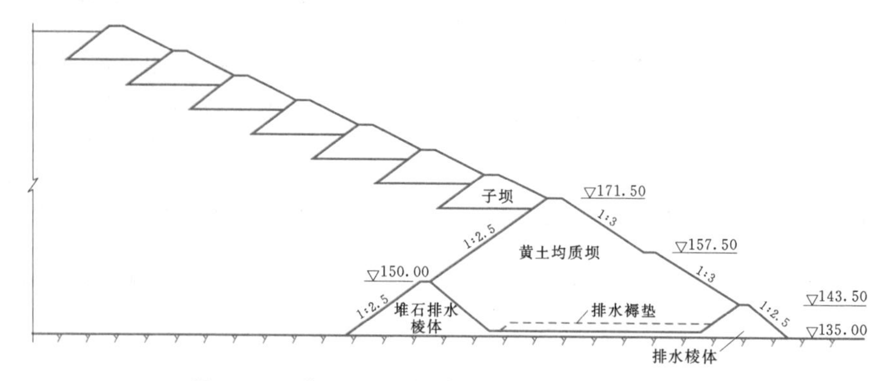

图 6.9-1 首阳山电厂省庄灰场分区透水坝（单位：m）

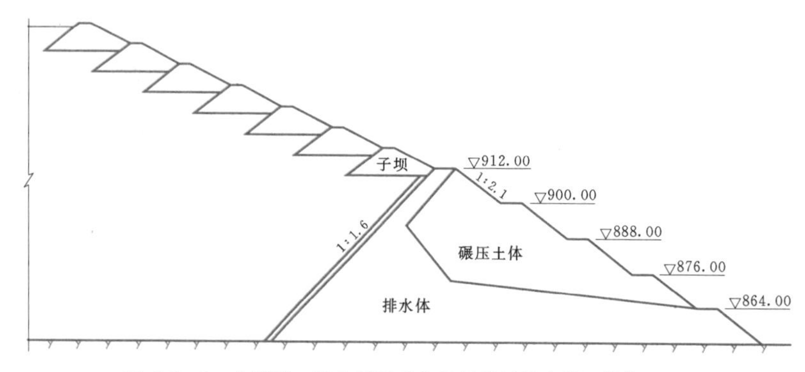

图 6.9-2 太原第一热电厂石庄头灰场分区透水坝（单位：m）

分区透水坝拓宽了筑坝材料的可选范围。除排水体和反滤层以外，灰场征地范围内的土石料和灰渣均可用于筑坝，既降低了工程造价，又增加了灰场容积。

2. 坝前设排渗系统的不透水坝

因为环保的需要，初期坝需要设计成不透水坝，以防止灰场内部的灰水渗出坝外，污染环境。为了保持坝前灰渣层浸润面较低，加速坝前灰渣层的排水固结，利于后期子坝的加高，需要在坝前设置排渗系统。这样不透水的坝体将排放灰渣的渗水阻于坝前，而坝前排渗结构又汇集了渗水，将其排入贮灰场灰水回收系统，这种坝型兼有不透水坝和透水坝的优点。这种坝型在20世纪80年代末开始在工程中运用，是我国第三代初期坝的创新坝型。

图6.9-3为谏壁电厂经山灰场设置三维组合排渗系统的不透水坝，初期坝建造在厚层软塑粉质黏土地基上。由于地基稳定的原因，上、下游坝坡都设置了二级反压平台，平均坝坡较缓，灰场内土料丰富。初期坝采用具有斜墙排水的土坝，比采用堆石坝节约一半投资。坝体采用灰场内的粉质黏土分层碾压填筑，设计干密度为1.62g/cm^3，最优含水率为20%。

贮灰场内灰坝上游预先设置三维组合排渗系统，包括排渗竖井、纵向排渗管和盲沟、横向排渗管以及排渗褥垫。初期坝的上游坡面设置由砾石和碎石填筑（共500mm厚）的排水斜墙组成。排水斜墙和三维组合排渗系统中的渗水通过两根ϕ800mm的纵向排渗管汇流排出坝外，汇入贮灰场灰水回收系统。

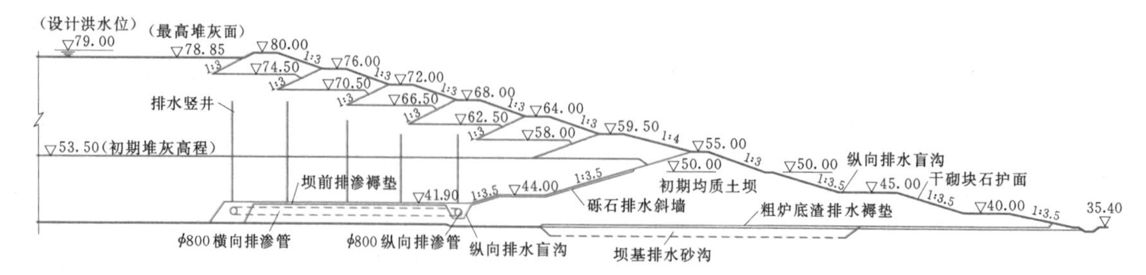

图 6.9-3 谏壁电厂经山灰场具有三维组合排渗系统的灰坝（高程单位：m；尺寸单位：mm）

该坝型的特别之处在于坝前三维组合排渗系统，该系统由水平向的排渗系统（纵横排渗管、盲沟和褥垫），以及竖向排渗系统（排渗竖井，纵横间距25～30m）组成。纵横排渗管用盲沟包裹，排水盲沟由碎石构筑并与坝底排水褥垫连通，竖向排渗井间隔布置并与水平排渗垫层连通。水平排水垫层向贮灰场上游延伸使浸润线向上游移动，向上游延伸越长，则浸润线离子坝和初期坝下游坡越远，灰渣层的非饱和区越大，对坝体稳定越有利，而竖向排渗井有利于各向异性灰渣层的排渗。

采用三维组合排渗系统的又一原因是该工程坝前沉积的细灰平均粒径仅为0.028～0.033mm，属于与近期大型发电机组、锅炉配套的近代除尘和除灰系统排放的细灰，与一般灰渣相比更难以固结。

(1) 根据灰场现场测定，不采用排渗设施时，沉积细灰干密度仅为0.7～0.8g/cm³，相对密度仅为0.15～0.40，处于松散状态，抗剪强度低。设置排渗设施后，沉积细灰干密度达到0.9～1.0g/cm³，相对密度提高到0.60～0.76，处于中密至密实状态，内摩擦角达到19°～24°。灰渣层充分排渗固结对子坝的稳定与灰渣层抗液化安全具有关键作用。

(2) 细灰沉积层渗透系数在$2\times10^{-4}\sim4\times10^{-5}$cm/s之间，而且普遍存在各向异性特征，水平向渗透系数与竖向渗透系数之比为3～5，同时灰渣沉积层中还存在许多不连续的灰泥夹层透镜体，其渗透系数仅为1×10^{-6}cm/s，这些因素导致灰渣沉积层浸润线相当高，因此必须设置排渗竖井降低浸润线，以加速灰渣固结。

(3) 经山灰场底部灰渣沉积层在0.5MPa压力作用下，相应干密度从0.90g/cm³提高到1.12g/cm³，渗透系数降低3～4倍，甚至降低一个数量级，因此设置腰层排渗管和排渗竖井，促使中上部灰渣沉积层排水固结。

当采用灰渣混除方式除灰和输灰时，坝前沉积粗灰，渗透系数较大，仅在坝前设置排水垫层或排水盲沟就能满足排渗要求。谏壁电厂四零山灰场如图6.9-4所示，坝前只设一条纵向排渗盲沟，坝前灰渣沉积层固结密实，效果良好。

图6.9-5为吉林热电厂来发屯灰场坝前设有排渗管的不透水坝，初期坝体为黏土斜墙石渣坝，以满足下游水源地环境保护要求。为了降低灰渣层浸润线，加速灰渣排水固结，在初期坝上游坝脚设置了水平排渗管，排渗管接至灰水回收系统的连接井。运行时排渗管渗水清晰，排渗效果良好。

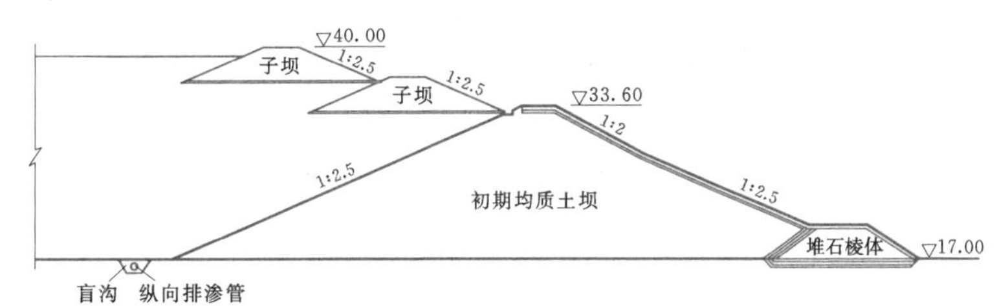

图6.9-4 谏壁电厂四零山灰场坝前设置排渗管的不透水坝（单位：m）

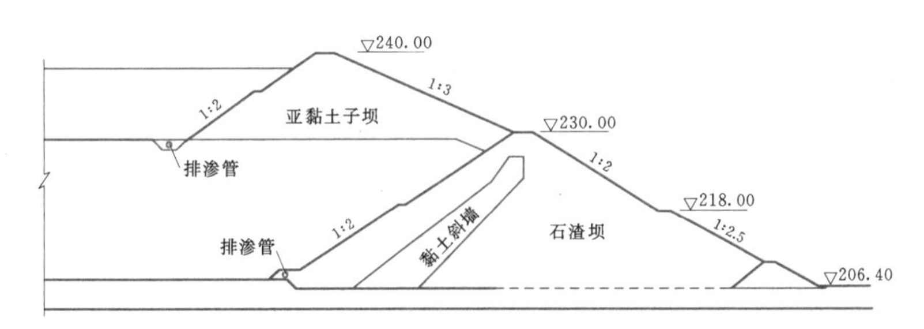

图6.9-5 吉林热电厂来发屯灰场坝前设置排渗管的不透水坝（单位：m）

3. 不透水坝

坝址或附近有丰富黏性土料，坝体可采用当地黏性土料填筑，坝后设堆石排水棱体，坝体浸润线较高。坝前灰渣沉积层处于饱和松散状态，难以直接在灰渣沉积层上建造加高子坝，需要采取合适的工程加固措施。但是坝体防渗性能好，将灰场内的灰水与灰场外部环境有效隔离，利于环境的保护。

不透水坝适用于贮灰场不需后期加高的副坝，或者初期坝的坝高占终期总坝高的比例较大，一般不小于0.6，后期子坝加高工程量不大，后期子坝加高时，对灰渣沉积层进行适当的排渗加固处理，可以满足子坝加高的要求。

图6.9-6为谏壁电厂经山灰场2号副坝，坝高20m，后期不需加高。坝体为均质土坝，采用灰场内的粉质黏土分层碾压密实，设计干密度为1.60g/cm³，最优含水率为20%。坝体下游坡设5m高排水棱体，满足副坝渗透稳定要求。上下游坝坡、坝顶均采用干砌块石护面。

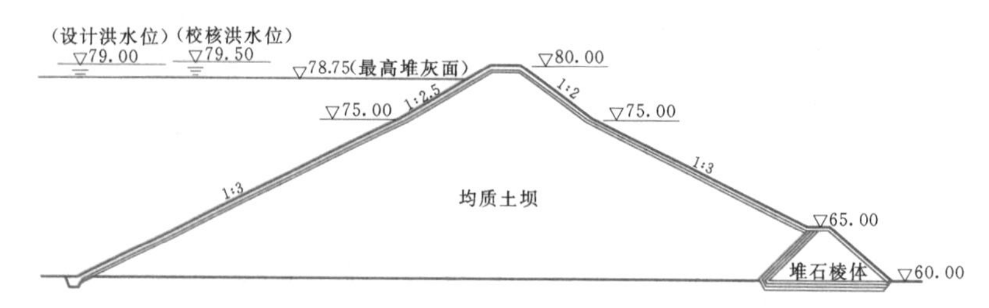

图6.9-6 谏壁电厂经山灰场不透水副坝（单位：m）

图6.9-7为1980年投运的谏壁电厂松林山灰场灰坝，初期坝为下游设堆石排水棱体的黏性土不透水坝，坝高14m，后期分三级子坝加高共11m。由于灰渣层浸润线较高、灰渣沉积层极其松散软弱，后期子坝加高采取了以下的工程措施：在一级、二级子坝间开挖深槽，埋置纵向排渗管降低浸润线；同时在三级子坝坝基用振冲碎石桩加固灰渣层，提高抗剪强度，使贮灰场满足7度地震设防要求。

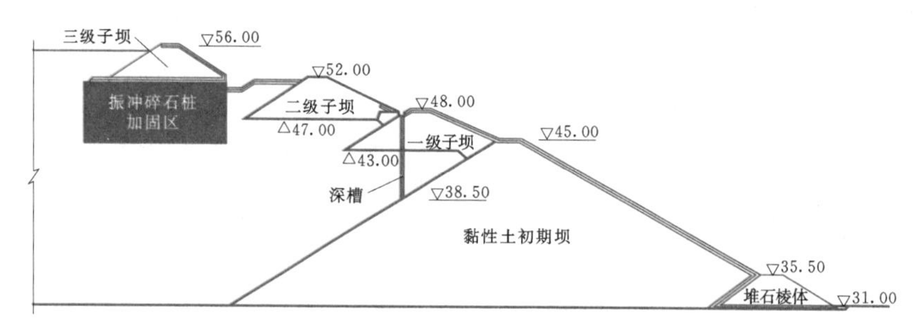

图6.9-7 谏壁电厂松林山灰场不透水初期坝子坝加高工程措施（单位：m）

图6.9-8为浑江电厂太平沟灰场，初期坝设计为下游设堆石排水棱体的粉质黏土均质坝，坝高19.9m，后期子坝加高9.5m。灰渣层浸润线位置很高，初期坝体几乎都处于饱和状态，1979年灰场运行后出现渗透破坏。在子坝前增设纵向和横向排渗管，坝下游加贴坡排水体，使后期子坝加高得以成功。

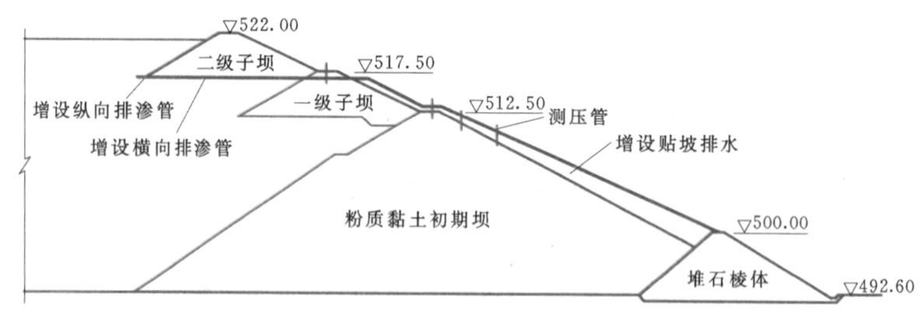

图6.9-8 浑江电厂太平沟灰场子坝加高工程措施（单位：m）

不透水初期坝没有排渗系统，坝体浸润线位置较高，在坝体下游可以采用排水棱体和贴坡排水两种型式的排水结构。排水棱体和贴坡排水的顶面高程必须高于坝体浸润线的逸出点，超出高度应大于该地区的冻结深度。坝后渗水不得随意排放，需满足环保要求。

初期坝的筑坝材料及其填筑要求详见第1章1.4节和1.5节。

6.9.1.4 初期坝坝体结构

1. 坝顶高程

山谷湿灰场初期坝的坝顶高程根据贮灰场初期限制贮灰高程以及设计蓄洪深度来确定，分别按以下3个公式进行计算，取3个计算结果的大值。

$$E=e+h_1+\Delta_1 \quad (6.9-1)$$

$$E=e+h_2+\Delta_2 \quad (6.9-2)$$

$$E=e+\Delta_3 \quad (6.9-3)$$

式中 E——坝顶高程，m；

e——灰场限制贮灰高程，即满足电厂设计灰渣量（计入容积利用系数）在灰场内所占容积的相应高程，m；

h_1——设计蓄洪深度，即设计洪水经调洪演算后在限制贮灰高程以上的高度，m；

h_2——校核蓄洪深度，即校核洪水经调洪演算后在限制贮灰高程以上的高度，m；

Δ_1——设计坝顶安全加高值（按表6.2-1选取），m；

Δ_2——校核坝顶安全加高值（按表6.2-1选取），m；

Δ_3——坝顶超高值，m。

其中，限制贮灰高程 e 根据灰场的容积特性曲线求得，容积利用系数是表示灰场内的充满程度，与灰场形状和灰渣沉积程度有关，一般为0.75～0.95，初期坝宜取低值。Δ_3 是坝顶高程不以洪水位加安全加高为控制时，坝顶高程距限制贮灰高程应有的超高值，对一级灰坝，至少应有1.5m的坝顶超高；对二级、三级灰坝，应有1.0～1.5m的坝顶超高。

为节约初期投资，初期坝的坝高一般按贮灰年限不少于3年来计算确定。然而有些灰场设计洪水量较大，山谷地形较狭窄，需要坝顶超高很大，致使子坝加高的费用增加，这种情况下可以增加初期坝的坝高。其原则是通过技术经济比较，选取满足贮灰10年要求的筑坝总费用（含子坝）最省的初期坝坝高。

2. 坝顶构造

(1) 坝顶宽度。坝顶宽度应考虑在运行阶段坝顶敷设灰管和运行检修道路，以及施工阶段机械化施工的要求，坝顶宽度一般宜不小于4m。

当坝顶兼作贮灰场运行检修以外的公用交通道路时，宽度应满足道路设计标准。

当运行要求坝顶设置照明设施时，应按有关规定执行。

(2) 坝顶应设向两侧或一侧的排水坡，坡度宜为2%～3%。

3. 坝坡

坝坡根据坝高、坝体材料的压实程度及力学性质、坝基土的力学性质、浸润线位置、抗震设防烈度等因素，经坝坡抗滑稳定计算确定。初期坝的抗滑稳定计算应结合子坝加高一并考虑。坝坡设计除了要考虑坝体自身的稳定，还要考虑到坝基的稳定。

坝高超过15m的土坝可考虑变坡，上部较陡、下部较缓。当采用变坡设计时，无论上、下游坝坡，在坡度变化处均宜设置马道。对于下游坡，若坡度无变化，且坝高小于10m时可不设马道；坝高大于10m小于20m时，可仅在坝中部设一条马道；坝高大于20m时，第一条马道设在10m处，往上每隔10～20m增设一条马道。上游坝坡若坡度无变化，可不设马道。马道宽度宜不小于1.5m。

在非强震区，没有软弱土层的地基条件下，根据挡水土石坝的经验，在设计前期，初估坝坡时，可参考经验值：级配不很好、碾压干密度为1.75～1.90g/cm^3 的砂砾石，坝坡可取1∶2.0～1∶2.5；级配良好、碾压干密度为1.90～2.10g/cm^3 的砂卵石，坝坡可取1∶1.5～1∶2.0；碾压干密度为1.85～2.10g/cm^3 的弱风化石渣，坝坡可取1∶1.6～1∶2.5；碾压干密度为1.90～2.20g/cm^3 的新鲜堆石，坝坡可取1∶1.3～1∶2.0；碾压干密度为1.70～1.80g/cm^3 的均质土坝，坝坡可取1∶2.0～1∶3.5。

4. 护面

(1) 坝顶护面。坝顶应铺以盖面材料，可采用碾压密实的砂砾石、碎石石渣、干砌块石或泥结石。

(2) 坝坡护面。下游坝体由块石、卵石、碎石等材料构筑时，可不设专门护坡结构，可选用坝体材料粗颗粒或超粒径石料做护坡，其他情况下下游坡面应设护坡结构。

考虑到上游坡面是随灰场内灰渣的贮存而逐渐被覆盖的，受到灰渣的保护，上游坝体由块石、卵石和碎石等石料组成时可不设护坡结构；上游坝体由黏土、粉土和砂土等土料组成时，在灰场内经常蓄水或难以保持干滩长度的区域，或在坝坡放灰管两侧一定范围内，或在灰场最低排放口上面1m以下的区域，应设护坡结构。其他情况下可不设护坡结构。

护坡型式按就地取材、经济适用的原则，可选用堆石、抛石、干（浆）砌块石、铺卵石或碎石、种植草皮、混凝土护面、混凝土（砌石）框格填土植草、土工格栅填土植草、模袋混凝土等。

堆石、砌石护坡与被保护坝料不满足反滤层间关系要求时，护坡下应按反滤层间关系要求设置垫层。

山谷灰场灰坝下游坡面应设置人行踏步。

坝体下游坡可能产生坡面径流时，应布置竖向及纵向排水沟。竖向排水沟沿坝长每隔50～100m设置一条，纵向排水沟宜设置在马道内侧。坝体与山坡连接处也应设置排水沟。排水沟采用浆砌石或混凝土构筑。

初期坝坝体结构详见本书第1章1.6节，应符合DL/T 5045—2006和DL/T 5395—2007的要求。

6.9.1.5 初期坝坝体与坝基、岸坡、埋管的连接处理

1. 坝体与土质地基及岸坡连接的处理

(1) 坝断面范围内应彻底清除草皮、树根、含有机质表土、蛮石、垃圾、洞穴或其他废料，清理后地基表面土层应压实。开挖的岸坡应大致平顺、不应成台阶状、反坡或突然变坡。与土质防渗体连接的岸坡不宜陡于1∶1.5。

(2) 土质防渗体应坐落在相对不透水的土基上，或经过防渗处理的坝基上。

2. 坝体与岩石地基及岸坡连接的处理

(1) 坝断面范围内的岩石地基与岸坡应清除表面松动石块、突出石块、凹处积土。与土质防渗体连接的岸坡不宜陡于1∶0.5。

(2) 土质防渗体和反滤层应与坚硬、不冲蚀和可灌浆的岩石连接，若风化层较深时，高坝（坝高100m及以上）开挖到相对不透水的新鲜或弱风化上部岩石，中、低坝可开挖到强风化层下部，再对基岩进行灌浆处理。与岩石地基及岸坡连接处可开挖齿槽，并用混凝土或砂浆封堵节理裂隙和断层，使其良好结合。

3. 坝体与排水管连接的处理

(1) 混凝土排水管应采用柔性连接，不得漏水，管体应设置混凝土止水环。钢管应做好防腐，管体应设置钢止水环。

(2) 排水管应设置永久伸缩缝和沉降缝，应做好止水，并应在接缝处设反滤层。

(3) 排水管与土质防渗体连接处，应扩大防渗体范围。管体周围坝体土料应仔细分层夯实，防止接触面的集中渗流或因不均匀沉降产生坝体裂缝。

(4) 排水管通过堆石体时，管周围应填以砂砾或碎石垫层，在防渗体下游的排水管周围应设置反滤层，碎石、块石不得直接接触管壁。

6.9.1.6 初期坝坝基处理

坝基处理应满足渗透稳定、控制渗流量、静力或动力稳定、允许沉降量和不均匀沉降等方面的要求。地基处理的标准与要求应根据工程具体情况设计确定。与挡水坝不同的是，灰坝地基是允许透水的，在满足渗透稳定和控制渗流量对坝体安全运行要求的同时，尚应满足下游环境保护的要求。

(1) 下列不良地基应慎重研究和处理：

1) 高压缩性、低强度的软弱土层。

2) 地震时可液化土层。

3) 湿陷性黄土。

4) 岩溶。

5) 断层、破碎带。

6) 矿区井、洞、泉眼等。

(2) 土层厚度不大且埋深较浅的软弱土层可采用挖除换填的方法处理。土层厚度较大软弱土层可采用排水预压、抛石（或爆破）挤淤等方法进行加固处理。

(3) 地震可能液化的土层视具体情况可采用挖除、振冲密实、强夯、砂石桩等方法处理。

(4) 湿陷性黄土可作为湿式贮灰场的低坝坝基，应论证其沉降、湿陷和溶滤对坝体的危害，采取相应的工程处理。湿陷性黄土坝基宜采用挖除、翻压、强夯等方法，消除其湿陷性。经过论证也可采用预先浸水的方法处理。

(5) 坝基有断层破碎带等地质缺陷时，渗漏、管涌、溶蚀等对下游环境造成影响时需要处理，可采用水泥灌浆、铺防渗膜等方法。

初期坝的坝基处理，坝体与坝基、岸坡、埋管的连接处理详见本书第1章1.7节～1.9节，应符合DL/T 5045—2006和DL/T 5395—2007的要求。

初期坝填筑施工控制可参见第1章1.5节。

坝体压实检查项目及取样次数按表6.9-2执行。

坝体施工验收包括施工期间分部工程验收及竣工验收。验收时主要项目施工允许偏差应符合表6.9-3的规定。

6.9.1.7 子坝加高

灰渣在初期坝或前一级子坝坝前排放，当贮灰面达到限制贮灰高程时，就需要在坝前沉积的灰渣层上加筑下一级子坝。

1. 子坝加高一般要求

(1) 子坝加高应按灰场总体规划进行。子坝分级及每级高度应在灰坝渗流计算和稳定计算的基础上综合考虑贮灰年限、灰场地形、子坝材料、灰渣层固结程度、施工条件、坝体稳定、电厂运行经验及工程费用等因素，在确保灰坝抗滑和渗流稳定的条件下确定。

(2) 每级子坝的高度一般考虑3年左右贮灰年限，按增加3年容积的限制贮灰高程以及设计蓄洪深度来确定，坝顶高程计算公式与初期坝坝顶高程计算公式相同。

(3) 子坝轴线宜紧靠前期坝的坝顶上游侧平行布置，一般坝轴线中心距离为4～5倍子坝高度，视前期坝与加高子坝的坝坡和加高子坝的抗滑稳定性而定。当坝体稳定性不能满足要求时，可将子坝向上游方向移动。如滦河电厂西沟灰场子坝轴线距初期坝轴线100m，150电厂胡峪沟灰场的二级子坝距一级子坝轴线50m。

表 6.9-2 坝体压实检查项目及取样次数表

坝料	部位	检查项目	取样次数
黏性土	边角夯实	干密度、含水率	2～3次/层
	坝体碾压		1次/（2000～5000m³）
砾质土	边角夯实	干密度、含水率、砾石含量	2～3次/层
	坝体碾压		1次/（2000～5000m³）
反滤料	坝体碾压	干密度、颗粒组成、含泥量	1次/（2000～5000m³）
堆石料	坝体碾压	孔隙率、颗粒组成	1次/10000m³
砌石料	坝体碾压	孔隙率	1次/10000m³
石渣	坝体碾压	干密度、含水率	1次/（400～1000m³）
灰渣	坝体碾压	干密度、含水率	1次/（200～500m³）

表 6.9-3 施工验收允许偏差值

项次	项目	允许偏差
1	坝顶高程	不大于20cm，不低于设计高程
2	坝体埋管中心高程	可低于设计高程5cm，不得高于设计高程
3	坝体埋管长度	不得小于设计长度
4	坝顶宽度	±10cm
5	坝坡	±2%
6	护坡厚度	±15%
7	干密度	合格率不小于90%，不合格的压实度不小于0.95
8	施工含水率与最优含水率之差	-4%～+2%
9	碾压（非碾压）堆石孔隙率	+2%（+5%）
10	岸坡削坡坡度	不陡于设计坡度
11	坝轴线	按二级导线精度测设

(4) 子坝加高施工应考虑汛期和冰冻期的影响，一般要求在汛期前完成坝体填筑，至少坝体填筑高度能满足设计标准的防洪要求。在寒冷地区，子坝加高土方填筑应避开冬季施工；在初春施工时，注意检查灰渣坝基内是否存在冰层，若有应进行处理。

(5) 子坝加高设计时，应分析原坝体的浸润线观测资料，与设计浸润线对比分析，确定排渗设施的效果和计算参数的合理性。

(6) 对灰渣沉积层进行勘探试验，作为子坝加高的设计依据。

2. 子坝坝高

子坝坝高的确定应考虑经济坝高和贮灰年限要求两个因素。

(1) 经济坝高。子坝的高度包含了防洪所需蓄洪深度，子坝高度越小，加高所获得的贮灰容积越小，坝顶超高的工程量所占比例越大，因此设计时按多个坝高方案进行优化计算，采用“贮存每立方米灰渣所耗费用”指标来确定子坝的经济高度。

辽宁发电厂4号贮灰场一级子坝加高设计时，按子坝不同高度分别计算每个方案的工程量、工程费用、灰渣贮存量、贮灰年限、每吨贮灰工程费用等指标，见表6.9-4。

由表6.9-4可见：一级子坝高度在4.5～6.0m间时，每吨灰的子坝建筑工程费较省，处于经济坝高区段，其中子坝高度5.0m的经济指标最好，且可满足设计灰渣量贮存2.69年，故一级子坝高度选用5.0m。

(2) 贮灰年限。子坝坝高的确定尚应考虑贮灰场容积因素，使子坝形成的贮灰容积能存放3年左右的实际排入的灰渣量。经济子坝高度的贮灰年限一般在3年左右或以上，参见表6.9-5。

表 6.9-4 子坝坝高优化计算表

方案	坝高(m)	坝顶高程(m)	限制贮灰高程(m)	子坝增加灰场容积(万 m^3)	子坝增加灰渣量(万 m^3)	子坝投资(万元)	每吨贮灰投资(元)	贮灰年限(年)
1	2.0	200.4	198.20	59.97	48.04	193.7	4.03	0.97
2	2.5	200.9	198.70	77.61	62.16	217.7	3.50	1.26
3	3.0	201.4	199.20	95.25	76.29	244.0	3.19	1.55
4	3.5	201.9	199.70	112.88	90.42	272.8	3.01	1.83
5	4.0	202.4	200.20	130.52	104.55	303.6	2.90	2.12
6	4.5	202.9	200.70	148.16	118.68	336.0	2.83	2.41
7	5.0	203.4	201.20	165.84	132.84	375.3	2.82	2.69
8	5.5	203.9	201.70	183.44	146.93	415.2	2.82	2.98
9	6.0	204.4	202.20	201.07	161.06	455.3	2.82	3.27
10	6.5	204.9	202.70	218.71	175.19	499.0	2.84	3.55
11	7.0	205.4	203.20	236.35	189.32	548.3	2.89	3.84
12	7.5	205.9	203.70	253.99	203.44	602.2	2.96	4.13
13	8.0	206.4	204.20	271.63	217.57	664.5	3.05	4.41
14	8.5	206.9	204.70	289.26	231.70	729.0	3.14	4.70

表 6.9-5 子坝经济坝高汇总表

编号	工 程 名 称	经济子坝高度(m)	子坝填筑高度(m)	实际贮灰年限(年)
1	福州电厂贮灰场一级子坝	6.5	10.5	3.40
2	福州电厂贮灰场二级子坝	5.5	9.2	3.44
3	辽宁电厂贮灰场一级子坝	5.0	6.9	2.69
4	双鸭山电厂贮灰场二级子坝	3.0	4.5	4.60
5	铁岭电厂贮灰场一级子坝	4.0	5.0	4.03

3. 子坝坝体结构

(1) 坝体防渗体。子坝坝体填筑材料可采用当地土石料或灰场内沉积的灰渣。为防止浸润线从子坝下游坡逸出，确保子坝渗流渗透安全性，在子坝上游面宜设置土质防渗体或人工防渗体。

当采用土石料建造子坝时，宜选用弱透水性材料筑成均质子坝或土质斜墙防渗体分区子坝，防渗体渗透系数应低于沉积灰渣的渗透系数1～2个数量级。

当采用强透水的堆石、砂砾石料填筑子坝时，宜在上游设置土质防渗体以及反滤层和过渡层，或在坝体的上游坡面设置人工防渗体。

采用灰渣填筑子坝时，坝体上游坡也必须设置人工防渗体，同时需要在上、下游坡面设置反滤层，并设保护层，防止灰水淘刷和雨水冲刷灰渣坝体。

(2) 坝顶宽度。子坝的坝顶宽度按敷设灰管、运行检修道路、机械施工等要求确定，若无其他特殊要求，一般取4m。

(3) 坝体填筑要求。采用土石材料筑坝时，坝体采用分层碾压密实的方式填筑。采用灰渣材料筑坝时，根据现场条件，可以采用分层碾压密实的方式填筑，也可以采用水力冲填方式填筑。

土石材料子坝坝体碾压密实的填筑要求可参照初期坝。

灰渣子坝的坝体填筑设计控制标准由灰渣的压实度和相对密度两项指标双重控制，需同时满足。水力冲填灰渣坝和碾压灰渣坝的压实度和相对密度的要求是一致的，一级、二级灰坝的压实度不应低于0.96，三级灰坝的压实度不应低于0.95，灰渣坝体相对密度不应低于0.70，在地震区浸润线以下的灰坝坝体相对密度不应低于0.75。

(4) 坝坡。子坝的坝坡应根据加高子坝稳定性和贮灰场灰坝整体稳定性确定。一般情况下，各级子坝坡度上游边坡不宜陡于1∶1.5，下游边坡不宜陡于1∶2.0，初期坝以上的各级子坝的下游平均坡度不宜陡于1∶3.5。

(5) 护坡。子坝坝顶应铺以盖面材料，可采用密实的砂砾石、碎石、干砌块石或泥结石等材料。子坝坝坡上、下游坡面均需护坡，护坡要求参照上述初期坝护坡设计要求。

（6）子坝顶面应设坡向灰场一侧的排水坡，坡度宜采用2%～3%。

（7）子坝与前期坝坡结合面的处理。为防止子坝下游坡脚处的渗透破坏，保证足够的渗径和压重，子坝下游坡坡脚与前期坝坡的接触面应紧密结合，结合厚度不小于2m。如厚度不足2m时，可将坝前沉积灰渣挖除其不足深度，使子坝下游坡脚嵌入。

（8）子坝与岸坡的连接处应妥善处理。岸坡应彻底清基，子坝防渗体应坐落在相对不透水土基上，或嵌入岸坡开挖到强风化岩层下部的齿槽内，或沿岸坡向上游适当延伸，增加渗径。

（9）子坝下游坡、子坝与岸坡连接处以及子坝下游坡脚处均应设排水沟。

4. 灰渣水力冲填法建造子坝

（1）应用范围。灰渣水力冲填法建造子坝技术是在20世纪70年代水力冲填坝（水坠坝）和河道疏浚技术的基础上形成的，以贮灰场的沉积灰渣为材料，用水力冲填法建造灰坝的技术。满足一定条件的沉积灰渣可采用水力冲填筑坝技术填筑子坝坝体，这些条件包括：

1）粒径大于0.5mm的颗粒含量少于15%。

2）粒径为0.005～0.5mm的颗粒含量占70%以上。

3）粒径小于0.005mm的颗粒含量少于15%。

4）渗透系数$k \geqslant 1 \times 10^{-4}$cm/s。

5）有机质含量小于5%。

灰渣水力冲填筑坝技术有一定的使用范围，一般用于抗震设防烈度为7度及以下的场址并具有沉积灰渣干滩面的子坝加高工程。超出此范围的工程，例如抗震设防烈度为8度及以上的场址，利用临近灰场的灰渣冲填新灰场的初期坝的工程以及缺乏干滩的水域区的灰渣上筑坝时，利用灰渣水力冲填筑坝技术时，应做专门的研究论证。

利用灰渣水力冲填筑坝技术要具备一定的外部资源条件和气象条件。首先，应有足够的水源满足水力冲填施工的需要；其次，防止冻融影响施工作业和施工质量，施工时应具备室外日平均气温不低于5℃，当日最低温度不低于0℃的气候条件。

设计前需进行室内水力冲填灰渣模拟试验，测定水力冲填形成的灰渣坝体的计算参数。

在正式冲填之前必须进行现场水力冲填试验，确定符合设计要求的施工参数和施工工艺。

（2）灰渣取样及试验要求。

1）水力冲填筑坝的灰渣采用贮灰场内干滩区域沉积灰渣，取代表性灰样进行试验。

2）灰渣试验应进行以下内容：

a. 测定灰渣层的相对密度、干密度、含水率等。

b. 颗粒分析试验。

c. 击实试验。

d. 剪切试验（抗震设防烈度为7度及以上地区含静力、动力三轴试验）。

e. 室内水力冲填灰渣模拟试验，测定水力冲填形成灰渣坝体的计算参数。

（3）坝体结构。除满足一般子坝坝体结构要求外，灰渣水力冲填筑的子坝结构还需满足以下要求：

1）上游坝坡不宜陡于1∶2.0，下游坝坡不宜陡于1∶2.5。

2）坝体上游应铺设可靠防渗层，一般采用土工膜，并与坝肩可靠连接。

3）坝体下游应铺设可靠反滤层，一般采用土工布。

4）坝体排渗设施应满足灰场运行期降低浸润线和施工期水力冲填灰渣排水固结的要求。

（4）坝体填筑施工要求。灰渣水力冲填筑坝的施工工艺过程包括制浆冲填、扰动振密、脱水固结。施工工艺应满足设计技术要求。根据陕西省电力设计院提出的工艺流程框图和江苏昌泰建设工程有限公司的工程实践，总结出施工工艺如下。

1）施工工艺要求：

a. 取灰坑距施工坝体坝脚大于40m，深度不宜超过5m；输灰距离过长时可加接泥浆泵。

b. 灰浆灰水比一般为1∶3～1∶4。

c. 分层冲填畦块的宽度一般与坝面宽度相适应，长度沿坝轴线方向不宜大于50m。

d. 冲填畦块围埂，宜采用人工堆积灰渣修筑，分层夯实。每层灰渣厚度0.3m，夯实两侧面形成梯形，埂底宽不小于1.0m，高0.6m。中间分隔围埂上、下两层的位置宜错开2.0m以上。

e. 内外坝坡处冲填灰渣应有不小于0.3m的超填量，然后最终一次削坡成形。

f. 分层冲填，每层厚度不宜大于0.4m。

g. 每层畦块冲填时排浆口不宜少于两个，宜呈对角线布置。

h. 每个畦块冲填完成后，宜有两个表面明水排放口。

i. 明水排完后的冲填畦块，应扰动振密冲填的灰渣体，扰动点间距宜不大于1.0m。

j. 采用振捣棒进行扰动振密时，移动速度不宜大于1m/min，排距不宜大于0.5m。

k. 采用平板振动器振密时，先用人工踩扰，然后用平板振动器纵横振密处理各两遍，平板振动器移动速度不宜大于 2m/min。

2）一侧冲填畦块已完成的围埂，在相邻畦块冲填时，该围埂应经人工踩扰和振密，不少于两遍。

3）子坝正式冲填前，必须进行现场冲填试验，确定符合设计要求的施工参数和施工工艺。施工参数包括灰浆水灰比、畦块尺寸、冲填时间、畦内冲填明水排放时间、踩扰时间、振密时间、密实度和相对密度。

4）施工期坝体中心沉降量应满足：日最大沉降量小于 15mm；两日累积沉降量小于 20mm。

5）灰渣坝体冲填速度：

a. 每 3 日最大升高小于 0.4m。

b. 旬平均日冲填速度小于 0.15m/d。

c. 经过试验论证后旬平均日冲填速度可适当提高，但不得超过 0.2m/d。

5. 子坝排渗

（1）子坝是否设置排渗设施，应结合初期坝坝型和前期坝体灰渣层实测浸润线位置，经渗流计算或渗流试验确定。当初期坝为透水坝或坝前设排渗设施的不透水坝，且坝体实测浸润线较低时，初期子坝可不设排渗设施，后期子坝是否设置排渗设施也应经渗流计算或渗流试验确定，以满足子坝和贮灰场灰渣整体稳定性要求。

（2）对于初期坝透水性较差、前期坝和灰渣层实测浸润线较高的情况，为确保子坝和贮灰场灰坝整体渗流稳定和抗滑稳定性，子坝应设置排渗设施。

（3）对于子坝前洪水持续时间长，或难以长期保持干滩长度的情况，子坝浸润线位置较高，浸润线可能从子坝坝坡逸出，导致子坝渗透破坏，子坝底部应设置排渗设施。

（4）排渗设施的型式可选用水平排渗管、网状排渗管、辐射排渗管、排渗盲沟及其组合。其型式及位置需经渗流计算或渗流试验合理确定。详见 6.11 节“排渗结构设计”。

6. 子坝坝基

根据灰场灰渣沉积层的物理、静力和动力特性试验成果，及现场原位测试成果，综合判断灰渣的工程性质。当子坝坝基的沉积灰渣满足下列要求时，可在灰渣滩面上直接加筑子坝。

（1）坝前均匀放灰，沉积灰渣颗粒较粗。

（2）具有足够干滩长度，保证子坝坝基灰渣是不饱和的。

（3）经碾压后沉积灰渣的承载力不小于 100kPa。

（4）设计地震条件下不发生地震液化。

7. 灰渣坝基处理

当灰渣层上不能直接加筑子坝时，应进行灰渣地基处理。处理措施应根据灰渣特性、子坝高度、抗震设防烈度、施工条件，经技术经济比较确定。可采用填石碾压、铺设加筋土工材料或土工格栅、排水砂井、振冲碎石桩、振动挤密二灰桩等方法加固处理。

（1）填石碾压加固。对于坝前灰渣固结较好，承载力较高的灰渣坝基，可直接进行碾压处理。但对固结稍差，承载力略低，经处理后可达到设计要求的灰渣坝基，碾压机械直接在灰渣层面上压实施工作业有一定的困难，可采用铺填石料碾压方法，既可保证机械正常作业，又可将石料挤入灰渣层，加固灰渣坝基。石料的铺设厚度一般为 400～600mm。例如，江油电厂和榆树川电厂贮灰场铺设了 800mm 厚的碎石，压入灰渣中的石料深度只有 200～300mm。吉林热电厂来发屯灰场一级子坝坝基采用了铺填块石和毛石混碎石两种不同粒径的石料进行碾压对比试验，碾压试验结果表明石料粒径对碾压效果的影响并不明显，如表 6.9-6 所示。填石碾压后不能马上进行检测灰渣层的特性，灰渣层受扰动后的恢复期一般在 15d 以上。

表 6.9-6 吉林热电厂填石碾压的测试资料

铺填石料	铺填厚度（m）	影响深度（m）	碾压后承载力（kPa）		未经碾压地基承载力（kPa）
			影响深度以上	影响深度以下至 10m	
毛石混碎石和砂土	0.4	1.5～3.0	139	91.5	89
块石	1.0	1.7	132	91.5	89

（2）振冲碎石桩法加固。

1）灰渣坝基在下列情况可采用振冲碎石桩加固：

a. 子坝远离初期坝或前一级子坝，坝基灰渣层无法满足灰坝的抗滑稳定要求。

b. 浸润线位置高，灰渣强度低，无法满足灰坝抗地震液化要求。

振冲碎石桩法加固灰渣坝基的方法可参见 DL/T 5045—2006 或有关地基加固手册。

2）振冲碎石桩法加固灰渣坝基工程实例。谏壁电厂松林山灰场主坝三级子坝和三号副坝灰渣坝基采用了振冲碎石桩加固，这是国内首次采用振冲碎石桩加固极松软灰渣坝基的工程实例。

20 世纪 90 年代以前，国内已建成的贮灰场大多未设置排渗系统，多数贮灰场的灰渣沉积层含水量高、孔隙比大、密实度很低且灰渣颗粒均匀、相对密度小，因而灰渣沉积层的天然强度与承载能力都很低，难以在其上建造子坝。例如，谏壁电厂松林山灰场三号副坝一级子坝灰渣坝基相对密度仅为0.09，十字板抗剪强度为8～15kPa。

灰渣坝基振冲加固设计布置见图6.9-9。为了不破坏已建成的排水褥垫，振冲加固区仅局限于排水褥垫与初期坝之间的灰渣坝基。考虑一级子坝抗滑稳定要求、坝基的荷载分布及灰渣坝基加固深度，灰渣坝基分为3个振冲加固区，各区振冲桩间距分别为1.4m、1.6m及1.8m。采用ZCQ—30型振冲器，功率为30kW，选用粒径4～8cm的石灰岩碎石料作为振冲桩填料。

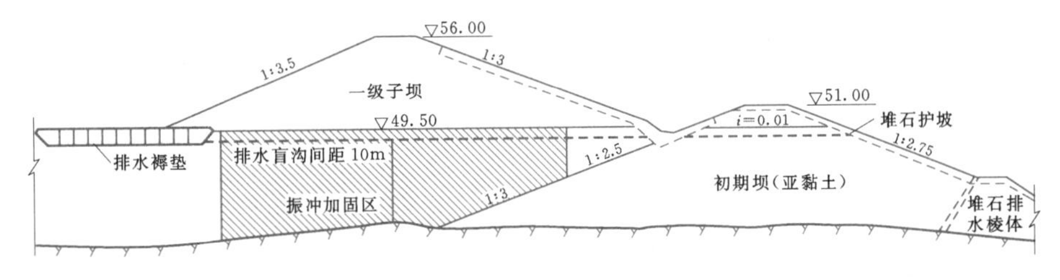

图6.9-9 谏壁电厂松林山灰场三号副坝灰渣坝基振冲加固布置（单位：m）

为检验灰渣坝基振冲加固的效果，在加固前后取得的原状灰渣试样来测定灰渣密实度的变化，测试结果见图6.9-10。

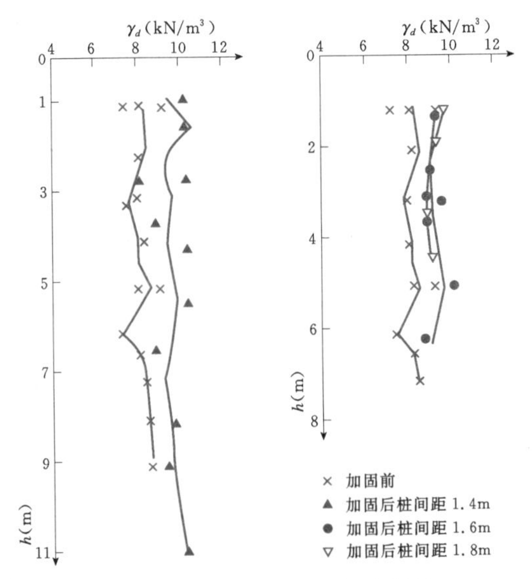

图6.9-10 灰渣坝基振冲加固效果

从图6.9-10可知，振冲法加密灰渣的效果明显。桩间距为1.4m的加固区，灰渣的干密度从0.815g/cm³提高到0.97g/cm³，相应的孔隙比从1.54降低到1.14，相对密度从0.09提高到0.65，把极松散的灰渣加固到紧密状态。桩间距为1.6m和1.8m的两个加固区，灰渣的干密度从0.815g/cm³提高到0.92g/cm³，相对密度提高到0.48，即桩间距为1.6m和1.8m的两个加固区的灰渣层也可以加固到中等紧密状态。

灰渣的抗剪强度有显著的提高，桩间距为1.4m的加固区，抗剪强度$c_{cu}=6$kPa，$\varphi_{cu}=18.6°$；桩间距1.6m和1.8m两个加固区，$c_{cu}=6$kPa，$\varphi_{cu}=17.2°$；经振冲加固后灰渣坝基的抗剪强度有显著增长，碎石桩间距1.4m、1.6m和1.8m时灰渣与碎石桩复合坝基的内摩擦角分别达到26.2°、24.8°和22.2°，可满足子坝抗滑稳定的要求。

灰坝抗滑稳定分析结果是，加固前最小安全系数为0.52（现场测试值）或0.81（室内试验值）；加固后最小安全系数为1.22。说明松林山灰场三号副坝一级子坝的灰渣坝基经过振冲加固后，灰渣的密实程度与抗剪强度显著增高，确保了子坝与坝基整体抗滑稳定要求。

继谏壁电厂松林山灰场采用振冲碎石桩法加固灰渣坝基以后，国内许多电厂均采用此法加固灰渣坝基，实现子坝加高。部分贮灰场振冲碎石（卵石）桩加固效果检测结果见表6.9-7。

8. 子坝加高工程实例

(1) 实例一：谏壁电厂经山灰场一级子坝加高。

1) 坝体。子坝坝体采用袋装粉煤灰填筑，要求压实干密度大于1.0g/cm³。坝顶宽度6m，上游坝坡1:3，下游坝坡1:4。

2) 排渗结构。初期坝坝前预先设置了三维组合排渗系统，一级子坝加高时在初期坝前灰渣层顶部设置4道横向排渗盲沟，两端连接集水井，以利于灰渣层的排水固结。子坝底部设500mm厚碎石褥垫层，并与初期坝上游排水斜墙连通。

3) 防渗结构。子坝上游坡面铺防渗土工膜。

4) 坝顶构造。面层70mm厚泥结碎石，下部为150mm厚灰渣掺10%水泥的结合层。

5) 上游坝坡构造。上游坝坡构造由外向内分别

表 6.9-7　　**灰渣坝基振冲碎石桩和桩间灰渣特性检测结果**

贮灰场	振冲桩			承载力(kPa)			桩间灰渣物理力学指标					
	桩距(m)	桩径(m)	置换率	桩间灰渣	单桩	复合地基	干密度 ρ_d (g/cm³)	黏聚力 c (kPa)	内摩擦角 φ (°)	相对密度 D_r	变形模量 E_{sp} (MPa)	渗透系数 k (cm/s)
通天沟灰场(浑江发电厂)	2.0	1.15	0.3	162.0	769.0	350	1.07	11.0	26.5	0.65	11.6	4.5×10^{-4}
豆地沟灰场(抚顺发电厂)	2.0	1.13	0.295	285.0	750.0	400	1.05	0	33.6	0.66	12.1	1.27×10^{-4}
松林山灰场主坝三级子坝(谏壁电厂)	1.5	0.90	0.33	296.0	391.0	324	0.95	15	24.3	0.66	17.4	
松林山灰场3号副坝(谏壁电厂)	1.4	1.08	0.43	97.6	273	152	0.95	32	26.2	0.65		
砖井村灰场(仪化热电厂)	1.6	0.8	0.235	224.0	334.0	250	0.88	41	17.9	0.51		4×10^{-3}

是：干砌块石面层、150mm 厚粉煤灰掺 10%水泥垫层、防渗土工膜、150mm 厚灰渣掺 10%水泥垫层。

6）下游坝坡构造。下游坝坡构造由外向内分别是：草皮护坡面层、150mm 厚灰渣掺 10%水泥垫层。

7）坝基处理。将子坝底部的沉积灰渣层碾压密实后，直接作为子坝坝基。

8）运行要求。坝前均匀放灰，必要时分段均匀放灰。当贮灰高程在 47.00m 以下时，应保持坝前不少于 300m 宽的干滩面；当贮灰高程在 47.00m 以上时，应保持坝前不少于 150m 宽的干滩面。当发生暴雨时，调洪容积在 24h 内放空。

谏壁电厂经山灰场子坝加高剖面见图 6.9-3。

(2) 实例二：徐州电厂川里湖灰场三级子坝加高。

1）坝体。子坝坝体为均质土坝，设计干密度为 1.55g/cm³。坝顶宽度 5.7m，上游坝坡 1∶2.5，下游坝坡 1∶3。

2）排渗结构。初期坝为透水均质堆石坝，并且在坝前预先设置了三维组合排渗系统，二级子坝加高时增加了一层腰部水平排渗管网，渗流分析表明三级子坝加高时原排渗设施已满足要求，不需新建排渗设施。

3）防渗结构。子坝上游坡面及底部均铺设防渗土工膜。

4）护坡。坝顶和上、下游坝坡均采用 300mm 厚干砌块石护面。

5）坝基处理。沉积灰渣层碾压密实后直接作为子坝坝基，要求灰渣层碾压后的干密度达到 0.96g/cm³。

6）运行要求。运行期间确保坝前保持不少于 60m 的干滩长度。

徐州电厂川里湖灰场三级子坝加高剖面见图 6.9-11。

6.9.1.8 灰渣排放运行要求

为了使坝前沉积的灰渣具有较好的沉积特性，除了要设置有效的排渗系统外，同样重要的是要采取合理正确的运行措施。这些措施包括：

(1) 坝前合理布置放灰管，均匀放灰，使较粗颗粒的灰渣沉积在坝前。谏壁电厂真观山灰场设置了三维组合排渗系统，灰渣层固结情况较好。坝前沉积细灰实测结果：离放灰口 30m 处沉积灰的干密度为 0.98～1.05g/cm³，离放灰口 50m 处沉积灰的干密度为 0.90g/cm³，坝前 40m 范围内沉积灰的干密度可达到 0.95g/cm³，相对密度可达 0.70，基本满足地震烈度 7 度条件下不产生液化的要求。

(2) 确保坝前限制干滩长度。干滩长度对灰坝和灰渣层浸润线有显著影响，图 6.9-12 为丹东化纤公司自备电厂西沟灰场根据不同干滩长度和有无排渗管预测的渗流状态，可见干滩长度对渗流状态有显著的影响。

所谓限制干滩长度是指运行时为了控制浸润线位置，保证灰坝抗滑稳定和渗流稳定安全而经常维持的干滩长度。

限制干滩长度应按 4 种运行条件分别进行计算，从中选取最长的计算干滩长度作为本灰场的限制干滩

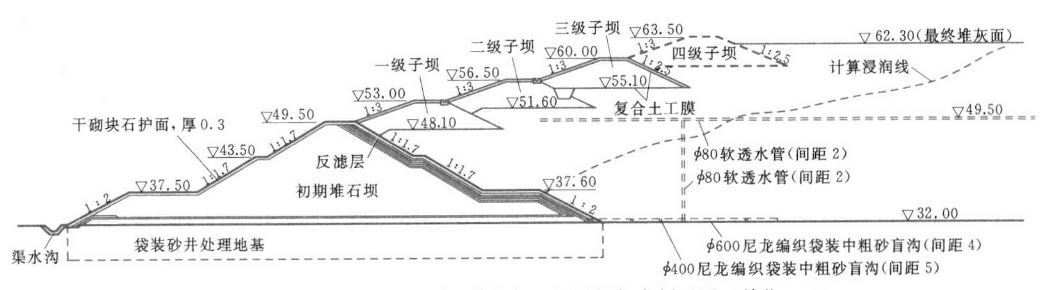

图 6.9-11 徐州电厂川里湖灰场三级子坝加高剖面图（单位：m）

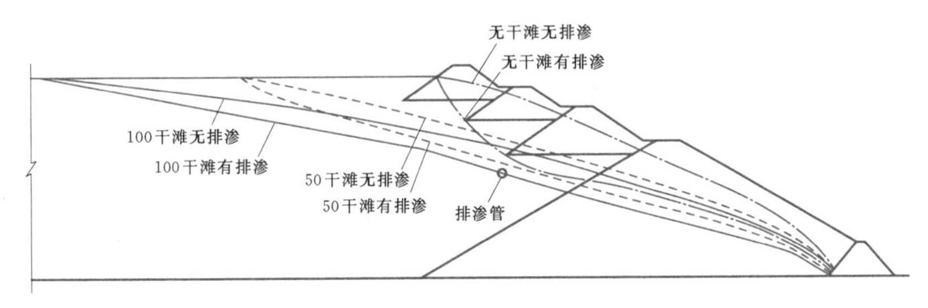

图 6.9-12 丹东化纤公司自备电厂西沟灰场渗流状态预测（单位：m）

长度。在每种运行条件下按灰场内可能发生的各种计算干滩长度 0～200m，以每 50m 为一档进行计算，比较分析不同干滩长度时灰坝的安全度，从中选取一种满足灰坝设计标准的计算干滩长度作为该运行条件下的限制干滩长度。

4 种运行条件分别为：

1）正常运行条件 1：限制贮灰高程＋限制干滩长度。

2）正常运行条件 2：限制贮灰高程及限制干滩长度情况下遇设计洪水。

3）非常运行条件 1：限制贮灰高程及限制干滩长度情况下遇校核洪水。

4）非常运行条件 2：限制贮灰高程及限制干滩长度情况下遇地震。

6.9.2 山谷干灰场灰坝

6.9.2.1 山谷干灰场的设计特点

（1）山谷干灰场往往山洪历时较短、洪水流量较大，因此山谷干灰场的设计必须重视洪水问题，采取妥善措施确保灰场的安全运行，同时防止洪水冲蚀夹带灰渣，污染环境。根据山谷干灰场地形条件和洪水特点，一般都采用在贮灰场外围设置截洪沟，或在贮灰场上游设置拦洪坝，避免贮灰场外围的洪水进入贮灰场内部；同时在贮灰场内设排水、排渗及泄洪设施，有效排泄贮灰场内部的洪水及少量的外来洪水。

（2）干灰场堆灰作业环节包括调制、运输、整平、喷洒、碾压，随着灰渣的逐层碾压堆高，在山谷的谷口逐渐形成下游永久坝坡，下游坝坡一般应设马道并有护坡，因此，山谷干式灰场灰坝是采用干灰调湿碾压筑坝。

6.9.2.2 山谷干灰场灰坝的组成

根据国内外干灰场的运行经验，为便于干灰场初期运行，一般是在山谷干灰场下游修建初期挡灰坝。其功能为：①防止运行期间雨水、洪水夹带灰渣四处漫溢，污染环境；②作为后期灰渣筑坝的支撑，增强灰渣永久边坡的稳定；③作为灰坝下游的排渗棱体。

山谷干灰场的灰坝是由初期挡灰坝、碾压密实分层堆高的灰渣坝体和下游坝坡组成。

国内几座山谷干灰场主要工程特性见表 6.9-8。

这几座电厂山谷干灰场灰坝典型剖面见图 6.9-13～图 6.9-19。

6.9.2.3 初期灰坝

1. 坝高及坝顶宽度

初期灰坝的高度由可贮存一次设计洪水总量确定，设计洪水标准为不低于 30 年一遇，坝顶预留安全超高不小于 0.5m，并且坝高度应不小于 3.0m。由于干灰场外来洪水被截洪沟或上游拦洪坝拦截，干灰场初期灰坝高度一般较低矮。坝顶宽度无特殊要求，满足施工条件即可，常取 3～4m。

2. 初期灰坝坝型

山谷干灰场下游初期灰坝宜利用当地土石料，干灰场初期灰坝设计可参考湿灰场初期灰坝的设计。

表 6.9-8　国内部分山谷干灰场主要工程特性

电厂名称	初期挡灰坝						干灰调湿碾压坝体						坝基排渗设施
	坝高（m）	上游坡	下游坡	坝顶宽（m）	筑坝材料	下游坡脚	永久坝坡	最大堆筑高度（m）	马道间隔高差（m）	马道宽度（m）	碾压参数	永久坝坡护面	
内江高坝	1.5	1∶1.5	1∶1.5	1.5	堆石	排水沟	1∶3	33	10～12	5		干砌块石	粗渣排水垫层
蚌埠	5.5	1∶2	1∶2	4.0	堆石	排水沟	1∶4	33	6	4	层厚 30cm，12t 振动碾，碾压 4～6 遍	干砌块石	粗渣排水垫层
阚山	6.0	1∶2	1∶1.5	5.0	堆石	集水沟	1∶4	38	5～6	5～8		干砌块石	粗渣排水垫层
南票	8.0	1∶1.25	1∶1.5	3.5	石渣	排水沟	1∶4.25	55	10	2		干砌块石	粗渣排水垫层
攀钢	27	1∶1.6	1∶1.7	3.5	堆石	排水沟	1∶4	70	10	6		干砌块石	粗渣排水垫层
蒲城	18	1∶2	1∶2.5		堆石	排水沟	1∶2.5～1∶4	84	10			干砌块石	排水竖井和排水管

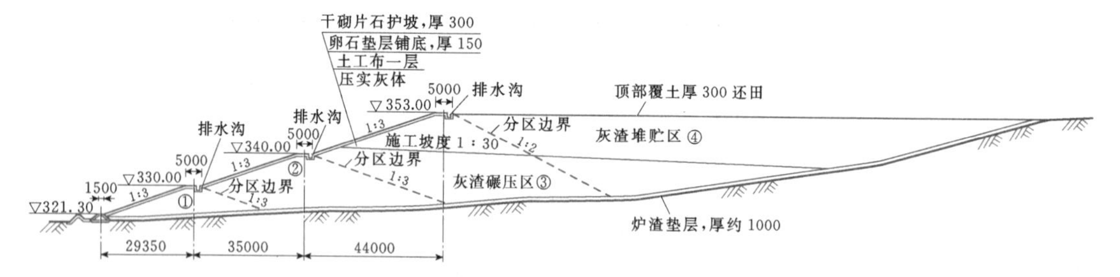

图 6.9-13　内江高坝电厂肖家湾干灰场灰坝断面图（高程单位：m；尺寸单位：mm）
①～④填筑分区顺序

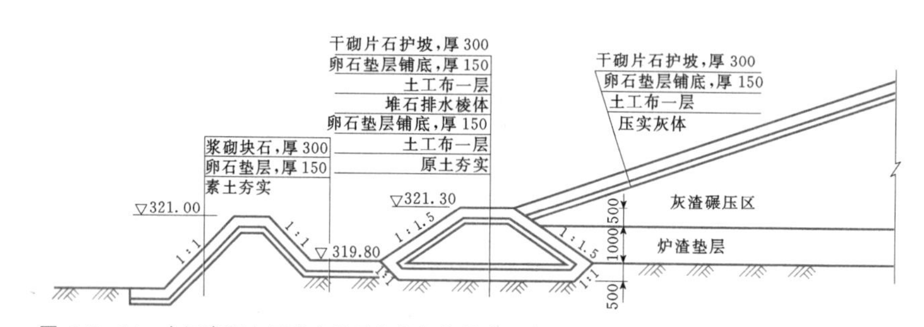

图 6.9-14　内江高坝电厂肖家湾干灰场初期挡灰坝断面图（高程单位：m；尺寸单位：mm）

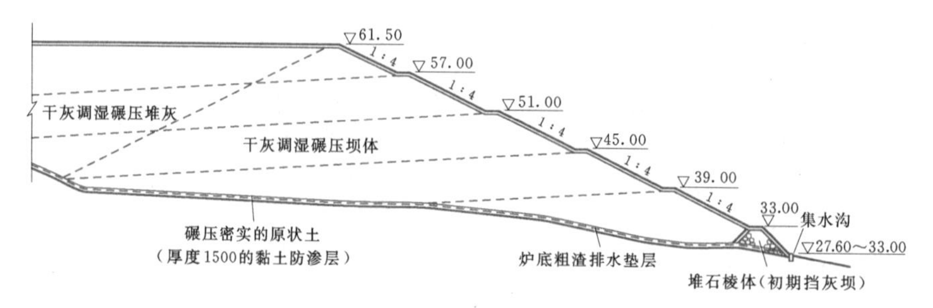

图 6.9-15　蚌埠电厂干灰场灰坝断面图（高程单位：m；尺寸单位：mm）

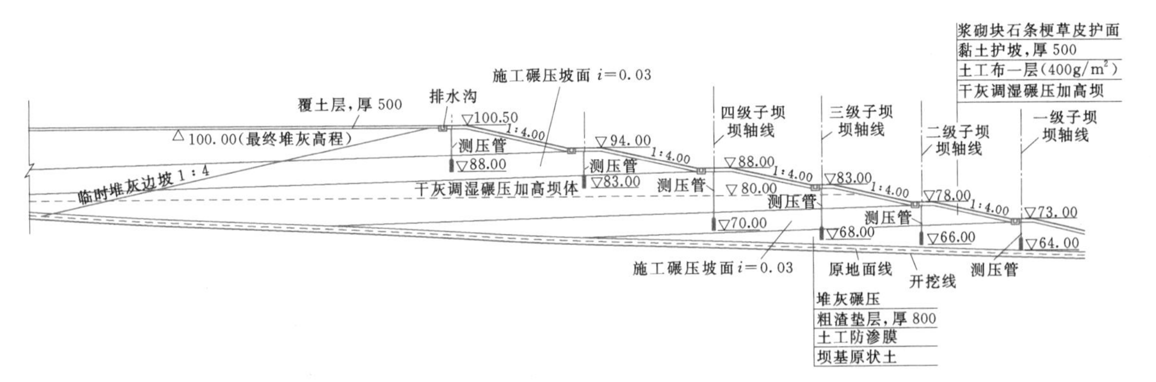

图 6.9-16　徐州阚山电厂芦山北干灰场灰坝断面图（高程单位：m；尺寸单位：mm）

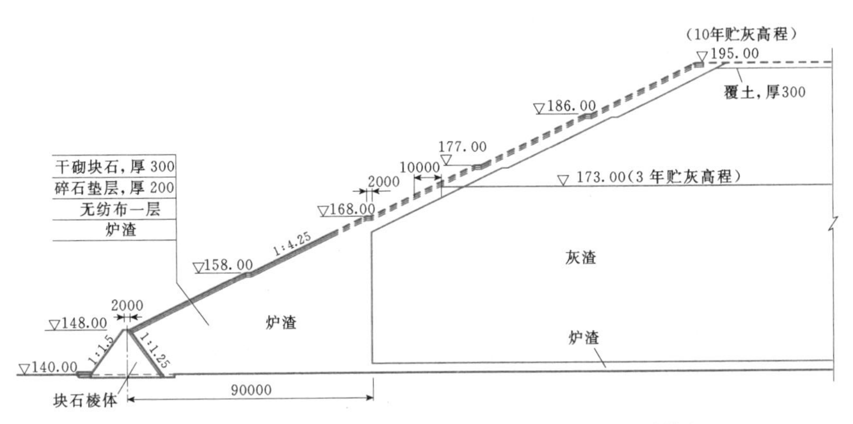

图 6.9-17　南票电厂干灰场灰坝断面图（高程单位：m；尺寸单位：mm）

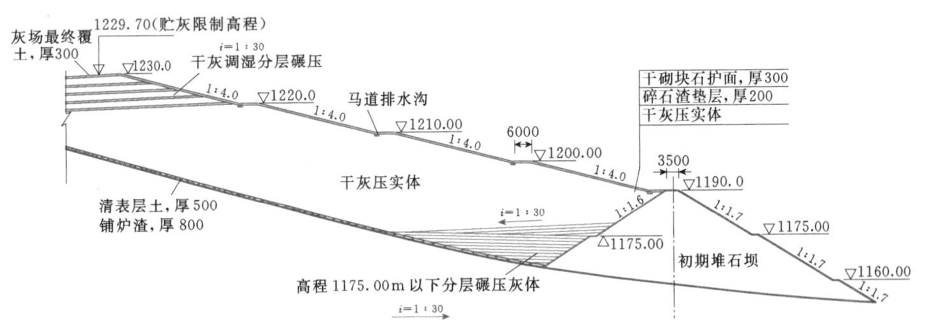

图 6.9-18　攀钢电厂麻地湾灰场灰坝断面图（高程单位：m；尺寸单位：mm）

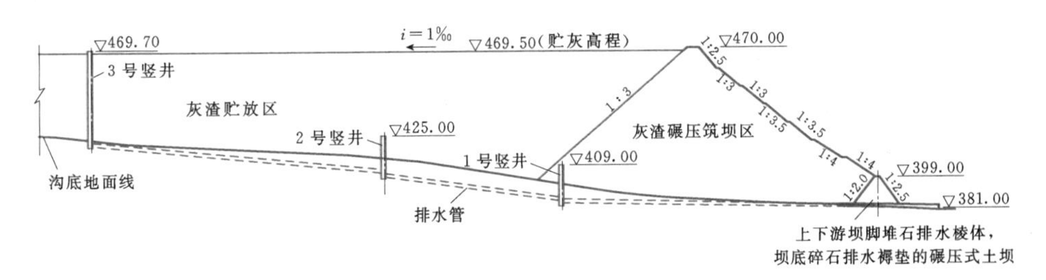

图 6.9-19　蒲城电厂山谷干灰场及其排水系统断面图（单位：m）

为了避免灰场内积水，有效排除逐层碾压灰体中的渗水，初期灰坝宜设计成透水坝。若采用土坝时，可在坝体设排渗设施，详见6.11节排渗结构设计。应收集排出的渗水，将其排入灰水回收系统，不得随意排放，污染环境。

6.9.2.4 压实灰渣坝体

1. 下游永久坝坡

灰坝下游永久坝坡一般为1∶3～1∶4，每隔10～15m坝高设有一级马道，马道宽度不宜小于2.0m，下游坝坡最终由稳定计算确定。

下游永久坝坡应有护坡。根据就地取材、经济适用的原则，护坡型式可采用干（浆）砌块石、覆土种植草皮、混凝土板护面、混凝土（砌石）框格填土植草、土工格栅填土植草等。护面结构应随着坝体分层压实升高同步依次砌筑。

永久坝坡坡面应布置竖向及纵向排水沟，竖向排水沟沿坝长每隔30～50m设置一条，纵向排水沟宜设置在马道内侧。坝坡与山坡连接处也应设置排水沟。排水沟采用浆砌石或混凝土构筑。

2. 干灰压实要求和碾压试验

（1）干灰压实要求。一般而言，地震设防烈度7度及以下地区干灰调湿分层碾压标准是：压实系数不小于0.95，内摩擦角不低于25°，干密度一般不小于1.0g/cm³，地震设防烈度7度以上地震区适当提高压实标准。

为保证压实灰渣的干密度满足设计要求，需进行碾压试验确定调湿灰的最优含水率、铺灰厚度、碾压遍数、碾压机具等施工参数。

干灰室内击实试验结果见图6.9-20，可以看出：压实干密度对压实时含水率不敏感，较宽范围含水率的调湿灰压实效果相差不大，因此干灰调湿压实含水率的控制较为方便。确定干灰碾压施工控制含水率还应考虑其他因素，例如干灰调湿搅拌机、运灰车和振动碾的粘灰，碾压时出现“弹簧土”和局部液化等来确定。

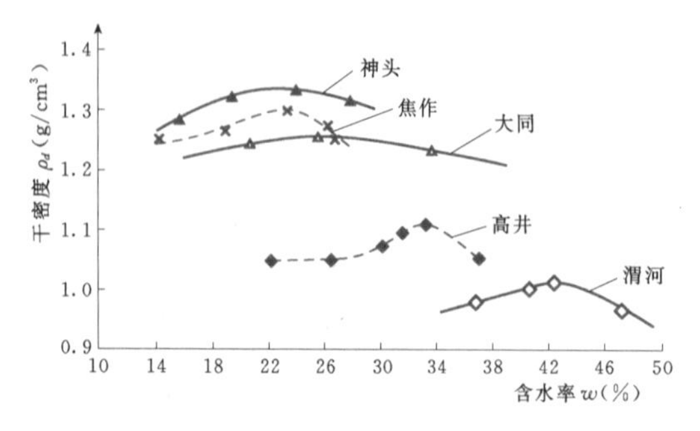

图6.9-20 干灰击实试验结果

（2）碾压试验项目。碾压试验前需测定干灰的颗粒组成、化学成分及其物理力学性质，通过干灰室内击实试验测定最大干密度、最优含水率和已压实灰渣的物理力学性质。

干灰调湿碾压试验成果应包括：①灰渣的压缩特性：碾压灰渣干密度与含水率的关系，碾压灰渣干密度与碾压遍数的关系，碾压灰渣干密度与铺层厚度的关系；②灰渣的工程特性：碾压灰渣干密度与抗剪强度的关系，碾压灰渣干密度与压缩性的关系，碾压灰渣干密度与渗透性的关系。

高井、渭河和嵩屿电厂都进行了干灰碾压试验，试验研究了调湿后的含水率、铺层厚度、碾压遍数、碾压机械和碾压方式对压实效果（压实干密度等）的影响。试验得出干灰压实的一般规律如下：

1）压实干密度对压缩含水率不敏感，较宽范围含水率的调湿干灰的压实效果都较好。

2）铺层厚度越薄，压实干密度越大。但是铺层厚度较大时，增加碾压遍数或增大碾压机械功率（激振力），仍能提高压实干密度。

3）增加碾压遍数、增大碾压机械功率、采用振动碾压等都可提高压实干密度。因此要通过现场碾压试验来确定最优的压实含水率、铺灰厚度、碾压遍数、碾压机具和碾压方式。

3. 灰渣坝体的填筑方式

山谷干灰场堆灰作业顺序应视山沟的地形条件、周围环境、洪水情况及灰场与电厂的地理位置和道路交通等因素来确定，一般可分为自下而上或自上而下两种填筑方式，两者各有利弊。

（1）自下而上的填筑方式。灰渣坝体从初期挡灰坝开始向上游方向分区分层堆筑，见图6.9-21。灰渣坝体的分层堆筑与场内贮灰同步分层填筑见图6.9-21①～⑦，灰渣坝体下游部位和永久坝坡略超前。灰渣表面保持向上游一定的坡度，坡向排水竖井，以利排水。灰面坡度以降雨时不引起灰面冲刷和积水为原则确定，一般为1∶10～1∶30，南方多雨地区一般为1∶20～1∶30。自下而上的填筑方式具有下列优点：便于随堆灰随覆土，及时造地还田；灰面暴露时间短，飞灰污染小。

（2）自上而下的填筑方式。灰渣坝体从上游开始向初期挡灰坝方向逐层堆筑。自上而下的填筑方式是：干灰场首先建造初期挡灰坝和排水竖井等排渗设施，灰渣从上游向下游分区填筑，每区自底部逐层加高填筑，见图6.9-22①～⑤。每区堆灰灰面坡度1∶10～1∶30，利于排水，避免雨水冲刷和积水，各区堆灰顶面最终形成向上游的缓坡，一般为0.1%，

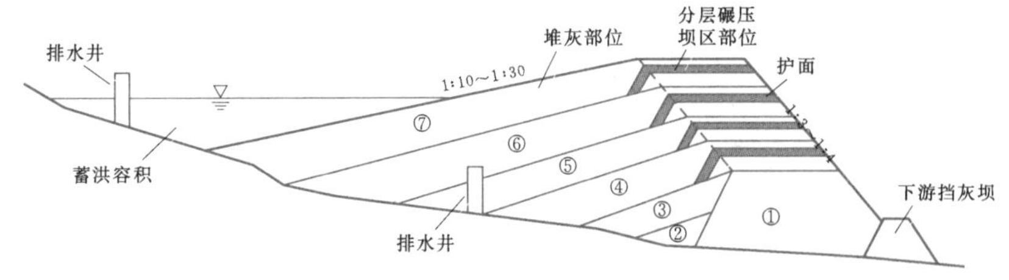

图 6.9-21 干灰场自下而上堆灰填筑方式示意图

①～⑦—堆灰顺序

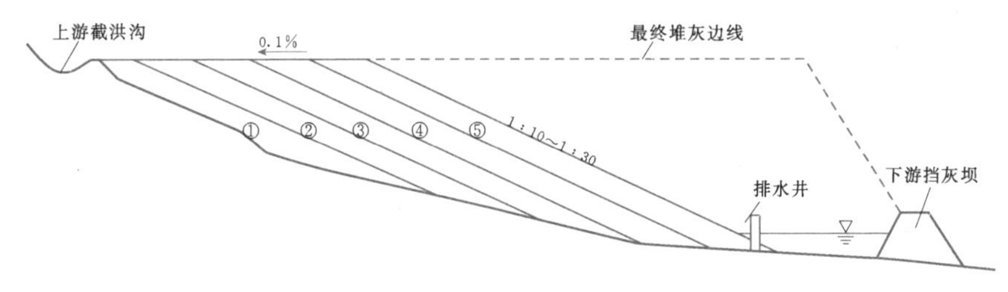

图 6.9-22 自上而下堆灰方式示意图

①～⑤—堆灰顺序

覆土造地，防止飞灰污染。堆灰填筑作业顺序比较简单，施工人员便于操作掌握。

4. 区块堆灰方式

干贮灰的最大难题是防止扬灰污染，为减少扬灰，必须尽量减少干灰暴露面积和暴露时间，因此堆灰方式的设计原则为分格分区堆放，当区块灰面达到设计贮灰高程时，及时覆土造地。区块内堆灰方式可采用进占法或后退法。

(1) 分层平起进占法。自卸汽车卸下灰渣，推土机整平，在整平的灰渣上面用振动碾碾压，分层堆放、分层碾压，直至达到设计贮灰高程，该法的特点是分层厚度较小，碾压干密度较大，但灰面外露多，碾压机械运行费较高。干灰调湿碾压坝体部位宜采用此法。

进占法堆灰方式见图 6.9-23。

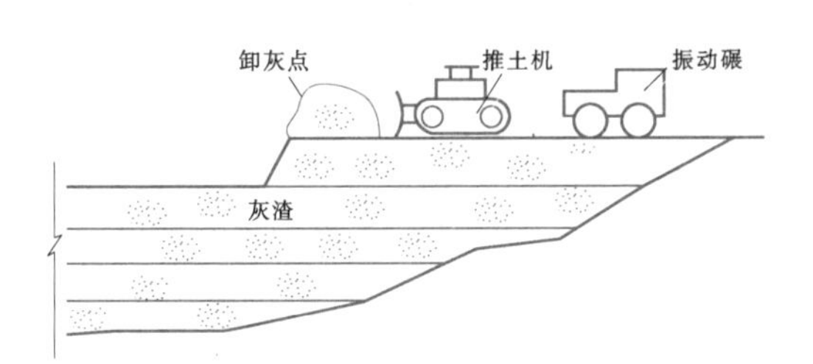

图 6.9-23 分层平起进占法示意图

(2) 分层平起后退法。自卸汽车用进占法先在已碾压的灰面上铺一层炉底渣，碾压成临时路面，之后在其上用后退法卸灰，推土机整平灰渣，振动碾碾压，分层平起，汽车始终在炉底渣层面上行走，可避免车辆轮胎对压实灰面的扰动，有效防止扬灰污染。

后退法堆灰方式见图 6.9-24。

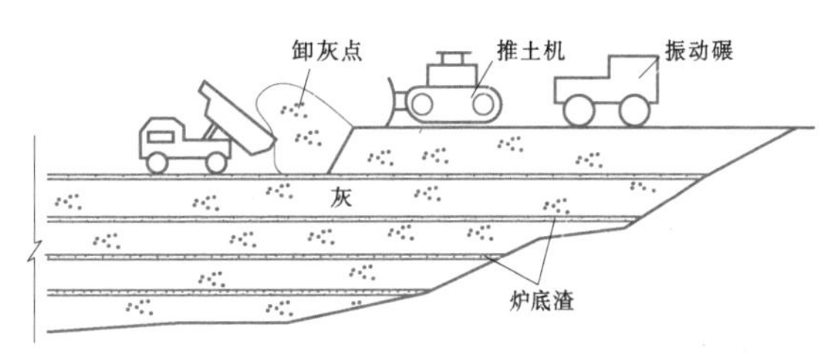

图 6.9-24 分层平起后退法示意图

6.9.3 滩涂灰场灰堤

6.9.3.1 滩涂灰场灰堤设计特点

(1) 滩涂灰场灰堤应按不透水堤设计，以防止灰水外渗污染江、河、湖、海。

(2) 灰堤设计标准除满足贮灰要求外，还需要满足挡潮防浪要求。堤顶高程的确定除根据设计贮灰顶面高程外，还要根据堤防的级别，依据设计潮位和设计波浪爬高来确定，取两者的较大值。

(3) 滩涂灰场灰堤大都在水中进行填筑施工，灰堤施工直接受到潮水或洪水影响，堤型设计应考虑其施工特点与之适应。

(4) 在沿海滩涂灰场灰堤临水坡波浪爬高较大时，在灰堤堤顶宜设置防浪胸墙，可以有效降低堤顶高程，防浪胸墙高度一般控制在 1.5m 以内。

(5) 灰堤外坡应设置可靠的防浪设施，堤脚设置防冲刷设施，若按越浪标准设计时，堤顶和内坡防护设计要考虑到越浪的冲刷。

(6) 根据筑堤材料的性质和来源，地基条件和地基处理的方法以及波浪、潮流和水深条件，合理确定堤型。

(7) 位于江河滩涂上的土堤，抗滑稳定计算工况除了满足6.2节灰坝设计标准和设计原则、6.7节灰坝稳定计算的要求外，对于临水侧边坡，还需要按堤防要求计算洪水期水位骤降时的灰堤抗滑稳定性。

(8) 位于江河滩涂上的灰堤，需要计算外侧处于洪水期高水位，内侧处于堆灰运行初期较低水位时的渗流稳定性。

6.9.3.2 堤顶高程

1. 灰堤设计标准

滩涂灰场围堤设计标准除按6.2节灰坝设计标准的要求确定外，尚应与当地堤防工程协调一致，符合GB 50286—2013，灰堤级别与当地堤防工程级别相同，参见表6.9-9。

表6.9-9 堤防工程级别

设计重现期(年)	≥100	50～100	30～50	20～30	10～20
堤防工程级别	1	2	3	4	5

2. 堤顶高程

(1) 滩涂湿灰场灰堤堤顶高程。堤顶高程应按贮灰要求和堤防要求分别计算，取两者中较大值。

1) 按贮灰要求。堤顶高程按式(6.9-3)计算，堤顶超高一般取1.0m。

2) 按堤防要求。堤顶高程按式(6.9-4)计算：

$$E = H_{WL} + R + \Delta \qquad (6.9-4)$$

式中 E——堤顶高程，m；

H_{WL}——设计高水位(潮位)，m；

R——设计高水位时波浪爬高，m；

Δ——设计堤顶安全加高值，m，按表6.9-10选取。

若无特殊防护要求，波浪爬高计算时设计波高重现期为50年，波列累积频率取13%。当地堤防工程另有要求时，按当地堤防要求选取。

对于断面复杂的复式灰堤，波浪爬高需要通过模型试验确定。

表6.9-10 堤防工程的安全加高值

堤防工程的级别		1	2	3	4	5
安全加高值(m)	不允许越浪的堤防工程	1.0	0.8	0.7	0.6	0.5
	允许越浪的堤防工程	0.5	0.4	0.4	0.3	0.3

3) 堤坝高程确定。滩涂湿灰场灰堤一般不考虑后期加高，堤顶高程首先要满足堤防要求，然后配合灰堤轴线的优化布置，在灰场总容积满足贮灰要求的前提下，优化灰堤圈围面积、灰堤长度和高度，通过技术经济比较确定。

一般情况下灰堤堤顶高程应与邻近堤防工程高程协调一致。

(2) 滩涂干灰场灰堤堤顶高程。堤顶高程按堤防要求确定，堤顶高程按式(6.9-4)计算。

干灰场贮灰高程一般以不高于灰堤堤顶为首要原则，当灰堤稳定性满足要求，而且灰堤的地形地质条件及周围环境条件允许时，堆灰高程可超出堤顶，但必须与周围环境相协调。最大堆灰高度可参考平原灰场设计。

灰堤堤顶高程以上由灰渣碾压形成永久边坡，坡度可采用1∶3～1∶4，坡面压实后可采用干砌块石、混凝土板、覆土植草等形式护坡。干灰碾压要求及碾压方法可参考山谷干灰场设计。

6.9.3.3 滩涂灰场灰堤设计

1. 堤型选择

(1) 反压平台型。地基稳定是确定软土地基上灰堤堤型的关键因素。承载力较低的软土地基上堤坝都采用反压平台型堤坝，在堤坝两侧加上一定宽度和高度的反压平台(或称镇压层)，以改善堤坝地基的应力状态，使地基不产生塑性破坏，确保堤坝及地基的稳定安全性。如图6.9-25～图6.9-28所示的堤型。

反压平台有单级、二级和多级几种形式。小型堤坝一般采用单级形式，有时也采用二级。反压平台本身必须处于稳定状态，因此单级反压平台的高度不能

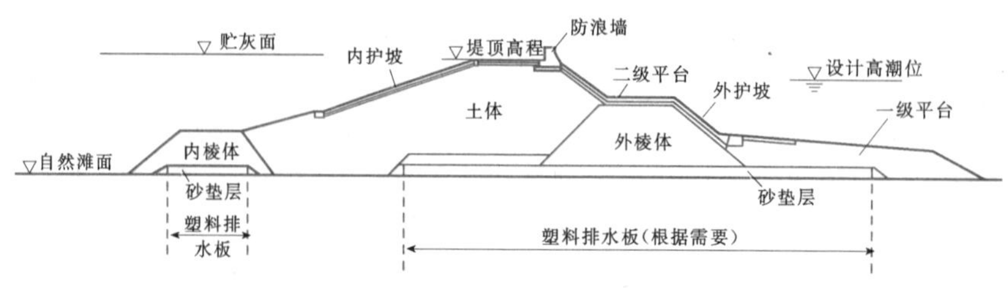

图6.9-25 软土地基上的斜坡堤之一

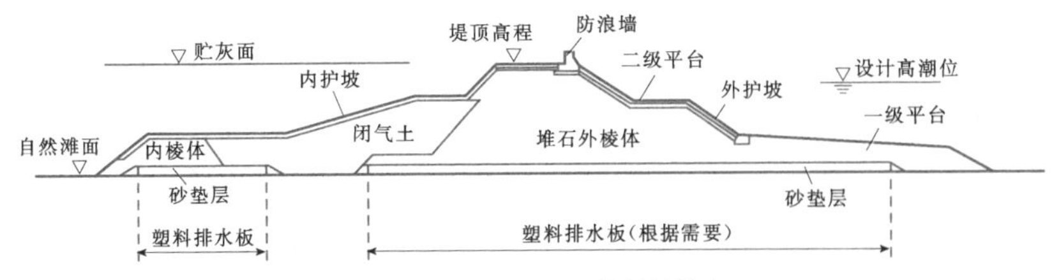

图 6.9-26 软土地基上的斜坡堤之二

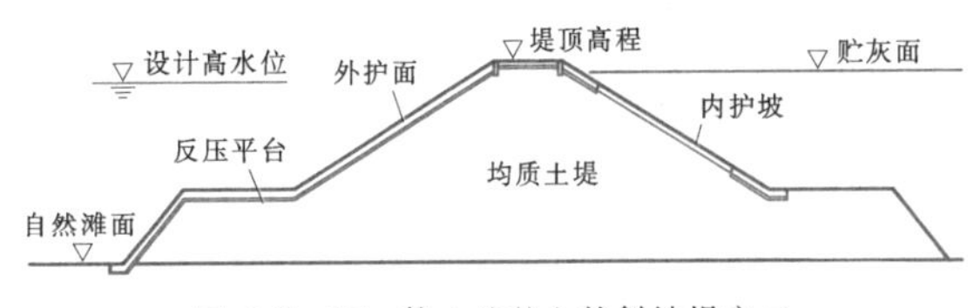

图 6.9-27 软土地基上的斜坡堤之三

超过天然地基填土的极限高度。反压平台的设计就是合理地选择其断面尺寸，采用瑞典圆弧法或简化毕肖普法对整体进行稳定分析。

反压平台的作用为：①反压地基有利于地基的稳定；②使部分波浪变形和破碎，有利于降低波浪的爬高；③作为堤脚防冲刷护底。

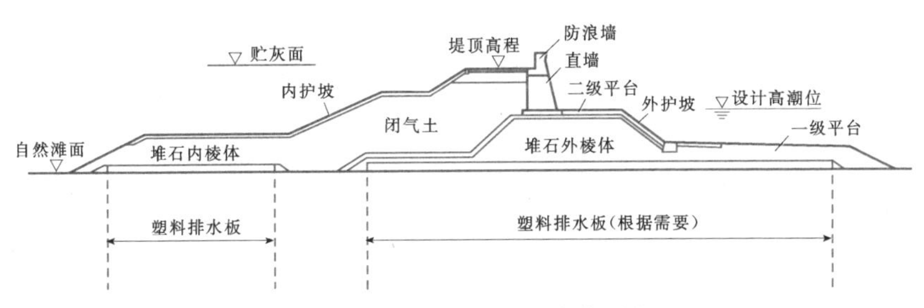

图 6.9-28 软土地基上的半直立堤

二级反压平台一般设在设计高潮位附近，可以有效减小波浪爬高。

图 6.9-25 和图 6.9-26 为土石混合堤型，多用于受波浪和潮汐影响的沿海和河口滩涂灰场，外侧棱体可掩护后方填筑土料，土料作为堤身的一部分兼作防渗体。两种堤型的主要区别在于外棱体和堤身的构造，图 6.9-26 的堤型适用于石料丰富而土料相对缺乏的地区，图 6.9-25 的堤型则与之相反，适用于石料较匮乏的地区。外棱体可以根据当地的土石料情况，采用块石或编织袋水力冲填砂土填筑。

图 6.9-27 为均质土堤，多用于江河非汛期露滩的滩涂灰场，堤身填筑施工不受江河水流影响，具备干施工条件。筑堤土料就近取材，分层碾压填筑。

图 6.9-28 所示的堤型则适用于波浪较大、堤身较高的情况，采用半直立堤，可以有效减小堤身荷载，有利于地基稳定，同时直墙也有利于减小波浪爬高，降低堤顶高程。

受波浪影响的地区，为了降低堤顶高程，堤顶一般均设防浪胸墙。为便于将上爬的波浪反挑回大海，胸墙迎浪面多做成弧形或设挑浪鹰嘴，胸墙超出堤顶的高度不宜大于 1.5m。在波浪作用强烈的地区，为了降低堤身高度，也有高度大于 1.5m 胸墙的工程实例。

(2) 无反压平台型。当地基承载力较高或软土地基已采用置换法（如清淤换填或填石挤淤）等处理时，地基易满足堤身稳定安全要求，堤身两侧不必设反压平台，堤底宽相对较小。如图 6.9-29～图 6.9-31 所示的堤型。

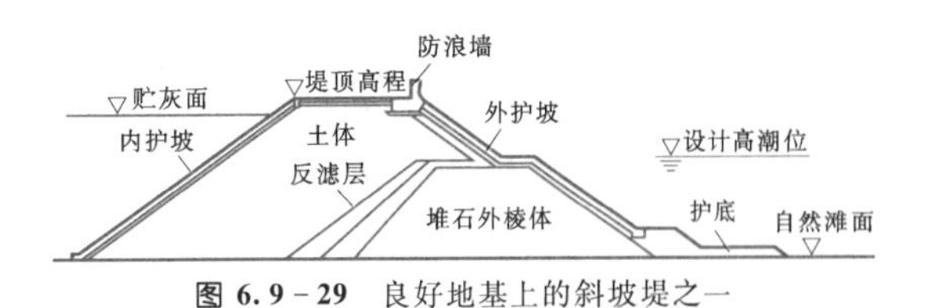

图 6.9-29 良好地基上的斜坡堤之一

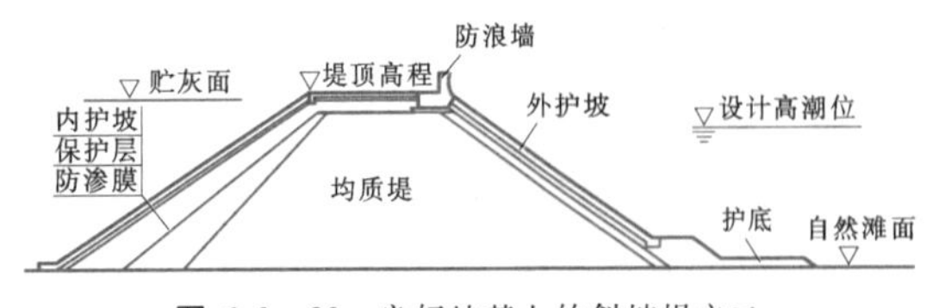

图 6.9-30 良好地基上的斜坡堤之二

图 6.9-29 所示堤型为土石混合堤，多用于受波浪和潮汐影响的沿海和河口滩涂灰场，土方的填筑必须有外侧棱体的掩护。外棱体的填筑根据当地土石料情况，可以采用堆石或编织袋水力冲填砂土填筑。堆石棱体边坡一般不陡于 1∶1.5，而用袋装水力冲填

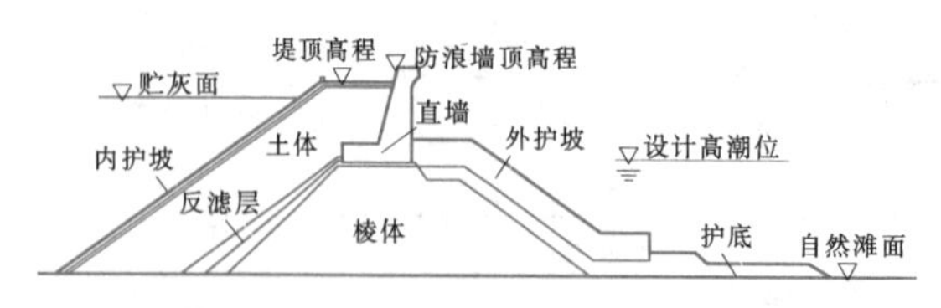

图 6.9-31 良好地基上的半直立式堤

砂土构筑棱体时，要满足棱体自身稳定和堤身稳定的要求，边坡一般不陡于1：2。

图6.9-30所示堤型为均质堤，在受波浪和潮汐影响的沿海和河口滩涂灰场，必须采用堆石料（或石渣）或编织袋水力冲填砂土填筑，由于堤身渗透性较大，需要铺设防渗膜。在江河滩涂灰场，若在非汛期能保证干施工，可以采用碾压式均质土堤。

在波浪爬高较大，堤身高度较大的情况下，采用图6.9-31所示的半直立堤较为经济合理，直墙可采用如图示的L形，或反L形、梯形等。根据波浪作用的强弱情况，直墙可采用混凝土浆砌石或混凝土结构。棱体后方土体闭气防渗，若闭气土体防渗性能不能满足要求，可在内坡铺设防渗膜。

2. 堤身设计

(1) 堤顶宽度。湿灰场灰堤堤顶宽度要满足施工、运行及后期堤防管理要求，施工阶段要考虑机械化施工的基本宽度要求，运行阶段要考虑堤顶敷设灰管并兼作检修道路的要求，干灰场灰堤要考虑堤顶通行运灰车辆要求。

灰堤堤顶最小宽度宜不小于4m，一级堤防宜不小于8m，二级堤防宜不小于6m。

(2) 消浪平台。受风浪作用灰堤的临水侧宜设置消浪平台，平台宽度宜为波高的1～2倍，且不小于3m，平台高程设置在设计高潮位附近。消浪平台应采用浆砌大块石、竖砌条石和现浇混凝土等进行防护。

(3) 堤坡。堤坡根据堤防等级、堤身结构、地基、堤身高度、波浪、筑堤材料、施工及运行条件，经稳定计算确定。

一级、二级土堤的堤坡不宜陡于1：3。

临水侧堤坡按坡面防护型式参照表6.9-11结合工程经验选用。

一般土堤的背水坡，黏性土堤不陡于1：2，砂性土堤不陡于1：2.5，当背水坡护面采用干砌块石、浆砌块石、混凝土预制板（块）等圬工结构时，其坡度可参照临水侧边坡选取，但可适当较陡。

6.9.3.4 堤身填筑要求

(1) 黏性土堤堤身填筑标准按压实度控制。压实度可按下列规定：

表 6.9-11 滩涂灰堤临水侧边坡和护面型式

护面型式	参考边坡
抛填或安放块石	1：1.5～1：3
干砌块石	1：1.5～1：3
干砌条石	1：0.8～1：2
混凝土浆砌块石、混凝土护坡	1：2～1：2.5
安放人工块体	1：1.25～1：2
抛填方块	1：1～1：1.25

1) 一级堤不小于0.94。

2) 二级堤和堤身高度超过6m的3级堤不小于0.92。

3) 三级以下堤及堤身高度低于6m的3级堤不小于0.90。

(2) 无黏性土堤的填筑标准按相对密度控制，一级、二级堤和堤身高度超过6m的三级堤不小于0.65；三级以下堤及堤身高度低于6m的三级堤不小于0.60。有抗震要求的须适当提高。

(3) 水中筑堤或软土地基上的土堤，设计填筑密度可根据采用的施工方法、土料性质等条件，结合当地已有的工程经验确定。

6.9.3.5 滩涂灰场灰堤工程实例

1. 嘉兴电厂灰堤

嘉兴电厂灰场为水力除灰湿式贮灰场，灰堤临杭州湾海域，位于潮间带滩涂，涨潮时淹没筑堤滩面，退潮时露滩。地基为淤泥质粉质黏土、淤泥质粉质黏土与粉土互层。灰堤设计标准为100年一遇潮位加50年一遇风浪，设计波浪要素：$H_{1\%}=4.24$m、$H_{4\%}=3.72$m、$H_{13\%}=3.15$m、$\overline{H}=2.14$m、$T=6.0$s、$L=47.1$m。

灰堤采用反压平台型土石混合堤，见图6.9-32。外侧设带反压平台的堆石棱体，棱体顶高程在设计高潮位附近。内侧坡脚也设一个堆石棱体，内外棱体之间堤身采用取自灰场内的粉质黏土填筑，内侧也设反压平台。堤身土料和堆石外棱体之间铺防渗复合土工膜（400g/m^2）防渗。

外侧防浪护面：坡面安装一层单个重1.4t的四角空心钢筋混凝土方块，堆石棱体平台面采用栅栏板，反压平台面采用700mm厚竖砌条石，堤脚安放两层的单个重1.0t的扭工字钢筋混凝土块，平台肩部及脚部设现浇混凝土护肩和镇脚，以稳固护面块体。

堤顶：堤顶宽度5m，临海侧设1.2m高的防浪胸墙，堤顶设2%排水坡，坡向灰场内，沥青盖面。

堤身堆筑要求：堆石棱体控制孔隙率不大于30%，

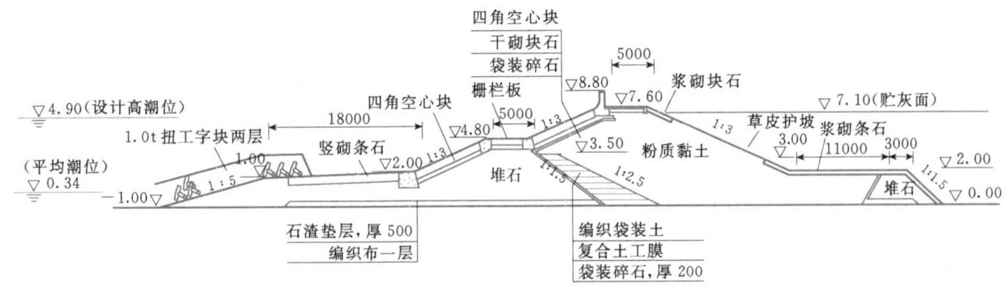

图 6.9-32 嘉兴电厂灰堤典型断面图（高程单位：m；尺寸单位：mm）

土堤要求分层压实，设计干密度 1.60g/cm³。

地基处理：铺一层高强编织布（60kN/m），堆石棱体下铺一层 500mm 厚石渣垫层，控制堤身填筑速度，通过观测沉降和边桩位移，指导施工。

2. 外高桥电厂渣堤

外高桥电厂渣场为水力除渣湿式贮渣场，位于长江口海堤外侧的滩涂上，一面利用防汛海堤，三面新建灰堤围合。涨潮时淹没渣堤所在滩面，退潮时露滩。地基为淤泥质砂质粉土、粉砂及淤泥质粉质黏土。渣堤设计标准 100 年一遇潮位+12 级台风浪，设计波浪要素：$H_{1\%}=2.90$m、$H_{4\%}=2.55$m、$H_{13\%}=2.14$m、$\overline{H}=1.44$m、$T=5.31$s、$L=34.5$m。

渣堤采用反压平台型土堤，见图 6.9-33。贮渣场渣堤采用水力冲填法的粉砂土筑堤身，用高浓度泥浆冲填聚丙烯扁丝编织布袋构筑外侧大棱体和内侧小棱体，外棱体顶高程设在设计高潮位附近，棱体之间

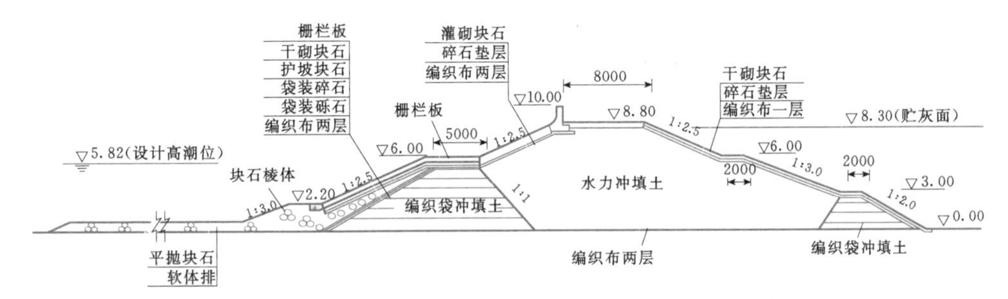

图 6.9-33 外高桥电厂渣堤典型断面图（高程单位：m；尺寸单位：mm）

堤身采用水力冲填填筑粉砂土。

外侧防浪护面：外棱体的外坡面及平台面采用 400mm 厚钢筋混凝土栅栏板，外棱体以上坡面采用 700mm 厚混凝土灌砌块石护面，外侧坡脚抛填块石棱体防护。

堤前护滩：堤前护滩软排 25m 宽，先沉放双层编织布软体排，再平抛 1.1m 厚压排块石。

堤顶及内坡：堤顶宽度 8m，临海侧设 1.2m 高的防浪胸墙，堤顶设 2%排水坡，坡向灰场内。堤顶及内坡面均采用 300mm 厚干砌块石护面。

袋装棱体：冲填袋用聚丙烯扁丝编织布缝制，编织布丝宽 2.0mm，经线数×纬线数=14×16、幅宽 4m 以上，强度大于 800N/5cm，等效孔径 $O_{90}<0.25$mm。冲填时布袋横向放置，棱体宽度方向一层只允许放一只袋，袋内水力冲填土脱水固结后每层厚度约 0.4m。

堤身冲填效果：试验堤现场试验结果表明，采用渣场内土层（2b）粉砂夹薄层黏性土制成高浓度泥浆充袋，1d 后可基本板结；采用渣场内土层（2a）淤泥质砂质粉土制成高浓度泥浆充袋，6～7d 后可基本板结。袋内土体经上层袋体加压后，含水率下降到 26%～27%，干密度增加到 1.57～1.58g/cm³。堤身水力冲填土在冲填两周后，含水率下降到 29.9%，干密度达到 1.53g/cm³，力学性质普遍比渣场地基原状土有较大提高。

地基处理：铺两层聚丙烯编织布（280g/m²），控制堤身填筑速度，通过观测沉降和边桩位移，指导施工。堤身施工沉降控制标准 10mm/d，水平位移控制标准 3mm/d。

3. 扬州第二发电厂灰堤

扬州第二发电厂采用水力除灰湿灰场，位于长江下游镇扬河段长江大堤外侧的河滩上，滩面位置较高，在枯水期露滩，波浪作用小，地基为淤泥质粉质黏土夹粉细砂、细砂，灰堤设计标准为 50 年一遇洪水。

灰堤采用反压平台型土堤，见图 6.9-34。利用

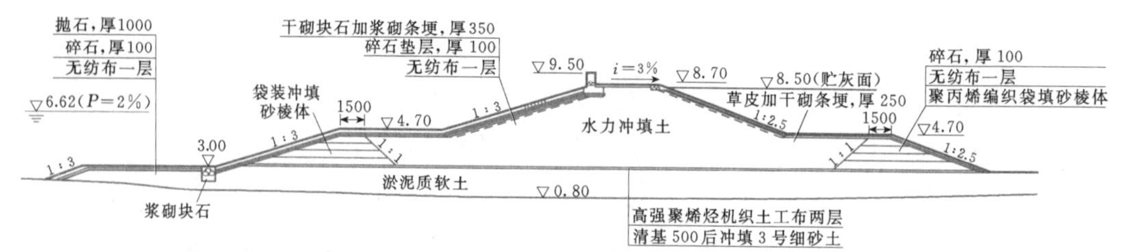

图 6.9-34　扬州第二发电厂灰堤典型断面图（高程单位：m；尺寸单位：mm）

灰场内部的粉细砂土采用水力冲填法筑堤，堤基有一层淤泥质软土。为确保地基稳定，内外坡均设置了反压平台，内外平台坡脚用聚丙烯扁丝编织布袋冲填高浓度泥浆构筑小棱体。

外侧护面：外坡护面厚350mm，采用浆砌块石条埂格框内干砌块石，坡脚抛块石防护，厚1000mm。

堤顶及内坡：堤顶宽度4m，由于波浪作用小，临江侧设0.8m高的浆砌块石胸墙，堤顶设3%排水坡，坡向灰场内。堤顶护面采用100mm厚泥结石，内坡护面采用干砌块石条埂格框内植草皮。

冲填土填筑要求：现场冲填试验结果表明采用灰场中3号细砂土料冲填固结速度较快，24h后含水率达到25%，干密度达到1.60g/cm³以上，脱水固结3d以后，干密度能达到1.65g/cm³。冲填袋用聚丙烯扁丝编织布缝制，编织布丝宽2.0mm，经线数×纬线数=13×14、幅宽4m以上，强度大于850N/5cm，等效孔径O_{90}<0.225mm，渗透系数5.7×10^{-3}cm/s。堤心冲填土分层施工，每层厚度控制在50cm以内，流程长度控制在20m以内。流程长度大的堤底部位增加人工扰动排水，每层冲填后保持一定时间的脱水固结期，当细砂土冲填料干密度大于1.60g/cm³时，方可进行上一层的冲填。

地基处理：堤底铺两层高强编织布（40kN/m），控制堤身填筑速度，通过观测沉降和边桩位移，指导施工。堤身施工沉降控制标准10mm/d，水平位移控制标准3mm/d。

运行要求：巡视灰水回收系统工作情况，及时排除灰场内灰水和雨水，在运行后期阶段，应保持干滩长度不小于60m。

4. 宁海电厂灰堤

宁海电厂灰场为干式贮灰场，位于厂区东南侧海涂。灰堤设计标准按20年一遇潮位+20年一遇波浪设计，100年一遇潮位+20年一遇波浪校核。设计波要素：$H_{1\%}=1.70$m、$H_{5\%}=1.4$m、$H_{13\%}=1.18$m、$T=4.0$s、$L=22.3$m。

灰堤采用无反压平台的土石混合堤，见图6.9-35。

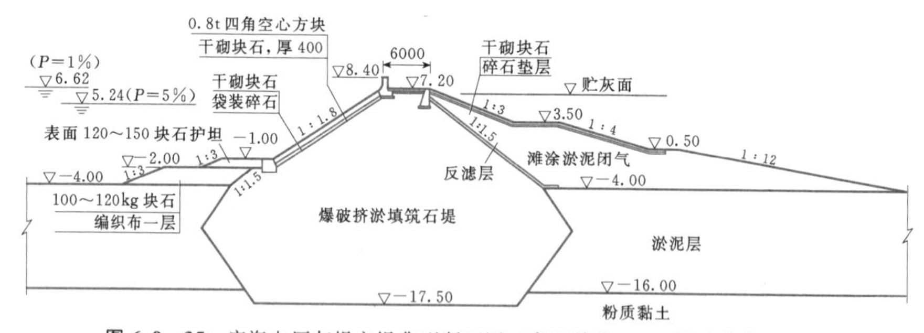

图 6.9-35　宁海电厂灰堤主堤典型断面图（高程单位：m；尺寸单位：mm）

现场石料丰富但缺乏优质土料，堤身采用堆石填筑，堤基淤泥采用爆破挤淤填石置换，滩涂淤泥闭气防渗。

外侧防浪护面：坡面采用单个重0.8t四角空心钢筋混凝土方块，堤脚抛填块石，表面抛填单个重120～150kg大块石护坦。

堤顶及内坡：堤顶宽度6m，临海侧设1.2m高的防浪胸墙，堤顶设2%排水坡，坡向灰场，200mm厚混凝土盖面。内坡干砌块石护面。

堤身堆筑要求：堆石体采用爆破开采的块石，含泥量不得大于10%，闭气土采用灰场内淤泥填筑，薄层铺填。

6.9.4　平原灰场灰堤

6.9.4.1　平原湿灰场灰堤

1. 堤顶高程

堤顶高程按式（6.9-3）计算，堤顶超高一般取1.0m。

平原灰场初期灰堤应考虑贮灰年限、地形条件、地质条件、占地面积、后期子坝加高、施工条件、环境影响等因素，以圈围面积与堤高为优化对象进行技术经济比较确定。当考虑分期筑堤坝时，初期堤坝所形成的灰场有效容积应能容纳电厂实际贮放3～5年的灰渣量。不考虑后期加高时，围堤所形成的灰场有效容积应能容纳电厂实际贮放10年的灰渣量。

2. 堤身设计

平原灰场围堤宜按不透水堤设计。堤身堆筑材料不能满足防渗要求时，须在堤身设置人工防渗材料，例如沿坡面铺设防渗复合土工膜。围堤若按透水堤设计，必须在堤脚设置可靠的渗水收集系统，收集灰场渗出的灰水，避免灰水污染环境地下水或地表水。

一般来说，平原灰场围堤，堤的护面不需进行防浪设计，堤顶不需设防浪墙，除此之外，堤身设计基本可参考滩涂灰场灰堤。

子堤加高可参考山谷湿灰场灰坝设计。

平圩电厂湿灰场围堤断面如图6.9-36所示，初期堤建于1985年，为反压平台型斜坡式土堤，土堤用粉质黏土分层碾压填筑，外坡坡脚设排水棱体和排水盲沟，坡脚外侧设排水沟，收集灰水。初期堤堤顶

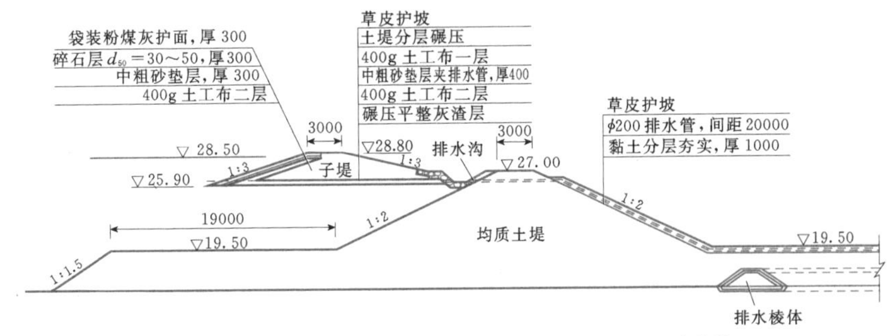

图6.9-36 平圩电厂灰场围堤断面图（高程单位：m；尺寸单位：mm）

宽度3m，高10.5m，内外坡均采用草皮护坡。

21世纪初进行了子堤加高，加高子堤高度1.8m。堤身采用灰场内6号粉质黏土，分层碾压填筑，设计干密度为1.53g/cm^3，试验表明，最优含水率为7%时，击实后土体渗透系数为1.81×10^{-7}cm/s，满足防渗要求。

子堤上游坡和子堤底部设置了排渗设施，子堤上游坡排渗体为碎石排水斜墙，堤底为中粗砂垫层夹排水软管，下游接入子堤坡脚的排水沟。子堤加高时新设排水管穿过初期堤顶，沿外坡面接入初期堤外坡脚的排水沟，最终接入灰水回收系统。

子堤直接在灰渣层面上填筑加高，干滩长度保持不小于100m，保证坝基灰渣排水固结。子堤堤基下超挖2m，然后分层碾压回填灰渣，确保碾压后灰渣承载力不小于100kPa。

6.9.4.2 平原干灰场围堤

平原干灰场一般为平原地区和平缓丘陵地带的灰场。一般来说，平原干灰场不受客水影响或客水的影响较小，因而其围堤设计一般只考虑灰场内雨水影响以及防止灰水外溢污染环境。

平原干灰场围堤顶高程应不低于该区域100年一遇洪水位，围堤高度一般不宜低于1.0m。堤顶宽度无特殊要求，满足施工要求即可，一般取3～4m。

平原干灰场堆灰高度应根据占地面积与堆灰高度的关系、地基稳定条件、地形条件和环境要求，通过技术经济比较确定，并与周围环境相协调。采用汽车运输时堆灰高度可达10～15m；采用皮带机运输时堆灰高度可达12m、24m或36m（英国Dra干灰场采用）。

围堤宜按不透水堤设计，多采用均质土堤，堤身大都采用灰场内的土料填筑。筑堤材料不能满足防渗要求时，须在堤身设置人工防渗材料，如沿坡面铺设防渗复合土工膜。围堤若按透水堤设计，必须在堤脚设置可靠的排水系统，收集灰场渗水，集中处理，避免灰场排水污染地下水或地表水。围堤堤身设计可参考滩涂灰场灰堤。

围堤顶高程以上由灰渣碾压形成永久边坡，坡度可采用1∶3～1∶4，坡面修整压实后可采用干砌块石、混凝土板、覆土植草等形式护坡。干灰碾压要求及碾压方式可参考山谷干灰场。

陈家港电厂干式贮灰场围堤典型断面见图6.9-37，围堤顶宽4m，高度1.7m，为均质土堤，堤身采用灰场内的粉质黏土分层碾压填筑，最大干密度为1.71g/cm^3，最优含水率为18.9%，设计要求填筑压实度为0.96，内外坡面种植草皮，堤顶泥结石盖面。灰场浅部地基土和堤身的防渗性能均不能满足防渗要求，因此在灰场底部及围堤内坡铺一层防渗土工膜，以满足防渗要求。

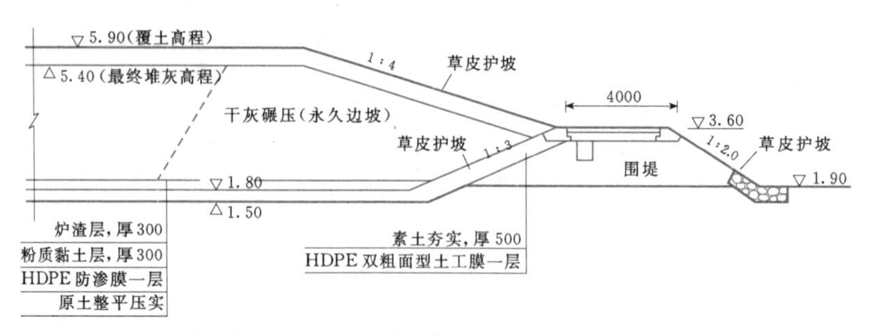

图6.9-37　陈家港电厂灰场围堤典型断面图（高程单位：m；尺寸单位：mm）

6.10　防渗结构设计

防渗结构是灰坝的重要组成部分，按防渗结构在灰坝中部位不同可以分为上游坝面、斜墙和心墙；按防渗材料可以分为土质防渗体（斜墙或心墙）、土工膜、混凝土面板、沥青混凝土面板或沥青混凝土心墙。灰坝坝基防渗结构可以分为混凝土防渗墙、塑性混凝土防渗墙、水泥灌浆帷幕和高压喷射灌浆帷幕等。灰坝防渗结构设计可以参照本书其他各章或相关专著，依据有关设计规范进行，详见表6.10-1。

至今尚没有采用混凝土面板堆石坝、沥青混凝土面板堆石坝和沥青混凝土心墙堆石坝作为灰坝的工程实例，因此本节不讲述这些防渗结构的设计。

表6.10-1　　　灰坝防渗结构设计参考依据

灰坝防渗结构		水工设计手册（第2版）	设计规范	相关专著
坝体	土质防渗体（斜墙或心墙）	第6卷（第1章）	《碾压式土石坝设计规范》(SL 274—2001) 《碾压式土石坝设计规范》(DL/T 5395—2007)	林昭,《碾压式土石坝设计》,2003 郭诚谦、陈慧远,《土石坝》,1992
	土工膜	第6卷（第4章）	《水利水电工程土工合成材料应用技术规范》(SL/T 225—98)	包承钢,《土工合成材料应用原理与工程实践》,2008
	混凝土面板	第6卷（第2章）	《混凝土面板堆石坝设计规范》(SL 225、DL/T 5016—2011)	郦能惠,《高混凝土面板堆石坝新技术》,2007
	沥青混凝土（面板或心墙）	第6卷（第3章）	《土石坝沥青混凝土面板和心墙设计规范》(DL/T 5411—2009)	
坝基	混凝土或塑性混凝土防渗墙	第6卷（第1章）	《水利水电工程混凝土防渗墙施工技术规范》(SL 174—96) 《水电水利工程混凝土防渗墙施工规范》(DL/T 5199—2004)	高钟璞,《大坝基础防渗墙》,2000
	水泥灌浆和高压喷射灌浆帷幕	第6卷（第1章）	《水电水利工程高压喷射灌浆技术规范》(DL/T 5200—2004)	白永年,《中国堤坝防渗加固新技术》,2001 李茂芳、孙钊,《大坝基础灌浆》,1984

灰坝坝体和坝基防渗结构的目的是：

（1）阻止渗流或显著降低坝体渗流压力（即降低浸润线）、提高灰坝的抗滑稳定安全性和渗流稳定安全性。

（2）阻止或显著降低渗漏量，使贮灰场满足《一般工业固体废物贮存处置场污染控制标准》（GB 18599—2001）要求。

进行灰坝坝体和坝基防渗结构设计时应首先进行筑坝材料与坝基土的渗透特性试验或现场测试，进行灰坝渗流计算，详见本章6.6节和第1章有关内容。

6.10.1　土质防渗体

1．土质防渗体尺寸

土质防渗体的尺寸首先应满足渗流控制要求，即应满足控制渗透比降、下游坝体浸润线和渗流量要求，同时要便于施工。若采用机械化施工，心墙或斜墙顶宽不小于2～3m，其最小底宽取决于防渗土料的容许水力比降，黏土防渗体底宽为(1/5～1/6)H，壤土防渗体底宽为(1/4～1/5)H，轻壤土防渗体底宽为(1/3～1/4)H，其中H为上下游水位差。只要土料充足，性价比合适，降雨天数不是太多，防渗体尺寸不宜太小，宽厚的防渗体有利于增加渗透稳定性、减少渗流量、避免或减少防渗体裂缝所引起的危害以及提高抗震能力。若采用过狭的心墙（例如心墙上、下游边坡陡于1∶0.1），比较密实的粗粒料坝壳在施工期沉降基本完成，而土质心墙竣工后还要继续沉降，则坝壳可能阻止心墙沉降而产生拱效应，减小心墙自重产生的垂直应力，蓄水后可能引起水力劈裂。反之，如坝壳过松，蓄水后产生较大沉降，又可能拖拽狭心墙，产生平行于坝轴的纵向裂缝。心墙的上、下游坡不缓于1∶0.25～1∶0.5时，对坝坡稳定性影响不大。应通过稳定分析和技术经济比较，最后确定防渗体尺寸。

土质防渗体分区和断面尺寸应根据下列因素研究确定：

(1) 防渗土料的抗渗比降、塑性和抗裂等性质。

(2) 坝坡稳定。

(3) 心墙的水力劈裂。

(4) 施工要求。

(5) 防渗土料的料源数量和施工难易程度。

(6) 防渗土料与坝壳料的单价比值。

(7) 防渗体地基性质及其处理措施。

2. 土质防渗体超高

防渗体顶部在静水位以上超高，对于正常运行情况（如正常蓄水位、设计洪水位），心墙为0.3～0.6m，斜墙为0.6～0.8m；对于非常运用水位（如校核洪水位），防渗体顶高应不低于非常运用的静水位。若防渗体顶部设有稳定坚固、不透水又与防渗体紧密连接的防浪墙，则防渗体顶部高程不低于正常运用的静水位即可。

3. 土质防渗体保护层

土质防渗体顶部和土质斜墙的上游应设保护层，防止冰冻和干裂。保护层可采用砂、砂砾或碎石，其厚度不小于该地区冻结深度和干燥深度。

4. 坝坡

土质斜墙堆石坝的上游坡度一般为1∶1.5～1∶1.7，下游坡度为1∶1.1～1∶1.3。土质斜墙砂砾石坝的上游坡度一般为1∶2.0～1∶2.5，下游坡度为1∶1.5～1∶2.0；斜墙下游有较大的砂砾石坝体，在施工时可不受斜墙施工的牵制。一般斜墙顶部都转变为心墙，使坝顶附近坝坡变陡，以节省工程量，并便于与岸坡衔接。

5. 土质防渗体建基面

土质防渗体的底部与基岩连接时，应开挖截水槽，将全风化岩挖除，深入弱风化岩0.5～1.0m，浇筑混凝土板或喷混凝土，或浇筑混凝土齿墙，然后填土。混凝土板、喷混凝土或混凝土齿墙下面的岩石，用固结灌浆加固。三级、四级坝的土质防渗体底部、可不浇筑混凝土板或喷混凝土。对基岩的断裂带、张开节理和裂隙应逐条开挖清理并用混凝土填塞，然后才能填土。底部填土与混凝土接触面的渗径长度，按接触面的允许抗渗比降确定。允许抗渗比降一般采用：轻壤土1.5～2.0，中壤土2.0～3.0，黏土2.5～5.0。填土与基岩直接接触时，容许抗渗比降应为上述数据的50%～70%。

土质防渗体灰坝的工程实例可参见6.9节所述的吉林热电厂来发屯贮灰场灰坝（见图6.9-5）。

6.10.2 土工膜防渗体

6.10.2.1 土工膜及土工膜防渗

土工膜是由高分子聚合物制成的透水性极小的土工合成材料，渗透系数一般为10^{-12}～10^{-11}cm/s。土工膜可分为三大类：土工膜、加筋土工膜和复合土工膜。用于灰坝防渗多为土工膜和复合土工膜，为增加防护层的抗滑稳定性，对于斜墙防渗多采用复合土工膜，心墙或垂直防渗多采用土工膜。土工膜的常用厚度为0.2～1.5mm。

复合土工膜由土工膜和土工织物加热压合或用胶粘剂粘合而成，其膜厚0.5～2.0mm，土工织物单位面积质量一般取为100～300g/m^2。复合土工膜常用的为一布一膜和两布一膜，视工程需要选取。

土工膜的物理性能指标主要为单位面积质量和厚度，常用的力学性能指标为抗拉强度、握持强度、撕裂强度、胀破强度、顶破强度、圆球顶破强度、刺破强度、土工膜与土之间的摩擦阻力和耐久性（抗老化性）等。

常用土工膜的基本性能见表6.10-2和表6.10-3。表6.10-2摘自陶同康专著《土工合成材料与堤坝渗流控制》，表6.10-3为南京水利科学研究院对10种国产土工膜主要性能的测试结果。

土工膜防渗的铺设型式、防渗结构、厚度计算，土工膜与保护层、上垫层和下垫层之间抗滑稳定性计算，土工膜后无纺土工织物或下垫层排渗能力计算等土工膜防渗设计，以及土工膜垂直防渗设计详见第4章中有关土工膜防渗土石坝和SL/T 225—98及刘宗

表 6.10-2　**几种土工膜材料基本性能对比**

性能 \ 材料		氯化聚乙烯（CPE）	高密度聚乙烯（HDPE）	聚氯乙烯（PVC）	氯磺聚乙烯（CSPE）
力学特性	顶破强度	好	很好	很好	好
	撕裂强度	好	很好	很好	好
	伸长率	很好	很好	很好	很好
	耐磨性	好	很好	好	好
	渗透系数（cm/s）	10^{-14}	—	7×10^{-15}	3.6×10^{-14}
	极限铺设边坡	1∶2	垂直	1∶1	1∶1
热力特性	低温柔性	好	好	较差	很好
	尺寸稳定性	好	好	很好	差
	最低现场施工温度（℃）	−12	−18	−10	5
	溶剂（现场拼接）	很好	好	很好	很好
	热粘结（现场拼接）	差	—	差	好
	粘结剂（现场拼接）	好	—	好	好
	最低现场粘结温度（℃）	−7	10	−7	−7
相对造价		中等	高	低	高

表 6.10-3　**部分土工膜的主要性能**

项目 \ 类型 / 规格	压延薄型复合土工膜				涂刷复合土工膜			HDPE 型		编织型
	0.5	0.5	0.7	0.7	—	—	—	厚	薄	—
	100	140	100	200	100	150				
单位面积质量（g/m²）	649	627	958	916	915	895	1725	574	266	240
厚度（mm）	1.09	1.12	1.39	1.69	1.02	1.02	3.35	1.12	0.59	0.62
拉伸强度（纵）（N）	307	342	429	495	340	329	1016	534	273	1124
拉伸应变（纵）（%）	158	141	191	229	43	39	63	51	59	15
拉伸强度（横）（N）	282	350	413	485	448	397	—	509	392	1069
拉伸应变（横）（%）	194	129	186	235	39	69	—	46	62	15
撕裂强度（纵）（N）	—	—	—	—	55	93	—	339	129	115
撕裂强度（横）（N）	—	—	—	—	75	120	—	352	187	87
圆球顶破强度（N）	582	639	636	877	613	613	—	765	483	—
渗透系数（$\times10^{-11}$cm/s）	2.2	2.2	5.7	0.57	2.5	2.4	22	2.6	1.1	3.9
耐水压（MPa）	0.95	≥1.0	≥1.0	>1.0	0.73	0.56	—	0.95	0.53	0.56

耀的《土工合成材料工程应用手册》中的阐述。

6.10.2.2　土工膜防渗工程实例

1. 工程实例一

八卦洲灰场工程为南京化学工业（集团）公司扩建年产30万t合成氨、52万t尿素工程的自备电厂配套工程。灰堤全长2714.4m，占地43.3km²，贮灰场容积177万m³，可使用10年。

灰场地面高程4.00～5.50m，堤顶高程10.40m，堤高5～6.4m，堤顶宽6m，临水坡、背水坡均为1∶3。堤身填筑粉质黏土，设计干密度为1.55g/cm³。

堤顶为泥结石路面，泥结石面层及砂、砾石基层各厚10cm，路面横坡3%。

灰堤地基土层从上到下依次由粉质黏土、粉质粉土、淤泥质粉质黏土夹黏质粉土组成，由地面高程往下分布至高程−5.03m。

垂直防渗方案为：沿堤顶中心线处埋设土工膜。土工膜底高程1.0m，土工膜顶至道路基层底，埋设深度为9.2m，形成垂直防渗帷幕，截断透水层，防止灰水渗漏，以免污染农田及入渗长江。

该工程采用宽幅高密度聚乙烯土工膜作为防渗材料，幅宽11.0m，其技术性能如下：

(1) 单位面积质量200g/m²，厚度为0.2mm。

(2) 抗拉强度不小于0.41kN/5cm，抗撕裂强度不小于0.8kN，伸长率不小于30%。

(3) 耐水压不小于100kPa。

(4) 渗透系数$k \leqslant i \times 10^{-12}$ cm/s。

本工程垂直铺塑的单价约70元/m²，低于其他防渗方案。灰场至今运行正常，经数年环保部门检测，堤外农作物及鱼等没有受污染，地下水质正常。

2. 工程实例二

湄洲湾电厂滩涂干灰场灰堤如6.9节所述，为防止灰场内雨水冲刷灰渣形成的灰水渗透污染海域环境，并防止高潮位时海水渗透到灰场内影响堆灰作业，堤体设置了土工膜防渗设施。防渗体采用复合土工膜，单位面积质量为600g/m²，由内、外两层150g/m²无纺土工布及中间夹一层0.3mm厚的聚乙烯薄膜热压复合而成，其渗透系数为10^{-10} cm/s。防渗层设置在抛石棱体内侧和栅栏板护面下的块石垫层与石渣土之间，在碎石垫层的保护下铺设复合土工膜防渗层，并嵌入堤底淤泥层，以达到防渗功能，如6.15.5节图6.15-11所示。

6.10.3 坝基防渗结构

坝基防渗结构有混凝土防渗墙、塑性混凝土防渗墙、黏土混凝土防渗墙、膨润土防渗墙、水泥灌浆帷幕和高压喷射灌浆帷幕（水泥土防渗墙）等多种型式。一般来讲，水泥用量较低，强度和弹性模量较低的坝基防渗结构比较适合坝高通常在100m以下的灰坝工程。塑性混凝土防渗墙的设计、施工与工程实例可参见王清友、孙万功的专著《塑性混凝土防渗墙》，在灰坝工程和水利水电工程中高压喷射灌浆形成水泥土防渗墙，属于坝基防渗结构。

6.10.3.1 高压喷射灌浆防渗墙性能和特点

高压喷射灌浆是利用射流作用的切割搅动坝体及坝基以改变其结构和组成，同时灌入水泥浆液或混合浆液，从而形成防渗墙。

(1) 高压喷射灌浆形成的凝结体，从横截面上看主要分为板体层、浆皮层和渗透凝结层，各层性能有很大的差异，见表6.10-4。

表6.10-4 高压喷射灌浆凝结体各层物理力学性质

部分		水泥约占百分比(%)	抗压强度(MPa)	渗透系数(cm/s)	弹性模量(MPa)
板体层	水泥浆	30～60	10.0～20.0	10^{-7}～10^{-5}	10^3～10^4
	水泥(50%)黏土浆	20～30	3.0～5.0	10^{-7}～10^{-5}	10^2～10^3
浆皮层	水泥浆	60～80	15.0～25.0	10^{-9}～10^{-6}	10^3～10^4
	水泥(50%)黏土浆	30～40	5.0～10.0	10^{-9}～10^{-6}	10^2～10^3
渗透凝结层	水泥浆	20～40	1.0～3.0	10^{-6}～10^{-4}	10^2～10^3
	水泥(50%)黏土浆	10～20	0.5～1.0	10^{-6}～10^{-4}	10^2～10^3

(2) 抗渗性能良好。混凝土防渗墙渗透破坏比降一般为80～100，黏性土的渗透破坏比降一般为5～8。根据山东水利科学研究院取各工程现场的代表性试验，喷射灌浆形成的凝结体渗透比降为800～1200。

(3) 适应变形能力强。混凝土的弹性模量一般为2.0×10^4 MPa，而喷射水泥浆所形成的凝结体弹性模量一般为1.0×10^3 MPa，喷射黏土水泥浆所形成的凝结体弹性模量一般远小于1.0×10^3 MPa，具有较高的变形适应能力。

(4) 适用范围广，防渗墙深度大。只要是高压射流能切割搅动的地层（如细砂层、粉细砂层、黏土层、砂卵石层）均可以处理。目前高压喷射灌浆防渗墙深度已经超过80m。

6.10.3.2 高压喷射灌浆防渗墙的设计

1. 孔距和布置方式

高压喷射灌浆防渗墙几种常用的孔距和布置方式见表6.10-5。

孔距和布置方式受水文地质情况影响较大，细粒土地层孔距可较大，粗粒地层的孔距应较小，最优的

表 6.10-5 高压喷射灌浆防渗墙常用的孔距和布置方式

编号	名 称	图 例	孔 距 (m)	厚 度 (cm)	特 点
1	折线型		1.6～2.5	10～30	便于连接
2	微摆型		1.6～2.2	20～40	连接可靠，墙厚
3	交叉型		1.6～2.5		蜂窝状，便于连接
4	直摆型		1.6～2.2	20～50	便于连接
5	摆定型		1.6～2.5	10～40	连接结构稳定性好
6	柱列型		0.8～1.4	20～40	套接可靠性差
7	板柱式		1.4～2.0	>10	便于连接、结构稳定性好

孔距和布置方式应通过现场试验确定。

2. 灌浆材料和水灰比

常用的浆液有水泥浆、水泥黏土浆以及掺加适量化学浆材的浆液；水灰比一般不大于1∶1，可以加入一定比例的黏土，以降低工程造价。

灌浆材料常用2%～4%的水玻璃作为外加剂。

6.10.3.3 高压喷射灌浆防渗墙的施工

高压喷射灌浆的形式分为旋喷、摆喷和定喷。旋喷法施工时，喷嘴一面喷射一面旋转并提升，凝结体呈圆柱状；摆喷法施工时，喷嘴边喷射边提升，喷射以较小的角度来回摆动，凝结体呈较厚墙状；定喷法施工时，喷嘴边喷射边提升，喷射的方向固定不变，凝结体呈板状或壁状。见图6.10-1。

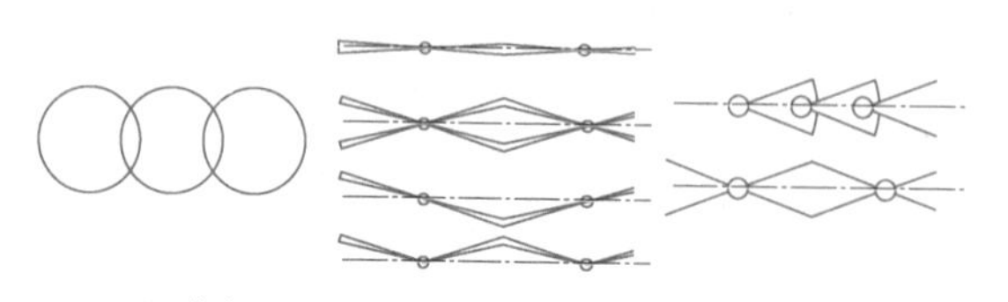

(a) 旋喷　(b) 定喷　(c) 摆喷

图 6.10-1 高喷灌浆的三种形式示意图

根据DL/T 5200—2004规定，定喷适用于粉土、砂土，而旋喷和摆喷适用于粉土、砂土、砾石和卵（碎）石。

高压喷射灌浆的基本种类有：单管法、双管法、三管法和多管法。

单管法是利用高压泥浆泵装置，以20～30MPa的压力把浆液从灌浆管底部的特殊喷嘴中喷射出去，形成的射流冲击破坏土体，随着灌浆管提升和旋转，使浆液与地层中崩落下来的土搅拌混合，凝固后形成凝结体。该法适用于淤泥、流沙等地层的防渗，凝结体的长度较小，一般桩径可达0.5～0.9m，板墙延伸可达1.0～2.0m。

双管法是利用两个通道的灌浆管通过在底部侧面的同轴双重喷嘴同时喷射出高压浆液和空气，高压浆液以30MPa左右的压力从内喷嘴中高速喷出，空气以0.7～0.8MPa的压力从外喷嘴中喷出。在高压浆液射流和外圈环绕气流的共同作用下，破坏地层的能量显著增大，与单管法相比，凝结体的长度可增加1倍左右。双管法适用于粉土、砂土、砾石、卵（碎）石等地层的防渗。

三管法是使用分别输送水、气、浆三种介质的三管，在压力高达30～60MPa左右的超高压水射流的周围，环绕一股0.7～0.8MPa左右的圆筒状气流，利用水气同轴喷射，冲切土体，再另外由泥浆泵注入浆液，注入压力为0.1～1.0MPa，注浆量为50～100L/min，浆液多为水泥浆或黏土水泥浆，浆液比重一般为1.6～1.8。由于三管法切割地层为高压水切割地层，机械不易磨损，可使用较高的压力，故形成的凝结体尺寸比双管法大。三管法适用于各类砂土、砾石、卵石等地层的防渗。

多管法先在地面上钻个导孔，然后置入多重管，多重管旋转并逐渐向下运动，用超高压射流切割破坏周围土体，经高压水冲击下来的土和砂石，随着泥浆用真空泵从多重管中抽出，经过反复的冲和抽，在地层中形成一个较大的空间，根据工程需要选用适宜的浆液、砂、砾石等材料填充，从而在地层中形成一个大直径的柱状凝结体。在砂土中最大直径可达到 4m。该法属于用冲填材料冲填空间的全置换法。

高压喷射灌浆的施工流程见图 6.10－2。

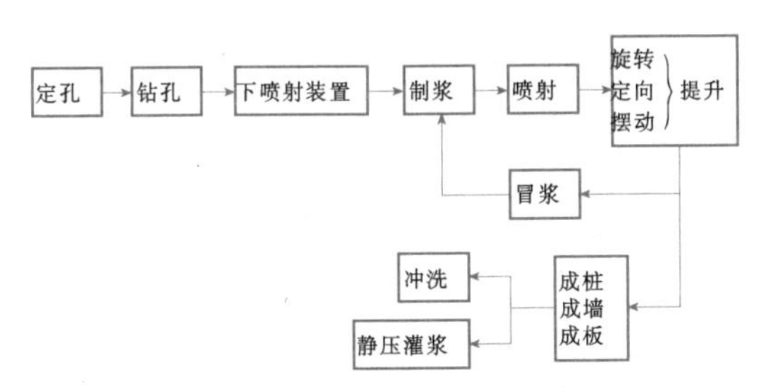

图 6.10－2 高喷灌浆的施工流程图

6.10.3.4 高压喷射灌浆防渗工程实例

海勃湾电厂位于内蒙古乌海市拉僧庙，1994 年 2 月投入使用。坝体为透水堆石坝，上游坡有反滤层，贮灰场 100m 范围内布置 3 条纵向盲沟，7 条横向盲沟，在坝前构成排渗网。灰场内设有两套排水系统，排水系统由排水竖井和排水管组成。由于坝前反滤层质量不满足要求及盲沟局部破损，坝基发生管涌，多次漏灰。处理漏灰已将灰场内排渗盲沟在坝前截断，排渗网已失去向灰场排渗功能。三期工程采用高压喷射注浆法对坝基强透水层进行防渗处理。

防渗墙为折线型，高压喷射孔距为 1.3m；摆喷的射摆角 23°，以形成较宽的墙体；钻杆提升速度为 8cm/min，浆液密度为 1.6g/cm^3。

墙体主要技术要求为：①墙体厚度大于 15cm；②墙体抗压强度大于 4MPa；③墙体完整、连续，满足防渗要求；④墙体深入相对隔水层 1m。

海勃湾电厂贮灰场坝体强透水层经过高压旋喷灌浆处理后，已经运行多年，防渗效果良好。

6.11 排渗结构设计

6.11.1 排渗结构型式与选择

灰坝乃至贮灰场内设置排渗设施的目的是降低初期坝和子坝的坝体以及坝前灰渣层中的浸润面，向灰坝下游自由地排出贮灰场运行时贮放灰渣的渗水，保证灰坝的抗滑稳定安全和渗流变形稳定安全。

灰坝的设计思想是尽量降低灰渣沉积层和灰坝中的浸润面，促使灰渣中水的排出，加速灰渣固结，充分利用灰渣本身的强度来达到灰坝抗滑和渗流变形稳定安全的目的。因此灰坝乃至贮灰场内的排渗设施与挡水坝不同，它不仅有坝体的排渗设施，以降低灰坝的浸润面；而且有贮灰场中预先设置的排渗设施，以降低灰渣沉积层和灰坝中的浸润面；也有在运行期为贮灰场灰坝加固和子坝加高而设置的排渗设施。

灰坝乃至贮灰场内的排渗结构型式可以分为：

（1）灰坝坝体排渗结构：棱体排水、贴坡排水、斜墙排水、褥垫排水、竖式排水、烟囱式排水和组合式排水体等。

（2）灰坝与贮灰场内预先设置的排渗结构：水平纵向排渗管（沟）、水平横向排渗管（沟）、排渗竖井、三维组合排渗系统等。

（3）运行期设置为灰坝加固和子坝加高的排渗结构：水平排渗管（沟）、辐射排渗井等。

排渗结构型式选择与设计应考虑贮灰场址与灰坝坝址的工程地质条件和水文地质条件、水文气象条件、灰渣的工程特性、筑坝材料和排渗设施材料的性质和数量以及施工条件，进行技术经济比较来选定。

6.11.2 灰坝坝体排渗结构

6.11.2.1 灰坝坝体排渗结构的基本要求

（1）满足降低坝体浸润面的要求，预期的浸润面应满足坝体抗滑稳定和渗流稳定的要求。

（2）满足灰坝排渗能力的要求，即排渗结构的尺寸、位置及其材料的渗透特性能满足自由排出灰坝渗水的要求。

（3）排渗结构与相邻的坝体其他部位及与坝基和岸坡之间满足渗流变形稳定安全要求，即要通过试验或计算确定是否要设置反滤层以及反滤层的设计。

6.11.2.2 棱体排水的设计

1. 棱体排水的高度

棱体排水的高度应保证坝体浸润线距下游坡面的距离大于该地区的冻结深度、应高出浸润线逸出点 1.0m 以上，对于均质土坝的排水棱体高度约为初期坝坝高的 1/5。棱体顶部高程应超出下游最高水位，且其超高应大于波浪在坡面的爬高。棱体排水的超高对于 1、2 级坝应不小于 1.0m，对于 3、4、5 级坝应不小于 0.5m。

当灰坝下游无水时，可以参照表 6.11－1 选取排水棱体高度。

表 6.11－1　排水棱体高度建议值　　单位：m

坝高＼坝型	均质土坝	斜墙土坝	心墙土坝
7～8	1.5	1.0	1.0
9～10	1.8	1.0	1.0
11～12	2.5	1.2	1.2
13～14	3.0	1.2	1.2
15～16	3.4	1.4	1.4
17～18	3.8	1.6	1.4
19～20	4.0	1.8	1.6
21	4.2	2.0	1.6
22	4.4	2.0	1.8
23	4.6	2.2	1.8
24	4.8	2.5	2.0
25	5.0	2.5	2.0

2. 棱体排水的结构尺寸

棱体排水的顶宽宜不小于1.0m，且应满足施工和观测的要求。棱体排水的内坡宜为1∶1.0～1∶1.5，外坡宜为1∶1.5～1∶2.0。棱体排水的上游坡脚宜避免出现锐角，下游坡脚宜设置排水沟。典型的棱体排水设计如图6.11－1所示。

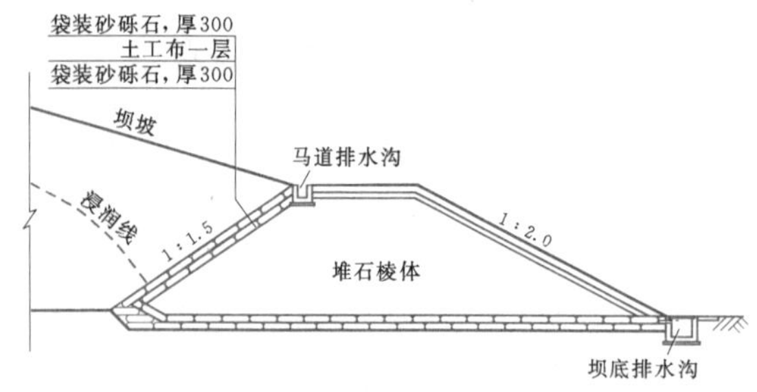

图 6.11－1　棱体排水典型设计剖面图

3. 棱体排水的反滤层

棱体排水与坝体、坝基和岸坡之间应设置反滤层，反滤层设计要满足渗流计算中对反滤层的要求，必要时要进行试验。符合反滤设计准则的砂、砾石和人工反滤材料——无纺土工织物都可以作为灰坝反滤层。

棱体排水设计时还宜考虑到排水棱体保护灰坝下游坡脚不受风浪水流冲刷损坏，支撑下游坝坡提高灰坝抗滑稳定性的作用。

6.11.2.3　贴坡排水的设计

(1) 贴坡排水的高度。贴坡排水的高度同样应保证浸润线距下游坡面的距离大于该地区的冻结深度，并且贴坡排水应高出浸润线逸出点1.5m以上。贴坡排水的顶部高程应超出下游最高水位，其超高应大于波浪在坡面的爬高。

(2) 贴坡排水的尺寸。贴坡排水的厚度应不小于该地区冻结深度。贴坡排水也应设置反滤层，贴坡排水的堆石层厚度应不小于0.4m，每层反滤层厚度应不小于0.2m。

贴坡排水适用于灰坝坝体浸润线不高，当地堆石料又缺乏的情况，贴坡排水基本上没有降低浸润线作用。湛江电厂太平沟贮灰场灰坝原型观测表明该灰坝下游浸润线基本上沿着贴坡排水的内表面。贴坡排水对下游坝坡稳定也没有显著作用。贴坡排水主要是保护坝料不被渗水带出下游坝坡，防止浸润线以下坝体在靠近下游坝坡部位的冻结后不利于排水，以及防止下游风浪水流冲刷下游坝脚。贴坡排水底部也应该设置排水沟，典型的贴坡排水示意图如图6.11－2所示。

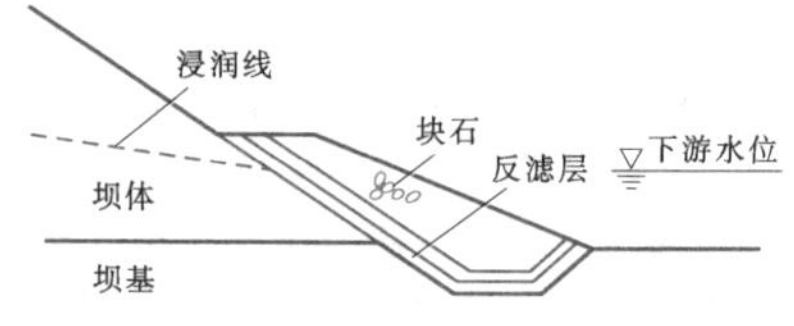

图 6.11－2　排水贴坡设计剖面示意图

6.11.2.4　褥垫排水的设计

褥垫排水是从下游坝脚伸入坝体内部的水平褥垫式排渗结构，可以有效地降低灰坝坝体的浸润线，适用于灰坝下游无水的情况。对于不透水坝基上的均质土坝，褥垫排水伸入坝体的长度可以达到坝底宽的1/3～1/2，褥垫排水的长度越长、排渗效果越好。淮北电厂二期扩建工程黄里贮灰场的电模拟试验结果表明：褥垫排水伸入坝体长度12m时，浸润线比没有褥垫排水时平均降低2.3m，褥垫排水伸入坝体长度20m时，浸润线比没有褥垫排水时平均降低4.9m。因此采用褥垫排水等坝体内部排渗结构时，宜进行渗流计算或试验来确定褥垫排水的长度与厚度，褥垫排水的厚度和纵向坡度可以按自由排出2倍灰坝入渗量来确定。褥垫排水的下游坝脚处同样应设置排水沟。褥垫排水的周围应设置反滤层。排水褥垫的设计如图6.11－3所示。

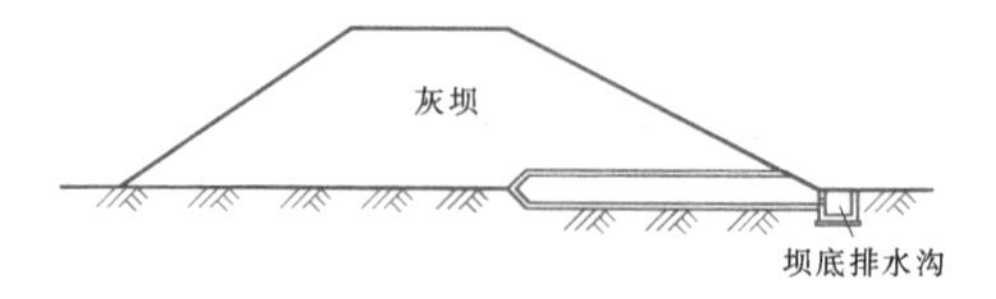

图 6.11－3　初期坝褥垫排水设计剖面示意图

6.11.2.5 组合排水体

灰坝坝体内排水结构可以是各种排水体组合成的组合排水体，主要有以下两种型式。

1. 网状排水体

网状排水体由与坝轴线平行的纵向排水体和垂直于坝轴线通向下游坝脚的横向排水体组成。纵向和横向排水体周围也应设置反滤层，纵向排水体伸入坝体以有效地降低灰坝坝体浸润线，横向排水体将渗水自由地排出坝外。横向排水体可以是反滤层包裹的堆石排水条带，也可以是排水暗管。网状排水体的设计一般先需进行渗流计算或试验进行优化，通过技术经济确定。

横向堆石排水带的宽度应不小于 0.5m，其间距在 30～100m 之间，坡度不大于 1%；横向排水暗管的间距在 50～100m 之间，管内径宜不小于 0.20m，管内流速宜在 0.20～1.00m/s 之间。网状排水体的设计见图 6.11－4。

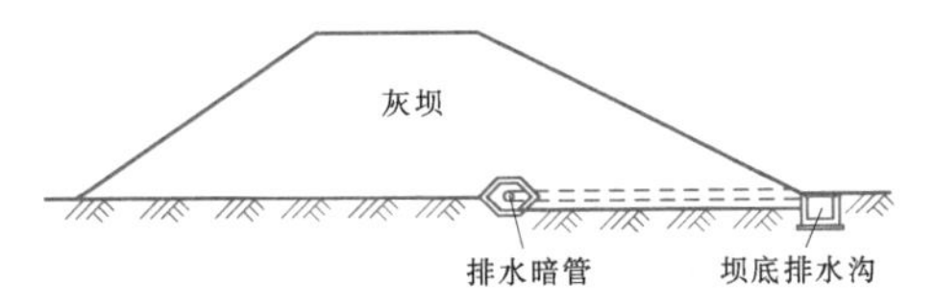

图 6.11－4 初期坝排水网状设计示意图

2. L 形（烟囱式）排水体

L 形（烟囱式）排水体由坝体内竖向排水体与坝底部水平排水体即褥垫排水组合而成。L 形排水体的排渗效果最好，不仅可以有效降低灰坝坝体浸润线，而且使得竖向排水体下游的坝体都处于非饱和状态，并有利于施工期灰坝坝体孔隙水压力的消散，提高了坝体的抗滑稳定与渗流稳定安全性。相对来讲，L 形排水体的设计宜先进行渗流计算或试验，通过技术经济比较确定。L 形排水体也应设置反滤层，下游坝脚也应设置排水沟。竖向排水体顶部高程宜不低于贮灰场最高水位 0.5～1.0m，竖向排水体的水平宽度宜通过渗流计算并考虑施工条件来确定，水平宽度应不小于 1.0m。L 形排水体的设计见图 6.11－5。

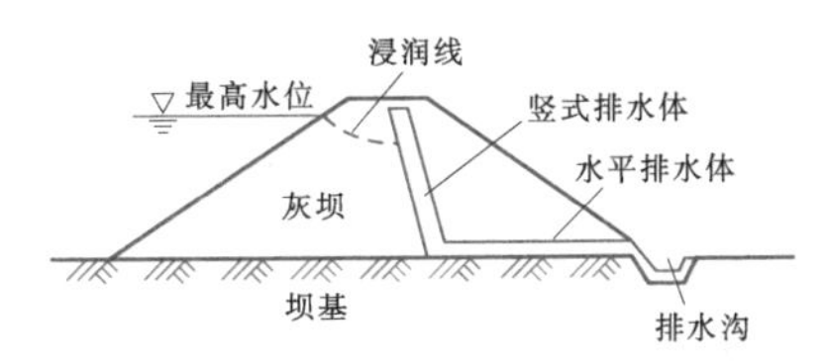

图 6.11－5 初期坝 L 形排水体设计示意图

6.11.3 预先设置的排渗结构

1. 初期坝坝体组合排渗体

在贮灰场初期坝坝址的堆石或砂砾石等筑坝材料缺乏时，初期坝需要用黏性土填筑，为了降低初期坝的浸润线，同时又为贮灰场运行期子坝加高时降低灰渣层浸润线创造条件，坝体的排渗结构型式可以采用贴坡排水＋褥垫排水的组合排水体或棱体排水＋褥垫排水的组合排水体，使初期坝成为分区透水坝，其设计见图 6.11－6 和图 6.11－7。

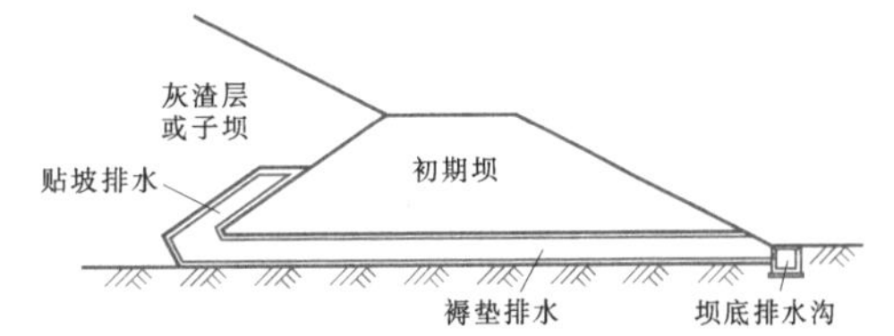

图 6.11－6 贴坡排水＋褥垫排水设计示意图

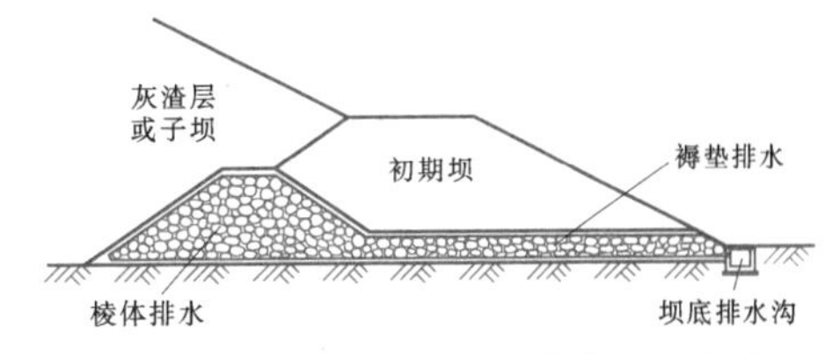

图 6.11－7 棱体排水＋褥垫排水设计示意图

另一种排渗结构是使初期坝成为分区透水坝的组合排渗体型式，这种排渗结构的特点是分别在贮灰场初期坝的上游、下游和坝底部都设置排水体，使贮灰场灰渣层的渗水自由地排至初期坝下游，其目的是降低灰渣层浸润线，有利于在灰渣层上加高子坝，提高贮灰场整体的稳定安全性，充分体现了灰坝的设计思想。首阳山电厂省庄就是采用上游棱体排水＋褥垫排水＋下游棱体排水这种组合排水体的成功实例，其设计剖面见图 6.11－8。

首阳山电厂省庄灰场主坝最终坝顶高程 210.00m，坝高 70m。初期坝坝顶高程 171.50m，坝高 31.5m，采用上游棱体排水＋褥垫排水＋下游棱体排水的组合排水体，后期在灰渣沉积层上用灰渣填筑加高子坝，通过电阻网模拟试验和有限元法渗流计算分析主坝的渗流状态，进行了排渗结构设计。

2. 三维组合排渗系统

湿式贮灰场水力贮放沉积的灰渣层渗透系数 $i\times10^{-4}\sim i\times10^{-3}$cm/s 之间，水平向渗透系数比垂直向渗透系数大，渗透系数倍比在 1.2～6.0 之间，因此依赖灰渣层在自然条件下排水固结是比较困难的，为了能用上游法，即在灰渣沉积层上填筑加高子坝，以节省贮灰场工程投资，必须设法使灰渣层加速固结，提高其抗剪强度与承载能力，使在灰渣层上填筑子坝成为可能。只在初期坝的坝体设置上述的坝体排渗结构，尚不能有效地降低灰渣层中浸润线，加速灰渣层

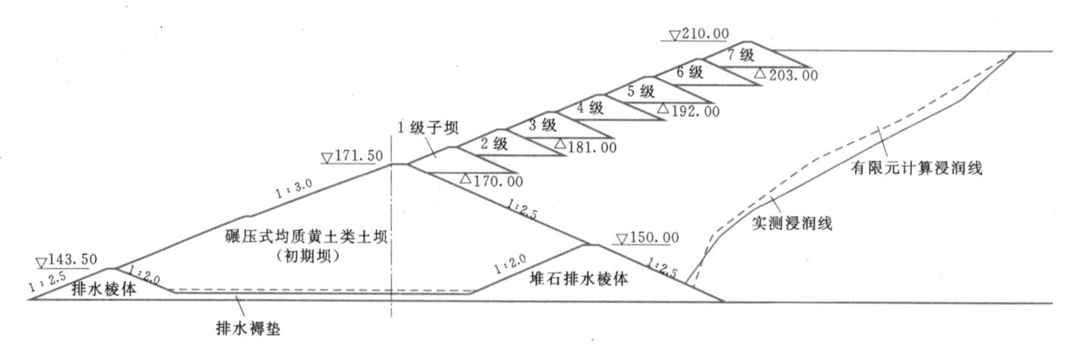

图 6.11-8 首阳山电厂省庄灰场主坝剖面图（单位：m）

的固结。为此南京水利科学研究院与华东电力设计院合作提出了新型的三维组合排渗系统，并在谏壁电厂真观山灰场和经山灰场工程中应用，取得了良好效果。

三维组合排渗系统由初期坝体排渗结构与贮灰场内预先设置的三维组合排渗组成，初期坝坝体排渗结构由初期坝上游排渗斜卧层、坝底部排水褥垫和下游坝脚排水管沟组成，贮灰场内排渗结构由排渗竖井、贮灰场底部排渗盲沟网和灰渣层横向排渗盲沟组成。详见图 6.11-9。

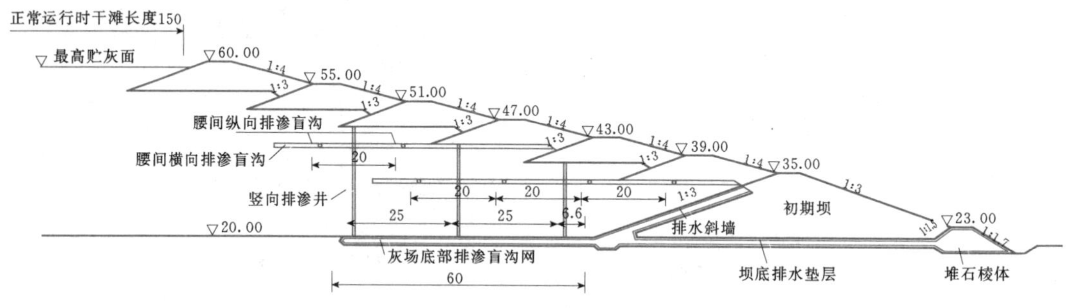

图 6.11-9 江苏谏壁电厂真观山灰场三维排渗图（单位：m）

谏壁电厂真观山灰场于 1984 年设计，1987 年投入运行。该灰场位于电厂东南 16.5km 的丹阳市境内，三面环山，灰场共有 1 座主坝和 3 座副坝。主坝最终坝顶高程 60.00m，坝高 42.50m，坝顶长 660m，灰场占地 1300 亩，灰场容积 1900 万 m^3，可供当时装机容量全厂贮灰 12 年。为节省投资，加快建设进度，该工程除 3 座副坝采用均质土坝一次建成以外，工程量最大的主坝采用灰渣筑坝技术。初期坝采用具有三维排渗系统的土坝，初期坝高 17.50m，后期在沉积密实的灰渣层上逐级加高子坝。

谏壁电厂真观山灰场初期坝坝体排渗结构设计要点是：

（1）初期坝上、下游坝坡均为 1∶3，上游坝坡设置碎石排渗斜卧层，斜卧层外裹两层砂和砾石反滤层；砂反滤层厚 200mm，由细砂与中粗砂组成；砾石反滤层厚 300mm，碎石层厚 400mm，砂砾石反滤层外裹尼龙编织布，斜卧层上游铺 200mm 厚碎石保护层，斜卧层总厚度 1.6m。

（2）初期坝底部排水褥垫结构型式与排渗斜卧层类似，砂和砾石反滤层的层厚各为 300mm，碎石层厚 1300mm，排水褥垫总厚度 2.5m。排水褥垫在下游坝脚与排水管沟相连，在下游坝脚排水沟内设置 ϕ500 钢管以利排水通畅。

（3）贮灰场内排渗竖井直径 ϕ500，纵、横向间距均为 20m。排渗竖井设计见图 6.11-10。

真观山灰场排渗竖井外径 500mm，用竹篓做成，外裹无纺土工织物，井内填满碎石，竹篓用钢架支撑，钢架底部为混凝土基座，钢架插入基座 400mm，钢架用 8 根钢拉杆和混凝土锚块固定。排渗竖井高 10m，分别在高 6m 和 10m 处设置 4 根钢拉杆。排渗竖井底部与贮灰场底部的纵横向排渗盲沟相连，以保证灰渣层渗水自由地通过排渗竖井和排渗盲沟网、排渗褥垫排向初期坝下游。真观山灰场共设置排渗竖井 49 座。

（4）贮灰场底部排渗盲沟网由纵向和横向排渗盲沟组成，横向排渗盲沟长 60m，间距 30m；纵向排渗盲沟间距 25m，共设置 3 条纵向排渗盲沟。排渗盲沟底宽 2m，厚 2.5m，排渗盲沟结构与初期坝底部排渗

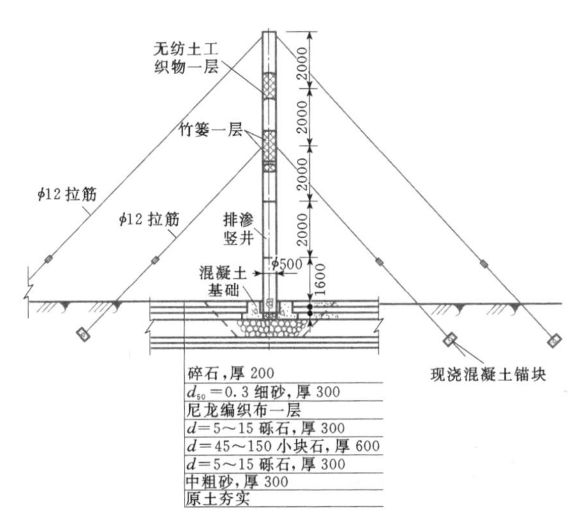

图 6.11-10 三维组合排渗系统排渗竖井设计（单位：mm）

褥垫相似，碎石厚 1300mm，因此排渗盲沟的总厚度是 2.5m。

（5）后期子坝总高度 25m，共分为 6 级，每级高 4m，最后一级子坝高 5m。子坝采用土料或用其他当地材料筑成。子坝底部铺设厚 0.3～0.5m 厚的碎石排水垫层，碎石垫层外包土工织物反滤层以防粉煤灰流失。在一级子坝和三级子坝加高填筑时，在其上游灰渣层上设置横向排渗盲沟，排渗盲沟长 60m，以利于灰渣层排渗固结，降低灰渣层浸润线。

谏壁电厂经山灰场也采用三维组合排渗系统，在三维有限元渗流计算分析的基础上进一步优化了三维组合排渗系统。

排渗竖井每节长 4m，直径仍为 500mm，竹篓用 ϕ500mm 钢环与 4 根 60mm×60mm×6mm 角钢焊接成的钢架支撑，钢架用 4 根钢拉杆和混凝土锚块固定，竹篓内衬 400g/m² 抗老化无纺土工织物作为反滤层，竹篓内填满碎石，竖井钢架插入混凝土底座 300mm。

贮灰场底部排渗盲沟网伸入灰场长度仍为 60m，即横向排渗盲沟长 60m，纵向和横向排渗盲沟间距均为 20m，排渗竖井的纵、横向间距也为 20m，该灰场共设置排渗竖井 64 座。

初期坝排渗斜卧层、坝底部排水褥垫的结构也进行了优化，减小了厚度。经山灰场详见 6.15 节的工程实例。

3. 纵向水平排渗管（沟）

初期坝上游坝脚设置平行于坝轴线的水平排渗管（沟），可以降低灰渣沉积层浸润线，有利于灰渣固结及在灰渣层上加高子坝。水平排渗管（沟）的设计宜根据渗流计算或渗流试验结果来确定。

水平排渗管宜选用开孔的钢管、钢筋混凝土管或塑料管，排渗管外应敷设反滤层及石料。排渗管管径及渗水能力由渗流计算确定。

排渗管的排渗单宽渗流量可用下式计算，计算简图见图 6.11-11。

$$q = \frac{kH^2}{2L} \tag{6.11-1}$$

式中 q——单宽渗流量，m³/(s·m)；

k——灰渣渗透系数，m/s；

H——上游水深，m；

L——渗透长度，m。

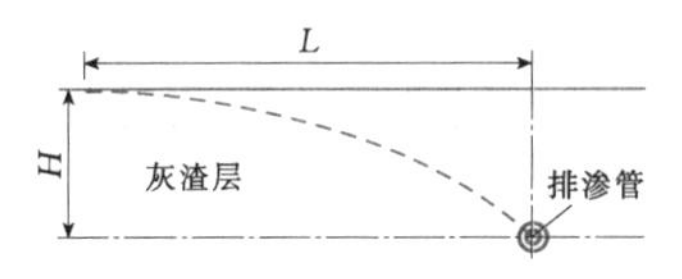

图 6.11-11 水平排渗管计算简图

排渗钢管管径可用水力学计算方法，由下式计算：

$$Q = C\omega(Ri)^{1/2} \tag{6.11-2}$$

式中 ω——钢管过水断面面积，m²；

C——谢才系数；

R——水力半径（管内渗水充满度可按 0.5 计），m；

i——排渗管坡度。

排渗钢管孔眼数量应能满足渗流量进入的要求。

当水平排渗管不能满足排渗要求时，可采用网状排渗管（沟）或排渗竖井配合网状排渗管（沟）的组合型式，即上述的三维组合排渗系统。

需要增加排渗能力时，可在坝上游坡设坝坡排渗层、两岸设岸坡排渗层，并与排渗管网相衔接，组成立体排渗系统发挥共同作用。

坝体上游排渗设施的渗水应由排水管排至下游。当需要回收时，应由排水管引至灰水回收系统。排水管路上可设置控制闸门，在灰坝加高前开启使用，防止排渗设施堵塞。

吉林热电厂来发屯贮灰场距离电厂 5.2km，初期坝形成贮灰容积 1040 万 m³。坝基为厚 5～6m 的淤泥质亚黏土，以下为粗砂。贮灰场下游有一水源地，为防止下排灰水污染水源地，初期坝采用了坝前设置水平排渗管的黏土斜墙堆石坝，黏土斜墙防止了灰水通过初期坝体下渗，排渗管将渗水引入灰水回收系统。初期坝坝顶高程 230.00m，最大坝高 24.0m。

在初期坝设计时，同时考虑了后期子坝加高方案，子坝最大加高 20m，子坝边坡为 1∶3.5。通过电拟试验对坝前排渗管的布置进行比较，比较方案为：排渗管布置初期坝前或布置在一期子坝灰渣沉积层面上，见图6.11-12，并且比较了排渗管布置在灰渣沉积层面上不同距离（40m，32m，26m）、不同高程（灰面以下2.0m和4.0m）等方案，比较方案见图6.11-12和图6.11-13。电模拟试验表明初期坝前设置排渗管对降低浸润线是最为有效的。最后选定将排渗管布置在初期坝前，排渗管采用ϕ400mm钢管，每1m长钢管每排开ϕ10mm进水孔17个，排间距为50mm，管外包编织土工布用作反滤层。渗水经排渗管收集后由初期坝下游泵房送入灰水回收系统。

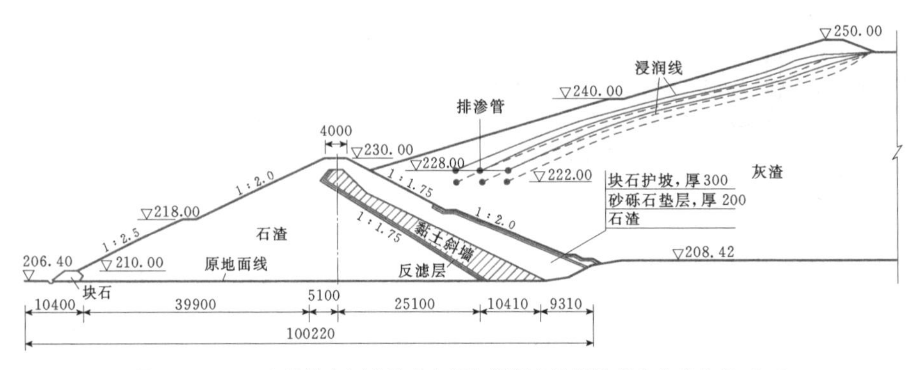

图6.11-12 吉林热电厂来发屯灰场初期坝上游排渗结构方案比较（一）
（高程单位：m；尺寸单位：mm）

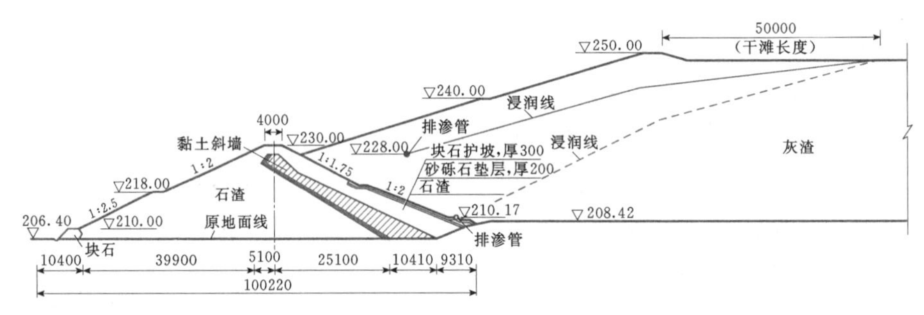

图6.11-13 吉林热电厂来发屯灰场初期坝上游排渗结构方案比较（二）
（高程单位：m；尺寸单位：mm）

6.11.4 运行期设置的排渗结构

早期建设的贮灰场灰坝坝体浸润线过高，降低了灰坝的抗滑稳定安全和渗透稳定安全，灰渣沉积层处于饱和状态，地震时易液化，并且难以在饱和松软的灰渣层上加高子坝，必须进行加固处理。

针对湿灰场特点，在贮灰场灰渣层内设置排渗结构，降低并控制浸润面，使灰坝满足渗透稳定、抗滑稳定及抗震安全要求，增加坝体安全性。排渗结构的形式，可采用平行坝轴线深埋排渗管，也可采用辐射排渗井，通过技术经济比较确定。

1. 水平排渗管

贮灰场灰渣沉积层内埋设排渗管收集灰渣沉积层内渗水，由排水管排至灰坝下游。排渗管通常在灰渣干滩内平行坝轴线开挖沟槽埋设，当埋设深度在浸润面以下时需降水疏干。施工降水、明挖、土工布和排渗管的安装都是成熟的施工技术，施工质量易控制，排渗效果好，所以得到广泛采用。但是埋设深度受到限制，埋深小于7～8m为宜。

早期建设贮灰场的灰坝为了灰水不污染环境，没有区分挡灰坝与挡水坝之差异，将灰坝设计为不透水坝，将灰渣与灰水都贮在贮灰场内，造成灰渣沉积层饱和，甚至初期坝下游坝坡渗水出逸，造成隐患。例如铁岭电厂装机4台300MW，该厂贮灰场距电厂1.7km。年灰渣量142万m^3，贮灰场初期坝按贮灰10年设计，坝顶高程112.50m，最大坝高33m，坝顶长508m，为黏土均质坝，上游坝坡1∶2，下游坝坡1∶3，下游坝趾设置褥垫排水与棱体排水。贮灰场初期坝1992年建成。一级子坝按贮灰5年设计，坝顶高程117.50m，坝高6.5m，坝顶长565m，为黏土斜墙和土工膜防渗的石渣坝，上游坝坡1∶2，下游坝坡1∶3，一级子坝2003年建成投入运行。2008年进行二级子坝加高时发现在桩号0+230一级子坝坝趾有渗水出渗，初期坝马道高程99.00m也有渗水出渗，现场实测浸润线表明，灰渣浸润线较高，随着贮灰场内水面升高，坝体内浸润线也随之上升。浸润线实测结果见图6.11-14。

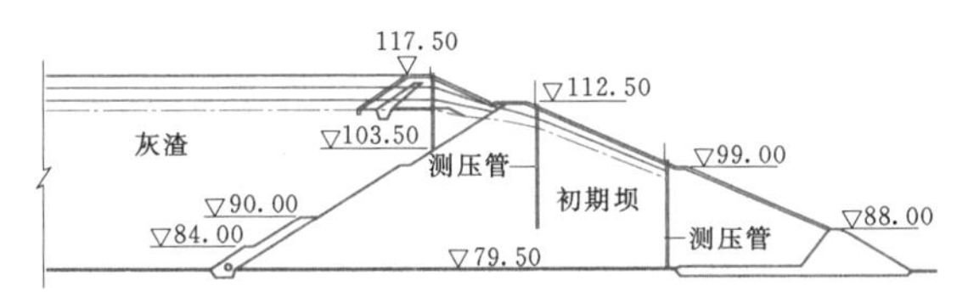

图6.11-14　铁岭电厂贮灰场桩号0+230m断面灰坝实测浸润线（单位：m）

为了消除隐患并确保后期子坝加高的安全，该贮灰场采取了水平排渗管的排渗设施。

水平排渗管的设计要点如下。

（1）排渗管高程。灰渣层中纵向水平排渗管高程的确定要满足灰坝抗滑稳定、灰坝渗流安全稳定以及灰渣层抗地震液化的要求。设计计算表明：铁岭电厂贮灰场的排渗管高程为106.20m时，一级子坝坝基浸润线高程106.50m，灰坝（初期坝与子坝）的抗滑稳定安全系数都大于1.30，满足设计规范要求。渗水不从一级子坝和初期坝下游坝坡逸出。同时浸润面以上灰渣自重与一级子坝石渣坝自重形成的上覆压力大于100～150kN，也满足灰渣层抗地震液化的要求。因此该灰场排渗管中心高程确定为106.20m。

（2）排渗管布置。该灰场排渗管布置见图6.11-15。纵向水平排渗管采用挖槽法铺设，开挖边坡1∶1.5，排渗管中心轴线分别距一级子坝和二级子坝坝轴线距离为27.1m和46.1m。

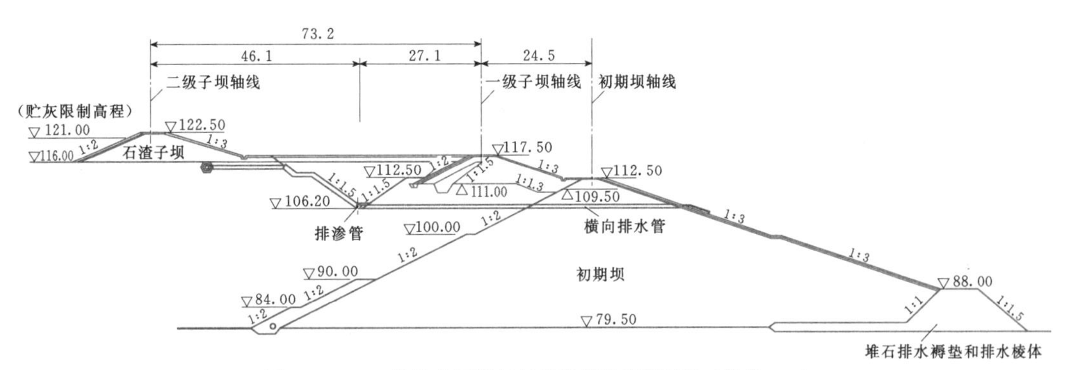

图6.11-15　铁岭电厂贮灰场排渗管设计断面图（单位：m）

采用横穿初期坝上部的横向排水管将纵向水平排渗管的渗水排向初期坝下游。

（3）排渗管结构。根据渗流计算所得渗流量，计算排渗管管径、排渗管纵向坡度、管径开孔孔径和数量。铁岭电厂贮灰场纵向水平排渗管沟结构如图6.11-16所示。排渗管为开孔的钢管，钢管内径400mm，纵向坡度$i=1/10000$，钢管管壁开孔，孔径15mm，孔距50mm，交错排列。纵向水平排渗能力大于10L/s。排渗管开孔钢管见图6.11-17。

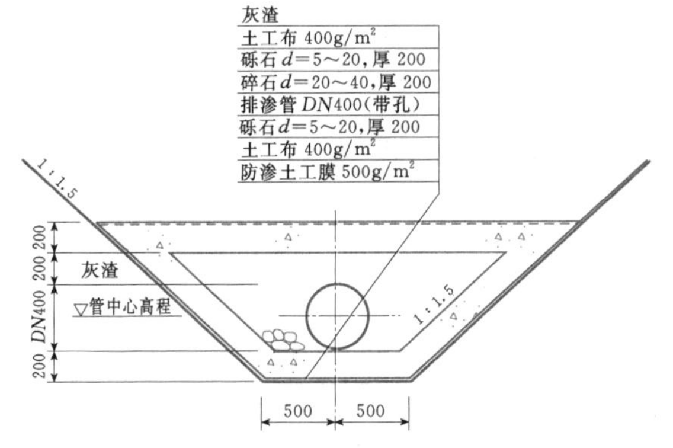

图6.11-16　排渗管的结构型式（单位：mm）

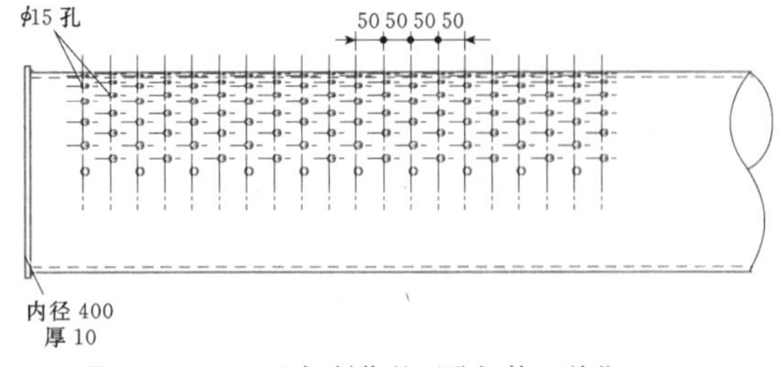

图6.11-17　现场制作的开孔钢管（单位：mm）

（4）排水管。排水管是将纵向水平排渗管收集的灰渣层渗水排至灰坝下游，排水管内径250mm，纵向坡度$i=1/925$，排水能力20L/s。

2. 辐射排渗井

辐射排渗井是在贮灰场灰渣沉积层中先用沉井法建造竖井，然后在沉井内向井外建造辐射向排渗管，并向灰坝下游建造排水管使排渗竖井收集到的灰渣层渗水排至灰坝下游。辐射排渗井的特点是不需大面积降水和开挖，扬灰污染少，但是沉井施工特殊，排渗管铺设工艺复杂，需由专业队伍施工。典型的辐射排渗井设计断面见图6.11-18。

辐射排渗井的设计要点如下。

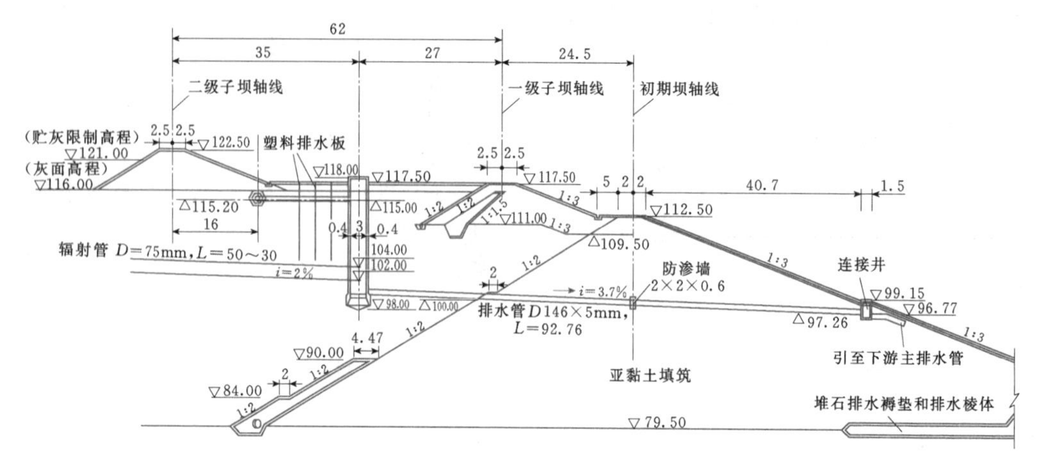

图6.11-18 辐射排渗井典型设计断面图（单位：m）

（1）辐射井。

1）辐射井直径。辐射井是汇集渗水、辐射排渗管施工和排水管施工的场所。井筒采用钢筋混凝土沉井结构，井底水下混凝土封底，使辐射排渗管和排水管的施工及运行后更换或堵塞冲洗时具有干施工条件。因此，辐射井直径主要取决于辐射排渗管和排水管的施工机具及其施工作业要求。根据水平钻机施工要求，沉井直径（内径）可为2.9～3.6m，一般采用3.0m。

2）辐射井深度。辐射井的深度按贮灰场降低灰渣层浸润线要求、排渗管布置与施工要求，以及沉井构造要求确定。

（2）辐射排渗管。排渗系统由辐射排渗管和辐射排渗井组成，其排渗能力取决于辐射排渗管，管径较大和长度较短的排渗管效率较高。采用专用水平钻机可铺设管径细和长度大的排渗管，虽排渗效率有所降低，但可减少辐射排渗井数量。因而常选用细而长的辐射排渗管，以减少辐射排渗井数量，从而降低工程投资。

1）辐射排渗管型式。在工程中采用的辐射排渗管有如下型式：

a. 软式透水管，为D90mm螺旋钢线PVC管，外包反滤层和被保护层。金竹山电厂贮灰场采用此种排渗管。

b. 外包土工布PVC管，为D90×8mm PVC管，开孔率为10%，外包两层400g/m^{2}土工布。姚孟电厂贮灰场采用此种排渗管。

c. 外包土工布硬聚氯乙烯塑料（UPVC）管，为D65×7mm UPVC管，开孔率为13%。圆形进水孔，孔径为15mm，每周孔数6个，孔排距70mm，每米总孔数130个，外包两层400g/m^{2}土工布。辐射管进水孔断面如图6.11-19所示。进水孔展开图见图6.11-20。

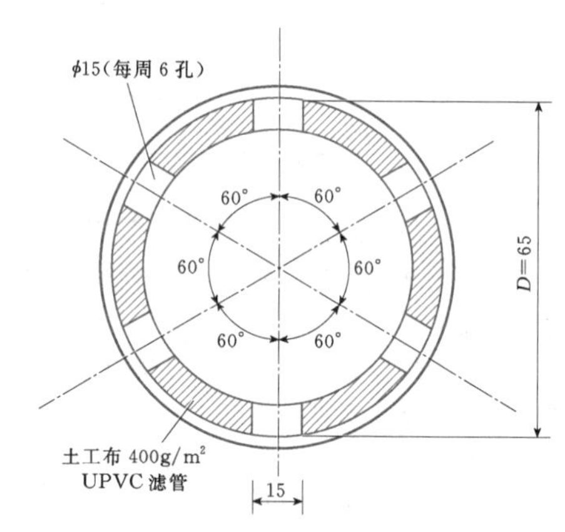

图6.11-19 辐射排渗管进水孔断面图（单位：mm）

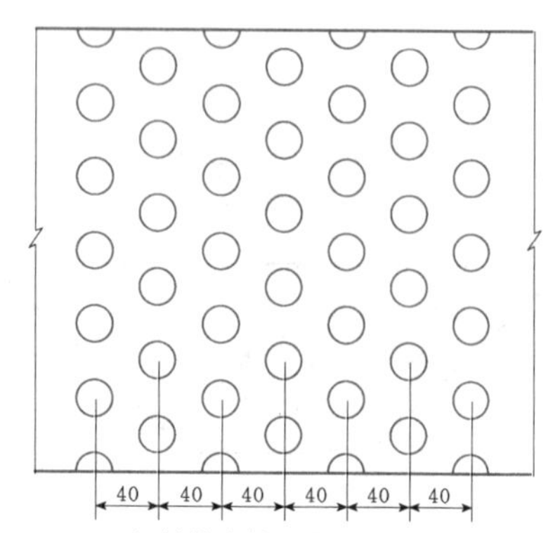

图6.11-20 辐射排渗管进水孔展开图（单位：mm）

d. 外包尼龙纱网硬聚氯乙烯 UPVC 管，为 D65×7mm UPVC 管，开孔率为 13%，外包两层 80 目（孔径 0.1mm）的尼龙纱网，以防土工布受压后影响透水性能。

2）辐射排渗管布置。辐射排渗管布置原则如下：

a. 辐射排渗管的目的是有效降低浸润线，而不是为了取得最大排渗量。

b. 辐射排渗管扇形布置可取得最大排渗量，带形布置可有效降低浸润线。若需要降低贮灰场浸润线宜带形布置。

c. 辐射排渗管带形布置时应加强平行坝轴线的辐射排渗管，两个辐射井间辐射排渗管应交错相连，不留空片。

d. 辐射排渗管带形布置时向贮灰场内伸入长度宜不超过计算干滩长度的 1/3，一般取 30m 为宜，以有效降低浸润线，避免排渗量过大。

e. 上、下层辐射排渗管宜错开布置，以提高排渗效果。

铁岭电厂贮灰场三级子坝时采用向贮灰场内增设 50m 长的辐射管，以替代原二级子坝前设置的水平排渗管。辐射排渗管平面布置见图 6.11－21。

（3）排水管。排水管管径按每个辐射排渗井集水量，由水力计算确定。

排水管穿过坝体，在坝下游坡出口处设连接井，以便观测渗水量状况，并用连接钢管将渗水引至灰水回收泵房。

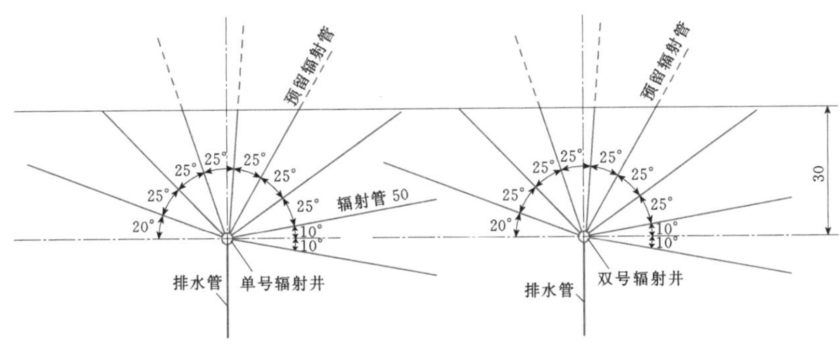

图 6.11－21 铁岭电厂贮灰场辐射排渗管平面布置图（单位：m）

3. 排渗辐射井工程实例

铁岭发电厂贮灰场的排渗加固工程进行了纵向水平排渗管方案和辐射排渗井方案的技术经济比较，纵向排渗管方案见本节“水平排渗管”部分。该贮灰场一级子坝长 565m，平行一级子坝布置 6 座辐射排渗井，井间距 86m。

辐射排渗井的典型断面见图 6.11－18。

（1）辐射排渗管。

1）辐射排渗管型式。辐射排渗管设计采用 D65×7mm（施工时实际采用 D90×8mm）硬聚氯乙烯 UPVC 管，每根长 50m，外包两层 400g/m^2 土工布。辐射排渗管进水孔采用圆孔，孔径 15mm，每周孔数 6 个，孔排距 70mm，每米总孔数 130 个，开孔率 13%。

2）辐射排渗管渗水能力。辐射排渗管渗水能力宜根据进行渗流试验确定。辐射排渗管渗水能力估算如下：

辐射排渗管管壁外包两层土工布，其渗透系数为 $k=1\times10^{-1}$cm/s，其容许渗透流速为 0.021m/s，每根辐射管长 50m 的进水流量为 2.415L/s。

依据《给水排水设计手册》，用水力学计算方法得到辐射排渗管的水头损失为 1.52m，由此确定辐射排渗管的纵坡 i。当要求浸润线降至高程 106.00m 时，辐射排渗管的设置高程为 104.50m。考虑井间排渗能力的减弱，在辐射排渗井处辐射排渗管的设置高程定为 104.00m。

（2）辐射排渗井。

1）辐射排渗井的结构型式。

a. 辐射排渗井直径。辐射排渗井沉井直径主要取决于施工机具及辐射排渗管施工作业要求。姚孟电厂贮灰场二级子坝加高工程的辐射排渗井内径为 3.6m。金竹山电厂贮灰场辐射井内径为 3.0m。铁岭电厂贮灰场设计采用辐射排渗井内径为 3.0m。实际施工采用内径为 3.6m。

b. 辐射排渗井深度。辐射排渗井的深度按贮灰场坝体降低浸润线要求和辐射排渗管施工作业及辐射排渗井构造要求确定。铁岭电厂贮灰场辐射排渗井布置如图 6.11－22 所示。

铁岭电厂贮灰场辐射排渗井的设计主要指标是：

沉井顶高程 118.00m，上层辐射排渗管高程 104.00m，两层辐射排渗管间距 2.0m，排水管预留排水水深 1.4m，排水管施工要求高度 0.8m，沉井底高程 99.80m，刃脚底高程 98.00m，沉井深度 20.0m。

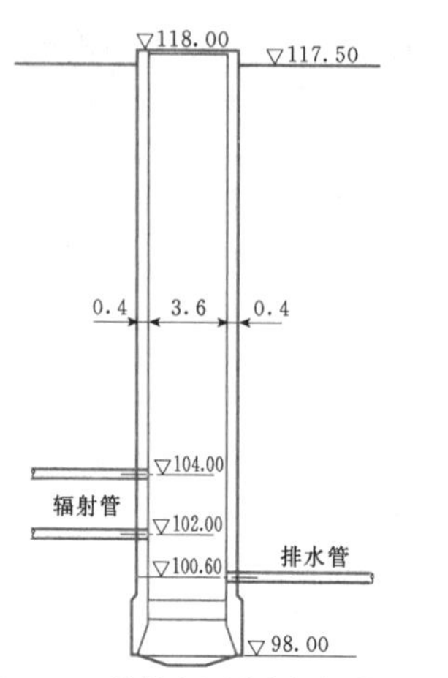

图 6.11-22 铁岭电厂贮灰场辐射排渗井布置图（单位：m）

2）辐射排渗井集渗能力。铁岭电厂贮灰场通过渗流计算比较了不同辐射排渗井方案的排渗量，计算工况分别为：二级子坝前无干滩和二级子坝前干滩长度 50m。渗流计算断面见图 6.11-23。

不同方案渗流计算得到的单个辐射排渗井排渗量计算结果见表 6.11-2。

由以上计算可见：

a. 辐射排渗管由 3 根增至 4 根或 6 根，辐射排渗井渗水量随之增加，但增加幅度不大。

b. 辐射排渗管由 1 层增至 4 层，辐射排渗井渗水量随之增加，以 2 层比 1 层辐射排渗效果增加幅度较大。

c. 辐射排渗管管径由 $D100\times5$mm 减小为 $D90\times8$mm、$D75\times5$mm 及 $D65\times7$mm 时，辐射排渗井渗水量随之减少，由于管径减小有限，故渗水量减少幅度不大。

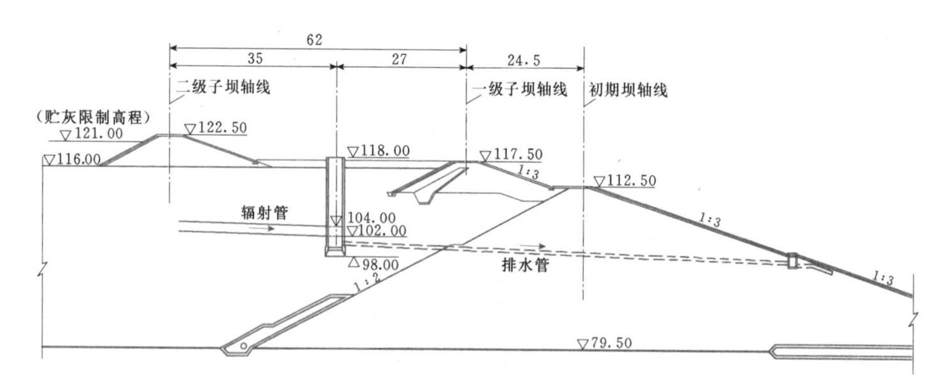

图 6.11-23 渗流计算断面图（单位：m）

表 6.11-2 单个辐射排渗井排渗量计算结果 单位：L/s

辐射管规格		$D100\times5$mm	$D90\times8$mm	$D75\times5$mm	$D65\times7$mm
一层辐射排渗管	3 根辐射排渗管	11.70	11.45	11.25	10.97
	4 根辐射排渗管	11.90	11.70	11.50	11.20
	6 根辐射排渗管	14.10	13.85	13.60	13.20
二层辐射排渗管	3 根辐射排渗管	23.40	22.90	22.50	21.90
	4 根辐射排渗管	23.80	23.40	23.00	22.40
	6 根辐射排渗管	28.20	27.70	27.20	26.40
三层辐射排渗管	3 根辐射排渗管	27.73	27.14	26.66	26.00
	4 根辐射排渗管	28.20	27.73	27.26	26.50
	6 根辐射排渗管	33.42	32.82	32.00	31.28
四层辐射排渗管	3 根辐射排渗管	29.48	28.85	28.35	27.64
	4 根辐射排渗管	29.99	29.48	28.98	28.22
	6 根辐射排渗管	35.53	34.90	34.27	33.26

d. 二层6根$D65\times7$mm辐射排渗管的单个辐射排渗井排渗量达26.4L/s，考虑辐射排渗井的井群影响系数0.75后为19.8L/s（未考虑淤堵影响），为达到降低浸润线的目的，要求辐射排渗管长度100m的排渗能力仅为1.29L/s，故采用两层6根$D65\times7$mm辐射排渗管的辐射排渗井可以满足降低浸润线要求。施工实际采用$D90\times8$mm辐射排渗管，其排渗量为27.7L/s，考虑井群影响系数后为20.8L/s，更能满足要求。

3）实际工程贮灰场辐射排渗井排渗量。

a. 金竹山电厂贮灰场辐射排渗井排渗量。金竹山电厂贮灰场3口辐射排渗井，实测总排渗量为1584m^3/d，即18.3L/s，平均每口井为528m^3/d，即6.1L/s。

b. 姚孟电厂贮灰场辐射排渗井排渗量。按$D127\times6$mm排水钢管用水力学法计算得到在不同井内水位时，排渗量为13.0～25.0L/s。按《给水排水设计手册》集取岸边地下水的计算公式计算得到排渗量为23.2L/s。

c. 各贮灰场辐射排渗井排渗量对比。各贮灰场辐射排渗井排渗量见表6.11-3。

表6.11-3 各贮灰场辐射排渗井排渗量

电厂名称		金竹山电厂	姚孟电厂		铁岭电厂
排渗量情况		实测量	排水管计算量	辐射排渗井计算量	辐射排渗井计算量
单井排渗量	m^3/h	22.0	46.8～90.0	83.5	71.3
	L/s	6.1	13.0～25.0	23.2	20.8

由现有工程辐射排渗井排渗量可见，铁岭电厂灰场每个辐射排渗井采用两层辐射排渗管布置，每层6根辐射排渗管的估算排渗量为20.8L/s，与现有工程辐射排渗井排渗量在同一数量级，因而本工程辐射排渗井排渗量可满足要求。

（3）排水管。铁岭电厂灰场每个辐射排渗井排水量$Q=20.8$L/s，排水管选用$D146\times5$mm的钢管，排水管纵坡$i=0.037$。

每座辐射排渗井布置一根排水管。排水管进口高程100.60m，距沉井底板0.8m，以便排水管施工作业。排水管穿过坝体，出口处设连接井，以便观测渗水量状况，并连接钢管将渗水引至灰水回收泵房。

经投资估算，深埋纵向排渗管方案和辐射排渗井方案的工程费用分别为2184万元和2182万元。鉴于辐射排渗井方案施工与二级子坝施工干扰少，且辐射管一旦堵塞失效可以清管或另打新管，恢复使用功能，故该工程采用辐射排渗井方案，2009年投入运行后排渗效果显著，有效降低了灰渣层浸润线，确保了一级、二级子坝的安全。

6.12 排水系统设计

贮灰场排水建筑物的功能是排除湿式贮灰场灰渣的澄清水或干贮灰场内的雨水；贮灰场泄洪建筑物的功能是排泄贮灰场所遭遇的小流域洪水。排水和泄洪建筑物统称为排水系统，排水和泄洪建筑物可采用分开单独设置或合并设置。

6.12.1 湿式贮灰场排水系统

湿式贮灰场的排水和泄洪建筑物一般采用合并设置为排水系统。

6.12.1.1 贮灰场排水系统型式

贮灰场排水系统由下列主要构筑物组成：排水竖井（或排水斜槽）、排水管（或隧洞）、消力池等。运行期排水系统经常排放的是水力除灰的澄清水，在洪水期，除洪水总量特大的山谷灰场外，一般兼排贮灰场流域汇集的洪水。排水系统型式的选择应根据贮灰场排水量大小、地形地质条件、运行管理要求以及施工条件等因素，经技术经济比较确定。

6.12.1.2 贮灰场排水系统布置

1. 山谷灰场排水系统的布置

湿式山谷灰场排水系统一般沿谷底一侧山坡布置，如遇Y形山谷，其排水系统也可布置成Y形。排水管线应力求短直，排水系统构筑物地基的勘测详见6.3节。

排水竖井（或斜槽）的布置，应满足排水系统在使用过程中的任何时候均能排泄灰场澄清水和洪水的要求，其溢流堰的顶部应随着堆灰高度逐步加高。贮灰场内通常设置两个或两个以上排水竖井（或斜槽）。第一个排水竖井的位置，要满足灰水澄清距离的要求，一般距初期坝不小于250m。同时，进水口高程要满足灰水尽早回收的要求。其余各井的位置按地势逐渐抬高，最后一座井应达到灰场尾部，其顶部高程高于最终贮灰高程1.0m，以充分利用贮灰场容积。各井排水口应有一定高度的重叠，一般为1.0m。图6.12-1为（排水竖）井—（排水）管式排水系统布置示意图。

2. 平原及滩涂灰场排水系统的布置

滩涂及平原灰场一般分格运行，采用井—管式排水系统，排水竖井由排水管连接排至灰水回收泵房或水域。当排水竖井设置在每格灰池的中央时，每格可设一座排水竖井，便于四周排灰，有利于后期子坝的

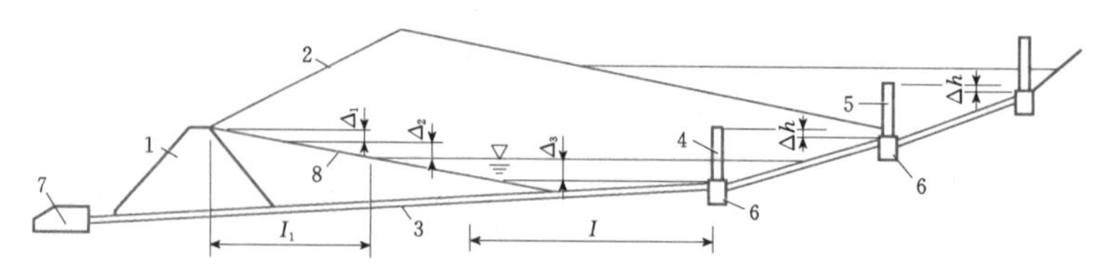

图 6.12-1　井—管式排水系统布置示意图

1—初期坝；2—子坝；3—排水管；4—第一个排水竖井（排水斜槽）；5—后续排水竖井（排水斜槽）；6—连接井或消力池（采取排水斜槽时有此构筑物）；7—消力池；8—坝前干滩；Δ_1—安全超高；Δ_2—调洪高度；Δ_3—蓄水高度；Δh—井筒重叠高度；I_1—干滩长度；I—澄清距离

加高。如果排水竖井布置在围堤边上，每格应布置两个竖井，竖井的距离要有足够的灰水澄清距离，以保证堤前均匀放灰，为后期加筑子坝创造条件。

6.12.1.3　排水竖井

井—管式排水系统要确定排水竖井的数量和每座排水竖井的型式、高度、井径和布置。

1. 排水竖井的型式

贮灰场排水竖井的主要型式有孔口式、框架挡板式、砌块式和井圈叠装式等，如图 6.12-2 所示。前两种为贮灰场经常采用的型式，后两种型式很少采用。

2. 排水竖井高度

排水竖井常采用圆形钢筋混凝土结构。山谷灰场排水竖井高度应通过排水系统的布置来确定，每个排水竖井的高度主要与沟谷的地形条件有关，要考虑初期坝高度、后期子坝加高要求和灰场运行要求。高度一般为 10～15m，但也有更高的，例如吉林热电厂来发屯贮灰场为灰水回收的需要，排水井高达 35m。平原及滩涂灰场的排水井高度根据初期坝高度和后期子坝加高要求确定。

3. 排水竖井的井径

排水竖井的井径主要与排水量有关。若山谷贮灰场的排水和泄洪建筑物合并为一个排水系统，其井径应根据调洪计算结果确定；如果排水和泄洪系统分开设置，其井径应分别按各自的计算结果确定。山谷灰场排水竖井的井径，考虑检修需要，排水管管径一般不小于 1.6m，与它相连接的排水竖井井径不小于 2.5m。平原及滩涂灰场的排水竖井主要是排放水力除灰的澄清水，井径一般为 1.5～2.0m。

4. 框架挡板式排水竖井

框架挡板式排水竖井是采用挡板封堵，挡板的尺寸应按其每块重量不超过 100kg 进行设计，挡板安装时，底部和两侧要用砂浆或其他材料封堵，以免漏水漏灰。挡板安装操作比较麻烦，但排水量大，故大型山谷灰场仍采用较多，如图 6.12-3 所示。

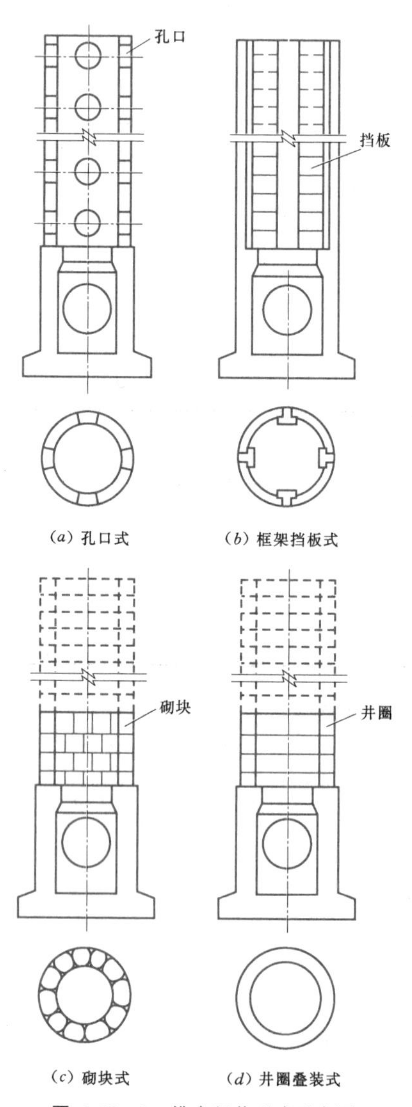

(a) 孔口式　(b) 框架挡板式

(c) 砌块式　(d) 井圈叠装式

图 6.12-2　排水竖井型式示意图

5. 孔口式排水竖井

排水孔一般采用螺旋形布置，以保证连续排水，在垂直方向上的孔距为 0.5m，在圆周方向按等分圆

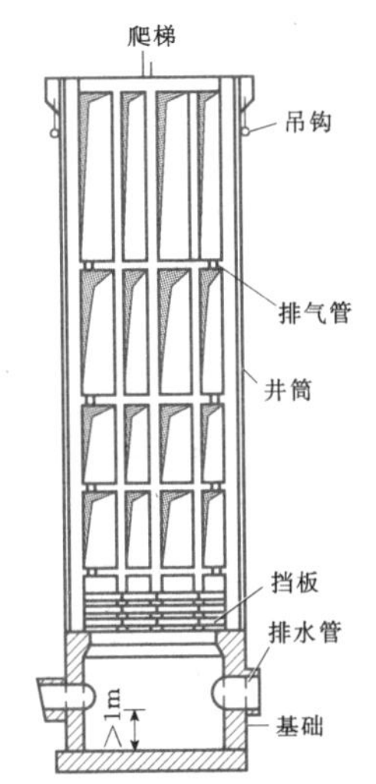

图 6.12-3　框架挡板式排水竖井

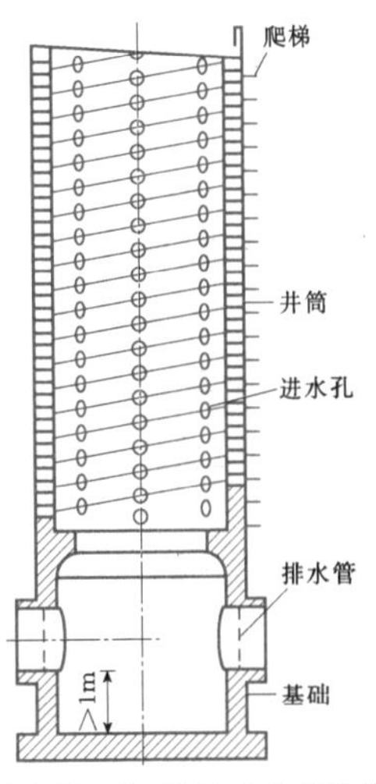

图 6.12-4　孔口式排水竖井

心角进行布置，对于井径 2.0～3.0m 的排水井，一般布置 8～12 个孔。排水孔以外大内小为宜，这样便于堵孔，水流条件也好。一般内壁孔径为 200mm，外壁孔径为 250mm，这样的孔径便于配筋。若需要的排水量较大时，宜增加排水孔的数量，而不要增大孔径，见图 6.12-4。

6.12.1.4　排水斜槽

1. 排水斜槽型式

排水斜槽一般由流槽和预制盖板组成，流量较小时，可设计成单格流槽；当流量较大，槽宽较大时，为减少盖板重量，可将斜槽分成双格或多格，其型式见图 6.12-5。

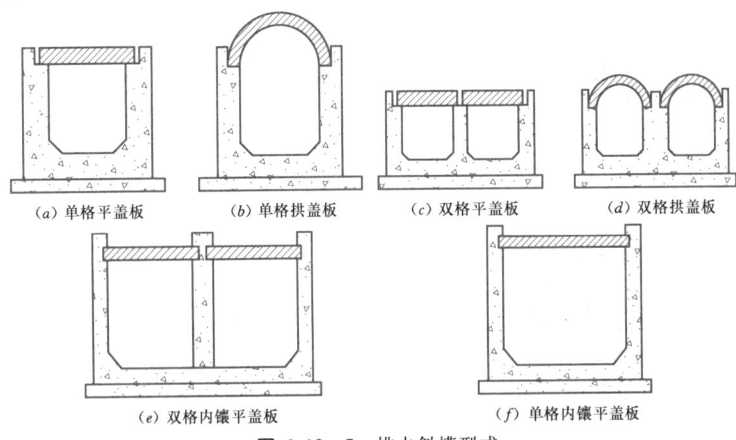

图 6.12-5　排水斜槽型式

2. 排水斜槽构造

盖板一般为平板，当上覆荷载较大时，可采用拱形盖板，斜槽盖板和槽身一般为钢筋混凝土结构。

排水斜槽在排水起始点以下做成封闭式的沟，以上为开口式沟加盖板。盖板的宽度以运行操作方便和控制水位高程适宜为原则，一般一块盖板所抬高的水位高程不得超过 0.5m，以 0.2m 左右为宜。

6.12.1.5　排水管

1. 排水管型式

贮灰场排水管的型式根据泄洪量、上覆荷载、地形地质情况、施工条件等因素而定，一般采用预制或现浇混凝土圆型或门洞型管，其型式见图 6.12-6。

2. 排水管构造

排水管的直径要通过水力计算确定。山谷灰场考虑检修要求，现浇钢筋混凝土管内径宜不小于 1.6m，每隔 15～20m 设一道变形缝。排水隧洞洞径宜不小于 2m。平原灰场的排水管内径宜不小于 0.8m，排水管最小纵坡宜不小于 0.3%。

6.12.1.6　消力池

1. 消力池型式

消力池的型式较多，由于灰场排水流量较小，经常采用的为冲击式消力池，图 6.12-7 为典型的消力

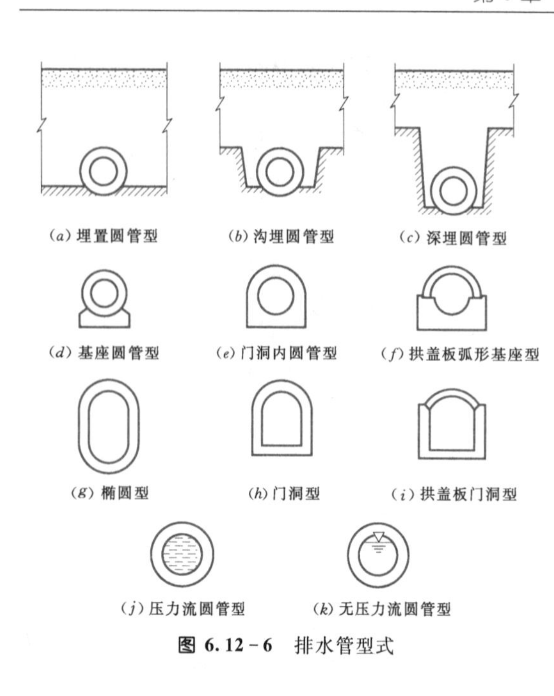

图 6.12-6 排水管型式

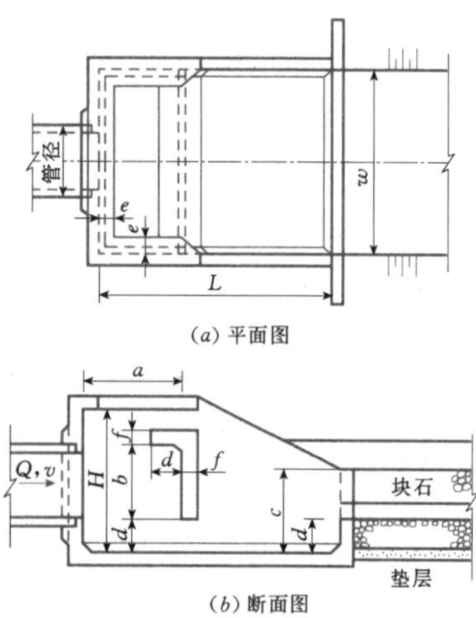

图 6.12-7 典型的消力池示意图

池设计图。

2. 冲击式消力池适用条件

(1) 用于管道和明渠的出水口工程，不需尾水。

(2) 入流速度不超过 15m/s。

(3) 流量不大于 $11.3m^3/s$，否则可分成几个消力池，并排布置。

3. 消力池尺寸

以消力池内宽度 w 为基准，图 6.12-7 中消力池各向尺寸如下：

$$H=(3/4)w,\quad L=(4/3)w$$

$$a=(1/2)w,\quad b=(3/8)w$$

$$c=(1/2)w,\quad d=(1/6)w$$

$$e=(1/12)w,\quad f=(1/12)w$$

式中 w——消力池内宽度；

d——入池水深，水流面积的平方根；

v——入流速度。

6.12.2 干式贮灰场排水系统

干式贮灰场排水和泄洪建筑物常采用分开单独设置，在贮灰场内设置排水建筑物排除灰场内雨水和渗水，在贮灰场周围设置泄洪建筑物（截洪沟和拦洪坝等）来排泄贮灰场所围小流域形成的洪水。

6.12.2.1 山谷干式贮灰场排水系统

1. 山谷干式灰场内排水与泄洪设计原则

(1) 山谷干式灰场内宜设置排水设施，并宜在一定高度的堆灰面以上设置泄洪设施。

(2) 山谷干式灰场排水构筑物的布置根据堆灰方案参照湿灰场有关要求确定，排水竖井和排水管的型式、尺寸和结构按泄洪能力及施工要求确定。现浇钢筋混凝土排水管内径宜不小于 1.6m，预制钢筋混凝土排水管内径不宜小于 0.8m。

(3) 山谷干灰场灰坝下游宜设置消力池及集水池，集水池收集部分雨水用于灰面喷洒等。

(4) 为有效排除贮灰场底部的积水和渗水，可在排水管顶部预留进水孔眼，并设置反滤层。贮灰场运行期间有条件时可先在排水管顶铺设厚度不小于 1.0m 炉底渣作为反滤层。

(5) 山谷干式灰场设置了排水及排渗设施，可从下游初期挡灰坝开始采用自下游向上游逐渐堆灰的方式，尽快形成满足防洪标准的蓄洪容积。

(6) 当灰面达到最终贮灰高程进行覆土以后，雨水很难下渗。为解决灰场覆土后排水问题，在堆灰顶面覆土时，应使顶面有一定坡度坡向灰场后部，使雨水可以经灰场后部的排水井或其他排水设施排出。

(7) 覆土后的灰面，应沿马道设置纵向排水沟，坡面每隔约 30～50m 再设置横向排水沟，并与坡脚处的排水沟形成排水沟网，利于排泄雨洪，并保护坡面不受雨水冲刷破坏。

2. 截洪沟的设计原则

(1) 对于地形宽阔、山坡较缓的山谷干灰场宜设置截洪沟，拦截灰场一定高程以上流域面积的洪水，将其排到灰场之外。

(2) 山谷干灰场初期截洪沟的高程宜定在贮灰年限 10 年的初期征地高程处，必要时可进行不同高程截洪沟的技术经济比较。截洪沟设计标准宜按重现期 10 年一遇的洪水考虑，当灰场下游有重要工矿企业和居民区等时，可适当提高截洪标准。

(3) 截洪沟断面及结构型式可结合地形、地质条件及洪水流量，结合当地建筑材料情况分段确定。一般采用矩形或梯形断面的浆砌石结构。

（4）灰场运行期间要定期巡视检查截洪沟，发现淤堵、坍塌等状况随时进行清理修补。

（5）在建造下游灰坝之前的枯水期宜先完成截洪沟的施工，使灰场上游来水排至灰场以外，而不影响下游灰坝的施工。当下游灰坝工程竣工后灰场才可投入运行使用。

3. 拦洪坝的设计原则

（1）对于狭长型山谷干灰场，若上游流域面积较大、洪水量较大，采取其他截洪、排洪型式也无法满足贮灰场防洪泄洪要求时，可采用上游拦洪坝的截洪型式。

（2）拦洪坝防洪标准应按干灰场的级别参照表6.2－3执行，拦洪坝设计应不低于水利工程相应标准。

（3）拦洪坝的设计应根据调洪演算优化确定调蓄库容、坝高和排洪设施。调洪演算可采用水量平衡法进行计算。

（4）拦洪坝坝型设计可参照有关水工建筑物的设计规范、手册，并结合地形、地质条件等确定。

（5）拦洪坝的筑坝材料一般使用当地材料。

（6）与拦洪坝配套的排洪设施的设计应根据地形、地质条件，经过技术经济优化比较确定。一般采用排水管将洪水引至灰场下游，亦可采用溢洪道或泄洪隧洞将洪水排至邻近山沟。

（7）拦洪坝应在枯水期完成施工，使灰场上游洪水不进入灰场，不影响下游灰坝及其他设施的施工。

6.12.2.2 滩涂干灰场排水系统

（1）当滩涂干灰场有外来洪水时应设置截洪沟，将洪水导至灰场外。截洪沟设计标准可参考山谷干灰场的有关规定。

（2）滩涂干灰场内一般可不设置排水设施。灰场内雨水可暂时贮存在灰场远端的灰格内，澄清水可用水泵抽取用作灰面喷洒降尘。

6.12.2.3 平原干灰场排水系统

平原干灰场内一般可不设置排水设施。灰场区域内的雨水除被干灰渣吸附部分外，其余部分可汇集在地势低洼处集水池内，用于灰面喷洒降尘。但对受客水汇入影响大及降雨量大的地区是否设置排水设施应按具体工程条件通过技术分析确定。

6.12.3 排水系统的水力计算

贮灰场排水系统经常采用排水竖井—排水管（隧洞）式排水系统或排水斜槽—排水管（隧洞）式排水系统。排水竖井和排水管的水力计算分述如下。

6.12.3.1 排水竖井的泄流计算

1. 孔口式排水竖井的水力计算

（1）当排水孔口为水平排列时，泄流计算分为下列两种工况。

1）水位在排水孔口以内时泄流量计算公式：

$$q_1 = nAd^{2.5} \tag{6.12-1}$$

式中 q_1——井壁一周排水孔的泄流量，m^3/s；

n——井壁一周排水孔口的数量；

A——圆孔堰系数，根据 H_o/d，查图6.12－8可得；

d——排水孔直径，m；

H_o——孔口底以上水头，m。

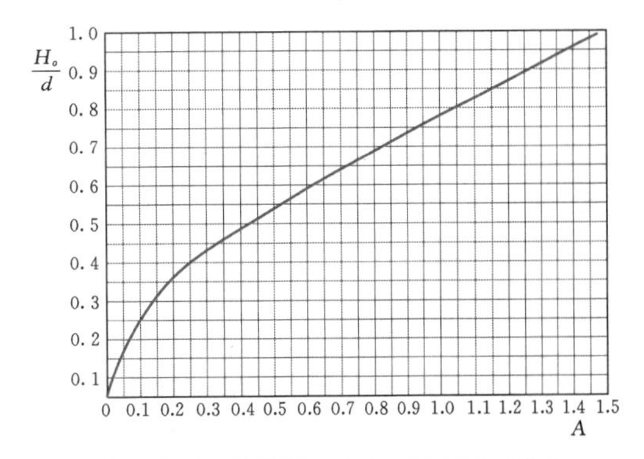

图 6.12－8 圆孔堰系数 $A—H_o/d$ 关系曲线

2）水位在排水孔口以上时泄流量的计算公式：

$$q_1 = n\mu\omega\sqrt{2gH_i} \tag{6.12-2}$$

式中 ω——排水孔面积，m^2；

H_i——排水孔中心线以上水头，m；

μ——流量系数。

μ 值实际上变化不大，为简化计算，将式（6.12－2）改为下列计算公式：

$$q_1 = 2.7n\omega\sqrt{H_i} \tag{6.12-3}$$

其中 $$H_i = H_o - \frac{d}{2}$$

（2）当排水孔口为螺旋排列、螺距为0.5m时，泄流计算分为下列两种工况。

1）水位在排水孔口以内时泄流量的计算公式：

$$q_2 = Ad^{2.5} \tag{6.12-4}$$

式中 q_2——某一个排水孔的泄流量，m^3/s。

2）水位在排水孔口以上时泄流量计算公式：

$$q_2 = \mu\omega\sqrt{2gH_i} \tag{6.12-5}$$

将式（6.12－5）改为下式计算更为方便：

$$q_2 = 2.7\omega\sqrt{H_i} \tag{6.12-6}$$

2. 框架挡板式排水竖井的泄流计算

框架挡板式排水竖井由于排泄洪水能力大，堰上水头一般不超过 2m，可按自由出流计算泄流量。如果水头超过 2m 或更大时，其泄流属于淹没出流，淹没系数较难确定，其泄流量应通过模型试验确定。堰上水头小于 2m 时，按自由出流的计算公式为

$$q = nm\delta b\sqrt{2g}H_y^{2/3} \tag{6.12-7}$$

式中 q——泄流量，m^3/s；

n——排水方孔数量；

m——堰流量系数；

δ——堰顶厚度，m；

b——一个排水方孔的宽度，m；

H_y——溢流堰泄流水头，m。

$\dfrac{\delta}{H_y}<0.67$ 时，堰流量系数按薄壁堰计算：

$$m = 0.405 + \frac{0.0027}{H_y}$$

$0.67<\dfrac{\delta}{H_y}<2.5$ 时，堰流量系数按实用堰计算：

$$m = 0.36 + 0.1 \times \frac{2.5 \times \dfrac{\delta}{H_y}}{\dfrac{2+\delta}{H_y}}$$

6.12.3.2 圆形排水管（隧洞）的水力计算

圆形排水管（隧洞）应采用钢筋混凝土结构。山谷贮灰场现浇钢筋混凝土管内径宜不小于 1.6m，滩涂和平原灰场预制钢筋混凝土管内径宜不小于 0.8m，隧洞的内径宜不小于 2.0m。排水管（隧洞）纵坡宜不小于 0.3%。

圆形排水管（隧洞）的水力计算可参见《水工设计手册》（第 2 版）第 1 卷有关章节，分别按照非满流、压力流不同工况进行。排水管（洞）较长，局部水头损失有时可以忽略不计。

6.12.4 排水系统工程实例

6.12.4.1 谏壁电厂五期经山湿灰场排水系统

谏壁电厂自 20 世纪 50 年代末、60 年代初开始建设，至 80 年代后期共建五期工程，建有松林山灰场、真观山灰场、经山灰场及四零山事故灰场。

该电厂采用水力除灰系统，设有 3 根直径 500mm 的灰管，单根长约 21km，可输灰至各个灰场。

经山灰场位于电厂东南部约 24km 处。该灰场初级坝坝顶高程为 55.00m，终期坝设计坝顶高程为 80.00m，贮灰场总容积 2500 万 m^3。

经山灰场建有完善的灰场排水设施和灰水回收设施。贮灰场雨水通过排水系统经白龙沟进入太平河后排入长江，而灰水通过回水泵房由直径 325mm 钢管输送回电厂。该灰场建 1 座主坝和 3 座副坝。副坝坝顶高程 80.00m 一次建成。主坝分期建设，初期坝坝顶高程 55.00m，1%洪水位 54.50m，洪水总量 42.5 万 m^3；5%洪水位 54.00m，洪水总量 25.1 万 m^3。雨洪时以蓄为主，留有一定防洪库容。贮灰顶面高程 53.87m。主坝最终坝顶高程 80.00m，1%洪水位 79.50m，5%洪水位 79.00m，贮灰顶面高程 79.12m。雨前贮灰场灰渣层表面一般保持水深 30mm，以免扬灰污染。

经山灰场排水系统如图 6.12-9 和图 6.12-10 所示。该灰场排水系统的排水管主要特性见表 6.12-1。

表 6.12-1 谏壁电厂五期工程经山灰场排水管主要特性

节点编号	G	G'	G''	H	H'	I	I'	J	K
水平距离(m)	56	80.38	61.0	87.0	107.0	58.0	72	318.82	
坡降 i	0.0107	0.1244	0.0527	0.0527	0.0128	0.0329	0.0128	0.0128	
管内底高程(m)	39.60	39.00	29.00	25.785	21.20	21.00	19.09	18.17	14.10
管道内径(mm)	2×DN800	1×DN1200	1×DN1200	1×DN1200	1×DN1200	1×DN1200	1×DN1200	1×DN1200	

6.12.4.2 华能福州电厂湿灰场排水系统

1. 贮灰场概况

华能福州电厂一期工程 2×350MW 燃煤机组于 1988 年投产。电厂贮灰场位于福建省长乐市航城镇五竹村，在电厂东南方约 4.5km 处。灰场坐落在五竹溪上游，拦截芹山沟和燕洋沟汇合口，形成一座山谷灰场。

电厂一期工程贮灰场按规划终期坝顶高程 77.00m，一期工程贮灰场包括贮灰场的初期坝和芹山沟灰场排水系统及燕洋沟引洪系统。初期坝为带堆石排水棱体的石渣坝。坝顶高程 45.00m，最大坝高 40.0m，坝顶长 345.0m，限制贮灰高程 41.00m。相应贮灰容积 300 万 m^3，可供一期工程贮灰 10 年。一期贮灰场于 1989 年 6 月竣工。

燕洋沟引洪系统设置在初期坝左岸高程 72.00m 以上，由拦洪坝、引洪渠、陡坡段和消力池组成，可将燕洋沟洪水排入下游天然河道。

灰场排水系统建在芹山沟内，由 3 座内径 4.1m

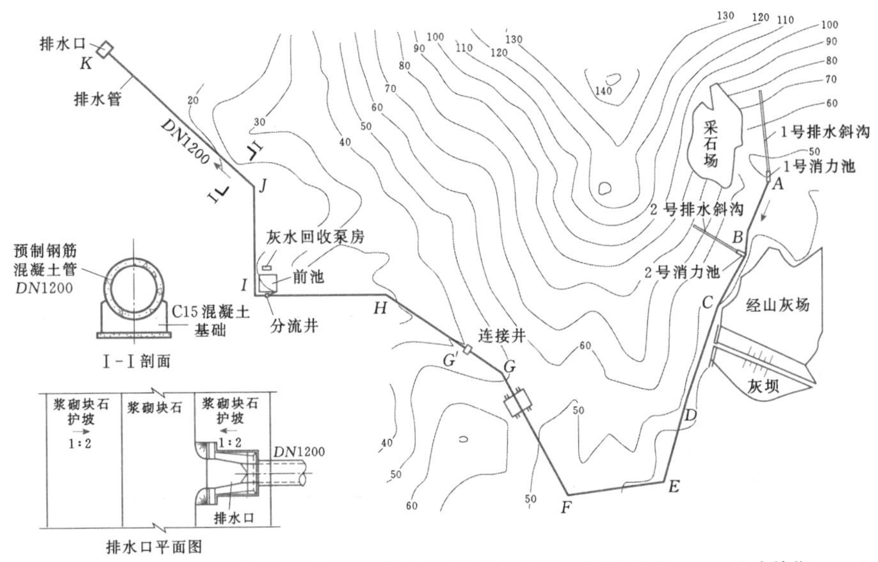

图 6.12-9 谏壁电厂五期工程经山灰场排水系统平面布置图（高程单位：m；尺寸单位：mm）

A～B—排水沟；B～K—排水管

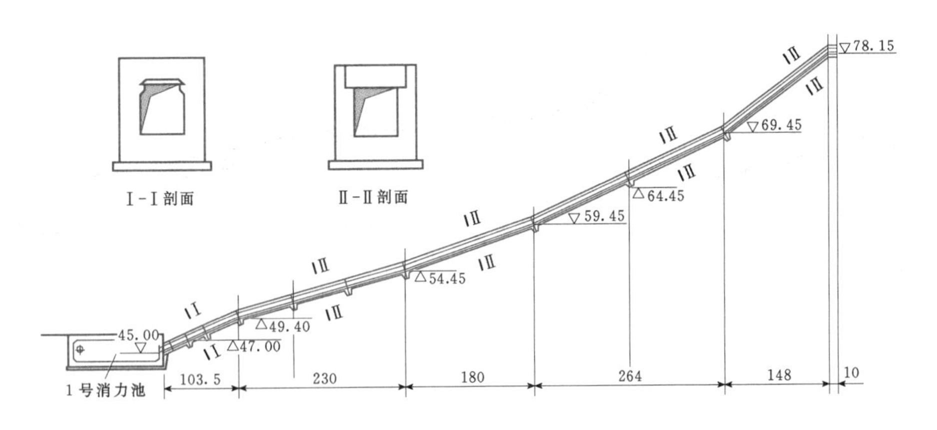

图 6.12-10 谏壁电厂五期工程经山灰场1号排水斜沟纵剖面图（单位：m）

排水井（分别为1号、2号、3号排水井），下接一条内径3.0m钢筋混凝土排水管、一座消力池及尾水渠组成。排水管穿过右岸坝基，经消力池将澄清灰水及芦山沟洪水引入天然河道五竹溪。

二期工程扩建2×350MW燃煤机组于1999年投产，难以找到合适的新灰场，1999年7月第一级子坝加高设计时，按电厂发电机组运行寿命30年要求，对现有贮灰场进行重新规划，就地扩容，确定贮灰场最终坝顶高程为99.00m。贮灰场总体规划分两个梯级进行子坝加高，从初期坝顶高程45.00m加高到高程77.00m，共分6级子坝，形成第一梯级坝。第二梯级坝位于芦山沟口，在灰渣沉积层顶面高程74.00m加高到99.00m，形成第二梯级坝。

贮灰场总体规划布置见图6.12-11。贮灰场排水系统布置剖面见图6.12-12。

贮灰场现有排水系统由3座高程相互衔接的直径4.1m的排水竖井，下接一条直径3.0m的钢筋混凝土排水管、一座消力池及尾水渠组成。2号排水井和3号排水井的竖向布置与各级子坝的限制贮灰高程的关系见图6.12-13。

1～2号排水井之间管长217m，壁厚700mm，环向钢筋ϕ25mm，间距80mm。2～3号排水井之间管长293m，壁厚650mm，环向钢筋ϕ22mm，间距120mm。

排水竖井为框架式钢筋混凝土结构，框架由8根450mm×350mm的立柱及200mm×400mm的圈梁构

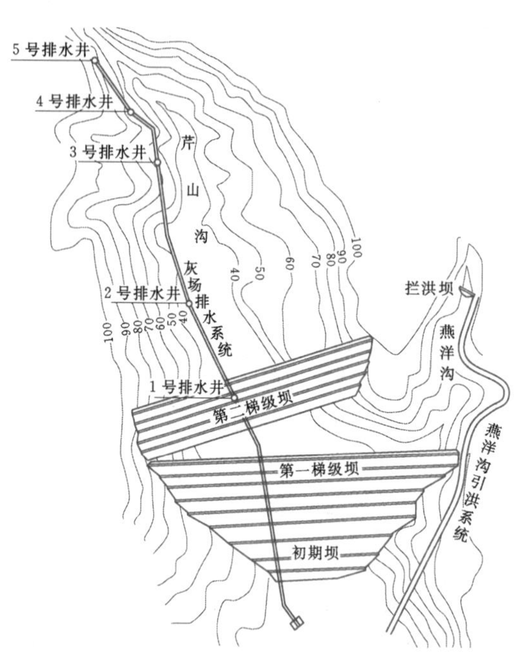

图 6.12-11　贮灰场总体规划布置图（单位：m）

成，两层孔口间的高度为3.0m。排水竖井结构见图6.12-14。

2. 排水系统泄洪能力计算

进行贮灰场调洪演算验证现有排水系统泄流能力，计算分析兴建第二梯级坝后排水管结构安全性。

本工程灰坝设计标准为一级，设计洪水为重现期100年，校核洪水为重现期500年。贮灰场遭遇的芹山沟的设计和校核洪峰流量和洪量见表6.12-2。

表 6.12-2　　芹山沟洪峰及洪量

洪水重现期（年）	洪峰流量（m^3/s）	洪　量（万 m^3）
100	113	185.29
500	142	225.09

根据洪水过程线、贮灰场容积曲线和排水系统泄流曲线，采用试算法进行调洪演算确定泄洪流量和调洪水位。分别在2号排水井或3号排水井相应各级子坝的限制贮灰高程情况下对各方案进行调洪计算。调

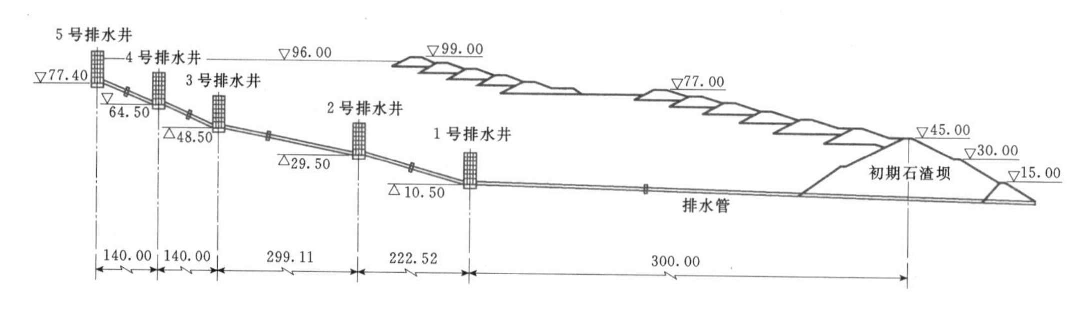

图 6.12-12　贮灰场排水系统布置剖面图（单位：m）

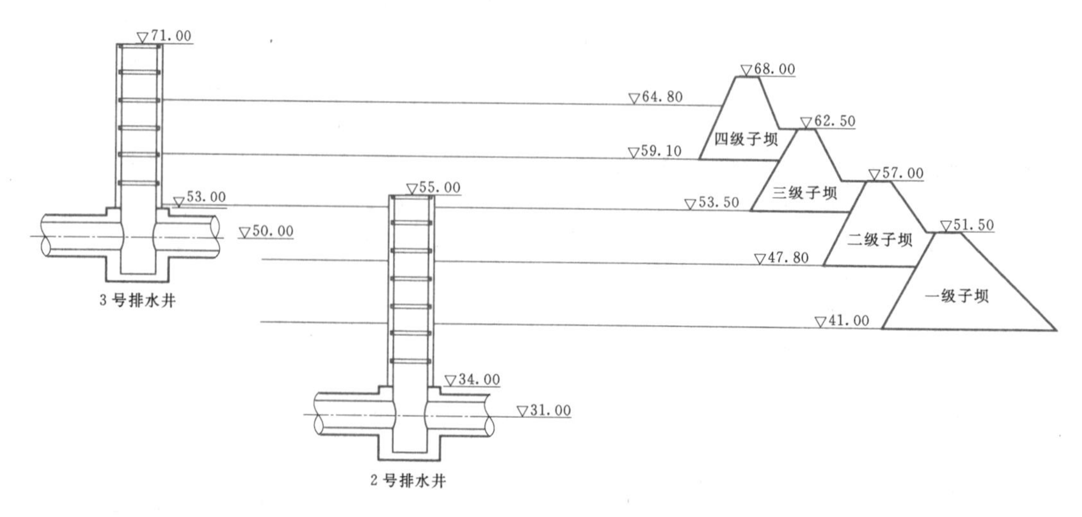

图 6.12-13　排水井竖向布置与各级子坝限制贮灰高程的关系（单位：m）

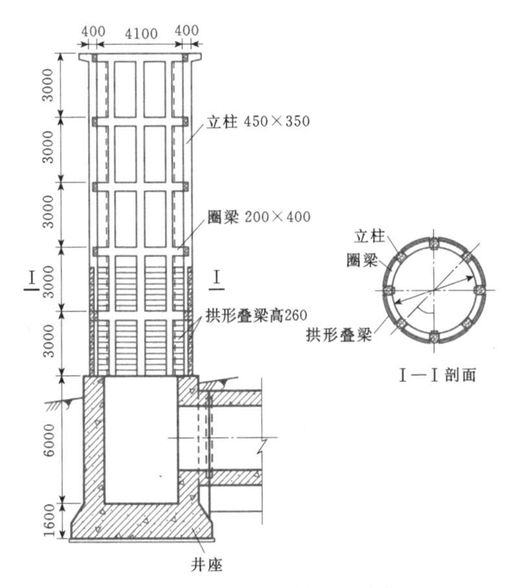

图 6.12-14 排水竖井结构图（单位：mm）

洪演算结果见表 6.12-3 和表 6.12-4。

表 6.12-3 第一级子坝调洪演算结果

洪水重现期（年）	排水管方案	排水管直径（m）	最高洪水位（m）	最大泄洪流量（m^3/s）
100	原设计	3.00	49.86	43.2
	加固方案 1	2.60	49.86	43.2
	加固方案 2	2.86	49.86	43.2
500	原设计	3.00	50.40	48.1
	加固方案 1	2.60	50.40	48.1
	加固方案 2	2.86	50.40	48.1

表 6.12-4 第二级子坝调洪演算结果

洪水重现期（年）	排水管方案	排水管直径（m）	最高洪水位（m）	最大泄洪流量（m^3/s）
100	原设计	3.00	55.45	36.2
	加固方案 1	2.60	55.64	27.7
	加固方案 2	2.86	55.50	33.2
500	原设计	3.00	56.03	38.1
	加固方案 1	2.60	56.34	29.4
	加固方案 2	2.86	56.11	35.0

由于电厂扩建增容使贮灰场最终坝顶高程提高，电厂一期工程已建成的排水系统排水管的强度不满足第二梯级坝加高的要求，需要进行加固。加固方案如下：加固方案 1 为衬砌厚 200mm 的钢筋混凝土，加固后排水管内径由 3.0m 减小为 2.6m。加固方案 2 为喷射厚 70mm 聚合物纤维混凝土，加固后排水管内径由 3.0m 减小为 2.86m，糙率由 0.014 增大到 0.023。排水管泄流能力按 3 种工况计算：原设计，管径 3.0m，糙率 0.014；加固方案 1，管径 2.6m，糙率 0.014；加固方案 2，管径 2.86m，糙率 0.023。排水管为半压力流。根据管道半压力流计算公式可以得到该工程排水管泄流能力计算式如下：

（1）原设计：

$$Q = 15.59H^{\frac{1}{2}} \tag{6.12-8}$$

（2）加固方案 1：

$$Q = 11.69H^{\frac{1}{2}} \tag{6.12-9}$$

（3）加固方案 2：

$$Q = 14.15H^{\frac{1}{2}} \tag{6.12-10}$$

按排水系统泄流能力计算的各种表达式：排水井自由泄流、排水井井口泄流、排水管半压力流，可分别得到在各级子坝限制贮灰高程时 2 号排水井和 3 号排水井的泄流量与洪水位的关系，见图 6.12-15 和图 6.12-16。两条线段的交点为两种流态的过渡点，连接起始点及各过渡点的曲线即为所求的排水系统泄流量与洪水位关系曲线，即图中 $a—b—c—d$ 为排水系统的泄流曲线，其中排水井与排水管泄流曲线交点 c 分别指：c_1 为方案 1 管径 2.6m 的排水管泄流曲线过渡点；c_2 为方案 2 管径 2.86m 的排水管泄流曲线过渡点；c_3 为原设计管径 3.0m 的排水管泄流曲线过渡点。

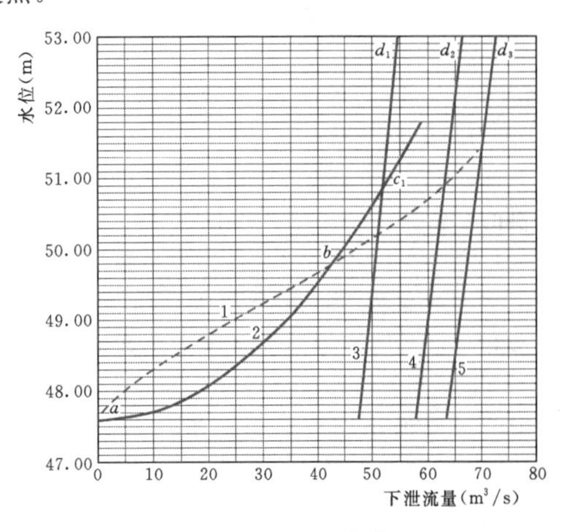

图 6.12-15 第一级子坝贮灰高程 47.80m、2 号排水井泄流曲线

1—排水井自由泄流；2—排水井井口泄流；3—管径 2.6m 排水管管口控制半压力流；4—管径 2.86m 排水管管口控制半压力流；5—管径 3.0m 排水管管口控制半压力流

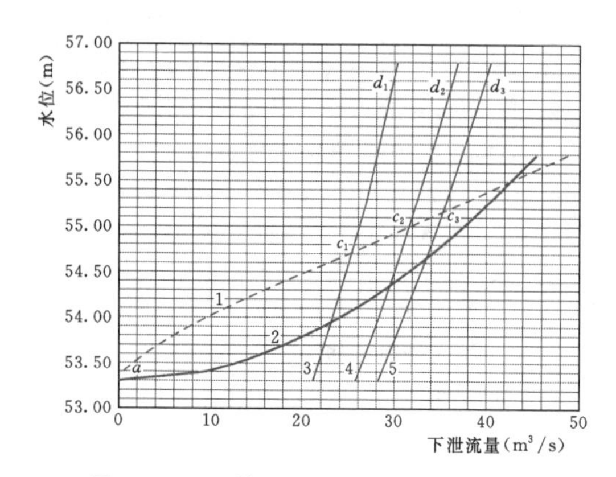

图 6.12-16 第二级子坝贮灰高程 53.50m、3号排水井泄流曲线

1—排水井自由泄流；2—排水井井口泄流；3—管径 2.6m 排水管管口控制半压力流；4—管径 2.86m 排水管管口控制半压力流；5—管径 3.0m 排水管管口控制半压力流

3. 排水系统泄流能力计算成果分析

(1) 第一级子坝。由表 6.12-3 可知，在第一级子坝限制贮灰高程 47.80m、排水管内径为 3.00m、2.86m 和 2.60m 时，2号排水井泄流演算结果是：设计洪水调洪后最高洪水位均为 49.86m；校核洪水调洪后最高洪水位均为 50.40m。从图 6.12-13 可以看出，当水位为 49.86m 和 50.40m 时，排水系统均运行在排水井井口泄流的流态。这说明在第一级子坝限制贮灰高程 47.80m 时管径从 3.0m 缩小到 2.6m 对排水系统的泄流能力没有影响。

第一级子坝坝顶高程按 DL/T 5045—2006 确定：设计洪水调洪后最高洪水位 49.86m 加安全超高 1.50m 为 51.36m；校核洪水调洪后最高洪水位 50.40m 加安全超高 0.70m 为 51.10m。取第一级子坝坝顶高程 51.50m（见图 6.12-13），能够满足贮灰场防洪的安全要求。

(2) 第二级子坝。由表 6.12-4 可知，在第二级子坝限制贮灰高程 53.50m，排水管内径为 3.00m、2.86m 和 2.60m 时 3 号排水井泄流演算结果是：设计洪水调洪后最高洪水位分别为 55.45m、55.64m 和 55.50m；校核洪水调洪后最高洪水位为 56.03m、56.34m 和 56.11m。表明排水管管径改变后，排水系统的泄流能力改变，管径起控制作用。当排水管加固采用管径 2.6m 时，需要第二级子坝坝顶高程设计洪水时为 57.14m，校核洪水时为 57.04m，都超过规划的第二级子坝坝顶高程 57.00m（见图 6.12-13），不能满足灰场防洪安全的规范要求。

若 2 号排水井与 3 号排水井共同承担泄洪任务，由调洪演算可知，此时排水系统的泄洪能力能够满足第二级子坝坝顶高程 57.00m 要求。因此，在 3 号排水井投运后，在第三级子坝建成之前，不应关闭 2 号排水井，以解决由于排水管管径缩小引起的排水系统泄流能力不足的问题。

(3) 排水管加固方案。该工程采用排水管内衬 200mm 钢筋混凝土的加固方案，上述调洪演算说明，排水管直径由 3.0m 减为 2.6m 的泄洪能力可以满足防洪要求。对衬砌混凝土的加固方案进行的应力计算表明，加固后的排水管结构应力峰值明显降低，加固后排水管能够满足规范要求，排水管安全可靠。

6.12.4.3 蚌埠发电厂猫家洼干灰场排水系统

蚌埠发电厂一期工程于 2005 年开始建设，至 2008 年建成投产。电厂采用灰渣分除方式。除综合利用外，剩余的灰、渣、石膏利用汽车运输至猫家洼干灰场中贮存。猫家洼灰场位于怀远县孝仪乡新城口村东面的山谷中。

一期灰场（含截洪沟）征地范围为近灰坝侧按 55.00m 等高线，远离灰坝侧按 56.00m 等高线。贮灰场容积约 320 万 m^3，可满足电厂一期贮灰约 5.4 年。

猫家洼灰场排水系统包括截洪沟、集水井和排水盲沟等。

1. 灰场截洪沟

在山谷灰场内环山修建南、北两条截洪沟，将拦截的山洪直接排至灰坝下游河道中。北支频率为 10%的洪水总流量达 22.4m^3/s，南支洪水总流量 24.0m^3/s。截洪沟采用梯形断面浆砌块石，水泥砂浆抹面。截洪沟北支起点截面底宽 1.50m，设计水深 1.50m，沟底高程 53.00m；北支终点底宽 2.20m，设计水深 2.20m，沟底高程 48.48m，北支截洪沟总长约 1910m；截洪沟南支起点截面底宽 1.80m，设计水深 1.80m，沟底高程 52.70m；南支终点底宽 2.30m，设计水深 2.30m，沟底高程 48.64m，南支截洪沟总长约 1780m。截洪沟与原下游河道通过排水口接顺。

2. 灰场集水井及排水盲沟

干式贮灰场下游设初级坝为堆石棱体，堆灰方式自下游向上游分层堆灰碾压，灰面坡向上游。

灰场内距离灰坝约 130m 处设有集水井，随着堆灰面高程增加，采用钢筋混凝土叠梁调整进水高程，将灰面雨水集中排放至灰场外的灰场管理站内灰水沉淀池，经沉淀、加酸处理后用于灰面防尘洒水和运灰汽车冲洗。

灰渣场内还敷设排水盲沟，盲沟内汇集的雨水连同坝脚排水沟的雨水集中排放至灰坝下游集水池。集水池内安装灰水泵，用于将池内集水排至灰场管理站内的灰水沉淀池。

猫家洼灰场排水系统设计见图6.12-17。

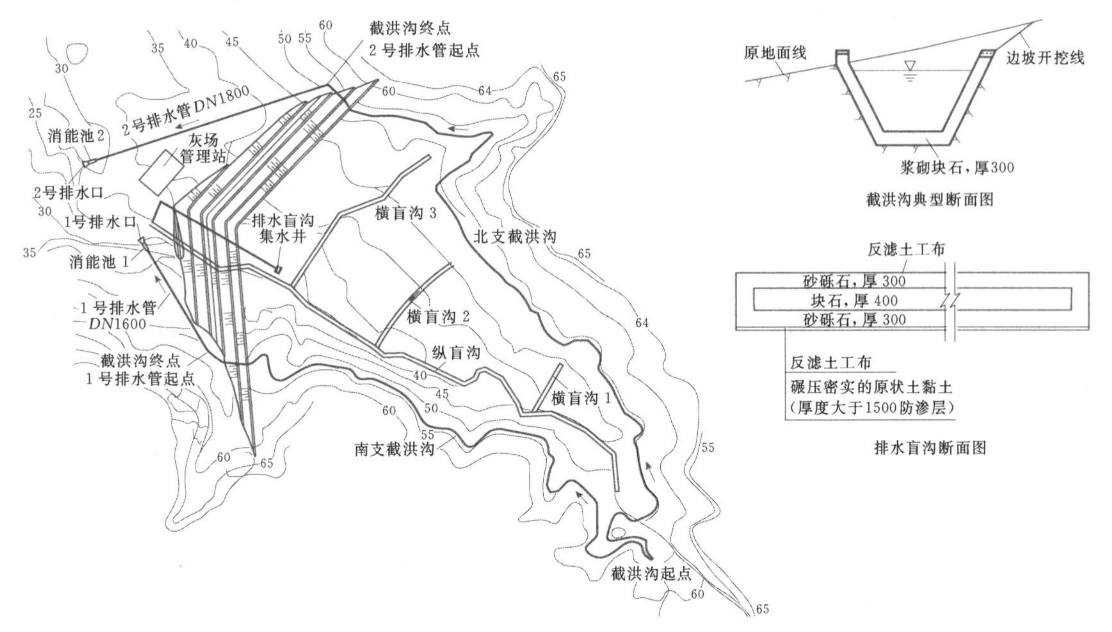

图6.12-17 蚌埠发电厂猫家洼灰场排水系统布置图（高程单位：m；尺寸单位：mm）

6.13 贮灰场环境保护设计

6.13.1 贮灰场的环境保护要求

6.13.1.1 贮灰场的主要环境问题

灰坝设计不仅要考虑灰坝等建筑物的安全，而且应妥善处理贮放灰渣引起的环境问题。灰渣贮放涉及的环境问题主要包括地下水环境和大气环境两个方面。

1. 贮灰场地下水环境问题

湿式贮灰场建成投入运行开始，由于水力输送灰渣和降雨等原因，渗漏问题就会一直存在。贮灰场渗漏，一方面有可能造成其周围区域地下水水位的抬高；另一方面灰渣中遇水溶出的某些化学成分会随水渗入地下，有可能对下覆地层甚至地下水的质量造成不利影响。对于湿灰场，为了节约用水及避免灰水外排造成的地表水环境问题，国内湿灰场普遍建立了灰水回收系统，但是灰渣采用水力输送方式，冲灰水会滞留于灰场内，若贮灰场地层防渗性能较差，大量的冲灰水将会渗入地下，而引起地下水环境问题。早期的贮灰场很少采取渗漏控制措施，有的贮灰场渗漏使附近地下水水位升高，造成周围土地沼泽化，而不得不采取工程措施，个别电厂甚至将贮灰场附近的村庄迁至他处。虽然我国从20世纪80年代就开始了贮灰场灰水质量的监测，并限制灰水的随意排放，但直到现在，对地下水水质和水位变化进行定期监测的贮灰场还很少。干式贮灰场的渗漏主要是降雨冲刷灰体可能污染附近土地和地表水，因其水量有限，地下水环境问题没有湿式贮灰场那样突出。

为了避免渗漏污染地下水，贮灰场的建设应尽量选取渗透性较低的地层，尽量减少贮灰场的渗漏水量。若天然地层不能有效地防渗，应考虑设置人工隔渗层。

2. 贮灰场扬灰造成的大气环境问题

由于粉煤灰颗粒细小，比重低，遇风极易飘移他处。在干式贮灰场和湿式贮灰场运行过程中，都存在比较严重的扬灰问题。特别是在北方地区，由于干旱少雨，扬灰造成的大气污染尤其严重。近年来，因扬灰污染周边大气环境受到罚款或引起民事纠纷的电厂已非少数。

3. 贮灰场外排水造成的地表水环境问题

湿式贮灰场是采用水力排放灰渣，灰场内蓄积的灰水悬浮物含量、pH值等超标，灰水直接外排会造成地表水环境污染，需要采取措施处理后排放。近年来为节约用水及避免灰水外排造成地表水环境问题，湿式贮灰场普遍建立了灰水回收系统，基本实现了灰水“零排放”，贮灰场外排水造成的地表水环境问题已不突出；但是干式贮灰场运行过程中，降雨冲刷灰体也有可能使粉煤灰外泄污染附近土地和地表水，因此干式贮灰场工程中严格规定：在贮灰场外围设置截洪沟及在贮灰场周边设置必要拦蓄和处理措施。

6.13.1.2 贮灰场渗漏特性

1. 灰渣的渗透性

灰渣的渗透系数为 $10^{-5}\sim10^{-3}$ cm/s，国内灰渣的渗透系数大多为 10^{-4} cm/s。炉底渣的颗粒比粉煤灰粗，渗透性要大些。湿式贮灰场沉积灰与干式贮灰场压实灰相比，前者的渗透性具有明显的各向异性和不均匀性。各向异性归因于灰渣水力排放和成层沉积，灰体的水平向与垂直向渗透系数之比一般约为2～7；不均匀性系由水力排放灰渣分选作用所致，其渗透性随离开贮灰场排灰口距离的不同而变化。干灰场压实灰的渗透系数随压实密度增加而略有减少，凝硬作用也能使渗透性随时间而略有变小。详见6.5节。

2. 地下水渗漏机理

(1) 贮灰场渗漏的发展过程。自贮灰场建成投入运行之时起，贮灰场即开始存放灰水，灰水开始向贮灰场地层渗漏；其后随着灰渣存放量的增加，贮灰场内的灰水面高程逐渐增加，渗漏继续发展。贮灰场运行结束后残存的灰水将继续渗漏，贮灰场内沉积灰渣由基本处于饱和状态过渡到非饱和状态，贮灰场渗漏水的来源也由灰渣排放的灰水为主逐渐变为贮灰场降雨入渗水。贮灰场渗漏的发展过程一般可归纳为如图6.13-1 (*a*) ～ (*d*) 所示四个阶段。

1) 渗漏初发期［见图6.13-1 (*a*)］。此阶段贮灰场渗漏水向下卧地层运动，尚未与地下水接触。灰水的入渗局限于贮灰场底部到地下水面以上的非饱和区域，属于非饱和渗流问题。这一时期在地下水面以上的非饱和地层内存在一湿润锋面，渗流方向向下，渗漏主要造成非饱和地层土体含水量的增加，不会造成地下水位抬高，同时也不会对地下水造成污染。

2) 渗漏发展期［见图6.13-1 (*b*)］。渗漏的继续发展使渗漏水与地下水相接，虽然部分地层仍有蓄水能力，但渗漏已使地下水升高，当然升高幅度与贮灰场渗漏量大小有关。由于地下水的升高，渗漏水的流动方向也变化为垂直入渗和向贮灰场四周方向渗透共存的状态。

3) 渗漏充分发育期［见图6.13-1 (*c*)］。地下水水位升高至贮灰场底部，贮灰场下部地层全部饱和，灰水与地下水直接相接，地层内地下水流向被贮灰场渗漏水改变，灰水流向贮灰场周围区域，贮灰场周围的地下水位明显升高，渗漏有可能严重影响地下水水质。

4) 渗漏消退期［见图6.13-1 (*d*)］。贮灰场停止运行后，其中残余灰水继续渗漏至下卧地层，地下水升高逐渐消退，至渗漏主要被降雨入渗所控制。如贮灰场停运后，设置有效的覆盖防渗措施，渗漏水量会很少，周围的地下水水流状况将逐渐恢复至贮灰场运行前水平，但贮灰场的继续渗漏及被地层吸附的污染物质的解吸仍会影响地下水的水质。

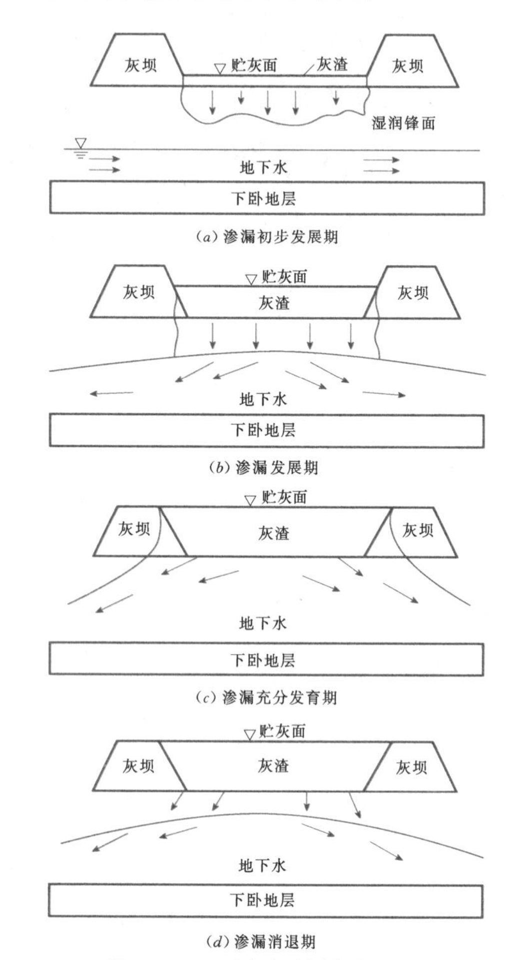

图6.13-1 贮灰场渗漏的发展过程

从贮灰场渗漏的发展过程分析，在渗漏初步发展期，灰水只在地层的非饱和区运动，渗漏的结果使地层土体的含水量增加，同时由于土体吸附灰水中的有害成分使其可能造成一定程度的污染，但贮灰场渗漏不会对贮灰场的地下水环境造成影响；如果渗漏继续发展至渗漏发育期，对贮灰场周围环境的影响将扩展到地下水，一方面使地下水位有一定幅度的升高，另一方面灰水入侵地下水使地下水的水质受到影响，不过由于地层对灰水的吸附作用，渗漏对地下水水质的污染程度一般不会太大；及至渗漏充分发育期，渗漏对贮灰场周围地下水环境的影响更加严重，不但可造成地下水水位较大幅度的升高，而且随着地层吸附能力的逐渐降低，对地下水水质的污染逐渐加大。在地层吸附能力用尽后，灰水中的有害成分将全部迁移至地下水。

(2) 贮灰场渗漏对地下水环境的影响机理。由贮灰场渗漏的发展规律可以发现，就某一贮灰场而言，渗漏对地下水环境影响最为严重的时期是渗漏充分发育期，其次为渗漏发展期和消退期。因此，延长渗漏初步发展期的时间，缩短渗漏充分发育期的持续时间或避免渗漏充分发育期的发生是控制贮灰场渗漏影响地下水环境的关键。

贮灰场渗漏发展规律与贮灰场沉积灰渣的渗透性、地层的渗透性及地下水位等条件有很密切的关系。当沉积灰渣的渗透性低于地层时，贮灰场渗漏的发展只能达到渗漏发展期，而不能达到渗漏充分发展时期的水平，贮灰场下卧地层中至少存在部分非饱和区；当沉积灰渣的渗透性高于地层时，贮灰场渗漏的发展将有可能达到渗漏充分发展时期的水平，但如果地层的渗透性和地下水水位都很低，贮灰场的渗漏甚至只能达到渗漏初步发展期的水平。

一般来说，贮灰场渗漏都会造成周围地下水不同程度的升高，但其中只有部分情况下可引起明显的升高。当沉积灰渣的渗透系数明显低于地层的渗透系数时，贮灰场周围的地下水水位将升高很少；当沉积灰渣的渗透系数明显高于地下非饱和地层的渗透系数，并且地下含水层也具有较高的渗透系数时，地下水的升高也不会明显。根据尾矿贮放场的经验，只有地层的渗透性与灰渣的渗透性差别不超过两个数量级，或贮灰场渗漏量高于地下含水层过流量一定程度时，才有可能造成地下水位的明显抬高。

从避免渗漏污染地下水的角度，贮灰场的建设应尽量使贮灰场地层有较低的渗透性，尽量减少贮灰场的渗漏水量。如天然地层不能有效地防渗，增加人工隔渗层也可起到同样的效果。总体说来，贮灰场渗漏引起地下水升高的程度主要取决于贮灰场的渗漏流量，而是否造成地下水污染主要取决于贮灰场的渗漏水量。

6.13.1.3 灰水的污染因子

1. 灰渣的化学组成

灰渣的成分主要为煤中未燃烧的矿物，其主要化学成分为 Si、Al、Fe、Ca 和 Mg 的氧化物，还有 K_2O、Na_2O、SO_3、未燃烧的碳等及多种微量元素，如表 6.5-1 和表 6.13-1 所示的微量元素。灰渣的化学组成取决于煤的种类、产地、锅炉型式及回收除灰方式。微量元素是污染贮灰场影响地下水质量的根源。灰渣的微量元素含量也有较大的差别。与国外相比，中国这方面的测试资料较少。

表 6.13-1 灰渣中常见微量元素含量 单位：mg/kg

元素名称	中国	欧洲	美国	
	含量范围	含量范围	含量范围	均值
As	4.0～106.6	8.89～267.33	2.3～279	56.7
B	210	26～400	10～1300	371
Cd	0.43～1.14	0.28～9.68	0.10～18	1.60
Cr	49.2～160.5	47.57～299.28	3.6～437	136
Cu	38.2～121.3	24.72～312.09	33.0～349	116
Hg	0.28		0.005～2.50	0.10
Mn	227.8～940.2	111.0～1217.0	24.5～750	250
Pb	15.9～272.7	51.7～668.34	3.10～252	66.5
Se	3.4	0.5～146.64	0.60～19	9.97
Ba	392.2～1681	405～3149	110～5400	991
Zn	36.0～335.5	17.86～1677.0	14.0～2300	210
Th	25	6.47～47.64		
F	11～121		0.40～320	29
Co	17～68.6	54.92～1607.4	4.9～79	25.9
Ag	0.14		0.04～8	0.501
Mo		1.0～40.8	1.15～100	18
Ni	36.1～110.6			
Sr	316～1813		30.0～3855	775

注 部分元素测试样本较少。

煤有弱放射性，由于 U 和 Th 等放射性元素在煤的燃烧中形成不挥发的化合物，几乎全部进入灰渣中。但是，灰渣的放射性并不是一个普遍存在的问题。对我国 5 个电厂灰渣放射性元素的测定结果表明，灰渣可安全地作为建筑材料使用。

2. 灰水中的污染因子

粉煤灰中有害元素的浸出对地下水环境的影响不但涉及有害元素的浸出浓度、浸出总量，而且要考虑其化学存在形态、环境迁移性、污染潜能及生物摄取的难易等多种因素。

有的元素因存在形态不同，其毒性也有比较大的差别。如砷（As）是灰渣浸出液中常见的微量元素，通常以 As^{5+} 形式存在，而此形态为该元素具有较低毒性的无机存在形态。

有的元素尽管浸出能力较差，但其浸出对环境的影响不容忽视。如粉煤灰中的铅（Pb）和镉（Cd）的浸出能力都较差，由于其较易被植物摄取，仍有可能对贮灰场周围的环境造成影响；再如硼（B），其浸出能力和浸出后在土壤中的迁移能力都很强，因此对水环境的影响也比较大；粉煤灰中硒（Se）的总含量较低，但其浸出能力很强，也需加以关注。

20世纪末，我国对灰水的水质调查结果表明，按现行污水综合排放标准，灰水中最主要的超标因子为pH值，其次是悬浮物（SS）和氟化物（F），个别电厂的铬（Cr）、铅（Pb）、砷（As）、硫酸盐等也存在超标问题。近年来排放灰水中的pH值超标率较高，且几乎全部为碱性太高而超标，酸性灰水很少见。造成此现象的原因是普遍使用电除尘器；贮灰场排水中悬浮物（SS）超标较多，与贮灰场管理水平较低有直接关系，合理地选取排灰口位置，延长灰水在贮灰场中的滞留时间，灰水悬浮物超标问题一般可以解决。近年来，随着国家环保控制力度的加强，贮灰场排水中的悬浮物超标率明显下降，从20世纪90年代初的18%下降到目前的5%左右。不过灰水悬浮物超标一般只会对地面水水质有比较大的影响；从90年代初到现在，灰水中氟化物的超标问题逐渐减小，目前约为5%左右。这主要是由于电厂采用水膜除尘器的越来越少，静电除尘器的应用使得煤中氟化物燃烧后部分进入烟气，再排入大气，减少了粉煤灰中氟化物的含量。

国外贮灰场灰水测试结果也发现，其pH值、铬（Cr）、铅（Pb）、砷（As）是灰水中的主要污染因子，镉（Cd）、钡（Ba）、铜（Cu）、硫酸盐等也属常见的主要污染因子。与我国不同的是：①氟化物并不是灰水中常见的主要污染因子，国外对粉煤灰中氟化物（F）的浸出特性和迁移特性的研究很少。②硒（Se）和硼（B）为国外粉煤灰中的主要污染因子，大部分碱性粉煤灰中含有数量比较可观的硼（B），相关的研究成果较多。

综上所述，我国灰渣常见的控制性污染因子为pH值、氟（F）、铬（Cr）、铅（Pb）、砷（As）、硫酸盐等。对于硒（Se）和硼（B）等国外粉煤灰中常见的主要污染因子，也应加以关注。

6.13.1.4 贮灰场选址的环境保护要求

未被列入《国家危险废物名录》或者按《危险废物鉴别标准》（GB 50853—2007）判定为不具有危险特性的工业固体废物即为一般工业固体废物。一般工业固体废物分为两类，按照固体废物浸出毒性浸出方法进行浸出试验而获得的浸出液中，任何一种污染物的浓度均未超过污水综合排放标准中规定的最高允许排放浓度，且pH值在6～9范围内的为第Ⅰ类一般工业固体废物。有一种或一种以上的污染物浓度超过最高允许排放浓度，或者是pH值在6～9范围之外的则为第Ⅱ类一般工业固体废物。灰渣浸出液的pH值均在6～9范围以外，属于第Ⅱ类一般工业固体废物。

因此贮灰场选址的环境保护要求要同时满足第Ⅰ类一般工业固体废物贮放和第Ⅱ类一般工业固体废物贮放的环境保护要求。

（1）所选场址应符合当地城乡建设总体规划要求。

（2）应选在工业区和居民集中区主导风向下风侧，场址距居民集中区500m以外，并应优先选用废弃的采矿坑、塌陷区。

（3）应选在满足承载力要求的地基上，以避免地基下沉的影响，特别是不均匀或局部下沉的影响。

（4）应避开断层、断层破碎带、溶洞区以及天然滑坡或泥石流影响区。

（5）禁止选在江河、湖泊、水库最高水位线以下的滩地和洪泛区。

（6）禁止选在自然保护区、风景名胜区和其他需要特别保护的区域。

（7）应避开地下水主要补给区和饮用水源含水层。

（8）应选在防渗性能好的地基上。天然基础层地表距地下水位的距离不得小于1.5m。

6.13.1.5 贮灰场设计的环境保护要求

贮灰场设计的环境保护要求要同时满足第Ⅰ类一般工业固体废物和第Ⅱ类一般工业固体废物贮放场设计的环境保护要求。

（1）电厂建设项目环境影响评价中应有贮灰场专题评价；扩建、改建和超期服役的贮灰场，应重新履行环境影响评价手续。

（2）贮灰场应采取防止扬尘污染的措施。

（3）为防止雨水径流进入贮灰场内，避免渗漏量增加和滑坡，贮灰场周边应设置截洪沟。

（4）应设计贮灰场排水设施，防止灰渣渗滤液的流失污染。应设计渗滤液处理设施，对渗滤液进行处理。

（5）必要时应采取措施防止地基下沉，尤其是防止不均匀或局部下沉，以保障设备正常运行。

（6）贮灰场应按《环境保护图形标志固体废弃物存储（处置）场》（GB 15562.2—1995）环境保护图形标志—固体废物贮存（处置）场的要求设置环境保护图形标志。

(7) 当天然基础层的渗透系数大于 1.0×10^{-7} cm/s时，应采用天然或人工材料构筑防渗层，防渗层的防渗能力应相当于厚度 1.5m 的渗透系数为 1.0×10^{-7} cm/s 黏土层的防渗性能。

(8) 为监控渗滤液对地下水污染，贮灰场周边至少应设置 3 口地下水质监控井。第一口沿地下水流向设在贮灰场上游，作为对照井；第二口沿地下水流向设在贮灰场下游，作为污染监视监测井；第三口设在最可能出现扩散影响的贮灰场周边，作为污染扩散监测井。当地质和水文地质资料表明含水层埋藏较深，经论证认定地下水不会被污染时，可以不设置地下水质监控井。

6.13.1.6 贮灰场的运行管理环境保护要求

贮灰场运行管理的环境保护要求要同时满足第Ⅰ类一般工业固体废物和第Ⅱ类一般工业固体废物贮放场运行管理的环境保护要求。

(1) 贮灰场的竣工，必须经原审批环境影响报告书（表）的环境保护行政主管部门验收合格后，方可投入生产或使用。

(2) 禁止危险废物和生活垃圾混入贮灰场。

(3) 贮灰场的渗滤液达到《污水综合排放标准》(GB 8978—2006) 后方可排放，贮灰场为无组织排放污染源，其排放应满足《大气污染物综合排放标准》(GB 16297—2004) 中的无组织排放要求。

(4) 贮灰场使用单位应建立检查维护制度。定期检查维护灰堤、灰坝、排水系统、截洪沟等设施，发现有损坏的可能或异常，应及时采取必要措施，以保障正常运行。

(5) 贮灰场应设置必要的观测项目与观测设施，进行系统监测，及时整理分析监测资料，指导贮灰场安全运行。

(6) 应定期检查维护防渗工程，定期监测地下水水质，按《地下水质量标准》(GB/T 14848—93) 的规定评定。发现问题及时采取必要措施。

(7) 应定期检查维护排水设施和渗滤液处理设施，定期监测渗滤液及其处理后的排放水水质，发现集排水设施不通畅或处理后的水质超过 GB 8978—2006 或地方的污染物排放标准，应及时采取必要措施。

6.13.1.7 关闭与封场的环境保护要求

贮灰场关闭与封场的环境保护要求要同时满足第Ⅰ类一般工业固体废物和第Ⅱ类一般工业固体废物贮放场关闭与封场的环境保护要求。

(1) 贮灰场关闭或封场前，必须编制关闭或封场计划，报请所在地县级以上环境保护行政主管部门核准，并采取污染防止措施。

(2) 关闭或封场时，山谷灰场应留有符合防洪标准的容积，并保持排水系统的畅通。封场时表面应覆土两层，第一层为阻隔层，覆 20～45cm 厚的黏土，并压实，防止雨水渗入固体废物堆体内；第二层为覆盖层，覆天然土壤，以利植物生长，其厚度视栽种植物种类而定。覆土表面坡度一般不超过 3%。覆土面高程每升高 3～5m，需建造一个台阶。台阶宽度应不小于 1m，台阶表面有 2%～3%的坡度使其能经受暴雨冲刷。

(3) 关闭或封场后仍需继续维护管理。防止覆土层下沉、开裂和滑坡，导致渗滤液量增加。

(4) 关闭或封场后应设置标志物，注明关闭或封场时间，以及使用该土地时应注意的事项。

(5) 封场后仍应定期检查维护灰堤、灰坝、排水系统、截洪沟等设施，定期监测和巡查。

6.13.1.8 贮灰场污染物控制与监测

对于渗滤液及其处理后的排放水的监测，应选择一般工业固体废物的特征组分作为控制项目。监测采样点设在排放口，采样频率每月一次，测定方法按 GB 8978—2006 进行。

对于地下水监测，贮灰场投入使用前，以 GB/T 14848—93 规定的项目为控制项目；使用过程中和关闭或封场后的控制项目，可选择所贮放的固体废物的特征组分。监测采样点设在地下水质监控井，监测井参照《地下水环境监测技术规范》(HJ/T 164—2004) 的要求设置。监测采样频率为：贮灰场投入使用前，至少应监测一次本底水平；在运行过程中和封场后，每年按枯、平、丰水期进行，每期一次。

贮灰场的大气监测，以颗粒物为控制项目，贮灰场属于无组织排放源，其大气污染监测点布置和监测频率宜参照 GB 16297—2004 的相关要求，根据实际情况具体确定。

6.13.2 贮灰场地下水环保设计

6.13.2.1 贮灰对地下水环境的影响

1. 贮灰场灰水渗漏对地下水水位的影响

贮灰场灰水渗漏几乎都会造成贮灰场周围地下水位不同程度的升高，灰水渗漏对周围地下水水位的影响程度主要取决于灰渣的渗透性和场址地层分布及其渗透性。当贮灰场建设于强透水地层上，灰渣层的渗透系数明显低于场址地层的渗透系数时，贮灰场周围的地下水水位将升高较少，不过此时贮灰场的渗漏量会很大，灰水中的污染因子易对地下水造成污染。当贮灰场地基上部分布有低渗透性地层或贮灰场设置有防渗衬层时，贮灰场的渗漏量较少，如果地下含水层具有相对较高的渗透性时，地下水位的升高也不会明显，这样也可使灰水污染地下水的可能性大大降低。

除上述影响因素外，地下水天然埋深、贮灰场地层的不均匀性、贮灰场放灰方式、贮灰场防渗和排渗措施的应用等诸多因素对贮灰场地下水位的升高也会造成影响。贮灰场采用均匀放灰方式，合理的贮灰场防渗和排渗措施的应用都可以明显减小贮灰场的渗漏量，有效地控制地下水位的升高。

2. 灰水中的污染因子对地下水水质的影响

在贮灰场运行过程中，灰水渗漏进入地层，其中的污染因子在地层中的迁移转化过程是一个物理、化学以及生物因素的综合作用过程。这些作用主要包括对流扩散作用、弥散作用和吸附作用等。灰水对地下水水质的影响程度在很大程度上取决于地层对灰水中污染因子的吸附能力，吸附作用的存在可以拦截污染因子，部分甚至可能完全阻止污染因子进入地下水。

（1）对流扩散作用。对流扩散作用是指污染因子在地层中以地下水平均实际流速（亦称平均流速）传播的现象，可以根据达西定律确定。

（2）弥散作用。弥散作用也称水动力弥散，是指污染因子在地层中运移时，被逐渐分散，并不断占据流动区域中越来越大的空间而超出了按平均地下水流动所预计应占有的范围。通常情况下包括机械弥散和分子扩散两种作用。机械弥散是由于流体的微观速度在地层孔隙中的分布不同而引起的相对于平均流速的离散运动；分子扩散是由于地下水所含溶质的浓度不均匀而引起的溶质运移现象。

水动力弥散系数 D 不仅与地层介质性质有关，而且与地层孔隙中水流的速度有关。贮灰场地下水污染预测分析时不宜直接采用室内土柱弥散试验得到的结果，而应根据现场试验或参照类似地层的现场弥散系数的经验值确定。

（3）吸附作用。污染物吸附主要发生在土壤中，具有吸附能力的主要有黏土矿物、偏硅酸胶体、铁锰氢氧化物和腐殖质等物质。对于灰水中常见的控制性污染因子，不同土壤都对其有一定的吸附能力，特别是黏性土的吸附能力较强，另外土壤对碱性灰水也有明显的中和作用。

污染物质的吸附主要与污染物在地下水中的液相浓度和被吸附在固体介质上的固相浓度有关。吸附于固相的污染物随液相平衡浓度变化的数学表达式称为吸附模式，其相应的图示表达称为吸附等温线。吸附模式可能是线性的，也可能是非线性的。常用的吸附达到平衡时的模型有 Henry、Langmuir 和 Freundlich 三个等温吸附模型。

吸附等温线及相应的等温吸附模型及其参数可通过静态吸附试验（也称等温吸附试验）和土柱迁移试验结果确定，或根据现场污染因子迁移监测进行反分析确定。

6.13.2.2 贮灰场地下水环保设计

1. 贮灰场地下水环保设计原则

（1）贮灰场地下水环保设计目标。

1）有效控制地下水水位的升高，使周围建筑物的稳定及附近居民正常的生产和生活不会因贮灰场的运行而受到损害。

2）控制灰水渗漏，使其对地下水环境的影响在允许范围内。

3）避免贮灰场灰面过于裸露，引起扬灰，污染大气环境。

4）避免地下水环保工程措施对灰坝的安全和稳定造成不利影响。

（2）贮灰场地下水环保设计原则。目前我国尚没有颁布贮灰场地下水环保设计的标准或规范，贮灰场地下水环保设计可参考 GB 18599—2001 的有关要求执行。

我国现行的标准 GB 18599—2001，主要对贮灰场地基（包括防渗层设置）的防渗能力提出了相当于厚度 1.5m 的渗透系数为 1×10^{-7}cm/s 黏土层的具体要求，但是加拿大规定贮灰场必须在底部铺设天然材料或人工材料防渗层，其防渗能力相当于厚 1m 的渗透系数为 5×10^{-7}cm/s 的材质防渗层。我国的标准对于贮灰场而言似偏于严格。另外，GB 18599—2001 中并未对贮灰场灰水渗漏对地下水水质的影响提出具体控制标准。已有的研究成果表明，土壤对灰水中污染因子的吸附特性可以有效地阻滞污染因子的迁移，在规范建议的贮灰场使用年限 20 年内，灰水中的污染因子在某些密实黏土中的迁移距离不超过 2m。根据数十个未设置地下环保防渗措施的贮灰场周围地下水水质监测结果，灰水渗漏对地下水水质造成污染的范围一般较小，基本上不会超过 1km，多在数百米范围以内。因此对于天然地层防渗条件较好，但其渗透系数比 1×10^{-7}cm/s 略高的贮灰场，应通过贮灰场对地下水影响的专项研究，证明灰水渗漏对地下水环境造成的不利影响处于允许范围的话，不必采取专门的地下水环保防渗措施。

2. 贮灰场地下水环境预测分析

（1）计算方法。地下水污染问题需要用水流运动模型和溶质运移模型联合表示。对于贮灰场地下水污染问题，污染物质的浓度很低，污染物质浓度的变化对地下水的密度、黏度的影响很小，流体可近似认为是均质的，因此水流运动方程和溶质运移方程可独立求解，即先求解水流运动方程得到地下水流速分布，然后再求解溶质运移方程得到浓度分布。

(2) 计算模型建立。计算模型建立前，应查明贮灰场及其周围区域的地形、工程地质及水文地质条件、灰水中控制性污染因子的种类及浓度、地下水中污染因子的本底浓度，掌握当地的水文气象资料，明确贮灰场建设及运行条件。

计算模型需能比较好地模拟贮灰场地层分布情况及地下水埋藏条件，模拟范围需涵盖贮灰场及其周围区域，场外延伸应有足够距离，外边界应置于贮灰场灰水渗漏对地下水水位影响的范围之外。沿深度方向的延伸范围，需涵盖地下主要含水地层，并不小于1倍的最大贮灰厚度。

一般贮灰场地形、地质条件及地下水埋藏条件都比较复杂，地下水环境预测分析宜采用三维计算。

(3) 参数选取。对已建电厂，灰水的污染因子及其控制浓度宜通过现场取样，并考虑之后的贮灰场运行条件综合确定；新建电厂可参照类似电厂确定。地层渗透性参数宜根据现场原位试验结果确定，弥散系数宜根据现场弥散试验结果或参照类似地层的现场弥散系数的经验值确定。吸附特性参数可参照土柱迁移试验结果确定。

(4) 计算方案和计算成果。计算分析时，应模拟贮灰场运行至封场的全过程。首先计算分析贮灰场天然条件（不做防渗处理时）污染因子对周围地下水水质的污染程度和影响范围，然后对需要采取防渗处理的贮灰场，至少进行两种防渗处理方案的比较分析，再对选定方案设计参数进行优化。

计算分析成果包括：

1) 贮灰场运行初期、终期及封场后的渗漏量。

2) 贮灰场及其周边区域地下水水位发展情况及运行初期、终期及封场后的地下水水位分布。

3) 污染因子对周围地下水水质的污染程度和范围及其发展情况及最大可能污染程度和范围。

3. 贮灰场地下水环保防渗工程措施

初步设计阶段应测试贮灰场周围大气环境、地表水、地下水的本底，作为设计和评价灰场运行情况的重要依据。

贮灰场地下水环保防渗措施应满足GB 18599—2001中第Ⅱ类场地的防渗要求。

贮灰场的防渗措施首选天然防渗层，即利用场内浅部土层，以达到GB 18599—2001规定的防渗要求。若不满足，则采用防渗工程措施。

贮灰场地下水环保防渗工程措施可分为衬层隔渗措施（Liners）、渗漏回收措施和垂直截渗措施（Seepage barrier）三类，另外调整贮灰场运行方式也有助于防渗作用。要根据贮灰场的工程地质和水文地质条件，结合灰坝坝体、坝基材料的性质、灰水特性以及贮灰场地下水环保防渗的具体要求而定。

(1) 衬层隔渗措施。衬层隔渗措施即是防渗膜水平防渗措施，隔渗衬层适用于具有较厚的透水性地基的平原贮灰场和滩涂贮灰场，山谷贮灰场由于地形高低不平，不宜采用此种隔渗措施。

衬层隔渗措施在垃圾掩埋场和有害工业废物的贮放中被普遍采用，近年来贮灰场的应用也日趋广泛。衬层材料主要选用黏土和土工合成材料。可用作衬层的黏性土有多种，按土的统一分类标准，CH、CL、ML和SC都可以作为衬层材料，有时在黏性土中加入膨润土等添加材料以增强防渗性能。用作衬层的土工合成材料主要是土工膜、复合土工膜等，膜厚度不宜小于0.3mm。

对天然地层条件不能满足地下水环保要求的贮灰场，国外往往采取比较严格的防渗措施，根据贮灰场水文地质条件不同，可选择单层隔渗衬层甚至复合防渗衬层。国内隔渗以单层或复合土工膜应用最多，采用固化粉煤灰作为隔渗衬层材料也是一个比较有竞争力的选择。

1) 黏土衬层。黏土衬层的厚度因贮放对象和贮放要求不同而有所不同，一般在1m左右。与湿式贮灰场类似的尾矿库的隔渗衬层，美国加利福尼亚州要求为两层各60cm厚的黏土，渗透系数分别为10^{-6}cm/s量级和10^{-7}cm/s量级，中间设排渗垫层。英国一般废物贮放都采用1m厚渗透系数为10^{-7}cm/s量级的黏土衬层。黏土衬层的渗透性不但与压实密度和压实含水量有关，同时还与地基条件、浸出液性质、压实效果等因素有关，衬层设计时需综合考虑这些因素，方能保证其防渗效果。

用常规固化材料水泥和石灰固化粉煤灰，材料的耐久性较好，但渗透系数一般不会小于10^{-7}cm/s量级。固化粉煤灰衬层对有害成分的吸附、截留能力要比黏土衬层差。

2) 土工合成材料衬层。在灰场内侧地基表面和灰场围堤的内坡面满铺一层土工合成材料防渗膜，使之后排放的灰渣与地基土完全隔离。防渗膜的渗透系数应不大于1×10^{-12}cm/s，其厚度对一级灰坝应不小于0.5mm，二级、三级灰坝应不小于0.25mm。但为保证工程实施的可靠性，一般采用1mm厚，初期所需的防渗工程量宜与初期灰场年限相匹配，即可随贮灰进度逐步实施。

防渗膜的施工包括基床清理及平整、防渗膜敷设、回填保护层等。HDPE等土工合成材料防渗膜柔软且具有一定强度，能适应较大的地层变形，防渗效果好。但是土工合成材料衬层有下列局限性：①铺设面积大，工程费比防渗墙垂直防渗措施大；②防渗膜敷设施工与贮灰场的使用有干扰，而防渗墙是设置在贮灰场外侧，不会影响贮灰场的使用；③防渗膜在铺设前需要清理及平整基床，铺设后需要回填约0.5m厚的保护层，土石方工程量较大；④若贮灰场运行时灰渣综合利用较好，防渗膜空置时间相当长，一旦保护层损坏，易损坏防渗膜，影响防渗效果。

（2）渗漏回收措施。渗漏回收措施与衬层隔渗措施不同，并不是减少贮灰场渗漏，而是通过渗漏水回收，防止灰水外渗影响贮灰场地下水环境。此类措施包括：截流沟、截渗管和截水井。回收截渗措施一般都建在灰坝下游附近，沿灰坝全坝长布设，同时需要长期抽水运行，回水直接抽至电厂回收利用或排入贮灰场。

截流沟适用于浅透水地基且下部有低渗透性土层的情况，若截流沟挖至相对不透水层，则截流效果最好。沿截流沟间隔一定距离设置一集水池以便于集水和抽水，灰坝长度较长时，需要建数个抽水池。

截渗管需沿灰坝走向挖沟埋设，管道安装完毕后回填，每间隔一定距离设置一抽水井。管道的管径和埋设深度需根据地基土层情况确定，管道外侧需要设置反滤层。与截流沟相比，采用截渗管占用空间少，有利于灰坝的维护和后期灰坝加高施工，但长期运行管道有可能被淤堵，影响排渗效果。截渗管的适用条件类似于截流沟，但其可应用于较深的透水地基。

截渗井一般适用于一定深度的透水层，井深与透水地基的埋藏深度相应，井深太大时建设投资和运行费用都比较高。截渗井外侧同样需要反滤层，长期运行也存在淤堵问题。截渗井的间隔距离需要根据地层的渗透性合理确定。

我国大多采用截流管和截流沟这两种回收截渗措施，这两种渗漏回收措施适合于山谷、平原、滩涂等不种类型的贮灰场，主要用于已建贮灰场的渗漏治理。如锦州电厂贮灰场，下游为涝洼地，为防止水位升高，在灰坝下游坝脚外18m处设置一深截流沟。沙岭子电厂贮灰场在灰坝下游设置截渗管解决灰水渗漏导致地下水升高问题。

（3）垂直截渗措施。垂直截渗措施方案是沿贮灰场的外围，设置一圈封闭的垂直防渗墙，防渗墙底部进入贮灰场深部的不透水土层一定深度（一般不小于1.5m），防渗墙与灰场深部的不透水土层组成封闭的空间，使灰渣与周围地下水环境隔离，满足灰场防渗的环保要求。

垂直截渗措施在水利水电工程中的应用已近百年，以混凝土连续墙和水泥灌浆帷幕为主。贮灰场垂直截渗措施的使用条件与水利水电工程有很大的不同，贮灰场的垂直截渗措施一般建设在贮灰场外侧或坝的下游，即使设置于坝的底部，由于坝的高度有限，也不会承受太大的压力。因此低强度高防渗性能的柔性墙比较适于贮灰场。

垂直截渗措施适用于透水地基厚度较小的贮灰场。不但可用于新建贮灰场防渗工程，也可用于已建贮灰场渗漏治理工程。

1）土—膨润土浆墙（SB）、水泥—膨润土浆墙（CB）、膨润土搅拌墙等。SB墙的成墙工艺是先用膨润土浆固壁开槽，然后用当地土回填成墙。CB墙与SB墙的成墙工艺类似，只是不用当地土回填，水泥—膨润土浆自凝成墙。现场取样测试结果，SB墙的渗透系数一般在10^{-8}～10^{-6}cm/s之间。国内有少数电厂采用水泥添加膨润土搅拌墙防渗的工程实例，现场试验和室内材料试验都表明此防渗墙也有很好的截渗效果。

2）高压喷射水泥土防渗墙。该工法是将一定配比的水泥浆采用高压旋喷或摆喷的方式喷射出来，使水泥浆与土体搅拌混合，形成一定厚度的水泥土防渗墙。该工法防渗效果尚可，但造价较高，在处理较深地层时墙体质量不易控制。

3）垂直铺设防渗膜。该工法是采用锯槽设备或薄型抓斗开出一定深度和宽度的槽至设计深度，然后把防渗土工膜垂直铺设到槽底后回填密实，使防渗膜贴紧槽壁形成防渗帷幕。该工法防渗效果好，墙体塑性高，能适应较大的土体变形。但防渗膜接头处理需特殊技术，施工工艺复杂，造价较高，处理深度有限，一般在15m以内。国内有采用垂直铺塑技术进行贮灰场防渗的工程实例。

4）塑性混凝土防渗墙。该工法是利用射水法或锯槽法开槽至设计深度，槽壁用膨润土泥浆固壁，成槽后采用导管法浇筑混凝土，形成一定厚度的地下连续防渗墙。该工法防渗效果明显，施工方便，造价较便宜，对地层的适应性强，在复杂地层中也能施工，能穿透砂卵石地层，处理深度大，最大处理深度能达到40m。但是施工工效较低，各墙段接头处理要求较高，施工过程中大量的护壁泥浆易使周围环境造成二次污染。

塑性混凝土防渗墙渗透系数由混凝土配比决定，一般能达到10^{-8}cm/s数量级，可采用厚度0.20～0.30m的薄防渗墙。该工法在国内多个生活垃圾填埋场成功应用，如北京阿苏卫垃圾填埋场、唐山中心区生活垃圾填埋场，均能满足环保要求。

5）超薄塑性混凝土防渗墙，该工法是利用特制的全液压振动锤，将专用的H型钢垂直振入地下至设计深度，提升H型钢，同时通过安装于型钢侧壁的注浆管（喷嘴置于H型钢底部），灌注预先配置的薄塑性混凝土浆液，直至设计墙顶，拔出H型钢，槽内即同时注满浆液；钻机移位至下一个槽段，将H型钢一端沿着前一个槽段的翼缘振入，形成槽与槽的搭接。如此反复，即形成完整的超薄防渗墙，达到造槽、护壁、浇筑一次性成墙。

超薄塑性混凝土防渗墙的厚度一般为0.10m，渗透系数达到10^{-8}cm/s数量级。由于采用特殊的浆液，与开槽置换浇灌塑性混凝土防渗墙相比，形成的塑性混凝土防渗墙具有更好的塑性和柔性，能更好地适应地层的变形；搭接可靠，接头质量易保证；由于成槽护壁不需要泥浆，施工过程中没有二次污染。

该工法工艺成熟，在欧洲已建这种防渗墙面积超过数百万平方米，采用德国配方浆液，技术成熟，工艺先进，造价适中；施工全过程中成墙垂直度、深度和分段注浆量及总量、浆液均可自动控制，施工质量易于保证；搭接质量可靠，施工速度快；对地层的适应性较强，大功率振动器在密实的砂层中也能成孔，且随H型钢的提升同时注浆，在地下水位下的砂层中也能保证成墙厚度；最大处理深度能达到27m。该方案在国内多个生活垃圾填埋场成功应用，如上海浦东新区黎明生活垃圾填埋场、上海老港生活垃圾填埋场四期、唐山中心区生活垃圾填埋场等。

（4）其他防渗措施。合理的运行方式也可以起到防止渗漏的效果。贮灰场均匀放灰，使贮灰场沉积灰渣层厚度基本一致，只使灰渣颗粒分选作用减弱。可在一定程度上减少灰渣层的渗漏水量。平原和滩涂贮灰场采用分格运行可以减少灰水渗漏。

贮灰场设置排水盲沟、排水褥垫等排渗措施，将灰坝和灰渣层的渗水排出进入灰水回收系统，并且减少灰水向地基入渗水头，从而可减少灰水渗漏量。同时可降低灰坝坝体内的浸润线，有利于灰坝的安全与稳定。

6.13.3 贮灰场大气环保设计

6.13.3.1 贮灰场大气环保控制标准

贮灰场为无组织排放污染源，按GB 16297—2009的规定，以监控浓度限值，即监控点的污染物浓度在任何1h的平均值不得超过的限值作为控制标准。控制标准如下：

对于1997年1月1日前设立的贮灰场，在贮灰场上风向设参照点，下风向设监控点，监控点与参照点大气颗粒物浓度差值不得超过5mg/m³。

对于1997年1月1日起设立（包括新建、扩建、改建）的贮灰场，周界外监测点浓度最高监测值不得超过1mg/m³。

6.13.3.2 贮灰场大气环保设计

灰渣的化学成分、颗粒尺寸、密实度、含水率等，以及空气湿度、植被条件等都对灰渣颗粒的启动风速有比较明显的影响，因此贮灰场扬灰影响因素多，机理复杂，往往难以作出可靠预测。鉴于此，贮灰场大气环保设计的任务更多的是侧重于防尘措施的选择和应用。

1. 贮灰场选址时的大气环保要求

贮灰场选址时，应查明贮灰场场址区的气象条件。根据GB 18599—2001的规定，贮灰场应选在工业区和居民集中区主导风向下风侧，场界距居民集中区500m以外。

2. 贮灰场大气环保设计

（1）干式贮灰场。干式贮灰场应配备完善的供水设施及喷洒机、洒水车等机具。堆灰表面应根据堆灰施工和不同季节的气温、湿度、雨、雪、风等情况定期进行喷洒防尘作业，每次洒水量和间隔时间根据现场试验确定。运灰道路也应配备清扫、冲洗和喷洒机具，灰渣的运输车辆宜采用密闭式，及时冲洗运灰车辆，保持在干净状态下运行。运灰道路应定期进行洒水和清扫，保证路面清洁，控制扬灰；压实喷洒后的灰面，避免人为扰动。压实的灰面洒水后，在灰体内的氧化钙、氧化铝的水解胶结作用下，于灰渣表面形成一层保护薄壳，增加了压实灰渣表面的抗风能力，减少了扬灰污染。堆灰区应规划好运灰车辆行驶路线，避免扰动已压实或喷洒后的灰面。要求运灰车辆进入灰场后，按规定的路线行驶，转弯、调头时半径要大，且减速行驶，避免扰动灰面硬壳。贮灰场应做好分区使用规划，以方便运行管理，减少污染源和喷洒灭尘工作量。各区堆灰完成后应及时做好灰体顶面及边坡封闭措施，对临时堆灰边坡可采用斜坡振动碾碾压和简单的护坡措施（如覆土、铺设碎石、喷洒扬尘抑制剂等）；临时灰面尚可采用粉煤灰固化剂，使灰面形成一层保护薄壳，增加压实灰渣表面的抗风能力，减少扬灰污染。对永久边坡坡面，宜采用随坡面的增高及时铺砌的混凝土块或块石护坡及砂垫层、土工布组成的防护反滤结构，防止边坡长时间暴露扬灰及雨水冲蚀灰面。对于平原干灰场周围应设10～20m宽绿化隔离带，可由乔木、灌木和草地组成，形成高中低立体防护林，起到降低风速、减少扬灰的作用。由于灰场边界较长，一次种植全部防护林带较困难，可采取分步种植。山谷干灰场可利用山体及原有林木作为防风掩体，必要时可增设10～20m宽绿化隔离带。在挡灰坝、灰渣坝体坝坡上及外坡脚处设置排水沟，使雨水能有组织排走，防止雨水无组织向周围漫溢。

(2) 湿式贮灰场。湿式贮灰场运行时灰坝坝前要保持一定长度的干滩，因此也存在扬灰问题。由于湿式贮灰场内灰面高程会随场内蓄灰的不断增加而不断上升，防尘措施选用时应考虑其特点。引用灰水在干滩面上定期洒水是以往常用的一种防尘措施，近年来多个贮灰场采用了在灰面上种植北国柳的方法，树木生长可以持续覆盖不断上升的灰面，起到了很好的植被覆盖防尘的效果。对于在贮灰场内建设分隔坝分区使用的平原灰场，以及间歇性使用的贮灰场，场区内常有大面积的灰面干滩裸露，需要根据贮灰场运行情况，选用中长期防尘措施，如表面固化、灰面植草、喷洒扬尘抑制剂等。

3. 贮灰场扬尘监测设计

根据GB 18599—2001的要求，贮灰场应以颗粒物为控制项目对大气环境进行监测。干式贮灰场扬尘污染可能性大，宜设置大气环境的飘尘、降尘、总悬浮颗粒监测项目，以控制和指导贮灰场运行，减少或避免对环境的污染。

4. 贮灰场灰面防尘措施

无论是湿式贮灰场还是干式贮灰场都应根据其运用情况和当地的环保要求，采取必要的防尘措施。近年来随着我国大气环境保护要求的日渐严格，在传统的覆土、洒水等措施的基础上，开发了多项新的防尘技术。

(1) 洒水抑尘。洒水抑尘法是采用喷洒设备定期在灰面上洒水，使灰面保持湿润，从而抑制扬尘的一种方法。这种方法在干式贮灰场和湿式贮灰场都有应用，是一种常见的最简单有效的防尘措施。洒水周期和水量应根据季节和天气而定，尤其在春季干燥多风季节，洒水显得尤为重要。干式贮灰场采用的洒水设备一般为喷洒机和洒水车，湿式贮灰场一般采用类似于农用喷灌设备的喷洒设备。由于灰渣透水性较好，保水性差，表面水分很易蒸发及下渗。因此在北方干旱地区洒水抑尘工作量大，耗费大量水资源。

(2) 覆土防尘。覆土防尘法是一种长效防尘措施。可用于干式贮灰场防尘，也可用于封场覆盖及停用时间很长的湿式贮灰场灰面防尘。干灰场的运行应分区、分块使用，使施工作业区面积较小，每一块达到堆灰高程及时覆土造田，以防止灰面暴露时间长，扬灰污染环境。暴露时间稍长的临时灰面可采用灰场内砂土进行简单覆盖，当用于封场覆盖时，根据GB 18599—2001的要求，一般需要覆土两层，第一层为阻隔层，覆20～45cm厚的黏土，并压实，防止雨水渗入灰体内；第二层为覆盖层，其厚度视栽种植物种类而定。作为运行中的贮灰场防尘措施时，覆土可以较薄，厚度可在20cm以下。覆土作为湿式贮灰场防尘措施时，应考虑覆土对后期子坝加高的影响。该种防尘措施防尘效果好，维护费用低，但投资较高，还需要土源。

(3) 植树覆盖防尘。植树覆盖防尘是选择适于在灰面上直接种植的树种，待树木成林后可起到防尘作用。此种防尘措施常用于运行中的湿式贮灰场，树种多选择北国柳，可采用树苗移栽和插枝条种植两种方式，行距、株距一般在1.0～1.5m之间。树苗一般采用一年生小树苗，带根系移栽于贮灰场；插枝条种植一般选用茎粗2.0～2.5cm的柳枝。这种方法最突出的优点是随着树木的生长，可以持续覆盖不断上升的灰面，达到长期防尘的效果，树木成林后起到绿化美化贮灰场之作用；缺点是植树前期防尘效果差，维护管理工作量较大。

(4) 植草覆盖防尘。植草覆盖防尘是采用无纺布包裹草籽，覆盖灰面，前期主要依靠无纺布防尘，待草籽发芽生长，可起到长期防尘作用。这种方法防尘效果优于直接在灰面上植草的方法，但投资较高，为保证草的生长，管理工作量也比较大。这种方法适合于贮灰场的中长期防尘。

(5) 表面固化密封防尘。表面固化防尘是采用自硬性固化材料制成浆体，喷洒或浇筑在灰场表面，直接形成具有一定强度的固化层覆盖灰面，使其封闭，以防止扬尘。有的固化材料还有激发表层粉煤灰的火山灰活性的作用。该技术的防尘效果好，施工工艺简单，但所形成的固化层一般较薄，易受外力破坏而影响防尘效果。这种方法一般较适合于干式贮灰场中短期防尘。

6.14 安全监测和巡视

6.14.1 一般规定

(1) 应根据灰坝的级别、坝高、坝型、地形、地质等条件及工程运行要求，设置必要的观测项目与观测设施，进行系统监测，及时整理分析监测资料，指导贮灰场安全运行。各级别的山谷灰场均应设置初期坝和子坝坝体及灰渣层渗流监测设施以及坝体变形监测设施。平原灰场和滩涂灰场需加高时应设置灰坝和灰渣层渗流监测设施以及坝体变形监测设施。观测设施的设置应符合有效、可靠、耐久、方便及经济合理的原则。

(2) 监测设施应与灰坝施工同时设置并进行竣工验收。各项监测设施应有妥善的保护措施。

(3) 监测设施的设计应符合下列要求：

1) 所选定的监测项目和监测仪器布置应能反映灰坝（堤）运行的工作状况。

2) 监测的断面和部位应选择具有代表性的坝（堤）段。

3) 特殊坝（堤）段或地形、地质条件复杂的坝（堤）段，例如坝肩或坝基断层带、坝基覆盖层最深处、坝体有埋管或廊道处，可根据需要增加监测项目及监测断面。

6.14.2 监测项目

1. 湿式贮灰场监测项目

(1) 灰坝沉降和水平位移。

(2) 灰坝和灰渣层浸润线。

(3) 灰坝渗漏量及排渗设施和排水管排出的流量与水质。

(4) 坝前灰渣排放情况及干滩长度。

2. 干式贮灰场监测项目

(1) 堆灰施工中调湿灰含水率及压实灰干密度。

(2) 大气环境的飘尘、降尘、总悬浮颗粒。

(3) 地表水及地下水流量与水质分析。

(4) 坝体及压实灰面的沉降和水平位移。

(5) 拦洪坝的沉降和水平位移以及坝体的渗流和稳定安全性状。

3. 滩涂灰场监测项目

(1) 水位和潮位。

(2) 近岸河（海）床的冲淤变化。

(3) 堤岸防护工程的沉降和位移。

大潮期间或遇有大风浪、台风和暴雨的前后应加强监测和巡视检查。

6.14.3 灰坝渗流监测

渗流监测内容包括：贮灰场内灰面高程、水面高程、干滩长度、灰坝和灰渣层各测点水位（浸润线）、渗流量、水质、下游水位及天气情况。

在正常运行时，宜每月监测一次，洪水期贮灰场内水位上升时，每天监测一次。地震后或发现渗流不正常时，增加监测频次。

1. 浸润线监测设施

(1) 监测贮灰场水位的标尺。

(2) 测量干滩长度的仪器。

(3) 灰坝和灰渣层中埋设的测压管或孔隙水压力计。

(4) 测量测压管水位的水位计。

2. 浸润线监测布置

山谷灰场浸润线监测断面宜不少于 3 个，一般设置在最大坝高断面及浸润线变化有代表性的部位。每个监测断面应在上游入渗点、中间点、初期坝及各级子坝坝顶、下游逸出点及其他有代表性的位置设置测点，测点宜不少于 4 个。

平原和滩涂灰场浸润线监测断面宜不少于 2 个，每个断面宜不少于 3 个测点。

3. 浸润线监测仪器的选择

应根据观测目的、坝体和坝基透水性、渗流场特征以及埋设条件等，分别选用测压管或振弦式孔隙水压力计。

(1) 作用水头小于 20m 的坝，渗透系数不小于 10^{-4}cm/s、渗流压力变幅小的部位，监视防渗体裂缝等，宜采用测压管。

(2) 作用水头大于 20m 的坝，渗透系数小于 10^{-4}cm/s、观测不稳定渗流过程以及不适宜埋设测压管的部位（如铺盖或斜墙底部、接触面等），宜采用振弦式孔隙水压力计，其量程应与测点预计的渗透压力相适应。

4. 测压管及其安装

(1) 测压管宜采用镀锌钢管或硬塑料管，内径宜不大于 50mm。

(2) 测压管的透水段，一般长 1～2m，用于点压力观测时应小于 0.5m。外部包扎足以防止周围土和灰渣颗粒进入的无纺土工织物。透水段与孔壁之间用反滤料填满。

(3) 测压管的导管段应顺直，内壁光滑无阻，接头应采用外箍接头。管口应高于地面，并加保护装置，防止雨水进入和人为破坏。

(4) 测压管的埋设，除必须随坝体填筑适时埋设外，一般应在灰坝竣工后用钻孔埋设。随坝体填筑施工埋设时，应确保管壁与周围土体结合良好和不因施工遭受破坏。

5. 渗流量监测

(1) 应根据坝型和坝基地质条件、渗漏水的出流和汇集条件以及所采用的监测方法等确定渗流量监测系统的布置。对坝体、坝基、绕渗及排渗系统的渗流量，应分别进行监测。所有集水和量水设施均应避免客水干扰。

(2) 渗漏水的温度观测、透明度观测和化学分析水样的采集，均应在相对固定的渗流出口或堰口进行。

(3) 根据渗流量的大小和汇集条件，渗流量监测分别选用如下几种方法：

1）当渗流量小于1L/s时宜采用容积法。

2）当渗流量在1～300L/s之间时宜采用量水堰法。

3）当渗流量大于300L/s或受落差限制不能设量水堰时，应将渗漏引入排水沟中，采用测流速法。

（4）量水堰的设置和安装应符合以下要求：

1）量水堰应设在排水沟直线段的堰槽段。该段应采用矩形断面，两侧墙应平行和铅直。槽底和侧墙应加砌护，不漏水，不受客水干扰。

2）堰板应与堰槽两侧墙和来水流向垂直。堰板应平整，堰板顶面应水平，高度应大于5倍的堰上水头。

3）堰口水流形态必须为自由式。

4）测读堰上水头的水尺或测针，应设在堰口上游3～5倍堰上水头处。尺身应铅直，其零点高程与堰口高程之差不得大于1mm。水尺刻度分辨率应为1mm；测针刻度分辨率应为0.1mm。必要时可在水尺或测针上游设栅栏稳流。

6.14.4　灰坝变形监测

（1）灰坝表面变形监测包括沉降和水平位移监测，两项监测共用一个测点，可设在同一测点桩上。

灰坝表面沉降位移和水平位移监测在运行初期宜每月监测一次。在洪水期、地震后或发现有塌坡等现象时，应增加监测次数。当坝体沉降和位移基本稳定时，可减少测次。

（2）监测断面和测点布置应符合下列规定：

1）山谷灰场灰坝变形监测横断面宜不少于3个，一般布置在最大坝高处、坝底设有排水管处及地形地质变化较大的部位。每个横断面上测点宜不少于3个，一般布置在坝顶下游坝肩及马道外缘。为便于用视准线法监测，各断面相同高程的测点应在一条直线上。

2）平原和滩涂灰场灰坝（堤）变形监测断面宜不少于2个，根据坝（堤）基及坝（堤）高情况布置。

3）工作基点应布置在便于对测点进行监测的岩石或坚实的土基上。必要时可增设校核基点。采用三角网法时可布置两个工作基点。山谷灰场采用视准线法时，宜在灰坝两岸每一纵断面的工作基点延长线上各布置一个校核基点。

4）测点的间距，一般坝长小于300m时，宜取20～50m；坝长大于300m时，宜取50～100m。

5）视准线应离开障碍物1.0m以上。

（3）灰坝表面变形监测设施的要求：

1）测点和基点的结构应坚固可靠，且不易变形，并美观实用。

2）测点可采用柱式或墩式。同时兼作沉降和横向水平位移观测的测点，其立柱应高出坝面0.6～1.0m，立柱顶部应设有强制对中底盘，其对中误差应小于0.2mm。

3）在土基上的起测基点，可采用墩式混凝土结构。在岩基上的起测基点，可凿坑就地浇筑混凝土。

4）工作基点一般宜采用整体钢筋混凝土结构，立柱高度以司镜者操作方便为准，但应大于1.2m。立柱顶部强制对中底盘的对中误差应小于0.1mm。

5）校核基点的结构及埋设要求与工作基点相同。

6）水准基点结构与埋设可参照《国家一二等水准测量规范》（GB 12897—2006）和《国家三四等水准测量规范》（GB 12898—2009）的有关规定执行。

7）水平位移观测的觇标，可采用觇标杆、觇牌或电光灯标，其尺寸与图案，应根据观测条件选定。

（4）灰坝表面变形监测设施的安装：

1）测点和土基上基点的底座埋入土层的深度不小于0.5m；冰冻区应埋入冰冻线以下。应采取措施，防止雨水冲刷、护坡块石挤压和人为碰撞。

2）埋设时，应保持立柱铅直，仪器基座水平，并使各测点强制对中底盘中心位于视准线上，其偏差不得大于10mm，底盘调整水平，倾斜度不得大于4′。

（5）灰坝表面变形监测方法和要求：

1）沉降监测一般用水准法。用水准仪观测表面沉降时，可参照GB 12898—2009的方法进行，但闭合差不得大于$\pm1.4\sqrt{n}$mm（n为测站数，下同）。起测基点的引测、校测，可参照GB 12897—2006的方法进行，但闭合差不得大于$\pm0.72\sqrt{n}$mm。

2）横向水平位移监测一般用视准线法。用视准线法观测横向水平位移时，可采用经纬仪或视准线仪。当视准线长度大于500m时，应采用J1级经纬仪。

3）视准线的观测方法，可据实际情况选用活动觇标法或小角度法。观测时宜在视准线两端各设固定测站，用各测站的仪器观测其靠近的位移测点的偏离值。

4）用活动觇标法校测工作基点或观测增设的工作基点时，允许误差应不大于2mm（取2倍中误差）。观测位移测点时，每测回的允许误差应小于4mm（取2倍中误差）。所需测回数不得少于2个测回。

5）用小角度法观测横向水平位移时，一般应采用J1级经纬仪。测微器两次重合读数之差应不超过0.4″；一个测回中，正倒镜的小角值较差应不超过

3″；同一测点，各测回小角值较差应不超过 2″。

6）纵向水平位移观测一般用铟钢尺测量，或用普通钢尺加改正系数，误差不大于 0.2mm。有条件时可用光电测距仪测量。

6.14.5 巡视检查

1. 湿灰场巡视检查

湿灰场巡视内容包括：

(1) 巡视灰坝情况，发现坝体有裂缝或滑坡预兆、坝坡局部塌方时，应立即报告并采取处理措施。

(2) 巡视坝前排灰的均匀性和灰渣沉积情况；适时切换排灰管或调整排灰管出口位置，使排灰均匀，并避免冲刷坝坡与坝脚。巡视排灰管通畅情况，若发现排灰管堵塞或泄漏，应及时处理。

(3) 巡视排水系统工作情况、灰场水位变化和干滩长度变化；依据气候条件及灰水澄清程度，及时对排水竖井、排水斜槽和其他型式的排水设施堵塞孔口，加叠梁，加盖板，适时调整水位。应保持澄清灰水连续排放，回收利用。

(4) 巡视灰水回收系统工作情况。

2. 干灰场的巡视检查

干灰场巡视内容包括：

(1) 坝体及永久性灰渣坡面的裂缝、滑坡、塌陷及表面冲蚀情况。

(2) 拦洪坝的沉降和位移及坝体的稳定安全情况。

(3) 截洪沟及排水系统的畅通、故障的排除与维修情况。

(4) 运灰道路侧山体坡面稳定情况。

巡视检查分为日常巡视检查、年度巡视检查和特别巡视检查，日常巡视检查的次数一般每月 1～2 次。年度巡视检查次数一般每年 1～2 次。特别巡视检查指当灰坝遇到严重影响安全运行的情况（如发生特大暴雨、大洪水、有感地震、强沙尘暴等）、发生比较严重的破坏现象或出现其他危险迹象时，应由主管单位负责组织特别检查。

6.15 工 程 实 例

6.15.1 谏壁电厂经山山谷湿灰场

6.15.1.1 概述

谏壁电厂位于江苏省镇江市谏壁镇，当时装机容量 1625MW，是 20 世纪 90 年代初我国最大的燃煤火力发电厂，年排灰渣约 160 万 t。该厂贮灰有松林山，四雩山、真观山和经山灰场，其中经山灰场是该厂五期扩建工程主要灰场。

谏壁电厂贮灰场均为山谷湿灰场，场址有丰富的黏性土，因此贮灰场初期坝均采用均质黏性土（亚黏土）坝，不透水的初期坝使坝前灰渣层处于饱和松软状态，例如该厂松林山灰场 3 号副坝一级子坝的灰基虽经轻型井点排水加固，灰渣仍处于极松软状态，平均干密度为 0.82g/cm^3，相对密度为 0.09，十字板抗剪强度 C_u＝8～15kPa，静力触探比贯入阻力 P_s 仅为 0.2MPa，无法在其上建造一级子坝。该灰场主坝三级子坝坝基灰渣层同样处于极松软状态，相对密度仅为 0～0.28，干密度为 0.71～0.96g/cm^3。经过南京水利科学研究院与华东电力设计院合作进行研究与设计，该灰场灰渣层采用振冲碎石桩加固，主坝三级子坝加高同时采用纵向排渗法加固，使该灰场 3 号副坝一级子坝与主坝三级子坝得以成功加高，满足了谏壁电厂四期扩建与正常运行的需要。同时给予灰坝研究与设计人员启示，新建贮灰场时应在贮灰场内预先设置排渗系统，有效地降低灰渣层的浸润线，加速灰渣层的排水固结，提高灰渣层的抗剪强度，为采用上游法在灰渣层上加高子坝奠定安全可靠的基础。

南京水利科学研究院负责承担的原水利电力部（项目编号 B862020）“灰渣筑坝技术研究”重点科学技术项目以经山灰场为依托工程，在华东电力设计院和谏壁电厂合作下进行了湿式贮灰场灰渣层的不均匀性和各向异性研究，灰渣的工程特性研究，灰渣—土工织物组合排渗单元长期透水性研究，具有排渗系统灰坝的渗流分析、抗滑稳定分析、三维静力和动力有限元应力变形分析，提出了具有三维组合排渗系统的新型灰坝，并在经山灰场建成，正常运行至今。

6.15.1.2 灰坝设计

经山灰场是一座贮放细粒粉煤灰的山谷湿灰场，贮灰容积 2500 万 m^3，主坝最终坝高 45m，坝顶高程 80.00m，坝顶长度 707m。初期坝为具有三维组合排渗系统的均质土坝，坝高 20m，坝顶高程 550.00m。初期坝前设置水平排渗垫层，垫层向贮灰场内伸展 60m 宽，排渗垫层上设置 5 排排渗竖井，竖井间距 15m。初期坝上、下游坝坡均为 1∶3，子坝分 6 级加高，各级子坝上游坝坡均为 1∶3，下游坝坡均为 1∶4，每级子坝坝顶比下一级子坝坝基高 1.5m，即在距子坝坝顶 1.5m 时在灰渣层上直接加高下一级子坝，第四～六级子坝坝高 5.5m，第一、二级子坝坝高 6m。经山灰场具有三维组合排渗系统的灰坝如图 6.9-3 所示。DL/T 5045—2006 称其为第三代初期坝的创新坝型。

该厂灰渣的工程特性包括灰渣层的沉积密度、不均匀性和各向异性，灰渣的压实特性、变形特性、强度特性和动力特性详见本书6.5节。

三维组合排渗系统的灰渣—土工织物组合单元的长期透水性、经山灰场具有组合排渗系统灰坝的渗流分析详见本书6.6节。

1. 经山灰场具有三维组合排渗系统灰坝的静力应力变形分析

从组合排渗系统室内试验研究与具有组合排渗系统灰坝的渗流分析可知，在灰场灰坝的静力分析与动力反应分析中应该考虑各种因素造成的排渗系统的渗透阻力，因而灰坝的静力分析与动力分析中着重研究灰渣层各向异性或各向同性及排渗设施布置这2个主要因素，为使计算结果直接可应用到经山灰场工程，坝体断面与排渗设施根据华东电力设计院施工图设计选取，静力与动力分析计算组合见表6.15-1。

计算参数根据经山灰场的工程地质勘探资料，与经山灰场相似的真观山灰场实测灰渣层状态及将要贮放在经山灰场中的细灰进行的工程特性试验来选取，静力分析与动力分析计算参数一并列于表6.15-2中。

表6.15-1　经山灰场灰坝静力与动力分析计算组合

计算组次	竖井间距（m）	竖井排数	水平褥垫宽度（m）	灰渣层渗透特性	是否考虑排渗系统的渗透阻力
Ⅰ	20	3	60	各向异性，$k_x=k_y$，$k_x/k_z=10$	考虑
Ⅱ	15	4	60	各向异性，$k_x=k_y$，$k_x/k_z=10$	考虑
Ⅲ	10	6	60	各向异性，$k_x=k_y$，$k_x/k_z=10$	考虑
Ⅳ	15	4	60	各向异性，$k_x=k_y$，$k_x/k_z=4$	考虑
Ⅴ	15	4	60	各向同性，$k_x=k_y=k_z$	考虑

表6.15-2　经山灰场灰坝静力与动力分析计算参数

土类	密度 ρ（g/cm³）	渗透系数		抗剪强度	
		k_z（m/s）	k_x/k_z	c'（kPa）	φ'（°）
灰渣沉积层 $\rho_d=0.95g/cm^3$	天然1.47，饱和1.52	5×10^{-7}	10，4，1	0	19
灰渣（碾压或子坝）$\rho_d=1.00g/cm^3$	天然1.45，饱和1.55	2.5×10^{-7}	10，4，1	0	21
坝基土	2.02	5×10^{-9}	2	10	26
初级坝坝体土	2.00	1×10^{-7}	2	10	25
排渗系统	2.10	1×10^{-4}	1	0	40

土类	本构模型参数											
	R_f	K	n	K_b	m	α	k_1	k_2	c_1	c_2	c_3	c_4	c_5
灰渣沉积层 $\rho_d=0.95g/cm^3$	0.68	127	1.0	66	0.49	0.79	10.5	400	0.0088	0.075	1.2	0.1	1.0
灰渣（碾压或子坝）$\rho_d=1.00g/cm^3$	0.68	140	1.0	63	0.52	0.71	9	500	0.0065	0.75	1.7	0.05	1.0
坝基土	0.70	250	0.8	130	0.36	0.20	6	1000	0.001	0.75	1.0	0.02	1.0
初级坝坝体土	0.70	300	0.6	140	0.48	0.20	6	1000	0.001	0.75	1.0	0.02	1.0
排渗系统	0.70	400	0.3	250	0.35	0.20	6	1500	0.0005	0.75	1.0	0.02	1.0

按照预计的初期坝、各级子坝的施工过程以及灰渣冲填沉积过程，模拟计算加载过程。计算结果表明：灰渣层在水力冲填沉积过程中已基本固结，灰渣层中没有明显的超静孔隙水压力存在。

最终一级子坝前灰渣贮满时贮灰场应力水平见图6.15-1，比较各计算组合的计算结果的应力水平等值线可以发现：浸润线位置对灰渣层内应力水平略有影响，浸润线越高，应力水平等于0.6kPa及0.8kPa的范围稍大。总的来讲，灰渣层渗透特性及排渗设施的布置不同，对贮灰场的应力状态影响不大，从应力水平来看，经山灰场灰坝是稳定安全的。

2. 经山灰场具有组合排渗系统灰坝的动力应力变形分析

贮灰场受到地震作用时，灰渣层与灰坝内孔隙水压力增加，发生残余变形（残余体积变形与剪切变形），由于设置了排渗系统，灰渣层具有一定透水性，地震孔隙水压力在上升的同时，也发生消散，当残余振动孔隙水压力上升导致灰渣层有效应力降至零时，灰渣层发生液化，灰坝的动力分析宜采用有效应力的动力反应分析方法。

(1) 坝体动力反应。各计算组次在7度地震时初期坝与各级子坝坝顶及最终一级子坝下灰渣层的动力反应见表6.15-3。

从表6.15-3可知：初期坝坝顶地震动力反应最大，动力放大系数为1.23～1.33，各级子坝坝顶动力反应逐渐减小，最终一级子坝坝顶及坝基灰渣层的动力反应均小于输入地震加速度（$1m/s^2$）。这是因为灰渣层的动剪切模量较低，随着动剪切模量的降低与振动孔隙水压力的增加，子坝的自振周期逐渐增大，与输入地震波的周期越来越远。

各计算组次的动力反应相差不大，这就是说，浸润线位置对于灰渣层上各级子坝的动力反应影响不大。

(2) 地震超静孔隙水压力。地震结束时地震引起的灰渣层中超静孔隙水压力分布见图6.15-2。由于组合排渗设施的存在，超静孔隙水压力被分隔在竖井

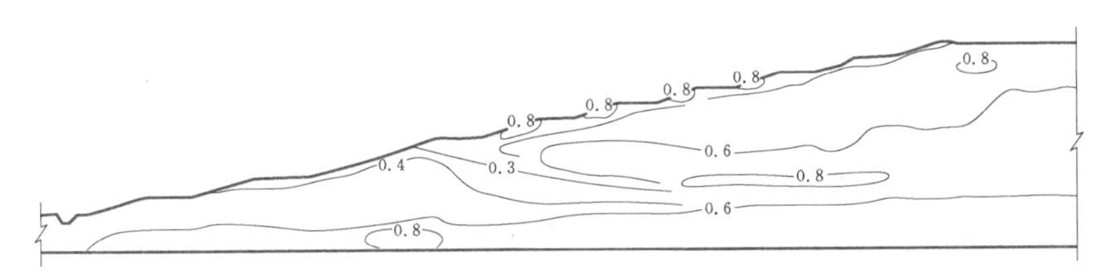

图6.15-1 经山灰场灰渣贮满时应力水平（单位：kPa）

表6.15-3 经山灰场地震时坝体和灰渣层动力反应 单位：m/s^2

计算组次	地震时坝体动力反应加速度							
	初期坝坝顶	一级子坝坝顶	二级子坝坝顶	三级子坝坝顶	四级子坝坝顶	六级子坝		
						坝顶	坝顶下5m	坝顶下8m
Ⅰ	1.330	1.243	1.222	1.118	1.041	0.847	0.863	0.921
Ⅱ	1.328	1.240	1.219	1.115	1.035	0.851	0.878	0.917
Ⅲ	1.252	1.163	1.143	1.086	0.970	0.822	0.855	0.860
Ⅳ	1.230	1.180	1.178	1.110	1.000	0.890	0.930	0.910
Ⅴ	1.288	1.190	1.182	1.128	1.041	0.991	0.986	0.962

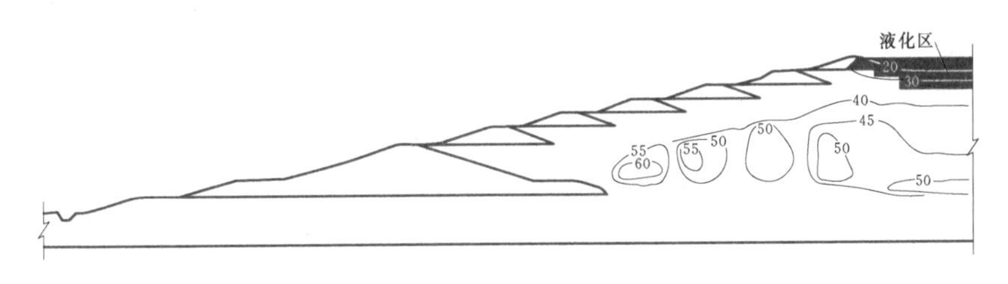

图6.15-2 经山灰场地震时超静孔隙水压力分布（单位：kPa）

与水平排水之间，竖井排数增加，超静孔隙水压力消散途径较短，因而地震引起的超孔隙水压力较小，即50kPa孔隙水压力等值线的范围较小。

(3) 地震液化。地震引起灰渣层的液化区根据6.8节地震液化数值分析法来判断。由图6.15-2可知，由于设置了组合排渗系统，绝大部分灰渣层都不会发生液化。各计算组次的液化区范围大致相同，都是在最终一级子坝的上游灰渣层及浸润线以下的部分子坝坝体（若子坝用压实的细灰筑成）。这说明，采用组合排渗系统防止贮灰场灰渣层地震液化是相当有效的，只要在子坝下设置排渗设施（盲沟或褥垫），降低子坝浸润线，上述局部的液化区也是可以避免的。

(4) 灰渣动力抗滑稳定性。具有组合排渗系统灰坝的静力抗滑稳定分析方法与一般的灰坝相同。

具有组合排渗系统灰坝的动力抗滑稳定分析方法采用毕肖普（Bishop）的有效应力法，计算公式中的孔隙水压力应包括地震引起的超静孔隙水压力。这种分析方法基于地震引起超静孔隙水压力，降低了有效应力，从而降低了灰坝的抗滑能力这个基本观点，比较符合地震对灰坝稳定性影响的机理。

各计算组次的计算结果见表6.15-4。

表6.15-4 经山灰场灰坝动力抗滑稳定分析计算结果

计算组次	Ⅰ	Ⅱ	Ⅲ	Ⅳ	Ⅴ
最小动力稳定安全系数	1.43	1.44	1.46	1.62	1.65

结果表明：各计算组次最危险滑弧都恰好通过浸润线下饱和区的顶部，浸润线的位置及地震产生的超静孔隙水压力是控制动力稳定性的主要因素，组合排渗系统有效降低了浸润线，从而保证了灰坝的抗震稳定安全性。从表6.15-4可知：灰渣层渗透系数各向异性时，浸润线高，动力稳定性较低；竖井排数增加，浸润线略低，地震引起的超静孔隙水压力略低，因而动力稳定安全系数稍高。

综上所述，在渗透系数各向异性的灰渣层中设置组合排渗系统是一种合理与有效的灰渣筑坝技术。它可以将灰渣层中浸润线降低8～20m，从而充分利用了浸润线以上灰渣层的强度，提高了挡灰坝的稳定性，并且使绝大部分灰渣层不产生地震液化，地震抗滑稳定安全性也显著提高，使灰渣层上分级筑坝成为可能，特别是在当地条件只能修筑不透水的黏性土初期坝时更具有推广应用价值。

在上述对于经山灰场灰渣工程特性试验研究、灰渣—土工织物组合单元的长期透水性试验研究、具有组合排渗系统灰坝渗流分析、静力和动力应力变形计算分析的基础上，经山灰场的三维组合排渗系统采用下列设计方案：

(1) 初期坝排渗结构由排渗斜墙和排渗褥垫组成。

(2) 三维组合排渗系统由60m宽水平排渗褥垫和5排排渗竖井组成，并与初期坝排渗结构连成整体排渗系统。

3. 初期坝排渗结构设计

(1) 初期坝排渗斜墙。初期坝坝高20m，上游坝坡1∶3.5，坝顶高程55.00m，在高程44.00m设置马道。在高程50.00m以下沿上游坝坡设置中粗砂、砾石和碎石组成的排渗斜墙，斜墙厚600mm，表层为100mm厚中粗砂下衬无纺土工布一层作反滤层，然后为200mm厚、粒径5～15mm的砾石层和300mm厚、粒径15～40mm的碎石层作透水斜墙，碎石层铺设两层丙纶编织土工布作为反滤层与均质土坝坝体的隔离层。

(2) 初期坝底部排渗褥垫。初期坝坝基铺设500mm厚炉底粗渣作为排渗褥垫。

4. 三维组合排渗系统设计

(1) 水平排渗褥垫。水平排渗褥垫从初期坝上游坝脚伸入贮灰场内，水平排渗褥垫宽60m、厚600mm，与上述的初期坝排渗斜墙结构设计相同，即100mm厚中粗砂层、无纺土工布、200mm厚砾石层、300mm厚碎石层和两层编织土工布组成。

在水平排渗褥垫的上、下游端部各设置1条纵向导渗管，沿坝轴线设置4条横向导渗管，导渗管为多孔混凝土管。网状导渗管利于将三维组合排渗系统中的渗水排至坝下游的回水泵房，送回电厂综合利用，避免污染环境。导渗管直径800mm，放置在混凝土基座上。导渗管周围回填粒径40～100mm碎石，表层同样设置100mm厚中粗砂、无纺土工布和200mm厚、粒径5～15mm砾石层作为反滤层和透水层，以充分发挥水平排渗褥垫的排渗作用。

水平排渗褥垫的结构设计见图6.15-3。

(2) 排渗竖井。在60m宽的水平排渗褥垫上设置5排排渗竖井，即排渗竖井横向间距15m，沿坝轴线排渗竖井间距25～30m，排渗竖井随灰渣贮放顶面的上升逐渐加高。排渗竖井群、水平排渗褥垫与初期坝排渗斜墙构成贮灰场内三维组合排渗系统，在灰渣贮放过程持续排出灰渣层中渗水，加速灰渣层的排水固结，提高灰渣层的抗剪强度与承载能力，使各级子坝在灰渣层上逐级直接加高，确保了贮灰场的安全运行。

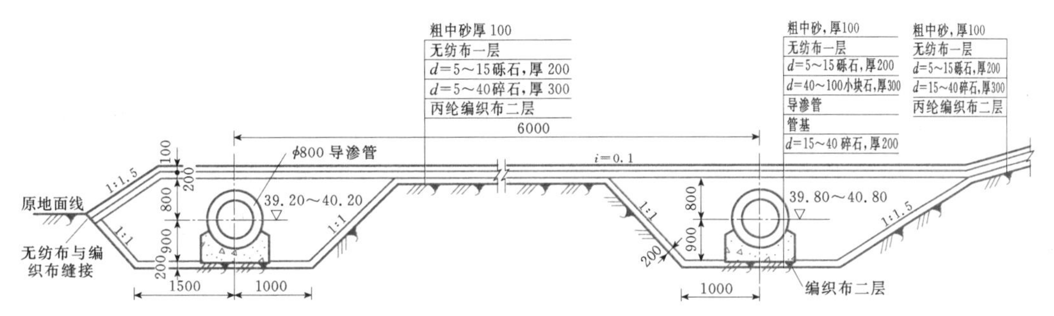

图 6.15-3 经山灰场三维组合排渗系统水平排渗褥垫结构（高程单位：m；尺寸单位：mm）

排渗竖井每级高 4m，逐级加高。竖井由竖井钢构架、井壁、井身、基座和排渗基层组成。

1）竖井钢构架每级高 4m，由 4 根 60mm×60mm×6mm 角钢与 100mm×6mm 的扁钢制成内径 500mm 的圆环焊接而成，圆环间距 1m，4 根角钢分别均布在圆环的上、下、左、右，见图 6.15-4。

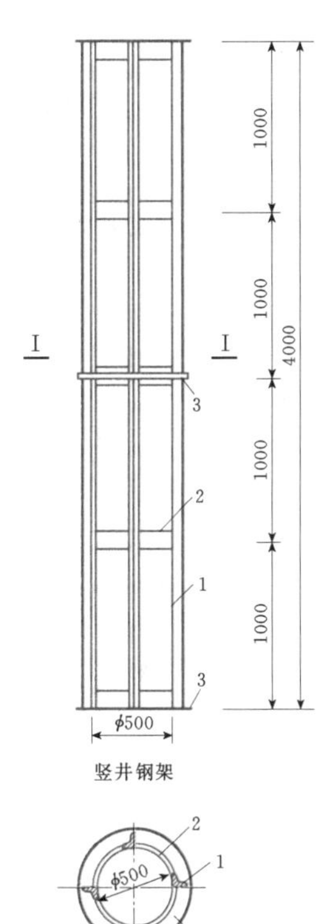

图 6.15-4 经山灰场三维组合排渗系统竖井钢构架（单位：mm）

1—角钢 4-60×60×4；2—圆环内径 ϕ500，高 100，厚 6 遇角钢切断焊接；3—圆环内径 ϕ512，外径 ϕ700，厚 10

2）井壁由竹篓和 400g/m^2（单位面积质量）的抗老化无纺土工布组成，形成排渗竖井的反滤层。竹篓蔑条纵、横间距均为 25mm；篾条宽 8～10mm，厚 3mm。

3）井身在井壁内填粒径 15～80mm 的碎石，形成透水竖井。

4）基座为钢筋混凝土结构，混凝土强度等级为 C20，每级竖井顶端用 4 根 ϕ12 拉筋和地基锚块固定，以保持竖井稳定。

5）排渗基层，自上而下排渗基层由厚 100mm 中粗砂层、400g/m^2 无纺土工布、厚 50mm 粒径 5～15mm 砾石层、厚 50mm 粒径 15～40mm 砾石层、厚 300mm 粒径 40～80mm 碎石层、厚 100mm 粒径 15～40mm 碎石层、250g/m^2 无纺土工布组成，各层材料粗细有序，外裹无纺土工布，确保排渗基层的长期透水性，利于将排水竖井收集到的灰渣层渗水汇集到水平排渗褥垫的导渗管，排至坝的下游灰水泵房，充分发挥三维组合排渗系统的作用。

排渗竖井结构见图 6.11-10。

6.15.2 锦州电厂山谷湿灰场

6.15.2.1 概述

锦州发电厂装机 6 台 200MW 燃煤凝汽发电机组，分两期建成。该厂贮灰场为山谷湿灰场，在距电厂 3.5km 的大小峪沟。根据地形条件，在大小峪沟沟口修筑第Ⅰ梯级坝，由初期坝及六级子坝组成，第Ⅰ梯级坝最终坝顶高程 125.00m，贮灰场容积 4180 万 m^3。然后在大峪沟沉积灰渣层面上建造第Ⅱ梯级坝，坝顶高程 150.00m。贮灰总容积约 6500 万 m^3，按 1200MW 装机容量设计年灰渣量 130 万 m^3 计算可贮存约 40 年。满足电厂机组正常运行及延寿运行的贮灰要求。

锦州电厂贮灰场规划见图 6.15-5。

锦州电厂贮灰场初期坝和大峪沟第Ⅰ排水系统于 1982 年 12 月电厂 1 号机组投产开始运行，第Ⅰ梯级坝一级子坝加高和小峪沟第Ⅱ排水系统于 1991 年投运，二级子坝于 1994 年加高投运，三级子坝于 1996 年加高投运，四级子坝于 1999 年加高投运，五级子坝于 2009 年加高运行。

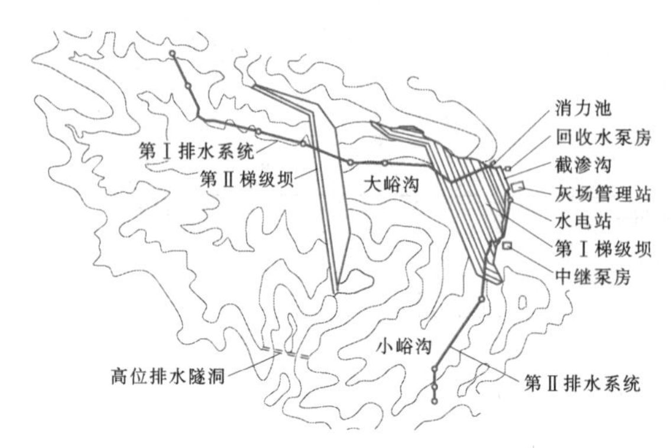

图 6.15-5 锦州电厂贮灰场规划示意图

6.15.2.2 灰坝设计

1. 初期坝设计

初期坝利用大峪沟沟底的圆砾和灰场内山坡土以及当地堆石料混合筑成的透水土石坝。坝顶高程94.00m，坝底最低高程62.00m，初期坝坝高32.0m，坝顶长396m，坝顶宽4.0m，堆石棱体顶面高程82.00m。上游坝坡1∶2.0，下游坝坡1∶2.25，堆石棱体外坡为1∶1.5。初期坝断面如图6.15-6所示。

贮灰场汇水面积3.77km²，200年一遇洪水量97.6万m³。为排泄洪水及澄清的灰水，在大峪沟设置第Ⅰ排水系统，由5个直径3.0m的排水竖井，直径1.4m的钢筋混凝土排水管及消力池组成。

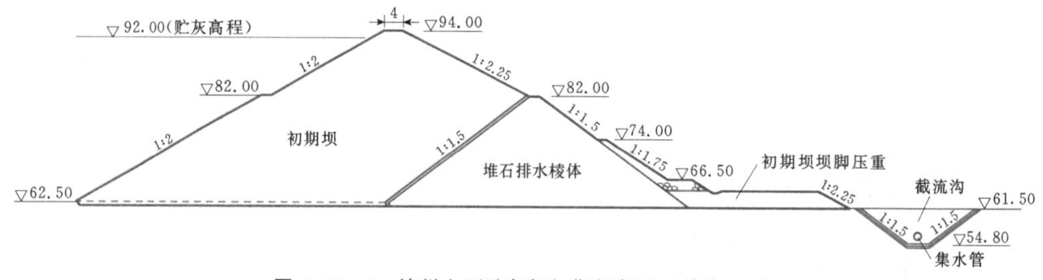

图 6.15-6 锦州电厂贮灰场初期坝断面（单位：m）

1982年12月电厂1号机组投产，贮灰场开始贮灰运行。由于坝基和坝体渗水及澄清灰水流入魏家河，引起灰场下游地下水位升高，影响下游300亩低洼地的耕种。而后在初期坝下游18m处开挖截渗沟。将渗水通过直径700mm的钢管引至电厂回收利用。

2. 子坝设计

（1）一级子坝。一级子坝坝顶高程100.00m，子坝高6.0m，在沉积灰渣层面上填筑高度8.0m，顶宽4.0m，内坡1∶2.0，外坡1∶3.0，采用灰场内风化石及山坡土筑成，上游面铺设防渗土工膜一层。为降低浸润线，在子坝上游坡脚设置水平排渗管，管中心高程91.00m，管材为直径426mm带孔钢管，四周填碎石，外包反滤用土工布。一级子坝加高时在小峪沟设置了第Ⅱ排水系统，包括排水竖井、排水管和调压塔，排水竖井内径3.0m，井顶高程109.00m；排水管内径1.0m，全长1110m；调压塔内径3.0m，高31.6m，并且充分利用灰场澄清水的能量，在灰坝下建设一座3×100kW的小型水电站。

上述排渗系统成功降低了灰渣层的浸润线。运行时采取坝前均匀放灰，控制干滩长度200m，满足地震烈度7度时灰坝抗震安全的要求。

（2）二级子坝。二级子坝坝高5.0m，坝顶高程105.00m，坝顶宽4.0m，内坡1∶2.0，外坡1∶3.0，筑坝材料采用灰场内山坡土及风化石。上游面铺设防渗土工膜一层。

（3）三级子坝。三级子坝坝高5.0m，坝顶高程110.00m，坝顶宽4.0m，内坡1∶2.0，外坡1∶3.0。筑坝材料采用灰场内风化石及山坡土，上游面铺设防渗土工膜一层。满足第Ⅰ梯级最终限制贮灰高程108.00m的要求。

（4）四级子坝。四级子坝坝顶高程115.00m，坝高5.0m，坝顶宽4.0m，内坡1∶2.0，外坡1∶3.0。贮灰场征地范围内风化石和山坡土数量不足，四级子坝坝芯采用灰渣填筑，外坡采用灰场内风化石及山坡土填筑，在子坝上游坡铺防渗土工膜，成为不透水的分区土石坝。坝坡用碎石护面。

为有效降低坝体浸润线，在四级子坝前灰渣地基内设置水平排渗管，管长967m。为管径426mm开孔的钢管，外面敷设碎石及土工布反滤层。排渗管平行坝轴线，渗透水由排水管引至坝下游水泵房回收使用。

在大峪沟左岸低凹山顶处修建副坝，并与主坝相连成第Ⅰ梯级坝。副坝也采用与四级子坝相同的不透水的分区土石坝。

（5）五级子坝。五级子坝坝顶高程120.00m，坝高5.0m，坝顶宽4.0m，坝顶长916m，内坡1∶3.0，外坡1∶3.0。

采用贮灰场内灰渣为筑坝材料，用水力冲填法筑坝。上游坝坡采用土工膜防渗，下游坝坡采用土工布反滤，内外边坡均采用碎石垫层、干砌块石护面。坝顶采用泥结石路面。

在五级子坝坝基设置一条水平排渗管，排渗管采用2根管径250mm的排渗管，外面采用土工布包砾石反滤层，排渗管埋设高程112.00～113.50m，排渗管在坝体冲填施工前埋设。

水平排渗管平行坝轴线设置，并伸至两岸，与原排渗系统连接井相衔接，将渗水排至坝下游水泵房。

子坝加高断面见图6.15-7。

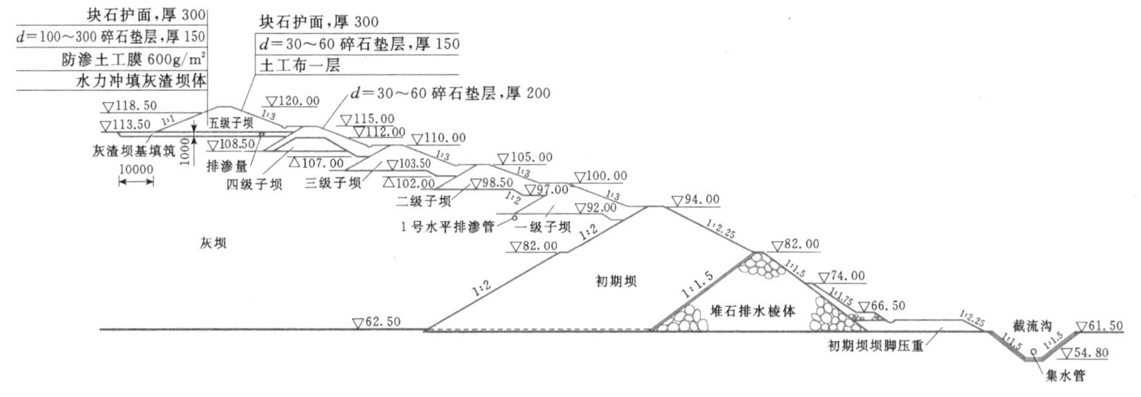

图6.15-7 锦州电厂贮灰场子坝加高断面（高程单位：m；尺寸单位：mm）

6.15.2.3 灰坝设计计算

通过渗流计算论证了采用上述排渗设施并控制干滩长度可以有效降低灰坝的浸润线，有利于灰坝的抗滑稳定和渗流稳定安全。

采用瑞典圆弧法进行灰坝抗滑稳定计算，得出结论：随着子坝加高，浸润线抬高，需要采取回填截流沟或坝后压重等工程措施，以满足子坝加高的灰坝抗滑稳定安全要求。

锦州电厂贮灰场处于7度地震烈度区，根据DL/T 5054—2006，应进行坝体静动力分析，确定灰渣体液化范围，判断坝体安全性。

地震动输入加速度过程线选择1976年8月31日唐山地震时迁安强余震曲线及1940年发生在美国的El Centro波。

地震反应分析得出：坝体在El Centro波作用下产生的液化范围大于在唐山迁安波作用下产生的液化范围。干滩长度越长，坝体的液化范围越小。干滩长度200m时，液化区范围小，距离子坝较远，液化范围不会危及坝体的安全，灰坝是稳定安全的。

6.15.3 阜阳电厂泉河河滩湿灰场

6.15.3.1 概述

阜阳电厂泉河贮灰场位于安徽省阜阳市西北约10km，贮灰场围堤内面积约为85万m^2。该贮灰场为河滩湿灰场，容积约为570万m^3。地面高程约27.50m，灰堤总长4380m，新建堤长1830m，加高菜子沟防洪堤1500m，加高泉河防洪堤1050m，堤顶高程35.20m，堤顶宽6m，堤内、外边坡均为1∶2.5，最大堤高7.7m。

根据贮灰场初步地质勘探，灰场和灰堤沿线的地质条件较好，地基承载力普遍在150kPa以上，灰堤地基除需清除0.5m厚表土以外可不做任何处理，可直接在天然地基上筑堤，但是跨老泉河段堤基为软弱土层，采用水泥土搅拌桩加固处理。同时贮灰场内有层厚约5.2～12.9m的2号土可用作筑堤土料，因此本工程灰坝坝型采用斜坡式均质土堤。

贮灰场西北向为新建灰堤，东南侧为利用泉河防洪堤和菜子沟防洪堤加高填筑的灰堤，清除老堤的植被层即可直接按灰堤设计要求填筑加高。

6.15.3.2 灰堤设计

（1）泉河贮灰场属于二级滩涂灰场。

（2）贮灰要求灰堤堤顶高程为35.20m，最终堆灰高程34.20m，泉河的20年一遇水位为33.41m，100年一遇水位为34.18m，灰堤顶高程已超过泉河的防洪标准，不设防浪墙。

（3）采用反压平台式灰堤，平台顶面高程28.50m，外侧平台顶面宽度10m，内侧平台顶面宽度8m，平台边坡1∶3，灰堤内侧边坡1∶2.5，外侧边坡1∶3，反压平台式灰堤用2号土分层碾压填筑。灰堤表面用土工布、碎石垫层上干砌块石护面。详见图6.15-8。

（4）水泥搅拌桩采用双轴ϕ700mm直径搅拌桩，桩间距1.5m×1.9m，正方形布置，根据堤宽确定加固宽度为41.8～78.0m，加固深度按水泥土搅拌桩穿过淤泥层进入粉质黏土层1.5m确定。水泥采用42.5级普通硅酸盐水泥，水泥掺入量不少于被加固湿土重

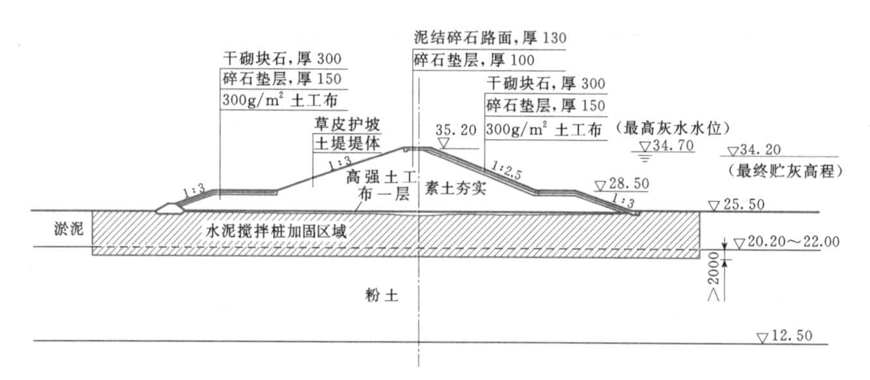

图 6.15-8 阜阳电厂泉河贮灰场灰堤断面图（高程单位：m；尺寸单位：mm）

的18%。外掺剂采用木质素磺酸钙，掺量为水泥用量的0.2%。水泥浆水灰比控制在0.45～0.50，要求处理后的复合地基承载力特征值大于100kPa。水泥搅拌桩桩身无侧限抗压强度（28d龄期）大于0.8MPa。搅拌桩成桩施工时必须严格执行二次喷浆四次搅拌的施工工艺。搅拌头的两次提升（或下沉）速度应控制在500mm/min之内。钻头每转一圈的提升量（或下沉量）以10～15mm为宜。

6.15.4 蒲城电厂山谷干灰场

蒲城电厂贮灰场为山谷干灰场，贮灰顶面高程为457.00m，贮灰场容积750万m³，满足一期2×300MW机组贮灰10年要求。

蒲城电厂干灰场位于陕西省蒲城县孙镇。贮灰场由初期挡灰坝、灰渣坝体、排水系统和干灰堆放区组成。

1. 初期挡灰坝

(1) 初期挡灰坝和灰渣坝体的地基土层为淤泥质亚粉土和饱和软亚黏土。为保证初期挡灰坝稳定，采用控制施工速率法填筑初期挡灰坝。在8～10个月内完成初期挡灰坝施工，在地基和初期挡灰坝内埋设观测仪器，在整个堆灰期内观测地基土层孔隙水压力增长与消散情况，指导施工进度。

(2) 初期挡灰坝基础开挖深度在20cm以内，清除表层树根、草皮及杂物，不破坏表面硬结层。

(3) 对初期挡灰坝和灰渣坝体区的岸坡进行削坡处理。初期挡灰坝施工前，先对高程400.00m以下岸坡进行削坡处理。随着灰坝的升高，陆续进行高程400.00m以上岸坡的处理。要求削坡后岸坡不陡于1∶1.5，岸坡大致平顺，不应成台阶状、反坡或突然变坡。岸坡上缓下陡时，变坡角应小于20°，削坡时将树根、草皮及杂土清理。

(4) 初期挡灰坝分别设置上、下游堆石棱体。堆石母岩饱和抗压强度不小于40MPa，软化系数大于0.8，最大粒径400mm，最小粒径100mm，堆填时分层碾压，孔隙率小于30%。

(5) 初期挡灰坝底部设置碎石垫层，碎石母岩饱和抗压强度不小于40MPa，碎石料为粒径5～40mm的天然级配料。填筑前应用水冲洗，含泥量不大于5%，每层铺厚300mm，往返碾压4遍以上，每次碾压均与前次碾压轮迹宽度重合一半。碾压后碎石垫层的相对密度不小于0.70。

(6) 初期挡灰坝坝体。选用5号、6号料场土料填筑，下游坝坡1∶2.5；上游坝坡1∶2；清除含有树根、草皮及腐殖质土的表层土；土料最大粒径150mm，最优含水率18%～19%，压实度0.95。初期挡灰坝填筑施工应按《碾压式土石坝施工技术规范》（SDJ 213—83）有关规定进行。每层铺土厚度25～30cm，填筑干密度1.65g/m³。进行碾压试验，确定碾压参数，碾压后应按规定取样检测。

(7) 在初期挡灰坝坝体与碎石垫层或堆石棱体之间设反滤层，反滤层选用400g/m²无纺土工布。与无纺布接触的碎石、垫层和块石棱体，表面应予整平，避免尖角刺破无纺布。无纺布搭接宽度300mm，施工时边铺设无纺布边覆土，防止暴晒老化。

2. 灰渣坝体

(1) 待电厂产灰后，根据碾压试验确定灰渣筑坝的碾压参数。为防止扬灰，可适度洒水碾压。

(2) 灰渣坝体的下游边坡1∶2.5～1∶4.0，每隔10m设一马道，马道宽2m，灰渣坝体上游边坡1∶3，灰渣坝体应分层碾压填筑。在1∶3的上游边坡之外为灰渣贮放区，灰渣贮放堆筑时应以1∶30的坡比坡向各排水竖井，以利雨洪排放。

(3) 灰渣坝体下游坡面用干砌块石护坡，随着坝体升高依次砌筑。

(4) 初期挡灰坝和灰渣坝体地基的黄土陷穴，除在削坡时已挖除者外，均应进行处理，可根据陷穴大小和位置，分别予以挖除或分层回填密实。

(5) 马道上设置纵向排水沟，底坡为 1/1000，从坝中向两侧岸坡排水，在灰坝与岸坡相交处设排水沟将雨水排出灰坝区。

(6) 监测贮灰场区可能的滑坡体，保证贮灰场安全。

(7) 贮灰场区陡于 1∶0.75 的岸坡段，均应进行削坡，使其坡度等于或缓于 1∶0.75。

3. 排水系统

设计洪水流量为 100 年一遇洪峰流量 10.9m³/s，在贮灰场内设置排水竖井，排水竖井之间用排水管相连接，以排泄贮灰场洪水。

贮灰场及其排水系统断面图见图 6.9-19，初期挡灰坝和灰渣坝体的断面见图 6.15-9。

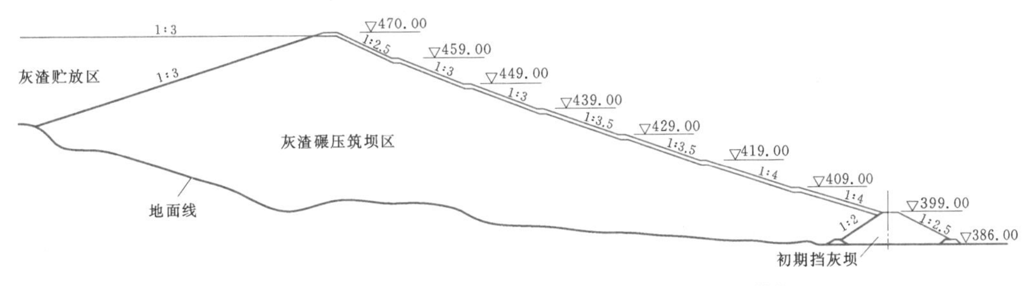

图 6.15-9 蒲城电厂干灰场初期挡灰坝和灰渣坝体断面图（单位：m）

6.15.5 湄州湾电厂海滩干灰场

6.15.5.1 概述

湄州湾电厂装机 2 台 362MW 燃煤机组，其贮灰场为滩涂干灰场，位于厂区南端开阔的海滩上，临海向三面筑堤，垂直海岸的西侧堤长 351m，东侧堤长 342m，平行海岸的南侧堤长 745m，围堤全长 1438m。贮灰年限 10 年。贮灰场于 2000 年 9 月建成。

湄州湾电厂海滩干灰场平面布置见图 6.15-10。

6.15.5.2 贮灰场条件

1. 地形

灰场位于电厂南端开阔的潮汐海滩上，该地区地势北高南低，地形平缓。南侧围堤的滩面高程在 -0.50～0.40m之间。

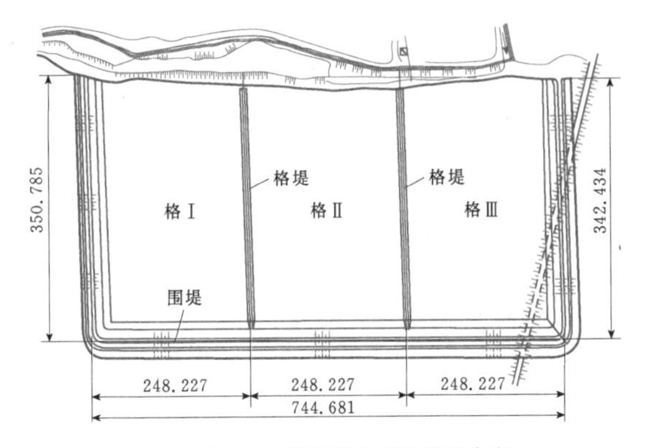

图 6.15-10 湄州湾电厂海滩干灰场平面布置图（单位：m）

2. 工程地质

灰场围堤地基土层可分为 6 层。

(1) 淤泥混砂（砂混淤泥）层。平均厚度为 1.92m，淤泥含量一般为 40%～60%，流塑；该层下部一般含砂较多，相变为砂混淤泥。

(2) 砾砂层。厚度 1.90～3.20m；主要由粗、中、细砂和砾粒组成，含砾量(2mm)约 30%，含泥量(粒径<0.075mm)一般小于 10%；局部含砾粒量(粒径>2mm)大于 50%，为圆粒；局部含泥量略大于 10%，为砾砂黏性土，饱和，多呈松散状，局部稍密状。

(3) 粉质黏土层。厚度 1.00～5.60m，主要由黏粒、粉粒组成，可塑至硬塑。

(4) 残积黏性土层。厚度 1.15～7.65m；主要由长石风化黏土矿物、石英及少量云母组成。一般含砾量小于 5%，局部下部含砾较多，为残积砂质黏性土；原岩结构特征清晰，母岩为花岗岩，可塑为主。

(5) 全风化花岗岩层。保留原岩结构形态，岩芯呈黏性土状，标准贯入击数 48 击。

(6) 强风化花岗岩层。岩芯呈碎屑状，原岩结构构造较清晰，标准贯入击数 66 击。

各土层的设计参数建议值见表 6.15-5。

3. 海洋水文

(1) 潮位（黄海平面）。重现期 100 年高潮位 5.21m，重现期 50 年高潮位 5.05m，高潮累积频率 10%潮位 3.55m，平均高潮位 2.79m，平均海平面 0.21m，平均低潮位 -2.29m。

(2) 波浪。重现期 50 年的 $H_{13\%}$ 波高 2.13m，重现期 50 年的 $H_{13\%}$ 周期 4.7s。

4. 降雨

最大年降雨量 1878.0mm，多年平均年降雨量 1045.1mm，24h 最大降雨量 244.5mm，重现期 100 年

表 6.15-5　　　湄州湾电厂贮灰场各土层设计参数建议值

岩土名称	代号	干容重 r (kN/m³)	压缩模量 E_s (MPa)	直剪快剪		容许承载力 f (kPa)	渗透系数 k (cm/s)	固结系数		水下自然休止角 φ_r (°)	泊松比 μ
				黏聚力 c (kPa)	内摩擦角 φ (°)			$C_{v0.5-1}$ ($10^{-3}cm^2/s$)	C_{v1-2} ($10^{-3}cm^2/s$)		
素填土	①	18.0									
淤泥混砂（砂混淤泥）	②	18.0	2.5	4	15	60	1.8×10^{-7}	1.5	2.4		0.40
砾砂	③	19.0	6.0			160	3×10^{-2}			30	0.3
粉质黏土	④	19.7	4.5	32	16	210	9×10^{-5}				0.35
残积黏性土	⑤	18.1	4.3	17	25	200	1×10^{-4}				0.35

岩土名称	代号	有机质含量 (%)	无侧抗压强度 q_u (kPa)	灵敏度 S_t	三轴剪切试验							
					不固结不排水(UU)		固结不排水(CU)				固结排水(CD)	
					黏聚力	内摩擦角	黏聚力		内摩擦角		黏聚力	内摩擦角
					c_{uu} (kPa)	φ_{uu} (°)	c_{cu} (kPa)	c' (kPa)	φ_{cu}	φ'	c' (kPa)	φ' (°)
素填土	①											
淤泥混砂（砂混淤泥）	②	2.24	27.1	3.3	13	6	15	21	15	16	20	17
砾砂	③											27
粉质黏土	④				33	17	37	42	20	22	22	
残积黏性土	⑤						25	32	21	23		

24h降雨量330.8mm，重现期50年24h降雨量293.6mm，重现期20年24h降雨量245.3mm，年平均暴雨日35.4d，最大年蒸发量2442.0mm，多年平均年蒸发量1988.0mm。

5. 地震

场址地震基本烈度为Ⅶ度，水平地震加速度为0.1g。

6.15.5.3　围堤设计

1. 设计标准

该工程为建于海滩的滩涂干灰场，其设计标准应遵守《火力发电厂水工设计规范》（DL/T 5339—2006），也可参照执行《港口工程技术规范》（JTJ 221—87）。按业主招标文件要求采用JTJ 221—87的设计标准，即设计高潮位（高潮累积频率10%）3.55m，校核高潮位（重现期50年）5.05m，设计波浪（重现期50年）$H_{13\%}$=2.13m。

2. 堤型

在初步设计中，进行了黏土防渗斜坡堤和土工膜防渗斜坡堤两个方案的比较。经方案比较，采用土工膜防渗斜坡堤。

围堤按不越浪考虑，堤顶高程8.00m，堤顶宽5.00m，堤内坡（灰场侧）为1∶1.75，外坡（临海面）为1∶1.75。消浪平台顶面高程4.00m，宽度3.00m。高程4.00m以下为抛石棱体。为防止波浪淘刷堤脚，在堤脚处设置1.00m厚平均5.00m长的抛石护脚，护脚块石重100～200kg。堤体采用石渣分层碾压填筑。堆灰最终高程为9.00m。围堤典型断面见图6.15-11。

3. 筑堤材料

堤体采用石渣分层碾压填筑。石渣采用开挖石渣或山坡风化岩。岩石风化系数应大于0.20，软化系数应大于0.65。最大粒径应小于200mm。粒径小于0.075mm的含量应不超过5%。堤体压实密度由现场碾压试验确定，压实系数不低于0.95。

护脚块石石料要求具有抗风化性，浸水后保持较高的强度，石料在水中浸透后的饱和抗压强度应不低

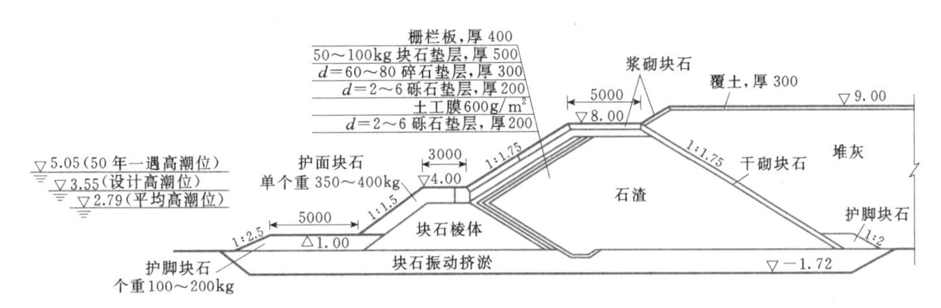

图 6.15-11 湄州湾电厂滩涂干灰场围堤典型断面图（高程单位：m；尺寸单位：mm）

于50MPa，块石不成片状，无严重风化和裂纹。

4. 护面

堤外坡（临海侧）采用厚度400mm的栅栏板护面，并在平台上安置混凝土方块以支承栅栏板。堤内坡为防止雨水冲刷和风蚀，采用干砌块石护面。

5. 堤体防渗

为防止灰场内雨水冲刷灰渣形成的灰水渗透到海域污染环境，并防止高潮位时海水渗透到灰场内影响堆灰作业，堤体设置了防渗结构。

防渗层采用人工复合土工膜，单位面积质量为$600g/m^2$，由内、外两层$150g/m^2$无纺土工布及中间夹一层0.3mm厚的聚乙烯薄膜热压复合而成，其渗透系数$k=1\times10^{-10}cm/s$。

防渗层设置在抛石棱体内侧和栅栏板护面下的块石垫层与石渣堤体之间，在碎石垫层的保护下铺设复合土工膜防渗层，并嵌入堤底淤泥层，以达到防渗功能。

6. 地基处理

由于围堤底面存在平均厚度约为1.92m的淤泥层，为增强堤体稳定性和减少地基围堤沉降，需对淤泥层进行处理。

本工程采用块石振动挤淤方法处理淤泥层软土地基。设计要求最大处理深度为1.8m。在保持淤泥层的抗渗性能情况下，改善地基土强度和变形特性。

7. 堤体稳定验算

采用圆弧滑动法对堤体在正常工况和地震工况条件下的整体稳定计算，计算表明围堤抗滑稳定安全系数满足规范要求。

6.15.5.4 贮灰场防渗设计

贮灰场地基采用天然淤泥层防渗。

该工程淤泥层的渗透系数$1.8\times10^{-7}cm/s$，与标准要求的$1.0\times10^{-7}cm/s$是一个量级，且淤泥层厚1.92m，比标准要求的黏土层厚1.5m略厚，故可认为淤泥层的防渗性能符合标准的要求。

6.15.5.5 贮灰场灰渣淋溶水处理

为避免或减少灰渣淋溶水排放对海域的影响，经论证采用“分格沉淀，雨水回收”方案。

灰场运行时分三格依次贮灰，当第一格贮灰时，其淋溶水经初沉后由水泵打入洒水车用以喷洒干灰或邻近格内进一步沉淀，沉淀后淋溶水由水泵抽取用作贮灰场堆灰喷洒防尘。该地区年蒸发量大于年降水量，故灰场的雨水可作为喷洒的补充水源。避免排入大海污染环境。

为防止灰场外雨水进入灰场内，在灰场北侧岸边的厂区道路内侧设置排水沟，使雨水进入厂区雨水排水系统，集中排入大海。因此灰场内的淋溶水量仅为贮灰场范围内的雨水量。

电厂日贮运灰量552t，需喷洒用水66t，雨水在灰场内蒸发后，全年约有5～8个月可用于贮灰场喷洒，实现灰场中可产生的灰渣淋溶水全部回收。

为利于灰场内雨水汇集并排出，在每个灰场分格内的最低点布置一个水泵坑，即Ⅰ号贮灰格（使用格）隔堤附近最低点设水泵坑一个，为1号水泵坑。在相邻的Ⅱ号、Ⅲ号贮灰格（非使用格）远端靠海一侧最低点各设水泵坑一个。当Ⅰ号贮灰格贮满灰渣，进入Ⅱ号贮灰格贮灰前再增设2号隔堤及水泵坑。每座水泵坑平面尺寸为3.0m×4.0m，水泵坑深度为3.0m，在水泵坑进水侧设叠梁闸，水泵坑为混凝土结构。

Ⅰ号贮灰格（使用格）选择两台可移动式潜水泵，布置在Ⅰ号水泵坑内，用于将Ⅰ号贮灰格内经过预沉淀的雨水打入洒水车或排入Ⅱ号贮灰格内进一步沉淀。水泵型号和性能如下：型号CS3127HT480，流量$54m^3/h$，扬程20m，转速1450r/min，功率7.1kW。

Ⅱ号贮灰格（非使用灰格）不设雨水排水泵。在雨季，Ⅱ号格有富余水量时，利用洒水车的自带水泵从2号水泵坑中吸取，经过Ⅱ号格进一步沉淀澄清后的雨水，用于Ⅰ号贮灰格的堆灰喷洒。

每座水泵坑进水叠梁闸顶高程可根据贮灰格灰沉淀淤积表面高程进行调整，控制进水高程，以使进入水泵坑的水为经预沉淀后的澄清水。

6.15.5.6 防止扬灰污染措施

(1) 干灰调湿。干灰在厂内进行加水调湿，使含水率达20%后装车运输，以减少扬灰，并利于灰渣压实。

(2) 调湿灰装入带密闭罐的专用自卸汽车运输，以减少运输过程的扬灰污染。

(3) 贮灰场堆灰作业分格分区进行，减少灰渣暴露面。

该工程堆灰方式采用斜坡堆积进占法，堆灰体分三个格，按高程4.50m和9.00m分两个堆放面进行堆灰。先进行高程4.50m堆放，从岸边逐渐向前推进，自卸汽车卸灰后用推土机推平，初步碾压，再用振动碾碾压，随即铺放15cm厚炉底渣或土，以防扬灰。然后继续加高至高程9.00m，覆土造地。

(4) 灰面碾压。灰堆推平后采用振动碾碾压，使灰面压平压实，可防止扬灰，并满足后续车辆驶入作业。

(5) 喷洒压尘。采用洒水车喷洒灰面，以防作业过程的扬灰，并可调整灰的含水率，利于压实。

(6) 覆土防尘。在高程4.50m的灰面临时覆土，在高程9.00m的灰面覆土造地。

6.15.6 华能玉环电厂海滩干灰场

6.15.6.1 概述

华能玉环电厂贮灰场位于浙江省玉环县大麦屿开发区，为滩涂干灰场。本期工程贮灰场占地约74万m^2，最终堆灰高程为10.00m，贮灰场容积约447.4万m^3。可满足本期2×1000MW机组按设计煤种堆灰10.6年。贮灰场位于电厂北侧大连屿以北约500m的海涂上，其北侧和东侧为乐清湾海域，南侧和西侧为山体。贮灰场区海涂面南高北低，向北微倾，滩面高程0.20～2.00m，局部分布海沟，较低处高程约−2.60m。贮灰场滩地为潮间带，涨潮时被海水淹没，退潮时滩面裸露。因此滩地北面和东面临海侧需筑挡潮防浪的围堤，围堤呈L形布置，两端与山体相连，与南面和西面的山体合围，形成贮灰场。

贮灰场的平面布局呈狭长形，东西长约1500m，南北宽度在160～450m之间。在灰场西南角布置灰场管理站，为灰场唯一入口。在灰场西北角的围堤堤脚与山体结合处布置卸灰平台。由灰场管理站往电厂为场外运灰道路，按三级公路设计。自灰场管理站至卸灰平台为场内运灰道路，按临时道路设计。华能玉环电厂贮灰场平面布置见图6.15-12。

6.15.6.2 灰堤设计

1. 灰场围堤

(1) 围堤设计标准。该灰场贮灰容积约447.4万m^3，根据DL/T 5045，对灰场容积小于1000万m^3的海涂灰场围堤设计标准为二级灰堤，相应的设计工况和校核工况如下：

1) 设计工况：高潮位重现期20年，风浪重现期20年，相应设计水位5.04m。

2) 校核工况：高潮位重现期100年，风浪重现期20年，相应校核水位5.73m。

灰堤设计标准按20年一遇潮位加20年一遇波浪设计，100年一遇潮位加20年一遇波浪校核。设计波浪要素：$H_{1\%}=1.80$m，$H_{4\%}=1.54$m，$H_{13\%}=1.27$m，$\overline{H}=0.82$m，$T=4.08$s，$L=23.87$m。

按此标准，围堤顶高程为6.50m，堤顶另设1.2m高防浪墙。防浪墙顶高程为7.70m，堤顶宽度为6m（含防浪墙）。

(2) 围堤结构。围堤总长约2200m，堤基为厚达30m的淤泥和淤泥质土，围堤采用反压平台式堤坝，堤身结构为半直立式土石混合堤结构，堤顶临海侧设1.2m高的防浪墙，堤顶铺有厚200mm混凝土盖面，堤基淤泥和淤泥质土采用插塑料排水板的排水固结法加固，排水板插入深度18m，平面上呈正方形布置，间距1.3m，塑料排水板进入堤底碎石垫层，垫层厚800mm，用两层高强编织布（120kN/m）包裹碎石垫层。

围堤采用堆石填筑堤身，填筑孔隙率要求不大于30%，堆石料新鲜完整，岩石饱和抗压强度大于30MPa，含泥量不大于10%。堤内侧用淤泥闭气防渗，堆石堤身边坡分别为1∶1.5（内坡）和1∶2.5（外坡），闭气区淤泥取自灰场内，适当晾晒，填筑控制含水率小于50%，分层碾压密实。淤泥闭气区边坡1∶7.5，反压平台顶面高程3.0，内侧边坡1∶2，外侧边坡1∶3。反压平台表面抛100～150kg大块石护面，坡脚用60～100kg块石筑成护坦，护坦宽5m，厚800mm。围堤堆石体用厚400mm浆砌块石护面，闭气区用砌石格框草皮护坡。围堤典型断面见图6.15-13。

堤身堆筑时严格控制堤身填筑速度，通过观测沉降和边桩位移指导施工。高程5.50m以下堤身部位分级填筑时，瞬时的日沉降量值控制在25～30mm/d以内；高程5.50m以上堤身部位分级填筑时，瞬时的日沉降量控制在15.0mm/d以内。开始下一级填筑加载前的控制值分别是：在高程5.50m以下堤身部位日沉降量为5.0mm/d以内；在高程5.50m以上堤身部位日沉降量为3.0mm/d以内；边桩位移为4.0mm/d以内。

围堤内侧干灰采用分层碾压堆放，靠近围堤顶20m左右范围内堆放顶面高程5.50m，贮灰场其余部位堆放顶面高程10.00m。

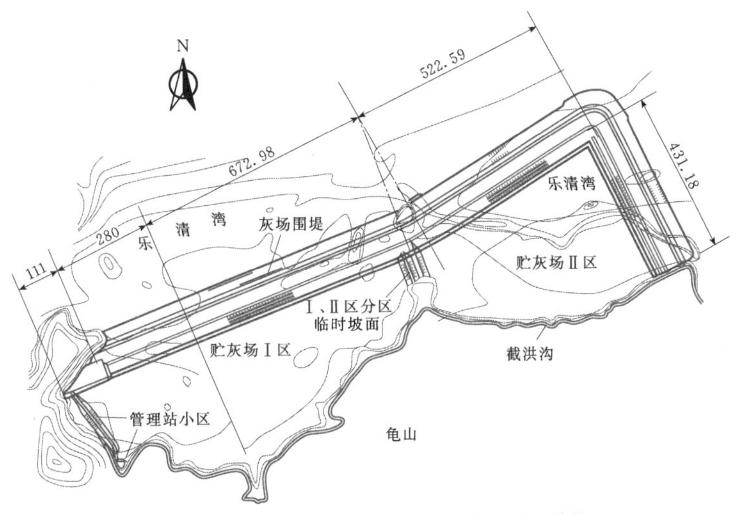

图 6.15-12　华能玉环电厂贮灰场平面布置图（单位：m）

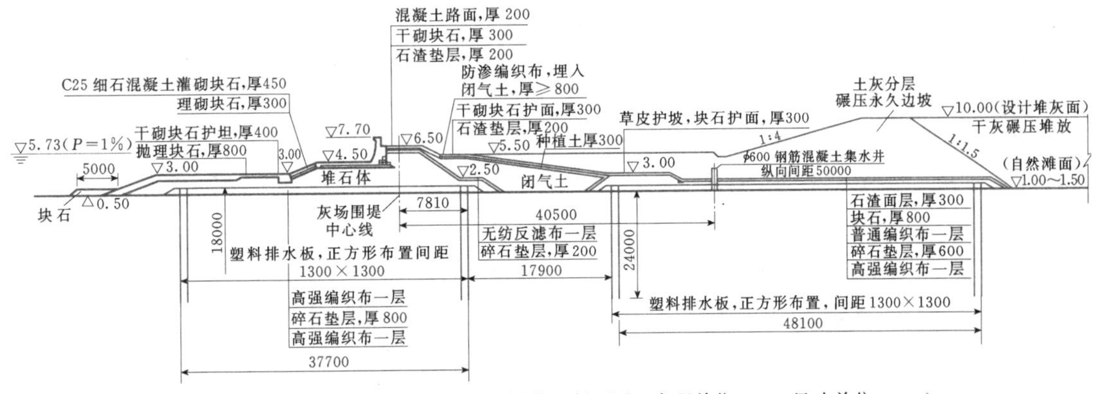

图 6.15-13　华能玉环电厂贮灰场围堤典型断面图（高程单位：m；尺寸单位：mm）

（3）排水系统。灰场东、南背靠龟山，为避免山坡雨水被灰水污染，并有利于灰场堆灰作业，用截洪沟将山坡雨水排入灰场两侧的海域。本地区多年平均年降水量为 1368.9mm，多年平均年蒸发量为 1379.0mn，蒸发量略大于降水量。灰场山坡雨水通过截洪沟直接排入灰场两侧的海域。堆灰初期不考虑灰场内排水，在灰场堆灰后期，在堆灰高程超过最高潮位后，在已完成的堆灰区域上覆土 500mm 后，沿山坡设置排水沟将雨水直接排入大海。部分雨水流入灰场管理站综合水池作为灰场用水水源，在截洪沟至管理站综合水池的连接处设电动闸门，并与综合水池高水位连锁控制。

2. 干灰堆放原则

根据贮灰场的平面布置和软土地基的承载力要求，确定干灰堆放原则如下。

（1）干灰在灰场内分区堆放。以蒲口屿以及对面山嘴为界，将灰场分成东、西两大区域，东区为Ⅰ区，西区为Ⅱ区。干灰先就近在Ⅰ区堆放，等到Ⅰ区达到设计顶面高程并覆土保护后再在Ⅱ区堆放。分区堆放可以减少干灰暴露面积。

（2）每区内堆灰按两个阶段实施。在Ⅰ区内堆灰时，第一阶段先堆灰至 5.50m 高程（低于围堤顶高程 1.00m）。当Ⅰ区堆灰顶面都达到 5.50m 高程后，再实施第二阶段堆灰至设计高程 10.00m。

同样在Ⅱ区内堆灰时也应按两阶段要求实施。

按两阶段堆灰的目的是为了使灰场滩地软土地基的强度增长适应堆灰荷载的要求，从而确保灰场整体的地基稳定。

（3）分条分层填筑，顺序推进堆灰。干灰填筑分条带进行，每个条带宽度 30～40m，条带宽度在实际运行过程中可根据推土机和压路机的工作情况进行调整。在第一阶段堆灰（堆灰至高程 5.50m）时每个条带填筑方向由围堤向山坡（由北向南）单向进行，不得反向填筑。条带划分的顺序为由西向东，依次推进。

干灰填筑分层进行，在贮灰场内部第一阶段堆灰（堆灰至高程5.50m）分两层实施。第一层厚度控制在2.5m以内，第一层可达高程5.50m。第二阶段堆灰（高程5.50～10.00m）分2～3层堆筑，具体的分层厚度根据机具作业的难易程度确定。为确保地基的稳定，在第一阶段堆灰时相邻两个条带之间的堆灰高差控制在2.5m以内。

在与围堤相连接的灰堤部分（永久边坡）堆灰，每层干灰填筑厚度另行规定。

3. 干灰碾压要求

（1）贮灰场内部干灰堆放碾压要求。由于该工程灰场为低滩海涂灰场，且滩涂土层为深厚的淤泥，因此灰场内的堆灰方式起初无法采用机械推进碾压的方式，只能待堆灰至一定厚度、一定时间后干灰堆积体形成一定规模，堆积体灰面承载力能够满足机械行驶作业，再采用机械推进碾压的堆灰方式。

电厂调湿灰（含水率为15%～20%）从密闭自卸汽车卸灰后，用T140推土机将灰修整为面积2000～2500m^{2}的层面后，用12t振动碾压路机碾压2～3遍。填筑分层厚度见上述。

（2）堆灰体（永久边坡）碾压要求。堆灰体在贮灰场内侧，在高程5.50m以上采用调湿灰分层碾压形成永久边坡，按灰渣筑坝要求控制干灰碾压质量。

永久边坡的干灰碾压与灰场内干灰碾压基本同步填筑，永久边坡碾压需略超前。

1）碾压分层和碾压要求：每层铺厚450mm，12t振动碾碾压不少于4～6遍，每层铺灰碾压面略向灰场内侧倾斜（1∶30），边坡随堆随压。

2）调湿灰含水率要求：含水率宜为18%～25%。若电厂运来的调湿灰含水率偏小，可在铺灰后适当喷洒水再碾压。

3）压实要求：参考厦门嵩屿电厂干灰调湿碾压试验结果，永久边坡部位碾压后干密度$\rho_d \geqslant 1.12$g/cm^3，压实度不小于0.92，在饱和状态下内摩擦角$\varphi \geqslant 30°$。

6.15.6.3 灰场环境保护设计

1. 灰场防渗

为防止灰水污染地下水，灰场需采取防渗措施，使灰渣与海洋和地下水环境有效隔离。该工程滩涂灰场的地基为淤泥，临海侧围堤也采用滩涂淤泥闭气防渗，灰场防渗性能满足环保要求。

2. 防止扬灰措施

设置喷洒灭尘系统保证不扬灰，喷洒系统由灰场下游1200m^{3}综合水池（水源）和洒水车组成；综合水池作为灰场喷淋蓄水池，水源补给主要来源是灰场外截洪沟和灰场内盲沟内的雨水。

防止扬灰的措施如下：

（1）调湿灰运到灰场后不能长久堆放，应及时铺开碾压。铺开暴露的堆灰面应及时压实，最后一遍碾压采用平碾。

（2）调湿灰经碾压后由于本身的水化固结作用，可在表面形成一层凝结的薄壳，如无外力破坏，其表层有较强的抗风蚀能力。因此碾压后的灰表面应加强管理，合理安排，注意保护，避免人畜及机具破坏灰面固化层。

（3）根据天气情况及时在已压实的灰面上洒水。为掌握现场防止扬灰的洒水时机，应注意天气预报，并结合现场实际观测，确定洒水时机及一次洒水深度。在灰场运行初期尚未掌握规律之前，非阴雨天可按每天洒水一次，每次洒水5～7mm深。一般洒水一次7mm深，可保持1～3d不扬灰，暴晒、大风季节只能保持不到1d，电厂环境监测站应根据当时气象预报及观测采样的资料和建灰场前测得的本底资料作比较，确定喷洒水量，并监督及指导堆灰施工。

（4）在大风（8级以上）干旱天气时，应增加洒水强度，如果还不能防止扬灰，在灰面喷洒或倾倒固化剂水溶液，增加灰面的抗风蚀能力，必要时可对外露灰面进行覆盖处理。

（5）干灰堆至设计高程后及时覆土500mm厚。当第一阶段堆灰至5.50m高程时，覆土150～300mm厚予以保护；其他一些长时间外露的临时坡面和堆灰面，必要时也可考虑覆土150～300mm厚予以保护。

（6）防止调湿灰在运输过程中泄漏，及时清洗运灰汽车、推土机和压路机，避免将干灰散落在灰场以外。

6.15.6.4 原型观测

在贮灰场Ⅰ区和Ⅱ区各设置一个观测断面，在围堤、堆灰体（永久边坡）及堤肩上埋设水平位移、垂直位移观测点及起测基点和工作基点，灰场运行过程中观测测点的水平位移和垂直位移观测，围堤上的测点可利用围堤施工过程埋设的测点，堆灰体（永久边坡）及堤肩上测点在堆灰过程中埋设。在堆灰体施工期及竣工后2～3年内，水平位移和垂直位移应至少每月进行一次，大雨、暴雨和大潮位前后应增加测次，位移基本稳定或已基本掌握其变化规律后，测次可适当减少，但每年不应少于4次。

6.15.7 国电常州电厂河滩干灰场

6.15.7.1 概述

国电常州电厂一期工程贮灰场为河滩干灰场，位于长江北岸大堤内侧，除灰方式采用船运结合汽运除灰。贮灰场处于一南北长 800m 左右、东西宽 150m 左右的狭长地带，属近岸带冲积漫滩低洼平原，地势低洼，主要是池塘和水稻田。地面高程为 2.70m 左右，池塘底面高程为－1.00m 左右，长江堤坝顶部高程约 7.20m。灰场内设计底面高程为－2.00m，地基土层为粉砂，渗透系数为 $1.7\times10^{-4}\sim2.5\times10^{-5}$ cm/s。

灰场规划总面积为 8.33hm^2，周边设道路和绿化带。最终堆灰高程为 10.50m，上覆 0.5m 厚耕土，覆土还田后顶面高程为 11.00m。

6.15.7.2　灰堤设计

灰堤利用已建长江大堤，在堤内侧清除表层土，用黏土分层碾压加宽堤身，并形成灰场周边道路，道路宽 10.5m，加宽后堤内侧边坡 1∶3。

灰场内部清除表层约 3.5m 厚的耕土和淤泥质粉质黏土，在灰场底部将原粉砂土层整平压实，铺设高密度聚乙烯（HDPE）土工膜防渗，防止贮灰场堆灰体的渗水污染地下水。土工膜上铺厚 300mm 粉砂层和厚 500mm 炉渣层，此排水层与排水棱体贯通，灰水由此进入集水池，通过水泵房回收利用。

干灰堆放方法与上述华能玉环电厂贮灰场的堆放方法相同，灰体边坡 1∶3.5，堆放灰体的坡面和顶面用厚 500mm 耕土覆土还田。国电常州电厂贮灰场灰堤断面见图 6.15－14。

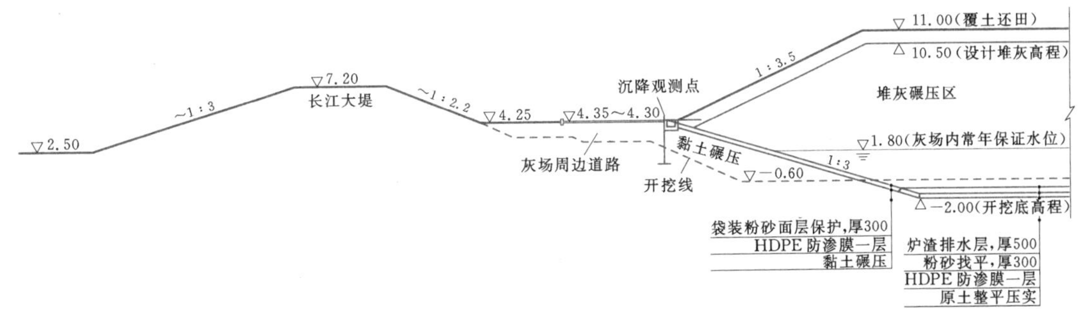

图 6.15－14　国电常州电厂贮灰场灰堤断面图（高程单位：m；尺寸单位：mm）

参 考 文 献

［1］　DL/T 5339—2006 火力发电厂水工设计规范［S］．北京：中国电力出版社，2006.

［2］　DL/T 5054—2006 火力发电厂灰渣筑坝设计规范［S］．北京：中国电力出版社，2006.

［3］　DL/T 5074—2006 火力发电厂岩土工程勘测技术规程［S］．北京：中国电力出版社，2006.

［4］　DL/T 5097—1999 火力发电厂贮灰场岩土工程勘测技术规程［S］．北京：中国电力出版社，1999.

［5］　DL/T 5395—2007 碾压式土石坝设计规范［S］．北京：中国电力出版社，2008.

［6］　GB 50286—2013 堤防工程设计规范［S］．北京：中国计划出版社，1998.

［7］　GB/T 50123—1999 土工试验方法标准［S］．北京：中国计划出版社，1999.

［8］　SL 237—1999 土工试验规程［S］．北京：中国水利水电出版社，1999.

［9］　GB 50021—2001 岩土工程勘察规范［S］．北京：中国建筑工业出版社，2001.

［10］　GB 50287—2001 水利水电工程地质勘察规范［S］．北京：中国计划出版社，1999.

［11］　DL/T 5024—2005 电力工程地基处理技术规程［S］．北京：中国电力出版社，2005.

［12］　GB 18599—2001 一般工业固体废弃物贮存处置场污染控制标准［S］．北京：中国标准出版社，2001.

［13］　SL 326—2005 水利水电工程物探规程［S］．北京：中国水利水电出版社，2005.

［14］　GB 50007—2011 建筑地基基础设计规范［S］．北京：中国建筑工业出版社，2002.

［15］　DG/T J08—40—2010 地基处理技术规范［S］．上海：同济大学出版社，2010.

［16］　CTAG 02—97 塑料排水带地基设计规程［S］．北京：中国水利水电出版社，1998.

［17］　JTJ 213—98 海港水文规范［S］．北京：人民交通出版社，1998.

［18］　郦能惠，朱家谟，龚绍明．极松软灰渣坝基的加固［J］．水利水运科学研究，1988（3）．

［19］　郦能惠．灰渣的贮放和利用［J］．岩土工程学报，1988，10（5）．

［20］　郦能惠，朱家谟．极松软灰基的振冲加固［C］//中国土木工程学会第五届土力学及基础工程学术会议论文选集．北京：中国建筑工业出版社，1989.

［21］　Nenghui Li，Zhujiang Shen，Jiamo Zhu，et al. Dynamic Response Analysis and Earthquake－Resistant Improvement of Ash Lagoon［C］//Proc. of the Second International Symposium on Environmental Geotechnology. Shanghai，China，1989.

［22］　郦能惠，丁家平，陈生水．灰渣层的渗流特性及贮

灰场渗流分析［M］//中国土木工程学会第六届土力学及基础工程学术会议论文集．北京：中国建筑工业出版社，1991.

［23］郦能惠，沈珠江，朱家谟．贮灰场的地震反应分析及抗震加固［J］．岩土工程学报，1991，13（3）．

［24］Nenghui Li，Zhujiang Shen，Jiamo Zhu. Dynamic Response Analysis of Ash - Retention Dam and Its Earthquake - Resistant Improvement［C］//Proc. Second International Conference on Recent Advances in Geotechnical Earthquake Engineering and Soil Dynamics. St. Louis，U. S. A.，1991：983 - 988.

［25］Nenghui Li，Yujiong Chen. Geotechnical Properties and Disposal of Typical Coal Ash in China［C］//Proc. of 91 Shanghai International Conference on Utilization of Fly Ash and Coal - Burning By - Product. Shanghai，China，1991（9）：10 - 12.

［26］Nenghui Li，Shengshui Chen，Jiaping Ding，Tiequn Feng. Prediction of Improvement Effect Using Combined Drainage System in Ash Lagoon［C］//Proc. of International Symposium on Soil Improvement and Pile Foundation. Nanjing，China，1992.

［27］Nenghui Li，Jiamo Zhu，Shengshui Chen. Deep Improvement of Fly Ash Foundation［C］//Proc. of International Symposium on Soil Improvement and Pile Foundation. Nanjing，China，1992.

［28］Nenghui Li. Effects on Permeability of Geotextile Filter in Coal Ash Disposal［C］//Proc. of International Conference on Filters and Filtration Phenomena in Geotechnical and Hydraulic Engineering. Karlsruhe，Fed. Rep. of Germany，1992.

［29］郦能惠，朱家谟，陈生水．仪化热电厂贮灰场灰基加固试验及挡灰坝分析［J］．水利水运科学研究，1992（2）．

［30］郦能惠，张志武．灰坝土工织物反滤层淤堵性试验研究［M］//全国第三届土工合成材料学术会议论文集．天津：天津大学出版社，1992.

［31］郦能惠，沈珠江，丁家平，陈生水．具有排渗系统的灰坝试验与分析［J］．中国电力（电力技术），1993（4）．

［32］陈生水，冯铁群，郦能惠．粉煤灰变形特性的试验研究［J］．水利水运科学研究，1993（2）．

［33］郦能惠，张志武，陈生水．恒压渗透仪的研制与土工织物的淤堵试验［J］．大坝观测与土工测试，1993（17），4.

［34］季超俦，黄真诚，郦能惠．灰渣贮放技术的新进展［M］//第二届全国粉煤灰贮放和利用学术会议论文集．南京：河海大学出版社，1993.

［35］冯铁群，郦能惠．粉煤灰的工程特性及微观机理［M］//第二届全国粉煤灰贮放和利用学术会议论文集．南京：河海大学出版社，1993.

［36］陈生水，郦能惠，蔡飞．土工数值分析在灰坝工程中的应用［M］//第二届全国粉煤灰贮放和利用学术会议论文集．南京：河海大学出版社，1993.

［37］冯铁群，郦能惠，陈生水．粉煤灰的静力本构模型及试验验证［M］//岩土力学与工程．大连：大连理工大学出版社，1995.

［38］郦能惠．火电厂贮灰场关键技术研究［M］//岩土力学的理论与实践．南京：河海大学出版社，1998.

［39］郦能惠，程展林，杨光华．土的基本性质和测试技术［M］//中国土木工程学会第八届土力学及岩土工程学术会议论文集．北京：万国学术出版社，1999.

［40］郦能惠，黄惠芳，蔡飞．冲填土挡灰坝及其论证分析［J］．水利水运科学研究，1999（2）．

［41］郦能惠，黄惠芳，蔡飞，等．冲填土挡灰坝筑坝关键技术［J］．水电能源科学，1999，17（2）．

［42］张剑锋．电力工程岩土工程勘察，简明岩土工程勘察设计手册［M］．北京：中国建筑工业出版社，2003.

［43］温彦峰．燃煤电厂废料的化学性质及灰场的环境污染和防治［M］//第二届全国粉煤灰贮放和利用学术会议论文集．南京：河海大学出版社，1993.

［44］温彦峰，裘孟辛，孙玉生．灰水对地下水水质的影响试验研究［C］//第二届全国粉煤灰贮放和利用学术会议论文集．南京：河海大学出版社，1993.

［45］蔡红，温彦峰，边京红．粉煤灰的透水性及其各向异性［J］．水利水电技术，1999，30（12）．

［46］姚鹏，等．暴雨统计参数图集和城市暴雨强度公式计算设计暴雨对比研究［M］//资源技术与实践．南京：东南大学出版社，2009.

［47］戴永志．动、静力作用下软基土堤坝稳定性研究［M］．南京：河海大学出版社，2002.

［48］黄真诚，季超俦，郭凤岐．火力发电厂的粉煤灰坝［J］．岩土工程学报，1988，10（5）．

［49］黄真诚，季超俦，崔克刚．锦州电厂贮灰场灰坝的加高设计［M］//第二届全国粉煤灰贮放和利用学术会议论文集．南京：河海大学出版社，1993.

［50］陈愈炯，俞培基，李少芬．发展水平报告之一，粉煤灰的基本性质［J］．岩土工程学报，1988，10(5).

［51］GAI Consultants. Inc. Coal Ash Disposal Manual［M］. California：Electric Power Research Institute，1981.

［52］孔凡玲，张世英，边京红．高井电厂粉煤灰的试验研究［J］．岩土工程学报，1988，10（5）．

［53］王洪瑾，孙岳崧，魏克宇．沙岭子电厂粉煤灰的试验研究［J］．岩土工程学报，1988，10（5）．

［54］刘凤德．压实粉煤灰的工程性质及龄期的影响［J］．岩土工程学报，1988，10（5）．

［55］浦琬华．水力贮灰库初期坝的反滤层［J］．岩土工程学报，1988，10（5）．

［56］李美琦，王治平．粉煤灰的沉积规律及其对物理力学特性的影响［J］．岩土工程学报，1988，10（5）．

［57］徐宏达．粉煤灰的固结不排水剪强度［J］．岩土工

程学报，1988，10（5）.

[58] 俞培基，秦蔚琴．压实粉煤灰的动力特性［J］．岩土工程学报，1988，10（5）.

[59] 周克骥，华静如，郭刚．粉煤灰动力特性的试验研究［J］．岩土工程学报，1988，10（5）.

[60] 郭佩玫，胡成．粉煤灰的动力特性及动力分析［J］．岩土工程学报，1988，10（5）.

[61] 林钰俊．压实粉煤灰的液化性能［J］．岩土工程学报，1988，10（5）.

[62] 王桂萱，王中正．粉煤灰坝的动力反应分析［J］．岩土工程学报，1988，10（5）.

[63] 沙俊民，魏道垛，陈培荣．南通粉煤灰填筑工程的试验研究［J］．岩土工程学报，1988，10（5）.

[64] 盛虞．粉煤灰及其掺合料的击实特性［J］．岩土工程学报，1988，10（5）.

[65] 周芝英，方永凯．粉煤灰地基的两灰桩加固［J］．岩土工程学报，1988，10（5）.

[66] 何昌荣．两座电厂粉煤灰的强度特性及筑坝方法［J］．岩土工程学报，1988，10（5）.

[67] 郑定镕．粉煤灰贮放中的若干土工及环保问题［J］．岩土工程学报，1988，10（5）.

[68] 张亿则．十里沟粉煤灰坝技术总结［J］．岩土工程学报，1988，10（5）.

[69] 陆震亚．粉煤灰在建筑地基中的应用［J］．岩土工程学报，1988，10（5）.

[70] 吴宗绅，郑玉琨．新港防波堤袋状粉煤灰堤心方案可行性研究［J］．岩土工程学报，1988，10（5）.

[71] 沙俊民，魏道垛，陈培荣．粉煤灰混合料半刚性基层工程特性［J］．岩土工程学报，1988，10（5）.

[72] 冯星．比重计测定粉煤灰粒度方法的探讨［J］．岩土工程学报，1988，10（5）.

[73] 黄敬如．粉煤灰坝体渗透性能的初步探讨［J］．岩土工程学报，1988，10（5）.

[74] 王中正，康渔源．粉煤灰的微观结构及其对工程性质的影响［J］．岩土工程学报，1988，10（5）.

[75] 吴崇礼，陈环，郭述军．使用粉煤灰加速吹填土的过程［J］．岩土工程学报，1988，10（5）.

[76] 侯瑜京，周定山．蒲城电厂张家沟灰坝坝型及地基处理方案研究［M］//第二届全国粉煤灰贮放和利用学术会议论文集．南京：河海大学出版社，1993.

[77] 佟维朋．十里泉电厂贮灰场灰渣筑坝研究［M］//第二届全国粉煤灰贮放和利用学术会议论文集．南京：河海大学出版社，1993.

[78] 李文才．十里泉电厂一号灰场坝前均匀放灰技术与经验［M］//第二届全国粉煤灰贮放和利用学术会议论文集．南京：河海大学出版社，1993.

[79] 周仲良，陈生水．振冲碎石桩在加固灰坝工程中的应用［M］//第二届全国粉煤灰贮放和利用学术会议论文集．南京：河海大学出版社，1993.

[80] 张龙法，吴秋莲．松林山灰场滑坡治理的经验和教训［M］//第二届全国粉煤灰贮放和利用学术会议论文集．南京：河海大学出版社，1993.

[81] 张龙法．关于贮灰场建设的一些看法［M］//第二届全国粉煤灰贮放和利用学术会议论文集．南京：河海大学出版社，1993.

[82] 李章泌，郭敏霞，方海焕，等．不同密实程度粉煤灰的强度特性［M］//第二届全国粉煤灰贮放和利用学术会议论文集．南京：河海大学出版社，1993.

[83] 何昌荣，杨哲涵．江油电厂粉煤灰的动模量阻尼特性［M］//第二届全国粉煤灰贮放和利用学术会议论文集．南京：河海大学出版社，1993.

[84] 李玉蓉，吴再光，娄树莲．饱和度对粉煤灰静、动强度特性的影响［M］//第二届全国粉煤灰贮放和利用学术会议论文集．南京：河海大学出版社，1993.

[85] 吴慧明，金崇磐．龄期对饱和粉煤灰动力性质的影响［M］//第二届全国粉煤灰贮放和利用学术会议论文集．南京：河海大学出版社，1993.

[86] 胡再强，郭增玉，谢定义．粉煤灰抗剪强度的试验研究［M］//第二届全国粉煤灰贮放和利用学术会议论文集．南京：河海大学出版社，1993.

[87] 杨哲涵，何昌荣．几种粉煤灰的动静强度特性［M］//第二届全国粉煤灰贮放和利用学术会议论文集．南京：河海大学出版社，1993.

[88] 周静华．洛阳热电厂粉煤灰渗流破坏比降试验［M］//第二届全国粉煤灰贮放和利用学术会议论文集．南京：河海大学出版社，1993.

[89] 许国安，武桂生．军粮城电厂灰场渗流有限元法分析研究［M］//第二届全国粉煤灰贮放和利用学术会议论文集．南京：河海大学出版社，1993.

[90] 速宝玉，舒世馨，张祝添，等．利用软岩建造贮灰场初期坝的研究［M］//第二届全国粉煤灰贮放和利用学术会议论文集．南京：河海大学出版社，1993.

[91] 蒋相泰．燃煤电厂干法贮灰设计方案的探讨［M］//第二届全国粉煤灰贮放和利用学术会议论文集．南京：河海大学出版社，1993.

[92] 王桂萱，李树梅．粉煤灰坝的几点认识［M］//第二届全国粉煤灰贮放和利用学术会议论文集．南京：河海大学出版社，1993.

[93] 俞亚南，胡颂嘉．灰坝无纺织物滤层渗滤淤堵特性研究［M］//第二届全国粉煤灰贮放和利用学术会议论文集．南京：河海大学出版社，1993.

[94] 岳祖润，赵维钧，马光明，等．粉煤灰中的筋条拉拔试验［M］//第二届全国粉煤灰贮放和利用学术会议论文集．南京：河海大学出版社，1993.

[95] 郁仲熙．滦河发电厂西沟贮灰场改造方案及其存在问题的探讨［M］//第二届全国粉煤灰贮放和利用学术会议论文集．南京：河海大学出版社，1993.

[96] 卫清秀，买福安，赵建刚．姚孟电厂程寨沟灰场风险估价［M］//第二届全国粉煤灰贮放和利用学术会议论文集．南京：河海大学出版社，1993.

[97] 白元焕．宝鸡发电厂贮灰场环境污染防治及污染变化趋势监测［M］//第二届全国粉煤灰贮放和利用学术会议论文集．南京：河海大学出版社，1993.

[98] 秦欣荣．江西乐平电厂灰场返田工程设计的尝试［M］//第二届全国粉煤灰贮放和利用学术会议论文集．南京：河海大学出版社，1993.

[99] 王建智．矿山工程岩土工程勘察，简明岩土工程勘察设计手册［M］．北京：中国建筑工业出版社，2003.

[100] 王福元，等．粉煤灰利用手册［M］．2版．北京：中国电力出版社，2004.

[101] 陈家琦，张恭肃，等．小流域暴雨洪水计算［M］．北京：水利电力出版社，1983.

[102] 范世香，程银才，高雁．洪水设计与防治［M］．北京：化学工业出版社，2008.

[103] 王维新，周宪庄，等．华东地区特小流域洪水汇流参数研究［J］．水文，1989（4）.

[104] 钱家欢，殷宗泽．土工原理与计算［M］．北京：中国水利水电出版社，1996.

[105] 殷宗泽，等．土工原理［M］．北京：中国水利水电出版社，2007.

[106] 毛昶熙．渗流计算分析与控制［M］．2版．北京：中国水利水电出版社，2003.

[107] 刘杰．土石坝渗流控制理论基础及工程经验教训［M］．北京：中国水利水电出版社，2006.

[108] 陈祖煜．土质边坡稳定分析——原理·方法·程序［M］．北京：中国水利水电出版社，2003.

[109] 顾淦臣，陈明致．土坝设计［M］．北京：水利电力出版社，1983.

[110] 夏细禾，刘百兴，熊进，等．长江堤防防渗工程施工研究及其应用［M］．北京：中国水利水电出版社，2004.

[111] 白永年，等．中国堤坝防渗加固新技术［M］．北京：中国水利水电出版社，2001.

[112] 顾淦臣，束一鸣，沈长松．土石坝工程经验与创新［M］．北京：中国水利水电出版社，2004.

[113] Steven G. Vick. Planning，design，and analysis of tailings dams［M］. John Wiley & Sons，1983.

[114] Vandersloot H. A. etc. Classification of pulverized coal ash：part 1［J］. Leaching behaviour of coal fly ash，ECN-c-92-059，1992.

[115] Ishwar P Murarka. Solid waste disposal and reuse in the United States Vol. I［R］，1987.

[116] Cambridge M. & Dale S. G.. The use of liners for the containment and control of pollution：A review，Geotechnical Management of Waste and Contamination［M］. Balkema，1993.

[117] Richard E. Oakley. Design and performance of earth-lined containment systems［C］. Geotechnical Practice for Waste Disposal'87，Edited by Richard. woods，ASCE，1987.

[118] Christopher R. Ryan. Vertical barriers in soil for pollution containment［C］. Geotechnical practice for waste disposal'87，Edited by Richard D. Woods，ASCE，1987.

[119] 沃玉报．垂直插塑在八卦洲灰场防渗处理中的应用［J］．人民长江，2008，39（19）：66-67.

[120] 王晓华．高压喷射注浆在海渤湾电厂贮灰场中的应用［J］．山西建筑，2007，33（2）：122-123.

[121] 任红娟，单华伦，张建平．垂直防渗技术在苏州市七子山垃圾填埋场扩建工程中的应用［J］．环境卫生工程，2009，17（4）：34-36.

[122] 张育兰．灰渣利用中辐射问题的探讨［J］．电力环境保护，1992（4）.

[123] 王荣水．谏壁电厂真观山灰坝的研究与设计［R］．上海：华东电力设计院，1992.

[124] 中国水利水电科学研究院．贮灰场灰水渗漏特性及防渗技术研究［R］．北京：中国水利水电科学研究院，2002.

[125] 华东电力设计院．阜阳华润2×600MW燃煤电厂工程施工图设计［R］．上海：华东电力设计院，2005.

[126] 华东电力设计院．国电常州电厂一期工程施工图设计［R］．上海：华东电力设计院，2005.

《水工设计手册》（第2版）编辑出版人员名单

总 责 任 编 辑　王国仪

副总责任编辑　穆励生　王春学　黄会明　孙春亮

阳　森　王志媛　王照瑜

第6卷　《土石坝》

责任编辑　孙春亮　武丽丽

文字编辑　朱双林　邹　昱

封面设计　王　鹏　芦　博

版式设计　王　鹏　王国华　黄云燕

描图设计　王　鹏　樊啟玲

责任校对　张　莉　黄淑娜　吴翠翠　黄　梅

出版印刷　帅　丹　孙长福　王　凌

排　　版　中国水利水电出版社微机排版中心